Lista dos elementos com seus símbolos e massas atômicas

Elemento	Símbolo	Número atômico	Massa atômica	Elemento	Símbolo	Número atômico	Massa atômica	Elemento	Símbolo	Número atômico	Massa atômica
Actínio	Ac	89	227,03[a]	Háfnio	Hf	72	178,49	Praseodímio	Pr	59	140,90766
Alumínio	Al	13	26,981538	Hássio	Hs	108	269,1[a]	Promécio	Pm	61	145[a]
Amerício	Am	95	243,06[a]	Hélio	He	2	4,002602	Protactínio	Pa	91	231,03588
Antimônio	Sb	51	121,760	Hólmio	Ho	67	164,93033	Rádio	Ra	88	226,03[a]
Argônio	Ar	18	39,948	Hidrogênio	H	1	1,00794	Radônio	Rn	86	222,02[a]
Arsênio	As	33	74,92160	Índio	In	49	114,818	Rênio	Re	75	186,207[a]
Ástato	At	85	209,99[a]	Iodo	I	53	126,90447	Ródio	Rh	45	102,90550
Bário	Ba	56	137,327	Irídio	Ir	77	192,217	Roentgênio	Rg	111	282,2[a]
Berquélio	Bk	97	247,07[a]	Ferro	Fe	26	55,845	Rubídio	Rb	37	85,4678
Berílio	Be	4	9,012183	Criptônio	Kr	36	83,80	Rutênio	Ru	44	101,07
Bismuto	Bi	83	208,98038	Lantânio	La	57	138,9055	Rutherfórdio	Rf	104	267,1[a]
Bóhrio	Bh	107	270,1[a]	Laurêncio	Lr	103	262,11[a]	Samário	Sm	62	150,36
Boro	B	5	10,81	Chumbo	Pb	82	207,2	Escândio	Sc	21	44,955908
Bromo	Br	35	79,904	Lítio	Li	3	6,941	Seabórgio	Sg	106	269,1[a]
Cádmio	Cd	48	112,414	Livermório	Lv	116	293[a]	Selênio	Se	34	78,97
Cálcio	Ca	20	40,078	Lutécio	Lu	71	174,967	Silício	Si	14	28,0855
Califórnio	Cf	98	251,08[a]	Magnésio	Mg	12	24,3050	Prata	Ag	47	107,8682
Carbono	C	6	12,0107	Manganês	Mn	25	54,938044	Sódio	Na	11	22,989770
Cério	Ce	58	140,116	Meitnério	Mt	109	278,2[a]	Estrôncio	Sr	38	87,62
Césio	Cs	55	132,905452	Mendelévio	Md	101	258,10[a]	Enxofre	S	16	32,065
Cloro	Cl	17	35,453	Mercúrio	Hg	80	200,59	Tântalo	Ta	73	180,9479
Cromo	Cr	24	51,9961	Molibdênio	Mo	42	95,95	Tecnécio	Tc	43	98[a]
Cobalto	Co	27	58,933194	Moscóvio	Mc	115	289,2[a]	Telúrio	Te	52	127,60
Copernício	Cn	112	285,2[a]	Neodímio	Nd	60	144,24	Tenesso	Ts	117	293,2[a]
Cobre	Cu	29	63,546	Neônio	Ne	10	20,1797	Térbio	Tb	65	158,92534
Cúrio	Cm	96	247,07[a]	Netúnio	Np	93	237,05[a]	Tálio	Tl	81	204,3833
Darmstádtio	Ds	110	281,2[a]	Níquel	Ni	28	58,6934	Tório	Th	90	232,0377
Dúbnio	Db	105	268,1[a]	Nihônio	Nh	113	286,2[a]	Túlio	Tm	69	168,93422
Disprósio	Dy	66	162,50	Nióbio	Nb	41	92,90637	Estanho	Sn	50	118,710
Einstênio	Es	99	252,08[a]	Nitrogênio	N	7	14,0067	Titânio	Ti	22	47,867
Érbio	Er	68	167,259	Nobélio	No	102	259,10[a]	Tungstênio	W	74	183,84
Európio	Eu	63	151,964	Oganessônio	Og	118	294,2[a]	Urânio	U	92	238,02891
Férmio	Fm	100	257,10[a]	Ósmio	Os	76	190,23	Vanádio	V	23	50,9415
Fleróvio	Fl	114	289,2[a]	Oxigênio	O	8	15,9994	Xenônio	Xe	54	131,293
Flúor	F	9	18,9984016	Paládio	Pd	46	106,42	Itérbio	Yb	70	173,04
Frâncio	Fr	87	223,02[a]	Fósforo	P	15	30,973762	Ítrio	Y	39	88,90584
Gadolínio	Gd	64	157,25	Platina	Pt	78	195,078	Zinco	Zn	30	65,39
Gálio	Ga	31	69,723	Plutônio	Pu	94	244,06[a]	Zircônio	Zr	40	91,224
Germânio	Ge	32	72,64	Polônio	Po	84	208,98[a]				
Ouro	Au	79	196,966569	Potássio	K	19	39,0983				

[a] Massa do isótopo mais importante ou de vida mais longa.

Q6 Química: a ciência central / Theodore L. Brown... [et al.] ;
tradução: Francisco Araújo da Costa; revisão técnica: Antônio
Gerson Bernardo da Cruz. – 15. ed. – [São Paulo]: Pearson;
Porto Alegre: Bookman, 2025.
xxix, 1169 p. il. color.; 28 cm.

ISBN 978-85-8260-663-6

1. Química inorgânica. I. Brown, Theodore L.

CDU 546

Catalogação na publicação: Karin Lorien Menoncin – CRB10/2147

Theodore L. Brown
University of Illinois at
Urbana-Champaign

Catherine J. Murphy
University of Illinois at
Urbana-Champaign

H. Eugene LeMay, Jr.
University of Nevada, Reno

Patrick M. Woodward
The Ohio State University

Bruce E. Bursten
Worcester Polytechnic Institute

Matthew W. Stoltzfus
The Ohio State University

15ª EDIÇÃO

Química
A Ciência Central

Tradução
Francisco Araújo da Costa

Revisão técnica
Antônio Gerson Bernardo da Cruz
Professor associado do Instituto de Química da Universidade Federal Rural do Rio de Janeiro (UFRRJ).
Doutor em Ciências pela Universidade Federal do Rio de Janeiro (UFRJ).

Porto Alegre
2025

Obra originalmente publicada sob o título *Chemistry: The Central Science*, 15th edition

ISBN 9780137493609

Authorized translation from the English language edition entitled *Chemistry: The Central Science*, 15th edition, by Theodore L. Brown; H. Eugene LeMay, Jr.; Bruce E. Bursten; Catherine J. Murphy; Patrick M. Woodward; Matthew W. Stoltzfus, published by Pearson Education, Inc., publishing as Pearson, Copyright © 2023.

All rights reserved. No part of this book may be reproduced or transmitted in any form or by any means, electronic, or mechanical, including photocopying, recording, or by any storage retrieval system, without permission from Pearson Education, Inc. Portuguese language translation copyright © 2025, by GA Educação LTDA, publishing as Bookman.

Tradução autorizada a partir do original em língua inglesa da obra intitulada *Chemistry: The Central Science*, 15ª edição, autoria de Theodore L. Brown; H. Eugene LeMay, Jr.; Bruce E. Bursten; Catherine J. Murphy; Patrick M. Woodward; Matthew W. Stoltzfus, publicado por Pearson Education, Inc., sob o selo Pearson, Copyright © 2023.

Todos os direitos reservados. Nenhuma parte deste livro poderá ser reproduzida ou transmitida em qualquer forma ou através de qualquer meio, seja mecânico ou eletrônico, inclusive fotorreprografação, ou por qualquer sistema de armazenamento, sem permissão da Pearson Education, Inc.

A edição em língua portuguesa desta obra, Copyright © 2025, é publicada por GA Educação LTDA, sob o selo Bookman.

Coordenador editorial: *Alberto Schwanke*

Editora: *Simone de Fraga*

Preparação de originais: *Ildo Orsolin Filho*

Leitura final: *Denise Weber Nowaczyk*

Capa (arte sobre capa original): *Márcio Monticelli*

Editoração: *Clic Editoração Eletrônica Ltda.*

Reservados todos os direitos de publicação, em língua portuguesa, a
GA EDUCAÇÃO LTDA.
(Bookman é um selo editorial do GA EDUCAÇÃO LTDA.)
Rua Ernesto Alves, 150 – Bairro Floresta
90220-190 – Porto Alegre, RS
Fone: (51) 3027-7000

SAC 0800 703 3444 – www.grupoa.com.br

É proibida a duplicação ou reprodução deste volume, no todo ou em parte, sob quaisquer formas ou por quaisquer meios (eletrônico, mecânico, gravação, fotocópia, distribuição na Web e outros), sem permissão expressa da Editora.

IMPRESSO NO BRASIL
PRINTED IN BRAZIL

A nossos alunos,
cujo entusiasmo e curiosidade
nos inspiraram tantas vezes.
Aprendemos bastante com suas
perguntas e sugestões.

A fotossíntese talvez seja a reação química mais importante da Terra. Estimuladas pela luz solar, moléculas de clorofila nas células vegetais convertem CO_2 e água em oxigênio e glicose. Sem a fotossíntese, os organismos não conseguiriam transformar a energia solar na energia química que sustenta a vida, e a atmosfera terrestre conteria pouquíssimo oxigênio.

AUTORES

Os autores – Brown, LeMay, Bursten, Murphy, Woodward e Stoltzfus – acreditam que a colaboração é um dos componentes que levam ao sucesso. Embora cada autor contribua com seu talento singular, seus próprios interesses de pesquisa e sua experiência como professores, a equipe trabalha em conjunto para avaliar e desenvolver o texto em sua totalidade. Essa colaboração mantém o conteúdo à frente das tendências educacionais e traz inovações contínuas de ensino e aprendizagem ao longo de todo o livro.

Theodore L. Brown obteve o título de Ph.D. pela Michigan State University em 1956. Desde então, tem atuado como membro do corpo docente da University of Illinois, em Urbana-Champaign, onde agora é professor emérito de química. Foi vice-reitor de pesquisa e diretor do departamento de pós-graduação de 1980 a 1986 e diretor fundador do Arnold and Mabel Beckman Institute for Advanced Science and Technology de 1987 a 1993. É membro da equipe de pesquisa da Fundação Alfred P. Sloan e recebeu uma Bolsa Guggenheim. Em 1972, foi premiado pela American Chemical Society por sua pesquisa em química inorgânica e, em 1993, recebeu o American Chemical Society Award for Distinguished Service in the Advancement of Inorganic Chemistry. É membro da American Association for the Advancement of Science, da American Academy of Arts and Sciences e da American Chemical Society.

Eugene H. LeMay, Jr. obteve o título de bacharel em química pela Pacific Lutheran University (Washington) e de Ph.D. em química em 1966 pela University of Illinois, em Urbana-Champaign. Em seguida, juntou-se ao corpo docente da University of Nevada, Reno, onde é professor emérito de química. Foi professor visitante da University of North Carolina, em Chapel Hill; da University College of Wales, na Grã-Bretanha; e da University of California, em Los Angeles. É um professor popular e eficiente que ensinou milhares de alunos durante os mais de 40 anos de sua vida acadêmica. Conhecido pela clareza de suas aulas e por seu senso de humor, recebeu vários prêmios de ensino, incluindo o University Distinguished Teacher of the Year Award (1991) e o primeiro prêmio concedido a professores dado pelo State of Nevada Board of Regents (1997).

Bruce E. Bursten obteve o título de Ph.D. em química pela University of Wisconsin em 1978. Depois de dois anos como pós-doutorando da National Science Foundation na Texas A&M University, juntou-se ao corpo docente da Ohio State University, onde se tornou professor titular. Em 2005, foi para a University of Tennessee, Knoxville, como professor titular de química e diretor da Faculdade de Artes e Ciências. Em 2015, transferiu-se para o Worcester Polytechnic Institute, onde se tornou pró-reitor e professor de química e de bioquímica. É membro da Camille and Henry Dreyfus Foundation Teacher-Scholar, pesquisador da Alfred P. Sloan Foundation e membro da American Association for the Advancement of Science e da American Chemical Society. Prof. Bruce recebeu os seguintes prêmios: o University Distinguished Teaching Award, em 1982 e 1996, o Arts and Sciences Student Council Outstanding Teaching Award, em 1984 e o University Distinguished Scholar Award, em 1990, na Ohio State University. Recebeu também outros prêmios, como o Spiers Memorial Prize e a Medal of Royal Society of Chemistry, em 2003, a Morley Medal da seção de Cleveland da American Chemical Society, em 2005, e o American Chemical Society Award for Distinguished Service in the Advancement of Inorganic Chemistry em 2020. Foi presidente da American Chemical

Society, em 2008. Foi também presidente da Seção de Química da American Association for the Advancement of Science em 2015. O programa de pesquisa do professor Bursten concentra-se em estudos teóricos sobre compostos de metais de transição e actinídeos.

Catherine J. Murphy concluiu o bacharelado em química e em bioquímica pela University of Illinois, em Urbana-Champaign, em 1986. Obteve o título de Ph.D. em química pela University of Wisconsin em 1990. De 1990 a 1993, fez pós-doutorado pela National Science Foundation e pelo National Institutes of Health no California Institute of Technology. Em 1993, juntou-se ao corpo docente da University of South Carolina, Columbia, obtendo a cátedra Guy F. Lipscomb Professor of Chemistry em 2003. Em 2009, foi para a University of Illinois, em Urbana-Champaign, com a cátedra Peter C. and Gretchen Miller Markunas Professor of Chemistry. Ela recebeu os prêmios Camille Dreyfus Teacher-Scholar, Alfred P. Sloan Foundation Research Fellow, Cottrell Scholar of the Research Corporation, National Science Foundation CAREER Award e NSF Award for Special Criativity tanto por seu trabalho de pesquisa quanto pela atuação no ensino. Ela também recebeu os prêmios USC Mortar Board Excellence in Teaching Award, USC Golden Key Faculty Award for Creative Integration of Research and Undergraduate Teaching, USC Michael J. Mungo Undergraduate Teaching Award e USC Outstanding Undergraduate Research Mentor Award. Entre 2006 e 2011, foi editora-chefe do *Journal of Physical Chemistry*; em 2011, tornou-se editora adjunta do *Journal of Physical Chemistry C*. Foi eleita membro da American Association for the Advancement of Science em 2008, da American Chemical Society em 2011, da Royal Society of Chemistry em 2014 e da National Academy of Sciences dos EUA em 2015. Seu programa de pesquisa tem como foco a síntese, as propriedades ópticas, a química de superfície, as aplicações biológicas e as consequências ambientais dos nanomateriais inorgânicos coloidais.

Patrick M. Woodward concluiu o bacharelado em química e em engenharia pela Idaho State University em 1991. Em 1996, obteve o título de mestre em ciência dos materiais e de Ph.D. em química pela Oregon State University. Fez o pós-doutorado no departamento de física do Brookhaven National Laboratory. Em 1998, juntou-se ao corpo docente do departamento de química da Ohio State University. Foi professor visitante na Durham University, no Reino Unido; na Université de Bordeaux, na França; e na University of Sidney, na Austrália. É membro da American Chemical Society e foi premiado com uma bolsa de pesquisa da Fundação Alfred P. Sloan e um Career Award da National Science Foundation. Atuou como vice-diretor de graduação do departamento de química e bioquímica da Ohio State University e como diretor do Programa REEL de Ohio. Sua pesquisa tem como foco a compreensão das relações entre a ligação, a estrutura e as propriedades de materiais inorgânicos em estado sólido.

Matthew W. Stoltzfus concluiu o bacharelado em química pela University of Millersville em 2002 e obteve o título de Ph.D. em química em 2007 pela Ohio State University. Durante dois anos, no pós-doutorado, foi professor assistente no Programa REEL de Ohio, um centro financiado pela National Science Foundation dos EUA que trabalha para levar experimentos de pesquisa autênticos ao currículo geral do laboratório de química de 15 faculdades e universidades em todo o estado de Ohio. Em 2009, juntou-se ao corpo docente da Ohio State University, onde ocupa o cargo de professor sênior. Além de lecionar química geral, Stoltzfus foi membro do grupo Digital First Initiative, que incentiva professores a oferecer conteúdos digitais de aprendizagem para os alunos por meio de tecnologias emergentes. Por meio dessa iniciativa, ele criou um curso de química geral para o iTunes que atraiu mais de 220 mil estudantes de todo o mundo. O curso do iTunes, assim como os vídeos disponíveis em www.drfus.com, foram elaborados para complementar o texto e podem ser utilizados por qualquer aluno de química geral. Stoltzfus recebeu vários prêmios de ensino, incluindo o inédito Ohio State University 2013 Provost Award for Distinguished Teacher by a Lecturer e um Apple Distinguished Educator.

AGRADECIMENTOS

A produção de um livro acadêmico é o resultado do esforço de toda uma equipe e requer o envolvimento de muitas pessoas além dos autores, que contribuíram com trabalho duro e com talento para dar vida a esta edição. Embora o nome de todas essas pessoas não apareça na capa, a criatividade, o tempo e o apoio delas foi fundamental em todas as fases de desenvolvimento e produção.

Cada um de nós foi muito beneficiado pelas discussões com colegas e pela correspondência entre professores e alunos, tanto dos Estados Unidos quanto de outros países. Alguns colegas também ajudaram imensamente ao revisar o nosso trabalho, compartilhar suas ideias e dar sugestões de melhoria. Nesta edição, fomos abençoados com o grupo excepcional de revisores que leu este material, em busca tanto de problemas técnicos quanto de erros ortográficos.

Revisores

Al Nichols, *Jacksonville State University*
Al Rives, *Wake Forest University*
Albert H. Martin, *Moravian College*
Albert Payton, *Broward Community College*
Amanda Howell, *Appalachian State University*
Amy Beilstein, *Centre College*
Amy L. Rogers, *College of Charleston*
Andrew Jones, *Southern Alberta Institute of Technology*
Angel de Dios, *Georgetown University*
Angela King, *Wake Forest University*
Ann Cartwright, *San Jacinto Central College*
Ann Verner, *University of Toronto at Scarborough*
Armin Mayr, *El Paso Community College*
Arthur Low, *Tarleton State University*
Asoka Marasinghe, *Moorhead State University*
B. Edward Cain, *Rochester Institute of Technology*
Barbara Mowery, *York College*
Bernard Powell, *University of Texas*
Beverly Clement, *Blinn College*
Bhavna Rawal, *Houston Community College*
Bill Donovan, *University of Akron*
Bob Pribush, *Butler University*
Bob Zelmer, *The Ohio State University*
Booker Juma, *Fayetteville State University*
Boyd Beck, *Snow College*
Brad Herrick, *Colorado School of Mines*
Brian D. Kybett, *University of Regina*
Brian Gute, *University of Minnesota, Duluth*
Carl A. Hoeger, *University of California, San Diego*
Carmela Byrnes, *Texas A&M University*
Carribeth Bliem, *University of North Carolina, Chapel Hill*
Charity Lovett, *Seattle University*
Charles A. Wilkie, *Marquette University*
Cheryl B. Frech, *University of Central Oklahoma*
Christine Barnes, *University of Tennessee, Knoxville*
Christopher J. Peeples, *University of Tulsa*
Clark L. Fields, *University of Northern Colorado*
Claudia Turro, *The Ohio State University*
Clyde Webster, *University of California at Riverside*
Craig McLauchlan, *Illinois State University*
Daeg Scott Brenner, *Clark University*
Dana Chatellier, *University of Delaware*
Daniel Domin, *Tennessee State University*
Daniel Haworth, *Marquette University*
Daniela Kohen, *Carleton University*
Darren L. Williams, *West Texas A&M University*
David Carter, *Angelo State University*
David Easter, *Southwest Texas State University*
David Frank, *California State University*
David Henderson, *Trinity College*
David Kort, *George Mason University*
David L. Cedeño, *Illinois State University*
David Lehmpuhl, *University of Southern Colorado*
David Lippmann, *Southwest Texas State*
David Shinn, *University of Hawaii at Hilo*
David Soriano, *University of Pittsburgh-Bradford*
David Zax, *Cornell University*
Deborah Hokien, *Marywood University*
Debra Feakes, *Texas State University at San Marcos*
Dennis Taylor, *Clemson University*
Diane Miller, *Marquette University*
Domenic J. Tiani, *University of North Carolina, Chapel Hill*
Donald Bellew, *University of New Mexico*
Donald E. Linn, Jr., *Indiana University–Purdue University Indianapolis*
Donald Kleinfelter, *University of Tennessee, Knoxville*
Donald L. Campbell, *University of Wisconsin*
Doug Cody, *Nassau Community College*
Dwaine Davis, *Forsyth Tech Community College*
Earl L. Mark, *ITT Technical Institute*
Edmund Tisko, *University of Nebraska at Omaha*
Edward Brown, *Lee University*
Edward Vickner, *Gloucester County Community College*
Edward Werner Cook, *Tunxis Community Technical College*
Edward Zovinka, *Saint Francis University*
Elaine Carter, *Los Angeles City College*
Elzbieta Cook, *Louisiana State University*
Emanuel Waddell, *University of Alabama, Huntsville*
Emmanue Ewane, *Houston Community College*
Encarnacion Lopez, *Miami Dade College, Wolfson*
Enriqueta Cortez, *South Texas College*
Eric Goll, *Brookdale Community College*
Eric Miller, *San Juan College*
Eric P. Grimsrud, *Montana State University*
Ernestine Lee, *Utah State University*
Eugene Stevens, *Binghamton University*
Ewa Fredette, *Moraine Valley College*
Gary Buckley, *Cameron University*
Gary G. Hoffman, *Florida International University*
Gary L. Lyon, *Louisiana State University*
Gary Michels, *Creighton University*
Gene O. Carlisle, *Texas A&M University*
George O. Evans II, *East Carolina University*
George P. Kreishman, *University of Cincinnati*
Gita Perkins, *Estrella Mountain Community College*
Gordon Miller, *Iowa State University*
Gray Scrimgeour, *University of Toronto*
Greg Szulczewski, *University of Alabama, Tuscaloosa*
Gregory Alan Brewer, *Catholic University of America*
Gregory M. Ferrence, *Illinois State University*
Gregory Robinson, *University of Georgia*
Hafed Bascal, *University of Findlay*

Agradecimentos

Harold Trimm, *Broome Community College*
Hilary L. Maybaum, *ThinkQuest, Inc.*
Inna Hefley, *Blinn College*
Institute and State University
Ismail Kady, *East Tennessee State University*
Iwao Teraoka, *Polytechnic University*
James A. Boiani, *SUNY Geneseo*
James Donaldson, *University of Toronto*
James E. Russo, *Whitman College*
James Gordon, *Central Methodist College*
James M. Farrar, *University of Rochester*
James P. Schneider, *Portland Community College*
James Symes, *Cosumnes River College*
James Tyrell, *Southern Illinois University*
Jan M. Fleischner, *College of New Jersey*
Janet Johannessen, *County College of Morris*
Jason Coym, *University of South Alabama*
Jason Overby, *College of Charleston*
Jeff Jenson, *University of Findlay*
Jeff McVey, *Texas State University at San Marcos*
Jeffrey A. Rahn, *Eastern Washington University*
Jeffrey Kovac, *University of Tennessee*
Jeffrey Madura, *Duquesne University*
Jennifer Firestine, *Lindenwood University*
Jerry L. Sarquis, *Miami University*
Jerry Suits, *University Northern Colorado*
Jessica Orvis, *Georgia Southern University*
Jesudoss Kingston, *Iowa State University*
Jimmy R. Rogers, *University of Texas at Arlington*
Jo Blackburn, *Richland College*
Joe Franek, *University of Minnesota*
Joe Lazafame, *Rochester Institute of Technology*
Joel Russell, *Oakland University*
John Arnold, *University of California*
John Bookstaver, *St. Charles Community College*
John Collins, *Broward Community College*
John Gorden, *Auburn University*
John Hagadorn, *University of Colorado*
John I. Gelder, *Oklahoma State University*
John J. Alexander, *University of Cincinnati*
John M. DeKorte, *Glendale Community College*
John M. Halpin, *New York University*
John Pfeffer, *Highline Community College*
John Reissner Helen Richter Thomas Ridgway, *University of North Carolina, University of Akron, University of Cincinnati*
John T. Landrum, *Florida International University*
John Vincent, *University of Alabama*

John W. Kenney, *Eastern New Mexico University*
Jordan Fantini, *Denison University*
Joseph Ellison, *United States Military Academy*
Joseph Merola, *Virginia Polytechnic*
Karen Brewer, *Virginia Polytechnic Institute and State University*
Karen Frindell, *Santa Rosa Junior College*
Karen Weichelman, *University of Louisiana-Lafayette*
Kathleen E. Murphy, *Daemen College*
Kathryn Rowberg, *Purdue University at Calumet*
Kathy Nabona, *Austin Community College*
Kathy Thrush Shaginaw, *Villanova University*
Kelly Beefus, *Anoka-Ramsey Community College*
Kenneth A. French, *Blinn College*
Kevin L. Bray, *Washington State University*
Kim Calvo, *University of Akron*
Kim Percell, *Cape Fear Community College*
Kimberly Woznack, *California University of Pennsylvania*
Klaus Woelk, *University of Missouri, Rolla*
Kresimir Rupnik, *Louisiana State University*
Kurt Winklemann, *Florida Institute of Technology*
Larry Manno, *Triton College*
Laurence Werbelow, *New Mexico Institute of Mining and Technology*
Lee Pedersen, *University of North Carolina*
Lenore Rodicio, *Miami Dade College*
Leon Borowski, *Diablo Valley College*
Leslie Kinsland, *University of Louisiana*
Lewis Silverman, *University of Missouri at Columbia*
Lichang Wang, *Southern Illinois University*
Linda M. Wilkes, *University at Southern Colorado*
Lou Pignolet, *University of Minnesota*
Louis J. Kirschenbaum, *University of Rhode Island*
Luther Giddings, *Salt Lake Community College*
Manickham Krishnamurthy, *Howard University*
Marcus T. McEllistrem, *University of Wisconsin*
Margaret Asirvatham, *University of Colorado*
Margie Haak, *Oregon State University*
Maria Vogt, *Bloomfield College*
Marian DeWane, *University California Irvine*

Marie Hankins, *University of Southern Indiana*
Mark G. Rockley, *Oklahoma State University*
Mark Ott, *Jackson Community College*
Mark Schraf, *West Virginia University*
Mary Jane Patterson, *Brazosport College*
Massoud (Matt) Miri, *Rochester Institute of Technology*
Matt Tarr, *University of New Orleans*
Melissa Schultz, *The College of Wooster*
Melita Balch, *University of Illinois at Chicago*
Merrill Blackman, *United States Military Academy*
Michael Denniston, *Georgia Perimeter College*
Michael Greenlief, *University of Missouri*
Michael Hay, *Pennsylvania State University*
Michael J. Sanger, *University of Northern Iowa*
Michael J. Van Stipdonk, *Wichita State University*
Michael Lufaso, *University of North Florida*
Michael O. Hurst, *Georgia Southern University*
Michael Seymour, *Hope College*
Michael Tubergen, *Kent State University*
Michelle Dean, *Kennesaw State University*
Michelle Fossum, *Laney College*
Milton D. Johnston, Jr., *University of South Florida*
Mohammad Moharerrzadeh, *Bowie State University*
N. Dale Ledford, *University of South Alabama*
Nancy De Luca, *University of Massachusetts, Lowell North Campus*
Nancy Peterson, *North Central College*
Narayan Bhat, *University of Texas, Pan American*
Nathan Grove, *University of North Carolina, Wilmington*
Neil Kestner, *Louisiana State University*
Palmer Graves, *Florida International University*
Pamela Marks, *Arizona State University*
Patricia Amateis, *Virginia Polytechnic Institute and State University*
Patrick Donoghue, *Appalachian State University*
Patrick Lloyd, *Kingsborough Community College*
Paul A. Flowers, *University of North Carolina at Pembroke*
Paul Chirik, *Cornell University*
Paul G. Wenthold, *Purdue University*
Paul Gilletti, *Mesa Community College*

Paul Higgs, *Barry University*
Paul Kreiss, *Anne Arundel Community College*
Paula Secondo, *Western Connecticut State University*
Peter Gold, *Pennsylvania State University*
Phil Bennett, *Santa Fe Community College*
Philip Verhalen, *Panola College*
Preston J. MacDougall, *Middle Tennessee State University*
Przemyslaw Maslak, *Pennsylvania State University*
Rachel Campbell, *Florida Gulf Coast University*
Ramón López de la Vega, *Florida International University*
Randy Hall, *Louisiana State University*
Rebecca Barlag, *Ohio University*
Richard Langley, *Stephen F. Austin State University*
Richard Perkins, *University of Louisiana*
Richard S. Treptow, *Chicago State University*
Richard Spinney, *The Ohio State University*
Robert Allendoerfer, *SUNY Buffalo*
Robert C. Pfaff, *Saint Joseph's College*
Robert Carter, *University of Massachusetts at Boston Harbor*
Robert D. Cloney, *Fordham University*
Robert Dunn, *University of Kansas*
Robert Gellert, *Glendale Community College*
Robert H. Paine, *Rochester Institute of Technology*
Robert M. Hanson, *St. Olaf College*
Robert Nelson, *Georgia Southern University*
Robert T. Paine, *University of New Mexico*
Robin Horner, *Fayetteville Tech Community College*
Robley J. Light, *Florida State University*
Roger Frampton, *Tidewater Community College*
Roger K. House, *Moraine Valley College*
Ron Briggs, *Arizona State University*
Ronald Duchovic, *Indiana University– Purdue University at Fort Wayne*
Rosemary Bartoszek-Loza, *The Ohio State University*
Rosemary Loza, *The Ohio State University*
Ross Nord, *Eastern Michigan University*
Russ Larsen, *University of Iowa*
S. K. Airee, *University of Tennessee*
Salah M. Blaih, *Kent State University*
Sandra Anderson, *University of Wisconsin*
Sandra Patrick, *Malaspina University College*
Sarah West, *University of Notre Dame*
Scott Bunge, *Kent State University*
Scott Reeve, *Arkansas State University*
Sergiy Kryatov, *Tufts University*
Shelley Minteer, *Saint Louis University*
Siam Kahmis, *University of Pittsburgh*
Simon Bott, *University of Houston*
Socorro Arteaga, *El Paso Community College*
Stacy Sendler, *Arizona State University*
Stanton Ching, *Connecticut College*
Stephen Block, *University of Wisconsin, Madison*
Stephen Drucker, *University of Wisconsin- Eau Claire*
Stephen Mezyk, *California State University*
Steve Rathbone, *Blinn College*
Steve Wood, *Brigham Young University*
Steven Keller, *University of Missouri*
Steven Rowley, *Middlesex Community College*
Susan M. Shih, *College of DuPage*
Susan M. Zirpoli, *Slippery Rock University*
Tammi Pavelec, *Lindenwood University*
Ted Clark, *The Ohio State University*
Thao Yang, *University of Wisconsin*
Theodore Sakano, *Rockland Community College*
Thomas Edgar Crumm, *Indiana University of Pennsylvania*
Thomas J. Greenbowe, *University of Oregon*
Thomas R. Webb, *Auburn University*
Todd L. Austell, *University of North Carolina, Chapel Hill*
Tom Clayton, *Knox College*
Tom Dowd, *Harper College*
Tony Wallner, *Barry University*
Tracy Morkin, *Emory University*
Troy Wood, *SUNY Buffalo*
Victor Berner, *New Mexico Junior College*
Vince Sollimo, *Burlington Community College*
Wayne Wesolowski, *University of Arizona*
William A. Meena, *Valley College*
William Butler, *Rochester Institute of Technology*
William Cleaver, *University of Vermont*
William Jensen, *South Dakota State University*
William R. Lammela, *Nazareth College*
Yiyan Bai, *Houston Community College*

Também gostaríamos de agradecer aos nossos parceiros da Pearson, que, com trabalho duro, criatividade e comprometimento, contribuíram muito para a versão final desta edição: Deb Harden e Ian Desrosiers, nossa analista de conteúdo e nosso gerente de produto, respectivamente, pelo seu entusiasmo inabalável, encorajamento constante e apoio; John Murdzek, nosso editor de desenvolvimento, cuja ampla experiência, profundo conhecimento de química e atenção minuciosa aos detalhes foram essenciais para esta revisão; Matt Walker, gerente de desenvolvimento de conteúdo, que trouxe sua experiência e inteligência para a supervisão de todo o projeto; e Beth Sweeten, produtora de conteúdo sênior, por nos manter focados e nos ajudar a priorizar as muitas tarefas envolvidas em uma revisão desse nível. Esta revisão não teria sido possível sem o esforço e as orientações dessas pessoas.

Há muitos outros que também merecem agradecimentos especiais: Mary Tindle, nossa editora de produção, cujo conhecimento, conselhos, flexibilidade e comprometimento com a exatidão nos permitiram produzir um livro belo e de altíssima qualidade; e Roxy Wilson (University of Illinois), que coordenou de maneira tão qualificada a difícil tarefa de elaborar resoluções para os exercícios de fim de capítulo. Por fim, gostaríamos de agradecer a nossos familiares e amigos por seu amor, apoio, incentivo e paciência enquanto finalizávamos esta 15ª edição.

Theodore L. Brown
H. Eugene LeMay, Jr.
Bruce E. Bursten
Catherine J. Murphy
Patrick M. Woodward
Matthew W. Stoltzfus

PREFÁCIO

Para o professor

Filosofia

Como autores de *Química: a ciência central*, estamos muito satisfeitos e honrados por você ter nos escolhido para acompanhá-lo no estudo de química geral. Juntos, lecionamos química geral para muitas gerações de estudantes, então entendemos os desafios e as oportunidades envolvidas em ensinar uma disciplina cursada por tantos estudantes. Também atuamos como pesquisadores ativos, que gostam tanto de aprender quanto de fazer descobertas nas ciências químicas. Nossas experiências variadas e abrangentes nos ajudaram para colaborarmos em parceria como coautores deste livro. Ao escrever esta obra, mantivemos o foco nos estudantes: tentamos garantir que o texto fosse atualizado, com as informações corretas, além de uma linguagem clara e fácil de compreender. Nós nos esforçamos para transmitir a abrangência da química e a emoção que os cientistas experimentam ao fazer descobertas que contribuem para a nossa compreensão do mundo físico. Queremos que o aluno perceba que a química não é um campo de conhecimento especializado e separado da maioria dos aspectos da vida moderna; ao contrário, ela é fundamental para que possamos lidar com uma série de temas importantes para a sociedade, incluindo energias renováveis, sustentabilidade ambiental e melhoria da saúde humana. Acima de tudo, queremos oferecer a você e aos seus estudantes as mais eficientes ferramentas de ensino e aprendizagem.

A publicação desta 15ª edição evidencia um registro muito longo da escrita de livros didáticos de sucesso. Somos muito gratos à lealdade e ao apoio que a obra tem recebido ao longo dos anos e estamos cientes da nossa obrigação de justificar todas as novas edições. Começamos a trabalhar em cada edição com uma reflexão intensa a respeito de nossa função como autores, em que nos colocamos diante de questões profundas às quais precisamos responder antes de avançarmos. O que justifica mais uma edição? O que está mudando no mundo, não só no mundo da química, mas também na educação científica e nas qualidades dos alunos que atingimos? Como ajudar nossos estudantes a aprender os princípios da química e, mais ainda, desenvolver o pensamento crítico para que possam pensar como químicos?

Apenas parte das respostas a essas perguntas se encontra nas características da própria disciplina. O desenvolvimento de muitas novas tecnologias mudou o cenário do ensino de ciência em todos os níveis. O uso de recursos *on-line* para o acesso às informações e para a apresentação de materiais de ensino mudou bastante o papel do livro didático, tornando-o mais um elemento entre as muitas ferramentas para o aprendizado do aluno. Nosso desafio como autores é manter o texto como a principal fonte de conhecimento e prática da química e, ao mesmo tempo, integrá-lo às novas formas de aprendizagem possibilitadas pela tecnologia.

Como autores, queremos que este livro seja uma ferramenta central e indispensável para os estudantes. Seja ele físico ou digital, o livro pode ser levado a qualquer lugar e usado a qualquer momento. É o melhor instrumento a que os alunos devem recorrer fora da sala de aula para obter informações, aprender, desenvolver habilidades, usar como referência e preparar-se para provas. O livro proporciona aos alunos, de maneira mais eficaz do que qualquer outro instrumento, uma profundidade de abrangência e um embasamento consistente da química moderna, atendendo aos seus interesses profissionais e, no momento oportuno, preparando-os para cursos de química mais avançados.

Como esta obra deve ser eficiente para ajudá-lo em seu papel de professor, ela é direcionada aos estudantes. Fizemos um esforço para manter o texto claro e interessante, complementado por figuras e ilustrações sempre que possível. O livro conta com uma série de recursos de estudo para os alunos, incluindo objetivos de aprendizagem fáceis de entender, exercícios de autoavaliação para cada seção, descrições meticulosas de estratégias de resolução de problemas e uma ampla variedade de problemas, em diversos formatos, no final de cada capítulo. Esperamos que nossa experiência como professores fique evidente à medida que você avance a leitura, desde a escolha de exemplos até os tipos de auxílio de estudo e de ferramentas motivacionais empregados. Acreditamos que os alunos fiquem mais entusiasmados aprendendo química quando veem a importância da disciplina na relação com seus próprios objetivos e interesses; portanto, destacamos muitas aplicações importantes da química no cotidiano. Esperamos que esse material seja útil.

Um livro é tão útil para os alunos quanto o professor permite que ele seja. Esta obra está repleta de particularidades que auxiliam o aprendizado, orientando os estudantes na compreensão de conceitos e no desenvolvimento de habilidades para resolução de problemas. Há muito conteúdo neste livro; talvez demais para ser absorvido por um aluno em apenas um ano. Assim, cabe ao professor orientar a melhor forma de utilizar o material, de forma que os alunos obtenham o máximo proveito possível do texto e de seus complementos. Os alunos se preocupam com as notas, é claro, mas com um pouco de incentivo eles também se interessarão pelos temas apresentados e se preocuparão com a aprendizagem. Considere enfatizar recursos do livro que os ajudam a valorizar a química, como os quadros *Química e sustentabilidade* e *A química e a vida*, que mostram os impactos da química na vida moderna e sua relação com os processos de saúde e a biologia. Também considere enfatizar a compreensão conceitual (com menos destaque para a simples resolução manipulativa e algorítmica de problemas) e convide os estudantes a utilizar os amplos recursos *on-line* disponíveis.

Organização e conteúdo

Os cinco primeiros capítulos oferecem uma visão macroscópica e fenomenológica da química. Os conceitos básicos introduzidos, como nomenclatura, estequiometria e termoquímica, fornecem a base necessária para muitos dos experimentos de laboratório comumente realizados em química geral. Acreditamos que apresentar a termoquímica no início seja preferível, porque muito da nossa compreensão dos processos químicos baseia-se em análises de mudanças de energia. Ao incorporar as entalpias de ligação ao capítulo sobre termoquímica, buscamos enfatizar a relação entre as propriedades macroscópicas das substâncias e o mundo submicroscópico dos átomos e das ligações. Acreditamos ter alcançado uma abordagem eficaz e equilibrada para o ensino da termoquímica em química geral, bem como ter proporcionado aos estudantes uma introdução a algumas das questões globais que envolvem a produção e o consumo de energia. Não é fácil ensinar uma grande quantidade de conteúdo de alto nível sem recorrer a simplificações exageradas. De forma geral, enfatizamos o entendimento *conceitual*, em vez de apenas apresentar equações em que os alunos devem substituir variáveis por números.

Os quatro capítulos seguintes (Capítulos 6 a 9) abordam a estrutura eletrônica e as ligações químicas. Para estudantes mais avançados, os quadros *Olhando de perto* dos Capítulos 6 e 9 destacam funções de probabilidade radial e fases dos orbitais. Nossa opção de colocar essa última discussão em um quadro *Olhando de perto* no Capítulo 9 permite que aqueles que desejam abordar esse tópico tenham a oportunidade, enquanto outros podem ignorá-lo. Para os professores que preferem abordar átomos primeiro no ensino da química, pode ser uma boa opção começar com os Capítulos 1, 2 e 6 (e trabalhar os conceitos e habilidades de resolução de problemas dos Capítulos 3 a 5 à medida que surgirem, especialmente no laboratório).

Nos Capítulos 10 a 13, o foco do texto muda para o próximo nível de organização da matéria: a análise dos estados da matéria. Os Capítulos 10 e 11 abordam os gases, os líquidos e as forças intermoleculares. Já o Capítulo 12 é dedicado aos sólidos, apresentando uma visão contemporânea do estado sólido e de materiais modernos acessíveis para os alunos de química geral. O Capítulo 12 mostra como conceitos abstratos de ligação química impactam aplicações no mundo real. A organização modular do capítulo permite personalizar a abordagem de forma a enfatizar os materiais (semicondutores, polímeros, nanomateriais, etc.) mais relevantes para os seus alunos e para você. Essa seção do livro conclui com o Capítulo 13, que trata da formação e das propriedades das soluções.

Os capítulos seguintes examinam os fatores que determinam a velocidade e a extensão das reações químicas: cinética (Capítulo 14), equilíbrios (Capítulos 15 a 17), termodinâmica (Capítulo 19) e eletroquímica (Capítulo 20). Nesse grupo de capítulos, também há um sobre química ambiental (Capítulo 18), no qual os conceitos desenvolvidos em capítulos anteriores são aplicados em uma discussão sobre atmosfera e hidrosfera. Esse capítulo está cada vez mais focado na química verde e nos impactos das atividades humanas sobre a água e a atmosfera terrestres e desenvolve muitos dos conceitos introduzidos nos quadros *Química e sustentabilidade*.

Depois de uma discussão sobre a química nuclear (Capítulo 21), o livro termina com três capítulos sobre temas mais amplos. O Capítulo 22 lida com não metais; o Capítulo 23, com a química de metais de transição, incluindo compostos de coordenação; e o Capítulo 24, com a química de compostos orgânicos e temas de bioquímica básica. Esses quatro capítulos finais foram desenvolvidos de forma independente e podem ser estudados em qualquer ordem.

Os capítulos foram organizados em uma sequência padrão, mas reconhecemos que nem todos optam por ensinar os temas na ordem que escolhemos. Portanto, nos asseguramos de que os professores possam fazer alterações na sequência de apresentação dos capítulos sem prejudicar a compreensão do aluno. Muitos professores preferem apresentar o tema dos gases (Capítulo 10) após o ensino da estequiometria (Capítulo 3) em vez de introduzir esse assunto com a apresentação dos estados da matéria. O capítulo sobre gases foi escrito de maneira a permitir essa alteração *sem* que haja interrupção no fluxo de conteúdo. Também é possível abordar as equações de equilíbrio redox (Seções 20.1 e 20.2) antes, após a apresentação das reações redox na Seção 4.4. Por fim, alguns professores gostam de ensinar química orgânica (Capítulo 24) logo após ligações químicas (Capítulos 8 e 9). Essa também é uma modificação que pode ser feita sem causar problemas.

Aproximamos mais os alunos da química orgânica e inorgânica descritiva acrescentando exemplos ao longo de todo o livro. Você vai encontrar exemplos pertinentes e relevantes da química "real", que ilustram princípios e processos, em todos os capítulos. Alguns deles abordam de modo mais direto as propriedades "descritivas" dos elementos e seus compostos, especialmente os Capítulos 4, 7, 11, 18 e 22 a 24. Também incorporamos química orgânica e inorgânica descritiva nos exercícios de fim de capítulo.

Mudanças gerais nesta edição

Como acontece em toda nova edição de *Química: a ciência central*, o livro passou por muitas mudanças para manter o conteúdo atualizado e melhorar a clareza e a eficácia do texto, das ilustrações e dos exercícios. Entre as inúmeras modificações, há certos elementos fundamentais que utilizamos para organizar e guiar o processo de revisão. Essa revisão se organizou em torno das seguintes questões:

- As nossas experiências atuais em sala de aula continuam a inspirar o desenvolvimento de novas ferramentas efetivas para o estudo da química. Em especial, continuamos a desenvolver novas maneiras de fazer desse texto uma ferramenta mais útil e indispensável aos estudantes. Primeiro, adicionamos *objetivos de aprendizagem* a cada seção do texto. Essas metas direcionadas foram elaboradas para serem acessíveis e fáceis de entender e enfatizarem conceitos importantes, com metas realistas para os estudantes. O quadro no início de cada seção contém até seis objetivos de aprendizagem para o leitor. Além disso, no final de cada seção, adicionamos um conjunto de *exercícios de autoavaliação* para que os alunos possam realizar um "teste que não vale nota" à medida que avançam pelo texto. Tomamos o cuidado de garantir que haja ao menos um exercício de avaliação abordando cada objetivo de aprendizagem. Esses exercícios são estruturados na forma de questões de múltipla escolha, com respostas erradas (distratores) escolhidas para revelar equívocos e erros comuns. As respostas, tanto as corretas quanto as incorretas, contêm *feedback* escrito pelos autores para ajudar os estudantes a reconhecer seus erros. Elas também oferecem dicas para ajudá-los a encontrar o caminho certo caso selecionem a resposta errada. Essa alteração na estrutura organizacional do livro significa que, em comparação com as edições anteriores, algumas seções foram combinadas com outras.
- Há uma série de perguntas de *simulado* no final de cada capítulo. São questões de múltipla escolha ligadas aos *objetivos de aprendizagem* do capítulo e representam um teste que os estudantes podem realizar por conta própria. Assim como no caso dos exercícios de autoavaliação, cada resposta contém *feedback* claro e conciso, elaborado pelos autores.
- Por ser a ciência central, a química está intimamente ligada a questões maiores, como mudança climática, uso de energia, abundância de água limpa, insegurança alimentar, entre

Prefácio XV

outras. Por isso, muitos dos quadros *Química aplicada* foram revistos e transformados em quadros *Química e sustentabilidade,* para destacar como os químicos contribuem para o entendimento e a busca de uma sociedade sustentável. Mantivemos o foco nos aspectos positivos da química, mas sem negligenciar os problemas que podem surgir em um mundo cada vez mais tecnológico. Nosso objetivo é ajudar os alunos a apreciar a perspectiva da química real e entender como a química afeta a vida de cada um. Para trabalhar algumas das questões mais urgentes da sociedade atual, foram adicionados diversos novos quadros, incluindo uma introdução a eles no Capítulo 1, que destaca os *Objetivos de Desenvolvimento Sustentável da ONU.*

- Os *exercícios adicionais* no final de cada capítulo não são mais separados em "exercícios adicionais" e "exercícios integradores" e não há mais colchetes para indicar problemas particularmente difíceis. Para o estudante, essa alteração simula melhor o ambiente do mundo real, já que não há esse tipo de diferenciação em provas e testes.
- Ao longo do livro, foram atualizadas a tabela periódica e as constantes numéricas. Por exemplo, em 2019, os valores do número de Avogadro e de diversas outras constantes físicas foram redefinidos, e o livro inclui esses valores atualizados.
- Os leitores mais atentos notarão que o quadro *Reflita* foi eliminado, o que torna a experiência de leitura menos fragmentada. As melhores perguntas dos quadros *Reflita* foram reformuladas como questões de múltipla escolha e integradas aos exercícios de autoavaliação e simulados.

Mudanças nesta edição em capítulos específicos

No Capítulo 1 se mantém a tendência da 14ª edição de enfatizar, desde o início, a importância da energia. A inclusão da energia no primeiro capítulo cria uma flexibilidade muito maior em relação à ordem de leitura dos capítulos subsequentes. Os quadros *Química e sustentabilidade* são introduzidos nele para contextualizar o entendimento de que, historicamente, a química teve impactos tanto positivos quanto negativos na sustentabilidade. Em comparação com as edições anteriores, a discussão sobre algarismos significativos foi aprofundada.

No Capítulo 2, o estudo sobre a nomenclatura da química orgânica foi ampliado para corresponder à seção de longa data sobre nomenclatura inorgânica. Para isso, parte do material do Capítulo 24 foi transferida, incluindo os exercícios de final de capítulo. Ácidos inorgânicos, como o HCl, e ácidos orgânicos, como o ácido acético, agora são diferenciados com clareza.

No Capítulo 5, a discussão sobre energia foi atualizada e ampliada, especialmente na seção sobre alimentos e combustíveis, para associá-la ao tópico de sustentabilidade enfatizado no texto.

No Capítulo 6, foi adicionada uma nova figura, de (quase) uma página inteira, que mostra a relação entre a função de onda, a densidade de probabilidade e a função de probabilidade radial para os orbitais 1s, 2s e 3s. Ao mostrar as funções de onda de maneira explícita, os professores que desejarem cobrir as fases dos orbitais poderão ter um embasamento muito melhor.

No Capítulo 10, descrevemos quantitativamente a velocidade média das moléculas de gás, bem como a velocidade média quadrática e a velocidade mais provável. A discussão sobre difusão e caminho livre médio foi ampliada para apresentar o conceito de passeio aleatório aos estudantes.

No Capítulo 13, foi bastante expandida a explicação sobre por que a solubilidade dos solutos gasosos e sólidos normalmente varia na direção oposta com a temperatura. Os efeitos da entropia foram enfatizados na medida do possível para esse capítulo, em que a entropia é apresentada pela primeira vez, mas não trabalhada em detalhes. Em reconhecimento à interação complexa entre entalpia e entropia, alguns detalhes foram deixados para o Capítulo 19. Foi adicionado um novo material que explora o uso de osmose reversa na dessalinização da água dos oceanos (parte desse material estava no Capítulo 18).

No Capítulo 14, algumas seções trocaram de nome para refletir melhor o seu conteúdo. Foi adicionado um novo quadro *Olhando de perto* sobre reações controladas por difusão e reações controladas por ativação, algo muito relevante para mecanismos de reação.

No Capítulo 15, a discussão sobre o processo de Haber foi ampliada para mostrar as consequências positivas e negativas do processo em relação à sustentabilidade: a importância do processo de Haber para enfrentar a insegurança alimentar em comparação com o enorme consumo de energia e a pegada de carbono do processo.

No Capítulo 16, a discussão sobre ácidos e bases de Lewis foi transferida do final do capítulo para a primeira seção, em que são apresentadas as definições de ácidos e bases de Arrhenius e de Brønsted-Lowry. Essa reorganização torna mais natural a análise sobre as propriedades acídicas de cátions pequenos com cargas elevadas na seção sobre as propriedades ácido-base de soluções salinas.

No Capítulo 17, o título foi alterado para esclarecer o seu conteúdo (tampões, titulações, equilíbrios de solubilidade).

Muitos tópicos do Capítulo 18 (buraco da camada de ozônio, níveis de CO_2 atmosférico, chuva ácida, acidificação dos oceanos, etc.) estão em constante mudança. O material foi revisado para refletir os dados mais atuais e o consenso científico sobre tendências futuras.

No Capítulo 19, reescrevemos as seções iniciais para facilitar a compreensão dos conceitos de processo espontâneo, não espontâneo, reversível e irreversível e suas relações. Essas melhorias levaram a uma definição mais clara de entropia. O quadro sobre entropia e sociedade humana foi reformulado para um quadro *Química e sustentabilidade,* com maior ênfase nos aspectos de sustentabilidade da segunda lei da termodinâmica.

No Capítulo 21, a análise sobre as diversas maneiras de gerar eletricidade foi revisada. Também foi adicionada uma seção sobre os riscos do radônio ambiental à saúde.

Por fim, no Capítulo 24, foi adicionado um novo quadro *A química e a vida* sobre a covid-19 e as vacinas de mRNA.

Para o estudante

Esta edição do *Química: a ciência central* foi escrita para apresentar a química moderna para você. Como autores, nosso papel é, junto ao professor, ajudá-lo no aprendizado da química. Com base nos comentários de alunos e professores que utilizaram as edições anteriores, acreditamos estar realizando essa tarefa de maneira satisfatória, mas é claro que esperamos que a obra melhore mais ainda a cada nova edição. Por isso, convidamos você a nos escrever para contar o que achou do livro e no que ele mais o ajudou. Além disso, esperamos aprender com nossos erros para aprimorar ainda mais esse texto no futuro.

Recomendações para o aprendizado e o estudo da química

O aprendizado da química requer a assimilação de muitos conceitos e o desenvolvimento de habilidades analíticas. Incluímos neste livro muitas ferramentas para ajudá-lo a ter sucesso em ambas as tarefas, mas você também precisará desenvolver bons hábitos de estudo. Cursos de ciências – e de química, particularmente – exigem habilidades de aprendizagem diferentes das de outras áreas. As seguintes dicas são um guia para auxiliá-lo nesse trajeto:

Não fique para trás! À medida que o curso avança, novos tópicos serão desenvolvidos com base em conteúdos já apresentados. Se você não mantiver sua leitura e sua capacidade de resolução de problemas em dia, vai achar muito mais difícil acompanhar as aulas e os debates sobre os novos temas. Professores experientes sabem que os estudantes que leem partes relevantes do texto *antes* da aula aprendem mais em sala e retêm mais informações. Pesquisas demonstram que passar a noite em claro estudando na véspera de uma prova não é uma maneira eficiente de estudar qualquer assunto, inclusive a química.

Foque nos seus estudos. A quantidade de informações que você deve absorver pode parecer esmagadora às vezes. Para tentar ajudá-lo, incorporamos os *objetivos de aprendizagem* no início de cada seção ao longo dos capítulos, além de *exercícios de autoavaliação* ao final de cada seção, para que você possa testar o seu conhecimento. No final dos capítulos, questões de *simulado* funcionam como um teste de múltipla escolha para treinar. Durante o seu tempo em sala de aula com o professor, é essencial reconhecer os conceitos e as habilidades mais importantes. Preste atenção ao que o seu professor enfatiza. Quando estudar os *exercícios resolvidos* e resolver suas tarefas de casa, tente perceber quais são os princípios gerais e as habilidades que eles usam. Pense na seção *O que veremos*, no início de cada capítulo, como um guia dos pontos importantes. Uma única leitura do capítulo não será suficiente para aprender os conceitos apresentados nem para desenvolver as habilidades para a resolução de problemas. Você terá de examinar mais de uma vez o conteúdo. Não pule os quadros *Resolva com ajuda da figura*, os *exercícios resolvidos* ou a seção *Para praticar*. É com eles que você poderá avaliar se está aprendendo, além de poder se preparar para as provas. As *equações-chave* do final dos capítulos também devem ajudá-lo a focar em seus estudos.

Faça anotações em sala de aula. As anotações que você fizer em sala de aula fornecerão um registro claro e conciso do que seu professor considera mais importante de aprender com o material. Usar suas anotações com este livro é a melhor maneira de determinar o que você deve estudar.

Leia os tópicos do texto antes que eles sejam abordados em aula. Será mais fácil fazer anotações durante a aula se você tiver lido superficialmente os tópicos que serão abordados. Primeiro, leia os pontos da seção *O que veremos* e o resumo que está no fim do capítulo. Depois, leia rapidamente todo o conteúdo do capítulo, pulando os *exercícios resolvidos* e as seções suplementares. Ao examinar os títulos e subtítulos, você terá a dimensão do conteúdo que será abordado. Evite pensar que você deve aprender e compreender tudo de imediato.

Prepare-se para as aulas. Mais do que nunca, professores não estão usando o período de aula somente como um canal de comunicação com o estudante. Em vez disso, eles esperam que os alunos entrem na aula prontos para trabalhar na resolução de problemas e pensar de maneira crítica. Ir para a aula despreparado não é uma boa ideia em qualquer ambiente universitário, e com certeza não é uma opção para uma sala de aula de aprendizagem ativa se você quer ter sucesso no curso.

Depois da aula, leia com atenção os tópicos abordados em sala. Durante a leitura, preste atenção nos conceitos apresentados e na sua aplicação nos *exercícios resolvidos*. Uma vez que você tenha compreendido um *exercício resolvido*, teste seu conhecimento ao solucionar um exercício *Para praticar*.

Aprenda a linguagem da química. Ao estudar química, você vai encontrar muitas palavras novas. É importante prestar atenção nessas palavras e conhecer seus significados ou a que elas se referem. Saber identificar substâncias químicas a partir de seus nomes é uma habilidade importante que pode ajudá-lo a evitar erros nas provas. Por exemplo, "cloro" e "cloreto" são coisas diferentes.

Tente fazer os exercícios de fim de capítulo. Fazer os exercícios selecionados pelo professor proporciona a você a prática necessária para memorizar e utilizar as ideias essenciais do capítulo. Não é possível aprender apenas observando; você precisa praticar. Além disso, é importante não consultar as respostas (se você tiver acesso a elas) até que tenha se esforçado de verdade para resolver o exercício sozinho. No entanto, se você ficar preso a um exercício, peça a ajuda do professor, de um monitor ou de outro aluno. Em geral, gastar mais de 20 minutos em um único exercício não é eficiente, a não ser que você tenha certeza de que ele é particularmente desafiador.

Aprenda a pensar como um cientista. Este livro foi escrito por cientistas que amam a química. Nós o incentivamos a desenvolver suas habilidades de pensamento crítico e a aproveitar os recursos desta edição, como os exercícios que enfatizam a aprendizagem conceitual e os exercícios da seção *Elabore um experimento*.

Use os recursos. Alguns assuntos são aprendidos com mais facilidade por meio do experimento e da descoberta, enquanto outros são mais bem demonstrados em três dimensões.

A conclusão é: trabalhe duro, estude de maneira eficiente e utilize as ferramentas disponíveis para você, incluindo este livro. Queremos ajudá-lo a aprender mais sobre o mundo da química e a descobrir por que a química é a ciência central. Se você aprender química de verdade, pode se tornar o centro das atenções, impressionar seus amigos e seus pais e, claro, pode passar no curso com uma boa nota.

Os autores

SUMÁRIO

1. Introdução: Matéria, energia e medidas **1**
2. Átomos, moléculas e íons **41**
3. Reações químicas e estequiometria de reação **85**
4. Reações em solução aquosa **119**
5. Termoquímica **161**
6. Estrutura eletrônica dos átomos **211**
7. Propriedades periódicas dos elementos **255**
8. Conceitos básicos da ligação química **297**
9. Geometria molecular e teorias das ligações **335**
10. Gases **391**
11. Líquidos e forças intermoleculares **431**
12. Sólidos e materiais modernos **469**
13. Propriedades das soluções **521**
14. Cinética química **565**
15. Equilíbrio químico **621**
16. Equilíbrio ácido-base **661**
17. Equilíbrios aquosos: tampões, titulações e solubilidade **713**
18. Química ambiental **763**
19. Termodinâmica química **799**
20. Eletroquímica **839**
21. Química nuclear **891**
22. Química dos não metais **933**
23. Metais de transição e química de coordenação **977**
24. A química da vida: química orgânica e biológica **1021**

APÊNDICES

- A Operações matemáticas **1069**
- B Propriedades da água **1076**
- C Grandezas termodinâmicas para substâncias selecionadas a 298,15 K (25 °C) **1077**
- D Constantes de equilíbrio em meio aquoso **1081**
- E Potenciais padrão de redução a 25 °C **1083**

RESPOSTAS DOS EXERCÍCIOS EM VERMELHO 1085

RESPOSTAS DO SIMULADO 1111

GLOSSÁRIO 1115

CRÉDITOS DAS ILUSTRAÇÕES 1133

ÍNDICE 1135

20. Eletroquímica   835

ÍNDICE   1155

SUMÁRIO DETALHADO

1 Introdução: Matéria, energia e medidas 1

1.1 Estudo da Química 2
A perspectiva atômica e molecular da Química 2
Por que estudar Química? 3

1.2 Classificações da matéria 4
Estados da matéria 4   Substâncias puras 5
Elementos 6   Compostos 6   Misturas 8

1.3 Propriedades da matéria 10
Tipos de propriedades das substâncias 10
Transformações físicas e químicas 10
Separação de misturas 11

1.4 A natureza da energia 13
Trabalho e calor 13   Energia cinética e energia potencial 13

1.5 Unidades de medida 16
O sistema métrico e as unidades do SI 16
Comprimento e massa 18   Temperatura 18
Unidades derivadas 19   Unidades de energia 21

1.6 Incerteza nas medidas e algarismos significativos 23
Números exatos e inexatos 23   Precisão e exatidão 23   Algarismos significativos 23
Algarismos significativos em cálculos 25

1.7 Análise dimensional 28
Fatores de conversão 28   Como utilizar dois ou mais fatores de conversão 29   Cálculos com fator de conversão elevado a uma potência 30

Resumo do capítulo e termos-chave 33
Equações-chave 33   Simulado 33   Exercícios 34
Exercícios adicionais 39

Química e sustentabilidade   Uma introdução 15
Olhando de perto   O método científico 22
Estratégias para o sucesso   Como estimar respostas 28
Estratégias para o sucesso   A importância da prática – Como utilizar este livro 32

2 Átomos, moléculas e íons 41

2.1 Teoria atômica da matéria 42

2.2 Descoberta da estrutura atômica 43
Raios catódicos e elétrons 43
Radioatividade 45   Modelo nuclear do átomo 46

2.3 Visão moderna da estrutura atômica 48
Números atômicos, números de massa e isótopos 49

2.4 Massas atômicas 51
Escala de massa atômica 51   Massa atômica 51

2.5 Tabela periódica 53

2.6 Moléculas e compostos moleculares 56
Moléculas e fórmulas químicas 56
Fórmulas moleculares e empíricas 57
Representando moléculas 57

2.7 Íons e compostos iônicos 59
Como prever cargas iônicas 60   Compostos iônicos 61

2.8 Nomenclatura de compostos inorgânicos 63
Nomes e fórmulas de compostos iônicos 63
Nomes e fórmulas dos ácidos inorgânicos 67
Nomes e fórmulas de compostos moleculares binários 68

2.9 Alguns compostos orgânicos simples 69
Alcanos 70   Isômeros 70   Nomenclatura de alcanos 71   Álcoois e ácidos carboxílicos 73

Resumo do capítulo e termos-chave 76
Equações-chave 77   Simulado 77   Exercícios 77
Exercícios adicionais 83

Olhando de perto   Forças básicas 49
Olhando de perto   Espectrômetro de massa 52
A química e a vida   Elementos químicos necessários para organismos vivos 62
Estratégias para o sucesso   Como fazer uma prova 75

Sumário detalhado

3 Reações químicas e estequiometria de reação 85

3.1 Equações químicas 86
Balanceamento de equações 86 Exemplo passo a passo de balanceamento de uma equação química 87 Como indicar os estados de reagentes e produtos 89

3.2 Padrões simples de reatividade química 90
Reações de combinação e decomposição 90 Reações de combustão 92

3.3 Massas moleculares 93
Peso molecular e massa molecular 93 Composição percentual a partir das fórmulas químicas 94

3.4 Número de Avogadro e mol 95
Massa molar 96 Conversões entre massas, mols e números de partículas 98

3.5 Fórmulas empíricas a partir de análises 99
Fórmulas moleculares a partir de fórmulas empíricas 100 Análise por combustão 101

3.6 Informações quantitativas a partir de equações balanceadas 103

3.7 Reagentes limitantes 106
Rendimentos teóricos e percentuais 108

Resumo do capítulo e termos-chave 109
Equações-chave 110 Simulado 110
Exercícios 111 Exercícios adicionais 117
Elabore um experimento 118

Química e sustentabilidade O cimento e as emissões de CO_2 91

Estratégias para o sucesso Resolução de problemas 95

Estratégias para o sucesso Elabore um experimento 109

4 Reações em solução aquosa 119

4.1 Propriedades gerais das soluções aquosas 120
Eletrólitos e não eletrólitos 120 Como os compostos são dissolvidos na água 121 Eletrólitos fortes e fracos 122

4.2 Reações de precipitação 123
Regras de solubilidade para compostos iônicos 124 Reações de troca (metátese) 125 Equações iônicas e íons espectadores 126

4.3 Ácidos, bases e reações de neutralização 128
Ácidos 128 Bases 129 Ácidos e bases fortes e fracos 129 Identificação de eletrólitos fortes e fracos 130 Reações de neutralização e sais 131 Reações de neutralização com formação de gás 132

4.4 Reações de oxirredução 135
Oxidação e redução 135
Números de oxidação 136 Oxidação de metais por ácidos e sais 138 A série de reatividade 139

4.5 Concentrações de soluções 142
Concentração em quantidade de matéria 142 Como expressar a concentração de um eletrólito 143 Como converter entre concentração em quantidade de matéria, quantidade de matéria (em mols) e volume 144 Diluição 145

4.6 Estequiometria da solução e análise química 147
Titulações 148

Resumo do capítulo e termos-chave 152
Equações-chave 153 Simulado 153
Exercícios 154 Exercícios adicionais 158
Elabore um experimento 160

A química e a vida Ácidos do estômago e antiácidos 134

Química e sustentabilidade Chuva ácida 135

Estratégias para o sucesso Análise de reações químicas 142

5 Termoquímica 161

5.1 A natureza da energia química 162

5.2 A primeira lei da termodinâmica 164
Sistema e vizinhança 165 Energia interna 165 Relação de ΔE com calor e trabalho 166 Processos endotérmicos e exotérmicos 168 Funções de estado 168

5.3 Entalpia 170
Trabalho pressão-volume 171 Variação de entalpia e calor 172

5.4 Entalpias de reação 174

5.5 Calorimetria 177
Capacidade calorífica e calor específico 177
Calorimetria a pressão constante 178
Bomba calorimétrica (calorimetria a volume constante) 180

5.6 Lei de Hess 182

5.7 Entalpias de formação 184
Como usar entalpias de formação para calcular entalpias de reação 186

Sumário detalhado xxi

5.8 **Entalpias de ligação** 188
Entalpias de ligação e entalpias de reação 190

5.9 **Alimentos e combustíveis** 192
Alimentos 192 Combustíveis 194 Outras fontes de energia 195

Resumo do capítulo e termos-chave 198
Equações-chave 199 Simulado 199
Exercícios 201 Exercícios adicionais 209
Elabore um experimento 210

Olhando de perto Energia, entalpia e trabalho P-V 173
Olhando de perto Usando a entalpia como um guia 176
A química e a vida A regulação da temperatura corporal 181
Química e sustentabilidade Os desafios científicos e políticos dos biocombustíveis 196

6 Estrutura eletrônica dos átomos 211

6.1 **Natureza ondulatória da luz** 212
6.2 **Energia quantizada e fótons** 214
Objetos quentes e a quantização da energia 214 O efeito fotoelétrico e os fótons 215
6.3 **Espectros de linhas e o modelo de Bohr** 217
Espectros de linhas 217 Modelo de Bohr 218 Os estados de energia do átomo de hidrogênio 219 Limitações do modelo de Bohr 222
6.4 **Comportamento ondulatório da matéria** 222
O princípio da incerteza 223
6.5 **Mecânica quântica e orbitais atômicos** 225
Orbitais e números quânticos 226
6.6 **Representações dos orbitais** 229
Os orbitais s 229 Os orbitais p 232 Os orbitais d e f 232
6.7 **Átomos polieletrônicos** 234
Orbitais e suas energias 234 O spin eletrônico e o princípio de exclusão de Pauli 234
6.8 **Configurações eletrônicas** 235
Regra de Hund 237 Configurações eletrônicas condensadas 238 Metais de transição 239 Lantanídeos e actinídeos 240
6.9 **Configurações eletrônicas e tabela periódica** 240
Configurações eletrônicas anômalas 243

Resumo do capítulo e termos-chave 244
Equações-chave 246 Simulado 246
Exercícios 247 Exercícios adicionais 252
Elabore um experimento 254

Olhando de perto A medida e o princípio da incerteza 224
Olhando de perto O gato de Schrödinger e a computação quântica 227
A química e a vida Spin nuclear e ressonância magnética 236

7 Propriedades periódicas dos elementos 255

7.1 **Desenvolvimento da tabela periódica** 256
7.2 **Carga nuclear efetiva** 257
7.3 **Tamanhos de átomos e íons** 261
Tendências periódicas dos raios atômicos 263 Tendências periódicas de raios iônicos 263 Configurações eletrônicas de íons 264
7.4 **Energia de ionização e afinidade eletrônica** 267
Variações nas energias de ionização sucessivas 268 Tendências periódicas das primeiras energias de ionização 269 Afinidade eletrônica 270 Tendências periódicas da afinidade eletrônica 271
7.5 **Metais, não metais e metaloides** 272
Metais 272 Não metais 275 Metaloides 276
7.6 **Tendências dos metais dos grupos 1A e 2A** 276
Grupo 1A: metais alcalinos 276
Grupo 2A: metais alcalino-terrosos 280
7.7 **Tendências de grupo para alguns não metais** 281
Hidrogênio 281 Grupo 6A: os calcogênios 282 Grupo 7A: os halogênios 283 Grupo 8A: gases nobres 285

Resumo do capítulo e termos-chave 287
Equações-chave 287 Simulado 288
Exercícios 289 Exercícios adicionais 293
Elabore um experimento 296

Olhando de perto Estimando a carga nuclear efetiva 260
Química e sustentabilidade Tamanho iônico e baterias de íons de lítio 266
A química e a vida O desenvolvimento improvável de drogas de lítio 279

8 Conceitos básicos da ligação química 297

8.1 Símbolos de Lewis e regra do octeto 298
A regra do octeto 298

8.2 Ligação iônica 299
Energética da formação das ligações iônicas 300 Configurações eletrônicas de íons dos elementos dos blocos s e p 301 Os íons de metais de transição 302

8.3 Ligação covalente 304
Estruturas de Lewis 304 Ligações múltiplas 305

8.4 Polaridade da ligação e eletronegatividade 306
Eletronegatividade 307 Eletronegatividade e polaridade da ligação 307 Momentos de dipolo 308 Comparação entre ligações iônicas e covalentes 311

8.5 Representação das estruturas de Lewis 312
Carga formal e estruturas de Lewis alternativas 314

8.6 Estruturas de ressonância 317
Ressonância no benzeno 318

8.7 Exceções à regra do octeto 320
Número ímpar de elétrons 320 Menos de um octeto de elétrons de valência 320 Mais de um octeto de elétrons de valência 321

8.8 Forças e comprimentos de ligações simples e múltiplas 323

Resumo do capítulo e termos-chave 326
Equações-chave 326 Simulado 327
Exercícios 327 Exercícios adicionais 332
Elabore um experimento 334

Olhando de perto Cálculo das energias reticulares: o ciclo de Born-Haber 303
Olhando de perto Números de oxidação, cargas formais e cargas parciais reais 316

9 Geometria molecular e teorias das ligações 335

9.1 Geometrias moleculares 336

9.2 Modelo VSEPR 338
Como aplicar o modelo VSEPR para prever a geometria molecular 339 Efeito dos elétrons não ligantes e das ligações múltiplas nos ângulos das ligações 343 Moléculas com camadas de valência expandidas 343 Formas de moléculas maiores 346

9.3 Geometria molecular e polaridade molecular 347

9.4 Ligação covalente e sobreposição orbital 350

9.5 Orbitais híbridos 352
Orbitais híbridos sp 352 Orbitais híbridos sp^2 e sp^3 353 Moléculas hipervalentes 354 Resumo dos orbitais híbridos 356

9.6 Ligações múltiplas 358
Estruturas ressonantes, deslocalização eletrônica e ligações π 361 Conclusões gerais sobre ligações σ e π 363

9.7 Orbitais moleculares 365
Orbitais moleculares da molécula de hidrogênio 365 Ordem de ligação 367

9.8 Descrição dos orbitais moleculares de moléculas diatômicas do segundo período 370
Orbitais moleculares do Li_2 e do Be_2 371 Orbitais moleculares a partir de orbitais atômicos $2p$ 371 Configurações eletrônicas do B_2 até o Ne_2 373 Configurações eletrônicas e propriedades moleculares 375 Moléculas diatômicas heteronucleares 376

Resumo do capítulo e termos-chave 379
Equações-chave 380 Simulado 380
Exercícios 382 Exercícios adicionais 387
Elabore um experimento 390

A química e a vida A química da visão 363
Olhando de perto Fases nos orbitais atômicos e moleculares 368
Química e sustentabilidade Orbitais e energia solar 378

10 Gases 391

10.1 Características físicas dos gases 392
Pressão 392 Pressão atmosférica e barômetro 393

10.2 Leis dos gases 396
Relação entre a pressão e o volume: lei de Boyle 396 Relação entre temperatura e volume: lei de Charles 397 Relação entre quantidade e volume: lei de Avogadro 397

10.3 Equação do gás ideal 399
Relacionando a equação do gás ideal e as leis dos gases 401 Densidades e massa molar dos gases 402 Volumes de gases em reações químicas 404

Sumário detalhado xxiii

10.4 Misturas de gases e pressões parciais 405
Pressões parciais e frações molares 406

10.5 Teoria cinética-molecular dos gases 408
Distribuições da velocidade molecular 408   Aplicação da teoria cinética-molecular à lei dos gases 409

10.6 Velocidades moleculares, efusão e difusão 411
Lei de efusão de Graham 412   Difusão e caminho livre médio 413

10.7 Gases reais: desvios do comportamento ideal 415
Equação de van der Waals 418

Resumo do capítulo e termos-chave 420
Equações-chave 421   Simulado 421
Exercícios 422   Exercícios adicionais 428
Elabore um experimento 430

Estratégias para o sucesso   Cálculos que envolvem muitas variáveis 400
Olhando de perto   Equação do gás ideal 410
Química e sustentabilidade   Hidrogênio e hélio 414

11 Líquidos e forças intermoleculares 431

11.1 Comparação molecular entre gases, líquidos e sólidos 432

11.2 Forças intermoleculares 433
Forças de dispersão 434   Interações dipolo-dipolo 436   Ligações de hidrogênio 437   Forças íon–dipolo 440   Comparação de forças intermoleculares 440

11.3 Principais propriedades dos líquidos 442
Viscosidade 442   Tensão superficial 442   Ação capilar 443

11.4 Mudanças de fase 445
Variações de energia que acompanham as mudanças de fase 445   Curvas de aquecimento 446   Temperatura e pressão crítica 448

11.5 Pressão de vapor 449
Volatilidade, pressão de vapor e temperatura 450
Pressão de vapor e ponto de ebulição 450

11.6 Diagramas de fases 452
Diagramas de fases do H_2O e do CO_2 453

11.7 Cristais líquidos 455
Tipos de cristal líquido 455

Resumo do capítulo e termos-chave 458
Simulado 458   Exercícios 460   Exercícios adicionais 466   Elabore um experimento 468

Química e sustentabilidade   Líquidos iônicos 444
Olhando de perto   Equação de Clausius-Clapeyron 451

12 Sólidos e materiais modernos 469

12.1 Classificação e estruturas dos sólidos 470
Sólidos amorfos e cristalinos 471   Células unitárias e estruturas cristalinas 471   Preenchendo a célula unitária 473

12.2 Sólidos metálicos 475
Estruturas dos sólidos metálicos 475   Empacotamento denso 477   Ligas 480

12.3 Ligação metálica 482
Modelo do mar de elétrons 482   O modelo do orbital molecular e a estrutura eletrônica de banda 483

12.4 Sólidos iônicos 486
Estruturas de sólidos iônicos 486

12.5 Sólidos moleculares e de rede covalente 490
Semicondutores 492   Dopagem de semicondutores 494

12.6 Polímeros 497
Produção de polímeros 497
Estrutura e propriedades físicas de polímeros 501

12.7 Nanomateriais 503
Semicondutores em nanoescala 503   Metais em nanoescala 504   Carbono em nanoescala 505

Resumo do capítulo e termos-chave 508
Equações-chave 510   Simulado 510
Exercícios 511   Exercícios adicionais 518
Elabore um experimento 520

Olhando de perto   Difração de raios X 474
Química e sustentabilidade   Iluminação de estado sólido 495
Química e sustentabilidade   Materiais modernos em automóveis 500
Química e sustentabilidade   Materiais microporosos e mesoporosos 505

xxiv Sumário detalhado

13 Propriedades das soluções 521

13.1 Processo de dissolução 522
Tendência natural para a mistura 522 Efeito das forças intermoleculares na formação da solução 523 Energética da formação de uma solução 523 Formação de solução e reações químicas 525

13.2 Soluções saturadas e solubilidade 526

13.3 Fatores que afetam a solubilidade 528
Interações soluto-solvente 528 Efeitos da pressão 531 Efeitos da temperatura 533

13.4 Expressando a concentração de uma solução 535
Percentual em massa, ppm e ppb 535 Fração molar, concentração em quantidade de matéria e molalidade 536 Conversão de unidades de concentração 537

13.5 Propriedades coligativas 539
Redução da pressão de vapor 539 Elevação do ponto de ebulição 541 Redução do ponto de congelamento 542 Osmose 545 Determinação da massa molar a partir de propriedades coligativas 547

13.6 Coloides 549
Coloides hidrofílicos e hidrofóbicos 551 Movimento coloidal em líquidos 553

Resumo do capítulo e termos-chave 554
Equações-chave 555 Simulado 555
Exercícios 557 Exercícios adicionais 562
Elabore um experimento 564

A química e a vida Vitaminas solúveis em gordura ou em água 531
Olhando de perto Soluções ideais com dois ou mais componentes voláteis 541
Olhando de perto O fator de van't Hoff 544
Química e sustentabilidade Dessalinização e osmose reversa 549
A química e a vida Anemia falciforme 552

14 Cinética química 565

14.1 Velocidade das reações 566
Variação da velocidade com o tempo 568 Velocidade instantânea 569 Velocidade das reações e estequiometria 569

14.2 Leis de velocidade e constantes de velocidade: o método das velocidades iniciais 571
Ordens de reação: os expoentes na lei de velocidade 573 Magnitudes e unidades da constante de velocidade 574 Aplicação da velocidade inicial para determinar a lei de velocidade 575

14.3 Lei de velocidade integrada 577
Reações de primeira ordem 577 Reações de segunda ordem 579 Reações de ordem zero 580 Meia-vida 581

14.4 Temperatura e velocidade: energia de ativação e equação de Arrhenius 583
Modelo de colisão 584 Fator de orientação 584 Energia de ativação 585 Equação de Arrhenius 587 Determinação da energia de ativação 588

14.5 Mecanismos de reação 590
Reações elementares 590 Mecanismos de várias etapas 591 Leis de velocidade para reações elementares 592 Etapa determinante da velocidade em um mecanismo de várias etapas 593 Mecanismos com uma etapa inicial lenta 594 Mecanismos com uma etapa inicial rápida 596

14.6 Catálise 599
Catálise homogênea 599 Catálise heterogênea 601 Enzimas 602

Resumo do capítulo e termos-chave 606
Equações-chave 607 Simulado 608
Exercícios 609 Exercícios adicionais 617
Elabore um experimento 620

Olhando de perto Uso de métodos espectroscópicos para a velocidade da reação: lei de Beer 572
Química e sustentabilidade Brometo de metila na atmosfera 582
Olhando de perto Reações controladas por difusão e reações controladas por ativação 598
Química e sustentabilidade Conversores catalíticos 602
A química e a vida Fixação de nitrogênio e nitrogenase 604

15 Equilíbrio químico 621

15.1 O conceito de equilíbrio químico 622

15.2 Constante de equilíbrio 624
Avaliação de K_c 626 Constantes de equilíbrio em termos de pressão, K_p 627 Constantes de equilíbrio e unidades 628

15.3 Como usar constantes de equilíbrio 629
Magnitude das constantes de equilíbrio 629 Direção da equação química e K 630

Sumário detalhado   xxv

Relação entre a estequiometria da equação química e as constantes de equilíbrio 630

15.4 Equilíbrios heterogêneos 633

15.5 Cálculo das constantes de equilíbrio 635

15.6 Algumas aplicações das constantes de equilíbrio 638

Prevendo a direção da reação 638   Cálculo de concentrações no equilíbrio 639

15.7 Princípio de Le Châtelier 641

Variação na concentração de reagentes ou produtos 643
Efeitos de variações de volume e pressão 644
Efeito das variações de temperatura 645
Efeito de catalisadores 648

Resumo do capítulo e termos-chave 651
Equações-chave 652   Simulado 652   Exercícios 654
Exercícios adicionais 659   Elabore um experimento 660

Química e sustentabilidade   O processo de Haber: como alimentar o mundo 625
Olhando de perto   Variações de temperatura e o princípio de Le Châtelier 647
Química e sustentabilidade   Controle das emissões de óxido nítrico 649

16 Equilíbrio ácido-base 661

16.1 Classificações de ácidos e bases 662

Ácidos e bases de Arrhenius 662   Ácidos e bases de Brønsted–Lowry 663   Ácidos e bases de Lewis 665

16.2 Pares ácido-base conjugados 666

Forças relativas de ácidos e bases 667

16.3 Autoionização da água 669

O produto iônico da água 670

16.4 Escala de pH 671

pOH e outras escalas "p" 673   Medição do pH 673

16.5 Ácidos e bases fortes 675

Ácidos fortes 675   Bases fortes 676

16.6 Ácidos fracos 677

Cálculo de K_a a partir do pH 679   Aplicação do valor de K_a para calcular o pH 680   Percentual de ionização 682   Ácidos polipróticos 684

16.7 Bases fracas 687

Cálculos que envolvem bases fracas 688

16.8 Relação entre K_a e K_b 691

16.9 Propriedades ácido-base de soluções salinas 693

Hidrólise de ânions 694   Hidrólise de cátions 694   Sais em que cátions e/ou ânions sofrem hidrólise 696

16.10 Comportamento ácido-base e estrutura química 697

Fatores que afetam a força dos ácidos 697   Ácidos binários 698   Oxiácidos 698   Ácidos carboxílicos 700

Resumo do capítulo e termos-chave 703
Equações-chave 704   Simulado 704
Exercícios 705   Exercícios adicionais 711   Elabore um experimento 712

Olhando de perto   Ácidos polipróticos e pH 686
A química e a vida   Aminas e cloridratos de amina 692
A química e a vida   O comportamento anfiprótico dos aminoácidos 701

17 Equilíbrios aquosos: tampões, titulações e solubilidade 713

17.1 Efeito do íon comum 714

17.2 Tampões 717

Composição e ação dos tampões 717   Cálculo do pH de um tampão 718   Capacidade tamponante e faixa de pH 722   Como tampões reagem à adição de ácidos ou bases fortes 722

17.3 Titulações ácido-base 725

Titulações ácido forte-base forte 726   Titulações ácido fraco-base forte 728   Titulando com um indicador ácido-base 732   Titulações de ácidos polipróticos 734   Titulações no laboratório 735

17.4 Equilíbrios de solubilidade 737

Constante do produto de solubilidade, K_{ps} 737   Solubilidade e K_{ps} 738

17.5 Fatores que afetam a solubilidade 741

Efeito do íon comum 741   Solubilidade e pH 742
Formação de íons complexos 744   Anfoterismo 746

17.6 Precipitação e separação de íons 748

Precipitação seletiva de íons 749

17.7 Análise qualitativa de elementos metálicos 751

Resumo do capítulo e termos-chave 753
Equações-chave 754   Simulado 754
Exercícios 756   Exercícios adicionais 761
Elabore um experimento 762

A química e a vida   O sangue como uma solução-tampão 724
Olhando de perto   Limitações dos produtos de solubilidade 740
A química e a vida   Cárie dentária e fluoretação 744
Olhando de perto   Contaminação da água potável por chumbo 747

18 Química ambiental 763

18.1 Atmosfera terrestre 764
Composição da atmosfera 765 Reações fotoquímicas na atmosfera 766 Ozônio na estratosfera 768

18.2 Atividades humanas e atmosfera terrestre 770
Camada de ozônio e sua redução 770 Compostos de enxofre e chuva ácida 772 Óxidos de nitrogênio e *smog* fotoquímico 774 Gases do efeito estufa: vapor d'água, dióxido de carbono e o clima 774

18.3 Água existente na Terra 779
Ciclo global da água 779 Água salgada: oceanos e mares 779 Água doce e lençóis freáticos 781

18.4 Atividades humanas e qualidade da água 783
Oxigênio dissolvido e qualidade da água 783 Purificação da água: tratamento municipal 783

18.5 Química verde 787
Solventes supercríticos 788 Reagentes e processos mais ecológicos 789

Resumo do capítulo e termos-chave 791
Simulado 791 Exercícios 792 Exercícios adicionais 796 Elabore um experimento 798

Olhando de perto Outros gases do efeito estufa 778

Química e sustentabilidade Aquífero de Ogallala: um recurso em extinção 782

Química e sustentabilidade Fraturamento hidráulico (*fracking*) e qualidade da água 785

Química e sustentabilidade Acidificação do oceano 786

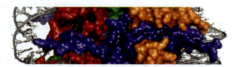

19 Termodinâmica química 799

19.1 Processos espontâneos 800
Busca por um critério de espontaneidade 802 Processos reversíveis e irreversíveis 802

19.2 Entropia e segunda lei da termodinâmica 805
Relação entre variação de entropia e calor 805 ΔS para mudanças de fase 805 Segunda lei da termodinâmica 807

19.3 Interpretação molecular da entropia e terceira lei da termodinâmica 808
Expansão de um gás no nível molecular 808 Equação de Boltzmann e microestados 809 Movimentos moleculares e energia 810 Realizando previsões qualitativas sobre ΔS 811 Terceira lei da termodinâmica 813

19.4 Variações da entropia nas reações químicas 814
Variação de temperatura da entropia 814 Entropias molares padrão 815 Cálculo da variação de entropia padrão para uma reação 816 Variações da entropia na vizinhança 816

19.5 Energia livre de Gibbs 817
Energia livre padrão de formação 820

19.6 Energia livre e temperatura 822

19.7 Energia livre e constante de equilíbrio 824
Energia livre sob condições não padrão 824 Relação entre $\Delta G°$ e K 826

Resumo do capítulo e termos-chave 828
Equações-chave 829 Simulado 830 Exercícios 831
Exercícios adicionais 836 Elabore um experimento 838

Olhando de perto Variação de entropia quando ocorre a expansão isotérmica de um gás 806

Química e sustentabilidade Entropia e sociedade humana 813

Olhando de perto O que há de "livre" na energia livre? 821

A química e a vida Forçando reações não espontâneas: reações de acoplamento 826

20 Eletroquímica 839

20.1 Estados de oxidação e reações de oxirredução 840

20.2 Balanceamento de equações redox 842
Semirreações 842 Balanceamento de equações pelo método das semirreações 842 Balanceamento de equações para reações que ocorrem em soluções básicas 845

20.3 Células voltaicas 847

20.4 Potenciais de célula sob condições padrão 850
Potenciais padrão de redução 851 Forças de agentes oxidantes e redutores 855

20.5 Energia livre e reações redox 857
Fem, energia livre e constante de equilíbrio 859

Sumário detalhado   xxvii

20.6 Potenciais de célula sob condições não padrão 861

Equação de Nernst 862   Células de concentração 864

20.7 Baterias e células a combustível 868

Bateria chumbo-ácido 868   Bateria alcalina 869
Baterias de níquel-cádmio e níquel-hidreto metálico 869
Baterias de íons de lítio 869   Células a combustível de hidrogênio 871

20.8 Corrosão 873

Corrosão do ferro (ferrugem) 873   Como evitar a corrosão do ferro 874

20.9 Eletrólise 876

Aspectos quantitativos da eletrólise 877

Resumo do capítulo e termos-chave 880
Equações-chave 881   Simulado 881
Exercícios 883   Exercícios adicionais 889
Elabore um experimento 890

Olhando de perto   Trabalho elétrico 861
A química e a vida   Batimentos do coração e eletrocardiograma 866
Química e sustentabilidade   Baterias para veículos híbridos e elétricos 871
Química e sustentabilidade   Eletrometalurgia do alumínio 878

21 Química nuclear 891

21.1 Radioatividade e equações nucleares 892

Equações nucleares 892   Tipos de decaimento radioativo 893

21.2 Padrões de estabilidade nuclear 895

Razão nêutron-próton 896   Série de decaimento radioativo 897   Outras observações 897

21.3 Transmutações nucleares 899

Acelerando partículas carregadas 900   Reações que envolvem nêutrons 901   Elementos transurânicos 901

21.4 Velocidades de decaimento radioativo 902

Datação radiométrica 903   Cálculos baseados em meia-vida 904

21.5 Detecção de radioatividade 906

Radiomarcadores 908

21.6 Variações de energia em reações nucleares 909

Energias de ligação nuclear 911

21.7 Energia nuclear: fissão 912

Reatores nucleares 915
Resíduos nucleares 916

21.8 Energia nuclear: fusão 918

21.9 Radiação no meio ambiente e nos sistemas vivos 920

Doses de radiação 921   Radônio 921

Resumo do capítulo e termos-chave 924
Equações-chave 925   Simulado 925   Exercícios 926
Exercícios adicionais 930   Elabore um experimento 931

A química e a vida   Aplicações médicas de radiomarcadores 908
Olhando de perto   O início da era nuclear 915
Olhando de perto   Síntese nuclear dos elementos 918
A química e a vida   Radioterapia 922

22 Química dos não metais 933

22.1 Tendências periódicas e reações químicas 934

Reações químicas 935

22.2 Hidrogênio 936

Isótopos de hidrogênio 937   Propriedades do hidrogênio 937   Produção de hidrogênio 938
Usos do hidrogênio 939   Compostos binários de hidrogênio 939

22.3 Grupo 8A: gases nobres 940

Compostos de gases nobres 941

22.4 Grupo 7A: halogênios 942

Propriedades e produção dos halogênios 942
Usos dos halogênios 944   Haletos de hidrogênio 944
Compostos inter-halogênios 944   Oxiácidos e oxiânions 944

22.5 Oxigênio 945

Propriedades do oxigênio 945   Produção de oxigênio 946   Usos do oxigênio 946   Ozônio 946
Óxidos 946   Peróxidos, superóxidos e espécies reativas de oxigênio 948

22.6 Outros elementos do grupo 6A: S, Se, Te e Po 949

Ocorrência e produção de S, Se e Te 949
Propriedades e usos do enxofre, do selênio e do telúrio 949   Sulfetos 950   Óxidos, oxiácidos e oxiânions de enxofre 950

22.7 Nitrogênio 952

Propriedades do nitrogênio 952   Produção e usos do nitrogênio 952   Compostos hidrogenados do nitrogênio 953   Óxidos e oxiácidos de nitrogênio 954

22.8 Outros elementos do grupo 5A: P, As, Sb e Bi 956
Ocorrência, isolamento e propriedades do fósforo 956
Halogenetos de fósforo 957   Compostos oxigenados de fósforo 957   Arsênio, antimônio e bismuto 959

22.9 Carbono 960
Formas elementares do carbono 960   Óxidos de carbono 961   Ácido carbônico e carbonatos 962
Carbonetos 963

22.10 Outros elementos do grupo 4A: Si, Ge, Sn e Pb 964
Características gerais dos elementos do grupo 4A 964   Ocorrência e preparação do silício 964   Silicatos 965
Vidro 966   Silicones 967

22.11 Boro 967

Resumo do capítulo e termos-chave 969
Simulado 970   Exercícios 971   Exercícios adicionais 975   Elabore um experimento 976

Química e sustentabilidade   Economia do hidrogênio 938
A química e a vida   Nitroglicerina, óxido nítrico e doença cardíaca 955
A química e a vida   Arsênio em água potável 959
Olhando de perto   Fibras e compósitos de carbono 961

23 Metais de transição e química de coordenação 977

23.1 Metais de transição 978
Propriedades físicas 979   Configurações eletrônicas e estados de oxidação 979   Magnetismo 981

23.2 Complexos de metais de transição 982
Desenvolvimento da química de coordenação: a teoria de Werner 983   Ligação metal-ligante 985   Cargas, números de coordenação e geometrias 986

23.3 Ligantes mais comuns na química de coordenação 987
Metais e quelatos nos sistemas vivos 989

23.4 Nomenclatura e isomeria na química de coordenação 993
Isomerismo 994   Isomerismo estrutural 994
Estereoisomeria 996

23.5 Cor e magnetismo na química de coordenação 999
Cor 999   Magnetismo de compostos de coordenação 1000

23.6 Teoria do campo cristalino 1001
Configurações eletrônicas em complexos octaédricos 1004   Complexos tetraédricos e quadráticos planos 1007

Resumo do capítulo e termos-chave 1011
Simulado 1012   Exercícios 1013   Exercícios adicionais 1018   Elabore um experimento 1020

Olhando de perto   Entropia e efeito quelato 991
A química e a vida   A luta por ferro nos sistemas vivos 992
Olhando de perto   Complexos de transferência de carga 1008

24 A química da vida: química orgânica e biológica 1021

24.1 Características gerais das moléculas orgânicas 1022
As estruturas das moléculas orgânicas 1022
A estabilidade das substâncias orgânicas 1022
A solubilidade e as propriedades ácido-base de substâncias orgânicas 1023

24.2 Introdução aos hidrocarbonetos 1024
Estruturas dos alcanos 1025   Cicloalcanos 1026
Reações de alcanos 1026

24.3 Alcenos, alcinos e hidrocarbonetos aromáticos 1027
Alcenos 1027   Alcinos 1029   Reações de adição de alcenos e alcinos 1030   Hidrocarbonetos aromáticos 1031   Reações de substituição de hidrocarbonetos aromáticos 1032

24.4 Grupos funcionais orgânicos 1034
Álcoois 1034   Éteres 1036   Aldeídos e cetonas 1036   Ácidos carboxílicos e ésteres 1037   Aminas e amidas 1040

24.5 Quiralidade na química orgânica 1041

24.6 Proteínas 1043
Aminoácidos 1043   Polipeptídeos e proteínas 1045   Estrutura das proteínas 1046

24.7 Carboidratos 1048
Dissacarídeos 1049   Polissacarídeos 1050

24.8 Lipídeos 1052
Gorduras 1052   Fosfolipídeos 1053

24.9 Ácidos nucleicos 1054

Resumo do capítulo e termos-chave 1059
Simulado 1060   Exercícios 1061   Exercícios adicionais 1066   Elabore um experimento 1067

Olhando de perto   Mecanismo de reações de adição 1031
A química e a vida   As vacinas contra a covid-19 1056
Estratégias para o sucesso   E agora? 1058

APÊNDICES
A Operações matemáticas 1069
B Propriedades da água 1076
C Grandezas termodinâmicas para substâncias selecionadas a 298,15 K (25 °C) 1077
D Constantes de equilíbrio em meio aquoso 1081
E Potenciais padrão de redução a 25 °C 1083

RESPOSTAS DOS EXERCÍCIOS EM VERMELHO 1085
RESPOSTAS DO SIMULADO 1111
GLOSSÁRIO 1115
CRÉDITOS DAS ILUSTRAÇÕES 1133
ÍNDICE 1135

APLICAÇÕES QUÍMICAS E ESTUDOS

Olhando de perto

O método científico 22
Forças básicas 49
Espectrômetro de massa 52
Energia, entalpia e trabalho P-V 173
Usando a entalpia como um guia 176
A medida e o princípio da incerteza 224
O gato de Schrödinger e a computação quântica 227
Estimando a carga nuclear efetiva 260
Cálculo das energias reticulares: o ciclo de Born-Haber 303
Números de oxidação, cargas formais e cargas parciais reais 316
Fases nos orbitais atômicos e moleculares 368
Equação do gás ideal 410
Equação de Clausius-Clapeyron 451
Difração de raios X 474
Soluções ideais com dois ou mais componentes voláteis 541
O fator de van't Hoff 544
Uso de métodos espectroscópicos para a velocidade da reação: lei de Beer 572
Reações controladas por difusão e reações controladas por ativação 598
Variações de temperatura e o princípio de Le Châtelier 647
Ácidos polipróticos e pH 686
Limitações dos produtos de solubilidade 740
Contaminação da água potável por chumbo 747
Outros gases do efeito estufa 778
Variação de entropia quando ocorre a expansão isotérmica de um gás 806
O que há de "livre" na energia livre? 821
Trabalho elétrico 861
O início da era nuclear 915
Síntese nuclear dos elementos 918
Fibras e compósitos de carbono 961
Entropia e efeito quelato 991
Complexos de transferência de carga 1008
Mecanismo de reações de adição 1031

Química e sustentabilidade

Uma introdução 15
O cimento e as emissões de CO_2 91
Chuva ácida 135
Os desafios científicos e políticos dos biocombustíveis 196
Tamanho iônico e baterias de íons de lítio 266
Orbitais e energia solar 378
Hidrogênio e hélio 414
Líquidos iônicos 444
Iluminação de estado sólido 495
Materiais modernos em automóveis 500
Materiais microporosos e mesoporosos 505
Dessalinização e osmose reversa 549
Brometo de metila na atmosfera 582
Conversores catalíticos 602
O processo de Haber: como alimentar o mundo 625
Controle das emissões de óxido nítrico 649
Aquífero de Ogallala: um recurso em extinção 782
Fraturamento hidráulico (*fracking*) e qualidade da água 785
Acidificação do oceano 786
Entropia e sociedade humana 813
Baterias para veículos híbridos e elétricos 871
Eletrometalurgia do alumínio 878
Economia do hidrogênio 938

A química e a vida

Elementos químicos necessários para organismos vivos 62
Ácidos do estômago e antiácidos 134
A regulação da temperatura corporal 181
Spin nuclear e ressonância magnética 236
O desenvolvimento improvável de drogas de lítio 279
A química da visão 363
Vitaminas solúveis em gordura ou em água 531
Anemia falciforme 552
Fixação de nitrogênio e nitrogenase 604
Aminas e cloridratos de amina 692
O comportamento anfiprótico dos aminoácidos 701
O sangue como uma solução-tampão 724
Cárie dentária e fluoretação 744
Forçando reações não espontâneas: reações de acoplamento 826
Batimentos do coração e eletrocardiograma 866
Aplicações médicas de radiomarcadores 908
Radioterapia 922
Nitroglicerina, óxido nítrico e doença cardíaca 955
Arsênio em água potável 959
A luta por ferro nos sistemas vivos 992
As vacinas contra a covid-19 1056

Estratégias para o sucesso

Como estimar respostas 28
A importância da prática – Como utilizar este livro 32
Como fazer uma prova 75
Resolução de problemas 95
Elabore um experimento 109
Análise de reações químicas 142
Cálculos que envolvem muitas variáveis 400
E agora? 1058

1

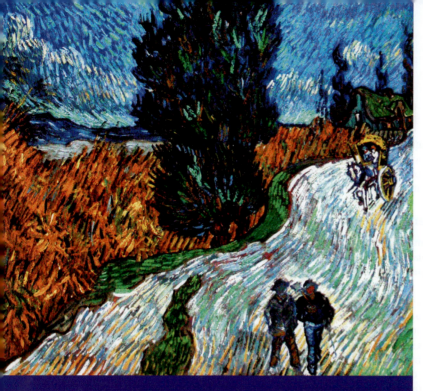

▲ A fabricação de pigmentos sintéticos é um dos exemplos mais antigos de indústria química. Os impressionistas utilizaram bastante as cores fortes dos pigmentos surgidos na época, como exemplifica a pintura *Estrada com Cipreste e Estrela*, de Vincent van Gogh.

INTRODUÇÃO: MATÉRIA, ENERGIA E MEDIDAS

O QUE VEREMOS

1.1 ▶ Estudo da Química Aprender o que é química, o que são átomos e moléculas e por que é importante estudar química.

1.2 ▶ Classificações da matéria Examinar classificações fundamentais da matéria; distinguir entre *substâncias puras* e *misturas* e entre *substância simples* e *composta*.

1.3 ▶ Propriedades da matéria Usar *propriedades* para caracterizar, identificar e separar substâncias; distinguir as propriedades químicas das físicas.

1.4 ▶ A natureza da energia Explorar a natureza da energia e as formas que ela assume, especialmente a energia cinética e a energia potencial.

1.5 ▶ Unidades de medida Aprender como os números e as unidades do sistema métrico são utilizados na ciência para descrever propriedades.

1.6 ▶ Incerteza nas medidas e algarismos significativos Usar algarismos significativos para expressar a incerteza inerente em quantidades medidas e nos cálculos.

1.7 ▶ Análise dimensional Aprender a usar números e unidades em cálculos; usar unidades para verificar se um cálculo está correto.

O título deste livro é *Química: a ciência central* porque muito do que se passa no mundo envolve química. A **química** é o estudo da matéria, das suas propriedades e das transformações pelas quais ela passa. À medida que avançar em seu estudo, você verá como os princípios químicos atuam em todos os aspectos das nossas vidas, incluindo o modo como nossos corpos processam os alimentos que comemos, a produção de energia para nossos veículos e dispositivos eletrônicos portáteis, a mudança da cor das folhagens no outono e questões importantes do meio ambiente. Você também verá que as propriedades das substâncias podem ser adaptadas para aplicações específicas ao controlar sua composição e estrutura.

Este primeiro capítulo oferece uma visão geral a respeito do significado da química e da função dos químicos. A seção "O que veremos" neste e nos outros capítulos apresenta a organização do capítulo e algumas das ideias que serão consideradas.

2 Química: a ciência central

Objetivos de aprendizagem

Após terminar a Seção 1.1, você deve ser capaz de:
▶ Explicar os conceitos de matéria, átomos e moléculas.
▶ Demonstrar como as moléculas e os átomos que as compõem são representados por modelos moleculares.

1.1 | Estudo da Química

A química está no centro de muitas transformações que ocorrem no mundo que nos rodeia e explica as diferentes propriedades da matéria. Para entender como surgem essas transformações e propriedades, é preciso olhar bem abaixo da superfície de nossas observações cotidianas.

A perspectiva atômica e molecular da Química

A química é o estudo das propriedades e do comportamento da matéria. A **matéria** é o material físico do universo, ou seja, é tudo aquilo que tem massa e ocupa lugar no espaço. Uma **propriedade** é qualquer característica que nos permita reconhecer um determinado tipo de matéria e distingui-lo de outros tipos. Este livro, seu corpo, o ar que você respira e as roupas que veste são exemplos de matéria. Observamos uma enorme variedade de matéria no mundo, mas inúmeros experimentos mostram que toda matéria é feita de combinações de pouco mais de 100 substâncias chamadas **elementos**. Um dos nossos principais objetivos será relacionar as propriedades da matéria com a sua composição, ou seja, com os elementos particulares que ela contém.

A química também fornece uma base para compreender as propriedades da matéria em termos de **átomos**, partículas fundamentais muito pequenas da matéria. Cada elemento é composto por um único tipo de átomo. Veremos que as propriedades da matéria se referem tanto aos tipos de átomo contidos nela (*composição*) quanto aos arranjos desses átomos (*estrutura*).

Nas **moléculas**, dois ou mais átomos se unem e adquirem formas específicas. Ao longo deste livro, as moléculas são representadas por esferas coloridas, ilustrando como os átomos estão ligados (**Figura 1.1**). A cor é uma forma conveniente de distinguir os átomos de diferentes elementos. Por exemplo, note que as moléculas de etanol e etilenoglicol na Figura 1.1 têm diferentes composições e estruturas: a do etanol tem um átomo de oxigênio, representado por uma esfera vermelha; a do etilenoglicol tem dois átomos de oxigênio.

Mesmo diferenças aparentemente pequenas na composição ou na estrutura das moléculas podem resultar em profundas diferenças de propriedades. Por exemplo, o etanol e o

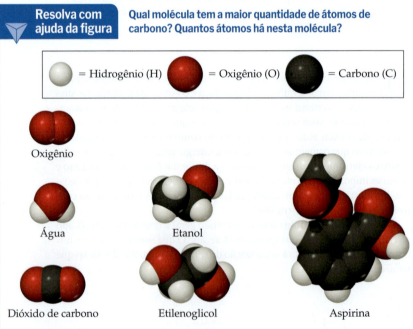

▲ **Figura 1.1 Modelos moleculares.** As esferas em branco, preto e vermelho representam átomos de hidrogênio, carbono e oxigênio, respectivamente.

etilenoglicol (Figura 1.1) parecem ser bastante semelhantes. O etanol é o álcool encontrado em bebidas como cerveja e vinho, ao passo que o etilenoglicol é um líquido viscoso usado como anticongelante em automóveis. As propriedades dessas duas substâncias, assim como suas atividades biológicas, diferem em muitos aspectos. O etanol é consumido em todo o mundo, enquanto o etilenoglicol é extremamente tóxico. Um desafio para os químicos é modificar a composição ou a estrutura das moléculas de maneira controlada, criando novas substâncias com propriedades diferentes. Por exemplo, a aspirina (Figura 1.1) foi sintetizada pela primeira vez em 1897 em uma tentativa bem-sucedida de melhorar um produto natural extraído da casca de salgueiro, que era utilizado há anos para aliviar a dor.

Toda transformação no mundo observável – da ebulição da água até as transformações que ocorrem quando nossos corpos lutam contra vírus invasores – tem seu fundamento no mundo dos átomos e das moléculas. Assim, à medida que avançarmos no estudo da química, lidaremos com dois reinos: o reino *macroscópico*, dos objetos de tamanho comum (*macro* = grande), e o reino *submicroscópico*, de átomos e moléculas. Fazemos nossas observações no mundo macroscópico, mas, para entendê-lo, devemos visualizar como átomos e moléculas se comportam no nível submicroscópico. A química é a ciência que busca compreender as propriedades e o comportamento da matéria ao estudar as propriedades e o comportamento dos átomos e das moléculas.

Por que estudar Química?

A química está em tudo o que nos cerca. Os exemplos incluem os produtos de limpeza e desinfetantes que se tornaram tão importantes durante a pandemia de covid-19 (**Figura 1.2**). A indústria química americana é um setor de quase 600 bilhões de dólares que emprega mais de 500 mil pessoas e representa quase 10% das exportações do país.

A química está no centro de muitos assuntos de interesse público, como a melhoria da assistência médica, a conservação de recursos naturais, a proteção ao meio ambiente e o fornecimento da energia necessária para manter a sociedade em funcionamento. Com a química, descobrimos e melhoramos fármacos, fertilizantes e pesticidas, plásticos, painéis solares, LEDs e materiais de construção. Também descobrimos que algumas substâncias químicas podem ser prejudiciais à saúde ou ao ambiente. Isso significa que devemos nos

▲ **Figura 1.2 Produtos químicos domésticos.** As propriedades de limpeza e desinfecção desses produtos domésticos, tão utilizados durante a pandemia de covid-19, se devem aos produtos químicos que eles contêm.

certificar de que os materiais com os quais entramos em contato são seguros. Como cidadão e consumidor, é interessante que você entenda os efeitos, tanto os positivos quanto os negativos, que os produtos químicos podem ter. Queremos que você tenha uma visão equilibrada a respeito dos usos que se pode fazer deles.

Talvez você esteja estudando química porque essa disciplina é parte essencial do seu currículo. Sua especialização pode ser em química, biologia, engenharia, farmácia, agricultura, geologia ou outro campo. A química é essencial para garantir uma compreensão básica dos princípios dominantes de muitos campos relacionados à ciência. Por exemplo, nossa relação com o mundo material levanta questões básicas a respeito dos materiais que nos cercam. Você verá que a química é fundamental para a maioria dos domínios da vida moderna.

Exercícios de autoavaliação

EAA 1.1 Qual(is) das seguintes afirmações é(são) *falsa(s)*? (**a**) Toda matéria é composta de átomos dos elementos. (**b**) Os átomos de diferentes elementos devem ser diferentes. (**c**) Uma molécula deve conter átomos de dois ou mais elementos. (**d**) Diferentes moléculas podem ser compostas dos mesmos elementos. (**e**) A matéria tem massa e ocupa espaço.

Propilenoglicol

EAA 1.2 A molécula apresentada é o *propilenoglicol*, uma substância muito utilizada na indústria química. As cores são: branco = hidrogênio; vermelho = oxigênio; preto = carbono. Quantos átomos de carbono há em uma molécula de propilenoglicol? (**a**) 2 (**b**) 3 (**c**) 5 (**d**) 8 (**e**) 13

EAA 1.3 A molécula apresentada chama-se *acetamida*. Quantos elementos diferentes e quantos átomos há em uma molécula de acetamida? (**a**) 3 elementos, 4 átomos. (**b**) 3 elementos, 9 átomos. (**c**) 4 elementos, 4 átomos. (**d**) 4 elementos, 9 átomos. (**e**) Não há informações suficientes para responder à questão.

Acetamida

1.2 | Classificações da matéria

À medida que avançarmos neste livro, continuaremos a aprender mais sobre as propriedades da matéria e sobre como os átomos e os elementos que compõem a matéria a afetam. Vamos começar nosso estudo de química examinando duas formas fundamentais de classificar a matéria. A matéria costuma ser caracterizada por seu estado físico (gás, líquido ou sólido) e sua composição (substância simples, *composta* ou *mistura*).

Objetivos de aprendizagem

Após terminar a Seção 1.2, você deve ser capaz de:
▶ Comparar e diferenciar os estados da matéria: sólido, líquido e gasoso.
▶ Diferenciar substâncias simples, substâncias compostas e misturas.
▶ Identificar os símbolos químicos de elementos comuns.

Estados da matéria

Pense no que acontece quando a água líquida congela e forma gelo. Tanto a água líquida quanto o gelo são compostos de moléculas de água, mas sabemos que há uma diferença entre eles: uma é líquida; o outro é sólido. Uma amostra de matéria pode ser um gás, um líquido ou um sólido. Essas três formas, chamadas de **estados da matéria**, diferem em algumas de suas propriedades observáveis.

- Um **gás** (também denominado vapor) não tem volume ou forma fixos; ele preenche uniformemente o recipiente que ocupa. Um gás pode ser comprimido para ocupar um volume menor ou expandir-se para ocupar um volume maior.
- Um **líquido** apresenta um volume específico independentemente do recipiente que ocupa, assumindo a sua forma. Os líquidos não são facilmente compressíveis.
- Um **sólido** tem forma e volume definidos e não é facilmente compressível.

As propriedades dos estados da matéria podem ser analisadas do ponto de vista molecular (**Figura 1.3**). Em um gás, as moléculas estão afastadas umas das outras e se deslocam a altas velocidades, colidindo repetidas vezes umas nas outras e contra as paredes do recipiente. Quando um gás é comprimido, a quantidade de espaço entre as moléculas diminui e a frequência de colisões entre elas aumenta, mas o tamanho e a forma das moléculas não se alteram. Em um líquido, as moléculas estão mais próximas umas das outras, mas ainda se movem com rapidez. O movimento rápido permite que as moléculas deslizem umas sobre as outras; assim, um líquido flui com facilidade. Em um sólido, as moléculas se mantêm fortemente unidas, em geral em arranjos definidos nos quais as moléculas podem oscilar apenas ligeiramente, sem sair de suas posições. As distâncias entre as moléculas são similares nos estados líquido e sólido, mas nos sólidos as moléculas geralmente estão presas em suas posições, enquanto nos líquidos elas têm uma liberdade de movimento considerável. Mudanças de temperatura e/ou pressão podem levar à transformação de um estado da matéria para outro, como ilustram os processos de fusão do gelo ou de condensação de vapor de água. Discutiremos essas conversões de um estado para outro em mais detalhes no Capítulo 11.

Substâncias puras

A maioria das formas da matéria que encontramos – o ar que respiramos (gás), a gasolina utilizada nos carros (líquido) e a calçada sobre a qual caminhamos (sólido) – não é quimicamente pura. Podemos, no entanto, separar essas formas de matéria para obter substâncias puras. Uma **substância pura** (normalmente chamada apenas de *substância*) é a matéria que tem propriedades específicas e uma composição que não varia em diferentes amostras. A água destilada e o sal de cozinha (cloreto de sódio) são exemplos de substâncias puras.

As substâncias podem ser simples ou compostas.

- **Substâncias simples** são aquelas que não podem ser decompostas em substâncias mais simples. Em nível molecular, cada substância simples é composta apenas de um tipo de átomo [Figura 1.4 (**a** e **b**)].
- **Substâncias compostas** (ou simplesmente *compostos*) são substâncias formadas por dois ou mais elementos, contendo dois ou mais tipos de átomos [Figura 1.4 (**c**)]. A água, por exemplo, é uma substância composta por dois elementos: hidrogênio e oxigênio.

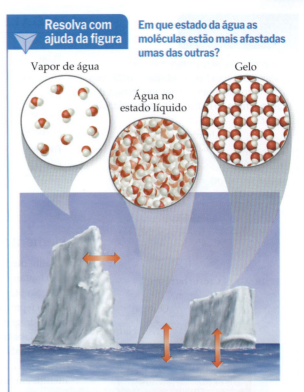

▲ **Figura 1.3** Os três estados físicos da água: vapor de água, água líquida e gelo. Vemos os estados líquido e sólido, mas não podemos enxergar o estado gasoso (vapor). Na ilustração, as setas vermelhas mostram que os três estados da matéria se convertem um no outro.

A Figura 1.4 (**d**) mostra uma mistura de substâncias. As **misturas** são combinações de duas ou mais substâncias em que cada uma delas mantém a sua identidade química.

Qual é a diferença entre as moléculas de uma substância composta e as moléculas de uma substância simples?

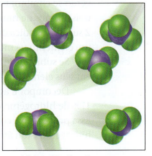
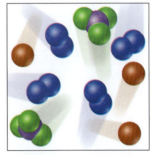

(a) Átomos de um elemento (b) Moléculas de uma substância simples (c) Moléculas de uma substância composta (d) Mistura de substâncias simples e um composto

As substâncias simples são formadas por apenas um tipo de átomo.

Compostos devem ter pelo menos dois tipos de átomos.

▲ **Figura 1.4** Comparação molecular entre substâncias simples, compostos e misturas.

6 Química: a ciência central

> **Resolva com ajuda da figura**
>
> Se o gráfico de pizza inferior fosse desenhado como a porcentagem em termos de números de átomos e não em termos de massa, a fatia do hidrogênio seria maior ou menor?

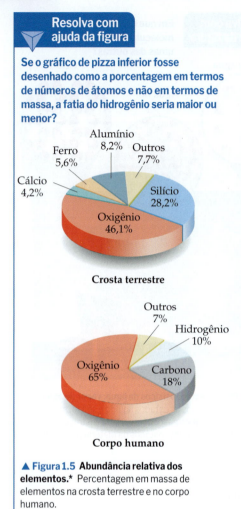

▲ **Figura 1.5 Abundância relativa dos elementos.*** Percentagem em massa de elementos na crosta terrestre e no corpo humano.

TABELA 1.1 Alguns elementos comuns e seus símbolos

Carbono	C	Alumínio	Al	Cobre	Cu (de *cuprum*)
Flúor	F	Bromo	Br	Ferro	Fe (de *ferrum*)
Hidrogênio	H	Cálcio	Ca	Chumbo	Pb (de *plumbum*)
Iodo	I	Cloro	Cl	Mercúrio	Hg (de *hydrargyrum*)
Nitrogênio	N	Hélio	He	Potássio	K (de *kalium*)
Oxigênio	O	Lítio	Li	Prata	Ag (de *argentum*)
Fósforo	P	Magnésio	Mg	Sódio	Na (de *natrium*)
Enxofre	S	Silício	Si	Estanho	Sn (de *stannum*)

Elementos

Atualmente, conhecemos 118 elementos, embora suas respectivas abundâncias variem bastante. O hidrogênio constitui cerca de 74% da massa da Via Láctea, e o hélio, 24%. No planeta Terra, apenas cinco elementos (oxigênio, silício, alumínio, ferro e cálcio) representam mais de 90% da crosta terrestre, e somente três (oxigênio, carbono e hidrogênio) representam mais de 90% da massa do corpo humano (**Figura 1.5**).

A **Tabela 1.1** lista alguns elementos comuns e os *símbolos* químicos utilizados para designá-los. O símbolo para cada elemento consiste em uma ou duas letras, sendo a primeira maiúscula. A maior parte desses símbolos deriva dos nomes dos elementos em inglês, mas, em alguns casos, eles derivam de nomes com outra origem estrangeira (expressas na última coluna da Tabela 1.1). Você precisará saber esses símbolos e aprender outros que aparecerão ao longo do livro.

Todos os elementos conhecidos e seus símbolos estão listados na contracapa inicial deste livro em uma tabela conhecida como *tabela periódica*. Na tabela periódica, os elementos estão dispostos em colunas, de modo que aqueles que têm propriedades semelhantes fiquem próximos uns dos outros. Essa tabela será descrita com mais detalhes na Seção 2.5 e, no Capítulo 7, estudaremos as propriedades de repetição periódica dos elementos.

Compostos

A maior parte dos elementos pode interagir com outros para formar compostos. Por exemplo, quando o gás hidrogênio reage com o gás oxigênio, os elementos hidrogênio e oxigênio se combinam para formar o composto água. Como cada molécula de água contém dois átomos de hidrogênio e um de oxigênio, denotamos a molécula por H_2O. O número 2 subscrito indica que há dois átomos de H na molécula. Quando há apenas um átomo de um elemento na molécula, como no caso do O na água, não usamos o número 1 subscrito.

Se submetermos a água a uma corrente elétrica, ela pode ser decomposta novamente em seus elementos (**Figura 1.6**).

Decompor a água pura em seus elementos constituintes demonstra que ela contém 11% de hidrogênio e 89% de oxigênio em sua massa, independentemente de sua origem. Essa proporção é constante porque toda molécula de água é composta de dois átomos de hidrogênio e um átomo de oxigênio:

Átomo de hidrogênio (escreve-se H)   Átomo de oxigênio (escreve-se O)   Molécula de água (escreve-se H_2O)

A quantidade de oxigênio em massa é maior do que a de hidrogênio porque os átomos de oxigênio são mais pesados do que os de hidrogênio.

**CRC Handbook of Chemistry and Physics*, 97th ed. (2016–2017), pp. 14–17.

Capítulo 1 | Introdução: Matéria, energia e medidas

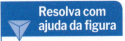 O volume de H₂ produzido é maior do que o volume de O₂ produzido porque (a) os átomos de hidrogênio são mais leves do que os átomos de oxigênio, (b) os átomos de hidrogênio são maiores do que os átomos de oxigênio ou (c) cada molécula de água contém um átomo de oxigênio e dois átomos de hidrogênio?

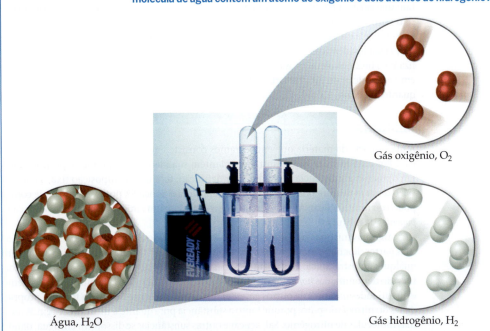

▲ **Figura 1.6 Eletrólise da água.** A água é decomposta em seus elementos componentes, hidrogênio e oxigênio, quando uma corrente elétrica passa por ela. O volume de gás hidrogênio, recolhido no tubo de ensaio à direita, é o dobro do volume de gás oxigênio.

Os elementos hidrogênio e oxigênio existem, naturalmente, como moléculas *diatômicas* (com dois átomos):

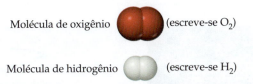

Como é possível ver na Tabela 1.2, as propriedades da água e dos gases hidrogênio e oxigênio não têm qualquer semelhança. O gás hidrogênio, o gás oxigênio e a água são substâncias independentes, uma consequência da singularidade de suas respectivas moléculas.

TABELA 1.2 Comparação entre água, gás hidrogênio e gás oxigênio

	Água	Hidrogênio	Oxigênio
Estado físico[a]	Líquido	Gás	Gás
Ponto de ebulição normal	100 °C	−253 °C	−183 °C
Densidade[a]	1.000 g/L	0,084 g/L	1,33 g/L
Inflamável	Não	Sim	Não

[a] À temperatura ambiente e à pressão atmosférica.

A observação de que a composição elementar de um composto é sempre igual é conhecida como **lei das proporções constantes** (ou **lei das proporções definidas**). O químico francês Joseph Louis Proust (1754–1826) anunciou essa lei pela primeira vez em torno de 1800. Embora ela seja conhecida há 200 anos, algumas pessoas ainda acreditam que existe uma diferença fundamental entre compostos preparados em laboratório e seus correspondentes encontrados na natureza. Isso não é verdade. Independentemente da fonte, seja ela a natureza ou um laboratório, um composto puro apresenta composição e propriedades idênticas sob as mesmas condições. Tanto os químicos quanto a natureza utilizam os mesmos elementos e operam sob as mesmas leis. Quando dois materiais diferem em composição ou propriedades, eles são formados por diferentes compostos ou diferem quanto à pureza.

Misturas

A maior parte da matéria que encontramos consiste em misturas de diferentes substâncias. Em uma mistura, cada substância mantém sua identidade química e propriedades. Em oposição à substância pura, que, por definição, tem uma composição fixa, a composição de uma mistura pode variar. Uma xícara de café adoçado, por exemplo, pode conter pouco ou muito açúcar. As substâncias que constituem uma mistura são chamadas de *componentes* da mistura.

Algumas misturas não têm composição, propriedades e aparência iguais em todas as suas partes. Rochas e madeiras, por exemplo, apresentam textura e aparência variável em qualquer amostra típica. Tais misturas são *heterogêneas* [**Figura 1.7** (**a**)]. As misturas uniformes são denominadas *homogêneas*. O ar é uma mistura homogênea de nitrogênio, oxigênio e quantidades menores de outros gases. O nitrogênio presente no ar tem todas as propriedades do nitrogênio puro, porque tanto a substância pura quanto a mistura contêm as mesmas moléculas de nitrogênio. Sal, açúcar e outras substâncias se dissolvem em água, dando origem a misturas homogêneas [Figura 1.7 (**b**)]. Misturas homogêneas também são chamadas de **soluções**. Embora o termo "*solução*" evoque a imagem de um líquido, as soluções podem ser sólidas, líquidas ou gasosas.

A **Figura 1.8** resume a classificação da matéria em substância simples, substância composta e mistura. Você deve conseguir classificar as substâncias nessas três categorias.

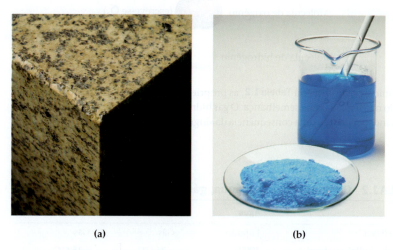

(a)   (b)

▲ **Figura 1.7 Misturas.** (a) Muitos materiais comuns, incluindo rochas, são misturas heterogêneas. Na foto, vemos o granito, uma mistura heterogênea de dióxido de silício e óxidos de outro metal. (b) As misturas homogêneas são chamadas de soluções. Muitas substâncias, incluindo o sólido azul mostrado [sulfato de cobre(II) penta-hidratado], dissolvem-se em água, dando origem a soluções.

Capítulo 1 | Introdução: Matéria, energia e medidas

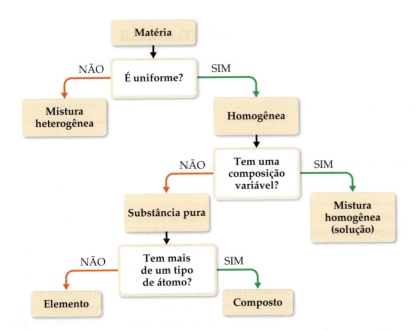

◀ **Figura 1.8 Classificação da matéria.**
Toda matéria pura é classificada, essencialmente, como substância simples ou composta.

Exercício resolvido 1.1
Como distinguir substância simples, substância composta e misturas

Classifique cada um dos itens a seguir como substância simples, substância composta, mistura homogênea ou mistura heterogênea: (**a**) ferro fundido; (**b**) biscoito com gotas de chocolate; (**c**) recipiente de etilenoglicol puro (ver Figura 1.1); (**d**) copo de água com uma colher de chá de açúcar dissolvido.

SOLUÇÃO
Podemos seguir o fluxograma da Figura 1.8 para classificar cada substância. (**a**) O ferro fundido é simplesmente ferro aquecido até o ponto de se fundir em um líquido. Ele ainda contém apenas átomos de ferro e, portanto, é uma substância pura que é uma substância simples. (**b**) Um biscoito com gotas de chocolate contém diversas substâncias em diferentes quantidades. Ele não é uniforme em toda a sua extensão e, portanto, é uma mistura heterogênea. (**c**) Como visto na Figura 1.1, uma molécula de etilenoglicol contém átomos de C, H e O. A amostra de etilenoglicol puro é, portanto, uma substância pura que é uma substância composta. (**d**) A água com açúcar dissolvido tem a mesma composição em toda a sua extensão. É uma mistura homogênea, também conhecida como solução.

▶ **Para praticar**
"Ouro branco" contém ouro e um metal "branco", como o paládio. Duas amostras de ouro branco diferem quanto às quantidades relativas de ouro e paládio. Ambas as amostras são uniformes em composição. Consulte a Figura 1.8 para classificar o ouro branco.

Exercícios de autoavaliação

EAA 1.4 Qual dos processos a seguir pode ser descrito como a transformação de um líquido em um gás? (**a**) O derretimento da neve. (**b**) O metal fundido se enrijece ao esfriar. (**c**) O álcool evapora da sua pele. (**d**) O vapor se condensa em uma superfície fria. (**e**) O gelo seco (CO_2 congelado) evapora.

EAA 1.5 Qual das afirmações a seguir está *incorreta*? (**a**) Canja de galinha é uma mistura heterogênea. (**b**) A aspirina é composta de 60% de carbono, 4,5% de hidrogênio e 35,5% de oxigênio em massa, independentemente de sua origem. A aspirina é uma substância composta. (**c**) Os tanques que os mergulhadores usam contêm gás oxigênio e nitrogênio. Os tanques contêm uma mistura homogênea. (**d**) O enxofre amarelo é composto de moléculas que contêm anéis de oito membros de átomos de enxofre. O enxofre amarelo é uma substância composta. (**e**) O grafite do lápis é totalmente composto de lâminas de átomos de carbono. O grafite é uma forma de substância simples.

EAA 1.6 O composto *heme* está presente nos glóbulos vermelhos. O heme contém carbono, hidrogênio, ferro, nitrogênio e oxigênio. Qual das alternativas a seguir é a lista correta dos símbolos dos elementos em uma molécula de heme? (**a**) Ca, Hy, Ir, Ni, Ox (**b**) C, H, Fe, N, O (**c**) C, H, I, N, O (**d**) C, H_2, Fe, N_2, O_2.

EAA 1.7 Um determinado material tem uma composição fixa de átomos de S e Cl, independentemente de sua origem. Qual das afirmações a seguir sobre o material é *verdadeira*? (**a**) O material é uma mistura homogênea. (**b**) O material contém átomos de silício e de cloro. (**c**) O material deve conter números iguais de átomos de S e de Cl. (**d**) O material é uma mistura heterogênea. (**e**) O material é uma substância composta que contém dois elementos.

> **Objetivos de aprendizagem**
>
> Após terminar a Seção 1.3, você deve ser capaz de:
> ▶ Distinguir entre propriedades químicas e físicas e entre propriedades intensivas e extensivas.
> ▶ Diferenciar transformações químicas de físicas.
> ▶ Descrever como a filtração, destilação e cromatografia podem ser utilizadas para separar misturas de substâncias.

1.3 | Propriedades da matéria

Cada substância tem propriedades específicas. Por exemplo, as propriedades listadas na Tabela 1.2 permitem distinguir o gás hidrogênio, o gás oxigênio e a água. As propriedades de uma substância incluem tudo o que a descreve, como cor, estado físico, massa, capacidade de reagir com outras substâncias, entre outras características. Nesta seção, analisamos mais de perto os tipos de propriedades que normalmente utilizamos para descrever as substâncias.

Tipos de propriedades das substâncias

As propriedades da matéria são classificadas como físicas ou químicas. As **propriedades físicas** podem ser observadas sem que sejam alteradas a identidade e a composição da substância, incluindo cor, odor, densidade, ponto de fusão, ponto de ebulição e dureza. As **propriedades químicas** descrevem como uma substância pode se transformar, ou *reagir*, para formar outras substâncias. Uma propriedade química comum é a inflamabilidade, ou seja, a capacidade que uma substância tem de queimar na presença de oxigênio.

As propriedades das substâncias também são separadas em duas categorias: intensivas ou extensivas. As **propriedades intensivas**, como a temperatura e o ponto de fusão, *não* dependem da quantidade da amostra a ser analisada e são particularmente úteis na química, porque muitas delas podem ser utilizadas para *identificar* substâncias. Já as **propriedades extensivas**, como a massa e o volume, dependem da quantidade de amostra. As propriedades extensivas estão relacionadas à *quantidade* de substância.

Transformações físicas e químicas

As transformações pelas quais as substâncias passam são físicas ou químicas. Em uma **transformação física**, a substância tem sua aparência física alterada, mas a composição permanece igual; isto é, a substância continua sendo a mesma antes e depois da transformação. A evaporação da água é uma transformação física, por exemplo. Quando a água evapora, ela muda do estado líquido para o gasoso, mas ainda é composta de moléculas de água, como mostra a Figura 1.3. Todas as **mudanças de estado** (p. ex., do estado líquido para o gasoso ou do líquido para o sólido) são transformações físicas.

Em uma **transformação química** (também denominada **reação química**), a substância é convertida em outra quimicamente diferente. Quando o gás hidrogênio queima no ar, por exemplo, ele sofre uma transformação química, porque liga-se ao oxigênio para formar a água (**Figura 1.9**).

As transformações químicas podem ser surpreendentes. No relato apresentado na **Figura 1.10**, Ira Remsen (1846–1927), autor de um popular livro de química, descreve suas primeiras experiências com reações químicas.

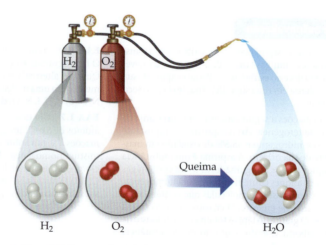

▲ **Figura 1.9** Uma reação química.

Durante a leitura de um livro didático de química, deparei-me com a afirmação "o ácido nítrico age sobre o cobre" e decidi ver o que isso significava. Após localizar um pouco de ácido nítrico, só tinha de aprender o que as palavras "agir sobre" significavam. Para o bem do conhecimento, estava até mesmo disposto a sacrificar uma das poucas moedas de cobre que tinha em minha posse. Coloquei uma delas sobre a mesa, abri a garrafa com o rótulo "ácido nítrico", verti um pouco do líquido na moeda e me preparei para fazer uma observação. Mas o que era essa coisa maravilhosa que vi? A moeda já tinha se modificado, e não foi pouca a mudança. Um líquido azul-esverdeado espumou e exalou vapores sobre a moeda e a mesa. O ar tornou-se vermelho-escuro. Como poderia interromper esse processo? Tentei fazer isso pegando a moeda e a jogando pela janela. Aprendi outro fato: ácido nítrico age sobre os dedos. A dor me levou a outro experimento não premeditado. Passei os dedos nas minhas calças e descobri que ácido nítrico age sobre as calças. Esse foi o experimento mais impressionante que já realizei. Digo isso agora ainda com entusiasmo. Foi uma revelação para mim. Claramente, a única maneira de aprender a respeito desses tipos notáveis de ação é ver os resultados, experimentar e trabalhar no laboratório.

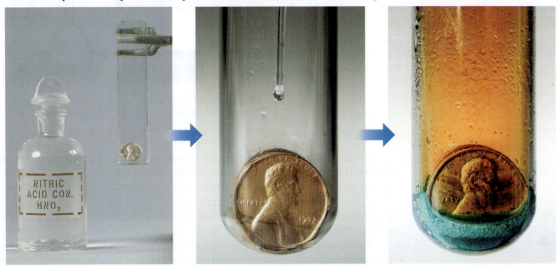

▲ **Figura 1.10 A reação química entre uma moeda de cobre e o ácido nítrico.** A dissolução do cobre resulta em uma solução azul-esverdeada; o gás castanho-avermelhado produzido é dióxido de nitrogênio.

Separação de misturas

Pode-se separar uma mistura em seus componentes ao considerar as diferenças de suas propriedades. Por exemplo, os componentes ferro e ouro de uma mistura heterogênea de limalhas de ferro e ouro podem ser separados pela cor. Uma abordagem menos tediosa seria usar um ímã para atrair a limalha de ferro, o que deixaria o ouro para trás. Podemos também levar em conta uma diferença química importante entre esses dois metais: muitos ácidos dissolvem o ferro, mas não o ouro. Assim, se adicionarmos um ácido apropriado à mistura, ele dissolverá o ferro, deixando intacto o ouro maciço. Os dois podem, então, ser separados por **filtração** (Figura 1.11). Podemos também utilizar outras reações químicas, as quais serão apresentadas mais à frente neste livro, para transformar o ferro dissolvido novamente em metal.

◄ **Figura 1.11 Separação por filtração.** A mistura de um sólido com um líquido é filtrada. O líquido passa pelo filtro de papel, e o sólido fica retido no papel.

▶ **Figura 1.12 Destilação.** Aparelho para separar os componentes de uma solução de cloreto de sódio (água salgada).

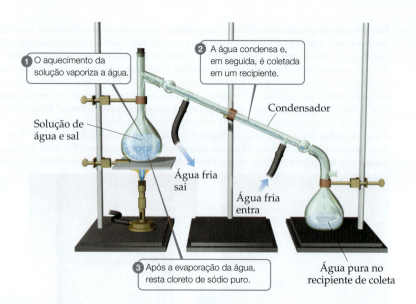

Um método importante de separação dos componentes de uma mistura homogênea é a **destilação**, processo que depende das diferentes capacidades das substâncias para formar gases. Por exemplo, se fervermos uma solução de sal e água, a água vai evaporar, formando um gás, enquanto o sal permanecerá no recipiente. A água gasosa pode ser reconvertida em líquido ao entrar em contato com as paredes de um condensador, como mostra a **Figura 1.12**.

As diferentes capacidades das substâncias para aderir a superfícies de sólidos também podem ser usadas na separação de misturas. Por exemplo, podemos separar uma mistura de substâncias colocando uma amostra no alto de uma coluna preenchida por um sólido poroso, como mostra a **Figura 1.13**. Quando um solvente apropriado é adicionado ao topo da coluna, a mistura se separa em seus diversos componentes. Essa técnica de separação é chamada de **cromatografia** (literalmente, "escrita das cores").

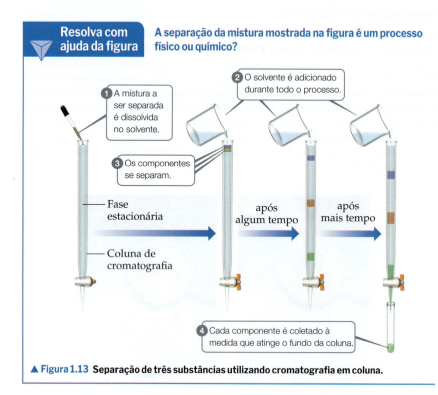

▲ **Figura 1.13** Separação de três substâncias utilizando cromatografia em coluna.

Exercícios de autoavaliação

EAA 1.8 Imagine que você tem um galão da substância *metanol*. Em condições normais, o metanol é um líquido incolor inflamável. Qual das seguintes alternativas sobre as propriedades do metanol está *correta*? (**a**) O fato de o metanol ser incolor é uma propriedade química. (**b**) A massa do galão de metanol é uma propriedade intensiva. (**c**) O fato de o metanol ser inflamável é uma propriedade física. (**d**) A temperatura à qual o metanol congela é uma propriedade intensiva.

EAA 1.9 Cada uma das afirmações a seguir descreve uma transformação física ou uma transformação química de uma substância:

(i) Um prego de ferro enferruja quando exposto à umidade do ar.

(ii) O vapor d'água se condensa em uma janela fria e forma orvalho.

(iii) As plantas produzem açúcar a partir de dióxido de carbono e água.

Quais desses processos são transformações *químicas*? (**a**) Apenas um é uma transformação química. (**b**) i e ii. (**c**) i e iii. (**d**) ii e iii. (**e**) Todos são transformações químicas.

EAA 1.10 Qual das afirmações a seguir sobre técnicas de separação está *incorreta*? (**a**) A filtração pode ser usada para separar uma substância sólida de um líquido. (**b**) A destilação é uma técnica que depende das diferenças na evaporação de diferentes substâncias. (**c**) O sólido A se dissolve na água e o sólido B não se dissolve na água. Após adicionar uma mistura dos dois sólidos à água, a filtração seria uma maneira eficaz de separar os sólidos A e B. (**d**) A cromatografia é uma técnica que depende das diferenças na velocidade de deslocamento de diferentes substâncias através de um meio sólido. (**e**) A cromatografia pode ser utilizada para separar um composto em seus elementos.

1.4 | A natureza da energia

Todos os objetos do universo são feitos de matéria, mas esta sozinha não basta para descrever o comportamento do mundo à nossa volta. A água em um lago nos Alpes e a água fervente em uma panela são feitas da mesma substância, mas seu corpo terá sensações muito diferentes ao colocar a mão em uma ou na outra. A diferença entre as duas é o seu conteúdo de energia: a água fervente tem mais energia do que a água resfriada. Para entender a química, devemos conhecer as variações de energia que acompanham os processos químicos.

 Objetivos de aprendizagem

Após terminar a Seção 1.4, você deve ser capaz de:

▶ Descrever os conceitos de *energia*, *trabalho* e *calor*.

▶ Distinguir entre energia *cinética* e energia *potencial*.

Trabalho e calor

Ao contrário da matéria, a energia não tem massa e nem podemos segurá-la em nossas mãos, mas seus efeitos podem ser observados e medidos. A **energia** é definida como *a capacidade de realizar trabalho ou transferir calor*. Trabalho e calor são maneiras pelas quais a energia é transferida de um objeto para outro. **Trabalho** é *a energia transferida quando uma força exercida sobre um objeto causa o deslocamento deste*. **Calor** é *a energia transferida para provocar um aumento na temperatura de um objeto*. A **Figura 1.14** ilustra os conceitos de trabalho e calor.

Embora a temperatura de um objeto seja intuitiva para a maioria das pessoas, a definição de trabalho é menos evidente. Definimos trabalho (T) como o produto da força exercida sobre o objeto (F) e da distância (d) pela qual o objeto é movido:

$$T = F \times d \qquad [1.1]$$

A **força** F é definida como qualquer ato de empurrar ou puxar exercido sobre um objeto.* Exemplos conhecidos incluem a gravidade e a atração entre os polos opostos de um ímã. É preciso realizar trabalho para erguer um objeto do chão ou separar dois ímãs cujos polos opostos estão em contato. Quando digita no teclado, você realiza trabalho sobre as teclas, que são deslocadas pela força dos seus dedos.

Energia cinética e energia potencial

Para compreender a energia, precisamos entender suas duas formas fundamentais: a energia cinética e a energia potencial. Objetos, sejam eles automóveis, bolas de beisebol ou

---

*Quando usamos essa equação, apenas o componente da força que atua na mesma direção do deslocamento é utilizado. Em geral, esse será o caso dos problemas deste capítulo.

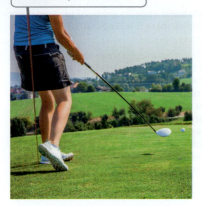

(a)

(b)

▲ **Figura 1.14 Trabalho e calor, duas formas de energia.** (a) *Trabalho* é a energia utilizada para deslocar um objeto contra uma força oposta. (b) *Calor* é a energia utilizada para provocar um aumento na temperatura de um objeto.

moléculas, podem ter **energia cinética**, a energia do *movimento*. A magnitude da energia cinética (E_c) de um objeto depende da sua massa (m) e da velocidade (v):

$$E_c = \frac{1}{2} mv^2 \qquad [1.2]$$

Portanto, a energia cinética de um objeto aumenta conforme a sua velocidade ou rapidez* aumenta. Por exemplo, um carro que se movimenta a 104 quilômetros por hora (km/h) tem maior energia cinética do que um carro a 40 km/h. Para uma dada velocidade, a energia cinética aumenta com o aumento da massa. Assim, um caminhão grande que viaja a 104 km/h tem maior energia cinética do que uma motocicleta que viaja na mesma velocidade, uma vez que o caminhão tem maior massa.

Na química, estamos interessados na energia cinética dos átomos e das moléculas. Embora sejam muito pequenas para serem vistas, essas partículas têm massa e estão em movimento, portanto, têm energia cinética. Quando uma substância é aquecida, seja ela uma panela de água no fogão ou um banco de metal sob o Sol, os átomos e as moléculas na substância ganham energia cinética e sua velocidade média aumenta. Assim, vê-se que a transferência de calor é simplesmente a transferência de energia cinética em nível molecular. Voltaremos a esse conceito em capítulos posteriores.

Todas as outras formas de energia, como energia armazenada em uma mola esticada, em um peso mantido suspenso acima de sua cabeça ou em uma ligação química, são classificadas como energia potencial. Um objeto tem **energia potencial** em virtude da sua posição em relação a outros objetos. A energia potencial é, em essência, a energia "armazenada" que surge a partir de atrações e repulsões que um objeto sofre em relação a outros.

Estamos familiarizados com muitos casos em que a energia potencial é convertida em energia cinética. Por exemplo, pense em uma ciclista posicionada no topo de uma colina (**Figura 1.15**). Por causa da força de atração da gravidade, a energia potencial da ciclista e de sua bicicleta é maior no topo do que na base da colina. Como resultado, a bicicleta desce facilmente o morro com velocidade crescente. Nesse processo, a energia potencial é convertida em energia cinética. A energia potencial da gravidade diminui à medida que a bicicleta segue morro abaixo, mas sua energia cinética aumenta conforme a velocidade aumenta (Equação 1.2). Esse exemplo ilustra que a energia cinética e a energia potencial são interconversíveis.

Forças gravitacionais desempenham um papel insignificante no modo como átomos e moléculas interagem uns com os outros. Forças que surgem de cargas elétricas são mais importantes quando se tratam de átomos e moléculas. Uma das formas mais importantes

Alta energia potencial, energia cinética igual a zero

Redução de energia potencial, aumento de energia cinética

▲ **Figura 1.15 Energia potencial e energia cinética.** A energia potencial armazenada inicialmente na bicicleta em repouso e na ciclista no alto da colina se converte em energia cinética à medida que a bicicleta desce a colina e perde energia potencial.

---

*Tecnicamente, a velocidade é uma grandeza *vetorial* que tem direção; ou seja, ela nos diz o quão rápido um objeto se move e em qual direção. A rapidez é uma grandeza *escalar* que nos diz o quão rápido um objeto se move, mas não a direção do movimento. A menos que explicitado o contrário, não nos preocuparemos com a direção do movimento, então os termos "velocidade" e "rapidez" são utilizados de forma intercambiável neste livro.

de energia potencial na química é a *energia potencial eletrostática*, que decorre das interações entre partículas carregadas. As cargas opostas se atraem mutuamente, enquanto as cargas iguais se repelem. A intensidade dessa interação aumenta à medida que os módulos das cargas aumentam e diminui conforme a distância entre as cargas cresce. Voltaremos à energia eletrostática diversas vezes ao longo do livro.

Um dos nossos objetivos com a química é relacionar as variações de energia vistas no mundo macroscópico com a energia cinética ou potencial das substâncias em nível molecular. Muitas substâncias (p. ex., combustíveis) liberam energia quando reagem. A *energia química* de um combustível resulta da energia potencial armazenada no arranjo de seus átomos. Como explicaremos em capítulos posteriores, *a energia química é liberada quando as ligações entre os átomos são formadas e é consumida quando as ligações entre os átomos são rompidas*. Quando um combustível queima, algumas ligações são rompidas e outras são formadas, mas o saldo é a conversão de energia potencial química em energia térmica, a energia associada à temperatura.

Exercícios de autoavaliação

EAA 1.11 Qual das afirmações a seguir sobre energia, trabalho e calor é *falsa*? (**a**) A energia pode ser classificada em duas formas fundamentais: energia cinética e energia potencial. (**b**) O calor é energia transferida para aumentar a temperatura de um objeto. (**c**) A energia é a capacidade de realizar trabalho ou transferir calor. (**d**) O trabalho causa o deslocamento de um objeto. (**e**) A energia tem massa e ocupa espaço.

EAA 1.12 Um foguete decola da Terra e acelera no céu. Qual das afirmações a seguir descreve corretamente as variações na energia potencial gravitacional e na energia cinética do foguete à medida que ele decola? (**a**) Sua energia cinética diminui e sua energia potencial gravitacional diminui. (**b**) Sua energia cinética aumenta e sua energia potencial gravitacional diminui. (**c**) Sua energia cinética diminui e sua energia potencial gravitacional aumenta. (**d**) Sua energia cinética aumenta e sua energia potencial gravitacional aumenta. (**e**) A energia cinética e a energia potencial gravitacional do foguete permanecem inalteradas.

EAA 1.13 Considere os seguintes três veículos em movimento:

(**i**) Um carro compacto pesa 900 kg e se move a 64 km/h.

(**ii**) Um sedã pesa 1.450 kg e se move a 64 km/h.

(**iii**) Uma caminhonete pesa 1.800 kg e se move a 32 km/h.

Qual das alternativas a seguir representa a ordem correta dos veículos em relação à energia cinética, da menor para a maior? (**a**) iii < i < ii (**b**) i < ii < iii (**c**) i = iii < ii (**d**) i < iii < ii (**e**) ii < iii = i

---

QUÍMICA E SUSTENTABILIDADE Uma introdução

À medida que a população global cresce, continuamos a consumir os recursos da Terra e testar a capacidade da raça humana de atender às necessidades essenciais que sustentam a sua existência. A ideia de *sustentabilidade* é utilizada para descrever a intersecção entre os fatores econômicos, sociais e ambientais que determinam as melhores maneiras de existirmos na Terra e, ao mesmo tempo, sermos guardiões responsáveis do nosso planeta.

Em 1991, a União Internacional para a Conservação da Natureza, o Programa das Nações Unidas para o Meio Ambiente e o World Wildlife Fund for Nature publicaram um relatório intitulado *Caring for the Earth: A Strategy for Sustainable Living** ("Cuidando da Terra: Uma estratégia para a vida sustentável"). Nesse relatório, foi proposto um conjunto de princípios para uma sociedade sustentável. Ele começava assim: "Viver sustentavelmente depende de aceitar o dever de buscar harmonia com as outras pessoas e com a natureza. As regras básicas são que as pessoas devem compartilhar umas com as outras e cuidar da Terra. A humanidade não deve retirar mais da natureza do que a natureza consegue repor". Esses princípios norteadores se tornaram ainda mais relevantes no mundo atual, que enfrenta mudanças climáticas, escassez de alimentos, desabastecimento de água limpa e pandemias globais.

É inegável que algumas aplicações da química tiveram impactos negativos na sustentabilidade, como os derramamentos de produtos químicos industriais, o uso de substâncias tóxicas (ainda que a toxicidade delas tenha sido descoberta após o uso) e a geração de resíduos químicos com o avanço da tecnologia. Contudo, a química também teve alguns dos efeitos mais positivos no aumento da sustentabilidade no nosso planeta, e promete ainda mais para o futuro.

A sustentabilidade envolve mais do que avanços científicos e tecnológicos. Em 2016, a Organização das Nações Unidas publicou seus 17 Objetivos de Desenvolvimento Sustentável (**Figura 1.16**). São objetivos abrangentes, que trabalham questões importantes de justiça social e economia global. A química, por ser a ciência central, tem a capacidade de melhorar as condições globais em muitas dessas áreas importantes e, por isso, terá um papel crucial para atingirmos essas metas ambiciosas.

Nesta edição do livro, introduzimos um novo conjunto de quadros intitulados *Química e sustentabilidade*. Neles, destacamos algumas das maneiras pelas quais as aplicações da química e de campos relacionados (como a engenharia química e a ciência dos materiais) estão criando um planeta mais sustentável. Também apresentamos alguns dos novos avanços que prometem fortalecer a sustentabilidade no futuro próximo. Muitos de vocês, hoje estudantes de Química, se tornarão praticantes da ciência química e poderão trabalhar nessas novas e emocionantes descobertas que estão produzindo um mundo melhor e mais sustentável. Esperamos que nossos exemplos sejam ao mesmo tempo instrutivos e inspiradores.

Exercícios relacionados: 1.41, 1.91

(Continua)

---

*David Munro e Martin Holdgate, eds. 1991. "Caring for the Earth: A Strategy for Sustainable Living," Gland, CH: International Union for the Conservation of Nature, United Nations Environmental Program, and World Wide Fund for Nature. Disponível em: https://portals.iucn.org/library/node/6439.

▲ **Figura 1.16 Os 17 Objetivos de Desenvolvimento Sustentável da ONU.** Em 2016, a Organização das Nações Unidas (ONU) propôs 17 objetivos para o desenvolvimento sustentável global que abrangem questões sociais, econômicas e ambientais. A ONU lançou o desafio de que o mundo atingisse essas metas até 2030: https://www.un.org/sustainabledevelopment/sustainable-development-goals.

1.5 | Unidades de medida

Objetivos de aprendizagem

Após terminar a Seção 1.5, você deve ser capaz de:
▶ Identificar as sete unidades básicas e os prefixos comuns usados no *sistema métrico*.
▶ Converter temperaturas entre as escalas Fahrenheit, Celsius e Kelvin.
▶ Distinguir as unidades básicas das unidades derivadas do sistema métrico, como o volume.
▶ Converter entre massa, volume e densidade, dadas duas das três quantidades.
▶ Calcular quantidades de energia em joules.

Muitas propriedades da matéria são *quantitativas*, ou seja, estão associadas a números. Quando um número representa uma quantidade medida, as unidades dessa quantidade devem ser especificadas. Dizer que o comprimento de um lápis é 17,5 nada significa. Por outro lado, a representação do número com suas unidades de medida, no caso, 17,5 centímetros (cm), caracteriza de maneira adequada o comprimento do objeto. Nesta seção, analisamos mais de perto as unidades que usamos para medições nas ciências.

O sistema métrico e as unidades do SI

As unidades usadas para medições científicas são as do **sistema métrico**. Desenvolvido na França no final do século XVIII, o sistema métrico é usado como sistema de medida na maioria dos países. Os Estados Unidos, por tradição, utilizam o sistema inglês, embora o uso do sistema métrico tenha se tornado mais comum (**Figura 1.17**).

Em 1960, chegou-se a um acordo internacional que determinava uma escolha específica de unidades métricas para uso em medições científicas. Essas unidades escolhidas são chamadas de **unidades do SI**, do francês *Système International d'Unités*. Esse sistema tem sete *unidades básicas*, a partir das quais todas as outras unidades são derivadas (**Tabela 1.3**). Neste capítulo, analisamos as unidades básicas para comprimento, massa e temperatura. As unidades do SI para outras medidas, como volume, podem ser derivadas dessas unidades básicas fundamentais.

Com as unidades do SI, os prefixos são utilizados para indicar frações decimais ou múltiplos de várias unidades. Por exemplo, o prefixo *mili* representa uma fração 10^{-3} (um milésimo) de uma unidade; um miligrama (mg) corresponde a 10^{-3} gramas (g); um milímetro (mm) corresponde a 10^{-3} metros (m) e assim por diante. A **Tabela 1.4** apresenta os prefixos usados com as unidades do SI. Os prefixos mais encontrados na química são quilo, centi, mili, micro e nano. Ao utilizar unidades do SI e solucionar problemas ao longo deste capítulo, você deve se sentir confortável quanto à notação científica. Se você não estiver

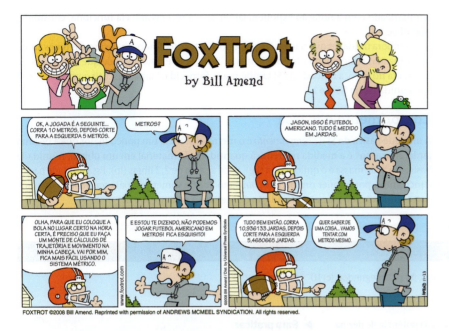

▲ **Figura 1.17 Unidades do sistema métrico.** Medidas que utilizam o sistema métrico são cada vez mais comuns nos Estados Unidos, como no exemplo da lata de refrigerante, em que o volume impresso está tanto no sistema métrico (mililitros, mL) quanto na unidade inglesa (quartos, qt, e onças líquidas, fl oz).

TABELA 1.3 Unidades básicas do SI

Quantidade física	Nome da unidade	Abreviação
Comprimento	Metro	m
Massa	Quilograma	kg
Temperatura	Kelvin	K
Tempo	Segundo	s ou seg
Quantidade de matéria	Mol	mol
Corrente elétrica	Ampère	A ou amp
Intensidade luminosa	Candela	cd

TABELA 1.4 Prefixos utilizados com as unidades do SI

Prefixo	Abreviação	Significado	Exemplo	
Peta	P	10^{15}	1 petawatt (PW)	$= 1 \times 10^{15}$ watts[a]
Tera	T	10^{12}	1 terawatt (TW)	$= 1 \times 10^{12}$ watts
Giga	G	10^{9}	1 gigawatt (GW)	$= 1 \times 10^{9}$ watts
Mega	M	10^{6}	1 megawatt (MW)	$= 1 \times 10^{6}$ watts
Quilo	k	10^{3}	1 quilowatt (kW)	$= 1 \times 10^{3}$ watts
Deci	d	10^{-1}	1 deciwatt (dW)	$= 1 \times 10^{-1}$ watt
Centi	c	10^{-2}	1 centiwatt (cW)	$= 1 \times 10^{-2}$ watt
Mili	m	10^{-3}	1 miliwatt (mW)	$= 1 \times 10^{-3}$ watt
Micro	μ[b]	10^{-6}	1 microwatt (μW)	$= 1 \times 10^{-6}$ watt
Nano	n	10^{-9}	1 nanowatt (nW)	$= 1 \times 10^{-9}$ watt
Pico	p	10^{-12}	1 picowatt (pW)	$= 1 \times 10^{-12}$ watt
Femto	f	10^{-15}	1 femtowatt (fW)	$= 1 \times 10^{-15}$ watts
Atto	a	10^{-18}	1 attowatt (aW)	$= 1 \times 10^{-18}$ watt
Zepto	z	10^{-21}	1 zeptowatt (zW)	$= 1 \times 10^{-21}$ watt

[a] O watt (W) é a unidade do SI da potência, que é a taxa em que a energia é gerada ou consumida. A unidade do SI de energia é o joule (J); 1 J = 1 kg · m²/s² e 1 W = 1 J/ s.
[b] Letra grega mi.

familiarizado com a notação exponencial ou deseja rever como ela funciona, consulte o Apêndice A.1.

Embora unidades que não fazem parte do SI estejam caindo em desuso, algumas ainda são utilizadas cotidianamente por cientistas. Sempre que uma unidade que não seja do SI for citada no livro, a unidade do SI também será fornecida. Vamos discutir como converter essas unidades na **Seção 1.7**.

Comprimento e massa

A unidade básica do SI de *comprimento* é o metro, distância um pouco maior que a de uma jarda. A **massa*** é a medida referente à quantidade de material em um objeto. A unidade básica do SI de massa é o quilograma (kg), igual a cerca de 2,2 libras (lb). Essa unidade básica é incomum, pois requer um prefixo, *quilo* em vez de somente a palavra *grama*. Obtemos outras unidades de massa com a adição de prefixos à palavra *grama*.

Exercício resolvido 1.2
Como utilizar prefixos do SI

Qual é o nome da unidade igual a (**a**) 10^{-9} gramas, (**b**) 10^{-6} segundos, (**c**) 10^{-3} metros?

SOLUÇÃO
Podemos encontrar o prefixo relacionado a cada potência de dez na Tabela 1.4: (**a**) nanograma, ng; (**b**) microssegundos, μs; (**c**) milímetros, mm.

▶ **Para praticar**
(**a**) Quantos picômetros há em 1 m? (**b**) Expresse $6{,}0 \times 10^3$ m utilizando um prefixo para substituir a potência de dez. (**c**) Utilize a notação científica para expressar 4,22 mg em gramas. (**d**) Qual dos seguintes comprimentos é maior: 12,0 m; $2{,}0 \times 10^3$ mm; $1{,}5 \times 10^{-3}$ km; ou $1{,}8 \times 10^{10}$ nm?

Temperatura

A temperatura, uma medida relacionada à quentura ou à frieza de um objeto, é uma propriedade física que determina a direção do fluxo de calor. O calor sempre flui espontaneamente de uma substância com temperatura mais elevada para outra com temperatura mais baixa. Assim, o influxo de calor que sentimos quando tocamos um objeto quente indica que o objeto está a uma temperatura mais elevada do que a nossa mão.

Em geral, as escalas de temperatura empregadas na ciência são Celsius e Kelvin. A princípio, a **escala Celsius** foi desenvolvida com base na atribuição de 0 °C para o ponto de congelamento da água e 100 °C para o ponto de ebulição da água ao nível do mar (**Figura 1.18**).

A **escala Kelvin** é a escala de temperatura do SI, e sua unidade do SI é o *kelvin* (K). Zero na escala Kelvin é a temperatura à qual todo o movimento térmico deixa de ocorrer, uma temperatura chamada de **zero absoluto**. Na escala Celsius, o zero absoluto tem o valor de −273,15 °C. As escalas Celsius e Kelvin têm unidades de mesma dimensão, ou seja, um kelvin tem a mesma dimensão que um grau Celsius. Assim, as escalas Kelvin e Celsius estão relacionadas da seguinte forma:

$$K = °C + 273{,}15 \qquad [1.3]$$

O ponto de congelamento da água, 0 °C, corresponde a 273,15 K (Figura 1.18). Observe que não usamos o sinal de grau (°) para temperaturas na escala Kelvin.

A escala de temperatura utilizada nos Estados Unidos é a *escala Fahrenheit*, que não costuma ser empregada na ciência. A água congela a 32 °F e ferve a 212 °F. As escalas Fahrenheit e Celsius estão relacionadas da seguinte forma:

$$°C = \frac{5}{9}(°F - 32) \quad \text{ou} \quad °F = \frac{9}{5}(°C) + 32 \qquad [1.4]$$

---

*Massa e peso não são a mesma coisa. A massa é uma medida da quantidade de matéria, enquanto o peso é a força exercida sobre essa massa pela gravidade. Por exemplo, um astronauta pesa menos na Lua do que na Terra porque a força gravitacional da Lua é menor do que a da Terra. Contudo, a massa do astronauta é a mesma na Lua e na Terra.

Capítulo 1 | Introdução: Matéria, energia e medidas

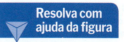

> **Resolva com ajuda da figura**
> Verdadeiro ou falso: O "tamanho" de um grau na escala Celsius é o mesmo que o "tamanho" de um grau na escala Kelvin.

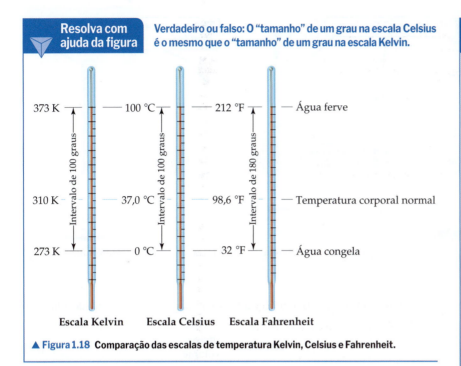

▲ **Figura 1.18** Comparação das escalas de temperatura Kelvin, Celsius e Fahrenheit.

> **Resolva com ajuda da figura**
> Quantas garrafas de 1 L são necessárias para armazenar 1 m³ de um líquido?

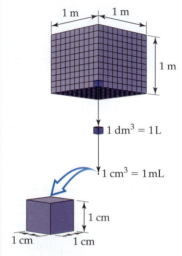

▲ **Figura 1.19** Relações de volume. Um cubo com cada extremidade medindo 1 m ocupa um volume de um metro cúbico, 1 m³. Cada metro cúbico equivale a 1.000 dm³, 1 m = 1.000 dm³. Um litro contém o mesmo volume que um decímetro cúbico, 1 L = 1 dm³. Cada decímetro cúbico contém 1.000 centímetros cúbicos, 1 dm³ = 1.000 cm³. Um centímetro cúbico é igual a um mililitro, 1 cm³ = 1 mL.

Unidades derivadas

As unidades básicas do SI são utilizadas para formular *unidades derivadas*. Uma **unidade derivada** é obtida por multiplicação ou divisão de uma ou mais unidades básicas. Começamos com a equação que define uma quantidade e, em seguida, substituímos as unidades básicas adequadas. Por exemplo, a *velocidade* é definida como a razão entre uma distância percorrida e o tempo gasto. Assim, a unidade do SI para a velocidade é a unidade do SI para distância (comprimento), m, dividida pela unidade do SI para tempo, s, o que resulta em m/s (leia-se "metros por segundo"). Duas unidades derivadas comuns na química são de volume e densidade.

O *volume* de um cubo é igual ao seu comprimento elevado ao cubo, comprimento³. Assim, a unidade derivada de volume é a unidade do SI de comprimento, m, elevada à terceira potência. O metro cúbico, m³, é o volume de um cubo que mede 1 m em cada extremidade (**Figura 1.19**). Unidades menores, como centímetros cúbicos, ou cm³ (usa-se também cc), são utilizadas em química com frequência. Outra unidade de volume empregada é o *litro* (L), que equivale a um decímetro cúbico, ou dm³, e é ligeiramente maior que um quarto. Atenção: o litro é a primeira unidade do sistema métrico com que nos deparamos que *não é* uma unidade do SI. Há 1.000 mililitros (mL) em um litro, e 1 mL tem o mesmo volume que 1 cm³: 1 mL = 1 cm³.

No laboratório, é provável que você utilize dispositivos como os da **Figura 1.20** para medir volumes de líquidos. Seringas, buretas e pipetas medem quantidades de líquido com mais precisão que os cilindros graduados. Já os balões volumétricos são utilizados para armazenar volumes específicos de um líquido.

Exercício resolvido 1.3
Como converter unidades de temperatura

A previsão do tempo informa que a temperatura chegará a 30 °C. Como determinar essa temperatura **(a)** em K e **(b)** em °F?

SOLUÇÃO

(a) Utilizando a Equação 1.3, temos K = 30 + 273 = 303 K.

(b) Utilizando a Equação 1.4, temos:

$$°F = \frac{9}{5}(30) + 32 = 54 + 32 = 86 \,°F.$$

▶ **Para praticar**
O etilenoglicol, principal ingrediente dos anticongelantes, congela a 260 K. Qual é o ponto de congelamento desse composto em **(a)** °C e **(b)** °F?

▶ **Figura 1.20** Vidraria volumétrica comumente utilizada em laboratórios.

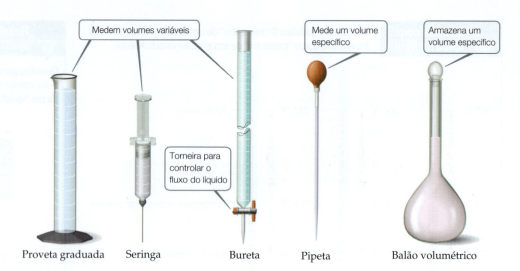

Proveta graduada — Seringa — Bureta — Pipeta — Balão volumétrico

TABELA 1.5 Densidades de algumas substâncias a 25 °C

Substância	Densidade (g/cm³)
Ar	0,001
Madeira balsa	0,16
Etanol	0,79
Azeite de oliva	0,92
Água	1,00
Etilenoglicol	1,09
Açúcar	1,59
Sal de cozinha	2,16
Ferro	7,9
Ouro	19,32

A **densidade** é definida como a quantidade de massa em uma unidade de volume de uma substância:

$$\text{densidade} = \frac{\text{massa}}{\text{volume}} \qquad [1.5]$$

Em geral, as densidades de sólidos e líquidos são expressas em gramas por centímetro cúbico (g/cm³) ou gramas por mililitro (g/mL). As densidades de algumas substâncias comuns estão listadas na **Tabela 1.5**. Não é por acaso que a densidade da água é 1,00 g/mL: o grama foi originalmente definido como a massa de 1 mL de água a uma temperatura específica. Uma vez que a maioria das substâncias tem seu volume alterado quando é aquecida ou resfriada, as densidades dependem da temperatura, que, por sua vez, deve ser indicada quando as densidades são informadas. Se a temperatura não é indicada, consideramos que a substância está a 25 °C, aproximadamente o valor da temperatura ambiente normal.

Os termos "*densidade*" e "*peso*" são confundidos em alguns momentos. Uma pessoa que diz que o ferro pesa mais que o ar provavelmente tem a intenção de dizer que o ferro

Exercício resolvido 1.4

Determinando a densidade e utilizando-a para determinar o volume e a massa

(a) Calcule a densidade do mercúrio, considerando que $1,00 \times 10^2$ g ocupa um volume de 7,36 cm³.
(b) Calcule o volume de 65,0 g de metanol líquido (álcool de madeira), sabendo que sua densidade é 0,791 g/mL.
(c) Qual é a massa em gramas de um cubo de ouro (densidade = 19,32 g/cm³) se o comprimento do cubo for 2,00 cm?

SOLUÇÃO

(a) Como temos a massa e o volume, a Equação 1.3 resulta em:

$$\text{Densidade} = \frac{\text{massa}}{\text{volume}} = \frac{1,00 \times 10^2 \text{ g}}{7,36 \text{ cm}^3} = 13,6 \text{ g/cm}^3$$

(b) Resolvendo a Equação 1.3 para o volume e, em seguida, utilizando os números de massa e densidade fornecidos, obtém-se:

$$\text{Volume} = \frac{\text{massa}}{\text{densidade}} = \frac{65,0 \text{ g}}{0,791 \text{ g/mL}} = 82,2 \text{ mL}$$

(c) Podemos calcular a massa a partir do volume do cubo e de sua densidade. O volume de um cubo é dado pelo seu comprimento elevado ao cubo:

$$\text{Volume} = (2,00 \text{ cm})^3 = (2,00)^3 \text{ cm}^3 = 8,00 \text{ cm}^3$$

Resolvendo a Equação 1.3 para a massa e substituindo o volume e a densidade do cubo, temos:

$$\text{Massa} = \text{volume} \times \text{densidade} = (8,00 \text{ cm}^3)(19,32 \text{ g/cm}^3) = 155 \text{ g}$$

▶ **Para praticar**
(a) Calcule a densidade de uma amostra de 374,5 g de cobre, considerando que seu volume é de 41,8 cm³. **(b)** Um estudante precisa de 15,0 g de etanol para um experimento. Sabendo que a densidade do etanol é 0,789 g/mL, quantos mililitros do líquido são necessários?

tem uma densidade maior do que a do ar, uma vez que 1 kg de ar tem a mesma massa que 1 kg de ferro, mas o ferro ocupa um volume menor, garantindo a ele uma densidade mais elevada. Se combinarmos dois líquidos que não se misturam, como azeite de oliva e água, o menos denso (no caso, o azeite) vai flutuar sobre o líquido mais denso (a água).

Unidades de energia

A unidade do SI para energia é o **joule** (J), em homenagem a James Joule (1818–1889), um cientista britânico que estudou o trabalho e o calor. Se voltarmos à Equação 1.2, na qual definimos a energia cinética, veremos que as unidades de energia são (massa) × (velocidade)². Logo, o joule é uma unidade derivada: $1 J = 1 (kg) \times (m/s)^2 = 1 \text{ kg-m}^2/s^2$. Numericamente, uma massa de 2 kg em movimento, a uma velocidade de 1 m/s, tem energia cinética de 1 J:

$$E_c = \frac{1}{2} mv^2 = \frac{1}{2}(2 \text{ kg})(1 \text{ m/s})^2 = 1 \text{ kg-m}^2/s^2 = 1 J$$

Como o joule não representa uma grande quantidade de energia, geralmente usamos *quilojoules* (kJ) quando discutimos energias associadas às reações químicas. Por exemplo, a quantidade de calor liberada quando o hidrogênio e o oxigênio reagem para formar 1 g de água é de 16 kJ.

Ainda é muito comum em química, biologia e bioquímica encontrar variações de energia associadas a reações químicas expressas em calorias, uma unidade que não é do SI. Uma **caloria** (cal) foi originalmente definida como a quantidade de energia necessária para elevar a temperatura de 1 g de água de 14,5 a 15,5 °C. Agora, uma caloria é definida em termos de joule:

$$1 \text{ cal} = 4{,}184 \text{ J (exatamente)}$$

A unidade de energia que todos que já leram um rótulo de alimento conhecem é a *Caloria* nutricional (atenção para o C maiúsculo), 1.000 vezes maior do que a *caloria* com c minúsculo: 1 Cal = 1.000 cal = 1 kcal.

Exercício resolvido 1.5
Como identificar e calcular variações de energia

Um botijão padrão usado para churrasqueiras contém aproximadamente 9,0 kg de propano (C_3H_8). Quando a churrasqueira está acesa, o propano reage com oxigênio para formar dióxido de carbono e água. Para cada grama de propano que reage com oxigênio dessa maneira, 46 kJ de energia são liberados na forma de calor. **(a)** Quanta energia será liberada se todo o conteúdo do botijão de propano reagir com oxigênio? **(b)** À medida que o propano reage, a energia potencial armazenada nas ligações químicas aumenta ou diminui? **(c)** Se precisasse armazenar uma quantidade equivalente de energia potencial por meio do bombeamento de água a uma elevação de 75 m acima do solo, qual seria a massa de água necessária? (Obs.: a força da gravidade é $F = m \times g$, sendo *m* a massa do objeto e *g* a constante gravitacional; $g = 9{,}8 \text{ m/s}^2$).

SOLUÇÃO

(a) Para calcular a quantidade de energia liberada do propano na forma de calor, podemos converter a massa do propano de kg para g e então usar o fato de que 46 kJ de calor são liberados por grama:

$$E = 9{,}0 \text{ kg} \times \frac{1.000 \text{ g}}{1 \text{ kg}} \times \frac{46 \text{ kJ}}{1 \text{ g}} = 4{,}1 \times 10^5 \text{ kJ} = 4{,}1 \times 10^8 \text{ J}$$

(b) Quando o propano reage com oxigênio, a energia potencial armazenada nas ligações químicas é convertida em uma forma alternativa de energia, o calor. Portanto, a energia potencial armazenada na forma de energia química deve diminuir.

(c) A quantidade de trabalho realizada para bombear água a uma altura de 75 m pode ser calculada pela aplicação da Equação 1.1:

$$T = F \times d = (m \times g) \times d$$

A Equação 1.1 pode ser rearranjada para calcular a massa da água:

$$m = \frac{T}{g \times d} = \frac{4{,}1 \times 10^8 \text{ J}}{(9{,}8 \text{ m/s}^2)(75 \text{ m})} = \frac{4{,}1 \times 10^8 \text{ kg-m}^2/s^2}{(9{,}8 \text{ m/s}^2)(75 \text{ m})}$$
$$= 5{,}6 \times 10^5 \text{ kg}$$

A 25 °C, essa massa de água teria um volume de 560.000 L. Assim, vemos que grandes quantidades de energia potencial podem ser armazenadas em forma de energia química.

▶ **Para praticar**
Um *milkshake* de baunilha de 350 mL em um restaurante de *fast-food* contém 547 Calorias. Converta essa quantidade de energia para joules.

OLHANDO DE PERTO — O método científico

De onde vem o conhecimento científico? Como ele é adquirido? Como sabemos se é confiável? Como os cientistas contribuem para ele ou o modificam?

Não há nada misterioso a respeito de como os cientistas trabalham, sendo necessário lembrar que o conhecimento científico é obtido por meio de observações da natureza. Um dos principais objetivos do cientista é organizar essas observações, identificando padrões e regularidades, fazendo medidas e associando um conjunto de observações a outro.

Após realizar uma observação, o próximo passo é perguntar *por que* a natureza se comporta da maneira que observamos. Para responder a essa questão, o cientista constrói um modelo, ou *hipótese*, que visa a explicar as observações. Inicialmente, a hipótese tende a ser provisória e incerta. Pode haver mais de uma hipótese razoável. Se a hipótese estiver correta, certos resultados e observações deverão segui-la. Dessa forma, as hipóteses podem estimular o planejamento de experimentos que possibilitarão aprender mais sobre o sistema estudado. A criatividade científica entra em jogo na elaboração de hipóteses que sugiram a realização de bons experimentos, e estes vão analisar a natureza do sistema sob um novo ponto de vista.

À medida que mais informações são reunidas, as hipóteses iniciais são reavaliadas. Eventualmente, apenas uma se destaca como a mais consistente em relação a um conjunto de evidências acumuladas. Começamos, então, a chamar essa hipótese de *teoria*, um modelo que permite a realização de previsões e que explica todas as observações disponíveis. Em geral, a teoria é coerente com outras teorias, talvez mais amplas e mais gerais. Por exemplo, uma teoria sobre o que ocorre dentro de um vulcão deve ser coerente com teorias mais gerais sobre transferência de calor, química a altas temperaturas e assim por diante.

Lidaremos com muitas teorias à medida que prosseguirmos neste livro. Algumas delas foram testadas diversas vezes e se mostraram coerentes com as observações. No entanto, nenhuma teoria pode ser absolutamente verdadeira. Podemos tratá-la como se fosse, mas sempre haverá a possibilidade de que algum aspecto dela esteja errado. Um exemplo famoso é a teoria da mecânica de Isaac Newton, que produziu resultados tão precisos para o comportamento mecânico da matéria que não houve objeções a ela até o início do século XX. Contudo, Albert Einstein mostrou que a teoria sobre a natureza do espaço e do tempo elaborada por Newton estava incorreta. A teoria da relatividade de Einstein representou uma mudança fundamental na maneira como pensamos o espaço e o tempo. Ele previu onde poderiam ser encontradas exceções às previsões baseadas na teoria de Newton. Embora apenas pequenos desvios da teoria de Newton tenham sido previstos, eles *foram* observados. A teoria da relatividade de Einstein tornou-se aceita como o modelo correto. Contudo, para a maioria das situações, as leis do movimento de Newton são precisas o suficiente.

O processo global que acabamos de considerar, ilustrado na **Figura 1.21**, é chamado de *método científico*. Contudo, não existe um único método científico a ser seguido. Há muitos fatores envolvidos no avanço do conhecimento científico. A única exigência invariável é que nossas explicações devem ser coerentes com as observações, sendo baseadas exclusivamente em fenômenos naturais.

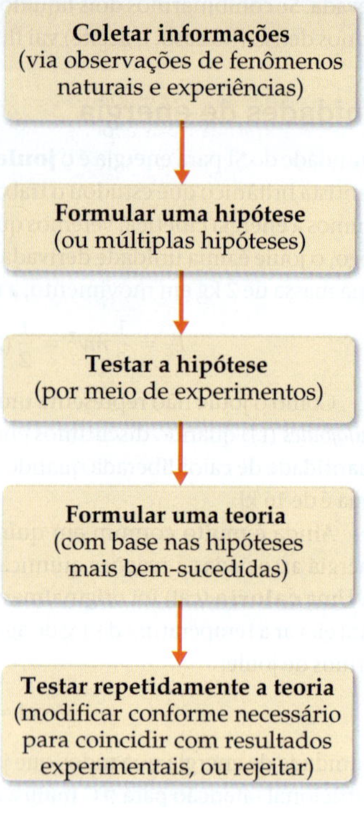

O que podemos fazer quando observamos que a natureza se comporta de um determinado modo e testamos nossas teorias com observações adicionais? Quando a natureza se comporta de certa maneira repetidas vezes, sob todos os tipos de condições diferentes, podemos resumir esse comportamento em uma *lei científica*. Por exemplo, tem sido observado repetidamente que, em uma reação química, não ocorre transformação na massa total dos materiais reagentes em comparação aos materiais formados; essa observação é chamada de *lei de conservação da massa*. É importante diferenciar teoria e lei científica. A lei científica é uma declaração do que sempre acontece, até onde sabemos. A teoria, por sua vez, é uma *explicação* para algo que acontece. Se descobrirmos que uma lei não é verdadeira, então devemos considerar que a teoria subjacente a ela está equivocada de alguma maneira.

▲ **Figura 1.21** O método científico.

Exercícios relacionados: 1.70, 1.93

Fluxograma (Figura 1.21):
- Coletar informações (via observações de fenômenos naturais e experiências)
- Formular uma hipótese (ou múltiplas hipóteses)
- Testar a hipótese (por meio de experimentos)
- Formular uma teoria (com base nas hipóteses mais bem-sucedidas)
- Testar repetidamente a teoria (modificar conforme necessário para coincidir com resultados experimentais, ou rejeitar)

Exercícios de autoavaliação

EAA 1.14 Qual dos tempos a seguir seria esperado para a duração de uma música *pop* típica?

(a) $1,8 \times 10^2$ ms
(b) $9,5 \times 10^{-4}$ km
(c) 2×10^3 Ms
(d) $2,1 \times 10^{14}$ ps
(e) $1,6 \times 10^{-5}$ µs

EAA 1.15 Os elementos cádmio (Cd), gálio (Ga) e sódio (Na) se fundem às seguintes temperaturas:

Cd: 321 °C; Ga: 303 K; Na: 98 °C

Qual(is) desses elementos se fundirá(ão) em um dia bastante quente, quando a temperatura do ar for de 100 °F? (a) Na. (b) Ga. (c) Cd e Ga. (d) Ga e Na. (e) Todos os três elementos se fundirão.

EAA 1.16 Qual das alternativas a seguir representa uma medida de densidade?

(a) $3,5 \times 10^2$ cm^3
(b) $6,7 \times 10^3$ g/L
(c) $4,0 \times 10^{-1}$ kg-m^2/s^2
(d) $1,7$ m^2
(e) $8,9 \times 10^{-2}$ g/s

EAA 1.17 A densidade do ouro é 19,3 g/cm^3. Qual é a massa de um cubo de ouro com arestas de 2,50 cm? (a) 302 g. (b) 15,6 g. (c) 121 g. (d) 48,3 g. (e) 1,24 g.

EAA 1.18 Qual é a energia cinética, em J, de uma motocicleta de 360 kg que se move a 88 km/h?

(a) $1,1 \times 10^{-1}$ J
(b) $4,4 \times 10^3$ J
(c) $1,1 \times 10^5$ J
(d) $2,2 \times 10^5$ J
(e) $1,4 \times 10^6$ J

1.6 | Incerteza nas medidas e algarismos significativos

Boa parte do material trabalhado neste livro envolve diversos aspectos quantitativos da química. Explorar esses aspectos significa que precisamos aprender a lidar corretamente com números, sejam eles quantidades medidas ou calculadas. Nesta seção, começamos a examinar as regras e o vocabulário associado a tais quantidades.

Números exatos e inexatos

Dois tipos de números são encontrados em trabalhos científicos: *números exatos* (aqueles cujos valores são conhecidos com exatidão) e *números inexatos* (aqueles cujos valores têm alguma incerteza). A maioria dos números exatos tem valores definidos. Por exemplo, há exatamente 12 ovos em uma dúzia, exatamente 1.000 g em um quilograma e exatamente 2,54 centímetros em uma polegada. O número 1 em qualquer fator de conversão, como 1 m = 100 cm ou 1 kg = 2,2046 lb, é um número exato. Números exatos também podem resultar da contagem de objetos. Por exemplo, podemos contar o número exato de bolas de gude em um frasco ou o número exato de pessoas em uma sala de aula.

Números obtidos por medição são sempre *inexatos*. Isso ocorre porque o equipamento usado para medir quantidades sempre tem limitações inerentes a ele (erros de equipamento), além de existirem distinções na forma como pessoas diferentes fazem a mesma medida (erros humanos). Suponha que 10 estudantes com 10 balanças determinem a massa de uma mesma moeda. É provável que as 10 medições variem um pouco, por diversas razões. As balanças podem estar calibradas de forma ligeiramente diferente e é possível que haja diferenças na forma de cada aluno ler a massa no mostrador. Lembre-se: *incertezas sempre existem quando se mede quantidades.*

Precisão e exatidão

Os termos "*precisão*" e "*exatidão*" são muitas vezes utilizados em discussões a respeito das incertezas de valores medidos. A **precisão** é uma determinação de quão próximas medidas independentes estão umas das outras. Já **exatidão** refere-se a quão próximas medidas independentes estão do valor correto ou "verdadeiro". A analogia do dardo, exibida na Figura 1.22, ilustra a diferença entre esses dois conceitos.

No laboratório, realizamos várias vezes um experimento e tiramos a média dos resultados. A precisão das medidas é frequentemente expressa em termos de *desvio padrão* (Apêndice A.5), que reflete o quanto as medidas independentes diferiram da média. Passamos a confiar em nossos dados quando obtemos, aproximadamente, o mesmo valor a cada medida, ou seja, quando o desvio padrão é pequeno. A Figura 1.22 nos lembra, porém, que medidas precisas podem ser inexatas. Por exemplo, na parte prática da sua disciplina de química, você provavelmente vai utilizar uma balança de alta precisão, como aquela mostrada na Figura 1.23, para medir quantidades de substâncias. Essas balanças normalmente medem massas com nível de precisão de 0,1 mg. O invólucro de vidro ao redor do prato impede que ela seja afetada pelo movimento do ar no ambiente. Contudo, se uma balança muito sensível estiver mal calibrada, as massas medidas terão valores consistentemente altos ou baixos. Ou seja, elas serão inexatas, mesmo se forem precisas.

Algarismos significativos

Suponha que você determine a massa de um centavo em uma balança capaz de medir com precisão de 0,0001 g. Você poderia registrar uma massa como 2,2405 ± 0,0001 g. Veja que a notação ± (leia-se "mais ou menos") expressa a magnitude da incerteza de sua medição. Em muitos trabalhos científicos, utilizamos a notação ± com a compreensão de que *há sempre alguma incerteza no último dígito informado para qualquer quantidade medida.*

A Figura 1.24 mostra um termômetro com sua coluna de líquido entre duas marcas da escala. Podemos ler certos números da escala e estimar o incerto. Vendo que o líquido se situa entre as marcas 25 e 30 °C, estimamos que a temperatura seja de 27 °C, mas não temos certeza quanto ao segundo dígito da medição. Essa *incerteza* significa que essa temperatura é muito provavelmente 27 °C, e não 28 °C ou 26 °C, mas não podemos dizer que é *exatamente* 27 °C.

Objetivos de aprendizagem

Após terminar a Seção 1.6, você deve ser capaz de:

▶ Distinguir entre números exatos e inexatos em cálculos científicos.

▶ Explicar a diferença entre a precisão e a exatidão de uma medida.

▶ Demonstrar o uso de algarismos significativos, notação científica e unidades do SI em cálculos.

Resolva com ajuda da figura

Como os dardos estariam posicionados no alvo no caso de "uma boa exatidão e uma baixa precisão"?

Boa exatidão
Boa precisão

Baixa exatidão
Boa precisão

Baixa exatidão
Baixa precisão

▲ **Figura 1.22** Precisão e exatidão.

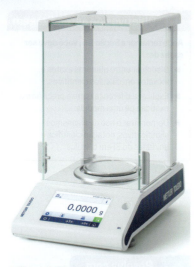

▲ **Figura 1.23 Balança digital de alta precisão usada em laboratórios de química.** As balanças digitais oferecem mais precisão do que aquelas que envolvem pesos e pratos. Esta balança da figura mostra massas de até 0,0001 g. O invólucro de vidro em torno do prato da balança impede que correntes de ar afetem a medição.

Todos os dígitos de uma quantidade medida, incluindo aquele que é incerto, são chamados de **algarismos significativos**. Uma massa medida de 2,2 g tem dois algarismos significativos, ao passo que uma de 2,2405 g apresenta cinco algarismos significativos. Quanto maior for o número de algarismos significativos, maior será a precisão implícita na medida.

Para determinar o número de algarismos significativos em uma medida, leia o número da esquerda para a direita, contando os dígitos e começando pelo primeiro dígito que não é zero. *Em qualquer medida registrada adequadamente, todos os dígitos diferentes de zero são significativos.* Uma vez que os zeros podem ser utilizados como parte do valor medido ou apenas para localizar a vírgula decimal, eles podem ou não ser significativos:

- Zeros *entre* dígitos diferentes de zero são sempre significativos: 1.005 kg (quatro algarismos significativos); 7,03 cm (três algarismos significativos).
- Zeros *no início* de um número nunca são significativos; eles apenas indicam a posição da vírgula decimal: 0,02 g (um algarismo significativo); 0,0026 centímetros (dois algarismos significativos).
- Zeros *no final* de um número são significativos se o número tiver casa(s) decimal(is): 0,0200 g (três algarismos significativos); 3,0 centímetros (dois algarismos significativos).

O problema surge quando um número termina com zeros, mas não contém casas decimais. Nesses casos, geralmente considera-se que os zeros *não* são significativos. A notação científica (Apêndice A.1) pode ser utilizada para indicar se os zeros finais são significativos. Por exemplo, uma massa de 10.300 g pode ser registrada de modo que mostre três, quatro ou cinco algarismos significativos, dependendo de como a medida é obtida:

$1,03 \times 10^4$ g	(três algarismos significativos)
$1,030 \times 10^4$ g	(quatro algarismos significativos)
$1,0300 \times 10^4$ g	(cinco algarismos significativos)

Nesses números, todos os zeros à direita da vírgula decimal são significativos, correspondentes às regras 1 e 3. (O termo exponencial 10^4 não aumenta o número de algarismos significativos.) Observe a vantagem de usar notação científica: informar uma massa de 10.300 g sugere que apenas três dígitos são significativos, mesmo que a medida tenha sido mais precisa.

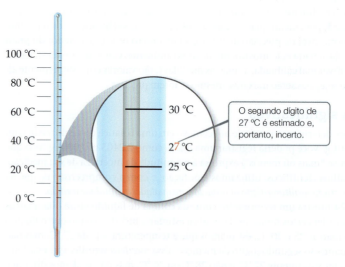

▲ **Figura 1.24 Incerteza e algarismos significativos em uma medida.**

Capítulo 1 | Introdução: Matéria, energia e medidas

Exercício resolvido 1.6
Como determinar números significativos apropriados

Consta em um mapa rodoviário que o estado do Colorado (EUA) tem uma população de 5.546.574 habitantes e uma área de 269.595 km². A quantidade de algarismos significativos nessas duas quantidades parece razoável? Em caso negativo, o que há de errado?

SOLUÇÃO

A população do Colorado deve variar diariamente, à medida que pessoas nascem, morrem, se mudam para o estado ou vão embora para outros lugares. Desse modo, o número fornecido sugere um grau muito mais elevado de *exatidão* do que é possível. De qualquer forma, não seria viável contar cada indivíduo residente no estado a todo momento. Assim, o número relatado sugere uma *precisão* consideravelmente maior do que é possível. Um número de 5,5 milhões refletiria melhor o que se sabe no momento a respeito da quantidade de habitantes do lugar.

A área do Colorado não varia ao longo do tempo, então a questão aqui é se a exatidão das medidas é bem representada com seis algarismos significativos. Seria possível obter tal exatidão utilizando uma tecnologia via satélite, desde que as fronteiras estabelecidas legalmente sejam conhecidas com a exatidão necessária.

▶ **Para praticar**
Um saco de 1,5 kg de cebolas comprado no mercado tem 14 cebolas. Os dois números nessa afirmação (1,5 e 14) são exatos ou inexatos?

Exercício resolvido 1.7
Como determinar a quantidade de algarismos significativos em uma medida

Quantos algarismos significativos há em cada um dos seguintes números, considerando que cada número é um valor medido? **(a)** 5.000, **(b)** $6,023 \times 10^{23}$, **(c)** 4,003.

SOLUÇÃO

(a) Um; consideramos que os zeros não são significativos quando não são mostradas as casas decimais no número. Se o número tiver mais algarismos significativos, uma casa decimal deve ser empregada, ou o número deve ser escrito em notação científica. Assim, o número 5.000, tem quatro algarismos significativos, enquanto $5,00 \times 10^3$ tem três e 5.000, sem casa decimal, tem apenas um. **(b)** Quatro; o termo exponencial não aumenta a quantidade de algarismos significativos. **(c)** Quatro; os zeros são algarismos significativos.

▶ **Para praticar**
Quantos algarismos significativos há em cada uma das seguintes medidas? **(a)** 3,549 g, **(b)** $2,3 \times 10^4$ cm, **(c)** 0,00134 m³.

Algarismos significativos em cálculos

Aplique a seguinte regra quando utilizar quantidades medidas em seus cálculos:

A medida menos exata limita a certeza da grandeza calculada e, portanto, determina o número de algarismos significativos na resposta final.

A resposta final deve ser dada com apenas um dígito de incerteza. Para acompanhar os algarismos significativos nos cálculos, vamos utilizar frequentemente duas regras: uma para adição e subtração, outra para multiplicação e divisão.

1. *Para adição e subtração,* o resultado tem o mesmo número de casas decimais que a medida com o *menor número de casas decimais*. Quando o resultado tem mais do que o número correto de algarismos significativos, ele deve ser arredondado. Considere o exemplo a seguir, no qual os dígitos incertos aparecem coloridos:

Este número limita o número de algarismos significativos no resultado	20,4**2**	← duas casas decimais
	1,32**2**	← três casas decimais
	83,**1**	← uma casa decimal
	104,**842**	← arredondar para uma casa decimal (104,8)

Apresentamos o resultado como 104,8 porque 83,1 tem apenas uma casa decimal.

Observe que números inteiros sem números após a vírgula têm *zero* casas decimais. Observamos o primeiro dígito diferente de zero da direita para a esquerda para determinar o que é significativo. Logo:

54 + 137 = 191 (a unidade é significativa em ambos os números somados)

120 + 18 = 138, que é arredondado para 140 (o último algarismo significativo em 120 está na casa das dezenas)

2. *Para multiplicação e divisão*, o resultado tem o mesmo número de algarismos significativos que a medida com o *menor número de algarismos significativos*. Quando o resultado tem mais do que o número correto de algarismos significativos, ele deve ser arredondado. Por exemplo, a área de um retângulo cujos comprimentos de suas extremidades são 6,221 e 5,2 cm é o produto dos comprimentos de ambos os lados. A área deve ser registrada com dois algarismos significativos, 32 cm², mesmo que uma calculadora mostre que o produto tem mais dígitos:

$$\text{Área} = (6{,}221 \text{ cm})(5{,}2 \text{ cm}) = 32{,}3492 \text{ cm}^2 \Rightarrow \text{arredondar para } 32 \text{ cm}^2$$

porque 5,2 tem dois algarismos significativos.

Ao determinar a resposta final para uma quantidade calculada, considera-se que os *números exatos* têm um número infinito de algarismos significativos. Assim, quando dizemos "existem 12 polegadas em um pé", o número 12 é exato, e não precisamos nos preocupar com o número de algarismos significativos.

Ao *arredondar números*, fique atento para o dígito mais à esquerda a ser removido:

- Se o dígito mais à esquerda for inferior a 5, o número anterior não deve ser alterado. Assim, arredondar 7,248 para dois algarismos significativos resulta em 7,2.
- Se o dígito mais à esquerda for maior ou igual a 5, o número anterior deve aumentar em 1. Arredondar 4,735 para três algarismos significativos resulta em 4,74, e arredondar 2,376 para dois algarismos significativos resulta em 2,4.*

Exercício resolvido 1.8
Como determinar o número de algarismos significativos em uma quantidade calculada

Um recipiente que contém um gás a 25 °C é pesado, esvaziado e, então, novamente pesado, como mostra a **Figura 1.25**. Com base nos dados fornecidos, calcule a densidade do gás a 25 °C.

SOLUÇÃO

Para calcular a densidade, precisamos conhecer a massa e o volume do gás. A massa do gás é exatamente a diferença entre a massa do recipiente cheio e a massa dele vazio:

$$\begin{array}{r} 837{,}63 \text{ g} \\ -836{,}25 \text{ g} \\ \hline 1{,}38 \text{ g} \end{array}$$

Quando subtraímos números, determinamos o número de algarismos significativos no nosso resultado, contando as casas decimais em cada quantidade. Nesse caso, cada quantidade tem duas casas decimais. Assim, a massa do gás, 1,38 g, tem duas casas decimais. Observe que, embora cada um dos pesos individuais tenha cinco algarismos significativos, a diferença entre os pesos tem apenas três algarismos significativos.

Utilizando o volume dado no enunciado, $1{,}05 \times 10^3$ cm³, e a definição de densidade, temos:

$$\text{Densidade} = \frac{\text{massa}}{\text{volume}} = \frac{1{,}38 \text{ g}}{1{,}05 \times 10^3 \text{ cm}^3}$$
$$= 1{,}31 \times 10^{-3} \text{ g/cm}^3 = 0{,}00131 \text{ g/cm}^3$$

Na divisão, determinamos o número de algarismos significativos que devem estar presentes no resultado contando quantos algarismos significativos existem em cada quantidade. Há três algarismos significativos na resposta, que correspondem ao número de algarismos significativos nos dois números que formam a razão. Observe que, nesse exemplo, seguindo as regras de determinação de algarismos significativos, obtivemos um resultado no qual constam apenas três algarismos significativos, embora as massas medidas tenham cinco deles.

▶ **Para praticar**
Se a medida da massa do recipiente do exercício (Figura 1.25) tivesse três casas decimais antes e depois do bombeamento do gás, a densidade do gás poderia ser calculada de modo a apresentar quatro algarismos significativos?

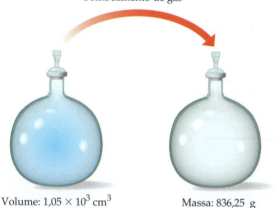

▲ **Figura 1.25** Incerteza e algarismos significativos em uma medida.

Volume: $1{,}05 \times 10^3$ cm³
Massa: 837,63 g

Massa: 836,25 g

---

*Seu professor pode preferir uma pequena variação da regra quando o dígito mais à esquerda a ser removido for exatamente 5, sem dígitos seguintes ou apenas seguido de zeros. Uma prática comum é arredondar para o próximo número maior se esse número for par e para o número menor se o maior for ímpar. Assim, 4,7350 seria arredondado para 4,74, enquanto 4,7450 também seria arredondado para 4,74.

Para completar nossa discussão sobre algarismos significativos, vamos analisar mais de perto como lidamos com os números quando são expressos em notação científica. Quando os cálculos envolvem adição e subtração, precisamos nos certificar de que todos os números têm o mesmo expoente. Por exemplo, considere a soma de $1{,}50 \times 10^3$ e $2{,}38 \times 10^2$. Antes de somá-los, precisamos expressar o segundo número com o mesmo expoente que o primeiro:

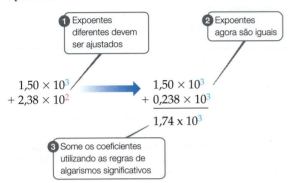

Observe que, quando somamos os números, o 8 no segundo não é mais significativo, pois o primeiro número tem apenas duas casas decimais. Arredondamos o resultado final com o número correto de algarismos significativos além da vírgula. Sugerimos que você demonstre para si mesmo que teríamos obtido a mesma resposta se tivéssemos ajustado o expoente do primeiro número em vez do expoente do segundo.

A multiplicação e a divisão de números em notação científica seguem as mesmas regras para multiplicação e divisão descritas. O número de algarismos significativos é igual ao daquele com o menor número de algarismos significativos:

$$(6{,}743 \times 10^{-5}) \times (5{,}26 \times 10^2) = (6{,}743 \times 5{,}26) \times (10^{-5} \times 10^2) = 35{,}5 \times 10^{-3} = 3{,}55 \times 10^{-2}$$

Observe que a resposta final tem apenas três algarismos significativos, o mesmo que $5{,}26 \times 10^2$. Além disso, ajustamos o expoente na resposta final para obtermos um número entre 1 e 10, como é a prática na notação científica.

Por fim, você provavelmente enfrentará situações nas quais precisará realizar mais de um cálculo para obter a resposta final. Em geral, *quando um cálculo envolve duas ou mais etapas e as respostas das etapas intermediárias são registradas, mantenha pelo menos um número não significativo nas respostas intermediárias*. Esse procedimento garante que pequenos erros de arredondamento em cada etapa não se acumulem, alterando o resultado final. Ao usar uma calculadora, você pode digitar todos os números, arredondando somente a resposta final. Erros de arredondamento cumulativos podem ser responsáveis por pequenas diferenças entre os resultados obtidos e as respostas fornecidas no livro para os problemas numéricos.

Exercício resolvido 1.9
Algarismos significativos e notação científica

Calcule o resultado da expressão a seguir com o número adequado de algarismos significativos:

$$(9{,}6 \times 10^4 + 8{,}3 \times 10^3)/(5{,}2687 \times 10^2)$$

SOLUÇÃO
Para obter a resposta, precisamos realizar dois cálculos sucessivos. Primeiro, somamos os números no numerador, então dividimos pelo número no denominador. Para somar os números no numerador, ajustamos o segundo número para que ele tenha o mesmo expoente que o primeiro:

$(9{,}60 \times 10^4) + (8{,}3 \times 10^3) =$
$(9{,}60 \times 10^4) + (0{,}83 \times 10^4) = 10{,}43 \times 10^4 = 1{,}043 \times 10^5$

igualar expoentes   somar   ajustar o expoente para notação científica

Observe que primeiro reescrevemos $8{,}3 \times 10^3$ na forma $0{,}83 \times 10^4$, para que o número tenha o mesmo expoente que $9{,}60 \times 10^4$. Em seguida seguir, somamos os números. Como ambos têm dois dígitos

(Continua)

após a vírgula, o resultado também tem dois dígitos após a vírgula. Depois, reescrevemos o resultado utilizando a notação científica padrão, ou seja, com um número entre 1 e 10 multiplicado por um expoente.

O próximo passo é dividir a soma no numerador pelo número no denominador:

$$(1{,}043 \times 10^5)/(5{,}2687 \times 10^2) = 0{,}1980 \times 10^3 = 1{,}980 \times 10^2$$

O numerador desse quociente tem quatro algarismos significativos, enquanto o denominador tem cinco. Assim, expressamos a resposta com quatro algarismos significativos, que é o número menor.

▶ **Para praticar**

Determine o valor da seguinte expressão com o número correto de algarismos significativos:

$$146{,}3/(4{,}3 \times 10^4 + 6{,}75 \times 10^5)$$

 Exercícios de autoavaliação

EAA 1.19 Considere as três quantidades a seguir:

(i) as dimensões da sua sala de aula;

(ii) a massa de uma folha de papel;

(iii) o número de nanômetros em um metro.

Qual(is) dessas quantidades é(são) *inexata(s)*? (**a**) Apenas uma é inexata. (**b**) i e ii. (**c**) i e iii. (**d**) ii e iii. (**e**) Todas são inexatas.

EAA 1.20 Uma balança de alta sensibilidade é calibrada de forma errada, com o uso de um peso padrão incorreto. Você realiza quatro pesagens de teste de uma amostra usando essa balança e obtém os seguintes valores: 1,5201 g, 1,5203 g, 1,5199 g e 1,5202 g. Qual das alternativas a seguir melhor descreve a precisão e a exatidão das suas medidas? (**a**) Boa precisão, boa exatidão. (**b**) Baixa precisão, baixa exatidão. (**c**) Baixa precisão, boa exatidão. (**d**) Boa precisão, baixa exatidão.

EAA 1.21 Um balão volumétrico tem volume nominal de 0,00250 L. Quantos algarismos significativos essa medida tem? (**a**) 2 (**b**) 3 (**c**) 4 (**d**) 5 (**e**) 6

EAA 1.22 Uma caminhante usa um cronômetro para medir a sua velocidade durante uma caminhada. Após 115 min de caminhada, ela passa um marco que indica 9,4 km. Posteriormente, no minuto 275 da sua caminhada, passa por um marco que indica 22,9 km. Qual é a sua velocidade média, em km/h, entre os dois marcos, com o número correto de algarismos significativos? (**a**) 5 km/h (**b**) 5,1 km/h (**c**) 5,06 km/h (**d**) 5,063 km/h (**e**) 5,0625 km/h

ESTRATÉGIAS PARA O SUCESSO | **Como estimar respostas**

Calculadoras são aparelhos eletrônicos maravilhosos: elas permitem que você chegue à resposta errada muito rapidamente! Felizmente, é possível adotar algumas precauções para não dar respostas erradas em suas tarefas de casa ou em suas provas. Primeiro, fique atento às unidades em um cálculo e utilize os fatores de conversão corretos. Segundo, é possível fazer uma rápida verificação mental para certificar-se de que sua resposta é adequada, tentando fazer uma estimativa aproximada.

Uma estimativa aproximada envolve fazer um cálculo grosseiro usando números arredondados, de modo que a aritmética possa ser feita sem o uso de uma calculadora. Mesmo que essa abordagem não forneça uma resposta exata, mostra uma solução que se aproximará da correta. Usando a análise dimensional e estimando respostas, você pode facilmente verificar se seus cálculos estão adequados ou não.

É possível melhorar suas estimativas ao colocá-las em prática no dia a dia. Qual é a distância da lanchonete da universidade até a sala de aula de química? Quanto seus pais gastam com gasolina durante o ano? Quantas bicicletas há no *campus*? Se você disser que "não tem a menor ideia", estará desistindo muito facilmente. Tente estimar quantidades familiares; suas estimativas vão melhorar bastante tanto na ciência quanto em outros aspectos da vida em que um erro de julgamento pode custar caro.

1.7 | Análise dimensional

 Objetivos de aprendizagem

Após terminar a Seção 1.7, você deve ser capaz de:

▶ Usar e, quando necessário, combinar fatores de conversão para chegar às unidades desejadas para a resposta.

▶ Realizar cálculos em que elevamos um fator de conversão a uma potência.

Uma vez que quantidades medidas apresentam unidades relacionadas a elas, é importante atentar para as unidades e os valores numéricos ao utilizar as quantidades em cálculos. Nesta seção, mostramos como utilizar as unidades como guias para resolver problemas corretamente pela aplicação de uma técnica chamada *análise dimensional*.

Na **análise dimensional**, as unidades são multiplicadas ou divididas entre si, junto com os valores numéricos que as acompanham. Como unidades equivalentes são canceladas, podemos controlar a natureza e a quantidade do que foi calculado. Utilizar a análise dimensional ajuda a garantir que os resultados dos problemas estarão nas unidades adequadas. Além disso, ela estabelece uma forma sistemática de resolver muitos problemas numéricos e verificar os resultados em busca de possíveis erros.

Fatores de conversão

O segredo da análise dimensional bem-sucedida é o uso correto de *fatores de conversão* para converter uma unidade em outra. Um **fator de conversão** é uma fração cujo numerador e denominador são a mesma quantidade expressa em unidades diferentes. Por exemplo, 2,54 cm e 1 polegada têm o mesmo comprimento: 2,54 centímetros = 1 polegada. Essa relação nos permite registrar dois fatores de conversão:

$$\frac{2,54 \text{ cm}}{1 \text{ polegada}} \quad \text{e} \quad \frac{1 \text{ polegada}}{2,54 \text{ cm}}$$

primeiro fator para converter polegadas em centímetros. Por exemplo, o comprimento em centímetros de um objeto que mede 8,50 polegadas é:

$$\text{Número de centímetros} = (8,50 \text{ polegadas}) \frac{2,54 \text{ cm}}{1 \text{ polegada}} = 21,6 \text{ cm}$$

(2,54 cm — Unidade desejada; 1 polegada — Unidade dada)

A unidade polegada no denominador do fator de conversão (1 *polegada*) cancela a unidade polegada no dado fornecido (8,50 *polegadas*), fazendo com que a unidade centímetros no numerador do fator de conversão torne-se a unidade da resposta final. Uma vez que o numerador e o denominador de um fator de conversão são iguais, multiplicar qualquer quantidade por um fator de conversão é o equivalente a multiplicar pelo número 1, o que não altera o valor intrínseco da quantidade. O comprimento de 8,50 polegadas é equivalente ao comprimento de 21,6 centímetros.

Em geral, começamos uma conversão examinando as unidades dos dados fornecidos e as unidades que queremos obter. Então, perguntamo-nos que fatores de conversão estão disponíveis para nos fazer chegar às unidades desejadas a partir das unidades de quantidade fornecidas. Quando multiplicamos uma quantidade por um fator de conversão, as unidades são multiplicadas e divididas da seguinte maneira:

$$\text{Unidade dada} \times \frac{\text{unidade desejada}}{\text{unidade dada}} = \text{unidade desejada}$$

Se as unidades desejadas não são obtidas em um cálculo, é provável que exista algum erro em alguma etapa. Uma inspeção cuidadosa das unidades com frequência revela a origem desse erro.

Exercício resolvido 1.10
Como converter unidades

Se um haltere tem massa de 125 libras, qual é sua massa em gramas? (Obs.: 1 lb = 453,59 g.)

SOLUÇÃO
Como temos a massa em libras e queremos expressá-la em gramas, usamos uma relação entre essas unidades de massa. O fator de conversão é 1 libra = 453,59 g. Para cancelar as libras e deixar os gramas, registramos o fator de conversão com gramas no numerador e libras no denominador:

$$\text{Massa em gramas} = (125 \text{ lb})\left(\frac{453,59 \text{ g}}{1 \text{ lb}}\right) = 5,67 \times 10^4 \text{ g}$$

A resposta é dada com três algarismos significativos, o mesmo número de algarismos significativos em 125 libras. O processo utilizado está ilustrado a seguir.

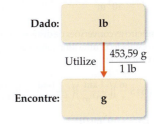

▶ **Para praticar**
Determine o comprimento em quilômetros de uma corrida automobilística de 500,0 milhas.

Como utilizar dois ou mais fatores de conversão

Muitas vezes, é necessário utilizar vários fatores de conversão na resolução de um problema. Como exemplo, vamos converter o comprimento de uma barra de 8,00 m em polegadas. A relação entre centímetros e polegadas é 1 polegada = 2,54 cm. Estudando os prefixos do SI, aprendemos que 1 cm = 10^{-2} m. Então, podemos fazer a conversão em etapas, primeiro de metros para centímetros e, depois, de centímetros para polegadas:

Combinando a quantidade dada (8,00 m) e os dois fatores de conversão, temos:

$$\text{Número de polegadas} = (8{,}00 \; \cancel{\text{m}}) \left(\frac{1 \; \cancel{\text{cm}}}{10^{-2} \; \cancel{\text{m}}}\right) \left(\frac{1 \; \text{polegada}}{2{,}54 \; \cancel{\text{cm}}}\right) = 315 \; \text{polegadas}$$

O primeiro fator de conversão é utilizado para cancelar a unidade metro e converter o comprimento em centímetros. Desse modo, a unidade metro está registrada no denominador, e o centímetro, no numerador. O segundo fator de conversão é utilizado para cancelar a unidade centímetro e converter o comprimento em polegadas, de modo que a unidade centímetro fique no denominador e as polegadas, a unidade desejada, no numerador. A resposta final é dada com três algarismos significativos, que é o número de algarismos significativos em 8,00 m. Ambos os fatores de conversão são números exatos, então não precisamos considerá-los para determinar o número de algarismos significativos na resposta.

Observe que também seria possível utilizar 100 cm = 1 m como fator de conversão no segundo parêntese. Enquanto você se atentar para as unidades indicadas e as cancelar devidamente para obter as unidades desejadas, será bem-sucedido em seus cálculos.

 Exercício resolvido 1.11
Como converter unidades utilizando dois ou mais fatores de conversão

A velocidade média de uma molécula de nitrogênio no ar a 25 °C é de 515 m/s. Converta essa velocidade em milhas por hora.

SOLUÇÃO

Para chegar às unidades desejadas, mi/h, a partir das unidades dadas, m/s, devemos converter metros em milhas e segundos em horas. Estudando os prefixos do SI, aprendemos que 1 km = 10^3 m. Também sabemos que 1 mi = 1,6093 km. Assim, podemos converter m em km e, depois, km em milhas. Outro dado conhecido é que 60 s = 1 min, e 60 min = 1 hora. Dessa forma, podemos converter s em min e, depois, min em h. O procedimento geral é o seguinte:

Empregando primeiro as conversões de distância e, em seguida, as de tempo, podemos estabelecer uma longa equação, na qual as unidades indesejáveis são canceladas:

$$\text{Velocidade em mi/h} = \left(515 \; \frac{\cancel{\text{m}}}{\cancel{\text{s}}}\right) \left(\frac{1 \; \cancel{\text{km}}}{10^3 \; \cancel{\text{m}}}\right) \left(\frac{1 \; \text{mi}}{1{,}6093 \; \cancel{\text{km}}}\right) \left(\frac{60 \; \cancel{\text{s}}}{1 \; \cancel{\text{min}}}\right) \left(\frac{60 \; \cancel{\text{min}}}{1 \; \text{h}}\right)$$

$$= 1{,}15 \times 10^3 \; \text{mi/h}$$

Nossa resposta tem as unidades desejadas. Podemos verificar se o cálculo está correto utilizando o procedimento de estimativa aproximada, descrito no quadro *Estratégias para o sucesso*. A velocidade fornecida é de cerca de 500 m/s. Dividindo-a por 1.000, convertemos m para km, o que resulta em 0,5 km/s. Uma vez que 1 milha é igual a cerca de 1,6 km, essa velocidade corresponde a 0,5/1,6 = 0,3 mi/s. Ao multiplicar por 60, obtemos aproximadamente 0,3 × 60 = 20 mi/min. Multiplicando novamente por 60, temos 20 × 60 = 1.200 mi/h. A solução aproximada (cerca de 1.200 mi/h) e a solução detalhada (1.150 mi/h) são números razoavelmente próximos. A resposta detalhada tem três algarismos significativos, o mesmo número de algarismos significativos da velocidade dada em m/s.

▶ **Para praticar**
Um carro rende 32 milhas por galão de gasolina. Qual é a quilometragem em quilômetros por litro?

Cálculos com fator de conversão elevado a uma potência

Os fatores de conversão destacados anteriormente convertem uma unidade de uma determinada medida em outra unidade da mesma medida, como no caso de comprimento em comprimento. Também temos fatores de conversão que convertem uma medida em outra diferente. A densidade de uma substância, por exemplo, pode ser compreendida como um fator de conversão entre massa e volume. Suponha que queiramos saber a massa, em

gramas, de 2 polegadas cúbicas (2,00 pol.³) de ouro, que tem uma densidade de 19,3 g/cm³.
A densidade apresenta os fatores de conversão:

$$\frac{19{,}3 \text{ g}}{1 \text{ cm}^3} \quad \text{e} \quad \frac{1 \text{ cm}^3}{19{,}3 \text{ g}}$$

Uma vez que o objetivo é obter a massa em gramas, utilizamos o primeiro fator, que tem massa em gramas, no numerador. No entanto, para utilizar esse fator, precisamos, primeiro, converter as polegadas cúbicas em centímetros cúbicos. A relação entre polegadas e centímetros é exatamente 1 pol. = 2,54 cm. Elevando esse fator de conversão ao cubo, obtemos a conversão desejada:

$$\left(\frac{2{,}54 \text{ cm}}{1 \text{ pol.}}\right)^3 = \frac{(2{,}54)^3 \text{ cm}^3}{(1)^3 \text{ pol.}^3} = \frac{16{,}39 \text{ cm}^3}{1 \text{ pol.}^3}$$

Observe que tanto os números quanto as unidades estão elevados ao cubo. Além disso, já que 2,54 é um número exato, podemos manter a quantidade de dígitos de (2,54)³ que forem necessárias. Nesse caso, usamos quatro dígitos, um a mais que o número de dígitos na densidade (19,3 g/cm³). Aplicando nossos fatores de conversão, podemos resolver o problema:

$$\text{Massa em gramas} = (2{,}00 \text{ pol.}^3)\left(\frac{16{,}39 \text{ cm}^3}{1 \text{ pol.}^3}\right)\left(\frac{19{,}3 \text{ g}}{1 \text{ cm}^3}\right) = 633 \text{ g}$$

O procedimento realizado está no diagrama a seguir. A resposta final é dada com três algarismos significativos, o mesmo número de algarismos significativos que há em 2,00 pol.³ e 19,3 g/cm³.

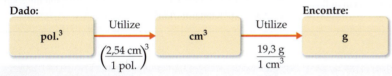

Exercício resolvido 1.12
Como converter unidades de volume

Há aproximadamente 1,36 × 10⁹ km³ de água nos oceanos da Terra. Calcule o volume em litros.

SOLUÇÃO
1 L = 10⁻³ m³. Estudando os prefixos do SI, aprendemos que 1 km = 10³ m, então podemos utilizar essa relação entre comprimentos para registrar o fator de conversão desejado entre volumes:

$$\left(\frac{10^3 \text{ m}}{1 \text{ km}}\right)^3 = \frac{10^9 \text{ m}^3}{1 \text{ km}^3}$$

Assim, convertendo km³ em m³ e, depois, em L, temos:

$$\text{Volumes em litros} = (1{,}36 \times 10^9 \text{ km}^3)\left(\frac{10^9 \text{ m}^3}{1 \text{ km}^3}\right)\left(\frac{1 \text{ L}}{10^{-3} \text{ m}^3}\right)$$

$$= 1{,}36 \times 10^{21} \text{ L}$$

▶ **Para praticar**
A área da superfície da Terra é 510 × 10⁶ km², e 71% dessa superfície é ocupada por oceanos. Com base nos dados do exercício resolvido, calcule a profundidade média dos oceanos em pés.

Exercício resolvido 1.13
Conversões que envolvem densidade

Qual é a massa, em gramas, de 2,00 galões de água? A densidade da água é 1,00 g/mL.

SOLUÇÃO
Antes de começar a resolver esse exercício, observe o seguinte:
(1) Temos 2,00 galões de água (a quantidade conhecida ou fornecida) e somos solicitados a calcular a massa dessa quantidade em gramas (a quantidade desconhecida).

(2) Temos os seguintes fatores de conversão:

$$\frac{1{,}00 \text{ g de água}}{1 \text{ mL de água}} \quad \frac{1 \text{ L}}{1.000 \text{ mL}} \quad \frac{1 \text{ L}}{1{,}057 \text{ qt}} \quad \frac{1 \text{ gal}}{4 \text{ qt}}$$

O primeiro desses fatores de conversão deve ser utilizado como está registrado, com gramas no numerador, para obtermos o resultado desejado, enquanto o último fator de conversão deve ser invertido, a fim de cancelar a unidade galão:

$$\text{Massa em gramas} = (2,00 \text{ gal})\left(\frac{4 \text{ qt}}{1 \text{ gal}}\right)\left(\frac{1 \text{ L}}{1,057 \text{ qt}}\right)\left(\frac{1.000 \text{ mL}}{1 \text{ L}}\right)\left(\frac{1,00 \text{ g}}{1 \text{ mL}}\right)$$

$$= 7,57 \times 10^3 \text{ g de água}$$

A unidade da resposta final está adequada, e nos atentamos para a quantidade de algarismos significativos. Podemos, ainda, conferir o cálculo ao fazer uma estimativa e arredondar 1,057 para 1. Em seguida, verificando os números que não são iguais a 1, teremos $8 \times 1.000 = 8.000$ g, de acordo com o cálculo detalhado.

Você também deve ter bom-senso ao avaliar se sua resposta é razoável. Nesse caso, sabemos que a maioria das pessoas pode levantar dois galões de leite, apesar de que seria cansativo carregá-los durante um dia inteiro. O leite é composto principalmente de água e tem uma densidade não muito diferente. Portanto, podemos estimar que um galão de água tem massa entre 5 e 50 libras. A massa que calculamos, 7,57 kg × 2,2 lb/kg = 16,7 lb, é, portanto, adequada como estimativa de ordem de grandeza.

▶ **Para praticar**
A densidade do composto orgânico *benzeno* é 0,879 g/mL. Calcule a massa em gramas de 1,00 quarto de benzeno.

 Exercícios de autoavaliação

EAA 1.23 Estima-se que a massa da Terra seja de $5,97 \times 10^{27}$ g. Qual é a massa da Terra em lb para três algarismos significativos? (Obs.: 1 kg = 2,2046 lb.)

(a) $1,32 \times 10^{25}$ lb (d) $2,71 \times 10^{27}$ lb
(b) $2,71 \times 10^{24}$ lb (e) $5,97 \times 10^{24}$ lb
(c) $1,32 \times 10^{28}$ lb

EAA 1.24 Um novo automóvel híbrido atinge rendimento na estrada de 25 km/L. Qual é o seu rendimento na estrada em milhas por galão? (Obs.: 1 mi = 1,609 km e 1 gal = 3,785 L.) (a) 4,1 mi/gal (b) 40 mi/gal (c) 59 mi/gal (d) 95 mi/gal (e) 150 mi/gal

EAA 1.25 Em 2018, a densidade populacional de Singapura era de 21.400 habitantes por milha quadrada. Qual é a densidade populacional de Singapura em habitantes por quilômetro quadrado? (Obs.: 1 mi = 1,609 km.)

(a) $8,27 \times 10^3$ habitantes/km² (d) $3,44 \times 10^4$ habitantes/km²
(b) $1,33 \times 10^4$ habitantes/km² (e) $5,54 \times 10^4$ habitantes/km²
(c) $2,34 \times 10^4$ habitantes/km²

ESTRATÉGIAS PARA O SUCESSO | A importância da prática – Como utilizar este livro

Se você já tocou um instrumento musical ou participou de atividades esportivas, sabe que a chave para o sucesso é a prática e a disciplina. Você não vai aprender a tocar piano apenas ouvindo música, e é impossível aprender a jogar basquete apenas assistindo a jogos na televisão. Da mesma forma, não é possível aprender química somente assistindo às aulas de seu professor. Ler livros, assistir às aulas ou rever suas anotações não bastarão quando a época de provas chegar. Sua tarefa é dominar conceitos químicos em um nível que permita a sua utilização para solucionar problemas e responder a perguntas. Resolver problemas corretamente requer prática; na verdade, bastante prática. Você terá um bom aproveitamento do curso de química se abraçar a ideia de que precisa conhecer bem o conteúdo apresentado para, então, aplicá-lo na resolução de problemas. Mesmo se você for um estudante genial, isso vai levar tempo; é disso que se trata ser aluno. Quase ninguém absorve completamente novas informações em uma primeira leitura, especialmente quando conceitos desconhecidos estão sendo apresentados. Você com certeza vai dominar o conteúdo dos capítulos se fizer uma leitura integral deles pelo menos duas vezes, em especial de trechos que julga serem de difícil compreensão.

Ao longo do capítulo, apresentamos exercícios resolvidos nos quais as soluções são mostradas em detalhes. É importante que você utilize os exercícios da seção *Para praticar* para testar seus conhecimentos.

Os capítulos deste livro são divididos em seções, e cada uma delas pode ser tratada como um módulo de aprendizagem. No início de cada seção, apresentamos uma lista dos objetivos de aprendizagem, acompanhados da sugestão "Após terminar a Seção X, você deverá ser capaz de". Os itens listados servem para você acompanhar e controlar a sua aprendizagem do material na seção. No final de cada uma, incluímos um breve conjunto de exercícios de autoavaliação (EAA). Os EAAs são questões de múltipla escolha ligadas diretamente aos objetivos de aprendizagem da seção. Pesquisas mostram que intercalar aprendizagem passiva (p. ex., leitura) com resolução de problemas ativa é uma abordagem eficaz para dominar conceitos e habilidades, então sugerimos que você complete os EAAs de cada seção antes de avançar para a seguinte.

Ao final de cada capítulo, incluímos um conjunto de questões de simulado que o ajudarão a testar o seu entendimento do capítulo como um todo. Sugerimos que você tente resolver as questões de simulado antes de avançar para o próximo capítulo.

Para ter sucesso durante o curso de química, você precisa, no mínimo, fazer os exercícios deste livro e as tarefas apresentadas pelo professor. Somente resolvendo todos os problemas propostos você conseguirá superar as dificuldades e alcançar a abrangência que seu professor espera que você demonstre nas provas. Nada substitui a obstinação e o esforço prolongado para resolver problemas por conta própria. Se ficar "emperrado" em um problema, peça ajuda ao professor, monitor, tutor ou a um colega. Passar uma enorme quantidade de tempo em um único exercício é pouco eficaz, a menos que você saiba que ele é particularmente difícil e exige muita reflexão e esforço.

Por fim, se ainda não o fez, sugerimos que leia o material *Para o aluno* no Prefácio deste livro. Oferecemos orientações sobre recursos do texto, como o que veremos, termos-chave, objetivos de aprendizagem e equações-chave que o ajudarão a lembrar o que aprendeu. Você também aprenderá mais sobre outros recursos fundamentais do livro, como os exercícios *Visualizando conceitos* no final de cada capítulo, além das diversas outras categorias de exercícios de fim de capítulo.

Queremos que a sua jornada pela química seja produtiva e agradável. Esperamos que as ferramentas que fornecemos para ajudá-lo em seu estudo de química sejam úteis e enriqueçam a sua vida. É uma jornada maravilhosa, ainda que um grande desafio às vezes, e queremos que você tenha sucesso nessa caminhada.

Resumo do capítulo e termos-chave

ESTUDO DA QUÍMICA (SEÇÃO 1.1) A **química** é o estudo da composição, das estruturas, das propriedades e das transformações da **matéria**. A composição da matéria está relacionada aos tipos de **elementos** que ela contém. Já a estrutura da matéria se relaciona com as maneiras como os **átomos** desses elementos estão dispostos. Uma **propriedade** é toda e qualquer característica que fornece a uma amostra de matéria sua identidade particular. Uma **molécula** é uma estrutura constituída por dois ou mais átomos ligados entre si de uma maneira específica.

CLASSIFICAÇÕES DA MATÉRIA (SEÇÃO 1.2) A matéria existe em três estados físicos: **gás**, **líquido** e **sólido**, que são conhecidos como **estados da matéria**. Existem dois tipos de **substância pura**: **substâncias simples** e **compostas**. Cada substância simples tem uma única espécie de átomo de um elemento químico, representado por um símbolo químico que consiste em uma ou duas letras, sendo a letra inicial maiúscula. As substâncias compostas são constituídas por dois ou mais átomos de elementos químicos diferentes unidos quimicamente. A **lei das proporções constantes**, também chamada de **lei das proporções definidas**, estabelece que a composição elementar de uma substância composta pura é sempre igual. De modo geral, a matéria consiste em uma mistura de substâncias. As **misturas** têm composições variáveis e podem ser homogêneas ou heterogêneas; misturas homogêneas são chamadas de **soluções**.

PROPRIEDADES DA MATÉRIA (SEÇÃO 1.3) Cada substância tem um conjunto singular de **propriedades físicas** e **químicas** que podem ser usadas para identificá-la. Durante uma **transformação física**, a composição da matéria não é alterada. **Mudanças de estado** são transformações físicas. Em uma **transformação química (reação química)**, uma substância é transformada em uma substância quimicamente diferente. As **propriedades intensivas** independem da quantidade de matéria e são utilizadas para identificar substâncias. As **propriedades extensivas** estão ligadas à quantidade de substância presente. As diferenças nas propriedades físicas e químicas são utilizadas na separação de substâncias. Três técnicas de separação comuns são a **filtração**, a **destilação** e a **cromatografia**.

A NATUREZA DA ENERGIA (SEÇÃO 1.4) A **energia** é definida como a capacidade de realizar trabalho ou transferir calor. **Trabalho** é a energia transferida quando uma força exercida sobre um objeto causa o deslocamento deste. **Calor** é a energia utilizada para provocar um aumento na temperatura de um objeto. Um objeto pode ter energia em duas formas: **energia cinética**, que é a energia resultante do movimento do objeto, e **energia potencial**, que é a energia que um objeto tem devido à sua posição em relação a outros objetos. Formas importantes de energia potencial incluem a energia gravitacional e a energia eletrostática.

UNIDADES DE MEDIDA (SEÇÃO 1.5) Na química, as medidas são feitas com base no **sistema métrico**. É dada ênfase especial às **unidades do SI**, ou seja, ao metro (m), ao quilograma (kg) e ao segundo (s), que são as unidades básicas de comprimento, **massa** e tempo, respectivamente. As unidades do SI usam prefixos para indicar frações ou múltiplos de unidades básicas. A escala de **temperatura** do SI é a **escala Kelvin**, embora a **escala Celsius** também seja usada com frequência. O **zero absoluto** é a mínima temperatura possível de ser atingida e tem o valor 0 K. Uma **unidade derivada** é obtida pela multiplicação ou divisão de unidades do SI básicas. As unidades derivadas são necessárias para quantidades específicas, como a velocidade ou o volume. A **densidade** é uma quantidade específica importante, que equivale à massa dividida pelo volume. A unidade do SI de energia é o **joule** (J): 1 J = 1 kg-m^2/s^2. A **caloria** é uma unidade de energia não pertencente ao SI bastante utilizada: 1 cal = 4,18 J.

INCERTEZA NAS MEDIDAS E ALGARISMOS SIGNIFICATIVOS (SEÇÃO 1.6) Todas as quantidades medidas são, até certo ponto, inexatas. A **precisão** indica quão próximas diferentes medidas de uma quantidade estão uma da outra. A **exatidão** indica o nível de concordância entre uma medida e o valor "verdadeiro" ou aceito. Os **algarismos significativos** de uma quantidade medida incluem um dígito estimado, ou seja, o último dígito da medida. Os algarismos significativos indicam a extensão da incerteza da medida. Certas regras devem ser seguidas de modo que um cálculo que envolva quantidades medidas seja registrado com o número adequado de algarismos significativos.

ANÁLISE DIMENSIONAL (SEÇÃO 1.7) Na abordagem da **análise dimensional** para a resolução de problemas, atentamos para as unidades à medida que fazemos cálculos. As unidades são multiplicadas e divididas entre si ou canceladas como quantidades algébricas. Obter as unidades adequadas no resultado final é uma maneira importante de verificar o método de cálculo. Quando convertemos unidades e solucionamos vários outros tipos de problemas, os **fatores de conversão** são utilizados. Esses fatores são razões estabelecidas a partir de relações válidas entre quantidades equivalentes.

Equações-chave

- $T = F \times d$ [1.1]   Trabalho realizado por uma força na direção do deslocamento
- $E_c = \dfrac{1}{2} mv^2$ [1.2]   Energia cinética
- K = °C + 273,15   [1.3]   Conversão entre as escalas de temperatura Celsius (°C) e Kelvin (K)
- °C = $\dfrac{5}{9}$(°F − 32) ou °F = $\dfrac{9}{5}$(°C) + 32   [1.4]   Conversão entre as escalas de temperatura Celsius (°C) e Fahrenheit (°F)
- Densidade = $\dfrac{\text{massa}}{\text{volume}}$ [1.5]   Definição de densidade

Simulado

Nesta seção você encontra problemas semelhantes àqueles utilizados em provas, elaborados para testar se você entendeu o material deste capítulo.

SIM 1.1 Qual das seguintes alternativas melhor descreve a situação representada na figura? (**a**) Uma substância simples pura. (**b**) Moléculas de uma mistura de dois elementos diferentes. (**c**) Moléculas de uma substância composta pura. (**d**) Uma mistura de moléculas de uma substância composta e as de um elemento.

SIM 1.2 Qual das seguintes afirmações sobre os estados da matéria está *incorreta*? (**a**) As moléculas na fase gasosa estão mais distantes umas das outras do que aquelas na fase líquida da mesma substância. (**b**) As moléculas em um líquido têm maior liberdade de movimento do que as moléculas em um sólido. (**c**) Um sólido pode ser facilmente comprimido. (**d**) Um gás preenche completamente o seu recipiente.

SIM 1.3 Qual das alternativas a seguir é uma mistura homogênea? (**a**) O ar que respiramos. (**b**) Uma garrafa de água pura. (**c**) Ferro fundido. (**d**) Uma tigela de mingau de aveia.

SIM 1.4 Um determinado mineral contém os elementos Ca, Fe, Mg, Si e O. Quais dos seguintes elementos *não* está presente no mineral? (**a**) Ferro. (**b**) Silício. (**c**) Cálcio. (**d**) Carbono. (**e**) Magnésio.

SIM 1.5 Um pedaço de metal tem cor prateada, que é uma propriedade _____, com massa de 10 lb, que é uma propriedade _____. Qual das seguintes alternativas melhor preenche as lacunas na oração? (**a**) física, intensiva (**b**) física, extensiva (**c**) química, intensiva (**d**) química, extensiva

SIM 1.6 As afirmações a seguir descrevem transformações físicas ou químicas de uma substância:

(**i**) Quando aquecida, uma mistura de gases hidrogênio e oxigênio reage para formar água.
(**ii**) Quando aquecida, a água líquida se transforma em vapor.
(**iii**) Quando aquecido, um pedaço de papel entra em combustão e queima.

Quais desses processos são transformações *físicas*? (**a**) Apenas uma das três é uma transformação física. (**b**) i e ii. (**c**) i e iii. (**d**) ii e iii. (**e**) Todas são transformações físicas.

SIM 1.7 Qual das afirmações a seguir sobre técnicas de separação é *verdadeira*? (**a**) A filtração pode ser usada para separar uma mistura homogênea de dois líquidos. (**b**) A cromatografia é uma boa técnica para separar uma mistura de dois sólidos. (**c**) As técnicas de separação envolvem dividir as moléculas em átomos. (**d**) A destilação é uma técnica que depende das diferenças nas tendências das substâncias de formar gases.

SIM 1.8 Em um motor a vapor, a água é convertida em vapor na caldeira e o vapor é usado para mover as rodas. Qual(is) das seguintes afirmações sobre esse motor está(ão) correta(s)?

(**i**) Ambos, trabalho e calor, são formas de energia.
(**ii**) A energia usada para converter água em vapor é calor.
(**iii**) Quando o vapor move as rodas, trabalho é realizado.

(**a**) Apenas uma afirmação está correta. (**b**) As afirmações i e ii estão corretas. (**c**) As afirmações i e iii estão corretas. (**d**) As afirmações ii e iii estão corretas. (**e**) Todas as afirmações estão corretas.

SIM 1.9 Uma maçã cai de uma árvore e atinge o solo. Qual das afirmações a seguir descreve corretamente as variações nas energias potencial gravitacional e cinética da maçã quando ela começa a cair da árvore? (**a**) Sua energia cinética aumenta e sua energia potencial gravitacional aumenta. (**b**) Sua energia cinética diminui e sua energia potencial gravitacional aumenta. (**c**) Sua energia cinética aumenta e sua energia potencial gravitacional diminui. (**d**) Sua energia cinética diminui e sua energia potencial gravitacional diminui.

SIM 1.10 Qual dos seguintes pesos você considera apropriado para indicar o peso em uma balança de banheiro comum?
(**a**) $2,0 \times 10^9$ mg (**c**) $5,0 \times 10^{-4}$ kg (**e**) $5,5 \times 10^8$ dg
(**b**) 2.500 µg (**d**) $4,0 \times 10^6$ cg

SIM 1.11 Os líquidos A, B e C fervem a 80,1 °C, 181,4 °F e 341,8 K, respectivamente. Qual das alternativas a seguir ordena os pontos de ebulição do menor para o maior corretamente?
(**a**) A < B < C (**c**) B < C < A
(**b**) C < A < B (**d**) A < C < B

SIM 1.12 A platina, Pt, é um dos metais mais raros. A produção mundial desse elemento é de apenas 130 toneladas ao ano, aproximadamente. A platina tem uma densidade de 21,4 g/cm³. Se ladrões fossem a um banco com o intuito de roubar platina e usassem um pequeno caminhão com capacidade de carga máxima de aproximadamente 410 kg, com quantas barras de 1 L do metal eles poderiam fugir? (**a**) 19 barras. (**b**) 2 barras. (**c**) 42 barras. (**d**) 1 barra. (**e**) 47 barras.

SIM 1.13 A densidade do cobre é 8,96 g/cm³. Qual é a massa em kg de um cubo de cobre metálico com arestas de 12,0 cm? (**a**) 0,108 kg (**b**) 1,29 kg (**c**) 15,5 kg (**d**) $1,55 \times 10^7$ kg

SIM 1.14 Qual é a energia cinética de um objeto de 5,0 kg que se move a uma velocidade de 20 m/s? (**a**) 50 J (**b**) 100 J (**c**) 250 J (**d**) 1.000 J (**e**) 2.000 J

SIM 1.15 Quantas das quantidades a seguir são números *inexatos*: o número de µg em um grama; o número de metros quadrados em um quilômetro quadrado; a altura de um edifício; a densidade do alumínio; o número de segundos em um dia; o número de cal em um J? (**a**) 1 (**b**) 2 (**c**) 3 (**d**) 4 (**e**) 5

SIM 1.16 Qual(is) das seguintes afirmações sobre a precisão e a exatidão de um instrumento científico está(ão) correta(s)?

(**i**) Um instrumento pode produzir medidas de boa precisão, mas baixa exatidão.
(**ii**) Um instrumento que produz medidas de boa exatidão deve ter boa precisão.
(**iii**) Um instrumento com boa exatidão leva a medidas próximas ao valor correto.

(**a**) Apenas uma afirmação está correta. (**b**) As afirmações i e ii estão corretas. (**c**) As afirmações i e iii estão corretas. (**d**) As afirmações ii e iii estão corretas. (**e**) Todas as afirmações estão corretas.

SIM 1.17 Considere que a massa de um objeto é de 0,01080 g. Quantos algarismos significativos tem essa medida? (**a**) 2 (**b**) 3 (**c**) 4 (**d**) 5 (**e**) 6

SIM 1.18 Uma corrida de 400 m típica nos Jogos Olímpicos é completada em um tempo entre 40 e 50 s. A precisão informada de um cronômetro digital é de ±0,01 s. Quantos algarismos significativos devem ser utilizados para informar os tempos da corrida em s? (**a**) 1 (**b**) 2 (**c**) 3 (**d**) 4 (**e**) 5

SIM 1.19 Você deve determinar a massa de um pedaço de cobre utilizando sua densidade informada de 8,96 g/mL e um cilindro graduado de 150 mL. Primeiro, você adiciona 105 mL de água ao cilindro graduado, então coloca o pedaço de cobre nele e registra um volume de 137 mL. Qual é a massa de cobre? Informe com o número correto de algarismos significativos.
(**a**) 287 g (**c**) 286,72 g/mL (**e**) $2,9 \times 10^2$ g
(**b**) $3,5 \times 10^{-3}$ g (**d**) $3,48 \times 10^{-3}$ g

SIM 1.20 Com quantos algarismos significativos a expressão a seguir deve ser informada?

$$[(2,67 \times 10^3) - (4,7 \times 10^2)] \times (3,154 \times 10^4)$$

(**a**) 1 (**b**) 2 (**c**) 3 (**d**) 4 (**e**) 5

SIM 1.21 Um avião comercial Boeing 757 tem velocidade de cruzeiro típica de 528 milhas por hora. Qual é essa velocidade em m/s? (Obs.: 1 mi = 1,609 km.) (**a**) 91,2 m/s (**b**) 236 m/s (**c**) 850 m/s (**d**) 3.060 m/s

SIM 1.22 A densidade informada de um determinado material de piso é de 60,0 lb/pés³. Qual é a densidade em kg/L? (**a**) 138 kg/L (**b**) 0,961 kg/L (**c**) 259 kg/L (**d**) 15,8 kg/L (**e**) 11,5 kg/L

SIM 1.23 Uma resma de papel carta de 8,5 × 11 pol. com gramatura de "24 lb" contém exatamente 500 folhas e tem massa de 6,00 lb. Qual é a massa em mg de um quadrado de 1,00 × 1,00 cm de papel? (Obs.: 1 kg = 2,2046 lb e 1 pol. = 2,54 cm.) (**a**) 1,50 mg (**b**) 9,02 mg (**c**) 22,9 mg (**d**) 58,2 mg

Exercícios

Visualizando conceitos

1.1 A molécula apresentada é a *leucina*, um dos aminoácidos que são as unidades fundamentais das proteínas. A legenda das cores para os átomos da figura é: carbono (preto), hidrogênio (cinza-claro), oxigênio (vermelho) e nitrogênio (azul). (**a**) Quantos elementos diferentes compõem uma molécula de leucina? (**b**) Quantos átomos de carbono estão presentes em uma molécula de leucina? (**c**) Qual elemento tem o maior número de átomos em uma molécula de leucina? (**d**) Qual é o número total de átomos em uma molécula de leucina? [Seção 1.1]

1.2 Qual das seguintes figuras representa (**a**) uma substância simples pura, (**b**) uma mistura de dois elementos, (**c**) uma substância composta pura, (**d**) uma mistura de um elemento químico e uma substância composta? (Mais de uma figura pode corresponder a cada uma das descrições.) [Seção 1.2]

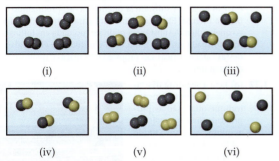

(i)   (ii)   (iii)   (iv)   (v)   (vi)

1.3 Qual dos diagramas a seguir representa uma transformação química? [Seção 1.3]

(a)

(b)

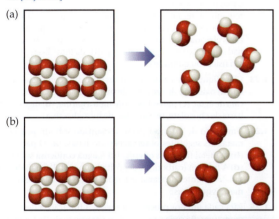

1.4 Instrumentos musicais como o trompete e o trombone são feitos de uma liga chamada *latão*. O latão é composto de átomos de cobre e zinco e parece homogêneo sob um microscópio óptico. A maioria dos objetos de latão é composta aproximadamente de 2 átomos de cobre para cada 1 átomo de zinco, mas a proporção exata varia um pouco entre cada objeto. (**a**) Você classificaria o latão como um elemento, um composto, uma mistura homogênea ou uma mistura heterogênea? (**b**) Seria correto afirmar que o latão é uma solução? [Seção 1.2]

1.5 Qual das alternativas a seguir melhor descreve a formação de orvalho nas janelas durante o inverno? (**i**) Um sólido se transforma em um gás. (**ii**) Um líquido se transforma em um sólido. (**iii**) Um gás se transforma em um líquido. (**iv**) Um gás se transforma em um sólido. (**v**) Um sólido se transforma em um líquido. [Seção 1.2]

1.6 Considere as duas esferas mostradas a seguir, uma feita de prata, e a outra, de alumínio. (**a**) Qual é a massa de cada esfera em kg? (**b**) A força da gravidade que atua sobre um objeto corresponde a $F = mg$, onde m é a massa do objeto e g é a aceleração da gravidade (9,8 m/s^2). Quanto trabalho é realizado sobre cada esfera se as elevarmos do piso a uma altura de 2,2 m? (**c**) O ato de erguer a esfera do solo aumenta a energia potencial da esfera de alumínio mais, menos ou à mesma medida que aumenta a da esfera de prata? (**d**) Se soltar as esferas ao mesmo tempo, elas terão a mesma velocidade quando atingirem o solo. Também terão a mesma energia cinética? Se não, qual esfera terá mais energia cinética? [Seção 1.4]

1.7 O que melhor descreve o método de separação usado na preparação de uma xícara de café: destilação, filtração ou cromatografia? [Seção 1.3]

1.8 (**a**) Três esferas de tamanho igual são compostas de alumínio (densidade = 2,70 g/cm^3), prata (densidade = 10,49 g/cm^3) e níquel (densidade = 8,90 g/cm^3). Ordene as esferas da mais leve para a mais pesada. (**b**) Três cubos de massa igual são compostos de ouro (densidade = 19,32 g/cm^3), platina (densidade = 21,45 g/cm^3) e chumbo (densidade = 11,35 g/cm^3). Ordene os cubos do menor para o maior. [Seção 1.5]

1.9 Os três alvos de um campo de tiro mostrados na figura a seguir foram produzidos por: (**A**) um instrutor que utilizou um rifle recém-adquirido; (**B**) um instrutor que utilizou seu rifle pessoal; e (**C**) um estudante que utilizou seu rifle apenas algumas vezes. (**a**) Comente a respeito da exatidão e da precisão de cada um desses três conjuntos de resultados. (**b**) Para que os resultados A e C possam parecer com os de B, o que precisa acontecer? [Seção 1.6]

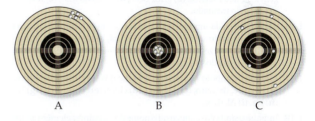

A   B   C

1.10 (**a**) Qual é o comprimento do lápis mostrado na figura ao lado, considerando que a régua está em centímetros? Quantos algarismos significativos há nessa medida? (**b**) O velocímetro de um automóvel com escalas circulares, que registra a velocidade tanto em milhas por hora quanto em km por hora, é mostrado na figura ao lado. Que velocidade é indicada em ambas as unidades? Quantos algarismos significativos há nas medidas? [Seção 1.6]

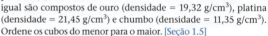

1.11 (a) O volume da barra de metal mostrada a seguir deve ter quantos algarismos significativos? (b) Considerando que a barra tem uma massa de 104,72 g e utilizando o volume calculado, a densidade deve ter quantos algarismos significativos? [Seção 1.6]

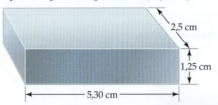

1.12 Considere o pote de jujubas apresentado na foto. Para estimar o número de jujubas no pote, você pesa seis jujubas e obtém massas de 3,15, 3,12, 2,98, 3,14, 3,02 e 3,09 g. Em seguida, você pesa o frasco com todas as jujubas dentro e obtém uma massa de 2.082 g. O frasco vazio tem uma massa de 653 g. Com base nesses dados, estime o número de jujubas que o pote contém. Justifique o número de algarismos significativos que você utilizou em sua estimativa. [Seção 1.6]

Classificação e propriedades da matéria (Seções 1.1, 1.2 e 1.3)

1.13 Qual das seguintes afirmações sobre átomos e moléculas é *falsa*? (a) Átomos e moléculas são formas de matéria. (b) Uma molécula contém dois ou mais átomos. (c) Os átomos de dois elementos diferentes podem ser iguais. (d) Átomos e moléculas têm massa e ocupam espaço. (e) Uma molécula pode conter átomos de um único elemento.

1.14 O modelo molecular de uma molécula tem quatro esferas pretas, dez esferas cinza-claras e uma esfera vermelha. Qual(is) das seguintes afirmações é(são) verdadeira(s)? (i) Há 15 átomos na molécula. (ii) As esferas pretas são átomos do mesmo elemento. (iii) Há átomos de três elementos diferentes na molécula.

1.15 Classifique cada um dos itens a seguir como substância pura ou mistura. Quando se tratar de uma mistura, indique se ela é homogênea ou heterogênea: (a) arroz doce, (b) água do mar, (c) magnésio, (d) gelo triturado.

1.16 Classifique cada um dos itens a seguir como substância pura ou mistura. Quando se tratar de uma mistura, indique se ela é homogênea ou heterogênea: (a) vapor de gasolina, (b) cristais de açúcar, (c) um ovo cozido, (d) serragem.

1.17 Indique o símbolo químico ou o nome dos seguintes elementos: (a) enxofre, (b) ouro, (c) potássio, (d) cloro, (e) cobre, (f) U, (g) Ni, (h) Na, (i) Al, (j) Si.

1.18 Indique o símbolo químico ou o nome dos seguintes elementos: (a) carbono, (b) nitrogênio, (c) titânio, (d) zinco, (e) ferro, (f) P, (g) Ca, (h) He, (i) Pb, (j) Ag.

1.19 Uma substância sólida branca A é aquecida intensamente na ausência de ar. Ela se decompõe e forma uma nova substância branca B e um gás C. O gás tem exatamente as mesmas propriedades que as do produto obtido quando carbono é queimado em um ambiente com excesso de oxigênio. Com base nessas observações, podemos determinar se os sólidos A e B e o gás C são substâncias simples ou compostas?

1.20 Você está fazendo uma trilha nas montanhas e encontra uma pepita de ouro brilhante. Pode ser o elemento ouro ou pode ser "ouro de tolo", que é o nome dado à pirita de ferro, FeS_2. Quais das seguintes propriedades físicas o ajudariam a determinar se a pepita brilhante é realmente ouro: aparência, ponto de fusão, densidade ou estado físico?

1.21 Ao tentar caracterizar uma substância, um químico faz as seguintes observações: a substância é um metal branco e lustroso. Ela funde a 649 °C e entra em ebulição a 1.105 °C. A sua densidade a 20 °C é 1,738 g/cm^3. A substância queima no ar, produzindo uma luz branca intensa. Ela reage com cloro para formar um sólido branco quebradiço. A substância pode ser moldada em folhas finas ou transformada em fios. É um bom condutor de eletricidade. Qual dessas características são propriedades físicas e quais são propriedades químicas?

1.22 (a) Leia a seguinte descrição do elemento zinco e indique quais são as propriedades físicas e quais são as químicas. O zinco funde a 420 °C. Quando grânulos de zinco são adicionados a ácido sulfúrico diluído, forma-se gás hidrogênio, e o metal se dissolve. O zinco tem uma dureza na escala de Mohs de 2,5, e uma densidade de 7,13 g/cm^3 a 25 °C. Ele reage lentamente com o gás oxigênio a temperaturas elevadas para formar óxido de zinco (ZnO). (b) Que propriedades do zinco você pode citar a partir da foto? Essas propriedades são físicas ou químicas?

1.23 Classifique cada um dos seguintes processos como físico ou químico: (a) oxidação de uma lata de metal, (b) aquecimento de uma xícara de água, (c) pulverização de uma aspirina, (d) digestão de uma barra de chocolate, (e) explosão de nitroglicerina.

1.24 Um palito de fósforo é aceso e mantido sob um pedaço frio de metal. As seguintes observações são feitas: (a) O palito queima. (b) O metal fica mais quente. (c) A água condensa sobre o metal. (d) A fuligem (carbono) é depositada no metal. Quais ocorrências são decorrentes de transformações físicas e quais são de transformações químicas?

1.25 Para cada um dos processos a seguir, a filtração, a destilação ou a cromatografia seria a técnica de separação mais eficaz: (a) remover a polpa do suco de laranja natural, (b) separar um corante alimentício em seus componentes individuais, (c) fazer a dessalinização da água do mar?

1.26 Dois béqueres contêm líquidos claros e incolores. Quando o conteúdo deles é misturado, forma-se um sólido branco. (a) Esse é um exemplo de transformação química ou física? (b) Qual seria a maneira mais conveniente de separar o sólido branco recém-formado da mistura líquida: filtração, destilação ou cromatografia?

A natureza da energia (Seção 1.4)

1.27 Qual(is) das afirmações a seguir sobre energia, trabalho e calor é(são) verdadeira(s)? (i) Trabalho e calor são formas de energia. (ii) Para que trabalho seja realizado sobre um objeto, este não deve se mover. (iii) O calor é a energia que causa uma variação de temperatura.

1.28 Uma bola de futebol cai da janela do segundo andar de um dormitório e atinge o solo. Qual(is) das seguintes afirmações é(são) verdadeira(s)? (i) A energia cinética da bola é maior no instante em que sai pela janela. (ii) À medida que a bola cai, a energia potencial é convertida em energia cinética. (iii) A energia potencial da bola se deve à ação da força da gravidade sobre ela.

1.29 (a) Calcule a energia cinética, em joules, de um automóvel de 1.200 kg que se locomove a 18 m/s. (b) Converta essa energia em calorias. (c) Se uma caminhonete que pesa 2.100 kg tem a mesma energia cinética que o automóvel da parte (a), qual é a sua velocidade em m/s?

1.30 A massa de um átomo de hélio é cerca de quatro vezes maior do que a de um átomo de hidrogênio. A massa de um átomo de oxigênio é cerca de 16 vezes maior do que a de um átomo de hidrogênio. (**a**) Para cada um dos pares a seguir, escolha qual tem maior energia cinética: (i) um átomo de H que se move a 1.000 m/s ou um átomo de He que se move a 400 m/s; (ii) um átomo de H que se move a 1.000 m/s ou um átomo de O que se move a 400 m/s; (iii) um átomo de He que se move a 1.000 m/s ou um átomo de O que se move a 400 m/s. (**b**) Um átomo de He move-se a 800 m/s. Qual é a velocidade de um átomo de O com a mesma energia cinética que o átomo de He?

1.31 Duas partículas com carga positiva são aproximadas e então soltas. Após soltas, a repulsão entre as partículas provoca o afastamento uma da outra. (**a**) Esse é um exemplo de energia potencial sendo convertida em qual forma de energia? (**b**) A energia potencial eletrostática das duas partículas aumenta ou diminui à medida que a distância entre elas aumenta? (**c**) Se a carga positiva nas duas partículas dobrasse a uma distância fixa, a energia potencial eletrostática das duas partículas aumentaria, diminuiria ou permaneceria a mesma?

1.32 Para cada um dos processos a seguir, a energia potencial do(s) objeto(s) aumenta ou diminui? (**a**) A distância entre duas partículas com cargas opostas aumenta. (**b**) Água é bombeada do nível do solo até o reservatório de uma caixa d'água a 30 m de altura. (**c**) A ligação de uma molécula de cloro, Cl_2, é rompida para formar dois átomos de cloro.

Unidades de medida (Seção 1.5)

1.33 Qual notação exponencial as seguintes abreviaturas representam? (**a**) d (**b**) c (**c**) f (**d**) μ (**e**) M (**f**) k (**g**) n (**h**) m (**i**) p

1.34 Utilize prefixos métricos adequados para escrever as seguintes medidas sem a utilização de expoentes:

(**a**) $8,6 \times 10^{-9}$ m (**d**) $1,81 \times 10^{-2}$ s (**f**) $2,75 \times 10^{-5}$ g
(**b**) $3,55 \times 10^{4}$ g (**e**) $4,95 \times 10^{6}$ m (**g**) $5,1 \times 10^{2}$ cm
(**c**) $6,48 \times 10^{-7}$ L

1.35 Faça as seguintes conversões: (**a**) 72 °F em °C, (**b**) 216,7 °C em °F, (**c**) 233 °C em K, (**d**) 315 K em °F, (**e**) 2.500 °F em K, (**f**) 0 K em °F.

1.36 (**a**) A temperatura em um dia quente de verão é 87 °F. Qual é a temperatura em °C? (**b**) Muitos dados científicos são registrados considerando a temperatura de 25 °C. Qual é essa temperatura em kelvins e em graus Fahrenheit? (**c**) Suponha que uma receita exija uma temperatura de forno de 400 °F. Converta essa temperatura em graus Celsius e kelvins. (**d**) O nitrogênio líquido ferve a 77 K. Converta essa temperatura em graus Fahrenheit e em graus Celsius.

1.37 (**a**) Uma amostra de tetracloroetileno, líquido utilizado em lavagem a seco que tem sido gradualmente substituído por causa do seu alto poder cancerígeno, tem uma massa de 40,55 g e um volume de 25,0 mL a 25 °C. Qual é a sua densidade a essa temperatura? O tetracloroetileno flutuará em água? (Os materiais que são menos densos que a água flutuam.) (**b**) O dióxido de carbono (CO_2) é um gás à temperatura e à pressão ambientes. No entanto, o dióxido de carbono, sob pressão, torna-se um "fluido supercrítico", que é um agente de lavagem a seco muito mais seguro que o tetracloroetileno. A certa pressão, a densidade de CO_2 supercrítico é 0,469 g/cm³. Qual é a massa de uma amostra de 25,0 mL de CO_2 supercrítico a essa pressão?

1.38 (**a**) Um cubo de um metal desconhecido tem arestas de 1,200 cm e massa de 17,66 g a 25 °C. Qual é a sua densidade em g/cm³ a essa temperatura? (**b**) A densidade do magnésio metálico é de 1,74 g/cm³ a 25 °C. Qual massa de magnésio desloca 75,0 mL de água a 25 °C? (**c**) O etilenoglicol é um líquido viscoso com densidade de 1,114 g/mL a 20 °C. Calcule a massa de 0,3750 L de etilenoglicol a essa temperatura.

1.39 (**a**) Para identificar uma substância líquida, uma estudante determinou sua densidade. Usando um cilindro graduado, ela mediu 45 mL da substância. Em seguida, mediu a massa dessa amostra, obtendo 38,5 g. Ela sabia que a substância devia ser álcool isopropílico (densidade = 0,785 g/mL) ou tolueno (densidade = 0,866 g/mL). Determine a densidade calculada e a identidade provável da substância. (**b**) Para realizar um determinado experimento, é preciso 78,1 g de benzeno, líquido cuja densidade é 0,876 g/mL. Em vez de pesar a amostra em uma balança, um químico opta por utilizar um cilindro graduado. Qual volume do líquido ele deve utilizar? (**c**) Um pedaço de metal cúbico tem arestas de 5,00 cm. Se o metal for o níquel, cuja densidade é de 8,90 g/cm³, qual é a massa do cubo?

1.40 (**a**) Um rótulo caiu de uma garrafa contendo um líquido límpido, possivelmente tetraidrofurano. Um químico mediu a sua densidade para determinar a identidade. Uma amostra de 25,0 mL do líquido tem uma massa de 22,08 g. A densidade de tetraidrofurano a 25 °C, apresentada em um manual de química, é 0,8833 g/mL. A densidade calculada está de acordo com o valor tabelado? (**b**) Um experimento requer 50,0 g de n-hexano, cuja densidade a 25 °C é 0,6606 g/mL. Qual volume de n-hexano deve ser usado? (**c**) A densidade do titânio metálico é 4,506 g/cm³ a 20 °C. Qual é a massa de uma esfera de titânio com diâmetro igual a 2,00 cm? (O volume de uma esfera é $(4/3)\pi r^3$, em que r é o raio.)

1.41 Entre janeiro e abril de 2020, no auge da pandemia global de covid-19, estima-se que as emissões globais de dióxido de carbono (CO_2) diminuíram em 940 milhões de toneladas (1 ton = 1.000 kg) em comparação com o mesmo período em 2019. (**a**) Expresse essa massa de CO_2 em gramas sem notação científica, utilizando um prefixo métrico apropriado. (**b**) A combustão de um galão de gasolina gera cerca de 8.900 g de CO_2. Quantos galões de gasolina precisariam ser consumidos para gerar 940 milhões de toneladas de CO_2? (**c**) Sob condições de temperatura ambiente normal, a densidade do gás dióxido de carbono é de cerca de 1,8 g/L. Expresse o volume de 940 milhões de toneladas de CO_2 sem notação científica, utilizando um prefixo métrico apropriado.

1.42 Os *chips* de computador são produzidos a partir de grandes cilindros de cristais de silício denominados *boules*, que têm 300 mm de diâmetro e 2 m de comprimento, como mostra a figura. A densidade do silício é 2,33 g/cm³. Os *wafers* de silício para a fabricação de circuitos integrados são cortados de um *boule* de 2,0 m e têm, normalmente, 0,75 mm de espessura e 300 mm de diâmetro. (**a**) Quantos *wafers* podem ser cortados de um único *boule*? (**b**) Qual é a massa de um *wafer* de silício? (O volume de um cilindro é dado por $\pi r^2 h$, onde r é o raio e h, a altura.)

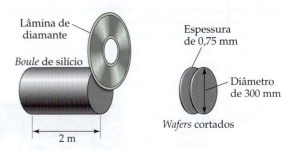

Incerteza nas medidas (Seção 1.6)

1.43 Indique quais dos números seguintes são exatos: (**a**) a massa de um cartão de fichamento de 3 por 5 pol., (**b**) o número de onças em uma libra, (**c**) o volume de um copo de café da sua lanchonete preferida, (**d**) o número de polegadas em uma milha, (**e**) o número de microssegundos em uma semana, (**f**) o número de páginas deste livro.

1.44 Indique qual dos seguintes números são exatos: (**a**) a massa de um saco de açúcar de 32 onças, (**b**) o número de estudantes em uma sala de química, (**c**) a temperatura da superfície do Sol, (**d**) a massa de um selo postal, (**e**) o número de mililitros em um metro cúbico de água, (**f**) a altura média dos jogadores de basquete da NBA.

1.45 Qual é o número de algarismos significativos em cada uma das seguintes quantidades medidas: (**a**) 820 g, (**b**) 32,40 s, (**c**) 90,01 mm, (**d**) 0,00404 L, (**e**) $3,50 \times 10^3$ cm^3, (**f**) 400 kg?

1.46 Indique o número de algarismos significativos em cada uma das seguintes quantidades medidas: (**a**) 9,09 kg, (**b**) $6,040 \times 10^{-18}$ m^3, (**c**) 0,0030 cm, (**d**) 290,00 K, (**e**) 12,8690 g, (**f**) $6,40 \times 10^4$ m/s.

1.47 Arredonde cada um dos seguintes números de modo que fiquem com quatro algarismos significativos. Expresse o resultado em notação científica padrão: (**a**) 102,53070, (**b**) 656,980, (**c**) 0,008543210, (**d**) 0,000257870, (**e**) −0,0357202.

1.48 (**a**) O diâmetro da Terra na Linha do Equador é 7.926,381 milhas. Arredonde esse número para que fique com três algarismos significativos e expresse-o em notação científica padrão. (**b**) A circunferência da Terra nos polos é 40.008 quilômetros. Arredonde esse número de modo que fique com quatro algarismos significativos e expresse-o em notação científica padrão.

1.49 Resolva as operações seguintes e expresse as respostas com o número adequado de algarismos significativos.
(**a**) 14,3505 + 2,65
(**b**) 952,7 − 140,7389
(**c**) $(3,29 \times 10^4)(0,2501)$
(**d**) 0,0588/0,677

1.50 Resolva as operações seguintes e expresse as respostas com o número adequado de algarismos significativos.
(**a**) 320,5 − (6.104,5/2,3)
(**b**) $[(2,853 \times 10^3) - (1,200 \times 10^3)] \times 2,8954$
(**c**) $(0,0045 \times 20.000,0) + (2813 \times 12)$
(**d**) $863 \times [1.255 - (3,45 \times 108)]$

1.51 Resolva as operações seguintes e expresse as respostas com o número adequado de algarismos significativos.
(**a**) $6,754 \times 10^4 + 3,12 \times 10^5$
(**b**) $7,93 \times 10^6 - 1,6405 \times 10^4$
(**c**) $(8,67 \times 10^3 + 4,3 \times 10^1) \times 1,924 \times 10^{-2}$
(**d**) $(5,37 \times 10^{-3} - 8,44 \times 10^{-2})/(9,113 \times 10^{-3} - 7,46 \times 10^{-4})$

1.52 Resolva as operações seguintes e expresse as respostas com o número adequado de algarismos significativos.
(**a**) $2,791 \times 10^4 + 8,76 \times 10^3$
(**b**) $4,67 \times 10^2 - 5,4437 \times 10^4$
(**c**) $(2,481 \times 10^{-2} + 7,33 \times 10^{-4}) \times (1,924 \times 10^{-2} + 6,70)$
(**d**) $(1,3 \times 10^{-4} - 3,746 \times 10^{-2})/(1,3 \times 10^2 - 3,746 \times 10^4)$

1.53 Você pesa um objeto em uma balança e lê a massa em gramas, como mostra a figura ao lado. Quantos algarismos significativos há nessa medida?

1.54 Você tem uma proveta graduada que contém um líquido (ver foto ao lado). Registre o volume do líquido, em mililitros, utilizando o número adequado de algarismos significativos.

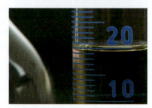

Análise dimensional (Seção 1.7)

1.55 Quais são os fatores de conversão necessários para converter as seguintes unidades: (**a**) mm em nm, (**b**) mg em kg, (**c**) km em pé, (**d**) pol.^{3} em cm^3?

1.56 Determine os fatores de conversão apropriados para as seguintes unidades: (**a**) μm em mm, (**b**) ms em ns, (**c**) mi em km, (**d**) pé^3 em L.

1.57 (**a**) Um zangão voa com uma velocidade de 15,2 m/s. Calcule a velocidade dele em km/h. (**b**) A capacidade pulmonar da baleia azul é $5,0 \times 10^3$ L. Converta esse volume em galões. (**c**) A Estátua da Liberdade tem uma altura de 151 pés. Calcule essa altura em metros. (**d**) O bambu pode crescer até 60,0 cm por dia. Converta essa taxa de crescimento em polegadas por hora.

1.58 (**a**) A velocidade da luz no vácuo é $2,998 \times 10^8$ m/s. Calcule essa velocidade em milhas por hora. (**b**) A torre da Sears em Chicago tem 1.454 pés de altura. Calcule essa altura em metros. (**c**) O edifício de montagem de veículos no Centro Espacial John F. Kennedy, na Flórida, tem um volume de 3.666.500 m^3. Converta esse volume em litros e expresse o resultado em notação científica padrão. (**d**) Uma pessoa com alto nível de colesterol no sangue tem 242 mg de colesterol por 100 mL de sangue. Se o volume total de sangue dessa pessoa é 5,2 L, quantos gramas de colesterol sanguíneo total o corpo desse indivíduo contém?

1.59 Realize as seguintes conversões: (**a**) 5,00 dias para s, (**b**) 0,0550 mi para m, (**c**) 1,89 dólares/gal para dólares/litro, (**d**) 0,510 pol./ms para km/h, (**e**) 22,50 gal/min para L/s, (**f**) 0,02500 pés^3 para cm^3.

1.60 Realize as seguintes conversões: (**a**) 0,105 pol. para mm, (**b**) 0,650 qt para mL, (**c**) 8,75 μm/s para km/h, (**d**) 1,955 m^3 para jarda^3, (**e**) 3,99 dólares/lb para dólares/kg, (**f**) 8,75 lb/pés^3 para g/mL.

1.61 (**a**) Quantos litros de vinho podem ser armazenados em um barril cuja capacidade é de 31 gal? (**b**) A dose recomendada para adultos de Elixofilina®, um medicamento utilizado para tratar a asma, é 6 mg/kg de massa corporal. Calcule a dose em miligramas para uma pessoa com 185 libras de massa. (**c**) Se um automóvel é capaz de viajar 400 km com 47,3 L de gasolina, qual é a quilometragem feita por ele em milhas por galão? (**d**) Quando o café é preparado de acordo com as instruções, uma libra de grãos de café rende 50 xícaras (4 xícaras = 1 qt). Quantos kg de café são necessários para produzir 200 xícaras?

1.62 (**a**) Se um carro elétrico é capaz de percorrer 225 km com uma única recarga, quantas recargas ele precisará fazer para ir de Seattle, Washington (EUA), a San Diego, Califórnia (EUA), uma distância de 1.257 milhas, considerando que a viagem começa com a carga completa? (**b**) Se uma ave em migração voa a uma velocidade média de 14 m/s, qual é a velocidade média dela em mi/h? (**c**) Qual é o deslocamento em litros do pistão de um motor cujo deslocamento é 450 pol.^{3}? (**d**) Em março de 1989, o navio *Exxon Valdez* encalhou e derramou 240 mil barris de petróleo bruto ao longo da costa do Alasca. Um barril de petróleo é igual a 42 gal. Quantos litros de petróleo foram derramados?

1.63 A concentração de monóxido de carbono em um apartamento urbano é igual a 2.800 μg/m^3. Qual é a massa de monóxido de carbono em gramas presente em um quarto com dimensão de $13,5 \times 17,1 \times 10,0$ pés?

1.64 A densidade do ar a uma pressão atmosférica normal e a 25 °C é 1,19 g/L. Cada 1,00 g de ar contém 0,21 g de gás oxigênio. Qual é a massa, em quilogramas, do gás oxigênio em uma sala que mede $15,1 \times 19,6 \times 9,0$ pés?

1.65 A densidade do tungstênio metálico é de 19,35 g/cm^3. (**a**) Qual é a densidade do tungstênio em libras por pé cúbico? (**b**) Um bloco retangular de tungstênio tem 4,00 cm de comprimento, 2,00 cm de largura e 1,50 cm de altura. Qual é a massa do bloco em kg, com o número correto de algarismos significativos?

1.66 O alumínio tem uma densidade de 2,70 g/cm^3. (**a**) Qual é a densidade do alumínio em kg/m^3? (**b**) Um pacote de papel-alumínio contém 50 pés^2 do material, que pesa aproximadamente 8,0 onças. Qual é a espessura aproximada da folha em milímetros?

Capítulo 1 | Introdução: Matéria, energia e medidas

1.67 O ouro pode ser martelado para assumir a forma de lâminas extremamente finas denominadas folhas de ouro. Um arquiteto quer cobrir um teto de 100 × 82 pés com uma folha de ouro que tem espessura de cinco milionésimos de polegada. A densidade do ouro é 19,32 g/cm³, e esse metal custa 1.7684 dólares por onça troy (1 onça troy = 31,1034768 g). Quanto o arquiteto vai gastar para comprar o ouro necessário para cobrir o teto?

1.68 Uma refinaria de cobre produz um lingote de cobre que pesa 150 libras. Se o cobre for utilizado em fios com um diâmetro de 7,50 mm, quantos pés de cobre podem ser obtidos a partir do lingote? A densidade do cobre é 8,94 g/cm³. (Considere que o fio é um cilindro cujo volume é dado por $V = \pi r^2 h$, onde r é o raio e h é a altura ou o comprimento).

Exercícios adicionais

1.69 Classifique cada um dos itens a seguir como substância pura, solução ou mistura heterogênea: (**a**) um lingote de ouro, (**b**) uma xícara de café, (**c**) uma tábua de madeira, (**d**) um pote de iogurte sem sabor, (**e**) um bloco de gelo seco, que é dióxido de carbono congelado, (**f**) o gás em um cilindro de mergulho, composto de 30% oxigênio e 70% nitrogênio.

1.70 (**a**) É mais provável que em algum momento seja comprovado que uma hipótese ou uma teoria está incorreta? (**b**) Um(a) _____ prevê consistentemente o comportamento da matéria, enquanto um(a) _____ fornece uma explicação para tal comportamento.

1.71 Uma amostra de ácido ascórbico (vitamina C) é sintetizada em laboratório. Ela contém 1,50 g de carbono e 2,00 g de oxigênio. Outra amostra de ácido ascórbico isolado de frutas cítricas contém 6,35 g de carbono. De acordo com a lei da composição constante, quantos gramas de oxigênio essa segunda amostra contém?

1.72 O cloreto de etila é vendido na forma líquida, em um recipiente pressurizado (ver foto), para ser utilizado como anestésico local. O cloreto de etila entra em ebulição a 12 °C a pressão atmosférica. Quando o líquido é lançado sobre a pele, ele entra em ebulição, resfriando a pele e deixando-a dormente à medida que vaporiza. (**a**) Que mudanças de estado estão envolvidas nesse uso do cloreto de etila? (**b**) Qual é o ponto de ebulição do cloreto de etila em graus Fahrenheit? (**c**) O frasco mostrado contém 103,5 mL de cloreto de etila. A densidade do cloreto de etila a 25 °C é 0,765 g/cm³. Qual é a massa do cloreto de etila contida no recipiente?

1.73 Em um laboratório, dois estudantes determinam a percentagem de ferro contida em uma amostra. A percentagem real é 34,43%. Os três resultados determinados pelos alunos são os seguintes:

(**1**) 34,44; 34,41; 34,46

(**2**) 34,51; 34,56; 34,48

(**a**) Calcule a percentagem média para cada conjunto de dados e estabeleça qual deles é o mais preciso com base na média. (**b**) A precisão pode ser avaliada com base na média dos desvios do valor médio para esse conjunto de dados. (Calcule o valor médio para cada conjunto de dados e, depois, o valor médio dos desvios absolutos de cada medida em relação à média.) Qual conjunto é mais preciso?

1.74 Que tipo de quantidade (p. ex., comprimento, volume, densidade) indicam as seguintes unidades: (**a**) mL, (**b**) cm², (**c**) mm³, (**d**) mg/L, (**e**) ps, (**f**) nm, (**g**) K?

1.75 Determine as unidades derivadas do SI para cada uma das seguintes quantidades em unidades básicas do SI:

(**a**) aceleração = distância/tempo²

(**b**) força = massa × aceleração

(**c**) trabalho = força × distância

(**d**) pressão = força/área

(**e**) potência = trabalho/tempo

(**f**) velocidade = distância/tempo

(**g**) energia = massa × (velocidade)²

1.76 A substância A funde a 350 °C, a substância B funde a 580 K e a substância C funde a 650 °F. Ordene as substâncias A, B e C de acordo com os seus pontos de fusão, do menor para o maior.

1.77 A distância da Terra à Lua é de aproximadamente 240.000 milhas. (**a**) Determine essa distância em metros. (**b**) A velocidade do voo de um falcão peregrino durante um mergulho no ar foi medida, e o resultado obtido foi de 350 km/h. Se esse falcão pudesse voar para a Lua a essa velocidade, quantos segundos ele levaria? (**c**) A velocidade da luz é 3,00 × 10⁸ m/s. Quanto tempo leva para a luz ir da Terra à Lua e retornar? (**d**) A Terra gira em torno do Sol a uma velocidade média de 29,783 km/s. Converta essa velocidade em milhas por hora.

1.78 Qual das seguintes substâncias você caracterizaria como pura ou quase pura: (**a**) fermento em pó; (**b**) suco de limão; (**c**) gás propano, utilizado em churrasqueiras a gás; (**d**) folha de alumínio; (**e**) ibuprofeno; (**f**) uísque; (**g**) gás hélio; (**h**) água limpa bombeada de um aquífero profundo?

1.79 (**a**) Uma bola de beisebol pesa 5,13 onças. Qual é a energia cinética, em joules, dessa bola de beisebol quando é arremessada por um jogador profissional a 95,0 mi/h? (**b**) Em que fator a energia cinética varia se a velocidade da bola for reduzida para 55,0 mi/h? (**c**) O que acontece com a energia cinética quando o receptor pega a bola de beisebol? Ela é convertida principalmente em calor ou em alguma forma de energia potencial?

1.80 A moeda de 25 centavos de dólar americano tem massa de 5,67 g e espessura de aproximadamente 1,55 mm. (**a**) Quantas moedas desse tipo você teria de empilhar para atingir 575 pés, a altura do Monumento a Washington? (**b**) Qual seria a massa dessa pilha de moedas? (**c**) Quantos dólares haveria nessa pilha de moedas? (**d**) A dívida pública dos EUA era de 2,625 × 10¹³ dólares em junho de 2020. Quantas pilhas de moedas como a descrita seriam necessárias para pagar essa dívida?

1.81 Uma piscina olímpica tem 164 pés de comprimento e 82 pés de largura. Suponha que ela está cheia a uma profundidade de 3,0 m, que é a recomendação para os Jogos Olímpicos. (**a**) Qual é o volume de água, em gal, necessário para encher a piscina? (**b**) Qual é o volume de água, em L, necessário para encher a piscina? (**c**) A U.S. Geological Survey estima que, em 2015, o uso de água residencial nos EUA era de 82 gal/dia por pessoa. Usando esse valor para o uso diário, por quanto tempo a água usada para encher uma piscina olímpica seria capaz de abastecer uma comunidade de 25.000 pessoas?

1.82 Um watt é uma medida de energia (velocidade de variação da energia) igual a 1 J/s. (**a**) Calcule o número de joules em um quilowatt-hora. (**b**) Uma pessoa adulta irradia calor para o ambiente na mesma velocidade que uma lâmpada elétrica incandescente de 100 watts. Qual é a quantidade total de energia em kcal irradiadas para o ambiente por um adulto em 24 horas?

1.83 Utilizando técnicas de estimativa, determine qual dos seguintes elementos é o mais pesado e qual é o mais leve: um saco de 5 libras de batatas, um saco de 5 kg de açúcar ou 1 gal de água (densidade = 1,0 g/mL).

1.84 As substâncias líquidas mercúrio (densidade = 13,6 g/mL), água (1,00 g/mL) e ciclo-hexano (0,778 g/mL) não formam uma solução quando misturadas. A mistura apresenta camadas distintas. Desenhe como os líquidos se posicionariam em um tubo de ensaio.

1.85 Duas esferas de volumes iguais são posicionadas em uma balança como mostra a figura. (a) Qual é a mais densa? (b) Quando uma esfera azul com diâmetro 1,93 vezes maior do que o da esfera vermelha é colocada na balança, as duas esferas têm a mesma massa. Qual é a proporção entre a densidade da esfera azul e a da esfera vermelha? (O volume de uma esfera é $(4/3)\pi r^3$, onde r é o raio.)

1.86 A água tem uma densidade de 0,997 g/cm³ a 25 °C; o gelo tem uma densidade de 0,917 g/cm³ a −10 °C. (a) Se uma garrafa de refrigerante com volume de 1,50 L for preenchida completamente com água e, em seguida, congelada a −10 °C, que volume o gelo vai ocupar? (b) O gelo pode ser contido no interior da garrafa?

1.87 A massa de um tambor de petróleo vazio é de $2,0 \times 10^4$ g. Após uma determinada quantidade de biodiesel ser colocada no tambor, a massa total passa a ser de $7,05 \times 10^5$ g. (a) Com quantos algarismos significativos a massa do biodiesel no tambor deve ser informada? (b) A densidade do biodiesel é de 0,875 g/cm³. Qual volume de biodiesel foi adicionado ao tambor, em L?

1.88 Uma amostra de 32,65 g de um sólido é colocada em um frasco. Em seguida, adiciona-se tolueno ao frasco, um sólido insolúvel, de modo que o volume total de sólido e líquido juntos é 50,00 mL. O sólido e o tolueno pesam, juntos, 58,58 g. A densidade do tolueno à temperatura do experimento é 0,864 g/mL. Qual é a densidade do sólido?

1.89 Um ladrão planeja roubar de um museu uma esfera de platina com raio de 28,9 cm. A platina tem densidade de 21,5 g/cm³. (a) Qual é a massa da esfera em libras? [O volume de uma esfera é dado por $V = (4/3)\pi r^3$.] (b) O ladrão conseguirá sair do museu com a esfera de platina sem a ajuda de alguém?

1.90 Baterias de automóveis contêm ácido sulfúrico, que é comumente chamado de "ácido de bateria". Calcule a quantidade, em gramas, de ácido sulfúrico em 1,00 gal de ácido de bateria, considerando que a solução tem uma densidade de 1,28 g/mL e o ácido sulfúrico constitui 38,1% em massa.

1.91 A taxa total de energia utilizada por seres humanos em todo o mundo é aproximadamente 18,4 TW (terawatts). O fluxo solar médio sobre a metade da Terra iluminada pelo Sol é 680 W/m² (considerando uma ausência de nuvens). A área do disco da Terra vista do Sol é $1,28 \times 10^{14}$ m². A área da superfície da Terra é aproximadamente 197.000.000 milhas quadradas. Que área da superfície da Terra teríamos de cobrir com coletores de energia solar para fornecer energia para todos os seres humanos? Considere que os coletores de energia solar podem converter apenas 15% da luz solar disponível em energia útil.

1.92 A energia potencial de um objeto sujeito à gravidade terrestre é dada por $E_p = mgh$, onde m é a massa do objeto, g é a aceleração da gravidade (9,8 m/s²) e h é a distância entre o objeto e a superfície da Terra. Qual é a energia cinética e a velocidade da esfera de prata do Problema 1.6 quando ela atinge o solo? Suponha que toda a energia potencial inicial da esfera é convertida em energia cinética no momento do impacto.

1.93 Em 2005, J. Robin Warren e Barry J. Marshall ganharam o Prêmio Nobel de Medicina pela descoberta das bactérias *Helicobacter pylori* e por apresentarem uma prova experimental de que elas desempenham um papel fundamental no desenvolvimento de gastrite e úlcera péptica. Essa história começou quando Warren, um patologista, percebeu que bacilos estavam ligados aos tecidos retirados de pacientes que sofriam de úlcera. Pesquise a história e descreva a primeira hipótese de Warren. Que tipos de evidência o levaram a criar uma teoria confiável com base nessa hipótese?

1.94 Um tubo cilíndrico de vidro com 25,0 cm de comprimento, vedado em uma das extremidades, foi preenchido com etanol. Descobriu-se que a massa de etanol necessária para encher o tubo é 45,23 g. A densidade do etanol é 0,789 g/mL. Calcule o diâmetro interno do tubo em centímetros.

1.95 O ouro é ligado (misturado) a outros metais para aumentar sua dureza na fabricação de joias. (a) Considere uma joia de ouro que pesa 9,85 g e tem um volume de 0,675 cm³. A joia é composta somente de ouro e prata, que têm densidades de 19,3 e 10,5 g/cm³, respectivamente. Se o volume total da joia é a soma dos volumes do ouro e da prata contidos nela, calcule a percentagem de ouro (em massa) presente na joia. (b) A quantidade relativa de ouro em uma liga é geralmente expressa em quilates. O ouro puro tem 24 quilates, e a percentagem de ouro em uma liga é dada como uma percentagem desse valor. Por exemplo, uma liga com 50% de ouro tem 12 quilates. Indique a pureza da joia de ouro em quilates.

1.96 A cromatografia em papel é um método simples, mas seguro, de separar as substâncias que compõem uma mistura. Você tem um corante vegetal roxo e quer determinar se ele é feito de múltiplos componentes. Você experimenta dois processos diferentes de cromatografia e obtém as separações mostradas na figura ao lado. Qual(is) das seguintes afirmações a seguir é(são) verdadeira(s)?

 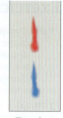

Ensaio 1 Ensaio 2

(i) O ensaio 2 obteve uma separação maior do que o ensaio 1. (ii) Os experimentos provam que o corante contém exatamente dois componentes. (iii) A separação dos dois componentes no ensaio 2 depende da duração do experimento.

1.97 Determine se as seguintes afirmações são verdadeiras ou falsas. Corrija as afirmações falsas.

(a) O ar e a água são substâncias simples.

(b) Todas as misturas contêm pelo menos uma substância simples e uma substância composta.

(c) As substâncias compostas podem ser separadas em duas ou mais substâncias; já as substâncias simples, não.

(d) As substâncias simples podem existir em qualquer um dos três estados da matéria.

(e) Quando se aplica água sanitária a manchas amarelas em uma pia de cozinha, o desaparecimento das manchas é decorrente de uma transformação física.

(f) A sustentação de uma hipótese é mais frágil pela evidência experimental do que por uma teoria.

(g) O número 0,0033 tem mais algarismos significativos que o número 0,033.

(h) Fatores de conversão utilizados na conversão de unidades sempre apresentam um valor numérico igual a um.

(i) Substâncias compostas sempre contêm pelo menos duas substâncias simples diferentes.

1.98 Foi designada a você a tarefa de separar um material granulado desejado com uma densidade de 3,62 g/cm³ de um material granulado indesejado que tem uma densidade de 2,04 g/cm³. Você quer fazer isso agitando a mistura em um líquido, pois o material mais pesado vai afundar, enquanto o material mais leve vai flutuar. Um sólido vai flutuar em qualquer líquido mais denso que ele. Usando uma fonte disponível na internet ou um manual de química, encontre as densidades das seguintes substâncias: tetracloreto de carbono, hexano, benzeno e di-iodometano. Qual desses líquidos vai ajudá-lo em sua tarefa, considerando que não há interação química entre o líquido e os sólidos?

1.99 Em 2009, uma equipe das universidades Northwestern e Western Washington anunciou a preparação de um novo material "esponjoso", composto de níquel, molibdênio e enxofre, ideal para a retirada de mercúrio da água. A densidade desse novo material é 0,20 g/cm³, e sua área de superfície, 1.242 m² por grama de material. (a) Calcule o volume de uma amostra de 10,0 mg desse material. (b) Calcule a área superficial de uma amostra de 10,0 mg desse material. (c) Uma amostra de 10,0 mL de água contaminada tinha 7,748 mg de mercúrio. Após o tratamento com a utilização de 10,0 mg do novo material esponjoso, 0,001 mg de mercúrio permaneceu na água contaminada. Qual percentagem de mercúrio foi retirada da água? (d) Qual é a massa final do material esponjoso após a exposição ao mercúrio?

2

ÁTOMOS, MOLÉCULAS E ÍONS

▲ A variedade maravilhosa de cores e formas da natureza é produzida por apenas cerca de uma dúzia de elementos.

Tudo que existe em nosso universo é formado por apenas cerca de 100 tipos diferentes de unidades básicas, denominadas **átomos**. De certa forma, esses diferentes átomos são como as 26 letras do alfabeto, que se juntam em diferentes combinações para formar o imenso número de palavras de uma língua. No entanto, que regras determinam as maneiras pelas quais os átomos se combinam? Como as propriedades de uma substância se relacionam com os tipos de átomos que a compõe? Como é um átomo de verdade e o que faz os átomos de um elemento serem diferentes dos átomos de outro elemento?

Neste capítulo, apresentaremos a estrutura básica dos átomos e discutiremos a formação de moléculas e íons. Esse conhecimento criará a base de que você precisa para entender todos os próximos capítulos.

O QUE VEREMOS

2.1 ▶ Teoria atômica da matéria Aprender como cientistas postularam que os átomos são as unidades fundamentais da matéria muito antes de poderem observá-los diretamente.

2.2 ▶ Descoberta da estrutura atômica Estudar alguns dos principais experimentos que levaram à descoberta dos *elétrons* e ao desenvolvimento do *modelo nuclear* do átomo.

2.3 ▶ Visão moderna da estrutura atômica Aprender como o *número atômico* e o *número de massa* podem ser utilizados para expressar a quantidade de cada partícula subatômica (prótons, nêutrons e elétrons) em um determinado átomo.

2.4 ▶ Massas atômicas Aprender sobre o conceito de *massa atômica* e como ela é derivada das massas de átomos específicos.

2.5 ▶ Tabela periódica Examinar a organização da *tabela periódica*, na qual os elementos são dispostos em ordem crescente de número atômico e agrupados de acordo com similaridades químicas.

2.6 ▶ Moléculas e compostos moleculares Explorar os conjuntos de átomos denominados *moléculas* e como esses compostos são representados por *fórmulas empíricas* e *fórmulas moleculares*.

2.7 ▶ Íons e compostos iônicos Entender que os átomos podem ganhar ou perder elétrons para formar *íons* e aprender a usar a tabela periódica para prever as cargas dos íons e as fórmulas empíricas dos compostos *iônicos*.

2.8 ▶ Nomenclatura de compostos inorgânicos Considerar o processo sistemático utilizado para dar nome às substâncias, chamado de *nomenclatura*, e ver como ele é aplicado a compostos inorgânicos.

2.9 ▶ Alguns compostos orgânicos simples Familiarizar-se com algumas famílias simples de compostos orgânicos, com compostos que contêm carbono e hidrogênio e com a nomenclatura desses compostos.

Objetivos de aprendizagem

Após terminar a Seção 2.1, você deve ser capaz de:
- ▶ Listar os postulados básicos da teoria atômica de Dalton.
- ▶ Usar as leis derivadas da teoria atômica de Dalton para explicar reações químicas simples.

2.1 | Teoria atômica da matéria

Desde os primórdios, filósofos especulavam sobre a natureza do "material" fundamental do qual o mundo é feito. Demócrito (460–370 a.C.) e outros antigos filósofos gregos diziam que o mundo material é composto por minúsculas partículas indivisíveis, que eles chamavam de *atomos*, que significa "indivisível". Mais tarde, no entanto, Platão e Aristóteles formularam a noção de que não poderiam existir partículas indivisíveis, e a noção "atômica" da matéria foi deixada de lado por muitos séculos, durante os quais a filosofia aristotélica dominou a cultura ocidental.

A noção de átomo ressurgiu na Europa durante o século XVII. Quando os químicos aprenderam a medir a quantidade de elementos que reagiam com outros para formar novas substâncias, o terreno tornou-se fértil para o estabelecimento de uma teoria atômica que ligava a ideia de elemento ao átomo. Essa teoria surgiu a partir do trabalho de John Dalton, no período de 1803 a 1807. A teoria atômica de Dalton baseou-se em quatro postulados (ver **Figura 2.1**).

Uma boa teoria explica fatos conhecidos, e a teoria de Dalton explicava diversas leis de combinação química conhecidas na época.

- A *lei da composição constante* (Seção 1.2), baseada no postulado 4:

    Em um dado composto, os números e os tipos relativos de átomos são constantes.

- A **lei da conservação da massa,** baseada no postulado 3:

    A massa total dos materiais presentes depois de uma reação química é igual à massa total dos materiais presentes antes da reação.

Uma boa teoria também prevê fatos novos, e Dalton usou sua teoria para deduzir

- A **lei das proporções múltiplas:**

    Se dois elementos, A e B, são combinados para formar mais de um composto, as diferentes massas de B que podem ser combinadas com uma dada massa de A guardam entre si uma relação de números inteiros e pequenos.

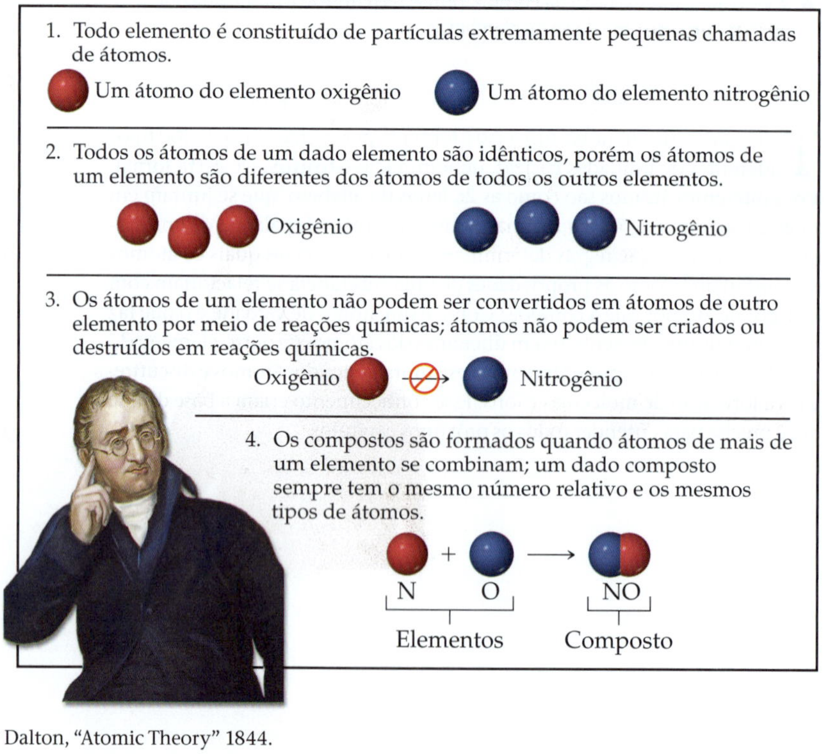

▶ **Figura 2.1 Os quatro postulados da teoria atômica de Dalton.*** John Dalton (1766–1844), filho de um pobre tecelão inglês, começou a ensinar com 12 anos de idade. Passou a maior parte de sua vida em Manchester, onde foi professor tanto da escola secundária quanto do ensino superior. Seu grande interesse por meteorologia o levou a estudar os gases, depois a química e, por fim, a teoria atômica. Apesar de sua origem humilde, Dalton conquistou em vida uma boa reputação no meio científico.

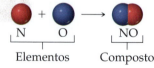

* Dalton, "Atomic Theory" 1844.

Podemos ilustrar a lei das proporções múltiplas partindo do exemplo da água e do peróxido de hidrogênio, sendo ambos constituídos pelos elementos hidrogênio e oxigênio. Na formação da água, 8,0 g de oxigênio são combinados com 1,0 g de hidrogênio. Na formação do peróxido de hidrogênio, 16,0 g de oxigênio combinam-se com 1,0 g de hidrogênio. Assim, a razão entre as massas de oxigênio por grama de hidrogênio dos dois compostos é 2:1. Usando a teoria atômica de Dalton, concluímos que o peróxido de hidrogênio contém duas vezes mais átomos de oxigênio por átomo de hidrogênio do que a água.

Exercícios de autoavaliação

EAA 2.1 Qual(is) das seguintes afirmações é(são) verdadeira(s)?
(i) Os átomos são as unidades fundamentais da matéria.
(ii) De acordo com Dalton, os átomos do mesmo elemento podem ser diferentes uns dos outros.
(iii) De acordo com Dalton, se dois átomos são diferentes, devem ser átomos de diferentes elementos.
(a) Apenas i. (b) Apenas ii. (c) Apenas iii. (d) i e ii. (e) i e iii.

EAA 2.2 Você está trabalhando em uma análise elementar no laboratório e decompõe uma amostra de 5,62 g de amônia, NH_3, em seus elementos. O resultado é 4,63 g de nitrogênio e 0,99 g de hidrogênio. A próxima amostra para análise tem 86,3 g de massa e supostamente contém apenas nitrogênio e hidrogênio. Você decompõe a amostra e obtém 75,5 g de nitrogênio e 10,8 g de hidrogênio. Qual das opções a seguir descreve a melhor conclusão que pode ser extraída desses dados?

(a) A segunda amostra é amônia, porque contém apenas nitrogênio e hidrogênio. (b) A segunda amostra não pode ser amônia, porque contém elementos além do nitrogênio e do hidrogênio. (c) A segunda amostra não pode ser amônia, porque a proporção entre as massas de nitrogênio e hidrogênio é diferente daquela determinada para a amônia. (d) A segunda amostra é amônia, porque a proporção entre as massas de nitrogênio e hidrogênio é a mesma determinada para a primeira amostra de amônia.

2.2 | Descoberta da estrutura atômica

Dalton tirou suas conclusões a respeito de átomos com base em observações químicas feitas em laboratório. Ao pressupor a existência dos átomos, ele pôde explicar as leis das proporções constantes e a lei das proporções múltiplas. No entanto, nem Dalton nem os cientistas que trabalharam pelos 100 anos seguintes tinham qualquer evidência concreta da existência dos átomos. Hoje, porém, podemos medir as propriedades de átomos específicos e até mesmo capturar imagens deles (**Figura 2.2**).

À medida que os cientistas desenvolveram métodos para investigar a natureza da matéria, o átomo, supostamente indivisível, começou a mostrar sinais de que é uma estrutura mais complexa. Hoje, sabemos que ele é composto de **partículas subatômicas**. Antes de resumirmos as características do modelo atual, faremos uma breve apresentação de algumas das principais descobertas que nos levaram a esse modelo. Veremos que parte do átomo é composta de partículas eletricamente carregadas, algumas com carga positiva, outras com carga negativa. Ao discutirmos o desenvolvimento do modelo atômico atual, lembre-se de que *partículas com a mesma carga se repelem, enquanto partículas com cargas opostas se atraem.*

Objetivos de aprendizagem

Após terminar a Seção 2.2, você deve ser capaz de:
▶ Descrever os experimentos que levaram à descoberta do elétron e da sua carga.
▶ Descrever os tipos de radioatividade e suas propriedades.
▶ Descrever o modelo nuclear do átomo e os experimentos que levaram à sua descoberta.

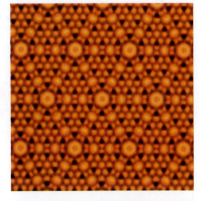

▲ **Figura 2.2 Superfície do silício** ampliada por um fator de mais de 2.000.000. A imagem foi obtida por uma técnica denominada microscopia eletrônica de transmissão. Os átomos de silício se reorganizaram para minimizar sua energia, o que criou esse belo padrão simétrico.

Raios catódicos e elétrons

Em meados do século XIX, cientistas começaram a estudar a descarga elétrica em um tubo de vidro quase desprovido de ar (**Figura 2.3**). Quando uma alta tensão era aplicada aos eletrodos no tubo, produzia-se radiação entre os eletrodos. Essa radiação, chamada de **raios catódicos**, originava-se no eletrodo negativo (*cátodo*) e deslocava-se para o eletrodo positivo (*ânodo*). Embora os raios não pudessem ser vistos, sua presença era detectada porque faziam certos materiais *fluorescer*, ou seja, emitir luz.

Experimentos mostraram que campos elétricos ou magnéticos desviam os raios catódicos, comportamento condizente com o fato de se tratar na verdade de um fluxo de cargas elétricas negativas. O cientista britânico J. J. Thomson (1856–1940) observou que os raios catódicos são iguais independentemente da identidade do material que compõe o cátodo. Em um artigo publicado em 1897, Thomson descreveu os raios catódicos como correntes de partículas carregadas negativamente que hoje chamamos de **elétrons**.

44 Química: a ciência central

> **Resolva com ajuda da figura**
> O experimento mostra que os elétrons fluem do cátodo para o ânodo, ou é possível que os elétrons fluam do ânodo para o cátodo?

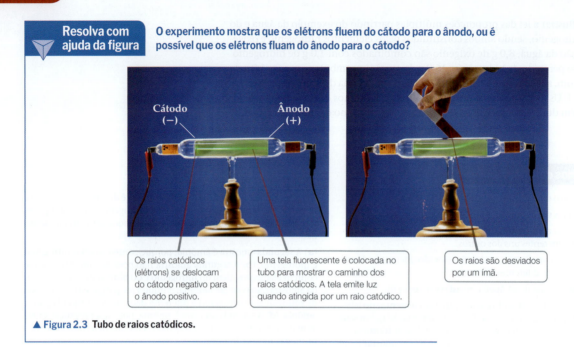

▲ **Figura 2.3** Tubo de raios catódicos.

Thomson construiu um tubo de raios catódicos no qual o ânodo tinha um orifício pelo qual um feixe de elétrons poderia passar. Placas eletricamente carregadas e um ímã foram posicionados perpendicularmente ao feixe de elétrons, e uma tela fluorescente, que emitiria luz quando fosse atingida por raios catódicos, foi colocada em uma das extremidades (**Figura 2.4**). Como o elétron é uma partícula com carga negativa, o campo elétrico desviou os raios em uma direção, enquanto o campo magnético os desviou na direção oposta. Thomson ajustou as forças dos campos de modo que os efeitos pudessem se anular, permitindo que os elétrons percorressem uma trajetória retilínea em direção à tela.

> **Resolva com ajuda da figura**
> Se não fosse aplicado um campo magnético, você esperaria que o feixe de elétrons fosse desviado para cima ou para baixo pelo campo elétrico?

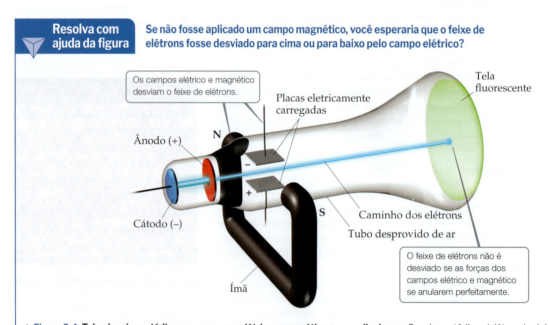

▲ **Figura 2.4** Tubo de raios catódicos com campos elétrico e magnético perpendiculares. Os raios catódicos (elétrons) originam-se no cátodo e são acelerados em direção ao ânodo, que tem um orifício no centro. Um feixe estreito de elétrons atravessa o furo e percorre a distância até a tela fluorescente, que brilha quando atingida por um raio catódico.

> **Resolva com ajuda da figura** As massas das gotas de óleo seriam alteradas significativamente por quaisquer elétrons que se acumulassem sobre elas?

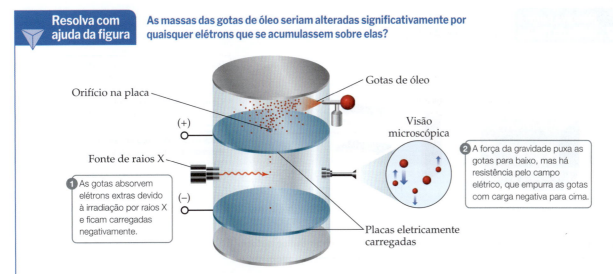

▲ **Figura 2.5 Experimento da gota de óleo de Millikan para medir a carga do elétron.** Pequenas gotas de óleo são borrifadas sobre placas eletricamente carregadas. Millikan mediu como a variação da tensão entre as placas afetou a velocidade da queda das gotas. A partir desses dados, calculou a carga negativa nas gotas. Uma vez que a carga em qualquer gota era sempre um múltiplo inteiro de $1{,}602 \times 10^{-19}$ C, Millikan deduziu que esse valor correspondia à carga de um único elétron.

O conhecimento das forças resultantes nessa reta possibilitou que ele chegasse ao valor de $1{,}76 \times 10^8$ coulombs* por grama para a razão entre a carga elétrica do elétron e sua massa.

Depois que a razão entre a carga e a massa do elétron foi determinada, medir qualquer uma dessas quantidades permitia que os cientistas calculassem a outra. Em 1909, Robert Millikan (1868-1953), da Universidade de Chicago, conseguiu medir a carga de um elétron ao realizar o experimento descrito na **Figura 2.5**. Então, ele calculou a massa do elétron utilizando seu valor experimental para a carga, $1{,}602 \times 10^{-19}$ C, e a razão de Thomson entre a carga e a massa do elétron, $1{,}76 \times 10^8$ C/g:

$$\text{Massa do elétron} = \frac{1{,}602 \times 10^{-19}\ \cancel{C}}{1{,}76 \times 10^8\ \cancel{C}/g} = 9{,}10 \times 10^{-28}\ g$$

Esse resultado está de acordo com o valor adotado atualmente para a massa do elétron $9{,}10938 \times 10^{-28}$ g. Esse valor é cerca de 2.000 vezes menor do que o da massa do hidrogênio, o átomo mais leve.

Radioatividade

Em 1896, o cientista francês Henri Becquerel (1852-1908) descobriu que compostos de urânio emitem espontaneamente radiação de alta energia. Essa emissão espontânea de radiação é chamada de **radioatividade**. Inspirada pela descoberta de Becquerel, Marie Curie (**Figura 2.6**) e seu marido, Pierre, começaram a realizar experimentos para identificar e isolar a fonte da radioatividade no composto e concluíram que eram os átomos de urânio.

Mais estudos sobre a radioatividade, principalmente os realizados pelo cientista britânico Ernest Rutherford (1871-1937), revelaram três tipos de radiação: alfa (α), beta (β) e gama (γ). Rutherford foi uma figura muito importante nesse período da ciência atômica. Depois de trabalhar na Universidade de Cambridge com J. J. Thomson, ele foi para a Universidade McGill, em Montreal, no Canadá, onde fez pesquisas sobre a radioatividade que o levaram a receber o Prêmio Nobel de Química em 1908. Um ano antes, em 1907, ele havia retornado à Inglaterra e se tornado membro do corpo docente da Universidade de Manchester, onde fez os experimentos de espalhamento da partícula α descritos na próxima subseção.

▲ **Figura 2.6 Marie Sklodowska Curie (1867-1934).** Em 1903, Henri Becquerel, Marie Curie e seu marido, Pierre, ganharam em conjunto o Prêmio Nobel de Física pelo trabalho pioneiro com a radioatividade (termo introduzido por Marie Curie). Em 1911, ela ganhou um segundo prêmio Nobel, dessa vez de química, pela descoberta dos elementos polônio e rádio.

---

*O coulomb (C) é a unidade do SI para a carga elétrica.

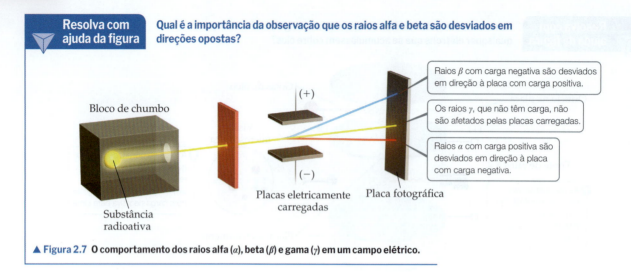

> **Resolva com ajuda da figura** Qual é a importância da observação que os raios alfa e beta são desviados em direções opostas?

▲ **Figura 2.7** O comportamento dos raios alfa (α), beta (β) e gama (γ) em um campo elétrico.

Rutherford mostrou que as trajetórias da radiação α e β são desviadas por um campo elétrico, mas em direções opostas, enquanto a radiação γ não é afetada pelo campo (**Figura 2.7**). Esse achado permitiu a conclusão de que os raios α e β consistem em partículas com carga elétrica que se movem rapidamente. Na verdade, as partículas β não passam de elétrons que se movem em alta velocidade e podem ser consideradas o equivalente radioativo dos raios catódicos. Por terem carga negativa, são atraídas por placas carregadas positivamente. As partículas α têm uma carga positiva e são atraídas por placas negativas. Em unidades de carga do elétron, as partículas β têm carga 1−, e as partículas α, carga 2+. Cada partícula α tem uma massa cerca de 7.400 vezes maior que a de um elétron. A radiação gama é uma radiação eletromagnética de alta energia semelhante aos raios X; porém não é composta por partículas e não tem carga.

Modelo nuclear do átomo

À medida que obtinham mais provas de que o átomo é composto de partículas menores, os cientistas tentaram explicar como as partículas se combinavam. No início do século XX, Thomson argumentou que, uma vez que os elétrons contribuem apenas com uma fração muito pequena da massa de um átomo, eles provavelmente são responsáveis por uma fração igualmente pequena do tamanho do átomo. Ele sugeriu, então, que o átomo seria uma esfera de matéria positiva uniforme na qual a massa estaria distribuída uniformemente e os elétrons estariam incrustados como ameixas em um pudim ou sementes em uma melancia (**Figura 2.8**). Esse *modelo de pudim de ameixas*, que recebeu esse nome por causa de uma sobremesa tradicional inglesa, teve uma vida muito curta.

Em 1910, Rutherford estudava os ângulos em que as partículas α eram desviadas, ou *espalhadas*, quando atravessavam uma fina folha de ouro (**Figura 2.9**). Ele descobriu que quase todas as partículas atravessavam a folha sem sofrer desvios, mas algumas se desviavam em cerca de 1°, o que seria consistente com o modelo do pudim de ameixas de Thomson. Como queria um estudo mais completo, Rutherford sugeriu que Ernest Marsden (1889–1970), um aluno de graduação que trabalhava no laboratório, investigasse os espalhamentos com ângulos maiores. Para a surpresa de todos, uma pequena quantidade de partículas sofreu desvios com ângulos grandes, algumas chegando a retornar ao lugar de onde haviam saído. A explicação para esse fenômeno não era óbvia, mas os resultados eram claramente incompatíveis com o modelo de pudim de ameixas de Thomson.

Rutherford explicou os resultados postulando o **modelo nuclear** do átomo, que estabelece que a maior parte da massa do átomo de ouro e toda sua carga positiva se concentram em uma região muito pequena, extremamente densa, denominada **núcleo**. Ele ainda postulou que a maior parte do volume de um átomo é constituído de espaço vazio, no qual os elétrons se movem ao redor do núcleo. No experimento de espalhamento α, a maioria das partículas atravessou a folha sem sofrer desvios porque não encontrou o núcleo

▲ **Figura 2.8** Modelo atômico do pudim de ameixas de J. J. Thomson. Ernest Rutherford e Ernest Marsden provaram que esse modelo estava errado.

Capítulo 2 | Átomos, moléculas e íons

Resolva com ajuda da figura Preveja onde ficariam os pontos na tela fluorescente circular se o modelo de pudim de ameixas do átomo estivesse correto.

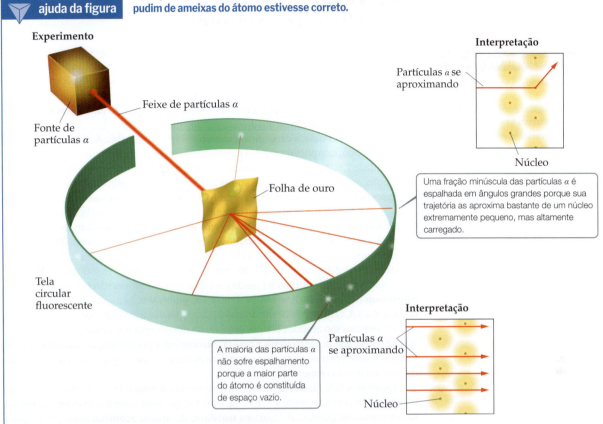

▲ **Figura 2.9 Experimento de espalhamento α de Rutherford.** Quando as partículas α atravessam uma folha de ouro, a maioria não sofre desvios, mas algumas são desviadas em ângulos bem grandes. O modelo nuclear do átomo explica por que algumas partículas α são desviadas com ângulos grandes. Embora o átomo nuclear tenha sido ilustrado aqui como uma esfera amarela, é importante perceber que a maior parte do espaço em torno do núcleo contém apenas elétrons de pouca massa.

minúsculo de nenhum dos átomos de ouro. Eventualmente, no entanto, uma partícula α colidia com o núcleo do ouro. Em tais encontros, a repulsão entre a carga altamente positiva do núcleo do ouro e a carga positiva da partícula α era suficientemente forte para desviar a partícula, como mostra a Figura 2.9.

Experimentos subsequentes levaram ao descobrimento de partículas positivas (**prótons**) e neutras (**nêutrons**) no núcleo. Os prótons foram descobertos em 1919 por Rutherford e os nêutrons em 1932 pelo cientista britânico James Chadwick (1891-1972). Dessa forma, o átomo é composto de elétrons, prótons e nêutrons.

Exercícios de autoavaliação

EAA 2.3 Qual das seguintes afirmações é falsa? (**a**) Os elétrons são partículas subatômicas com carga negativa. (**b**) O experimento da gota de óleo de Millikan demonstrou que um elétron possui uma carga de $1,602 \times 10^{-19}$ coulombs. (**c**) Os experimentos de raios catódicos de Thomson demonstraram que os elétrons têm massa. (**d**) Um elétron possui uma massa de cerca de um picograma, 10^{-12} g.

EAA 2.4 O que você pode concluir a partir da observação de que a radiação gama não é desviada por um campo elétrico? (**a**) Os raios gama não têm massa. (**b**) Os raios gama não têm carga. (**c**) Os raios gama não têm massa nem carga.

EAA 2.5 Qual das seguintes afirmações é falsa? (**a**) O núcleo é composto de prótons e nêutrons. (**b**) O núcleo é a parte mais densa do átomo. (**c**) O experimento de folha de ouro de Rutherford demonstrou que o modelo de pudim de ameixas do átomo está correto. (**d**) Para permanecerem eletricamente neutros, todos os átomos devem conter números iguais de elétrons e prótons.

2.3 | Visão moderna da estrutura atômica

> **Objetivos de aprendizagem**
>
> Após terminar a Seção 2.3, você deve ser capaz de:
>
> ▶ Comparar as massas e cargas relativas dos prótons, nêutrons e elétrons.
> ▶ Descrever as interações entre prótons, nêutrons e elétrons responsáveis por manter a coesão dos átomos.
> ▶ Correlacionar o símbolo químico de um isótopo com o número de prótons, nêutrons e elétrons que ele contém.

Desde a época de Rutherford, conforme os físicos foram aprendendo cada vez mais sobre os núcleos atômicos, a lista de partículas que compõem os núcleos aumentou e continua crescendo. Os exemplos de partículas subatômicas incluem os quarks, os léptons e os bósons.* Como químicos, no entanto, podemos adotar um ponto de vista simples em relação ao átomo porque apenas três partículas subatômicas – prótons, nêutrons e elétrons – são importantes para o entendimento do comportamento químico.

Como já observado, a carga de um elétron é $-1{,}602 \times 10^{-19}$ C. A carga de um próton tem sinal oposto, mas possui a mesma magnitude da carga de um elétron: $+1{,}602 \times 10^{-19}$ C. A quantidade $1{,}602 \times 10^{-19}$ C é chamada de **carga eletrônica**, ou carga elementar. Por convenção, as cargas das partículas atômicas e subatômicas geralmente são expressas em múltiplos dessa carga em vez de em coulombs (C). Assim, a carga de um elétron é $1-$ e a de um próton é $1+$. Os nêutrons são eletricamente neutros (por isso receberam esse nome). *Cada átomo tem um número igual de elétrons e prótons, portanto átomos são eletricamente neutros.*

Prótons e nêutrons ficam localizados no minúsculo núcleo do átomo. A maior parte do seu volume é o espaço no qual os elétrons estão posicionados (**Figura 2.10**). A maioria dos átomos tem diâmetro entre 1×10^{-10} m (100 pm) e 5×10^{-10} m (500 pm). A unidade de comprimento que costuma ser usada para dimensões atômicas não faz parte do SI e é o **angstrom** (Å), em que $1\ \text{Å} = 1 \times 10^{-10}$ m = 100 pm. Assim, os átomos têm diâmetros de cerca de 1 a 5 Å. O diâmetro de um átomo de cloro, por exemplo, é de 200 pm, ou 2,0 Å.

Os elétrons são atraídos para os prótons do núcleo pela força eletrostática que existe entre partículas de carga elétrica oposta. Nos capítulos posteriores, mostraremos que as forças atrativas entre os elétrons e os núcleos podem ser usadas para explicar muitas das diferenças entre os elementos.

Os átomos têm massas extremamente pequenas. A massa do átomo mais pesado conhecido é aproximadamente 4×10^{-22} g. Uma vez que seria complicado expressar massas tão pequenas em gramas, utilizamos a **unidade de massa atômica** (uma),** em que 1 uma = $1{,}66054 \times 10^{-24}$ g. Um próton tem massa de 1,0073 uma, um nêutron, de 1,0087 uma e um elétron, de $5{,}486 \times 10^{-4}$ uma (**Tabela 2.1**). Como são necessários 1.836 elétrons para atingir a massa de um próton e 1.839 elétrons para atingir a massa de um nêutron, o núcleo contém praticamente toda a massa de um átomo.

TABELA 2.1 Comparação entre prótons, nêutrons e elétrons

Partícula	Carga	Massa (uma)
Próton	Positiva (1+)	1,0073
Nêutron	Nenhuma (neutra)	1,0087
Elétron	Negativa (1−)	$5{,}486 \times 10^{-4}$

O diâmetro de um núcleo atômico é aproximadamente 10^{-4} Å, apenas uma pequena fração do diâmetro total do átomo. Você pode ter uma ideia dos tamanhos relativos do átomo e do seu núcleo imaginando que, se o átomo de hidrogênio fosse do tamanho de um campo de futebol, o núcleo seria do tamanho de uma pequena bola de gude. Uma vez que o minúsculo núcleo concentra a maior parte da massa do átomo em um volume tão pequeno, ele tem uma densidade incrivelmente alta, da ordem de $10^{13}-10^{14}$ g/cm³. Uma caixa de bombons com essa densidade pesaria mais de 2,5 bilhões de toneladas!

A Figura 2.10 incorpora as características que acabamos de analisar. A importância de representar a região que contém elétrons como uma nuvem indistinta ficará clara nos próximos capítulos, quando consideraremos as energias e as configurações espaciais dos elétrons. Por enquanto, temos todas as informações necessárias para discutir muitos temas que fundamentam os usos cotidianos da química.

---

* A abreviatura do SI para a unidade de massa atômica é u. Usaremos neste livro a abreviatura uma, por ser mais comum.

** O elétron é uma partícula elementar que não pode ser dividida em partículas menores, enquanto os prótons e os nêutrons são compostos de partículas menores denominadas quarks.

> **Resolva com ajuda da figura**
>
> Qual é o diâmetro aproximado do núcleo em pm?

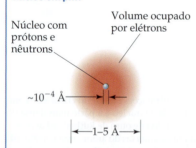

▲ **Figura 2.10 Estrutura do átomo.** Uma nuvem de elétrons que se deslocam rapidamente ocupa a maior parte do volume do átomo. O núcleo ocupa uma pequena região no centro do átomo e é composto de prótons e nêutrons. Nele está praticamente toda a massa do átomo.

Números atômicos, números de massa e isótopos

O que torna o átomo de um elemento diferente do átomo de outro elemento? Os átomos de cada elemento têm um *número característico de prótons*. O número de prótons de um átomo de qualquer elemento específico é chamado de **número atômico** do elemento. Uma vez que um átomo não possui carga elétrica líquida, seu número de elétrons deve ser igual ao seu número de prótons. Todos os átomos de carbono, por exemplo, têm seis prótons e seis elétrons, enquanto todos os átomos de oxigênio têm oito prótons e oito elétrons. Assim, o carbono tem número atômico 6 e o oxigênio, 8. O número atômico de cada elemento é listado com o nome e o símbolo do elemento na abertura do livro.

Os átomos de um dado elemento podem ter variados números de nêutrons e, consequentemente, massas diferentes. Por exemplo, ainda que a maioria dos átomos de carbono tenha seis nêutrons, alguns têm mais e outros menos. O símbolo $^{12}_{6}C$ (leia-se "carbono doze", carbono-12) representa o átomo de carbono que contém seis prótons e seis nêutrons, enquanto átomos de carbono que contêm seis prótons e oito nêutrons (14 de número de massa) são representados como $^{14}_{6}C$ ou ^{14}C e são chamados de carbono-14.

Exercício resolvido 2.1
Massa atômica

O diâmetro de uma moeda de 10 centavos de dólar é 17,9 mm, e o diâmetro de um átomo de prata é 2,88 Å. Quantos átomos de prata podem ser dispostos lado a lado ao longo do diâmetro de uma moeda?

SOLUÇÃO

A incógnita do problema é o número de átomos de prata (Ag). Utilizando a relação 1 átomo de Ag = 2,88 Å como um fator de conversão entre o número de átomos e a distância, começamos com o diâmetro da moeda, convertendo primeiro a distância em angstroms, e, depois, utilizamos o diâmetro do átomo de Ag para converter a distância em número de átomos de Ag:

$$\text{Átomos de Ag} = (17,9 \text{ mm})\left(\frac{10^{-3} \text{ m}}{1 \text{ mm}}\right)\left(\frac{1 \text{ Å}}{10^{-10} \text{ m}}\right)\left(\frac{1 \text{ átomo de Ag}}{2,88 \text{ Å}}\right)$$

$$= 6,22 \times 10^7 \text{ átomos de Ag}$$

Ou seja, 62,2 milhões de átomos de prata poderiam ser dispostos lado a lado em uma moeda de dez centavos.

▶ **Para praticar**
O diâmetro de um átomo de carbono é 1,54 Å. **(a)** Expresse o diâmetro em picômetros. **(b)** Quantos átomos de carbono podem ser alinhados lado a lado ao longo de uma linha de 0,20 mm feita com um lápis?

OLHANDO DE PERTO | Forças básicas

Quatro forças básicas são conhecidas na natureza: (1) gravitacional, (2) eletromagnética, (3) nuclear forte e (4) nuclear fraca. As *forças gravitacionais* são forças atrativas que atuam entre todos os objetos na proporção de suas massas. As forças gravitacionais entre os átomos, ou entre as partículas atômicas, são tão pequenas que não têm relevância do ponto de vista químico.

Forças eletromagnéticas são forças atrativas ou repulsivas que atuam tanto entre objetos eletricamente carregados quanto entre objetos magnéticos. A magnitude da força elétrica entre duas partículas carregadas é dada pela *lei de Coulomb*: $F = kQ_1Q_2/d^2$, em que Q_1 e Q_2 são as magnitudes das cargas nas duas partículas, d é a distância entre seus centros e k é uma constante determinada pelas unidades estabelecidas para Q e d (Seção 1.4). Um valor negativo para a força indica atração, enquanto um valor positivo representa repulsão. Forças elétricas são essenciais para determinar as propriedades químicas dos elementos.

Todos os núcleos, exceto dos átomos de hidrogênio, contêm dois ou mais prótons. Como cargas iguais se repelem, a repulsão elétrica faria com que os prótons fossem separados, caso a *força nuclear forte* não os mantivessem juntos. Como o nome sugere, essa força pode ser bastante intensa, mas apenas quando as partículas estão extremamente próximas, como os prótons e os nêutrons no núcleo. A essa distância, a força nuclear forte atrativa é mais forte do que a força elétrica repulsiva positiva-positiva, fato que mantém o núcleo unido.

A *força nuclear fraca* é mais fraca do que a força elétrica e do que a força nuclear forte, porém mais forte do que a força gravitacional. Só sabemos que ela existe porque aparece em certos tipos de radioatividade.

Exercício relacionado: 2.114

O número atômico é indicado pelo número subscrito; já o número sobrescrito, chamado de **número de massa**, representa a quantidade de prótons somados ao número de nêutrons do átomo:

Número de massa (número de prótons mais número de nêutrons) → $^{12}_{6}C$ ← Símbolo do elemento

Número atômico (número de prótons ou elétrons)

Uma vez que todos os átomos de um dado elemento possuem o mesmo número atômico, o número subscrito é redundante e, muitas vezes, omitido. Por isso, o símbolo que representa o carbono-12 pode ser simplesmente ^{12}C.

Átomos com números atômicos idênticos, mas diferentes números de massa (i.e., mesmo número de prótons, mas quantidade de nêutrons diferente) são chamados de **isótopos**. Diferentes isótopos de carbono são listados na **Tabela 2.2**. Em geral, utilizaremos a notação com números sobrescritos apenas quando nos referirmos ao isótopo específico de um elemento. É importante lembrar que os isótopos de um determinado elemento são todos quimicamente semelhantes. Uma molécula de dióxido de carbono que contém um átomo de ^{13}C se comporta de maneira idêntica a uma que contém um átomo de ^{12}C.

TABELA 2.2 Alguns isótopos do carbono[a]

Símbolo	Número de prótons	Número de elétrons	Número de nêutrons
^{11}C	6	6	5
^{12}C	6	6	6
^{13}C	6	6	7
^{14}C	6	6	8

[a] Quase 99% do carbono encontrado na natureza é do tipo ^{12}C.

Exercício resolvido 2.2
Como determinar o número de partículas subatômicas nos átomos

Quantos prótons, nêutrons e elétrons existem em um átomo de (a) ^{197}Au, (b) estrôncio-90?

SOLUÇÃO
(a) O número 197 sobrescrito representa o número de massa (prótons + nêutrons). De acordo com a lista de elementos que está na abertura do livro, o ouro tem número atômico 79. Consequentemente, um átomo de ^{197}Au tem 79 prótons, 79 elétrons e 197 − 79 = 118 nêutrons.

(b) O número atômico do estrôncio é 38. Assim, todos os átomos desse elemento possuem 38 prótons e 38 elétrons. O isótopo do estrôncio-90 tem 90 − 38 = 52 nêutrons.

▶ **Para praticar**
Quantos prótons, nêutrons e elétrons há em um átomo de (a) ^{138}Ba, (b) fósforo-31?

Exercício resolvido 2.3
Como escrever símbolos para átomos

O magnésio tem três isótopos com números de massa 24, 25 e 26. (a) Escreva o símbolo químico completo (com números sobrescritos e subscritos) para cada um deles. (b) Quantos nêutrons há nos átomos de cada isótopo?

SOLUÇÃO
(a) O magnésio tem número atômico 12; assim, todos os átomos de magnésio têm 12 prótons e 12 elétrons. Os três isótopos são, portanto, representados por $^{24}_{12}$Mg, $^{25}_{12}$Mg e $^{26}_{12}$Mg.

(b) O número de nêutrons em cada isótopo é o número de massa menos o número de prótons. O número de nêutrons nos átomos de cada isótopo é, portanto, 12, 13 e 14, respectivamente.

▶ **Para praticar**
Determine qual é o símbolo químico completo para um átomo que tem 82 prótons, 82 elétrons e 126 nêutrons.

Exercícios de autoavaliação

EAA 2.6 Qual combinação de partícula subatômica com sua carga está correta? (**a**) próton/1− (**b**) nêutron/1+ (**c**) elétron/0 (**d**) elétron/1+ (**e**) elétron/0

EAA 2.7 A densidade do núcleo de um determinado átomo é de 1 × 10^{13} g/cm³. Dado que o diâmetro de um núcleo é de 1 × 10^{-4} Å, estime a massa do núcleo, pressupondo que seja uma esfera. (**a**) 10^{13} g (**b**) 41.889 g (**c**) 4,19 × 10^{-23} g (**d**) 5,23 × 10^{-24} g

EAA 2.8 Se o núcleo é tão denso e cheio de prótons com carga positiva, por que ele não se desfaz devido à repulsão eletrostática entre os prótons? (**a**) Os elétrons com carga negativa no núcleo causam atrações eletrostáticas que o mantêm unido. (**b**) Os nêutrons atuam como uma "cola" eletrostática que reduz a repulsão eletrostática entre os prótons no núcleo. (**c**) A força nuclear forte mantém o núcleo unido apesar da repulsão eletrostática entre os prótons. (**d**) Na verdade, os núcleos se desintegram ao nosso redor constantemente.

EAA 2.9 Qual das alternativas a seguir representa o símbolo químico correto para o urânio-235, o isótopo radioativo que serve de base para muitas armas nucleares? (**a**) $^{235}_{92}$U (**b**) $^{92}_{235}$U (**c**) $^{143}_{92}$U (**d**) $^{235}_{92}$Ur

2.4 | Massas atômicas

Os átomos são pequenos pedaços de matéria, portanto eles possuem massa. Nesta seção, discutiremos a escala de massa utilizada para os átomos e apresentaremos o conceito de *massa atômica*.

Objetivos de aprendizagem

Após terminar a Seção 2.4, você deve ser capaz de:

▶ Descrever a relação entre a massa atômica de um elemento e os pesos e abundância dos isótopos que ocorrem naturalmente desse elemento.

▶ Converter entre massa atômica e a abundância isotópica de um elemento.

▶ Descrever os princípios da espectrometria de massa.

▶ Interpretar e prever os dados de um espectrômetro de massa.

Escala de massa atômica

Os cientistas do século XIX sabiam que átomos de diferentes elementos apresentam massas diferentes. Eles descobriram, por exemplo, que cada 100,0 g de água contém 11,1 g de hidrogênio e 88,9 g de oxigênio. Assim, a água contém 88,9/11,1 = 8 vezes mais oxigênio do que hidrogênio em massa. Depois de compreender que a água contém dois átomos de hidrogênio para cada átomo de oxigênio, eles concluíram que um átomo de oxigênio deve ter 2 × 8 = 16 vezes a massa de um átomo de hidrogênio. Dessa forma, foi atribuído ao hidrogênio, o átomo mais leve, a massa relativa 1 (sem unidade). As massas atômicas dos outros elementos foram, a princípio, determinadas em relação a esse valor. Assim, estabeleceu-se que o oxigênio tem massa atômica 16.

Hoje, podemos determinar as massas dos átomos com um grau elevado de exatidão. Por exemplo, sabemos que o átomo de ¹H tem massa 1,6735 × 10^{-24} g e o átomo de ¹⁶O tem massa 2,6560 × 10^{-23} g. Como dito na Seção 2.3, é conveniente utilizar a *unidade de massa atômica* ao lidar com esses números de massa extremamente pequenos:

$$1 \text{ uma} = 1{,}66054 \times 10^{-24} \text{ g} \quad \text{e} \quad 1 \text{ g} = 6{,}02214 \times 10^{23} \text{ uma}$$

Atualmente, a unidade de massa atômica é definida por meio da atribuição de uma massa de exatamente 12 uma a um átomo do isótopo de carbono ¹²C. Nessa unidade, um átomo de ¹H tem massa de 1,0078 uma e um átomo de ¹⁶O tem massa de 15,9949 uma.

Massa atômica

A maioria dos elementos é encontrada na natureza como misturas de isótopos. Podemos determinar a *massa atômica média* de um elemento, geralmente chamada de **massa atômica** do elemento, pela soma (indicada pela letra grega sigma, Σ) das massas de seus isótopos multiplicada pelas abundâncias relativas:

$$\text{Massa atômica} = \sum_{\substack{\text{de todos} \\ \text{os isótopos} \\ \text{do elemento}}} [(\text{abundância do isótopo}) \times (\text{massa do isótopo})] \qquad [2.1]$$

O carbono encontrado na natureza, por exemplo, é 98,93% de ¹²C e 1,07% de ¹³C. As massas desses isótopos são 12 uma e 13,00335 uma, respectivamente. Assim, a massa atômica do carbono é:

$$(0{,}9893)\,(12 \text{ uma}) + (0{,}0107)\,(13{,}00335 \text{ uma}) = 12{,}01 \text{ uma}$$

As massas atômicas dos elementos estão listadas tanto na tabela periódica quanto na tabela de elementos presente na abertura do livro.

Exercício resolvido 2.4
Como calcular a massa atômica de um elemento a partir da abundância isotópica

O cloro encontrado na natureza é constituído de 75,78% de ^{35}Cl (massa atômica 34,969 uma) e 24,22% de ^{37}Cl (massa atômica 36,966 uma). Calcule a massa atômica do cloro.

SOLUÇÃO
Podemos calcular a massa atômica ao multiplicar a abundância de cada isótopo por sua massa atômica e, em seguida, somar esses produtos. Uma vez que 75,78% = 0,7578 e 24,22% = 0,2422, temos:

Massa atômica = (0,7578) (34,969 uma) + (0,2422) (36,966 uma)
= 26,50 uma + 8,953 uma
= 35,45 uma

Essa resposta faz sentido, uma vez que o valor da massa atômica, que é, na verdade, a massa atômica média, está entre as massas dos dois isótopos e mais próximo do valor de ^{35}Cl, o isótopo mais abundante.

▶ **Para praticar**
São encontrados três isótopos de silício na natureza: ^{28}Si (92,23%), massa atômica 27,97693 uma; ^{29}Si (4,68%), massa atômica 28,97649 uma; e ^{30}Si (3,09%), massa atômica 29,97377 uma. Calcule a massa atômica do silício.

OLHANDO DE PERTO | **Espectrômetro de massa**

O modo mais preciso de se determinar massas atômicas é por meio do uso do **espectrômetro de massa** (**Figura 2.11**). Existem muitas variedades de espectrômetro de massa, mas todos operam com base em princípios semelhantes. O primeiro passo é colocar os átomos ou as moléculas em fase gasosa. Às vezes, a amostra a ser analisada já é um gás; em outros casos, pode ser necessário aquecimento, aplicação de um campo elétrico ou uso de um pulso de laser para criar átomos ou moléculas na fase gasosa. Em seguida, as espécies em fase gasosa devem ser convertidas em partículas com carga positiva denominadas *íons*. Há muitas abordagens possíveis para criar íons, incluindo bombardeamento com feixes de elétrons de alta energia ou reações químicas com outras moléculas em fase gasosa. Depois de os íons em fase gasosa serem produzidos, eles são acelerados em direção a uma rede carregada negativamente. Depois que os íons passam pela rede, eles encontram duas fendas, que permitem a passagem de um estreito feixe de íons. Esse feixe passa, então, entre os polos de um ímã, que o desviam em uma trajetória curvilínea. Para íons com a mesma carga, a magnitude dos desvios depende da massa: quanto maior for a massa do íon, menor será o desvio. Assim, os íons são separados de acordo com suas massas. Com a variação da intensidade do campo magnético ou com o aumento da tensão na rede, o detector pode selecionar íons de diferentes massas.

O gráfico da intensidade do sinal no detector versus a massa dos íons é chamado de *espectro de massa* (**Figura 2.12**). Análises desse espectro fornecem tanto as massas dos íons que alcançam o detector quanto suas abundâncias relativas, obtidas a partir das intensidades do sinal. Conhecer a massa atômica e a abundância de cada isótopo nos permite calcular a massa atômica de um elemento, como mostra o Exercício resolvido 2.4.

Hoje, os espectrômetros de massa são muito utilizados para identificar compostos químicos e analisar misturas de substâncias. Toda e qualquer molécula que perde elétrons pode ser quebrada, formando uma gama de fragmentos carregados positivamente. O espectrômetro de massa mede as massas desses fragmentos, produzindo uma "impressão digital" química da molécula e dando pistas sobre como os átomos estavam ligados na molécula original. Assim, um químico pode utilizar essa técnica para determinar a estrutura molecular de um composto recém-sintetizado, analisar proteínas no genoma humano ou identificar um poluente no ambiente.

Exercícios relacionados: 2.37, 2.38, 2.40, 2.94, 2.100, 2.101

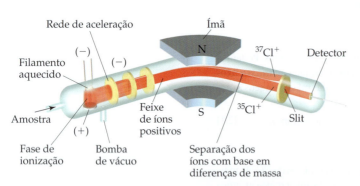

▲ **Figura 2.11 Como funciona um espectrômetro de massa.** O exemplo da figura é um átomo de cloro. Primeiro, os átomos de Cl são ionizados para formar íons Cl^+, que são acelerados com um campo elétrico. Por fim, seu caminho é direcionado por um campo magnético. Os caminhos dos íons dos dois isótopos de Cl divergem à medida que passam por meio do campo. Praticamente todo o ar do instrumento deve ser removido com a bomba de vácuo antes que o experimento tenha início para que os caminhos dos íons não sejam interrompidos.

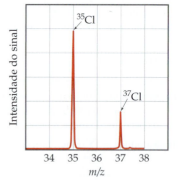

▲ **Figura 2.12 Espectro de massa do átomo de cloro.** As abundâncias proporcionais dos isótopos de ^{35}Cl e ^{37}Cl são indicadas pelas intensidades relativas de sinal dos feixes de Cl^+ que atingem o detector do espectrômetro de massa. Tecnicamente, o espectrômetro de massa mede a proporção entre massa e carga dos íons, mas a maioria dos íons tem cargas monovalentes no experimento, então é possível ler o eixo horizontal como a massa atômica do isótopo em unidades de massa atômica.

Exercícios de autoavaliação

EAA 2.10 São encontrados na natureza dois isótopos do elemento boro: ^{10}B, com massa de 10,01 uma, e ^{11}B, com massa de 11,01 uma. Use a massa atômica média do boro, encontrada na tabela periódica, para determinar a abundância do isótopo ^{11}B. (**a**) 3,8% (**b**) 20,0% (**c**) 80,0% (**d**) 81,0%

EAA 2.11 Um novo elemento, o brównio, é descoberto em um universo paralelo. A massa atômica média do brównio é de 28,00 uma. Ele tem 14 prótons no núcleo, e seus dois isótopos têm 13 ou 16 nêutrons no núcleo. Qual é a proporção entre o isótopo de 27 uma e o de 30 uma? (**a**) 1:1 (**b**) 1:3 (**c**) 2:3 (**d**) 2:1 (**e**) Não há informações suficientes para responder à pergunta.

EAA 2.12 Qual das seguintes afirmações sobre a espectrometria de massa é verdadeira? (**a**) Os dados de um espectrômetro de massa informam sobre as cargas dos íons. (**b**) O espectrômetro de massa pode detectar átomos neutros. (**c**) Quanto mais pesada for uma partícula carregada, mais ela será desviada por um campo magnético. (**d**) Diferentes isótopos de um elemento podem ser desviados por diferentes níveis em um espectrômetro de massa. (**e**) Mais de uma afirmação é verdadeira.

EAA 2.13 Use os dados a seguir sobre um elemento desconhecido, obtidos de um espectrômetro de massa, para determinar a identidade provável do elemento. (**a**) Th (**b**) Pa (**c**) Zr (**d**) Nb

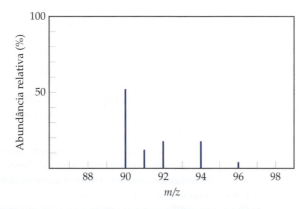

2.5 | Tabela periódica

À medida que a lista dos elementos químicos conhecidos se expandiu durante o início do século XIX, foram feitas tentativas para encontrar padrões de regularidade no comportamento químico. Esses esforços culminaram no desenvolvimento da tabela periódica em 1869. A tabela periódica terá um papel importante em capítulos posteriores deste livro, mas é tão importante e útil que você já deve começar a se familiarizar com ela. Na verdade, *a tabela periódica é a ferramenta mais importante que os químicos utilizam para organizar dados químicos e lembrar-se deles.*

Muitos elementos apresentam fortes semelhanças com outros. Os elementos lítio (Li), sódio (Na) e potássio (K) são todos metais macios e muito reativos que produzem calor e faíscas quando misturados com água. Os elementos hélio (He), neônio (Ne) e argônio (Ar), por sua vez, são gases não reativos. Já que na tabela periódica os elementos estão dispostos em ordem crescente de número atômico, suas propriedades químicas e físicas apresentam um padrão de repetição, ou *periódico*. Por exemplo, cada um dos metais macios e reativos – lítio, sódio e potássio – vem imediatamente depois de um dos gases não reativos – hélio, neônio e argônio, respectivamente –, como mostra a **Figura 2.13**.

Objetivos de aprendizagem

Após terminar a Seção 2.5, você deve ser capaz de:
▶ Inferir as propriedades gerais de um elemento a partir de sua localização na tabela periódica.
▶ Descrever a estrutura geral da tabela periódica dos elementos em termos de períodos e grupos.

Resolva com ajuda da figura — Se F é um não metal reativo, que outro(s) elemento(s) mostrado(s) aqui você também espera que seja(m) um não metal reativo?

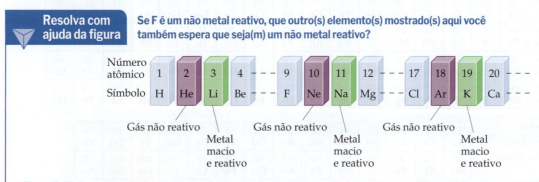

▲ **Figura 2.13** **A organização dos elementos de acordo com seu número atômico revela um padrão periódico de propriedades.** Esse padrão é a base da tabela periódica.

A organização dos elementos em ordem crescente de número atômico, com elementos que apresentam propriedades semelhantes colocados em colunas verticais, é conhecida como **tabela periódica** (Figura 2.14). A tabela mostra o número atômico e o símbolo atômico de cada elemento, e a massa atômica também é muitas vezes fornecida, como neste exemplo do potássio:

19 ← Número atômico
K ← Símbolo atômico
39,0983 ← Massa atômica

Você pode notar sutis variações entre tabelas periódicas de um livro para outro, ou entre a que foi apresentada na sala de aula e a que está neste livro. Essas variações são apenas uma questão de estilo; não há diferenças fundamentais.

As linhas horizontais da tabela periódica são chamadas de **períodos**. O primeiro período é composto de apenas dois elementos: hidrogênio (H) e hélio (He). O segundo e o terceiro períodos têm oito elementos cada um. Os quarto e quinto períodos contam com 18 elementos. O sexto e o sétimo períodos têm 32 elementos cada, mas, para que a tabela caiba em uma página, 14 elementos de cada período (números atômicos 57 a 70 e 89 a 102) aparecem na parte inferior.

As colunas verticais são os **grupos**. A forma pela qual os grupos são classificados é de certa maneira arbitrária. Três sistemas de classificação são de uso comum, dois dos quais são mostrados na Figura 2.14.

- O conjunto de classificação localizado na parte superior da tabela, que têm designações A e B, é bastante utilizado na América do Norte. Nesse esquema, algarismos romanos são utilizados com mais frequência que os arábicos. O grupo 7A, por exemplo, é muitas vezes classificado como VIIA.
- Os europeus utilizam uma convenção semelhante que usa as designações A e B de maneira diferente.
- A fim de eliminar essa confusão, a União Internacional de Química Pura e Aplicada (IUPAC) convencionou a numeração dos grupos de 1 a 18, sem designações A ou B, conforme a Figura 2.14.

Resolva com ajuda da figura — Onde ficam o sódio e o potássio na tabela periódica? Eles pertencem ao mesmo período? E ao mesmo grupo?

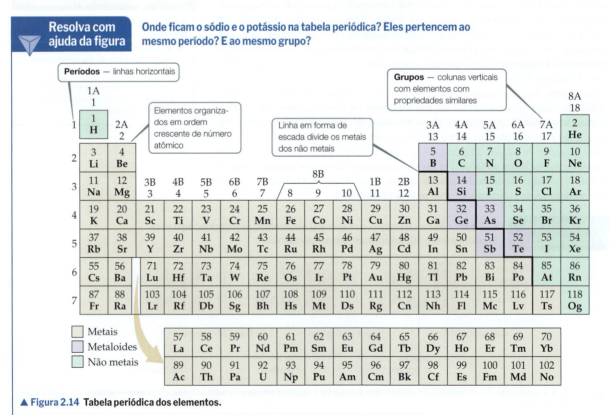

▲ Figura 2.14 Tabela periódica dos elementos.

Usaremos a convenção norte-americana tradicional, com algarismos arábicos e as letras A e B.

Os elementos de um grupo geralmente apresentam similaridades nas propriedades físicas e químicas. Por exemplo, os "metais de cunhagem" – cobre (Cu), prata (Ag) e ouro (Au) – pertencem ao grupo 1B. Esses elementos são menos reativos do que a maioria dos metais, motivo pelo qual eles têm sido tradicionalmente utilizados em todo o mundo para fazer moedas. Muitos outros grupos na tabela periódica também têm nomes, como lista a **Tabela 2.3**.

TABELA 2.3 Nomes de alguns grupos da tabela periódica

Grupo	Nome	Elementos
1A	Metais alcalinos	Li, Na, K, Rb, Cs, Fr
2A	Metais alcalino-terrosos	Be, Mg, Ca, Sr, Ba, Ra
6A	Calcogênios	O, S, Se, Te, Po
7A	Halogênios	F, Cl, Br, I, At
8A	Gases nobres (ou gases raros)	He, Ne, Ar, Kr, Xe, Rn

Nos Capítulos 6 e 7, explicaremos que os elementos de um grupo têm propriedades semelhantes porque possuem a mesma estrutura de elétrons na periferia de seus átomos. No entanto, não precisamos esperar até lá para fazer um bom uso da tabela periódica. Afinal, os químicos que desenvolveram a tabela sabiam nada sobre elétrons! Podemos usá-la, assim como eles, para correlacionar os comportamentos dos elementos e consultar diversos dados químicos.

O código de cor da Figura 2.14 mostra que, exceto pelo hidrogênio, todos os itens no lado esquerdo e no meio da tabela são **elementos metálicos**, ou **metais**. Todos os elementos metálicos compartilham propriedades características, como brilho e alta condutividade elétrica e térmica. Além disso, todos, exceto o mercúrio (Hg), são sólidos à temperatura ambiente.* Os metais são separados dos **elementos não metálicos**, ou **não metais**, por uma linha diagonal em forma de escada, que vai do boro (B) ao astato (At). Observe que o hidrogênio, apesar de estar do lado esquerdo da tabela, é um não metal. À temperatura ambiente, alguns não metais são gasosos; outros, sólidos; e um é líquido. Os não metais geralmente diferem dos metais em relação à aparência (**Figura 2.15**) e outras propriedades

▲ **Figura 2.15** Exemplos de metais e não metais.

---

* Todos os metais se tornam líquidos quando aquecidos o suficiente. O Hg simplesmente tem o menor ponto de fusão de todos os elementos metálicos. Embora o sódio (Na), o potássio (K), o rubídio (Rb), o césio (Cs) e o gálio (Ga) sejam sólidos à temperatura ambiente, todos se fundem a temperaturas menores do que 100 °C.

físicas. Muitos dos elementos que se encontram próximos da linha que separa os metais dos não metais têm propriedades desses dois tipos de elementos e são frequentemente chamados de **metaloides**.

Exercício resolvido 2.5
Como usar a tabela periódica

Dos elementos B, Ca, F, He, Mg e P, selecione os dois que mostram mais similaridades em relação às suas propriedades químicas e físicas.

SOLUÇÃO

Os elementos do mesmo grupo da tabela periódica são mais propensos a exibir propriedades semelhantes. Assim, esperamos que o Ca e o Mg sejam mais parecidos porque estão no mesmo grupo (2A, metais alcalino-terrosos).

▶ **Para praticar**
Localize o Na (sódio) e o Br (bromo) na tabela periódica. Dê o número atômico de cada um e os classifique como metal, metaloide ou não metal.

Exercícios de autoavaliação

SAE 2.14 Localize o manganês na tabela periódica. Qual das seguintes afirmações sobre esse elemento é verdadeira? (**a**) O número atômico do manganês é 12. (**b**) O manganês está no período 7. (**c**) O manganês é um metal alcalino-terroso. (**d**) As afirmações (a), (b) e (c) são falsas.

EAA 2.15 Qual(is) das seguintes afirmações é(são) verdadeira(s)?
   (**i**) Espera-se que elementos no mesmo período da tabela periódica tenham propriedades químicas semelhantes.
   (**ii**) Espera-se que elementos no mesmo grupo da tabela periódica tenham propriedades químicas semelhantes.
   (**iii**) Os elementos no mesmo período da tabela periódica estão organizados em ordem de número atômico.

(**a**) Apenas i. (**b**) Apenas ii. (**c**) Apenas iii. (**d**) i e iii. (**e**) ii e iii.

2.6 | Moléculas e compostos moleculares

Embora o átomo seja a menor espécie representativa de um elemento, normalmente apenas os gases nobres são encontrados na natureza na forma de átomos isolados. A maior parte da matéria é composta de moléculas ou íons. Analisaremos as moléculas na Seção 2.6 e os íons na Seção 2.7.

Objetivos de aprendizagem

Após terminar a Seção 2.6, você deve ser capaz de:
▶ Escrever a fórmula molecular de um composto a partir de uma imagem da sua estrutura.
▶ Diferenciar entre as fórmulas molecular e empírica de um composto molecular.

Moléculas e fórmulas químicas

Várias substâncias simples são encontradas na natureza na forma molecular – dois ou mais átomos do mesmo tipo ligados entre si. Por exemplo, a maior parte do oxigênio no ar é composta de moléculas que contêm dois átomos de oxigênio. Como vimos na Seção 1.2, representamos esse oxigênio molecular com a **fórmula química** O_2 (leia-se "ó dois"). O número subscrito indica que dois átomos de oxigênio estão presentes em cada molécula. Por sua vez, uma molécula composta por dois átomos é chamada de **molécula diatômica**.

O oxigênio também existe em outra forma molecular conhecida como *ozônio*. Moléculas de ozônio são constituídas por três átomos de oxigênio, cuja fórmula química é O_3. Embora o oxigênio "normal" (O_2) e o ozônio (O_3) sejam formados unicamente de átomos de oxigênio, eles apresentam muitas propriedades físicas e químicas diferentes. Por exemplo, o O_2 é essencial para a vida, já o O_3 é tóxico; o O_2 é inodoro, enquanto o O_3 tem cheiro intenso e pungente.

Os elementos que normalmente são encontrados na forma de moléculas diatômicas são o hidrogênio, o oxigênio, o nitrogênio e os halogênios (H_2, O_2, N_2, F_2, Cl_2, Br_2 e I_2). À exceção do hidrogênio, os elementos que constituem essas substâncias simples diatômicas estão agrupados no lado direito da tabela periódica.

Compostos constituídos por moléculas com mais de um tipo de átomo são chamados de **compostos moleculares**, ou **substâncias moleculares**. Uma molécula de metano, por exemplo, consiste em um átomo de carbono e quatro átomos de hidrogênio e, portanto, é representada pela fórmula química CH₄. A falta de um número subscrito no C indica um átomo de C por molécula de metano. Na **Figura 2.16**, são mostradas várias moléculas comuns de substâncias simples e compostas. Observe como a composição de cada uma das substâncias é dada por sua fórmula química. Também é possível notar que essas substâncias são compostas apenas de elementos não metálicos.

Hidrogênio, H₂   Oxigênio, O₂

Grande parte das substâncias moleculares que encontraremos contém apenas não metais.

Fórmulas moleculares e empíricas

As fórmulas químicas que indicam o número real de átomos de uma molécula, como as da Figura 2.16, são chamadas de **fórmulas moleculares**. Já fórmulas químicas que dão apenas o número relativo de átomos de cada tipo em uma molécula são chamadas de **fórmulas empíricas**. Os números subscritos em uma fórmula empírica são sempre as menores razões possíveis de números inteiros. A fórmula molecular para o peróxido de hidrogênio é H₂O₂, por exemplo, enquanto a fórmula empírica desse composto é HO. A fórmula molecular do etileno é C₂H₄, e a fórmula empírica é CH₂. Para muitas substâncias, as fórmulas molecular e empírica são idênticas, como no caso da água, H₂O.

Água, H₂O   Peróxido de hidrogênio, H₂O₂

Sempre que conhecemos a fórmula molecular de um composto, podemos determinar sua fórmula empírica. No entanto, o contrário não é verdadeiro. Se conhecermos apenas a fórmula empírica de uma substância, não poderemos determinar sua fórmula molecular, a menos que sejam disponibilizadas mais informações. Então por que os químicos se preocupam com as fórmulas empíricas? Como veremos no Capítulo 3, certos métodos comuns de análise de substâncias conduzem somente à fórmula empírica. Por exemplo, se você decompusesse o peróxido de hidrogênio (H₂O₂) em seus elementos e os pesasse, poderia determinar que a substância possui números iguais de átomos de hidrogênio e de oxigênio, mas não saberia se a fórmula molecular é HO, H₂O₂, H₃O₃, etc. Uma vez que a fórmula empírica é conhecida, experimentos adicionais podem fornecer a informação necessária para converter a fórmula empírica em molecular. Além disso, há substâncias que não existem como moléculas isoladas (exemplos importantes de compostos iônicos serão discutidos posteriormente neste capítulo). Quando lidamos com essas substâncias, temos de confiar nas fórmulas empíricas.

Monóxido de carbono, CO   Dióxido de carbono, CO₂

Metano, CH₄   Etileno, C₂H₄

▲ **Figura 2.16 Modelos moleculares.** Observe como as fórmulas químicas dessas moléculas simples correspondem às suas composições.

Exercício resolvido 2.6
Como relacionar fórmulas moleculares e empíricas

Escreva as fórmulas empíricas para (**a**) glicose, substância também conhecida como dextrose – fórmula molecular C₆H₁₂O₆; (**b**) óxido nitroso, substância utilizada como anestésico e popularmente chamada de "gás do riso" – fórmula molecular N₂O.

SOLUÇÃO

(**a**) Os números subscritos de uma fórmula empírica são as menores razões de números inteiros. As menores razões são obtidas por meio da divisão de cada número subscrito pelo maior fator comum (nesse caso, o número 6). Assim, a fórmula empírica resultante da glicose é CH₂O.

(**b**) Uma vez que os números subscritos em N₂O já são os números inteiros mais baixos, a fórmula empírica para o óxido nitroso é igual à sua fórmula molecular, N₂O.

▶ **Para praticar**
Determine a fórmula empírica do *decaborano*, cuja fórmula molecular é B₁₀H₁₄.

Representando moléculas

A fórmula molecular de uma substância não mostra a forma como os átomos estão ligados. Uma **fórmula estrutural** é necessária para comunicar essas informações, como nos exemplos a seguir:

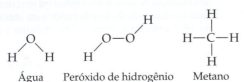

Água   Peróxido de hidrogênio   Metano

Resolva com ajuda da figura — Qual modelo mostra de maneira mais eficaz os ângulos entre as ligações feitas por um átomo central: o de bola e vareta ou o de preenchimento espacial?

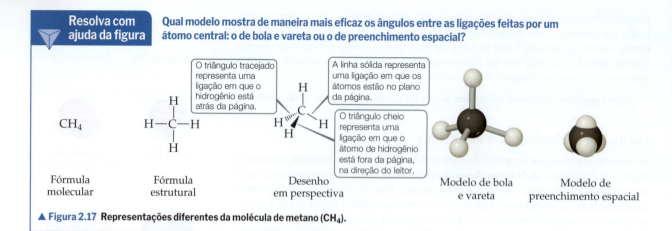

▲ Figura 2.17 Representações diferentes da molécula de metano (CH₄).

Os átomos são representados por seus símbolos químicos, e as linhas são usadas para indicar as ligações que os unem. A observação de que os ângulos entre as ligações não são todos iguais nos diz algo sobre a estrutura geométrica detalhada das moléculas, como veremos a seguir.

Uma fórmula estrutural geralmente não descreve a geometria real da molécula, isto é, os ângulos reais das ligações entre os átomos – seriam necessárias representações mais sofisticadas para isso (**Figura 2.17**).

- **Desenhos em perspectiva** usam triângulos cheios e tracejados para representar ligações que não estão no plano do papel, o que dá uma ideia básica da forma tridimensional da molécula. É o tipo de desenho mais usado pelos químicos. No caso de uma molécula em que todos os átomos estão em um único plano, como a de H₂O, não precisamos recorrer aos triângulos cheios e tracejados.
- **Modelos de bola e vareta** mostram átomos como esferas e ligações como varetas. Esse tipo de modelo tem a vantagem de representar com precisão os ângulos das ligações entre os átomos em uma molécula e os comprimentos relativos das ligações que unem os átomos (Figura 2.17). Por vezes, os símbolos químicos dos elementos são colocados sobrepostos às bolas, mas com frequência os átomos são identificados apenas por cores.
- **Modelos de preenchimento espacial** representam como seria uma molécula na qual os átomos tivessem seu tamanho ampliado (Figura 2.17). Esse tipo de modelo mostra os tamanhos relativos dos átomos, embora os ângulos de ligação entre eles, os quais ajudariam a definir sua geometria molecular, são muitas vezes mais difíceis de serem visualizados nesse modelo do que no modelo de bola e vareta. Como oferecem uma boa representação das verdadeiras dimensões de uma molécula, os modelos de preenchimento espacial são úteis para representar como duas moléculas se encaixariam ou como ficariam ordenadas no estado sólido. Tal como no modelo anterior, as identidades dos átomos são indicadas por uma determinada cor.

Exercícios de autoavaliação

EAA 2.16 Qual é a fórmula molecular deste composto?

(a) CH₄ (b) C₂H₄ (c) C₂O₄ (d) O₂H₄

EAA 2.17 O ácido oleico é um ácido graxo comum na natureza. Uma forma abreviada de escrever sua estrutura química é CH₃(CH₂)₇CHCH(CH₂)₇COOH. Qual é a fórmula empírica do ácido oleico? (a) C₃H₅O (b) C₆H₁₀O₂ (c) C₉H₁₇O (d) C₁₈H₃₄O₂

EAA 2.18 A fórmula molecular do acetileno é C₂H₂ e a do benzeno é C₆H₆. Qual afirmação sobre essas duas moléculas é *falsa*? (a) O acetileno e o benzeno têm a mesma fórmula empírica. (b) A proporção entre as massas de C e H é a mesma para o benzeno e para o acetileno. (c) O número de átomos de carbono em uma molécula de benzeno é igual ao número de átomos de carbono em uma molécula de acetileno. (d) A molécula de benzeno é maior do que a de acetileno.

2.7 | Íons e compostos iônicos

Se os elétrons são removidos ou adicionados a um átomo, forma-se uma partícula carregada, chamada de **íon**. Um íon com carga positiva é um **cátion**; um íon carregado negativamente é um **ânion**.

Para ver como íons são formados, considere o átomo de sódio, que tem 11 prótons e 11 elétrons. Esse átomo perde facilmente um elétron. O cátion resultante tem 11 prótons e 10 elétrons, o que significa que ele tem carga líquida de 1+.

  Objetivos de aprendizagem

Após terminar a Seção 2.7, você deve ser capaz de:
- Escrever os símbolos químicos dos íons e prever as cargas iônicas mais comuns dos elementos nos lados esquerdo e direito da tabela periódica.
- Prever a fórmula empírica de um composto iônico a partir dos seus elementos constituintes.
- Distinguir as substâncias moleculares dos compostos iônicos com base na fórmula química do composto.

A carga líquida de um íon é representada por um número sobrescrito. Os sinais de +, 2+ e 3+, por exemplo, representam a carga líquida resultante da *perda* de um, dois e três elétrons, respectivamente. Os sinais sobrescritos −, 2− e 3− representam cargas líquidas resultantes do *ganho* de um, dois e três elétrons, respectivamente. Por exemplo, o cloro, com 17 prótons e 17 elétrons, pode ganhar um elétron em reações químicas, produzindo o íon Cl^-:

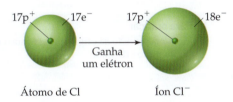

Em geral, os átomos de metal tendem a perder elétrons para formar cátions, e átomos de não metal tendem a ganhar elétrons para formar ânions. Assim, compostos iônicos costumam ser compostos de cátions de metais e ânions de não metais, como o NaCl.

Exercício resolvido 2.7
Como escrever símbolos químicos para íons

Dê o símbolo químico, incluindo sobrescritos para indicar o número de massa, para (a) o íon com 22 prótons, 26 nêutrons e 19 elétrons; (b) o íon de enxofre, que tem 16 nêutrons e 18 elétrons.

SOLUÇÃO
(a) O número de prótons é o número atômico do elemento. A tabela periódica ou uma lista com os elementos indica que o elemento de número atômico 22 é o titânio (Ti). O número de massa (prótons + nêutrons) desse isótopo de titânio é 22 + 26 = 48. Uma vez que o íon tem três prótons a mais que elétrons, ele tem uma carga líquida de 3+ e é designado $^{48}Ti^{3+}$.

(b) A tabela periódica mostra que o enxofre (S) tem número atômico 16. Assim, cada átomo ou íon de enxofre contém 16 prótons. Sabemos que o íon também tem 16 nêutrons, o que significa que o número de massa é 16 + 16 = 32. Como o íon tem 16 prótons e 18 elétrons, sua carga líquida é 2− e o símbolo do íon é $^{32}S^{2-}$.

Em geral, vamos nos concentrar nas cargas líquidas dos íons e ignorar seus números de massa, a menos que as circunstâncias imponham que especifiquemos um determinado isótopo.

▶ **Para praticar**
Quantos prótons, nêutrons e elétrons tem o íon $^{79}Se^{2-}$?

Além dos íons simples, como Na^+ e Cl^-, existem os **íons poliatômicos**, como NH_4^+ (íon amônio) e SO_4^{2-} (íon sulfato), os quais consistem em átomos ligados como em uma molécula, mas que carregam uma carga líquida positiva ou negativa. Os íons poliatômicos serão discutidos na Seção 2.8.

É importante perceber que as propriedades químicas dos íons são muito diferentes das propriedades químicas dos átomos dos quais os íons derivam. A adição ou a remoção de um ou mais elétrons produz uma espécie carregada com comportamento bastante diferente do seu átomo ou do grupo de átomos associado a ele. Por exemplo, o sódio metálico reage violentamente com a água, mas um composto iônico que contém íons de sódio, como o NaCl, não.

Como prever cargas iônicas

Os gases nobres (grupo 8A, ver Tabela 2.3) são elementos quimicamente não reativos e que formam poucos compostos. Muitos átomos ganham ou perdem elétrons para acabar com o mesmo número de elétrons que o gás nobre mais próximo deles na tabela periódica. Podemos deduzir que os átomos tendem a adquirir as configurações eletrônicas dos gases nobres porque elas são muito estáveis. Elementos próximos podem obter essas mesmas configurações estáveis perdendo ou ganhando elétrons. Por exemplo, a perda de um elétron de um átomo de sódio deixa-o com o mesmo número de elétrons que um átomo de neônio (10). Da mesma forma, quando o cloro ganha um elétron, ele fica com 18 elétrons, o mesmo número de elétrons do argônio. Essa simples observação será útil de agora em diante para explicar a formação dos íons. No Capítulo 8, veremos uma explicação mais detalhada, quando abordarmos as ligações químicas.

Exercício resolvido 2.8
Como prever a carga iônica

Faça uma previsão da carga esperada para o íon mais estável de bário e para o íon mais estável de oxigênio.

SOLUÇÃO
Vamos considerar que o bário e o oxigênio formem íons com o mesmo número de elétrons que o átomo do gás nobre mais próximo deles na tabela periódica. Consultando a tabela, vemos que o bário tem número atômico 56. Nesse caso, o gás nobre mais próximo é o xenônio, de número atômico 54. O bário pode adquirir uma configuração eletrônica estável de 54 elétrons ao perder dois elétrons, formando o cátion Ba^{2+}.

Já o oxigênio tem número atômico 8. O gás nobre mais próximo é o neônio, de número atômico 10. O oxigênio pode adquirir essa configuração eletrônica estável ganhando dois elétrons e, assim, formar o ânion O^{2-}.

▶ **Para praticar**
Faça uma previsão da carga esperada para o íon mais estável de (**a**) alumínio e (**b**) flúor.

A tabela periódica é muito útil para consultar cargas iônicas, especialmente de elementos à esquerda e à direita da tabela. Como mostra a **Figura 2.18**, as cargas desses íons se relacionam de maneira simples com suas posições na tabela periódica: os elementos do grupo 1A (metais alcalinos) formam íons 1+, os elementos do grupo 2A (metais alcalino-terrosos) formam íons 2+, os elementos do grupo 7A (halogênios) formam íons 1−, e os elementos do grupo 6A formam íons 2−. Muitos dos elementos de outros grupos não seguem regras tão simples.

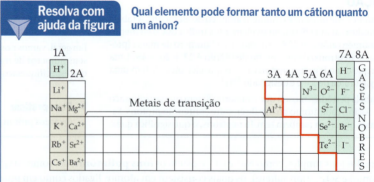

▲ **Figura 2.18 Cargas previstas de alguns íons comuns.** Observe que a linha vermelha que divide metais de não metais também separa cátions de ânions. O hidrogênio forma tanto íons 1+ quanto íons 1−. O ânion H é posicionado no grupo 7A apenas por uma questão de conveniência, para mostrar as cargas comuns e a reatividade; cada elemento aparece apenas uma vez na tabela periódica completa.

Compostos iônicos

Uma grande parte da atividade química envolve a transferência de elétrons de uma substância para outra. A **Figura 2.19** mostra que, quando o sódio elementar reage com o cloro elementar, um elétron passa de um átomo de sódio para um átomo de cloro, formando o íon Na$^+$ e o íon Cl$^-$. Uma vez que objetos de cargas opostas se atraem, os íons Na$^+$ e Cl$^-$ se ligam para formar o composto cloreto de sódio (NaCl), mais conhecido como sal de cozinha, que é um exemplo de **composto iônico**, ou seja, um composto formado por cátions e ânions.

> **Resolva com ajuda da figura**
> Deve haver números iguais ou desiguais de cátions de sódio e ânions de cloreto no modelo de preenchimento espacial?

▲ **Figura 2.19 Formação de um composto iônico.** A transferência de um elétron de um átomo de sódio para um átomo de cloro leva à formação de um íon Na$^+$ e um íon Cl$^-$. Esses íons são dispostos em rede no cloreto de sódio sólido, NaCl. Essa representação do NaCl sólido usa o modelo de preenchimento espacial que mostra os tamanhos relativos dos íons.

Podemos dizer se um composto é iônico (formado por íons) ou molecular (formado por moléculas) com base em sua composição. Em geral, os cátions são íons de metais e os ânions são íons de não metais. Consequentemente,

Os compostos iônicos, como o NaCl, costumam ser combinações de metais e não metais.

Exercício resolvido 2.9
Como identificar compostos iônicos e moleculares

Qual destes compostos você espera que sejam iônicos: N$_2$O, Na$_2$O, CaCl$_2$, SF$_4$?

SOLUÇÃO
Consideramos o Na$_2$O e o CaCl$_2$ compostos iônicos porque são formados por um metal combinado com um não metal. Consideramos o N$_2$O e o SF$_4$ compostos moleculares porque são formados apenas por não metais.

▶ **Para praticar**
Explique por que cada uma das afirmações a seguir provavelmente é verdadeira:
(a) Todo composto de Rb com um não metal é iônico.
(b) Todo composto de nitrogênio com um halogênio é molecular.
(c) O composto MgKr$_2$ não existe.
(d) O Na e o K são muito semelhantes nos compostos que formam com não metais.
(e) Em um composto iônico, o cálcio (Ca) estará na forma de um íon de carga dupla, Ca^{2+}.

Os íons em compostos iônicos estão dispostos em estruturas tridimensionais, como no caso do NaCl, mostrado na Figura 2.19. Uma vez que não há qualquer "molécula" isolada de NaCl, podemos escrever apenas a fórmula empírica dessa substância. Isso se aplica à maioria dos compostos iônicos.

Podemos escrever a fórmula empírica de um composto iônico se soubermos as cargas dos íons. Uma vez que os compostos químicos são eletricamente neutros, os íons de um composto iônico sempre ocorrem em uma proporção tal que a carga total positiva é igual à carga total negativa. Assim, há um Na$^+$ para um Cl$^-$ no NaCl, um Ba^{2+} para dois Cl$^-$ no BaCl$_2$ e assim por diante.

Considerando esses e outros exemplos, você pode ver que, se as cargas do cátion e do ânion são iguais, o número subscrito em cada íon é 1. Se as cargas diferirem, a carga de um íon (sem sinal) será o número subscrito do outro íon. Por exemplo, o composto iônico formado a partir de Mg (que forma íons Mg^{2+}) e N (que forma íons N^{3-}) é Mg$_3$N$_2$:

$$Mg^{2+} \quad N^{3-} \longrightarrow Mg_3N_2$$

Entretanto, o uso dessa abordagem tem um porém. Lembre-se de que a fórmula empírica deve ser a menor razão possível de números inteiros dos dois elementos. Assim, a fórmula empírica do composto iônico formado entre Ti^{4+} e O^{2-} é TiO$_2$, não Ti$_2$O$_4$.

A QUÍMICA E A VIDA | **Elementos químicos necessários para organismos vivos**

Os elementos essenciais para a vida estão destacados em cores na **Figura 2.20**. Mais de 97% da massa da maioria dos organismos é constituída de apenas seis desses elementos: oxigênio, carbono, hidrogênio, nitrogênio, fósforo e enxofre. A água é o composto mais comum nos organismos vivos, responsável por, pelo menos, 70% da massa da maioria das células. Já nos componentes sólidos das células, o carbono é o elemento mais predominante em massa. Os átomos de carbono são encontrados em uma grande variedade de moléculas orgânicas, ligadas a outros átomos de carbono ou a átomos de elementos diferentes. Praticamente todas as proteínas, por exemplo, contêm o seguinte grupo carbônico

$$-\underset{H}{\overset{}{N}}-\overset{O}{\underset{}{C}}-$$

que se repete nas moléculas.

Além disso, 23 outros elementos são encontrados em diversos organismos vivos. Cinco são íons necessários em todos os organismos: Ca^{2+}, Cl$^-$, Mg^{2+}, K$^+$ e Na$^+$. Os íons cálcio, por exemplo, são necessários para a formação dos ossos e a transmissão de sinais no sistema nervoso. Muitos outros elementos são necessários em quantidades bem pequenas e são chamados de *oligoelementos*. Por exemplo, traços de cobre são necessários na dieta dos seres humanos para auxiliar na síntese de hemoglobina.

Exercício relacionado: 2.104

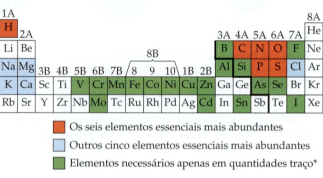

■ Os seis elementos essenciais mais abundantes
■ Outros cinco elementos essenciais mais abundantes
■ Elementos necessários apenas em quantidades traço*

*N. do R.T.: Quantidades traço são quantidades extremamente pequenas detectadas em certo ambiente ou amostra, da ordem de microgramas por litro.

▲ **Figura 2.20** Elementos essenciais à vida.

 Exercício resolvido 2.10

Como utilizar carga iônica para escrever fórmulas empíricas de compostos iônicos

Escreva a fórmula empírica do composto formado pelos íons (**a**) Al^{3+} e Cl$^-$, (**b**) Al^{3+} e O^{2-} e (**c**) Mg^{2+} e NO$_3^-$.

SOLUÇÃO

(**a**) Três íons Cl$^-$ são necessários para anular a carga de um íon Al^{3+}, então a fórmula empírica é AlCl$_3$.

(**b**) Dois íons Al^{3+} são necessários para equilibrar a carga de três íons O^{2-}. Uma razão 2:3 é necessária para que a carga positiva total de 6+ seja anulada pela carga negativa total de 6−. A fórmula empírica é Al$_2$O$_3$.

(**c**) Dois íons NO$_3^-$ são necessários para equilibrar a carga de um Mg^{2+}, produzindo o Mg(NO$_3$)$_2$. Observe que a fórmula para o íon poliatômico, NO$_3^-$, deve ser colocada entre parênteses, de modo que fique claro que o 2 subscrito se aplica a todos os átomos do íon.

▶ **Para praticar**
Escreva a fórmula empírica para o composto formado por (**a**) Na$^+$ e PO$_4^{3-}$, (**b**) Zn^{2+} e SO$_4^{2-}$, (**c**) Fe^{3+} e CO$_3^{2-}$.

Exercícios de autoavaliação

EAA 2.19 Qual par de elemento e carga iônica mais comum está correto? (**a**) F/1+ (**b**) Na/1− (**c**) C/6+ (**d**) Ba/2+

EAA 2.20 Qual das seguintes afirmações é *falsa*? (**a**) Elementos tendem a perder ou ganhar elétrons para ter o mesmo número de elétrons do gás nobre mais próximo. (**b**) Os não metais tendem a formar ânions. (**c**) Os elementos do grupo 7A tendem a formar íons 1+. (**d**) Os metais tendem a formar cátions. (**e**) Os compostos iônicos geralmente contêm um metal e um não metal.

EAA 2.21 Preveja a fórmula empírica do cloreto de estrôncio. (**a**) SrCl (**b**) SrCl$_2$ (**c**) SrCl$_3$ (**d**) SCl (**e**) SCl$_2$

EAA 2.22 Qual par de compostos/tipos está correto? (**a**) SO$_2$, composto iônico (**b**) MnO$_2$, composto molecular (**c**) TiO$_2$, composto molecular (**d**) CF$_4$, composto iônico (**e**) NaH, composto iônico

2.8 | Nomenclatura de compostos inorgânicos

Os nomes e as fórmulas químicas de compostos são o vocabulário essencial da química. O sistema utilizado para nomear substâncias é chamado de **nomenclatura química**. O termo "nomenclatura" deriva das palavras latinas *nomen* (nome) e *calare* (chamar).

Há mais de 163 milhões de substâncias químicas conhecidas. Nomear cada uma delas seria uma tarefa extremamente complicada se cada uma tivesse um nome independente de todas as outras. Muitas substâncias importantes conhecidas há tempos, como a água (H$_2$O) e a amônia (NH$_3$), têm nomes tradicionais (chamados de *nomes comuns*). Para a maioria das substâncias, no entanto, contamos com um conjunto de regras que determinam um nome informativo e exclusivo para cada uma delas e que expressam, por sua vez, a composição da substância.

As regras para a nomenclatura química são baseadas na divisão das substâncias em categorias. A principal divisão é entre compostos orgânicos e inorgânicos. *Compostos orgânicos* geralmente contêm carbono e hidrogênio em combinação com oxigênio, nitrogênio ou outros elementos. Todos os outros são *compostos inorgânicos*. Químicos do passado associavam compostos orgânicos a plantas e animais e compostos inorgânicos à matéria não viva do mundo. Embora essa distinção não seja mais pertinente, a divisão dos compostos em orgânicos e inorgânicos continua sendo útil. Nesta seção, vamos aprender as regras básicas para nomear três categorias de compostos inorgânicos: compostos iônicos, compostos moleculares e ácidos.

Objetivos de aprendizagem

Após terminar a Seção 2.8, você deve ser capaz de:

▶ Converter entre o nome e a fórmula empírica de um composto iônico.

▶ Converter entre o nome e a fórmula química de um ácido inorgânico.

▶ Converter entre o nome e a fórmula química de compostos moleculares binários.

Nomes e fórmulas de compostos iônicos

Como já vimos na Seção 2.7, compostos iônicos geralmente consistem em cátions de metais combinados com ânions de não metais.

1. **Cátions**

    a. *Cátions formados a partir de átomos de metal têm o mesmo nome que o metal:*

    | Na$^+$ | íon sódio | Zn^{2+} | íon zinco | Al^{3+} | íon alumínio |

    b. *Se um metal formar cátions com diferentes cargas, a carga positiva será indicada por um algarismo romano entre parênteses após o nome do metal:*

Fe^{2+}	íon ferro(II)	Cu$^+$	íon cobre(I)
Fe^{3+}	íon ferro(III)	Cu^{2+}	íon cobre(II)

    Os íons do mesmo elemento que têm cargas diferentes apresentam propriedades químicas e físicas diferentes, como cores (**Figura 2.21**).

    A maioria dos metais que formam cátions com cargas diferentes são metais de transição, elementos localizados no meio da tabela periódica, do grupo 3B ao grupo 2B (como indicado na tabela periódica na contracapa inicial deste livro). Os metais que formam apenas um cátion (somente uma carga possível) são os dos grupos 1A e 2A, assim como o Al^{3+} (grupo 3A). Os íons dos metais de transição

▲ **Figura 2.21 Íons diferentes do mesmo elemento têm propriedades diferentes.** Ambas as substâncias mostradas são óxidos de cobre. Uma é o óxido cuproso, Cu$_2$O; a outra é o óxido cúprico, CuO.

Ag⁺ (grupo 1B), Zn²⁺ (grupo 2B) e Cd²⁺ (grupo 2B) também formam apenas um cátion na maioria das situações. Normalmente, as cargas não são expressas quando nomeamos esses íons. No entanto, se você não tiver certeza de que um metal forma mais de um cátion, use um numeral romano para indicar a carga. Essa prática nunca é errada, embora possa ser desnecessária.

Um método mais antigo, porém ainda bastante utilizado para distinguir íons de um metal com cargas diferentes, emprega as terminações *-oso* e *-ico* junto à raiz do nome em latim do elemento:

Fe²⁺	íon ferr*oso*	Cu⁺	íon cupr*oso*
Fe³⁺	íon férr*ico*	Cu²⁺	íon cúpr*ico*

Embora esses nomes mais antigos sejam raramente utilizados neste livro, você pode encontrá-los em outras publicações.

c. *Cátions formados a partir de moléculas compostas de átomos de não metais têm nomes que terminam em -io:*

NH₄⁺	íon amôn*io*	H₃O⁺	íon hidrôn*io*

Esses dois íons são os únicos desse tipo que vamos encontrar com frequência neste livro.

Os nomes e as fórmulas de alguns cátions comuns são mostrados na **Tabela 2.4** e na contracapa final do livro. Os do lado esquerdo da Tabela 2.4 são os íons monoatômicos, que não têm mais do que uma carga possível. Os do lado direito são cátions poliatômicos ou cátions com mais de uma carga possível. O íon Hg₂²⁺ é incomum porque, mesmo sendo um íon de metal, não é monatômico. Ele é chamado de íon mercúrio(I), porque pode ser considerado dois íons Hg⁺ ligados. Os cátions que você encontrará com mais frequência neste livro aparecem em negrito, sendo os mais importantes para você aprender primeiro.

TABELA 2.4 Cátions comuns[a]

Carga	Fórmula	Nome	Fórmula	Nome
1+	**H⁺**	**íon hidrogênio**	NH₄⁺	**íon amônio**
	Li⁺	íon lítio	Cu⁺	íon cobre(I) ou cuproso
	Na⁺	**íon sódio**		
	K⁺	**íon potássio**		
	Cs⁺	íon césio		
	Ag⁺	**íon prata**		
2+	**Mg²⁺**	**íon magnésio**	Co²⁺	íon cobalto(II)
	Ca²⁺	**íon cálcio**	**Cu²⁺**	**íon cobre(II)** ou cúprico
	Sr²⁺	íon estrôncio	**Fe²⁺**	**íon ferro(II)** ou ferroso
	Ba²⁺	íon bário	Mn²⁺	íon manganês(II)
	Zn²⁺	**íon zinco**	Hg₂²⁺	íon mercúrio(I) ou mercuroso
	Cd²⁺	íon cádmio	Hg²⁺	íon mercúrio(II) ou mercúrico
			Ni²⁺	íon níquel(II)
			Pb²⁺	**íon chumbo(II)**
			Sn²⁺	íon estanho(II)
3+	**Al³⁺**	**íon alumínio**	Cr³⁺	íon cromo(III)
			Fe³⁺	**íon ferro(III)** ou férrico

[a] Os íons mais utilizados neste livro estão em negrito. Estude-os primeiro.

2. Ânions

a. *Os nomes dos ânions monoatômicos são formados pela substituição do final do nome do elemento pelo sufixo -eto ou -ido:*

H⁻	íon hidr*eto*	O²⁻	íon óx*ido*	N³⁻	íon nitr*eto*

Alguns ânions poliatômicos também têm nomes que terminam com -eto ou -ido:

OH⁻	íon hidróx*ido*	CN⁻	íon cian*eto*	O₂²⁻	íon peróx*ido*

b. *Ânions poliatômicos que contêm oxigênio têm nomes terminados em* ato *ou* ito *e são chamados de* **oxiânions**. O sufixo -*ato* é utilizado para o oxiânion mais comum ou mais representativo de um elemento, e o sufixo -*ito* é utilizado para os oxiânions que têm a mesma carga, mas um átomo de O a menos:

NO₃⁻	íon nitr*ato*	SO₄²⁻	íon sulf*ato*
NO₂⁻	íon nitr*ito*	SO₃²⁻	íon sulf*ito*

Os prefixos são usados quando a série de oxiânions de um elemento se estende a quatro membros, como ocorre com os halogênios. O prefixo *per-* indica um átomo a mais de O que o oxiânion terminado em -*ato*; já o sufixo *hipo-* indica um átomo de O a menos que o oxiânion terminado em -*ito*:

ClO₄⁻	íon *per*clor*ato* (um átomo de O a mais que o clorato)
ClO₃⁻	íon clor*ato*
ClO₂⁻	íon clor*ito* (um átomo de O a menos que o clorato)
ClO⁻	íon *hipo*clor*ito* (um átomo de O a menos que o clorito)

Essas regras estão resumidas na **Figura 2.22**.

> **Resolva com ajuda da figura**
> Nomeie o ânion obtido a partir da remoção de um átomo de oxigênio do íon perbromato, BrO₄⁻.

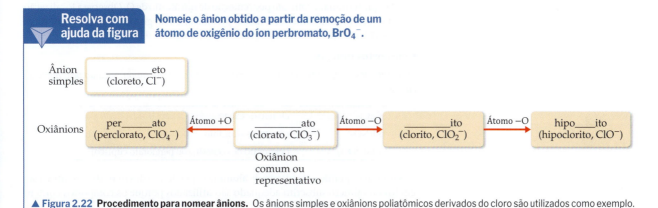

▲ **Figura 2.22 Procedimento para nomear ânions.** Os ânions simples e oxiânions poliatômicos derivados do cloro são utilizados como exemplo.

A **Figura 2.23** pode ajudá-lo a lembrar da carga e do número de átomos de oxigênio em vários oxiânions. Observe que, quando o átomo central é oriundo do segundo período (C e N), o número máximo de átomos de oxiânion encontrados em um oxiânion é três. Por outro lado, quando o átomo central é oriundo do período 3 (ou maior), o número máximo de átomos de oxigênio aumenta para quatro.

Começando pelo canto inferior direito da Figura 2.23, observe que a carga iônica aumenta da direita para a esquerda, indo de 1−, no caso do ClO₄⁻, para 3−, no caso do PO₄³⁻. No segundo período, as cargas também aumentam da direita para a esquerda, indo de 1−, no caso do NO₃⁻, para 2−, no caso do CO₃²⁻. Observe também que, embora o nome de cada ânion apresentado na Figura 2.24 termine com -*ato*, o nome do íon ClO₄⁻ também tem um prefixo *per*-.

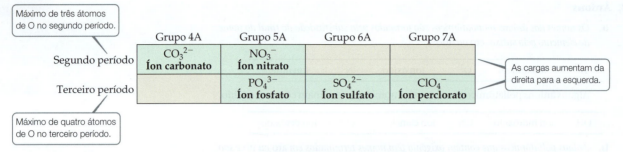

▲ **Figura 2.23 Oxiânions comuns.** A composição e as cargas dos oxiânions comuns estão relacionadas à localização deles na tabela periódica.

c. *Ânions derivados da adição de H^+ a um oxiânion são nomeados ao colocar como prefixo as palavras* hidrogeno- *ou* di-hidrogeno-, *conforme o caso:*

CO_3^{2-}	íon carbonato	PO_4^{3-}	íon fosfato
HCO_3^-	íon **hidrogeno**carbonato	$H_2PO_4^-$	íon **di-hidrogeno**fosfato

Observe que a cada H^+ adicionado é reduzida a carga negativa do ânion de origem. Um método mais antigo usado para nomear alguns desses íons emprega o prefixo *bi*. Assim, o íon HCO_3^- é comumente chamado de íon bicarbonato, e o HSO_4^- é, por vezes, chamado de íon bissulfato.

Os nomes e as fórmulas dos ânions comuns estão listados na **Tabela 2.5** e na contracapa final do livro. Os ânions cujos nomes terminam em *-eto* estão listados na Tabela 2.5, à esquerda, e aqueles cujos nomes terminam em *-ato* estão na mesma tabela, listados à direita. Perceba que os íons mais comuns estão em negrito, destacando aqueles que você deve aprender os nomes e as fórmulas primeiro. As fórmulas dos íons cujos nomes terminam com *-ito* podem ser derivadas daquelas que terminam com *-ato* por remoção de um átomo de O. Observe a localização dos íons monoatômicos na tabela periódica. Os do grupo 7A sempre têm carga 1– (F^-, Cl^-, Br^- e I^-), e os do grupo 6A têm carga 2– (O^{2-} e S^{2-}).

3. **Compostos iônicos**

Os nomes dos compostos iônicos são formados pelo nome do ânion, seguido pelo nome do cátion:

$CaCl_2$	cloreto de cálcio
$Al(NO_3)_3$	nitrato de alumínio
$Cu(ClO_4)_2$	perclorato de cobre(II) (ou perclorato cúprico)

Nas fórmulas químicas de nitrato de alumínio e perclorato de cobre(II), parênteses seguidos do número subscrito adequado são utilizados porque os compostos contêm dois ou mais íons poliatômicos.

Exercício resolvido 2.11
Como determinar a fórmula de um oxiânion a partir do seu nome

Com base na fórmula do íon sulfato, determine a fórmula do **(a)** íon selenato e **(b)** íon selenito. Vale lembrar que o enxofre e o selênio estão no grupo 6A e formam oxiânions análogos.

SOLUÇÃO
(a) A fórmula do íon sulfato é SO_4^{2-}. O íon selenato é análogo a ele e, portanto, sua fórmula é SeO_4^{2-}.

(b) A terminação *-ito* indica um oxiânion com a mesma carga, mas com um átomo de O a menos que o oxiânion correspondente, cujo nome termina em *-ato*. Assim, a fórmula para o íon selenito é SeO_3^{2-}.

▶ **Para praticar**
A fórmula do íon bromato é análoga à fórmula do íon clorato. Assim, escreva a fórmula dos íons hipobromito e bromito.

TABELA 2.5 Ânions comuns[a]

Carga	Fórmula	Nome	Fórmula	Nome
1−	H⁻	íon hidreto	**CH₃COO⁻** (ou C₂H₃O₂⁻)	**íon acetato**
	F⁻	**íon fluoreto**	ClO₃⁻	íon clorato
	Cl⁻	**íon cloreto**	**ClO₄⁻**	**íon perclorato**
	Br⁻	**íon brometo**	**NO₃⁻**	**íon nitrato**
	I⁻	**íon iodeto**	MnO₄⁻	íon permanganato
	CN⁻	íon cianeto		
	OH⁻	**íon hidróxido**		
2−	**O²⁻**	**íon óxido**	**CO₃²⁻**	**íon carbonato**
	O₂²⁻	íon peróxido	CrO₄²⁻	íon cromato
	S²⁻	**íon sulfeto**	Cr₂O₇²⁻	íon dicromato
			SO₄²⁻	**íon sulfato**
3−	N³⁻	íon nitreto	**PO₄³⁻**	**íon fosfato**

[a] Os íons mais utilizados estão em negrito. Aprenda-os primeiro.

Exercício resolvido 2.12
Como determinar os nomes dos compostos iônicos a partir de suas fórmulas

Nomeie os compostos iônicos (a) K₂SO₄, (b) Ba(OH)₂, (c) FeCl₃.

SOLUÇÃO

Ao nomear compostos iônicos, é importante reconhecer os íons poliatômicos e determinar a carga dos cátions que podem ter carga variável.

(a) O cátion K⁺, íon potássio, e o ânion SO₄²⁻, íon sulfato, formam o nome *sulfato de potássio*. (Se você pensou que o composto continha íons S²⁻ e O²⁻, não conseguiu reconhecer o íon poliatômico sulfato.)

(b) O cátion é Ba²⁺, íon bário, e o ânion é OH⁻, íon hidróxido: hidróxido de bário.

(c) Você deve determinar a carga de Fe nesse composto, porque um átomo de ferro pode formar mais de um cátion. Uma vez que o composto contém três íons cloreto, Cl⁻, o cátion deve ser Fe³⁺, o íon ferro(III), ou férrico. Assim, o composto é chamado de cloreto de ferro(III) ou cloreto férrico.

▶ **Para praticar**
Nomeie os compostos iônicos (a) NH₄Br, (b) Cr₂O₃, (c) Co(NO₃)₂.

Nomes e fórmulas dos ácidos inorgânicos

Os ácidos são uma classe importante de compostos que contêm hidrogênio e são nomeados de uma maneira especial. Neste livro, vamos nos contentar com a definição de que um *ácido* é uma substância cujas moléculas produzem íons hidrogênio (H⁺) quando dissolvidas em água. Os ácidos podem ser inorgânicos, como o ácido clorídrico (HCl), ou orgânicos, como o ácido acético (CH₃COOH, em que COOH é o fragmento que produz íons de hidrogênio na água, além de criar ânions de CH₃COO⁻). Por ora, nos concentraremos apenas nos ácidos inorgânicos. Quando nos depararmos com a fórmula química de um ácido nessa fase do curso, veremos o H como o primeiro elemento, assim como em HCl e H₂SO₄.

Um ácido é formado por um ânion que se liga a uma quantidade de íons H⁺ suficiente para neutralizar, ou anular, a carga do ânion. Assim, o íon SO₄²⁻ requer dois íons H⁺, formando H₂SO₄. O nome de um ácido está relacionado ao nome do seu ânion, conforme a **Figura 2.24**.

Como nomear ácidos inorgânicos

1. *Ácidos derivados de ânions cujos nomes têm terminação -eto são nomeados substituindo o final -eto por ídrico e utilizando a palavra* ácido *no início:*

Ânion	Ácido correspondente
Cl⁻ (clor*eto*)	HCl (ácido clor*ídrico*)
S²⁻ (sulf*eto*)	H₂S (ácido sulf*ídrico*)

2. *Os ácidos derivados de ânions com terminação -ato ou -ito são nomeados substituindo a terminação -ato por -ico e -ito por -oso e a palavra ácido é adicionada no início. Os prefixos do nome do ânion são mantidos no nome do ácido:*

Ânion		Ácido correspondente	
ClO_4^-	(perclorato)	$HClO_4$	(ácido perclórico)
ClO_3^-	(clorato)	$HClO_3$	(ácido clórico)
ClO_2^-	(clorito)	$HClO_2$	(ácido cloroso)
ClO^-	(hipoclorito)	$HClO$	(ácido hipocloroso)

▶ **Figura 2.24 Procedimento para nomear ácidos inorgânicos.** Os ácidos inorgânicos que contêm cloro são usados como exemplo. Os prefixos usados para oxiânions, como *per* e *hipo*, são mantidos para os ácidos derivados de tais ânions.

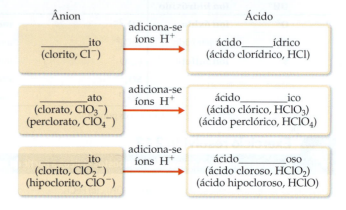

Exercício resolvido 2.13

Como relacionar nomes e fórmulas de ácidos

Nomeie os ácidos (a) HCN, (b) HNO_3, (c) H_2SO_4, (d) H_2SO_3.

SOLUÇÃO

(a) O ânion do qual esse ácido deriva é o CN^-, íon cianeto. Uma vez que o nome desse íon termina com *-eto*, o nome do ácido terá a terminação *-ídrico*, ficando: ácido cianídrico. Somente as soluções aquosas de HCN são chamadas de ácido cianídrico. O composto puro, que é um gás sob condições normais, é chamado de cianeto de hidrogênio. Tanto o ácido cianídrico quanto o cianeto de hidrogênio são *extremamente* tóxicos.

(b) Uma vez que o NO_3^- é o íon nitrato, o HNO_3 é chamado de ácido nítrico (a terminação *-ato* do ânion é substituída por *-ico* ao nomearmos o ácido).

(c) Como o SO_4^{2-} é o íon sulfato, o H_2SO_4 é chamado de ácido sulfúrico.

(d) Uma vez que o SO_3^{2-} é o íon sulfito, o H_2SO_3 é o ácido sulfuroso (a terminação *-ito* do ânion é substituída pela terminação *-oso*).

▶ **Para praticar**
Dê as fórmulas químicas do (a) ácido bromídrico, (b) ácido carbônico.

Nomes e fórmulas de compostos moleculares binários

Os procedimentos utilizados para nomear compostos moleculares *binários* (dois elementos) são semelhantes aos utilizados para nomear os compostos iônicos:

Como nomear compostos moleculares binários

1. *Ao escrever a fórmula química, o nome do elemento mais à esquerda na tabela periódica (próximo aos metais) é sempre colocado em primeiro lugar.* Uma exceção à regra ocorre quando o composto contém oxigênio ligado ao cloro, bromo ou iodo (qualquer halogênio exceto o flúor); nesse caso, o oxigênio é escrito em segundo lugar.
2. *Se ambos os elementos pertencerem ao mesmo grupo da tabela periódica, o que estiver mais abaixo no grupo aparece em primeiro lugar na fórmula química.*

3. O nome do composto molecular binário é dado pelo nome do segundo elemento da fórmula química com a terminação -eto* seguido da preposição de e do nome do primeiro elemento na fórmula química.

4. Os prefixos gregos (**Tabela 2.6**) indicam o número de átomos de cada elemento na fórmula. No entanto, há uma exceção: o prefixo *mono-* nunca é usado com o primeiro elemento. Quando o prefixo termina em *a* ou *o* e o nome do segundo elemento começa com uma vogal (como óxido), o *a* ou *o* do prefixo normalmente é excluído.

Os seguintes exemplos ilustram essas regras:

| Cl_2O | mon*óxido de di*cloro | NF_3 | *tri*fluoreto de nitrogênio |
| N_2O_4 | *tetr*óxido de *di*nitrogênio | P_4S_{10} | *deca*ssulfeto de *tetra*fósforo |

A regra 4 é necessária porque não podemos prever fórmulas para a maioria das substâncias moleculares da maneira que fazemos com os compostos iônicos. No entanto, compostos moleculares que contêm hidrogênio e outro elemento são considerados exceções importantes. Esses compostos podem ser tratados como substâncias neutras que contêm íons H^+ e ânions. Assim, é possível prever que a substância cloreto de hidrogênio tem a fórmula HCl, com um H^+ para balancear a carga de um Cl^-. (O nome *cloreto de hidrogênio* é usado apenas para o composto puro; soluções aquosas de HCl são chamadas de ácido clorídrico. A distinção entre eles, que é importante, será explicada na Seção 4.1.) Do mesmo modo, a fórmula para o sulfeto de hidrogênio é H_2S, porque dois íons H^+ são necessários para balancear a carga no S^{2-}.

TABELA 2.6 Prefixos utilizados para nomear compostos binários formados por não metais

Prefixo	Significado
mono-	1
di-	2
tri-	3
tetra-	4
penta-	5
hexa-	6
hepta-	7
octa-	8
nona-	9
deca-	10

Exercício resolvido 2.14
Como relacionar nomes e fórmulas de compostos moleculares binários

Nomeie os compostos (**a**) SO_2, (**b**) PCl_5, (**c**) Cl_2O_3.

SOLUÇÃO
Os compostos são formados somente por não metais, por isso são moleculares, e não iônicos. Usando os prefixos da Tabela 2.6, temos (**a**) dióxido de enxofre, (**b**) pentacloreto de fósforo, (**c**) trióxido de dicloro.

▶ **Para praticar**
Dê as fórmulas químicas para (**a**) tetrabrometo de silício, (**b**) dicloreto de dienxofre, (**c**) hexaóxido de difósforo.

Exercícios de autoavaliação

EAA 2.23 Qual é a fórmula empírica do nitrito de amônio? (**a**) NH_3NO_3 (**b**) NH_4NO_3 (**c**) NH_3NO_2 (**d**) NH_4NO_2

EAA 2.24 Qual ácido tem mais átomos de oxigênio em sua fórmula química? (**a**) ácido hipobromoso (**b**) ácido selênico (**c**) ácido cloroso (**d**) ácido nítrico

EAA 2.25 Qual composto molecular tem o menor número de átomos por molécula? (**a**) dissulfeto de carbono (**b**) tricloreto de gálio (**c**) tetrabrometo de silício (**d**) monóxido de nitrogênio (também conhecido como óxido nítrico)

2.9 | Alguns compostos orgânicos simples

O estudo dos compostos de carbono é chamado de **química orgânica** e, como já dito, compostos que contêm carbono e hidrogênio, muitas vezes combinados com oxigênio, nitrogênio ou outros elementos, são chamados de *compostos orgânicos*. Os compostos orgânicos são uma parte muito importante da química, e a quantidade deles supera a de todos os outros tipos de substâncias químicas com larga vantagem. Vamos estudá-los mais detalhadamente no Capítulo 24, mas você vai encontrar muitos exemplos deles ao longo do livro. A seguir, apresentaremos uma breve introdução sobre alguns compostos orgânicos mais simples e a forma como eles são nomeados.

 Objetivos de aprendizagem

Após terminar a Seção 2.9, você deve ser capaz de:
▶ Converter entre o nome do alcano, a fórmula estrutural condensada, a fórmula estrutural e a fórmula molecular.
▶ Reconhecer e desenhar as fórmulas estruturais para isômeros de alcanos.
▶ Distinguir entre álcoois e ácidos carboxílicos.
▶ Reconhecer e desenhar as fórmulas estruturais para isômeros de álcoois e ácidos carboxílicos.

---
* N. do R.T.: exceto quando esse elemento for o oxigênio; nesse caso, utiliza-se a terminação -ido.

Alcanos

Os compostos que contêm apenas carbono e hidrogênio são chamados de **hidrocarbonetos**. Nos hidrocarbonetos mais simples, que são os **alcanos**, cada carbono está ligado a quatro outros átomos. Os três alcanos menores são o metano (CH_4), o etano (C_2H_6) e o propano (C_3H_8). As fórmulas estruturais desses três alcanos são as seguintes:

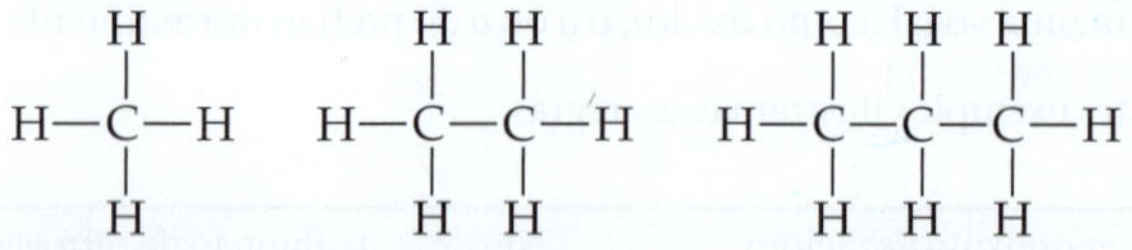

Met*ano* Et*ano* Prop*ano*

Embora os hidrocarbonetos sejam compostos moleculares binários, eles não são nomeados como os compostos inorgânicos binários discutidos na Seção 2.8. Em vez disso, cada alcano recebe um nome terminado em *-ano*. Por exemplo, o alcano com quatro carbonos é chamado de *butano*. Para alcanos com cinco ou mais carbonos, os nomes derivam de prefixos como os que aparecem na Tabela 2.6. Já um alcano com oito átomos de carbono é chamado de *octano* (C_8H_{18}), em que o prefixo *octa-* (oito) é combinado com a terminação *-ano* dos alcanos. Os 10 primeiros alcanos de cadeia linear, ou seja, com cadeias lineares de átomos de carbonos, estão listados na Tabela 2.7.

TABELA 2.7 Os 10 primeiros membros da série de alcanos de cadeia linear

Fórmula molecular	Fórmula estrutural condensada	Nome	Ponto de ebulição (°C)
CH_4	CH_4	Metano	−161
C_2H_6	CH_3CH_3	Etano	−89
C_3H_8	$CH_3CH_2CH_3$	Propano	−44
C_4H_{10}	$CH_3CH_2CH_2CH_3$	Butano	−0,5
C_5H_{12}	$CH_3CH_2CH_2CH_2CH_3$	Pentano	36
C_6H_{14}	$CH_3CH_2CH_2CH_2CH_2CH_3$	Hexano	68
C_7H_{16}	$CH_3CH_2CH_2CH_2CH_2CH_2CH_3$	Heptano	98
C_8H_{18}	$CH_3CH_2CH_2CH_2CH_2CH_2CH_2CH_3$	Octano	125
C_9H_{20}	$CH_3CH_2CH_2CH_2CH_2CH_2CH_2CH_2CH_3$	Nonano	151
$C_{10}H_{22}$	$CH_3CH_2CH_2CH_2CH_2CH_2CH_2CH_2CH_2CH_3$	Decano	174

As fórmulas para os alcanos dadas na Tabela 2.7 estão escritas em uma notação chamada de *fórmula estrutural condensada*. Essa notação revela o modo pelo qual os átomos estão ligados entre si, mas não exige o desenho de todas as ligações. Por exemplo, a fórmula estrutural e as fórmulas estruturais condensadas do butano (C_4H_{10}) são:

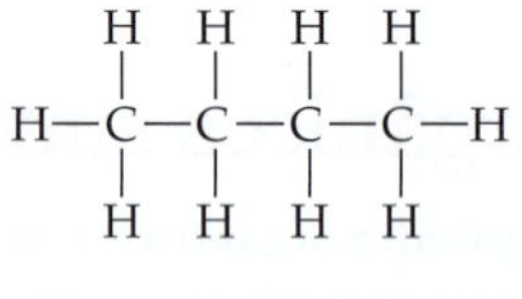

$H_3C—CH_2—CH_2—CH_3$

ou

$CH_3CH_2CH_2CH_3$

Isômeros

Os compostos que possuem fórmula molecular igual, porém diferentes configurações de átomos, são chamados de **isômeros**. Há muitos tipos diferentes de isômeros na química, como explicaremos ao longo deste livro. O metano, o etano e o propano têm apenas um isômero. No entanto, no butano e em alcanos maiores, a existência de hidrocarbonetos de *cadeias ramificadas* passa a ser possível, e eles existem de fato (Tabela 2.8). Eles também são chamados de **isômeros estruturais**, pois a única diferença entre os compostos está na sua estrutura molecular.

Capítulo 2 | Átomos, moléculas e íons

TABELA 2.8 Isômeros de C_4H_{10} e C_5H_{12}

Nome sistemático (nome comum)	Fórmula estrutural	Fórmula estrutural condensada	Modelo de preenchimento espacial
Butano (*n*-butano)	H-C-C-C-C-H (com H's)	$CH_3CH_2CH_2CH_3$	
2-Metilpropano (isobutano)	estrutura ramificada	$CH_3-CH-CH_3$ / CH_3	
Pentano (*n*-pentano)	H-C-C-C-C-C-H (com H's)	$CH_3CH_2CH_2CH_2CH_3$	
2-Metilbutano (isopentano)	estrutura ramificada	$CH_3-CH-CH_2-CH_3$ / CH_3	
2,2-Dimetilpropano (neopentano)	estrutura ramificada	$CH_3-C(CH_3)_2-CH_3$	

O número de isômeros estruturais possíveis aumenta rapidamente com o número de átomos de carbono no alcano. Existem 18 isômeros possíveis com a mesma fórmula molecular C_8H_{18}, por exemplo, e 75 isômeros possíveis com a fórmula molecular $C_{10}H_{22}$.

Nomenclatura de alcanos

Na primeira coluna da Tabela 2.8, os nomes entre parênteses são chamados *nomes comuns*. O nome comum do isômero sem ramificações começa com a letra *n* (indicando a estrutura "normal"). Quando um grupo CH_3 ramifica-se da cadeia principal, o nome comum do isômero começa com *iso-*; quando dois grupos CH_3 ramificam-se, o nome comum começa com *neo-*. Contudo, à medida que o número de isômeros cresce, torna-se impossível encontrar um prefixo apropriado para denominar o isômero por meio de um nome comum. A necessidade de um modo sistemático de nomear os compostos orgânicos foi identificada já em 1892, quando a organização International Union of Chemistry reuniu-se em Genebra, Suíça, com o propósito de formular regras para nomear substâncias orgânicas. Desde então, a tarefa de atualizar as regras para dar nomes aos compostos passou a ser atribuída à União Internacional de Química Pura e Aplicada (IUPAC, do inglês International Union of Pure and Applied Chemistry). Químicos de todo o mundo, independentemente de suas nacionalidades, concordam com um sistema comum para dar nomes aos compostos.

Os nomes da IUPAC para os isômeros do butano e pentano são aqueles que aparecem primeiro na Tabela 2.8. Esses nomes, bem como aqueles de outros compostos orgânicos, são formados por três partes:

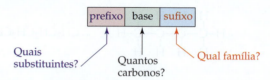

As etapas descritas a seguir resumem os procedimentos usados para nomear os alcanos, todos com nomes finalizados com o sufixo *-ano*. Usamos uma abordagem similar para escrever os nomes dos outros compostos orgânicos.

Como nomear alcanos

1. *Encontre a cadeia mais longa de átomos de carbono e use o nome dessa cadeia (Tabela 2.7) como a base do nome.* Esta etapa requer cuidado porque a cadeia mais longa pode nem sempre estar escrita de uma maneira linear, como se vê nesta estrutura:

$$CH_3-\overset{2}{CH}-\overset{1}{CH_3}$$
$$\underset{3}{CH_2}-\underset{4}{CH_2}-\underset{5}{CH_2}-\underset{6}{CH_3}$$

2-metil*hexano*

Uma vez que esse composto tem cadeia de seis átomos de C, recebe o nome de hexano substituído. Os grupos ligados à cadeia principal são chamados *substituintes*, porque eles substituem o local de um átomo H na cadeia principal. Nessa molécula, o grupo CH₃ fora do contorno azul é o único substituinte na molécula.

2. *Numere os átomos de carbono na cadeia mais longa, começando com a extremidade da cadeia mais próxima ao substituinte.* No exemplo, numeramos os átomos de C a partir do lado superior à direita que coloca o substituinte CH₃ no C2 da cadeia. (Se numerássemos a partir do lado direito inferior, o CH₃ estaria no C5.) A cadeia é numerada a partir da extremidade que resulta no menor número para a posição do substituinte.

3. *Nomeie cada grupo substituinte.* Um substituinte formado pela remoção de um átomo de H do alcano é chamado **grupo alquil** ou alquila. Os grupos alquilas são nomeados pela substituição da terminação *-ano* do nome do alcano por *-il*. O grupo metil (CH₃), por exemplo, é derivado do metano (CH₄), e o grupo etil (C₂H₅) é derivado do etano (C₂H₆). A **Tabela 2.9** lista vários grupos alquilas comuns.

4. *Inicie o nome com o número ou números do carbono ou carbonos aos quais cada substituinte está ligado.* Para nosso composto, o nome *2-metil-hexano* indica a presença de um grupo metil (CH₃) no C2 de uma cadeia de hexano (seis carbonos).

5. *Quando dois ou mais substituintes estão presentes, relacione-os em ordem alfabética.* A presença de dois ou mais do mesmo substituinte é indicada pelos prefixos *di-* (dois), *tri-* (três), *tetra-* (quatro), *penta-* (cinco) e assim por diante. Os prefixos são ignorados na determinação da ordem alfabética dos substituintes:

$$CH_3-\overset{5}{CH}-\overset{6}{CH_2}-\overset{7}{CH_3}$$
$$\overset{4}{CH}-\overset{3}{CH}-CH_2CH_3$$
$$CH_3-\overset{2}{CH}-CH_3$$
$$\overset{1}{CH_3}$$

3-etil-2,4,5-trimetil-heptano

TABELA 2.9 Fórmulas estruturais condensadas e nomes comuns para vários grupos alquilas

Grupo	Nome
CH₃—	Metil
CH₃CH₂—	Etil
CH₃CH₂CH₂—	Propil
CH₃CH₂CH₂CH₂—	Butil
(CH₃)₂CH—	Isopropil
(CH₃)₃C—	*ter*-butil

Exercício resolvido 2.15
Nomeando alcanos

Qual é o nome sistemático do seguinte alcano?

$$CH_3-CH_2-CH-CH_3$$
$$\ |$$
$$CH_3-CH-CH_2$$
$$\ \ \ \ \ \ \ \ \ \ \ \ \ |$$
$$CH_3-CH_2$$

SOLUÇÃO
Analise Temos a fórmula estrutural condensada de um alcano e devemos dar seu nome.

Planeje Como o hidrocarboneto é um alcano, seu nome termina em *-ano*. O hidrocarboneto "base" é nomeado a partir da cadeia contínua mais longa de átomos de carbono. As ramificações são grupos alquilas, nomeados com base no número de átomos de carbono na ramificação e localizados contando os átomos de C ao longo da cadeia contínua mais longa.

Resolva A cadeia contínua mais longa de átomos de C estende-se do grupo CH_3 do lado esquerdo superior até o grupo CH_3 do lado esquerdo inferior, tendo sete átomos de carbono de extensão:

$$^1CH_3-^2CH_2-^3CH-CH_3$$
$$\ |$$
$$CH_3-^4CH-^5CH_2$$
$$\ \ \ \ \ \ \ \ \ \ \ \ \ \ \ \ |$$
$$^7CH_3-^6CH_2$$

O composto "base" é, dessa forma, o heptano. Existem dois grupos metil que se ramificam da cadeia principal. Por conseguinte, esse composto é um dimetil-heptano. Para especificar a localização dos dois grupos metilas, devemos numerar os átomos de C de modo que os substituintes de metila tenham os menores números. Isso significa que devemos começar a numeração com o carbono superior à esquerda. Existe um grupo metil no C3 e um no C4. O composto é, portanto, o 3,4-dimetil-heptano.

▶ **Para praticar**
Dê o nome do seguinte alcano:

$$CH_3-CH-CH_3$$
$$\ \ \ \ \ \ \ \ \ \ \ |$$
$$CH_3-CH-CH_2$$
$$\ \ \ \ \ \ \ \ \ \ \ |$$
$$\ \ \ \ \ \ \ \ \ \ \ \ \ CH_3$$

Exercício resolvido 2.16
Escrevendo fórmulas estruturais condensadas

Escreva a fórmula estrutural condensada para o 3-etil-2-metilpentano.

SOLUÇÃO
Analise Temos o nome sistemático de um hidrocarboneto e devemos escrever sua fórmula estrutural.

Planeje Como o nome termina em *-ano*, o composto é um alcano, significando que todas as ligações carbono-carbono são simples. O hidrocarboneto "base" é o pentano, indicando cinco átomos de C (Tabela 2.7). Existem dois grupos alquilas especificados, um grupo etil (dois átomos de carbono, C_2H_5) e um grupo metil (um átomo de carbono, CH_3). Contando da esquerda para a direita ao longo de uma cadeia de cinco átomos de carbono, o grupo etil estará ligado ao C3, e o grupo metil, ao C2.

Resolva Começamos escrevendo cinco átomos de C unidos por ligações simples. Eles representam a espinha dorsal da cadeia de pentano "base":

$$C-C-C-C-C$$

Em seguida, colocamos um grupo metil no segundo C e um grupo etil no terceiro C da cadeia. Os hidrogênios são adicionados a todos os outros átomos de carbono para perfazer quatro ligações em cada carbono:

$$\ \ \ \ \ \ \ \ \ \ \ \ \ \ \ \ \ \ \ CH_3$$
$$\ \ \ \ \ \ \ \ \ \ \ \ \ \ \ \ \ \ \ |$$
$$CH_3-CH-CH-CH_2-CH_3$$
$$\ |$$
$$\ CH_2CH_3$$

A fórmula pode ser escrita de modo ainda mais conciso:

$$CH_3CH(CH_3)CH(C_2H_5)CH_2CH_3$$

em que os grupos alquilas da ramificação são indicados entre parênteses.

▶ **Para praticar**
Escreva a fórmula estrutural condensada para o 2,3-dimetil-hexano.

Álcoois e ácidos carboxílicos

Outras classes de compostos orgânicos são obtidas quando um ou mais átomos de hidrogênio em um alcano são substituídos por *grupos funcionais*, ou seja, grupos específicos de átomos. Um **álcool**, por exemplo, é obtido a partir da substituição de um átomo de H de um alcano por um grupo —OH. O nome do álcool deriva do nome do alcano e recebe a terminação *-ol*:

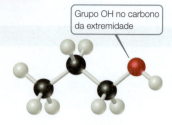

$$\begin{array}{c} H \\ | \\ H-C-OH \\ | \\ H \end{array} \qquad \begin{array}{cc} H & H \\ | & | \\ H-C-C-OH \\ | & | \\ H & H \end{array} \qquad \begin{array}{ccc} H & H & H \\ | & | & | \\ H-C-C-C-OH \\ | & | & | \\ H & H & H \end{array}$$

Metan*ol*   Etan*ol*   1-Propan*ol*

Álcoois têm propriedades muito distintas em comparação aos alcanos dos quais eles se originam. Por exemplo, o metano, o etano e o propano são gases incolores sob condições normais, enquanto o metanol, o etanol e o propanol são líquidos incolores. Discutiremos as razões para essas diferenças no Capítulo 11.

Existem isômeros dos álcoois e de todos os outros derivados dos alcanos. O prefixo "1" no nome do 1-propanol indica que a substituição do H pelo OH ocorreu em um dos átomos de carbono "externos", em vez de acontecer no átomo de carbono do "meio". Um composto diferente, o 2-propanol, ou álcool isopropílico, é obtido quando o grupo funcional OH está ligado ao átomo de carbono central (**Figura 2.25**). Se colocasse o grupo —OH no "outro" carbono, você *não* obteria "3-propanol"; basta girar a molécula para ver que ela também é um 1-propanol.

▲ **Figura 2.25** Os dois isômeros do propanol.

Os **ácidos orgânicos**, normalmente chamados de **ácidos carboxílicos**, contêm o grupo ácido carboxílico, —COOH, no lugar de um H de um alcano. As substâncias a seguir são exemplos de ácidos carboxílicos e dos seus nomes comuns:

$$H-COOH \qquad \begin{array}{c} H \\ | \\ H-C-COOH \\ | \\ H \end{array}$$

Ácido fórmico   Ácido acético

$$\begin{array}{ccc} H & H & H \\ | & | & | \\ H-C-C-C-COOH \\ | & | & | \\ H & H & H \end{array}$$

Ácido butírico

Os nomes corretos para os ácidos são "ácido *x*-anoico", em que "*x*" é o mesmo prefixo listado na Tabela 2.9 para o número relevante de átomos de carbono. Assim, o nome correto do ácido fórmico é "ácido metanoico", o do ácido acético é "ácido etanoico" e o do ácido butírico é "ácido butanoico".

Grande parte da riqueza da química orgânica é possível porque os compostos orgânicos podem formar longas cadeias de ligações carbono-carbono. Eles também formam anéis de átomos de carbono que produzem compostos com propriedades muito diferentes. A série de alcanos que começa com o metano, o etano e o propano e a série de álcoois que começa com o metanol, o etanol e o propanol, em princípio, podem ser estendidas tanto quanto desejarmos. As propriedades dos alcanos, dos álcoois e dos ácidos carboxílicos mudam à medida que as cadeias ficam mais longas. Por exemplo, os octanos, que são alcanos com oito átomos de carbono, são líquidos sob condições normais (os octanos são os principais componentes da gasolina). Se a série de alcanos é estendida a dezenas de milhares de átomos de carbono, obtemos o *polietileno*, uma substância sólida utilizada para produzir milhares de produtos de plástico, como sacolas, recipientes para alimentos e equipamentos de laboratório. Exploraremos a química orgânica muito mais ao longo deste livro, especialmente no Capítulo 24.

Capítulo 2 | Átomos, moléculas e íons

Exercício resolvido 2.17
Como escrever fórmulas estruturais e moleculares para hidrocarbonetos

Pressupondo que os átomos de carbono no *pentano* estão em uma cadeia linear, escreva (**a**) a fórmula estrutural e (**b**) a fórmula molecular desse alcano.

SOLUÇÃO

(**a**) Os alcanos contêm apenas carbono e hidrogênio, e cada carbono está ligado a quatro outros átomos. O nome *pentano* tem o prefixo *penta* (cinco), como vimos na Tabela 2.6, e sabemos que os átomos de carbono estão em uma cadeia linear. Então, se adicionarmos átomos de hidrogênio suficientes para fazer quatro ligações em cada carbono, obteremos a seguinte fórmula estrutural:

$$H-\underset{\underset{H}{|}}{\overset{\overset{H}{|}}{C}}-\underset{\underset{H}{|}}{\overset{\overset{H}{|}}{C}}-\underset{\underset{H}{|}}{\overset{\overset{H}{|}}{C}}-\underset{\underset{H}{|}}{\overset{\overset{H}{|}}{C}}-\underset{\underset{H}{|}}{\overset{\overset{H}{|}}{C}}-H$$

Essa forma de pentano é frequentemente chamada de *n*-pentano, em que o *n*- significa "normal", uma vez que os cinco átomos de carbono estão em uma linha na fórmula estrutural.

(**b**) Depois de escrita a fórmula estrutural, determinamos a fórmula molecular pela contagem dos átomos presentes. Assim, o *n*-pentano possui a fórmula molecular C_5H_{12}.

▶ **Para praticar**
Os dois seguintes compostos têm "butano" no nome. Eles são isômeros?

Butano

Ciclobutano

Exercícios de autoavaliação

EAA 2.26 Qual é o nome sistemático do seguinte composto?

$$CH_3-CH_2-\underset{\underset{CH_3}{|}}{\overset{\overset{CH_3}{|}}{C}}-CH_3$$
$$\underset{CH_3}{|}$$

(**a**) 3-etil-3-metilbutano (**d**) iso-heptano
(**b**) 2-etil-2-metilbutano (**e**) 1,2-dimetil-neopentano
(**c**) 3,3-dimetilpentano

EAA 2.27 Quantos átomos de hidrogênio há no 2,2-dimetil-hexano? (**a**) 6 (**b**) 8 (**c**) 16 (**d**) 18 (**e**) 20

EAA 2.28 Quantos isômeros de C_6H_{14} existem? (**a**) 4 (**b**) 5 (**c**) 6 (**d**) 7 (**e**) 8

EAA 2.29 Qual das fórmulas a seguir representa um álcool?
(**a**) CH_3OCH_3 (**c**) $HCOOH$
(**b**) $CH_3CH(OH)CH_3$ (**d**) CH_3COCH_3

EAA 2.30 Quantos isômeros de ácido butírico existem? (**a**) 1 (**b**) 2 (**c**) 3 (**d**) 4 (**e**) 5

ESTRATÉGIAS PARA O SUCESSO | Como fazer uma prova

Neste estágio do seu estudo da química, é provável que você tenha que fazer sua primeira prova. A melhor maneira de se preparar é estudar, dedicar-se nas lições de casa e pedir ajuda do professor para esclarecer pontos pouco claros para você. (Veja as dicas para aprender e estudar química apresentadas no prefácio.) A seguir, veja algumas orientações gerais para a realização de provas.

Dependendo da natureza do seu curso, a prova pode ter perguntas de diferentes tipos.

1. **Questões de múltipla escolha** Em turmas grandes, o tipo mais comum de prova utiliza questões de múltipla escolha. Muitos dos exercícios de autoavaliação no final de cada seção deste livro são apresentados nesse formato, permitindo que você pratique a resolução desse tipo de questão. Quando nos deparamos com uma questão dessas, devemos ter em mente que ela foi escrita de maneira que, à primeira vista, todas as respostas pareçam estar corretas. Desse modo, você não deve concluir que, pelo fato de umas das opções parecer estar correta, ela seja de fato a melhor alternativa.

Se uma pergunta de múltipla escolha envolve cálculo, faça o cálculo, confira o que você fez e *só então* compare sua resposta com as opções. Tenha em mente, porém, que é provável que seu professor tenha previsto os erros mais comuns na resolução de determinado problema e tenha colocado as respostas incorretas resultantes desses erros entre as opções. Sempre verifique mais de uma vez se pensou e estruturou sua resolução da maneira correta e use a análise dimensional para chegar à resposta numérica correta e às unidades adequadas.

Se você não tem certeza a respeito de qual é a opção correta em uma questão de múltipla escolha que *não* envolve cálculos, elimine todas as alternativas que você tem certeza de que estão incorretas. O raciocínio que você usa na eliminação das opções incorretas pode ajudá-lo a perceber qual é a alternativa certa.

2. **Desenvolvimento de cálculos** Em questões desse tipo, você pode receber um crédito parcial mesmo se não chegar à resposta correta, desde que seu professor consiga acompanhar a sua

linha de raciocínio. É importante, portanto, apresentar cálculos organizados e claros. Preste atenção especial às informações fornecidas e ao que você deve descobrir. Pense em como você pode chegar ao resultado com base nos dados fornecidos.

Você pode querer escrever algumas palavras ou fazer um diagrama em sua folha de prova para deixar clara a abordagem pretendida. Em seguida, registre seus cálculos da melhor maneira que conseguir. Indique as unidades de todos os números que escrever e use a análise dimensional sempre que puder para mostrar como as unidades foram canceladas.

3. **Questões que exigem ilustrações** Questões desse tipo aparecerão mais à frente neste curso, mas é útil falar sobre elas agora. (Você sempre deve rever esse quadro antes de cada prova para se lembrar de como pode se preparar.) Coloque legendas em suas ilustrações sempre que for possível.

Por fim, se você achar que não vai conseguir chegar a uma resposta para a questão, não perca tempo com ela. Faça uma marca e vá para a próxima. Se der tempo, você pode voltar às perguntas não respondidas e tentar solucioná-las. Passar muito tempo em uma questão que você não tem ideia de como resolver é perder um tempo que pode ser necessário para concluir a prova.

Resumo do capítulo e termos-chave

TEORIA ATÔMICA DA MATÉRIA; DESCOBERTA DA ESTRUTURA ATÔMICA (SEÇÕES 2.1 E 2.2) Os **átomos** são os componentes básicos de composição da matéria. Eles são as menores unidades de um elemento, podendo se combinar com outros elementos. São formados por partículas ainda menores, chamadas de **partículas subatômicas**. Algumas dessas partículas estão carregadas e seguem o comportamento comum esperado por esse tipo de partícula: as com a mesma carga se repelem e aquelas com cargas diferentes se atraem.

Apresentamos alguns dos principais experimentos que levaram à descoberta e à caracterização das partículas subatômicas. Os experimentos de Thomson sobre o comportamento de **raios catódicos** em campos magnéticos e elétricos levou à descoberta do elétron e permitiu que a relação entre massa e carga fosse finalmente medida. O experimento da gota de óleo de Millikan determinou a carga do elétron. Realizada por Becquerel, a descoberta da **radioatividade**, a emissão espontânea de radiação pelos átomos, forneceu ainda mais provas de que o átomo possui uma subestrutura. Os estudos de Rutherford do espalhamento de partículas α com a utilização de folhas metálicas finas levaram ao desenvolvimento do **modelo nuclear** do átomo, mostrando que o átomo tem um **núcleo** denso e carregado positivamente.

VISÃO MODERNA DA ESTRUTURA ATÔMICA (SEÇÃO 2.3) Átomos têm um núcleo formado por **prótons** e **nêutrons**; já os **elétrons** se movimentam no espaço em torno do núcleo. A magnitude da carga do elétron, $1,602 \times 10^{-19}$ C, é chamada de **carga eletrônica**. As cargas das partículas são geralmente representadas por múltiplos desse valor, partindo da informação que um elétron tem carga 1− e um próton tem carga 1+. As massas dos átomos são comumente expressas em **unidade de massa atômica** (1 uma = $1,66054 \times 10^{-24}$ g). As dimensões dos átomos são frequentemente expressas em **angstroms** (1 Å = 10^{-10} m).

Os elementos podem ser classificados por **número atômico**, ou seja, o número de prótons presentes no núcleo de um átomo. Todos os átomos de um dado elemento têm o mesmo número atômico. O **número de massa** de um átomo é a soma do número de prótons e nêutrons. Átomos do mesmo elemento que têm números de massa diferentes são conhecidos como **isótopos**.

MASSAS ATÔMICAS (SEÇÃO 2.4) A escala de massa atômica é definida pela atribuição de uma massa de exatamente 12 uma a um átomo de ^{12}C. A **massa atômica** (massa atômica média) de um elemento pode ser calculada a partir das abundâncias relativas e das massas dos isótopos do elemento. A **espectrometria de massa** é o meio mais objetivo e preciso para medir experimentalmente massas atômicas (e moleculares).

TABELA PERIÓDICA (SEÇÃO 2.5) A **tabela periódica** é a disposição dos elementos em ordem crescente de número atômico. Elementos com propriedades semelhantes são dispostos em colunas verticais, de modo que os elementos da mesma coluna formam um **grupo**. Os elementos da mesma linha horizontal formam um **período**. Os **elementos metálicos** (**metais**) correspondem à maioria dos elementos e dominam o lado esquerdo e o meio da tabela; os **elementos não metálicos** (**não metais**) estão localizados no lado superior direito da tabela. Muitos dos elementos encontrados ao longo da linha que separa os metais dos não metais são **metaloides**.

MOLÉCULAS E COMPOSTOS MOLECULARES (SEÇÃO 2.6) Os átomos podem se combinar para formar **moléculas**. Os compostos formados por moléculas, ou **compostos moleculares**, geralmente contêm apenas elementos não metálicos. Uma molécula que contém dois átomos é chamada de **molécula diatômica**. A composição de uma substância é definida por sua **fórmula química**. Uma substância molecular pode ser representada por sua **fórmula empírica**, que fornece os números relativos de átomos de cada tipo. No entanto, geralmente ela é representada por sua **fórmula molecular**, que apresenta os números reais de cada tipo de átomo de uma molécula. As **fórmulas estruturais** mostram a ordem em que os átomos estão ligados em uma molécula. O **modelo de bola e vareta** e o **modelo de preenchimento espacial** dão informações adicionais sobre os formatos das moléculas.

ÍONS E COMPOSTOS IÔNICOS (SEÇÃO 2.7) Os átomos podem ganhar ou perder elétrons, formando partículas carregadas chamadas **íons**. Metais tendem a perder elétrons, tornando-se íons carregados positivamente (**cátions**). Por sua vez, não metais tendem a ganhar elétrons, tornando-se íons carregados negativamente (**ânions**). Uma vez que os **compostos iônicos** são eletricamente neutros, contendo tanto cátions quanto ânions, eles geralmente têm elementos metálicos e não metálicos. Átomos ligados, assim como em uma molécula, que apresentam carga líquida são chamados de **íons poliatômicos**. As fórmulas químicas utilizadas para os compostos iônicos são empíricas e podem ser facilmente escritas se as cargas dos íons forem conhecidas. A carga positiva total dos cátions de um composto iônico é igual à carga negativa total dos ânions.

NOMENCLATURA DE COMPOSTOS INORGÂNICOS (SEÇÃO 2.8) O conjunto de regras para nomear compostos químicos é chamado de **nomenclatura química**. Estudamos as regras sistemáticas utilizadas para nomear três classes de substâncias inorgânicas: compostos iônicos, ácidos inorgânicos e compostos moleculares binários. Ao nomear compostos iônicos, o nome do ânion é colocado em primeiro lugar e, em seguida, vem o nome do cátion. Os cátions formados a partir de átomos de metais recebem o mesmo nome do metal. Se o metal pode formar cátions com diferentes cargas, a carga é indicada em algarismos romanos e entre parênteses. Ânions monoatômicos têm nomes terminados em *-eto*. Ânions poliatômicos que contêm oxigênio e outro elemento (**oxiânions**) têm nomes terminados em *-ato* ou *-ito*. São utilizados prefixos gregos para denotar o número de cada elemento na fórmula molecular dos compostos moleculares binários, e o elemento mais à esquerda na tabela periódica (mais próximo dos elementos metálicos) geralmente é colocado em primeiro lugar.

ALGUNS COMPOSTOS ORGÂNICOS SIMPLES (SEÇÃO 2.9) A **química orgânica** é o estudo de compostos que contêm carbono. A classe mais simples de moléculas orgânicas são os **hidrocarbonetos**, que contêm apenas carbono e hidrogênio. Os hidrocarbonetos em que cada átomo de carbono está ligado a quatro outros átomos são chamados de **alcanos**, que recebem nomes que terminam em *-ano*, como metano e etano. Outros compostos orgânicos são formados quando um átomo de H de um hidrocarboneto é substituído por um grupo funcional. Um **álcool**, por exemplo, é um composto no qual um átomo de H de um hidrocarboneto é substituído por um grupo funcional OH. Álcoois recebem nomes terminados em *-ol*, como metanol e etanol. Os **ácidos orgânicos**, também chamados de **ácidos carboxílicos**, contêm o grupo funcional COOH. Os compostos que têm a mesma fórmula molecular, mas com diferentes configurações de ligação dos átomos que os constituem, são chamados de **isômeros**.

Capítulo 2 | Átomos, moléculas e íons

Equações-chave

- Massa atômica $= \sum_{\text{sobre todos os isótopos}} [(\text{abundância do}) \times (\text{massa do isótopo})]$ isótopo [2.1]

Calculando a massa atômica como uma média ponderada proporcional a massas de todos os isótopos.

Simulado

SIM 2.1 Qual dos seguintes fatores determina o tamanho de um átomo? (**a**) O volume do núcleo; (**b**) o volume ocupado por elétrons no átomo; (**c**) o volume de um único elétron multiplicado pelo número de elétrons no átomo; (**d**) a carga nuclear total; (**e**) a massa total de elétrons em torno do núcleo.

SIM 2.2 Qual destes átomos tem o maior número de nêutrons? (**a**) ^{148}Eu (**b**) ^{157}Dy (**c**) ^{149}Nd (**d**) ^{162}Ho

SIM 2.3 Qual dos seguintes itens é uma representação incorreta de um átomo neutro? (**a**) $^{6}_{3}$Li (**b**) $^{13}_{6}$C (**c**) $^{63}_{30}$Cu (**d**) $^{30}_{15}$P (**e**) $^{108}_{47}$Ag

SIM 2.4 Dois isótopos estáveis do cobre são encontrados na natureza, ^{63}Cu e ^{65}Cu. Se a massa atômica do cobre Cu é 63,546 uma, qual das afirmações a seguir é verdadeira? (**a**) ^{65}Cu contém dois prótons a mais do que ^{63}Cu. (**b**) ^{63}Cu deve ser mais abundante do que ^{65}Cu. (**c**) Todos os átomos de cobre têm massa igual a 63,546 uma.

SIM 2.5 Uma bioquímica que está estudando as propriedades de certos compostos de enxofre (S) presentes no corpo se pergunta o seguinte: compostos que contêm resíduos de outro elemento não metálico podem ter comportamentos semelhantes? Para responder a esse questionamento, em qual dos elementos a seguir ela deve focar sua atenção? (**a**) F (**b**) As (**c**) Se (**d**) Cr (**e**) P

SIM 2.6 O dióxido de tetracarbono é um dióxido de carbono instável que apresenta a seguinte estrutura molecular:

Quais são as fórmulas molecular e empírica dessa substância? (**a**) C_2O_2, CO_2 (**b**) C_4O, CO (**c**) C_4O_2, CO_2 (**d**) C_4O_2, C_2O (**e**) C_2O, CO_2

SIM 2.7 Qual das seguintes espécies tem a maior diferença entre o número de prótons e o número de elétrons? (**a**) Ti^{2+} (**b**) P^{3-} (**c**) Mn (**d**) Se^{2-} (**e**) Ce^{4+}

SIM 2.8 Embora seja útil saber que muitos íons têm a configuração eletrônica de um gás nobre, muitos elementos, em especial os metais, formam íons que não têm a configuração eletrônica de um gás nobre. Use a tabela periódica da Figura 2.14 para determinar quais dos seguintes íons têm configuração eletrônica de um gás nobre: (**a**) Ti^{4+} (**b**) Mn^{2+} (**c**) Pb^{2+} (**d**) Zn^{2+}

SIM 2.9 Qual dos seguintes compostos é molecular? (**a**) CBr_4 (**b**) FeS (**c**) NaCl (**d**) PbF_2

SIM 2.10 Qual dos não metais a seguir forma um composto iônico com Sc^{3+} que tem proporção 1:1 entre cátions e ânions? (**a**) Ne (**b**) F (**c**) O (**d**) N

SIM 2.11 Qual dos seguintes oxiânions recebeu um nome incorreto? (**a**) ClO_2^-, clorato (**b**) IO_4^-, periodato (**c**) SO_3^{2-}, sulfito (**d**) IO_3^-, iodato (**e**) NO_2^-, nitrito

SIM 2.12 Qual dos seguintes compostos iônicos foi nomeado incorretamente? (**a**) $Zn(NO_3)_2$, nitrato de zinco (**b**) $TeCl_4$, cloreto de telúrio(IV) (**c**) Fe_2O_3, trióxido de diferro (**d**) BaO, óxido de bário (**e**) $Mn_3(PO_4)_2$ fosfato de manganês(II)

SIM 2.13 Quais dos seguintes ácidos foram nomeados incorretamente? (**a**) ácido fluorídrico, HF (**b**) ácido nitroso, HNO_3 (**c**) ácido perbrômico, $HBrO_4$ (**d**) ácido iodídrico, HI (**e**) ácido selênico, H_2SeO_4

SIM 2.14 Qual é a fórmula molecular do dissulfeto de carbono? (**a**) CS_2 (**b**) CO (**c**) C_3O_2 (**d**) CBr_4 (**e**) CF

SIM 2.15 Qual é o nome sistemático deste alcano:

$$CH_3-CH_2-\underset{\underset{CH_3}{|}}{CH}-CH_3$$

(**a**) 3,3-dimetilpropano (**b**) isobutano (**c**) 3-metilbutano (**d**) 2-metilbutano (**e**) pentano

SIM 2.16 Qual é a fórmula empírica do hexano? (**a**) C_6H_6 (**b**) C_6H_{15} (**c**) C_3H_7 (**d**) C_2H_6

SIM 2.17 Quantos isômeros de *n*-butanol existem? (**a**) 1 (**b**) 2 (**c**) 3 (**d**) 4

Exercícios

Visualizando conceitos

2.1 Uma partícula carregada se move entre duas placas eletricamente carregadas, como mostra a figura a seguir.

(**a**) Qual é o sinal da carga elétrica na partícula? (**b**) À medida que se aumenta a carga das placas, a curvatura fica mais acentuada, menos acentuada ou permanece igual? (**c**) Se a massa da partícula é aumentada enquanto a velocidade das partículas permanece igual, a curvatura fica mais acentuada, menos acentuada ou permanece a mesma? [Seção 2.2]

2.2 O diagrama a seguir é uma representação de 20 átomos de um elemento fictício, que chamaremos de nevádio (Nv). As esferas vermelhas são de ^{293}Nv, e as esferas azuis são de ^{295}Nv. (**a**) Considerando que essa amostra representa estatisticamente o elemento, calcule a abundância porcentual de cada elemento. (**b**) Se a massa do ^{293}Nv é 293,15 uma e a massa do ^{295}Nv é 295,15 uma, qual é a massa atômica do Nv? [Seção 2.4]

2.3 Quatro caixas na seguinte tabela periódica foram coloridas. Quais são os metais e quais são os não metais? Qual deles é um metal alcalino-terroso? Qual deles é um gás nobre? Qual é um metal de transição? [Seção 2.5]

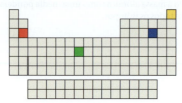

2.4 A ilustração a seguir é a representação de um átomo neutro ou de um íon? Escreva seu símbolo químico completo, incluindo número de massa, número atômico e carga líquida (se houver). [Seções 2.3 e 2.7]

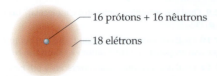

- 16 prótons + 16 nêutrons
- 18 elétrons

2.5 (**a**) Qual dos seguintes diagramas representa um composto iônico? (**b**) Qual dos seguintes diagramas representa um composto molecular? [Seções 2.6 e 2.7]

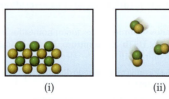

(i)   (ii)

2.6 Escreva a fórmula química do composto a seguir. Ele é um composto iônico ou molecular? Nomeie o composto. [Seções 2.6 e 2.8]

2.7 Cinco caixas da seguinte tabela periódica foram coloridas. Dê a carga do íon de cada um desses elementos. [Seção 2.7]

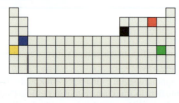

2.8 O diagrama a seguir representa um composto iônico no qual as esferas vermelhas representam os cátions e as esferas azuis representam os ânions. Qual dos seguintes compostos condiz com a ilustração? (**a**) brometo de potássio (**b**) sulfato de potássio (**c**) nitrato de cálcio (**d**) sulfato de ferro(III) [Seções 2.7 e 2.8]

2.9 Estes dois compostos são isômeros? [Seção 2.9]

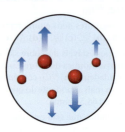

2.10 No experimento da gota de óleo de Millikan (ver Figura 2.5), pode-se observar por meio de lentes microscópicas que as minúsculas gotas de óleo estão subindo, fixas ou caindo, como mostrado na figura a seguir. As setas indicam a velocidade do movimento. (**a**) O que faz a velocidade de queda, nesse caso, ser diferente da velocidade de queda na ausência de um campo elétrico? (**b**) Por que algumas gotas sobem? [Seção 2.2]

Teoria atômica da matéria; Descoberta da estrutura atômica (Seções 2.1 e 2.2)

2.11 Uma amostra de 1,0 g de dióxido de carbono (CO_2) é totalmente decomposta em seus elementos, rendendo 0,273 g de carbono e 0,727 g de oxigênio. (**a**) Qual é a proporção da massa de O em relação a C? (**b**) Se uma amostra de um composto diferente é decomposta em 0,429 g de carbono e 0,571 g de oxigênio, qual é a proporção da massa de O em relação a C? (**c**) De acordo com a teoria atômica de Dalton, qual é a fórmula empírica do segundo composto?

2.12 O sulfeto de hidrogênio é composto por dois elementos: hidrogênio e enxofre. Em um experimento, 6,500 g de sulfeto de hidrogênio são totalmente decompostos em seus elementos. (**a**) Se 0,384 g de hidrogênio é obtido nesse experimento, quantos gramas de enxofre devem ser obtidos? (**b**) Que lei fundamental é demonstrada por esse experimento?

2.13 Um químico descobre que 30,82 g de nitrogênio reagirão com 17,60, 35,20, 70,40 ou 88,00 g de oxigênio para formar quatro compostos diferentes. (**a**) Calcule a massa de oxigênio por grama de nitrogênio em cada composto. (**b**) Como os números do item (**a**) sustentam a teoria atômica de Dalton?

2.14 Em uma série de experimentos, um químico preparou três compostos diferentes que contêm apenas iodo e flúor e determinou a massa de cada elemento em cada composto:

Composto	Massa de iodo (g)	Massa de flúor (g)
1	4,75	3,56
2	7,64	3,43
3	9,41	9,86

(**a**) Calcule a massa de flúor por grama de iodo em cada composto. (**b**) Como os números do item (**a**) sustentam a teoria atômica?

2.15 Qual das partículas subatômicas do átomo não tem carga (e foi a última a ser descoberta)?

2.16 Uma partícula desconhecida se desloca entre duas placas eletricamente carregadas, como ilustrado na Figura 2.7. Você levanta a hipótese de que a partícula é um próton. (**a**) Se sua hipótese está correta, a partícula seria desviada na mesma direção que os raios β ou na direção oposta? (**b**) Ela seria desviada mais ou menos do que os raios β?

2.17 Quais afirmações sobre o experimento de folha de ouro de Rutherford são verdadeiras?
  (**i**) Foi o principal experimento que demonstrou que os átomos têm um núcleo denso.
  (**ii**) Os dados do experimento mostraram que as partículas alfa se espalhavam igualmente em todos os ângulos pela folha de ouro.
  (**iii**) Os elétrons foram emitidos dos átomos de ouro em linha reta.

  (**a**) apenas i (**b**) apenas ii (**c**) apenas iii (**d**) i e ii (**e**) i e iii

2.18 Millikan determinou a carga do elétron estudando as cargas estáticas de gotas de óleo sendo borrifadas sobre um campo elétrico (Figura 2.5). Uma estudante realizou esse experimento utilizando várias gotas de óleo para medir e calcular as cargas das gotas. Ela obteve os seguintes dados:

Gota	Carga calculada (C)
A	$1{,}60 \times 10^{-19}$
B	$3{,}15 \times 10^{-19}$
C	$4{,}81 \times 10^{-19}$
D	$6{,}31 \times 10^{-19}$

(**a**) Qual é a importância de as gotas terem cargas diferentes? (**b**) Com base nesses dados, o que a aluna pode concluir a respeito da carga do elétron? (**c**) Que valor (com quantos algarismos significativos) ela deve registrar para a carga do elétron?

Visão moderna da estrutura atômica; Massas atômicas (Seções 2.3 e 2.4)

2.19 O raio de um átomo de ouro (Au) mede cerca de 1,35 Å. (**a**) Expresse essa distância em nanômetros (nm) e em picômetros (pm). (**b**) Quantos átomos de ouro teriam de ser alinhados para ocupar 1,0 mm? (**c**) Se considerarmos que o átomo é uma esfera, qual é o volume, em cm^3, de um único átomo de Au?

2.20 Um átomo de ródio (Rh) tem diâmetro aproximado de $2{,}7 \times 10^{-8}$ cm. (**a**) Qual é o raio de um átomo de ródio em angstroms (Å) e em metros (m)? (**b**) Quantos átomos de Rh teriam de ser colocados lado a lado para ocupar 6,0 μm? (**c**) Se considerarmos que o átomo de Rh é uma esfera, qual é o volume, em m^3, de um único átomo?

2.21 Responda às seguintes perguntas sem consultar a Tabela 2.1: (**a**) Quais são as principais partículas subatômicas que compõem o átomo? (**b**) Qual é a carga relativa (em múltiplos da carga do elétron) de cada uma das partículas? (**c**) Qual das partículas é a mais maciça? (**d**) Qual é a menos maciça?

2.22 Determine se cada uma das seguintes afirmações é verdadeira ou falsa. (**a**) O núcleo contém a maior parte da massa e compreende a maioria do volume de um átomo. (**b**) Todos os átomos de determinado elemento possuem o mesmo número de prótons. (**c**) O número de elétrons em um átomo é igual ao número de nêutrons no mesmo átomo. (**d**) Os prótons no núcleo do átomo de hélio são ligados pela força nuclear forte.

2.23 Considere um átomo de ^{10}B. (**a**) Quantos prótons, nêutrons e elétrons esse átomo contém? (**b**) Qual é o símbolo do átomo obtido ao adicionar um próton ao ^{10}B? (**c**) Qual é o símbolo do átomo obtido ao adicionar um nêutron ao ^{10}B? (**d**) Algum dos átomos obtidos nas partes (**b**) e (**c**) é um isótopo de ^{10}B? Se sim, qual deles?

2.24 Considere um átomo de ^{63}Cu. (**a**) Quantos prótons, nêutrons e elétrons esse átomo contém? (**b**) Qual é o símbolo do íon obtido ao remover dois elétrons do ^{63}Cu? (**c**) Qual é o símbolo do isótopo de ^{63}Cu que possui 36 nêutrons?

2.25 (**a**) Defina número atômico e número de massa. (**b**) Qual desses números pode variar sem alterar a identidade do elemento? (**c**) Em geral, qual deles é maior para um determinado elemento?

2.26 (**a**) Quais dois dos elementos seguintes são isótopos: $^{31}_{16}X$, $^{31}_{15}X$, $^{32}_{16}X$? (**b**) Que elemento é esse?

2.27 Quantos prótons, nêutrons e elétrons há nos seguintes átomos: (**a**) ^{40}Ar, (**b**) ^{65}Zn, (**c**) ^{70}Ga, (**d**) ^{80}Br, (**e**) ^{184}W, (**f**) ^{243}Am.

2.28 Todos os isótopos a seguir são utilizados na medicina. Indique o número de prótons e de nêutrons de cada isótopo: (**a**) fósforo-32, (**b**) cromo-51, (**c**) cobalto-60, (**d**) tecnécio-99, (**e**) iodo-131, (**f**) tálio-201.

2.29 Preencha as lacunas da tabela a seguir, supondo que cada coluna traga informações de um átomo neutro.

Símbolo	^{79}Br			
Prótons		25		82
Nêutrons		30	64	
Elétrons			48	86
Número de massa				222	207

2.30 Preencha as lacunas da tabela a seguir, supondo que cada coluna traga informações de um átomo neutro.

Símbolo	^{112}Cd			
Prótons		38		92
Nêutrons	58		49	
Elétrons			38	36
Número de massa			81	235

2.31 Escreva o símbolo correto, com números sobrescritos e subscritos, para cada um dos seguintes itens. Use a lista de elementos da contracapa inicial do livro, se necessário: (**a**) o isótopo da platina que tem 118 nêutrons, (**b**) o isótopo do criptônio com número de massa 84, (**c**) o isótopo do arsênio com número de massa 75, (**d**) o isótopo do magnésio que tem número igual de prótons e nêutrons.

2.32 O hidrogênio é incomum por possuir três isótopos com símbolos químicos comuns: hidrogênio (H), deutério (D) e trítio (T). Com base nesses nomes, preveja quantos prótons e quantos nêutrons contêm os núcleos de H, D e T.

2.33 A massa atômica do boro é relatada como 10,81, embora nenhum átomo de boro tenha massa de 10,81 uma. Qual é a melhor explicação para isso? (**a**) A medição da massa atômica é confiável apenas para dois algarismos significativos. (**b**) A massa atômica é uma média de vários átomos individuais. (**c**) A massa atômica é uma média de vários isótopos de mesma composição nuclear.

2.34 (**a**) Qual é a massa de um átomo de carbono-12 em unidades de massa atômica (uma)? (**b**) Por que a massa atômica do carbono é informada como 12,011 na tabela periódica e na tabela de elementos na contracapa inicial deste livro?

2.35 São encontrados apenas dois isótopos de cobre na natureza, ^{63}Cu (massa atômica = 62,9296 uma; abundância de 69,17%) e ^{65}Cu (massa atômica = 64,9278 uma; abundância de 30,83%). Calcule a massa atômica média do cobre.

2.36 São encontrados dois isótopos do rubídio na natureza, o rubídio-85 (massa atômica = 84,9118 uma; abundância de 72,15%) e o rubídio-87 (massa atômica = 86,9092 uma; abundância de 27,85%). Calcule a massa atômica do rubídio.

2.37 (**a**) Tanto o tubo de raios catódicos de Thomson (Figura 2.4) quanto o espectrômetro de massa (Figura 2.11) empregam campos elétricos ou magnéticos para desviar as partículas carregadas. Quais são as partículas carregadas envolvidas nesses experimentos? (**b**) O que indicam os eixos de um espectro de massa? (**c**) Para medir o espectro de massa de um átomo, este deve primeiro perder um ou mais elétrons. Qual íon, Cl^+ ou Cl^{2+}, sofreria maior desvio pela mesma configuração de campos elétricos e magnéticos?

2.38 Considere o espectrômetro de massa ilustrado na Figura 2.11. Determine se cada uma das afirmações a seguir é verdadeira ou falsa. (a) As trajetórias dos átomos neutros (sem carga) não são afetadas pelo ímã. (b) A altura de cada pico no espectro de massa é inversamente proporcional à massa do isótopo. (c) Para cada elemento, o número de picos no espectro é igual ao número de isótopos naturais do elemento.

2.39 O magnésio encontrado na natureza tem as seguintes abundâncias isotópicas:

Isótopo	Abundância (%)	Massa atômica (uma)
^{24}Mg	78,99	23,98504
^{25}Mg	10,00	24,98584
^{26}Mg	11,01	25,98259

(a) Qual é a massa atômica média do Mg? (b) Esboce um espectro de massa desse elemento.

2.40 A espectrometria de massa é mais frequentemente aplicada a moléculas do que a átomos. Veremos no Capítulo 3 que o *peso molecular* de uma molécula é a soma das massas atômicas dos átomos da molécula. O espectro de massa do H_2 é feito sob condições que impedem sua decomposição em átomos de H. Os dois isótopos de hidrogênio encontrados na natureza são o ^1H (massa atômica = 1,00783 uma; abundância de 99,9885%) e o ^2H (massa atômica = 2,01410 uma; abundância de 0,0115%). (a) Quantos picos o espectrômetro de massa apresenta? (b) Dê as massas atômicas relativas de cada um desses picos. (c) Qual pico será o maior e qual será o menor?

Tabela periódica; Moléculas e compostos moleculares; Íons e compostos iônicos (Seções 2.5, 2.6 e 2.7)

2.41 Para cada um dos seguintes elementos escreva o símbolo químico, localize-o na tabela periódica, dê o número atômico e indique se é relativo a um metal, um metaloide ou um não metal: (a) cromo, (b) hélio, (c) fósforo, (d) zinco, (e) magnésio, (f) bromo, (g) arsênio.

2.42 Localize cada um dos seguintes elementos na tabela periódica; dê o nome e o número atômico dele e indique se é um metal, um metaloide ou um não metal: (a) Li, (b) Sc, (c) Ge, (d) Yb, (e) Mn, (f) Sb, (g) Xe.

2.43 Para cada um dos seguintes elementos escreva o símbolo químico, determine o nome do grupo ao qual ele pertence (Tabela 2.3) e indique se é um metal, um metaloide ou um não metal: (a) potássio, (b) iodo, (c) magnésio, (d) argônio, (e) enxofre.

2.44 Os elementos do grupo 4A mostram uma mudança interessante em suas propriedades à medida que analisamos os elementos de cima para baixo na coluna. Dê o nome e o símbolo químico de cada elemento do grupo e classifique-os em não metal, metaloide ou metal.

2.45 As fórmulas estruturais dos compostos *n*-butano e isobutano são apresentadas abaixo. (a) Determine a fórmula molecular de cada um. (b) Determine a fórmula empírica de cada um. (c) Qual fórmula (empírica, molecular ou estrutural) lhe permitiria determinar que eles são compostos diferentes?

2.46 Representações de bola e vareta do benzeno, um líquido incolor muito utilizado em reações na química orgânica, e do acetileno, um gás utilizado como combustível para soldagem em alta temperatura, são apresentadas abaixo. (a) Determine a fórmula molecular de cada um. (b) Determine a fórmula empírica de cada um.

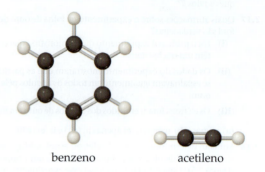

benzeno   acetileno

2.47 Quais são a fórmula molecular e a fórmula empírica de cada um dos seguintes compostos?

2.48 A fórmula molecular e a fórmula empírica de duas substâncias são iguais. Isso significa que se trata do mesmo composto? Explique.

2.49 Escreva a fórmula empírica correspondente a cada uma das seguintes fórmulas moleculares: (a) Al_2Br_6 (b) C_8H_{10} (c) $C_4H_8O_2$ (d) P_4O_{10} (e) $C_6H_4Cl_2$ (f) $B_3N_3H_6$

2.50 Determine a fórmula molecular e a fórmula empírica dos seguintes compostos: (a) solvente orgânico *ciclo-hexano*, que tem seis átomos de carbono e 12 átomos de hidrogênio; (b) composto *tetracloreto de silício*, que tem um átomo de silício e quatro átomos de cloro e é utilizado na produção de chips de computador; (c) substância reativa *diborano*, que tem dois átomos de boro e seis átomos de hidrogênio; (d) o açúcar chamado *glicose*, que tem seis átomos de carbono, 12 átomos de hidrogênio e seis átomos de oxigênio.

2.51 Quantos átomos de hidrogênio há em cada um dos seguintes compostos: (a) C_2H_5OH (b) $Ca(C_2H_5COO)_2$ (c) $(NH_4)_3PO_4$

2.52 Quantos dos átomos indicados estão presentes em cada fórmula química? (a) átomos de carbono no $C_4H_9COOCH_3$ (b) átomos de oxigênio no $Ca(ClO_3)_2$ (c) átomos de hidrogênio no $(NH_4)_2HPO_4$

2.53 Escreva a fórmula molecular e a fórmula estrutural dos compostos representados pelos seguintes modelos moleculares:

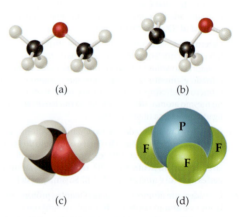

2.54 Escreva a fórmula molecular e a fórmula estrutural dos compostos representados pelos seguintes modelos:

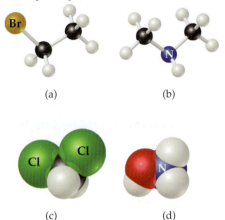

(a) (b) (c) (d)

2.55 Preencha as lacunas da tabela a seguir:

Símbolo	$^{59}Co^{3+}$			
Prótons		34	76	80
Nêutrons		46	116	120
Elétrons		36		78
Carga líquida			2+	

2.56 Preencha as lacunas da tabela a seguir:

Símbolo	$^{31}P^{3-}$			
Prótons		34	50	
Nêutrons		45	69	118
Elétrons			46	76
Carga líquida		2−		3+

2.57 Cada um dos seguintes elementos é capaz de formar um íon em reações químicas. Com o uso da tabela periódica, determine a carga do íon mais estável para: (a) Mg, (b) Al, (c) K, (d) S, (e) F.

2.58 Usando a tabela periódica, determine as cargas dos íons dos seguintes elementos: (a) Ga, (b) Sr, (c) As, (d) Br, (e) Se.

2.59 Tomando como base a tabela periódica, determine a fórmula química e o nome do composto formado pelos seguintes elementos: (a) Ga e F, (b) Li e H, (c) Al e I, (d) K e S.

2.60 A carga mais comum associada ao escândio nos compostos em que esse elemento está presente é 3+. Indique as fórmulas químicas dos compostos formados entre o escândio e (a) o iodo, (b) o enxofre, (c) o nitrogênio.

2.61 Determine a fórmula química do composto iônico formado por (a) Ca^{2+} e Br^-, (b) K^+ e CO_3^{2-}, (c) Al^{3+} e CH_3COO^-, (d) NH_4^+ e SO_4^{2-}, (e) Mg^{2+} e PO_4^{3-}.

2.62 Determine as fórmulas químicas dos compostos formados pelos seguintes pares de íons: (a) Cr^{3+} e Br^-, (b) Fe^{3+} e O^{2-}, (c) Hg_2^{2+} e CO_3^{2-}, (d) Ca^{2+} e ClO_3^-, (e) NH_4^+ e PO_4^{3-}.

2.63 Complete a tabela preenchendo a fórmula do composto iônico formado por cada par de cátions e ânions, conforme o exemplo preenchido do primeiro par.

Íon	K^+	NH_4^+	Mg^{2+}	Fe^{3+}
Cl^-	KCl			
OH^-				
CO_3^{2-}				
PO_4^{3-}				

2.64 Complete a tabela preenchendo a fórmula do composto iônico formado por cada par de cátions e ânions, conforme o exemplo preenchido do primeiro par.

Íon	Na^+	Ca^{2+}	Fe^{2+}	Al^{3+}
O^{2-}	Na_2O			
NO_3^-				
SO_4^{2-}				
AsO_4^{3-}				

2.65 Determine se cada um dos seguintes compostos é molecular ou iônico: (a) B_2H_6, (b) CH_3OH, (c) $LiNO_3$, (d) Sc_2O_3, (e) CsBr, (f) NOCl, (g) NF_3, (h) Ag_2SO_4.

2.66 Determine se cada um dos seguintes compostos é molecular ou iônico: (a) PF_5, (b) NaI, (c) SCl_2, (d) $Ca(NO_3)_2$, (e) $FeCl_3$, (f) LaP, (g) $CoCO_3$, (h) N_2O_4.

Nomenclatura de compostos inorgânicos; Alguns compostos orgânicos simples (Seções 2.8 e 2.9)

2.67 Dê a fórmula química do (a) íon clorito, (b) íon cloreto, (c) íon clorato, (d) íon perclorato, (e) íon hipoclorito.

2.68 O selênio, um elemento necessário para a nutrição humana em quantidades traço, forma compostos análogos aos de enxofre. Nomeie os seguintes íons: (a) SeO_4^{2-}, (b) Se^{2-}, (c) HSe^-, (d) $HSeO_3^-$.

2.69 Dê os nomes e as cargas do cátion e do ânion em cada um dos compostos seguintes: (a) CaO, (b) Na_2SO_4, (c) $KClO_4$, (d) $Fe(NO_3)_2$, (e) $Cr(OH)_3$.

2.70 Dê os nomes e as cargas do cátion e do ânion em cada um dos compostos seguintes: (a) CuS, (b) Ag_2SO_4, (c) $Al(ClO_3)_3$, (d) $Co(OH)_2$, (e) $PbCO_3$.

2.71 Nomeie os seguintes compostos iônicos: (a) Li_2O, (b) $FeCl_3$, (c) NaClO, (d) $CaSO_3$, (e) $Cu(OH)_2$, (f) $Fe(NO_3)_2$, (g) $Ca(CH_3COO)_2$, (h) $Cr_2(CO_3)_3$, (i) K_2CrO_4, (j) $(NH_4)_2SO_4$.

2.72 Nomeie os seguintes compostos iônicos: (a) KCN, (b) $NaBrO_2$, (c) $Sr(OH)_2$, (d) CoTe, (e) $Fe_2(CO_3)_3$, (f) $Cr(NO_3)_3$, (g) $(NH_4)_2SO_3$, (h) NaH_2PO_4, (i) $KMnO_4$, (j) $Ag_2Cr_2O_7$.

2.73 Escreva as fórmulas químicas dos seguintes compostos: (a) hidróxido de alumínio, (b) sulfato de potássio, (c) óxido de cobre(I), (d) nitrato de zinco, (e) brometo de mercúrio(II), (f) carbonato de ferro(III), (g) hipobromito de sódio.

2.74 Escreva a fórmula química de cada um dos seguintes compostos iônicos: (a) fosfato de sódio, (b) nitrato de zinco, (c) bromato de bário, (d) perclorato de ferro(II), (e) hidrogenocarbonato de cobalto(II), (f) acetato de cromo(III), (g) dicromato de potássio.

2.75 Escreva o nome ou a fórmula química, conforme o caso, de cada um dos seguintes ácidos: (a) $HBrO_3$, (b) HBr, (c) H_3PO_4, (d) ácido hipocloroso, (e) ácido iódico, (f) ácido sulfuroso.

2.76 De acordo com cada caso, dê o nome ou a fórmula química de cada um dos seguintes ácidos: (a) ácido iodídrico, (b) ácido clórico, (c) ácido nitroso, (d) H_2CO_3, (e) $HClO_4$, (f) CH_3COOH.

2.77 De acordo com cada caso, dê o nome ou a fórmula química de cada uma das seguintes substâncias moleculares binárias: (a) SF_6, (b) $SeCl_2$, (c) XeO_3, (d) tetróxido de dinitrogênio, (e) cianeto de hidrogênio, (f) hexassulfeto de tetrafósforo.

2.78 Os óxidos de nitrogênio são componentes muito importantes para a poluição do ar urbano. Nomeie cada um dos seguintes compostos: (a) N_2O, (b) NO, (c) NO_2, (d) N_2O_5, (e) N_2O_4.

2.79 Escreva a fórmula química para cada uma das substâncias mencionadas nas descrições seguintes (veja a contracapa inicial do livro para encontrar os símbolos dos elementos que você não conhece). (a) O carbonato de zinco pode ser aquecido para formar óxido de zinco e dióxido de carbono. (b) No tratamento com ácido fluorídrico, o dióxido de silício forma tetrafluoreto de silício e água. (c) O dióxido de enxofre reage com a água para formar ácido sulfuroso. (**d**) A substância triidreto de fósforo, comumente chamada de fosfina, é um gás tóxico. (**e**) O ácido perclórico reage com o cádmio para formar perclorato de cádmio(II). (**f**) O brometo de vanádio(III) é um sólido colorido.

2.80 Suponhamos que você tenha encontrado as seguintes afirmações em sua leitura. Qual é a fórmula química para cada substância mencionada? (**a**) O hidrogenocarbonato de sódio é utilizado como um desodorante. (**b**) O hipoclorito de cálcio é utilizado em algumas soluções alvejantes. (**c**) O cianeto de hidrogênio é um gás muito tóxico. (**d**) O hidróxido de magnésio é utilizado como laxante. (**e**) O fluoreto de estanho(II) tem sido utilizado como um aditivo fluoretado em pastas de dente. (**f**) Quando o sulfeto de cádmio é tratado com ácido sulfúrico, gases de sulfeto de hidrogênio são liberados.

2.81 (**a**) Quais elementos contêm os hidrocarbonetos? (**b**) O *n*-octano é o alcano com uma cadeia linear de oito átomos de carbono. Escreva a fórmula estrutural desse composto. (**c**) Qual é a fórmula molecular do octano? (**d**) Qual é a fórmula empírica do octano?

2.82 (**a**) O que significa o termo "*isômero*"? (**b**) Quantos isômeros tem o propano? (**c**) Quantos isômeros tem o butano?

2.83 (**a**) Qual grupo funcional caracteriza um álcool? (**b**) Escreva a fórmula estrutural do 1-pentanol.

2.84 Considere as seguintes substâncias orgânicas: etanol, propano, hexano e propanol. (**a**) Qual delas contém um grupo OH? (**b**) Qual dessas moléculas contém três átomos de carbono?

2.85 Seu colega escreve uma fórmula estrutural incorreta para o metanol: CH$_4$OH. Por que ela está incorreta? (**a**) Os álcoois devem ter o grupo funcional –COOH. (**b**) Deve haver mais de um átomo de carbono. (**c**) Há hidrogênios demais. (**d**) Mais de uma das alternativas (a), (b) e (c) estão corretas.

2.86 Seu colega afirma que há dois isômeros para o etanol. Ele está certo ou não? Por quê? (**a**) O colega está correto, pois é possível colocar o grupo OH em qualquer um dos carbonos. (**b**) O colega está correto, pois é possível colocar o grupo COOH em qualquer um dos carbonos. (**c**) O colega não está correto, pois o etanol tem apenas um isômero. (**d**) O colega não está correto, pois há mais de dois isômeros do etanol.

2.87 Todas as estruturas ilustradas aqui têm a fórmula molecular C$_8$H$_{18}$. Quais delas representam a mesma molécula? (*Sugestão:* um modo de responder a essa pergunta é determinar o nome químico de cada estrutura.)

(**a**) CH$_3$CCH$_2$CHCH$_3$ com CH$_3$, CH$_3$, CH$_3$

(**b**) CH$_3$CHCHCH$_2$ com CH$_3$, CH$_3$, CH$_2$, CH$_3$

(**c**) CH$_3$CHCHCH$_3$ com CH$_3$, CHCH$_3$, CH$_3$

(**d**) CH$_3$CHCHCH$_3$ com CH$_3$CHCH$_3$, CH$_3$

2.88 Verdadeiro ou falso: o isopentano e o hexano são isômeros.

2.89 Dê o nome ou a fórmula estrutural condensada, conforme apropriado:

(**a**)
H—C(CH$_3$)(H)—C(H)(H)—C(H)(H)—C(CH$_3$)(H)—C(H)(H)—H

(**b**) CH$_3$CH$_2$CH$_2$CH$_2$CH$_2$CH$_2$CCH$_2$CHCH$_3$ com CH$_3$, CH$_2$, CH$_3$, CH$_3$

(**c**) 2-metil-heptano

(**d**) 4-etil-2,3-dimetiloctano

2.90 Dê o nome ou a fórmula estrutural condensada, conforme apropriado:

(**a**) CH$_3$CCH$_2$CH com CH$_3$CH$_2$, CH$_2$CH$_3$, CH$_3$, CH$_3$

(**b**) CH$_3$CH$_2$CH$_2$CCH$_3$ com CH$_3$, CH$_3$CHCH$_2$CH$_3$

(**c**) 2,5,6-trimetilnonano

(**d**) 4-etil-5,6-dimetildodecano

2.91 Dois compostos estão representados abaixo. Qual afirmação é a mais correta? (**a**) São dois isômeros de um álcool. (**b**) São dois isômeros de um ácido carboxílico. (**c**) São dois isômeros de um composto que é ao mesmo tempo álcool e ácido carboxílico. (**d**) São dois desenhos do mesmo composto, que é, ao mesmo tempo, álcool e ácido carboxílico.

CH$_3$C(OH)(H)—CH$_2$CH$_2$—COOH

HOOC—CH$_2$CH$_2$—C(OH)(H)—CH$_3$

2.92 Quantos isômeros existem para o *n*-pentanol?

Exercícios adicionais

2.93 Suponha que um cientista repita o experimento da gota de óleo de Millikan mas informe as cargas das gotas utilizando uma unidade incomum (e imaginária) chamada *warmomb* (wa). O cientista obtém os seguintes dados de quatro gotas:

Gota	Carga calculada (wa)
A	$3,84 \times 10^{-8}$
B	$4,80 \times 10^{-8}$
C	$2,88 \times 10^{-8}$
D	$8,64 \times 10^{-8}$

(a) Se as gotas são todas do mesmo tamanho, qual caiu mais lentamente sobre a placa? (b) Com base nesses dados, qual é a melhor escolha para definir a carga do elétron em warmombs? (c) Com base em sua resposta para o item (b), quantos elétrons há em cada uma das gotas? (d) Qual é o fator de conversão entre warmombs e coulombs?

2.94 A abundância natural do ^{3}He é 0,000137%. (a) Quantos prótons, nêutrons e elétrons há em um átomo de ^{3}He? (b) Com base na soma das massas das partículas subatômicas do elemento, espera-se que um átomo de ^{3}He, ou um átomo de ^{3}H (também chamado de *trítio*), seja mais maciço? (c) Com base em sua resposta para o item (b), qual teria de ser a precisão do espectrômetro de massa capaz de diferenciar os picos do ^{3}He$^+$ e ^{3}H$^+$?

2.95 Identifique o elemento representado por cada um dos seguintes símbolos e dê o número de prótons e nêutrons de cada um: (a) $^{74}_{33}$X, (b) $^{127}_{53}$X, (c) $^{152}_{63}$X, (d) $^{209}_{83}$X.

2.96 O núcleo do ^{6}Li é um absorvedor poderoso de nêutrons. Ele é encontrado na natureza 7,5% das vezes como um metal. Na era da dissuasão nuclear, grandes quantidades de lítio foram processadas para extrair ^{6}Li, visando à sua utilização na produção da bomba de hidrogênio. O lítio metálico remanescente após a extração do ^{6}Li foi vendido comercialmente. (a) Quais são as composições dos núcleos do ^{6}Li e do ^{7}Li? (b) As massas atômicas do ^{6}Li e do ^{7}Li são 6,015122 e 7,016004 uma, respectivamente. Após análise, descobriu-se que uma amostra de lítio com quantidades reduzidas de isótopo mais leve tinha 1,442% de ^{6}Li. Qual é a massa atômica média dessa amostra do metal?

2.97 São encontrados na natureza três isótopos do elemento oxigênio, com 8, 9 e 10 nêutrons no núcleo, respectivamente. (a) Escreva os símbolos químicos completos desses três isótopos. (b) Qual deles contém 10 elétrons? (c) O oxigênio-18 pode ser convertido em flúor-18 por um feixe de prótons de alta energia. Quantos nêutrons tem o núcleo de flúor-18?

2.98 São encontrados na natureza quatro isótopos do elemento chumbo (Pb), com massas atômicas 203,97302, 205,97444, 206,97587 e 207,97663 uma. As abundâncias relativas desses quatro isótopos são 1,4, 24,1, 22,1 e 52,4%, respectivamente. Com base nesses dados, calcule a massa atômica do chumbo.

2.99 São encontrados na natureza dois isótopos do elemento gálio (Ga) com massas de 68,926 e 70,925 uma. (a) Quantos prótons e nêutrons há no núcleo de cada isótopo? Escreva o símbolo atômico completo de cada um, mostrando o número atômico e o número de massa. (b) A massa atômica média do Ga é 69,72 uma. Calcule a abundância de cada isótopo.

2.100 Existem dois isótopos de átomos de bromo. Sob condições normais, o bromo elementar é constituído por moléculas de Br$_2$, e a massa de uma molécula de Br$_2$ representa a soma das massas dos dois átomos na molécula. O espectro de massa do Br$_2$ tem três picos:

m/z	Intensidade máxima relativa
157,836	0,2569
159,834	0,4999
161,832	0,2431

(a) Qual é a origem de cada pico (a que isótopos cada um se refere)? (b) Qual é a massa de cada isótopo? (c) Determine a massa molecular média de uma molécula de Br$_2$. (d) Determine a massa atômica média de um átomo de bromo. (e) Calcule as abundâncias dos dois isótopos.

2.101 Na espectrometria de massa, é comum considerar que a massa de um cátion é igual à do átomo do qual ele se origina. (a) Utilizando os dados da Tabela 2.1, determine o número de algarismos significativos que não torna a diferença entre as massas de ^{1}H e ^{1}H$^+$ significativa. (b) Qual a percentagem da massa de um átomo de ^{1}H o elétron representa?

2.102 Da seguinte lista de elementos — Ar, H, Ga, Al, Ca, Br, Ge, K, O —, escolha o que melhor se encaixa em cada descrição. Cada elemento só pode ser considerado resposta uma única vez: (a) um metal alcalino, (b) um metal alcalino-terroso, (c) um gás nobre, (d) um halogênio, (e) um metaloide, (f) um não metal listado no grupo 1A, (g) um metal que forma um íon 3+, (h) um não metal que forma um íon 2−, (i) um elemento semelhante ao alumínio.

2.103 Em 1974, átomos de seabórgio (Sg) foram identificados pela primeira vez. O isótopo do Sg de maior duração tem um número de massa de 266. (a) Quantos prótons, elétrons e nêutrons há em um átomo de ^{266}Sg? (b) Os átomos de Sg são muito instáveis e, portanto, é difícil estudar as propriedades desse elemento. Com base na posição do Sg na tabela periódica, qual elemento deve ter propriedades químicas mais semelhantes às apresentadas por ele?

2.104 A explosão de uma bomba atômica libera muitos isótopos radioativos, como o estrôncio-90. Considerando a localização do estrôncio na tabela periódica, sugira uma razão para o fato de esse isótopo ser particularmente perigoso para a saúde humana.

2.105 Com base nas estruturas moleculares mostradas a seguir, identifique a que corresponde cada uma das seguintes espécies: (a) gás cloro; (b) propano; (c) íon nitrato; (d) trióxido de enxofre; (e) cloreto de metila, CH$_3$Cl.

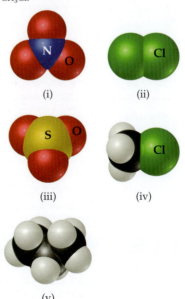

2.106 Nomeie cada um dos seguintes óxidos. Considerando que os compostos sejam iônicos, que carga está associada ao elemento metálico em cada caso? (**a**) NiO (**b**) MnO$_2$ (**c**) Cr$_2$O$_3$ (**d**) MoO$_3$

2.107 Preencha as lacunas da tabela a seguir:

Cátion	Ânion	Fórmula	Nome
			Óxido de lítio
Fe^{2+}	PO$_4^{3-}$		
		Al$_2$(SO$_4$)$_3$	
			Nitrato de cobre(II)
Cr^{3+}	I$^-$		
		MnClO$_2$	
			Carbonato de amônio
			Perclorato de zinco

2.108 Em vez de ter três átomos de carbono em uma linha, os três carbonos do ciclopropano formam um anel, conforme a figura em perspectiva a seguir:

O ciclopropano já foi utilizado como anestésico, mas sua utilização com esse propósito foi descontinuada, em parte, porque ele é altamente inflamável. (**a**) Qual é a fórmula empírica do ciclopropano? (**b**) Três átomos de carbono estão necessariamente em um plano. A molécula toda está em um plano (molécula plana)? (**c**) É possível usar espectrometria de massa para identificar a diferença entre o ciclopropano e o propano, supondo que a técnica seja confiável até 0,1 uma? (**d**) Que mudança você faria na estrutura mostrada para ilustrar o ciclopropanol? (**e**) Quantos isômeros de ciclopropanol existem (para este problema, ignore as posições de cunha)?

2.109 Elementos do mesmo grupo da tabela periódica geralmente formam oxiânions com a mesma fórmula geral. Os ânions também são denominados de maneira semelhante. Com base nessas observações, sugira uma fórmula química ou um nome, conforme o caso, para cada um dos seguintes íons: (**a**) BrO$_4^-$, (**b**) SeO$_3^{2-}$, (**c**) íon arsenato, (**d**) íon hidrogenotelurato.

2.110 Os refrigerantes trazem, em sua composição, o ácido carbônico, que, quando reage com o hidróxido de lítio, produz carbonato de lítio, utilizado para tratar a depressão e o transtorno bipolar. Escreva as fórmulas químicas do ácido carbônico, do hidróxido de lítio e do carbonato de lítio.

2.111 Dê os nomes químicos de cada um dos seguintes compostos comuns. (**a**) NaCl (sal de mesa) (**b**) NaHCO$_3$ (bicarbonato de sódio) (**c**) NaOCl (presente em muitos alvejantes) (**d**) NaOH (soda cáustica) (**e**) (NH$_4$)$_2$CO$_3$ (sais aromáticos) (**f**) CaSO$_4$ (gesso de Paris).

2.112 Muitas substâncias populares receberam nomes não sistemáticos, comuns. Dê o nome sistemático correto de cada umas das substâncias a seguir: (**a**) salitre, KNO$_3$; (**b**) barrilha, Na$_2$CO$_3$; (**c**) cal, CaO; (**d**) ácido muriático, HCl; (**e**) sais de Epsom, MgSO$_4$; (**f**) leite de magnésia, Mg(OH)$_2$.

2.113 Uma vez que muitos íons e compostos apresentam nomes semelhantes, existe grande chance de nos confundirmos com eles. Escreva as fórmulas químicas corretas para determinar a diferença entre (**a**) o sulfeto de cálcio e o hidrogenossulfeto de cálcio, (**b**) o ácido bromídrico e o ácido brômico, (**c**) o nitreto de alumínio e o nitrito de alumínio, (**d**) o óxido de ferro(II) e o óxido de ferro(III), (**e**) a amônia e o íon amônio, (**f**) o sulfito de potássio e o bissulfito de potássio, (**g**) o cloreto mercuroso e o cloreto mercúrico, (**h**) o ácido clórico e o ácido perclórico.

2.114 Em que parte do átomo atua a força nuclear forte?

2.115 Como trabalham com tantos hidrocarbonetos, os químicos abreviam as estruturas com linhas e vértices. O hexano, por exemplo, pode ser representado da seguinte forma:

Nessa ilustração, cada ponta, ou vértice, é um átomo de carbono, e supõe-se que átomos de hidrogênio em quantidade suficiente estão ligados a cada carbono para dar a cada átomo de carbono 4 ligações: CH$_3$CH$_2$CH$_2$CH$_2$CH$_2$CH$_3$. Além disso, a natureza ziguezagueada da ilustração fornece informações sobre os ângulos relativos dos carbonos em relação uns aos outros. Nesse caso, qual é o nome sistemático do composto a seguir?

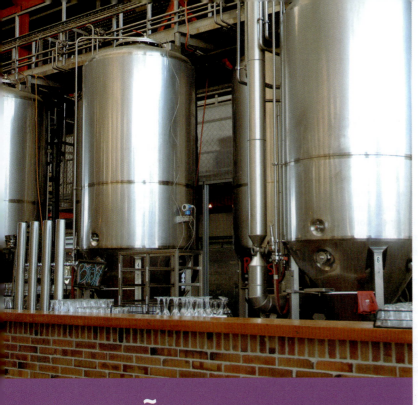

3

REAÇÕES QUÍMICAS E ESTEQUIOMETRIA DE REAÇÃO

▲ É dentro desses reatores em aço inox que ocorrem as reações de levedura que convertem o mosto, uma solução aquosa rica em açúcares, em cerveja.

Neste capítulo, começamos explorando as reações químicas. Descrevemos como prever os produtos de algumas classes simples de reações: de combinação, decomposição e combustão. Mostramos que o número de átomos ou moléculas de uma substância pode ser determinado a partir da sua identidade e das massas dos átomos que compõem a substância. Com base nesse conhecimento, desenvolvemos ferramentas para prever quanto de cada produto e de cada reagente estará presente no final da reação a partir das quantidades presentes antes de a reação iniciar.

O QUE VEREMOS

3.1 ▶ Equações químicas Usar fórmulas químicas para escrever equações que representem reações químicas.

3.2 ▶ Padrões simples de reatividade química Examinar algumas reações químicas simples: *reações de combinação, reações de decomposição* e *reações de combustão*.

3.3 ▶ Massas moleculares Usar *massas moleculares* para obter informações quantitativas a partir de fórmulas químicas.

3.4 ▶ Número de Avogadro e mol Utilizar fórmulas químicas para relacionar as massas das substâncias aos números de átomos, moléculas ou íons contidos nelas. Essa relação leva ao importante conceito do *mol*, definido como $6,022 \times 10^{23}$ átomos, moléculas, íons, etc.

3.5 ▶ Fórmulas empíricas a partir de análises Aplicar o conceito de mol para determinar fórmulas químicas a partir das massas de cada elemento em uma dada quantidade de composto.

3.6 ▶ Informações quantitativas a partir de equações balanceadas Utilizar as informações quantitativas inerentes às fórmulas químicas e equações junto com o conceito de mol para prever as quantidades das substâncias consumidas ou produzidas nas reações químicas.

3.7 ▶ Reagentes limitantes Reconhecer que um reagente pode ser consumido antes de outros em uma reação química. Esse é o *reagente limitante*. Quando um reagente limitante se esgota, a reação é interrompida, deixando algum excesso dos outros reagentes de partida.

3.1 | Equações químicas

Boa parte da energia que utilizamos em nosso cotidiano, incluindo para o transporte, vem das reações químicas. No motor de combustão interna, a gasolina e o ar reagem para produzir energia e subprodutos gasosos (principalmente dióxido de carbono e água). Essas substâncias saem pelo escapamento dos veículos, uma questão fundamental nos debates sobre mudança climática. Suponha que quiséssemos saber quantas moléculas de CO_2 são produzidas pelo consumo de uma determinada quantidade de gasolina. As ferramentas da química que exploramos neste capítulo nos permitem determinar exatamente quantas moléculas de hidrocarboneto e de oxigênio são consumidas e quantas moléculas de subprodutos são geradas.

A **estequiometria** (algo como "medida dos elementos", em grego) é o campo de estudo que examina as quantidades das substâncias consumidas e produzidas nas reações químicas. Os químicos e engenheiros químicos usam a estequiometria todos os dias quando conduzem as reações que sustentam a indústria química mundial. A estequiometria é baseada em massas atômicas (Seção 2.4), em fórmulas químicas e na **lei da conservação da massa** (Seção 2.1). Esse princípio importante diz que *átomos não são criados nem destruídos durante uma reação química*. As transformações que ocorrem durante qualquer reação apenas reorganizam os átomos, uma vez que o mesmo conjunto de átomos está presente tanto antes quanto depois da reação.

Representamos reações químicas por meio de **equações químicas**. Quando o gás hidrogênio (H_2) entra em combustão, por exemplo, ele reage com o oxigênio presente no ar (O_2) para formar a água (H_2O). Escrevemos a equação química dessa reação da seguinte maneira:

$$2\,H_2 + O_2 \longrightarrow 2\,H_2O \qquad [3.1]$$

Lemos o sinal + como "reage com" e a seta como "produz". As fórmulas químicas à esquerda da seta representam as substâncias de partida, chamadas de **reagentes**. Já as fórmulas químicas à direita da seta representam as substâncias produzidas na reação, chamadas de **produtos**. Os números na frente das fórmulas, chamados de coeficientes, indicam a quantidade relativa de moléculas de cada tipo envolvidas na reação. (Assim como nas equações algébricas, *o coeficiente 1 geralmente é omitido*.)

Uma vez que átomos não são criados nem destruídos nas reações, uma equação química *balanceada* deve ter o mesmo número de átomos de cada elemento nos lados direito e esquerdo da seta. Por exemplo, no lado direito da Equação 3.1, há duas moléculas de H_2O, cada uma formada por dois átomos de hidrogênio e um átomo de oxigênio (**Figura 3.1**). Assim, $2\,H_2O$ (leia-se "duas moléculas de água") contêm $2 \times 2 = 4$ átomos de H e $2 \times 1 = 2$ átomos de O. Observe que *o número de átomos é obtido ao multiplicar cada subscrito em uma fórmula química pelo coeficiente da fórmula*. Como há quatro átomos de H e dois de O em cada lado da equação, isso significa que ela está balanceada.

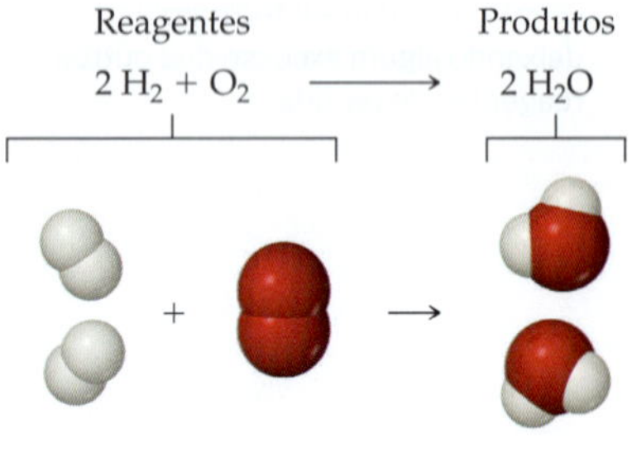

Balanceamento de equações

Os químicos escrevem equações químicas para identificar os reagentes e produtos de uma reação. Para determinar a quantidade de produtos que pode ser gerada ou a quantidade necessária de um reagente, a equação precisa ser *balanceada* por meio do uso da lei da conservação da massa.

Para compor uma **equação química balanceada**, começamos escrevendo as fórmulas dos reagentes no lado esquerdo da seta e as dos produtos no lado direito. Em seguida, balanceamos a equação determinando os coeficientes para que haja a mesma quantidade de átomos de cada tipo em ambos os lados da equação. Na maioria das vezes, uma equação balanceada deve conter os menores coeficientes de número inteiro possíveis.

Para balancear uma equação, você precisa diferenciar entre coeficientes e subscritos. Conforme a **Figura 3.2**, modificar um número subscrito em uma fórmula (p. ex., de H_2O para H_2O_2) altera a identidade da substância. A substância H_2O_2, peróxido de hidrogênio, é bem diferente da substância H_2O, água. *Nunca mude os números subscritos ao balancear uma equação.* Por outro lado, colocar um coeficiente na frente de uma fórmula muda apenas a quantidade da substância, e não a sua identidade. Assim, $2\,H_2O$ é igual a duas moléculas de água, enquanto $3\,H_2O$ é igual a três moléculas de água, e assim por diante.

Objetivos de aprendizagem

Após terminar a Seção 3.1, você deve ser capaz de:

▶ Explicar a lei da conservação da massa em termos dos reagentes e produtos de uma equação química.

▶ Escrever as fórmulas químicas (e os coeficientes apropriados) dos reagentes e produtos para equilibrar equações químicas.

Reagentes   Produtos
$2\,H_2 + O_2 \longrightarrow 2\,H_2O$

▲ **Figura 3.1** Uma equação química balanceada.

► Figura 3.2 A diferença entre mudar números subscritos e coeficientes nas equações químicas.

Exemplo passo a passo de balanceamento de uma equação química

Para ilustrar o processo de balanceamento de uma equação, considere a reação que ocorre quando o metano (CH_4), principal componente do gás natural, entra em combustão no ar para produzir o gás dióxido de carbono (CO_2) e o vapor d'água (H_2O) (**Figura 3.3**). Os dois produtos contêm átomos de oxigênio provenientes do O_2 presente no ar. Assim, o O_2 é um reagente, e a equação não balanceada é:

$$CH_4 + O_2 \longrightarrow CO_2 + H_2O \quad \text{(não balanceada)} \qquad [3.2]$$

Geralmente, é melhor balancear primeiro os elementos que aparecem em menor número de fórmulas químicas de cada lado da equação. No exemplo, C aparece em apenas um reagente (CH_4) e em um produto (CO_2). Isso também acontece com o H (CH_4 e H_2O). Em contrapartida, observe que o O aparece em um reagente (O_2) e em dois produtos (CO_2 e H_2O). Desse modo, iniciaremos o balanceamento pelo C seguido do hidrogênio. Como uma molécula de CH_4 contém o mesmo número de átomos de C (um) que uma molécula de CO_2, os coeficientes para essas substâncias *devem* ser os mesmos na equação balanceada. Portanto, o primeiro passo é escolher o coeficiente 1 (omitido), tanto para o CH_4 como para o CO_2.

Em seguida, vamos nos concentrar no H. No lado esquerdo da equação, temos o CH_4, que possui quatro átomos de H, enquanto no lado direito da equação temos o H_2O, com dois átomos de H. Para balancear esses átomos na equação, colocamos o coeficiente 2 na frente do H_2O. Então, a equação fica com quatro átomos de H de cada lado:

$$CH_4 + O_2 \longrightarrow CO_2 + 2\,H_2O \quad \text{(não balanceada)} \qquad [3.3]$$

Embora a equação agora esteja balanceada em relação ao hidrogênio e ao carbono, o oxigênio ainda não está balanceado. Colocar o coeficiente 2 na frente do O_2 deixa a equação balanceada, com quatro átomos de O em cada lado (2×2 no lado esquerdo, $2 + 2 \times 1$ no lado direito):

$$CH_4 + 2\,O_2 \longrightarrow CO_2 + 2\,H_2O \quad \text{(balanceada)} \qquad [3.4]$$

A equação balanceada do ponto de vista molecular é mostrada na **Figura 3.4**.

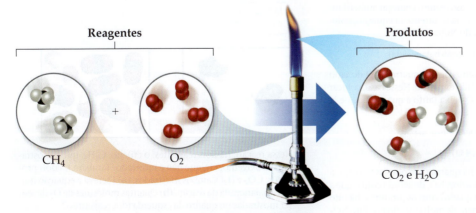

▲ Figura 3.3 Reação do metano com o oxigênio em um bico de Bunsen.

88 Química: a ciência central

 Figura 3.4 Equação química balanceada da combustão do CH₄.

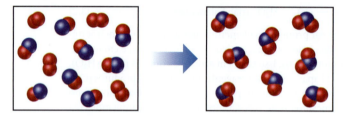

Exercício resolvido 3.1
Como interpretar e balancear equações químicas

O diagrama a seguir representa uma reação química em que as esferas vermelhas são átomos de oxigênio e as esferas azuis são átomos de nitrogênio. (**a**) Escreva as fórmulas químicas dos reagentes e dos produtos. (**b**) Escreva a equação balanceada da reação. (**c**) O diagrama está de acordo com a lei da conservação da massa?

SOLUÇÃO

(**a**) No quadro da esquerda, que representa os reagentes, há dois tipos de moléculas: as moléculas formadas por dois átomos de oxigênio (O_2) e as moléculas formadas por um átomo de nitrogênio e um átomo de oxigênio (NO). No quadro da direita, que representa os produtos, há apenas um tipo de molécula, formada por um átomo de nitrogênio e dois átomos de oxigênio (NO_2).

(**b**) A equação química não balanceada é:

$$O_2 + NO \longrightarrow NO_2 \quad \text{(não balanceada)}$$

Analisando os átomos de cada lado da equação, verificamos que há um N e três O do lado esquerdo da seta, e um N e dois O no lado direito. Para balancear o O, devemos aumentar o número de átomos de O à direita, mantendo os coeficientes de NO e NO_2 iguais. Às vezes, é necessária uma abordagem de tentativa e erro; precisamos ir de um lado para o outro da equação diversas vezes e alterar os coeficientes primeiro de um lado e depois do outro até que ela fique balanceada. Nesse caso, vamos começar aumentando o número de átomos de O no lado direito da equação, colocando o coeficiente 2 na frente do NO_2:

$$O_2 + NO \longrightarrow 2\,NO_2 \quad \text{(não balanceada)}$$

Agora, a equação tem dois átomos de N e quatro de O do lado direito, então voltamos para o lado esquerdo. Nesse caso, colocar o coeficiente 2 na frente do NO deixa tanto a quantidade de N quanto a de O balanceada:

$$O_2 + 2\,NO \longrightarrow 2\,NO_2 \quad \text{(balanceada)}$$
$$(2\,N, 4\,O) \quad (2\,N, 4\,O)$$

(**c**) No quadro com os reagentes, há quatro O_2 e oito NO. Assim, a razão molecular é de um O_2 para dois NO, de acordo com o que a equação balanceada exige. No quadro com os produtos, há oito NO_2, o que significa que o número de moléculas do produto NO_2 é igual ao número de moléculas do reagente NO, como a equação balanceada exige.

No quadro com os reagentes, há oito átomos de N nas oito moléculas de NO. Há também 4 × 2 = 8 átomos de O nas moléculas de O_2 e oito átomos de O nas moléculas de NO, representando um total de 16 átomos de O. No quadro com os produtos, encontramos oito moléculas de NO_2, que contêm oito átomos de N e 8 × 2 = 16 átomos de O. Uma vez que há o mesmo número de átomos de N e de O nos dois quadros, a representação está de acordo com a lei da conservação da massa.

▶ **Para praticar**

No diagrama a seguir, as esferas brancas representam átomos de hidrogênio, as esferas pretas representam átomos de carbono e as esferas vermelhas, átomos de oxigênio.

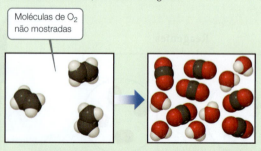

Nessa reação, há dois reagentes: o etileno, C_2H_4, que é mostrado; e o oxigênio, O_2, que não é mostrado. Também há dois produtos: CO_2 e H_2O, ambos mostrados. (**a**) Escreva a equação química balanceada da reação. (**b**) Quantas moléculas de O_2 devem ser mostradas no quadro da esquerda (dos reagentes)?

Como indicar os estados de reagentes e produtos

Normalmente, os símbolos que indicam o estado físico de cada reagente e produto são incluídos nas equações químicas. Usamos os símbolos (g), (l), (s) e (aq) para substâncias que são gases, líquidas, sólidas ou que estão dissolvidas em solução aquosa, respectivamente. Assim, a Equação 3.4 pode ser escrita da seguinte forma:

$$CH_4(g) + 2\,O_2(g) \longrightarrow CO_2(g) + 2\,H_2O(g) \quad [3.5]$$

Às vezes, os símbolos que representam as condições sob as quais a reação ocorre aparecem acima ou abaixo da seta. Um exemplo que encontraremos mais adiante neste capítulo envolve o símbolo Δ (letra grega delta maiúscula). A indicação do delta em cima da seta da reação representa a adição de calor.

Exercício resolvido 3.2
Balanceamento de equações químicas

Faça o balanceamento da equação:

$$Na(s) + H_2O(l) \longrightarrow NaOH(aq) + H_2O(g)$$

SOLUÇÃO

Comece contando cada tipo de átomo nos dois lados da equação. Perceba que há um átomo de Na, um de O e dois de H no lado esquerdo, bem como um de Na, um de O e três de H no lado direito. A quantidade de átomos de Na e de O está balanceada, mas a quantidade de átomos de H não está. Vamos tentar aumentar o número de átomos de H no lado esquerdo colocando o coeficiente 2 na frente do H₂O:

$$Na(s) + 2\,H_2O(l) \longrightarrow NaOH(aq) + H_2(g)$$

Embora começar dessa maneira não balanceie o H, conseguimos aumentar o número de átomos de H nos reagentes, que era o necessário. Acrescentar o coeficiente 2 ao H₂O deixa a quantidade de átomos de O desbalanceada, mas cuidaremos disso depois que balancearmos os átomos de H. Agora que temos 2 H₂O à esquerda, podemos balancear a quantidade de H colocando o coeficiente 2 na frente do NaOH:

$$Na(s) + 2\,H_2O(l) \longrightarrow 2\,NaOH(aq) + H_2(g)$$

Balancear a quantidade de átomos de H dessa maneira também balanceia a quantidade de átomos de O, mas, agora, a quantidade de átomos de Na está desbalanceada, com um Na à esquerda e dois à direita. Para que a quantidade de Na fique balanceada outra vez, colocamos o coeficiente 2 na frente do reagente:

$$2\,Na(s) + 2\,H_2O(l) \longrightarrow 2\,NaOH(aq) + H_2(g)$$

Agora, temos dois átomos de Na, quatro átomos de H e dois átomos de O em cada lado. A equação está balanceada.

Comentário Observe que tivemos que nos deslocar várias vezes entre os lados da equação, colocando um coeficiente na frente do H₂O, em seguida, do NaOH e, finalmente, do Na. No balanceamento de equações, muitas vezes precisamos fazer esse movimento, indo de um lado para o outro da seta, colocando primeiro coeficientes na frente de uma fórmula de um lado e, em seguida, na frente de uma fórmula do outro lado, até que a equação fique balanceada. Você sempre pode conferir se balanceou sua equação corretamente verificando se o número de átomos de cada elemento é o mesmo nos dois lados da seta e se o menor conjunto de coeficientes que balanceia a equação foi determinado.

▶ **Para praticar**
Faça o balanceamento das equações a seguir, colocando os coeficientes adequados nas lacunas:
(a) __Fe(s) + __O₂(g) ⟶ __Fe₂O₃(s)
(b) __Al(s) + __HCl(aq) ⟶ __AlCl₃(aq) + __H₂(g)
(c) __CaCO₃(s) + __HCl(aq) ⟶ __CaCl₂(aq) + __CO₂(g) + __H₂O(l)

Exercícios de autoavaliação

EAA 3.1 O monóxido de carbono e o oxigênio reagem para formar dióxido de carbono de acordo com a seguinte equação química balanceada:

$$2\,CO(g) + O_2(g) \longrightarrow 2\,CO_2(g)$$

Se CO(g) e O₂(g) se combinam na proporção mostrada no diagrama ao lado, em que as esferas pretas representam os átomos de carbono e as vermelhas, átomos de oxigênio, quais moléculas sobrarão quando a reação for completada? **(a)** Apenas moléculas de CO₂ **(b)** Moléculas de CO₂ e CO **(c)** Moléculas de CO₂ e O₂ **(d)** Moléculas de CO e O₂

EAA 3.2 A equação não balanceada da reação entre o escândio metálico e o ácido clorídrico é:

___Sc(s) + ___HCl(aq) ⟶ ___ScCl₃(aq) + ___H₂(g)

Depois que essa equação estiver balanceada, qual será o valor do coeficiente do HCl(aq)? **(a)** 1 **(b)** 3 **(c)** 6 **(d)** 12

EAA 3.3 O hidróxido de sódio e o sódio metálico reagem para formar óxido de sódio e hidrogênio. Qual das equações balanceadas a seguir representa essa reação?
(a) NaOH(s) + Na(s) ⟶ Na₂O(s) + H₂(g)
(b) NaOH₂(s) + Na(s) ⟶ Na₂O(s) + H₂(g)
(c) 2 NaOH(s) + 2 Na(s) ⟶ 2 Na₂O(s) + H₂(g)
(d) NaOH(s) + Na(s) ⟶ Na₂O(s) + H(g)

3.2 | Padrões simples de reatividade química

> **Objetivos de aprendizagem**
>
> Após terminar a Seção 3.2, você deve ser capaz de:
> ▶ Identificar as reações de combinação e prever seus produtos de reação.
> ▶ Identificar as reações de decomposição e prever seus produtos de reação.
> ▶ Identificar reações de combustão e prever seus produtos de reação.

Um dos grandes triunfos da química nos últimos 100 anos foi o desenvolvimento de fertilizantes, o que permitiu alimentar a população mundial. A amônia (NH_3) é um dos principais produtos químicos utilizados pelos agricultores para aumentar a produtividade das culturas. O processo industrial usado para converter os elementos nitrogênio e hidrogênio em amônia, $N_2(g) + 3H_2(g) \rightarrow 2NH_3(g)$, pode ser uma reação simples, mas é uma das reações químicas mais importantes do mundo. Nesta seção, introduzimos três classes gerais de reações químicas, incluindo a reação de combinação entre o nitrogênio e o hidrogênio.

Reações de combinação e decomposição

Em **reações de combinação**, duas ou mais substâncias reagem para formar um produto (**Tabela 3.1**). Por exemplo, o magnésio metálico brilha intensamente ao ser queimado, produzindo o óxido de magnésio (**Figura 3.5**):

$$2\,Mg(s) + O_2(g) \longrightarrow 2\,MgO(s) \qquad [3.6]$$

TABELA 3.1 Reações de combinação e decomposição

Reações de combinação	
$A + B \longrightarrow C$	Dois ou mais reagentes são combinados para formar um único produto. Muitos elementos reagem uns com os outros dessa maneira para formar compostos.
$C(s) + O_2(g) \longrightarrow CO_2(g)$	
$N_2(g) + 3\,H_2(g) \longrightarrow 2\,NH_3(g)$	
$CaO(s) + H_2O(l) \longrightarrow Ca(OH)_2(aq)$	

Reações de decomposição	
$C \longrightarrow A + B$	Um único reagente é decomposto para formar duas ou mais substâncias. Muitos compostos reagem dessa maneira quando são aquecidos.
$2\,KClO_3(s) \longrightarrow 2\,KCl(s) + 3\,O_2(g)$	
$PbCO_3(s) \longrightarrow PbO(s) + CO_2(g)$	
$Cu(OH)_2(s) \longrightarrow CuO(s) + H_2O(g)$	

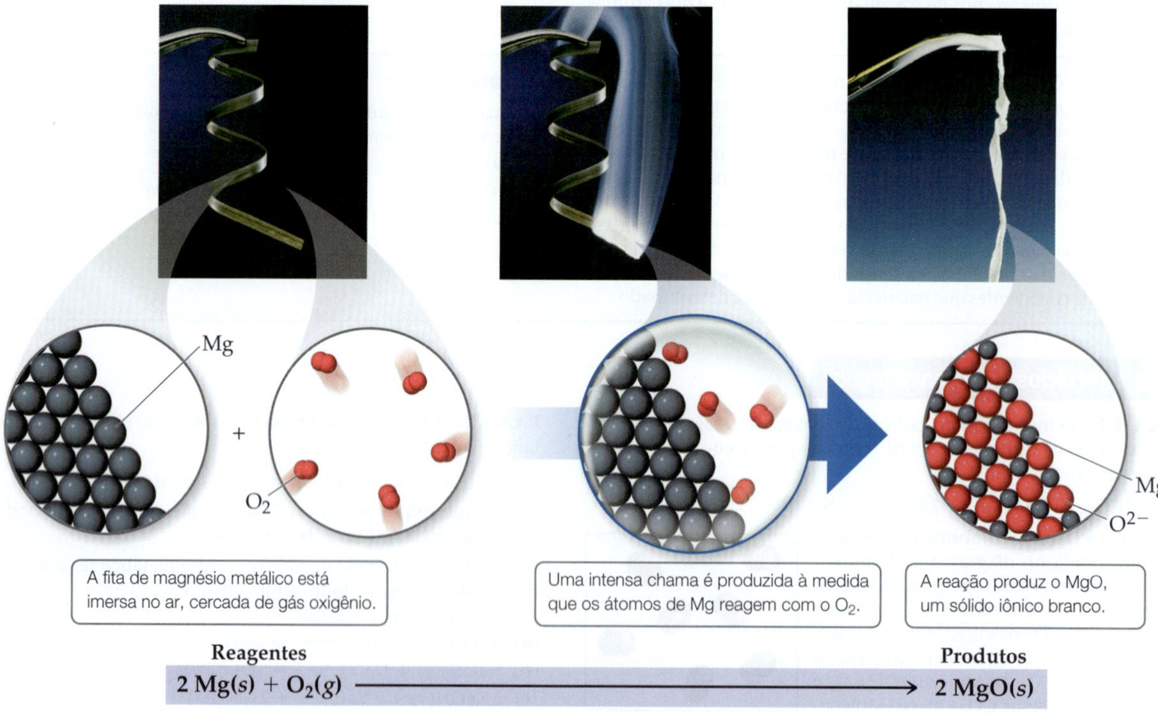

A fita de magnésio metálico está imersa no ar, cercada de gás oxigênio.

Uma intensa chama é produzida à medida que os átomos de Mg reagem com o O_2.

A reação produz o MgO, um sólido iônico branco.

Reagentes: $2\,Mg(s) + O_2(g) \longrightarrow$ Produtos: $2\,MgO(s)$

▲ **Figura 3.5** Combustão de magnésio metálico no ar, uma reação de combinação.

Essa reação é utilizada para produzir a chama brilhante gerada por foguetes de sinalização e alguns fogos de artifício.

Uma reação de combinação entre um metal e um não metal, como a da Equação 3.6, produz um sólido iônico. Lembre-se de que a fórmula de um composto iônico pode ser determinada a partir das cargas de seus íons (Seção 2.7). Por exemplo, quando o magnésio reage com o oxigênio, o magnésio perde elétrons e forma o íon magnésio, Mg^{2+}. Já o oxigênio ganha elétrons e forma o íon óxido, O^{2-}. Assim, o produto da reação é o MgO.

Você deve ser capaz de reconhecer uma reação de combinação e prever os produtos quando os reagentes são um metal e um não metal. Outros exemplos de reações de combinação incluem a formação de moléculas gasosas pequenas, como CO_2 e NH_3, a partir dos seus elementos e a reação de óxido de cálcio com a água para produzir hidróxido de cálcio:

$$C(s) + O_2(g) \longrightarrow CO_2(g) \qquad [3.7]$$

$$N_2(g) + 3H_2(g) \longrightarrow 2NH_3(g) \qquad [3.8]$$

$$CaO(s) + H_2O(l) \longrightarrow Ca(OH)_2(aq) \qquad [3.9]$$

Em uma **reação de decomposição**, uma substância sofre uma reação e produz duas ou mais substâncias (Tabela 3.1). Por exemplo, muitos carbonatos de metais, quando aquecidos, decompõem-se para formar óxidos de metal e dióxido de carbono:

$$CaCO_3(s) \xrightarrow{\Delta} CaO(s) + CO_2(g) \qquad [3.10]$$

A decomposição do $CaCO_3$ é um processo importante do ponto de vista comercial. A pedra calcária ou as conchas, ambas formadas principalmente por $CaCO_3$, são aquecidas para produzir CaO, conhecido como cal ou cal virgem. Dezenas de milhões de toneladas de CaO são utilizadas nos Estados Unidos todos os anos na produção de vidro e cimento, na metalurgia, para extrair metais de minérios, e na siderurgia, para remover impurezas.

A decomposição da azida de sódio (NaN_3) libera rapidamente $N_2(g)$, por isso essa reação é utilizada para inflar air bags de automóveis (**Figura 3.6**):

$$2NaN_3(s) \longrightarrow 2Na(s) + 3N_2(g) \qquad [3.11]$$

O sistema é projetado de modo que um impacto acione um dispositivo detonador que, por sua vez, causa a decomposição explosiva do NaN_3. Uma pequena quantidade de NaN_3 (cerca de 100 g) é suficiente para produzir uma grande quantidade de gás N_2 (aproximadamente 50 L).

▲ **Figura 3.6** A decomposição da azida de sódio, $NaN_3(s)$, produz $N_2(g)$, que infla os *air bags* de automóveis.

QUÍMICA E SUSTENTABILIDADE | O cimento e as emissões de CO_2

O cimento é produzido em uma escala superior à de qualquer outro material industrial: cerca de 4 bilhões de toneladas por ano. A única coisa que a sociedade consome em maior quantidade, em massa, é a água. Boa parte do cimento é usada como aglomerante no concreto, um compósito de areia e brita cercado de uma matriz polimérica que contém óxidos hidratados de cálcio, silício, alumínio e ferro. O cimento é usado como material de construção desde a Roma Antiga (um exemplo é o Parthenon, em Roma), mas desde 1950 a produção anual do material aumentou em mais de 30 vezes. É um aumento muito maior do que o da população mundial no mesmo período, que triplicou.

Cinco elementos (oxigênio, silício, alumínio, ferro e cálcio) representam mais de 91% da crosta terrestre. O cimento é composto principalmente desses mesmos cinco, o que possibilita que seja produzido em grandes volumes a um baixo custo, usando matérias-primas locais. No tipo mais comum de cimento, o cimento Portland, o óxido de cálcio representa 63% da composição total. O óxido de cálcio é obtido pelo aquecimento do calcário, que se decompõe naquela que pode ser considerada a reação de decomposição mais importante da sociedade: $CaCO_3(s) \longrightarrow CaO(s) + CO_2(g)$ (Equação 3.10). Para realizar a decomposição do $CaCO_3$ e provocar reações entre CaO e os óxidos de Si, Al e Fe, oriundos principalmente de argilas, os materiais iniciais devem ser aquecidos a temperaturas próximas de 1.450 °C. Finalizado esse processo, a mistura é resfriada e pulverizada. A mistura nesse ponto é chamada de clínquer e contém diversos óxidos, como Ca_3SiO_5, Ca_2SiO_4, $Ca_3Al_2O_6$ e Ca_2AlFeO_5. Para completar o processo de produção, uma pequena quantidade de $CaSO_4 \cdot 2\,H_2O$ (gipsita) é adicionada, e o sólido é moído até se transformar em um pó fino. Quando esse pó é misturado na água, formam-se fases de hidrato insolúvel em torno dos agregados maiores que compõem o concreto. Após a cura, o composto forma um material estrutural forte e resistente à medida que a água em excesso evapora.

Sem dúvida, o cimento tem um papel fundamental na sociedade moderna; infelizmente, ele também é responsável por uma parcela surpreendente das emissões globais de dióxido de carbono. Estima-se que aproximadamente 8% de todas as emissões de CO_2 produzidas pelo homem venham da fabricação de cimento. Cerca de 40% dessas emissões vêm do combustível consumido para aquecer a matéria-prima a temperaturas tão elevadas, enquanto o restante vem da liberação de CO_2 devido à decomposição do calcário. Mesmo que fontes de energia renováveis fossem utilizadas para suprir todas as necessidades energéticas da produção de cimento, não há uma maneira fácil de eliminar as emissões de CO_2 que emanam do uso do calcário. Estratégias que envolvem a transição para cimentos com conteúdo menor de cálcio e/ou formulações que melhorem a capacidade aglutinante do cimento, o que reduziria a sua porcentagem no concreto, podem ajudar a reduzir as emissões. Contudo, reduzir as emissões de CO_2 a quase zero provavelmente exigirá a captura do CO_2 produzido e o seu armazenamento ou uso para outras finalidades.

Exercícios relacionados: 3.105, 3.107

Exercício resolvido 3.3
Como escrever equações balanceadas para reações de combinação e decomposição

Escreva a equação balanceada da (**a**) reação de combinação entre o lítio metálico e o flúor gasoso e da (**b**) reação de decomposição que ocorre quando o carbonato de bário sólido é aquecido (dois produtos se formam, um sólido e um gás).

SOLUÇÃO

(**a**) Com exceção do mercúrio, todos os metais são sólidos à temperatura ambiente. O flúor existe, naturalmente, como uma molécula diatômica. Assim, os reagentes são o Li(s) e o $F_2(g)$. O produto resultará da combinação de um metal com um não metal, logo esperamos que ele seja um sólido iônico. Íons lítio têm carga 1+, Li^+, enquanto os íons fluoreto tem carga 1−, F^-. Assim, a fórmula química do produto é LiF. A equação química balanceada é:

$$2Li(s) + F_2(g) \longrightarrow 2LiF(s)$$

(**b**) A fórmula química do carbonato de bário é $BaCO_3$. Como já mencionado, muitos carbonatos de metais se decompõem em óxidos de metais e dióxido de carbono quando aquecidos.

Na Equação 3.10, por exemplo, o $CaCO_3$ se decompõe para formar CaO e CO_2. Assim, esperamos que o $BaCO_3$ se decomponha em BaO e CO_2. O bário e o cálcio estão ambos no grupo 2A da tabela periódica, sugerindo que eles reagem de modo semelhante:

$$BaCO_3(s) \longrightarrow BaO(s) + CO_2(g)$$

▶ **Para praticar**
Escreva uma equação balanceada para (**a**) a decomposição do sulfeto de mercúrio(II) sólido em seus elementos quando aquecido e para (**b**) a combinação de alumínio metálico com o oxigênio presente no ar.

Reações de combustão

Reações de combustão são reações rápidas que produzem uma chama. A maioria das reações de combustão que observamos envolvem o O_2 presente no ar como reagente. A combustão de hidrocarbonetos (compostos que contêm apenas carbono e hidrogênio) no ar é um dos principais processos de produção de energia do mundo. (Seção 2.9)

Hidrocarbonetos em combustão no ar reagem com O_2 para formar CO_2 e H_2O.* O número de moléculas de O_2 necessárias e o número de moléculas de CO_2 e H_2O formadas dependem da composição do hidrocarboneto que atua como combustível na reação. Por exemplo, a combustão do propano (C_3H_8, **Figura 3.7**), gás utilizado na cozinha e no sistema de aquecimento doméstico, é descrita pela equação:

$$C_3H_8(g) + 5\,O_2(g) \longrightarrow 3\,CO_2(g) + 4\,H_2O(g) \qquad [3.12]$$

O estado físico da água nessa reação, $H_2O(g)$ ou $H_2O(l)$, depende das condições da reação. Nesse caso, $H_2O(g)$ é formado enquanto a chama de alta temperatura arde no ar.

Milhões de compostos são formados apenas a partir de carbono, hidrogênio e oxigênio. Classes importantes dessas moléculas incluem os açúcares, como a sacarose ($C_{12}H_{22}O_{11}$), e álcoois, como o metanol (CH_3OH). A combustão de derivados de hidrocarbonetos que contêm oxigênio no ar também produz CO_2, H_2O e energia. Muitas das substâncias que funcionam como fontes de energia no metabolismo, como o açúcar glicose ($C_6H_{12}O_6$), reagem com o O_2 e formam CO_2 e H_2O. Em nosso corpo, no entanto, as reações envolvem uma série de etapas intermediárias que ocorrem à temperatura corporal. Essas reações são descritas como *reações de oxidação* em vez de reações de combustão.

Resolva com ajuda da figura

Esta reação produz ou consome energia térmica (calor)?

▲ **Figura 3.7 Propano em combustão no ar.** O propano líquido no reservatório, C_3H_8, vaporiza-se e mistura-se ao ar à medida que escapa pelo bico. A reação de combustão do C_3H_8 e O_2 produz uma chama azul.

Exercício resolvido 3.4
Como escrever equações balanceadas para reações de combustão

Escreva a equação balanceada para a reação que ocorre quando o metanol, $CH_3OH(l)$, entra em combustão no ar.

SOLUÇÃO

Quando todo e qualquer composto com C, H ou O entra em combustão, ele reage com o $O_2(g)$ presente no ar e produz o $CO_2(g)$ e $H_2O(g)$. Desse modo, a equação não balanceada pode ser representada por:

$$CH_3OH(l) + O_2(g) \longrightarrow CO_2(g) + H_2O(g)$$

A quantidade de átomos de C está balanceada, um de cada lado da seta. Uma vez que o CH_3OH tem quatro átomos de H, colocamos o coeficiente 2 na frente do H_2O para balancear os átomos de H:

$$CH_3OH(l) + O_2(g) \longrightarrow CO_2(g) + 2\,H_2O(g)$$

(Continua)

---

*Quando não há uma quantidade suficiente de O_2, o monóxido de carbono (CO) é produzido junto com o CO_2, processo chamado de combustão incompleta. Se a quantidade de O_2 é drasticamente reduzida, são produzidas finas partículas de carbono chamadas de fuligem. A combustão completa produz apenas CO_2 e H_2O. Nesta obra, a menos que se especifique o contrário, a combustão sempre significará combustão completa.

Adicionar esse coeficiente balanceia o H, mas deixa os produtos com quatro átomos de O. Como existem apenas três átomos de O nos reagentes, o balanceamento ainda não está concluído. Podemos colocar o coeficiente $\frac{3}{2}$ na frente do O_2 para deixarmos os reagentes com quatro átomos de O ($\frac{3}{2} \times 2 = 3$ átomos de O em $\frac{3}{2}O_2$):

$$CH_3OH(l) + \frac{3}{2}O_2(g) \longrightarrow CO_2(g) + 2H_2O(g)$$

Embora essa equação esteja balanceada, sua representação não está na forma mais convencional porque contém um coeficiente fracionário. Multiplicar todas as fórmulas da equação por 2 elimina a fração e mantém a equação balanceada:

$$2CH_3OH(l) + 3O_2(g) \longrightarrow 2CO_2(g) + 4H_2O(g)$$

▶ **Para praticar**

Escreva a equação balanceada para a reação que ocorre quando o etanol, $C_2H_5OH(l)$, entra em combustão no ar.

Exercícios de autoavaliação

EAA 3.4 Quando o Na e o S reagem por combinação, qual é a fórmula química do produto?
(**a**) NaS (**b**) Na_2S (**c**) NaS_2 (**d**) Na_2S_3 (**e**) Na_3S_2

EAA 3.5 Usando um processo denominado eletrólise, podemos decompor a água em seus elementos constituintes. Qual das equações a seguir descreve essa reação?

(**a**) $H_2O_2(l) \longrightarrow H_2(g) + O_2(g)$
(**b**) $H_2O(l) \longrightarrow H_2(g) + O_2(g)$
(**c**) $H_2O(l) \longrightarrow 2H(g) + O(g)$
(**d**) $2H_2O(l) \longrightarrow 2H_2(g) + O_2(g)$

EAA 3.6 Qual é a equação balanceada correta para a reação que ocorre quando éter etílico, $CH_3CH_2OCH_2CH_3$, entra em combustão no ar?

(**a**) $CH_3CH_2OCH_2CH_3(l) + 5O_2(g) \longrightarrow 4CO_2(g) + 5H_2O(g)$
(**b**) $CH_3CH_2OCH_2CH_3(l) + 6O_2(g) \longrightarrow 4CO_2(g) + 5H_2O(g)$
(**c**) $CH_3CH_2OCH_2CH_3(l) + 12O(g) \longrightarrow 4CO_2(g) + 5H_2O(g)$
(**d**) $2CH_3CH_2OCH_2CH_3(l) + 12O_2(g) \longrightarrow 8CO_2(g) + 10H_2O(g)$

3.3 | Massas moleculares

O ácido sulfúrico, $H_2SO_4(l)$, é um produto químico comum, e a indústria química usa toneladas dele regularmente. O modelo molecular na **Figura 3.8** mostra que uma molécula de H_2SO_4 contém um átomo de enxofre, quatro de oxigênio e dois de hidrogênio. No laboratório, a prática mais comum é utilizar mililitros da sua solução aquosa, $H_2SO_4(aq)$. As proporções atômicas do enxofre, oxigênio e hidrogênio podem ser determinadas pela fórmula química, mas como sabemos quantas moléculas de H_2SO_4 estão presentes na amostra que encontramos no laboratório? Esse é o tema que começamos a explorar nesta seção.

Objetivos de aprendizagem

Após terminar a Seção 3.3, você deve ser capaz de:
▶ Calcular a massa molecular de uma substância a partir da sua fórmula empírica ou a partir da sua fórmula molecular.
▶ Determinar a composição elementar (em massa) de um composto a partir da sua fórmula empírica ou molecular.

Peso molecular e massa molecular

Não é possível contar átomos ou moléculas específicos, mas podemos determinar, indiretamente, a quantidade deles, desde que suas massas sejam conhecidas. Assim, precisamos saber mais sobre as massas das substâncias. A **massa molecular** (MM), peso molecular ou peso-fórmula de uma substância representa a soma das massas atômicas (MA) dos átomos presentes na fórmula química da substância.* Utilizando as massas atômicas listadas na tabela periódica, temos conhecimento, por exemplo, da massa molecular do ácido sulfúrico (H_2SO_4): 98,1 uma (unidade de massa atômica):

$$\text{MM de } H_2SO_4 = 2(\text{MA de H}) + (\text{MA de S}) + 4(\text{MA de O})$$
$$= 2(1,0 \text{ uma}) + 32,1 \text{ uma} + 4(16,0 \text{ uma})$$
$$= 98,1 \text{ uma}$$

Arredondamos as massas atômicas para uma casa decimal – prática que será adotada na maioria dos cálculos apresentados neste livro.

Se a fórmula química é o símbolo químico de um elemento, como o Na, a massa molecular é igual à massa atômica do elemento; nesse caso, 23,0 uma. Se a fórmula química refere-se a uma única molécula, esta também será chamada de **massa molecular**. A massa molecular da glicose ($C_6H_{12}O_6$), por exemplo, é:

$$\text{MM de } C_6H_{12}O_6 = 6(12,0 \text{ uma}) + 12(1,0 \text{ uma}) + 6(16,0 \text{ uma}) = 180,0 \text{ uma}$$

▲ **Figura 3.8 Ácido sulfúrico.** A molécula de ácido sulfúrico, H_2SO_4, é representada aqui por esferas amarelas, vermelhas e brancas para o enxofre, o oxigênio e o hidrogênio, respectivamente. A figura também mostra uma garrafa de solução de $H_2SO_4(aq)$.

---

* N. do R.T.: No Brasil, o termo "peso-fórmula" não é utilizado, e o termo "peso molecular", apesar de ser utilizado com frequência, não é correto, pois entra em conflito com o conceito físico de peso que é a massa multiplicada pela aceleração da gravidade. Neste livro, adotaremos o termo "massa molecular", por ser a terminologia sugerida pela IUPAC.

Uma vez que as substâncias iônicas existem como arranjos tridimensionais de íons (ver Figura 2.20), não é adequado falar de *moléculas*. Em vez disso, usamos a fórmula empírica desses compostos como unidades de fórmula, sendo que a massa molecular de uma substância iônica é determinada por meio da soma das massas atômicas dos átomos que compõem a fórmula empírica. Por exemplo, a unidade de fórmula do $CaCl_2$ consiste em um íon Ca^{2+} e dois íons Cl^-. Assim, a massa molecular do $CaCl_2$ é:

$$MM \text{ de } CaCl_2 = 40,1 \text{ uma} + 2(35,5 \text{ uma}) = 111,1 \text{ uma}$$

Exercício resolvido 3.5
Como calcular massas moleculares

Calcule a massa molecular (**a**) da sacarose, $C_{12}H_{22}O_{11}$ (açúcar de mesa), e (**b**) do nitrato de cálcio, $Ca(NO_3)_2$.

SOLUÇÃO
(**a**) Somando as massas atômicas dos átomos presentes na sacarose, descobrimos que sua massa molecular é 342,0 uma:

12 átomos de C = 12(12,0 uma) = 144,0 uma
22 átomos de H = 22(1,0 uma) = 22,0 uma
11 átomos de O = 11(16,0 uma) = 176,0 uma
                                 342,0 uma

(**b**) Se uma fórmula química tem parênteses, o subscrito fora deles é um multiplicador de todos os átomos que estão dentro. Assim, para o $Ca(NO_3)_2$, temos:

1 átomo de Ca = 1(40,1 uma) = 40,1 uma
2 átomos de N = 2(14,0 uma) = 28,0 uma
6 átomos de O = 6(16,0 uma) = 96,0 uma
                              164,1 uma

▶ **Para praticar**
Calcule a massa molecular de (**a**) $Al(OH)_3$, (**b**) CH_3OH e (**c**) TaON.

Composição percentual a partir das fórmulas químicas

Por vezes, os químicos devem calcular a *composição percentual* de um composto, isto é, a percentagem em massa de cada elemento presente na substância. Digamos que você seja um químico forense que trabalha em um laboratório de criminalística. Seus colegas encontram um pó branco misterioso na cena de um crime. É sal, açúcar, metanfetamina, cocaína ou outra coisa?

Uma maneira de determinar a identidade de uma substância é medir sua **composição elementar** e compará-la às composições elementares calculadas das substâncias possíveis. O cálculo depende da massa molecular da substância, da massa atômica do elemento em questão e do número de átomos desse elemento presentes na fórmula química:

$$\text{composição percentual do elemento} = \frac{\begin{pmatrix}\text{número de átomos} \\ \text{do elemento}\end{pmatrix}\begin{pmatrix}\text{massa atômica} \\ \text{do elemento}\end{pmatrix}}{\text{massa molecular da substância}} \times 100\% \quad [3.13]$$

Exercício resolvido 3.6
Como calcular a composição percentual

Calcule a percentagem de carbono, hidrogênio e oxigênio (em massa) na sacarose, $C_{12}H_{22}O_{11}$.

SOLUÇÃO
Analise Temos a fórmula química e devemos calcular a percentagem em massa de cada elemento.

Planeje Utilizamos a Equação 3.13 e verificamos as massas atômicas na tabela periódica. Sabemos que o denominador dessa equação é a massa molecular do $C_{12}H_{22}O_{11}$, e já descobrimos esse valor no Exercício resolvido 3.5. Devemos usá-lo em três cálculos, um para cada elemento.

Resolva

$$\% \text{ de carbono} = \frac{(12)(12,0 \text{ uma})}{342,0 \text{ uma}} \times 100\% = 42,1\%$$

$$\% \text{ de hidrogênio} = \frac{(22)(1,0 \text{ uma})}{342,0 \text{ uma}} \times 100\% = 6,4\%$$

$$\% \text{ de oxigênio} = \frac{(11)(16,0 \text{ uma})}{342,0 \text{ uma}} \times 100\% = 51,5\%$$

Confira Os percentuais calculados devem somar 100%, e isso aconteceu. Poderíamos ter usado mais algarismos significativos para registrar as massas atômicas, o que deixaria a composição percentual com mais algarismos significativos, mas seguimos o padrão do livro, que é arredondar as massas atômicas para que tenham uma casa decimal.

▶ **Para praticar**
Calcule a percentagem em massa de potássio no K_2PtCl_6.

A soma de todos os percentuais em massa de cada elemento no composto deve ser igual a 100%.

Por exemplo, vamos calcular o percentual em massa do enxofre no ácido sulfúrico. Com base na fórmula molecular, vemos que, para cada molécula de H_2SO_4, o enxofre representa um átomo de cada sete. Contudo, isso não significa que 1/7 da massa do composto vem do enxofre, pois os átomos que compõem a molécula têm massas diferentes. Usando a Equação 3.13,

$$\% \text{ de enxofre em } H_2SO_4 = \frac{(1)(32,1 \text{ uma})}{98,1 \text{ uma}} = 32,7\%$$

vemos que quase um terço da massa de qualquer amostra de H_2SO_4 puro vem do enxofre.

ESTRATÉGIAS PARA O SUCESSO | Resolução de problemas

A prática é a chave para o sucesso na resolução de problemas. Enquanto você pratica, pode melhorar suas habilidades seguindo estas etapas:

1. **Analise o problema.** Leia cuidadosamente o enunciado e compreenda o que ele diz. Faça uma ilustração ou um diagrama para ajudá-lo a visualizar o problema. Anote os dados fornecidos e a quantidade que você precisa determinar (a incógnita).

2. **Desenvolva um plano para solucionar o problema.** Considere um caminho possível entre a informação fornecida e a incógnita. Quais princípios ou equações relacionam as duas? Lembre-se de que alguns dados podem não ser fornecidos explicitamente no problema; espera-se que você já saiba o valor de alguns dados ou os encontre ao consultar tabelas (como as massas atômicas). Note também que seu plano pode envolver uma única etapa ou uma série delas, com respostas intermediárias.

3. **Resolva o problema.** Utilize as informações conhecidas e as equações ou as relações adequadas para chegar ao resultado. A análise dimensional (Seção 1.7) é uma ferramenta útil para solucionar muitas questões. Tenha atenção redobrada com os algarismos significativos, os sinais e as unidades.

4. **Confira a resolução.** Leia o enunciado novamente para ter certeza de que conseguiu resolver tudo que foi pedido. Sua resposta faz sentido? A resposta apresenta números muito maiores, muito menores ou está dentro da estimativa? Por fim, as unidades e os algarismos significativos estão corretos?

Exercícios de autoavaliação

EAA 3.7 Qual das alternativas a seguir é a massa molecular correta do cloreto de cobre(II)? (**a**) 99,0 uma (**b**) 134,5 uma (**c**) 162,6 uma (**d**) 233,5 uma

EAA 3.8 Qual é a massa molecular do ácido hipocloroso? (**a**) 36,5 uma (**b**) 52,5 uma (**c**) 67,4 uma (**d**) 100,5 uma

EAA 3.9 Qual é o percentual em massa do fósforo no fosfato de cálcio? (**a**) 70,3% (**b**) 61,2% (**c**) 22,9% (**d**) 20,0% (**e**) 10,0%

EAA 3.10 Um pó branco misterioso é encontrado na cena de um crime. Uma análise conclui que ele contém 66,9 ± 0,5% de carbono em massa. Um dos detetives levanta a hipótese de que a substância é cocaína, $C_{17}H_{21}NO_4$. Qual é o percentual do carbono em massa na cocaína? (**a**) 39,5% (**b**) 64,3% (**c**) 67,3% (**d**) 70,6%

3.4 | Número de Avogadro e mol

Mesmo as menores amostras com que lidamos no laboratório contêm um número enorme de átomos, íons e moléculas. Por exemplo, uma colher de chá de água (cerca de 5 mL) contém 2×10^{23} moléculas de água, um número tão grande que quase desafia a nossa compreensão. Por esse motivo, os químicos desenvolveram uma unidade de contagem para descrever grandes números de átomos ou moléculas.

No dia a dia, usamos unidades de contagem bastante familiares, como a dúzia (12) e a grosa (144). Em química, a unidade de contagem para o número de átomos, íons ou moléculas em uma amostra de laboratório é o *mol*. O **mol** representa a quantidade de matéria que contém tantos objetos (átomos, moléculas ou qualquer objeto que considerarmos) quanto o número de átomos presente em exatamente 12 g de ^{12}C isotopicamente puro. A partir de experimentos, cientistas determinaram que esse número é $6,0221415 \times 10^{23}$, que geralmente arredondamos para $6,02 \times 10^{23}$. Esse valor é chamado de **número de Avogadro**, N_A, em homenagem ao cientista italiano Amedeo Avogadro (1776–1856), e é frequentemente citado com unidades de mols recíprocas, $6,02 \times 10^{23}$ mol^{-1}.* A unidade (leia-se "mol inverso" ou "por mol") indica que há $6,02 \times 10^{23}$ elementos em cada mol. Um mol de átomos, um mol de moléculas ou um mol de qualquer outro item contém o número de Avogadro:

Objetivos de aprendizagem

Após terminar a Seção 3.4, você deve ser capaz de:

▶ Calcular a *massa molar* de um composto e relacioná-la à sua massa molecular.

▶ Converter entre gramas, moléculas e mols de uma substância.

---

* O número de Avogadro também é chamado de constante de Avogadro, termo adotado por agências como o Instituto Nacional de Padrões e Tecnologia (NIST). Contudo, número de Avogadro é bastante difundido e usado com mais frequência neste livro.

1 mol de átomos de ^{12}C = 6,02 × 10^{23} átomos de ^{12}C
1 mol de moléculas de H_2O = 6,02 × 10^{23} moléculas de H_2O
1 mol de íons de NO_3^- = 6,02 × 10^{23} íons de NO_3^-

O número de Avogadro é tão grande que é difícil de imaginar. Espalhar 6,02 × 10^{23} bolinhas de gude sobre a superfície da Terra produziria uma camada de cerca de 5 quilômetros espessura. O número de Avogadro de moedas de um centavo dispostas lado a lado em uma linha reta daria a volta na Terra 300 trilhões (3 × 10^{14}) de vezes.

Exercício resolvido 3.7
Como estimar o número de átomos

Sem recorrer à calculadora, organize estas amostras em ordem crescente de número de átomos de carbono: 12 g de ^{12}C, 1 mol de C_2H_2, 9 × 10^{23} moléculas de CO_2.

SOLUÇÃO
Analise Foram fornecidas as quantidades de três substâncias expressas em gramas, mols e número de moléculas, respectivamente. A partir disso, é necessário organizar as amostras em ordem crescente de número de átomos de C.

Planeje Para determinar o número de átomos de C em cada amostra, devemos converter 12 g de ^{12}C, 1 mol de C_2H_2 e 9 × 10^{23} moléculas de CO_2 em número de átomos de C. Para fazer essas conversões, usamos a definição de mol e o número de Avogadro.

Resolva Um mol é definido como a quantidade de matéria que contém tantas unidades de matéria quanto átomos de C existentes em exatamente 12 g de ^{12}C. Assim, 12 g de ^{12}C contém 1 mol de átomos de C = 6,02 × 10^{23} átomos de C.

Um mol de C_2H_2 contém 6,02 × 10^{23} moléculas de C_2H_2. Como há dois átomos de C em cada molécula, essa amostra contém 12,04 × 10^{23} átomos de C.

Uma vez que em cada molécula de CO_2 há um átomo de C, a amostra de CO_2 contém 9 × 10^{23} átomos de C.

Consequentemente, a ordem é 12 g de ^{12}C (6 × 10^{23} átomos de C) < 9 × 10^{23} moléculas de CO_2 (9 × 10^{23} átomos de C) < 1 mol de C_2H_2 (12 × 10^{23} átomos de C).

Confira Podemos conferir os resultados comparando a quantidade de matéria (ou número de mols) de átomos de C nas amostras, pois ela é proporcional ao número de átomos. Assim, 12 g de ^{12}C é igual a 1 mol de C, 1 mol de C_2H_2 contém 2 mols de C e 9 × 10^{23} moléculas de CO_2 contém 1,5 mol de C, a mesma ordem apresentada.

▶ **Para praticar**
Sem recorrer à calculadora, organize estas amostras em ordem crescente de número de átomos de oxigênio: 1 mol de H_2O, 1 mol de CO_2, 3 × 10^{23} moléculas de O_2.

Massa molar

Uma dúzia (12) representa sempre a mesma quantidade, seja uma dúzia de ovos, seja uma dúzia de elefantes. No entanto, é óbvio que uma dúzia de ovos não tem a mesma massa que uma dúzia de elefantes. Do mesmo modo, um mol é sempre o *mesmo número* (6,02 × 10^{23}), mas amostras de 1 mol de diferentes substâncias apresentam *massas diferentes*. Compare, por exemplo, 1 mol de ^{12}C e 1 mol de ^{24}Mg. Um único átomo de ^{12}C tem uma massa de 12 uma, enquanto um único átomo de ^{24}Mg é duas vezes mais maciço, com 24 uma (com dois algarismos significativos). Uma vez que um mol de qualquer elemento sempre contém o mesmo número de partículas, um mol de ^{24}Mg deve ter duas vezes a massa de um mol de ^{12}C. Como um mol de ^{12}C tem uma massa de 12 g (por definição), um mol de ^{24}Mg deve ter uma massa de 24 g. Esse exemplo ilustra uma regra geral que relaciona a massa do átomo à massa do número de Avogadro (1 mol) desse mesmo átomo: *a massa atômica de um elemento em unidades de massa atômica é numericamente igual à massa em gramas de 1 mol desse elemento*. Considerando que o símbolo ⇒ significa "implica", veja os seguintes exemplos:

Cl tem massa atômica de 35,5 uma ⇒ 1 mol de Cl tem massa de 35,5 g.
Au tem massa atômica de 197 uma ⇒ 1 mol de Au tem massa de 197 g.

Para outros tipos de substância, existe a mesma relação numérica entre a massa molecular e a massa de 1 mol da substância:

H_2O tem massa molecular de 18,0 uma ⇒ 1 mol de H_2O tem massa de 18,0 g (**Figura 3.9**).
NaCl tem massa molecular de 58,5 uma ⇒ 1 mol de NaCl tem massa de 58,5 g.

A massa em gramas de um mol de uma substância é chamada de **massa molar** da substância. *A massa molar em gramas por mol de toda e qualquer substância é numericamente igual à sua massa molecular em unidades de massa atômica, uma*. Para o NaCl, por exemplo, a massa molecular é 58,5 uma e a massa molar é 58,5 g/mol. As relações molares de várias outras substâncias são mostradas na **Tabela 3.2**, e a **Figura 3.10** mostra as quantidades de 1 mol de três substâncias comuns.

As entradas na Tabela 3.2 para o N e o N_2 salientam a importância de indicar a forma química de uma substância ao utilizar o conceito de mol. Por exemplo, suponha que você leu que 1 mol de nitrogênio é produzido em determinada reação. Você pode interpretar que estão se referindo a um mol de átomos de nitrogênio (14,0 g). A menos que se diga o contrário, é provável que estejam se referindo a 1 mol de moléculas de nitrogênio, N_2 (28,0 g), porque o N_2 é a forma química mais comum desse elemento. No entanto, para evitar mal-entendidos, é importante indicar explicitamente a forma química que está sendo discutida. Usar a fórmula química (p. ex., N ou N_2) evita que sejam cometidos equívocos.

TABELA 3.2 Relações molares

Nome da substância	Fórmula	Massa molecular (uma)	Massa molar (g/mol)	Número e tipo de partículas em um mol
Nitrogênio atômico	N	14,0	14,0	$6,02 \times 10^{23}$ átomos de N
Nitrogênio molecular ou "dinitrogênio"	N_2	28,0	28,0	$6,02 \times 10^{23}$ moléculas de N_2 $2(6,02 \times 10^{23})$ átomos de N
Prata	Ag	107,9	107,9	$6,02 \times 10^{23}$ átomos de Ag
Íons prata	Ag^+	107,9[a]	107,9	$6,02 \times 10^{23}$ íons Ag^+
Cloreto de bário	$BaCl_2$	208,2	208,2	$6,02 \times 10^{23}$ unidades de fórmula $BaCl_2$ $6,02 \times 10^{23}$ íons Ba^{2+} $2(6,02 \times 10^{23})$ íons Cl^-

[a] Lembre-se de que a massa de um elétron é 1.800 vezes menor que a massa do próton e do nêutron; portanto, íons e átomos apresentam, essencialmente, a mesma massa.

Resolva com ajuda da figura

Qual é o número obtido quando dividimos a massa de 1 mol de água pela massa de 1 molécula de água?

Molécula única

1 molécula de H_2O (18,0 uma)

O número de Avogadro de água em um mol de água.

Amostra de laboratório

1 mol de H_2O (18,0 g)

▲ **Figura 3.9 Comparação das massas de 1 molécula e 1 mol de H_2O.** Ambas as massas têm valor igual, mas estão em unidades diferentes (unidades de massa atômica e gramas). Expressando essas massas em gramas, podemos ver que elas são bastante diferentes: uma molécula de H_2O tem massa de $2,99 \times 10^{-23}$ g, enquanto 1 mol de H_2O tem 18,0 g de massa.

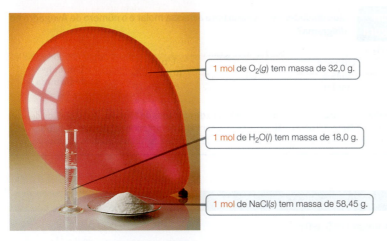

1 mol de $O_2(g)$ tem massa de 32,0 g.

1 mol de $H_2O(l)$ tem massa de 18,0 g.

1 mol de NaCl(s) tem massa de 58,45 g.

▲ **Figura 3.10 Um mol de um sólido (NaCl), de um líquido (H_2O) e de um gás (O_2).** Em cada caso, a massa em gramas de 1 mol, isto é, a massa molar, é numericamente igual à massa molecular em unidades de massa atômica. Cada uma dessas amostras contém $6,02 \times 10^{23}$ unidades de fórmula.

Exercício resolvido 3.8
Cálculo da massa molar

Qual é a massa molar da glicose, $C_6H_{12}O_6$?

SOLUÇÃO

Analise Com base na fórmula química, vamos determinar a massa molar.

Planeje Uma vez que a massa molar de toda e qualquer substância é numericamente igual à sua massa molecular, determinamos primeiro a massa molecular da glicose, somando as massas atômicas dos átomos. A unidade da massa molecular deve ser dada em uma e a massa molar deve ser dada em gramas por mol (g/mol).

Resolva O primeiro passo é determinar a massa molecular da glicose:

6 átomos de C = 6(12,0 uma) = 72,0 uma
12 átomos de H = 12(1,0 uma) = 12,0 uma
6 átomos de O = 6(16,0 uma) = 96,0 uma
                                180,0 uma

Como a glicose tem uma massa molecular de 180,0 uma, 1 mol dessa substância ($6,02 \times 10^{23}$ moléculas) tem uma massa de 180,0 g. Em outras palavras, o $C_6H_{12}O_6$ tem massa molar de 180,0 g/mol.

(Continua)

Confira Um valor de massa molar inferior a 250 parece razoável, de acordo com os exemplos anteriores. Gramas por mol é a unidade adequada para expressar a massa molar.

▶ **Para praticar**
Calcule a massa molar de $Ca(NO_3)_2$.

Conversões entre massas, mols e números de partículas

O conceito de mol estabelece uma relação entre a massa e o número de partículas (**Figura 3.11**). Podemos usar o conceito para relacionar as estequiometrias expressas nas equações químicas com as quantidades de produtos químicos usados e produzidos nas reações. Por exemplo, vamos calcular o número de átomos de cobre em uma moeda antiga. Essa moeda tem massa de cerca de 3 g e, para simplificar, vamos supor que ela é 100% constituída de cobre:

$$\text{Átomos de Cu} = (3 \text{ g Cu})\left(\frac{1 \text{ mol Cu}}{63,5 \text{ g Cu}}\right)\left(\frac{6,02 \times 10^{23} \text{ átomos de Cu}}{1 \text{ mol Cu}}\right)$$

$$= 3 \times 10^{22} \text{ átomos de Cu}$$

Arredondamos a resposta com o objetivo de garantir um algarismo significativo, porque usamos apenas um algarismo significativo na massa da moeda. Observe como a análise dimensional possibilita um caminho direto para a conversão de gramas em número de átomos. A massa molar é utilizada como fator de conversão para converter gramas em mols e, em seguida, o número de Avogadro é usado para converter mols em número de átomos (Figura 3.11). Observe também que nossa resposta é um número muito grande. Sempre que você calcular o número de átomos, moléculas ou íons de uma amostra de matéria, espere um número muito grande como resposta. Em contraste, o número de mols de uma amostra será, geralmente, pequeno, muitas vezes menor do que 1.

Resolva com ajuda da figura Que unidades você usaria para a massa molar e o número de Avogadro no diagrama?

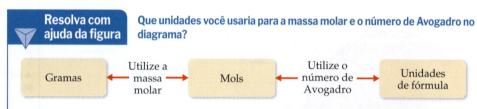

▲ **Figura 3.11 Procedimento para converter massa e número de unidades de fórmula.** A quantidade de matéria da substância é fundamental para o cálculo. Assim, o conceito de mol pode ser pensado como a ligação entre a massa de uma amostra em gramas e o número de unidades de fórmula contido na amostra.

Exercício resolvido 3.9
Conversão de gramas em mols

Calcule o número de mols de glicose ($C_6H_{12}O_6$) em uma amostra de 5,380 g.

SOLUÇÃO

Analise Temos o número de gramas de uma substância e sua fórmula química e precisamos calcular o número de mols.

Planeje A massa molar de uma substância fornece o fator para converter gramas em mols. A massa molar do $C_6H_{12}O_6$ é 180,0 g/mol (Exercício resolvido 3.8).

Resolva Usando 1 mol de $C_6H_{12}O_6$ = 180,0 g de $C_6H_{12}O_6$ para escrever o fator de conversão adequado, temos:

$$\text{Mols } C_6H_{12}O_6 = (5,380 \text{ g } C_6H_{12}O_6)\left(\frac{1 \text{ mol } C_6H_{12}O_6}{180,0 \text{ g } C_6H_{12}O_6}\right)$$

$$= 0,02989 \text{ mol } C_6H_{12}O_6$$

Confira Uma vez que 5,380 g é um valor menor que a massa molar, uma resposta inferior a 1 mol é razoável. A unidade mol é adequada. Os dados fornecidos tinham quatro algarismos significativos, por isso a resposta também apresenta quatro algarismos significativos.

▶ **Para praticar**
Quantos mols de bicarbonato de sódio ($NaHCO_3$) há em uma amostra de 508 g dessa substância?

Exercícios de autoavaliação

EAA 3.11 Dois béqueres contêm massas iguais de CCl_4 e NH_3. Qual béquer contém mais moléculas? **(a)** O béquer com CCl_4 **(b)** O béquer com NH_3 **(c)** Os dois béqueres contêm o mesmo número de moléculas.

EAA 3.12 Uma solução aquosa de cafeína contém 0,186 mol da substância. Quando a cafeína é separada do resto da solução, observa-se que ela tem massa de 36,1 g. Qual é a massa molar da cafeína? **(a)** 0,00515 g/mol **(b)** 36,1 g/mol **(c)** 186 g/mol **(d)** 194 g/mol

3.5 | Fórmulas empíricas a partir de análises

A fórmula empírica de uma substância fornece o número relativo de átomos de cada elemento. (Seção 2.6) Por exemplo, a fórmula empírica H_2O mostra que na água há dois átomos de H para cada átomo de O. Essa razão é aplicada também no nível molar: 1 mol de H_2O contém 2 mols de átomos de H e 1 mol de átomos de O. Inversamente, *a razão entre as quantidades de matéria de todos os elementos de um composto fornece os subscritos na fórmula empírica do composto*. Assim, o conceito de mol possibilita um modo de calcular as fórmulas empíricas.

O mercúrio e o cloro são combinados para formar um composto com 74,0% de mercúrio e 26,0% de cloro em massa. Assim, se tivéssemos uma amostra de 100,0 g do composto, ela teria 74,0 g de mercúrio e 26,0 g de cloro. (Podemos utilizar amostras de qualquer magnitude para problemas desse tipo, mas geralmente utilizamos 100,0 g para simplificar o cálculo da percentagem de massa.) Utilizando massas atômicas para obter massas molares, podemos calcular a quantidade de matéria de cada elemento na amostra:

$$(74{,}0 \text{ g Hg})\left(\frac{1 \text{ mol de Hg}}{200{,}6 \text{ g Hg}}\right) = 0{,}369 \text{ mol de Hg}$$

$$(26{,}0 \text{ g Cl})\left(\frac{1 \text{ mol de Cl}}{35{,}5 \text{ g Cl}}\right) = 0{,}732 \text{ mol de Cl}$$

Em seguida, dividimos o maior valor de quantidade de matéria pelo menor para obter a razão molar Cl:Hg:

$$\frac{\text{mols de Cl}}{\text{mols de Hg}} = \frac{0{,}732 \text{ mol de Cl}}{0{,}369 \text{ mol de Hg}} = \frac{1{,}98 \text{ mol de Cl}}{1 \text{ mol de Hg}}$$

Devido a erros experimentais, os valores calculados para uma razão molar podem não ser números inteiros, como no exemplo. No entanto, o número 1,98 está muito próximo de 2 e, por isso, podemos concluir que a fórmula empírica do composto é $HgCl_2$. A fórmula empírica está correta porque o subscrito é o menor número inteiro possível que expressa a *proporção* entre os átomos presentes no composto.

O procedimento geral para determinar fórmulas empíricas pode ser visto na **Figura 3.12**.

Objetivos de aprendizagem

Após terminar a Seção 3.5, você deve ser capaz de:

▶ Calcular a fórmula empírica de um composto a partir dos percentuais em massa dos elementos que compõem uma substância composta.

▶ Determinar a fórmula molecular de um composto molecular a partir de sua fórmula empírica e massa molecular.

▶ Determinar a fórmula empírica de um composto que contém apenas carbono, hidrogênio e oxigênio a partir dos resultados da análise da combustão.

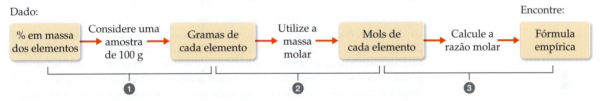

▲ **Figura 3.12** Procedimento para calcular uma fórmula empírica a partir da composição percentual.

Exercício resolvido 3.10
Cálculo da fórmula empírica

O ácido ascórbico (vitamina C) contém 40,92% de C, 4,58% de H e 54,50% de O em massa. Qual é a fórmula empírica do ácido ascórbico?

SOLUÇÃO

Analise Devemos determinar a fórmula empírica de um composto a partir das percentagens em massa dos seus elementos.

Planeje A estratégia para determinar a fórmula empírica envolve as três etapas indicadas na Figura 3.12.

Resolva
(**1**) Para simplificar, consideramos que exatamente 100 g de material estejam disponíveis, embora qualquer outro valor de massa possa ser usado.

Em 100,00 g de ácido ascórbico, temos 40,92 g de C, 4,58 g de H e 54,50 g de O.

(Continua)

(2) Em seguida, calculamos a quantidade de matéria de cada elemento. Utilizamos as massas atômicas com quatro algarismos significativos para coincidir com a precisão das massas experimentais.

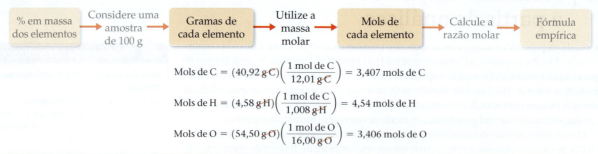

$$\text{Mols de C} = (40{,}92 \text{ g C})\left(\frac{1 \text{ mol de C}}{12{,}01 \text{ g C}}\right) = 3{,}407 \text{ mols de C}$$

$$\text{Mols de H} = (4{,}58 \text{ g H})\left(\frac{1 \text{ mol de C}}{1{,}008 \text{ g H}}\right) = 4{,}54 \text{ mols de H}$$

$$\text{Mols de O} = (54{,}50 \text{ g O})\left(\frac{1 \text{ mol de O}}{16{,}00 \text{ g O}}\right) = 3{,}406 \text{ mols de O}$$

(3) Determinamos as razões mais simples de números inteiros de mols dividindo cada número de mols pelo menor número de mols.

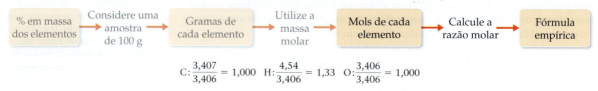

$$\text{C:} \frac{3{,}407}{3{,}406} = 1{,}000 \quad \text{H:} \frac{4{,}54}{3{,}406} = 1{,}33 \quad \text{O:} \frac{3{,}406}{3{,}406} = 1{,}000$$

A razão para o H está muito distante do 1 para que possamos atribuir a diferença a um erro experimental. Na verdade, ela está bastante próxima de $1\frac{1}{3}$. Isso sugere que devemos multiplicar as razões por 3 para obter números inteiros:

$$\text{C : H : O} = (3 \times 1 : 3 \times 1{,}33 : 3 \times 1) = (3 : 4 : 3)$$

Assim, a fórmula empírica é $C_3H_4O_3$.

> **Confira** O fato de que os subscritos são números inteiros de magnitude moderada garante a segurança do cálculo. Além disso, o cálculo da composição percentual do $C_3H_4O_3$ forneceu valores muito próximos dos percentuais originais.
>
> ▶ **Para praticar**
> Uma amostra de 5,325 g de benzoato de metila, composto utilizado na produção de perfumes, contém 3,758 g de carbono, 0,316 de hidrogênio e 1,251 g de oxigênio. Qual é a fórmula empírica dessa substância?

Fórmulas moleculares a partir de fórmulas empíricas

Para as substâncias moleculares, a fórmula empírica e a fórmula molecular muitas vezes são diferentes. Por exemplo, o benzeno tem fórmula molecular C_6H_6, mas sua fórmula empírica CH é igual à do gás acetileno, cuja fórmula molecular é C_2H_2. Conhecer a fórmula empírica não basta para diferenciar entre dois compostos muito diferentes. Felizmente, podemos obter a fórmula molecular de todo e qualquer composto a partir da sua fórmula empírica, desde que se conheça a massa molecular do composto, que pode ser medida por diversos métodos, incluindo espectrometria de massa (Seção 2.4). *Os subscritos na fórmula molecular de uma substância são sempre múltiplos inteiros de sua fórmula empírica.* (Seção 2.6) Esse múltiplo inteiro pode ser determinado ao dividir a massa molecular da substância pela massa da fórmula empírica:

$$\text{Múltiplo inteiro} = \frac{\text{massa molecular}}{\text{massa da fórmula empírica}} \quad [3.14]$$

No Exercício resolvido 3.10, por exemplo, encontramos a fórmula empírica do ácido ascórbico: $C_3H_4O_3$. Isso significa que a massa da fórmula empírica é 3(12,0 uma) + 4(1,0 uma) + 3(16,0 uma) = 88,0 uma. Nesse caso, a massa molecular determinada experimentalmente é 176 uma. Encontramos o múltiplo de número inteiro que converte a fórmula empírica na fórmula molecular dividindo:

$$\text{Múltiplo inteiro} = \frac{\text{massa molecular}}{\text{massa da fórmula empírica}} = \frac{176 \text{ uma}}{88{,}0 \text{ uma}} = 2$$

Então multiplicamos a fórmula empírica por esse valor, obtendo a fórmula molecular: $C_6H_8O_6$.

Exercício resolvido 3.11

Como determinar uma fórmula molecular

O mesitileno, um hidrocarboneto encontrado no petróleo bruto, tem a fórmula empírica C_3H_4 e uma massa molecular determinada experimentalmente de 121 uma. Qual é a fórmula molecular do mesitileno?

SOLUÇÃO

Analise A fórmula empírica e a massa molecular do composto são conhecidas e, a partir delas, devemos determinar a fórmula molecular.

Planeje A fórmula molecular de uma substância é sempre um múltiplo inteiro de sua fórmula empírica. Assim, encontramos o múltiplo adequado utilizando a Equação 3.14.

Resolva A massa molecular da fórmula empírica C_3H_4 é:

$$3(12,0 \text{ uma}) + 4(1,0 \text{ uma}) = 40,0 \text{ uma}$$

Em seguida, usamos esse valor na Equação 3.14:

$$\text{Múltiplo inteiro} = \frac{\text{massa molecular}}{\text{massa da fórmula empírica}}$$

$$= \frac{121}{40,0} = 3,03$$

Somente razões de números inteiros fazem sentido do ponto de vista físico porque as moléculas contêm átomos inteiros. O número 3,03, nesse caso, poderia ser resultado de um pequeno erro experimental na determinação da massa molecular. Multiplicamos, então, cada subscrito na fórmula empírica por 3 para obter a fórmula molecular: C_9H_{12}.

Confira Podemos confiar no resultado porque a divisão da massa molecular pela massa da fórmula empírica resulta em um número quase inteiro.

▶ **Para praticar**

O etilenoglicol, substância usada em anticongelantes automotivos, tem em sua composição 38,7% de C, 9,7% de H e 51,6% de O em massa. Sua massa molar é de 62,1 g/mol. **(a)** Qual é a fórmula empírica do etilenoglicol? **(b)** Qual é sua fórmula molecular?

Análise por combustão

Uma técnica que pode ser utilizada para determinar as fórmulas empíricas no laboratório é a *análise por combustão*, que costuma ser aplicada com compostos que contêm principalmente carbono e hidrogênio.

Quando um composto com carbono e hidrogênio é completamente queimado em um equipamento, como o apresentado na **Figura 3.13**, o carbono é convertido em CO_2 e o hidrogênio é convertido em H_2O. (Seção 3.2) A partir das massas de CO_2 e H_2O, podemos calcular o número de mols de C e H na amostra original e, assim, a fórmula empírica. Se um terceiro elemento estiver presente no composto, sua massa pode ser determinada a partir da subtração das massas medidas de C e H da massa da amostra original.

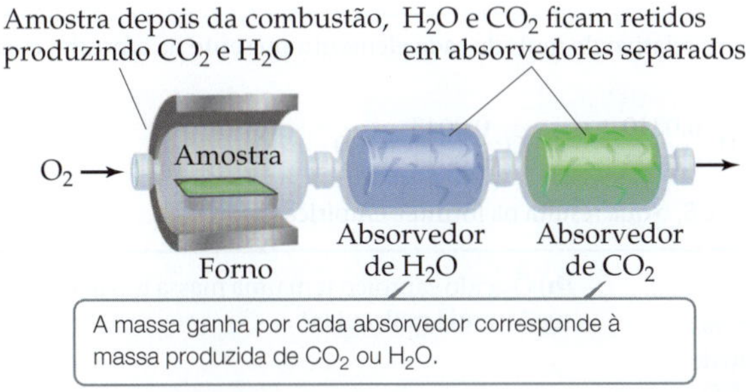

◀ **Figura 3.13** Equipamento para análise de combustão.

Exercício resolvido 3.12

Como determinar uma fórmula empírica pela análise por combustão

O álcool isopropílico, uma substância vendida como álcool para massagem, é composto por C, H e O. A combustão de 0,255 g de álcool isopropílico produz 0,561 g de CO_2 e 0,306 g de H_2O. Determine a fórmula empírica do álcool isopropílico.

SOLUÇÃO

Analise Sabemos que o álcool isopropílico contém átomos de C, H e O. Além disso, são dadas as quantidades de CO_2 e H_2O produzidas quando uma determinada quantidade de álcool é queimada. Com isso, devemos definir a fórmula empírica do álcool isopropílico a partir do cálculo do número de mols de C, H e O na amostra.

Planeje Podemos utilizar o conceito de mol para calcular os gramas de C no CO_2 e os gramas de H no H_2O – as massas de C e H no álcool antes da combustão. A massa de O no composto é igual à massa da amostra original menos a soma das massas de C e H. Com base no valor dessas massas de C, H e O, podemos repetir o procedimento do Exercício resolvido 3.10.

(Continua)

Resolva Como todo o carbono presente na amostra é convertido em CO_2, pode-se utilizar a análise dimensional e as etapas a seguir para calcular a massa de C na amostra.

Massa produzida de CO_2 → Massa molar do CO_2 44,0 g/mol → Mols produzidos de CO_2 → 1 átomo de C por molécula de CO_2 → Mols de C na amostra original → Massa molar do C 12,0 g/mol → Massa de C na amostra original

Usando os valores dados neste exemplo, a massa de C é:

$$\text{Gramas de C} = (0{,}561 \text{ g CO}_2)\left(\frac{1 \text{ mol de CO}_2}{44{,}0 \text{ g CO}_2}\right)\left(\frac{1 \text{ mol de C}}{1 \text{ mol de CO}_2}\right)\left(\frac{12{,}0 \text{ g C}}{1 \text{ mol de C}}\right)$$

$$= 0{,}153 \text{ g C}$$

Como todo o hidrogênio da amostra é convertido em H_2O, podemos utilizar a análise dimensional e as etapas a seguir para calcular a massa de H na amostra. Para isso, usamos três algarismos significativos na massa atômica do H, para coincidir com o número de algarismos significativos da massa de H_2O produzida.

Massa produzida de H_2O → Massa molar do H_2O 18,0 g/mol → Mols produzidos de H_2O → 2 átomos de H por molécula de H_2O → Mols de H na amostra original → Massa molar do H 1,01 g/mol → Massa de H na amostra original

Usando os valores deste exemplo, a massa de H é:

$$\text{Gramas de H} = (0{,}306 \text{ g de H}_2\text{O})\left(\frac{1 \text{ mol de H}_2\text{O}}{18{,}0 \text{ g de H}_2\text{O}}\right)\left(\frac{2 \text{ mols de H}}{1 \text{ mol de H}_2\text{O}}\right)\left(\frac{1{,}01 \text{ g de H}}{1 \text{ mol de H}}\right) = 0{,}0343 \text{ g de H}$$

A massa da amostra, 0,255 g, representa a soma das massas de C, H e O. Assim, a massa de O é:

Massa de O = massa da amostra − (massa de C + massa de H) = 0,255 g − (0,153 g + 0,0343 g) = 0,068 g de O

Portanto, o número de mols de C, H e O na amostra é:

$$\text{Mols de C} = (0{,}153 \text{ g de C})\left(\frac{1 \text{ mol de C}}{12{,}0 \text{ g de C}}\right) = 0{,}0128 \text{ mol de C}$$

$$\text{Mols de H} = (0{,}0343 \text{ g de H})\left(\frac{1 \text{ mol de H}}{1{,}01 \text{ g de H}}\right) = 0{,}0340 \text{ mol de H}$$

$$\text{Mols de O} = (0{,}068 \text{ g de O})\left(\frac{1 \text{ mol de O}}{16{,}0 \text{ g de O}}\right) = 0{,}0043 \text{ mol de O}$$

Para encontrar a fórmula empírica, devemos comparar o número relativo de mols de cada elemento presente na amostra, como no Exercício resolvido 3.11.

$$\text{C}: \frac{0{,}0128}{0{,}0043} = 3{,}0 \quad \text{H}: \frac{0{,}0340}{0{,}0043} = 7{,}9 \quad \text{O}: \frac{0{,}0043}{0{,}0043} = 1{,}0$$

Os dois primeiros números são próximos dos números inteiros 3 e 8, o que resulta na fórmula empírica C_3H_8O.

▶ **Para praticar**

(a) O ácido caproico, substância responsável pelo odor nas meias sujas, é composto por átomos de C, H e O. A combustão de uma amostra de 0,225 g desse composto produz 0,512 g de CO_2 e 0,209 g de H_2O. Qual é a fórmula empírica do ácido caproico?

(b) O ácido caproico tem uma massa molar de 116 g/mol. Qual é sua fórmula molecular?

Exercícios de autoavaliação

EAA 3.13 Em 2001, pesquisadores japoneses descobriram um composto binário de magnésio e boro que conduz eletricidade sem resistência quando resfriado abaixo de 39 K. A análise elementar demonstrou que sua composição em massa era de 52,9% magnésio e 47,1% boro. Qual é a fórmula empírica desse composto? **(a)** MgB **(b)** Mg_2B **(c)** MgB_2 **(d)** Mg_2B_4

EAA 3.14 O estireno é o monômero usado para produzir o polímero poliestireno. Uma análise elementar mostrou que o estireno é composto de 92,3% de carbono e 7,7% de hidrogênio em massa. Diversas técnicas podem ser utilizadas para mostrar que sua massa molar é de 104,2 g/mol. Qual é a fórmula molecular do estireno? **(a)** CH **(b)** C_8H_5 **(c)** C_8H_8 **(d)** C_7H_{20}

EAA 3.15 O acetato de isopentila é a principal molécula responsável pelo aroma e sabor das bananas. Ela é composta de carbono, hidrogênio e oxigênio. A combustão de uma amostra de 3,256 g de acetato de isopentila produz 7,706 g de CO_2 e 3,156 g de H_2O. Usando esses resultados, qual é a fórmula empírica do acetato de isopentila? **(a)** C_3H_3O **(b)** CH_2 **(c)** $C_{3,5}H_7O$ **(d)** $C_7H_{14}O_2$

3.6 | Informações quantitativas a partir de equações balanceadas

Quando uma reação química é realizada, é essencial entender quanto de cada produto será produzido e quanto de cada reagente será consumido. Conduzir reações químicas sem esse conhecimento pode levar a consequências não intencionais. Você pode desperdiçar um reagente caro porque adicionou mais dele do que o necessário. Uma reação pode gerar gás além do que o recipiente da reação consegue conter, causando uma explosão. Em algumas reações, em especial aquelas que envolvem sólidos, pode ser difícil separar o produto desejado dos reagentes em excesso. Nesta seção, mostramos como calcular as quantidades dos reagentes consumidos e dos produtos produzidos, dada uma equação química balanceada que representa a reação.

Os coeficientes em uma equação química representam os números relativos de moléculas em uma reação. O conceito de mol nos permite a conversão dessa informação em massas das substâncias presentes na reação. Por exemplo, os coeficientes da equação balanceada

$$2\,H_2(g) + O_2(g) \longrightarrow 2\,H_2O(l) \qquad [3.15]$$

indicam que duas moléculas de H_2 reagem com uma molécula de O_2 para formar duas moléculas de H_2O. Podemos verificar, portanto, que os números relativos de mols são idênticos aos números relativos de moléculas:

$2\,H_2(g)$	+	$O_2(g)$	$\longrightarrow$	$2\,H_2O(l)$
2 moléculas		1 molécula		2 moléculas
$2(6{,}02 \times 10^{23}$ moléculas)		$1(6{,}02 \times 10^{23}$ moléculas)		$2(6{,}02 \times 10^{23}$ moléculas)
2 mols		1 mol		2 mols

Também é possível generalizar essa observação para todas as equações químicas balanceadas: *os coeficientes de uma equação química balanceada indicam tanto os números relativos de moléculas (ou unidades de fórmula) na reação quanto o número relativo de mols*. A **Figura 3.14** mostra como esse resultado está de acordo com a lei da conservação da massa.

Objetivos de aprendizagem

Após terminar a Seção 3.6, você deve ser capaz de:
▶ Determinar as quantidades (gramas, mols ou moléculas) de produtos formados e/ou reagentes consumidos em uma reação química em que a quantidade de um reagente identificado limita a extensão de uma reação.

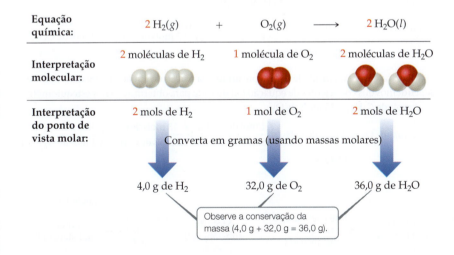

◀ **Figura 3.14** Interpretação quantitativa de uma equação química balanceada.

As quantidades 2 mols de H_2, 1 mol de O_2 e 2 mols de H_2O, dadas pelos coeficientes da Equação 3.15, são chamadas de *quantidades estequiometricamente equivalentes*. A relação entre essas quantidades pode ser representada como:

$$2\text{ mols de }H_2 \simeq 1\text{ mol de }O_2 \simeq 2\text{ mols de }H_2O$$

Aqui, o símbolo $\simeq$ significa "estequiometricamente equivalente a". Relações estequiométricas como essas podem ser aplicadas para converter quantidades de reagentes em quantidades de produtos (e vice-versa) em uma reação química. Por exemplo, a quantidade de matéria de H_2O produzida a partir de 1,57 mol de O_2 é:

$$\text{Mols de } H_2O = (1{,}57 \text{ mol de } O_2)\left(\frac{2 \text{ mols de } H_2O}{1 \text{ mol de } O_2}\right) = 3{,}14 \text{ mols de } H_2O$$

Para entender melhor esse cálculo, vamos refletir a respeito de mais um exemplo. Considere a combustão do butano (C_4H_{10}), o combustível em isqueiros descartáveis:

$$2\,C_4H_{10}(l) + 13\,O_2(g) \longrightarrow 8\,CO_2(g) + 10\,H_2O(g) \qquad [3.16]$$

Vamos calcular a massa de CO_2 produzida quando 1,00 g de C_4H_{10} entra em combustão. Os coeficientes na Equação 3.13 indicam que a quantidade de C_4H_{10} consumida está relacionada à quantidade de CO_2 produzida: 2 mols de $C_4H_{10} \simeq$ 8 mols de CO_2. Para usar essa relação estequiométrica, devemos converter gramas de C_4H_{10} em mols, utilizando a massa molar do C_4H_{10}, 58,0 g/mol:

$$\text{Mols de } C_4H_{10} = (1{,}00 \text{ g de } C_4H_{10})\left(\frac{1 \text{ mol de } C_4H_{10}}{58{,}0 \text{ g de } C_4H_{10}}\right)$$

$$= 1{,}72 \times 10^{-2} \text{ mol de } C_4H_{10}$$

Em seguida, recorremos ao fator estequiométrico da equação balanceada para calcular os mols de CO_2:

$$\text{Mols de } CO_2 = (1{,}72 \times 10^{-2} \text{ mol de } C_4H_{10})\left(\frac{8 \text{ mols de } CO_2}{2 \text{ mols de } C_4H_{10}}\right)$$

$$= 6{,}88 \times 10^{-2} \text{ mols de } CO_2$$

Por fim, usamos a massa molar de CO_2, 44,0 g/mol, para calcular a massa de CO_2 em gramas:

$$\text{Gramas de } CO_2 = (6{,}88 \times 10^{-2} \text{ mols de } CO_2)\left(\frac{44{,}0 \text{ g de } CO_2}{1 \text{ mol de } CO_2}\right)$$

$$= 3{,}03 \text{ g de } CO_2$$

Essa sequência de conversão envolve três etapas, conforme a **Figura 3.15**. Essas três conversões podem ser combinadas em uma única equação:

$$\text{Gramas de } CO_2 = (1{,}00 \text{ g de } C_4H_{10})\left(\frac{1 \text{ mol de } C_4H_{10}}{58{,}0 \text{ g de } C_4H_{10}}\right)\left(\frac{8 \text{ mols de } CO_2}{2 \text{ mols de } C_4H_{10}}\right)\left(\frac{44{,}0 \text{ g de } CO_2}{1 \text{ mol de } CO_2}\right)$$

$$= 3{,}03 \text{ g de } CO_2$$

Para calcular a quantidade de O_2 consumida na reação da Equação 3.16, mais uma vez dependemos dos coeficientes da equação balanceada para obtermos o fator estequiométrico, 2 mols de $C_4H_{10} \simeq$ 13 mols de O_2:

$$\text{Gramas de } O_2 = (1{,}00 \text{ g de } C_4H_{10})\left(\frac{1 \text{ mol de } C_4H_{10}}{58{,}0 \text{ g de } C_4H_{10}}\right)\left(\frac{13 \text{ mols de } O_2}{2 \text{ mols de } C_4H_{10}}\right)\left(\frac{32{,}0 \text{ g de } O_2}{1 \text{ mol de } O_2}\right)$$

$$= 3{,}59 \text{ g de } O_2$$

▲ **Figura 3.15 Procedimento para calcular quantidades de reagentes consumidos ou produtos formados em uma reação.** O número de gramas de um reagente consumido ou de um produto formado pode ser calculado em três etapas, começando com o número de gramas de qualquer reagente ou produto.

Muitas reações químicas consomem ou produzem calor (Figura 3.7). Esse calor também é uma quantidade estequiométrica. Por exemplo, se uma determinada reação, com um determinado número de mols de reagente, produz 100 J de energia na forma de calor, realizar a reação com o dobro do número de mols de reagentes produzirá 200 J de calor. Exploramos esse conceito em mais detalhes no Capítulo 5.

Exercício resolvido 3.13
Cálculo das quantidades de reagentes e produtos

Determine quantos gramas de água são produzidos na oxidação de 1,00 g de glicose, $C_6H_{12}O_6$:

$$C_6H_{12}O_6(s) + 6\,O_2(g) \longrightarrow 6\,CO_2\,g + 6\,H_2O(l)$$

SOLUÇÃO

Analise A partir da massa de um reagente, que é conhecida, devemos determinar a massa de um produto da reação descrita.

Planeje Seguimos a estratégia geral apresentada na Figura 3.15:

(1) Converter gramas de $C_6H_{12}O_6$ em mols, utilizando a massa molar de $C_6H_{12}O_6$.

(2) Converter mols de $C_6H_{12}O_6$ em mols de H_2O, utilizando a relação estequiométrica de 1 mol de $C_6H_{12}O_6 \simeq 6$ mols de H_2O.

(3) Converter mols de H_2O em gramas, utilizando a massa molar de H_2O.

Resolva

(1) Primeiro, convertemos gramas de $C_6H_{12}O_6$ em mols, utilizando a massa molar de $C_6H_{12}O_6$.

$$\text{Mols de } C_6H_{12}O_6 = (1{,}00\text{ g de } C_6H_{12}O_6)\left(\frac{1\text{ mol de } C_6H_{12}O_6}{180{,}0\text{ g de } C_6H_{12}O_6}\right)$$

(2) Em seguida, convertemos mols de $C_6H_{12}O_6$ em mols de H_2O, recorrendo à relação estequiométrica 1 mol de $C_6H_{12}O_6 \simeq 6$ mols de H_2O.

$$\text{Mols de } H_2O = (1{,}00\text{ g de } C_6H_{12}O_6)\left(\frac{1\text{ mol de } C_6H_{12}O_6}{180{,}0\text{ g de } C_6H_{12}O_6}\right)\left(\frac{6\text{ mols de } H_2O}{1\text{ mol de } C_6H_{12}O_6}\right)$$

(3) Por fim, convertemos mols de H_2O em gramas de H_2O, utilizando a massa molar de H_2O.

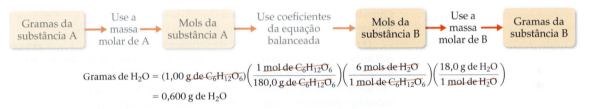

$$\text{Gramas de } H_2O = (1{,}00\text{ g de } C_6H_{12}O_6)\left(\frac{1\text{ mol de } C_6H_{12}O_6}{180{,}0\text{ g de } C_6H_{12}O_6}\right)\left(\frac{6\text{ mols de } H_2O}{1\text{ mol de } C_6H_{12}O_6}\right)\left(\frac{18{,}0\text{ g de } H_2O}{1\text{ mol de } H_2O}\right)$$

$$= 0{,}600\text{ g de } H_2O$$

Confira Podemos verificar se o resultado é razoável ao fazer uma estimativa aproximada da massa de H_2O. Como a massa molar da glicose é 180 g/mol, 1 g de glicose é igual a 1/180 mol. Como 1 mol de glicose produz 6 mols de H_2O, teríamos 6/180 = 1/30 mol de H_2O. A massa molar da água é 18 g/mol, por isso, temos 1/30 × 18 = 6/10 = 0,6 g de H_2O, valor que está de acordo com o cálculo detalhado. As unidades e o número de gramas de H_2O estão corretos. Os dados iniciais apresentam três algarismos significativos, de modo que usar três algarismos significativos na resposta é o mais indicado.

▶ **Para praticar**
A decomposição do $KClO_3$ é, por vezes, utilizada para preparar pequenas quantidades de O_2 no laboratório: $2\,KClO_3(s) \longrightarrow 2\,KCl(s) + 3\,O_2(g)$. Quantos gramas de O_2 podem ser preparados a partir de 4,50 g de $KClO_3$?

Exercícios de autoavaliação

EAA 3.16 Quando 5,00 g de metano, CH_4, reage com um excesso de oxigênio em uma reação de combustão, qual é a quantidade de H_2O produzida? **(a)** 2,81 g **(b)** 5,60 g **(c)** 10,0 g **(d)** 11,2 g

EAA 3.17 Quando aquecido o suficiente, o óxido de chumbo(IV) sofre a seguinte reação de decomposição: $2\,PbO_2(s) \longrightarrow 2\,PbO(s) + O_2(g)$. Quando aquecida, uma amostra de PbO_2 produz 0,250 g de O_2. Qual é a massa de PbO_2 antes do aquecimento? **(a)** 0,0156 g **(b)** 0,500 g **(c)** 3,49 g **(d)** 3,74 g

3.7 | Reagentes limitantes

 Objetivos de aprendizagem

Após terminar a Seção 3.7, você deve ser capaz de:
▶ Determinar o reagente limitante de uma reação a partir das quantidades (gramas, mols ou moléculas) de cada reagente presente antes da reação iniciar.
▶ Calcular o rendimento teórico de uma reação a partir das quantidades (gramas, mols ou moléculas) do reagente limitante presente antes da reação iniciar.
▶ Calcular o rendimento percentual de uma reação química a partir do rendimento real e do rendimento teórico de um determinado produto.

Muitas vezes, os reagentes usados em uma reação química não estão presentes em quantidades estequiométricas precisas. Por exemplo, uma usina de energia a gás natural gera eletricidade pela produção de gases quentes que acionam as turbinas, predominantemente por meio da seguinte reação de combustão:

$$CH_4(g) + 2\, O_2(g) \longrightarrow CO_2(g) + 2\, H_2O(g) \qquad [3.17]$$

Em geral, as usinas de energia operam com um excesso de $O_2(g)$ para extrair o máximo de energia dos hidrocarbonetos usados como combustível e minimizar a produção de subprodutos nocivos, como o monóxido de carbono, gerados pela combustão incompleta. Por consequência, a quantidade de CH_4 introduzida determina a quantidade de CO_2 e H_2O produzida. Nesta seção, mostramos como realizar os cálculos quantitativos para as reações nas quais os reagentes não estão presentes em quantidades estequiometricamente equivalentes.

Para tratar deste tópico, vamos partir de um exemplo. Suponha que você deseje fazer vários sanduíches com uma fatia de queijo e duas fatias de pão para cada um. Entendendo Pa = pão, Qu = queijo, e Pa_2Qu = sanduíche, a receita para fazer um sanduíche pode ser representada como uma equação química:

$$2\, Pa + Qu \longrightarrow Pa_2Qu$$

Se você tem dez fatias de pão e sete fatias de queijo, pode fazer apenas cinco sanduíches, e ainda sobrarão duas fatias de queijo. Perceba que a quantidade de pão limita o número de sanduíches que podem ser feitos.

Uma situação análoga ocorre nas reações químicas quando um dos reagentes é consumido antes dos outros. A reação é interrompida assim que qualquer um dos reagentes é totalmente consumido, deixando os reagentes em excesso sem reagir. Com base nessa informação, consideremos, por exemplo, que temos uma mistura de 10 mols de H_2 e 7 mols de O_2, que reagem para formar água:

$$2\, H_2(g) + O_2(g) \longrightarrow 2\, H_2O(g)$$

Uma vez que 2 mols de $H_2 \simeq 1$ mol de O_2, a quantidade de matéria (número de mols) de O_2 necessária para reagir com todo o H_2 é

$$\text{Mols de } O_2 = (10\, \cancel{\text{mols de } H_2}) \left(\frac{1\, \text{mol de } O_2}{2\, \cancel{\text{mols de } H_2}} \right) = 5\, \text{mols de } O_2$$

Como há 7 mols de O_2 disponíveis no início da reação, 7 mols de O_2 − 5 mols de O_2 = 2 mols de O_2 que ainda estão presentes quando todo o H_2 é consumido.

O reagente que é consumido completamente na reação é chamado de **reagente limitante**, porque ele determina, ou seja, limita, a quantidade de produto que pode ser formada. Os outros reagentes são, por vezes, chamados de *reagentes em excesso*. No exemplo da **Figura 3.16**, o H_2 é o reagente limitante. Isso significa que, a partir do momento que todo o H_2 é consumido, a reação é interrompida. Nesse instante, resta parte do reagente em excesso, o O_2.

Não há restrições com relação às quantidades iniciais de reagentes em qualquer reação. Na verdade, muitas reações são realizadas a partir do excesso de um ou mais reagentes. No entanto, as quantidades de reagentes consumidos e produtos formados são limitadas pela quantidade de reagente limitante. Por exemplo, quando uma reação de combustão ocorre ao ar livre, o oxigênio é abundante e é, ao mesmo tempo, o reagente em excesso. Se você ficar sem gasolina enquanto dirige, o carro para, uma vez que a gasolina é o reagente limitante na reação de combustão que coloca o carro em movimento.

Antes de ver esse exemplo ilustrado na Figura 3.16, observe o resumo dos dados:

	2 $H_2(g)$ +	$O_2(g)$ →	2 $H_2O(g)$
Antes da reação:	10 mols	7 mols	0 mol
Transformação (reação):	−10 mols	−5 mols	+10 mols
Depois da reação:	0 mol	2 mols	10 mols

A segunda linha da tabela resume as quantidades de reagentes consumidos (esse consumo é indicado pelo sinal de menos) e a quantidade de produto formado (indicada pelo sinal de mais). Essas quantidades são restringidas pela quantidade de reagente limitante e

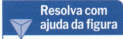

Se a quantidade de H₂ for duplicada, quantos mols de H₂O serão formados?

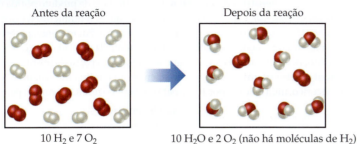

▲ **Figura 3.16 Reagente limitante.** Como o H₂ é completamente consumido, ele é o reagente limitante. Uma vez que algum O₂ permanece sem reagir após o final da reação, ele é o reagente em excesso. A quantidade de H₂O formado depende da quantidade do reagente limitante, H₂.

dependem dos coeficientes da equação balanceada. A razão molar H₂:O₂:H₂O = 10:5:10 é o múltiplo da razão entre os coeficientes da equação balanceada; no caso, 2:1:2. As quantidades depois da reação, que dependem das quantidades de antes da reação e das transformações, são encontradas ao somar a quantidade de antes da reação e a quantidade da transformação em cada coluna. A quantidade de reagente limitante (H₂) deve ser zero no final da reação. O que sobra são 2 mols de O₂ (excesso de reagente) e 10 mols de H₂O (produto).

Exercício resolvido 3.14
Cálculo da quantidade de produto formado a partir do reagente limitante

O processo comercial mais importante para a conversão de N₂ presente no ar em compostos que contêm nitrogênio é baseado na reação de N₂ e H₂ para formar amônia (NH₃):

$$N_2(g) + 3\,H_2(g) \longrightarrow 2\,NH_3(g)$$

Assim, quantos mols de NH₃ podem ser formados a partir de 3,0 mols de N₂ e 6,0 mols de H₂?

SOLUÇÃO

Analise Devemos calcular a quantidade de matéria do produto, NH₃, dadas as quantidades de cada reagente, N₂ e H₂, disponíveis em uma reação. Este é um problema de reagente limitante.

Planeje Se considerarmos que um reagente foi completamente consumido, podemos calcular a quantidade necessária do segundo reagente. Comparando a quantidade calculada do segundo reagente com a quantidade disponível, podemos determinar qual reagente é limitante. Então continuamos com o cálculo, utilizando a quantidade de reagente limitante.

Resolva A quantidade de matéria de H₂ necessária para reagir completamente com 3,0 mols de N₂ é:

$$\text{Mols de H}_2 = (3{,}0\ \text{mols de N}_2)\left(\frac{3\ \text{mols de H}_2}{1\ \text{mol de N}_2}\right) = 9{,}0\ \text{mols de H}_2$$

Uma vez que apenas 6,0 mols de H₂ estão disponíveis, o H₂ acabará antes do N₂. Isso significa que o H₂ é o reagente limitante. Portanto, utilizamos a quantidade de H₂ para calcular a quantidade de NH₃ produzida:

$$\text{Mols de NH}_3 = (6{,}0\ \text{mols de H}_2)\left(\frac{2\ \text{mols de NH}_3}{3\ \text{mols de H}_2}\right) = 4{,}0\ \text{mols de NH}_3$$

Observe que podemos calcular a quantidade de matéria de NH₃ formada e a quantidade de matéria de cada reagente restante depois da reação. Note também que, embora a quantidade inicial de matéria de H₂ seja maior do que a quantidade final de matéria de N₂, o H₂ é o reagente limitante por ter o maior coeficiente na equação balanceada.

Confira Examine a linha que indica os valores da transformação na tabela e veja que a razão molar entre os reagentes consumidos e o produto formado, 2:6:4, é múltiplo dos coeficientes na equação balanceada, 1:3:2. Confirmamos que o H₂ é o reagente limitante, uma vez que é completamente consumido na reação, deixando 0 mol no final. Como 6,0 mols de H₂ têm dois algarismos significativos, nossa resposta também apresenta dois algarismos significativos.

Comentário Para visualizar melhor a evolução do problema, observe a tabela a seguir:

	N₂(g)	+ 3 H₂(g)	⟶ 2 NH₃(g)
Antes da reação:	3,0 mols	6,0 mols	0 mol
Transformação (reação):	−2,0 mols	−6,0 mols	+4,0 mols
Depois da reação:	1,0 mol	0 mol	4,0 mols

▶ **Para praticar**
(a) Quando 1,50 mol de Al e 3,00 mols de Cl₂ são combinados na reação 2 Al(s) + 3 Cl₂(g) ⟶ 2 AlCl₃(s), qual é o reagente limitante? (b) Quantos mols de AlCl₃ são formados? (c) Quantos mols de reagente em excesso restam no fim da reação?

Rendimentos teóricos e percentuais

A quantidade de produto calculada que se forma quando se consome todo o reagente limitante é chamada de **rendimento teórico**. Já a quantidade de produto obtida de fato, chamada de *rendimento real*, é quase sempre menor do que o rendimento teórico, e não pode ser maior. Há muitas razões que explicam essa diferença. Por exemplo, parte dos reagentes pode não reagir ou pode reagir de maneira diferente da desejada (reações secundárias). Além disso, nem sempre é possível recuperar o produto a partir da mistura da reação. O **rendimento percentual** de uma reação refere-se ao rendimento real dividido pelo rendimento teórico, multiplicado por 100% para converter o resultado em um percentual:

$$\text{Rendimento percentual} = \frac{\text{rendimento real}}{\text{rendimento teórico}} \times 100\% \qquad [3.18]$$

Exercício resolvido 3.15
Cálculo do rendimento percentual e do rendimento teórico

O ácido adípico, $H_2C_6H_8O_4$, utilizado para produzir náilon, é fabricado comercialmente por meio de uma reação entre o cicloexano (C_6H_{12}) e o oxigênio (O_2):

$$2\,C_6H_{12}(l) + 5\,O_2(g) \longrightarrow 2\,H_2C_6H_8O_4(l) + 2\,H_2O(g)$$

(a) Considere que você realizou essa reação com 25,0 g de cicloexano e que o cicloexano é o reagente limitante. Qual é o rendimento teórico do ácido adípico? **(b)** Se você obtiver 33,5 g de ácido adípico, qual é o rendimento percentual da reação?

SOLUÇÃO

Analise Com base na equação química e na quantidade do reagente limitante (25,0 g de C_6H_{12}) dadas, devemos calcular o rendimento teórico de um produto $H_2C_6H_8O_4$ e o rendimento percentual se apenas 33,5 g de produto forem obtidos.

Planeje

(a) O rendimento teórico, que representa a quantidade calculada de ácido adípico formado, pode ser determinado ao utilizar a sequência de conversões mostrada na Figura 3.15.

(b) O rendimento percentual é calculado com a Equação 3.18 para comparar o rendimento real dado (33,5 g) com o rendimento teórico.

Resolva

(a) O rendimento teórico é:

$$\text{Gramas de } H_2C_6H_8O_4 = (25{,}0\text{ g de } C_6H_{12})\left(\frac{1 \text{ mol de } C_6H_{12}}{84{,}0 \text{ g de } C_6H_{12}}\right)\left(\frac{2 \text{ mols de } H_2C_6H_8O_4}{2 \text{ mols de } C_6H_{12}}\right)\left(\frac{146{,}0 \text{ g de } H_2C_6H_8O_4}{1 \text{ mol de } H_2C_6H_8O_4}\right) = 43{,}5 \text{ g de } H_2C_6H_8O_4$$

(b) O rendimento percentual é:

$$\text{Rendimento percentual} = \frac{\text{rendimento real}}{\text{rendimento teórico}} \times 100\% = \frac{33{,}5 \text{ g}}{43{,}5 \text{ g}} \times 100\% = 77{,}0\%$$

Confira Podemos conferir nossa resposta em **(a)** fazendo um cálculo aproximado. Com base na equação balanceada, sabemos que cada mol de cicloexano produz 1 mol de ácido adípico. Temos $25/84 \approx 25/75 = 0{,}33$ mol de hexano, por isso esperamos produzir 0,33 mol de ácido adípico, o que equivale a aproximadamente $0{,}33 \times 150 = 50$ g, equivalente à mesma magnitude que os 43,5 g obtidos no cálculo anterior, mais detalhado. Além disso, nossa resposta tem as unidades e o número de algarismos significativos adequados. Em **(b)**, a resposta é menor do que 100%, como determina a definição de rendimento percentual.

▶ **Para praticar**

Imagine que você está trabalhando para melhorar o processo pelo qual o mineral de ferro, que contém Fe_2O_3, é convertido em ferro:

$$Fe_2O_3(s) + 3\,CO(g) \longrightarrow 2\,Fe(s) + 3\,CO_2(g)$$

(a) Se você começar com 150 g de Fe_2O_3 como reagente limitante, qual será o rendimento teórico do Fe? **(b)** Se seu rendimento real for 87,9 g, qual será o rendimento percentual?

Exercícios de autoavaliação

EAA 3.18 Se oito moléculas de CO e cinco moléculas de O_2 reagem para formar CO_2, qual é o reagente limitante e quantas moléculas do reagente em excesso sobrarão após a conclusão da reação?
(a) Reagente limitante = O_2, três moléculas de CO restantes
(b) Reagente limitante = O_2, uma molécula de CO restante
(c) Reagente limitante = CO, uma molécula de O_2 restante
(d) Reagente limitante = CO, quatro moléculas de O_2 restantes

EAA 3.19 Se 1,75 g de titânio metálico reage com 1,25 g de gás oxigênio para formar óxido de titânio(IV), qual é o rendimento teórico do produto? (a) 1,25 g (b) 1,56 g (c) 2,92 g (d) 3,12 g

EAA 3.20 A amônia reage com cloreto de hidrogênio na fase gasosa para produzir o composto iônico cloreto de amônio pela reação $NH_3(g) + HCl(g) \longrightarrow NH_4Cl(s)$. Qual é o rendimento percentual do cloreto de amônio se 0,81 g de NH_4Cl se forma quando 0,75 g de NH_3 reage com 0,62 g de HCl? (a) 34% (b) 59% (c) 89% (d) 91%

Capítulo 3 | Reações químicas e estequiometria de reação

ESTRATÉGIAS PARA O SUCESSO | Elabore um experimento

Uma das habilidades mais importantes que você pode aprender na escola é a de pensar como um cientista. Perguntas como "Que experimento pode testar essa hipótese?", "Como posso interpretar esses dados?" e "Esses dados confirmam a hipótese?" são feitas todos os dias por químicos e outros cientistas enquanto trabalham.

Um dos objetivos deste livro é que você desenvolva o pensamento crítico, além de se tornar um aprendiz ativo, curioso e com raciocínio lógico. Com isso em mente, a partir do Capítulo 3, incluímos no final de cada capítulo um exercício especial Elabore um experimento. Aqui está um exemplo:

O leite é um líquido puro ou uma mistura de componentes químicos em água? Elabore um experimento que comprove uma dessas duas possibilidades.

Você já deve saber a resposta – o leite é, na verdade, uma mistura de componentes em água –, mas o objetivo é pensar como demonstrar isso na prática e comprovar a teoria da resposta. Após pensar sobre isso, você provavelmente vai perceber que a principal ideia ligada a esse experimento é a separação: você pode provar que o leite é uma mistura de componentes químicos se conseguir descobrir como separar esses componentes.

Testar uma hipótese é um esforço criativo. Alguns experimentos podem ser mais eficientes do que outros e, muitas vezes, há mais de uma boa maneira para testar uma hipótese. A pergunta sobre o leite, por exemplo, pode ser explorada em um experimento no qual uma quantidade conhecida de leite é fervida até que ele fique seco. No fundo da panela fica um resíduo sólido? Em caso afirmativo, você poderia pesá-lo e calcular a percentagem de sólidos no leite, o que seria uma boa prova de que o leite é uma mistura. Se não ficar resíduo após a fervura, então você ainda não terá uma resposta.

Que outros experimentos você poderia fazer para demonstrar que o leite é uma mistura? Seria possível colocar uma amostra de leite em uma centrífuga, que você talvez já tenha usado em um laboratório de biologia, centrifugar sua amostra e observar se ficam partículas sólidas na parte inferior do tubo; moléculas grandes de uma mistura podem ser separadas dessa forma. Seja criativo: na falta de uma centrífuga, de que outra maneira você poderia separar os sólidos presentes no leite? Um filtro com buracos minúsculos ou talvez um coador fino poderiam ser considerados, propondo que, se o leite fosse despejado nesse filtro, alguns componentes sólidos (grandes) ficariam retidos no filtro, enquanto a água (e as moléculas ou os íons muito pequenos) passaria pelo filtro. Esse resultado seria uma prova de que o leite é uma mistura. No entanto, será que tal filtro existe? Sim! Para os nossos propósitos aqui, a existência de tal filtro não é a questão mais importante: o principal é que você possa abrir espaço para a sua imaginação e utilizar seu conhecimento em química para elaborar um experimento pertinente. Não fique preocupado com o equipamento necessário para os exercícios propostos nas seções Elabore um experimento, esse não é o foco e nem deve ser um fator limitante. O objetivo é imaginar o que é preciso fazer ou quais dados devem ser coletados para responder à pergunta proposta. Se seu professor permitir, você pode trabalhar com colegas de classe para desenvolver mais ideias. Os cientistas discutem suas ideias com outros pesquisadores o tempo todo. Achamos que debater e aprimorar ideias nos torna cientistas melhores e nos ajuda a responder questões relevantes de maneira coletiva.

A concepção e a interpretação de experimentos são o cerne do método científico. Pense nos exercícios da seção Elabore um experimento como quebra-cabeças que podem ser resolvidos de maneiras diferentes e desfrute de suas descobertas!

Resumo do capítulo e termos-chave

EQUAÇÕES QUÍMICAS (INTRODUÇÃO E SEÇÃO 3.1) O estudo das relações quantitativas entre fórmulas e equações químicas é conhecido como **estequiometria**. Um dos conceitos mais importantes da estequiometria é a **lei da conservação da massa**, a qual determina que a massa total dos produtos de uma reação química é igual à massa total dos reagentes. Os mesmos números de átomos de cada tipo estão presentes antes e depois de uma reação química. Uma **equação química** balanceada apresenta igual número de átomos de cada elemento de cada lado da equação. Para balancear uma equação, deve-se colocar coeficientes na frente das fórmulas químicas de **reagentes** e **produtos** de uma reação, e não alterar os subscritos em fórmulas químicas.

PADRÕES SIMPLES DE REATIVIDADE QUÍMICA (SEÇÃO 3.2) Entre os tipos de reação descritos neste capítulo estão: (1) **reações de combinação**, nas quais dois reagentes são combinados para formar um único produto; (2) **reações de decomposição**, nas quais um único reagente forma dois ou mais produtos; e (3) **reações de combustão**, que ocorrem em um meio rico em oxigênio, em que uma substância, normalmente um hidrocarboneto, reage rapidamente com o O_2 para formar CO_2 e H_2O.

MASSAS MOLECULARES (SEÇÃO 3.3) Muitas informações quantitativas podem ser determinadas a partir de fórmulas e equações químicas balanceadas com o uso de massas atômicas. A **massa molecular** de um composto é igual à soma das massas atômicas dos átomos de sua fórmula. Massas atômicas e massas moleculares podem ser utilizadas para determinar a **composição percentual** de um composto.

NÚMERO DE AVOGADRO E MOL (SEÇÃO 3.4) Um mol de toda e qualquer substância contém o **número de Avogadro** ($6,02 \times 10^{23}$) de unidades de fórmula dessa substância. A massa de um **mol** de átomos, moléculas ou íons (a **massa molar**) é igual à massa molecular do material expresso em gramas. A massa de uma molécula de H_2O, por exemplo, é 18,0 uma, de modo que a massa de 1 mol de H_2O é 18,0 g. Isto é, a massa molar do H_2O é 18,0 g/mol.

FÓRMULAS EMPÍRICAS A PARTIR DE ANÁLISES (SEÇÃO 3.5) A fórmula empírica de todas as substâncias pode ser determinada a partir da sua composição percentual por meio do cálculo do número relativo de mols de cada átomo em uma amostra de qualquer tamanho (em geral, 100 g da substância). Para uma substância molecular, sua fórmula molecular pode ser determinada a partir da sua fórmula empírica se a massa molecular também for conhecida. A análise por combustão é uma técnica bastante utilizada para determinar as fórmulas empíricas de compostos que apresentam apenas carbono, hidrogênio e/ou oxigênio.

INFORMAÇÕES QUANTITATIVAS A PARTIR DE EQUAÇÕES BALANCEADAS E REAGENTES LIMITANTES (SEÇÕES 3.6 E 3.7) O conceito de mol pode ser utilizado para calcular as quantidades relativas de reagentes e produtos em reações químicas. Os coeficientes de uma equação balanceada fornecem o número relativo de mols de reagentes e produtos (quantidade de matéria). Para calcular a quantidade em gramas de um produto a partir da quantidade em gramas de um reagente, primeiro devemos converter gramas de reagente em mols de reagente. Em seguida, usamos os coeficientes da equação balanceada para converter a quantidade de matéria de reagente em quantidade de matéria de produto. Por fim, convertemos mols de produto em gramas de produto.

Um **reagente limitante** é completamente consumido em uma reação. Quando isso ocorre e sua quantidade disponível é inteiramente consumida, a reação é interrompida, limitando as quantidades de produtos formados. O **rendimento teórico** de uma reação é a quantidade calculada de produto que se forma quando todo o reagente limitante é consumido. O rendimento real de uma reação é a quantidade de produto obtida experimentalmente em uma reação e é sempre menor do que o rendimento teórico. O **rendimento percentual** é o rendimento real dividido pelo rendimento teórico e convertido em percentagem.

Equações-chave

- $\text{composição percentual do elemento} = \dfrac{\left(\begin{array}{c}\text{número de átomos}\\\text{do elemento}\end{array}\right)\left(\begin{array}{c}\text{massa atômica}\\\text{do elemento}\end{array}\right)}{\text{massa molecular do composto}} \times 100\%$ [3.13]

   Essa é a fórmula utilizada para calcular a percentagem em massa de cada elemento de um composto. O resultado da soma de todas as percentagens dos elementos presentes em um composto deve ser 100%.

- $\text{Rendimento percentual} = \dfrac{\text{rendimento real}}{\text{rendimento teórico}} \times 100\%$ [3.18]

   Essa fórmula é utilizada para calcular o rendimento percentual de uma reação. O rendimento percentual nunca pode ser maior que 100%.

Simulado

SIM 3.1 No diagrama a seguir, as esferas brancas representam átomos de hidrogênio e as esferas azuis representam átomos de nitrogênio.

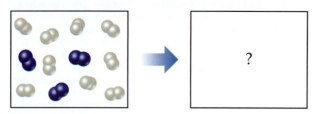

Os dois reagentes são combinados para formar um único produto, a amônia, NH_3, que não é mostrada. Escreva uma equação química balanceada para a reação. Com base na equação e no conteúdo do quadro à esquerda (dos reagentes), determine quantas moléculas de NH_3 deveriam estar no quadro da direita (dos produtos). (**a**) 2 (**b**) 3 (**c**) 4 (**d**) 6 (**e**) 9

SIM 3.2 A equação não balanceada da reação entre o metano e o bromo é:

$$\_\_CH_4(g) + \_\_Br_2(l) \longrightarrow \_\_CBr_4(s) + \_\_HBr(g)$$

Depois que essa equação estiver balanceada, qual será o valor do coeficiente do bromo, Br_2? (**a**) 1 (**b**) 2 (**c**) 3 (**d**) 4 (**e**) 6

SIM 3.3 Qual das reações a seguir pode ser classificada como uma reação de combinação?
(**a**) $2 Mn_3O_4(s) \rightarrow 6 MnO(s) + O_2(g)$
(**b**) $HCl(g) + NH_3(g) \rightarrow NH_4Cl(s)$
(**c**) $4 NH_4ClO_4(s) \rightarrow 4 HCl(g) + 2 N_2(g) + 5 O_2(g) + 6 H_2O(g)$
(**d**) $2 C_2H_2(g) + 3 O_2(g) \rightarrow 4 CO_2(g) + 2 H_2O(g)$

SIM 3.4 Qual das seguintes reações é a equação balanceada que representa a reação de decomposição que ocorre quando o óxido de prata(I) é aquecido?
(**a**) $AgO(s) \longrightarrow Ag(s) + O(g)$
(**b**) $2 AgO(s) \longrightarrow 2 Ag(s) + O_2(g)$
(**c**) $Ag_2O(s) \longrightarrow 2 Ag(s) + O(g)$
(**d**) $2 Ag_2O(s) \longrightarrow 4 Ag(s) + O_2(g)$
(**e**) $Ag_2O(s) \longrightarrow 2 Ag(s) + O_2(g)$

SIM 3.5 Escreva a equação balanceada para a reação que ocorre quando o etilenoglicol, $C_2H_4(OH)_2$, entra em combustão no ar.
(**a**) $C_2H_4(OH)_2(l) + 5 O_2(g) \longrightarrow 2 CO_2(g) + 3 H_2O(g)$
(**b**) $2 C_2H_4(OH)_2(l) + 5 O_2(g) \longrightarrow 4 CO_2(g) + 6 H_2O(g)$
(**c**) $C_2H_4(OH)_2(l) + 3 O_2(g) \longrightarrow 2 CO_2(g) + 3 H_2O(g)$
(**d**) $C_2H_4(OH)_2(l) + 5 O(g) \longrightarrow 2 CO_2(g) + 3 H_2O(g)$
(**e**) $4 C_2H_4(OH)_2(l) + 10 O_2(g) \longrightarrow 8 CO_2(g) + 12 H_2O(g)$

SIM 3.6 Qual dos itens a seguir é o valor correto da massa molecular do fosfato de cálcio? (**a**) 310,2 uma (**b**) 135,1 uma (**c**) 182,2 uma (**d**) 278,2 uma (**e**) 175,1 uma

SIM 3.7 Qual é a percentagem em massa de nitrogênio no nitrato de cálcio? (**a**) 8,54% (**b**) 17,1% (**c**) 13,7% (**d**) 24,4% (**e**) 82,9%

SIM 3.8 Qual das amostras a seguir contém menos átomos de sódio? (**a**) 1 mol de óxido de sódio, (**b**) 45 g de fluoreto de sódio, (**c**) 50 g de cloreto de sódio, (**d**) 1 mol de nitrato de sódio.

SIM 3.9 A amostra de um composto iônico contendo ferro e cloro é analisada. Sua massa molar é 126,8 g/mol. Qual é a carga do ferro nesse composto? (**a**) 1+ (**b**) 2+ (**c**) 3+ (**d**) 4+

SIM 3.10 Quantos átomos de cloro há em 12,2 g de CCl_4? (**a**) $4,77 \times 10^{22}$ (**b**) $7,34 \times 10^{24}$ (**c**) $1,91 \times 10^{23}$ (**d**) $2,07 \times 10^{23}$

SIM 3.11 O ciclo-hexano, um solvente orgânico bastante utilizado, tem em sua composição 85,6% de C e 14,4% de H em massa, bem como massa molar de 84,2 g/mol. Qual é a fórmula molecular desse solvente? (**a**) C_6H (**b**) CH_2 (**c**) C_5H_{24} (**d**) C_6H_{12} (**e**) C_4H_8

SIM 3.12 O composto dioxano, utilizado como solvente em diversos processos industriais, é formado por átomos de C, H e O. A combustão de uma amostra de 2,203 g desse composto produz 4,401 g de CO_2 e 1,802 g de H_2O. Outro experimento mostra que a massa molar do dioxano é de 88,1 g/mol. Qual das alternativas representa a fórmula molecular do dioxano? (**a**) C_2H_4O (**b**) $C_4H_4O_2$ (**c**) CH_2 (**d**) $C_4H_8O_2$

SIM 3.13 O hidróxido de sódio reage com o dióxido de carbono para formar carbonato de sódio e água:

$$2 NaOH(s) + CO_2(g) \longrightarrow Na_2CO_3(s) + H_2O(l)$$

Quantos gramas de Na_2CO_3 podem ser preparados a partir de 2,40 g de NaOH? (**a**) 3,18 g (**b**) 6,36 g (**c**) 1,20 g (**d**) 0,0300 g

SIM 3.14 O propano, C_3H_8, é um combustível comum usado na cozinha e no sistema de aquecimento doméstico. Que massa de O_2 é consumida na combustão de 1,00 g de propano? (**a**) 5,00 g (**b**) 0,726 g (**c**) 2,18 g (**d**) 3,63 g

SIM 3.15 Suponha que 24 mols de metanol e 15 mols de oxigênio se combinam na reação de combustão a seguir:

$$2 CH_3OH(l) + 3 O_2(g) \longrightarrow 2 CO_2(g) + 4 H_2O(g)$$

Qual é o reagente em excesso e quantos mols dele sobram ao final da reação? (**a**) 9 mols de $CH_3OH(l)$ (**b**) 10 mols de $CO_2(g)$ (**c**) 10 mols de $CH_3OH(l)$ (**d**) 14 mols de $CH_3OH(l)$ (**e**) 1 mol de O_2

SIM 3.16 O gálio fundido reage com arsênio para formar o semicondutor arseneto de gálio, GaAs, utilizado em diodos emissores de luz e em células fotovoltaicas:

$$Ga(l) + As(s) \longrightarrow GaAs(s)$$

Se 4,00 g de gálio reagem com 5,50 g de arsênio, quantos gramas do reagente em excesso sobram no fim da reação? (**a**) 1,20 g de As (**b**) 1,50 g de As (**c**) 4,30 g de As (**d**) 8,30 g de Ga

Capítulo 3 | Reações químicas e estequiometria de reação

SIM 3.17 Se 3,00 g de titânio metálico reagem com 6,00 g de gás de cloro, Cl₂, para formar 7,7 g de cloreto de titânio(IV) em uma reação de combinação, qual é o rendimento percentual do produto? **(a)** 65% **(b)** 96% **(c)** 48% **(d)** 86%

SIM 3.18 Quando uma mistura de 52,0 g de acetileno, C₂H₂, e 96,0 g de oxigênio, O₂, entra em combustão, a reação produz CO₂ e H₂O. Para essa reação de combustão, o reagente limitante é _____ e o rendimento teórico de CO₂ é _____. **(a)** O₂, 44,0 g **(b)** O₂, 106 g **(c)** C₂H₂, 44,0 g **(d)** C₂H₂, 88,0 g **(e)** O₂, 176 g

SIM 3.19 O tricloreto de alumínio, AlCl₃, é formado pela reação de Al₂O₃(s) com HCl gasoso. A equação balanceada é:

$$Al_2O_3(s) + 6\,HCl(g) \rightarrow 2\,AlCl_3(s) + 3H_2O(g)$$

Quando 1,50 kg de Al₂O₃ reage com o HCl em excesso até ser totalmente consumido, recupera-se 2,85 kg de AlCl₃ após a reação estar completa. Qual é o rendimento percentual nesse experimento? **(a)** 48,5% **(b)** 72,6% **(c)** 80,5% **(d)** 87,3% **(e)** 95,0%

Exercícios

Visualizando conceitos

3.1 A reação entre o reagente A (esferas azuis) e o reagente B (esferas vermelhas) é mostrada no diagrama a seguir:

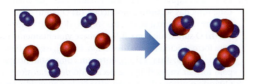

Com base nesse diagrama, que equação melhor descreve a reação? [Seção 3.1]

(a) A₂ + B ⟶ A₂B **(c)** 2 A + B₄ ⟶ 2 AB₂
(b) A₂ + 4 B ⟶ 2 AB₂ **(d)** A + B₂ ⟶ AB₂

3.2 O diagrama a seguir mostra a reação de combinação entre o hidrogênio, H₂, e o monóxido de carbono, CO, para produzir metanol, CH₃OH (esferas brancas são H, esferas pretas são C, esferas vermelhas são O). O número correto de moléculas de CO envolvidas nessa reação não é mostrado. [Seção 3.1] **(a)** Determine o número de moléculas de CO que deve ser mostrado no quadro da esquerda (dos reagentes). **(b)** Escreva a equação química balanceada da reação.

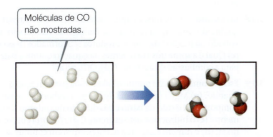

3.3 O diagrama a seguir representa um conjunto de elementos formados em uma reação de decomposição. **(a)** Se as esferas azuis representarem átomos de N e as vermelhas, átomos de O, qual será a fórmula empírica do composto original? **(b)** Seria possível determinar a fórmula molecular do reagente a partir das identidades e quantidades dos produtos? [Seção 3.2]

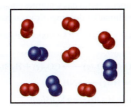

3.4 O diagrama a seguir representa o conjunto de moléculas de CO₂ e H₂O formado pela combustão completa de um hidrocarboneto. Qual é a fórmula empírica do hidrocarboneto? [Seção 3.2]

3.5 A glicina, um aminoácido utilizado por organismos para produzir proteínas, é representada pelo seguinte modelo molecular. **(a)** Escreva sua fórmula molecular. **(b)** Determine sua massa molar. **(c)** Calcule quantos mols de glicina há em uma amostra de 100,0 g da substância. **(d)** Calcule a percentagem em massa de nitrogênio na glicina. [Seções 3.3 e 3.5]

3.6 O diagrama a seguir representa uma reação que está sob alta temperatura entre o CH₄ e o H₂O. Com base nessa reação, determine quantos mols de cada produto podem ser obtidos, começando com 4,0 mols de CH₄. [Seção 3.6]

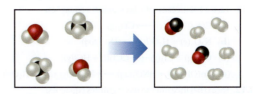

3.7 O nitrogênio (N₂) e o hidrogênio (H₂) reagem para formar a amônia (NH₃). Considere a mistura de N₂ e H₂ mostrada no diagrama a seguir, no qual as esferas azuis representam o N, e as esferas brancas, o H. **(a)** Escreva a equação química balanceada da reação. **(b)** Qual é o reagente limitante? **(c)** Com base no diagrama, quantas moléculas de amônia podem ser produzidas, supondo que a reação se complete? **(d)** Com base no diagrama, sobram moléculas de reagente? Se sim, quantas sobram e de qual tipo? [Seção 3.7]

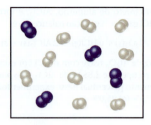

3.8 O monóxido de nitrogênio e o oxigênio reagem para formar o dióxido de nitrogênio. Considere a mistura de NO e O₂ mostrada no diagrama, no qual as esferas azuis representam o N e as vermelhas representam o O. (**a**) Quantas moléculas de NO₂ podem ser formadas, supondo que a reação se completa? (**b**) Qual é o reagente limitante? (**c**) Se o rendimento real da reação for de 75% e não 100%, quantas moléculas de cada tipo estarão presentes após a reação terminar?

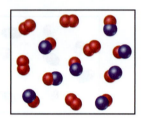

Equações químicas (Seção 3.1)

3.9 Escreva "verdadeiro" ou "falso" para cada uma das afirmações a seguir. (**a**) Balanceamos equações químicas da forma como fazemos porque a energia deve ser conservada. (**b**) Se a reação 2 O₃(g) → 3 O₂(g) se completa e todo o O₃ é convertido em O₂, a massa de O₃ no início da reação deve ser igual à massa de O₂ no fim da reação. (**c**) É possível balancear a reação de separação da água H₂O(l) → H₂(g) + O₂(g) quando a escrevemos da seguinte forma: H₂O₂(l) → H₂(g) + O₂(g).

3.10 Uma etapa fundamental no balanceamento de equações químicas é identificar corretamente as fórmulas de reagentes e produtos. Por exemplo, considere a reação entre o óxido de cálcio, CaO(s), e o H₂O(l) para formar hidróxido de cálcio aquoso. (**a**) Escreva a equação química balanceada para essa reação de combinação, tendo identificado corretamente o produto como Ca(OH)₂(aq). (**b**) É possível balancear a equação se você identificar incorretamente o produto como CaOH(aq)? Em caso afirmativo, qual será a equação?

3.11 Faça o balanceamento das seguintes equações:
(**a**) CO(g) + O₂(g) ⟶ CO₂(g)
(**b**) N₂O₅(g) + H₂O(l) ⟶ HNO₃(aq)
(**c**) CH₄(g) + Cl₂(g) ⟶ CCl₄(l) + HCl(g)
(**d**) Zn(OH)₂(s) + HNO₃(aq) ⟶ Zn(NO₃)₂(aq) + H₂O(l)

3.12 Faça o balanceamento das seguintes equações:
(**a**) Li(s) + N₂(g) ⟶ Li₃N(s)
(**b**) TiCl₄(l) + H₂O(l) ⟶ TiO₂(s) + HCl(aq)
(**c**) NH₄NO₃(s) ⟶ N₂(g) + O₂(g) + H₂O(g)
(**d**) AlCl₃(s) + Ca₃N₂(s) ⟶ AlN(s) + CaCl₂(s)

3.13 Faça o balanceamento das seguintes equações:
(**a**) Al₄C₃(s) + H₂O(l) ⟶ Al(OH)₃(s) + CH₄(g)
(**b**) C₅H₁₀O₂(l) + O₂(g) ⟶ CO₂(g) + H₂O(g)
(**c**) Fe(OH)₃(s) + H₂SO₄(aq) ⟶ Fe₂(SO₄)₃(aq) + H₂O(l)
(**d**) Mg₃N₂(s) + H₂SO₄(aq) ⟶ MgSO₄(aq) + (NH₄)₂SO₄(aq)

3.14 Faça o balanceamento das seguintes equações:
(**a**) P₄O₁₀(s) + H₂O(l) ⟶ H₃PO₄(aq)
(**b**) WCl₆(s) + Na₂S(s) ⟶ WS₂(s) + NaCl(s) + S(s)
(**c**) NaHCO₃(s) + H₂SO₄(aq) ⟶ CO₂(g) + H₂O(l) + Na₂SO₄(aq)
(**d**) NaN₃(s) + HNO₂(aq) ⟶ N₂(g) + NO(g) + NaOH(aq)

3.15 Escreva as equações químicas balanceadas correspondentes a cada uma das seguintes descrições: (**a**) Carboneto de cálcio sólido, CaC₂, reage com água para formar uma solução aquosa de hidróxido de cálcio e gás acetileno, C₂H₂. (**b**) Quando o clorato de potássio sólido é aquecido, ele é decomposto para formar cloreto de potássio sólido e gás oxigênio. (**c**) O zinco metálico sólido reage com o ácido sulfúrico para formar gás hidrogênio e uma solução aquosa de sulfato de zinco. (**d**) Quando o tricloreto de fósforo líquido é adicionado à água, ele reage para formar o ácido fosforoso aquoso, H₃PO₃(aq), e o ácido clorídrico aquoso. (**e**) Quando o gás sulfeto de hidrogênio é colocado em contato com um sólido quente de hidróxido de ferro(III), a reação resultante produz sulfeto de ferro(III) sólido e vapor d'água.

3.16 Escreva as equações químicas balanceadas que correspondem a cada uma das seguintes descrições: (**a**) Quando o gás trióxido de enxofre reage com a água, uma solução de ácido sulfúrico é formada. (**b**) O sulfeto de boro, B₂S₃(s), reage violentamente com a água para formar ácido bórico dissolvido, H₃BO₃, e gás sulfeto de hidrogênio. (**c**) A fosfina, PH₃(g), entra em combustão no gás oxigênio para formar vapor d'água e decaóxido de tetrafósforo sólido. (**d**) Quando o nitrato de mercúrio(II) sólido é aquecido, ele é decomposto para formar o óxido de mercúrio(II) sólido e os gases dióxido de nitrogênio e oxigênio. (**e**) O cobre metálico reage com uma solução quente de ácido sulfúrico concentrado para formar sulfato de cobre(II) aquoso, gás dióxido de enxofre e água.

Padrões simples de reatividade química (Seção 3.2)

3.17 (**a**) Quando o elemento metálico sódio é combinado com o bromo, Br₂(l), um elemento não metálico, qual é a fórmula química do produto? (**b**) O produto é um sólido, um líquido ou um gás à temperatura ambiente? (**c**) Na equação química balanceada para essa reação, qual é o coeficiente que fica na frente da fórmula do produto?

3.18 (**a**) Quando um composto que contém C, H e O é completamente queimado no ar, qual reagente, além do hidrocarboneto, está envolvido na reação? (**b**) Quais produtos são formados nessa reação? (**c**) Qual é a soma dos coeficientes da equação química balanceada para a combustão da acetona, C₃H₆O(l), no ar?

3.19 Escreva uma equação química balanceada para a reação que ocorre quando: (**a**) Mg(s) reage com Cl₂(g); (**b**) o carbonato de bário é decomposto em óxido de bário e gás dióxido de carbono sob aquecimento; (**c**) o hidrocarboneto estireno, C₈H₈(l), entra em combustão no ar; (**d**) o dimetil éter, CH₃OCH₃(g), entra em combustão no ar.

3.20 Escreva uma equação química balanceada para a reação que ocorre quando: (**a**) o titânio metálico é combinado com o O₂(g); (**b**) o óxido de prata(I), sob aquecimento, é decomposto em prata metálica e gás oxigênio; (**c**) o propanol, C₃H₇OH(l), entra em combustão no ar; (**d**) o éter metil-*ter*-butílico, C₅H₁₂O(l), entra em combustão no ar.

3.21 Faça o balanceamento das seguintes equações e indique se são reações de combinação, decomposição ou combustão:
(**a**) C₃H₆(g) + O₂(g) ⟶ CO₂(g) + H₂O(g)
(**b**) NH₄NO₃(s) ⟶ N₂O(g) + H₂O(g)
(**c**) C₅H₆O(l) + O₂(g) ⟶ CO₂(g) + H₂O(g)
(**d**) N₂(g) + H₂(g) ⟶ NH₃(g)
(**e**) K₂O(s) + H₂O(l) ⟶ KOH(aq)

3.22 Faça o balanceamento das seguintes equações e indique se são reações de combinação, decomposição ou combustão:

(a) $PbCO_3(s) \longrightarrow PbO(s) + CO_2(g)$
(b) $C_2H_4(g) + O_2(g) \longrightarrow CO_2(g) + H_2O(g)$
(c) $Mg(s) + N_2(g) \longrightarrow Mg_3N_2(s)$
(d) $C_7H_8O_2(l) + O_2(g) \longrightarrow CO_2(g) + H_2O(g)$
(e) $Al(s) + Cl_2(g) \longrightarrow AlCl_3(s)$

Massas moleculares (Seção 3.3)

3.23 Determine as massas moleculares de cada um dos seguintes compostos: (a) ácido nítrico, HNO_3; (b) $KMnO_4$; (c) $Ca_3(PO_4)_2$; (d) quartzo, SiO_2; (e) sulfeto de gálio; (f) sulfato de cromo(III); (g) tricloreto de fósforo.

3.24 Determine as massas moleculares de cada um dos seguintes compostos: (a) fosgênio, $COCl_2$, um gás incolor usado na fabricação de alguns plásticos e como arma química durante a Primeira Guerra Mundial; (b) ácido cítrico, $C_6H_8O_7$, um ácido fraco predominante em frutas cítricas; (c) hidroxiapatita, $Ca_{10}(PO_4)_6(OH)_2$, o componente principal dos ossos humanos; (d) mirceno, $C_{10}H_{16}$, uma molécula aromática encontrada em ervas e temperos, como tomilho, lúpulo, Cannabis e cardamomo; (e) benzaldeído, C_6H_5CHO, a principal molécula responsável pelo odor do extrato de amêndoa.

3.25 Calcule a percentagem em massa de oxigênio nos seguintes compostos: (a) morfina, $C_{17}H_{19}NO_3$; (b) codeína, $C_{18}H_{21}NO_3$; (c) cocaína, $C_{17}H_{21}NO_4$; (d) tetraciclina, $C_{22}H_{24}N_2O_8$; (e) digitoxina, $C_{41}H_{64}O_{13}$; (f) vancomicina, $C_{66}H_{75}Cl_2N_9O_{24}$.

3.26 Calcule a percentagem em massa do elemento indicado nos seguintes compostos: (a) carbono no acetileno, C_2H_2, gás utilizado na soldagem; (b) hidrogênio no ácido ascórbico, $HC_6H_7O_6$, também conhecido como vitamina C; (c) hidrogênio no sulfato de amônio, $(NH_4)_2SO_4$, substância utilizada como fertilizante; (d) platina no $PtCl_2(NH_3)_2$, agente quimioterápico chamado cisplatina; (e) oxigênio no hormônio sexual feminino estradiol, $C_{18}H_{24}O_2$; (f) carbono na capsaicina, $C_{18}H_{27}NO_3$, composto que confere o sabor ardente à pimenta.

3.27 Com base nas seguintes fórmulas estruturais, calcule a percentagem de carbono por massa presente em cada composto:

(a) Benzaldeído (fragrância de amêndoa)

(b) Vanilina (sabor de baunilha)

(c) Acetato de isopentila (sabor de banana)

3.28 Calcule a percentagem em massa de carbono de cada um dos compostos representados pelos seguintes modelos:

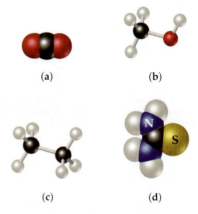

(a) (b) (c) (d)

Número de Avogadro e mol (Seção 3.4)

3.29 Caracterize as seguintes afirmações como verdadeiras ou falsas. (a) Um mol de cavalos contém um mol de patas de cavalo. (b) A massa de um mol de água é igual a 18,0 g. (c) A massa de uma molécula de água é igual a 18,0 g. (d) Um mol de NaCl(s) contém dois mols de íons.

3.30 (a) Qual é a massa em gramas de um mol de ^{12}C? (b) Quantos átomos de carbono estão presentes em um mol de ^{12}C?

3.31 Sem fazer cálculos detalhados, mas usando uma tabela periódica para consultar as massas atômicas, classifique as seguintes amostras em ordem crescente de número de átomos: 0,50 mol de H_2O; 23 g de Na; $6,0 \times 10^{23}$ moléculas de N_2.

3.32 Sem fazer cálculos detalhados, mas usando uma tabela periódica para consultar as massas atômicas, classifique as seguintes amostras em ordem crescente de número de átomos: 42 g de $NaHCO_3$; 1,5 mol de CO_2; $6,0 \times 10^{24}$ átomos de Ne.

3.33 Qual é a massa, em quilogramas, de um número de Avogadro de pessoas se a massa média de cada uma é de 73 kg? Compare esse valor à massa da Terra, que é de $5,98 \times 10^{24}$ kg.

3.34 Se o número de Avogadro de moedas de um centavo fosse dividido igualmente entre os 321 milhões de homens, mulheres e crianças dos Estados Unidos, quantos dólares cada um receberia? Como esse valor se compara ao produto interno bruto (PIB, valor monetário total de bens e serviços produzidos no país) dos Estados Unidos, que foi de US$ 21,4 trilhões em 2019?

3.35 Calcule as seguintes quantidades:
(a) Massa, em gramas, de 0,105 mol de sacarose ($C_{12}H_{22}O_{11}$).
(b) Mols de $Zn(NO_3)_2$ em 143,50 g dessa substância.
(c) Número de moléculas de $1,0 \times 10^{-6}$ mol de CH_3CH_2OH.
(d) Número de átomos de N em 0,410 mol de NH_3.

3.36 Calcule as seguintes quantidades:
(a) Massa, em gramas, de $1,50 \times 10^{-2}$ mol de CdS.
(b) Quantidade de matéria de NH_4Cl em 86,6 g dessa substância.
(c) Número de moléculas em $8,447 \times 10^{-2}$ mols de C_6H_6.
(d) Número de átomos de O em $6,25 \times 10^{-3}$ mols de $Al(NO_3)_3$.

3.37 (a) Qual é a massa, em gramas, de $2,50 \times 10^{-3}$ mols de fosfato de amônio?
(b) Quantos mols de íons cloreto há em 0,2550 g de cloreto de alumínio?
(c) Qual é a massa, em gramas, de $7,70 \times 10^{20}$ moléculas de cafeína, $C_8H_{10}N_4O_2$?
(d) Qual é a massa molar do colesterol, se 0,00105 mol desse álcool tem uma massa de 0,406 g?

3.38 (a) Qual é a massa em gramas de 1,223 mol de sulfato de ferro(III)?
(b) Quantos mols de íons de amônio há em 6,955 g de carbonato de amônio?
(c) Qual é a massa, em gramas, de $1,50 \times 10^{21}$ moléculas de aspirina, $C_9H_8O_4$?
(d) Qual é a massa molar do diazepam (Valium®), se 0,05570 mol do fármaco tem uma massa de 15,86 g?

3.39 A fórmula molecular da alicina, composto responsável pelo cheiro característico do alho, é $C_6H_{10}OS_2$. (a) Qual é a massa molar da alicina? (b) Quantos mols de alicina estão presentes em 5,00 mg dessa substância? (c) Quantas moléculas de alicina há em 5,00 mg dessa substância? (d) Quantos átomos de S há em 5,00 mg de alicina?

3.40 A fórmula molecular do aspartame, um adoçante artificial, é $C_{14}H_{18}N_2O_5$. (a) Qual é a massa molar do aspartame? (b) Quantos mols de aspartame há em 1,00 mg do adoçante? (c) Quantas moléculas de aspartame há em 1,00 mg do adoçante? (d) Quantos átomos de hidrogênio estão presentes em 1,00 mg de aspartame?

3.41 Uma amostra de glicose, $C_6H_{12}O_6$, contém $1,250 \times 10^{21}$ átomos de carbono. (a) Quantos átomos de hidrogênio há na amostra? (b) Quantas moléculas de glicose há na amostra? (c) Quantos mols de glicose há na amostra? (d) Qual é a massa da amostra em gramas?

3.42 Uma amostra do hormônio sexual masculino testosterona, $C_{19}H_{28}O_2$, contém $3,88 \times 10^{21}$ átomos de hidrogênio. (a) Quantos átomos de carbono há na amostra? (b) Quantas moléculas de testosterona há na amostra? (c) Quantos mols de testosterona há na amostra? (d) Qual é a massa da amostra em gramas?

3.43 O nível de concentração permitido do cloreto de vinila, C_2H_3Cl, no interior de uma indústria química é de $2,0 \text{ g} \times 10^{-6}$ g/L. Quantos mols de cloreto de vinila por cada litro de ar esse valor representa? Quantas moléculas por litro?

3.44 Pelo menos 25 μg de tetraidrocanabinol (THC), ingrediente ativo da maconha, são necessários para causar uma intoxicação. A fórmula molecular do THC é $C_{21}H_{30}O_2$. Quantos mols de THC esses 25 μg representam? Quantas moléculas eles representam?

Fórmulas empíricas a partir de análises (Seção 3.5)

3.45 Determine a fórmula empírica de cada um dos seguintes compostos, se uma amostra contém (a) 0,0130 mol de C, 0,0390 mol de H e 0,0065 mol de O; (b) 11,66 g de ferro e 5,01 g de oxigênio; (c) 40,0% de C, 6,7% de H e 53,3% de O em massa.

3.46 Determine a fórmula empírica de cada um dos seguintes compostos, se uma amostra contém (a) 0,104 mol de K, 0,052 mol de C e 0,156 mol de O; (b) 5,28 g de Sn e 3,37 g de F; (c) 87,5% de N e 12,5% de H em massa.

3.47 Determine as fórmulas empíricas dos compostos com as seguintes composições de massa: (a) 10,4% de C, 27,8% de S e 61,7% de Cl; (b) 21,7% de C, 9,6% de O e 68,7% de F; (c) 32,79% de Na, 13,02% de Al e o restante de F.

3.48 Determine as fórmulas empíricas dos compostos com as seguintes composições de massa: (a) 55,3% de K, 14,6% de P e 30,1% de O; (b) 24,5% de Na, 14,9% de Si e 60,6% de F; (c) 62,1% de C, 5,21% de H, 12,1% de N e o restante de O.

3.49 Um composto cuja fórmula empírica é XF_3 consiste em 65% de F em massa. Qual é a massa atômica do elemento X?

3.50 O composto XCl_4 contém 75,0% de Cl em massa. Qual é o elemento X?

3.51 Qual é a fórmula molecular de cada um dos seguintes compostos?
(a) fórmula empírica CH_2, massa molar = 84,0 g/mol
(b) fórmula empírica NH_2Cl, massa molar = 51,5 g/mol

3.52 Qual é a fórmula molecular de cada um dos seguintes compostos?
(a) fórmula empírica HCO_2, massa molar = 90,0 g/mol
(b) fórmula empírica C_2H_4O, massa molar = 88,0 g/mol

3.53 Determine as fórmulas empírica e molecular de cada uma das seguintes substâncias: (a) O estireno, composto usado para fabricar copos de isopor e isolantes, que contém 92,3% de C e 7,7% de H em massa e possui massa molar de 104 g/mol. (b) A cafeína, estimulante encontrado no café, que contém 49,5% de C, 5,15% de H, 28,9% de N e 16,5% de O em massa e possui massa molar de 195 g/mol. (c) O glutamato monossódico (MSG), intensificador de sabor encontrado em alguns alimentos, que contém 35,51% de C, 4,77% de H, 37,85% de O, 8,29% de N e 13,60% de Na e possui massa molar de 169 g/mol.

3.54 Determine a fórmula empírica e a fórmula molecular de cada uma das seguintes substâncias: (a) O ibuprofeno, remédio para dor de cabeça, que contém 75,69% de C, 8,80% de H e 15,51% de O em massa e possui massa molar de 206 g/mol. (b) A cadaverina, substância de odor fétido produzida pela ação de bactérias sobre carne, que contém 58,55% de C, 13,81% de H e 27,40% de N em massa e possui massa molar de 102,2 g/mol. (c) A epinefrina (adrenalina), hormônio liberado na corrente sanguínea em momentos de perigo ou tensão, que contém 59,0% de C, 7,1% de H, 26,2% de O e 7,7% de N em massa e possui massa molecular de cerca de 180 uma.

3.55 (a) A análise por combustão do tolueno, solvente orgânico comum, indica a produção de 5,86 mg de CO_2 e 1,37 mg de H_2O. Se o composto contém apenas carbono e hidrogênio, qual é a sua fórmula empírica? (b) O mentol, substância responsável pelo cheiro característico de pastilhas mentoladas, é composto de C, H e O. Uma amostra de 0,1005 g de mentol entrou em combustão, produzindo 0,2829 g de CO_2 e 0,1159 g de H_2O. Qual é a fórmula empírica do mentol? Se o mentol tem massa molar de 156 g/mol, qual é sua fórmula molecular?

3.56 (a) O cheiro característico do abacaxi é devido ao butirato de etila, composto que contém carbono, hidrogênio e oxigênio. A combustão de 2,78 mg de butirato de etila produz 6,32 mg de CO_2 e 2,58 mg de H_2O. Qual é a fórmula empírica do composto? (b) A nicotina, componente do tabaco, é composta por C, H e N. Uma amostra de 5,250 mg de nicotina entrou em combustão, produzindo 14,242 mg de CO_2 e 4,083 mg de H_2O. Qual é a fórmula empírica da nicotina? Se a nicotina tem massa molar de 160 ± 5 g/mol, qual é sua fórmula molecular?

3.57 O ácido valproico, utilizado no tratamento de convulsões e transtorno bipolar, é composto por C, H e O. Uma amostra de 0,165 g desse ácido entra em combustão e produz 0,166 g de água e 0,403 g de dióxido de carbono. Qual é a fórmula empírica do ácido valproico? Se a sua massa molar é 144 g/mol, qual é sua fórmula molecular?

3.58 O ácido propenoico, $C_3H_4O_2$, é um líquido orgânico reativo utilizado na fabricação de plásticos, revestimentos e adesivos. Suspeita-se que um recipiente sem rótulo contenha esse líquido. Uma amostra de 0,275 g entra em combustão e produz 0,102 g de água e 0,374 g de dióxido de carbono. O líquido desconhecido é mesmo ácido propenoico? Utilize cálculos para demonstrar o seu raciocínio.

3.59 O carbonato de sódio, composto utilizado para preparar a água dura para a lavagem da roupa, é um hidrato, o que significa que há um determinado número de moléculas de água em sua estrutura sólida. Sua fórmula pode ser escrita como $Na_2CO_3 \cdot xH_2O$, em que x é a quantidade de mol de H_2O por mol de Na_2CO_3. Quando uma amostra de 2,558 g de carbonato de sódio é aquecida a 125 °C, toda a água de hidratação é perdida, deixando 0,948 g de Na_2CO_3. Qual é o valor de x?

3.60 Os sais de Epsom, um forte laxante utilizado na medicina veterinária, são um hidrato, o que significa que há um determinado número de moléculas de água em sua estrutura sólida. A fórmula dos sais de Epsom pode ser escrita como $MgSO_4 \cdot xH_2O$, em que x indica a quantidade de matéria de H_2O por mol de $MgSO_4$. Quando 5,061 g desse hidrato são aquecidos a 250 °C, toda a água da hidratação é perdida, deixando 2,472 g de $MgSO_4$. Qual é o valor de x?

Informações quantitativas a partir de equações balanceadas (Seção 3.6)

3.61 O ácido fluorídrico, HF(aq), não pode ser armazenado em garrafas de vidro porque ataca os compostos chamados silicatos, que compõem o vidro. O silicato de sódio (Na$_2$SiO$_3$), por exemplo, reage da seguinte maneira:

$$Na_2SiO_3(s) + 8HF(aq) \longrightarrow H_2SiF_6(aq) + 2NaF(aq) + 3H_2O(l)$$

(**a**) Quantos mols de HF são necessários para reagir com 0,300 mol de Na$_2$SiO$_3$? (**b**) Quantos gramas de NaF são produzidos quando 0,500 mol de HF reage com o excesso de Na$_2$SiO$_3$? (**c**) Quantos gramas de Na$_2$SiO$_3$ podem reagir com 0,800 g de HF?

3.62 A reação entre o superóxido de potássio, KO$_2$, e o CO$_2$,

$$4KO_2 + 2CO_2 \longrightarrow 2K_2CO_3 + 3O_2$$

é usada como fonte de O$_2$ e absorvedora de CO$_2$ em equipamento autônomo de respiração, utilizado por equipes de salvamento.

(**a**) Quantos mols de O$_2$ são produzidos quando 0,400 mol de KO$_2$ reage segundo a reação acima? (**b**) Quantos gramas de KO$_2$ são necessários para formar 7,50 g de O$_2$? (**c**) Quantos gramas de CO$_2$ são consumidos quando 7,50 g de O$_2$ são produzidos?

3.63 Várias marcas de antiácido usam o Al(OH)$_3$ para reagir com o ácido do estômago, que é constituído principalmente por HCl:

$$Al(OH)_3(s) + HCl(aq) \longrightarrow AlCl_3(aq) + H_2O(l)$$

(**a**) Faça o balanceamento dessa equação. (**b**) Calcule o número de gramas de HCl que podem reagir com 0,500 g de Al(OH)$_3$. (**c**) Calcule o número de gramas de AlCl$_3$ e o número de gramas de H$_2$O formados no item (a) (**d**) Mostre que seus cálculos dos itens (b) e (c) estão de acordo com a lei da conservação da massa.

3.64 Uma amostra de minério de ferro contém Fe$_2$O$_3$, além de outras substâncias. A reação do minério com o CO produz ferro metálico:

$$Fe_2O_3(s) + CO(g) \longrightarrow Fe(s) + CO_2(g)$$

(**a**) Faça o balanceamento dessa equação. (**b**) Calcule a quantidade em gramas de CO que podem reagir com 0,350 kg de Fe$_2$O$_3$. (**c**) Calcule a quantidade em gramas de Fe e a quantidade em gramas de CO$_2$ formados quando 0,350 kg de Fe$_2$O$_3$ reage. (**d**) Mostre que seus cálculos dos itens (b) e (c) estão de acordo com a lei da conservação da massa.

3.65 O sulfeto de alumínio reage com a água para formar hidróxido de alumínio e sulfeto de hidrogênio. (**a**) Escreva a equação química balanceada dessa reação. (**b**) Quantos gramas de hidróxido de alumínio são obtidos a partir de 14,2 g de sulfeto de alumínio?

3.66 O hidreto de cálcio reage com a água para formar hidróxido de cálcio e gás hidrogênio. (**a**) Escreva a equação química balanceada da reação. (**b**) Quantos gramas de hidreto de cálcio são necessários para formar 4,500 g de hidrogênio?

3.67 *Air bags* automotivos inflam quando a azida de sódio, NaN$_3$, é rapidamente decomposta em seus constituintes:

$$2NaN_3(s) \longrightarrow 2Na(s) + 3N_2(g)$$

(**a**) Quantos mols de N$_2$ são produzidos pela decomposição de 1,50 mol de NaN$_3$? (**b**) Quantos gramas de NaN$_3$ são necessários para formar 10,0 g de gás nitrogênio? (**c**) Quantos gramas de NaN$_3$ são necessários para produzir 10,0 pés^3 de gás nitrogênio, aproximadamente o tamanho de um air bag de um automóvel, se o gás tem densidade de 1,25 g/L?

3.68 A combustão completa do octano, C$_8$H$_{18}$, componente da gasolina, ocorre da seguinte maneira:

$$2\,C_8H_{18}(l) + 25\,O_2(g) \longrightarrow 16\,CO_2(g) + 18\,H_2O(g)$$

(**a**) Quantos mols de O$_2$ são necessários para queimar 1,50 mol de C$_8$H$_{18}$? (**b**) Quantos gramas de O$_2$ são necessários para queimar 10,0 g de C$_8$H$_{18}$? (**c**) O octano tem densidade de 0,692 g/mL a 20°C. Quantos gramas de O$_2$ são necessários para queimar 15,0 gal de C$_8$H$_{18}$ (a capacidade de um tanque de combustível médio)? (**d**) Quantos gramas de CO$_2$ são produzidos quando 15,0 gal de C$_8$H$_{18}$ entram em combustão?

3.69 Um pedaço de folha de alumínio de 1,00 cm^2 e 0,550 mm de espessura reage com o bromo para produzir brometo de alumínio.

(**a**) Quantos mols de alumínio foram utilizados? (A densidade do alumínio é 2,699 g/cm^3.) (**b**) Escreva a equação química balanceada da reação. (**c**) Quantos gramas de brometo de alumínio são produzidos, considerando que o alumínio reage completamente?

3.70 A detonação da nitroglicerina ocorre da seguinte maneira:

$$4\,C_3H_5N_3O_9(l) \longrightarrow$$
$$12\,CO_2(g) + 6\,N_2(g) + O_2(g) + 10\,H_2O(g)$$

(**a**) Se uma amostra que contém 2,00 mL de nitroglicerina (densidade = 1,592 g/mL) é detonada, quantos mols de gás são produzidos? (**b**) Se cada mol de gás ocupa 55 L sob as condições da explosão, quantos litros de gás são produzidos? (**c**) Quantos gramas de N$_2$ são produzidos na detonação?

3.71 A combustão de um mol de etanol líquido, CH$_3$CH$_2$OH, produz 1.367 kJ de calor. (**a**) Escreva a equação química balanceada da combustão do etanol. (**b**) Calcule quanto calor é produzido com a combustão de 235,0 g de etanol.

3.72 A combustão de um mol de octano líquido, CH$_3$(CH$_2$)$_6$CH$_3$, produz 5.470 kJ de calor. (**a**) Escreva a equação química balanceada da combustão do octano. (**b**) Calcule quanto calor é produzido com a combustão de 1,000 galões de octano. A densidade do octano é de 0,692 g/mL a 20 °C.

Reagentes limitantes (Seção 3.7)

3.73 Imagine que pedissem a você para montar skates a partir de pranchas, eixos e rodas, sendo que cada skate é feito de uma prancha, dois eixos e quatro rodas. (**a**) Se começar com 25 pranchas, 48 eixos e 106 rodas, qual será o reagente limitante? (**b**) Qual é o rendimento teórico dos skates? (**c**) Se 22 pranchas são produzidas após a montagem estar completa, qual é o rendimento percentual dos skates?

3.74 Considere uma receita de sanduíche composta de três fatias de pão tostado, 2 fatias de peito de peru, 2 tiras de bacon frito e uma fatia de queijo cheddar. (**a**) Se começar com 36 fatias de pão, 20 fatias de peito de peru, 24 tiras de bacon e 14 fatias de queijo, qual será o reagente limitante? (**b**) Qual é o rendimento teórico dos sanduíches? (**c**) Se pedir ao seu colega de quarto que prepare sanduíches para uma festinha e ele terminar com nove sanduíches, qual foi o rendimento percentual dos sanduíches?

3.75 Considere a mistura de etanol, C_2H_5OH, e O_2 mostrada no diagrama a seguir. (**a**) Escreva a equação balanceada da reação de combustão que ocorre entre o etanol e o oxigênio. (**b**) Qual é o reagente limitante? (**c**) Quantas moléculas de CO_2, H_2O, C_2H_5OH e O_2 estarão presentes se a reação se completar?

3.76 Considere a mistura de propano, C_3H_8, e O_2 mostrada a seguir. (**a**) Escreva a equação balanceada da reação de combustão que ocorre entre o propano e o oxigênio. (**b**) Qual é o reagente limitante? (**c**) Quantas moléculas de CO_2, H_2O, C_3H_8 e O_2 estarão presentes se a reação se completar?

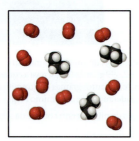

3.77 O hidróxido de sódio reage com o dióxido de carbono da seguinte maneira:

$$2NaOH(s) + CO_2(g) \longrightarrow Na_2CO_3(s) + H_2O(l)$$

Qual é o reagente limitante quando 1,85 mol de NaOH e 1,00 mol de CO_2 reagem? Quantos mols de Na_2CO_3 podem ser produzidos? Quantos mols do reagente em excesso restam após a conclusão da reação?

3.78 O hidróxido de alumínio reage com o ácido sulfúrico da seguinte maneira:

$$2\,Al(OH)_3(s) + 3\,H_2SO_4(aq) \longrightarrow Al_2(SO_4)_3(aq) + 6\,H_2O(l)$$

Qual é o reagente limitante quando 0,500 mol de $Al(OH)_3$ e 0,500 mol de H_2SO_4 reagem? Quantos mols de $Al_2(SO_4)_3$ podem ser produzidos nessas condições? Quantos mols do reagente em excesso restam após a conclusão da reação?

3.79 A efervescência produzida quando um tablete de Alka-Seltzer, um antiácido e analgésico efervescente comercializado nos Estados Unidos, se dissolve em água resulta da reação entre o bicarbonato de sódio ($NaHCO_3$) e o ácido cítrico ($H_3C_6H_5O_7$):

$$3NaHCO_3(aq)\ H_3C_6H_5O_7(aq) \longrightarrow$$
$$3CO_2(g) + 3\,H_2O(l) + Na_3C_6H_5O_7(aq)$$

Em determinado experimento, ocorre a reação de 1,00 g de bicarbonato de sódio com 1,00 g de ácido cítrico. (**a**) Qual é o reagente limitante? (**b**) Quantos gramas de dióxido de carbono são produzidos? (**c**) Quantos gramas do reagente em excesso restam depois que o reagente limitante é completamente consumido?

3.80 Uma das etapas do processo comercial para a transformação da amônia em ácido nítrico é a conversão de NH_3 em NO:

$$4NH_3(g) + 5O_2(g) \longrightarrow 4NO(g) + 6H_2O(g)$$

Em determinado experimento, 2,00 g de NH_3 reagem com 2,50 g de O_2. (**a**) Qual é o reagente limitante? (**b**) Quantos gramas de NO e H_2O são produzidos? (**c**) Quantos gramas do reagente em excesso restam depois que o reagente limitante é completamente consumido? (**d**) Mostre que seus cálculos nos itens (**b**) e (**c**) estão de acordo com a lei da conservação da massa.

3.81 Soluções de carbonato de sódio e nitrato de prata reagem para produzir carbonato de prata sólido e uma solução de nitrato de sódio. Uma solução que contém 3,50 g de carbonato de sódio é misturada a uma que contém 5,00 g de nitrato de prata. Quantos gramas de carbonato de sódio, nitrato de prata, carbonato de prata e nitrato de sódio estarão presentes depois que a reação se completar?

3.82 Soluções de ácido sulfúrico e acetato de chumbo(II) reagem para formar sulfato de chumbo(II) sólido e uma solução de ácido acético. Se 5,00 g de ácido sulfúrico e 5,00 g de acetato de chumbo(II) forem misturados, calcule a quantidade em gramas de ácido sulfúrico, acetato de chumbo(II), sulfato de chumbo(II) e ácido acético presentes na mistura depois que a reação se completar.

3.83 Quando o benzeno (C_6H_6) reage com o bromo (Br_2), obtém-se bromobenzeno (C_6H_5Br):

$$C_6H_6 + Br_2 \longrightarrow C_6H_5Br + HBr$$

(**a**) Quando 30,0 g de benzeno reagem com 65,0 g de bromo, qual é o rendimento teórico do bromobenzeno? (**b**) Se o rendimento real do bromobenzeno é de 42,3 g, qual é o seu rendimento percentual?

3.84 Quando o etano (C_2H_6) reage com o cloro (Cl_2), o principal produto é o C_2H_5Cl, porém outros produtos clorados, como o $C_2H_4Cl_2$, também são obtidos em pequenas quantidades. A formação desses outros produtos reduz o rendimento do C_2H_5Cl. (**a**) Calcule o rendimento teórico do C_2H_5Cl quando 125 g de C_2H_6 reagem com 255 g de Cl_2, considerando que o C_2H_6 e o Cl_2 reagem para produzir apenas C_2H_5Cl e HCl. (**b**) Calcule o rendimento percentual do C_2H_5Cl se a reação produzir 206 g de C_2H_5Cl.

3.85 O sulfeto de hidrogênio é uma impureza no gás natural que deve ser removida. Um método de remoção comum é o processo de Claus, baseado na seguinte reação:

$$8H_2S(g) + 4O_2(g) \longrightarrow S_8(l) + 8H_2O(g)$$

Sob condições ideais, o processo de Claus converte o H_2S em S_8 com um rendimento de 98%. Se, no início, houver 30,0 gramas de H_2S e 50,0 gramas de O_2, quantos gramas de S_8 serão produzidos, considerando um rendimento de 98%?

3.86 Quando o gás sulfeto de hidrogênio é borbulhado em uma solução de hidróxido de sódio, a reação produz sulfeto de sódio e água. Quantos gramas de sulfeto de sódio são formados se 1,25 g de sulfeto de hidrogênio for borbulhado em uma solução que contém 2,00 g de hidróxido de sódio, considerando que o sulfeto de sódio é produzido com rendimento de 92,0%?

Exercícios adicionais

3.87 Escreva as equações químicas balanceadas de: (**a**) combustão completa do ácido acético (CH_3COOH), principal ingrediente ativo do vinagre; (**b**) decomposição do hidróxido de cálcio sólido em óxido de cálcio sólido (cal) e vapor d'água; (**c**) reação de combinação entre o níquel metálico e o gás cloro.

3.88 A eficácia dos fertilizantes de nitrogênio depende tanto de sua capacidade de transferir nitrogênio para as plantas quanto da quantidade de nitrogênio que eles podem transferir. Quatro fertilizantes comuns que contêm nitrogênio são a amônia, o nitrato de amônio, o sulfato de amônio e a ureia [$(NH_2)_2CO$]. Coloque esses fertilizantes em ordem decrescente de percentagem de nitrogênio em massa.

3.89 (**a**) A fórmula molecular do ácido acetilsalicílico (aspirina), um dos analgésicos mais comuns, é $C_9H_8O_4$. Quantos mols de $C_9H_8O_4$ há em um comprimido de 0,500 g de aspirina? Suponha que o comprimido é totalmente composto de aspirina. (**b**) Quantas moléculas de $C_9H_8O_4$ há nesse comprimido? (**c**) Quantos átomos de carbono há no comprimido?

3.90 (**a**) Uma molécula do antibiótico penicilina G tem massa de $5,342 \times 10^{-21}$ g. Qual é a massa molar da penicilina G? (**b**) A hemoglobina, proteína que transporta oxigênio nas células vermelhas do sangue, tem quatro átomos de ferro por molécula e 0,340% de ferro em massa. Calcule a massa molar da hemoglobina.

3.91 A serotonina é um composto que conduz os impulsos nervosos no cérebro. Ela contém 68,2% de C, 6,86% de H, 15,9% de N e 9,08% de O em massa. Sua massa molar é 176 g/mol. Determine sua fórmula molecular.

3.92 O coala se alimenta exclusivamente de folhas de eucalipto. Seu sistema digestório desintoxica o óleo de eucalipto, um veneno para outros animais. A principal substância desse óleo é chamada de eucaliptol, que tem em sua composição 77,87% de C, 11,76% de H e o restante de O. (**a**) Qual é a fórmula empírica dessa substância? (**b**) Um espectro de massa do eucaliptol mostra um pico de aproximadamente 154 uma. Qual é a fórmula molecular da substância?

3.93 A vanilina, aroma dominante na baunilha, contém C, H e O. Quando 1,05 g dessa substância é completamente queimado, 2,43 g de CO_2 e 0,50 g de H_2O são produzidos. Qual é a fórmula empírica da vanilina?

3.94 Há somente C, H e Cl em certo composto orgânico. Quando uma amostra de 1,50 g desse composto foi completamente queimada no ar, foram produzidos 3,52 g de CO_2. Em um experimento diferente, o cloro contido em uma amostra de 1,00 g do composto foi convertido em 1,27 g de AgCl. Determine a fórmula empírica do composto.

3.95 Um composto, $KBrO_x$, em que x é desconhecido, contém 52,92% de Br. Qual é o valor de x?

3.96 Um elemento X forma um iodeto (XI_3) e um cloreto (XCl_3). O iodeto é quantitativamente convertido em cloreto quando é aquecido em um ambiente rico em cloro:

$$2XI_3 + 3Cl_2 \longrightarrow 2XCl_3 + 3I_2$$

Se 0,5000 g do XI_3 é tratado, será obtido 0,2360 g de XCl_3. (**a**) Calcule a massa atômica do elemento X. (**b**) Identifique o elemento X.

3.97 Um método utilizado pela Agência de Proteção Ambiental dos Estados Unidos para determinar a concentração de ozônio no ar é passar uma amostra de ar por meio de um "borbulhador" que contém iodeto de sódio, responsável pela extração do ozônio de acordo com a seguinte equação:

$$O_3(g) + 2NaI(aq) + H_2O(l) \longrightarrow O_2(g) + I_2(s) + 2NaOH(aq)$$

(**a**) Quantos mols de iodeto de sódio são necessários para extrair $5,95 \times 10^{-6}$ mols de O_3? (**b**) Quantos gramas de iodeto de sódio são necessários para extrair 1,3 mg de O_3?

3.98 Uma indústria química utiliza energia elétrica para decompor soluções aquosas de NaCl e produzir Cl_2, H_2 e NaOH:

$$2NaCl(aq) + 2H_2O(l) \longrightarrow 2NaOH(aq) + H_2(g) + Cl_2(g)$$

Se a indústria produz $1,5 \times 10^6$ kg (1.500 toneladas métricas) de Cl_2 diariamente, estime as quantidades de H_2 e NaOH produzidas.

3.99 A gordura armazenada na corcova de um camelo é uma fonte de energia e água para esse animal. Calcule a massa de H_2O produzida pelo metabolismo de 1,0 kg de gordura, considerando que ela seja composta inteiramente de triestearina ($C_{57}H_{110}O_6$), uma gordura animal típica, e partindo do princípio de que, durante o metabolismo, a triestearina reage com o O_2 para produzir apenas CO_2 e H_2O.

3.100 Quando hidrocarbonetos são queimados em uma quantidade limitada de ar, são produzidos CO e CO_2. Quando 0,450 g de um hidrocarboneto específico é queimado no ar, 0,467 g de CO, 0,733 g de CO_2 e 0,450 g de H_2O são produzidos. (**a**) Qual é a fórmula empírica do composto? (**b**) Quantos gramas de O_2 foram consumidos na reação? (**c**) Quantos gramas seriam necessários para a combustão completa?

3.101 Uma mistura de $N_2(g)$ e $H_2(g)$ reage em um recipiente fechado para produzir amônia, $NH_3(g)$. A reação é interrompida antes que qualquer um dos reagentes seja totalmente consumido. Nesse estágio, 3,0 mols de N_2, 3,0 mols de H_2 e 3,0 mols de NH_3 estão presentes. Quantos mols de N_2 e H_2 estavam presentes no início da reação?

3.102 Uma mistura que contém $KClO_3$, K_2CO_3, $KHCO_3$ e KCl foi aquecida, produzindo os gases CO_2, O_2 e H_2O, de acordo com as seguintes equações:

$$2KClO_3(s) \longrightarrow 2KCl(s) + 3O_2(g)$$
$$2KHCO_3(s) \longrightarrow K_2O(s) + H_2O(g) + 2CO_2(g)$$
$$K_2CO_3(s) \longrightarrow K_2O(s) + CO_2(g)$$

O KCl não reage sob as condições da reação. Se 100,0 g da mistura produzem 1,80 g de H_2O, 13,20 g de CO_2 e 4,00 g de O_2, qual era a composição da mistura original? (Considere que ocorreu a completa decomposição da mistura.)

3.103 Quando uma mistura de 10,0 g de acetileno (C_2H_2) e 10,0 g de oxigênio (O_2) entra em combustão, a reação produz CO_2 e H_2O. (**a**) Escreva a equação química balanceada dessa reação. (**b**) Qual é o reagente limitante? (**c**) Quantos gramas de C_2H_2, O_2, CO_2 e H_2O estarão presentes após a reação se completar?

3.104 (**a**) Se um automóvel percorrer 225 milhas fazendo 20,5 mi/gal, quantos quilos de CO_2 serão produzidos? Considere que a gasolina é composta de octano, $C_8H_{18}(l)$, cuja densidade é 0,692 g/mL. (**b**) Repita o cálculo para um caminhão que percorre 5 mi/gal.

3.105 (**a**) Qual é o rendimento teórico do CO_2 se $1,00 \times 10^3$ kg (1 tonelada) de CaO é obtida pela decomposição térmica de $CaCO_3$? (**b**) No cimento Portland comum, o teor médio de CaO do clínquer (a parte inorgânica do cimento seco antes da introdução da gipsita e de qualquer aditivo ou filler) é de 63,5%. Qual é a quantidade de CO_2 emitida para produzir $1,00 \times 10^3$ kg de clínquer? (**c**) Se o clínquer compõe 95% da massa do cimento, uma estimativa razoável para a maior parte do cimento produzido no século XX, qual é a quantidade de CO_2 emitida na produção de $1,00 \times 10^3$ kg de cimento? (**d**) Em algumas partes do mundo, resíduos, escória de alto-forno da indústria siderúrgica ou cinzas volantes de usinas termelétricas a carvão são adicionados ao cimento para reduzir a quantidade de clínquer. Se o clínquer representa apenas 60% do cimento em massa, qual é a quantidade de CO_2 emitida na produção de $1,00 \times 10^3$ kg de cimento?

3.106 Um tipo específico de carvão contém 2,5% de enxofre em massa. Quando esse carvão queima em uma usina de energia, o enxofre é convertido em gás dióxido de enxofre, que é um poluente. Para reduzir as emissões de dióxido de enxofre, utiliza-se óxido de cálcio (cal). O dióxido de enxofre reage com o óxido de cálcio para produzir sulfito de cálcio sólido. (**a**) Escreva a equação química balanceada da reação. (**b**) Se o carvão for queimado em uma usina de energia que utiliza 2.000,0 toneladas de carvão por dia, que massa de óxido de cálcio será necessária diariamente para eliminar o dióxido de enxofre? (**c**) Quantos gramas de sulfito de cálcio são produzidos diariamente por essa usina?

3.107 Dois componentes críticos do clínquer de cimento são Ca_3SiO_5, chamado de silicato tricálcico ou alita, e Ca_2SiO_4, chamado de silicato dicálcico ou belita. Ambos são formados quando o CaO produzido pela decomposição térmica do calcário ($CaCO_3$) reage com o SiO_2 presente na argila e em outras matérias-primas usadas na fabricação de cimento. Quando adicionamos água, ambas as substâncias reagem e formam as fases hidratadas que conferem ao cimento boa parte da sua resistência, embora a alita se forme mais rapidamente e tenha um papel mais importante na pega do cimento e no ganho de resistência inicial. (**a**) Qual é o percentual em massa do Ca na alita? (**b**) Qual é o percentual em massa do Ca na belita? (**c**) À medida que a composição de belita do cimento aumenta, a quantidade de CO_2 emitido na produção de cimento aumenta ou diminui?

3.108 A fonte de oxigênio que aciona o motor de combustão interno de um automóvel é o ar. O ar é uma mistura de gases, sendo principalmente N_2 (~79%) e O_2 (~20%). No cilindro de um motor automotivo, o nitrogênio pode reagir com o oxigênio para produzir o gás óxido nítrico, NO. Como o NO é liberado pelo escapamento do carro, ele pode reagir com mais oxigênio para produzir o gás dióxido de nitrogênio. (**a**) Escreva as equações químicas balanceadas de ambas as reações. (**b**) Tanto o óxido nítrico quanto o dióxido de nitrogênio são poluentes que podem causar chuva ácida e aquecimento global; eles fazem parte do grupo denominado gases NO_x. Em 2009, estima-se que os Estados Unidos emitiram 19 milhões de toneladas de dióxido de nitrogênio na atmosfera. Quantos gramas de dióxido de nitrogênio esse número representa? (**c**) A produção de gases NO_x é uma reação secundária indesejada do principal processo de combustão do motor, que transforma o octano, C_8H_{18}, em CO_2 e água. Se 85% do oxigênio em um motor é utilizado para fazer a combustão do octano e o restante produz dióxido de nitrogênio, calcule quantos gramas de dióxido de nitrogênio seriam produzidos durante a combustão de 500 g de octano.

Elabore um experimento

Mais adiante neste livro, você aprenderá que o enxofre é capaz de produzir dois óxidos comuns, SO_2 e SO_3. Devemos nos perguntar se a direção da reação entre o enxofre e o oxigênio leva à formação de SO_2, SO_3 ou uma mistura dos dois. Essa questão tem importância prática, uma vez que o SO_3 pode reagir com a água para formar o ácido sulfúrico, H_2SO_4, que é produzido industrialmente em grande escala. Considere também que a resposta a essa questão pode depender da quantidade relativa de cada elemento presente e da temperatura sob a qual a reação ocorre. Por exemplo, o carbono e o oxigênio geralmente reagem para produzir CO_2, mas, quando não há quantidade suficiente de oxigênio, o CO pode ser produzido. Por outro lado, sob condições normais de reação, o H_2 e o O_2 reagem para produzir água, H_2O (em vez de peróxido de hidrogênio, H_2O_2), independentemente da razão inicial entre o hidrogênio e o oxigênio.

Agora, suponha que você tenha uma garrafa de enxofre, que é um sólido amarelo, um cilindro de O_2, um recipiente transparente para a reação, cujo ar possa ser removido e que possa ser vedado para que haja somente enxofre, oxigênio, e demais produtos da reação, uma balança analítica para determinar as massas dos reagentes e/ou produtos e uma fonte de calor que pode ser utilizada para aquecer o recipiente no qual os dois elementos reagem a 200 °C. (**a**) Se você começar com 0,10 mol de enxofre no recipiente da reação, quantos mols de oxigênio teriam de ser acrescentados para produzir SO_2, considerando que somente SO_2 é produzido? (**b**) Quantos mols de oxigênio seriam necessários para produzir SO_3, considerando que somente SO_3 é produzido? (**c**) Dado o equipamento disponível, como você determinaria se adicionou o número correto de mols de cada reagente ao recipiente da reação? (**d**) Que técnica de observação ou experimental você utilizaria para determinar a identidade do(s) produto(s) da reação? As diferentes propriedades físicas do SO_2 e do SO_3 poderiam ser usadas para ajudar a identificar o(s) produto(s)? Nos Capítulos 1 a 3, há instrumentos que poderiam ajudá-lo a identificar o(s) produto(s)? (**e**) Que experimentos você conduziria para determinar se o(s) produto(s) dessa reação (SO_2, SO_3 ou uma mistura dos dois) pode(m) ser controlado(s) pela variação da razão entre o enxofre e o oxigênio adicionados ao recipiente da reação? Que razão(ões) entre S e O_2 você testaria para responder a essa questão?

4

O QUE VEREMOS

4.1 ▶ Propriedades gerais das soluções aquosas Reconhecer que as substâncias dissolvidas em água são encontradas na forma de íons, moléculas ou uma mistura dos dois.

4.2 ▶ Reações de precipitação Identificar reações em que reagentes solúveis produzem substâncias insolúveis.

4.3 ▶ Ácidos, bases e reações de neutralização Explorar reações em que prótons, íons H^+, são transferidos de um reagente para o outro.

4.4 ▶ Reações de oxirredução Examinar reações em que elétrons são transferidos de um reagente para o outro.

4.5 ▶ Concentrações de soluções Expressar a quantidade de um composto dissolvido em um determinado volume de uma solução Como concentração em quantidade de matéria (molaridade): mols de composto por litro de solução.

4.6 ▶ Estequiometria da solução e análise química Usar os conceitos de estequiometria e concentração para calcular as quantidades envolvidas na técnica de laboratório denominada titulação.

REAÇÕES EM SOLUÇÃO AQUOSA

▲ A água do mar é uma solução aquosa complexa.

A água cobre quase dois terços do nosso planeta, e é essa substância simples que tem sido a chave para entender grande parte da história evolutiva da Terra. É quase certo que a vida teve sua origem na água, e o fato de ela ser necessária a todos os organismos vivos ajudou a determinar diversas estruturas biológicas. A maior parte dos nossos corpos é constituído de água, e as reações químicas responsáveis pela vida ocorrem na água.

Uma solução na qual a água é o meio de dissolução é chamada de **solução aquosa**. Neste capítulo, vamos analisar as reações químicas que ocorrem nesse tipo de solução. Além disso, ampliaremos os conceitos de estequiometria vistos no Capítulo 3, considerando como as concentrações das soluções são expressas e utilizadas. Embora as reações que discutiremos neste capítulo sejam relativamente simples, elas fornecem uma base para a compreensão de ciclos de reações complexos estudados em biologia, geologia e oceanografia.

4.1 | Propriedades gerais das soluções aquosas

Objetivos de aprendizagem

Após terminar a Seção 4.1, você deve ser capaz de:
▶ Classificar solutos como eletrólitos fortes, eletrólitos fracos ou não eletrólitos em água.
▶ Descrever como compostos iônicos são dissolvidos e solvatados na água.
▶ Relacionar o comportamento de eletrólito forte e fraco a equilíbrios químicos em soluções.

Uma *solução* é uma mistura homogênea de duas ou mais substâncias. (Seção 1.2) A substância presente em maior quantidade geralmente é chamada de **solvente**, e as outras substâncias são chamadas de **solutos**; costuma-se dizer que elas estão *dissolvidas* no solvente. Quando uma pequena quantidade de cloreto de sódio (NaCl) é dissolvida em uma grande quantidade de água, por exemplo, a água é o solvente e o cloreto de sódio é o soluto. A maioria das reações químicas analisadas neste livro, assim como a maioria das reações que você realizará no laboratório, ocorre em uma solução aquosa.

Eletrólitos e não eletrólitos

Desde pequenos, aprendemos a não entrar na banheira com dispositivos eletrônicos para não sermos eletrocutados. Embora a maior parte da água com que lidamos diariamente seja condutora de eletricidade, a água pura é um condutor de eletricidade muito fraco. Dessa forma, a condutividade da água do banho provém das substâncias ali dissolvidas.

Nem todas as substâncias que se dissolvem na água tornam a solução resultante condutora de eletricidade. A **Figura 4.1** mostra um experimento simples para testar a condutividade elétrica de três soluções: água pura, uma solução de açúcar (sacarose) na água e uma solução de sal de mesa (NaCl) na água. Uma lâmpada é ligada a um circuito elétrico a bateria com dois eletrodos submersos em um béquer de cada solução. Para que a lâmpada acenda, deve haver uma corrente elétrica (i.e., um fluxo de partículas eletricamente carregadas) entre os dois eletrodos imersos na solução. Como a lâmpada não se acende na água pura, concluímos que esta não contém partículas carregadas suficientes para criar um circuito; a água está presente quase exclusivamente na forma de moléculas de H_2O. A solução de sacarose ($C_{12}H_{22}O_{11}$) também não acende a lâmpada; portanto, concluímos que as moléculas de sacarose na solução não têm carga. Contudo, a solução com NaCl contém partículas carregadas em quantidade suficiente para criar um circuito elétrico e acender a lâmpada. É uma evidência experimental da formação de íons Na^+ e Cl^- na solução aquosa.

Uma substância cuja solução aquosa contém íons, como o NaCl, é chamada de **eletrólito**. Por outro lado, uma substância que não forma íons em solução, como o $C_{12}H_{22}O_{11}$, é chamada de **não eletrólito**. As diferentes classificações do NaCl e do $C_{12}H_{22}O_{11}$ surgem em grande parte porque o NaCl é um composto iônico e o $C_{12}H_{22}O_{11}$ é um composto molecular.

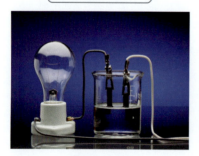

Água pura,
$H_2O(l)$

A água pura não conduz eletricidade.

Solução de sacarose,
$C_{12}H_{22}O_{11}(aq)$

Uma **solução não eletrolítica** não conduz eletricidade.

Solução de cloreto de sódio,
$NaCl(aq)$

Uma **solução eletrolítica** conduz eletricidade.

▲ Figura 4.1 O fechamento de um circuito elétrico com um eletrólito acende a luz.

Como os compostos são dissolvidos na água

A Figura 2.19 mostra que o NaCl sólido consiste em um arranjo ordenado de íons Na$^+$ e Cl$^-$. Quando o NaCl é dissolvido na água, cada íon se separa da estrutura sólida, ficando disperso por toda a solução [**Figura 4.2 (a)**]. Os sólidos iônicos se *dissociam* nos íons que os compõem à medida que eles se dissolvem.

A água é um solvente muito eficaz na dissolução de compostos iônicos. Embora H$_2$O seja uma molécula eletricamente neutra, o átomo de O é rico em elétrons e possui uma carga parcial negativa, ao passo que cada átomo de H apresenta uma carga parcial positiva. A letra grega delta minúscula (δ) indica cargas parciais: a carga parcial negativa é indicada por δ$^-$ ("delta menos"), e a carga parcial positiva é indicada por δ$^+$ ("delta mais"). Os cátions são atraídos pela extremidade negativa de H$_2$O, e os ânions, pela extremidade positiva.

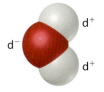

Quando um composto iônico é dissolvido, os íons ficam circundados por moléculas de H$_2$O, como mostra a Figura 4.2(a). Assim, pode-se dizer que os íons foram *solvatados*. Em equações químicas, indicamos os íons solvatados como Na$^+$(*aq*) e Cl$^-$(*aq*), em que *aq* é uma abreviação para "aquosa". (Seção 3.1) A **solvatação** ajuda a estabilizar os íons em solução e evita que cátions e ânions se recombinem. Além disso, uma vez que os íons e suas camadas de moléculas de água circundantes estão livres para se movimentar, os íons ficam uniformemente dispersos por toda a solução.

Em geral, podemos prever a natureza dos íons em uma solução de um composto iônico com base no nome químico da substância. O sulfato de sódio (Na$_2$SO$_4$), por exemplo, é dissociado em íons sódio (Na$^+$) e íons sulfato (SO$_4^{2-}$). É importante que você faça uma revisão das fórmulas e cargas dos íons mais comuns (Tabelas 2.4 e 2.5) para entender as formas nas quais os compostos iônicos são encontrados em soluções aquosas.

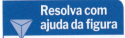 Ambas, apenas uma ou nenhuma das soluções na figura conduz eletricidade? Se apenas uma, qual delas?

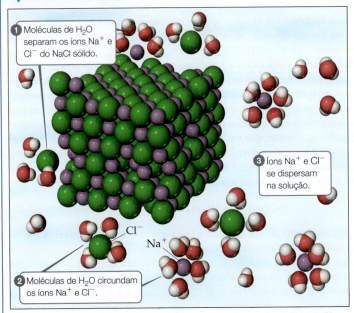

(a) Compostos iônicos, como o cloreto de sódio, NaCl, formam íons quando se dissolvem.

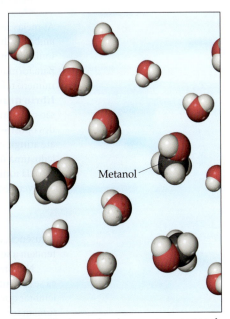

(b) Substâncias moleculares, como o metanol, CH$_3$OH, se dissolvem sem formar íons.

▲ **Figura 4.2 Dissolução em água.** (a) Quando um composto iônico, como o cloreto de sódio, NaCl, é dissolvido em água, as moléculas de H$_2$O separam, circundam e dispersam uniformemente os íons no líquido. (b) Substâncias moleculares dissolvidas em água, como o metanol, CH$_3$OH, geralmente não formam íons durante a dissolução. Podemos pensar no metanol em água como uma simples mistura de duas espécies moleculares. Em (a) e (b), as moléculas de água foram afastadas para que as partículas de soluto pudessem ser vistas claramente.

Quando um composto molecular, como a sacarose ou o metanol [**Figura 4.2 (b)**], é dissolvido na água, a solução geralmente consiste em moléculas intactas dispersas em toda a solução. Consequentemente, a maioria dos compostos moleculares são não eletrolíticos. Algumas substâncias moleculares, no entanto, formam soluções aquosas que contêm íons. As soluções ácidas são as mais importantes. Por exemplo, quando o HCl(g) é dissolvido na água para formar o ácido clorídrico, HCl(aq), a molécula se *ioniza*; ou seja, ela é separada em íons $H^+(aq)$ e $Cl^-(aq)$.

Eletrólitos fortes e fracos

Os eletrólitos se diferenciam uns dos outros de acordo com sua capacidade de conduzir eletricidade. **Eletrólitos fortes** são os solutos que existem em solução completamente, ou quase completamente, na forma de íons. Todos os compostos iônicos solúveis em água, como o NaCl, e alguns compostos moleculares, como o HCl, são eletrólitos fortes. Já os **eletrólitos fracos** são solutos que existem em solução principalmente na forma de moléculas neutras, com apenas uma pequena proporção na forma de íons. Por exemplo, em uma solução de ácido acético (CH_3COOH), a maior parte do soluto está presente na forma de moléculas de $CH_3COOH(aq)$. Apenas uma pequena proporção do CH_3COOH, cerca de 1%, dissocia-se em íons $H^+(aq)$ e $CH_3COO^-(aq)$.*

Devemos ter cuidado para não confundir a proporção com que um eletrólito é dissolvido, ou seja, a sua solubilidade, com o fato de ser forte ou fraco. Por exemplo, o CH_3COOH é extremamente solúvel em água, mas é um eletrólito fraco. O $Ca(OH)_2$, por sua vez, não é muito solúvel em água, mas a quantidade que se dissolve dissocia-se quase completamente. Assim, o $Ca(OH)_2$ é um eletrólito forte.

Quando um eletrólito fraco, como o ácido acético, é ionizado em solução, a seguinte reação pode ser escrita:

$$CH_3COOH(aq) \rightleftharpoons CH_3COO^-(aq) + H^+(aq) \qquad [4.1]$$

As meias setas que apontam em direções opostas indicam que a reação é significativa em ambas as direções. Em um determinado momento, algumas moléculas de CH_3COOH são ionizadas para formar íons H^+ e CH_3COO^-, mas íons H^+ e CH_3COO^- são recombinados para formar moléculas de CH_3COOH. A igualdade desses processos opostos determina o número relativo de íons e moléculas neutras em solução. Isso produz um estado de **equilíbrio químico**, no qual os números relativos de cada tipo de íon ou molécula na reação são constantes ao longo do tempo. Os químicos usam meias setas que apontam em sentidos opostos para representar reações que ocorrem tanto em um sentido quanto no oposto até atingir o equilíbrio. Um exemplo é o caso da ionização de eletrólitos fracos. Por outro lado, uma única seta é utilizada em reações que ocorrem em apenas um sentido, como no caso da ionização de eletrólitos fortes. Uma vez que o HCl é um eletrólito forte, podemos escrever a equação da sua ionização da seguinte maneira:

$$HCl(aq) \longrightarrow H^+(aq) + Cl^-(aq) \qquad [4.2]$$

A ausência de uma meia seta apontando para a esquerda indica que os íons H^+ e Cl^- não tendem a se recombinar para formar moléculas de HCl.

Nas próximas seções deste capítulo, veremos como a formação de um composto indica se ele é um eletrólito forte ou fraco ou um não eletrólito. Por enquanto, você só precisa lembrar que *compostos iônicos solúveis em água são eletrólitos fortes*. Compostos iônicos costumam ser identificados pela presença tanto de metais quanto de não metais; por exemplo, NaCl, $FeSO_4$ e $Al(NO_3)_3$. Compostos iônicos que contêm o íon amônio, NH_4^+, são exceções a essa regra geral; por exemplo, NH_4Br e $(NH_4)_2CO_3$.

---

*A fórmula química do ácido acético é, por vezes, escrita como $HC_2H_3O_2$ para que ela se pareça com a de outros ácidos comuns, como o HCl. A fórmula CH_3COOH está em conformidade com a estrutura molecular do ácido acético, com o H associado ao O no final da fórmula.

Capítulo 4 | Reações em solução aquosa

Exercício resolvido 4.1
Como relacionar números relativos de ânions e cátions às fórmulas químicas

O diagrama representa uma solução aquosa de MgCl₂, KCl ou K₂SO₄. Qual solução a ilustração representa melhor?

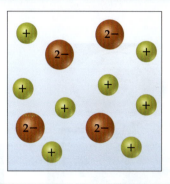

SOLUÇÃO

Analise Devemos associar as esferas carregadas no diagrama com os íons presentes em uma solução de uma substância iônica.

Planeje Examinamos cada substância iônica dada para determinar os números relativos e as cargas dos seus íons. Em seguida, correlacionamos essas espécies iônicas com aquelas mostradas no diagrama.

Resolva O diagrama mostra duas vezes mais cátions do que ânions, o que condiz com a fórmula K₂SO₄.

Confira Observe que a carga líquida no diagrama é zero, fato esperado na representação de uma substância iônica.

▶ **Para praticar**
Se você tiver de fazer diagramas que representem soluções aquosas de (**a**) NiSO₄, (**b**) Ca(NO₃)₂, (**c**) Na₃PO₄ e (**d**) Al₂(SO₄)₃, quantos ânions você colocaria se em cada diagrama houvesse seis cátions?

Exercícios de autoavaliação

EAA 4.1 Qual solução conteria três mols de íons para cada mol de composto dissolvido em água? (**a**) CH₃OH, (**b**) NaCl, (**c**) K₂SO₄, (**d**) NaNO₃, (**e**) FeCl₃.

EAA 4.2 Considere a preparação de uma solução aquosa de KBr a partir de KBr sólido e água. Qual(is) das seguintes afirmações é(são) verdadeira(s)?

(**i**) Uma vez que o KBr é um eletrólito forte, a reação de equilíbrio químico usaria uma seta unidirecional do sólido para os íons.

(**ii**) Uma vez que o sólido é dissolvido, os íons potássio são cercados por moléculas de água, com o oxigênio na molécula H₂O apontando para o potássio.

(**iii**) A solução não conduziria eletricidade.

(**a**) apenas i (**b**) apenas ii (**c**) apenas iii (**d**) i e ii (**e**) i, ii e iii

EAA 4.3 Os compostos muito solúveis em água são sempre eletrólitos fortes? Escolha a combinação correta de afirmações.

(**i**) Sim, porque um eletrólito forte é, por definição, muito solúvel em água.

(**ii**) Sim, porque todos os compostos que se dissolvem completamente em água são compostos iônicos.

(**iii**) Não, existem compostos iônicos insolúveis que são eletrólitos fortes.

(**a**) apenas i (**b**) apenas ii (**c**) apenas iii (**d**) i e ii (**e**) Nenhuma alternativa está correta.

4.2 | Reações de precipitação

A **Figura 4.3** mostra duas soluções incolores transparentes sendo misturadas. Uma delas contém iodeto de potássio, KI, dissolvido em água, e a outra contém nitrato de chumbo, Pb(NO₃)₂, dissolvido em água. A reação entre esses dois solutos tem como produto um sólido amarelo insolúvel em água. As reações que resultam na formação de um produto insolúvel são chamadas de **reações de precipitação**. Um **precipitado** é um sólido insolúvel formado por uma reação em solução. Na Figura 4.3, o precipitado é o iodeto de chumbo (PbI₂), composto que tem uma solubilidade muito baixa na água, de modo que sua fase é um sólido, indicada pelo "s":

$$Pb(NO_3)_2(aq) + 2\ KI(aq) \longrightarrow PbI_2(s) + 2\ KNO_3(aq) \qquad [4.3]$$

O nitrato de potássio (KNO₃), o outro produto dessa reação, permanece em solução aquosa, de modo que sua fase é denotada como "aq".

Reações de precipitação ocorrem quando pares de íons com cargas opostas se atraem tão fortemente que formam um sólido iônico insolúvel. Para prever se determinadas combinações de íons formam compostos insolúveis, devemos considerar algumas regras relativas à solubilidade de alguns compostos iônicos comuns.

Objetivos de aprendizagem

Após terminar a Seção 4.2, você deve ser capaz de:

▶ Prever se um composto é solúvel ou insolúvel em água.

▶ Prever se uma reação de precipitação ocorrerá quando duas soluções aquosas são misturadas.

▶ Escrever equações químicas balanceadas, incluindo fases de reações de metátese.

▶ Converter equações moleculares balanceadas em equações iônicas simplificadas e completas.

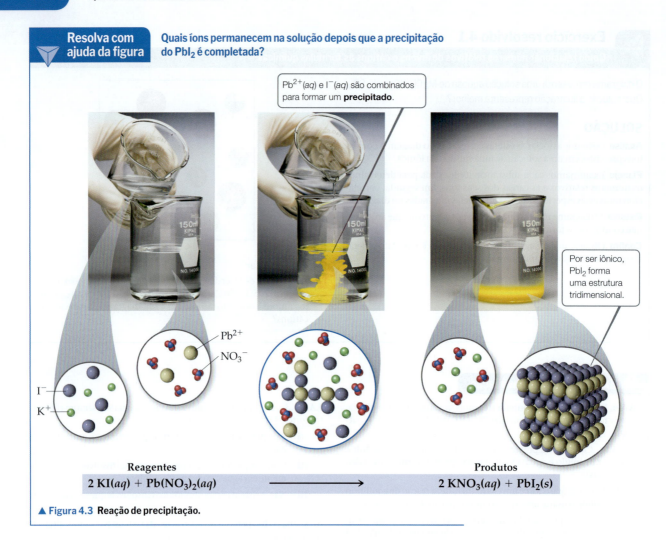

Resolva com ajuda da figura Quais íons permanecem na solução depois que a precipitação do PbI₂ é completada?

▲ **Figura 4.3 Reação de precipitação.**

Regras de solubilidade para compostos iônicos

A **solubilidade** de uma substância em uma dada temperatura representa a quantidade dessa substância que pode ser dissolvida em uma certa quantidade de solvente. Qualquer substância com uma solubilidade inferior a 0,01 mol/L será considerada *insolúvel*. Nesses casos, a atração entre os íons com cargas opostas presentes no sólido é forte demais, impedindo que as moléculas de água os separem de maneira significativa. A maior parte da substância permanece não dissolvida.

Infelizmente, não existem regras baseadas em propriedades físicas simples, como a carga iônica, para nos ajudar a determinar se um composto iônico específico será solúvel. Observações experimentais, no entanto, conduzem a regras que possibilitam a previsão da solubilidade de compostos iônicos. Por exemplo, experimentos mostram que todos os compostos iônicos comuns que contêm o ânion nitrato, NO_3^-, são solúveis em água. A **Tabela 4.1** resume as regras de solubilidade para compostos iônicos comuns. Ela está organizada de acordo com o ânion presente no composto e traz fatos importantes sobre os cátions. Observe que *todos os compostos iônicos comuns formados por íons de metais alcalinos (grupo 1A da tabela periódica) e pelo íon amônio (NH_4^+) são solúveis em água*.

Como prever a formação de uma precipitação quando eletrólitos fortes se misturam

1. Observe os íons presentes nos reagentes.
2. Considere as possíveis combinações entre cátions e ânions.
3. Use a Tabela 4.1 para determinar se alguma dessas combinações é insolúvel.

TABELA 4.1 Regras de solubilidade em água para compostos iônicos comuns

Compostos iônicos solúveis		Exceções importantes
Compostos que contêm	NO_3^-	Nenhuma
	CH_3COO^-	Nenhuma
	Cl^-	Compostos de Ag^+, Hg_2^{2+} e Pb^{2+}
	Br^-	Compostos de Ag^+, Hg_2^{2+} e Pb^{2+}
	I^-	Compostos de Ag^+, Hg_2^{2+} e Pb^{2+}
	SO_4^{2-}	Compostos de Sr^{2+}, Ba^{2+}, Hg_2^{2+} e Pb^{2+}

Compostos iônicos insolúveis		Exceções importantes
Compostos que contêm	S^{2-}	Compostos de NH_4^+, cátions de metais alcalinos, Ca^{2+}, Sr^{2+} e Ba^{2+}
	CO_3^{2-}	Compostos de NH_4^+ e cátions de metais alcalinos
	PO_4^{3-}	Compostos de NH_4^+ e cátions de metais alcalinos
	OH^-	Compostos de NH_4^+, cátions de metais alcalinos, Ca^{2+}, Sr^{2+} e Ba^{2+}

Por exemplo, um precipitado é formado quando soluções de $Mg(NO_3)_2$ e NaOH são misturadas? Ambas as substâncias são compostos iônicos solúveis e eletrólitos fortes. Misturá-las produz, primeiro, uma solução que contém íons Mg^{2+}, NO_3^-, Na^+ e OH^-. Será que um dos cátions vai interagir com algum dos ânions para formar um composto insolúvel? Com base na Tabela 4.1, sabemos que o $Mg(NO_3)_2$ e o NaOH são solúveis em água, então as únicas possibilidades são que o Mg^{2+} reaja com o OH^- e que o Na^+ reaja com o NO^{3-}. Com base na Tabela 4.1, vemos que os hidróxidos são geralmente insolúveis. Uma vez que o Mg^{2+} não é uma exceção, o $Mg(OH)_2$ é insolúvel e, por isso, forma-se um precipitado. O $NaNO_3$, no entanto, é solúvel, logo Na^+ e NO^{3-} permanecem em solução. A equação balanceada para a reação de precipitação é:

$$Mg(NO_3)_2(aq) + 2\,NaOH(aq) \longrightarrow Mg(OH)_2(s) + 2\,NaNO_3(aq) \qquad [4.4]$$

Reações de troca (metátese)

Na Equação 4.4, observe que os cátions reagentes trocam seus ânions: o Mg^{2+} liga-se a um OH^- e o Na^+ liga-se a um NO^{3-}. As fórmulas químicas dos produtos são baseadas nas cargas dos íons: dois íons OH^- são necessários para obter um composto neutro com o Mg^{2+}, e um íon NO^{3-} é necessário para obter um composto neutro com o Na^+. (Seção 2.7) *A equação pode ser balanceada somente depois de determinar as fórmulas químicas dos produtos.*

Exercício resolvido 4.2
Como usar as regras de solubilidade

Classifique esses compostos iônicos como solúveis ou insolúveis em água: **(a)** carbonato de sódio, Na_2CO_3; **(b)** sulfato de chumbo, $PbSO_4$.

SOLUÇÃO

Analise Com base nos nomes e nas fórmulas dos dois compostos iônicos, devemos determinar se eles são solúveis ou insolúveis em água.

Planeje Podemos usar a Tabela 4.1 para responder à pergunta. Precisamos nos concentrar no ânion de cada composto, porque a tabela é organizada de acordo com os ânions.

Resolva

(a) De acordo com a Tabela 4.1, a maioria dos carbonatos é insolúvel. Contudo, carbonatos de cátions de metais alcalinos, como o íon de sódio, são uma exceção a essa regra e são solúveis. Assim, o Na_2CO_3 é solúvel em água.

(b) A Tabela 4.1 indica que, embora a maioria dos sulfatos seja solúvel em água, o sulfato de Pb^{2+} é uma exceção. Assim, o $PbSO_4$ é insolúvel em água.

▶ **Para praticar**
Classifique os seguintes compostos como solúveis ou insolúveis em água: **(a)** hidróxido de cobalto(II), **(b)** nitrato de bário, **(c)** fosfato de amônio.

As reações em que cátions e ânions trocam de pares seguem a equação geral:

$$AX + BY \longrightarrow AY + BX \qquad [4.5]$$

Exemplo: $\quad AgNO_3(aq) + KCl(aq) \longrightarrow AgCl(s) + KNO_3(aq)$

Tais reações são chamadas de **reações de troca** ou **reações de metátese**, palavra que vem do grego e significa "trocar de posição". As reações de precipitação estão de acordo com esse padrão, como muitas reações de neutralização entre ácidos e bases que serão vistas na Seção 4.3.

> *Como balancear uma reação de metátese*
> 1. Utilize as fórmulas químicas dos reagentes para determinar quais íons estão presentes.
> 2. Escreva as fórmulas químicas dos produtos combinando o cátion de um reagente com o ânion do outro e usando as cargas iônicas para determinar os subscritos nas fórmulas químicas.
> 3. Verifique as solubilidades em água dos produtos. Para uma reação de precipitação ocorrer, pelo menos um produto deve ser insolúvel em água.
> 4. Proceda com o balanceamento da equação.

Exercício resolvido 4.3
Como prever uma reação de metátese

(a) Determine a identidade do precipitado formado quando soluções aquosas de $BaCl_2$ e K_2SO_4 são misturadas. **(b)** Escreva a equação química balanceada da reação.

SOLUÇÃO

Analise Temos dois reagentes iônicos e devemos determinar qual é o produto insolúvel que eles formam.

Planeje Precisamos escrever quais são os íons presentes nos reagentes e trocar os ânions entre os dois cátions. Depois de escrever as fórmulas químicas desses produtos, podemos consultar a Tabela 4.1 para determinar qual é insolúvel em água. Conhecer os produtos também permitirá escrever a equação para a reação.

Resolva
(a) Os reagentes contêm íons Ba^{2+}, Cl^-, K^+ e SO_4^{-2}. Trocando os ânions, obtemos o $BaSO_4$ e o KCl. De acordo com a Tabela 4.1, a maioria dos compostos de SO_4^{-2} é solúvel, mas os de Ba^{2+} não o são. Desse modo, o $BaSO_4$ é insolúvel e formará um precipitado na solução, já o KCl é solúvel.

(b) Do item **(a)**, conhecemos as fórmulas químicas dos produtos $BaSO_4$ e KCl. Então a equação balanceada é:

$$BaCl_2(aq) + K_2SO_4(aq) \longrightarrow BaSO_4(s) + 2\,KCl(aq)$$

▶ **Para praticar**
(a) Qual composto precipita quando soluções aquosas de $Fe_2(SO_4)_3$ e $LiOH$ são misturadas? **(b)** Escreva a equação balanceada da reação.

Equações iônicas e íons espectadores

Ao escrever equações de reações em solução aquosa, muitas vezes é útil indicar se as substâncias dissolvidas estão predominantemente presentes como íons ou moléculas. Vamos analisar novamente a reação de precipitação entre o $Pb(NO_3)_2$ e o 2 KI (Eq. 4.3):

$$Pb(NO_3)_2(aq) + 2\,KI(aq) \longrightarrow PbI_2(s) + 2\,KNO_3(aq)$$

Uma equação escrita dessa forma, mostrando as fórmulas químicas completas de reagentes e produtos, é chamada de **equação molecular**, uma vez que mostra as fórmulas químicas sem indicar o caráter iônico. Como o $Pb(NO_3)_2$, o KI e o KNO_3 são compostos iônicos solúveis em água e, portanto, eletrólitos fortes, podemos escrever a equação de uma forma que saibamos quais espécies existem como íons em solução:

$$Pb^{2+}(aq) + 2\,NO_3^-(aq) + 2\,K^+(aq) + 2\,I^-(aq) \longrightarrow \qquad [4.5]$$
$$PbI_2(s) + 2\,K^+(aq) + 2\,NO_3^-(aq)$$

Uma equação escrita dessa forma, com todos os eletrólitos fortes solúveis mostrados como íons, é chamada de **equação iônica completa**.

Observe que o K⁺(*aq*) e o NO³⁻(*aq*) aparecem em ambos os lados da Equação 4.6. Íons que aparecem sob a mesma forma em ambos os lados de uma equação iônica completa, chamados de **íons espectadores**, não desempenham papel direto na reação. Os íons espectadores, como quantidades algébricas, podem ser cancelados em ambos os lados da seta da reação, pois não reagem com algo. Uma vez cancelados os íons espectadores, ficamos com a **equação iônica simplificada**, que é aquela que inclui apenas íons e moléculas diretamente envolvidos na reação:

$$Pb^{2+}(aq) + 2\,I^{-}(aq) \longrightarrow PbI_2(s) \qquad [4.7]$$

Como a carga é conservada nas reações, o resultado da soma das cargas iônicas deve ser o mesmo em ambos os lados de uma equação iônica simplificada balanceada. Nesse caso, a soma da carga 2+ do cátion e das duas cargas 1− dos ânions é igual a zero, ou seja, a carga do produto é eletricamente neutra. *Se todo íon de uma equação iônica completa for um íon espectador, essa reação não ocorre em meio aquoso.*

Equações iônicas simplificadas são muito utilizadas para ilustrar as semelhanças existentes entre várias reações que envolvem eletrólitos. Por exemplo, a Equação 4.7 expressa a característica essencial da reação de precipitação entre qualquer eletrólito forte que contém Pb²⁺(*aq*) e qualquer eletrólito forte que contém I⁻(*aq*): os íons se combinam para formar um precipitado de PbI₂. Assim, uma equação iônica simplificada mostra que mais de um conjunto de reagentes pode levar à mesma reação simplificada. Por exemplo, soluções aquosas de KI e MgI₂ partilham de muitas similaridades químicas, pois ambas contêm íons I⁻. Qualquer uma delas, quando misturada a uma solução de Pb(NO₃)₂, produz PbI₂(*s*). Por sua vez, a equação iônica completa identifica os reagentes reais que participam de uma reação.

Como escrever uma equação iônica simplificada

1. Escreva a equação molecular balanceada da reação.
2. Reescreva a equação para mostrar os íons formados na solução quando cada eletrólito forte solúvel é dissociado em íons. *Somente eletrólitos fortes dissolvidos em soluções aquosas são escritos na forma iônica.*
3. Identifique e cancele os íons espectadores.

Exercício resolvido 4.4
Como escrever uma equação iônica simplificada

Escreva a equação iônica simplificada para a reação de precipitação que ocorre quando soluções aquosas de cloreto de cálcio e carbonato de sódio são misturadas.

SOLUÇÃO

Analise A tarefa é escrever uma equação iônica simplificada para uma reação de precipitação em que os nomes dos reagentes presentes na solução são dados.

Planeje Escrevemos as fórmulas químicas de reagentes e produtos e, em seguida, determinamos qual produto é insolúvel. Então, escrevemos e balanceamos a equação molecular. Depois, escrevemos cada eletrólito forte solúvel como íons separados para obter a equação iônica completa. Por fim, eliminamos os íons espectadores para obter a equação iônica simplificada.

Resolva O cloreto de cálcio é formado por íons de cálcio, Ca²⁺, e íons cloreto, Cl⁻; portanto, a solução aquosa da substância é CaCl₂(*aq*). O carbonato de sódio é formado por íons Na⁺ e CO₃²⁻; portanto, a solução aquosa do composto é Na₂CO₃(*aq*). Nas equações moleculares de reações de precipitação, cátions e ânions parecem trocar de pares. Assim, colocamos o Ca²⁺ e o CO₃²⁻ juntos para obtermos o CaCO₃ e o Na⁺ e o Cl⁻ juntos para obtermos o NaCl. De acordo com as regras de solubilidade da Tabela 4.1, o CaCO₃ é insolúvel e o NaCl é solúvel. A equação molecular balanceada é:

$$CaCl_2(aq) + Na_2CO_3(aq) \longrightarrow CaCO_3(s) + 2\,NaCl(aq)$$

Em uma equação iônica completa, *apenas* eletrólitos fortes dissolvidos (compostos iônicos solúveis) são escritos como íons separados. Como a indicação (*aq*) nos lembra, o CaCl₂, o Na₂CO₃ e o NaCl estão todos dissolvidos em uma solução. Além disso, são todos eletrólitos fortes. O CaCO₃ é um composto iônico, porém não é solúvel. Não escrevemos a fórmula de nenhum composto insolúvel com os íons que o compõem. Assim, a equação iônica completa é:

$$Ca^{2+}(aq) + 2\,Cl^{-}(aq) + 2\,Na^{+}(aq) + CO_3^{2-}(aq) \longrightarrow$$
$$CaCO_3(s) + 2\,Na^{+}(aq) + 2\,Cl^{-}(aq)$$

Os íons espectadores são o Na⁺ e o Cl⁻. Cancelando-os, temos a seguinte equação iônica simplificada:

$$Ca^{2+}(aq) + CO_3^{2-}(aq) \longrightarrow CaCO_3(s)$$

Confira Podemos verificar nosso resultado ao avaliar se os elementos e as cargas elétricas estão balanceados. Cada lado tem um Ca, um C e três O, e a carga líquida de cada lado é igual a 0.

Comentário Se nenhum dos íons de uma equação iônica for removido da solução ou alterado de alguma forma, todos os íons serão espectadores e a reação não ocorrerá.

▶ **Para praticar**
Escreva a equação iônica simplificada para a reação de precipitação que ocorre quando soluções aquosas de nitrato de prata e fosfato de potássio são misturadas.

Exercícios de autoavaliação

EAA 4.4 Quantos dos compostos a seguir são solúveis em água: CH_3COOBa, $MgCO_3$, FeS, $Mg_3(PO_4)_2$? **(a)** 0 **(b)** 1 **(c)** 2 **(d)** 3 **(e)** 4

EAA 4.5 Qual precipitado se forma quando uma solução de sulfeto de amônio é misturada com uma solução de cloreto de bário? **(a)** NH_4Cl **(b)** BaS **(c)** $(NH_4)_2S$ **(d)** $BaCl_2$ **(e)** Não há formação de precipitado.

EAA 4.6 Uma solução aquosa que contém 3 milimols de cloreto de cálcio é misturada com uma solução aquosa que contém 2 milimols de fosfato de sódio. Quantos milimols de fosfato de cálcio vão precipitar? **(a)** 0 **(b)** 1 **(c)** 2 **(d)** 3 **(e)** 6

EAA 4.7 Uma solução aquosa que contém 2 milimols de nitrato de chumbo é misturada com uma solução aquosa que contém 4 milimols de iodeto de potássio. Quantos milimols de íons espectadores, ambos cátions e ânions, estão presentes na solução após a conclusão da reação? **(a)** 0 **(b)** 4 **(c)** 8 **(d)** 12 **(e)** 14

4.3 | Ácidos, bases e reações de neutralização

Objetivos de aprendizagem

Após terminar a Seção 4.3, você deve ser capaz de:

▶ Descrever as características que definem os compostos que atuam como ácidos ou bases.

▶ Prever se um composto é um ácido ou uma base com base na sua estrutura/fórmula química.

▶ Diferenciar entre ácidos/bases fortes e fracos.

▶ Classificar compostos como eletrólitos fortes ou fracos com base no seu comportamento ácido-base.

▶ Escrever equações químicas balanceadas para reações de neutralização.

É parte da rotina dos químicos examinar as estruturas e fórmulas químicas de compostos e prever sua reatividade. Ácidos, bases e reações ácido-base estão entre os tipos mais comuns de compostos e reatividade que os químicos utilizam para desenvolver novos medicamentos, novos plásticos e muitas outras substâncias úteis.

Muitos ácidos e bases são substâncias industriais e domésticas (**Figura 4.4**). Alguns são componentes importantes de fluidos biológicos. O ácido clorídrico, por exemplo, é um importante produto químico industrial e o principal componente do suco gástrico presente no estômago. Ácidos e bases também são eletrólitos comuns. Nesta seção, analisaremos a descrição mais simples de ácidos e bases, que envolve a presença de íons H^+ e OH^- em soluções aquosas.

Ácidos

Como já foi dito na Seção 2.8, os **ácidos** são substâncias que se ionizam em solução aquosa para formar íons de hidrogênio, $H^+(aq)$. Uma vez que um átomo de hidrogênio possui apenas um elétron, o íon H^+ é simplesmente um próton. Assim, os ácidos são frequentemente chamados de *doadores de prótons*. Os modelos moleculares para quatro ácidos comuns são mostrados na **Figura 4.5**.

Os prótons em solução aquosa, assim como outros cátions, são solvatados por moléculas de água [Figura 4.2(**a**)]. Portanto, escreveremos $H^+(aq)$ para equações químicas que envolvem prótons em água.

Moléculas de diferentes ácidos se ionizam formando diferentes quantidades de íons H^+. Tanto o HCl quanto o HNO_3 são ácidos *monopróticos*, que produzem apenas um H^+ por molécula de ácido. O ácido sulfúrico, H_2SO_4, é um ácido *diprótico*, pois produz dois H^+ por molécula de ácido. A ionização do H_2SO_4 e de outros ácidos dipróticos ocorre em duas etapas:

$$H_2SO_4(aq) \longrightarrow H^+(aq) + HSO_4^-(aq) \qquad [4.8]$$

$$HSO_4^-(aq) \rightleftharpoons H^+(aq) + SO_4^{2-}(aq) \qquad [4.9]$$

▲ **Figura 4.4 Ácidos e bases de uso doméstico.** O vinagre e o suco de limão são ácidos utilizados no dia a dia. O amoníaco e o bicarbonato de sódio são bases utilizadas no dia a dia.

Ácido clorídrico, HCl

Ácido nítrico, HNO_3

Ácido sulfúrico, H_2SO_4

Ácido acético, CH_3COOH

▲ **Figura 4.5** Modelos moleculares de quatro ácidos comuns.

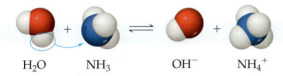

▲ Figura 4.6 **Transferência de prótons.** Uma molécula de H₂O atua como uma doadora de prótons (ácido), e o NH₃ atua como um receptor de prótons (base). Em soluções aquosas, apenas uma fração das moléculas de NH₃ reage com o H₂O. Consequentemente, o NH₃ é um eletrólito fraco.

Embora o H_2SO_4 seja um eletrólito forte, apenas a primeira ionização (Equação 4.8) é completa. Assim, as soluções aquosas de ácido sulfúrico contêm uma mistura de $H^+(aq)$, $HSO_4^-(aq)$ e $SO_4^{2-}(aq)$.

A molécula de CH_3COOH (ácido acético) que mencionamos com frequência é o principal componente do vinagre. O ácido acético tem quatro hidrogênios, como mostra a Figura 4.5, mas apenas um deles, o H que está ligado ao átomo de oxigênio no grupo —COOH, é ionizado em água. Desse modo, o H do grupo COOH quebra sua ligação O—H em água. Os outros três hidrogênios do ácido acético estão ligados ao carbono, e suas ligações C—H não são quebradas em água. As razões para essa diferença são bem interessantes e serão discutidas no Capítulo 16.

Bases

As **bases** são substâncias que recebem íons H^+, ou seja, reagem com eles. As bases produzem íons hidróxido (OH^-) quando são dissolvidas em água. Compostos de hidróxidos iônicos, como o NaOH, o KOH e o $Ca(OH)_2$, estão entre as bases mais comuns. Quando dissolvidos em água, eles se dissociam para formar íons, produzindo íons OH^- em solução.

Compostos que não contêm íons OH^- também podem ser bases. Por exemplo, a amônia (NH_3) é uma base bem comum. Quando adicionada à água, ela aceita um íon H^+ de uma molécula de água e, desse modo, produz um íon OH^- (**Figura 4.6**):

$$H_2O(l) + NH_3(aq) \rightleftharpoons OH^-(aq) + NH_4^+(aq) \qquad [4.10]$$

A amônia é um eletrólito fraco porque apenas cerca de 1% de NH_3 forma íons NH_4^+ e OH^-.

Ácidos e bases fortes e fracos

Ácidos e bases que se ionizam completamente em solução (eletrólitos fortes) são classificados como **ácidos fortes** e **bases fortes**. Aqueles que são ionizados parcialmente (eletrólitos fracos) são classificados como **ácidos fracos** e **bases fracas**. Quando a reatividade depende apenas da concentração de $H^+(aq)$, os ácidos fortes são mais reativos do que os ácidos fracos. A reatividade de um ácido, no entanto, pode depender tanto da natureza do ânion quanto da concentração de $H^+(aq)$. Por exemplo, o ácido fluorídrico (HF) é um ácido fraco, sendo apenas parcialmente ionizado em solução aquosa, mas é muito reativo e ataca vigorosamente várias substâncias, incluindo o vidro. Essa reatividade é decorrente da ação combinada do $H^+(aq)$ e do $F^-(aq)$.

A **Tabela 4.2** lista os ácidos e bases fortes mais comuns. Você precisa assimilar bem essas informações para identificar corretamente os eletrólitos fortes e escrever as equações iônicas simplificadas. A lista é curta porque a grande maioria dos ácidos são fracos. Por exemplo, no

TABELA 4.2 Ácidos e bases fortes comuns

Ácidos fortes	Bases fortes
Ácido clorídrico, HCl	Hidróxidos dos metais do grupo 1A (LiOH, NaOH, KOH, RbOH, CsOH)
Ácido bromídrico, HBr	
Ácido iodídrico, HI	Hidróxidos dos metais mais pesados do grupo 2A [Ca(OH)₂, Sr(OH)₂, Ba(OH)₂]
Ácido clórico, HClO₃	
Ácido perclórico, HClO₄	
Ácido nítrico, HNO₃	
Ácido sulfúrico (primeiro próton), H₂SO₄	

Exercício resolvido 4.5
Comparação de forças de ácidos

Os seguintes diagramas representam soluções aquosas dos ácidos HX, HY e HZ, em que as moléculas de água foram omitidas para maior clareza. Ordene os ácidos do mais forte ao mais fraco.

HX 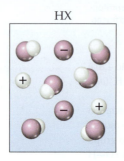   HY 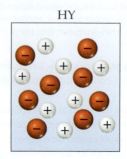   HZ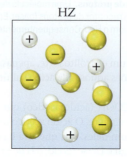

SOLUÇÃO

Analise Devemos classificar três ácidos, do mais forte ao mais fraco, com base em representações esquemáticas de suas soluções.

Planeje Podemos determinar os números relativos de espécies moleculares sem carga nos diagramas. O ácido mais forte é aquele com o maior número de íons H$^+$ e o menor número de moléculas não dissociadas em solução. O ácido mais fraco é aquele com o maior número de moléculas não dissociadas.

Resolva A ordem é HY > HZ > HX. O HY é um ácido forte porque está totalmente ionizado (não há moléculas de HY em solução), enquanto o HX e o HZ são ácidos fracos, cujas soluções são uma mistura de moléculas e íons. Como o HZ contém mais íons H$^+$ e menos moléculas do que o HX, ele é um ácido mais forte.

▶ **Para praticar**
Quando uma substância HA é dissolvida em água, a concentração de HA(*aq*) é muito maior do que as concentrações de H$^+$(*aq*) e A$^-$(*aq*). A substância HA é um ácido forte, uma base forte, um ácido fraco ou uma base fraca? Explique o raciocínio que levou à sua decisão.

H$_2$SO$_4$, como observamos, apenas o primeiro próton ioniza completamente. As únicas bases fortes são os hidróxidos metálicos solúveis mais comuns. A base fraca mais comum é o NH$_3$, que reage com água para formar íons OH$^-$ (Equação 4.10).

Se a substância for uma base, recorremos à Tabela 4.2 para determinar se é uma base forte. O NH$_3$, a única base molecular que estudamos neste capítulo, é uma base fraca; portanto, é um eletrólito fraco (ver **Tabela 4.3**). Por fim, qualquer substância molecular que encontrarmos neste capítulo que não for um ácido ou o NH$_3$ provavelmente será um não eletrólito.

Identificação de eletrólitos fortes e fracos

Se lembrarmos quais são os ácidos e as bases fortes mais comuns (Tabela 4.2) e que o NH$_3$ é uma base fraca, podemos fazer previsões razoáveis sobre a força eletrolítica de um grande número de substâncias *solúveis em água*. A Tabela 4.3 resume nossas observações sobre eletrólitos. Primeiro, perguntamo-nos se a substância é iônica ou molecular. Se for iônica, é um eletrólito forte. Se for molecular, verificamos se ela é um ácido ou uma base. Para ser um ácido, o H precisa aparecer primeiro na fórmula química ou apresentar um grupo COOH. Se for um ácido, consultamos a Tabela 4.2 para determinar se é um eletrólito forte ou fraco: todos os ácidos fortes são eletrólitos fortes, e todos os ácidos fracos são eletrólitos fracos. Se o ácido não estiver listado na Tabela 4.2, é provável que seja um ácido fraco e, portanto, um eletrólito fraco.

TABELA 4.3 Resumo do comportamento eletrolítico de compostos iônicos solúveis e moleculares

	Eletrólito forte	Eletrólito fraco	Não eletrólito
Iônico	Todos	Nenhuma	Nenhuma
Molecular	Ácidos fortes (ver Tabela 4.2)	Ácidos fracos, bases fracas	Todos os outros compostos

Exercício resolvido 4.6
Como identificar eletrólitos fortes, fracos e não eletrólitos

Classifique as seguintes substâncias dissolvidas como eletrólitos fortes, fracos ou não eletrólitos: $CaCl_2$, HNO_3, C_2H_5OH (etanol), HCOOH (ácido fórmico), KOH.

SOLUÇÃO

Analise Com base nas várias fórmulas químicas apresentadas, devemos classificar cada substância como um eletrólito forte, fraco ou um não eletrólito.

Planeje A abordagem que adotamos está descrita na Tabela 4.3. Podemos determinar se uma substância é iônica ou molecular com base na sua composição. Como vimos na Seção 2.7, a maioria dos compostos iônicos que encontramos neste livro é formada por um metal e um não metal, enquanto a maioria dos compostos moleculares é formada apenas por não metais.

Resolva Dois compostos atendem aos critérios para compostos iônicos: o $CaCl_2$ e o KOH. Conforme mostra a Tabela 4.3, todos os compostos iônicos são eletrólitos fortes, então é assim que podemos classificar ambas as substâncias. Os três compostos restantes são moleculares. Duas dessas substâncias moleculares, o HNO_3 e o HCOOH, são ácidos. O ácido nítrico, HNO_3, é um ácido forte comum e, conforme a Tabela 4.2, é um eletrólito forte. Como a maioria dos ácidos são fracos, o melhor palpite seria o de que o HCOOH é um ácido fraco (eletrólito fraco), fato que se confirma. O composto molecular restante, o C_2H_5OH, não é nem um ácido, nem uma base, sendo classificado como um não eletrólito.

Comentário Embora o etanol, C_2H_5OH, tenha um grupo OH em sua fórmula, ele não é um hidróxido metálico e, consequentemente, não é uma base. Ele é um membro de uma classe de compostos orgânicos que apresentam ligações C—OH, conhecidos como álcoois. (Seção 2.9) Compostos orgânicos que contêm o grupo COOH são chamados de ácidos carboxílicos (Capítulo 16). Moléculas com esse grupo em sua fórmula são ácidos fracos.

▶ **Para praticar**
Considere soluções em que 0,1 mol de cada um dos seguintes compostos é dissolvido em 1 L de água: $Ca(NO_3)_2$ (nitrato de cálcio), $C_6H_{12}O_6$ (glicose), $NaCH_3COO$ (acetato de sódio) e CH_3COOH (ácido acético). Classifique as soluções em ordem crescente de condutividade elétrica, sabendo que, quanto maior o número de íons em solução, maior é a condutividade.

Reações de neutralização e sais

As propriedades das soluções ácidas são bastante diferentes das propriedades das soluções básicas. Os ácidos têm um gosto azedo, enquanto as bases têm um gosto amargo.* Além disso, ácidos e bases alteram as cores de certos corantes de maneira diferente. Esse é o princípio do indicador conhecido como papel de tornassol (**Figura 4.7**). A química ácido-base, que começamos a explorar aqui, é um tema importante em toda a química.

Quando a solução de um ácido e a solução de uma base são misturadas, ocorre uma **reação de neutralização**. Os produtos da reação não têm as propriedades características das soluções ácida ou básica. Por exemplo, quando o ácido clorídrico é misturado com uma solução de hidróxido de sódio, a reação é:

$$HCl(aq) + NaOH(aq) \longrightarrow H_2O(l) + NaCl(aq) \quad [4.11]$$
(ácido)   (base)   (água)   (sal)

A água e o sal de cozinha, NaCl, são os produtos da reação. Por analogia à essa reação, o termo **sal** passou a significar qualquer composto iônico cujo cátion é proveniente de uma base, como o Na^+ do NaOH, e cujo ânion é proveniente de um ácido, como o Cl^- do HCl. De modo geral, *uma reação de neutralização entre um ácido e um hidróxido metálico produz água e um sal.*

Como o HCl, o NaOH e o NaCl são eletrólitos fortes solúveis em água, a equação iônica completa associada à Equação 4.11 é:

$$H^+(aq) + Cl^-(aq) + Na^+(aq) + OH^-(aq) \longrightarrow$$
$$H_2O(l) + Na^+(aq) + Cl^-(aq) \quad [4.12]$$

Portanto, a equação iônica simplificada é:

$$H^+(aq) + OH^-(aq) \longrightarrow H_2O(l) \quad [4.13]$$

A Equação 4.13 resume a principal característica da reação de neutralização entre qualquer ácido forte e base forte: íons $H^+(aq)$ e $OH^-(aq)$ são combinados para formar $H_2O(l)$.

Bases tornam o papel de tornassol azul.

Ácidos tornam o papel de tornassol vermelho.

▲ **Figura 4.7 Papel de tornassol.** O papel de tornassol é revestido com corantes que mudam de cor em resposta à exposição a ácidos ou bases.

---

*Experimentar soluções químicas não é recomendado. No entanto, todos já tivemos a chance de experimentar ácidos, como o ácido ascórbico (vitamina C), o ácido acetilsalicílico (aspirina) e o ácido cítrico (presente em frutas cítricas), e estamos familiarizados com seu sabor azedo característico. Sabonetes, que são básicos, têm o sabor amargo característico das bases.

A **Figura 4.8** mostra a reação de neutralização entre o ácido clorídrico e a base Mg(OH)₂, que é insolúvel em água:

Equação molecular:

$$Mg(OH)_2(s) + 2\,HCl(aq) \longrightarrow MgCl_2(aq) + 2\,H_2O(l) \qquad [4.14]$$

Equação iônica simplificada:

$$Mg(OH)_2(s) + 2\,H^+(aq) \longrightarrow Mg^{2+}(aq) + 2\,H_2O(l) \qquad [4.15]$$

Observe que os íons OH⁻ (dessa vez em um reagente sólido) e H⁺ se combinam para formar H₂O. Como os íons trocam de pares, reações de neutralização entre ácidos e hidróxidos metálicos são reações de metátese.

Exercício resolvido 4.7
Como escrever equações químicas para uma reação de neutralização

Para a reação entre as soluções aquosas de ácido acético, CH₃COOH, e hidróxido de bário, Ba(OH)₂, escreva **(a)** a equação molecular balanceada, **(b)** a equação iônica completa, **(c)** a equação iônica simplificada.

SOLUÇÃO

Analise Temos as fórmulas químicas de um ácido e uma base e devemos escrever uma equação molecular balanceada, uma equação iônica completa e uma equação iônica simplificada para a reação de neutralização que ocorre entre os dois.

Planeje Como a Equação 4.11 e os termos em itálico indicam, as reações de neutralização formam dois produtos, H₂O e um sal. Analisamos o cátion da base e o ânion do ácido para determinar a composição do sal.

Resolva

(a) O sal contém o cátion da base (Ba²⁺) e o ânion do ácido (CH₃COO⁻). Assim, a fórmula do sal é Ba(CH₃COO)₂. De acordo com a Tabela 4.1, esse composto é solúvel em água. A equação molecular não balanceada para a reação de neutralização é:

$$CH_3COOH(aq) + Ba(OH)_2(aq) \longrightarrow H_2O(l) + Ba(CH_3COO)_2(aq)$$

Para balancear essa equação, devemos ter duas moléculas de CH₃COOH, gerando os dois íons CH₃COO⁻ e os dois íons H⁺ necessários para combinar com os dois íons OH⁻ provenientes da base. A equação molecular balanceada é:

$$2\,CH_3COOH(aq) + Ba(OH)_2(aq) \longrightarrow 2\,H_2O(l) + Ba(CH_3COO)_2(aq)$$

(b) Para escrever a equação iônica completa, identificamos os eletrólitos fortes e os dissociamos para que formem íons. Nesse caso, o Ba(OH)₂ e o Ba(CH₃COO)₂ são compostos iônicos solúveis em água e, portanto, eletrólitos fortes. Assim, a equação iônica completa é:

$$2\,CH_3COOH(aq) + Ba^{2+}(aq) + 2\,OH^-(aq) \longrightarrow 2\,H_2O(l) + Ba^{2+}(aq) + 2\,CH_3COO^-(aq)$$

(c) Eliminando o íon espectador, Ba²⁺, e simplificando os coeficientes, obtemos a equação iônica simplificada:

$$CH_3COOH(aq) + OH^-(aq) \longrightarrow H_2O(l) + CH_3COO^-(aq)$$

Confira Podemos determinar se a equação molecular está balanceada contando o número de átomos de cada tipo nos dois lados da equação (10 de H, 6 de O, 4 de C e 1 Ba de cada lado). No entanto, pode ser mais fácil conferir as equações por grupos de contagem: há dois grupos CH₃COO, assim como um Ba, quatro átomos de H e dois átomos de O em cada um dos lados da equação. A equação iônica simplificada está correta porque os números de cada tipo de elemento e a carga líquida são os mesmos em ambos os lados da equação.

▶ **Para praticar**
Para a reação entre o hidróxido de potássio aquoso e o ácido sulfúrico, escreva **(a)** a equação molecular balanceada e **(b)** a equação iônica simplificada, supondo que ambos os prótons do ácido sulfúrico reagem.

Reações de neutralização com formação de gás

Além do OH⁻, muitas bases reagem com o H⁺ para formar compostos moleculares. Duas delas que você pode encontrar no laboratório são o íon sulfeto e o íon carbonato. Esses dois ânions reagem com ácidos para formar gases com baixa solubilidade em água.

> **Resolva com ajuda da figura**
> Se usar ácido nítrico em vez de ácido clorídrico nesta reação, quais serão os produtos formados?

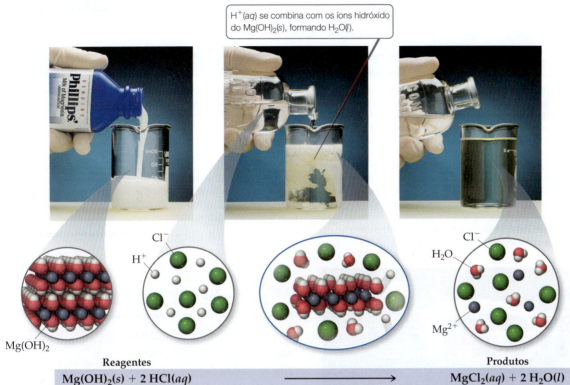

▲ **Figura 4.8 Reação de neutralização entre o Mg(OH)₂(s) e o ácido clorídrico.** O leite de magnésia é uma suspensão de hidróxido de magnésio, Mg(OH)₂(s), em água. Quando uma quantidade suficiente de ácido clorídrico, HCl(aq), for adicionada, ocorrerá uma reação que levará a uma solução aquosa com íons Mg²⁺(aq) e Cl⁻(aq).

O sulfeto de hidrogênio (H₂S), substância responsável pelo odor desagradável dos ovos podres, é formado quando um ácido, como o HCl(aq), reage com um sulfeto metálico, como o Na₂S:

Equação molecular:

$$2\,HCl(aq) + Na_2S(aq) \longrightarrow H_2S(g) + 2\,NaCl(aq) \qquad [4.16]$$

Equação iônica simplificada:

$$2\,H^+(aq) + S^{2-}(aq) \longrightarrow H_2S(g) \qquad [4.17]$$

Carbonatos e bicarbonatos reagem com ácidos para formar CO₂(g). A reação do CO₃²⁻ ou do HCO₃⁻ com um ácido produz, primeiro, o ácido carbônico (H₂CO₃). Por exemplo, quando o ácido clorídrico é misturado ao bicarbonato de sódio, ocorre a seguinte reação:

$$HCl(aq) + NaHCO_3(aq) \longrightarrow NaCl(aq) + H_2CO_3(aq) \qquad [4.18]$$

O ácido carbônico é instável. Se estiver presente na solução em concentrações suficientes, ele se decompõe em H₂O e CO₂, que escapa da solução na forma de um gás:

$$H_2CO_3(aq) \longrightarrow H_2O(l) + CO_2(g) \qquad [4.19]$$

A reação geral é resumida pelas seguintes equações:

Equação molecular:

$$HCl(aq) + NaHCO_3(aq) \longrightarrow NaCl(aq) + H_2O(l) + CO_2(g) \qquad [4.20]$$

Equação iônica simplificada:

$$H^+(aq) + HCO_3^-(aq) \longrightarrow H_2O(l) + CO_2(g) \qquad [4.21]$$

Tanto o NaHCO₃(s) quanto o Na₂CO₃(s) são usados como neutralizadores em casos de derramamento de ácido. Um desses sais é adicionado até que a efervescência causada pela formação do CO₂(g) cesse. O bicarbonato de sódio também pode ser usado como antiácido estomacal. Nesse caso, o HCO₃⁻ reage com o ácido do estômago para formar CO₂(g).

A QUÍMICA E A VIDA | Ácidos do estômago e antiácidos

Para ajudar na digestão dos alimentos, seu estômago secreta ácidos, como o ácido clorídrico, que contém cerca de 0,1 mol de H⁺ por litro de solução. O estômago e o trato digestivo geralmente são protegidos dos efeitos corrosivos do ácido estomacal por um revestimento mucoso. No entanto, orifícios podem se desenvolver nessa mucosa, permitindo que o ácido ataque o tecido subjacente, causando danos e dor. Esses orifícios, conhecidos como úlceras, podem ser causados pela secreção de ácidos em excesso e/ou por uma fragilidade na mucosa digestiva. Muitas úlceras pépticas são causadas por uma infecção provocada pela bactéria *Helicobater pylori*. Nos Estados Unidos, de 10 a 20% das pessoas sofrem de úlceras em algum momento da vida. Muitas outras apresentam indigestões ocasionais, azia ou refluxo em razão dos ácidos digestivos que entram no esôfago.

O problema do excesso de ácido no estômago pode ser tratado com a remoção do excesso de ácido ou com a diminuição da produção de ácido. As substâncias que removem o excesso de ácido são chamadas de *antiácidos*, já aquelas que diminuem a produção de ácido são chamadas de *inibidores*. A **Figura 4.9** apresenta vários antiácidos encontrados em drogarias nos Estados Unidos, os quais geralmente contêm íons hidróxido, carbonato ou bicarbonato (**Tabela 4.4**). Os medicamentos antiulcerosos, como o Tagamet® e o Zantac®, são inibidores da produção de ácido. Eles atuam nas células produtoras de ácido presentes na mucosa do estômago e podem ser encontrados com facilidade em drogarias.

Exercício relacionado: 4.95

▲ **Figura 4.9 Antiácidos.** Esses produtos servem como agentes neutralizadores do ácido liberado no estômago.

TABELA 4.4 Alguns antiácidos comuns

Nome comercial	Agentes neutralizantes de ácidos
Alka-Seltzer®	NaHCO₃
Amphojel®	Al(OH)₃
Leite de magnésia	Mg(OH)₂
Maalox®	Mg(OH)₂ e Al(OH)₃
Mylanta®	Mg(OH)₂ e Al(OH)₃
Rolaids®	Mg(OH)₂ e CaCO₃
Tums®	CaCO₃

 Exercícios de autoavaliação

EAA 4.8 Quantos dos compostos a seguir são ácidos fracos: ácido sulfúrico, amônia, ácido nítrico, ácido acético? (**a**) 0 (**b**) 1 (**c**) 2 (**d**) 3 (**e**) 4

EAA 4.9 Qual afirmação sobre as bases é *verdadeira*? (**a**) Todas as bases produzem íons hidróxido em água. (**b**) A amônia é um exemplo de base forte. (**c**) O hidróxido de césio não é uma base, pois não é solúvel em água. (**d**) As bases doam prótons para a água.

EAA 4.10 Se você quiser neutralizar uma solução aquosa de HCl com o menor número possível de mols de reagente, qual será a melhor opção de reagente? (**a**) HNO₃ (**b**) NaOH (**c**) Ca(OH)₂ (**d**) Na₃PO₄ (**e**) NH₃

EAA 4.11 Qual afirmação sobre reações de neutralização é *falsa*? (**a**) As reações de neutralização podem ser resumidas por "ácido mais base produz sal mais água". (**b**) As reações de neutralização sempre exigem um mol de ácido para cada mol de base. (**c**) As reações de neutralização podem produzir gases. (**d**) Se a base é um sólido, pingar uma solução de ácido nela ainda produzirá uma reação.

EAA 4.12 Qual é a equação iônica simplificada balanceada para a reação de neutralização entre o ácido acético, CH₃COOH, e o hidróxido de estrôncio?

(**a**) $2\,CH_3COOH(aq) + Sr(OH)_2(aq)$
$\longrightarrow (CH_3COO)_2Sr(aq) + 2\,H_2O(l)$

(**b**) $2\,CH_3COOH(aq) + Sr^{2+}(aq) + 2\,OH^-(aq)$
$\longrightarrow 2\,CH_3COO^-(aq) + Sr^{2+}(aq) + 2\,H_2O(l)$

(**c**) $H^+(aq) + OH^-(aq) \longrightarrow H_2O(l)$

(**d**) $2\,H^+(aq) + 2\,OH^-(aq) \longrightarrow 2\,H_2O(l)$

(**e**) $CH_3COOH(aq) + OH^-(aq) \longrightarrow CH_3COO^-(aq) + H_2O(l)$

QUÍMICA E SUSTENTABILIDADE | Chuva ácida

As gotas de chuva são ligeiramente ácidas devido ao dióxido de carbono dissolvido da atmosfera:

$$CO_2(g) + H_2O(l) \longrightarrow H_2CO_3(aq)$$

Essa reação é o inverso da Equação 4.19 e ocorre porque existe um equilíbrio químico entre o ácido carbônico e o dióxido de carbono na gota de chuva.

A combustão do carvão e de outros combustíveis fósseis produz CO_2, bem como diversos óxidos de enxofre, devido às impurezas que contêm enxofre dos combustíveis fósseis. Um dos compostos que contêm enxofre é SO_2, que pode sofrer uma reação adicional para produzir SO_3. O SO_3 então reage com a água para produzir um ácido forte: o ácido sulfúrico.

$$SO_3(g) + H_2O(l) \longrightarrow H_2SO_4(aq)$$

Da mesma forma, os óxidos de nitrogênio (NO, NO_2) que são subprodutos da combustão de combustíveis fósseis podem reagir com a água para produzir ácido nítrico, HNO_3, também um ácido forte. O ácido sulfúrico e o ácido nítrico produzidos dessa forma contribuem para a **chuva ácida**, que é 10 vezes mais ácida do que a chuva natural. Durante muitos anos, a chuva ácida em algumas partes do mundo causou muitos efeitos adversos a edifícios, plantas, animais e solos. Contudo, à medida que os cientistas descobrem maneiras de limpar as emissões e à medida que passamos a adotar outras fontes de energia, a chuva ácida está se tornando um problema menor. Discutiremos a chuva ácida em mais detalhes no Capítulo 18.

4.4 | Reações de oxirredução

Em reações de precipitação, cátions e ânions associam-se para formar um composto iônico insolúvel. Em reações de neutralização, prótons são transferidos de um reagente para o outro. Agora, vamos considerar um terceiro tipo de reação, no qual os elétrons são transferidos de um reagente para outro. Tais reações são chamadas de **reações de oxirredução**, ou **reações redox**. Nesta seção, vamos nos concentrar nas reações redox em que um dos reagentes é um metal em sua forma elementar. Essas reações são fundamentais para a compreensão de diversos processos biológicos e geológicos que ocorrem no planeta e constituem a base das tecnologias relacionadas à energia, como baterias e células de combustível (Capítulo 20).

Objetivos de aprendizagem

Após terminar a Seção 4.4, você deve ser capaz de:

▶ Determinar os números de oxidação (também chamados de estados de oxidação) dos elementos de um composto.

▶ Identificar quais espécies são oxidadas e quais são reduzidas em uma reação de oxirredução.

▶ Escrever equações químicas para reações de oxirredução.

▶ Usar a série de reatividade para prever reações de oxirredução entre um metal e um cátion de metal ou um ácido (reações de deslocamento).

Oxidação e redução

Uma das reações redox mais conhecidas é a *corrosão* de um metal (**Figura 4.10**). Em alguns casos, a corrosão é limitada à superfície do metal. Por exemplo, o revestimento verde que se forma sobre telhados de cobre e estátuas é resultado de uma corrosão superficial. Em outros casos, a corrosão pode ser mais profunda, comprometendo a integridade da estrutura do metal, como acontece na oxidação do ferro.

A corrosão representa a conversão de um metal em um composto metálico por meio de uma reação entre o metal e alguma substância presente no ambiente onde ele se encontra. Quando um metal é corroído, cada átomo de metal perde elétrons, formando um cátion que pode ser combinado com um ânion para formar um composto iônico. A camada verde sobre a Estátua da Liberdade contém cátions Cu^{2+} combinados com ânions carbonato e hidróxido, a ferrugem contém cátions Fe^{3+} combinados com ânions óxido e hidróxido e as manchas escuras na prata contêm cátions Ag^+ combinados com ânions sulfeto.

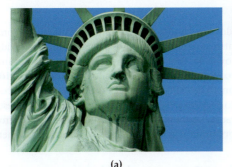

(a)   (b)   (c)

▲ **Figura 4.10 Casos comuns de corrosão.** (**a**) Um revestimento verde é formado quando o cobre é oxidado. (**b**) A ferrugem é formada quando o ferro é corroído. (**c**) Manchas pretas são formadas quando a prata é corroída.

Quando um átomo, um íon ou uma molécula se torna mais carregado positivamente (i.e., quando perde elétrons), dizemos que foi *oxidado*. A perda de elétrons por uma substância é chamada de **oxidação**, termo utilizado porque as primeiras reações desse tipo a serem estudadas foram reações com o oxigênio. Muitos metais reagem diretamente com o O_2 presente no ar para formar óxidos metálicos. Nessas reações, o metal cede elétrons para o oxigênio, formando um composto iônico do íon metálico e do íon óxido. O exemplo da ferrugem envolve a reação entre o ferro metálico e o oxigênio na presença de água. Nesse processo, o Fe é *oxidado* (perde elétrons), formando o Fe^{3+}.

A reação entre o ferro e o oxigênio tende a ser relativamente lenta, mas outros metais, como os alcalinos e os alcalino-terrosos, reagem rapidamente quando expostos ao ar. A **Figura 4.11** mostra como a superfície metálica brilhante do cálcio torna-se opaca à medida que o CaO é produzido pela reação.

$$2\,Ca(s) + O_2(g) \longrightarrow 2\,CaO(s) \qquad [4.22]$$

Nessa reação, o Ca é oxidado a Ca^{2+} e o O_2 neutro é transformado em íons O^{2-}. Na Equação 4.22, a oxidação envolve a transferência de elétrons do cálcio metálico para o O_2, o que leva à formação de CaO. Quando um átomo, um íon ou uma molécula se torna mais carregado negativamente (ganha elétrons), dizemos que ele foi *reduzido*. O ganho de elétrons por uma substância é chamado de **redução**. Quando um reagente perde elétrons, ou seja, quando ele é oxidado, outro reagente deve ganhá-los. Isso significa que a oxidação de uma substância deve ser sempre acompanhada pela redução de outra substância. Assim, na Equação 4.22, o oxigênio molecular é reduzido a íons óxido (O^{2-}).

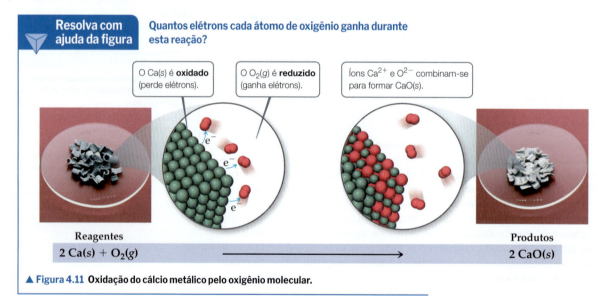

▲ Figura 4.11 **Oxidação do cálcio metálico pelo oxigênio molecular.**

Números de oxidação

Antes de identificarmos uma reação de oxirredução, precisamos ter um sistema de contabilidade – isto é, uma maneira de controlar os elétrons ganhos pela substância reduzida e os elétrons perdidos pela substância oxidada. Para cada átomo ou íon de uma substância neutra é atribuído um **número de oxidação** (também chamado de **estado de oxidação**). Para íons monoatômicos, o número de oxidação é igual à sua carga. Para moléculas neutras e íons poliatômicos, o número de oxidação de um determinado átomo é representado por uma carga hipotética. Essa carga é atribuída ao dividir artificialmente os elétrons entre os átomos da molécula ou do íon. Usamos as seguintes regras para atribuir números de oxidação:

1. *Para um átomo em sua **forma elementar**, o número de oxidação é sempre zero.* Desse modo, cada átomo de H na molécula H_2 tem um número de oxidação 0, assim como cada átomo de P na molécula P_4 tem um número de oxidação 0.

2. *Para qualquer **íon monoatômico**, o número de oxidação é igual à carga do íon*. Assim, o K^+ tem número de oxidação $+1$, o S^{2-} tem número de oxidação -2 e assim por diante.

Em compostos iônicos, os íons de metais alcalinos (grupo 1A) têm sempre carga $1+$ e, portanto, número de oxidação $+1$. Os metais alcalino-terrosos (grupo 2A) possuem sempre número de oxidação $+2$, e o alumínio (grupo 3A) tem sempre $+3$ em seus compostos iônicos. Ao escrever números de oxidação, colocamos o sinal antes do número para distingui-los das cargas eletrônicas reais, nas quais o número vem primeiro.

3. Os **não metais** geralmente têm números de oxidação negativos, embora às vezes também possam ser positivos:

   (a) *O número de oxidação do **oxigênio** geralmente é -2, tanto em compostos iônicos quanto em compostos moleculares*. A principal exceção são os compostos denominados peróxidos, que contêm o íon O_2^{2-}. Nesse caso, cada oxigênio tem número de oxidação -1.

   (b) *O número de oxidação do **hidrogênio** geralmente é $+1$ quando ele está ligado a não metais e -1 quando ele está ligado a metais* (p. ex., hidretos de metais, como o hidreto de sódio, NaH).

   (c) *O número de oxidação do **flúor** é -1 em todos os seus compostos*. Os outros **halogênios** têm número de oxidação -1 na maioria dos compostos binários. No entanto, quando combinado com o oxigênio, como nos oxiânions, eles passam a ter estados de oxidação positivos.

4. *A **soma dos números de oxidação** de todos os átomos de um composto neutro é igual a zero. A soma dos números de oxidação em um íon poliatômico é igual à carga do íon*. Por exemplo, no íon hidrônio H_3O^+, que é uma representação mais precisa do $H^+(aq)$, o número de oxidação de cada hidrogênio é $+1$, e de cada oxigênio, -2. Assim, a soma dos números de oxidação é $3(+1) + (-2) = +1$, que representa a carga líquida do íon. Essa regra é útil para obter o número de oxidação de um átomo em um composto ou um íon se soubermos os números de oxidação dos outros átomos, como mostra o Exercício resolvido 4.8.

Exercício resolvido 4.8

Como determinar números de oxidação

Determine o número de oxidação do enxofre em (a) H_2S, (b) S_8, (c) SCl_2, (d) Na_2SO_3, (e) SO_4^{2-}.

SOLUÇÃO

Analise Devemos determinar o número de oxidação do enxofre em duas espécies moleculares, na forma elementar e em duas substâncias que contêm íons.

Planeje Em cada uma das espécies, a soma dos números de oxidação de todos os átomos deve ser igual à carga das espécies. Vamos nos basear nas regras descritas anteriormente para atribuir os números de oxidação.

Resolva

(a) Quando ligado a um não metal, o hidrogênio tem número de oxidação $+1$. Uma vez que a molécula de H_2S é neutra, a soma dos números de oxidação deve ser igual a zero. Se x é o número de oxidação do S, temos $2(+1) + x = 0$. Assim, o S tem número de oxidação -2.

(b) Como o S_8 é uma forma elementar do enxofre, o número de oxidação do S é 0.

(c) Uma vez que o SCl_2 é um composto binário, esperamos que o cloro tenha número de oxidação -1. A soma dos números de oxidação deve ser igual a zero. Se x é o número de oxidação do S, temos $x + 2(-1) = 0$. Consequentemente, o número de oxidação do S é $+2$.

(d) O sódio, um metal alcalino, tem sempre um número de oxidação $+1$ em seus compostos. Geralmente, o oxigênio tem um estado de oxidação -2. Se x é o número de oxidação do S, temos $2(+1) + x + 3(-2) = 0$. Consequentemente, o número de oxidação do S no composto Na_2SO_3 é $+4$.

(e) O estado de oxidação do O é -2. A soma dos números de oxidação é igual a -2, a carga líquida do íon SO_4^{2-}. Então, temos $x + 4(-2) = -2$. Com base nessa relação, concluímos que o número de oxidação de S nesse íon é $+6$.

Comentário Esses exemplos ilustram que o número de oxidação de um determinado elemento depende do composto em que ele é encontrado. Os números de oxidação do enxofre, como foi possível ver nesses exemplos, variam de -2 a $+6$.

▶ **Para praticar**

Qual é o estado de oxidação do elemento em negrito: (a) **P**$_2O_5$, (b) Na**H**, (c) **Cr**$_2O_7^{2-}$, (d) **Sn**Br_4, (e) Ba**O**$_2$?

Oxidação de metais por ácidos e sais

A reação entre um metal e um ácido, ou um sal de metal, segue o padrão geral a seguir:

$$A + BX \longrightarrow AX + B \qquad [4.23]$$

Exemplos:

$$Zn(s) + 2\,HBr(aq) \longrightarrow ZnBr_2(aq) + H_2(g)$$

$$Mn(s) + Pb(NO_3)_2(aq) \longrightarrow Mn(NO_3)_2(aq) + Pb(s)$$

Essas reações são chamadas de **reações de deslocamento** porque o íon em solução é *deslocado*, ou seja, substituído, mediante a oxidação de um elemento.

Reações de deslocamento são comuns entre metais e ácidos, produzindo sais e gás hidrogênio. Por exemplo, o magnésio metálico reage com o ácido clorídrico para formar cloreto de magnésio e gás hidrogênio (**Figura 4.12**):

$$\underset{0}{Mg(s)} + 2\,\underset{+1\;-1}{HCl(aq)} \longrightarrow \underset{+2\;-1}{MgCl_2(aq)} + \underset{0}{H_2(g)} \qquad [4.24]$$

Número de oxidação

O número de oxidação do Mg muda de 0 para +2, um aumento que indica que o átomo perdeu elétrons e, portanto, foi oxidado. O número de oxidação do H^+ no ácido diminui de +1 para 0, o que mostra que esse íon ganhou elétrons e foi, portanto, reduzido. O cloro tinha um número de oxidação −1 antes da reação e continuou com esse mesmo

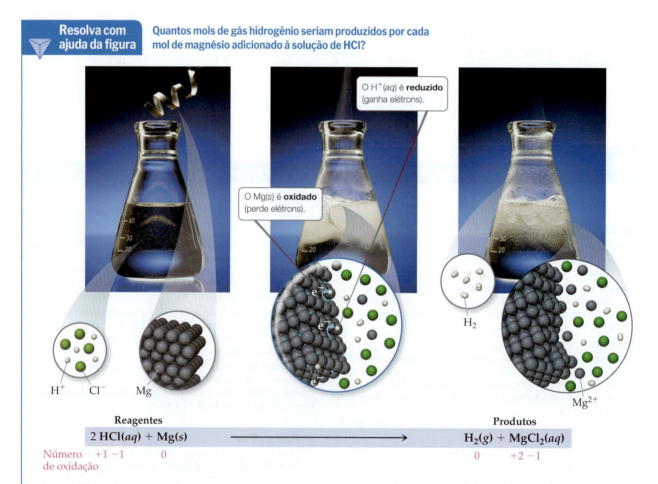

▲ **Figura 4.12 Reação entre magnésio metálico e ácido clorídrico.** O metal é rapidamente oxidado pelo ácido, produzindo gás hidrogênio, $H_2(g)$, e $MgCl_2(aq)$.

número depois dela; isso significa que ele não foi oxidado nem reduzido. Na verdade, os íons Cl⁻ são íons espectadores, o que nos deixa com a seguinte equação iônica simplificada:

$$Mg(s) + 2H^+(aq) \longrightarrow Mg^{2+}(aq) + H_2(g) \quad [4.25]$$

Os metais também podem ser oxidados por soluções aquosas de vários sais. O ferro metálico, por exemplo, é oxidado a Fe^{2+} por soluções aquosas de Ni^{2+}, como $Ni(NO_3)_2(aq)$:

Equação molecular: $\quad Fe(s) + Ni(NO_3)_2(aq) \longrightarrow Fe(NO_3)_2(aq) + Ni(s) \quad [4.26]$

Equação iônica simplificada: $\quad Fe(s) + Ni^{2+}(aq) \longrightarrow Fe^{2+}(aq) + Ni(s) \quad [4.27]$

Nessa reação, a oxidação de Fe a Fe^{2+} é acompanhada da redução do Ni^{2+} a Ni. Lembre-se: *sempre que uma substância é oxidada, outra substância deve ser reduzida.*

Exercício resolvido 4.9
Como escrever equações de reações de oxirredução

Escreva a equação molecular balanceada e a equação iônica simplificada para a reação entre o alumínio e o ácido bromídrico.

SOLUÇÃO
Analise Devemos escrever duas equações, a molecular e a iônica simplificada, para a reação redox entre um metal e um ácido.

Planeje Metais reagem com ácidos para formar sais e gás H_2. Para escrever as equações balanceadas, precisamos escrever as fórmulas químicas dos dois reagentes e, em seguida, determinar a fórmula do sal, que consiste no cátion formado pelo metal e no ânion do ácido.

Resolva Os reagentes são o Al e o HBr. O cátion formado pelo Al é o Al^{3+}, e o ânion do ácido bromídrico é o Br^-. Assim, o sal formado na reação é $AlBr_3$. Escrevendo os reagentes e os produtos e, em seguida, balanceando a equação, obtemos a seguinte equação molecular:

$$2 Al(s) + 6 HBr(aq) \longrightarrow 2 AlBr_3(aq) + 3 H_2(g)$$

Tanto o HBr quanto o $AlBr_3$ são eletrólitos fortes solúveis. Assim, a equação iônica completa é:

$$2 Al(s) + 6 H^+(aq) + 6 Br^-(aq) \longrightarrow$$
$$2 Al^{3+}(aq) + 6 Br^-(aq) + 3 H_2(g)$$

Como o Br^- é um íon espectador, a equação iônica simplificada é:

$$2 Al(s) + 6 H^+(aq) \longrightarrow 2 Al^{3+}(aq) + 3 H_2(g)$$

Comentário A substância oxidada é o alumínio metálico, porque seu estado de oxidação muda de 0 para +3 no cátion, aumentando, assim, seu número de oxidação. O H^+ é reduzido, porque seu estado de oxidação muda de +1 no ácido para 0 no H_2.

▶ **Para praticar**
(a) Escreva a equação molecular balanceada e a equação iônica simplificada da reação entre o magnésio e o sulfato de cobre(II).
(b) Qual espécie é oxidada e qual é reduzida na reação?

A série de reatividade

Podemos prever se um determinado metal será oxidado por um ácido ou por um sal específico? Essa é uma pergunta de suma importância prática e de interesse químico. De acordo com a Equação 4.26, por exemplo, seria imprudente armazenar uma solução de nitrato de níquel em um recipiente de ferro porque a solução dissolveria o recipiente. Quando um metal é oxidado, ele forma vários compostos. A oxidação extensiva pode levar à falha de peças metálicas de máquinas ou à deterioração de estruturas metálicas.

A facilidade com que diferentes metais são oxidados varia. O Zn é oxidado por soluções aquosas de Cu^{2+}, por exemplo, mas o Ag não. O Zn, portanto, perde elétrons com mais facilidade do que o Ag, sofrendo oxidação mais facilmente que o Ag.

Uma lista de metais dispostos em ordem decrescente em relação à sua facilidade de oxidação, conforme a Tabela 4.5, é chamada de **série de reatividade**. Os metais da parte superior da tabela, alcalinos e alcalino-terrosos, são mais facilmente oxidados; isto é, eles reagem de uma maneira mais fácil para formar compostos. Eles são chamados de *metais reativos*. Os metais da parte inferior da série de reatividade, os elementos de transição dos grupos 8B e 1B, são muito estáveis e formam compostos com menos facilidade. Esses metais, usados para fazer moedas e joias, são chamados de *metais nobres*, por causa de sua baixa reatividade.

A série de reatividade pode ser utilizada para prever o resultado das reações entre metais e sais de metais ou entre metais e ácidos. *Qualquer metal da lista pode ser oxidado pelos íons dos elementos localizados abaixo dele.*

TABELA 4.5 Série de reatividade de metais em solução aquosa

Metal	Reação de oxidação
Lítio	$Li(s) \longrightarrow Li^+(aq) + e^-$
Potássio	$K(s) \longrightarrow K^+(aq) + e^-$
Bário	$Ba(s) \longrightarrow Ba^{2+}(aq) + 2e^-$
Cálcio	$Ca(s) \longrightarrow Ca^{2+}(aq) + 2e^-$
Sódio	$Na(s) \longrightarrow Na^+(aq) + e^-$
Magnésio	$Mg(s) \longrightarrow Mg^{2+}(aq) + 2e^-$
Alumínio	$Al(s) \longrightarrow Al^{3+}(aq) + 3e^-$
Manganês	$Mn(s) \longrightarrow Mn^{2+}(aq) + 2e^-$
Zinco	$Zn(s) \longrightarrow Zn^{2+}(aq) + 2e^-$
Cromo	$Cr(s) \longrightarrow Cr^{3+}(aq) + 3e^-$
Ferro	$Fe(s) \longrightarrow Fe^{2+}(aq) + 2e^-$
Cobalto	$Co(s) \longrightarrow Co^{2+}(aq) + 2e^-$
Níquel	$Ni(s) \longrightarrow Ni^{2+}(aq) + 2e^-$
Estanho	$Sn(s) \longrightarrow Sn^{2+}(aq) + 2e^-$
Chumbo	$Pb(s) \longrightarrow Pb^{2+}(aq) + 2e^-$
Hidrogênio	$H_2(g) \longrightarrow 2H^+(aq) + 2e^-$
Cobre	$Cu(s) \longrightarrow Cu^{2+}(aq) + 2e^-$
Prata	$Ag(s) \longrightarrow Ag^+(aq) + e^-$
Mercúrio	$Hg(l) \longrightarrow Hg^{2+}(aq) + 2e^-$
Platina	$Pt(s) \longrightarrow Pt^{2+}(aq) + 2e^-$
Ouro	$Au(s) \longrightarrow Au^{3+}(aq) + 3e^-$

Aumento na facilidade de oxidação ↑

Por exemplo, o cobre está acima da prata na série, então o cobre metálico é oxidado por íons prata:

$$Cu(s) + 2Ag^+(aq) \longrightarrow Cu^{2+}(aq) + 2Ag(s) \qquad [4.28]$$

A oxidação do cobre a íons cobre é acompanhada pela redução de íons prata a prata metálica. É fácil visualizar a prata metálica na superfície do fio de cobre na **Figura 4.13**. O nitrato de cobre(II) torna a solução azul, como pode ser visto na imagem da direita da Figura 4.13.

Apenas os metais acima do hidrogênio na série de reatividade são capazes de reagir com ácidos para produzir H_2. Por exemplo, o Ni reage com o HCl(aq) para produzir H_2:

$$Ni(s) + 2HCl(aq) \longrightarrow NiCl_2(aq) + H_2(g) \qquad [4.29]$$

Como os elementos abaixo do hidrogênio na série de reatividade não são oxidados pelo H^+, o Cu não reage com o HCl(aq). Curiosamente, o cobre reage com o ácido nítrico, conforme a Figura 1.11, mas a reação não é uma oxidação do Cu por íons H^+. Na verdade, o metal é oxidado a Cu^{2+} pelo íon nitrato, produzindo o dióxido de nitrogênio, $NO_2(g)$, que possui coloração marrom:

$$Cu(s) + 4HNO_3(aq) \longrightarrow Cu(NO_3)_2(aq) + 2H_2O(l) + 2NO_2(g) \qquad [4.30]$$

À medida que o cobre é oxidado nessa reação, o NO_3^-, em que o nitrogênio apresenta número de oxidação +5, é reduzido a NO_2, em que o nitrogênio apresenta número de oxidação +4. Analisaremos reações desse tipo no Capítulo 20.

Capítulo 4 | Reações em solução aquosa 141

Resolva com ajuda da figura Por que esta solução fica azul?

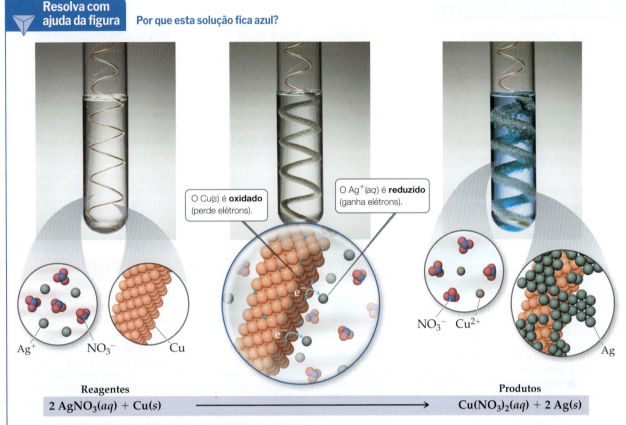

▲ Figura 4.13 **Reação entre cobre metálico e íons de prata.** Quando o cobre metálico é colocado em uma solução de nitrato de prata, uma reação redox produz prata metálica e uma solução azul de nitrato de cobre(II).

Exercício resolvido 4.10

Como determinar se uma reação de oxirredução ocorrerá

Uma solução aquosa de cloreto de ferro(II) oxida o magnésio metálico? Em caso afirmativo, escreva a equação molecular balanceada e a equação iônica simplificada para a reação.

SOLUÇÃO

Analise Temos duas substâncias – um sal aquoso, $FeCl_2$, e um metal, Mg – e devemos responder se elas reagem.

Planeje A reação ocorrerá se o reagente que é um metal em sua forma elementar (Mg) estiver localizado *acima* do reagente que é um metal em sua forma oxidada (Fe^{2+}) na Tabela 4.5. Se a reação ocorrer, o íon Fe^{2+} presente no $FeCl_2$ será reduzido a Fe, e o Mg será oxidado a Mg^{2+}.

Resolva Como o Mg está *acima* do Fe na tabela, a reação ocorre. Para escrever a fórmula do sal produzido na reação, devemos retomar as cargas dos íons comuns. O magnésio está sempre presente em compostos como Mg^{2+}; o íon cloreto é Cl^-. O sal de magnésio formado na reação é o $MgCl_2$. Assim, a equação molecular balanceada é:

$$Mg(s) + FeCl_2(aq) \longrightarrow MgCl_2(aq) + Fe(s)$$

Tanto o $FeCl_2$ quanto o $MgCl_2$ são eletrólitos fortes solúveis e podem ser escritos na forma iônica, o que mostra que o Cl^- é um íon espectador na reação. A equação iônica simplificada é:

$$Mg(s) + Fe^{2+}(aq) \longrightarrow Mg^{2+}(aq) + Fe(s)$$

A equação iônica simplificada mostra que o Mg é oxidado e o Fe^{2+} é reduzido nessa reação.

Confira A equação iônica simplificada está balanceada com relação à carga e à massa.

▶ **Para praticar**
Qual dos seguintes metais será oxidado por $Pb(NO_3)_2$: Zn, Cu, Fe?

Exercícios de autoavaliação

EAA 4.13 Ordene os compostos a seguir do número de oxidação mínimo para o máximo para o ferro: Fe_2O_3, Fe, $FeCl_2$.

(a) $FeCl_2 < Fe < Fe_2O_3$
(b) $Fe_2O_3 < FeCl_2 < Fe$
(c) $Fe < FeCl_2 < Fe_2O_3$
(d) $Fe < Fe_2O_3 < FeCl_2$
(e) $Fe_2O_3 < FeCl_2 < Fe$

EAA 4.14 Qual das afirmações a seguir sobre a reação $H_2(g) + O_2(g) \longrightarrow H_2O(l)$ é verdadeira?

(i) Ela é um exemplo de reação ácido-base.
(ii) O O_2 é oxidado nessa reação.
(iii) O H_2 é reduzido nessa reação.

(a) apenas i (b) apenas ii (c) apenas iii (d) ii e iii (e) Nenhuma das afirmações é verdadeira.

EAA 4.15 Se um composto no qual o Mn inicialmente está no estado de oxidação +2 em solução aquosa é reduzido, o que o produto poderia conter? (a) Mn(s) (b) $Mn^{4+}(aq)$ (c) $Mn^{6+}(aq)$ (d) $Mn^{7+}(aq)$

EAA 4.16 Preveja o que aconteceria se você colocasse uma solução aquosa de $CoCl_2$ em contato com o alumínio metálico. (a) Não ocorreria uma reação. (b) Para cada átomo de Co oxidado, um átomo de Al seria reduzido. (c) Para cada três átomos de Co oxidados, dois átomos de Al seriam reduzidos. (d) Para cada átomo de Co reduzido, um átomo de Al seria oxidado. (e) Para cada três átomos de Co reduzidos, dois átomos de Al seriam oxidados.

ESTRATÉGIAS PARA O SUCESSO | Análise de reações químicas

Neste capítulo, foram introduzidos diversos novos tipos de reações químicas. Não é fácil prever o que pode acontecer quando substâncias químicas reagem. Um dos objetivos deste livro é ajudá-lo a se tornar mais apto a prever os resultados de reações. A chave para desenvolver essa "intuição química" é aprender a classificar as reações.

Tentar memorizar reações específicas seria uma tarefa inútil. É muito mais proveitoso reconhecer padrões para determinar a categoria geral de uma reação (p. ex., reação de metátese ou de oxirredução). Quando você se deparar com o desafio de prever o resultado de uma reação química, faça as seguintes perguntas:

- Quais são os reagentes?
- Eles são eletrólitos ou não eletrólitos?
- Eles são ácidos ou bases?
- Se os reagentes forem eletrólitos, a reação de metátese produzirá um precipitado? Água? Um gás?
- Se a metátese não puder ocorrer, os reagentes poderão participar de uma reação de oxirredução? Para isso, é necessário que um dos reagentes possa ser oxidado quando o outro reagente for reduzido.

Ao fazer essas perguntas básicas, você conseguirá prever o que acontece durante uma reação. Cada pergunta restringe o conjunto de resultados possíveis, fazendo com que você fique cada vez mais próximo do resultado provável. Sua previsão pode não ser sempre totalmente correta, mas, se estiver atento, chegará bem perto do seu alvo. À medida que ganhar experiência, começará a olhar para certos reagentes que podem não ser imediatamente óbvios, como a água da solução ou o oxigênio da atmosfera. Uma vez que a transferência de prótons (ácido-base) e a transferência de elétrons (oxirredução) estão envolvidas em um grande número de reações químicas, conhecer as características dessas reações é um sinal de que você está se saindo bem na tarefa de se tornar um excelente químico.

4.5 | Concentrações de soluções

Objetivos de aprendizagem

Após terminar a Seção 4.5, você deve ser capaz de:

▶ Calcular a concentração de um soluto em uma solução em unidades de concentração em quantidade de matéria.
▶ Converter entre mols de soluto, volume da solução e concentração em quantidade de matéria da solução.
▶ Calcular os volumes relativos de uma solução estoque concentrada e um solvente que devem ser misturados para produzir o volume final e a concentração final desejados de uma solução.

Os cientistas usam o termo **concentração** para designar a quantidade de soluto dissolvido em uma dada quantidade de solvente ou de solução. Quanto maior for a quantidade de soluto dissolvida em certa quantidade de solvente, mais concentrada será a solução resultante. Na química, muitas vezes precisamos expressar as concentrações das soluções quantitativamente.

Concentração em quantidade de matéria

A **concentração em quantidade de matéria** ou molaridade (símbolo c) expressa a concentração de uma solução como a quantidade de matéria de soluto (em mols) existente em um litro de solução:

$$\text{Concentração em quantidade de matéria} = \frac{\text{quantidade de matéria de soluto (em mols)}}{\text{volume da solução (em litros)}} \qquad [4.31]$$

Uma solução 1,00 molar (escreve-se 1,00 M) contém 1,00 mol de soluto em cada litro de solução. A **Figura 4.14** mostra a preparação de 0,250 L de uma solução de $CuSO_4$ 1,00 M. A concentração em quantidade de matéria da solução é de (0,250 mol de $CuSO_4$)/(0,250 L de solução) = 1,00 M.

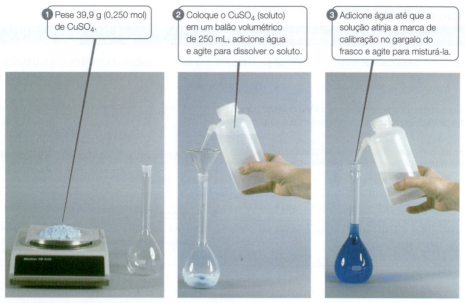

▲ Figura 4.14 Preparação de 0,250 L de uma solução de CuSO₄ 1,00 M.

 Exercício resolvido 4.11
Como calcular a concentração em quantidade de matéria

Calcule a concentração em quantidade de matéria de uma solução preparada mediante dissolução de 23,4 g de sulfato de sódio (Na₂SO₄) em água suficiente para obter 125 mL de solução.

SOLUÇÃO

Analise Com base no número de gramas de soluto (23,4 g), sua fórmula química (Na₂SO₄) e o volume da solução (125 mL), devemos calcular a concentração em quantidade de matéria da solução.

Planeje Podemos calcular a concentração em quantidade de matéria aplicando a Equação 4.31. Para isso, precisamos converter o número de gramas de soluto em quantidade de matéria e o volume da solução de mililitros em litros.

Resolva

A quantidade de matéria de Na₂SO₄ em mols é obtida a partir da sua massa molar:

$$\text{Mols de Na}_2\text{SO}_4 = (23,4 \text{ g de Na}_2\text{SO}_4)\left(\frac{1 \text{ mol de Na}_2\text{SO}_4}{142,1 \text{ g de Na}_2\text{SO}_4}\right) = 0,165 \text{ mol de Na}_2\text{SO}_4$$

Convertendo o volume da solução em litros:

$$\text{Litros de solução} = (125 \text{ mL})\left(\frac{1 \text{ L}}{1.000 \text{ mL}}\right) = 0,125 \text{ L}$$

Assim, a concentração em quantidade de matéria é:

$$\text{Concentração em quantidade de matéria} = \frac{0,165 \text{ mol de Na}_2\text{SO}_4}{0,125 \text{ L de solução}} = 1,32 \frac{\text{mol de Na}_2\text{SO}_4}{\text{L de solução}} = 1,32 \text{ M}$$

Confira Como o numerador é apenas ligeiramente maior do que o denominador, é razoável que a resposta seja um pouco maior do que 1 M. As unidades (mol/L) são adequadas para indicar a concentração em quantidade de matéria, e três algarismos significativos são aceitáveis para a resposta, já que os dados do enunciado também apresentam três algarismos significativos.

▶ **Para praticar**
Calcule a concentração em quantidade de matéria de uma solução preparada mediante dissolução de 5,00 g de glicose (C₆H₁₂O₆) em água suficiente para obter exatamente 100 mL de solução.

Como expressar a concentração de um eletrólito

Em biologia, a concentração total de íons em solução é muito importante para os processos metabólicos e celulares. Quando um composto iônico é dissolvido, as concentrações relativas dos íons presentes na solução dependem da fórmula química do composto. Por exemplo, uma solução de NaCl 1,0 M tem 1,0 M de íons Na⁺ e 1,0 M de íons Cl⁻, e uma solução de Na₂SO₄ 1,0 M tem 2,0 M de íons Na⁺ e 1,0 M de íons SO₄²⁻. Assim, a concentração de uma solução eletrolítica pode ser especificada com relação ao composto utilizado para preparar a solução (Na₂SO₄ 1,0 M) ou com relação aos íons presentes na solução (2,0 M de Na⁺ e 1,0 M de SO₄²⁻).

Exercício resolvido 4.12
Como calcular as concentrações em quantidade de matéria de íons

Qual é a concentração em quantidade de matéria de cada íon presente em uma solução aquosa de nitrato de cálcio 0,025 *M*?

SOLUÇÃO
Analise Com base na concentração do composto iônico usado para fazer a solução, devemos determinar as concentrações dos íons presentes na solução.

Planeje Podemos recorrer aos subscritos na fórmula química do composto para determinar as concentrações relativas dos íons.

Resolva O nitrato de cálcio é formado por íons de cálcio (Ca^{2+}) e íons de nitrato (NO_3^-), então sua fórmula química é $Ca(NO_3)_2$. Uma vez que existem dois íons NO_3^- para cada íon Ca^{2+}, cada mol de $Ca(NO_3)_2$ que se dissolve dissocia-se em 1 mol de Ca^{2+} e 2 mols de NO_3^-. Assim, uma solução de $Ca(NO_3)_2$ 0,025 *M* tem 0,025 *M* de Ca^{2+} e 2 × 0,025 *M* = 0,050 *M* de NO_3^-:

$$\frac{\text{mols de } NO_3^-}{L} = \left(\frac{0,025 \text{ mol de } Ca(NO_3)_2}{L}\right)\left(\frac{2 \text{ mols de } NO_3^-}{1 \text{ mol de } Ca(NO_3)_2}\right)$$
$$= 0,050 \, M$$

Confira A concentração de íons NO_3^- é o dobro da concentração de íons Ca^{2+}, como o 2 subscrito depois do NO_3^- na fórmula química $Ca(NO_3)_2$ sugere.

▶ **Para praticar**
Qual é a concentração em quantidade de matéria de íons K^+ em uma solução de carbonato de potássio 0,015 *M*?

Como converter entre concentração em quantidade de matéria, quantidade de matéria (em mols) e volume

Se conhecermos quais são duas das três quantidades na definição de concentração em quantidade de matéria (Equação 4.31), podemos calcular a terceira. Por exemplo, se soubermos que a concentração em quantidade de matéria de uma solução de HNO_3 é 0,200 *M*, ou seja, 0,200 mol de HNO_3 por litro de solução, podemos calcular a quantidade de matéria de soluto em um determinado volume (p. ex., 2,0 L). A concentração em quantidade de matéria é, portanto, um fator de conversão entre o volume da solução e a quantidade de matéria de soluto (em mols):

$$\text{Mols de } HNO_3 = (2,0 \text{ L de solução})\left(\frac{0,200 \text{ mol de } HNO_3}{1 \text{ L de solução}}\right) = 0,40 \text{ mol de } HNO_3$$

Para ilustrar a conversão de quantidade de matéria para volume, vamos calcular o volume de uma solução de HNO_3 0,30 *M* com 2,0 mols de HNO_3:

$$\text{Litros de solução} = (2,0 \text{ mols de } HNO_3)\left(\frac{1 \text{ L de solução}}{0,30 \text{ mol de } HNO_3}\right) = 6,7 \text{ L de solução}$$

Nesse caso, usamos a recíproca de concentração em quantidade de matéria na conversão. Se examinarmos as unidades em nossa conversão, veremos que:

$$\text{mols} \times (1/\text{concentração em quantidade de matéria}) = \text{mol} \times (L/\text{mol}) = L$$

Se um dos solutos for um líquido, pode-se usar sua densidade para converter sua massa em volume e vice-versa. Por exemplo, considere uma cerveja comum que contém 5,0% de etanol (CH_3CH_2OH) em volume de água, além de outros componentes. A densidade do etanol é 0,789 g/mL. Portanto, se quiséssemos calcular a concentração em quantidade de matéria do etanol, que no dia a dia chamamos simplesmente de "álcool", na cerveja, consideraríamos primeiro 1,00 L de cerveja.

Esse 1,00 L de cerveja contém 0,950 L de água e 0,050 L de etanol:

$$5.0\% = 5/100 = 0,050$$

Em seguida, podemos calcular a quantidade de matéria de etanol (em mols) ao cancelar adequadamente as unidades, considerando a densidade do etanol e a sua massa molar (46,0 g/mol):

$$\text{Mols de etanol} = (0,050 \text{ L})\left(\frac{1000 \text{ mL}}{L}\right)\left(\frac{0,789 \text{ g}}{mL}\right)\left(\frac{1 \text{ mol}}{46,0 \text{ g}}\right) = 0,858 \text{ mol}$$

Uma vez que há 0,858 mol de etanol em 1,00 L de cerveja, a concentração de etanol na cerveja é 0,86 *M*, considerando a quantidade de algarismos significativos adequada.

Capítulo 4 | Reações em solução aquosa   **145**

Exercício resolvido 4.13
Como usar a concentração em quantidade de matéria para calcular a massa em gramas de soluto

Quantos gramas de Na_2SO_4 são necessários para preparar uma solução de 0,350 L de Na_2SO_4 0,500 M?

SOLUÇÃO
Analise Com base no volume da solução (0,350 L), sua concentração (0,500 M) e a identidade do soluto Na_2SO_4, devemos calcular a massa em gramas do soluto na solução.

Planeje Podemos recorrer à definição de concentração em quantidade de matéria (Equação 4.31) para determinar a quantidade de matéria de soluto (em mols). Depois, podemos convertê-la em gramas usando a massa molar do soluto.

$$M_{Na_2SO_4} = \frac{\text{mols de } Na_2SO_4}{\text{litros de solução}}$$

Resolva Calculando a quantidade de matéria de Na_2SO_4 (em mols) com base na concentração em quantidade de matéria e no volume da solução, obtemos:

$$M_{Na_2SO_4} = \frac{\text{mols de } Na_2SO_4}{\text{litros de solução}}$$

$\text{Mols de } Na_2SO_4 = \text{litros de solução} \times M_{Na_2SO_4}$

$= (0{,}350 \text{ L litro de solução}) \left(\dfrac{0{,}500 \text{ mol } Na_2SO_4}{1 \text{ L litro de solução}} \right)$

$= 0{,}175 \text{ mols de } Na_2SO_4$

Como cada mol de Na_2SO_4 tem massa de 142,1 g, o número necessário de gramas de Na_2SO_4 é:

$\text{Gramas de } Na_2SO_4 = (0{,}175 \text{ mol de } Na_2SO_4) \left(\dfrac{142{,}1 \text{ g de } Na_2SO_4}{1 \text{ mol de } Na_2SO_4} \right)$

$= 24{,}9 \text{ g de } Na_2SO_4$

Confira A magnitude da resposta, as unidades e o número de algarismos significativos são adequados.

▶ **Para praticar**
(a) Quantos gramas de Na_2SO_4 há em 15 mL de Na_2SO_4 0,50 M?
(b) Quantos mililitros de uma solução de Na_2SO_4 0,50 M são necessários para obter 0,038 mol desse sal?

Diluição

Soluções utilizadas de maneira rotineira no laboratório são frequentemente compradas ou preparadas na forma concentrada, sendo chamadas de *soluções estoque*. Soluções aquosas de baixa concentração podem ser obtidas a partir dessas soluções com adição de água. Esse processo é chamado de **diluição**.*

Vejamos como preparar uma solução diluída a partir de um concentrado. Suponha que desejamos preparar 250,0 mL de solução (ou seja, 0,2500 L) de $CuSO_4$ 0,100 M diluindo uma solução estoque de $CuSO_4$ 1,00 M. O principal ponto a ser lembrado é que, quando o solvente é adicionado a uma solução, a quantidade de matéria do soluto (em mols) permanece inalterada:

$$\begin{array}{c}\text{Quantidade de matéria} \\ \text{do soluto antes da diluição}\end{array} = \begin{array}{c}\text{Quantidade de matéria} \\ \text{do soluto depois da diluição}\end{array} \quad [4.32]$$

Como temos tanto o volume (250,0 mL) quanto a concentração (0,100 M) da solução diluída, podemos calcular a quantidade de matéria de $CuSO_4$ que ela contém:

$$\text{Mols de } CuSO_4 \text{ na solução diluída} = (0{,}2500 \text{ L de solução})\left(\dfrac{0{,}100 \text{ mol de } CuSO_4}{\text{L de solução}}\right)$$

$$= 0{,}0250 \text{ mol de } CuSO_4$$

O volume da solução estoque necessário para obter 0,0250 mol de $CuSO_4$ é, portanto:

$$\text{Litros de solução concentrada} = (0{,}0250 \text{ mol de } CuSO_4)\left(\dfrac{1 \text{ L de solução}}{1{,}00 \text{ mol de } CuSO_4}\right) = 0{,}0250 \text{ L}$$

A **Figura 4.15** apresenta a diluição realizada no laboratório. Observe que a solução diluída tem coloração menos intensa do que a concentrada.

No laboratório, cálculos desse tipo são feitos com frequência utilizando uma equação que deriva do fato de que a quantidade de matéria do soluto (em mols) é a mesma tanto na solução concentrada quanto na solução diluída e de que quantidade de matéria = concentração em quantidade de matéria × litros:

$$\begin{array}{c}\text{Quantidade de matéria de soluto} \\ \text{na solução concentrada}\end{array} = \begin{array}{c}\text{Quantidade de matéria de} \\ \text{soluto na solução diluída}\end{array} \quad [4.33]$$

$$c_{conc} \times V_{conc} = c_{dil} \times V_{dil}$$

---
*Na diluição de um ácido ou de uma base concentrados, o ácido ou a base deve ser adicionado à água e, em seguida, diluído com adição de mais água. Acrescentar água diretamente ao ácido ou à base concentrados gera um calor intenso, podendo provocar respingos.

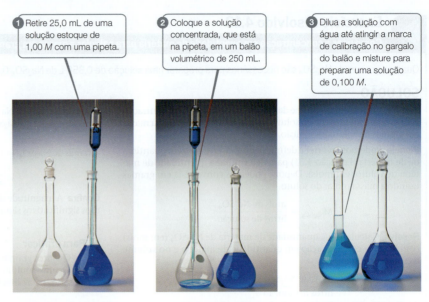

▲ **Figura 4.15** Preparação de 250,0 mL de uma solução de CuSO$_4$ 0,100 M pela diluição de CuSO$_4$ 1,00 M.

Embora tenhamos escrito a Equação 4.33 considerando o volume em litros, qualquer unidade de volume pode ser utilizada, desde que seja nos dois lados da equação. Por exemplo, repetindo o cálculo que fizemos para a solução de CuSO$_4$, temos:

$$(1,00\ M)(V_{conc}) = (0,100\ M)(250,0\ mL)$$

Assim, obtemos $V_{conc} = 25,0$ mL, como vimos anteriormente.

Exercício resolvido 4.14
Como preparar uma solução por diluição

Quantos mililitros de uma solução de H$_2$SO$_4$ 3,0 M são necessários para preparar 450 mL de H$_2$SO$_4$ 0,10 M?

SOLUÇÃO

Analise Precisamos diluir uma solução concentrada. Para isso, temos a concentração em quantidade de matéria de uma solução mais concentrada (3,0 M) e o volume e a concentração em quantidade de matéria de uma solução mais diluída, que contém o mesmo soluto (450 mL de solução de 0,10 M). Devemos calcular o volume da solução concentrada necessário para preparar a solução diluída.

Planeje Podemos calcular a quantidade de matéria do soluto, H$_2$SO$_4$, na solução diluída e, em seguida, calcular o volume da solução concentrada que tenha essa quantidade de soluto. Uma alternativa seria aplicar diretamente a Equação 4.33. Vamos comparar os dois métodos.

Resolva

Calcule a quantidade de matéria de H$_2$SO$_4$ (em mols) na solução diluída:

$$\text{Mols de H}_2\text{SO}_4 \text{ na solução diluída} = (0,450\ \text{L de solução})\left(\frac{0,10\ \text{mol de H}_2\text{SO}_4}{1\ \text{L de solução}}\right)$$
$$= 0,045\ \text{mol de H}_2\text{SO}_4$$

Calcule o volume da solução concentrada que contém 0,045 mol de H$_2$SO$_4$:

$$\text{L de solução concentrada} = (0,045\ \text{mol de H}_2\text{SO}_4)\left(\frac{1\ \text{L de solução}}{3,0\ \text{mol de H}_2\text{SO}_4}\right) = 0,015\ \text{L de solução}$$

Convertendo litros em mililitros, obtemos 15 mL.

Se aplicarmos a Equação 4.33, obteremos o mesmo resultado:

$$(3,0\ M)(V_{conc}) = (0,10\ M)(450\ mL)$$
$$(V_{conc}) = \frac{(0,10\ M)(450\ mL)}{3,0\ M} = 15\ mL$$

De qualquer maneira, se começarmos com 15 mL de H$_2$SO$_4$ 3,0 M e diluirmos a um volume total de 450 mL, a solução de 0,10 M desejada será obtida.

Confira O volume calculado parece razoável porque um pequeno volume de solução concentrada é utilizado para preparar um grande volume de solução diluída.

Comentário A primeira abordagem também pode ser utilizada para determinar a concentração final de uma solução resultante da mistura de duas outras com concentrações diferentes. Já a segunda abordagem, correspondente à Equação 4.33, pode ser utilizada somente para determinar a concentração de uma solução resultante da diluição de uma solução concentrada com solvente puro.

▶ **Para praticar**
(a) Que volume de uma solução de nitrato de chumbo(II) 2,50 M contém 0,0500 mol de Pb^{2+}? (b) Quantos mililitros de uma solução de $K_2Cr_2O_7$ 5,0 M devem ser diluídos para obter 250 mL de uma solução 0,10 M? (c) Se 10,0 mL de uma solução estoque de NaOH 10,0 M forem diluídos a 250 mL, qual será a concentração da solução estoque resultante?

Exercícios de autoavaliação

SIM 4.17 Calcule a concentração em quantidade de matéria de uma solução preparada mediante a dissolução de 4,60 gramas de metanol, CH_3OH, em água para obter um volume final de 1,85 L.
(a) 2,49 M
(b) $1,44 \times 10^{-1} M$
(c) $1,38 \times 10^{-1} M$
(d) $7,77 \times 10^{-2} M$
(e) $1,26 \times 10^{-2} M$

EAA 4.18 Qual solução terá a maior concentração de íons?
(a) NaCl 1,0 M (b) $NaNO_3$ 1,4 M (c) $CaCl_2$ 1,0 M (d) Na_3PO_4 0,6 M

EAA 4.19 Um nível normal de glicose no sangue ($C_6H_{12}O_6$) é 85 mg glicose/dL. Qual é a concentração em quantidade de matéria?
(a) 4,7 M
(b) 2,1 M
(c) $4,7 \times 10^{-3} M$
(d) $4,7 \times 10^{-4} M$

SIM 4.20 Que volume de uma solução estoque de Na_3PO_4 $5,0 \times 10^{-1}$ M deve ser utilizado para produzir 250 mL de uma solução com $3,8 \times 10^{-3}$ M em íons fosfato? (a) 0,0075 mL (b) 0,63 mL (c) 1,9 mL (d) 3,3 mL

4.6 | Estequiometria da solução e análise química

No Capítulo 3, aprendemos que se soubermos a equação química para uma reação e a quantidade do reagente consumido nela podemos calcular as quantidades dos outros reagentes e produtos. Nesta seção, vamos ampliar esse conceito para reações que envolvem soluções.

Lembre-se de que os coeficientes de uma equação balanceada fornecem a quantidade relativa de matéria de reagentes e produtos. (Seção 3.6) Para utilizar essa informação, precisamos converter as massas das substâncias envolvidas em uma reação em quantidade de matéria. Quando se trata de substâncias puras, como as utilizadas no Capítulo 3, usamos a massa molar para fazer a conversão entre gramas e quantidade de matéria das substâncias. No entanto, essa conversão não é válida quando se trabalha com uma solução, porque tanto o soluto quanto o solvente contribuem para sua massa. Contudo, se soubermos qual é a concentração em quantidade de matéria do soluto, podemos usar a concentração e o volume para determinar a quantidade de matéria (Quantidade de matéria de soluto = $c \times V$). A **Figura 4.16** resume essa abordagem, usando a estequiometria para a reação entre uma substância pura e uma solução.

Objetivos de aprendizagem
Após terminar a Seção 4.6, você deve ser capaz de:
▶ Calcular quantidades estequiométricas para reações em soluções aquosas.
▶ Usar titulações ácido-base para calcular quantidades de solutos.

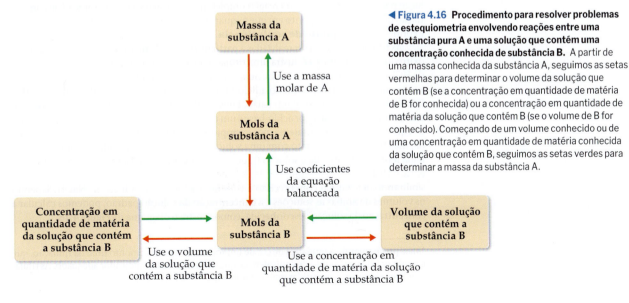

◀ **Figura 4.16 Procedimento para resolver problemas de estequiometria envolvendo reações entre uma substância pura A e uma solução que contém uma concentração conhecida de substância B.** A partir de uma massa conhecida da substância A, seguimos as setas vermelhas para determinar o volume da solução que contém B (se a concentração em quantidade de matéria de B for conhecida) ou a concentração em quantidade de matéria da solução que contém B (se o volume de B for conhecido). Começando de um volume conhecido ou de uma concentração em quantidade de matéria conhecida da solução que contém B, seguimos as setas verdes para determinar a massa da substância A.

Exercício resolvido 4.15
Como utilizar relações de massa em uma reação de neutralização

Quantos gramas de Ca(OH)$_2$ são necessários para neutralizar 25,0 mL de HNO$_3$ a 0,100 M?

SOLUÇÃO

Analise Os reagentes são um ácido, HNO$_3$, e uma base, Ca(OH)$_2$. Temos o volume e a concentração em quantidade de matéria do HNO$_3$ e devemos determinar quantos gramas de Ca(OH)$_2$ são necessários para neutralizar essa quantidade de HNO$_3$.

Planeje Seguindo as etapas indicadas pelas setas verdes na Figura 4.16, usamos a concentração em quantidade de matéria e o volume da solução de HNO$_3$ (substância B na Figura 4.16) para calcular a quantidade de matéria de HNO$_3$. Em seguida, aplicamos a equação balanceada para relacionar a quantidade de matéria de HNO$_3$ com a quantidade de matéria de Ca(OH)$_2$ (substância A). Por fim, usamos a massa molar para converter quantidade de matéria em gramas de Ca(OH)$_2$:

$$V_{HNO_3} \times c_{HNO_3} \Rightarrow \text{mol HNO}_3 \Rightarrow \text{mol Ca(OH)}_2 \Rightarrow \text{g Ca(OH)}_2$$

Resolva
O produto da concentração em quantidade de matéria de uma solução e seu volume em litros fornece a quantidade de matéria de soluto:

$$\text{Mols de HNO}_3 = V_{HNO_3} \times c_{HNO_3} = (0{,}0250 \text{ L})\left(\frac{0{,}100 \text{ mol de HNO}_3}{\text{L}}\right)$$
$$= 2{,}50 \times 10^{-3} \text{ mols de HNO}_3$$

Como essa é uma reação de neutralização, o HNO$_3$ e o Ca(OH)$_2$ reagem para produzir H$_2$O e o sal que contém Ca^{2+} e NO$_3^-$:

$$2\,\text{HNO}_3(aq) + \text{Ca(OH)}_2(s) \longrightarrow 2\,\text{H}_2\text{O}(l) + \text{Ca(NO}_3)_2(aq)$$

Assim,
2 mols de HNO$_3$ ≃ 1 mol de Ca(OH)$_2$. Portanto,

$$\text{Gramas de Ca(OH)}_2 = (2{,}50 \times 10^{-3} \text{ mols de HNO}_3) \times \left(\frac{1 \text{ mol de Ca(OH)}_2}{2 \text{ mols de HNO}_3}\right)\left(\frac{74{,}1 \text{ g de Ca(OH)}_2}{1 \text{ mol de Ca(OH)}_2}\right)$$
$$= 0{,}0926 \text{ g de Ca(OH)}_2$$

Confira A resposta é razoável porque, para neutralizar um pequeno volume de ácido diluído, só é necessária uma pequena quantidade de base.

▶ **Para praticar**
(**a**) Quantos gramas de NaOH são necessários para neutralizar 20,0 mL de uma solução de H$_2$SO$_4$ 0,150 M? (**b**) Quantos litros de HCl(aq) 0,500 M são necessários para reagir completamente com 0,100 mol de Pb(NO$_3$)$_2$(aq), formando um precipitado de PbCl$_2$(s)?

Titulações

Para determinar a concentração de um soluto específico em uma solução, muitas vezes os químicos realizam uma **titulação**, que envolve a combinação de uma solução em que a concentração do soluto não é conhecida com uma solução de um reagente de concentração conhecida, denominada **solução padrão**. Apenas uma quantidade suficiente de solução padrão é adicionada para reagir completamente com o soluto na solução de concentração desconhecida. O ponto em que as quantidades se equivalem estequiometricamente é conhecido como **ponto de equivalência**.

As titulações podem ser realizadas a partir de reações de neutralização, precipitação ou oxirredução. A **Figura 4.17** ilustra uma titulação de neutralização típica entre uma solução de HCl, de concentração desconhecida, e uma solução padrão de NaOH. Para determinar a concentração de HCl, primeiro adicionamos um volume específico da solução de HCl (20,0 mL neste exemplo) em um balão. Em seguida, colocamos algumas gotas de **indicador** ácido-base. O indicador ácido-base é um corante que muda de cor ao se atingir o ponto de equivalência.* A fenolftaleína, por exemplo, é incolor quando está em uma solução ácida, mas fica rosa em contato com uma solução básica. A solução padrão é, então, adicionada lentamente até que a solução fique rosa, o que indica que a reação de neutralização entre o HCl e o NaOH foi completada. A solução padrão é adicionada com uma *bureta*, possibilitando determinar com precisão o volume adicionado de solução de NaOH. Sabendo os volumes de ambas as soluções e a concentração da solução padrão, podemos calcular a concentração da solução desconhecida, como mostra o diagrama da **Figura 4.18**.

---

*Mais precisamente, a mudança de cor de um indicador sinaliza o ponto final da titulação, que é muito próximo do ponto de equivalência, quando se utiliza um indicador adequado. As titulações ácido-base serão discutidas mais detalhadamente na Seção 17.3.

Capítulo 4 | Reações em solução aquosa   149

> **Resolva com ajuda da figura**
> O volume de solução padrão adicionado mudaria de que forma se esta solução fosse de Ba(OH)$_2$(aq) em vez de NaOH(aq)?

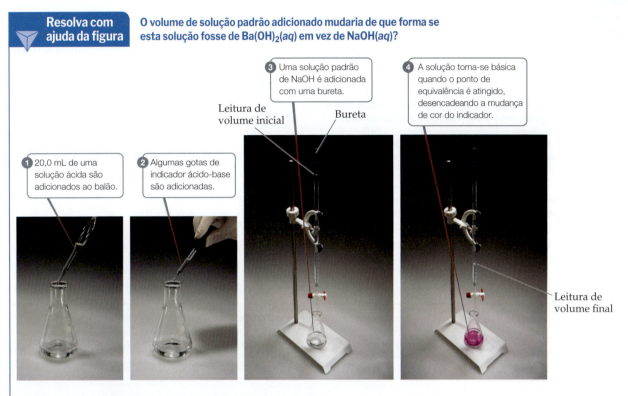

▲ **Figura 4.17** Procedimento para titular um ácido com uma solução padrão de NaOH. O indicador ácido-base, fenolftaleína, é incolor em solução ácida, mas fica rosa em solução básica.

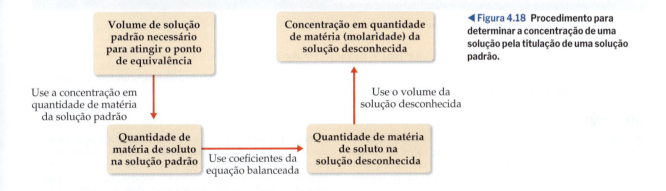

◄ **Figura 4.18** Procedimento para determinar a concentração de uma solução pela titulação de uma solução padrão.

Exercício resolvido 4.16
Como determinar a concentração da solução por titulação ácido-base

Um método comercial utilizado para descascar batatas é deixá-las de molho em uma solução de NaOH por um curto período, tirá-las da solução e puxar a casca. A concentração de NaOH é, geralmente, de 3 a 6 M, e a solução deve ser analisada periodicamente. Em uma dessas análises, 45,7 mL de H$_2$SO$_4$ 0,500 M são necessários para neutralizar 20,0 mL de uma solução de NaOH. Qual é a concentração da solução de NaOH?

SOLUÇÃO

Analise Com base no volume (45,7 mL) e na concentração em quantidade de matéria (0,500 M) de uma solução de H$_2$SO$_4$ (a solução padrão) que reage completamente com 20,0 mL de uma solução de NaOH, devemos calcular a concentração em quantidade de matéria da solução de NaOH.

Planeje Seguindo as etapas indicadas na Figura 4.18, utilizamos o volume e a concentração em quantidade de matéria de H$_2$SO$_4$ para calcular o número de mols de H$_2$SO$_4$. Em seguida, podemos usar essa quantidade e a equação balanceada da reação para calcular o número de mols de NaOH. Por fim, podemos recorrer ao número de mols e ao volume de NaOH para calcular a concentração em quantidade de matéria do NaOH.

Resolva

O número de mols de H_2SO_4 é o produto do volume e da concentração em quantidade de matéria da seguinte solução:

$$\text{Mols de } H_2SO_4 = (45{,}7 \text{ mL de solução})\left(\frac{1 \text{ L de solução}}{1.000 \text{ mL de solução}}\right)\left(\frac{0{,}500 \text{ mol de } H_2SO_4}{\text{L de solução}}\right)$$

$$= 2{,}28 \times 10^{-2} \text{ mols de } H_2SO_4$$

Os ácidos reagem com os hidróxidos de metais para produzir água e um sal. Assim, a equação balanceada para a reação de neutralização é:

$$H_2SO_4(aq) + 2\,NaOH(aq) \longrightarrow 2\,H_2O(l) + Na_2SO_4(aq)$$

De acordo com a equação balanceada, 1 mol de $H_2SO_4 \simeq 2$ mols de NaOH. Portanto,

$$\text{Mols de NaOH} = (2{,}28 \times 10^{-2} \text{ mols de } H_2SO_4)\left(\frac{2 \text{ mol de NaOH}}{1 \text{ mol de } H_2SO_4}\right)$$

$$= 4{,}56 \times 10^{-2} \text{ mols de NaOH}$$

Sabendo o número de mols de NaOH em 20,0 mL de solução, podemos calcular a concentração em quantidade de matéria da seguinte solução:

$$\text{Mols de NaOH} = \frac{\text{mols de NaOH}}{\text{L de solução}}$$

$$= \left(\frac{4{,}56 \times 10^{-2} \text{ mols de NaOH}}{20{,}0 \text{ mL de solução}}\right)\left(\frac{1.000 \text{ mL de solução}}{1 \text{ L de solução}}\right)$$

$$= 2{,}28 \frac{\text{mol de NaOH}}{\text{L de solução}} = 2{,}28\,M$$

> ▶ **Para praticar**
> Qual é a concentração em quantidade de matéria de uma solução de NaOH se 48,0 mL dela são neutralizados com 35,0 mL de H_2SO_4 0,144 M?

Exercício resolvido 4.17
Como determinar a quantidade de soluto mediante titulação

A quantidade de Cl^- em um tanque de abastecimento de água é determinada pela titulação da amostra com Ag^+. A reação de precipitação que ocorre durante a titulação é:

$$Ag^+(aq) + Cl^-(aq) \longrightarrow AgCl(s)$$

(a) Quantos gramas de íon cloreto há em uma amostra de água se 20,2 mL de Ag^+ 0,100 M são necessários para reagir com todo o cloreto contido na amostra? **(b)** Se a amostra tiver massa de 10,0 g, qual será a percentagem de Cl^-?

SOLUÇÃO

Analise Com base no volume (20,2 mL) e na concentração em quantidade de matéria (0,100 M) de uma solução de Ag^+, além da equação química da reação entre esse íon e o Cl^-, devemos calcular a quantidade em gramas de Cl^- e a percentagem em massa de Cl^- na amostra.

Planeje (a) Podemos usar o procedimento indicado pelas setas verdes na Figura 4.16. Começamos usando o volume e a concentração em quantidade de matéria de Ag^+ para calcular a quantidade de matéria de Ag^+ utilizada na titulação. Em seguida, a partir da equação balanceada, podemos determinar a quantidade de matéria de Cl^- na amostra e, então, a quantidade em gramas de Cl^-. **(b)** Para calcular a percentagem de Cl^- na amostra, comparamos a quantidade em gramas de Cl^- na amostra com a massa original da amostra, 10,0 g.

Resolva

(a) Calcule a quantidade de matéria de Ag^+ usada na titulação.

$$\text{Mols de } Ag^+ = (20{,}2 \text{ mL de solução})\left(\frac{1 \text{ L de solução}}{1.000 \text{ mL de solução}}\right)\left(\frac{0{,}100 \text{ mol de } Ag^+}{\text{L de solução}}\right)$$

$$= 2{,}02 \times 10^{-3} \text{ mols de } Ag^+$$

Com base na equação balanceada, vemos que 1 mol de $Ag^+ \simeq 1$ mol de Cl^-. Usando essas informações e a massa molar de Cl, temos:

$$\text{Gramas de } Cl^- = (2{,}02 \times 10^{-3} \text{ mols de } Ag^+)\left(\frac{1 \text{ mol de } Cl^-}{1 \text{ mol de } Ag^+}\right)\left(\frac{35{,}5 \text{ g de } Cl^-}{\text{mol de } Cl^-}\right)$$

$$= 7{,}17 \times 10^{-2} \text{ g de } Cl^-$$

(b) Calcule o percentual de Cl^- usado na amostra.

$$\text{Percentagem de } Cl^- = \frac{7{,}17 \times 10^{-2} \text{ g}}{10{,}0 \text{ g}} \times 100\% = 0{,}717\%\ Cl^-$$

Capítulo 4 | Reações em solução aquosa   **151**

Para praticar

Uma amostra de um minério de ferro é dissolvida em ácido, e o ferro é convertido em Fe^{2+}. Em seguida, a amostra é titulada com 47,20 mL de uma solução de MnO_4^- 0,02240 M. A reação de oxirredução que ocorre durante a titulação é:

$$MnO_4^-(aq) + 5\,Fe^{2+}(aq) + 8\,H^+(aq) \longrightarrow$$
$$Mn^{2+}(aq) + 5\,Fe^{3+}(aq) + 4\,H_2O(l)$$

(a) Quantos mols de MnO_4^- são adicionados à solução? **(b)** Quantos mols de Fe^{2+} havia na amostra? **(c)** Quantos gramas de ferro havia na amostra? **(d)** Se a amostra tivesse massa de 0,8890 g, qual seria a percentagem de ferro na amostra?

Exercícios de autoavaliação

EAA 4.21 Uma amostra de 3,0 mL de uma solução de NH_3 6,42 × 10^{-2} M é misturada com 2,0 mL de uma solução de HCl 7,85 × 10^{-2} M. Após a purificação, qual é o rendimento teórico do cloreto de amônio? **(a)** 0 mg, pois todos os componentes são solúveis. **(b)** 2,7 mg **(c)** 8,4 mg **(d)** 10,3 mg

EAA 4.22 Quantos quilogramas de hidróxido de bário são necessários para neutralizar 50,0 L de uma solução de ácido fórmico 0,125 M? (O ácido fórmico, HCOOH, é um ácido monoprótico.) **(a)** 0,535 kg **(b)** 1,07 kg **(c)** 34,3 kg **(d)** 68,5 kg

EAA 4.23 As bases fracas biologicamente ativas incluem a cocaína (massa molar 303,3 g/mol), o neurotransmissor dopamina (massa molar 153,2 g/mol) e a droga psicodélica 2,5-dimetoxi-4-metilanfetamina (massa molar 202,3 g/mol). Uma amostra de 1,7 g de uma dessas substâncias é dissolvida em 500,0 mL de água, e tal solução precisa de 56,0 mL de HCl 0,100 M para ser neutralizada. Qual base fraca está na solução? **(a)** cocaína **(b)** dopamina **(c)** 2,5-dimetoxi-4--metilanfetamina **(d)** Não é possível solucionar o problema a partir das informações dadas.

Integrando conceitos

Uma amostra de 70,5 mg de fosfato de potássio é adicionada a 15,0 mL de nitrato de prata 0,050 M, formando um precipitado. **(a)** Escreva a equação molecular da reação. **(b)** Qual é o reagente limitante da reação? **(c)** Calcule o rendimento teórico em gramas do precipitado formado.

SOLUÇÃO

(a) O fosfato de potássio e o nitrato de prata são compostos iônicos. O fosfato de potássio contém íons K^+ e PO_4^{3-}, então sua fórmula química é K_3PO_4. O nitrato de prata contém íons Ag^+ e NO_3^-, então, sua fórmula química é $AgNO_3$. Como os dois reagentes são eletrólitos fortes, a solução contém íons K^+, PO_4^{3-}, Ag^+ e NO_3^- antes de a reação ocorrer. De acordo com as regras de solubilidade apresentadas na Tabela 4.1, o Ag^+ e o PO_4^{3-} formam um composto insolúvel, então o Ag_3PO_4 formará um precipitado na solução. O K^+ e o NO_3^-, por sua vez, permanecerão em solução, porque o KNO_3 é solúvel em água. Assim, a equação molecular balanceada da reação é:

$$K_3PO_4(aq) + 3\,AgNO_3(aq) \longrightarrow Ag_3PO_4(s) + 3\,KNO_3(aq)$$

(b) Para determinar o reagente limitante, devemos analisar a quantidade de matéria de cada reagente. (Seção 3.7) A quantidade de matéria de K_3PO_4 é calculada a partir da massa da amostra, utilizando a massa molar como um fator de conversão. (Seção 3.4) A massa molar do K_3PO_4 é 3(39,1) + 31,0 + 4(16,0) = 212,3 g/mol. Convertendo miligramas em gramas e, depois, em quantidade de matéria, temos:

$$(70,5 \text{ mg de } K_3PO_4)\left(\frac{10^{-3} \text{ g de } K_3PO_4}{1 \text{ mg de } K_3PO_4}\right)\left(\frac{1 \text{ mol de } K_3PO_4}{212,3 \text{ g de } K_3PO_4}\right)$$
$$= 3,32 \times 10^{-4} \text{ mols de } K_3PO_4$$

Determinamos a quantidade de matéria de $AgNO_3$ (em mols) a partir do volume e da concentração em quantidade de matéria da solução. (Seção 4.5) Convertendo mililitros em litros e, em seguida, em quantidade de matéria, temos:

$$(15,0 \text{ mL})\left(\frac{10^{-3} \text{ L}}{1 \text{ mL}}\right)\left(\frac{0,050 \text{ mols de } AgNO_3}{L}\right)$$
$$= 7,5 \times 10^{-4} \text{ mols de } AgNO_3$$

Comparando a quantidade dos dois reagentes, descobrimos que há $(7,5 \times 10^{-4})/(3,32 \times 10^{-4})$ = 2,3 vezes mais mols de $AgNO_3$ do que de K_3PO_4. Segundo a equação balanceada, no entanto, 1 mol de K_3PO_4 requer 3 mols de $AgNO_3$. Assim, há uma quantidade insuficiente de $AgNO_3$ para que todo o K_3PO_4 seja consumido, fazendo do $AgNO_3$ o reagente limitante.

(c) O precipitado é o Ag$_3$PO$_4$, cuja massa molar é de 3(107,9) + 31,0 + 4(16,0) = 418,7 g/mol. Para calcular a massa em gramas de Ag$_3$PO$_4$ que poderia ser produzido nessa reação (o rendimento teórico), usamos a quantidade de matéria do reagente limitante, convertendo 1 mol de AgNO$_3$ $\Rightarrow$ 1 mol de Ag$_3$PO$_4$ $\Rightarrow$ 1 g de Ag$_3$PO$_4$. Com base nos coeficientes da equação balanceada, podemos converter a quantidade de matéria de AgNO$_3$ em quantidade de matéria de Ag$_3$PO$_4$. Depois, usamos a massa molar do Ag$_3$PO$_4$ para converter a quantidade de matéria dessa substância em gramas.

A resposta tem apenas dois algarismos significativos porque a quantidade de AgNO$_3$ é fornecida com apenas dois algarismos significativos.

$$(7,5 \times 10^{-4} \text{ mol AgNO}_3)\left(\frac{1 \text{ mol Ag}_3\text{PO}_4}{3 \text{ mol AgNO}_3}\right)\left(\frac{418,7 \text{ g Ag}_3\text{PO}_4}{1 \text{ mol Ag}_3\text{PO}_4}\right)$$

$$= 0,10 \text{ g Ag}_3\text{PO}_4$$

Resumo do capítulo e termos-chave

PROPRIEDADES GERAIS DE SOLUÇÕES AQUOSAS (INTRODUÇÃO E SEÇÃO 4.1) Soluções em que a água é o meio de dissolução são chamadas de **soluções aquosas**. O componente da solução que está presente em maior quantidade é o **solvente**, já os outros componentes são os **solutos**.

Toda e qualquer substância cuja solução aquosa contém íons é chamada de **eletrólito**. Por outro lado, a substância que forma uma solução que não contém íons é um **não eletrólito**. Os eletrólitos que existem em solução principalmente na forma de íons são **eletrólitos fortes** e aqueles que existem em parte na forma de íons e em parte na forma de moléculas são **eletrólitos fracos**. Compostos iônicos são dissociados em íons quando dissolvidos e são **eletrólitos fortes**. A solubilidade de substâncias iônicas é possível devido à **solvatação**, ou seja, a interação dos íons com moléculas de solventes polares. A maioria dos compostos moleculares são não eletrólitos, embora alguns sejam eletrólitos fracos e poucos sejam eletrólitos fortes. Quando representamos a ionização de um eletrólito fraco em solução, meias setas em ambas as direções são usadas, indicando que as reações em sentido direto e inverso podem atingir um estado denominado **equilíbrio químico**.

REAÇÕES DE PRECIPITAÇÃO (SEÇÃO 4.2) **Reações de precipitação** resultam em um produto insolúvel, denominado **precipitado**. As regras de solubilidade (ver Tabela 4.1) ajudam a determinar se um composto iônico será solúvel em água. A **solubilidade** de uma substância é a quantidade que se dissolve em uma determinada quantidade de solvente. Reações como as de precipitação, nas quais cátions e ânions parecem trocar de pares, são chamadas de **reações de troca**, ou **reações de metátese**.

Equações químicas podem ser escritas para mostrar as substâncias dissolvidas presentes na solução predominantemente na forma de íons ou de moléculas. Quando as fórmulas químicas completas de todos os reagentes e produtos são utilizadas, temos uma **equação molecular**. Uma **equação iônica completa** mostra todos os eletrólitos fortes dissolvidos na forma dos íons que os compõem. Em uma **equação iônica simplificada**, esses íons que não sofrem mudanças durante a reação (**íons espectadores**) são omitidos.

ÁCIDOS, BASES E REAÇÕES DE NEUTRALIZAÇÃO (SEÇÃO 4.3) Ácidos e bases são eletrólitos importantes. Os **ácidos** são doadores de prótons; eles aumentam a concentração de H$^+$(aq) nas soluções aquosas em que são adicionados. **Bases** são receptores de prótons; elas aumentam a concentração de OH$^-$(aq) em soluções aquosas. Os ácidos e as bases considerados eletrólitos fortes são chamados de **ácidos fortes** e **bases fortes**. Já ácidos e bases considerados eletrólitos fracos são **ácidos fracos** e **bases fracas**. Quando soluções ácidas e básicas são misturadas, ocorre uma reação de neutralização. A **reação de neutralização** entre um ácido e um hidróxido metálico produz água e um **sal**. Essas reações também podem produzir gases. Alguns exemplos são a reação de um sulfeto com um ácido que produz H$_2$S(g) e a reação entre um carbonato e um ácido que produz CO$_2$(g).

REAÇÕES DE OXIRREDUÇÃO (SEÇÃO 4.4) A **oxidação** é a perda de elétrons por uma substância; a **redução** é o ganho de elétrons por uma substância. Os **números de oxidação** (ou **estados de oxidação**) controlam os números de elétrons durante as reações químicas e são atribuídos a átomos com o uso de regras específicas. A oxidação de um elemento resulta em um aumento no número de oxidação, enquanto a redução é acompanhada por uma diminuição no número de oxidação. A oxidação é sempre acompanhada pela redução, por isso são chamadas de **reações de oxirredução**, ou **reações redox**.

Muitos metais são oxidados por O$_2$, ácidos e sais. As reações redox entre metais e ácidos, como as que ocorrem entre metais e sais, são chamadas de **reações de deslocamento**. Os produtos dessas reações de deslocamento são sempre um elemento (H$_2$ ou um metal) e um sal. A comparação de tais reações nos permite avaliar os metais de acordo com sua facilidade de oxidação. A lista de metais dispostos por ordem decrescente de facilidade de oxidação é chamada de **série de reatividade**. Todo e qualquer metal da lista pode ser oxidado por íons de metais (ou H$^+$) de uma posição abaixo em relação a ele na série.

CONCENTRAÇÕES DE SOLUÇÕES (SEÇÃO 4.5) A **concentração** de uma solução expressa a quantidade de um soluto dissolvido na solução. Uma das formas mais comuns de expressar a concentração de um soluto é em termos da concentração em quantidade de matéria, ou molaridade. A **concentração em quantidade de matéria** de uma solução representa a quantidade de matéria de soluto por litro de solução. A concentração em quantidade de matéria torna possível converter entre o volume da solução e o número de mols do soluto. Se o soluto for um líquido, sua densidade poderá ser usada em cálculos de concentração em quantidade de matéria para converter entre massa, volume e número de mols. Soluções de concentração em quantidade de matéria conhecidas podem ser formadas ao pesar o soluto e **dilui-lo** para um volume conhecido ou ao diluir uma solução mais concentrada de concentração conhecida (uma solução estoque). A adição de solvente à solução (o processo de diluição) diminui a concentração do soluto sem alterar sua quantidade de matéria na solução ($c_{conc} \times V_{conc} = c_{dil} \times V_{dil}$).

ESTEQUIOMETRIA DA SOLUÇÃO E ANÁLISE QUÍMICA (SEÇÃO 4.6) Na técnica de laboratório **titulação**, combinamos uma solução de concentração conhecida (chamada de **solução padrão**) com uma solução de concentração desconhecida para determinar a sua concentração ou a quantidade de soluto presente nessa solução. O ponto na titulação em que há quantidades estequiometricamente equivalentes dos reagentes é chamado de **ponto de equivalência**. Um indicador pode ser utilizado para mostrar o ponto final da titulação, que é muito próximo do ponto de equivalência.

Equações-chave

- Concentração em quantidade de matéria = $\dfrac{\text{quantidade de matéria de soluto (em mols)}}{\text{volume da solução (em litros)}}$ [4.31]

  A concentração em quantidade de matéria é a unidade de concentração mais usada em química.

- $c_{conc} \times V_{conc} = c_{dil} \times V_{dil}$ [4.33]

  Quando um solvente é adicionado a uma solução concentrada para preparar uma solução diluída, as concentrações em quantidade de matéria e os volumes das soluções concentrada e diluída podem ser calculados se três das quantidades forem conhecidas.

Simulado

SIM 4.1 Quantos mols de íons há em uma solução aquosa que contém 1,5 mol de HCl? (a) 1,0 (b) 1,5 (c) 2,0 (d) 2,5 (e) 3,0

SIM 4.2 Qual dos compostos a seguir é insolúvel em água? (a) $(NH_4)_2S$ (b) $CaCO_3$ (c) NaOH (d) Ag_2SO_4 (e) $Pb(CH_3COO)_2$

SIM 4.3 Qual precipitado se forma quando soluções de $Ba(NO_3)_2$ e KOH são misturadas? (a) BaOH (b) KNO_3 (c) $K_2(NO_3)$ (d) $Ba(OH)_2$ (e) Não há formação de precipitado.

SIM 4.4 O que acontece quando misturamos uma solução aquosa de nitrato de sódio a uma solução aquosa de cloreto de bário? (a) Não ocorre reação, pois todos os produtos possíveis são solúveis. (b) Somente o nitrato de bário precipita. (c) Somente o cloreto de sódio precipita. (d) O nitrato de bário e o cloreto de sódio precipitam. (e) Nada; o cloreto de bário não é solúvel e permanece como um precipitado.

SIM 4.5 Um conjunto de soluções aquosas é preparado com diferentes ácidos na mesma concentração: ácido acético, ácido clórico e ácido bromídrico. Que solução(ões) conduz(em) mais eletricidade? (a) Ácido clórico (b) Ácido bromídrico (c) Ácido acético (d) Ácido clórico e ácido bromídrico (e) As três soluções apresentam igual condutividade elétrica.

SIM 4.6 Qual destas substâncias, quando dissolvidas em água, é um eletrólito forte? (a) Amônia (b) Ácido fluorídrico (c) Ácido fólico (d) Nitrato de sódio (e) Sacarose

SIM 4.7 Qual é a equação iônica simplificada correta para a reação entre amônia aquosa e ácido nítrico?
(a) $NH_4^+(aq) + H^+(aq) \longrightarrow NH_5^{2+}(aq)$
(b) $NH_3(aq) + NO_3^-(aq) \longrightarrow NH_2^-(aq) + HNO_3(aq)$
(c) $NH_2^-(aq) + H^+(aq) \longrightarrow NH_3(aq)$
(d) $NH_3(aq) + H^+(aq) \longrightarrow NH_4^+(aq)$
(e) $NH_4^+(aq) + NO_3^-(aq) \longrightarrow NH_4NO_3(aq)$

SIM 4.8 Em qual desses compostos o estado de oxidação do oxigênio é −1? (a) O_2 (b) H_2O (c) H_2SO_4 (d) H_2O_2 (e) KCH_3COO

SIM 4.9 Qual das seguintes afirmações sobre a reação entre o zinco e o sulfato de cobre é verdadeira? (a) O zinco é oxidado, e o íon cobre é reduzido. (b) O zinco é reduzido, e o íon cobre é oxidado. (c) Todos os reagentes e os produtos são eletrólitos fortes solúveis. (d) O estado de oxidação do cobre no sulfato de cobre é 0. (e) Mais de uma das alternativas anteriores são verdadeiras.

SIM 4.10 Qual destes metais oxida mais facilmente? (a) Ouro (b) Lítio (c) Ferro (d) Sódio (e) Alumínio

SIM 4.11 Qual é a concentração em quantidade de matéria de uma solução preparada mediante a dissolução de 3,68 g de sacarose ($C_{12}H_{22}O_{11}$) em água suficiente para formar 275,0 mL de solução?
(a) 13,4 M
(b) $7,43 \times 10^{-2} M$
(c) $3,91 \times 10^{-2} M$
(d) $7,43 \times 10^{-5} M$
(e) $3,91 \times 10^{-5} M$

SIM 4.12 Qual é a razão entre a concentração de íons de potássio e a concentração de íons de carbonato em uma solução de carbonato de potássio 0,015 M? (a) 1:0,015 (b) 0,015:1 (c) 1:1 (d) 1:2 (e) 2:1

SIM 4.13 Qual é a concentração de amônia na solução preparada mediante a diluição de 3,75 g de amônia em 120,0 L de água?
(a) $1,84 \times 10^{-3} M$
(b) $3,78 \times 10^{-2} M$
(c) 0,0313 M
(d) 1,84 M
(e) 7,05 M

SIM 4.14 Que volume de uma solução estoque de glicose 1,00 M pode ser utilizado para preparar 500,0 mL de uma solução aquosa de glicose $1,75 \times 10^{-2} M$? (a) 1,75 mL (b) 8,75 mL (c) 48,6 mL (d) 57,1 mL (e) 28,570 mL

SIM 4.15 Quantos miligramas de sulfeto de sódio são necessários para reagir completamente com 25,00 mL de uma solução aquosa de nitrato de cádmio 0,0100 M, a fim de produzir um precipitado de CdS(s)? (a) 13,8 mg (b) 19,5 mg (c) 23,5 mg (d) 32,1 mg (e) 39,0 mg

SIM 4.16 Qual é a concentração em quantidade de matéria de uma solução de HCl se 27,3 mL dela se neutralizam com 134,5 mL de $Ba(OH)_2$ 0,0165 M? (a) 0,0444 M (b) 0,0813 M (c) 0,163 M (d) 0,325 M (e) 3,35 M

SIM 4.17 Um pó branco misterioso é encontrado na cena de um crime. Uma análise química simples conclui que o pó é uma mistura de açúcar e morfina ($C_{17}H_{19}NO_3$), uma base fraca similar à amônia com um único nitrogênio protonável. O laboratório criminalístico retira 10,00 mg desse misterioso pó branco, dissolve-os em 100,00 mL de água e titula-os até o ponto de equivalência com 2,84 mL de uma solução padrão de HCl 0,0100 M. Qual é a percentagem de morfina no pó branco? (a) 8,10% (b) 17,3% (c) 32,6% (d) 49,7% (e) 81,0%

Exercícios

Visualizando conceitos

4.1 Qual das seguintes representações esquemáticas melhor descreve uma solução aquosa de Li$_2$SO$_4$? (Por questões de simplificação, as moléculas de água foram omitidas.) [Seção 4.1]

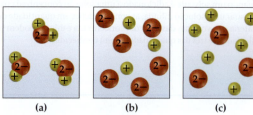

(a)　　　　(b)　　　　(c)

4.2 Soluções aquosas de três substâncias diferentes, AX, AY e AZ, são representadas pelos três diagramas a seguir. Identifique cada substância como um eletrólito forte, um eletrólito fraco ou um não eletrólito. [Seção 4.1]

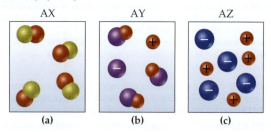

AX　　　　AY　　　　AZ

(a)　　　　(b)　　　　(c)

4.3 Com base nas representações moleculares a seguir, classifique cada composto como um não eletrólito, um eletrólito fraco ou um eletrólito forte (veja, na Figura 4.5, um esquema de cores para os elementos). [Seções 4.1 e 4.3]

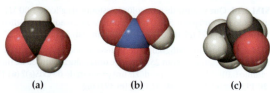

(a)　　　　(b)　　　　(c)

4.4 O conceito de equilíbrio químico é muito importante. Qual das seguintes afirmações relacionadas a esse conceito é a mais correta? (**a**) Quando um sistema está em equilíbrio, nada acontece. (**b**) Quando um sistema está em equilíbrio, a velocidade da reação em um sentido é igual à velocidade da reação no sentido oposto. (**c**) Quando um sistema está em equilíbrio, a concentração do produto muda ao longo do tempo. [Seção 4.1]

4.5 Você se depara com um sólido branco e, como não houve cuidado na hora de identificar as soluções, não sabe se a substância é cloreto de bário, cloreto de chumbo ou cloreto de zinco. Ao transferir o sólido para um béquer e adicionar água, o sólido se dissolve, resultando em uma solução transparente. Em seguida, uma solução de Na$_2$SO$_4$(aq) é adicionada, formando um precipitado branco. Qual é a identidade do sólido branco? [Seção 4.2]

H$_2$O é adicionada　　Solução de Na$_2$SO$_4$(aq) é adicionada

4.6 Qual dos seguintes íons *sempre* será um íon espectador em uma reação de precipitação? (**a**) Cl$^-$ (**b**) NO$_3^-$ (**c**) NH$_4^+$ (**d**) S^{2-} (**e**) SO$_4^{2-}$ [Seção 4.2]

4.7 Quando uma tira de metal é colocada em HCl(aq), ocorre a reação indicada pelas bolhas de gás formadas na superfície do metal. Qual das alternativas a seguir poderia ser as identidades do metal e do gás envolvidos nessa reação? (**a**) Pt, H$_2$ (**b**) Pt, O$_2$ (**c**) Zn, H$_2$ (**d**) Zn, O$_2$ (**e**) Fe, Cl$_2$ [Seção 4.4]

4.8 Qual das seguintes afirmações é verdadeira? (**a**) Se um composto é oxidado, ele ganha elétrons. (**b**) Se uma base é neutralizada, ela ganha prótons. (**c**) Os elementos metálicos não podem ser oxidados. (**d**) Se é gerado gás hidrogênio em uma reação, esta deve ser uma reação ácido-base. [Seções 4.3 e 4.4]

4.9 Que tipo de reação é esta? N$_2$(g) + 3 H$_2$(g) ⟶ 2 NH$_3$(g) (**a**) Uma reação ácido-base. (**b**) Uma reação de metátese. (**c**) Uma reação redox. (**d**) Uma reação de precipitação. [Seção 4.4]

4.10 Uma solução aquosa contém 1,2 m*M* íons. (**a**) Se a solução é NaCl(aq), qual é a concentração do íon cloreto? (**b**) Se a solução é FeCl$_3$(aq), qual é a concentração do íon cloreto? [Seção 4.5]

4.11 Considere os seguintes reagentes: zinco, cobre, mercúrio (densidade de 13,6 g/mL), solução de nitrato de prata, solução de ácido nítrico. (**a**) Dados um Erlenmeyer de 500 mL e um balão, é possível combinar dois ou mais dos reagentes anteriores para iniciar uma reação química que inflará o balão? Faça uma equação química balanceada para representar esse processo. (**b**) Qual é a identidade da substância que infla o balão? (**c**) Qual é o rendimento teórico da substância que infla o balão? [Seção 4.5]

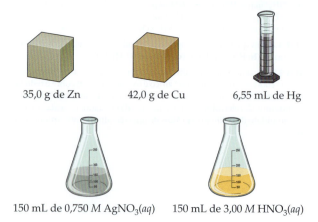

35,0 g de Zn　　42,0 g de Cu　　6,55 mL de Hg

150 mL de 0,750 *M* AgNO$_3$(aq)　　150 mL de 3,00 *M* HNO$_3$(aq)

4.12 Em um experimento de titulação, 50,0 mL de ácido acético 0,075 M, CH_3COOH, é titulado com o KOH(aq) 0,250 M que está na bureta. A ilustração mostra o nível do KOH na bureta antes do início da titulação. Qual será o nível na bureta para o ponto de equivalência? [Seção 4.6]

Propriedades gerais de soluções aquosas (Seção 4.1)

4.13 Indique se cada uma das seguintes afirmações é verdadeira ou falsa. (a) Soluções eletrolíticas conduzem eletricidade por causa dos elétrons que se movimentam pela solução. (b) Ao adicionar um não eletrólito a uma solução aquosa que já contém um eletrólito, a condutividade elétrica não mudará.

4.14 Indique se cada uma das seguintes afirmações é verdadeira ou falsa. (a) Quando o metanol CH_3OH é dissolvido em água, é formada uma solução condutora. (b) Quando o ácido acético CH_3COOH é dissolvido em água, a solução apresenta baixa condutividade e é de natureza ácida.

4.15 Neste capítulo, aprendemos que muitos sólidos iônicos se dissolvem em água como eletrólitos fortes; isto é, se dissociam em íons na solução. Qual das afirmações é a mais correta sobre esse processo? (a) A água é um ácido forte e, portanto, é boa para dissolver sólidos iônicos. (b) A água é boa para solvatar íons porque átomos de hidrogênio e oxigênio têm cargas parciais nas moléculas de água. (c) A ligação entre o hidrogênio e o oxigênio da água é facilmente quebrada por sólidos iônicos.

4.16 Você esperaria que ânions ficassem fisicamente mais próximos do oxigênio ou dos hidrogênios das moléculas de água que os circundam em solução? Explique.

4.17 Especifique quais íons estão presentes em uma solução quando cada uma das seguintes substâncias é dissolvida em água: (a) $FeCl_2$, (b) HNO_3, (c) $(NH_4)_2SO_4$, (d) $Ca(OH)_2$.

4.18 Especifique quais íons estão presentes em uma solução quando cada uma das seguintes substâncias é dissolvida na água: (a) MgI_2, (b) K_2CO_3, (c) $HClO_4$, (d) $NaCH_3COO$.

4.19 O ácido fórmico, HCOOH, é um eletrólito fraco. Quais solutos estão presentes em uma solução aquosa desse composto? Escreva a equação química da ionização do HCOOH.

4.20 A acetona, CH_3COCH_3, é um não eletrólito; o ácido hipocloroso, HClO, é um eletrólito fraco; e o cloreto de amônio, NH_4Cl, é um eletrólito forte. (a) Quais solutos estão presentes em soluções aquosas de cada composto? (b) Se 0,1 mol de cada composto for dissolvido em uma solução, qual apresentará 0,2 mol de partículas de soluto, 0,1 mol de partículas de soluto e entre 0,1 e 0,2 mol de partículas de soluto?

Reações de precipitação (Seção 4.2)

4.21 Utilizando as regras de solubilidade, determine se cada um dos compostos a seguir é solúvel ou insolúvel em água: (a) $MgBr_2$, (b) PbI_2, (c) $(NH_4)_2CO_3$, (d) $Sr(OH)_2$, (e) $ZnSO_4$.

4.22 Determine se cada um dos compostos a seguir é solúvel em água: (a) AgI, (b) Na_2CO_3, (c) $BaCl_2$, (d) $Al(OH)_3$, (e) $Zn(CH_3COO)_2$.

4.23 Ocorre precipitação quando as seguintes soluções são misturadas? Em caso afirmativo, escreva a equação química balanceada para a reação. (a) Na_2CO_3 e $AgNO_3$, (b) $NaNO_3$ e $NiSO_4$, (c) $FeSO_4$ e $Pb(NO_3)_2$.

4.24 Identifique o precipitado (se houver) formado quando as seguintes soluções são misturadas e escreva uma equação balanceada de cada reação: (a) $NaCH_3COO$ e HCl, (b) KOH e $Cu(NO_3)_2$, (c) Na_2S e $CdSO_4$.

4.25 Quais íons permanecem em solução, sem reagir, depois que cada um dos seguintes pares de solução é misturado? (a) Carbonato de potássio e sulfato de magnésio (b) Nitrato de chumbo e sulfeto de lítio (c) Fosfato de amônio e cloreto de cálcio

4.26 Escreva equações iônicas simplificadas balanceadas para as reações que ocorrem em cada um dos seguintes casos. Identifique o íon espectador em cada reação.

(a) $Cr_2(SO_4)_3(aq) + (NH_4)_2CO_3(aq) \longrightarrow$

(b) $Ba(NO_3)_2(aq) + K_2SO_4(aq) \longrightarrow$

(c) $Fe(NO_3)_2(aq) + KOH(aq) \longrightarrow$

4.27 Amostras separadas de uma solução de um sal desconhecido são tratadas com soluções diluídas de HBr, H_2SO_4 e NaOH. Um precipitado é formado nos três casos. Qual dos seguintes cátions poderia estar presente na solução do sal desconhecido: K^+, Pb^{2+}, Ba^{2+}?

4.28 Amostras separadas de uma solução de um composto iônico desconhecido são tratadas com $AgNO_3$, $Pb(NO_3)_2$ e $BaCl_2$ diluídos. Precipitados são formados nos três casos. Qual dos seguintes ânions poderia ser o ânion do sal desconhecido: Br^-, CO_3^{2-}, NO_3^-?

4.29 Você sabe que uma garrafa sem rótulo contém uma solução aquosa de um dos seguintes compostos: $AgNO_3$, $CaCl_2$ ou $Al_2(SO_4)_3$. Você extrai parte da solução, adiciona a ela uma solução aquosa de $Ba(NO_3)_2$ e observa a precipitação de um sólido branco. Em seguida, você extrai outra porção da solução não identificada e adiciona a ela uma solução aquosa de NaCl, e nada parece acontecer. Qual é a identidade mais provável da solução na garrafa sem rótulo: (a) nitrato de prata, (b) cloreto de cálcio, (c) sulfato de alumínio?

4.30 Três soluções são misturadas para formar uma única solução. Na solução final, há 0,2 mol de $Pb(CH_3COO)_2$, 0,1 mol de Na_2S e 0,1 mol de $CaCl_2$. Qual(is) sólido(s) vai(ão) precipitar?

Ácidos, bases e reações de neutralização (Seção 4.3)

4.31 Qual das seguintes soluções é a mais ácida: (a) LiOH 0,2 M, (b) HI 0,2 M, (c) metanol 1,0 M (CH_3OH)?

4.32 Qual das seguintes soluções é a mais básica (a) NH_3 0,6 M, (b) KOH 0,150 M, (c) $Ba(OH)_2$ 0,100 M?

4.33 Indique se cada uma das seguintes afirmações é verdadeira ou falsa. Justifique suas respostas. (a) O ácido sulfúrico é um ácido monoprótico. (b) O HCl é um ácido fraco. (c) O metanol é uma base.

4.34 Indique se cada uma das seguintes afirmações é verdadeira ou falsa. Justifique suas respostas. (a) O NH_3 não contém íons OH^- e, mesmo assim, suas soluções aquosas são básicas. (b) O HF é um ácido forte. (c) Embora o ácido sulfúrico seja um eletrólito forte, uma solução aquosa de H_2SO_4 contém mais íons HSO_4^- do que íons SO_4^{2-}.

4.35 Identifique cada uma das seguintes substâncias como um ácido, uma base, um sal ou nenhuma dessas opções. Indique se a substância existe em solução aquosa inteiramente na forma molecular, inteiramente na forma de íons ou como uma mistura de moléculas e íons. (a) HF (b) Acetonitrila, CH_3CN (c) $NaClO_4$ (d) $Ba(OH)_2$

4.36 Após um teste com papel de tornassol, verificou-se que uma solução aquosa de um soluto desconhecido era ácida. A solução apresenta baixa condutividade em comparação a uma solução de NaCl de mesma concentração. Qual das seguintes substâncias poderia ser essa substância desconhecida: KOH, NH$_3$, HNO$_3$, KClO$_2$, H$_3$PO$_4$, CH$_3$COCH$_3$ (acetona)?

4.37 Classifique cada uma das seguintes substâncias como um não eletrólito, um eletrólito fraco ou um eletrólito forte em água: (a) H$_2$SO$_3$, (b) CH$_3$CH$_2$OH (etanol), (c) NH$_3$, (d) KClO$_3$, (e) Cu(NO$_3$)$_2$.

4.38 Classifique cada uma das seguintes soluções aquosas como um não eletrólito, um eletrólito fraco ou um eletrólito forte: (a) LiClO$_4$, (b) HClO, (c) CH$_3$CH$_2$CH$_2$OH (propanol), (d) HClO$_3$, (e) CuSO$_4$, (f) C$_{12}$H$_{22}$O$_{11}$ (sacarose).

4.39 Complete e balanceie as seguintes equações moleculares. Em seguida, escreva a equação iônica simplificada para cada uma:

(a) HBr(aq) + Ca(OH)$_2$(aq) ⟶
(b) Cu(OH)$_2$(s) + HClO$_4$(aq) ⟶
(c) Al(OH)$_3$(s) + HNO$_3$(aq) ⟶

4.40 Escreva a equação molecular balanceada e a equação iônica simplificada balanceada de cada uma das seguintes reações de neutralização: (a) ácido acético aquoso neutralizado pelo hidróxido de bário aquoso; (b) hidróxido de cromo(III) sólido ao reagir com ácido nitroso; (c) reação entre ácido nítrico aquoso e amônia aquosa.

4.41 Escreva a equação molecular balanceada e a equação iônica simplificada para as seguintes reações, identificando também o gás formado em cada uma: (a) reação entre sulfeto de cádmio sólido e solução aquosa de ácido sulfúrico; (b) reação entre carbonato de magnésio sólido e solução aquosa de ácido perclórico.

4.42 Como o íon óxido é básico, os óxidos metálicos reagem facilmente com ácidos.

(a) Escreva a equação iônica simplificada para a seguinte reação:

FeO(s) + 2 HClO$_4$(aq) ⟶ Fe(ClO$_4$)$_2$(aq) + H$_2$O(l)

(b) Com base na equação do item (a), escreva a equação iônica simplificada da reação que ocorre entre o NiO(s) e uma solução aquosa de ácido nítrico.

4.43 O carbonato de magnésio e o hidróxido de magnésio são sólidos brancos que reagem com soluções ácidas. Escreva as equações iônicas simplificadas para a reação que ocorre quando cada substância reage com uma solução de ácido clorídrico.

4.44 Conforme o K$_2$O se dissolve na água, o íon óxido reage com as moléculas de água para produzir íons hidróxido. (a) Escreva a equação molecular balanceada e a equação iônica simplificada dessa reação. (b) Com base nas definições de ácido e base, qual íon é a base nessa reação? (c) Qual é o ácido na reação? (d) Qual é o íon espectador na reação?

Reações de oxirredução (Seção 4.4)

4.45 Determine se cada sentença a seguir é verdadeira ou falsa. (a) Se uma substância é oxidada, ela ganha elétrons. (b) Se um íon é oxidado, seu número de oxidação aumenta.

4.46 Determine se cada sentença a seguir é verdadeira ou falsa. (a) A oxidação pode ocorrer sem oxigênio. (b) A oxidação pode ocorrer sem redução.

4.47 (a) Em que região da tabela periódica, mostrada a seguir, estão os elementos mais fáceis de oxidar? (b) Em que região estão os elementos mais difíceis de oxidar?

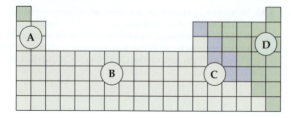

4.48 Determine o número de oxidação do enxofre em cada uma das seguintes substâncias: (a) sulfato de bário, BaSO$_4$; (b) ácido sulfuroso, H$_2$SO$_3$; (c) sulfeto de estrôncio, SrS; (d) sulfeto de hidrogênio, H$_2$S. (e) Localize o enxofre na tabela periódica do Exercício 4.47 e indique em que região ele está. (f) Em que região(ões) da tabela periódica está(ão) os elementos que podem adotar números de oxidação tanto positivos quanto negativos?

4.49 Determine o número de oxidação do elemento indicado em cada uma das seguintes substâncias: (a) S em SO$_2$, (b) C em COCl$_2$, (c) Mn em KMnO$_4$, (d) Br em HBrO, (e) P em PF$_3$, (f) O em K$_2$O$_2$.

4.50 Determine o número de oxidação do elemento indicado em cada um dos seguintes compostos: (a) Co em LiCoO$_2$, (b) Al em NaAlH$_4$, (c) C em CH$_3$OH (metanol), (d) N em GaN, (e) Cl em HClO$_2$, (f) Cr em BaCrO$_4$.

4.51 Qual elemento é oxidado e qual é reduzido nas reações a seguir?

(a) N$_2$(g) + 3 H$_2$(g) ⟶ 2 NH$_3$(g)
(b) 3 Fe(NO$_3$)$_2$(aq) + 2 Al(s) ⟶ 3 Fe(s) + 2 Al(NO$_3$)$_3$(aq)
(c) Cl$_2$(aq) + 2 NaI(aq) ⟶ I$_2$(aq) + 2 NaCl(aq)
(d) PbS(s) + 4 H$_2$O$_2$(aq) ⟶ PbSO$_4$(s) + 4 H$_2$O(l)

4.52 Quais das reações a seguir são reações redox? Para aquelas que são, indique qual elemento é oxidado e qual é reduzido. Para aquelas que não são, indique se são reações de precipitação ou neutralização.

(a) P$_4$(s) + 10 HClO(aq) + 6 H$_2$O(l) ⟶ 4 H$_3$PO$_4$(aq) + 10 HCl(aq)
(b) Br$_2$(l) + 2 K(s) ⟶ 2 KBr(s)
(c) CH$_3$CH$_2$OH(l) + 3 O$_2$(g) ⟶ 3 H$_2$O(l) + 2 CO$_2$(g)
(d) ZnCl$_2$(aq) + 2 NaOH(aq) ⟶ Zn(OH)$_2$(s) + 2 NaCl(aq)

4.53 Escreva equações iônicas simplificadas balanceadas para as reações de (a) estanho com ácido clorídrico, (b) alumínio com ácido fórmico, HCOOH. *Dica*: Essas reações produzem um gás.

4.54 Escreva equações iônicas simplificadas balanceadas para as reações de (a) ácido clorídrico com níquel, (b) ácido sulfúrico diluído com ferro. *Dica*: Essas reações produzem um gás.

4.55 Usando a série de reatividade da Tabela 4.5, escreva as equações químicas balanceadas das seguintes reações. Se não ocorrer reação, escreva NOR. (a) Ferro metálico adicionado a uma solução de nitrato de cobre(II). (b) Zinco metálico adicionado a uma solução de sulfato de magnésio. (c) Ácido bromídrico misturado com estanho metálico. (d) Gás hidrogênio borbulhado em uma solução aquosa de cloreto de níquel(II). (e) Alumínio metálico adicionado a uma solução de sulfato de cobalto(II).

4.56 Usando a série de reatividade da Tabela 4.5, escreva as equações químicas balanceadas das seguintes reações. Se não ocorrer reação, escreva NOR. (a) Níquel metálico adicionado a uma solução de nitrato de cobre(II). (b) Uma solução de nitrato de zinco adicionada a uma solução de sulfato de magnésio. (c) Ácido clorídrico misturado com ouro metálico. (d) Cromo metálico adicionado a uma solução aquosa de cloreto de cobalto(II). (e) Gás hidrogênio borbulhado em uma solução de nitrato de prata.

4.57 O cádmio metálico tende a formar íons Cd^{2+}. As seguintes observações são feitas:

(i) Quando uma tira de zinco metálico é adicionada a CdCl$_2$(aq), cádmio metálico é depositado na tira.

(ii) Quando uma tira de cádmio metálico é adicionada a Ni(NO$_3$)$_2$(aq), níquel metálico é depositado na tira.

(a) Escreva as equações iônicas simplificadas para explicar cada uma dessas observações. (b) O cádmio está acima ou abaixo do zinco na série de reatividade? (c) O cádmio está acima ou abaixo do níquel na série reatividade?

4.58 As seguintes reações (observe que as setas apontam apenas em um sentido) podem ser utilizadas para preparar uma série de reatividade dos halogênios:

$$Br_2(aq) + 2\,NaI(aq) \longrightarrow 2\,NaBr(aq) + I_2(aq)$$
$$Cl_2(aq) + 2\,NaBr(aq) \longrightarrow 2\,NaCl(aq) + Br_2(aq)$$

(a) Qual halogênio elementar você diria que é o mais estável depois de ser misturado com outros halogenetos? (b) Determine se ocorrerá reação quando o cloro elementar e o iodeto de potássio forem misturados. (c) Determine se ocorrerá reação quando o bromo elementar e o cloreto de lítio forem misturados.

Concentrações de soluções (Seção 4.5)

4.59 (a) A concentração de uma solução é uma propriedade intensiva ou extensiva? (b) Qual é a diferença entre 0,50 mol de HCl e HCl 0,50 M?

4.60 Você produz 1,000 L de uma solução aquosa que contém 35,0 g de sacarose ($C_{12}H_{22}O_{11}$). (a) Qual é a concentração em quantidade de matéria da sacarose nessa solução? (b) Quantos litros de água seria preciso adicionar a essa solução para reduzir a concentração em quantidade de matéria calculada no item (a) por um fator de 2?

4.61 (a) Calcule a concentração em quantidade de matéria de uma solução que contém 0,175 mol de $ZnCl_2$ em exatamente 150 mL de solução. (b) Quantos mols de prótons há em 35,0 mL de uma solução de ácido nítrico 4,50 M? (c) Quantos mililitros de uma solução de NaOH 6,00 M são necessários para obter 0,350 mol de NaOH?

4.62 (a) Calcule a concentração em quantidade de matéria de uma solução feita mediante dissolução de 12,5 gramas de Na_2CrO_4 em água suficiente para obter exatamente 750 mL de solução. (b) Quantos mols de KBr há em 150 mL de uma solução 0,112 M? (c) Quantos mililitros de uma solução de HCl 6,1 M são necessários para obter 0,150 mol de HCl?

4.63 Um homem adulto médio tem volume sanguíneo total de 5,0 L. Se a concentração de íons sódio for 0,135 M nessa média individual, qual será a massa de íons sódio em circulação no sangue?

4.64 Uma pessoa que sofre de hiponatremia tem uma concentração de íons sódio no sangue de 0,118 M e um volume sanguíneo total de 4,6 L. Que massa de cloreto de sódio precisaria ser adicionada ao sangue para elevar a concentração de íons sódio para 0,138 M, assumindo que não há mudança no volume de sangue?

4.65 A concentração de álcool (CH_3CH_2OH) no sangue (CAS) é dada em gramas de álcool por 100 mL de sangue. A definição legal de intoxicação em muitos lugares dos Estados Unidos é uma CAS igual a ou acima de 0,08. Se a CAS for igual a 0,08, como esse valor pode ser representado em concentração em quantidade de matéria?

4.66 O homem adulto médio tem um volume sanguíneo total de 5,0 L. Depois de beber algumas cervejas, ele passa a ter uma CAS de 0,10 (ver Exercício 4.65). Que massa de álcool circulará no sangue desse homem?

4.67 (a) Quantos gramas de etanol, CH_3CH_2OH, você deve dissolver em água para fazer 1,00 L de vodca (solução aquosa de etanol 6,86 M)? (b) Usando a densidade do etanol (0,789 g/mL), calcule o volume de etanol necessário para preparar 1,00 L de vodca.

4.68 Um copo de suco de laranja fresco contém 124 mg de ácido ascórbico (vitamina C, $C_6H_8O_6$). Sabendo que um copo = 236,6 mL, calcule a concentração em quantidade de matéria de vitamina C no suco.

4.69 (a) Qual das soluções tem a maior concentração de íon potássio: KCl 0,20 M, K_2CrO_4 0,15 M ou K_3PO_4 0,080 M? (b) Qual das soluções tem a maior quantidade de matéria de íons potássio: 30,0 mL de K_2CrO_4 0,15 M ou 25,0 mL de K_3PO_4 0,080 M?

4.70 Em cada um dos seguintes pares, indique qual tem a maior concentração de íons I^-: (a) uma solução de BaI_2 0,10 M ou uma solução de KI 0,25 M, (b) 100 mL de uma solução de KI 0,10 M ou 200 mL de uma solução de ZnI_2 0,040 M, (c) uma solução de HI 3,2 M ou uma solução preparada mediante dissolução de 145 g de NaI em água para obter 150 mL de solução.

4.71 Indique a concentração de cada íon ou molécula presente nas seguintes soluções: (a) $NaNO_3$ 0,25 M, (b) $MgSO_4$ $1,3 \times 10^{-2}$ M, (c) $C_6H_{12}O_6$ 0,0150 M, (d) uma mistura de 45,0 mL de NaCl 0,272 M e 65,0 mL de $(NH_4)_2CO_3$ 0,0247 M. Suponha que os volumes sejam aditivos.

4.72 Indique a concentração de cada íon presente na solução formada pela mistura de (a) 42,0 mL de NaOH 0,170 M e 37,6 mL de NaOH 0,400 M; (b) 44,0 mL de Na_2SO_4 0,100 M e 25,0 mL de KCl 0,150 M; (c) 3,60 g de KCl e 75,0 mL de uma solução de $CaCl_2$ 0,250 M. Suponha que os volumes sejam aditivos.

4.73 (a) Você tem uma solução estoque de NH_3 14,8 M. Quantos mililitros dessa solução você deve diluir para preparar 1.000,0 mL de NH_3 0,250 M? (b) Se retirar uma amostra de 10,0 mL da solução estoque, diluindo-a até obter um volume total de 0,500 L, qual será a concentração da solução final?

4.74 (a) Quantos mililitros de uma solução estoque de HNO_3 6,0 M você precisa usar para preparar 110 mL de HNO_3 0,500 M? (b) Se você diluir 10,0 mL da solução estoque até obter um volume final de 0,250 L, qual será a concentração da solução diluída?

4.75 Um laboratório médico está testando um novo anticancerígeno em células cancerígenas. A concentração da solução estoque do medicamento é $1,5 \times 10^{-9}$ M, e 1,00 mL dessa solução será colocado em uma placa que contém $2,0 \times 10^5$ células cancerígenas em 5,00 mL de fluido aquoso. Qual é a proporção entre as moléculas do medicamento e o número de células cancerígenas na placa?

4.76 A caliqueamicina gama-1, $C_{55}H_{74}IN_3O_{21}S_4$, é um dos antibióticos mais potentes de que se tem conhecimento: uma molécula mata uma célula bacteriana. Descreva como você prepararia (com cuidado!) 25,00 mL de uma solução aquosa de caliqueamicina gama-1 capaz de matar $1,0 \times 10^8$ bactérias, partindo de uma solução estoque de $5,00 \times 10^{-9}$ M do antibiótico.

4.77 O ácido acético puro, conhecido como ácido acético glacial, é um líquido com uma densidade de 1,049 g/mL a 25 °C. Calcule a concentração em quantidade de matéria de uma solução de ácido acético preparada mediante dissolução de 20,00 mL de ácido acético glacial a 25 °C em água suficiente para obter 250,0 mL de solução.

4.78 O glicerol, $C_3H_8O_3$, é uma substância amplamente utilizada na fabricação de cosméticos, alimentos, anticongelantes e plásticos. Trata-se de um líquido solúvel em água com densidade de 1,2656 g/mL a 15 °C. Calcule a concentração em quantidade de matéria de uma solução de glicerol preparada mediante dissolução de 50,000 mL de glicerol a 15 °C em água suficiente para obter 250,00 mL de solução.

Estequiometria da solução e análise química (Seção 4.6)

4.79 Você está prestes a analisar uma solução de nitrato de prata. (a) Você poderia adicionar HCl(aq) à solução para precipitar AgCl(s). Que volume de uma solução de HCl(aq) 0,150 M é necessário para precipitar os íons prata de 15,0 mL de uma solução de $AgNO_3$ 0,200 M? (b) Você poderia adicionar KCl sólido à solução para precipitar AgCl(s). Que massa de KCl é necessária para precipitar os íons prata de 15,0 mL de uma solução de $AgNO_3$ 0,200 M? (c) Dado que 500 mL de uma solução de HCl(aq) 0,150 M custa R$ 39,95 e que o KCl custa R$ 10/ton, qual procedimento de análise é mais rentável?

4.80 Você está prestes a analisar uma solução de nitrato de cádmio. Que massa de NaOH é necessária para precipitar os íons Cd^{2+} de 35,0 mL de uma solução de $Cd(NO_3)_2$ 0,500 M?

4.81 (a) Que volume de uma solução de HClO₄ 0,115 M é necessário para neutralizar 50,00 mL de NaOH 0,0875 M? (b) Que volume de HCl 0,128 M é necessário para neutralizar 2,87 g de Mg(OH)₂? (c) Sabendo que 25,8 mL de uma solução de AgNO₃ são necessários para precipitar todos os íons Cl⁻ em uma amostra de 785 mg de KCl e produzir AgCl, qual será a concentração em quantidade de matéria da solução de AgNO₃? (d) Sabendo que 45,3 mL de uma solução de HCl 0,108 M são necessários para neutralizar uma solução de KOH, quantos gramas de KOH deve haver na solução?

4.82 (a) Quantos mililitros de HCl 0,120 M são necessários para neutralizar completamente 50,0 mL de uma solução de Ba(OH)₂ 0,101 M? (b) Quantos mililitros de H₂SO₄ 0,125 M são necessários para neutralizar completamente 0,200 g de NaOH? (c) Sabendo que 55,8 mL de uma solução de BaCl₂ são necessários para precipitar todos os íons de sulfato em uma amostra de 752 mg de Na₂SO₄, qual será a concentração em quantidade de matéria da solução de BaCl₂? (d) Sabendo que 42,7 mL de uma solução de HCl 0,208 M são necessários para neutralizar uma solução de Ca(OH)₂, quantos gramas de Ca(OH)₂ deve haver na solução?

4.83 Um pouco de ácido sulfúrico é derramado em uma bancada de laboratório. Você pode neutralizar o ácido borrifando bicarbonato de sódio sobre ele e, em seguida, pode remover a solução resultante com um pano. O bicarbonato de sódio reage com o ácido sulfúrico da seguinte maneira:

$$2\,NaHCO_3(s) + H_2SO_4(aq) \longrightarrow Na_2SO_4(aq) + 2\,H_2O(l) + 2\,CO_2(g)$$

O bicarbonato de sódio é adicionado até que pare a efervescência provocada pela formação de CO₂(g). Se 27 mL de H₂SO₄ 6,0 M forem derramados, qual será a massa mínima de NaHCO₃ que deve ser adicionada ao líquido derramado para neutralizar o ácido?

4.84 O odor caraterístico do vinagre é devido ao ácido acético, CH₃COOH, que reage com o hidróxido de sódio de acordo com a seguinte equação:

$$CH_3COOH(aq) + NaOH(aq) \longrightarrow H_2O(l) + NaCH_3COO(aq)$$

Se o ponto de equivalência de uma titulação for atingido mediante adição de 42,5 mL de NaOH 0,115 M a 3,45 mL de vinagre, quantos gramas de ácido acético haverá em uma amostra de um quarto desse vinagre?

4.85 Uma amostra de 4,36 g de um hidróxido de metal alcalino desconhecido é dissolvida em 100,0 mL de água. Um indicador ácido-base é adicionado, e a solução resultante é titulada com uma solução de HCl(aq) 2,50 M. O indicador muda de cor, sinalizando que o ponto de equivalência foi atingido, depois que 17,0 mL de uma solução de ácido clorídrico foram adicionados. (a) Qual é a massa molar do hidróxido metálico? (b) Qual é a identidade do cátion do metal alcalino: Li⁺, Na⁺, K⁺, Rb⁺ ou Cs⁺?

4.86 Uma amostra de 8,65 g de um hidróxido metálico do grupo 2A desconhecido é dissolvida em 85,0 mL de água. Um indicador ácido-base é adicionado, e a solução resultante é titulada com solução HCl(aq) 2,50 M. O indicador muda de cor, sinalizando que o ponto de equivalência foi atingido, depois que 56,9 mL de uma solução de ácido clorídrico foram adicionados. (a) Qual é a massa molar do hidróxido metálico? (b) Qual é a identidade do cátion do metal: Ca²⁺, Sr²⁺ ou Ba²⁺?

4.87 Uma solução de 100,0 mL de KOH 0,200 M é misturada com uma solução de 200,0 mL de NiSO₄ 0,150 M. (a) Escreva a equação química balanceada da reação. (b) Que precipitado se forma? (c) Qual é o reagente limitante? (d) Quantos gramas desse precipitado se forma? (e) Qual é a concentração de cada íon que permanece em solução?

4.88 Uma solução é preparada mediante mistura de 15,0 g de Sr(OH)₂ e 55,0 mL de HNO₃ 0,200 M. (a) Escreva a equação balanceada da reação que ocorre entre os solutos. (b) Calcule a concentração de cada íon que permanece em solução. (c) A solução resultante é ácida ou básica?

4.89 Uma amostra de 0,5895 g de hidróxido de magnésio impuro é dissolvida em 100,0 mL de uma solução de HCl 0,2050 M. Para que o excesso de ácido seja neutralizado, é preciso ter 19,85 mL de NaOH 0,1020 M. Calcule a percentagem em massa de hidróxido de magnésio na amostra, considerando que essa é a única substância que reage com a solução de HCl.

4.90 Uma amostra de 1,248 g de rocha calcária é pulverizada e, depois, tratada com 30,00 mL de uma solução de HCl 1,035 M. Para que o excesso de ácido seja neutralizado, é preciso ter 11,56 mL de NaOH 1,010 M. Calcule a percentagem em massa de carbonato de cálcio na rocha, considerando que essa é a única substância que reage com a solução de HCl.

Exercícios adicionais

4.91 O hexafluoreto de urânio, UF₆, é processado para produzir combustível para reatores e armas nucleares. O UF₆ é obtido pela reação do urânio elementar com ClF₃, que também produz Cl₂ como subproduto. (a) Escreva a equação molecular balanceada da transformação do U e do ClF₃ em UF₆ e Cl₂. (b) Trata-se de uma reação de metátese? (c) Trata-se de uma reação redox?

4.92 A imagem a seguir mostra a reação entre as soluções de Cd(NO₃)₂ e Na₂S. (a) Qual é a identidade do precipitado? (b) Que íons permanecem em solução? (c) Escreva a equação iônica simplificada da reação. (d) Trata-se de uma reação redox?

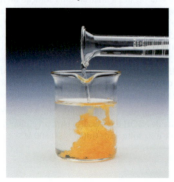

4.93 Suponha que você tenha uma solução que pode conter qualquer um ou todos os seguintes cátions: Ni²⁺, Ag⁺, Sr²⁺ e Mn²⁺. A adição de uma solução de HCl faz com que um precipitado seja formado. Após a filtração do precipitado, uma solução de H₂SO₄ é adicionada à solução resultante e outro precipitado é formado. Este também é separado por filtração e uma solução de NaOH é adicionada à solução resultante. Observa-se que nenhum precipitado é formado. Que íons estão presentes em cada um dos precipitados? Qual dos quatro íons citados não estava presente na solução original?

4.94 Você decidiu analisar algumas regras de solubilidade utilizando dois íons que não estão relacionados na Tabela 4.1: o íon cromato (CrO₄²⁻) e o íon oxalato (C₂O₄²⁻). A seguir, são apresentadas soluções (A, B, C e D) 0,01 M de quatro sais solúveis em água:

Solução	Soluto	Cor da solução
A	Na₂CrO₄	Amarela
B	(NH₄)₂C₂O₄	Incolor
C	AgNO₃	Incolor
D	CaCl₂	Incolor

Quando essas soluções são misturadas, as seguintes observações são feitas:

Número do experimento	Soluções misturadas	Resultado
1	A + B	Sem precipitado, solução amarela
2	A + C	Um precipitado vermelho se forma
3	A + D	Um precipitado amarelo se forma
4	B + C	Um precipitado branco se forma
5	B + D	Um precipitado branco se forma
6	C + D	Um precipitado branco se forma

(a) Escreva a equação iônica simplificada da reação que ocorre em cada um dos experimentos. (b) Identifique o precipitado formado, se for o caso, em cada um dos experimentos.

4.95 Os antiácidos são frequentemente utilizados para aliviar a dor e promover a cicatrização no tratamento de úlceras leves. Escreva equações iônicas simplificadas balanceadas para as reações entre o HCl aquoso do estômago e cada uma das seguintes substâncias utilizadas em vários antiácidos: (a) Al(OH)$_3$(s), (b) Mg(OH)$_2$(s), (c) MgCO$_3$(s), (d) NaAl(CO$_3$)(OH)$_2$(s), (e) CaCO$_3$(s).

4.96 A produção comercial do ácido nítrico envolve as seguintes reações químicas:

$$4\,NH_3(g) + 5\,O_2(g) \longrightarrow 4\,NO(g) + 6\,H_2O(g)$$
$$2\,NO(g) + O_2(g) \longrightarrow 2\,NO_2(g)$$
$$3\,NO_2(g) + H_2O(l) \longrightarrow 2\,HNO_3(aq) + NO(g)$$

(a) Quais dessas reações são reações redox? (b) Em cada uma das reações redox, identifique os elementos oxidados e reduzidos. (c) Você deve partir de quantos gramas de amônia para obter 1.000,0 L de uma solução aquosa de ácido nítrico 0,150 M? Considere que todas as reações têm rendimento de 100%.

4.97 Os neurotransmissores são moléculas liberadas pelos neurônios para outras células em nossos corpos. Eles são necessários para o movimento dos músculos, pensamentos, sentimentos e memórias. A dopamina, um neurotransmissor comum no cérebro humano, é uma base fraca com massa molecular igual a 153,2 g/mol. (a) Os pacientes com doença de Parkinson sofrem de uma falta de dopamina e podem precisar tomá-la para reduzir os sintomas. Uma bolsa de soro contém uma solução de 400,0 mg de dopamina por 250,0 mL de solução. Qual é a concentração da dopamina na bolsa de soro em quantidade de matéria? (b) Experimentos com ratos mostram que se eles recebem 3,0 mg/kg de cocaína (ou seja, 3,0 mg de cocaína por kg de massa do animal), a concentração de dopamina em seus cérebros aumenta em 0,75 μM após 60 segundos. Calcule quantas moléculas de dopamina seriam produzidas em um rato (volume cerebral médio de 5,00 mm^3) após 60 segundos de uma dose de cocaína de 3,0 mg/kg.

4.98 A água dura contém Ca^{2+}, Mg^{2+} e Fe^{2+}, que interferem na ação do sabão, e, quando aquecida, deixa uma película insolúvel dentro de recipientes e tubos. Amaciadores de água substituem esses íons por Na$^+$. Considere que o balanceamento das cargas deve ser mantido.

(a) Sabendo que 1.500 L de água dura contém Ca^{2+} 0,020 M e Mg^{2+} 0,0040 M, quantos mols de Na$^+$ são necessários para substituir esses íons? (b) Se o sódio for adicionado ao amaciador de água na forma de NaCl, quantos gramas de cloreto de sódio serão necessários?

4.99 O ácido tartárico, H$_2$C$_4$H$_4$O$_6$, tem dois hidrogênios ácidos. Encontramos esse ácido em vinhos e em precipitados que se formam em soluções como as de envelhecimento do vinho. Uma solução que contém uma concentração desconhecida do ácido é titulada com NaOH. São necessários 24,65 mL de uma solução de NaOH 0,2500 M para titular ambos os prótons do ácido em 50,00 mL de solução de ácido tartárico. Escreva a equação iônica simplificada balanceada da reação de neutralização e calcule a concentração em quantidade de matéria da solução de ácido tartárico.

4.100 (a) Uma solução de hidróxido de estrôncio é preparada mediante dissolução de 12,50 g de Sr(OH)$_2$ em água para obter 50,00 mL de solução. Qual é a concentração em quantidade de matéria dessa solução? (b) Em seguida, a solução de hidróxido de estrôncio preparada na parte (a) é utilizada para titular uma solução de ácido nítrico de concentração desconhecida. Escreva a equação química balanceada que representa a reação entre o hidróxido de estrôncio e as soluções de ácido nítrico. (c) Se foram necessários 23,9 mL de solução de hidróxido de estrôncio para neutralizar uma alíquota de 37,5 mL da solução de ácido nítrico, qual será a concentração em quantidade de matéria do ácido?

4.101 Uma amostra de Zn(OH)$_2$ sólido é adicionada a 0,350 L de solução aquosa de HBr 0,500 M. A solução resultante ainda é ácida. Em seguida, ela é titulada com uma solução de NaOH 0,500 M, sendo necessários 88,5 mL da solução de NaOH para que o ponto de equivalência seja atingido. Qual foi a massa de Zn(OH)$_2$ adicionada à solução de HBr?

4.102 Suponhamos que você tenha 5,00 g de magnésio metálico em pó, 1,00 L de solução de nitrato de potássio 2,00 M e 1,00 L de solução de nitrato de prata 2,00 M. (a) Qual das soluções vai reagir com o pó de magnésio? (b) Qual é a equação iônica simplificada que descreve essa reação? (c) Que volume de solução é necessário para reagir completamente com o magnésio? (d) Qual é a concentração em quantidade de matéria dos íons Mg^{2+} na solução resultante?

4.103 (a) Por titulação, 15,0 mL de hidróxido de sódio 0,1008 M são necessários para neutralizar uma amostra de 0,2053 g de um ácido fraco. Qual é a massa molar do ácido se ele for monoprótico? (b) Uma análise elementar do ácido indica que ele é formado por 5,89% de H, 70,6% de C e 23,5% de O em massa. Qual é a sua fórmula molecular?

4.104 O ouro é isolado de rochas por uma reação com cianeto aquoso, CN$^-$: 4 Au(s) + 8 NaCN(aq) + O$_2$(g) + H$_2$O(l) $\longrightarrow$ 4 Na[Au(CN)$_2$](aq) + 4 NaOH(aq) (a) Quais átomos de quais compostos são oxidados e quais são reduzidos? (b) O íon [Au(CN)$_2$]$^-$ pode ser convertido de volta para Au(0) pela reação com Zn(s) em pó. Escreva uma equação química balanceada para essa reação. (c) Quantos litros de solução de cianeto de sódio 0,200 M seriam necessários para reagir com 40,0 kg de rochas que contém 2,00% de ouro em massa?

4.105 Um vagão com fertilizante que carrega 34.300 galões de amônia aquosa comercial (30% de amônia em massa) tomba e ocorre derramamento desse líquido. A densidade da solução aquosa de amônia é de 0,88 g/cm^3. Qual é a massa de ácido cítrico, C(OH)(COOH)(CH$_2$COOH)$_2$, que contém três prótons, necessária para neutralizar o derramamento? Considere 1 galão = 3,785 L.

4.106 Uma amostra de 7,75 g de Mg(OH)$_2$ é adicionada a 25,0 mL de HNO$_3$ 0,200 M. (a) Escreva a equação química da reação. (b) Qual é o reagente limitante na reação? (c) Quantos mols de Mg(OH)$_2$, HNO$_3$ e Mg(NO$_3$)$_2$ estão presentes depois que a reação é completada?

Elabore um experimento

Durante a limpeza de um laboratório de química, você encontra três garrafas sem rótulo, cada uma contendo um pó branco. Perto dessas garrafas estão os três rótulos soltos: "sulfeto de sódio", "bicarbonato de sódio" e "cloreto de sódio". Vamos elaborar um experimento para descobrir qual etiqueta deve ser colada em cada garrafa.

(**a**) Você poderia recorrer às propriedades físicas dos três sólidos para distingui-los. Recorrendo a pesquisas na internet ou ao *CRC Handbook of Chemistry and Physics*, procure os pontos de fusão, as solubilidades em água ou outras propriedades desses sais. As diferenças entre as propriedades de cada sal são grandes o suficiente para que você possa distingui-los? Se a resposta for sim, elabore um conjunto de experimentos que possibilite a identificação de cada sal. Assim, você poderá colar os rótulos nas garrafas correspondentes.

(**b**) Você pode recorrer à reatividade química de cada sal para distingui-los. Algum desses sais atua como um ácido? Uma base? Um eletrólito forte? Algum deles oxida ou reduz com facilidade? Algum deles reage produzindo um gás? Com base em suas respostas, elabore um conjunto de experimentos que possibilite a identificação de cada sal. Assim, você poderá colar os rótulos nas garrafas correspondentes.

5

TERMOQUÍMICA

▲ Reação da termita. A reação entre o alumínio metálico e o óxido de ferro produz óxido de alumínio e ferro metálico, além de gerar calor suficiente para derreter o ferro metálico formado na reação. A reação da termita é um exemplo dramático de como a energia potencial armazenada nas ligações químicas pode ser transformada em calor.

Com exceção da energia solar, a maior parte da energia utilizada no nosso dia a dia vem de reações químicas. A combustão de hidrocarbonetos, o uso de baterias para alimentar dispositivos eletrônicos e as reações químicas que fornecem a energia necessária para sustentar os organismos vivos são exemplos de como as reações químicas produzem energia.

Neste capítulo, exploraremos o tema energia e as variações de energia que acompanham as reações químicas. O estudo da energia e de suas transformações é conhecido como **termodinâmica** (do grego: *thérme-*, "calor"; *dy'namis*, "poder"). Esse campo de estudo surgiu durante a Revolução Industrial, quando foram desenvolvidas as relações entre calor, trabalho e combustíveis em motores a vapor. Neste capítulo, examinaremos as relações existentes entre as reações químicas e as variações de energia que envolvem calor. Essa parte da termodinâmica é chamada de **termoquímica**. Outros aspectos da termodinâmica serão discutidos no Capítulo 19.

O QUE VEREMOS

5.1 ▶ A natureza da energia química
Reconhecer que a energia química é uma forma de energia potencial que decorre principalmente das interações eletrostáticas entre partículas carregadas no nível atômico. Descrever as variações de energia associadas a reações químicas pela definição dos reagentes e produtos como o *sistema* e descrever tudo mais no universo como a *vizinhança*.

5.2 ▶ A primeira lei da termodinâmica
Explorar a *primeira lei da termodinâmica*, segundo a qual a energia não pode ser criada ou destruída, mas pode ser transformada de uma forma para outra ou transferida entre sistemas e vizinhanças. A energia de um sistema é chamada de *energia interna*. A energia interna é uma *função de estado*, uma quantidade cujo valor depende apenas do estado atual de um sistema, e não de como o sistema chegou a tal estado.

5.3 ▶ Entalpia Definir uma função de estado chamada de *entalpia*, cuja variação mede o ganho ou a perda de quantidade de energia calorífica por um sistema em um processo que ocorre sob pressão constante.

5.4 ▶ Entalpias de reação Identificar que a variação de entalpia associada a uma reação química é dada pela entalpia dos produtos menos a entalpia dos reagentes. Essa quantidade é diretamente proporcional à quantidade de reagente consumido na reação.

5.5 ▶ Calorimetria Descrever a *calorimetria*, uma técnica experimental utilizada para medir variações de calor que ocorrem em processos químicos.

5.6 ▶ Lei de Hess Demonstrar que a variação de entalpia para uma determinada reação pode ser calculada a partir das variações de entalpia apropriadas para reações relacionadas. Para isso, aplicaremos a *lei de Hess*.

5.7 ▶ Entalpias de formação Estabelecer valores padrão para variações de entalpia de reações químicas e como usá-los para calcular variações de entalpia de determinadas reações.

5.8 ▶ Entalpias de ligação Usar entalpias médias de ligação para estimar entalpias de reação em fase gasosa.

5.9 ▶ Alimentos e combustíveis Descrever alimentos e combustíveis como fontes de energia e descrever alguns problemas de saúde e questões sociais relacionadas a eles.

> **⚠ Objetivos de aprendizagem**
>
> Após terminar a Seção 5.1, você deve ser capaz de:
>
> ▶ Relacionar as variações de energia associadas com a formação e quebra de ligações químicas às variações na energia potencial eletrostática que ocorre entre partículas carregadas.

5.1 | A natureza da energia química

O que é a energia química? Como vimos na Seção 1.4, a energia é definida como a capacidade de realizar trabalho ou transferir calor. Qualquer um que já se sentou em frente a uma fogueira ou usou um botijão de gás tem experiência com reações químicas que liberam calor [Figura 5.1(**a**)]. Algumas reações químicas também absorvem calor, como aquelas que ocorrem quando cozinhamos. As reações químicas também podem realizar trabalho de diversas maneiras.

Para entender o uso de uma reação química para realizar trabalho, lembre-se da definição de trabalho vista no Capítulo 1:

$$w = F \times d \qquad [5.1]$$

Por exemplo, a reação de combustão entre a gasolina e o oxigênio produz gases que se expandem e, no processo, realizam trabalho, que pode ser usado para mover um automóvel. O champanhe é produzido quando leveduras usam reações químicas para fermentar açúcares e produzir etanol e dióxido de carbono. Quando as últimas etapas da fermentação ocorrem em uma garrafa fechada, a pressão do CO_2 gerado se acumula e pode ser usada para realizar trabalho quando a rolha é estourada [Figura 5.1(**b**)]. Em uma bateria, reações redox produzem energia elétrica, que pode ser utilizada para realizar trabalho.

Todas as formas de energia podem ser classificadas como energia potencial ou cinética. (Seção 1.4) A energia originada das reações químicas está associada principalmente a variações na energia potencial. Essa energia é gerada por interações eletrostáticas no nível atômico. Assim, para entendermos a energia associada a reações químicas, antes precisamos entender a energia potencial eletrostática, decorrente de interações entre partículas carregadas.

A energia potencial eletrostática, E_{el}, associada com duas partículas carregadas é proporcional às suas cargas elétricas, Q_1 e Q_2, e é inversamente proporcional à distância, d, que as separa:

$$E_{el} = \frac{\kappa Q_1 Q_2}{d} \qquad [5.2]$$

onde κ é uma constante de proporcionalidade cujo valor é $8,99 \times 10^9$ J-m/C².* Como vimos no Capítulo 1, as unidades usadas para medir energia são os joules, em que 1 J = 1 kg-m²/s². No nível atômico, as cargas Q_1 e Q_2 estão tipicamente na ordem de magnitude da carga do elétron ($1,60 \times 10^{-19}$ C), enquanto as distâncias variam entre décimos e dezenas de nanômetros (1 nm = 1×10^{-9} m). Quando usamos a Equação 5.2, devemos lembrar também que Q_1 e Q_2 têm sinais que indicam se as cargas são positivas (+) ou negativas (−).

▲ **Figura 5.1 Reações químicas e energia.** As variações de energia em reações químicas podem ser utilizadas para transferir calor ou realizar trabalho.

---

* As unidades combinadas J-m/C² são lidas como Joule-metros por coulomb ao quadrado. É possível que você veja combinações de unidades como J-m/C² expressas com pontos em vez de traços separando unidades (J·m/C²) ou sem pontuação alguma (J m/C²).

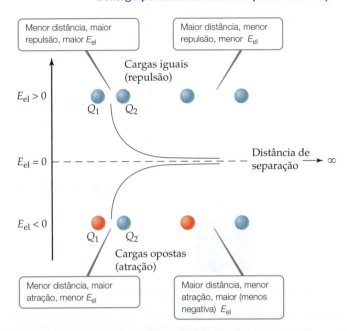

> **Resolva com ajuda da figura** Duas partículas, uma com carga positiva e outra com carga negativa, estão inicialmente afastadas. O que acontece com a energia potencial eletrostática quando elas se aproximam?

▲ **Figura 5.2 Energia potencial eletrostática.** Em distâncias de separação finitas para duas partículas carregadas, E_{el} é positiva para cargas iguais e negativa para cargas opostas. À medida que as partículas se afastam, sua energia potencial eletrostática tende a ser zero.

De acordo com a Equação 5.2, a energia potencial eletrostática tende a ser zero à medida que d torna-se infinito. Definimos o zero da energia potencial eletrostática como sendo a energia potencial à distância infinita entre as partículas carregadas. A **Figura 5.2** ilustra como E_{el} se comporta conforme a distância entre as duas cargas muda. Quando Q_1 e Q_2 têm o mesmo sinal (p. ex., ambos positivos), as duas partículas carregadas repelem-se mutuamente, de modo que uma força de repulsão as separa. Para unir dois objetos com carga positiva, é preciso realizar trabalho para superar a força repulsiva que existe entre eles. Quando liberados, eles se afastam um do outro à medida que a energia potencial se converte em energia cinética. Nesse caso, E_{el} é positiva, e a energia potencial diminui à medida que as partículas se afastam. Quando Q_1 e Q_2 têm sinais opostos, as partículas se atraem, de modo que uma força atrativa puxa uma em direção à outra. Nesse caso, E_{el} é negativa, e a energia potencial aumenta (torna-se menos negativa) conforme as partículas se afastam.

Para entender a relação entre a energia potencial eletrostática e a energia armazenada nas ligações químicas, considere um composto iônico como o NaCl. Os cátions Na^+ e os ânions Cl^- são unidos pela atração eletrostática entre os íons com cargas opostas. Na química, chamamos essa força de ligação iônica. Entraremos em detalhes sobre a ligação iônica no Capítulo 8, mas, por ora, basta entendermos que as ligações iônicas que unem os íons sódio e cloreto se baseiam na atração eletrostática entre os cátions e os ânions. Para separar os ânions, é preciso superar (ou romper) as ligações iônicas entre Na^+ e Cl^-, o que aumenta a energia potencial, como ilustra a **Figura 5.3**. A energia para isso deve vir de alguma outra fonte. O processo inverso, no qual íons de cargas opostas separados por uma grande distância se unem para formar ligações iônicas, reduz a energia potencial e, portanto, libera energia. Isso ilustra um princípio fundamental da termoquímica:

Energia é liberada quando ligações químicas são formadas;
energia é consumida quando ligações químicas são rompidas.

> **Resolva com ajuda da figura** — Se os íons no lado esquerdo da figura fossem soltos e pudessem se mover, eles se aproximariam ou se afastariam?

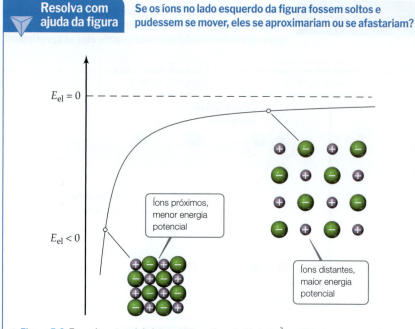

▲ **Figura 5.3 Energia potencial eletrostática e ligação iônica.** À medida que a separação entre os íons aumenta, a energia potencial eletrostática também aumenta (torna-se menos negativa). À medida que a distância que separa os íons se aproxima do infinito, a energia potencial eletrostática tende a zero. Em compostos reais, a repulsão entre os elétrons do núcleo estabelece um limite mínimo para a proximidade entre os íons.

Os mesmos princípios se aplicam a substâncias moleculares como a água (H_2O) e o metano (CH_4), que não contêm cátions e ânions. Como explicaremos nos Capítulos 8 e 9, os átomos em uma molécula são unidos por ligações covalentes. A relação com a energia potencial eletrostática é menos óbvia, mas as forças por trás das ligações covalentes também são eletrostáticas. Assim como nas ligações iônicas, é preciso fornecer energia para romper ligações covalentes, e energia é liberada quando tais ligações se formam.

Exercícios de autoavaliação

EAA 5.1 Duas cargas negativas estão separadas por uma distância d, como mostra a figura. Qual(is) das afirmações a seguir é(são) *verdadeira(s)*?

 (**i**) As duas cargas se atraem.
 (**ii**) A energia potencial eletrostática do sistema é positiva.
 (**iii**) À medida que d aumenta, a energia potencial eletrostática diminui.

(**a**) Apenas uma das afirmações é verdadeira. (**b**) i e ii são verdadeiras. (**c**) i e iii são verdadeiras. (**d**) ii e iii são verdadeiras. (**e**) Todas as afirmações são verdadeiras.

Objetivos de aprendizagem

Após terminar a Seção 5.2, você deve ser capaz de:
- ▶ Relacionar a primeira lei da termodinâmica às variações de energia que acompanham os processos químicos.
- ▶ Relacionar as variações de energia interna à transferência de calor (para o sistema ou a partir do sistema) e ao trabalho realizado (no sistema ou pelo sistema).
- ▶ Distinguir quantidades que são funções de estado daquelas que não são.

5.2 | A primeira lei da termodinâmica

Vimos que a energia existe em muitas formas diferentes, e é comum observarmos processos que envolvem conversões de uma forma de energia em outra. Soltar uma pedra em um poço profundo converte a energia potencial gravitacional em energia cinética. Aquecer a sua casa pela reação do gás natural com o oxigênio converte a energia química em calor. Em ambos os casos, e em todos os outros que você conseguir imaginar, *a energia pode ser convertida de uma forma para outra, mas nunca criada nem destruída*. Essa observação, uma das mais importantes em toda a ciência, é conhecida como **primeira lei da termodinâmica**. Nesta seção, exploraremos esse conceito fundamental em mais detalhes.

Sistema e vizinhança

Para aplicar a primeira lei da termodinâmica quantitativamente, precisamos dividir o universo em um sistema finito de nosso interesse e definir a energia desse sistema de forma mais precisa. Ao analisar variações de energia, devemos nos concentrar em uma parte limitada e bem definida do universo, chamada de **sistema**; todo o restante ao seu redor representa a **vizinhança**. Quando estudamos a variação de energia que acompanha uma reação química em um laboratório, os reagentes e os produtos constituem o sistema, enquanto o recipiente e todo o restante são considerados a vizinhança.

Os sistemas podem ser abertos, fechados ou isolados. Um sistema *aberto* é aquele em que a matéria e a energia podem ser trocadas com a vizinhança. Por exemplo, uma panela de água fervente sem tampa em um fogão é um sistema aberto. Isso porque o calor entra no sistema por meio do fogão, e a água é liberada para a vizinhança em forma de vapor.

Os sistemas que podemos estudar mais facilmente em termoquímica são os *sistemas fechados*, ou seja, sistemas que podem trocar energia, mas que não trocam matéria com a vizinhança. Por exemplo, considere uma mistura de gás hidrogênio, H_2, e gás oxigênio, O_2, em um cilindro equipado com um pistão (**Figura 5.4**). O sistema é apenas o hidrogênio e o oxigênio; o cilindro, o pistão e tudo além deles (inclusive nós) são a vizinhança. Se os gases reagirem para formar água, ocorrerá liberação de energia:

$$2\,H_2(g) + O_2(g) \longrightarrow 2\,H_2O(g) + \text{energia}$$

Embora a forma química dos átomos de hidrogênio e oxigênio no sistema seja alterada por essa reação, o sistema não perde nem ganha massa. Isso significa que ele não trocou massa com a vizinhança. No entanto, ele pode trocar energia com a vizinhança na forma de *trabalho* e *calor*.

Um sistema *isolado* é aquele em que nem energia nem matéria podem ser trocadas com a vizinhança. Uma garrafa térmica com café quente se aproxima de um sistema isolado. No entanto, o café esfria mais cedo ou mais tarde, então esse sistema não é perfeitamente isolado.

Energia interna

A **energia interna**, E, de um sistema representa a soma de *todas* as energias cinéticas e potenciais dos componentes do sistema. Para o sistema da Figura 5.4, por exemplo, a energia interna inclui os movimentos e as interações entre as moléculas de H_2 e O_2, além dos movimentos e das interações entre seus núcleos e elétrons. Geralmente, não sabemos o valor numérico da energia interna de um sistema. Em termodinâmica, a principal preocupação é a *variação* de E (como veremos, a variação de outras quantidades também) que acompanha uma transformação no sistema.

Imagine que começamos com um sistema de energia interna inicial $E_{inicial}$. O sistema, em seguida, passa por uma transformação, que pode envolver a realização de trabalho ou transferência de calor. Após a transformação, a energia interna final do sistema é E_{final}. Definimos a *variação* de energia interna, ΔE (leia "delta E"),* como:

$$\Delta E = E_{final} - E_{inicial} \qquad [5.3]$$

Em geral, não é possível determinar os valores reais de E_{final} e $E_{inicial}$ para qualquer sistema de interesse. No entanto, podemos determinar o valor de ΔE experimentalmente por meio da aplicação da primeira lei da termodinâmica.

Quantidades termodinâmicas, como ΔE, têm três partes:

1. um número
2. uma unidade
3. um sinal

O número e a unidade representam a magnitude da transformação, e o sinal indica a direção. Um valor *positivo* de ΔE resulta quando $E_{final} > E_{inicial}$, indicando que o sistema ganhou energia da vizinhança. Um valor *negativo* de ΔE resulta quando $E_{final} < E_{inicial}$, indicando que o sistema perdeu energia para a vizinhança. Observe que, ao discutir as variações de energia, tomamos o ponto de vista do sistema, e não o da vizinhança. No entanto, é

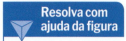

Resolva com ajuda da figura

Se as moléculas de H_2 e O_2 no cilindro reagirem para formar H_2O, o número de moléculas no cilindro mudará? A massa total no cilindro mudará?

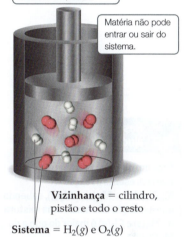

Energia pode entrar ou sair do sistema conforme o calor ou o trabalho realizado no pistão.

Matéria não pode entrar ou sair do sistema.

Vizinhança = cilindro, pistão e todo o resto
Sistema = $H_2(g)$ e $O_2(g)$

▲ **Figura 5.4** Sistema fechado.

---

* O símbolo Δ costuma ser utilizado para denotar variação. Por exemplo, uma mudança na altura, h, pode ser representada por Δh.

166 Química: a ciência central

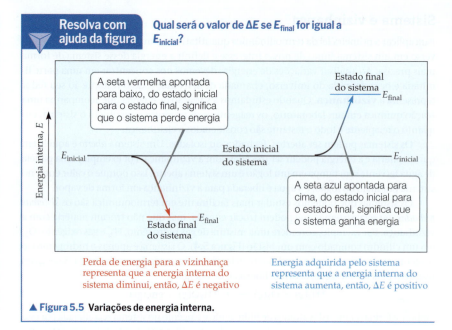

> **Resolva com ajuda da figura** — Qual será o valor de ΔE se E_{final} for igual a $E_{inicial}$?

▲ **Figura 5.5** Variações de energia interna.

> **Resolva com ajuda da figura**
>
> Faça um diagrama de energia que represente a reação $MgCl_2(s) \longrightarrow Mg(s) + Cl_2(g)$, sabendo que a energia interna de uma mistura de Mg(s) e $Cl_2(g)$ é maior do que a do $MgCl_2(s)$.

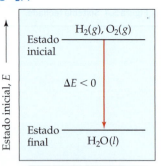

$E_{inicial}$ é superior a E_{final}. Isso significa que a energia é liberada do sistema para a vizinhança durante a reação e que $\Delta E < 0$.

▲ **Figura 5.6** Diagrama de energia para a reação $2\,H_2(g) + O_2(g) \longrightarrow 2\,H_2O(l)$.

importante lembrar que qualquer aumento de energia do sistema é acompanhado por uma diminuição de energia da vizinhança e vice-versa. Essas características de variação de energia estão resumidas na **Figura 5.5**.

Em uma reação química, o estado inicial do sistema refere-se aos reagentes, e o estado final, aos produtos. Por exemplo, na reação

$$2\,H_2(g) + O_2(g) \longrightarrow 2\,H_2O(l)$$

o estado inicial é o $2\,H_2(g) + O_2(g)$ e o estado final é o $2\,H_2O(l)$. Quando hidrogênio e oxigênio formam água a uma certa temperatura, o sistema libera energia para a vizinhança. Como o sistema perde energia, a energia interna dos produtos (estado final) passa a ser menor do que a dos reagentes (estado inicial), e o ΔE do processo é negativo. Assim, o *diagrama de energia* na **Figura 5.6** mostra que a energia interna da mistura de H_2 e O_2 é maior que a da mistura de H_2O produzida na reação.

Relação de ΔE com calor e trabalho

Como observamos na Seção 5.1, um sistema pode trocar energia com a vizinhança de duas maneiras: em forma de calor ou trabalho. A energia interna de um sistema muda de magnitude conforme calor é adicionado ou removido do sistema ou conforme trabalho é realizado no sistema ou pelo sistema. Se pensarmos a energia interna como a conta bancária de energia do sistema, "depósitos" ou "saques" podem ser feitos sob a forma de calor ou trabalho. Depósitos aumentam a energia do sistema (ΔE positivo); saques diminuem a energia do sistema (ΔE negativo).

Podemos nos basear nessas ideias para escrever uma expressão algébrica útil a respeito da primeira lei da termodinâmica. Quando um sistema sofre qualquer transformação física ou química, a variação que acompanha a energia interna, ΔE, representa a soma do calor adicionado ou liberado do sistema, q, e o trabalho realizado sobre ou pelo sistema, w:

$$\Delta E = q + w \qquad [5.4]$$

Quando calor é adicionado a um sistema ou trabalho é realizado no sistema, sua energia interna aumenta. Portanto, quando calor é transferido da vizinhança para o sistema, q tem um valor positivo. Acrescentar calor ao sistema atua da mesma forma que depositar energia em uma conta: a energia do sistema aumenta (**Figura 5.7**). Do mesmo modo, quando trabalho é realizado pela vizinhança no sistema, w tem um valor positivo. Por outro lado, tanto o calor liberado pelo sistema na vizinhança quanto o trabalho realizado pelo sistema na vizinhança têm valores negativos. Isto é, eles diminuem a energia interna do sistema, uma vez que são saques de energia e diminuem a quantidade de energia na conta do sistema.

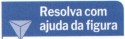

Resolva com ajuda da figura Suponha que um sistema receba da vizinhança um "depósito" de 50 J de trabalho e que a vizinhança "saque" 85 J de calor. Qual será a magnitude e o sinal de ΔE desse processo?

O sistema é o interior do cofre.

Energia depositada no sistema
ΔE > 0

Energia sacada do sistema
ΔE < 0

▲ **Figura 5.7 Convenções de sinal para calor e trabalho.** O calor, q, transferido para um sistema e o trabalho, w, realizado em um sistema são quantidades positivas e correspondem aos "depósitos" de energia interna no sistema. Por outro lado, o calor transferido do sistema para a vizinhança e o trabalho realizado pelo sistema na vizinhança são "saques" de energia interna do sistema.

As convenções de sinal para q, w e ΔE estão resumidas na **Tabela 5.1**. Note que qualquer energia que entra no sistema, seja calor ou trabalho, possui um sinal positivo.

TABELA 5.1 Convenções de sinal para q, w e ΔE

Para q	+ significa que o sistema *ganha* calor da vizinhança	− significa que o sistema *perde* calor para a vizinhança
Para w	+ significa trabalho realizado *no* sistema pela vizinhança	− significa trabalho realizado *pelo* sistema na vizinhança
Para E	+ significa *ganho líquido* de energia pelo sistema	− significa *perda líquida* de energia pelo sistema

Exercício resolvido 5.1
Relação entre calor e trabalho nas variações de energia interna

Os gases A(g) e B(g) estão confinados em um cilindro com pistão, como mostra a Figura 5.4, e reagem para formar um produto sólido C(s): A(g) + B(g) → C(s). À medida que ocorre a reação, o sistema libera 1.150 J de calor para a vizinhança. O pistão move-se para baixo conforme os gases reagem para formar um sólido. À medida que o volume do gás diminui sob a pressão constante da atmosfera, a vizinhança realiza 480 J de trabalho no sistema. Qual é a variação da energia interna do sistema?

SOLUÇÃO
Analise Com base em informações sobre q e w, devemos determinar ΔE.

Planeje Use a Tabela 5.1 para determinar os sinais de q e w e, em seguida, use a Equação 5.4, $\Delta E = q + w$, para calcular ΔE.

(Continua)

Resolva Calor é transferido do sistema para a vizinhança, e trabalho é realizado no sistema pela vizinhança, por isso q é negativo e w é positivo: $q = -1.150$ J; $w = 480$ kJ. Assim:

$$\Delta E = q + w = (-1150\text{ J}) + (480\text{ J}) = -670\text{ J}$$

O valor negativo de ΔE mostra que uma quantidade líquida de 670 J de energia foi transferida do sistema para a vizinhança.

Comentário Você pode pensar nessa variação como uma diminuição de 670 J no valor líquido da conta energética do sistema (por isso o sinal negativo). A quantia de 1.150 J é retirada sob a forma de calor, enquanto são depositados 480 J na forma de trabalho. Note que, conforme o volume dos gases diminui, há trabalho realizado *no* sistema *pela* vizinhança, resultando em um depósito de energia.

▶ **Para praticar**
Calcule a variação de energia interna de um processo em que um sistema absorve 140 J de calor da vizinhança e realiza 85 J de trabalho na vizinhança.

Processos endotérmicos e exotérmicos

Como as transferências de calor do sistema e para o sistema são um tema central para a discussão deste capítulo, temos uma terminologia especial para indicar a direção dessas transferências. Quando ocorre um processo no qual o sistema absorve calor, o processo é chamado de **endotérmico** (*endo-* significa "para dentro"). Durante um processo endotérmico, como o derretimento de gelo, o calor flui *para* o sistema a partir da vizinhança, conforme a **Figura 5.8(a)**. Se nós, como parte da vizinhança, tocarmos um recipiente no qual há uma pedra de gelo derretendo, o consideraremos frio, pois o calor da nossa mão é transferido para o recipiente.

Em contrapartida, um processo no qual o sistema perde calor é chamado de **exotérmico** (*exo-* significa "para fora"). Durante um processo exotérmico, como a combustão de gasolina, o calor *sai* ou flui *do* sistema para a vizinhança, como mostra a Figura 5.8(**b**).

Funções de estado

Embora normalmente não seja possível saber o valor exato da energia interna de um sistema, E, ela possui um valor fixo para determinado conjunto de condições. A energia interna é afetada por condições de temperatura e pressão. Além disso, a energia interna de um sistema é proporcional à quantidade total de matéria no sistema, porque a energia é uma propriedade extensiva. (Seção 1.3)

Suponhamos que nosso sistema seja de 50 g de água a 25 °C (**Figura 5.9**). Ele pode ter atingido esse estado por meio do resfriamento de 50 g de água, de 100 para 25 °C, ou por fusão de 50 g de gelo e subsequente aquecimento da água a 25 °C. A energia interna da água a 25 °C é igual em ambos os casos. A energia interna é um exemplo de uma **função de estado**, propriedade de um sistema determinada pela especificação da condição do sistema ou do estado (em termos de temperatura, pressão e assim por diante). *O valor de uma função de estado depende apenas do estado atual do sistema, e não do caminho que o sistema percorreu para chegar a esse estado.* Como E é uma função de estado, ΔE depende apenas dos estados inicial e final do sistema, e não de como a variação ocorre.

Para entender melhor a diferença entre as quantidades que são funções de estado e aquelas que não são, vamos fazer uma analogia. Suponha que você dirija de Chicago, que está a 176 m acima do nível do mar, até Denver, que está a 1.609 m acima do nível do mar. Não importa o caminho escolhido para fazer esse deslocamento, a variação de altitude será sempre igual a 1.433 m. A distância da viagem, no entanto, dependerá da sua rota. A altitude é análoga a uma função de estado porque a variação de altitude independe do caminho percorrido. Já a distância percorrida não é uma função de estado.

Uma vez que E é uma função de estado, a variação da energia interna, ΔE, não depende do caminho percorrido entre os estados inicial e final do sistema. Contudo, q e w *não* são funções de estado; seus valores dependem do caminho entre o estado inicial e o estado final. Como $\Delta E = q + w$, a soma de q e w não depende do caminho, embora q e w não sejam funções de estado. Assim, caso a alteração do caminho percorrido por um sistema de um estado inicial para um estado final aumente o valor de q, essa mudança também vai ocasionar uma diminuição de mesmo valor em w. O resultado é que ΔE será igual nos dois caminhos.

Podemos ilustrar esse princípio usando uma pilha de lanterna para representar o nosso sistema. Conforme a bateria descarrega, sua energia interna diminui, pois a energia armazenada é liberada para a vizinhança. Na **Figura 5.10**, consideramos duas formas possíveis de

Sistema = NH₄SCN + Ba(OH)₂·8H₂O

O calor flui da vizinhança para o sistema; a temperatura do béquer e do ar diminui.

◀ **Figura 5.8 Reações endotérmicas e exotérmicas.** Em ambos os casos, o sistema é definido como os reagentes e produtos; a vizinhança consiste nos recipientes e em tudo mais no universo (incluindo a sonda de temperatura na reação de cima).

(a) Ba(OH)₂·8H₂O + 2 NH₄SCN ⟶ Ba(SCN)₂ + 2 NH₃ + 10 H₂O
Reação endotérmica

Sistema = K + H₂O

O calor flui (violentamente) do sistema para a vizinhança; a temperatura da água e do ar aumenta.

(b) 2 K + 2 H₂O ⟶ 2 KOH + H₂
Reação exotérmica

50 g
H₂O(s)
0 °C

Gelo inicialmente a 0 °C aquece até água líquida a 25 °C.

50 g
H₂O(l)
25 °C

Água quente inicialmente a 100 °C resfria até 25 °C.

50 g
H₂O(l)
100 °C

A energia interna, *E*, da água a 25 °C é a mesma independentemente do caminho percorrido até atingir esse estado.

◀ **Figura 5.9 Energia interna, *E*, uma função de estado.** Qualquer função de estado depende apenas do estado atual do sistema, e não do caminho percorrido pelo sistema para chegar a esse estado.

Resolva com ajuda da figura

Se a bateria for definida como o sistema, qual será o sinal de *w* no item (b)?

▲ **Figura 5.10** A energia interna é uma função de estado, mas o calor e o trabalho não são. (a) Uma pilha em curto-circuito com um fio perde energia para a vizinhança na forma de calor; nenhum trabalho é realizado. (b) Uma pilha descarregada, ao fazer funcionar um motor (um ventilador), perde energia na forma de trabalho; também perde um pouco de energia na forma de calor. O valor de ΔE é igual em ambos os processos, embora os valores de *q* e *w* em (a) sejam diferentes dos valores em (b).

Objetivos de aprendizagem

Após terminar a Seção 5.3, você deve ser capaz de:

▶ Relacionar a quantidade termodinâmica denominada entalpia à energia interna (*E*), à pressão (*P*) e ao volume (*V*) de um sistema.

▶ Definir o trabalho pressão-volume (*P–V*) e calcular a magnitude e o sinal do trabalho *P–V* para um processo que ocorre à pressão constante.

▶ Interpretar o sinal de Δ*H* em relação a um processo ser endotérmico ou exotérmico.

descarregar a pilha à temperatura constante. Na Figura 5.10(a), um fio provoca um curto-circuito na pilha, e nenhum trabalho é realizado, porque nada é movido contra uma força. Toda a energia é perdida na forma de calor. (O fio esquenta e libera calor para a vizinhança.) Na Figura 5.10(b), a pilha é usada para fazer funcionar um motor, e a descarga produzirá trabalho. Algum calor é liberado, mas não tanto quanto no primeiro caso. As magnitudes de *q* e *w* devem ser diferentes nessas duas situações. No entanto, se os estados inicial e final da pilha forem idênticos, então Δ*E* = *q* + *w* deve ser igual em ambos os casos, pois *E* é uma função de estado. *Lembre-se:* Δ*E* depende somente dos estados inicial e final do sistema, e não do caminho específico percorrido do estado inicial para o estado final.

▲ Exercícios de autoavaliação

EAA 5.2 A figura apresenta a energia interna dos estados inicial e final de um sistema.

Qual das seguintes afirmações é *verdadeira*?

(**a**) Deve ter sido adicionado calor ao sistema. (**b**) Deve ter sido realizado trabalho no sistema. (**c**) A energia do estado final é maior do que a do estado inicial. (**d**) Δ*E* < 0.

EAA 5.3 Considere um sistema composto de um gás confinado dentro de um frasco selado, como mostra a figura. Inicialmente, o frasco está em um banho de gelo a *T* = 0 °C. Em seguida, ele é colocado em água fervente a *T* = 100 °C. Qual(is) das afirmações a seguir é(são) *verdadeira(s)*?

(**i**) O gás no frasco é um sistema fechado.
(**ii**) *q* > 0 para esse processo.
(**iii**) Δ*E* > 0 para esse processo.

(**a**) Apenas uma das afirmações é verdadeira. (**b**) i e ii são verdadeiras. (**c**) i e iii são verdadeiras. (**d**) ii e iii são verdadeiras. (**e**) Todas as afirmações são verdadeiras.

EAA 5.4 Enquanto treinam para o Tour de France, os ciclistas Henri e Jacques competem em uma corrida da sua cidade até o cume de uma montanha próxima. Henri escolhe um trajeto mais longo e Jacques adota um trajeto mais direto, mas mais inclinado. Ambos começam e terminam no mesmo local. Quantas das quantidades a seguir são funções de estado?

(**i**) A variação de elevação que Henri enfrentou.
(**ii**) A distância que Jacques percorreu.
(**iii**) O tempo que Henri levou para completar o seu trajeto.
(**iv**) A quantidade de trabalho que Jacques gastou durante o seu trajeto.
(**v**) A variação de temperatura entre a cidade e o cume da montanha.

(**a**) 1 (**b**) 2 (**c**) 3 (**d**) 4 (**e**) 5

5.3 | Entalpia

Muitas das mudanças químicas e físicas que ocorrem ao nosso redor acontecem essencialmente sob a pressão constante da atmosfera da Terra.* Essas transformações podem resultar na liberação ou na absorção de calor, sendo acompanhadas da realização de trabalho pelo sistema ou no sistema. Ao explorar essas transformações, é útil ter uma função de estado que esteja relacionada principalmente ao fluxo de calor. Sob condições de pressão constante, uma quantidade termodinâmica chamada *entalpia* (do grego *enthalpein*, "aquecer") representa tal função.

A **entalpia**, representada pelo símbolo *H*, é definida como a energia interna somada ao produto da *pressão P* pelo *volume V* do sistema:

$$H = E + PV \qquad [5.5]$$

---

* Em algum curso anterior de química, você pode ter encontrado a noção de pressão atmosférica. Vamos discutir isso em detalhes no Capítulo 10. Aqui, nós precisamos entender apenas que a atmosfera exerce uma pressão aproximadamente constante sobre a superfície da Terra.

Assim como a energia interna E, P e V também são funções de estado que dependem apenas do estado atual do sistema, e não do caminho percorrido para atingir tal estado. Como energia, pressão e volume são funções de estado, a entalpia também será uma função de estado.

Trabalho pressão-volume

Para compreender melhor o significado de entalpia, lembre-se da Equação 5.4, em que ΔE envolve o calor q adicionado ou removido do sistema e o trabalho w realizado pelo sistema ou no sistema. Mais comumente, o único tipo de trabalho produzido por transformações químicas ou físicas que ocorrem na atmosfera é o trabalho mecânico associado a uma variação de volume. Por exemplo, considere uma reação entre o zinco metálico e uma solução de ácido clorídrico:

$$Zn(s) + 2\,H^+(aq) \rightarrow Zn^{2+}(aq) + H_2(g) \qquad [5.6]$$

Quando essa reação ocorre a uma pressão constante em um aparelho equivalente ao ilustrado na **Figura 5.11**, o pistão se move para cima ou para baixo para manter uma pressão constante no recipiente. Para simplificar, se considerarmos que o pistão não tem massa, a pressão no aparelho será igual à pressão atmosférica. Conforme a reação prossegue, forma-se gás H_2, e o pistão sobe. O gás no interior do frasco está, portanto, realizando trabalho na vizinhança ao levantar o pistão contra a força da pressão atmosférica.

O trabalho envolvido na expansão ou na compressão de gases é chamado de **trabalho pressão-volume** (trabalho P-V). Quando a pressão é constante em um processo, como no exemplo mostrado anteriormente, o sinal e a magnitude do trabalho pressão-volume são dados por:

$$w = -P\Delta V \qquad [5.7]$$

em que P é a pressão e $\Delta V = V_{final} - V_{inicial}$ é a variação de volume do sistema. A pressão P é sempre um número positivo ou zero. Se o volume do sistema aumentar, ΔV será positivo. O sinal negativo na Equação 5.7 tem como função deixá-la de acordo com a convenção de sinal para w (Tabela 5.1). Quando um gás se expande, o sistema realiza trabalho na vizinhança, como indicado pelo valor negativo de w. Por outro lado, se o gás for comprimido, ΔV será negativo (o volume diminui), e a Equação 5.7 indica que w é, portanto, positivo, o que significa que trabalho é realizado pela vizinhança no sistema. O quadro "Olhando de perto: energia, entalpia e trabalho P-V" discute o trabalho pressão-volume em detalhes, mas tudo o que precisa ser compreendido agora é a Equação 5.7, que se aplica aos processos que ocorrem à pressão constante.

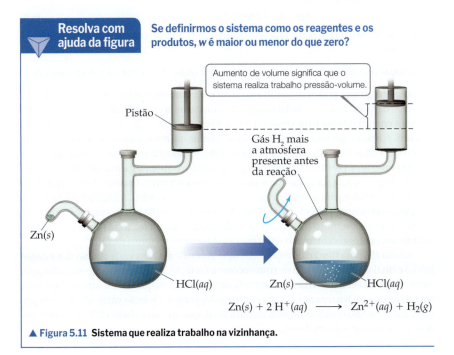

▲ **Figura 5.11** Sistema que realiza trabalho na vizinhança.

As unidades de trabalho obtidas utilizando a Equação 5.7 serão as de pressão (geralmente atm), multiplicadas pelas de volume (geralmente L). Para expressar o trabalho em uma unidade mais familiar (joules), usamos o fator de conversão de 1 L-atm = 101,3 J.

Exercício resolvido 5.2
Como calcular o trabalho pressão-volume

Um combustível é queimado em um cilindro equipado com um pistão. O volume inicial do cilindro é 0,250 L, e o volume final, 0,980 L. Se o pistão se expandir contra uma pressão constante de 1,35 atm, qual será a quantidade de trabalho (em J) realizada? (1 L-atm = 101,3 J)

SOLUÇÃO

Analise Com base no volume inicial e no volume final, podemos calcular ΔV. Também é dada a pressão P. Pede-se que o trabalho, w, seja calculado.

Planeje A Equação 5.7, $w = -P\Delta V$, nos permite calcular o trabalho realizado pelo sistema a partir das informações apresentadas.

Resolva A variação de volume é:

$$\Delta V = V_{final} - V_{inicial} = 0,980 \text{ L} - 0,250 \text{ L} = 0,730 \text{ L}$$

Assim, a quantidade de trabalho é:

$$w = -P\Delta V = -(1,35 \text{ atm})(0,730 \text{ L}) = -0,986 \text{ L-atm}$$

Para conversão de L-atm em J, temos:

$$(-0,986 \text{ L-atm})\left(\frac{101,3 \text{ J}}{1 \text{ L-atm}}\right) = -99,9 \text{ J}$$

Confira Os algarismos significativos estão corretos (3), e as unidades são as solicitadas para energia (J). O sinal negativo está de acordo com o gás em expansão que realiza trabalho na vizinhança.

▶ **Para praticar**
Calcule o trabalho, em J, se o volume de um sistema diminuir de 1,55 L para 0,85 L a uma pressão constante de 0,985 atm.

Variação de entalpia e calor

Agora, vamos ver o que há de tão especial na entalpia. Quando ocorre uma transformação à pressão constante, a variação de entalpia, ΔH, é dada pela relação

$$\Delta H = \Delta(E + PV)$$
$$= \Delta E + P\Delta V \quad \text{(pressão constante)} \quad [5.8]$$

Isto é, a variação de entalpia é igual à variação da energia interna somada ao produto da pressão constante pela variação de volume.

Lembre-se de que $\Delta E = q + w$ (Equação 5.4) e de que o trabalho envolvido na expansão ou na compressão de um gás é $w = -P\Delta V$ (à pressão constante). Ao substituir $-w$ por $P\Delta V$ e $q + w$ por ΔE na Equação 5.8, teremos:

$$\Delta H = \Delta E + P\Delta V = (q_P + w) - w = q_P \quad [5.9]$$

O subscrito P em q indica que o processo ocorre a uma pressão constante. Assim, a equação mostra que:

A variação de entalpia é igual ao calor q_P ganho ou perdido pelo sistema sob pressão constante.

Como q_P é algo que podemos medir ou calcular e como muitas transformações físicas e químicas de nosso interesse ocorrem à pressão constante, a entalpia é uma função mais útil do que a energia interna para a maioria das reações. Além disso, para a maioria das reações comuns, como as que você realizará em suas aulas de química, a diferença entre ΔH e ΔE é pequena, porque $P\Delta V$ tem um valor pequeno em comparação com o calor envolvido.

Quando ΔH é positivo (i.e., quando q_P é positivo), o sistema ganha calor da vizinhança (Tabela 5.1), o que significa que o processo é endotérmico. Quando ΔH é negativo, o sistema libera calor para a vizinhança, e o processo é exotérmico. A **Figura 5.12** continua a analogia do banco apresentada na Figura 5.7. Em outras palavras, sob pressão constante, um processo endotérmico realiza depósitos de energia no sistema sob a forma de calor, enquanto um processo exotérmico retira energia do sistema na forma de calor.

Como H é uma função de estado, ΔH (que equivale a q_P) depende apenas dos estados inicial e final do sistema, e não de como ocorre a variação. À primeira vista, essa afirmação parece contradizer a discussão apresentada na Seção 5.2, na qual foi dito que q não é uma função de estado. No entanto, não há contradição, porque a relação entre ΔH e q_P exige um caminho específico entre os estados inicial e final: que apenas trabalho P-V esteja envolvido e que a pressão seja constante.

(a) Reação endotérmica

(b) Reação exotérmica

ΔH é a quantidade de calor que flui para dentro ou para fora do sistema sob pressão constante.

▲ **Figura 5.12 Processos endotérmicos e exotérmicos.** (a) Um processo endotérmico ($\Delta H > 0$) deposita calor no sistema. (b) Um processo exotérmico ($\Delta H < 0$) retira calor do sistema.

Exercício resolvido 5.3

Determinação do sinal de ΔH

Indique o sinal da variação de entalpia, ΔH, nas seguintes operações realizadas sob pressão atmosférica e indique se o processo é endotérmico ou exotérmico: **(a)** um cubo de gelo que derrete; **(b)** 1 g de butano (C_4H_{10}) que sofre combustão completa, formando CO_2 e H_2O.

SOLUÇÃO

Analise Nosso objetivo é determinar se ΔH é positivo ou negativo para cada processo. Uma vez que eles ocorrem a uma pressão constante, a variação de entalpia é igual à quantidade de calor absorvido ou liberado, $\Delta H = q_P$.

Planeje Devemos prever se calor é absorvido ou liberado pelo sistema em cada processo. Processos em que calor é absorvido são endotérmicos e ΔH tem sinal positivo; processos em que calor é liberado são exotérmicos e ΔH tem sinal negativo.

Resolva Em (a), a água que constitui o cubo de gelo é o sistema. Ao derreter, o cubo de gelo absorve calor da vizinhança, portanto ΔH é positivo e o processo é endotérmico. Em (b), o sistema é composto de 1 g de butano e do oxigênio necessário para a queima. A combustão do butano resulta em liberação de calor, portanto ΔH é negativo e o processo é exotérmico.

▶ **Para praticar**
Quando o ouro fundido é despejado em um molde, ele se solidifica à pressão atmosférica. Considerando o ouro o sistema, a solidificação é um processo exotérmico ou endotérmico?

OLHANDO DE PERTO | Energia, entalpia e trabalho P-V

Na química, interessa-nos principalmente dois tipos de trabalho: trabalho elétrico e trabalho mecânico produzido pela expansão de gases. Neste momento, nosso foco é no segundo tipo de trabalho, chamado de pressão-volume, ou *P–V*. A expansão de gases no cilindro de um motor de automóvel realiza trabalho *P–V* no êmbolo; por fim, esse trabalho faz girar as rodas. A expansão de gases em um recipiente aberto realiza trabalho *P–V* na atmosfera. Esse trabalho, do ponto de vista prático, não serve para nada; no entanto, ao monitorar variações de energia em um sistema, é necessário ficarmos atentos a todo tipo de trabalho, seja ele útil ou não.

Consideremos um gás em um cilindro com um pistão móvel tendo uma área de seção transversal A (**Figura 5.13**). Uma força F atua sobre o pistão. A pressão P no gás é a força por área: $P = F/A$. Vamos supor que o pistão não possui massa e que a única pressão que age sobre ele é a *pressão atmosférica*, que resulta da atmosfera da Terra e pode ser considerada constante.

Suponha que o gás se expanda e o pistão mova-se a uma altura Δh. A partir da Equação 5.1, definimos a magnitude do trabalho realizado pelo sistema:

$$\text{Magnitude do trabalho} = \text{força} \times \text{distância} = F \times \Delta h \quad [5.10]$$

Podemos expressar a definição de pressão, $P = F/A$, como $F = P \times A$. A variação de volume, ΔV, resultante do movimento do pistão é o produto da área da seção transversal do pistão pela altura de deslocamento: $\Delta V = A \times \Delta h$. Substituindo na Equação 5.10, temos:

$$\text{Magnitude do trabalho} = F \times \Delta h = P \times A \times \Delta h$$
$$= P \times \Delta V$$

Como o sistema (o gás no interior do cilindro) realiza trabalho na vizinhança, o trabalho tem um sinal negativo:

$$w = -P\Delta V \quad [5.11]$$

Agora, se o trabalho *P-V* é o único que pode ser realizado, podemos substituir a Equação 5.11 na Equação 5.4:

$$\Delta E = q + w = q - P\Delta V \quad [5.12]$$

Quando uma reação ocorre em um recipiente de volume constante (ΔV = 0), o calor transferido é igual à variação de energia interna:

$$\Delta E = q - P\Delta V = q - P(0) q_V \quad \text{(volume constante)} \quad [5.13]$$

O V subscrito indica que o volume é constante.

A maioria das reações ocorre sob pressão constante, de modo que a Equação 5.12 torna-se:

$$\Delta E = q_P - P\Delta V$$
$$q_P = \Delta E + P\Delta V \quad \text{(pressão constante)} \quad [5.14]$$

A Equação 5.8 mostra que o lado direito da Equação 5.14 representa a variação de entalpia sob condições de pressão constante. Assim, $\Delta H = q_P$, como vimos na Equação 5.9.

Em resumo, a variação de energia interna é igual ao calor ganho ou perdido a um volume constante, e a variação de entalpia é igual ao calor ganho ou perdido à pressão constante. A diferença entre ΔE e ΔH é a quantidade de trabalho *P-V* realizado pelo sistema quando o processo ocorre à pressão constante, $-P\Delta V$. A variação de volume que acompanha muitas reações é próxima de zero, tornando o produto $P\Delta V$ e, consequentemente, a diferença entre ΔE e ΔH pequena. Na maioria das circunstâncias, costuma ser satisfatório utilizar ΔH como a medida das variações de energia durante a maioria dos processos químicos.

Exercícios relacionados: 5.35-5.38, 5.107

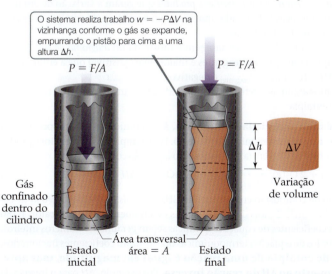

▲ **Figura 5.13 Trabalho pressão-volume.** A quantidade de trabalho realizado na vizinhança pelo sistema é $w = -P\Delta V$.

> **Exercícios de autoavaliação**
>
> **EAA 5.5** Qual das seguintes afirmações sobre a entalpia está correta? (**a**) A entalpia é outro nome para a energia interna. (**b**) Um processo em que $\Delta H > 0$ é chamado de exotérmico. (**c**) Como a entalpia está relacionada ao calor, a variação de entalpia de um processo depende do caminho adotado. (**d**) Para um processo que ocorre sob pressão constante, a variação de entalpia é igual à quantidade de calor transferida para ou do sistema.
>
> **EAA 5.6** Um gás é confinado em um cilindro equipado com um pistão sob temperatura constante. Sob pressão constante de 1,60 atm sobre o cilindro, o gás é comprimido de um volume inicial de 2,00 L para um volume final de 0,80 L. Em J, qual é a magnitude e o sinal do trabalho realizado durante esse processo? (Obs.: 1 L-atm = 101,3 J) (**a**) 0 J (**b**) −194 J (**c**) −130 J (**d**) +130 J (**e**) +194 J
>
> **EAA 5.7** Quando um sistema composto de um bloco de gelo seco, $CO_2(s)$, é colocado sobre uma prancha de madeira em temperatura ambiente e sob pressão atmosférica constante, ele sublima e se transforma em $CO_2(g)$. Esse processo é _____ e possui um valor _____ de ΔH. (**a**) endotérmico, positivo (**b**) endotérmico, negativo (**c**) exotérmico, positivo (**d**) exotérmico, negativo

5.4 | Entalpias de reação

Nesta seção, começaremos a explorar uma das maneiras mais comuns do uso da entalpia entre os químicos: ao analisar a variação de entalpia que ocorre durante uma reação química.

Lembre-se que $\Delta H = H_{final} - H_{inicial}$. Portanto, a variação de entalpia para uma reação química é dada pela equação:

$$\Delta H = H_{produtos} - H_{reagentes} \quad [5.15]$$

A variação de entalpia que acompanha uma reação é chamada de **entalpia de reação** ou de *calor de reação* e é, algumas vezes, representada por ΔH_{rea}, em que "rea" é uma abreviatura utilizada para "reação".

Quando estabelecemos um valor numérico para ΔH_{rea}, devemos especificar a reação envolvida. Por exemplo, quando 2 mols de $H_2(g)$ queimam para formar 2 mols de $H_2O(g)$ a uma pressão constante, o sistema libera 483,6 kJ de calor. Podemos resumir essa informação da seguinte maneira:

$$2\,H_2(g) + O_2(g) \longrightarrow 2\,H_2O(g) \quad \Delta H = -483,6\,kJ \quad [5.16]$$

O sinal negativo de ΔH indica que essa reação é exotérmica. Note que ΔH é apresentado no final da equação balanceada, que não especifica explicitamente as quantidades de substâncias químicas envolvidas. Em tais casos, *os coeficientes da equação balanceada representam a quantidade de matéria (em mols) de reagentes e produtos* que geram a variação de entalpia associada. Equações químicas balanceadas que mostram a variação de entalpia associada são chamadas de *equações termoquímicas*.

A natureza exotérmica das reações também é mostrada no *diagrama de entalpia* na **Figura 5.14**. Note que a entalpia dos reagentes é maior (mais positiva) que a entalpia dos produtos. Assim, $\Delta H = H_{produtos} - H_{reagentes}$ é negativo.

A seguir, veremos algumas diretrizes úteis quando utilizamos equações termoquímicas e diagramas de entalpia:

1. **A entalpia é uma propriedade extensiva.** A magnitude de ΔH é proporcional à quantidade de reagente consumida no processo. Por exemplo, 890 kJ de calor é produzido quando 1 mol de CH_4 entra em combustão à pressão constante:

$$CH_4(g) + 2\,O_2(g) \longrightarrow CO_2(g) + 2\,H_2O(l) \quad \Delta H = -890\,kJ \quad [5.17]$$

Já que a reação de combustão entre 1 mol de CH_4 e 2 mols de O_2 libera 890 kJ de calor, a combustão entre 2 mols de CH_4 e 4 mols de O_2 libera o dobro de calor, 1.780 kJ. Embora os coeficientes de equações químicas sejam geralmente números inteiros, veremos exemplos de equações termoquímicas que utilizam coeficientes fracionários.

2. **A variação de entalpia de uma reação é igual em magnitude, mas apresenta sinal oposto ao ΔH da reação inversa.** Por exemplo, ΔH para o inverso da Equação 5.17 é +890 kJ:

$$CO_2(g) + 2\,H_2O(l) \longrightarrow CH_4(g) + 2\,O_2(g) \quad \Delta H = +890\,kJ \quad [5.18]$$

> **Objetivos de aprendizagem**
>
> Após terminar a Seção 5.4, você deve ser capaz de:
> ▶ Interpretar a entalpia de reação, ΔH, usando as entalpias dos produtos e dos reagentes.
> ▶ Determinar a variação de ΔH quando a equação para uma reação balanceada é multiplicada pelo mesmo número ou quando a reação é invertida.

Capítulo 5 | Termoquímica

> **Resolva com ajuda da figura** Se uma reação causa uma explosão, o que podemos concluir sobre ΔH?

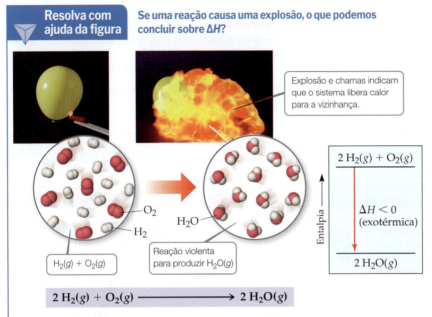

▲ **Figura 5.14 Reação exotérmica entre hidrogênio e oxigênio.** Quando uma mistura de H₂(g) e O₂(g) reage para formar H₂O(g), a explosão resultante produz uma bola de fogo. Por ocorrer liberação de calor do sistema para a vizinhança, a reação é exotérmica, como indicado no diagrama de entalpia.

Quando invertemos uma reação, também invertemos os papéis de produtos e reagentes. Com base na Equação 5.15, vemos que inverter produtos e reagentes leva à mesma magnitude de ΔH, mas com mudança de sinal (**Figura 5.15**).

3. **A variação de entalpia de uma reação depende dos estados de reagentes e produtos.** Se o produto na Equação 5.17 fosse H₂O(g) em vez de H₂O(l), ΔH_rea seria −802 kJ em vez de −890 kJ. Menos calor seria liberado para a vizinhança, porque a entalpia de H₂O(g) é maior do que a de H₂O(l). Uma maneira de perceber isso é imaginar que o produto seja, inicialmente, a água líquida. A água líquida deve ser convertida em vapor, e a conversão de 2 mols de H₂O(l) para 2 mols de H₂O(g) é um processo endotérmico que absorve 88 kJ:

$$2\,H_2O(l) \longrightarrow 2\,H_2O(g) \quad \Delta H = +88\text{ kJ} \qquad [5.19]$$

Desse modo, é importante especificar os estados de reagentes e produtos em equações termoquímicas. Além disso, de maneira geral, consideraremos reagentes e produtos na mesma temperatura, 25 °C, a menos que seja indicado o contrário.

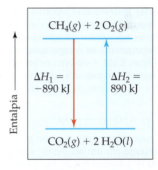

▲ **Figura 5.15 ΔH de uma reação inversa.** Inverter uma reação altera o sinal, mas não a magnitude da variação de entalpia: ΔH₂ = −ΔH₁.

Exercício resolvido 5.4

Como relacionar ΔH às quantidades de reagentes e produtos

Quanto de calor é liberado quando 4,50 g de gás metano entra em combustão à pressão constante? (Considere a informação dada na Equação 5.17.)

SOLUÇÃO

Analise Nosso objetivo é aplicar uma equação termoquímica para calcular o calor produzido quando uma quantidade específica de gás metano é queimada. De acordo com a Equação 5.17, 890 kJ é liberado pelo sistema quando 1 mol de CH₄ é queimado à pressão constante.

Planeje A Equação 5.17 nos fornece um fator de conversão estequiométrico: 1 mol de CH₄ ≏ −890 kJ. Dessa forma, podemos converter mols de CH₄ em kJ de energia, mas antes é necessário converter gramas de CH₄ em mols de CH₄.

Resolva

A sequência de conversão é:

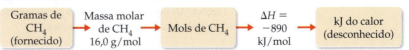

(Continua)

Ao somar as massas atômicas de C e 4 H, temos que 1 mol de CH_4 = 16,0 g de CH_4. Agora podemos usar os fatores de conversão apropriados para converter gramas de CH_4 em mols de CH_4 e, em seguida, em quilojoules:

$$\text{Calor} = (4{,}50 \text{ g } CH_4)\left(\frac{1 \text{ mol } CH_4}{16{,}0 \text{ g } CH_4}\right)\left(\frac{-890 \text{ kJ}}{1 \text{ mol } CH_4}\right) = -250 \text{ kJ}$$

O sinal negativo indica que o sistema liberou 250 kJ para a vizinhança.

> **▶ Para praticar**
>
> O peróxido de hidrogênio pode se decompor em água e oxigênio por meio da reação:
>
> $$2\,H_2O_2(l) \longrightarrow 2\,H_2O(l) + O_2(g) \qquad \Delta H = -196 \text{ kJ}$$
>
> Calcule a quantidade de calor liberada quando 5,00 g de $H_2O_2(l)$ decompõem-se à pressão constante.

OLHANDO DE PERTO | Usando a entalpia como um guia

Se você segurar um tijolo no ar e soltá-lo, já sabe o que vai acontecer: ele vai cair, pois a força da gravidade puxa-o em direção à Terra. Um processo termodinamicamente favorável, como a queda de um tijolo, é chamado de processo *espontâneo*. Um processo espontâneo pode ser rápido ou lento, pois a velocidade com que os processos ocorrem não é governada pela termodinâmica.

Processos químicos também podem ser termodinamicamente favoráveis, ou espontâneos. No entanto, por espontâneo não queremos dizer que produtos são formados em uma reação sem que haja a necessidade de intervenção. Isso pode acontecer, mas, muitas vezes, um pouco de energia deve ser fornecida para que o processo possa iniciar. Assim como é espontâneo quando uma rocha rola morro abaixo depois que começa a se mover, também pode ser espontâneo que uma reação química ocorra após o fornecimento de energia suficiente para iniciar a reação (**Figura 5.16**). A variação de entalpia em uma reação nos fornece um indicativo quanto à espontaneidade da reação. A combustão de $H_2(g)$ e $O_2(g)$, por exemplo, é altamente exotérmica:

$$H_2(g) + \tfrac{1}{2}O_2(g) \longrightarrow H_2O(g) \qquad \Delta H = -242 \text{ kJ}$$

Gás hidrogênio e gás oxigênio podem coexistir indefinidamente em um recipiente sem que notemos a existência de qualquer reação. No entanto, uma vez que a reação é iniciada, a energia é rapidamente transferida do sistema (reagentes) para a vizinhança na forma de calor, como mostra a Figura 5.14. O sistema perde, portanto, entalpia, transferindo calor para a vizinhança. (Lembre-se de que a primeira lei da termodinâmica afirma que a energia total do sistema somada à da vizinhança não muda; a energia é conservada.)

Contudo, a variação de entalpia não é o único fator a ser considerado no que diz respeito à espontaneidade de reações, nem é um guia infalível. Por exemplo, apesar de a fusão do gelo ser um processo endotérmico,

$$H_2O(s) \longrightarrow H_2O(l) \qquad \Delta H = +6{,}01 \text{ kJ}$$

esse processo é espontâneo a temperaturas acima do ponto de fusão da água (0 °C). Já o processo inverso, ou seja, o congelamento da água, é espontâneo a temperaturas abaixo de 0 °C. Assim, sabemos que o gelo derrete à temperatura ambiente e que a água colocada em

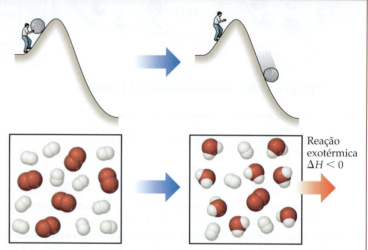

▲ **Figura 5.16 Reações exotérmicas e espontaneidade.** As reações químicas altamente exotérmicas (ΔH muito menor do que 0) costumam ocorrer espontaneamente. Em geral, essas reações precisam de alguma quantidade de energia para iniciarem, assim como um empurrãozinho pode ser necessário para fazer uma rocha rolar morro abaixo até um ponto com energia potencial menor. Contudo, depois que começam, essas reações formam espontaneamente os produtos, que têm energia potencial menor.

um congelador a −20 °C transforma-se em gelo. Ambos os processos são espontâneos sob condições diferentes, apesar de serem o inverso um do outro. No Capítulo 19, vamos abordar a espontaneidade dos processos mais profundamente. Entenderemos o motivo de um processo poder ser espontâneo em uma dada temperatura, mas não em outra, como é o caso da transformação da água em gelo.

Apesar desses complicadores, é importante estar atento às variações de entalpia das reações. Como observação geral, quando a variação de entalpia é grande, ela é o principal fator para a determinação da espontaneidade. Assim, reações em que ΔH é *grande* (cerca de 100 kJ ou mais) e *negativo* tendem a ser espontâneas. As reações em que ΔH é *grande* e *positivo* tendem a ser espontâneas apenas no sentido inverso.

Exercícios relacionados: 5.47, 5.48

Em muitas situações, será importante saber o sinal e a magnitude da variação de entalpia associada a um determinado processo químico. Como descreveremos nas próximas seções, ΔH pode ser determinado por experimentos ou calculado a partir de variações de entalpia conhecidas de outras reações.

Exercícios de autoavaliação

EAA 5.8 Para uma reação hipotética X(g) → Y(g), você é informado que a entalpia de Y(g) é maior do que a de X(g). Qual das afirmações a seguir é *falsa*? (**a**) ΔH para a reação é positiva. (**b**) Em um diagrama de entalpia, a linha de Y(g) está abaixo da linha de X(g). (**c**) A reação é endotérmica. (**d**) As entalpias de X(g) e Y(g) poderiam ter valores negativos.

EAA 5.9 A equação abaixo é a reação balanceada e a variação de entalpia quando um mol de gás monóxido de carbono é formado a partir de grafite e gás oxigênio sob pressão constante:

$$C(s) + \tfrac{1}{2} O_2(g) \longrightarrow CO(g) \quad \Delta H = -110,5 \text{ kJ}$$

Qual é a variação de entalpia para a seguinte reação:

$$2\, CO(g) \longrightarrow 2\, C(s) + O_2(g) \quad \Delta H = ?$$

(**a**) −221,0 kJ (**b**) −55,25 kJ (**c**) +55,25 kJ (**d**) +221,0 kJ (**e**) Mais informações são necessárias.

EAA 5.10 Hidróxido de sódio sólido dissolve em água para formar uma solução aquosa de cátions de sódio e ânions hidróxido:

$$NaOH(s) \longrightarrow Na^+(aq) + OH^-(aq) \quad \Delta H = -44,5 \text{ kJ}$$

Quanto calor é liberado para a solução quando 25,0 g de NaOH(s) é dissolvido em água sob pressão constante? (**a**) 1,78 kJ (**b**) 27,8 kJ (**c**) 44,5 kJ (**d**) 71,2 kJ (**e**) 1.110 kJ

5.5 | Calorimetria

O valor de ΔH pode ser determinado experimentalmente por meio da medida do fluxo de calor que acompanha a reação à pressão constante. Geralmente, pode-se determinar a magnitude do fluxo de calor por meio da medida da magnitude da variação de temperatura que esse fluxo de calor produz. A medição do fluxo de calor é denominada **calorimetria**, e o aparelho utilizado para medir o fluxo de calor chama-se **calorímetro**.

Objetivos de aprendizagem

Após terminar a Seção 5.5, você deve ser capaz de:

▶ Interpretar a capacidade calorífica e o calor específico como medidas do calor necessário para variar a temperatura de uma substância.

▶ Usar as relações entre C_e, q, m e ΔT para calcular um dos valores quando os outros três são dados.

▶ Descrever como um calorímetro a pressão constante funciona e analisar os resultados da calorimetria a pressão constante para determinar o calor das reações.

▶ Descrever como um calorímetro a volume constante funciona e analisar os resultados da calorimetria a volume constante para determinar o calor das reações.

Capacidade calorífica e calor específico

Todas as substâncias esquentam quando calor é adicionado a elas, mas a magnitude da variação de temperatura produzida por uma determinada quantidade de calor depende da identidade da substância. A variação de temperatura de um objeto quando ele absorve uma quantidade de calor é determinada por sua **capacidade calorífica**, C. A capacidade calorífica de um objeto representa a quantidade de calor necessária para elevar sua temperatura em 1 K (ou 1 °C). Quanto maior for a capacidade calorífica, maior será o calor necessário para produzir um dado aumento de temperatura.

No caso de substâncias puras, a capacidade calorífica geralmente é dada para uma determinada quantidade de substância. A capacidade calorífica de um mol de uma substância é chamada de **capacidade calorífica molar**, C_m. A capacidade calorífica de um grama de uma substância é chamada de *capacidade calorífica específica*, ou apenas **calor específico**, C_e. O calor específico de uma substância pode ser determinado experimentalmente a partir da medição da variação de temperatura, ΔT, pela qual uma massa conhecida m da substância passa quando ganha ou perde uma quantidade específica de calor q:

$$\text{Calor específico} = \frac{\text{(quantidade de calor transferido)}}{\text{(gramas de substâncias)} \times \text{(variação de temperatura)}}$$

$$C_e = \frac{q}{m \times \Delta T} \qquad [5.20]$$

Por exemplo, 209 J são necessários para aumentar a temperatura de 50,0 g de água em 1,00 K. Assim, o calor específico da água é:

$$C_e = \frac{209 \text{ J}}{(50,0 \text{ g})(1,00 \text{ K})} = 4,18 \text{ J/g} - K$$

Observe como as unidades são combinadas no cálculo. Uma variação de temperatura em Kelvin é igual em magnitude a uma variação de temperatura em graus Celsius. (Seção 1.5) Portanto, esse calor específico para água também pode ser 4,18 J/g-°C, e esta unidade é pronunciada "Joules por grama-graus Celsius".

178 Química: a ciência central

Resolva com ajuda da figura

O processo mostrado na figura é endotérmico ou exotérmico?

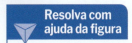

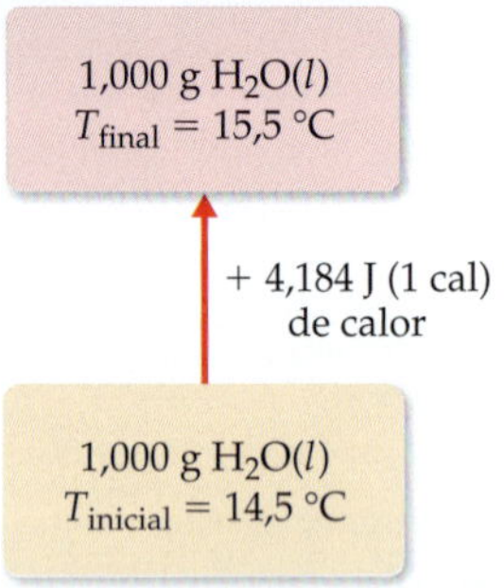

▲ Figura 5.17 O calor específico da água é 4,184 J (1 cal) a 14,5 °C.

Como os valores de calor específico para uma determinada substância variam ligeiramente com a temperatura, ela deve ser especificada com precisão. Por exemplo, o valor de 4,18 J/g-K utilizado aqui para a água se refere à água inicialmente a 14,5 °C (**Figura 5.17**). O calor específico da água a essa temperatura é usado para definir a caloria, como vimos na Seção 1.5, sendo 1 cal = 4,184 J.

Quando uma amostra absorve calor (q positivo), sua temperatura aumenta (ΔT positivo). Rearranjando a Equação 5.20, obtemos:

$$q = C_e \times m \times \Delta T \qquad [5.21]$$

Assim, podemos calcular a quantidade de calor que uma substância ganha ou perde usando seu calor específico, a medida de massa e a variação de temperatura.

A **Tabela 5.2** lista os calores específicos de várias substâncias. Note que o calor específico da água líquida é maior do que o das outras substâncias. O alto calor específico da água afeta o clima da Terra, porque torna as temperaturas dos oceanos relativamente resistentes à variação.

TABELA 5.2 Calores específicos de algumas substâncias a 298 K

Elementos		Compostos	
Substância	Calor específico (J/g-K)	Substância	Calor específico (J/g-K)
$N_2(g)$	1,04	$H_2O(l)$	4,18
$Al(s)$	0,90	$CH_4(g)$	2,20
$Fe(s)$	0,45	$CO_2(g)$	0,84
$Hg(l)$	0,14	$CaCO_3(s)$	0,82

 Exercício resolvido 5.5

Relação entre calor, variação de temperatura e capacidade calorífica

(a) Quanto de calor é necessário para aquecer 250 g de água (cerca de 1 xícara) de 22 °C (próxima da temperatura ambiente) a 98 °C (próxima do ponto de ebulição da água)? (b) Qual é a capacidade calorífica molar da água?

SOLUÇÃO

Analise Na parte (a), deve-se encontrar a quantidade de calor (q) necessária para aquecer a água, dada a massa (m), a variação de temperatura (ΔT) e seu calor específico (C_e). Na parte (b), devemos calcular a capacidade calorífica molar (capacidade calorífica por mol, C_m) da água a partir de seu calor específico (capacidade calorífica por grama).

Planeje (a) Sabendo C_e, m e ΔT, pode-se calcular a quantidade de calor, q, aplicando a Equação 5.21. (b) Podemos usar a massa molar da água e a análise dimensional para converter a capacidade calorífica por grama em capacidade calorífica por mol.

Resolva

(a) A água passa por uma variação de temperatura: $\Delta T = 98°C - 22°C = 76°C = 76 \text{ K}$

Usando a Equação 5.21, temos:
$$q = C_e \times m \times \Delta T$$
$$= (4,18 \text{ J/g-K})(250 \text{ g})(76 \text{ K}) = 7,9 \times 10^4 \text{ J}$$

(b) A capacidade calorífica molar é a capacidade calorífica de um mol de substância. Usando os pesos atômicos do hidrogênio e do oxigênio, temos:

$$1 \text{ mol } H_2O = 18,0 \text{ g } H_2O$$

A partir do calor específico usado na parte (a), temos:

$$C_m = \left(4,18 \frac{\text{J}}{\text{g-K}}\right)\left(\frac{18,0 \text{ g}}{1 \text{ mol}}\right) = 75,2 \text{ J/mol-K}$$

▶ **Para praticar**

(a) Grandes bases rochosas são utilizadas em casas com aquecimento solar para armazenar calor. Suponha que o calor específico das rochas seja 0,82 J/g-K. Calcule a quantidade de calor absorvida por 50,0 kg de rochas, considerando um aumento de temperatura de 12,0 °C. (b) Qual será a variação de temperatura dessas rochas se elas emitirem 450 kJ de calor?

Calorimetria a pressão constante

As técnicas e os equipamentos utilizados na calorimetria dependem da natureza do processo a ser estudado. Para muitas reações, como as que ocorrem em solução, é fácil controlar a pressão de modo que o ΔH seja medido diretamente. Frequentemente utiliza-se um simples calorímetro de copo de isopor (**Figura 5.18**) em laboratórios de química geral para ilustrar os princípios da calorimetria. Como ele não é selado, a reação ocorre essencialmente sob a pressão constante da atmosfera.

Imagine que foram adicionadas duas soluções aquosas, cada uma contendo um reagente, a um calorímetro de copo de isopor. Uma vez misturadas, ocorre uma reação. Nesse caso, não há uma fronteira física entre o sistema e a vizinhança. Os reagentes e os produtos da reação são o sistema, e a água na qual eles estão dissolvidos faz parte da vizinhança – o calorímetro também faz parte da vizinhança. Se supormos que o calorímetro está perfeitamente isolado, todo e qualquer calor liberado ou absorvido pela reação provocará um aumento ou uma diminuição na temperatura da água. Assim, nós medimos a variação de temperatura da solução e consideramos que todas as alterações resultam do calor transferido da reação para a água (processo exotérmico) ou da água para a reação (processo endotérmico). Em outras palavras, mediante o monitoramento da temperatura da solução, podemos verificar a direcionalidade do fluxo de calor entre o sistema (os reagentes e produtos na solução) e a vizinhança (a água que constitui a maior parte da solução).

Em uma reação exotérmica, o calor é "perdido" pela reação e "ganho" pela água, de modo que a temperatura da solução aumenta. O inverso ocorre em uma reação endotérmica: o calor é ganho pela reação e perdido pela água, o que provoca a diminuição da temperatura da solução. O calor ganho ou perdido pela solução, q_{sol}, é, portanto, igual em magnitude, mas de sinal oposto ao calor absorvido ou liberado pela reação, q_{rea}: $q_{sol} = -q_{rea}$. O valor de q_{sol} é facilmente calculado a partir da massa da solução, do seu calor específico e da variação de temperatura:

$$q_{sol} = \text{(calor específico da solução)} \times \text{(massa da solução)} \times \Delta T = -q_{rea} \quad [5.22]$$

Para soluções aquosas diluídas, o calor específico da solução é quase sempre igual ao da água pura, então normalmente podemos considerar que o calor específico da solução é 4,18 J/g-K.

A Equação 5.22 possibilita o cálculo de q_{rea} a partir da variação de temperatura da solução em que ocorre a reação. Um aumento da temperatura ($\Delta T > 0$) significa que a reação é exotérmica ($q_{rea} < 0$).

> **Resolva com ajuda da figura**
>
> Proponha uma razão para a prática comum de utilização de dois copos de isopor em vez de um.

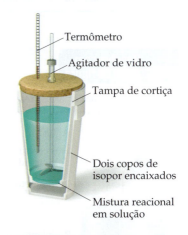

▲ **Figura 5.18 Calorímetro de copo de isopor.** Esse aparelho simples é utilizado para medir variações de temperatura de reações a pressão constante.

Exercício resolvido 5.6

Medição do ΔH utilizando um calorímetro de copo de isopor

Quando um estudante mistura 50 mL de HCl a 1,0 *M* e 50 mL de NaOH a 1,0 *M* em um calorímetro de copo de isopor, a temperatura da solução resultante aumenta de 21,0 para 27,5 °C. Calcule a variação da entalpia para a reação em kJ/mol de HCl, considerando que o calorímetro perde apenas uma quantidade insignificante de calor, que o volume total da solução é igual a 0,10 L, que sua densidade é 1,0 g/mL e que seu calor específico é 4,18 J/g-K.

SOLUÇÃO

Analise Misturar soluções de HCl e NaOH resulta em uma reação ácido-base:

$$HCl(aq) + NaOH(aq) \longrightarrow H_2O(l) + NaCl(aq)$$

O objetivo é calcular o calor produzido por mol de HCl a partir dos dados apresentados de aumento de temperatura da solução, quantidade de matéria (em mols) de HCl e NaOH, densidade e calor específico da solução.

Planeje O calor total produzido pode ser calculado ao aplicar a Equação 5.22. A quantidade de matéria de HCl consumida na reação deve ser calculada a partir do volume e da concentração em quantidade de matéria (molaridade) dessa substância, e esse valor deve ser usado para determinar o calor produzido por mol de HCl.

Resolva

Uma vez que o volume total da solução é igual a 0,10 L (ou 100 mL), sua massa será:	$(100 \text{ mL})(1,0 \text{ g mL}) = 100 \text{ g}$ (dois algarismos significativos)
A variação da temperatura é:	$\Delta T = 27,5°C - 21,0°C = 6,5°C = 6,5 \text{ K}$
Usando a Equação 5.22, temos:	$q_{rea} = -C_e \times m \times \Delta T$ $= -(4,18 \text{ J/g-K})(100 \text{ g})(6,5 \text{ K}) = -2,7 \times 10^3 \text{ J} = -2,7 \text{ kJ}$
Como o processo ocorre à pressão constante, denotamos q_{rea} como q_P:	$\Delta H = q_P = -2,7 \text{ kJ}$
Para expressar a variação de entalpia em uma base molar, recorremos ao fato de que a quantidade de matéria (em mols) de HCl é obtida pela multiplicação do volume (50 mL = 0,050 L) e da concentração (1,0 *M* = 1,0 mol/L) da solução de HCl:	$(0,0500 \text{ L})(1,0 \text{ mol/L}) = 0,050 \text{ mol}$
Assim, a variação de entalpia por mol de HCl é:	$\Delta H = -2,7 \text{ kJ}/0,050 \text{ mol} = -54 \text{ kJ/mol}$

Confira ΔH é negativo (exotérmico), como evidenciado pelo aumento da temperatura. A magnitude da variação de entalpia molar parece razoável.

▶ **Para praticar**
Quando 50,0 mL de $AgNO_3$ a 0,100 M e 50,0 mL de HCl a 0,100 M são misturados em um calorímetro a pressão constante, a temperatura da mistura aumenta de 22,30 para 23,11 °C. O aumento da temperatura é causado pela seguinte reação:

$$AgNO_3(aq) + HCl(aq) \longrightarrow AgCl(s) + HNO_3(aq)$$

Calcule ΔH para essa reação em kJ/mol de $AgNO_3$, considerando que a solução tem massa de 100,0 g e calor específico de 4,18 J/g·°C.

Bomba calorimétrica (calorimetria a volume constante)

Um tipo importante de reação estudada que utiliza a calorimetria é a combustão, na qual um composto reage completamente com oxigênio em excesso. (Seção 3.2) Reações de combustão são estudadas com maior precisão quando se utiliza uma **bomba calorimétrica** (Figura 5.19). A substância a ser estudada é colocada em um pequeno cadinho dentro de um recipiente selado e isolado, chamado de *bomba*. A bomba, projetada para resistir a altas pressões, tem uma válvula de entrada para a adição de oxigênio e fios condutores de eletricidade que dão início à reação. Após a amostra ser adicionada, a bomba é selada e pressurizada com oxigênio. Em seguida, é colocada no calorímetro e coberta com uma quantidade de água em medida exata. A reação de combustão é iniciada ao submeter a amostra a uma corrente elétrica por meio de uma resistência em contato com ela. Quando a resistência atinge uma determinada temperatura, a amostra entra em combustão.

O calor liberado decorrente da combustão é absorvido pela água e pelos vários componentes do calorímetro (que, no seu conjunto, constituem a vizinhança), elevando a temperatura da água. A variação da temperatura da água causada pela reação é medida com precisão.

Para calcular o calor de combustão a partir do aumento de temperatura medido, precisamos conhecer a capacidade calorífica total do calorímetro, C_{cal}, normalmente expressa em kJ/°C. Essa quantidade é determinada ao provocar a combustão de uma amostra que libera uma quantidade conhecida de calor e ao medir a variação de temperatura. Por exemplo, a combustão de exatamente 1 g de ácido benzoico, C_6H_5COOH, em uma bomba calorimétrica produz 26,38 kJ de calor. Suponha que 1,000 g de ácido benzoico seja queimado em um calorímetro, levando a um aumento de temperatura de 4,857 °C. A capacidade calorífica do calorímetro é, então, C_{cal} = 26,38 kJ/4,857 °C = 5,431 kJ/°C. Uma vez que conhecemos o valor de C_{cal}, podemos medir as variações de temperatura produzidas por outras reações e, a partir delas, calcular o calor envolvido na reação, q_{rea}:

$$q_{rea} = -C_{cal} \times \Delta T \qquad [5.23]$$

Já que as reações em uma bomba calorimétrica ocorrem a volume constante, o calor transferido corresponde à variação de energia interna, ΔE, e não à variação de entalpia, ΔH (Equação 5.13). No entanto, para a maioria das reações, a diferença entre ΔE e ΔH é muito pequena. Para a reação discutida no Exercício resolvido 5.7, por exemplo, a diferença entre ΔE e ΔH é de aproximadamente 1 kJ/mol: uma diferença de menos de 0,1%. Assim, é possível calcular ΔH a partir de ΔE, mas não precisamos nos preocupar com a forma como essas pequenas correções são feitas.

Resolva com ajuda da figura

A água ao redor da câmara de reação é parte do sistema ou da vizinhança?

- Agitador
- Fios condutores de eletricidade
- Termômetro
- Recipiente isolado
- Bomba (câmara de reação)
- Água
- Amostra

▲ **Figura 5.19** Bomba calorimétrica.

Exercício resolvido 5.7

Medição de q_{rea} com a utilização da bomba calorimétrica

A combustão de metil-hidrazina (CH_6N_2), um combustível líquido para foguetes, produz $N_2(g)$, $CO_2(g)$ e $H_2O(l)$:

$$2\,CH_6N_2(l) + 5\,O_2(g) \longrightarrow 2\,N_2(g) + 2\,CO_2(g) + 6\,H_2O(l)$$

Quando 4,00 g de metil-hidrazina são queimados em uma bomba calorimétrica, a temperatura do calorímetro aumenta de 25,00 para 39,50 °C. Em um experimento separado, foi determinada a capacidade calorífica do calorímetro como 7,794 kJ/°C. Calcule o calor da reação para a combustão de um mol de CH_6N_2.

SOLUÇÃO

Analise Conhecemos ΔT, a capacidade calorífica do calorímetro (C_{cal}) e a quantidade de reagente queimado. O objetivo é calcular a variação de entalpia por mol para a combustão de metil-hidrazina.

Planeje Primeiro, vamos calcular o calor envolvido na combustão da amostra de 4,00 g. Convertemos, então, esse calor em uma quantidade molar.

Resolva Para a combustão de uma amostra de 4,00 g de metil-hidrazina, a variação de temperatura do calorímetro é:

$\Delta T = (39,50°C - 25,00°C) = 14,50°C$

Podemos usar o ΔT e o valor de C_{cal} para calcular o calor da reação (Equação 5.23):

$q_{rea} = -C_{cal} \times \Delta T = -(7,794 \text{ kJ}/°C)(14,50°C) = -113,0 \text{ kJ}$

Podemos converter facilmente esse valor no calor de reação para um mol de CH_6N_2:

$\left(\dfrac{-113,0 \text{ kJ}}{4,00 \text{ g } CH_6N_2}\right) \times \left(\dfrac{46,1 \text{ g } CH_6N_2}{1 \text{ mol } CH_6N_2}\right) = -1,30 \times 10^3 \text{ kJ/mol } CH_6N_2$

Confira As unidades cancelam corretamente e o sinal da resposta é negativo, como deve ser para uma reação exotérmica. A magnitude da resposta parece razoável.

▶ **Para praticar**
Uma amostra de 0,5865 g de ácido lático ($HC_3H_5O_3$) reage com oxigênio em um calorímetro cuja capacidade calorífica é 4,812 kJ/°C. A temperatura aumenta de 23,10 para 24,95 °C. Calcule o calor da combustão do ácido lático (**a**) por grama e (**b**) por mol.

A QUÍMICA E A VIDA | A regulação da temperatura corporal

"Você está com febre?" Para a maioria das pessoas, essa pergunta foi um dos primeiros contatos com um diagnóstico médico. De fato, uma variação de temperatura corporal em apenas alguns graus é indício de que algo vai mal. A manutenção de uma temperatura quase constante é uma das funções fisiológicas mais importantes do corpo humano.

Para entender como são os mecanismos de aquecimento e resfriamento do corpo, podemos considerá-lo um sistema termodinâmico. A energia interna do corpo aumenta por meio da ingestão de alimentos oriundos da vizinhança. Os alimentos, como a glicose ($C_6H_{12}O_6$), são metabolizados, um processo que é essencialmente de oxidação e produz CO_2 e H_2O:

$C_6H_{12}O_6(s) + 6 O_2(g) \longrightarrow 6 CO_2(g) + 6 H_2O(l)$

$\Delta H = -2803 \text{ kJ}$

Cerca de 40% da energia produzida é usada para realizar trabalho na forma de contrações musculares e atividades das células nervosas. O restante é liberado na forma de calor, parte do qual é usada para manter a temperatura corporal. Quando o corpo produz muito calor, como em momentos de esforço físico pesado, ele dissipa o calor excedente para a vizinhança.

O calor é transferido do corpo para a vizinhança principalmente por *radiação*, *convecção* e *evaporação*. Na transferência por radiação, o calor do corpo é liberado para a vizinhança mais fria, como um fogão quente que irradia calor para a vizinhança. Na transferência por convecção, ocorre a perda de calor em virtude do aquecimento do ar em contato com o corpo. O ar quente sobe e é substituído pelo ar frio, reiniciando o processo. Roupas quentes diminuem a perda de calor por convecção quando o tempo está com temperaturas mais frias. O resfriamento por evaporação ocorre quando suor é gerado na superfície da pele por meio das glândulas sudoríparas (**Figura 5.20**). O calor é removido do corpo à medida que o suor evapora. O suor é predominantemente água, de modo que o processo consiste na conversão endotérmica de água no estado líquido em vapor:

$H_2O(l) \longrightarrow H_2O(g) \quad \Delta H = +44,0 \text{ kJ}$

A velocidade com que ocorre o resfriamento evaporativo diminui com o aumento da umidade do ar. É por isso que nos sentimos mais suados e desconfortáveis em dias quentes e úmidos.

Quando a temperatura do corpo se torna muito elevada, a perda de calor aumenta de duas maneiras. Primeiro, o fluxo sanguíneo na superfície da pele aumenta, possibilitando um aumento do resfriamento convectivo e por radiação. A aparência avermelhada ou "corada" de um indivíduo com temperatura corporal alta vem desse aumento de fluxo sanguíneo. Segundo, nós suamos, fato que aumenta o resfriamento evaporativo. Durante uma atividade física intensa, a transpiração pode produzir de 2 a 4 litros de suor por hora. Como resultado, a quantidade de água do corpo deve ser reposta nesses períodos. Se o corpo perder muito líquido por transpiração, ele não conseguirá mais resfriar-se, diminuindo o volume de sangue e levando a uma *exaustão por calor* ou, o que é mais grave, a uma *insolação*. No entanto, repor água sem repor os eletrólitos perdidos durante a transpiração também pode levar a problemas graves. Se o nível normal de sódio no sangue cair muito, podem ocorrer tonturas e confusão, podendo levar a uma condição mais crítica: a *hiponatremia*. Consumir uma bebida isotônica, que contém alguns eletrólitos, ajuda a evitar esse problema.

Quando a temperatura do corpo cai excessivamente, o fluxo sanguíneo para a superfície da pele diminui, o que reduz a perda de calor. A baixa temperatura também desencadeia pequenas contrações involuntárias dos músculos (arrepios), e as reações bioquímicas que geram energia para a realização desse trabalho também produzem calor para o corpo. Se o corpo for incapaz de manter a temperatura normal, pode ser desencadeada uma condição muito perigosa: a *hipotermia*.

▲ **Figura 5.20** A transpiração, um mecanismo para resfriar o corpo humano.

Exercícios de autoavaliação

EAA 5.11 O calor específico do elemento metálico ródio é 0,240 J/g-K a 25 °C. Se 586 J de calor forem adicionados a um bloco de 80,0 g de ródio metálico inicialmente a 25,0 °C, qual será a temperatura final esperada do bloco? (**a**) 26,8 °C (**b**) 30,5 °C (**c**) 32,3 °C (**d**) 55,5 °C (**e**) 2.470 °C

EAA 5.12 Quando 20,0 g de uma solução aquosa de B(*aq*) a 22,0 °C é adicionada a 60,0 g de uma solução aquosa de A(*aq*) também a 22,0 °C em um calorímetro de copo de isopor (Figura 5.18), as duas substâncias reagem e a temperatura da mistura aumenta para 34,3 °C. Qual é a quantidade de calor em kJ liberada durante essa reação? Suponha que o calor específico da solução mesclada seja igual ao da água pura (4,18 J/g-K). (**a**) 3,08 kJ (**b**) 4,11 kJ (**c**) 7,36 kJ (**d**) 11,5 kJ

(Continua)

EAA 5.13 Quando uma amostra de 4,25 g de nitrato de sódio dissolve em 50,0 g de água em um calorímetro de copo de isopor (Figura 5.18), a temperatura aumenta de 24,00 °C para 28,78 °C. Qual é o valor de ΔH (em kJ/mol de $NaNO_3$) para a dissolução do nitrato de sódio:

$$NaNO_3(s) \longrightarrow Na^+(aq) + NO_3^-(aq)$$

Considere que o calor específico da solução é igual ao da água pura (4,18 J/g-K). (**a**) −1,08 kJ/mol (**b**) −1,24 kJ/mol (**c**) −5,19 kJ/mol (**d**) −20,0 kJ/mol (**e**) −21,7 kJ/mol

EAA 5.14 Uma amostra de 3,50 g de naftaleno ($C_{10}H_8$) é queimada em uma bomba calorimétrica cuja capacidade calorífica total é de 9,46 kJ/°C. A temperatura do calorímetro aumenta de 24,1 para 39,0 °C. Qual é o calor de combustão por grama do naftaleno? (**a**) 40,3 kJ/g (**b**) 105 kJ/g (**c**) 141 kJ/g (**d**) 5.160 kJ/g

5.6 | Lei de Hess

Objetivos de aprendizagem

Após terminar a Seção 5.6, você deve ser capaz de:

▶ Usar a lei de Hess para determinar ΔH para uma reação escrita como uma série de etapas.

Nesta seção, mostraremos que, com frequência, é possível calcular o ΔH para uma reação a partir dos seus valores tabelados para outras reações. Assim, não é necessário efetuar medições calorimétricas para todas as reações.

Como a entalpia é uma função de estado, a variação de entalpia, ΔH, associada a todo e qualquer processo químico depende apenas da quantidade de matéria que passa por uma transformação, da natureza do estado inicial dos reagentes e do estado final dos produtos. Isso significa que, se uma determinada reação ocorrer em uma única etapa ou em uma série de etapas, a soma das variações de entalpia associadas às etapas individuais deve ser igual à variação de entalpia associada ao processo em uma única etapa. Por exemplo, a combustão do gás metano, $CH_4(g)$, para formar $CO_2(g)$ e $H_2O(l)$ pode ser considerada um processo de uma etapa, representado à esquerda na **Figura 5.21**, ou de duas etapas, representado à direita na Figura 5.21: (1) combustão de $CH_4(g)$ para formar $CO_2(g)$ e $H_2O(g)$ e (2) condensação de $H_2O(g)$ para formar $H_2O(l)$. A variação de entalpia do processo global é a soma das variações de entalpia dessas duas etapas:

$$CH_4(g) + 2\,O_2(g) \longrightarrow CO_2(g) + 2\,H_2O(g) \qquad \Delta H = -802 \text{ kJ}$$
$$(\text{Add}) \qquad 2\,H_2O(g) \longrightarrow 2\,H_2O(l) \qquad \Delta H = -88 \text{ kJ}$$
$$\overline{CH_4(g) + 2\,O_2(g) + 2\,H_2O(g) \longrightarrow CO_2(g) + 2\,H_2O(l) + 2\,H_2O(g) \qquad \Delta H = -890 \text{ kJ}}$$

A equação global é:

$$CH_4(g) + 2\,O_2(g) \longrightarrow CO_2(g) + 2\,H_2O(l) \qquad \Delta H = -890 \text{ kJ}$$

A **lei de Hess** afirma que *se uma reação é realizada em uma série de etapas, o ΔH para a reação global é igual à soma das variações de entalpia das etapas individuais*. A variação de entalpia global para o processo independe do número de etapas e do caminho da reação. Essa lei é uma consequência do fato de que a entalpia é uma função de estado. Dessa forma, podemos calcular o ΔH para qualquer processo, contanto que encontremos um caminho no qual o ΔH de cada etapa seja conhecido. Isso significa que um número relativamente pequeno de medidas experimentais pode ser usado para calcular o ΔH para um grande número de reações.

A lei de Hess é uma maneira útil de calcularmos as variações de energia, que são difíceis de medir diretamente. Por exemplo, podemos usar as variações de entalpia para reações de combustão, relativamente simples de medir, para determinar a variação de entalpia de uma reação que não envolve combustão. Um exemplo é dado no Exercício resolvido 5.8, no qual utilizamos reações de combustão para determinar a variação de entalpia quando $C(s)$ reage com $H_2(g)$.

O ponto-chave desses exemplos é que H é uma função de estado.

Como H é uma função de estado, para um determinado conjunto de reagentes e produtos, ΔH será igual se a reação ocorrer em uma única etapa ou em uma série de etapas.

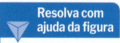

Resolva com ajuda da figura

Qual processo corresponde à variação de entalpia de −88 kJ?

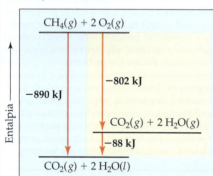

▲ **Figura 5.21** Diagrama de entalpia para a combustão de um mol de metano. A variação de entalpia da reação em uma etapa é igual à soma das alterações de entalpia da reação em dois passos: −890 kJ = −802 kJ + (−88 kJ).

Vamos reforçar esse ponto com mais um exemplo de diagrama de entalpia e lei de Hess. Novamente, usaremos a combustão do metano em CO_2 e H_2O, a reação da Figura 5.21. Desta vez, veremos um caminho diferente de duas etapas, com a formação inicial de CO, que é, então, convertido em CO_2 (**Figura 5.22**). Mesmo que esse caminho em duas etapas seja diferente do mostrado na Figura 5.21, a reação global terá novamente $\Delta H_1 = -890$ kJ. Pelo fato de H ser uma função de estado, ambos os caminhos *devem* resultar no mesmo valor de ΔH. Na Figura 5.22, isso significa que $\Delta H_1 = \Delta H_2 + \Delta H_3$. Em breve, veremos que dividir as reações dessa maneira permitirá deduzir as variações de entalpia de reações difíceis de realizar em laboratório.

Exercício resolvido 5.8
Como usar a lei de Hess para calcular o ΔH

Calcule o ΔH da reação

$$2\,C(s) + H_2(g) \longrightarrow C_2H_2(g)$$

Para isso, são dadas as seguintes equações químicas e suas respectivas variações de entalpia:

$$C_2H_2(g) + \tfrac{5}{2}O_2(g) \longrightarrow 2\,CO_2(g) + H_2O(l) \qquad \Delta H = -1299{,}6\ \text{kJ}$$
$$C(s) + O_2(g) \longrightarrow CO_2(g) \qquad \Delta H = -393{,}5\ \text{kJ}$$
$$H_2(g) + \tfrac{1}{2}O_2(g) \longrightarrow H_2O(l) \qquad \Delta H = -285{,}8\ \text{kJ}$$

SOLUÇÃO

Analise Com base em uma equação química, deve-se calcular seu ΔH aplicando três equações químicas e suas variações de entalpia associadas.

Planeje Empregaremos a lei de Hess, somando as três equações ou seus inversos e multiplicando cada uma por um coeficiente adequado, para que a soma resulte na equação global da reação de interesse. Ao mesmo tempo, controlaremos os valores de ΔH, invertendo seus sinais se as reações forem invertidas e multiplicando-os pelo coeficiente empregado nas reações.

Resolva Invertemos a primeira equação, porque a equação global tem C_2H_2 como produto; portanto, o sinal de ΔH muda. A equação desejada tem $2\,C(s)$ como reagente, por isso multiplicamos a segunda equação e seu ΔH por 2. Mantemos a terceira equação inalterada, pois a equação global tem H_2 como reagente. Em seguida, somamos as três equações e suas variações de entalpia de acordo com a lei de Hess:

$$\begin{aligned}
2\,CO_2(g) + H_2O(l) &\longrightarrow C_2H_2(g) + \tfrac{5}{2}O_2(g) & \Delta H &= +1299{,}6\ \text{kJ}\\
2\,C(s) + 2\,O_2(g) &\longrightarrow 2\,CO_2(g) & \Delta H &= -787{,}0\ \text{kJ}\\
H_2(g) + \tfrac{1}{2}O_2(g) &\longrightarrow H_2O(l) & \Delta H &= -285{,}8\ \text{kJ}\\
\hline
2\,C(s) + H_2(g) &\longrightarrow C_2H_2(g) & \Delta H &= 226{,}8\ \text{kJ}
\end{aligned}$$

Após as equações serem somadas, as quantidades totais de CO_2, O_2 e H_2O serão as mesmas em ambos os lados da seta. Eles são cancelados quando escrevemos a equação global.

Confira O procedimento deve estar correto porque obtivemos a equação global correta. Em casos como esse, você deve retomar as manipulações numéricas dos valores de ΔH para garantir que não cometeu algum erro em relação aos sinais ou aos coeficientes.

▶ **Para praticar**
Calcule o ΔH da reação
$$NO(g) + O(g) \longrightarrow NO_2(g)$$

São dadas as seguintes informações:

$$NO(g) + O_3(g) \longrightarrow NO_2(g) + O_2(g) \qquad \Delta H = -198{,}9\ \text{kJ}$$
$$O_3(g) \longrightarrow \tfrac{3}{2}O_2(g) \qquad \Delta H = -142{,}3\ \text{kJ}$$
$$O_2(g) \longrightarrow 2\,O(g) \qquad \Delta H = 495{,}0\ \text{kJ}$$

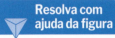 Suponha que a reação global tenha sido modificada para produzir $2\,H_2O(g)$ em vez de $2\,H_2O(l)$. Os valores de ΔH no diagrama permanecerão iguais?

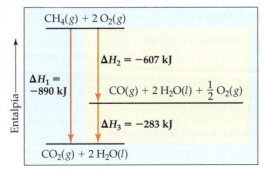

◀ **Figura 5.22 Diagrama de entalpia que ilustra a lei de Hess.** A reação global é igual à da Figura 5.21, mas aqui nós imaginamos reações diferentes nessa versão em duas etapas. Contanto que seja possível escrever uma série de equações, cada qual com um valor conhecido de ΔH que, somadas, resultam na equação necessária, podemos determinar o ΔH global.

Exercícios de autoavaliação

EAA 5.15 Considere as seguintes reações hipotéticas:

$$X \longrightarrow Y \quad \Delta H_1$$
$$Z \longrightarrow Y \quad \Delta H_2$$

Qual(is) das seguintes afirmações sobre as reações a seguir é(são) *verdadeira(s)*?

(i) A variação de entalpia para a reação $Y \longrightarrow X$ é $-\Delta H_1$.
(ii) A variação de entalpia para a reação $2Z \longrightarrow 2Y$ é $2(\Delta H_2)$.
(iii) A variação de entalpia para a reação $X \longrightarrow Z$ é $\Delta H_1 + \Delta H_2$.

(**a**) Apenas uma das afirmações é verdadeira. (**b**) i e ii são verdadeiras. (**c**) i e iii são verdadeiras. (**d**) ii e iii são verdadeiras. (**e**) Todas as afirmações são verdadeiras.

EAA 5.16 Considere as seguintes entalpias de reação:

$$2 H_2(g) + O_2(g) \longrightarrow 2 H_2O(l) \quad \Delta H = -572 \text{ kJ}$$
$$H_2(g) + O_2(g) \longrightarrow H_2O_2(l) \quad \Delta H = -188 \text{ kJ}$$

Calcule o ΔH da reação

$$2 H_2O_2(l) \longrightarrow 2 H_2O(l) + O_2(g).$$

(**a**) -196 kJ (**b**) -384 kJ (**c**) -760 kJ (**d**) -948 kJ

EAA 5.17 Considere as seguintes entalpias de reação:

$$C_2H_4(g) + 3 O_2(g) \longrightarrow 2 CO_2(g) + 2 H_2O(g) \quad \Delta H = -1323 \text{ kJ}$$
$$2 CO(g) + O_2(g) \longrightarrow 2 CO_2(g) \quad \Delta H = -566 \text{ kJ}$$
$$H_2O(l) \longrightarrow H_2O(g) \quad \Delta H = +44 \text{ kJ}$$

Use a lei de Hess para calcular o ΔH da reação

$$C_2H_4(g) + 2 O_2(g) \longrightarrow 2 CO(g) + 2 H_2O(l).$$

(**a**) -757 kJ (**b**) -801 kJ (**c**) -845 kJ (**d**) -1.977 kJ

5.7 | Entalpias de formação

Objetivos de aprendizagem

Após terminar a Seção 5.7, você deve ser capaz de:

▶ Descrever a entalpia padrão de formação, ΔH_f°, de uma substância.
▶ Usar entalpias de formação tabeladas para calcular as entalpias de reação.

Podemos utilizar os métodos discutidos para calcular as variações de entalpia de um grande número de reações a partir de valores ΔH tabelados. Um processo particularmente importante usado para a construção de tabelas com dados termoquímicos é a formação de um composto a partir de seus elementos constituintes. A variação de entalpia associada a esse processo é chamada de **entalpia de formação** (ou *calor de formação*), ΔH_f, em que o subscrito *f* indica a *formação* de uma substância a partir de seus elementos constituintes.

A magnitude de toda e qualquer variação de entalpia depende da temperatura, da pressão e do estado (gasoso, líquido ou sólido cristalino) de reagentes e produtos. Para comparar entalpias de reações diferentes, precisamos definir um conjunto de condições, chamado de *estado padrão*, de acordo com as quais a maioria das entalpias é apresentada. O estado padrão de uma substância é a sua forma pura à pressão atmosférica (1 atm) e à temperatura de interesse, que costuma ser 298 K (25 °C).* A **variação de entalpia padrão** de uma reação é definida como a variação de entalpia quando todos os reagentes e os produtos se encontram nos seus estados padrão. A variação de entalpia padrão é representada por ΔH°, em que o sobrescrito ° indica as condições do estado padrão.

A **entalpia padrão de formação** de um composto, ΔH_f°, representa a variação de entalpia da reação que produz um mol de composto a partir de seus elementos, estando todas as substâncias em seus estados padrão:

$$\underset{\text{(no estado padrão)}}{\text{elementos}} \longrightarrow \underset{\text{(1 mol no estado padrão)}}{\text{composto}} \quad \Delta H_{\text{rea}} = \Delta H_f^\circ \qquad [5.24]$$

Normalmente, escrevemos os valores de ΔH_f° a 298 K. Considerando que um elemento existe em mais de uma forma sob condições padrão, a forma mais estável do elemento é utilizada para a reação de formação. Por exemplo, a entalpia padrão de formação para o etanol, C_2H_5OH, é a variação de entalpia da reação:

$$2 C(grafite) + 3 H_2(g) + \tfrac{1}{2} O_2(g) \longrightarrow C_2H_5OH(l) \quad \Delta H_f^\circ = -277,7 \text{ kJ} \qquad [5.25]$$

A fonte de oxigênio elementar é o O_2, não o O_3 ou o O, porque o O_2 é a forma estável de oxigênio a 298 K e à pressão atmosférica. Do mesmo modo, a fonte de carbono elementar é o grafite, não o diamante, porque o grafite é a forma mais estável (energia mais baixa) a 298

---

* A definição de estado padrão para gases foi alterada. Usa-se a pressão de 1 bar, uma pressão ligeiramente menor que 1 atm (1 atm = 1,013 bar). Para a maioria dos objetivos, essa mudança não interfere nos valores das variações de entalpia padrão.

TABELA 5.3 Entalpias padrão de formação, $\Delta H_f°$, a 298 K

Substância	Fórmula	$H_f°$ (kJ/mol)	Substância	Fórmula	$H_f°$ (kJ/mol)
Acetileno	$C_2H_2(g)$	227,4	Cloreto de hidrogênio	$HCl(g)$	−92,31
Amoníaco	$NH_3(g)$	−45,94	Fluoreto de hidrogênio	$HF(g)$	−273,30
Benzeno	$C_6H_6(l)$	49,0	Iodeto de hidrogênio	$HI(g)$	26,50
Carbonato de cálcio	$CaCO_3(s)$	−1207,1	Metano	$CH_4(g)$	−74,6
Óxido de cálcio	$CaO(s)$	−635,1	Metanol	$CH_3OH(l)$	−238,4
Dióxido de carbono	$CO_2(g)$	−393,5	Propano	$C_3H_8(g)$	−103,85
Monóxido de carbono	$CO(g)$	−110,5	Cloreto de prata	$AgCl(s)$	−127,0
Diamante	$C(s)$	1,88	Bicarbonato de sódio	$NaHCO_3(s)$	−947,7
Etano	$C_2H_6(g)$	−84,68	Carbonato de sódio	$Na_2CO_3(s)$	−1130,8
Etanol	$C_2H_5OH(l)$	−277,0	Cloreto de sódio	$NaCl(s)$	−411,1
Etileno	$C_2H_4(g)$	52,4	Sacarose	$C_{12}H_{22}O_{11}(s)$	−2221
Glicose	$C_6H_{12}O_6(s)$	−1273	Água	$H_2O(l)$	−285,8
Brometo de hidrogênio	$HBr(g)$	−36,29	Vapor de água	$H_2O(g)$	−241,8

K e à pressão atmosférica. Do mesmo modo, a forma mais estável de hidrogênio sob condições padrão é $H_2(g)$, e ele é usado como fonte de hidrogênio na Equação 5.25.

A estequiometria das reações de formação sempre indica que um mol da substância desejada é produzido, como na Equação 5.25. Como resultado, as entalpias padrão de formação são escritas em kJ/mol da substância formada. Alguns valores são dados na Tabela 5.3, e uma tabela mais completa é fornecida no Apêndice C.

Por definição, a *entalpia padrão de formação da forma mais estável de qualquer substância simples é zero*. Dessa forma, os valores de $\Delta H_f°$ para o C(grafite), o $H_2(g)$, o $O_2(g)$ e os estados padrão de outras substâncias simples são, por definição, iguais a zero.

Exercício resolvido 5.9
Equações associadas a entalpias de formação

Em quais destas reações a 25 °C a variação de entalpia representa uma entalpia padrão de formação? Na reação em que isso não ocorre, quais mudanças são necessárias para que seu ΔH seja ΔH_f?

(a) $2\,Na(s) + \frac{1}{2} O_2(g) \longrightarrow Na_2O(s)$

(b) $2\,K(l) + Cl_2(g) \longrightarrow 2\,KCl(s)$

(c) $C_6H_{12}O_6(s) \longrightarrow 6\,C(diamante) + 6\,H_2(g) + 3\,O_2(g)$

SOLUÇÃO

Analise A entalpia padrão de formação é representada por uma reação em que cada reagente é uma substância simples no seu estado padrão e o produto é um mol do composto.

Planeje Deve-se examinar cada equação para determinar (1) se a reação é aquela em que um mol de substância é formado a partir de substâncias simples e (2) se as substâncias simples que constituem os reagentes estão em seus estados padrão.

Resolva Em (**a**), 1 mol de Na_2O é formado a partir de oxigênio e sódio em seus estados adequados, gás O_2 e Na sólido, respectivamente. Portanto, a variação de entalpia da reação (**a**) corresponde a uma entalpia padrão de formação.

Em (**b**), o potássio é dado na forma líquida, devendo ser transformado na forma sólida, seu estado padrão, à temperatura ambiente. Além disso, 2 mols de $KCl(s)$ são formados, de modo que a variação de entalpia da reação representada é duas vezes a entalpia padrão de formação de $KCl(s)$. A equação para a reação de formação de 1 mol de $KCl(s)$ é:

$$K(s) + \tfrac{1}{2}Cl_2(g) \longrightarrow KCl(s)$$

A reação (**c**) não forma uma substância a partir de substâncias simples. Em vez disso, uma substância é decomposta em seus elementos, de modo que a reação é invertida. Ademais, o elemento carbono é dado na forma de diamante, mas é o grafite o estado padrão do carbono à temperatura ambiente e à pressão de 1 atm. A equação que representa corretamente a entalpia de formação de glicose a partir de substâncias simples é:

$$6\,C(grafite) + 6\,H_2(g) + 3\,O_2(g) \longrightarrow C_6H_{12}O_6(s)$$

▶ **Para praticar**
Escreva a equação correspondente à entalpia padrão de formação do tetracloreto de carbono (CCl_4) líquido e procure o $\Delta H_f°$ para esse composto no Apêndice C.

Como usar entalpias de formação para calcular entalpias de reação

Podemos usar a lei de Hess e as tabelas que contêm valores de $\Delta H_f°$, como os da Tabela 5.3 e do Apêndice C, para calcular a variação de entalpia padrão para toda e qualquer reação cujos valores de $\Delta H_f°$ de todos os reagentes e produtos sejam conhecidos. Por exemplo, considere a combustão do propano sob condições padrão:

$$C_3H_8(g) + 5\, O_2(g) \longrightarrow 3\, CO_2(g) + 4\, H_2O(l)$$

Podemos escrever essa equação como a soma de três equações associadas a entalpias padrão de formação:

$C_3H_8(g) \longrightarrow 3\, C(s) + 4\, H_2(g)$ $\Delta H_1 = -(1\text{ mol }C_3H_8)[\Delta H_f°\text{ de }C_3H_8(g)]$ [5.26]

$3\, C(s) + 3\, O_2(g) \longrightarrow 3\, CO_2(g)$ $\Delta H_2 = (3\text{ mol }CO_2)[\Delta H_f°\text{ de }CO_2(g)]$ [5.27]

$4\, H_2(g) + 2\, O_2(g) \longrightarrow 4\, H_2O(l)$ $\Delta H_3 = (4\text{ mol }H_2O)[\Delta H_f°\text{ de }H_2O(l)]$ [5.28]

$C_3H_8(g) + 5\, O_2(g) \longrightarrow 3\, CO_2(g) + 4\, H_2O(l)$ $\Delta H_{\text{rea}}° = \Delta H_1 + \Delta H_2 + \Delta H_3$ [5.29]

Às vezes, é útil adicionar subscritos às variações de entalpia, como fizemos neste caso, para termos controle das associações entre as reações e seus respectivos valores de ΔH. Além disso, lembre-se de que não precisamos incluir $\Delta H_f°$ para $O_2(g)$ em nossa soma porque seu valor é, por definição, zero.

Agora podemos usar os valores da Tabela 5.3 para calcular $\Delta H_{\text{rea}}°$:

$$\Delta H_{\text{rea}}° = \Delta H_1 + \Delta H_2 + \Delta H_3$$

$$= -[1\text{ mol de }C_3H_8(g)](-103{,}85\text{ kJ/mol}) + [3\text{ mols de }CO_2(g)](-393{,}5\text{ kJ/mol})$$

$$+ [4\text{ mols de }H_2O(l)](-285{,}8\text{ kJ/mol})$$

$$= -2220\text{ kJ} \quad\quad\quad [5.30]$$

O diagrama de entalpia apresentado na **Figura 5.23** mostra os componentes desse cálculo. Na Etapa ❶, os reagentes são decompostos em seus elementos constituintes em seus estados padrão. Nas Etapas ❷ e ❸, os produtos são formados a partir desses elementos. Vários aspectos de como usamos as variações de entalpia nesse processo dependem das diretrizes discutidas na Seção 5.4.

❶ **Decomposição.** A Equação 5.26 é o inverso da reação de formação de $C_3H_8(g)$, de modo que a variação de entalpia dessa reação de decomposição é o $\Delta H_f°$ da reação de formação de propano com sinal negativo: $-\Delta H_f°[C_3H_8(g)]$.

❷ **Formação de CO_2.** A Equação 5.27 é a reação de formação de 3 mols de $CO_2(g)$. A variação de entalpia desse passo é $3\Delta H_f°[CO_2(g)]$, porque a entalpia é uma propriedade extensiva.

❸ **Formação de H_2O.** A variação de entalpia para a Equação 5.28, formação de 4 mols de H_2O, é $4\Delta H_f°[H_2O(l)]$. A reação especifica que $H_2O(l)$ é produzida; portanto, use o valor de $\Delta H_f°$ de $H_2O(l)$, e não de $H_2O(g)$.

Perceba que, nessa análise, *os coeficientes estequiométricos da equação balanceada representam a quantidade de matéria (em mols) de cada uma das substâncias.* Para a Equação 5.29, portanto, $\Delta H_{\text{rea}}° = -2.220$ kJ representa a variação de entalpia para a reação entre 1 mol de C_3H_8 e 5 mols de O_2 e a formação de 3 mols de CO_2 e 4 mols de H_2O.

Podemos subdividir qualquer reação em reações de formação, como fizemos aqui. Ao procedermos dessa maneira, concluímos que a variação de entalpia padrão de uma reação é a soma das entalpias padrão de formação dos produtos menos as entalpias padrão de formação dos reagentes:

$$\Delta H_{\text{rea}}° = \sum n \Delta H_f°(\text{produtos}) - \sum m \Delta H_f°(\text{reagentes}) \quad\quad [5.31]$$

O símbolo $\sum$ (sigma) significa "o somatório de" e n e m são os coeficientes estequiométricos da equação química em questão. O primeiro termo do lado direito da Equação 5.31 representa as reações de formação dos produtos, ou seja, equações químicas em que elementos reagem para formar produtos. Esse termo é análogo aos das Equações 5.27 e 5.28. O segundo termo do lado direito da Equação 5.31 representa o inverso das reações de formação dos reagentes, análogo ao inverso da Equação 5.26, razão pela qual esse termo é precedido de um sinal de menos. Quando aplicar a Equação 5.31, lembre-se de que $\Delta H_f°$

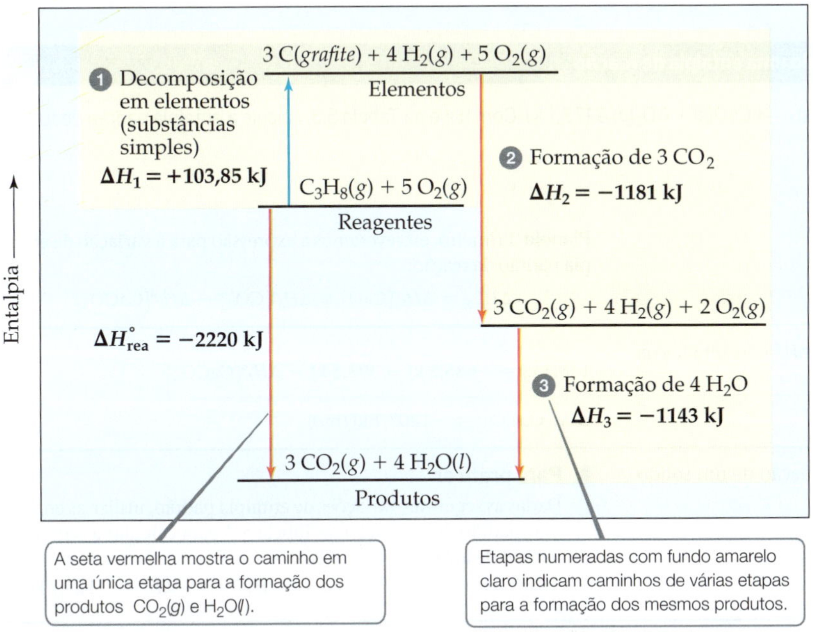

Capítulo 5 | Termoquímica 187

◀ **Figura 5.23** Diagrama de entalpia para a combustão de propano.

Entalpia →

❶ Decomposição em elementos (substâncias simples)
$\Delta H_1 = +103{,}85$ kJ

$3\,C(grafite) + 4\,H_2(g) + 5\,O_2(g)$
Elementos

$C_3H_8(g) + 5\,O_2(g)$
Reagentes

❷ Formação de 3 CO_2
$\Delta H_2 = -1181$ kJ

$3\,CO_2(g) + 4\,H_2(g) + 2\,O_2(g)$

❸ Formação de 4 H_2O
$\Delta H_3 = -1143$ kJ

$\Delta H°_{rea} = -2220$ kJ

$3\,CO_2(g) + 4\,H_2O(l)$
Produtos

A seta vermelha mostra o caminho em uma única etapa para a formação dos produtos $CO_2(g)$ e $H_2O(l)$.

Etapas numeradas com fundo amarelo claro indicam caminhos de várias etapas para a formação dos mesmos produtos.

para qualquer elemento em sua forma mais estável [como $O_2(g)$ na Equação 5.29] é zero e, logo, pode ser ignorado nas somas.

Exercício resolvido 5.10
Como calcular a entalpia de reação a partir das entalpias de formação

(a) Calcule a variação de entalpia padrão da reação de combustão de 1 mol de benzeno, $C_6H_6(l)$, e formação de $CO_2(g)$ e $H_2O(l)$.
(b) Compare a quantidade de calor produzido pela combustão de 1,00 g de propano com o produzido por 1,00 g de benzeno.

SOLUÇÃO

Analise (a) Com base em uma reação [combustão de $C_6H_6(l)$ e formação de $CO_2(g)$ e $H_2O(l)$], foi pedido o cálculo da variação de entalpia padrão, $\Delta H°$. (b) Em seguida, devemos comparar a quantidade de calor produzido pela combustão de 1,00 g de C_6H_6 com a quantidade de calor produzido pela combustão de 1,00 g de C_3H_8 (abordada anteriormente; veja as Equações 5.29 e 5.30).

Planeje (a) Primeiro, escrevemos a equação balanceada da combustão do C_6H_6. Em seguida, consultamos os valores de $\Delta H°_f$ no Apêndice C ou na Tabela 5.3 e empregamos a Equação 5.31 para calcular a variação de entalpia da reação. (b) Utilizamos a massa molar de C_6H_6 para converter a variação de entalpia por mol em variação de entalpia por grama. Usamos também a massa molar do C_3H_8 e a variação de entalpia por mol calculada anteriormente para chegar à variação da entalpia por grama dessa substância.

Resolva

(a) Sabemos que a reação de combustão envolve $O_2(g)$ como reagente. Assim, a equação balanceada para a reação de combustão de 1 mol de $C_6H_6(l)$ é:

Podemos calcular $\Delta H°$ para essa reação usando a Equação 5.31 e os dados da Tabela 5.3. Lembre-se de multiplicar o valor de $\Delta H°_f$ de cada substância participante da reação pelo coeficiente estequiométrico dessa substância. O estado padrão do oxigênio é $O_2(g)$, então $\Delta H°_f[O_2(g)] = 0$.

$C_6H_6(l) + \frac{15}{2}O_2(g) \longrightarrow 6\,CO_2(g) + 3\,H_2O(l)$
$\Delta H°_{rea} = [6\Delta H°_f(CO_2) + 3\Delta H°_f(H_2O)] - [\Delta H°_f(C_6H_6) + \frac{15}{2}\Delta H°_f(O_2)]$
$= [6(-393{,}5\text{ kJ}) + 3(-285{,}8\text{ kJ})] - [(49{,}0\text{ kJ}) + \frac{15}{2}(0\text{ kJ})]$
$= (-2361 - 857{,}4 - 49{,}0)\text{ kJ}$
$= -3267\text{ kJ}$

(b) A partir do exemplo trabalhado no texto, $\Delta H° = -2.220$ kJ para a combustão de um mol de propano. No item (a) deste exercício, determinamos que $\Delta H° = -3.267$ kJ para a combustão de 1 mol de benzeno. Para determinar o calor de combustão por grama de cada substância, utilizamos as massas molares para converter mols em gramas:

$C_3H_8(g)$: $(-2220\text{ kJ/mol})(1\text{mol}/44{,}1\text{ g}) = -50{,}3\text{ kJ/g}$
$C_6H_6(l)$: $(-3267\text{ kJ/mol})(1\text{mol}/78{,}1\text{ g}) = -41{,}8\text{ kJ/g}$

Comentário Tanto o propano quanto o benzeno são hidrocarbonetos. Como regra geral, a energia obtida a partir da combustão de um grama de hidrocarboneto está situada entre 40 e 50 kJ.

▶ **Para praticar**
Com base na Tabela 5.3, calcule a variação de entalpia para a combustão de 1 mol de etanol:
$C_2H_5OH(l) + 3\,O_2(g) \longrightarrow 2\,CO_2(g) + 3\,H_2O(l)$

Exercício resolvido 5.11
Cálculo da entalpia de formação usando uma entalpia de reação

A variação de entalpia padrão da reação $CaCO_3(s) \longrightarrow CaO(s) + CO_2(g)$ é 178,1 kJ. Com base na Tabela 5.3, calcule a entalpia padrão de formação de $CaCO_3(s)$.

SOLUÇÃO
Analise O objetivo é obter $\Delta H_f°[CaCO_3]$.

Planeje Primeiro, escreveremos a expressão para a variação de entalpia padrão da reação:

$$\Delta H_{rea}° = \Delta H_f°[CaO] + \Delta H_f°[CO_2] - \Delta H_f°[CaCO_3]$$

Resolva Inserindo o $\Delta H_{rea}°$ dado e os valores de $\Delta H_f°$ consultados na Tabela 5.3 ou no Apêndice C, temos:

$$178,1 \text{ kJ} = -635,5 \text{ kJ} - 393,5 \text{ kJ} - \Delta H_f°[CaCO_3]$$

Resolvendo para encontrar $\Delta H_f°[CaCO_3]$, temos:

$$\Delta H_f°[CaCO_3] = -1207,1 \text{ kJ/mol}$$

Confira Como esperávamos, a entalpia de formação de um sólido estável como o carbonato de cálcio é negativa.

▶ **Para praticar**
Dadas as seguintes variações de entalpia padrão, utilize as entalpias padrão de formação da Tabela 5.3 para calcular a entalpia padrão de formação de $CuO(s)$:

$$CuO(s) + H_2(g) \longrightarrow Cu(s) + H_2O(l) \quad \Delta H° = -129,7 \text{ kJ}$$

Exercícios de autoavaliação

EAA 5.18 Qual das seguintes afirmações sobre entalpias de formação é *falsa*? (**a**) As entalpias padrão de formação são sempre números positivos ou zero. (**b**) A entalpia padrão de formação de um composto é a entalpia para a reação na qual um mol do composto é produzido a partir de substâncias simples sob condições padrão. (**c**) A entalpia padrão de formação de uma substância simples em sua forma mais estável sob condições padrão é zero. (**d**) O estado padrão de uma substância pura é a sua forma à pressão atmosférica e a uma determinada temperatura, geralmente 298 K. (**e**) A entalpia padrão de formação de uma substância será diferente para diferentes fases da substância.

EAA 5.19 O ácido hipocloroso (HOCl) pode se decompor na fase gasosa de acordo com a seguinte equação balanceada:

$$2 \text{ HOCl}(g) \rightarrow 2 \text{ HCl}(g) + O_2(g) \quad \Delta H = 31,0 \text{ kJ} \; (T = -298 \text{ K}, P = 1 \text{ atm})$$

Usando a entalpia dessa reação e os dados da Tabela 5.3, calcule a entalpia padrão de formação do HOCl(g). (**a**) +76,8 kJ/mol (**b**) +61,3 kJ/mol (**c**) −76,8 kJ/mol (**d**) −123 kJ/mol (**e**) −154 kJ/mol

EAA 5.20 O tetracloreto de carbono (CCl_4) pode reagir com H_2 para formar metano e cloreto de hidrogênio:

$$CCl_4(g) + 4 \text{ H}_2(g) \rightarrow CH_4(g) + 4 \text{ HCl}(g)$$

$\Delta H_f°$ para $CCl_4(g)$ é −106,7 kJ/mol. Outros valores para $\Delta H_f°$ se encontram na Tabela 5.3. Qual é a variação de entalpia padrão para a reação acima? (**a**) −60,4 kJ (**b**) −337 kJ (**c**) −444 kJ (**d**) −551 kJ (**e**) Mais informações são necessárias.

5.8 | Entalpias de ligação

As variações de energia que acompanham as reações químicas estão fortemente relacionadas às variações associadas à formação e ao rompimento de ligações químicas – romper ligações exige energia, formar ligações libera energia. Nesta seção, mostraremos como é possível designar valores de entalpia a ligações individuais e, então, usá-los para estimar as entalpias de reação.

Ao medirmos a entalpia de uma reação e controlar as ligações rompidas e formadas, podemos definir um valor de entalpia para ligações específicas. A **entalpia de ligação** é a variação de entalpia, ΔH, quando uma ligação em particular em um mol de uma substância gasosa se quebra. É mais fácil determinar as entalpias de ligação a partir de reações simples, nas quais apenas uma ligação é rompida, como a dissociação do $Cl_2(g)$. Uma molécula de Cl_2 é unida por uma ligação covalente simples, representada por Cl — Cl. A dissociação do $Cl_2(g)$ em átomos de cloro ocorre quando a ligação Cl — Cl é rompida, como ilustra o desenho na margem:

$$Cl_2(g) \rightarrow 2 \text{ Cl}(g) \quad \Delta H = 242 \text{ kJ}$$

Objetivos de aprendizagem

Após terminar a Seção 5.8, você deve ser capaz de:
▶ Descrever o conceito de entalpias médias de ligação.
▶ Usar entalpias médias de ligação para estimar as entalpias de reações em fase gasosa.

Uma vez que os coeficientes estequiométricos representam mols, nesta reação 1 mol de $Cl_2(g)$ produz 2 mols de $Cl(g)$. Durante a reação, estamos rompendo 1 mol de ligações Cl—Cl. Assim, afirmamos que a entalpia da ligação Cl—Cl é 242 kJ/mol. As unidades kJ/mol para uma entalpia de ligação se referem à entalpia *por mol de ligações rompidas*. A entalpia de ligação é um número positivo porque a energia deve ser fornecida pela vizinhança para romper uma ligação. Usamos a letra *D* seguida pela ligação em questão para representar as entalpias de ligação. Por exemplo, *D*(Cl—Cl) é a entalpia da ligação do Cl_2; *D*(H—Br) é a entalpia da ligação do HBr.

O exemplo anterior mostra que é relativamente simples atribuir as entalpias de ligação para uma reação que envolve romper a ligação em uma molécula diatômica. No entanto, muitas ligações importantes, como a ligação C—H, são encontradas apenas em moléculas poliatômicas. Para essas ligações, geralmente utilizamos médias de entalpias de ligação. Por exemplo, a variação de entalpia do processo em que uma molécula de metano é decomposta em seus cinco átomos pode ser utilizada para definir uma entalpia média de ligação para C—H:

$$CH_4(g) \longrightarrow C(g) + 4H(g) \quad \Delta H = 1660 \text{ kJ}$$

Uma vez que existem quatro ligações equivalentes C—H no metano, a entalpia dessa reação é quatro vezes a entalpia necessária para romper uma única ligação simples C—H. Portanto, a entalpia média da ligação C—H para o CH_4 é *D*(C—H) = (1660/4) kJ/mol = 415 kJ/mol.

A entalpia de ligação exata para um determinado par de átomos (p. ex., C—H) depende do resto da molécula que contém esse par de átomos. No entanto, o valor da entalpia de ligação não varia muito de uma molécula para outra. Se considerarmos as entalpias de ligação C—H em muitos compostos diferentes, verificaremos que a entalpia de ligação média é igual a 413 kJ/mol, valor que está próximo dos 415 kJ/mol que acabamos de calcular para o CH_4.

Como explicaremos em capítulos posteriores, os pares de átomos podem ser unidos por duas ligações (uma ligação *dupla*) ou por três ligações (uma ligação *tripla*). Podemos determinar as entalpias de ligação das ligações múltiplas da mesma maneira que acabamos de fazer para as ligações simples. Por exemplo, os átomos de oxigênio em $O_2(g)$ são unidos por uma ligação dupla, O=O, não por uma ligação simples, O—O. Se dividirmos uma molécula de $O_2(g)$ em dois átomos O(g), rompemos uma ligação dupla O=O, como ilustrado na margem:

$$O=O(g) \rightarrow 2\,O(g) \quad \Delta H = 495 \text{ kJ}$$

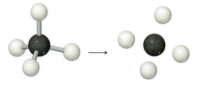

Como estamos rompendo 1 mol de ligações duplas O=O nesse processo, a entalpia da ligação O=O é igual a 495 kJ/mol.

A **Tabela 5.4** lista as entalpias médias das ligações para uma série de pares de átomos. Observe que a entalpia de ligação é sempre uma quantidade positiva, *pois é necessária energia para romper ligações químicas*. Por outro lado, *energia é liberada quando uma ligação se forma entre dois átomos*.

As magnitudes das entalpias de ligação nos fornecem informações importantes sobre as forças relativas das ligações químicas: quanto maior for a entalpia de ligação, mais forte será a ligação. Assim, ligações H—F (567 kJ/ml) são muito mais fortes do que ligações F—F (155 kJ/mol). Observe também que ligações duplas entre dois átomos são mais fortes do que ligações simples entre os mesmos átomos, embora não exatamente duas vezes mais fortes. Consideraremos as variações em entalpia de ligação para as ligações duplas e triplas em mais detalhes no Capítulo 8.

TABELA 5.4 Entalpias médias de ligação (kJ/mol)

C—H	413	N—H	391	O—H	463	F—F	155
C—C	348	N—N	163	O—O	146		
C=C	614	N—O	201	O=O	495	Cl—F	253
C—N	293	N—F	272	O—F	190	Cl—Cl	242
C—O	358	N—Cl	200	O—Cl	203		
C=O	799	N—Br	243	O—I	234	Br—F	237
C—F	485					Br—Cl	218
C—Cl	328	H—H	436			Br—Br	193
C—Br	276	H—F	567				
C—I	240	H—Cl	431			I—Cl	208
		H—Br	366			I—Br	175
		H—I	299			I—I	151

Entalpias de ligação e entalpias de reação

Uma vez que a entalpia é uma função de estado, podemos usar as entalpias médias de ligação para estimar as entalpias de reações em que ligações são quebradas e novas ligações são formadas. Esse procedimento permite estimar rapidamente se certa reação será endotérmica ($\Delta H > 0$) ou exotérmica ($\Delta H < 0$), mesmo se não soubermos o valor de $\Delta H_f^°$ de todas as espécies envolvidas.

A estratégia para estimar as entalpias de reação é aplicar a lei de Hess diretamente. Usamos o fato de que a quebra de ligações é sempre endotérmica e a formação de ligações é sempre exotérmica. Por isso, imaginamos que a reação ocorre em duas etapas:

1. Fornecemos energia suficiente para quebrar essas ligações presentes nos reagentes, mas não nos produtos. A entalpia do sistema aumenta na mesma quantidade que a soma das entalpias das ligações quebradas.
2. Formamos ligações nos produtos que não estavam presentes nos reagentes. Essa etapa resulta na liberação de energia, portanto a entalpia do sistema diminui na mesma quantidade que a soma das entalpias das ligações formadas.

A entalpia da reação, ΔH_{rea}, é estimada a partir da soma das entalpias das ligações quebradas menos a soma das entalpias das ligações formadas:

$$\Delta H_{rea} = \Sigma \text{ (entalpias das ligações quebradas)} - \Sigma \text{ (entalpias das ligações formadas)} \qquad [5.32]$$

Se a soma das entalpias das ligações quebradas é maior do que a soma das entalpias das ligações formadas, a reação é endotérmica ($\Delta H_{rea} > 0$). Por outro lado, se a soma das entalpias das ligações quebradas é menor do que a soma das entalpias das ligações formadas, a reação é exotérmica ($\Delta H_{rea} < 0$).

Por exemplo, considere a reação em fase gasosa entre o metano, CH_4, e o cloro para produzir cloreto de metila, CH_3Cl, e cloreto de hidrogênio, HCl:

$$H-CH_3(g) + Cl-Cl(g) \longrightarrow Cl-CH_3(g) + H-Cl(g) \qquad \Delta H_{rea} = ? \qquad [5.33]$$

Nosso processo de duas etapas é descrito na **Figura 5.24**. As seguintes ligações são quebradas e formadas:

Ligações quebradas: 1 mol de C—H, 1 mol de Cl—Cl

Ligações formadas: 1 mol de C—Cl, 1 mol de H—Cl

Primeiro, fornecemos energia suficiente para quebrar as ligações C—H e Cl—Cl, elevando a entalpia do sistema ($\Delta H_1 > 0$ na Figura 5.24). Então formamos as ligações C—Cl e H—Cl, o que libera energia e ocasiona a diminuição da entalpia do sistema ($\Delta H_2 < 0$ na Figura 5.24). Em seguida, usamos a Equação 5.32 para estimar a entalpia da reação:

$$\Delta H_{rea} = [D(C-H) + D(Cl-Cl)] - [D(C-Cl) + D(H-Cl)]$$
$$\Delta H_{rea} = (413 \text{ kJ} + 242 \text{ kJ}) - (328 \text{ kJ} + 431 \text{ kJ}) = -104 \text{ kJ}$$

A reação é exotérmica porque as ligações nos produtos são mais fortes do que as ligações nos reagentes.

Geralmente, utilizamos as entalpias de ligação para estimar o ΔH_{rea} apenas se não tivermos à disposição os valores de $\Delta H_f^°$ necessários. Para a reação anterior, não podemos calcular o ΔH_{rea} a partir de valores de $\Delta H_f^°$ e da lei de Hess, porque o $\Delta H_f^°$ para o $CH_3Cl(g)$ não é dado no Apêndice C. Se obtivermos o valor de $\Delta H_f^°$ para o $CH_3Cl(g)$ de outra fonte e usarmos a Equação 5.31, obteremos $\Delta H_{rea} = -99,8$ kJ para a reação expressa na Equação 5.33. Os dois valores são ligeiramente diferentes porque calculamos a média das entalpias de ligação em relação a muitos compostos, mas a utilização de entalpias médias de ligação fornece uma estimativa razoavelmente precisa da variação real da entalpia de reação.

Assim, é importante lembrar que as entalpias de ligação são obtidas ao considerar moléculas *gasosas* e que, na maioria das vezes, são valores *médios*. Sempre obteremos valores mais precisos para as entalpias de reação se utilizarmos os valores de $\Delta H_f^°$, caso estejam disponíveis. Ainda assim, entalpias médias de ligação são úteis para uma estimativa rápida das entalpias de reações em fase gasosa. Em sólidos, líquidos e soluções, as forças intermoleculares entre diferentes moléculas também devem ser consideradas, como veremos no Capítulo 11. Por ora, basta lembrar que as entalpias de ligação geralmente não devem ser utilizadas para estimar as entalpias de reações que envolvem sólidos, líquidos ou soluções.

> **Resolva com ajuda da figura** Esta reação é exotérmica ou endotérmica?

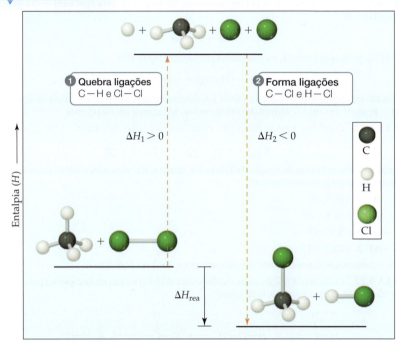

▲ Figura 5.24 **Recorrendo às entalpias de ligação para estimar o ΔH_rea.** As entalpias médias de ligação são utilizadas para estimar o ΔH_rea da reação entre o metano e o cloro que forma cloreto de metila e cloreto de hidrogênio.

Exercício resolvido 5.12

Como estimar entalpias de reação a partir de entalpias de ligação

Use a Tabela 5.4 para estimar o ΔH da seguinte reação de combustão:

$$2\,H_3C-CH_3(g) + 7\,O=O(g) \longrightarrow 4\,O=C=O(g) + 6\,H-O-H(g)$$

SOLUÇÃO

Analise Pede-se que usemos entalpias médias de ligação para estimar a variação de entalpia de uma reação química.

Planeje É necessário energia para quebrar doze ligações C—H e duas ligações C—C nas duas moléculas de C_2H_6 e sete ligações O=O nas sete moléculas de O_2. É liberada energia pela formação de oito ligações C=O (duas para cada uma das quatro moléculas de CO_2) e doze ligações O—H (duas para cada molécula de H_2O).

Resolva Com base na Equação 5.32 e na Tabela 5.4, temos:

$$\begin{aligned}\Delta H &= [12D(C-H) + 2D(C-C) + 7D(O=O)] \\ &\quad - [8D(C=O) + 12D(O-H)] \\ &= [12(413\text{ kJ}) + 2(348\text{ kJ}) + 7(495\text{ kJ})] \\ &\quad - [8(799\text{ kJ}) + 12(463\text{ kJ})] \\ &= 9117\text{ kJ} - 11948\text{ kJ} \\ &= -2831\text{ kJ}\end{aligned}$$

Confira Essa estimativa pode ser comparada com o valor de -2.856 kJ, calculado a partir de dados termoquímicos mais precisos. Os dados coincidem.

▶ **Para praticar**
Use as entalpias médias de ligação da Tabela 5.4 para estimar o ΔH da combustão do etanol.

$$H_3C-CH_2-O-H$$

Exercícios de autoavaliação

EAA 5.21 As moléculas de ácido hipobromoso, HOBr(g), têm uma ligação H—O e uma ligação O—Br:

$$H-O-Br$$

O HOBr pode reagir com H_2 na fase gasosa para formar H_2O e HBr:

$$HOBr(g) + H_2(g) \rightarrow H_2O(g) + HBr(g) \quad \Delta H = -216 \text{ kJ}$$

Usando essa equação e os dados da Tabela 5.4, determine um valor para a entalpia de ligação de O—Br em HOBr. **(a)** 177 kJ/mol **(b)** 393 kJ/mol **(c)** 613 kJ/mol **(d)** 640 kJ/mol

EAA 5.22 Considere a reação hipotética entre duas moléculas diatômicas na fase gasosa:

$$X-X(g) + Y-Y(g) \longrightarrow 2\,X-Y(g)$$

Com base nas entalpias de ligação da Tabela 5.4, quantas das seguintes combinações de X e Y devem levar a reações exotérmicas?

(i) X = H, Y = F
(ii) X = H, Y = Br
(iii) X = F, Y = Cl
(iv) X = Cl, Y = I

(a) 0 combinações levarão a uma reação exotérmica. **(b)** 1 **(c)** 2 **(d)** 3 **(e)** 4

EAA 5.23 Considere a reação entre clorometano (CH_3Cl) e água na fase gasosa para formar metanol (CH_3OH) e cloreto de hidrogênio:

$$H_3C-Cl + H-O-H \longrightarrow H_3C-O-H + H-Cl$$

Com base nos dados de entalpia da Tabela 5.4, estime a variação de entalpia para essa reação.
(a) −461 kJ **(b)** −439 kJ **(c)** +2 kJ **(d)** +465 kJ

5.9 | Alimentos e combustíveis

Objetivos de aprendizagem

Após terminar a Seção 5.9, você deve ser capaz de:
▶ Estimar a quantidade de energia liberada quando um determinado alimento é metabolizado.
▶ Estimar a quantidade de energia liberada pela combustão de determinados combustíveis.

Encerraremos este capítulo com uma breve discussão sobre duas maneiras práticas de como a energia química afeta o nosso cotidiano: a energia que obtemos dos alimentos que consumimos e a energia que derivamos dos combustíveis usados para gerar eletricidade, calor e transporte. Veremos que a maioria das reações químicas usadas para a produção de energia são reações de combustão controladas ou não controladas.

A energia liberada quando um grama de qualquer substância é queimado representa o **poder calorífico** da substância. O poder calorífico de um alimento ou de um combustível pode ser medido por calorimetria. (Seção 5.5)

Alimentos

A maior parte da energia que nosso corpo precisa é proveniente de carboidratos e gorduras. Os carboidratos conhecidos como amidos são decompostos nos intestinos na forma de glicose, $C_6H_{12}O_6$. A glicose é solúvel no sangue e, quando presente no corpo humano, é chamada de açúcar no sangue. Ela é transportada pelo sangue para as células, onde reage com O_2 em uma série de etapas, produzindo, por fim, $CO_2(g)$, $H_2O(l)$ e energia:

$$C_6H_{12}O_6(s) + 6\,O_2(g) \longrightarrow 6\,CO_2(g) + 6\,H_2O(l) \quad \Delta H° = -2803 \text{ kJ}$$

Observe que os produtos dessa reação (e de outras que observamos para os alimentos) estão associados a reações de combustão. (Seção 3.2) Os organismos vivos obtêm energia pelo controle dessas reações de combustão por meio do seu metabolismo, liberando a energia em pequenos passos, que são mais eficientes e mais fáceis de controlar.

Quando discutimos o poder calorífico dos alimentos, além de usar a unidade kJ, também utilizamos kcal e Calorias (1 Cal = 1.000 cal = 1 kcal). (Seção 1.5) Na discussão a seguir, fornecemos o poder calorífico em kJ e em kcal.

Como os carboidratos são quebrados rapidamente, a sua energia é fornecida instantaneamente ao corpo. No entanto, o corpo armazena apenas uma pequena quantidade de carboidratos. O poder calorífico médio dos carboidratos é de 17 kJ/g (4 kcal/g). Embora os poderes caloríficos representem o calor liberado em uma reação de combustão, eles são escritos como números positivos.

Assim como os carboidratos, as gorduras reagem com O_2 e produzem CO_2 e H_2O quando metabolizadas. A reação de combustão da triestearina, $C_{57}H_{110}O_6$, uma gordura comum, é:

$$2\ C_{57}H_{110}O_6(s) + 163\ O_2(g) \longrightarrow 114\ CO_2(g) + 110\ H_2O(l) \qquad \Delta H° = -71.609\ kJ$$

O corpo utiliza a energia química dos alimentos para manter a temperatura corporal (ver quadro "A química e a vida" na Seção 5.5), contrair os músculos e construir e reparar tecidos. Qualquer excesso de energia é armazenado na forma de gordura. As gorduras atuam como reservas de energia do corpo por pelo menos duas razões: (1) elas são insolúveis em água, o que facilita o armazenamento no corpo, e (2) produzem mais energia por grama do que proteínas ou carboidratos, o que as torna fontes de energia eficientes por unidade de massa. O poder calorífico médio das gorduras é de 38 kJ/g (9 kcal/g).

A combustão de carboidratos e gorduras em uma bomba calorimétrica resulta sempre nos mesmos produtos da sua metabolização no corpo. No entanto, o metabolismo de proteínas produz menos energia do que a combustão em um calorímetro, pois os produtos são diferentes. Proteínas contêm nitrogênio, que é liberado na bomba calorimétrica na forma de N_2. No corpo, esse nitrogênio é convertido principalmente em ureia, $(NH_2)_2CO$. O corpo utiliza as proteínas para construir as paredes dos órgãos, a pele, o cabelo, os músculos e assim por diante. Em média, o metabolismo de proteínas produz 17 kJ/g (4 kcal/g), quantidade igual à produzida na metabolização de carboidratos.

Os poderes caloríficos de alguns alimentos comuns são mostrados na **Tabela 5.5**. Os rótulos dos alimentos industrializados mostram as quantidades de carboidratos, gorduras e proteínas contidas em uma porção média, bem como a quantidade de energia fornecida por porção (**Figura 5.25**).

A quantidade de energia que o corpo necessita varia consideravelmente e depende de fatores como peso, idade e atividade muscular. Cerca de 100 kJ por quilograma de massa corporal por dia são necessários para manter o corpo funcionando minimamente. Uma pessoa com peso médio de 70 kg (154 lb) gasta cerca de 800 kJ/h quando faz um esforço leve e pelo menos 2.000 kJ/h quando faz uma atividade física intensa. Quando o poder calorífico ou o conteúdo calórico da comida que ingerimos excede a energia que gastamos, nosso corpo armazena o excesso na forma de gordura.

> **Resolva com ajuda da figura**
>
> Qual destas quantidades sofreria maior alteração se este rótulo fosse de leite desnatado em vez de leite integral: gramas de gordura, gramas de carboidratos totais ou gramas de proteína?

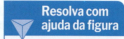

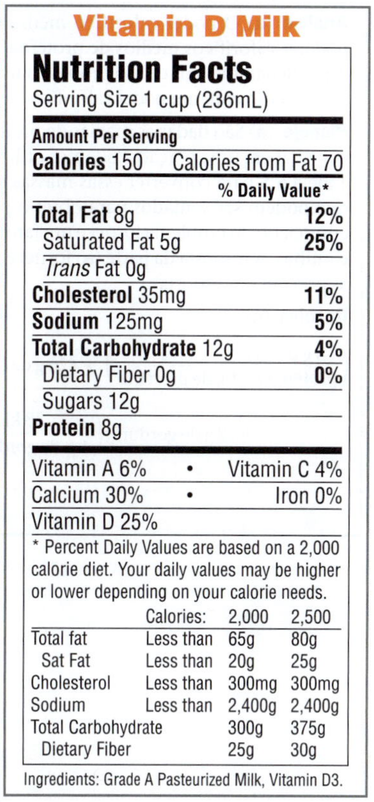

▲ **Figura 5.25** Rótulo nutricional do leite integral.

TABELA 5.5 Composição e poder calorífico de alguns alimentos comuns

	Composição aproximada (% em massa)			Poder calorífico	
	Carboidratos	Gordura	Proteína	kJ/g	kcal/g(Cal/g)
Carboidratos	100	—	—	17	4
Gordura	—	100	—	38	9
Proteína	—	—	100	17	4
Maçãs	13	0,5	0,4	2,5	0,59
Cerveja[a]	1,2	—	0,3	1,8	0,42
Pão	52	3	9	12	2,8
Queijo	4	37	28	20	4,7
Ovos	0,7	10	13	6,0	1,4
Doce de chocolate	81	11	2	18	4,4
Vagem	7,0	—	1,9	1,5	0,38
Hambúrguer	—	30	22	15	3,6
Leite (integral)	5,0	4,0	3,3	3,0	0,74
Amendoim	22	39	26	23	5,5

[a] A cerveja normalmente contém 3,5% de etanol, que tem poder calorífico.

Exercício resolvido 5.13
Como estimar o poder calorífico de um alimento a partir de sua composição

(a) Uma porção de 28 g (1 oz) de um cereal popular, servida com 120 mL de leite desnatado, possui 8 g de proteína, 26 g de carboidratos e 2 g de gordura. Utilizando o poder calorífico médio dessas substâncias, estime o poder calorífico (conteúdo calórico) dessa porção.
(b) Uma pessoa com peso médio utiliza cerca de 100 Cal/mi quando corre ou faz *cooper*. Quantas porções desse cereal fornecem o poder calorífico médio necessário para uma corrida de 3 mi?

SOLUÇÃO

Analise (a) O poder calorífico médio da porção será a soma dos poderes caloríficos médios de proteína, carboidratos e gordura. (b) Aqui, deparamo-nos com o problema inverso: calcular a quantidade de alimento com um poder calorífico específico.

Planeje (a) São dadas as massas de proteína, carboidratos e gordura contidas em uma porção. Podemos utilizar os dados apresentados na Tabela 5.5 para converter essas massas em seus poderes caloríficos, que podem ser somados para obter o poder calorífico total. (b) O enunciado do problema fornece um fator de conversão entre Calorias e milhas. A resposta da parte (a) fornece um fator de conversão entre as porções e as Calorias.

Resolva (a)

$$\left(8 \text{ g de proteína}\right)\left(\frac{17 \text{ kJ}}{1 \text{ g de proteína}}\right) + (26 \text{ g de carboidrato})\left(\frac{17 \text{ kJ}}{1 \text{ g de carboidrato}}\right)$$
$$+ (2 \text{ g de gordura})\left(\frac{38 \text{ kJ}}{1 \text{ g de gordura}}\right) = 650 \text{ kJ (dois algarismos significativos)}$$

Isto corresponde a 160 kcal:

$$(650 \text{ kJ})\left(\frac{1 \text{ kcal}}{4.18 \text{ kJ}}\right) = 160 \text{ kcal}$$

A Caloria equivale a 1 kcal. Assim, a porção fornece 160 Cal.

(b) Podemos usar esses fatores em uma análise dimensional direta para determinar o número de porções necessárias, arredondando para o número inteiro mais próximo:

$$\text{Porções} = (3 \text{ mi})\left(\frac{100 \text{ Cal}}{1 \text{ mi}}\right)\left(\frac{1 \text{ porção}}{160 \text{ Cal}}\right) = 2 \text{ porções}$$

▶ **Para praticar**
(a) Grãos de feijão vermelho desidratado contêm 62% de carboidratos, 22% de proteína e 1,5% de gordura. Calcule o poder calorífico desse feijão. (b) Ao realizar uma atividade muito leve, como ler ou assistir à televisão, um adulto gasta cerca de 7 kJ/min. Quantos minutos tal atividade pode ser sustentada pela energia fornecida por uma porção de sopa de macarrão e frango que contém 13 g de proteína, 15 g de carboidratos e 5 g de gordura?

Combustíveis

Na combustão completa de combustíveis, o carbono é convertido em CO_2 e o hidrogênio, em H_2O, e ambos os compostos apresentam elevadas entalpias negativas de formação. Consequentemente, quanto maior for a percentagem de carbono e hidrogênio em um combustível, maior será seu poder calorífico. Observe a **Tabela 5.6**, por exemplo, e compare as composições e os poderes caloríficos do carvão betuminoso e da madeira. O carvão tem um poder calorífico mais elevado devido ao seu maior teor de carbono.

Em 2019, os Estados Unidos consumiram $1,06 \times 10^{17}$ kJ de energia. Esse valor corresponde a um consumo diário médio de energia por pessoa de $8,8 \times 10^5$ kJ, cerca de 100 vezes mais do que a necessidade energética alimentar per capita. A **Figura 5.26** ilustra as fontes dessa energia.

O carvão, o petróleo e o gás natural, as principais fontes mundiais de energia, são conhecidos como **combustíveis fósseis**. Todos se formaram ao longo de milhões de anos a partir da decomposição de plantas e animais, e seu consumo tem ocorrido de maneira muito mais rápida do que sua formação.

O **gás natural** consiste em hidrocarbonetos gasosos, compostos de hidrogênio e carbono. Ele contém principalmente metano (CH_4) e pequenas quantidades de etano (C_2H_6), propano (C_3H_8) e butano (C_4H_{10}). Determinamos o poder calorífico do propano no Exercício resolvido 5.10. Quando é queimado, o gás natural gera muito menos subprodutos e menos CO_2 do que o petróleo e o carvão. O **petróleo** é um líquido constituído de centenas de compostos, sendo a maioria hidrocarbonetos e o restante compostos orgânicos de enxofre, nitrogênio ou oxigênio, principalmente. O **carvão**, que é sólido, contém hidrocarbonetos de elevado peso molecular, bem como compostos de enxofre, oxigênio ou nitrogênio. O carvão é o combustível fóssil mais abundante. Projeções estimam que as reservas atuais podem durar bem mais de 100 anos, se forem mantidas as taxas atuais de consumo. No entanto, a utilização de carvão implica uma série de problemas.

O carvão é uma mistura complexa de substâncias e contém componentes que causam a poluição do ar. Quando o carvão é queimado, o enxofre contido nele é convertido principalmente em dióxido de enxofre, SO_2, um poluente do ar. Como o carvão é um sólido, a extração de jazidas subterrâneas é dispendiosa e, muitas vezes, perigosa. Além disso, as jazidas de carvão nem sempre estão perto de locais em que há elevado consumo de energia,

TABELA 5.6 Poder calorífico e composição de alguns combustíveis comuns

	Composição aproximada (% em massa)			
	C	H	O	Poder calorífico (kJ/g)
Madeira	50	6	44	18
Carvão antracito (Pensilvânia)	82	1	2	31
Carvão betuminoso (Pensilvânia)	77	5	7	32
Carvão vegetal	100	0	0	34
Petróleo bruto (Texas)	85	12	0	45
Gasolina	85	15	0	48
Gás natural	70	23	0	49
Hidrogênio	0	100	0	142

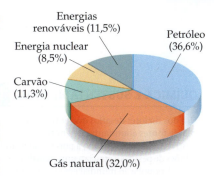

▲ **Figura 5.26 Consumo de energia nos Estados Unidos.*** Em 2019, os Estados Unidos consumiram um total de $1,06 \times 10^{17}$ kJ de energia.

então muitas vezes há custos substanciais de transporte. A dependência norte-americana do carvão como fonte de energia primária diminuiu cerca de 5% entre 2015 e 2019.

Os combustíveis fósseis liberam energia em reações de combustão, que, idealmente, produzem apenas CO_2 e H_2O. A questão da produção de CO_2 tornou-se importante para a ciência e para as políticas públicas devido à preocupação de que concentrações crescentes de CO_2 na atmosfera estejam causando mudanças climáticas globais. Vamos discutir os aspectos ambientais do CO_2 atmosférico no Capítulo 18.

Outras fontes de energia

A *energia nuclear* é a energia liberada na fissão (divisão) ou na fusão (combinação) de núcleos atômicos. A energia nuclear baseada em fissão nuclear atualmente produz cerca de 19% da energia elétrica nos Estados Unidos e representa 8,5% da produção total de energia do país (Figura 5.26). Por um lado, a energia nuclear, em princípio, não emite poluentes que representam um grande problema, como no caso dos combustíveis fósseis. Por outro, as usinas nucleares produzem resíduos radioativos; portanto, sua utilização tem sido controversa. Discutiremos as questões relacionadas à produção de energia nuclear no Capítulo 21.

Os combustíveis fósseis e a energia nuclear são fontes *não renováveis* de energia: são recursos limitados, cuja taxa de consumo é muito maior do que a taxa de regeneração. Eventualmente, esses combustíveis serão gastos, muito embora as estimativas variem bastante a respeito de quando isso vai ocorrer. Como as fontes de energia não renováveis mais cedo ou mais tarde serão totalmente consumidas, uma série de pesquisas estão sendo conduzidas para obter **fontes de energia renováveis**, isto é, fontes que são essencialmente inesgotáveis. Fontes de energia renováveis incluem a *energia solar*, a *energia eólica* produzida por turbinas eólicas, a *energia geotérmica* produzida a partir do calor armazenado no interior da Terra, a *energia hidrelétrica* de rios e a *energia de biomassa*, produzida a partir de plantações e resíduos biológicos. Atualmente, as fontes renováveis constituem 11,5% do consumo anual de energia dos Estados Unidos. Em geral, a eletricidade é gerada pelo uso de um gás ou líquido para girar uma turbina ligada a um gerador, mas há exceções, como as células solares. Dos $3,9 \times 10^{16}$ kJ de eletricidade consumidos nos Estados Unidos em 2019, aproximadamente 62% vieram da queima de combustíveis fósseis. Outras fontes de eletricidade incluem energia nuclear (19%), hidrelétrica (6,8%), eólica (7,1%), de biomassa (1,4%) e solar (2,6%).

Garantir nossas necessidades energéticas no futuro dependerá do desenvolvimento de tecnologias que utilizem a energia solar com maior eficácia. A energia solar é a maior fonte de energia do mundo. Em um dia claro, cerca de 1 kJ de energia solar atinge cada metro quadrado da superfície da Terra a cada segundo. A energia solar média que atinge 0,1% da área superficial dos Estados Unidos equivale a toda a energia utilizada atualmente pelo país. O aproveitamento dessa energia é difícil porque ela se dilui (i.e., se distribui por uma extensa área) e oscila com o horário e com as condições climáticas. O uso eficaz da energia solar depende do desenvolvimento de alguns meios de armazenamento e distribuição. Uma maneira prática de fazer isso é usar a energia solar para provocar um processo químico endotérmico, que poderá ser posteriormente revertido para liberar calor. Um exemplo de reação desse tipo é:

$$CH_4(g) + H_2O(g) + \text{calor} \longrightarrow CO(g) + 3\,H_2(g)$$

---

*"U.S. energy facts explained", U.S Energy Information Administration, Departamento de Energia dos EUA, EIA.gov.

Essa reação ocorre no sentido direto com formação de CO e H₂ em altas temperaturas, que podem ser alcançadas em um forno solar. O CO e o H₂ formados na reação têm a possibilidade de serem armazenados e, posteriormente, o calor liberado da reação entre eles pode ser usado para a realização de trabalho útil.

QUÍMICA E SUSTENTABILIDADE — Os desafios científicos e políticos dos biocombustíveis

Um dos maiores desafios que enfrentamos no século XXI é a produção de fontes abundantes de energia, tanto alimentos quanto combustíveis. No final de 2019, a população mundial era estimada em 7,7 bilhões de pessoas e crescia a uma taxa de cerca de 840 milhões por década. A população mundial em crescimento resulta em um aumento da demanda global por alimentos, especialmente na Ásia e na África, que, em conjunto, representam mais de 76% da população mundial.

O crescimento populacional também ocasiona aumento da demanda de combustíveis para transporte, indústria, eletricidade, aquecimento e refrigeração. Por causa da modernização de países populosos como a China e a Índia, o consumo per capita de energia tem aumentado significativamente. Na China, por exemplo, o consumo de energia per capita quase duplicou entre 1990 e 2010. Em 2010, a China ultrapassou os Estados Unidos como o maior consumidor mundial de energia (embora ainda esteja abaixo de 35% do consumo de energia per capita dos Estados Unidos).

O consumo global de energia em 2019 foi de mais de 4×10^{18} kJ, um número surpreendentemente grande. Mais de 86% da necessidade atual de energia é proveniente da queima de combustíveis fósseis não renováveis (petróleo, carvão e gás natural). A exploração de novas fontes de combustíveis fósseis muitas vezes envolve regiões ambientalmente sensíveis, tornando essa busca uma importante questão política e econômica.

A importância global do petróleo ocorre, em grande parte, porque a partir dele são produzidos combustíveis líquidos, como a gasolina, que são fundamentais para suprir as necessidades de transporte das cidades. Uma das alternativas mais promissoras, mas controversas, aos combustíveis à base de petróleo são os *biocombustíveis*, combustíveis líquidos derivados de matéria biológica. A abordagem mais comum para a produção de biocombustíveis é a transformação de açúcares vegetais e outros carboidratos em combustíveis líquidos.

O biocombustível mais produzido é o *bioetanol*, isto é, o etanol (C_2H_5OH) produzido a partir da fermentação de carboidratos vegetais. O poder calorífico do etanol é aproximadamente dois terços do da gasolina, sendo, portanto, comparável ao do carvão (Tabela 5.6). Os Estados Unidos e o Brasil dominam a produção de bioetanol, somando 85% do total produzido no mundo.

Nos Estados Unidos, quase a totalidade do bioetanol produzido atualmente é feita a partir do milho. Leveduras ou outros microrganismos são utilizados para converter a glicose ($C_6H_{12}O_6$) do milho em etanol e CO_2:

$$C_6H_{12}O_6(s) \longrightarrow 2\,C_2H_5OH(l) + 2\,CO_2(g) \quad \Delta H = 15{,}8 \text{ kJ}$$

A reação é *anaeróbia*, pois não envolve $O_2(g)$, e a variação de entalpia é positiva e muito menor em magnitude do que na maioria das reações de combustão. Outros carboidratos podem ser convertidos em etanol de maneira semelhante. Como o carbono das plantas vem do CO_2 do ar por meio da fotossíntese, o bioetanol libera consideravelmente menos CO_2 para a atmosfera e é, portanto, uma fonte de energia mais sustentável do que os combustíveis fósseis.

A produção de bioetanol a partir do milho é controversa por duas razões principais. Em primeiro lugar, o plantio e o transporte de milho são processos que utilizam bastante energia, e o plantio requer o uso de fertilizantes. Estima-se que o *retorno energético* do bioetanol à base de milho seja de apenas 34%, ou seja, para cada 1,00 J de energia gasta para produzir o milho, 1,34 J de energia é produzida sob a forma de bioetanol. Em segundo lugar, o uso do milho como material de partida para a produção de bioetanol compete com sua utilização como um componente importante da cadeia alimentar (o famoso debate *alimento versus combustível*).

▲ **Figura 5.27** A cana-de-açúcar pode ser convertida em um produto sustentável, como o bioetanol.

Muitas pesquisas recentes estão centradas na produção de bioetanol a partir de plantas *celulósicas*, que são plantas que contêm celulose, um carboidrato complexo. A celulose não é facilmente metabolizada e, por isso, não compete com o fornecimento de alimentos. No entanto, o processo químico para a conversão de celulose em etanol é muito mais complexo do que a conversão de milho. O bioetanol celulósico pode ser produzido a partir de plantas de rápido crescimento que não servem como alimento, como gramíneas, e que se renovam facilmente sem o uso de fertilizantes.

A indústria de bioetanol brasileira usa a cana-de-açúcar como matéria-prima (**Figura 5.27**). A cana-de-açúcar cresce muito mais rapidamente do que o milho e não requer fertilizantes ou cuidados especiais. Em razão dessas diferenças, o retorno energético para a cana é muito maior que para o milho. Estima-se que, para cada 1,0 J de energia gasta no cultivo e no processamento da cana, 8,0 J de energia são produzidos sob a forma de bioetanol. Em 2019, o Brasil produziu mais de 32,5 milhões de litros de bioetanol.

Embora o bioetanol seja uma fonte sustentável de combustível, a expansão do cultivo de cana-de-açúcar no Brasil ameaça regiões ambientalmente sensíveis, incluindo a Floresta Amazônica, por causa do desmatamento. Essas florestas tropicais estão entre as formas mais importantes pelas quais a Terra reabsorve o CO_2 que contribui para a mudança climática. Assim, ao mesmo tempo que desenvolvemos formas de tornar determinados aspectos de nossas vidas mais sustentáveis, precisamos considerar as consequências imprevistas que têm um impacto negativo em outras áreas da sustentabilidade.

Outros tipos de biocombustível que também estão se tornando uma parte importante da economia mundial incluem o *biodiesel*, um substituto para o óleo diesel, que é derivado do petróleo. O biodiesel é normalmente produzido a partir de plantações que têm alto conteúdo de óleo, como a soja e a canola. Ele também pode ser produzido a partir de gorduras animais e resíduos de óleo vegetal provenientes da indústria de alimentos e restaurantes.

Exercícios relacionados: *5.99, 5.100, 5.120*

As plantas utilizam energia solar na *fotossíntese*, reação em que a energia da luz solar é utilizada para converter o CO_2 e H_2O em carboidratos e O_2:

$$6\,CO_2(g) + 6\,H_2O(l) + \text{luz solar} \longrightarrow C_6H_{12}O_6(s) + 6\,O_2(g) \qquad [5.34]$$

A fotossíntese é uma parte importante do ecossistema da Terra porque reabastece a atmosfera de O_2, produz uma molécula rica em energia, que pode ser usada como combustível, e consome certa quantidade de CO_2 da atmosfera.

Talvez a maneira mais direta de usar a energia do Sol é convertê-la diretamente em eletricidade em dispositivos fotovoltaicos, ou *células solares*, que mencionamos no início deste capítulo. A eficiência de tais dispositivos tem aumentado bastante nos últimos anos. Os avanços tecnológicos possibilitaram o desenvolvimento de painéis solares que duram mais e produzem eletricidade com mais eficiência e com custo unitário cada vez menor. O futuro da energia solar é, como o próprio Sol, muito brilhante.

Exercícios de autoavaliação

Aqui estão alguns problemas elaborados para testar se você compreendeu o material.

EAA 5.24 Uma colher de sopa de açúcar granulado contém 12,5 g de sacarose ($C_{12}H_{22}O_{11}$). A reação balanceada para a combustão da sacarose para formar $CO_2(g)$ e $H_2O(l)$ é:

$$C_{12}H_{22}O_{11}(s) + 12\,O_2(g) \rightarrow 12\,CO_2(g) + 11\,H_2O(l) \quad \Delta H = -5640\text{ kJ}$$

Se considerarmos que o metabolismo da sacarose leva à mesma quantidade de calor obtida na equação anterior, quantas Calorias são fornecidas pelo metabolismo completo de uma colher de sopa de sacarose? (**a**) 3,94 Cal (**b**) 49,3 Cal (**c**) 206 Cal (**d**) 1.350 Cal

EAA 5.25 Um componente do biodiesel é uma substância derivada de ácidos graxos denominada *estearato de etila*. A fórmula do estearato de etila é $C_{20}H_{40}O_2$, e ΔH para a combustão de 1,50 mol dessa substância é -18.900 kJ. Qual é o poder calorífico em kJ/g do estearato de etila? (**a**) 40,3 (**b**) 60,5 (**c**) 90,7 (**d**) 12.600

Integrando conceitos

A trinitroglicerina, $C_3H_5N_3O_9$, normalmente chamada apenas de nitroglicerina, tem sido amplamente utilizada como explosivo. Alfred Nobel a usou para fazer a dinamite em 1866. Surpreendentemente, ela também é utilizada como medicamento para aliviar a angina (dores no peito resultantes de artérias parcialmente bloqueadas no coração), por dilatar os vasos sanguíneos. À pressão de 1 atm e 25 °C, a entalpia de decomposição da trinitroglicerina em gás nitrogênio, gás dióxido de carbono, água líquida e gás oxigênio é $-1.541,4$ kJ/mol.

(a) Escreva a equação química balanceada da decomposição da trinitroglicerina.
(b) Calcule o calor padrão de formação da trinitroglicerina.
(c) A dose padrão de trinitroglicerina para o alívio da angina é de 0,60 mg. Considerando que a amostra é oxidada no corpo (embora não de forma explosiva!) e forma gás nitrogênio, gás dióxido de carbono e água no estado líquido, quantas calorias são liberadas?
(d) Uma forma comum da trinitroglicerina funde a aproximadamente 3 °C. A partir dessa informação e da fórmula da substância, você esperaria que o composto fosse molecular ou iônico? Justifique sua resposta.
(e) Descreva as várias conversões de formas de energia quando a trinitroglicerina é utilizada como explosivo para quebrar rochas na construção de rodovias.

SOLUÇÃO

(a) A forma geral da equação que precisamos balancear é:

$$C_3H_5N_3O_9(l) \longrightarrow N_2(g) + CO_2(g) + H_2O(l) + O_2(g)$$

Primeiro, balanceamos da forma habitual. Para obter um número par de átomos de nitrogênio do lado esquerdo, multiplicamos a fórmula $C_3H_5N_3O_9$ por 2, resultando em 3 mols de N_2, 6 mols de CO_2 e 5 mols de H_2O. Assim, tudo é balanceado, com exceção do oxigênio. Teremos um número ímpar de átomos de oxigênio do lado direito. Podemos balancear o oxigênio usando o coeficiente $\frac{1}{2}$ para o O_2 do lado direito:

$$2\,C_3H_5N_3O_9(l) \longrightarrow 3\,N_2(g) + 6\,CO_2(g) + 5\,H_2O(l) + \tfrac{1}{2}O_2(g)$$

Multiplicamos por 2 para converter todos os coeficientes em números inteiros:

$$4\,C_3H_5N_3O_9(l) \longrightarrow 6\,N_2(g) + 12\,CO_2(g) + 10\,H_2O(l) + O_2(g)$$

(Na temperatura da explosão, a água é um gás, não um líquido, como mostra a equação acima. A rápida expansão dos produtos gasosos cria a força de uma explosão.)

(Continua)

(b) Podemos obter a entalpia padrão de formação da trinitroglicerina utilizando o calor da decomposição de trinitroglicerina e as entalpias padrão de formação das outras substâncias na equação de decomposição:

$$4\, C_3H_5N_3O_9(l) \longrightarrow 6\, N_2(g) + 12\, CO_2(g) + 10\, H_2O(l) + O_2(g)$$

A variação de entalpia para essa decomposição é $4(-1.541,4\text{ kJ}) = -6.165,6$ kJ. [Precisamos multiplicar por 4 porque há 4 mols de $C_3H_5N_3O_9(l)$ na equação balanceada.]

Essa variação de entalpia é igual à soma do calor de formação dos produtos menos o calor de formação dos reagentes, cada um multiplicado pelo seu coeficiente na equação balanceada:

$$-6165,6\text{ kJ} = 6\Delta H_f^\circ[N_2(g)] + 12\Delta H_f^\circ[CO_2(g)] + 10\Delta H_f^\circ[H_2O(l)]$$
$$+ \Delta H_f^\circ[O_2(g)] - 4\Delta H_f^\circ[C_3H_5N_3O_9(l)]$$

Os valores de ΔH_f° para $N_2(g)$ e $O_2(g)$ são iguais a zero, por definição. Usando os valores para $H_2O(l)$ e $CO_2(g)$ da Tabela 5.3 ou do Apêndice C, temos:

$$-6165,6\text{ kJ} = 12(-393,5\text{ kJ}) + 10(-285,8\text{ kJ}) - 4\Delta H_f^\circ[C_3H_5N_3O_9(l)]$$

$$\Delta H_f^\circ[C_3H_5N_3O_9(l)] = -353,6 \text{ kJ/mol}$$

(c) Convertendo 0,60 mg de $C_3H_5N_3O_9(l)$ em mols e partindo do princípio de que a decomposição de 1 mol de $C_3H_5N_3O_9(l)$ produz 1.541,4 kJ, temos:

$$(0,60 \times 10^{-3}\text{ g } C_3H_5N_3O_9)\left(\frac{1\text{ mol } C_3H_5N_3O_9}{227\text{ g } C_3H_5N_3O_9}\right)\left(\frac{1.541,4\text{ kJ}}{1\text{ mol } C_3H_5N_3O_9}\right)$$

$$= 4,1 \times 10^{-3}\text{ kJ} = 4,1\text{ J}$$

(d) Como a trinitroglicerina funde abaixo da temperatura ambiente, espera-se que seja um composto molecular. Salvo raras exceções, as substâncias iônicas são materiais cristalinos rígidos que fundem a altas temperaturas. (Seções 2.6 e 2.7) Além disso, a fórmula molecular sugere que se trata de uma substância molecular, porque todos os seus elementos constituintes são não metais.

(e) A energia armazenada na trinitroglicerina é a energia potencial química. Quando a substância reage de maneira explosiva, ela forma dióxido de carbono, água e nitrogênio gasoso, que têm menor energia potencial. No curso da transformação química, a energia é liberada na forma de calor; os produtos gasosos da reação são muito quentes. Essa alta energia calorífica é transferida para a vizinhança. O trabalho é realizado quando os gases se expandem contra a vizinhança, movendo os materiais sólidos e transmitindo energia cinética para eles. Por exemplo, um pedaço de rocha pode ser lançado para cima. Ele recebe energia cinética dos gases quentes, que se expandem. À medida que a rocha sobe, sua energia cinética é transformada em energia potencial. Por fim, ela adquire novamente energia cinética e cai. Quando atinge o solo, sua energia cinética é convertida principalmente em energia térmica, embora algum trabalho possa ser realizado sobre a vizinhança.

Resumo do capítulo e termos-chave

ENERGIA QUÍMICA (INTRODUÇÃO E SEÇÃO 5.1) A **termodinâmica** é o estudo da energia e de suas transformações. Neste capítulo, concentramo-nos em **termoquímica**, as transformações de energia – especialmente calor – durante as reações químicas.

Um objeto pode ter energia em duas formas: (1) **energia cinética**, energia resultante do movimento do objeto; e (2) **energia potencial**, que é a energia que um objeto tem devido à sua posição em relação a outros objetos. Um elétron em movimento perto de um próton tem energia cinética por causa do seu movimento e tem energia potencial por causa de sua atração eletrostática pelo próton.

A energia química se origina principalmente das interações eletrostáticas em nível atômico. É necessário fornecer energia para romper ligações químicas, o que leva a um aumento da energia potencial. Por outro lado, energia é liberada quando ligações químicas são formadas e a energia potencial diminui.

A PRIMEIRA LEI DA TERMODINÂMICA (SEÇÃO 5.2) Quando estudamos propriedades termodinâmicas, definimos uma quantidade específica de matéria como o **sistema**. Tudo que está fora do sistema corresponde à **vizinhança**. Quando se estuda uma reação química, o sistema geralmente é composto de reagentes e produtos. Um sistema fechado pode trocar energia, mas não matéria, com a vizinhança. A **energia interna** de um sistema representa a soma de todas as energias cinéticas e potenciais de seus componentes. A energia interna de um sistema pode mudar em razão da energia transferida entre o sistema e a vizinhança.

De acordo com a **primeira lei da termodinâmica**, a variação da energia interna de um sistema, ΔE, é a soma do calor, q, transferido para o sistema ou do sistema e do trabalho, w, realizado no sistema ou pelo sistema: $\Delta E = q + w$. Tanto q quanto w apresentam um sinal que indica a direção da transferência de energia. Quando o calor é transferido da vizinhança para o sistema, $q > 0$. Do mesmo modo, quando a vizinhança realiza trabalho no sistema, $w > 0$. Em um processo **endotérmico**, o sistema absorve o calor da vizinhança; em um processo **exotérmico**, o sistema libera calor para a vizinhança.

A energia interna, E, é uma **função de estado**. O valor de qualquer função de estado depende apenas do estado ou da condição do sistema, e não de como ele chegou a esse estado. O calor, q, e o trabalho, w, não são funções de estado; seus valores dependem do modo específico pelo qual um sistema altera seu estado.

ENTALPIA (SEÇÕES 5.3 E 5.4) Quando um gás é produzido ou consumido em uma reação química que ocorre à pressão constante, o sistema pode realizar o **trabalho pressão-volume (P-V)** contra a pressão da vizinhança. Assim, define-se uma nova função de estado chamada de **entalpia**, H, que está relacionada com a energia: $H = E + PV$. Em sistemas nos quais há apenas o trabalho pressão-volume, a variação na entalpia, ΔH, é igual ao calor ganho ou perdido pelo sistema a uma pressão constante: $\Delta H = q_P$ (o subscrito indica a pressão constante P). Para um processo endotérmico, $\Delta H > 0$; para um processo exotérmico, $\Delta H < 0$.

Em um processo químico, a **entalpia de reação** é a entalpia dos produtos menos a entalpia dos reagentes: $\Delta H_{rea} = H(\text{produtos}) - H(\text{reagentes})$. Entalpias de reação seguem algumas regras simples: (1) a entalpia de reação é proporcional à quantidade de reagente que reage; (2) a inversão de uma reação muda o sinal de ΔH; (3) a entalpia de reação depende dos estados físicos dos reagentes e produtos.

CALORIMETRIA (SEÇÃO 5.5) A quantidade de calor transferido entre o sistema e a vizinhança é medida experimentalmente por **calorimetria**. Um **calorímetro** mede a variação de temperatura que acompanha um processo. A variação da temperatura de um calorímetro depende da sua **capacidade calorífica**, a quantidade de calor necessária para elevar sua temperatura em 1 K. A capacidade calorífica de um mol de uma substância pura é chamada de **capacidade calorífica molar**; para um grama da substância, usamos o termo **calor específico**. A água possui um alto calor específico, 4,18 J/g·K. A quantidade de calor, q, absorvido por uma substância é o produto de seu calor específico (C_e), sua massa e sua variação de temperatura: $q = C_e \times m \times \Delta T$.

Se um experimento de calorimetria é realizado a uma pressão constante, o calor transferido fornece uma medida direta da variação de entalpia da reação. A calorimetria de volume constante é realizada em um recipiente de volume fixo, chamado de **bomba calorimétrica**. O calor transferido em condições de volume constante é igual a ΔE. As correções podem ser aplicadas a valores de ΔE para se obter ΔH.

LEI DE HESS (SEÇÃO 5.6) O valor de ΔH depende somente dos estados inicial e final do sistema, uma vez que a entalpia é uma função de estado. Assim, a variação de entalpia de um processo é a mesma se o processo for realizado em uma única etapa ou em uma série de etapas. A **lei de Hess** afirma que, se uma reação é realizada em uma série de etapas, o ΔH da reação será igual à soma das variações de entalpia das etapas. Podemos, portanto, calcular o ΔH para qualquer processo, contanto que possamos escrever o processo como uma série de etapas em que o ΔH seja conhecido.

ENTALPIAS DE FORMAÇÃO (SEÇÃO 5.7) A **entalpia de formação**, ΔH_f, de uma substância é a variação de entalpia da reação em que a substância é formada a partir de seus elementos constituintes. Normalmente, entalpias são tabeladas para reações em que reagentes e produtos estão em seus *estados padrão*. O estado padrão de uma substância é a sua forma pura e mais estável a 1 atm e à temperatura de interesse (normalmente 298 K). Assim, a **variação de entalpia padrão** de uma reação, $\Delta H°$, é a variação de entalpia quando todos os reagentes e produtos se encontram em seus estados padrão. A **entalpia padrão de formação**, $\Delta H_f°$, de uma substância é a variação de entalpia da reação que forma um mol da substância a partir de seus elementos nos estados padrão. Para qualquer elemento no estado padrão, $\Delta H_f° = 0$.

A variação de entalpia padrão para toda e qualquer reação pode ser facilmente calculada a partir das entalpias padrão de formação dos reagentes e produtos:

$$\Delta H°_{rea} = \sum n \Delta H_f°(\text{produtos}) - \sum m \Delta H_f°(\text{reagentes})$$

ENTALPIAS DE LIGAÇÃO (SEÇÃO 5.8) A força de uma ligação covalente é medida por sua entalpia de ligação, ou seja, pela variação de entalpia molar necessária para quebrar uma ligação. Entalpias médias de ligação podem ser determinadas para um grande número de ligações covalentes. Podemos estimar as variações de entalpia durante reações químicas que envolvem substâncias gasosas pela soma das entalpias médias das ligações quebradas e pela subtração das entalpias médias das ligações formadas. Quando a energia necessária para romper ligações é maior do que a energia liberada pela formação de ligações, a entalpia de reação é positiva; quando ocorre o inverso, a entalpia de reação é negativa.

ALIMENTOS E COMBUSTÍVEIS (SEÇÃO 5.9) O **poder calorífico** de uma substância é o calor liberado quando um grama da substância é queimado. Tipos diferentes de alimentos têm diferentes poderes caloríficos e diferentes maneiras de serem armazenados no corpo. Os combustíveis mais comuns são hidrocarbonetos, que constituem os **combustíveis fósseis**, como o **gás natural**, o **petróleo** e o **carvão**. **Fontes de energia renováveis** incluem energia solar, energia eólica, biomassa e energia hidrelétrica. A energia nuclear não utiliza combustíveis fósseis, mas gera problemas controversos, relacionados à eliminação de resíduos.

Equações-chave

- $w = F \times d$ [5.1] Relação entre trabalho e força ou distância
- $E_{el} = \kappa Q_1 Q_2 / d$ [5.2] Energia potencial eletrostática
- $\Delta E = E_{final} - E_{inicial}$ [5.3] Variação de energia interna
- $\Delta E = q + w$ [5.4] Relação da variação de energia interna ao calor e ao trabalho (a primeira lei da termodinâmica)
- $H = E + PV$ [5.5] Definição de entalpia
- $w = -P\Delta V$ [5.7] Trabalho feito por um gás em expansão a pressão constante
- $\Delta H = \Delta E + P\Delta V = q_P$ [5.9] Variação de entalpia a pressão constante
- $q = C_e \times m \times \Delta T$ [5.21] Calor ganho ou perdido com base em calor específico, massa e variação de temperatura
- $q_{rea} = -C_{cal} \times \Delta T$ [5.23] Calor trocado entre uma reação e um calorímetro
- $\Delta H°_{rea} = \sum n \Delta H_f°(\text{produtos}) - \sum m \Delta H_f°(\text{reagentes})$ [5.31] Variação de entalpia padrão de uma reação
- $\Delta H_{rea} = \sum (\text{entalpias das ligações quebradas}) - \sum (\text{entalpias das ligações formadas})$ [5.32] Entalpia de reação em função das entalpias médias de ligação de reações que envolvem moléculas em fase gasosa

Simulado

SIM 5.1 O KBr é formado por íons potássio com carga positiva e íons brometo com carga negativa. Qual das afirmações a seguir é *falsa*? (**a**) Os íons potássio e brometo se atraem mutuamente. (**b**) É preciso adicionar energia para separar os íons uns dos outros. (**c**) A energia potencial eletrostática entre os íons potássio e brometo é positiva. (**d**) A força da interação entre os íons potássio e brometo depende da distância entre os íons.

SIM 5.2 Uma mistura dos gases A_2 e B_2 é introduzida em um cilindro metálico estreito com uma extremidade fechada e a outra equipada com um pistão que o sela hermeticamente, de modo que os gases formam um sistema fechado. O cilindro é submerso em um béquer grande cheio de água à temperatura de 25 °C, e uma fagulha é utilizada para provocar uma reação no interior do cilindro. Após a reação estar completa, o pistão moveu-se para baixo e a temperatura da água aumentou para 28 °C. Se definirmos o sistema como os gases dentro do cilindro, qual das alternativas a seguir melhor descreve os sinais de q, w e ΔE para essa reação? (**a**) $q < 0$, $w < 0$, $\Delta E < 0$ (**b**) $q < 0$, $w > 0$, $\Delta E < 0$ (**c**) $q < 0$, $w > 0$, o sinal de ΔE não pode ser determinado a partir das informações fornecidas. (**d**) $q > 0$, $w > 0$, $\Delta E > 0$ (**e**) $q > 0$, $w < 0$, o sinal de ΔE não pode ser determinado a partir das informações fornecidas.

SIM 5.3 Um sistema pode ir do Estado A para o Estado B por dois caminhos diferentes, o Caminho 1 e o Caminho 2. Qual(is) das seguintes afirmações é(são) *verdadeira(s)*?

(**i**) O valor de q pode ser diferente para cada caminho.

(**ii**) O valor de ΔE pode ser diferente para cada caminho.

(**iii**) O valor de $q + w$ deve ser igual para os dois caminhos.

(**a**) Apenas uma das afirmações é verdadeira. (**b**) i e ii são verdadeiras. (**c**) i e iii são verdadeiras. (**d**) ii e iii são verdadeiras. (**e**) Todas as afirmações são verdadeiras.

SIM 5.4 Qual das afirmações a seguir sobre entalpia é *falsa*? (**a**) A entalpia é denotada por H. (**b**) ΔH é igual ao calor ganho ou perdido em um processo que ocorre sob pressão constante. (**c**) Uma vez que E, P e V são funções de estado, H também é uma função de estado. (**d**) Uma vez que ΔH está relacionada ao calor, o valor de ΔH depende do caminho percorrido entre dois estados. (**e**) Sob pressão constante, $\Delta H = \Delta E + P\Delta V$.

SIM 5.5 Se um balão inflar de 0,055 para 1,403 L contra uma pressão externa de 1,02 atm, quanto L-atm de trabalho será realizado? (**a**) −0,056 L-atm (**b**) −1,37 L-atm (**c**) 1,43 L-atm (**d**) 1,49 L-atm (**e**) 139 L-atm

SIM 5.6 A reação química que libera calor para sua vizinhança é chamada de _____ e tem um valor de ΔH _____. (**a**) endotérmica, positivo (**b**) endotérmica, negativo (**c**) exotérmica, positivo (**d**) exotérmica, negativo

SIM 5.7 A figura mostra um diagrama de entalpia para a seguinte reação hipotética ocorrida sob pressão constante:

$$A(g) + B(g) \rightarrow C(g) + D(g)$$

Qual(is) das seguintes afirmações é(são) *verdadeira(s)*?

(**i**) A reação é exotérmica.

(**ii**) O ΔH da reação é −200 kJ.

(**iii**) A reação muito provavelmente é um processo espontâneo.

(**a**) Apenas uma das afirmações é verdadeira. (**b**) i e ii são verdadeiras. (**c**) i e iii são verdadeiras. (**d**) ii e iii são verdadeiras. (**e**) Todas as afirmações são verdadeiras.

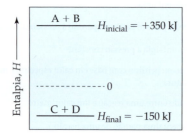

SIM 5.8 A combustão completa do etanol, C_2H_5OH (massa molar = 46,0 g/mol), ocorre da seguinte maneira:

$$C_2H_5OH(l) + 3\,O_2(g) \rightarrow 2\,CO_2(g) + 3\,H_2O(l) \quad \Delta H = -555\text{ kJ}$$

Qual é a variação de entalpia para a combustão de 15,0 g de etanol? (**a**) −12,1 kJ (**b**) −181 kJ (**c**) −422 kJ (**d**) −555 kJ (**e**) −1.700 kJ.

SIM 5.9 Os metais para cunhagem (grupo 1B) cobre, prata e ouro têm calor específico de 0,385, 0,233 e 0,129 J/g-K, respectivamente. Entre esse grupo, o calor específico _____ e a capacidade calorífica molar _____ à medida que a massa atômica aumenta. (**a**) aumenta, aumenta (**b**) aumenta, diminui (**c**) diminui, aumenta (**d**) diminui, diminui

SIM 5.10 Quando 0,243 g de Mg reage com HCl suficiente para produzir 100 mL de solução em um calorímetro a pressão constante, ocorre a seguinte reação:

$$Mg(s) + 2\,HCl(aq) \longrightarrow MgCl_2(aq) + H_2(g)$$

Considerando que a temperatura da solução aumenta de 23,0 para 34,1 °C como resultado dessa reação, calcule ΔH em kJ/mol de Mg. Considere que a solução tem um calor específico de 4,18 J/g-°C e densidade de 1,00 g/mL.. (**a**) −19,1 kJ/mol (**b**) −111 kJ/mol (**c**) −191 kJ/mol (**d**) −464 kJ/mol (**e**) −961 kJ/mol

SIM 5.11 A combustão de exatos 1,000 g de ácido benzoico em uma bomba calorimétrica libera 26,38 kJ de calor. Considerando que a combustão de 0,550 g de ácido benzoico faz a temperatura do calorímetro aumentar de 22,01 para 24,27 °C, calcule a capacidade calorífica do calorímetro. (**a**) 0,660 kJ/°C (**b**) 6,42 kJ/°C (**c**) 14,5 kJ/°C (**d**) 21,2 kJ/°C (**e**) 32,7 kJ/°C

SIM 5.12 Calcule o ΔH da reação $2\,NO(g) + O_2(g) \longrightarrow N_2O_4(g)$ usando as seguintes informações:

$$N_2O_4(g) \longrightarrow 2\,NO_2(g) \quad \Delta H = +57,9\text{ kJ}$$

$$2\,NO(g) + O_2(g) \longrightarrow 2\,NO_2(g) \quad \Delta H = -113,1\text{ kJ}$$

(**a**) −2,7 kJ (**b**) −55,2 kJ (**c**) −85,5 kJ (**d**) −171,0 kJ (**e**) +55,2 kJ

SIM 5.13 Calcule o ΔH da reação

$$C(s) + H_2O(g) \longrightarrow CO(g) + H_2(g)$$

dadas as seguintes equações termoquímicas:

$$C(s) + O_2(g) \longrightarrow CO_2(g) \quad \Delta H_1 = -393,5\text{ kJ}$$

$$2\,CO(g) + O_2(g) \longrightarrow 2\,CO_2(g) \quad \Delta H_2 = -566,0\text{ kJ}$$

$$2\,H_2(g) + O_2(g) \longrightarrow 2\,H_2O(g) \quad \Delta H_3 = -483,6\text{ kJ}$$

(**a**) 1443,1 kJ (**b**) 918,3 kJ (**c**) 131,3 kJ (**d**) 262,6 kJ (**e**) 656,1 kJ

SIM 5.14 Considerando que o calor de formação de $H_2O(l)$ é −286 kJ/mol, qual das seguintes equações termoquímicas está correta?

(**a**) $2\,H(g) + O(g) \longrightarrow H_2O(l) \qquad \Delta H = -286\text{ kJ}$

(**b**) $2\,H_2(g) + O_2(g) \longrightarrow 2\,H_2O(l) \qquad \Delta H = -286\text{ kJ}$

(**c**) $H_2(g) + \tfrac{1}{2}O_2(g) \longrightarrow H_2O(l) \qquad \Delta H = -286\text{ kJ}$

(**d**) $H_2(g) + O(g) \longrightarrow H_2O(g) \qquad \Delta H = -286\text{ kJ}$

(**e**) $H_2O(l) \longrightarrow H_2(g) + \tfrac{1}{2}O_2(g) \qquad \Delta H = -286\text{ kJ}$

SIM 5.15 Calcule a variação da entalpia da reação

$$2\,H_2O_2(l) \longrightarrow 2\,H_2O(l) + O_2(g)$$

usando as seguintes entalpias de formação:

$$\Delta H_f^\circ[H_2O_2(l)] = -187,8\text{ kJ/mol} \quad \Delta H_f^\circ[H_2O(l)] = -285,8\text{ kJ/mol}$$

(**a**) −98,0 kJ (**b**) −196,0 kJ (**c**) +98,0 kJ (**d**) +196,0 kJ (**e**) Mais informações são necessárias.

SIM 5.16 Se ΔH_{rea}° é a variação de entalpia da reação $2\,SO_2(g) + O_2(g) \longrightarrow 2\,SO_3(g)$, qual das equações a seguir está correta?

(**a**) $\Delta H_f^\circ[SO_3] = \Delta H_{rea}^\circ - \Delta H_f^\circ[SO_2]$

(**b**) $\Delta H_f^\circ[SO_3] = \Delta H_{rea}^\circ + \Delta H_f^\circ[SO_2]$

(**c**) $2\Delta H_f^\circ[SO_3] = \Delta H_{rea}^\circ + 2\Delta H_f^\circ[SO_2]$

(**d**) $2\,\Delta H_f^\circ[SO_3] = \Delta H_{rea}^\circ - 2\,\Delta H_f^\circ[SO_2]$

(**e**) $2\Delta H_f^\circ[SO_3] = 2\Delta H_f^\circ[SO_2] - \Delta H_{rea}^\circ$

SIM 5.17 Qual(is) das seguintes afirmações sobre entalpias de ligação é(são) *verdadeira(s)*?

(i) As entalpias de ligação são sempre números positivos.

(ii) A entalpia de uma ligação dupla entre dois átomos é maior do que a de uma ligação simples entre os mesmos dois átomos.

(iii) Quanto maior a entalpia de ligação, mais forte é a ligação.

(a) Apenas uma das afirmações é verdadeira. (b) i e ii são verdadeiras. (c) i e iii são verdadeiras. (d) ii e iii são verdadeiras. (e) Todas as afirmações são verdadeiras.

SIM 5.18 Use as entalpias médias de ligação da Tabela 5.4 para estimar o ΔH da reação de separação da água: $H_2O(g) \longrightarrow H_2(g) + \frac{1}{2}O_2(g)$.
(a) 242 kJ (b) 417 kJ (c) 5 kJ (d) −5 kJ (e) −468 kJ

SIM 5.19 Um talo de aipo possui um teor calórico (poder calorífico) de 9,0 kcal. Considerando que 1,0 kcal é fornecido pela gordura e há pouquíssima proteína, calcule quantos gramas de carboidratos e gordura estão presentes no aipo. (a) 2 g de carboidratos e 0,1 g de gordura (b) 2 g de carboidratos e 1 g de gordura (c) 1 g de carboidratos e 2 g de gordura (d) 32 g de carboidratos e 10 g de gordura

SIM 5.20 O metanol líquido [$CH_3OH(l)$], o etanol líquido [$C_2H_5OH(l)$] e o éter dimetílico gasoso [$CH_3OCH_3(g)$] são combustíveis que contêm apenas átomos de carbono, hidrogênio e oxigênio. As entalpias molares padrão de combustão desses três combustíveis para formação de $CO_2(g)$ e $H_2O(g)$ são:

Rótulo	Composto	$\Delta H°_{combustão}$ (kJ/mol)
A	$CH_3OH(l)$	−638,5
B	$C_2H_5OH(l)$	−1235
C	$CH_3OCH_3(g)$	−1328

Ordene os três compostos em ordem crescente de poder calorífico em kJ/g;
(a) A < B < C (b) C < B < A (c) B < C < A (d) A < B = C (e) A < C < B

Exercícios

Visualizando conceitos

5.1 A fotografia a seguir mostra uma lagarta rabo-de-andorinha-azul (Battus philenor) subindo em um galho. (a) À medida que a lagarta sobe, sua energia potencial aumenta. Qual é a fonte de energia utilizada para realizar essa variação na energia potencial? (b) Se a lagarta é o sistema, você pode prever o sinal de q durante a subida dela? (c) A lagarta realiza trabalho ao subir pelo galho? Explique. (d) A quantidade de trabalho realizado ao subir um trecho de 12 polegadas do galho depende da velocidade de subida da lagarta? (e) A variação de energia potencial depende da velocidade de subida da lagarta? [Seção 5.1]

5.2 A curva azul do gráfico mostra a energia potencial de um íon A que interage com um íon B em função da distância de separação entre eles. A curva vermelha mostra a interação do íon A com um terceiro íon, o íon C, em função da separação entre eles. (a) As cargas dos íons A e B têm sinais iguais ou diferentes? (b) As cargas dos íons A e C têm sinais iguais ou diferentes? (c) A magnitude da carga do íon B é maior, igual ou menor do que a magnitude da carga do íon C? [Seção 5.1]

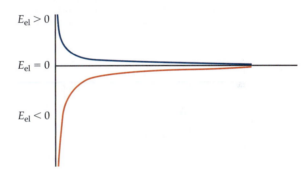

5.3 (a) O diagrama de energia representa um aumento ou uma diminuição na energia interna do sistema? (b) Que sinal é atribuído para esse processo? (c) Se não houver trabalho associado ao processo, ele é exotérmico ou endotérmico? [Seção 5.2]

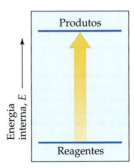

5.4 O conteúdo da caixa fechada de cada uma das representações a seguir representa um sistema, e as setas indicam as variações do sistema durante algum processo. O tamanho das setas representa as magnitudes relativas de q e w. (**a**) Qual desses processos é endotérmico? (**b**) Para quais desses processos, se houver, $\Delta E < 0$? (**c**) Para qual processo, se houver, o sistema proporciona um ganho líquido em energia interna? [Seção 5.2]

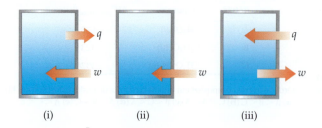

(i) (ii) (iii)

5.5 O diagrama mostra quatro estados de um sistema, cada um com diferentes energias internas, E. (**a**) Qual dos estados do sistema possui a maior energia interna? (**b**) Escreva duas expressões para a diferença na energia interna entre o estado A e o estado B em relação aos valores de ΔE. (**c**) Escreva uma expressão para a diferença de energia entre o estado C e o estado D. (**d**) Suponha que há outro estado do sistema, o estado E, e sua energia relativa para o estado A é $\Delta E = \Delta E_1 + \Delta E_4$. Em que posição o estado E ficaria no diagrama? [Seção 5.2]

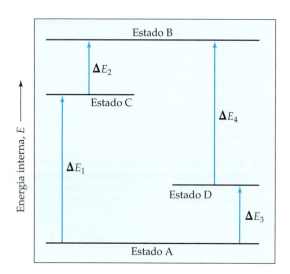

5.6 Ao comprimir o ar em uma bomba de bicicleta, a bomba fica mais quente. (**a**) Considerando que a bomba e o ar dentro dela sejam o sistema, qual é o sinal de w quando você comprime o ar? (**b**) Qual é o sinal de q para esse processo? (**c**) Com base em suas respostas nos itens (**a**) e (**b**), é possível determinar o sinal do ΔE durante a compressão do ar na bomba? Em caso negativo, qual você espera que seja o sinal de ΔE? Explique. [Seção 5.2]

5.7 Imagine um recipiente colocado em um tubo de água, como na representação a seguir. (**a**) Se os conteúdos do recipiente são o sistema e o calor pode fluir através das paredes do recipiente, que variações qualitativas vão ocorrer nas temperaturas do sistema e em sua vizinhança? Do ponto de vista do sistema, é um processo endotérmico ou exotérmico? (**b**) Se nem o volume nem a pressão do sistema sofrem variação durante o processo, como ocorre a variação da energia interna relacionada com a variação de entalpia? [Seções 5.2 e 5.3]

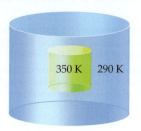

5.8 No diagrama do cilindro a seguir, um processo químico ocorre a temperatura e pressão constantes. (**a**) O sinal de w é indicado por essa variação positiva ou negativa? (**b**) Se o processo é endotérmico, a energia interna do sistema dentro do cilindro aumenta ou diminui durante a variação? O ΔE é positivo ou negativo? [Seções 5.2 e 5.3]

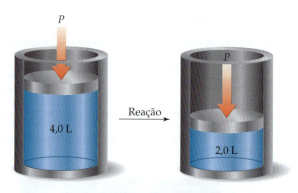

5.9 A reação em fase gasosa mostrada entre o N_2 e o O_2 foi realizada em um equipamento projetado para manter uma pressão constante. (**a**) Escreva a equação química balanceada da reação representada e determine se o w é positivo, negativo ou nulo. (**b**) Utilizando os dados do Apêndice C, determine o ΔH da formação de um mol do produto. [Seções 5.3 e 5.7]

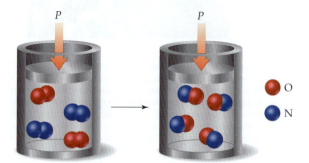

5.10 Considere os dois diagramas a seguir. (**a**) Com base em (i), escreva uma equação que mostra como o ΔH_A está relacionado ao ΔH_B e ao ΔH_C. (**b**) Com base em (ii), escreva uma equação que relaciona o ΔH_Z a outras variações de entalpia no diagrama. (**c**) As equações obtidas nos itens (**a**) e (**b**) se baseiam em qual lei? (**d**) Relações similares seriam válidas para o trabalho envolvido em cada processo? [Seção 5.6]

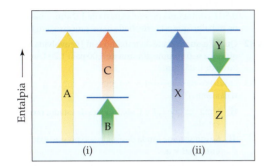

5.11 Considere a conversão do composto A em composto B: A → B. Para os compostos A e B, $\Delta H_f^\circ > 0$. (**a**) Faça um esboço de um diagrama de entalpia para a reação análoga à Figura 5.23. (**b**) Suponhamos que a reação global é exotérmica. O que você pode concluir? [Seção 5.7]

5.12 Considere a reação representada abaixo, na qual uma molécula de X_2 reage com uma molécula de Y_2 para formar duas moléculas de XY. A reação é exotérmica. Qual(is) das seguintes afirmações sobre as entalpias de ligação de X_2, Y_2 e XY é(são) *verdadeira(s)*?

(**i**) $D(X-X)$, $D(Y-Y)$ e $D(X-Y)$ têm valores positivos.
(**ii**) $2D(X-Y) < D(X-X) + D(Y-Y)$.
(**iii**) $\Delta H = D(X-X) + D(Y-Y) - 2D(X-Y)$.

[Seção 5.8]

A natureza da energia química (Seção 5.1)

5.13 (**a**) Qual é a energia potencial eletrostática (em joules) entre um elétron e um próton separados por 53 pm? (**b**) Qual é a variação da energia potencial se a distância que separa o elétron do próton aumenta para 1,0 nm? (**c**) A energia potencial das duas partículas aumenta ou diminui quando a distância aumenta para 1,0 nm?

5.14 (**a**) Qual é a energia potencial eletrostática (em joules) entre dois prótons separados por 62 pm? (**b**) Qual é a variação da energia potencial se a distância que separa os dois aumenta para 1,0 nm? (**c**) A energia potencial das duas partículas aumenta ou diminui quando a distância aumenta para 1,0 nm?

5.15 (**a**) A força eletrostática (não a energia) da atração entre objetos com cargas opostas é dada pela equação $F = \kappa(Q_1Q_2/d_2)$, em que $\kappa = 8,99 \times 10^9$ N·m²/C², Q_1 e Q_2 são as cargas dos dois objetos em coulombs e d é a distância que separa os dois objetos em metros. Qual é a força eletrostática atrativa (em newtons) entre um elétron e um próton separados por uma distância de $1,00 \times 10^2$ pm? (**b**) A força da gravidade que atua entre os dois objetos é dada pela equação $F = G(m_1m_2/d^2)$, em que $G = 6,674 \times 10^{-11}$ N·m²/kg² é a constante gravitacional, m_1 e m_2 são as massas dos dois objetos e d é a distância entre eles. Qual é a força gravitacional atrativa (em newtons) entre o elétron e o próton? (**c**) Quantas vezes a força eletrostática atrativa é maior?

5.16 Use as equações fornecidas no Problema 5.15 para calcular: (**a**) a força eletrostática repulsiva para dois prótons separados por 75 pm; (**b**) a força gravitacional atrativa para dois prótons separados por 75 pm. (**c**) Se puderem se mover, os prótons serão repelidos ou atraídos um pelo outro?

5.17 Um íon sódio, Na^+, com carga $1,6 \times 10^{-19}$ C, e um íon cloreto, Cl^-, com carga $-1,6 \times 10^{-19}$ C, estão separados por uma distância de 0,50 nm. Qual seria o trabalho necessário para aumentar a separação dos dois íons a uma distância infinita?

5.18 Um íon magnésio, Mg^{2+}, com carga $3,2 \times 10^{-19}$ C, e um íon óxido, O^{2-}, com carga $-3,2 \times 10^{-19}$ C, estão separados por uma distância de 0,35 nm. Qual seria o trabalho necessário para aumentar a separação dos dois íons a uma distância infinita?

A primeira lei da termodinâmica (Seção 5.2)

5.19 (**a**) Qual dos elementos a seguir não pode entrar ou sair de um sistema fechado: calor, trabalho ou matéria? (**b**) Qual não pode entrar ou sair de um sistema isolado? (**c**) Do que chamamos a parte do universo que não pertence ao sistema?

5.20 Classifique cada um dos sistemas a seguir como aberto, fechado ou isolado: (**a**) o ar em um balão; (**b**) a água em uma poça que evapora ao ar livre; (**c**) uma bebida gelada em uma caneca isolada; (**d**) uma reação química em um frasco fechado que produz calor.

5.21 (**a**) De acordo com a primeira lei da termodinâmica, qual quantidade é conservada? (**b**) O que significa a *energia interna* de um sistema? (**c**) Como a energia interna de um sistema fechado pode aumentar?

5.22 (**a**) Escreva uma equação que expresse a primeira lei da termodinâmica em termos de calor e trabalho. (**b**) Sob quais condições as quantidades q e w serão números negativos?

5.23 Calcule o ΔE e determine se o processo é endotérmico ou exotérmico nos seguintes casos: (**a**) $q = 0,763$ kJ e $w = -840$ J; (**b**) um sistema que libera 66,1 kJ de calor para sua vizinhança, enquanto a vizinhança realiza 44,0 kJ de trabalho no sistema.

5.24 Calcule a variação da energia interna do sistema e determine se o processo é endotérmico ou exotérmico para os seguintes processos. (**a**) Um balão é resfriado quando são retirados 0,655 kJ de calor. Ele é encolhido ao ser resfriado, e a atmosfera faz 382 J de trabalho no balão. (**b**) Uma barra de ouro de 100,0 g é aquecida de 25 °C a 50 °C e absorve 322 J de calor durante o processo. Considere que o volume da barra de ouro permanece constante.

5.25 Um gás está dentro de um cilindro equipado com um pistão e um aquecedor elétrico, como mostrado a seguir:

Vamos supor que seja fornecida uma corrente elétrica para o aquecedor, de modo que 100 J de energia sejam adicionados. Considere duas situações diferentes. No caso (1), o pistão pode se mover à medida que a energia é adicionada. No caso (2), o pistão é fixo e não pode se mover. (**a**) Em qual dos casos o gás tem a temperatura mais elevada após a adição da energia elétrica? (**b**) Identifique o sinal (positivo, negativo ou zero) de *q* e *w* em cada caso. (**c**) Em qual caso o Δ*E* do sistema (o gás no cilindro) é maior?

5.26 Considere um sistema que consiste em duas esferas de cargas opostas penduradas por cordas e separadas por uma distância r_1, como mostra a ilustração. Suponha que elas estejam separadas por uma distância maior, r_2, quando são movimentadas. (**a**) Que variação, se houver, ocorre na energia potencial do sistema? (**b**) Qual efeito, se houver, esse processo tem sobre o valor do Δ*E*? (**c**) O que você pode dizer sobre *q* e *w* nesse processo?

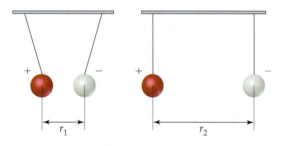

5.27 Imagine que você está escalando uma montanha. Quais das alternativas a seguir são funções de estado? (**a**) A distância que percorre na escalada até o cume. (**b**) A variação de elevação durante a escalada. (**c**) A variação da sua energia potencial gravitacional durante a escalada. (**d**) O número de calorias que gasta durante a escalada.

5.28 Indique qual dos itens a seguir ocorre independentemente do caminho pelo qual uma variação ocorre: (**a**) a variação da energia potencial quando um livro é deslocado de uma mesa para uma prateleira; (**b**) o calor liberado quando um torrão de açúcar é oxidado a $CO_2(g)$ e $H_2O(g)$; (**c**) o trabalho realizado na queima de um galão de gasolina.

5.29 Um sistema varia entre um estado e outro por dois caminhos diferentes. No Caminho 1, o sistema realiza 140 J de trabalho na vizinhança, e sua energia interna aumenta em 330 J. No Caminho 2, o sistema absorve 220 J de calor da vizinhança. (**a**) Qual é o valor de *q* no Caminho 1? (**b**) Qual é o valor de *w* no Caminho 2?

5.30 Um sistema vai do Estado A para o Estado B por dois caminhos diferentes: Caminho 1, para o qual $q_1 = 38$ kJ e $w_1 = -97$ kJ, e Caminho 2, para o qual $q_2 = -28$ kJ. (**a**) Qual é o valor de Δ*E* no Caminho 1? (**b**) Qual é o valor de *w* no Caminho 2?

Entalpia (Seções 5.3 e 5.4)

5.31 Durante a respiração, nossos pulmões costumam expandir cerca de 0,50 L contra uma pressão externa de 1,0 atm. Qual é a quantidade de trabalho que está envolvida nesse processo (em J)?

5.32 Qual é a quantidade de trabalho (em J) envolvida em uma reação química se o volume diminui de 5,00 para 1,26 L sob pressão constante de 0,857 atm?

5.33 Qual(is) das seguintes afirmações sobre a entalpia é(são) *verdadeira(s)*?

(**i**) Uma vez que *E*, *P* e *V* são funções de estado, *H* é uma função de estado.

(**ii**) Se um sistema muda de estado sob pressão externa constante, então Δ*H* = *q*.

(**iii**) Sob condições de pressão constante, se Δ*H* = 0, então Δ*E* também deve ser igual a zero.

5.34 (**a**) Sob qual condição a variação de entalpia de um processo se iguala à quantidade de calor transferido para dentro ou para fora do sistema? (**b**) Durante um processo a pressão constante, o sistema libera calor para a vizinhança. A entalpia do sistema aumenta ou diminui durante o processo? (**c**) Em um processo a pressão constante, Δ*H* = 0. O que você pode concluir sobre o Δ*E*, *q* e *w*?

5.35 Considere que a seguinte reação ocorre a uma pressão constante:

$$2\,Al(s) + 3\,Cl_2(g) \longrightarrow 2\,AlCl_3(s)$$

(**a**) Se você tem o Δ*H* da reação, que informações adicionais são necessárias para determinar o Δ*E* do processo? (**b**) Qual é a maior quantidade nessa reação? (**c**) Explique sua resposta do item (**b**).

5.36 Suponha que a reação em fase gasosa $2\,NO(g) + O_2(g) \longrightarrow 2\,NO_2(g)$ foi realizada em um recipiente a volume e temperatura constantes. (**a**) A variação de calor medida representa o Δ*H* ou o Δ*E*? (**b**) Se forem diferentes, qual é a maior quantidade nessa reação? (**c**) Explique sua resposta do item (**b**).

5.37 Um gás está dentro de um cilindro sob pressão atmosférica constante, como ilustrado na Figura 5.4. Quando o gás é submetido a uma reação química específica, ele absorve 824 J de calor de sua vizinhança e tem 0,65 kJ de trabalho pressão-volume realizado por sua vizinhança. Quais são os valores de Δ*H* e Δ*E* nesse processo?

5.38 Um gás está dentro de um cilindro sob pressão atmosférica constante, como mostra a Figura 5.4. Quando 0,49 kJ de calor é adicionado ao gás, ele se expande e realiza 214 J de trabalho na vizinhança. Quais são os valores de Δ*H* e Δ*E* nesse processo?

5.39 A combustão completa de etanol, $C_2H_5OH(l)$, para produzir $H_2O(g)$ e $CO_2(g)$ sob pressão constante libera 1.235 kJ de calor por mol de C_2H_5OH. (**a**) Escreva a equação termoquímica balanceada dessa reação. (**b**) Faça um diagrama de entalpia da reação.

5.40 A decomposição de $Ca(OH)_2(s)$ em $CaO(s)$ e $H_2O(g)$ sob pressão constante requer a adição de 109 kJ de calor por mol de $Ca(OH)_2$. (**a**) Escreva a equação termoquímica balanceada da reação. (**b**) Faça um diagrama de entalpia da reação.

5.41 O ozônio, $O_3(g)$, é uma forma de oxigênio elementar que desempenha um papel importante na absorção de radiação ultravioleta na estratosfera. Ele é decomposto em $O_2(g)$ sob temperatura e pressão ambiente de acordo com a seguinte reação:

$$2\,O_3(g) \longrightarrow 3\,O_2(g) \quad \Delta H = -284{,}6\text{ kJ}$$

(a) Qual é a variação de entalpia dessa reação por mol de $O_3(g)$? (b) Qual dos dois tem a entalpia mais elevada sob essas condições: o $2\,O_3(g)$ ou o $3\,O_2(g)$?

5.42 Sem consultar tabelas, determine qual dos elementos tem a entalpia mais elevada em cada caso: (a) 1 mol de $CO_2(s)$ ou 1 mol de $CO_2(g)$ sob mesma temperatura; (b) 2 mols de átomos de hidrogênio ou 1 mol de H_2; (c) 1 mol de $H_2(g)$ e 0,5 mol de $O_2(g)$ a 25 °C ou 1 mol de $H_2O(g)$ a 25 °C; (d) 1 mol de $N_2(g)$ a 100 °C ou 1 mol de $N_2(g)$ a 300 °C.

5.43 Considere a seguinte reação:

$$2\,Mg(s) + O_2(g) \longrightarrow 2\,MgO(s) \quad \Delta H = -1204\text{ kJ}$$

(a) Essa reação é exotérmica ou endotérmica? (b) Calcule a quantidade de calor transferido quando 3,55 g de $Mg(s)$ reagem a pressão constante. (c) Quantos gramas de MgO são produzidos durante uma variação de entalpia de -234 kJ? (d) Quantos quilojoules de calor são absorvidos quando 40,3 g de $MgO(s)$ são decompostos em $Mg(s)$ e $O_2(g)$ a pressão constante?

5.44 Considere a seguinte reação:

$$2\,CH_3OH(g) \longrightarrow 2\,CH_4(g) + O_2(g) \quad \Delta H = +252{,}8\text{ kJ}$$

(a) Essa reação é exotérmica ou endotérmica? (b) Calcule a quantidade de calor transferido quando 24,0 g de $CH_3OH(g)$ são decompostos por essa reação a pressão constante. (c) Para uma dada amostra de CH_3OH, a variação de entalpia durante a reação é de 82,1 kJ. Quantos gramas de gás metano são produzidos? (d) Quantos quilojoules de calor são liberados quando 38,5 g de $CH_4(g)$ reagem completamente com $O_2(g)$ para formar $CH_3OH(g)$ a pressão constante?

5.45 Quando as soluções que contêm íons prata e íons cloreto são misturadas, o cloreto de prata precipita:

$$Ag^+(aq) + Cl^-(aq) \longrightarrow AgCl(s) \quad \Delta H = -65{,}5\text{ kJ}$$

(a) Calcule o ΔH da produção de 0,450 mol de AgCl nessa reação. (b) Calcule o ΔH da produção de 9,00 g de AgCl. (c) Calcule o ΔH quando $9{,}25 \times 10^{-4}$ mols de AgCl são dissolvidos na água.

5.46 Antigamente, eram produzidas pequenas quantidades de gás oxigênio no laboratório ao aquecer $KClO_3$:

$$2\,KClO_3(s) \longrightarrow 2\,KCl(s) + 3\,O_2(g) \quad \Delta H = -89{,}4\text{ kJ}$$

Para essa reação, calcule o ΔH da formação de (a) 1,36 mol de O_2 e (b) 10,4 g de KCl. (c) Agora considere a reação inversa, na qual $KClO_3$ se forma a partir de KCl e O_2. Qual é o ΔH da formação de 19,1 g de $KClO_3$ a partir de KCl e O_2? (d) Você espera que a reação do item (c) ocorra espontaneamente?

5.47 Considere a combustão do *isopropanol*, $C_3H_7OH(l)$, o principal componente do álcool para assepsia:

$$C_3H_7OH(l) + 9/2\,O_2(g) \rightarrow 3\,CO_2(g) + 4\,H_2O(l) \quad \Delta H = -2248\text{ kJ}$$

(a) Qual é a variação de entalpia para a reação inversa? (b) Faça o balanceamento da reação direta com coeficientes de números inteiros. Qual é o ΔH da reação representada por essa equação? (c) O que é mais provável que seja termodinamicamente favorecido: a reação direta ou a reação inversa? (d) Se a reação fosse escrita para produzir $H_2O(g)$ em vez de $H_2O(l)$, a magnitude do ΔH aumentaria, diminuiria ou permaneceria igual?

5.48 Considere a decomposição do benzeno líquido, $C_6H_6(l)$, em acetileno gasoso, $C_2H_2(g)$:

$$C_6H_6(l) \longrightarrow 3\,C_2H_2(g) \quad \Delta H = +630\text{ kJ}$$

(a) Qual é a variação de entalpia da reação inversa? (b) Qual é o ΔH da formação de 1 mol de acetileno? (c) Qual dessas reações é mais provável que seja termodinamicamente favorecida: a reação direta ou a reação inversa? (d) Se $C_6H_6(g)$ fosse consumido no lugar de $C_6H_6(l)$, a magnitude do ΔH aumentaria, diminuiria ou permaneceria igual?

Calorimetria (Seção 5.5)

5.49 (a) Quais são as unidades de capacidade calorífica molar? (b) Quais são as unidades de calor específico? (c) Se o calor específico do cobre for conhecido, quais informações adicionais serão necessárias para calcular a capacidade calorífica de uma determinada peça de tubo de cobre?

5.50 Dois objetos sólidos, A e B, são colocados em água em ebulição até atingirem a temperatura da água. Cada um deles é, então, retirado da água e colocado em béqueres diferentes contendo 1.000 g de água a 10,0 °C. O objeto A aumenta a temperatura da água em 3,50 °C; o objeto B aumenta a temperatura da água em 2,60 °C. (a) Qual objeto tem a maior capacidade calorífica? (b) O que você pode dizer sobre os calores específicos de A e B?

5.51 (a) Qual é o calor específico da água em estado líquido? (b) Qual é a capacidade calorífica molar da água em estado líquido? (c) Qual é a capacidade calorífica de 185 g de água em estado líquido? (d) Quantos kJ de calor são necessários para aumentar a temperatura de 10,00 kg de água em estado líquido de 24,6 para 46,2 °C?

5.52 (a) Qual substância da Tabela 5.2 requer a menor quantidade de energia para aumentar a temperatura de 50,0 g dessa substância em 10 K? (b) Calcule a energia necessária para essa variação de temperatura.

5.53 O calor específico do etanol, $C_2H_5OH(l)$, é 2,44 J/g-K. (a) Quantos J de calor são necessários para aumentar a temperatura de 80,0 g de etanol de 10,0 para 25,0 °C? (b) O que requer mais calor: aumentar a temperatura de 1 mol de $C_2H_5OH(l)$ em uma quantidade específica ou aumentar a temperatura de 1 mol de $H_2O(l)$ na mesma quantidade?

5.54 Considere os dados sobre o ouro metálico do Exercício 5.24(b). (a) Com base nos dados, calcule o calor específico de $Au(s)$. (b) Suponha que a mesma quantidade de calor seja adicionada a dois blocos de 10,0 g de metal, ambos inicialmente com temperaturas iguais. Um bloco é de ouro metálico e um é de ferro metálico. Qual bloco terá a maior elevação de temperatura após a adição de calor? (c) Qual é a capacidade calorífica molar de $Au(s)$?

5.55 Quando uma amostra de 5,10 g de hidróxido de sódio sólido é dissolvida em 100,0 g de água em um calorímetro de copo de isopor (Figura 5.18), a temperatura sobe de 20,5 para 33,2 °C. (a) Calcule a quantidade de calor (em kJ) liberada na reação. (b) Utilizando o resultado do item (a), calcule o ΔH (em kJ/mol de NaOH) para o processo da solução. Considere que o calor específico da solução seja igual ao da água pura.

5.56 (a) Quando uma amostra de 6,50 g de nitrato de amônio sólido é dissolvida em 60,0 g de água em um calorímetro de copo de isopor (Figura 5.18), a temperatura cai de 21,8 para 14,0 °C. Calcule o ΔH (em kJ/mol de NH_4NO_3) para o processo de solução:

$$NH_4NO_3(s) \longrightarrow NH_4^+(aq) + NO_3^-(aq)$$

Considere que o calor específico da solução é igual ao da água pura. (**b**) Esse processo é endotérmico ou exotérmico?

5.57 Uma amostra de 2,200 g de quinona ($C_6H_4O_2$) é queimada em uma bomba calorimétrica cuja capacidade calorífica total é 7,854 kJ/°C. A temperatura do calorímetro aumenta de 23,44 para 30,57 °C. (**a**) Qual é o calor de combustão por grama de quinona? (**b**) E por mol de quinona?

5.58 Uma amostra de 1,800 g de fenol (C_6H_5OH) é queimada em uma bomba calorimétrica cuja capacidade calorífica total é de 11,66 kJ/°C. A temperatura do calorímetro e do seu conteúdo aumenta de 21,36 para 26,37 °C. (**a**) Escreva a equação química balanceada da reação da bomba calorimétrica. (**b**) Qual é o calor de combustão por grama de fenol? (**c**) E por mol de fenol?

5.59 Sob um volume constante, o calor de combustão do ácido benzoico (C_6H_5COOH) é 26,38 kJ/g. Uma amostra de 2,760 g de ácido benzoico é queimada em uma bomba calorimétrica. A temperatura do calorímetro aumenta de 21,60 para 29,93 °C. (**a**) Qual é a capacidade calorífica total do calorímetro? (**b**) Uma amostra de 1,440 g de uma nova substância orgânica é queimada no mesmo calorímetro. A temperatura do calorímetro aumenta de 22,14 para 27,09 °C. Qual é o calor de combustão por grama da nova substância? (**c**) Suponha que, na mudança de amostras, uma porção de água do calorímetro foi perdida. De que maneira, se houver, isso mudaria a capacidade de calor do calorímetro?

5.60 O *glicerol*, $C_3H_8O_3(l)$, também chamado de *glicerina*, é um líquido viscoso e adocicado usado em diversos alimentos e produtos de higiene pessoal. Sob volume constante, o calor de combustão de 1,000 mol de glicerol libera 1.653 kJ de calor para a vizinhança. Uma amostra de 2,850 g de glicerol é queimada em uma bomba calorimétrica. A temperatura do calorímetro aumenta de 22,11 para 27,42 °C. (**a**) Escreva a equação balanceada para a reação de combustão, considerando que os produtos são $CO_2(g)$ e $H_2O(l)$. (**b**) Qual é a capacidade calorífica total do calorímetro? (**c**) Se a massa da amostra de glicerol fosse 4,000 g, qual seria a variação de temperatura do calorímetro? (**d**) Qual(is) dos seguintes valores para a combustão do glicerol sob volume constante é(são) correto(s): (i) $\Delta H = -1.653$ kJ/mol; (ii) $\Delta E = -1.653$ kJ/mol; (iii) $qV = -1.653$ kJ/mol?

Lei de Hess (Seção 5.6)

5.61 Considere as seguintes reações hipotéticas:

$$A \longrightarrow B \quad \Delta H = +30 \text{ kJ}$$
$$B \longrightarrow C \quad \Delta H = +60 \text{ kJ}$$

(**a**) Use a lei de Hess para calcular a variação de entalpia para a reação $A \longrightarrow C$. (**b**) Construa um diagrama de entalpia para as substâncias A, B e C e mostre como a lei de Hess se aplica.

5.62 Considere as seguintes reações hipotéticas:

$$2A \longrightarrow B + C \quad \Delta H = +50 \text{ kJ}$$
$$A \longrightarrow D \quad \Delta H = -80 \text{ kJ}$$

(**a**) Use a lei de Hess para calcular ΔH para a reação $B + C \longrightarrow 2D$. (**b**) Qual é o ΔH para a reação $D \longrightarrow \frac{1}{2}B + \frac{1}{2}C$?

5.63 Calcule a variação da entalpia da reação

$$P_4O_6(s) + 2 O_2(g) \longrightarrow P_4O_{10}(s)$$

dadas as seguintes entalpias de reação:

$$P_4(s) + 3 O_2(g) \longrightarrow P_4O_6(s) \quad \Delta H = -1640,1 \text{ kJ}$$
$$P_4(s) + 5 O_2(g) \longrightarrow P_4O_{10}(s) \quad \Delta H = -2940,1 \text{ kJ}$$

5.64 A partir das entalpias de reação

$$2 C(s) + O_2(g) \longrightarrow 2 CO(g) \quad \Delta H = -221,0 \text{ kJ}$$
$$2 C(s) + O_2(g) + 4 H_2(g) \longrightarrow 2 CH_3OH(g) \quad \Delta H = -402,4 \text{ kJ}$$

calcule o ΔH da reação

$$CO(g) + 2 H_2(g) \longrightarrow CH_3OH(g)$$

5.65 A partir das entalpias de reação

$$H_2(g) + F_2(g) \longrightarrow 2 HF(g) \quad \Delta H = -537 \text{ kJ}$$
$$C(s) + 2 F_2(g) \longrightarrow CF_4(g) \quad \Delta H = -680 \text{ kJ}$$
$$2 C(s) + 2 H_2(g) \longrightarrow C_2H_4(g) \quad \Delta H = +52,3 \text{ kJ}$$

calcule o ΔH da reação do etileno com F_2:

$$C_2H_4(g) + 6 F_2(g) \longrightarrow 2 CF_4(g) + 4 HF(g)$$

5.66 Dadas as informações

$$N_2(g) + O_2(g) \longrightarrow 2 NO(g) \quad \Delta H = +180,7 \text{ kJ}$$
$$2 NO(g) + O_2(g) \longrightarrow 2 NO_2(g) \quad \Delta H = -113,1 \text{ kJ}$$
$$2 N_2O(g) \longrightarrow 2 N_2(g) + O_2(g) \quad \Delta H = -163,2 \text{ kJ}$$

use a lei de Hess para calcular o ΔH da reação

$$N_2O(g) + NO_2(g) \longrightarrow 3 NO(g)$$

5.67 Podemos usar a lei de Hess para calcular variações de entalpia que não podem ser medidas. Uma possível reação é a conversão do metano em etileno:

$$2 CH_4(g) \longrightarrow C_2H_4(g) + 2 H_2(g)$$

Calcule o $\Delta H°$ dessa reação utilizando os seguintes dados termoquímicos:

$$CH_4(g) + 2 O_2(g) \longrightarrow CO_2(g) + 2 H_2O(l) \quad \Delta H° = -890,3 \text{ kJ}$$
$$C_2H_4(g) + H_2(g) \longrightarrow C_2H_6(g) \quad \Delta H° = -136,3 \text{ kJ}$$
$$2 H_2(g) + O_2(g) \longrightarrow 2 H_2O(l) \quad \Delta H° = -571,6 \text{ kJ}$$
$$2 C_2H_6(g) + 7 O_2(g) \longrightarrow 4 CO_2(g) + 6 H_2O(l) \quad \Delta H° = -3120,8 \text{ kJ}$$

5.68 O éter dimetílico, $CH_3OCH_3(g)$, um composto orgânico com aplicações industriais, é um gás em temperatura ambiente. Considere as seguintes equações termoquímicas balanceadas.

$$CH_3OCH_3(g) + 3 O_2(g) \longrightarrow 2 CO_2(g) + 3 H_2O(g) \quad \Delta H° = -1328 \text{ kJ}$$
$$CH_4(g) + 2 O_2(g) \longrightarrow CO_2(g) + 2 H_2O(g) \quad \Delta H° = -802 \text{ kJ}$$
$$2 C_2H_6(g) + 7 O_2(g) \longrightarrow 4 CO_2(g) + 6 H_2O(g) \quad \Delta H° = -2855 \text{ kJ}$$

(**a**) As três reações acima produzem $H_2O(g)$. Se fossem escritas de modo a produzir $H_2O(l)$, os valores de $\Delta H°$ se tornariam mais negativos, menos negativos ou permaneceriam iguais? (**b**) Usando a lei de Hess e as reações fornecidas, calcule $\Delta H°$ para a seguinte reação balanceada entre o éter dimetílico e o metano para produzir etano e água:

$$CH_3OCH_3(g) + 2 CH_4(g) \longrightarrow 2 C_2H_6(g) + H_2O(g)$$

Entalpias de formação (Seção 5.7)

5.69 (**a**) Qual é o significado do termo "*condições padrão*" com relação às variações de entalpia? (**b**) Explique o significado do termo "*entalpia de formação*"? (**c**) Qual é o significado do termo "*entalpia padrão de formação*"?

5.70 (a) Qual é o valor da entalpia padrão de formação de um elemento em sua forma mais estável? (b) Escreva a equação química da reação cuja variação de entalpia é a entalpia padrão de formação da sacarose (açúcar), $C_{12}H_{22}O_{11}(s)$, $\Delta H_f°[C_{12}H_{22}O_{11}(s)]$.

5.71 Para cada um dos seguintes compostos, escreva uma equação termoquímica balanceada que descreve a formação de um mol do composto a partir de seus elementos em seus estados padrão. Em seguida, consulte o $\Delta H_f°$ de cada substância no Apêndice C. (a) $N_2O(g)$ (b) $FeCl_3(s)$ (c) $P_4O_{10}(s)$ (d) $Ca(OH)_2(s)$

5.72 Escreva as equações balanceadas que descrevem a formação dos seguintes compostos a partir de seus elementos em seus estados padrão. Em seguida, procure a entalpia padrão de formação para cada substância no Apêndice C. (a) $NH_4NO_3(s)$ (b) $K_2CO_3(s)$ (c) $SOCl_2(l)$ (d) $NaHCO_3(s)$

5.73 A equação a seguir é conhecida como reação da termita:

$$2\,Al(s) + Fe_2O_3(s) \longrightarrow Al_2O_3(s) + 2\,Fe(s)$$

Essa reação, altamente exotérmica, é utilizada para soldar unidades maciças, como hélices de navios de grande porte. Usando as entalpias de formação padrão do Apêndice C, calcule o $\Delta H°$ dessa reação.

5.74 Muitos aquecedores portáteis a gás e churrasqueiras utilizam o propano, $C_3H_8(g)$, como combustível. Utilizando as entalpias de formação padrão, calcule a quantidade de calor produzido quando 10,0 g de propano são queimados completamente no ar sob condições normais.

5.75 Com base nos valores do Apêndice C, calcule a variação de entalpia padrão de cada uma das seguintes reações:

(a) $2\,PCl_3(g) + O_2(g) \longrightarrow 2\,POCl_3(g)$
(b) $PbCO_3(s) \longrightarrow PbO(s) + CO_2(g)$
(c) $2\,FeCl_3(s) + 3\,H_2(g) \longrightarrow 2\,Fe(s) + 6\,HCl(g)$
(d) $2\,H_2O_2(l) \longrightarrow 2\,H_2O(l) + O_2(g)$

5.76 Com base nos valores do Apêndice C, calcule o valor do $\Delta H°$ de cada uma das seguintes reações:

(a) $NiO(s) + 2\,HCl(g) \longrightarrow NiCl_2(s) + H_2O(g)$
(b) $2\,NO_2(g) \longrightarrow N_2O_4(g)$
(c) $2\,HBr(g) + F_2(g) \longrightarrow 2\,HF(g) + Br_2(g)$
(d) $TiCl_4(l) + 2\,H_2O(l) \longrightarrow TiO_2(s) + 4\,HCl(aq)$

5.77 A combustão total de 1 mol de acetona (C_3H_6O) libera 1.790 kJ:

$$C_3H_6O(l) + 4\,O_2(g) \longrightarrow 3\,CO_2(g) + 3\,H_2O(l)$$
$$\Delta H° = -1790\text{ kJ}$$

Com base nessas informações e nos dados das entalpias padrão de formação do $O_2(g)$, do $CO_2(g)$ e do $H_2O(l)$ do Apêndice C, calcule a entalpia padrão de formação da acetona.

5.78 O carboneto de cálcio (CaC_2) reage com a água para produzir acetileno (C_2H_2) e $Ca(OH)_2$. Com base nos seguintes dados de entalpia de reação do Apêndice C, calcule o $\Delta H_f°$ para o $CaC_2(s)$:

$$CaC_2(s) + 2\,H_2O(l) \longrightarrow Ca(OH)_2(s) + C_2H_2(g)$$
$$\Delta H° = -127,2\text{ kJ}$$

5.79 A gasolina é composta principalmente de hidrocarbonetos, incluindo vários com oito átomos de carbono, chamados de *octanos*. Um dos octanos de combustão mais limpa é um composto denominado 2,3,4-trimetilpentano, que apresenta a seguinte fórmula estrutural:

$$H_3C-\underset{\underset{CH_3}{|}}{CH}-\underset{\underset{CH_3}{|}}{CH}-\underset{\underset{CH_3}{|}}{CH}-CH_3$$

A combustão completa de um mol desse composto e a formação de $CO_2(g)$ e $H_2O(g)$ levam ao $\Delta H° = -5.064,9$ kJ/mol.

(a) Escreva a equação balanceada da combustão de 1 mol de $C_8H_{18}(l)$. (b) Utilizando as informações desta questão e os dados da Tabela 5.3, calcule o $\Delta H_f°$ do 2,3,4-trimetilpentano.

5.80 O éter etílico, $C_4H_{10}O(l)$, uma substância inflamável que costumava ser utilizada como anestésico cirúrgico, tem a seguinte estrutura:

$$H_3C-CH_2-O-CH_2-CH_3$$

A combustão completa de 1 mol de $C_4H_{10}O(l)$ e a formação de $CO_2(g)$ e $H_2O(l)$ produzem $\Delta H° = -2.723,7$ kJ. (a) Escreva a equação balanceada da combustão de 1 mol de $C_4H_{10}O(l)$. (b) Com base nas informações dadas nesta questão e nos dados da Tabela 5.3, calcule o $\Delta H_f°$ do éter etílico.

5.81 O etanol (C_2H_5OH) é misturado com a gasolina para ser utilizado como combustível automotivo. (a) Escreva a equação balanceada da combustão do etanol líquido no ar. (b) Calcule a variação de entalpia padrão da reação, considerando que o $H_2O(g)$ é um produto. (c) Calcule o calor produzido por litro de etanol durante a combustão do etanol a pressão constante. O etanol tem densidade de 0,789 g/mL. (d) Calcule a massa de CO_2 produzida por kJ de calor emitido.

5.82 O metanol (CH_3OH) é utilizado como combustível em carros de corrida. (a) Escreva a equação balanceada da combustão de metanol líquido no ar. (b) Calcule a variação de entalpia padrão da reação, considerando que o $H_2O(g)$ é um produto. (c) Calcule o calor produzido durante a combustão por litro de metanol. O metanol tem densidade de 0,791 g/mL. (d) Calcule a massa de CO_2 produzida por kJ de calor emitido.

Entalpias de ligação (Seção 5.8)

5.83 Qual(is) das seguintes afirmações sobre entalpias médias de ligação é(são) *verdadeira(s)*?

(i) Romper uma ligação sempre exige energia.
(ii) Sempre é necessário mais energia para romper uma ligação simples do que para romper uma ligação dupla.
(iii) As entalpias de ligação podem ser usadas para estimar as entalpias de reação de reações em fase gasosa.

5.84 Qual(is) das seguintes afirmações sobre entalpias médias de ligação é(são) *verdadeira(s)*?

(i) As entalpias de ligação são sempre valores positivos.
(ii) Quando uma ligação é formada, é liberada energia de magnitude igual à entalpia de ligação.
(iii) A entalpia de ligação de qualquer elemento em seu estado mais estável é zero.

5.85 (a) Utilize as entalpias de formação fornecidas no Apêndice C para calcular o ΔH da reação $CCl_4(g) \rightarrow C(g) + 4\,Cl(g)$ e utilize esse valor para estimar a entalpia de ligação $D(C-Cl)$. (b) Quão grande é a diferença entre o valor calculado no item (a) e o valor que consta na Tabela 5.4?

5.86 O etano, C_2H_6, é um alcano com uma ligação $C-C$ e seis ligações $C-H$ (Seção 2.9). (a) Utilize as entalpias de formação fornecidas no Apêndice C para calcular o ΔH da reação $C_2H_6(g) \rightarrow 2\,C(g) + 6\,H(g)$. (b) Utilize o resultado do item (a) e o valor de $D(C-H)$ da Tabela 5.4 para estimar a entalpia de ligação $D(C-C)$. (c) Quão grande é a diferença entre o valor calculado para $D(C-C)$ no item (b) e o valor que consta na Tabela 5.4?

5.87 Com base nas entalpias de ligação da Tabela 5.4, estime o ΔH de cada uma das seguintes reações:

(a) $H-H(g) + Br-Br(g) \longrightarrow 2\,H-Br(g)$

(b)

$$2\ H\!-\!\overset{\overset{\displaystyle H}{|}}{\underset{\underset{\displaystyle H}{|}}{C}}\!-\!O\!-\!H \ +\ 3\ O\!=\!O \ \longrightarrow\ 2\ O\!=\!C\!=\!O \ +\ 4\ H\!-\!O\!-\!H$$

5.88 Com base nas entalpias de ligação da Tabela 5.4, estime o ΔH de cada uma das seguintes reações:

(a)

$$Br\!-\!\overset{\overset{\displaystyle Br}{|}}{\underset{\underset{\displaystyle Br}{|}}{C}}\!-\!H \ +\ Cl\!-\!Cl \ \longrightarrow\ Br\!-\!\overset{\overset{\displaystyle Br}{|}}{\underset{\underset{\displaystyle Br}{|}}{C}}\!-\!Cl \ +\ Cl\!-\!H$$

(b)

$$H\!-\!\overset{\overset{\displaystyle H}{|}}{\underset{\underset{\displaystyle H}{|}}{C}}\!-\!H \ +\ 2\ O\!=\!O \ \longrightarrow\ O\!=\!C\!=\!O \ +\ 2\ H\!-\!O\!-\!H$$

5.89 Considere a reação $2\ H_2(g) + O_2(g) \rightarrow 2\ H_2O(l)$. (a) Utilize as entalpias de ligação da Tabela 5.4 para estimar o ΔH dessa reação, ignorando o fato de a água estar em estado líquido. (b) Sem realizar o cálculo, preveja se a sua estimativa no item (a) é mais negativa ou menos negativa do que a entalpia de reação real. (c) Utilize as entalpias de formação do Apêndice C para determinar a verdadeira entalpia de reação.

5.90 Considere a reação $H_2(g) + I_2(s) \rightarrow 2\ HI(g)$. (a) Utilize as entalpias de ligação da Tabela 5.4 para estimar o ΔH dessa reação, ignorando o fato de o iodo estar em estado sólido. (b) Sem realizar o cálculo, preveja se a sua estimativa no item (a) é mais negativa ou menos negativa do que a entalpia de reação real. (c) Utilize as entalpias de formação do Apêndice C para determinar a verdadeira entalpia de reação.

Alimentos e combustíveis (Seção 5.9)

5.91 (a) Qual é o significado do termo "*poder calorífico*"? (b) Qual das seguintes opções é a maior fonte de energia como alimento: 5 g de gordura ou 9 g de carboidrato? (c) O metabolismo da glicose produz $CO_2(g)$ e $H_2O(l)$. Como o corpo humano elimina esses produtos de reação?

5.92 (a) Qual libera mais energia quando metabolizado: 1 g de carboidrato ou 1 g de gordura? (b) Certo pacote de salgadinho é composto de 12% de proteína, 14% de gordura e o restante de carboidrato. Qual percentagem do conteúdo calórico desse alimento é de gordura? (c) Quantos gramas de proteína fornecem o mesmo poder calorífico de 25 g de gordura?

5.93 (a) Uma porção de determinada sopa pronta de macarrão sabor galinha contém 2,5 g de gordura, 14 g de carboidrato e 7 g de proteína. Estime o número de Calorias em uma porção. (b) De acordo com o seu rótulo nutricional, a mesma sopa também contém 690 mg de sódio. Você acha que o sódio contribui para a quantidade calórica da sopa?

5.94 Uma libra do chocolate M&M® básico contém 96 g de gordura, 320 g de carboidrato e 21 g de proteína. Qual é o poder calorífico em kJ de uma porção de 42 g (cerca de 1,5 onças)? Quantas Calorias ela fornece?

5.95 O calor de combustão da frutose, $C_6H_{12}O_6$, é -2.812 kJ/mol. Se uma maçã fresca do tipo Golden que pesa 4,23 onças (120 g) contém 16,0 g de frutose, qual conteúdo calórico a frutose atribui à maçã?

5.96 O calor de combustão do etanol, $C_2H_5OH(l)$, é -1.367 kJ/mol. Um lote de vinho Sauvignon Blanc contém 10,6% de etanol em massa. Considerando que a densidade do vinho é 1,0 g/mL, qual é o conteúdo calórico que o álcool (etanol) atribui a um copo de 6 onças de vinho (177 mL)?

5.97 As entalpias padrão de formação do propino (C_3H_4), do propileno (C_3H_6) e do propano (C_3H_8) são $+185,4$, $+20,4$ e $-103,8$ kJ/mol, respectivamente. (a) Calcule o calor envolvido por mol na combustão de cada substância para produzir $CO_2(g)$ e $H_2O(g)$. (b) Calcule o calor liberado na combustão de 1 kg de cada uma das substâncias. (c) Qual é o combustível mais eficiente em termos de calor envolvido por unidade de massa?

5.98 O metano, $CH_4(g)$, é o principal componente do gás natural. Os veículos movidos a gás natural (GNV) têm se popularizado bastante, em parte porque o metano é um combustível mais limpo do que a gasolina em relação à produção de CO_2 atmosférico e outros poluentes. O principal componente da gasolina é o octano, $C_8H_{18}(l)$. As equações termoquímicas da combustão do metano e do octano são:

$$CH_4(g) + 2\ O_2(g) \longrightarrow CO_2(g) + 2\ H_2O(l) \quad \Delta H = -890,4 \text{ kJ}$$
$$C_8H_{18}(l) + 25/2\ O_2(g) \longrightarrow 8\ CO_2(g) + 9\ H_2O(l) \quad \Delta H = -5471 \text{ kJ}$$

(a) Qual é o poder calorífico do metano e do octano, em kJ/g? (b) Para a combustão do metano, qual é o calor liberado por mol de CO_2 gerado? (c) Para a combustão do octano, qual é o calor liberado por mol de CO_2 gerado? (d) Um ônibus urbano comum precisa de cerca de 23.200 kJ de energia obtida pela combustão para cada milha percorrida. Se um ônibus movido a octano percorre 50,0 milhas durante um dia, qual é a massa de CO_2 produzida, em kg? (e) Se o ônibus no item (d) for movido a metano em vez de octano, qual será a massa de CO_2 produzida, em kg?

5.99 No final de 2020, a população mundial era de cerca de 7,8 bilhões de pessoas. Que massa de glicose em kg seria necessária para fornecer 1.500 cal/pessoa/dia de alimentação para a população global durante um ano? Considere que o metabolismo da glicose é completo e forma $CO_2(g)$ e $H_2O(l)$, de acordo com a seguinte equação termoquímica:

$$C_6H_{12}O_6(s) + 6\ O_2(g) \longrightarrow 6\ CO_2(g) + 6\ H_2O(l)$$
$$\Delta H° = -2803 \text{ kJ}$$

5.100 O combustível automotivo E85 consiste em 85% de etanol e 15% de gasolina. O E85 pode ser utilizado nos veículos flex, que podem usar gasolina, etanol ou uma mistura dos dois como combustível. Considere que a gasolina consiste em uma mistura de octanos (diferentes isômeros de C_8H_{18}), que o calor de combustão médio do $C_8H_{18}(l)$ é 5.400 kJ/mol e que a gasolina tem densidade média de 0,70 g/mL. A densidade do etanol é 0,79 g/mL. (a) Com base nas informações fornecidas e nos dados apresentados no Apêndice C, compare a energia produzida na combustão de 1,0 L de gasolina e de 1,0 L de etanol. (b) Considere que a densidade e o calor de combustão do E85 podem ser obtidos por meio da utilização de 85% dos valores de etanol e 15% dos valores da gasolina. Quanto de energia poderia ser liberada pela combustão de 1,0 L de E85? (c) Quantos galões de E85 seriam necessários para fornecer a mesma energia que 10 galões de gasolina? (d) Se o preço da gasolina por galão nos Estados Unidos é 3,88 dólares, qual é o preço médio por galão de E85 se a mesma quantidade de energia for fornecida?

Exercícios adicionais

5.101 Duas esferas com carga positiva de $2,0 \times 10^{-5}$ C e massa de 1,0 kg cada, separadas por uma distância de 1,0 cm, são colocadas sobre um trilho sem atrito. (**a**) Qual é a energia potencial eletrostática do sistema? (**b**) Se forem soltas, as esferas se moverão em direção uma à outra ou se afastarão? (**c**) Qual será a velocidade de cada esfera à medida que a distância entre elas se aproxima do infinito? [Seção 5.1]

5.102 Identifique se trabalho é realizado em cada um dos itens a seguir. (**a**) Uma rocha é atirada para o céu. (**b**) Dois ímãs fortes são presos a uma distância fixa um do outro. (**c**) Um ciclista pedala para começar o seu passeio. (**d**) Uma mola é comprimida até ter metade do seu comprimento original. (**e**) Um gás se expande contra o vácuo.

5.103 Os airbags automotivos que protegem as pessoas em casos de acidentes se expandem devido a uma rápida reação química. Se os reagentes químicos são o sistema, quais são os sinais de q e w nesse processo?

5.104 Uma lata de alumínio de refrigerante foi colocada no congelador. Mais tarde, você percebe que a lata estourou e o seu conteúdo está congelado. Foi realizado trabalho para que a lata estourasse. De onde veio a energia para a realização desse trabalho?

5.105 Considere um sistema que consiste no seguinte equipamento, em que há gás dentro de um frasco e o outro frasco está a vácuo. Os frascos são separados por uma válvula. Considere que os frascos estão perfeitamente isolados e não é possível que haja fluxo de calor para dentro ou para fora deles a partir da vizinhança. Quando a válvula é aberta, o gás se move do balão cheio até o que estava sendo mantido a vácuo. (**a**) É realizado trabalho durante a expansão do gás? (**b**) Explique a resposta. (**c**) Você pode determinar o valor do ΔE no processo?

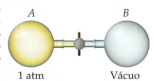

5.106 Há uma amostra de gás dentro de um equipamento composto de um cilindro e um pistão. Ocorre a variação de estado representada na ilustração sob duas situações diferentes. No Caso 1, o cilindro e o pistão são isolantes térmicos perfeitos que não permitem a transferência de calor. No Caso 2, o cilindro e o pistão são feitos de um condutor térmico, como um metal, e durante a mudança de estado o cilindro fica mais quente. Considere que q_1, w_1 e ΔE_1 são os valores de q, w e ΔE no Caso 1 e que q_2, w_2 e ΔE_2 são os valores no Caso 2. (**a**) Qual é o valor de q_1? (**b**) Qual é o sinal de w_1? (**c**) Qual é o sinal de ΔE_1? (**d**) Qual é o sinal de q_2? (**e**) O valor de ΔE_2 é maior, igual ou menor do que o valor de ΔE_1? (**f**) O estado final do gás é o mesmo em ambos os casos?

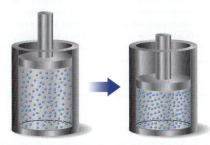

5.107 As estalactites e estalagmites de calcário são formadas em cavernas a partir da seguinte reação:

$$Ca^{2+}(aq) + 2\,HCO_3^-(aq) \longrightarrow CaCO_3(s) + CO_2(g) + H_2O(l)$$

Se 1 mol de $CaCO_3$ é formado a 298 K sob pressão de 1 atm, a reação realiza 2,47 kJ de trabalho P-V, empurrando a atmosfera à medida que o CO_2 é formado. Ao mesmo tempo, 38,95 kJ de calor são absorvidos da vizinhança. Quais são os valores de ΔH e ΔE dessa reação?

5.108 Uma casa foi projetada para aproveitar energia solar passiva. A alvenaria utilizada no interior da casa atua para absorver o calor. Cada tijolo pesa cerca de 1,8 kg. O calor específico do tijolo é de 0,85 J/g-K. Quantos tijolos devem ser incorporados no interior da casa para fornecer a mesma capacidade calorífica total de $1,7 \times 10^3$ galões de água?

5.109 Um calorímetro de copo de isopor, como o mostrado na Figura 5.18, contém 150,0 g de água a 25,1 °C. Um bloco de cobre metálico de 121,0 g é aquecido a 100,4 °C quando colocado em um recipiente com água em ebulição. O calor específico do Cu(s) é 0,385 J/g-K. O Cu é adicionado ao calorímetro e, após certo tempo, o conteúdo do copo atinge uma temperatura constante de 30,1 °C. (**a**) Determine a quantidade de calor, em J, perdida pelo bloco de cobre. (**b**) Determine a quantidade de calor adquirida pela água. O calor específico da água é de 4,18 J/g-K. (**c**) A diferença entre suas respostas aos itens (**a**) e (**b**) é decorrente da perda de calor para os copos de isopor e do calor necessário para levantar a temperatura da parede interna do equipamento. A capacidade calorífica do calorímetro é a quantidade de calor necessária para elevar a temperatura do aparelho (os copos e a rolha) em 1 K. Calcule a capacidade calorífica do calorímetro em J/K. (**d**) Qual seria a temperatura final do sistema se todo o calor perdido pelo bloco de cobre fosse absorvido pela água no calorímetro?

5.110 O propilenoglicol, $C_3H_8O_2$, é um líquido viscoso utilizado na produção de resinas de poliéster. Uma amostra de 1,500 g de propilenoglicol é queimada para formar $CO_2(g)$ e $H_2O(l)$ em uma bomba calorimétrica cuja capacidade calorífica total é de 6,355 kJ/°C. A temperatura do calorímetro aumenta de 22,45 para 28,10 °C. (**a**) Escreva uma equação balanceada para a combustão do propilenoglicol que forma $CO_2(g)$ e $H_2O(l)$. (**b**) Quanto calor é produzido durante a combustão da amostra de 1,500 g de propilenoglicol? (**c**) Calcule a variação de entalpia da combustão de um mol de propilenoglicol para formar $CO_2(g)$ e $H_2O(l)$. (**d**) Qual é o valor do ΔH_f° do propilenoglicol?

5.111 (**a**) Quando uma amostra de 0,235 g de ácido benzoico é queimada em uma bomba calorimétrica (Figura 5.19), a temperatura aumenta 1,642 °C. Quando uma amostra de 0,265 g de cafeína, $C_8H_{10}N_4O_2$, é queimada, a temperatura aumenta 1,525 °C. Usando um valor de 26,38 kJ/g para o calor de combustão do ácido benzoico, calcule o calor de combustão por mol de cafeína a um volume constante. (**b**) Considerando que existe uma incerteza de 0,002 °C em cada leitura de temperatura e que as massas das amostras são medidas a 0,001 g de precisão, qual é a incerteza estimada no valor calculado para o calor de combustão por mol de cafeína?

5.112 As refeições prontas para ser consumidas são as refeições usadas pelos militares dos Estados Unidos que podem ser aquecidas em um aquecedor sem chama. O calor é produzido pela seguinte reação:

$$Mg(s) + 2\,H_2O(l) \longrightarrow Mg(OH)_2(s) + 2\,H_2(g)$$

(**a**) Calcule a variação de entalpia padrão dessa reação. (**b**) Calcule o número de gramas de Mg necessário para que essa reação libere energia suficiente para aumentar a temperatura de 75 mL de água de 21 para 79 °C.

5.113 A combustão do metano em oxigênio pode produzir três produtos diferentes derivados do carbono: fuligem (partículas muito finas de grafite), CO(g) e $CO_2(g)$. (**a**) Escreva três equações balanceadas da reação entre o gás metano e o oxigênio para produzir esses três produtos. Em cada caso, considere que $H_2O(l)$ é o único produto alternativo. (**b**) Determine as entalpias padrão das reações do item (a). (**c**) Qual dos três produtos têm o maior módulo de ΔH?

5.114 O pentafluoreto de iodo gasoso, IF$_5$, pode ser preparado pela reação entre o iodo sólido e o flúor gasoso, de acordo com a seguinte equação balanceada:

$$I_2(g) + 5\,F_2(g) \rightarrow 2\,IF_5(g)$$

(a) O valor do ΔH_f° do IF$_5(g)$ é -843 kJ/mol. Usando esse valor e os dados do Apêndice C, calcule o $\Delta H°$ da reação acima. (b) A molécula de IF$_5$ tem cinco ligações simples I — F. Utilize a sua resposta para o item (a) e os dados da Tabela 5.4 para estimar a entalpia de ligação $D(I-F)$.

5.115 Com base nas entalpias médias de ligação presentes na Tabela 5.4, estime o ΔH da seguinte reação em fase gasosa do etileno (C$_2$H$_4$), oxigênio e hidrogênio para formar etilenoglicol (C$_2$H$_6$O$_2$), principal componente do anticongelante automotivo:

(estrutura: H$_2$C=CH$_2$ + O=O + H—H ⟶ H—O—CH$_2$—CH$_2$—O—H)

5.116 Dependendo do seu uso específico, os combustíveis são julgados em parte pela energia liberada por volume e pela energia liberada por massa. A tabela a seguir lista três possíveis combustíveis, suas densidades e entalpias molares de combustão. (a) Ordene os três combustíveis de acordo com a entalpia produzida por grama da substância. (b) Ordene-os de acordo com a entalpia produzida por cm^3:

Combustível	Densidade a 20 °C (g/cm^3)	Entalpia molar de combustão (kJ/mol)
Nitroetano, C$_2$H$_5$NO$_2$(l)	1,052	-1368
Etanol, C$_2$H$_5$OH(l)	0,789	-1367
Metil-hidrazina, CH$_6$N$_2$(l)	0,874	-1307

5.117 O hidrocarboneto acetileno (C$_2$H$_2$) e o benzeno (C$_6$H$_6$) apresentam a mesma fórmula empírica. O benzeno é um hidrocarboneto "aromático" e excepcionalmente estável para sua estrutura. (a) Com base nos dados do Apêndice C, determine a variação de entalpia padrão da reação de $3\,C_2H_2(g) \longrightarrow C_6H_6(l)$. (b) Qual deles tem maior entalpia: 3 mols de gás acetileno ou 1 mol de benzeno líquido? (c) Determine o poder calorífico, em kJ/g, do acetileno e do benzeno.

5.118 (a) A amônia (NH$_3$) ferve a -33 °C. A essa temperatura, ela tem densidade de 0,81 g/cm^3. A entalpia de formação do NH$_3(g)$ é $-46,2$ kJ/mol, e a entalpia de vaporização do NH$_3(l)$ é 23,2 kJ/mol. Calcule a variação de entalpia quando 1 L de NH$_3$ líquido é queimado no ar para formar N$_2(g)$ e H$_2$O(g). (b) O metanol, CH$_3$OH, é um líquido em temperatura ambiente, sua densidade a 25 °C é de 0,792 g/cm^3 e seu $\Delta H_f^\circ = -239$ kJ/mol. Qual é o valor do ΔH da combustão completa de 1 L de metanol líquido para formar CO$_2(g)$ e H$_2$O(g)? (c) Com base nos resultados dos itens (a) e (b), qual substância produz mais calor por litro quando queimada?

5.119 Três hidrocarbonetos comuns que contêm quatro átomos de carbono são listados a seguir, com suas entalpias padrão de formação:

Hidrocarboneto	Fórmula	ΔH_f° (kJ/mol)
1,3-Butadieno	C$_4$H$_6$(g)	111,9
1-Buteno	C$_4$H$_8$(g)	1,2
n-Butano	C$_4$H$_{10}$(g)	$-124,7$

(a) Para cada uma dessas substâncias, calcule a entalpia molar de combustão do CO$_2(g)$ e do H$_2$O(l). (b) Calcule o poder calorífico, em kJ/g, de cada um desses compostos. (c) Para cada hidrocarboneto, determine a percentagem de hidrogênio em massa. (d) Com base nos seus resultados, o poder calorífico aumenta, permanece o mesmo ou diminui à medida que o conteúdo de hidrogênio desses hidrocarbonetos aumenta?

5.120 O Sol fornece cerca de 1,0 quilowatt de energia para cada metro quadrado de área de superfície (1,0 kW/m^2, em que 1 watt = 1 J/s). As plantas produzem o equivalente a cerca de 0,20 g de sacarose (C$_{12}$H$_{22}$O$_{11}$) por hora por metro quadrado. Considerando que a sacarose é produzida conforme a reação a seguir, calcule a percentagem de luz solar usada para produzir sacarose.

$$12\,CO_2(g) + 11\,H_2O(l) \longrightarrow C_{12}H_{22}O_{11} + 12\,O_2(g)$$
$$\Delta H = 5645\text{ kJ}$$

5.121 A 20 °C (aproximadamente a temperatura ambiente), a velocidade média das moléculas de N$_2$ no ar é de 1.050 mph. (a) Qual é a velocidade média em m/s? (b) Qual é a energia cinética (em J) de uma molécula de N$_2$ que se move a essa velocidade? (c) Qual é a energia cinética total de 1 mol de moléculas de N$_2$ que se move a essa velocidade?

5.122 Considere duas soluções: 50,0 mL de CuSO$_4$ 1,00 M e 50,0 mL de KOH 2,00 M. Quando as duas soluções são misturadas em um calorímetro de pressão constante, forma-se um precipitado e a temperatura da mistura sobe de 21,5 para 27,7 °C. (a) Antes da mistura, quantos gramas de Cu estão presentes na solução de CuSO$_4$? (b) Determine a identidade do precipitado na reação. (c) Escreva a equação iônica completa e a equação iônica líquida da reação que ocorre quando as duas soluções são misturadas. (d) A partir dos dados de calorimetria, calcule o ΔH da reação que ocorre na mistura. Considere que o calorímetro absorve apenas uma quantidade insignificante de calor, que o volume total da solução é de 100,0 mL e que o calor específico e a densidade da solução após a mistura são iguais aos da água pura.

Elabore um experimento

Uma das ideias centrais da termodinâmica é que a energia pode ser transferida sob a forma de calor ou de trabalho. Imagine que você viveu 180 anos atrás, quando as relações entre calor e trabalho não eram bem entendidas. Na época, você formula uma hipótese de que o trabalho poderia ser convertido em calor com a mesma quantidade de trabalho, gerando sempre a mesma quantidade de calor. Para testar essa ideia, você elabora um experimento usando um equipamento no qual um peso em queda é ligado por meio de polias a um eixo com uma roda de pás que está imersa na água. Esse é, na verdade, um experimento clássico que foi realizado por James Joule na década de 1840. Você pode ver várias imagens do equipamento desenvolvido por Joule ao pesquisar "imagens de experimentos de Joule" na internet. (a) Ao utilizar esse equipamento, que medidas você precisaria fazer para testar sua hipótese? (b) Que equações você usaria para analisar seu experimento? (c) Você acha que poderia obter um resultado razoável com um único experimento? Explique. (d) De que maneira a precisão de seus instrumentos poderia afetar as conclusões alcançadas? (e) Liste maneiras de modificar seu equipamento para melhorar a coleta dos dados obtidos se você realizasse esse experimento hoje em vez de há 180 anos. (f) Dê um exemplo de como você poderia demonstrar a relação entre o calor e uma forma de energia além do trabalho mecânico.

6

ESTRUTURA ELETRÔNICA DOS ÁTOMOS

▲ A aurora boreal oferece um espetáculo de cores no céu noturno. O fenômeno ocorre quando partículas ionizadas de vento solar, principalmente elétrons e prótons, excitam os átomos e as moléculas da atmosfera. A luz é produzida quando elétrons nesses átomos excitados perdem energia e retornam aos seus orbitais do estado fundamental.

Neste capítulo, vamos explorar a *teoria quântica*, que explica muitos aspectos do comportamento dos elétrons em átomos, moléculas e todas as outras formas de matéria. Começaremos observando a natureza da luz e como a descrição da luz foi modificada com a teoria quântica. Vamos explorar algumas ferramentas utilizadas na *mecânica quântica*, campo desenvolvido na primeira metade do século XX para descrever a **estrutura eletrônica**, termo que diz respeito ao número de elétrons do átomo, sua distribuição em torno do núcleo e as energias associadas a eles. Veremos que a descrição quântica da estrutura eletrônica dos átomos ajudou na compreensão da disposição dos elementos na tabela periódica. Ela também nos ajuda a entender por que, por exemplo, o hélio e o neônio são gases não reativos, enquanto o sódio e o potássio são metais reativos e macios.

O QUE VEREMOS

6.1 ▶ Natureza ondulatória da luz Aprender que a luz (energia radiante, ou *radiação eletromagnética*) tem propriedades ondulatórias, sendo caracterizada por *comprimento de onda*, *frequência* e *velocidade*.

6.2 ▶ Energia quantizada e fótons Reconhecer que a radiação eletromagnética também apresenta propriedades de partículas, que podem ser descritas como "partículas" de luz denominadas *fótons*.

6.3 ▶ Espectros de linhas e o modelo de Bohr Examinar a luz emitida por átomos eletricamente excitados (*espectros de linhas*), observação que levou ao modelo atômico de Bohr.

6.4 ▶ Comportamento ondulatório da matéria Reconhecer que a matéria também tem propriedades ondulatórias. Como resultado, é impossível determinar, simultaneamente, com exatidão, a posição e o momento de um elétron em um átomo (*princípio da incerteza de Heisenberg*).

6.5 ▶ Mecânica quântica e orbitais atômicos Tratar o elétron no átomo de hidrogênio como uma onda para descrevê-lo. As *funções de onda* que descrevem matematicamente a posição e a energia do elétron em um átomo definem os *orbitais atômicos*.

6.6 ▶ Representações dos orbitais Examinar os tamanhos e as formas tridimensionais de orbitais e como eles podem ser representados por gráficos de densidade eletrônica.

6.7 ▶ Átomos polieletrônicos Aprender que os níveis de energia de um átomo com mais de um elétron são diferentes dos níveis do átomo de hidrogênio e que cada elétron possui uma propriedade adicional da mecânica quântica chamada de *spin*.

6.8 ▶ Configurações eletrônicas Aprender como os orbitais do átomo de hidrogênio podem ser utilizados para descrever a distribuição eletrônica em átomos polieletrônicos.

6.9 ▶ Configurações eletrônicas e tabela periódica Reconhecer que a configuração eletrônica de um átomo está relacionada com a localização do elemento na tabela periódica.

6.1 | Natureza ondulatória da luz

Grande parte da nossa compreensão atual a respeito da estrutura eletrônica dos átomos é proveniente de análises da luz emitida ou absorvida por substâncias. Portanto, para entender como os elétrons se comportam em diversas substâncias, primeiro é preciso aprender mais sobre a luz. Nesta seção, aprenderemos sobre as propriedades ondulatórias da luz.

Uma onda é uma perturbação que se propaga por um meio, transportando energia à medida que se move por ele. Quando você solta uma pedra em um lago calmo, a energia da colisão se dispersa em deslocamentos verticais de moléculas de água que levam a um padrão que todos conhecemos bem, em que ondas emanam de dentro para fora a partir do ponto de entrada (**Figura 6.1**). Embora seja menos óbvio, a luz também pode ser imaginada como uma onda de propagação de energia. Uma onda de luz é composta de campos elétricos e magnéticos oscilantes e, logo, é chamada de **radiação eletromagnética**. Como a radiação eletromagnética transporta energia pelo espaço, ela também é conhecida como *energia radiante*.

Existem muitos tipos de radiação eletromagnética além da luz visível. Esses diferentes tipos, que incluem ondas de rádio, radiação infravermelha (calor), radiação ultravioleta, raios X, entre outros, podem parecer muito diferentes um do outro, mas todos compartilham certas características fundamentais.

Todos os tipos de radiação eletromagnética atravessam o vácuo a 2,998 × 10⁸ m/s, a *velocidade da luz*. Todos também têm características ondulatórias semelhantes às das ondas que se deslocam na água. Ao observar uma seção transversal de uma onda na superfície da água (**Figura 6.2**), é possível notar que ela é *periódica*. Isso significa que o padrão de picos e vales se repete em intervalos regulares. A distância entre dois picos adjacentes (ou entre dois vales adjacentes) é chamada de **comprimento de onda**. O número de comprimentos de onda completos, ou *ciclos*, que passam por um determinado ponto a cada segundo representa a **frequência** da onda.

Assim como ocorre com as ondas de água, podemos atribuir uma frequência e um comprimento de onda a ondas eletromagnéticas, como mostra a **Figura 6.3**. Essas e todas as outras características das ondas de radiação eletromagnética são decorrentes das oscilações periódicas nas intensidades dos campos elétrico e magnético associados à radiação.

A velocidade das ondas de água pode variar de acordo com o modo como elas são criadas. Por exemplo, as ondas produzidas por uma lancha são mais rápidas do que as produzidas por um barco a remo. Em contraste, *toda radiação eletromagnética se move com a mesma velocidade, ou seja, na velocidade da luz*. Como resultado, o comprimento de onda e a frequência da radiação eletromagnética estão sempre relacionados de maneira simples e fácil de entender. Se o comprimento de onda for longo, menos ciclos da onda passarão por um determinado ponto por segundo e, assim, a frequência será baixa. Por outro lado, para que uma onda tenha uma frequência alta, ela deve ter um comprimento de onda curto. Essa relação inversa entre a frequência e o comprimento de onda da radiação eletromagnética é expressa pela equação

$$\lambda \nu = c \quad [6.1]$$

em que λ (lambda) é o comprimento de onda, ν (ni) é a frequência e c é a velocidade da luz.

Objetivos de aprendizagem

Após terminar a Seção 6.1, você deve ser capaz de:
- Identificar os diferentes tipos de radiação eletromagnética e ordená-los de acordo com a frequência e o comprimento de onda relativos.
- Calcular a frequência da radiação eletromagnética a partir do seu comprimento de onda e vice-versa.

▲ **Figura 6.1 Ondas de água** são geradas quando um objeto cai em um corpo de água parada. A variação regular de picos e vales nos permite perceber o movimento das ondas à medida que a energia é dispersada a partir do ponto de impacto do objeto na água.

▲ **Figura 6.2 Ondas de água.** O *comprimento de onda* é a distância entre dois picos adjacentes ou dois vales adjacentes.

Resolva com ajuda da figura

Se a onda (a) tem um comprimento de onda de 2,0 m e uma frequência de 1,5 × 10⁸ ciclos/s, qual é o comprimento de onda e a frequência da onda (b)?

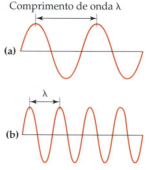

▲ **Figura 6.3 Ondas eletromagnéticas.** Assim como as ondas de água, a radiação eletromagnética pode ser caracterizada por um comprimento de onda. Observe que, quanto mais curto o comprimento de onda, λ, maior é a frequência, ν. O comprimento de onda em (**b**) é *metade* do tamanho de (**a**), e a frequência da onda em (**b**) é, consequentemente, *duas vezes* maior que em (**a**).

> **Resolva com ajuda da figura**
> O comprimento de onda de um aparelho de micro-ondas é maior ou menor que o da luz visível? Em quantas ordens de magnitude os comprimentos de onda desses dois tipos de onda diferem?

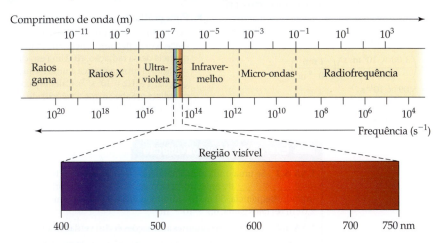

▲ **Figura 6.4 Espectro eletromagnético.** Os comprimentos de onda no espectro vão de raios gama muito curtos a ondas de rádio muito longas.

A **Figura 6.4** mostra os vários tipos de radiação eletromagnética dispostos em ordem crescente de comprimento de onda. Isso é chamado de *espectro eletromagnético*. Os comprimentos de onda abrangem uma faixa enorme. Os comprimentos de onda de raios gama são comparáveis aos diâmetros dos núcleos atômicos, enquanto os comprimentos de onda das ondas de rádio podem ser mais compridos que um campo de futebol. A luz visível (a luz que enxergamos), correspondente aos comprimentos de onda de cerca de 400 a 750 nm (4,00 × 10^{-7} a 7,50 × 10^{-7} m), é uma porção extremamente pequena do espectro eletromagnético. A unidade de comprimento escolhida para expressar o comprimento de onda depende do tipo de radiação, como mostra a **Tabela 6.1**.

A frequência é expressa em ciclos por segundo, unidade também chamada de *hertz* (Hz). Como se entende que ciclos estão envolvidos, as unidades de frequência são, normalmente, dadas em "por segundo", que é indicado por s^{-1} ou /s. Por exemplo, uma frequência de 698 megahertz (MHz), típica de telefone celular, pode ser escrita como 698 MHz, 698.000.000 Hz, 698.000.000 s^{-1} ou 698.000.000/s.

TABELA 6.1 Unidades comuns de comprimento de onda para a radiação eletromagnética

Unidade	Símbolo	Comprimento (m)	Tipo de radiação
Angstrom	Å	10^{-10}	Raios X
Nanômetro	nm	10^{-9}	Ultravioleta, visível
Micrômetro	μm	10^{-6}	Infravermelha
Milímetro	mm	10^{-3}	Micro-ondas
Centímetro	cm	10^{-2}	Micro-ondas
Metro	m	1	Televisão, rádio
Quilômetro	km	10^3	Rádio

Exercício resolvido 6.1
Cálculo da frequência a partir do comprimento de onda

A luz amarela emitida por uma lâmpada de vapor de sódio utilizada na iluminação pública tem um comprimento de onda de 589 nm. Qual é a frequência dessa radiação?

SOLUÇÃO

Analise Com base no comprimento de onda, λ, e na radiação, devemos calcular sua frequência, ν.

Planeje A relação entre o comprimento de onda e a frequência é dada pela Equação 6.1. Podemos encontrar o valor de ν e utilizar os

(Continua)

valores de λ e c para obter uma resposta numérica. (A velocidade da luz, c, é 3,00 × 10⁸ m/s, com três algarismos significativos).

Resolva A resolução da Equação 6.1 para determinar a frequência conclui que ν = c/λ. Ao inserirmos os valores de c e λ, notaremos que as unidades de comprimento nessas duas quantidades são diferentes. Podemos converter o comprimento de onda, que está em nanômetros, para metros e cancelar as unidades:

$$\nu = \frac{c}{\lambda} = \left(\frac{3,00 \times 10^8 \text{ m/s}}{589 \text{ nm}}\right)\left(\frac{1 \text{ nm}}{10^{-9} \text{ m}}\right)$$
$$= 5,09 \times 10^{14} \text{ s}^{-1}$$

Confira O valor alto para a frequência é aceitável devido ao comprimento de onda curto. As unidades estão adequadas porque a frequência está em "por segundo", ou s^{-1}.

▶ **Para praticar**
(**a**) Um tipo de laser utilizado em cirurgias na coluna produz radiação com um comprimento de onda de 2,10 μm. Calcule a frequência dessa radiação. (**b**) Uma estação de rádio FM transmite radiação eletromagnética a uma frequência de 103,4 MHz (megahertz; 1 MHz = 10^6 s⁻¹). Calcule o comprimento de onda dessa radiação. Sabe-se que a velocidade da luz é 2,998 × 10⁸ m/s, com quatro algarismos significativos.

 Exercícios de autoavaliação

EAA 6.1 Se uma onda eletromagnética tem frequência de 1,5 × 10¹⁰ s⁻¹, ela está na região de _____ do espectro eletromagnético e seu comprimento de onda é _____.
(**a**) radiofrequência, 50 m (**b**) radiofrequência, 2,0 cm (**c**) micro-ondas, 50 m (**d**) micro-ondas, 2,0 cm (**e**) raios gama, 6,7 × 10⁻¹¹ m

EAA 6.2 Qual(is) das seguintes afirmações é(são) verdadeira(s)?
(**i**) A frequência das micro-ondas é mais elevada do que a dos raios X.
(**ii**) O comprimento de onda das micro-ondas é maior do que o dos raios X.
(**iii**) As micro-ondas se propagam através do vácuo mais rapidamente do que os raios X.
(**a**) apenas i (**b**) apenas ii (**c**) i e iii (**d**) ii e iii (**e**) Todas as afirmações são verdadeiras.

 Objetivos de aprendizagem

Após terminar a **Seção 6.2**, você deve ser capaz de:

▶ Explicar como a radiação de corpo negro e o efeito fotoelétrico fornecem evidências de que a radiação eletromagnética é quantizada.

▶ Descrever a radiação eletromagnética como partículas denominadas fótons e calcular a energia de um fóton a partir da sua frequência ou do seu comprimento de onda.

 Resolva com ajuda da figura

Qual parte do prego tem a maior a temperatura: a que brilha em amarelo ou a que brilha em vermelho?

▲ **Figura 6.5 Cor e temperatura.** A cor e a intensidade da luz emitida por um objeto quente, como um prego, dependem da temperatura do objeto.

6.2 | Energia quantizada e fótons

Embora o modelo de ondas explique uma série de aspectos do comportamento da luz, muitos fenômenos observados não podem ser esclarecidos por ele. Três eventos são particularmente úteis para entendermos como a radiação eletromagnética e os átomos interagem: (1) a emissão de luz de objetos quentes (conhecida como *radiação de corpo negro*, porque os objetos em questão apresentam coloração preta antes do aquecimento); (2) a emissão de elétrons por superfícies metálicas nas quais a luz incide (o *efeito fotoelétrico*); e (3) a emissão de luz por átomos de gases eletronicamente excitados (*espectros de emissão*). Esses desvios em relação ao comportamento ondulatório levaram ao desenvolvimento da teoria quântica no início do século XX. Foi um avanço revolucionário que transformou o modo como os cientistas entendem a luz e a matéria. Nesta seção, examinaremos os dois primeiros fenômenos; os espectros de emissão serão examinados na Seção 6.3.

Objetos quentes e a quantização da energia

Quando sólidos são aquecidos, eles emitem radiação. A luminosidade vermelha de um queimador de fogão elétrico ou a luz branca brilhante de uma lâmpada de tungstênio são indícios dessa radiação. A faixa de comprimentos de onda da radiação depende da temperatura: um objeto incandescente vermelho, por exemplo, é mais frio do que um amarelado ou branco (**Figura 6.5**). Durante o final do século XIX, alguns físicos estudaram esse fenômeno, tentando entender a relação entre a temperatura, a intensidade e o comprimento de onda da radiação emitida. No entanto, as leis da física vigentes na época não conseguiam explicar esses fenômenos.

Já em 1900, o físico alemão Max Planck (1858–1947) solucionou o problema ao fazer uma suposição ousada: ele sugeriu que a energia podia ser liberada ou absorvida por átomos apenas em "porções" discretas múltiplas de uma quantidade mínima. Planck chamou de **quantum** (que significa "quantidade fixa") a menor quantidade de energia que pode ser emitida ou absorvida como radiação eletromagnética. Ele propôs que a energia, E, de um único quantum é igual a uma constante multiplicada pela frequência da radiação:

$$E = h\nu \qquad [6.2]$$

A constante de proporcionalidade, h, é chamada de **constante de Planck** e tem o valor de 6,626 × 10⁻³⁴ joules-segundo (J-s).

Segundo a teoria de Planck, a matéria pode emitir e absorver energia apenas em múltiplos de números inteiros de $h\nu$. Se a quantidade de energia emitida por um átomo for $3h\nu$, por exemplo, dizemos que três quanta de energia foram emitidos (*quanta* é o plural de *quantum*). Como a energia pode ser liberada somente em quantidades específicas, dizemos que as energias permitidas são *quantizadas*, ou seja, seus valores são restritos a determinadas quantidades. A proposta revolucionária de Planck de que a energia é quantizada provou-se correta e, como resposta, ele recebeu o Prêmio Nobel de Física em 1918 por seu trabalho sobre a teoria quântica.

Se a noção de energias quantizadas parecer estranha, considere a diferença entre uma rampa e uma escada (**Figura 6.6**). À medida que você sobe uma rampa, sua energia potencial aumenta de maneira uniforme e contínua. Quando você sobe uma escada, você pode pisar somente *nos* degraus, e não *entre* eles, de modo que sua energia potencial fica restrita a certos valores, sendo, portanto, quantizada.

Uma vez que a teoria quântica de Planck é correta, por que seus efeitos não são óbvios em nosso cotidiano? Por que variações de energia parecem ser contínuas em vez de quantizadas ou "irregulares"? A constante de Planck é um número extremamente pequeno. Assim, um quantum de energia, $h\nu$, é uma quantidade muito pequena. As regras de Planck sobre o ganho ou a perda de energia são sempre as mesmas, independentemente se estivermos lidando com objetos do cotidiano ou com objetos microscópicos. Com objetos do cotidiano, o ganho ou a perda de um único quantum de energia é tão pequeno que passa completamente despercebido. Por outro lado, quando lidamos com a matéria em nível atômico, o impacto das energias quantizadas é muito mais significativo.

A energia potencial de uma pessoa subindo uma rampa aumenta de maneira uniforme e contínua.

A energia potencial de uma pessoa subindo degraus aumenta em etapas, de maneira quantizada.

▲ **Figura 6.6** Variação de energia contínua *versus* quantizada.

O efeito fotoelétrico e os fótons

Poucos anos depois de Planck apresentar sua teoria quântica, cientistas começaram a ver a aplicabilidade dela a muitas observações experimentais. Em 1905, Albert Einstein (1879–1955) recorreu à teoria de Planck para explicar o **efeito fotoelétrico** (**Figura 6.7**). Uma luz incidindo em uma superfície de metal limpa provoca a emissão de elétrons dessa superfície. É necessária uma frequência mínima de luz, específica para cada metal, para que ocorra a emissão de elétrons. Por exemplo, a luz com uma frequência de $4,60 \times 10^{14} \text{ s}^{-1}$ ou superior provoca a emissão de elétrons por parte do césio metálico. No entanto, se a luz tiver uma frequência menor que essa, elétrons não serão emitidos.

Para explicar o efeito fotoelétrico, Einstein supôs que a energia radiante que atinge a superfície metálica se comporta como um fluxo de pequenos pacotes de energia. Cada pacote, semelhante a uma "partícula" de energia, é chamado de **fóton**. Ampliando a teoria quântica de Planck, Einstein deduziu que cada fóton deve ter uma energia igual à constante de Planck multiplicada pela frequência da luz:

$$\text{Energia de um fóton, } E = h\nu \qquad [6.3]$$

Assim, a energia radiante é quantizada.

Sob determinadas condições, os fótons que atingem uma superfície metálica podem transferir sua energia para os elétrons presentes no metal. Certa quantidade de energia, chamada de *função trabalho*, é necessária para que elétrons possam vencer as forças atrativas que os prendem ao metal. Se os fótons que atingem o metal tiverem menos energia que a função trabalho, os elétrons não adquirem energia suficiente para escapar do metal. Aumentar a intensidade da fonte de luz não leva à emissão de elétrons do metal, mas aumentar a frequência da luz incidente pode ter esse efeito. Para entender esse comportamento, imagine que a luz é composta de fótons com energias quantizadas. Quando a intensidade (brilho) da luz aumenta, o número de fótons que incide sobre a superfície por unidade de tempo aumenta, mas não aumenta a energia de cada fóton. Quando a frequência aumenta, a energia de cada fóton aumenta, e quando essa energia é maior do que a função trabalho de um determinado metal, são emitidos elétrons, e a energia em excesso do fóton é convertida em energia cinética do elétron emitido. Einstein ganhou o Prêmio Nobel de Física em 1921 principalmente devido à explicação sobre o efeito fotoelétrico.

Para entender melhor o que é um fóton, imagine que você tenha uma fonte de luz que produza radiação de um único comprimento de onda. Suponha ainda que você possa acender e apagar a luz, cada vez mais rapidamente, para gerar emissões de energia cada vez menores. A teoria do fóton de Einstein estabelece que, em um dado momento, seria

> **Resolva com ajuda da figura**
>
> Se a frequência da luz incidente aumenta, a energia dos elétrons ejetados aumenta, diminui ou permanece igual?

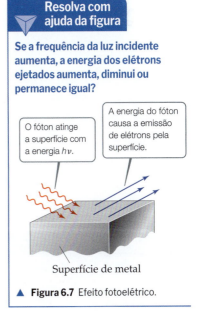

▲ **Figura 6.7** Efeito fotoelétrico.

Exercício resolvido 6.2
Energia de um fóton

Calcule a energia de um fóton de luz amarela que tem comprimento de onda de 589 nm.

SOLUÇÃO

Analise Nossa tarefa é calcular a energia, E, de um fóton, dado seu comprimento de onda, $\lambda = 589$ nm.

Planeje Podemos usar a Equação 6.1 para converter o comprimento de onda em frequência: $\nu = c/\lambda$. Em seguida, podemos usar a Equação 6.3 para calcular a energia de um fóton: $E = h\nu$.

Resolva A frequência, ν, é calculada a partir do comprimento de onda fornecido, como mostra o Exercício resolvido 6.1:

$$\nu = (3{,}00 \times 10^8 \text{ m/s})/(589 \times 10^{-9} \text{ m}) = 5{,}09 \times 10^{14} \text{ s}^{-1}$$

O valor da constante de Planck, h, foi dado tanto no texto anterior quanto na tabela de constantes físicas, apresentada na contracapa final do livro. Assim, podemos facilmente calcular E:

$$E = (6{,}626 \times 10^{-34} \text{ J·s})(5{,}09 \times 10^{14} \text{ s}^{-1}) = 3{,}37 \times 10^{-19} \text{ J}$$

Comentário Sabendo que um fóton de uma energia radiante fornece $3{,}37 \times 10^{-19}$ J, um mol desses fótons fornecerá:

$$(6{,}022 \times 10^{23} \text{ fótons/mol})(3{,}37 \times 10^{-19} \text{ J/fóton})$$
$$= 2{,}03 \times 10^5 \text{ J/mol}$$

▶ **Para praticar**
(**a**) Um laser emite uma luz com frequência de $4{,}69 \times 10^{14}$ s^{-1}. Qual é a energia de um fóton dessa radiação? (**b**) Se o laser emitir um pulso que contém $5{,}0 \times 10^{17}$ fótons, qual será a energia total desse pulso? (**c**) Se o laser emitir $1{,}3 \times 10^{-2}$ J de energia durante um pulso, quantos fótons serão emitidos?

---

possível chegar à menor emissão de energia possível, dada por $E = h\nu$. Essa menor emissão consiste em um único fóton de luz.

A ideia de que a energia da luz depende de sua frequência nos ajuda a compreender os diversos efeitos que os diferentes tipos de radiação eletromagnética têm sobre a matéria. Por exemplo, por causa da alta frequência (comprimento de onda curto), os fótons da luz ultravioleta têm mais energia do que os fótons da luz visível (Figura 6.4). Isso explica por que a exposição prolongada à luz ultravioleta prejudica os tecidos vivos e pode levar ao câncer de pele. Os raios X têm frequências ainda mais elevadas, e a alta energia dos fótons de raio X permite que eles atravessem os tecidos moles dos nossos corpos. Isso possibilita que os raios X sejam usados para criar imagens dos nossos ossos e dentes. Também explica por que os técnicos médicos e odontológicos adotam precauções para minimizar a sua exposição e a dos pacientes a esses fótons de alta energia.

Embora a teoria de Einstein estabeleça que a luz é um fluxo de fótons em vez de uma onda, e que isso explique o efeito fotoelétrico e muitos outros fenômenos observados, ela também nos apresenta um dilema. A luz é uma onda ou são partículas? A única maneira de resolver essa questão é adotar o que pode parecer uma posição estranha: devemos considerar que a luz possui tanto características ondulatórias quanto de partículas e, dependendo da situação, se comportará mais como ondas ou mais como partículas. Veremos, a seguir, que essa natureza dual onda-partícula também é um traço característico da matéria.

 Exercícios de autoavaliação

EAA 6.3 A função trabalho da prata metálica é $6{,}9 \times 10^{-19}$ J. Se um cristal de prata é exposto a um pulso de luz azul com comprimento de onda de 450 nm, serão ejetados elétrons? Em caso positivo, qual é a sua energia cinética máxima? (**a**) Elétrons não serão ejetados. (**b**) Elétrons com energia cinética máxima de $4{,}4 \times 10^{-19}$ J serão ejetados. (**c**) Elétrons com energia cinética máxima de $6{,}9 \times 10^{-19}$ J serão ejetados. (**d**) Elétrons com energia cinética máxima de $2{,}5 \times 10^{-19}$ J serão ejetados.

EAA 6.4 Qual forma de radiação eletromagnética tem fótons de menor energia? (**a**) Luz ultravioleta (**b**) Luz infravermelha (**c**) Luz verde (**d**) Luz vermelha

EAA 6.5 Um laser emite um pulso de luz infravermelha com comprimento de onda de 1.054 nm e energia total de 2,5 J. Quantos fótons estão nesse pulso de radiação eletromagnética?

(**a**) $1{,}3 \times 10^{19}$ fótons
(**b**) $1{,}9 \times 10^{-19}$ fótons
(**c**) $2{,}4 \times 10^6$ fótons
(**d**) $5{,}3 \times 10^{18}$ fótons

6.3 | Espectros de linhas e o modelo de Bohr

O trabalho de Planck e Einstein abriu o caminho para a compreensão do modo como os elétrons estão distribuídos nos átomos. Em 1913, o físico dinamarquês Niels Bohr (**Figura 6.8**) deu uma explicação teórica sobre os *espectros de linhas* do átomo de hidrogênio, outro fenômeno que intrigava os cientistas durante o século XIX.

Espectros de linhas

Uma fonte específica de energia radiante pode emitir um único comprimento de onda, como a luz de um laser. A radiação com um único comprimento de onda é *monocromática*. No entanto, as fontes de radiação mais comuns, como as lâmpadas e as estrelas, produzem radiação com diferentes comprimentos de onda, ou seja, radiação *policromática*. Um **espectro** é produzido quando a radiação proveniente de uma fonte policromática é separada nos comprimentos de onda que a constituem, como mostra a **Figura 6.9**. O espectro resultante consiste em uma faixa contínua de cores – o violeta se funde com o índigo, o índigo com o azul e assim por diante, sem ou com poucas lacunas. Esse arco-íris de cores, que contém luz com todos os comprimentos de onda, é chamado de **espectro contínuo**. O exemplo mais conhecido de um espectro contínuo é o arco-íris, formado quando pingos de chuva ou neblina atuam como um prisma para a luz solar.

Nem todas as fontes de radiação produzem um espectro contínuo. Quando uma alta voltagem é aplicada a tubos com diferentes gases sob pressão reduzida, os gases emitem diferentes colorações da luz (**Figura 6.10**). A luz emitida pelo gás neônio apresenta o brilho vermelho-alaranjado característico das luzes de neon; o vapor de sódio emite a luz amarela característica dos postes de iluminação pública. Quando a luz proveniente de tais tubos atravessa um prisma, o espectro resultante consiste em apenas alguns comprimentos de

> **Objetivos de aprendizagem**
>
> Após terminar a Seção 6.3, você deve ser capaz de:
>
> ▶ Explicar o modelo de Bohr do átomo de hidrogênio e usá-lo para explicar os espectros de linhas do hidrogênio.
>
> ▶ Usar o modelo de Bohr para calcular os comprimentos de onda (ou frequências) da luz que pode ser absorvida ou emitida pelo átomo de hidrogênio.

▲ **Figura 6.8** Niels Bohr (1885–1962). Este selo dinamarquês, lançado em 1963, celebra o modelo atômico de Bohr.

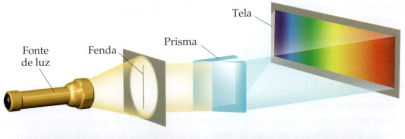

◀ **Figura 6.9** Criando um espectro. Um espectro visível contínuo é produzido quando um feixe estreito de luz branca atravessa um prisma. A luz branca pode ser a luz solar ou a luz de uma lâmpada incandescente.

Neônio (Ne)　　　　Hidrogênio (H)

◀ **Figura 6.10** Emissão atômica do neônio e do hidrogênio. Quando uma corrente elétrica atravessa diferentes gases, estes emitem luz com cores características.

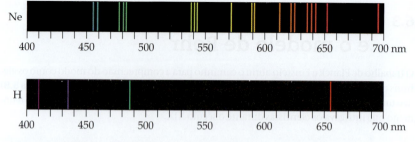

▲ Figura 6.11 **Espectros de linhas do neônio e do hidrogênio.** As linhas coloridas são os comprimentos de onda presentes na emissão. Já as regiões em preto se referem aos comprimentos de onda não emitidos.

onda (**Figura 6.11**). Cada linha colorida nesses espectros corresponde à luz com um dado comprimento de onda. Um espectro formado por radiação com apenas alguns comprimentos de onda específicos é chamado de **espectro de linhas**.

Quando os cientistas detectaram pela primeira vez o espectro de linhas do hidrogênio, em meados do século XIX, eles ficaram fascinados pela sua simplicidade. Naquela época, apenas quatro linhas, nos comprimentos de onda 410 nm (violeta), 434 nm (azul), 486 nm (azul-verde) e 656 nm (vermelho), foram observadas (Figura 6.11). Em 1885, o professor suíço Johann Balmer mostrou que os comprimentos de onda dessas quatro linhas se ajustavam a uma fórmula simples que os relacionava com números inteiros. Mais tarde, outras linhas foram encontradas nas regiões ultravioleta e infravermelha do espectro de linhas do hidrogênio. Em um curto espaço de tempo, a equação de Balmer foi generalizada e passou a ser chamada de *equação de Rydberg*, que permite o cálculo dos comprimentos de onda de todas as linhas espectrais do hidrogênio:

$$\frac{1}{\lambda} = (R_H)\left(\frac{1}{n_1^2} - \frac{1}{n_2^2}\right) \qquad [6.4]$$

Nessa fórmula, λ é o comprimento de onda da linha espectral, R_H é a *constante de Rydberg* ($1{,}096776 \times 10^7 \text{ m}^{-1}$) e n_1 e n_2 são números inteiros positivos, sendo n_1 o menor e n_2 o maior. Contudo, afinal, como a simplicidade notável dessa equação pode ser explicada? Foram necessários quase 30 anos para que essa pergunta fosse respondida.

Modelo de Bohr

A descoberta do átomo nuclear feita por Rutherford (Seção 2.2) sugeriu que um átomo poderia ser pensado como um "sistema solar microscópico", no qual os elétrons orbitam o núcleo. Para explicar o espectro de linhas do hidrogênio, Bohr supôs que os elétrons, nos átomos de hidrogênio, movem-se em órbitas circulares em torno do núcleo, mas essa suposição apresentava um problema. De acordo com a física clássica, uma partícula carregada, como é um elétron, que se move em uma trajetória circular perde energia de modo contínuo. Assim, teoricamente, à medida que o elétron perde energia, ele deve espiralar em direção ao núcleo carregado positivamente. Contudo, não se observa tal comportamento; átomos de hidrogênio são estáveis. Então, como podemos explicar essa aparente violação das leis da física? Bohr abordou esse problema da mesma maneira que Planck abordou o problema da natureza da radiação emitida por objetos quentes: ele pressupôs que as leis da física vigentes na época não serviam para descrever todas as características dos átomos. Além disso, adotou a ideia de Planck de que as energias são quantizadas.

Bohr fundamentou seu modelo em três postulados:

1. Apenas órbitas com certos raios, correspondentes a energias específicas, são permitidas ao elétron em um átomo de hidrogênio.
2. Um elétron em tal órbita encontra-se em um estado de energia "permitido". Um elétron em um estado de energia permitido não irradia energia e, portanto, não espirala em direção ao núcleo.
3. A energia é emitida ou absorvida pelo elétron apenas quando o elétron muda de um estado de energia permitido para outro. Essa energia é emitida ou absorvida na forma de um fóton com energia dada por $E = h\nu$.

Os estados de energia do átomo de hidrogênio

Começando com os três postulados e utilizando equações clássicas referentes a movimento e cargas elétricas que interagem, Bohr calculou as energias correspondentes às órbitas permitidas para o elétron no átomo de hidrogênio. Por fim, as energias calculadas se ajustam à seguinte fórmula:

$$E = (-hcR_H)\left(\frac{1}{n^2}\right) = (-2{,}18 \times 10^{-18}\,\text{J})\left(\frac{1}{n^2}\right) \quad [6.5]$$

em que h, c e R_H são a constante de Planck, a velocidade da luz e a constante de Rydberg, respectivamente. O número inteiro n, que pode apresentar valores inteiros como 1, 2, 3, ... ∞, é chamado de **número quântico principal**.

Cada órbita permitida corresponde a um valor diferente de n. O raio da órbita fica maior à medida que n aumenta. Assim, a primeira órbita permitida (a mais próxima do núcleo) tem $n = 1$, a próxima órbita permitida (a segunda mais próxima do núcleo) tem $n = 2$ e assim por diante. O elétron no átomo de hidrogênio pode estar em qualquer órbita permitida. A Equação 6.5 mostra a energia que o elétron tem em cada órbita permitida.

As energias do elétron dadas pela Equação 6.5 são negativas para todos os valores de n. Quanto menor (mais negativa) for a energia, mais estável será o átomo. A energia é menor (mais negativa) para $n = 1$. À medida que o n fica maior, a energia torna-se menos negativa e, portanto, aumenta. Podemos comparar isso com uma escada em que os degraus são numerados a partir da parte mais baixa da escada. Quanto mais alto se sobe (maior o valor de n), maior é a energia. O estado de energia mais baixo ($n = 1$, análogo ao degrau mais baixo) é chamado de **estado fundamental** do átomo. Quando o elétron está em um estado de energia maior ($n = 2$ ou maior), fala-se que o átomo está em um **estado excitado**. A **Figura 6.12** mostra os níveis de energia permitidos para o átomo de hidrogênio para vários valores de n.

O que acontece à medida que n se torna infinitamente grande? O raio aumenta e a energia de atração entre o elétron e o núcleo se aproxima de zero. Então, quando $n = \infty$, o elétron está completamente separado do núcleo e sua energia é igual a zero:

$$E = (-2{,}18 \times 10^{-18}\,\text{J})\left(\frac{1}{\infty^2}\right) = 0$$

O estado em que o elétron está completamente separado do núcleo é chamado de estado de *referência*, ou de energia zero, do átomo de hidrogênio. Separar completamente o elétron do núcleo corresponde à *ionização* do átomo de hidrogênio, um conceito ao qual voltaremos no Capítulo 7.

Em seu terceiro postulado, Bohr partiu do princípio de que o elétron pode "pular" de uma órbita permitida para outra, absorvendo ou emitindo fótons cuja energia radiante corresponde exatamente à diferença de energia entre as duas órbitas. O elétron deve absorver a energia para que consiga se mover para um estado de maior energia (maior valor de n). Por outro lado, a energia radiante é emitida quando o elétron salta para um estado de menor energia (menor valor de n).

Imagine um caso em que o elétron pula de um estado inicial, com número quântico principal n_i e energia E_i, para um estado final, com número quântico principal n_f e energia E_f. Aplicando a Equação 6.5, vemos que a variação de energia para essa transição é:

$$\Delta E = E_f - E_i = (-2{,}18 \times 10^{-18}\,\text{J})\left(\frac{1}{n_f^2} - \frac{1}{n_i^2}\right) \quad [6.6]$$

Qual é o significado do *sinal* de ΔE? Observe que ΔE é positivo quando o n_f é maior do que o n_i, o que ocorre quando o elétron salta para uma órbita de maior energia. Por outro lado, ΔE é negativo quando o n_f é menor do que o n_i, o que acontece quando o elétron perde energia e salta para uma órbita de menor energia.

Como já observado, transições de um estado permitido para outro envolvem um fóton. *A energia do fóton ($E_{fóton}$) deve ser igual à diferença de energia entre os dois estados (ΔE).* Quando ΔE for positivo, um fóton deve ser *absorvido*, e o elétron salta para um nível de maior energia. Quando ΔE é negativo, um fóton é *emitido*, e o elétron cai para um nível de menor energia. Em ambos os casos, a energia do fóton deve coincidir com a diferença de energia entre os estados. Uma vez que a frequência (ν) é sempre um número positivo,

Resolva com ajuda da figura

Se a transição de um elétron do estado $n = 3$ para o estado $n = 2$ resulta na emissão de luz visível, é mais provável que a transição do estado $n = 2$ para o estado $n = 1$ resulte na emissão de radiação ultravioleta ou infravermelha?

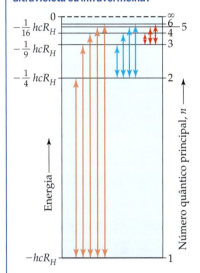

▲ **Figura 6.12** Níveis de energia do átomo de hidrogênio com base no modelo de Bohr. As setas são referentes às transições de elétrons de um estado de energia permitido para outro. Os estados exibidos vão de $n = 1$ a $n = 6$. Já $n = \infty$ refere-se ao estado em que a energia, E, é igual a zero.

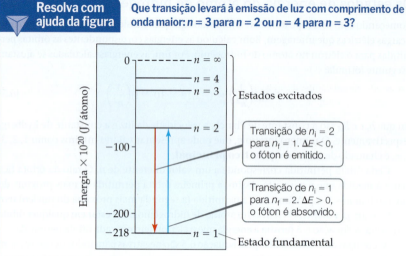

▲ Figura 6.13 Variação dos estados de energia na absorção e na emissão de um fóton em um átomo de hidrogênio.

a energia do fóton ($h\nu$) também deve ser sempre positiva. Assim, o sinal de ΔE determina se o fóton é absorvido ou emitido:

$$\Delta E > 0 \ (n_f > n_i): \text{fóton } absorvido \text{ com } E_{\text{fóton}} = h\nu = \Delta E$$

$$\Delta E < 0 \ (n_f < n_i): \text{fóton } emitido \text{ com } E_{\text{fóton}} = h\nu = -\Delta E \quad [6.7]$$

Essas duas situações estão resumidas na **Figura 6.13**. Podemos observar que o modelo do átomo de hidrogênio de Bohr levou à conclusão de que apenas frequências específicas de luz que satisfazem à Equação 6.7 podem ser absorvidas ou emitidas pelo átomo.

Veremos como aplicar esses conceitos, analisando uma transição na qual o elétron se desloca de $n_i = 3$ para $n_f = 1$. Com base na Equação 6.6, temos:

$$\Delta E = (-2,18 \times 10^{-18} \text{ J})\left(\frac{1}{1^2} - \frac{1}{3^2}\right) = (-2,18 \times 10^{-18} \text{ J})\left(\frac{8}{9}\right) = -1,94 \times 10^{-18} \text{ J}$$

O valor de ΔE é negativo, o que faz sentido, uma vez que o elétron está saltando de uma órbita de maior energia ($n = 3$) para uma órbita de menor energia ($n = 1$). Um fóton é *emitido* durante essa transição, sendo que a energia do fóton é igual a $E_{\text{fóton}} = h\nu = -\Delta E = +1,94 \times 10^{-18}$ J.

Conhecendo a energia do fóton emitido, podemos calcular sua frequência ou seu comprimento de onda. Para o comprimento de onda, combinamos as Equações 6.1 ($\lambda = c/\nu$) e 6.3 ($E_{\text{fóton}} = h\nu$) e obtemos:

$$\lambda = \frac{c}{\nu} = \frac{hc}{E_{\text{fóton}}} = \frac{hc}{-\Delta E} = \frac{(6,626 \times 10^{-34} \text{ J·s})(2,998 \times 10^8 \text{ m/s})}{+1,94 \times 10^{-18} \text{ J}} = 1,02 \times 10^{-7} \text{ m}$$

Portanto, é emitido um fóton de comprimento de onda $1,02 \times 10^{-7}$ m (102 nm).

Agora, podemos compreender a simplicidade dos espectros de linhas do hidrogênio descobertos por Balmer. Sabemos que eles são o resultado da emissão, de modo que $E_{\text{fóton}} = h\nu = hc/\lambda = -\Delta E$ para essas transições. Combinando as Equações 6.5 e 6.6, temos:

$$E_{\text{fóton}} = \frac{hc}{\lambda} = -\Delta E = hcR_H\left(\frac{1}{n_f^2} - \frac{1}{n_i^2}\right) \text{ (para emissão)}$$

O que nos dá:

$$\frac{1}{\lambda} = \frac{hcR_H}{hc}\left(\frac{1}{n_f^2} - \frac{1}{n_i^2}\right) = R_H\left(\frac{1}{n_f^2} - \frac{1}{n_i^2}\right), \text{ em que } n_f < n_i$$

Desse modo, a existência de linhas espectrais discretas pode ser atribuída aos saltos quantizados de elétrons entre os níveis de energia.

Capítulo 6 | Estrutura eletrônica dos átomos   **221**

Exercício resolvido 6.3
Transições eletrônicas no átomo de hidrogênio

No modelo de Bohr do átomo de hidrogênio, os elétrons estão confinados a órbitas com raios fixos que podem ser calculados. Os raios das quatro primeiras órbitas são 0,53, 2,12, 4,76 e 8.46 Å, respectivamente, como vemos a seguir.

(a) Se um elétron completasse a transição do nível $n_i = 4$ para um de menor energia, n_f = 3, 2 ou 1, qual transição produziria um fóton com o menor comprimento de onda? **(b)** Qual é a energia e o comprimento de onda desse fóton e em que região do espectro eletromagnético ele se encontra? **(c)** A imagem à direita mostra o resultado de um detector que mede a intensidade da luz emitida por uma amostra de átomos de hidrogênio que foram excitados para que cada átomo comece com um elétron no estado $n = 4$. Qual é o estado final, n_f, da transição detectada?

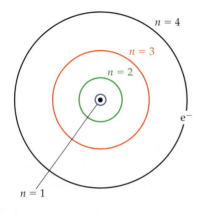
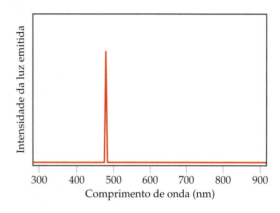

SOLUÇÃO

Analise Devemos determinar a energia e o comprimento de onda associados a diversas transições que envolvem um elétron que cai do estado $n = 4$ do átomo de hidrogênio para um dos três estados de menor energia.

Planeje Dados os números inteiros que representam os estados inicial e final do elétron, podemos utilizar a Equação 6.6 para calcular a energia do fóton emitido. Depois, podemos usar as relações $E = h\nu$ e $c = \nu\lambda$ para converter a energia para comprimento de onda. O fóton com a maior energia terá o menor comprimento de onda, pois a energia do fóton é inversamente proporcional ao comprimento de onda.

Resolva

(a) O comprimento de onda de um fóton está relacionado com a sua energia pela equação $E = h\nu = hc/\lambda$. Assim, o fóton com menor comprimento de onda terá a maior energia. Os níveis de energia das órbitas dos elétrons diminuem à medida que n diminui.

O elétron perde mais energia na transição do estado $n_i = 4$ para o estado $n_f = 1$. Por consequência, o fóton emitido nessa transição tem a maior energia e o menor comprimento de onda.

(b) Primeiro calculamos a energia do fóton utilizando a Equação 6.6, com $n_i = 4$ e $n_f = 1$:

$$\Delta E = -2,18 \times 10^{-18}\, J \left(\frac{1}{1^2} - \frac{1}{4^2}\right) = -2,04 \times 10^{-18}\, J$$

$$E_{\text{fóton}} = -\Delta E = 2,04 \times 10^{-18}\, J$$

Em seguida, reorganizamos a relação de Planck para calcular a frequência do fóton emitido.

$$\nu = E/h = (2,04 \times 10^{-18}\, J)/(6,626 \times 10^{-34}\, J\text{-s}) = 3,08 \times 10^{15}\, s^{-1}$$

Por fim, utilizamos a frequência para determinar o comprimento de onda.

A luz com esse comprimento de onda se encontra na região ultravioleta do espectro eletromagnético.

$$\lambda = c/\nu = (2,998 \times 10^8\, m/s)/(3,08 \times 10^{15}\, s^{-1})$$
$$= 9,73 \times 10^{-8}\, m = 97,3\, nm$$

(c) Com base no gráfico, estimamos que o comprimento de onda do fóton é de aproximadamente 480 nm. A partir do comprimento de onda, é fácil estimar n_f usando a Equação 6.4:

$$\frac{1}{\lambda} = R_H \left(\frac{1}{n_f^2} - \frac{1}{n_i^2}\right)$$

(Continua)

Reorganizando:
Assim, $n_f = 2$, e os fótons observados pelo detector são aqueles emitidos quando um elétron completa a transição do estado $n_i = 4$ para o estado $n_f = 2$.

$$\frac{1}{n_f^2} = \frac{1}{n_i^2} + \frac{1}{R_H \lambda} = \frac{1}{4^2} + \frac{1}{(1{,}097 \times 10^7 \text{ m}^{-1})(480 \times 10^{-9} \text{ m})}$$

$$\frac{1}{n_f^2} = 0{,}25$$

Confira Voltando à Figura 6.12, confirmamos que a transição de $n = 4$ para $n = 1$ deve ter a maior energia das três transições possíveis e, logo, o menor comprimento de onda.

▶ **Para praticar**
Para cada uma das seguintes transições, determine o sinal de ΔE e indique se um fóton é emitido ou absorvido: (**a**) $n = 3$ para $n = 1$; (**b**) $n = 2$ para $n = 4$.

Limitações do modelo de Bohr

Embora o modelo de Bohr explique o espectro de linhas do átomo de hidrogênio, ele não explica com exatidão o espectro de outros átomos. Bohr também evitou responder o porquê de o elétron, de carga negativa, não se chocar com o núcleo, de carga positiva, e apenas pressupôs que tal fato não aconteceria. Além disso, veremos que o modelo de Bohr do elétron orbitando em torno do núcleo a uma distância fixa não é uma imagem realista. Como veremos na Seção 6.4, o elétron apresenta propriedades ondulatórias, um fato que todo e qualquer modelo aceitável de estrutura eletrônica deve considerar.

Apesar das suas desvantagens, o modelo de Bohr sugeriu uma maneira completamente diferente de entender a estrutura eletrônica dos átomos. Dois conceitos fundamentais do modelo de Bohr são preservados na imagem moderna do átomo de hidrogênio:

1. *Os elétrons são encontrados apenas em certos níveis discretos de energia, descritos por números quânticos.*
2. *Uma quantidade discreta de energia é absorvida ou emitida na transição do elétron de um nível para outro.*

A partir deste ponto, começaremos a desenvolver o sucessor do modelo de Bohr, mas isso exigirá que estudemos mais de perto como o surgimento da teoria quântica mudou o nosso entendimento sobre o comportamento da matéria em escala atômica e subatômica.

Exercícios de autoavaliação

EAA 6.6 No modelo de Bohr do átomo de hidrogênio, qual das quantidades a seguir *diminui* à medida que o valor do número atômico principal do elétron *aumenta*? (**a**) A distância entre o elétron e o núcleo (**b**) A energia do elétron (**c**) A energia necessária para ionizar (remover um elétron) o átomo (**d**) A frequência do fóton emitido quando o elétron volta ao estado fundamental

EAA 6.7 Qual é o comprimento de onda do fóton emitido quando um elétron em um átomo de hidrogênio completa a transição do estado $n = 3$ para o estado $n = 2$? (**a**) 821 nm (**b**) 3,03 × 10^{-19} m (**c**) 365 nm (**d**) 486 nm (**e**) 656 nm

6.4 | Comportamento ondulatório da matéria

Nas primeiras décadas do século XX, os cientistas ainda estavam mapeando a estrutura do átomo (Seção 2.2). Depois que a existência das partículas subatômicas passou a ser consenso, os cientistas começaram a estudar suas propriedades e descobriram que elas se comportam de maneiras surpreendentes, que não podemos inferir a partir do estudo de objetos maiores. Nesta seção, veremos que, assim como a luz, a matéria pode se comportar como partícula e como onda, um passo fundamental no processo de entender melhor a estrutura eletrônica dos átomos.

Nos anos seguintes ao desenvolvimento do modelo de Bohr para o átomo de hidrogênio, o comportamento dualístico da energia radiante tornou-se um conceito familiar. Dependendo das circunstâncias do experimento, a radiação parece ter um caráter tanto ondulatório quanto de partícula (fóton). Louis de Broglie (1892–1987), em sua tese de doutorado em física na Sorbonne (Paris, França), corajosamente ampliou essa ideia: se a energia radiante, em condições adequadas, se comportava como um feixe de partículas (fótons), a matéria poderia, também em condições adequadas, apresentar as propriedades de uma onda?

▶ **Objetivos de aprendizagem**

Após terminar a Seção 6.4, você deve ser capaz de:

▶ Descrever as propriedades ondulatórias da matéria, incluindo as escalas aproximadas em que tais efeitos podem ser observados.
▶ Explicar como o princípio da incerteza limita a precisão com que podemos determinar ao mesmo tempo a posição e o momento de partículas subatômicas, como elétrons.

De Broglie sugeriu que um elétron que se movimenta em torno do núcleo de um átomo apresenta o comportamento de uma onda e, portanto, tem um comprimento de onda associado ao seu movimento. Ele propôs que o comprimento de onda do elétron, ou de qualquer outra partícula, depende da sua massa, *m*, e da sua velocidade, *v*:

$$\lambda = \frac{h}{mv} \qquad [6.8]$$

em que *h* é a constante de Planck. A quantidade *mv* para qualquer objeto é chamada de **momento**. De Broglie usou o termo **ondas de matéria** para descrever as características ondulatórias das partículas.

Como a hipótese de de Broglie se aplica a todo tipo de matéria, todo e qualquer objeto de massa *m* e velocidade *v* originaria uma onda de matéria característica. No entanto, a Equação 6.8 indica que o comprimento de onda associado a um objeto de tamanho normal, como uma bola de golfe, é tão pequeno que não pode ser observado. Isso tampouco ocorre com um elétron, pois sua massa tem um valor muito pequeno, como veremos no Exercício resolvido 6.4.

Poucos anos depois da publicação da teoria de de Broglie, as propriedades ondulatórias dos elétrons foram demonstradas experimentalmente. Quando os raios X atravessam um cristal, o resultado é um padrão de interferência característico das propriedades ondulatórias da radiação eletromagnética, um fenômeno chamado *difração de raios X*. Quando os elétrons atravessam um cristal, eles são igualmente difratados. Assim, um fluxo de elétrons em movimento apresenta o mesmo tipo de comportamento ondulatório que os raios X e todos os outros tipos de radiação eletromagnética. No microscópio eletrônico, as características ondulatórias dos elétrons são utilizadas para obter imagens em escala atômica. Essa técnica se tornou uma ferramenta importante para o estudo de fenômenos de superfície, pois possibilita ampliações muito grandes (**Figura 6.14**). Microscópios eletrônicos podem ampliar objetos em 3 milhões de vezes, valor que vai muito além do que pode ser feito com equipamentos que utilizam luz visível (1.000 vezes), pois o comprimento de onda dos elétrons é muito menor do que o comprimento de onda da luz visível.

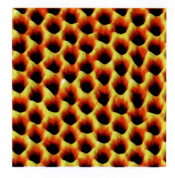

▲ **Figura 6.14 Elétrons como ondas.** Micrografia eletrônica de transmissão do *grafeno*, que apresenta um arranjo hexagonal de átomos de carbono em formato de favos de mel. Cada uma das "saliências" amarelas-claras indica um átomo de carbono.

Exercício resolvido 6.4
Ondas de matéria

Qual é o comprimento de onda de um elétron em movimento com uma velocidade de $5,97 \times 10^6$ m/s? Sabe-se que a massa do elétron é $9,11 \times 10^{-31}$ kg.

SOLUÇÃO
Analise Com base na massa, *m*, e na velocidade, *v*, do elétron, devemos calcular o comprimento de onda de de Broglie.

Planeje O comprimento de onda de uma partícula em movimento é dado pela Equação 6.8, então λ é calculado ao substituir as quantidades conhecidas *h*, *m* e *v*. No entanto, devemos ficar atentos às unidades.

Resolva Usando o valor da constante de Planck, $h = 6,626 \times 10^{-34}$ J·s, temos o seguinte:

$$\lambda = \frac{h}{mv} = \frac{(6,626 \times 10^{-34} \text{ J·s})}{(9,11 \times 10^{-31} \text{ kg})(5,97 \times 10^6 \text{ m/s})} \left(\frac{1 \text{ kg·m}^2/\text{s}^2}{1 \text{ J}}\right)$$

$$\lambda = 1,22 \times 10^{-10} \text{ m} = 0,122 \text{ nm}$$

Comentário Ao comparar esse valor aos comprimentos de onda da radiação eletromagnética mostrados na Figura 6.4, vemos que o comprimento de onda desse elétron é aproximadamente o mesmo que o dos raios X.

▶ **Para praticar**
Calcule a velocidade de um nêutron cujo comprimento de onda de de Broglie é 505 pm. A massa de um nêutron é $1,675 \times 10^{-27}$ kg.

O princípio da incerteza

A descoberta das propriedades ondulatórias da matéria levantou algumas novas questões bastante interessantes. Considere, por exemplo, uma bola rolando rampa abaixo. Ao aplicar as equações da física clássica, podemos calcular, com grande precisão, a posição da bola, a direção do movimento e a velocidade em qualquer instante. No entanto, podemos fazer isso com um elétron, que apresenta propriedades ondulatórias? Uma onda se estende no espaço, e sua localização não pode ser definida com precisão. Podemos, portanto, dizer que é impossível determinar onde exatamente um elétron está localizado em um instante específico.

O físico alemão Werner Heisenberg (1901–1976) propôs que a natureza dual da matéria limita a precisão com que podemos determinar a posição e o momento de um objeto em um dado instante. A limitação torna-se significativa somente quando lidamos com a matéria em nível subatômico (i.e., com massas tão pequenas quanto a de um elétron). O princípio de Heisenberg é chamado de **princípio da incerteza**. Quando aplicado aos elétrons em um átomo, esse princípio determina que é impossível sabermos simultaneamente qual é a dinâmica exata do elétron e a sua exata localização no espaço.

Heisenberg relacionou matematicamente a incerteza na posição, Δx, e a incerteza no momento, $\Delta(mv)$, a uma quantidade que envolve a constante de Planck:

$$\Delta x \cdot \Delta(mv) \geq \frac{h}{4\pi} \qquad [6.9]$$

Um breve cálculo ilustra as implicações dramáticas do princípio da incerteza. O elétron tem massa de $9{,}11 \times 10^{-31}$ kg e se move a uma velocidade média de 5×10^6 m/s em um átomo de hidrogênio. Vamos supor que saibamos a velocidade com incerteza de 1% – isto é, uma incerteza de $(0{,}01)(5 \times 10^6 \text{ m/s}) = 5 \times 10^4$ m/s – e que essa é a única fonte importante de incerteza com relação ao momento, de modo que $\Delta(mv) = m\Delta v$. Podemos aplicar a Equação 6.9 para calcular a incerteza quanto à posição do elétron:

$$\Delta x \geq \frac{h}{4\pi m \Delta v} = \left(\frac{6{,}626 \times 10^{-34} \text{ J·s}}{4\pi (9{,}11 \times 10^{-31} \text{ kg})(5 \times 10^4 \text{ m/s})} \right) = 1 \times 10^{-9} \text{ m}$$

Uma vez que o diâmetro de um átomo de hidrogênio mede aproximadamente 1×10^{-10} m, a incerteza quanto à posição do elétron no átomo tem uma ordem de grandeza maior do que o tamanho do átomo. Assim, não podemos saber onde o elétron está localizado no átomo. Por outro lado, se repetíssemos o cálculo com um objeto de massa comum, como uma bola de tênis, a incerteza seria tão pequena a ponto de ser irrelevante. Nesse caso, m seria maior e Δx estaria fora do domínio de medição, portanto não teria relevância do ponto de vista prático.

A hipótese de de Broglie e o princípio da incerteza de Heisenberg abriram caminho para uma teoria nova e mais abrangente sobre a estrutura atômica. Nessa abordagem, qualquer tentativa de definir com precisão a localização em um instante e o momento do elétron é abandonada. A natureza ondulatória do elétron é reconhecida, e o seu comportamento é descrito nos termos apropriados para ondas. O resultado é um modelo que descreve com precisão a energia do elétron, mas de maneira imprecisa a sua localização, sendo esta descrita em termos de probabilidade.

OLHANDO DE PERTO | A medida e o princípio da incerteza

Sempre que se faz uma medição, há alguma incerteza presente. Nossa experiência com objetos de dimensões comuns, como bolas, trens ou equipamentos de laboratório, indica que usar instrumentos mais precisos pode diminuir a incerteza de uma medição. Na verdade, tendemos a acreditar que a incerteza de uma medição pode se tornar infinitesimalmente pequena. No entanto, o princípio da incerteza determina que há um limite real para a precisão das medidas. Esse limite não representa uma restrição relacionada aos instrumentos de medida; pelo contrário, ele é inerente à natureza. Esse limite não tem consequências práticas quando lidamos com objetos de tamanhos comuns, mas suas implicações são enormes quando tratamos de partículas subatômicas, como elétrons.

Para medir um objeto, devemos perturbá-lo pelo menos um pouco com nosso dispositivo de medição. Imagine usar uma lanterna para localizar uma grande bola de borracha em um quarto escuro. Você consegue enxergar a bola quando a luz da lanterna a atinge e, depois, chega aos seus olhos. Quando um feixe de fótons atinge um objeto desse tamanho, ele não altera sua posição ou seu momento de maneira notável. Agora imagine que você deseja localizar um elétron de maneira semelhante, jogando luz nele e captando a reflexão por meio de algum detector. Os objetos podem ser localizados com uma precisão não superior ao comprimento de onda da radiação utilizada. Assim, se quisermos uma medida precisa da posição de um elétron, devemos usar um comprimento de onda curto. Isso significa que fótons de alta energia devem ser empregados. Quanto mais energia os fótons tiverem, mais momentos eles transmitirão ao elétron quando o atingirem, alterando o movimento do elétron de maneira imprevisível. A tentativa de medir com precisão a posição do elétron introduz uma incerteza considerável em seu momento; o ato de medir a posição do elétron em um instante impossibilita que sua posição futura seja conhecida de maneira precisa.

Suponha, então, que utilizemos fótons de comprimento de onda maior. Uma vez que esses fótons apresentam energia mais baixa, o momento do elétron não é alterado de maneira tão significativa durante a medida, mas, ao mesmo tempo, o maior comprimento de onda limita a exatidão com a qual a posição do elétron pode ser determinada. Essa é a essência do princípio da incerteza: *não há como sabermos simultaneamente qual é a posição e o momento do elétron sem que haja incerteza na medida, e essa incerteza não pode ser reduzida além de certo nível mínimo.* Quanto mais precisa for uma das medidas, menor será a precisão da outra.

Embora nunca seja possível saber a posição e o momento exatos do elétron, pode-se falar sobre a probabilidade de ele estar em determinado local no espaço. Na Seção 6.5, apresentaremos um modelo de átomo que considera a probabilidade de encontrar elétrons de energias específicas em determinadas posições nos átomos.

***Exercícios relacionados:** 6.51, 6.52, 6.96*

Exercícios de autoavaliação

EAA 6.8 A resolução de um microscópio se limita a aproximadamente metade do comprimento de onda da fonte de luz. Devido a essa limitação, microscópios capazes de obter imagens em escala atômica utilizam elétrons, e não luz visível, para iluminar as amostras. Para diferenciar átomos separados entre si por algumas centenas de picômetros, como ocorre na maioria dos sólidos, o comprimento de onda do elétron deve ser menor ou igual a cerca de 200 pm. A que velocidade os elétrons devem ser acelerados para atingir esse comprimento de onda? (**a**) $3,6 \times 10^{-6}$ m/s (**b**) $3,6 \times 10^{6}$ m/s (**c**) $3,6 \times 10^{3}$ m/s (**d**) $3,6 \times 10^{9}$ m/s

EAA 6.9 Qual(is) das três afirmações a seguir é(são) verdadeira(s)?
(**i**) O princípio da incerteza afirma que há um limite para o nível de precisão com que conseguimos medir ao mesmo tempo a posição e o momento de uma partícula.
(**ii**) O princípio da incerteza ajuda a explicar como as partículas podem ter propriedades ondulatórias.
(**iii**) O princípio da incerteza é mais relevante para objetos de grande porte, como um automóvel, do que para objetos pequenos, como um elétron.
(**a**) apenas i (**b**) apenas ii (**c**) i e ii (**d**) i e iii (**e**) Todas as afirmações são verdadeiras.

6.5 | Mecânica quântica e orbitais atômicos

A ideia de que os elétrons possuem propriedades ondulatórias abriu espaço para uma nova forma de pensar sobre as estruturas eletrônicas dos átomos. Em 1926, o físico austríaco Erwin Schrödinger (1887–1961) propôs uma equação, agora conhecida como *equação de onda de Schrödinger*, que incorpora tanto o comportamento ondulatório quanto o de partícula do elétron. Seu trabalho levou a uma nova abordagem sobre o comportamento dos elétrons, que ficou conhecida como *mecânica quântica* ou *mecânica ondulatória*. A aplicação da equação de Schrödinger requer cálculos avançados que estão além do escopo deste livro e não serão trabalhados aqui. Entretanto, podemos considerar qualitativamente os resultados da análise de Schrödinger, uma vez que eles oferecem uma nova e poderosa forma de ver a estrutura eletrônica.

Vamos começar examinando a estrutura eletrônica do átomo mais simples, o hidrogênio. Schrödinger tratou o elétron de um átomo de hidrogênio como se ele fosse a onda em uma corda de violão quando tocada (**Figura 6.15**). Como essas ondas não viajam além do espaço delimitado pela corda, são chamadas de *ondas estacionárias*. Da mesma forma que a corda de violão, ao ser tocada, produz uma onda estacionária que possui uma frequência

 Objetivos de aprendizagem

Após terminar a Seção 6.5, você deve ser capaz de:
▶ Comparar e contrastar os orbitais atômicos no modelo atômico de Schrödinger com as órbitas usadas no modelo atômico de Bohr.
▶ Enunciar os nomes e símbolos dos números quânticos e descrever qualitativamente como determinam o tamanho, o formato e a orientação de um orbital atômico.
▶ Usar as regras que regem as combinações permitidas dos números quânticos para identificar os orbitais atômicos do átomo de hidrogênio e classificá-los em ordem crescente de energia.

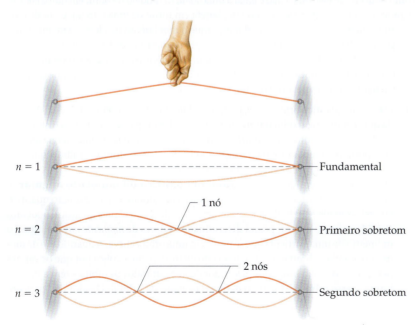

◀ **Figura 6.15** Ondas estacionárias em uma corda que vibra.

fundamental e sobretons mais altos (harmônicos), o elétron apresenta uma onda estacionária de menor energia e outras de maior energia. Além disso, do mesmo modo que os sobretons na corda de violão têm *nós*, ou seja, pontos em que a magnitude da onda é igual a zero, as ondas características do elétron também apresentam essa característica.

A resolução da equação de Schrödinger para o átomo de hidrogênio conduz a uma série de funções matemáticas denominadas **funções de onda**, que descrevem o elétron no átomo. Essas funções de onda geralmente são representadas pelo símbolo ψ (letra grega minúscula *psi*). Embora a função de onda não tenha um significado físico direto, o quadrado da função de onda, ψ^2, fornece informações sobre a localização do elétron quando ele está em um nível permitido de energia.

Para o átomo de hidrogênio, as energias permitidas são as mesmas previstas pelo modelo de Bohr. No entanto, o modelo de Bohr considera que o elétron gira em torno do núcleo, formando uma órbita circular com alguns raios específicos. No modelo da mecânica quântica, a localização do elétron não pode ser descrita de maneira tão simples.

De acordo com o princípio da incerteza, se determinarmos o momento do elétron com grande exatidão, o conhecimento simultâneo de sua localização será muito incerto. Assim, não podemos especificar a localização exata de um dado elétron em relação ao núcleo, como pressupúnhamos no modelo de Bohr. Em vez disso, devemos nos contentar com uma espécie de conhecimento estatístico. Falamos, portanto, da *probabilidade* de encontrar um elétron em certa região do espaço em um dado instante. O quadrado da função de onda, ψ^2, em um determinado ponto no espaço representa justamente a probabilidade de o elétron ser encontrado nesse local. Por isso, o ψ^2 é chamado de **densidade de probabilidade** ou **densidade eletrônica**.

Uma maneira de representar a probabilidade de localizar o elétron em várias regiões de um átomo é mostrada na **Figura 6.16**, em que a densidade dos pontos representa tal probabilidade. As regiões com alta densidade de pontos correspondem a valores relativamente grandes de ψ^2 e são, portanto, regiões em que existe grande probabilidade de o elétron ser localizado. Com base nessa representação, com frequência dizemos que os átomos são um núcleo circundado por uma nuvem de elétrons.

Orbitais e números quânticos

A resolução da equação de Schrödinger para o átomo de hidrogênio produz um conjunto de funções de onda chamadas de **orbitais**. Cada orbital tem forma e energia características. Por exemplo, podemos ver que o orbital de menor energia no átomo de hidrogênio tem forma esférica na Figura 6.16 e uma energia de $-2,18 \times 10^{-18}$ J. Observe que um *orbital* (modelo mecânico quântico que descreve elétrons em termos de probabilidades, visualizados como "nuvens de elétrons") não é igual a uma *órbita* (o modelo de Bohr, em que o elétron se move em uma órbita física, como um planeta em torno de uma estrela). O modelo da mecânica quântica não se refere a órbitas porque o movimento do elétron em um átomo não pode ser determinado com precisão (princípio da incerteza de Heisenberg).

O modelo de Bohr introduziu um único número quântico, *n*, para descrever uma órbita. O modelo da mecânica quântica utiliza três números quânticos, *n*, *l* e m_l, que resultam da matemática que descreve um orbital.

1. O número quântico principal, *n*, pode ter valores positivos inteiros: 1, 2, 3, ... À medida que *n* aumenta, o orbital torna-se maior e o elétron passa mais tempo distante do núcleo. Um aumento em *n* também significa que o elétron tem uma energia maior e está, portanto, menos fortemente ligado ao núcleo. Para o átomo de hidrogênio, $E_n = -(2,18 \times 10^{-18} \text{ J})(1/n^2)$, como no modelo de Bohr.

2. O segundo número quântico, o **número quântico do momento angular**, *l*, pode ter valores inteiros de 0 a (*n* − 1) para cada valor de *n*. Esse número quântico está relacionado ao fato de que, mesmo no modelo da mecânica quântica, podemos considerar que o elétron possui determinados valores de *momento angular*, que é o momento de uma partícula que se move em uma órbita curva. A quantidade de momento angular é limitada pela energia do elétron, o que explica por que os valores permitidos de *l* são limitados pelo valor de *n*. Nem todos os orbitais têm a mesma forma, e esse número quântico define o formato do orbital. O valor de *l* para um

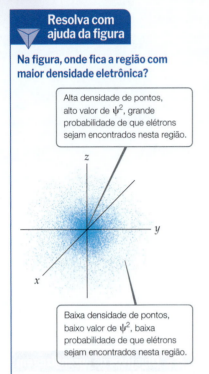

▼ Resolva com ajuda da figura

Na figura, onde fica a região com maior densidade eletrônica?

Alta densidade de pontos, alto valor de ψ^2, grande probabilidade de que elétrons sejam encontrados nesta região.

Baixa densidade de pontos, baixo valor de ψ^2, baixa probabilidade de que elétrons sejam encontrados nesta região.

▲ **Figura 6.16 Distribuição de densidade eletrônica.** Representação da probabilidade, ψ^2, de localizar o elétron em um átomo de hidrogênio no seu estado fundamental. A origem do sistema de coordenadas está no núcleo.

determinado orbital geralmente é designado pelas letras *s*, *p*, *d* e *f*,* correspondendo a valores de *l* iguais a 0, 1, 2 e 3:

Valor de *l*	0	1	2	3
Letra usada	*s*	*p*	*d*	*f*

3. O **número quântico magnético**, m_l, pode ter valores inteiros entre $-l$ e l, incluindo zero. Quando $l \neq 0$, a forma do orbital é não esférica e o valor de m_l define a orientação do orbital no espaço, como discutiremos na Seção 6.6.

OLHANDO DE PERTO | O gato de Schrödinger e a computação quântica

As revoluções no pensamento científico causadas pela teoria da relatividade e pela teoria quântica não mudaram apenas a ciência; elas causaram mudanças profundas no modo como entendemos o mundo à nossa volta. Antes da teoria da relatividade e da teoria quântica, as teorias da física vigentes eram inerentemente *determinísticas*: uma vez que as condições específicas de um objeto fossem dadas (posição, velocidade, forças que atuam sobre o objeto), poderíamos determinar com exatidão a posição e o movimento do objeto em qualquer instante no futuro. Essas teorias, baseadas nas leis de Newton e na teoria do eletromagnetismo de Maxwell, descreveram de maneira bem-sucedida fenômenos físicos, como o movimento dos planetas, as trajetórias dos projéteis e a difração da luz.

Neste capítulo, já mencionamos dois princípios da teoria quântica que levaram a uma descrição não determinística da matéria. Primeiro, vimos que as descrições da luz e da matéria se tornaram menos distintas: a luz tem propriedades de partícula (corpusculares) e a matéria tem propriedades ondulatórias. A descrição resultante da matéria, em que podemos falar apenas da probabilidade de encontrar um elétron em determinado lugar em vez de determinar exatamente onde ele está, mostrou-se bastante incômoda para muitos cientistas. Einstein, por exemplo, proferiu a famosa frase "Deus não joga dados"* em resposta à essa descrição probabilística. O princípio da incerteza de Heisenberg, que estabelece a impossibilidade de conhecer com precisão a posição e o momento de uma partícula, também levantou muitas questões filosóficas. Foram tantas que Heisenberg escreveu um livro intitulado *Física e Filosofia*, em 1958.

Um dos métodos mais comuns utilizados por cientistas para testar essas novas teorias eram os chamados "experimentos mentais". Experimentos mentais são cenários hipotéticos que podem conduzir a paradoxos em uma determinada teoria. Um dos mais famosos experimentos mentais, apresentado quando a teoria quântica ainda era incipiente, foi formulado por Schrödinger e hoje é conhecido como "O gato de Schrödinger" (**Figura 6.17**). O experimento questiona se um sistema poderia ter múltiplas funções de onda aceitáveis que fossem anteriores à observação do sistema. Em outras palavras, sem observar efetivamente um sistema, é possível saber alguma informação sobre o estado em que ele se encontra? Nesse paradoxo, um gato hipotético é colocado em uma caixa fechada com um aparelho que vai disparar aleatoriamente uma dose letal de veneno (por mais mórbido que isso possa parecer). De acordo com algumas interpretações da teoria quântica, até que a caixa seja aberta e o gato seja observado, ele deve ser considerado simultaneamente vivo e morto.

Schrödinger lançou esse paradoxo para apontar falhas em algumas interpretações dos resultados quânticos, mas ele acabou suscitando um debate contínuo e intenso sobre o destino e o significado do gato de Schrödinger. Em 2012, o Prêmio Nobel de Física foi concedido ao francês Serge Haroche e ao americano David Wineland por seus métodos engenhosos de observação dos estados quânticos de fótons ou partículas em que o ato de observar não destrói esses estados. Com esses métodos, eles perceberam o que é geralmente chamado de "estado de gato" dos sistemas, no qual o fóton ou a partícula existe ao mesmo tempo em dois estados quânticos diferentes.

O conceito parece muito contraintuitivo à primeira vista, mas pode ser utilizado para criar os chamados computadores quânticos. Em um computador convencional, cada bit tem um valor específico, 0 ou 1, e esses bits somente podem ser processados em sequência. Em um computador quântico, as informações são armazenadas em um bit quântico, ou *qubit*, que é uma sobreposição de dois estados diferentes. Assim como o gato de Schrödinger pode estar ao mesmo tempo vivo e morto, um qubit pode ser uma combinação de 0 e 1 ao mesmo tempo. Desde que consiga manter os diversos qubits coerentes entre si, a potência de um computador quântico aumenta rapidamente em proporção ao número de qubits, muito mais do que seria possível com o aumento do número de bits binários em um computador convencional. Os cientistas já realizaram cálculos com 20 qubits coerentes, e mesmo com essa quantidade modesta de qubits foi possível criar mais de um milhão de estados sobrepostos. Infelizmente, esses "estados de gato" são muito sensíveis a interações com o ambiente, incluindo flutuações térmicas, que podem colapsar a sobreposição ao simples 0 e 1 de um bit convencional. O maior desafio para conseguirmos aproveitar o poder da computação quântica é encontrar maneiras de estabilizar essa sobreposição de estados.

Exercício relacionado: 6.96

▲ **Figura 6.17** No experimento mental de Schrödinger, o gato hipotético na caixa é uma mistura ou sobreposição dos estados vivo e morto até abrirmos a caixa e realizarmos uma observação.

---

*Hermanns, W. *Einstein and the poet: In search of the cosmic man*. Wellesley: Branden Books, 1983.

---

*As letras vêm do inglês *sharp*, *principal*, *diffuse* e *fundamental* (agudo, principal, difuso e fundamental), que foram usadas para descrever certas características espectrais do átomo de hidrogênio antes do desenvolvimento da mecânica quântica.

TABELA 6.2 Relação entre valores de n, l e m_l até $n = 4$

n	Possíveis valores de l	Designação da subcamada	Possíveis valores de m_l	Número de orbitais na subcamada	Número total de orbitais na camada
1	0	1s	0	1	1
2	0	2s	0	1	
	1	2p	1, 0, −1	3	4
3	0	3s	0	1	
	1	3p	1, 0, −1	3	
	2	3d	2, 1, 0, −1, −2	5	9
4	0	4s	0	1	
	1	4p	1, 0, −1	3	
	2	4d	2, 1, 0, −1, −2	5	
	3	4f	3, 2, 1, 0, −1, −2, −3	7	16

Como o valor de n pode ser qualquer número inteiro positivo, há um número infinito de orbitais para o átomo de hidrogênio. A um dado instante, no entanto, o elétron em um átomo de hidrogênio é descrito por apenas um desses orbitais – dizemos que o elétron *ocupa* certo orbital. Os orbitais restantes estão *desocupados* para aquele estado particular do átomo de hidrogênio. Agora, vamos focar em orbitais que apresentam pequenos valores de n.

O conjunto de orbitais com o mesmo valor de n é chamado de **camada eletrônica**. Todos os orbitais que apresentam $n = 3$, por exemplo, são da terceira camada. O conjunto de orbitais com os mesmos valores de n e l é denominado **subcamada**. Cada subcamada é designada por um número (o valor de n) e uma letra (s, p, d ou f, correspondente ao valor de l). Por exemplo, os orbitais que têm $n = 3$ e $l = 2$ são chamados de orbitais 3d e estão na subcamada 3d.

A **Tabela 6.2** resume os valores possíveis de l e m_l para valores de n até $n = 4$. As restrições sobre os possíveis valores dão origem às importantes observações a seguir:

1. *A camada com número quântico principal* n *é formada por, exatamente,* n *subcamadas*. Cada subcamada corresponde a um valor permitido diferente de l e que varia de 0 a $(n-1)$. Assim, a primeira camada ($n = 1$) tem apenas uma subcamada, a 1s ($l = 0$); já a segunda camada ($n = 2$) tem duas subcamadas, 2s ($l = 0$) e 2p ($l = 1$); a terceira camada tem três subcamadas, 3s, 3p e 3d e assim por diante.

2. *Cada subcamada é formada por um número específico de orbitais*. Cada orbital corresponde a um diferente valor permitido de m_l. Para um dado valor de l, há $(2l + 1)$ valores permitidos de m_l, que vão de $-l$ a $+l$. Assim, cada subcamada s ($l = 0$) é formada por um orbital, cada subcamada p ($l = 1$) é formada por três orbitais, cada subcamada d ($l = 2$) é formada por cinco orbitais e assim por diante.

3. *O número total de orbitais em uma camada é* n^2, *em que* n *é o número quântico principal da camada*. O número resultante dos orbitais para as camadas (1, 4, 9, 16) está relacionado a um padrão observado na tabela periódica: vemos que o número de elementos nos períodos da tabela periódica (2, 8, 18 e 32) é igual a duas vezes esses números. Vamos discutir essa relação com mais detalhes na Seção 6.9.

A **Figura 6.18** apresenta as energias relativas dos orbitais no átomo de hidrogênio até $n = 3$. Cada caixinha representa um orbital, e os orbitais pertencentes a uma mesma subcamada, como os três orbitais 2p, estão agrupados. Quando o elétron ocupa o orbital de menor energia (1s), fala-se que o átomo de hidrogênio está em seu *estado fundamental*. Quando o elétron ocupa qualquer outro orbital, o átomo está no *estado excitado*. (O elétron pode ir para um orbital de maior energia pela absorção de um fóton de energia adequada.) Em temperaturas normais, essencialmente todos os átomos de hidrogênio estão no estado fundamental.

> **Resolva com ajuda da figura**
>
> As energias relativas das camadas $n = 1$, 2 e 3 mostradas na figura são iguais ou diferentes daquelas observadas no modelo atômico de Bohr da Figura 6.12?

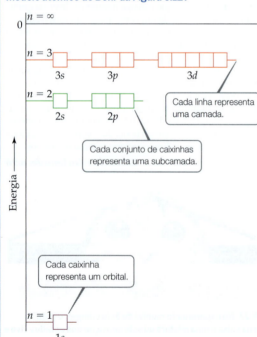

$n = 1$, a camada tem **um** orbital
$n = 2$, a camada tem **duas** subcamadas formadas por quatro orbitais
$n = 3$, a camada tem **três** subcamadas formadas por nove orbitais

▲ **Figura 6.18** Níveis de energia do átomo de hidrogênio.

Exercício resolvido 6.5
Subcamadas do átomo de hidrogênio

(a) Sem consultar a Tabela 6.2, determine o número de subcamadas da quarta camada, isto é, para $n = 4$. (b) Classifique cada uma dessas subcamadas. (c) Quantos orbitais há em cada uma das subcamadas?

SOLUÇÃO

Analise e planeje Com base no valor do número quântico principal, n, devemos determinar os valores permitidos de l e m_l para esse dado valor de n e, em seguida, contar o número de orbitais em cada subcamada.

Resolva Há quatro subcamadas na quarta camada, que correspondem a quatro valores possíveis de l (0, 1, 2 e 3).

Essas subcamadas são classificadas como $4s$, $4p$, $4d$ e $4f$. O número dado na designação de uma subcamada é o número quântico principal, n. A letra designa o valor do número quântico do momento angular, l: para $l = 0$, s; para $l = 1$, p; para $l = 2$, d; para $l = 3$, f.

Há um orbital $4s$ (quando $l = 0$, há apenas um valor possível para m_l: 0). Há três orbitais $4p$ (quando $l = 1$, há três valores possíveis de m_l: 1, 0, −1). Há cinco orbitais $4d$ (quando $l = 2$, há cinco valores permitidos de m_l: 2, 1, 0, −1, −2). Há sete orbitais $4f$ (quando $l = 3$, há sete valores permitidos de m_l: 3, 2, 1, 0, −1, −2, −3).

▶ **Para praticar**
(a) Qual é a subcamada com $n = 5$ e $l = 1$? (b) Quantos orbitais há nessa subcamada? (c) Indique os valores de m_l para cada um desses orbitais.

Exercícios de autoavaliação

EAA 6.10 No átomo de hidrogênio, o número quântico _____ determina a energia de um orbital atômico e o número quântico _____ determina a sua forma. (a) principal (n), de momento angular (l) (b) principal (n), magnético (m_l) (c) de momento angular (l), magnético (m_l) (d) de momento angular (l), principal (n)

EAA 6.11 À medida que o valor do número quântico principal, n, de um orbital aumenta, qual(is) das seguintes afirmações é(são) verdadeira(s) em relação a um elétron que ocupa tal orbital?

   (i) A atração entre o elétron e o núcleo aumenta.
   (ii) A probabilidade de encontrar um elétron mais distante do núcleo aumenta.
   (iii) A energia do elétron aumenta.

(a) apenas i (b) apenas iii (c) i e ii (d) ii e iii (e) Todas as afirmações são verdadeiras.

EAA 6.12 Qual das seguintes afirmações sobre a subcamada $3d$ do átomo de hidrogênio é *falsa*? (a) Todos os orbitais nessa subcamada têm $n = 3$. (b) Todos os orbitais nessa subcamada têm $l = 2$. (c) Há nove orbitais nessa subcamada. (d) Os orbitais nessa subcamada têm a mesma energia que aqueles na subcamada $3p$.

EAA 6.13 Quantos orbitais há na quarta camada eletrônica? (a) 4 (b) 8 (c) 16 (d) 32

6.6 | Representações dos orbitais

Até o momento, enfatizamos as energias de orbitais, mas a função de onda também fornece informações sobre a provável localização de um elétron no espaço. Nesta seção, vamos analisar as maneiras pelas quais podemos representar os orbitais, uma vez que suas formas nos ajudam a visualizar como a densidade eletrônica está distribuída ao redor do núcleo. Usamos as formas dos orbitais amplamente nos capítulos subsequentes deste livro, especialmente quando discutimos a formação de ligações químicas.

Objetivos de aprendizagem

Após terminar a Seção 6.6, você deve ser capaz de:
▶ Interpretar a função de probabilidade radial de um orbital atômico.
▶ Comparar e contrastar os formatos tridimensionais dos orbitais s, p e d.

Os orbitais s

Já vimos uma representação do orbital de menor energia do átomo de hidrogênio, o $1s$ (Figura 6.16). A densidade eletrônica no orbital $1s$ tem uma *simetria esférica*. Em outras palavras, a densidade eletrônica a uma determinada distância do núcleo é sempre igual, independentemente da direção tomada a partir do núcleo. Todos os outros orbitais s ($2s$, $3s$, $4s$, etc.) também apresentam simetria esférica centrada no núcleo.

O número quântico l para os orbitais s é 0; portanto, o número quântico m_l também deve ser 0. Assim, para cada valor de n, existe apenas um orbital s. Então, como os orbitais s diferem quando o valor de n muda? Por exemplo, de que maneira a distribuição da densidade eletrônica do átomo de hidrogênio muda quando o elétron é excitado do orbital $1s$ para o orbital $2s$?

De acordo com a mecânica quântica, devemos descrever a posição do elétron no átomo de hidrogênio em termos de probabilidades, e não de localizações exatas. A informação sobre a probabilidade está contida nas funções de onda, ψ, obtidas a partir da equação de Schrödinger. Como os orbitais *s* são esfericamente simétricos, o valor de ψ para um elétron em um orbital *s* depende apenas da sua distância em relação ao núcleo, *r*. As funções de onda para os orbitais 1*s*, 2*s* e 3*s* se encontram na parte superior da **Figura 6.19**. Todas as três funções de onda diminuem exponencialmente à medida que se afastam do núcleo, mas, para o orbital 1*s*, o valor da função de onda permanece sempre um número positivo, independentemente da distância do núcleo. Por outro lado, o valor da função de onda 2*s* passa de positivo para negativo a uma distância de aproximadamente 1 Å do núcleo, enquanto a função de onda 3*s* muda de sinal duas vezes. Em analogia à nossa descrição das ondas estacionárias da corda de um violão (Figura 6.15), podemos chamar os pontos em que a função de onda muda de sinal de **nós**.

O quadrado da função de onda, ψ^2 (a densidade de probabilidade), fornece a probabilidade de que o elétron se encontra em qualquer *ponto* do espaço. A densidade de probabilidade descreve os orbitais 1*s*, 2*s* e 3*s* como uma função da distância *r* em relação ao núcleo, como mostrado imediatamente abaixo dos gráficos de função de onda na Figura 6.19. Observe que tanto $\psi(r)$ quanto $[\psi(r)]^2$ atingem seus maiores valores no núcleo. Isso vale para todos os orbitais *s*, mas não para os orbitais *p*, *d* e *f*, que examinaremos posteriormente.

Para determinar a probabilidade *total* de encontrarmos um elétron a uma determinada distância do núcleo, é preciso "somar" as densidades de probabilidade $[\psi(r)]^2$ de todos os pontos situados a uma distância *r* do núcleo. O resultado é a **função de probabilidade radial**. A soma de todas as densidades de probabilidade requer um cálculo mais avançado e, portanto, está além do escopo deste livro, mas o resultado do cálculo mostra que a função de probabilidade radial é a densidade de probabilidade, $[\psi(r)]^2$, multiplicada pela área da superfície da esfera, $4\pi r^2$:

$$\text{Função de probabilidade radial (a uma distância } r \text{ do núcleo)} = 4\pi r^2 [\psi(r)]^2$$

As funções de probabilidade radial dos orbitais 1*s*, 2*s* e 3*s* se encontram nos painéis inferiores da Figura 6.19. O fato de que $4\pi r^2$ aumenta rapidamente à medida que nos afastamos do núcleo faz parecer que a função de probabilidade radial e a densidade de probabilidade são muito diferentes uma da outra. Por exemplo, a linha de $[\psi(r)]^2$ para o orbital 3*s* na Figura 6.19 geralmente diminui à medida que nos distanciamos do núcleo. No entanto, quando a multiplicamos por $4\pi r^2$, percebemos a existência de picos cada vez maiores (até certo ponto) à medida que *r* aumenta. Os recortes apresentados na parte inferior da Figura 6.19 apresentam uma imagem tridimensional da função de probabilidade radial. Os valores de *r* para os quais a densidade de probabilidade radial vão a 0, representados pelas camadas brancas nesses recortes, são os nós nos quais a função de onda muda de sinal.

Para o orbital 1*s*, vemos que a probabilidade aumenta rapidamente à medida que nos afastamos do núcleo, maximizando a cerca de 0,5 Å. Assim, quando o elétron ocupa o orbital 1*s*, é *mais provável* que ele esteja a essa distância do núcleo.* Observe que utilizamos a descrição probabilística, em conformidade com o princípio da incerteza. Observe também que no orbital 1*s* a probabilidade de localizar o elétron a uma distância superior a cerca de 3 Å do núcleo é minúscula.

Agora nos voltamos para as funções de probabilidade radial dos orbitais 2*s* e 3*s*, em que vemos três tendências à medida que o número quântico principal *n* varia:

1. Para um orbital *ns*, o número de picos é igual a *n*, e o pico mais externo é maior do que os internos.
2. Para um orbital *ns*, o número de nós é igual a $n - 1$. Uma vez que esses tipos de nós estão localizados a distâncias específicas do núcleo, eles são chamados de **nós radiais**.
3. À medida que *n* aumenta, a densidade eletrônica torna-se mais espalhada, ou seja, existe maior probabilidade de localizar o elétron mais distante do núcleo.

---

*No modelo de mecânica quântica, a distância mais provável de localizar o elétron no orbital 1*s* é, na verdade, 0,529 Å, valor igual ao raio da órbita previsto por Bohr para $n = 1$. A distância de 0,529 Å é frequentemente chamada de *raio de Bohr*.

Capítulo 6 | Estrutura eletrônica dos átomos **231**

> **Resolva com ajuda da figura**
> Qual quantidade de máximos você esperaria encontrar na função de probabilidade radial dos orbitais 4s do átomo de hidrogênio? Quantos nós existiriam nessa função?

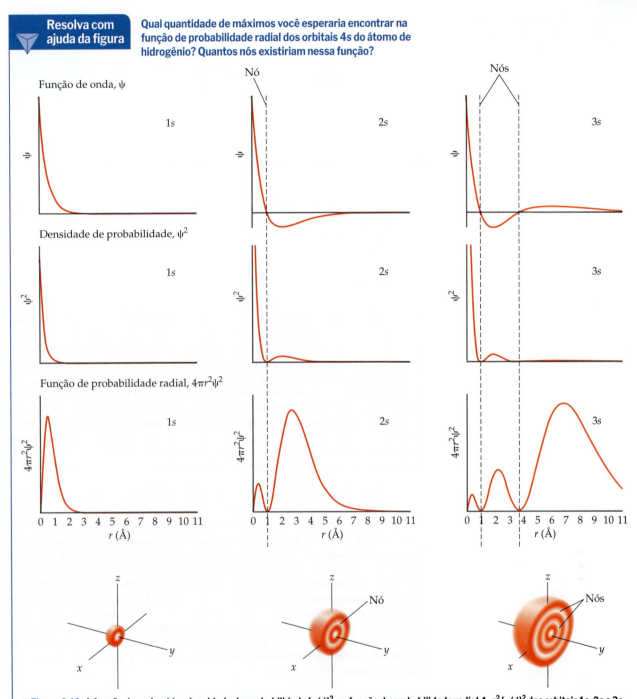

▲ **Figura 6.19** A função de onda $\psi(r)$, a densidade de probabilidade $[\psi(r)]^2$ e a função de probabilidade radial $4\pi r^2 [\psi(r)]^2$ dos orbitais 1s, 2s e 3s do hidrogênio. À medida que *n* aumenta, o número de nós (linhas tracejadas) aumenta e a distância mais provável de localizar o elétron (o maior pico na função de probabilidade radial) se afasta do núcleo. A parte inferior da imagem mostra uma representação tridimensional da função de probabilidade radial.

Um método bastante utilizado de representação da *forma* do orbital é a ilustração de uma superfície limite, incluindo uma porção substancial da densidade eletrônica do orbital (p. ex., 90%). Esse tipo de desenho é chamado de *representação de superfície limite*, e as representações de superfícies limite dos orbitais *s* são esferas (**Figura 6.20**). Todos os orbitais apresentam a mesma forma, mas diferem em tamanho, tornando-se maiores à medida que *n* aumenta. Isso reflete o fato de a densidade eletrônica tornar-se mais espalhada à medida

▶ **Figura 6.20 Comparação entre os orbitais 1s, 2s e 3s.** (a) Distribuição da densidade eletrônica de um orbital 1s. (b) Representações de superfícies limite dos orbitais 1s, 2s e 3s. Cada esfera está centrada no núcleo do átomo e abrange o volume no qual existe uma probabilidade de 90% de se encontrar o elétron.

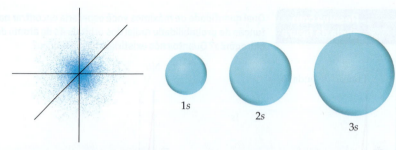

(a) Um modelo de densidade eletrônica **(b)** Modelos de superfícies limite

que n aumenta. Embora os detalhes de como a densidade eletrônica varia em uma determinada representação de superfície limite sejam perdidos nessas representações, essa não é uma grande desvantagem. Para discussões qualitativas, as características mais importantes dos orbitais são a forma e o tamanho relativo, que estão devidamente exibidas nas representações de superfícies limite.

Os orbitais p

Os orbitais p são aqueles para os quais $l = 1$. Cada subcamada p tem três orbitais, que correspondem aos três valores permitidos de m_l: -1, 0 e 1. A distribuição de densidade eletrônica para um orbital $2p$ é mostrada na **Figura 6.21(a)**. A densidade eletrônica não está distribuída esfericamente como em um orbital s. Em vez disso, está concentrada em duas regiões ao lado do núcleo, separada por um nó localizado no núcleo. Dizemos que esse orbital em forma de haltere possui dois *lobos*. Para esse orbital $2p$ específico, os dois lobos estão centrados ao longo dos eixos $+z$ e $-z$ de um sistema de coordenadas. Lembre-se de que não estamos falando a respeito de como o elétron se move dentro do orbital. A Figura 6.21(a) representa apenas a distribuição *média* da densidade eletrônica em um orbital $2p$. Observe que a função de onda, ψ, e a densidade de probabilidade, $[\psi]^2$, vão a zero em todos os pontos no plano xy. Quando a função de onda inclui um nó que se estende sobre todo o plano, podemos chamar esse tipo de nó de **nó angular** ou **plano nodal**.* Para um determinado orbital, o número de planos nodais é igual ao valor do número quântico de momento angular l.

A partir de $n = 2$, cada camada tem três orbitais p (Tabela 6.2), um para cada valor permitido de m_l. Assim, há três orbitais $2p$, três orbitais $3p$ e assim por diante. Cada conjunto de orbitais p apresenta as formas de halteres, que podem ser vistas na Figura 6.21(a). Para cada valor de n, os três orbitais p possuem tamanho e forma iguais, mas diferem na orientação espacial. Geralmente, os orbitais p são representados pela forma e orientação de suas funções de onda, como mostra as representações de superfícies limite da Figura 6.21(b). Esses orbitais podem ser indicados por p_x, p_y e p_z; a letra subscrita indica o eixo cartesiano ao longo do qual o orbital está orientado. Assim como o orbital $2p_z$ tem o plano xy como seu plano nodal, os orbitais $2p_x$ e $2p_y$ têm os planos yz e xz como planos nodais, respectivamente. Assim, vemos que dois orbitais com o mesmo valor de n e l, mas diferentes valores de m_l, diferem entre si no modo como estão orientados no espaço.† Assim como os orbitais s, os orbitais p aumentam de tamanho à medida que vamos do $2p$ para o $3p$, do $3p$ para o $4p$ e assim por diante.

Os orbitais d e f

Quando n é igual ou maior que 3, temos os orbitais d (em que $l = 2$). Existem cinco orbitais $3d$, cinco orbitais $4d$ e assim por diante. Isso acontece porque, em cada camada, há cinco valores possíveis para o número quântico m_l: -2, -1, 0, 1 e 2. Os diferentes orbitais d em uma determinada camada têm formas e orientações diferentes no espaço, como mostra a **Figura 6.22**. Quatro das representações de superfícies limite do orbital d apresentam forma

---

*Para alguns orbitais d e f, como o orbital d_{z^2}, a superfície sobre a qual o nó angular se estende é um cone, não um plano. Por isso, ocasionalmente se utiliza o termo *superfície nodal* em vez de plano nodal.
†Não podemos fazer uma simples correspondência entre os subscritos (x, y e z) e os valores permitidos de m_l (1, 0 e -1).

Capítulo 6 | Estrutura eletrônica dos átomos **233**

> **Resolva com ajuda da figura** Para qual dos orbitais a seguir o plano yz é um plano nodal?

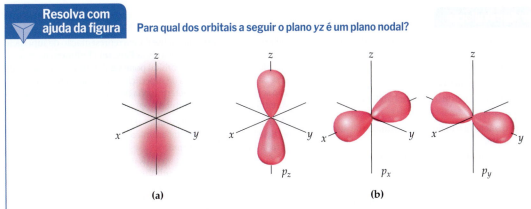

▲ **Figura 6.21 Os orbitais p.** (a) Distribuição da densidade eletrônica de um orbital 2p. (b) Representações de superfícies limite dos três orbitais p. O subscrito na classificação do orbital indica o eixo ao longo do qual o orbital se encontra.

de "trevo de quatro folhas", com quatro lobos, e cada uma fica em um plano. Os orbitais d_{xy}, d_{xz} e d_{yz} ficam nos planos xy, xz e yz, respectivamente, com os lobos orientados *entre* os eixos. Os lobos do orbital $d_{x^2-y^2}$ também ficam no plano xy, mas os lobos ficam *ao longo* dos eixos x e y. O orbital d_{z^2} é bastante diferente dos outros quatro: tem dois lobos ao longo do eixo z e uma "rosquinha" no plano xy. Apesar de o orbital d_{z^2} ter uma aparência diferente dos outros quatro orbitais d, ele apresenta a mesma energia dos outros. As representações de superfície limite da Figura 6.22 são utilizadas para todos os orbitais d, independentemente do número quântico principal. Contudo, assim como no caso dos orbitais s e p, o tamanho do orbital aumenta à medida que n aumenta.

Quando n é igual ou maior que 4, há sete orbitais f equivalentes (para os quais l = 3). As formas dos orbitais f são ainda mais complicadas do que as dos orbitais d e não serão apresentadas aqui. No entanto, como veremos na Seção 6.7, você deve considerar a existência dos orbitais f quando analisar a estrutura eletrônica de átomos de elementos que estão na parte inferior da tabela periódica.

Em outros exemplos que serão trabalhados ao longo deste livro, você verá que conhecer o número e as formas de orbitais atômicos vai ajudá-lo a entender a química no nível molecular. Portanto, é útil memorizar as formas dos orbitais s, p e d apresentadas nas Figuras 6.20, 6.21 e 6.22.

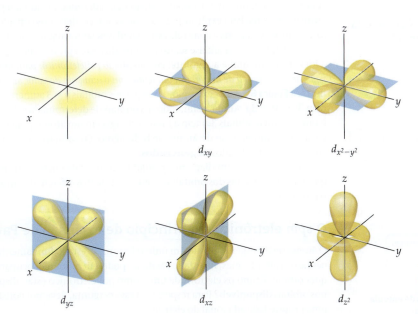

◀ **Figura 6.22 Os orbitais d.** (a) Distribuição da densidade eletrônica de um orbital 3d. (b) Representações de superfícies limite dos cinco orbitais d.

Exercícios de autoavaliação

EAA 6.14 Qual(is) das seguintes afirmações é(são) verdadeira(s) para as funções de onda que descrevem os orbitais s à medida que o valor do número quântico principal, n, aumenta?

(i) O número de nós radiais aumenta.
(ii) O número de vezes que a densidade de probabilidade $[\psi(r)]^2$ muda de sinal aumenta.
(iii) A distância entre o núcleo e o maior pico na função de distribuição radial aumenta.

(**a**) apenas i (**b**) apenas iii (**c**) i e ii (**d**) i e iii (**e**) Todas as afirmações são verdadeiras.

EAA 6.15 Qual das seguintes afirmações é *verdadeira*? (**a**) O número de nós radiais em um orbital pode ser determinado a partir de uma análise da sua representação de superfície limite, mas não do número de planos nodais. (**b**) O número de planos nodais em um orbital pode ser determinado a partir da análise da sua representação de superfície limite, mas não do número de nós radiais. (**c**) O número de nós radiais e planos nodais em um orbital pode ser determinado a partir da análise da sua representação de superfície limite. (**d**) Nenhuma informação sobre nós pode ser determinada pela análise da representação de superfície limite de um orbital.

EAA 6.16 Dada a representação de superfície limite de um orbital atômico mostrada aqui, qual das afirmações a seguir é *falsa*? (**a**) Este orbital possui dois planos nodais. (**b**) Para este orbital, o número quântico de momento angular l deve ser 2. (**c**) Para este orbital, o número quântico principal n deve ser 3. (**d**) Este é um orbital d.

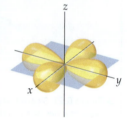

6.7 | Átomos polieletrônicos

Vimos que a mecânica quântica oferece uma descrição elegante do átomo de hidrogênio. Se quisermos descrever átomos com mais de um elétron (um átomo *polieletrônico*), no entanto, a situação se complica, devido às interações entre os elétrons. Felizmente, as características básicas das funções de onda são preservadas em muitos átomos polieletrônicos. Nesta seção, estudaremos as energias relativas dos orbitais nos átomos polieletrônicos e o modo como os elétrons preenchem os orbitais disponíveis.

Orbitais e suas energias

Podemos descrever a estrutura eletrônica de um átomo polieletrônico usando os orbitais que descrevemos para o átomo de hidrogênio na Tabela 6.2. Assim, os orbitais de um átomo polieletrônico também são designados 1s, 2p_x, etc., e têm as mesmas formas gerais que os orbitais correspondentes do átomo de hidrogênio.

Embora as formas dos orbitais de um átomo polieletrônico sejam iguais às dos orbitais do átomo de hidrogênio, a presença de mais de um elétron muda bastante suas energias. No hidrogênio, a energia de um orbital depende apenas do seu número quântico principal, n (Figura 6.18). Por exemplo, em um átomo de hidrogênio, as subcamadas 3s, 3p e 3d apresentam a mesma energia. Em um átomo polieletrônico, contudo, as energias das várias subcamadas em uma determinada camada são *diferentes*, devido à repulsão entre os elétrons. Para explicar por que isso acontece, devemos considerar as forças entre os elétrons e como elas são afetadas pelas formas dos orbitais.

Os detalhes dessa análise serão apresentados no Capítulo 7, mas, por ora, a ideia fundamental é a seguinte: *em um átomo polieletrônico, para um dado valor de* n, *a energia de um orbital aumenta com o aumento do valor de* l, como ilustra a **Figura 6.23**. Por exemplo, a energia dos orbitais $n = 3$ aumenta na ordem 3s < 3p < 3d. Ainda assim, todos os orbitais de determinada subcamada (como os cinco orbitais 3d) têm a mesma energia em um átomo polieletrônico, assim como no caso do átomo de hidrogênio. Os orbitais com a mesma energia são considerados **degenerados**.

A Figura 6.23 é um diagrama *qualitativo* do nível de energia que mostra que as energias exatas dos orbitais e seus espaçamentos diferem de um átomo para outro.

O *spin* eletrônico e o princípio de exclusão de Pauli

O átomo de hidrogênio possui um único elétron. No estado fundamental, ele ocupa o orbital 1s, mas, no estado excitado, pode, em princípio, ocupar qualquer orbital. Como os elétrons de um átomo polieletrônico estão dispostos nos orbitais disponíveis? Para responder a essa pergunta, devemos considerar uma propriedade adicional do elétron.

Objetivos de aprendizagem

Após terminar a Seção 6.7, você deve ser capaz de:

▶ Comparar os níveis de energia dos orbitais atômicos em um átomo polieletrônico com aqueles de um átomo de hidrogênio.

▶ Descrever o conceito de *spin* eletrônico.

▶ Descrever o princípio de exclusão de Pauli e explicar como ele limita o número de elétrons que cada orbital atômico pode conter.

Resolva com ajuda da figura

Nem todos os orbitais na camada $n = 4$ estão nesta figura. Quais subcamadas estão faltando?

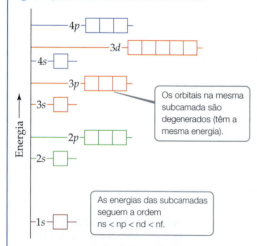

▲ **Figura 6.23** Ordenamento dos níveis de energia dos orbitais em um átomo polieletrônico.

Quando os cientistas estudaram detalhadamente os espectros de linhas de átomos polieletrônicos, notaram uma característica intrigante: linhas que originalmente pareciam únicas eram, na verdade, duas linhas muito próximas uma da outra. Isso significou que havia duas vezes mais níveis de energia do que "deveria" existir. Em 1925, os físicos holandeses George Uhlenbeck (1900–1988) e Samuel Goudsmit (1902–1978) propuseram uma solução para esse dilema. Eles postularam que os elétrons possuem uma propriedade intrínseca, denominada ***spin*** **eletrônico**, que faz cada elétron se comportar como uma pequena esfera que gira em torno do seu próprio eixo.

A essa altura, descobrir que o *spin* eletrônico é quantizado não deve ser surpresa. Essa observação levou à atribuição de um novo número quântico ao elétron, além de n, l e m_l já discutidos. Esse novo número quântico, o **número quântico magnético do *spin***, é denominado m_s (o subscrito *s* vem de *spin*). Dois valores possíveis são permitidos para o m_s, $+\frac{1}{2}$ ou $-\frac{1}{2}$, que inicialmente foram interpretados como duas direções opostas nas quais o elétron podia girar. A relação entre o magnetismo e o *spin* vem do fato de que uma carga em rotação produz um campo magnético. Assim, as duas direções opostas de rotação produzem campos magnéticos de sentidos opostos (**Figura 6.24**).* Esses dois campos magnéticos opostos levam à divisão das linhas espectrais em duas linhas muito próximas uma da outra.

O conceito de *spin* do elétron é crucial para a compreensão das estruturas eletrônicas dos átomos. Em 1925, o físico austríaco Wolfgang Pauli (1900–1958) descobriu o princípio que rege a disposição dos elétrons em átomos polieletrônicos. O **princípio de exclusão de Pauli** estabelece que *nenhum par de elétrons em um átomo pode ter o mesmo conjunto de quatro números quânticos* n, l, m_l e m_s. Para um dado orbital, os valores de n, l e m_l são fixos. Dessa forma, se queremos colocar mais de um elétron em um orbital *e* satisfazer o princípio de exclusão de Pauli, a única opção é atribuir valores diferentes de m_s aos elétrons. Como há apenas dois desses valores, concluímos que *um orbital pode ter no máximo dois elétrons, que devem ter spins opostos*. Essa restrição possibilita a distribuição dos elétrons em um átomo, a designação de seus números quânticos e, portanto, a definição da região onde é mais provável que cada elétron seja encontrado. A restrição também fornece a chave para a compreensão da notável estrutura da tabela periódica dos elementos.

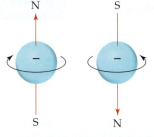

▲ **Figura 6.24** *Spin* **eletrônico.** O elétron se comporta como se estivesse girando ao redor de um eixo, gerando um campo magnético cuja direção depende do sentido da rotação. As duas direções do campo magnético correspondem aos dois valores possíveis para o número quântico do *spin*, m_s. Os campos magnéticos que emanam de materiais, como o ferro, ocorrem porque há mais elétrons com uma direção de *spin* do que com a outra.

Exercícios de autoavaliação

EAA 6.17 Se dois elétrons de um átomo polieletrônico estão em orbitais degenerados, quais números quânticos devem ser iguais? (**a**) n (**b**) l (**c**) m_l (**d**) n e l (**e**) n, l e m_l

EAA 6.18 Qual(is) das seguintes afirmações é(são) verdadeira(s)?

(**i**) O valor do número quântico magnético de *spin* m_s depende do valor do número quântico magnético m_l.

(**ii**) Há dois valores possíveis para o número quântico magnético de *spin* m_s.

(**a**) apenas i (**b**) apenas ii (**c**) i e ii (**d**) i e ii são falsas.

EAA 6.19 Um átomo de oxigênio possui oito elétrons. No estado fundamental, qual(is) orbital(is) será(ão) preenchido(s) com elétrons? (**a**) $1s$ (**b**) $1s$ e $2s$ (**c**) $1s$, $2s$ e $2p$ (**d**) $1s$, $2s$, $2p$, $3s$ e $3p$

6.8 | Configurações eletrônicas

Agora que conhecemos as energias relativas dos orbitais e o princípio de exclusão de Pauli, podemos considerar a disposição dos elétrons nos átomos. A forma como os elétrons estão distribuídos entre os vários orbitais de um átomo é chamada de **configuração eletrônica**. As configurações eletrônicas são fundamentais para muitas das propriedades químicas e físicas dos elementos. A tendência dos átomos de formar ligações com outros átomos ou participar de reações de oxirredução é determinada, em parte, pela configuração eletrônica, assim como as propriedades magnéticas e óticas de muitas substâncias.

A configuração eletrônica mais estável, chamada de configuração do estado fundamental, é aquela em que os elétrons estão nos estados com as menores energias possíveis. Se não houvesse restrições aos possíveis valores de números quânticos dos elétrons, todos

Objetivos de aprendizagem

Após terminar a Seção 6.8, você deve ser capaz de:

▶ Determinar a configuração eletrônica de estado fundamental esperado de qualquer átomo e utilizar diversas representações para expressá-la.

▶ Utilizar a regra de Hund e um diagrama de orbital para determinar o número de elétrons desemparelhados para qualquer átomo ou íon.

---

*Como já discutido, o elétron tem propriedades de partícula e de onda. Assim, a imagem de um elétron como uma esfera carregada em rotação é, a rigor, apenas uma representação útil que nos ajuda a entender as duas direções do campo magnético que um elétron pode ter.

A QUÍMICA E A VIDA | *Spin* nuclear e ressonância magnética

Um grande desafio para o diagnóstico médico é observar o interior do corpo humano. Por muitos anos, essa tarefa era realizada principalmente por tecnologia de raios X. No entanto, elas não fornecem imagens claras de estruturas físicas sobrepostas e, às vezes, não conseguem diferenciar um tecido doente de um lesionado. Além disso, como os raios X são radiação de alta energia, podem causar danos fisiológicos mesmo em doses baixas. Em contrapartida, uma técnica de imageamento desenvolvida na década de 1980, chamada de *ressonância magnética (RM)*, não apresenta essas desvantagens.

A base da RM é um fenômeno denominado *ressonância magnética nuclear (RMN)*, descoberto em meados da década de 1940. Hoje, a RMN tornou-se um dos métodos espectroscópicos mais importantes utilizados em química. A RMN é baseada na observação de que, como os elétrons, os núcleos de muitos elementos apresentam um *spin* característico. Como o *spin* do elétron, o *spin* nuclear é quantizado. Por exemplo, o núcleo do ^1H tem dois possíveis números quânticos de *spin* magnético nuclear, $+\frac{1}{2}$ e $-\frac{1}{2}$.

Um núcleo do átomo de hidrogênio em rotação age como um ímã minúsculo. Na ausência de efeitos externos, os dois estados de *spin* apresentam a mesma energia. No entanto, quando os núcleos são colocados em um campo magnético externo, eles podem se alinhar de modo paralelo ou em oposição (antiparalelos) ao campo, dependendo da sua rotação. O alinhamento paralelo apresenta certo valor de energia (ΔE) mais baixo do que o antiparalelo (**Figura 6.25**). Se os núcleos forem irradiados com fótons com energia igual a ΔE, o *spin* dos núcleos pode ser "invertido", isto é, convertido de alinhamento paralelo em antiparalelo. A detecção da inversão dos núcleos entre os dois estados de *spin* resulta em um espectro de RMN. A radiação utilizada em um experimento de RMN por fóton está na faixa da radiofrequência, geralmente de 100 a 900 MHz, que é muito menos energética do que os raios X.

Como o hidrogênio é um dos principais componentes dos fluidos corporais aquosos e do tecido adiposo, o núcleo do hidrogênio é o mais adequado para o estudo por RM. Na RM, o corpo de uma pessoa é colocado em um campo magnético forte. Irradiando o corpo com pulsos de radiação de radiofrequência e utilizando técnicas sofisticadas de detecção, técnicos de medicina conseguem obter a imagem de um tecido do corpo a profundidades específicas e com detalhes surpreendentes (**Figura 6.26**). A obtenção de amostras a diferentes profundidades permite que os técnicos consigam imagens tridimensionais do corpo.

A RM influenciou tão profundamente a prática moderna da medicina que Paul Lauterbur, um químico, e Peter Mansfield, um físico, receberam o Prêmio Nobel de Fisiologia e Medicina em 2003 por suas descobertas ligadas à ressonância magnética. A principal desvantagem dessa técnica é o custo: um equipamento de RM padrão novo para uso clínico pode custar milhões de dólares. Hoje, avanços na tecnologia de RM permitem imagens com resolução milimétrica de características biológicas pequenas o suficiente para detectar tumores antes que se tornem metastáticos.

Exercício relacionado: 6.98

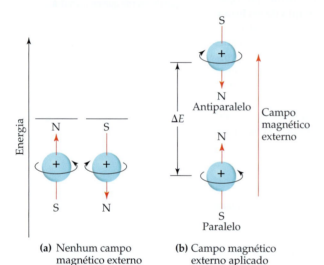

▲ **Figura 6.25** *Spin* **nuclear.** Assim como o *spin* eletrônico, o *spin* nuclear gera um pequeno campo magnético e tem dois valores permitidos. (**a**) Na ausência de um campo magnético externo, os dois estados de *spin* têm a mesma energia. (**b**) Quando um campo magnético externo é aplicado, o estado de *spin* em que a direção de *spin* é paralela à direção do campo externo possui energia menor que o estado de *spin* em que a direção de *spin* é antiparalela à direção do campo. A diferença de energia, ΔE, está na porção de radiofrequência do espectro eletromagnético.

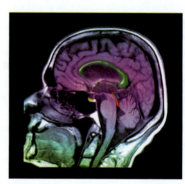

▲ **Figura 6.26 Imagem de ressonância magnética.** Esta imagem de uma cabeça humana, obtida por meio de ressonância magnética, mostra um cérebro, vias aéreas e tecidos faciais normais.

---

eles ficariam aglomerados no orbital 1s, porque ele é o que tem a energia mais baixa (Figura 6.23). No entanto, o princípio de exclusão de Pauli determina que pode haver, no máximo, dois elétrons no mesmo orbital. Assim, os *orbitais são ocupados em ordem crescente de energia, com no máximo dois elétrons por orbital*. Por exemplo, considere o átomo de lítio, que tem três elétrons. (Lembre-se de que o número de elétrons em um átomo neutro é igual ao seu número atômico). O orbital 1s pode acomodar dois dos elétrons. O terceiro vai para o próximo orbital de menor energia, o 2s.

Podemos representar qualquer configuração eletrônica ao escrever o símbolo da subcamada ocupada e adicionar um sobrescrito para indicar o número de elétrons contido naquela subcamada. Por exemplo, para o lítio, escrevemos $1s^2 2s^1$ (leia-se "1s dois, 2s um"). Também podemos mostrar a distribuição dos elétrons da seguinte maneira:

Li ↑↓ ↑
    1s   2s

Nessa representação, que chamamos de **diagrama de orbital**, cada orbital é indicado por uma caixinha e cada elétron, por uma meia seta. A meia seta que aponta para cima (↑) representa um elétron com um número quântico de *spin* magnético positivo ($m_s = +\frac{1}{2}$), e a meia seta que aponta para baixo (↓) representa um elétron com um número quântico de *spin* magnético negativo ($m_s = -\frac{1}{2}$). Essa representação do *spin* eletrônico, que corresponde às direções dos campos magnéticos exibidas na Figura 6.24, é bastante adequada. Os químicos se referem a esses dois possíveis estados de *spin* como *spin-up* e *spin-down*, que correspondem às direções das meias setas. Costuma-se dizer que elétrons com *spins* opostos estão *emparelhados* quando se encontram no mesmo orbital (↑↓). Um *elétron desemparelhado* não está acompanhado de outro de *spin* oposto. No átomo de lítio, os dois elétrons no orbital 1s estão emparelhados e o elétron no orbital 2s está desemparelhado.

Regra de Hund

Como as configurações eletrônicas mudam à medida que passamos de um elemento para outro ao longo da tabela periódica?

TABELA 6.3 Configurações eletrônicas de diversos elementos mais leves

Elemento	Total de elétrons	Diagrama de orbital (1s, 2s, 2p, 3s)	Configuração eletrônica
Li	3	↑↓ ↑ □ □ □ □	$1s^2 2s^1$
Be	4	↑↓ ↑↓ □ □ □ □	$1s^2 2s^2$
B	5	↑↓ ↑↓ ↑ □ □ □	$1s^2 2s^2 2p^1$
C	6	↑↓ ↑↓ ↑ ↑ □ □	$1s^2 2s^2 2p^2$
N	7	↑↓ ↑↓ ↑ ↑ ↑ □	$1s^2 2s^2 2p^3$
Ne	10	↑↓ ↑↓ ↑↓ ↑↓ ↑↓ □	$1s^2 2s^2 2p^6$
Na	11	↑↓ ↑↓ ↑↓ ↑↓ ↑↓ ↑	$1s^2 2s^2 2p^6 3s^1$

Hidrogênio O hidrogênio tem um elétron, que ocupa o orbital 1s em seu estado fundamental:

$$H \quad \boxed{↑} \quad : 1s^1$$
$$1s$$

A escolha de um elétron *spin-up* aqui é arbitrária. Poderíamos mostrar o estado fundamental da mesma maneira com um elétron *spin-down*. No entanto, é comum mostrar elétrons desemparelhados com *spin-up*.

Hélio Já o próximo elemento, o hélio, tem dois elétrons. Como dois elétrons com *spins* opostos podem ocupar o mesmo orbital, os dois elétrons do hélio ficam no orbital 1s:

$$He \quad \boxed{↑↓} \quad : 1s^2$$
$$1s$$

Os dois elétrons presentes no hélio preenchem a primeira camada. Essa disposição representa uma configuração bastante estável, o que é consistente com o fato de o hélio ser quimicamente inerte.

Lítio As configurações eletrônicas do lítio e de vários elementos que vêm depois dele na tabela periódica são mostradas na **Tabela 6.3**. Para o terceiro elétron do lítio, a mudança do número quântico principal de $n = 1$, no caso dos dois primeiros elétrons, para $n = 2$, no caso do terceiro elétron, representa um grande salto em energia, sendo correspondente à distância média do elétron em relação ao núcleo. Em outras palavras, ela representa o início de uma nova camada ocupada por elétrons. Como você pode ver examinando a tabela periódica, o lítio inicia um novo período da tabela. É o primeiro elemento dos metais alcalinos (grupo 1A).

Berílio e boro O elemento que vem depois do lítio é o berílio; sua configuração eletrônica é $1s^2 2s^2$ (Tabela 6.3). O boro, de número atômico 5, tem a configuração eletrônica $1s^2 2s^2 2p^1$. O quinto elétron deve ser colocado no orbital $2p$, uma vez que o orbital $2s$ já está preenchido. Como os três orbitais $2p$ têm a mesma energia, não importa em qual orbital $2p$ colocamos esse quinto elétron.

Carbono Com o carbono, que é o próximo elemento, deparamo-nos com uma nova situação. Sabemos que o sexto elétron deve ser colocado em um orbital $2p$. No entanto, esse novo elétron precisa ser colocado no orbital $2p$ que já tem um elétron ou em um dos outros dois orbitais $2p$?

*A **regra de Hund** afirma que, no preenchimento de orbitais degenerados, a menor energia é alcançada quando o número de elétrons que têm o mesmo spin é maximizado.*

Isso significa que os elétrons ocupam sozinhos o maior número possível de orbitais e que todos esses elétrons sozinhos em uma determinada subcamada têm o mesmo número quântico magnético de *spin*. Costuma-se dizer que elétrons dispostos dessa maneira apresentam *spins paralelos*. Portanto, para um átomo de carbono atingir sua energia mais baixa, os dois elétrons $2p$ devem ter o mesmo *spin*. Para que isso aconteça, os elétrons devem estar em orbitais $2p$ diferentes, como mostra a Tabela 6.3. Assim, um átomo de carbono em seu estado fundamental tem dois elétrons desemparelhados.

Nitrogênio, oxigênio, flúor Da mesma forma, para o nitrogênio em seu estado fundamental, a regra de Hund determina que os três elétrons $2p$ ocupem sozinhos cada um dos três orbitais $2p$. Essa é a única maneira de todos os três elétrons terem o mesmo *spin*. Para o oxigênio e o flúor, colocamos quatro e cinco elétrons, respectivamente, nos orbitais $2p$. Para conseguir isso, emparelhamos os elétrons nos orbitais $2p$, como veremos no Exercício resolvido 6.6.

A regra de Hund é baseada em grande parte no fato de que os elétrons se repelem. Ao ocupar orbitais diferentes, os elétrons permanecem o mais longe possível uns dos outros, minimizando a repulsão entre eles.

Exercício resolvido 6.6
Diagramas de orbitais e configurações eletrônicas

Faça o diagrama de orbital da configuração eletrônica do oxigênio, de número atômico 8. Quantos elétrons desemparelhados tem um átomo de oxigênio?

SOLUÇÃO
Analise e planeje Como o oxigênio tem um número atômico 8, cada átomo de oxigênio possui oito elétrons. A Figura 6.23 mostra a ordem dos orbitais. Os elétrons (representados por meias setas) são posicionados nos orbitais (representados por caixinhas), começando pelo orbital de menor energia, o $1s$. Cada orbital pode ter no máximo dois elétrons, segundo o princípio de exclusão de Pauli. Como os orbitais $2p$ são degenerados, posicionamos um elétron em cada um desses orbitais (*spin-up*) antes de emparelhar qualquer elétron (regra de Hund).

Resolva Cada dupla de elétrons vai para os orbitais $1s$ e $2s$ com seus *spins* emparelhados. Assim, sobram quatro elétrons para os três orbitais degenerados $2p$. Seguindo a regra de Hund, colocamos um elétron em cada orbital $2p$ até que os três orbitais tenham um elétron cada. O quarto elétron é, então, emparelhado com um dos três elétrons que já está em um orbital $2p$, de modo que o diagrama de orbital é:

A configuração eletrônica correspondente é escrita da seguinte maneira: $1s^2 2s^2 2p^4$. O átomo tem dois elétrons desemparelhados.

▶ **Para praticar**
(a) Escreva a configuração eletrônica do silício, de número atômico 14, em seu estado fundamental. **(b)** Quantos elétrons desemparelhados tem um átomo de silício em seu estado fundamental?

Configurações eletrônicas condensadas

O preenchimento da subcamada $2p$ é completo para o neônio (Tabela 6.3), que tem uma configuração estável, com oito elétrons (um *octeto*) ocupando a camada mais externa. O elemento seguinte, o sódio, de número atômico 11, marca o início de um novo período da tabela periódica. O sódio tem um único elétron no $3s$, além da configuração estável do neônio. Podemos, portanto, resumir a configuração eletrônica desse elemento da seguinte maneira:

$$\text{Na:} \quad [\text{Ne}]3s^1$$

O símbolo [Ne] representa a configuração eletrônica dos dez elétrons do neônio, $1s^22s^22p^6$. Ao escrever a configuração eletrônica como [Ne]$3s^1$, concentramos a atenção no elétron mais externo do átomo, responsável pela forma como o sódio se comporta quimicamente.

Podemos generalizar o que foi feito com a configuração eletrônica do sódio. Escrevendo a *configuração eletrônica condensada* de um elemento, a configuração eletrônica do gás nobre mais próximo de menor número atômico é representada por seu símbolo químico entre chaves. Para o lítio, por exemplo, podemos escrever:

$$\text{Li:} \quad [\text{He}]2s^1$$

Referimo-nos aos elétrons representados pelo símbolo entre chaves como o *caroço de gás nobre* do átomo. Esses elétrons das camadas mais internas costumam ser chamados de **elétrons do caroço**. Os elétrons seguintes aos do caroço de gás nobre são os *elétrons da camada mais externa*. Os elétrons da camada mais externa são aqueles que participam das ligações químicas, chamados de **elétrons de valência**. Para os elementos com número atômico igual ou menor que 30, todos os elétrons da camada mais externa são elétrons de valência. Comparando as configurações eletrônicas condensadas do lítio e do sódio, podemos ver por que esses dois elementos são tão semelhantes quimicamente. Eles apresentam o mesmo tipo de configuração eletrônica na camada mais externa ocupada. Na verdade, todos os membros do grupo dos metais alcalinos (1A) têm um único elétron de valência *s*, além da configuração de gás nobre.

Metais de transição

O gás nobre argônio ($1s^22s^22p^63s^23p^6$) marca o fim do período iniciado pelo sódio. Na tabela periódica, o elemento que vem depois do argônio é o potássio (K), de número atômico 19. Em todas as suas propriedades químicas, o potássio é claramente um membro do grupo dos metais alcalinos. Os fatos experimentais sobre as propriedades do potássio não deixam dúvidas de que o seu elétron mais externo ocupa um orbital *s*. Contudo, isso significa que o elétron com maior energia *não* foi posicionado em um orbital 3*d*, como poderíamos esperar. Como o orbital 4*s* tem energia mais baixa do que o orbital 3*d* (Figura 6.23), a configuração eletrônica condensada do potássio é:

$$\text{K:} \quad [\text{Ar}]4s^1$$

Depois do preenchimento completo do orbital 4*s* (isso ocorre no átomo de cálcio), o próximo conjunto de orbitais a ser preenchido é o 3*d*. (Se achar necessário, consulte a tabela periódica à medida que formos avançando para entender melhor.) Começando com o escândio e seguindo até o zinco, os elétrons são adicionados aos cinco orbitais 3*d* até que estes estejam completamente preenchidos. Assim, o quarto período da tabela periódica tem dez elementos a mais que os dois anteriores. Esses dez elementos são conhecidos como **elementos de transição** ou **metais de transição**. Observe a posição deles na tabela periódica.

Ao escrever as configurações eletrônicas dos elementos de transição, preenchemos os orbitais de acordo com a regra de Hund, adicionando os elétrons individualmente aos orbitais 3*d* até que todos os cinco tenham um elétron cada um para, em seguida, colocar os elétrons adicionais nos orbitais 3*d* com *spin* emparelhado até que a camada esteja completamente preenchida. As configurações eletrônicas condensadas e as representações correspondentes de diagramas de orbitais de dois elementos de transição são as seguintes:

Mn: [Ar]$4s^23d^5$ ou [Ar] ↑↓ | ↑ ↑ ↑ ↑ ↑

Zn: [Ar]$4s^23d^{10}$ ou [Ar] ↑↓ | ↑↓ ↑↓ ↑↓ ↑↓ ↑↓

Uma vez que todos os orbitais 3*d* estejam preenchidos com dois elétrons cada, os orbitais 4*p* começam a ser ocupados até que o octeto completo dos elétrons mais externos ($4s^24p^6$) seja atingido como no gás nobre criptônio (Kr), de número atômico 36. O rubídio (Rb) marca o início do quinto período (consulte novamente a tabela periódica). Observe que esse período é, em quase todos os aspectos, igual ao anterior, exceto pelo fato de que o valor de *n* é uma unidade maior.

Lantanídeos e actinídeos

O sexto período da tabela periódica começa com o Cs e o Ba, que têm as configurações [Xe]$6s^1$ e [Xe]$6s^2$, respectivamente. Observe, no entanto, que a tabela periódica apresenta uma lacuna em seguida, e os elementos que vão de 57 a 70 são colocados em uma parte inferior da tabela. Essa lacuna é onde encontramos um novo conjunto de orbitais, o $4f$.

Há sete orbitais $4f$ degenerados, que correspondem aos sete valores permitidos de m_l, variando de 3 a −3. Assim, são necessários 14 elétrons para preencher completamente os orbitais $4f$. Chamamos os 14 elementos cujos orbitais $4f$ são preenchidos de **lantanídeos** ou **terras-raras**. Esses elementos são posicionados abaixo dos outros na tabela para evitar que ela fique larga demais. As propriedades dos lantanídeos são bastante semelhantes, sendo encontrados juntos na natureza. Durante muitos anos, foi praticamente impossível separá-los uns dos outros.

Como as energias dos orbitais $4f$ e $5d$ são bastante semelhantes, as configurações eletrônicas de alguns lantanídeos envolvem elétrons $5d$. Por exemplo, os elementos lantânio (La), cério (Ce) e praseodímio (Pr) têm as seguintes configurações eletrônicas:

$$[\text{Xe}]6s^25d^1 \quad [\text{Xe}]6s^25d^14f^1 \quad [\text{Xe}]6s^24f^3$$
$$\text{Lantânio} \quad\quad \text{Cério} \quad\quad \text{Praseodímio}$$

Como o La tem um único elétron $5d$, ele é colocado abaixo do ítrio (Y), representando o primeiro membro da terceira série de elementos de transição. O Ce é, então, colocado como o primeiro membro dos lantanídeos. No entanto, com base em suas propriedades químicas, o La pode ser considerado o primeiro elemento da série dos lantanídeos. Dispostos dessa forma, há menos exceções aparentes ao preenchimento regular dos orbitais $4f$ entre os membros subsequentes da série.

Depois da série dos lantanídeos, a terceira série dos elementos de transição é completada mediante o preenchimento dos orbitais $5d$, seguido do preenchimento dos orbitais $6p$, levando-nos ao radônio (Rn), o mais pesado dos gases nobres conhecidos.

O último período da tabela periódica começa com o preenchimento dos orbitais $7s$. Em seguida, os **actinídeos** têm os orbitais $5f$ preenchidos, dos quais o urânio (U, elemento 92) e o plutônio (Pu, elemento 94) são os mais conhecidos. Todos os elementos actinídeos são radioativos, e a maioria *não* é encontrada na natureza.

Exercícios de autoavaliação

EAA 6.20 Qual é a configuração eletrônica do estado fundamental completo do Ti?
(a) $1s^22s^22p^63s^23p^64s^23d^2$
(b) $1s^22s^22p^63s^23p^64s^24p^2$
(c) $1s^22s^22p^63s^23p^63d^4$
(d) $1s^22s^22p^63s^23p^64s^4$

EAA 6.21 Um átomo de Sn em seu estado fundamental possui uma configuração eletrônica condensada de _____ e possui _____ elétrons desemparelhados.
(a) [Kr]$5s^25p^2$, dois (b) [Kr]$5s^24d^{10}5p^2$, dois (c) [Kr]$5s^25p^2$, zero (d) [Kr]$5s^24d^{10}5p^2$, zero (e) [Kr]$5s^25d^{10}5p^2$, dois

---

6.9 | Configurações eletrônicas e tabela periódica

Objetivos de aprendizagem

Após terminar a Seção 6.9, você deve ser capaz de:

▶ Explicar como a organização da tabela periódica decorre das configurações eletrônicas dos elementos.

▶ Identificar e nomear os diversos blocos de elementos que compõem a tabela periódica.

Agora que aprendemos como atribuir configurações eletrônicas, a estrutura da tabela periódica deve começar a fazer mais sentido. Nesta seção, analisaremos a relação entre a tabela periódica e as configurações eletrônicas dos elementos. Também discutiremos como usar a tabela periódica para lembrar os níveis de energia relativos dos diversos orbitais atômicos nos átomos polieletrônicos.

Acabamos de ver que as configurações eletrônicas dos elementos correspondem à sua localização na tabela periódica. Assim, os elementos que estão na mesma coluna da tabela têm configurações eletrônicas da camada mais externa (camada de valência) semelhantes. Podemos ver um exemplo analisando a **Tabela 6.4**, na qual todos os elementos do grupo 2A têm uma configuração da camada mais externa ns^2, e todos os elementos do grupo 3A têm uma configuração da camada mais externa ns^2np^1, com o valor de n aumentando à medida que descemos na coluna.

Na Tabela 6.2, vimos que o número total de orbitais em cada camada é igual a n^2: 1, 4, 9 ou 16. Como podemos colocar dois elétrons em cada orbital, cada camada pode receber até $2n^2$ elétrons: 2, 8, 18 ou 32. Vemos que a estrutura geral da tabela periódica reflete esses números de elétrons, ou seja, cada linha da tabela tem 2, 8, 18 ou 32 elementos. Conforme a **Figura 6.27**, a tabela periódica também pode ser dividida em quatro blocos com base na ordem

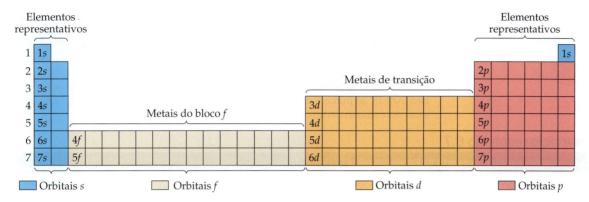

▲ Figura 6.27 **Regiões da tabela periódica.** A ordem em que os elétrons são posicionados nos orbitais é vista da esquerda para a direita, com início no canto superior esquerdo.

de preenchimento dos orbitais. À esquerda estão *duas* colunas azuis de elementos, conhecidos como metais alcalinos (grupo 1A) e metais alcalino-terrosos (grupo 2A), os quais possuem orbitais de valência *s* preenchidos. Essas duas colunas compõem o bloco *s* da tabela periódica.

À direita está um bloco de *seis* colunas cor-de-rosa, o bloco *p*, no qual os orbitais de valência *p* são preenchidos. Os elementos dos blocos *s* e *p* juntos formam os **elementos representativos**, também chamados de **elementos do grupo principal**. O bloco laranja na Figura 6.27 tem *dez* colunas que contêm os **metais de transição**. Esses são os elementos em que os orbitais de valência *d* são preenchidos e compõem o bloco *d*. Os elementos das duas linhas beges, que contêm *14* colunas, são aqueles em que a valência dos orbitais *f* são preenchidos e compõem o bloco *f*. Consequentemente, esses elementos são chamados de **metais do bloco f**. Na maioria das vezes, o bloco *f* está posicionado abaixo da tabela periódica para otimizar o espaço.

O número de colunas em cada bloco corresponde ao número máximo de elétrons que podem ocupar cada tipo de subcamada. Lembre-se de que 2, 6, 10 e 14 são os números de elétrons que podem preencher respectivamente as subcamadas *s*, *p*, *d* e *f*. Assim, o bloco *s* tem duas colunas, o bloco *p*, 6, o bloco *d*, 10, e o bloco *f*, 14. Lembre-se também de que 1*s* é a primeira subcamada *s*, 2*p* é a primeira subcamada *p*, 3*d* é a primeira subcamada *d* e 4*f* é a primeira subcamada *f*, como mostra a Figura 6.27. A partir desses dados, você pode escrever a configuração eletrônica de um elemento apenas com base em sua posição na tabela periódica. Lembre-se: *a tabela periódica é o melhor guia para saber a ordem em que os orbitais são preenchidos.*

Para entender como isso funciona na prática, vamos recorrer à tabela periódica para escrever a configuração eletrônica do selênio (Se, elemento 34). Primeiro, localizamos o Se na tabela e, em seguida, retrocedemos nela, passando pelos elementos 33, 32, etc., até chegarmos ao gás nobre que antecede o Se. Nesse caso, é o argônio, Ar, elemento 18. Assim, o caroço de gás nobre do Se é [Ar]. Nosso próximo passo é escrever símbolos para os elétrons externos. Fazemos isso percorrendo o quarto período a partir do K, o elemento depois do Ar, até o Se:

TABELA 6.4 Configurações eletrônicas dos elementos dos grupos 2A e 3A

Grupo 2A	
Be	[He]2s^2
Mg	[Ne]3s^2
Ca	[Ar]4s^2
Sr	[Kr]5s^2
Ba	[Xe]6s^2
Ra	[Rn]7s^2

Grupo 3A	
B	[He]2$s^2$2p^1
Al	[Ne]3$s^2$3p^1
Ga	[Ar]3d^{10}4$s^2$4p^1
In	[Kr]4d^{10}5$s^2$5p^1
Tl	[Xe]4f^{14}5d^{10}6$s^2$6p^1

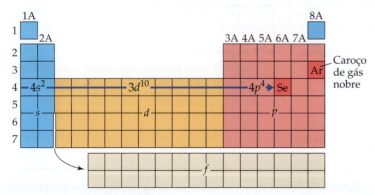

Como K está no quarto período e no bloco *s*, começamos com os elétrons 4*s*, o que significa que nossos primeiros dois elétrons externos são escritos como 4s^2. Em seguida, passamos para o bloco *d*, que inicia com os elétrons 3*d*. (O número quântico principal no bloco *d* é sempre um a menos que o do elemento precedente no bloco *s*, como pode ser visto na Figura 6.27). Atravessar o bloco *d* implica acrescentar dez elétrons, 3d^{10}. Por fim, passamos para o bloco *p*, cujo número quântico principal é sempre igual ao do bloco *s*. Contando os quadradinhos à medida que atravessamos o bloco *p* até chegar ao Se, vemos que precisamos de quatro elétrons, $4p^4$. A configuração eletrônica do Se é, portanto, $[Ar]4s^23d^{10}4p^4$. Essa configuração também pode ser escrita com as subcamadas dispostas em ordem crescente de número quântico principal: $[Ar]3d^{10}4s^24p^4$.

Para conferir se o que foi feito está correto, adicionamos o número de elétrons no núcleo [Ar], 18, ao número de elétrons que posicionamos nas subcamadas 4*s*, 3*d* e 4*p*. Essa soma deve ser igual ao número atômico do Se, que é 34: 18 + 2 + 10 + 4 = 34.

Exercício resolvido 6.7
Configurações eletrônicas a partir da tabela periódica

(a) Com base em sua posição na tabela periódica, escreva a configuração eletrônica condensada do bismuto, número atômico 83. **(b)** Quantos elétrons desemparelhados possui um átomo de bismuto?

SOLUÇÃO

(a) O primeiro passo é escrever o caroço de gás nobre. Fazemos isso localizando o bismuto, de número atômico 83, na tabela periódica. Em seguida, vamos até o gás nobre mais próximo, que é o Xe, de número atômico 54. Assim, o caroço de gás nobre é [Xe].

O próximo passo é traçar o caminho em ordem crescente de número atômico do Xe para o Bi. Partindo do Xe ao Cs, de número atômico 55, encontramo-nos no sexto período do bloco *s*. Conhecendo o bloco e o período, identificamos a subcamada que começaremos a preencher com os elétrons externos: 6*s*. Como atravessamos o bloco *s*, adicionamos dois elétrons: $6s^2$.

Indo além do bloco *s*, do elemento de número atômico 56 ao de 57, a seta curva abaixo da tabela periódica indica que estamos entrando no bloco *f*. A primeira linha do bloco *f* corresponde à subcamada 4*f*. Ao cruzar esse bloco, adicionamos 14 elétrons: $4f^{14}$.

Com o elemento de número atômico 71, deslocamo-nos para o terceiro período do bloco *d*. Como o primeiro período desse bloco é 3*d*, o segundo período é 4*d* e o terceiro é 5*d*. Assim, à medida que passamos pelos dez elementos do bloco *d*, do elemento de número atômico 71 ao de número atômico 80, preenchemos a subcamada 5*d* com dez elétrons: $5d^{10}$.

Ir do elemento de número atômico 80 para o de número atômico 81 posiciona-nos no bloco *p*, na subcamada 6*p*. (Lembre-se de que o número quântico principal do bloco *p* é igual ao do bloco *s*.) Chegar até Bi requer três elétrons: $6p^3$. Unindo as peças, obtemos a configuração eletrônica condensada: $[Xe]6s^24f^{14}5d^{10}6p^3$. Essa configuração também pode ser escrita com as subcamadas dispostas em ordem crescente de número quântico principal: $[Xe]4f^{14}5d^{10}6s^26p^3$.

Por fim, conferimos o resultado para verificar se o número de elétrons é igual ao número atômico do Bi, 83: como o Xe tem 54 elétrons (seu número atômico), temos 54 + 2 + 14 + 10 + 3 = 83. (Se tivéssemos 14 elétrons a menos, isso seria uma pista de que havíamos esquecido o bloco *f*.)

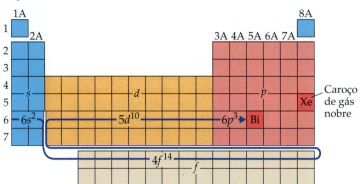

(b) Analisando a configuração eletrônica condensada, podemos notar que a única subcamada parcialmente ocupada é a 6*p*. A representação do diagrama de orbitais para essa subcamada é:

De acordo com a regra de Hund, os três elétrons 6*p* ocupam os três orbitais 6*p* sozinhos, com seus *spins* paralelos. Assim, há três elétrons desemparelhados no átomo de bismuto.

▶ **Para praticar**
Consulte a tabela periódica para escrever a configuração eletrônica condensada de **(a)** Co, elemento de número atômico 27, e **(b)** In, elemento de número atômico 49.

A **Figura 6.28** fornece para todos os elementos as configurações eletrônicas do estado fundamental para os elétrons da camada mais externa. Você pode recorrer a essa figura para checar suas respostas quando praticar a determinação das configurações eletrônicas. Escrevemos essas configurações com os orbitais em ordem crescente de número quântico principal. Como vimos no Exercício resolvido 6.7, os orbitais também podem ser escritos em ordem de preenchimento, uma vez que estão dessa forma na tabela periódica.

Resolva com ajuda da figura

Uma amiga comenta que o elemento favorito dela tem configuração eletrônica [gás nobre]$6s^2 4f^{14} 5d^6$. Que elemento é esse?

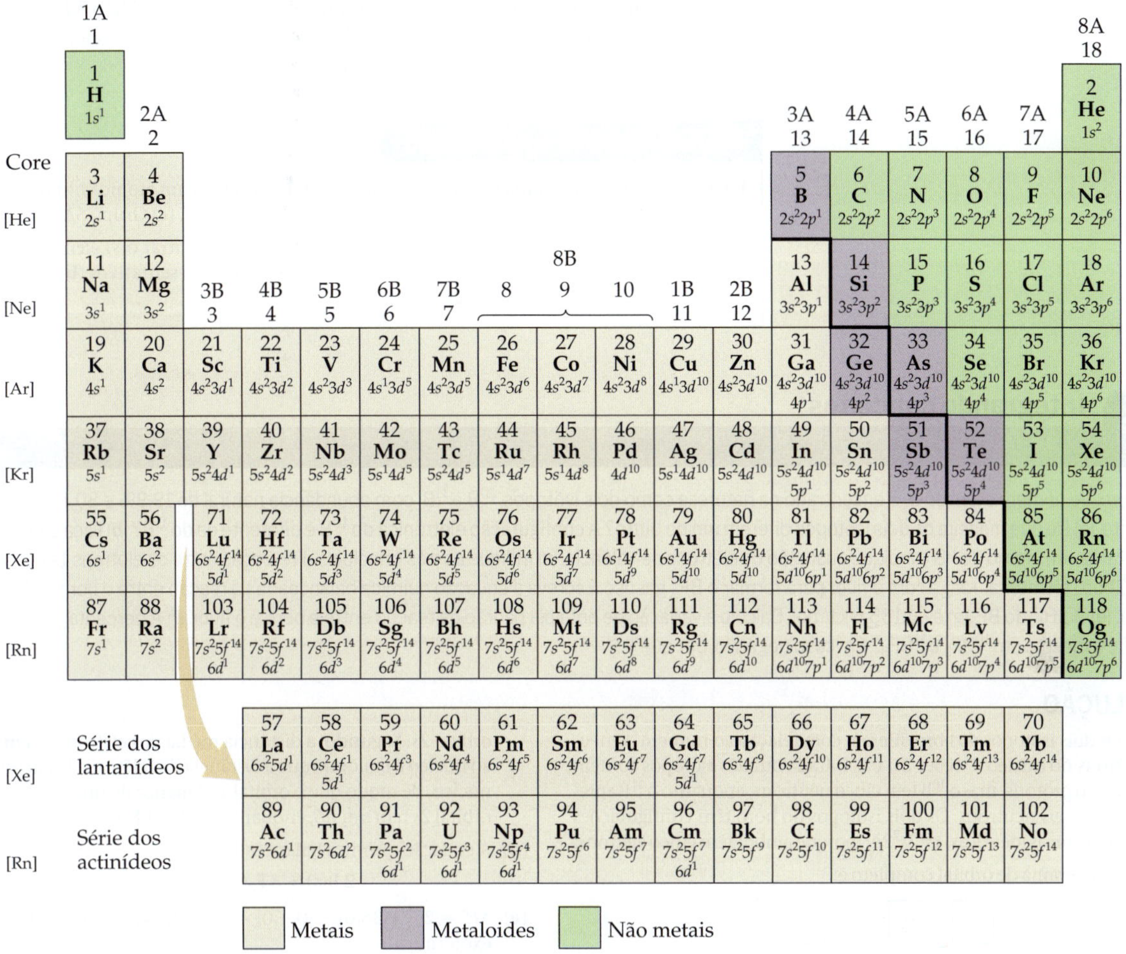

▲ **Figura 6.28** Configurações eletrônicas da camada mais externa dos elementos.

A Figura 6.28 permite que estudemos novamente o conceito de *elétrons de valência*. Por exemplo, observe que, quando vamos do Cl ([Ne]$3s^2 3p^5$) ao Br ([Ar]$3d^{10} 4s^2 4p^5$), uma subcamada completa de elétrons 3d, que estão além do caroço [Ar], é acrescentada. Embora os elétrons 3d sejam elétrons da camada mais externa, eles não participam de ligação química e, portanto, não são considerados elétrons de valência. Assim, consideramos apenas os elétrons 4s e 4p do Br elétrons de valência. Da mesma forma, ao compararmos as configurações eletrônicas do Ag (de número atômico 47) e do Au (de número atômico 79), vemos que o Au tem uma subcamada $4f^{14}$ completamente preenchida além do caroço de gás nobre, mas esses elétrons 4f não se envolvem em ligação. Em geral, *para elementos representativos, não consideramos elétrons de valência os elétrons presentes nas subcamadas d ou f completamente preenchidas e, para os elementos de transição, não consideramos elétrons de valência os elétrons presentes na subcamada f completamente preenchida.*

Configurações eletrônicas anômalas

As configurações eletrônicas de certos elementos parecem violar as regras que acabamos de discutir. Por exemplo, a Figura 6.28 mostra que a configuração eletrônica do cromo (elemento 24) é [Ar]$3d^5 4s^1$ em vez de [Ar]$3d^4 4s^2$, que seria o esperado. Do mesmo modo, a configuração do cobre (elemento 29) é [Ar]$3d^{10} 4s^1$ em vez de [Ar]$3d^9 4s^2$.

Esse comportamento anômalo é, em grande parte, uma consequência da proximidade das energias dos orbitais 3d e 4s, ocorrendo frequentemente quando há elétrons suficientes para formar conjuntos semipreenchidos de orbitais degenerados (como no cromo) ou uma subcamada d completamente preenchida (como no cobre). Há alguns casos semelhantes entre os metais de transição mais pesados (aqueles com os orbitais 4d e 5d parcialmente preenchidos) e entre os metais do bloco f. Embora esses pequenos desvios sejam interessantes, eles não têm grande importância química.

Exercícios de autoavaliação

EAA 6.22 Em qual coluna da tabela periódica encontraríamos um átomo com uma configuração eletrônica de valência de ns^2np^3? (**a**) Grupo 2A (**b**) Grupo 3A (**c**) Grupo 5A (**d**) Grupo 7A

EAA 6.23 Em qual parte da tabela periódica você espera encontrar o(s) elemento(s) com o maior número de elétrons desemparelhados? (**a**) Elementos representativos (**b**) Elementos de transição (**c**) Elementos terras-raras

Integrando conceitos

O boro, de número atômico 5, é encontrado na natureza como dois isótopos, ^{10}B e ^{11}B, com abundância natural de 19,9% e 80,1%, respectivamente. (**a**) De que maneira os dois isótopos diferem um do outro? A configuração eletrônica do ^{10}B é diferente da do ^{11}B? (**b**) Faça o diagrama de orbital de um átomo de ^{11}B e indique quais são os elétrons de valência. (**c**) Indique as três principais diferenças entre os elétrons 1s e 2s do boro. (**d**) O boro elementar reage com o flúor para formar o BF$_3$ gasoso. Escreva a equação química balanceada da reação entre o boro sólido e o gás flúor. (**e**) A $\Delta H_f°$ do BF$_3$(g) é $-1.135,6$ kJ/mol. Calcule a variação de entalpia padrão da reação entre o boro e o flúor. (**f**) A percentagem em massa de F é a mesma em ^{10}BF$_3$ e ^{11}BF$_3$? Em caso negativo, por quê?

SOLUÇÃO

(**a**) Os dois isótopos do boro diferem com relação ao número de nêutrons no núcleo. (Seções 2.3 e 2.4) Cada um dos isótopos contém cinco prótons, mas o ^{10}B tem cinco nêutrons, enquanto o ^{11}B apresenta seis nêutrons. Os dois isótopos do boro têm configurações eletrônicas idênticas, $1s^22s^22p^1$, porque ambos têm cinco elétrons.

(**b**) O diagrama de orbital completo é:

Os elétrons de valência são aqueles que ocupam a camada mais externa; no caso, os elétrons $2s^2$ e $2p^1$. Os elétrons $1s^2$ são os elétrons do caroço, que representamos como [He] quando escrevemos a configuração eletrônica condensada, $[He]2s^22p^1$.

(**c**) Os orbitais 1s e 2s são esféricos, mas diferem em três aspectos importantes. Primeiro, o orbital 1s tem menos energia do que o orbital 2s. Segundo, a distância média dos elétrons 2s em relação ao núcleo é maior do que a distância dos elétrons 1s em relação ao núcleo, de modo que o orbital 1s é menor do que o 2s. Terceiro, o orbital 2s tem um nó, enquanto o orbital 1s não tem (Figura 6.19).

(**d**) A equação química balanceada é:

$$2\,B(s) + 3\,F_2(g) \longrightarrow 2\,BF_3(g)$$

(**e**) $\Delta H° = 2(-1135,6) - [0 + 0] = -2.271,2$ kJ. A reação é fortemente exotérmica.

(**f**) Como vimos na Equação 3.13 (Seção 3.3), a percentagem em massa de um elemento em uma substância depende da massa molecular da substância. As massas moleculares de ^{10}BF$_3$ e ^{11}BF$_3$ são diferentes porque as massas dos dois isótopos diferem (as massas dos isótopos ^{10}B e ^{11}B são 10,01294 e 11,00931 uma, respectivamente). O denominador na Equação 3.13 seria, portanto, diferente para os dois isótopos, enquanto os numeradores permaneceriam iguais.

Resumo do capítulo e termos-chave

COMPRIMENTOS DE ONDA E FREQUÊNCIAS DE LUZ (INTRODUÇÃO E SEÇÃO 6.1) A **estrutura eletrônica** de um átomo descreve as energias e a distribuição eletrônica em torno do átomo. Muito do que se sabe sobre a estrutura eletrônica dos átomos foi por meio da observação da interação da luz com a matéria.

A luz visível e as outras formas de **radiação eletromagnética** (também conhecida como energia radiante) atravessam o vácuo à velocidade da luz, $c = 2,998 \times 10^8$ m/s. A radiação eletromagnética tem componentes elétricos e magnéticos que variam periodicamente de modo ondulatório. As características ondulatórias da energia radiante permitem que ela seja descrita em termos de **comprimento de onda**, λ, e **frequência**, ν, que estão inter-relacionados: $\lambda\nu = c$.

ENERGIA QUANTIZADA E FÓTONS (SEÇÃO 6.2) Para explicar a radiação de corpo negro, Planck propôs que a quantidade mínima de energia radiante que um objeto pode ganhar ou perder está relacionada à frequência da radiação: $E = h\nu$. Essa menor quantidade é chamada de **quantum** de energia. A constante h é chamada de **constante de Planck**: $h = 6,626 \times 10^{-34}$ J·s.

Na teoria quântica, a energia é quantizada, o que significa que ela pode ter somente certos valores permitidos. Einstein utilizou a teoria quântica para explicar o **efeito fotoelétrico**, correspondente à emissão de elétrons por superfícies metálicas quando expostas à luz. Ele propôs que a luz se comporta como se fosse formada por pacotes de energia quantizada denominados **fótons**. Cada fóton tem energia $E = h\nu$.

MODELO DE BOHR DO ÁTOMO DE HIDROGÊNIO (SEÇÃO 6.3)
A dispersão da radiação nos seus comprimentos de onda constituintes produz um **espectro**. Se o espectro mostrar todos os comprimentos de onda, ele é chamado de **espectro contínuo**; porém, se contiver apenas certos comprimentos de onda, o espectro é chamado de **espectro de linhas**. A radiação emitida por átomos de hidrogênio excitados forma um espectro de linhas.

Bohr propôs um modelo do átomo de hidrogênio que explica seu espectro de linhas. Nesse modelo, a energia do elétron no átomo de hidrogênio depende do valor de um número quântico, n, chamado de **número quântico principal**. O valor de n deve ser um número inteiro positivo (1, 2, 3, ...), e cada valor de n corresponde a uma energia específica diferente, E_n. A energia do átomo aumenta à medida que o valor de n aumenta. A menor energia é alcançada quando $n = 1$, chamado de **estado fundamental** do átomo de hidrogênio. Outros valores de n correspondem aos **estados excitados**. A luz é emitida quando o elétron cai de um estado de maior energia para um estado de menor energia; a luz é absorvida para excitar o elétron de um estado de menor energia para um de maior energia. A frequência da luz emitida ou absorvida é tal que $h\nu$ é igual à diferença de energia entre os dois estados permitidos.

COMPORTAMENTO ONDULATÓRIO DA MATÉRIA (SEÇÃO 6.4)
De Broglie propôs que a matéria, assim como os elétrons, deve apresentar propriedades ondulatórias. Essa hipótese de **ondas de matéria** foi provada experimentalmente por meio da observação da difração de elétrons. Um objeto tem um comprimento de onda característico que depende de seu **momento**, mv: $\lambda = h/mv$. A descoberta das propriedades ondulatórias do elétron levou ao **princípio da incerteza** de Heisenberg, que afirma que há um limite inerente à precisão com que a posição e o momento de uma partícula podem ser medidos simultaneamente.

MECÂNICA QUÂNTICA E ORBITAIS (SEÇÃO 6.5)
No modelo mecânico quântico do átomo de hidrogênio, o comportamento do elétron é descrito por funções matemáticas chamadas de **funções de onda**, que são indicadas pela letra grega ψ. Cada função de onda permitida tem uma energia conhecida com precisão, mas a localização do elétron não pode ser determinada de modo exato; em vez disso, a probabilidade de ele estar em um ponto específico no espaço é dada pela **densidade de probabilidade**, ψ^2. A **distribuição de densidade eletrônica** representa um mapa da probabilidade de que um elétron seja localizado em todos os pontos no espaço.

As funções de onda permitidas do átomo de hidrogênio são chamadas de **orbitais**. Um orbital é identificado de forma única pelos valores de três números quânticos. O *número quântico principal*, n, é indicado por números inteiros (1, 2, 3, ...). Esse número quântico está diretamente relacionado ao tamanho e à energia do orbital. O **número quântico de momento angular**, l, é indicado pelas letras s, p, d, f, etc., que correspondem aos valores 0, 1, 2, 3, ..., respectivamente. O número quântico l define o formato do orbital. Para um dado valor de n, l pode apresentar valores de números inteiros que variam de 0 a $(n - 1)$. O **número quântico magnético**, m_l, refere-se à orientação do orbital no espaço. Para um dado valor de l, m_l pode ter valores de números inteiros que variam de $-l$ a l, incluindo 0. Números subscritos podem ser usados para classificar as orientações dos orbitais. Por exemplo, os três orbitais $3p$ são escritos como $3p_x$, $3p_y$ e $3p_z$, e os subscritos indicam o eixo em que o orbital está.

Uma camada eletrônica representa o conjunto de todos os orbitais com o mesmo valor de n, como $3s$, $3p$ e $3d$. No átomo de hidrogênio, todos os orbitais em uma camada eletrônica têm a mesma energia. Uma **subcamada** é o conjunto de um ou mais orbitais com os mesmos valores de n e l. Por exemplo, $3s$, $3p$ e $3d$ são subcamadas da camada $n = 3$. Há um orbital em uma subcamada s, três em uma subcamada p, cinco em uma subcamada d e sete em uma subcamada f.

REPRESENTAÇÕES DOS ORBITAIS (SEÇÃO 6.6)
A **função de probabilidade radial** $4\pi r^2[\psi(r)]^2$ nos informa a probabilidade de que um elétron seja encontrado a uma determinada distância do núcleo. Os pontos em que a função de onda muda de sinal são chamados de **nós**. A probabilidade é zero de que o elétron seja encontrado em um nó, pois a função de onda é igual a zero, então a função de probabilidade radial também é zero no nó. Os nós que ocorrem a uma determinada distância do núcleo são chamados de **nós radiais**. Sua forma é esférica e seu número aumenta à medida que o valor do número quântico principal, n, aumenta. As representações de superfície limite são superfícies úteis para visualizar as formas dos orbitais. Representados dessa forma, os orbitais s parecem esferas que aumentam de tamanho à medida que n aumenta.

A função de onda de cada orbital p tem dois lobos em lados opostos do núcleo, orientados ao longo do eixo x, y ou z. Os dois lobos são separados por um **plano nodal**, no qual a probabilidade de encontrar o elétron cai para zero. Quatro dos cinco orbitais d têm representações de superfície limite com quatro lobos em torno do núcleo, devido à presença de dois planos nodais perpendiculares. Já os nós angulares para o orbital d_{z^2} são cones, que produzem uma representação de superfície limite com dois lobos ao longo do eixo z e uma "rosquinha" no plano xy.

ÁTOMOS POLIELETRÔNICOS (SEÇÃO 6.7)
Em átomos polieletrônicos, diferentes subcamadas da mesma camada eletrônica apresentam diferentes energias. Para um dado valor de n, a energia das subcamadas aumenta à medida que o valor de l aumenta: $ns < np < nd < nf$. Orbitais dentro da mesma subcamada são **degenerados**, ou seja, têm a mesma energia.

Elétrons possuem uma propriedade característica, chamada de ***spin* eletrônico**, que é quantizada. O **número quântico magnético de *spin***, m_s, tem dois valores possíveis, $+\frac{1}{2}$ e $-\frac{1}{2}$, que podem ser definidos como as duas direções em que um elétron gira em torno de um eixo. O **princípio de exclusão de Pauli** afirma que dois elétrons em um átomo não podem ter os mesmos valores de n, l, m_l e m_s. Esse princípio estabelece que há um limite de dois elétrons por orbital atômico. Esses dois elétrons têm valor de m_s diferentes.

CONFIGURAÇÕES ELETRÔNICAS E TABELA PERIÓDICA (SEÇÕES 6.8 E 6.9)
A **configuração eletrônica** de um átomo descreve o modo com que os elétrons estão distribuídos entre os orbitais. As configurações eletrônicas do estado fundamental geralmente são obtidas ao distribuir os elétrons nos orbitais atômicos de menor energia possível, com a restrição de que em cada orbital não pode haver mais que dois elétrons. Ilustramos a distribuição eletrônica por meio de um **diagrama de orbitais**. Quando elétrons ocupam uma subcamada com mais de um orbital degenerado, como a subcamada $2p$, a **regra de Hund** estabelece que a energia mais baixa é atingida mediante a maximização do número de elétrons com o mesmo *spin*. Por exemplo, na configuração eletrônica do estado fundamental do carbono, os dois elétrons $2p$ têm o mesmo *spin* e devem ocupar dois orbitais $2p$ diferentes.

Elementos de um determinado grupo na tabela periódica apresentam o mesmo tipo de distribuição eletrônica em suas camadas mais externas. Por exemplo, as configurações eletrônicas dos halogênios flúor e cloro são, respectivamente, [He]$2s^2 2p^5$ e [Ne]$3s^2 3p^5$. Os elétrons da camada mais externa são aqueles localizados fora dos orbitais do gás nobre mais próximo. Os elétrons da camada mais externa que participam de ligações químicas são os **elétrons de valência** de um átomo. Para os elementos com número atômico menor ou igual a 30, todos os elétrons da camada externa são elétrons de valência. Os elétrons que não são de valência são chamados de **elétrons do caroço**.

A tabela periódica é dividida em diferentes tipos de elementos com base em suas configurações eletrônicas. Os elementos cuja subcamada mais externa é s ou p constituem os **elementos representativos** (ou do **grupo principal**). Os elementos cuja subcamada d é preenchida constituem os **elementos de transição** (ou **metais de transição**). Os elementos cuja subcamada $4f$ é preenchida constituem os **lantanídeos** (ou **terras-raras**). Os actinídeos são aqueles cuja subcamada $5f$ é preenchida. Os lantanídeos e **actinídeos** são chamados de **metais do bloco *f***. Esses elementos aparecem em duas linhas de 14 elementos abaixo da parte principal da tabela periódica. A estrutura da tabela periódica, resumida na Figura 6.28, permite que a configuração eletrônica de um elemento seja escrita com base em sua localização na tabela.

Equações-chave

- $\lambda \nu = c$ [6.1]

  luz como onda: λ = comprimento de onda em metros, ν = frequência em s^{-1}, c = velocidade da luz (2,998 × 10^8 m/s)

- $E = h\nu$ [6.2]

  luz como partícula (fótons): E = energia do fóton em joules, h = constante de Planck (6,626 × 10^{-34} J-s), ν = frequência em s^{-1}

- $\dfrac{1}{\lambda} = (R_H)\left(\dfrac{1}{n_1^2} - \dfrac{1}{n_2^2}\right)$ [6.4]

  equação de Rydberg que fornece os comprimentos de onda da luz λ (em m) no espectro de linhas do átomo de hidrogênio: R_H = constante de Rydberg (1,096776 × 10^7 m^{-1}); n = 1, 2, 3, ... (qualquer número inteiro positivo)

- $E = (-hcR_H)\left(\dfrac{1}{n^2}\right) = (-2,18 \times 10^{-18}\text{J})\left(\dfrac{1}{n^2}\right)$ [6.5]

  energias dos estados permitidos do átomo de hidrogênio: h = constante de Planck; c = velocidade da luz; R_H = constante de Rydberg (1,096776 × 10^7 m^{-1}); n = 1, 2, 3, ... (qualquer número inteiro positivo)

- $\lambda = h/mv$ [6.8]

  matéria como uma onda: λ = comprimento de onda, h = constante de Planck, m = massa do objeto em kg, v = velocidade do objeto em m/s

- $\Delta x \cdot \Delta(mv) \geq \dfrac{h}{4\pi}$ [6.9]

  princípio da incerteza de Heisenberg. A incerteza da posição (Δx) e do momento [$\Delta(mv)$] de um objeto não pode ser igual a zero; o menor valor do seu produto é $h/4\pi$.

Simulado

SIM 6.1 Uma fonte de radiação eletromagnética produz luz infravermelha. Qual das alternativas a seguir poderia ser o comprimento de onda dessa luz? (**a**) 3,0 nm (**b**) 4,7 cm (**c**) 66,8 m (**d**) 34,5 μm (**e**) 16,5 Å

SIM 6.2 O(A) _____ da radiação ultravioleta é maior do que o(a) da radiação de micro-ondas, mas o(a) _____ dos dois tipos de radiação eletromagnética são iguais. (**a**) comprimento de onda, velocidade (**b**) velocidade, comprimento de onda (**c**) frequência, velocidade (**d**) velocidade, frequência (**e**) frequência, comprimento de onda

SIM 6.3 Os telefones celulares usam ondas de rádio para transmitir informações. Se o seu aparelho usa uma frequência de 1.900 MHz, qual é o comprimento de onda da radiação eletromagnética emitida pelo seu telefone? (**a**) 5,7 × 10^{17} m (**b**) 0,16 m (**c**) 1,6 × 10^5 m (**d**) 6,3 m

SIM 6.4 Se elétrons são ejetados de um determinado metal quando este é irradiado com uma caneta laser vermelha, o que acontecerá com o mesmo metal quando for irradiado com uma caneta laser verde de intensidade semelhante? (**a**) Elétrons serão emitidos, e as energias cinéticas máximas desses elétrons serão semelhantes às daqueles irradiados com a caneta laser vermelha. (**b**) Elétrons serão emitidos, e as energias cinéticas máximas de tais elétrons serão maiores do que a daqueles emitidos quando irradiados com a caneta laser vermelha. (**c**) Elétrons serão emitidos, e as energias cinéticas máximas de tais elétrons serão menores do que a daqueles emitidos quando irradiados com a caneta laser vermelha. (**d**) Não serão emitidos elétrons.

SIM 6.5 Qual das expressões a seguir representa corretamente a energia de um mol de fótons com comprimento de onda λ?

(**a**) $E = \dfrac{h}{\lambda}$ (**d**) $E = N_A\dfrac{h}{\lambda}$

(**b**) $E = N_A\dfrac{\lambda}{h}$ (**e**) $E = N_A\dfrac{hc}{\lambda}$

(**c**) $E = \dfrac{hc}{\lambda}$

SIM 6.6 Considere as transições eletrônicas no modelo de Bohr que dão origem ao espectro de linhas do hidrogênio. O que as quatro cores visíveis da luz que se encontram na porção visível do espectro (λ = 410 nm, 434 nm, 486 nm e 656 nm) têm em comum? (**a**) Todas têm n_f = 1. (**b**) Todas têm n_f = 2. (**c**) Todas têm n_f = 3. (**d**) Todas têm n_i = 2. (**e**) Todas têm n_i = 3.

SIM 6.7 No modelo de Bohr do átomo de hidrogênio, o elétron orbita o núcleo a um raio fixo de 0,53 Å em seu estado fundamental. Esse modelo viola qual princípio científico desenvolvido posteriormente? (**a**) Princípio de exclusão de Pauli (**b**) Princípio da incerteza (**c**) Regra de Hund (**d**) Princípio de exclusão de Pauli e princípio da incerteza (**e**) Princípio de exclusão de Pauli e regra de Hund

SIM 6.8 Disponha os seguintes objetos em ordem crescente de comprimento de onda de de Broglie:

(**i**) uma bola de golfe com massa de 45,9 g se movendo a uma velocidade de 50 m/s;

(**ii**) um elétron com massa 9,109 × 10^{-31} kg se deslocando a uma velocidade de 3,50 × 10^5 m/s; e

(**iii**) um nêutron com massa 1,675 × 10^{-27} kg se movendo a uma velocidade de 2,3 × 10^2 m/s.

(**a**) i < iii < ii (**b**) ii < iii < i (**c**) iii < ii < i (**d**) i < ii < iii (**e**) iii < i < ii

SIM 6.9 A velocidade média de uma molécula de gás N$_2$ em um recipiente com temperatura de 100 °C é igual a 500 m/s. Se a incerteza na nossa medição da velocidade da molécula for de 1% (5 m/s), qual é o *limite inferior* da incerteza com a qual podemos medir a sua posição?

(**a**) 1,2 × 10^{-5} m (**c**) 2,3 × 10^{-13} m
(**b**) 2,3 × 10^{-10} m (**d**) 3,8 × 10^{-37} m

SIM 6.10 Qual das seguintes descrições se aplica ao modelo de Schrödinger, *mas não* ao modelo de Bohr do átomo de hidrogênio?

(**i**) O momento angular do elétron é quantizado e representado pelo número quântico *l*.

(**ii**) O nível de energia do elétron depende apenas do número quântico principal, *n*.

(**iii**) A distância entre o elétron e o núcleo não pode ser especificada, devido às propriedades ondulatórias do elétron.

(**a**) apenas i (**b**) apenas ii (**c**) apenas iii (**d**) i e iii (**e**) Todas as afirmações são verdadeiras.

SIM 6.11 Qual aspecto do modelo de Bohr *não* é consistente com o nosso entendimento atual sobre o comportamento do elétron em um átomo de hidrogênio? (**a**) Os níveis de energia permitidos do elétron são quantizados. (**b**) Um fóton é emitido quando o elétron completa a transição de um estado de alta energia para um de baixa energia. (**c**) O elétron se move em uma órbita circular em torno do núcleo. (**d**) À medida que a energia do elétron aumenta, a atração entre ele e o núcleo diminui.

SIM 6.12 Quais são os números quânticos principal e de momento angular da subcamada de menor energia do orbital *f*? (**a**) n = 1, l = 3 (**b**) n = 3, l = 3 (**c**) n = 4, l = 1 (**d**) n = 4, l = 3 (**e**) n = 4, l = 4

SIM 6.13 Considere dois orbitais atômicos, o primeiro definido pelos números quânticos n = 2, l = 1 e m_l = 0, e o segundo definido pelos números quânticos $n = 2, l = 1, m_l = 1$. Qual(is) das seguintes afirmações que comparam os dois orbitais é(são) verdadeira(s)?

(i) Os dois orbitais têm a mesma energia.
(ii) Os dois orbitais têm a mesma forma.
(iii) Os dois orbitais têm a mesma orientação.

(a) apenas i (b) i e ii (c) i e iii (d) ii e iii (e) Todas as afirmações são verdadeiras.

SIM 6.14 Um orbital tem $n = 4$ e $m_l = -1$. Quais são os valores possíveis de l para esse orbital? (a) 0, 1, 2, 3 (b) −3, −2, −1, 0, 1, 2, 3 (c) 1, 2, 3 (d) −3, −2 (e) 1, 2, 3, 4

SIM 6.15 Os gráficos a seguir apresentam a probabilidade de encontrar um elétron no orbital $3s$, $3p_x$ ou $3d_{x^2-y^2}$ do átomo de hidrogênio, sendo cada linha uma função da distância ao longo do eixo x. Qual(is) das afirmações a seguir é(são) verdadeira(s)?

(i) O orbital $3s$ tem mais nós radiais do que o orbital $3p_x$.
(ii) O local mais provável do orbital $3s$ é mais próximo do núcleo do que o local mais provável do orbital $3d_{x^2-y^2}$.
(iii) Um elétron no orbital $3s$ tem maior probabilidade de ser encontrado muito próximo do núcleo ($r < 1$ Å) do que um elétron no orbital $d_{x^2-y^2}$.

(a) apenas i (b) i e ii (c) i e iii (d) ii e iii (e) Todas as afirmações são verdadeiras.

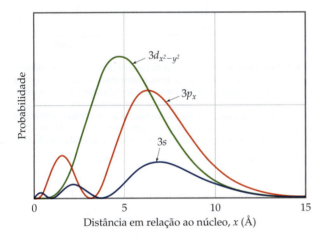

SIM 6.16 Qual tipo de orbital atômico tem dois lobos de densidade eletrônica separados por um plano nodal? (a) s (b) p (c) d (d) f

SIM 6.17 Considere três elétrons em um átomo de sódio com os seguintes números quânticos:

elétron 1: $n = 3, l = 0, m_l = 0, m_s = +\frac{1}{2}$
elétron 2: $n = 2, l = 1, m_l = 1, m_s = -\frac{1}{2}$
elétron 3: $n = 2, l = 1, m_l = 0, m_s = +\frac{1}{2}$

Qual elétron tem a energia mais baixa? (a) elétron 1 (b) elétron 2 (c) elétron 3 (d) elétrons 2 e 3, que são degenerados e têm energia mais baixa que o elétron 1 (e) elétrons 1 e 3, que são degenerados e têm energia mais baixa que o elétron 2

SIM 6.18 Dadas as restrições do princípio de exclusão de Pauli, qual é o número máximo de elétrons que pode ocupar a subcamada $4d$?
(a) 4 (b) 5 (c) 6 (d) 10 (e) 14

SIM 6.19 Em qual(is) dos átomos a seguir, Ti, Ca ou C, a soma dos números quânticos magnéticos de *spin* de todos os elétrons é igual a zero e, portanto, eles não possuem momento magnético? Considere que cada átomo está na sua configuração eletrônica de estado fundamental. (a) apenas Ti (b) apenas Ca (c) apenas C (d) Ti e Ca (e) os três átomos.

SIM 6.20 Qual é a configuração eletrônica condensada do elemento ósmio ($Z = 76$)?
(a) [Kr]$5s^2 4f^{14} 4d^6$
(b) [Kr]$6s^2 4f^{14} 5d^6$
(c) [Xe]$6s^2 5d^6$
(d) [Xe]$6s^2 4f^{14} 5d^6$
(e) [Xe]$5s^2 4f^{14} 5d^6$

SIM 6.21 Quantos elementos do segundo período da tabela periódica (do Li ao Ne) terão pelo menos um elétron desemparelhado em suas configurações eletrônicas? (a) 3 (b) 4 (c) 5 (d) 6 (e) 7

SIM 6.22 Qual elemento tem uma configuração eletrônica [gás nobre]-$5s^2 4d^{10} 5p^4$?
(a) Cd (b) Te (c) Sm (d) Hg (e) Se

SIM 6.23 Certo átomo tem uma configuração eletrônica $ns^2 np^6$ em sua camada mais externa ocupada. Qual dos seguintes elementos tem essa configuração? (a) Be (b) Si (c) I (d) Ar (e) Rb

SIM 6.24 A organização da tabela periódica nos informa que a subcamada $5f$ é preenchida após a subcamada _____ e antes da subcamada _____. (a) $4f, 6f$ (b) $5d, 5g$ (c) $6s, 5d$ (d) $7s, 7d$ (e) $7s, 6d$

SIM 6.25 O elemento samário ($Z = 62$) é _____ com uma subcamada _____ parcialmente preenchida. (a) um metal do bloco f, $4f$ (b) um metal do bloco f, $5f$ (c) um metal de transição, $4d$ (d) um metal de transição, $5d$ (e) um elemento representativo, $4f$

SIM 6.26 Um elemento possui uma configuração eletrônica [gás nobre] $ns^2(n-2)f^{14}(n-1)d^{10}np^2$. Em qual região da tabela periódica encontramos esse elemento? (a) Elementos representativos (b) Metais do bloco f (c) Metais de transição (d) Gases nobres

Exercícios

Visualizando conceitos

6.1 A velocidade do som no ar seco a 20 °C é igual a 343 m/s, e a tecla dó central em um piano tem frequência de 261 Hz. (a) Qual é o comprimento de onda da onda sonora correspondente ao dó central? (b) Qual seria a frequência da radiação eletromagnética com o mesmo comprimento de onda? (c) A que tipo de radiação eletromagnética ela corresponderia? (d) As ondas sonoras se propagam mais rapidamente, mais lentamente ou à mesma velocidade que a radiação eletromagnética? [Seção 6.1]

6.2 Um equipamento popular de cozinha produz radiação eletromagnética com uma frequência de 2.450 MHz. Com relação à Figura 6.4, (a) faça uma estimativa do comprimento de onda dessa radiação. (b) A radiação emitida por esse aparelho seria visível pelo olho humano? (c) Se a radiação não for visível, os fótons dessa radiação têm mais ou menos energia do que os fótons de luz visível? (d) É provável que estejamos falando de qual desses equipamentos: (i) uma torradeira, (ii) um forno de micro-ondas ou (iii) um fogão elétrico? [Seção 6.1]

6.3 Os diagramas a seguir representam duas ondas eletromagnéticas, todas desenhadas à mesma escala. (a) Qual tem o maior comprimento de onda? (b) Qual tem a maior frequência? (c) Qual tem a maior energia? [Seção 6.2]

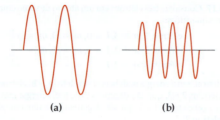

(a)   (b)

6.4 As estrelas não têm a mesma temperatura. A cor da luz emitida por elas é característica da luz emitida por objetos quentes. Fotografias telescópicas de três estrelas são mostradas a seguir: (i) o Sol, classificado como uma estrela *amarela*, (ii) *Rigel*, na constelação de Órion, classificada como uma estrela *azul e branca*, e (iii) *Betelgeuse*, também na Órion, classificada como uma estrela *vermelha*. (**a**) Coloque essas três estrelas em ordem crescente de temperatura. (**b**) Qual dos seguintes princípios é relevante para sua resposta para o item (a): o princípio da incerteza, o efeito fotoelétrico, a radiação de corpo negro ou os espectros de linhas? [Seção 6.2]

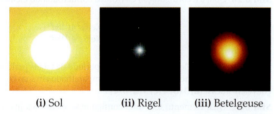

(i) Sol   (ii) Rigel   (iii) Betelgeuse

6.5 O fenômeno familiar do arco-íris resulta da difração de luz solar por meio de gotas de chuva. (**a**) O comprimento de onda da luz aumenta ou diminui à medida que passamos da faixa mais interna para a mais externa do arco-íris? (**b**) A frequência de luz aumenta ou diminui à medida que vamos para a faixa mais externa? [Seção 6.3]

6.6 Certo sistema mecânico quântico tem os níveis de energia mostrados no diagrama a seguir. Os níveis de energia são indicados por um único número quântico n, que é um número inteiro. (**a**) De acordo com o diagrama, quais números quânticos estão envolvidos na transição que requer mais energia? (**b**) Quais números quânticos estão envolvidos na transição que requer menos energia? (**c**) Coloque os itens a seguir em ordem crescente de comprimento de onda da luz absorvida durante a transição: (i) $n = 1$ para $n = 2$, (ii) $n = 2$ para $n = 3$, (iii) $n = 2$ para $n = 4$, (iv) $n = 1$ para $n = 3$. [Seção 6.3]

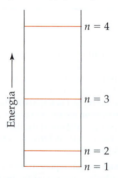

6.7 Considere as três transições eletrônicas no átomo de hidrogênio mostradas a seguir, denominadas A, B e C.

(**a**) Três ondas eletromagnéticas, todas desenhadas à mesma escala, também são apresentadas. Cada uma corresponde a uma das transições. Qual onda eletromagnética, (i), (ii) ou (iii), está associada à transição eletrônica C?

(**b**) Calcule a energia do fóton emitido para cada transição.

(**c**) Calcule o comprimento de onda do fóton emitido para cada transição. Alguma dessas transições leva à emissão de luz visível? Em caso positivo, qual ou quais? [Seção 6.3]

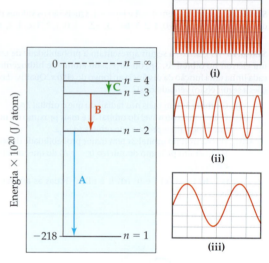

6.8 Considere um sistema unidimensional fictício com um elétron. A função de onda para o elétron, representada a seguir, é $\psi(x) = \operatorname{sen} x$ de $x = 0$ para $x = 2\pi$. (**a**) Faça um esboço da densidade de probabilidade, $\psi^2(x)$, de $x = 0$ para $x = 2\pi$. (**b**) Para qual valor ou para quais valores de x haverá maior probabilidade de encontrar o elétron? (**c**) Qual é a probabilidade de que o elétron seja encontrado em $x = \pi$? Como esse ponto é chamado em uma função de onda? [Seção 6.5]

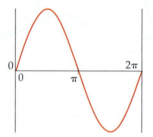

6.9 A representação de superfície limite de um dos orbitais para a camada em que $n = 3$ de um átomo de hidrogênio é mostrada ao lado. (**a**) Qual é o número quântico l para esse orbital? (**b**) Como podemos classificar esse orbital? (**c**) Como esse esboço poderia ser modificado se o valor do número quântico magnético, m_l, variasse? (i) Seria desenhado maior. (ii) O número de lobos mudaria. (iii) Os lobos do orbital apontariam em uma direção diferente. (iv) O esboço não mudaria. [Seção 6.6]

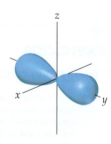

6.10 A ilustração a seguir mostra uma representação de superfície limite para um orbital d_{yz}. Considere os números quânticos que poderiam corresponder a esse orbital. (**a**) Qual é o menor valor possível do número quântico principal, n? (**b**) Qual é o valor do número quântico do momento angular, l? (**c**) Qual é o maior valor possível do número quântico magnético, m_l? (**d**) A densidade de probabilidade cai para zero ao longo de qual dos planos a seguir: xy, xz ou yz?

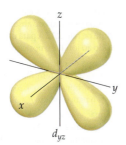

d_{yz}

6.11 A ilustração a seguir mostra quatro configurações eletrônicas possíveis para um átomo de nitrogênio, mas apenas um dos esquemas representa a configuração correta do átomo de nitrogênio em seu estado fundamental. Qual é a configuração eletrônica correta? Quais configurações violam o princípio de exclusão de Pauli? Quais configurações violam a regra de Hund? [Seção 6.8]

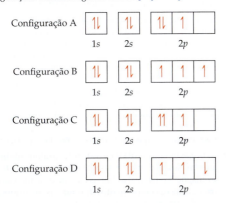

6.12 Localize os seguintes elementos na tabela periódica:
(a) elementos com configuração eletrônica na camada de valência ns^2np^5;
(b) elementos com três elétrons p desemparelhados;
(c) um elemento cujos elétrons de valência são $4s^24p^1$;
(d) elementos do bloco d. [Seção 6.9]

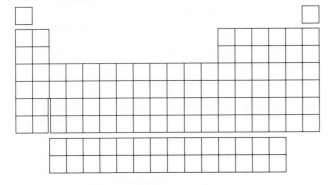

Natureza ondulatória da luz (Seção 6.1)

6.13 Quais são as unidades básicas do SI para (a) o comprimento de onda da luz, (b) a frequência da luz, (c) a velocidade da luz?

6.14 (a) Qual é a relação entre o comprimento de onda e a frequência da energia radiante? (b) O ozônio, na camada superior da atmosfera, absorve energia na faixa de 210–230 nm do espectro. Em que região do espectro eletromagnético encontra-se essa radiação?

6.15 Classifique cada uma das seguintes afirmações como verdadeira ou falsa. (a) A luz visível é uma forma de radiação eletromagnética. (b) A luz ultravioleta tem comprimentos de onda maiores do que a luz visível. (c) Os raios X apresentam velocidade mais alta do que as micro-ondas. (d) A radiação eletromagnética e as ondas sonoras apresentam a mesma velocidade.

6.16 Classifique cada uma das seguintes afirmações como verdadeira ou falsa. (a) A frequência de radiação aumenta à medida que o comprimento de onda aumenta. (b) A radiação eletromagnética atravessa o vácuo a uma velocidade constante, independentemente do comprimento de onda. (c) A luz infravermelha tem frequências mais altas do que a luz visível. (d) O brilho de uma lareira, a energia dentro de um forno de micro-ondas e o disparo de uma sirene de nevoeiro são formas de radiação eletromagnética.

6.17 Liste os seguintes tipos de radiação eletromagnética em ordem crescente de comprimento de onda: luz infravermelha, luz verde, luz vermelha, ondas de rádio, raios X, luz ultravioleta.

6.18 Liste os seguintes tipos de radiação eletromagnética em ordem crescente de comprimento de onda: (a) raios gama produzidos por um nuclídeo radioativo, utilizado em imagiologia médica; (b) radiação de uma estação de rádio FM a 93,1 MHz no dial; (c) sinal de rádio de uma estação AM a 680 kHz no dial; (d) luz amarela de postes de vapor de sódio; (e) luz vermelha de um diodo emissor de luz, como no painel de uma calculadora.

6.19 (a) Qual é a frequência da radiação de comprimento de onda de 10 μm, aproximadamente o tamanho de uma bactéria? (b) Qual é o comprimento de onda da radiação com frequência de $5,50 \times 10^{14}$ s^{-1}? (c) As radiações dos itens anteriores são visíveis ao olho humano? (d) Que distância a radiação eletromagnética percorre em 50,0 μs?

6.20 (a) Qual é a frequência da radiação cujo comprimento de onda é 0,86 nm? (b) Qual é o comprimento de onda da radiação com frequência de $6,4 \times 10^{11}$ s^{-1}? (c) As radiações dos itens anteriores seriam detectadas por um detector de raios X? (d) Que distância a radiação eletromagnética percorre em 0,38 ps?

6.21 Uma caneta laser usada em um auditório emite luz a 650 nm. Qual é a frequência dessa radiação? Com base na Figura 6.4, determine a cor associada a esse comprimento de onda.

6.22 É possível converter energia radiante em energia elétrica usando células fotovoltaicas. Supondo a mesma eficiência de conversão, qual radiação produziria mais energia elétrica por fóton: a infravermelha ou a ultravioleta?

Energia quantizada e fótons (Seção 6.2)

6.23 Se a altura humana fosse quantizada em crescimentos de 1 pé, o que aconteceria com a altura de uma criança à medida que ela crescesse? (a) A altura da criança nunca mudaria. (b) A altura da criança aumentaria de maneira contínua. (c) A altura da criança aumentaria em "saltos", um pé por vez. (d) A altura da criança aumentaria em saltos de 6 polegadas.

6.24 Quando um objeto como um pedaço de grafite é aquecido até 1.000 K, ele brilha vermelho. Quando a temperatura aumenta para cerca de 3.000 K, a cor da luz emitida torna-se laranja. Qual é o motivo para essa variação de cor? (a) A velocidade dos fótons (pacotes quantizados de energia radiante) aumenta com a temperatura. (b) O comprimento de onda médio dos fótons emitidos aumenta com a temperatura. (c) A energia média dos fótons emitidos aumenta com a temperatura.

6.25 (a) Calcule a energia de um fóton de radiação eletromagnética cuja frequência é $2,94 \times 10^{14}$ s^{-1}. (b) Calcule a energia de um fóton de radiação cujo comprimento de onda é 413 nm. (c) Que comprimento de onda de radiação tem fótons de energia de $6,06 \times 10^{-19}$ J?

6.26 (a) Uma caneta laser verde emite luz com comprimento de onda de 532 nm. Qual é a frequência dessa luz? (b) Qual é a energia de um desses fótons? (c) A caneta laser emite luz porque os elétrons no material são excitados (por uma bateria), a partir de seu estado fundamental para um estado excitado superior. Quando os elétrons retornam ao estado fundamental, eles perdem o excesso de energia na forma de fótons de 532 nm. Qual é a diferença de energia entre o estado fundamental e o estado excitado no material a laser?

6.27 (a) Calcule e compare a energia de um fóton de comprimento de onda de 3,3 μm com um de comprimento de onda de 0,154 nm. (b) Consulte a Figura 6.4 para identificar a região do espectro eletromagnético a que cada um pertence.

6.28 Uma estação de rádio AM transmite a 1.010 kHz, e sua parceira FM transmite a 98,3 MHz. Calcule e compare a energia dos fótons emitidos por essas duas estações de rádio.

6.29 Um tipo de queimadura solar ocorre com a exposição à luz UV de comprimento de onda de aproximadamente 325 nm. (a) Qual é a energia de um fóton com esse comprimento de onda? (b) Qual é a energia de um mol desses fótons? (c) Quantos fótons há em uma emissão de 1,00 mJ dessa radiação? (d) Esses fótons UV podem quebrar ligações químicas em sua pele para causar queimaduras solares – uma forma de dano por radiação. Se a radiação de 325 nm fornece exatamente a energia necessária para quebrar uma ligação química média na pele, faça uma estimativa da energia média dessas ligações em kJ/mol.

6.30 A energia da radiação pode ser usada para causar a quebra de ligações químicas. Uma energia mínima de 242 kJ/mol é necessária para quebrar a ligação cloro-cloro no Cl_2. Qual é o comprimento de onda máximo da radiação que tem a energia necessária para quebrar a ligação? Que tipo de radiação eletromagnética é essa?

6.31 Um laser de diodo emite luz de comprimento de onda de 987 nm. (a) Em que parte do espectro eletromagnético essa radiação é encontrada? (b) Todo seu rendimento energético é absorvido em um detector com a energia total de 0,52 J ao longo de um período de 32 s. Quantos fótons por segundo são emitidos pelo laser?

6.32 Um objeto estelar está emitindo radiação a 3,55 nm. (a) Que tipo de espectro eletromagnético é essa radiação? (b) Se um detector está capturando $3,2 \times 10^8$ fótons por segundo nesse comprimento de onda, qual é a energia total dos fótons detectados em 1,0 hora?

6.33 Para que o molibdênio metálico possa perder um elétron mediante efeito fotoelétrico, ele deve absorver radiação com uma frequência mínima de $1,09 \times 10^{15}$ s^{-1}. (a) Qual é a energia mínima necessária para perder um elétron? (b) Que comprimento de onda de radiação fornecerá um fóton dessa energia? (c) Se o molibdênio for irradiado com luz de comprimento de onda de 120 nm, qual será a energia cinética máxima possível dos elétrons emitidos?

6.34 Para que o titânio metálico possa perder elétrons, é necessário um fóton com pelo menos $6,94 \times 10^{-19}$ J de energia. (a) Qual é a frequência mínima de luz necessária para que o titânio possa perder elétrons mediante efeito fotoelétrico? (b) Qual é o comprimento de onda dessa luz? (c) É possível que o titânio metálico perca elétrons usando luz visível? (d) Se o titânio é irradiado com luz de comprimento de onda de 233 nm, qual é a energia cinética máxima possível dos elétrons emitidos?

O modelo de Bohr; ondas de matéria (Seções 6.3 e 6.4)

6.35 O átomo de hidrogênio se "expande" ou se "contrai" quando um elétron é excitado do estado $n = 1$ para o estado $n = 3$?

6.36 Classifique as afirmações a seguir como verdadeiras ou falsas. (a) Um átomo de hidrogênio no estado $n = 3$ pode emitir luz de apenas dois comprimentos de onda específicos. (b) Um átomo de hidrogênio no estado $n = 2$ tem uma energia menor do que um no estado $n = 1$. (c) A energia de um fóton emitido é igual à diferença de energia entre os dois estados envolvidos na emissão.

6.37 Quando as seguintes transições eletrônicas ocorrem no átomo de hidrogênio, energia é emitida ou absorvida? (a) De $n = 4$ para $n = 2$ (b) De uma órbita de raio 2,12 Å para uma de raio 8,46 Å (c) Um elétron é adicionado ao íon H^+ e posicionado na camada $n = 3$.

6.38 Indique se a energia é emitida ou absorvida quando as seguintes transições eletrônicas ocorrem no hidrogênio: (a) de $n = 3$ para $n = 6$, (b) de uma órbita de raio 4,76 Å para uma de raio 0,529 Å, (c) do estado $n = 6$ para o estado $n = 9$.

6.39 (a) Usando a Equação 6.5, calcule a energia de um elétron no átomo de hidrogênio quando $n = 2$ e $n = 6$. Calcule o comprimento de onda da radiação liberada quando um elétron passa de $n = 6$ para $n = 2$. (b) Essa linha está na região visível do espectro eletromagnético? Em caso afirmativo, qual é a sua cor?

6.40 Considere a transição do elétron no átomo de hidrogênio de $n = 4$ para $n = 9$. (a) O ΔE desse processo é positivo ou negativo? (b) Determine o comprimento de onda da luz associada a essa transição. A luz será absorvida ou emitida? (c) Em que parte do espectro eletromagnético está a luz mencionada no item (b)?

6.41 Todas as linhas de emissão visíveis observadas por Balmer, envolviam o $n_f = 2$. (a) Qual das seguintes explicações é a melhor para o fato de as linhas com $n_f = 3$ não serem observadas na parte visível do espectro? (i) Transições para $n_f = 3$ não são permitidas. (ii) Transições para $n_f = 3$ emitem fótons na parte infravermelha do espectro. (iii) Transições para $n_f = 3$ emitem fótons na parte ultravioleta do espectro. (iv) Transições para $n_f = 3$ emitem fótons com exatamente os mesmos comprimentos de onda que os fótons para $n_f = 2$. (b) Calcule os comprimentos de onda das três primeiras linhas da série de Balmer – aquelas para os quais $n_i = 3$, 4 e 5 – e identifique essas linhas no espectro de emissão mostrado na Figura 6.11.

6.42 As linhas de emissão da série de Lyman do átomo de hidrogênio são aquelas para as quais $n_f = 1$. (a) Determine a região do espectro eletromagnético na qual as linhas da série de Lyman são observadas. (b) Calcule os comprimentos de onda das três primeiras linhas na série de Lyman quando $n_i = 2$, 3 e 4.

6.43 Uma das linhas de emissão da série de Lyman do átomo de hidrogênio tem um comprimento de onda de 93,07 nm. (a) Em que região do espectro eletromagnético essa emissão é encontrada? (b) Determine os valores inicial e final de n relacionados a essa emissão.

6.44 O átomo de hidrogênio pode absorver a luz de comprimento de onda de 1.094 nm. (a) Em que região do espectro eletromagnético essa absorção é encontrada? (b) Determine os valores inicial e final de n associados a essa absorção.

6.45 Coloque na ordem correta as seguintes transições do átomo de hidrogênio, da menor para a maior frequência de luz absorvida: $n = 3$ para $n = 6$; $n = 4$ para $n = 9$; $n = 2$ para $n = 3$; e $n = 1$ para $n = 2$.

6.46 Ordene as seguintes transições do átomo de hidrogênio do menor comprimento de onda do fóton emitido para o maior: $n = 5$ para $n = 3$; $n = 4$ para $n = 2$; $n = 7$ para $n = 4$; e $n = 3$ para $n = 2$.

6.47 Use a relação de Broglie para determinar os comprimentos de onda dos seguintes objetos: (a) uma pessoa de 85 kg esquiando a 50 km/h; (b) uma bala de 10,0 g disparada a 250 m/s; (c) um átomo de lítio movendo-se a $2,5 \times 10^5$ m/s; (d) uma molécula de ozônio (O_3) na camada mais superior da atmosfera movendo-se a 550 m/s.

6.48 O múon está entre as partículas subatômicas elementares da física, que se decompõe em poucos nanossegundos depois de formado. O múon tem uma massa de repouso 206,8 vezes maior do que um elétron. Calcule o comprimento de onda de de Broglie associado a um múon que se move a uma velocidade de $8,85 \times 10^5$ cm/s.

6.49 A difração de nêutrons é uma técnica importante para determinar as estruturas de moléculas. Calcule a velocidade de um nêutron necessária para atingir um comprimento de onda de 1,25 Å. A massa do nêutron é igual a $1,675 \times 10^{-27}$ kg.

6.50 O microscópio eletrônico tem sido bastante utilizado para obter imagens altamente ampliadas de material biológico e outros tipos. Quando um elétron é acelerado por meio de um campo potencial determinado, ele alcança uma velocidade de $9,47 \times 10^6$ m/s. Qual é o comprimento de onda característico desse elétron? O comprimento de onda é comparável ao tamanho dos átomos?

6.51 Usando o princípio da incerteza de Heisenberg, calcule a incerteza na posição de (**a**) um mosquito com 1,50 mg que se move a uma velocidade de 1,40 m/s, sendo a velocidade conhecida com uma precisão de ±0,01 m/s; (**b**) um próton que se move a uma velocidade de $(5,00 \pm 0,01) \times 10^4$ m/s. A massa de um próton é $1,673 \times 10^{-27}$ kg.

6.52 Calcule a incerteza na posição de (**a**) um elétron que se move a uma velocidade de $(3,00 \pm 0,01) \times 10^5$ m/s; (**b**) um nêutron que se move a essa mesma velocidade. (As massas do elétron e do nêutron são $9,109 \times 10^{-31}$ kg e $1,675 \times 10^{-27}$ kg, respectivamente.) (**c**) Com base em suas respostas aos itens anteriores, o que podemos saber com maior precisão: a posição do elétron ou a do nêutron?

Mecânica quântica e orbitais atômicos (Seções 6.5 e 6.6)

6.53 Classifique as afirmações a seguir como verdadeiras ou falsas. (**a**) Em uma representação de superfície limite, como a mostrada aqui para um orbital 2p, o elétron está confinado e somente pode se mover em torno do núcleo na superfície externa da forma. (**b**) A densidade de probabilidade $[\psi(r)]^2$ informa a probabilidade de encontrar o elétron a uma distância específica do núcleo.

6.54 A função de probabilidade radial para um orbital 2s é apresentada a seguir.

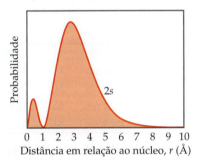

Classifique as afirmações a seguir como verdadeiras ou falsas. (**a**) Há dois máximos nessa função, pois um elétron passa a maior parte do tempo a uma distância aproximada de 0,5 Å do núcleo e o outro elétron passa a maior parte do tempo a uma distância aproximada de 3 Å do núcleo. (**b**) A função de probabilidade radial mostrada e a densidade de probabilidade $[\psi(r)]^2$ vão a zero à mesma distância do núcleo, aproximadamente 1 Å. (**c**) Para um orbital s, o número de nós radiais é igual ao número quântico principal, n.

6.55 (**a**) Para n = 4, quais são os possíveis valores de l? (**b**) Para l = 2, quais são os possíveis valores de m_l? (**c**) Se m_l é igual a 2, quais são os possíveis valores de l?

6.56 Quantas combinações únicas dos números quânticos l e m_l existem quando (**a**) n = 3, (**b**) n = 4?

6.57 Determine os valores numéricos de n e l que correspondem a cada uma das seguintes designações de orbitais: (**a**) 3p, (**b**) 2s, (**c**) 4f, (**d**) 5d.

6.58 Determine os valores de n, l e m_l para (**a**) cada orbital na subcamada 2p, (**b**) cada orbital na subcamada 5d.

6.59 Certo orbital do átomo de hidrogênio tem n = 4 e l = 2. (**a**) Quais são os possíveis valores de m_l para esse orbital? (**b**) Quais são os possíveis valores de m_s para o orbital?

6.60 Um orbital do átomo de hidrogênio tem números quânticos n = 5 e m_l = −2. (**a**) Quais são os possíveis valores de l para esse orbital? (**b**) Quais são os possíveis valores de m_s para o orbital?

6.61 Qual dos itens a seguir representa combinações impossíveis de n e l: (**a**) 1p, (**b**) 4s, (**c**) 5f, (**d**) 2d?

6.62 Para a tabela a seguir, determine qual orbital está em conformidade com os números quânticos listados. Não se preocupe com subscritos x, y, z. Se os números quânticos não forem permitidos, escreva "não permitido".

n	l	m_l	Orbital
2	1	−1	2p (exemplo)
1	0	0	
3	−3	2	
3	2	−2	
2	0	−1	
0	0	0	
4	2	1	
5	3	0	

6.63 Faça um esboço da forma e da orientação dos seguintes tipos de orbitais: (**a**) s, (**b**) p_z, (**c**) d_{xy}.

6.64 Faça um esboço da forma e da orientação dos seguintes tipos de orbitais: (**a**) p_x, (**b**) d_{z^2}, (**c**) $d_{x^2-y^2}$.

6.65 (**a**) Quantos nós radiais há no orbital 4s do átomo de hidrogênio? (**b**) Quantos planos nodais há em um orbital $2p_x$ do átomo de hidrogênio? (**c**) A distância mais provável em relação ao núcleo de um elétron em um orbital 2s é maior ou menor do que seria para um elétron em um orbital 3s? (**d**) Para o átomo de hidrogênio, liste os seguintes orbitais em ordem crescente de energia (ou seja, os mais estáveis primeiro): 4f, 6s, 3d, 1s, 2p.

6.66 (**a**) Em relação à Figura 6.19, qual é a relação entre o número de nós em um orbital s e o valor do número quântico principal? (**b**) Se você criasse um gráfico de todos os pontos no nó da função de onda do orbital 2s, qual seria a forma obtida: um conjunto de pontos isolados, um plano ou uma esfera? (**c**) Algum orbital atômico tem um máximo da sua função de probabilidade radial no núcleo? Em caso afirmativo, qual(is) orbital(is)?

Átomos polieletrônicos e configurações eletrônicas (Seções 6.7 a 6.9)

6.67 (**a**) Para um íon He$^+$, os orbitais 2s e 2p têm a mesma energia? Em caso negativo, qual orbital tem menor energia? (**b**) Se adicionarmos um elétron para formar o átomo He, sua resposta do item (a) mudará?

6.68 (**a**) A distância média do núcleo até um elétron 3s em um átomo de cloro é menor do que até um elétron 3p. Considerando esse fato, qual orbital tem maior energia? (**b**) Você espera que seja necessário mais ou menos energia para que o átomo de cloro perca um elétron 3s em comparação com um elétron 2p?

6.69 A ilustração mostra duas configurações eletrônicas possíveis para um átomo de Li. (**a**) Alguma das duas configurações viola o princípio de exclusão de Pauli? (**b**) Alguma das configurações viola a regra de Hund? (**c**) Na ausência de um campo magnético externo, podemos afirmar que uma configuração eletrônica possui menos energia do que a outra? Em caso positivo, qual tem menos energia?

Configuração A

1s 2s

Configuração B

1s 2s

6.70 O experimento de Stern-Gerlach ajudou a estabelecer a existência do *spin* eletrônico. Nele, um feixe de átomos de prata é atravessado por um campo magnético, que desvia metade dos átomos de prata em uma direção e metade na direção oposta. A separação entre os dois feixes aumenta à medida que o campo magnético se intensifica. (a) Qual é a configuração eletrônica de um átomo de prata? (b) Esse experimento funcionaria com um feixe de átomos de cádmio (Cd)? (c) Esse experimento funcionaria com um feixe de átomos de flúor (F)?

6.71 Qual é o número máximo de elétrons que podem ocupar cada uma das seguintes subcamadas: (a) $3p$, (b) $5d$, (c) $2s$, (d) $4f$?

6.72 Qual é o número máximo de elétrons em um átomo que podem ter os seguintes números quânticos: (a) $n = 3, m_l = -2$; (b) $n = 4, l = 3$; (c) $n = 5, l = 3, m_l = 2$; (d) $n = 4, l = 1, m_l = 0$?

6.73 (a) O que são elétrons de valência? (b) O que são elétrons do caroço? (c) O que cada caixinha em um diagrama de orbital representa? (d) Qual quantidade é representada pelas meias setas em um diagrama de orbital?

6.74 Para cada elemento, indique o número de elétrons de valência, elétrons do caroço e elétrons desemparelhados no estado fundamental: (a) nitrogênio, (b) silício, (c) cloro.

6.75 Escreva as configurações eletrônicas condensadas dos seguintes átomos, utilizando as abreviaturas do caroço de gás nobre adequadas: (a) Cs, (b) Ni, (c) Se, (d) Cd, (e) U, (f) Pb.

6.76 Escreva as configurações eletrônicas condensadas dos átomos a seguir e indique quantos elétrons desemparelhados cada um possui: (a) Mg, (b) Ge, (c) Br, (d) V, (e) Y, (f) Lu.

6.77 Identifique o elemento específico que corresponde a cada uma das seguintes configurações eletrônicas e indique o número de elétrons desemparelhados para cada um: (a) $1s^22s^2$, (b) $1s^22s^22p^4$, (c) $[Ar]4s^13d^5$, (d) $[Kr]5s^24d^{10}5p^4$.

6.78 Identifique o grupo de elementos que corresponde a cada uma das seguintes configurações eletrônicas gerais e indique o número de elétrons desemparelhados para cada uma:
(a) [gás nobre]ns^2np^5,
(b) [gás nobre]$ns^2(n-1)d^2$,
(c) [gás nobre]$ns^2(n-1)d^{10}np^1$,
(d) [gás nobre]$ns^2(n-2)f^6$.

6.79 As alternativas a seguir não representam configurações eletrônicas de estado fundamental válidas para um átomo porque violam o princípio de exclusão de Pauli ou porque os orbitais não estão preenchidos em ordem crescente de energia. Indique quais dos dois princípios são violados em cada exemplo. (a) $1s^22s^23s^1$ (b) $[Xe]6s^25d^4$ (c) $[Ne]3s^23d^5$

6.80 As seguintes configurações eletrônicas representam estados excitados. Identifique o elemento e escreva a configuração eletrônica condensada do estado fundamental. (a) $1s^22s^22p^43s^1$ (b) $[Ar]4s^13d^{10}4p^25p^1$ (c) $[Kr]5s^24d^25p^1$

Exercícios adicionais

6.81 Considere as duas ondas apresentadas aqui como sendo duas radiações eletromagnéticas:
(a) Qual é o comprimento de onda da onda A? E da onda B?
(b) Qual é a frequência da onda A? E da onda B?
(c) Identifique as regiões do espectro eletromagnético às quais as ondas A e B pertencem.

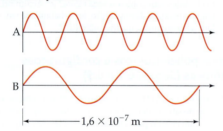

6.82 Se você colocar 120 volts de eletricidade em um pepino, ele vai soltar fumaça e começar a brilhar, exibindo uma coloração alaranjada. A luz é emitida porque os íons de sódio no pepino ficam excitados; seu retorno ao estado fundamental resulta em emissão de luz. (a) Se o comprimento de onda da luz emitida for 589 nm, qual será a sua frequência? (b) Qual é a energia de 1,00 mol desses fótons? (Um mol de fótons é chamado de um Einstein.) (c) Calcule a diferença de energia entre os estados excitado e fundamental do íon de sódio. (d) Se você deixasse o pepino de molho por um longo tempo em uma solução de um sal diferente, como cloreto de estrôncio, você ainda observaria emissão de luz de 589 nm?

6.83 Certos elementos emitem luz de um comprimento de onda específico quando são queimados. Historicamente, os químicos usaram tais comprimentos de onda de emissão para determinar se certos elementos estavam presentes em uma amostra. Comprimentos de onda característicos para alguns dos elementos são dados na tabela a seguir:

Ag	328,1 nm	Fe	372,0 nm
Au	267,6 nm	K	404,7 nm
Ba	455,4 nm	Mg	285,2 nm
Ca	422,7 nm	Na	589,6 nm
Cu	324,8 nm	Ni	341,5 nm

(a) Determine quais elementos emitem radiação na parte visível do espectro. (b) Que elemento emite fótons de alta energia? E de menor energia? (c) Quando queimada, uma amostra de uma substância desconhecida emite luz de frequência $9,23 \times 10^{14}$ s^{-1}. Qual desses elementos provavelmente está na amostra?

6.84 Em agosto de 2011, a nave espacial Juno foi lançada da Terra com a missão de orbitar Júpiter, onde chegou quase cinco anos depois, em julho de 2016. A distância entre os dois planetas varia com a posição de cada um em sua órbita, mas a mais próxima entre Júpiter e a Terra é de 391 milhões de milhas (625 milhões de quilômetros). Qual é a quantidade mínima de tempo que leva para os sinais transmitidos pela nave espacial chegarem à Terra?

6.85 Os raios de Sol que bronzeiam e queimam estão na porção ultravioleta do espectro eletromagnético. Esses raios são categorizados por comprimento de onda. A radiação UV-A tem comprimentos de onda na faixa de 320–380 nm, enquanto a radiação UV-B tem comprimentos de onda na faixa de 290–320 nm. (a) Calcule a frequência de luz do comprimento de onda de 320 nm. (b) Calcule a energia de um mol de fótons de 320 nm. (c) Quais fótons têm mais energia: os da radiação UV-A ou os da radiação UV-B? (d) As queimaduras solares nos seres humanos são causadas mais pela radiação UV-B do que pela radiação UV-A. Essa observação está em conformidade com a sua resposta para o item (c)?

6.86 O watt é a unidade do SI relacionada com energia, sendo uma medida da energia por unidade de tempo: 1 W = 1 J/s. Um laser semicondutor em um reprodutor de CD tem um comprimento de onda de saída de 780 nm e um nível de potência de 0,10 mW. Quantos fótons atingem a superfície do CD durante a reprodução de um CD de 69 minutos de duração?

6.87 Os carotenoides são pigmentos amarelos, laranjas e vermelhos sintetizados pelas plantas. A cor observada em um objeto não é a cor da luz que ele absorve, mas a cor complementar, como demonstrado na ilustração a seguir. Neste disco, as cores complementares estão uma em frente à outra. (**a**) Com base no disco, que cor é absorvida mais fortemente se uma planta é laranja? (**b**) Se um carotenoide especial absorve fótons a 455 nm, qual é a energia do fóton?

6.88 Em um experimento para estudar o efeito fotoelétrico, um cientista mede a energia cinética dos elétrons perdidos como uma função da frequência de radiação que atinge a superfície de um metal. Ele obtém o gráfico mostrado a seguir. O ponto indicado com v_0 corresponde à luz com um comprimento de onda de 542 nm. (**a**) Qual é o valor de v_0 em s^{-1}? (**b**) Qual é o valor da função trabalho do metal em kJ/mol de elétrons perdidos? (**c**) Observe que, quando a frequência da luz é maior que v_0, o gráfico mostra uma linha reta com uma inclinação diferente de zero. Qual é a inclinação desse segmento de reta?

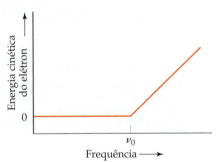

6.89 Considere uma transição em que o átomo de hidrogênio é excitado de $n = 1$ para $n = \infty$. (**a**) Qual é o resultado final dessa transição? (**b**) Qual é o comprimento de onda da luz que deve ser absorvida para que esse processo seja realizado? (**c**) O que vai ocorrer se a luz, com um comprimento de onda mais curto do que o do item (b), for utilizada para excitar o átomo de hidrogênio? (**d**) Como as respostas aos itens (b) e (c) estão relacionadas ao gráfico mostrado no Exercício 6.88?

6.90 A retina humana tem três tipos de cones receptores, cada um sensível para uma faixa diferente de comprimentos de onda de luz visível, como mostra a figura a seguir. (As cores utilizadas são apenas para diferenciar as três curvas uma da outra; elas não indicam as cores reais representadas por cada curva.)

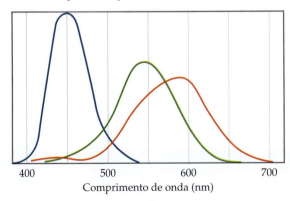

(**a**) Estime as energias de fótons no pico do comprimento de onda de cada curva de cada tipo de cone. (**b**) A cor do céu é devido à dispersão da luz solar pelas moléculas da atmosfera. Lord Rayleigh foi um dos primeiros a estudar a dispersão desse tipo. Ele mostrou que a quantidade de dispersão para partículas muito pequenas, como as moléculas, é inversamente proporcional à quarta potência do comprimento de onda. Faça uma estimativa da razão da eficiência da dispersão da luz no pico do comprimento de onda dos cones "azuis" em comparação aos cones "verdes". (**c**) Explique por que o céu parece azul, apesar de todos os comprimentos de onda da luz solar serem dispersos pela atmosfera.

6.91 A série de linhas de emissão do átomo de hidrogênio, para os quais $n_f = 3$, é chamada de *série de Paschen*. (**a**) Determine a região do espectro eletromagnético na qual as linhas da série de Paschen são observadas. (**b**) Calcule os comprimentos de onda das três primeiras linhas da série de Paschen, para os quais $n_i = 4, 5$ e 6.

6.92 Determine se cada um dos seguintes conjuntos de números quânticos para o átomo de hidrogênio são válidos. Se um conjunto *não* for válido, indique qual dos números quânticos tem um valor não válido:

(**a**) $n = 4, l = 1, m_l = 2, m_s = -\frac{1}{2}$
(**b**) $n = 4, l = 3, m_l = -3, m_s = +\frac{1}{2}$
(**c**) $n = 3, l = 2, m_l = -1, m_s = +\frac{1}{2}$
(**d**) $n = 5, l = 0, m_l = 0, m_s = 0$
(**e**) $n = 2, l = 2, m_l = 1, m_s = +\frac{1}{2}$

6.93 Qual das alternativas a seguir explica por que o modelo de Bohr se aplica a um íon de He^+, mas não a um átomo de He neutro? (i) A carga nuclear do He^+ é igual à de um átomo de H. (ii) Um elétron no átomo de He é atraído pelo núcleo, enquanto o outro é repelido pelo núcleo, o que complica o modelo. (iii) Os dois elétrons no átomo de He se repelem mutuamente, o que complica o modelo.

6.94 O modelo de Bohr pode ser utilizado para íons semelhantes aos de hidrogênio, com apenas um elétron, como He^+ e Li^{2+}. As energias do estado fundamental de H, He^+ e Li^{2+} estão tabeladas da seguinte maneira:

Átomo ou íon	H	He^+	Li^{2+}
Energia do estado fundamental	$-2,18 \times 10^{-18}$ J	$-8,72 \times 10^{-18}$ J	$-1,96 \times 10^{-17}$ J

(**a**) A energia do estado fundamental do elétron nesses átomos/íons aumenta ou diminui à medida que a carga do núcleo aumenta? (**b**) Examine esses números e proponha uma relação entre a energia do estado fundamental de átomos ou íons semelhantes aos do hidrogênio e a carga nuclear, Z. Use a relação para determinar a energia do estado fundamental do íon C^{5+}.

6.95 Um elétron é acelerado por meio de um potencial elétrico até atingir uma energia cinética de $2,15 \times 10^{-15}$ J. Qual é o seu comprimento de onda característico? [*Dica:* a energia cinética de um objeto em movimento é $E = \frac{1}{2}mv^2$, em que *m* é a massa do objeto e *v* é a velocidade do objeto.]

6.96 Como discutido no quadro Olhando de perto "A medida e o princípio da incerteza", a essência do princípio da incerteza é que não podemos fazer uma medição sem perturbar o sistema que estamos medindo. (**a**) Por que não podemos medir a posição de uma partícula subatômica sem perturbá-la? (**b**) Como esse conceito está relacionado ao paradoxo discutido no quadro Olhando de perto "O gato de Schrödinger e a computação quântica"?

6.97 Para orbitais simétricos, mas não esféricos, as representações de superfícies limite (como nas Figuras 6.21 e 6.22) sugerem onde há planos nodais (i.e., onde a densidade eletrônica é igual a zero). Por exemplo, o orbital p_x tem um nó em que $x = 0$. Essa equação é satisfeita por todos os pontos no plano yz, sendo chamado de plano nodal do orbital p_x. (**a**) Determine o plano nodal do orbital p_z. (**b**) Quais são os dois planos nodais do orbital d_{yz}? (**c**) Quais são os dois planos nodais do orbital $d_{x^2-y^2}$?

6.98 O quadro A química e a vida na Seção 6.7 descreveu as técnicas RMN e RM. (**a**) Os instrumentos para obter dados de ressonância magnética são tipicamente classificados com uma frequência, como de 600 MHz. Em qual região do espectro eletromagnético se encontra um fóton com essa frequência? (**b**) Qual é o valor de ΔE na Figura 6.25, que corresponderia à absorção de um fóton de radiação com frequência de 450 MHz? (**c**) Quando o fóton de 450 MHz é absorvido, ele muda o *spin* do elétron ou do fóton em um átomo de hidrogênio?

6.99 Suponha que o número quântico de *spin*, m_s, pudesse ter *três* valores permitidos em vez de dois. Como isso afetaria o número de elementos nos quatro primeiros períodos da tabela periódica?

6.100 Recorrendo à tabela periódica como um guia, escreva a configuração eletrônica condensada e determine o número de elétrons desemparelhados para o estado fundamental de (**a**) Br, (**b**) Ga, (**c**) Hf, (**d**) Sb, (**e**) Bi, (**f**) Sg.

6.101 Cientistas têm especulado que o elemento 126 pode ter uma estabilidade moderada, permitindo que seja sintetizado e caracterizado. Determine como seria a configuração eletrônica condensada desse elemento.

6.102 No experimento apresentado esquematicamente a seguir, um feixe de átomos neutros passa através de um campo magnético. Os átomos que têm elétrons desemparelhados são desviados em diferentes direções no campo magnético, dependendo do valor do número quântico do *spin* do elétron. No experimento ilustrado, vemos que um feixe de átomos de hidrogênio divide-se em dois. (**a**) Qual é a importância da observação de que o feixe único se divide em dois? (**b**) O que aconteceria se a força do ímã fosse aumentada? (**c**) O que aconteceria se o feixe de átomos de hidrogênio fosse substituído por um feixe de átomos de hélio? Explique. (**d**) Esse experimento relevante foi realizado pela primeira vez por Otto Stern e Walter Gerlach, em 1921. Eles usaram um feixe de átomos de Ag. Ao considerar a configuração eletrônica de um átomo de prata, explique por que o feixe único divide-se em dois.

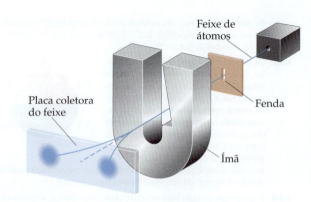

6.103 Os fornos de micro-ondas usam radiação em micro-ondas para aquecer alimentos. A energia das micro-ondas é absorvida por moléculas de água nos alimentos e, em seguida, transferida para outros componentes do alimento. (**a**) Suponha que a radiação em micro-ondas tenha um comprimento de onda de 11,2 cm. Quantos fótons são necessários para aquecer 200 mL de café de 23 para 60 °C? (**b**) Suponha que a potência do micro-ondas seja de 900 W (1 watt = 1 joule-segundo). Quanto tempo você levaria para aquecer o café no item (a)?

6.104 A camada de ozônio (O_3) na estratosfera ajuda a nos proteger da radiação ultravioleta prejudicial. Isso é feito por meio da absorção de luz ultravioleta, que se decompõe em uma molécula de O_2 e um átomo de oxigênio, processo conhecido como fotodissociação.

$$O_3(g) \longrightarrow O_2(g) + O(g)$$

Use os dados do Apêndice C para calcular a variação de entalpia nessa reação. Qual é o comprimento de onda máximo que um fóton pode ter se tiver energia suficiente para provocar essa dissociação? Em que parte do espectro esse comprimento de onda é encontrado?

Elabore um experimento

Neste capítulo, aprendemos sobre o *efeito fotoelétrico* e o seu impacto sobre a definição da luz como fótons. Vimos também que algumas configurações eletrônicas anômalas dos elementos são particularmente prováveis se cada átomo tiver uma ou mais camadas semipreenchidas, como no caso do átomo de Cr, com sua configuração eletrônica [Ar]$4s^1 3d^5$. Vamos supor que um metal que tem átomos com uma ou mais camadas semipreenchidas necessite de mais energia para perder um elétron do que outros que não têm. (**a**) Elabore uma série de experimentos que envolvam o efeito fotoelétrico para testar essa hipótese. (**b**) Que equipamento experimental seria necessário para testar a hipótese? Não é preciso listar equipamentos que já existem; apenas aponte como você imagina que o equipamento funcionaria. Pense nos tipos de medida que seriam necessários e nas funções que o equipamento precisaria ter. (**c**) Descreva os tipos de dados que precisariam ser coletados e como eles seriam analisados para verificar se a hipótese está correta. (**d**) Seu experimento poderia ser ampliado para testar a hipótese com outras partes da tabela periódica, como os lantanídeos ou actinídeos? Explique.

7

▲ O diamante é uma das formas do elemento carbono.

PROPRIEDADES PERIÓDICAS DOS ELEMENTOS

O QUE VEREMOS

7.1 ▶ Desenvolvimento da tabela periódica Aprender sobre a descoberta e os principais marcos do desenvolvimento da tabela periódica.

7.2 ▶ Carga nuclear efetiva Entender o conceito de *carga nuclear efetiva*, a carga nuclear que um elétron em um átomo sofre e que é reduzida pela interferência dos outros elétrons, e ver como ela varia na tabela periódica.

7.3 ▶ Tamanhos de átomos e íons Explorar os tamanhos relativos de átomos e íons, que seguem tendências relacionadas com seu posicionamento na tabela periódica e com as tendências na carga nuclear efetiva.

7.4 ▶ Energia de ionização e afinidade eletrônica Aprender que a *energia de ionização* é a energia necessária para um átomo perder um ou mais elétrons. As tendências periódicas na energia de ionização dependem de variações na carga nuclear efetiva e dos raios atômicos. Aprender que a *afinidade eletrônica* é a energia liberada quando um elétron é adicionado ao átomo e entender suas tendências periódicas.

7.5 ▶ Metais, não metais e metaloides Diferenciar as propriedades físicas e químicas de metais e não metais. As diferenças nas propriedades são decorrentes das características fundamentais dos átomos, particularmente da energia de ionização. Os metaloides exibem propriedades intermediárias entre as dos metais e as dos não metais.

7.6 ▶ Tendências dos metais dos grupos 1A e 2A Examinar algumas tendências periódicas nas propriedades físicas e químicas dos metais dos grupos 1A e 2A.

7.7 ▶ Tendências de grupo para alguns não metais Analisar algumas tendências periódicas nas propriedades físicas e químicas do hidrogênio e dos elementos dos grupos 6A, 7A e 8A.

A tabela periódica é uma ferramenta poderosa para entender e prever as propriedades físicas e químicas dos elementos. Em geral, os elementos compartilham características com os vizinhos que ocupam a mesma coluna da tabela. O sódio, o potássio e o rubídio são metais macios que reagem violentamente quando entram em contato com a água. O neônio, o argônio e o criptônio são gases incolores e quimicamente não reativos. O cobre, a prata e o ouro são metais altamente condutores que reagem lentamente, ou não reagem, com o ar e a água.

No Capítulo 6, vimos que os elementos da mesma coluna da tabela periódica contêm o mesmo número de elétrons em seus **orbitais de valência**, os orbitais ocupados que contêm os elétrons envolvidos nas ligações. Neste capítulo, vamos explorar algumas características fundamentais dos elementos. Veremos como essas características mudam à medida que avançamos em um período ou em um grupo da tabela periódica, o que nos ajuda a racionalizar e prever as propriedades físicas e químicas dos elementos.

7.1 | Desenvolvimento da tabela periódica

Objetivos de aprendizagem

Após terminar a Seção 7.1, você deve ser capaz de:
▶ Descrever como a tabela periódica foi desenvolvida e usada para organizar os elementos químicos.

A tabela periódica é o sistema geral e definitivo para entender as propriedades e a química dos elementos. Os elementos na mesma coluna da tabela periódica têm propriedades semelhantes, e os elementos na mesma linha têm tendências que podem ser compreendidas com base nos conceitos que exploraremos neste capítulo.

Elementos químicos têm sido descobertos continuamente desde a Antiguidade (**Figura 7.1**). Alguns elementos, como o ouro (Au), são encontrados na natureza sob a forma elementar e foram descobertos há milhares de anos. Por outro lado, outros elementos, como o tecnécio (Tc), são radioativos e intrinsecamente instáveis. Temos conhecimento da existência deles somente devido à tecnologia desenvolvida durante o século XX.

A maioria dos elementos forma compostos facilmente e, portanto, *não* são encontrados na natureza na sua forma elementar. Consequentemente, por séculos, os cientistas não sabiam de sua existência. No início do século XIX, os avanços na química tornaram mais fácil isolar os elementos de seus compostos. Como resultado, o número de elementos conhecidos duplicou, passando de 31, em 1800, a 63, em 1865.

À medida que o número de elementos conhecidos aumentava, os cientistas começaram a classificá-los. Em 1869, Dmitri Mendeleev (1834–1907), na Rússia, e Lothar Meyer (1830–1895), na Alemanha, publicaram esquemas de classificação quase idênticos. Ambos notaram que propriedades físicas e químicas semelhantes se repetiam periodicamente quando os elementos eram dispostos em ordem crescente de massa atômica. O conceito de número atômico ainda não era conhecido pelos cientistas daquela época. As massas atômicas, no entanto, geralmente aumentam com o aumento do número atômico, então tanto Mendeleev quanto Meyer dispuseram, por acaso, os elementos quase na sequência correta.

Embora Mendeleev e Meyer tivessem chegado essencialmente à mesma conclusão sobre a periodicidade das propriedades dos elementos, o crédito da descoberta foi dado a Mendeleev, pois ele aprofundou mais suas ideias e estimulou a realização de novos trabalhos. Sua insistência em listar elementos com características semelhantes no mesmo grupo o obrigou a deixar espaços em branco em sua tabela. Por exemplo, o gálio (Ga) e o germânio (Ge) eram desconhecidos para Mendeleev, mas o cientista corajosamente previu a existência e as propriedades desses elementos, referindo-se a eles como *eka-alumínio* ("abaixo do" alumínio) e *eka-silício* ("abaixo do" silício), respectivamente, termos criados por Mendeleev para indicar abaixo de quais elementos eles aparecem em sua tabela. Quando esses elementos foram descobertos, suas propriedades quase coincidiram com as previstas por Mendeleev, como mostra a **Tabela 7.1**.

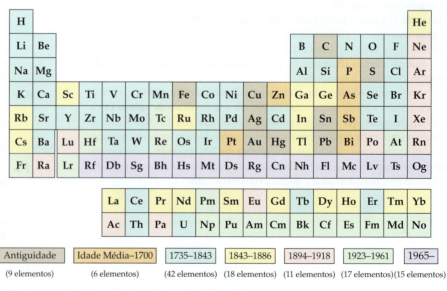

▲ **Figura 7.1** Linha do tempo da descoberta dos elementos.

TABELA 7.1 Comparação das propriedades do eka-silício previstas por Mendeleev com as propriedades observadas do germânio

Propriedade	Previsões de Mendeleev para o eka-silício (feitas em 1871)	Propriedades observadas do germânio (descoberto em 1886)
Massa atômica	72	72,59
Densidade (g/cm^3)	5,5	5,35
Calor específico (J/g-K)	0,305	0,309
Temperatura de fusão (°C)	Alto	947
Cor	Cinza-escuro	Branco-acinzentado
Fórmula do óxido	XO$_2$	GeO$_2$
Densidade do óxido (g/cm^3)	4,7	4,70
Fórmula do cloreto	XCl$_4$	GeCl$_4$
Temperatura de ebulição do cloreto (°C)	Pouco abaixo de 100	84

Em 1913, dois anos depois que Ernest Rutherford (1871-1937) propôs o modelo nuclear do átomo (Seção 2.2), o físico inglês Henry Moseley (1887-1915) desenvolveu o conceito de números atômicos. Ao bombardear diferentes elementos com elétrons de alta energia, Moseley descobriu que cada elemento produzia raios X de frequência única, e essa frequência geralmente aumentava à medida que a massa atômica aumentava. Ele organizou as frequências dos raios X e atribuiu um único número inteiro a cada elemento, chamado de *número atômico*. Moseley identificou corretamente o número atômico como sendo o número de prótons no núcleo do átomo. (Seção 2.3)

O conceito de número atômico esclareceu alguns problemas na tabela periódica vigente na época de Moseley, baseada em massas atômicas. Por exemplo, a massa atômica do Ar (número atômico 18) é maior do que a do K (número atômico 19), embora as propriedades químicas e físicas do Ar sejam mais semelhantes às do Ne e do Kr do que às do Na e do Rb. Quando os elementos estão dispostos em ordem crescente de número atômico, o Ar e o K aparecem em seus lugares corretos na tabela. Os estudos de Moseley também tornaram possível identificar os "buracos" na tabela periódica, o que levou à descoberta de novos elementos.

Exercícios de autoavaliação

EAA 7.1 Qual(is) das seguintes afirmações é(são) verdadeira(s)?
(i) Em geral, elementos gasosos foram descobertos antes dos metálicos.
(ii) Os elementos metálicos que formam óxidos foram descobertos antes daqueles encontrados na forma de metais puros.
(iii) Os elementos mais pesados (números atômicos maiores) foram descobertos por último.
(a) i (b) ii (c) iii (d) ii e iii

7.2 | Carga nuclear efetiva

Muitas propriedades dos átomos dependem da configuração eletrônica e de quão fortemente os seus elétrons mais externos são atraídos pelo núcleo. A lei de Coulomb determina que a força de interação entre duas cargas elétricas depende das magnitudes das cargas e da distância entre elas. (Seção 2.3) Assim, a força de atração entre um elétron e o núcleo depende da magnitude da carga nuclear e da distância média entre o núcleo e o elétron. A força aumenta à medida que a carga nuclear aumenta e diminui à medida que o elétron se move para mais longe do núcleo.

Compreender como ocorre a atração entre o elétron e o núcleo em um átomo de hidrogênio é simples, porque temos apenas um elétron e um próton. Em um átomo polieletrônico, no entanto, a situação é mais complicada. Além da atração de cada elétron pelo núcleo, todos os elétrons são repelidos uns pelos outros. A repulsão intereletrônica anula

Objetivos de aprendizagem

Após terminar a Seção 7.2, você deve ser capaz de:
▶ Prever como a carga nuclear efetiva varia na tabela periódica e entender o porquê.
▶ Calcular a carga nuclear efetiva de um elétron de valência em um átomo, pressupondo a blindagem completa pelos elétrons do caroço.

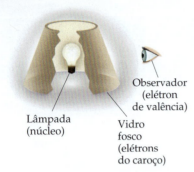

▲ Figura 7.2 **Analogia para a carga nuclear efetiva.** Imaginemos que o núcleo é uma lâmpada, os elétrons do caroço são uma cúpula de vidro fosco e um elétron de valência é o observador. A quantidade de luz vista pelo observador depende da intensidade da lâmpada e da blindagem feita pela cúpula de vidro fosco do abajur.

um pouco da atração que o núcleo exerce sobre o elétron, de modo que o elétron é menos atraído pelo núcleo do que seria se os outros elétrons não estivessem presentes. Em suma, cada elétron em um átomo polieletrônico é *blindado* do núcleo pelos demais elétrons, sofrendo, portanto, uma atração líquida *menor* do que sofreria se os outros elétrons não estivessem presentes.

Então como podemos explicar a combinação de atração nuclear e a repulsão entre elétrons para o elétron que estamos estudando? A maneira mais simples é imaginar que o elétron experimenta uma atração líquida pelo núcleo que é enfraquecida (*blindada*) pelas repulsões intereletrônicas. Chamamos essa carga nuclear parcialmente blindada de **carga nuclear efetiva**, Z_{ef}. Uma vez que a força atrativa total do núcleo diminui devido às repulsões entre os elétrons, concluímos que a carga nuclear efetiva é sempre *menor* que a carga nuclear *real* ($Z_{ef} < Z$). Podemos definir a magnitude da blindagem da carga nuclear usando a *constante de blindagem*, S, de modo que:

$$Z_{ef} = Z - S \qquad [7.1]$$

em que S é um número positivo. Para um elétron de valência, a maior parte da blindagem resulta dos elétrons do caroço, que estão mais próximos do núcleo. Como resultado, para os elétrons de valência de um átomo, *o valor de S é geralmente próximo do número de elétrons de caroço do átomo*. (Elétrons na mesma camada de valência não blindam uns aos outros de forma muito eficaz, mas afetam ligeiramente o valor de S; veja o quadro "Olhando de perto: Estimando a carga nuclear efetiva".)

Para entender melhor a noção de carga nuclear efetiva, podemos recorrer à analogia de uma lâmpada em um abajur com uma cúpula de vidro fosco (**Figura 7.2**). A lâmpada representa o núcleo, e o observador é o elétron, sendo geralmente um elétron de valência. A quantidade de luz que o elétron "enxerga" é análoga à quantidade de atração nuclear líquida sentida pelo elétron. Os outros elétrons presentes no átomo, especialmente os elétrons do caroço, atuam como a cúpula de vidro fosco, diminuindo a quantidade de luz que chega ao observador. Se a luz da lâmpada ficar mais forte (se Z aumenta) e a cúpula não sofrer alteração (enquanto S não varia), mais luz será observada. Da mesma forma, se a cúpula utilizada for mais grossa (se S aumenta), menos luz será observada. Essa analogia também deve ser considerada quando discutirmos as tendências da carga nuclear efetiva.

Qual seria a magnitude esperada da Z_{ef} para o átomo de sódio? O sódio tem a configuração eletrônica [Ne]$3s^1$. A carga nuclear é $Z = 11+$, e há 10 elétrons de caroço ($1s^2 2s^2 2p^6$), que atuam como uma "cúpula" que blinda a carga nuclear "observada" pelo elétron $3s$. Portanto, na abordagem mais simples, esperamos que S seja igual a 10 e que o elétron $3s$ tenha uma carga nuclear efetiva de $Z_{ef} = 11 - 10 = 1+$ (**Figura 7.3**). No entanto, a situação é mais complicada, porque há uma pequena probabilidade de o elétron $3s$ estar mais próximo do núcleo, na região ocupada pelos elétrons de caroço. (Seção 6.6) Assim, esse elétron sofre uma atração líquida maior do que a sugerida pelo nosso modelo simples, em que

▶ Figura 7.3 **Carga nuclear efetiva.** A carga nuclear efetiva que o elétron $3s$ de um átomo de sódio sofre depende da carga 11+ do núcleo e da carga 10− dos elétrons de caroço.

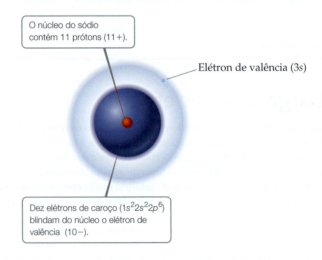

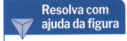

Resolva com ajuda da figura   Qual elétron tem maior probabilidade de ser encontrado a 0,5 Å do núcleo: um elétron em um orbital 2s ou um em um orbital 2p? Qual orbital, 2s ou 2p, terá menor energia em um átomo polieletrônico?

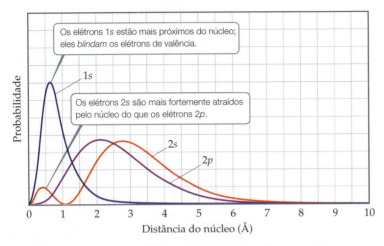

▲ **Figura 7.4** Comparação entre as funções de probabilidade radial 1s, 2s e 2p.

$S = 10$: o valor real da Z_{ef} para o elétron 3s do Na é $Z_{ef} = 2,5+$. Em outras palavras, como existe uma pequena probabilidade de o elétron 3s estar perto do núcleo, o valor de S na Equação 7.1 muda de 10 para 8,5.

A noção de carga nuclear efetiva também explica um efeito importante que observamos na Seção 6.7: para um átomo polieletrônico, as energias dos orbitais com o mesmo valor de n aumentam conforme o valor de l também aumenta. Por exemplo, no átomo de carbono, cuja configuração eletrônica é $1s^2 2s^2 2p^2$, a energia do orbital 2p ($l = 1$) é maior do que a do orbital 2s ($l = 0$), mesmo que ambos os orbitais estejam na camada $n = 2$ (Figura 6.23). Essa diferença nas energias resulta das funções de probabilidade radial dos orbitais (**Figura 7.4**). Primeiro, vemos que os elétrons 1s estão mais próximos do núcleo; eles atuam como uma "cúpula" eficiente para os elétrons 2s e 2p. Observe também que a função de probabilidade 2s tem um pequeno pico relativamente próximo ao núcleo, enquanto a função de probabilidade 2p não tem. Como resultado, um elétron 2s não é tão blindado pelos elétrons do caroço quanto um elétron 2p. A maior atração entre o elétron 2s e o núcleo deixa o orbital 2s com menos energia do que o orbital 2p. O mesmo raciocínio explica a tendência geral das energias de orbitais ($ns < np < nd$) em átomos com muitos elétrons.

O enunciado a seguir é importantíssimo e explica muitas propriedades dos elementos:

> *A carga nuclear efetiva aumenta da esquerda para a direita em qualquer período da tabela periódica.*

Embora o número de elétrons de caroço permaneça igual em todo o período, o número de prótons aumenta – em nossa analogia, estamos aumentando o brilho da lâmpada enquanto a cúpula permanece a mesma. Os elétrons de valência adicionados para contrabalançar a crescente carga nuclear blindam uns aos outros de maneira ineficiente. Assim, a Z_{ef} aumenta de maneira constante da esquerda para a direita em cada linha da tabela periódica. Por exemplo, os dois elétrons de caroço do lítio ($1s^2 2s^1$) blindam o elétron de valência 2s do núcleo 3+ de maneira bastante eficaz. Por consequência, o elétron de valência é atraído por uma carga nuclear efetiva de aproximadamente $3 - 2 = 1+$. Para o berílio ($1s^2 2s^2$), a carga nuclear efetiva que atua sobre cada elétron de valência é maior porque, nesse caso, os elétrons 1s blindam o núcleo 4+, e cada elétron 2s blinda apenas parcialmente o outro. Consequentemente, a carga nuclear efetiva que atua sobre cada elétron 2s é de cerca de $4 - 2 = 2+$.

OLHANDO DE PERTO | Estimando a carga nuclear efetiva

Para entendermos como a carga nuclear efetiva varia à medida que a carga nuclear e o número de elétrons aumentam, considere a **Figura 7.5**. Embora estejam fora do escopo de nossa discussão os detalhes de como foram calculados os valores de Z_{ef} no gráfico, as tendências são instrutivas.

A carga nuclear efetiva que atua sobre os elétrons da camada mais externa é menor do que a que atua sobre os elétrons internos por causa da blindagem exercida pelos elétrons internos. Além disso, a carga nuclear efetiva que atua sobre os elétrons mais externos não aumenta tão acentuadamente com o aumento do número atômico. Isso acontece porque os elétrons de valência dão uma contribuição pequena, mas não desprezível, à constante de blindagem S. A característica mais marcante associada ao valor de Z_{ef} em relação aos elétrons da camada mais externa é a queda acentuada entre o último elemento do segundo período (Ne) e o primeiro elemento do terceiro período (Na). Essa queda reflete que os elétrons de caroço são muito mais eficazes em blindar a carga nuclear do que os elétrons de valência.

Como Z_{ef} pode ser utilizada para a compreensão de muitas quantidades físicas mensuráveis, é desejável ter um método simples para estimá-la. O valor de Z na Equação 7.1 é conhecido com exatidão, e o desafio se resume à estimativa do valor de S. No texto, estimamos S de maneira muito simples, supondo que cada elétron de caroço contribui com 1,00 para o S e que os elétrons externos não contribuem. Entretanto, uma abordagem mais precisa foi desenvolvida por John Slater (1900–1976), e podemos usá-la se nos limitarmos a elementos que não apresentam elétrons nas subcamadas d ou f.

Segundo as regras de Slater, elétrons cujo número quântico principal n é maior do que o valor de n do elétron de interesse não contribuem para o valor de S, enquanto os elétrons com o valor de n igual ao do elétron de interesse contribuem com 0,35 para o valor de S. Os elétrons com número quântico principal $n-1$ contribuem com 0,85 e os elétrons com valores ainda menores que n contribuem com 1,00. Por exemplo, considere o flúor, que tem configuração eletrônica no estado fundamental $1s^2 2s^2 2p^5$. Para um elétron de valência do flúor, as regras de Slater determinam que $S = (0,35 \times 6) + (0,85 \times 2) = 3,8$. Vale lembrar que as regras de Slater ignoram a contribuição do elétron de interesse para sua própria blindagem; portanto, consideramos apenas seis elétrons $n = 2$, e não todos os sete. Assim, $Z_{ef} = Z - S = 9 - 3,8 = 5,2+$, um pouco abaixo da estimativa simples: $9 - 2 = 7+$.

Valores de Z_{ef} estimados pelo método simples descrito no texto, bem como os estimados com as regras de Slater, estão no gráfico da Figura 7.5. Apesar de nenhum desses métodos replicar com exatidão os valores de Z_{ef} obtidos com base em cálculos mais sofisticados, ambos captam de maneira eficaz a variação periódica da Z_{ef}. Embora a abordagem de Slater seja mais precisa, o método descrito no texto é razoavelmente bem-sucedido no processo de estimar o valor de Z_{ef}, apesar de sua simplicidade. Para nossos propósitos, portanto, podemos supor que a constante de blindagem S na Equação 7.1 é aproximadamente igual ao número de elétrons de caroço.

Exercícios relacionados: 7.15, 7.16, 7.31, 7.32, 7.80, 7.81

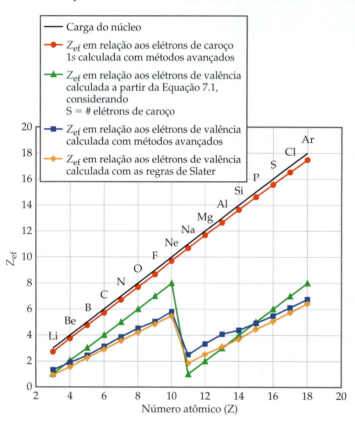

▲ **Figura 7.5 Variações da carga nuclear efetiva para os elementos do segundo e do terceiro período.** Indo de um elemento para outro na tabela periódica, o aumento da Z_{ef}, que atua sobre os elétrons mais internos (1s) (círculos vermelhos), acompanha de perto o aumento da carga nuclear Z (linha preta), porque esses elétrons não são muito blindados. Os resultados de vários métodos para calcular a Z_{ef} em relação aos elétrons de valência são mostrados em outras cores.

Em um grupo, a carga nuclear efetiva que atua sobre os elétrons de valência varia muito menos que em um período. Por exemplo, usando nossa estimativa simples para S, esperava-se que a atração exercida pela carga nuclear efetiva sobre os elétrons de valência no lítio e no sódio fosse quase a mesma, aproximadamente $3 - 2 = 1+$ para o lítio e $11 - 10 = 1+$ para o sódio. Contudo, *a carga nuclear efetiva aumenta ligeiramente à medida que descemos em um grupo*, porque a nuvem mais difusa dos elétrons de caroço é menos eficaz em blindar os elétrons de valência da carga nuclear. No caso dos metais alcalinos, Z_{ef} aumenta de 1,3+ (lítio) para 2,5+ (sódio) e 3,5+ (potássio).

> **Exercícios de autoavaliação**
>
> **EAA 7.2** Na passagem de K para Ca na tabela periódica, a carga nuclear _____, e a carga nuclear efetiva sofrida por um elétron 3s _____. (**a**) aumenta, aumenta (**b**) aumenta, diminui (**c**) aumenta, permanece igual (**d**) diminui, diminui
>
> **EAA 7.3** Use o método simples para calcular a carga nuclear efetiva de um elétron $n = 3$ no silício. (**a**) 0 (**b**) 1+ (**c**) 2+ (**d**) 4+ (**e**) 14+
>
> **EAA 7.4** Preveja a ordem relativa de Z_{ef} para os elétrons de valência de Na, P e S. (**a**) Na > P > S (**b**) Na < P < S (**c**) Na < S < P (**d**) S < Na < P

7.3 | Tamanhos de átomos e íons

É tentador pensar nos átomos como objetos esféricos e sólidos. No entanto, de acordo com o modelo da mecânica quântica, os átomos não apresentam limites pontuais bem definidos nos quais a distribuição eletrônica é igual a zero. (Seção 6.5) Assim, podemos definir o tamanho atômico de várias maneiras, com base nas distâncias entre os átomos em diferentes situações.

> **Objetivos de aprendizagem**
>
> Após terminar a Seção 7.3, você deve ser capaz de:
> ▶ Calcular os comprimentos de ligação de moléculas usando raios atômicos ligantes.
> ▶ Prever como o tamanho atômico varia na tabela periódica.
> ▶ Explicar como o raio de um átomo muda depois que ele perde elétrons para formar um cátion ou ganha elétrons para formar um ânion.
> ▶ Escrever as configurações eletrônicas de íons.
> ▶ Prever os tamanhos relativos dos íons em uma série isoeletrônica.

Imagine um conjunto de átomos de argônio na fase gasosa. Quando dois desses átomos colidem, eles ricocheteiam como bolas de bilhar. Isso acontece porque as nuvens eletrônicas dos átomos que colidem não se interpenetram de modo significativo. A menor distância que separa esses dois núcleos durante as colisões equivale a duas vezes o raio dos átomos. Chamamos esse *raio de raio atômico não ligante* ou *raio de van der Waals* (**Figura 7.6**).

Em moléculas, a atração entre quaisquer dois átomos adjacentes é reconhecida como ligação química. Discutiremos esse tema nos Capítulos 8 e 9. Por enquanto, precisamos entender que dois átomos ligados estão mais próximos do que estariam em uma colisão que não resultasse em ligação, após a qual os átomos se afastariam um do outro. Portanto, podemos definir o raio atômico com base na distância *d* entre os núcleos de dois átomos quando eles se encontram ligados um ao outro, como mostra a Figura 7.6. O **raio atômico ligante** para qualquer átomo em uma molécula é igual à metade da distância de ligação *d*. Observe na Figura 7.6 que o raio atômico ligante (também conhecido como *raio covalente*) é menor do que o raio atômico não ligante. A não ser que seja indicado o contrário, quando mencionarmos o "tamanho" de um átomo, sempre estaremos nos referindo ao raio atômico ligante.

Embora seja muito difícil medir o raio atômico não ligante de um átomo, os cientistas desenvolveram uma variedade de técnicas para medir as distâncias que separam os núcleos dos átomos nas moléculas. Com base em observações dessas distâncias em muitas moléculas, podemos atribuir a cada elemento um raio atômico ligante. Por exemplo, na molécula do I_2, nota-se que a distância que separa os núcleos é igual a 2,66 Å, o que significa que o raio atômico ligante de um átomo de iodo no I_2 é (2,66 Å)/2 = 1,33 Å.* De modo semelhante, a distância que separa núcleos adjacentes de carbono no diamante (uma rede tridimensional sólida de átomos de carbono) é igual a 1,54 Å; assim, o raio atômico ligante do carbono no diamante é 0,77 Å. Ao utilizar informações estruturais a respeito de mais de 30 mil substâncias, um conjunto consistente de raios atômicos ligantes dos elementos pôde ser definido (**Figura 7.7**). Note que, para o hélio e o neônio, os raios atômicos ligantes devem ser estimados, pois não há compostos conhecidos desses elementos.

O raio atômico na Figura 7.7 permite estimar os comprimentos de ligação em moléculas. Por exemplo, os raios atômicos de ligação do C e do Cl são 0,76 Å e 1,02 Å, respectivamente. No CCl_4, o comprimento medido da ligação C—Cl é igual a 1,77 Å, valor muito próximo do resultado da soma dos raios atômicos ligantes de Cl e C (0,76 + 1,02 Å = 1,78 Å).

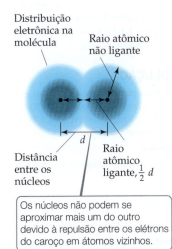

▲ **Figura 7.6** Distinção entre os raios atômicos não ligante e ligante em uma molécula.

---

*Lembre-se: o angstrom (1 Å = 10^{-10} m) é uma unidade métrica conveniente para medidas atômicas de comprimento, mas *não* é uma unidade SI. A unidade SI mais utilizada para medidas atômicas é o picômetro (1 pm = 10^{-12} m; 1 Å = 100 pm).

Resolva com ajuda da figura — Qual parte da tabela periódica (superior ou inferior, esquerda ou direita) tem os elementos com os maiores átomos?

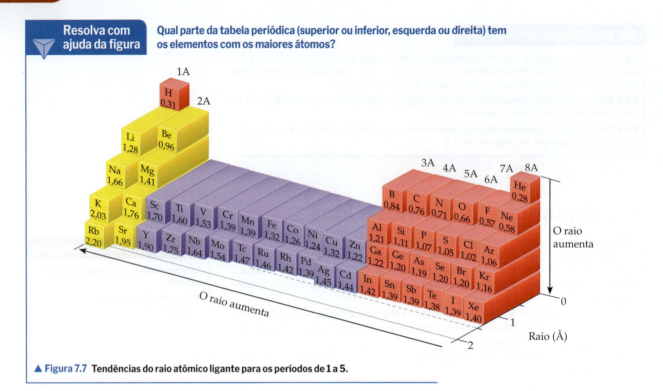

▲ **Figura 7.7** Tendências do raio atômico ligante para os períodos de 1 a 5.

Exercício resolvido 7.1

Comprimentos de ligação em uma molécula

O gás natural utilizado no aquecimento doméstico e na cozinha é inodoro. Como vazamentos de gás natural apresentam perigo de explosão ou asfixia, diferentes substâncias malcheirosas são adicionadas para permitir que esses vazamentos sejam detectados. Uma dessas substâncias é o metilmercaptana, CH_3SH. Com base na Figura 7.7, faça uma previsão dos comprimentos das ligações C—S, C—H e S—H nessa molécula.

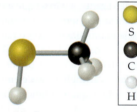

Metilmercaptana

SOLUÇÃO

Analise e planeje Temos três ligações e devemos usar a Figura 7.7 para obter os raios atômicos ligantes. Vamos considerar que cada comprimento de ligação representa a soma dos raios atômicos ligantes dos dois átomos envolvidos.

Resolva

Comprimento da ligação C—S = raio atômico ligante de C
  + raio atômico ligante de S
  = 0,76 Å + 1,05 Å = 1,81 Å
Comprimento da ligação C—H = 0,76 Å + 0,31 Å = 1,07 Å
Comprimento da ligação S—H = 0,76 Å + 0,31 Å = 1,36 Å

Confira Os comprimentos de ligação determinados experimentalmente são: C—S = 1,82 Å, C—H = 1,10 Å e S—H = 1,33 Å. (Em geral, os comprimentos das ligações que envolvem hidrogênio apresentam desvios maiores em relação aos valores previstos com base nos raios atômicos ligantes do que os comprimentos das ligações que envolvem átomos maiores.)

Comentário Os valores estimados dos comprimentos de ligação são aproximadamente iguais aos valores medidos dos comprimentos de ligação, mas não são idênticos. Como são determinados com base na média de muitas substâncias, os raios atômicos ligantes devem ser utilizados com certa cautela na estimativa dos comprimentos de ligação.

▶ **Para praticar**
Com base na Figura 7.7, determine qual tem o maior comprimento: a ligação P—Br no PBr_3 ou a ligação As—Cl no $AsCl_3$.

Tendências periódicas dos raios atômicos

A Figura 7.7 mostra duas tendências interessantes:

1. **Em cada grupo, o raio atômico ligante tende a aumentar de cima para baixo.** Essa tendência resulta principalmente do aumento do número quântico principal (*n*) dos elétrons mais externos. À medida que descemos em um grupo, os elétrons da camada mais externa têm maior probabilidade de estar mais afastados do núcleo, fazendo aumentar o raio atômico.
2. **Em cada período, o raio atômico ligante tende a diminuir da esquerda para a direita** (embora haja algumas pequenas exceções, como do Cl ao Ar ou do As ao Se). O principal fator que influencia essa tendência é o aumento da carga nuclear efetiva Z_{ef} ao longo do período. A carga nuclear efetiva cada vez maior atrai os elétrons de valência para mais perto do núcleo, fazendo o raio atômico ligante diminuir.

Exercício resolvido 7.2
Previsão dos tamanhos relativos de raios atômicos

Consultando a tabela periódica, coloque, na medida do possível, os átomos de B, C, Al e Si em ordem crescente de tamanho.

SOLUÇÃO

Analise e planeje Com base nos símbolos químicos de quatro elementos, devemos utilizar as suas posições relativas na tabela periódica para prever o tamanho relativo de seus raios atômicos. Podemos usar as duas tendências periódicas descritas no texto para ajudar a resolver esse problema.

Resolva

C e B estão no mesmo período, e C está à direita de B. Portanto, esperamos que o raio de C seja menor do que o de B, porque raios geralmente diminuem à medida que avançamos em um período.	raio C < raio B
Al e Si estão no mesmo período, com Si à direita de Al.	raio Si < raio Al
O raio aumenta à medida que descemos no grupo, e Al e B pertencem ao mesmo grupo, tal como C e Si.	raio B < raio Al raio C < raio Si
Combinando essas comparações, podemos concluir que C tem o menor raio e Al, o maior. As duas tendências periódicas à nossa disposição não apresentam informações suficientes para determinar os tamanhos relativos de B e Si.	raio C < raio B ~ raio Si < raio Al

Confira Voltando à Figura 7.7, podemos obter valores numéricos para cada raio atômico, o que nos permite dizer que o raio de Si é maior do que o de B.

C(0,76 Å) < B (0,84 Å) < Si (1,11 Å) < Al (1,21 Å)

Se examinar a Figura 7.7 com cuidado, você verá que, para os elementos dos blocos *s* e *p*, o aumento do raio quando descemos em um grupo tende a ser maior do que o aumento quando avançamos da esquerda para a direita em um período. Há exceções, entretanto.

Comentário As tendências discutidas são para os elementos dos blocos *s* e *p*. A Figura 7.7 mostra que os elementos de transição não apresentam uma diminuição regular ao longo do período.

▶ **Para praticar**
Coloque os elementos Be, C, K e Ca em ordem crescente de raio atômico.

Tendências periódicas de raios iônicos

Da mesma maneira que os raios atômicos ligantes podem ser determinados com base nas distâncias entre os átomos que constituem as moléculas, raios iônicos podem ser determinados com base nas distâncias entre os átomos em compostos iônicos. Assim como o tamanho de um átomo, o tamanho de um íon depende da sua carga nuclear, do número de elétrons que possui e dos orbitais onde estão os elétrons de valência. Quando um cátion é formado a partir de um átomo neutro, os elétrons são removidos dos orbitais atômicos

Resolva com ajuda da figura — De que modo os raios dos cátions de carga igual variam à medida que descemos em um grupo da tabela periódica?

Grupo 1A	Grupo 2A	Grupo 3A	Grupo 6A	Group 7A
Li⁺ 0,90	Be²⁺ 0,59	B³⁺ 0,41	O²⁻ 1,26	F⁻ 1,19
Li 1,28	Be 0,96	B 0,84	O 0,66	F 0,57
Na⁺ 1,16	Mg²⁺ 0,86	Al³⁺ 0,68	S²⁻ 1,70	Cl⁻ 1,67
Na 1,66	Mg 1,41	Al 1,21	S 1,05	Cl 1,02
K⁺ 1,52	Ca²⁺ 1,14	Ga³⁺ 0,76	Se²⁻ 1,84	Br⁻ 1,82
K 2,03	Ca 1,76	Ga 1,22	Se 1,20	Br 1,20
Rb⁺ 1,66	Sr²⁺ 1,32	In³⁺ 0,94	Te²⁻ 2,07	I⁻ 2,06
Rb 2,20	Sr 1,95	In 1,42	Te 1,38	I 1,39

= cátion   = ânion   = átomo neutro

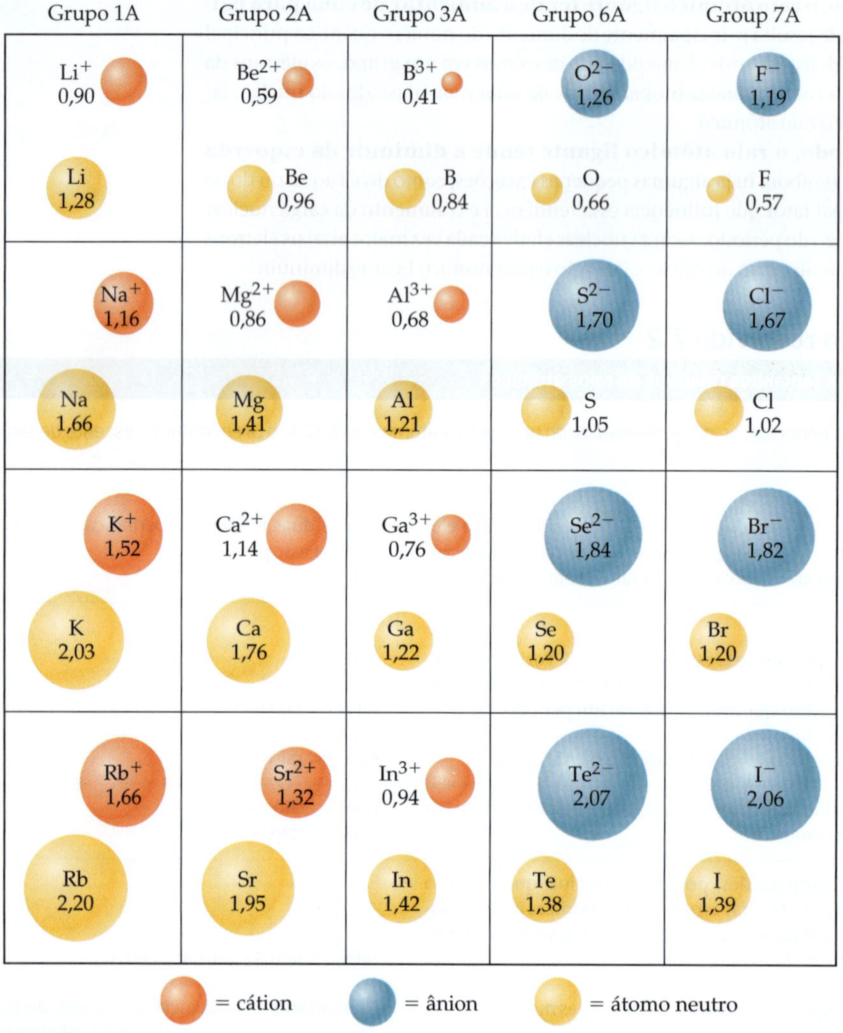

▲ **Figura 7.8 Tamanho do cátion e do ânion.** Raios, em angstroms, de átomos e seus íons para cinco grupos de elementos representativos.

ocupados que estão mais distantes do núcleo. Além disso, quando um cátion é formado, a repulsão entre os elétrons é reduzida. Portanto, *cátions são menores que os átomos que os formam* (**Figura 7.8**). Com os ânions, ocorre o oposto. Quando elétrons são adicionados a um átomo para formar um ânion, o aumento da repulsão entre os elétrons faz com que eles se espalhem mais no espaço. Assim, *os ânions são maiores que os átomos que os formam.*

Para íons de mesma carga, os raios iônicos aumentam à medida que descemos em um grupo da tabela periódica (Figura 7.8). Em outras palavras, à medida que o número quântico principal do orbital ocupado mais externo de um íon aumenta, o raio do íon também aumenta.

Configurações eletrônicas de íons

Quando os elétrons são removidos de um átomo para formar um cátion, eles são sempre removidos, a princípio, dos orbitais ocupados que apresentam o maior número quântico principal, n. Por exemplo, o elétron removido de um átomo de lítio ($1s^2 2s^1$) é o $2s^1$:

$$Li(1s^2 2s^1) \Rightarrow Li^+(1s^2) + e^-$$

Da mesma forma, quando dois elétrons são removidos do Fe ([Ar]$4s^2 3d^6$), estes serão removidos do orbital $4s^2$:

$$Fe([Ar]4s^2 3d^6) \Rightarrow Fe^{2+}([Ar]3d^6) + 2e^-$$

Se um terceiro elétron for removido, formando Fe^{3+}, ele virá do orbital $3d$, porque todos os orbitais com $n = 4$ estarão vazios:

$$Fe^{2+}([Ar]3d^6) \Rightarrow Fe^{3+}([Ar]3d^5) + e^-$$

Pode parecer estranho que os elétrons $4s$ sejam removidos antes dos elétrons $3d$ na formação de cátions de metais de transição. Afinal, ao escrever configurações eletrônicas, adicionamos os elétrons $4s$ antes dos $3d$. No entanto, ao escrever as configurações eletrônicas dos átomos, passamos por um processo imaginário, no qual percorremos toda a tabela periódica de um elemento para outro. Ao fazer isso, adicionamos um elétron a um orbital e um próton ao núcleo, alterando a identidade do elemento. Na ionização, *não* invertemos esse processo, porque não há prótons sendo removidos. Por exemplo, o Ca e o Ti^{2+} têm 20 elétrons, mas um íon Ti^{2+} possui mais prótons do que um átomo Ca (22 versus 20). Isso altera os níveis de energia relativos dos orbitais o suficiente para que as duas espécies tenham configurações eletrônicas diferentes: Ca([Ar]$4s^2$) e Ti^{2+} ([Ar]$3d^2$).

Se houver mais de uma subcamada ocupada para um determinado valor de n, os elétrons serão removidos primeiramente do orbital com o maior valor de l. Por exemplo, um átomo de estanho perde seus elétrons $5p$ antes dos elétrons $5s$:

$$Sn([Kr]5s^2 4d^{10} 5p^2) \Rightarrow Sn^{2+}([Kr]5s^2 4d^{10}) + 2e^- \Rightarrow Sn^{4+}([Kr]4d^{10}) + 4e^-$$

Os elétrons adicionados a um átomo para formar um ânion são inseridos no orbital vazio ou semipreenchido que tem o menor valor de n. Por exemplo, um elétron adicionado a um átomo de flúor para formar o íon F^- ocupa o espaço vazio da subcamada $2p$:

$$F(1s^2 2s^2 2p^5) + e^- \Rightarrow F^-(1s^2 2s^2 2p^6)$$

Uma **série isoeletrônica** é um grupo de íons que têm o mesmo número de elétrons. Por exemplo, cada íon na série isoeletrônica O^{2-}, F^-, Na^+, Mg^{2+} e Al^{3+} tem 10 elétrons. Em qualquer série isoeletrônica, podemos listar os membros em ordem crescente de número atômico; portanto, a carga nuclear aumenta à medida que percorremos a série. Uma vez que o número de elétrons permanece constante, o raio iônico diminui com o aumento da carga nuclear, pois os elétrons são mais fortemente atraídos para o núcleo:

Exercício resolvido 7.3
Configurações eletrônicas de íons

Escreva as configurações eletrônicas de (**a**) Ca^{2+}, (**b**) Co^{3+} e (**c**) S^{2-}.

SOLUÇÃO

Analise e planeje Devemos escrever as configurações eletrônicas de três íons. Para isso, primeiro escrevemos a configuração eletrônica de cada átomo que os forma e, em seguida, removemos ou adicionamos elétrons para originar íons. Primeiro, os elétrons são removidos dos orbitais com o valor mais alto de n, então são adicionados aos orbitais vazios ou semipreenchidos com o menor valor de n.

Resolva

(**a**) O cálcio (número atômico 20) tem a configuração eletrônica [Ar]$4s^2$. Para formar um íon 2+, os dois elétrons externos $4s$ devem ser removidos, resultando em um íon que é isoeletrônico com o Ar:

$$Ca^{2+}: [Ar]$$

(**b**) O cobalto (número atômico 27) tem a configuração eletrônica [Ar]$4s^2 3d^7$. Para formar um íon 3+, três elétrons devem ser removidos. Como discutido, os elétrons $4s$ são removidos antes dos elétrons $3d$. Consequentemente, removemos os dois elétrons $4s$ e um dos elétrons $3d$, então a configuração eletrônica do Co^{3+} passa a ser:

$$Co^{3+}: [Ar]3d^6$$

(**c**) O enxofre (número atômico 16) tem a configuração eletrônica [Ne]$3s^2 3p^4$. Para formar um íon 2−, dois elétrons devem ser adicionados. Há espaço para dois elétrons adicionais nos orbitais $3p$. Assim, a configuração eletrônica do S^{2-} passa a ser:

$$S^{2-}: [Ne]3s^2 3p^6 = [Ar]$$

Comentário Lembre-se de que muitos dos íons comuns dos elementos dos blocos *s* e *p*, como o Ca^{2+} e o S^{2-}, apresentam o mesmo número de elétrons que o gás nobre mais próximo. (Seção 2.7)

▶ **Para praticar**
Escreva as configurações eletrônicas de (**a**) Ga^{3+}, (**b**) Cr^{3+} e (**c**) Br^-.

	Aumento da carga nuclear $\longrightarrow$				
	8 prótons 10 elétrons	9 prótons 10 elétrons	11 prótons 10 elétrons	12 prótons 10 elétrons	13 prótons 10 elétrons
	O^{2-}	F^-	Na^+	Mg^+	Al^{3+}
	1,26 Å	1,19 Å	1,16 Å	0,86 Å	0,68 Å
	Diminuição do raio iônico $\longrightarrow$				

Observe as posições e os números atômicos desses elementos na tabela periódica. Os ânions de não metais precedem o gás nobre Ne na tabela. Os cátions de metais sucedem o Ne. O oxigênio, o maior íon nessa série isoeletrônica, tem o menor número atômico, 8. O alumínio, o menor desses íons, tem o maior número atômico, 13.

QUÍMICA E SUSTENTABILIDADE | Tamanho iônico e baterias de íons de lítio

As fontes de energia sustentável são aquelas que não dependem do uso de combustíveis fósseis. Como sabemos, os combustíveis fósseis não durarão para sempre, e as emissões de CO_2 que eles produzem estão causando mudanças climáticas. A energia solar é, em muitos aspectos, a fonte de energia perfeita para as estruturas imóveis: ela chega à Terra todos os dias e é gratuita. Aproveitar a energia solar enquanto o Sol brilha no céu é possível graças aos painéis solares, mas é preciso haver uma maneira de armazenar essa energia para uso em outros momentos. Da mesma forma, com quase todos os carros, trens e ônibus de hoje usando motores de combustão interna para se mover, os veículos elétricos tornam-se uma solução possível para evitar o consumo de combustíveis fósseis. As soluções para o problema do armazenamento da energia solar e para a alimentação de veículos elétricos incluem o uso de baterias. O tamanho iônico tem um papel crucial na determinação das propriedades de dispositivos como as baterias, que dependem do movimento dos íons. A operação das baterias de íons de lítio, que se tornaram fontes de energia comuns para os dispositivos eletrônicos, como celulares, iPads, notebooks e carros elétricos, depende, em parte, do tamanho reduzido do íon de lítio.

Uma bateria totalmente carregada produz, espontaneamente, uma corrente elétrica – e, portanto, energia – quando seus eletrodos positivos e negativos são ligados a um carregador elétrico, como um dispositivo ao qual se fornecerá energia. O eletrodo positivo é chamado de ânodo e o eletrodo negativo, de cátodo. Os materiais utilizados para fazer os eletrodos das baterias de íons de lítio estão passando por uma grande evolução. Atualmente, o material do ânodo é o grafite, uma forma de carbono, e o cátodo é um óxido de um metal de transição, muitas vezes o óxido de cobalto e lítio, $LiCoO_2$ (**Figura 7.9**). Entre o ânodo e o cátodo há um *separador*, um material sólido poroso que permite a passagem de íons de lítio, mas não de elétrons.

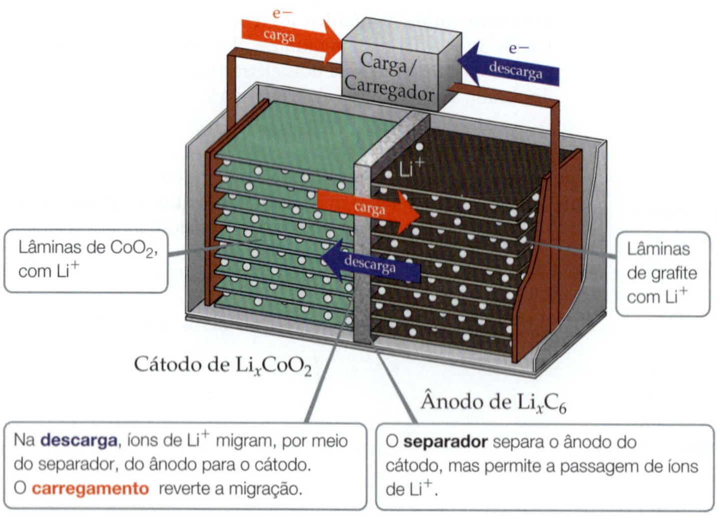

Quando a bateria é carregada por uma fonte externa, os íons de lítio migram do cátodo para o ânodo por meio do separador, onde são inseridos entre as camadas de átomos de carbono. A capacidade do íon de atravessar um sólido aumenta à medida que o tamanho e a carga do íon diminuem. Íons de lítio são menores do que a maioria dos outros cátions e apresentam carga de apenas 1+, podendo migrar mais facilmente do que outros íons. Um bônus é que o lítio é um dos elementos mais leves, uma característica atraente para o seu uso em veículos elétricos. Quando a bateria descarrega (ou seja, quando fornece sua energia para um dispositivo), os íons de lítio se movem do ânodo para o cátodo. Para manter o equilíbrio de carga, os elétrons migram simultaneamente do ânodo para o cátodo por meio de um circuito externo, produzindo energia elétrica.

No cátodo, os íons de lítio são inseridos no material feito de óxido. Mais uma vez, o tamanho reduzido dos íons de lítio é uma vantagem. Para todos os íons de lítio que se inserem no cátodo de óxido de cobalto e lítio, um íon Co^{4+} é reduzido a Co^{3+} por um elétron que atravessa o circuito externo.

A migração do íon e as alterações na estrutura quando os íons de lítio entram e saem dos materiais que compõem o eletrodo são complicadas. Além disso, o funcionamento de todas as baterias gera calor, porque elas não são perfeitamente eficientes. No caso das baterias de íons de lítio, o aquecimento do material que constitui o separador, que costuma ser um polímero, tornou-se um problema à medida que o tamanho das baterias foi aumentando para expandir a capacidade de energia. Em um número muito pequeno de casos, o superaquecimento das baterias de íons de lítio fez com que elas pegassem fogo.

Em todo o mundo, há equipes tentando descobrir novos materiais para fabricar cátodos e ânodos que recebam e liberem com mais facilidade os íons de lítio sem sofrer danos após muitos ciclos, com foco em elementos abundantes na crosta terrestre. Novos materiais para separadores que permitam a passagem mais rápida dos íons de lítio com menor produção de calor também estão em desenvolvimento. Alguns grupos de pesquisa estão tentando utilizar íons de sódio em vez de íons de lítio, porque o primeiro é muito mais abundante do que o segundo. Isso torna o sódio uma opção de íon mais sustentável, embora o tamanho maior dos íons de sódio gere outros desafios. Nos próximos anos, fique atento para novos avanços na tecnologia das baterias baseadas em íons de metais alcalinos e para melhorias na reciclagem de baterias de íons de lítio.*

Exercício relacionado: 7.87

▲ **Figura 7.9** Esquema de uma bateria de íons de lítio.

Na **descarga**, íons de Li⁺ migram, por meio do separador, do ânodo para o cátodo. O **carregamento** reverte a migração.

O **separador** separa o ânodo do cátodo, mas permite a passagem de íons de Li⁺.

Lâminas de CoO_2, com Li⁺

Lâminas de grafite com Li⁺

Cátodo de Li_xCoO_2

Ânodo de Li_xC_6

_____
*N. do R.T.: Já se encontra em desenvolvimento baterias que usam íons polivalentes de magnésio (Mg) em vez de íons de lítio (Li) em baterias recarregáveis. O objetivo desse desenvolvimento é a produção de uma bateria duas vezes mais eficiente ao liberar potência, mais barata e mais fácil de fabricar, tendo em vista que o Mg é muito mais abundante na natureza do que o Li.

Capítulo 7 | Propriedades periódicas dos elementos 267

Exercício resolvido 7.4
Raios iônicos em uma série isoeletrônica

Coloque os íons K$^+$, Cl$^-$, Ca^{2+} e S^{2-} em ordem decrescente de tamanho.

SOLUÇÃO
Essa é uma série isoeletrônica na qual todos os íons têm 18 elétrons. Em uma série como essa, o tamanho diminui à medida que a carga nuclear (número atômico) aumenta. Os números atômicos dos íons são S 16, Cl 17, K 19 e Ca 20. Assim, os íons diminuem de tamanho na seguinte ordem: S^{2-} > Cl$^-$ > K$^+$ > Ca^{2+}.

▶ **Para praticar**
Na série isoeletrônica Rb$^+$, Sr^{2+} e Y^{3+}, qual é o maior íon?

Exercícios de autoavaliação

EAA 7.5 Use a Figura 7.7 para prever qual ligação química é a mais longa. **(a)** H–Cl **(b)** C–C **(c)** Ge–S **(d)** B–Br

EAA 7.6 Qual lado da tabela periódica contém os átomos com os maiores raios atômicos ligantes? **(a)** superior esquerdo **(b)** superior direito **(c)** inferior esquerdo **(d)** inferior direito

EAA 7.7 Quais destes íons tem configuração eletrônica diferente dos demais? **(a)** S^{2-} **(b)** K$^+$ **(c)** Ga^{3+} **(d)** Ca^{2+}

EAA 7.8 Coloque Mg^{2+}, Ca^{2+} e Ca em ordem decrescente de raio. **(a)** Mg^{2+} > Ca^{2+} > Ca **(b)** Ca > Ca^{2+} > Mg^{2+} **(c)** Ca^{2+} > Ca > Mg^{2+} **(d)** Ca > Mg^{2+} > Ca^{2+}

EAA 7.9 Qual composto iônico é formado por íons com a maior diferença em tamanho iônico? **(a)** NaF **(b)** KCl **(c)** RbBr **(d)** CsF **(e)** CsI

EAA 7.10 Qual afirmação sobre íons isoeletrônicos é *falsa*? **(a)** Na$^+$ é isoeletrônico com Li$^+$. **(b)** S^{2-} é isoeletrônico com Cl$^-$. **(c)** Ânions podem ser isoeletrônicos com cátions. **(d)** As tendências em tamanho iônico para espécies isoeletrônicas seguem as tendências em carga nuclear efetiva.

7.4 | Energia de ionização e afinidade eletrônica

A facilidade com que os elétrons podem ser removidos de um átomo ou de um íon tem grande impacto sobre o seu comportamento químico. A **energia de ionização** de um átomo ou íon representa a energia mínima necessária para remover um elétron de um átomo ou íon gasoso isolado em seu estado fundamental. O tema ionização foi citado pela primeira vez quando discutimos o modelo de Bohr do átomo de hidrogênio. (Seção 6.3) Se o elétron em um átomo de H for excitado de $n = 1$ (estado fundamental) para $n = \infty$, o elétron será completamente removido do átomo; dessa maneira, o átomo é *ionizado*. Os átomos dos elementos com baixas energias de ionização tendem a formar cátions quando produzem compostos. A maior parte dos átomos, por outro lado, aceita elétrons na fase gasosa para se tornarem ânions; a variação de energia desse processo é chamada de **afinidade eletrônica** do átomo. Os átomos de elementos com afinidades eletrônicas baixas (até negativas) tendem a formar ânions quando produzem compostos.

Em geral, a *primeira energia de ionização*, I_1, é a energia necessária para remover o primeiro elétron de um átomo neutro em fase gasosa (**Figura 7.10**). Como vimos na Seção 6.3 para o átomo de H, isso corresponde à excitação do elétron até $n = \infty$. Por exemplo, a primeira energia de ionização para o átomo de sódio é a energia necessária para o processo:

$$\text{Na}(g) \longrightarrow \text{Na}^+(g) + e^- \qquad [7.2]$$

Objetivos de aprendizagem
Após terminar a Seção 7.4, você deve ser capaz de:
▶ Escrever as equações químicas relativas a energias de ionização.
▶ Prever as tendências periódicas da energia de ionização.
▶ Escrever as equações químicas relativas a afinidades eletrônicas.
▶ Reconhecer as tendências em afinidade eletrônica.

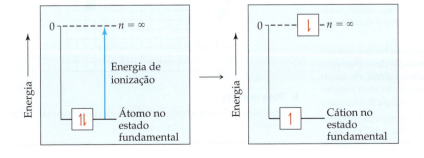

◀ **Figura 7.10** A primeira energia de ionização (I_1) de um átomo genérico. I_1 é a energia mínima necessária para ejetar um elétron do orbital indicado, o que deixa um cátion para trás.

TABELA 7.2 Valores de energias de ionização sucessivas, I, para os elementos do sódio ao argônio (kJ/mol)

Elemento	I_1	I_2	I_3	I_4	I_5	I_6	I_7
Na	496	4562					
Mg	738	1451	7733	(elétrons da camada interna)			
Al	578	1817	2745	11.577			
Si	786	1577	3232	4356	16.091		
P	1012	1907	2914	4964	6274	21.267	
S	1000	2252	3357	4556	7004	8496	27.107
Cl	1251	2298	3822	5159	6542	9362	11.018
Ar	1521	2666	3931	5771	7238	8781	11.995

A *segunda energia de ionização*, I_2, é a energia necessária para remover o segundo elétron, e assim por diante para remoções sucessivas de elétrons. Assim, I_2 para o átomo de sódio é a energia associada ao processo:

$$Na^+(g) \longrightarrow Na^{2+}(g) + e^- \qquad [7.3]$$

Variações nas energias de ionização sucessivas

A magnitude da energia de ionização determina quanta energia é necessária para remover um elétron: quanto maior for a energia de ionização, mais difícil será a remoção. A **Tabela 7.2** apresenta os valores sucessivos das energias de ionização de Na a Ar. Observe que as energias de ionização de um dado elemento aumentam à medida que ocorrem remoções sucessivas de elétrons: $I_1 < I_2 < I_3$ e assim por diante. Essa tendência faz sentido porque, a cada remoção sucessiva, um elétron é retirado de um íon cada vez mais positivo, exigindo uma energia sempre maior.

Uma segunda característica importante mostrada na Tabela 7.2 é o grande aumento da energia de ionização que ocorre quando um elétron da camada mais interna é removido. Para o silício ($1s^2 2s^2 2p^6 3s^2 3p^2$), por exemplo, as energias de ionização aumentam de maneira constante de 786 para 4.356 kJ/mol para os quatro elétrons presentes nas subcamadas 3s e 3p. A remoção do quinto elétron, presente na subcamada 2p, requer uma grande quantidade de energia: 16.091 kJ/mol. Esse aumento considerável ocorre porque é muito mais provável que o elétron 2p seja encontrado perto do núcleo do que os quatro elétrons n = 3. Portanto, o elétron 2p é atraído por uma carga nuclear efetiva muito maior que os elétrons 3s e 3p.

Cada elemento exibe um grande aumento de energia de ionização quando o primeiro elétron da camada mais interna é removido. Essa observação sustenta a ideia de que apenas os elétrons da camada mais externa estão envolvidos no compartilhamento e na transferência de elétrons que dão origem a ligações e reações químicas. Como veremos quando tratarmos das ligações químicas nos Capítulos 8 e 9, os elétrons das camadas mais internas

Exercício resolvido 7.5
Tendências da energia de ionização

Três elementos estão destacados na tabela periódica a seguir. Qual deles tem a *segunda* maior energia de ionização?

SOLUÇÃO

Analise e planeje A localização desses elementos na tabela periódica permite prever as suas configurações eletrônicas. As maiores energias de ionização envolvem a remoção de elétrons de caroço. Assim, devemos primeiro focar o elemento com apenas um elétron ocupando a camada mais externa.

Resolva O quadrado vermelho na figura representa o Na, que tem um elétron de valência. A segunda energia de ionização desse elemento está associada, portanto, à remoção de um elétron central. Os outros elementos indicados, S (verde) e Ca (azul), têm dois ou mais elétrons de valência. Assim, o Na deve ter a segunda maior energia de ionização.

Confira Consultando um manual de química, obtemos os seguintes valores para I_2: Ca, 1.145 kJ/mol; S, 2.252 kJ/mol; Na, 4.562 kJ/mol.

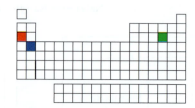

▶ **Para praticar**
Qual elemento tem a terceira maior energia de ionização: o Ca ou o S?

estão fortemente ligados ao núcleo, dificultando sua remoção do átomo ou até mesmo seu compartilhamento com outro átomo.

Tendências periódicas das primeiras energias de ionização

A **Figura 7.11** mostra, para os primeiros 54 elementos, as tendências observadas das primeiras energias de ionização à medida que passamos de um elemento para outro na tabela periódica. As principais tendências são as seguintes:

1. A I_1 *geralmente aumenta à medida que avançamos em um período.* Os metais alcalinos têm a energia de ionização mais baixa em cada período, e os gases nobres, a mais alta. Há pequenas irregularidades nessa tendência; iremos discuti-las em breve.
2. A I_1 *geralmente diminui à medida que descemos em qualquer grupo da tabela periódica.* Por exemplo, as energias de ionização dos gases nobres seguem a ordem He > Ne > Ar > Kr > Xe.
3. *Os elementos dos blocos s e p apresentam uma faixa maior de valores de I_1 do que os elementos dos metais de transição.* De maneira geral, as energias de ionização dos metais de transição aumentam lentamente da esquerda para a direita em um período. Já os metais do bloco *f* (não mostrados na Figura 7.10) também apresentam apenas uma pequena variação nos valores de I_1.

Em geral, átomos menores têm energias de ionização mais elevadas. Os mesmos fatores influenciam o tamanho atômico e as energias de ionização. A energia necessária para remover um elétron da camada mais externa ocupada depende tanto da carga nuclear efetiva quanto da distância média entre o elétron e o núcleo. Aumentar a carga nuclear efetiva ou diminuir essa distância aumenta a atração entre o elétron e o núcleo. À medida que essa atração aumenta, torna-se mais difícil remover o elétron; assim, a energia de ionização aumenta. Ao longo de um período, ocorre tanto o aumento da carga nuclear efetiva

Resolva com ajuda da figura

O valor para o ástato, At, não aparece na figura. Com uma aproximação de 100 kJ/mol, que estimativa você faria para o valor da primeira energia de ionização do At?

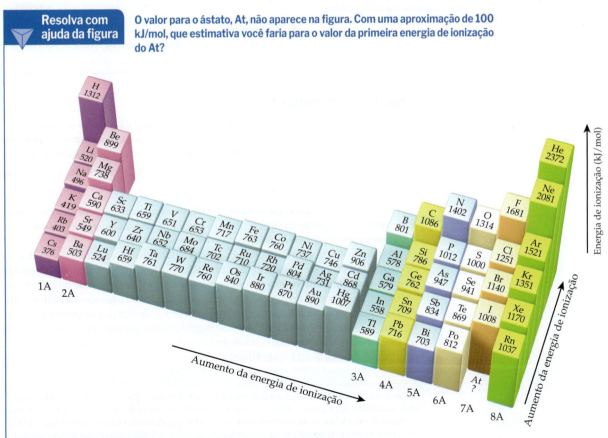

▲ **Figura 7.11 As primeiras energias de ionização dos elementos em kJ/mol.**

> **Resolva com ajuda da figura**
>
> Por que é mais fácil remover um elétron 2p de um átomo de oxigênio do que de um átomo de nitrogênio? 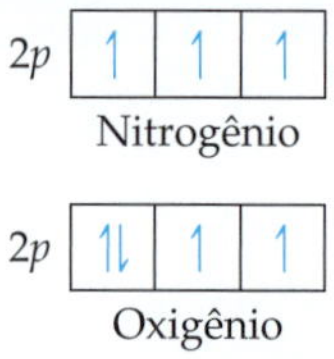
>
>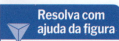
>
> ▲ Figura 7.12 Preenchimento do orbital 2p do nitrogênio e do oxigênio.

quanto a diminuição do raio atômico, fazendo a energia de ionização aumentar. Por outro lado, à medida que descemos em um grupo, o raio atômico aumenta, enquanto a carga nuclear efetiva aumenta muito pouco. O aumento do raio prevalece, portanto a atração entre o núcleo e o elétron diminui, assim como a energia de ionização.

As irregularidades em um determinado período são sutis, mas podem ser facilmente explicadas. Por exemplo, a diminuição na energia de ionização do berílio ($[He]2s^2$) ao boro ($[He]2s^2 2p^1$), mostrada na Figura 7.11, ocorre porque o terceiro elétron de valência do B ocupa a subcamada 2p, que está vazia no Be. Lembre-se de que a subcamada 2p está em um nível de energia mais alto do que a subcamada 2s (Figura 6.23). A ligeira diminuição na energia de ionização quando passamos do nitrogênio ($[He]2s^2 2p^3$) para o oxigênio ($[He]2s^2 2p^4$) resulta da repulsão entre elétrons emparelhados na configuração p^4 (**Figura 7.12**). De acordo com a regra de Hund, cada elétron na configuração p^3 está localizado em um orbital p diferente, minimizando a repulsão entre os três elétrons 2p. (Seção 6.8)

Exercício resolvido 7.6
Tendências periódicas da energia de ionização

Consultando a tabela periódica, coloque os átomos de Ne, Na, P, Ar e K em ordem crescente de primeira energia de ionização.

SOLUÇÃO

Analise e planeje Com base nos símbolos químicos de cinco elementos, devemos colocá-los em ordem crescente de primeira energia de ionização. Para isso, precisamos localizar cada elemento na tabela periódica. Podemos, então, usar suas posições relativas e as tendências da primeira energia de ionização para prever a ordem.

Resolva A energia de ionização aumenta à medida que vamos da esquerda para a direita em um período e diminui à medida que descemos em um grupo. Como o Na, o P e o Ar estão no mesmo período, esperamos que a I_1 varie na ordem Na < P < Ar. Como o Ne está acima do Ar no grupo 8A, esperamos que Ar < Ne. Da mesma forma, como o K está diretamente abaixo do Na no grupo 1A, esperamos que K < Na.

A partir dessas observações, concluímos que as energias de ionização seguem esta ordem:

$$K < Na < P < Ar < Ne$$

Confira Os valores apresentados na Figura 7.11 confirmam essa previsão.

> ▶ **Para praticar**
>
> Qual elemento tem a primeira energia de ionização mais baixa: B, Al, C ou Si? Qual tem a mais alta?

Afinidade eletrônica

A primeira energia de ionização de um átomo é uma medida da variação de energia associada à remoção de um elétron do átomo para formar um cátion. Por exemplo, a primeira energia de ionização do Cl(g), 1.251 kJ/mol, é a variação de energia associada ao processo:

$$\text{Energia de ionização:} \quad Cl(g) \longrightarrow Cl^+(g) + e^- \quad \Delta E = 1251 \text{ kJ/mol} \quad [7.4]$$
$$[Ne]3s^2 3p^5 \quad\quad [Ne]3s^2 3p^4$$

O valor positivo da energia de ionização significa que a energia deve ser fornecida ao átomo para a remoção de um elétron. *Todas as energias de ionização para os átomos são positivas: a energia deve ser absorvida para que ocorra a remoção de um elétron.*

A maioria dos átomos também pode ganhar elétrons para formar ânions. A variação de energia que acontece quando um elétron é adicionado a um átomo gasoso é chamada de **afinidade eletrônica**, uma vez que ela mede a atração, ou a *afinidade*, do átomo pelo elétron adicionado. Para a maioria dos átomos, energia é *liberada* quando um elétron é adicionado. Por exemplo, a adição de um elétron a um átomo de cloro é acompanhada de uma variação de energia de −349 kJ/mol – o sinal negativo indica que energia é liberada durante o processo e que o ânion é mais estável do que o átomo. Portanto, podemos dizer que a afinidade eletrônica do Cl é −349 kJ/mol.*

---

* Duas convenções de sinais são usadas para a afinidade eletrônica. Na maioria dos textos introdutórios, incluindo este, a convenção de sinais termodinâmicos é utilizada: um sinal negativo indica que a adição de um elétron é um processo exotérmico, como a afinidade eletrônica do cloro, −349 kJ/mol. Historicamente, no entanto, a afinidade eletrônica foi definida como a energia liberada quando um elétron é adicionado a um átomo ou um íon gasoso. Como 349 kJ/mol são liberados quando um elétron é adicionado ao Cl(g), a afinidade eletrônica por essa convenção seria +349 kJ/mol.

$$\textit{Afinidade eletrônica:}\quad \underset{[Ne]3s^23p^5}{Cl(g)} + e^- \longrightarrow \underset{[Ne]3s^23p^6}{Cl^-(g)} \qquad EA = -349\ kJ/mol \qquad [7.5]$$

É importante compreender a diferença entre energia de ionização e afinidade eletrônica:

- A energia de ionização mede a variação de energia quando um átomo *perde* um elétron.
- A afinidade eletrônica mede a variação de energia quando um átomo *ganha* um elétron.

Quanto maior for a atração entre um átomo e um elétron adicionado, mais negativa será a afinidade eletrônica do átomo. Para alguns elementos, como os gases nobres, a afinidade eletrônica tem um valor positivo, o que significa que o ânion tem energia mais alta do que o átomo e o elétron separados:

$$\underset{[Ne]3s^23p^6}{Ar(g)} + e^- \longrightarrow \underset{[Ne]3s^23p^64s^1}{Ar^-(g)} \qquad EA > 0 \qquad [7.6]$$

O fato de que a afinidade eletrônica é positiva significa que um elétron não vai se ligar a um átomo de Ar; em outras palavras, o íon Ar^- é instável e não se forma.

Tendências periódicas da afinidade eletrônica

As afinidades eletrônicas dos elementos dos blocos *s* e *p* dos primeiros cinco períodos se encontram na **Figura 7.13**. Observe que as tendências não são tão evidentes quanto as da energia de ionização. Os halogênios, que apresentam uma subcamada *p* com um elétron a menos que uma subcamada preenchida, têm afinidades eletrônicas mais negativas. Ao ganhar um elétron, um átomo de halogênio forma um ânion estável com uma configuração de gás nobre (Equação 7.5). A adição de um elétron a um gás nobre, no entanto, requer que o elétron seja posicionado em uma subcamada de alta energia que está vazia no átomo (Equação 7.6). Como ocupar uma subcamada de maior energia é energeticamente desfavorável, a afinidade eletrônica é altamente positiva. As afinidades eletrônicas de Be e Mg são positivas pelo mesmo motivo; o elétron adicionado seria posicionado em uma subcamada *p*, antes vazia, que apresenta maior energia.

As afinidades eletrônicas dos elementos do grupo 5A também são interessantes. Como esses elementos têm subcamadas *p* semipreenchidas, o elétron adicionado deve ser colocado em um orbital já ocupado, resultando em maiores repulsões entre os elétrons. Consequentemente, esses elementos têm afinidades eletrônicas positivas (N) ou menos negativas que as de seus vizinhos à esquerda (P, As, Sb). Lembre-se de que, na Seção 7.4, vimos uma descontinuidade nas tendências da primeira energia de ionização pela mesma razão.

Resolva com ajuda da figura

Por que as afinidades eletrônicas dos elementos do grupo 4A são mais negativas do que as dos elementos do grupo 5A?

1A	2A	3A	4A	5A	6A	7A	8A
H −73							**He** > 0
Li −60	**Be** > 0	**B** −27	**C** −122	**N** > 0	**O** −141	**F** −328	**Ne** > 0
Na −53	**Mg** > 0	**Al** −43	**Si** −134	**P** −72	**S** −200	**Cl** −349	**Ar** > 0
K −48	**Ca** −2	**Ga** −30	**Ge** −119	**As** −78	**Se** −195	**Br** −325	**Kr** > 0
Rb −7	**Sr** −5	**In** −30	**Sn** −107	**Sb** −103	**Te** −190	**I** −295	**Xe** > 0

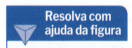

▲ **Figura 7.13 Afinidade eletrônica em kJ/mol de elementos selecionados dos blocos *s* e *p*.**

As afinidades eletrônicas não mudam muito à medida que descemos em um grupo (Figura 7.13). Para o F, por exemplo, os elétrons são adicionados a um orbital 2*p*; para o Cl, a um orbital 3*p*; para o Br, a um orbital 4*p*; e assim por diante. Portanto, quando vamos do F ao I, a distância média entre o elétron adicionado e o núcleo aumenta de maneira contínua, fazendo a atração entre o elétron e o núcleo diminuir. No entanto, o orbital que contém o elétron mais externo se espalha, de modo que, do F ao I, as repulsões entre os elétrons também diminuem. Como resultado, a redução da atração entre o elétron e o núcleo é contrabalanceada pela redução das repulsões entre os elétrons.

Exercícios de autoavaliação

EAA 7.11 Qual reação corresponde à *segunda* energia de ionização do elemento genérico A?

(**a**) $A(g) + e^- \longrightarrow A^-(g)$
(**b**) $2A(g) \longrightarrow A_2^{2+}(g) + 2e^-$
(**c**) $A(g) \longrightarrow A^+(g) + e^-$
(**d**) $A^+(g) \longrightarrow A^{2+}(g) + e^-$
(**e**) $A(g) \longrightarrow A^{2+}(g) + 2e^-$

EAA 7.12 O elemento X possui energias de ionização sucessivas de 738 kJ/ mol, 1.451 kJ/mol e 7.733 kJ/mol, enquanto o elemento Z possui energias de ionização sucessivas de 1.000 kJ/mol, 2.252 kJ/mol e 3.357 kJ/mol. Quais são as identidades possíveis de X e Z? (**a**) X poderia ser P, pois a terceira energia de ionização é muito grande. Z poderia ser Na, pois suas energias de ionização aumentam em intervalos regulares. (**b**) X poderia ser Mg, pois sua terceira energia de ionização é muito grande. Z poderia ser S, pois suas energias de ionização são grandes e aumentam em intervalos regulares. (**c**) X poderia ser Fe, pois sua terceira energia de ionização é muito grande. Z poderia ser H, pois suas energias de ionização aumentam em intervalos regulares. (**d**) X poderia ser Na, pois a segunda e a terceira energia de ionização são muito maiores do que a primeira. Z poderia ser um gás nobre, pois suas energias de ionização são grandes e aumentam em intervalos regulares.

(Continua)

EAA 7.13 Um determinado elemento X possui uma afinidade eletrônica negativa. A equação para a afinidade eletrônica de X é _____, e o processo é _____.

(a) $X(g) + e^- \longrightarrow X^-(g)$, exotérmico

(b) $X(g) + e^- \longrightarrow X^-(g)$, endotérmico

(c) $X(g) \longrightarrow X^+(g) + e^-$, exotérmico

(d) $X(g) \longrightarrow X^+(g) + e^-$, endotérmico

EAA 7.14 De acordo com a Figura 7.13, as afinidades eletrônicas de C, N e O são -122 kJ/mol, >0 kJ/mol e -141 kJ/mol, respectivamente. Qual das afirmações a seguir sobre esses dados está correta? (a) A primeira energia de ionização do N deve ser menor do que a do C ou O. (b) O ânion gasoso mais estável desses três elementos é o O^-. (c) O valor de N é anômalo, pois sua configuração eletrônica de estado fundamental é $1s^2 2s^2 2p^3$, de modo que adicionar um elétron ao orbital $3s$ custa muita energia. (d) A afinidade eletrônica de N ser positiva significa que um átomo de N perderá espontaneamente um elétron para formar um íon N^+.

7.5 | Metais, não metais e metaloides

Raios atômicos, energias de ionização e afinidades eletrônicas são propriedades de átomos. Com exceção dos gases nobres, no entanto, nenhum elemento é encontrado na natureza como átomos isolados. Para compreender melhor as propriedades dos elementos, também precisamos examinar as tendências periódicas das propriedades de amostras que envolvem grandes conjuntos de átomos.

Os elementos podem ser agrupados como metais, não metais e metaloides (**Figura 7.14**). (Seção 2.5) Algumas das propriedades distintivas de metais e não metais estão resumidas na **Tabela 7.3**. Quanto mais um elemento exibir as propriedades físicas e químicas dos metais, maior será seu **caráter metálico**. Conforme a Figura 7.14, o caráter metálico geralmente aumenta quando descemos em um grupo da tabela periódica e diminui quando seguimos para a direita em um período. A seguir, examinaremos as estreitas relações entre as configurações eletrônicas e as propriedades de metais, não metais e metaloides.

Metais

A maioria dos elementos metálicos exibe o brilho lustroso que associamos aos metais (**Figura 7.15**). Os metais conduzem calor e eletricidade. Em geral, eles são maleáveis (podem ser convertidos em folhas finas) e dúcteis (podem ser transformados em fios). Todos são

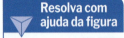

Objetivos de aprendizagem

Após terminar a Seção 7.5, você deve ser capaz de:

▶ Prever quais elementos são metais, não metais ou metaloides com base em sua posição na tabela periódica.

▶ Diferenciar as propriedades físicas e químicas dos metais das dos não metais.

▶ Prever os produtos de reações de óxidos de metais e de não metais com a água ou um ácido.

Resolva com ajuda da figura

Como as tendências periódicas do caráter metálico se comparam às da energia de ionização?

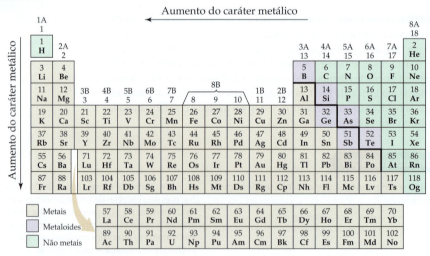

▲ **Figura 7.14** Metais, metaloides e não metais.

TABELA 7.3 | Propriedades características de metais e não metais

Metais	Não metais
São reluzentes; têm várias cores, embora a maioria seja prateada	Não são reluzentes; têm várias cores
São sólidos maleáveis e flexíveis	Em geral, são sólidos quebradiços; alguns são duros e outros são macios
São bons condutores de calor e eletricidade	São maus condutores de calor e eletricidade
A maioria dos óxidos metálicos é iônica, sólida e básica	A maioria dos óxidos não metálicos são substâncias moleculares que formam soluções ácidas
Tendem a formar cátions em solução aquosa	Tendem a formar ânions ou oxiânions em solução aquosa

sólidos à temperatura ambiente, com exceção do mercúrio (temperatura de fusão é igual a −39 °C), que é líquido. O césio (28,4 °C) e o gálio (29,8 °C) fundem-se a uma temperatura ligeiramente acima da temperatura ambiente. No outro extremo, vários metais fundem-se a temperaturas muito elevadas. Por exemplo, o tungstênio, utilizado nos filamentos de lâmpadas incandescentes, funde-se a 3.422 °C.

Metais tendem a ter energias de ionização baixas (Figura 7.11) *e, portanto, costumam formar cátions de maneira relativamente fácil*. Como resultado, os metais são oxidados (perdem elétrons) quando reagem. Entre as propriedades atômicas fundamentais, como raio, configuração eletrônica, afinidade eletrônica, entre outras, a primeira energia de ionização é o melhor indicador de que um elemento se comporta como um metal ou um não metal.

A **Figura 7.16** mostra os estados de oxidação de íons representativos de metais e não metais. Como observado na Seção 2.7, a carga de qualquer íon de metal alcalino em um composto é sempre +1, e a de qualquer metal alcalinoterroso é sempre 2+. Os elétrons externos *s* dos átomos que pertencem a um desses grupos são facilmente perdidos, resultando em uma configuração eletrônica de gás nobre. No caso de metais pertencentes a grupos com orbitais *p* semipreenchidos (grupos 3A a 7A), cátions são formados a partir da perda apenas dos elétrons externos *p* (como o Sn^{2+}) ou dos elétrons externos *s* e *p* (como o Sn^{4+}). A carga de íons de metais de transição não segue um padrão óbvio. Uma característica dos metais de transição é a capacidade de formar mais de um cátion. Por exemplo, os compostos de Fe^{2+} e Fe^{3+} são muito comuns.

Os compostos formados por um metal e um não metal tendem a ser substâncias iônicas. Por exemplo, a maioria dos óxidos metálicos e dos halogenetos são sólidos iônicos. Para ilustrar, vejamos a reação existente entre o níquel metálico e o oxigênio ao produzir o óxido de níquel, um sólido iônico com íons Ni^{2+} e O^{2-}:

$$2\,Ni(s) + O_2(g) \longrightarrow 2\,NiO(s) \qquad [7.7]$$

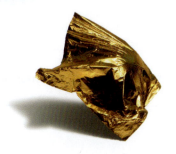

▲ **Figura 7.15 Metais, como o ouro, são brilhantes, maleáveis e flexíveis.** O ouro é tão maleável que uma onça-troy (31,1 g) do material pode ser transformada em uma folha de área maior que 9 m².

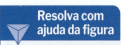 **Resolva com ajuda da figura** — A linha vermelha separa os metais dos não metais. Como os estados de oxidação comuns são divididos por essa linha?

1A													7A	8A
H^+	2A									3A	4A	5A	6A	H^-	G
Li^+												N^{3-}	O^{2-}	F^-	A S E S
Na^+	Mg^{2+}				Metais de transição					Al^{3+}		P^{3-}	S^{2-}	Cl^-	N O B R E S
K^+	Ca^{2+}	Sc^{3+}	Ti^{4+}	V^{5+} V^{4+}	Cr^{3+}	Mn^{2+} Mn^{4+}	Fe^{2+} Fe^{3+}	Co^{2+} Co^{3+}	Ni^{2+}	Cu^+ Cu^{2+}	Zn^{2+}			Se^{2-}	Br^-	
Rb^+	Sr^{2+}	Y^{3+}	Zr^{4+}						Pd^{2+}	Ag^+	Cd^{2+}	Sn^{2+} Sn^{4+}	Sb^{3+} Sb^{5+}	Te^{2-}	I^-	
Cs^+	Ba^{2+}	Lu^{3+}	Hf^{4+}						Pt^{2+}	Au^+ Au^{3+}	Hg_2^{2+} Hg^{2+}	Pb^{2+} Pb^{4+}	Bi^{3+} Bi^{5+}			

▲ **Figura 7.16 Estados de oxidação comuns dos elementos.** Observe que o hidrogênio apresenta números de oxidação positivo e negativo, sendo +1 e −1.

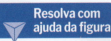 **Resolva com ajuda da figura** Você acha que o NiO pode ser dissolvido em uma solução aquosa de NaNO$_3$?

Óxido de níquel (NiO), ácido nítrico (HNO$_3$) e água.

O NiO é insolúvel em água, mas reage com o HNO$_3$ para produzir uma solução verde do sal Ni(NO$_3$)$_2$.

▲ **Figura 7.17 Óxidos metálicos reagem com ácidos.** O NiO não é dissolvido em água, mas reage com o ácido nítrico (HNO$_3$) para produzir uma solução verde de Ni(NO$_3$)$_2$.

Os óxidos são particularmente importantes por causa da abundância do oxigênio em nosso ambiente.

A maioria dos óxidos de metais é básica. Aqueles que se dissolvem em água reagem para formar hidróxidos de metal, como nos exemplos a seguir:

Óxido de metal + água ⟶ hidróxido de metal

$$Na_2O(s) + H_2O(l) \longrightarrow 2\,NaOH(aq) \qquad [7.8]$$

$$CaO(s) + H_2O(l) \longrightarrow Ca(OH)_2(aq) \qquad [7.9]$$

A basicidade dos óxidos de metais vem do íon óxido, que reage com água para formar íons hidróxido:

$$O^{2-}(aq) + H_2O(l) \longrightarrow 2\,OH^-(aq) \qquad [7.10]$$

A basicidade dos óxidos de metais insolúveis em água pode ser verificada mediante sua reação com ácidos para produzir um sal e água, como mostra a **Figura 7.17**:

Óxido de metal + ácido ⟶ sal + água

$$NiO(s) + 2\,HNO_3(aq) \longrightarrow Ni(NO_3)_2(aq) + H_2O(l) \qquad [7.11]$$

Exercício resolvido 7.7
Propriedades de óxidos metálicos

(a) À temperatura ambiente, em que estado estará o óxido de escândio: sólido, líquido ou gasoso?
(b) Escreva a equação química balanceada da reação entre o óxido de escândio e o ácido nítrico.

SOLUÇÃO

Analise e planeje Devemos determinar uma propriedade física do óxido de escândio (seu estado à temperatura ambiente) e uma propriedade química (como ele reage com o ácido nítrico).

Resolva
(a) Como o óxido de escândio é um óxido de metal, podemos supor que ele é um sólido iônico. De fato, ele é, e apresenta uma temperatura de fusão muito elevada, igual a 2.485 °C.
(b) Em compostos, o escândio tem uma carga 3+, Sc^{3+}, e o íon óxido é o O^{2-}. Consequentemente, a fórmula do óxido de escândio é Sc$_2$O$_3$. Os óxidos metálicos tendem a ser básicos, reagindo com ácidos para formar um sal e água. Nesse caso, o sal é o nitrato de escândio, Sc(NO$_3$)$_3$:

$$Sc_2O_3(s) + 6\,HNO_3(aq) \longrightarrow 2\,Sc(NO_3)_3(aq) + 3\,H_2O(l)$$

▶ **Para praticar**
Escreva a equação química balanceada da reação entre o óxido de cobre(II) e o ácido sulfúrico.

Não metais

Não metais podem ser sólidos, líquidos ou gasosos. Eles não são brilhantes e, geralmente, são maus condutores de calor e eletricidade. As suas temperaturas de fusão são geralmente mais baixas que as dos metais (com exceção do diamante, uma das formas do carbono, que funde a 3.570 °C). Em condições normais, sete dos não metais são encontrados na natureza como moléculas diatômicas. Cinco deles são gases (H_2, N_2, O_2, F_2 e Cl_2), um deles é líquido (Br_2), e o outro, um sólido volátil (I_2). Com exceção dos gases nobres, os não metais restantes são sólidos que podem ser duros, como o diamante, ou macios, como o enxofre (**Figura 7.18**).

▲ **Figura 7.18** O enxofre, conhecido na Idade Média como "pedra de enxofre", é um não metal.

Por causa de suas afinidades eletrônicas relativamente grandes e negativas, não metais tendem a ganhar elétrons quando reagem com metais. Por exemplo, a reação entre o alumínio e o bromo produz o composto iônico brometo de alumínio:

$$2Al(s) + 3\,Br_2(l) \longrightarrow 2\,AlBr_3(s) \quad [7.12]$$

Um não metal costuma ganhar elétrons suficientes para preencher sua subcamada *p* mais externa, obtendo uma configuração eletrônica de gás nobre. Por exemplo, o átomo de bromo ganha um elétron para preencher sua subcamada 4*p*:

$$Br([Ar]4s^23d^{10}4p^5) + e^- \Rightarrow Br^-([Ar]4s^23d^{10}4p^6)$$

Os compostos formados inteiramente por não metais geralmente são substâncias moleculares que tendem a ser gases, líquidos ou sólidos com baixo ponto de fusão à temperatura ambiente. Exemplos são os hidrocarbonetos comuns, usados como combustíveis (metano, CH_4; propano, C_3H_8; octano, C_8H_{18}), e HCl, NH_3 e H_2S gasosos. Muitos medicamentos são moléculas compostas de C, H, N, O e outros não metais. Por exemplo, a fórmula molecular do medicamento Lipitor®, usado para tratar o colesterol alto, é $C_{33}H_{35}FN_2O_5$.

A maioria dos óxidos não metálicos é ácida, o que significa que aqueles que se dissolvem na água formam ácidos:

$$\text{Óxido de não metal + água} \longrightarrow \text{ácido}$$

$$CO_2(g) + H_2O(l) \longrightarrow H_2CO_3(aq) \quad [7.13]$$

$$P_4O_{10}(s) + 6\,H_2O(l) \longrightarrow 4\,H_3PO_4(aq) \quad [7.14]$$

A reação entre o dióxido de carbono e a água (**Figura 7.19**) explica a acidez da água gaseificada e, até certo ponto, a da água da chuva. Como o enxofre está presente no óleo e no carvão, a combustão desses combustíveis comuns produz dióxido e trióxido de enxofre. Essas substâncias são dissolvidas em água para produzir a chuva ácida, um dos principais poluentes em muitas regiões do mundo. Como os ácidos, a maioria dos óxidos não metálicos é dissolvida em soluções básicas para formar um sal e água:

$$\text{Óxido de não metal + base} \longrightarrow \text{sal + água}$$

$$CO_2(g) + 2\,NaOH(aq) \longrightarrow Na_2CO_3(aq) + H_2O(l) \quad [7.15]$$

◀ **Figura 7.19 Reação entre CO_2 e água com indicador azul de bromotimol.** Inicialmente, a cor azul indica que a água é ligeiramente básica. Quando um pedaço de dióxido de carbono sólido ("gelo seco") é adicionado, a cor muda para amarelo, indicando uma solução ácida. Já a névoa formada representa gotículas de água do ar condensadas pelo gás CO_2 frio que sublima antes de reagir.

Exercício resolvido 7.8
Reações de óxidos não metálicos

Escreva a equação química balanceada da reação entre o dióxido de selênio sólido, SeO$_2$(s), e: **(a)** a água; **(b)** o hidróxido de sódio aquoso.

SOLUÇÃO

Analise e planeje O selênio é um não metal. Portanto, precisamos escrever as equações químicas da reação entre um óxido não metálico e a água, e um óxido não metálico e uma base, NaOH. Óxidos não metálicos são ácidos que reagem com água para formar um ácido e com bases para formar um sal e água.

Resolva

(a) A reação entre o dióxido de selênio e a água é semelhante àquela entre o dióxido de carbono e a água (Equação 7.13):

$$SeO_2(s) + H_2O(l) \longrightarrow H_2SeO_3(aq)$$

(Não importa que o SeO$_2$ seja um sólido e o CO$_2$ seja um gás sob condições padrão; o importante é que ambos são óxidos não metálicos solúveis em água.)

(b) A reação com o hidróxido de sódio é como a da Equação 7.15:

$$SeO_2(s) + 2\,NaOH(aq) \longrightarrow Na_2SeO_3(aq) + H_2O(l)$$

▶ **Para praticar**
Escreva a equação molecular balanceada da reação entre o hexa-óxido de tetrafósforo e a água.

▲ Figura 7.20 Silício elementar.

Metaloides

As propriedades dos metaloides ficam entre as dos metais e as dos não metais. Eles podem ter algumas propriedades metálicas características, mas não todas. Por exemplo, o metaloide silício tem a *aparência* de um metal (**Figura 7.20**), mas é quebradiço em vez de maleável e não conduz calor e eletricidade como os metais.

Vários metaloides, principalmente o silício, são semicondutores elétricos, representando os principais elementos utilizados em circuitos integrados e em chips de computador. Uma das razões pelas quais os metaloides podem ser usados em circuitos integrados é que sua condutividade elétrica fica entre a de metais e a de não metais. O silício muito puro é um isolante elétrico, mas sua condutividade pode ser consideravelmente aumentada com a adição de impurezas específicas chamadas de *dopantes*. Essa modificação propicia um mecanismo para controlar a condutividade elétrica mediante o controle da composição química. Voltaremos a esse ponto no Capítulo 12.

Exercícios de autoavaliação

EAA 7.15 Com base na sua posição na tabela periódica, o arsênio é um **(a)** metal, **(b)** não metal ou **(c)** metaloide?

EAA 7.16 Qual das afirmações a seguir é verdadeira com relação aos metais? **(a)** Os elementos no lado direito da tabela periódica são metais. **(b)** Os metais são frágeis e quebram facilmente. **(c)** Os metais têm afinidade eletrônica alta e formam ânions facilmente em soluções aquosas. **(d)** Os metais são bons condutores de eletricidade, mas não bons condutores de calor. **(e)** Nenhuma das afirmações é verdadeira.

EAA 7.17 Qual das alternativas a seguir é a equação esperada para a reação do Fe$_2$O$_3$(s) com ácido clorídrico?
(a) Fe$_2$O$_3$(s) + 6 HCl(aq) $\longrightarrow$ 2 Fe(OH)$_3$(s) + 3 Cl$_2$(g)
(b) Fe$_2$O$_3$(s) + 6 HCl(aq) $\longrightarrow$ 2 FeCl$_3$(aq) + 3 H$_2$O(l)
(c) Fe$_2$O$_3$(s) + 6 HCl(aq) $\longrightarrow$ 2 FeH$_3$(s) + 3 Cl$_2$O(aq)
(d) Fe$_2$O$_3$(s) + 6 HCl(aq) $\longrightarrow$ 2 FeCl$_2$(aq) + 3 H$_2$O(l)
(e) Fe$_2$O$_3$(s) + 6 HCl(aq) $\longrightarrow$ 2 H$_3$FeCl$_3$(aq) + $\frac{3}{2}$ O$_2$(g)

7.6 | Tendências dos metais dos grupos 1A e 2A

Objetivos de aprendizagem

Após terminar a Seção 7.6, você deve ser capaz de:

▶ Prever a reatividade química dos metais do grupo 1A.

▶ Prever a reatividade química dos metais do grupo 2A.

Como vimos, elementos de um determinado grupo têm semelhanças gerais. No entanto, também existem tendências dentro de cada grupo. Nesta seção, utilizaremos a tabela periódica e o nosso conhecimento a respeito das configurações eletrônicas para examinar a química dos **metais alcalinos** e dos **metais alcalino-terrosos**.

Grupo 1A: metais alcalinos

Os metais alcalinos são sólidos metálicos macios (**Figura 7.21**). Todos têm propriedades metálicas características, como cor prateada, brilho metálico e alta condutividade térmica e elétrica. O nome "*alcalino*" vem de uma palavra árabe que significa "cinzas". Os primeiros químicos isolaram muitos compostos de sódio e de potássio, dois metais alcalinos, a partir de cinzas de madeira.

TABELA 7.4 Algumas propriedades dos metais alcalinos

Elemento	Configuração eletrônica	Temperatura de fusão (°C)	Densidade (g/cm³)	Raio atômico (Å)	I_1 (kJ/mol)
Lítio	[He]$2s^1$	181	0,53	1,28	520
Sódio	[Ne]$3s^1$	98	0,97	1,66	496
Potássio	[Ar]$4s^1$	63	0,86	2,03	419
Rubídio	[Kr]$5s^1$	39	1,53	2,20	403
Césio	[Xe]$6s^1$	28	1,88	2,44	376

Como mostra a **Tabela 7.4**, os metais alcalinos apresentam baixas densidades e temperaturas de fusão, e essas propriedades variam de forma bastante regular com o aumento do número atômico. Vemos as tendências comuns à medida que descemos no grupo, como o aumento do raio atômico e a diminuição da primeira energia de ionização. O metal alcalino de qualquer período tem o menor valor de I_1 do período (Figura 7.11), refletindo a relativa facilidade com que o seu elétron de valência s pode ser removido. Como resultado, os metais alcalinos são muito reativos; perdem um elétron com facilidade para formar íons com carga 1+. (Seção 2.7)

▲ **Figura 7.21** O sódio, assim como os outros metais alcalinos, é macio o suficiente para ser cortado com uma faca.

Os metais alcalinos são encontrados na natureza apenas na forma de compostos. O sódio e o potássio são relativamente abundantes na crosta terrestre, na água do mar e em sistemas biológicos, sempre como cátions de compostos iônicos. Na maioria das vezes, os metais alcalinos se ligam diretamente a não metais. Por exemplo, eles reagem com o hidrogênio para formar hidretos e com o enxofre para formar sulfetos:

$$2\,M(s) + H_2(g) \longrightarrow 2\,MH(s) \quad [7.16]$$

$$2\,M(s) + S(s) \longrightarrow M_2S(s) \quad [7.17]$$

onde M representa qualquer metal alcalino. Em hidretos de metais alcalinos (LiH, NaH, etc.), o hidrogênio está presente como H⁻, ou seja, o **íon hidreto**. Um átomo de hidrogênio que *ganhou* um elétron é diferente do íon de hidrogênio, H⁺, formado quando um átomo de hidrogênio *perde* seu elétron.

Os metais alcalinos reagem intensamente com a água, produzindo gás hidrogênio e uma solução de um hidróxido de metal alcalino:

$$2\,M(s) + 2\,H_2O(l) \longrightarrow 2\,MOH(aq) + H_2(g) \quad [7.18]$$

Essas reações são bastante exotérmicas (**Figura 7.22**). Em muitos casos, é gerado calor suficiente para inflamar o H₂, podendo produzir fogo e até mesmo uma explosão, como

> **Resolva com ajuda da figura**
> Qual dos metais alcalinos você espera reagir mais intensamente com a água: o rubídio metálico ou o potássio metálico?

▲ **Figura 7.22** Metais alcalinos reagem intensamente com a água.

quando o K reage com a água. A reação é ainda mais violenta com o Rb e, especialmente, com o Cs, uma vez que as energias de ionização deles são ainda mais baixas que a do K.

Lembre-se de que o íon mais comum de oxigênio é o íon óxido, O^{2-}. Seria de se esperar, portanto, que a reação entre um metal alcalino e o oxigênio produzisse o óxido metálico correspondente. De fato, a reação entre o Li metálico e o oxigênio forma óxido de lítio:

$$4\,Li(s) + O_2(g) \longrightarrow \underset{\text{óxido de lítio}}{2\,Li_2O(s)} \quad [7.19]$$

Quando dissolvidos em água, o Li_2O e outros óxidos metálicos solúveis formam íons hidróxido a partir da reação entre íons O^{2-} e H_2O (Equação 7.10).

As reações dos outros metais alcalinos com o oxigênio são mais complexas do que se poderia prever. Por exemplo, quando o sódio reage com o oxigênio, o produto principal é o *peróxido* de sódio, que contém o íon O_2^{2-}:

$$2\,Na(s) + O_2(g) \longrightarrow \underset{\text{peróxido de sódio}}{Na_2O_2(s)} \quad [7.20]$$

O potássio, o rubídio e o césio reagem com o oxigênio para formar compostos que contêm o íon O_2^-, que chamamos de *íon superóxido*. Por exemplo, o potássio forma o superóxido de potássio, KO_2:

$$K(s) + O_2(g) \longrightarrow \underset{\text{superóxido de potássio}}{KO_2(s)} \quad [7.21]$$

As reações das Equações 7.20 e 7.21 são um tanto inesperadas. Na maioria dos casos, a reação entre o oxigênio e um metal forma o óxido do metal.

Como fica evidente nas Equações 7.18 a 7.21, os metais alcalinos são extremamente reativos com a água e o oxigênio. Por causa dessa reatividade, os metais geralmente são armazenados submersos em um hidrocarboneto líquido, como óleo mineral ou querosene.

Embora os íons de metais alcalinos sejam incolores, cada um produz uma cor característica quando submetido a uma chama (**Figura 7.23**). Os íons são reduzidos a átomos metálicos gasosos na chama. A alta temperatura excita o elétron de valência do seu estado fundamental para um orbital de energia mais elevada, fazendo com que o átomo fique em um estado excitado. O átomo emite energia na forma de luz visível quando o elétron volta ao orbital de menor energia, retornando ao seu estado fundamental. A luz emitida tem um comprimento de onda específico para cada elemento, como os espectros de linha de hidrogênio e sódio vistos anteriormente. (Seção 6.3) A emissão amarela do sódio a 589 nm é característica das lâmpadas de vapor de sódio (**Figura 7.24**).

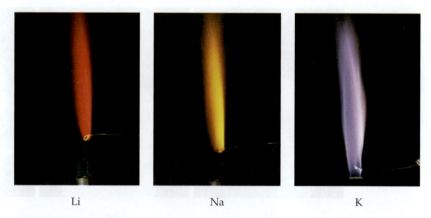

▲ **Figura 7.23** Submetidos a uma chama, os íons de cada metal alcalino emitem luz de comprimento de onda característico.

Resolva com ajuda da figura Se tivéssemos lâmpadas de vapor de potássio, que cor elas teriam?

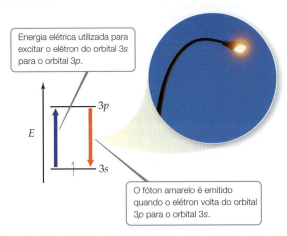

▲ **Figura 7.24 A luz amarela característica de uma lâmpada de sódio.** A luz é produzida quando elétrons excitados que estão no orbital 3*p* de alta energia voltam ao orbital 3**s** de menor energia e liberam energia na forma de luz.

Exercício resolvido 7.9

Reações que envolvem um metal alcalino

Escreva a equação balanceada da reação entre o césio metálico e: (**a**) o $Cl_2(g)$; (**b**) o $H_2O(l)$; (**c**) o $H_2(g)$.

SOLUÇÃO

Analise e planeje Como o césio é um metal alcalino, esperamos que ele oxide para formar íons Cs^+. Além disso, vemos que o Cs está localizado quase na base da tabela periódica (período 6), o que significa que ele está entre os metais mais ativos e, provavelmente, reage com as três substâncias.

Resolva A reação entre o Cs e o Cl_2 é uma reação de combinação simples entre um metal e um não metal, formando o composto iônico CsCl:

$$2\,Cs(s) + Cl_2(g) \longrightarrow 2\,CsCl(s)$$

A partir das Equações 7.18 e 7.16, podemos prever que as reações do césio com a água e com o hidrogênio ocorrerão da seguinte maneira:

$$2\,Cs(s) + 2\,H_2O(l) \longrightarrow 2\,CsOH(aq) + H_2(g)$$
$$2\,Cs(s) + H_2(g) \longrightarrow 2\,CsH(s)$$

As três reações são reações redox em que o césio forma um íon Cs^+. Os íons Cl^-, OH^- e H^- são todos 1−, representando que os produtos têm estequiometria 1:1 em relação ao Cs^+.

▶ **Para praticar**
Escreva a equação balanceada que determina os produtos da reação entre o potássio metálico e o enxofre elementar, S(*s*).

A QUÍMICA E A VIDA | O desenvolvimento improvável de drogas de lítio

Íons de metais alcalinos tendem a desempenhar um papel desinteressante na maioria das reações químicas. Conforme observado na Seção 4.2, todos os sais dos íons de metais alcalinos são solúveis em água e espectadores na maioria das reações aquosas (exceto nas que envolvem os metais alcalinos em sua forma elementar, como as das Equações 7.16 a 7.21). No entanto, esses íons desempenham um papel importante na fisiologia humana. Por exemplo, os íons sódio e potássio são os principais componentes do plasma sanguíneo e do fluido intracelular, respectivamente, com concentrações médias de 0,1 *M*. Esses eletrólitos atuam como transportadores vitais de carga em células normais. Em contraste, o íon lítio não tem função conhecida na fisiologia humana normal. No entanto, após a descoberta do lítio, em 1817, as pessoas passaram a acreditar que os sais desse elemento tinham poderes de cura quase místicos. Afirmava-se ainda que íons lítio eram ingredientes de antigas fórmulas de "fonte da juventude". Em 1927, C. L. Grigg começou a comercializar um refrigerante que continha lítio. O complicado nome original da bebida era Bib-Label Lithiated Lemon-Lime Soda, que foi logo mudado para 7UP®, mais simples e mais familiar (**Figura 7.25**).

Por causa de questões levantadas pela Food and Drug Administration, o lítio foi retirado do 7UP® no começo da década de 1950. Quase ao mesmo tempo, os psiquiatras descobriram que o íon lítio tem efeito terapêutico surpreendente sobre o distúrbio mental denominado *transtorno bipolar*. Mais de 5 milhões de adultos americanos sofrem todos os anos desse tipo de psicose, passando por mudanças bruscas de humor que vão de depressão profunda à euforia. O íon lítio suaviza essas mudanças de humor, permitindo que o paciente bipolar tenha uma vida mais próxima do normal.

(Continua)

▲ Figura 7.25 **Lítio nunca mais.** A fórmula original do refrigerante 7UP® continha um sal de lítio que supostamente o tornava saudável, trazendo benefícios como "abundância de energia, entusiasmo, cútis clara, cabelos e olhos brilhantes!". O lítio foi retirado da bebida no início dos anos 1950, mais ou menos na época em que a ação antipsicótica do Li⁺ foi descoberta.

A ação antipsicótica do Li⁺ foi descoberta acidentalmente na década de 1940 pelo psiquiatra australiano John Cade (1912–1980) durante sua pesquisa sobre o uso do ácido úrico, um componente da urina, para tratar a doença maníaco-depressiva. Ele administrou o ácido na forma de seu sal mais solúvel, o urato de lítio, em animais de laboratório maníacos e verificou que muitos dos sintomas de mania pareciam desaparecer. Estudos posteriores mostraram que o ácido úrico não produzia nenhum dos efeitos terapêuticos observados; em vez dele, os íons Li⁺ eram os responsáveis pela melhora. Como a overdose de lítio pode causar efeitos colaterais graves em seres humanos, como insuficiência renal e morte, o uso de sais de lítio foi proibido como droga antipsicótica até 1970. Hoje, o Li⁺ costuma ser administrado por via oral sob a forma de Li_2CO_3, que é o ingrediente ativo em medicamentos como o Eskalith®. Os medicamentos de lítio são eficazes para cerca de 70% dos pacientes bipolares que os ingerem.

Nesta época de desenvolvimento de drogas sofisticadas e de biotecnologia, o íon lítio simples ainda é o tratamento mais eficaz para essa doença psiquiátrica destrutiva. Surpreendentemente, apesar da intensa pesquisa, os cientistas ainda não entendem completamente a ação bioquímica do lítio que leva a esses efeitos terapêuticos. Por causa da semelhança com o Na⁺, o Li⁺ é incorporado ao plasma sanguíneo, podendo afetar o comportamento de células nervosas e musculares. Como o Li⁺ tem um raio menor que o Na⁺ (Figura 7.8), o modo como o Li⁺ interage com as moléculas em células humanas é diferente do modo como o Na⁺ interage. Outros estudos também indicam que o Li⁺ altera a função de certos neurotransmissores, fator que pode explicar sua eficácia como medicamento antipsicótico.

Grupo 2A: metais alcalino-terrosos

Assim como os metais alcalinos, os metais alcalino-terrosos são sólidos à temperatura ambiente e têm propriedades metálicas típicas (Tabela 7.5). Em comparação aos metais alcalinos, os metais alcalino-terrosos são mais duros, densos e fundem a temperaturas mais elevadas.

As primeiras energias de ionização dos metais alcalino-terrosos são baixas, mas não chegam a ser menores que as dos metais alcalinos. Consequentemente, os metais alcalino-terrosos são menos reativos que seus vizinhos alcalinos. Como observado na Seção 7.4, a facilidade com que os elementos perdem elétrons diminui à medida que percorremos um período e aumenta à medida que descemos em um grupo. Assim, o berílio e o magnésio, os metais alcalino-terrosos mais leves, são os menos reativos.

A tendência do aumento da reatividade em um grupo é evidenciada pela forma com que os metais alcalino-terrosos se comportam na presença de água. O berílio não reage com água ou vapor, mesmo quando aquecido. O magnésio reage lentamente com água líquida e mais facilmente com vapor:

$$Mg(s) + H_2O(g) \longrightarrow MgO(s) + H_2(g) \qquad [7.22]$$

O cálcio e os elementos abaixo dele reagem facilmente com a água à temperatura ambiente, embora mais lentamente que os metais alcalinos adjacentes a eles na tabela periódica. Por exemplo, a reação entre o cálcio e a água (Figura 7.26) é:

$$Ca(s) + 2 H_2O(l) \longrightarrow Ca(OH)_2(aq) + H_2(g) \qquad [7.23]$$

TABELA 7.5 Algumas propriedades do metais alcalino-terrosos

Elemento	Configuração eletrônica	Temperatura de fusão (°C)	Densidade (g/cm³)	Raio atômico (Å)	I_1 (kJ/mol)
Berílio	[He]$2s^2$	1287	1,85	0,96	899
Magnésio	[Ne]$3s^2$	650	1,74	1,41	738
Cálcio	[Ar]$4s^2$	842	1,55	1,76	590
Estrôncio	[Kr]$5s^2$	777	2,63	1,95	549
Bário	[Xe]$6s^2$	727	3,51	2,15	503

As Equações 7.22 e 7.23 ilustram o padrão dominante de reatividade dos elementos alcalino-terrosos: eles tendem a perder seus dois elétrons de valência s e formam íons 2+. Por exemplo, o magnésio reage com o cloro à temperatura ambiente para formar MgCl₂ e brilha de maneira ofuscante quando entra em combustão no ar, produzindo MgO:

$$\text{Mg}(s) + \text{Cl}_2(g) \longrightarrow \text{MgCl}_2(s) \qquad [7.24]$$

$$2\,\text{Mg}(s) + \text{O}_2(g) \longrightarrow 2\,\text{MgO}(s) \qquad [7.25]$$

Na presença de O₂, o magnésio metálico é protegido por uma fina camada de MgO insolúvel em água. Assim, apesar de o Mg estar em uma posição elevada na série de reatividade (Seção 4.4), ele pode ser incorporado a ligas estruturais leves utilizadas em rodas de carros, por exemplo. Os metais alcalino-terrosos mais pesados (Ca, Sr e Ba) são ainda mais reativos em relação aos não metais do que o magnésio.

Os íons de alcalino-terrosos mais pesados produzem cores características quando submetidos a uma chama. Alguns exemplos são os sais de estrôncio, que produzem a cor vermelha brilhante em fogos de artifício, e os sais de bário, que produzem a cor verde.

Como seus vizinhos sódio e potássio, o magnésio e o cálcio são relativamente abundantes na Terra e na água do mar e, como cátions em compostos iônicos, são essenciais para os organismos vivos. O cálcio é particularmente importante para o crescimento e a manutenção de ossos e dentes.

Resolva com ajuda da figura

Qual é a causa para a formação das bolhas? Como você testaria a sua resposta?

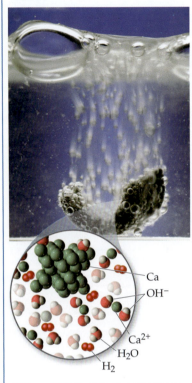

▲ Figura 7.26 O cálcio elementar reage com a água.

Exercícios de autoavaliação

EAA 7.18 Qual(is) reação(ões) provavelmente ocorrerá(ão)?
(a) $2\,\text{Li}(s) + \text{H}_2\text{O}(l) \longrightarrow 2\,\text{LiH}(s) + \text{½}\,\text{O}_2(g)$ (d) a e c
(b) $2\,\text{Li}(s) + 2\,\text{H}_2\text{O}(l) \longrightarrow 2\,\text{LiOH}(aq) + \text{H}_2(g)$ (e) b e c
(c) $2\,\text{Li}(s) + \text{H}_2(g) \longrightarrow 2\,\text{LiH}(s)$

EAA 7.19 À medida que descemos no grupo 2A da tabela periódica, os elementos se tornam mais reativos com a água. O que explica essa tendência? (a) À medida que descemos no grupo, o tamanho atômico aumenta e os átomos tornam-se mais capazes de se inserir nas ligações O–H da água. (b) À medida que descemos no grupo, a densidade dos elementos aumenta, então eles afundam mais rapidamente para o fundo do recipiente com água e, logo, têm mais tempo para reagir com a água. (c) À medida que descemos no grupo, as energias de ionização diminuem, então os elementos são oxidados mais facilmente pela água. (d) À medida que descemos no grupo, as energias de ionização diminuem, então os elementos são reduzidos mais facilmente pela água.

7.7 | Tendências de grupo para alguns não metais

Os elementos no lado esquerdo da tabela periódica são metais. Partindo da borda direita da tabela, os elementos podem alternar entre não metais, metaloides e metais, dependendo de qual grupo e qual período analisamos. Aqui destacaremos o hidrogênio, que é anômalo em comparação com todos os outros elementos, e os grupos 6A (**calcogênios**), 7A (**halogênios**) e 8A (**gases nobres**).

Hidrogênio

Vimos que a química dos metais alcalinos consiste principalmente na perda dos elétrons de valência ns^1 e na formação de cátions. A configuração eletrônica $1s^1$ do hidrogênio sugere que sua química deve ter alguma semelhança com a dos metais alcalinos. No entanto, a química do hidrogênio é muito mais rica e complexa que a dos metais alcalinos, principalmente porque o valor da energia de ionização desse elemento, 1.312 kJ/mol, é maior do que o de qualquer metal e comparável ao do oxigênio. Assim, o hidrogênio é um não metal encontrado, na maioria das vezes, como um gás incolor diatômico, $H_2(g)$.

Objetivos de aprendizagem

Após terminar a Seção 7.7, você deve ser capaz de:
▶ Descrever as propriedades e a reatividade química do hidrogênio.
▶ Descrever as propriedades e a reatividade química dos elementos do grupo 6A.
▶ Descrever as propriedades e a reatividade química dos elementos do grupo 7A.
▶ Descrever as propriedades e a reatividade química dos elementos do grupo 8A.

A reatividade do hidrogênio em relação aos não metais reflete a maior tendência de manter seu elétron em comparação com os metais alcalinos. Ao contrário dos metais alcalinos, o hidrogênio reage com a maioria dos não metais para formar compostos moleculares em que seu elétron é compartilhado com outro não metal em vez de transferido completamente. Por exemplo, vimos que o sódio metálico reage intensamente com gás cloro para produzir o composto iônico cloreto de sódio, em que o elétron de valência do sódio é completamente transferido para um átomo de cloro (Figura 2.19):

$$Na(s) + \tfrac{1}{2}Cl_2(g) \longrightarrow \underset{\text{iônico}}{NaCl(s)} \quad \Delta H° = -410,9 \text{ kJ} \quad [7.26]$$

Por outro lado, o hidrogênio molecular reage com o gás cloro para formar o gás cloreto de hidrogênio, que consiste em moléculas de HCl:

$$\tfrac{1}{2}H_2(g) + \tfrac{1}{2}Cl_2(g) \longrightarrow \underset{\text{molecular}}{HCl(g)} \quad \Delta H° = -92,3 \text{ kJ} \quad [7.27]$$

O hidrogênio forma facilmente compostos moleculares com outros não metais, como a água, $H_2O(l)$, a amônia, $NH_3(g)$, e o metano, $CH_4(g)$. A capacidade do hidrogênio de formar ligações com o carbono é um dos aspectos mais importantes da química orgânica, como será descrito nos próximos capítulos.

Vimos que, especialmente na presença de água, o hidrogênio perde um elétron e forma íons H^+. (Seção 4.3) Por exemplo, o $HCl(g)$ se dissolve em H_2O para formar uma solução de ácido clorídrico, $HCl(aq)$, na qual o elétron de um átomo de hidrogênio é transferido para o átomo de cloro – uma solução de ácido clorídrico consiste principalmente em íons $H^+(aq)$ e $Cl^-(aq)$ estabilizados pelo solvente H_2O.* De fato, a capacidade dos compostos moleculares de hidrogênio e não metais de formar ácidos em água é um dos aspectos mais importantes da química das soluções aquosas. Vamos discutir a química de ácidos e bases com detalhes mais adiante neste livro, no Capítulo 16.

Por fim, como é típico para não metais, o hidrogênio também tem a capacidade de ganhar um elétron de um metal com baixa energia de ionização. Por exemplo, vimos na Equação 7.16 que o hidrogênio reage com metais ativos para formar hidretos metálicos sólidos que contêm o íon hidreto, H^-. O fato de que o hidrogênio pode ganhar um elétron é outro exemplo de que ele se comporta muito mais como um não metal do que como um metal alcalino.

Grupo 6A: os calcogênios

À medida que descemos no grupo 6A, os **calcogênios**, há uma mudança do caráter não metálico para o caráter metálico (Figura 7.14). O oxigênio, o enxofre e o selênio são não metais típicos. O telúrio é um metaloide, e o polônio, que é radioativo e bastante raro, é um metal. O oxigênio é um gás incolor à temperatura ambiente, e todos os outros membros do grupo 6A são sólidos. Algumas das propriedades físicas dos elementos grupo 6A estão listadas na **Tabela 7.6**.

Como vimos na Seção 2.6, o oxigênio é encontrado em duas formas moleculares: O_2 e O_3. Como o O_2 é a forma mais comum, as pessoas geralmente se referem a ela quando dizem "oxigênio", embora o nome "dioxigênio" seja mais descritivo. A forma O_3 representa o **ozônio**. As duas formas de oxigênio são exemplos de *alótropos*, definidos como formas

TABELA 7.6 Algumas propriedades dos elementos do grupo 6A

Elemento	Configuração eletrônica	Temperatura de fusão (°C)	Densidade	Raio atômico (Å)	I_1 (kJ/mol)
Oxigênio	$[He]2s^22p^4$	−218	1,43 g/L	0,66	1314
Enxofre	$[Ne]3s^23p^4$	115	1,96 g/cm^3	1,05	1000
Selênio	$[Ar]3d^{10}4s^24p^4$	221	4,82 g/cm^3	1,20	941
Telúrio	$[Kr]4d^{10}5s^25p^4$	450	6,24 g/cm^3	1,38	869
Polônio	$[Xe]4f^{14}5d^{10}6s^26p^4$	254	9,20 g/cm^3	1,40	812

---

* Uma descrição mais realista seria que um íon H^+ é transferido do HCl para o H_2O, o que forma Cl^- e H_3O^+. Exploramos essa química em detalhes no Capítulo 16.

diferentes do mesmo elemento. Cerca de 21% do ar seco é constituído por moléculas de O_2. O ozônio está presente em quantidades muito pequenas na camada superior da atmosfera e no ar poluído. Ele também é formado a partir do O_2 na presença de descargas elétricas, como em tempestades violentas:

$$3\,O_2(g) \longrightarrow 2\,O_3(g) \quad \Delta H° = +284{,}6\ \text{kJ} \quad [7.28]$$

Essa reação é fortemente endotérmica, portanto o O_3 é menos estável que o O_2.

Embora tanto o O_2 quanto o O_3 sejam incolores e, portanto, não absorvam luz visível, o O_3 absorve certos comprimentos de onda de luz ultravioleta. Por causa dessa diferença, a presença de ozônio na atmosfera superior é benéfica, pois filtra a luz UV prejudicial. O ozônio e o oxigênio também têm propriedades químicas diferentes. O ozônio, que possui um odor pungente, é um poderoso agente oxidante. Por causa dessa propriedade, ele é adicionado à água para matar bactérias ou utilizado em pequenas quantidades para ajudar na purificação do ar. No entanto, a reatividade do ozônio também pode ser vista no ar poluído próximo à superfície da Terra; nesse caso, ele é prejudicial à saúde humana.

O oxigênio tem uma grande tendência de atrair elétrons de outros elementos, *oxidando-os*. O oxigênio em combinação com um metal está quase sempre na forma de íon óxido, O^{2-}. Esse íon tem uma configuração de gás nobre e é particularmente estável. Conforme a Figura 5.14, a formação de óxidos não metálicos também é, com frequência, bastante exotérmica e, portanto, energeticamente favorável.

Durante a discussão a respeito dos metais alcalinos, fizemos uma observação com relação à existência de ânions de oxigênio menos comuns: o íon peróxido (O_2^{2-}) e o íon superóxido (O_2^{-}). Compostos desses íons frequentemente reagem, produzindo um óxido e O_2:

$$2\,H_2O_2(aq) \longrightarrow 2\,H_2O(l) + O_2(g) \quad \Delta H° = -196{,}1\ \text{kJ} \quad [7.29]$$

Por essa razão, garrafas com uma solução aquosa de peróxido de hidrogênio são marrons (para proteger o H_2O_2 da luz, que pode iniciar sua decomposição em água e oxigênio) e fechadas com tampas capazes de liberar o $O_2(g)$ produzido para evitar que a pressão no interior se torne muito alta.

Depois do oxigênio, o membro mais importante do grupo 6A é o enxofre. Esse elemento é encontrado em diversas formas alotrópicas, sendo a mais comum e estável o sólido amarelo de fórmula molecular S_8. Essa molécula consiste em um anel de oito átomos de enxofre (**Figura 7.27**). Apesar de o enxofre sólido ser formado por anéis de S_8, geralmente escrevemos sua fórmula simplesmente como S(s) em equações químicas para simplificar os coeficientes estequiométricos.

Assim como o oxigênio, o enxofre tem a tendência de ganhar elétrons dos outros elementos para formar sulfetos, que contêm o íon S^{2-}. Na verdade, a maior parte do enxofre encontrado na natureza está sob a forma de sulfetos de metal. O enxofre está abaixo do oxigênio na tabela periódica, e sua tendência de formar ânions sulfeto não é tão grande quanto a do oxigênio de formar íons óxido. Como resultado, a química do enxofre é mais complexa que a do oxigênio. O enxofre e os seus compostos, incluindo aqueles presentes no carvão e no petróleo, podem sofrer combustão. O produto principal é o dióxido de enxofre, um dos principais poluentes atmosféricos:

$$S(s) + O_2(g) \longrightarrow SO_2(g) \quad [7.30]$$

Abaixo do enxofre no grupo 6A está o selênio, Se. Esse elemento relativamente raro é essencial para a vida em quantidades bem pequenas, embora seja tóxico em doses elevadas. Há muitos alótropos do Se, incluindo várias estruturas de anel semelhantes ao S_8.

O próximo elemento do grupo é o telúrio, Te. Sua estrutura elementar é ainda mais complexa que a do Se, consistindo em cadeias torcidas e longas de ligações Te — Te. O Se e o Te têm preferencialmente o estado de oxidação -2, assim como o O e o S.

Do O ao Te, passando pelo S e Se, os elementos formam moléculas cada vez maiores e tornam-se cada vez mais metálicos. A estabilidade térmica dos compostos formados com elementos do grupo 6A e hidrogênio diminui ao longo do grupo: $H_2O > H_2S > H_2Se > H_2Te$. H_2O, água, é o mais estável da série.

Grupo 7A: os halogênios

Algumas propriedades dos elementos do grupo 7A, os **halogênios**, podem ser vistas na **Tabela 7.7**. O ástato, extremamente raro e radioativo, é omitido porque muitas de suas

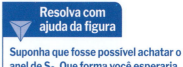

Resolva com ajuda da figura

Suponha que fosse possível achatar o anel de S_8. Que forma você esperaria que esse anel achatado tivesse?

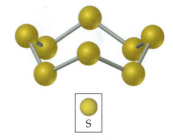

▲ **Figura 7.27** O enxofre elementar é encontrado na forma da molécula S_8. À temperatura ambiente, essa é a forma alotrópica mais comum do enxofre.

TABELA 7.7 Algumas propriedades dos halogênios

Elemento	Configuração eletrônica	Temperatura de fusão (°C)	Densidade	Raio atômico (Å)	I_1 (kJ/mol)
Flúor	[He]$2s^2 2p^5$	−220	1,69 g/L	0,57	1681
Cloro	[Ne]$3s^2 3p^5$	−102	3,12 g/L	1,02	1251
Bromo	[Ar]$4s^2 3d^{10} 4p^5$	−7,3	3,12 g/cm³	1,20	1140
Iodo	[Kr]$5s^2 4d^{10} 5p^5$	114	4,94 g/cm³	1,39	1008

propriedades ainda não são conhecidas. Sabe-se ainda menos sobre o tenesso (elemento 117), descoberto recentemente.

Diferentemente dos elementos do grupo 6A, todos os halogênios apresentados são não metais. Suas temperaturas de ebulição e de fusão aumentam à medida que o número atômico aumenta. O flúor e o cloro são gases à temperatura ambiente, o bromo é líquido, e o iodo, sólido. Cada elemento é constituído por moléculas diatômicas: F_2, Cl_2, Br_2 e I_2 (**Figura 7.28**).

Os halogênios têm afinidades eletrônicas altamente negativas (Figura 7.13). Assim, não é surpreendente que a química dos halogênios seja dominada pela sua tendência de receber elétrons de outros elementos, formando íons halogeneto, X^-. (Em muitas equações, o X é utilizado para indicar qualquer halogênio.) O flúor e o cloro são mais reativos que o bromo e o iodo. Na verdade, o flúor remove elétrons de praticamente qualquer substância com a qual entra em contato, incluindo a água, e, geralmente, faz isso de modo bastante exotérmico, como nos exemplos a seguir:

$$2\,H_2O(l) + 2\,F_2(g) \longrightarrow 4\,HF(aq) + O_2(g) \quad \Delta H = -758{,}9 \text{ kJ} \quad [7.31]$$

$$SiO_2(s) + 2\,F_2(g) \longrightarrow SiF_4(g) + O_2(g) \quad \Delta H = -704{,}0 \text{ kJ} \quad [7.32]$$

Assim, é difícil e perigoso utilizar o gás flúor no laboratório; sua manipulação requer equipamentos apropriados.

Resolva com ajuda da figura — Na representação, por que há mais moléculas de I_2 do que de Cl_2?

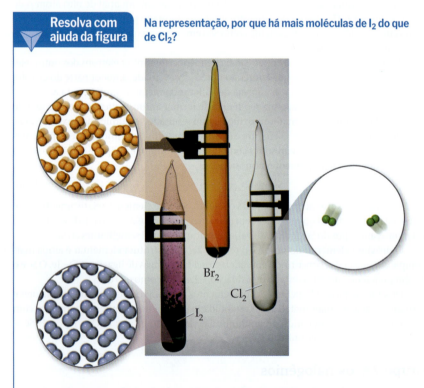

▲ **Figura 7.28** Os halogênios elementares são encontrados na forma de moléculas diatômicas.

O cloro é o halogênio mais utilizado nas indústrias. Ele é produzido por um processo denominado eletrólise, no qual uma corrente elétrica é utilizada para oxidar ânions cloreto e formar cloro molecular, Cl_2. Diferentemente do flúor, o cloro reage lentamente com água para formar soluções aquosas relativamente estáveis de HCl e HOCl (ácido hipocloroso):

$$Cl_2(g) + H_2O(l) \longrightarrow HCl(aq) + HOCl(aq) \qquad [7.33]$$

O cloro é frequentemente colocado na água potável e em piscinas porque o HOCl(aq) produzido serve como desinfetante.

Os halogênios reagem diretamente com a maioria dos metais para formar halogenetos iônicos. Os halogênios também reagem com hidrogênio para formar haletos de hidrogênio gasosos:

$$H_2(g) + X_2 \longrightarrow 2\,HX(g) \qquad [7.34]$$

Esses compostos são muito solúveis em água e se dissolvem para formar os ácidos de halogênios. Como discutimos na Seção 4.3, o HCl(aq), o HBr(aq) e o HI(aq) são ácidos fortes; o HF(aq) é um ácido fraco.

Grupo 8A: gases nobres

Os elementos do grupo 8A, conhecidos como **gases nobres**, são todos não metais e gases à temperatura ambiente. Eles são todos *monoatômicos* (i.e., formados por átomos individuais em vez de moléculas). Algumas propriedades físicas dos seis primeiros gases nobres estão listadas na Tabela 7.8. A alta radioatividade do radônio (Rn, número atômico 86) tem limitado o estudo de como ele reage quimicamente e de algumas de suas propriedades. Muito pouco se sabe sobre o oganessônio (Og, número atômico 118), para o qual apenas alguns poucos átomos foram sintetizados.

Os gases nobres têm as subcamadas *s* e *p* completamente preenchidas. Todos os elementos do grupo 8A apresentam as primeiras energias de ionização muito altas, diminuindo ao descermos no grupo. Como os gases nobres têm configurações eletrônicas estáveis, eles são excepcionalmente não reativos. Na verdade, até o início dos anos 1960, esses elementos eram chamados de *gases inertes*, porque se pensava que eles eram incapazes de formar compostos químicos. Em 1962, Neil Bartlett (1932–2008), da Universidade de British Columbia, argumentou que a energia de ionização do Xe era baixa o suficiente para permitir a formação de compostos. Para que isso acontecesse, o Xe teria de reagir com alguma substância com uma capacidade extremamente alta de remover elétrons de outras substâncias, como o flúor. Bartlett sintetizou o primeiro composto de gás nobre por meio da combinação do Xe com o composto fluorado PtF_6. O xenônio também reage diretamente com o $F_2(g)$ e forma os compostos moleculares XeF_2, XeF_4 e XeF_6. O criptônio tem um maior valor de I_1 que o xenônio, sendo, portanto, menos reativo. Na verdade, apenas um único composto estável de criptônio é conhecido: o KrF_2. Em 2000, cientistas finlandeses descreveram a primeira molécula neutra que contém argônio, a HArF, que só é estável a baixas temperaturas.

TABELA 7.8 Algumas propriedades dos gases nobres

Elemento	Configuração eletrônica	Temperatura de fusão (°C)	Densidade	Raio atômico* (Å)	I_1 (kJ/mol)
Hélio	$1s^2$	4,2	0,18	0,28	2372
Neônio	$[He]2s^22p^6$	27,1	0,90	0,58	2081
Argônio	$[Ne]3s^23p^6$	87,3	1,78	1,06	1521
Criptônio	$[Ar]4s^23d^{10}4p^6$	120	3,75	1,16	1351
Xenônio	$[Kr]5s^24d^{10}5p^6$	165	5,90	1,40	1170
Radônio	$[Xe]6s^24f^{14}5d^{10}6p^6$	211	9,73	1,50	1037

*Apenas o gás nobre mais pesado forma compostos químicos. Assim, os valores de raio atômico dos gases nobres mais leves são estimados.

Exercícios de autoavaliação

EAA 7.20 Qual afirmação está correta? (**a**) Os elementos do grupo 6A tendem a formar íons −1. (**b**) Os elementos do grupo 7A são muito pouco reativos. (**c**) Os halogênios tendem a formar íons −2. (**d**) Os gases nobres formam moléculas diatômicas. (**e**) Nenhuma das afirmações está correta.

EAA 7.21 Qual(is) das seguintes afirmações é(são) *verdadeira(s)*?
(**i**) O hidrogênio reage com o lítio para formar hidreto de lítio, LiH, no qual o H está no estado de oxidação −1.
(**ii**) O cloro reage com a água para formar ácido clorídrico e ácido hipocloroso.
(**iii**) O flúor reage com vidro (SiO_2).

(**a**) Apenas i é verdadeira. (**b**) Apenas ii é verdadeira. (**c**) Apenas iii é verdadeira. (**d**) Duas afirmações são verdadeiras. (**e**) Todas são verdadeiras.

EAA 7.22 Qual das seguintes afirmações sobre o oxigênio é *falsa*? (**a**) A forma mais comum do oxigênio é O_2. (**b**) O ozônio é um alótropo do oxigênio. (**c**) O íon mais comum formado pelo oxigênio é o íon peróxido. (**d**) O principal produto da reação do oxigênio com enxofre é o SO_2.

Integrando conceitos

O elemento bismuto (Bi, número atômico 83) é o membro mais pesado do grupo 5A. Um sal desse elemento, o subsalicilato de bismuto, é o ingrediente ativo do Pepto-Bismol®, um medicamento disponível em drogarias americanas para dor de estômago.

(**a**) Com base nos valores apresentados na Figura 7.7 e nas Tabelas 7.5 e 7.6, qual seria o raio atômico ligante esperado do bismuto?
(**b**) O que explica o fato de o raio atômico aumentar à medida que descemos no grupo 5A?
(**c**) Outra grande utilização do bismuto tem sido como componente de ligas metálicas de baixo ponto de fusão, como as utilizadas em sistemas de extinção de incêndios e em composições tipográficas. O elemento em si é um sólido cristalino branco e quebradiço. Como essas características se adequam ao fato de o bismuto estar no mesmo grupo periódico que elementos não metálicos como o nitrogênio e o fósforo?
(**d**) O Bi_2O_3 é um óxido básico. Escreva a equação química balanceada da reação entre ele e o ácido nítrico diluído. Se 6,77 g de Bi_2O_3 forem dissolvidos em solução ácida diluída para se obter 0,500 L de solução, qual será a molaridade da solução do íon Bi^{3+}?
(**e**) O ^{209}Bi é o isótopo estável mais pesado de todos os elementos. Quantos prótons e nêutrons estão presentes no núcleo dele?
(**f**) A densidade do Bi a 25 °C é 9,808 g/cm³. Quantos átomos de Bi estão presentes em um cubo do elemento que mede 5,00 cm em cada lado? Quantos mols do elemento estão presentes?

SOLUÇÃO

(**a**) O bismuto está logo abaixo do antimônio, Sb, no grupo 5A. Como o raio atômico aumenta à medida que descemos em um grupo, espera-se que o raio do Bi seja maior que o do Sb (1,39 Å). Sabemos também que raios atômicos geralmente diminuem quando vamos da esquerda para a direita em um período. Cada uma das Tabelas 7.5 e 7.6 fornece um elemento no mesmo período, ou seja, Ba e Po. Portanto, esperamos que o raio do Bi seja menor que o do Ba (2,15 Å) e maior que o do Po (1,40 Å). Vemos também que, em outros períodos, a diferença entre o tamanho dos raios dos elementos dos grupos 5A e 6A é relativamente pequena. Portanto, podemos esperar que o raio do Bi seja um pouco maior que o do Po – muito mais próximo do raio do Po que do raio do Ba. O valor tabelado do raio atômico do Bi é 1,48 Å, o que corresponde às expectativas.

(**b**) O aumento geral do raio com o aumento do número atômico dos elementos do grupo 5A ocorre porque outras camadas eletrônicas estão sendo adicionadas, com aumentos correspondentes de carga nuclear. Os elétrons de caroço em cada caso blindam eficientemente os elétrons da camada de valência da atração do núcleo, de modo que a carga nuclear efetiva não varia muito quando vamos para números atômicos mais altos. No entanto, o número quântico principal, n, dos elétrons da camada de valência aumenta progressivamente, com um aumento correspondente do raio orbital.

(**c**) O contraste entre as propriedades do bismuto e as do nitrogênio e do fósforo ilustra a tendência de que o caráter metálico aumenta à medida que descemos em determinado grupo. O bismuto, de fato, é um metal. O aumento do caráter metálico ocorre porque os elétrons mais externos são mais facilmente perdidos na ligação, uma tendência que está de acordo com sua energia de ionização menor.

(**d**) Seguindo os procedimentos descritos na Seção 4.2 para escrever equações iônicas simplificadas e moleculares, temos o seguinte:

Equação molecular:
$$Bi_2O_3(s) + 6\, HNO_3(aq) \longrightarrow 2\, Bi(NO_3)_3(aq) + 3\, H_2O(l)$$

Equação iônica simplificada:
$$Bi_2O_3(s) + 6\, H^+(aq) \longrightarrow 2\, Bi^{3+}(aq) + 3\, H_2O(l)$$

Na equação iônica simplificada, o ácido nítrico é um ácido forte e o $Bi(NO_3)_3$, um sal solúvel, por isso precisamos mostrar apenas a reação do sólido com o íon de hidrogênio formando o íon $Bi^{3+}(aq)$ e água. Para calcular a concentração da solução, procedemos da seguinte maneira (Seção 4.5):

$$\frac{6{,}77\text{ g de Bi}_2O_3}{0{,}500\text{ L de solução}} \times \frac{1\text{ mol de Bi}_2O_3}{466{,}0\text{ g de Bi}_2O_3} \times \frac{2\text{ mols de Bi}^{3+}}{1\text{ mol de Bi}_2O_3}$$

$$= \frac{0{,}0581\text{ mol de Bi}^{3+}}{\text{L de solução}} = 0{,}0581\ M$$

(**e**) Lembre-se de que o número atômico de qualquer elemento representa o número de prótons e elétrons em um átomo neutro do elemento. (Seção 2.3) O bismuto é o elemento 83; portanto, há 83 prótons no núcleo. Como o número de massa atômica é 209, há 209 − 83 = 126 nêutrons no núcleo.

(**f**) Podemos usar a densidade e a massa atômica para determinar o número de mols do Bi e, em seguida, usar o número de Avogadro para converter o resultado em número de átomos. (Seções 1.4 e 3.4) O volume do cubo é $(5{,}00)^3$ cm³ = 125 cm³. Então, temos:

$$125\text{ cm}^3\text{ de Bi} \times \frac{9{,}808\text{ g de Bi}}{1\text{ cm}^3} \times \frac{1\text{ mol de Bi}}{209{,}0\text{ g de Bi}} = 5{,}87\text{ mol de Bi}$$

$$5{,}87\text{ mol de Bi} \times \frac{6{,}022 \times 10^{23}\text{ átomos de Bi}}{1\text{ mol de Bi}} = 3{,}53 \times 10^{24}\text{ átomos de Bi}$$

Resumo do capítulo e termos-chave

DESENVOLVIMENTO DA TABELA PERIÓDICA E CARGA NUCLEAR EFETIVA (SEÇÕES 7.1 E 7.2) A primeira versão da tabela periódica foi desenvolvida por Mendeleev e Meyer com base nas semelhanças entre as propriedades químicas e físicas exibidas por alguns elementos. Moseley estabeleceu que cada elemento tem um número atômico único, fato que possibilitou a melhor organização da tabela periódica.

Agora sabemos que os elementos que estão no mesmo grupo da tabela periódica têm o mesmo número de elétrons em seus **orbitais de valência**. Essa semelhança na estrutura eletrônica de valência explica as semelhanças entre elementos do mesmo grupo. As diferenças entre eles existem porque seus orbitais de valência estão em camadas diferentes.

Muitas propriedades dos átomos dependem da **carga nuclear efetiva**, que é a atração exercida pela carga nuclear sobre um elétron externo, considerando a repulsão exercida por outros elétrons no átomo. Os elétrons de caroço são muito eficazes em blindar os elétrons externos da carga total do núcleo, enquanto os elétrons na mesma camada não blindam uns aos outros de maneira tão eficaz. Como a carga nuclear real aumenta à medida que avançamos em um período, a carga nuclear efetiva sofrida por elétrons de valência aumenta à medida que vamos da esquerda para a direita em um período.

TAMANHOS DE ÁTOMOS E ÍONS (SEÇÃO 7.3) O tamanho de um átomo pode ser estabelecido pelo seu **raio atômico ligante**, baseado em medidas das distâncias que separam átomos em seus compostos químicos. Em geral, os raios atômicos aumentam à medida que descemos em um grupo da tabela periódica e diminuem à medida que vamos da esquerda para a direita em um período.

Cátions são menores que os átomos que os formam; já os ânions são maiores que os átomos que os formam. Para íons com a mesma carga, o tamanho deles aumenta de cima para baixo em um grupo da tabela periódica. Podemos escrever configurações eletrônicas de íons registrando primeiro a configuração eletrônica do átomo neutro e, em seguida, removendo ou acrescentando o número adequado de elétrons. Para cátions, os elétrons são removidos primeiro dos orbitais do átomo neutro com o maior valor de n. Se houver dois orbitais de valência com o mesmo valor de n (p. ex., $4s$ e $4p$), os elétrons são removidos primeiramente do orbital com o valor mais alto de l (nesse caso, $4p$). No caso dos ânions, elétrons são adicionados aos orbitais na ordem inversa.

Uma **série isoeletrônica** é uma série de íons com o mesmo número de elétrons, de modo que, para ela, o tamanho diminui com o aumento do número atômico, pois os elétrons são atraídos mais fortemente pelo núcleo à medida que a carga positiva aumenta.

ENERGIA DE IONIZAÇÃO E AFINIDADE ELETRÔNICA (SEÇÃO 7.4) A **primeira energia de ionização** de um átomo é a energia mínima necessária para remover um elétron do átomo isolado na fase gasosa, formando um cátion. A segunda energia de ionização é a energia necessária para remover um segundo elétron, e assim por diante. As energias de ionização aumentam consideravelmente depois que todos os elétrons de valência são removidos, devido à maior atração exercida pela carga nuclear efetiva sobre os elétrons de caroço. As primeiras energias de ionização dos elementos mostram tendências periódicas opostas às observadas para os raios atômicos, com átomos menores tendo maiores primeiras energias de ionização. Assim, as primeiras energias de ionização diminuem à medida que descemos em um grupo e aumentam à medida que vamos da esquerda para a direita em um período.

A **afinidade eletrônica** de um elemento é a variação de energia mediante a adição de um elétron a um átomo na fase gasosa, formando um ânion. Uma afinidade eletrônica negativa significa que energia é liberada quando o elétron é adicionado; dessa forma, quando a afinidade eletrônica for negativa, o ânion será estável. Por outro lado, uma afinidade eletrônica positiva significa que o ânion não é estável em relação ao átomo e ao elétron isolados. Em geral, as afinidades eletrônicas se tornam mais negativas à medida que vamos da esquerda para a direita na tabela periódica. Os halogênios têm as afinidades eletrônicas mais negativas. As afinidades eletrônicas dos gases nobres são positivas porque o elétron adicionado teria de ocupar uma nova subcamada, de maior energia.

METAIS, NÃO METAIS E METALOIDES (SEÇÃO 7.5) Os elementos podem ser classificados como metais, não metais e metaloides. A maioria dos elementos são metais; eles ocupam o lado esquerdo e o meio da tabela periódica. Os não metais aparecem na parte superior direita da tabela. Os metaloides ocupam uma faixa estreita entre os metais e os não metais. A tendência de um elemento exibir as propriedades dos metais, o chamado **caráter metálico**, aumenta à medida que descemos em um grupo e diminui à medida que vamos da esquerda para a direita em um período.

Os metais têm um brilho característico e são bons condutores de calor e eletricidade. Quando os metais reagem com não metais, os átomos metálicos são oxidados para formar cátions, e geralmente são formadas substâncias iônicas. A maioria dos óxidos metálicos é básica; eles reagem com ácidos para formar sais e água.

Os não metais não têm o mesmo brilho dos metais e geralmente são maus condutores de calor e eletricidade. Vários são gases à temperatura ambiente. Os compostos formados inteiramente por não metais costumam ser moleculares. Os não metais geralmente formam ânions em suas reações com metais. Óxidos não metálicos são ácidos e reagem com bases para formar sais e água. Os metaloides têm propriedades intermediárias entre as dos metais e as dos não metais.

TENDÊNCIAS DOS METAIS DOS GRUPOS 1A E 2A (SEÇÃO 7.6) As propriedades periódicas dos elementos podem nos ajudar a compreender as propriedades de grupos de elementos representativos. Os **metais alcalinos** (grupo 1A) são metais macios com baixa densidade e baixa temperatura de fusão, apresentando as energias de ionização mais baixas entre os elementos. Como resultado, eles reagem bem com não metais e perdem facilmente seu elétron de valência s para formar íons $1+$.

Os **metais alcalino-terrosos** (grupo 2A) são mais duros e densos, apresentando temperaturas de fusão mais altas que os metais alcalinos. Eles também reagem bem com não metais, embora não sejam tão reativos quanto os metais alcalinos. Os metais alcalino-terrosos perdem facilmente seus dois elétrons de valência s para formar íons $2+$. Tanto os metais alcalinos quanto os alcalino-terrosos reagem com o hidrogênio para formar substâncias iônicas que contêm o **íon hidreto**, H^-.

TENDÊNCIAS DE GRUPO PARA ALGUNS NÃO METAIS (SEÇÃO 7.7) O hidrogênio é um não metal com propriedades diferentes de qualquer um dos grupos da tabela periódica. Ele forma compostos moleculares com outros não metais, como o oxigênio e os halogênios.

O oxigênio e o enxofre são os elementos mais importantes do grupo 6A, os **calcogênios**. O oxigênio geralmente é encontrado na forma de molécula diatômica, O_2. O **ozônio**, O_3, é um alótropo importante do oxigênio. O oxigênio tem uma forte tendência de ganhar elétrons de outros elementos, oxidando-os. Em combinação com metais, o oxigênio costuma ser encontrado como o íon óxido, O^{2-}, embora sais do íon peróxido, O_2^{2-}, e do íon superóxido, O_2^-, sejam, por vezes, formados. O enxofre elementar é mais comumente encontrado na forma de moléculas S_8. Em combinação com metais, é mais frequentemente encontrado na forma de íon sulfeto, S^{2-}.

Os **halogênios** (grupo 7A) são encontrados na forma de moléculas diatômicas. Os halogênios têm as afinidades eletrônicas mais negativas entre os elementos. Assim, sua química é dominada por uma tendência de formar íons $1-$, especialmente em reações com metais.

Os **gases nobres** (grupo 8A) são encontrados na forma de gases monoatômicos. Eles são muito pouco reativos porque têm as subcamadas s e p completamente preenchidas. Somente os gases nobres mais pesados formam compostos, e apenas com não metais muito ativos, como o flúor.

Equações-chave

- $Z_{ef} = Z - S$ [7.1]   Estimando a carga nuclear efetiva

Simulado

SIM 7.1 Estime a carga nuclear efetiva sobre o elétron 4s do potássio. (**a**) 1+ (**b**) 5+ (**c**) 18+ (**d**) 19+

SIM 7.2 Elementos hipotéticos X e Y formam uma molécula XY$_2$, na qual os dois átomos de Y estão ligados ao átomo de X: Y—X—Y. X$_2$ e Y$_2$ são moléculas diatômicas com distância X—X igual a 2,04 Å e distância Y—Y de 1,68 Å, respectivamente. Qual você acha que seria a distância X—Y na molécula XY$_2$? (**a**) 0,84 Å (**b**) 1,02 Å (**c**) 1,86 Å (**d**) 2,70 Å (**e**) 3,72 Å

SIM 7.3 Consultando a tabela periódica, coloque os seguintes átomos em ordem crescente de tamanho atômico: N, O, P, Ge.
(**a**) N < O < P < Ge
(**b**) P < N < O < Ge
(**c**) O < N < Ge < P
(**d**) O < N < P < Ge
(**e**) N < P < Ge < O

SIM 7.4 Coloque os seguintes átomos e íons em ordem crescente de raio iônico: F, S^{2-}, Cl e Se^{2-}.
(**a**) F < S^{2-} < Cl < Se^{2-}
(**b**) F < Cl < S^{2-} < Se^{2-}
(**c**) F < S^{2-} < Se^{2-} < Cl
(**d**) Cl < F < Se^{2-} < S^{2-}
(**e**) S^{2-} < F < Se^{2-} < Cl

SIM 7.5 Coloque os seguintes íons em ordem crescente de raio iônico: Br$^-$, Rb$^+$, Se^{2-}, Sr^{2+}, Te^{2-}.
(**a**) Sr^{2+} < Rb$^+$ < Br$^-$ < Se^{2-} < Te^{2-}
(**b**) Br$^-$ < Sr^{2+} < Se^{2-} < Te^{2-} < Rb$^+$
(**c**) Rb$^+$ < Sr^{2+} < Se^{2-} < Te^{2-} < Br$^-$
(**d**) Rb$^+$ < Br$^-$ < Sr^{2+} < Se^{2-} < Te^{2-}
(**e**) Sr^{2+} < Rb$^+$ < Br$^-$ < Te^{2-} < Se^{2-}

SIM 7.6 A terceira energia de ionização do bromo é a energia necessária para qual dos seguintes processos?
(**a**) Br(g) ⟶ Br$^+$(g) + e$^-$
(**b**) Br$^+$(g) ⟶ Br^{2+}(g) + e$^-$
(**c**) Br(g) ⟶ Br^{2+}(g) + 2e$^-$
(**d**) Br(g) ⟶ Br^{3+}(g) + 3e$^-$
(**e**) Br^{2+}(g) ⟶ Br^{3+}(g) + e$^-$

SIM 7.7 Considere as seguintes afirmações a respeito das primeiras energias de ionização:

(**i**) Como a carga nuclear efetiva do Mg é maior que a do Be, a primeira energia de ionização do Mg é maior que a do Be.

(**ii**) A primeira energia de ionização do O é menor que a do N porque no O devemos emparelhar elétrons no orbital 2p.

(**iii**) A primeira energia de ionização do Ar é menor que a do Ne porque o elétron 3p do Ar está mais longe do núcleo que o elétron 2p do Ne.

Quais afirmações são verdadeiras? (**a**) Apenas uma das afirmações é verdadeira. (**b**) As afirmações i e ii são verdadeiras. (**c**) As afirmações i e iii são verdadeiras. (**d**) As afirmações ii e iii são verdadeiras. (**e**) Todas as afirmações são verdadeiras.

SIM 7.8 A configuração eletrônica de estado fundamental de um átomo de Tc é [Kr]5s^{2}4d^5. Qual é a configuração eletrônica de um íon Tc^{3+}? (**a**) [Kr]4d^4 (**b**) [Kr]5s^{2}4d^2 (**c**) [Kr]5s^{1}4d^3 (**d**) [Kr]5s^{2}4d^8 (**e**) [Kr]4d^{10}

SIM 7.9 Se um elemento tem afinidade eletrônica com valor altamente negativo, ele _____. (**a**) provavelmente é um gás nobre (**b**) provavelmente tem uma primeira energia de ionização negativa alta (**c**) provavelmente é um halogênio (**d**) provavelmente tem carga nuclear efetiva com valor negativo

SIM 7.10 Quando descemos em um grupo da tabela periódica, a primeira energia de ionização _____ e o tamanho atômico _____.
(**a**) aumenta, aumenta (**b**) aumenta, diminui (**c**) diminui, diminui (**d**) diminui, aumenta

SIM 7.11 Qual das seguintes afirmações sobre a carga nuclear efetiva é *falsa*? (**a**) A carga nuclear efetiva geralmente aumenta à medida que avançamos em um período da tabela periódica da esquerda para a direita. (**b**) No modelo simples da carga nuclear efetiva, os elétrons do caroço blindam completamente os elétrons de valência. (**c**) No modelo simples da carga nuclear efetiva, os elétrons de valência não se blindam mutuamente. (**d**) Se a carga nuclear do átomo A é maior do que a do átomo B, a carga nuclear efetiva de A é maior do que a de B.

SIM 7.12 Quando avançamos da esquerda para a direita em um período da tabela periódica, a primeira energia de ionização _____ e o tamanho atômico _____. (**a**) aumenta, aumenta (**b**) aumenta, diminui (**c**) diminui, diminui (**d**) diminui, aumenta

SIM 7.13 Um elemento conduz eletricidade até certo ponto e tende a formar compostos moleculares. Qual é a identidade mais provável do elemento? (**a**) O (**b**) Cl (**c**) Al (**d**) Si (**e**) Bi

SIM 7.14 Um elemento conduz eletricidade, e seu estado de oxidação em compostos iônicos geralmente é 1+. Qual é a identidade mais provável do elemento? (**a**) F (**b**) Zn (**c**) Ca (**d**) Ag (**e**) Cr

SIM 7.15 Suponha que um óxido metálico de fórmula M$_2$O$_3$ seja solúvel em água. Qual(is) seria(m) o(s) principal(is) produto(s) formado(s) pela dissolução dessa substância em água?
(**a**) MH$_3$(aq) + O$_2$(g)
(**b**) M(s) + H$_2$(g) + O$_2$(g)
(**c**) M^{3+}(aq) + H$_2$O$_2$(aq)
(**d**) M(OH)$_2$(aq)
(**e**) M(OH)$_3$(aq)

SIM 7.16 Considere os seguintes óxidos: SO$_2$, Y$_2$O$_3$, MgO, Cl$_2$O, N$_2$O$_5$. Quantos deles devem formar soluções ácidas em água? (**a**) 1 (**b**) 2 (**c**) 3 (**d**) 4 (**e**) 5

SIM 7.17 Considere as três seguintes afirmações sobre a reatividade de um metal alcalino M com o gás oxigênio:

(**i**) Com base em suas posições na tabela periódica, o produto esperado é o óxido iônico M$_2$O.

(**ii**) Alguns metais alcalinos produzem peróxidos de metal ou superóxidos de metal quando reagem com o oxigênio.

(**iii**) Quando é dissolvido na água, um metal alcalino produz uma solução básica.

Quais afirmações são verdadeiras? (**a**) Apenas uma das afirmações é verdadeira. (**b**) As afirmações i e ii são verdadeiras. (**c**) As afirmações i e iii são verdadeiras. (**d**) As afirmações ii e iii são verdadeiras. (**e**) Todas as afirmações são verdadeiras.

SIM 7.18 Considere o elemento misterioso Z, um sólido granulado que não conduz eletricidade. Ele reage com metais e forma compostos MZ, em que Z está no estado de oxidação −2. Qual é a identidade mais provável de Z? (**a**) O (**b**) S (**c**) F (**d**) Cl (**e**) Nenhuma das alternativas.

SIM 7.19 O césio elementar reage mais violentamente com a água do que o sódio elementar. Qual das seguintes afirmações melhor explica essa diferença de reatividade?
(**a**) O sódio tem caráter mais metálico do que o césio.
(**b**) A primeira energia de ionização do césio é menor do que a do sódio.
(**c**) A afinidade eletrônica do sódio é menor do que a do césio.
(**d**) A carga nuclear efetiva do césio é menor do que a do sódio.
(**e**) O raio atômico do césio é menor do que o do sódio.

SIM 7.20 Qual das alternativas a seguir representa os produtos esperados quando Sr(s) é adicionado a H$_2$O(l)?
(**a**) Sr^{2+}(aq) + OH$^-$(aq) + O$_2$(g)
(**b**) Sr^{3+}(aq) + OH$^-$(aq) + H$_2$(g)
(**c**) Sr$^+$(aq) + OH$^-$(aq) + H$_2$(g)
(**d**) Sr^{2+}(aq) + H$_2$(g) + O$_2$(g)
(**e**) Sr^{2+}(aq) + OH$^-$(aq) + H$_2$(g)

Exercícios

Visualizando conceitos

7.1 Como discutido no texto, podemos fazer uma analogia entre a atração de um elétron para o núcleo e o ato de perceber a luz de uma lâmpada através de uma cúpula de vidro fosco, conforme a ilustração.

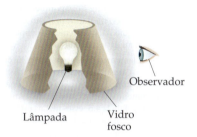

Usando o método simples de estimar a carga nuclear efetiva (Equação 7.1), como a intensidade da lâmpada e/ou a espessura do vidro fosco varia em cada um dos casos a seguir. (**a**) Do boro para o carbono. (**b**) Do boro para o alumínio. [Seção 7.2]

7.2 Qual dessas esferas representa o F, o Br e o Br⁻? [Seção 7.3]

7.3 Considere os íons Mg^{2+}, Cl^-, K^+ e Se^{2-}. As quatro esferas abaixo representam esses quatro íons, dimensionados de acordo com o tamanho iônico. (**a**) Sem consultar a Figura 7.8, relacione cada íon à esfera que o representa. (**b**) Em termos de tamanho, entre quais esferas você encontraria os íons (i) Ca^{2+} e (ii) S^{2-}? [Seção 7.3]

7.4 Na reação a seguir,

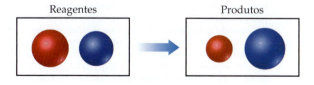

qual esfera representa um metal e qual representa um não metal? [Seções 7.3, 7.5, 7.6]

7.5 Considere a molécula A_2X_4 ilustrada a seguir, em que A e X são elementos químicos. O comprimento da ligação A—A nessa molécula é d_1, e os quatro comprimentos de ligação A—X são d_2. (**a**) Em termos de d_1 e d_2, como você poderia definir o raio atômico ligante dos átomos A e X? (**b**) Em termos de d_1 e d_2, qual é o comprimento da ligação X—X de uma molécula X_2? [Seção 7.2]

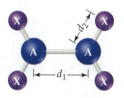

7.6 O gráfico a seguir mostra as energias de ionização de um determinado elemento. A qual grupo esse elemento provavelmente pertence? [Seção 7.3]

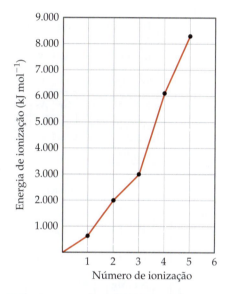

7.7 Qual dos gráficos a seguir mostra as tendências periódicas gerais para cada uma das seguintes propriedades dos elementos do grupo principal: (**1**) raio atômico ligante, (**2**) primeira energia de ionização e (**3**) carga nuclear efetiva? (Você pode desconsiderar pequenos desvios ao percorrer um período ou ao descer em um grupo da tabela periódica.) [Seções 7.1–7.3]

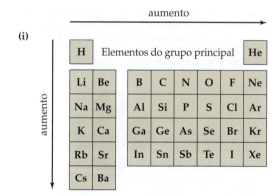

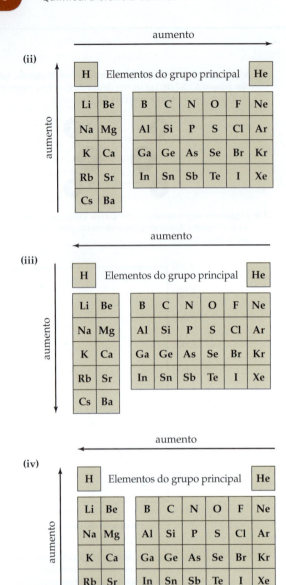

(ii), (iii), (iv) — diagramas da tabela periódica indicando o sentido de "aumento" em cada caso.

7.8 Um elemento X reage com o $F_2(g)$ para formar o produto molecular mostrado aqui. (**a**) Escreva a equação balanceada dessa reação (não se preocupe com as fases de X e do produto). (**b**) Se X fosse um metal, qual estado de oxidação deveria ter? (**c**) Sugira uma identidade para X se X for um não metal. [Seções 7.4–7.6]

Tabela periódica; carga nuclear efetiva (Seções 7.1 e 7.2)

7.9 Coletivamente, os elementos dos grupos 1A e 2A também são chamados de "bloco s". Assim, qual seria o nome equivalente para o conjunto dos elementos dos grupos 3A, 4A, 5A, 6A, 7A e 8A?

7.10 O prefixo *eka-* vem da palavra em sânscrito correspondente a "um". Mendeleev usou esse prefixo para indicar que o elemento desconhecido estava uma posição abaixo do elemento conhecido que recebia o prefixo. Por exemplo, o *eka-silício*, que hoje chamamos de germânio, fica uma posição abaixo do silício. Mendeleev também previu a existência do *eka-manganês*, que não foi experimentalmente confirmado até 1937, porque esse elemento é radioativo e não é encontrado na natureza. Com base na tabela periódica mostrada na Figura 7.1, que elemento ocupa a posição daquele que Mendeleev chamou de *eka-manganês*?

7.11 (**a**) Os cinco elementos mais abundantes na crosta terrestre são O, Si, Al, Fe e Ca. Consultando a Figura 7.1, algum desses elementos era conhecido antes de 1700? Em caso afirmativo, quais? (**b**) Sete dos nove elementos conhecidos desde a Antiguidade são metais. Consultando a Tabela 4.5, esses metais estão quase todos na parte inferior ou superior da série de atividades?

7.12 Os experimentos de Moseley com raios X emitidos por átomos levou ao conceito de números atômicos. (**a**) Se dispostos em ordem crescente de massa atômica, qual elemento vem após o cloro? (**b**) Descreva duas maneiras nas quais as propriedades desse elemento são diferentes das dos outros elementos do grupo 8A.

7.13 Entre os elementos 1 e 18, qual ou quais têm a menor carga nuclear efetiva se usarmos a Equação 7.1 para calcular Z_{ef}? Qual ou quais elementos têm a maior carga nuclear efetiva?

7.14 Qual das seguintes afirmações sobre a carga nuclear efetiva do elétron de valência mais externo de um átomo é *incorreta*?

(**a**) Pode-se dizer que a carga nuclear efetiva é a carga nuclear real menos uma constante de blindagem por parte dos outros elétrons no átomo.

(**b**) A carga nuclear efetiva aumenta da esquerda para a direita ao longo dos períodos da tabela periódica.

(**c**) Os elétrons de valência blindam a carga nuclear de maneira mais efetiva do que os elétrons de caroço.

(**d**) A carga nuclear efetiva mostra uma diminuição súbita quando vamos do fim de um período para o início do próximo na tabela periódica.

(**e**) A alteração na carga nuclear efetiva quando descemos em um grupo da tabela periódica é geralmente menor do que quando percorremos um período da esquerda para a direita.

7.15 Cálculos detalhados mostram que o valor da Z_{ef} para os elétrons mais externos em átomos de Na e K é de 2,51+ e 3,49+, respectivamente. (**a**) Que valor você estimaria para a Z_{ef} do elétron de valência no Na e no K se considerasse que os elétrons do caroço contribuem com 1,00 e que os elétrons de valência contribuem com 0,00 para a constante de blindagem? (**b**) Que valores você estimaria para a Z_{ef} usando as regras de Slater? (**c**) Que abordagem proporciona uma estimativa mais precisa da Z_{ef}? (**d**) Que método de aproximação explica de maneira mais precisa o aumento constante da Z_{ef} que ocorre quando descemos em um grupo da tabela? (**e**) Determine a Z_{ef} para os elétrons de valência no átomo de Rb, com base nos cálculos para o Na e o K.

7.16 Cálculos detalhados mostram que o valor da Z_{ef} para os elétrons mais externos nos átomos de Si e Cl é 4,29+ e 6,12+, respectivamente. (**a**) Que valor você estimaria para a Z_{ef} do elétron mais externo do Si e do Cl se considerasse que os elétrons do caroço contribuem com 1,00 e os elétrons de valência contribuem com 0,00 para a constante de blindagem? (**b**) Que valores você estimaria para a Z_{ef} usando as regras de Slater? (**c**) Que abordagem proporciona uma estimativa mais precisa da Z_{ef}? (**d**) Que método de aproximação explica de maneira mais precisa o aumento constante da Z_{ef} que ocorre quando vamos da esquerda para a direita em um período?

(e) Determine a Z_{ef} do elétron de valência do P, fósforo, com base nos cálculos para o Si e o Cl.

7.17 Qual terá a maior carga nuclear efetiva: o elétron na camada $n = 3$ no Ar ou o elétron na camada $n = 3$ no Kr? Qual tem maior probabilidade de estar mais próximo do núcleo?

7.18 Disponha os seguintes átomos em ordem crescente de carga nuclear efetiva dos elétrons na camada $n = 3$: K, Mg, P, Rh, Ti.

Raios atômico e iônico; configuração eletrônica dos íons (Seção 7.3)

7.19 Se você consultar o raio do átomo de Cl em diversas fontes on-line, vai encontrar valores que variam entre 79 e 182 pm (picômetros; 1 pm = 1×10^{-12} m). Os valores mais comuns são 100 pm e 182 pm. O que você conclui a partir desses dados? (a) Os químicos devem estar fazendo algo de errado se não conseguem chegar a um consenso sobre um número simples como esse. (b) O valor 100 pm provavelmente é o raio de van der Waals, enquanto o valor 182 pm provavelmente é o raio atômico ligante. (c) O valor 100 pm provavelmente é o raio atômico ligante, enquanto o valor 182 pm provavelmente é o raio de van der Waals. (d) É provável que os bancos de dados estejam incluindo íons de Cl como átomos, de modo que o valor 100 pm provavelmente é o raio do ânion de cloro, enquanto o valor 182 pm provavelmente é o raio atômico do Cl.

7.20 Com exceção do hélio, os gases nobres se condensam e formam sólidos quando resfriados o suficiente. A temperaturas inferiores a 83 K, o argônio forma um sólido com empacotamento denso, cuja estrutura está ilustrada a seguir. (a) Qual é o raio aparente de um átomo de argônio no argônio sólido, supondo que os átomos estão em contato como na figura? (b) Esse valor é maior ou menor do que o raio atômico ligante estimado para o argônio na Figura 7.7? (c) Com base nessa comparação, você diria que os átomos são unidos por ligações químicas no argônio sólido?

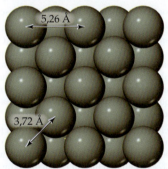

7.21 O tungstênio tem a temperatura de fusão mais alta de todos os metais da tabela periódica: 3.422 °C. A distância entre os átomos de W no tungstênio metálico é 2,74 Å. (a) Qual é o raio atômico de um átomo de tungstênio nesse ambiente? (Esse raio é chamado de *raio metálico*.) (b) Se você colocasse o tungstênio metálico sob alta pressão, o que aconteceria com a distância entre os átomos de W?

7.22 Qual das seguintes afirmações sobre o raio atômico ligante da Figura 7.7 está *incorreta*?

(a) Para um determinado período, os raios dos elementos representativos geralmente diminuem da esquerda para a direita ao longo do período.

(b) Os raios dos elementos representativos do período $n = 3$ são maiores do que os dos elementos correspondentes no período $n = 2$.

(c) Para a maioria dos elementos representativos, a alteração no raio do período $n = 2$ para o período $n = 3$ é maior do que a alteração no raio do período $n = 3$ para o período $n = 4$.

(d) Os raios dos elementos de transição costumam aumentar quando vamos da esquerda para a direita em um período.

(e) Os raios grandes dos elementos do grupo 1A são decorrentes das suas cargas nucleares efetivas relativamente pequenas.

7.23 Estime o comprimento da ligação As—I com base nos dados da Figura 7.7 e compare o valor com o do comprimento da ligação experimental As—I no tri-iodeto de arsênio, AsI_3, 2,55 Å.

7.24 O comprimento da ligação experimental Bi—I no tri-iodeto de bismuto, BiI_3, é 2,81 Å. Com base nesse valor e nos dados da Figura 7.7, determine o raio atômico do Bi.

7.25 Com base apenas na tabela periódica, disponha cada conjunto de átomos em ordem decrescente de tamanho: (a) K, Li, Cs; (b) Pb, Sn, Si; (c) F, O, N.

7.26 Com base apenas na tabela periódica, disponha cada conjunto de átomos em ordem crescente de raio: (a) Ba, Ca, Na; (b) In, Sn, As; (c) Al, Be, Si.

7.27 Identifique cada afirmação a seguir como verdadeira ou falsa. (a) Os cátions são maiores do que os seus átomos neutros correspondentes. (b) O Li^+ é menor do que o Li. (c) O Cl^- é maior do que o I^-.

7.28 Para cada conjunto de átomos e íons, escolha o menor.

(a) I, I^+, I^-

(b) Be^{2+}, Ca^{2+}, Mg^{2+}

(c) Fe, Fe^{2+}, Fe^{3+}

7.29 Para cada íon, identifique o átomo neutro com o qual ele é isoeletrônico. (a) Ga^{3+} (b) Zr^{4+} (c) Mn^{7+} (d) I^- (e) Pb^{2+}

7.30 Para cada íon, identifique o átomo neutro com o qual ele é isoeletrônico. (a) Cl^- (b) Sc^{3+} (c) Fe^{2+} (d) Zn^{2+} (e) Sn^{4+}

7.31 Considere os íons isoeletrônicos F^- e Na^+. (a) Qual íon é menor? (b) Com base na Equação 7.1 e considerando que os elétrons do caroço contribuem com 1,00 e os elétrons de valência contribuem com 0,00 para a constante de blindagem, S, calcule a Z_{ef} dos elétrons $2p$ para os dois íons. (c) Repita o cálculo aplicando as regras de Slater para estimar a constante de blindagem, S. (d) Nos íons isoeletrônicos, de que maneira a carga nuclear efetiva e o raio iônico estão relacionados?

7.32 Considere os íons isoeletrônicos Cl^- e K^+. (a) Qual íon é menor? (b) Com base na Equação 7.1 e considerando que os elétrons do caroço contribuem com 1,00 e que os elétrons de valência não contribuem para a constante de blindagem, S, calcule a Z_{ef} desses dois íons. (c) Repita o cálculo aplicando as regras de Slater para estimar a constante de blindagem, S. (d) Nos íons isoeletrônicos, de que maneira a carga nuclear efetiva e o raio iônico estão relacionados?

7.33 Considere o S, o Cl e o K e seus íons mais comuns. (a) Liste os átomos em ordem crescente de tamanho. (b) Liste os íons em ordem crescente de tamanho. (c) Explique as eventuais diferenças entre as ordens dos tamanhos atômicos e iônicos.

7.34 Disponha cada um dos seguintes conjuntos de átomos e íons em ordem crescente de tamanho: (a) Se^{2-}, Te^{2-}, Se; (b) Co^{3+}, Fe^{2+}, Fe^{3+}; (c) Ca, Ti^{4+}, Sc^{3+}; (d) Be^{2+}, Na^+, Ne.

7.35 Verdadeiro ou falso? (a) O^{2-} é menor do que O. (b) S^{2-} é menor do que O^{2-}. (c) S^{2-} é maior do que K^+. (d) K^+ é maior do que Ca^{2+}.

7.36 Nos compostos iônicos LiF, NaCl, KBr e RbI, as distâncias medidas entre o cátion e o ânion são 2,01 Å (Li–F), 2,82 Å (Na–Cl), 3,30 Å (K–Br) e 3,67 Å (Rb-I), respectivamente. (a) Determine a distância entre o cátion e o ânion utilizando os valores dos raios iônicos indicados na Figura 7.8. (b) Calcule a diferença entre as distâncias dos íons medidas experimentalmente e as previstas com base na Figura 7.8. (c) Qual estimativa da distância entre o cátion e o ânion você obteria para esses quatro compostos usando os *raios atômicos ligantes* dos átomos neutros? Essas estimativas são tão precisas quanto as estimativas feitas usando raios iônicos?

7.37 Escreva as configurações eletrônicas dos seguintes íons e determine quais deles têm configurações de gás nobre: (a) Co^{2+}, (b) Sn^{2+}, (c) Zr^{4+}, (d) Ag^+, (e) S^{2-}.

7.38 Escreva as configurações eletrônicas dos seguintes íons e determine quais deles têm configurações de gás nobre: (a) Ru^{3+}, (b) As^{3-}, (c) Y^{3+}, (d) Pd^{2+}, (e) Pb^{2+}, (f) Au^{3+}.

7.39 Entre os íons Ni^{2+}, Fe^{2+}, Co^{3+} e Pt^{2+}, qual tem configuração eletrônica nd^8 (n = 3, 4, 5, ...)? (a) Ni^{2+} (b) Fe^{2+} (c) Co^{3+} (d) Pt^{2+} (e) Mais de uma alternativa está correta.

7.40 Entre os íons Ni^{2+}, Fe^{2+}, Co^{3+} e Pt^{2+}, qual tem configuração eletrônica nd^6 ($n = 3, 4, 5, ...$)? (**a**) Ni^{2+} (**b**) Fe^{2+} (**c**) Co^{3+} (**d**) Pt^{2+} (**e**) Mais de uma alternativa está correta.

Energia de ionização e afinidade eletrônica (Seção 7.4)

7.41 (**a**) Escreva uma equação para a segunda afinidade eletrônica do cloro. (**b**) Sua previsão seria uma quantidade positiva ou negativa para o processo?

7.42 Verdadeiro ou falso? Se a afinidade eletrônica de um elemento for um número negativo, o ânion do elemento é mais estável que o átomo neutro.

7.43 Escreva equações que mostram os processos que descrevem a primeira, a segunda e a terceira energia de ionização de um átomo de alumínio. Que processo exigiria a menor quantidade de energia?

7.44 Escreva equações que mostram o processo (**a**) das duas primeiras energias de ionização do chumbo e (**b**) da quarta energia de ionização do zircônio.

7.45 Qual elemento possui a maior segunda energia de ionização: Li, K ou Be?

7.46 Identifique cada afirmação a seguir como verdadeira ou falsa. (**a**) Energias de ionização são sempre quantidades negativas. (**b**) O oxigênio tem uma primeira energia de ionização maior que a do flúor. (**c**) A segunda energia de ionização de um átomo é sempre maior do que a sua primeira energia de ionização. (**d**) A terceira energia de ionização é a energia necessária para ionizar três elétrons de um átomo neutro.

7.47 (**a**) Escolha a palavra correta para completar a seguinte frase: Quanto maior o átomo, (menor/maior) a sua primeira energia de ionização. (**b**) Qual elemento da tabela periódica tem a maior energia de ionização? (**c**) Qual elemento tem a menor primeira energia de ionização?

7.48 (**a**) Qual é a tendência da primeira energia de ionização quando descemos no grupo 7A? (**b**) Os raios atômicos dos elementos do grupo 7A apresentam a mesma tendência que as primeiras energias de ionização? (**c**) Qual é a tendência das primeiras energias de ionização quando vamos do K para o Kr, no quarto período da tabela? (**d**) Os raios atômicos dos elementos do período 4 apresentam a mesma tendência que as primeiras energias de ionização?

7.49 Com base na posição dos seguintes átomos na tabela periódica, determine qual dos pares terá a primeira energia de ionização menor: (**a**) Cl, Ar; (**b**) Be, Ca; (**c**) K, Co; (**d**) S, Ge; (**e**) Sn, Te.

7.50 Para cada um dos seguintes pares, indique qual elemento tem a primeira energia de ionização menor: (**a**) Ti, Ba; (**b**) Ag, Cu; (**c**) Ge, Cl; (**d**) Pb, Sb.

7.51 Qual teria um valor mais negativo de afinidade eletrônica: um átomo K neutro ou um íon K^+?

7.52 Qual é a relação entre a energia de ionização de um ânion com carga 1–, como o F^-, e a afinidade eletrônica do átomo neutro, F?

7.53 Considere a primeira energia de ionização do neônio e a afinidade eletrônica do flúor. (**a**) Escreva equações, incluindo as configurações eletrônicas, para cada processo. (**b**) Essas duas quantidades têm sinais opostos. Qual será positiva e qual será negativa? (**c**) Preveja qual dessas quantidades terá maior módulo.

7.54 Considere a seguinte equação:

$$Ca^+(g) + e^- \longrightarrow Ca(g)$$

Quais das seguintes afirmações são verdadeiras?

(**i**) A variação de energia para esse processo é a afinidade eletrônica do íon Ca^+.

(**ii**) A variação de energia para esse processo é a negativa da primeira energia de ionização do átomo de Ca.

(**iii**) A variação de energia para esse processo é a negativa da afinidade eletrônica do átomo de Ca.

(**a**) Apenas a afirmação i é verdadeira. (**b**) Apenas a afirmação ii é verdadeira. (**c**) Apenas a afirmação iii é verdadeira. (**d**) Apenas as afirmações i e ii são verdadeiras. (**e**) Todas as afirmações são verdadeiras.

Propriedades dos metais e não metais (Seção 7.5)

7.55 (**a**) O caráter metálico aumenta, diminui ou permanece igual quando vamos da esquerda para a direita em um período da tabela periódica? (**b**) O caráter metálico aumenta, diminui ou permanece igual quando descemos em um grupo da tabela periódica? (**c**) As tendências periódicas em (a) e (b) são iguais ou diferentes das tendências para a primeira energia de ionização?

7.56 Leia a seguinte afirmação sobre dois elementos, X e Y: Experimentos mostram que a primeira energia de ionização de X é duas vezes maior que a de Y. Qual elemento tem maior caráter metálico?

7.57 Verdadeiro ou falso? Um elemento que geralmente forma um cátion é um metal.

7.58 Verdadeiro ou falso? Uma vez que os elementos que formam cátions são metais e os elementos que formam ânions são não metais, os elementos que não formam íons são metaloides.

7.59 Determine se cada um dos seguintes óxidos é iônico ou molecular: SnO_2, Al_2O_3, CO_2, Li_2O, Fe_2O_3, H_2O.

7.60 Alguns óxidos metálicos, como o Sc_2O_3, não reagem com água pura, mas sim quando a solução se torna ácida ou básica. Você espera que o Sc_2O_3 reaja quando a solução se tornar ácida ou quando se tornar básica? Escreva a equação química balanceada que justifica sua resposta.

7.61 Você esperaria que o óxido de manganês(II), MnO, reagisse mais facilmente com o HCl(aq) ou com o NaOH(aq)?

7.62 Disponha os seguintes óxidos em ordem crescente de acidez: CO_2, CaO, Al_2O_3, SO_3, SiO_2, P_2O_5.

7.63 O cloro reage com o oxigênio para formar Cl_2O_7. (**a**) Qual é o nome desse produto (ver Tabela 2.6)? (**b**) Escreva a equação balanceada da formação do $Cl_2O_7(l)$ a partir de seus elementos. (**c**) Você esperaria que o Cl_2O_7 fosse mais reativo com o H^+(aq) ou com o OH^-(aq)? (**d**) Se considerarmos que o oxigênio no Cl_2O_7 tem estado de oxidação −2, qual é o estado de oxidação do Cl? Qual é a configuração eletrônica do Cl nesse estado de oxidação?

7.64 Um elemento X reage com o oxigênio para formar XO_2 e com o cloro para formar o XCl_4. O XO_2 é um sólido branco que funde a temperaturas elevadas (acima de 1.000 °C). Em condições normais, o XCl_4 é um líquido incolor com temperatura de ebulição 58 °C. (**a**) Se o XCl_4 reage com a água para formar XO_2 e outro produto, qual é a provável identidade do outro produto? (**b**) Você acha que o elemento X é um metal, um não metal ou um metaloide? (**c**) Qual é a identidade mais provável de X: Zr, C, Si, P ou S?

7.65 Escreva as equações balanceadas das seguintes reações: (**a**) óxido de bário com água, (**b**) óxido de ferro(II) com ácido perclórico, (**c**) trióxido de enxofre com água, (**d**) dióxido de carbono com hidróxido de sódio aquoso.

7.66 Escreva as equações balanceadas das seguintes reações: (**a**) óxido de potássio com água, (**b**) trióxido de difósforo com água, (**c**) óxido de cromo(III) com ácido clorídrico diluído, (**d**) dióxido de selênio com hidróxido de potássio aquoso.

Tendências de grupo em metais e não metais (Seções 7.6 e 7.7)

7.67 Disponha os seguintes elementos em ordem crescente de reatividade: Ca, Mg, K.

7.68 A prata e o rubídio formam íons +1. Preveja qual desses elementos é mais reativo para formar compostos iônicos.

7.69 Escreva a equação balanceada da reação que ocorre em cada um dos seguintes casos: (**a**) potássio metálico exposto a uma atmosfera com gás de cloro; (**b**) óxido de estrôncio adicionado à água; (**c**) uma superfície intacta de lítio metálico exposta a gás oxigênio; (**d**) reação de sódio metálico com enxofre fundido.

7.70 Escreva a equação balanceada da reação que ocorre em cada um dos seguintes casos: (**a**) césio adicionado à água; (**b**) estrôncio adicionado à água; (**c**) reação de sódio com oxigênio; (**d**) reação de cálcio com iodo.

7.71 (**a**) Como descrito na Seção 7.7, os metais alcalinos reagem com o hidrogênio para formar hidretos e reagem com halogênios para formar halogenetos. Compare o papel do hidrogênio e dos halogênios nessas reações. Escreva equações balanceadas da reação entre o flúor e o cálcio e da reação entre o hidrogênio e o cálcio. (**b**) Qual é o número de oxidação e a configuração eletrônica do cálcio em cada produto?

7.72 O potássio e o hidrogênio reagem para formar o composto iônico hidreto de potássio. (**a**) Escreva a equação balanceada dessa reação. (**b**) Utilize os dados das Figuras 7.11 e 7.13 para determinar a variação de energia em kJ/mol nas duas reações a seguir:

$$K(g) + H(g) \longrightarrow K^+(g) + H^-(g)$$
$$K(g) + H(g) \longrightarrow K^-(g) + H^+(g)$$

(**c**) Com base nas variações de energia calculadas em (b), qual dessas reações é energeticamente mais favorável (ou menos desfavorável)? (**d**) Sua resposta para o item (c) está de acordo com o fato de que o hidreto de potássio contém íons hidreto?

7.73 Compare os elementos bromo e cloro. Para cada elemento, escreva sua: (**a**) configuração eletrônica, (**b**) carga iônica mais comum, (**c**) primeira energia de ionização, (**d**) reação primária com a água, (**e**) afinidade eletrônica, (**f**) raio atômico.

7.74 Pouco se sabe sobre as propriedades do ástato, At, por ser um elemento raro e bastante radioativo. No entanto, é possível fazer muitas previsões sobre suas propriedades. (**a**) Você acha que esse elemento é gasoso, líquido ou sólido à temperatura ambiente? (**b**) Você acha que o At é um metal, um não metal ou um metaloide? (**c**) Qual é a fórmula química do composto que ele forma com o Na?

7.75 Até o início dos anos 1960, os elementos do grupo 8A eram chamados de *gases inertes*. (**a**) Por que esse termo não é mais usado? (**b**) Qual descoberta desencadeou a mudança do nome? (**c**) Que nome é utilizado para esse grupo agora?

7.76 (**a**) Por que o xenônio reage com o flúor e o neônio não? (**b**) Consultando fontes confiáveis, procure os comprimentos de ligação do Xe com o F em várias moléculas. Como esses números se comparam com os comprimentos de ligação calculados a partir do raio atômico dos elementos?

7.77 Escreva a equação balanceada da reação que ocorre em cada um dos seguintes casos: (**a**) decomposição do ozônio para formar o dioxigênio; (**b**) reação do xenônio com o flúor (escreva três equações diferentes); (**c**) reação do enxofre com o gás hidrogênio; (**d**) reação do flúor com a água.

7.78 Escreva a equação balanceada da reação que ocorre em cada um dos seguintes casos: (**a**) reação do cloro com a água; (**b**) aquecimento do bário metal em uma atmosfera com gás hidrogênio; (**c**) reação do lítio com o enxofre; (**d**) reação do flúor com o magnésio metálico.

Exercícios adicionais

7.79 Considere os elementos estáveis até o chumbo ($Z = 82$). Em quantos casos as massas atômicas dos elementos estão fora de ordem em relação aos números atômicos?

7.80 A Figura 7.4 mostra as funções de distribuição da probabilidade radial para os orbitais $2s$ e $2p$. (**a**) Qual orbital, $2s$ ou $2p$, tem mais densidade eletrônica perto do núcleo? (**b**) Como você modificaria as regras de Slater para ajustar a diferença de penetração eletrônica do núcleo para os orbitais $2s$ e $2p$?

7.81 (**a**) Se os elétrons de caroço fossem totalmente eficazes na blindagem dos elétrons de valência e os elétrons de valência não blindassem uns aos outros, qual seria a carga nuclear efetiva dos elétrons de valência $3s$ e $3p$ no P? (**b**) Repita esses cálculos usando as regras de Slater. (**c**) Cálculos detalhados indicam que a carga nuclear efetiva é de 5,6+ para os elétrons $3s$ e de 4,9+ para os elétrons $3p$. Por que os valores para os elétrons $3s$ e $3p$ são diferentes? (**d**) Se você remover um único elétron de um átomo de P, de qual orbital ele seria?

7.82 Na série dos hidretos do grupo 5A, com a fórmula geral MH$_3$, as distâncias medidas das ligações são: P—H, 1,419 Å; As—H, 1,519 Å; Sb—H, 1,707 Å. (**a**) Compare esses valores com aqueles estimados pelo uso do raio atômico na Figura 7.7. (**b**) Explique o aumento constante da distância da ligação H—M nessa série com relação às configurações eletrônicas dos átomos de M.

7.83 Na Tabela 7.8, o raio atômico ligante do neônio é listado como 0,58 Å; o do xenônio é listado como 1,40 Å. Um colega estabelece que o valor para o Xe é mais realista do que o valor para o Ne. Ele está certo? Em caso afirmativo, no que ele se baseou para fazer essa afirmação?

7.84 O comprimento da ligação As—As no arsênio elementar é 2,48 Å. O comprimento da ligação Cl—Cl no Cl$_2$ é 1,99 Å. (**a**) Com base nesses dados, qual é o comprimento da ligação As—Cl previsto para o tricloreto de arsênio, AsCl$_3$, no qual cada um dos três átomos de Cl está ligado ao átomo de As? (**b**) Que comprimento de ligação está previsto para o AsCl$_3$, usando os raios atômicos da Figura 7.7?

7.85 As seguintes observações foram feitas sobre dois elementos hipotéticos, A e B: os comprimentos das ligações A—A e B—B no A e no B elementares são 2,36 e 1,94 Å, respectivamente. A e B reagem para formar o composto binário AB$_2$, com uma estrutura *linear* (ou seja, $\angle$ B—A—B = 180°). De acordo com esses dados, determine a separação entre os dois núcleos de B em uma molécula AB$_2$.

7.86 Os elementos do grupo 7A na tabela periódica são chamados de halogênios; os elementos no grupo 6A são chamados de calcogênios. (**a**) Qual é o estado de oxidação mais comum dos calcogênios em comparação aos halogênios? (**b**) Para cada uma das seguintes propriedades periódicas, estabeleça se os halogênios ou os calcogênios têm valores maiores: raio atômico; raios iônicos do estado de oxidação mais comum; primeira energia de ionização; segunda energia de ionização.

7.87 (**a**) Qual íon é menor, Co^{3+} ou Co^{4+}? (**b**) Em uma bateria de íons de lítio que está descarregando para alimentar um dispositivo, para cada Li$^+$ que se insere no eletrodo de óxido de lítio e cobalto, um íon Co^{4+} deve ser reduzido ao íon Co^{3+} para balancear a carga. Usando o *CRC Handbook of Chemistry and Physics* ou outra referência padrão, encontre os raios iônicos do Li$^+$, do Co^{3+} e do Co^{4+}. Disponha esses íons em ordem crescente de tamanho. (**c**) O eletrodo de lítio e cobalto se expande ou se contrai à medida que os íons de lítio são inseridos? (**d**) O lítio é muito menos abundante do que o sódio. Se baterias de íons de sódio fossem desenvolvidas para funcionar como as de íons de lítio, você acha que o "óxido de sódio e cobalto" serviria como material para o eletrodo? Explique. (**e**) Se você acha que o cobalto não funcionaria como o íon redox-ativo parceiro na versão de sódio do eletrodo, sugira um íon metálico alternativo e explique seu raciocínio.

7.88 A substância iônica óxido de estrôncio, SrO, é formada a partir da reação de estrôncio metálico com oxigênio molecular. A disposição dos íons no SrO sólido é análoga à do NaCl sólido.

(**a**) Escreva a equação balanceada da formação do SrO(*s*) a partir de seus elementos. (**b**) Com base nos raios iônicos na Figura 7.8, determine o comprimento do lado do cubo na figura (a distância a partir do centro de um átomo de um canto ao centro de um átomo em um canto vizinho). (**c**) A densidade do SrO é 5,10 g/cm³. Dada a sua resposta para o item (b), quantas unidades de fórmula de SrO estão contidas no cubo mostrado na figura?

7.89 Explique a variação das energias de ionização do carbono de acordo com o exibido no gráfico:

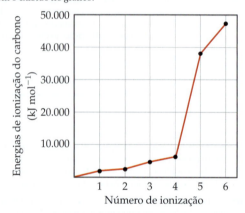

7.90 Os elementos do grupo 4A têm afinidades eletrônicas muito mais negativas do que seus vizinhos dos grupos 3A e 5A (ver Figura 7.13). Qual das seguintes afirmações melhor explica essa observação?

(**a**) Os elementos do grupo 4A têm primeiras energias de ionização muito mais altas do que seus vizinhos dos grupos 3A e 5A.

(**b**) A adição de um elétron a um elemento do grupo 4A implica uma configuração eletrônica np^3 semipreenchida.

(**c**) Os elementos do grupo 4A têm raios atômicos excepcionalmente grandes.

(**d**) Os elementos do grupo 4A vaporizam com mais facilidade do que os elementos dos grupos 3A e 5A.

7.91 No processo químico chamado de *transferência de elétron*, um elétron é transferido de um átomo ou molécula para outro. (Vamos falar sobre a transferência de elétron com mais detalhes no Capítulo 20.) A reação simples de transferência de elétron é:

$$A(g) + A(g) \longrightarrow A^+(g) + A^-(g)$$

Com relação à energia de ionização e à afinidade eletrônica de um átomo A, qual é a variação de energia para essa reação? Para um não metal representativo como o cloro, esse processo é exotérmico? Para um metal representativo como o sódio, esse processo é exotérmico?

7.92 (**a**) Utilize diagramas de orbitais para ilustrar o que acontece quando um átomo de oxigênio ganha dois elétrons. (**b**) Por que o íon O^{3-} não existe?

7.93 Utilize as configurações eletrônicas para explicar as seguintes observações. (**a**) A primeira energia de ionização do fósforo é maior do que a do enxofre. (**b**) A afinidade eletrônica do nitrogênio é menor (menos negativa) do que a do carbono e do oxigênio. (**c**) A segunda energia de ionização do oxigênio é maior do que a primeira energia de ionização do flúor. (**d**) A terceira energia de ionização do manganês é maior do que a do cromo e do ferro.

7.94 Identifique dois íons que têm as seguintes configurações eletrônicas no estado fundamental: (**a**) [Ar] (**b**) [Ar]$3d^5$ (**c**) [Kr]$5s^24d^{10}$

7.95 Qual das seguintes equações químicas está ligada às definições de (**a**) a primeira energia de ionização do oxigênio, (**b**) a segunda energia de ionização do oxigênio e (**c**) a afinidade eletrônica do oxigênio?

(**i**) $O(g) + e^- \longrightarrow O^-(g)$
(**ii**) $O(g) \longrightarrow O^+(g) + e^-$
(**iii**) $O(g) + 2e^- \longrightarrow O^{2-}(g)$
(**iv**) $O(g) \longrightarrow O^{2+}(g) + 2e^-$
(**v**) $O^+(g) \longrightarrow O^{2+}(g) + e^-$

7.96 O hidrogênio é um elemento incomum porque ele se comporta em alguns aspectos como os metais alcalinos e em outros aspectos como os não metais. Suas propriedades podem ser explicadas em parte pela sua configuração eletrônica e pelos valores de sua energia de ionização e de sua afinidade eletrônica. (**a**) Explique por que os valores para a afinidade eletrônica do hidrogênio estão muito mais próximos dos valores dos elementos alcalinos do que dos halogênios. (**b**) Verifique se a seguinte afirmação é verdadeira: "o hidrogênio tem o menor raio atômico ligante entre todos os elementos que formam compostos químicos". Em caso negativo, corrija a afirmação. Em caso afirmativo, explique e fale sobre as configurações eletrônicas. (**c**) Explique por que os valores da energia de ionização do hidrogênio estão mais próximos dos valores para os halogênios do que para os metais alcalinos. (**d**) O íon hidreto é H⁻. Escreva o processo correspondente à primeira energia de ionização do íon hidreto. (**e**) Como o processo do item (d) pode ser comparado ao processo da afinidade eletrônica de um átomo de hidrogênio neutro?

7.97 A primeira energia de ionização da molécula de oxigênio é a energia necessária para o seguinte processo:

$$O_2(g) \longrightarrow O_2^+(g) + e^-$$

A energia necessária para esse processo é 1.175 kJ/mol, valor muito semelhante ao da primeira energia de ionização do Xe. Você esperaria que O₂ reagisse com o F₂? Em caso afirmativo, sugira um produto ou produtos para essa reação.

7.98 É possível definir o *caráter metálico* da maneira como definimos neste livro e fundamentá-lo na reatividade do elemento e na facilidade com que ele perde elétrons. Alternativamente, pode-se medir quão bem a eletricidade é conduzida por cada um dos elementos para determinar quão "metálicos" eles são. Com relação à condutividade, não há bem uma tendência na tabela periódica: a prata é o metal mais condutor, e o manganês é o que conduz menos eletricidade. Consulte os valores das primeiras energias de ionização da prata e do manganês; qual desses dois elementos você chamaria de mais metálico com base na forma como definimos o caráter metálico neste livro?

7.99 Qual das alternativas a seguir apresenta o produto esperado da reação entre o K(*s*) e o H₂(*g*)? (**a**) KH(*s*) (**b**) K₂H(*s*) (**c**) KH₂(*s*) (**d**) K₂H₂(*s*) (**e**) O K(*s*) e o H₂(*g*) não reagem entre si.

7.100 O césio elementar reage mais violentamente com a água do que o sódio elementar. Qual das seguintes alternativas explica melhor essa diferença de reatividade? (**a**) O sódio tem maior caráter metálico que o césio. (**b**) A primeira energia de ionização do césio é menor que a do sódio. (c) A afinidade eletrônica do sódio é menor que a do césio. (d) A carga nuclear efetiva do césio é menor que a do sódio. (e) O raio atômico do césio é menor que o do sódio.

7.101 (a) Um dos metais alcalinos reage com o oxigênio para formar uma substância sólida branca. Quando essa substância é dissolvida em água, a solução tem resultado positivo para o peróxido de hidrogênio, H_2O_2. Quando a solução é testada em um bico de Bunsen, uma chama lilás-púrpura é produzida. Qual é a provável identidade do metal? (b) Escreva a equação química balanceada da reação da substância branca com água.

7.102 Um historiador descobre um caderno de anotações do século XIX no qual foram registradas algumas observações, com a data de 1822, a respeito de uma substância que se pensava ser um novo elemento. Eis alguns dados registrados no caderno: "Flexível, branco prateado, com aspecto metálico. Mais macio que o chumbo. Não afetado pela água. Estável no ar. Temperatura de fusão de 153 °C. Densidade de 7,3 g/cm³. Condutividade elétrica de 20% da condutividade do cobre. Dureza de aproximadamente 1% da dureza do ferro. Quando 4,20 g do elemento desconhecido são aquecidos em um excesso de oxigênio, 5,08 g de um sólido branco é formado. O sólido pode ser sublimado por aquecimento a mais de 800 °C". (a) Usando as informações deste livro e do *CRC Handbook of Chemistry and Physics* e prevendo possíveis variações nos número em relação aos valores atuais, identifique o elemento descrito nas anotações. (b) Escreva a equação química balanceada da reação do elemento com o oxigênio. (c) Com base na Figura 7.1, esse investigador do século XIX pode ter sido o primeiro a descobrir um novo elemento?

7.103 Em abril de 2010, uma equipe de pesquisa afirmou ter produzido o elemento 117. Essa descoberta foi confirmada em 2012 por experimentos adicionais. Escreva a configuração eletrônica do estado fundamental do elemento 117 e os valores estimados para sua primeira energia de ionização, afinidade eletrônica, tamanho atômico e estado de oxidação comum com base em sua posição na tabela periódica.

7.104 Veremos, no Capítulo 12, que os semicondutores são materiais que conduzem eletricidade melhor do que os não metais, mas não tão bem quanto os metais. Os únicos dois elementos da tabela periódica que são semicondutores tecnologicamente úteis são o silício e o germânio. Os circuitos integrados em chips de computador são produzidos hoje principalmente com silício. Os semicondutores compostos também são utilizados na indústria eletrônica. Exemplos deles são o arseneto de gálio, GaAs, o fosfeto de gálio, GaP, o sulfeto de cádmio, CdS, e o seleneto de cádmio, CdSe. (a) Qual é a relação entre as composições dos compostos semicondutores e as posições de seus elementos na tabela periódica em relação ao Si e ao Ge? (b) Trabalhadores da indústria de semicondutores se referem a materiais "II–VI" e "III–V", com algarismos romanos. Você pode identificar quais são os compostos semicondutores II-VI e quais são os III-V? (c) Proponha outras composições de compostos semicondutores com base nas posições de seus elementos na tabela periódica.

7.105 Moseley estabeleceu o conceito de número atômico ao estudar os raios X emitidos pelos elementos. Os raios X emitidos por alguns elementos têm os seguintes comprimentos de onda:

Elemento	Comprimento de onda (Å)
Ne	14,610
Ca	3,358
Zn	1,435
Zr	0,786
Sn	0,491

(a) Calcule a frequência, ν, dos raios X emitidos por cada um dos elementos, em Hz. (b) Faça um gráfico da raiz quadrada de ν versus o número atômico do elemento. O que você observa no gráfico? (c) Explique como o gráfico do item (b) permitiu que Moseley previsse a existência de elementos desconhecidos. (d) Use o resultado obtido no item (b) para prever o comprimento de onda de raios X emitidos pelo ferro. (e) Um elemento particular emite raios X com um comprimento de onda de 0,980 Å. Que elemento você acha que é esse?

7.106 (a) Escreva a configuração eletrônica do Li e estime a carga nuclear efetiva do elétron de valência. (b) A energia de um elétron em um átomo monoeletrônico ou íon é igual a $(-2,18 \times 10^{-18} \text{ J})\left(\dfrac{Z^2}{n^2}\right)$, em que Z é a carga nuclear e n é o número quântico principal do elétron. Estime o valor da primeira energia de ionização do Li. (c) Compare o resultado do seu cálculo com o valor listado na Tabela 7.4 e explique a diferença. (d) Que valor de carga nuclear efetiva determina o valor adequado da energia de ionização? Isso está de acordo com a sua explicação no item (c)?

7.107 Uma maneira de medir a energia de ionização é a espectroscopia de fotoelétrons por ultravioleta (PES), uma técnica baseada no efeito de fotoelétrons. (Seção 6.2) Na PES, a luz monocromática é direcionada para uma amostra, fazendo com que elétrons sejam emitidos. Em seguida, a energia cinética dos elétrons emitidos é medida. A diferença entre a energia dos fótons e a energia cinética dos elétrons corresponde à energia necessária para remover os elétrons (ou seja, a energia de ionização). Suponha que um experimento de PES seja realizado com vapor de mercúrio irradiado com luz ultravioleta de comprimento de onda de 58,4 nm. (a) Qual é a energia de um fóton dessa luz, em joules? (b) Escreva a equação que mostra o processo correspondente à primeira energia de ionização do Hg. (c) A energia cinética dos elétrons emitidos é medida como $1,72 \times 10^{-18}$ J. Qual é a primeira energia de ionização do Hg, em kJ/mol? (d) Utilizando a Figura 7.11, determine qual dos halogênios tem uma primeira energia de ionização mais próxima à do mercúrio.

7.108 Quando o magnésio metálico entra em combustão no ar (Figura 3.5), são formados dois produtos: um é o óxido de magnésio, MgO; o outro é o produto da reação entre o Mg e o nitrogênio molecular, o nitreto de magnésio. Quando água é adicionada ao nitreto de magnésio, ela reage para formar óxido de magnésio e gás de amônia. (a) Com base na carga do íon nitreto (Tabela 2.5), determine a fórmula do nitreto de magnésio. (b) Escreva a equação balanceada da reação entre o nitreto de magnésio e a água. Qual é a força motriz dessa reação? (c) Em um experimento, um pedaço de fita de magnésio é queimado no ar em um cadinho. A massa da mistura do MgO com nitreto de magnésio após a queima é 0,470 g. Água é adicionada ao cadinho, então outra reação ocorre: o cadinho é aquecido até ressecar, e o produto final é 0,486 g de MgO. Qual foi a percentagem em massa do nitreto de magnésio na mistura obtida após a queima inicial? (d) O nitreto de magnésio também pode ser formado mediante reação do metal com amônia a uma temperatura elevada. Escreva a equação balanceada dessa reação. Se uma fita de 6,3 g de Mg reage com 2,57 g $NH_3(g)$ e a reação é completada, qual componente é o reagente limitante? Que massa de $H_2(g)$ é formada na reação? (e) A entalpia padrão de formação do nitreto de magnésio sólido é −461,08 kJ/mol. Calcule a variação de entalpia padrão da reação entre o magnésio metálico e o gás de amônia.

7.109 O superóxido de potássio, KO_2, é frequentemente usado em máscaras de oxigênio (como as utilizadas por bombeiros) porque o KO_2 reage com o CO_2 para liberar oxigênio molecular. Experimentos indicam que 2 mols de $KO_2(s)$ reagem com cada mol de $CO_2(g)$. (a) Os produtos da reação são $K_2CO_3(s)$ e $O_2(g)$. Escreva a equação balanceada da reação entre o $KO_2(s)$ e o $CO_2(g)$. (b) Indique o número de oxidação de cada átomo envolvido na reação do item (a). Que elementos estão sendo oxidados e reduzidos? (c) Que massa de $KO_2(s)$ é necessária para consumir 18,0 g de $CO_2(g)$? Que massa de $O_2(g)$ é produzida durante essa reação?

Elabore um experimento

Neste capítulo, vimos que a reação entre o potássio metálico e o oxigênio forma um produto inesperado: o superóxido de potássio, $KO_2(s)$. Agora, vamos elaborar alguns experimentos para conhecer mais sobre esse produto incomum.

(a) Um dos membros de sua equipe propõe que a capacidade de formar um superóxido como o KO_2 está relacionada a um baixo valor para a primeira energia de ionização. Como você testaria essa hipótese com os metais do grupo 1A? Que outra propriedade periódica dos metais alcalinos pode ser considerada um fator que favorece a formação do superóxido?

(b) O $KO_2(s)$ é o componente ativo de muitas máscaras respiratórias utilizadas pelos bombeiros porque pode ser utilizado como fonte de $O_2(g)$. Em princípio, o $KO_2(s)$ pode reagir com os componentes principais da respiração humana, o $H_2O(g)$ e o $CO_2(g)$, para produzir $O_2(g)$ e outros produtos (todos aqueles que seguem os padrões esperados de reatividade vistos). Determine os outros produtos formados nessas reações e elabore experimentos para determinar se o $KO_2(s)$ reage de fato tanto com o $H_2O(g)$ quanto com o $CO_2(g)$.

(c) Proponha um experimento para determinar se alguma das reações do item (b) é mais importante para o funcionamento da máscara de respiração dos bombeiros.

(d) A reação entre o $K(s)$ e o $O_2(g)$ leva à formação de uma mistura de $KO_2(s)$ com $K_2O(s)$. Utilize as ideias apresentadas neste exercício para elaborar um experimento que determine as percentagens de $KO_2(s)$ e $K_2O(s)$ na mistura de produto que resulta da reação entre o $K(s)$ e excesso de $O_2(g)$.

8

CONCEITOS BÁSICOS DA LIGAÇÃO QUÍMICA

▲ Cristais gigantes. Esses cristais de gipsita, grandes o suficiente para que seres humanos caminhem sobre eles, são compostos de $CaSO_4 \cdot 2\, H_2O$. A ligação iônica entre os íons cálcio e sulfato em escala atômica leva ao formato cristalino característico em escala humana.

Sempre que dois átomos ou íons estão fortemente ligados, dizemos que há uma **ligação química** entre eles. Existem três tipos gerais de ligações químicas: *iônica, covalente* e *metálica*. Esses três tipos de ligação estão presentes nas substâncias ilustradas na **Figura 8.1**: sal de cozinha, água e aço inoxidável.

O sal de cozinha é cloreto de sódio, NaCl, formado por íons sódio, Na^+, e íons cloreto, Cl^-. A estrutura é unida por **ligações iônicas**, que ocorrem via atrações eletrostáticas entre íons com cargas opostas. A água é composta principalmente de moléculas de H_2O. Os átomos de hidrogênio e de oxigênio estão ligados um ao outro por meio de **ligações covalentes**, nas quais as moléculas são formadas pelo compartilhamento de elétrons entre os átomos. A colher é composta principalmente de ferro metálico, e os átomos de Fe estão ligados uns aos outros por meio de **ligações metálicas**, formadas por elétrons relativamente livres para se moverem pelo metal. O comportamento dessas diferentes substâncias, NaCl, H_2O e Fe metálico, resulta da forma como os átomos que as constituem estão ligados uns aos outros. Por exemplo, o NaCl se dissolve em água com facilidade, mas o Fe metálico, não.

Neste capítulo e no próximo, vamos analisar a relação entre a estrutura eletrônica dos átomos e as ligações químicas covalentes e iônicas formadas por eles. A ligação metálica será discutida no Capítulo 12.

O QUE VEREMOS

8.1 ▶ Símbolos de Lewis e regra do octeto Aprender sobre os três principais tipos de ligação química: *iônica, covalente* e *metálica*. Na análise das ligações, os *símbolos de Lewis* fornecem uma simplificação útil para os elétrons de valência. Também vamos observar que os átomos costumam seguir a *regra do octeto*.

8.2 ▶ Ligação iônica Explorar as substâncias iônicas, nas quais os átomos são unidos por atrações eletrostáticas entre íons de cargas opostas. Analisar a energética da formação de substâncias iônicas e descrever a energia do retículo cristalino, ou *energia reticular*, dessas substâncias.

8.3 ▶ Ligação covalente Examinar a ligação em substâncias moleculares, nas quais os átomos se ligam mediante o compartilhamento de um ou mais pares de elétrons. Em geral, os elétrons são compartilhados de modo que cada átomo fique com um octeto de elétrons.

8.4 ▶ Polaridade da ligação e eletronegatividade Aprender que a *eletronegatividade* é a capacidade que um átomo tem de atrair elétrons para si em um composto. Em geral, os pares de elétrons são compartilhados de maneira desigual entre átomos com diferentes eletronegatividades, levando a *ligações covalentes polares*.

8.5 ▶ Representação das estruturas de Lewis Aprender que as *estruturas de Lewis* são uma maneira simples e eficiente de prever padrões de ligações covalentes em moléculas. Além da regra do octeto, estudaremos que o conceito de *carga formal* pode ser usado para identificar a estrutura de Lewis predominante.

8.6 ▶ Estruturas de ressonância Ver que, em alguns casos, podemos descrever mais de uma estrutura de Lewis equivalente para uma mesma molécula ou um íon poliatômico. A descrição da ligação, em tais casos, é um híbrido de duas ou mais *estruturas de ressonância*.

8.7 ▶ Exceções à regra do octeto Reconhecer que a regra do octeto é mais uma orientação do que uma regra absoluta. Exceções à regra incluem moléculas com um número ímpar de elétrons, moléculas nas quais grandes diferenças de eletronegatividade impedem um átomo de completar seu octeto e moléculas em que um elemento do terceiro período ou abaixo dele na tabela periódica fica com mais de um octeto de elétrons.

8.8 ▶ Forças e comprimentos de ligações simples e múltiplas Observar que as forças e os comprimentos das ligações variam conforme o número de pares de elétrons compartilhados entre um determinado par de átomos.

Objetivos de aprendizagem

Após terminar a Seção 8.1, você deve ser capaz de:
▶ Desenhar símbolos de Lewis para átomos e usá-los para determinar quantos elétrons um átomo deve perder ou ganhar para estar de acordo com a regra do octeto.

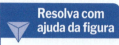
Resolva com ajuda da figura

Se o pó branco fosse açúcar, $C_{12}H_{22}O_{11}$, que mudanças teríamos de fazer nesta figura?

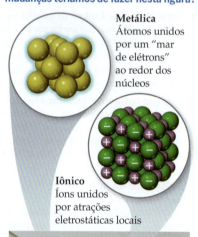

▲ **Figura 8.1 Ligações metálicas, iônicas e covalentes.** Nas três diferentes substâncias mostradas aqui, há diferentes tipos de ligações químicas.

8.1 | Símbolos de Lewis e regra do octeto

Os elétrons envolvidos na ligação química são os *elétrons de valência*, que, para a maioria dos átomos, são aqueles que ocupam a camada mais externa. (Seção 6.8) O químico americano G. N. Lewis (1875–1946) sugeriu uma maneira simples de mostrar os elétrons de valência em um átomo e o seu comportamento durante a formação da ligação: aplicar o que são, agora, conhecidos como símbolos de Lewis. O **símbolo de Lewis** para um elemento consiste no símbolo químico do elemento com pontos representando os seus elétrons de valência. O enxofre, por exemplo, tem a configuração eletrônica $[Ne]3s^23p^4$ e, portanto, seis elétrons de valência. Seu símbolo de Lewis é:

Os pontos são colocados nos quatro lados do símbolo – em cima, embaixo, à esquerda e à direita –, e cada lado pode acomodar até dois elétrons. Os quatro lados são equivalentes, o que significa que é arbitrária a escolha do lado onde serão colocados dois elétrons em vez de um. Em geral, espalhamos os pontos tanto quanto for possível. No símbolo de Lewis para o S, por exemplo, preferimos a disposição de pontos mostrada em vez da disposição com dois elétrons em três lados e nenhum no quarto lado.

As configurações eletrônicas e os símbolos de Lewis dos elementos do grupo principal dos períodos 2 e 3 estão mostrados na **Figura 8.2**. Observe que o número de elétrons de valência em qualquer elemento representativo é igual ao número do grupo do elemento. Por exemplo, os símbolos de Lewis do oxigênio e do enxofre, membros do grupo 6A, apresentam seis pontos.

A regra do octeto

Átomos geralmente ganham, perdem ou compartilham elétrons para obter o mesmo número de elétrons que o gás nobre mais próximo na tabela periódica. Os gases nobres têm distribuições eletrônicas muito estáveis, fato evidenciado por suas altas energias de ionização, baixa afinidade eletrônica e, de modo geral, baixa reatividade química. (Seção 7.8) Todos os gases nobres, com exceção do He, apresentam oito elétrons na camada de valência, assim como muitos átomos em reações acabam ficando com oito elétrons de valência. Essa observação levou a uma regra conhecida como **regra do octeto**: *átomos tendem a ganhar, perder ou compartilhar elétrons até que estejam circundados por oito elétrons de valência.*

Um octeto de elétrons em um átomo consiste em subcamadas *s* e *p* preenchidas. Em um símbolo de Lewis, o octeto é formado por quatro pares de elétrons de valência dispostos em torno do símbolo do elemento, como nos símbolos de Lewis do Ne e do Ar ilustrados na Figura 8.2. Existem exceções à regra do octeto, como explicaremos na Seção 8.7, mas ela é uma diretriz útil para a introdução de muitos conceitos importantes de ligação. A regra do octeto se aplica principalmente a átomos que têm elétrons de valência *s* e *p*; compostos dos metais de transição, com elétrons de valência *d*, serão analisados no Capítulo 23.

Exercícios de autoavaliação

EAA 8.1 Qual das alternativas a seguir é o símbolo de Lewis mais correto para um átomo de oxigênio?
(a) :Ö: (b) :Ö: (c) :Ö: (d) ·Ö·

EAA 8.2 Para cada um dos seguintes símbolos de Lewis, indique o grupo na tabela periódica a que o elemento Q pertence:
(i) ·Q̇ (ii) :Q̈· (iii) ·Q̈:

(a) Grupos 1A, 5A e 3A, respectivamente (b) Grupos 5A, 1A e 3A, respectivamente (c) Grupos 0A, 3A e 1A, respectivamente (d) Grupos 3A, 7A e 5A, respectivamente

Grupo	1A	2A	3A	4A	5A	6A	7A	8A
Elemento	Li	Be	B	C	N	O	F	Ne
Configuração eletrônica	$[He]2s^1$	$[He]2s^2$	$[He]2s^22p^1$	$[He]2s^22p^2$	$[He]2s^22p^3$	$[He]2s^22p^4$	$[He]2s^22p^5$	$[He]2s^22p^6$
Símbolo de Lewis	Li·	·Be·	·Ḃ·	·Ċ·	·N̈:	:Ö:	:F̈:	:N̈e:
	Na	Mg	Al	Si	P	S	Cl	Ar
	$[Ne]3s^1$	$[Ne]3s^2$	$[Ne]3s^23p^1$	$[Ne]3s^23p^2$	$[Ne]3s^23p^3$	$[Ne]3s^23p^4$	$[Ne]3s^23p^5$	$[Ne]3s^23p^6$
	Na·	·Mg·	·Äl·	·Si·	·P̈:	·S̈:	:C̈l:	:Ä̈r:

▲ **Figura 8.2 Símbolos de Lewis.**

Capítulo 8 | Conceitos básicos da ligação química   299

8.2 | Ligação iônica

Substâncias iônicas geralmente resultam da interação entre metais do lado esquerdo da tabela periódica e não metais do lado direito, exceto os gases nobres do grupo 8A. Nesta seção, analisaremos diversos aspectos da formação de íons e da ligação iônica.

Quando o sódio metálico, Na(s), é colocado em contato com o gás cloro, Cl$_2$(g), ocorre uma reação violenta (**Figura 8.3**). O produto dessa reação altamente exotérmica é o cloreto de sódio, NaCl(s):

$$Na(s) + \tfrac{1}{2} Cl_2(g) \longrightarrow NaCl(s) \qquad \Delta H_f^\circ = -410,9 \text{ kJ} \qquad [8.1]$$

O cloreto de sódio é formado por íons Na$^+$ e Cl$^-$ em um arranjo tridimensional (**Figura 8.4**).

A formação de Na$^+$ a partir do Na e de Cl$^-$ a partir do Cl$_2$ indica que um elétron foi perdido por um átomo de sódio e ganho por um átomo de cloro. Dizemos que ocorreu uma *transferência de elétrons* do átomo de Na para o átomo de Cl. Duas propriedades atômicas discutidas no Capítulo 7 indicam o quão facilmente a transferência eletrônica ocorre: a energia de ionização, que mostra a facilidade com que um elétron pode ser removido de um átomo; e a afinidade eletrônica, que mede a capacidade de um átomo ganhar um elétron. (Seção 7.4) A transferência de elétrons para formar íons com cargas opostas ocorre quando um átomo cede facilmente um elétron (baixa energia de ionização) e outro átomo ganha facilmente um elétron (alta afinidade eletrônica). Assim, o NaCl é um composto iônico típico, uma vez que é formado por um metal de baixa energia de ionização e um não metal de alta afinidade eletrônica. Usando símbolos de Lewis (e mostrando um átomo de cloro em vez da molécula Cl$_2$), podemos representar essa reação da seguinte maneira:

$$Na\cdot + \cdot\ddot{\underset{..}{Cl}}: \longrightarrow Na^+ + [:\ddot{\underset{..}{Cl}}:]^- \qquad [8.2]$$

A seta indica a transferência de um elétron do átomo de Na para o átomo de Cl. Cada íon tem um octeto de elétrons; o octeto no Na$^+$ é formado pelos elétrons 2s^{2}2p^6 que se encontram abaixo do único elétron de valência 3s do átomo de Na. Colocamos o íon cloreto entre colchetes para enfatizar que todos os oito elétrons estão localizados nele.

Substâncias iônicas têm várias propriedades características; elas costumam ser quebradiças, ter altos pontos de fusão e ser cristalinas. Além disso, os cristais iônicos podem, muitas vezes, ser clivados; ou seja, podem ser quebrados ao longo de superfícies planas e bem definidas. Essas características resultam das forças eletrostáticas que mantêm os íons em um arranjo tridimensional rígido e bem definido, como mostra a Figura 8.4.

Objetivos de aprendizagem

Após terminar a Seção 8.2, você deve ser capaz de:
▶ Analisar os fatores que levam à estabilidade de compostos iônicos.
▶ Dispor uma série de compostos iônicos em ordem crescente de energia reticular.
▶ Usar a regra do octeto para prever as cargas preferenciais dos íons.

Resolva com ajuda da figura   Você acredita que ocorrerá uma reação similar entre o potássio metálico e o bromo elementar?

▲ **Figura 8.3** Reação entre o sódio metálico e o gás cloro para formar o composto iônico cloreto de sódio.

> **Resolva com ajuda da figura**
>
> Se não houvesse cores nas esferas da figura, como você saberia quais esferas representam o Na⁺ e quais representam o Cl⁻?

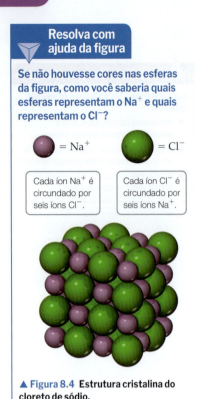

▲ **Figura 8.4** Estrutura cristalina do cloreto de sódio.

Energética da formação das ligações iônicas

A formação do cloreto de sódio a partir do sódio e do cloro é *muito* exotérmica, como indica o alto valor negativo de entalpia de formação dado na Equação 8.1, $\Delta H_f^° = -410,9$ kJ. O Apêndice C mostra que o calor de formação de outras substâncias iônicas também é bem negativo. Quais fatores fazem a formação de compostos iônicos ser tão exotérmica?

Na Equação 8.2, representamos a formação de NaCl como a transferência de um elétron do Na para o Cl. Lembre-se de que vimos na Seção 7.4 que a perda de elétrons por um átomo é sempre um processo endotérmico. A energia necessária para remover um elétron do Na(g) e formar Na⁺(g) é a primeira energia de ionização do Na, 496 kJ/mol. Lembre-se de que, quando um não metal ganha um elétron, o processo geralmente é exotérmico: a variação de energia quando um elétron é adicionado a Cl(g) é a afinidade eletrônica do Cl, -349 kJ/mol; o sinal negativo indica que é liberada energia no processo. (Seção 7.4) Com base nessas energias, podemos ver que a transferência de um elétron de um átomo de Na para um átomo de Cl não é exotérmica; o processo global é um processo endotérmico que requer $496 - 349 = 147$ kJ/mol. Esse processo endotérmico corresponde à formação de sódio gasoso e íons cloreto que estão infinitamente distantes uns dos outros. Em outras palavras, essa variação de energia positiva pressupõe que os íons não interagem uns com os outros, diferentemente da situação em sólidos iônicos.

A principal razão para a estabilidade de compostos iônicos é a atração eletrostática entre íons de cargas opostas, que aproxima os íons, liberando energia e levando à formação de um sólido cristalino com um padrão de repetição de cátions e ânions, conforme mostrado na Figura 8.4. Uma medida da estabilidade resultante da disposição de íons com cargas opostas em um sólido iônico é dada pela **energia reticular**, que é *a energia necessária para separar completamente um mol de um composto iônico sólido em seus íons no estado gasoso*.

Para visualizar esse processo com relação ao NaCl, imagine uma expansão de dentro para fora da estrutura da Figura 8.4, de modo que as distâncias entre os íons aumentem até que eles estejam infinitamente distantes uns dos outros. Esse processo requer 788 kJ/mol, que é o valor da energia reticular:

$$\text{NaCl}(s) \longrightarrow \text{Na}^+(g) + \text{Cl}^-(g) \quad \Delta H_{\text{reticular}} = +788 \text{ kJ/mol} \quad [8.3]$$

Esse processo é altamente endotérmico, então o processo inverso – a interação do Na⁺(g) com o Cl⁻(g) para formar NaCl(s) – é altamente exotérmico ($\Delta H = -788$ kJ/mol).

A Tabela 8.1 lista as energias reticulares de alguns compostos iônicos. Os altos valores positivos indicam que os íons são fortemente atraídos uns pelos outros em sólidos iônicos. A energia liberada pela atração entre íons de cargas opostas mais do que compensa a natureza endotérmica das energias de ionização, tornando a formação de compostos iônicos

TABELA 8.1 Energias reticulares para alguns compostos iônicos

Composto	Energia reticular (kJ/mol)	Composto	Energia reticular (kJ/mol)
LiF	1030	MgCl₂	2326
LiCl	834	SrCl₂	2127
LiI	730		
NaF	910	MgO	3795
NaCl	788	CaO	3414
NaBr	732	SrO	3217
NaI	682		
KF	808	ScN	7547
KCl	701		
KBr	671		
CsCl	657		
CsI	600		

um processo exotérmico. As fortes atrações também fazem com que a maioria dos materiais iônicos sejam duros, quebradiços e com altos pontos de fusão. Por exemplo, o NaCl funde a 801 °C.

A magnitude da energia reticular em um sólido iônico depende das cargas dos íons, dos seus tamanhos e de seu arranjo no sólido. Vimos na Seção 5.1 que a energia potencial eletrostática entre duas partículas carregadas que interagem é dada por:

$$E_{el} = \frac{\kappa Q_1 Q_2}{d} \quad [8.4]$$

Nessa equação, Q_1 e Q_2 representam as cargas das partículas em coulombs, com seus sinais; d é a distância entre seus centros, em metros; e κ é uma constante, $8,99 \times 10^9$ J-m/C^2. A Equação 8.4 indica que a interação atrativa entre dois íons de cargas opostas aumenta à medida que as magnitudes de suas cargas aumentam e a distância entre seus centros diminui. Assim, *para uma determinada disposição de íons, a energia reticular aumenta à medida que as cargas dos íons aumentam e seus raios atômicos diminuem*. A variação da magnitude das energias reticulares depende mais da carga iônica que do raio iônico, porque este varia apenas dentro de uma faixa limitada em comparação com a carga.

Exercício resolvido 8.1
Magnitudes das energias reticulares

Sem consultar a Tabela 8.1, disponha os compostos iônicos NaF, CsI e CaO em ordem crescente de energia reticular.

SOLUÇÃO
Analise Com base nas fórmulas de três compostos iônicos, devemos determinar suas energias reticulares relativas.

Planeje Precisamos determinar as cargas e os tamanhos relativos dos íons presentes nos compostos. Em seguida, aplicamos a Equação 8.4 para determinar qualitativamente as energias relativas, sabendo que (a) quanto maiores forem as cargas iônicas, maior será a energia, e (b) quanto mais afastados os íons estiverem, menor será a energia.

Resolva O NaF consiste em íons Na$^+$ e F$^-$, o CsI, em íons Cs$^+$ e I$^-$, e o CaO, em íons Ca^{2+} e O^{2-}. Como o produto Q_1Q_2 aparece no numerador da Equação 8.4, a energia reticular aumenta drasticamente quando as magnitudes das cargas aumentam. Assim, esperamos que a energia reticular do CaO, que tem íons 2+ e 2−, seja a maior dos três.

As cargas iônicas são as mesmas no NaF e no CsI. Assim, a diferença em suas energias reticulares depende da diferença na distância entre os íons na rede. Como o tamanho iônico aumenta à medida que descemos em um grupo da tabela periódica (Seção 7.3), sabemos que o Cs$^+$ é maior que o Na$^+$ e que o I$^-$ é maior que o F$^-$. Portanto, a distância entre íons Na$^+$ e F$^-$ no NaF é menor que a distância entre os íons Cs$^+$ e I$^-$ no CsI. Como resultado, a energia reticular do NaF deve ser maior que a do CsI. Em ordem crescente de energia, portanto, temos CsI < NaF < CaO.

Confira A Tabela 8.1 confirma que a ordem está correta.

▶ **Para praticar**
Qual substância você acredita que tem a maior energia reticular: MgF$_2$, CaF$_2$ ou ZrO$_2$?

Como a energia reticular diminui à medida que a distância entre os íons aumenta, as energias reticulares seguem tendências semelhantes às observadas para o raio iônico, mostradas na Figura 7.8. Em particular, como o raio iônico aumenta à medida que descemos em um grupo da tabela periódica, verificamos que, para um determinado tipo de composto iônico, a energia reticular diminui à medida que descemos em um grupo. A **Figura 8.5** ilustra essa tendência para os cloretos alcalinos MCl (M = Li, Na, K, Rb, Cs) e os halogenetos de sódio NaX (X = F, Cl, Br, I).

Configurações eletrônicas de íons dos elementos dos blocos s e p

A energética de formação da ligação iônica ajuda a explicar por que muitos íons tendem a ter configurações eletrônicas de gás nobre. Por exemplo, o sódio perde facilmente um elétron para formar o íon Na$^+$, que tem uma configuração eletrônica igual ao Ne:

$$Na \quad 1s^22s^22p^63s^1 = [Ne]3s^1$$
$$Na^+ \quad 1s^22s^22p^6 \;\;\; = [Ne]$$

Embora a energia reticular aumente à medida que a carga iônica aumenta, nunca encontramos compostos iônicos com íons Na^{2+}. O segundo elétron removido teria de ser

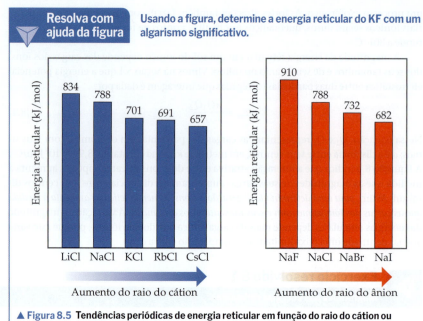

Resolva com ajuda da figura Usando a figura, determine a energia reticular do KF com um algarismo significativo.

▲ **Figura 8.5** Tendências periódicas de energia reticular em função do raio do cátion ou do ânion.

decorrente de uma camada interna do átomo de sódio, e remover elétrons de uma camada interna requer uma quantidade muito grande de energia. (Seção 7.4) O aumento da energia reticular não é suficiente para compensar a energia necessária para remover um elétron da camada interna. Assim, o sódio e os outros metais do grupo 1A são encontrados em substâncias iônicas apenas como íons 1+.

Da mesma forma, adicionar elétrons a não metais é exotérmico ou ligeiramente endotérmico, contanto que os elétrons sejam adicionados à camada de valência. Assim, um átomo de Cl ganha facilmente um elétron para formar o íon Cl$^-$, que tem a mesma configuração eletrônica do Ar:

$$Cl \quad 1s^22s^22p^63s^23p^5 = [Ne]3s^23p^5$$
$$Cl^- \quad 1s^22s^22p^63s^23p^6 = [Ne]3s^23p^6 = [Ar]$$

Para formar um íon Cl^{2-}, o segundo elétron deveria ser adicionado à próxima camada mais externa do átomo de Cl, uma adição que é muito desfavorável energeticamente. Portanto, nunca observamos íons Cl^{2-} em compostos iônicos. Assim, esperamos que compostos iônicos dos metais representativos dos grupos 1A, 2A e 3A contenham cátions 1+, 2+ e 3+, respectivamente, e que compostos iônicos dos não metais representativos dos grupos 5A, 6A e 7A tenham ânions 3−, 2− e 1−, respectivamente.

Os íons de metais de transição

Vimos que a regra do octeto é uma ferramenta útil para prever as cargas iônicas preferenciais de muitos íons dos elementos representativos, mas a regra é menos útil na previsão das cargas dos íons formados pelos átomos dos elementos de transição. Considere um átomo de Fe, por exemplo, cuja configuração eletrônica é [Ar]$4s^23d^6$. (Seção 6.9) O Fe forma dois cátions comuns, Fe^{2+} e Fe^{3+}, que têm configurações eletrônicas [Ar]$3d^6$ e [Ar]$3d^5$, respectivamente. (Seções 2.8 e 7.4) Nem o Fe^{2+} nem o Fe^{3+} têm um octeto de elétrons, e também não há uma analogia simples que nos permita prever que essas são as cargas iônicas preferenciais.

A regra do octeto, embora útil, tem escopo limitado e geralmente não é útil para metais de transição. Contudo, depois que conhecemos a carga de um íon de um metal de transição, podemos prever como ele se combina com não metais para formar compostos iônicos. Por exemplo, o Fe^{2+} e o Fe^{3+} formam os óxidos FeO e Fe$_2$O$_3$, respectivamente. O FeO e o Fe$_2$O$_3$ são sólidos quebradiços com altos pontos de fusão, o que é compatível com as nossas expectativas para substâncias iônicas.

OLHANDO DE PERTO | Cálculo das energias reticulares: o ciclo de Born-Haber

Energias reticulares não podem ser determinadas diretamente por meio de experimentos. No entanto, elas podem ser calculadas ao prever a formação de um composto iônico em uma série de etapas bem definidas. Podemos, então, aplicar a lei de Hess (Seção 5.6) para combinar as etapas e calcular a energia reticular do composto. Ao fazer isso, construímos um **ciclo de Born-Haber**, um ciclo termoquímico que recebeu esse nome por causa dos cientistas alemães Max Born (1882-1970) e Fritz Haber (1868-1934), que o introduziram, possibilitando a análise dos fatores que contribuem para a estabilidade dos compostos iônicos.

Vamos usar o NaCl como exemplo. Na Equação 8.3, que define a energia reticular, o NaCl(s) é o reagente e os íons gasosos $Na^+(g)$ e $Cl^-(g)$ são os produtos. Essa equação é o nosso alvo quando aplicamos a lei de Hess.

Na busca de um conjunto de outras equações que podem ser adicionadas até chegarmos a essa equação global, podemos usar o calor de formação do NaCl (Seção 5.7):

$$Na(s) + \tfrac{1}{2}Cl_2(g) \longrightarrow NaCl(s) \quad \Delta H_f^\circ[NaCl(s)] = -411 \text{ kJ} \quad [8.5]$$

No entanto, o sentido dessa equação deve ser invertido, de modo que o NaCl(s) seja o reagente, como na equação de energia reticular. Podemos usar duas outras equações para chegar à nossa equação global, como mostrado a seguir:

1. $NaCl(s) \longrightarrow Na(s) + \tfrac{1}{2}Cl_2(g)$ $\Delta H_1 = -\Delta H_f^\circ[NaCl(s)]$
                                                           = +411 kJ
2. $Na(s) \longrightarrow Na^+(g) + e^-$ $\Delta H_2 = ?$
3. $e^- + \tfrac{1}{2}Cl_2(g) \longrightarrow Cl^-(g)$ $\Delta H_3 = ?$
4. $NaCl(s) \longrightarrow Na^+(g) + Cl^-(g)$ $\Delta H_4 = \Delta H_1 + \Delta H_2 + \Delta H_3$
                                                                      $= \Delta H_{reticular}$

A segunda etapa envolve a formação do íon sódio a partir do sódio sólido; trata-se da etapa do calor de formação do gás de sódio e da primeira energia de ionização do sódio (o Apêndice C e a Figura 7.11 listam números para esses processos):

$Na(s) \longrightarrow Na(g)$ $\Delta H = \Delta H_f^\circ[Na(g)] = 108$ kJ   [8.6]
$Na(g) \longrightarrow Na^+(g) + e^-$ $\Delta H = I_1(Na) = 496$ kJ   [8.7]

A soma desses dois processos oferece a energia necessária para a Etapa 2 (acima), que é igual a 604 kJ.

Da mesma maneira, para a Etapa 3, temos de criar átomos de cloro, e, em seguida, ânions, a partir da molécula Cl_2, em duas etapas. As variações de entalpia dessas duas etapas são a soma da entalpia de formação do Cl(g) e da afinidade eletrônica do cloro, EA(Cl):

$\tfrac{1}{2}Cl_2(g) \longrightarrow Cl(g)$ $\Delta H = \Delta H_f^\circ[Cl(g)] = 122$ kJ   [8.8]
$e^- + Cl(g) \longrightarrow Cl^-(g)$ $\Delta H = EA(Cl) = -349$ kJ   [8.9]

A soma desses dois processos oferece a energia necessária para a Etapa 3 (acima), que é igual a −227 kJ.

Por fim, quando unimos todas as equações, temos:

1. $NaCl(s) \longrightarrow Na(s) + \tfrac{1}{2}Cl_2(g)$ $\Delta H_1 = -\Delta H_f^\circ[NaCl(s)]$
                                                                     = +411 kJ
2. $Na(s) \longrightarrow Na^+(g) + e^-$ $\Delta H_2 = 604$ kJ
3. $e^- + \tfrac{1}{2}Cl_2(g) \longrightarrow Cl^-(g)$ $\Delta H_3 = -227$ kJ
4. $NaCl(s) \longrightarrow Na^+(g) + Cl^-(g)$ $\Delta H_4 = 788$ kJ $= \Delta H_{reticular}$

Esse processo é descrito como um ciclo porque corresponde ao esquema da **Figura 8.6**, que mostra como todas as quantidades calculadas estão relacionadas. Nesse ciclo, a soma de todas as setas azuis apontadas para cima deve ser igual à soma de todas as setas de energia vermelhas apontadas para baixo. Born e Haber identificaram que, se soubermos o valor de cada quantidade no ciclo, com exceção da energia reticular, poderemos calculá-la com base nesse ciclo.

Exercícios relacionados: 8.30–8.32, 8.85

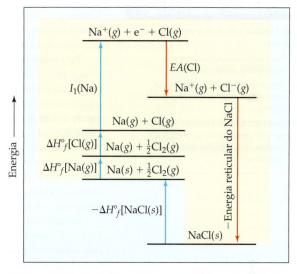

▲ **Figura 8.6** O ciclo de Born-Haber para a formação do NaCl. Essa representação da lei de Hess mostra as relações energéticas na formação do sólido iônico a partir de seus elementos.

Exercício resolvido 8.2
Cargas de íons

Determine o íon geralmente formado por **(a)** Sr, **(b)** S e **(c)** Al.

SOLUÇÃO

Analise Devemos decidir quantos elétrons são mais propensos a ser ganhos ou perdidos por átomos de Sr, S e Al.

Planeje Em cada caso, podemos usar a posição do elemento na tabela periódica para prever se ele forma um cátion ou um ânion. Podemos, então, usar a sua configuração eletrônica para determinar qual íon é mais provável de ser formado.

Resolva

(a) O estrôncio é um metal do grupo 2A e, por isso, forma um cátion. Sua configuração eletrônica é $[Kr]5s^2$ e, portanto, esperamos que os dois elétrons de valência sejam perdidos, gerando um íon Sr^{2+}.

(b) O enxofre é um não metal do grupo 6A e, por isso, tende a formar um ânion. Sua configuração eletrônica, $[Ne]3s^23p^4$, tem dois elétrons a menos que a configuração de um gás nobre. Assim, espera-se que o enxofre forme íons S^{2-}.

(c) O alumínio é um metal do grupo 3A. Esperamos, portanto, que ele forme íons Al^{3+}.

Confira As cargas iônicas que determinamos aqui são confirmadas nas Tabelas 2.4 e 2.5.

▶ **Para praticar**

Determine as cargas dos íons formados quando o magnésio reage com o nitrogênio.

Exercícios de autoavaliação

EAA 8.3 Qual(is) das seguintes afirmações sobre íons e ligações iônicas é(são) *verdadeira(s)*?

(i) Um átomo com primeira energia de ionização baixa e afinidade eletrônica baixa tem maior probabilidade de formar um cátion do que um ânion.

(ii) O íon mais comum para um átomo de um elemento representativo geralmente adota uma configuração eletrônica de gás nobre.

(iii) A estabilidade do KBr se deve à atração eletrostática entre os íons potássio e os íons brometo.

(a) Apenas uma das afirmações é verdadeira. (b) i e ii são verdadeiras. (c) i e iii são verdadeiras. (d) ii e iii são verdadeiras. (e) Todas as afirmações são verdadeiras.

EAA 8.4 Qual das seguintes afirmações sobre ligações iônicas é *falsa*? (a) As ligações iônicas são encontradas em compostos formados de metais combinados com não metais. (b) A atração entre cátions e ânions aumenta à medida que as cargas dos íons aumentam. (c) A atração entre cátions e ânions aumenta à medida que os raios dos íons aumentam. (d) A energia reticular é a energia necessária para dividir um composto iônico em íons gasosos.

EAA 8.5 Disponha as seguintes substâncias iônicas em ordem crescente de energia reticular: CaO, CsI, KF, KI, MgO. (a) CsI < KI < KF < CaO < MgO (b) CaO < MgO < CsI < KI < KF (c) KF < KI < CsI < MgO < CaO (d) CsI < CaO < KF < KI < MgO (e) KI < CsI < CaO < MgO < KF

EAA 8.6 Qual alternativa representa a configuração eletrônica do íon mais comum de um átomo de P? (a) $[Ne]3s^23p^3$ (b) $[Ne]3s^2$ (c) $1s^22s^22p^6$ (d) $[Ne]3s^23p^6$ (e) $[Ne]3s^23p^33d^3$

8.3 | Ligação covalente

Objetivos de aprendizagem

Após terminar a Seção 8.3, você deve ser capaz de:
▶ Descrever a ligação covalente e diferenciá-la da ligação iônica.
▶ Desenhar estruturas de Lewis para representar a distribuição de elétrons em moléculas.
▶ Usar estruturas de Lewis e a regra do octeto para prever a presença e a localização de ligações múltiplas em moléculas.

A grande maioria das substâncias químicas não tem as características de materiais iônicos. A maior parte das substâncias com as quais entramos em contato diariamente, como a água, tende a ser gases, líquidos ou sólidos com baixos pontos de fusão. Muitas, como a gasolina, evaporam com facilidade ou podem ser sólidos maleáveis, como os sacos plásticos e a cera.

Para essa enorme categoria de substâncias que não se comporta como substâncias iônicas, é preciso um modelo diferente para descrever a ligação entre os átomos. G. N. Lewis argumentou que átomos podem adquirir uma configuração eletrônica de gás nobre ao compartilhar elétrons com outros átomos. A ligação química formada pelo compartilhamento de um par de elétrons é uma *ligação covalente*. A molécula de hidrogênio, H_2, é o exemplo mais simples de uma ligação covalente. Quando dois átomos de hidrogênio estão próximos um do outro, os dois núcleos carregados positivamente se repelem, os dois elétrons carregados negativamente se repelem e os núcleos e os elétrons se atraem, como mostra a **Figura 8.7(a)**. Uma vez que a molécula é estável, sabemos que as forças atrativas devem superar as repulsivas. A seguir, vamos analisar com mais detalhes as forças atrativas que unem a molécula de H_2.

Ao utilizar métodos da mecânica quântica análogos aos aplicados para os átomos na Seção 6.5, podemos calcular a distribuição da densidade eletrônica em moléculas. Um cálculo como esse para o H_2 mostra que as atrações entre os núcleos e os elétrons fazem a densidade eletrônica se concentrar entre os núcleos, conforme a Figura 8.7(b). O resultado é que as interações eletrostáticas globais são atrativas. Assim, os átomos na molécula de H_2 se unem, principalmente porque os dois núcleos positivos são atraídos para a concentração de carga negativa entre eles. Em resumo, o par de elétrons compartilhado em qualquer ligação covalente atua como uma "cola" que une os átomos.

Estruturas de Lewis

A formação de ligações covalentes pode ser representada usando os símbolos de Lewis. Por exemplo, a formação da molécula de H_2 a partir de dois átomos de H pode ser representada da seguinte maneira:

$$H\cdot + \cdot H \longrightarrow H:H$$

Na formação da ligação covalente, cada átomo de hidrogênio adquire um segundo elétron e, consequentemente, a configuração eletrônica estável de dois elétrons, semelhante à do gás nobre hélio.

A formação de uma ligação covalente entre dois átomos de Cl para obter uma molécula de Cl_2 pode ser representada de maneira semelhante:

$$:\ddot{Cl}\cdot + \cdot\ddot{Cl}: \longrightarrow :\ddot{Cl}:\ddot{Cl}:$$

Compartilhando o par de elétrons da ligação, cada átomo de cloro passa a ter oito elétrons (um octeto) em sua camada de valência, chegando à configuração eletrônica do gás nobre argônio.

As estruturas mostradas aqui para o H_2 e o Cl_2 são chamadas de **estruturas de Lewis**. Embora essas estruturas mostrem círculos para indicar o compartilhamento de elétrons, a convenção mais comum é mostrar cada par de elétrons compartilhado, ou **par ligante**, como uma linha e qualquer par de elétrons não compartilhados (também chamados de **pares isolados** ou **pares não ligantes**) como pontos. Assim, as estruturas de Lewis do H_2 e do Cl_2 são:

$$H\!-\!H \qquad :\!\ddot{C}\!l\!-\!\ddot{C}\!l\!:$$

Para não metais, o número de elétrons de valência em um átomo neutro é igual ao número do grupo. Portanto, pode-se prever que os elementos do grupo 7A, como o F, formarão uma ligação covalente para chegar a um octeto; os elementos do grupo 6A, como o O, formarão duas ligações covalentes; os elementos do grupo 5A, como o N, formarão três; e os elementos do grupo 4A, como o C, formarão quatro. Essas previsões são confirmadas em muitos compostos, a exemplo dos compostos dos não metais do segundo período da tabela periódica com hidrogênio:

$$H\!-\!\ddot{F}\!: \qquad H\!-\!\ddot{O}\!: \qquad H\!-\!\ddot{N}\!-\!H \qquad H\!-\!\overset{H}{\underset{H}{C}}\!-\!H$$
$$\quadH\quadH$$

Ligações múltiplas

Um par de elétrons compartilhado constitui uma ligação covalente simples, geralmente chamada de **ligação simples**. Em muitas moléculas, os átomos obtêm octetos completos compartilhando mais de um par de elétrons. Quando dois pares de elétrons são compartilhados por dois átomos, duas linhas são feitas na estrutura de Lewis, representando uma **ligação dupla**. No dióxido de carbono, por exemplo, a ligação ocorre entre o carbono, com quatro elétrons de valência, e o oxigênio, com seis:

$$:\!\ddot{O}\!: + \cdot\dot{C}\cdot + :\!\ddot{O}\!: \longrightarrow \ddot{O}\!::\!C\!::\!\ddot{O} \quad (\text{ou } \ddot{O}\!=\!C\!=\!\ddot{O})$$

Conforme o diagrama, cada átomo de oxigênio adquire um octeto, compartilhando dois pares de elétrons com o carbono. No caso do CO_2, o carbono adquire um octeto ao compartilhar dois pares de elétrons com cada átomo de oxigênio. Assim, cada ligação dupla envolve quatro elétrons.

Uma **ligação tripla** corresponde ao compartilhamento de três pares de elétrons, como na molécula de N_2:

$$:\!\dot{N}\!\cdot + \cdot\dot{N}\!: \longrightarrow :\!N\!:\!:\!:\!N\!: \quad (\text{ou}: N\!\equiv\!N\!:)$$

Como cada átomo de nitrogênio tem cinco elétrons de valência, três pares de elétrons devem ser compartilhados para obter a configuração de octeto.

As propriedades do N_2 estão completamente de acordo com sua estrutura de Lewis. O nitrogênio é um gás diatômico com reatividade excepcionalmente baixa em razão da ligação nitrogênio-nitrogênio muito estável. Os átomos de nitrogênio estão a uma distância de apenas 1,10 Å. Essa curta separação entre os dois átomos de N é resultado da ligação tripla entre os átomos. Com base em estudos das estruturas de muitas substâncias diferentes em que os átomos de nitrogênio compartilham um ou dois pares de elétrons, aprendemos que a distância média entre os átomos de nitrogênio ligados varia de acordo com o número de pares de elétrons compartilhados:

$$\begin{array}{ccc} N\!-\!N & N\!=\!N & N\!\equiv\!N \\ 1,47\text{ Å} & 1,24\text{ Å} & 1,10\text{ Å} \end{array}$$

Como regra geral, o comprimento da ligação entre dois átomos diminui à medida que o número de pares de elétrons compartilhados aumenta. Exploraremos essa questão em mais detalhes na Seção 8.8.

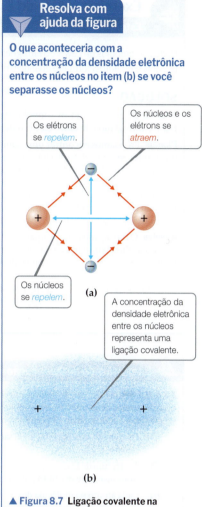

Resolva com ajuda da figura

O que aconteceria com a concentração da densidade eletrônica entre os núcleos no item (b) se você separasse os núcleos?

▲ **Figura 8.7 Ligação covalente na molécula de H_2.** (a) Atrações e repulsões entre os elétrons e os núcleos na molécula de hidrogênio. (b) Distribuição eletrônica na molécula de H_2.

Exercício resolvido 8.3
Estrutura de Lewis de um composto

Dados os símbolos de Lewis do nitrogênio e do flúor na Figura 8.2, determine a fórmula do composto binário estável (um composto constituído por dois elementos) formado quando o nitrogênio reage com o flúor. Represente também sua estrutura de Lewis.

SOLUÇÃO

Analise De acordo com os símbolos de Lewis do nitrogênio e do flúor, o nitrogênio tem cinco elétrons de valência e o flúor tem sete.

Planeje Precisamos encontrar uma combinação dos dois elementos que resulta em um octeto de elétrons em torno de cada átomo. O nitrogênio precisa de três elétrons adicionais para completar seu octeto, e o flúor, de um. Se um par de elétrons for compartilhado entre um átomo de N e um de F, teremos um octeto de elétrons para o flúor, mas não para o nitrogênio. Precisamos, portanto, descobrir uma maneira de obter mais dois elétrons para o átomo de N.

Resolva O nitrogênio deve compartilhar um par de elétrons com três átomos de flúor para completar o seu octeto. Assim, o composto binário formado por esses dois elementos deve ser o NF_3:

$$\cdot\ddot{N}\cdot + 3\:\cdot\ddot{F}: \longrightarrow :\ddot{F}:\ddot{N}:\ddot{F}: \longrightarrow :\ddot{F}-\ddot{N}-\ddot{F}:$$
$$\qquad\qquad\qquad\qquad\quad :\ddot{F}: \qquad\quad\; |$$
$$\qquad\qquad\qquad\qquad\qquad\qquad\quad :\ddot{F}:$$

Confira A estrutura de Lewis no centro mostra que cada átomo está circundado por um octeto de elétrons. Assim que você se acostumar a pensar que cada linha de uma estrutura de Lewis representa *dois* elétrons, vai conseguir utilizar facilmente a estrutura da direita para verificar se há octetos.

▶ **Para praticar**
Compare o símbolo de Lewis da água, H_2O, com o do metano, CH_4. Quantos elétrons de valência há em cada estrutura? Quantos pares ligantes e não ligantes tem cada estrutura?

Exercícios de autoavaliação

EAA 8.7 A molécula CF_4 possui um átomo central de C ligado a quatro átomos de F, como mostra a figura. Qual(is) das afirmações a seguir sobre a molécula de CF_4 é(são) *verdadeira(s)*?

  (i) Os elétrons nas ligações C−F são atraídos por ambos os núcleos de C e F.
  (ii) A estrutura de Lewis correta do CF_4 possui quatro pares de elétrons ligantes e nenhum par não ligante.
  (iii) Cada átomo na molécula de CF_4 satisfaz a regra do octeto.

(**a**) Apenas uma das afirmações é verdadeira. (**b**) i e ii são verdadeiras. (**c**) i e iii são verdadeiras. (**d**) ii e iii são verdadeiras. (**e**) Todas as afirmações são verdadeiras.

EAA 8.8 Qual das seguintes afirmações sobre ligações múltiplas é *falsa*? (**a**) Uma ligação dupla é mais curta do que uma ligação simples. (**b**) Uma ligação tripla envolve o compartilhamento de três elétrons entre os dois átomos. (**c**) A formação de ligações múltiplas permite que os átomos satisfaçam a regra do octeto. (**d**) Uma molécula pode ter mais de uma ligação múltipla.

8.4 | Polaridade da ligação e eletronegatividade

Objetivos de aprendizagem

Após terminar a Seção 8.4, você deve ser capaz de:
▶ Descrever o conceito de eletronegatividade e suas tendências periódicas.
▶ Classificar os diferentes tipos de ligação com base na diferença de eletronegatividade dos dois átomos ligados.
▶ Relacionar o momento de dipolo de uma molécula diatômica com as cargas parciais dos seus átomos.
▶ Diferenciar compostos que têm ligações iônicas daqueles que têm ligações covalentes com base nas suas propriedades físicas.

Quando dois átomos idênticos se ligam, como no Cl_2 ou no H_2, os pares de elétrons devem ser compartilhados igualmente. Quando dois átomos de lados opostos da tabela periódica se ligam, como no NaCl, há relativamente pouco compartilhamento de elétrons. Isso significa que a descrição que melhor se adequa ao NaCl é a de que ele é um composto iônico formado por íons Na^+ e $Cl^−$. O elétron 3s do átomo de Na é, efetivamente, transferido para o cloro. As ligações encontradas na maioria das substâncias ficam entre esses extremos. Nesta seção, analisaremos as ligações em que os elétrons são compartilhados de modo desigual entre dois átomos.

Para ajudar a discussão sobre o grau de compartilhamento de elétrons entre dois átomos em uma ligação, devemos introduzir alguns novos termos. A **polaridade da ligação** é uma medida de quão igual ou desigual é o compartilhamento dos elétrons em qualquer ligação covalente. Uma **ligação covalente apolar** é aquela na qual os elétrons são compartilhados igualmente, como nos casos do Cl_2 e do N_2. Em uma **ligação covalente polar**, um dos átomos exerce maior atração sobre os elétrons da ligação que o outro. Se a diferença na capacidade relativa de atrair elétrons é suficientemente grande, uma ligação iônica é formada.

Eletronegatividade

Usamos uma quantidade denominada *eletronegatividade* para estimar se uma determinada ligação é covalente apolar, covalente polar ou iônica.

A **eletronegatividade** é a capacidade de um átomo
em uma molécula atrair elétrons para si.

Quanto maior for a eletronegatividade de um átomo, maior será a sua capacidade de atrair elétrons. A eletronegatividade de um átomo em uma molécula está relacionada com a energia de ionização e com a afinidade eletrônica desse átomo, que são propriedades de átomos isolados. Um átomo com uma afinidade eletrônica muito negativa e uma alta energia de ionização tanto atrai elétrons de outros átomos quanto oferece resistência à atração de seus elétrons por outros átomos; portanto, ele é altamente eletronegativo.

Valores de eletronegatividade podem ser baseados em diversas propriedades, e não apenas na energia de ionização e na afinidade eletrônica. O químico americano Linus Pauling (1901-1994) desenvolveu a primeira e a mais amplamente utilizada escala de eletronegatividade, feita com base em dados termoquímicos. Na escala de Pauling, os valores de eletronegatividade variam entre 0,7 e 4,0, sem unidades. Conforme a **Figura 8.8**, há, de modo geral, um aumento da eletronegatividade quando vamos da esquerda para a direita em um período, ou seja, dos elementos mais metálicos para os mais não metálicos. Com algumas exceções (especialmente nos metais de transição), a eletronegatividade diminui de cima para baixo em um grupo. Isso é esperado, pois as energias de ionização diminuem quando descemos em um grupo, e as afinidades eletrônicas não variam muito.

Você não precisa memorizar valores de eletronegatividade. Em vez disso, é mais importante conhecer as tendências periódicas, para que possa prever qual dos dois elementos é mais eletronegativo.

Eletronegatividade e polaridade da ligação

Podemos usar a diferença de eletronegatividade entre dois átomos para medir a polaridade da ligação entre os átomos. Considere os seguintes três compostos que contêm flúor:

	F_2	HF	LiF
Diferença de eletronegatividade	4,0 − 4,0 = 0	4,0 − 2,1 = 1,9	4,0 − 1,0 = 3,0
Tipo de ligação	Covalente apolar	Covalente polar	Iônica

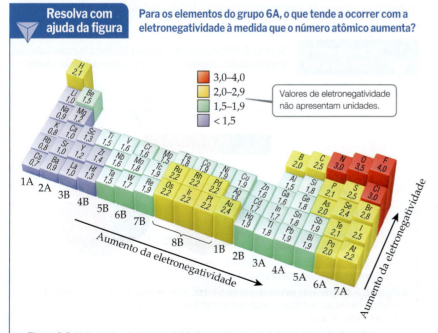

Resolva com ajuda da figura Para os elementos do grupo 6A, o que tende a ocorrer com a eletronegatividade à medida que o número atômico aumenta?

▲ **Figura 8.8 Valores de eletronegatividade com base nos dados termoquímicos de Pauling.** Observe o aumento geral nos valores da esquerda para direita em cada período e a redução geral de cima para baixo em cada grupo.

No F_2, os elétrons são compartilhados igualmente entre os átomos de flúor e, assim, a ligação covalente é *apolar*. A ligação covalente apolar ocorre quando as eletronegatividades dos átomos ligados são iguais.

No HF, o átomo de flúor tem uma eletronegatividade maior que o átomo de hidrogênio, fazendo com que os elétrons sejam compartilhados de maneira desigual; assim, a ligação é *polar*. De modo geral, uma ligação covalente polar ocorre quando os átomos têm eletronegatividades diferentes. No HF, o átomo de flúor mais eletronegativo afasta a densidade eletrônica do átomo de hidrogênio menos eletronegativo, resultando em uma carga parcial positiva no átomo de hidrogênio e uma carga parcial negativa no átomo de flúor. Podemos representar essa distribuição de carga da seguinte maneira:

$$\overset{\delta+}{H}-\overset{\delta-}{F}$$

O $\delta+$ e o $\delta-$ (lê-se "delta mais" e "delta menos") simbolizam as cargas parciais positiva e negativa, respectivamente. Em uma ligação polar, esses números são inferiores aos das cargas totais dos íons.

No LiF, a diferença de eletronegatividade é muito grande, o que significa que a densidade eletrônica é predominantemente deslocada para F. A ligação resultante é, portanto, descrita mais precisamente como *iônica*. Assim, se considerarmos a ligação no LiF totalmente iônica, podemos dizer que o $\delta+$ para o Li é 1+ e que o $\delta-$ para o F é 1−. Se a diferença de eletronegatividade entre dois átomos é maior do que 2,0, geralmente consideramos que a ligação entre os dois átomos é iônica.

O deslocamento da densidade eletrônica no sentido do átomo mais eletronegativo em uma ligação pode ser visto nos resultados de cálculos de distribuições de densidade eletrônica. Para os três compostos do nosso exemplo, as distribuições de densidade eletrônica calculadas estão representadas na **Figura 8.9**. Observe que, em F_2, a distribuição é simétrica; em HF, a densidade eletrônica está claramente deslocada para o flúor; e em LiF, o deslocamento é ainda maior. Esses exemplos ilustram, portanto, que *quanto maior for a diferença de eletronegatividade entre dois átomos, mais polar será a ligação entre eles*.

Momentos de dipolo

A diferença entre a eletronegatividade do H e do F resulta em uma ligação covalente polar na molécula de HF. Como consequência, há uma concentração da carga negativa no átomo de F, mais eletronegativo, deixando o átomo de H, menos eletronegativo, na extremidade positiva da molécula. Uma molécula como o HF, na qual os centros de carga positiva e

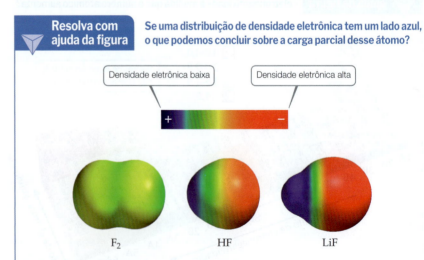

Resolva com ajuda da figura — Se uma distribuição de densidade eletrônica tem um lado azul, o que podemos concluir sobre a carga parcial desse átomo?

▲ **Figura 8.9 Distribuição da densidade eletrônica.** Essa representação gerada por computador mostra a distribuição da densidade eletrônica calculada na superfície das moléculas de F_2, HF e LiF.

Exercício resolvido 8.4
Polaridade da ligação

Em cada caso, qual ligação é mais polar: (a) B−Cl ou C−Cl; (b) P−F ou P−Cl? Indique em cada caso qual átomo tem carga parcial negativa.

SOLUÇÃO

Analise Devemos determinar as polaridades relativas das ligações conhecendo apenas os átomos envolvidos nas ligações.

Planeje Uma vez que não precisamos dar respostas quantitativas, podemos consultar a tabela periódica e o nosso conhecimento sobre as tendências de eletronegatividade para responder à pergunta.

Resolva

(a) O átomo de cloro é comum para ambas as ligações. Portanto, precisamos comparar apenas as eletronegatividades de B e C. Como o boro está à esquerda do carbono na tabela periódica, diríamos que ele tem a menor eletronegatividade. Já o cloro, estando do lado direito da tabela, tem alta eletronegatividade. A ligação mais polar será a que está entre os átomos com a maior diferença de eletronegatividade. Consequentemente, a ligação B−Cl é mais polar; o átomo de cloro tem a carga parcial negativa porque tem maior eletronegatividade.

(b) Neste exemplo, o fósforo é comum para ambas as ligações, portanto precisamos comparar somente as eletronegatividades de F e Cl. Como o flúor está acima do cloro na tabela periódica, ele deve ser mais eletronegativo, formando a ligação mais polar com o P. A eletronegatividade mais alta do flúor significa que ele tem a carga parcial negativa.

Confira

(a) Na Figura 8.8, veja que a diferença entre as eletronegatividades do cloro e do boro é $3,0 - 2,0 = 1,0$, enquanto a diferença entre as eletronegatividades do cloro e do carbono é $3,0 - 2,5 = 0,5$. Assim, a ligação B−C é mais polar, como havíamos previsto.

(b) Na Figura 8.8, veja que a diferença entre as eletronegatividades do cloro e do fósforo é $3,0 - 2,1 = 0,9$, enquanto a diferença entre as eletronegatividades do flúor e do fósforo é $4,0 - 2,1 = 1,9$. Assim, a ligação P−F é mais polar, como havíamos previsto.

▶ **Para praticar**
Qual das seguintes ligações é a mais polar: S−Cl, S−Br, Se−Cl ou Se−Br?

---

negativa não coincidem, é uma **molécula polar**. Assim, descrevemos tanto as ligações quanto as moléculas como polares e apolares.

Podemos indicar a polaridade da molécula de HF de duas maneiras:

$$\overset{\delta+}{H}-\overset{\delta-}{F} \quad ou \quad \overset{\longleftrightarrow}{H-F}$$

Na notação à direita, a seta indica o deslocamento da densidade eletrônica em direção ao átomo de flúor. Pode-se considerar a extremidade da seta em forma de cruz um sinal de adição, indicando a extremidade positiva da molécula.

A polaridade ajuda a determinar diversas propriedades que observamos em nível macroscópico no laboratório e na vida cotidiana. As moléculas polares se alinham umas às outras, e a extremidade negativa de uma molécula atrai a extremidade positiva de outra. As moléculas polares também atraem os íons. A extremidade negativa de uma molécula polar atrai íons positivos, e a extremidade positiva atrai íons negativos. Essas interações são responsáveis por muitas propriedades de líquidos, sólidos e soluções, conforme exploraremos nos Capítulos 11, 12 e 13. A separação de cargas nas moléculas é importante nos processos de conversão de energia, como a fotossíntese e as células solares.

De que maneira podemos quantificar a polaridade de uma molécula? Sempre que duas cargas elétricas de igual magnitude, mas de sinais opostos, estão separadas por uma distância, um **dipolo** é estabelecido. A medida quantitativa da magnitude de um dipolo é chamada de **momento de dipolo**, indicado pela letra grega mi, μ. O momento de dipolo é o que chamamos de quantidade *vetorial*, o que significa que tem magnitude e direção. A direção de um momento de dipolo é dada pela "flecha cruzada" usada anteriormente para descrever a polaridade do HF. A magnitude do momento de dipolo depende de quanta carga é separada e da distância de separação. Se duas cargas iguais e opostas, $Q+$ e $Q-$, estiverem separadas por uma distância r, como na **Figura 8.10**, a magnitude do momento de dipolo será o produto de Q e r:

$$\mu = Qr \qquad [8.10]$$

Essa expressão mostra que o momento de dipolo aumenta à medida que a magnitude de Q e r aumenta. Quanto maior for o momento de dipolo, mais polar será a ligação. Para uma

Resolva com ajuda da figura

Se as partículas carregadas forem aproximadas, o μ aumenta, diminui ou permanece igual?

Momento de dipolo $\mu = Qr$

▲ **Figura 8.10 Dipolo e momento de dipolo.** Um dipolo é produzido quando as cargas de mesma magnitude e sinais opostos $Q+$ e $Q-$ são separadas por uma distância r.

molécula apolar, como o F_2, o momento de dipolo é igual a zero porque os átomos são idênticos e os elétrons na ligação entre eles são compartilhados igualmente.

Os momentos de dipolo são experimentalmente mensuráveis e costumam ser reportados em *debyes* (D), uma unidade que equivale a $3,34 \times 10^{-30}$ coulomb-metros (C-m). Em moléculas, geralmente medimos a carga em unidades de carga eletrônica, e, $1,60 \times 10^{-19}$ C, e a distância em angstroms. Isso significa que precisamos converter as unidades em debyes sempre que quisermos reportar um momento de dipolo. Suponha que duas cargas $1+$ e $1-$ (em e) estejam separadas por 1,00 Å. Dessa maneira, o momento de dipolo produzido é:

$$\mu = Qr = (1{,}60 \times 10^{-19}\,C)(1{,}00\,\text{Å})\left(\frac{10^{-10}\,\text{m}}{1\,\text{Å}}\right)\left(\frac{1\,\text{D}}{3{,}34 \times 10^{-30}\,\text{C-m}}\right) = 4{,}79\,\text{D}$$

Medir momentos de dipolo pode fornecer informações úteis sobre as distribuições de carga em moléculas, conforme o Exercício resolvido 8.5.

Exercício resolvido 8.5
Momentos de dipolo de moléculas diatômicas

O comprimento da ligação na molécula de HCl é 1,27 Å. **(a)** Calcule o momento de dipolo, em debyes, que resultará se as cargas sobre os átomos de H e Cl forem $1+$ e $1-$, respectivamente. **(b)** O momento de dipolo medido experimentalmente do HCl(*g*) é igual a 1,08 D. Que magnitude de carga, em unidades de e, nos átomos de H e Cl resulta nesse momento de dipolo?

SOLUÇÃO

Analise e planeje Devemos, em (a), calcular o momento de dipolo do HCl se uma carga completa for transferida de H para Cl. Podemos, então, aplicar a Equação 8.10 para obter o resultado. Em (b), temos o momento de dipolo real da molécula, e usaremos esse valor para calcular as cargas parciais reais dos átomos de H e Cl.

Resolva

(a) Uma vez que Cl é mais eletronegativo do que H, esperamos que o átomo de Cl tenha uma carga negativa e o átomo de H, uma positiva. A magnitude da carga de cada átomo representa a carga eletrônica, $e = 1{,}60 \times 10^{-19}$ C. A distância é de 1,27 Å. O momento de dipolo é, portanto:

$$\mu = Qr = (1{,}60 \times 10^{-19}\,C)(1{,}27\,\text{Å})\left(\frac{10^{-10}\,\text{m}}{1\,\text{Å}}\right)\left(\frac{1\,\text{D}}{3{,}34 \times 10^{-30}\,\text{C-m}}\right) = 6{,}08\,\text{D}$$

(b) Sabemos o valor de μ, 1,08 D, e o valor de r, 1,27 Å. Queremos calcular o valor de Q:

$$Q = \frac{\mu}{r} = \frac{(1{,}08\,\text{D})\left(\dfrac{3{,}34 \times 10^{-30}\,\text{C-m}}{1\,\text{D}}\right)}{(1{,}27\,\text{Å})\left(\dfrac{10^{-10}\,\text{m}}{1\,\text{Å}}\right)} = 2{,}84 \times 10^{-20}\,\text{C}$$

Podemos facilmente converter essa carga em e:

$$\text{Carga em } e = (2{,}84 \times 10^{-20}\,C)\left(\frac{1e}{1{,}60 \times 10^{-19}\,C}\right) = 0{,}178e$$

Assim, o momento de dipolo experimental indica que a separação da carga na molécula de HCl é:

$$\overset{0{,}178+}{\text{H}} \text{——} \overset{0{,}178-}{\text{Cl}}$$

Uma vez que o momento de dipolo experimental é menor que o calculado no item (a), as cargas nos átomos são muito menores que a carga eletrônica total. Poderíamos ter previsto isso, uma vez que a ligação H—Cl é covalente polar, e não iônica.

▶ **Para praticar**
O momento de dipolo do monofluoreto de cloro, ClF(*g*), é 0,88 D. O comprimento da ligação na molécula é igual a 1,63 Å. **(a)** Qual átomo tem a carga parcial negativa? **(b)** Qual é a carga desse átomo em e?

A **Tabela 8.2** apresenta os comprimentos de ligação e os momentos de dipolo dos halogenetos de hidrogênio. Observe que, do HF ao HI, a diferença de eletronegatividade diminui e o comprimento da ligação aumenta. O primeiro efeito diminui a quantidade de carga separada e faz o momento de dipolo diminuir do HF ao HI, embora o comprimento de ligação seja crescente. Cálculos idênticos aos realizados no Exercício resolvido 8.5 mostram que as cargas dos átomos diminuem de $0{,}41+$ e $0{,}41-$ no HF para $0{,}057+$ e $0{,}057-$ no HI. Podemos visualizar, então, o grau variável de deslocamento da carga eletrônica nessas substâncias a partir de representações computacionais baseadas nos cálculos de distribuição eletrônica, conforme a **Figura 8.11**. Para

TABELA 8.2 Comprimentos de ligação, diferenças de eletronegatividade e momentos de dipolo dos halogenetos de hidrogênio

Composto	Comprimento da ligação (Å)	Diferença de eletronegatividade	Momento de dipolo (D)
HF	0,92	1,9	1,82
HCl	1,27	0,9	1,08
HBr	1,41	0,7	0,82
HI	1,61	0,4	0,44

essas moléculas, a variação na diferença de eletronegatividade tem um efeito maior sobre o momento de dipolo que a variação do comprimento da ligação.

Antes de encerrar esta seção, vamos voltar a analisar a molécula de LiF, presente na Figura 8.9. Sob condições padrão, o LiF é encontrado na forma de sólido iônico, com uma disposição de átomos análoga à da estrutura do cloreto de sódio, mostrada na Figura 8.4. No entanto, é possível gerar *moléculas* de LiF ao vaporizar o sólido iônico a uma temperatura elevada. As moléculas têm um momento de dipolo de 6,28 D e uma distância de ligação de 1,53 Å. Com base nesses valores, podemos calcular a carga do lítio e do flúor: 0,857+ e 0,857−, respectivamente. Essa ligação é extremamente polar, e a presença de cargas tão grandes favorece a formação de um retículo iônico estendido, no qual cada íon de lítio está rodeado por íons fluoreto e vice-versa. Contudo, mesmo aqui, as cargas dos íons determinadas experimentalmente continuam não sendo 1+ e 1−. Isso nos diz que, mesmo em compostos iônicos, ainda há alguma contribuição covalente à ligação.

Comparação entre ligações iônicas e covalentes

Para compreender as interações responsáveis pela ligação química, é melhor abordar a ligação iônica e a covalente separadamente. Essa é a abordagem adotada neste capítulo, assim como na maioria dos livros de química de graduação. Na realidade, existe um contínuo entre os extremos da ligação iônica e covalente, e a diferença entre os modelos somente é perceptível nos extremos, sendo praticamente indistinguível entre eles. Essa falta de separação bem definida entre os dois tipos de ligação pode parecer estranha ou confusa inicialmente.

Os modelos simples de ligação iônica e covalente apresentados são uma contribuição para a compreensão e a determinação das estruturas e das propriedades dos compostos químicos. Quando a ligação covalente é dominante, espera-se que os compostos sejam encontrados na forma de moléculas* e tenham todas as propriedades relacionadas às substâncias moleculares, como pontos de fusão e de ebulição relativamente baixos e comportamento não eletrólito quando dissolvidos em água. Quando a ligação iônica é dominante, espera-se que os compostos sejam sólidos quebradiços, com ponto de fusão elevado, e estruturas reticulares expandidas, exibindo comportamento de eletrólito forte quando dissolvidos na água.

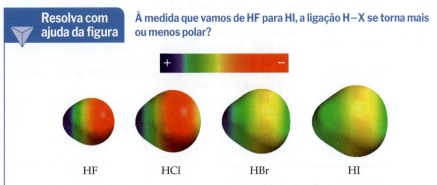

▲ **Figura 8.11 Separação de carga nos halogenetos de hidrogênio.** No HF, o fortemente eletronegativo F atrai muito mais a densidade eletrônica que o H. No HI, o I, sendo muito menos eletronegativo que o F, não atrai os elétrons compartilhados tão fortemente, então a ligação é muito menos polar.

---

*Há algumas exceções, como nos sólidos de redes covalentes, incluindo o diamante, o silício e o germânio, em que uma estrutura estendida é formada ainda que as ligações sejam claramente covalentes. Essas substâncias serão discutidas na Seção 12.7.

Não surpreende, então, que existam exceções a essas características gerais, algumas das quais examinaremos posteriormente. Ainda assim, a capacidade de classificar rapidamente as interações predominantes em uma substância como covalentes ou iônicas proporciona uma compreensão considerável das suas propriedades. A questão torna-se, então, a melhor maneira de reconhecer o tipo predominante de ligação.

A abordagem mais simples é pressupor que a interação entre um metal e um não metal é iônica e que a interação entre dois não metais é covalente. Embora esse sistema de classificação seja razoavelmente previsível, há uma série de exceções para que a sua utilização seja sem reservas. Por exemplo, o estanho é um metal, e o cloro, um não metal, mas o SnCl$_4$ é uma substância molecular encontrada à temperatura ambiente na forma de um líquido incolor que congela a −33 °C e entra em ebulição a 114 °C. As características do SnCl$_4$ não são típicas de uma substância iônica. Assim, existe uma maneira mais previsível de determinar que tipo de ligação prevalece em um composto? Uma abordagem mais sofisticada consiste em utilizar a diferença de eletronegatividade como o critério principal para determinar se a ligação covalente ou iônica será predominante. Essa abordagem prevê corretamente que a ligação no SnCl$_4$ será covalente polar, com base na diferença de eletronegatividade igual a 1,2, e, ao mesmo tempo, prevê corretamente que a ligação no NaCl será predominantemente iônica, com base em uma diferença de eletronegatividade de 2,1.

Avaliar a ligação com base na diferença de eletronegatividade é um procedimento útil, mas apresenta uma desvantagem. Os valores de eletronegatividade apresentados na Figura 8.8 não consideram as variações na ligação resultantes das variações no estado de oxidação do metal. (Seção 4.4) Por exemplo, a Figura 8.8 apresenta a diferença de eletronegatividade entre o manganês e o oxigênio como 3,5 − 1,5 = 2,0, valor que entra na faixa em que a ligação costuma ser considerada iônica (a diferença de eletronegatividade no NaCl é 3,0 − 0,9 = 2,1). Portanto, não nos surpreende saber que o óxido de manganês(II), MnO, é um sólido verde que funde a 1.842 °C e tem a mesma estrutura cristalina que o NaCl.

No entanto, a ligação entre o manganês e o oxigênio não é sempre iônica. O óxido de manganês(VII), Mn$_2$O$_7$, é um líquido verde que funde a 5,9 °C, uma indicação de que a ligação covalente é predominante em vez da ligação iônica. A variação no estado de oxidação do manganês é responsável pela variação na ligação. Em geral, à medida que o estado de oxidação de um metal aumenta, isso também acontece com o grau de covalência da ligação. Quando o estado de oxidação do metal é altamente positivo (em geral, +4 ou maior), podemos esperar uma covalência significativa nas ligações formadas com não metais. Assim, metais com estados de oxidação elevados formam substâncias moleculares, como o Mn$_2$O$_7$, ou íons poliatômicos, como o MnO^{4-} e o CrO$_4^{2-}$, em vez de compostos iônicos.

Exercícios de autoavaliação

EAA 8.9 Qual das seguintes afirmações sobre a eletronegatividade é *falsa*? (**a**) A eletronegatividade é uma medida da capacidade que um átomo em uma molécula tem de atrair elétrons para si. (**b**) O flúor é o elemento mais eletronegativo. (**c**) Os elementos com alta eletronegatividade geralmente têm primeira energia de ionização e afinidade eletrônica altas. (**d**) A eletronegatividade geralmente aumenta de cima para baixo na tabela periódica. (**e**) Os metais alcalinos são a família com os menores valores de eletronegatividade.

EAA 8.10 Disponha os seguintes elementos em ordem crescente de eletronegatividade: S, Cl, Ca, As, Rb.

(**a**) Rb < Ca < As < S < Cl
(**b**) Ca < As < Rb < Cl < S
(**c**) S < Cl < Ca < As < Rb
(**d**) Rb < Ca < Cl < As < S

EAA 8.11 Disponha as seguintes ligações em ordem crescente de polaridade: B−Cl, P−S, Al−F, Br−Br.

(**a**) P−S < Br−Br < Al−F < B−Cl
(**b**) Br−Br < P−S < Al−F < B−Cl
(**c**) B−Cl < Br−Br < P−S < Al−F
(**d**) Br−Br < P−S < B−Cl < Al−F

EAA 8.12 A molécula ICl tem momento de dipolo de 1,24 D e comprimento da ligação de 2,32 Å. Em unidades de carga eletrônica, qual é a carga parcial do átomo de I na molécula ICl? (**a**) 0,11+ (**b**) 0,11− (**c**) 0,26+ (**d**) 0,26− (**e**) 0

EAA 8.13 Em cada um dos pares a seguir, um composto é uma substância molecular e o outro é uma substância iônica: PCl$_3$ e ScCl$_3$; CrF$_2$ e MoF$_6$; OsO$_4$ e La$_2$O$_3$. Quais compostos são substâncias moleculares? (**a**) PCl$_3$, CrF$_2$ e OsO$_4$ (**b**) ScCl$_3$, CrF$_2$ e La$_2$O$_3$ (**c**) PCl$_3$, MoF$_6$ e OsO$_4$ (**d**) ScCl$_3$, MoF$_6$ e La$_2$O$_3$

8.5 | Representação das estruturas de Lewis

As estruturas de Lewis podem colaborar na compreensão das ligações em muitos compostos, sendo frequentemente utilizadas em discussões sobre as propriedades das moléculas. Por essa razão, representar estruturas de Lewis é um procedimento importante que você deve praticar.

Utilizamos o procedimento a seguir para representar as estruturas de Lewis para moléculas. Precisamos conhecer os átomos envolvidos e saber quais estão ligados uns aos outros.

> **Objetivos de aprendizagem**
>
> Após terminar a Seção 8.5, você deve ser capaz de:
> ▶ Construir estruturas de Lewis para moléculas e íons poliatômicos.
> ▶ Determinar a carga formal de cada átomo em uma molécula a partir da sua estrutura de Lewis.
> ▶ Usar cargas formais para determinar a estrutura de Lewis dominante de uma molécula ou íon.

Como representar estruturas de Lewis

1. *Some os elétrons de valência de todos os átomos, considerando a carga total.* Utilize a tabela periódica para ajudá-lo a determinar o número de elétrons de valência em cada átomo. No caso de um ânion, acrescente um elétron ao total para cada carga negativa. No caso de um cátion, subtraia um elétron do total para cada carga positiva. Não se preocupe em controlar quais elétrons vêm de quais átomos. O importante é apenas o valor total.

2. *Escreva os símbolos dos átomos, mostrando como estão ligados entre si, e ligue-os por meio de uma ligação simples (uma linha, representando dois elétrons).* As fórmulas químicas costumam ser escritas na ordem em que os átomos estão ligados na molécula ou no íon. A fórmula HCN, por exemplo, indica que o átomo de carbono está ligado ao H e ao N. Em muitas moléculas e íons poliatômicos, o átomo central é geralmente escrito primeiro, como nos casos do CO_3^{2-} e do SF_4. Lembre-se de que o átomo central costuma ser menos eletronegativo que os átomos que o rodeiam. Em outros casos, você pode precisar de mais informações para representar a estrutura de Lewis.

3. *Complete os octetos em torno de todos os átomos ligados ao átomo central.* Lembre-se de que um átomo de hidrogênio tem apenas um único par de elétrons em torno dele.

4. *Coloque todos os elétrons restantes no átomo central,* mesmo que isso resulte em mais de oito elétrons em torno do átomo.

5. *Se não houver elétrons suficientes para que o átomo central tenha um octeto, tente fazer ligações múltiplas.* Utilize um ou mais pares de elétrons não compartilhados nos átomos ligados ao átomo central para formar ligações duplas ou triplas.

Para entender melhor como colocar esse procedimento em prática, estude os próximos exemplos apresentados.

Exercício resolvido 8.6
Representação de uma estrutura de Lewis

Represente a estrutura de Lewis do tricloreto de fósforo, PCl_3.

SOLUÇÃO

Analise e planeje Devemos representar uma estrutura de Lewis com base em uma fórmula molecular. O plano é seguir o procedimento descrito anteriormente com cinco etapas.

Resolva Em primeiro lugar, somamos os elétrons de valência. O fósforo (grupo 5A) tem cinco elétrons de valência, e cada cloro (grupo 7A) tem sete. Portanto, o número total de elétrons de valência é:

$$5 + (3 \times 7) = 26$$

Em segundo lugar, organizamos os átomos para mostrar quais estão ligados entre si, então traçamos uma única ligação entre eles. Existem várias maneiras de dispor os átomos. No entanto, é importante saber que, em compostos binários, o primeiro elemento na fórmula química geralmente está circundado pelos átomos restantes. Então, representamos uma estrutura de esqueleto na qual uma ligação simples liga o átomo de P a cada átomo de Cl:

```
      Cl—P—Cl
         |
         Cl
```

(Não é fundamental que os átomos de Cl fiquem à esquerda, à direita e abaixo do átomo de P; qualquer representação que mostre cada um dos três átomos de Cl ligados ao P vai funcionar.)

Em terceiro lugar, complete os octetos nos átomos ligados ao átomo central. Ao completar os octetos em torno de cada átomo de Cl, teremos 24 elétrons. Lembre-se de que cada linha em nossa estrutura representa um *par* de elétrons:

```
      :Cl̈—P—C̈l:
            |
           :C̈l:
```

Em quarto lugar, lembrando que o número total de elétrons é igual a 26, colocamos os dois elétrons restantes no átomo central, P, procedimento que completa o octeto:

```
      :C̈l—P̈—C̈l:
            |
           :C̈l:
```

Nessa estrutura, cada átomo tem um octeto, por isso paramos aqui. (Ao conferir os octetos, lembre-se de contar uma ligação simples como dois elétrons.)

▶ **Para praticar**
(a) Quantos elétrons de valência devem aparecer na estrutura de Lewis do CH_2Cl_2?
(b) Represente a estrutura de Lewis.

Exercício resolvido 8.7
Estrutura de Lewis com ligação múltipla

Represente a estrutura de Lewis do HCN.

SOLUÇÃO
O hidrogênio tem um elétron de valência, o carbono (grupo 4A) tem quatro e o nitrogênio (grupo 5A) tem cinco. Assim, o número total de elétrons de valência é: 1 + 4 + 5 = 10. Em princípio, existem diferentes maneiras de organizar os átomos. Uma vez que o hidrogênio pode acomodar apenas um par de elétrons, ele sempre terá apenas uma ligação simples associada a ele. Portanto, C—H—N é uma disposição impossível. As duas possibilidades restantes são H—C—N e H—N—C. A primeira é a disposição encontrada experimentalmente. Você pode ter feito essa suposição porque a fórmula é escrita com os átomos nessa ordem e o carbono é menos eletronegativo que o nitrogênio. Assim, começamos com o esqueleto:

$$\text{H—C—N}$$

As duas ligações representam quatro elétrons. O átomo de H pode ter apenas dois elétrons, por isso não vamos acrescentar mais elétrons a ele. Se colocarmos os seis elétrons restantes em torno do N para deixá-lo com um octeto, não conseguiremos fazer com que o C também tenha um octeto:

$$\text{H—C—}\ddot{\text{N}}\text{:}$$

Portanto, tentamos uma ligação dupla entre C e N, usando um dos pares não compartilhados colocados no N. Novamente, deixamos o C com menos de oito elétrons, e por esse motivo tentamos uma ligação tripla. Essa estrutura deixa tanto o C quanto o N com um octeto:

$$\text{H—C}\!\!\overset{\curvearrowleft}{=}\!\!\dot{\text{N}}\text{:} \longrightarrow \text{H—C}\!\equiv\!\text{N:}$$

A regra do octeto é satisfeita para os átomos de C e N, e o átomo de H tem dois elétrons. Essa é uma estrutura de Lewis correta.

▶ **Para praticar**
Represente a estrutura de Lewis do (**a**) CO e do (**b**) C_2H_4.

Exercício resolvido 8.8
Estrutura de Lewis de um íon poliatômico

Represente a estrutura de Lewis do íon BrO_3^-.

SOLUÇÃO
O bromo (grupo 7A) tem sete elétrons de valência e o oxigênio (grupo 6A) tem seis. Devemos, então, acrescentar mais um elétron à soma por conta da carga 1− do íon. Dessa forma, o número total de elétrons de valência é: 7 + (3 × 6) + 1 = 26. Para oxiânions (SO_4^{2-}, NO_3^-, CO_3^{2-}, etc.), os átomos de oxigênio circundam o átomo central do não metal. Depois de dispor os átomos de O em torno do átomo de Br, traçar as ligações simples e distribuir os pares de elétrons não compartilhados, temos:

$$\left[\begin{array}{c} :\ddot{\text{O}}\text{—}\ddot{\text{Br}}\text{—}\ddot{\text{O}}: \\ | \\ :\ddot{\text{O}}: \end{array}\right]^-$$

Observe que a estrutura de Lewis de um íon é escrita entre colchetes e a carga é mostrada fora dos colchetes, na parte superior direita.

▶ **Para praticar**
Represente a estrutura de Lewis do (**a**) ClO_2^- e do (**b**) PO_4^{3-}.

Carga formal e estruturas de Lewis alternativas

Quando representamos uma estrutura de Lewis, estamos descrevendo como os elétrons estão distribuídos em uma molécula ou em um íon poliatômico. Em alguns casos, podemos representar duas ou mais estruturas de Lewis válidas para uma molécula que obedeçam à regra do octeto. Pode-se dizer que todas essas estruturas contribuem para a distribuição *real* dos elétrons na molécula, mas nem todas contribuem da mesma forma. Afinal, como decidimos qual das várias estruturas de Lewis é a mais importante? Uma maneira é fazer uma "contagem" dos elétrons de valência para determinar a *carga formal* dos átomos em cada estrutura de Lewis. A **carga formal** de qualquer átomo em uma molécula é aquela que o átomo teria se cada par de elétrons ligantes na molécula fosse compartilhado igualmente entre os dois átomos envolvidos na ligação.

> **Como calcular as cargas formais de átomos em estruturas de Lewis**
>
> 1. *Todos* os elétrons não compartilhados (não ligantes) são atribuídos ao átomo em que eles são encontrados.
> 2. Para qualquer ligação (simples, dupla ou tripla), *metade* dos elétrons ligantes é atribuída a cada átomo na ligação.
> 3. A carga formal de cada átomo é calculada a partir da subtração do número de elétrons atribuídos ao átomo do número de elétrons de valência do átomo neutro:
>
> **Carga formal =**
> elétrons de valência − [½(elétrons ligantes) + elétrons não ligantes]   [8.11]

Para praticar, vamos calcular as cargas formais dos átomos presentes no íon cianeto, CN^-, que tem a estrutura de Lewis

$$[:C\equiv N:]^-$$

O átomo de C neutro tem quatro elétrons de valência. Há seis elétrons na ligação tripla do cianeto e dois elétrons não ligantes no C. Calculamos a carga formal em C da seguinte maneira: $4 - [\frac{1}{2}(6) + 2] = -1$. Para N, o número de elétrons de valência é cinco; há seis elétrons na ligação tripla do cianeto e dois elétrons não ligantes no N. A carga formal em N é: $5 - [\frac{1}{2}(6) + 2] = 0$. Podemos representar o íon inteiro com sua carga formal:

$$\overset{-1\quad\;\;0}{[:C\equiv N:]^-}$$

Observe que a soma das cargas formais é igual à carga global no íon, 1−. As cargas formais em uma molécula neutra resultam em zero, enquanto a soma das cargas formais em um íon resulta na carga do íon.

Uma vez que podemos representar várias estruturas de Lewis para uma mesma molécula, o conceito de carga formal pode nos ajudar a decidir qual dentre elas é a mais importante, que chamaremos de estrutura de Lewis *dominante*. Uma estrutura de Lewis do CO_2, por exemplo, tem duas ligações duplas. No entanto, também podemos satisfazer a regra do octeto ao representar uma estrutura de Lewis com uma ligação simples e uma ligação tripla. Calculando as cargas formais nessas estruturas, teremos:

	$\ddot{O}=C=\ddot{O}$			$:\ddot{O}-C\equiv O:$		
Elétrons de valência:	6	4	6	6	4	6
−(Elétrons atribuídos ao átomo):	6	4	6	7	4	5
Carga formal:	0	0	0	−1	0	+1

Observe que, em ambos os casos, as cargas formais são zeradas, como esperado, porque o CO_2 é uma molécula neutra. Então, qual é a estrutura mais correta? Como regra geral, quando mais de uma estrutura de Lewis é possível, podemos usar as seguintes diretrizes para escolher a dominante:

> **Como identificar a estrutura de Lewis dominante**
>
> 1. A estrutura de Lewis dominante costuma ser aquela em que os átomos têm cargas formais mais próximas de zero.
> 2. A estrutura de Lewis em que há qualquer carga negativa nos átomos mais eletronegativos é geralmente mais dominante do que aquela com cargas negativas nos átomos menos eletronegativos.

Assim, a primeira estrutura de Lewis do CO_2 é a dominante, pois os átomos não apresentam carga formal e, dessa maneira, satisfazem a primeira diretriz. A outra estrutura de Lewis mostrada (e a similar a ela, que tem uma ligação tripla com o O da esquerda e uma ligação simples com o O da direita) contribui pouco para a estrutura real.

Embora o conceito de carga formal ajude-nos a dispor estruturas de Lewis alternativas em ordem de importância, você deve lembrar que *cargas formais não representam cargas reais nos átomos*. Essas cargas são apenas uma convenção. As distribuições de cargas reais em moléculas e íons não são determinadas por cargas formais, mas por uma série de outros fatores, incluindo as diferenças de eletronegatividade entre os átomos.

Exercício resolvido 8.9
Estrutura de Lewis e cargas formais

As três possíveis estruturas de Lewis do íon tiocianato, NCS⁻, são:

[:N̈—C≡S:]⁻   [N̈=C=S̈:]⁻   [:N≡C—S̈:]⁻

(a) Determine as cargas formais em cada estrutura.
(b) Com base nas cargas formais, qual estrutura de Lewis é a dominante?

SOLUÇÃO

(a) Os átomos neutros de N, C e S têm cinco, quatro e seis elétrons de valência, respectivamente. Assim, podemos determinar as cargas formais nas três estruturas ao usar as regras que acabamos de discutir:

```
   -2   0  +1         -1   0   0          0   0  -1
[:N̈—C≡S:]⁻        [N̈=C=S̈:]⁻         [:N≡C—S̈:]⁻
```

Como esperado, o resultado das somas das cargas formais nas três estruturas é 1−, a carga total do íon.

(b) A estrutura de Lewis dominante geralmente produz cargas formais de menor magnitude (primeira diretriz), eliminando a estrutura da esquerda. Além disso, como discutido na Seção 8.4, o N é mais eletronegativo que o C ou o S. Portanto, esperamos que haja alguma carga formal negativa no átomo de N (segunda diretriz). Por essas duas razões, a estrutura de Lewis do meio é a dominante do NCS−.

▶ **Para praticar**
O íon cianato, NCO⁻, tem três estruturas de Lewis possíveis. **(a)** Represente essas três estruturas e atribua cargas formais a cada uma delas. **(b)** Qual estrutura de Lewis é a dominante?

OLHANDO DE PERTO | **Números de oxidação, cargas formais e cargas parciais reais**

No Capítulo 4, introduzimos as regras de atribuição dos *números de oxidação* aos átomos. O conceito de eletronegatividade é a base desses números. Um número de oxidação de um átomo representa a carga que o átomo teria se suas ligações fossem completamente iônicas. Ou seja, ao determinar o número de oxidação, todos os elétrons compartilhados são considerados parte do átomo mais eletronegativo. Por exemplo, considere a estrutura de Lewis do HCl na **Figura 8.12**(a). Para atribuir números de oxidação, os dois elétrons presentes na ligação covalente entre os átomos são atribuídos ao átomo de Cl mais eletronegativo. Esse procedimento deixa o Cl com oito elétrons de valência, sendo um a mais que o átomo neutro. Assim, seu número de oxidação é −1. O hidrogênio não tem elétrons de valência quando são contados dessa forma, ficando com um número de oxidação +1.

Ao atribuirmos cargas formais aos átomos presentes no HCl [Figura 8.12(b)], ignoramos a eletronegatividade; os elétrons presentes nas ligações são atribuídos igualmente aos dois átomos ligados. Nesse caso, o Cl tem sete elétrons atribuídos a ele, quantidade igual à do átomo de Cl neutro, e o H tem um elétron atribuído a ele. Assim, as cargas formais do Cl e do H nesse composto são iguais a zero.

O número de oxidação e a carga formal não representam com precisão as cargas reais nos átomos, porque os números de oxidação exageram o papel da eletronegatividade, enquanto as cargas formais o ignoram. Parece razoável que os elétrons em ligações covalentes sejam compartilhados de acordo com as eletronegatividades relativas dos átomos ligados. A Figura 8.8 mostra que o Cl tem eletronegatividade de 3,0, enquanto o valor da eletronegatividade do H é 2,1. Portanto, pode-se esperar que o átomo de Cl mais eletronegativo tenha aproximadamente 3,0/(3,0 + 2,1) = 0,59 da carga elétrica do par ligante, enquanto o átomo de H teria 2,1/(3,0 + 2,1) = 0,41 da carga. Como a ligação é formada por dois elétrons, a participação do átomo de Cl é de 0,59 × 2e = 1,18e ou 0,18e a mais que o átomo de Cl neutro. Isso faz com que o Cl tenha carga parcial negativa de 0,18− e, portanto, o H tenha carga parcial positiva de 0,18+. (Observe novamente que os sinais de menos e mais são colocados *antes* da magnitude quando escrevemos números de oxidação e cargas formais e *depois* da magnitude quando escrevemos cargas reais.)

O momento de dipolo do HCl fornece uma medida experimental da carga parcial em cada átomo. No Exercício resolvido 8.5, vimos que o momento de dipolo do HCl corresponde a uma carga parcial de 0,178+ no H e 0,178− no Cl, valores que coincidem com a aproximação simples que fizemos, baseada em eletronegatividades. Embora nosso método de aproximação apresente números estimados para a magnitude da carga em átomos, a relação entre eletronegatividades e separação de cargas é geralmente mais complicada. Como já vimos, programas de computador que empregam princípios da mecânica quântica têm sido desenvolvidos para que possamos obter estimativas mais precisas das cargas parciais nos átomos, mesmo em moléculas complexas. Uma representação gráfica computadorizada da distribuição da carga calculada no HCl é apresentada na Figura 8.12(c).

Exercícios relacionados: 8.10, 8.51–8.54, 8.94

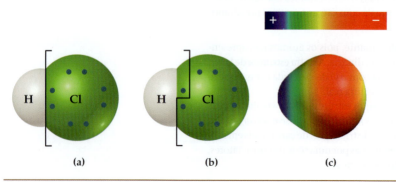

◀ **Figura 8.12** (a) Número de oxidação, (b) carga formal e (c) distribuição da densidade eletrônica para a molécula de HCl.

Exercícios de autoavaliação

EAA 8.14 A substância conhecida como *ácido malônico* tem fórmula molecular $C_3H_4O_4$ e a conectividade mostrada na figura. Quando a estrutura de Lewis do ácido malônico é completada, a molécula possui _____ ligações duplas e _____ pares de elétrons não ligantes. (**a**) 0, 4 (**b**) 1, 4 (**c**) 2, 4 (**d**) 2, 8 (**e**) 4, 8

EAA 8.15 A molécula de SO_3 possui um átomo de S central com os três átomos de O ligados ao S, como mostra a figura. Quando escrevemos uma única estrutura de Lewis para o SO_3 que está de acordo com a regra do octeto para todos os átomos, qual(is) das afirmações a seguir é(são) verdadeira(s)?

(**i**) A estrutura de Lewis tem uma ligação dupla.
(**ii**) Os três átomos de oxigênio não têm a mesma carga formal.
(**iii**) A carga formal do átomo de S é +1.

(**a**) Apenas uma das afirmações é verdadeira. (**b**) i e ii são verdadeiras. (**c**) i e iii são verdadeiras. (**d**) ii e iii são verdadeiras. (**e**) Todas as afirmações são verdadeiras.

EAA 8.16 Qual das três estruturas de Lewis apresentadas a seguir para o ácido carbâmico, NH_2COOH, é a dominante?

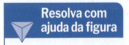

8.6 | Estruturas de ressonância

Por vezes, encontramos moléculas e íons em que o arranjo de átomos determinado experimentalmente não é descrito de maneira adequada por uma única estrutura de Lewis dominante. Nessas circunstâncias, usamos múltiplas estruturas de Lewis equivalentes para descrever a molécula ou o íon, um fenômeno que chamamos de *ressonância*.

Considere o ozônio, O_3, que é uma molécula angular com dois comprimentos de ligação oxigênio-oxigênio iguais (**Figura 8.13**). Como cada átomo de oxigênio contribui com seis elétrons de valência, a molécula de ozônio tem 18 elétrons de valência. Isso significa que a estrutura de Lewis deve ter uma ligação simples O—O e uma ligação dupla O=O para que cada átomo apresente um octeto de elétrons ao seu redor:

Objetivos de aprendizagem

Após terminar a Seção 8.6, você deve ser capaz de:

▶ Usar estruturas de ressonância para descrever a distribuição eletrônica em uma molécula ou íon que não tem uma única estrutura de Lewis dominante.

No entanto, essa estrutura específica não pode ser a dominante, pois a ligação O—O é diferente da outra, contradizendo a estrutura observada. Esperamos que a ligação dupla O=O seja menor que a ligação simples O—O. Entretanto, ao representar estruturas de Lewis, podemos facilmente colocar a ligação O=O à esquerda:

Não há razão para que uma dessas estruturas de Lewis seja a dominante, uma vez que elas são representações válidas da molécula. A disposição dos átomos nessas duas estruturas de Lewis alternativas, mas completamente equivalentes, é a mesma, mas a disposição dos elétrons é diferente; chamamos esse tipo de estrutura de Lewis de **estruturas de ressonância**. Para descrever a estrutura do ozônio da maneira correta, escrevemos as duas estruturas de ressonância e inserimos uma seta dupla para indicar que a molécula real encontra-se entre as duas:

Para entender por que certas moléculas têm mais de uma estrutura de ressonância, podemos fazer uma analogia com uma mistura de tintas de cores diferentes (**Figura 8.14**). Azul e amarelo são cores primárias, e a mistura de uma quantidade igual de pigmentos azul e amarelo produz o pigmento verde. Não podemos descrever o pigmento verde como uma

Resolva com ajuda da figura

Qual característica dessa estrutura sugere que os dois átomos de O mais externos são equivalentes de algum modo?

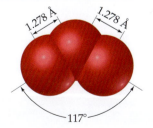

▲ **Figura 8.13** Estrutura molecular do ozônio.

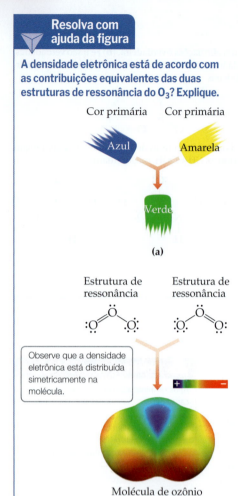

▲ Figura 8.14 Ressonância. A descrição de uma molécula como um híbrido entre diferentes estruturas de ressonância é semelhante à descrição de uma cor de tinta resultando da mistura de cores primárias. (a) A tinta verde é uma mistura de azul e amarelo. Não podemos descrever o verde como uma cor primária específica. (b) A molécula de ozônio é uma mistura de duas estruturas de ressonância. Não podemos descrever a molécula de ozônio em termos de uma única estrutura de Lewis.

Resolva com ajuda da figura

A densidade eletrônica está de acordo com as contribuições equivalentes das duas estruturas de ressonância do O_3? Explique.

cor primária específica, porém ele tem sua própria identidade. A cor verde não oscila entre duas cores primárias: não é azul em parte do tempo e amarela em outro momento. Desse mesmo modo, não se pode dizer que moléculas como a do ozônio oscilam entre as duas estruturas de Lewis mostradas; há duas estruturas de Lewis dominantes e equivalentes, que contribuem com o mesmo peso em importância para a estrutura real da molécula.

A real disposição dos elétrons em moléculas como as de O_3 deve ser considerada um híbrido de duas (ou mais) estruturas de Lewis. Assim como ocorre com a tinta verde, a molécula tem sua própria identidade, sendo diferente de cada estrutura de ressonância. Por exemplo, a molécula de ozônio tem sempre duas ligações O–O equivalentes, cujos comprimentos são intermediários entre os de uma ligação simples oxigênio-oxigênio e de uma ligação dupla oxigênio-oxigênio. Outra maneira de enxergar essa situação é entender que as regras para representar as estruturas de Lewis não permitem que haja uma única estrutura dominante para a molécula de ozônio. Por exemplo, não há regras para representar semiligações. Podemos contornar essa limitação representando duas estruturas de Lewis equivalentes que, em média, correspondem àquelas observadas experimentalmente.

Outro exemplo de estrutura de ressonância que pode ser considerado é o íon nitrato, NO_3^-, para o qual três estruturas de Lewis equivalentes são representadas:

Observe que a disposição dos átomos é igual em cada estrutura; apenas a disposição dos elétrons é diferente. Ao representar estruturas de ressonância, os mesmos átomos devem ser ligados uns aos outros em todas as estruturas, fazendo com que as diferenças estejam na disposição dos elétrons. As três estruturas de Lewis do NO_3^- são igualmente dominantes e, juntas, descrevem de maneira adequada o íon, no qual os três comprimentos de ligação N=O são iguais.

Há algumas moléculas ou íons para os quais todas as possíveis estruturas de Lewis podem não ser equivalentes. Isso significa que uma ou mais estruturas de ressonância são mais dominantes que outras. Encontraremos exemplos desse tipo mais adiante neste capítulo.

Ressonância no benzeno

A ressonância é um conceito importante na descrição das ligações em moléculas orgânicas, particularmente nas *aromáticas*, categoria que inclui o hidrocarboneto *benzeno*, C_6H_6. Os seis átomos de C estão ligados em um anel hexagonal, e um átomo de H está ligado a cada átomo de C. Podemos escrever duas estruturas de Lewis dominantes equivalentes do benzeno, sendo que cada uma satisfaz a regra do octeto. Essas duas estruturas estão em ressonância:

Observe que as ligações duplas estão em lugares diferentes nas duas estruturas. Cada uma dessas estruturas de ressonância mostra três ligações simples carbono-carbono e três ligações duplas carbono-carbono. No entanto, dados experimentais mostram que as seis ligações C–C têm o mesmo comprimento, de 1,40 Å, valor intermediário entre o comprimento de uma ligação simples C–C (1,54 Å) e uma ligação dupla C=C (1,34 Å). Pode-se dizer que cada uma das ligações C–C no benzeno é um híbrido entre uma ligação simples e uma ligação dupla (**Figura 8.15**).

O benzeno é geralmente representado pela omissão dos átomos de hidrogênio e exposição apenas da estrutura de carbono-carbono com os vértices sem o C. Nessa convenção, a ressonância na molécula é representada por duas estruturas separadas por uma seta dupla ou por uma notação abreviada, na qual traçamos um hexágono com um círculo dentro:

A notação abreviada mostra que o benzeno é um híbrido entre duas estruturas de ressonância, enfatizando que as ligações duplas C=C não podem ser colocadas em lados específicos do hexágono. Os químicos usam ambas as representações do benzeno de modo intercambiável.

A disposição das ligações no benzeno confere estabilidade especial à molécula. Como resultado, milhões de compostos orgânicos contêm o anel de seis membros característico do benzeno. Muitos desses compostos são importantes na bioquímica, na indústria farmacêutica e na produção de materiais modernos.

Resolva com ajuda da figura

Qual é o significado das ligações tracejadas neste modelo de bola e vareta?

▲ **Figura 8.15 Benzeno, um composto orgânico "aromático".** A molécula de benzeno é um hexágono regular de átomos de carbono, de modo que cada um está ligado a um átomo de hidrogênio. As linhas tracejadas representam o híbrido de duas estruturas de ressonância equivalentes, e as ligações C–C são intermediárias entre ligações simples e duplas.

Exercício resolvido 8.10
Estruturas de ressonância

Qual das duas espécies, SO_3 ou SO_3^{2-}, tem as menores ligações enxofre-oxigênio?

SOLUÇÃO

O átomo de enxofre apresenta seis elétrons de valência, assim como o de oxigênio. Portanto, o SO_3 tem 24 elétrons de valência. Ao escrever a estrutura de Lewis, vemos que três estruturas de ressonância equivalentes podem ser representadas:

Assim como acontece com o NO_3^-, a estrutura real do SO_3 é um híbrido das três. Dessa forma, cada comprimento de ligação S–O deve ser de aproximadamente um terço da medida do comprimento de uma ligação simples e do comprimento de uma ligação dupla. Ou seja, a ligação S–O deve ser menor que a ligação simples, mas não tão pequena quanto a ligação dupla.

O íon SO_3^{2-} tem 26 elétrons, levando a uma estrutura de Lewis dominante, na qual todas as ligações S–O são simples:

Até o momento, a análise das estruturas de Lewis permite concluir que o SO_3 deve ter ligações S–O mais curtas que o SO_3^{2-}. Essa conclusão está correta: os comprimentos das ligações S–O medidos experimentalmente são de 1,42 Å no SO_3 e de 1,51 Å no SO_3^{2-}.

▶ **Para praticar**
Represente duas estruturas de ressonância equivalentes do íon formiato, HCO_2^-.

Exercícios de autoavaliação

EAA 8.17 A molécula de SO_2, que tem um átomo de S central ligado a dois átomos de O, tem _____ estrutura(s) de ressonância equivalente(s), e as duas ligações S–O têm _____. (**a**) uma, o mesmo comprimento (**b**) duas, o mesmo comprimento (**c**) uma, comprimentos diferentes (**d**) duas, comprimentos diferentes

EAA 8.18 Com base em estruturas de Lewis, ordene de modo crescente os comprimentos de ligação O–O no O_2, no O_2^{2-} (íon peróxido) e no O_3 (ozônio).

(**a**) $O_3 < O_2 < O_2^{2-}$
(**b**) $O_3 < O_2^{2-} < O_2$
(**c**) $O_2 < O_3 < O_2^{2-}$
(**d**) $O_2^{2-} < O_2 < O_3$
(**e**) $O_2^{2-} < O_3 < O_2$

EAA 8.19 A estrutura do benzeno, C_6H_6, muitas vezes é representada como na figura a seguir. Qual das seguintes afirmações é *falsa*? (**a**) Essa notação é usada porque não há estruturas de Lewis para o benzeno que satisfaçam a regra do octeto. (**b**) Essa notação representa uma mistura de duas estruturas de ressonância equivalentes. (**c**) O círculo indica que há três ligações duplas em cada estrutura de ressonância individual para a molécula. (**d**) Cada vértice do hexágono representa um átomo de carbono, enquanto os átomos de hidrogênio foram omitidos.

8.7 | Exceções à regra do octeto

> **Objetivos de aprendizagem**
>
> Após terminar a Seção 8.7, você deve ser capaz de:
> - Determinar as estruturas de Lewis de moléculas ou íons que têm números ímpares de elétrons ou menos do que um octeto de elétrons em torno de um átomo.
> - Determinar as estruturas de Lewis de moléculas ou íons com mais de um octeto de elétrons em torno de um átomo.

A regra do octeto é tão simples e útil para a introdução dos conceitos básicos das ligações que você pode partir do princípio de que ela é sempre obedecida. No entanto, na Seção 8.2, observamos sua limitação quando tratamos de compostos iônicos de metais de transição. A regra também falha em situações que envolvem ligação covalente. Nesta seção, examinaremos moléculas que não estão em conformidade com a regra do octeto. As exceções à regra do octeto são principalmente destes três tipos:

1. Moléculas e íons poliatômicos que contêm número ímpar de elétrons.
2. Moléculas e íons poliatômicos em que um átomo tem menos de oito elétrons de valência (um octeto).
3. Moléculas e íons poliatômicos em que um átomo tem mais de oito elétrons de valência (um octeto).

Número ímpar de elétrons

Na grande maioria das moléculas e íons poliatômicos, o número total de elétrons de valência é par, ocorrendo emparelhamento total dos elétrons. No entanto, em algumas moléculas e íons poliatômicos relativamente comuns, como ClO_2, NO, NO_2 e O_2^-, o número de elétrons de valência é ímpar. Por isso, o emparelhamento total desses elétrons não é possível, então não se forma um octeto ao redor de cada átomo. Por exemplo, o NO contém $5 + 6 = 11$ elétrons de valência. As duas estruturas de Lewis mais importantes para essa molécula são:

$$\dot{N}=\ddot{O} \quad \text{e} \quad \ddot{N}=\dot{O}$$

Em qualquer molécula ou íon com um número ímpar de elétrons, a estrutura de Lewis terá um elétron desemparelhado em algum ponto da sua estrutura, como vemos para a molécula de NO. Ainda podemos usar as mesmas ferramentas que já desenvolvemos para determinar a estrutura de Lewis dominante. No caso do NO, esperamos que a estrutura à esquerda, com o elétron desemparelhado no átomo de N, seja dominante, devido às cargas formais mais favoráveis:

$$\overset{0}{\dot{N}}=\overset{0}{\ddot{O}} \quad \text{e} \quad \overset{-1}{\ddot{N}}=\overset{+1}{\dot{O}}$$

Menos de um octeto de elétrons de valência

Um segundo tipo de exceção ocorre quando há menos de oito elétrons de valência (um octeto) em torno de um átomo em uma molécula ou íon poliatômico. Essa situação é relativamente rara (com exceção do hidrogênio e do hélio, como já discutido) e, na maioria das vezes, é encontrada em compostos de boro e berílio. Como exemplo, se seguirmos as primeiras etapas do procedimento para a representação das estruturas de Lewis para o trifluoreto de boro, BF_3, obteremos a seguinte estrutura:

em que apenas seis elétrons circundam o átomo de boro. A carga formal é igual a zero no B e no F, e completamos o octeto em torno do boro formando uma dupla ligação. (Lembre-se de que, se não há elétrons suficientes para deixar o átomo central com um octeto, uma ligação múltipla pode ser a saída.) Ao fazer isso, vemos que existem três estruturas de ressonância equivalentes (as cargas formais são mostradas em vermelho):

Cada uma dessas estruturas força um átomo de flúor a compartilhar elétrons adicionais com o átomo de boro, o que representa uma inconsistência, pois o flúor é altamente eletronegativo. Na verdade, as cargas formais indicam que a situação é desfavorável. Em cada estrutura, o átomo de F envolvido na ligação dupla B=F tem uma carga formal de +1, enquanto o átomo menos eletronegativo de B tem carga formal de −1. Assim, as estruturas de ressonância com uma ligação dupla B=F são menos importantes do que aquela em que há menos de um octeto de elétrons de valência em torno do boro:

Dominante   Menos importante

Geralmente, representamos o BF_3 usando apenas a estrutura de ressonância dominante, na qual seis elétrons de valência circundam o boro. O comportamento químico do BF_3 é consistente com essa representação. Esse composto reage vigorosamente com moléculas com um par de elétrons não compartilhados, que podem ser utilizados para formar uma ligação com o boro, conforme a seguinte reação:

No composto estável NH_3BF_3, o boro tem um octeto de elétrons de valência. Esse tipo de comportamento pode ser caracterizado como um tipo ligeiramente diferente de reação ácido-base, que discutiremos na Seção 16.1.

Mais de um octeto de elétrons de valência

A terceira e maior classe de exceções consiste em moléculas ou íons poliatômicos com mais de oito elétrons na camada de valência de um átomo. Quando representamos a estrutura de Lewis do PF_5, por exemplo, somos forçados a colocar 10 elétrons em torno do átomo de fósforo central:

Moléculas e íons com mais de um octeto de elétrons em torno do átomo central são frequentemente chamados de *hipervalentes*. Outros exemplos de espécies hipervalentes são o SF_4, o AsF_6^- e o ICl_4^-. As moléculas correspondentes, em que o átomo central pertence ao segundo período, como o NCl_5 e o OF_4, *não* existem.

Moléculas hipervalentes são formadas apenas para átomos centrais do terceiro período em diante na tabela periódica. A principal razão para a sua formação é o tamanho relativamente maior do átomo central. Por exemplo, um átomo de P é suficientemente grande para que cinco átomos de F (ou mesmo cinco átomos de Cl) sejam ligados a ele sem que a região onde as ligações ocorrem fique cheia demais. Por outro lado, um átomo de N é muito pequeno para acomodar cinco átomos ligados a ele. Como o tamanho é um fator importante, as moléculas hipervalentes ocorrem com maior frequência quando o átomo central se liga aos átomos menores e mais eletronegativos, assim como F, Cl e O.

A noção de que uma camada de valência pode conter mais de oito elétrons também está de acordo com a presença de orbitais *nd* não preenchidos em átomos do terceiro período em diante. (Seção 6.8) A título de comparação, em elementos do segundo período, apenas os orbitais de valência 2s e 2p estão disponíveis para a ligação. No entanto, a teoria a respeito da ligação em moléculas como a de PF_5 e a de SF_6 sugere que a presença de orbitais 3d não preenchidos no P e no S tem um impacto relativamente insignificante na formação de moléculas hipervalentes. Atualmente, a maioria dos químicos acredita que o tamanho maior dos átomos do terceiro ao sexto período é mais importante para explicar a hipervalência do que a presença de orbitais *d* não preenchidos.

Exercício resolvido 8.11
Estrutura de Lewis para um íon com mais de um octeto de elétrons

Represente a estrutura de Lewis do ICl_4^-.

SOLUÇÃO
O iodo (grupo 7A) tem sete elétrons de valência, e cada átomo de cloro (grupo 7A) também tem sete. Um elétron extra é adicionado para justificar a carga 1− do íon. Portanto, o número total de elétrons de valência é $7 + (4 \times 7) + 1 = 36$.

I é o átomo central no íon. Colocar oito elétrons em torno de cada átomo de Cl (incluindo um par de elétrons entre o I e cada Cl para representar a ligação simples entre esses átomos) requer $8 \times 4 = 32$ elétrons.

Dessa forma, ficamos com $36 - 32 = 4$ elétrons para serem colocados no átomo central de iodo:

Assim, o iodo tem 12 elétrons de valência em torno dele, quatro a mais do que o necessário para formar um octeto.

▶ **Para praticar**
(**a**) Qual dos átomos a seguir nunca é encontrado com mais de um octeto de elétrons de valência em torno dele: S, C, P, Br ou I?
(**b**) Represente a estrutura de Lewis do XeF_2.

Por fim, para representar algumas estruturas de Lewis, você pode escolher entre satisfazer a regra do octeto e obter as cargas formais mais favoráveis, usando mais de um octeto de elétrons. Por exemplo, considere estas estruturas de Lewis do íon fosfato, PO_4^{3-}:

As cargas formais nos átomos são mostradas em vermelho. Na estrutura da esquerda, o átomo de P obedece à regra do octeto. Já na estrutura da direita, o átomo de P tem cinco pares de elétrons, resultando em menores cargas formais nos átomos. (Você deve ser capaz de perceber que existem três estruturas de ressonância adicionais para a estrutura de Lewis da direita.)

Os químicos ainda não chegaram a um consenso sobre qual dessas duas estruturas do PO_4^{3-} é dominante. Alguns pesquisadores, tendo como base os resultados de cálculos teóricos fundamentados na mecânica quântica, sugerem que a estrutura da esquerda é a dominante. Outros pesquisadores afirmam que os comprimentos de ligação do íon oferecem maiores indícios de que a estrutura da direita é a dominante. Essa divergência é um lembrete conveniente de que, em geral, várias estruturas de Lewis podem contribuir para a distribuição eletrônica real em um átomo ou molécula.

Exercícios de autoavaliação

EAA 8.20 Para quantos dos seguintes íons e moléculas *não* é possível escrever uma estrutura de Lewis que satisfaça a regra do octeto: NH_4^+, NO, NO_2, N_2O? (**a**) 0 (**b**) 1 (**c**) 2 (**d**) 3 (**e**) 4

EAA 8.21 Quantas destas moléculas são hipervalentes: PF_3, PF_5, XeF_2, XeF_4? (**a**) 0 (**b**) 1 (**c**) 2 (**d**) 3 (**e**) 4

EAA 8.22 A molécula de BrF_5 possui um átomo de Br central com os cinco átomos de F ligados ao Br, como mostra a figura. Quando escrevemos uma estrutura de Lewis para o BrF_5 com cinco ligações simples Br−F, qual(is) das afirmações a seguir é(são) verdadeira(s)?

(**i**) Não há pares de elétrons não ligantes no átomo de Br.
(**ii**) O átomo de Br é hipervalente.
(**iii**) A carga formal do átomo de Br é 0.

(**a**) Apenas uma das afirmações é verdadeira. (**b**) i e ii são verdadeiras. (**c**) i e iii são verdadeiras. (**d**) ii e iii são verdadeiras. (**e**) Todas as afirmações são verdadeiras.

8.8 | Forças e comprimentos de ligações simples e múltiplas

Considerando que os átomos e as moléculas são tão pequenos, você pode estar se perguntando como os químicos exploram a eficácia das ligações químicas covalentes que unem os átomos. Nesta seção, exploraremos duas maneiras comuns pelas quais as ligações químicas podem ser analisadas experimentalmente: pela análise da sua força e pela análise do seu comprimento. Em especial, exploraremos a relação entre o número de ligações entre um par de átomos e a força e o comprimento da ligação.

A estabilidade de uma molécula está relacionada à força de suas ligações covalentes. Vimos no Capítulo 5 que podemos medir a entalpia média de ligação de muitas ligações simples (Tabela 5.4). As informações na Tabela 5.4 são repetidas na **Tabela 8.3**, que também inclui as entalpias médias de ligações múltiplas. Como esperado, os dados da Tabela 8.3 mostram que as ligações múltiplas geralmente são mais fortes do que as ligações simples.

> **Objetivos de aprendizagem**
>
> Após terminar a Seção 8.8, você deve ser capaz de:
>
> ▶ Correlacionar as forças e os comprimentos das ligações covalentes com o número de ligações entre um par de átomos.

TABELA 8.3 Entalpias médias de ligação (kJ/mol)

Ligações simples							
C–H	413	N–H	391	O–H	463	F–F	155
C–C	348	N–N	163	O–O	146		
C–N	293	N–O	201	O–F	190	Cl–F	253
C–O	358	N–F	272	O–Cl	203	Cl–Cl	242
C–F	485	N–Cl	200	O–I	234		
C–Cl	328	N–Br	243			Br–F	237
C–Br	276			S–H	339	Br–Cl	218
C–I	240	H–H	436	S–F	327	Br–Br	193
C–S	259	H–F	567	S–Cl	253		
		H–Cl	431	S–Br	218	I–Cl	208
Si–H	323	H–Br	366	S–S	266	I–Br	175
Si–Si	226	H–I	299			I–I	151
Si–C	301						
Si–O	368						
Si–Cl	464						
Ligações múltiplas							
C=C	614	N=N	418	O=O	495		
C≡C	839	N≡N	941				
C=N	615	N=O	607	S=O	523		
C≡N	891			S=S	418		
C=O	799						
C≡O	1072						

Assim como podemos definir uma entalpia média de ligação, podemos definir um comprimento médio de ligação para uma série de ligações comuns e múltiplas (**Tabela 8.4**). Para ligações entre átomos iguais, observe que as ligações ficam mais curtas à medida que o número de ligações entre os átomos aumenta. Particularmente interessante é a relação entre a entalpia de ligação, o comprimento de ligação e o número de ligações entre os átomos. Por exemplo, com base nas Tabelas 8.3 e 8.4, é possível comparar os comprimentos de ligação e as entalpias de ligações carbono-carbono simples, dupla e tripla:

C—C	C=C	C≡C
1,54 Å	1,34 Å	1,20 Å
348 kJ/mol	614 kJ/mol	839 kJ/mol

À medida que o número de ligações entre os átomos de carbono aumenta, o comprimento de ligação diminui e a entalpia média de ligação aumenta. Em outras palavras, os átomos de carbono ficam mais próximos e mais ligados entre si. Em geral, *à medida que o número de ligações entre dois átomos aumenta, as ligações ficam mais curtas e mais fortes*. Essa tendência é ilustrada na **Figura 8.16** para ligações N—N simples, dupla e tripla.

TABELA 8.4 Comprimentos médios de ligação de algumas ligações simples, duplas e triplas

Ligação	Comprimento da ligação (Å)	Ligação	Comprimento da ligação (Å)
C−C	1,54	N−N	1,47
C=C	1,34	N=N	1,24
C≡C	1,20	N≡N	1,10
C−N	1,43	N−O	1,36
C=N	1,38	N=O	1,22
C≡N	1,16		
		O−O	1,48
C−O	1,43	O=O	1,21
C=O	1,23		
C≡O	1,13		

Resolva com ajuda da figura — Determine a entalpia da ligação N−N para uma ligação N−N cujas formas de ressonância recebem contribuições iguais de ligações N−N simples e duplas.

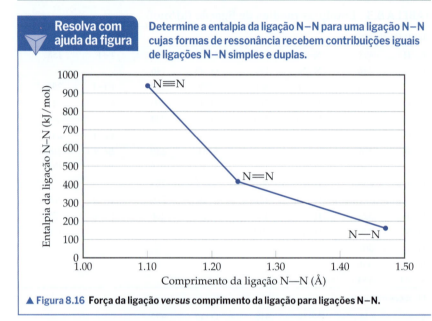

▲ **Figura 8.16** Força da ligação *versus* comprimento da ligação para ligações N−N.

Os dados da Tabela 8.3 nos obrigam a fazer uma última observação: a entalpia média de ligação de uma ligação dupla entre dois átomos não é exatamente duas vezes a entalpia de uma ligação simples entre os mesmos átomos. Da mesma forma, a entalpia de uma ligação tripla não é exatamente três vezes a entalpia de uma ligação simples. Observe que a entalpia média de uma ligação dupla C=C (614 kJ/mol) é *menos* do que o dobro de uma ligação simples C−C (348 kJ/mol). Em comparação, a entalpia de uma ligação dupla N=N (418 kJ/mol) é *mais* do que o dobro de uma ligação simples N−N (163 kJ/mol). Como veremos no Capítulo 9, diversos fatores afetam os tipos de ligações que formamos entre os átomos. A lição mais importante desta seção é que nem todas as ligações entre um par de átomos têm a mesma força.

 Exercícios de autoavaliação

EAA 8.23 Qual das seguintes afirmações sobre a correlação da ordem da reação com a força da ligação é *falsa*? (**a**) Uma ligação dupla entre dois átomos é mais forte do que uma ligação simples entre os mesmos dois átomos. (**b**) Uma ligação tripla entre dois átomos é mais forte do que uma ligação dupla entre os mesmos dois átomos. (**c**) Todas as ligações triplas têm a mesma entalpia de ligação média, independentemente de quais átomos estão ligados uns aos outros. (**d**) A entalpia de reação pode ser estimada pela determinação de quanta energia deve ser adicionada para romper ligações e quanta energia é liberada na formação de novas ligações.

EAA 8.24 Os comprimentos médios das ligações C−O, C=O e C≡O são 1,43, 1,23 e 1,13 Å, respectivamente. O íon carbonato, CO_3^{2-}, tem um átomo de carbono central e três átomos de O ligados ao C. Todos os três comprimentos de ligação C−O no íon carbonato são iguais. Com base na estrutura de Lewis do CO_3^{2-}, qual é o valor mais provável do comprimento da ligação C−O no CO_3^{2-}? (**a**) Menor do que 1,13 Å (**b**) Entre 1,13 e 1,23 Å (**c**) Entre 1,23 e 1,43 Å (**d**) Maior do que 1,43 Å

Integrando conceitos

O fosgênio, uma substância utilizada como arma de combate durante a Primeira Guerra Mundial, tem esse nome porque foi preparado pela primeira vez ao submeter uma mistura dos gases monóxido de carbono e cloro à ação da luz solar. Seu nome vem das palavras gregas *phos* (luz) e *genes* (nascido de). O fosgênio tem a seguinte composição elementar: 12,14% de C, 16,17% de O e 71,69% de Cl, em massa. Sua massa molar é 98,9 g/mol. **(a)** Determine a fórmula molecular desse composto. **(b)** Represente três estruturas de Lewis para a molécula que satisfaçam a regra do octeto para cada átomo. (Os átomos de Cl e O se ligam ao átomo de C.) **(c)** Utilizando cargas formais, determine qual estrutura de Lewis é a dominante. **(d)** Com base em entalpias médias de ligação, estime o ΔH para a formação do fosgênio gasoso a partir do CO(g) e do Cl_2(g).

SOLUÇÃO

(a) A fórmula empírica do fosgênio pode ser determinada a partir da sua composição elementar. (Seção 3.5) Considerando 100 g do composto e calculando o número de mols de C, O e Cl nessa amostra, temos:

$$(12{,}14 \text{ g de C})\left(\frac{1 \text{ mol de C}}{12{,}01 \text{ g de C}}\right) = 1{,}011 \text{ mol de C}$$

A razão entre o número de mols de cada elemento (obtida pela divisão de cada número de mols pela quantidade menor) indica que existe um C e um O para cada dois Cl na fórmula empírica, $COCl_2$.

$$(16{,}17 \text{ g de O})\left(\frac{1 \text{ mol de O}}{16{,}00 \text{ g de O}}\right) = 1{,}011 \text{ mol de O}$$

$$(71{,}69 \text{ g de Cl})\left(\frac{1 \text{ mol de Cl}}{35{,}45 \text{ g de Cl}}\right) = 2{,}022 \text{ mols de Cl}$$

A massa molar da fórmula empírica é 12,01 + 16,00 + 2(35,45) = 98,91 g/mol, igual à massa molar da molécula. Assim, $COCl_2$ é a fórmula molecular.

(b) O carbono tem quatro elétrons de valência, o oxigênio tem seis e o cloro tem sete: 4 + 6 + 2(7) = 24 elétrons para as estruturas de Lewis. Representar uma estrutura de Lewis com todas as ligações simples não deixa o átomo de carbono central com um octeto. Utilizando ligações múltiplas, três estruturas satisfazem a regra do octeto:

(c) O cálculo das cargas formais em cada átomo resulta em:

Espera-se que a primeira estrutura seja a dominante, porque ela tem as menores cargas formais em cada átomo. De fato, a molécula é geralmente representada somente por essa estrutura de Lewis.

(d) Escrevendo a equação química com base nas estruturas de Lewis das moléculas, temos:

Dessa forma, a reação envolve a quebra de uma ligação C≡O e de uma ligação Cl−Cl, além da formação de uma ligação C=O e duas ligações C−Cl. Usando as entalpias de ligação da Tabela 8.3, temos:

$$\Delta H = [D(C{\equiv}O) + D(Cl-Cl)] - [D(C{=}O) + 2D(C-Cl)]$$

$$= [1072 \text{ kJ} + 242 \text{ kJ}] - [799 \text{ kJ} + 2(328 \text{ kJ})] = -141 \text{ kJ}$$

A reação é exotérmica, mas ainda é necessária energia da luz solar ou de outra fonte para que a reação comece, assim como acontece com a reação de combustão entre H_2(g) e O_2(g) que forma H_2O(g) (Figura 5.14).

Resumo do capítulo e termos-chave

LIGAÇÕES QUÍMICAS, SÍMBOLOS DE LEWIS E REGRA DO OCTETO (INTRODUÇÃO E SEÇÃO 8.1) Neste capítulo, discutimos as interações que levam à formação de **ligações químicas**. Classificamos essas ligações em três grandes grupos: **ligações iônicas**, que resultam de forças eletrostáticas existentes entre íons de cargas opostas; **ligações covalentes**, que resultam do compartilhamento de elétrons por dois átomos; e **ligações metálicas**, que resultam de um compartilhamento deslocalizado de elétrons em metais. A formação de ligações envolve interações entre elétrons das camadas mais externas dos átomos, chamados de elétrons de valência. Os elétrons de valência de um átomo podem ser representados por símbolos com pontos, denominados **símbolos de Lewis**. A tendência dos átomos de ganhar, perder ou compartilhar seus elétrons de valência muitas vezes segue a **regra do octeto**, que determina que os átomos em moléculas ou íons (geralmente) tenham oito elétrons de valência.

LIGAÇÃO IÔNICA (SEÇÃO 8.2) A ligação iônica resulta da transferência de elétrons de um átomo para outro, levando à formação de uma rede tridimensional de partículas carregadas. As estabilidades de substâncias iônicas resultam de fortes atrações eletrostáticas entre um íon e os íons de carga oposta ao seu redor. A magnitude dessas interações é medida pela **energia reticular**, isto é, a energia necessária para separar um retículo cristalino iônico formando íons em estado gasoso. A energia reticular aumenta conforme o aumento da carga nos íons e a diminuição da distância entre eles. O **ciclo de Born-Haber** é um ciclo termoquímico útil em que utilizamos a lei de Hess para calcular a energia reticular como a soma das diversas etapas de formação de um composto iônico.

LIGAÇÃO COVALENTE (SEÇÃO 8.3) Uma ligação covalente resulta do compartilhamento de elétrons de valência entre os átomos. Podemos representar a distribuição eletrônica em moléculas por meio de **estruturas de Lewis**, que indicam quantos elétrons de valência estão envolvidos na formação de ligações e quantos permanecem como **pares de elétrons não ligantes** (ou **pares isolados**). A regra do octeto ajuda a determinar quantas ligações serão formadas entre dois átomos. O compartilhamento de um par de elétrons produz uma **ligação simples**; o compartilhamento de dois ou três pares de elétrons entre dois átomos produz **ligações duplas** ou **triplas**, respectivamente. Ligações duplas e triplas são exemplos de ligações múltiplas entre átomos. O comprimento da ligação diminui à medida que o número de ligações aumenta.

POLARIDADE DA LIGAÇÃO E ELETRONEGATIVIDADE (SEÇÃO 8.4) Em ligações covalentes, os elétrons podem não ser compartilhados igualmente entre dois átomos. A **polaridade da ligação** ajuda a descrever esse compartilhamento desigual de elétrons em uma ligação. Em uma **ligação covalente apolar**, os elétrons na ligação serão compartilhados igualmente entre os dois átomos; em uma **ligação covalente polar**, um dos átomos atrai mais os elétrons do que o outro.

A **eletronegatividade** é uma medida numérica da capacidade de um átomo competir com outros átomos pelos elétrons compartilhados. O flúor é o elemento mais eletronegativo, o que significa que ele tem maior capacidade de atrair elétrons de outros átomos. Valores de eletronegatividade variam de 0,7 para o Cs a 4,0 para o F. A eletronegatividade geralmente aumenta da esquerda para a direita em um período e diminui quando descemos em uma coluna da tabela periódica. A diferença entre as eletronegatividades de átomos ligados pode ser utilizada para determinar a polaridade de uma ligação. Quanto maior for a diferença de eletronegatividade, mais polar será a ligação.

Uma **molécula polar** é aquela cujos centros de carga positiva e negativa não coincidem. Assim, uma molécula polar tem um lado positivo e um lado negativo. Essa separação de cargas produz um **dipolo**, cuja magnitude é determinada pelo **momento de dipolo**, medido em debyes (D). Os momentos de dipolo aumentam com o aumento da magnitude das cargas separadas e o aumento da distância de separação. Qualquer molécula diatômica X–Y em que X e Y têm diferentes eletronegatividades é uma molécula polar.

A maioria das interações de ligação encontra-se entre dois extremos: as ligações covalentes e as iônicas. Enquanto costuma ser verdade que a ligação entre um metal e um não metal é predominantemente iônica, exceções a essa regra não são incomuns quando a diferença de eletronegatividade dos átomos é relativamente pequena ou quando o estado de oxidação do metal torna-se suficientemente grande.

REPRESENTAÇÃO DAS ESTRUTURAS DE LEWIS E ESTRUTURAS DE RESSONÂNCIA (SEÇÕES 8.5 E 8.6) Se sabemos quais átomos estão ligados uns aos outros, podemos representar estruturas de Lewis para moléculas e íons mediante um procedimento de cinco etapas. Feito isso, é possível determinar a **carga formal** de cada átomo em uma estrutura de Lewis, que representa a carga que o átomo teria se todos os átomos tivessem a mesma eletronegatividade. Em geral, a estrutura de Lewis dominante terá baixas cargas formais, com as cargas formais negativas localizadas nos átomos mais eletronegativos.

Por vezes, não é adequado representar certa molécula (ou íon) com uma única estrutura de Lewis dominante. Nesses casos, descrevemos a molécula utilizando duas ou mais **estruturas de ressonância**. A molécula é visualizada como um híbrido dessas múltiplas estruturas de ressonância, que são importantes para descrever a ligação em moléculas como a do ozônio, O_3, e na molécula orgânica do benzeno, C_6H_6.

EXCEÇÕES À REGRA DO OCTETO (SEÇÃO 8.7) A regra do octeto não é obedecida em todos os casos. Exceções ocorrem quando (**a**) uma molécula tem número ímpar de elétrons; (**b**) não é possível completar um octeto em torno de um átomo sem forçar uma distribuição desfavorável de elétrons; ou (**c**) um átomo grande está circundado por um número suficientemente grande de pequenos átomos eletronegativos, de modo que ele fica com mais de um octeto de elétrons. Estruturas de Lewis com mais de um octeto de elétrons são observadas quando temos átomos do terceiro período e em diante da tabela periódica.

FORÇA E COMPRIMENTO DE LIGAÇÕES COVALENTES (SEÇÃO 8.8) As forças e os comprimentos médios das ligações entre dois átomos de muitas ligações covalentes podem ser medidos. As entalpias médias de ligações múltiplas geralmente são maiores do que as de ligações simples. O comprimento médio da ligação entre dois átomos diminui à medida que o número de ligações entre os átomos aumenta, o que está de acordo com o fato de a ligação ficar mais forte à medida que o número de ligações aumenta.

Equações-chave

- $E_{el} = \dfrac{\kappa Q_1 Q_2}{d}$ [8.1] Energia potencial de duas cargas interagindo

- $\mu = Qr$ [8.10] Momento de dipolo de duas cargas de igual magnitude, mas de sinais opostos, separadas por uma distância r

- Carga formal = elétrons de valência $- \left[\frac{1}{2}(\text{elétrons ligantes}) + \text{elétrons não ligantes}\right]$ [8.11] Definição de carga formal

Simulado

SIM 8.1 Se o símbolo de Lewis de determinado elemento tem um ponto em cada um dos quatro lados do símbolo correspondente ao elemento, qual dos seguintes elementos ele pode ser? (a) P (b) S (c) Si (d) B (e) N

SIM 8.2 Qual das seguintes afirmações sobre ligações iônicas é *incorreta*? (a) As ligações iônicas se formam devido à atração eletrostática entre cátions e ânions. (b) As ligações iônicas se formam a partir dos elementos pela transferência de um ou mais elétrons de um átomo para outro. (c) É necessário energia para dividir um composto iônico em íons gasosos. (d) A atração entre cátions e ânions aumenta à medida que as cargas dos íons aumentam. (e) A atração entre cátions e ânions aumenta à medida que os raios dos íons aumentam.

SIM 8.3 Qual das seguintes ordens de energia reticular está correta para os compostos iônicos CsI, MgO, NaCl e ScN?
(a) NaCl > MgO > CsI > ScN
(b) ScN > MgO > NaCl > CsI
(c) NaCl > CsI > ScN > MgO
(d) MgO > NaCl > ScN > CsI
(e) ScN > CsI > NaCl > MgO

SIM 8.4 Qual dos seguintes elementos tem a maior probabilidade de formar íons com carga 2+? (a) Li (b) Ca (c) O (d) P (e) Cl

SIM 8.5 Qual das seguintes afirmações sobre a ligação de dois átomos de Cl para formar Cl_2 está *incorreta*? (a) O Cl_2 tem uma ligação simples. (b) Os elétrons na ligação Cl—Cl são simultaneamente atraídos pelos dois núcleos de Cl. (c) Na formação da ligação Cl—Cl, um elétron é transferido completamente de um átomo de Cl para o outro. (d) Cada átomo de Cl no Cl_2 possui três pares de elétrons não ligantes ao seu redor. (e) Os dois átomos de Cl no Cl_2 satisfazem a regra do octeto.

SIM 8.6 Qual dessas moléculas tem o mesmo número de pares de elétrons compartilhados e de pares de elétrons não compartilhados? (a) HCl (b) H_2S (c) PF_3 (d) CCl_2F_2 (e) Br_2

SIM 8.7 Considere uma estrutura de Lewis para a molécula P_2 que satisfaça a regra do octeto. Qual(is) das seguintes afirmações é(são) *verdadeira(s)*?

(i) Cada um dos átomos de P possui um par de elétrons não ligantes.

(ii) A molécula tem uma ligação tripla P—P.

(iii) Seis elétrons são compartilhados entre os dois átomos de P.

(a) Apenas uma das afirmações é verdadeira. (b) i e ii verdadeiras. (c) i e iii são verdadeiras. (d) ii e iii são verdadeiras. (e) Todas as afirmações são verdadeiras.

SIM 8.8 Qual das seguintes afirmações é a melhor explicação de por que o flúor é o elemento mais eletronegativo? (a) Um átomo de flúor transfere facilmente um elétron para outros átomos na formação de compostos iônicos. (b) O flúor tem primeira energia de ionização e afinidade eletrônica altas. (c) O raio iônico do flúor é maior do que o seu raio atômico ligante. (d) A molécula de F_2 é apolar. (e) O íon F^{2-} não existe.

SIM 8.9 Qual das seguintes ligações é a mais polar? (a) H—F (b) H—I (c) Se—F (d) N—P (e) Ga—Cl

SIM 8.10 Qual seria o momento de dipolo do HF (comprimento da ligação = 0,917 Å), considerando que a ligação é completamente iônica? (a) 0,917 D (b) 1,91 D (c) 2,75 D (d) 4,39 D (e) 7,37 D

SIM 8.11 O dióxido de tungstênio, WO_2, é um sólido com ponto de fusão de cerca de 1.700 °C, e o hexafluoreto de tungstênio, WF_6, é um gás incolor à temperatura ambiente. Qual das afirmações a seguir é a melhor explicação para essas observações? (a) A ligação covalente domina no WO_2, e a ligação iônica domina no WF_6. (b) O O_2 tem uma ligação dupla, e o F_2 tem uma ligação simples. (c) O flúor não forma compostos iônicos facilmente. (d) O W está em um estado de oxidação mais elevado no WF_6, o que aumenta o grau de ligação covalente. (e) A diferença de eletronegatividade entre W e O é maior do que aquela entre W e F.

SIM 8.12 Qual dessas moléculas tem uma estrutura de Lewis com um átomo central sem pares de elétrons não ligantes? (a) CO_2 (b) H_2S (c) PF_3 (d) SiF_4 (e) mais de uma das alternativas anteriores.

SIM 8.13 Represente a(s) estrutura(s) de Lewis da molécula com a fórmula química C_2H_3N, em que N está ligado a apenas um outro átomo. Quantas ligações duplas há na estrutura de Lewis correta? (a) 0 (b) 1 (c) 2 (d) 3 (e) 4

SIM 8.14 Quantos pares de elétrons não ligantes há na estrutura de Lewis do íon peróxido, O_2^{2-}? (a) 7 (b) 6 (c) 5 (d) 4 (e) 3

SIM 8.15 O íon sulfato, SO_4^{2-}, pode ser representado de muitas maneiras. Se minimizar a carga formal do enxofre, quantas ligações duplas S=O você deve desenhar na estrutura de Lewis? (a) 0 (b) 1 (c) 2 (d) 3 (e) 4

SIM 8.16 Qual das seguintes afirmações sobre ressonância é *verdadeira*? (a) Ao representar estruturas de ressonância, você pode alterar a maneira com que os átomos estão ligados. (b) Devido às múltiplas estruturas de ressonância, as seis ligações carbono-carbono no benzeno, C_6H_6, têm o mesmo comprimento. (c) "Ressonância" refere-se à ideia de que as moléculas ressoam rapidamente entre diferentes padrões de ligação. (d) A molécula etileno, C_2H_4, tem múltiplas estruturas de ressonância. (e) Todas as alternativas estão corretas.

SIM 8.17 Considere os seguintes íons: NO_2^-, CO_3^{2-} e SO_4^{2-}. Para cada um deles, você deve usar uma estrutura de Lewis que satisfaça a regra do octeto. Qual dos íons a seguir apresenta ressonância entre múltiplas estruturas de Lewis equivalentes que satisfazem a regra do octeto? (a) Apenas um íon (b) NO_2^- e CO_3^{2-} (c) NO_2^- e SO_4^{2-} (d) CO_3^{2-} e SO_4^{2-} (e) Os três íons

SIM 8.18 Qual das alternativas representa a estrutura de Lewis dominante esperada para a molécula de CF_2?

:F̈—C̈—F̈:   F̈=C̈—F̈:   :F̈—C̈—F̈:   ·F̈—C̈—F̈·
(a)   (b)   (c)   (d)

SIM 8.19 Em qual das moléculas ou íons a seguir há somente um par de elétrons no átomo central de enxofre? (a) SF_4 (b) SF_6 (c) SOF_4 (d) SF_2 (e) SO_4^{2-}

SIM 8.20 Das três ligações numeradas na estrutura apresentada a seguir, a ligação _____ é a mais forte e a ligação _____ é a mais longa. (a) 1, 3 (b) 2, 3 (c) 2, 1 (d) 3, 2 (e) 1, 2

$$H-C\overset{1}{\equiv}C-\overset{2}{C}-\overset{3}{C}=C\begin{matrix}H\\|\\|\\H\end{matrix}$$

Exercícios

Visualizando conceitos

8.1 Para cada um dos seguintes símbolos Lewis, indique o grupo na tabela periódica a que o elemento X pertence: [Seção 8.1]
(a) ·Ẋ·   (b) ·X·   (c) :Ẋ·

8.2 Na ilustração a seguir, há quatro íons – A, B, X, Y – com seus raios iônicos relativos. Os íons mostrados em vermelho têm cargas positivas: carga 2+ para A e 1+ para B. Os íons mostrados em azul têm cargas negativas: carga 1– para X e 2– para Y.

(a) Quais combinações desses íons produzem compostos iônicos em que há uma razão 1:1 de cátions e ânions? (b) Entre as combinações do item (a), qual leva ao composto iônico com a maior energia reticular? [Seção 8.2]

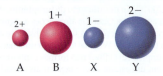

8.3 Uma parte de uma "placa" bidimensional de NaCl(s) é mostrada a seguir (ver Figura 8.4), em que os íons são numerados. (a) Quais bolas coloridas representam os íons de sódio? (b) Quais bolas coloridas representam os íons cloreto? (c) Considerando o íon 5, quantas interações eletrostáticas atrativas são mostradas para ele? (d) Considerando o íon 5, quantas interações repulsivas são mostradas para ele? (e) A soma das interações atrativas do item (c) é maior ou menor que a soma das interações repulsivas do item (d)? (f) Se esse padrão de íons fosse estendido indefinidamente em duas dimensões, a energia reticular seria positiva ou negativa? [Seção 8.2]

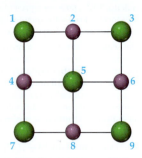

8.4 O diagrama de orbital a seguir mostra os elétrons de valência de um íon 3+ de um elemento. (a) Qual é o elemento? (b) Qual é a configuração eletrônica de um átomo desse elemento? [Seção 8.2]

8.5 Qual dos gráficos a seguir mostra as tendências periódicas gerais para as eletronegatividades dos elementos representativos? [Seção 8.4]

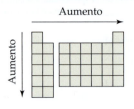
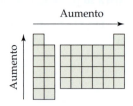

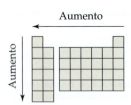
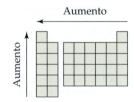

8.6 Uma molécula com fórmula C_4H_3NO tem a conectividade mostrada na figura. Após completar a estrutura de Lewis para a molécula, determine quantas (a) ligações simples, (b) ligações duplas, (c) ligações triplas e (d) pares não ligantes há na molécula. [Seções 8.3 e 8.5]

$$H-\overset{O}{\underset{}{C}}-C-C-\overset{H}{\underset{}{C}}-N-H$$

8.7 Na estrutura de Lewis mostrada a seguir, A, D, E, Q, X e Z representam elementos dos dois primeiros períodos da tabela periódica. Identifique os seis elementos que fazem com que as cargas formais de todos os átomos sejam iguais a zero. [Seção 8.5]

$$\ddot{\text{A}}-\text{D}-\overset{\overset{\ddot{\text{E}}}{\|}}{\underset{\ddot{}}{\text{Q}}}-\text{Z}$$

8.8 Estruturas de Lewis incompletas para a molécula de ácido nitroso, HNO_2, e para o íon nitrito, NO_2^-, são mostradas aqui. (a) Complete cada estrutura de Lewis adicionando pares de elétrons se necessário. (b) A carga formal em N é igual ou diferente nessas duas espécies? (c) O HNO_2 ou o NO_2^- exibe ressonância? (d) A ligação N=O no HNO_2 é mais longa, mais curta ou tem comprimento igual ao das ligações N—O no NO_2^-? [Seções 8.5, 8.6 e 8.8]

$$H-O-N=O \qquad O-N=O$$

8.9 A molécula apresentada é o *estireno*, C_8H_8, um derivado do benzeno usado para produzir diversos polímeros, incluindo o poliestireno. A notação abreviada para o anel de benzeno (descrita na Seção 8.6) é utilizada. Três das ligações carbono-carbono estão numeradas na estrutura. (a) Qual das três ligações é a mais forte? (b) Qual das três ligações é a mais longa? (c) Qual das três ligações pode ser descrita como um meio-termo entre uma ligação simples e uma ligação dupla? [Seções 8.6 e 8.8]

8.10 Considere a estrutura de Lewis do oxiânion poliatômico mostrado a seguir, em que X é um elemento do terceiro período (Na—Ar). Ao alterar a carga total, *n*, de 1− para 2− para 3−, obtemos três íons poliatômicos diferentes. Para cada um desses íons, (a) identifique o átomo central, X, (b) determine a carga formal do átomo central, X, e (c) represente uma estrutura de Lewis que faça com que a carga formal no átomo central seja igual a zero. [Seções 8.5, 8.6 e 8.7]

$$\left[\begin{array}{c}\ddot{\text{O}}\\|\\\ddot{\text{O}}-\text{X}-\ddot{\text{O}}\\|\\\ddot{\text{O}}\end{array}\right]^{n-}$$

Símbolos de Lewis (Seção 8.1)

8.11 (a) Verdadeiro ou falso: o número de elétrons de valência de um elemento é igual ao seu número atômico. (b) Quantos elétrons de valência tem um átomo de nitrogênio? (c) Um átomo tem a configuração eletrônica $1s^2 2s^2 2p^6 3s^2 3p^2$. Quantos elétrons de valência tem esse átomo?

8.12 (a) Verdadeiro ou falso: o átomo de hidrogênio é mais estável quando tem um octeto de elétrons. (b) Quantos elétrons um átomo de enxofre deve ganhar para ficar com um octeto em sua camada de valência? (c) Se um átomo tem a configuração eletrônica $1s^22s^22p^3$, quantos elétrons deve ganhar para ficar com um octeto?

8.13 Considere o elemento silício, Si. (a) Escreva a configuração eletrônica dele. (b) Quantos elétrons de valência tem um átomo de silício? (c) Quais subcamadas recebem os elétrons de valência?

8.14 (a) Escreva a configuração eletrônica do elemento titânio, Ti. Quantos elétrons de valência esse átomo tem? (b) O háfnio, Hf, também está no grupo 4B. Escreva a configuração eletrônica do Hf. (c) O Ti e o Hf se comportam como se tivessem um número igual de elétrons de valência. Quais subcamadas na configuração eletrônica do Hf se comportam como orbitais de valência? Quais se comportam como orbitais centrais?

8.15 Escreva o símbolo de Lewis para átomos de cada um dos seguintes elementos: (a) Al, (b) Br, (c) Ar, (d) Sr.

8.16 Escreva o símbolo de Lewis para cada um dos seguintes átomos ou íons: (a) K, (b) As (c), Sn^{2+}, (d) N^{3-}.

Ligação iônica (Seção 8.2)

8.17 (a) Usando símbolos de Lewis, faça um diagrama da reação entre átomos de magnésio e de oxigênio para produzir a substância iônica MgO. (b) Quantos elétrons são transferidos? (c) Que átomo perde elétrons na reação?

8.18 (a) Utilize símbolos de Lewis para representar a reação que ocorre entre os átomos de Ca e F. (b) Qual é a fórmula química do produto mais provável? (c) Quantos elétrons são transferidos? (d) Que átomo perde elétrons na reação?

8.19 Determine a fórmula química do composto iônico formado entre os seguintes pares de elementos: (a) Al e F; (b) K e S; (c) Y e O; (d) Mg e N.

8.20 Que composto iônico você espera que seja formado como resultado da combinação dos seguintes pares de elementos: (a) bário e flúor; (b) césio e cloro; (c) lítio e nitrogênio; (d) alumínio e oxigênio?

8.21 Escreva a configuração eletrônica de cada um dos seguintes íons e determine quais têm configurações de gás nobre: (a) Rb^+, (b) Rh^{3+}, (c) P^{3-}, (d) Sc^{3+}, (e) S^{2-}, (f) V^{2+}.

8.22 Escreva as configurações eletrônicas dos seguintes íons e determine quais têm configurações de gás nobre: (a) Sn^{2+}, (b) I^-, (c) Ta^{3+}, (d) Se^{2-}, (e) Pd^{2+}, (f) Cu^{2+}.

8.23 (a) O processo que define a energia reticular é endotérmico ou exotérmico? (b) Escreva a equação química que representa o processo de energia reticular para o NaCl. (c) Você acredita que sais como o NaCl, com íons carregados isolados, têm energias reticulares maiores ou menores em comparação a sais como o CaO, que são compostos de íons duplamente carregados?

8.24 O NaCl e o KF têm a mesma estrutura cristalina. A única diferença entre os dois é a distância que separa cátions e ânions. (a) As energias reticulares do NaCl e do KF são fornecidas na Tabela 8.1. Com base nas energias reticulares, qual distância é a mais longa: Na—Cl ou K—F? (b) Use o raio iônico dado na Figura 7.8 para estimar as distâncias Na—Cl e K—F.

8.25 As substâncias NaF e CaO são isoeletrônicas, ou seja, têm o mesmo número de elétrons de valência. (a) Quais são as cargas de cada um dos cátions de cada composto? (b) Quais são as cargas de cada um dos ânions de cada composto? (c) Sem consultar suas energias reticulares, qual composto deve ter a maior energia reticular? (d) Usando as energias reticulares da Tabela 8.1, determine a energia reticular do ScN.

8.26 (a) A energia reticular de um sólido iônico aumenta ou diminui (i) quando a carga dos íons aumenta? (ii) E quando o tamanho dos íons aumenta? (b) Disponha as seguintes substâncias não listadas na Tabela 8.1 de acordo com as suas energias reticulares, listando-as em ordem crescente: MgS, KI, GaN, LiBr.

8.27 Considere os compostos iônicos KF, NaCl, NaBr e LiCl. (a) Utilize raios iônicos (Figura 7.8) para estimar a distância cátion-ânion para cada composto. (b) Com base na sua resposta para o item (a), disponha esses mesmos quatro compostos em ordem decrescente de energia reticular. (c) Confira suas previsões do item (b) com os valores experimentais da energia reticular dispostos na Tabela 8.1. As previsões para os raios iônicos estão corretas?

8.28 Qual das seguintes tendências em energia reticular ocorre em razão de diferenças de raios iônicos: (a) NaCl > RbBr > CsBr; (b) BaO > KF; (c) SrO > $SrCl_2$?

8.29 É necessário fornecer energia tanto para remover dois elétrons do Ca para formar o Ca^{2+} quanto para que dois elétrons sejam adicionados ao O para formar O^{2-}. No entanto, o CaO é estável em relação aos elementos livres. Qual das afirmações a seguir é a melhor explicação para esse fenômeno? (a) A energia reticular do CaO é suficientemente grande para dominar esses processos. (b) O CaO é um composto covalente, e esses processos são irrelevantes. (c) O CaO tem uma massa molar maior que a do Ca e que a do O. (d) A entalpia de formação do CaO é pequena. (e) O CaO é estável sob condições atmosféricas.

8.30 Liste as etapas utilizadas na construção de um ciclo de Born-Haber para a formação do BaI_2 a partir de seus elementos. Qual das etapas é exotérmica?

8.31 Utilize os dados do Apêndice C, da Figura 7.11 e da Figura 7.13 para calcular a energia reticular do KI.

8.32 (a) Com base nas energias reticulares do $MgCl_2$ e do $SrCl_2$ apresentadas na Tabela 8.1, que valores você espera encontrar para a energia reticular do $CaCl_2$? (b) Utilizando os dados do Apêndice C, da Figura 7.11, da Figura 7.13 e o valor da segunda energia de ionização do Ca, 1.145 kJ/mol, calcule a energia reticular do $CaCl_2$.

Ligação covalente, eletronegatividade e polaridade da ligação (Seções 8.3 e 8.4)

8.33 (a) Determine se a ligação em cada substância é covalente ou não: (i) ferro, (ii) cloreto de sódio, (iii) água, (iv) oxigênio, (v) argônio. (b) Uma substância XY, formada com dois elementos diferentes, entra em ebulição a −33 °C. É provável que essa substância XY seja covalente ou iônica?

8.34 Quais desses elementos não formam ligações covalentes: S, H, K, Ar, Si?

8.35 Usando símbolos de Lewis e estruturas de Lewis, faça um diagrama da formação do $SiCl_4$ a partir de átomos de Si e de Cl, mostrando os elétrons da camada de valência. (a) Inicialmente, quantos elétrons de valência o Si tem? (b) Inicialmente, quantos elétrons de valência o Cl tem? (c) Quantos elétrons de valência há em torno do Si na molécula de $SiCl_4$? (d) Quantos elétrons de valência há em torno de cada Cl na molécula de $SiCl_4$? (e) Quantos pares de elétrons ligantes há na molécula de $SiCl_4$?

8.36 Use símbolos de Lewis e estruturas de Lewis para fazer um diagrama da formação do PF_3 a partir de átomos de P e F, mostrando os elétrons da camada de valência. (a) Inicialmente, quantos elétrons de valência o P tem? (b) Inicialmente, quantos elétrons de valência cada F tem? (c) Quantos elétrons de valência há ao redor do P na molécula de PF_3? (d) Quantos elétrons de valência há ao redor de cada F na molécula de PF_3? (e) Quantos pares de elétrons ligantes há na molécula de PF_3?

8.37 (a) Construa uma estrutura de Lewis para o O_2 em que cada átomo fica com um octeto de elétrons. (b) Quantos elétrons ligantes há nessa estrutura? (c) Você acredita que o comprimento da ligação O—O no O_2 é maior ou menor que o da ligação O—O presente nos compostos com uma ligação simples O—O? Explique.

8.38 (a) Construa uma estrutura de Lewis para o peróxido de hidrogênio, H_2O_2, em que cada átomo fica com um octeto de elétrons. (b) Quantos elétrons ligantes há entre os dois átomos de oxigênio? (c) Você acha que o comprimento da ligação O—O no H_2O_2 é maior ou menor que o comprimento da ligação O—O no O_2? Explique.

8.39 Qual(is) das afirmações a seguir sobre a eletronegatividade é(são) *verdadeira(s)*?

(i) Os metais alcalinos são a família com os maiores valores de eletronegatividade.

(ii) Os valores numéricos de eletronegatividade não apresentam unidades.

(iii) A eletronegatividade é a capacidade de um átomo em uma molécula atrair densidade eletrônica para si.

8.40 Disponha os seguintes pares de elementos em ordem crescente de diferença de eletronegatividade: K e F; S e O; Br e I; Ca e Se; Li e Cl.

8.41 Com base apenas na tabela periódica, selecione o átomo mais eletronegativo em cada um dos seguintes conjuntos: (a) Na, Mg, K, Ca; (b) P, S, As, Se; (c) Be, B, C, Si; (d) Zn, Ge, Ga, As.

8.42 Consultando apenas a tabela periódica, selecione (a) o elemento mais eletronegativo no grupo 6A; (b) o elemento menos eletronegativo no grupo Al, Si, P; (c) o elemento mais eletronegativo no grupo Ga, P, Cl, Na; (d) o elemento no grupo K, C, Zn, F mais propenso a formar um composto iônico com Ba.

8.43 Quais das seguintes ligações são polares: (a) B—F, (b) Cl—Cl, (c) Se—O, (d) H—I? Qual é o átomo mais eletronegativo em cada ligação polar?

8.44 Disponha as ligações em cada um dos seguintes conjuntos em ordem crescente de polaridade: (a) C—F, O—F, B—F; (b) O—Cl, S—Br, C—P; (c) C—S, B—F, N—O.

8.45 (a) Com base na Tabela 8.2, calcule as cargas efetivas sobre os átomos de H e de Br, da molécula de HBr, em unidades de carga eletrônica, *e*. (b) Se você colocasse o HBr sob pressão muito alta, de modo que seu comprimento de ligação diminuísse significativamente, seu momento de dipolo aumentaria, diminuiria ou permaneceria igual se você assumisse que as cargas efetivas nos átomos não mudam?

8.46 A molécula de monofluoreto de bromo, BrF, tem comprimento da ligação de 1,76 Å e momento de dipolo de 1,29 D. (a) Qual átomo da molécula deve ter uma carga negativa? (b) Em unidades de carga eletrônica, *e*, qual é a magnitude da carga no átomo de Br no BrF?

8.47 Nos seguintes pares de compostos binários, determine qual é a substância molecular e qual é a substância iônica. Use a convenção adequada (para substâncias iônicas ou moleculares) para atribuir um nome a cada composto: (a) SiF_4 e LaF_3, (b) $FeCl_2$ e $ReCl_6$, (c) $PbCl_4$ e RbCl.

8.48 Nos seguintes pares de compostos binários, determine qual é a substância molecular e qual é a substância iônica. Use a convenção adequada (para substâncias iônicas ou moleculares) para atribuir um nome a cada composto: (a) $TiCl_4$ e CaF_2, (b) ClF_3 e VF_3, (c) $SbCl_5$ e AlF_3.

Estruturas de Lewis e estruturas de ressonância (Seções 8.5 e 8.6)

8.49 Represente estruturas de Lewis para as seguintes substâncias: (a) CF_4 (b) NO^+, (c) SO_3^{2-}, (d) HCN (o H e o N estão ligados ao C), (e) BF_4^-, (f) HOCl.

8.50 Escreva as estruturas de Lewis que satisfaçam a regra do octeto para as seguintes moléculas e íons: (a) NH_4^+, (b) C_2F_4 (os dois átomos de C estão ligados uns aos outros), (c) $COCl_2$ (os átomos de Cl estão ligados ao C), (d) HSO_3^- (o H está ligado a um dos átomos de O), (e) HNC (H e C estão ligados ao N), (f) ClO_3^-.

8.51 Qual das seguintes afirmações a respeito da carga formal é *verdadeira*? (a) A carga formal é igual ao número de oxidação. (b) Para determinar a estrutura de Lewis dominante, você deve diminuir a carga formal. (c) A carga formal considera as diferentes eletronegatividades dos átomos em uma molécula. (d) A carga formal é mais útil para compostos iônicos. (e) A carga formal é utilizada para calcular o momento de dipolo de uma molécula diatômica.

8.52 (a) Represente a estrutura de Lewis dominante da molécula de trifluoreto de fósforo, PF_3. (b) Determine os números de oxidação dos átomos de P e F. (c) Determine as cargas formais dos átomos de P e F.

8.53 Represente as estruturas de Lewis que obedecem à regra do octeto para cada um dos seguintes itens e atribua números de oxidação e cargas formais a cada átomo de: (a) OCS, (b) $SOCl_2$ (S é o átomo central), (c) BrO_3^-, (d) $HClO_2$ (o H está ligado ao O).

8.54 Para cada um dos seguintes íons de nitrogênio e oxigênio, escreva uma única estrutura de Lewis que obedece à regra do octeto e calcule os números de oxidação e as cargas formais em todos os átomos de: (a) NO^+, (b) NO_2^-, (c) NO_2^+. (d) Disponha esses íons em ordem crescente de comprimento de ligação N—O.

8.55 (a) Desenhe uma única estrutura de Lewis que satisfaça a regra do octeto para o dióxido de enxofre, SO_2. (b) Com qual alótropo de oxigênio ela é isoeletrônica? (c) Há múltiplas estruturas de ressonância equivalentes para essa molécula? (d) Quais devem ser os comprimentos das ligações no SO_2 em relação às ligações simples e duplas S—O?

8.56 Considere o íon formiato, HCO_2^-, que é o ânion formado quando o ácido fórmico perde um íon H^+. O H e os dois átomos de O estão ligados ao átomo central C. (a) Represente uma única estrutura de Lewis que satisfaça a regra do octeto para esse íon. (b) São necessárias estruturas de ressonância para descrever a estrutura? (c) Você acha que os comprimentos de ligação C—O no íon formiato seriam maiores ou menores do que os no CO_2?

8.57 Ordene de modo crescente os comprimentos de ligação no CO, no CO_2 e no CO_3^{2-}.

8.58 Com base em estruturas de Lewis, ordene de modo crescente os comprimentos de ligação N—O no NO^+, no NO_2^- e no NO_3^-.

8.59 Considere uma estrutura de Lewis para a molécula SO_3 que satisfaça a regra do octeto. Qual(is) das seguintes afirmações é(são) *verdadeira(s)*?

(i) O SO_3 tem três estruturas de ressonância equivalentes.

(ii) Há um comprimento mais curto e dois mais longos da ligação S—O em SO_3.

(iii) O átomo de S no SO_3 tem carga formal diferente de zero.

8.60 Qual(is) das seguintes afirmações sobre o benzeno, C_6H_6, é(são) *verdadeira(s)*?

(i) O benzeno tem duas estruturas de ressonância equivalentes.

(ii) Não há pares não ligantes na estrutura de Lewis do benzeno.

(iii) O benzeno tem três ligações C—C curtas e três longas.

Exceções à regra do octeto (Seção 8.7)

8.61 (a) Qual dos seguintes compostos é uma exceção à regra do octeto: dióxido de carbono, água, amônia, trifluoreto de fósforo ou pentafluoreto de arsênio? (b) Qual dos seguintes compostos ou íons é uma exceção à regra do octeto: dióxido de nitrogênio, borohidreto (BH_4^-), borazina ($B_3N_3H_6$, análogo ao benzeno, com B e N alternantes no anel) ou tricloreto de boro?

8.62 Preencha os espaços em branco com os números apropriados tanto para os elétrons quanto para as ligações, considerando que ligações simples são contadas como uma, ligações duplas como duas e ligações triplas como três.

(a) O flúor tem ____ elétrons de valência e faz ____ ligação(ões) em compostos.

(b) O oxigênio tem ____ elétrons de valência e faz ____ ligação(ões) em compostos.

(c) O nitrogênio tem ____ elétrons de valência e faz ____ ligação(ões) em compostos.

(d) O carbono tem ____ elétrons de valência e faz ____ ligação(ões) em compostos.

8.63 Represente as estruturas de Lewis dominantes para as seguintes moléculas/íons cloro-oxigênio: ClO, ClO^-, ClO_2^-, ClO_3^-, ClO_4^-. Qual delas não obedece à regra do octeto?

8.64 Qual(is) das seguintes afirmações é(são) *verdadeira(s)*?

(i) Toda molécula que não satisfaz a regra do octeto é hipervalente.

(ii) Os elementos do terceiro período da tabela periódica podem formar moléculas hipervalentes, ao contrário daqueles do segundo período.

(iii) Qualquer molécula cujo átomo central possui quatro ligações obedece à regra do octeto.

8.65 Represente as estruturas de Lewis de cada um dos seguintes íons ou moléculas. Identifique aqueles em que a regra do octeto não é obedecida. Determine qual átomo em cada composto não obedece à regra do octeto. Também determine, para esses átomos, quantos elétrons estão em torno dos seguintes átomos: **(a)** PH_3, **(b)** AlH_3, **(c)** N_3^-, **(d)** CH_2Cl_2, **(e)** SnF_6^{2-}.

8.66 Represente as estruturas de Lewis de cada uma das seguintes moléculas ou íons. Identifique casos em que a regra do octeto não é obedecida. Determine qual átomo em cada composto não obedece à regra do octeto. Também determine quantos elétrons estão em torno dos seguintes átomos: **(a)** NO, **(b)** BF_3, **(c)** ICl_2^-, **(d)** $OPBr_3$ (P é o átomo central), **(e)** XeF_4.

8.67 Na fase de vapor, o $BeCl_2$ é encontrado como uma molécula discreta. **(a)** Represente a estrutura de Lewis dessa molécula utilizando apenas ligações simples. Essa estrutura de Lewis satisfaz a regra do octeto? **(b)** Quais outras estruturas de ressonância possíveis satisfazem a regra do octeto? **(c)** Com base nas cargas formais, que estrutura de Lewis é a dominante para o $BeCl_2$?

8.68 **(a)** Descreva a molécula de trióxido de xenônio, XeO_3, utilizando quatro estruturas de Lewis possíveis, com nenhuma, uma, duas ou três ligações duplas Xe−O. **(b)** Alguma dessas estruturas de ressonância satisfaz a regra do octeto para todos os átomos na molécula? **(c)** Alguma das quatro estruturas de Lewis tem múltiplas estruturas de ressonância? Em caso afirmativo, quantas estruturas de ressonância você encontra? **(d)** Qual das estruturas de Lewis em (a) produz as cargas formais mais favoráveis para a molécula?

8.69 Seria possível desenhar muitas estruturas de Lewis para o ácido sulfúrico, H_2SO_4 (cada H está ligado a um O). **(a)** Qual(is) estrutura(s) de Lewis você representaria para satisfazer a regra do octeto? **(b)** Qual(is) estrutura(s) de Lewis você representaria para minimizar a carga formal?

8.70 Alguns químicos acreditam que satisfazer a regra do octeto deve ser o principal critério para a escolha da estrutura de Lewis dominante de uma molécula ou íon. Outros químicos acreditam que obter as melhores cargas formais deve ser o principal critério. Considere o íon dihidrogenofosfato, $H_2PO_4^-$, em que os átomos de H são ligados aos átomos de O. **(a)** Qual é a estrutura de Lewis dominante se satisfazer a regra do octeto for o principal critério? **(b)** Qual é a estrutura de Lewis dominante se obter as melhores cargas formais for o principal critério?

Forças e comprimentos de ligações covalentes (Seção 8.8)

8.71 Com base na Tabela 8.3, estime o ΔH de cada uma das seguintes reações em fase gasosa (observe que os pares solitários nos átomos não são mostrados):

(a) $H_2C=CH_2 + H-O-O-H \longrightarrow$ $H-O-CH_2-CH_2-O-H$

(b) $H_2C=CH_2 + H-C\equiv N \longrightarrow$ $H-CH_2-CH_2-C\equiv N$

(c) $2\,Cl-NCl_2 \longrightarrow N\equiv N + 3\,Cl-Cl$

8.72 Com base na Tabela 8.3, estime o ΔH de cada uma das seguintes reações em fase gasosa:

(a) $CHBr_3 + Cl-Cl \longrightarrow CBr_3Cl + H-Cl$

(b) $H-S-CH_2-CH_2-S-H + 2\,H-Br \longrightarrow Br-CH_2-CH_2-Br + 2\,H-S-H$

(c) $H_2N-NH_2 + Cl-Cl \longrightarrow 2\,H_2N-Cl$

8.73 Verdadeiro ou falso? **(a)** Quanto mais comprida a ligação, maior é a entalpia de ligação. **(b)** As ligações C−C são mais fortes do que as ligações C−H. **(c)** O comprimento de uma ligação simples típica varia entre 5 e 10 Å. **(d)** Quando uma ligação química é rompida, energia é liberada. **(e)** As ligações químicas armazenam energia.

8.74 Verdadeiro ou falso? **(a)** Uma ligação tripla carbono-carbono é mais curta do que uma ligação simples carbono-carbono. **(b)** Há exatamente seis elétrons de ligação na molécula de O_2. **(c)** A ligação C−O no monóxido de carbono é mais curta do que a ligação C−O no dióxido de carbono. **(d)** A ligação O−O no ozônio é mais curta do que a ligação O−O no O_2. **(e)** As entalpias médias de ligação de todas as ligações triplas têm o mesmo valor, independentemente dos átomos envolvidos.

8.75 Podemos definir as entalpias médias de ligação e os comprimentos de ligação para as ligações iônicas, assim como fizemos para as covalentes. Qual ligação iônica será mais forte: Na−Cl ou Ca−O?

8.76 Podemos definir as entalpias médias de ligação e os comprimentos de ligação para as ligações iônicas, assim como fizemos para as covalentes. Qual ligação iônica terá a menor entalpia de ligação: Li−F ou Cs−F?

8.77 Um novo composto é produzido com comprimento da ligação C−C de 1,15 Å. É mais provável que essa ligação C−C seja simples, dupla ou tripla?

8.78 Um novo composto é produzido com comprimento da ligação N−N de 1,26 Å. É mais provável que essa ligação N−N seja simples, dupla ou tripla?

8.79 A molécula da figura é o *propileno*, C_3H_6, uma matéria-prima importante na indústria de polímeros. As duas ligações carbono-carbono na molécula estão numeradas. **(a)** O propileno tem múltiplas estruturas de ressonância equivalentes? **(b)** Qual ligação carbono-carbono é mais forte? **(c)** Qual ligação carbono-carbono é mais longa?

8.80 A molécula da figura é o *formiato de metila*, $C_2H_4O_2$, o exemplo mais simples possível de um *éster* orgânico. As três ligações carbono-oxigênio da molécula estão numeradas. Qual(is) das afirmações a seguir é(são) *verdadeira(s)*?

 (i) A ligação 1 é a ligação carbono-oxigênio mais forte.

 (ii) A ligação 1 é mais forte do que a ligação 2.

 (iii) O valor do comprimento da ligação 3 está mais próximo do valor da ligação 2 do que do valor da ligação 1.

Exercícios adicionais

8.81 Considere as energias reticulares dos seguintes compostos do grupo 2A: BeH_2, 3.205 kJ/mol; MgH_2, 2.791 kJ/mol; CaH_2, 2.410 kJ/mol; SrH_2, 2.250 kJ/mol; BaH_2, 2.121 kJ/mol. **(a)** Qual é o número de oxidação do H nesses compostos? **(b)** Considerando que todos esses compostos têm o mesmo arranjo tridimensional dos íons no sólido, qual deles tem a menor distância entre o cátion e o ânion? **(c)** Considere o BeH_2. É preciso 3.205 kJ de energia para dividir um mol do sólido em seus íons, ou dividir um mol do sólido em íons libera 3.205 kJ de energia? **(d)** A energia reticular do ZnH_2 é 2.870 kJ/mol. Considerando a tendência das energias reticulares dos compostos do grupo 2A, qual elemento do grupo 2A tem raio iônico mais semelhante ao do íon Zn^{2+}.

8.82 Com base nos dados da Tabela 8.1, estime (em 30 kJ/mol) a energia reticular de **(a)** LiBr, **(b)** CsBr, **(c)** $CaCl_2$.

8.83 Uma substância iônica de fórmula MX tem uma energia reticular de 3.000 kJ/mol (com um algarismo significativo). Com base nos dados da Tabela 8.1, a carga no íon M é 1+, 2+ ou 3+?

8.84 O composto iônico CaO cristaliza-se com a mesma estrutura do cloreto de sódio (Figura 8.3). **(a)** Nessa estrutura, quantos íons O^{2-} estão em contato com cada íon Ca^{2+}? (*Dica:* Lembre-se de que o padrão de íons mostrado na Figura 8.3 se repete inúmeras vezes em todas as três direções.) **(b)** Energia seria consumida ou liberada se um cristal de CaO fosse convertido em uma coleção de pares de íons Ca−O bastante separados? **(c)** A partir dos raios iônicos fornecidos na Figura 7.8, calcule a energia potencial de um único par iônico Ca−O que está levemente em contato (a magnitude da carga eletrônica é dada na contracapa final do livro). **(d)** Calcule a energia de um mol desses pares e compare o resultado com a energia reticular do CaO. **(e)** Qual fator explica a maior parte da discrepância entre as energias no item (d): a ligação no CaO é mais covalente do que iônica ou as interações eletrostáticas em uma rede cristalina são mais complexas do que aquelas em um único par iônico?

8.85 Construa um ciclo de Born-Haber para a formação do composto hipotético $NaCl_2$, no qual o íon de sódio tem carga 2+ (a segunda energia de ionização do sódio está na Tabela 7.2). **(a)** Que valor a energia reticular deveria ter para a formação do $NaCl_2$ ser exotérmica? **(b)** Se estimássemos que a energia reticular do $NaCl_2$ fosse aproximadamente igual à do $MgCl_2$ (2.326 kJ/mol, de acordo com a Tabela 8.2), qual valor você obteria para a entalpia padrão de formação, ΔH_f^o, do $NaCl_2$?

8.86 Um colega de classe está convencido de que sabe tudo sobre eletronegatividade. **(a)** Segundo ele, se átomos de X e Y tiverem diferentes eletronegatividades, a molécula diatômica X−Y será polar. Seu colega está certo? **(b)** Ele também afirma que, quanto mais distantes dois átomos estiverem em uma ligação, maior será o momento de dipolo. Ele está certo?

8.87 Considere o conjunto de elementos não metálicos O, P, Te, I e B. **(a)** Quais elementos formariam a ligação simples mais polar? **(b)** Quais elementos formariam a ligação simples com o maior comprimento? **(c)** Quais elementos formariam um composto de fórmula XY_2? **(d)** Qual combinação de elementos provavelmente produziria um composto de fórmula empírica X_2Y_3?

8.88 A substância monóxido de cloro, ClO(g), é importante em processos atmosféricos que levam à destruição da camada de ozônio. A molécula de ClO tem um momento de dipolo experimental de 1,24 D, e o comprimento da ligação Cl−O é de 1,60 Å. **(a)** Determine a magnitude das cargas nos átomos de Cl e O em unidades de carga eletrônica, *e*. **(b)** Com base nas eletronegatividades dos elementos, que átomo teria uma carga negativa parcial na molécula de ClO? **(c)** Utilizando cargas formais para se orientar, proponha a estrutura de Lewis dominante da molécula. **(d)** O ânion ClO^- existe. Qual é a carga formal no Cl da melhor estrutura de Lewis para o ClO^-?

8.89 **(a)** A partir das eletronegatividades do Br e do Cl, estime as cargas parciais nos átomos da molécula Br−Cl usando o procedimento analisado no quadro *Olhando de perto* da Seção 8.5. **(b)** Com base nessas cargas parciais e nos raios atômicos dados na Figura 7.8, estime o momento de dipolo da molécula. **(c)** O momento de dipolo medido do BrCl é 0,57 D. Se você considerar que o comprimento de ligação no BrCl é a soma dos raios atômicos, quais são as cargas parciais nos átomos presentes no BrCl utilizando o momento de dipolo experimental?

8.90 Um dos principais desafios na implementação da "economia do hidrogênio" é encontrar uma maneira segura, leve e compacta de armazenar o hidrogênio para ser utilizado como combustível. Os hidretos de metais leves são atraentes para o armazenamento de hidrogênio, pois podem armazenar uma alta percentagem de peso de hidrogênio em um pequeno volume. Por exemplo, o $NaAlH_4$ pode liberar 5,6% de sua massa como H_2 mediante a decomposição do NaH(s), do Al(s) e do $H_2(g)$. As ligações no $NaAlH_4$ são covalentes, unindo ânions poliatômicos, e iônicas. **(a)** Escreva a equação balanceada da decomposição do $NaAlH_4$. **(b)** Que elemento no $NaAlH_4$ é o mais eletronegativo? Qual deles é o menos eletronegativo? **(c)** Com base nas diferenças de eletronegatividade, determine a identidade do ânion poliatômico. Represente uma estrutura de Lewis para esse íon. **(d)** Qual é a carga formal do hidrogênio no íon poliatômico?

Capítulo 8 | Conceitos básicos da ligação química   **333**

8.91 As estruturas A, B e C mostram a conectividade dos átomos em três moléculas diferentes que são isômeros de C_3H_4O. Complete as estruturas de Lewis dessas moléculas para completar as informações na tabela a seguir:

	Isômero A	Isômero B	Isômero C
Número de ligações simples			
Número de ligações duplas			
Número de ligações triplas			
Número de pares não ligantes			

A H—C—C—C—O
    | | |
    H H H

B H—C—C—C—O—H
    |
    H
    |
    H

C H—C—C—C—O
    | |
    H H

8.92 O íon *triiodeto*, I_3^-, existe; o íon correspondente do flúor, F_3^-, não existe. O íon I_3^- tem uma estrutura linear na qual dois átomos externos de I se ligam a um átomo central de I. Embora I_3^- seja um íon conhecido, F_3^- não é. **(a)** Desenha a estrutura de Lewis do I_3^-, considerando que o íon tem duas ligações simples I—I. **(b)** O íon I_3^- satisfaz a regra do octeto? **(c)** Qual(is) das seguintes afirmações sobre a existência do I_3^- em comparação com a inexistência do F_3^- é(são) verdadeira(s)? (i) A estrutura de Lewis do I_3^- mostra 12 elétrons em torno do átomo central de I. (ii) Os elementos do segundo período da tabela periódica geralmente não formam íons ou moléculas hipervalentes. (iii) Um átomo de I pode formar uma molécula ou íon hipervalente mais facilmente do que um átomo de F devido ao tamanho maior do átomo de I.

8.93 Calcule a carga formal no átomo indicado em cada uma das seguintes moléculas ou íons: **(a)** o átomo central de oxigênio no O_3, **(b)** o fósforo no PF_6^-, **(c)** o nitrogênio no NO_2, **(d)** o iodo no ICl_3, **(e)** o cloro no $HClO_4$ (o hidrogênio está ligado ao O).

8.94 O íon hipoclorito, ClO^-, é o ingrediente ativo dos alvejantes. O íon perclorato, ClO_4^-, é um dos principais componentes dos propulsores de foguetes. Desenhe estruturas de Lewis para ambos os íons. **(a)** Qual é a carga formal do Cl no íon hipoclorito? **(b)** Qual é a carga formal do Cl no íon perclorato, supondo que todas as ligações Cl—O são simples? **(c)** Qual é o número de oxidação do Cl no íon hipoclorito? **(d)** Qual é o número de oxidação do Cl no íon perclorato, supondo que todas as ligações Cl—O são simples? **(e)** Em uma reação redox, qual íon seria reduzido mais facilmente?

8.95 As três estruturas de Lewis a seguir podem ser representadas para o N_2O:

:N≡N—Ö: ⟷ :N̈—N≡O: ⟷ :N̈=N=Ö:

(a) Usando cargas formais, qual dessas três formas de ressonância provavelmente é a mais importante? **(b)** O comprimento da ligação N—N no N_2O é 1,12 Å, ligeiramente maior que uma ligação N≡N típica, e o comprimento da ligação N—O é 1,19 Å, ligeiramente menor que uma ligação N=O típica (ver a Tabela 8.4). Com base nesses dados, que estrutura de ressonância melhor representa o N_2O?

8.96 A naftalina é composta pelo naftaleno, $C_{10}H_8$, uma molécula formada por dois anéis de seis membros de carbono compartilhados em um dos lados, conforme a seguinte estrutura de Lewis incompleta:

(a) Represente todas as estruturas de ressonância do naftaleno. Quantas são? **(b)** Você acha que os comprimentos de ligação C—C na molécula são semelhantes aos das ligações simples C—C, semelhantes aos das ligações duplas C=C ou intermediários entre as ligações simples C—C e duplas C=C? **(c)** Nem todos os comprimentos de ligação C—C no naftaleno são equivalentes. Com base em suas estruturas de ressonância, quantas ligações C—C na molécula são menores que as outras?

8.97 **(a)** A triazina, $C_3H_3N_3$, é parecida com o benzeno, exceto pelo fato de que, na triazina, metade dos grupos C—H é substituída por um átomo de nitrogênio. Represente a(s) estrutura(s) de Lewis para a molécula de triazina. **(b)** Estime as distâncias das ligações carbono-nitrogênio no anel.

8.98 O ortodiclorobenzeno, $C_6H_4Cl_2$, é obtido quando dois átomos de hidrogênio adjacentes do benzeno são substituídos por átomos de Cl. Um esqueleto da molécula é mostrado a seguir. **(a)** Complete uma estrutura de Lewis da molécula usando ligações e pares de elétrons, conforme necessário. **(b)** Há estruturas de ressonância para a molécula? Em caso afirmativo, represente-as. **(c)** As estruturas de ressonância em (a) e (b) são equivalentes umas às outras, assim como no benzeno?

8.99 Dois compostos são isômeros quando têm fórmula química igual, mas diferentes arranjos dos átomos. Recorra à Tabela 8.3 para estimar o ΔH de cada uma das seguintes reações de isomerização em fase gasosa e indique que isômero tem a menor entalpia.

(a) Etanol ⟶ Éter dimetílico

(b) Óxido de etileno ⟶ Acetaldeído

(c) Ciclopenteno ⟶ Pentadieno

(d) H—C—N≡C ⟶ H—C—C≡N

Isocianeto de metila   Acetonitrila

8.100 (a) Desenhe a estrutura de Lewis para o peróxido de hidrogênio, H_2O_2. (b) De acordo com os dados apresentados na Tabela 8.3, qual é a ligação mais fraca no peróxido de hidrogênio? (c) O peróxido de hidrogênio é vendido comercialmente na forma de uma solução aquosa em garrafas de vidro marrom para protegê-la da luz. Calcule o maior comprimento de onda da luz com energia suficiente para romper a ligação mais fraca do peróxido de hidrogênio.

8.101 A afinidade eletrônica do oxigênio é de −141 kJ/mol, correspondente à reação

$$O(g) + e^- \longrightarrow O^-(g)$$

A energia reticular do $K_2O(s)$ é de 2.238 kJ/mol. Com base nesses dados, no Apêndice C e na Figura 7.11, calcule a "segunda afinidade eletrônica" do oxigênio, correspondente à reação:

$$O^-(g) + e^- \longrightarrow O^{2-}(g)$$

8.102 Você e um colega são convidados para participar de uma pesquisa em um laboratório intitulada "óxidos de rutênio", que deve ser trabalhada em dois turnos. No primeiro turno, no qual seu parceiro deve trabalhar, são realizadas análises de composição. No segundo turno, você deve determinar pontos de fusão. Ao entrar em seu turno, você encontra dois frascos sem rótulo, um contendo uma substância macia amarela e o outro, um pó preto. Você também encontra as seguintes anotações no caderno do seu colega: *Composto 1:* 76,0% de Ru e 24,0% de O (em massa); *Composto 2:* 61,2% de Ru e 38,8% de O (em massa). (a) Qual é a fórmula empírica do Composto 1? (b) Qual é a fórmula empírica do Composto 2? Ao determinar os pontos de fusão desses dois compostos, você descobre que o composto amarelo funde a 25 °C, enquanto o pó preto não funde até a temperatura máxima do seu aparelho, 1.200 °C. (c) Qual é a identidade do composto amarelo? (d) Qual é a identidade do composto preto? (e) Qual composto é molecular? (f) Qual composto é iônico?

8.103 O composto hidrato de cloral, sonífero frequente em narrativas de detetives, é formado por 14,52% de C, 1,83% de H, 64,30% de Cl, 13,35% de O, em massa, e tem massa molar de 165,4 g/mol. (a) Qual é a fórmula empírica dessa substância? (b) Qual é a fórmula molecular dessa substância? (c) Represente a estrutura de Lewis da molécula, considerando que os átomos de Cl estão ligados a um único átomo de C e que há uma ligação C—C e duas ligações C—O no composto.

8.104 Sob condições especiais, o enxofre reage com amônia líquida anidra para formar um composto binário de enxofre e nitrogênio. Descobre-se que o composto é formado por 69,6% de S e 30,4% de N. O valor medido de sua massa molecular é de 184,3 g/mol. O composto ocasionalmente explode quando é tocado ou aquecido rapidamente. Os átomos de enxofre e nitrogênio da molécula são unidos em um anel. Todas as ligações do anel têm o mesmo comprimento. (a) Calcule as fórmulas empírica e molecular da substância. (b) Represente estruturas de Lewis para a molécula com base nas informações fornecidas. (*Dica:* você deve encontrar um número relativamente pequeno de estruturas de Lewis dominantes.) (c) Determine as distâncias de ligação entre os átomos no anel. (*Observação:* a distância S—S no anel S_8 é de 2,05 Å). (d) Estima-se que a entalpia de formação do composto seja de 480 kJ/mol^{-1}. O ΔH_f° de S(g) é de 222,8 kJ/mol. Estime a entalpia de ligação média no composto.

8.105 Uma forma comum do fósforo elementar é a molécula tetraédrica de P_4, em que todos os quatro átomos de fósforo são equivalentes:

P_4

À temperatura ambiente, o fósforo é um sólido. (a) Existe algum par isolado de elétrons na molécula de P_4? (b) Quantas ligações P—P existem na molécula? (c) Represente uma estrutura de Lewis para uma molécula linear de P_4 que satisfaça a regra do octeto. Essa molécula tem estruturas de ressonância? (d) Com base nas cargas formais, qual é mais estável: a molécula linear ou a tetraédrica?

Elabore um experimento

Você aprendeu que a ressonância do benzeno, C_6H_6, confere a ele uma estabilidade especial.

(a) Com base nos dados do Apêndice C, compare o calor de combustão de 1,0 mol de $C_6H_6(g)$ ao calor de combustão de 3,0 mols de acetileno, $C_2H_2(g)$. Qual dos dois tem o maior poder calorífico: 1,0 mol de $C_6H_6(g)$ ou 3,0 mols de $C_2H_2(g)$? Seus cálculos são condizentes com o fato de o benzeno ser especialmente estável? (b) Repita o item (a), com as moléculas adequadas, para o tolueno ($C_6H_5CH_3$), um derivado do benzeno que tem um grupo —CH_3 no lugar de um H. (c) Outra reação que você pode usar para comparar moléculas é a *hidrogenação*, ou seja, a reação entre uma ligação dupla carbono-carbono e H_2 para formar uma ligação simples C—C e duas ligações simples C—H. O calor experimental da hidrogenação do benzeno para produzir o ciclo-hexano (C_6H_{10}, um anel de seis membros com seis ligações simples C—C e 12 ligações C—H) é de 208 kJ/mol. O calor experimental da hidrogenação do ciclo-hexeno (C_6H_{10}, um anel de seis membros com uma ligação dupla C=C, cinco ligações simples C—C e 10 ligações C—H) para produzir o ciclo-hexano é de 120 kJ/mol. Mostre como esses dados podem fornecer uma estimativa da *energia de estabilização da ressonância* do benzeno. (d) Os comprimentos de ligação ou ângulos no benzeno, em comparação a outros hidrocarbonetos, são suficientes para determinar se o benzeno apresenta ressonância e é especialmente estável? Explique. (e) Considere o ciclo-octatetraeno, C_8H_8, que tem a estrutura octogonal mostrada a seguir.

Ciclo-octatetraeno

Que experimentos ou cálculos você poderia realizar para determinar se o ciclo-octatetraeno apresenta ressonância?

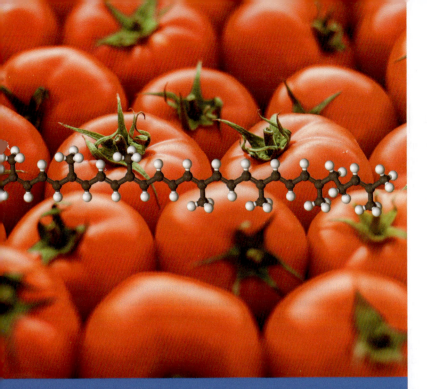

9

GEOMETRIA MOLECULAR E TEORIAS DAS LIGAÇÕES

▲ A cor do tomate. A molécula do hidrocarboneto *licopeno*, $C_{40}H_{56}$, confere aos tomates a sua cor vermelha e parte das suas propriedades nutricionais. A cor do licopeno se deve ao arranjo de ligações simples e duplas alternadas, o que dá à molécula a capacidade de absorver luz visível.

O QUE VEREMOS

9.1 ▶ Geometrias moleculares Desenhar e descrever as estruturas tridimensionais das moléculas.

9.2 ▶ Modelo VSEPR Prever as geometrias moleculares ao utilizar a *repulsão dos pares de elétrons da camada de valência*, ou *modelo VSEPR*, que é baseado nas estruturas de Lewis e na repulsão entre regiões de alta densidade de elétrons.

9.3 ▶ Geometria molecular e polaridade molecular Pela análise da geometria da molécula e do tipo de ligação existente nela, determinar se a *molécula* é polar ou *apolar*.

9.4 ▶ Ligação covalente e sobreposição orbital Usar a *teoria da ligação de valência* para explicar a distribuição dos elétrons nas moléculas com ligações covalentes.

9.5 ▶ Orbitais híbridos Ilustrar como os orbitais de um átomo se misturam aos orbitais de outro átomo, ou *hibridizam*, para criar *orbitais híbridos*, que então se sobrepõem para formar ligações covalentes.

9.6 ▶ Ligações múltiplas Aprender como os orbitais atômicos se sobrepõem de diferentes maneiras para produzir uma ligação *sigma* (σ) e *pi* (π) entre os átomos. Ligações simples consistem de uma ligação σ; ligações múltiplas envolvem uma ligação sigma e uma ou mais ligações π. Descrever como a presença de ligações π afeta a forma e a flexibilidade conformacional das moléculas orgânicas.

9.7 ▶ Orbitais moleculares Examinar um tratamento mais sofisticado de ligação denominado *teoria do orbital molecular*, que introduz o conceito de *orbitais moleculares ligantes* e *antiligantes*.

9.8 ▶ Descrição dos orbitais moleculares de moléculas diatômicas do segundo período Estender o conceito da teoria do orbital molecular para construir *diagramas de níveis de energia* para moléculas diatômicas do segundo período.

As estruturas de Lewis ajudam-nos a entender a composição das moléculas e suas ligações covalentes. Contudo, as estruturas de Lewis não mostram um dos aspectos mais importantes das moléculas: a sua geometria. A geometria e o tamanho das moléculas, também chamados de *arquitetura molecular*, são definidos pelos ângulos e pela distância entre o núcleo dos átomos que as compõem.

Nosso primeiro objetivo neste capítulo é entender a relação entre estruturas de Lewis bidimensionais e formas moleculares tridimensionais. Vamos ver a íntima relação entre o número de elétrons em uma molécula e a geometria adotada por ela. A seguir, examinaremos em mais detalhes a natureza das ligações covalentes. As linhas utilizadas para descrever as ligações nas estruturas de Lewis fornecem importantes pistas sobre os orbitais que as moléculas usam na ligação. Ao examinar esses orbitais, podemos aumentar nossa compreensão do comportamento das moléculas. Dominar o conteúdo deste capítulo vai ajudá-lo em discussões futuras a respeito das propriedades físicas e químicas das substâncias.

9.1 | Geometrias moleculares

Objetivos de aprendizagem

Após terminar a Seção 9.1, você deve ser capaz de:
- Descrever, desenhar e nomear as geometrias tridimensionais das moléculas AB$_n$.
- Identificar os ângulos de ligação característicos associados às geometrias das moléculas AB$_n$.
- Demonstrar que geometrias piramidais trigonais e angulares são obtidas pela remoção dos átomos B de uma molécula tetraédrica AB$_4$.

No Capítulo 8, usamos as estruturas de Lewis para explicar as fórmulas dos compostos covalentes. (Seção 8.5) Entretanto, as estruturas de Lewis *não* indicam a geometria das moléculas, mostrando apenas o número e os tipos de ligações. Por exemplo, a estrutura de Lewis do CCl$_4$ nos diz apenas que quatro átomos de Cl estão ligados a um átomo de C central:

$$:\ddot{\underset{\displaystyle :\ddot{Cl}:}{\overset{\displaystyle :\ddot{Cl}:}{Cl}}} — C — \ddot{Cl}:$$

A estrutura de Lewis é elaborada com todos os átomos no mesmo plano. Entretanto, como mostra a **Figura 9.1**, o verdadeiro arranjo tridimensional posiciona os átomos de Cl nos vértices de um *tetraedro*, um sólido geométrico com quatro vértices e quatro lados, sendo cada um deles um triângulo equilátero.

A geometria de uma molécula é determinada por seus **ângulos de ligação**, ângulos formados pelas linhas que unem os núcleos dos átomos da molécula. Os ângulos de ligação de uma molécula e o comprimento das ligações (Seção 8.8) definem a geometria e o tamanho da molécula. Na Figura 9.1, você verá que há seis ângulos de ligação Cl — C — Cl no CCl$_4$, e todos têm o mesmo valor. O ângulo da ligação é de 109,5°, característico de um tetraedro. Além disso, todas as ligações C — Cl apresentam o mesmo comprimento (1,78 Å). Desse modo, a geometria e o tamanho do CCl$_4$ são completamente descritos ao afirmar que a molécula é um tetraedro com ligações C — Cl e comprimento de 1,78 Å. Para desenhar a estrutura tridimensional de uma molécula no papel, os químicos utilizam a convenção mostrada na Figura 9.1: as linhas regulares sugerem que a ligação está no plano do papel; uma cunha preenchida significa que a ligação está saindo do papel na sua direção; e uma cunha tracejada mostra que a ligação aponta na direção da sua visão, para dentro do papel.

Começamos nossa discussão a respeito de geometrias moleculares com moléculas (e íons) que, assim como o CCl$_4$, têm um único átomo central ligado a dois ou mais átomos iguais. Tais moléculas têm a fórmula geral AB$_n$, na qual o átomo central A está ligado a *n* átomos de B. Por exemplo, tanto CO$_2$ como H$_2$O são moléculas AB$_2$, enquanto SO$_3$ e NH$_3$ são moléculas AB$_3$, e assim por diante.

O número de possíveis geometrias para moléculas AB$_n$ depende do valor de *n*. As moléculas mais comumente encontradas para AB$_2$ e AB$_3$ estão dispostas na **Figura 9.2**. Uma molécula AB$_2$ deve ser *linear* (ângulo de ligação = 180°) ou *angular* (ângulo de ligação ≠ 180°). Para moléculas AB$_3$, as duas formas mais comuns colocam os átomos de B nos cantos de um triângulo equilátero. Se o átomo de A está no mesmo plano que o átomo de B, a forma é chamada de *trigonal plana*. Se o átomo de A está acima do plano do átomo de B, a forma é chamada de *piramidal trigonal* (uma pirâmide com um triângulo equilátero de

Resolva com ajuda da figura
No modelo de preenchimento espacial, o que determina as dimensões relativas da esfera?

Tetraedro — Quatro lados equivalentes

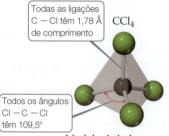
Modelo de bola e vareta — Todas as ligações C — Cl têm 1,78 Å de comprimento; Todos os ângulos Cl — C — Cl têm 109,5°

Modelo de preenchimento espacial

Modelo atômico tridimensional

▲ **Figura 9.1** Geometria tetraédrica do CCl$_4$.

Capítulo 9 | Geometria molecular e teorias das ligações   337

Resolva com ajuda da figura — Em quais das seguintes estruturas os átomos não estão todos no mesmo plano?

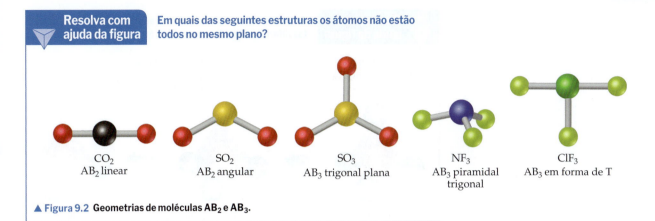

▲ **Figura 9.2** Geometrias de moléculas AB$_2$ e AB$_3$.

base). Algumas moléculas AB$_3$, como ClF$_3$, têm *forma de T*, uma forma relativamente incomum mostrada na Figura 9.2. Nesses casos, os átomos estão em um plano com dois ângulos B–A–B de cerca de 90° e um terceiro ângulo de cerca de 180°.

Notavelmente, as formas de quase todas as moléculas AB$_n$ podem ser derivadas de apenas cinco disposições geométricas básicas, mostradas na **Figura 9.3**. Todos são arranjos altamente simétricos dos *n* átomos de B em volta do átomo central A. Já vimos as primeiras três formas: linear, trigonal plana e tetraédrica. A forma bipiramidal trigonal para AB$_5$ pode ser imaginada como uma trigonal plana AB$_3$ com dois átomos adicionais, um acima e um abaixo do plano do triângulo equilátero. A forma octaédrica para AB$_6$ tem todos os seis átomos de B a uma distância igual do átomo central A, com ângulos de 90° B — A — B entre todos os B vizinhos. A sua forma simétrica (e o seu nome) é derivada do *octaedro*, com oito lados, sendo todos eles triângulos equiláteros.

Algumas das geometrias discutidas *não* estão entre as cinco apresentadas na Figura 9.3. Por exemplo, da Figura 9.2, nem a geometria angular da molécula SO$_2$ nem a geometria piramidal trigonal da molécula NF$_3$ estão entre as geometrias listadas na Figura 9.3. Entretanto, como veremos a seguir, podemos derivar geometrias adicionais, como a angular e a piramidal trigonal, partindo de um dos nossos cinco arranjos básicos. Por exemplo, a

Octaedro

Resolva com ajuda da figura — Quais dessas geometrias moleculares você espera para a molécula SF$_6$?

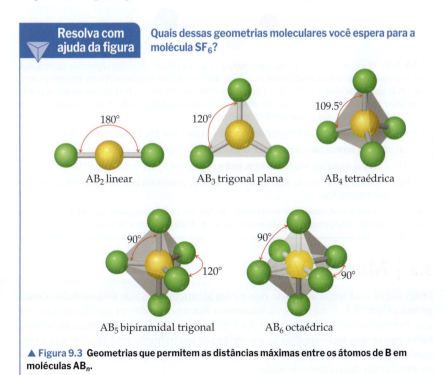

▲ **Figura 9.3** Geometrias que permitem as distâncias máximas entre os átomos de B em moléculas AB$_n$.

> **Resolva com ajuda da figura** Ao passar de uma geometria tetraédrica para uma angular, faz diferença escolher quais dois átomos serão removidos?

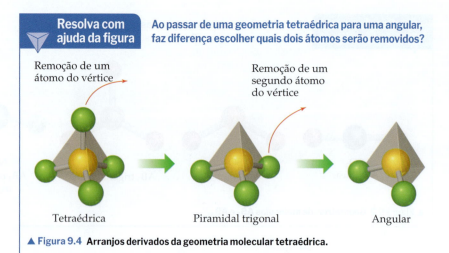

▲ **Figura 9.4** Arranjos derivados da geometria molecular tetraédrica.

partir de um tetraedro, podemos remover sucessivamente átomos dos vértices, conforme a **Figura 9.4**. Quando um átomo é removido de um dos vértices de um tetraedro, o fragmento restante AB_3 tem uma geometria trigonal piramidal. Quando um segundo átomo é removido, o fragmento restante AB_2 tem uma geometria angular.

Por que a maioria das moléculas AB_n têm geometrias relacionadas com aquelas mostradas na Figura 9.3? Podemos prever essas geometrias? Quando A é um elemento representativo (do bloco *s* ou do bloco *p* da tabela periódica), podemos responder a essa questão usando o **modelo de repulsão de pares de elétrons da camada de valência (VSEPR)**. Embora o nome seja bastante imponente, o modelo é bem simples, com capacidade de fazer previsões úteis.

Exercícios de autoavaliação

EAA 9.1 A água, H_2O, e a amônia, NH_3, têm as geometrias moleculares mostradas a seguir. Quais são os nomes das geometrias do H_2O e do NH_3? (**a**) linear, trigonal plana; (**b**) linear, piramidal trigonal; (**c**) angular, trigonal plana; (**d**) angular, piramidal trigonal.

EAA 9.2 O íon nitrato, NO_3^-, tem geometria trigonal plana. Qual das seguintes afirmações sobre o íon nitrato é *falsa*? (**a**) Todos os quatro átomos do íon nitrato estão no mesmo plano. (**b**) Os ângulos das ligações O — N — O no íon nitrato são de 109,5°. (**c**) Existem moléculas AB_3 com uma geometria diferente daquela observada para o íon nitrato. (**d**) Os três átomos de O no íon nitrato estão nos vértices de um triângulo equilátero.

EAA 9.3 Qual(is) das seguintes afirmações sobre moléculas AB_n é (são) *verdadeira(s)*?

(**i**) As duas formas características de uma molécula AB_2 são a linear e a angular.

(**ii**) Em uma molécula AB_4 tetraédrica, todos os ângulos B — A — B são de 109,5°.

(**iii**) Remover um átomo de B de uma molécula AB_4 tetraédrica leva a uma molécula piramidal trigonal AB_3.

(**a**) Apenas uma das afirmações é verdadeira. (**b**) Apenas i e ii são verdadeiras. (**c**) Apenas i e iii são verdadeiras. (**d**) Apenas ii e iii são verdadeiras. (**e**) Todas as afirmações são verdadeiras.

9.2 | Modelo VSEPR

Imagine que você tenha amarrado dois balões idênticos pelas suas extremidades. Como mostra a **Figura 9.5**, os dois balões naturalmente ficam orientados em sentidos opostos, ou seja, eles tentam se afastar o máximo possível um do outro. Se adicionarmos um terceiro balão, eles se orientarão em direção aos vértices de um triângulo equilátero. Se adicionarmos um quarto balão, eles adotarão uma forma tetraédrica. Vemos que existe uma melhor geometria para cada número de balões.

Objetivos de aprendizagem

Após terminar a Seção 9.2, você deve ser capaz de:

▶ Determinar a geometria do domínio eletrônico em torno do átomo central de uma molécula ou íon AB_n (*n* = 2 – 6).

▶ Prever as geometrias de moléculas com dois, três ou quatro domínios eletrônicos em torno do átomo central usando o modelo VSEPR.

▶ Prever as geometrias de moléculas com cinco ou seis domínios eletrônicos em torno do átomo central usando o modelo VSEPR.

▶ Usar o modelo VSEPR para prever os ângulos de ligação em moléculas com mais de um átomo central.

Em alguns aspectos, os elétrons nas moléculas se comportam como esses balões. Vimos que uma ligação covalente simples é formada entre dois átomos quando um par de elétrons ocupa a região entre os dois núcleos. (Seção 8.3) Um *par de elétrons ligantes* pode, assim, definir a região na qual os elétrons são encontrados com maior probabilidade. Vamos nos referir a essa região como **domínio eletrônico**. Da mesma maneira, um *par de elétrons não ligantes* (ou *par isolado*), que também foi discutido na Seção 8.3, define um domínio eletrônico que está localizado predominantemente em um único átomo. Por exemplo, a estrutura de Lewis de NH₃ tem quatro domínios eletrônicos ao redor do átomo de nitrogênio central (três pares de ligações, geralmente representados por linhas curtas, e um par não ligante, representado por pontos):

Qual arranjo você acha que os seis balões adotariam?

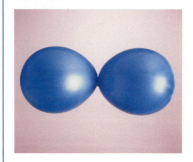

Dois balões: linear

Cada ligação múltipla em uma molécula também constitui um domínio eletrônico simples. Portanto, a seguinte estrutura de ressonância para o O₃ tem três domínios eletrônicos em volta de um átomo de oxigênio central (uma ligação simples, uma ligação dupla e um par de elétrons não ligantes):

$$:\ddot{O}-\ddot{O}=\ddot{O}$$

Em geral, *cada par não ligante, ligação simples ou ligação múltipla produz um único domínio eletrônico ao redor do átomo central de uma molécula.*

O modelo VSEPR é baseado na ideia de que os domínios eletrônicos são carregados negativamente e, portanto, se repelem. Assim como os balões da Figura 9.5, os domínios eletrônicos tentam ficar distantes uns dos outros:

O melhor arranjo para um determinado número de domínios eletrônicos é aquele que minimiza as repulsões entre eles.

Três balões: trigonal plana

Na verdade, a analogia entre os domínios eletrônicos e os balões é tão próxima que as mesmas geometrias preferenciais são encontradas em ambos os casos. Como os balões na Figura 9.5, dois domínios eletrônicos são *lineares*, três domínios eletrônicos estão orientados de forma *trigonal planar* e quatro estão orientados na forma de um *tetraedro*. Esses arranjos, assim como aqueles para cinco ou seis domínios eletrônicos, estão resumidos na **Tabela 9.1**. Observe que as geometrias da Tabela 9.1 são as mesmas da Figura 9.3. A observação de que há uma forma ideal para cada número específico de domínios eletrônicos em torno do átomo central leva ao pressuposto mais importante do modelo VSEPR:

As geometrias das diferentes moléculas ou íons do tipo AB_n dependem do número de domínios eletrônicos que circundam o átomo central.

A distribuição de todos os domínios eletrônicos em torno do átomo central de uma molécula ou íon AB_n é chamada de **geometria do domínio eletrônico**. Em contrapartida, a **geometria molecular** representa o arranjo *apenas dos átomos* em uma molécula ou íon; qualquer par não ligante presente na molécula *não* faz parte da descrição da geometria molecular.

Quatro balões: tetraédrica

▲ **Figura 9.5** Analogia com balões para os domínios eletrônicos.

Como aplicar o modelo VSEPR para prever a geometria molecular

Para determinar a forma de uma molécula, primeiro usamos o modelo VSEPR para prever a geometria do domínio eletrônico. Sabendo quantos dos domínios são de pares não ligantes, podemos prever a geometria molecular. Quando todos os domínios eletrônicos de uma molécula resultam de ligações, a geometria molecular é idêntica à geometria do domínio eletrônico. No entanto, quando um ou mais domínios envolvem pares de elétrons não ligantes, devemos lembrar que *a geometria molecular implica apenas domínios eletrônicos decorrentes das ligações*, mesmo que os pares não ligantes contribuam para a geometria do domínio eletrônico.

TABELA 9.1 Geometria do domínio eletrônico como uma função do número de domínios eletrônicos

Número de domínios eletrônicos	Configuração dos domínios eletrônicos	Geometria do domínio eletrônico	Ângulos de ligação previstos
2	180°	Linear	180°
3	120°	Trigonal plana	120°
4	109,5°	Tetraédrica	109,5°
5	90° / 120°	Bipiramidal trigonal	120° / 90°
6	90° / 90°	Octaédrica	90°

Como prever as geometrias das moléculas e dos íons usando o modelo VSEPR

1. Desenhe a estrutura de Lewis da molécula ou do íon (Seção 8.5) e conte o número de domínios eletrônicos existentes ao redor do átomo central. Cada par de elétrons não ligantes, cada ligação simples, cada ligação dupla e cada ligação tripla contam como um único domínio eletrônico.
2. Com base no número de domínios eletrônicos em torno do átomo central, use a Tabela 9.1 para determinar a *geometria do domínio eletrônico* da molécula ou do íon.
3. Use a distribuição dos átomos ligados ao átomo central para determinar a *geometria molecular*.

A **Tabela 9.2** resume as possíveis geometrias moleculares quando uma molécula AB_n tem até quatro domínios eletrônicos ao redor de A. Essas geometrias são importantes porque incluem todas as formas normalmente observadas em moléculas ou íons que obedecem à regra do octeto.

A **Figura 9.6** mostra como essas etapas são utilizadas para prever a geometria de uma molécula de NH_3. As três ligações e um par não ligante na estrutura de Lewis evidenciam

Capítulo 9 | Geometria molecular e teorias das ligações 341

TABELA 9.2 Geometria dos domínios eletrônicos e geometrias moleculares para moléculas com dois, três e quatro domínios eletrônicos circundando um átomo central

Número de domínios eletrônicos	Geometria do domínio eletrônico	Domínios ligantes	Domínios não ligantes	Geometria molecular	Exemplo
2	Linear	2	0	Linear	$\ddot{O}=C=\ddot{O}$
3	Trigonal plana	3	0	Trigonal plana	BF_3
3	Trigonal plana	2	1	Angular	$[NO_2]^-$
4	Tetraédrica	4	0	Tetraédrica	CH_4
4	Tetraédrica	3	1	Piramidal trigonal	NH_3
4	Tetraédrica	2	2	Angular	H_2O

que temos quatro domínios eletrônicos. Portanto, de acordo com a Tabela 9.1, a geometria do domínio eletrônico do NH_3 é tetraédrica. Com base na estrutura de Lewis, sabemos que um domínio eletrônico ocorre em razão de um par não ligante ocupar um dos quatro vértices do tetraedro. Ao determinar a geometria molecular, consideramos apenas os três domínios da ligação N — H. Isso leva a uma geometria piramidal trigonal. A situação é igual ao desenho do meio da Figura 9.4, na qual a remoção de um dos átomos da molécula tetraédrica resulta em uma molécula piramidal trigonal. A geometria molecular piramidal trigonal é uma consequência direta da geometria do domínio eletrônico tetraédrico.

Uma vez que a geometria molecular piramidal trigonal é derivada da geometria do domínio eletrônico tetraédrico, o ângulo ideal das ligações é 109,5°. Veremos em breve que os ângulos das ligações se desviam dos valores ideais quando os átomos circundantes e os domínios eletrônicos não são idênticos.

Para entender melhor, vamos determinar a geometria de uma molécula de CO_2. Sua estrutura de Lewis revela dois domínios eletrônicos (cada um com uma ligação dupla) em volta de um carbono central:

$$\ddot{O}=C=\ddot{O}$$

342 Química: a ciência central

Resolva com ajuda da figura — Uma geometria do domínio eletrônico tetraédrica pode resultar em uma geometria molecular trigonal plana?

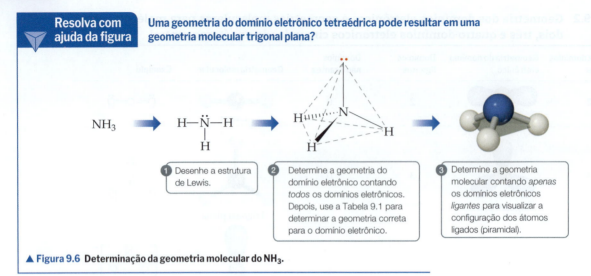

① Desenhe a estrutura de Lewis.

② Determine a geometria do domínio eletrônico contando *todos* os domínios eletrônicos. Depois, use a Tabela 9.1 para determinar a geometria correta para o domínio eletrônico.

③ Determine a geometria molecular contando *apenas* os domínios eletrônicos *ligantes* para visualizar a configuração dos átomos ligados (piramidal).

▲ **Figura 9.6** Determinação da geometria molecular do NH_3.

Os dois domínios eletrônicos orientam-se em uma geometria de domínio eletrônico linear (Tabela 9.1). Uma vez que nenhum domínio eletrônico é um par de elétrons não ligantes, a geometria molecular também é linear, e a ligação O — C — O tem um ângulo de 180°.

Exercício resolvido 9.1
Usando o modelo VSEPR

Aplique o modelo VSEPR para prever a geometria molecular de (**a**) O_3 e (**b**) $SnCl_3^-$.

SOLUÇÃO

Analise Temos a fórmula molecular de uma molécula e de um ânion poliatômico, ambos em conformidade com a fórmula geral AB_n e com um átomo central do bloco *p* da tabela periódica. (Observe que, para o O_3, os átomos A e B são átomos de oxigênio.)

Planeje Para prever a geometria molecular, representamos uma estrutura de Lewis e contamos os domínios eletrônicos ao redor do átomo central para verificar a geometria do domínio eletrônico. Obtemos, então, a geometria molecular a partir da distribuição dos domínios oriundos das ligações.

Resolva

(**a**) Podemos representar duas estruturas de ressonância para o O_3:

$$:\ddot{O}-\ddot{O}=\ddot{O} \longleftrightarrow \ddot{O}=\ddot{O}-\ddot{O}:$$

Por causa da ressonância, as ligações entre o átomo de O central e os átomos de O periféricos apresentam o mesmo comprimento. Em ambas as estruturas de ressonância, o átomo de O central está ligada aos outros átomos de O periféricos e tem um par não ligante. Assim, há três domínios eletrônicos em volta do átomo central. (Lembre-se de que uma ligação dupla conta como um único domínio eletrônico). A distribuição de três domínios eletrônicos é trigonal plana (Tabela 9.1). Dois dos domínios têm origem em uma ligação, e o terceiro é oriundo de um par não ligante. Portanto, a geometria molecular é angular, com um ângulo ideal de 120° (Tabela 9.2).

Comentário Perceba que esse exemplo ilustra que, quando uma molécula exibe ressonância, qualquer uma das estruturas ressonantes pode ser utilizada para prever a geometria molecular.

(**b**) A estrutura de Lewis para o $SnCl_3^-$ é

$$\left[:\ddot{Cl}-\underset{\underset{:\ddot{Cl}:}{|}}{Sn}-\ddot{Cl}: \right]^-$$

O átomo central de Sn está ligado a três átomos de Cl e apresenta um par não ligante. Assim, temos quatro domínios eletrônicos, o que significa que a geometria do domínio eletrônico é tetraédrica (Tabela 9.1), com um dos vértices ocupado por um par de elétrons não ligante. A geometria do domínio eletrônico tetraédrico com três domínios ligantes e um não ligante nos conduz a uma geometria molecular piramidal trigonal (Tabela 9.2).

▶ **Para praticar**
Determine as gemetrias dos domínios eletrônicos e as geometrias moleculares para (**a**) $SeCl_2$ e (**b**) CO_3^{2-}.

Efeito dos elétrons não ligantes e das ligações múltiplas nos ângulos das ligações

Podemos aprimorar o modelo VSEPR para explicar pequenos desvios das geometrias ideais resumidas na Tabela 9.2. Por exemplo, considere o metano (CH$_4$), a amônia (NH$_3$) e a água (H$_2$O). Todos têm quatro domínios eletrônicos em torno do átomo central. Logo, todos têm a geometria do domínio eletrônico tetraédrica, mas cada um possui uma distribuição diferente dos domínios eletrônicos ligantes e não ligantes: quatro ligantes e zero não ligantes para o CH$_4$, três ligantes e um não ligante para o NH$_3$ e dois ligantes e dois não ligantes para o H$_2$O. Os experimentos mostram que os seus ângulos de ligação diferem ligeiramente:

O metano, com geometria molecular tetraédrica, tem os ângulos tetraédricos tradicionais de 109,5°. Para o NH$_3$ e o H$_2$O, no entanto, os ângulos de ligação diminuem à medida que o número de pares de elétrons não ligantes aumenta. Um par de elétrons ligante é atraído por ambos os núcleos dos átomos ligados, mas um par não ligante é atraído, predominantemente, por um único núcleo. Uma vez que um par não ligante experimenta menor atração nuclear, seu domínio eletrônico é mais espalhado que o domínio eletrônico de um par ligante (**Figura 9.7**). Portanto, pares de elétrons não ligantes ocupam mais espaço que os pares ligantes. Em resumo, partindo da analogia apresentada na Figura 9.5, eles agem como balões maiores e mais cheios. Por isso, *domínios eletrônicos para pares de elétrons não ligantes exercem maior força de repulsão em domínios eletrônicos adjacentes e tendem a comprimir os ângulos de ligação.*

Encontramos uma situação semelhante quando comparamos os domínios eletrônicos resultantes de ligações simples e múltiplas. Como ligações múltiplas apresentam maior densidade eletrônica que ligações simples, elas também têm domínios eletrônicos maiores. Considere a estrutura de Lewis do *fosgênio*, Cl$_2$CO:

Uma vez que três domínios eletrônicos estão em volta de um átomo central, podemos esperar uma geometria trigonal plana com ângulos de ligação de 120°. Entretanto, as ligações duplas repelem os outros domínios com mais força do que uma ligação simples, o que reduz o ângulo da ligação Cl — C — Cl para 111,4°:

Em geral, *domínios eletrônicos de ligações múltiplas exercem uma força repulsiva maior sobre domínios eletrônicos adjacentes do que os domínios eletrônicos de ligação simples.*

Moléculas com camadas de valência expandidas

Lembre-se de que os átomos do terceiro período em diante podem estar cercados por mais de quatro pares de elétrons, ou seja, podem ter mais de um octeto de elétrons em torno do átomo central. (Seção 8.7) Consideraremos aqui as geometrias moleculares e do domínio eletrônico que ocorrem quando o átomo central tem cinco ou seis domínios eletrônicos ao seu redor. A **Tabela 9.3** resume os resultados.

A geometria de domínio eletrônico mais estável para cinco domínios eletrônicos é a bipiramidal trigonal (duas pirâmides trigonais compartilhando a mesma base). Diferentemente das outras configurações vistas, os domínios eletrônicos em uma bipirâmide trigonal podem ter duas posições geométricas distintas. As três posições nos vértices de um triângulo equilátero são chamadas de *posições equatoriais*. As duas posições restantes, acima e abaixo do plano do triângulo equilátero, são chamadas de *posições axiais* (**Figura 9.8**). Todo domínio em uma posição axial (um *domínio axial*) faz um ângulo de 90° com qualquer

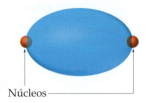

Par de elétrons ligantes

Núcleos

Par não ligante

Núcleo

▲ **Figura 9.7 Tamanhos relativos de domínios eletrônicos ligantes e não ligantes.** Os domínios eletrônicos não ligantes são mais espalhados no espaço do que os domínios ligantes.

TABELA 9.3 Geometrias dos domínios eletrônicos e geometrias moleculares para moléculas com cinco e seis domínios eletrônicos circundando um átomo central

Número de domínios eletrônicos	Geometria do domínio eletrônico	Domínios ligantes	Domínios não ligantes	Geometria molecular	Exemplo
5	Bipiramidal trigonal	5	0	Bipiramidal trigonal	PCl_5
		4	1	Gangorra	SF_4
		3	2	Forma de T	ClF_3
		2	3	Linear	XeF_2
6	Octaédrica	6	0	Octaédrica	SF_6
		5	1	Piramidal quadrada	BrF_5
		4	2	Quadrada plana	XeF_4

domínio em uma posição equatorial (um *domínio equatorial*). Todo domínio equatorial faz um ângulo de 120° com qualquer um dos outros dois domínios equatoriais e um ângulo de 90° com qualquer um dos domínios axiais.

Imagine que uma molécula tem cinco domínios eletrônicos e há um ou mais pares não ligantes. Os domínios dos pares não ligantes ocupam uma posição axial ou equatorial? Para responder a essa pergunta, devemos determinar qual localização minimiza a repulsão entre os domínios. A repulsão entre dois domínios é maior quando estão a 90° um do outro do que quando estão a 120°. Um domínio equatorial está a 90° de apenas dois outros domínios (os domínios axiais), mas um domínio axial está a 90° de outros *três* domínios (os domínios equatoriais). Portanto, um domínio equatorial experimenta uma repulsão menor do que um domínio axial. Como os domínios dos pares não ligantes exercem uma repulsão maior do que os pares ligantes, os domínios não ligantes *sempre* ocupam as posições equatoriais em uma bipirâmide trigonal.

A geometria de domínio eletrônico mais estável para seis domínios eletrônicos é a *octaédrica*. Um octaedro é um poliedro com seis vértices e oito lados, sendo cada um formado por um triângulo equilátero. Um átomo com seis domínios eletrônicos ao seu redor pode ser visto como se estivesse no centro do octaedro com os domínios eletrônicos apontando na direção dos seis vértices, conforme a Tabela 9.3. Todos os ângulos de ligação são de 90°, e os seis vértices são equivalentes. Portanto, se um átomo tem cinco domínios eletrônicos ligantes e um domínio não ligante, podemos colocar esse domínio não ligante em qualquer um dos seis vértices do octaedro. O resultado é sempre uma geometria molecular *piramidal quadrática*, com quatro dos átomos externos nas vértices de um quadrado e o quinto átomo externo ocupa uma posição acima do plano do quadrado. Quando temos dois domínios eletrônicos não ligantes, sua repulsão é minimizada ao apontá-los em lados opostos do octaedro, formando, assim, uma geometria molecular *quadrática plana*, como mostra a Tabela 9.3.

> **Resolva com ajuda da figura**
>
> Qual é o ângulo de ligação formado por uma posição axial, um átomo central e qualquer posição equatorial?
>
>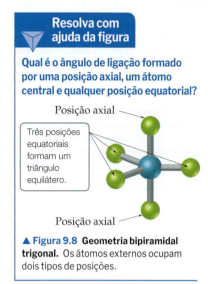
>
> ▲ **Figura 9.8 Geometria bipiramidal trigonal.** Os átomos externos ocupam dois tipos de posições.

 Exercício resolvido 9.2

Geometrias moleculares de moléculas com camadas de valência expandidas

Aplique o modelo VSEPR para prever a geometria molecular de (**a**) SF_4 e (**b**) IF_5.

SOLUÇÃO

Analise As moléculas são do tipo AB_n com um átomo central no bloco *p*.

Planeje A princípio, vamos representar as estruturas de Lewis e, então, usar o modelo VSEPR para determinar a geometria do domínio eletrônico.

Resolva

(**a**) A estrutura de Lewis para o SF_4 é:

O enxofre tem cinco domínios eletrônicos ao seu redor: quatro ligações S—F e um domínio eletrônico de um par não ligante. Cada domínio aponta para os vértices de uma bipirâmide trigonal. O domínio do par não ligante aponta para uma posição equatorial. As quatro ligações apontam para as quatro posições restantes, resultando em uma geometria molecular com forma de gangorra:

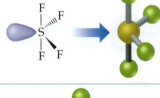

Comentário A estrutura observada experimentalmente é mostrada na direita. Podemos inferir que o domínio eletrônico não ligante ocupa uma posição equatorial, como previsto. As ligações axiais e equatoriais S — F estão ligeiramente curvadas, afastando-se do domínio não ligante. Isso sugere que os domínios ligantes são "empurrados" pelo domínio não ligante, que exerce uma força de repulsão maior (Figura 9.7).

Resolva

(**b**) A estrutura de Lewis do IF_5 é:

(Continua)

O iodo tem seis domínios eletrônicos ao seu redor, e um deles é não ligante. Portanto, a geometria do domínio eletrônico é octaédrica, com uma posição ocupada por um par não ligante, e a geometria molecular é *piramidal quadrática* (Tabela 9.3).

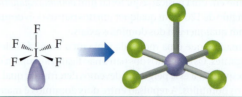

Comentário Como o tamanho do domínio não ligante é maior do que dos domínios ligantes, prevemos que os quatro átomos de F na base da pirâmide serão empurrados em direção ao átomo de F no topo. Experimentalmente, vemos que o ângulo entre a base de átomos e o F no topo é de 82°, menor do que o ângulo de 90° ideal para um octaedro.

▶ **Para praticar**
Determine as gemetrias dos domínios eletrônicos e as geometrias moleculares de (**a**) BrF$_3$ e (**b**) SF$_5^+$.

Formas de moléculas maiores

Apesar de as moléculas e os íons que consideramos conterem apenas um átomo central, o modelo VSEPR pode ser estendido às moléculas mais complexas, como o ácido acético:

$$\begin{array}{c} H \quad :O: \\ | \quad \| \\ H-C-C-\ddot{O}-H \\ | \\ H \end{array}$$

Podemos usar o modelo VSEPR para prever a geometria de cada átomo ligado a outros dois ou mais átomos:

Número de domínios eletrônicos	4	3	4
Geometria do domínio eletrônico	Tetraédrica	Trigonal plana	Tetraédrica
Previsão do ângulo de ligação	109,5°	120°	109,5°

O C à esquerda tem quatro domínios eletrônicos (todos ligantes), então a geometria do domínio eletrônico e a geometria molecular em torno do átomo são tetraédricas. O C central tem três domínios eletrônicos (contando a ligação dupla como apenas um domínio), o que faz com que tanto a geometria do domínio eletrônico quanto a geometria molecular sejam trigonais planas. O O à direita tem quatro domínios eletrônicos (dois ligantes e dois não ligantes), então a geometria do domínio eletrônico é tetraédrica e a geometria molecular é angular. Espera-se que os ângulos de ligação entre o átomo central de C e o átomo de O desviem ligeiramente dos valores ideais 120° e 109,5° por causa da demanda espacial de múltiplos pares de elétrons ligantes e não ligantes.

Nossa análise da molécula de ácido acético aparece na **Figura 9.9**.

▼ **Resolva com ajuda da figura** Na estrutura real do ácido acético, espera-se que qual ângulo de ligação seja menor?

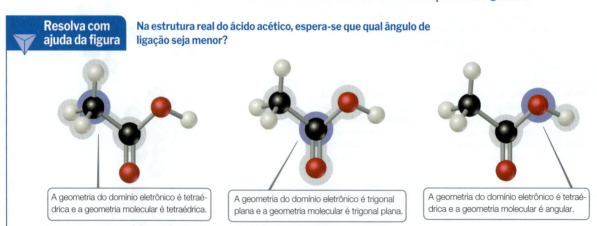

A geometria do domínio eletrônico é tetraédrica e a geometria molecular é tetraédrica.

A geometria do domínio eletrônico é trigonal plana e a geometria molecular é trigonal plana.

A geometria do domínio eletrônico é tetraédrica e a geometria molecular é angular.

▲ **Figura 9.9** Geometria do domínio eletrônico e geometria molecular em torno dos três átomos centrais do ácido acético, CH$_3$COOH.

Capítulo 9 | Geometria molecular e teorias das ligações

Exercício resolvido 9.3
Determinando ângulos de ligação

Colírios para olhos secos geralmente contêm um polímero solúvel em água chamado *poli(álcool vinílico)*, baseado na molécula orgânica instável do *álcool vinílico*:

$$H-\ddot{O}-C=C-H$$
(com H, H acima dos carbonos e H no oxigênio)

Determine os valores aproximados dos ângulos de ligação entre H—O—C e O—C—C no álcool vinílico.

SOLUÇÃO

Analise Com base na estrutura de Lewis, devemos determinar os dois ângulos de ligação.

Planeje Para determinar um ângulo de ligação, primeiro definimos o número de domínios eletrônicos que circundam o átomo central da ligação. O ângulo ideal corresponde à geometria do domínio eletrônico em torno do átomo. O ângulo será um pouco comprimido por elétrons não ligantes ou ligações múltiplas.

Resolva Na ligação H—O—C, o átomo de O tem quatro domínios eletrônicos (dois ligantes e dois não ligantes). Portanto, a geometria do domínio eletrônico em volta do O é tetraédrica, o que significa que o seu ângulo ideal seria de 109,5°. O ângulo da ligação H—O—C é um pouco comprimido pelos pares não ligantes; portanto, é esperado que o ângulo seja menor que 109,5°.

Para prever o ângulo da ligação O—C—C, devemos examinar o átomo central do ângulo. Na molécula, há três átomos ligados a esse átomo de C e nenhum par não ligante, por isso há ao redor dela três domínios eletrônicos. A geometria do domínio eletrônico prevista é trigonal plana, resultando em um ângulo ideal de ligação de 120°. Em razão do tamanho maior do domínio C=C, o ângulo de ligação real é de 126°, um pouco maior do que 120°.

▶ **Para praticar**

Preveja os ângulos das ligações H—C—H e C—C—C no *propino*:

$$H-\underset{H}{\overset{H}{C}}-C\equiv C-H$$

Exercícios de autoavaliação

EAA 9.4 Considere os quatro íons AF_4 a seguir:

(i) BrF_4^+
(ii) BF_4^-
(iii) AsF_4^-
(iv) ClF_4^-

Quais desses íons têm geometria do domínio eletrônico octaédrica?
(a) íon i (b) íon ii (c) íon iii (d) íon iv (e) mais de um dos íons

EAA 9.5 Quantos dos seguintes íons e moléculas AB_3 têm geometria molecular piramidal trigonal: NF_3, BCl_3, CH_3^- e SF_3^+? (a) 0 (b) 1 (c) 2 (d) 3 (e) 4

EAA 9.6 Quais dos seguintes íons AF_4 terá geometria molecular com forma de gangorra?

(i) BrF_4^+
(ii) BF_4^-
(iii) AsF_4^-
(iv) ClF_4^-

(a) íon i (b) íon ii (c) íon iii (d) íon iv (e) mais de um dos íons

EAA 9.7 Para cada ângulo de ligação 1, 2 e 3 da molécula apresentada, preveja se ele será mais próximo de 109,5° ou 120°. (a) Ângulo 1: 120°; ângulo 2: 109,5°; ângulo 3: 120° (b) Ângulo 1: 109,5°; ângulo 2: 109,5°; ângulo 3: 109,5° (c) Ângulo 1: 120°; ângulo 2: 120°; ângulo 3: 109,5° (d) Ângulo 1: 109,5°; ângulo 2: 120°; ângulo 3: 120°

9.3 | Geometria molecular e polaridade molecular

Agora que já temos uma noção das geometrias que as moléculas adotam e do motivo de elas adotarem essas geometrias, podemos explorar mais dois tópicos que discutimos na Seção 8.4: *polaridade da ligação* e *momentos de dipolo*. Conforme vimos, a polaridade da ligação é uma medida de quão uniformemente os elétrons de uma ligação são compartilhados entre dois átomos ligados. Assim como a diferença de eletronegatividade entre dois átomos aumenta, a polaridade da ligação também aumenta. (Seção 8.4) Vimos que o momento de dipolo de uma molécula diatômica é a medida da quantidade de separação de carga presente em uma molécula.

Objetivos de aprendizagem

Após terminar a Seção 9.3, você deve ser capaz de:

▶ Explicar como a polaridade geral de uma molécula depende da sua geometria e das polaridades das suas ligações.
▶ Prever se uma molécula é polar ou apolar com base na sua geometria molecular.

Para uma molécula com mais de dois átomos, *o momento de dipolo depende tanto das polaridades das ligações individuais quanto da geometria da molécula.* Para cada ligação na molécula, consideramos o **dipolo da ligação**, que é o momento de dipolo devido apenas aos dois átomos presentes naquela ligação. Por exemplo, considere a molécula linear CO_2. Conforme a **Figura 9.10**(a), cada ligação C═O é polar e, como as ligações C═O são idênticas, os dipolos da ligação são iguais em magnitude. Um gráfico da densidade eletrônica da molécula mostra claramente que as ligações individuais são polares, mas o que podemos dizer do momento de dipolo *resultante* da molécula?

Os dipolos da ligação e os momentos de dipolo são *quantidades vetoriais*, ou seja, têm uma magnitude e uma direção. (Seção 8.4) O momento de dipolo de uma molécula poliatômica representa a soma vetorial dos seus dipolos de ligação. As magnitudes *e* a direção dos dipolos da ligação devem ser consideradas quando os vetores são somados. Embora os dois dipolos da ligação no CO_2 sejam iguais em magnitude, eles têm direções opostas. Somá-los é o mesmo que somar dois números iguais em magnitude, mas de sinais opostos, como 100 + (−100). Os dipolos da ligação, assim como os números, "cancelam" um ao outro. Portanto, o momento de dipolo do CO_2 é zero, mesmo que as ligações individuais sejam polares. A geometria da molécula determina que o momento de dipolo resultante seja zero, tornando a molécula de CO_2 *apolar*.

Agora vamos considerar o H_2O, uma molécula angular com duas ligações polares [Figura 9.10(b)]. Mais uma vez, as duas ligações são idênticas e os dipolos das ligações são iguais em magnitude. Entretanto, como a molécula é angular, os dipolos da ligação *não* se opõem diretamente uns aos outros e, portanto, *não* se cancelam. Assim, a molécula de H_2O tem um momento de dipolo resultante diferente de zero (momento de dipolo medido, μ = 1,85 D), sendo uma molécula *polar*. O átomo de oxigênio carrega uma carga parcial negativa, enquanto cada átomo de hidrogênio tem uma carga parcial positiva, como mostra a Figura 9.10(b).

O CO_2 e o H_2O são moléculas AB_2, mas uma é apolar e a outra é polar. A geometria do CO_2 determina que os dipolos de ligação individuais *devem* se cancelar. Podemos generalizar essa observação: para moléculas AB_n em que os átomos B são iguais, a geometria molecular determina se a molécula é polar ou apolar. A **Figura 9.11** apresenta exemplos de moléculas AB_n polares e apolares – se os dipolos de ligação se cancelam ou não depende totalmente

> **Resolva com ajuda da figura**
> Qual é a soma dos dois vetores vermelhos no topo da figura?

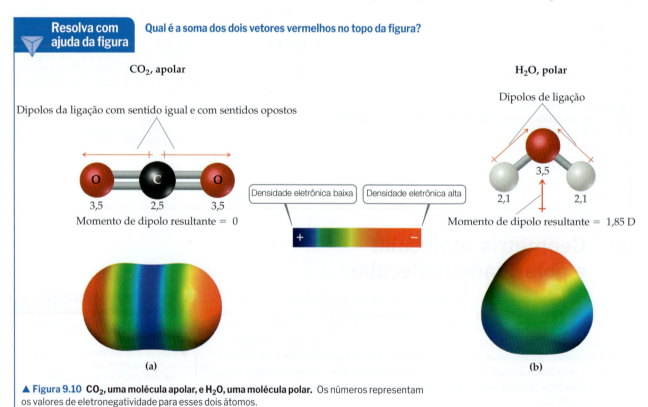

▲ **Figura 9.10 CO_2, uma molécula apolar, e H_2O, uma molécula polar.** Os números representam os valores de eletronegatividade para esses dois átomos.

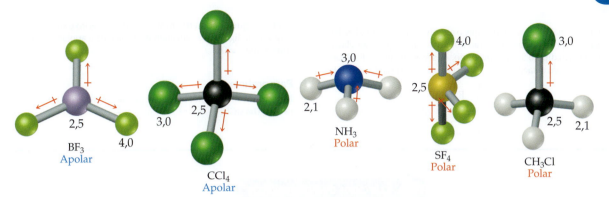

▲ **Figura 9.11 Moléculas polares e apolares com ligações polares.** Os números representam os valores de eletronegatividade.

da geometria molecular. Por exemplo, os dipolos de ligação da molécula trigonal plana BF₃ se cancelam, os da molécula piramidal trigonal NH₃ não se cancelam. A **Tabela 9.4** resume as geometrias que levam a moléculas AB$_n$ polares e apolares.

A Figura 9.11 também mostra a molécula de CH₃Cl, que é polar, apesar de ter geometria tetraédrica. Nesse caso, um dos átomos externos é diferente dos outros, então os dipolos de ligação não se cancelam. Em geral, podemos usar a Tabela 9.4 para determinar se uma molécula é apolar apenas se todos os átomos externos forem idênticos.

TABELA 9.4 Relação entre geometria molecular e polaridade molecular para moléculas AB$_n$

AB$_n$	Apolar	Polar
AB₂	Linear	Angular
AB₃	Trigonal plana	Piramidal quadrada
		Forma de T
AB₄	Tetraédrica	Gangorra
	Quadrada plana	
AB₅	Bipiramidal trigonal	Piramidal trigonal
AB₆	Octaédrica	

 Exercício resolvido 9.4
Polaridade das moléculas

Determine se estas moléculas são polares ou apolares: **(a)** BrCl, **(b)** SO₂, **(c)** SF₆.

SOLUÇÃO
Analise Com base em três fórmulas moleculares, devemos determinar se as moléculas são polares ou apolares.

Planeje Uma molécula com apenas dois átomos é polar se os átomos diferirem em eletronegatividade. Já a polaridade de uma molécula com três ou mais átomos depende tanto da geometria molecular quanto das polaridades das ligações individuais. Por isso, devemos representar a estrutura de Lewis de cada molécula com três ou mais átomos e determinar sua geometria molecular. Em seguida, usamos como base os valores de eletronegatividade para determinar a direção das ligações dipolares. Por último, verificamos se os dipolos da ligação se cancelam, resultando em uma molécula apolar, ou se reforçam, resultando em uma molécula polar.

Resolva
(a) O cloro é mais eletronegativo que o bromo. Todas as moléculas diatômicas com ligações polares são moléculas polares. Consequentemente, o BrCl é polar, com o cloro carregando a carga parcial negativa:

$$\overset{\longleftrightarrow}{\text{Br—Cl}}$$

O momento de dipolo medido do BrCl é $\mu = 0{,}57$ D.

(b) Como o oxigênio é mais eletronegativo que o enxofre, o SO₂ tem ligações polares. As três formas de ressonância podem ser escritas do seguinte modo:

:Ö—S̈=Ö: ⟷ :Ö=S̈—Ö: ⟷ :Ö=S̈=Ö:

Para cada uma dessas, o modelo VSEPR prevê uma geometria molecular angular. Uma vez que a molécula é angular, os dipolos das ligações não se cancelam e a molécula é polar:

Experimentalmente, o momento de dipolo do SO₂ é $\mu = 1{,}63$ D.

(Continua)

(c) O flúor é mais eletronegativo que o enxofre, então os dipolos das ligações apontam em direção ao flúor. Para que fique mais claro, apenas um dipolo S—F é mostrado. As seis ligações S—F são organizadas em octaedros, que ficam em torno do enxofre central:

Uma vez que a geometria molecular do octaedro é simétrica, os dipolos da ligação se cancelam e a molécula é apolar, o que significa que $\mu = 0$.

▶ **Para praticar**
Determine se as moléculas a seguir são polares ou apolares: **(a)** SF_4, **(b)** $SiCl_4$.

▲ Exercícios de autoavaliação

EAA 9.8 Qual das seguintes afirmações sobre momentos de dipolo e polaridade das moléculas é *falsa*? **(a)** Uma molécula AB_n terá n dipolos de ligação. **(b)** Se todos os dipolos de ligação de uma molécula são diferentes de zero, a molécula deve ser polar. **(c)** O momento de dipolo total de uma molécula é a soma vetorial dos seus dipolos de ligação individuais. **(d)** Os dipolos de ligação têm magnitude e direção. **(e)** A magnitude de um dipolo de ligação depende da diferença de eletronegatividade dos dois átomos envolvidos.

EAA 9.9 Qual das moléculas a seguir é polar? **(a)** CF_4 **(b)** XeF_4 **(c)** PF_5 **(d)** IF_5

9.4 | Ligação covalente e sobreposição orbital

▲ Objetivos de aprendizagem

Após terminar a **Seção 9.4**, você deve ser capaz de:

▶ Descrever os princípios da teoria da ligação de valência, na qual as ligações entre dois átomos se formam pela sobreposição dos seus orbitais atômicos.

O modelo VSEPR fornece um meio simples para prever as geometrias moleculares, mas não explica por que as ligações entre os átomos são formadas. Desenvolvendo teorias sobre ligações covalentes, os químicos abordaram o problema por outro ponto de vista, utilizando a mecânica quântica. Como podemos usar os orbitais atômicos para explicar a ligação levando em conta a geometria molecular? A união entre a noção de Lewis das ligações entre os pares de elétrons e a ideia dos orbitais atômicos leva a um modelo de ligação química chamado de **teoria da ligação de valência**. Nesse modelo, pares de elétrons ligantes se concentram nas regiões entre os átomos, enquanto os pares de elétrons não ligantes ficam em regiões específicas no espaço. Estendendo essa abordagem para incluir os modos pelos quais os orbitais atômicos podem se misturar uns aos outros, temos uma imagem explicativa que corresponde ao modelo VSEPR.

Na teoria de Lewis, uma ligação covalente se forma quando os átomos compartilham os seus elétrons, porque o compartilhamento concentra a densidade eletrônica entre os núcleos. Na teoria da ligação de valência, vemos que o acúmulo de densidade eletrônica entre os dois núcleos ocorre quando um orbital atômico de valência de um dos átomos compartilha espaço, ou se *sobrepõe*, com o orbital atômico de outro átomo. A sobreposição de orbitais permite que dois elétrons de *spin* oposto compartilhem o espaço entre os núcleos, formando uma ligação covalente.

A **Figura 9.12** apresenta três exemplos de como a teoria da ligação de valência descreve a ligação entre dois átomos para formar uma molécula. No exemplo da formação do H_2 [Figura 9.12(a)], cada átomo de hidrogênio tem um único elétron no orbital $1s$. À medida que os orbitais se sobrepõem, a densidade eletrônica se concentra entre os dois núcleos. Como os elétrons são simultaneamente atraídos na região de sobreposição por ambos os núcleos, eles unem os átomos e formam uma ligação covalente.

A ideia de que a sobreposição de orbitais produz uma ligação covalente se aplica igualmente bem a outras moléculas. Por exemplo, no HCl, o cloro tem a configuração eletrônica $[Ne]3s^2 3p^5$. Todos os orbitais de valência do cloro estão preenchidos, exceto um dos orbitais $3p$, que possui um único elétron. Esses pares de elétrons $3p$ emparelham com o elétron $1s$ do H para formar a ligação covalente no HCl [Figura 9.12(b)]. Como os outros dois orbitais $3p$ do cloro já estão preenchidos com um par de elétrons, eles não participam da ligação com o hidrogênio. Da mesma forma, podemos explicar a ligação covalente no Cl_2 [Figura 9.12(c)] em termos da sobreposição do orbital $3p$ parcialmente preenchido de um átomo de Cl com o orbital $3p$ parcialmente preenchido do outro átomo.

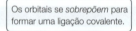

Os orbitais se *sobrepõem* para formar uma ligação covalente.

(a) H—H

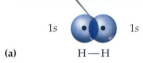

(b) H—C̈l:

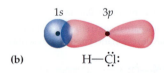

(c) :C̈l—C̈l:

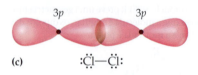

▲ **Figura 9.12** Ligações covalentes no H_2, no HCl e no Cl_2 resultantes da sobreposição dos orbitais atômicos.

Resolva com ajuda da figura — Com base neste gráfico, qual é o comprimento da ligação e a força da ligação na molécula H_2?

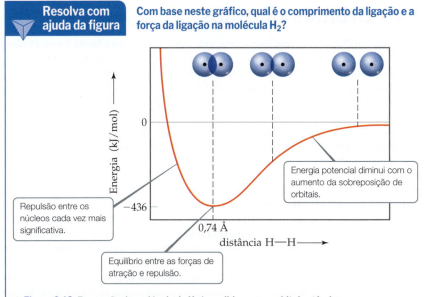

▲ **Figura 9.13 Formação da molécula de H_2 à medida que os orbitais atômicos se sobrepõem.** A curva vermelha mostra a energia potencial da molécula como uma função da distância H—H. O ponto mínimo da curva corresponde ao comprimento da ligação da molécula, e a energia nesse ponto corresponde à força da ligação da molécula.

Existe sempre uma distância ideal entre os dois núcleos em qualquer ligação covalente. A **Figura 9.13** ilustra como a energia potencial de um sistema formado por dois átomos de H varia à medida que os átomos se ligam para formar uma molécula H_2. Quando os átomos estão infinitamente distantes, eles não percebem a presença um do outro, fazendo a energia se aproximar de zero. À medida que a distância entre os átomos diminui, a sobreposição entre seus orbitais 1s aumenta. Em razão do efeito estabilizador do aumento da densidade eletrônica entre os núcleos, a energia potencial do sistema diminui; isto é, a força da ligação aumenta, como mostra a diminuição na energia potencial do sistema de dois átomos. Entretanto, a Figura 9.13 também mostra que a energia aumenta drasticamente quando a distância entre os dois núcleos de hidrogênio é menor do que 0,74 Å. O aumento na energia potencial do sistema, que se torna significativo em pequenas distâncias internucleares, deve-se, principalmente, à repulsão eletrostática entre os núcleos com cargas positivas. A distância internuclear no vale da curva de energia potencial (nesse exemplo, em 0,74 Å) corresponde ao *comprimento* da ligação na molécula. A energia potencial nesse vale corresponde à *força* da ligação. Dessa maneira, o comprimento da ligação observado é a distância em que a soma das forças de atração entre cargas diferentes (elétrons e núcleos) e das forças repulsivas entre cargas iguais (elétron-elétron e núcleo-núcleo) é mais negativa.

A teoria da ligação de valência explica as razões energéticas para as ligações se formarem pela sobreposição de orbitais em diferentes átomos. Para conectar a teoria mais diretamente às geometrias moleculares que obtemos do modelo VSEPR, precisamos desenvolver mais um conceito: como os orbitais atômicos podem se misturar de uma determinada maneira para explicar as geometrias do domínio eletrônico, tão essenciais para o uso do VSEPR. Trabalharemos essa questão na próxima seção.

 Exercícios de autoavaliação

EAA 9.10 Qual das seguintes afirmações sobre a sobreposição orbital e a ligação covalente é *falsa*? **(a)** Na teoria da ligação de valência, as ligações são formadas pela sobreposição de orbitais atômicos em diferentes átomos. **(b)** Orbitais *p* podem se sobrepor apenas com outros orbitais *p*. **(c)** À medida que dois átomos se afastam, a sobreposição entre seus orbitais atômicos diminui. **(d)** A energia necessária para separar os átomos em uma molécula de H_2 atinge seu valor máximo no comprimento da ligação observado de 0,74 Å.

> **⚠ Objetivos de aprendizagem**
>
> Após terminar a Seção 9.5, você deve ser capaz de:
> ▶ Contrastar orbitais atômicos e orbitais híbridos.
> ▶ Demonstrar a formação de orbitais híbridos *sp* a partir de um orbital *s* e um *p* no mesmo átomo.
> ▶ Ilustrar a formação e a orientação espacial de orbitais híbridos sp^2 e sp^3.

9.5 | Orbitais híbridos

O modelo VSEPR, por mais simples que seja, é excelente para prever a forma das moléculas, apesar de não ter nenhuma relação óbvia com o preenchimento e com os formatos dos orbitais atômicos. Por exemplo, gostaríamos de entender como explicar a configuração tetraédrica das ligações C—H no metano com relação aos orbitais 2*s* e 2*p* do átomo central de carbono, que não são voltadas para os vértices do tetraedro. Como podemos conciliar a noção de que ligações covalentes são formadas a partir da sobreposição dos orbitais atômicos com as geometrias moleculares originadas do modelo VSEPR?

Para começar, vamos relembrar que os orbitais atômicos são funções matemáticas resultantes do modelo mecânico-quântico para explicar a estrutura atômica. (Seção 6.5) Para explicar as geometrias moleculares, consideramos com frequência que os orbitais atômicos de um átomo (geralmente o átomo central) se misturam para formar novos orbitais, chamados de **orbitais híbridos**. O formato de qualquer orbital híbrido é diferente dos formatos dos orbitais atômicos originais. O processo de misturar orbitais atômicos é uma operação matemática denominada **hibridização**. O número total de orbitais atômicos presentes em um átomo permanece constante, de modo que o número de orbitais híbridos presentes em um átomo é igual ao número de orbitais atômicos misturados.

Ao examinarmos os tipos comuns de hibridização, observe a conexão entre o tipo de hibridização e algumas das geometrias moleculares previstas pelo modelo VSEPR: linear, angular, trigonal plana e tetraédrica.

Orbitais híbridos *sp*

Para ilustrar esse processo de hibridização, considere a molécula de BeF_2, que apresenta a seguinte estrutura de Lewis:

$$:\!\ddot{F}\!-\!Be\!-\!\ddot{F}\!:$$

O modelo VSEPR prevê que o BeF_2 é linear, com duas ligações Be—F idênticas. Como podemos usar a teoria de ligação de valência para descrever essa ligação? A configuração eletrônica do F ($1s^2 2s^2 2p^5$) indica um elétron desemparelhado no orbital 2*p*. Esse elétron pode ser emparelhado com um elétron desemparelhado do Be para formar uma ligação covalente polar. Entretanto, quais orbitais no átomo de Be se sobrepõem aos do átomo de F para formar as ligações Be—F?

O diagrama do orbital de um átomo de Be no estado fundamental é:

Como não há elétrons desemparelhados, o átomo de Be em seu estado fundamental não pode ser ligado a um átomo de flúor. Entretanto, o átomo de Be pode formar duas ligações ao "promover" um dos elétrons do orbital 2*s* para o 2*p*:

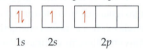

Promover um elétron exige energia. Contudo, o átomo de Be agora tem dois elétrons desemparelhados, podendo formar duas ligações covalentes polares com átomos de F, o que liberaria mais energia do que foi gasto na promoção. Entretanto, as duas ligações não seriam idênticas, pois o orbital 2*s* do Be seria usado para formar uma das ligações e o orbital 2*p* seria usado para formar a outra. Portanto, embora a promoção de um elétron permita que duas ligações Be—F sejam formadas, ainda não explicamos a estrutura do BeF_2.

Podemos resolver esse dilema "misturando" os orbitais 2*s* com um orbital 2*p* para gerar dois novos orbitais, conforme a **Figura 9.14**.* Assim como os orbitais *p*, cada novo orbital tem dois lobos. Entretanto, ao contrário do orbital *p*, um lobo é bem maior que o

---

* Quando falamos de mistura, nos referimos a tomar matematicamente duas combinações lineares das funções de onda dos orbitais atômicos 2*s* e 2*p*. Não analisaremos os detalhes matemáticos da hibridização porque estão além do escopo deste livro introdutório.

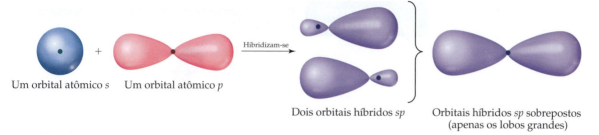

▲ Figura 9.14 Formação de orbitais híbridos sp.

outro. Os dois novos orbitais são idênticos em formato, mas seus lobos maiores apontam em direções opostas. Esses dois novos orbitais, coloridos de roxo na Figura 9.14, são orbitais híbridos. Como hibridizamos um orbital s e um p, chamamos cada híbrido de orbital híbrido sp. De acordo com o modelo de ligação de valência, uma configuração linear de domínio eletrônico implica em uma hibridização sp.

Para o átomo de Be no BeF₂, escrevemos o diagrama de orbital para formar dois orbitais híbridos sp da seguinte maneira:

Os elétrons nos orbitais híbridos sp podem formar ligações com os dois átomos de flúor (**Figura 9.15**). Uma vez que os orbitais híbridos sp são equivalentes, mas apontam em direções opostas, o BeF₂ tem duas ligações idênticas e geometria linear. Além disso, os lobos grandes dos orbitais híbridos permitem que eles se sobreponham de maneira eficaz com os orbitais de outros átomos.

Usamos um dos três orbitais 2p do Be para formar os dois híbridos sp; os dois orbitais atômicos 2p restantes do Be permanecem não hibridizados e estão livres. Lembre-se de que cada átomo de flúor tem outros dois orbitais atômicos 2p de valência, cada um com um par de elétrons não ligantes. Esses orbitais atômicos não foram exibidos na Figura 9.15 para simplificar a ilustração.

Orbitais híbridos sp^2 e sp^3

Sempre que misturamos um certo número de orbitais atômicos, temos como resultado o mesmo número de orbitais híbridos. Todo orbital híbrido é equivalente aos outros, mas aponta para direções diferentes. Desse modo, misturar um orbital atômico 2s e um 2p produz dois orbitais híbridos sp equivalentes, que apontam para direções opostas (Figura 9.14). Outras combinações de orbitais atômicos também podem ser hibridizadas para que diferentes geometrias sejam obtidas, como sp^2 e sp^3.

Por exemplo, no BF₃, misturar os orbitais atômicos 2s e dois dos orbitais atômicos 2p produz três orbitais híbridos sp^2 (pronuncia-se "s-p-dois") equivalentes (**Figura 9.16**). Os três orbitais híbridos sp^2 estão no mesmo plano, a 120° um do outro. Eles são utilizados para fazer três ligações equivalentes com três átomos de flúor, produzindo a geometria molecular trigonal plana do BF₃. Observe que um orbital atômico 2p não preenchido permanece não hibridizado; ele está orientado perpendicularmente ao plano definido pelos três orbitais híbridos sp^2, com um lobo acima e um abaixo do plano. Esse orbital não hibridizado será importante quando discutirmos ligações duplas na Seção 9.6.

Um orbital atômico s pode ser misturado com todos os três orbitais atômicos p na mesma subcamada. Por exemplo, o átomo de carbono no CH₄ forma quatro ligações equivalentes com

▲ Figura 9.15 Formação de duas ligações equivalentes Be — F no BeF₂.

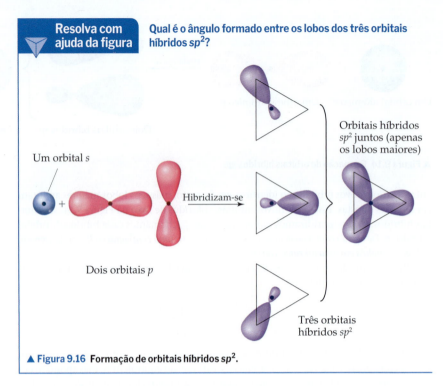

▲ Figura 9.16 Formação de orbitais híbridos sp².

os quatro átomos de hidrogênio. Prevemos esse processo como resultado de uma mistura entre os orbitais atômicos 2s e os três orbitais atômicos 2p do carbono para criar quatro orbitais híbridos sp^3 (pronuncia-se "s-p-três") equivalentes. Cada orbital híbrido sp^3 tem um lobo maior que aponta em direção a um dos vértices de um tetraedro (**Figura 9.17**). Esses orbitais híbridos podem ser utilizados para formar uma ligação de dois elétrons pela sobreposição com os orbitais atômicos de outro átomo, como o H. Usando a teoria de ligação de valência, podemos descrever a ligação no CH_4 como uma sobreposição de quatro orbitais híbridos sp_3 equivalentes no C com um orbital 1s dos quatro átomos de H para formar quatro ligações equivalentes.

A ideia da hibridização também é usada para descrever a ligação de moléculas que contêm pares de elétrons não ligantes. Por exemplo, no H_2O, o átomo de O central tem quatro domínios eletrônicos em torno de si, dois ligantes e dois não ligantes. De acordo com o VSEPR, portanto, esperamos uma geometria do domínio eletrônico tetraédrica em torno do átomo de O, que podemos explicar usando a hibridização sp^3 (**Figura 9.18**). Dois dos orbitais híbridos são ocupados por pares de elétrons não ligantes, e os outros dois formam ligações de valência com os orbitais 1s do H.

Moléculas hipervalentes

Até aqui, a nossa discussão sobre a hibridização envolveu apenas elementos do segundo período, especificamente o carbono, o nitrogênio e o oxigênio. Os elementos do terceiro período em diante introduzem um novo conceito, pois, em muitos dos compostos que eles formam, esses elementos são **hipervalentes**, ou seja, têm mais de um octeto de elétrons em torno do átomo central. (Seção 8.7) Na Seção 9.2, estudamos que o modelo VSEPR funciona bem para prever as geometrias de moléculas hipervalentes, como PCl_5, SF_6 e BrF_5. No entanto, podemos estender o uso dos orbitais híbridos para descrever a ligação nessas moléculas? Em resumo, a resposta para essa pergunta é não; os orbitais híbridos não devem ser usados em moléculas hipervalentes. Vamos analisar os motivos.

O modelo de ligação de valência que desenvolvemos para os elementos do segundo período funciona bem para compostos de elementos do terceiro período, desde que não tenhamos mais do que um octeto de elétrons nos orbitais da camada de valência. Por exemplo, é adequado discutir a ligação que ocorre no PF_3 ou no H_2S em relação aos orbitais híbridos s e p no átomo central.

Para compostos com mais de um octeto, podemos imaginar como seria aumentar o número de orbitais híbridos formados mediante a inclusão de orbitais da camada de valência d.

Capítulo 9 | Geometria molecular e teorias das ligações | **355**

| Resolva com ajuda da figura | Qual dos orbitais *p* você acredita que contribui mais na mistura que vai gerar o orbital híbrido *sp*³, localizado à extrema direita da segunda fileira da figura? |

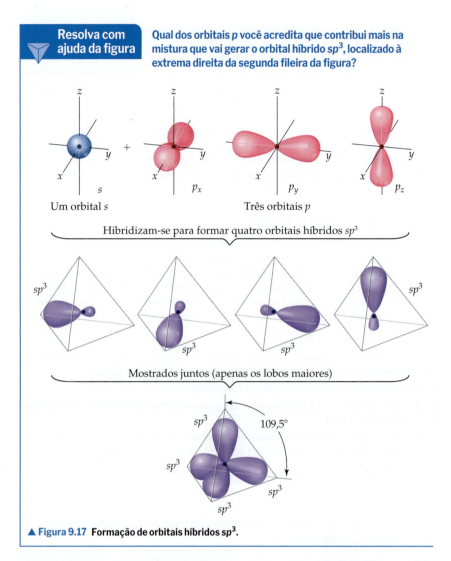

▲ **Figura 9.17** Formação de orbitais híbridos *sp*³.

Por exemplo, para o SF$_6$, podemos imaginar como seria misturar dois orbitais 3*d* do enxofre além do 3*s* e três orbitais 3*p* para totalizar seis orbitais híbridos. Entretanto, os orbitais 3*d* do enxofre são substancialmente mais energéticos que os orbitais 3*s* e 3*p*, então a quantidade de energia necessária para formar os seis orbitais híbridos é maior do que a quantidade liberada na formação das ligações dos seis átomos de flúor. Cálculos teóricos sugerem que os orbitais 3*d* do enxofre *não* participam de forma significativa na ligação entre o enxofre e os

| Resolva com ajuda da figura | Faz diferença qual dos dois orbitais híbridos *sp*³ são usados para se ligar aos dois pares eletrônicos não ligantes? |

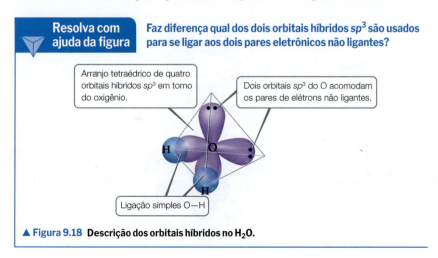

▲ **Figura 9.18** Descrição dos orbitais híbridos no H$_2$O.

seis átomos de flúor, e que não seria válido descrever a ligação no SF$_6$ usando seis orbitais híbridos. O modelo de ligação necessário para discutir a ligação no SF$_6$ e em outras moléculas hipervalentes exige um detalhamento além do escopo de um livro de química geral. Felizmente, o modelo VSEPR, que explica as propriedades geométricas de tais moléculas utilizando a repulsão eletrostática, prevê de maneira eficaz a geometria dessas moléculas.

Essa discussão remete aos modelos científicos que não representam a realidade, mas a tentativa de descrever aspectos da realidade que tivemos a possibilidade de medir, como as distâncias da ligação, as energias da ligação, as geometrias moleculares, etc. Um modelo funciona até certo ponto, como no caso dos orbitais híbridos. O modelo dos orbitais híbridos para elementos do segundo período tem se mostrado muito útil e é parte essencial de qualquer discussão sobre ligação e geometria molecular em química orgânica. No entanto, quando se trata de moléculas como a de SF$_6$, encontramos as limitações do modelo.

Resumo dos orbitais híbridos

Em geral, os orbitais híbridos proporcionam um modelo adequado para ser usado em teorias de ligação de valência que descrevem ligações covalentes em moléculas com um octeto de elétrons ou menos em volta de seu átomo central e em que a geometria molecular está de acordo com a geometria do domínio eletrônico prevista no modelo VSEPR. Enquanto o conceito de orbitais híbridos tem um valor de previsão limitado, *quando conhecemos a geometria do domínio eletrônico, podemos empregar a hibridização para descrever os orbitais atômicos usados na ligação com o átomo central.*

Como descrever os orbitais híbridos usados por um átomo nas ligações

1. Represente a *estrutura de Lewis* para a molécula ou o íon.
2. Use o modelo VSEPR para determinar a geometria do domínio eletrônico em torno do átomo central.
3. Especifique quais são os *orbitais híbridos* necessários para acomodar os pares de elétrons, com base nas configurações geométricas desses orbitais (**Tabela 9.5**).

Esses passos estão ilustrados na **Figura 9.19**, que mostra como ocorre a hibridização do N no NH$_3$.

TABELA 9.5 Configurações geométricas características de conjuntos de orbitais híbridos

Conjunto de orbital atômico	Conjunto de orbitais híbridos	Geometria	Exemplos
s,p	Dois sp	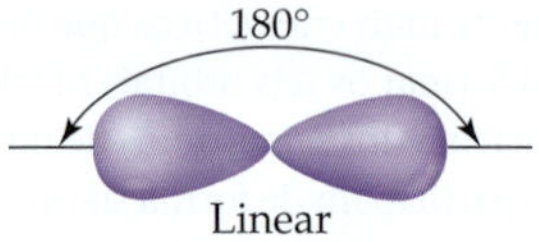 180° Linear	BeF$_2$, HgCl$_2$
s,p,p	Três sp^2	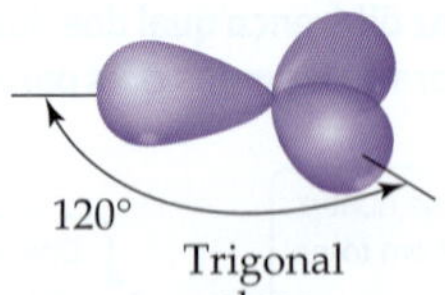 120° Trigonal plana	BF$_3$, SO$_3$
s,p,p,p	Quatro sp^3	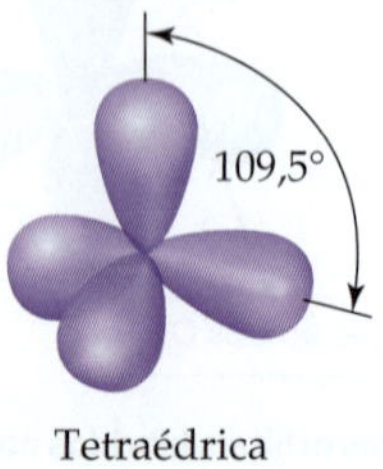 109,5° Tetraédrica	CH$_4$, NH$_3$, H$_2$O, NH$_4^+$

Resolva com ajuda da figura — Como poderíamos modificar a figura se estivéssemos lidando com o PH$_3$ em vez de com o NH$_3$?

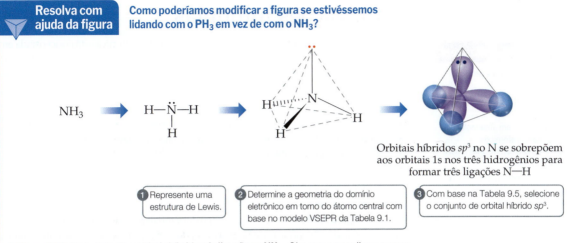

① Represente uma estrutura de Lewis.
② Determine a geometria do domínio eletrônico em torno do átomo central com base no modelo VSEPR da Tabela 9.1.
③ Com base na Tabela 9.5, selecione o conjunto de orbital híbrido sp^3.

▲ **Figura 9.19 Descrição dos orbitais híbridos de ligação no NH$_3$.** Observe a semelhança com a Figura 9.6. Aqui, focamos os orbitais híbridos que fazem ligações e consideram os pares eletrônicos não ligantes.

Exercício resolvido 9.5

Descrição da hibridização de um átomo central

Descreva a hibridização do orbital em torno de um átomo central no NH$_2^-$.

SOLUÇÃO

Analise Com base na fórmula química de um ânion poliatômico, devemos descrever o tipo de orbital híbrido em torno do átomo central.

Planeje Para determinar a hibridização no átomo central, devemos conhecer a geometria do domínio eletrônico ao seu redor. Assim, representamos a estrutura de Lewis para determinar o número de domínios eletrônicos ao redor do átomo central. A hibridização está de acordo com o número e a geometria dos domínios eletrônicos em torno do átomo central, como previsto no modelo VSEPR.

Resolva A estrutura de Lewis é:

$$[\text{H}:\ddot{\text{N}}:\text{H}]^-$$

Como existem quatro domínios eletrônicos em torno do N, a geometria do domínio eletrônico é tetraédrica. A hibridização que resulta em uma geometria de domínio eletrônico tetraédrica é a sp^3 (Tabela 9.5). Dois dos orbitais híbridos sp^3 contêm pares de elétrons não ligantes, e os outros dois são utilizados para fazer ligações com os átomos de hidrogênio.

▶ **Para praticar**
Determine a geometria do domínio eletrônico e a hibridização do átomo central no SO$_3^{2-}$.

Exercícios de autoavaliação

EAA 9.11 Qual das seguintes afirmações sobre a formação de orbitais híbridos é *falsa*? (**a**) Os orbitais híbridos são uma maneira de explicar a formação de ligações consistentes com as geometrias moleculares previstas pelo modelo VSEPR. (**b**) As formas dos orbitais híbridos são diferentes das formas dos orbitais atômicos. (**c**) Os orbitais híbridos são criados pela mistura de um orbital em um átomo com um orbital em um átomo diferente. (**d**) A formação de orbitais híbridos pode exigir a promoção de um elétron de um orbital s para um orbital p.

EAA 9.12 A formação de orbitais híbridos sp envolve a mistura de um orbital s com _____ orbital(is) p para criar _____ híbridos. O ângulo entre os lobos grandes dos híbridos é de _____ graus. (**a**) um, dois, 180 (**b**) um, dois, 90 (**c**) dois, três, 180 (**d**) dois, três, 120 (**e**) três, quatro, 109,5

9.13 Qual(is) das afirmações a seguir sobre hibridização é(são) *verdadeira(s)*?

(**i**) Quando um átomo sofre hibridização sp, resta um orbital p não hibridizado no átomo.
(**ii**) Sob hibridização sp^2, os lobos grandes apontam para os vértices de um triângulo equilátero.
(**iii**) O ângulo entre os lobos grandes dos híbridos sp^3 é de 109,5°.

(**a**) Apenas uma das afirmações é verdadeira. (**b**) Apenas i e ii são verdadeiras. (**c**) Apenas i e iii são verdadeiras. (**d**) Apenas ii e iii são verdadeiras. (**e**) Todas as afirmações são verdadeiras.

EAA 9.14 Quantos dos seguintes íons e moléculas AB$_n$ apresentam hibridização sp^3 no átomo central: H$_2$O, CH$_3^+$, BF$_3$, PCl$_3$, NO$_3^-$? (**a**) 0 (**b**) 1 (**c**) 2 (**d**) 3 (**e**) 4

9.6 | Ligações múltiplas

Objetivos de aprendizagem

Após terminar a Seção 9.6, você deve ser capaz de:
▶ Definir e contrastar ligações σ (sigma) e π (pi).
▶ Para cada ligação σ e π em uma molécula, identificar os orbitais atômicos hibridizados e/ou não hibridizados a partir dos quais ela é formada.
▶ Determinar se uma molécula ou um íon apresenta ligação π deslocalizada e, em caso positivo, quantos elétrons há no sistema π.

Nas ligações covalentes vistas até o momento, a densidade eletrônica está concentrada em torno da linha que conecta os dois núcleos (*eixo internuclear*). Essa linha passa pelo meio da região de sobreposição, formando um tipo de ligação covalente, denominada **ligação sigma (σ)**. Os exemplos de formação de ligações sigma incluem:

- a sobreposição de dois orbitais *s*, um de cada H no H_2 [Figura 9.12(a)];
- a sobreposição de um orbital *s* do H e um orbital *p* do Cl no HCl [Figura 9.12(b)];
- a sobreposição de dois orbitais *p*, um de cada Cl no Cl_2 [Figura 9.12(c)];
- a sobreposição de um orbital *p* do F e de um orbital híbrido *sp* do Be no BeF_2 (Figura 9.15);
- a sobreposição de um orbital *s* do H e de um orbital híbrido sp^3 do N no NH_3 (Figura 9.19).

Para descrever as ligações múltiplas, devemos considerar um segundo tipo de ligação, que é resultado da sobreposição de dois orbitais *p* orientados perpendicularmente ao eixo internuclear (**Figura 9.20**). A sobreposição lateral dos orbitais *p* produz a **ligação pi (π)**. Na ligação π, a região de sobreposição está acima e abaixo do eixo internuclear. Diferentemente da ligação σ, em uma ligação π, a densidade eletrônica não está concentrada no eixo internuclear. Uma vez que os dois orbitais *p* que se sobrepõem lateralmente em uma ligação π não apontam diretamente um para o outro, sua sobreposição é mais fraca do que a dos orbitais *p* em uma ligação σ. Isso normalmente torna as ligações π mais fracas do que as ligações σ.

Em quase todos os casos, uma ligação simples representa uma ligação σ. Uma ligação dupla consiste em uma ligação σ mais uma ligação π, e uma ligação tripla é uma ligação σ mais duas ligações π:

O etileno, (C_2H_4), por exemplo, tem uma ligação dupla C=C (**Figura 9.21**). Os três ângulos de ligação em cada carbono são de quase 120°, sugerindo que cada átomo de carbono usa orbitais híbridos sp^2 (Figura 9.16) para formar as ligações σ com os outros carbonos e com os dois hidrogênios. Cada átomo de carbono também tem um orbital 2*p* não hibridizado, perpendicular ao plano que contém os três orbitais híbridos sp^2. Vamos analisar em mais detalhes como os orbitais envolvidos podem ser usados para formar as ligações na molécula de etileno.

Resolva com ajuda da figura Quantas ligações estão representadas em cada uma das duas partes da figura?

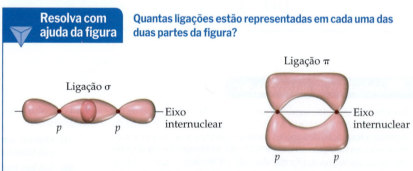

▲ **Figura 9.20 Comparação entre as ligações σ e π.** Observe que as *duas* regiões de sobreposição na ligação π, acima e abaixo do eixo internuclear, constituem uma única ligação π.

▲ **Figura 9.21 Geometria molecular trigonal plana do etileno.** A ligação dupla é formada por uma ligação σ C—C e uma ligação π C—C.

A **Figura 9.22** mostra como podemos visualizar primeiro a formação da ligação σ C—C pela sobreposição de dois orbitais híbridos sp^2, cada um em um átomo de carbono. Dois elétrons são usados na formação da ligação σ C—C. Em seguida, a ligação σ C—H é formada ao se sobrepor o orbital híbrido sp^2 restante no átomo C com um orbital 1*s* em cada átomo H. Usamos mais oito elétrons para formar as ligações C—H. Assim, 10 dos 12 elétrons de valência da molécula C_2H_4 são utilizados para formar cinco ligações σ.

Capítulo 9 | Geometria molecular e teorias das ligações 359

Resolva com ajuda da figura — Por que é importante que os orbitais híbridos *sp*² dos dois átomos de carbono estejam no mesmo plano?

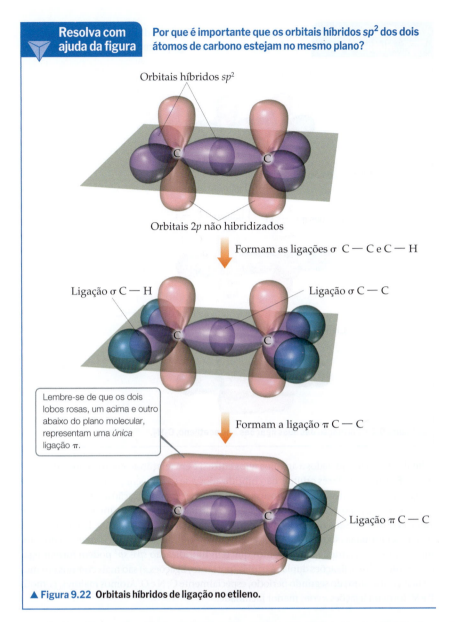

▲ **Figura 9.22** Orbitais híbridos de ligação no etileno.

Os dois elétrons de valência restantes permanecem nos orbitais 2*p* não hibridizados, sendo um elétron em cada carbono. Os dois orbitais podem se sobrepor um ao outro lateralmente para formar uma ligação π, conforme a Figura 9.22. Portanto, a ligação dupla C═C no etileno consiste em uma ligação σ e uma ligação π.

Embora não possamos observar experimentalmente a ligação π de maneira direta (tudo o que podemos observar é o posicionamento dos átomos), a estrutura do etileno fornece uma forte evidência da sua presença. Primeiro, o comprimento da ligação C—C no etileno (1,34 Å) é menor do que em compostos com ligação simples C—C (1,54 Å), o que é consistente com a presença de uma ligação dupla C═C mais forte. (Seção 8.8) Em segundo lugar, todos os seis átomos de C_2H_4 estão no mesmo plano. Os orbitais *p* em cada átomo de C que fazem a ligação π podem atingir uma boa sobreposição somente quando os dois fragmentos CH_2 estão no mesmo plano. Como as ligações π exigem que porções dessa molécula sejam planas, elas conferem rigidez à molécula.

Ligações triplas também podem ser explicadas utilizando orbitais híbridos. Por exemplo, o acetileno (C_2H_2) é uma molécula linear com uma ligação tripla: H—C≡C—H. A geometria molecular sugere que cada átomo de carbono utiliza um orbital híbrido *sp* para formar uma ligação σ com os outros carbonos e um hidrogênio. Uma vez que apenas um orbital *p* é usado para criar híbridos *sp* em um átomo, cada átomo de carbono tem dois

> **Resolva com ajuda da figura** Com base no modelo de ligações do etileno e do acetileno, qual molécula deve ter a ligação carbono-carbono mais forte?

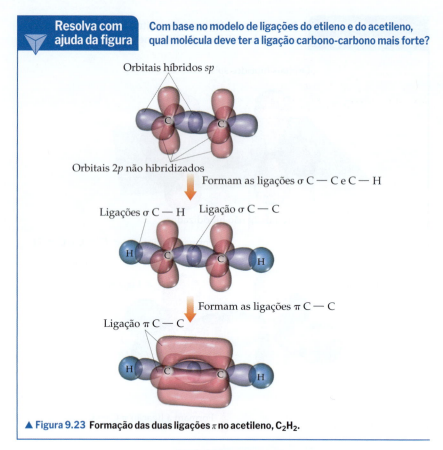

▲ Figura 9.23 Formação das duas ligações π no acetileno, C₂H₂.

orbitais 2p não hibridizados a ângulos retos entre si e em relação ao eixo do conjunto sp híbrido (**Figura 9.23**). Esses orbitais não hibridizados p se sobrepõem para formar um par de ligações π. Assim, a ligação tripla no acetileno consiste em uma ligação σ e duas ligações π.

Embora seja possível fazer uma ligação π a partir de orbitais d, as únicas ligações π que vamos considerar são aquelas formadas pela sobreposição dos orbitais p. Essas ligações π podem ser formadas somente se os orbitais p não hibridizados estiverem presentes nos átomos ligantes. Portanto, apenas átomos que têm hibridização sp e sp² podem formar ligações π. Além disso, ligações duplas e triplas (portanto, ligações π) são mais comuns em moléculas com átomos do segundo período, especialmente C, N e O. Átomos maiores, como S, P e Si, formam ligações π com menor facilidade.

Exercício resolvido 9.6
Descrição de ligações σ e π em uma molécula

O formaldeído, H₂CO, tem a seguinte estrutura de Lewis:

$$\begin{array}{c} H \\ \diagdown \\ C=\ddot{O}: \\ \diagup \\ H \end{array}$$

Descreva como as ligações do formaldeído são formadas com relação às sobreposições dos orbitais híbridos e não hibridizados.

SOLUÇÃO

Analise Devemos descrever a ligação do formaldeído com relação aos orbitais híbridos.

Planeje Ligações simples são ligações σ, e ligações duplas consistem em uma ligação σ e uma ligação π. As formas pelas quais essas ligações são formadas podem ser deduzidas da geometria molecular, que determinamos usando o modelo VSEPR.

Resolva O átomo de C tem três domínios eletrônicos ao seu redor, sugerindo uma geometria trigonal plana com ângulos de ligação de aproximadamente 120°. Essa geometria implica orbitais híbridos sp² no C (Tabela 9.5). Esses híbridos são usados para formar duas ligações C—H e uma ligação σ C—O com o C. Um orbital 2p permanece não hibridizado no carbono, perpendicular ao plano dos três híbridos sp².

O átomo de O também tem três domínios eletrônicos ao seu redor; portanto, assumimos que ele tem hibridização sp^2. Um desses orbitais híbridos participa na ligação σ C—O, enquanto os outros dois acomodam os pares de elétrons não ligantes do átomo de O. Desse modo, da mesma maneira que o átomo de C, o átomo de O tem um orbital p perpendicular ao plano da molécula. Os dois orbitais p se sobrepõem para formar uma ligação π C—O (Figura 9.24).

▶ **Para praticar**
(a) Determine os ângulos de ligação em torno de cada átomo de carbono na acetonitrila:

$$H-\underset{\underset{H}{|}}{\overset{\overset{H}{|}}{C}}-C\equiv N:$$

(b) Descreva a hibridização de cada átomo de carbono.
(c) Determine o número de ligações σ e π na molécula.

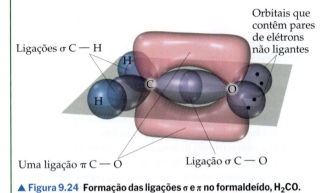

▲ **Figura 9.24** Formação das ligações σ e π no formaldeído, H_2CO.

Estruturas ressonantes, deslocalização eletrônica e ligações π

Nas moléculas que temos discutido até o momento, os elétrons ligantes estão *localizados*. Com isso, queremos dizer que os elétrons σ e π estão totalmente associados aos dois átomos que formam a ligação. Entretanto, em muitas moléculas, não podemos descrever adequadamente a ligação como totalmente localizada. Essa situação surge principalmente em moléculas com duas ou mais estruturas ressonantes que envolvem ligações π.

Uma molécula que não pode ser descrita com ligações π localizadas é o benzeno (C_6H_6), que tem duas estruturas de ressonância: (Seção 8.6)

O benzeno tem 30 elétrons de valência. Para descrever as ligações do benzeno usando orbitais híbridos, primeiro devemos selecionar o esquema de hibridização que está de acordo com a geometria molecular. Como cada carbono é cercado por três átomos com ângulos de 120°, o conjunto híbrido adequado é o sp^2. Seis ligações σ C—C localizadas e seis ligações σ C—H localizadas são formadas a partir dos orbitais híbridos sp^2, conforme a **Figura 9.25(a)**. Assim, 24 elétrons de valência formam a ligação σ da molécula.

Como a hibridização de cada átomo C é sp^2, existe um orbital p em cada átomo C, e cada um é orientado perpendicularmente ao plano da molécula. A situação é muito semelhante

▼ **Resolva com ajuda da figura** — Quais são os dois tipos de ligação σ encontrados no benzeno?

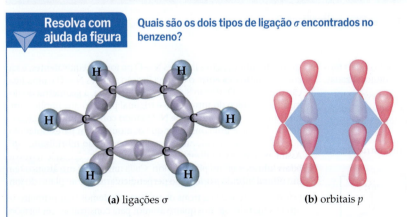

(a) ligações σ (b) orbitais p

▲ **Figura 9.25 Rede de ligações σ e π no benzeno, C_6H_6.** (a) Estrutura das ligações σ. (b) As ligações π são formadas a partir da sobreposição dos orbitais 2p não hibridizados nos seis átomos de carbono.

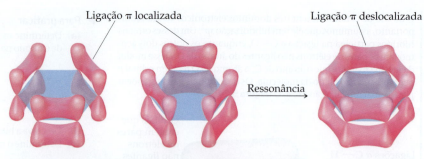

▲ Figura 9.26 Ligações π deslocalizadas no benzeno.

àquela no etileno, exceto que agora temos seis orbitais p formando um anel, como ilustra a **Figura 9.25(b)**. Os seis elétrons de valência restantes ocupam os seis orbitais p, um por orbital.

Podemos imaginar usar os orbitais p para formar três ligações localizadas π. Conforme a **Figura 9.26**, existem dois modos equivalentes de fazer essas ligações localizadas, de modo que cada uma corresponda a uma estrutura de ressonância. Entretanto, uma representação que ilustre *ambas* as estruturas de ressonância tem os seis π elétrons "espalhados" entre todos os seis átomos de carbono, como mostra o lado direito da Figura 9.26. Observe como essa representação espalhada corresponde ao desenho de um círculo dentro de um hexágono, o que usamos com frequência para representar um benzeno. Esse modelo leva-nos a prever que todos os comprimentos nas ligações carbono-carbono serão idênticos, com um comprimento de ligação entre uma ligação simples C — C (1,54 Å) e uma ligação dupla C = C (1,34 Å). Essa previsão está de acordo com o comprimento da ligação carbono-carbono observada no benzeno (1,40 Å).

Uma vez que não podemos descrever as ligações π no benzeno como individuais entre átomos vizinhos, dizemos que o benzeno tem um sistema **deslocalizado** de seis elétrons π entre seis átomos de carbono. A deslocalização eletrônica em suas ligações π garante ao benzeno uma estabilidade especial. A deslocalização eletrônica nas ligações π também é responsável pela coloração de muitas moléculas orgânicas. Um último ponto importante para lembrar com relação às ligações π deslocalizadas é a restrição que elas conferem à geometria da molécula. Para uma sobreposição ideal dos orbitais p, todos os átomos envolvidos em uma rede de ligação π deslocalizada devem estar no mesmo plano. Essa restrição impõe certa rigidez à molécula, algo que não existe em outras moléculas que apresentam apenas ligações σ (veja o quadro "A química e a vida: A química da visão").

Se você fizer um curso sobre química orgânica, verá muitos exemplos sobre como a deslocalização eletrônica influencia as propriedades das moléculas orgânicas.

Exercício resolvido 9.7
Ligações deslocalizadas

Descreva a ligação no íon nitrato, NO_3^-. Esse íon tem ligações π deslocalizadas?

SOLUÇÃO
Analise Dada a fórmula química de um ânion poliatômico, devemos descrever a ligação e determinar se o íon tem ligações π deslocalizadas.

Planeje O primeiro passo é representar a estrutura de Lewis. Múltiplas estruturas de ressonância que envolvem a localização da ligação dupla em diferentes posições sugerem que o componente π da ligação dupla é deslocalizado.

Resolva Na Seção 8.6, vimos que o NO_3^- tem três estruturas de ressonância.

Como discutido, as três ligações N — O no íon são equivalentes, e seu comprimento fica entre o de uma ligação simples N — O e uma ligação dupla N = O. (Seção 8.6) Em cada estrutura, a geometria do domínio eletrônico do nitrogênio é trigonal plana, o que implica uma hibridização sp^2 do átomo de N. Quando consideramos a ligação π deslocalizada, é útil considerar que os átomos com pares isolados e que estão ligados ao átomo central também estão hibridizados sp^2. Assim, podemos visualizar que cada átomo de O no ânion tem três orbitais híbridos sp^2 no plano do íon. Cada um dos quatro átomos tem um orbital híbrido p orientado perpendicularmente ao plano do íon.

O íon NO_3^- tem 24 elétrons de valência. Podemos usar primeiro os orbitais híbridos sp^2 nos quatro átomos para construir as três ligações σ N — O. Isso utiliza todos os híbridos sp^2 no átomo de N e um híbrido sp^2 em cada átomo de O. Cada um dos dois sp^2 híbridos em cada átomo de O é usado para acomodar o par de elétrons não ligante. Dessa forma, para qualquer uma das estruturas de ressonância, temos o seguinte arranjo no plano do íon:

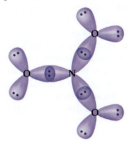

Contabilizamos um total de 18 elétrons: seis nas três ligações σ N—O e 12 como pares não ligantes do átomo de O. Os seis elétrons remanescentes ficarão localizados no sistema π do íon.

Os quatro orbitais *p*, um em cada um dos quatro átomos, são usados para construir o sistema π. Para qualquer uma das estruturas de ressonância apresentadas, podemos imaginar uma ligação simples π N—O localizada, formada pela sobreposição do orbital *p* em N e do orbital *p* em um dos átomos de O. Os átomos de O remanescentes têm pares não ligantes nos seus orbitais *p*. Assim, para cada estrutura de ressonância, temos a situação demostrada na **Figura 9.27**. Entretanto, como cada estrutura de ressonância contribui igualmente para a estrutura do NO_3^- observada, representamos a ligação π como deslocalizada sobre as três ligações N—O, conforme a figura vista anteriormente. Assim, o íon NO_3^- *tem um sistema π deslocalizado, com seis elétrons entre os quatro átomos presentes no íon.*

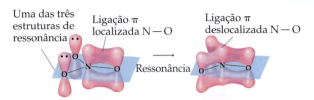

▲ **Figura 9.27** Representações localizadas e deslocalizadas do sistema π com seis elétrons presentes no NO_3^-.

▶ **Para praticar**
Qual destes compostos tem ligação π deslocalizada: SO_2, SO_3, SO_3^{2-}, H_2CO, NH_4^+?

Conclusões gerais sobre ligações σ e π

Com base nos exemplos vistos, podemos chegar a algumas conclusões úteis para usar orbitais híbridos e descrever estruturas moleculares:

- Cada par de átomos ligado divide um ou mais pares de elétrons. Cada linha de ligação que fizermos na estrutura de Lewis representa dois elétrons compartilhados. Em cada ligação σ, um par de elétrons está localizado no espaço entre os átomos. O conjunto apropriado de orbitais híbridos usados para formar ligações σ entre os átomos e seus vizinhos é determinado pela geometria observada da molécula. A correlação entre o conjunto de orbitais híbridos e a geometria em torno do átomo está descrita na Tabela 9.5.
- Como os elétrons presentes na ligação σ estão localizados na região entre dois átomos ligados, eles não contribuem significativamente para a ligação entre quaisquer outros dois átomos.
- Quando os átomos compartilham um ou mais pares de elétrons, um par é usado para formar uma ligação σ e os demais pares são usados para formar ligações π. Os centros de densidade das cargas nas ligações π ficam acima e abaixo do eixo internuclear.
- Moléculas podem ter sistemas π que se estendem por mais de dois átomos ligados. Os elétrons em sistemas π estendidos são chamados de deslocalizados. Podemos determinar o número de elétrons em um sistema π de moléculas utilizando o processo que discutimos nesta seção.

A QUÍMICA E A VIDA | A química da visão

A visão começa quando a luz é focada pela lente do olho em direção à retina, camada de células que reveste o globo ocular. A retina contém células *fotorreceptoras*, chamadas de bastonetes e cones (**Figura 9.28**). Os bastonetes são sensíveis à luz fraca e utilizados na visão noturna. Os cones são sensíveis às cores. O topo dos bastonetes e dos cones contém uma molécula denominada *rodopsina*, que consiste de uma proteína, a *opsina*, ligada a um pigmento púrpura avermelhado, chamado de *retinol*. Mudanças estruturais em torno de uma ligação dupla na porção retinol da molécula disparam uma série de reações químicas que resultam na visão.

Sabemos que uma ligação dupla entre dois átomos é mais forte que uma ligação simples entre os mesmos átomos (Tabela 8.3). Agora estamos em condições de apreciar outro aspecto das ligações duplas: elas conferem rigidez à molécula.

Considere uma ligação dupla C—C no etileno. Imagine rotacionar um grupo —CH_2 do etileno com relação a outro grupo —CH_2,

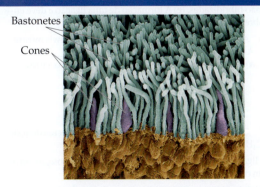

▲ **Figura 9.28 Dentro do olho.** Micrografia eletrônica de varredura com realce de cor de bastonetes e cones na retina do olho humano.

(Continua)

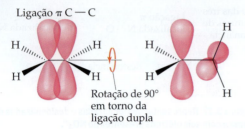

▲ Figura 9.29 A rotação em torno da ligação dupla carbono-carbono no etileno quebra a ligação π.

como ilustrado na **Figura 9.29**. Essa rotação destrói a sobreposição dos orbitais *p*, quebrando a ligação π, um processo que requer energia considerável. Assim, a presença de uma ligação dupla restringe a rotação da ligação na molécula. Em contrapartida, moléculas podem rotacionar quase livremente em torno do eixo internuclear em ligações simples (σ), e esse movimento não tem efeito na sobreposição orbital para uma ligação σ. A rotação permite que uma molécula com uma ligação simples possa ser torcida e dobrada quase como se os seus átomos estivessem unidos por dobradiças.

Nossa visão depende da rigidez nas ligações duplas no retinol. Em sua forma normal, a rigidez no retinol é mantida pelas ligações duplas. A luz que entra no olho é absorvida pela rodopsina, e é a energia dessa luz que é usada para quebrar o componente π das ligações duplas, mostradas em vermelho na **Figura 9.30**. A quebra da ligação dupla torna possível a rotação em torno do eixo de ligação, mudando a geometria da molécula de retinol. Esta então se separa da opsina, provocando a reação que produz o impulso nervoso que o cérebro interpreta como a sensação da visão. São necessárias apenas cinco moléculas em uma pequena distância reagindo dessa forma para produzir a sensação da visão. Assim, apenas cinco fótons de luz são necessários para estimular o olho.

Lentamente, o retinol volta para a sua forma original e se liga novamente à opsina. A lentidão desse processo ajuda a explicar o motivo de a luz intensa causar cegueira temporária. A luz faz com que todo o retinol se separe da opsina, não restando molécula alguma para absorver a luz.

Exercícios relacionados: 9.109, 9.112,
Elabore um experimento

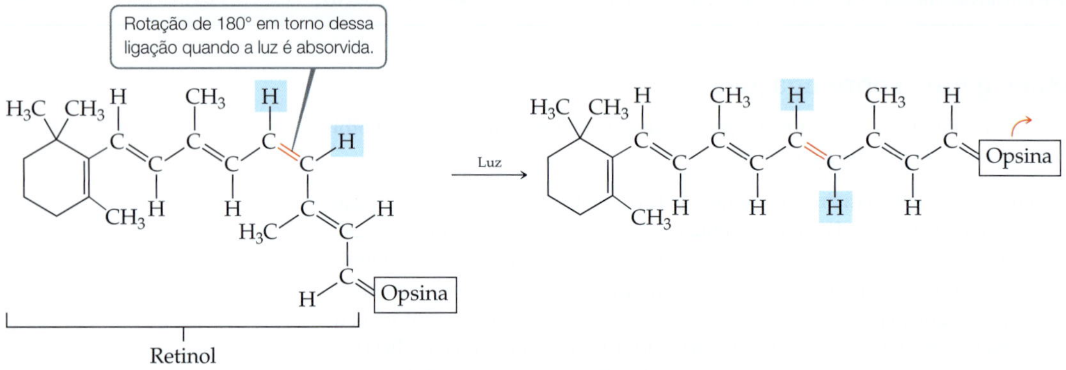

▲ **Figura 9.30 Molécula de rodopsina, a base química da visão.** Quando a rodopsina absorve a luz visível, o componente π das ligações duplas, destacado em vermelho, se quebra, permitindo a rotação que produz uma mudança na geometria molecular antes que a ligação π seja refeita. A parte hexagonal da estrutura é uma forma abreviada de desenhar ligações C—C com átomos de hidrogênio ligados; cada vértice representa um átomo de carbono com um total de quatro ligações.

Exercícios de autoavaliação

EAA 9.15 Qual das seguintes afirmações sobre ligações σ e π é *falsa*? (**a**) Uma ligação σ concentra a densidade eletrônica ao longo do eixo internuclear. (**b**) Uma ligação π é composta de dois lobos em cada lado do eixo internuclear. (**c**) Uma ligação tripla é composta de uma ligação σ e duas ligações π. (**d**) As ligações π são formadas a partir de orbitais *p* não hibridizados. (**e**) A formação de uma ligação σ deve envolver a sobreposição de dois orbitais híbridos.

EAA 9.16 A acrilonitrila, C_3H_3N, tem a estrutura de Lewis mostrada a seguir. A molécula tem _____ ligações σ e _____ ligações π. (**a**) seis, duas (**b**) seis, três (**c**) três, três (**d**) quatro, cinco

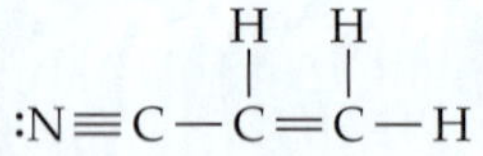

$$:N \equiv C - C = C - H$$
(com H's nos carbonos)

EAA 9.17 Qual(is) das afirmações a seguir sobre a molécula de acrilonitrila, C_3H_3N, é(são) verdadeira(s)?

(**i**) A ligação simples C—C é o resultado da sobreposição entre um orbital híbrido *sp* e um orbital híbrido sp^2.

(**ii**) Há dois orbitais *p* não hibridizados no átomo de N.

(**iii**) Todos os átomos da molécula estão no mesmo plano.

(**a**) Apenas uma das afirmações é verdadeira. (**b**) Apenas i e ii são verdadeiras. (**c**) Apenas i e iii são verdadeiras. (**d**) Apenas ii e iii são verdadeiras. (**e**) Todas as afirmações são verdadeiras.

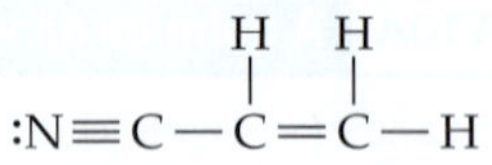

$$:N \equiv C - C = C - H$$

EAA 9.18 Quantos elétrons estão presentes no sistema π da molécula de ozônio, O_3? (**a**) 2 (**b**) 4 (**c**) 6 (**d**) 14 (**e**) 18

EAA 9.19 A figura apresenta uma estrutura de Lewis do íon oxalato, $C_2O_4^{2-}$. Qual das seguintes afirmações sobre o íon é *falsa*? (**a**) O íon tem múltiplas estruturas de ressonância equivalentes. (**b**) Há um orbital *p* não hibridizado em cada um dos átomos de C. (**c**) A estrutura observada experimentalmente do íon mostra duas ligações C—O curtas e duas longas. (**d**) O sistema π do íon é deslocalizado entre todos os seis átomos.

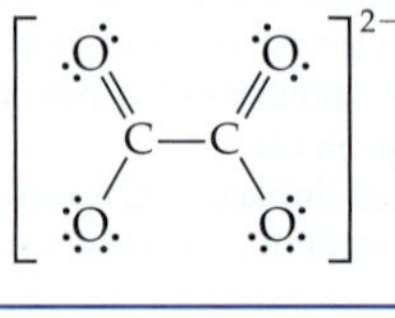

9.7 | Orbitais moleculares

Ao mesmo tempo que a teoria de ligações de valência ajuda a explicar algumas das relações entre as estruturas de Lewis, os orbitais atômicos e a geometria molecular, ela não é eficaz para explicar todos os aspectos da ligação. Por exemplo, a teoria de ligações de valência não consegue descrever os estados excitados das moléculas, o qual precisamos entender para explicar de que maneira as moléculas absorvem luz e exibem cores.

Alguns aspectos da ligação são mais bem explicados por um modelo sofisticado: a **teoria dos orbitais moleculares**. No Capítulo 6, vimos que os elétrons dos átomos podem ser descritos por funções de onda, o que chamamos de orbital atômico. De maneira semelhante, a teoria dos orbitais moleculares descreve os elétrons da molécula usando funções de ondas específicas, e cada uma delas é chamada de **orbital molecular (OM)**.

Orbitais moleculares têm muitas características semelhantes às dos orbitais atômicos. Por exemplo, um OM pode acomodar, no máximo, dois elétrons (com *spins* opostos), tem uma energia definida e podemos visualizar a distribuição de sua densidade eletrônica usando uma representação de superfície limite, como fizemos com os orbitais atômicos. Contudo, diferentemente dos orbitais atômicos, os OMs estão associados com toda a molécula, e não apenas com um átomo.

Objetivos de aprendizagem

Após terminar a Seção 9.7, você deve ser capaz de:
▶ Descrever as características dos orbitais moleculares ligantes e antiligantes da molécula de H_2.
▶ Interpretar o diagrama de níveis de energia da molécula de H_2 e de moléculas e íons moleculares relacionados.

Orbitais moleculares da molécula de hidrogênio

Começamos nosso estudo sobre a teoria OM analisando a molécula de hidrogênio, H_2. Vamos usar os dois orbitais atômicos 1s (um em cada átomo de H) para construir os orbitais moleculares de H_2. *Sempre que dois orbitais atômicos se sobrepõem, dois orbitais moleculares são formados*. Assim, a sobreposição dos orbitais 1s de dois átomos de hidrogênio para formar H_2 produz dois OMs. O primeiro OM, mostrado no canto inferior direito da **Figura 9.31**, é formado ao somar as funções de onda para os dois orbitais 1s. Isso é denominado *combinação construtiva*. A energia do OM resultante é menor do que a energia dos dois orbitais atômicos dos quais ele foi feito, sendo chamado de **orbital molecular ligante**.

O segundo OM é formado pelo que se chama de *combinação destrutiva*: combinar dois orbitais atômicos de tal forma que a densidade eletrônica seja anulada na região central onde os dois se sobrepõem. O processo é discutido em mais detalhes no quadro "Olhando de perto" mais adiante neste capítulo. A energia do OM resultante, denominado **orbital**

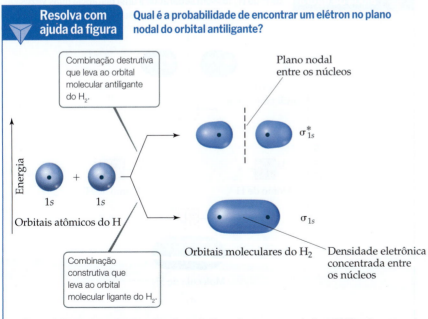

▲ **Figura 9.31 Os dois orbitais moleculares do H_2:** o de menor energia é um OM ligante, enquanto o outro é um OM antiligante.

molecular antiligante, é maior que a energia dos orbitais atômicos. O OM antiligante do H_2 é mostrado no canto superior direito da Figura 9.31.

Como ilustrado na Figura 9.31, a densidade eletrônica do OM ligante está concentrada na região entre os dois núcleos. Esse OM com formato de salsicha é o resultado da soma de dois orbitais atômicos para que as funções de onda dos orbitais atômicos encontrem-se na região entre os dois núcleos. Como um elétron nesse OM é atraído pelos dois núcleos, o elétron é mais estável (tem menos energia) do que em um orbital atômico 1s de um átomo de hidrogênio isolado. Além disso, como esse OM concentra a densidade eletrônica entre os dois núcleos, ele mantém os átomos unidos em uma ligação covalente.

Por sua vez, o OM antiligante faz o contrário do OM ligante: ele exclui a densidade eletrônica entre os núcleos. Em vez de se combinar na região entre os núcleos, a função de onda do orbital atômico é anulada nessa região, deixando a maior densidade eletrônica nos lados opostos aos dois núcleos. Em vez de promover a formação de uma ligação, o elétron em um OM antiligante é desincentivado de se envolver em uma ligação. Orbitais antiligantes apresentam, invariavelmente, um *plano* na região entre os núcleos, onde a densidade eletrônica é zero. Esse plano é chamado **plano nodal** do OM. (Seção 6.6) (O plano nodal é mostrado como uma linha tracejada na Figura 9.31 e nas figuras subsequentes.) Um elétron em um OM antiligante é repelido da região de ligação, sendo, portanto, menos estável (tem maior energia) do que um orbital atômico 1s de um átomo de hidrogênio.

Veja que, na Figura 9.31, a densidade eletrônica no OM ligante e antiligante do H_2 está centralizada em torno do eixo internuclear. Os OMs desse tipo são chamados de **orbitais moleculares sigma** (σ), em analogia às ligações σ. O OM sigma ligante do H_2 está marcado como σ_{1s}, de modo que o subscrito indica que o OM é formado a partir de dois orbitais 1s. O OM antiligante do H_2 está marcado como σ_{1s}^* (lê-se "sigma-asterisco-um-s"); o asterisco indica que o OM é antiligante.

As energias relativas de dois orbitais atômicos 1s e dos orbitais moleculares formados são representadas por um **diagrama de níveis de energia**, também chamado de **diagrama de orbital molecular**. Tal diagrama mostra os orbitais atômicos interagindo à esquerda e à direita e os OMs no centro, conforme a **Figura 9.32**. Da mesma forma que os orbitais atômicos, cada OM pode acomodar dois elétrons com seus *spins* emparelhados (princípio de exclusão de Pauli). (Seção 6.7)

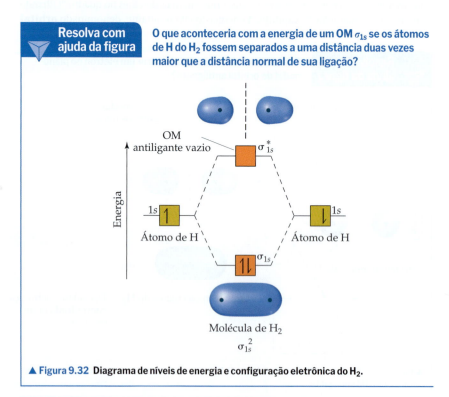

▲ **Figura 9.32** Diagrama de níveis de energia e configuração eletrônica do H_2.

Como mostra o diagrama de OMs para o H₂ presente na Figura 9.32, cada átomo de H tem um elétron, então no H₂ temos dois elétrons. Esses dois elétrons ocupam o OM com menor energia de ligação (σ_{1s}), e seus *spins* são emparelhados. Os elétrons que ocupam o orbital molecular ligante são chamados de *elétrons ligantes*. Uma vez que o OM σ_{1s} tem menor energia do que um orbital atômico 1s H, a molécula H₂ é mais estável do que dois átomos de H separados. Por analogia com a configuração eletrônica dos átomos, a configuração eletrônica das moléculas pode ser escrita com elétrons sobrescritos para indicar ocupação. No modelo do OM, portanto, escrevemos a configuração eletrônica para o H₂ como σ_{1s}^2.

Na construção do orbitais híbridos, que já examinamos neste capítulo, e na construção de orbitais moleculares, estamos misturando matematicamente orbitais atômicos para criar novos orbitais. É importante reconhecer que, embora os híbridos e os OMs sejam modelos usados para discutir ligações, os dois são diferentes: na criação de híbridos, misturamos os orbitais atômicos que residem no *mesmo* átomo; na criação de OMs, misturamos orbitais atômicos de átomos *diferentes*.

Ordem de ligação

Na teoria do orbital molecular, a estabilidade de uma ligação covalente está relacionada com sua **ordem de ligação**, definida como metade da diferença entre o número de elétrons ligantes e o número de elétrons antiligantes:

$$\text{Ordem de ligação} = \tfrac{1}{2}(\text{número de elétrons ligantes} - \text{número de elétrons antiligantes}) \quad [9.1]$$

Usamos metade da diferença porque estamos acostumados a pensar nas ligações como pares de elétrons. *Uma ordem de ligação igual a 1 representa uma ligação simples, uma ordem de ligação 2 representa uma ligação dupla e uma ordem de ligação 3 representa uma ligação tripla.* Como a teoria dos OMs também considera moléculas com um número ímpar de elétrons, ordens de ligação de 1/2, 3/2 ou 5/2 também são possíveis.

De acordo com a Figura 9.32, o H₂ tem dois elétrons ligantes e nenhum elétron antiligante, então a Equação 9.1 nos fornece uma ordem de ligação igual a 1: ½ (2 − 0) = 1. Qual é a relação entre esse valor e a ordem de ligação do He₂?

A **Figura 9.33** mostra o diagrama de níveis de energia para a molécula hipotética He₂, que requer quatro elétrons para preencher seus orbitais moleculares. Como pode haver apenas dois elétrons no OM σ_{1s}, os outros dois elétrons devem ocupar o OM σ_{1s}^*. Assim, a configuração eletrônica do He₂ é $\sigma_{1s}^2\sigma_{1s}^{*2}$. A redução de energia observada na passagem de orbitais atômicos do He para o OM ligante do He é compensada pelo aumento de energia na passagem dos orbitais atômicos para o OM antiligante do He.* Como o He₂ tem dois elétrons ligantes e dois elétrons antiligantes, sua ordem de ligação é igual a 0: ½ (2 − 2) = 0. Uma ordem de ligação igual a 0 significa que não há uma ligação. A teoria do orbital molecular prevê corretamente que o hidrogênio forma moléculas diatômicas, mas não o hélio.

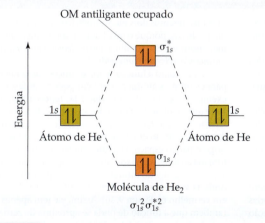

◀ **Figura 9.33** Diagrama de níveis de energia e configuração eletrônica do He₂.

---

* OMs antiligantes são ligeiramente mais desfavoráveis energeticamente do que OMs ligantes, que, por sua vez, são energicamente favoráveis. Assim, sempre que houver o mesmo número de elétrons em orbitais ligantes e antiligantes, a energia da molécula será levemente maior do que aquela para os átomos separados. Como resultado, nenhuma ligação é formada.

Exercício resolvido 9.8
Ordem de ligação

Qual é a ordem de ligação do íon He_2^+? Você acha que esse íon seria estável quando comparado ao átomo He isolado e ao íon He^+?

SOLUÇÃO

Analise Vamos determinar a ordem de ligação do íon He_2^+ e usar esse dado como base para prever sua estabilidade.

Planeje Para determinar a ordem de ligação, devemos determinar o número de elétrons presente na molécula e como eles preenchem os OMs disponíveis. Os elétrons de valência do He estão no orbital 1s, e os orbitais 1s são combinados para resultar em um diagrama como aquele do H_2 ou do He_2 (Figura 9.33). Se a ordem de ligação for maior que 0, esperamos que exista uma ligação e que seus íons sejam estáveis.

Resolva O diagrama de níveis de energia para o íon He_2^+ foi demostrado na **Figura 9.34**. O íon tem três elétrons: dois no orbital molecular ligante e um no orbital molecular antiligante. Assim, a ordem de ligação é:

$$\text{Ordem de ligação} = \tfrac{1}{2}(2-1) = \tfrac{1}{2}$$

Como a ordem de ligação é maior que 0, determinamos que o íon He_2^+ é estável em comparação ao He e ao He^+ isolados. A formação do He_2^+ no estado gasoso tem sido demostrada em experimentos.

▶ **Para praticar**
Qual é a configuração eletrônica e a ordem de ligação do íon H_2^-?

Resolva com ajuda da figura

Qual é a configuração eletrônica do íon He_2^+?

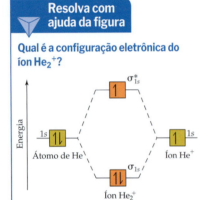

▲ **Figura 9.34** Diagrama de níveis de energia para o íon He_2^+.

Exercícios de autoavaliação

SIM 9.20 Qual das seguintes afirmações sobre orbitais moleculares é *falsa*? (**a**) Um orbital molecular pode se estender sobre múltiplos átomos. (**b**) A teoria do orbital molecular usa funções de onda para descrever a distribuição de elétrons em moléculas. (**c**) A energia de um orbital molecular antiligante é maior do que a energia dos orbitais atômicos usados para formá-lo. (**d**) Um único orbital molecular pode ser usado para conter todos os elétrons em qualquer molécula. (**e**) Um orbital molecular ligante concentra a densidade eletrônica entre os dois núcleos dos átomos envolvidos.

EAA 9.21 No diagrama de níveis de energia do íon H_2^-, há _____ elétron(s) no orbital molecular σ^*_{1s}, e a ordem de ligação do íon é igual a _____. (**a**) 0, 1 (**b**) 1, ½ (**c**) 1, 1 (**d**) 2, 0 (**e**) 3, ½

OLHANDO DE PERTO | Fases nos orbitais atômicos e moleculares

Nossas discussões sobre orbitais atômicos no Capítulo 6 e sobre orbitais moleculares neste capítulo destacam algumas importantes aplicações da mecânica quântica em química. No tratamento mecânico-quântico dos elétrons em átomos e moléculas, estamos interessados principalmente em determinar duas de suas características: sua energia e sua distribuição espacial. Lembre-se de que, ao resolver a equação de onda de Schrödinger, obtemos a energia dos elétrons, E, e a função de onda, ψ, sendo que ψ não tem um significado físico direto. (Seção 6.5) As representações das superfícies limites para orbitais atômicos e moleculares que apresentamos até o momento são baseadas em ψ^2 (*densidade de probabilidade*), que fornece a probabilidade de encontrarmos um elétron em um determinado ponto no espaço.

Como as densidades de probabilidade são os quadrados das funções de onda, seus valores não podem ser negativos (podem ser zero ou positivos) em todos os pontos do espaço. Entretanto, as próprias funções podem ter valores negativos. A situação é igual ao da função seno representada graficamente na **Figura 9.35**. No gráfico superior, a função seno é negativa para x entre 0 e $-\pi$ e positiva para x entre 0 e $+\pi$. Dizemos que a *fase* da função seno é negativa entre 0 e $-\pi$ e positiva entre 0 e $+\pi$. Se elevarmos a função seno ao quadrado (gráfico inferior), teremos dois picos simétricos ao original. Ambos os picos são positivos, porque o quadrado de um número negativo é um número positivo. Isso significa que *perdemos a informação da fase da função quando a elevamos ao quadrado*.

Assim como a função seno, as funções de onda mais complexas para os orbitais atômicos também podem ter fases. Considere, por exemplo, o gráfico de um orbital 1s, representado na **Figura 9.36**. Note que, aqui, representamos esse orbital de maneira um pouco diferente da Seção 6.6. A origem é o ponto em que o núcleo está localizado, e a função de onda para o orbital 1s se entende do ponto de origem para o espaço. O gráfico mostra o valor de ψ para uma fatia tomada ao longo do eixo z. Abaixo do gráfico está a representação de superfície limite do orbital 1s. Observe que os valores de função de onda 1s são sempre um número positivo (os valores positivos estão em vermelho na Figura 9.36). Assim, ele tem apenas uma fase. Note também que a função de onda se aproxima de zero somente a uma grande distância do núcleo. Portanto, não há nó algum, como vimos na Figura 6.19.

No gráfico para o orbital $2p_z$ da Figura 9.36, a função de onda tem seu sinal alterado quando passa por $z = 0$. Note que as duas metades

Capítulo 9 | Geometria molecular e teorias das ligações

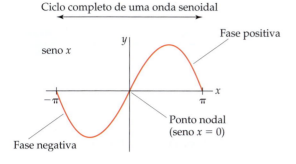

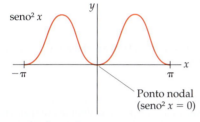

▲ **Figura 9.35** Gráfico da função seno e da mesma função elevada ao quadrado.

da onda têm o mesmo formato, mas uma apresenta valores positivos (em vermelho) e a outra, valores negativos (em azul). Analogamente à função seno, a função de onda muda de fase quando passa pela origem. Matematicamente, a função de onda $2p_z$ é igual a zero sempre que $z = 0$. Isso corresponde a qualquer ponto no plano xy, então dizemos que o plano xy é o *plano nodal* do orbital $2p_z$. A função de onda do orbital p é bem similar à função seno, pois ela é formada por duas partes iguais com fases opostas. A Figura 9.36 mostra uma representação típica da função de onda para o orbital p_z usada por químicos. *Os lobos vermelhos e azuis indicam fases diferentes do orbital. (Observe que as cores *não* representam a carga como nas Figuras 9.10 e 9.11.) Assim como na função seno, a origem é um nó.

O terceiro gráfico da Figura 9.36 indica que, quando elevamos ao quadrado a função de onda do orbital $2p_z$, temos dois picos simétricos em relação à origem. Ambos os picos são positivos, porque elevar um número negativo ao quadrado resulta em um número positivo. Assim, conforme aconteceu na função seno, *perdemos a informação da fase da função quando a elevamos ao quadrado*. Do quadrado da função de onda do orbital p_z, obtemos a densidade de probabilidade para o orbital, que é dada pela representação de superfície limite na Figura 9.36. Isso é o que vimos nas representações de orbitais p anteriormente. (Seção 6.6) Para essa função de onda elevada ao quadrado, ambos os lobos têm a mesma fase e, portanto, sinal igual. Utilizamos essa representação ao longo do livro porque ela tem uma interpretação física simples: o quadrado de uma função de onda em qualquer ponto do espaço representa a densidade eletrônica naquele momento.

Os lobos da função de onda para os orbitais d também têm fases diferentes. Por exemplo, a função de onda do orbital d_{xy} tem quatro lobos, com a fase de cada lobo oposta ao seu lobo vizinho mais próximo (**Figura 9.37**). A função de onda dos outros orbitais d também tem lobos cuja fase é oposta ao seu lobo adjacente.

Entretanto, por que precisamos considerar a complexidade introduzida ao considerarmos as fases das funções de onda? Embora seja verdade que a fase não é necessária para visualizar a forma de um orbital atômico em um átomo isolado, ela se torna importante quando consideramos a sobreposição de orbitais na teoria dos orbitais

---

* O desenvolvimento dessa função matemática tridimensional (e seu quadrado) está além do escopo deste livro e, como costuma ser feito por químicos, usamos lobos com a mesma forma da Figura 6.21.

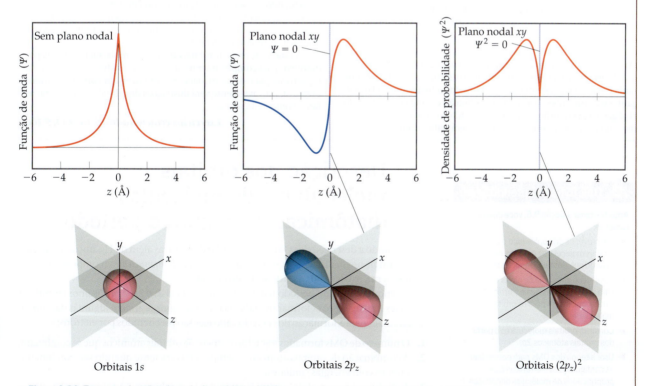

▲ **Figura 9.36 Fases nas funções de onda dos orbitais atômicos s e p.** O sombreamento vermelho significa um valor positivo para a função de onda, enquanto o sombreamento azul significa um valor negativo.

(Continua)

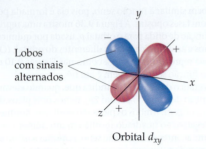

▲ Figura 9.37 Fases no orbital d.

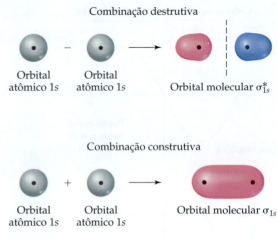

▲ Figura 9.38 Orbitais moleculares a partir de funções de onda de orbitais atômicos.

moleculares. Vamos recorrer à função seno novamente como um exemplo. Se você somar duas funções seno com a mesma fase, elas se somam *construtivamente*, resultando em maior amplitude:

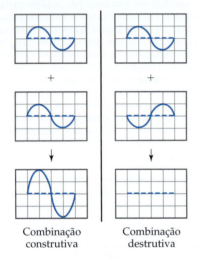

Contudo, se você somar duas funções seno com fases opostas, elas se somarão *destrutivamente*, anulando uma à outra.

A ideia de interações construtivas ou destrutivas nas funções de onda é essencial para entender a origem dos orbitais moleculares ligantes e antiligantes. Por exemplo, a função de onda de OM σ_{1s} do H_2 é gerada pela adição das funções de onda do orbital 1s em um átomo com a função de onda do orbital 1s em outro átomo, sendo que ambos os orbitais têm a mesma fase. Nesse caso, as funções de onda dos orbitais atômicos se sobrepõem *construtivamente* para criar uma densidade eletrônica entre os dois átomos (**Figura 9.38**). A função de onda do OM σ_{1s}^* do H_2 é gerada pela subtração da função de onda do orbital 1s em um átomo da função de onda para outro orbital 1s de outro átomo. O resultado é que a função de onda do orbital atômico se sobrepõe *destrutivamente* para criar uma região com densidade eletrônica nula entre dois átomos – um nó. Observe a similaridade entre essa figura e a Figura 9.32. Na Figura 9.38, utilizamos sombreamento vermelho e azul para denotar as fases positiva e negativa nos orbitais atômicos do H. Entretanto, químicos podem usar representações de superfície limite com cores diferentes ou com uma fase sombreada e outra sem sombreamento para indicar as duas fases.

Quando elevamos a função de onda do OM σ_{1s}^* ao quadrado, temos a representação da densidade eletrônica que vimos antes, na Figura 9.32. Observe mais uma vez que perdemos a informação da fase quando olhamos a densidade eletrônica.

A função de onda de orbitais atômicos e moleculares é usada por químicos para compreender muitos aspectos da ligação química, da espectroscopia e da reatividade. Se você fizer um curso de química orgânica, provavelmente verá ilustrações de orbitais para mostrar as fases, como nesta seção.

Exercícios relacionados: 9.13, 9.14, 9.106

9.8 | Descrição dos orbitais moleculares de moléculas diatômicas do segundo período

⚠ **Objetivos de aprendizagem**

Após terminar a Seção 9.8, você deve ser capaz de:

▶ Descrever os princípios para o uso de orbitais moleculares para átomos com mais do que orbitais atômicos 1s.
▶ Construir o diagrama de níveis de energia para moléculas nas quais o orbital 1s e o 2s contribuem para os orbitais moleculares.
▶ Construir orbitais moleculares a partir dos orbitais atômicos 2p.
▶ Usar a teoria dos OMs para determinar as configurações eletrônicas e as propriedades de moléculas diatômicas do segundo período.

Considerando a descrição dos OMs de moléculas diatômicas além do H_2, inicialmente, vamos restringir nossa discussão a moléculas diatômicas *homonucleares* (compostas de dois átomos idênticos) de elementos do segundo período.

Átomos do segundo período têm orbitais de valência 2s e 2p, e precisamos considerar como eles interagem para formar os OMs. As regras a seguir resumem algumas das principais diretrizes para a formação dos OMs e como eles são preenchidos por elétrons:

1. O número de OMs formados é igual ao número de orbitais atômicos que se combinam.
2. A combinação de orbitais atômicos é sempre mais eficiente quando são combinados orbitais com energias similares.
3. A eficácia com a qual dois orbitais atômicos se combinam é proporcional à sua sobreposição. Isso significa que, quanto maior for o grau de sobreposição, menor será

a energia do orbital molecular ligante e, proporcionalmente, maior será a energia do orbital molecular antiligante.
4. Cada OM pode acomodar no máximo dois elétrons, com seus *spins* emparelhados (princípio de exclusão de Pauli). (Seção 6.7)
5. Quando os OMs de mesma energia são ocupados, um elétron entra em cada orbital (com o mesmo *spin*) antes que os pares de *spin* sejam formados (regra de Hund). (Seção 6.8)

Orbitais moleculares do Li₂ e do Be₂

O lítio tem configuração eletrônica $1s^2 2s^1$. Quando o lítio metálico é aquecido acima do seu ponto de ebulição (1.342 °C), moléculas de Li₂ são encontradas em estado gasoso. A estrutura de Lewis do Li₂ indica uma ligação simples Li — Li. Agora vamos usar os OMs para descrever a ligação no Li₂.

A **Figura 9.39** mostra que os orbitais atômicos 1s e 2s têm níveis de energia consideravelmente diferentes. Com base nisso, podemos supor que a interação de um orbital 1s em um átomo de Li com um orbital 2s de outro átomo do mesmo elemento é insignificante (regra 2). Em geral, devido à forte separação de energia entre os orbitais do caroço e os de valência, supomos que os orbitais do caroço interagem apenas com os do caroço e os orbitais de valência interagem apenas com os de valência.

Combinar os dois orbitais atômicos de cada um dos átomos de Li produz quatro OMs (regra 1). Os orbitais 1s do lítio são combinados para formar os OMs σ_{1s} e σ_{1s}^* ligantes e antiligantes, como aconteceu em H₂. Os orbitais 2s interagem um com o outro da mesma maneira, produzindo OMs ligantes (σ_{2s}) e antiligantes (σ_{2s}^*). Em geral, a separação entre OMs ligantes e antiligantes depende da extensão em que os orbitais atômicos que interagem se sobrepõem (grau de sobreposição). Como os orbitais 2s do Li se estendem para mais além do núcleo do que os orbitais 1s, a sobreposição dos orbitais 2s é mais eficiente (Figura 6.19). Como resultado, a diferença de energia entre os orbitais σ_{2s} e σ_{2s}^* é maior que a diferença de energia entre os orbitais σ_{1s} e σ_{1s}^*. Os orbitais 1s do Li têm menor energia que os orbitais 2s, mas a energia do OM antiligante σ_{1s}^* é muito menor que a energia do OM ligante σ_{2s}.

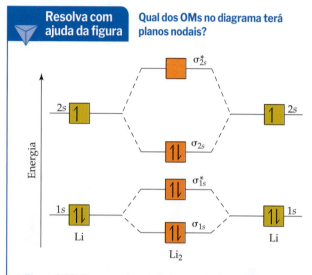

▲ **Figura 9.39** Diagrama dos níveis de energia da molécula Li₂.

Cada átomo de Li tem três elétrons. Desse modo, seis elétrons devem ser acomodados nos OMs do Li₂. Conforme a Figura 9.39, esses elétrons ocupam os OMs σ_{1s}, σ_{1s}^* e σ_{2s}, e cada um acomoda dois elétrons. Há quatro elétrons nos orbitais moleculares ligantes e dois nos orbitais moleculares antiligantes, então a ordem de ligação é $\frac{1}{2}(4 - 2) = 1$. A molécula tem uma ligação simples, concordante com a estrutura de Lewis.

Como os OMs σ_{1s} e σ_{1s}^* do Li₂ estão completamente preenchidos, os orbitais 1s quase não contribuem para a ligação. A ligação simples do Li₂ se deve essencialmente à interação dos orbitais de valência 2s dos átomos de Li. Esse exemplo ilustra a regra geral de que *os elétrons do caroço costumam não contribuir significativamente para a ligação nas moléculas*. Essa regra é equivalente a usar apenas elétrons de valência quando representamos uma estrutura de Lewis. Dessa forma, de agora em diante não precisaremos considerar os orbitais 1s quando discutirmos outras moléculas do segundo período.

A descrição de OMs para Be₂ é uma consequência clara do diagrama de níveis de energia do Li₂. Cada átomo de Be tem quatro elétrons ($1s^2 2s^2$), então devemos acomodar oito elétrons nos orbitais moleculares. Portanto, preenchemos completamente os OMs σ_{1s}, σ_{1s}^*, σ_{2s} e σ_{2s}^*. Como temos o mesmo número de elétrons ocupando orbitais moleculares ligantes e antiligantes, a ordem de ligação é zero. Assim, a molécula Be₂ não existe.

Orbitais moleculares a partir de orbitais atômicos 2p

Antes que possamos considerar as demais moléculas diatômicas do segundo período, devemos olhar os OMs resultantes da combinação dos orbitais atômicos 2p. As interações entre os orbitais *p* são apresentadas na **Figura 9.40**, em que o eixo *z* foi arbitrariamente escolhido como o eixo internuclear. Os orbitais $2p_z$ orientam-se frontalmente. Assim como foi feito com os orbitais *s*, podemos combinar os orbitais $2p_z$ de duas maneiras. Uma

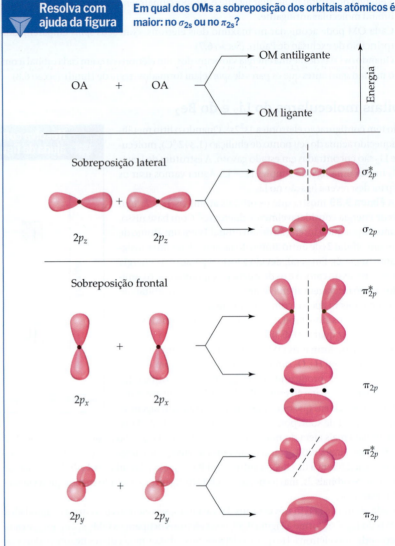

▲ Figura 9.40 Representações de superfície limite dos orbitais moleculares formados pelos orbitais 2p.

| Resolva com ajuda da figura | Em qual dos OMs a sobreposição dos orbitais atômicos é maior: no σ_{2s} ou no π_{2s}? |

combinação concentra a densidade eletrônica entre os núcleos, sendo, portanto, um orbital molecular ligante. Outra combinação exclui a densidade eletrônica da região entre os núcleos, representando, assim, um orbital molecular antiligante. Em ambos os OMs, a densidade eletrônica encontra-se ao longo do eixo internuclear. Assim, eles são orbitais moleculares σ: σ_{2p} e σ_{2p}^*. Observe que o OM σ_{2p}^* tem um plano nodal que fica na metade do caminho entre os núcleos.

Os outros orbitais 2p se sobrepõem lateralmente, concentrando a densidade eletrônica acima e abaixo do eixo internuclear. OMs desse tipo são chamados de **orbitais moleculares pi (π)**, em analogia às ligações π. Obtemos OMs π ligantes ao combinarmos orbitais atômicos $2p_x$ e $2p_y$. Esses dois orbitais moleculares π_{2p} têm a mesma energia, ou seja, são degenerados. Da mesma forma, temos dois OMs antiligantes π_{2p}^* perpendiculares um ao outro, assim como os orbitais 2p dos quais eles se originam. Esses orbitais π_{2p}^* têm quatro lobos que apontam em direções opostas ao núcleo, conforme a Figura 9.40.

Os orbitais $2p_z$ em dois átomos apontam diretamente um para o outro. Assim, a sobreposição de dois orbitais $2p_z$ é maior que a dos dois orbitais $2p_x$ e $2p_y$. Portanto, de acordo com a regra 3, esperamos que o OM σ_{2p} tenha menor energia e seja mais estável que o OM π_{2p}. Do mesmo modo, o OM σ_{2p}^* deve ter maior energia e ser menos estável que os OM π_{2p}^*.

Configurações eletrônicas do B_2 até o Ne_2

Podemos combinar nossa análise da formação de OMs a partir dos orbitais s (Figura 9.32) e dos orbitais p (Figura 9.40) para construir um diagrama de níveis de energia (**Figura 9.41**) para moléculas diatômicas homonucleares dos elementos boro até o neônio. Todos eles têm como orbitais atômicos de valência os orbitais 2s e 2p. Assim, é possível notar as seguintes características no diagrama:

- Os orbitais atômicos 2s têm substancialmente menos energia do que os orbitais atômicos 2p. (Seção 6.7) Consequentemente, os OMs formados a partir de orbitais 2s, ligante e antiligante, têm menor energia que o OM menos energético derivado dos orbitais atômicos 2p.
- A sobreposição entre os dois orbitais $2p_z$ é maior que aquela entre dois orbitais $2p_x$ ou $2p_y$. Como resultado, o OM ligante σ_{2p} tem menos energia que os OM π_{2p}, e o OM antiligante σ_{2p}^* tem mais energia que os OM π_{2p}^*.
- Tanto o OM π_{2p} quanto o π_{2p}^* são *duplamente degenerados*, isto é, existem dois OMs degenerados de cada tipo.

Antes de adicionarmos elétrons ao diagrama de níveis de energia da Figura 9.41, devemos considerar mais um efeito. Construímos o diagrama desconsiderando qualquer interação entre orbitais 2s em um átomo e orbitais 2p no outro. Tais interações são possíveis e de fato acontecem. A **Figura 9.42** apresenta a sobreposição de orbitais 2s de um átomo com o orbital 2p de outro. Essas interações aumentam a diferença de energia entre os OMs σ_{2s} e σ_{2p}, com a energia de σ_{2s} diminuindo e a de σ_{2p} aumentando (Figura 9.42). Essas interações 2s-2p podem ser fortes o suficiente para que a ordem de energia dos OMs seja alterada: para B_2, C_2 e N_2, o OM σ_{2p} está *acima* da energia do OM π_{2p}; para O_2, F_2 e Ne_2, o OM σ_{2p} está *abaixo* da energia do OM π_{2p}.

Dada a ordem de energia dos orbitais moleculares, é simples determinar a configuração eletrônica das moléculas diatômicas do B_2 até o Ne_2. Por exemplo, o átomo de boro tem três elétrons de valência. (Lembre-se de que estamos ignorando os elétrons 1s). Assim,

> **Resolva com ajuda da figura** Por que os OMs π_{2p}^* têm energia mais baixa do que o OM σ_{2p}^*?

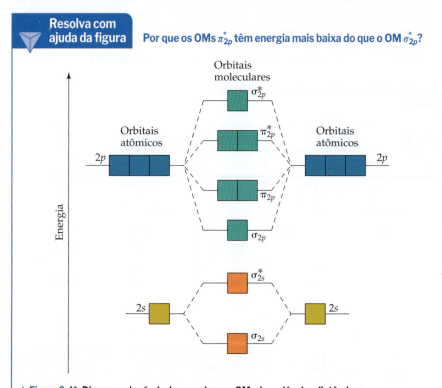

▲ **Figura 9.41 Diagrama de níveis de energia para OMs de moléculas diatômicas homonucleares do segundo período.** O diagrama não supõe interação alguma entre os orbitais atômicos 2s de um átomo com orbitais atômicos 2p de outro átomo, e os experimentos mostram que esse diagrama aplica-se somente às moléculas O_2, F_2 e Ne_2.

Resolva com ajuda da figura — Quais orbitais moleculares trocaram sua energia relativa no grupo da direita em comparação ao grupo da esquerda?

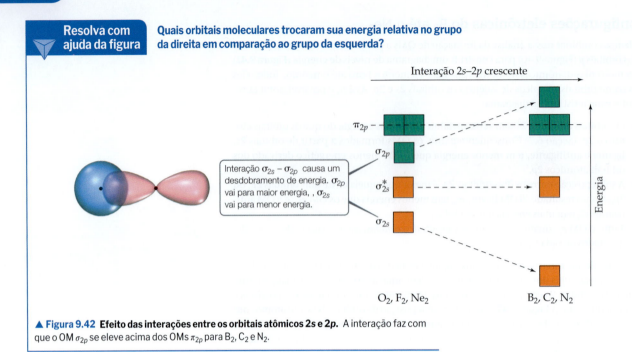

▲ **Figura 9.42** Efeito das interações entre os orbitais atômicos 2s e 2p. A interação faz com que o OM σ$_{2p}$ se eleve acima dos OMs π$_{2p}$ para B$_2$, C$_2$ e N$_2$.

para o B$_2$, temos que acomodar seis elétrons nos OMs. Quatro deles preenchem os OMs σ$_{2s}$ e σ$^*_{2s}$, não contribuindo para ligações efetivas. O quinto elétron fica nos OMs π$_{2p}$, e o sexto, nos outros OMs π$_{2p}$, com os dois elétrons apresentando o mesmo *spin*. Portanto, a ligação B$_2$ é de ordem 1.

Cada vez que movemos um elemento do segundo período para a direita, outros dois elétrons devem ser colocados no diagrama da Figura 9.41. Por exemplo, ao movermos para o C$_2$, temos dois elétrons a mais que o B$_2$, e esses elétrons estão posicionados nos OMs π$_{2p}$, preenchendo-os completamente. Como há seis elétrons nos OMs ligantes e dois elétrons nos OMs antiligantes, a molécula C$_2$ tem uma ordem de ligação igual a 2. As configurações eletrônicas e as ordens de ligação do B$_2$ até o Ne$_2$ são dadas na **Figura 9.43**.

Resolva com ajuda da figura — Quais moléculas estáveis têm os elétrons de maior energia nos orbitais antiligantes?

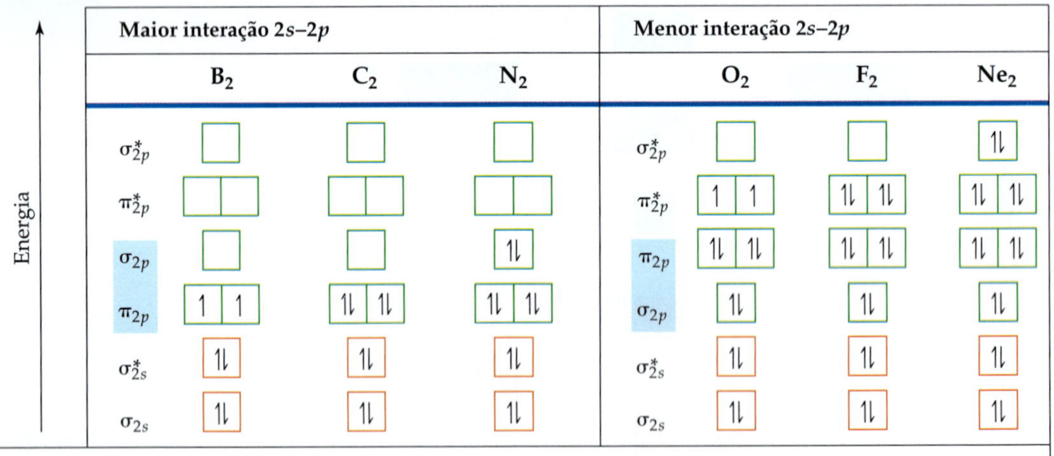

	Maior interação 2s–2p			Menor interação 2s–2p		
	B$_2$	C$_2$	N$_2$	O$_2$	F$_2$	Ne$_2$
Ordem de ligação	1	2	3	2	1	0
Entalpia da ligação (kJ/mol)	290	620	941	495	155	—
Comprimento da ligação (Å)	1,59	1,31	1,10	1,21	1,43	—
Comportamento magnético	Paramagnetismo	Diamagnetismo	Diamagnetismo	Paramagnetismo	Diamagnetismo	—

▲ **Figura 9.43** Configurações eletrônicas dos orbitais moleculares e alguns dados experimentais para moléculas diatômicas do segundo período.

Configurações eletrônicas e propriedades moleculares

Em alguns casos, o comportamento das substâncias em um campo magnético pode fornecer informações sobre o arranjo de seus elétrons. Moléculas com um ou mais elétrons desemparelhados são atraídas por um campo magnético. Quanto mais elétrons desemparelhados houver em uma espécie, mais forte será a atração. Esse tipo de comportamento magnético é chamado de **paramagnetismo**.

Por outro lado, substâncias sem elétrons desemparelhados são fracamente repelidas por um campo magnético, sendo essa propriedade chamada de **diamagnetismo**. A distinção entre paramagnetismo e diamagnetismo é ilustrada em um antigo método para medir propriedades magnéticas (**Figura 9.44**). Esse método consiste em medir a massa de substâncias na presença e na ausência de um campo magnético. Aparentemente, uma substância paramagnética pesa mais em um campo magnético, e uma substância diamagnética pesa menos. O comportamento magnético observado em moléculas diatômicas do segundo período está de acordo com a configuração eletrônica mostrada na Figura 9.43.

As configurações eletrônicas nas moléculas também podem estar relacionadas à distância das ligações e às entalpias de ligação. (Seções 5.8 e 8.8) Com o aumento da ordem de ligação, a distância entre as ligações diminui e a entalpia da ligação aumenta. O N_2, por exemplo, cuja ordem de ligação é 3, tem uma distância de ligação curta e uma grande entalpia de ligação. A molécula de N_2 não reage facilmente com outras substâncias para formar os compostos de nitrogênio. A alta ordem de ligação ajuda a explicar sua excepcional estabilidade. Entretanto, também devemos observar que moléculas com ordem de ligação igual *não* têm as mesmas distâncias e entalpias de ligação. A ordem de ligação é apenas um dos fatores que influenciam essas propriedades. Outros fatores são a carga nuclear e o grau de sobreposição orbital.

A ligação no O_2 é um caso bem interessante para a teoria do orbital molecular. A estrutura de Lewis dessa molécula mostra uma ligação dupla e um completo emparelhamento dos elétrons:

$$\ddot{O}=\ddot{O}$$

O menor comprimento da ligação O—O (1,21Å) e a entalpia relativamente alta (495 kJ/mol) estão de acordo com a presença de uma ligação dupla. Entretanto, a Figura 9.43 indica que a molécula tem dois pares de elétrons desemparelhados e, portanto, deveria ser paramagnética, um detalhe que não é perceptível na estrutura de Lewis. O paramagnetismo do O_2 é demonstrado na **Figura 9.45**, confirmando a previsão da teoria de OMs. A descrição dos OMs também prevê corretamente a ordem de ligação 2, assim como a estrutura de Lewis.

Indo do O_2 para F_2, adicionamos dois elétrons que preenchem completamente os OMs π_{2p}^*. Assim, esperamos que F_2 seja diamagnético e tenha uma ligação simples F—F, de acordo com a estrutura de Lewis. Por fim, a adição de mais dois elétrons para fazer o Ne_2 preenche todos os OMs ligantes e antiligantes. Dessa forma, a ordem de ligação de Ne_2 é zero, e é provável que essa molécula não exista.

▲ **Figura 9.44 Determinando as propriedades magnéticas da amostra.**

376 Química: a ciência central

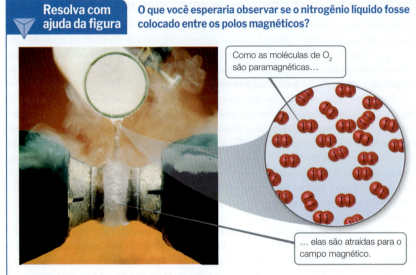

Resolva com ajuda da figura — O que você esperaria observar se o nitrogênio líquido fosse colocado entre os polos magnéticos?

Como as moléculas de O_2 são paramagnéticas...

... elas são atraídas para o campo magnético.

▲ **Figura 9.45 Paramagnetismo do O_2.** Quando o oxigênio líquido é derramado em um ímã, ele "se adere" aos polos.

Exercício resolvido 9.9
Orbitais moleculares de um íon diatômico do segundo período

Para o íon O_2^+, determine (**a**) o número de elétrons desemparelhados, (**b**) a ordem de ligação e (**c**) a entalpia da ligação e o comprimento da ligação.

SOLUÇÃO

Analise Nossa tarefa é determinar várias propriedades do cátion O_2^+.

Planeje Usaremos a descrição dos OMs do O_2^+ para determinar as propriedades desejadas. Primeiro, devemos definir o número de elétrons no O_2^+ e, então, fazer um diagrama de energia dos OMs. Os elétrons desemparelhados são aqueles sem um par com *spin* oposto. A ordem de ligação é metade da diferença entre o número de elétrons ligantes e antiligantes. Após calcular a ordem de ligação, podemos usar a Figura 9.43 para estimar a entalpia de ligação e o comprimento da ligação.

Resolva

(**a**) O íon O_2^+ tem 11 elétrons de valência, um a menos que o O_2.

O elétron removido do O_2 para formar o O_2^+ é um dos dois elétrons π^*_{2p} desemparelhados (veja Figura 9.43). Portanto, o O_2^+ tem um elétron desemparelhado.

(**b**) A molécula tem oito elétrons ligantes (igual ao O_2) e três elétrons antiligantes (um a menos que o O_2). Assim, sua ordem de ligação é

$$\tfrac{1}{2}(8 - 3) = 2\tfrac{1}{2}$$

(**c**) A ordem de ligação do O_2^+ está entre a do O_2 (ordem de ligação 2) e a do N_2 (ordem de ligação 3). Assim, a entalpia da ligação e o comprimento da ligação devem estar entre os valores de O_2 e N_2, aproximadamente 700 kJ/mol e 1,15 Å. (Os valores medidos experimentalmente são 625 kJ/mol e 1,123 Å.)

▶ **Para praticar**
Determine as propriedades magnéticas e a ordem de ligação do (**a**) íon peróxido, O_2^{2-}, e do (**b**) íon acetileto, C_2^{2-}.

Moléculas diatômicas heteronucleares

Os princípios que usamos no desenvolvimento da descrição de OMs de moléculas diatômicas homonucleares podem ser estendidos para as moléculas diatômicas *heteronucleares*, quando dois átomos presentes na molécula não são iguais. Concluímos esta seção com uma fascinante molécula diatômica heteronuclear: o óxido nítrico, NO.

A molécula de NO controla várias funções importantes da fisiologia humana. Nossos corpos a usam para, por exemplo, relaxar os músculos, matar células estranhas e reforçar a memória. O Prêmio Nobel de Fisiologia ou Medicina de 1998 foi concedido a três cientistas por uma pesquisa que descobriu a importância do NO como uma molécula "sinalizadora" no sistema cardiovascular. O NO também funciona como um neurotransmissor e está envolvido em muitos outros processos biológicos. O fato de que o NO desempenha um papel tão importante no metabolismo humano foi ignorado até 1987, pois ele tem um número ímpar de elétrons e é altamente reativo. A molécula tem 11 elétrons de valência e duas estruturas de Lewis possíveis. A estrutura de Lewis com a menor carga formal coloca o elétron ímpar no átomo de N:

$$\overset{0}{\cdot\ddot{N}}=\overset{0}{\ddot{O}} \longleftrightarrow \overset{-1}{\ddot{N}}=\overset{+1}{\dot{O}}$$

Ambas as estruturas indicam a presença de uma ligação dupla, mas, quando comparadas com as moléculas da Figura 9.43, o comprimento da ligação experimental no NO (1,15 Å) sugere uma ordem de ligação superior a 2. Como lidamos com o NO aplicando o modelo de OMs?

Se os átomos em uma molécula diatômica heteronuclear não diferem consideravelmente em eletronegatividade, os seus OMs assemelham-se àqueles presentes em sistemas diatômicos homonucleares, mas com uma modificação importante: a energia dos orbitais atômicos de um átomo mais eletronegativo é menor que a dos orbitais atômicos de um átomo menos eletronegativo. Na **Figura 9.46**, vemos que os orbitais atômicos 2s e 2p do oxigênio são ligeiramente menos energéticos que os do nitrogênio, pois o oxigênio é mais eletronegativo que o nitrogênio. O diagrama de níveis de energia dos OMs para o NO é bem semelhante ao de uma molécula diatômica homonuclear; como os orbitais 2s e 2p nos dois átomos interagem, os mesmos tipos de OMs são produzidos.

Há outra diferença importante nos OMs de moléculas heteronucleares. Os OMs ainda são uma mistura de orbitais atômicos de ambos os átomos, mas, em geral, *um OM de uma molécula diatômica heteronuclear tem uma contribuição maior do orbital atômico com energia mais próxima da dele*. No caso do NO, por exemplo, o OM ligante σ_{2s} tem energia mais próxima do orbital atômico 2s do O que do orbital atômico 2s de N. Como resultado, o OM σ_{2s} tem uma contribuição ligeiramente maior do O do que do N— os orbitais não são uma mistura uniforme de dois átomos, como era o caso das moléculas diatômicas homonucleares. Da mesma forma, o OM antiligante σ_{2s}^* é mais fortemente atraído em direção ao átomo de N, pois o seu OM tem energia mais próxima da do orbital atômico 2s de N.

Completamos o diagrama de OMs para o NO preenchendo os OMs da Figura 9.46 com 11 elétrons de valência. Oito elétrons ligantes e três antiligantes dão a ordem de ligação de $\frac{1}{2}(8 - 3) = 2\frac{1}{2}$, o que coincide melhor com o experimento do que as estruturas de Lewis.

Resolva com ajuda da figura | **Quantos elétrons há na camada de valência do NO?**

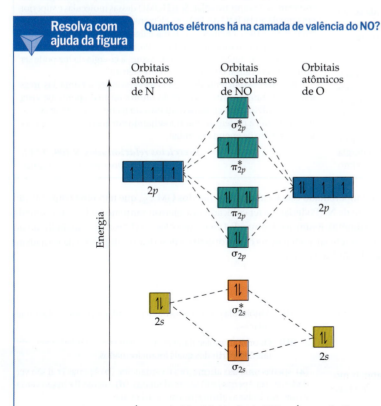

▲ **Figura 9.46** Diagrama de níveis de energia para orbitais atômicos e moleculares no NO.

QUÍMICA E SUSTENTABILIDADE | Orbitais e energia solar

Um dos Objetivos de Desenvolvimento Sustentável da ONU é "Energia limpa e acessível" (Figura 1.16). De fato, um dos maiores desafios tecnológicos do século XXI é o desenvolvimento de fontes de energia sustentável para atender às necessidades das futuras gerações. Uma das mais notáveis fontes de energia limpa é o sol, que envia energia suficiente para alimentar o mundo por milhões de anos. Nosso desafio é captar energia suficiente dessa fonte de maneira que nos permita usá-la de acordo com as nossas necessidades. *Células solares fotovoltaicas* convertem a luz solar em energia utilizável, e o desenvolvimento de células solares mais eficientes é uma das formas de atender às necessidades futuras da Terra em relação à energia.

Como funciona a conversão de energia solar? Fundamentalmente, devemos ser capazes de usar os fótons solares, em especial a porção visível do espectro, para excitar os elétrons de moléculas e materiais para diferentes níveis de energia. As cores brilhantes ao seu redor – das suas roupas, das imagens deste livro, da comida, etc. – existem por causa da absorção seletiva da luz visível por processos químicos. Para entender melhor, podemos pensar nesse processo dentro do contexto da teoria do orbital molecular: a luz excita os elétrons de um orbital molecular ocupado para um não ocupado de maior energia. Como os OMs têm energias definidas, apenas luz de comprimentos de onda específicos podem excitar os elétrons, semelhante ao que vimos em nossa análise sobre os espectros de linha atômicos. (Seção 6.3)

Ao discutirmos a absorção de luz pelas moléculas, podemos focar nos dois OMs representados na **Figura 9.47**. O *orbital molecular ocupado de maior energia* (HOMO, do inglês *highest occupied molecular orbital*) representa o OM de mais alta energia a receber elétrons. O *orbital molecular não ocupado de menor energia* (LUMO, do inglês *lowest unoccupied molecular orbital*) representa o OM seguinte ao HOMO, ou seja, o de menor energia, não ocupado. Por exemplo, no N_2, o HOMO é o OM σ_{2p} e o LUMO é o OM π_{2p}^* (Figura 9.43).

A diferença de energia entre HOMO e LUMO, conhecida como diferença HOMO-LUMO, está relacionada à menor energia necessária para excitar os elétrons na molécula. Substâncias incolores ou brancas geralmente têm uma grande diferença HOMO-LUMO, de modo que a luz visível não tem energia suficiente para excitar os elétrons para um nível superior. A energia mínima necessária para excitar um elétron do HOMO para o LUMO no N_2 corresponde à luz com comprimento de onda inferior a 200 nm, que está dentro do espectro ultravioleta. (Figura 6.4) Como resultado, o N_2 não pode absorver luz visível e, portanto, é incolor.

A magnitude da diferença de energia entre estados eletrônicos ocupados e não ocupados é essencial para a conversão da energia solar. Idealmente, queremos uma substância que absorva o máximo possível de fótons solares, para converter a energia desses fótons em energia utilizável. O dióxido de titânio é um material facilmente disponível que pode ser, de certo modo, eficiente em converter luz em eletricidade. Entretanto, o TiO_2 é branco e absorve apenas uma pequena quantidade de energia solar radiante. Cientistas estão trabalhando para desenvolver células solares nas quais o TiO_2 é associado a moléculas altamente coloridas, cujas diferenças HOMO-LUMO correspondem à região do visível e do infravermelho próximo, para absorver mais do espectro solar. Se o HOMO dessas moléculas é superior em energia ao HOMO do TiO_2, os elétrons excitados fluem das moléculas para o TiO_2. Quando o sistema é ligado a um circuito externo, os elétrons podem fluir para outra célula, reintegrando-se ao corante e retornando ao seu estado original. Assim, a energia da luz pode ser utilizada para causar o fluxo de corrente elétrica.

A conversão eficiente de energia solar promete ser uma das áreas mais importantes e interessantes do futuro, tanto do ponto de vista do desenvolvimento científico quanto do tecnológico. Muitos alunos de química podem acabar trabalhando em áreas que vão impactar o portfólio da energia mundial.

Exercícios relacionados: 9.109, 9.112, Elabore um experimento

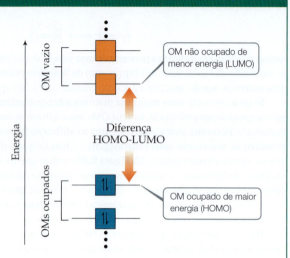

▲ **Figura 9.47 Definição do orbital molecular ocupado de maior energia e do não ocupado de menor energia.** A diferença de energia entre eles é a diferença HOMO-LUMO.

O elétron desemparelhado está localizado em um dos OM π_{2p}^*, que têm uma contribuição maior do átomo de N. (Poderíamos ter colocado esse elétron tanto no OM π_{2p}^* da esquerda quanto no da direita). Assim, a estrutura de Lewis que coloca o elétron desemparelhado no nitrogênio (preferencial, com base na carga formal) é a descrição mais precisa da verdadeira distribuição eletrônica na molécula.

 Exercícios de autoavaliação

EAA 9.22 Para a molécula Li_2, ordene os orbitais a seguir da menor energia para a maior: $1s$, $2s$, σ_{2s}, σ_{2s}^*.

(a) $1s < 2s < \sigma_{2s} < \sigma_{2s}^*$
(b) $\sigma_{2s} < 1s < 2s < \sigma_{2s}^*$
(c) $1s < \sigma_{2s}^* < 2s < \sigma_{2s}$
(d) $1s < \sigma_{2s} < 2s < \sigma_{2s}^*$

EAA 9.23 Qual(is) das afirmações a seguir sobre os orbitais moleculares de uma molécula diatômica com orbitais $2s$ e $2p$ é(são) *verdadeira(s)*?

(i) O orbital molecular σ_{2p}^* tem energia mais elevada do que um orbital molecular π_{2p}^*, porque a sobreposição é maior para os dois orbitais $2p$ que apontam diretamente um para o outro.

(ii) A molécula possui um orbital molecular σ_{2p} e um orbital molecular π_{2p}.

(iii) Os orbitais moleculares σ_{2p} e π_{2p} têm energia inferior aos orbitais $2p$ a partir dos quais foram formados.

(a) Apenas uma das afirmações é verdadeira. (b) Apenas i e ii são verdadeiras. (c) Apenas i e iii são verdadeiras. (d) Apenas ii e iii são verdadeiras. (e) Todas as afirmações são verdadeiras.

EAA 9.24 Para o íon molecular N_2^-, o número de elétrons nos orbitais moleculares π_{2p}^* é _____ e a ordem de ligação do íon é _____. (a) 0; 3 (b) 3; 1,5 (c) 0; 2,5 (d) 1; 1,5 (e) 1; 2,5

Capítulo 9 | Geometria molecular e teorias das ligações

Integrando conceitos

O enxofre elementar é um sólido amarelo formado por moléculas de S₈. A estrutura molecular do S₈ é um anel retorcido com oito membros (veja Figura 7.27). Aquecer o enxofre elementar em altas temperaturas produz moléculas de S₂ gasoso:

$$S_8(s) \longrightarrow 4 S_2(g)$$

(a) Qual elemento do segundo período tem a configuração eletrônica que mais se assemelha à do enxofre? (b) Use o modelo VSEPR para prever os ângulos da ligação S—S—S no S₈ e a hibridização de S no S₈. (c) Use a teoria do OM para determinar a ordem da ligação enxofre-enxofre no S₂. Você acha que essa molécula é diamagnética ou paramagnética? (d) Use a entalpia média de ligação (Tabela 8.3) para estimar a variação de entalpia dessa reação. Essa reação é exotérmica ou endotérmica?

SOLUÇÃO

(a) O enxofre é um elemento do grupo 6A com configuração eletrônica [Ne]$3s^2 3p^4$. Espera-se que ele seja mais eletronicamente similar ao oxigênio (configuração eletrônica [He]$2s^2 2p^4$), que está imediatamente acima dele na tabela periódica.

(b) A estrutura de Lewis do S₈ é:

Há uma ligação simples entre cada par de átomos de S e dois pares de elétrons isolados em cada átomo de S. Assim, vemos quatro domínios eletrônicos em torno de cada átomo de S e esperamos que haja uma geometria do domínio eletrônico tetraédrica correspondente à hibridização sp^3. Por causa dos pares não ligantes, esperamos que os ângulos S—S—S meçam pouco menos que 109,5°, o ângulo tetraédrico. Experimentalmente, o ângulo S—S—S do S₈ é 108°, em concordância com as previsões. Curiosamente, se o S₈ fosse um anel plano, ele teria ângulos S—S—S de 135°. Em vez disso, o anel de S₈ é retorcido para acomodar os menores ângulos determinados pela hibridização sp^3.

(c) Os OMs do S₂ são análogos aos do O₂, mesmo que os OMs do S₂ sejam construídos a partir dos orbitais atômicos $3s$ e $3p$ do enxofre. Além disso, o S₂ tem o mesmo número de elétrons de valência do O₂. Desse modo, por analogia ao O₂, esperamos que o S₂ tenha uma ordem de ligação 2 (uma ligação dupla) e seja paramagnético, com dois elétrons desemparelhados nos orbitais moleculares π^*_{3p} do S₂.

(d) Estamos considerando a reação na qual a molécula de S₈ se desfaz em quatro moléculas de S₂. Com base nos itens (b) e (c), vemos que o S₈ tem ligações S—S simples e o S₂ tem ligações S=S duplas. Portanto, durante a reação, estamos quebrando oito ligações S—S simples e formando quatro ligações S=S duplas. Podemos estimar a entalpia da reação aplicando a Equação 5.32 e as entalpias médias de ligação da Tabela 8.3:

$$\Delta H_{rea} = \Sigma(\text{entalpias das ligações quebradas}) -$$
$$\Sigma(\text{entalpias das ligações formadas})$$
$$= 8D(S-S) - 4D(S=S)$$
$$= 8(266 \text{ kJ}) - 4(418 \text{ kJ}) = +456 \text{ kJ}$$

Lembre-se de que $D(X-Y)$ representa a entalpia da ligação X—Y. Como $\Delta H_{rea} > 0$, a reação é endotérmica. (Seção 5.3) O alto valor positivo de ΔH_{rea} indica que são necessárias altas temperaturas para que a reação ocorra.

Resumo do capítulo e termos-chave

GEOMETRIAS MOLECULARES (INTRODUÇÃO E SEÇÃO 9.1) A geometria e o tamanho das moléculas tridimensionais são determinados pelo **ângulo** de suas ligações e pelo comprimento da ligação. Moléculas com um átomo central A e circundadas por n átomos B, chamadas de AB$_n$, aceitam grande variedade de formas geométricas, dependendo do valor de n e dos átomos envolvidos. Na maioria esmagadora dos casos, a geometria tem cinco formas básicas: linear, piramidal trigonal, tetraédrica, bipiramidal trigonal e octaédrica.

MODELO VSEPR (SEÇÃO 9.2) O **modelo de repulsão dos pares de elétrons da camada de valência (VSEPR)** racionaliza a geometria molecular, baseando-se na repulsão entre os **domínios eletrônicos**, que são regiões em torno do átomo central onde é mais provável de encontrar os elétrons. Os **pares de elétrons ligantes**, que são aqueles que fazem as ligações, e os **pares de elétrons não ligantes**, também chamados de **pares isolados**, criam domínios eletrônicos em torno do átomo central. De acordo com o modelo VSEPR, os domínios eletrônicos são orientados de modo que minimizem as repulsões eletrostáticas, ou seja, ficam o mais distante possível uns dos outros.

Domínios eletrônicos de pares não ligantes exercem uma repulsão ligeiramente maior do que aquela exercida por pares ligantes, levando a determinadas posições favoráveis dos pares não ligantes e a desvios dos ângulos de ligação dos seus valores ideais. Domínios eletrônicos de ligações múltiplas exercem uma repulsão ligeiramente maior do que aqueles de ligação simples. A disposição dos domínios eletrônicos em torno de um átomo central é chamada de **geometria do domínio eletrônico**; o arranjo dos átomos é chamado de **geometria molecular**.

POLARIDADE MOLECULAR (SEÇÃO 9.3) O momento de dipolo de uma molécula poliatômica depende da soma vetorial dos momentos de dipolo associados às ligações individuais, chamada de **dipolo de ligação**. Algumas geometrias moleculares, como a linear AB₂ e a trigonal plana AB₃, levam ao cancelamento do dipolo da ligação, produzindo uma molécula apolar, aquela na qual o momento de dipolo é igual a zero. Em outras, como a angular AB₂ e a piramidal trigonal AB₃, o dipolo de ligação *não* é cancelado, e a molécula é polar (ou seja, o momento de dipolo será diferente de zero).

LIGAÇÃO COVALENTE E A TEORIA DA LIGAÇÃO DE VALÊNCIA (SEÇÃO 9.4) A **teoria da ligação de valência** é uma extensão da noção das ligações dos pares eletrônicos de Lewis. Na teoria da ligação de valência, as ligações covalentes são formadas quando os orbitais atômicos de átomos vizinhos se sobrepõem uns aos outros. A região de sobreposição apresenta maior estabilidade para os dois elétrons por causa da atração simultânea exercida pelos dois núcleos. Quanto maior for a sobreposição entre dois orbitais, mais forte será a ligação formada.

ORBITAIS HÍBRIDOS (SEÇÃO 9.5) Estendendo o conceito da teoria das ligações de valência para moléculas poliatômicas, devemos visualizar a mistura dos orbitais σ e π para formar **orbitais híbridos**. O processo de **hibridização** produz orbitais atômicos híbridos com um lobo grande destinado a se sobrepor aos orbitais de outro átomo para formar uma ligação. Orbitais híbridos também podem acomodar pares não ligantes. Um tipo particular de hibridização pode ser associado a cada uma das três geometrias de domínio eletrônico mais comuns (linear = sp; trigonal plana = sp^2; tetraédrica = sp^3). A ligação em moléculas **hipervalentes** não é tão facilmente discutida em relação aos orbitais híbridos.

LIGAÇÕES MÚLTIPLAS (SEÇÃO 9.6) Ligações covalentes nas quais a densidade eletrônica fica ao longo da linha que conecta os átomos (o eixo internuclear) são chamadas de **ligações sigma (σ)**. As ligações também podem se formar a partir de sobreposições laterais de orbitais π. Tais ligações são chamadas de **ligações pi (π)**. Uma ligação dupla, como a que temos no C_2H_4, consiste em uma ligação σ e uma ligação π; cada átomo de carbono tem um orbital p não hibridizado, e esses são os orbitais que se sobrepõem para formar a ligação π. Uma ligação tripla, como a de C_2H_2, consiste em uma ligação σ e duas ligações π. A formação de uma ligação π requer que a molécula adote uma orientação específica. Por exemplo, os dois grupos de CH_2 no C_2H_4 devem estar no mesmo plano. O resultado disso é que a presença de ligações π introduz rigidez às moléculas. Em moléculas com ligações múltiplas e mais de uma estrutura de ressonância, como a de C_6H_6, o sistema π é **deslocalizado**, isto é, a ligação π se espalha por vários átomos.

ORBITAIS MOLECULARES (SEÇÃO 9.7) A **teoria dos orbitais moleculares** é outro modelo utilizado para descrever as ligações nas moléculas. Nesse modelo, os elétrons são encontrados em estados de energia permitidos, chamados de **orbitais moleculares (OMs)**. Os OMs podem se estender sobre todos os átomos da molécula. Como nos orbitais atômicos, o orbital molecular tem uma energia definida e pode acomodar dois elétrons de *spins* opostos. Podemos construir orbitais moleculares ao combinar orbitais atômicos em diferentes centros atômicos. Simplificando, a combinação de dois orbitais atômicos leva à formação de dois OMs, um com menor energia e outro com maior energia em relação à energia dos orbitais atômicos. O OM de menos energia concentra a densidade de carga na região entre os núcleos e é chamado de **orbital molecular ligante**. O OM de maior energia exclui elétrons da região entre os núcleos e é chamado de **orbital molecular antiligante**. Os OMs antiligantes excluem a densidade eletrônica da região entre os núcleos e têm um **plano nodal** – lugar cuja densidade eletrônica é igual zero – entre os núcleos. A ocupação de OMs ligantes favorece a formação de ligações; a ocupação de OMs antiligantes desfavorece. Os OMs ligantes e antiligantes formados a partir da combinação de orbitais σ são **orbitais moleculares sigma (σ)**, que ficam no eixo internuclear.

A combinação de orbitais atômicos e da energia relativa dos orbitais moleculares é mostrada por um **diagrama de níveis de energia** (ou diagrama de **orbital molecular**). Quando o número adequado de elétrons é colocado em um OM, podemos calcular a **ordem de ligação**, dada pela metade da diferença entre o número de elétrons em um OM ligante e o número de elétrons em um OM antiligante. A ordem de ligação 1 corresponde a uma ligação simples, e assim por diante. A ordem de ligação pode ser um número fracionário.

ORBITAIS MOLECULARES DE MOLÉCULAS DIATÔMICAS DO SEGUNDO PERÍODO (SEÇÃO 9.8) Elétrons em orbitais mais internos não contribuem para a ligação entre os átomos, então a descrição de um orbital molecular geralmente precisa considerar apenas os elétrons das subcamadas eletrônicas mais externas. Para descrever os OMs de moléculas diatômicas homonucleares do segundo período, devemos considerar os OMs que podem ser formados pelas combinações de orbitais p. Os orbitais p que apontam diretamente um para o outro podem formar OMs σ ligantes e σ* antiligantes. Os orbitais p que são orientados perpendicularmente ao eixo internuclear se combinam para formar **orbitais moleculares pi (π)**. Em moléculas diatômicas, os orbitais moleculares π ocorrem como um par de OMs ligantes degenerados (mesma energia) e um par de OMs antiligantes degenerados. Espera-se que um OM $σ_{2p}$ ligante tenha menor energia do que um OM $π_{2p}$ ligante, em razão da maior sobreposição dos orbitais π apontados ao longo do eixo internuclear. Entretanto, essa ordem é invertida em B_2, C_2 e N_2, por conta da interação entre os orbitais $2s$ e $2p$ de átomos diferentes.

A descrição de orbitais moleculares para moléculas diatômicas do segundo período produz ordens de ligação que estão de acordo com a estrutura de Lewis dessas moléculas. Além disso, o modelo prevê corretamente que o O_2 deve apresentar **paramagnetismo**. Uma molécula paramagnética é atraída por um campo magnético em razão da influência dos elétrons desemparelhados. Moléculas nas quais todos os elétrons estão emparelhados apresentam **diamagnetismo**. Uma molécula diamagnética sofre repulsão fraca do campo magnético. Os orbitais moleculares de moléculas diatômicas heteronucleares estão, muitas vezes, intimamente relacionados aos das moléculas diatômicas homonucleares.

Equações-chave

- Ordem de ligação = $\frac{1}{2}$ (número de elétrons ligantes – número de elétrons antiligantes)   [9.1]

Simulado

SIM 9.1 O BF_3 é uma molécula trigonal plana e o PF_3 é uma molécula piramidal trigonal. Qual das afirmações a seguir sobre essas duas moléculas é *falsa*? (**a**) Todos os ângulos F—B—F no BF_3 são de 120°. (**b**) Os átomos de F no BF_3 estão nos vértices de um triângulo equilátero. (**c**) A forma do PF_3 pode ser obtida pela remoção de um átomo de um arranjo tetraédrico de átomos. (**d**) Os quatro átomos no BF_3 estão no mesmo plano. (**e**) Os quatro átomos no PF_3 estão no mesmo plano.

SIM 9.2 Considere as seguintes moléculas e íons AB_3: PCl_3, SO_3, $AlCl_3$, SO_3^{2-} e CH_3^+. Quantas dessas moléculas e íons terão uma geometria molecular trigonal plana? (**a**) 1 (**b**) 2 (**c**) 3 (**d**) 4 (**e**) 5

SIM 9.3 Qual das afirmações a seguir sobre a estrutura do H_2S é *falsa*? (**a**) O H_2S tem geometria do domínio eletrônico trigonal plana. (**b**) A estrutura de Lewis do H_2S tem oito elétrons de valência. (**c**) Há dois domínios eletrônicos não ligantes no átomo de S do H_2S. (**d**) O ângulo H—S—H no H_2S é menor do que 109,5°.

SIM 9.4 Imagine que certa molécula AB_4 tem a geometria molecular quadrática plana. Qual(is) das afirmações a seguir sobre a molécula é(são) *verdadeira(s)*?

  (**i**) A molécula tem quatro domínios eletrônicos em torno do átomo central de A.

  (**ii**) Os ângulos B—A—B entre os vizinhos do átomo de B é de 90°.

  (**iii**) A molécula tem dois pares de elétrons não ligantes no átomo de A.

(**a**) Apenas uma das afirmações é verdadeira. (**b**) Apenas i e ii são verdadeiras. (**c**) Apenas i e iii são verdadeiras. (**d**) Apenas ii e iii são verdadeiras. (**e**) Todas as afirmações são verdadeiras.

SIM 9.5 Os átomos do composto metil-hidrazina, CH₆N₂, utilizado como propulsor de foguete, são conectados da seguinte maneira (observe que os pares isolados não são mostrados):

Ignorando qualquer efeito dos pares isolados, quais são os valores ideais para os ângulos das ligações C—N—N e H—N—H, respectivamente? **(a)** 109,5° e 109,5° **(b)** 109,5° e 120° **(c)** 120° e 109,5° **(d)** 120° e 120° **(e)** Nenhuma das anteriores

SIM 9.6 Qual(is) das seguintes afirmações sobre polaridade molecular é(são) *verdadeira(s)*?

(i) O dipolo de ligação é uma quantidade vetorial com magnitude e direção.
(ii) Se uma molécula tem dipolo de ligação diferente de zero, trata-se de uma molécula polar.
(iii) Os dipolos de ligação em uma molécula AB₄ tetraédrica se cancelam, então a molécula é apolar.

(a) Apenas uma das afirmações é verdadeira. **(b)** Apenas i e ii são verdadeiras. **(c)** Apenas i e iii são verdadeiras. **(d)** Apenas ii e iii são verdadeiras. **(e)** Todas as afirmações são verdadeiras.

SIM 9.7 Considere uma molécula AB₃ na qual A e B têm eletronegatividades diferentes. Sabe-se que a molécula tem um momento de dipolo total igual a zero. Quais dessas geometrias moleculares a molécula pode ter? **(a)** Piramidal trigonal **(b)** Trigonal plana **(c)** Em forma de T **(d)** Tetraédrica **(e)** Mais de uma dessas geometrias é possível.

SIM 9.8 O comprimento da ligação no Cl₂ é de 1,99 Å. Qual das afirmações a seguir sobre a ligação de valência da ligação Cl—Cl no Cl₂ é *falsa*? **(a)** A ligação é formada pela sobreposição de um orbital 3p em um átomo de Cl com um orbital 3s em outro átomo de Cl. **(b)** A sobreposição do orbital diminui à medida que os átomos de Cl se afastam um do outro. **(c)** A distâncias Cl—Cl menores do que 1,99 Å, a energia potencial da molécula Cl₂ aumenta, devido à repulsão eletrostática entre os dois átomos de Cl. **(d)** Cada um dos orbitais sobrepostos tem um elétron. **(e)** A energia potencial da molécula Cl₂ tem valor mínimo a uma distância Cl—Cl de 1,99 Å.

SIM 9.9 Qual das seguintes afirmações sobre orbitais atômicos e orbitais híbridos é *verdadeira*?
(a) Para criar orbitais híbridos, misturamos orbitais atômicos em dois átomos diferentes. **(b)** Os orbitais híbridos nos permitem criar múltiplas ligações equivalentes, ao contrário dos orbitais atômicos. **(c)** Cada orbital híbrido possui dois lobos do mesmo tamanho. **(d)** O número de orbitais híbridos produzidos é maior do que o número de orbitais atômicos misturados. **(e)** Cada orbital híbrido pode conter no máximo um elétron.

SIM 9.10 Preencha as lacunas sobre o íon CH₂²⁺: A descrição da ligação de valência do CH₂²⁺ envolve a sobreposição dos orbitais 1s do H com _____ orbitais híbridos no átomo de C. O ângulo H—C—H previsto no CH₂²⁺ é de _____ graus. **(a)** sp, 120 **(b)** sp², 120 **(c)** sp, 180 **(d)** sp², 180 **(e)** sp³, 109,5

SIM 9.11 Para qual das moléculas ou íons a descrição a seguir se aplica? "A ligação σ pode ser explicada ao utilizar um conjunto de orbitais híbridos sp² no átomo central, com um dos orbitais híbridos com um par de elétrons não ligante." **(a)** CO₂ **(b)** H₂S **(c)** O₃ **(d)** CO₃²⁻ **(e)** Mais de um dos íons ou moléculas listados.

SIM 9.12 Três tipos de sobreposições de orbitais estão ilustrados na figura. Quais deles representam a formação de uma ligação σ? **(a)** apenas um **(b)** i e ii **(c)** i e iii **(d)** ii e iii **(e)** todos

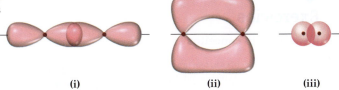

(i) (ii) (iii)

SIM 9.13 Preencha as lacunas na seguinte afirmação sobre a molécula cianeto de hidrogênio, HCN: No HCN, _____ elétrons são usados para formar ligações σ e _____ elétrons são usados para formar ligações π. **(a)** 2, 2 **(b)** 2, 4 **(c)** 2, 6 **(d)** 4, 2 **(e)** 4, 4

SIM 9.14 O diagrama mostra uma estrutura de Lewis do íon oxalato, C₂O₄²⁻. Quantos elétrons estão no sistema π do íon? **(a)** 2 **(b)** 4 **(c)** 6 **(d)** 8

SIM 9.15 A figura mostra um dos orbitais moleculares da molécula H₂. O nome desse orbital é _____, e ele é _____. **(a)** σ_{1s}, ligante **(b)** σ_{1s}, antiligante **(c)** σ^*_{1s}, ligante **(d)** σ^*_{1s}, antiligante

SIM 9.16 Quais das moléculas e íons a seguir têm ordem de ligação de 1/2: H₂, H₂⁺, H₂⁻ ou He₂²⁺? **(a)** H₂ e H₂⁺ **(b)** H₂⁺ e H₂⁻ **(c)** H₂⁻ e He₂²⁺ **(d)** H₂, H₂⁺ e H₂⁻ **(e)** H₂⁺, H₂⁻ e He₂²⁺

SIM 9.17 Qual das seguintes afirmações sobre a teoria do orbital molecular é *falsa*? **(a)** O número de orbitais moleculares para uma molécula é menor do que o número de orbitais atômicos usados para compô-los. **(b)** Dois orbitais atômicos se combinam com máxima eficácia para formar orbitais moleculares quando têm energias semelhantes. **(c)** À medida que a sobreposição de dois orbitais atômicos aumenta, a energia do orbital molecular antiligante decorrente deles aumenta. **(d)** Um orbital molecular para uma molécula pode ter zero, um ou dois elétrons, dependendo da sua energia e do número de elétrons na molécula. **(e)** A energia de um orbital molecular ligante é menor do que a energia dos orbitais atômicos que o compõem.

SIM 9.18 Na descrição dos orbitais moleculares do íon Be₂⁺, o OM σ^*_{2s} tem _____ elétron(s), e a ordem de ligação do íon é _____. **(a)** 1, 0 **(b)** 2, 0 **(c)** 2, 1 **(d)** 2, ½ **(e)** 1, ½

SIM 9.19 O diagrama mostra um dos orbitais moleculares de uma molécula diatômica homonuclear. Qual(is) das afirmações a seguir sobre esse OM é(são) *verdadeira(s)*?

(i) É um OM π^*_{2p}.
(ii) Há outro orbital molecular para a molécula com energia exatamente igual ao que foi mostrado.
(iii) A energia desse orbital molecular é menor do que a energia dos orbitais atômicos dos quais ele foi formado.

(a) Apenas uma das afirmações é verdadeira. **(b)** Apenas i e ii são verdadeiras. **(c)** Apenas i e iii são verdadeiras. **(d)** Apenas ii e iii são verdadeiras. **(e)** Todas as afirmações são verdadeiras.

SIM 9.20 Uma molécula diatômica homonuclear tem a seguinte configuração eletrônica dos orbitais moleculares de valência: $\sigma^2_{2s}\sigma^{*2}_{2s}\sigma^2_{2p}\pi^4_{2p}\pi^{*2}_{2p}$. Qual é a molécula? Ela é diamagnética ou paramagnética? **(a)** B₂, paramagnética **(b)** N₂, diamagnética **(c)** N₂, paramagnética **(d)** O₂, diamagnética **(e)** O₂, paramagnética

SIM 9.21 Disponha os seguintes íons moleculares da menor para a maior ordem de ligação: C₂²⁺, N₂⁻, O₂⁻, F₂⁻.
(a) C₂²⁺ < N₂⁻ < O₂⁻ < F₂⁻   **(d)** C₂²⁺ < F₂⁻ < O₂⁻ < N₂⁻
(b) F₂⁻ < O₂⁻ < N₂⁻ < C₂²⁺   **(e)** F₂⁻ < C₂²⁺ < O₂⁻ < N₂⁻
(c) O₂⁻ < C₂²⁺ < F₂⁻ < N₂⁻

Exercícios

Visualizando conceitos

9.1 Certa molécula AB$_4$ tem um formato de "gangorra". De qual das geometrias fundamentais mostradas na Figura 9.3 você poderia remover um ou mais átomos para criar uma molécula com esse formato de gangorra? [Seção 9.1]

9.2 (a) Se esses três balões são do mesmo tamanho, qual é o ângulo formado entre o balão vermelho e o verde? (b) Se mais ar é colocado no balão azul para que ele fique maior, o ângulo entre os balões vermelho e verde vai diminuir, aumentar ou permanecer igual? (c) Qual dos aspectos do modelo VSEPR é ilustrado pela parte (b): (i) a geometria do domínio eletrônico para os quatro domínios eletrônicos é tetraédrica; (ii) o domínio eletrônico para pares não ligantes é maior do que para pares ligantes; (iii) a hibridização que corresponde a uma geometria do domínio eletrônico trigonal plana é sp^2? [Seção 9.2]

9.3 Para cada molécula (a)-(f), indique quantas geometrias de domínio eletrônico diferentes estão de acordo com a geometria molecular mostrada. [Seção 9.2]

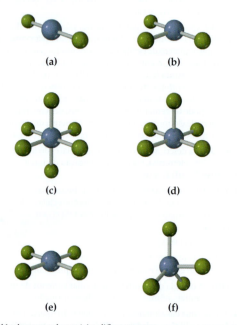

9.4 A molécula mostrada aqui é o *difluorometano* (CH$_2$F$_2$), usada como um refrigerante chamado R-32. (a) Com base nessa estrutura, quantos domínios eletrônicos circundam o átomo de C dessa molécula? (b) A molécula poderia ter um momento de dipolo diferente de zero? (c) Se a molécula for polar, qual das afirmações a seguir descreve a direção do vetor do momento de dipolo resultante na molécula: (i) de um átomo de carbono para um átomo de flúor; (ii) de um átomo de carbono a um ponto no meio do caminho para os átomos de flúor; (iii) de um átomo de carbono a um ponto no meio do caminho para os átomos de hidrogênio; ou (iv) de um átomo de carbono para um átomo de hidrogênio? [Seções 9.2 e 9.3]

9.5 O gráfico a seguir mostra a energia potencial de dois átomos de Cl como uma função da distância entre eles. (a) Se os dois átomos estão muito distantes entre si, qual é a sua energia potencial de interação? (b) Sabemos que a molécula Cl$_2$ existe. A partir desse gráfico, qual é o comprimento e a força aproximados da ligação Cl—Cl na molécula Cl$_2$? (c) Se a molécula Cl$_2$ é comprimida sob pressão cada vez maior, a ligação Cl—Cl se torna mais forte ou mais fraca?

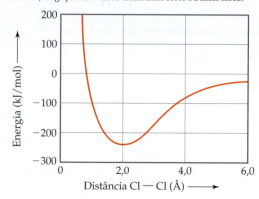

9.6 O diagrama de orbital a seguir apresenta a última etapa na formação de orbitais híbridos de um átomo de silício. (a) Qual das afirmações a seguir descreve melhor o que aconteceu antes da etapa ilustrada no diagrama: (i) dois elétrons 3p se tornaram desemparelhados; (ii) um elétron foi promovido do orbital 2p para o orbital 3s; (iii) um elétron foi promovido do orbital 3s para o orbital 3p? (b) Qual tipo de orbital híbrido é produzido nessa hibridização? [Seção 9.5]

9.7 Considere o seguinte hidrocarboneto:

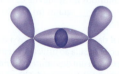

(a) Qual é a hibridização de cada átomo de carbono na molécula? (b) Quantas ligações σ há na molécula? (c) E quantas ligações π? (d) Identifique todos os ângulos de ligação de 120° na molécula. [Seção 9.6]

9.8 A ilustração a seguir mostra a sobreposição de dois orbitais híbridos que formam a ligação em um hidrocarboneto. (a) Qual dos seguintes tipos está se formando: (i) C—C σ, (ii) C—C π ou (iii) C—H σ? (b) Qual das alternativas a seguir poderia representar o hidrocarboneto: (i) CH$_4$, (ii) C$_2$H$_6$, (iii) C$_2$H$_4$ ou (iv) C$_2$H$_2$? [Seção 9.6]

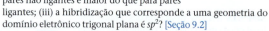

9.9 A molécula mostrada ao lado chama-se *furano*. Ela é representada de forma abreviada, como geralmente é feito com moléculas orgânicas. Os átomos de hidrogênio não são mostrados, e cada um dos quatro vértices representa um átomo de carbono.

(a) Qual é a fórmula molecular do furano? (b) Quantos elétrons de valência há na molécula? (c) Qual é a hibridização de cada átomo de carbono? (**d**) Quantos elétrons há no sistema π da molécula? (**e**) Os ângulos de ligação C—C—C do furano são muito menores do que os do benzeno. A razão provável para isso é: (i) a hibridização dos átomos de carbono do furano é diferente da do benzeno; (ii) o furano não tem outra estrutura de ressonância equivalente à apresentada anteriormente; (iii) os átomos em um anel de cinco membros são forçados a adotar um ângulo menor do que o de anel com seis membros. [Seção 9.5]

9.10 A representação a seguir é parte de um diagrama de níveis de energia de orbital molecular para OMs construídos a partir de orbitais atômicos 1s.

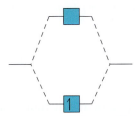

(**a**) Quais classificações devem ser dadas para os dois OM mostrados? (**b**) O diagrama de níveis de energia poderia servir para qual das moléculas ou íons a seguir: H_2, He_2, H_2^+, He_2^+ ou H_2^-? (**c**) Qual é a ordem de ligação da molécula ou do íon? (**d**) Se um elétron for adicionado ao sistema, em qual dos OMs ele será adicionado? [Seção 9.7]

9.11 Para cada uma destas representações de superfície limite de orbitais moleculares, identifique: (**a**) os orbitais atômicos (s ou p) utilizados para construir o OM, (**b**) o tipo de OM (σ ou π), (**c**) se o OM é ligante ou antiligante e (**d**) a localização dos planos nodais. [Seção 9.7 e 9.8]

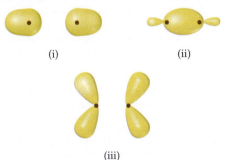

9.12 O diagrama a seguir mostra o OM ocupado de maior energia de uma molécula neutra CX, em que o elemento X está no mesmo período da tabela periódica que o C. (**a**) Com base no número de elétrons, você pode determinar a identidade de X? (**b**) A molécula seria diamagnética ou paramagnética? (**c**) Considere os OMs π_{2p} dessa molécula. Ele tem uma contribuição orbital atômica maior do C, de X ou é uma mistura igual dos orbitais atômicos dos dois átomos? [Seção 9.8]

9.13 A figura ilustra um dos orbitais 2p com as fases. (**a**) Qual orbital 2p é esse? (**b**) Qual(is) das afirmações sobre o orbital é(são) *verdadeira(s)*? (i) Os dois lobos têm magnitudes iguais, mas sinais opostos. (ii) A probabilidade de encontrar um elétron é positiva em uma direção e negativa na direção oposta. (iii) As informações de fase referentes ao orbital se perdem quando elevamos a função de onda ao quadrado. [Seção 9.8]

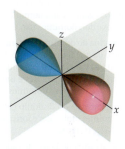

9.14 As figuras mostram duas combinações possíveis de dois orbitais atômicos 2p com fases para formar um orbital molecular. Para cada uma dessas figuras, (**a**) identifique se ela representa adição construtiva ou destrutiva dos dois orbitais atômicos e (**b**) identifique se o orbital molecular resultante será um OM σ, σ*, π ou π*. [Seção 9.8]

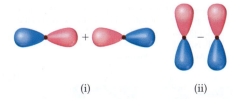

(i)   (ii)

Geometrias moleculares; modelo VSEPR (Seções 9.1 e 9.2)

9.15 Uma molécula AB_2 que satisfaz a regra do octeto tem apenas ligações simples A—B. (**a**) Qual é a geometria do domínio eletrônico da molécula? (**b**) Qual é a geometria molecular da molécula? (**c**) Todas as moléculas AB_2 que satisfazem a regra do octeto têm a mesma geometria molecular?

9.16 (**a**) O metano (CH_4) e o íon perclorato (ClO_4^-) são descritos como tetraédricos. O que isso indica a respeito de seus ângulos de ligação? (**b**) A molécula NH_3 é piramidal trigonal; a de BF_3 é trigonal plana. Em qual dessas moléculas as ligações estão no mesmo plano?

9.17 Para uma determinada molécula AB_3, todos os ângulos de ligação B—A—B são de aproximadamente 109°. (**a**) Qual é a geometria molecular da molécula? (**b**) Qual é a geometria do domínio eletrônico da molécula? (**c**) Quantos domínios eletrônicos não ligantes há no átomo A?

9.18 Descreva os ângulos de ligação encontrados em cada uma das estruturas moleculares a seguir: (**a**) trigonal plana, (**b**) tetraédrica, (**c**) octaédrica, (**d**) linear.

9.19 (**a**) Uma molécula AB_6 não tem pares de elétrons isolados no átomo A. Qual é a sua geometria molecular? (**b**) Uma molécula AB_4 tem dois pares de elétrons isolados no átomo A (além dos quatro átomos B). Qual é a geometria do domínio eletrônico em torno do átomo A? (**c**) Preveja a geometria molecular da molécula AB_4 do item (b).

9.20 Você acredita que o domínio de um par de elétrons não ligantes no NH_3 é maior ou menor em tamanho que o do PH_3?

9.21 Em qual destas moléculas ou íons a presença de pares de elétrons não ligantes afeta a geometria da molécula? (**a**) SiH_4 (**b**) PF_3 (**c**) HBr (**d**) HCN (**e**) SO_2

9.22 Para qual das moléculas a seguir você pode prever com certeza os ângulos das ligações em torno do átomo central? Para qual você não tem certeza? Explique cada caso. (**a**) H_2S (**b**) BCl_3 (**c**) CH_3I (**d**) CBr_4 (**e**) $TeBr_4$

9.23 Determine o domínio eletrônico e a geometria molecular de uma molécula que tem o seguinte domínio eletrônico em seu átomo central: (**a**) quatro domínios ligantes e nenhum domínio não ligante; (**b**) três domínios ligantes e dois domínios não ligantes; (**c**) cinco domínios ligantes e um domínio não ligante; (**d**) quatro domínios ligantes e dois domínios não ligantes.

9.24 Qual é a geometria do domínio eletrônico e a geometria molecular de uma molécula que tem o seguinte domínio eletrônico em seu átomo central: (**a**) três domínios ligantes e nenhum domínio não ligante; (**b**) três domínios ligantes e um domínio não ligante; (**c**) dois domínios ligantes e dois domínios não ligantes.

9.25 Determine a geometria do domínio eletrônico e a geometria molecular das seguintes moléculas e íons: (**a**) HCN, (**b**) SO_3^{2-}, (**c**) SF_4, (**d**) PF_6^-, (**e**) NH_3Cl^+, (**f**) N_3^-.

9.26 Represente a estrutura de Lewis de cada uma das seguintes moléculas e íons e determine sua geometria do domínio eletrônico e a geometria molecular: (**a**) AsF_3, (**b**) CH_3^+, (**c**) BrF_3, (**d**) ClO_3^-, (**e**) XeF_2, (**f**) BrO_2^-.

9.27 A figura a seguir mostra modelos de bola e vareta para os três formatos possíveis de uma molécula AF_3. (**a**) Para cada estrutura, determine a geometria do domínio eletrônico na qual a geometria molecular é baseada. (**b**) Para cada estrutura, quantos domínios eletrônicos não ligantes há no átomo A? (**c**) Qual dos elementos a seguir produz uma molécula de AF_3 com o mesmo formato de (ii): Li, B, N, Al, P, Cl? (**d**) Nomeie um elemento A que conduza à estrutura AF_3 mostrada em (iii).

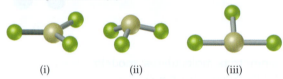

(i) (ii) (iii)

9.28 A figura a seguir mostra uma estrutura de bola e vareta para os três formatos possíveis de uma molécula AF_4. (**a**) Para cada estrutura, determine a geometria do domínio eletrônico na qual a geometria molecular é baseada. (**b**) Para cada estrutura, quantos domínios eletrônicos não ligantes têm no átomo A? (**c**) Qual dos elementos a seguir leva a uma molécula AF_4 com o mesmo formato de (iii): Be, C, S, Se, Si, Xe? (**d**) Nomeie um elemento A que leve à estrutura AF_4 mostrada em (i).

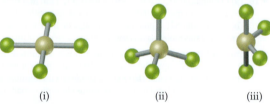

(i) (ii) (iii)

9.29 Determine os valores aproximados para os ângulos de ligação indicados nas seguintes moléculas:

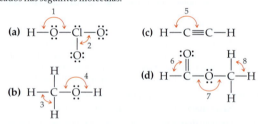

9.30 Determine os valores aproximados dos ângulos de ligação indicados nas seguintes moléculas:

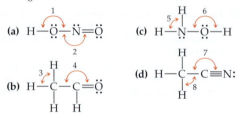

9.31 A amônia, NH_3, reage com bases incrivelmente fortes para produzir o íon amida, NH_2^-. A amônia também pode reagir com ácidos para produzir o íon amônio, NH_4^+. (**a**) Qual espécie (íon amida, amônia ou íon amônio) tem o maior ângulo de ligação H—N—H? (**b**) Qual espécie tem o menor ângulo de ligação H—N—H?

9.32 Em qual das seguintes moléculas ou íons AF_n há mais de um ângulo de ligação F—A—F: SiF_4, F_5, SF_4, F_3?

9.33 Considere os seguintes íons AF_4: PF_4^-, BrF_4^-, ClF_4^+ e AlF_4^-. (**a**) Qual dos íons tem mais de um octeto de elétrons ao redor do átomo central? (**b**) Para qual dos íons a geometria do domínio eletrônico e a geometria molecular são iguais? (**c**) Qual dos íons tem uma geometria do domínio eletrônico octaédrica? (**d**) Qual dos íons vai exibir uma geometria molecular em formato de gangorra?

9.34 Nomeie as geometrias moleculares tridimensionais apropriadas para cada uma das moléculas ou íons a seguir, indicando pares isolados quando necessário: (**a**) ClO_2^- (**b**) SO_4^{2-} (**c**) NF_3 (**d**) CCl_2Br_2 (**e**) SF_4^{2+}

Geometria e polaridade de moléculas poliatômicas (Seção 9.3)

9.35 (**a**) Quais das seguintes afirmações são *verdadeiras*?
  (**i**) O momento de dipolo resultante de uma molécula é a soma vetorial dos seus dipolos de ligação individuais.
  (**ii**) Se os átomos A e B na molécula AB_n têm eletronegatividades diferentes, então a molécula AB_n deve ter momento de dipolo diferente de zero.
  (**iii**) Os dipolos de ligação em uma molécula tetraédrica AB_4 se cancelam.
(**b**) Uma molécula AB_2 tem momento de dipolo resultante diferente de zero. A geometria molecular é linear ou angular?

9.36 Considere uma molécula com fórmula AX_3. Supondo que a ligação A—X é polar, como você espera que o momento de dipolo da molécula AX_3 mude à medida que o ângulo da ligação X—A—X aumenta de 100° para 120°?

9.37 (**a**) O SCl_2 tem momento de dipolo diferente de zero? (**b**) Se a resposta ao item (a) for positiva, qual das alternativas a seguir melhor descreve a direção do momento de dipolo? (i) Ele aponta para uma das ligações S—Cl com a extremidade positiva no átomo de S. (ii) Ele aponta para uma das ligações S—Cl com a extremidade positiva no átomo de Cl. (iii) Ele cruza o ângulo de Cl—S—Cl com a extremidade positiva apontando para o átomo de S. (iv) Ele cruza o ângulo de Cl—S—Cl com a extremidade positiva apontando na direção oposta do átomo de S.

9.38 (**a**) A molécula de PH_3 é polar. Isso oferece prova experimental de que a molécula não pode ser plana? Explique. (**b**) O ozônio, O_3, tem um momento de dipolo pequeno. Como isso pode ser possível se todos os átomos são iguais?

9.39 (**a**) A molécula BF_3 é polar ou apolar? (**b**) Se dois elétrons são adicionados ao BF_3 para formar o íon BF_3^{2-}, esse íon é plano? (**c**) A molécula BF_2Cl tem um momento de dipolo?

9.40 (**a**) Qual das moléculas AF_3 no Exercício 9.27 terá momento de dipolo diferente de zero? (**b**) Qual das moléculas AF_4 no Exercício 9.28 terá momento de dipolo igual a zero?

9.41 Determine se cada uma das moléculas a seguir é polar ou apolar: (**a**) IF, (**b**) CS_2, (**c**) SO_3, (**d**) PCl_3, (**e**) SF_6, (**f**) IF_5.

9.42 Determine se cada uma das moléculas a seguir é polar ou apolar: (**a**) CCl_4, (**b**) NH_3, (**c**) SF_4, (**d**) XeF_4, (**e**) CH_3Br, (**f**) GaH_3.

9.43 O dicloroetileno ($C_2H_2Cl_2$) tem três formas (isômeros), e cada uma delas é uma substância diferente. (**a**) Represente a estrutura de Lewis dos três isômeros; todos têm uma ligação dupla carbono-carbono. (**b**) Qual desses isômeros tem um momento de dipolo igual a zero? (**c**) Quantas formas isoméricas pode ter o cloroetileno, C_2H_3Cl? Espera-se que elas tenham momentos de dipolo?

9.44 O diclorobenzeno, C₆H₄Cl₂, é encontrado em três formas (isômeros): *orto*, *meta* e *para*:

orto   meta   para

Qual desses tem um momento de dipolo diferente de zero?

Sobreposição orbital; orbitais híbridos (Seções 9.4 e 9.5)

9.45 Determine se cada uma das afirmações a seguir é verdadeira ou falsa. (**a**) De acordo com a teoria da ligação de valência, as ligações covalentes são compostas de orbitais sobrepostos em cada átomo da ligação. (**b**) Um orbital *p* em um átomo não pode se sobrepor a um orbital *s* em outro átomo. (**c**) A sobreposição entre os orbitais em dois átomos aumenta à medida que os átomos se afastam. (**d**) A energia potencial de uma molécula aumenta quando os átomos se aproximam demais, devido à repulsão entre os dois núcleos. (**e**) A distância da ligação de uma molécula diatômica corresponde ao valor mínimo da energia potencial da molécula.

9.46 Faça esboços que ilustrem a sobreposição entre os seguintes orbitais de dois átomos: (**a**) os orbitais 2*s* em cada átomo; (**b**) os dois orbitais 2*p_z* em cada átomo (considere que ambos os átomos estão no eixo z); (**c**) o orbital 2*s* em um átomo e o orbital 2*p_z* em outro átomo.

9.47 Determine se cada uma das afirmações a seguir é verdadeira ou falsa. (**a**) Quanto maior a sobreposição orbital em uma ligação, mais fraca é a ligação. (**b**) Quanto maior a sobreposição orbital em uma ligação, mais curta é a ligação. (**c**) Para criar um orbital híbrido, você poderia usar o orbital *s* em um átomo e um orbital *p* em outro. (**d**) Pares de elétrons não ligantes não podem ocupar um orbital híbrido.

9.48 (**a**) De acordo com a teoria da ligação de valência, qual das afirmações a seguir descreve corretamente a formação da ligação Br—Br na molécula Br₂?
(**i**) O orbital 4*s* em um átomo se sobrepõe com o orbital 4*s* em outro átomo.
(**ii**) O orbital 4*s* em um átomo se sobrepõe com o orbital 4*p* em outro átomo.
(**iii**) O orbital 4*p* em um átomo se sobrepõe com o orbital 4*p* em outro átomo.
(**iv**) O orbital 4*p* em um átomo se sobrepõe com um par isolado em outro átomo.

(**b**) De acordo com a teoria da ligação de valência, qual das afirmações a seguir descreve corretamente a formação da ligação H—F na molécula HF?
(**i**) O elétron no átomo de H é transferido completamente para o átomo de F.
(**ii**) O orbital 1*s* do átomo de H se sobrepõe com o orbital 1*s* no átomo de F.
(**ii**) O orbital 1*s* no átomo de H se sobrepõe com o orbital 2*s* no átomo de F.
(**iii**) O orbital 1*s* no átomo de H se sobrepõe com o orbital 2*p* no átomo de F.

9.49 Considere a molécula BF₃. (**a**) Qual é a configuração eletrônica de um átomo de B isolado? (**b**) Qual é a configuração eletrônica de um átomo de F isolado? (**c**) Quais orbitais híbridos devem ser construídos no átomo de B para formar as ligações B—F no BF₃? (**d**) Quais orbitais de valência permanecem não hibridizados no átomo de B do BF₃, se houver algum?

9.50 Considere a molécula SCl₂. (**a**) Qual é a configuração eletrônica de um átomo de S isolado? (**b**) Qual é a configuração eletrônica de um átomo de Cl isolado? (**c**) Quais orbitais híbridos devem ser construídos no átomo de S para formar as ligações S—Cl no SCl₂? (**d**) Quais orbitais de valência permanecem não hibridizados no átomo de S do SCl₂, se houver algum?

9.51 Indique a hibridização do átomo central do (**a**) BCl₃, (**b**) AlCl₄⁻, (**c**) CS₂, (**d**) GeH₄.

9.52 Indique a hibridização do átomo central do (**a**) SiCl₄, (**b**) HCN, (**c**) SO₃, (**d**) TeCl₂.

9.53 A seguir, são mostrados três pares de orbitais híbridos, cada conjunto com um ângulo característico. Para cada par, determine o tipo de hibridização, se houver, que poderia levar a orbitais híbridos com os ângulos especificados.

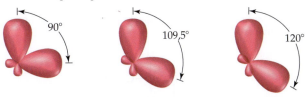

9.54 Determine se cada uma das seguintes afirmações a respeito do CH₃⁺, do CH₃⁻ e do CH₄ é verdadeira ou falsa. (**a**) Os três têm a mesma hibridização no átomo de C. (**b**) Os três têm um orbital não hibridizado no átomo de C. (**c**) Os ângulos H—C—H no CH₃⁺ são maiores do que nos outros dois. (**d**) O CH₃⁻ e o CH₄ têm a mesma geometria do domínio eletrônico.

Ligações múltiplas (Seção 9.6)

9.55 Quais das afirmações a seguir são *verdadeiras*? (**a**) Uma ligação σ geralmente é mais forte do que uma π. (**b**) Dois orbitais *s* podem formar uma ligação π. (**c**) Uma ligação π se origina da sobreposição lateral de dois orbitais *p*. (**d**) Uma ligação π tem duas regiões de sobreposição em lados opostos do eixo internuclear.

9.56 (**a**) Se os orbitais atômicos de valência de um átomo são hibridizados *sp*, quantos orbitais *p* não hibridizados permanecem na camada de valência? Quantas ligações π o átomo pode formar? (**b**) Imagine que você pudesse segurar dois átomos que estão ligados um ao outro e rotacioná-los sem mudar o comprimento da ligação. Seria mais fácil rotacionar uma ligação simples σ ou uma ligação dupla (σ e π), ou não faria diferença?

9.57 (**a**) Represente a estrutura de Lewis para o etano (C₂H₆), o etileno (C₂H₄) e o acetileno (C₂H₂). (**b**) Qual é a hibridização dos átomos de carbono em cada molécula? (**c**) Determine qual molécula é plana (se houver). (**d**) Quantas ligações σ e π há em cada molécula?

9.58 Os átomos de nitrogênio no N₂ participam de ligações múltiplas, enquanto os da hidrazina, N₂H₄, não. (**a**) Represente a estrutura de Lewis para ambas as moléculas. (**b**) Qual é a hibridização dos átomos de nitrogênio em cada molécula? (**c**) Qual molécula tem a ligação N—N mais forte?

9.59 O propileno, C₃H₆, é um gás usado para formar um importante polímero: o polipropileno. Sua estrutura de Lewis é:

H—C=C—C—H (com H's ligados)

(**a**) Qual é o número total de elétrons de valência na molécula de propileno? (**b**) Quantos elétrons de valência são usados para formar ligações σ na molécula? (**c**) Quantos elétrons de valência são usados para formar ligações π na molécula? (**d**) Quantos elétrons de valência permanecem como pares não ligantes na molécula? (**e**) Qual é a hibridização em cada átomo de carbono da molécula?

9.60 O acetato de etila, C₄H₈O₂, é uma sustância perfumada, usada tanto como solvente quanto como aromatizante. Sua estrutura de Lewis é:

$$\text{H}-\underset{\underset{\text{H}}{|}}{\overset{\overset{\text{H}}{|}}{\text{C}}}-\underset{}{\overset{\overset{\text{:O:}}{||}}{\text{C}}}-\overset{..}{\underset{..}{\text{O}}}-\underset{\underset{\text{H}}{|}}{\overset{\overset{\text{H}}{|}}{\text{C}}}-\underset{\underset{\text{H}}{|}}{\overset{\overset{\text{H}}{|}}{\text{C}}}-\text{H}$$

(a) Qual é a hibridização de cada átomo de carbono na molécula? (b) Qual é o número total de elétrons de valência no acetato de etila? (c) Quantos elétrons de valência são usados para formar ligações σ na molécula? (d) Quantos elétrons de valência são usados para formar ligações π na molécula? (e) Quantos elétrons de valência permanecem como pares não ligantes na molécula?

9.61 A glicina, o aminoácido mais simples de todos, tem a seguinte estrutura de Lewis:

(a) Quais são os ângulos da ligação aproximados em torno de cada um dos dois átomos de carbono? Quais são as hibridizações dos orbitais de cada um deles? (b) Quais são as hibridizações dos orbitais nos dois oxigênios e no átomo de nitrogênio? Quais são os ângulos de ligação aproximados do nitrogênio? (c) Qual é o número total de ligações σ em toda a molécula? Qual é o número total de ligações π?

9.62 O ácido acetilsalicílico, mais conhecido como aspirina, tem a seguinte estrutura de Lewis:

(a) Quais são os valores aproximados dos ângulos de ligação classificados como 1, 2 e 3? (b) Quais orbitais híbridos são usados em torno do átomo central em cada um desses ângulos? (c) Quantas ligações σ existem na molécula?

9.63 Quais das afirmações a seguir sobre ligações π localizadas e deslocalizadas são *verdadeiras*? (a) Em uma ligação π localizada, os dois elétrons na ligação estão totalmente associados a dois átomos. (b) Uma molécula ou um íon que possui múltiplas estruturas de ressonância com ligações duplas apresenta ligações π deslocalizadas. (c) Em uma ligação π deslocalizada, os elétrons estão espalhados entre três ou mais átomos. (d) A melhor forma de descrever o benzeno utiliza ligações π localizadas.

9.64 (a) Represente apenas uma estrutura de Lewis que satisfaça a regra do octeto para o SO₃. (b) Qual é a hibridização do átomo de S? (c) Existem outras estruturas de Lewis equivalentes para a molécula? (d) Você esperaria que o SO₃ apresentasse uma ligação π deslocalizada? (e) Quantos elétrons estão presentes no sistema π do SO₃?

9.65 No íon formiato, HCO₂⁻, o átomo de carbono é o átomo central, com os outros três átomos ligados a ele. (a) Represente a estrutura de Lewis para o íon formato. (b) Qual é a hibridização do átomo de C? (c) Existem diferentes estruturas de ressonância equivalentes para o íon? (d) Quantos elétrons há no sistema π do íon?

9.66 Considere a seguinte estrutura de Lewis:

(a) A estrutura de Lewis ilustra uma molécula neutra ou um íon? Se for um íon, qual é a sua carga? (b) Qual é a hibridização em cada átomo de carbono? (c) Existem múltiplas estruturas de ressonância equivalentes para a espécie? (d) Quantos elétrons há no sistema π da espécie?

9.67 Determine a geometria molecular de cada uma das moléculas a seguir:

(a) H—C≡C—C≡C—C≡N

(b) H—O—C—C—O—H
         ‖   ‖
         O   O

(c) H—N=N—H

9.68 Qual hibridização você espera para o átomo indicado em vermelho em cada uma das seguintes espécies? (a) CH₃**C**O₂⁻ (b) **P**H₄⁺ (c) **Al**F₃ (d) H₂C=CH—**C**H₂⁺

Orbitais moleculares e moléculas diatômicas do segundo período (Seções 9.7 e 9.8)

9.69 Quais das afirmações a seguir sobre orbitais moleculares são *verdadeiras*? (a) Um orbital molecular pode conter no máximo dois elétrons. (b) O número de orbitais moleculares formados é igual ao número de orbitais atômicos mesclados para formar os OMs. (c) Um orbital molecular ligante terá menor energia do que os dois orbitais atômicos mesclados para formar o OM. (d) Os elétrons não podem ser colocados em orbitais moleculares antiligantes. (e) Um orbital molecular ligante concentra a densidade eletrônica na região entre dois átomos.

9.70 Quais das afirmações a seguir sobre orbitais moleculares e orbitais híbridos são *verdadeiras*? (a) Orbitais moleculares e orbitais híbridos são criados pela mistura matemática das funções de onda de orbitais atômicos. (b) Os orbitais moleculares são formados pela combinação de orbitais atômicos de diferentes átomos. (c) Orbitais híbridos e orbitais moleculares são nomes diferentes para a mesma coisa. (d) Um orbital híbrido pode conter mais elétrons do que um orbital molecular.

9.71 Considere um íon H₂⁺. (a) Faça um esboço dos orbitais moleculares do íon e desenhe o diagrama de níveis de energia. (b) Quantos elétrons há no íon H₂⁺? (c) Escreva a configuração eletrônica do íon com relação aos seus OMs. (d) Qual é a ordem de ligação do H₂⁺? (e) Suponha que o íon é excitado pela luz, de modo que um elétron seja promovido de um OM de menor energia para um OM de maior energia. Você espera que o estado excitado do íon H₂⁺ seja estável ou instável? (f) Qual das seguintes afirmações sobre o item (e) está correta? (i) A luz excita um elétron de um orbital ligante para um orbital antiligante. (ii) A ordem de ligação do íon não varia quando um elétron é excitado. (iii) No estado excitado, há mais elétrons ligantes do que elétrons antiligantes.

9.72 (a) Faça o esboço de orbitais moleculares do íon H₂⁻ e desenhe o diagrama dos níveis de energia dele. (b) Escreva a configuração eletrônica do íon com relação aos seus OM. (c) Calcule a ordem de ligação no H₂⁻. (d) Suponha que o íon é excitado pela luz, de modo que um elétron seja promovido de um OM de menor energia para um OM de maior energia. Você espera que o estado excitado íon

H₂⁻ seja estável? (**e**) Qual das seguintes afirmações sobre item (d) está correta? (i) A luz excita um elétron de um orbital ligante para um orbital antiligante. (ii) A luz excita um elétron de um orbital antiligante para um orbital ligante. (iii) No estado excitado, há mais elétrons ligantes do que elétrons antiligantes.

9.73 Faça uma ilustração que mostre os três orbitais 2p em um átomo e os três orbitais 2p em outro átomo. (**a**) Imagine esses átomos se aproximando para se ligarem. Quantas ligações σ os dois conjuntos de orbitais 2p podem formar uns com os outros? (**b**) Quantas ligações π os dois conjuntos de orbitais 2p podem formar uns com os outros? (**c**) Quantos orbitais antiligantes, e de que tipo, podem ser formados pelos dois conjuntos de orbitais 2p?

9.74 Indique se cada afirmação é verdadeira ou falsa. (**a**) Os orbitais s somente podem formar orbitais moleculares σ ou σ*. (**b**) Há uma probabilidade de 100% de encontrar um elétron no núcleo em um orbital π*. (**c**) Os orbitais antiligantes têm energia mais elevada do que os orbitais ligantes se todos os orbitais são criados a partir dos mesmos orbitais atômicos. (**d**) Os elétrons não podem ocupar um orbital antiligante.

9.75 Considere os orbitais moleculares de valência para a molécula Na_2 resultantes da mistura dos orbitais atômicos de valência 3s em cada um dos átomos de Na. (**a**) Quantos orbitais moleculares serão formados? (**b**) Qual é a ordem de ligação da molécula Na_2? (**c**) Qual é a ordem de ligação do íon molecular Na_2^+? (**d**) Qual deve ter a maior ligação Na—Na: Na_2 ou Na_2^+? (**e**) Qual deve ter a ligação Na—Na mais forte: Na_2 ou Na_2^+?

9.76 (**a**) Com base no diagrama de orbital molecular, qual é a ordem de ligação da molécula O_2? (**b**) Qual é a ordem de ligação esperada do íon *peróxido*, O_2^{2-}? (**c**) Qual é a ordem de ligação esperada do íon *superóxido*, O_2^-? (**d**) Do mais curto para o mais longo, ordene os comprimentos das ligações para O_2, O_2^{2-} e O_2^-? (**e**) Da mais fraca para a mais forte, ordene as forças das ligações para O_2, O_2^{2-} e O_2^-.

9.77 Determine se cada uma das afirmações a seguir sobre diamagnetismo e paramagnetismo é verdadeira ou falsa. (**a**) Uma substância diamagnética é fracamente repelida por um campo magnético. (**b**) Uma substância com elétrons não pareados será diamagnética. (**c**) Uma substância paramagnética sofre a atração de um campo magnético. (**d**) A molécula O_2 é paramagnética.

9.78 (**a**) Quais dos íons e moléculas a seguir devem ser paramagnéticos: Ne, Li_2, Li_2^+, N_2, N_2^+, N_2^{2-}? (**b**) Para as substâncias paramagnéticas no item (a), determine o número de elétrons não pareados que cada uma contém.

9.79 Com base nas Figuras 9.39 e 9.43, escreva a configuração eletrônica do orbital molecular para (**a**) B_2^+, (**b**) Li_2^+, (**c**) N_2^+, (**d**) Ne_2^{2+}.

Em cada caso, indique se a adição de um elétron ao íon aumentaria ou diminuiria a ordem de ligação das espécies.

9.80 Se considerarmos que os diagramas de níveis de energia para moléculas diatômicas homonucleares mostrados na Figura 9.43 podem ser aplicados em moléculas diatômicas heteronucleares e íons, determine a ordem de ligação e o comportamento magnético de (**a**) CO^+, (**b**) NO^-, (**c**) OF^+, (**d**) NeF^+.

9.81 Determine as configurações eletrônicas do CN^+, do CN e do CN^-. (**a**) Qual espécie tem a ligação C—N mais forte? (**b**) Alguma espécie é paramagnética? Em caso positivo, qual(is)?

9.82 (**a**) A molécula do óxido nítrico, NO, perde facilmente um elétron para formar o íon NO^+. Qual das afirmações a seguir é a melhor explicação para esse fenômeno? (i) O oxigênio é mais eletronegativo que o nitrogênio. (ii) O elétron de maior energia no NO está no orbital molecular π^*_{2p}. (iii) O OM π^*_{2p} no NO está completamente preenchido. (**b**) Determine a ordem das forças de ligação N—O no NO, no NO^+ e no NO^- e determine se cada um é diamagnético ou paramagnético. (**c**) Os íons NO^+ e NO^- são isoeletrônicos (mesmo número de elétrons) com quais moléculas diatômicas homonucleares neutras?

9.83 Suponha que os OMs das moléculas diatômicas do terceiro período da tabela periódica, como P_2, são análogos aos das do segundo período. (**a**) Quais orbitais atômicos de valência do P são usados para construir os OMs de P_2? (**b**) A figura a seguir mostra um esboço de um dos OMs do P_2. Qual é a classificação para esse OM? (**c**) Para a molécula de P_2, quantos elétrons ocupam o OM da figura? (**d**) Espera-se que o P_2 seja diamagnético ou paramagnético?

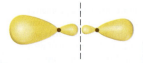

9.84 A molécula de brometo de iodo, IBr, é um *composto inter-halogênico*. Considere que os orbitais moleculares do IBr são análogos aos da molécula diatômica homonuclear F_2. (**a**) Quais orbitais atômicos de valência do I e do Br são usados para construir os OM do IBr? (**b**) Qual é a ordem de ligação da molécula IBr? (**c**) Um dos OMs de valência de IBr é esboçado a seguir. Determine se cada uma das afirmações a seguir sobre esse orbital é *verdadeira*. (i) É um orbital antiligante. (ii) A maior contribuição vem do átomo de I. (iii) A energia do orbital molecular está mais próxima da energia dos orbitais atômicos de valência do Br do que do I. (**d**) Qual é a classificação desse OM? (**e**) Quantos elétrons ocupam o OM da molécula de IBr no desenho?

Exercícios adicionais

9.85 (**a**) Determine se cada uma das seguintes afirmações a respeito do modelo VSEPR é *verdadeira*.
  (**i**) O modelo se baseia no arranjo de domínios eletrônicos que minimiza a repulsão geral entre eles.
  (**ii**) Uma ligação dupla é considerada dois domínios eletrônicos.
  (**iii**) Um domínio eletrônico não ligante é mais espalhado no espaço do que um domínio ligante.

(**b**) Quais das seguintes afirmações sobre a aplicação do modelo VSEPR são *verdadeiras*?
  (**i**) O arranjo ideal de quatro domínios eletrônicos é o quadrático plano.
  (**ii**) Para a geometria do domínio eletrônico bipiramidal trigonal, a posição equatorial é a preferencial para os domínios eletrônicos não ligantes.
  (**iii**) Uma molécula AB_3 que apresenta uma geometria do domínio eletrônico tetraédrica não tem domínios eletrônicos não ligantes no átomo A.

9.86 Uma molécula AB_3 é descrita com a geometria do domínio eletrônico bipiramidal trigonal. (**a**) Quantos domínios não ligantes têm no átomo A? (**b**) Com base na informação dada, qual das seguintes opções representa a geometria molecular da molécula: (i) trigonal plana, (ii) piramidal trigonal, (iii) em forma de T, (iv) tetraédrica?

9.87 Quais das afirmações a seguir sobre a molécula PF_4Cl são *verdadeiras*? (**a**) A molécula possui uma geometria do domínio eletrônico octaédrica. (**b**) O domínio eletrônico P—Cl é maior do que os domínios eletrônicos P—F. (**c**) O átomo de Cl ocupará uma posição equatorial. (**d**) A molécula é hipervalente.

9.88 Os vértices de um tetraedro correspondem a vértices alternados de um cubo. Usando geometria analítica, demostre que o ângulo formado ao se conectar dois dos vértices a um ponto no centro do cubo é de 109,5°, o ângulo característico de moléculas tetraédricas.

9.89 Preencha os espaços em branco do gráfico a seguir. Se a coluna da molécula estiver vazia, preencha com um exemplo que satisfaça as outras condições do resto da linha.

Molécula	Geometria do domínio eletrônico	Hibridização do átomo central	Momento de dipolo? Sim ou não
CO_2			
		sp^3	Sim
		sp^3	Não
	Trigonal plana		Não
SF_4			
	Octaédrica		Não
		sp^2	Sim
	Bipiramidal trigonal		Não
XeF_2			

9.90 Com base nas estruturas de Lewis, determine o número de ligações σ e π em cada uma das seguintes estruturas moleculares ou iônicas: **(a)** CO_2; **(b)** cianogênio, $(CN)_2$; **(c)** formaldeído, H_2CO; **(d)** ácido fórmico, HCOOH, que tem um átomo de H e dois de O ligados ao de C.

9.91 A molécula de ácido lático, $CH_3CH(OH)COOH$, confere o sabor desagradável ao leite azedo. **(a)** Represente a estrutura de Lewis para a molécula, considerando que o carbono sempre forma quatro ligações em seus compostos estáveis. **(b)** Quantas ligações π e quantas ligações σ existem na molécula? **(c)** Qual ligação CO da molécula é a mais curta? **(d)** Qual é a hibridização dos orbitais atômicos ao redor do átomo de carbono associado à ligação mais curta? **(e)** Quais são os ângulos de ligação aproximados ao redor de cada átomo de carbono da molécula?

9.92 Uma molécula AB_5 tem a geometria mostrada a seguir. **(a)** Qual é o nome dessa geometria molecular? **(b)** Qual é a geometria do domínio eletrônico da molécula? **(c)** Suponha que os átomos B sejam halogênios. De qual grupo da tabela periódica o átomo A faz parte: (i) grupo 5A, (ii) grupo 6A, (iii) grupo 7A, (iv) grupo 8A ou (v) mais informações são necessárias?

9.93 Existem dois compostos com a fórmula $Pt(NH_3)_2Cl_2$:

```
    NH₃              Cl
     |                |
Cl—Pt—Cl      Cl—Pt—NH₃
     |                |
    NH₃              NH₃
```

O composto da direita é a *cisplatina*, e o da esquerda, a *transplatina*. **(a)** Qual composto possui momento de dipolo diferente de zero? **(b)** Um desses compostos é usado para tratar o câncer e o outro é inativo. Os íons de cloreto do quimioterápico sofrem uma reação de substituição com os átomos de nitrogênio do DNA próximos uns dos outros, formando um ângulo N—Pt—N de cerca de 90°. Tente prever qual dos dois compostos é o quimioterápico.

9.94 O comprimento da ligação O—H na molécula de água (H_2O) é de 0,96 Å, e o ângulo da ligação H—O—H é de 104,5 Å. O momento de dipolo da molécula de água é 1,85 D. **(a)** Determine se cada uma das afirmações a seguir sobre dipolos de ligação e o momento de dipolo total do H_2O são verdadeiras. (i) As extremidades negativas dos dipolos de ligação apontam para o átomo de O. (ii) Os dois dipolos de ligação apontam em direções diferentes. (iii) O momento de dipolo resultante aponta na mesma direção de um dos dipolos de ligação. **(b)** Calcule a magnitude do dipolo de ligação das ligações O—H (Observação: você precisará usar soma de vetores para fazer isso). **(c)** Compare a resposta do item (b) com o momento de dipolo dos halogenetos de hidrogênio (Tabela 8.3). Sua resposta está de acordo com a eletronegatividade relativa do oxigênio?

9.95 **(a)** Preveja a geometria do domínio eletrônico em torno do átomo central de Xe no XeF_2, XeF_4 e XeF_6. **(b)** A molécula IF_7 tem estrutura bipiramidal pentagonal: cinco flúores são equatoriais, formando um pentágono plano em torno do átomo central de iodo, enquanto os outros dois flúores são axiais. Preveja a geometria molecular do IF_6^-.

9.96 Qual das seguintes afirmações sobre orbitais híbridos é(são) *verdadeira(s)*? **(a)** Depois que um átomo sofre hibridização *sp*, ainda há um orbital *p* não hibridizado no átomo. **(b)** Sob a hibridização sp^2, o lobo maior aponta para os vértices de um triângulo equilátero. **(c)** O ângulo entre os lobos maiores do híbrido sp^3 é de 109,5°.

9.97 A estrutura de Lewis para o aleno é:

```
  H             H
   \           /
    C==C==C
   /           \
  H             H
```

Faça um esboço da estrutura dessa molécula que seja análogo à Figura 9.22. **(a)** Qual é a hibridização do átomo central de C? **(b)** Essa molécula é plana? **(c)** Ela tem um momento de dipolo diferente de zero? **(d)** A ligação π no aleno pode ser descrita como deslocalizada?

9.98 A molécula C_4H_5N tem a conectividade apresentada a seguir. **(a)** Após completar a estrutura de Lewis para a molécula, determine o número de ligações σ e π presentes nela. **(b)** Quantos átomos na molécula apresentam (i) hibridização *sp*, (ii) hibridização sp^2, (iii) hibridização sp^3?

```
        H            H
        |            |
   H—C—C—C—N—C—H
        |
        H
```

9.99 A azida de sódio é um composto sensível ao choque que libera N_2 quando sofre impacto físico. O composto é usado nos airbags de automóveis. O íon azida é o N_3^-. **(a)** Desenhe a estrutura de Lewis do íon azida que minimiza a carga formal (não forma um triângulo). Ela é linear ou angular? **(b)** Indique a hibridização do átomo de N central no íon azida. **(c)** Quantas ligações σ e π o átomo de nitrogênio central forma no íon azida?

9.100 No ozônio, O_3, os dois átomos de oxigênio nas extremidades da molécula são equivalentes. **(a)** Qual é a melhor escolha no esquema de hibridização para os átomos do ozônio? **(b)** Para uma das formas de ressonância do ozônio, quais desses orbitais são usados para formar a ligação e qual é usado para unir os pares de elétrons não ligantes? **(c)** Qual dos orbitais pode ser usado para deslocalizar os elétrons π? **(d)** Quantos elétrons são deslocalizados no sistema π do ozônio?

9.101 O butadieno, C_4H_6, é uma molécula plana com os seguintes comprimentos de ligação carbono-carbono:

$$H_2C\underset{1,34\,Å}{=\!=\!=}CH\underset{1,48\,Å}{-\!-\!-}CH\underset{1,34\,Å}{=\!=\!=}CH_2$$

(a) Determine os ângulos das ligações ao redor de cada átomo de carbono e faça um esboço da molécula. **(b)** Da esquerda para a direita, qual é a hibridização de cada átomo de carbono no butadieno? **(c)** O comprimento da ligação C—C central no butadieno (1,48 Å) é um pouco menor do que o comprimento comum da ligação simples C—C (1,54 Å). Isso significa que a ligação C—C central no butadieno é mais fraca ou mais forte do que uma ligação simples C—C comum? (**d**) Com base na sua resposta para o item (c), discuta quais aspectos adicionais da ligação no butadieno explicam a ligação C—C central ser mais curta.

9.102 A estrutura da *borazina*, $B_3N_3H_6$, é um anel de seis membros que alterna átomos de B e N. Existe um átomo de H ligado a cada átomo de B e N. A molécula é plana. (**a**) Escreva a estrutura de Lewis para a borazina na qual a carga formal em cada átomo é nula. (**b**) Represente a estrutura de Lewis para a borazina na qual cada átomo esteja de acordo com a regra do octeto. (**c**) Quais são as cargas formais nos átomos segundo a estrutura de Lewis do item (b)? Dada a eletronegatividade de B e N, as cargas formais parecem favoráveis ou desfavoráveis? (**d**) Alguma das estruturas de Lewis para os itens (a) e (b) apresenta múltiplas estruturas de ressonância? (**e**) Quais são as hibridizações que ocorrem nos átomos de B e N nas estruturas de Lewis dos itens (a) e (b)? Você espera que a molécula seja plana em ambas as estruturas de Lewis? (**f**) As seis ligações B—N da molécula de borazina são todas idênticas em seu comprimento de 1,44 Å. Os valores típicos para o comprimento de ligação simples e dupla de B—N são 1,51 Å e 1,31 Å, respectivamente. O valor do comprimento da ligação de B—N parece favorecer uma estrutura de Lewis em relação à outra? (**g**) Quantos elétrons existem no sistema π da borazina?

9.103 O orbital molecular ocupado de maior energia de uma molécula é abreviado como HOMO. O orbital molecular não ocupado de menor energia em uma molécula é chamado de LUMO. Experimentalmente, podemos medir a diferença de energia entre o HOMO e o LUMO pelo espectro de absorção eletrônica (UV-visível) da molécula. Os picos do espectro de absorção eletrônica podem ser marcados por $\pi_{2p}-\pi_{2p}^*$, $\sigma_{2s}-\sigma_{2s}^*$ e assim por diante, correspondentes aos elétrons promovidos de um orbital para outro. A transição HOMO–LUMO corresponde às moléculas que vão do seu estado fundamental para o seu primeiro estado excitado. (**a**) Escreva as configurações eletrônicas de valência dos orbitais moleculares para o estado fundamental e o primeiro estado excitado do N_2. (**b**) O N_2 é paramagnético ou diamagnético no seu primeiro estado excitado? (**c**) O espectro de absorção eletrônica da molécula N_2 tem o menor pico de energia em 170 nm. A qual transição orbital ele corresponde? (**d**) Calcule a energia da transição HOMO–LUMO no item (a) em termos de kJ/mol. (**e**) A ligação N—N no primeiro estado excitado é mais forte ou mais fraca em comparação com aquela no estado fundamental?

9.104 Um dos orbitais moleculares do íon H_2^- está esboçado a seguir:

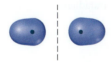

(**a**) O orbital molecular é um OM σ ou π? Ele é ligante ou antiligante? (**b**) No H_2^-, quantos elétrons ocupam o OM mostrado? (**c**) Qual é a ordem de ligação dos íons H_2^-? (**d**) Em comparação à ligação H—H no H_2, espera-se que a ligação H—H no H_2^- seja: (i) mais curta e mais forte, (ii) mais longa e mais forte, (iii) mais curta e mais fraca, (iv) mais longa e mais fraca, (v) de comprimento igual e mais forte?

9.105 Disponha as seguintes moléculas e íons em ordem crescente da ordem de ligação: H_2^+, B_2, N_2^+, F_2^+ e Ne_2.

9.106 Os esboços a seguir mostram as funções de onda de orbital atômico (com fases) usadas para construir alguns dos OMs de uma molécula diatômica homonuclear. Para cada esboço, determine o tipo de OM que resultará da mistura das funções de onda dos orbitais atômicos de acordo com a ilustração. Use as mesmas classificações nas fases para os OMs que foram usados na seção "Olhando de perto".

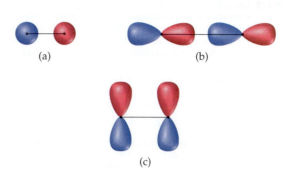

9.107 Os *corantes azo* são corantes orgânicos com diversas aplicações, como colorir tecidos. Muitos corantes azo são derivados da substância orgânica *azobenzeno*, $C_{12}H_{10}N_2$, que é muito próxima do *hidrazobenzeno*, $C_{12}H_{12}N_2$. A estrutura de Lewis para as duas substâncias é:

Azobenzeno   Hidrazobenzeno

(Lembre-se da abreviação utilizada para o benzeno.) (**a**) Qual é a hibridização do átomo N em cada substância? (**b**) Quantos orbitais atômicos não hibridizados existem nos átomos de N e C em cada uma das substâncias? (**c**) Determine os ângulos das ligações N—N—C de cada uma das substâncias. (**d**) O azobenzeno tem uma maior deslocalização dos seus elétrons π que o hidrazobenzeno. Discuta essa afirmação com base em suas respostas aos itens (a) e (b). (**e**) Todos os átomos do azobenzeno ficam em um plano mas os do hidrazobenzeno, não. Essa informação está de acordo com a afirmação do item (d)? (**f**) O azobenzeno tem uma intensa cor laranja avermelhada; o hidrazobenzeno é quase incolor. Qual molécula seria a melhor escolha para usar em um dispositivo de conversão de energia solar? (Veja o quadro "Química e sustentabilidade" para mais informações sobre células solares).

9.108 O monóxido de carbono, CO, é isoeletrônico com o N_2. (**a**) Represente a estrutura de Lewis do CO que satisfaça à regra do octeto. (**b**) Considere que o diagrama da Figura 9.46 pode ser usado para descrever os OMs do CO. Qual seria a ordem de ligação para o CO? Essa resposta está de acordo com a estrutura de Lewis representada no item (a)? (**c**) Verificou-se experimentalmente que os elétrons com maior energia no CO ocupam o OM σ. Qual das seguintes afirmações melhor explica essa observação? (i) A observação é consistente com o ordenamento dos OMs na Figura 9.46. (ii) A observação sugere que o ordenamento dos OMs π_{2p} e π_{2p}^* precisa ser modificado em comparação com a Figura 9.46. (iii) A observação sugere que o OM σ_{2p} na Figura 9.46 é elevado acima do OM π_{2p} por uma mistura semelhante à da Figura 9.42. (**d**) Você espera que o OM π_{2p} de CO tenha orbitais atômicos com contribuição igual dos átomos de C e de O? Se não, qual átomo contribuiria mais?

9.109 O diagrama de níveis de energia da Figura 9.40 mostra que a sobreposição lateral de um par de orbitais p produz dois orbitais moleculares, um ligante e um antiligante. O etileno tem um par de elétrons em um orbital π ligante entre os dois carbonos. A absorção de um fóton com o comprimento de onda adequado pode resultar na promoção de um elétron de ligação do orbital molecular π_{2p} para o π_{2p}^*. (**a**) Considerando que essa transição eletrônica corresponde à transição HOMO–LUMO, qual é o HOMO no etileno? (**b**) Qual é o LUMO? (**c**) A ligação C—C no etileno é mais forte no estado excitado do que no estado fundamental? É mais fraca? Por quê? (**d**) A ligação C—C no etileno é mais fácil de rotacionar no estado fundamental ou no estado excitado?

9.110 Um composto formado por 2,1% de H, 29,8% de N e 68,1% de O tem massa molar de aproximadamente 50 g/mol. **(a)** Qual é a fórmula molecular do composto? **(b)** Qual é a estrutura de Lewis do composto se o H está ligado ao O? **(c)** Qual é a geometria dessa molécula? **(d)** Qual é a hibridização dos orbitais em volta do átomo de N? **(e)** Quantas ligações σ e π existem na molécula?

9.111 O tetrafluoreto de enxofre (SF$_4$) reage lentamente com o O$_2$, formando o monóxido de tetrafluoreto de enxofre (OSF$_4$), de acordo com a reação não balanceada a seguir:

$$SF_4(g) + O_2(g) \longrightarrow OSF_4(g)$$

O átomo de O e os quatro átomos de F no OSF$_4$ estão ligados ao átomo de S central. **(a)** Faça o balanceamento dessa equação. **(b)** Represente a estrutura de Lewis do OSF$_4$ na qual as cargas formais de todos os átomos sejam nulas. **(c)** Use as entalpias médias de ligação (Tabela 8.3) para estimar a entalpia da reação. Ela é endotérmica ou exotérmica? **(d)** Determine a geometria do domínio eletrônico do OSF$_4$ e escreva as duas geometrias moleculares possíveis para a molécula, baseando-se na geometria do domínio eletrônico. **(e)** Para cada uma das moléculas que você desenhou no item (d), informe quantos átomos de flúor são equatoriais e quantos são axiais.

9.112 A molécula de 2-buteno, C$_4$H$_8$, pode ser submetida a uma variação geométrica chamada de *isomerização cis-trans*:

cis-2-buteno $\longrightarrow$ trans-2-buteno

Conforme discutido no quadro "A química e a vida" sobre a química da visão, tais transformações podem ser induzidas pela luz e são a chave para a visão humana. **(a)** Qual é a hibridização dos dois átomos de carbono centrais do 2-buteno? **(b)** A isomerização acontece mediante a rotação em torno da ligação central C—C. Com relação à Figura 9.29, explique qual das afirmações a seguir melhor caracteriza o que acontece no meio da rotação entre cis- e trans-2--buteno. (i) A ligação σ entre os dois átomos de C é rompida. (ii) A ligação π entre os dois átomos de C é rompida. (iii) Nem a ligação σ nem a π entre os dois átomos de C são rompidas. **(c)** Com base nas entalpias médias de ligação (Tabela 8.3), quanta energia por molécula deve ser fornecida para quebrar a ligação π C—C? **(d)** Qual é o maior comprimento de onda de luz que fornecerá fótons de energia suficiente para quebrar a ligação π C—C e causar a isomerização? **(e)** O comprimento de onda em sua resposta ao item (d) está na porção visível do espectro eletromagnético? **(f)** Com base na sua resposta ao item (e), essa reação de isomerização poderia ser a base para a visão humana?

9.113 O isocianato de metila, CH$_3$NCO, adquiriu má reputação em 1984, quando um vazamento acidental desse composto de um tanque de armazenamento em Bhopal, Índia, resultou na morte de aproximadamente 3.800 pessoas, além de causar ferimentos graves e permanentes a outras milhares. **(a)** Represente a estrutura de Lewis do isocianato de metila. **(b)** Represente o modelo de bola e vareta da estrutura, incluindo estimativas de todos os ângulos de ligação do composto. **(c)** Determine a distância de todas as ligações na molécula. **(d)** Você acredita que a molécula terá um momento de dipolo?

Elabore um experimento

Neste capítulo, fomos apresentados a uma série de novos conceitos, incluindo a deslocalização dos sistemas π de moléculas e a descrição dos orbitais moleculares de ligações moleculares. Uma conexão entre esses conceitos ocorre nos chamados *corantes orgânicos*, moléculas com sistemas π deslocalizados que apresentam cor. A cor deve-se à excitação de um elétron do *orbital molecular ocupado de maior energia* (HOMO) para o *orbital molecular não ocupado de menor energia* (LUMO). Suspeita-se que a diferença de energia entre HOMO e LUMO dependa do comprimento do sistema π. Imagine que você recebeu amostras das seguintes substâncias para testar essa hipótese:

butadieno

hexatrieno

β-caroteno

O β-caroteno é a principal substância responsável pela forte cor laranja das cenouras, sendo também um importante nutriente para a produção de retinol em nosso corpo (veja o quadro "A química e a vida" na Seção 9.6). **(a)** Quais experimentos você poderia elaborar para determinar a quantidade de energia necessária para excitar um elétron do HOMO para o LUMO em cada uma dessas moléculas? **(b)** Como você poderia representar graficamente seus dados para determinar se existe uma relação entre o comprimento do sistema π e a energia de excitação? **(c)** Quais moléculas adicionais você poderia querer obter para testar as ideias desenvolvidas aqui? **(d)** Como você poderia elaborar um experimento para determinar se os sistemas π deslocalizados, e não outra característica da molécula, como o seu comprimento ou a presença de ligações π, são importantes para fazer com que as excitações ocorram na porção visível do espectro? (*Dica*: você pode querer testar moléculas adicionais não mostradas aqui.)

10

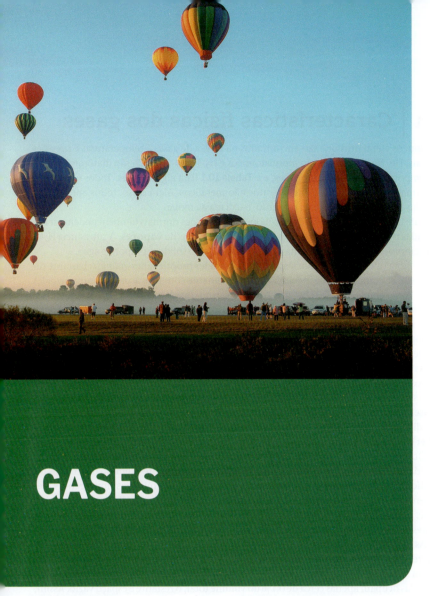

▲ O ar quente é menos denso do que o ar frio, então os balões cheios de ar quente sobem.

GASES

Neste capítulo, examinaremos as propriedades físicas dos gases. Como representam o estado mais simples da matéria, os gases são um excelente ponto de partida para analisarmos o comportamento de grandes conjuntos de átomos ou moléculas. É relativamente fácil formular um modelo simples para os gases que explica o seu comportamento sob as condições mais comuns. Aprenderemos ainda mais quando observarmos as diferenças entre os gases reais e esse modelo ideal à medida que as condições variarem. Assim, começaremos com uma descrição que trata todos os gases como se fossem iguais, independentemente da sua identidade química, mas terminaremos com um entendimento mais profundo sobre aspectos importantes do comportamento físico das moléculas.

O QUE VEREMOS

10.1 ▶ Características físicas dos gases Comparar as características que diferem os gases dos líquidos e dos sólidos, descrever a *pressão* dos gases e as unidades usadas para expressá-la e considerar a atmosfera terrestre e a pressão que esta exerce.

10.2 ▶ Leis dos gases Expressar o estado de um gás por seu volume, pressão, temperatura e quantidade de matéria e examinar as *leis dos gases*, que são relações empíricas entre essas quatro variáveis.

10.3 ▶ Equação do gás ideal Examinar os pressupostos por trás da equação do gás ideal, que combina as leis dos gases da seção anterior em uma única equação, $PV = nRT$, e usá-la para analisar as propriedades dos gases.

10.4 ▶ Misturas de gases e pressões parciais Reconhecer que, em uma mistura de gases, cada gás exerce uma pressão que é parte da pressão total. Essa *pressão parcial* é a pressão que o gás exerceria se estivesse sozinho.

10.5 ▶ Teoria cinética-molecular dos gases Relacionar as propriedades macroscópicas dos gases com o seu comportamento microscópico. Os átomos ou as moléculas que formam um gás estão em movimento aleatório e constante, movendo-se com uma energia cinética média proporcional à temperatura do gás.

10.6 ▶ Velocidades moleculares, efusão e difusão Usar a teoria cinética-molecular para calcular a velocidade das moléculas de gás e prever as velocidades relativas de *efusão* e *difusão*.

10.7 ▶ Gases reais: desvios do comportamento ideal Examinar por que os gases reais desviam-se do comportamento ideal e sob quais condições tais desvios são significativos. A *equação de van der Waals* explica o comportamento dos gases reais sob altas pressões e baixas temperaturas.

10.1 | Características físicas dos gases

Objetivos de aprendizagem

Após terminar a Seção 10.1, você deve ser capaz de:
▶ Descrever as diferenças entre as propriedades dos gases e dos sólidos e líquidos.
▶ Definir e determinar a pressão do gás a partir de dados experimentais.
▶ Converter entre unidades de pressão.

Dos poucos elementos que são encontrados na forma de gases a temperaturas e pressões normais, He, Ne, Ar, Kr e Xe são monoatômicos e H_2, N_2, O_2, F_2 e Cl_2 são diatômicos. Muitos compostos moleculares são gases, e a **Tabela 10.1** lista alguns deles. Todos esses gases são formados inteiramente por elementos não metálicos. Além disso, todos apresentam fórmulas moleculares simples e, portanto, baixa massa molar.

Substâncias que são líquidos ou sólidos em condições normais também podem ser encontradas no estado gasoso. Nesse caso, elas são chamadas de **vapores**. A substância H_2O, por exemplo, pode existir na forma de água líquida, gelo sólido ou vapor de água.

Embora diferentes substâncias gasosas possam ter propriedades *químicas* bastante diversas, elas se comportam de maneira muito semelhante com relação às suas propriedades *físicas*. Por exemplo, o N_2 e o O_2, que compõem aproximadamente 99% de nossa atmosfera, têm propriedades químicas muito diferentes: o O_2 é fundamental para a vida humana, já o N_2 não tem a mesma importância, citando apenas uma diferença. Contudo, esses dois componentes do ar se comportam, do ponto de vista físico, como um material gasoso, uma vez que suas propriedades físicas são essencialmente idênticas.

As propriedades físicas dos gases diferem de maneira significativa das dos sólidos e dos líquidos. Por exemplo, um gás se expande espontaneamente e preenche totalmente o volume do seu recipiente. Por isso, o volume de um gás é igual ao volume do próprio recipiente. Os gases também são altamente compressíveis: quando pressão é aplicada a um gás, seu volume diminui com facilidade. Sólidos e líquidos, por outro lado, não se expandem para preencher o volume dos recipientes onde eles se encontram e não são facilmente compressíveis.

Dois ou mais gases formam uma mistura homogênea independentemente de suas identidades ou proporções relativas, e a atmosfera é um excelente exemplo disso. Dois ou mais líquidos, ou dois ou mais sólidos, podem ou não formar misturas homogêneas, dependendo de sua natureza química. Por exemplo, quando água e gasolina são misturadas, os dois líquidos permanecem em camadas separadas. Por outro lado, o vapor de água e os vapores de gasolina que ficam sobre os líquidos formam uma mistura gasosa homogênea.

As propriedades dos gases – expandir-se para preencher um recipiente, ser altamente compressível, formar misturas homogêneas, etc. – são explicadas pelo fato de as moléculas estarem relativamente distantes umas das outras. Independentemente do volume de ar, as moléculas ocupam apenas cerca de 0,1% do volume total; o restante é espaço vazio. Assim, cada molécula se comporta, em grande parte, como se as outras não estivessem presentes. Como resultado, diferentes gases se comportam de maneira semelhante, embora sejam constituídos de moléculas diferentes.

Pressão

Uma característica dos gases é que todos exercem uma *pressão* sobre a superfície com a qual entram em contato. Podemos interpretar essa observação em relação aos átomos ou às

TABELA 10.1 Alguns compostos comuns que são gases à temperatura ambiente

Fórmula	Nome	Características
HCN	Cianeto de hidrogênio	Muito tóxico e possui leve odor de amêndoas amargas
H_2S	Sulfeto de hidrogênio	Muito tóxico e possui odor de ovo podre
CO	Monóxido de carbono	Tóxico, incolor e inodoro
CO_2	Dióxido de carbono	Incolor e inodoro
CH_4	Metano	Incolor, inodoro e inflamável
C_2H_4	Eteno (etileno)	Incolor e amadurece frutas
C_3H_8	Propano	Incolor, inodoro e encontrado no botijão de gás
N_2O	Óxido nitroso	Incolor, odor doce, gás do riso
NO_2	Dióxido de nitrogênio	Tóxico, castanho-avermelhado e possui odor irritante
NH_3	Amoníaco	Incolor e possui odor pungente
SO_2	Dióxido de enxofre	Incolor e possui odor irritante

moléculas no gás. As moléculas de um gás se movem caoticamente, colidindo umas com as outras e com as paredes do seu recipiente. Os impactos com as paredes do recipiente exercem uma força, empurrando as paredes para fora. A **pressão**, P, que o gás exerce é definida como a força, F, dividida pela área, A, da superfície sobre a qual a força atua:

$$P = \frac{F}{A} \qquad [10.1]$$

Pressão atmosférica e barômetro

Pessoas, maçãs e moléculas de nitrogênio estão submetidas a uma força gravitacional que as atrai para o centro da Terra. Por exemplo, quando uma maçã cai de uma macieira, essa força a acelera em direção à terra, e sua velocidade aumenta à medida que a energia potencial é convertida em energia cinética. (Seção 1.4) Os átomos e as moléculas de gás da atmosfera também sofrem aceleração gravitacional. Porém, uma vez que essas partículas têm massas bem pequenas, suas energias térmicas de movimento (energias cinéticas) anulam as forças gravitacionais, de modo que as partículas que compõem a atmosfera não se acumulam na superfície terrestre. No entanto, a força gravitacional atua e faz a atmosfera como um todo exercer uma pressão sobre a superfície terrestre, gerando a *pressão atmosférica*, definida como a força exercida pela atmosfera sobre uma determinada área superficial.

Você pode demonstrar a existência da pressão atmosférica com uma garrafa plástica vazia. Se você sugar o ar na boca da garrafa vazia, é provável que a garrafa se deforme. Quando você quebra o vácuo parcial gerado, a garrafa volta à forma original. A garrafa se deforma porque você sugou algumas das moléculas de ar. As moléculas de ar na atmosfera exercem uma força maior na parte externa da garrafa do que a força exercida pelo número reduzido de moléculas de ar dentro da garrafa.

Calculamos a magnitude da pressão atmosférica por meio da Equação 10.1. A força, F, exercida por qualquer objeto é o produto de sua massa, m, e sua aceleração, a: $F = ma$. Quando aplicada à nossa atmosfera, a força é a força gravitacional, também chamada de peso. A aceleração é a da gravidade, $g = 9,8$ m/s². Assim, a força gravitacional da atmosfera sobre a superfície terrestre é dada por $F = mg$.

Agora, imagine uma coluna de ar de 1 m² em um corte transversal que se estende por toda a atmosfera (**Figura 10.1**). Essa coluna tem massa de aproximadamente 10.000 kg. A força gravitacional exercida nessa coluna é igual a:

$$F = (10.000 \text{ kg})(9,8 \text{ m/s}^2) = 1 \times 10^5 \text{ kg-m/s}^2 = 1 \times 10^5 \text{ N}$$

em que N é a abreviação de *newton*, a unidade SI para força: $1 \text{ N} = 1 \text{ kg-m/s}^2$.

A pressão exercida pela coluna é essa força dividida pela área da seção transversal, A, sobre a qual a força é aplicada. Como a coluna de ar tem uma área transversal de 1 m², a magnitude da pressão atmosférica ao nível do mar é igual a:

$$P = \frac{F}{A} = \frac{1 \times 10^5 \text{ N}}{1 \text{ m}^2} = 1 \times 10^5 \text{ N/m}^2 = 1 \times 10^5 \text{ Pa} = 1 \times 10^2 \text{ kPa}$$

▲ **Figura 10.1** Cálculo da pressão atmosférica.

A unidade SI de pressão é o **pascal** (Pa). Esse nome é uma homenagem ao cientista francês Blaise Pascal (1623–1662), que estudou a pressão: $1 \text{ Pa} = 1 \text{ N/m}^2$. Outra unidade de pressão é o **bar**: $1 \text{ bar} = 10^5 \text{ Pa} = 10^5 \text{ N/m}^2$. Assim, a pressão atmosférica ao nível do mar que acabamos de calcular, 100 kPa, pode ser representada como 1 bar. (A pressão atmosférica real em qualquer local depende das condições climáticas e da altitude.) Outra unidade de pressão é libras por polegada quadrada (psi, lbs/pol.²). Ao nível do mar, a pressão atmosférica é igual a 14,7 psi.

No século XVII, muitos cientistas e filósofos acreditavam que a atmosfera não tinha peso. Evangelista Torricelli (1608–1647), um aluno de Galileu, provou que isso não era verdade. Ele inventou o *barômetro* (**Figura 10.2**), que é feito da seguinte maneira: um tubo de vidro de mais de 760 mm de comprimento, fechado em uma das extremidades e completamente cheio de mercúrio, é invertido em um recipiente com mercúrio. (Deve-se tomar cuidado para que não fique ar no interior do tubo.) Quando o tubo é invertido no recipiente, parte do mercúrio escoa para fora do tubo, misturando-se ao mercúrio do recipiente, mas uma coluna de mercúrio mantém-se dentro do tubo. Torricelli afirmou que a superfície do mercúrio no recipiente é submetida à força da atmosfera terrestre, que empurra o mercúrio no interior do tubo para cima até que a pressão exercida pela coluna de mercúrio, em razão da ação da

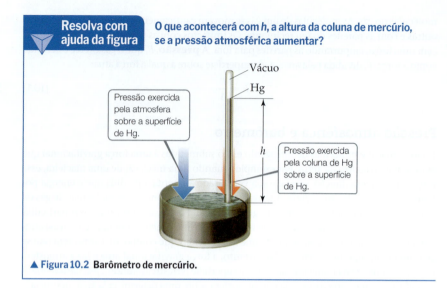

▲ Figura 10.2 Barômetro de mercúrio.

gravidade, se iguale à pressão atmosférica na base do tubo. Então, a *altura*, h, *da coluna de mercúrio é uma medida da pressão atmosférica e varia de acordo com a pressão atmosférica*.

A **pressão atmosférica padrão**, que corresponde à pressão típica ao nível do mar, é a pressão suficiente para sustentar uma coluna de mercúrio de 760 mm de altura. Em unidades SI, essa pressão é $1,01325 \times 10^5$ Pa. A pressão atmosférica padrão define algumas unidades comuns, que não são unidades do SI, utilizadas para expressar a pressão do gás, como a **atmosfera** (atm) e o *milímetro de mercúrio* (mmHg), também chamado de **torr**, por causa de Torricelli: 1 torr = 1 mmHg. Assim, temos:

$$1 \text{ atm} = 760 \text{ mm Hg} = 760 \text{ torr} = 1,01325 \times 10^5 \text{ Pa} = 101,325 \text{ kPa} = 1,01325 \text{ bar}$$

Expressaremos a pressão do gás em diversas unidades ao longo deste capítulo, então você não terá dificuldades em converter as pressões de uma unidade para outra.

Exercício resolvido 10.1
Como calcular a pressão

Qual é a pressão, em quilopascals, sobre o corpo de uma mergulhadora que está 31,0 m abaixo da superfície da água se a pressão atmosférica sobre a superfície for de 98 kPa? Considere que a densidade da água é de 1,00 g/cm³ = $1,00 \times 10^3$ kg/m³. A constante gravitacional é 9,81 m/s² e 1 Pa = 1 kg/m-s².

SOLUÇÃO

Analise Precisamos calcular a pressão sobre a mergulhadora e sabemos a pressão atmosférica (98 KPa) e a profundidade da água (31,0 m).

Planeje A pressão total sobre a mergulhadora é igual à da atmosfera mais a da água. A pressão da água pode ser calculada com a Equação 10.1, P = F/A. A força, F, devido à água sobre a mergulhadora, é dada pelo produto da massa pela aceleração da gravidade, F = mg, em que g = 9,81 m/s².

Resolva A pressão causada pela água é:

$$P = \frac{F}{A} = \frac{mg}{A}$$

A massa da água está relacionada com a sua densidade (d = m/V, então m = d × V). Podemos tratar a água como uma coluna cujo volume é igual à área da seção transversal multiplicada pela sua altura: V = A × h. Quando realizamos essas substituições para a massa (m = d × V) e o volume (V = A × h), obtemos:

$$P = \frac{mg}{A} = \frac{dVg}{A} = \frac{d(Ah)g}{A} = dhg$$

Inserindo as quantidades nas unidades do SI, temos:

$$P = dhg = (1,00 \times 10^3 \text{ kg}/m^3)(31,0 \text{ m})(9,81 \text{ m}/s^2)$$

$$= 3,00 \times 10^5 \frac{\text{kg}}{\text{m-s}^2} = 3,00 \times 10^5 \text{ Pa}$$

Assim, a pressão total sobre a mergulhadora é:

$$P_{total} = 98 \text{ kPa} + 300 \text{ kPa} = 398 \text{ kPa}$$

Isso corresponde a uma pressão de 3,94 atm.

▶ **Para praticar**

O gálio funde-se a uma temperatura ligeiramente superior à temperatura ambiente e é líquido em uma ampla faixa de temperatura (30 a 2.204 °C). Isso significa que ele é um fluido adequado para um barômetro. Dada sua densidade, d_{Ga} = 6,0 g/cm³, qual seria a altura da coluna se o gálio fosse usado como fluido para um barômetro e a pressão externa fosse de $9,5 \times 10^4$ Pa?

Utilizamos vários dispositivos para medir as pressões de gases em recipientes fechados. Por exemplo, os calibradores de pneu medem a pressão do ar em pneus de automóveis e bicicletas. Em laboratórios, costumamos utilizar um *manômetro*, que funciona segundo um princípio semelhante ao do barômetro, como mostra o Exercício resolvido 10.2.

Exercício resolvido 10.2
Utilização de um manômetro para medir a pressão do gás

Em determinado dia, um barômetro de laboratório indica que a pressão atmosférica é 764,7 torr. Uma amostra de gás é colocada em um balão ligado a um manômetro de mercúrio com uma das extremidades abertas (**Figura 10.3**), e uma régua é utilizada para medir a altura do mercúrio nos dois braços do tubo em U. A altura do mercúrio no braço da extremidade aberta é 136,4 mm, e a altura do braço em contato com o gás no balão é 103,8 mm. Qual é a pressão do gás no balão (**a**) em atmosferas e (**b**) em quilopascal?

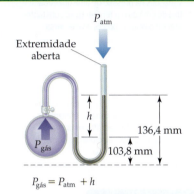

▲ **Figura 10.3 Manômetro de mercúrio.**

SOLUÇÃO
Analise Com base na pressão atmosférica (764,7 torr) e nas alturas do mercúrio nos dois braços do manômetro, devemos determinar a pressão do gás no balão. Lembre-se de que o milímetro de mercúrio é uma unidade de pressão. Sabemos que a pressão do gás no balão deve ser maior que a pressão atmosférica, pois o nível de mercúrio no braço ao lado do balão (103,8 mm) é mais baixo que o nível no braço aberto para a atmosfera (136,4 mm). Portanto, o gás no balão está empurrando o mercúrio do braço em contato com o balão para o braço aberto para a atmosfera.

Planeje Usaremos a diferença na altura entre os dois braços (h na Figura 10.3) para ver o quanto a pressão do gás excede a pressão atmosférica. Como está sendo utilizado um manômetro de mercúrio com uma extremidade aberta, a diferença de altura mede diretamente a diferença de pressão entre o gás e a atmosfera em unidades mmHg ou torr.

Resolva

(**a**) A pressão do gás é igual à pressão atmosférica mais h:

$$P_{gás} = P_{atm} + h$$
$$= 764,7 \text{ torr} + (136,4 \text{ torr} - 103,8 \text{ torr})$$
$$= 797,3 \text{ torr}$$

Convertemos a pressão do gás em atmosferas:

$$P_{gás} = (797,3 \text{ torr})\left(\frac{1 \text{ atm}}{760 \text{ torr}}\right) = 1,049 \text{ atm}$$

(**b**) Para calcular a pressão em kPa, utilizamos o fator de conversão entre atmosferas e kPa:

$$1,049 \text{ atm}\left(\frac{101,3 \text{ kPa}}{1 \text{ atm}}\right) = 106,3 \text{ kPa}$$

Confira A pressão calculada é um pouco maior do que 1 atm, que é aproximadamente 101 kPa. Esse resultado faz sentido, uma vez que antecipamos que a pressão no frasco seria maior que a pressão atmosférica (764,7 torr = 1,01 atm) atuando no manômetro.

▶ **Para praticar**
Se a pressão do gás dentro do balão for aumentada e a altura da coluna no braço com a extremidade aberta chegar a 5,0 mm na Figura 10.3, qual será a nova pressão do gás dentro do balão, em torr?

Exercícios de autoavaliação

EAA 10.1 Qual das seguintes afirmações é *falsa*? (**a**) Muitas propriedades físicas dos gases são semelhantes entre eles. (**b**) Os gases são muito mais compressíveis do que os líquidos e os sólidos. (**c**) Com tempo suficiente, qualquer mistura de gases forma uma mistura homogênea. (**d**) Muitas propriedades químicas dos gases são semelhantes entre eles.

EAA 10.2 A atmosfera de Vênus é composta principalmente de CO_2. Estima-se que a temperatura e a pressão na superfície do planeta sejam de 740 K e 93 bar, respectivamente. Qual é a massa de uma coluna transversal de 1,0 m^2 da atmosfera de Vênus que se estende da superfície até os limites mais externos da atmosfera? A aceleração devido à gravidade em Vênus é de 8,9 m/s^2. (**a**) $1,0 \times 10^1$ kg (**b**) $1,0 \times 10^4$ kg (**c**) $1,1 \times 10^6$ kg (**d**) $9,3 \times 10^6$ kg

EAA 10.3 Uma bomba de vácuo é utilizada para remover a maior parte do gás de um recipiente, produzindo uma pressão de 10,5 torr no interior deste. Qual é a pressão dentro do recipiente em unidades de atm? (**a**) $1,38 \times 10^{-2}$ atm (**b**) 10,6 atm (**c**) $7,98 \times 10^2$ atm (**d**) $1,06 \times 10^5$ atm

10.2 | Leis dos gases

Quatro variáveis são necessárias para definir a condição física ou o *estado* de um gás: temperatura, pressão, volume e quantidade de gás, geralmente expressa em quantidade de matéria (em mols). As equações que expressam as relações entre essas quatro variáveis são chamadas de *leis dos gases*. Como o volume é medido facilmente, as primeiras leis dos gases que serão estudadas expressam o efeito de uma das variáveis sobre o volume, com as duas outras variáveis sendo mantidas constantes.

Relação entre a pressão e o volume: lei de Boyle

O volume do gás aumenta à medida que a pressão exercida sobre o gás diminui. Assim, um balão meteorológico inflado solto na superfície da Terra expande à medida que sobe (**Figura 10.4**). Isso ocorre porque a pressão da atmosfera diminui conforme a altura aumenta.

O químico britânico Robert Boyle (1627–1691) foi o primeiro a investigar a relação entre a pressão de um gás e o seu volume. Ele descobriu, por exemplo, que diminuir a pressão de um gás pela metade do seu valor original duplica o seu volume. Ao mesmo tempo, duplicar a pressão diminui o volume do gás pela metade do seu valor inicial.

A **lei de Boyle**, que resume essas afirmações, determina que:

O volume de uma quantidade fixa de gás a uma temperatura constante é inversamente proporcional à sua pressão.

Quando duas medidas são inversamente proporcionais, uma fica menor à medida que a outra aumenta. A lei de Boyle pode ser expressa matematicamente por:

$$V = \text{constante} \times \frac{1}{p} \quad \text{ou} \quad PV = \text{constante} \quad [10.2]$$

O valor da constante depende da temperatura e da quantidade de gás na amostra.

O gráfico de *V* versus *P*, ilustrado na **Figura 10.5**, mostra a curva obtida para uma determinada quantidade de gás a uma temperatura fixa. Uma relação linear é obtida quando *V* é representado graficamente em função de 1/*P*, conforme a Figura 10.5, à direita.

A lei de Boyle ocupa um lugar especial na história porque o cientista foi o primeiro a realizar experimentos em que uma variável foi sistematicamente alterada para determinar o efeito sobre outra variável. Os dados obtidos na realização dos experimentos foram empregados para estabelecer uma relação empírica: uma "lei".

Aplicamos a lei de Boyle toda vez que respiramos. A caixa torácica, que expande e contrai, e o diafragma, um músculo abaixo dos pulmões, controlam o volume dos pulmões. A inspiração ocorre quando a caixa torácica se expande e o diafragma se move para baixo. Essas duas ações aumentam o volume dos pulmões, diminuindo a pressão do gás no seu interior. A pressão atmosférica empurra o ar para dentro dos pulmões até que as pressões interna e atmosférica sejam igualadas. O processo de expiração é inverso: a caixa torácica se contrai e o diafragma se move para cima, diminuindo o volume dos pulmões. O ar é empurrado para fora deles pelo aumento resultante da pressão.

Objetivos de aprendizagem

Após terminar a Seção 10.2, você deve ser capaz de:

▶ Usar a lei de Boyle para prever como variações na pressão de uma quantidade fixa de um gás em temperatura constante afetam o volume do gás e vice-versa.

▶ Usar a lei de Charles para prever como variações na temperatura de uma quantidade fixa de um gás sob pressão constante afetam o volume do gás e vice-versa.

▶ Usar a lei de Avogadro para prever como variações na quantidade de matéria de um gás em temperatura e pressão constantes estão relacionadas com o volume que o gás ocupa.

Resolva com ajuda da figura

A pressão atmosférica aumenta ou diminui conforme a altitude aumenta? (Ignore as variações de temperatura.)

▲ **Figura 10.4** À medida que um balão sobe na atmosfera, seu volume aumenta.

Resolva com ajuda da figura

Como ficaria um gráfico de *P* versus 1/*V* para uma quantidade fixa de gás a uma temperatura constante?

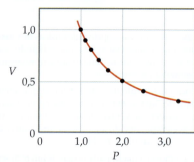
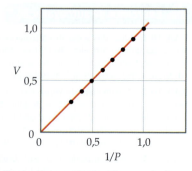

▲ **Figura 10.5 Lei de Boyle.** Para uma quantidade fixa de gás a uma temperatura constante, o volume do gás é inversamente proporcional à sua pressão.

Relação entre temperatura e volume: lei de Charles

A **Figura 10.6** mostra que o volume de um balão inflado aumenta quando a temperatura do gás no seu interior aumenta, e diminui quando a temperatura do gás diminui. A relação entre o volume e a temperatura do gás foi descoberta em 1787 pelo cientista francês Jacques Charles (1746-1823). Alguns dados típicos de temperatura e volume são apresentados na **Figura 10.7**. Observe que a linha tracejada cruza o −273 °C. Note também que é esperado que o gás tenha volume zero a essa temperatura. No entanto, essa situação não pode ser presenciada, porque todos os gases se liquefazem ou se solidificam antes de atingir essa temperatura.

Em 1848, William Thomson (1824-1907), um físico britânico cujo título era Lord Kelvin, propôs uma escala de temperatura absoluta, agora conhecida como escala Kelvin. Nessa escala, 0 K, chamado de *zero absoluto*, é igual −273,15 °C. (Seção 1.5) Em termos da escala Kelvin, a **lei de Charles** afirma que:

O volume de uma quantidade fixa de gás mantida sob pressão constante é diretamente proporcional à sua temperatura absoluta.

Assim, duplicar a temperatura absoluta duplica também o volume de gás. Matematicamente, a lei de Charles estabelece que:

$$V = \text{constante} \times T \quad \text{ou} \quad \frac{V}{T} = \text{constante} \qquad [10.3]$$

em que o valor da constante depende da pressão e da quantidade de gás.

Relação entre quantidade e volume: lei de Avogadro

A relação entre a quantidade de um gás e o seu volume foi estabelecida com base no trabalho de Joseph Louis Gay-Lussac (1778-1823) e de Amedeo Avogadro (1776-1856).

Gay-Lussac foi uma daquelas figuras extraordinárias da história da ciência, um homem aventureiro de verdade. Em 1804, ele subiu 23 mil pés em um balão de ar quente – um recorde de altitude que se manteve por várias décadas. Para controlar melhor o balão, Gay-Lussac estudou as propriedades dos gases. Em 1808, ele estabeleceu a *lei da combinação dos volumes*, definindo que, a uma determinada pressão e temperatura, os volumes de gases que reagem uns com os outros são representados por números inteiros e pequenos. Por exemplo, dois volumes de gás hidrogênio reagem com um volume de gás oxigênio, produzindo dois volumes de vapor de água. (Seção 3.1)

Três anos depois, Avogadro interpretou a observação de Gay-Lussac, propondo o que hoje é conhecida como a **hipótese de Avogadro**:

Volumes iguais de gases à mesma temperatura e pressão contêm números iguais de moléculas.

Por exemplo, 22,4 L de qualquer gás a 0 °C e 1 atm contêm $6,02 \times 10^{23}$ moléculas de gás (i.e., 1 mol), conforme a **Figura 10.8**.

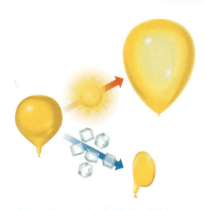

▲ **Figura 10.6** Efeito da temperatura sobre o volume.

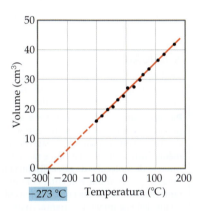

▲ **Figura 10.7 Lei de Charles.** Para uma quantidade fixa de gás a uma pressão constante, o volume de gás é proporcional à temperatura.

Quantos mols de gás há em cada balão?

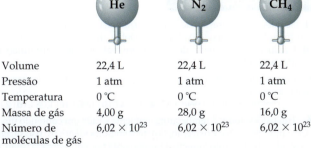

	He	N₂	CH₄
Volume	22,4 L	22,4 L	22,4 L
Pressão	1 atm	1 atm	1 atm
Temperatura	0 °C	0 °C	0 °C
Massa de gás	4,00 g	28,0 g	16,0 g
Número de moléculas de gás	$6,02 \times 10^{23}$	$6,02 \times 10^{23}$	$6,02 \times 10^{23}$

▲ **Figura 10.8 Hipótese de Avogadro.** Com o mesmo volume, sob a mesma pressão e temperatura, amostras de gases diferentes têm o mesmo número de moléculas, mas diferentes massas.

A **lei de Avogadro** é uma consequência da hipótese de Avogadro:

*O volume de um gás mantido sob temperatura
e pressão constantes é diretamente proporcional à quantidade de matéria de gás.*

Ou seja,

$$V = \text{constante} \times n \quad \text{ou} \quad \frac{V}{n} = \text{constante} \quad [10.4]$$

em que *n* é a quantidade de matéria. Dessa maneira, duplicar a quantidade de matéria de gás duplica o volume se *T* e *P* permanecerem constantes.

Exercício resolvido 10.3
Avaliação dos efeitos das variações de *P*, *V*, *n* e *T* sobre um gás

Suponha que tenhamos um gás confinado em um cilindro com um pistão móvel que está vedado para que não haja vazamentos. (Seções 5.2, 5.3) De que modo (**a**) aquecer o gás mantendo a pressão constante, (**b**) reduzir o volume mantendo a temperatura constante e (**c**) injetar gás adicional mantendo a temperatura e o volume constantes afeta (i) a pressão do gás, (ii) a quantidade de matéria (em mols) de gás no cilindro e (iii) a distância média entre as moléculas?

SOLUÇÃO

Analise Precisamos pensar em como cada mudança afeta (1) a pressão do gás, (2) a quantidade de matéria de gás no cilindro e (3) a distância média entre as moléculas.

Planeje Podemos usar as leis dos gases para avaliar as variações de pressão. A quantidade de matéria de gás no cilindro não será alterada a menos que gás seja adicionado ou removido. Avaliar a distância média entre as moléculas não é tão simples. Para um determinado número de moléculas de gás, a distância média entre elas aumenta à medida que o volume aumenta. Por outro lado, a um volume constante, a distância média entre as moléculas diminui à medida que a quantidade de matéria aumenta. Assim, a distância média entre as moléculas será proporcional a *V/n*.

Resolva

(**a**) Como foi estipulado que a pressão se mantém constante, a pressão não é uma variável neste exercício, e o número total de mols de gás também permanece constante. No entanto, com base na lei de Charles, sabemos que aquecer o gás mantendo a pressão constante fará o pistão se mover e o volume aumentar. Assim, a distância entre as moléculas vai aumentar.

(**b**) A redução do volume provoca o aumento da a pressão (lei de Boyle). Comprimir o gás a um volume menor não altera o número total de moléculas de gás. Dessa forma, a quantidade de matéria total permanece igual. No entanto, a distância média entre as moléculas deve diminuir, por conta do volume menor.

(**c**) Injetar mais gás no cilindro adicionará mais moléculas, fazendo a quantidade de matéria de gás no cilindro aumentar. Como adicionamos mais moléculas mantendo o volume constante, a distância média entre moléculas diminui. A lei de Avogadro diz que o volume do cilindro aumenta quando adicionamos mais gás, desde que a pressão e a temperatura sejam mantidas constantes. Aqui, o volume é mantido constante, assim como a temperatura. Isso significa que a pressão deve variar. Com base na lei de Boyle, sabemos que existe uma relação inversa entre volume e pressão (*PV* = constante) e, por isso, concluímos que, se o volume não aumenta quando injetamos mais gás, é provável que a pressão aumente.

▶ **Para praticar**
Um cilindro com oxigênio utilizado em um hospital contém 35,4 L de gás oxigênio a uma pressão de 149,6 atm. Quanto de volume o oxigênio ocuparia se fosse transferido para um recipiente com uma pressão de 1,00 atm e a uma temperatura constante?

Exercícios de autoavaliação

EAA 10.4 Se dobramos a pressão de uma determinada amostra de gás a uma temperatura constante, o que acontece com o seu volume? (**a**) Dobra. (**b**) Permanece igual. (**c**) Diminui pela metade. (**d**) É reduzido a um quarto do volume original. (**e**) Não há informações suficientes para responder à pergunta.

EAA 10.5 Um gás está confinado por uma membrana impermeável e flexível com volume de 1,00 L e a uma temperatura de 25 °C. Se o gás for aquecido a 50 °C e a pressão for mantida constante, qual será o volume ocupado pelo gás? (**a**) 0,923 L (**b**) 1,00 L (**c**) 1,08 L (**d**) 2,00 L

EAA 10.6 Três balões, todos à temperatura ambiente e cada um contendo um gás diferente (metano, CH_4; nitrogênio, N_2; e oxigênio, O_2), têm volumes idênticos. Isso sugere qual das alternativas a seguir? (**a**) O mesmo número de átomos está presente em cada balão. (**b**) O mesmo número de moléculas está presente em cada balão. (**c**) A mesma massa de gás está presente em cada balão. (**d**) Mais de uma das afirmações anteriores são verdadeiras.

10.3 | Equação do gás ideal

As três leis analisadas anteriormente foram estabelecidas ao manter duas das quatro variáveis (*P, V, T* e *n*) constantes e verificar como as duas variáveis restantes eram afetadas. Podemos expressar cada lei como uma relação de proporcionalidade. Usando o símbolo ∝ para "é proporcional a", temos:

$$\text{Lei de Boyle:} \quad V \propto \frac{1}{P} \quad (n \text{ e } T \text{ constantes})$$
$$\text{Lei de Charles:} \quad V \propto T \quad (n \text{ e } P \text{ constantes})$$
$$\text{Lei de Avogadro:} \quad V \propto n \quad (P \text{ e } T \text{ constantes})$$

Podemos combinar essas relações em uma lei geral dos gases:

$$V \propto \frac{nT}{P}$$

Se chamarmos de *R* a constante de proporcionalidade, obteremos uma igualdade:

$$V = R\left(\frac{nT}{P}\right)$$

Podemos, então, reorganizá-la da seguinte maneira:

$$PV = nRT \qquad [10.5]$$

> ⚠ **Objetivos de aprendizagem**
>
> Após terminar a Seção 10.3, você deve ser capaz de:
> - Calcular a pressão, o volume, a quantidade de matéria ou a temperatura de um gás usando a equação do gás ideal.
> - Calcular a densidade ou a massa molar de um gás usando a equação do gás ideal.
> - Usar a equação do gás ideal e o conceito de estequiometria de reação para calcular o volume de um gás produzido ou consumido em uma reação.

A Equação 10.5 representa a **equação do gás ideal**, também chamada de **lei do gás ideal**. Um **gás ideal** é um gás hipotético cujas relações entre pressão, volume e temperatura são descritas completamente pela equação do gás ideal.

Na derivação da equação do gás ideal, adotamos dois pressupostos:

- as moléculas de um gás ideal não interagem umas com as outras; e
- o volume combinado das moléculas é muito menor que o volume ocupado pelo gás.

Por esses motivos, consideramos que as moléculas não ocupam espaço no recipiente. Em muitos casos, o pequeno erro introduzido por esses pressupostos é aceitável. Quando cálculos mais precisos são necessários, podemos corrigir os pressupostos se soubermos algo a respeito do tamanho das moléculas e da atração que elas exercem umas sobre as outras, como explicaremos na Seção 10.7.

O *R* na equação do gás ideal representa a **constante dos gases**. O valor e as unidades de *R* dependem das unidades de *P, V, n* e *T*. O valor de *T* na equação do gás ideal deve *sempre* ser em temperatura absoluta (kelvin em vez de graus Celsius). A quantidade de gás, *n*, costuma ser expressa em mols. É comum usar as unidades atmosferas e litros para expressar a pressão e o volume, respectivamente. No entanto, outras unidades podem ser utilizadas. Fora dos Estados Unidos, o pascal costuma ser a unidade mais utilizada para a pressão. A **Tabela 10.2** mostra o valor numérico de *R* em várias unidades. Ao trabalhar com a equação do gás ideal, você deve escolher a constante *R* em que as unidades estão concordantes com as unidades de *P, V, n* e *T* dadas no problema. Neste capítulo, na maioria das vezes, vamos utilizar *R* = 0,08206 L-atm/mol-K, porque a pressão é expressa com mais frequência em atmosferas.

Suponha que tenhamos 1,000 mol de um gás ideal a 1,000 atm e 0,00 °C (273,15 K). De acordo com a equação do gás ideal, o volume do gás é:

$$V = \frac{nRT}{P}$$

$$= \frac{(1{,}000 \text{ mol})(0{,}08206 \text{ L-atm/mol-K})(273{,}15 \text{ K})}{1{,}000 \text{ atm}} = 22{,}41 \text{ L}$$

As condições 0 °C e 1 atm são chamadas de **condições padrão de temperatura e pressão (CPTP)**. O volume ocupado por um mol de gás ideal nas CPTP, 22,41 L, é conhecido como *volume molar* de um gás ideal nas CPTP.

A equação do gás ideal esclarece de maneira adequada as propriedades da maioria dos gases sob diversas condições. No entanto, a equação não é exatamente correta para qualquer gás real. Assim, o volume medido para determinados valores de *P, n* e *T* podem ser diferentes do volume calculado com *PV = nRT* (**Figura 10.9**). Embora os gases reais nem

TABELA 10.2 Valores numéricos da constante dos gases R em várias unidades

Unidades	Valor numérico
L-atm mol-K	0,08206
J/mol-K *	8,314
cal/mol-K	1,987
m³-Pa mol-K *	8,314
L-torr/mol-K	62,36

*Unidade do SI

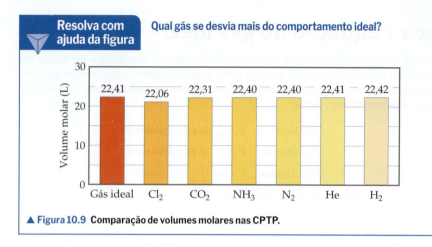

Figura 10.9 Comparação de volumes molares nas CPTP.

sempre se comportem de maneira ideal, o seu comportamento difere pouco do comportamento ideal, de modo que podemos ignorar qualquer desvio, exceto para situações em que a precisão é fundamental.

Exercício resolvido 10.4
Aplicação da equação do gás ideal

O carbonato de cálcio, $CaCO_3(s)$, o principal composto do calcário, é decomposto, quando aquecido, em $CaO(s)$ e $CO_2(g)$. Uma amostra de $CaCO_3$ é decomposta, e o dióxido de carbono formado é recolhido em um balão de 250 mL. Após o término da decomposição, a pressão do gás é igual a 1,3 atm a uma temperatura de 31 °C. Quantos mols de gás CO_2 foram produzidos?

SOLUÇÃO
Analise Com base no volume (250 mL), na pressão (1,3 atm) e na temperatura (31 °C) de uma amostra de gás CO_2, devemos calcular a quantidade de matéria (em mols) de CO_2 na amostra.

Planeje Como sabemos os valores de V, P e T, podemos resolver a equação do gás ideal para encontrar a quantidade desconhecida, n.

Resolva Ao analisar e resolver problemas que envolvem as lei dos gases, é útil listar as informações dadas e, em seguida, converter os valores em unidades que estejam de acordo com as de R (0,08206 L-atm/mol-K). Nesse caso, os valores fornecidos são:

$$V = 250 \text{ mL} = 0,250 \text{ L}$$
$$P = 1,3 \text{ atm}$$
$$T = 31 \text{ °C} = (31 + 273) \text{ K} = 304 \text{ K}$$

Lembre-se: *a temperatura absoluta deve sempre ser utilizada quando a equação do gás ideal for aplicada.*

Agora, reorganizamos a equação do gás ideal (Equação 10.5) para encontrar n:

$$n = \frac{PV}{RT}$$

$$n = \frac{(1,3 \text{ atm})(0,250 \text{ L})}{(0,08206 \text{ L-atm/mol-K})(304 \text{ K})}$$

$$= 0,013 \text{ mol } CO_2$$

Confira As unidades adequadas são canceladas; isso nos assegura de que reorganizamos a equação do gás ideal da maneira adequada e de que as unidades foram convertidas corretamente.

▶ **Para praticar**
Bolas de tênis geralmente são preenchidas com ar ou gás N_2 a uma pressão acima da pressão atmosférica para aumentar o seu quique. Se uma bola de tênis tem um volume de 144 cm³ e contém 0,33 g de gás N_2, qual é a pressão dentro da bola a 24 °C?

ESTRATÉGIAS PARA O SUCESSO | Cálculos que envolvem muitas variáveis

Neste capítulo, deparamo-nos com uma variedade de problemas baseados na equação do gás ideal, que contém quatro variáveis (P, V, n e T) e uma constante (R). Dependendo do tipo de problema, talvez seja necessário encontrar qualquer uma dessas quatro variáveis.

Para obter as informações necessárias em problemas que envolvam mais de uma variável, sugerimos que sejam realizadas as seguintes etapas:

1. **Liste as informações.** Leia os problemas com cuidado para determinar qual variável é a desconhecida e quais variáveis tiveram seus valores numéricos fornecidos. Cada vez que você encontrar um valor numérico, anote-o. Em muitos casos, é útil fazer uma tabela com as informações fornecidas.

2. **Converter em unidades adequadas.** Certifique-se de que as quantidades foram convertidas em unidades adequadas. Por exemplo, ao utilizar a equação do gás ideal, costuma-se empregar o valor de R, que tem as unidades L-atm/mol-K. Se você tiver uma pressão em torr, precisará convertê-la em atmosferas antes de usar esse valor de R em seus cálculos.

3. **Se uma única equação relacionar as variáveis, resolva a equação para encontrar o valor desconhecido.** Para a equação do gás ideal, estas reorganizações algébricas serão utilizadas em algum momento:

$$P = \frac{nRT}{V}, \quad V = \frac{nRT}{P}, \quad n = \frac{PV}{RT}, \quad T = \frac{PV}{nR}$$

4. **Use a análise dimensional.** Faça o cálculo aplicando as unidades. Utilizar a análise dimensional permite que você confira se resolveu a equação corretamente. Se as unidades forem canceladas, resultando nas unidades da variável desejada, você provavelmente usou a equação da forma correta.

Por vezes, não serão apresentados valores definidos para diversas variáveis, o que pode causar a impressão de que o problema não pode ser resolvido. Nesses casos, você deve prestar atenção à informação que pode ser utilizada para determinar as variáveis necessárias. Por exemplo, suponha que você esteja aplicando a equação do gás ideal para calcular a pressão em um problema que apresenta um valor para T, mas não para n ou V. No entanto, o enunciado diz que "a amostra contém 0,15 mol de gás por litro". Você pode representar essa afirmação na expressão:

$$\frac{n}{V} = 0{,}15\ \text{mol/L}$$

Resolvendo a equação do gás ideal para encontrar o valor da pressão, obtemos:

$$P = \frac{nRT}{V}$$

que podemos reescrever da seguinte forma:

$$P = \left(\frac{n}{V}\right)RT$$

Assim, podemos resolver a equação mesmo sem terem sido informados os valores explícitos para n e V.

Como temos enfatizado, para você se tornar proficiente em solucionar problemas de química, o mais importante é resolver os exercícios Para praticar ao final de cada exercício resolvido, os exercícios de autoavaliação no final de cada seção, as questões de simulado e os exercícios no final de cada capítulo. Usar procedimentos sistemáticos, como os descritos aqui, pode minimizar as dificuldades encontradas na resolução de problemas que envolvem muitas variáveis.

Relacionando a equação do gás ideal e as leis dos gases

As leis dos gases discutidas na Seção 10.2 são casos especiais de equação do gás ideal. Por exemplo, quando n e T são mantidas constantes, o produto nRT contém três constantes e deve ser ele mesmo uma constante:

$$PV = nRT = \text{constante} \quad \text{ou} \quad PV = \text{constante} \quad [10.6]$$

Observe que essa reorganização resulta na lei de Boyle. Perceba que, se n e T são constantes, os valores de P e V podem mudar, mas o produto PV deve permanecer constante.

Podemos usar a lei de Boyle para determinar como o volume de um gás varia quando sua pressão também varia. Por exemplo, se um cilindro equipado com um pistão móvel contém 50,0 L de gás O_2 a 18,5 atm e 21 °C, qual será o volume que o gás ocupará se a temperatura for mantida a 21 °C e a pressão for reduzida a 1,00 atm? Como o produto PV é uma constante quando um gás é mantido sob n e T constantes, sabemos que:

$$P_1 V_1 = P_2 V_2 \quad [10.7]$$

em que P_1 e V_1 são os valores iniciais e P_2 e V_2 são os valores finais. Dividindo ambos os lados dessa equação por P_2, temos o volume final, V_2:

$$V_2 = V_1 \times \frac{P_1}{P_2} = (50{,}0\ \text{L})\left(\frac{18{,}5\ \text{atm}}{1{,}00\ \text{atm}}\right) = 925\ \text{L}$$

A resposta é razoável porque um gás se expande à medida que sua pressão diminui.

De modo semelhante, podemos começar com a equação do gás ideal e obter relações entre quaisquer outras duas variáveis: V e T (lei de Charles), n e V (lei de Avogadro) ou P e T.

Com frequência nos deparamos com a situação em que P, V e T variam para uma quantidade fixa de mols de gás. Como n é constante nessa situação, a equação do gás ideal determina que:

$$\frac{PV}{T} = nR = \text{constante}$$

Se representarmos as condições iniciais e finais com os subscritos 1 e 2, respectivamente, podemos escrever uma equação chamada de *lei combinada dos gases*:

$$\frac{P_1 V_1}{T_1} = \frac{P_2 V_2}{T_2} \quad [10.8]$$

Exercício resolvido 10.5
Cálculo do efeito das variações de temperatura sobre a pressão

A pressão do gás em uma lata de aerossol é de 1,5 atm a 25 °C. Considerando que o gás obedece à equação do gás ideal, qual será a pressão quando a lata for aquecida a 450 °C?

SOLUÇÃO

Analise Com base na pressão inicial (1,5 atm) e na temperatura (25 °C) do gás, devemos calcular a pressão a uma temperatura mais elevada (450 °C).

Planeje O volume e a quantidade de matéria do gás não variam; por isso, devemos aplicar uma equação que relacione temperatura e pressão. Convertendo a temperatura para a escala Kelvin e listando as informações fornecidas, temos:

	P	T
Inicial	1,5 atm	298 K
Final	P_2	723 K

Resolva Para determinar como P e T estão relacionados, o primeiro passo é aplicar a equação do gás ideal e isolar as quantidades que não variam (n, V e R) de um lado e as variáveis (P e T) do outro.

$$\frac{P}{T} = \frac{nR}{V} = \text{constante}$$

Como a razão P/T é uma constante, podemos escrever:

$$\frac{P_1}{T_1} = \frac{P_2}{T_2}$$

(em que os subscritos 1 e 2 representam os estados inicial e final, respectivamente). Reorganizando para obter P_2 e substituindo os dados fornecidos, temos:

$$P_2 = (1,5 \text{ atm})\left(\frac{723 \text{ K}}{298 \text{ K}}\right) = 3,6 \text{ atm}$$

Confira Essa resposta é intuitivamente razoável – aumentar a temperatura de um gás aumenta a sua pressão.

Comentário A partir desse exemplo, fica claro por que latas de aerossol contêm um aviso de que não devem ser colocadas próximo ao fogo.

▶ **Para praticar**
A pressão em um tanque de gás natural é mantida a 2,20 atm. Em um dia em que a temperatura é −15 °C, o volume de gás no tanque é $3,25 \times 10^3 \text{ m}^3$. Qual é o volume da mesma quantidade de gás em um dia em que a temperatura é 31 °C?

Exercício resolvido 10.6
Aplicação da lei combinada dos gases

Um balão inflado tem volume de 6,0 L ao nível do mar (1,0 atm) e vai subir até uma altitude com pressão de 0,45 atm. Durante a subida, a temperatura do gás cai de 22 °C para −21 °C. Calcule o volume do balão na altitude final.

SOLUÇÃO

Analise Precisamos determinar um novo volume para uma amostra de gás quando a pressão e a temperatura variam.

Planeje Novamente, vamos converter as temperaturas para kelvins e listar as informações fornecidas.

	P	V	T
Inicial	1,0 atm	6,0 L	295 K
Final	0,45 atm	V_2	252 K

Como n é constante, podemos aplicar a Equação 10.8.

Resolva Reorganizando a Equação 10.8 para encontrar o V_2, temos:

$$V_2 = V_1 \times \frac{P_1}{P_2} \times \frac{T_2}{T_1}$$

$$= (6,0 \text{ L})\left(\frac{1,0 \text{ atm}}{0,45 \text{ atm}}\right)\left(\frac{252 \text{ K}}{295 \text{ K}}\right) = 11 \text{ L}$$

Confira O resultado parece razoável. Observe que o cálculo envolve a multiplicação do volume inicial por uma razão de pressões e uma razão de temperaturas. Intuitivamente, espera-se que a diminuição da pressão faça o volume aumentar e a diminuição da temperatura ocasione o efeito oposto. Uma vez que a variação de pressão causa mais efeitos que a variação da temperatura, espera-se que o resultado da variação de pressão prevaleça quando o volume final é determinado, o que, de fato, ocorre.

▶ **Para praticar**
Uma amostra de 0,50 mol de gás oxigênio é confinada a 0 °C e 1,0 atm em um cilindro com um pistão móvel. O pistão comprime o gás até que o volume final seja a metade do seu valor inicial e a pressão final seja 2,2 atm. Qual é a temperatura final do gás em graus Celsius?

Densidades e massa molar dos gases

Lembre-se de que a densidade tem unidades de massa por unidade de volume ($d = m/V$). (Seção 1.5) Podemos organizar a equação do gás ideal para obter unidades semelhantes de quantidade de matéria (em mols) por unidade de volume:

$$\frac{n}{V} = \frac{P}{RT}$$

Se multiplicarmos ambos os lados dessa equação pela massa molar, $\mathcal{M}$, que representa o número de gramas em 1 mol de uma substância (Seção 3.4), obteremos:

$$\frac{n\mathcal{M}}{V} = \frac{P\mathcal{M}}{RT} \qquad [10.9]$$

O termo à esquerda é igual à densidade em gramas por litro:

$$\frac{\text{mols}}{\text{litro}} \times \frac{\text{gramas}}{\text{mol}} = \frac{\text{gramas}}{\text{litro}}$$

Assim, a densidade do gás também é dada pela expressão à direita na Equação 10.9:

$$d = \frac{n\mathcal{M}}{V} = \frac{P\mathcal{M}}{RT} \qquad [10.10]$$

A Equação 10.10 indica que a densidade de um gás depende da sua pressão, da massa molar e da temperatura. Quanto maiores forem a massa molar e a pressão, mais denso será o gás. Por outro lado, quanto mais alta for a temperatura, menos denso será o gás. Embora os gases formem misturas homogêneas, um gás menos denso ficará acima de um gás mais denso, se não houver mistura. Por exemplo, o CO_2 tem uma massa molar maior que a do N_2 ou a do O_2 e, portanto, é mais denso que o ar. Por isso, o CO_2 liberado de um extintor de incêndio de CO_2 cobre o fogo, impedindo que o O_2 chegue ao material combustível. O "gelo seco", que é CO_2 sólido, converte-se diretamente em gás CO_2 à temperatura ambiente, e a névoa resultante (que, na verdade, são gotículas de água condensadas resfriadas pelo CO_2) é levada para baixo pelo CO_2 incolor mais pesado (Figura 10.10).

▲ **Figura 10.10** O gás dióxido de carbono flui para baixo porque é mais denso que o ar.

Exercício resolvido 10.7
Cálculo da densidade do gás

Qual é a densidade do vapor de tetracloreto de carbono a 714 torr e 125 °C?

SOLUÇÃO

Analise Devemos calcular a densidade de um gás com base no nome, na pressão e na temperatura. A partir do nome, podemos escrever a fórmula química da substância e determinar sua massa molar.

Planeje A densidade pode ser calculada ao aplicar a Equação 10.10. No entanto, antes de fazermos isso, devemos converter as unidades das quantidades indicadas para as unidades adequadas: graus Celsius para kelvin e torr para atmosferas. Também devemos calcular a massa molar do CCl_4.

Resolva A temperatura absoluta é 125 + 273 = 398 K. A pressão é (714 torr) (1 atm/760 torr) = 0,939 atm. A massa molar do CCl_4 é 12,01 + (4) (35,45) = 153,8 g/mol. Portanto:

$$d = \frac{P\mathcal{M}}{RT} = \frac{(0{,}939\ \text{atm})(153{,}8\ \text{g/mol})}{(0{,}08206\ \text{L-atm/mol-K})(398\ \text{K})} = 4{,}42\ \text{g/L}$$

Confira Se dividirmos a massa molar (g/mol) pela densidade (g/L), teremos L/mol. O valor numérico é de aproximadamente 154/4,4 = 35, sendo este um valor estimado adequado para o volume molar de um gás aquecido a 125 °C e a uma pressão próxima da atmosférica. Podemos, assim, concluir que nossa resposta é razoável.

▶ **Para praticar**
A massa molar média da atmosfera na superfície de Titã, a maior lua de Saturno, é 28,6 g/L. A temperatura da superfície é 95 K e a pressão, 1,6 atm. Considerando um comportamento ideal, calcule a densidade da atmosfera de Titã.

Quando temos massas molares iguais de dois gases sob pressão igual, mas com temperaturas diferentes, o gás com maior temperatura é menos denso que o com menor temperatura, de modo que o mais quente sobe. A diferença entre as densidades do ar quente e do ar frio é responsável pela subida dos balões de ar quente. Ela também é responsável por muitos fenômenos climáticos, como a formação de grandes nuvens carregadas durante tempestades.

A Equação 10.10 pode ser rearranjada para que a massa molar de um gás seja calculada:

$$\mathcal{M} = \frac{dRT}{P} \qquad [10.11]$$

Assim, podemos utilizar a densidade de um gás medida experimentalmente para determinar a massa molar das moléculas de gás, conforme exemplifica o Exercício resolvido 10.8.

Exercício resolvido 10.8
Cálculo da massa molar de um gás

Um recipiente grande evacuado tem, inicialmente, uma massa de 134,567 g. Quando o balão é cheio com um gás de massa molar desconhecida a uma pressão de 735 torr e a 31 °C, sua massa é 137,328 g. Quando o balão é evacuado novamente e, em seguida, enchido com água a 31 °C, sua massa é 1.067,9 g. (A essa temperatura, a densidade da água é 0,997 g/mL.) Considerando que a equação do gás ideal é aplicável, calcule a massa molar do gás.

SOLUÇÃO

Analise Com base na temperatura (31 °C) e na pressão (735 torr) de um gás, além das outras informações necessárias para determinar seu volume e sua massa, devemos calcular sua massa molar.

Planeje Os dados obtidos quando o balão é preenchido com água podem ser utilizados para calcular o volume do recipiente. A massa do balão vazio e do balão cheio de gás pode ser utilizada para calcular a massa do gás. A partir dessas quantidades, calcula-se a densidade do gás e, em seguida, aplica-se a Equação 10.11 para calcular a massa molar do gás.

Resolva O volume de gás é igual ao volume de água que o balão pode conter, calculado com base na massa e na densidade da água. A massa da água é a diferença entre a massa do frasco cheio e a do evacuado:

$$1067,9\ g - 134,567\ g = 933,3\ g$$

Reorganizando a equação da densidade ($d = m/V$), temos:

$$V = \frac{m}{d} = \frac{(933,3\ g)}{(0,997\ g/mL)} = 936\ mL = 0,936\ L$$

A massa de gás é a diferença entre a massa do balão preenchido com gás e a massa do frasco evacuado:

$$137,328\ g - 134,567\ g = 2,761\ g$$

Conhecendo os valores da massa do gás (2,761 g) e do seu volume (0,936 L), podemos calcular a densidade:

$$d = 2,761\ g/0,936\ L = 2,95\ g/L$$

Depois de converter a pressão em atmosferas e a temperatura em kelvins, podemos aplicar a Equação 10.11 para calcular a massa molar:

$$\mathcal{M} = \frac{dRT}{P}$$

$$= \frac{(2,95\ g/L)(0,08206\ L\text{-atm}/mol\text{-}K)(304\ K)}{(0,967\ atm)}$$

$$= 76,1\ g/mol$$

Confira As unidades estão adequadas, e o valor de massa molar obtido é razoável para uma substância gasosa em temperatura próxima à temperatura ambiente.

▶ **Para praticar**
Calcule a massa molar média do ar seco, considerando que sua densidade é igual a 1,17 g/L a 21 °C e 740,0 torr.

Volumes de gases em reações químicas

Estamos frequentemente envolvidos na tarefa de determinar a identidade e/ou a quantidade de um gás envolvido em uma reação química. Assim, é muito útil saber calcular os volumes de gases consumidos ou produzidos em reações. Esses cálculos são baseados no conceito de mol e em equações químicas balanceadas. (Seção 3.6) Os coeficientes de uma equação química balanceada indicam as quantidades relativas (em mols) de reagentes e produtos presentes em uma reação. A equação do gás ideal relaciona a quantidade de matéria (em mols) de um gás a P, V e T.

Exercício resolvido 10.9
Relacionando variáveis de gases e estequiometria da reação

Airbags automotivos são insuflados por nitrogênio gasoso, gerado pela rápida decomposição da azida de sódio, NaN_3:

$$2\ NaN_3(s) \longrightarrow 2\ Na(s) + 3\ N_2(g)$$

Se um *airbag* tem um volume de 36 L e é preenchido com nitrogênio gasoso a 1,15 atm e 26 °C, quantos gramas de NaN_3 devem ser decompostos?

SOLUÇÃO

Analise Este é um problema que requer várias etapas. Temos o volume, a pressão e a temperatura do gás N_2, além da equação química da reação na qual ele é gerado. Com base nessas informações, devemos calcular o número de gramas de NaN_3 necessários para obter o N_2 de que precisamos.

Planeje Precisamos usar os dados de gás (P, V e T) e a equação do gás ideal para calcular a quantidade de matéria de gás N_2 que deve ser formada para que o airbag funcione corretamente. Podemos, então, aplicar a equação balanceada para determinar a quantidade de matéria de NaN_3 necessária. Por fim, vamos converter mols de NaN_3 em gramas.

Resolva
A sequência de conversão é:

A quantidade de matéria de N₂ é determinada por meio da equação do gás ideal:

$$n = \frac{PV}{RT} = \frac{(1{,}15\ \text{atm})(36\ \text{L})}{(0{,}08206\ \text{L-atm/mol-K})(299\ \text{K})}$$

$$= 1{,}7\ \text{mol de N}_2$$

Usamos os coeficientes na equação balanceada para calcular a quantidade de matéria de NaN₃:

$$(1{,}7\ \text{mol de N}_2) \frac{2\ \text{mols de NaN}_3}{(3\ \text{mols de N}_2)} = 1{,}1\ \text{mol de NaN}_3$$

Por fim, utilizando a massa molar de NaN₃, convertemos mols de NaN₃ em gramas:

$$(1{,}1\ \text{mol de NaN}_3) \frac{65{,}0\ \text{g de NaN}_3}{(1\ \text{mol de NaN}_3)} = 72\ \text{g de NaN}_3$$

Confira As unidades se cancelam de maneira adequada em cada etapa do cálculo, deixando-nos com a unidade correta na resposta: g de NaN₃.

▶ **Para praticar**

Na primeira etapa do processo industrial de fabricação do ácido nítrico, a amônia reage com o oxigênio na presença de um catalisador adequado, formando óxido nítrico e vapor de água:

$$4\ \text{NH}_3(g) + 5\ \text{O}_2(g) \longrightarrow 4\ \text{NO}(g) + 6\ \text{H}_2\text{O}(g)$$

Quantos litros de NH₃(g) a 850 °C e 5,00 atm são necessários para reagir com 1,00 mol de O₂(g) nessa reação?

Exercícios de autoavaliação

EAA 10.7 Qual situação resultará no aumento da temperatura de uma amostra gasosa? (**a**) Aumentar a pressão de uma quantidade fixa de gás em um recipiente rígido. (**b**) Diminuir o volume de um balão para uma quantidade fixa de gás sob pressão constante. (**c**) Aumentar a quantidade de matéria do gás em um recipiente rígido sob pressão constante. (**d**) Ao mesmo tempo duplicar a pressão e diminuir pela metade o volume de um balão que contém uma quantidade fixa de gás.

EAA 10.8 Uma amostra de oxigênio a uma temperatura de 20 °C ocupa um volume de 335 mL. Quantos mols de gás estão presentes se a pressão é de 0,998 atm? (**a**) $1{,}37 \times 10^{-4}$ mol (**b**) 0,0139 mol (**c**) 0,204 mol (**d**) 13,9 mol

EAA 10.9 Uma amostra de gás N₂ a uma temperatura de 25 °C e a uma pressão de 750 torr é confinada em um recipiente de vidro de volume desconhecido. Se o recipiente for aquecido até 250 °C, qual será a pressão do gás dentro do recipiente? (**a**) 75,0 torr (**b**) 427 torr (**c**) 1.320 torr (**d**) 7.500 torr

EAA 10.10 Qual é a densidade do neônio em um recipiente cuja temperatura é de 35 °C e a pressão é de 15,0 torr? (**a**) 0,00684 g/L (**b**) 0,0158 g/L (**c**) 0,128 g/L (**d**) 12,0 g/L

EAA 10.11 Quando adicionado a uma solução de ácido clorídrico, o hidrogenocarbonato de sódio produz dióxido de carbono gasoso de acordo com a seguinte reação:

$$\text{NaHCO}_3(s) + 5\ \text{O}_2(g) \longrightarrow \text{NaCl}(aq) + \text{H}_2\text{O}(l) + \text{CO}_2(g)$$

Quantos gramas de NaHCO₃ devem ser adicionados a um excesso de HCl(aq) para produzir 50,0 mL de CO₂ a 25 °C e 0,995 atm? (**a**) 0,00203 g (**b**) 2,04 g (**c**) 171 g (**d**) 0,170 g

10.4 | Misturas de gases e pressões parciais

Até aqui, consideramos principalmente gases puros, que consistem em apenas uma substância no estado gasoso. Contudo, como podemos lidar com misturas de dois ou mais gases diferentes? Ao estudar as propriedades do ar, John Dalton (Seção 2.1) fez uma observação importante:

A pressão total de uma mistura de gases é igual à soma das pressões que cada um exerceria se estivesse sozinho.

A pressão exercida por um componente específico de uma mistura de gases é chamada de **pressão parcial** do componente. A observação de Dalton é conhecida como **lei de Dalton das pressões parciais**.

 Objetivos de aprendizagem

Após terminar a Seção 10.4, você deve ser capaz de:

▶ Calcular a pressão parcial de cada gás e a pressão total de todos os gases em uma mistura gasosa.

▶ Converter entre a fração molar de um gás em uma mistura e a sua pressão parcial.

Considerando que P_t é a pressão total de uma mistura de gases e P_1, P_2, P_3, P_n são as pressões parciais dos gases, podemos escrever a lei de Dalton das pressões parciais da seguinte maneira:

$$P_t = P_1 + P_2 + P_3 + \ldots \quad [10.12]$$

Essa equação implica que cada gás se comporta de maneira independente dos outros, como é possível ver pela análise a seguir. Consideremos que n_1, n_2, n_3, n_n representam a quantidade de matéria de cada um dos gases na mistura e n_t é a quantidade de matéria total de gás. Se cada gás obedece à equação do gás ideal, podemos escrever:

$$P_1 = n_1\left(\frac{RT}{V}\right); \quad P_2 = n_2\left(\frac{RT}{V}\right); \quad P_3 = n_3\left(\frac{RT}{V}\right); \quad \text{e assim por diante.}$$

Todos os gases em um recipiente devem ocupar o mesmo volume e chegarão a uma temperatura igual em um período relativamente curto. Com base nesses fatos, podemos simplificar a Equação 10.12; obtemos:

$$P_t = (n_1 + n_2 + n_3 + \ldots)\left(\frac{RT}{V}\right) = n_t\left(\frac{RT}{V}\right) \quad [10.13]$$

Isto é, em temperatura e volume constantes, a pressão total de uma amostra de gás é determinada pela quantidade de matéria total de gás presente, independentemente se esse total representa apenas um gás ou uma mistura de gases.

Exercício resolvido 10.10
Aplicação da lei de Dalton das pressões parciais

Uma mistura de 6,00 g de $O_2(g)$ e 9,00 g de $CH_4(g)$ é colocada em um recipiente de 15,0 L a 0 °C. Qual é a pressão parcial de cada um dos gases e qual é a pressão total no recipiente?

SOLUÇÃO

Analise Precisamos calcular a pressão de dois gases no mesmo volume e na mesma temperatura.

Planeje Como cada gás se comporta de maneira independente, podemos aplicar a equação do gás ideal para calcular a pressão que cada um exerceria se o outro não estivesse presente. De acordo com a lei de Dalton, a pressão total é a soma dessas duas pressões parciais.

Resolva Primeiro, convertemos a massa de cada gás em mols:

$$n_{O_2} = (6,00 \text{ g de } O_2)\left(\frac{1 \text{ mol de } O_2}{32,0 \text{ g de } O_2}\right) = 0,188 \text{ mol de } O_2$$

$$n_{CH_4} = (9,00 \text{ g de } CH_4)\left(\frac{1 \text{ mol de } CH_4}{16,0 \text{ g de } CH_4}\right) = 0,563 \text{ mol de } CH_4$$

Depois, utilizamos a equação do gás ideal para calcular a pressão parcial de cada gás:

$$P_{O_2} = \frac{n_{O_2}RT}{V} = \frac{(0,188 \text{ mol})(0,08206 \text{ L-atm/mol-K})(273 \text{ K})}{15,0 \text{ L}}$$
$$= 0,281 \text{ atm}$$

$$P_{CH_4} = \frac{n_{CH_4}RT}{V} = \frac{(0,563 \text{ mol})(0,08206 \text{ L-atm/mol-K})(273 \text{ K})}{15,0 \text{ L}}$$
$$= 0,841 \text{ atm}$$

De acordo com a lei de Dalton das pressões parciais (Equação 10.12), a pressão total no recipiente é a soma das pressões parciais:

$$P_t = P_{O_2} + P_{CH_4}$$
$$= 0,281 \text{ atm} + 0,841 \text{ atm} = 1,122 \text{ atm}$$

Confira Uma pressão de aproximadamente 1 atm parece estar correta para uma mistura de cerca de 0,2 mol de O_2 e um pouco mais de 0,5 mol de CH_4 em um volume de 15 L, uma vez que 1 mol de um gás ideal à pressão de 1 atm e temperatura de 0 °C ocupa cerca de 22 L.

▶ **Para praticar**
Qual é a pressão total exercida por uma mistura de 2,00 g de $H_2(g)$ e 8,00 g de $N_2(g)$ a 273 K em um recipiente de 10,0 L?

Pressões parciais e frações molares

Como cada um dos gases em uma mistura comporta-se de maneira independente, pode-se relacionar a quantidade de determinado gás de uma mistura com a sua pressão parcial. Para um gás ideal, podemos escrever:

$$\frac{P_1}{P_t} = \frac{n_1 RT/V}{n_t RT/V} = \frac{n_1}{n_t} \quad [10.14]$$

A razão n_1/n_t é chamada de *fração molar do gás 1*, que denotamos X_1. A **fração molar**, X, é um número adimensional que expressa a razão entre a quantidade de matéria de um componente de uma mistura e a quantidade de matéria total da mistura. Assim, para o gás 1, temos:

$$X_1 = \frac{\text{Mols do composto 1}}{\text{Total de mols}} = \frac{n_1}{n_t} \quad [10.15]$$

Podemos, então, combinar as Equações 10.14 e 10.15 para obter:

$$P_1 = \left(\frac{n_1}{n_t}\right)P_t = X_1 P_t \quad [10.16]$$

A fração molar de N_2 no ar é 0,78, o que significa que 78% das moléculas de ar são de N_2. Desse modo, se a pressão barométrica é de 760 torr, a pressão parcial de N_2 é:

$$P_{N_2} = (0{,}78)(760 \text{ torr}) = 590 \text{ torr}$$

Esse resultado faz sentido intuitivamente: como o N_2 compõe 78% da mistura, ele contribui com 78% da pressão total.

Exercício resolvido 10.11
Relacionando frações molares e pressões parciais

Um estudo dos efeitos de certos gases no crescimento das plantas exige uma atmosfera sintética composta de 1,5 mol% de CO_2, 18,0 mol% de O_2 e 80,5 mol% de Ar. **(a)** Calcule a pressão parcial do O_2 na mistura se a pressão total da atmosfera é 745 torr. **(b)** Se essa atmosfera for mantida em um espaço de 121 L a 295 K, quantos mols de O_2 serão necessários?

SOLUÇÃO

Analise Para **(a)**, precisamos calcular a pressão parcial de O_2, dada sua percentagem molar e a pressão total da mistura. Para **(b)**, precisamos calcular a quantidade de matéria de O_2 na mistura, dado seu volume (121 L), sua temperatura (295 K) e a pressão parcial do item (a).

Planeje Calculamos as pressões parciais aplicando a Equação 10.16 e, em seguida, usamos P_{O_2}, V e T na equação do gás ideal para calcular a quantidade de matéria de O_2.

Resolva

(a) A percentagem em mols representa a fração molar multiplicada por 100. Portanto, a fração molar do O_2 é 0,180. A Equação 10.16 resulta em:

$$P_{O_2} = (0{,}180)(745 \text{ torr}) = 134 \text{ torr}$$

(b) Listando as variáveis fornecidas e fazendo a conversão para as unidades adequadas, temos:

$$P_{O_2} = (134 \text{ torr})\left(\frac{1 \text{ atm}}{760 \text{ torr}}\right) = 0{,}176 \text{ atm}$$

$$V = 121 \text{ L}$$

$$n_{O_2} = ?$$

$$R = 0{,}08206 \frac{\text{L-atm}}{\text{mol-K}}$$

$$T = 295 \text{ K}$$

Resolvendo a equação do gás ideal para o n_{O_2}, temos:

$$n_{O_2} = P_{O_2}\left(\frac{V}{RT}\right)$$

$$= (0{,}176 \text{ atm})\frac{121 \text{ L}}{(0{,}08206 \text{ L-atm/mol-K})(295 \text{ K})} = 0{,}880 \text{ mol}$$

Confira As unidades conferem, e a resposta parece ser a ordem correta de magnitude.

▶ **Para praticar**
A partir dos dados coletados pelo *Voyager 1*, cientistas estimaram a composição da atmosfera de Titã, a maior lua de Saturno. A pressão sobre a superfície de Titã é 1.220 torr. A atmosfera consiste em 82 mol% de N_2, 12 mol% de Ar e 6,0 mol% de CH_4. Calcule a pressão parcial de cada gás.

Exercícios de autoavaliação

EAA 10.12 Um cilindro com volume de 15 L contém 95 mol% de N_2 e 5 mol% de H_2, e a pressão total é $2{,}0 \times 10^6$ Pa. Se 12 g de H_2 são injetados no cilindro enquanto a temperatura é mantida constante, a pressão total _____ e a pressão parcial de N_2 _____. **(a)** aumenta, aumenta **(b)** aumenta, não varia **(c)** não varia, aumenta **(d)** não varia, não varia **(e)** aumenta, diminui

EAA 10.13 A água pode ser decomposta em seus elementos constituintes, $2 H_2O(l) \longrightarrow 2 H_2(g) + O_2(g)$, por uma corrente elétrica, em um processo chamado de eletrólise. Se 1,2 g de H_2O é submetido à eletrólise e os produtos são coletados em um cilindro com volume de 0,20 L e temperatura de 30 °C, qual será a pressão parcial do H_2? **(a)** 0,55 atm **(b)** 2,8 atm **(c)** 5,5 atm **(d)** 8,3 atm

10.5 | Teoria cinética-molecular dos gases

A equação do gás ideal descreve *como* os gases se comportam, mas não o *porquê* de eles se comportarem de tal maneira. Por que um gás se expande quando aquecido sob pressão constante? Por que sua pressão aumenta quando é comprimido sob temperatura constante? Para entender as propriedades físicas dos gases, precisamos de um modelo que nos ajude a imaginar o que acontece com as partículas de gases quando condições como pressão ou temperatura são alteradas. Esse modelo, conhecido como **teoria cinética-molecular dos gases**, foi desenvolvido ao longo de um período de aproximadamente 100 anos, que teve seu desfecho em 1857, quando Rudolf Clausius (1822–1888) publicou uma versão completa e satisfatória dessa teoria.

A teoria cinética-molecular, ou teoria de moléculas em movimento, é resumida pelos seguintes postulados:

1. **Movimento aleatório.** Os gases consistem em um grande número de moléculas que estão em movimento contínuo e aleatório. (A palavra "*molécula*" é empregada aqui para designar a menor partícula de qualquer gás, embora alguns gases, como os gases nobres, sejam formados por átomos individuais. Tudo o que aprendermos sobre o comportamento dos gases com base na teoria cinética-molecular aplica-se igualmente aos gases atômicos.)
2. **Volume molecular desprezível.** O volume total de todas as moléculas dos gases é desprezível quando comparado ao volume total no qual o gás está contido.
3. **Forças desprezíveis.** As forças atrativas e repulsivas entre as moléculas de gás são desprezíveis.
4. **Energia cinética média constante.** A energia pode ser transferida entre moléculas durante as colisões, mas, desde que a temperatura permaneça constante, a energia cinética *média* das moléculas não é alterada com o tempo.
5. **Energia cinética média proporcional à temperatura.** A energia cinética média das moléculas é proporcional à temperatura absoluta. Em qualquer temperatura, as moléculas de todos os gases têm a mesma energia cinética média.

A teoria cinética-molecular explica a pressão e a temperatura em nível molecular. A pressão de um gás é causada por colisões das moléculas com as paredes do recipiente (**Figura 10.11**). A magnitude da pressão é determinada pela frequência e força com que as moléculas se chocam contra as paredes do recipiente.

A temperatura absoluta de um gás representa a medida da energia cinética *média* de suas moléculas. Se dois gases estiverem em uma mesma temperatura, suas moléculas apresentarão a mesma energia cinética média (o quinto postulado da teoria cinética-molecular). Se a temperatura absoluta de um gás for duplicada, a energia cinética média de suas moléculas também será duplicada. Assim, o movimento molecular aumenta com o aumento da temperatura.

Distribuições da velocidade molecular

Embora coletivamente as moléculas de uma amostra de gás tenham uma energia cinética *média* e, portanto, velocidade média, as moléculas individuais se movem com velocidades diferentes. Toda molécula colide frequentemente com outras moléculas. O momento é conservado em cada colisão, mas uma das moléculas que colidem pode ser desviada em alta velocidade, enquanto a outra quase não se move. O resultado é que, a qualquer instante, as moléculas da amostra apresentam diferentes velocidades. Na **Figura 10.12(a)**, que mostra a distribuição de velocidades moleculares para o nitrogênio gasoso a 273 K e 373 K, vemos que uma fração maior das moléculas a 373 K move-se com velocidades mais elevadas. Isso significa que a amostra a 373 K tem a energia cinética média mais elevada.

Em todo gráfico de distribuição de velocidades moleculares em uma amostra de gás, o pico da curva representa a velocidade mais provável, u_{mp}, ilustrado na Figura 10.12(b). As velocidades mais prováveis da Figura 10.12(a), por exemplo, são 4×10^2 m/s para a amostra a 273 K e 5×10^2 m/s para a amostra a 373 K. A Figura 10.12(b) também mostra a **velocidade média quadrática (rms**, do inglês *root-mean square*), u_{rms}, das moléculas. Essa é a velocidade de uma molécula que possui uma energia cinética idêntica à energia cinética

Objetivos de aprendizagem

Após terminar a Seção 10.5, você deve ser capaz de:
▶ Descrever os cinco pressupostos da teoria cinética-molecular dos gases.
▶ Usar a teoria cinética-molecular dos gases para relacionar as propriedades macroscópicas dos gases com o seu comportamento microscópico.
▶ Descrever qualitativamente como a distribuição de velocidades moleculares em uma amostra de gás varia com a temperatura e com a massa molecular.

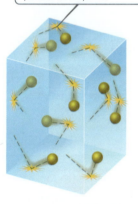

A pressão dentro do recipiente é originada por colisões de moléculas de gás contra as paredes do recipiente.

▲ **Figura 10.11** Origem molecular da pressão do gás.

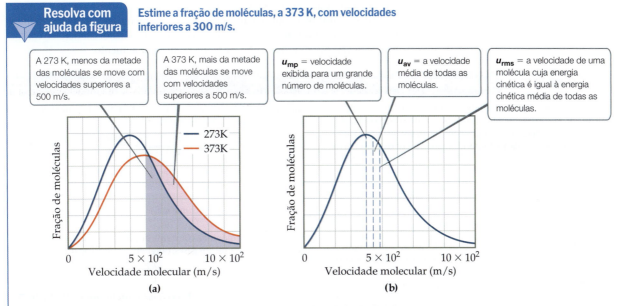

▲ Figura 10.12 **Distribuição de velocidades moleculares para o gás nitrogênio.** (a) O efeito da temperatura sobre a velocidade molecular. A área relativa sob a curva para uma faixa de velocidades determina a fração relativa de moléculas que apresentam essas velocidades. (b) Posição da velocidade mais provável (u_{mp}), média (u_{av}) e média quadrática (u_{rms}) de moléculas de gás. Os dados aqui apresentados são para o gás nitrogênio a 273 K.

média da amostra. A velocidade rms não é exatamente igual à velocidade média, u_{av} (do inglês *average*), pois a forma da curva de distribuição não é simétrica; a cauda para velocidades moleculares maiores é mais longa. No entanto, a diferença entre as duas velocidades é pequena. Na Figura 10.12(b), por exemplo, a velocidade média quadrática é cerca de $4,9 \times 10^2$ m/s e a velocidade média é cerca de $4,5 \times 10^2$ m/s.

Se você calcular as velocidades rms (como veremos posteriormente), verá que a velocidade rms é quase 6×10^2 m/s para a amostra a 373 K, mas ligeiramente inferior a 5×10^2 m/s para a amostra a 273 K. Observe que a curva de distribuição se alarga à medida que avançamos para uma temperatura mais alta, indicando que a faixa de velocidades moleculares aumenta com a temperatura.

A velocidade rms é importante porque a energia cinética média das moléculas de gás em uma amostra é igual a $\frac{1}{2}m(u_{rms})^2$. (Seção 1.4) Como a massa não muda com a temperatura, o aumento da energia cinética média de $\frac{1}{2}m(u_{rms})^2$ à medida que a temperatura aumenta implica que a velocidade rms das moléculas, assim como u_{av} e u_{mp}, aumenta à medida que a temperatura aumenta.

Aplicação da teoria cinética-molecular à lei dos gases

As observações empíricas em relação às propriedades gasosas da maneira como foram expressas pelas diferentes leis dos gases são facilmente entendidas por meio da teoria cinética-molecular. Os exemplos a seguir ilustram esse ponto:

1. **Um aumento de volume sob uma temperatura constante faz a pressão diminuir.** Uma temperatura constante significa que a energia cinética média das moléculas de gás permanece inalterada. Isso significa que a velocidade rms das moléculas permanece inalterada. Quando o volume aumenta, as moléculas devem se mover por distâncias mais longas entre as colisões. Consequentemente, ocorrem menos colisões com as paredes do recipiente por unidade de tempo, o que significa que a pressão diminui. Assim, a teoria cinética-molecular explica a lei de Boyle.
2. **Um aumento de temperatura a volume constante faz a pressão aumentar.** Um aumento de temperatura significa um aumento da energia cinética média das moléculas e de u_{rms}. Como não há variação no volume, o aumento de temperatura

provoca mais colisões com as paredes por unidade de tempo, porque as moléculas estão se deslocando mais rapidamente. Além disso, o momento em cada colisão aumenta (as moléculas atingem as paredes com mais força). Um maior número de colisões mais fortes faz a pressão aumentar, e a teoria explica esse aumento.

OLHANDO DE PERTO | Equação do gás ideal

A equação do gás ideal pode ser derivada de cinco preceitos mencionados no texto que explicam a teoria cinética-molecular. No entanto, em vez de realizar a derivação, vamos considerar, em termos qualitativos, de que forma a equação do gás ideal pode ser derivada a partir desses postulados. A força total das colisões moleculares nas paredes e, consequentemente, a pressão (força por área unitária, Seção 10.1) produzida por essas colisões dependem tanto da força com que as moléculas atingem as paredes (impulso transmitido por colisão) quanto da velocidade em que as colisões ocorrem:

$P \propto$ impulso transmitido pela colisão × velocidade da colisão

Para uma molécula que se move com velocidade rms, o impulso transmitido por uma colisão com uma parede depende do momento da molécula; isto é, depende do produto da massa da molécula pela velocidade: mu_{rms}. A velocidade da colisão é proporcional ao número de moléculas por unidade de volume, n/V, e à sua velocidade, que é u_{rms}, porque estamos falando apenas de moléculas que se movem com essa velocidade. Assim, temos:

$$P \propto mu_{rms} \times \frac{n}{V} \times u_{rms} \propto \frac{nm(u_{rms})^2}{V} \quad [10.17]$$

Como a energia cinética média, $\frac{1}{2}m(u_{rms})^2$, é proporcional à temperatura, temos $m(u_{rms})^2 \propto T$. Fazendo essa substituição na Equação 10.17, obtemos:

$$P \propto \frac{nm(u_{rms})^2}{V} \propto \frac{nT}{V} \quad [10.18]$$

Se introduzirmos uma constante de proporcionalidade, chamando-a de R, a constante dos gases, obteremos a equação do gás ideal:

$$P = \frac{nRT}{V} \quad [10.19]$$

Exercícios relacionados: 10.75, 10.76

Exercício resolvido 10.12
Aplicação da teoria cinética-molecular

Uma amostra de gás O_2, inicialmente nas CPTP, é comprimida a um volume menor sob temperatura constante. Qual efeito essa variação tem sobre (**a**) a energia cinética média das moléculas, (**b**) sua velocidade média, (**c**) o número de colisões que as moléculas fazem com as paredes do recipiente por unidade de tempo, (**d**) o número de colisões que elas produzem com uma área unitária de parede do recipiente por unidade de tempo e (**e**) a pressão?

SOLUÇÃO
Analise Precisamos aplicar os conceitos da teoria cinética-molecular de gases a um gás comprimido sob temperatura constante.

Planeje Determinaremos como cada uma das quantidades de (a) a (e) é afetada pela variação de volume à temperatura constante.

Resolva (**a**) Como a energia cinética média das moléculas de O_2 é determinada apenas pela temperatura, essa energia não é alterada pela compressão. (**b**) Uma vez que a energia cinética média das moléculas não se altera, a velocidade média permanece constante. (**c**) O número de colisões com as paredes por unidade de tempo aumenta, porque as moléculas se movem em um volume menor, mas com a mesma velocidade média de antes. Sob essas condições, elas vão atingir as paredes do recipiente com mais frequência. (**d**) O número de colisões com uma área unitária de parede por unidade de tempo aumenta, porque o número total de colisões com as paredes por unidade de tempo aumenta e a área da parede diminui. (**e**) Embora a força média de colisão das moléculas com as paredes permaneça constante, a pressão aumenta, porque há mais colisões por área unitária de parede por unidade de tempo.

Confira Em um exercício conceitual como esse, não há resposta numérica para conferir. Tudo o que podemos verificar nesses casos é a nossa linha de raciocínio durante a resolução do problema. O aumento da pressão visto no item (**e**) está de acordo com a lei de Boyle.

> **▶ Para praticar**
> De que maneira a velocidade rms de moléculas de N_2 é alterada em uma amostra de gás por (**a**) um aumento de temperatura, (**b**) um aumento de volume, (**c**) uma mistura com uma amostra de Ar sob a mesma temperatura?

Exercícios de autoavaliação

EAA 10.14 Qual das afirmações a seguir é um pressuposto da teoria cinética-molecular dos gases? (**a**) Moléculas maiores ocupam mais volume do que moléculas menores. (**b**) As moléculas de um gás perdem energia sempre que colidem com algo, então, com o tempo, as moléculas param de se mover, independentemente das condições. (**c**) A uma determinada temperatura, todas as moléculas de um gás se movem com a mesma velocidade. (**d**) As moléculas de gás não se atraem nem repelem mutuamente.

EAA 10.15 Um gás está contido em um equipamento cilíndrico fechado por um pistão móvel. Se o pistão for erguido até que o volume do gás confinado seja duplicado e a temperatura continuar constante, qual(is) das afirmações a seguir é(são) *verdadeira(s)*?

(i) A pressão do gás diminuirá

(ii) A energia cinética média das moléculas de gás diminuirá.

(iii) A taxa de colisões com as paredes do cilindro diminuirá.

(**a**) apenas i (**b**) i e ii (**c**) i e iii (**d**) ii e iii (**e**) Todas as afirmações são verdadeiras.

EAA 10.16 Dois frascos de volumes iguais, um com argônio (Ar) e o outro com criptônio (Kr), são mantidos à mesma temperatura.

A pressão dentro dos frascos é a mesma, e considera-se que ambos se comportam como gases ideais. De acordo com a teoria cinética-molecular dos gases, a energia cinética média dos átomos de argônio é _____ energia cinética média dos átomos de criptônio, e a velocidade média dos átomos é _____ velocidade média dos átomos de criptônio. (a) menor que a, igual à (b) igual à, maior que a (c) maior que a, maior que a (d) igual à, igual à (e) menor que a, menor que a

EAA 10.17 Qual das afirmações a seguir melhor descreve um gráfico de "número de moléculas" versus "velocidade molecular" para um determinado gás a uma determinada temperatura? (a) Uma linha vertical, pois todas as moléculas de gás têm a mesma velocidade à mesma temperatura. (b) Uma linha reta com inclinação negativa, indicando que o maior número de moléculas tem a menor velocidade. (c) Uma curva normal simétrica, indicando que a velocidade mais provável das moléculas de gás é igual à velocidade média. (d) Uma curva normal assimétrica, indicando que a velocidade mais provável das moléculas de gás é menor que a velocidade média. (e) Uma curva normal assimétrica, indicando que a velocidade mais provável das moléculas de gás é maior que a velocidade média.

10.6 | Velocidades moleculares, efusão e difusão

De acordo com a teoria cinética-molecular dos gases, a energia cinética média de *qualquer* conjunto de moléculas de gás, $\frac{1}{2}m(u_{rms})^2$, apresenta um valor específico a uma dada temperatura. Assim, para dois gases na mesma temperatura, um gás constituído por partículas de pouca massa, como o He, tem a mesma energia cinética média que um composto por partículas mais maciças, como o Xe. A massa das partículas na amostra de He é menor que na amostra de Xe. Consequentemente, as partículas de He devem ter uma velocidade rms maior do que as partículas de Xe. A Equação 10.20 expressa esse fato quantitativamente:

$$u_{rms} = \sqrt{\frac{3RT}{\mathcal{M}}} \qquad [10.20]$$

em que $\mathcal{M}$ é a massa molar das partículas. A Equação 10.20 pode ser derivada da teoria cinética-molecular. Como $\mathcal{M}$ aparece no denominador, a velocidade rms aumenta à medida que a massa molar das partículas do gás diminui.

A **Figura 10.13** mostra a distribuição de velocidades moleculares de vários gases a 298 K. Observe como as distribuições são deslocadas em direção a velocidades mais elevadas para os gases de massas molares menores.

A velocidade mais provável de uma molécula de gás também pode ser derivada:

$$u_{mp} = \sqrt{\frac{2RT}{\mathcal{M}}} \qquad [10.21]$$

Por fim, a velocidade média de uma molécula de gás pode ser derivada:

$$u_{av} = \sqrt{\frac{8RT}{\pi \mathcal{M}}} \qquad [10.22]$$

> **Objetivos de aprendizagem**
>
> Após terminar a Seção 10.6, você deve ser capaz de:
> ▶ Calcular a velocidade média quadrática, a velocidade média e a velocidade mais provável de moléculas de gás para um determinado gás a uma temperatura constante.
> ▶ Usar a lei de efusão de Graham para prever o comportamento de gases em efusão.
> ▶ Prever como o caminho livre médio de uma molécula de gás em difusão será afetado por variações de pressão.

Resolva com ajuda da figura Qual desses gases tem a maior massa molar? Qual tem a menor?

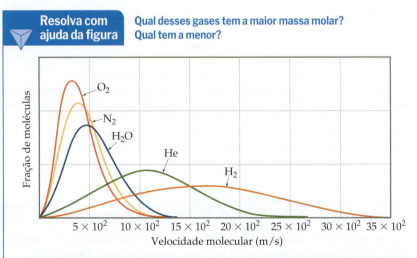

▲ **Figura 10.13** Efeito da massa molar sobre a velocidade molecular a 298 K.

Observe que as fórmulas para u_{rms}, u_{mp} e u_{av} mostram que a velocidade é proporcional à raiz quadrada de $T/\mathcal{M}$. Assim, a velocidade aumenta à medida que T aumenta e diminui à medida que $\mathcal{M}$ aumenta.

A dependência que a massa tem da velocidade molecular gera duas consequências interessantes. A primeira é a **efusão**, que significa a fuga de moléculas de gás através de um pequeno orifício (**Figura 10.14**). A segunda é a **difusão**, que representa o espalhamento de uma substância por todo um espaço ou por uma segunda substância. Por exemplo, as moléculas de um perfume se difundem por todo um cômodo depois que o frasco é aberto.

Exercício resolvido 10.13
Cálculo da velocidade média quadrática

Calcule a velocidade rms das moléculas em uma amostra de N_2 gasoso a 25 °C.

SOLUÇÃO
Analise Com base na identidade de um gás e na temperatura, devemos calcular a velocidade rms.

Planeje Calculamos a velocidade rms aplicando a Equação 10.20.

Resolva Devemos converter cada quantidade em nossa equação para unidades do SI. Também utilizaremos o R em J/mol-K (Tabela 10.2) para fazer o cancelamento das unidades corretamente.

$T = 25 + 273 = 298$ K

$\mathcal{M} = 28{,}0$ g/mol $= 28{,}0 \times 10^{-3}$ kg/mol

$R = 8{,}314$ J/mol-K $= 8{,}314$ kg-m^2/s^2-mol-K (Desde 1 J = 1 kg-m^2/s^2)

$$u_{rms} = \sqrt{\frac{3RT}{\mathcal{M}}}$$

$$= \sqrt{\frac{3(8{,}314 \text{ kg-m}^2/\text{s}^2\text{-mol-K})(298 \text{ K})}{28{,}0 \times 10^{-3} \text{ kg/mol}}} = 5{,}15 \times 10^2 \text{ m/s}$$

Comentário Isso corresponde a uma velocidade de 1.150 mi/h. Uma vez que o peso molecular das moléculas de O_2 é ligeiramente maior que o do N_2, a velocidade rms das moléculas de O_2 é um pouco menor que a do N_2 à mesma temperatura.

▶ **Para praticar**
Qual é a velocidade rms de um átomo em uma amostra de gás He a 25 °C?

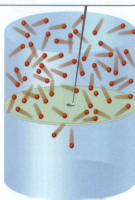

▲ **Figura 10.14** Efusão.

As moléculas de gás na porção superior efundem-se para porção inferior apenas quando atingem o orifício.

Lei de efusão de Graham

Em 1846, Thomas Graham (1805–1869) descobriu que a velocidade de efusão de um gás é inversamente proporcional à raiz quadrada de sua massa molar. Consideremos dois gases à mesma temperatura e pressão em dois recipientes com orifícios idênticos. Se as taxas de efusão dos dois gases são r_1 e r_2 e suas massas molares são $\mathcal{M}_1$ e $\mathcal{M}_2$, a **lei de Graham** determina que:

$$\frac{r_1}{r_2} = \sqrt{\frac{\mathcal{M}_2}{\mathcal{M}_1}} \qquad [10.23]$$

uma relação que indica que o gás mais leve tem a taxa de efusão mais alta.

A única maneira de uma molécula escapar do recipiente no qual está contida é "atingindo" o orifício da parede divisória, ilustrada na Figura 10.14. Quanto mais rapidamente as moléculas estiverem se movendo, com mais frequência elas atingirão a parede divisória e maior será a probabilidade de que uma molécula acerte o orifício e escape. Isso implica que a taxa de efusão é diretamente proporcional à velocidade rms das moléculas. Como R e T são constantes, temos, a partir da Equação 10.22:

$$\frac{r_1}{r_2} = \frac{u_{rms1}}{u_{rms2}} = \sqrt{\frac{3RT/\mathcal{M}_1}{3RT/\mathcal{M}_2}} = \sqrt{\frac{\mathcal{M}_2}{\mathcal{M}_1}} \qquad [10.24]$$

Como esperado e de acordo com a lei de Graham, o hélio escapa de recipientes através de pequenos orifícios mais rapidamente do que outros gases de alto peso (**Figura 10.15**).

Capítulo 10 | Gases   413

> **Resolva com ajuda da figura** Como a pressão e a temperatura são constantes e o volume varia nesta figura, que outra quantidade na equação do gás ideal também vai se alterar?

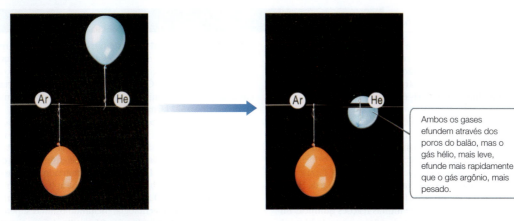

Ambos os gases efundem através dos poros do balão, mas o gás hélio, mais leve, efunde mais rapidamente que o gás argônio, mais pesado.

▲ **Figura 10.15** Ilustração da lei de efusão de Graham.

Exercício resolvido 10.14
Aplicação da lei de Graham

Um gás desconhecido formado por moléculas diatômicas homonucleares efunde-se a uma taxa de 0,355 vezes a taxa que o gás O_2 efunde-se a uma temperatura igual. Calcule a massa molar e identifique o gás desconhecido.

SOLUÇÃO
Analise Com base na taxa de efusão de um gás desconhecido em relação à do O_2, devemos encontrar a massa molar e identificar qual é esse gás. Assim, precisamos comparar taxas relativas de efusão com massas molares relativas.

Planeje Aplicamos a Equação 10.23 para determinar a massa molar do gás desconhecido. Se considerarmos que r_x e $\mathcal{M}_x$ representam a taxa de efusão e a massa molar do gás, podemos escrever:

$$\frac{r_x}{r_{O_2}} = \sqrt{\frac{\mathcal{M}_{O_2}}{\mathcal{M}_x}}$$

Resolva Com base nas informações fornecidas,

$$r_x = 0{,}355 \times r_{O_2}$$

Assim,

$$\frac{r_x}{r_{O_2}} = 0{,}355 = \sqrt{\frac{32{,}0\,\text{g/mol}}{\mathcal{M}_x}}$$

$$\frac{32{,}0\,\text{g/mol}}{\mathcal{M}_x} = (0{,}355)^2 = 0{,}126$$

$$\mathcal{M}_x = \frac{32{,}0\,\text{g/mol}}{0{,}126} = 254\,\text{g/mol}$$

Como sabemos que o gás desconhecido é formado por moléculas diatômicas homonucleares, ele deve ser um elemento. A massa molar deve representar o dobro da massa atômica dos átomos no gás desconhecido. Conclui-se que o gás desconhecido tem massa atômica 127 g/mol e, portanto, é o I_2.

▶ **Para praticar**
Calcule a razão entre as taxas de efusão dos gases N_2 e O_2.

Difusão e caminho livre médio

Embora a difusão, assim como a efusão, seja mais rápida para moléculas de menor massa do que para as de maior massa, colisões moleculares fazem com que a difusão seja mais complicada que a efusão.

A lei de Graham (Equação 10.23) aproxima a relação entre as taxas de difusão de dois gases sob condições idênticas. Podemos ver no eixo horizontal da Figura 10.12 que as velocidades das moléculas são bastante elevadas. Por exemplo, a velocidade rms de moléculas de gás N_2 à temperatura ambiente é 515 m/s. Apesar dessa alta velocidade, se alguém abre um frasco de perfume na extremidade de um cômodo, depois de algum tempo – talvez alguns minutos – o cheiro do perfume é detectado na outra extremidade do cômodo. Isso indica que a taxa de difusão de gases por um volume de espaço é muito mais lenta que as velocidades moleculares.* Essa diferença se deve às colisões moleculares, que ocorrem com frequência com gases sob pressão atmosférica – cerca de 10^{10} vezes por segundo para cada molécula. As colisões ocorrem porque as moléculas de gases reais têm volumes finitos.

QUÍMICA E SUSTENTABILIDADE | Hidrogênio e hélio

O hidrogênio e o hélio são, por uma larga margem, os elementos mais abundantes do universo. Juntos, eles representam 75% da massa do universo. Contudo, os dois estão presentes apenas em pequenas quantidades na atmosfera terrestre. A concentração do He é de 5 partes por milhão (ppm), e a do H_2 é cerca de 10 vezes menor, 0,5 ppm. Por quê? Um motivo é que, dadas as suas massas levíssimas, as moléculas de H_2 e os átomos de He, além de terem velocidade média maior do que os outros gases, têm uma distribuição mais ampla, o que produz moléculas que se movem muito rápido (Figura 10.12). Por consequência, eles têm maior probabilidade de atingir velocidades altas o suficiente para superar a atração gravitacional da Terra e escapar para o espaço. Estima-se que a Terra perca cerca de 3 kg de $H_2(g)$ e cerca de 50 g de He por segundo dessa forma.

O hidrogênio é matéria-prima de muitas reações químicas importantes e serve de base para uma possível "economia do hidrogênio". A reação de combinação entre o hidrogênio e o oxigênio para criar água e liberar energia é fundamental para a ideia da economia do hidrogênio.

$$2\,H_2(g) + O_2(g) \longrightarrow 2\,H_2O(g) \quad \Delta H_{rea} = -572\ kJ/mol$$

Esse mesmo processo (mas com líquidos, não gases) é utilizado para lançar foguetes ao espaço, o que ilustra a quantidade significativa de energia química que essa reação libera (**Figura 10.16**). Ao contrário do consumo de combustíveis fósseis, essa reação não produz CO_2, o que a torna muito interessante para o combate às mudanças climáticas. Infelizmente, a principal maneira de gerar hidrogênio elementar é a reforma a vapor do combustível fóssil metano, representada pela seguinte reação:

$$CH_4(g) + H_2O(g) \longrightarrow CO(g) + 3H_2(g)$$

Assim, um desafio atual das pesquisas científicas é o desenvolvimento de métodos seguros e eficientes de obter hidrogênio que não dependam de combustíveis fósseis como o metano e que não produzam gases tóxicos como o CO. Por exemplo, poderíamos converter a água em hidrogênio e oxigênio por um processo de eletrólise, mas este custa, no mínimo, 572 kJ/mol.

A maioria das pessoas conhece o hélio como o gás inerte que faz balões de festa e dirigíveis flutuarem, uma propriedade que utiliza a sua baixa densidade, mas essa está longe de ser a sua única utilidade. O hélio também é usado na solda, na fabricação de eletrônicos e na detecção de vazamentos. O hélio se liquefaz quando resfriado a menos de 4,2 K, e esse ponto de ebulição baixíssimo leva à sua aplicação comercial mais importante de todas. O hélio líquido é utilizado para resfriar diversos instrumentos de alta tecnologia, incluindo os ímãs supercondutores dos aparelhos de ressonância magnética utilizados nos hospitais.

Surpreendentemente, o hélio é encontrado em depósitos subterrâneos de gás natural, onde se forma pelo decaimento de elementos radioativos muito mais pesados, como o urânio e o tório. Depois que o gás natural é bombeado do solo, o hélio pode ser isolado dos outros componentes por meio da destilação. Durante o século XX, o governo dos EUA teve um papel importante na criação de suprimentos estáveis e acessíveis de hélio. A Reserva Nacional de Hélio dos EUA, localizada próximo a Amarillo, no estado do Texas, é uma reserva estratégica que chegou a ter mais de 1 bilhão de metros cúbicos do gás no seu auge. A partir de meados da década de 1990, o governo americano começou a privatizar lentamente a coleta, o armazenamento e a venda de hélio líquido, o que levou a preocupações relacionadas à disponibilidade e ao preço desse produto valioso. Na época da redação deste texto (primeira metade de 2021), o hélio líquido custava aproximadamente US$ 38 por L, mais do que muitos vinhos de alta qualidade.

Exercício relacionado: 10.86

▲ **Figura 10.16** O hidrogênio e o oxigênio se combinam para formar água, liberando energia suficiente para levar esse foguete ao espaço.

---

* A taxa com a qual o perfume se desloca pelo cômodo também depende da existência ou não de gradientes de temperatura do ar e do movimento das pessoas. No entanto, mesmo com o auxílio desses fatores, leva muito mais tempo para que as moléculas percorram o cômodo do que se poderia esperar, analisando sua velocidade rms.

Em razão das colisões moleculares, a direção do movimento de uma molécula de gás está em constante mudança. Uma boa aproximação matemática desse movimento é o "passeio aleatório", mas os detalhes deste estão além do escopo deste livro. Para nossos fins, basta saber que a difusão de uma molécula de um ponto a outro consiste em muitos segmentos retos e curtos, resultantes das colisões que a lançam em direções aleatórias (**Figura 10.17**).

A distância média percorrida por uma molécula entre as colisões, chamada de **caminho livre médio** da molécula, varia de acordo com a pressão, como a seguinte analogia ilustra. Imagine-se caminhando por um shopping. Quando o shopping está lotado (alta pressão), a distância média que você pode percorrer sem esbarrar em alguém é curta (caminho livre médio curto). Em contrapartida, quando o shopping está vazio (baixa pressão), você pode caminhar por uma longa distância antes de esbarrar em alguém (caminho livre médio longo). O caminho livre médio para moléculas de ar ao nível do mar é cerca de 60 nm. A cerca de 100 km de altitude, onde a densidade do ar é muito mais baixa, o caminho livre médio é aproximadamente 10 cm, mais de 1 milhão de vezes mais longo que na superfície da Terra. Para um determinado volume e temperatura, a distância entre as colisões diminui à medida que o número de moléculas aumenta. Um aumento no número de moléculas com T e V constantes corresponde a um aumento em P, então faz sentido que o caminho livre médio seja inversamente proporcional à pressão do gás.

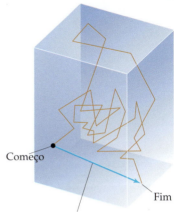

▲ **Figura 10.17 Difusão de uma molécula de gás.** Para que fique mais fácil de visualizar, não foram mostradas outras moléculas no recipiente.

Exercícios de autoavaliação

EAA 10.18 Qual é a velocidade mais provável das moléculas de $H_2(g)$ a 5.500 °C, a temperatura da superfície do Sol? (**a**) $2,20 \times 10^2$ m/s (**b**) $6,8 \times 10^3$ m/s (**c**) $6,9 \times 10^3$ m/s (**d**) $8,5 \times 10^3$ m/s

EAA 10.19 O gás N_2 efunde através de uma membrana porosa sob condições de pressão constante. Demora 212 s para que 1,0 L de gás N_2 atravesse a membrana. Se demora 337 s para que 1,0 L de um gás desconhecido efunda através da membrana sob condições idênticas, qual é a massa molar do gás desconhecido? (**a**) 11 g/mol (**b**) 19 g/mol (**c**) 44 g/mol (**d**) 71 g/mol

EAA 10.20 Qual das seguintes alternativas apresenta a ordem correta das taxas de difusão do Cl_2 ou do H_2S pelo ar a uma pressão de 1,0 atm?

(**a**) H_2S a 300 K < H_2S a 250 K < Cl_2 a 300 K < Cl_2 a 250 K (**b**) H_2S a 250 K < H_2S a 300 K < Cl_2 a 250 K < Cl_2 a 300 K (**c**) Cl_2 a 300 K < Cl_2 a 250 K < H_2S a 300 K < H_2S a 250 K (**d**) Cl_2 a 250 K < Cl_2 a 300 K < H_2S a 250 K < H_2S a 300 K

EAA 10.21 Qual das seguintes afirmações sobre o gráfico é verdadeira?

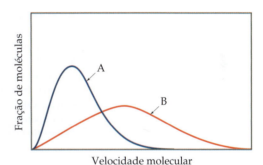

(**a**) Se ambas as curvas representam o mesmo gás, então A está a uma alta temperatura e B está a uma baixa temperatura. (**b**) A velocidade média das moléculas de gás na amostra B é cerca de metade da amostra A. (**c**) Se essas curvas representam dois gases diferentes à mesma temperatura, então A tem uma massa molar maior do que B. (**d**) Para a maioria dos gases a temperaturas próximas à temperatura ambiente, o eixo horizontal abrangeria 1 a 100 m/s.

10.7 | Gases reais: desvios do comportamento ideal

Para muitas situações, usar a lei do gás ideal é um bom primeiro passo. No mundo real, entretanto, os gases nem sempre se comportam de maneira ideal. Portanto, precisamos examinar casos em que a lei do gás ideal deve ser modificada.

A dimensão com que um gás real se desvia do comportamento ideal pode ser vista com o rearranjo da equação do gás ideal para encontrar o valor de n:

$$\frac{PV}{RT} = n \qquad [10.25]$$

Essa forma da equação mostra que, para 1 mol de gás ideal, a quantidade PV/RT é igual a 1 sob qualquer pressão. Na **Figura 10.18**, o PV/RT é representado graficamente como uma função de P para 1 mol de vários gases reais. Em pressões elevadas (em geral, superiores a 10 atm), o desvio do comportamento ideal ($PV/RT = 1$) é grande e diferente para cada gás. *Em outras palavras, gases reais não se comportam da maneira ideal sob altas pressões*. No entanto, sob pressões

Objetivos de aprendizagem

Após terminar a Seção 10.7, você deve ser capaz de:

▶ Reconhecer as condições que levam a desvios em relação à lei do gás ideal e explicar por que tais desvios ocorrem.

▶ Usar a equação de van der Waals para calcular as propriedades características de gases reais.

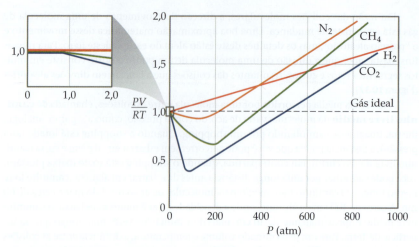

▲ Figura 10.18 **Efeito da pressão sobre o comportamento de vários gases reais.** Dados para 1 mol de gás em todos os casos. Os dados para o N_2, o CH_4 e o H_2 são a 300 K; para o CO_2, os dados são a 313 K, porque, sob alta pressão, o CO_2 se liquefaz a 300 K.

mais baixas (geralmente abaixo de 10 atm), o desvio do comportamento ideal é pequeno, então podemos aplicar a equação do gás ideal sem cometer erros graves.

O desvio do comportamento ideal também depende da temperatura. À medida que a temperatura aumenta, o comportamento de um gás real aproxima-se do comportamento de um gás ideal (**Figura 10.19**). Em geral, *o desvio do comportamento ideal aumenta à medida que a temperatura diminui*, tornando-se significativo próximo da temperatura a que os gases se liquefazem.

Os pressupostos básicos da teoria cinética-molecular dos gases mostram por que os gases reais se desviam do comportamento ideal. Considera-se que as moléculas de um gás ideal não ocupam espaço e não exercem atração umas pelas outras. *Moléculas reais, no entanto, têm volumes finitos e se atraem mutuamente.* Como ilustra a **Figura 10.20**, o espaço livre no qual moléculas reais podem se mover é menor que o volume do recipiente. Sob baixa pressão, o volume combinado das moléculas de gás é insignificante em relação ao volume do recipiente. Assim, o volume livre disponível para as moléculas é, essencialmente, o volume do recipiente. Sob pressões elevadas, o volume combinado das moléculas de gás *não* é desprezível em relação ao volume do recipiente. Então, o volume livre disponível para as moléculas é menor do que o volume do recipiente. Portanto, sob pressões elevadas, os volumes de gás tendem a ser ligeiramente maiores do que aqueles previstos na equação do gás ideal.

> **Resolva com ajuda da figura**
> Verdadeiro ou falso: o gás nitrogênio se comporta mais como um gás ideal quando a temperatura aumenta.

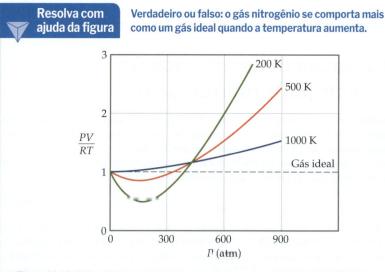

▲ Figura 10.19 **Efeito da temperatura e da pressão sobre o comportamento do gás nitrogênio.**

Moléculas de gás ocupam uma pequena fração do volume total.

Moléculas de gás ocupam uma fração maior do volume total.

Baixa pressão — Alta pressão

◀ **Figura 10.20** Os gases têm um comportamento mais próximo do ideal sob baixa pressão do que sob alta pressão.

Outra razão para ocorrer o comportamento não ideal sob alta pressão é que as forças de atração entre as moléculas entram em jogo em distâncias intermoleculares mais curtas, observadas quando as moléculas estão muito juntas sob altas pressões. Por causa dessas forças de atração, a colisão de uma dada molécula contra a parede do recipiente é reduzida. Se pudéssemos parar o movimento de um gás, como ilustrado na **Figura 10.21**, veríamos que uma molécula prestes a colidir com a parede experimenta as forças atrativas de moléculas vizinhas. Essas atrações diminuem a força com que a molécula atinge a parede. Como resultado, a pressão do gás é menor do que a de um gás ideal. Esse efeito diminui o valor de PV/RT abaixo de seu valor ideal, como pode ser visto nas pressões mais baixas das Figuras 10.18 e 10.19. No entanto, quando a pressão é suficientemente alta, os efeitos do volume dominam e o valor de PV/RT aumenta acima do valor ideal.

A temperatura determina quão eficientes as forças de atração entre as moléculas de gás são em provocar desvios do comportamento ideal sob baixas pressões. A Figura 10.19 mostra que, sob pressões inferiores a aproximadamente 400 atm, o resfriamento aumenta a dimensão com que um gás se desvia do comportamento ideal. À medida que o gás se resfria,

 **Resolva com ajuda da figura** — De que maneira a pressão de um gás seria alterada se, de repente, as forças intermoleculares fossem repulsivas em vez de atrativas?

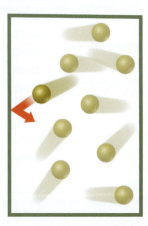
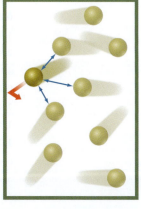

Gás ideal — Gás real

▲ **Figura 10.21** Em qualquer gás real, as forças atrativas intermoleculares reduzem a pressão para valores mais baixos que em um gás ideal.

a energia cinética média das moléculas diminui. Essa queda na energia cinética indica que as moléculas não têm a energia necessária para superar a atração intermolecular, e é mais provável que as moléculas se juntem umas às outras do que se afastem umas das outras.

À medida que a temperatura de um gás aumenta (p. ex., de 200 para 1.000 K, como ilustrado na Figura 10.19), o desvio negativo do *PV/RT* do valor ideal de 1 desaparece. Como já observado, os desvios observados em altas temperaturas resultam, principalmente, dos efeitos dos volumes finitos das moléculas.

Equação de van der Waals

Engenheiros e cientistas que trabalham com gases sob altas pressões frequentemente não podem utilizar a equação do gás ideal, porque os desvios do comportamento ideal são muito grandes. Uma equação útil desenvolvida para prever o comportamento dos gases reais foi proposta pelo cientista holandês Johannes van der Waals (1837–1923).

Como vimos, um gás real tem pressão mais baixa em razão das forças intermoleculares e volume maior por causa do volume finito das moléculas em relação a um gás ideal. Van der Waals reconheceu que seria possível manter a forma da equação do gás ideal, $PV = nRT$, se fossem feitas correções com relação à pressão e ao volume. Ele introduziu duas constantes nessas correções: *a*, uma medida de quão fortemente as moléculas de gás se atraem mutuamente, e *b*, uma medida do volume finito ocupado pelas moléculas. Sua descrição do comportamento do gás é conhecida como **equação de van der Waals**:

$$\left(P + \frac{n^2 a}{V^2}\right)(V - nb) = nRT \quad [10.26]$$

O termo n^2a/V^2 explica as forças de atração. A equação ajusta a pressão para cima, adicionando n^2a/V^2, porque as forças de atração entre as moléculas tendem a reduzir a pressão (Figura 10.21). O termo adicionado tem a forma n^2a/V^2 porque as forças de atração entre pares de moléculas aumentam de acordo com o quadrado do número de moléculas por unidade de volume, $(n/V)^2$.

O termo *nb* representa o volume pequeno, mas finito, ocupado por moléculas de gás (Figura 10.20). A equação de van der Waals subtrai o *nb* para ajustar o volume para baixo, com o objetivo de obter o volume que estaria disponível para as moléculas no caso ideal. As constantes *a* e *b*, chamadas de *constantes de van der Waals*, são quantidades positivas determinadas experimentalmente e diferem de um gás para o outro. Observe, na **Tabela 10.3**, que *a* e *b* geralmente aumentam com o aumento da massa molecular. As moléculas maiores e mais pesadas têm volumes maiores e tendem a ter forças intermoleculares de atração maiores.

TABELA 10.3 Constantes de van der Waals para moléculas de gás

Substância	a (L^2-atm/mol^2)	b (L/mol)
He	0,0341	0,02370
Ne	0,211	0,0171
Ar	1,34	0,0322
Kr	2,32	0,0398
Xe	4,19	0,0510
H$_2$	0,244	0,0266
N$_2$	1,39	0,0391
O$_2$	1,36	0,0318
F$_2$	1,06	0,0290
Cl$_2$	6,49	0,0562
H$_2$O	5,46	0,0305
NH$_3$	4,17	0,0371
CH$_4$	2,25	0,0428
CO$_2$	3,59	0,0427
CCl$_4$	20,4	0,1383

Exercício resolvido 10.15
Aplicação da equação de van der Waals

Se 10,00 mols de um gás ideal fossem confinados em 22,41 L a 0,0 °C, haveria uma pressão de 10,00 atm. Utilize a equação de van der Waals e a Tabela 10.3 para estimar a pressão exercida por 10,00 mol de $Cl_2(g)$ em 22,41 L a 0,0 °C.

SOLUÇÃO

Analise Precisamos determinar a pressão. Como vamos usar a equação de van der Waals, devemos identificar os valores apropriados para as constantes da equação.

Planeje Reorganize a Equação 10.26 para isolar P.

Resolva Substituindo n = 10,00 mols, R = 0,08206 L-atm/mol-K, T = 273,2 K, V = 22,41 L, a = 6,49 L^2-atm/mol^2 e b = 0,0562 L/mol:

$$P = nRT/(V - nb) - n^2a/V^2$$

$$= \frac{(10,00\text{ mol})(0,08206\text{ L-atm/mol-K})(273,2\text{ K})}{22,41\text{ L} - (10,00\text{ mol})(0,0562\text{ L/mol})}$$

$$- \frac{(10,00\text{ mol})^2(6,49\text{ L}^2\text{-atm/mol}^2)}{(22,41\text{ L})^2}$$

$$= 10,26\text{ atm} - 1,29\text{ atm} = 8,97\text{ atm}$$

Comentário Observe que o termo 10,26 atm é a pressão corrigida para o volume molecular. Esse valor é superior ao valor ideal, 10,00 atm, porque o volume em que as moléculas estão livres para se mover é menor que o volume do recipiente, 22,41 L. Assim, as moléculas colidem mais frequentemente com as paredes do recipiente e a pressão é maior do que a de um gás real. O termo 1,29 atm faz uma correção na direção oposta para forças intermoleculares. A correção das forças intermoleculares é a maior das duas e, assim, a pressão de 8,97 atm é menor do que a que seria observada em um gás ideal.

▶ **Para praticar**

Uma amostra de 1,000 mol de $CO_2(g)$ é confinada em um recipiente de 3,000 L a 0,000 °C, Calcule a pressão do gás usando (**a**) a equação do gás ideal e (**b**) a equação de van der Waals.

Exercícios de autoavaliação

EAA 10.22 Qual das afirmações a seguir sobre o comportamento dos gases reais é *falsa*? (**a**) À medida que as atrações entre as moléculas aumentam, o valor da constante b na equação de van der Waals aumenta. (**b**) Os desvios do comportamento de gás ideal são maiores sob pressões maiores, pois as moléculas são mais atraídas umas pelas outras. (**c**) Os desvios do comportamento de gás ideal são maiores sob pressões maiores porque a fração do espaço ocupado pelas moléculas deixa de ser desprezível. (**d**) Os desvios do comportamento de gás ideal são maiores em temperaturas menores porque as moléculas são mais atraídas umas pelas outras.

EAA 10.23 Com base nas suas respectivas constantes de van der Waals, Ar (a = 1,34, b = 0,0322) ou CO_2 (a = 3,59, b = 0,0427) se comportará de forma mais semelhante a um gás ideal sob altas pressões? (**a**) Ar, pois os parâmetros a e b são menores do que os de CO_2. (**b**) CO_2, pois os parâmetros a e b são maiores do que os de Ar. (**c**) O desvio do comportamento ideal depende apenas de T; a pressão não afeta o comportamento. (**d**) Ambos os gases teriam comportamentos muito semelhantes sob altas pressões.

Integrando conceitos

O cianogênio, um gás altamente tóxico, tem sua massa composta por 46,2% de C e 53,8% de N. A 25 °C e 751 torr, 1,05 g de cianogênio ocupa 0,500 L, (**a**) Qual é a fórmula molecular do cianogênio? Determine (**b**) sua estrutura molecular e (**c**) sua polaridade.

SOLUÇÃO

Analise Precisamos determinar a fórmula molecular de um gás com base em dados de análise elementar e informações sobre suas propriedades. Depois, devemos determinar a estrutura da molécula e, a partir dela, sua polaridade.

(**a**) **Planeje** Podemos usar a composição porcentual do composto para calcular sua fórmula empírica. (Seção 3.5) Em seguida, é possível determinar a fórmula molecular ao comparar a massa da fórmula empírica com a massa molar. (Seção 3.5)

Resolva Para determinar a fórmula empírica, consideramos uma amostra de 100 g e calculamos a quantidade de matéria de cada elemento na amostra:

$$\text{Mols de C} = (46,2\text{ g C})\left(\frac{1\text{ mol de C}}{12,01\text{ g C}}\right) = 3,85\text{ mols de C}$$

$$\text{Mols de N} = (53,8\text{ g N})\left(\frac{1\text{ mol de N}}{14,01\text{ g N}}\right) = 3,84\text{ mols de N}$$

(Continua)

Como a proporção entre os mols dos dois elementos é essencialmente 1:1, a fórmula empírica é CN. Para determinar a massa molar, empregamos a Equação 10.11.

$$\mathcal{M} = \frac{dRT}{P} = \frac{(1,05 \text{ g}/0,500 \text{ L})(0,08206 \text{ L-atm/mol-K})(298 \text{ K})}{(751/760) \text{ atm}}$$

$$= 52,0 \text{ g/mol}$$

A massa molar associada à fórmula empírica CN é 12,0 + 14,0 = 26,0 g/mol. Dividindo a massa molar pela massa molar de sua fórmula empírica, obtemos (52,0 g/mol)/(26,0 g/mol) = 2,00. Assim, a molécula tem o dobro de átomos de cada elemento que a fórmula empírica, resultando na fórmula molecular C_2N_2.

(b) Planeje Para determinar a estrutura molecular, devemos determinar a estrutura de Lewis. (Seção 8.5) Podemos, então, usar o modelo VSEPR para prever a estrutura. (Seção 9.2)

Resolva A molécula tem 2(4) + 2(5) = 18 elétrons na camada de valência. Por tentativa e erro, tentamos chegar a uma estrutura de Lewis com 18 elétrons de valência em que cada átomo tem um octeto e as cargas formais são as mais baixas possíveis. A estrutura

$$:N\equiv C-C\equiv N:$$

atende a esses critérios. (Essa estrutura tem carga formal nula em cada átomo.)

A estrutura de Lewis mostra que cada átomo tem dois domínios eletrônicos. (Cada nitrogênio tem um par de elétrons não ligantes e uma ligação tripla, enquanto cada carbono tem uma ligação tripla e uma ligação simples.) Assim, a geometria do domínio eletrônico em torno de cada átomo é linear, fazendo com que a molécula seja linear.

(c) Planeje Para determinar a polaridade da molécula, devemos examinar a polaridade das ligações simples e a geometria global da molécula.

Resolva Como a molécula é linear, esperamos que os dois dipolos criados pela polaridade da ligação carbono-nitrogênio se cancelem, deixando a molécula sem momento de dipolo.

Resumo do capítulo e termos-chave

CARACTERÍSTICAS FÍSICAS DOS GASES (SEÇÃO 10.1) Substâncias que são gases à temperatura ambiente tendem a ser substâncias moleculares com massas molares baixas. O ar, uma mistura composta principalmente de N_2 e O_2, é o gás mais comum com que nos deparamos. Alguns líquidos e sólidos também podem existir no estado gasoso e, nesse caso, são conhecidos como **vapores**. Gases são compressíveis e se misturam em todas as proporções porque as moléculas que os compõem estão distantes umas das outras. Para descrever o estado ou a condição de um gás, quatro variáveis devem ser especificadas: pressão (P), volume (V), temperatura (T), e quantidade de matéria (n). O volume é geralmente medido em litros, a temperatura, em kelvin, e a quantidade de gás, em mols. A **pressão** é a força por unidade de área e é expressa, em unidades do SI, como **pascais**, Pa (1 Pa = 1 N/m^2). A unidade relacionada, o **bar**, é igual a 10^5 Pa. Na química, a **pressão atmosférica padrão** é utilizada para definir a **atmosfera** (atm) e o **torr** (também chamado de milímetro de mercúrio). Uma atmosfera de pressão é igual a 101,325 kPa, ou 760 torr. Um barômetro é frequentemente utilizado para medir a pressão atmosférica. Já um manômetro pode ser utilizado para medir a pressão dos gases confinados.

LEIS DOS GASES (SEÇÃO 10.2) Estudos revelaram várias leis simples dos gases. Para uma quantidade constante de gás em temperatura constante, o volume do gás é inversamente proporcional à pressão (**lei de Boyle**). Para uma quantidade determinada de gás a uma pressão constante, o volume é diretamente proporcional à sua temperatura absoluta (**lei de Charles**). Volumes iguais de gases a temperatura e pressão iguais contêm o mesmo número de moléculas (**hipótese de Avogadro**). O volume de um gás a temperatura e pressão constantes é diretamente proporcional à quantidade de matéria (em mols) do gás (**lei de Avogadro**). Cada uma dessas leis dos gases é um caso especial da equação do gás ideal.

EQUAÇÃO DO GÁS IDEAL (SEÇÃO 10.3) A **equação do gás ideal**, $PV = nRT$, é a equação do estado de um **gás ideal**. O termo R nessa equação representa a **constante dos gases**. Podemos usar a equação do gás ideal para calcular as mudanças de uma variável quando uma ou mais das outras são alteradas. A maioria dos gases sob pressões inferiores a 10 atm e temperaturas próximas de 273 K ou acima obedece à equação do gás ideal razoavelmente bem. As condições de 273 K (0 °C) e 1 atm são conhecidas como **condições padrão de temperatura e pressão (CPTP)**. Em todas as aplicações da equação do gás ideal, devemos nos lembrar de converter as temperaturas para a escala da temperatura absoluta (escala Kelvin).

Com base na equação do gás ideal, podemos relacionar a densidade de um gás à sua massa molar: $\mathcal{M} = dRT/P$. Também podemos usar a equação do gás ideal para resolver problemas que envolvem gases como reagentes ou produtos em reações químicas.

MISTURAS DE GASES E PRESSÕES PARCIAIS (SEÇÃO 10.4) Nas misturas de gases, a pressão total representa a soma das **pressões parciais** que cada gás exerceria se estivesse sozinho sob as mesmas condições (**lei de Dalton das pressões parciais**). A pressão parcial de um componente de uma mistura é igual à sua fração molar multiplicada pela pressão total: $P_1 = X_1 P_t$. A **fração molar**, X, é a razão entre os mols de um componente de uma mistura e os mols totais de todos os componentes.

TEORIA CINÉTICA-MOLECULAR DOS GASES (SEÇÃO 10.5) A **teoria cinética-molecular dos gases** explica as propriedades de um gás ideal com um conjunto de preceitos sobre a natureza dos gases. Em resumo, esses preceitos são: (1) as moléculas estão em movimento caótico contínuo; (2) o volume das moléculas de gás é insignificante em comparação ao volume do recipiente no qual elas estão contidas; (3) as moléculas de gás não se atraem nem se repelem; (4) a energia cinética média das moléculas de gás é proporcional à temperatura absoluta e não se altera se a temperatura permanecer constante.

As moléculas individuais de um gás não têm a mesma energia cinética em um dado instante. As velocidades variam bastante, e a distribuição se alterna de acordo com a massa molar do gás e com a temperatura.

VELOCIDADES MOLECULARES, EFUSÃO E DIFUSÃO (SEÇÃO 10.6) As moléculas de gás estão em movimento constante. Sua **velocidade média quadrática (rms)**, u_{rms}, varia proporcionalmente com a raiz quadrada da temperatura absoluta e inversamente com a raiz quadrada da massa molar: $u_{rms} = \sqrt{(3RT/\mathcal{M})}$. A velocidade mais provável de uma molécula de gás é dada por $u_{mp} = \sqrt{(2RT/\mathcal{M})}$. A velocidade média de uma molécula de gás é dada por $u_{av} = \sqrt{(8RT/\pi\mathcal{M})}$.

De acordo com a teoria cinética-molecular, a velocidade em que o gás é submetido a uma **efusão** (escape através de um orifício minúsculo) é inversamente proporcional à raiz quadrada de sua massa molar (**lei de Graham**). A **difusão** de moléculas de gás pelo espaço é um fenômeno relacionado às velocidades com que as moléculas se movem. Como as moléculas em movimento colidem frequentemente umas com as outras, o **caminho livre médio** (distância média percorrida entre colisões) é curto. As colisões entre as moléculas limitam a velocidade com que uma molécula de gás pode se difundir.

GASES REAIS: DESVIOS DO COMPORTAMENTO IDEAL (SEÇÃO 10.7) Desvios do comportamento ideal aumentam em magnitude de acordo com o aumento da pressão e com a diminuição da temperatura. Gases reais se desviam do comportamento ideal porque (1) as moléculas têm volumes finitos e (2) as moléculas são atraídas umas pelas outras. Esses dois efeitos fazem com que os volumes dos gases reais sejam maiores e que as pressões sejam menores do que as de um gás ideal. A **equação de van der Waals** é uma equação de estado dos gases que modifica a equação do gás ideal para explicar o volume molecular intrínseco e as forças intermoleculares.

Equações-chave

- $PV = nRT$ [10.5] — Equação do gás ideal
- $\dfrac{P_1 V_1}{T_1} = \dfrac{P_2 V_2}{T_2}$ [10.8] — A lei combinada dos gases, que mostra como P, V e T estão relacionados para uma constante n
- $d = \dfrac{P\mathcal{M}}{RT}$ [10.10] — Densidade ou massa molar de um gás ideal
- $P_t = P_1 + P_2 + P_3 + \ldots$ [10.12] — Relaciona a pressão total de uma mistura de gases aos seus componentes (lei de Dalton das pressões parciais)
- $P_1 = \left(\dfrac{n_1}{n_t}\right) P_t = X_1 P_t$ [10.16] — Relaciona a pressão parcial à fração molar
- $u_{\text{rms}} = \sqrt{\dfrac{3RT}{\mathcal{M}}}$ [10.20] — Definição da velocidade média quadrática (rms) de moléculas de gás
- $u_{\text{mp}} = \sqrt{\dfrac{2RT}{\mathcal{M}}}$ [10.21] — Definição da velocidade mais provável (mp) de moléculas de gás
- $u_{\text{av}} = \sqrt{\dfrac{8RT}{\pi\mathcal{M}}}$ [10.22] — Definição da velocidade média (av) de moléculas de gás
- $\dfrac{r_1}{r_2} = \sqrt{\dfrac{\mathcal{M}_2}{\mathcal{M}_1}}$ [10.24] — Relaciona as velocidades relativas de efusão de dois gases com suas massa molares
- $\left(P + \dfrac{n^2 a}{V^2}\right)(V - nb) = nRT$ [10.26] — Equação de van der Waals

Simulado

SIM 10.1 Qual afirmação sobre gases é falsa? (**a**) Um gás pode se misturar com qualquer outro gás em qualquer proporção. (**b**) Os gases são incompressíveis. (**c**) As substâncias gasosas podem ser atômicas ou moleculares. (**d**) As substâncias que são gases à temperatura ambiente têm massas molares menores do que 100 g/mol.

SIM 10.2 Qual seria a altura da coluna de um barômetro se a pressão externa fosse de 101 kPa e fosse usada água ($d = 1,00$ g/cm^3) no lugar do mercúrio ($d = 13,6$ g/cm^3)? (**a**) 0,0558 m (**b**) 0,760 m (**c**) $1,03 \times 10^4$ m (**d**) 10,3 m (**e**) 0,103 m

SIM 10.3 Se o gás dentro do balão na Figura 10.3 for resfriado de modo que a pressão seja reduzida a um valor de 715,7 torr, qual será a altura do mercúrio no braço com a extremidade aberta? (*Dica:* a soma das alturas em ambos os braços deve permanecer constante, independentemente da variação da pressão.) (**a**) 49,00 mm (**b**) 95,6 mm (**c**) 144,6 mm (**d**) 120,1 mm

SIM 10.4 A maior profundidade da Terra fica 7 milhas abaixo do nível do mar, na Fossa das Marianas, no Oceano Pacífico. Estima-se que a pressão da água no fundo da Fossa seja de 8 toneladas por polegada quadrada. Converta esse valor para atmosferas (1 atm = 14,70 lb/pol.^{2}; 1 ton = 2.000 lbs). (**a**) 0,004 atm (**b**) 0,06 atm (**c**) 100 atm (**d**) 1.000 atm (**e**) 2×10^4 atm

SIM 10.5 Qual(is) das seguintes afirmações é(são) *verdadeira(s)* para um gás ideal?
  (i) O volume ocupado pelas moléculas é desprezível.
  (ii) Todas as moléculas se movem à mesma velocidade.
  (iii) As moléculas não são atraídas nem repelidas umas pelas outras.
(**a**) Apenas uma das afirmações é verdadeira. (**b**) i e ii (**c**) i e iii (**d**) ii e iii (**e**) Todas as afirmações são verdadeiras.

SIM 10.6 Qual afirmação sobre o comportamento dos gases é *verdadeira*? (**a**) Se você aumentar a pressão de uma quantidade fixa de gás enquanto mantém a temperatura constante, o volume deve aumentar. (**b**) Se você aumentar a quantidade de um gás enquanto mantém a pressão e a temperatura constantes, o volume deve aumentar. (**c**) Se você criar um gráfico de V versus $1/P$ para uma quantidade fixa de gás a uma temperatura constante, o resultado será uma linha reta com inclinação positiva. (**d**) Se você criar um gráfico de V versus $1/n$ para um gás a T e P constantes, o resultado será uma linha reta com inclinação positiva.

SIM 10.7 Se você duplicar o número de mols de um gás ideal em um volume fixo enquanto mantém a temperatura constante, o que acontecerá com a pressão? (**a**) Duplicará. (**b**) Permanecerá a mesma. (**c**) Diminuirá em um fator de 2. (**d**) Aumentará em um fator de 4. (**e**) Diminuirá em um fator de 4.

SIM 10.8 Uma amostra de oxigênio com massa de 8,0 g é adicionada a um cilindro equipado com um êmbolo sem massa e sem atrito. Se o equipamento é colocado em uma câmara cuja temperatura é de 0 °C e a pressão é de 1,0 atm, o gás ocupa um volume de 5,6 L. Se a pressão dentro da câmara é elevada para 3,0 atm, o êmbolo se move até o gás ocupar um volume de _____. (**a**) 17 L (**b**) 1,9 L (**c**) 22,4 L (**d**) 0,62 L

SIM 10.9 Enche-se um balão de hélio com 5,60 litros a 25 °C. Qual será o volume do balão se ele for colocado em nitrogênio líquido para abaixar a temperatura do hélio a 77 K? (**a**) 17 L (**b**) 22 L (**c**) 1,4 L (**d**) 0,046 L (**e**) 3,7 L

SIM 10.10 O dirigível da Goodyear contém $5,74 \times 10^6$ L de hélio a 25 °C e 1,00 atm. Qual é a massa em gramas de hélio dentro do dirigível?
(**a**) $2,30 \times 10^7$ g (**d**) $2,34 \times 10^5$ g
(**b**) $2,80 \times 10^6$ g (**e**) $9,39 \times 10^5$ g
(**c**) $1,12 \times 10^7$ g

SIM 10.11 Se você encher o pneu do seu carro com uma pressão de 32 psi (libras por polegada quadrada) em um dia quente, com temperatura de 35 °C (95 °F), qual será a pressão (em psi) em um dia frio, com temperatura de −15 °C (5 °F)? Considere que não há vazamentos de gás entre as medidas e que o volume do pneu não varia. (**a**) 38 psi (**b**) 27 psi (**c**) 1,8 psi (**d**) 13,7 psi

SIM 10.12 Um gás ocupa um volume de 0,75 L a 20 °C e 720 torr. Que volume o gás ocuparia a 41 °C e 760 torr? (**a**) 1,45 L (**b**) 0,85 L (**c**) 0,76 L (**d**) 0,66 L (**e**) 0,35 L

SIM 10.13 Qual é a densidade do metano, CH_4, em um balão em que a pressão é 910 torr e a temperatura é 255 K? (**a**) 0,92 g/L (**b**) 697 g/L (**c**) 0,057 g/L (**d**) 16 g/L (**e**) 0,72 g/L

SIM 10.14 Qual é a massa molar de um hidrocarboneto desconhecido, cuja densidade medida é 1,97 g/L nas CPTP? (**a**) 4,04 g/mol (**b**) 30,7 g/mol (**c**) 44,1 g/mol (**d**) 48,2 g/mol

SIM 10.15 O óxido de prata se decompõe quando é aquecido:

$$2\,Ag_2O(s) \xrightarrow{\Delta} 4\,Ag(s) + O_2(g)$$

Se 5,76 g de Ag_2O são aquecidos e o O_2 produzido pela reação é coletado em um balão evacuado, qual é a pressão do gás O_2 se o volume do balão for de 0,65 L e a temperatura do gás for de 25 °C? (**a**) 0,94 atm (**b**) 0,039 atm (**c**) 0,012 atm (**d**) 0,47 atm (**e**) 3,2 atm

SIM 10.16 Um cilindro de 15 L contém 4,0 g de hidrogênio e 28 g de nitrogênio. Se a temperatura é 27 °C, qual é a pressão total da mistura? (**a**) 0,44 atm (**b**) 1,6 atm (**c**) 3,3 atm (**d**) 4,9 atm (**e**) 9,8 atm

SIM 10.17 Um recipiente de 4,0 L que contém N_2 nas CPTP e um recipiente de 2,0 L que contém H_2 nas CPTP estão conectados por uma válvula. Se a válvula for aberta, permitindo que os gases se misturem, qual será a fração molar de hidrogênio nessa mistura? (**a**) 0,034 (**b**) 0,33 (**c**) 0,50 (**d**) 0,67 (**e**) 0,96

SIM 10.18 Considere dois cilindros com volume igual de gás e sob a mesma temperatura, um contendo 1,0 mol de propano, C_3H_8, e o outro contendo 2,0 mols de metano, CH_4. Qual das seguintes afirmações é *verdadeira*? (**a**) As moléculas de C_3H_8 e de CH_4 têm o mesmo u_{rms}. (**b**) As moléculas de C_3H_8 e de CH_4 têm a mesma energia cinética média. (**c**) A velocidade com que as moléculas colidem com as paredes do cilindro é igual nos dois cilindros. (**d**) A pressão de gás é a mesma nos dois cilindros.

SIM 10.19 Qual das afirmações a seguir *não* é um pressuposto da teoria cinética-molecular dos gases? (**a**) As moléculas de gás não ocupam espaço. (**b**) Moléculas de gás se movem em círculos. (**c**) A energia cinética média das moléculas de gás é proporcional à temperatura. (**d**) As moléculas de gás não se atraem nem se repelem. (**e**) As moléculas de gás estão em movimento constante.

SIM 10.20 A velocidade rms das moléculas em uma amostra de gás H_2 a 300 K será _____ vezes maior que a velocidade rms de moléculas de O_2 a uma temperatura igual, e a razão _____ com o aumento de temperatura. (**a**) quatro, não mudará (**b**) quatro, aumentará (**c**) dezesseis, não mudará (**d**) dezesseis, diminuirá (**e**) Não há informações suficientes para responder a questão.

SIM 10.21 Calcule a velocidade média das moléculas de CO_2 a −40,0 °C, a temperatura típica de um avião que voa a uma altura de 36.000 pés. (**a**) 10,6 m/s (**b**) 33,3 m/s (**c**) 297 m/s (**d**) 335 m/s (**e**) 364 m/s

SIM 10.22 Qual das variações a seguir levará a um aumento no caminho livre médio das moléculas de gás em um recipiente fechado?

(**i**) Baixar a temperatura sem variar o volume do recipiente.

(**ii**) Aumentar o volume do recipiente sem variar a temperatura.

(**iii**) Abrir a válvula do recipiente para liberar metade das moléculas sem variar a temperatura ou o volume do recipiente.

(**a**) Apenas i (**b**) Apenas ii (**c**) Apenas iii (**d**) ii e iii (**e**) Todas as três

SIM 10.23 Em um sistema para gases separados, um tanque que contém uma mistura de hidrogênio e dióxido de carbono está conectado a um tanque bem maior, no qual a pressão é mantida bem baixa. Os dois tanques estão separados por uma membrana porosa, por meio da qual as moléculas devem efundir. Se a pressão parcial inicial de cada gás é igual a 5,00 atm, qual será a fração molar de hidrogênio no tanque depois que a pressão parcial de dióxido de carbono cair para 4,50 atm? (**a**) 52,1% (**b**) 37,2% (**c**) 32,1% (**d**) 4,68% (**e**) 27,4%

SIM 10.24 Calcule a pressão de uma amostra de 2,975 mols de N_2 em um frasco de 0,7500 L a 300,0 °C aplicando a equação de van der Waals. Depois, repita o cálculo usando a equação do gás ideal. Dentro dos limites dos algarismos significativos justificados por esses parâmetros, a equação do gás ideal vai superestimar ou subestimar a pressão? Em quanto?

(**a**) Subestimar em 12,38 atm
(**b**) Superestimar em 12,38 atm
(**c**) Subestimar em 3,85 atm
(**d**) Superestimar em 3,85 atm

SIM 10.25 Quais das afirmações a seguir sobre desvios em relação ao comportamento de um gás ideal são *verdadeiras*?

(**i**) Os gases se comportam de forma não ideal porque a maioria das moléculas não são esféricas.

(**ii**) Os gases se comportam de forma não ideal porque os átomos e as moléculas ocupam volumes finitos.

(**iii**) Os gases se comportam de forma não ideal porque os átomos e as moléculas atraem uns aos outros.

(**iv**) O comportamento dos gases é mais ideal sob condições de alta temperatura e baixa pressão.

(**a**) i e ii (**b**) ii e iii (**c**) iii e iv (**d**) i, ii e iii (**e**) ii, iii e iv

Exercícios

Visualizando conceitos

10.1 Marte tem pressão atmosférica média de 0,007 atm. Seria mais fácil ou mais difícil beber com um canudo em Marte do que na Terra? Explique. [Seção 10.1]

10.2 Você tem uma amostra de gás em um recipiente com um êmbolo móvel, como o que está na ilustração a seguir. (**a**) Refaça a ilustração do recipiente para mostrar como ele ficaria se a temperatura do gás aumentasse de 300 para 500 K enquanto a pressão se mantivesse constante. (**b**) Refaça a ilustração do recipiente para mostrar como ele ficaria se a pressão externa sobre o êmbolo aumentasse de 1,0 para 2,0 atm enquanto a temperatura se mantivesse constante. (**c**) Refaça a ilustração do recipiente para mostrar como ele ficaria se a temperatura do gás diminuísse de 300 para 200 K enquanto a pressão se mantivesse constante (considere que o gás não se liquefaz). [Seção 10.2]

10.3 Considere a amostra de gás ilustrada a seguir. Como a ilustração ficaria se o volume e a temperatura permanecessem constantes enquanto fosse removido gás suficiente para diminuir a pressão em um fator de 2? [Seção 10.2]

(a) Conteria o mesmo número de moléculas.
(b) Conteria a metade do número de moléculas.
(c) Conteria o dobro do número de moléculas.
(d) Os dados são insuficientes para responder.

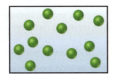

10.4 Imagine que a reação de 2 CO(g) + O$_2$(g) ⟶ 2 CO$_2$(g) ocorre em um recipiente com um êmbolo que se move para manter uma pressão constante quando a reação ocorre a uma temperatura constante. Qual das seguintes afirmações descreve como o volume do recipiente é alterado por causa da reação? (a) O volume aumenta em 50%. (b) O volume aumenta em 33%. (c) O volume permanece constante. (d) O volume diminui em 33%. (e) O volume diminui em 50%. [Seção 10.3]

10.5 Considere uma quantidade fixa de gás a uma pressão constante. Qual dos gráficos a seguir representa o volume do gás em relação à variação de temperatura? [Seção 10.3]

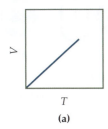
(a)

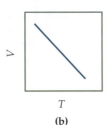
(b)

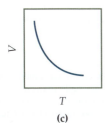
(c)

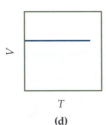
(d)

(e) Nenhum dos anteriores

10.6 O equipamento mostrado a seguir tem dois recipientes cheios com gás e um recipiente vazio, sendo que todos estão ligados a um tubo oco horizontal. (a) Quantas moléculas do gás azul estão no recipiente esquerdo? (b) Quantas moléculas do gás vermelho estão no recipiente do centro? (c) Quando as válvulas são abertas e os gases se misturam a uma temperatura constante, quantos átomos de cada tipo de gás acabam no recipiente que originalmente estava vazio? Considere que os recipientes são de igual volume e ignore o volume do tubo de conexão. [Seção 10.4]

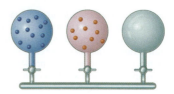

10.7 O desenho a seguir representa uma mistura de três gases diferentes. (a) Disponha os três gases em ordem crescente de pressão parcial. (b) Se a pressão total da mistura é de 1,40 atm, calcule a pressão parcial de cada gás. [Seção 10.4]

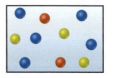

10.8 Em um único gráfico, faça um esboço qualitativo da distribuição de velocidades moleculares para (a) Kr(g) a −50 °C, (b) Kr(g) a 0 °C, (c) Ar(g) a 0°C. [Seção 10.6]

10.9 Considere o seguinte gráfico. (a) Se as curvas A e B se referem a dois gases diferentes, He e O$_2$, em uma mesma temperatura, qual curva corresponde ao He? (b) Se A e B se referem ao mesmo gás em duas temperaturas diferentes, qual representa o que tem a temperatura mais elevada? (c) Para cada curva, qual velocidade é mais alta: a velocidade mais provável, a velocidade média quadrática ou a velocidade média? [Seção 10.6]

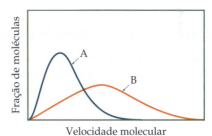

10.10 Considere as seguintes amostras de gases:

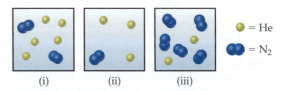

Se as três amostras estão em uma mesma temperatura, ordene-as em relação à (a) pressão total, (b) pressão parcial de hélio, (c) densidade, (d) energia cinética média das partículas. [Seções 10.5 e 10.6]

10.11 Um tubo fino de vidro de 1 m de comprimento é preenchido com gás Ar a 1 atm, e as extremidades são vedadas com tampões de algodão, como mostra a figura. HCl gasoso é introduzido em uma extremidade do tubo e, simultaneamente, NH$_3$ gasoso é introduzido na outra extremidade. Quando os dois gases se difundem através dos tampões de algodão para o tubo e se encontram, um anel branco aparece por causa da formação de NH$_4$Cl(s). Em que lugar, a, b ou c, você acha que o anel será formado? [Seção 10.6]

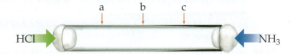

10.12 O gráfico a seguir mostra a variação de pressão que ocorre à medida que a temperatura aumenta para uma amostra de 1 mol de um gás confinado em um recipiente de 1 L. Os quatro gráficos correspondem a um gás ideal e três gases reais: CO_2, N_2 e Cl_2. (a) À temperatura ambiente, os três gases reais têm pressão menor que o gás ideal. Qual constante de van de Waals, *a* ou *b*, representa a influência que as forças intermoleculares têm na redução da pressão de um gás real? (b) Use as constantes de van der Waals da Tabela 10.3 para classificar as linhas do gráfico (A, B e C) com os respectivos gases (CO_2, N_2 e Cl_2). [Seção 10.7]

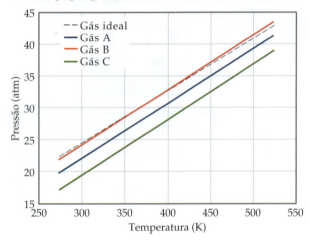

Características físicas dos gases (Seção 10.1)

10.13 Qual das seguintes afirmações é *falsa*?
(a) Gases são muito menos densos do que líquidos.
(b) Gases são muito mais compressíveis do que líquidos.
(c) Como a água líquida e o tetracloreto de carbono líquido não se misturam, seus vapores também não se misturam.
(d) O volume ocupado por um gás é determinado pelo volume do seu recipiente.

10.14 (a) É mais provável que a densidade de um gás seja informada em unidades de g/mL, g/L ou kg/cm³? (b) Quais unidades são apropriadas para expressar pressões atmosféricas: N, Pa, atm, kg/m²? (c) Qual das moléculas a seguir tem maior probabilidade de ser um gás à temperatura ambiente e sob pressão atmosférica normal: F_2, Br_2, K_2O?

10.15 Suponha que uma mulher que tem 130 lb de massa e esteja usando sapatos de salto alto momentaneamente coloque todo o seu peso sobre o calcanhar de um dos pés. Se a área do calcanhar for de 0,50 pol², calcule a pressão exercida sobre a superfície subjacente em (a) libras por polegada quadrada, (b) quilopascals e (c) atmosferas.

10.16 Um conjunto de estantes está sobre uma superfície dura sobre quatro pernas, cada uma com uma dimensão em corte transversal de 3,0 por 4,1 cm em contato com o chão. A massa total das prateleiras mais os livros empilhados em cima delas é de 262 kg. Calcule a pressão em pascals exercida pelos pés da prateleira na superfície.

10.17 (a) Quantos metros deve ter uma coluna de glicerol para exercer uma pressão igual à de uma coluna de 760 mm de mercúrio? A densidade do glicerol é 1,26 g/mL, a do mercúrio é 13,6 g/mL. (b) Qual é a pressão, em atmosferas, sobre o corpo de um mergulhador quando ele está 15 pés abaixo da superfície da água e a pressão atmosférica é de 750 torr? Considere que a densidade da água é 1,00 g/cm³ = 1,00 × 10³ kg/m³. A constante gravitacional é 9,81 m/s² e 1 Pa = 1 kg/m-s².

10.18 (a) O composto 1-iodododecano é um líquido não volátil com uma densidade de 1,20 g/mL. A densidade do mercúrio é 13,6 g/mL. Qual será a altura da coluna de um barômetro com 1-iodododecano se a pressão atmosférica for de 749 torr? (b) Qual é a pressão, em atmosferas, sobre o corpo de um mergulhador 21 pés abaixo da superfície da água se a *pressão* atmosférica for de 742 torr?

10.19 A pressão atmosférica típica no topo do Monte Everest (29,032 pés) é cerca de 265 torr. Converta essa pressão em (a) atm, (b) mmHg, (c) pascals, (d) bars, (e) psi.

10.20 Faça as seguintes conversões: (a) 0,912 atm em torr; (b) 0,685 bar em quilopascal; (c) 655 mmHg em atmosferas; (d) 1,323 × 10⁵ Pa em atmosferas; (e) 2,50 atm em psi.

10.21 Nos Estados Unidos, a pressão barométrica é geralmente expressa em polegadas de mercúrio (pol. Hg). Em um belo dia de verão em Chicago, a pressão barométrica é 30,45 pol. Hg. (a) Converta essa pressão em torr. (b) Converta essa pressão em atm.

10.22 O furacão Wilma de 2005 é o mais intenso registrado na bacia do Atlântico, com uma leitura de baixa pressão de 882 mbar (milibars). Converta essa leitura em (a) atmosferas, (b) torr e (c) polegadas de Hg.

10.23 Se a pressão atmosférica é 0,995 atm, qual é a pressão do gás confinado em cada um dos três casos representados na ilustração? Suponha que o líquido cinza é o mercúrio.

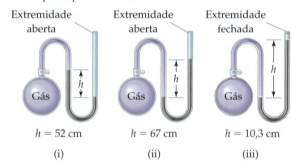

10.24 Um manômetro de extremidade aberta contendo mercúrio é conectado a um recipiente com gás, como mostra o Exercício resolvido 10.2. Qual é a pressão em torr do gás confinado em cada uma das seguintes situações? (a) No braço ligado ao gás, a coluna de mercúrio é 15,4 mm mais alta do que na extremidade aberta para a atmosfera, e a pressão atmosférica é 0,985 atm. (b) No braço ligado ao gás, a coluna de mercúrio é 12,3 mm mais baixa do que no sistema aberto para a atmosfera, e a pressão atmosférica é 0,99 atm.

Leis dos gases (Seção 10.2)

10.25 Você tem um gás a 25 °C confinado em um cilindro com um pistão móvel. Qual das seguintes ações duplicaria a pressão do gás? (a) Levantar o pistão para duplicar o volume e manter a temperatura constante. (b) Aquecer o gás, de modo que sua temperatura suba de 25 para 50 °C, e manter o volume constante. (c) Empurrar o pistão para baixo, para reduzir o volume pela metade, e manter a temperatura constante.

10.26 Uma quantidade fixa de gás a 21 °C apresenta uma pressão de 752 torr e ocupa um volume de 5,12 L. (a) Calcule o volume que o gás ocupará se a pressão for aumentada para 1,88 atm enquanto a temperatura é mantida constante. (b) Calcule o volume que o gás ocupará se a temperatura for aumentada para 175 °C enquanto a pressão é mantida constante.

10.27 (a) A lei de Amonton expressa a relação entre a pressão e a temperatura. Use a lei de Charles e a lei de Boyle para derivar a relação de proporcionalidade entre *P* e *T*. (b) Se você encher um pneu de carro a uma pressão de 32,0 lbs/pol.² (psi) medida a 75 °F, qual será a pressão dos pneus se eles forem aquecidos a 120 °F enquanto o carro está em movimento?

10.28 Os gases nitrogênio e hidrogênio reagem para formar gás amônia da seguinte forma:

$$N_2(g) + 3 H_2(g) \longrightarrow 2 NH_3(g)$$

A uma determinada temperatura e pressão, 1,2 L de N_2 reage com 3,6 L de H_2. Se todo o N_2 e o H_2 são consumidos, qual volume de NH_3, à mesma temperatura e pressão, será produzido?

Equação do gás ideal (Seção 10.3)

10.29 (a) Que condições são representadas pela sigla CPTP? (b) Qual é o volume molar de um gás ideal nas CPTP? (c) Geralmente, considera-se que a temperatura ambiente é 25 °C. Calcule o volume molar de um gás ideal a 25 °C e 1 atm de pressão. (d) Se você medir a pressão em bars em vez de atmosferas, calcule o valor correspondente de R em L-bar/mol-K.

10.30 Para derivar a equação do gás ideal, consideramos que o volume dos átomos de gás/moléculas pode ser negligenciado. Dado o raio atômico do neônio, 0,69 Å, e sabendo que uma esfera tem um volume de $4\pi r^3/3$, calcule a fração de espaço que átomos de Ne ocupam em uma amostra de neônio nas CPTP.

10.31 Suponha que você tem dois frascos de 1 L e sabe que um contém um gás de massa molar 30 e o outro contém um gás de massa molar 60, ambos à mesma temperatura. A pressão no frasco A é x atm, e a massa de gás no frasco é 1,2 g. A pressão no frasco B é 0,5x atm, e a massa de gás nesse frasco é 1,2 g. Qual frasco contém o gás de massa molar 30 e qual contém o gás de massa molar 60?

10.32 Suponha que você tem dois frascos a uma mesma temperatura, um de 2 L e o outro de 3 L. O frasco de 2 L contém 4,8 g de gás, e a pressão do gás é x atm. O frasco de 3 L contém 0,36 g de gás, e a pressão é 0,1x. Os dois gases têm massa molar igual? Em caso negativo, qual contém o gás de maior massa molar?

10.33 Complete a tabela a seguir com os dados de um gás ideal:

P	V	n	T
2,00 atm	1,00 L	0,500 mol	? K
0,300 atm	0,250 L	? mol	27 °C
650 torr	? L	0,333 mol	350 K
? atm	585 mL	0,250 mol	295 K

10.34 Calcule cada uma das seguintes quantidades de um gás ideal: (a) o volume do gás, em litros, se 1,50 mol tem pressão de 1,25 atm a uma temperatura de −6 °C; (b) a temperatura absoluta do gás quando 3,33 × 10⁻³ mols ocupa 478 mL a 750 torr; (c) a pressão, em atmosferas, se 0,00245 mol ocupa 413 mL a 138 °C; (d) a quantidade de gás, em mols, se 126,5 L a 54 °C têm uma pressão de 11,25 kPa.

10.35 Os dirigíveis da Goodyear, que voam com frequência sobre locais onde são realizados eventos esportivos, carregam aproximadamente 175 mil pés³ de hélio. Se o gás está a 23 °C e 1,0 atm, que massa de hélio há em um dirigível?

10.36 Letreiros de néon são feitos com tubos de vidro com diâmetro interior de 2,5 cm e comprimento de 5,5 m. Se o letreiro de néon tem pressão de 1,78 torr a 35 °C, quantos gramas de néon há no letreiro? (O volume de um cilindro é $\pi r^2 h$.)

10.37 (a) Calcule o número de moléculas presente em um volume de 2,25 L de ar inspirado por um ser humano à temperatura corporal, 37 °C, e pressão de 735 torr. (b) A baleia azul adulta tem capacidade pulmonar de 5,0 × 10³ L. Calcule a massa de ar (considerando uma massa molar média de 28,98 g/mol) contida em um dos pulmões da baleia azul adulta a 0,0 °C e 1,00 atm, considerando que o ar se comporta de maneira ideal.

10.38 (a) Se a pressão exercida pelo ozônio, O_3, na estratosfera é 3,0 × 10⁻³ atm e a temperatura é 250 K, quantas moléculas de ozônio há em um litro? (b) O dióxido de carbono é responsável por, aproximadamente, 0,04% da atmosfera da Terra. Se você coletar uma amostra de 2,0 L da atmosfera ao nível do mar (1,00 atm) em um dia quente (27 °C), quantas moléculas de CO_2 haverá em sua amostra?

10.39 O tanque de um mergulhador contém 0,29 kg de O_2 comprimido em um volume de 2,3 L. (a) Calcule a pressão do gás no interior do tanque a 9 °C. (b) Que volume esse oxigênio ocuparia a 26 °C e 0,95 atm?

10.40 Uma lata de aerossol em spray com um volume de 250 mL contém 2,30 g de gás propano (C_3H_8) como propelente. (a) Se a lata está a 23 °C, qual é a pressão na lata? (b) Que volume o propano ocuparia nas CPTP? (c) O rótulo da lata diz que, quando exposta a temperaturas acima de 130 °F, a lata pode provocar explosão. Qual é a pressão na lata a essa temperatura?

10.41 Uma amostra de 35,1 g de CO_2 sólido (gelo seco) é adicionada a um recipiente com um volume de 4,0 L e a uma temperatura de 100 K. Se o recipiente for evacuado (todo o gás for removido), vedado e, em seguida, aquecido até chegar à temperatura ambiente (T = 298 K), de modo que todo o CO_2 sólido seja convertido em um gás, qual será a pressão no interior do recipiente?

10.42 Um cilindro de 334 mL usado em aulas de química contém 5,225 g de hélio a 23 °C. Quantos gramas de hélio devem ser liberados para reduzir a pressão a 75 atm, considerando o comportamento de um gás ideal?

10.43 O cloro é bastante usado para purificar a água de abastecimento público e para o tratamento da água de piscinas. Suponha que o volume de determinada amostra de gás Cl_2 é 8,70 L a 895 torr e 24 °C. (a) Quantos gramas de Cl_2 há na amostra? (b) Qual volume o Cl_2 vai ocupar nas CPTP? (c) A que temperatura o volume será de 15,00 L se a pressão for 8,76 × 10² torr? (d) A que pressão o volume será igual 5,00 L se a temperatura for 58 °C?

10.44 Muitos gases são transportados em recipientes de alta pressão. Considere um tanque de aço cujo volume é de 55,0 galões que contém gás O_2 sob pressão de 16.500 kPa a 23 °C. (a) Que massa de O_2 há no tanque? (b) Que volume o gás ocuparia nas CPTP? (c) A que temperatura a pressão no tanque seria igual a 150,0 atm? (d) Qual seria a pressão do gás, em kPa, se ele fosse transferido para um recipiente de volume 55,0 L a 24 °C?

10.45 Em um experimento relatado na literatura científica, baratas-macho foram forçadas a correr a diferentes velocidades em uma miniatura de esteira, enquanto os respectivos consumos de oxigênio eram medidos. Verificou-se que, em 1 hora, uma barata correndo a 0,08 km/h consome 0,8 mL de O_2 sob pressão de 1 atm e a 24 °C por grama de massa do inseto. (a) Quantos mols de O_2 seriam consumidos em 1 hora por uma barata de 5,2 g se movendo a essa velocidade? (b) Essa mesma barata é capturada por uma criança e colocada em um pote de vidro de 1,0 L com a tampa bem fechada. Considerando o mesmo nível de atividade contínua da pesquisa, a barata vai consumir mais de 20% do O_2 disponível em um período de 48 horas? (A percentagem em quantidade de matéria de O_2 (mol %) no ar é de 21%).

10.46 O condicionamento físico dos atletas é medido por "V_{O_2} máx", que representa o volume máximo de oxigênio consumido por um indivíduo durante um exercício incremental (p. ex., em uma esteira). Um homem comum tem um V_{O_2} máx de 45 mL O_2/kg de massa corporal/min, mas um atleta de nível mundial pode ter uma leitura de V_{O_2} máx de 88,0 mL O_2/kg de massa corporal/min. (a) Calcule o volume de oxigênio, em mL, consumido em 1 hora por um homem comum que pesa 185 libras e tem uma leitura de V_{O_2} máx de 47,5 mL O_2/kg de massa corporal/min. (b) Se esse homem perdesse 20 libras, se exercitasse e aumentasse seu V_{O_2} máx para 65,0 mL O_2/kg de massa corporal/min, quantos mL de oxigênio ele consumiria em 1 hora?

10.47 Ordene os seguintes gases do menos denso para o mais denso sob 1,00 atm e 298 K: CO, N_2O, Cl_2, HF.

10.48 Ordene os seguintes gases do menos denso para o mais denso sob 1,00 atm e 298 K: SO_2, HBr, CO_2.

10.49 Qual das seguintes afirmações explica melhor por que um balão fechado preenchido com gás hélio sobe no ar?

(a) O hélio é um gás monoatômico, e quase todas as moléculas que compõem o ar, como o nitrogênio e o oxigênio, são diatômicas.

(b) A velocidade média de átomos de hélio é maior que a velocidade média das moléculas do ar, e a velocidade maior das colisões com as paredes do balão impulsiona o balão para cima.

(c) Como os átomos de hélio têm menos massa que a molécula de ar média, o gás hélio é menos denso que o ar. Assim, a massa do balão é menor que a massa do ar deslocado pelo seu volume.

(d) Como o hélio tem massa molar menor que a molécula de ar média, os átomos de hélio estão em movimento mais rápido. Isso significa que a temperatura do hélio é maior que a temperatura do ar. Gases quentes tendem a subir.

10.50 Qual das seguintes afirmações explica melhor por que o nitrogênio gasoso nas CPTP é menos denso que o gás Xe nas CPTP?

(a) Como o Xe é um gás nobre, há menos tendência de que os átomos de Xe apresentem repulsão, então eles ficam mais juntos no estado gasoso.

(b) Átomos de Xe têm massa maior que as moléculas de N_2. Como ambos os gases nas CPTP têm o mesmo número de moléculas por unidade de volume, o gás Xe deve ser mais denso.

(c) Os átomos de Xe são maiores que as moléculas de N_2 e, assim, ocupam uma fração maior do espaço ocupado pelo gás.

(d) Como os átomos de Xe são mais maciços que as moléculas de N_2, eles se movem mais lentamente e, assim, exercem menos força para cima sobre o recipiente de gás, fazendo o gás parecer mais denso.

10.51 (a) Calcule a densidade do gás NO_2 a 0,970 atm e 35 °C. (b) Calcule a massa molar de um gás se 2,50 g ocupam 0,875 L a 685 torr e 35 °C.

10.52 (a) Calcule a densidade do gás hexafluoreto de enxofre a 707 torr e 21 °C. (b) Calcule a massa molar de um vapor que tem uma densidade de 7,135 g/L a 12 °C e 743 torr.

10.53 No método da ampola de Dumas, usado para determinar a massa molar de um líquido desconhecido, vaporiza-se uma amostra de um líquido que ferve abaixo de 100 °C em banho-maria e determina-se a massa de vapor necessária para encher o balão. Com base nos dados a seguir, calcule a massa molar do líquido desconhecido: massa de vapor desconhecido, 1,012 g; volume da ampola, 354 cm³; pressão, 742 torr; temperatura, 99 °C.

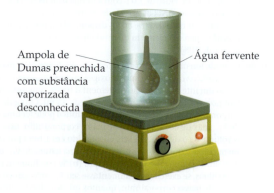

Ampola de Dumas preenchida com substância vaporizada desconhecida

Água fervente

10.54 A massa molar de uma substância volátil foi determinada pelo método da ampola de Dumas, descrito no Exercício 10.53. O vapor desconhecido tinha massa de 0,846 g, o volume da ampola era de 354 cm³, a pressão, de 752 torr, e a temperatura, de 100 °C. Calcule a massa molar do vapor desconhecido.

10.55 O magnésio pode ser utilizado como um material absorvente em um recipiente evacuado para reagir com os últimos vestígios de oxigênio. (O magnésio geralmente é aquecido ao passar uma corrente elétrica por um fio ou fita de metal.) Se um recipiente de 0,452 L tem uma pressão parcial de O_2 de $3,5 \times 10^{-6}$ torr a 27 °C, que massa de magnésio reagirá de acordo com a seguinte equação?

$$2\,Mg(s) + O_2(g) \longrightarrow 2\,MgO(s)$$

10.56 O hidreto de cálcio, CaH_2, reage com a água para formar gás hidrogênio:

$$CaH_2(s) + 2\,H_2O(l) \longrightarrow Ca(OH)_2(aq) + 2\,H_2(g)$$

Essa reação é, por vezes, utilizada para inflar botes salva-vidas, balões meteorológicos, entre outros, quando um meio simples e compacto de gerar H_2 é necessário. Quantos gramas de CaH_2 são necessários para gerar 145 L de gás H_2 se a pressão do H_2 é 825 torr a 21 °C?

10.57 A oxidação metabólica da glicose, $C_6H_{12}O_6$, em nossos corpos produz CO_2, que é expelido dos nossos pulmões como um gás:

$$C_6H_{12}O_6(aq) + 6\,O_2(g) \longrightarrow 6\,CO_2(g) + 6\,H_2O(l)$$

(a) Calcule o volume de CO_2 seco produzido à temperatura corporal (37 °C) e 0,970 atm quando 24,5 g de glicose são consumidos nessa reação. (b) Calcule o volume de oxigênio necessário, sob 1,00 atm e 298 K, para oxidar completamente 50,0 g de glicose.

10.58 Jacques Charles e Joseph Louis Gay-Lussac foram balonistas ávidos. Em seu primeiro voo, em 1783, Jacques Charles usou um balão que continha aproximadamente 31,150 L de H_2. Ele produziu o H_2 utilizando a reação entre o ferro e o ácido clorídrico:

$$Fe(s) + 2\,HCl(aq) \longrightarrow FeCl_2(aq) + H_2(g)$$

Quantos quilogramas de ferro foram necessários para produzir esse volume de H_2, se a temperatura era de 22 °C?

10.59 O gás hidrogênio é produzido quando o zinco reage com o ácido sulfúrico:

$$Zn(s) + H_2SO_4(aq) \longrightarrow ZnSO_4(aq) + H_2(g)$$

Se 159 mL de H_2 úmido são recolhidos da água a 24 °C e a uma pressão barométrica de 738 torr, quantos gramas de Zn foram consumidos? (A pressão de vapor de água está listada no Apêndice B.)

10.60 O gás acetileno, $C_2H_2(g)$, pode ser preparado pela reação de carboneto de cálcio com água:

$$CaC_2(s) + 2\,H_2O(l) \longrightarrow Ca(OH)_2(aq) + C_2H_2(g)$$

Calcule o volume de C_2H_2 coletado da água a 23 °C pela reação de 1,524 g de CaC_2 se a pressão total do gás é 753 torr. (A pressão de vapor de água está listada no Apêndice B.)

Misturas de gases e pressões parciais (Seção 10.4)

10.61 Considere o equipamento da ilustração a seguir. (a) Quando a válvula entre os dois recipientes é aberta e os gases se misturam, como o volume ocupado pelo gás de N_2 se altera? Qual é a pressão parcial do N_2 depois que a mistura acontece? (b) Como o volume do gás O_2 se altera quando os gases se misturam? Qual é a pressão parcial do

O₂ na mistura? (c) Qual é a pressão total no recipiente depois que os gases se misturam?

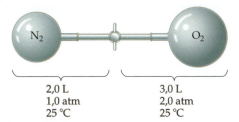

10.62 Considere uma mistura de dois gases, A e B, confinada em um recipiente fechado. Uma quantidade de um terceiro gás, C, é adicionada ao mesmo recipiente a uma temperatura igual. Como a adição de gás C afeta: (a) a pressão parcial do gás A, (b) a pressão total no recipiente, (c) a fração molar do gás B?

10.63 Uma mistura que contém 0,765 mol de He(g), 0,330 mol de Ne(g) e 0,110 mol de Ar(g) está confinada em um recipiente de 10,00 L a 25 °C. (a) Calcule a pressão parcial de cada um dos gases na mistura. (b) Calcule a pressão total da mistura.

10.64 Um mergulhador usa um cilindro de gás com um volume de 10,0 L com 51,2 g de O₂ e 32,6 g de He. Calcule a pressão parcial de cada gás e a pressão total, considerando que a temperatura do gás é 19 °C.

10.65 A concentração atmosférica do gás CO₂ é, atualmente, 407 ppm (partes por milhão, em volume; isto é, 407 L de cada 10⁶ L da atmosfera são CO₂). Qual é a fração molar de CO₂ na atmosfera?

10.66 Uma televisão de plasma contém milhares de pequenas células preenchidas com uma mistura dos gases Xe, Ne e He, que emite luz de comprimentos de onda específicos quando uma voltagem é aplicada. Uma célula de plasma específica, de 0,900 mm × 0,300 mm × 10,0 mm, contém átomos de Xe, Ne e He em uma proporção de 1:12:12, respectivamente, a uma pressão total de 500 torr a 298 K. Calcule o número de átomos de Xe, Ne e He na célula.

10.67 Um pedaço de gelo seco (dióxido de carbono sólido) com uma massa de 5,50 g é colocado em um recipiente de 10,0 L que já contém ar a 705 torr e 24 °C. Depois que o dióxido de carbono é sublimado completamente, qual é a pressão parcial do gás de CO₂ resultante e qual é a pressão total do recipiente a 24 °C?

10.68 Uma amostra de 5,00 mL de éter dietílico (C₂H₅OC₂H₅, densidade = 0,7134 g/mL) é introduzida em um recipiente de 6,00 L que já contém uma mistura de N₂ e O₂, cujas pressões parciais são P_{N_2} = 0,751 atm e P_{O_2} = 0,208 atm. A temperatura é mantida a 35,0 °C, e o éter dietílico evapora totalmente. (a) Calcule a pressão parcial do éter dietílico. (b) Calcule a pressão total dentro do recipiente.

10.69 Um recipiente rígido que contém uma proporção de 3:1 mol de dióxido de carbono e vapor de água é mantido a 200 °C e sob pressão total de 2,00 atm. Se o recipiente é resfriado a 10 °C, de modo que todo o vapor de água se condense, qual é a pressão do dióxido de carbono? Despreze o volume de água líquida formada com o resfriamento.

10.70 Se 5,15 g de Ag₂O são confinados em um tubo de 75,0 mL preenchido com 760 torr de gás de N₂ a 32 °C, e se o tubo é aquecido a 320 °C, o Ag₂O se decompõe, formando oxigênio e prata. Qual é a pressão total dentro do tubo, considerando que o volume do tubo se mantém constante?

10.71 A uma profundidade de 250 pés debaixo d'água, a pressão é 8,38 atm. Qual seria a percentagem molar de oxigênio no gás de mergulho para que a pressão parcial de oxigênio na mistura fosse 0,21 atm, a mesma que no ar a 1 atm?

10.72 (a) Quais são as frações molares de cada componente em uma mistura de 15,08 g de O₂, 8,17 g de N₂ e 2,64 g de H₂? (b) Qual será a pressão parcial em atm de cada componente dessa mistura se ela for mantida em um recipiente de 15,50 L a 15 °C?

10.73 Uma quantidade de gás de N₂, inicialmente mantida a 5,25 atm de pressão em um recipiente de 1,00 L a 26 °C, é transferida para um recipiente de 12,5 L a 20 °C. Uma quantidade de gás O₂ originalmente a 5,25 atm e 26 °C em um recipiente de 5,00 L é transferida para esse mesmo recipiente. Qual é a pressão total no novo recipiente?

10.74 Uma amostra de 3,00 g de SO₂(g), originalmente em um recipiente de 5,00 L a 21 °C, é transferida para um recipiente de 10,0 L a 26 °C. Uma amostra de 2,35 g de N₂(g), originalmente em um recipiente de 2,50 L a 20 °C, é transferida para esse mesmo recipiente de 10,0 L. (a) Qual é a pressão parcial de SO₂(g) no recipiente maior? (b) Qual é a pressão parcial de N₂(g) nesse recipiente? (c) Qual é a pressão total no recipiente?

Teoria cinética-molecular dos gases; Velocidades moleculares, efusão e difusão (Seções 10.5 e 10.6)

10.75 Determine se cada uma das seguintes alterações aumentarão, diminuirão ou não afetarão a velocidade com a qual as moléculas de gás colidem com as paredes do recipiente onde estão contidas: (a) aumentar o volume do recipiente, (b) aumentar a temperatura, (c) aumentar a massa molar do gás.

10.76 Indique qual das seguintes afirmações a respeito da teoria cinética-molecular dos gases está correta. (a) A energia cinética média de um conjunto de moléculas de gás a uma dada temperatura é proporcional a $m^{1/2}$. (b) Considera-se que as moléculas de gás não exercem força umas sobre as outras. (c) Todas as moléculas de um gás a uma dada temperatura têm a mesma energia cinética. (d) O volume das moléculas de gás é desprezível em relação ao volume total em que o gás está contido. (e) Todas as moléculas de gás se movem com a mesma velocidade se estão à mesma temperatura.

10.77 O WF₆ é um dos gases mais pesados conhecidos. Quão mais lenta é a velocidade média quadrática do WF₆ em comparação à do He a 300 K?

10.78 Você tem um recipiente evacuado de volume fixo e massa conhecida e introduz uma massa conhecida de uma amostra de gás. Medindo a pressão sob temperatura constante ao longo do tempo, você se surpreende ao vê-la cair lentamente. Você mede a massa do recipiente cheio de gás e descobre que a massa está de acordo com o esperado – gás mais recipiente –. e a massa não muda ao longo do tempo, então não há vazamentos. Sugira uma explicação para as suas observações.

10.79 A temperatura de um recipiente de 5,00 L de gás de N₂ é aumentada de 20 °C para 250 °C. Se o volume é mantido constante, determine qualitativamente como essa mudança afeta: (a) a energia cinética média das moléculas; (b) a velocidade média quadrática das moléculas; (c) a força do impacto de uma molécula média contra as paredes do recipiente onde elas estão contidas; (d) o número total de colisões das moléculas com as paredes por segundo.

10.80 Suponha que você tem dois frascos de 1 L, um contendo N₂ nas CPTP e o outro contendo CH₄ nas CPTP. Como esses sistemas podem ser comparados com relação: (a) ao número de moléculas, (b) à densidade, (c) à energia cinética média das moléculas, (d) à velocidade de efusão devido a um vazamento por um orifício minúsculo?

10.81 (a) Coloque os seguintes gases em ordem crescente de velocidade molecular média a 25 °C: Ne, HBr, SO₂, NF₃, CO. (b) Calcule a velocidade rms de moléculas de NF₃ a 25 °C. (c) Calcule a velocidade mais provável de uma molécula de ozônio na estratosfera, onde a temperatura é de 270 K.

10.82 (a) Coloque os seguintes gases em ordem crescente de velocidade molecular média a 300 K: CO, SF₆, H₂S, Cl₂, HBr. (b) Calcule as velocidades rms para as moléculas de CO e Cl₂ a 300 K. (c) Calcule as velocidades mais prováveis para as moléculas de CO e Cl₂ a 300 K.

10.83 Qual(is) das seguintes afirmações é(são) *verdadeira(s)*?

(a) O O_2 sofre efusão mais rapidamente do que o Cl_2.

(b) Efusão e difusão são nomes diferentes para o mesmo processo.

(c) As moléculas de perfume se deslocam até o seu nariz pelo processo de efusão.

(d) Quanto maior a densidade de um gás, menor é o caminho livre médio.

10.84 A uma pressão constante, o caminho livre médio (λ) de uma molécula de gás é diretamente proporcional à temperatura. Em uma temperatura constante, λ é inversamente proporcional à pressão. Se você comparar duas moléculas de gases diferentes à mesma temperatura e pressão, λ é inversamente proporcional ao quadrado do diâmetro das moléculas de gás. Reúna esses dados para criar uma fórmula para o caminho livre médio de uma molécula de gás com uma constante de proporcionalidade (chame-a de R_{clm}, como a constante do gás ideal) e defina as unidades para a R_{clm}.

10.85 O hidrogênio tem dois isótopos naturais, ^1H e ^2H. O cloro também tem dois isótopos naturais, ^{35}Cl e ^{37}Cl. Assim, o gás cloreto de hidrogênio consiste em quatro tipos diferentes de moléculas: $^1H^{35}Cl$, $^1H^{37}Cl$, $^2H^{35}Cl$ e $^2H^{37}Cl$. Coloque essas quatro moléculas em ordem crescente de taxa de efusão.

10.86 A "velocidade de escape" necessária para que um objeto escape do alto da atmosfera terrestre é de 7,1 km/s. (a) A qual temperatura a velocidade rms de um átomo de He é igual a esse valor? (b) A temperatura real no alto da atmosfera é de aproximadamente 200 K. Assim, apenas uma pequena parcela dos átomos de He a essa temperatura são rápidos o suficiente para poder escapar da Terra. Calcule a velocidade rms de um átomo de He a 200 K. (c) Calcule a velocidade rms de uma molécula de hidrogênio a 200 K. (d) Qual gás, o hidrogênio ou o hélio, tem maior probabilidade de escapar da atmosfera terrestre?

10.87 O sulfeto de arsênio(III) sublima-se facilmente, mesmo abaixo de seu ponto de fusão de 320 °C. As moléculas da fase de vapor efundem-se por meio de um pequeno orifício, 0,28 vezes a velocidade de efusão de átomos de Ar sob as mesmas condições de temperatura e pressão. Qual é a fórmula molecular do sulfeto de arsênio(III) na fase gasosa?

10.88 Um gás de massa molecular desconhecida efunde por uma pequena abertura sob pressão constante. Foram necessários 105 s para que 1,0 L do gás efundisse. Sob condições experimentais idênticas, são necessários 31 s para que 1,0 L de gás O_2 seja efundido. Calcule a massa molar do gás desconhecido. (Lembre-se de que quanto maior for a velocidade de efusão, menor será o tempo necessário para a efusão de 1,0 L; isso significa que a velocidade é a quantidade que se difunde ao longo do tempo necessário para difundir.)

Gases reais: desvios do comportamento ideal (Seção 10.7)

10.89 (a) Liste duas condições experimentais sob as quais os gases se desviam do comportamento ideal. (b) Liste duas razões pelas quais os gases se desviam do comportamento ideal.

10.90 O planeta Júpiter tem uma temperatura superficial de 140 K e uma massa 318 vezes a da Terra. O planeta Mercúrio tem uma temperatura superficial entre 600 K e 700 K e uma massa 0,05 vezes a da Terra. Em que planeta a atmosfera está mais propensa a obedecer a lei do gás ideal?

10.91 Qual afirmação sobre as constantes de van der Waals a e b é *verdadeira*?

(a) A magnitude de a está relacionada ao volume molecular, enquanto b está relacionada às atrações entre as moléculas.

(b) A magnitude de a está relacionada às atrações entre as moléculas, enquanto b está relacionada ao volume molecular.

(c) As magnitudes de a e b dependem da pressão.

(d) As magnitudes de a e b dependem da temperatura.

10.92 Calcule a pressão que o CCl_4 vai exercer a 80 °C se 1,00 mol ocupar 33,3 L, partindo do princípio de que (a) o CCl_4 obedece à equação do gás ideal; (b) o CCl_4 obedece à equação de van der Waals. (Valores para as constantes de van der Waals são apresentados na Tabela 10.3.) (c) Qual vai se desviar mais do comportamento ideal nessas condições: Cl_2 ou CCl_4? Explique.

10.93 A Tabela 10.3 mostra que o parâmetro b de van der Waals tem unidades de L/mol. Isso implica que é possível calcular o tamanho de átomos ou moléculas com base no parâmetro b. Usando o valor de b para Xe, calcule o raio de um átomo de Xe e compare-o com o valor encontrado na Figura 7.7, ou seja, 1,40 Å. Lembre-se de que o volume de uma esfera é $(4/3)\pi r^3$.

10.94 A Tabela 10.3 mostra que o parâmetro b de van der Waals tem unidades de L/mol. Isso significa que podemos calcular o tamanho de átomos ou moléculas com base no parâmetro b. Releia a Seção 7.3. O raio de van der Waals que calculamos com base no parâmetro b da Tabela 10.3 é mais intimamente associado ao raio atômico ligante ou ao raio atômico não ligante discutido na seção? Explique.

Exercícios adicionais

10.95 Uma bolha de gás com um volume de 1,0 mm³ é originada no fundo de um lago, onde a pressão é 3,0 atm. Calcule seu volume quando a bolha alcança a superfície do lago, onde a pressão é 730 torr, considerando que a temperatura não se altera.

10.96 Um tanque de 15,0 L é preenchido com gás hélio a uma pressão de $1,00 \times 10^2$ atm. Quantos balões (2,00 L cada) podem ser insuflados a uma pressão de 1,00 atm, considerando que a temperatura permanece constante e que o tanque não pode ser esvaziado para menos de 1,00 atm?

10.97 Para diminuir a velocidade de evaporação do filamento de tungstênio, $1,4 \times 10^{-5}$ mol de argônio é colocado em uma lâmpada de 600 cm³. Qual é a pressão do argônio na lâmpada a 23 °C?

10.98 O dióxido de carbono, reconhecido como o principal contribuinte para o aquecimento global por ser um gás do efeito estufa, é formado quando combustíveis fósseis são queimados, como em usinas elétricas alimentadas por carvão, petróleo ou gás natural. Uma forma potencial de diminuir a quantidade de CO_2 adicionada à atmosfera é armazená-lo como um gás comprimido em formações subterrâneas. Considere uma usina de energia de 1.000 megawatts movida a carvão que produz cerca de 6×10^6 toneladas de CO_2 por ano. (a) Considerando o comportamento do gás ideal, 1,00 atm e 27 °C, calcule o volume de CO_2 produzido por essa usina. (b) Se o CO_2 é armazenado no subsolo como um líquido a 10 °C e 120 atm e uma densidade de 1,2 g/cm³, que volume ele tem? (c) Se for armazenado no subsolo como um gás a 30 °C e 70 atm, que volume ele ocupa?

10.99 O níquel tetracarbonilo, $Ni(CO)_4$, é uma das substâncias mais tóxicas conhecidas. A concentração máxima permitida atualmente no ar do laboratório durante um dia de trabalho de 8 horas é de 1 ppb (partes por bilhão) em volume, o que significa que há um mol de $Ni(CO)_4$ para cada 10^9 mols de gás. Considere 24 °C e 1,00 atm de pressão. Que massa de $Ni(CO)_4$ é permitida em um laboratório que tem 12 pés por 20 pés por 9 pés?

10.100 Quando um balão grande evacuado é preenchido com gás argônio, sua massa aumenta 3,224 g. Quando o mesmo recipiente é evacuado novamente e, em seguida, preenchido com um gás de massa molar desconhecida, a massa aumenta 8,102 g. (**a**) Com base na massa molar do argônio, estime a massa molar do gás desconhecido. (**b**) Que suposições foram feitas para se chegar à resposta?

10.101 Considere a disposição dos balões mostrada na ilustração a seguir. Cada um dos balões contém um gás sob a pressão mostrada. Qual é a pressão do sistema quando todas as válvulas de bloqueio são abertas, considerando que a temperatura permanece constante? (Podemos desprezar o volume do tubo capilar que conecta os balões.)

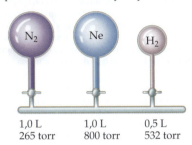

10.102 Considere que um único cilindro de um motor de automóvel tem um volume de 524 cm³. (**a**) Se o cilindro está cheio de ar a 74 °C e 0,980 atm, quantos mols de O_2 estão presentes? (A fração molar do O_2 no ar seco é 0,2095.) (**b**) Quantos gramas de C_8H_{18} poderiam ser queimados por essa quantidade de O_2, considerando uma combustão completa, com formação de CO_2 e H_2O?

10.103 Suponha que um sopro de ar exalado é composto de 74,8% de N_2, 15,3% de O_2, 3,7% de CO_2 e 6,2% de vapor de água. (**a**) Se a pressão total dos gases é 0,985 atm, calcule a pressão parcial de cada componente da mistura. (**b**) Se o volume de gás exalado é 455 mL e a temperatura é 37 °C, calcule a quantidade de matéria de CO_2 exalada. (**c**) Quantos gramas de glicose ($C_6H_{12}O_6$) teriam de ser metabolizados para produzir essa quantidade de CO_2? (A reação química é a mesma descrita para a combustão do $C_6H_{12}O_6$. Veja a Seção 3.2 e o Exercício 10.57.)

10.104 Uma amostra de 1,42 g de hélio e uma massa desconhecida de O_2 são misturadas em um balão à temperatura ambiente. A pressão parcial do hélio é 42,5 torr e a do oxigênio é 158 torr. Qual é a massa do oxigênio?

10.105 Um gás ideal, a uma pressão de 1,50 atm, está contido em um balão de volume desconhecido. Uma válvula é usada para conectar esse balão com outro previamente evacuado com um volume de 0,800 L, como mostrado a seguir. Quando a válvula é aberta, o gás se expande para o balão vazio. Se a temperatura é mantida constante durante esse processo e a pressão final é 695 torr, qual é o volume do balão que foi inicialmente preenchido com gás?

10.106 Você tem uma amostra de gás a −33 °C e deseja aumentar a velocidade rms a um fator de 2. A que temperatura o gás deve ser aquecido?

10.107 Considere os seguintes gases, todos nas CPTP: Ne, SF_6, N_2, CH_4. (**a**) É mais provável que qual gás se desvie do preceito da teoria cinética-molecular que diz que não há forças atrativas nem repulsivas entre as moléculas? (**b**) Qual deles está mais próximo do comportamento de um gás ideal? (**c**) Qual deles tem a maior velocidade média quadrática a uma dada temperatura? (**d**) Qual tem o maior volume total molecular em relação ao espaço ocupado pelo gás? (**e**) Qual tem a maior energia cinética molecular média? (**f**) Qual deles se efunde mais rapidamente que o N_2? (**g**) Qual deles tem o maior parâmetro *b* de van der Waals?

10.108 O efeito da atração intermolecular sobre as propriedades de um gás torna-se mais ou menos significativo se (**a**) o gás for comprimido a um volume menor sob temperatura constante? E se (**b**) a temperatura do gás aumentar sob volume constante?

10.109 Grandes quantidades de gás nitrogênio são utilizadas na produção de amônia, principalmente para ser utilizada em fertilizantes. Suponha que 120,00 kg de $N_2(g)$ sejam armazenados em um cilindro metálico de 1.100,0 L a 280 °C. (**a**) Calcule a pressão do gás, considerando que ele tem um comportamento ideal. (**b**) Com base nos dados da Tabela 10.3, calcule a pressão do gás de acordo com a equação de van der Waals. (**c**) Nas condições desse problema, que correção domina: o volume finito de moléculas de gás ou o de interações atrativas?

10.110 O ciclopropano, um gás utilizado junto ao oxigênio como um anestésico geral, é composto de 85,7% de C e 14,3% de H em massa. (**a**) Se 1,56 g de ciclopropano tem um volume de 1,00 L a 0,984 atm e 50,0 °C, qual é sua fórmula molecular? (**b**) Com base em sua fórmula molecular, você acha que o ciclopropano se desvia mais ou menos que o Ar do comportamento do gás ideal a pressões moderadamente altas e temperatura ambiente? Explique. (**c**) O ciclopropano se efunde através de um orifício minúsculo de modo mais rápido ou mais lento que o metano, CH_4?

10.111 Considere a reação de combustão entre 25,0 mL de metanol líquido (densidade = 0,850 g/mL) e 12,5 L de gás de oxigênio, ambos nas CPTP. Os produtos da reação são $CO_2(g)$ e $H_2O(g)$. Calcule o volume de H_2O líquida que é formada se a reação for completada e se você condensar o vapor de água.

10.112 Um herbicida contém somente C, H, N e Cl. A combustão completa de uma amostra de 100,0 mg do herbicida em excesso de oxigênio produz 83,16 mL de CO_2 e 73,30 mL de vapor de H_2O nas CPTP. Uma análise separada mostra que a amostra também contém 16,44 mg de Cl. (**a**) Determine a percentagem da composição da substância. (**b**) Calcule a sua fórmula empírica. (**c**) De que outra informação você precisa sobre esse composto para calcular a sua verdadeira fórmula molecular?

10.113 Uma amostra de 4,00 g de uma mistura de CaO e BaO é colocada em um recipiente de 1,00 L que contém gás de CO_2 a uma pressão de 730 torr e a uma temperatura de 25 °C. O CO_2 reage com o CaO e o BaO, formando $CaCO_3$ e $BaCO_3$. Quando a reação está completa, a pressão do CO_2 remanescente é 150 torr. (**a**) Calcule a quantidade de matéria de CO_2 que reagiu. (**b**) Calcule a percentagem em massa de CaO na mistura.

10.114 A amônia e o cloreto de hidrogênio reagem para formar o cloreto de amônio sólido:

$$NH_3(g) + HCl(g) \longrightarrow NH_4Cl(s)$$

Dois balões de 2,00 L a 25 °C estão conectados por uma válvula, como mostrado na ilustração. Um frasco contém 5,00 g de $NH_3(g)$ e o outro contém 5,00 g de $HCl(g)$. Quando a válvula é aberta, os gases reagem até que um seja completamente consumido. (**a**) Qual gás permanecerá no sistema após a reação estar completa? (**b**) Qual será a pressão final do sistema após a reação estar completa? (Despreze o volume do cloreto de amônio formado.) (**c**) Que massa de cloreto de amônio será formada?

10.115 Gasodutos são utilizados para distribuir gás natural (metano, CH₄) para várias regiões dos Estados Unidos. O volume total de gás natural entregue é da ordem de $2,7 \times 10^{12}$ L por dia, medidos nas CPTP. Calcule a variação de entalpia total na combustão dessa quantidade de metano. (*Observação:* na verdade, menos que essa quantidade de metano é queimada diariamente. Parte do gás entregue é repassada para outras regiões.)

10.116 O gás natural é muito abundante em campos de petróleo do Oriente Médio. No entanto, os custos de envio do gás para os mercados de outras partes do mundo são elevados, porque é necessário liquefazer o gás, que é composto principalmente de metano e tem ponto de ebulição à pressão atmosférica de −164 °C. Uma possível estratégia consiste em oxidar o metano em metanol, CH₃OH, que tem ponto de ebulição de 65 °C e pode, portanto, ser transportado mais facilmente. Suponha que $10,7 \times 10^9$ pés³ de metano à pressão atmosférica e a 25 °C são oxidados em metanol. (**a**) Que volume de metanol é formado se a densidade do CH₃OH é 0,791 g/mL? (**b**) Escreva equações químicas balanceadas das oxidações do metano e do metanol em CO₂(g) e H₂O(l). Calcule a variação de entalpia total da combustão completa dos $10,7 \times 10^9$ pés³ de metano que acabamos de descrever e da combustão completa da quantidade equivalente de metanol, como calculado no item (**a**). (**c**) O metano, quando liquefeito, tem densidade de 0,466 g/mL; a densidade do metanol a 25 °C é 0,791 g/mL. Compare a variação de entalpia durante a combustão de uma unidade de volume de metano líquido e de metanol líquido. Do ponto de vista da produção de energia, qual substância tem a maior entalpia de combustão por unidade de volume?

10.117 O pentafluoreto de iodo gasoso, IF₅, pode ser preparado pela reação entre o iodo sólido e o flúor gasoso:

$$I_2(s) + 5\,F_2(g) \longrightarrow 2\,IF_5(g)$$

Um balão de 5,00 L que contém 10,0 g de I₂ é preenchido com 10,0 g de F₂, e a reação ocorre até que um dos reagentes tenha sido totalmente consumido. Depois que a reação está completa, a temperatura no balão é de 125 °C. (**a**) Qual é a pressão parcial do IF₅ no balão? (**b**) Qual é a fração molar do IF₅ no balão? (**c**) Represente a estrutura de Lewis do IF₅. (**d**) Qual é a massa total dos reagentes e produtos no balão?

10.118 Uma amostra de 6,53 g de uma mistura de carbonato de magnésio e carbonato de cálcio é tratada com ácido clorídrico em excesso. A reação resultante produz 1,72 L de gás dióxido de carbono a 28 °C e pressão de 743 torr. (**a**) Escreva equações químicas balanceadas para as reações que ocorrem entre o ácido clorídrico e cada componente da mistura. (**b**) Calcule a quantidade de matéria total de dióxido de carbono formada a partir dessas reações. (**c**) Partindo do princípio de que as reações estão completas, calcule a percentagem em massa de carbonato de magnésio na mistura.

Elabore um experimento

Você recebe um cilindro com um gás nobre desconhecido, não radioativo, e é encarregado de determinar a sua massa molar e usar esse valor para identificar o gás. As ferramentas disponíveis são vários balões de Mylar vazios, que são aproximadamente do tamanho de uma laranja grande quando inflados (gases se difundem pelos balões de Mylar muito mais lentamente do que nos balões de látex convencionais), uma balança analítica e três béqueres de vidro graduados de tamanhos diferentes (100 mL, 500 mL e 2 L). (**a**) Quantos algarismos significativos seriam necessários para determinar a massa molar e identificar o gás? (**b**) Proponha um experimento ou uma série de experimentos que permita que você determine a massa molar do gás desconhecido. Descreva as ferramentas, os cálculos e as suposições que você precisa usar. (**c**) Se você tivesse acesso a uma gama mais ampla de instrumentos analíticos, descreva uma maneira alternativa de identificar o gás, usando qualquer método experimental que você aprendeu nos capítulos anteriores.

11

LÍQUIDOS E FORÇAS INTERMOLECULARES

▲ Alguns líquidos fluem com facilidade de um recipiente para outro, enquanto outros, como o mel, fluem muito lentamente. Essa propriedade, denominada viscosidade, depende da intensidade das forças atrativas entre moléculas vizinhas.

O QUE VEREMOS

11.1 ▶ Comparação molecular entre gases, líquidos e sólidos
Comparar gases, líquidos e sólidos de um ponto de vista molecular. A temperatura e as *forças intermoleculares* são fundamentais quando determinamos o estado físico de uma substância.

11.2 ▶ Forças intermoleculares
Examinar quatro forças intermoleculares: *forças de dispersão*, *forças dipolo-dipolo*, *ligações de hidrogênio* e *forças íon-dipolo*.

11.3 ▶ Principais propriedades dos líquidos Aprender como a *viscosidade* e a *tensão superficial* dos líquidos são determinadas pelas forças intermoleculares.

11.4 ▶ Mudanças de fase Explorar as *mudanças de fases*, ou seja, as transições da matéria entre os estados gasoso, líquido e sólido, e suas energias associadas.

11.5 ▶ Pressão de vapor Entender o equilíbrio dinâmico existente entre um líquido e sua fase gasosa, que dá origem a uma *pressão de vapor* mensurável.

11.6 ▶ Diagramas de fases Aprender a ler *diagramas de fases*, isto é, representações gráficas do equilíbrio entre as fases gasosa, líquida e sólida.

11.7 ▶ Cristais líquidos Reconhecer que uma substância na fase líquido--cristalina tem aspectos de ordem estrutural em comum com um sólido cristalino, mas ainda retém parte da liberdade de movimento de um líquido.

Quando estudamos os gases, podemos praticamente ignorar as forças de atração entre as moléculas, mas isso não vale para líquidos e sólidos, pois sua própria existência depende dessas forças. Para entendermos o comportamento dos líquidos e dos sólidos, antes devemos compreender as **forças intermoleculares**, as forças que existem *entre* as moléculas. Somente a partir da compreensão da natureza e da intensidade dessas forças é possível entender como a composição e a estrutura de uma substância estão relacionadas às suas propriedades físicas no estado sólido ou líquido. Neste capítulo, abordaremos as forças intermoleculares e sua relação com as propriedades dos líquidos, com foco principalmente nas substâncias moleculares. As estruturas e propriedades dos sólidos serão estudadas no Capítulo 12, no qual examinaremos substâncias com redes de ligação extensas (sólidos iônicos, metálicos e de rede covalente), além das substâncias moleculares.

11.1 | Comparação molecular entre gases, líquidos e sólidos

 Objetivos de aprendizagem

Após terminar a Seção 11.1, você deve ser capaz de:
▶ Comparar o comportamento de gases, líquidos e sólidos.
▶ Explicar como o equilíbrio entre a energia cinética de átomos, íons ou moléculas e a força das atrações intermoleculares determina o estado físico (sólido, líquido, gasoso) de uma substância.

Conforme aprendemos no Capítulo 10, as moléculas de um gás encontram-se bem separadas e em um estado de movimento constante e caótico. Um princípio fundamental da teoria cinética-molecular dos gases é a suposição de que podemos desprezar as interações entre as moléculas. (Seção 10.7) As propriedades de líquidos e sólidos são bem diferentes das propriedades dos gases, em grande parte porque as forças intermoleculares em líquidos e sólidos são mais fortes. Uma comparação entre as propriedades de gases, líquidos e sólidos pode ser vista na **Tabela 11.1**.

Nos líquidos, as forças de atração intermoleculares são intensas o suficiente para manter as partículas unidas. Assim, os líquidos são mais densos e menos compressíveis que os gases. Diferentemente dos gases, os líquidos têm um volume definido, independentemente do tamanho e do formato de seu recipiente. No entanto, as forças de atração em líquidos não são suficientemente intensas para impedir que as partículas se movam umas sobre as outras. Dessa forma, qualquer líquido pode ser vertido, assumindo o mesmo formato do recipiente no qual está contido.

Aumentar a pressão ou reduzir a temperatura fixa as partículas em um arranjo cristalino.* Isso enrijece os sólidos. Assim, sua forma e seu volume são independentes do recipiente. Sólidos, assim como líquidos, não são muito compressíveis, pois existe pouco espaço livre entre as partículas. Como as partículas de um sólido ou líquido se mantêm bem próximas umas das outras quando comparadas com as de um gás, com frequência nos referimos aos sólidos e aos líquidos como *fases condensadas*.

A **Figura 11.1** compara os três estados da matéria. *O estado de uma substância depende, em grande parte, do equilíbrio entre as energias cinéticas das partículas (átomos, moléculas ou íons) e as energias de atração interpartículas.* As energias cinéticas, que dependem da temperatura, tendem a manter as partículas afastadas e em movimento. Já as atrações interpartículas tendem a mantê-las unidas. Substâncias gasosas à temperatura ambiente apresentam atrações interpartículas mais fracas que as líquidas; já substâncias líquidas têm atrações interpartículas mais fracas que as sólidas. Os diferentes estados da matéria adotados pelos halogênios à temperatura ambiente (o iodo é um sólido, o bromo é um líquido, o cloro é um gás) são uma consequência direta da diminuição da intensidade das forças intermoleculares quando vamos de I_2 para Br_2 para Cl_2.

Podemos mudar uma substância de um estado para outro ao aquecê-la ou resfriá-la, o que altera a energia cinética média das partículas. O NaCl, por exemplo, é um sólido à temperatura ambiente, funde a 1.074 K e entra em ebulição a 1.686 K sob pressão de 1 atm, e o Cl_2 é um gás à temperatura ambiente, se liquefaz a 239 K e se solidifica a 172 K sob pressão de 1 atm. À medida que a temperatura de um gás diminui, a energia cinética média de suas partículas diminui, permitindo que as atrações entre elas, em um primeiro momento, unam as partículas, formando um líquido e, em seguida, praticamente fixe-as, formando um sólido. Aumentar a pressão de um gás também pode ocasionar transformações de gases em líquidos e sólidos. Isso acontece porque o aumento da pressão une ainda mais as moléculas, tornando as forças intermoleculares mais eficientes. Por exemplo, o propano (C_3H_8) é um gás à temperatura ambiente e sob pressão de 1 atm, enquanto o propano liquefeito (PL) é um líquido à temperatura ambiente, porque é armazenado sob uma pressão muito maior.

TABELA 11.1 Propriedades características dos estados da matéria

Gás	Líquido	Sólido
Assume tanto o volume quanto o formato do recipiente	Assume parcialmente o formato do recipiente que ocupa	Conserva o seu próprio volume e formato
Expande-se para preencher todo o recipiente	Não se expande para preencher o recipiente	Não se expande para preencher o recipiente
É compressível	É praticamente incompressível	É praticamente incompressível
Flui facilmente	Flui facilmente	Não flui
Difunde rapidamente	Difunde lentamente	Difunde muito lentamente

---

* Os átomos de um sólido são capazes de vibrar sem sair do lugar. À medida que a temperatura aumenta, o movimento vibracional do sólido aumenta.

Capítulo 11 | Líquidos e forças intermoleculares

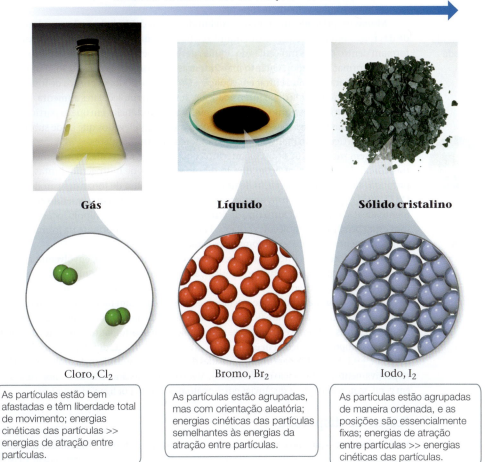

▲ **Figura 11.1 Gases, líquidos e sólidos.** O cloro, o bromo e o iodo são formados por moléculas diatômicas, sendo o resultado de ligações covalentes. No entanto, em razão de diferenças na intensidade das forças intermoleculares, eles são encontrados em três estados diferentes à temperatura ambiente e pressão padrão: Cl_2 gasoso, Br_2 líquido, I_2 sólido.

Exercícios de autoavaliação

EAA 11.1 Qual característica de um líquido é mais semelhante à de um gás do que à de um sólido? (**a**) Compressibilidade (**b**) Densidade (**c**) Capacidade de fluir (**d**) Volume molar em condições padrão de temperatura e pressão

EAA 11.2 A substância A é um líquido nas condições padrão de temperatura e pressão, enquanto a substância B é um gás sob as mesmas condições. Ambas são substâncias moleculares. Com base nisso, podemos afirmar que as atrações intermoleculares na substância A _____ aquelas na substância B. (**a**) são mais intensas do que (**b**) são mais fracas do que (**c**) têm aproximadamente a mesma intensidade que (**d**) Não há informações suficientes para responder.

11.2 | Forças intermoleculares

A intensidade das forças *intermoleculares* varia bastante, mas elas geralmente são mais fracas do que as forças *intramoleculares* (iônicas, metálicas ou covalentes) (**Figura 11.2**). Assim, é necessário menos energia para vaporizar um líquido ou fundir um sólido do que para romper ligações covalentes. Por exemplo, são necessários apenas 16 kJ/mol para superar as atrações intermoleculares no HCl líquido, a fim de vaporizá-lo. Por outro lado, a energia necessária para quebrar a ligação covalente no HCl é de 431 kJ/mol. Assim, quando uma

Objetivos de aprendizagem

Após terminar a Seção 11.2, você deve ser capaz de:

▶ Descrever o que significa a polarizabilidade de uma molécula e como ela leva a forças intermoleculares de dispersão.

▶ Comparar a intensidade relativa de forças de dispersão em substâncias puras.

▶ Comparar a intensidade relativa de interações dipolo-dipolo e íon-dipolo em substâncias puras e misturas.

▶ Identificar interações de ligação de hidrogênio e descrever como afetam as propriedades físicas das substâncias e misturas em que ocorrem.

▶ Comparar a intensidade relativa de forças intermoleculares em substâncias puras e/ou misturas com diferentes forças intermoleculares.

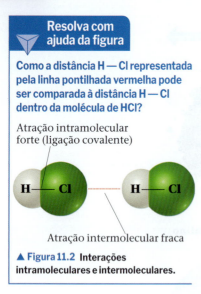

Resolva com ajuda da figura

Como a distância H — Cl representada pela linha pontilhada vermelha pode ser comparada à distância H — Cl dentro da molécula de HCl?

Atração intramolecular forte (ligação covalente)

Atração intermolecular fraca

▲ **Figura 11.2** Interações intramoleculares e intermoleculares.

substância molecular como o HCl muda do estado sólido para o líquido e depois, para o gasoso, as moléculas se mantêm intactas.

Muitas propriedades dos líquidos, incluindo pontos de ebulição, refletem a intensidade das forças intermoleculares. Um líquido entra em ebulição quando bolhas de vapor se formam dentro dele. As moléculas do líquido devem superar suas forças de atração para se separar e formar um vapor. Quanto mais intensas forem as forças de atração, maior será a temperatura para o líquido entrar em ebulição. Do mesmo modo, os pontos de fusão de sólidos aumentam à medida que a intensidade das forças intermoleculares aumenta. De acordo com a Tabela 11.2, os pontos de fusão e ebulição de substâncias em que as partículas são mantidas unidas por ligações químicas tendem a ser mais elevados que os de substâncias em que as partículas são mantidas unidas por forças intermoleculares.

Existem três tipos de atrações intermoleculares entre moléculas eletricamente neutras: forças de dispersão, atrações dipolo-dipolo e ligações de hidrogênio. Juntas, as duas primeiras são chamadas de *forças de van der Waals*, por causa de Johannes van der Waals (1837–1923), que desenvolveu uma equação que previa o desvio dos gases do comportamento ideal. (Seção 10.9) Outro tipo de força de atração, a força íon-dipolo, ocorre quando íons estão próximos de moléculas polares. Ela tem um papel importante na formação e no comportamento de soluções de compostos iônicos.

Todas as interações intermoleculares são de caráter eletrostático, envolvendo atrações entre espécies com cargas positivas e negativas, assim como as ligações iônicas. (Seção 8.2) Por que, então, as forças intermoleculares são mais fracas do que as ligações iônicas? Lembre-se da Equação 8.4, que determina que interações eletrostáticas ficam mais fortes à medida que a magnitude das cargas aumenta e ficam mais fracas à medida que a distância entre as cargas aumenta. As cargas responsáveis pelas forças intermoleculares costumam ser menores do que as cargas em compostos iônicos. Por exemplo, a partir do momento de dipolo, é possível estimar cargas de +0,178 e −0,178 para as extremidades do hidrogênio e do cloro da molécula de HCl, respectivamente (ver Exercício resolvido 8.5). Além disso, as distâncias entre as moléculas são, em geral, maiores do que as distâncias entre os átomos unidos por ligações químicas.

Forças de dispersão

Você pode pensar que não há interações eletrostáticas entre átomos e/ou moléculas eletricamente neutras, ou apolares. No entanto, algum tipo de interação atrativa deve existir, pois gases apolares, como o hélio, o argônio e o nitrogênio, podem se liquefazer. Fritz London, um físico germano-americano, sugeriu pela primeira vez, em 1930, qual seria a origem dessa atração. London reconheceu que o movimento dos elétrons em um átomo ou em uma molécula poderia criar um momento de dipolo *instantâneo*, ou momentâneo.

Em um conjunto de átomos de hélio, por exemplo, a distribuição *média* dos elétrons ao redor de cada núcleo é esfericamente simétrica, como mostra a **Figura 11.3**(a). Os átomos são apolares e, por isso, não possuem momento de dipolo permanente. No entanto, a distribuição *instantânea* dos elétrons pode ser diferente da distribuição média. Se pudéssemos congelar o movimento dos elétrons em qualquer instante, ambos os elétrons poderiam estar em um lado do núcleo. Nesse instante, o átomo teria um momento de dipolo instantâneo, conforme a Figura 11.3(**b**). Os movimentos dos elétrons em um átomo influenciam os movimentos dos elétrons em seus átomos vizinhos. O dipolo instantâneo de um átomo pode

TABELA 11.2 Pontos de fusão e ebulição de substâncias representativas

Força que une as partículas	Substância	Ponto de fusão (K)	Ponto de ebulição (K)
Ligações químicas			
Ligações iônicas	Fluoreto de lítio (LiF)	1118	1949
Ligações metálicas	Berílio (Be)	1560	2742
Ligações covalentes	Diamante (C)	3800	4300
Forças intermoleculares			
Forças de dispersão	Nitrogênio (N_2)	63	77
Interações dipolo-dipolo	Cloreto de hidrogênio (HCl)	158	188
Ligações de hidrogênio	Fluoreto de hidrogênio (HF)	190	293

Capítulo 11 | Líquidos e forças intermoleculares   **435**

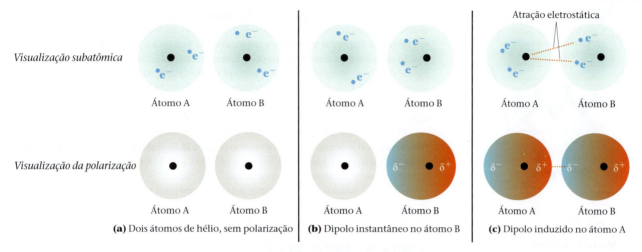

(a) Dois átomos de hélio, sem polarização (b) Dipolo instantâneo no átomo B (c) Dipolo induzido no átomo A

▲ **Figura 11.3 Forças de dispersão.** Representações da distribuição de carga em dois átomos de hélio em três momentos distintos.

induzir um dipolo instantâneo em um átomo adjacente, promovendo a atração mútua dos átomos, conforme ilustrado pela Figura 11.3(**c**). Essa interação atrativa é chamada de **força de dispersão** (ou *força de dispersão de London* ou *interações dipolo induzido-dipolo induzido*). Ela é significativa apenas quando as moléculas estão muito próximas.

A intensidade da força de dispersão depende da facilidade com que a distribuição de carga em uma molécula pode ser deformada para induzir um dipolo instantâneo. A facilidade com que a distribuição de carga é deformada chama-se **polarizabilidade** da molécula. Podemos pensar na polarizabilidade de uma molécula como uma medida da "maciez" de sua nuvem eletrônica: quanto maior a polarizabilidade, mais facilmente a nuvem eletrônica pode ser deformada, resultando em um dipolo instantâneo. Portanto, moléculas mais polarizáveis têm forças de dispersão maiores.

Em geral, a polarizabilidade aumenta à medida que o número de elétrons de um átomo ou de uma molécula aumenta e à medida que o volume no qual os elétrons estão distribuídos aumenta. Como o número de elétrons em uma molécula e a massa molecular geralmente são paralelos, *as forças de dispersão tendem a ter sua intensidade aumentada com o aumento da massa molecular*. Podemos ver isso nos pontos de ebulição dos halogênios e dos gases nobres (**Figura 11.4**), em que as forças de dispersão são as únicas forças

> **Resolva com ajuda da figura**
> Por que o ponto de ebulição do halogênio é sempre mais elevado que o do gás nobre correspondente do mesmo período?

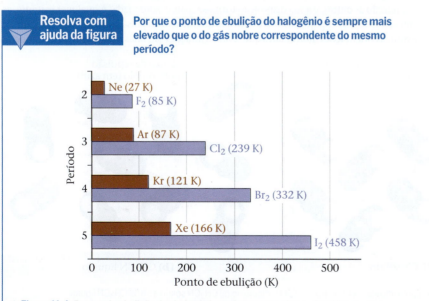

▲ **Figura 11.4 Pontos de ebulição dos halogênios e dos gases nobres.** O gráfico mostra como os pontos de ebulição aumentam em razão de forças de dispersão mais intensas à medida que a massa molecular aumenta.

Molécula linear — a área superficial maior aumenta o contato intermolecular e intensifica a força de dispersão.

n-pentano (C₅H₁₂)
pe = 309,4 K

Molécula esférica — a área superficial menor reduz o contato intermolecular e diminui a força de dispersão.

Neopentano (C₅H₁₂)
pe = 282,7 K

▲ **Figura 11.5 O formato da molécula afeta a atração intermolecular.** Moléculas de *n*-pentano têm mais contato umas com as outras do que as moléculas de neopentano. Assim, o *n*-pentano tem forças de atração intermoleculares mais intensas e, portanto, um ponto de ebulição mais elevado.

intermoleculares atuando. Em ambos os grupos, a massa atômica/molecular aumenta à medida que descemos na tabela periódica. As massas moleculares mais altas se traduzem em forças de dispersão mais fortes, o que, por sua vez, leva a pontos de ebulição mais altos. Se as moléculas têm números de elétrons semelhantes, as maiores tendem a ter forças de dispersão mais intensas. Por exemplo, o Kr (massa atômica = 83 uma, ponto de ebulição = 121 K) tem um ponto de ebulição menor do que o Cl_2 (massa molecular = 71 uma, ponto de ebulição = 239 K), que tem ponto de ebulição menor do que o *n*-pentano,* C_5H_{12} (massa molecular = 72 uma, ponto de ebulição = 309 K).

O formato das moléculas também influencia a magnitude das forças de dispersão. Por exemplo, o *n*-pentano e o neopentano (**Figura 11.5**) têm a mesma fórmula molecular (C_5H_{12}), mas o ponto de ebulição do *n*-pentano é cerca de 27 K maior que o do neopentano. A diferença pode ser atribuída ao formato das duas moléculas, que não é igual. A atração intermolecular é maior para o *n*-pentano, pois o contato pode ocorrer ao longo de toda a molécula, que é formada por cadeias longas e relativamente cilíndricas. Por sua vez, ocorre menos contato entre as moléculas de neopentano, que são mais compactas e quase esféricas.

Interações dipolo-dipolo

A presença de um momento de dipolo permanente em moléculas polares origina as **interações dipolo-dipolo**. Essas interações surgem de atrações eletrostáticas entre a extremidade parcialmente positiva de uma molécula e a extremidade parcialmente negativa de uma molécula vizinha. Repulsões também podem ocorrer quando as extremidades positivas (ou negativas) de duas moléculas estão muito próximas. As interações dipolo-dipolo somente são significativas quando as moléculas estão muito próximas.

Para entender o efeito das interações dipolo-dipolo, vamos comparar os pontos de ebulição de dois compostos de massa molecular semelhante: acetonitrila (CH_3CN, massa molecular = 41 uma, ponto de ebulição = 355 K) e propano ($CH_3CH_2CH_3$, massa molecular = 44 uma, ponto de ebulição = 231 K). A acetonitrila é uma molécula polar, com um momento de dipolo igual a 3,9 D, de modo que as interações dipolo-dipolo estão presentes. No entanto, o propano é essencialmente apolar. Isso significa que as interações dipolo-dipolo estão ausentes. Como a acetonitrila e o propano apresentam massas moleculares semelhantes, as forças de dispersão também são semelhantes nas duas moléculas. Portanto, o ponto de ebulição mais elevado da acetonitrila pode ser atribuído às interações dipolo-dipolo.

Para entender melhor essas forças, considere como as moléculas de CH_3CN se agrupam nos estados sólido e líquido. No sólido [**Figura 11.6(a)**], as moléculas se organizam de forma que a carga negativa do nitrogênio de cada molécula fica próxima das cargas positivas dos —CH_3 vizinhos. No líquido [Figura 11.6(**b**)], as moléculas se deslocam livremente umas em relação às outras, e a sua disposição torna-se mais desordenada. A qualquer instante, as interações dipolo-dipolo, tanto as de atração quanto as de repulsão, estarão presentes. Ainda assim, as orientações moleculares que levam a atrações são mais numerosas do que aquelas

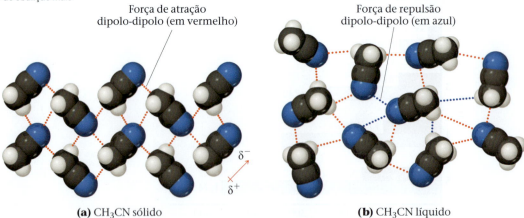

Força de atração dipolo-dipolo (em vermelho)

Força de repulsão dipolo-dipolo (em azul)

(a) CH_3CN sólido   **(b)** CH_3CN líquido

▲ **Figura 11.6 Interações dipolo-dipolo.** As interações dipolo-dipolo no (a) CH_3CN sólido e no (b) CH_3CN líquido.

* O *n*, no *n*-pentano, é uma abreviação da palavra "*normal*". Um hidrocarboneto normal é aquele em que os átomos de carbono estão dispostos em uma cadeia linear. (Seção 2.9)

> **Resolva com ajuda da figura** — Da esquerda para a direita, as forças de dispersão ficam mais intensas, mais fracas ou mais ou menos iguais?

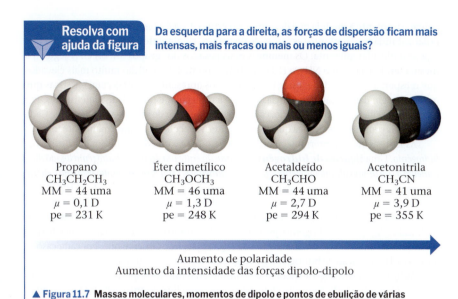

▲ **Figura 11.7** Massas moleculares, momentos de dipolo e pontos de ebulição de várias substâncias orgânicas simples.

que levam a repulsões, de modo que o efeito global é uma atração efetiva forte o suficiente para evitar que as moléculas no CH₃CN líquido se distanciem e formem um gás.

Para moléculas com mais ou menos a mesma massa e tamanhos iguais, as atrações intermoleculares ficam mais intensas com o aumento da polaridade, tendência que vemos na **Figura 11.7**. Observe como o ponto de ebulição aumenta à medida que o momento de dipolo aumenta.

Ligações de hidrogênio

A **Figura 11.8** mostra os pontos de ebulição de compostos binários que se formam entre o hidrogênio e os elementos dos grupos 4A a 7A. Os pontos de ebulição dos compostos que apresentam elementos do grupo 4A (CH₄ até SnH₄, todos apolares) aumentam

> **Resolva com ajuda da figura** — Explique a diferença nos pontos de ebulição de PH₃ e AsH₃.

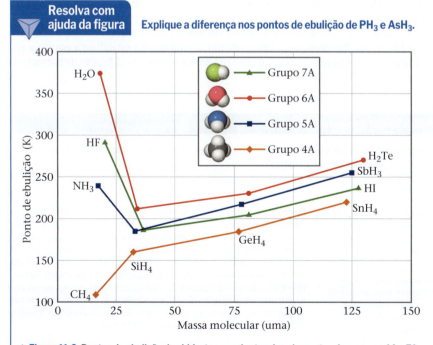

▲ **Figura 11.8** Pontos de ebulição dos hidretos covalentes dos elementos dos grupos 4A a 7A como uma função da massa molecular.

Resolva com ajuda da figura

Para formar uma ligação de hidrogênio, o que o outro átomo (N, O ou F) que participa da ligação deve possuir?

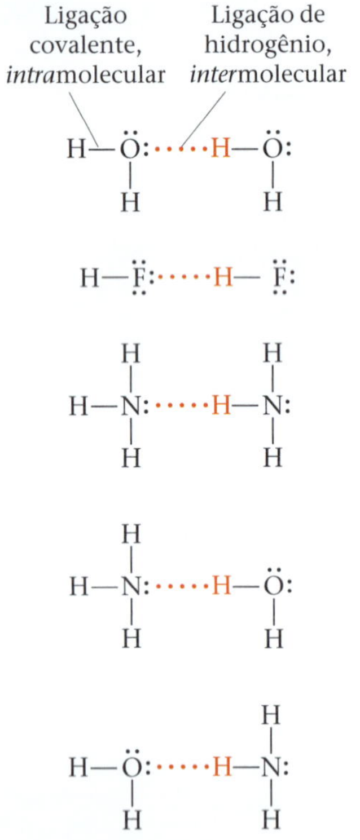

Ligação covalente, *intra*molecular   Ligação de hidrogênio, *inter*molecular

H—Ö:·····H—Ö:
   | |
   H   H

H—F̈:·····H—F̈:

   H   H
   | |
H—N:·····H—N:
   | |
   H   H

   H
   |
H—N:·····H—Ö:
   | |
   H   H

                 H
                 |
H—Ö:·····H—N:
   | |
   H   H

▲ **Figura 11.9 Ligação de hidrogênio.** Ligações de hidrogênio podem ocorrer entre um átomo de H ligado a um átomo de N, O ou F em uma molécula e um átomo de N, O ou F em outra.

sistematicamente à medida que descemos no grupo. Essa é a tendência esperada porque a polarizabilidade e, portanto, as forças de dispersão, geralmente aumentam à medida que o peso molecular aumenta. Os membros mais pesados dos grupos 5A, 6A e 7A seguem a mesma tendência, mas o NH_3, o H_2O e o HF têm pontos de ebulição muito mais elevados que o esperado. Na verdade, esses três compostos apresentam outras características que os distinguem das demais substâncias de massa molecular e polaridade semelhantes. Por exemplo, a água tem ponto de fusão, calor específico e calor de vaporização elevados. Cada uma dessas propriedades indica que as forças intermoleculares são anormalmente fortes.

As fortes atrações intermoleculares no HF, no H_2O e no NH_3 resultam das *ligações de hidrogênio*. Uma **ligação de hidrogênio** é *a atração entre um átomo de hidrogênio ligado diretamente a um átomo altamente eletronegativo (geralmente F, O ou N) e um átomo pequeno e eletronegativo em outra molécula ou grupo químico próximo*. Assim, ligações H — F, H — O ou H — N em uma molécula podem formar ligações de hidrogênio com um átomo de F, O ou N em outra molécula. Vários exemplos de ligações de hidrogênio são mostrados na **Figura 11.9**, incluindo a ligação de hidrogênio que existe entre o átomo de H em uma molécula de H_2O e o átomo de oxigênio de uma molécula de H_2O adjacente. Observe que, em cada caso, o átomo de H na ligação de hidrogênio interage com um par de elétrons não ligantes.

As ligações de hidrogênio podem ser consideradas um tipo especial de atração dipolo-dipolo. Como N, O e F são muito eletronegativos, uma ligação entre o hidrogênio e qualquer um desses elementos é bastante polar, com o hidrogênio na extremidade positiva (lembre-se de que o + à direita do símbolo de dipolo representa a extremidade positiva do dipolo, e a ponta da seta representa a extremidade negativa do dipolo):

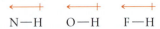

O átomo de hidrogênio não tem elétrons internos. Assim, o lado positivo do dipolo apresenta a carga concentrada do núcleo do hidrogênio. Essa carga positiva é atraída para a carga negativa de um átomo eletronegativo de uma molécula próxima. Uma vez que o hidrogênio pobre em elétrons é muito pequeno, ele pode se aproximar de um átomo eletronegativo e, assim, interagir fortemente com ele. Em geral, a intensidade da ligação de hidrogênio aumenta com a eletronegatividade do átomo ligado covalentemente ao hidrogênio. Por consequência, a ligação de hidrogênio em compostos com uma ligação O — H tende a ser mais intensa do que em compostos comparáveis com uma ligação N — H. Assim, a metilamina, CH_3NH_2, é um gás sob condições normais e o metanol, CH_3OH, é um líquido. A ligação de hidrogênio está presente em ambos os compostos, mas é mais intensa no metanol.

A ligação de hidrogênio é importante em muitos sistemas químicos, especialmente nos biológicos. Por exemplo, a ligação de hidrogênio ajuda a estabilizar a estrutura tridimensional das proteínas, o que é essencial para a sua função. A ligação de hidrogênio

Exercício resolvido 11.1
Identificação de substâncias que podem formar ligações de hidrogênio

Em qual das substâncias a seguir a ligação de hidrogênio provavelmente seria importante na determinação das propriedades físicas: metano (CH_4), hidrazina (H_2NNH_2), fluoreto de metila (CH_3F) ou sulfeto de hidrogênio (H_2S)?

SOLUÇÃO

Analise Com base nas fórmulas químicas de quatro compostos, devemos prever se eles podem participar de ligações de hidrogênio. Todos os compostos contêm H, mas a ligação de hidrogênio geralmente ocorre apenas quando o hidrogênio forma uma ligação covalente com o N, o O ou o F.

Planeje Analisamos cada fórmula para avaliar se ela contém N, O ou F diretamente ligado ao H. Também é necessário que haja um par de elétrons não ligantes em um átomo eletronegativo (geralmente N, O ou F) em uma molécula próxima. Eles podem ser revelados por meio da representação da estrutura de Lewis da molécula.

Resolva Os critérios precedentes eliminam o CH_4 e o H_2S, que não contêm H ligado a N, O ou F. Eles também eliminam o CH_3F, cuja estrutura de Lewis mostra um átomo central de C rodeado por três átomos de H e um átomo de F. (O carbono sempre forma quatro ligações, enquanto o hidrogênio e o flúor formam uma ligação cada um.) Como a molécula contém uma ligação C — F e nenhuma ligação H — F, ela não forma ligações de hidrogênio. No H_2NNH_2, no entanto, encontramos ligações N — H, e a estrutura de Lewis mostra um par de elétrons não ligantes em cada átomo de N, indicando que ligações de hidrogênio podem existir entre as moléculas:

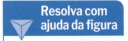

ligado covalentemente a H, representar a estrutura de Lewis da interação é uma maneira de verificar se a previsão foi correta.

Confira Embora geralmente possamos identificar as substâncias que apresentam ligação de hidrogênio pelo fato de conterem N, O ou F

▶ **Para praticar**
Em qual destas substâncias uma ligação de hidrogênio significativa é possível: trifluoroetano (CF_3CH_3), fosfina (PH_3), cloramina (NH_2Cl), acetona (CH_3COCH_3)?

também é responsável pela estrutura em dupla-hélice do DNA, fundamental para a sua função genética.

Uma consequência notável das ligações de hidrogênio é vista na densidade da água em estado sólido (gelo) e líquido. Na maior parte das substâncias, as moléculas dos sólidos estão mais densamente compactadas do que as moléculas dos líquidos, tornando a fase sólida mais densa que a fase líquida. Por outro lado, a densidade do gelo a 0 °C (0,917 g/mL) é menor do que a da água em estado líquido a 0 °C (1,00 g/mL), de modo que o gelo flutua na água em estado líquido.

Resolva com ajuda da figura Qual é o ângulo de ligação H — O ⋯ H aproximado no gelo em que H — O é a ligação covalente e O ⋯ H é a ligação de hidrogênio?

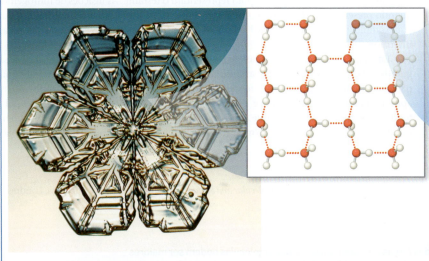

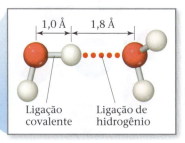

▲ **Figura 11.10 Ligação de hidrogênio no gelo.** Os canais vazios na estrutura do gelo tornam a água sólida menos densa do que a água líquida.

A densidade mais baixa do gelo pode ser explicada em termos das ligações de hidrogênio. No gelo, as moléculas de H_2O assumem um arranjo ordenado e aberto, mostrado na **Figura 11.10**. Essa disposição otimiza ligações de hidrogênio entre as moléculas, uma vez que cada molécula de H_2O forma ligações de hidrogênio com quatro moléculas de H_2O vizinhas. Essas ligações de hidrogênio, no entanto, criam as cavidades vistas na imagem central da Figura 11.10. Quando o gelo derrete, os movimentos das moléculas fazem a estrutura entrar em colapso. A ligação de hidrogênio nos líquidos é mais aleatória do que nos sólidos, mas é suficientemente forte para manter as moléculas próximas umas das outras. Consequentemente, a água líquida tem uma estrutura mais densa que o gelo, o que significa que uma dada massa de água ocupa um volume menor que a mesma massa de gelo.

A expansão da água durante o congelamento (**Figura 11.11**) é responsável por muitos fenômenos a que não damos a devida importância. Por exemplo, ela faz com que icebergs flutuem e tubulações de água estourem no clima frio. A menor densidade do gelo em relação à água líquida também afeta profundamente a vida na Terra. Como o gelo flutua, ele

▲ **Figura 11.11** Expansão da água durante o congelamento.

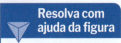

Resolva com ajuda da figura

Por que a extremidade do O da molécula de H₂O aponta para o íon Na⁺?

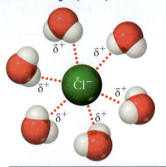

Extremidades positivas de moléculas polares são orientadas em direção ao ânion carregado negativamente.

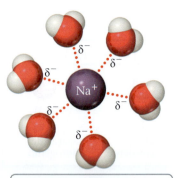

Extremidades negativas de moléculas polares são orientadas em direção ao cátion carregado positivamente.

▲ **Figura 11.12** Forças íon-dipolo.

cobre a parte superior da água quando um lago congela, isolando a água. Se o gelo fosse mais denso que a água, o gelo formado na superfície de um lago afundaria, e o lago poderia congelar. A maior parte da vida aquática não sobreviveria nessas condições.

Forças íon–dipolo

Uma **força íon-dipolo** existe entre um íon e uma molécula polar (**Figura 11.12**). Os cátions são atraídos para a extremidade negativa de um dipolo, e os ânions, para a extremidade positiva. A magnitude da atração aumenta à medida que a carga iônica ou a magnitude do momento de dipolo aumenta. Forças íon-dipolo são especialmente importantes para soluções de substâncias iônicas em líquidos polares, como uma solução de NaCl em água. (Seção 4.1)

Comparação de forças intermoleculares

Podemos identificar as forças intermoleculares que atuam em uma substância considerando sua composição e estrutura (**Figura 11.13**). *As forças de dispersão são encontradas em todas as substâncias.* A intensidade dessas forças de atração aumenta conforme o peso molecular aumenta e depende da geometria das moléculas. Com moléculas polares, as interações dipolo-dipolo também atuam, mas elas costumam contribuir menos para a atração intermolecular total do que as forças de dispersão. Por exemplo, no HCl líquido, estima-se que as forças de dispersão sejam responsáveis por mais de 80% do total de atração entre as moléculas; as atrações dipolo-dipolo representam o restante. As ligações de hidrogênio, quando presentes, contribuem significativamente para a interação intermolecular total. Por exemplo, no H₂O, as forças de dispersão representam menos de 25% do total das forças intermoleculares.*

Em geral, as energias associadas com as forças de dispersão são de 0,1 a 30 kJ/mol. Essa grande variação reflete a ampla variação das polarizabilidades das moléculas. Por comparação, as energias associadas às forças dipolo-dipolo e às ligações de hidrogênio são de aproximadamente 2 a 15 kJ/mol e 10 a 40 kJ/mol, respectivamente. As forças íon-dipolo tendem a ser mais intensas do que as forças intermoleculares já mencionadas, com energias geralmente superiores a 50 kJ/mol. Todas essas interações são consideravelmente mais

---

* Jacob Israelachvili (1992), *Intermolecular and Surface Forces* (2nd ed.), Academic Press, Londres.

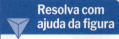

Resolva com ajuda da figura

As energias das forças de dispersão entre duas moléculas podem ser maiores do que a energia da ligação de hidrogênio entre as duas moléculas?

Tipo de interação intermolecular	Átomos Exemplos: Ne, Ar	Moléculas apolares Exemplos: BF₃, CH₄	Moléculas polares sem grupos OH, NH ou HF Exemplos: HCl, CH₃CN	Moléculas polares contendo grupos OH, NH ou HF Exemplos: H₂O, NH₃	Sólidos iônicos dissolvidos em líquidos polares Exemplos: NaCl in H₂O
Forças de dispersão (0,1–30 kJ/mol)	√	√	√	√	√
Interações dipolo-dipolo (2–15 kJ/mol)			√	√	
Ligação de hidrogênio (10–40 kJ/mol)				√	
Interações íon–dipolo (>50 kJ/mol)					√

▲ **Figura 11.13 Lista de verificação para determinar as forças intermoleculares.** Vários tipos de forças intermoleculares podem estar atuando em uma determinada substância ou mistura. Observe que as forças de dispersão ocorrem em todas as substâncias.

fracas do que ligações covalentes e iônicas, com energias na faixa de centenas de quilojoules por mol.

É importante perceber que os efeitos de todas essas atrações são aditivos. Por exemplo, o ácido acético, CH₃COOH, e o 1-propanol, CH₃CH₂CH₂OH, têm a mesma massa molecular, 60 g/mol, e ambos são capazes de formar ligações de hidrogênio. No entanto, duas moléculas de ácido acético podem formar duas ligações de hidrogênio, enquanto duas moléculas de 1-propanol formam apenas uma ligação de hidrogênio (**Figura 11.14**). Assim, o ponto de ebulição do ácido acético é maior. Esses efeitos podem ser importantes, especialmente para moléculas grandes e muito polares, como as proteínas, que têm vários dipolos em suas superfícies. Essas moléculas podem ser mantidas unidas em solução em um grau surpreendentemente elevado, em razão da presença de múltiplas interações atrativas.

Ao comparar as intensidades relativas das atrações intermoleculares, considere as seguintes generalizações:

1. **Quando as moléculas de duas substâncias têm massas moleculares e formatos comparáveis, as forças de dispersão são aproximadamente iguais nessas substâncias.** As diferenças nas magnitudes das forças intermoleculares resultam das diferenças nas forças das atrações dipolo-dipolo. As forças intermoleculares ficam mais fortes à medida que a polaridade da molécula aumenta, e essas moléculas capazes de fazer ligações de hidrogênio apresentam as interações mais fortes.
2. **Quando as moléculas de duas substâncias são muito diferentes com relação às suas massas moleculares e não há ligação de hidrogênio, as forças de dispersão tendem a determinar qual substância tem as atrações intermoleculares mais fortes.** As forças de atração intermoleculares geralmente são mais fortes na substância com a maior massa molecular.

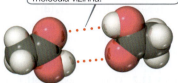

Cada molécula pode formar duas ligações de hidrogênio com uma molécula vizinha.

Ácido acético, CH₃COOH
MM = 60 uma
pe = 391 K

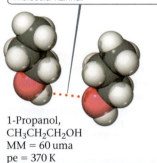

Cada molécula pode formar apenas uma ligação de hidrogênio com uma molécula vizinha.

1-Propanol, CH₃CH₂CH₂OH
MM = 60 uma
pe = 370 K

▲ **Figura 11.14 Ligações de hidrogênio no ácido acético e no 1-propanol.** Quanto maior for o número de ligações de hidrogênio, mais fortemente unidas estarão as moléculas e, portanto, maior será o ponto de ebulição.

Exercício resolvido 11.2
Determinação de tipos e forças relativas de atrações intermoleculares

Disponha as substâncias BaCl₂, H₂, CO, HF e Ne em ordem crescente de ponto de ebulição.

SOLUÇÃO

Analise Devemos avaliar as forças intermoleculares nessas substâncias e usar essa informação para determinar os pontos de ebulição relativos.

Planeje Em parte, o ponto de ebulição depende das forças atrativas em cada uma das substâncias. Dessa forma, precisamos ordenar essas substâncias de acordo com as forças relativas dos diferentes tipos de atrações intermoleculares.

Resolva As forças de atração são mais fortes para substâncias iônicas do que para moléculas, de modo que o BaCl₂ deve ter o ponto de ebulição mais alto. As forças intermoleculares das substâncias restantes dependem da massa molecular, da polaridade e das ligações de hidrogênio. As massas moleculares são H₂ = 2 uma, CO = 28 uma, HF = 20 uma e Ne = 20 uma. O ponto de ebulição do H₂ deve ser o menor, porque ele é apolar e tem a massa molecular mais baixa. As massas moleculares do CO, do HF e do Ne são semelhantes. Como

o HF pode fazer ligações de hidrogênio, ele deve ter o ponto de ebulição mais alto dos três. Em seguida vem o CO, que é ligeiramente polar e tem a maior massa molecular. Por fim, o Ne, que é apolar, deve ter o ponto de ebulição mais baixo dos três. A ordem crescente das substâncias com relação ao ponto de ebulição é, portanto:

$$H_2 < Ne < CO < HF < BaCl_2$$

Confira Os pontos de ebulição encontrados na literatura são H₂ = 20 K, Ne = 27 K, CO = 83 K, HF = 293 K e BaCl₂ = 1.813 K, o que está de acordo com a nossa previsão.

▶ **Para praticar**
(**a**) Identifique as atrações intermoleculares presentes nas seguintes substâncias: CH₃CH₃, CH₃OH e CH₃CH₂OH. (**b**) Qual delas tem o ponto de ebulição mais alto?.

Exercícios de autoavaliação

EAA 11.3 Qual das afirmações a seguir sobre a polarizabilidade e as forças de dispersão é *falsa*? (**a**) A polarizabilidade de um átomo é uma medida da facilidade de distorcer sua nuvem eletrônica. (**b**) A polarizabilidade de um átomo geralmente diminui à medida que o número atômico aumenta. (**c**) As forças de dispersão podem ser atribuídas à formação de dipolos instantâneos. (**d**) Se duas moléculas têm um número semelhante de elétrons, a polarizabilidade deve ser maior para a molécula que ocupa o maior volume.

EAA 11.4 Com base nas intensidades das forças de dispersão, preveja a ordem dos pontos de ebulição do *n*-butano, CH₃CH₂CH₂CH₃, do *n*-pentano, CH₃CH₂CH₂CH₂CH₃, e do isobutano, CH₃CH(CH₃)₂.

(**a**) *n*-butano < *n*-pentano < isobuteno
(**b**) isobutano < *n*-butano < *n*-pentano
(**c**) *n*-pentano < *n*-butano < isobuteno
(**d**) *n*-butano < isobutano < *n*-pentano

(Continua)

EAA 11.5 Em quais das seguintes substâncias as forças dipolo-dipolo estão *presentes*, mas as interações de ligação de hidrogênio estão *ausentes*: CH₃F, SF₆, SF₄, HCl, NH₃? (a) CH₃F, SF₆, SF₄ e HCl (b) CH₃F, HCl e NH₃ (c) CH₃F, SF₆ e SF₄ (d) CH₃F, SF₄ e HCl (e) SF₄ e HCl

EAA 11.6 As interações íon-dipolo geralmente são _____ do que as interações dipolo-dipolo e _____ do que as ligações iônicas. (a) mais fracas, mais fracas (b) mais fracas, mais intensas (c) mais intensas, mais fracas (d) mais intensas, mais intensas

EAA 11.7 O metanetiol, CH₃SH, é um fator importante no mau hálito e um subproduto do metabolismo do aspargo. Quais forças intermoleculares devem ser superadas para converter o metanetiol do estado líquido para o gasoso? (a) Apenas forças de dispersão (b) Apenas interações dipolo-dipolo (c) Forças de dispersão e interações dipolo-dipolo (d) Forças de dispersão e ligações de hidrogênio (e) Forças de dispersão, interações dipolo-dipolo e ligações de hidrogênio

EAA 11.8 Disponha as substâncias a seguir em ordem crescente de ponto de ebulição normal: etilenodiamino, NH₂CH₂CH₂NH₂; butano, CH₃CH₂CH₂CH₃; propilamina, CH₃CH₂CH₂NH₂; e etilenoglicol, HOCH₂CH₂OH.
(a) HOCH₂CH₂OH < NH₂CH₂CH₂NH₂ < CH₃CH₂CH₂NH₂ < CH₃CH₂CH₂CH₃
(b) CH₃CH₂CH₂CH₃ < CH₃CH₂CH₂NH₂ < HOCH₂CH₂OH < NH₂CH₂CH₂NH₂
(c) CH₃CH₂CH₂CH₃ < NH₂CH₂CH₂NH₂ < CH₃CH₂CH₂NH₂ < HOCH₂CH₂OH
(d) CH₃CH₂CH₂CH₃ < CH₃CH₂CH₂NH₂ < NH₂CH₂CH₂NH₂ < HOCH₂CH₂OH

11.3 | Principais propriedades dos líquidos

As atrações intermoleculares que acabamos de discutir podem nos ajudar a entender as propriedades características dos líquidos. Nesta seção, vamos examinar três delas: viscosidade, tensão superficial e ação capilar.

Objetivos de aprendizagem

Após terminar a Seção 11.3, você deve ser capaz de:
▶ Comparar as viscosidades esperadas de líquidos com base nas diferenças das suas composições e/ou estrutura molecular.
▶ Relacionar variações na tensão superficial de um líquido com variações na intensidade das forças intermoleculares que unem as moléculas do líquido.
▶ Descrever a ação capilar e prever a forma de um menisco a partir das intensidades das forças de coesão e adesão.

Viscosidade

Alguns líquidos, como o mel, o melaço e o óleo de motor, fluem lentamente; já a água e a gasolina fluem com mais facilidade. A resistência de um líquido ao escoamento é chamada de **viscosidade**. Quanto maior for a viscosidade do líquido, mais lentamente ele escoará. A viscosidade pode ser medida pelo tempo que certa quantidade de líquido demora para escoar por um tubo vertical fino (**Figura 11.15**) ou pela velocidade com que esferas de aço caem pelo líquido. As bolas caem mais lentamente à medida que a viscosidade da substância aumenta. A unidade SI da viscosidade é kg/m·s.

A viscosidade de um líquido está relacionada com a facilidade com que as moléculas deslizam umas pelas outras. Ela depende das forças de atração entre as moléculas e também das suas geometrias e flexibilidade. As substâncias compostas de moléculas longas geralmente têm viscosidade mais elevada, pois as moléculas tendem a ficar emaranhadas como espaguete, o que dificulta que deslizem umas sobre as outras. Para uma série de compostos, a viscosidade aumenta com a massa molecular, conforme apresentado na **Tabela 11.3**. Em comparação, a viscosidade do H₂O a 20 °C é $1{,}0 \times 10^{-3}$ kg/m·s.

A viscosidade de uma substância diminui à medida que a temperatura aumenta. A viscosidade do octano, por exemplo, é:

$$7{,}06 \times 10^{-4} \text{ kg/m·s a } 0\ ^\circ\text{C}$$
$$4{,}33 \times 10^{-4} \text{ kg/m·s a } 40\ ^\circ\text{C}$$

Em temperaturas mais elevadas, a maior energia cinética média das moléculas supera as forças de atração entre elas e permite que deslizem umas pelas outras mais facilmente.

Tensão superficial

A superfície da água se comporta como se tivesse um filme elástico, o que é evidenciado pela capacidade que certos insetos têm de "caminhar" sobre a água. Esse comportamento é por causa de um desequilíbrio de forças intermoleculares na superfície do líquido. Como mostra a **Figura 11.16**, as moléculas no interior do líquido são atraídas igualmente em todas as direções,

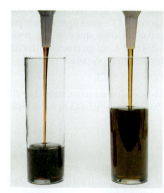

SAE 40
maior número
maior viscosidade
escoamento
mais lento

SAE 10
menor número
menor viscosidade
escoamento
mais rápido

▲ **Figura 11.15 Comparação de viscosidades.** A Sociedade dos Engenheiros Automotivos dos Estados Unidos (SAE) estabeleceu uma escala numérica para indicar a viscosidade do óleo de motor.

TABELA 11.3 Viscosidade de uma série de hidrocarbonetos a 20 °C

Substância	Fórmula	Viscosidade (kg/m·s)
Hexano	CH₃CH₂CH₂CH₂CH₃	$3{,}26 \times 10^{-4}$
Heptano	CH₃CH₂CH₂CH₂CH₂CH₃	$4{,}09 \times 10^{-4}$
Octano	CH₃CH₂CH₂CH₂CH₂CH₂CH₃	$5{,}42 \times 10^{-4}$
Nonano	CH₃CH₂CH₂CH₂CH₂CH₂CH₂CH₃	$7{,}11 \times 10^{-4}$
Decano	CH₃CH₂CH₂CH₂CH₂CH₂CH₂CH₂CH₃	$1{,}42 \times 10^{-3}$

mas aquelas que estão na superfície experimentam uma força interna resultante. Essa força resultante tende a puxar as moléculas da superfície para o interior, reduzindo a área superficial e fazendo com que as moléculas da superfície se agrupem.

Uma vez que as esferas têm a menor relação entre área superficial e volume, as gotas de água assumem uma forma quase esférica. Isso explica a tendência da água de "escorregar" quando entra em contato com uma superfície formada por moléculas apolares, como uma folha de lótus ou um carro recém-encerado.

Uma medida da força interna resultante que deve ser superada para expandir a área da superfície de um líquido é determinada pela sua tensão superficial. A **tensão superficial** é definida como a energia necessária para aumentar a área da superfície de um líquido por unidade de área. Por exemplo, a tensão superficial da água a 20 °C é $7,29 \times 10^{-2}$ J/m², ou seja, uma energia de $7,29 \times 10^{-2}$ J deve ser fornecida para aumentar a área superficial de uma dada quantidade de água por 1 m². A água tem uma tensão superficial alta em razão de suas fortes ligações de hidrogênio. A tensão superficial do mercúrio é ainda maior ($4,6 \times 10^{-1}$ J/m²), pois as ligações metálicas entre os átomos de mercúrio são ainda mais fortes.

Ação capilar

As forças intermoleculares que ligam moléculas semelhantes, como a ligação de hidrogênio na água, são chamadas de *forças de coesão*. As forças intermoleculares que ligam uma substância a uma superfície são chamadas de *forças de adesão*. A água colocada em um tubo de vidro adere ao vidro, porque as forças de adesão entre a água e o vidro são maiores do que as forças de coesão entre as moléculas de água; o vidro é composto principalmente de SiO_2, que tem uma superfície bastante polar. Portanto, a superfície da água curvada para cima, ou *menisco*, tem um formato de U (**Figura 11.17**). No entanto, para

▲ **Figura 11.16 Perspectiva molecular da tensão superficial.** A alta tensão superficial da água impede que o inseto-jesus afunde.

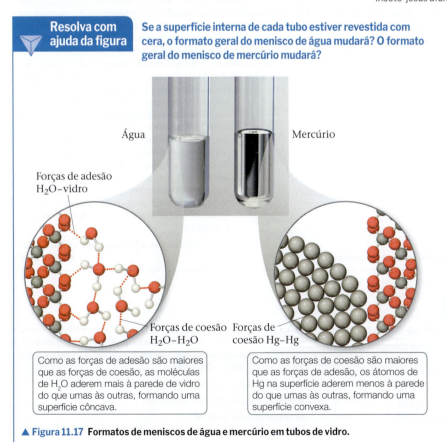

▲ **Figura 11.17** Formatos de meniscos de água e mercúrio em tubos de vidro.

o mercúrio, a situação é oposta. Os seus átomos podem formar ligações uns com os outros, mas não com o vidro. Como resultado, as forças de coesão são mais fortes do que as forças de adesão e o menisco é convexo, ou seja, apresenta formato de U invertido.

Quando um tubo de vidro de diâmetro pequeno, ou capilar, é colocado na água, esta sobe no tubo. A ascensão dos líquidos por tubos muito estreitos é chamada de **ação capilar**. As forças de adesão entre o líquido e as paredes do tubo tendem a aumentar a área superficial do líquido. Já a tensão superficial do líquido tende a reduzir a área, puxando o líquido para cima no tubo. O líquido sobe até que a força da gravidade que atua sobre ele se iguale às forças de adesão e coesão.

Observamos a ação capilar em várias situações. Por exemplo, toalhas absorvem líquidos, enquanto tecidos sintéticos com a tecnologia "sempre-secos" removem o suor da pele por ação capilar. Nas plantas, a ação capilar também exerce um papel no transporte de água e nutrientes dissolvidos.

QUÍMICA E SUSTENTABILIDADE | Líquidos iônicos

As fortes atrações eletrostáticas entre cátions e ânions explicam por que a maioria dos compostos iônicos são sólidos à temperatura ambiente, com pontos de fusão e ebulição elevados. No entanto, o ponto de fusão de um composto iônico pode ser reduzido se as cargas dos íons não forem muito altas e a distância entre os íons for suficientemente grande. Por exemplo, o ponto de fusão do NH_4NO_3, em que tanto o cátion quanto o ânion são íons poliatômicos grandes, é de 170 °C. Se o cátion amônio for substituído pelo cátion etilamônio, $CH_3CH_2NH_3^+$, que é bem maior, o ponto de fusão cairá para 12 °C, fazendo com que o nitrato de etilamônio permaneça líquido à temperatura ambiente. O nitrato de etilamônio é um exemplo de um *líquido iônico*: um sal que é líquido à temperatura ambiente.

O $CH_3CH_2NH_3^+$ não só é maior que o NH_4^+ como também é menos simétrico. Em geral, quanto maiores e mais irregulares forem os íons em uma substância iônica, maiores serão as chances de se formar um líquido iônico. Entre os cátions que formam líquidos iônicos, um dos mais utilizados é o cátion 1-butil-3-metilimidazólio (abreviado bmim⁺, Figura 11.18 e Tabela 11.4), que apresenta dois braços de comprimentos diferentes saindo de um anel central de cinco átomos. Essa característica confere ao bmim⁺ um formato irregular, evitando que as moléculas se condensem em um sólido. Ânions comumente encontrados em líquidos iônicos incluem o PF_6^-, o BF_4^- e os íons halogenetos.

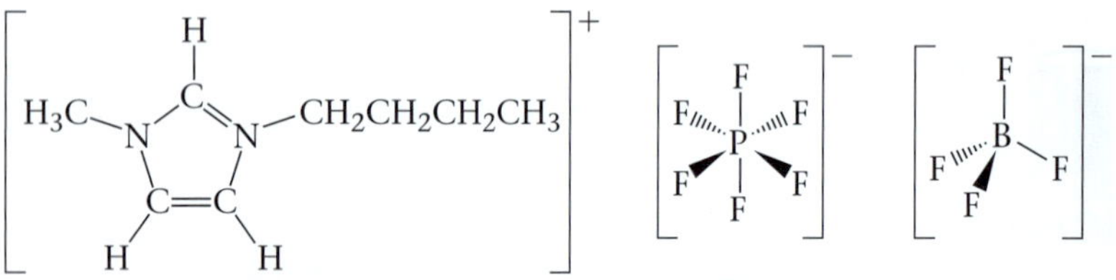

TABELA 11.4 Ponto de fusão e temperatura de decomposição de quatro sais 1-butil-3-metilimidazólio (bmim⁺)

Cátion	Ânion	Ponto de fusão (°C)	Temperatura de decomposição (°C)
bmim⁺	Cl⁻	41	254
bmim⁺	I⁻	−72	265
bmim⁺	PF_6^-	10	349
bmim⁺	BF_4^-	−81	403

Os líquidos iônicos têm muitas propriedades úteis. Ao contrário da maioria dos líquidos moleculares, eles não são voláteis (i.e., não evaporam facilmente) nem inflamáveis, tendendo a permanecer no estado líquido em temperaturas de até aproximadamente 400 °C. Na maioria dos casos, grande parte das substâncias moleculares é líquida somente em temperaturas bem menores que 100 °C. Como líquidos iônicos são bons solventes para diversas substâncias, eles têm sido usados em diversas reações e separações. Essas propriedades fazem deles potenciais substituintes de solventes orgânicos voláteis em muitos processos industriais. Em comparação aos solventes orgânicos tradicionais, os líquidos iônicos têm menores volumes, manipulação mais segura e reúso mais fácil, o que pode reduzir o impacto ambiental dos processos químicos industriais. Contudo, o aumento da sustentabilidade oferecido por cada líquido iônico deve ser avaliado individualmente. Os produtos químicos e os processos necessários para preparar o líquido iônico devem ser considerados, assim como a sua toxicidade.

Exercícios relacionados: 11.33, 11.34, 11.38, 11.84

▲ **Figura 11.18** Íons representativos encontrados em líquidos iônicos.

cátion 1-butil-3-metilimidazólio (bmim⁺)

ânion PF_6^-

ânion BF_4^-

Exercícios de autoavaliação

EAA 11.9 Disponha as substâncias a seguir em ordem crescente de viscosidade: álcool *n*-propílico, $CH_3CH_2CH_2OH$; etilenoglicol, $HOCH_2CH_2OH$; acetona, CH_3COCH_3.

(a) $CH_3CH_2CH_2OH < HOCH_2CH_2OH < CH_3COCH_3$
(b) $HOCH_2CH_2OH < CH_3CH_2CH_2OH < CH_3COCH_3$
(c) $CH_3COCH_3 < HOCH_2CH_2OH < CH_3CH_2CH_2OH$
(d) $CH_3COCH_3 < CH_3CH_2CH_2OH < HOCH_2CH_2OH$

EAA 11.10 Quando a água forma gotas na superfície, como ocorre no capô de um carro recém-encerado, podemos dizer que ela está _____ seu contato com a superfície porque as forças de coesão são _____ forças de adesão.

(a) minimizando, maiores do que as
(b) minimizando, menores do que as
(c) minimizando, iguais às

(**d**) maximizando, menores do que as

(**e**) maximizando, maiores do que as

EAA 11.11 A tensão superficial do etilenoglicol (HOCH$_2$CH$_2$OH), $4,7 \times 10^{-2}$ J/m^2 a 20 °C, é aproximadamente o dobro da do propanol (CH$_3$CH$_2$CH$_2$OH), $2,4 \times 10^{-2}$ J/m^2 e do etanol (CH$_3$CH$_2$OH), $2,3 \times 10^{-2}$ J/m^2. Qual das afirmações a seguir é a melhor explicação para essa observação? (**a**) O etilenoglicol pode formar ligações de hidrogênio, mas o propanol e o etanol não podem. (**b**) O etilenoglicol tem massa molecular maior e, portanto, sofre forças de dispersão muito mais intensas. (**c**) O etilenoglicol é mais flexível do que o propanol e o etanol, o que faz com que as suas moléculas fiquem mais emaranhadas. (**d**) Uma molécula de etilenoglicol pode formar ligações de hidrogênio com duas moléculas vizinhas, enquanto as moléculas de propanol e etanol podem formar ligações de hidrogênio com apenas uma molécula vizinha.

11.4 | Mudanças de fase

A água líquida deixada descoberta em um copo evapora. Um cubo de gelo deixado em uma sala quente derrete rapidamente. CO$_2$ sólido (vendido como gelo seco) *sublima-se* à temperatura ambiente; ou seja, muda diretamente do estado sólido para o gasoso. Em geral, cada estado da matéria – sólido, líquido ou gasoso – pode se transformar em qualquer um dos outros dois estados. A **Figura 11.19** mostra os nomes associados a essas transformações, que são chamadas de **mudanças de fase** ou *mudanças de estado*.

> **Objetivos de aprendizagem**
>
> Após terminar a Seção 11.4, você deve ser capaz de:
> ▶ Analisar as variações de energia que acompanham as mudanças de fase.
> ▶ Usar curvas de aquecimento para determinar a relação entre o calor adicionado a uma substância ou removido dela e sua variação de temperatura.
> ▶ Definir a temperatura e a pressão crítica de uma substância e comparar as propriedades de fluidos supercríticos com as de gases e líquidos.

Variações de energia que acompanham as mudanças de fase

Cada mudança de fase é acompanhada por uma variação de energia do sistema. Em um sólido, por exemplo, as partículas (moléculas, íons ou átomos) estão em posições relativamente fixas em relação umas às outras e ficam compactadas de modo a minimizar a energia do sistema. À medida que a temperatura do sólido aumenta, as partículas vibram em torno de suas posições de equilíbrio com o aumento da energia de movimento. Quando a energia cinética média aumenta o suficiente para superar parte das forças intermoleculares, as partículas começam a se mover livremente em relação às demais, e o sólido se torna um líquido; ou seja, ele sofre *fusão*. A maior liberdade de movimento das partículas requer energia, que é medida pelo **calor de fusão** ou *entalpia de fusão*, ΔH_{fus}. O calor de fusão do gelo, por exemplo, é 6,01 kJ/mol:

$$H_2O(s) \longrightarrow H_2O(l) \quad \Delta H_{fus} = 6,01 \text{ kJ}$$

À medida que a temperatura do líquido aumenta, as partículas se movem com maior intensidade. Esse aumento do movimento permite que algumas partículas escapem para a fase gasosa. Como resultado, a concentração de partículas na fase gasosa acima da superfície do líquido aumenta com o aumento da temperatura, e essas partículas exercem uma pressão denominada *pressão de vapor*. Analisaremos a pressão de vapor na Seção 11.5. Por enquanto, precisamos entender apenas que a pressão de vapor aumenta com o aumento da temperatura até se igualar à pressão externa acima do líquido – geralmente, a pressão atmosférica. Nesse momento, o líquido ferve, e bolhas de vapor se formam dentro do líquido. A energia necessária para provocar a transição de uma dada quantidade de líquido para vapor é chamada de **calor de vaporização** ou *entalpia de vaporização*, ΔH_{vap}. Para a água, o calor de vaporização é 40,7 kJ/mol.

$$H_2O(l) \longrightarrow H_2O(g) \quad \Delta H_{vap} = 40,7 \text{ kJ}$$

A **Figura 11.20** mostra os valores de ΔH_{fus} e ΔH_{vap} para quatro substâncias. Os valores de ΔH_{vap} tendem a ser maiores que os de ΔH_{fus} porque, na transição do líquido para o gás, as partículas devem eliminar todas as suas atrações interpartículas, enquanto na transição de sólido para líquido muitas dessas interações atrativas continuam atuando.

As partículas de um sólido podem passar diretamente para o estado gasoso. A variação de entalpia

Resolva com ajuda da figura — Como a energia envolvida na deposição se relaciona com a energia para a condensação e o congelamento?

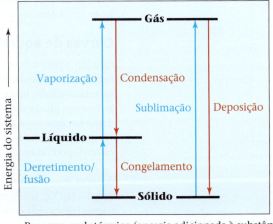

▲ **Figura 11.19** Mudanças de fase e nomenclaturas associadas a elas.

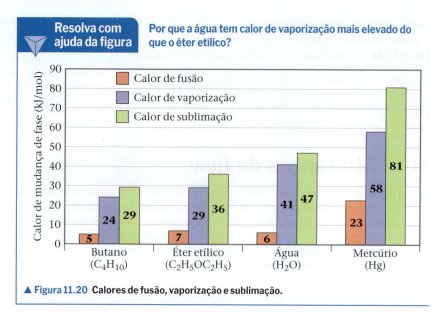

▲ Figura 11.20 Calores de fusão, vaporização e sublimação.

necessária para essa transição é chamada de **calor de sublimação**, indicado como ΔH_{sub}. Conforme a Figura 11.19, ΔH_{sub} representa a soma de ΔH_{fus} e ΔH_{vap}. Assim, o ΔH_{sub} da água é aproximadamente 47 kJ/mol.

Mudanças de fase aparecem de maneira significativa em nossas experiências cotidianas. Quando utilizamos cubos de gelo para resfriar uma bebida, por exemplo, o calor de fusão do gelo resfria o líquido. Sentimos frio quando saímos de uma piscina ou de um banho quente porque o calor de vaporização da água líquida é retirado dos nossos corpos quando a água evapora da nossa pele. Nossos corpos usam esse mecanismo para regular a temperatura, especialmente quando nos exercitamos intensamente em climas quentes. (Seção 5.5) A geladeira também depende dos efeitos de resfriamento da vaporização. Seu mecanismo envolve um gás em compartimento fechado, que pode ser liquefeito sob pressão. O líquido absorve o calor à medida que se vaporiza, resfriando, assim, o interior da geladeira.

O que acontece com o calor absorvido quando o líquido refrigerante se vaporiza? De acordo com a primeira lei da termodinâmica (Seção 5.2), esse calor absorvido deve ser liberado quando o gás se condensa em líquido. Quando essa mudança de fase ocorre, o calor liberado é dissipado por meio de serpentinas de resfriamento, que ficam na parte de trás da geladeira. Para uma determinada substância, o calor de condensação é igual, em magnitude, ao calor de vaporização e tem o sinal oposto. Do mesmo modo, para uma determinada substância, o *calor de deposição* é exotérmico no mesmo grau em que o calor de sublimação é endotérmico, e o *calor de congelamento* é exotérmico no mesmo grau em que o calor de fusão é endotérmico (ver Figura 11.19).

Curvas de aquecimento

Quando aquecemos um cubo de gelo inicialmente a −25 °C e pressão de 1 atm, a temperatura do gelo aumenta. Enquanto a temperatura é inferior a 0 °C, o cubo de gelo se mantém no estado sólido, mas quando a temperatura atinge 0 °C, ele começa a derreter. Como a fusão é um processo endotérmico, o calor que adicionamos a 0 °C é usado para converter o gelo em água líquida, e *a temperatura se mantém constante até que todo o gelo derreta*. Uma vez que todo o gelo derreter, a adição de mais calor fará com que a temperatura da água em estado líquido aumente.

O gráfico de temperatura em função da quantidade de calor adicionado é chamado de *curva de aquecimento*. A **Figura 11.21** mostra a curva de aquecimento da transformação de gelo, $H_2O(s)$, inicialmente a −25 °C, em vapor, $H_2O(g)$, a 125 °C. À medida que adicionamos calor a uma velocidade constante, a curva de aquecimento forma regiões distintas:

- Linha *AB*: o aquecimento aumenta a temperatura do $H_2O(s)$ de −25 para 0 °C.
- Linha *BC*: o aquecimento converte $H_2O(s)$ em $H_2O(l)$ à medida que o gelo derrete a uma temperatura constante de 0 °C.
- Linha *CD*: o aquecimento aumenta a temperatura do $H_2O(l)$ de 0 para 100 °C.

- Linha *DE*: o aquecimento converte H₂O(*l*) em H₂O(*g*) à medida que a água ferve a uma temperatura constante de 100 °C.
- Linha *EF*: o aquecimento aumenta a temperatura do H₂O(*g*) para 125 °C.

Podemos calcular a variação de entalpia do sistema para cada região da curva de aquecimento. As linhas *AB, CD* e *EF* mostram o aquecimento de uma única fase de uma temperatura para outra. Como vimos na Seção 5.5, a quantidade de calor necessária para elevar a temperatura de uma substância é determinada pelo produto do calor específico, pela massa e pela variação de temperatura (Equação 5.21). Quanto maior for o calor específico de uma substância, mais calor será necessário para realizar o aumento de temperatura. Uma vez que o calor específico da água é maior que o do gelo, a inclinação da linha *CD* é menor que a da linha *AB*. Essa inclinação menor significa que a quantidade de calor que devemos adicionar a uma dada massa de água líquida para atingir uma mudança de temperatura de 1 °C é maior que a quantidade de calor que devemos adicionar para atingir uma mudança de temperatura de 1 °C na mesma massa de gelo.

As linhas *BC* e *DE* mostram a conversão de uma fase em outra a uma temperatura constante. A temperatura se mantém constante durante essas mudanças de fase porque a energia adicional é mais utilizada para superar as forças de atração entre as moléculas do que para aumentar sua energia cinética média. Para a linha *BC*, a variação de entalpia pode ser calculada utilizando Δ*H*_fus, e, para a linha *DE*, podemos usar Δ*H*_vap.

Se começarmos com 1 mol de vapor a 125 °C e o resfriarmos, passaremos da direita para a esquerda na Figura 11.21. Primeiro, diminuímos a temperatura do H₂O(*g*) (*F* ⟶ *E*); em seguida, condensamos (*E* ⟶ *D*) para H₂O(*l*), e assim por diante.

Às vezes, quando retiramos calor de um líquido, podemos, temporariamente, resfriá-lo abaixo do seu ponto de congelamento sem transformá-lo em um sólido. Esse fenômeno, chamado de *super-resfriamento*, ocorre quando o calor é retirado tão rapidamente que as moléculas não têm tempo de assumir a estrutura adequada de um sólido. Um líquido super-resfriado é instável; partículas de poeira que entram na solução ou uma suave agitação podem ser suficientes para que a substância se solidifique rapidamente.

Resolva com ajuda da figura — Que processo está ocorrendo entre os pontos C e D?

▲ **Figura 11.21 Curva de aquecimento da água.** As variações que ocorrem quando 1,00 mol de H₂O é aquecido a partir de H₂O(s) a −25 °C até H₂O(g) a 125 °C a uma pressão constante de 1 atm. Mesmo que calor seja continuamente adicionado, a temperatura do sistema não varia durante as duas mudanças de fase (linhas vermelhas).

Exercício resolvido 11.3
Cálculo do Δ*H* de mudanças de fase e temperatura

Calcule a variação de entalpia na conversão de 1,00 mol de gelo a −25 °C em vapor a 125 °C sob uma pressão constante de 1 atm. Os calores específicos do gelo, da água líquida e do vapor são 2,03, 4,18 e 1,84 J/g-K, respectivamente. Para H₂O, Δ*H*_fus = 6,01 kJ/mol e Δ*H*_vap = 40,67 kJ/mol.

SOLUÇÃO

Analise Devemos calcular o calor total necessário para converter 1 mol de gelo a −25 °C em vapor a 125 °C.

Planeje Podemos calcular a variação de entalpia em cada segmento e, em seguida, somá-las para obter a variação de entalpia total (lei de Hess, Seção 5.6).

Resolva Para a linha *AB* da Figura 11.21, estamos adicionando calor suficiente para o gelo aumentar sua temperatura em 25 °C. Uma variação de temperatura de 25 °C é o mesmo que uma variação de temperatura de 25 K, então podemos usar o calor específico do gelo para calcular a variação de entalpia durante esse processo:

AB: Δ*H* = (1,00 mol)(18,0 g/mol)(2,03 J/g-K)(25 K)
= 914 J = 0,91 kJ

Para a linha *BC* da Figura 11.21, na qual o gelo é convertido em água a 0 °C, podemos usar a entalpia molar de fusão diretamente:

BC: Δ*H* = (1,00 mol)(6,01 kJ/mol) = 6,01 kJ

As variações de entalpia para os segmentos *CD, DE* e *EF* podem ser calculadas de maneira semelhante:

CD: Δ*H* = (1,00 mol)(18,0 g/mol)(4,18 J/g-K)(100 K)
= 7520 J = 7,52 kJ
DE: Δ*H* = (1,00 mol)(40,67 kJ/mol) = 40,7 kJ
EF: Δ*H* = (1,00 mol)(18,0 g/mol)(1,84 J/g-K)(25 K)
= 830 J = 0,83 kJ

(Continua)

A variação de entalpia total é a soma das variações que ocorrem em cada etapa:

$\Delta H = 0,91 \text{ kJ} + 6,01 \text{ kJ} + 7,52 \text{ kJ} + 40,7 \text{ kJ} + 0,83 \text{ kJ} = 56,0 \text{ kJ}$

Confira Os componentes da variação total de entalpia são razoáveis em relação aos comprimentos horizontais (calor adicionado) das linhas na Figura 11.21. Observe que o maior componente é o calor de vaporização.

▶ **Para praticar**
Qual é a variação de entalpia durante o processo no qual 100,0 g de água a 50,0 °C são resfriados até formar gelo a −30 °C? (Utilize os calores específicos e as entalpias para as mudanças de fase dadas no Exercício resolvido 11.3.)

Temperatura e pressão crítica

Um gás geralmente se liquefaz em algum momento quando pressão é aplicada. Suponha que um cilindro com vapor de água a 100 °C está equipado com um êmbolo. Se aumentarmos a pressão sobre o vapor d'água, a água em estado líquido vai se formar quando a pressão for de 760 torr. No entanto, se a temperatura for de 110 °C, a fase líquida não se formará até que a pressão seja de 1.075 torr. A 374 °C, a fase líquida única só se forma a 1,655 × 10⁵ torr (217,7 atm). Acima dessa temperatura, nenhuma pressão provoca a formação de uma fase líquida distinta. Em vez disso, à medida que a pressão aumenta, o gás fica cada vez mais comprimido. A temperatura mais alta na qual se pode formar uma fase líquida distinta é chamada de **temperatura crítica**. A **pressão crítica** é a pressão necessária para ocasionar liquefação a essa temperatura crítica.

A temperatura crítica representa a temperatura mais elevada em que um líquido pode ser encontrado. Acima da temperatura crítica, as energias cinéticas das moléculas são maiores que as forças de atração que levam ao estado líquido, independentemente de quanto a substância foi comprimida para aproximar ainda mais as moléculas. *Quanto maiores forem as forças intermoleculares, maior será a temperatura crítica da substância.*

Várias temperaturas e pressões críticas estão listadas na **Tabela 11.5**. Observe que as substâncias apolares, de baixa massa molecular e com atrações intermoleculares fracas, têm temperaturas e pressões críticas inferiores às das substâncias polares ou de massa molecular mais elevada. Perceba também que a água e a amônia apresentam temperaturas e pressões críticas excepcionalmente elevadas como consequência das intensas forças de ligação de hidrogênio intermoleculares.

Como elas fornecem informações sobre as condições sob as quais os gases se liquefazem, as temperaturas e pressões críticas são, muitas vezes, de importância considerável para engenheiros e outros profissionais que trabalham com gases. Às vezes, queremos liquefazer um gás; outras, queremos evitar que isso aconteça. É inútil tentar liquefazer um gás aplicando pressão se ele está acima de sua temperatura crítica. Por exemplo, o O_2 tem uma temperatura crítica de 154,4 K. Ele deve ser resfriado para que fique abaixo dessa temperatura antes que possa ser liquefeito por pressão. A amônia, por sua vez, tem temperatura crítica de 405,6 K. Desse modo, ela pode ser liquefeita à temperatura ambiente (cerca de 295 K) aplicando-se pressão suficiente.

TABELA 11.5 Temperaturas e pressões críticas para algumas substâncias

Substância	Temperatura crítica (K)	Pressão crítica (atm)
Nitrogênio, N_2	126,1	33,5
Argônio, Ar	150,9	48,0
Oxigênio, O_2	154,4	49,7
Metano, CH_4	190,0	45,4
Dióxido de carbono, CO_2	304,3	73,0
Fosfina, PH_3	324,4	64,5
Propano, $CH_3CH_2CH_3$	370,0	42,0
Sulfeto de hidrogênio, H_2S	373,5	88,9
Amônia, NH_3	405,6	111,5
Água, H_2O	647,6	217,7

Quando a temperatura excede a temperatura crítica e a pressão ultrapassa a pressão crítica, as fases líquidas e gasosas são indistinguíveis, deixando a substância em um estado chamado de **fluido supercrítico**. Um fluido supercrítico se expande para preencher o recipiente (como um gás), mas as moléculas ainda estão agrupadas (como um líquido).

Assim como os líquidos, os fluidos supercríticos podem se comportar da mesma maneira que os solventes, dissolvendo uma ampla variedade de substâncias. Usando a *extração com fluido supercrítico*, os componentes de misturas podem ser separados uns dos outros. A extração com fluido supercrítico foi utilizada com sucesso para separar misturas complexas nas indústrias química, de alimentos, farmacêutica e de energia. O CO_2 supercrítico é uma escolha popular porque é relativamente barato e, se usado em sistemas de ciclo fechado, pode ser uma maneira de reduzir as emissões de CO_2 na atmosfera.

Exercícios de autoavaliação

EAA 11.12 Quando o CO_2 sólido é aquecido sob pressão atmosférica, ele se transforma diretamente em um gás. É um exemplo de _____, que é uma transição de fase _____. (**a**) fusão, exotérmica (**b**) fusão, endotérmica (**c**) sublimação, exotérmica (**d**) sublimação, endotérmica (**e**) deposição, exotérmica

EAA 11.13 Se somarmos $4,00 \times 10^2$ kJ de calor a 1,00 L de água líquida a 20,0 °C, qual será a temperatura final da água? A densidade inicial da água é 1,00 g/mL. Os calores específicos da água líquida e gasosa são 4,18 e 1,84 J/g-K, respectivamente, e a entalpia de vaporização é 40,67 kJ/mol. (**a**) 20,1 °C (**b**) 95,7 °C (**c**) 100 °C (**d**) 115,7 °C (**e**) 136,4 °C

EAA 11.14 A temperatura crítica do metano é 190 K e a pressão crítica é 45,4 atm. Se você resfriasse um recipiente cheio de metano a uma pressão de 100 atm de 200 K para 180 K, observaria uma transição de _____ para _____. (**a**) gás, líquido (**b**) fluido supercrítico, líquido (**c**) fluido supercrítico, gás (**d**) líquido, fluido supercrítico

11.5 | Pressão de vapor

As moléculas podem escapar da superfície de um líquido para a fase gasosa por meio da evaporação. Suponha que seja colocada uma quantidade de etanol (CH_3CH_2OH) em um recipiente evacuado e fechado, assim como na **Figura 11.22**. O etanol começa a evaporar rapidamente. Como resultado, a pressão exercida pelo vapor na região acima do líquido aumenta. Após um curto período, a pressão do vapor atinge um valor constante, que chamamos de **pressão de vapor**.

Em qualquer instante, algumas das moléculas de etanol na superfície do líquido têm energia cinética suficiente para superar as forças de atração de suas vizinhas e, portanto, escapam para a fase gasosa. No entanto, à medida que o número de moléculas na fase gasosa aumenta, a probabilidade de que uma molécula na fase gasosa atinja a superfície do líquido e seja recapturada pelo líquido aumenta, conforme mostrado no frasco da direita da Figura 11.22. Por fim, a velocidade com que as moléculas retornam para o líquido é exatamente igual à velocidade com que escapam. O número de moléculas na fase gasosa atinge, então, um valor fixo, e a pressão exercida pelo vapor torna-se constante.

Objetivos de aprendizagem

Após terminar a Seção 11.5, você deve ser capaz de:

▶ Descrever os conceitos de pressão de vapor e ponto de ebulição.

▶ Prever qualitativamente como variações de temperatura e/ou intensidade das forças intermoleculares impactam a pressão de vapor.

▶ Ordenar as pressões de vapor de diferentes substâncias a uma determinada temperatura com base nas suas diferenças de composição e/ou estrutura molecular.

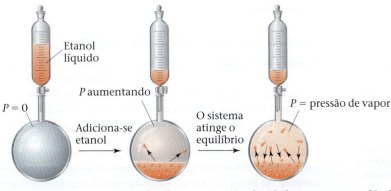

◀ **Figura 11.22** Pressão de vapor de um líquido.

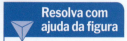

Resolva com ajuda da figura

Quando a temperatura aumenta, a velocidade com que as moléculas escapam para a fase gasosa aumenta ou diminui?

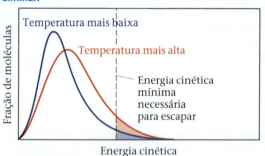

▲ **Figura 11.23** Efeito da temperatura sobre a distribuição das energias cinéticas em um líquido.

Resolva com ajuda da figura

Qual é a pressão de vapor do etilenoglicol em seu ponto de ebulição normal?

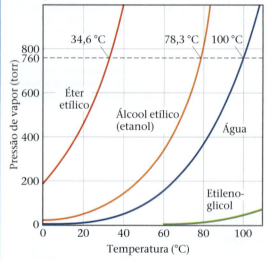

▲ **Figura 11.24** Pressão de vapor de quatro líquidos mostrada como uma função da temperatura. O ponto de ebulição normal é a temperatura à qual a pressão de vapor é igual à pressão atmosférica normal, 760 torr, marcada pela linha tracejada.

A condição em que dois processos opostos ocorrem simultaneamente e com a mesma velocidade é chamada de **equilíbrio dinâmico** (ou simplesmente *equilíbrio*). O equilíbrio químico (veja Seção 4.1) é uma espécie de equilíbrio dinâmico em que os processos opostos são reações químicas.

Um líquido e o seu vapor estão em equilíbrio dinâmico quando a velocidade de evaporação se iguala à velocidade de condensação. Pode parecer que nada está acontecendo na fase de equilíbrio, porque não existe qualquer alteração líquida no sistema. Na verdade, muita coisa está acontecendo: as moléculas passam continuamente do estado líquido para o estado gasoso, e deste para o estado líquido. *A pressão de vapor de um líquido é a pressão exercida por seu vapor quando o líquido e o vapor estão em equilíbrio dinâmico.*

Volatilidade, pressão de vapor e temperatura

Quando a vaporização ocorre em um recipiente aberto, a exemplo da água que evapora de uma bacia, o vapor se afasta do líquido. Uma pequena fração das moléculas (se houver) é recapturada na superfície do líquido. Desse modo, o equilíbrio nunca é atingido e o vapor continua a se formar até que todo o líquido evapore. As substâncias com elevada pressão de vapor, como a gasolina, evaporam mais rapidamente que as substâncias com baixa pressão de vapor, como o óleo de motor. Costuma-se dizer que os líquidos que evaporam facilmente são **voláteis**.

A água quente evapora mais rapidamente que a água fria porque a pressão de vapor aumenta em temperaturas mais altas. Para entender por que essa afirmação é verdadeira, começamos com o fato de que as moléculas de um líquido se movem com diferentes velocidades. A **Figura 11.23** mostra a distribuição das energias cinéticas das moléculas na superfície de um líquido em duas temperaturas. Essas distribuições são como as apresentadas anteriormente para os gases no Capítulo 10. (Seção 10.7) À medida que a temperatura aumenta, as moléculas se movem mais intensamente, e uma maior fração delas pode se libertar de suas vizinhas e entrar na fase gasosa, aumentando a pressão de vapor.

A **Figura 11.24** mostra a variação da pressão de vapor com a temperatura para quatro substâncias que diferem bastante em relação à volatilidade. Observe que, em todos os casos, a pressão de vapor aumenta não linearmente com o aumento da temperatura. Quanto mais fracas forem as forças intermoleculares no líquido, mais facilmente as moléculas podem escapar e, portanto, maior será a pressão de vapor em uma dada temperatura.

Pressão de vapor e ponto de ebulição

O **ponto de ebulição** de um líquido é a temperatura em que a sua pressão de vapor se iguala à pressão externa agindo sobre a superfície do líquido. Nessa temperatura, a energia térmica é grande o suficiente para que as moléculas presentes no interior do líquido se libertem das vizinhas e passem para a fase gasosa. Como resultado, as bolhas de vapor se formam no interior do líquido. O ponto de ebulição aumenta à medida que a pressão externa aumenta. O ponto de ebulição de um líquido a 1 atm (760 torr) de pressão é chamado de **ponto de ebulição normal**. Na Figura 11.24, vemos que o ponto de ebulição normal da água é 100 °C.

O tempo necessário para cozinhar um alimento em água fervente depende da temperatura da água. Em um recipiente aberto, essa temperatura é de 100 °C, mas é possível que a fervura ocorra somente a temperaturas mais elevadas. As panelas de pressão funcionam permitindo que o vapor escape apenas quando excede uma pressão predefinida. Assim, a pressão acima da superfície da água pode se tornar maior que a pressão atmosférica (**Figura 11.25**). Pressões mais altas fazem com que a água ferva a uma temperatura mais elevada, permitindo que o alimento fique mais quente e cozinhe mais rapidamente.

O efeito da pressão no ponto de ebulição também explica por que é mais demorado cozinhar alimentos em maiores altitudes do que ao nível do mar. A pressão atmosférica é mais baixa em altitudes mais elevadas, de modo que a água ferve a uma temperatura inferior a 100 °C, e geralmente os alimentos levam mais tempo para cozinhar.

▲ **Figura 11.25 Panela de pressão.** Cozinhar alimentos sob pressões elevadas aumenta o ponto de ebulição da água ao redor dos ingredientes, o que reduz o tempo de cozimento.

OLHANDO DE PERTO | Equação de Clausius-Clapeyron

Os gráficos da Figura 11.24 têm uma forma distinta: para cada substância, as curvas de pressão de vapor apontam para cima acentuadamente com o aumento da temperatura. A relação entre pressão de vapor e temperatura é dada pela *equação de Clausius-Clapeyron*:

$$\ln P = \frac{-\Delta H_{vap}}{RT} + C \quad [11.1]$$

em que P é a pressão de vapor, T é a temperatura absoluta, R é a constante dos gás (8,314 J/mol-K), ΔH_{vap} é a entalpia de vaporização molar e C é uma constante. Essa equação prevê que um gráfico de ln P versus $1/T$ deve resultar em uma linha reta com uma inclinação igual a $\Delta H_{vap}/R$. Com esse gráfico, podemos determinar a entalpia de vaporização de uma substância:

$$H_{vap} = -\text{inclinação} \times R$$

Um exemplo de como podemos usar a equação de Clausius-Clapeyron são os dados de pressão de vapor para o etanol, mostrados na Figura 11.24 e representados graficamente como ln P versus $1/T$ na **Figura 11.26**. Os dados resultam em uma linha reta com uma inclinação negativa. Podemos usar a inclinação para determinar o ΔH_{vap} do etanol, 38,56 kJ/mol. Também podemos extrapolar a linha para obter a pressão de vapor do etanol em temperaturas acima e abaixo da faixa de temperaturas para as quais temos os dados.

Exercícios relacionados: 11.86, 11.87

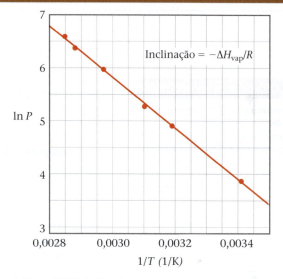

▲ **Figura 11.26 Gráfico do logaritmo natural da pressão de vapor versus 1/T do etanol.**

Exercício resolvido 11.4
Relacionando o ponto de ebulição à pressão de vapor

Com base na Figura 11.24, estime o ponto de ebulição do éter etílico sob uma pressão externa de 0,80 atm.

SOLUÇÃO

Analise Devemos ler um gráfico de pressão de vapor versus temperatura para determinar o ponto de ebulição de uma substância a uma pressão específica. O ponto de ebulição é a temperatura na qual a pressão de vapor é igual à pressão externa.

Planeje Precisamos converter 0,80 atm em torr, porque essa é a escala de pressão do gráfico. Estimamos a localização da pressão no gráfico, seguimos horizontalmente para a curva de pressão de vapor e, em seguida, descemos verticalmente pela curva para estimar a temperatura.

Resolva A pressão é igual a (0,80 atm) (760 torr/atm) = 610 torr (dois algarismos significativos). Na Figura 11.24, vemos que o ponto de ebulição a essa pressão é cerca de 27 °C, relativamente próximo da temperatura ambiente.

Comentário Podemos fazer com que um frasco de éter etílico ferva em temperatura ambiente usando uma bomba de vácuo para reduzir a pressão acima da superfície do líquido para cerca de 0,8 atm.

▶ **Para praticar**
Com base na Figura 11.24, determine a pressão externa se o etanol entrar em ebulição a 60 °C.

Exercícios de autoavaliação

EAA 11.15 O recipiente da esquerda contém etanol líquido em equilíbrio com o seu vapor. A temperatura é 293 K e a pressão de vapor é 45 torr. O recipiente da direita, que tem o mesmo volume do da esquerda, está evacuado. O que acontecerá com a pressão de vapor quando a válvula que liga os dois recipientes for aberta e um novo equilíbrio for estabelecido entre o líquido e o gás? Suponha que a temperatura permanece constante e que parte do etanol líquido permanece após o novo equilíbrio ser estabelecido.

(a) A nova pressão de vapor será reduzida à metade, 22,5 torr. **(b)** A nova pressão de vapor permanecerá a mesma, 45 torr. **(c)** A nova pressão de vapor dobrará, 90 torr. **(d)** A nova pressão de vapor diminuirá, mas não temos informações suficientes para determinar o seu valor.

EAA 11.16 À temperatura ambiente, o tolueno ($C_6H_5CH_3$) é um líquido incolor. Se a temperatura aumenta de 25 para 50 °C, quais das seguintes quantidades aumentam?

(i) pressão de vapor
(ii) ponto de ebulição normal

(a) i **(b)** ii **(c)** i e ii **(d)** nem i nem ii

EAA 11.17 Todos os álcoois a seguir são líquidos à temperatura ambiente: *n*-propanol, $CH_3CH_2CH_2OH$; *n*-butanol, $CH_3CH_2CH_2CH_2OH$; e *n*-hexanol, $CH_3CH_2CH_2CH_2CH_2CH_2OH$. À medida que a cadeia de hidrocarbonetos aumenta (propanol → butanol → hexanol), qual das características a seguir *diminui*? **(a)** ponto de ebulição normal **(b)** viscosidade **(c)** intensidade média das atrações intermoleculares entre as moléculas **(d)** pressão de vapor à temperatura ambiente

11.6 | Diagramas de fases

Objetivos de aprendizagem

Após terminar a Seção 11.6, você deve ser capaz de:
▶ Interpretar diagramas de fases, que representam o estado de uma substância pura como função da temperatura e da pressão.

O equilíbrio entre um líquido e o seu vapor não é o único equilíbrio dinâmico que pode existir entre os estados da matéria. Sob condições apropriadas, um sólido pode estar em equilíbrio com seu líquido ou com seu vapor. A temperatura em que as fases sólida e líquida coexistem em equilíbrio é o *ponto de ebulição* do sólido ou o *ponto de congelamento* do líquido. Os sólidos também podem evaporar e, portanto, também têm pressão de vapor.

Um **diagrama de fases** é uma maneira de resumir graficamente as condições sob as quais existem os equilíbrios entre os diferentes estados da matéria. Um diagrama como esse permite-nos prever qual fase de uma substância estará presente em uma dada condição de temperatura e pressão.

O diagrama de fases de qualquer substância que possa ser encontrada nas três fases da matéria é mostrado na **Figura 11.27**. O diagrama tem três curvas importantes, e cada uma representa a temperatura e a pressão às quais as várias fases podem coexistir em equilíbrio. A única substância presente no sistema é aquela cujo diagrama de fases está sendo

Resolva com ajuda da figura — Imagine que a pressão na fase sólida da figura é reduzida a uma temperatura constante. Se o sólido sublima, o que se pode dizer a respeito da temperatura?

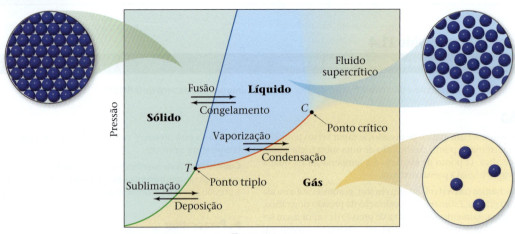

▲ **Figura 11.27 Diagrama de fases genérico de uma substância pura.** A linha verde é a curva de sublimação, a linha azul é a curva de fusão e a linha vermelha é a curva de pressão de vapor.

analisado. A pressão mostrada no diagrama refere-se à pressão aplicada ao sistema ou à pressão gerada pela substância. As curvas podem ser descritas da seguinte maneira:

1. A curva vermelha representa a *curva de pressão de vapor* do líquido, que significa o equilíbrio entre as fases líquida e gasosa. O ponto nessa curva em que a pressão de vapor é 1 atm corresponde ao ponto de ebulição normal da substância. A curva de pressão de vapor termina no **ponto crítico** (C), que corresponde à temperatura crítica e à pressão crítica da substância. À temperatura e pressão acima do ponto crítico, as fases líquida e gasosa são indistinguíveis, e a substância é um *fluido supercrítico*.
2. A curva verde, ou seja, a *curva de sublimação*, separa a fase sólida da fase gasosa e representa a variação da pressão de vapor do sólido quando ele sublima a diferentes temperaturas. Nessa curva, cada ponto é uma condição de equilíbrio entre o sólido e o gás.
3. A curva azul, isto é, a *curva de fusão*, separa a fase sólida da fase líquida e representa a variação no ponto de fusão do sólido com o aumento da pressão. Cada ponto dessa curva é um equilíbrio entre o sólido e o líquido. Essa curva geralmente se inclina ligeiramente para a direita quando a pressão aumenta, pois, para a grande maioria das substâncias, a forma sólida é mais densa que a forma líquida. Um aumento de pressão geralmente favorece a fase sólida mais compacta. Assim, são necessárias temperaturas mais altas para fundir o sólido a pressões mais elevadas. O ponto de fusão a 1 atm é o **ponto de fusão normal**.

O ponto T, em que as três curvas se encontram, é o **ponto triplo**. Nele, todas as três fases estão em equilíbrio. Qualquer outro ponto em qualquer uma das três curvas representa o equilíbrio entre duas fases. Qualquer ponto no diagrama que não está sobre uma das curvas corresponde a condições sob as quais apenas uma fase está presente. A fase gasosa, por exemplo, é estável a baixas pressões e a temperaturas elevadas; a fase sólida é estável a baixas temperaturas e a altas pressões. Os líquidos são estáveis na região entre gases e sólidos.

Diagramas de fases do H₂O e do CO₂

A **Figura 11.28** mostra o diagrama de fases do H_2O. Por causa da grande variedade de pressões que o diagrama abrange, uma escala logarítmica é utilizada para representar a pressão. A curva de fusão (linha azul) do H_2O é atípica, inclinando-se levemente para a esquerda com o aumento da pressão. Isso indica que, na água, o ponto de fusão *diminui* com o aumento da pressão. Esse comportamento incomum ocorre porque a água está entre as poucas substâncias cuja forma líquida é mais compacta que a forma sólida, conforme aprendemos na Seção 11.2.

Se a pressão for mantida constante a 1 atm, é possível ir da região referente ao sólido às regiões referentes ao líquido e ao gasoso variando a temperatura, como esperado de acordo com a nossa experiência diária com a água. O ponto triplo do H_2O encontra-se a uma pressão relativamente baixa, 0,00603 atm. Abaixo dessa pressão, a água líquida não é estável e o gelo sublima-se em vapor d'água quando aquecido. Essa propriedade da água é usada para liofilizar alimentos e bebidas. O alimento ou a bebida é congelado a uma temperatura abaixo de 0 °C. Em seguida, é colocado em uma câmara de baixa pressão (menos de 0,00603 atm) e aquecido para que a água sublime, desidratando o alimento ou a bebida.

O diagrama de fases do CO_2 é mostrado na **Figura 11.29**. A curva de fusão (linha azul) comporta-se normalmente, inclinando-se para a direita com o aumento da pressão. Isso indica que o ponto de fusão do CO_2 aumenta conforme a pressão cresce. Uma vez que a pressão no ponto triplo é relativamente alta, 5,11 atm, o CO_2 não pode ser encontrado na fase líquida a 1 atm. Isso significa que o CO_2 sólido não se funde quando aquecido; em vez disso, ele sublima. Assim, o CO_2 não tem um ponto de fusão normal; em contrapartida, ele tem um ponto de sublimação normal, −78,5 °C. Como o CO_2, à medida que absorve energia em pressões normais, sublima-se em vez de se fundir, o CO_2 sólido (gelo seco) é comumente usado como substância congelante.

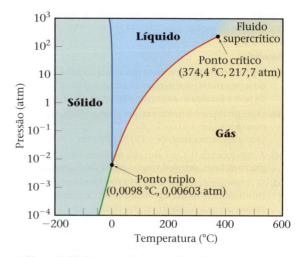

▲ **Figura 11.28 Diagrama de fases do H₂O.** Observe que é utilizada uma escala linear para representar a temperatura e uma escala logarítmica para representar a pressão.

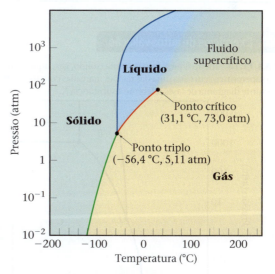

▲ **Figura 11.29 Diagrama de fases do CO₂.** Observe que é utilizada uma escala linear para representar a temperatura e uma escala logarítmica para representar a pressão.

Exercício resolvido 11.5
Interpretação de um diagrama de fases

Com base no diagrama de fases do metano, CH$_4$, mostrado na **Figura 11.30**, responda às seguintes questões. (**a**) Quais são a temperatura e a pressão aproximadas do ponto crítico? (**b**) Quais são a temperatura e a pressão aproximadas do ponto triplo? (**c**) O metano é um sólido, um líquido ou um gás a 1 atm e 0 °C de temperatura? (**d**) Se o metano sólido a 1 atm for aquecido enquanto a pressão for mantida constante, ele vai se fundir ou sublimar? (**e**) Se o metano for comprimido a 1 atm e 0 °C até que uma mudança de fase ocorra, em que estado ele estará quando a compressão estiver completa?

SOLUÇÃO

Analise Devemos identificar as principais características do diagrama de fases e utilizá-lo para deduzir as mudanças de fase quando ocorrem alterações de pressão e temperatura específicas.

Planeje Devemos identificar o ponto triplo e o ponto crítico no diagrama, além de indicar qual fase está presente a temperaturas e pressões específicas.

Resolva

(**a**) O ponto crítico é o ponto em que as fases líquida, gasosa e de fluido supercrítico coexistem, marcado como ponto 3 no diagrama de fases e localizado a aproximadamente −80 °C e 45 atm.

(**b**) O ponto triplo é o ponto em que as fases sólida, líquida e gasosa coexistem, marcado como ponto 1 no diagrama de fases e localizado a aproximadamente −180 °C e 0,1 atm.

(**c**) A interseção de 0 °C e 1 atm está marcada como ponto 2 no diagrama de fases, dentro da região gasosa do diagrama.

(**d**) Se começarmos na região sólida a P = 1 atm e nos movermos horizontalmente (o que significa que temos a pressão constante), atravessaremos primeiro a região líquida, em $T \approx -180$ °C, e, em seguida, a região gasosa, em $T \approx -160$ °C. Portanto, o metano sólido se funde quando a pressão é de 1 atm. (Para o metano sublimar, a pressão deve ser inferior à pressão do ponto triplo.)

(**e**) Movendo-se verticalmente para cima a partir do ponto 2, a 1 atm e 0 °C, a primeira mudança de fase a que chegamos é a de gás para fluido supercrítico. Essa mudança de fase acontece quando excedemos a pressão crítica (~50 atm).

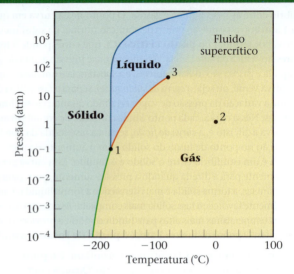

▲ **Figura 11.30 Diagrama de fases do CH$_4$.** Observe que é utilizada uma escala linear para representar a temperatura e uma escala logarítmica para representar a pressão.

Confira Como esperado, a pressão e a temperatura no ponto crítico são maiores que aquelas no ponto triplo. O metano é o principal componente do gás natural. Assim, parece razoável que ele seja encontrado na forma de um gás a 1 atm e 0 °C.

▶ **Para praticar**
Com base no diagrama de fases do metano (Figura 11.30), responda às seguintes questões. (**a**) Qual é o ponto de ebulição normal do metano? (**b**) Em que faixa de pressão o metano sólido sublima? (**c**) Acima de qual temperatura o metano líquido não pode ser encontrado?

Exercícios de autoavaliação

EAA 11.18 Identifique a fase presente (sólido, gás, líquido ou fluido supercrítico) em cada uma das regiões marcadas com uma letra no seguinte diagrama de fases referente à substância X.

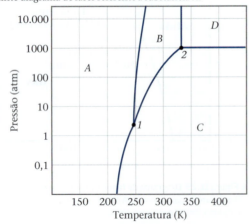

(**a**) A = líquido, B = sólido, C = gás, D = fluido supercrítico
(**b**) A = sólido, B = líquido, C = gás, D = fluido supercrítico
(**c**) A = sólido, B = líquido, C = fluido supercrítico, D = gás
(**d**) A = gás, B = líquido, C = sólido, D = fluido supercrítico

EAA 11.19 Use o diagrama de fases do CO$_2$ (Figura 11.29) para determinar qual das afirmações a seguir é *falsa*. (**a**) O CO$_2$ líquido não existe a pressões inferiores a 5,11 atm. (**b**) O CO$_2$ líquido não existe a pressões superiores a 73,0 atm. (**c**) O CO$_2$ líquido não existe a temperaturas superiores a 31,1 °C. (**d**) O CO$_2$ líquido não existe a temperaturas inferiores a −60 °C.

11.7 | Cristais líquidos

Em 1888, Friedrich Reinitzer, um botânico austríaco, descobriu que o composto orgânico benzoato de colesterila tem uma propriedade interessante e incomum, mostrada na **Figura 11.31**. O benzoato de colesterila sólido se funde a 145 °C, formando um líquido viscoso e leitoso; depois, a 179 °C, o líquido leitoso torna-se claro e permanece assim em temperaturas acima de 179 °C. Quando resfriado, o líquido límpido torna-se viscoso e leitoso a 179 °C, e o líquido leitoso se solidifica a 145 °C.

O trabalho de Reinitzer foi o primeiro registro sistemático do que chamamos de **cristal líquido**, o termo que usamos hoje para o estado leitoso e viscoso que algumas substâncias exibem entre os estados líquido e sólido.

Essa fase intermediária apresenta um pouco da estrutura dos sólidos e um pouco da liberdade de movimento dos líquidos. Em razão de sua ordenação parcial, os cristais líquidos podem ser viscosos e ter propriedades intermediárias entre as dos sólidos e dos líquidos. A região na qual eles apresentam essas propriedades é marcada por temperaturas de transição acentuadas, como na amostra de Reinitzer. Assim como as fases sólida, líquida e gasosa, a fase líquido-cristalina é representada por uma região específica em um diagrama de fases.

Hoje, os cristais líquidos são usados como sensores de pressão e temperatura e como telas de cristal líquido (LCD) em dispositivos como relógios digitais, televisores e computadores. Eles podem ser usados com essas finalidades porque as fracas forças intermoleculares que mantêm as moléculas unidas na fase líquido-cristalina são facilmente afetadas por mudanças de temperatura, pressão e campos elétricos.

Objetivos de aprendizagem

Após terminar a Seção 11.7, você deve ser capaz de:

▶ Descrever as diferenças entre as propriedades físicas dos cristais líquidos e as dos líquidos comuns.
▶ Descrever as diferenças entre cristais líquidos nemáticos, esméticos e colestéricos.
▶ Identificar substâncias que tendem a formar cristais líquidos a partir da sua estrutura molecular.

Tipos de cristal líquido

As substâncias que formam cristais líquidos são frequentemente compostas de moléculas com leve rigidez e em forma de bastão. Na fase líquida, essas moléculas estão orientadas aleatoriamente. Já na fase líquido-cristalina, as moléculas estão dispostas em padrões específicos, como ilustra a **Figura 11.32**. Dependendo da natureza do ordenamento, os cristais líquidos são classificados como nemático, esmético A, esmético C ou colestérico.

Em um **cristal líquido nemático**, as moléculas estão alinhadas de modo que seus eixos mais longos tendem a apontar na mesma direção, mas as extremidades não estão alinhadas umas com as outras. Em **cristais líquidos esméticos A** e **esméticos C**, as moléculas mantêm o alinhamento do eixo mais longo visto nos cristais nemáticos, mas, além disso, elas se amontoam em camadas.

Duas moléculas que exibem as fases líquido-cristalinas estão dispostas na **Figura 11.33**. Os comprimentos dessas moléculas são maiores que suas larguras. As duplas ligações, incluindo aquelas nos anéis de benzeno, conferem rigidez às moléculas, e os anéis, por serem planos, ajudam as moléculas a se empilharem. Os grupos polares —OCH$_3$ e —COOH dão origem a interações dipolo-dipolo e promovem o alinhamento das moléculas. Assim, as moléculas se ordenam naturalmente ao longo de seus eixos mais longos. No entanto, elas podem girar em torno de seus eixos e deslizar paralelamente umas às outras. Em cristais líquidos esméticos, as forças intermoleculares (forças de dispersão, atrações dipolo-dipolo e ligações de hidrogênio) limitam a capacidade das moléculas de deslizarem umas nas outras.

Em um **cristal líquido colestérico**, as moléculas estão dispostas em camadas, com seus eixos mais longos paralelos às outras moléculas da mesma camada.* Ao mudar de uma camada para outra, a orientação das moléculas gira em um ângulo fixo, resultando em um padrão espiral. Esses cristais líquidos são assim chamados porque muitos derivados do colesterol adotam essa estrutura.

145 °C < *T* < 179 °C
Fase líquido-cristalina

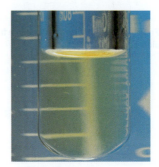

T > 179 °C
Fase líquida

▶ **Figura 11.31** Benzoato de colesterila em seus estados líquido e líquido-cristalino.

---

*Cristais líquidos colestéricos também são chamados de nemáticos quirais, porque as moléculas no interior de cada plano adotam uma disposição semelhante à de um cristal líquido nemático.

Fase líquida

Moléculas dispostas aleatoriamente

Fase líquido-cristalina nemática

Moléculas alinhadas ao longo de seus eixos mais longos, mas as extremidades não estão alinhadas

Fase líquido-cristalina esmética A

Moléculas alinhadas em camadas; os eixos mais longos das moléculas encontram-se perpendiculares aos planos da camada

Fase líquido-cristalina esmética C

Moléculas alinhadas em camadas; os eixos mais longos das moléculas encontram-se inclinados em relação aos planos da camada

Fase líquido-cristalina colestérica

Moléculas ordenadas em camadas; os eixos mais longos das moléculas de uma camada encontram-se rotacionados de forma alternada em relação aos eixos mais longos das moléculas na camada acima

▲ **Figura 11.32 Ordem molecular em cristais líquidos nemáticos, esméticos e colestéricos.** Na fase líquida de qualquer substância, as moléculas estão dispostas aleatoriamente; na fase líquido-cristalina, as moléculas estão dispostas de maneira parcialmente ordenada.

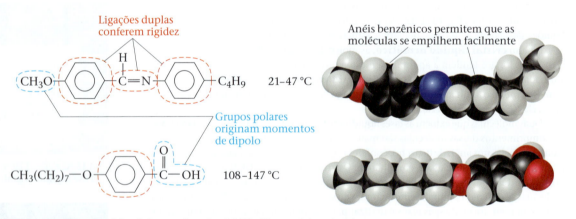

▲ **Figura 11.33** Estrutura molecular e faixa de temperatura de cristal líquido para dois materiais líquido-cristalinos típicos.

O arranjo molecular dos cristais líquidos colestéricos produz padrões de coloração incomuns com a incidência da luz visível. As variações de temperatura e pressão alteram sua ordem e, consequentemente, sua cor. Cristais líquidos colestéricos são utilizados para monitorar variações de temperatura em situações nas quais os métodos convencionais não são viáveis. Por exemplo, eles podem detectar pontos quentes em circuitos microeletrônicos, que sinalizam a presença de defeitos. Eles também podem ser colocados em termômetros para medir a temperatura da pele de recém-nascidos. Cristais líquidos são utilizados nas telas de dispositivos como calculadoras, monitores de computador, televisores e projetores de vídeo. As telas de cristal líquido consomem muito menos energia do que as tecnologias de diodos emissores de luz (LED). Nelas, um campo elétrico aplicado é utilizado para alterar a orientação de cristais líquidos nemáticos, o que permite controlar se a luz atravessa ou não um determinado pixel na tela.

Capítulo 11 | Líquidos e forças intermoleculares 457

Exercício resolvido 11.6
Propriedades dos cristais líquidos

Qual dessas substâncias provavelmente apresenta um comportamento líquido-cristalino?

$$CH_3-CH_2-\underset{\underset{CH_3}{|}}{\overset{\overset{CH_3}{|}}{C}}-CH_2-CH_3 \qquad CH_3CH_2-\bigcirc-N=N-\bigcirc-\overset{\overset{O}{\|}}{C}-OCH_3 \qquad \bigcirc-CH_2-\overset{\overset{O}{\|}}{C}-O^-Na^+$$

(i) (ii) (iii)

SOLUÇÃO

Analise A partir de três moléculas com estruturas diferentes, devemos determinar qual delas é provavelmente uma substância líquido-cristalina.

Planeje Precisamos identificar todas as características estruturais que possam induzir o comportamento líquido-cristalino.

Resolva A molécula (i) provavelmente não é líquido-cristalina, porque a ausência de ligações duplas e/ou triplas a torna flexível em vez de rígida. A molécula (iii) é iônica, e como os pontos de fusão dos materiais iônicos costumam ser altos, é improvável que essa substância seja líquido-cristalina. A molécula (ii) tem eixos longos e as características estruturais observadas com frequência em cristais líquidos: a molécula tem formato de bastão; as ligações duplas e os anéis de benzeno proporcionam rigidez; e o grupo polar COOCH$_3$ cria um momento de dipolo.

▶ **Para praticar**
Sugira uma razão que explique por que o decano (CH$_3$CH$_2$CH$_2$CH$_2$CH$_2$CH$_2$CH$_2$CH$_2$CH$_2$CH$_3$) não exibe comportamento de cristal líquido.

Exercícios de autoavaliação

EAA 11.20 Ordene as fases líquida, sólida e líquido-cristalina em relação à liberdade de movimento que as moléculas têm de passarem umas pelas outras.
(a) cristal líquido < sólido < líquido
(b) líquido < cristal líquido < sólido
(c) sólido < líquido < cristal líquido
(d) sólido < cristal líquido < líquido
(e) sólido < cristal líquido ≈ líquido

EAA 11.21 As substâncias que formam as fases líquido-cristalinas tendem a ser formadas por moléculas _____ em formato _____. (a) flexíveis, de bastão (b) rígidas, de bastão (c) flexíveis, esférico (d) rígidas, esférico

EAA 11.22 Entre as diversas fases líquido-cristalinas mostradas na Figura 11.32, qual apresenta a menor ordem intermolecular? (a) nemática (b) esmética A (c) esmética C (d) colestérica

Integrando conceitos

A substância CS$_2$ tem ponto de fusão de −110,8 °C e ponto de ebulição de 46,3 °C. Sua densidade a 20 °C é 1,26 g/cm^3, e ela é altamente inflamável. (a) Qual é o nome desse composto? (b) Liste as forças intermoleculares que as moléculas de CS$_2$ exercem umas sobre as outras. (c) Escreva a equação balanceada da combustão desse composto no ar. (Você terá de decidir entre os produtos de oxidação mais prováveis.) (d) A temperatura e a pressão crítica do CS$_2$ são 552 K e 78 atm, respectivamente. Compare esses valores com os do CO$_2$ na Tabela 11.5 e discuta as possíveis origens das diferenças.

SOLUÇÃO

(a) O composto é denominado dissulfeto de carbono, em analogia ao nome de outros compostos moleculares binários, como o dióxido de carbono. (Seção 2.8)

(b) Como não há átomo de H, não pode haver ligações de hidrogênio. Se representarmos a estrutura de Lewis, veremos que o carbono forma duplas ligações com cada enxofre:

$$\ddot{\underset{..}{S}}=C=\ddot{\underset{..}{S}}$$

Usando o modelo VSEPR (Seção 9.2), concluímos que a molécula é linear e, portanto, não tem momento de dipolo. (Seção 9.3) Assim, não há forças dipolo-dipolo; apenas as forças de dispersão atuam entre as moléculas de CS$_2$.

(c) Os produtos mais prováveis da combustão serão o CO$_2$ e o SO$_2$. (Seção 3.2) Sob algumas condições, o SO$_3$ pode ser formado, mas esse seria o resultado menos provável. Assim, temos a seguinte equação para a combustão:

$$CS_2(l) + 3\,O_2(g) \longrightarrow CO_2(g) + 2\,SO_2(g)$$

(d) A temperatura e a pressão críticas do CS$_2$ (552 K e 78 atm, respectivamente) são mais elevadas que as indicadas para o CO$_2$ na Tabela 11.5 (304 K e 73 atm, respectivamente). A diferença nas temperaturas críticas é especialmente notável. Os valores mais elevados para o CS$_2$ surgem das maiores atrações de dispersão entre as moléculas de CO$_2$ em comparação com as de CS$_2$. Essas atrações maiores são decorrentes do tamanho do enxofre, que é maior que o oxigênio, e, portanto, de sua maior polarizabilidade.

Resumo do capítulo e termos-chave

COMPARAÇÃO MOLECULAR ENTRE GASES, LÍQUIDOS E SÓLIDOS (INTRODUÇÃO E SEÇÃO 11.1) Substâncias que são gases ou líquidos à temperatura ambiente geralmente são compostas de moléculas. Em gases, as forças de atração intermoleculares são desprezíveis em comparação às energias cinéticas das moléculas; assim, as moléculas estão bem separadas e submetidas a um movimento constante e caótico. Nos líquidos, as **forças intermoleculares** mantêm as moléculas unidas. No entanto, as moléculas estão livres para se moverem umas em relação às outras. Em sólidos, forças de atração intermoleculares limitam o movimento das moléculas e as forçam a ocupar localizações específicas em um arranjo tridimensional.

FORÇAS INTERMOLECULARES (SEÇÃO 11.2) Existem três tipos de forças intermoleculares entre as moléculas neutras: as **forças de dispersão**, as **interações dipolo-dipolo** e as **ligações de hidrogênio**. As forças de dispersão atuam entre todas as moléculas (e átomos, para substâncias atômicas como He, Ne, Ar, etc.). À medida que a massa molecular aumenta, a **polarizabilidade** da molécula também aumenta, resultando em forças de dispersão mais fortes. O formato da molécula também é um fator importante. A intensidade das forças dipolo-dipolo aumenta à medida que a polaridade das moléculas aumenta. Ligações de hidrogênio ocorrem em compostos com ligações O—H, N—H e F—H. As ligações de hidrogênio são geralmente mais intensas que as interações dipolo-dipolo ou as forças de dispersão. As **forças íon-dipolo** ocorrem quando moléculas polares estão muito próximas dos íons. Elas são particularmente importantes em soluções nas quais os compostos iônicos são dissolvidos em solventes polares.

PRINCIPAIS PROPRIEDADES DOS LÍQUIDOS (SEÇÃO 11.3) Quanto mais intensas forem as forças intermoleculares, maior será a **viscosidade**, ou resistência ao escoamento, de um líquido. A **tensão superficial** é uma medida da tendência de um líquido de manter uma área superficial mínima. A tensão superficial de um líquido também aumenta à medida que a intensidade das forças intermoleculares aumenta. A adesão de um líquido às paredes de um tubo estreito e a coesão do líquido explicam a **ação capilar**, termo usado para descrever a elevação de líquidos por tubos estreitos.

MUDANÇAS DE FASE (SEÇÃO 11.4) Uma substância pode ser encontrada em mais de um estado, ou fase, da matéria. **Mudanças de fase** são as transformações de uma fase para outra. As mudanças de sólido para líquido (fusão), sólido para gasoso (sublimação) e líquido para gasoso (vaporização) são processos endotérmicos. Assim, o **calor de fusão** (derretimento), o **calor de sublimação** e o **calor de vaporização** são quantidades positivas. Os processos inversos (congelamento, deposição e condensação) são exotérmicos.

Um gás não pode ser liquefeito pela aplicação de pressão se a temperatura está acima da sua **temperatura crítica**. A pressão necessária para liquefazer um gás à sua temperatura crítica é chamada de **pressão crítica**. Quando a temperatura excede a temperatura crítica e a pressão excede a pressão crítica, as fases líquida e gasosa se juntam para formar um **fluido supercrítico**, uma fase que se expande para preencher o recipiente como um gás, mas cuja densidade e compressibilidade são mais semelhantes às de um líquido.

PRESSÃO DE VAPOR (SEÇÃO 11.5) A **pressão de vapor** de um líquido é a pressão parcial do vapor quando está em **equilíbrio dinâmico** com o líquido. No equilíbrio, a velocidade com que as moléculas passam do estado líquido para o gasoso é igual à velocidade com que as elas passam do estado gasoso para o líquido. Quanto maior for a pressão de vapor de um líquido, mais rapidamente ele evaporará e mais **volátil** ele será. A pressão de vapor aumenta com o aumento da temperatura. A ebulição ocorre quando a pressão de vapor é igual à pressão externa. Assim, o **ponto de ebulição** de um líquido depende da pressão. O **ponto de ebulição normal** é a temperatura à qual a pressão de vapor é igual a 1 atm.

DIAGRAMAS DE FASES (SEÇÃO 11.6) Os equilíbrios entre as diversas fases de uma substância como uma função da pressão e temperatura são exibidos em um **diagrama de fases**. Uma linha indica equilíbrios entre quaisquer duas fases. A linha que atravessa o ponto de fusão, em geral, inclina-se ligeiramente para a direita à medida que a pressão aumenta, porque o sólido costuma ser mais denso que o líquido. O limite entre as fases sólida e líquida a 1 atm de pressão é o **ponto de fusão normal**, e o limite entre as fases líquida e gasosa a 1 atm de pressão corresponde ao ponto de ebulição normal. O ponto no diagrama em que todas as três fases coexistem em equilíbrio é chamado de **ponto triplo**. O **ponto crítico** corresponde à temperatura crítica e à pressão crítica. Além do ponto crítico, a substância é um fluido supercrítico.

CRISTAIS LÍQUIDOS (SEÇÃO 11.7) Um **cristal líquido** é uma substância que exibe uma ou mais fases ordenadas a uma temperatura acima do ponto de fusão do sólido. Em um **cristal líquido nemático**, as moléculas estão alinhadas ao longo de uma direção comum, mas as extremidades das moléculas não estão alinhadas. Em um **cristal líquido esmético**, as extremidades das moléculas estão alinhadas de modo a formar camadas. Em **cristais líquidos esméticos A**, os eixos mais longos das moléculas alinham-se perpendicularmente às camadas. Em **cristais líquidos esméticos C**, os eixos mais longos das moléculas estão inclinados em relação às camadas. Um **cristal líquido colestérico** é composto de moléculas alinhadas paralelamente umas às outras em uma camada, como nas fases líquido-cristalinas nemáticas, mas a direção ao longo da qual os eixos mais longos das moléculas se alinham gira de uma camada para a seguinte, formando uma estrutura helicoidal. As substâncias que formam cristais líquidos costumam ser moléculas relativamente rígidas, com formatos cilíndricos ou de bastão. Essas moléculas também tendem a ter grupos polares que ajudam a alinhar as moléculas por meio de interações dipolo-dipolo.

Simulado

SIM 11.1 Qual das seguintes propriedades *não* é uma característica de um líquido? (**a**) Flui facilmente. (**b**) Muito difícil de comprimir. (**c**) Assume a forma do recipiente que ocupa. (**d**) Preenche todo o volume do recipiente que ocupa.

SIM 11.2 Qual das alternativas a seguir explica por que uma substância se transforma de líquido em gás quando a temperatura é elevada acima do seu ponto de ebulição, T_e?

(**i**) A intensidade das atrações intermoleculares diminui à medida que a temperatura aumenta.

(**ii**) A energia cinética média das moléculas aumenta à medida que a temperatura aumenta.

(**a**) i (**b**) ii (**c**) i e ii (**d**) nem i nem ii

SIM 11.3 Sob 1 atm de pressão, o tetracloreto de carbono é um líquido entre −23 e 77 °C, enquanto o tetrabrometo de carbono é um líquido entre 95 e 190 °C. Qual das afirmações a seguir explica por que o CBr_4 tem pontos de fusão e ebulição mais elevados do que o CCl_4?

(**i**) As atrações entre as moléculas de CBr_4 são mais intensas do que aquelas entre as moléculas de CCl_4.

(**ii**) Devido à sua maior massa molecular, a energia cinética média das moléculas de CBr_4 a uma determinada temperatura é menor do que a energia cinética média das moléculas de CCl_4 à mesma temperatura.

(**iii**) Como o cloro é mais eletronegativo do que o bromo, o CCl_4 terá um momento de dipolo maior do que o CBr_4, e isso levará a maiores repulsões entre as moléculas de CCl_4.

(**a**) apenas i (**b**) apenas ii (**c**) apenas iii (**d**) i e ii (**e**) i e iii

SIM 11.4 Quais fatores contribuem para o ponto de ebulição mais elevado do dibromometano CH$_2$Br$_2$ (97 °C) em comparação com o do diclorometano CH$_2$Cl$_2$ (40 °C)?

(i) As forças de dispersão são mais intensas no CH$_2$Br$_2$.

(ii) As interações dipolo-dipolo são mais intensas no CH$_2$Br$_2$.

(a) i (b) ii (c) i e ii (d) nem i nem ii

SIM 11.5 A fórmula e estrutura molecular de quatro substâncias que são líquidos nas CPTP estão listadas abaixo. Em quais substâncias puras as ligações de hidrogênio *não* estão presentes?

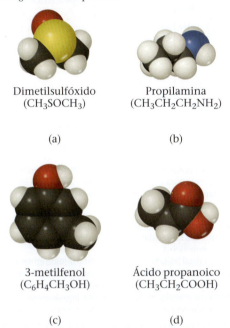

Dimetilsulfóxido (CH$_3$SOCH$_3$) (a)
Propilamina (CH$_3$CH$_2$CH$_2$NH$_2$) (b)
3-metilfenol (C$_6$H$_4$CH$_3$OH) (c)
Ácido propanoico (CH$_3$CH$_2$COOH) (d)

SIM 11.6 Apenas uma das substâncias a seguir é um líquido à temperatura ambiente; todas as outras são gases. Qual substância tem a maior probabilidade de ser um líquido à temperatura ambiente? (a) formaldeído, H$_2$CO (b) fluorometano, CH$_3$F (c) cianeto de hidrogênio, HCN (d) peróxido de hidrogênio, H$_2$O$_2$ (e) sulfeto de hidrogênio, H$_2$S

SIM 11.7 O mineral gipsita (CaSO$_4$ · 2H$_2$O) é um sólido cristalino branco. Ele é o principal componente de materiais de construção como gesso e drywall. Os íons de cálcio e sulfato são atraídos uns pelos outros predominantemente por _____, e os íons cálcio e as moléculas de água são unidas por _____. (a) interações íon-dipolo, ligações de hidrogênio (b) forças de dispersão, ligações de hidrogênio (c) ligações iônicas, ligações de hidrogênio (d) ligações iônicas, interações íon-dipolo (e) ligações iônicas, interações dipolo-dipolo

SIM 11.8 Disponha as seguintes substâncias em ordem crescente de ponto de ebulição normal: óxido de cálcio, CaO; oxigênio, O$_2$; hidrogênio, H$_2$; formaldeído, H$_2$CO; e água, H$_2$O.
(a) CaO < H$_2$ < O$_2$ < H$_2$CO < H$_2$O
(b) H$_2$ < O$_2$ < H$_2$CO < CaO < H$_2$O
(c) H$_2$ < O$_2$ < H$_2$CO < H$_2$O < CaO
(d) O$_2$ < H$_2$ < H$_2$CO < H$_2$O < CaO
(e) H$_2$ < O$_2$ < H$_2$O < H$_2$CO < CaO

SIM 11.9 Qual das seguintes alternativas representa as substâncias Cl$_2$, CH$_4$, e CH$_3$CH$_2$COOH organizadas em ordem crescente de força das atrações intermoleculares?
(a) CH$_4$ < CH$_3$CH$_2$COOH < Cl$_2$
(b) Cl$_2$ < CH$_3$CH$_2$COOH < CH$_4$
(c) CH$_4$ < Cl$_2$ < CH$_3$CH$_2$COOH
(d) CH$_3$CH$_2$COOH < Cl$_2$ < CH$_4$
(e) Cl$_2$ < CH$_4$ < CH$_3$CH$_2$COOH

SIM 11.10 A viscosidade do etilenoglicol (HOCH$_2$CH$_2$OH) é aproximadamente 8 vezes maior do que a do 1-propanol (CH$_3$CH$_2$CH$_2$OH) (1,6 × 10^{-2} kg/m·s vs. 2,0 × 10^{-3} kg/m·s). Qual das alternativas a seguir é a melhor explicação para a maior viscosidade do etilenoglicol? (a) As moléculas do etilenoglicol são unidas por forças de dispersão muito mais intensas do que as do 1-propanol. (b) A molécula do etilenoglicol pode formar mais ligações de hidrogênio por molécula do que a do 1-propanol. (c) As moléculas de etilenoglicol são mais flexíveis do que as de 1-propanol. (d) As moléculas de etilenoglicol são apolares, enquanto as de 1-propanol são polares.

SIM 11.11 Qual das propriedades a seguir *não* aumenta com o aumento da intensidade das forças intermoleculares: (a) viscosidade; (b) tensão superficial; (c) pressão de vapor; (d) entalpia de vaporização; (e) ponto de ebulição normal?

SIM 11.12 Quando a água é colocada em um capilar de vidro, forma-se um menisco _____, pois as interações entre as moléculas de água e o vidro do capilar são _____ do que as interações das moléculas de água entre si. (a) em forma de U invertido, mais fracas (b) em forma de U, mais fracas (c) em forma de U invertido, mais intensas (d) em forma de U, mais intensas

SIM 11.13 Para uma determinada substância, a entalpia de sublimação será _____ e sua magnitude será _____ do que o calor de vaporização. (a) exotérmica, menor (b) exotérmica, maior (c) endotérmica, menor (d) endotérmica, maior

SIM 11.14 Que informação sobre a água é necessária para calcular a variação de entalpia para converter 1 mol de H$_2$O(g) a 100 °C em 1 mol de H$_2$O(l) a 80 °C? (a) calor de fusão (b) calor de vaporização (c) calor de vaporização e calor específico do H$_2$O(g) (d) calor de vaporização e calor específico do H$_2$O(l) (e) calor de fusão e calor específico do H$_2$O(l)

SIM 11.15 Qual característica de um fluido supercrítico é semelhante à de um gás, mas não à de um líquido? (a) o espaçamento das moléculas (b) sua capacidade de fluir (c) sua capacidade de assumir a forma e o volume do seu recipiente (d) sua capacidade de dissolver outras substâncias

SIM 11.16 Nas montanhas, onde a pressão atmosférica é menor do que ao nível do mar, um recipiente de água aquecido sobre uma fogueira começa a ferver quando: (a) sua temperatura supera a temperatura crítica; (b) sua pressão de vapor é igual à pressão da atmosfera ao seu redor; (c) sua temperatura atinge 100 °C; (d) energia suficiente é fornecida para romper as ligações covalentes entre o oxigênio e o hidrogênio.

SIM 11.17 Um líquido e seu vapor estão em equilíbrio dinâmico dentro de um cilindro equipado com um êmbolo sem massa e sem atrito, como mostrado na figura. Se a temperatura do aparato é 56,2 °C e a pressão externa é 1,00 atm, qual(is) das afirmações a seguir é(são) verdadeira(s)?

(i) As moléculas estão condensando e vaporizando à mesma velocidade.

(ii) O ponto de ebulição normal da substância é 56,2 °C.

(iii) Como a temperatura não varia, todas as moléculas na fase gasosa têm a mesma energia cinética.

(a) apenas i (b) apenas ii (c) apenas iii (d) i e iii (e) Todas as afirmações são verdadeiras.

SIM 11.18 Um líquido e seu vapor estão em equilíbrio dinâmico dentro de um cilindro equipado com um êmbolo sem massa e sem atrito, como mostrado no problema anterior, com temperatura de 56,2 °C e pressão externa de 1,00 atm. Se calor suficiente é adicionado ao sistema para vaporizar metade do líquido restante e o equilíbrio é restabelecido, qual das afirmações a seguir é *falsa*?
(a) A temperatura do líquido é a mesma de antes do calor ser adicionado.
(b) A pressão de vapor é a mesma de antes do calor ser adicionado.
(c) O número de moléculas na fase gasosa é maior do que era antes de o calor ser adicionado.
(d) O êmbolo está em posição mais alta do que estava antes de o calor ser adicionado.
(e) A energia cinética média das moléculas na fase gasosa é maior do que era antes de o calor ser adicionado.

SIM 11.19 A 50 °C, as substâncias líquidas A e B têm pressões de vapor de 270 torr e 41 torr, respectivamente. Dadas essas informações, qual das afirmações a seguir é *falsa*? (a) O ponto de ebulição normal de ambas as substâncias é maior do que 50 °C. (b) As forças intermoleculares na substância B são mais fortes do que as na substância A. (c) O ponto de ebulição normal da substância A é maior do que o da substância B. (d) A substância A é mais volátil do que a substância B.

SIM 11.20 Qual das substâncias a seguir terá a menor pressão de vapor a uma temperatura de 300 K?

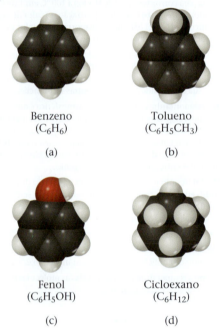

Benzeno (C_6H_6) (a)
Tolueno ($C_6H_5CH_3$) (b)
Fenol (C_6H_5OH) (c)
Cicloexano (C_6H_{12}) (d)

SIM 11.21 Em qual quadrante de um diagrama de fases seria mais provável encontrar um fluido supercrítico? (a) alta temperatura, alta pressão (b) alta temperatura, baixa pressão (c) baixa temperatura, baixa pressão (d) baixa temperatura, alta pressão

SIM 11.22 Com base no diagrama de fases do metano, o que acontece com o metano quando este é aquecido de −250 a 0 °C a uma pressão de 10^{-2} atm?

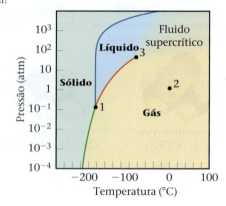

(a) Ele sublima a cerca de −200 °C. (b) Ele se funde a aproximadamente −200 °C. (c) Ele evapora a aproximadamente −200 °C. (d) Ele se condensa a aproximadamente −200 °C. (e) Ele atinge o ponto triplo a aproximadamente −200 °C.

SIM 11.23 Disponha as seguintes fases em ordem crescente de liberdade de movimento das moléculas: sólido, líquido, cristal líquido nemático, cristal líquido esmético A.
(a) líquido < cristal líquido nemático < cristal líquido esmético A < sólido
(b) sólido < cristal líquido esmético A < cristal líquido nemático < líquido
(c) sólido < líquido < cristal líquido nemático < cristal líquido esmético A
(d) sólido < cristal líquido nemático < cristal líquido esmético A < líquido
(e) cristal líquido nemático < cristal líquido esmético A < sólido < líquido

SIM 11.24 As fases líquido-cristalinas costumam ser encontradas em substâncias com moléculas _____ e _____. (a) polares, flexíveis (b) apolares, flexíveis (c) polares, rígidas (d) polares, flexíveis

Exercícios

Visualizando conceitos

11.1 (a) O diagrama a seguir representa um sólido cristalino, um líquido ou um gás? (b) Explique. [Seção 11.1]

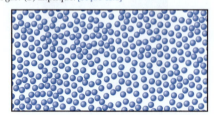

11.2 (a) Que tipo de força de atração intermolecular é mostrado em cada caso a seguir?

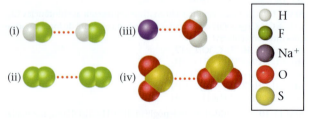

(b) Preveja qual das quatro interações é a mais fraca. [Seção 11.2]

11.3 (a) Quais das moléculas apresentadas a seguir podem formar interações dipolo-dipolo com outras moléculas do mesmo tipo? (b) Quais são capazes de formar ligações de hidrogênio com outras moléculas do mesmo tipo? [Seção 11.2]

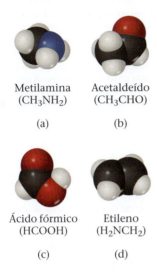

Metilamina (CH₃NH₂)
(a)

Acetaldeído (CH₃CHO)
(b)

Ácido fórmico (HCOOH)
(c)

Etileno (H₂NCH₂)
(d)

11.4 (a) Você acredita que a viscosidade do glicerol, C₃H₅(OH)₃, é maior ou menor que a do 1-propanol, C₃H₇OH? (b) Explique. [Seção 11.3]

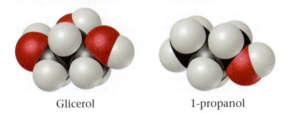

Glicerol   1-propanol

11.5 Se 42,0 kJ de calor forem adicionados a uma amostra de 32,0 g de metano líquido sob 1 atm de pressão a uma temperatura de −170 °C, quais serão o estado e a temperatura finais do metano depois que o sistema entrar em equilíbrio? Suponha que nenhum calor seja perdido para a vizinhança. O ponto de ebulição normal do metano é −161,5 °C. Os calores específicos do metano líquido e gasoso são 3,48 e 2,22 J/g·K, respectivamente. [Seção 11.4]

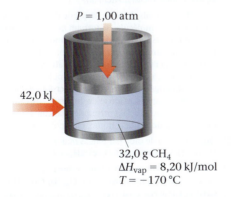

$P = 1,00$ atm

42,0 kJ

32,0 g CH₄
$\Delta H_{vap} = 8,20$ kJ/mol
$T = -170$ °C

11.6 Se 54,0 kJ de calor são adicionados gradualmente a uma amostra de 1,00 mol de etanol líquido a uma temperatura inicial de 298

K, a curva de aquecimento obtida é a apresentada a seguir. Use o gráfico para responder às seguintes perguntas. (a) Qual é o ponto de ebulição? (b) Qual é a entalpia de vaporização em kJ/mol? (c) O calor específico do etanol líquido é maior ou menor do que o calor específico do etanol gasoso? [Seção 11.4]

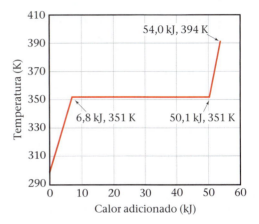

11.7 Usando o gráfico de dados referentes ao CS₂, determine (a) a pressão de vapor aproximada do CS₂ a 30 °C, (b) a temperatura a qual a pressão de vapor é igual a 300 torr e (c) o ponto de ebulição normal do CS₂. [Seção 11.5]

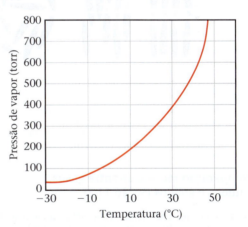

11.8 As moléculas

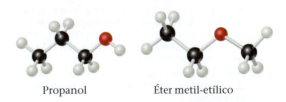

Propanol   Éter metil-etílico

têm a mesma fórmula molecular (C₃H₈O), mas estruturas químicas diferentes. (a) Alguma molécula pode realizar ligações de hidrogênio? Em caso positivo, qual(is)? (b) Qual molécula deve ter o maior momento de dipolo? (c) Uma dessas moléculas tem um ponto de ebulição normal igual a 97,2 °C, enquanto a outra tem um ponto de ebulição normal de 10,8 °C. Defina o ponto de ebulição normal de cada molécula. [Seções 11.2 e 11.5]

11.9 O diagrama de fases de uma substância hipotética é:

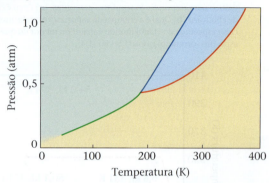

(a) Estime o ponto de ebulição normal e o ponto de congelamento da substância. (b) Qual é o estado físico da substância sob as seguintes condições: (i) $T = 150$ K, $P = 0,2$ atm; (ii) $T = 100$ K, $P = 0,8$ atm; (iii) $T = 300$ K, $P = 1,0$ atm? (c) Qual é o ponto triplo da substância? [Seção 11.6]

11.10 A três temperaturas diferentes, T_1, T_2 e T_3, as moléculas em um cristal líquido se alinham das seguintes maneiras:

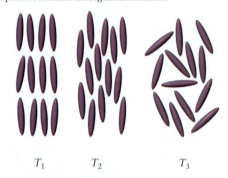

(a) A que temperatura ou temperaturas a substância está em estado líquido-cristalino? A essas temperaturas, que tipo de fase líquido-cristalina está representado? (b) Com base na sua resposta ao item (a), qual temperatura é maior: T_1, T_2 ou T_3? [Seção 11.7]

Comparação molecular entre gases, líquidos e sólidos (Seção 11.1)

11.11 Liste os três estados da matéria em ordem (a) crescente de distúrbio molecular e (b) crescente de atração intermolecular. (c) Que estado da matéria é mais facilmente compressível?

11.12 (a) De que maneira a energia cinética média das moléculas se compara à energia média de atração entre moléculas em sólidos, líquidos e gases? (b) Por que aumentar a temperatura faz uma substância sólida mudar de um sólido para um líquido e, então, para um gás? (c) O que acontecerá com um gás se você colocá-lo sob uma pressão extremamente alta?

11.13 Quando um metal como o chumbo se funde, o que acontece com (a) a energia cinética média dos átomos e (b) a distância média entre os átomos?

11.14 A uma temperatura ambiente, o Si é um sólido, o CCl$_4$ é um líquido e o Ar é um gás. Liste essas substâncias em ordem (a) crescente de energia intermolecular de atração e (b) crescente de ponto de ebulição.

11.15 À temperatura e pressão padrão, os volumes molares dos gases Cl$_2$ e NH$_3$ são 22,06 e 22,40 L, respectivamente. (a) Dadas as diferentes massas moleculares, os momentos de dipolo e as geometrias moleculares, explique por que seus volumes molares são quase iguais. (b) Ao resfriá-las até 160 K, ambas as substâncias formam sólidos cristalinos. Você acha que os volumes molares diminuem ou aumentam ao resfriar os gases para 160 K? (c) As densidades do Cl$_2$ cristalino e do NH$_3$ a 160 K são 2,02 e 0,84 g/cm^3, respectivamente. Calcule seus volumes molares. (d) Os volumes molares no estado sólido são semelhantes aos do estado gasoso? (e) Você acredita que os volumes molares no estado líquido estão mais perto dos volumes molares no estado sólido ou no estado gasoso?

11.16 O ácido benzoico, C$_6$H$_5$COOH, funde a 122 °C. A densidade no estado líquido a 130 °C é 1,08 g/cm^3. A densidade do ácido benzoico sólido a 15 °C é 1,266 g/cm^3. (a) Em qual desses dois estados a distância média entre as moléculas é maior? (b) Se você convertesse um centímetro cúbico de ácido benzoico líquido em sólido, este ocuparia mais ou menos volume do que o centímetro cúbico do líquido original?

Forças intermoleculares (Seção 11.2)

11.17 (a) Que tipo de força de atração intermolecular atua entre todas as moléculas? (b) Que tipo de força de atração intermolecular atua somente entre moléculas polares? (c) Que tipo de força de atração intermolecular atua apenas entre o átomo de hidrogênio de uma ligação polar e um átomo eletronegativo pequeno vizinho?

11.18 (a) Geralmente, quais são mais fortes: as interações intermoleculares ou as interações intramoleculares? (b) Quais desses tipos de interação são quebrados quando um líquido é convertido em um gás?

11.19 Descreva as forças intermoleculares que devem ser superadas para converter estas substâncias de líquido para gás: (a) SO$_2$, (b) CH$_3$COOH, (c) H$_2$S.

11.20 Que tipo de força intermolecular explica cada uma dessas diferenças? (a) O CH$_3$OH entra em ebulição a 65 °C; o CH$_3$SH entra em ebulição a 6 °C. (b) O Xe é um líquido à pressão atmosférica e a 120 K, ao passo que o Ar é um gás sob as mesmas condições. (c) O Kr, de massa atômica 84 uma, entra em ebulição a 120,9 K, enquanto o Cl$_2$, com massa molecular de 71 uma, entra em ebulição a 238 K. (d) A acetona entra em ebulição a 56 °C, enquanto o 2-metilpropano entra em ebulição a −12 °C.

$$\underset{\text{Acetona}}{CH_3-\overset{\overset{\displaystyle O}{\|}}{C}-CH_3} \qquad \underset{\text{2-metilpropano}}{CH_3-\overset{\overset{\displaystyle CH_3}{|}}{CH}-CH_3}$$

11.21 (a) Liste as moléculas a seguir em ordem crescente de polarizabilidade: GeCl$_4$, CH$_4$, SiCl$_4$, SiH$_4$, GeBr$_4$. (b) Ordene os pontos de ebulição das substâncias no item (a).

11.22 Verdadeiro ou falso? (a) As forças de dispersão se intensificam à medida que as moléculas se tornam mais polarizáveis. (b) Para os gases nobres, as forças de dispersão diminuem e os pontos de ebulição aumentam à medida que descemos em um grupo da tabela periódica. (c) Em relação às forças de atração totais de determinada substância, as interações dipolo-dipolo, quando presentes, são sempre maiores que as forças de dispersão. (d) Se todos os outros fatores forem iguais, as forças de dispersão entre moléculas lineares são maiores que aquelas entre moléculas cujo formato é quase esférico. (e) Quanto maior o átomo, mais polarizável ele é.

11.23 Qual membro de cada par tem as maiores forças de dispersão: (a) H$_2$O ou H$_2$S; (b) CO$_2$ ou CO; (c) SiH$_4$ ou GeH$_4$?

11.24 Qual membro de cada par tem as forças de dispersão intermoleculares mais intensas: (a) Br$_2$ ou O$_2$; (b) CH$_3$CH$_2$CH$_2$CH$_2$SH ou CH$_3$CH$_2$CH$_2$CH$_2$SH; (c) CH$_3$CH$_2$CH$_2$Cl ou (CH$_3$)$_2$CHCl?

11.25 Dadas as estruturas moleculares do butano (CH$_3$CH$_2$CH$_2$CH$_3$) e do 2-metilpropano [CH$_3$CH(CH$_3$)$_2$], determine qual substância terá o ponto de ebulição mais elevado. Qual é o principal fator responsável pela diferença nos pontos de ebulição? É a diferença de polaridade, formato ou massa das moléculas?

Butano 2-metilpropano

11.26 Dadas as estruturas moleculares do álcool propílico (CH₃CH₂CH₂OH) e do álcool isopropílico [(CH₃)₂CHOH)], determine qual substância terá o ponto de ebulição mais elevado. Qual é o principal fator responsável pela diferença nos pontos de ebulição? É a diferença de polaridade, formato ou massa das moléculas?

Álcool propílico Álcool isopropílico

11.27 (a) Quais átomos uma determinada molécula deve conter para participar de uma ligação de hidrogênio com outras moléculas do mesmo tipo? (b) Qual das seguintes moléculas pode formar ligações de hidrogênio com outras moléculas do mesmo tipo: CH₃F, CH₃NH₂, CH₃OH, CH₃Br?

11.28 Justifique a diferença de pontos de ebulição em cada par: (a) HF (20 °C) e HCl (−85 °C), (b) CHCl₃ (61 °C) e CHBr₃ (150 °C), (c) Br₂ (59 °C) e ICl (97 °C).

11.29 O etilenoglicol (HOCH₂CH₂OH), a principal substância dos anticongelantes, tem um ponto de ebulição normal de 198 °C. Em contrapartida, o álcool etílico (CH₃CH₂OH) entra em ebulição a 78 °C à pressão atmosférica. O éter dimetil etilenoglicólico (CH₃OCH₂CH₂OCH₃) tem um ponto de ebulição normal de 83 °C, e o éter metil-etílico (CH₃CH₂OCH₃) tem um ponto de ebulição normal de 11 °C. (a) Explique por que a substituição de um hidrogênio por um oxigênio em um grupo CH₃ geralmente resulta em um ponto de ebulição mais baixo. (b) Quais são os principais fatores responsáveis pela diferença de pontos de ebulição dos dois éteres?

11.30 Com base nos tipos de forças intermoleculares, determine a substância em cada par com o ponto de ebulição mais elevado: (a) propano (C₃H₈) ou n-butano (C₄H₁₀); (b) éter etílico (CH₃CH₂OCH₂CH₃) ou 1-butanol (CH₃CH₂CH₂CH₂OH); (c) dióxido de enxofre (SO₂) ou trióxido de enxofre (SO₃); (d) fosgênio (Cl₂CO) ou formaldeído (H₂CO).

11.31 Analise e compare os pontos de ebulição normal e os pontos de fusão normal do H₂O e do H₂S. Com base nessas propriedades físicas, qual substância tem forças intermoleculares mais fortes? Que tipos de força intermolecular existem em cada molécula?

11.32 O tetracloreto de carbono, CCl₄, e o clorofórmio, CHCl₃, são líquidos orgânicos comuns. O ponto de ebulição normal do tetracloreto de carbono é 77 °C, enquanto o do clorofórmio é 61 °C. Qual afirmação é a melhor explicação para esses dados? (a) O clorofórmio pode formar ligações de hidrogênio; o tetracloreto de carbono, não. (b) O tetracloreto de carbono tem um momento de dipolo maior do que o clorofórmio. (c) O tetracloreto de carbono é mais polarizável do que o clorofórmio.

11.33 Uma série de sais que contém o ânion poliatômico tetraédrico, BF₄⁻, são líquidos iônicos, enquanto sais com o íon tetraédrico um pouco maior SO₄²⁻ não formam líquidos iônicos. Explique essa observação.

11.34 A fórmula estrutural genérica de um cátion 1-alquil-3-metilimidazólio é:

em que R é um grupo alquila —CH₂(CH₂)ₙCH₃. Os pontos de fusão dos sais formados entre o cátion 1-alquil-3-metilimidazólio e o ânion PF₆⁻ são os seguintes: R = CH₂CH₃ (ponto de fusão = 60 °C), R = CH₂CH₂CH₃ (ponto de fusão = 40 °C), R = CH₂CH₂CH₂CH₃ (ponto de fusão = 10 °C) e R = CH₂CH₂CH₂CH₂CH₂CH₃ (ponto de fusão = −61 °C). Por que o ponto de fusão diminui à medida que o comprimento do grupo alquila aumenta?

Principais propriedades dos líquidos (Seção 11.3)

11.35 (a) Qual é a relação entre a tensão superficial e a temperatura? (b) Qual é a relação entre a viscosidade e a temperatura? (c) Por que substâncias com forte tensão superficial tendem a ter alta viscosidade?

11.36 Com base na estrutura e na composição, disponha o CH₂Cl₂, o CH₃CH₂CH₃ e o CH₃CH₂OH em ordem (a) crescente de forças intermoleculares, (b) crescente de viscosidade e (c) crescente de tensão superficial.

11.37 Os líquidos podem interagir com superfícies planas assim como fazem com tubos capilares; as forças de coesão no interior do líquido podem ser mais ou menos intensas do que as forças de adesão entre o líquido e a superfície:

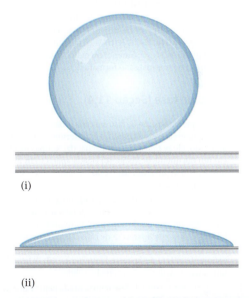

(a) Em qual desses diagramas as forças de adesão entre a superfície e o líquido são maiores do que as forças de coesão no interior do líquido? (b) Qual desses diagramas representa o que acontece quando a água está sobre uma superfície apolar? (c) Qual desses diagramas representa o que acontece quando a água está sobre uma superfície polar?

11.38 O líquido iônico (bmim$^+$)(PF$_6^-$) tem um ponto de fusão de 10 °C e uma tensão superficial de aproximadamente $4,5 \times 10^{-2}$ J/m^2 à temperatura ambiente. Em comparação, o ponto de fusão do H$_2$O é 0 °C, e sua tensão superficial é $7,3 \times 10^{-2}$ J/m^2 à temperatura ambiente. Qual é a explicação mais plausível para a tensão superficial mais elevada da água? (i) As interações de ligação de hidrogênio são mais intensas do que as interações íon-íon. (ii) A tensão superficial aumenta à medida que as moléculas se tornam menores e mais simétricas, porque o número de moléculas vizinhas no estado líquido aumenta. (iii) À medida que as moléculas se tornam menores, elas conseguem escapar para a fase gasosa mais facilmente, o que leva a um aumento na tensão superficial.

11.39 Os pontos de ebulição, as tensões superficiais e as viscosidades da água e de vários álcoois são os seguintes:

	Ponto de ebulição (°C)	Tensão superficial (J/m^2)	Viscosidade (kg/m-s)
Água, H$_2$O	100	$7,3 \times 10^{-2}$	$0,9 \times 10^{-3}$
Etanol, CH$_3$CH$_2$OH	78	$2,3 \times 10^{-2}$	$1,1 \times 10^{-3}$
Propanol, CH$_3$CH$_2$CH$_2$OH	97	$2,4 \times 10^{-2}$	$2,2 \times 10^{-3}$
n-Butanol, CH$_3$CH$_2$CH$_2$CH$_2$OH	117	$2,6 \times 10^{-2}$	$2,6 \times 10^{-3}$
Etilenoglicol, HOCH$_2$CH$_2$OH	197	$4,8 \times 10^{-2}$	26×10^{-3}

(a) Para o etanol, o propanol e o n-butanol, os pontos de ebulição, as tensões superficiais e as viscosidades aumentam. Qual é a razão para esse aumento? (b) Como você explica o fato de o propanol e o etilenoglicol terem massas moleculares semelhantes (60 versus 62 uma), mas a viscosidade do etilenoglicol ser mais de 10 vezes maior que a do propanol? (c) Como você explica o fato de a água ter a maior tensão superficial, mas a viscosidade mais baixa?

11.40 (a) Você acha que a viscosidade do n-pentano, CH$_3$CH$_2$CH$_2$CH$_2$CH$_3$, é maior ou menor que a viscosidade do n-hexano, CH$_3$CH$_2$CH$_2$CH$_2$CH$_2$CH$_3$? (b) Você acredita que a viscosidade do neopentano, (CH$_3$)$_4$C, é menor ou maior que a do n-pentano? (Veja a Figura 11.5 para analisar o formato dessas moléculas.)

Mudanças de fase (Seção 11.4)

11.41 Classifique a transição de fase em cada uma das seguintes situações e indique se ela é exotérmica ou endotérmica. (a) Quando o gelo é aquecido, ele se transforma em água. (b) Roupas molhadas secam em um dia quente de verão. (c) Geada aparece em uma janela em um dia frio de inverno. (d) Gotas de água aparecem em um copo gelado de cerveja.

11.42 Classifique a transição de fase em cada uma das seguintes situações e indique se ela é exotérmica ou endotérmica. (a) O vapor de bromo se transforma em bromo líquido quando é resfriado. (b) Os cristais de iodo desaparecem cápsulas de evaporação enquanto estão em uma capela de laboratório. (c) O álcool esfregado em um recipiente aberto desaparece lentamente. (d) A lava derretida de um vulcão transforma-se em rocha sólida.

11.43 (a) Qual é a mudança de fase representada pelo "calor de fusão" de uma substância? (b) O calor de fusão é endotérmico ou exotérmico? (c) Em geral, qual é maior: o calor de fusão ou o calor de vaporização de uma substância?

11.44 O cloreto de etila (C$_2$H$_5$Cl) entra em ebulição a 12 °C. Quando o C$_2$H$_5$Cl líquido sob pressão é pulverizado em uma superfície no ar à temperatura ambiente (25 °C), a superfície é resfriada consideravelmente. (a) O que essa observação indica sobre o calor específico do C$_2$H$_5$Cl(g) em comparação ao do C$_2$H$_5$Cl(l)? (b) Considere que o calor perdido pela superfície é ganho pelo cloreto de etila. Que entalpias você deve considerar se for calcular a temperatura final da superfície?

11.45 Durante muitos anos, a água potável foi resfriada em climas quentes mediante a sua evaporação de superfícies de bolsas de lona ou jarros de barro porosos. Quantos gramas de água podem ser resfriados de 35 para 20 °C mediante a evaporação de 60 g de água? (O calor de vaporização da água nessa faixa de temperatura é de 2,4 kJ/g. O calor específico da água é 4,18 J/g-K.)

11.46 Compostos como o CCl$_2$F$_2$ são conhecidos como clorofluorcarbonetos, ou CFCs. Esses compostos já foram bastante utilizados como refrigerantes, mas agora estão sendo substituídos por compostos considerados menos nocivos para o meio ambiente. O calor de vaporização do CCl$_2$F$_2$ é 289 J/g. Que massa dessa substância deve evaporar para congelar 200 g de água inicialmente a 15 °C? (O calor de fusão da água é 334 J/g, e o calor específico da água é 4,18 J/g-K.)

11.47 O etanol (C$_2$H$_5$OH) funde-se a -114 °C e entra em ebulição a 78 °C. A entalpia de fusão do etanol é 5,02 kJ/mol, e a entalpia de vaporização, 38,56 kJ/mol. Os calores específicos do etanol sólido e líquido são de 0,97 e 2,3 J/g-K, respectivamente. (a) Quanto calor é necessário para converter 42,0 g de etanol a 35 °C para a fase de vapor a 78 °C? (b) Quanto calor é necessário para converter a mesma quantidade de etanol a -155 °C para a fase de vapor a 78 °C?

11.48 O composto clorofluorcarboneto C$_2$Cl$_3$F$_3$ tem um ponto de ebulição normal de 47,6 °C. Os calores específicos do C$_2$Cl$_3$F$_3$(l) e do C$_2$Cl$_3$F$_3$(g) são 0,91 e 0,67 J/g-K, respectivamente. O calor de vaporização do composto é 27,49 kJ/mol. Calcule o calor necessário para converter 35,0 g de C$_2$Cl$_3$F$_3$ líquido a 10,00 °C para gás a 105,00 °C.

11.49 Indique se cada afirmação é verdadeira ou falsa. (a) A pressão crítica de uma substância é a pressão à qual ela se solidifica à temperatura ambiente. (b) A temperatura crítica de uma substância é a maior temperatura à qual a fase líquida pode se formar. (c) Em geral, quanto maior a temperatura crítica de uma substância, menor é a sua pressão crítica. (d) Em geral, quanto mais fortes as forças intermoleculares, maior é a sua temperatura crítica e pressão crítica.

11.50 As temperaturas e pressões críticas de uma série de metanos halogenados são as seguintes:

Composto	CCl$_3$F	CCl$_2$F$_2$	CClF$_3$	CF$_4$
Temperatura crítica	471	385	302	227
Pressão crítica (atm)	43,5	40,6	38,2	37,0

(a) Liste as forças intermoleculares que atuam em cada composto. (b) Determine a ordem crescente de atrações intermoleculares, da menor para a maior, para essa série de compostos. (c) Determine a temperatura e a pressão críticas do CCl$_4$ com base nas tendências da tabela apresentada. Analise as temperaturas e as pressões críticas determinadas experimentalmente para o CCl$_4$, usando uma fonte como o *CRC Handbook of Chemistry and Physics*, e sugira uma razão para qualquer discrepância.

Pressão de vapor (Seção 11.5)

11.51 Qual dos itens a seguir afeta a pressão de vapor de um líquido: (a) volume do líquido, (b) área superficial, (c) forças de atração intermoleculares, (d) temperatura, (e) densidade do líquido?

11.52 A acetona (H$_3$CCOCH$_3$) tem um ponto de ebulição de 56 °C. Com base nos dados apresentados na Figura 11.24, você acha que ela tem uma pressão de vapor mais elevada ou mais baixa que a do etanol a 25 °C?

11.53 (a) Disponha as seguintes substâncias em ordem crescente de volatilidade: CH$_4$, CBr$_4$, CH$_2$Cl$_2$, CH$_3$Cl, CHBr$_3$ e CH$_2$Br$_2$. (b) De que maneira os pontos de ebulição variam nessa série? (c) Explique sua resposta ao item (b) com relação às forças intermoleculares.

11.54 Verdadeiro ou falso? (a) O CBr$_4$ é mais volátil do que o CCl$_4$. (b) O CBr$_4$ tem ponto de ebulição mais elevado do que o CCl$_4$. (c) O CBr$_4$ tem forças intermoleculares mais fracas do que o CCl$_4$. (d) O CBr$_4$ tem pressão de vapor mais elevada, à mesma temperatura, do que o CCl$_4$.

11.55 (a) Duas panelas com água estão em diferentes bocas de um fogão. Uma panela de água está em ebulição vigorosa, enquanto a outra está em ebulição branda. O que pode ser dito sobre a temperatura da água nas duas panelas? (b) Dois recipientes com água, um grande e um pequeno, estão à mesma temperatura. O que pode ser dito sobre as pressões de vapor relativas à água nos dois recipientes?

11.56 Você está no alto de uma montanha e ferve água para fazer chá. Contudo, quando vai tomá-lo, o chá não está tão quente quanto deveria. Você tenta de novo, mas a água não esquenta o suficiente para uma xícara quentinha. Qual é a melhor explicação para isso? (a) No alto da montanha, o clima provavelmente é muito seco, então a água evapora rapidamente da sua xícara e esfria a bebida. (b) No alto da montanha, o vento provavelmente é muito forte, então a água evapora rapidamente da sua xícara e esfria a bebida. (c) No alto da montanha, a pressão atmosférica está significativamente abaixo de 1 atm, então o ponto de ebulição da água é muito menor do que ao nível do mar. (d) No alto da montanha, a pressão atmosférica está significativamente abaixo de 1 atm, então o ponto de ebulição da água é muito maior do que ao nível do mar.

11.57 Com base nas curvas de pressão de vapor da Figura 11.24, (a) estime o ponto de ebulição do etanol a uma pressão externa de 200 torr, (b) estime a pressão à qual o etanol entra em ebulição a 60 °C, (c) calcule o ponto de ebulição do éter etílico a 400 torr e (d) estime a pressão externa à qual o éter etílico entra em ebulição a 40 °C.

11.58 O Apêndice B lista a pressão de vapor da água a diferentes pressões externas. (a) Coloque os dados do Apêndice B, pressão de vapor (torr) versus temperatura (°C), em um gráfico. Com base em seu gráfico, estime a pressão de vapor d'água à temperatura corporal, 37 °C. (b) Explique o significado dos dados a 760,0 torr e 100 °C. (c) Uma cidade a uma altitude de 5 mil pés acima do nível do mar tem uma pressão barométrica de 633 torr. A que temperatura você teria de aquecer a água para que ela entrasse em ebulição nessa cidade? (d) Uma cidade a uma altitude de 500 pés abaixo do nível do mar tem uma pressão barométrica de 774 torr. A que temperatura você teria de aquecer a água para que ela entrasse em ebulição nessa cidade?

Diagramas de fases (Seção 11.6)

11.59 Em qual das seguintes regiões de um diagrama de fases genérico é possível que o líquido seja a fase mais estável? (a) Pressões maiores do que a pressão crítica. (b) Temperaturas maiores do que a temperatura crítica. (c) Pressões menores do que a pressão do ponto triplo. (d) Temperaturas menores do que a temperatura do ponto triplo.

11.60 (a) Dos três estados da matéria convencionais (sólido, líquido e gasoso), quais têm os valores de densidades mais próximos? (b) Em um diagrama de fases típico, qual limite é o menos afetado por variações de pressão: a curva da pressão de vapor, a curva de fusão ou a curva de sublimação? (c) Há alguma correlação entre as suas respostas para os itens (a) e (b)?

11.61 Consultando a Figura 11.28, descreva todas as mudanças de fase que ocorreriam em cada um dos seguintes casos. (a) O vapor de água inicialmente a 0,005 atm e −0,5 °C é lentamente comprimido a uma temperatura constante até que a pressão final seja de 20 atm. (b) Água inicialmente a 100,0 °C e 0,50 atm é resfriada a uma pressão constante até que a temperatura seja de −10 °C.

11.62 Consultando a Figura 11.29, descreva as mudanças de fase (e as temperaturas em que elas ocorrem) quando o CO$_2$ é aquecido de −80 a −20 °C a (a) pressão constante de 3 atm e (b) pressão constante de 6 atm.

11.63 O diagrama de fases do neônio é o seguinte:

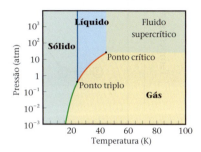

Consulte o diagrama de fases para responder às seguintes perguntas. (a) Qual é o valor aproximado do ponto de fusão normal? (b) Em que faixa de valores de pressão o neônio sólido vai sublimar? (c) À temperatura ambiente ($T = 25$ °C), o neônio pode ser liquefeito por compressão?

11.64 Com base no diagrama de fases do neônio, responda às seguintes questões. (a) Qual é o valor aproximado do ponto de ebulição normal? (b) O que você pode dizer sobre a intensidade das forças intermoleculares do neônio e do argônio com base nos pontos críticos do Ne e do Ar (ver Tabela 11.5)?

11.65 O fato de a água poder ser facilmente encontrada nos três estados (sólido, líquido e gás) na Terra é, em parte, uma consequência do fato de o ponto triplo da água ($T = 0,01$ °C, $P = 0,006$ atm) estar em uma faixa de temperaturas e pressões encontradas na Terra. A maior lua de Saturno, Titã, tem uma quantidade considerável de metano em sua atmosfera. Estima-se que as condições na superfície de Titã sejam $P = 1,6$ atm e $T = -178$ °C. Como pode ser visto no diagrama de fases do metano (Figura 11.30), essas condições não são muito diferentes do ponto triplo do metano, levantando a possibilidade de que metano sólido, líquido e gasoso possa ser encontrado em Titã. (a) Em que estado você esperaria encontrar o metano na superfície de Titã? (b) Subindo pela atmosfera, a pressão diminui. Se considerarmos que a temperatura não varia, que mudança de fase você esperaria ver à medida que nos afastamos da superfície?

11.66 A 25 °C, o gálio é um sólido com uma densidade de 5,91 g/cm^3 e ponto de fusão de 29,8 °C, ligeiramente acima da temperatura ambiente. A densidade do gálio líquido, logo acima do ponto de fusão, é de 6,1 g/cm^3. Com base nessas informações, que característica incomum você esperaria encontrar no diagrama de fases do gálio?

Cristais líquidos (Seção 11.7)

11.67 Em relação à disposição e à liberdade de movimento das moléculas, de que maneira as fases líquido-cristalina nemática e líquida comum são similares? Como elas são diferentes?

11.68 Que observações feitas por Reinitzer sobre o benzoato de colesterila sugerem que essa substância tem uma fase líquido-cristalina?

11.69 Indique se cada afirmação é verdadeira ou falsa. (a) O estado líquido-cristalino é outra fase da matéria, assim como o sólido, o líquido e o gasoso. (b) As moléculas líquido-cristalinas geralmente têm forma esférica. (c) As moléculas que apresentam uma fase líquido-cristalina fazem isso em temperaturas e pressões claramente definidas. (d) As moléculas que apresentam uma fase líquido-cristalina apresentam forças intermoleculares mais fracas do que o esperado. (e) As moléculas que contêm apenas carbono e hidrogênio tendem a formar fases líquido-cristalinas. (f) As moléculas podem apresentar mais de uma fase líquido-cristalina.

11.70 A imagem mostra duas curvas de aquecimento, A e B. Em ambos os casos, o ponto 1 corresponde à fase de sólido cristalino.

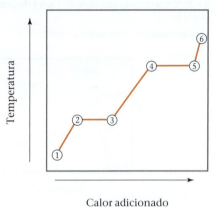

(a) Um dos gráficos mostra os dados para um material líquido-cristalino. Qual deles? (b) No gráfico A, qual processo corresponde ao segmento de linha 2–3? (c) No gráfico B, qual processo corresponde ao segmento de linha 2–3? (d) No gráfico A, qual processo corresponde ao segmento de linha 3–4? (e) No gráfico B, qual processo corresponde ao segmento de linha 3–4?

11.71 A molécula *p*-azoxianisole, mostrada a seguir, completa a transição da fase sólida para a fase líquido-cristalina nemática a 118 °C e para a líquida a 135 °C. (a) A transição de fase que ocorre no aquecimento de 130 para 140 °C é exotérmica ou endotérmica? (b) A viscosidade deve aumentar ou diminuir após o aquecimento de 130 para 140 °C?

11.72 Não raro, as moléculas adotam mais de um tipo de fase líquido--cristalina, sendo que cada fase aparece em uma faixa de temperatura diferente. A molécula abaixo, a 4-octil-4-bifenilcarbonitrila, é um exemplo. O sólido funde a 24 °C e sofre mais transições de fase a 34 e 43 °C. (a) Com base no nível de ordem presente nos diversos tipos de cristais líquidos, você espera que a fase estável entre 24 e 34 °C seja um cristal líquido nemático ou um cristal líquido esmético A? (b) Pela aparência da amostra, você conseguiria determinar se a transição de fase a 43 °C é para a fase líquida ou outra fase líquido-cristalina?

11.73 Em todas as quatro fases líquido-cristalinas mostradas na Figura 11.32, o maior eixo da molécula se ordena preferencialmente ao longo de uma ou mais direções específicas. Em três das quatro fases, as moléculas também perdem parte da liberdade de movimento translacional. Em qual das quatro fases líquido-cristalinas as moléculas preservam a liberdade de se mover em todas as três direções que têm na fase líquida: nemática, esmética A, esmética C ou colestérica?

11.74 Em qual tipo de cristal líquido as moléculas apresentam menor ordem: nemático, esmético A ou colestérico?

Exercícios adicionais

11.75 À medida que as forças de atração intermoleculares entre as moléculas aumentam em magnitude, você espera que cada um dos itens a seguir aumente ou diminua em magnitude? (a) Pressão de vapor (b) Calor de vaporização (c) Ponto de ebulição (d) Ponto de congelamento (e) Viscosidade (f) Tensão superficial (g) Temperatura crítica

11.76 A tabela a seguir lista a densidade do O_2 em várias temperaturas e a 1 atm. O ponto de fusão normal do O_2 é 54 K.

Temperatura (K)	Densidade
60	40,1
70	38,6
80	37,2
90	35,6
100	0,123
120	0,102
140	0,087

(a) Em qual faixa de temperatura o O_2 é um sólido? (b) Em qual faixa de temperatura o O_2 é um líquido? (c) Em qual faixa de temperatura o O_2 é um gás? (d) Estime o ponto de ebulição normal do O_2. (e) Quais forças intermoleculares atuam no O_2?

11.77 Suponha que você tenha dois líquidos moleculares incolores, um em ebulição a −84 °C, o outro, a 34 °C, e ambos à pressão atmosférica. Qual das seguintes afirmações está correta? (a) O líquido de ponto de ebulição mais elevado tem forças intermoleculares totais maiores que o líquido de ponto de ebulição mais baixo. (b) O líquido de ponto de ebulição mais baixo deve ser formado por moléculas apolares. (c) O líquido de ponto de ebulição mais baixo tem um peso molecular mais baixo que o líquido de ponto de ebulição mais elevado. (d) Os dois líquidos têm pressões de vapor idênticas nos seus pontos de ebulição normais. (e) A −84 °C, ambos os líquidos têm pressões de vapor de 760 mmHg.

11.78 Dois isômeros do composto plano 1,2-dicloroetileno são mostrados a seguir.

isômero cis   isômero trans

(a) Qual dos dois isômeros terá interações dipolo-dipolo mais fortes? (b) Um isômero tem ponto de ebulição de 60,3 °C e o outro, de 47,5 °C. Qual isômero tem qual ponto de ebulição?

11.79 A tabela a seguir lista algumas propriedades físicas dos líquidos halogenados.

Líquido	Momento de dipolo experimental (D)	Ponto de ebulição normal (°C)
CH_2F_2	1,93	−52
CH_2Cl_2	1,60	40
CH_2Br_2	1,43	97

Qual das afirmações a seguir é a melhor explicação para esses dados? (a) Quanto maior o momento de dipolo, mais intensas são as forças intermoleculares, e o ponto de ebulição é mais baixo para a molécula com o maior momento de dipolo. (b) As forças de dispersão aumentam de F para Cl para Br. Como o ponto de ebulição também aumenta nessa ordem, as forças de dispersão devem contribuir muito mais para as interações intermoleculares do que as interações dipolo-dipolo. (c) A tendência da eletronegatividade é F > Cl > Br; portanto, o composto mais iônico (CH_2F_2) tem o menor ponto de ebulição, e o composto mais covalente (CH_2Br_2) tem o maior ponto de ebulição. (d) O ponto de ebulição aumenta com a massa molecular para esses compostos apolares.

11.80 A tabela a seguir lista o ponto de ebulição normal do benzeno e seus derivados.

Composto	Estrutura	Ponto de ebulição normal (°C)
C_6H_6 (benzeno)		80
C_6H_5Cl (clorobenzeno)	Cl	132
C_6H_5Br (bromobenzeno)	Br	156
C_6H_5OH (fenol, ou hidroxibenzeno)	OH	182

(a) Quantos desses compostos apresentam interações de dispersão? (b) Quantos desses compostos apresentam interações dipolo-dipolo? (c) Quantos desses compostos apresentam ligações de hidrogênio? (d) Por que o ponto de ebulição do bromobenzeno é maior do que o do clorobenzeno? (e) Por que o ponto de ebulição do fenol é o maior de todos?

11.81 Do ponto de vista atômico, o DNA de dupla hélice (Figura 24.27) se parece com uma escada em caracol, e os degraus" da escada são moléculas unidas por ligações de hidrogênio. O açúcar e os grupos fosfato formam os lados da escada. A seguir, são mostradas as estruturas dos pares de bases adenina-timina (AT) e guanina-citosina (GC):

Timina — Adenina

Citosina — Guanina

Você pode ver que os pares de bases AT são mantidos unidos por *duas* ligações de hidrogênio, enquanto os pares de bases GC são mantidos unidos por *três* ligações de hidrogênio. Qual par de bases é mais estável ao aquecimento? Por quê?

11.82 O etilenoglicol ($HOCH_2CH_2OH$) e o pentano (C_5H_{12}) são líquidos nas condições padrão de temperatura e pressão e têm aproximadamente a mesma massa molecular. (a) Um desses líquidos é muito mais viscoso do que o outro. Qual? (b) Um desses líquidos tem um ponto de ebulição muito mais baixo (36,1 °C) do que o outro (198 °C). Qual líquido tem o menor ponto de ebulição normal? (c) Um desses líquidos é um componente essencial dos anticongelantes dos motores de automóveis. Qual? (d) Um desses líquidos é usado como "agente de expansão" na fabricação da espuma de poliestireno, dada a sua alta volatilidade. Qual?

11.83 Use os seguintes pontos de ebulição normais

propano (C_3H_8)   −42,1 °C
butano (C_4H_{10})   −0,5 °C
pentano (C_5H_{12})   36,1 °C
hexano (C_6H_{14})   68,7 °C
heptano (C_7H_{16})   98,4 °C

para estimar o ponto de ebulição normal do octano (C_8H_{18}). Explique a tendência dos pontos de ebulição.

11.84 Uma das características mais atraentes dos líquidos iônicos é a sua baixa pressão de vapor, que tende a torná-los não inflamáveis. Por que líquidos iônicos têm pressões de vapor mais baixas do que a maioria dos líquidos moleculares à temperatura ambiente?

11.85 (a) Quando você se exercita vigorosamente, você transpira. Como isso ajuda o seu corpo a se resfriar? (b) Um frasco de água está ligado a uma bomba de vácuo. Poucos momentos depois que a bomba é ligada, a água começa a ferver. Depois de alguns minutos, a água começa a congelar. Explique por que esses processos ocorrem.

11.86 A tabela a seguir apresenta a pressão de vapor do hexafluorobenzeno (C_6F_6) como uma função da temperatura:

Temperatura (K)	Pressão de vapor (torr)
280,0	32,42
300,0	92,47
320,0	225,1
330,0	334,4
340,0	482,9

(a) Ao colocar esses dados de maneira adequada em um gráfico, determine se a equação de Clausius-Clapeyron (Equação 11.1) é obedecida. Em caso afirmativo, use o seu gráfico para determinar ΔH_{vap} do C_6F_6. (b) Utilize esses dados para determinar o ponto de ebulição do composto.

11.87 Suponha que a pressão de vapor de uma substância seja medida em duas temperaturas diferentes. (a) Com base na equação de Clausius-Clapeyron (Equação 11.1), derive a seguinte relação entre as pressões de vapor, P_1 e P_2, e as temperaturas absolutas em que elas foram medidas, T_1 e T_2:

$$\ln \frac{P_1}{P_2} = -\frac{\Delta H_{vap}}{R}\left(\frac{1}{T_1} - \frac{1}{T_2}\right)$$

(b) A gasolina é uma mistura de hidrocarbonetos, tendo como um dos componentes principais o octano ($CH_3CH_2CH_2CH_2CH_2CH_2CH_2CH_3$). O octano tem uma pressão de vapor de 13,95 torr a 25 °C e uma pressão de vapor de 144,78 torr a 75 °C. Com base nesses dados e na equação do item (a), calcule o calor de vaporização do octano. (c) Consulte a equação do item (a) e os dados indicados no item (b) para calcular o ponto de ebulição normal do octano. Compare sua resposta com a obtida no Exercício 11.83. (d) Calcule a pressão de vapor do octano a -30 °C.

11.88 O naftaleno ($C_{10}H_8$) é o principal ingrediente das bolas de naftalina tradicionais. Seu ponto de fusão normal é 81 °C; seu ponto de ebulição normal, 218 °C; seu ponto triplo, 80 °C a 1.000 Pa. Com base nesses dados, construa um diagrama de fases do naftaleno, classificando todas as regiões do diagrama.

11.89 Um relógio com um mostrador de cristal líquido (LCD) não funciona corretamente quando é exposto a baixas temperaturas durante uma viagem à Antártida. Explique por que o LCD pode não funcionar bem em baixas temperaturas.

11.90 Determinada substância líquido-cristalina tem o diagrama de fases mostrado na figura a seguir. Por analogia ao diagrama de fases de uma substância líquida não cristalina, identifique a fase presente em cada área.

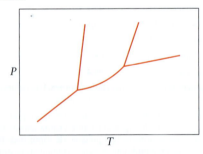

11.91 Na Tabela 11.3, vimos que a viscosidade de uma série de hidrocarbonetos aumenta com a massa molecular, duplicando da molécula de seis carbonos para a de dez carbonos. (a) O hidrocarboneto de oito carbonos, o octano, tem um isômero, o iso-octano. O iso-octano teria viscosidade maior ou menor do que o octano? (b) Coloque em ordem crescente os pontos de ebulição dos hidrocarbonetos na Tabela 11.4,. (c) A tensão superficial dos hidrocarbonetos líquidos na Tabela 11.4 aumenta entre o hexano e o decano, mas pouco (20% no total, em comparação com a viscosidade, que dobra). Qual das afirmações a seguir é a explicação mais provável para esse fenômeno? (i) A flexibilidade das moléculas tem um efeito muito maior na viscosidade do que na tensão superficial. (ii) A viscosidade depende apenas da massa molecular, mas a tensão superficial depende da massa molecular e das forças intermoleculares. (iii) As moléculas maiores podem criar gotículas líquidas maiores e, logo, têm tensão superficial menor.

$$\begin{array}{c} \quad\;\; CH_3\;\; H\;\;\; CH_3 \\ \quad\;\;\; |\;\;\;\;\; |\;\;\;\;\; | \\ H_3C-C-C-C-CH_3 \\ \quad\;\;\; |\;\;\;\;\; |\;\;\;\;\; | \\ \quad\;\;\; H\;\;\; H\;\;\; CH_3 \end{array}$$

2,2,4-trimetilpentano ou iso-octano

11.92 A acetona [$(CH_3)_2CO$] é amplamente usada como um solvente industrial. (a) Represente a estrutura de Lewis da molécula de acetona e determine a geometria em torno de cada átomo de carbono. (b) A molécula da acetona é polar ou apolar? (c) Que tipos de forças de atração intermoleculares há entre as moléculas de acetona? (d) O 1-propanol ($CH_3CH_2CH_2OH$) tem massa molecular muito semelhante à da acetona, mas a acetona entra em ebulição a 56,5 °C, e o 1-propanol, a 97,2 °C. Explique a diferença.

11.93 A tabela mostrada a seguir lista os calores molares de vaporização de vários compostos orgânicos. Use exemplos específicos dessa lista para ilustrar de que maneira o calor de vaporização varia de acordo com (a) a massa molar, (b) o formato da molécula, (c) a polaridade da molécula, (d) as interações entre as ligações de hidrogênio. Explique essas comparações em termos da natureza das forças intermoleculares aplicadas. (Você pode achar útil representar a fórmula estrutural de cada composto.)

Composto	Calor de vaporização (kJ/mol)
$CH_3CH_2CH_3$	19,0
$CH_3CH_2CH_2CH_2CH_3$	27,6
$CH_3CHBrCH_3$	31,8
CH_3COCH_3	32,0
$CH_3CH_2CH_2Br$	33,6
$CH_3CH_2CH_2OH$	47,3

11.94 A pressão de vapor do etanol (C_2H_5OH) a 19 °C é 40,0 torr. Uma amostra de 1,00 g de etanol é colocada em um recipiente de 2,00 L a 19 °C. Se o recipiente fosse fechado e o etanol atingisse o equilíbrio com seu vapor, quantos gramas de etanol líquido permaneceriam?

11.95 Com base na informação dos Apêndices B e C, calcule a massa mínima, em gramas, de propano, $C_3H_8(g)$, que deve ser comprimida para fornecer a energia necessária para converter 5,50 kg de gelo a -20 °C em água em estado líquido a 75 °C.

Elabore um experimento

As forças intermoleculares são muito importantes para prever as propriedades físicas das substâncias moleculares. Às vezes, no entanto, é difícil explicar ou prever as tendências dessas propriedades, pois todas as forças intermoleculares possíveis podem atuar ao mesmo tempo, e há uma ampla faixa de energias para tais interações. A amônia (NH_3), por exemplo, é um gás a $P = 1$ atm e $T = 25$ °C. A amônia pode ser liquefeita a $-33,5$ °C ($P = 1$ atm). A metilamina, CH_3NH_2, é um derivado da amônia e também um gás a $P = 1$ atm e $T = 25$ °C. A metilamina pode ser liquefeita a $-6,4$ °C ($P = 1$ atm).
Use esses dados experimentais para determinar qual molécula, a amônia ou a metilamina, tem as interações atrativas intermoleculares mais intensas e sugira motivos para a sua conclusão. Com base nesses motivos, quais outros experimentos você poderia realizar com essas moléculas, ou com moléculas relacionadas, para testar a sua hipótese?

▲ Diodos emissores de luz (LEDs) convertem uma parte muito maior da energia que recebem em luz do que em calor, o que os torna mais eficientes do que as lâmpadas incandescentes tradicionais.

12

SÓLIDOS E MATERIAIS MODERNOS

Dispositivos modernos, como computadores e telefones celulares, são construídos a partir de sólidos com propriedades físicas muito específicas. Por exemplo, o circuito integrado que serve como base para dispositivos eletrônicos é construído com semicondutores como o silício, metais como o cobre e isolantes como o óxido de háfnio.

Quase exclusivamente, cientistas e engenheiros recorrem aos sólidos na produção de muitos materiais usados em uma série de outras tecnologias, como *ligas* em ímãs e turbinas de avião, *semicondutores* em células solares e diodos emissores de luz e *polímeros* em aplicações biomédicas e embalagens. Os químicos têm contribuído para a descoberta e o desenvolvimento de novos materiais, seja inventando substâncias, seja desenvolvendo meios de processar materiais naturais para produzir substâncias com propriedades elétricas, magnéticas, ópticas ou mecânicas específicas. Neste capítulo, vamos explorar as estruturas e as propriedades dos sólidos. Ao fazer isso, examinaremos alguns dos materiais sólidos usados na tecnologia moderna.

O QUE VEREMOS

12.1 ▶ Classificação e estruturas dos sólidos Examinar a classificação dos sólidos de acordo com os tipos de ligação que unem os átomos. Essa classificação nos ajuda a fazer previsões gerais sobre as propriedades dos sólidos. Nos *sólidos cristalinos*, os átomos estão dispostos em um padrão ordenado de repetição, e nos *sólidos amorfos* esse ordenamento está ausente. Também vamos aprender sobre *retículos* e *células unitárias*, que definem os padrões de repetição que caracterizam os sólidos cristalinos.

12.2 ▶ Sólidos metálicos Examinar as propriedades e as estruturas dos metais. Aprender que muitos metais apresentam estruturas nas quais os átomos estão empacotados o mais próximo possível uns dos outros. Examinar vários tipos de ligas, que são materiais formados por mais de um elemento e que exibem propriedades características de um metal.

12.3 ▶ Ligação metálica Examinar as ligações metálicas e ver como elas são responsáveis pelas propriedades dos metais em relação a dois modelos: o *modelo do mar de elétrons* e o *modelo do orbital molecular*. Aprender como a sobreposição de orbitais atômicos dá origem a *bandas* nos metais.

12.4 ▶ Sólidos iônicos Examinar as estruturas e as propriedades de sólidos cuja existência se deve às atrações mútuas entre cátions e ânions. Aprender como as estruturas de sólidos iônicos dependem do tamanho relativo dos íons e de sua estequiometria.

12.5 ▶ Sólidos moleculares e de rede covalente Examinar os sólidos formados quando as moléculas são unidas por forças intermoleculares fracas. Aprender sobre os sólidos cujos átomos se unem por redes extensas de ligações covalentes. Aprender como a estrutura eletrônica e as propriedades dos *semicondutores* diferem das dos metais.

12.6 ▶ Polímeros Aprender sobre *polímeros*, moléculas de cadeia longa em que um monômero, ou seja, uma unidade estrutural menor, se repete várias vezes. Explorar como a geometria molecular e as interações entre as cadeias poliméricas afetam as propriedades físicas dos polímeros.

12.7 ▶ Nanomateriais Explorar como as propriedades físicas e químicas dos materiais são alteradas quando os cristais tornam-se muito pequenos. Esses efeitos começam a surgir quando os materiais têm tamanhos da ordem de 1 a 100 nm. Exploraremos formas do carbono de baixa dimensionalidade: fulerenos, nanotubos de carbono e grafeno.

12.1 | Classificação e estruturas dos sólidos

> **Objetivos de aprendizagem**
>
> Após terminar a Seção 12.1, você deve ser capaz de:
> ▶ Classificar sólidos com base na natureza das ligações químicas no interior do sólido.
> ▶ Classificar os sólidos com base na sua fórmula química ou propriedades físicas.
> ▶ Diferenciar sólidos cristalinos e amorfos.
> ▶ Dada uma série de pontos da rede cristalina, identificar os vetores de rede e a célula unitária primitiva.
> ▶ Descrever a posição dos pontos da rede cristalina para estruturas cúbicas primitivas, de corpo centrado e de face centrada.

Os sólidos podem ser tão duros quanto o diamante ou macios como a cera. Alguns conduzem a eletricidade facilmente, enquanto outros, não. O formato de alguns sólidos pode ser facilmente manipulado, enquanto outros são quebradiços e resistentes a qualquer alteração em sua forma. As propriedades físicas, assim como as estruturas dos sólidos, são determinadas pelo tipo das ligações estabelecidas entre os átomos. Podemos classificar os sólidos de acordo com essas ligações (**Figura 12.1**).

Sólidos metálicos consistem em átomos metálicos unidos por um "mar" de elétrons de valência deslocalizados que é compartilhado por todos os átomos. Essa forma de ligação permite que os metais conduzam eletricidade. Ela também é responsável pelo fato de que a maioria dos metais são relativamente fortes sem serem quebradiços. Os **sólidos iônicos** consistem em ânions e cátions unidos por atração eletrostática mútua. As diferenças entre a ligação iônica e a metálica tornam as propriedades elétricas e mecânicas dos sólidos iônicos muito diferentes das dos metais: sólidos iônicos não são bons condutores de eletricidade e são quebradiços. Os **sólidos de rede covalente** são unidos por uma extensa rede de ligações covalentes. Ligações desse tipo podem resultar em materiais extremamente duros, como o diamante, e são responsáveis pelas propriedades especiais dos semicondutores. Os **sólidos moleculares** consistem em moléculas discretas, unidas pelas forças intermoleculares que estudamos no Capítulo 11: forças de dispersão, interações dipolo-dipolo e ligações de hidrogênio. Uma vez que essas forças são relativamente fracas, os sólidos moleculares tendem a ser macios e apresentar pontos de fusão baixos.

Também vamos estudar duas classes de sólidos que não se enquadram perfeitamente nas categorias precedentes: polímeros e nanomateriais. Os **polímeros** contêm longas cadeias de átomos (geralmente de carbono), em que os átomos em uma determinada cadeia estão conectados por ligações covalentes, e as cadeias adjacentes se ligam umas às outras por forças intermoleculares mais fracas na maior parte das vezes. Os polímeros geralmente são mais fortes e têm pontos de fusão mais elevados que os sólidos moleculares, além de serem mais flexíveis que os sólidos metálicos, iônicos ou de rede covalente. Os **nanomateriais** são sólidos em que as dimensões dos cristais foram reduzidas à ordem de 1 a 100 nm. Como veremos, as propriedades dos materiais convencionais são alteradas quando seus cristais ficam desse tamanho.

Sólidos metálicos
Extensas redes de átomos unidos por ligações metálicas (Cu, Fe)

Sólidos iônicos
Extensas redes de íons unidos por interações cátion-ânion (NaCl, MgO)

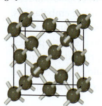

Sólidos de rede covalente
Extensas redes de átomos unidos por ligações covalentes (C, Si)

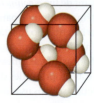

Sólidos moleculares
Moléculas discretas unidas por forças intermoleculares (HBr, H₂O)

▲ **Figura 12.1** Classificação e exemplos de sólidos de acordo com o tipo de ligação predominante.

Sólidos amorfos e cristalinos

Sólidos contêm um grande número de átomos. Por exemplo, um diamante de 1 quilate tem um volume de 57 mm^3 e 1,0 × 10^{22} átomos de carbono. Contudo, como podemos descrever um conjunto tão grande de átomos? Felizmente, as estruturas de muitos sólidos apresentam padrões que se repetem nas três dimensões. Podemos imaginar que o sólido consiste no empilhamento de um grande número de pequenas unidades estruturais idênticas, assim como uma parede, que pode ser construída mediante o empilhamento de tijolos idênticos.

Sólidos nos quais os átomos estão dispostos em um padrão de repetição ordenada são chamados de **sólidos cristalinos**. Esses sólidos geralmente têm superfícies planas, também chamadas de *faces*, que formam ângulos definidos umas com as outras. Os arranjos ordenados dos átomos que produzem essas faces também fazem com que os sólidos tenham formas extremamente regulares (**Figura 12.2**). São exemplos de sólidos cristalinos o cloreto de sódio, o quartzo e o diamante.

Sólidos amorfos (do grego "sem forma") não apresentam o ordenamento encontrado nos sólidos cristalinos. Em nível atômico, as estruturas dos sólidos amorfos são similares às estruturas dos líquidos, mas moléculas, átomos e/ou íons não têm a liberdade de movimento característica dos líquidos. Os sólidos amorfos não têm as faces nem as formas bem definidas de um cristal. Exemplos de sólidos amorfos comuns são a borracha, o vidro e a obsidiana (vidro vulcânico).

Células unitárias e estruturas cristalinas

Em um sólido cristalino, existe uma unidade de repetição relativamente pequena, chamada de **célula unitária**, constituída de um arranjo singular de átomos e que representa a estrutura do sólido. A estrutura do cristal pode ser construída mediante o empilhamento dessa unidade ao longo das três dimensões. Assim, a estrutura de um sólido cristalino é definida (a) pela forma e pelo tamanho da célula unitária e (b) pela posição dos átomos dentro da célula unitária.

O padrão geométrico dos pontos em que as células unitárias se organizam é chamado de **estrutura cristalina**. Na prática, a estrutura cristalina é um esqueleto abstrato (ou seja, imaginário). Podemos imaginar a formação da estrutura cristalina inteira construindo inicialmente o esqueleto e, em seguida, preenchendo cada célula unitária com o mesmo átomo ou grupo de átomos.

Antes de descrever as estruturas de sólidos, precisamos entender as propriedades da estrutura cristalina. É útil começar com estruturas bidimensionais, porque elas são mais simples de visualizar que as tridimensionais. A **Figura 12.3** mostra um conjunto bidimensional de **pontos da rede cristalina**. Cada ponto da rede cristalina se encontra em um mesmo ambiente. As posições dos pontos da rede cristalina são definidas pelos **vetores de rede** *a* e *b*. Partindo de qualquer ponto da rede, é possível mover-se para outro ponto da rede ao somar múltiplos inteiros dos dois vetores da rede cristalina.*

O paralelogramo formado pelos vetores, ilustrado pela região sombreada na Figura 12.3, define a célula unitária. Em duas dimensões, as células unitárias devem ficar *lado a lado* ou se ajustar no espaço de forma que cubram completamente a área da rede cristalina, sem deixar lacunas. Em três dimensões, as células unitárias devem estar empilhadas para preencher todo o espaço da rede.

Em uma rede cristalina bidimensional, as células unitárias podem assumir apenas uma das cinco formas mostradas na **Figura 12.4**. O tipo mais comum é a *rede cristalina oblíqua*. Nessa estrutura, os vetores de rede têm diferentes comprimentos, e o ângulo γ entre eles tem tamanho arbitrário, tornando a célula unitária um paralelogramo de forma arbitrária. As *redes cristalinas quadradas, retangulares, hexagonais*** e *rômbicas* têm uma combinação especial de ângulo γ e relação entre os comprimentos dos vetores de rede *a* e *b* (mostrados na Figura 12.4). Para uma estrutura rômbica, uma célula unitária alternativa

Pirita de ferro (FeS$_2$), um sólido cristalino

Obsidiana (*cerca de* 70% SiO$_2$), um sólido amorfo

▲ **Figura 12.2 Exemplos de sólidos cristalinos e amorfos.** Os átomos em sólidos cristalinos se repetem, seguindo um padrão ordenado e periódico, o que produz faces bem definidas em nível macroscópico, como observado na pirita de ferro. Esse ordenamento não é observado em sólidos amorfos como a obsidiana (vidro vulcânico).

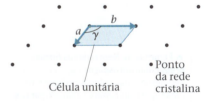

▲ **Figura 12.3 Rede cristalina bidimensional.** Uma infinita variedade de pontos da rede cristalina é gerada ao somar os vetores de rede *a* e *b*. A célula unitária é um paralelogramo definido por esses vetores.

---

*Um vetor é uma quantidade que envolve uma direção e uma magnitude. As magnitudes dos vetores da Figura 12.3 são indicadas por seus comprimentos, e suas direções, por setas.

** Você pode estar se perguntando por que uma célula unitária hexagonal não tem o formato de um hexágono. Lembre-se de que a célula unitária é, por definição, um *paralelogramo* cujo tamanho e formato são definidos pelos vetores de rede *a* e *b*.

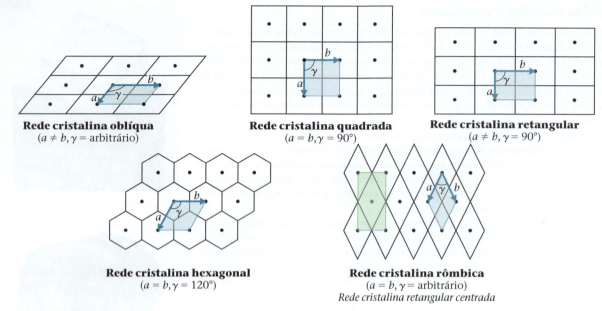

▲ Figura 12.4 Os cinco tipos de redes cristalinas bidimensionais. A célula unitária primitiva de cada rede cristalina está sombreada em azul. Na rede cristalina rômbica, a célula unitária retangular centrada está sombreada em verde. Ao contrário da célula unitária rômbica primitiva, a célula centrada tem dois pontos da rede cristalina por célula unitária.

Resolva com ajuda da figura
Por que existe uma rede cristalina retangular centrada, mas não uma rede cristalina quadrada centrada?

▲ **Figura 12.5 Nem todas as formas preenchem um espaço.** Algumas formas geométricas não cobrem inteiramente uma superfície, como é mostrado para os pentágonos.

pode ser representada: um retângulo com pontos da rede cristalina nos vértices e no centro (ilustrado em verde na Figura 12.4). Por isso, a rede cristalina rômbica geralmente é chamada de *rede cristalina retangular centrada*. As estruturas da Figura 12.4 representam cinco formas básicas: quadrados, retângulos, hexágonos, losangos (diamantes) e paralelogramos arbitrários. Outros polígonos, como os pentágonos, não preenchem os espaços sem deixar lacunas, conforme mostra a **Figura 12.5**.

Para entender os cristais reais, devemos considerar um ambiente em três dimensões. Uma estrutura tridimensional é definida por *três* vetores de rede a, b e c (**Figura 12.6**). Esses vetores definem um paralelepípedo (uma figura de seis lados cujas faces são paralelogramos), que é uma célula unitária descrita pelos comprimentos a, b e c das arestas das células e pelos ângulos α, β e γ entre as arestas. Existem sete formas possíveis para uma célula unitária tridimensional, como mostra a Figura 12.6.

Se colocarmos um ponto da rede cristalina em cada vértice de uma célula unitária, teremos uma **rede cristalina primitiva**. As sete estruturas da Figura 12.6 são redes cristalinas primitivas. Também é possível gerar o que chamamos de *redes cristalinas centradas* colocando pontos da rede cristalina adicionais em posições específicas na célula unitária.

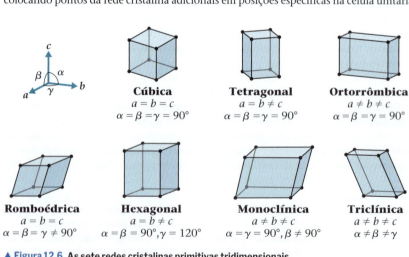

▲ **Figura 12.6 As sete redes cristalinas primitivas tridimensionais.**

Isso é ilustrado por uma rede cristalina cúbica na **Figura 12.7**. Uma **rede cristalina cúbica de corpo centrado** tem um ponto da rede cristalina no centro da célula unitária, além dos demais pontos nos oito vértices. Uma **rede cristalina cúbica de face centrada** tem um ponto da rede cristalina no centro de cada uma das seis faces da célula unitária, além dos demais pontos nos oito vértices. As redes cristalinas centradas também são observadas para outros tipos de células unitárias. Para os cristais, discutidos neste capítulo, será necessário considerar apenas as estruturas mostradas nas Figuras 12.6 e 12.7.

Preenchendo a célula unitária

A rede cristalina por si só não define uma estrutura cristalina. Para gerar esse tipo de estrutura, é preciso associar um átomo ou um grupo de átomos a cada ponto da rede cristalina. No caso mais simples, a estrutura cristalina consiste em átomos idênticos, e cada átomo encontra-se em um ponto da rede cristalina. Quando isso acontece, a estrutura cristalina e os pontos da rede cristalina apresentam padrões idênticos. Muitos elementos metálicos adotam tais estruturas, como veremos na Seção 12.3. Isso pode ocorrer somente com sólidos nos quais todos os átomos são idênticos; em outras palavras, *apenas substâncias simples* podem formar estruturas desse tipo. No caso de compostos, mesmo se colocássemos um átomo em cada ponto da rede cristalina, os pontos não seriam idênticos, porque os átomos não são iguais.

Na maioria dos cristais, os átomos não coincidem exatamente com os pontos da rede cristalina. Em vez disso, um grupo de átomos, chamado de **padrão de repetição**, está associado a cada ponto da rede cristalina. A célula unitária contém um padrão de repetição específico de átomos, e a estrutura cristalina é construída mediante a repetição da célula unitária. Esse processo é ilustrado na **Figura 12.8** para um cristal bidimensional baseado em uma célula unitária hexagonal e um padrão de repetição formado por dois átomos de carbono. A estrutura bidimensional resultante, na forma de infinitos favos de mel, representa um material cristalino bidimensional chamado de *grafeno*. Esse material apresenta tantas propriedades interessantes que seus descobridores ganharam o Prêmio Nobel de Física em 2010. Cada átomo de carbono faz uma ligação covalente com três átomos de carbono vizinhos, resultando na formação de uma folha infinita de anéis hexagonais interconectados.

A estrutura cristalina do grafeno ilustra duas características importantes dos cristais. Em primeiro lugar, vemos que não há átomos nos pontos da rede cristalina. Enquanto a maioria das estruturas que discutimos neste capítulo apresenta átomos nos pontos da rede cristalina, existem muitos exemplos em que isso não ocorre, como o grafeno. Assim, para construir uma estrutura, é necessário conhecer a localização e a orientação dos átomos no padrão de repetição com relação aos pontos da rede cristalina. Em segundo lugar, vemos que as ligações podem ser formadas entre átomos em células unitárias vizinhas, e as ligações entre os átomos não precisam ser paralelas aos vetores de rede cristalina.

Rede cristalina cúbica primitiva

Rede cristalina cúbica de corpo centrado

Rede cristalina cúbica de face centrada

▲ **Figura 12.7** Os três tipos de rede cristalina cúbica.

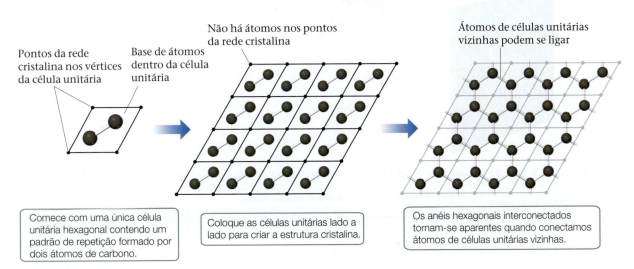

▲ **Figura 12.8** Estrutura bidimensional do grafeno, construída a partir de uma única célula unitária.

OLHANDO DE PERTO | Difração de raios X

Quando ondas de luz atravessam uma fenda estreita, elas são dispersadas de uma maneira que parecem se espalhar. Esse fenômeno físico é chamado de *difração*. Quando a luz atravessa muitas fendas uniformes e estreitas (uma *rede de difração*), as ondas espalhadas interagem e produzem um conjunto de bandas claras e escuras, conhecido como padrão de difração. As bandas claras correspondem à sobreposição construtiva das ondas de luz, e as bandas escuras correspondem à sobreposição destrutiva das ondas de luz (Ver quadro "Olhando de perto: Fases nos orbitais atômicos e moleculares" entre as Seções 9.7 e 9.8). A difração de luz mais eficiente ocorre quando o comprimento de onda da luz e a largura das fendas têm magnitudes similares.

O espaçamento entre as camadas de átomos em cristais sólidos geralmente é de cerca de 2 a 20 Å. Os comprimentos de onda de raios X também estão nessa faixa. Assim, um cristal pode servir como uma rede de difração efetiva para raios X. A difração de raios X resulta do seu espalhamento por um arranjo regular de átomos, moléculas ou íons. Muito do que sabemos sobre estruturas cristalinas deve-se à observação dos padrões de difração que surgem quando os raios X atravessam um cristal, uma técnica conhecida como *cristalografia de raios X*. Como mostra a **Figura 12.9**, um feixe monocromático de raios X atravessa um cristal. O padrão de difração resultante é registrado. Por muitos anos, os raios X difratados foram detectados por meio de filme fotográfico. Hoje, cristalógrafos utilizam um *detector de matriz*, um dispositivo análogo ao usado em câmeras digitais, para capturar e medir as intensidades dos raios difratados.

O padrão de pontos no detector, ilustrado na Figura 12.9, depende do arranjo específico dos átomos no cristal. O espaçamento e a simetria dos pontos brilhantes, em que ocorre a interferência construtiva, fornecem informações sobre o tamanho e a forma da célula unitária. A intensidade dos pontos fornece informações que podem ser usadas para determinar a localização dos átomos dentro da célula unitária. Quando combinadas, essas informações oferecem a estrutura atômica que define o cristal.

A cristalografia de raios X é utilizada extensivamente para determinar as estruturas de moléculas em cristais. Os instrumentos utilizados para medir a difração de raios X, conhecidos como *difratômetros de raios X*, são controlados agora por computadores, o que torna a coleta dos dados de difração totalmente automatizada. O padrão de difração de um cristal pode ser determinado com muita precisão e rapidez (algumas vezes, em questão de horas), ainda que milhares de pontos de difração sejam medidos. Em seguida, softwares são usados para analisar os dados de difração e determinar a estrutura e o arranjo das moléculas no cristal. A difração de raios X é uma técnica importante em indústrias em geral, incluindo as de fabricação de aço e cimento e a farmacêutica.

Exercícios relacionados: 12.117, 12.118

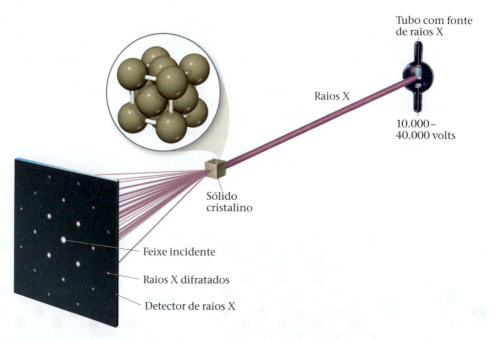

▲ **Figura 12.9 Difração dos raios X por um cristal.** Um feixe monocromático de raios X atravessa um cristal. Os raios X são difratados, e o padrão de interferência resultante é registrado. O cristal é rotacionado, e outro padrão de difração é registrado. A análise de diversos padrões de difração determina a posição dos átomos no cristal.

Capítulo 12 | Sólidos e materiais modernos   475

 Exercícios de autoavaliação

EAA 12.1 Quais dos sólidos a seguir são unidos pelas interações mais fracas? (**a**) sólidos metálicos (**b**) sólidos iônicos (**c**) sólidos de rede covalente (**d**) sólidos moleculares

EAA 12.2 Selecione a estrutura a seguir que melhor representa um sólido amorfo.

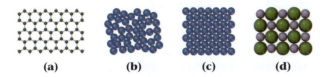

(a)   (b)   (c)   (d)

EAA 12.3 Qual tipo de rede cristalina contém um ponto completamente dentro da célula unitária? (**a**) rede cristalina cúbica primitiva (**b**) rede cristalina cúbica de corpo centrado (**c**) rede cristalina cúbica de face centrada (**d**) rede cristalina tetragonal de face centrada (**e**) mais de uma alternativa

EAA 12.4 Em quais estruturas primitivas tridimensionais não há dois vetores de rede com o mesmo comprimento? (**a**) cúbica (**b**) tetragonal (**c**) hexagonal (**d**) ortorrômbica

12.2 | Sólidos metálicos

Os **sólidos metálicos**, também chamados apenas de *metais*, são inteiramente constituídos de átomos metálicos. A ligação nos metais é diferente de todos os outros tipos de ligação química: ela é muito forte por causa de forças de dispersão, mas não há elétrons de valência suficientes para formar ligações covalentes entre os átomos. As *ligações metálicas* acontecem porque os elétrons de valência estão *deslocalizados* em todo o sólido; isto é, os elétrons de valência não estão associados a átomos ou ligações específicas, mas espalhados por todo o sólido. Na verdade, podemos visualizar um metal como um conjunto de íons positivos imersos em um "mar" de elétrons de valência deslocalizados.

A ligação química nos metais se reflete nas suas propriedades. Você provavelmente já segurou um pedaço de fio de cobre ou um parafuso de ferro. Talvez tenha visto até mesmo a superfície de uma peça recém-cortada de sódio metálico. Essas substâncias, embora diferentes umas das outras, apresentam certas semelhanças que nos permitem classificá-las como metálicas. Uma superfície de metal limpa tem um brilho característico. Além disso, metais transmitem uma sensação fria ao toque, que está relacionada a sua alta condutividade térmica (capacidade de conduzir calor). Metais também apresentam alta condutividade elétrica; isso significa que partículas eletricamente carregadas fluem com facilidade através deles. A condutividade térmica de um metal costuma acompanhar a sua condutividade elétrica. A prata e o cobre, por exemplo, que possuem as condutividades elétricas mais elevadas entre os elementos, também apresentam as maiores condutividades térmicas.

A maioria dos metais é *maleável*, o que significa que podem ser achatados em folhas finas, e *dúctil*, o que significa que podem ser transformados em fios (**Figura 12.10**). Essas propriedades indicam que os átomos são capazes de deslizar uns sobre os outros. Os sólidos iônicos e de rede covalente não apresentam esse tipo de comportamento; em geral são quebradiços.

Estruturas dos sólidos metálicos

As estruturas cristalinas de muitos metais são simples e podem ser produzidas quando colocamos um único átomo em cada ponto da rede cristalina. As estruturas correspondente às três redes cristalinas cúbicas são mostradas na **Figura 12.11**. Metais com uma estrutura cúbica primitiva são raros; um dos poucos exemplos é o polônio, um elemento radioativo. O ferro, o cromo, o sódio e o tungstênio são exemplos de metais cúbicos de corpo centrado. Já o alumínio, o chumbo, o cobre, a prata e o ouro são exemplos de metais cúbicos de face centrada.

Observe na linha de baixo da Figura 12.11 que os átomos nos vértices e nas faces de uma célula unitária não ficam totalmente dentro dela. Esses átomos são compartilhados por células unitárias vizinhas. Um átomo que fica no vértice de uma célula unitária é compartilhado por outras oito células unitárias, e apenas 1/8 deste átomo pertence a uma determinada célula unitária. Como um cubo tem oito vértices, cada célula unitária cúbica

 Objetivos de aprendizagem

Após terminar a Seção 12.2, você deve ser capaz de:

▶ Identificar sólidos metálicos e descrever suas propriedades físicas.

▶ Determinar o número de átomos e seu número de coordenação e derivar o comprimento de uma aresta de célula unitária para metais cúbicos primitivos, de corpo centrado e de face centrada.

▶ Calcular a densidade de um metal a partir de sua estrutura cristalina, seu raio atômico e sua massa molar.

▶ Diferenciar entre os arranjos atômicos em estruturas com empacotamento denso hexagonal e cúbico denso.

▶ Calcular a eficiência do empacotamento para metais cúbicos de face centrada e de corpo centrado.

▶ Diferenciar entre metais elementares, ligas e compostos intermetálicos.

▶ Diferenciar entre ligas intersticiais, de substituição e heterogêneas.

▲ **Figura 12.10 Maleabilidade e ductilidade.** A folha de ouro demonstra a maleabilidade característica dos metais, e o fio de cobre demonstra sua ductilidade.

476   Química: a ciência central

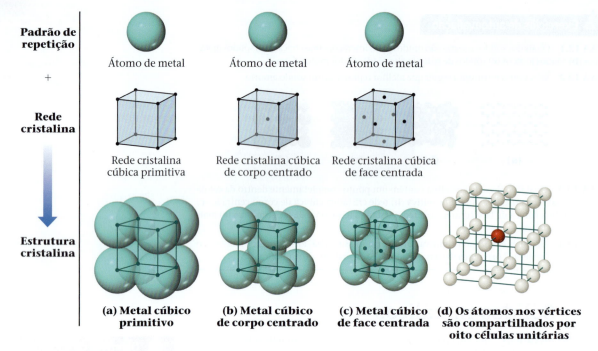

▲ Figura 12.11 Estruturas de metais (a) cúbicos primitivos, (b) cúbicos de corpo centrado e (c) cúbicos de face centrada. Cada estrutura pode ser gerada pela combinação de um padrão de repetição com um único átomo e a estrutura apropriada. (d) Átomos nos vértices (um mostrado em vermelho) são compartilhados entre oito células unitárias cúbicas vizinhas.

primitiva tem $(1/8) \times 8 = 1$ átomo, como mostra a **Figura 12.12**(**a**). Do mesmo modo, cada célula unitária cúbica de corpo centrado [Figura 12.12 (**b**)] tem dois átomos, $(1/8) \times 8 = 1$ nos vértices e 1 no centro da célula unitária. Átomos que estão localizados na face de uma célula unitária, como os dos metais cúbicos de face centrada, são compartilhados por duas células unitárias, de modo que apenas metade desse átomo pertence a cada célula unitária. Portanto, uma célula unitária cúbica de face centrada [Figura 12.12(**c**)] tem quatro átomos, $(1/8) \times 8 = 1$ átomo nos vértices e $(1/2) \times 6 = 3$ átomos nas faces.

A **Tabela 12.1** resume como a parte fracional de cada átomo pertencente a uma célula unitária depende da localização desse átomo dentro da célula.

Resolva com ajuda da figura Qual dessas células unitárias representa o empacotamento mais denso de esferas?

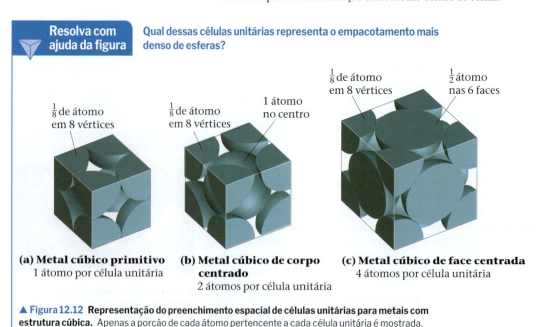

▲ Figura 12.12 Representação do preenchimento espacial de células unitárias para metais com estrutura cúbica. Apenas a porção de cada átomo pertencente a cada célula unitária é mostrada.

TABELA 12.1 Fração de um átomo como uma função da localização dentro da célula unitária*

Localização do átomo	Número de células unitárias que compartilham o átomo	Fração de átomo dentro de cada célula unitária
Vértice	8	1/8 ou 12,5%
Aresta	4	1/4 ou 25%
Face	2	1/2 ou 50%
Qualquer outro lugar	1	1 ou 100%

*Apenas a posição do centro do átomo interessa. Considera-se que os átomos próximos das fronteiras da célula unitária (mas não em um vértice, aresta ou face) estão localizados 100% dentro da célula unitária.

Empacotamento denso

A escassez de elétrons de valência e o fato de eles serem compartilhados por todos os átomos torna favorável o empacotamento denso dos átomos de um metal. Como podemos considerar que a forma do átomo é esférica, entendemos as estruturas dos metais considerando como as esferas estão empacotadas. O modo mais eficaz de empacotar uma camada de esferas de mesmo tamanho é colocar seis esferas em torno de cada esfera, como mostra parte superior da **Figura 12.13**. Para formar uma estrutura tridimensional, precisamos empilhar camadas adicionais no topo dessa camada de base. Para aumentar a eficácia do empacotamento, a segunda camada de esferas deve ficar nos interstícios formados pelas esferas da primeira camada. Podemos colocar a próxima camada de átomos nos interstícios marcados pelo ponto amarelo ou naqueles marcados pelo ponto vermelho. Perceba que as esferas são grandes demais para preencher simultaneamente os dois conjuntos de espaços intersticiais. Apenas para nossos propósitos nesta seção, colocaremos arbitrariamente a segunda camada nos interstícios em amarelo.

Para a terceira camada, podemos escolher entre dois locais para posicionar as esferas. Uma possibilidade é colocar a terceira camada nos interstícios que estão logo acima das esferas da primeira camada. Isso é feito no lado esquerdo da Figura 12.13, como mostram as linhas tracejadas em vermelho na visão lateral. Continuando com esse padrão, a quarta camada ficaria diretamente sobre as esferas da segunda camada, resultando no padrão de empilhamento ABAB, visto no lado esquerdo e chamado de **empacotamento denso hexagonal** (edh). Alternativamente, as esferas da terceira camada poderiam ficar exatamente sobre os interstícios que foram marcados com pontos vermelhos na primeira camada. Nesse arranjo, as esferas da terceira camada não ficam diretamente sobre as esferas de nenhuma das duas primeiras camadas, como mostram as linhas tracejadas em vermelho no lado inferior direito da Figura 12.13. Se essa sequência se repetir em camadas subsequentes, teremos o padrão de empilhamento ABCABC, mostrado à direita e conhecido como **empacotamento denso cúbico** (edc). Tanto no empacotamento denso hexagonal quanto no empacotamento denso cúbico, cada esfera tem 12 vizinhas equidistantes mais próximas: seis vizinhas na mesma camada, três na camada superior e três na camada de baixo. Dizemos que cada esfera tem um **número de coordenação** 12. O número de coordenação representa o número de átomos que circundam um determinado átomo em uma estrutura cristalina.

A estrutura estendida de um metal com empacotamento denso hexagonal é mostrada na **Figura 12.14(a)**. Existem dois átomos na célula unitária hexagonal primitiva, um de cada camada. Nenhum dos dois fica diretamente sobre os pontos da rede cristalina, que estão localizados nos vértices da célula unitária. A presença de dois átomos na célula unitária está de acordo com a sequência de empilhamento ABAB de duas camadas associada ao empacotamento denso hexagonal.

Embora não seja óbvio, a estrutura que resulta do empacotamento denso cúbico tem uma célula unitária idêntica à célula unitária cúbica de face centrada, mostrada na Figura 12.11(c). A relação entre o empilhamento de camadas ABC e a célula unitária cúbica de face centrada é apresentada na Figura 12.14(b). Nessa figura, vemos que as camadas são empilhadas perpendicularmente ao corpo diagonal da célula unitária cúbica.

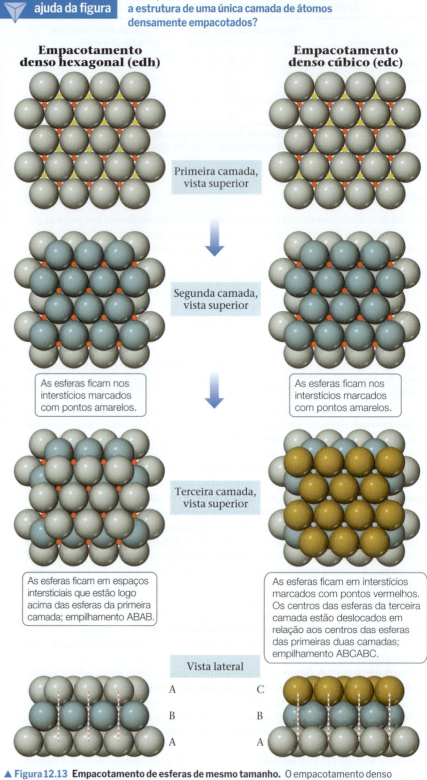

▲ Figura 12.13 **Empacotamento de esferas de mesmo tamanho.** O empacotamento denso hexagonal (à esquerda) e o empacotamento denso cúbico (à direita) são maneiras igualmente eficazes de empilhar esferas. Os pontos vermelhos e amarelos indicam as posições dos interstícios entre os átomos.

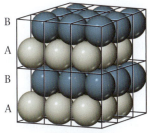
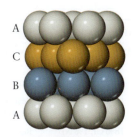

(a) **Metal com empacotamento denso hexagonal** (b) **Metal com empacotamento denso cúbico**

▲ **Figura 12.14** As células unitárias para (a) um metal com empacotamento denso hexagonal e (b) um metal com empacotamento denso cúbico. As linhas contínuas indicam os limites da célula unitária. As cores são usadas para distinguir as camadas de átomos.

Exercício resolvido 12.1
Cálculo da eficiência do empacotamento

Não é possível empilhar esferas sem deixar alguns espaços vazios entre elas. A *eficiência do empacotamento* representa a fração de espaço em um cristal que é efetivamente ocupada por átomos. Sabendo disso, determine a eficiência do empacotamento de um metal cúbico de face centrada.

SOLUÇÃO

Analise Devemos determinar o volume ocupado pelos átomos localizados na célula unitária e dividir esse número pelo volume da célula unitária.

Planeje Podemos calcular o volume ocupado pelos átomos multiplicando o número de átomos por célula unitária pelo volume de uma esfera, $4\pi r^3/3$. Para determinar o volume da célula unitária, primeiro precisamos identificar a direção ao longo da qual os átomos entram em contato uns com os outros. Em seguida, podemos utilizar a geometria para expressar o comprimento da aresta da célula unitária cúbica, a, de acordo com os raios dos átomos. Uma vez que conhecemos o comprimento da aresta, o volume da célula é simplesmente a^3.

Resolva Como mostra a Figura 12.12, um metal cúbico de face centrada tem quatro átomos por célula unitária. Portanto, o volume ocupado pelos átomos é:

$$\text{Volume ocupado} = 4 \times \left(\frac{4\pi r^3}{3}\right) = \frac{16\pi r^3}{3}$$

Para um metal cúbico de face centrada, os átomos tocam-se mutuamente ao longo da diagonal de uma face da célula unitária:

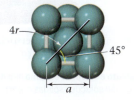

Portanto, uma diagonal que cruza uma face da célula unitária é igual a quatro vezes o raio atômico, r. Usando trigonometria simples e a identidade $\cos(45°) = \sqrt{2}/2$, podemos mostrar que:

$$a = 4r\cos(45°) = 4r(\sqrt{2}/2) = (2\sqrt{2})r$$

Por fim, calculamos a eficiência do empacotamento dividindo o volume ocupado por átomos pelo volume da célula unitária cúbica, a^3:

$$\frac{\text{Eficiência do}}{\text{empacotamento}} = \frac{\text{volume dos átomos}}{\text{volume da célula unitária}} = \frac{(\frac{16}{3})\pi r^3}{(2\sqrt{2})^3 r^3}$$

$$= 0{,}74 \text{ ou } 74\%$$

▶ **Para praticar**
Determine a eficiência do empacotamento calculando a fração de espaço ocupada por átomos em um metal cúbico de corpo centrado.

TABELA 12.2 Algumas ligas comuns

Nome	Elemento principal	Composição típica (em massa)	Propriedades	Usos
Metal de Wood	Bismuto	50% Bi, 25% Pb, 12,5% Sn, 12,5% Cd	Ponto de fusão baixo (70 °C)	Plugue de fusíveis, aspersores automáticos
Latão amarelo	Cobre	67% Cu, 33% Zn	Dúctil, pode ser bem polido	Ferramentas
Bronze	Cobre	88% Cu, 12% Sn	Resistente e quimicamente estável ao ar seco	Liga importante para civilizações primitivas
Aço inoxidável	Ferro	80,6% Fe, 0,4% C, 18% Cr, 1% Ni	Resistente à corrosão	Panelas e instrumentos cirúrgicos
Solda de encanador	Chumbo	67% Pb, 33% Sn	Ponto de fusão baixo (275 °C)	Juntas de soldadura
Prata esterlina	Prata	92,5% Ag, 7,5% Cu	Superfície brilhante	Talheres
Amálgama dentária	Prata	70% Ag, 18% Sn, 10% Cu, 2% Hg	Fácil de moldar	Obturações dentárias
Peltre	Estanho	92% Sn, 6% Sb, 2% Cu	Ponto de fusão baixo (230 °C)	Louças, joias

Ligas

Uma **liga** é um material formado por mais de um elemento e que tem propriedades características de um metal. As ligas metálicas são de grande importância, uma vez que sua obtenção representa uma maneira eficiente de modificar as propriedades dos elementos metálicos puros. Por exemplo, em quase todas as suas aplicações cotidianas, o ferro se encontra na forma de ligas; o aço inoxidável é uma delas. O bronze é uma liga de cobre e estanho; já o latão, uma liga de cobre e zinco. O ouro puro é macio demais para ser usado em joias, mas ligas de ouro com cobre ou prata são muito mais duras. Outras ligas comuns são descritas na **Tabela 12.2**.

As ligas podem ser divididas em quatro categorias: ligas de substituição, ligas intersticiais, ligas heterogêneas e compostos intermetálicos. Ligas de substituição e ligas intersticiais são misturas homogêneas em que os componentes estão dispersos de forma aleatória e uniforme (**Figura 12.15**). (Seção 1.2) Sólidos que formam misturas homogêneas são chamados de soluções sólidas. Quando átomos do soluto em uma solução sólida estão em posições geralmente ocupadas por um átomo de solvente, temos uma **liga de substituição**. Quando átomos de soluto ocupam posições intersticiais nos "buracos" entre os átomos de solventes, temos uma **liga intersticial** (Figura 12.15).

Ligas de substituição são formadas quando os dois componentes metálicos apresentam características semelhantes quanto aos raios atômicos e às ligações químicas. Por exemplo, a prata e o ouro formam ligas ao longo de todas as faixas possíveis de composições. Quando os raios de dois metais diferem em mais de 15%, aproximadamente, a solubilidade costuma ser mais limitada.

Para que uma liga intersticial seja formada, os átomos do soluto devem ter um raio atômico de ligação muito menor que o dos átomos do solvente. Na maioria das vezes, o elemento intersticial é um não metal que faz ligações covalentes com os átomos de metal

▲ **Figura 12.15 Distribuição de átomos de soluto e solvente em uma liga de substituição e em uma liga intersticial.** Os dois tipos de liga são soluções sólidas e, portanto, misturas homogêneas.

vizinhos. A presença de ligações extras proporcionadas pelo componente intersticial torna a estrutura do metal mais dura, mais forte e menos dúctil. Por exemplo, o aço, que é muito mais duro e forte que o ferro puro, é uma liga de ferro com 3% de carbono. Outros elementos podem ser adicionados para formar *ligas de aço*. Já o vanádio e o cromo podem ser adicionados para conferir força e aumentar a resistência à fadiga e à corrosão.

Uma das ligas de ferro mais importantes é o aço inoxidável, que contém cerca de 0,4% de carbono, 18% de cromo e 1% de níquel. A proporção de elementos presentes no aço pode variar bastante, resultando em uma variedade de propriedades físicas e químicas específicas aos materiais.

Em uma **liga heterogênea**, os componentes não são dispersos uniformemente. Por exemplo, a liga de perlita heterogênea contém duas fases (**Figura 12.16**). Uma fase é formada essencialmente de ferro cúbico de corpo centrado puro, e a outra é o composto Fe_3C, conhecido como cementita. Em geral, as propriedades das ligas heterogêneas dependem tanto da composição quanto da maneira como o sólido é formado a partir da mistura fundida. As propriedades de uma liga heterogênea formada por resfriamento rápido de uma mistura fundida são nitidamente diferentes das propriedades de uma liga formada por resfriamento lento da mesma mistura.

Compostos intermetálicos são classificados como compostos e não como misturas. Por serem compostos, têm propriedades definidas, e sua composição não varia. Além disso, os diferentes tipos de átomo em um composto intermetálico estão distribuídos de maneira ordenada em vez de aleatoriamente. A ordenação dos átomos em um composto intermetálico geralmente conduz a uma melhor estabilidade estrutural e a pontos de fusão mais elevados do que os observados nos metais que o constituem. Essas características podem ser interessantes em aplicações em altas temperaturas. A desvantagem é que os compostos intermetálicos são frequentemente mais frágeis do que as ligas de substituição.

Compostos intermetálicos são importantes na sociedade moderna. O composto intermetálico Ni_3Al é um dos principais componentes de motores de aviões a jato por causa de sua resistência a temperaturas elevadas e sua densidade reduzida. Lâminas de barbear costumam ser revestidas com Cr_3Pt, elemento que garante a dureza necessária, permitindo que a lâmina fique afiada por mais tempo. Ambos os compostos têm a estrutura mostrada no lado esquerdo da **Figura 12.17**. O composto Nb_3Sn, também mostrado na Figura 12.17, é um supercondutor, ou seja, uma substância que, quando resfriada a uma temperatura abaixo de sua temperatura crítica, conduz eletricidade sem resistência. No caso do Nb_3Sn, a supercondutividade é observada somente quando a temperatura cai abaixo de 18 K. Supercondutores são utilizados nos ímãs de escâneres de ressonância magnética, amplamente utilizados no diagnóstico médico por imagem. Consulte o quadro "A química e a vida: *Spin* nuclear e ressonância magnética". (Seção 6.7) A necessidade de manter os ímãs resfriados a uma temperatura tão baixa é parte da razão pela qual os dispositivos de ressonância magnética têm um alto custo de operação. O composto intermetálico hexagonal $SmCo_5$, mostrado no lado direito da Figura 12.17, é usado na produção dos ímãs permanentes encontrados em fones de ouvido e alto-falantes de alta fidelidade. Um composto da mesma categoria e com a mesma estrutura, $LaNi_5$, é utilizado como ânodo em pilhas de hidreto de níquel.

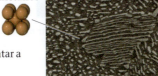

▲ **Figura 12.16 Visão microscópica da estrutura da liga heterogênea de perlita.** As regiões escuras são ferro cúbico de corpo centrado, e as regiões mais claras, cementita, Fe_3C.

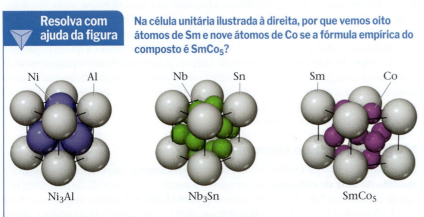

Resolva com ajuda da figura

Na célula unitária ilustrada à direita, por que vemos oito átomos de Sm e nove átomos de Co se a fórmula empírica do composto é $SmCo_5$?

▲ **Figura 12.17 Três exemplos de compostos intermetálicos.**

Exercícios de autoavaliação

EAA 12.5 Qual(is) dos sólidos a seguir possui(em) propriedades metálicas?
(i) BaCrO$_4$
(ii) liga de bronze
(iii) Sb

(a) apenas um (b) i e ii (c) i e iii (d) ii e iii (e) os três

EAA 12.6 Considere a célula unitária cúbica primitiva com 8 átomos nos oito vértices mostrada a seguir. Em um sólido real, essas células unitárias são empilhadas umas sobre as outras e ao lado umas das outras em todas as dimensões. Quantos átomos há nessa célula unitária?

(a) 1 (b) 2 (c) 4 (d) 8

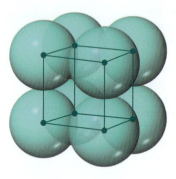

EAA 12.7 O níquel cristaliza-se em uma célula unitária de face centrada cuja densidade é igual a 8,90 g/cm^3. Calcule o raio atômico de um átomo de níquel.

(a) 0,79 Å (b) 1,25 Å (c) 1,83 Å (d) 3,52 Å

EAA 12.8 Qual(is) das seguintes afirmações é(são) *verdadeira(s)*?
(i) As ligas de substituição são formadas quando dois componentes metálicos têm características semelhantes quanto aos raios atômicos e às ligações químicas.
(ii) Os compostos intermetálicos têm composição variável.
(iii) Não é possível formar uma solução a partir de dois metais.

(a) Apenas uma das afirmações é verdadeira. (b) Apenas i e ii são verdadeiras. (c) Apenas i e iii são verdadeiras. (d) Apenas ii e iii são verdadeiras. (e) Todas as afirmações são verdadeiras.

EAA 12.9 Qual(is) das seguintes afirmações é(são) *verdadeira(s)*?
(i) Sólidos com empacotamento denso cúbico e empacotamento denso hexagonal têm a mesma eficiência de empacotamento.
(ii) Nos sólidos com empacotamento denso cúbico e empacotamento denso hexagonal, o número de coordenação de cada átomo é 12.
(iii) O tipo de empilhamento em um sólido com empacotamento denso hexagonal de átomos idênticos é ABABAB.

(a) Apenas uma das afirmações é verdadeira. (b) Apenas i e ii são verdadeiras. (c) Apenas ii e iii são verdadeiras. (d) Apenas i e iii são verdadeiras. (e) Todas as afirmações são verdadeiras.

EAA 12.10 O ouro cristaliza-se na rede cristalina cúbica de face centrada com arestas com 4,08 Å de comprimento. Calcule a densidade do ouro para uma casa decimal. (a) 4,8 g/cm^3 (b) 9,6 g/cm^3 (c) 10,6 g/cm^3 (d) 19,3 g/cm^3

12.3 | Ligação metálica

Considere os elementos do terceiro período da tabela periódica (Na–Ar). O argônio, com oito elétrons de valência, tem um octeto completo; como resultado, ele não faz ligações. Por outro lado, o cloro, o enxofre e o fósforo formam moléculas (Cl$_2$, S$_8$ e P$_4$) em que os átomos fazem uma, duas e três ligações, respectivamente (**Figura 12.18**). O silício forma uma rede sólida extensa em que cada átomo está ligado a quatro vizinhos equidistantes. Cada um desses elementos faz 8 − N ligações, em que N é o número de elétrons de valência. Esse comportamento pode ser facilmente compreendido por meio da aplicação da regra do octeto.

Se a tendência 8 − N continuasse da direita para a esquerda na tabela periódica, seria de se esperar que o alumínio (três elétrons de valência) formasse cinco ligações. No entanto, assim como outros metais, o alumínio adota uma estrutura de empacotamento denso onde cada átomo de alumínio está em contato com outros 12 átomos vizinhos. O magnésio e o sódio também adotam estruturas metálicas. Qual é a causa dessa mudança abrupta no mecanismo preferencial de ligação? A resposta, como mencionado, é que os metais não possuem elétrons suficientes na camada de valência para satisfazer aos requisitos necessários para a formação de uma ligação localizada envolvendo o compartilhamento de pares de elétrons. Em resposta a essa deficiência, os elétrons de valência são compartilhados por todos os átomos. Uma estrutura na qual os átomos estão empacotados facilita esse compartilhamento deslocalizado dos elétrons.

Modelo do mar de elétrons

Um modelo simples que explica algumas das características mais importantes dos metais é o **modelo do mar de elétrons**, que representa o metal como um conjunto de cátions metálicos em um "mar" de elétrons de valência (**Figura 12.19**). Nos metais, os elétrons sofrem atração eletrostática pelos cátions e se distribuem uniformemente por toda a estrutura. Apesar da mobilidade eletrônica, nenhum elétron em particular está preso a qualquer íon metálico

Objetivos de aprendizagem

Após terminar a Seção 12.3, você deve ser capaz de:
▶ Descrever o modelo do mar de elétrons para a ligação metálica.
▶ Descrever como a estrutura eletrônica de banda dos metais resulta da sobreposição dos orbitais atômicos.

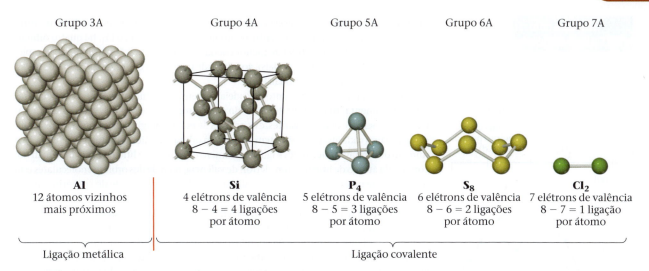

▲ Figura 12.18 Ligações para elementos do terceiro período.

específico. Assim, quando uma tensão é aplicada a um fio de metal, os elétrons que apresentam cargas negativas fluem através do metal em direção à extremidade com carga positiva do fio.

A elevada condutividade térmica dos metais também é explicada pela presença de elétrons livres. O movimento dos elétrons em resposta a gradientes de temperatura permite a transferência imediata de energia cinética por todo o sólido.

A capacidade dos metais em se deformar (maleabilidade e ductilidade) pode ser explicada pelo fato dos átomos de metal formarem ligações com muitos de seus vizinhos. Mudanças nas posições dos átomos ocasionadas pela deformação do metal são parcialmente ajustadas por uma redistribuição dos elétrons.

O modelo do orbital molecular e a estrutura eletrônica de banda

Embora o modelo de mar de elétrons funcione surpreendentemente bem, dada a sua simplicidade, ele não explica adequadamente muitas propriedades dos metais. Por exemplo, de acordo com o modelo, a força da ligação entre os átomos de metal deve aumentar constantemente à medida que o número de elétrons de valência aumenta, resultando em um aumento correspondente dos pontos de fusão. No entanto, elementos próximos ao meio da série de metais de transição, ao contrário dos que estão na extremidade, têm os pontos de fusão mais altos em seus respectivos períodos (**Figura 12.20**). Essa tendência implica que a força da ligação metálica primeiro aumenta com o aumento do número de elétrons e, em seguida, diminui. Tendências semelhantes são observadas ao analisar outras propriedades físicas dos metais, como o ponto de ebulição, o calor de fusão e a dureza.

Para obter uma descrição mais precisa das ligações em metais, devemos retomar a teoria do orbital molecular. Nas Seções 9.7 e 9.8, aprendemos como orbitais moleculares são criados a partir da sobreposição de orbitais atômicos. Vamos rever brevemente algumas regras da teoria do orbital molecular:

1. Orbitais atômicos se combinam para formar orbitais moleculares que podem se estender ao longo de toda a molécula.
2. Um orbital molecular pode conter zero, um ou dois elétrons.
3. O número de orbitais moleculares em uma molécula é igual ao número de orbitais atômicos que se combinam para formar orbitais moleculares.
4. A adição de elétrons a um orbital molecular ligante fortalece a ligação; a adição de elétrons a orbitais moleculares antiligantes enfraquece a ligação.

As estruturas eletrônicas de sólidos cristalinos e pequenas moléculas têm tantas semelhanças quanto diferenças. Para ilustrar, considere a maneira como o diagrama do orbital molecular para uma cadeia de átomos de lítio muda à medida que aumentamos o comprimento da cadeia (**Figura 12.21**). Cada átomo de lítio tem um orbital 2s semipreenchido em sua camada de valência. O diagrama do orbital molecular do Li$_2$ é análogo ao de uma

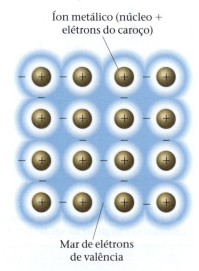

▲ Figura 12.19 Modelo do mar de elétrons para a ligação metálica. Os elétrons de valência deslocalizados formam um mar de elétrons livres que circunda e liga um grande conjunto de íons metálicos.

> **Resolva com ajuda da figura**
>
> Qual elemento de cada período tem o ponto de fusão mais alto? Em cada caso, o elemento está no início, no meio ou no final do seu período?

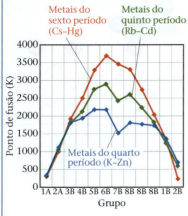

▲ **Figura 12.20** Pontos de fusão de metais do quarto, do quinto e do sexto período.

molécula de H₂: um orbital molecular ligante preenchido e um orbital molecular antiligante vazio com um plano nodal entre os átomos. (Seção 9.7) Para o Li₄, há quatro orbitais moleculares, que vão do orbital de menor energia, onde as interações orbitais são completamente ligantes (sem planos nodais), ao orbital de maior energia, onde todas as interações são antiligantes (três planos nodais).

À medida que o comprimento da cadeia aumenta, o número de orbitais moleculares também aumenta. Independentemente do comprimento da cadeia, os orbitais de menor energia são sempre os mais ligantes, e os orbitais de maior energia são sempre os mais antiligantes. Como cada átomo de lítio tem apenas um orbital atômico na camada de valência, o número de orbitais moleculares é igual ao número de átomos de lítio na cadeia. Além disso, como cada átomo de lítio tem um elétron de valência, metade dos orbitais moleculares está totalmente ocupada e a outra metade está vazia, independentemente do comprimento da cadeia.*

Se a cadeia se tornar muito longa, haverá tantos orbitais moleculares que a separação de energia entre eles será muito pequena. À medida que o comprimento da cadeia se tornar infinito, os estados permitidos de energia formarão uma **banda** contínua. Em um cristal grande o suficiente para ser visto a olho nu (ou com um microscópio óptico), o número de átomos é muito grande. Consequentemente, a estrutura eletrônica do cristal é como a da cadeia infinita, composta de bandas, ilustrada pelo lado direito da Figura 12.21.

As estruturas eletrônicas da maioria dos metais são mais complicadas do que as mostradas na Figura 12.21. Isso ocorre porque precisamos considerar mais de um tipo de orbital atômico em cada átomo. Como cada tipo de orbital pode dar origem à sua própria banda, a estrutura eletrônica de um sólido geralmente consiste em uma série de bandas. A estrutura eletrônica de um sólido macroscópico é chamada de **estrutura de banda**.

A estrutura de banda de um metal típico é mostrada de forma esquematizada na **Figura 12.22**. O preenchimento de elétrons representado corresponde ao níquel metálico, mas as características básicas desse processo é semelhante para os outros metais.

> **Resolva com ajuda da figura**
>
> Como o espaçamento de energia entre orbitais moleculares é alterado à medida que o número de átomos na cadeia aumenta?

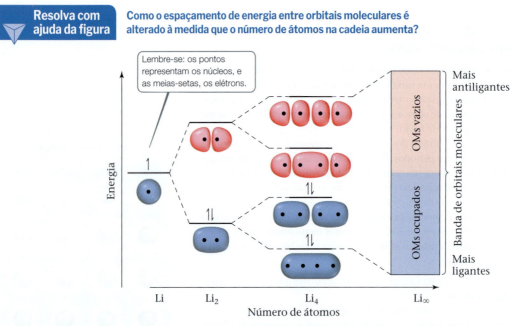

▲ **Figura 12.21** Níveis discretos de energia em moléculas individuais tornam-se bandas contínuas de energia em um sólido. Orbitais ocupados estão em azul, e orbitais vazios, em rosa.

---

* Isso é verdade apenas para as cadeias com número par de átomos.

> **Resolva com ajuda da figura**
> Se o metal fosse potássio em vez de níquel, que bandas seriam parcialmente ocupadas: 4s, 4p e/ou 3d?

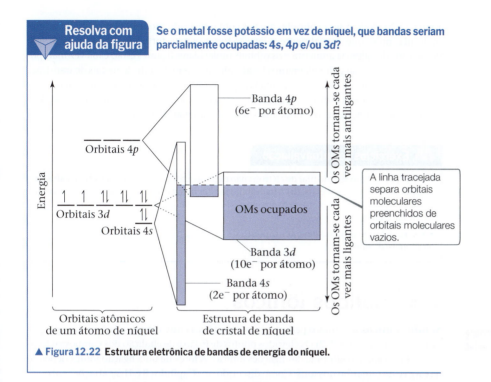

▲ Figura 12.22 Estrutura eletrônica de bandas de energia do níquel.

A configuração eletrônica de um átomo de níquel é [Ar]$4s^2 3d^8$, ilustrada no lado esquerdo da figura. As bandas de energia formadas a partir de cada um desses orbitais são mostradas no lado direito. Os orbitais 4s, 4p e 3d são tratados de maneira independente, sendo que cada um dá origem a uma banda de orbitais moleculares. Na prática, essas bandas sobrepostas não independem completamente umas das outras, mas essa simplificação é razoável para nossos objetivos.

As bandas 4s, 4p e 3d diferem umas das outras na faixa de energia que abrangem (representada pelas alturas dos retângulos no lado direito da Figura 12.22) e no número de elétrons que podem acomodar (representado pela área dos retângulos). As bandas 4s, 4p e 3d podem acomodar 2, 6 e 10 elétrons por átomo, respectivamente, dois por orbital, como determina o princípio de exclusão de Pauli. (Seção 6.7) A faixa de energia abrangida pela banda 3d é menor que a faixa abrangida pelas bandas 4s e 4p pois os orbitais 3d são menores e, portanto, sobrepõem-se aos orbitais de átomos vizinhos de maneira menos eficaz.

Muitas propriedades dos metais podem ser entendidas ao analisar a Figura 12.22. Podemos pensar na banda de energia como um recipiente parcialmente cheio de elétrons. O preenchimento incompleto da banda de energia dá origem a propriedades metálicas características. Os elétrons que ocupam orbitais próximos do topo dos níveis ocupados precisam de pouquíssima energia para serem "promovidos" a orbitais vazios de maior energia. Sob a influência de qualquer fonte de excitação, como um potencial elétrico ou energia térmica, os elétrons se deslocam para níveis anteriormente vagos, passando a ficar livres para se mover pela estrutura e gerar condutividade elétrica e térmica.

Sem a sobreposição de bandas de energia, as propriedades periódicas dos metais não poderiam ser explicadas. Na ausência das bandas d e p, provavelmente a banda s seria semipreenchida nos metais alcalinos (grupo 1A) e completamente preenchida nos metais alcalino-terrosos (grupo 2A). Se isso fosse verdade, metais como o magnésio, o cálcio e o estrôncio não seriam bons condutores elétricos e térmicos, contrapondo as observações experimentais.

Enquanto a condutividade dos metais pode ser compreendida qualitativamente ao utilizar o modelo de mar de elétrons ou o modelo do orbital molecular, muitas propriedades físicas dos metais de transição, como os pontos de fusão representados graficamente na

Figura 12.20, podem ser explicadas apenas com o segundo modelo. O modelo do orbital molecular prevê que, inicialmente, a ligação torna-se mais forte à medida que o número de elétrons de valência aumenta e os orbitais moleculares ligantes estão cada vez mais populados. Após passar pelos elementos localizados no meio da série de metais de transição, as ligações tornam-se mais fracas, uma vez que os elétrons começam a ocupar os orbitais antiligantes. Ligações fortes entre os átomos resultam em metais com ponto de ebulição e de fusão mais altos, calores de fusão mais altos, dureza mais elevada, etc.

Exercícios de autoavaliação

EAA 12.11 O modelo do mar de elétrons não explica qual dos seguintes itens? (**a**) A alta condutividade térmica dos metais. (**b**) A maleabilidade dos metais. (**c**) A intensidade da ligação metálica aumenta com o número crescente de elétrons e então diminui. (**d**) A alta condutividade elétrica dos metais.

EAA 12.12 Qual metal deve ter o ponto de fusão mais elevado: (**a**) cálcio, (**b**) vanádio, (**c**) níquel, (**d**) zinco?

12.4 | Sólidos iônicos

Objetivos de aprendizagem

Após terminar a Seção 12.4, você deve ser capaz de:
▶ Descrever as propriedades físicas dos sólidos iônicos.
▶ Determinar a fórmula empírica de um sólido iônico e os números de coordenação de seu cátion e ânion a partir da estrutura da célula unitária.
▶ Calcular a densidade de um sólido iônico a partir de sua estrutura, dos raios iônicos e das massas molares dos íons.

Sólidos iônicos são unidos pela atração eletrostática entre cátions e ânions, ou seja, por ligações iônicas. (Seção 8.2) Os elevados pontos de fusão e de ebulição dos compostos iônicos comprovam a magnitude das ligações iônicas. A força de uma ligação iônica depende da carga e do tamanho dos íons. Como discutido nos Capítulos 8 e 11, as atrações entre cátions e ânions aumentam à medida que as cargas dos íons aumentam. Assim, o NaCl, cujos íons têm cargas de 1+ e 1−, funde a 801 °C, enquanto o MgO, cujos íons têm cargas de 2+ e 2−, funde a 2.852 °C. As interações entre cátions e ânions também aumentam à medida que os íons ficam menores, como podemos ver nos pontos de fusão de halogenetos de metais alcalinos na **Tabela 12.3**. Essas propensões refletem as tendências da energia reticular discutidas na Seção 8.2.

Embora sólidos metálicos e iônicos tenham pontos de fusão e ebulição elevados, as diferenças entre as ligações iônicas e metálicas são responsáveis por distinções importantes entre suas propriedades. Em compostos iônicos, os elétrons de valência estão confinados nos ânions em vez de estarem deslocalizados; assim, os compostos iônicos geralmente são isolantes elétricos. Eles também tendem a ser quebradiços, uma vez que os íons de cargas iguais se repelem. Quando é aplicada uma tensão a um sólido iônico, como acontece na **Figura 12.23**, os planos de átomos, que antes tinham cátions e ânions lado a lado, se deslocam, colocando cátions ao lado de cátions e ânions ao lado de ânions. A repulsão resultante faz com que os planos se separem um do outro, uma propriedade útil na lapidação de certas pedras preciosas (como o rubi, formado principalmente de Al_2O_3).

Estruturas de sólidos iônicos

Assim como os sólidos metálicos, os sólidos iônicos tendem a adotar estruturas com um arranjo simétrico com empacotamento denso de átomos. No entanto, surgem diferenças importantes porque, nesse caso, deve-se empacotar esferas com diferentes raios e com cargas opostas. Como os cátions são, muitas vezes, consideravelmente menores que os ânions (Seção 7.3), os números de coordenação em compostos iônicos são menores que os dos

TABELA 12.3 Propriedades dos halogenetos de metais alcalinos

Composto	Distância entre o cátion e o ânion (Å)	Energia reticular (kJ/mol)	Ponto de fusão (°C)
LiF	2,01	1030	845
NaCl	2,83	788	801
KBr	3,30	671	734
RbI	3,67	632	674

metais empacotados. Mesmo se cátions e ânions tivessem tamanhos iguais, as estruturas de empacotamento denso vistas nos metais não poderiam ser repetidas sem que os íons de mesma carga entrassem em contato. As repulsões entre íons de mesmo tipo tornam tais estruturas desfavoráveis. As estruturas mais favoráveis são aquelas cujas distâncias entre cátions e ânions são tão curtas quanto os raios iônicos permitem e as distâncias ânions-ânions e cátions-cátions são maximizadas.

Três tipos de estruturas iônicas comuns são mostrados na **Figura 12.24**. A do cloreto de césio (CsCl) é baseada em uma estrutura cúbica primitiva. Os ânions ocupam os pontos da rede cristalina localizados nos vértices da célula unitária, e um cátion fica no centro de cada célula. (Lembre-se: não há ponto da rede cristalina dentro de uma célula unitária primitiva.) Nessa organização, os cátions e os ânions são circundados por um cubo de oito íons de carga oposta.

As estruturas do cloreto de sódio (NaCl; também chamado de estrutura de sal de rocha) e da blenda de zinco (ZnS) têm como base uma estrutura cúbica de face centrada. Em ambas as estruturas, os ânions ficam nos pontos da rede cristalina que se encontram nos vértices e nas faces da célula unitária, mas o padrão de repetição de dois átomos é ligeiramente diferente nas duas estruturas. No NaCl, os íons Na^+ são substituídos por íons Cl^- ao longo da aresta da célula unitária; no ZnS, os íons Zn^{2+} são substituídos por íons S^{2-} ao longo da diagonal da célula unitária. Essa diferença leva a diferentes números de coordenação. No cloreto de sódio, cada cátion e ânion é circundado por seis íons de carga oposta, resultando em um ambiente de coordenação octaédrica. Na blenda de zinco, cada cátion e ânion é circundando por quatro íons de carga oposta, levando a uma geometria de coordenação tetraédrica. Os ambientes de coordenação do cátion podem ser vistos na **Figura 12.25**.

Para um dado composto iônico, podemos nos perguntar que tipo de estrutura é mais favorável. Vários fatores entram em jogo, sendo que os dois mais importantes são o tamanho relativo dos íons e a estequiometria. Em primeiro lugar, considere o tamanho do íon. Observe, na Figura 12.25, que o número de coordenação muda de 8 para 6 e, em seguida, para 4 quando vamos do CsCl para o NaCl e, depois, para o ZnS. Essa tendência ocorre em parte porque, nesses três compostos, o raio iônico do cátion diminui enquanto o raio iônico do ânion permanece praticamente constante. Quando o cátion e o ânion apresentam tamanhos semelhantes, um número de coordenação grande é favorecido e, com frequência, a estrutura do CsCl é produzida. À medida que o tamanho relativo dos cátions fica menor, não é mais possível manter o contato entre o cátion e o ânion e, ao mesmo tempo, evitar o contato entre os ânions. Quando isso acontece, o número de coordenação cai de 8 para 6, e a estrutura do cloreto de sódio torna-se mais favorável. Quando o tamanho do cátion diminui ainda mais, o número de coordenação deve ser reduzido novamente, dessa vez de 6 para 4, e a estrutura de blenda de zinco torna-se favorável. Lembre-se de que, em cristais iônicos, íons de carga oposta entram em contato, mas íons de mesma carga não devem entrar em contato.

O número relativo de cátions e ânions também ajuda a determinar o tipo de estrutura mais estável. Por exemplo, todas as estruturas da Figura 12.25 têm números iguais de cátions e ânions. Esses tipos de estrutura (cloreto de césio, cloreto de sódio e blenda de zinco) podem ser produzidos somente em compostos iônicos, em que o número de cátions e ânions é igual. Quando não for o caso, originam-se outras estruturas cristalinas. Como exemplo, considere o NaF, o MgF_2 e o SCF_3 (**Figura 12.26**). O fluoreto de sódio tem a estrutura do cloreto de sódio com um número de coordenação igual a 6, tanto para o cátion quanto para o ânion, como se poderia esperar, uma vez que o NaF e o NaCl são bem semelhantes. No entanto, o fluoreto de magnésio tem dois ânions para cada cátion, resultando em uma estrutura cristalina tetragonal chamada de *estrutura de rutílio*. O número de coordenação do cátion ainda é 6, mas o do fluoreto agora é apenas 3. Na estrutura do fluoreto de escândio há três ânions para cada cátion; o número de coordenação do cátion ainda é 6, mas o número de coordenação do fluoreto cai para 2. À medida que a proporção cátion/ânion diminui, há menos cátions para circundar cada ânion. Desse modo, o número de coordenação do ânion deve diminuir. A fórmula empírica de um composto iônico pode ser descrita quantitativamente pela relação:

$$\frac{\text{Número de cátions por unidade de fórmula}}{\text{Número de ânions por unidade de fórmula}} = \frac{\text{número de coordenação do ânion}}{\text{número de coordenação do cátion}} \quad [12.21]$$

(a)

(b)

▲ **Figura 12.23 Fragilidade e lapidação de cristais iônicos.** (a) Quando uma tensão de cisalhamento (setas azuis) é aplicada a um sólido iônico, planos de átomos deslizam e camadas do cristal se separam. (b) Essa propriedade de cristais iônicos é usada na lapidação de pedras preciosas, como rubis.

488 Química: a ciência central

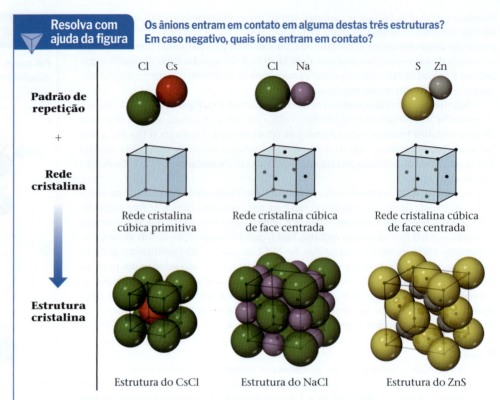

Resolva com ajuda da figura Os ânions entram em contato em alguma destas três estruturas? Em caso negativo, quais íons entram em contato?

▲ **Figura 12.24 Estruturas do CsCl, do NaCl e do ZnS.** Cada tipo de estrutura pode ser gerado a partir da combinação entre um padrão de repetição de dois átomos e a estrutura apropriada.

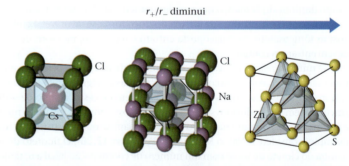

	CsCl	**NaCl**	**ZnS**
Raio do cátion, r_+ (Å)	1,81	1,16	0,88
Raio do ânion, r_- (Å)	1,67	1,67	1,70
r_+/r_-	1,08	0,69	0,52
Número de coordenação do cátion	8	6	4
Número de coordenação do ânion	8	6	4

▲ **Figura 12.25 Ambientes de coordenação no CsCl, no NaCl e no ZnS.** O tamanho dos íons foi reduzido para que os ambientes de coordenação fossem mostrados com clareza.

Capítulo 12 | Sólidos e materiais modernos

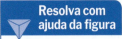

Resolva com ajuda da figura Quantos cátions existem por célula unitária para cada uma destas estruturas? E quantos ânions existem por célula unitária?

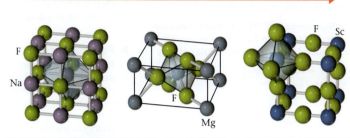

	NaF	MgF₂	ScF₃
Número de coordenação do cátion	6	6	6
Geometria de coordenação do cátion	Octaédrica	Octaédrica	Octaédrica
Número de coordenação do ânion	6	3	2
Geometria de coordenação do ânion	Octaédrica	Trigonal plana	Linear

▲ **Figura 12.26 Números de coordenação dependem da estequiometria.** O tamanho dos íons foi reduzido para que os ambientes de coordenação fossem mostrados com clareza.

Exercício resolvido 12.2
Cálculo da densidade de um sólido iônico

O iodeto de rubídio cristaliza-se com a mesma estrutura do cloreto de sódio. (a) Quantos íons iodeto há por célula unitária? (b) Quantos íons rubídio há por célula unitária? (c) Use os raios iônicos e as massas molares do Rb⁺ (1,66 Å, 85,47 g/mol) e do I⁻ (2,06 Å, 126,90 g/mol) para estimar a densidade do iodeto de rubídio em g/cm³.

SOLUÇÃO
Analise e planeje

(a) É necessário contar o número de ânions na célula unitária da estrutura do cloreto de sódio, sem esquecer que os íons nos vértices, nas arestas e nas faces da célula unitária estão apenas parcialmente dentro dela.

(b) Podemos aplicar uma abordagem igual para determinar o número de cátions na célula unitária. Podemos verificar novamente essa resposta ao escrever a fórmula empírica para certificar-nos de que as cargas dos cátions e dos ânions estão balanceadas.

(c) Uma vez que a densidade é uma propriedade intensiva, a densidade da célula unitária é igual à do cristal. Para calcular a densidade, é necessário dividir a massa dos átomos por célula unitária pelo volume da célula unitária. Para determinar o volume da célula unitária, é preciso estimar o comprimento de sua aresta, identificando primeiro a direção ao longo da qual os íons entram em contato e, em seguida, utilizando raios iônicos para estimar o comprimento. Após obter o comprimento da aresta da célula unitária, podemos elevar esse valor ao cubo para determinar o seu volume.

Resolva

(a) A estrutura cristalina do iodeto de rubídio assemelha-se à do NaCl, com o Rb⁺ substituindo os íons Na⁺ e o I⁻ substituindo o Cl⁻. Com base na estrutura do NaCl, apresentada nas Figuras 12.24 e 12.25, vemos que há um ânion em cada vértice da célula unitária e no centro de cada face. A Tabela 12.1 mostra que os íons localizados nos vértices são compartilhados igualmente por oito células unitárias ($\frac{1}{8}$ de íon por célula unitária), enquanto os íons que ficam nas faces são compartilhados igualmente por duas células unitárias ($\frac{1}{2}$ de íon por célula unitária). Um cubo tem oito vértices e seis faces, de modo que o número total de íons I⁻ é $8(\frac{1}{8}) + 6(\frac{1}{2}) = 4$ por célula unitária.

(b) Utilizando a mesma abordagem para os cátions de rubídio, pode-se perceber que há um íon de rubídio em cada aresta e um no centro da célula unitária. Com base na Tabela 12.1, vemos que os íons localizados nas arestas são compartilhados igualmente por quatro células unitárias ($\frac{1}{4}$ de íon por célula unitária), enquanto o cátion no centro da célula unitária não é compartilhado. Um cubo tem 12 arestas, de modo que o número total de íons rubídio é $12(\frac{1}{4}) + 1 = 4$. Essa resposta faz sentido, porque o número de íons Rb⁺ deve ser igual ao número de íons I⁻ para que as cargas fiquem balanceadas.

(c) Em compostos iônicos, cátions e ânions entram em contato. No RbI, cátions e ânions entram em contato ao longo da aresta da célula unitária, como mostra a figura a seguir.

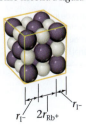

(Continua)

O comprimento da aresta da célula unitária é igual a $r(I^-) + 2r(Rb^+) + r(I^-) = 2r(I^-) + 2r(Rb^+)$. Somando os raios iônicos, temos $2(2,06\text{ Å}) + 2(1,66\text{ Å}) = 7,44\text{ Å}$. O volume de uma célula unitária cúbica é exatamente o comprimento da aresta elevado ao cubo. Convertendo Å em cm e elevando ao cubo, obtemos:

$$\text{Volume} = (7,44 \times 10^{-8}\text{ cm})^3 = 4,12 \times 10^{-22}\text{ cm}^3$$

Com base nos itens (a) e (b), sabemos que existem quatro íons rubídio e quatro íons iodeto por célula unitária. Partindo desse resultado e das massas molares, podemos calcular a massa por célula unitária:

$$\text{Massa} = \frac{4(85,47\text{ g/mol}) + 4(126,90\text{ g/mol})}{6,022 \times 10^{23}\text{ mol}^{-1}} = 1,411 \times 10^{-21}\text{ g}$$

A densidade representa a massa por célula unitária dividida pelo volume de uma célula unitária:

$$\text{Densidade} = \frac{\text{massa}}{\text{volume}} = \frac{1,411 \times 10^{-21}\text{ g}}{4,12 \times 10^{-22}\text{ cm}^3} = 3,43\text{ g/cm}^3$$

Confira A densidade da maioria dos sólidos fica entre a densidade do lítio (0,5 g/cm³) e a do irídio (22,6 g/cm³), então esse valor é razoável.

▶ **Para praticar**
Estime o comprimento da aresta da célula unitária cúbica e a densidade do CsCl (Figura 12.24) com base nos raios iônicos do césio, 1,81 Å, e do cloreto, 1,67 Å. (*Dica:* os íons no CsCl entram em contato ao longo da diagonal, um vetor que vai de um vértice do cubo, passa pelo centro e chega até o vértice oposto. Usando trigonometria, podemos ver que a diagonal de um cubo é $\sqrt{3}$ vezes maior que a aresta.)

Exercícios de autoavaliação

EAA 12.13 A célula unitária do iodeto de rubídio é:

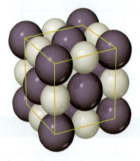

Qual é o número de coordenação do I⁻, representado pelas esferas roxas?

(**a**) 1 (**b**) 4 (**c**) 6 (**d**) 8

EAA 12.14 A estrutura a seguir tem cátions (em azul) em cada canto e no centro de cada face da célula unitária. Todos os ânions (em verde) estão localizados dentro da célula unitária.

Se usarmos A para representar os cátions e X para representar os ânions, qual será a fórmula empírica para esse composto iônico? (**a**) AX_2 (**b**) A_2X (**c**) A_4X_8 (**d**) $A_{14}X_8$

EAA 12.15 O óxido de magnésio cristaliza-se com a mesma estrutura que o cloreto de sódio, e o comprimento da aresta da sua célula unitária é 4,213 Å. Qual é a densidade do óxido de magnésio? (**a**) 0,895 g/cm³ (**b**) 1,79 g/cm³ (**c**) 3,58 g/cm³ (**d**) 7,16 g/cm³

12.5 | Sólidos moleculares e de rede covalente

Objetivos de aprendizagem

Após terminar a Seção 12.5, você deve ser capaz de:

▶ Prever os pontos de fusão de sólidos moleculares e de rede covalente.
▶ Descrever a estrutura eletrônica de banda de semicondutores.
▶ Prever que tipo de átomo de impureza é necessário para produzir um semicondutor do tipo n ou do tipo p para um determinado material hospedeiro.

Sólidos moleculares são átomos ou moléculas neutras unidas por forças dipolo-dipolo, forças de dispersão e/ou ligações de hidrogênio. Uma vez que essas forças intermoleculares são fracas, os sólidos moleculares são macios e têm pontos de fusão relativamente baixos (em geral abaixo de 200 °C). A maioria das substâncias gasosas ou líquidas à temperatura ambiente forma sólidos moleculares a baixas temperaturas. O Ar, o H_2O e o CO_2 são exemplos desse tipo de sólido.

As propriedades dos sólidos moleculares dependem, em grande parte, da intensidade das forças atrativas entre as moléculas. Considere, por exemplo, as propriedades da sacarose (açúcar de mesa, $C_{12}H_{22}O_{11}$). Cada molécula de sacarose tem oito grupos —OH, permitindo a formação de múltiplas ligações de hidrogênio. Consequentemente, a sacarose é um sólido cristalino à temperatura ambiente, e o seu ponto de fusão é de 184 °C, valor relativamente alto para um sólido molecular.

A geometria molecular também é importante, porque determina a eficácia do empacotamento tridimensional das moléculas. Por exemplo, o benzeno (C_6H_6) é uma molécula plana altamente simétrica. (Seção 8.6) Seu ponto de fusão é mais elevado que o do tolueno, um composto em que um dos átomos de hidrogênio do benzeno foi substituído por um

Capítulo 12 | Sólidos e materiais modernos

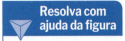
Resolva com ajuda da figura
Em que substância, no benzeno ou no tolueno, as forças intermoleculares são mais intensas? Em qual dessas substâncias o empacotamento das moléculas é mais eficaz?

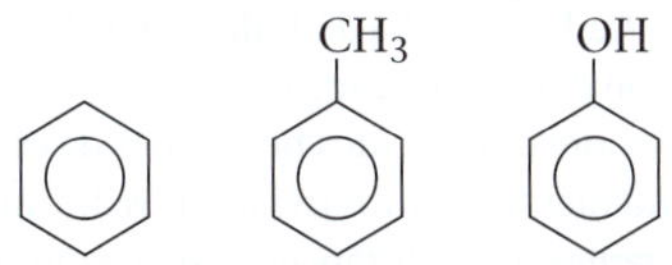

	Benzeno	Tolueno	Fenol
Ponto de fusão (°C)	5	−95	43
Ponto de ebulição (°C)	80	111	182

▲ **Figura 12.27** Pontos de fusão e ebulição do benzeno, do tolueno e do fenol.

grupo CH_3 (**Figura 12.27**). Uma vez que apresentam simetria mais baixa, as moléculas de tolueno não empacotam para formar um cristal de maneira tão eficiente quanto as moléculas de benzeno. Assim, as forças intermoleculares, que dependem de contato entre as moléculas, não são tão eficazes, e o ponto de fusão é mais baixo que o do benzeno. O ponto de ebulição do tolueno, por sua vez, é *mais elevado* que o do benzeno, indicando que as forças de atração intermoleculares são maiores no tolueno líquido do que no benzeno líquido. Os pontos de fusão e de ebulição do fenol, outro benzeno com grupo substituinte, conforme a Figura 12.27, são mais elevados que os do benzeno, porque o grupo OH do fenol pode formar ligações de hidrogênio.

Sólidos de rede covalente consistem em átomos unidos em grandes redes por ligações covalentes. Como as ligações covalentes são mais fortes do que as forças intermoleculares, esses sólidos são mais duros e têm pontos de fusão mais elevados que os dos sólidos moleculares. O diamante e o grafite, dois alótropos do carbono, estão entre os sólidos de rede covalente mais conhecidos. Outros exemplos são o silício, o germânio, o quartzo (SiO_2), o carbeto de silício (SiC) e o nitreto de boro (BN). Nesses casos, a ligação entre os átomos é completamente covalente ou mais covalente que iônica.

No diamante, cada átomo de carbono está ligado a quatro outros átomos de carbono, formando uma estrutura tetraédrica (**Figura 12.28**). A estrutura do diamante pode ser entendida como a estrutura da blenda de zinco (Figura 12.25), na qual os átomos de carbono substituíram os íons de zinco e de sulfeto. Os átomos de carbono apresentam hibridização sp^3 e são unidos por ligações covalentes simples carbono-carbono. A força e a direção dessas ligações fazem do diamante o material mais duro conhecido. Por essa razão, diamantes industriais são empregados em lâminas de serra para trabalhos de corte mais exigentes. A rede de ligação interconectada e rígida também explica por que o diamante é um dos

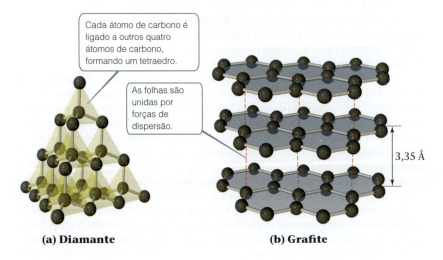

(a) **Diamante**   (b) **Grafite**

◀ **Figura 12.28** Estrutura do (a) diamante e (b) do grafite.

condutores térmicos mais conhecidos, porém ele não é um condutor elétrico. Além disso, o diamante tem um ponto de fusão elevado, 3.550 °C.

No grafite, observado na Figura 12.28(b), os átomos de carbono são ligados covalentemente em camadas, que são unidas por forças intermoleculares. As camadas do grafite são iguais às encontradas na folha de grafeno, mostrada na Figura 12.8. O grafite tem uma célula unitária hexagonal com duas camadas deslocadas, de modo que os átomos de carbono de uma camada ficam sobre o centro dos hexágonos da camada de baixo. Cada átomo de carbono é ligado covalentemente a outros três átomos de carbono na mesma camada, formando anéis hexagonais interligados. A distância entre os átomos de carbono adjacentes no plano, 1,42 Å, é aproximadamente igual ao comprimento da ligação C—C no benzeno, 1,395 Å. Na verdade, as ligações π deslocalizadas estendem-se pelas camadas; algo semelhante ao que ocorre no benzeno. (Seção 9.6) Os elétrons se movem livremente pelos orbitais deslocalizados, o que torna o grafite um bom condutor elétrico. (Na verdade, o grafite é utilizado como eletrodo em baterias.) Essas folhas de átomos de carbono com hibridização sp^2 são separadas umas das outras por uma distância de 3,35 Å e se unem apenas por forças de dispersão. Assim, as camadas deslizam facilmente umas sobre as outras quando friccionadas, dando ao grafite um aspecto oleoso ao toque. Essa tendência é enfatizada quando átomos de impurezas ficam retidos entre as camadas, o que também costuma ocorrer com as formas comerciais do material.

O grafite é utilizado como lubrificante e em lápis de escrever. As enormes diferenças entre as propriedades físicas do grafite e do diamante – os dois são carbono puro – resultam das diferenças entre suas estruturas tridimensionais e suas ligações.

Semicondutores

Metais são excelentes condutores de eletricidade. Muitos sólidos, no entanto, conduzem um pouco de eletricidade, mas nem de longe tão bem quanto os metais, razão pela qual esses materiais são chamados de **semicondutores**. Dois exemplos de semicondutores são o silício e o germânio, encontrados imediatamente abaixo do carbono na tabela periódica. Assim como o carbono, cada um desses elementos tem quatro elétrons de valência, o número exato que satisfaz a regra do octeto mediante a formação de ligações covalentes simples com quatro átomos vizinhos. Portanto, o silício e o germânio, bem como o estanho cinza, cristalizam-se com a mesma rede infinita de ligações covalentes que o diamante.

Quando os orbitais atômicos s e p se sobrepõem, eles formam orbitais moleculares ligantes e antiligantes. Cada par de orbitais s se sobrepõe para dar origem a um orbital molecular ligante e a um orbital molecular antiligante; os orbitais p se sobrepõem para dar origem a três orbitais moleculares ligantes e três orbitais moleculares antiligantes. (Seção 9.8) A extensa rede de ligações leva à formação do mesmo tipo de banda que vimos no caso dos metais, na Seção 12.3. No entanto, diferentemente dos metais, nos semicondutores surge um intervalo de energia entre os estados ocupados e não ocupados, semelhante ao intervalo de energia entre os orbitais ligantes e antiligantes. (Seção 9.7) A banda formada a partir dos orbitais moleculares ligantes é chamada de **banda de valência**, e a formada a partir dos orbitais moleculares antiligantes, **banda de condução** (**Figura 12.29**). Em um semicondutor, a banda de valência é preenchida com elétrons, e a banda de condução está vazia. Essas duas bandas são separadas pela **banda proibida de energia** E_g. Quando tratamos de semicondutores, utilizamos a unidade de energia elétron-volt (eV); 1eV = 1,602 × 10^{-19} J. Quando a banda proibida é superior a ~3,5 eV, o material não é um semicondutor, mas um **isolante**, e não conduz eletricidade.

Semicondutores podem ser divididos em duas classes: semicondutores elementares, com apenas um tipo de átomo; e semicondutores compostos, com dois ou mais elementos. Os semicondutores elementares são do grupo 4A. À medida que descemos na tabela periódica, a distância das ligações aumenta, diminuindo a sobreposição orbital. Essa diminuição na sobreposição causa a redução da diferença de energia entre o topo da banda de valência e a base da banda de condução. Assim, a banda proibida diminui quando vamos do diamante (5,5 eV, um isolante) ao estanho cinza (0,08 eV), passando pelo silício (1,11 eV) e pelo germânio (0,67 eV). No chumbo, o elemento mais pesado do grupo 4A, a banda proibida entra completamente em colapso. Como resultado, o elemento tem a estrutura e as propriedades de um metal.

Semicondutores compostos mantêm a mesma *média* de elétrons de valência que os elementos semicondutores: quatro por átomo. Por exemplo, no arseneto de gálio, GaAs, cada átomo de Ga contribui com três elétrons e cada átomo de As contribui com cinco, garantindo uma média de quatro por átomo – o mesmo número que no silício ou no

Resolva com ajuda da figura Se você fosse desenhar um segundo diagrama para representar um isolante, em que aspecto esse segundo diagrama seria diferente?

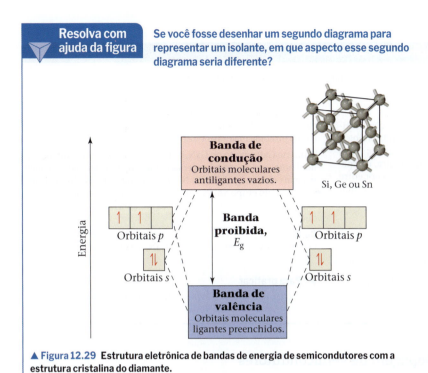

▲ **Figura 12.29** Estrutura eletrônica de bandas de energia de semicondutores com a estrutura cristalina do diamante.

germânio. Portanto, o GaAs é um semicondutor. Outros exemplos são o InP, em que cada índio contribui com três elétrons de valência e cada fósforo contribui com cinco, e o CdTe, em que o cádmio contribui com dois elétrons de valência e o telúrio, com seis. Em ambos os casos, a média é novamente quatro elétrons de valência por átomo. O GaAs, o InP e o CdTe cristalizam-se com a estrutura da blenda de zinco.

A banda proibida de um composto semicondutor tende a aumentar à medida que a diferença entre os números dos grupos aumenta. Por exemplo, $E_g = 0{,}67$ eV no Ge, mas $E_g = 1{,}43$ eV no GaAs. Se aumentarmos a diferença entre os números dos grupos para quatro, como no ZnSe (grupos 2B e 6A), a banda proibida aumenta para 2,70 eV. Essa progressão é um resultado da transição da ligação covalente pura em semicondutores elementares para a ligação covalente polar em semicondutores compostos. À medida que a diferença de eletronegatividade entre os elementos aumenta, a ligação torna-se mais polar e a banda proibida aumenta.

Engenheiros eletricistas manipulam tanto a sobreposição orbital quanto a polaridade da ligação para controlar a banda proibida de compostos semicondutores, a fim de usá-los em uma grande variedade de dispositivos elétricos e ópticos. As bandas proibidas de vários elementos e compostos semicondutores são apresentadas na **Tabela 12.4**.

TABELA 12.4 Banda proibida de alguns semicondutores elementares e compostos

Material	Tipo de estrutura	E_g, eV[†]
Si	Diamante	1,11
AlP	Blenda de zinco	2,43
Ge	Diamante	0,67
GaAs	Blenda de zinco	1,43
ZnSe	Blenda de zinco	2,58
Sn[‡]	Diamante	0,08
InSb	Blenda de zinco	0,18
CdTe	Blenda de zinco	1,50

[†] Energias de banda proibida são dadas à temperatura ambiente, 1 eV = $1{,}602 \times 10^{-19}$ J.
[‡] Esses dados são para o estanho cinza, o alótropo semicondutor do estanho. O outro alótropo, o estanho branco, é um metal.

Exercício resolvido 12.3
Comparação qualitativa entre bandas proibidas de semicondutores

O GaP tem uma banda proibida menor ou maior que o ZnS? Ele tem uma banda proibida maior ou menor que o GaN?

SOLUÇÃO

Analise O tamanho da banda proibida depende das posições vertical e horizontal dos elementos na tabela periódica. A banda proibida aumenta quando uma das seguintes condições é encontrada: (1) os elementos estão localizados mais acima na tabela periódica, em que a sobreposição orbital acentuada leva a uma separação maior entre as energias orbitais ligantes e antiligantes; (2) a separação horizontal entre os elementos aumenta, o que leva a um aumento da diferença de eletronegatividade e da polaridade da ligação.

Planeje Devemos observar a tabela periódica e comparar as posições relativas dos elementos em cada caso.

Resolva O gálio está no quarto período e no grupo 3A. O fósforo, no terceiro período e no grupo 5A. O zinco e o enxofre, nos mesmos períodos que o gálio e o fósforo, respectivamente. No entanto, o zinco, do grupo 2B, está à esquerda do gálio, e o enxofre, do grupo 6A, está à direita do fósforo. Assim, esperamos que a diferença de eletronegatividade seja maior para o ZnS, o que deve resultar em uma banda proibida maior para o ZnS do que para o GaP.

Tanto no GaP quanto no GaN, o elemento mais eletropositivo é o gálio. Então, será necessário apenas comparar as posições dos elementos mais eletronegativos, P e N. O nitrogênio está localizado acima do fósforo no grupo 5A. Portanto, com base no aumento da sobreposição orbital, supomos que o GaN tenha uma banda proibida maior que o GaP.

Confira As referências externas mostram que a banda proibida do GaP é 2,26 eV; do ZnS, 3,6 eV; e do GaN, 3,4 eV.

▶ **Para praticar**
O ZnSe tem uma banda proibida maior ou menor do que o ZnS?

Dopagem de semicondutores

A condutividade elétrica de um semicondutor é influenciada pela presença de um pequeno número de átomos de impureza. O processo de adição de quantidades controladas de átomos de impureza a um material é conhecido como **dopagem**. Considere o que acontece quando alguns átomos de fósforo (conhecidos como dopantes) substituem átomos de silício em um cristal de silício. No Si puro, todos os orbitais moleculares da banda de valência estão preenchidos e os orbitais moleculares da banda de condução estão vazios, conforme a **Figura 12.30(a)**. Uma vez que o fósforo tem cinco elétrons de valência e o silício tem apenas quatro, os elétrons "extras" que acompanham os átomos de fósforo dopantes são forçados a ocupar a banda de condução [Figura 12.30(b)]. O material dopado é chamado de semicondutor do *tipo n*; o "n" indica que o número de cargas *n*egativas presentes na banda de

Resolva com ajuda da figura
Preveja o que aconteceria em (b) se você duplicasse a dopagem mostrada no semicondutor do tipo *n*.

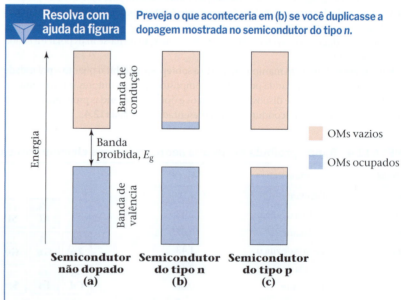

▲ **Figura 12.30 As propriedades eletrônicas dos semicondutores são alteradas pela dopagem.** Os elétrons adicionais na banda de condução produzem um material do tipo n, enquanto os buracos adicionais na banda de valência produzem um material do tipo p.

QUÍMICA E SUSTENTABILIDADE | Iluminação de estado sólido

A iluminação artificial é tão difundida que não lhe damos a devida atenção. Uma grande economia de energia poderia ser feita se todas as lâmpadas incandescentes pudessem ser substituídas por diodos emissores de luz (LEDs). Como os LEDs são feitos de semicondutores, este é um momento oportuno para olharmos com mais atenção para o funcionamento deles.

O coração de um LED é o diodo p-n, formado por um semicondutor do tipo n em contato com um semicondutor do tipo p. No ponto em que eles se encontram, existem poucos elétrons ou buracos para transportar a carga através da interface; assim, a condutividade diminui. Quando uma tensão adequada é aplicada, os elétrons são guiados da banda de condução do lado dopado n até a junção, onde se encontram com os buracos que foram guiados da banda de valência do lado dopado p. Os elétrons migram para os buracos vazios e sua energia é convertida em luz, cujos fótons têm a mesma energia que a banda proibida (Figura 12.31). Dessa forma, a energia elétrica é convertida em energia luminosa.

Como o comprimento de onda da luz que é emitida depende da banda proibida do semicondutor, a cor da luz produzida pelo LED pode ser controlada pela escolha adequada do semicondutor. A maioria dos LEDs vermelhos são produzidos a partir de uma mistura de GaP e GaAs. A banda proibida do GaP é de 2,26 eV (3,62 × 10^{-19} J), correspondente a um fóton verde com um comprimento de onda de 549 nm, enquanto o GaAs tem uma banda proibida de 1,43 eV (2,29 × 10^{-19} J), correspondente a um fóton infravermelho com um comprimento de onda de 867 nm. (Seções 6.1 e 6.2) Se forem formadas soluções sólidas desses dois compostos, com estequiometrias $GaP_{1-x}As_x$, pode-se ajustar a banda proibida para qualquer valor intermediário. Assim, $GaP_{1-x}As_x$ é a solução sólida preferencial para LEDs vermelhos, laranjas e amarelos. Em LEDs verdes, empregam-se misturas de GaP e AlP (E_g = 2,43 eV, λ = 510 nm).

Os LEDs vermelhos estão no mercado há décadas; já para fazer a luz branca, foi necessário um LED azul eficiente. O primeiro protótipo de LED azul brilhante foi demonstrado em um laboratório japonês em 1993. Em 2010, menos de 20 anos depois, mais de US$ 10 bilhões em LEDs azuis foram vendidos em todo o mundo. Os LEDs azuis são combinações de GaN (E_g = 3,4 eV, λ = 365 nm) e InN (E_g = 2,4 eV, λ = 517 nm). Muitas cores de LEDs estão disponíveis e são usadas em tudo, de escâneres de código de barras a semáforos. Como a emissão de luz resulta de estruturas de semicondutores, que podem ser extremamente pequenas, e como elas emitem pouco calor, os LEDs estão substituindo as lâmpadas incandescentes e fluorescentes em muitas aplicações.

Exercícios relacionados:
12.77-12.80

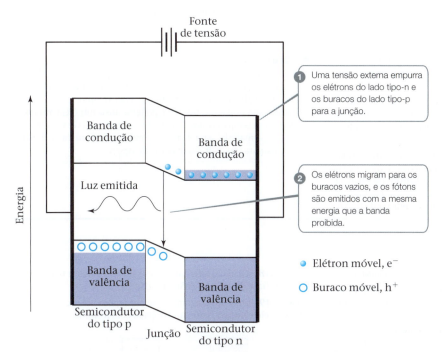

▲ **Figura 12.31 Diodos emissores de luz.** O coração de um diodo emissor de luz é a junção p-n, em que uma tensão aplicada impulsiona elétrons e buracos para a junção, onde se combinam e emitem luz.

---

condução aumentou. Esses elétrons extras podem se mover com facilidade na banda de condução. Assim, a adição de apenas algumas partes por milhão (ppm) de fósforo ao silício pode aumentar a condutividade intrínseca do silício em um fator de um milhão.

A drástica mudança na condutividade em resposta à adição de uma pequena quantidade de um dopante significa que é preciso estar atento à presença de impurezas em semicondutores. A indústria de semicondutores utiliza "nove noves" de silício para fazer circuitos integrados. Isso significa que o Si deve ser 99,999999999% puro (nove noves depois da separação decimal) para que tenha utilidade tecnológica. A dopagem possibilita a modulação da condutividade elétrica mediante o controle preciso do tipo e da concentração de dopantes.

Também é possível dopar semicondutores com átomos com menos elétrons de valência do que o material hospedeiro. Considere o que acontece quando alguns átomos de alumínio substituem átomos de silício em um cristal de silício. O alumínio tem apenas três elétrons de valência, e o silício, quatro. Assim, surgem espaços sem elétrons, conhecidos como **buracos** (ou lacunas), na banda de valência quando o silício é dopado com alumínio [Figura 12.30(c)]. Uma vez que a espécie de carga negativa não está presente, pode-se considerar que o buraco tem uma carga positiva. Qualquer elétron adjacente que pula para o buraco deixa para trás um novo buraco. Assim, o buraco positivo se move pela estrutura como uma partícula.* Um material como esse é chamado de semicondutor do *tipo p*; o "*p*" indica que o número de buracos *p*ositivos no material aumentou.

Assim como acontece com a condutividade do tipo n, bastam algumas partes por milhão de dopante do tipo p para levar a um aumento de milhões de vezes na condutividade. Contudo, nesse caso, os buracos na banda de valência são responsáveis pela condução [Figura 12.30(c)].

O controle das propriedades elétricas do silício pela dopagem serve de base para os computadores da atualidade. A junção de um semicondutor do tipo n com um semicondutor do tipo p leva a dispositivos como diodos (ver o quadro "Química e sustentabilidade: Iluminação de estado sólido"), transistores e células solares.

Exercício resolvido 12.4
Como identificar os tipos de semicondutor

Qual dos seguintes elementos, se utilizado na dopagem do silício, produziria um semicondutor do tipo n: o Ga, o As ou o C?

SOLUÇÃO

Analise Um semicondutor do tipo n significa que os átomos dopantes devem ter mais elétrons de valência do que o material hospedeiro. Neste caso, o silício é o material hospedeiro.

Planeje Devemos analisar a tabela periódica e determinar o número de elétrons de valência associados a Si, Ga, As e C. Os elementos com mais elétrons de valência que o silício são aqueles que vão produzir um material do tipo n durante a dopagem.

Resolva O Si está no grupo 4A e, portanto, tem quatro elétrons de valência. O Ga está no grupo 3A e, desse modo, tem três elétrons de valência. O As está no grupo 5A e apresenta cinco elétrons de valência. O C está no grupo 4A e tem quatro elétrons de valência. Assim, o As, se usado para dopar o silício, produziria um semicondutor do tipo n.

▶ **Para praticar**

Compostos semicondutores podem ser dopados para produzir materiais do tipo n e p, mas os cientistas precisam saber quais átomos realmente serão substituídos. Por exemplo, se o Ge fosse usado para dopar o GaAs, o Ge poderia substituir o Ga, produzindo um semicondutor do tipo n. Contudo, se o Ge substituísse o As, o material seria do tipo p. Sugira uma maneira de dopar o CdSe para produzir um material do tipo p.

Exercícios de autoavaliação

EAA 12.16 Qual(is) das seguintes afirmações é(são) *verdadeira(s)*?

(i) Os pontos de fusão dos sólidos moleculares são inferiores aos dos sólidos iônicos porque as ligações nos sólidos moleculares são mais fracas do que as nos sólidos iônicos.

(ii) A forma da molécula não influencia seu ponto de fusão ou de ebulição.

(**a**) i (**b**) ii (**c**) i e ii (**d**) nem i nem ii

EAA 12.17 Qual(is) das seguintes afirmações sobre sólidos de rede covalente é(são) *verdadeira(s)*?

(i) Os sólidos de rede covalente geralmente têm condutividades elétricas menores do que os metais.

(ii) A presença de impurezas pode aumentar a condutividade dos sólidos de rede covalente.

(iii) Os sólidos de rede covalente geralmente têm pontos de fusão semelhantes aos dos sólidos moleculares.

(**a**) Apenas uma das afirmações é verdadeira. (**b**) Apenas i e ii são verdadeiras. (**c**) Apenas i e iii são verdadeiras. (**d**) Apenas ii e iii são verdadeiras. (**e**) Todas as afirmações são verdadeiras.

EAA 12.18 Qual das alternativas a seguir tem a maior banda proibida? (**a**) GaSe (**b**) InSe (**c**) ZnSe (**d**) CdSe

EAA 12.19 Qual dos diagramas a seguir representa precisamente a estrutura eletrônica do germânio dopado com fósforo?

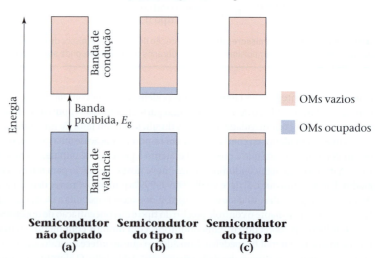

---

*Esse movimento é análogo ao de pessoas que mudam de assento em uma sala de aula. Você pode assistir às pessoas (elétrons) se movendo de um lugar para o outro (átomos) ou pode assistir aos lugares vazios (buracos) "se movendo".

12.6 | Polímeros

Encontramos na natureza muitas substâncias de massa molecular elevada, algumas chegando a milhões de uma (unidade de massa atômica), que compõem grande parte da estrutura dos seres vivos e de seus tecidos. Alguns exemplos são o amido e a celulose, abundantes em plantas, e as proteínas, encontradas em plantas e animais. Em 1827, Jöns Jakob Berzelius cunhou o termo **polímero** (do grego *polys*, "muitos", e *meros*, "partes") para designar substâncias moleculares de alta massa molecular, formadas mediante a *polimerização*, ou união, de **monômeros**, moléculas com baixa massa molecular.

Historicamente, polímeros naturais, como a lã, o couro, a seda e a borracha natural, foram transformados em materiais de uso cotidiano. Ao longo dos últimos 70 anos, químicos aprenderam a produzir polímeros sintéticos por meio da polimerização de monômeros, empregando reações químicas controladas. Um grande número desses polímeros sintéticos tem um esqueleto de ligações carbono-carbono, uma vez que esses átomos apresentam uma capacidade excepcional de formar ligações fortes e estáveis uns com os outros.

Os **plásticos** são sólidos poliméricos que podem assumir diversas formas, geralmente mediante aplicação de calor e pressão. Há vários tipos de plástico.

Termoplásticos podem ser remodelados. Por exemplo, os antigos saquinhos de plástico para armazenar leite são feitos a partir do polímero termoplástico *polietileno*. Esses recipientes podem ser derretidos, e o polímero, reciclado para ser reutilizado em outra aplicação. Mais de 2 milhões de toneladas de plástico são recicladas por ano nos Estados Unidos. Se você olhar o fundo de um recipiente de plástico, é provável que veja um símbolo de reciclagem com um número, conforme a **Figura 12.32**. O número e a abreviatura abaixo dele indicam o tipo de polímero usado na produção do recipiente, como resume a **Tabela 12.5**. Esses símbolos permitem classificar os recipientes de acordo com sua composição. Em geral, quanto menor o número, maior é a facilidade com que o material pode ser reciclado.

Ao contrário dos termoplásticos, o **plástico termoestável** (também chamado de *termofixo*) é moldado por meio de processos químicos irreversíveis, então não pode ser remodelado facilmente. A borracha vulcanizada e os poliuretanos usados em produtos comerciais, incluindo colchões e espumas isolantes, são exemplos de plásticos termoestáveis.

Outro tipo de plástico é o **elastômero**, um material que apresenta flexibilidade ou elasticidade. Quando estirado ou dobrado, um elastômero recupera o seu formato original após a remoção da força de distorção, desde que não seja distorcido além de certo limite elástico. A borracha é o exemplo mais conhecido de elastômero.

Alguns polímeros, como o náilon e os poliésteres, ambos plásticos termoestáveis, podem ser moldados em fibras que, assim como o cabelo, apresentam uma razão comprimento/área transversal muito grande. Essas fibras podem virar tecidos e cordas, sendo transformadas em roupas, fios de pneu e outros objetos úteis.

Produção de polímeros

Um bom exemplo de uma reação de polimerização é a formação de polietileno a partir de moléculas de etileno (**Figura 12.33**). Nessa reação, a ligação dupla em cada molécula de etileno "se abre", e dois dos elétrons presentes nessa ligação são usados em novas ligações simples C—C com duas outras moléculas de etileno. Esse tipo de polimerização, em que os

▲ **Objetivos de aprendizagem**

Após terminar a Seção 12.6, você deve ser capaz de:

▶ Descrever como polímeros são formados a partir de monômeros.
▶ Diferenciar polímeros de outros tipos de sólidos.
▶ Descrever as relações entre a estrutura, as ligações e as propriedades físicas dos polímeros.

▲ **Figura 12.32 Símbolos de reciclagem.** A maioria dos recipientes de plástico fabricados atualmente apresenta um símbolo de reciclagem que indica o tipo de polímero usado na fabricação do recipiente e se ele pode ser reciclado.

TABELA 12.5 Categorias utilizadas para a reciclagem de materiais poliméricos

Número	Abreviação	Polímero
1	PET	Poli(tereftalato de etileno)
2	PEAD	Polietileno de alta densidade
3	PVC	Policloreto de vinila
4	PEBD	Polietileno de baixa densidade
5	PP	Polipropileno
6	PS	Poliestireno
7	Nenhuma	Outro

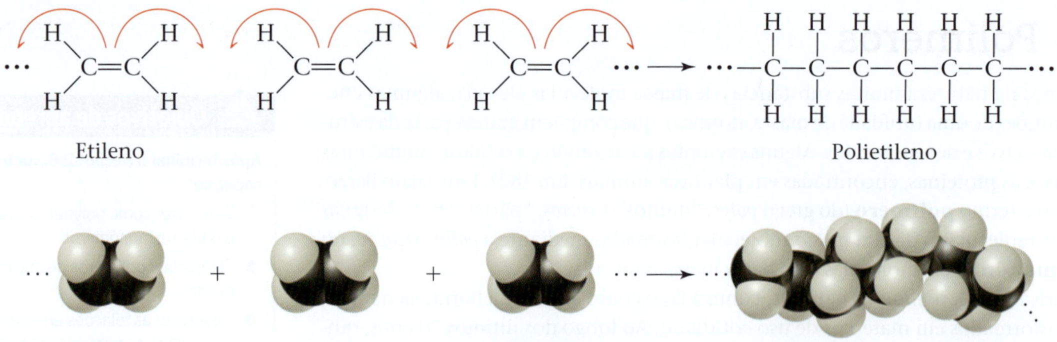

▲ Figura 12.33 Polimerização de monômeros de etileno para produzir o polietileno.

monômeros se conectam por meio de ligações múltiplas, é chamado de **polimerização por adição**.

Podemos escrever a equação da reação de polimerização da seguinte maneira:

$$n\ CH_2=CH_2 \longrightarrow \left[\begin{array}{cc} H & H \\ | & | \\ C - C \\ | & | \\ H & H \end{array} \right]_n$$

em que *n* representa um número grande – que vai de centenas a milhares – de moléculas de monômero (nesse caso, o etileno) que reagem para formar uma molécula polimérica. No polímero, uma unidade de repetição (a estrutura parcial mostrada entre colchetes para a polimerização do etileno) aparece muitas e muitas vezes ao longo de toda a cadeia. As extremidades da cadeia são limitadas por ligações carbono-hidrogênio ou por outra ligação, para que os átomos de carbono das extremidades tenham quatro ligações.

O polietileno é um material importante, e sua produção excede 85 milhões de toneladas/ano. Apesar de sua composição simples, o polímero não é de fácil produção. As condições de fabricação adequadas foram estabelecidas apenas depois de muitos anos de pesquisa. Atualmente, são conhecidas diversas formas de polietileno, com propriedades físicas muito diferentes.

Polímeros de outras composições químicas proporcionam uma variedade ainda maior de propriedades físicas e químicas. A **Tabela 12.6** lista vários outros polímeros comuns, obtidos por polimerização de adição.

Uma segunda reação geral usada para sintetizar polímeros com grande importância comercial é a **polimerização por condensação**. Em uma reação de condensação, duas moléculas são unidas para formar uma molécula maior, eliminando uma molécula pequena, como a de H_2O. Por exemplo, uma amina (composto que contém —NH_2) reage com um ácido carboxílico (composto que contém —COOH) para formar uma ligação entre o N e o C mais uma molécula de H_2O (**Figura 12.34**).

Os polímeros formados a partir de dois monômeros diferentes são chamados de **copolímeros**. Na produção de muitos tipos de náilon, uma *diamina*, um composto com um grupo —NH_2 em cada uma de suas extremidades, reage com um *diácido*, um composto com um grupo —COOH em cada uma de suas extremidades. Por exemplo, o copolímero náilon 6,6 é formado quando uma diamina que possui seis átomos de carbono e um grupo amina em cada extremidade reage com o ácido adípico, que também tem seis átomos de carbono (**Figura 12.35**). Uma reação de condensação ocorre em cada extremidade da diamina e do ácido. Nessa reação, água é liberada e ligações N—C são formadas entre as moléculas.

Capítulo 12 | Sólidos e materiais modernos

TABELA 12.6 Polímeros importantes comercialmente

Polímero	Estrutura	Usos
Polímeros de adição		
Polietileno	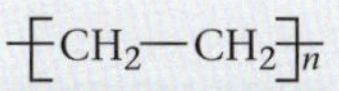 $\text{--[CH}_2\text{--CH}_2\text{]}_n\text{--}$	Filmes, embalagens, garrafas
Polipropileno	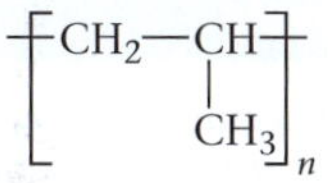 $\text{--[CH}_2\text{--CH(CH}_3\text{)]}_n\text{--}$	Utensílios de cozinha, fibras, eletrodomésticos
Poliestireno	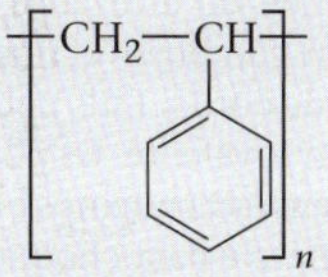 $\text{--[CH}_2\text{--CH(C}_6\text{H}_5\text{)]}_n\text{--}$	Embalagens, recipientes descartáveis para alimentos, isolantes
Policloreto de vinila	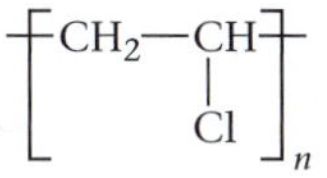 $\text{--[CH}_2\text{--CHCl]}_n\text{--}$	Conectores, encanamento
Polímeros de condensação		
Poliuretano	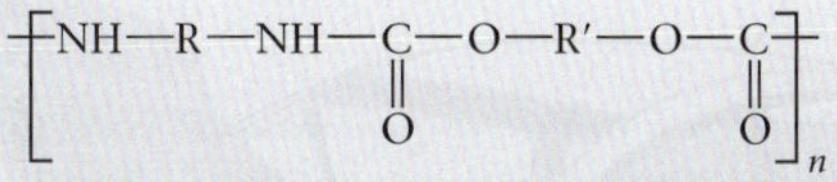 $\text{--[NH--R--NH--C(=O)--O--R'--O--C(=O)]}_n\text{--}$ R, R' = —CH$_2$—CH$_2$— (por exemplo)	Preenchimento de espuma de móveis, isolante de espuma, peças automotivas, calçados, casacos impermeáveis
Poli(tereftalato de etileno) – um poliéster	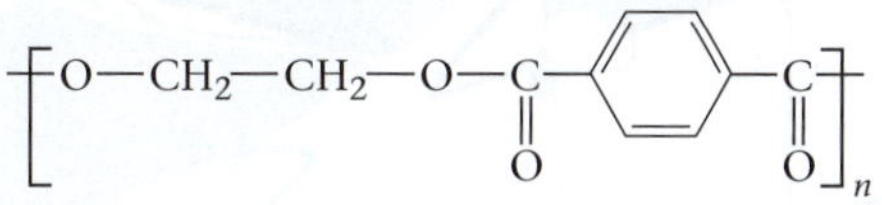 $\text{--[O--CH}_2\text{--CH}_2\text{--O--C(=O)--C}_6\text{H}_4\text{--C(=O)]}_n\text{--}$	Fios de pneu, fita magnética, roupas, garrafas PET
Náilon 6,6	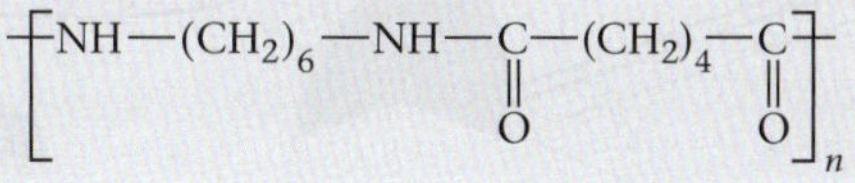 $\text{--[NH--(CH}_2\text{)}_6\text{--NH--C(=O)--(CH}_2\text{)}_4\text{--C(=O)]}_n\text{--}$	Mobiliário doméstico, roupas, tapetes, linhas de pesca, cerdas de escova de dente
Policarbonato	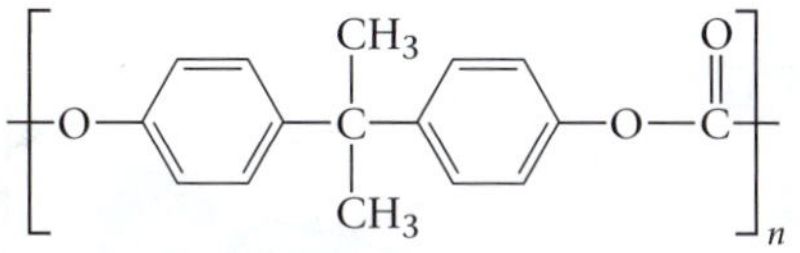 $\text{--[O--C}_6\text{H}_4\text{--C(CH}_3\text{)}_2\text{--C}_6\text{H}_4\text{--O--C(=O)]}_n\text{--}$	Lentes de óculos inquebráveis, CDs, DVDs, janelas à prova de balas, estufas

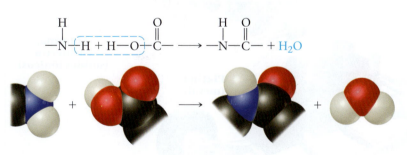

◀ **Figura 12.34** Polimerização por condensação.

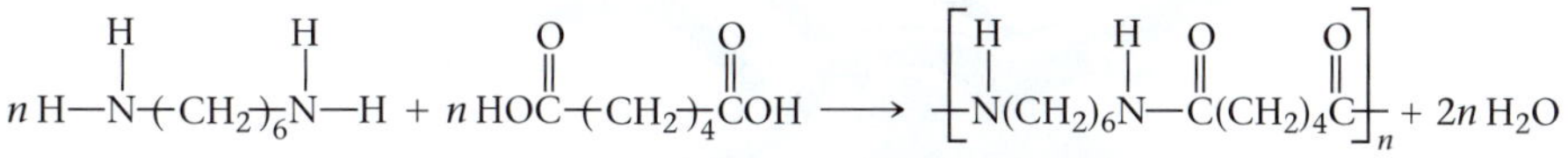

◀ **Figura 12.35** Formação do copolímero náilon 6,6.

Diamina   Ácido adípico   Náilon 6,6

A Tabela 12.6 lista o náilon 6,6 e outros polímeros comuns obtidos mediante polimerização por condensação. Observe que esses polímeros têm esqueletos com átomos de O ou N, além dos átomos de C.

QUÍMICA E SUSTENTABILIDADE — Materiais modernos em automóveis

Há mais de 1 bilhão de automóveis no mundo. Um melhor entendimento sobre a estrutura e as propriedades dos materiais permitiu o desenvolvimento de veículos mais seguros, potentes, confortáveis e com maior eficiência de combustível. Vamos analisar mais de perto alguns desses materiais modernos (**Figura 12.36**).

Os metais e as ligas metálicas são incorporados a muitas partes dos automóveis. Por exemplo, o alumínio é o principal componente do radiador, do coletor de admissão e do bloco do motor. Em geral, o chassi e a carroceria são feitos de aço. O aço inoxidável é usado nos silenciadores, escapamentos e conversores catalíticos. O interior do conversor catalítico contém pequenas partículas de metais do grupo da platina, depositadas sobre uma cerâmica estruturada em arranjo hexagonal. A cerâmica é composta de sólidos iônicos: um revestimento de alumina (Al_2O_3) sobre cordierita ($Mg_2Al_4Si_5O_{18}$). Óxidos semicondutores são utilizados no sensor de oxigênio que monitora a relação ar-combustível nos gases de exaustão, controlado pelo computador de bordo. Este, por sua vez, tem como base o silício, um sólido de rede covalente. Os polímeros também estão presentes nos automóveis, em estofamentos e tapetes de poliéster, refletores ópticos de policarbonato e para-choques e baterias de polipropileno. À medida que os veículos elétricos se popularizam ao redor do mundo, o motor de combustão interna dos automóveis convencionais vem sendo substituído por baterias. Examinaremos os materiais presentes em diversos tipos de baterias no Capítulo 20.

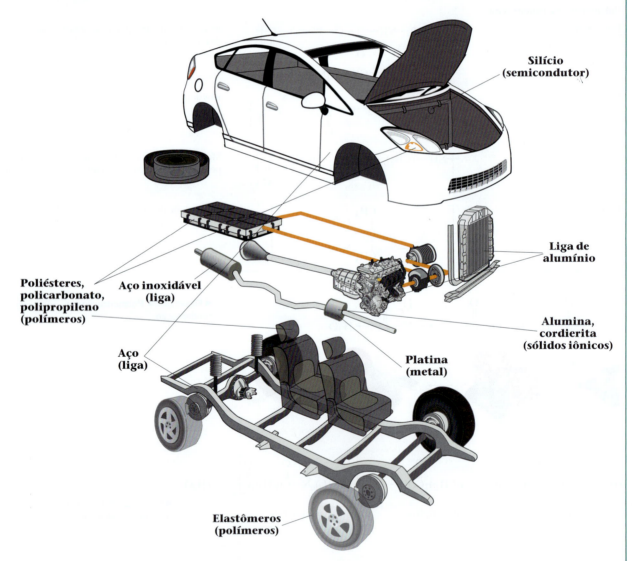

▲ **Figura 12.36** Componentes de materiais modernos em um automóvel.

Estrutura e propriedades físicas de polímeros

As fórmulas estruturais simples de polietileno e outros polímeros são enganosas. Como quatro ligações circundam cada átomo de carbono no polietileno, os átomos estão dispostos em um arranjo tetraédrico, tornando a cadeia não linear, como a ilustramos. Além disso, os átomos são relativamente livres para girar em torno das ligações simples C — C. Portanto, em vez de serem lineares e rígidas, as cadeias são flexíveis, dobrando-se facilmente (**Figura 12.37**). Devido à flexibilidade das cadeias moleculares, todo e qualquer material feito desse polímero é muito flexível.

Tanto os polímeros sintéticos quanto os naturais geralmente são um conjunto de *macromoléculas* (moléculas grandes) de diferentes massas moleculares. Dependendo das condições de formação, as massas moleculares podem variar bastante ou se aproximarem de um valor médio. Em parte por causa dessa distribuição das massas moleculares, os polímeros são materiais extremamente amorfos (não cristalinos). Em vez de apresentar uma fase cristalina bem definida com um ponto de fusão estabelecido, os polímeros se fundem em intervalos de temperaturas. No entanto, eles podem apresentar uma organização pontual em algumas regiões do sólido, com cadeias alinhadas em arranjos regulares, como mostra a **Figura 12.38**. A extensão de tal ordenação é indicada pelo grau de **cristalinidade** do polímero. Estender ou estirar mecanicamente as cadeias para alinhá-las mediante a passagem do polímero fundido através de pequenos orifícios pode aumentar a sua cristalinidade. As forças intermoleculares entre as cadeias poliméricas as mantêm unidas nas regiões com ordenamento cristalino, tornando o polímero mais denso, mais duro, menos solúvel e mais resistente ao calor. A **Tabela 12.7** mostra como as propriedades do polietileno mudam à medida que o grau de cristalinidade aumenta.

A estrutura linear do polietileno propicia interações intermoleculares que levam à cristalinidade. No entanto, o grau de cristalinidade do polietileno depende da massa molecular média. A polimerização resulta em uma mistura de macromoléculas com valores diferentes de *n* (número de moléculas de monômero) e, portanto, diferentes massas moleculares. O polietileno de baixa densidade (PEBD), utilizado na formação de películas e folhas, apresenta massa molecular média de aproximadamente 10^4 uma, densidade inferior a 0,94 g/cm^3 e ramificação substancial de cadeia. Isto é, há cadeias laterais ligadas à cadeia principal do polímero que inibem a formação de regiões cristalinas, reduzindo a densidade do material. O polietileno de alta densidade (PEAD), usado para produzir garrafas, cilindros e tubos, tem massa molecular média na faixa de 10^6 uma e densidade de 0,94 g/cm^3 ou mais. Essa forma tem menos cadeias laterais e, consequentemente, maior grau de cristalinidade.

Polímeros podem ter sua dureza aumentada mediante a indução de ligações químicas entre as cadeias. A formação de ligações entre as cadeias é chamada de **ligação cruzada** (**Figura 12.39**). Quanto maior for o número de ligações cruzadas, maior será a rigidez do polímero. Enquanto os materiais termoplásticos são formados por cadeias poliméricas

▲ **Figura 12.37 Segmento de uma cadeia de polietileno.** Esse segmento é constituído de 28 átomos de carbono. Em polietilenos comerciais, o número de unidades de CH$_2$ varia aproximadamente entre 10^3 e 10^5.

▲ **Figura 12.38 Interações entre cadeias poliméricas.** Nos círculos, as forças que atuam entre segmentos adjacentes das cadeias levam a organizações análogas nos cristais, embora menos regulares.

TABELA 12.7 Propriedades do polietileno como uma função da cristalinidade

Propriedades	\	\	Cristalinidade	\	\
	55%	62%	70%	77%	85%
Ponto de fusão (°C)	109	116	125	130	133
Densidade (g/cm^3)	0,92	0,93	0,94	0,95	0,96
Dureza*	25	47	75	120	165
Tensão limite*	1700	2500	3300	4200	5100

*Os resultados do teste mostram que a resistência mecânica do polímero aumenta com o aumento da cristalinidade. A unidade física para o teste de rigidez é o psi × 10^{-3} (psi = libras por polegada quadrada, do inglês *pounds per square inch*); para o teste de tensão limite, também é usado o psi. A discussão sobre o significado exato e a importância desses testes está além do escopo deste livro.

▲ **Figura 12.39 Ligação cruzada entre cadeias poliméricas.** O conjunto de ligações cruzadas (em vermelho) restringe os movimentos relativos das cadeias de polímero, tornando o material mais duro e menos flexível do que quando as ligações cruzadas não estão presentes.

independentes, nos plásticos termofixos, as cadeias se ligam quando eles são aquecidos; as ligações cruzadas permitem que eles conservem suas formas.

Um exemplo significativo de ligação cruzada é a **vulcanização** da borracha natural, um processo descoberto por Charles Goodyear em 1839. A borracha natural é formada a partir de uma resina líquida, derivada da casca interna da árvore da seringueira, *Hevea brasiliensis*. Quimicamente, é um polímero de isopreno, C_5H_8 (**Figura 12.40**). Como a rotação em torno da ligação dupla carbono-carbono não ocorre facilmente, a orientação dos grupos ligados aos átomos de carbono é rígida. Na borracha natural, as extensões da cadeia estão no mesmo lado da ligação dupla, conforme a Figura 12.40(**a**).

A borracha natural não é um polímero útil porque é muito macia e quimicamente reativa. No entanto, Goodyear descobriu acidentalmente que adicionar enxofre e então aquecer a mistura torna a borracha mais dura e menos suscetível à oxidação e a outras reações químicas de degradação. O enxofre transforma a borracha em um polímero termofixo mediante a formação de ligações cruzadas das cadeias poliméricas envolvendo algumas ligações duplas, como mostra o esquema da Figura 12.40(**b**). O cruzamento de cerca de 5% das ligações duplas cria uma borracha resistente e flexível. Quando a borracha é esticada, as ligações cruzadas ajudam a evitar que as cadeias deslizem, fazendo com que a borracha mantenha a sua elasticidade. Como o aquecimento é uma etapa importante desse processo, Goodyear nomeou-o "vulcanização", em homenagem a Vulcano, o deus romano do fogo.

A maioria dos polímeros contém átomos de carbono com hibridização sp^3 sem elétrons π deslocalizados (Seção 9.6), de modo que eles costumam ser isolantes elétricos e incolores (o que implica uma banda proibida grande). No entanto, se o esqueleto do polímero apresentar ressonância (Seções 8.6 e 9.6), os elétrons poderão se deslocalizar ao longo das cadeias, levando o polímero a ter um comportamento semicondutor. Esses "dispositivos eletrônicos poliméricos" atualmente são utilizados em células solares orgânicas leves e flexíveis, diodos emissores de luz, dispositivos eletrônicos vestíveis (*wearables*) e outros dispositivos baseados em carbono, que diferem de semicondutores inorgânicos como o silício.

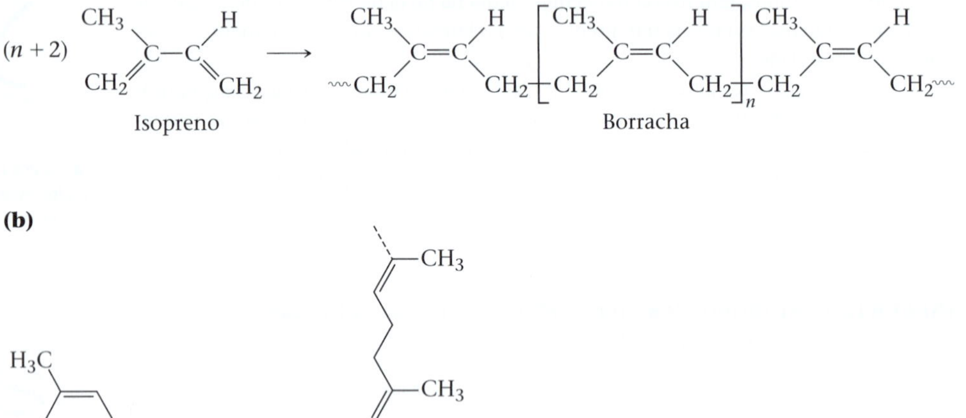

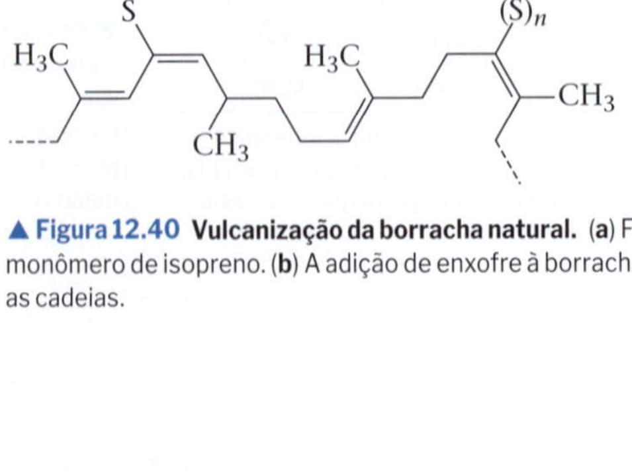

▲ **Figura 12.40 Vulcanização da borracha natural.** (a) Formação de borracha natural polimérica a partir do monômero de isopreno. (b) A adição de enxofre à borracha cria ligações carbono-enxofre e enxofre-enxofre entre as cadeias.

Exercícios de autoavaliação

EAA 12.20 Quais das substâncias a seguir podem ser usadas como monômeros?
(i) Cloreto de vinila
(ii) Glicose
(iii) Aminoácidos

(a) apenas i (b) i e ii (c) i e iii (d) ii e iii (e) as três

EAA 12.21 Os polímeros que são isolantes elétricos incolores não têm elétrons π deslocalizados. Qual é a hibridização dos átomos de carbono desses polímeros? (a) sp^2 (b) sp^3 (c) sp^2 e sp^3 (d) nem sp^2 nem sp^3

EAA 12.22 Qual(is) das seguintes afirmações é(são) *verdadeira(s)*?
(i) O poliestireno é um polímero de condensação.
(ii) Polímeros cruzados geralmente são mais rígidos do que os seus equivalentes não cruzados.
(iii) Quanto mais cristalino for um polímero, menor será seu ponto de fusão.

(a) Apenas uma das afirmações é verdadeira. (b) Apenas i e ii são verdadeiras. (c) Apenas ii e iii são verdadeiras. (d) Apenas i e iii são verdadeiras. (e) Todas as afirmações são verdadeiras.

12.7 | Nanomateriais

O prefixo *nano* significa 10^{-9}. (Seção 1.5) Quando as pessoas falam de nanotecnologia, elas geralmente se referem a dispositivos na escala de 1-100 nm. As propriedades de semicondutores e metais variam nesse mesmo intervalo de tamanho. **Nanomateriais**, ou seja, materiais com dimensões na escala 1-100 nm, estão sob intensa pesquisa em laboratórios de todo o mundo, e a química desempenha um papel central nessa investigação.

Objetivos de aprendizagem

Após terminar a Seção 12.7, você deve ser capaz de:

▶ Descrever como as propriedades de semicondutores e metais maciços se alteram à medida que o tamanho dos cristais diminui para uma escala de comprimento nanométrico.

▶ Descrever as estruturas e as propriedades únicas de fulerenos, nanotubos de carbono e grafeno.

Semicondutores em nanoescala

A Figura 12.21 mostra que, em moléculas pequenas, os elétrons ocupam orbitais moleculares discretos; em sólidos em macroescala, por outro lado, os elétrons ocupam bandas deslocalizadas. A partir de que tamanho uma molécula começa a se comportar como se tivesse bandas deslocalizadas em vez de orbitais moleculares localizados? No caso de semicondutores, tanto a teoria quanto experiências mostram que a resposta é aproximadamente de 1 a 10 nm (cerca de 10 a 100 átomos de diâmetro). O número exato depende do material semicondutor em particular. As equações da mecânica quântica usadas para elétrons em átomos podem ser aplicadas aos elétrons (e buracos) em semicondutores para estimar o tamanho dos materiais em que os orbitais moleculares se convertem em bandas eletrônicas. Como esses efeitos se tornam importantes entre 1 e 10 nm, partículas semicondutoras com diâmetro nessa faixa de tamanho são chamadas de *pontos quânticos*.

Um dos efeitos mais espetaculares da redução do tamanho de um cristal semicondutor é que a banda proibida é alterada substancialmente quando este encontra-se na faixa de 1 a 10 nm. À medida que a partícula diminui, a banda proibida fica maior, um efeito observável a olho nu, como mostra a **Figura 12.41**. No nível macro, o semicondutor fosfeto de cádmio apresenta cor preta porque sua banda proibida é pequena ($E_g = 0,5$ eV), e ele absorve todos os comprimentos de onda da luz visível. Quando os cristais são menores, o material muda de cor progressivamente até que chegue à cor branca. Isso ocorre porque nenhuma luz visível é absorvida. A banda proibida é tão grande que apenas a luz ultravioleta de alta energia pode excitar os elétrons, levando-os à banda de condução ($E_g > 3,0$ eV).

◀ **Figura 12.41 Porções de pó de Cd_3P_2 com diferentes tamanhos de partícula.** A seta indica a diminuição do tamanho da partícula e um aumento correspondente na energia da banda proibida, resultando em cores diferentes.

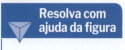

Resolva com ajuda da figura

À medida que o tamanho dos pontos quânticos diminui, o comprimento de onda da luz emitida aumenta ou diminui?

Tamanho dos pontos quânticos de CdSe
2 nm ⟶ 7 nm

2,7 eV ⟶ 2,0 eV
Energia da banda proibida, E_g

▲ **Figura 12.42 A fotoluminescência depende do tamanho das partículas em escala nanométrica.** Quando iluminadas com luz ultravioleta, essas soluções, cada uma contendo nanopartículas do semicondutor CdSe, emitem luz, que corresponde às suas respectivas bandas proibidas. O comprimento de onda da luz emitida depende do tamanho das nanopartículas de CdSe.

A obtenção de pontos quânticos é facilitada quando usamos reações químicas que ocorrem em solução. Por exemplo, para produzir CdS, você pode misturar $Cd(NO_3)_2$ e Na_2S em água. Se você não fizer nada além disso, precipitarão grandes cristais de CdS. No entanto, ao adicionar primeiro um polímero com carga negativa à água (como polifosfato, $-(OPO_2^-)_n-$), o Cd^{2+} associa-se ao polímero, como se fossem minúsculas "almôndegas" no "espaguete" (o polímero). Quando o sulfeto é adicionado, as partículas de CdS crescem, mas o polímero impede a formação de cristais grandes. É necessário fazer diversos pequenos ajustes nas condições reacionais a fim de produzir nanocristais uniformes, tanto em tamanho quanto em forma.

Como aprendemos na Seção 12.5, alguns dispositivos semicondutores podem emitir luz quando uma tensão é aplicada. Outra maneira de fazer semicondutores emitirem luz é iluminá-los com uma luz cujos fótons tenham energias maiores que a energia da banda proibida do semicondutor, um processo denominado *fotoluminescência*. Um elétron da banda de valência absorve um fóton e é promovido à banda de condução. Se, em seguida, o elétron excitado voltar ao buraco que deixou na banda de valência, ele emitirá um fóton com energia igual à energia da banda proibida. No caso dos pontos quânticos, a banda proibida é ajustável ao tamanho dos cristais e, portanto, todas as cores do arco-íris podem ser obtidas a partir de um material, como mostra a **Figura 12.42** para o CdSe.

Os pontos quânticos estão sendo explorados para aplicações que vão desde dispositivos eletrônicos até lasers para diagnóstico médico por imagem, pois eles são muito brilhantes, estáveis e pequenos o suficiente para serem incorporados por células vivas, mesmo após serem revestidos por uma camada superficial biocompatível.

Semicondutores não precisam ser reduzidos à nanoescala nas três dimensões para exibir novas propriedades. Eles podem ser depositados em áreas bidimensionais relativamente grandes de um substrato, mas devem ter apenas alguns nanômetros de espessura para gerar *poços quânticos*. *Fios quânticos*, em que o diâmetro do fio semicondutor é de apenas alguns nanômetros, mas seu comprimento é bem grande, também foram produzidos por várias vias químicas. Tanto nos poços quânticos quanto nos fios quânticos, as medidas em escala nanométrica apresentam um comportamento quântico, mas, em dimensões maiores, as propriedades parecem ser como as de um material volumoso.

Metais em nanoescala

Metais também têm propriedades incomuns na escala de 1 a 100 nm de comprimento. Fundamentalmente, isso ocorre porque o caminho livre médio (Seção 10.6) de um elétron em um metal à temperatura ambiente costuma ser cerca de 1 a 100 nm. Assim, quando o tamanho das partículas de um metal é igual a 100 nm ou menos, esperam-se efeitos incomuns, porque o "mar de elétrons" encontra uma "orla" (a superfície da partícula).

Embora não tenhamos conhecimento total sobre o fato, sabemos que há centenas de anos os metais se comportam de maneira diferente quando são divididos em porções extremamente pequenas. Na Idade Média, os fabricantes de vitrais perceberam que o ouro disperso em vidro fundido deixava o vidro com um belo tom vermelho escuro (**Figura 12.43**). Mais tarde, em 1857, Michael Faraday relatou que dispersões de pequenas partículas de ouro se mostravam bem coloridas e poderiam ser estáveis. Algumas das soluções coloidais originais que ele fez ainda estão no Faraday Museum da Royal Institution of Great Britain, em Londres.

Outras propriedades físicas e químicas das nanopartículas metálicas também são diferentes das propriedades de materiais de maior escala. Por exemplo, partículas de ouro inferiores a 20 nm de diâmetro se fundem a uma temperatura muito mais baixa que um pedaço de ouro. Já quando as partículas têm entre 2 e 3 nm de diâmetro, o ouro deixa de ser um metal "nobre" e não reativo; com esse tamanho, ele se torna quimicamente reativo e está em exploração ativa como catalisador.

Em escala nanométrica, a prata tem propriedades análogas às do ouro e também apresenta belas cores, embora seja mais reativa. Atualmente, laboratórios de pesquisa de todo o mundo demonstram grande interesse pelas propriedades

▲ **Figura 12.43 Vitral da Catedral de Chartres, na França.** As nanopartículas de ouro são responsáveis pela cor vermelha do vitral, que data do século XII.

QUÍMICA E SUSTENTABILIDADE | Materiais microporosos e mesoporosos

Os materiais macroporosos têm poros visíveis a olho nu. Exemplos incluem a esponja sintética do nosso dia a dia [**Figura 12.44(a)**] e o núcleo de cordierita hexagonal do conversor catalítico de um automóvel [Figura 12.44(**b**)], cujos poros estão nas faixas de mm e dezenas de μm, respectivamente. Os materiais *microporosos* e *mesoporosos* têm poros muito menores e que não são visíveis a olho nu. Os sólidos **microporosos** têm poros de até 2 nm, enquanto os sólidos **mesoporosos** têm poros entre 2 e 50 nm.

Os materiais microporosos e mesoporosos têm área superficial grande em relação ao seu volume devido ao grande número de poros e cavidades. Os **nanomateriais**, por outro lado, têm área superficial grande em relação ao seu volume devido ao tamanho reduzido das suas partículas. As propriedades desses materiais que dependem dos seus tamanhos levaram os pesquisadores a examinarem os fundamentos científicos por trás deles e suas possíveis aplicações.

As zeólitas, que ocorrem naturalmente e também podem ser sintetizadas, são uma classe de aluminossilicatos conhecida desde 1756. Existem centenas de tipos de zeólitas microporosas e mesoporosas. Essas substâncias adotam diversas estruturas, com cavidades poliédricas interligadas por túneis que muitas vezes lembram uma colmeia [Figura 12.44(**c**)]. As superfícies internas atraem íons e moléculas que interagem fracamente com a estrutura rígida dos átomos de alumínio, silício e oxigênio. Diversos tamanhos de poros e cavidades podem ser preparados por meio de variações na composição química e no método de síntese.

As zeólitas podem ser sintetizadas com íons de interação fraca que ocupam as cavidades. Após a exposição a íons que interagem mais intensamente com as superfícies interiores, ocorre uma troca preferencial de íons de interação fraca por íons de interação mais intensa. Na prática, isso cria uma espécie de esponja iônica. Um exemplo que ilustra esse comportamento é a utilização da zeólita de sódio para remover césio radioativo (^{134}Cs e ^{137}Cs) de áreas contaminadas ao redor das usinas nucleares de Fukushima Daiichi, no Japão, danificadas pelo terremoto e o tsunami de 2011. Os íons de césio são atraídos para as cavidades da zeólita, onde ocorre uma troca iônica (Cs$^+$ por Na$^+$). Outro exemplo é o tratamento da água de poços com concentração relativamente alta de íons de cálcio, magnésio e ferro (a chamada "água dura"). A água dura aquecida pode causar problemas, pois forma depósitos no interior das tubulações que reduzem o escoamento com o passar do tempo. A água dura pode ser "amaciada" se passada por zeólitas que contêm íons de sódio, que, por sua vez, são substituídos ou trocados pelos íons de cálcio na água dura. A limpeza periódica da zeólita com uma solução aquosa com alta concentração de íons de sódio remove os íons de cálcio e renova a zeólita para outras utilizações. Mais recentemente, químicos desenvolveram estruturas metalorgânicas (MOFs, do inglês *metal-organic frameworks*), que são os materiais mais porosos do planeta. Por exemplo, uma MOF do tamanho de uma ervilha tem área superficial equivalente à de um campo de futebol. Diversas aplicações estão sendo consideradas para esses materiais altamente porosos, desde remediação ambiental até novos catalisadores.

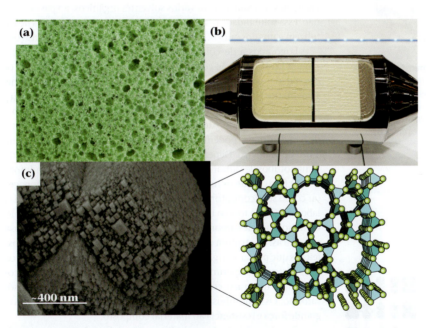

▲ **Figura 12.44 Materiais porosos.** (**a**) Esponjas e (**b**) o centro de um conversor catalítico de um automóvel são macroporosos. (**c**) A zeólita ZSM-5 é um material microporoso, com poros de cerca de 0,5 nm.

óticas incomuns das nanopartículas metálicas e por suas aplicações em diagnóstico biomédico por imagem e detecção de substâncias químicas.

Carbono em nanoescala

Vimos que o carbono elementar é bastante versátil. Em sua forma sólida massiva, com hibridização sp^3, ele é o diamante; já com hibridização sp^2 em estado sólido, é grafite. Ao longo das últimas três décadas, os cientistas descobriram que o carbono com hibridização sp^2 também pode formar moléculas discretas, tubos unidimensionais e folhas bidimensionais em nanoescala. Cada uma dessas formas de carbono apresenta propriedades muito interessantes.

>
> **Resolva com ajuda da figura**
>
> Quantas ligações faz cada átomo de carbono do C_{60}? Com base nessa observação, você acredita que as ligações no C_{60} são mais parecidas com as formadas no diamante ou no grafite?

▲ **Figura 12.45 Buckminsterfulereno, C_{60}.** A molécula tem uma estrutura altamente simétrica. Os 60 átomos de carbono ocupam os vértices de um icosaedro truncado. A ilustração inferior mostra apenas as ligações entre os átomos de carbono.

Até meados dos anos 1980, pensava-se que existiam somente duas formas de carbono sólido puro: diamante e grafite, sólidos de rede covalente. No entanto, em 1985, um grupo de pesquisadores liderado por Richard Smalley e Robert Curl, da Universidade Rice, e Harry Kroto, da Universidade de Sussex, Inglaterra, vaporizou uma amostra de grafite com um pulso intenso de laser e usou uma corrente de gás hélio para levar o carbono vaporizado a um espectrômetro de massa. [Ver o quadro "Olhando de perto: O espectrômetro de massa" (Seção 2.4)] O espectro de massa mostrou picos correspondentes a aglomerados de átomos de carbono e um pico particularmente forte correspondente a moléculas compostas de 60 átomos de carbono, C_{60}.

Como os aglomerados de C_{60} se formaram preferencialmente, o grupo propôs uma forma bem diferente de carbono: *moléculas* de C_{60} quase esféricas. Eles sugeriram que os átomos de carbono C_{60} formavam uma "bola" com 32 faces, sendo 12 delas pentágonos e 20 hexágonos (**Figura 12.45**), exatamente como uma bola de futebol. A forma dessa molécula lembra a cúpula geodésica inventada pelo engenheiro e filósofo americano R. Buckminster Fuller (1895–1983). Dessa forma, o C_{60} foi chamado de buckminsterfulereno, ou simplesmente bucky-bola. Desde a descoberta do C_{60}, outras moléculas parecidas constituídas de carbono puro foram desenvolvidas. Hoje, essas moléculas são conhecidas como fulerenos.

Quantidades consideráveis de bucky-bolas podem ser preparadas ao evaporar grafite com uma corrente elétrica em uma atmosfera de gás hélio. Cerca de 14% da fuligem resultante consiste em C_{60} e uma molécula associada, C_{70}, com uma estrutura mais alongada. Os gases ricos em carbono, que se condensam para formar o C_{60} e o C_{70} também contêm outros fulerenos, e a maior parte deles tem mais átomos de carbono, como o C_{76} e o C_{84}. O menor fulereno possível, o C_{20}, foi detectado pela primeira vez em 2000. Essa pequena molécula em forma de bola é muito mais reativa que os fulerenos maiores. Como os fulerenos são moléculas, eles se dissolvem em vários solventes orgânicos, ao passo que o diamante e o grafite, não. Essa solubilidade permite que os fulerenos sejam separados dos outros componentes da fuligem e uns dos outros. Além disso, permite o estudo de suas reações em solução.

Logo após a descoberta do C_{60}, químicos descobriram os nanotubos de carbono (**Figura 12.46**). Eles são como folhas de grafite enroladas, com uma ou ambas as extremidades vedadas por metade de uma molécula de C_{60}. A produção dos nanotubos de carbono é semelhante à produção do C_{60}. Eles podem ter *paredes múltiplas* ou *paredes simples*. Nanotubos de carbono de paredes múltiplas consistem em tubos dentro de tubos, ao passo que nanotubos de carbono de paredes simples são tubos individuais. Os nanotubos de carbono de parede simples podem ter 1.000 nm de comprimento ou mais, mas têm apenas cerca de 1 nm de diâmetro. Dependendo do diâmetro da folha de grafite e de como ela é enrolada, os nanotubos de carbono podem se comportar como semicondutores ou metais.

O fato de que os nanotubos de carbono, sem qualquer dopagem, podem se comportar como semicondutores ou metais é algo único entre os materiais em estado sólido, e os laboratórios de todo o mundo estão testando dispositivos eletrônicos à base de carbono. Os nanotubos de carbono também estão sendo explorados por causa de suas propriedades mecânicas. A estrutura de ligações carbono-carbono dos nanotubos implica que as imperfeições que possam surgir em um nanofio de metal com dimensões comparáveis sejam quase inexistentes. Experimentos com nanotubos de carbono específicos sugerem que eles são mais fortes que o aço, considerando um aço com as mesmas dimensões de um nanotubo de carbono. Os nanotubos de carbono têm sido convertidos em fibras com polímeros, dando grande força e resistência ao material composto.

O grafeno é outra forma bidimensional do carbono que tem sido experimentalmente isolada e estudada. Apesar de suas propriedades terem sido objeto de previsões teóricas por mais de 60 anos, apenas em 2004 pesquisadores da Universidade de Manchester, na Inglaterra, isolaram e identificaram folhas individuais de átomos de carbono com a estrutura de favo de mel, conforme a **Figura 12.47**. Surpreendentemente, a técnica que usaram para isolar uma única camada de grafeno foi descascar sucessivamente as camadas finas de grafite usando uma fita adesiva. As camadas individuais de grafeno então foram transferidas para uma pastilha de silício contendo um revestimento bem definido de SiO_2. Quando uma única camada de grafeno é deixada sobre a pastilha, tem-se como resultado um padrão de contraste interferente que pode ser visto com um microscópio óptico. Se não fosse por essa maneira simples (porém eficaz) de identificar cristais individuais de grafeno, eles provavelmente ainda seriam desconhecidos. Subsequentemente, foi demonstrado que o grafeno pode ser depositado em superfícies de outros tipos de cristal. Os cientistas que fizeram essa

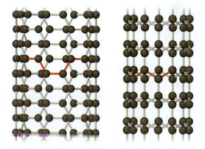

▲ **Figura 12.46 Modelos atômicos de nanotubos de carbono.** Esquerda: nanotubo do tipo Armchair, que apresenta comportamento metálico. Direita: nanotubo do tipo Zigzag, que pode se comportar como metal ou semicondutor, dependendo do diâmetro do tubo.

descoberta, Andre Geim e Konstantin Novoselov, da Universidade de Manchester, receberam o Prêmio Nobel de Física em 2010 por seu trabalho.

As propriedades do grafeno são notáveis. Ele é muito forte e apresenta alta condutividade térmica, superando os nanotubos de carbono em ambos os aspectos. É um semimetal, o que significa que a sua estrutura eletrônica se assemelha à de um semicondutor em que a energia da banda proibida é igual a zero. A combinação do caráter bidimensional do grafeno com o fato de ser um semimetal permite que os elétrons se desloquem por longas distâncias, de até 0,3 μm, sem serem espalhados por outro elétron, átomo ou impureza. O grafeno pode suportar densidades de corrente elétrica seis vezes maiores que o cobre. Mesmo com apenas um átomo de espessura, ele pode absorver 2,3% da luz solar que incide sobre ele. Atualmente, cientistas estão explorando maneiras de incorporar o grafeno a várias tecnologias, incluindo dispositivos eletrônicos, sensores, baterias e células solares.

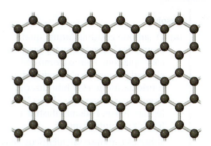

▲ **Figura 12.47** Porção de uma folha bidimensional de grafeno.

 Exercícios de autoavaliação

EAA 12.23 Qual das seguintes afirmações é *falsa*?

(**a**) Os nanomateriais têm dimensões na escala de 1 a 100 nm. (**b**) A banda proibida de um cristal semicondutor não depende do tamanho da partícula. (**c**) As propriedades físicas e químicas de nanopartículas metálicas são diferentes das propriedades dos materiais de maior escala. (**d**) O comprimento de onda da luz emitida nos pontos quânticos é influenciado pelo tamanho da partícula.

EAA 12.24 Qual(is) das seguintes afirmações é(são) *verdadeira(s)*?

(**i**) Fulerenos são solúveis em solventes orgânicos.

(**ii**) Para serem condutores, os nanotubos de carbono devem ser dopados com uma impureza.

(**a**) i (**b**) ii (**c**) i e ii (**d**) nem i nem ii

 Integrando conceitos

Os polímeros que podem conduzir eletricidade são chamados de *polímeros condutores*. Alguns polímeros podem se comportar como semicondutores e outros quase como metais. O poliacetileno é um exemplo de polímero semicondutor que também pode ser dopado para aumentar sua condutividade.

O poliacetileno é feito a partir de acetileno em uma reação que parece simples, mas que, na verdade, é complexa:

$$H-C\equiv C-H \qquad +CH=CH+_n$$

Acetileno   Poliacetileno

(**a**) Qual é a hibridização dos átomos de carbono e a geometria em torno desses átomos no acetileno e no poliacetileno?
(**b**) Escreva a equação balanceada da produção de poliacetileno a partir do acetileno.
(**c**) O acetileno é um gás sob condições padrão de temperatura e pressão (298 K, 1,00 atm). Quantos gramas de poliacetileno você pode produzir a partir de 5,00 L de gás acetileno nas CPTP? Considere que o acetileno se comporta de maneira ideal e que a reação de polimerização ocorre com 100% de rendimento.
(**d**) Utilizando as entalpias médias de ligação da Tabela 8.3, determine se a produção de poliacetileno a partir de acetileno é endotérmica ou exotérmica.
(**e**) Uma amostra de poliacetileno absorve luz na faixa de 300 nm a 650 nm. Qual é a energia de sua banda proibida, em elétron-volts?

SOLUÇÃO

Analise Para o item (a), precisamos lembrar o que aprendemos sobre hibridização sp, sp^2 e sp^3 e sobre geometria. (Seção 9.5) Para o item (b), devemos escrever uma equação balanceada. Para o item (c), precisamos usar a equação do gás ideal. (Seção 10.3) Para o item (d), precisamos recordar a definição de endotérmico e exotérmico e como as entalpias de ligação podem ser usadas para prever entalpias de reações globais. (Seção 8.8) Por fim, para o item (e), precisamos relacionar a absorção de luz às diferenças entre os níveis de energia dos estados preenchido e vazio em um material. (Seção 6.3)

Planeje Para o item (a), devemos desenhar as estruturas químicas do reagente e do produto. Para o item (b), devemos nos certificar de que a equação está devidamente balanceada. Para o item (c), precisamos converter litros de gás em mols de gás com base na equação do gás ideal ($PV = nRT$). Em seguida vamos converter mols de gás acetileno em mols de poliacetileno usando a resposta para o item (b). Por fim, podemos convertê-los em gramas de poliacetileno. Para o item (d), devemos relembrar que $\Delta H_{rea} = \Sigma$ (entalpias de ligações quebradas) $- \Sigma$ (entalpias de ligações formadas). (Seção 8.8) Para o item (e), temos de perceber que a menor energia absorvida por um material indicará sua banda proibida E_g (para um semicondutor ou isolante) e combinar as equações $E = h\nu$ e $c = \lambda\nu$ com ($E = hc/\lambda$) para encontrar E_g.

(Continua)

Resolva

(a) O carbono costuma formar quatro ligações. Desse modo, cada átomo de C deve fazer uma ligação simples com o H e uma ligação tripla com o outro átomo de C do acetileno. Por consequência, cada átomo de C tem dois domínios eletrônicos e deve ter hibridização sp. Essa hibridização sp também significa que os ângulos das ligações C—H—C do acetileno são de 180° e a molécula é linear. Podemos ilustrar a estrutura parcial do poliacetileno da seguinte maneira:

Todos os carbonos são idênticos, mas agora eles têm três domínios eletrônicos ligantes que os circundam. Portanto, a hibridização de cada átomo de carbono é sp^2, e cada carbono tem geometria local trigonal plana, com ângulos de 120°.

(b) Podemos escrever:

Observe que todos os átomos originalmente presentes no acetileno aparecem no produto poliacetileno.

$$nC_2H_2(g) \longrightarrow -[CH-CH]_n-$$

(c) Podemos usar a equação do gás ideal da seguinte maneira:

$$PV = nRT$$
$$(1,00 \text{ atm})(5,00 \text{ L}) = n(0,08206 \text{ L-atm/K-mol})(298 \text{ K})$$
$$n = 0,204 \text{ mol}$$

O acetileno tem massa molar de 26,0 g/mol; portanto, a massa de 0,204 mol é:

$$(0,204 \text{ mol})(26,0 \text{ g/mol}) = 5,32 \text{ g acetileno}$$

Observe que, com base na resposta ao item (b), todos os átomos presentes no acetileno estão no poliacetileno. Em razão da conservação da massa, a massa de poliacetileno produzida também deve ser de 5,32 g se considerarmos 100% de rendimento.

(d) Vamos considerar o caso para $n = 1$. Observamos que o lado do reagente na equação do item (b) tem uma ligação tripla C≡C e duas ligações simples C—H. O lado do produto na equação do item (b) tem uma ligação dupla C=C, uma ligação simples C—C (para ligar ao monômero adjacente) e duas ligações simples C—H. Por isso, estamos quebrando uma ligação tripla C≡C e formando uma ligação dupla C=C e uma ligação simples C—C. Consequentemente, a variação de entalpia para a formação do poliacetileno é:

Como ΔH é um número negativo, a reação libera calor e é exotérmica.

$$\Delta H_{rea} = (\text{C≡C entalpia da ligação tripla}) - (\text{C=C entalpia da ligação dupla}) - (\text{C—C entalpia da ligação simples})$$
$$= (839 \text{ kJ/mol}) - (614 \text{ kJ/mol}) - (348 \text{ kJ/mol})$$
$$= -123 \text{ kJ/mol}$$

(e) A amostra de poliacetileno absorve muitos comprimentos de onda de luz, mas é o maior que importa, correspondendo à energia mais baixa.

Reconhecemos que essa energia corresponde à diferença de energia entre a parte inferior da banda de condução e a parte superior da banda de valência, por isso equivale à banda proibida, E_g. Agora precisamos converter o valor para elétron-volts. Uma vez que $1,602 \times 10^{-19}$ J = 1 eV, temos:

$$E = hc/\lambda$$
$$= (6,626 \times 10^{-34} \text{ J-s})(3,00 \times 10^8 \text{ m-s}^{-1})/(650 \times 10^{-9} \text{ m})$$
$$= 3,06 \times 10^{-19} \text{ J}$$
$$E_g = 1,91 \text{ eV}$$

Resumo do capítulo e termos-chave

CLASSIFICAÇÃO E ESTRUTURAS DOS SÓLIDOS (SEÇÃO 12.1) As estruturas e propriedades dos sólidos podem ser classificadas de acordo com as forças que unem os átomos. Os **sólidos metálicos** são unidos por um mar de elétrons de valência, que se encontram deslocalizados e compartilhados coletivamente. Os **sólidos iônicos** são unidos pela atração mútua entre cátions e ânions, já as moléculas dos **sólidos de rede covalente**, por uma extensa rede de ligações covalentes, e as moléculas dos **sólidos moleculares**, por forças intermoleculares fracas. **Polímeros** têm cadeias de átomos muito longas, unidas por ligações covalentes. Essas cadeias geralmente estão unidas umas às outras por forças intermoleculares fracas. Por fim, **nanomateriais** são sólidos em que as dimensões dos cristais individuais são da ordem de 1 a 100 nm. Em **sólidos cristalinos**, as partículas são dispostas em um padrão que se repete regularmente. Em **sólidos amorfos**, no entanto, as partículas não exibem ordem. Em um sólido cristalino, a menor unidade de repetição é chamada de **célula unitária**. Todas as células unitárias de um cristal contêm um arranjo idêntico de átomos.

O padrão geométrico de pontos em que as células unitárias estão dispostas é chamado de **estrutura cristalina**. Para gerar uma estrutura cristalina, um **padrão de repetição**, que representa um átomo ou um grupo de átomos, é associado a cada **ponto da rede cristalina**.

Em duas dimensões, a célula unitária é um paralelogramo em que tamanho e forma são definidos por dois **vetores de rede** (*a* e *b*). Há cinco **estruturas primitivas** nas quais os pontos da rede cristalina estão localizados apenas nos vértices da célula unitária: quadrada, hexagonal, retangular, rômbica e oblíqua. Em três dimensões, a célula unitária é um paralelepípedo cujos tamanho e forma são definidos por três vetores de rede (*a*, *b* e *c*), e há sete estruturas primitivas: cúbica, tetragonal, hexagonal, romboédrica, ortorrômbica, monoclínica e triclínica. Colocar um ponto da rede cristalina adicional no centro de uma célula unitária cúbica resulta em uma **estrutura cúbica de corpo centrado**; colocar um ponto adicional no centro de cada face da célula unitária resulta em uma **estrutura cúbica de face centrada**.

SÓLIDOS METÁLICOS (SEÇÃO 12.2)
Sólidos metálicos costumam ser bons condutores de eletricidade e calor e *maleáveis*, o que significa que eles podem ser achatados em folhas finas, e *dúcteis*, ou seja, podem ser transformados em fios. Metais tendem a formar estruturas em que os átomos ficam densamente empacotados. Duas formas associadas de empacotamento são possíveis: o **empacotamento cúbico** e o **empacotamento hexagonal**. Em ambos, cada átomo tem **número de coordenação** 12.

Ligas são materiais com propriedades metálicas características, compostas de mais de um elemento. Os elementos de uma liga podem ser distribuídos de maneira homogênea ou heterogênea. Ligas que contêm misturas homogêneas de elementos podem ser ligas de substituição ou intersticiais. Em uma **liga de substituição**, os átomos do(s) elemento(s) minoritário(s) ocupam posições geralmente ocupadas por átomos do elemento majoritário. Em uma **liga intersticial**, átomos do(s) elemento(s) minoritário(s), átomos não metálicos geralmente menores, ocupam posições intersticiais que se encontram nos "buracos" entre os átomos do elemento majoritário. Em uma **liga heterogênea**, os elementos não são distribuídos uniformemente; em vez disso, duas ou mais fases distintas, com composições características, estão presentes. **Compostos intermetálicos** são ligas com composição fixa e propriedades definidas.

LIGAÇÃO METÁLICA (SEÇÃO 12.3)
As propriedades dos metais podem ser explicadas de maneira qualitativa pelo **modelo do mar de elétrons**, em que os elétrons estão livres para se mover pelo metal. No modelo do orbital molecular, os orbitais atômicos de valência dos átomos do metal interagem para formar **bandas** de energia que não estão completamente preenchidas por elétrons de valência. Por consequência, chamamos a estrutura eletrônica de um sólido compacto de **estrutura de banda**. Os orbitais que constituem a banda de energia estão deslocalizados nos átomos do metal, e suas energias são muito próximas. Em um metal, os orbitais das camadas de valência *s*, *p* e *d* formam bandas, que, por sua vez, se sobrepõem, resultando em uma ou mais bandas parcialmente preenchidas. Como as diferenças de energia entre os orbitais *dentro de uma banda* são extremamente pequenas, promover elétrons para orbitais de maior energia requer pouca energia, possibilitando condutividades elétrica e térmica elevadas, bem como outras propriedades metálicas características.

SÓLIDOS IÔNICOS (SEÇÃO 12.4)
Sólidos iônicos consistem em cátions e ânions unidos por atrações eletrostáticas. Uma vez que essas interações são bastante fortes, os compostos iônicos tendem a ter pontos de fusão elevados. As forças atrativas se tornam mais fortes à medida que as cargas dos íons aumentam e/ou os seus tamanhos diminuem. A presença de interações atrativas (cátion-ânion) e repulsivas (cátion-cátion e ânion-ânion) ajuda a explicar por que os compostos iônicos são quebradiços. Assim como os metais, as estruturas de compostos iônicos tendem a ser simétricas, mas, para evitar o contato direto entre os íons de mesma carga, os números de coordenação são necessariamente menores do que os observados em metais empacotados (tipicamente 4 a 8). A estrutura exata depende das dimensões relativas dos íons e da proporção de cátions e ânions na fórmula empírica.

SÓLIDOS MOLECULARES E DE REDE COVALENTE (SEÇÃO 12.5)
Sólidos moleculares consistem em átomos ou moléculas unidas por forças intermoleculares. Como essas forças são relativamente fracas, os sólidos moleculares tendem a ser macios e apresentar pontos de fusão baixos. O ponto de fusão depende da intensidade das forças intermoleculares e da eficiência de empacotamento das moléculas. **Sólidos de rede covalente** consistem em átomos unidos em grandes redes por ligações covalentes. Esses sólidos são mais duros e têm pontos de fusão mais elevados que os dos sólidos moleculares. Exemplos importantes incluem o diamante, no qual os carbonos formam tetraedros, e o grafite, em que os átomos de carbono com hibridização sp^2 formam camadas hexagonais. Os **semicondutores** são sólidos que conduzem eletricidade, porém menos que os metais. Já os **isolantes** não conduzem eletricidade.

Semicondutores elementares, como o Si e o Ge, e semicondutores compostos, como o GaAs, o InP e o CdTe, são exemplos importantes de sólidos de rede covalente. Em um semicondutor, orbitais moleculares ligantes preenchidos compõem a **banda de valência**, enquanto orbitais moleculares antiligantes vazios compõem a **banda de condução**. As bandas de condução e de valência são separadas por uma faixa de energia denominada **banda proibida**, E_g. O tamanho da banda proibida aumenta à medida que o comprimento da ligação diminui e que a diferença de eletronegatividade entre os dois elementos aumenta.

A **dopagem** de semicondutores altera sua capacidade de conduzir eletricidade. Um semicondutor do tipo-n é aquele cuja dopagem resulta em excesso de elétrons na banda de condução. Já um semicondutor do tipo-p é aquele cuja dopagem resulta na ausência de elétrons, denominada **buracos**, na banda de valência.

POLÍMEROS (SEÇÃO 12.6)
Os **polímeros** são moléculas de alta massa molecular formadas pela união de um grande número de pequenas moléculas, chamadas **monômeros**. Os **plásticos** são materiais que podem ser produzidos em diversos formatos, geralmente pela aplicação de calor e pressão. Os polímeros **termoplásticos** podem ser remodelados, o que costuma acontecer por meio do aquecimento, diferentemente dos plásticos **termofixos**, que são transformados em objetos por meio de um processo químico irreversível e não podem ser remodelados com facilidade. Um **elastômero** é um material que apresenta um comportamento elástico; isto é, ele retorna à sua forma original depois de ser estirado ou dobrado.

Em uma reação de **polimerização por adição**, as moléculas formam novas ligações mediante "a abertura" de ligações π existentes. Por exemplo, o polietileno é formado quando ligações duplas carbono-carbono no etileno "são abertas". Em uma reação de **polimerização por condensação**, os monômeros se unem mediante a eliminação de uma molécula pequena. Os vários tipos de náilon, por exemplo, são formados pela remoção de uma molécula de água após a união entre uma amina e um ácido carboxílico. Um polímero formado a partir de dois monômeros diferentes é chamado de **copolímero**.

Os polímeros são, em grande parte, amorfos, mas alguns materiais têm um grau de **cristalinidade**. Para uma determinada composição química, a cristalinidade depende da massa molecular e do grau de ramificação da cadeia polimérica principal. As propriedades poliméricas também são fortemente afetadas pelas **ligações cruzadas**, em que cadeias curtas de átomos conectam as longas cadeias poliméricas. Cadeias curtas de átomos de enxofre conectam as cadeias da borracha mediante ligações cruzadas; tal processo é chamado de **vulcanização**.

NANOMATERIAIS (SEÇÃO 12.7)
Quando uma ou mais dimensões de um material tornam-se suficientemente pequenas, geralmente menores que 100 nm, as propriedades dos materiais mudam. Materiais com dimensões nessa escala de comprimento são chamados de **nanomateriais**. Pontos quânticos são partículas semicondutoras com diâmetros de 1 a 10 nm. Nessa faixa de tamanho, a energia da banda proibida do material passa a depender do tamanho. Nanopartículas de metais têm propriedades físicas e químicas diferentes na escala de tamanho de 1 a 100 nm. Por exemplo, as nanopartículas de ouro são mais reativas do que o ouro maciço e não apresentam cor dourada. A nanociência tem produzido uma série de formas antes desconhecidas do carbono com hibridização sp^2. Os fulerenos, como o C_{60}, são grandes moléculas com apenas átomos de carbono. Os nanotubos de carbono são folhas de grafite enroladas que se comportam como semicondutores ou como metais, dependendo de como a folha foi enrolada. O grafeno, uma camada isolada de grafite, é uma forma bidimensional de carbono. Atualmente, o desenvolvimento desses nanomateriais é destinado a muitas aplicações, como para a medicina e para a produção de dispositivos eletrônicos, baterias e células solares.

Equações-chave

- $\dfrac{\text{Número de cátions por unidade de fórmula}}{\text{Número de ânions por unidade de fórmula}} = \dfrac{\text{número de coordenação do ânion}}{\text{número de coordenação do cátion}}$ [12.1] Relação entre os números de coordenação de cátions e ânions e a fórmula empírica de um composto iônico

Simulado

SIM 12.1 O óxido de rutênio(IV) é um sólido cristalino preto. Ele tem ponto de fusão igual a 1.300 °C, conduz eletricidade e é insolúvel em água. Que tipo de sólido é o RuO$_2$? (**a**) molecular (**b**) metálico (**c**) iônico (**d**) de rede covalente

SIM 12.2 O dióxido de germânio pode ser preparado nas formas cristalina e amorfa. O que lhe permitiria diferenciar uma da outra?
   (**i**) densidade
   (**ii**) fórmula empírica
   (**iii**) composição percentual
(**a**) i (**b**) i e ii (**c**) i e iii (**d**) ii e iii (**e**) os três

SIM 12.3 Para a estrutura cristalina bidimensional acima, qual é o tipo de rede cristalina e quantos átomos há por célula unitária?
(**a**) rede cristalina = quadrada; átomos por célula unitária = 1 A + 1 B
(**b**) rede cristalina = quadrada; átomos por célula unitária = 1 A + 2 B
(**c**) rede cristalina = retangular centrada; átomos por célula unitária = 1 A + 2 B
(**d**) rede cristalina = quadrada; átomos por célula unitária = 4 A + 4 B
(**e**) rede cristalina = diamante; átomos por célula unitária = 1 A + 2 B

SIM 12.4 A estrutura de um composto é apresentada a seguir:

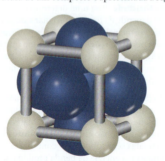

Os vetores de rede *a*, *b* e *c* são iguais, e os ângulos entre eles são de 90°. A que rede cristalina corresponde essa estrutura?
(**a**) cúbica primitiva
(**b**) cúbica de face centrada
(**c**) cúbica de corpo centrado
(**d**) tetragonal primitiva
(**e**) hexagonal primitiva

SIM 12.5 Das sete redes cristalinas primitivas tridimensionais, quais têm uma célula unitária cujos vetores de rede (*a*, *b* e *c*) têm o mesmo comprimento?
(**a**) tetragonal
(**b**) ortorrômbica
(**c**) monoclínica
(**d**) romboédrica
(**e**) hexagonal

SIM 12.6 Qual sólido deve ter propriedades metálicas?
(**a**) Ge
(**b**) Ir
(**c**) SnCl$_4$
(**d**) NiAs
(**e**) sólidos b e d

SIM 12.7 Qual é o número de coordenação dos átomos na estrutura do polônio?

Polônio (P$_o$)

(**a**) 2 (**b**) 3 (**c**) 6 (**d**) 7 (**e**) 8

SIM 12.8 A prata cristaliza-se com uma estrutura cúbica de face centrada. Dada a massa molar (107,87 g/mol) e a densidade (10,5 g/cm^3 a 20 °C) da prata, calcule o valor para o raio de um átomo de prata.
(**a**) 1,29 Å (**b**) 1,35 Å (**c**) 1,45 Å (**d**) 1,60 Å (**e**) 1,72 Å

SIM 12.9 Considere a rede cristalina bidimensional quadrada a seguir, também mostrada na Figura 12.4. A "eficiência do empacotamento" para uma estrutura bidimensional seria a área dos átomos dividida pela área da célula unitária multiplicada por 100%. Qual é a eficiência do empacotamento de uma rede cristalina quadrada de átomos com raio *a*/2 que estão centrados nos pontos da rede cristalina?
(**a**) 3,14% (**b**) 15,7% (**c**) 31,8% (**d**) 74,0% (**e**) 78,5%

Rede cristalina quadrada (*a* = *b*, γ = 90°)

SIM 12.10 Qual das seguintes afirmações é *falsa*?
(**a**) As ligas intersticiais e de substituição têm composições variáveis.
(**b**) Os elementos não metálicos geralmente estão presentes nas ligas intersticiais e de substituição.
(**c**) Ligas de substituição geralmente são mais maleáveis e dúcteis que ligas intersticiais.
(**d**) As ligas intersticiais e de substituição são exemplos de soluções sólidas homogêneas.
(**e**) Bronze e latão são ligas que contêm cobre.

Rede cristalina quadrada

SIM 12.11 Qual das seguintes propriedades dos metais *não* pode ser explicada adequadamente pelo modelo do mar de elétrons?
(a) a alta condutividade elétrica dos metais
(b) a alta condutividade térmica dos metais
(c) as estruturas de empacotamento denso da maioria dos metais
(d) os pontos de fusão altos dos metais no meio da série de transição, como o rênio (Re) e o tungstênio (W)
(e) os pontos de fusão baixos dos metais no final da série de transição, como o cádmio (Cd) e o mercúrio (Hg)

EAA 12.12 Qual metal deve ter o ponto de fusão mais baixo?
(a) Cs (b) Sr (c) Nb (d) Mo

SIM 12.13 Qual é a fórmula empírica da seguinte estrutura intermetálica se as esferas azuis são Ni e as esferas brancas são Sn?

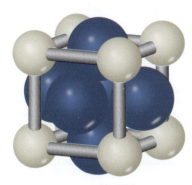

(a) Ni_6Sn_8 (c) Ni_3Sn
(b) Ni_3Sn_4 (d) Ni_3Sn_2

SIM 12.14 Considerando o raio iônico e a massa molar do Sc^{3+} (0,88 Å, 45,0 g/mol) e do F^- (1,19 Å, 19,0 g/mol), que valor você estimaria para a densidade do ScF_3, cuja estrutura é mostrada na Figura 12.26?

(a) 5,99 g/cm³ (d) 2,39 g/cm³
(b) 1,44 × 10²⁴ g/mol (e) 5,72 g/cm³
(c) 19,1 g/cm³

SIM 12.15 Qual(is) das seguintes afirmações é(são) *verdadeira(s)*?
(i) Sólidos moleculares são duros e quebradiços.
(ii) Sólidos moleculares são unidos pela interação eletrostática entre um cátion e um ânion.

(a) i (b) ii (c) i e ii (d) nem i nem ii

SIM 12.16 Quais das seguintes propriedades *não* é característica dos sólidos de rede covalente?
(a) Têm altos pontos de fusão.
(b) São quebradiços.
(c) São insolúveis em solventes polares como a água.
(d) Sua condutividade elétrica pode variar entre isolante, semicondutora e metálica.
(e) Os átomos no cristal têm um grande número de vizinhos mais próximos (8 a 12).

SIM 12.17 Qual das seguintes afirmações é *falsa*?
(a) À medida que você desce no grupo 4A da tabela periódica, os sólidos elementares tornam-se melhores condutores de eletricidade. (b) À medida que você desce no grupo 4A da tabela periódica, as bandas proibidas dos sólidos elementares diminuem. (c) A soma de elétrons de valência em um composto semicondutor é, em média, quatro por átomo. (d) As energias das bandas proibidas de semicondutores variam de ~0,1 a 3,5 eV. (e) Em geral, quanto mais polares forem as ligações em compostos semicondutores, menor será a banda proibida.

SIM 12.18 Qual desses semicondutores dopados produziria um material do tipo p? (As alternativas são dadas em termos de átomo hospedeiro:átomo dopante.)
(a) Ge:P (b) Si:Ge (c) Si:Al (d) Ge:S (e) Si:N

Exercícios

Visualizando conceitos

12.1 Observe os dois sólidos mostrados nas fotografias. Qual deles é um semicondutor e qual é um isolante? Explique seu raciocínio. [Seções 12.1, 12.5]

12.2 Para cada uma das estruturas bidimensionais mostradas a seguir, (a) trace a célula unitária, (b) determine o tipo de estrutura bidimensional (com base na Figura 12.4) e (c) determine quantos círculos de cada tipo (branco ou preto) há por célula unitária. [Seção 12.1]

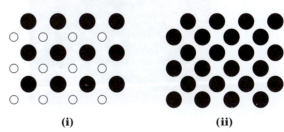

12.3 As figuras a seguir representam dois processos. Qual deles se refere à ductilidade dos metais e qual se refere à maleabilidade dos metais? [Seção 12.2]

(a)
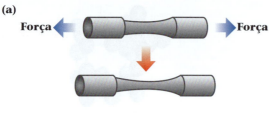

(b)

12.4 Qual arranjo de átomos em uma rede cristalina representa o empacotamento denso? [Seção 12.2]

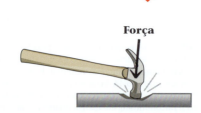

(i)   (ii)

12.5 (a) Que tipo de empacotamento é visto na foto a seguir? (b) Qual é o número de coordenação de cada bola de canhão presente no interior da pilha? (c) Quais são os números de coordenação das balas de canhão numeradas no lado visível da pilha? [Seção 12.2]

12.6 Quais arranjos de cátions (amarelo) e ânions (azul) é o mais estável em uma estrutura? Explique seu raciocínio. [Seção 12.4]

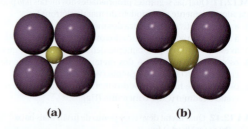

(a)   (b)

12.7 Qual dos seguintes fragmentos moleculares é mais suscetível a gerar condutividade elétrica? Explique seu raciocínio. [Seções 12.4, 12.5]

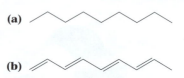

12.8 A estrutura eletrônica de um semicondutor dopado é mostrada a seguir. (a) Qual banda, A ou B, é a banda de valência? (b) Qual é a banda de condução? (c) Qual região do diagrama representa a banda proibida? (d) Qual banda é formada por orbitais moleculares ligantes? (e) Esse é um exemplo de semicondutor tipo-n ou tipo-p? (f) Se o semicondutor é o germânio, qual dos seguintes elementos pode ser o dopante: Ga, Si ou P? [Seção 12.5]

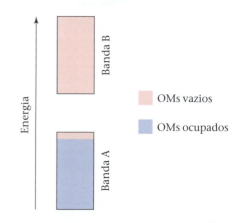

12.9 A seguir, há ilustrações de dois polímeros diferentes. Qual desses polímeros é o mais cristalino? Qual deles tem o ponto de fusão mais alto? [Seção 12.6]

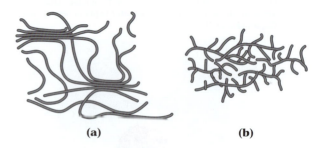

(a)   (b)

12.10 A imagem a seguir mostra a fotoluminescência de quatro amostras diferentes de nanocristais de CdTe, cada uma incorporada a uma matriz polimérica. A fotoluminescência ocorre porque as amostras estão sendo irradiadas por uma fonte de luz UV. Os nanocristais em cada frasco têm diferentes tamanhos médios: 4,0; 3,5; 3,2; 2,8 nm. (**a**) Qual frasco contém os nanocristais de 4,0 nm? (**b**) Quais frascos contêm os nanocristais de 2,8 nm? (**c**) Cristais de CdTe maiores que aproximadamente 100 nm têm uma banda proibida de 1,5 eV. Qual seria o comprimento de onda e a frequência de luz emitida por esses cristais? Que tipo de luz é esse? [Seções 12.5 e 12.7]

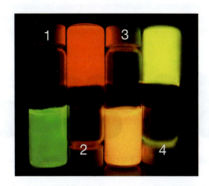

Classificação e estruturas dos sólidos (Seção 12.1)

12.11 Ligações covalentes ocorrem em sólidos moleculares e de rede covalente. Qual das seguintes afirmações explica melhor por que esses dois tipos de sólido diferem em relação à dureza e ao ponto de fusão? (**a**) As moléculas de sólidos moleculares têm ligações covalentes mais fortes do que as formadas por sólidos de rede covalente. (**b**) As moléculas de sólidos moleculares são unidas por interações intermoleculares fracas. (**c**) Os átomos presentes em sólidos de rede covalente são mais polarizáveis do que os átomos presentes em sólidos moleculares. (**d**) Sólidos moleculares são mais densos que os sólidos de rede covalente.

12.12 O silício é o componente fundamental de circuitos integrados e tem a mesma estrutura que o diamante. (**a**) O Si é um sólido molecular, metálico, iônico ou de rede covalente? (**b**) O silício reage facilmente para formar o dióxido de silício, SiO_2, que é bastante duro e insolúvel em água. É mais provável que o SiO_2 seja um sólido molecular, metálico, iônico ou de rede covalente?

12.13 Que tipos de forças de atração existem entre as partículas (átomos, moléculas ou íons) em (**a**) cristais moleculares, (**b**) cristais de rede covalente, (**c**) cristais iônicos e (**d**) cristais metálicos?

12.14 Que tipo (ou tipos) de sólido cristalino é caracterizado por cada um dos itens a seguir: (**a**) alta mobilidade de elétrons pelo sólido; (**b**) maciez e ponto de fusão relativamente baixo; (**c**) ponto de fusão alto e baixa condutividade elétrica; (**d**) rede de ligações covalentes?

12.15 Indique o tipo de sólido (molecular, metálico, iônico ou de rede covalente) em cada composto: (**a**) $CaSO_4$; (**b**) Pd; (**c**) Ta_2O_5 (ponto de fusão = 1.872 °C); (**d**) cafeína ($C_8H_{10}N_4O_2$); (**e**) tolueno (C_7H_8); (**f**) P_4.

12.16 Indique o tipo de sólido (molecular, metálico, iônico ou de rede covalente) para cada composto: (**a**) InAs, (**b**) MgO, (**c**) HgS, (**d**) In, (**e**) HBr.

12.17 Você tem uma substância cinza que se funde a 700 °C; o sólido é um condutor de eletricidade e é insolúvel em água. Que tipo de sólido (molecular, metálico, de rede covalente ou iônico) essa substância pode ser?

12.18 Você tem uma substância branca que se funde a 100 °C. A substância é solúvel em água. Nem o sólido nem a solução são condutores de eletricidade. Que tipo de sólido (molecular, metálico, de rede covalente ou iônico) essa substância pode ser?

12.19 (**a**) Faça uma ilustração que represente um sólido cristalino em nível atômico. (**b**) Em seguida, faça uma ilustração que represente um sólido amorfo em nível atômico.

12.20 A sílica amorfa, SiO_2, tem uma densidade de cerca de 2,2 g/cm³, enquanto a densidade do quartzo cristalino, outra forma do SiO_2, é 2,65 g/cm³. Qual das seguintes afirmações é a melhor explicação para a diferença de densidade? (**a**) A sílica amorfa é um sólido de rede covalente, mas o quartzo é metálico. (**b**) A sílica amorfa é cristalizada em uma estrutura cúbica primitiva. (**c**) O quartzo é mais duro que a sílica amorfa. (**d**) O quartzo deve ter uma célula unitária maior que a sílica amorfa. (**e**) Os átomos presentes na sílica amorfa não empacotam de maneira tão eficiente em três dimensões em comparação aos átomos presentes no quartzo.

12.21 Dois padrões de empacotamento para duas estruturas diferentes de mesmo tamanho são mostrados a seguir. Para cada estrutura, (**a**) faça uma ilustração da célula unitária bidimensional; (**b**) determine o ângulo entre os vetores de rede, γ, e se os vetores de rede têm o mesmo comprimento ou não; e (**c**) determine o tipo de rede cristalina bidimensional (com base na Figura 12.4).

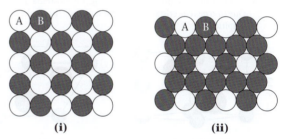

12.22 Dois padrões de empacotamento para duas estruturas diferentes de mesmo tamanho são mostrados a seguir. Para cada estrutura, (**a**) faça uma ilustração da célula unitária bidimensional; (**b**) determine o ângulo entre os vetores de rede, γ, e se os vetores de rede têm o mesmo comprimento ou não; e (**c**) determine o tipo de rede cristalina bidimensional (com base na Figura 12.4).

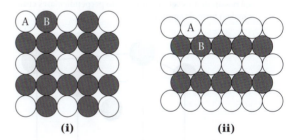

12.23 Visualize uma estrutura cúbica primitiva. Agora, imagine que o topo dela é esticado para cima com a sua mão. Todos os ângulos permanecem a 90°. Que tipo de estrutura primitiva você produziu?

12.24 Visualize uma estrutura cúbica primitiva. Agora, imagine que você agarra os vértices opostos, estica a estrutura na diagonal e, ao mesmo tempo, mantém os comprimentos das arestas iguais. Os três ângulos entre os vetores de rede permanecem iguais, mas não são mais 90°. Que tipo de estrutura primitiva você produziu?

12.25 Qual das redes cristalinas primitivas tridimensionais tem uma célula unitária em que nenhum dos ângulos internos é de 90°? (**a**) ortorrômbica (**b**) hexagonal (**c**) romboédrica (**d**) triclínica (**e**) romboédrica e triclínica

12.26 Além da célula unitária cúbica, que outra(s) célula(s) unitária(s) tem/têm arestas de mesmo comprimento? (**a**) ortorrômbica (**b**) hexagonal (**c**) romboédrica (**d**) triclínica (**e**) romboédrica e triclínica

12.27 Qual é o número mínimo de átomos que pode existir na célula unitária de um elemento com uma rede cristalina cúbica de corpo centrado? (**a**) 1 (**b**) 2 (**c**) 3 (**d**) 4 (**e**) 5

12.28 Qual é o número mínimo de átomos que pode existir na célula unitária de um elemento com uma rede cristalina cúbica de face centrada? (**a**) 1 (**b**) 2 (**c**) 3 (**d**) 4 (**e**) 5

12.29 A célula unitária do arseneto de níquel é mostrada a seguir. (**a**) Que tipo de rede cristalina esse cristal possui? (**b**) Qual é a fórmula empírica?

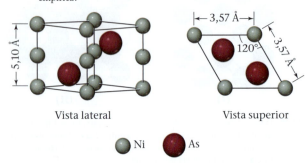

12.30 A célula unitária de um composto formado por potássio, alumínio e flúor é mostrada a seguir. (**a**) Que tipo de rede cristalina esse cristal possui (os três vetores de rede são perpendiculares entre si)? (**b**) Qual é a fórmula empírica?

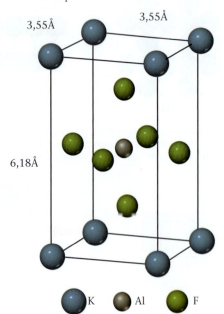

Sólidos metálicos (Seção 12.2)

12.31 As densidades dos elementos K, Ca, Sc e Ti são 0,86, 1,5, 3,2 e 4,5 g/cm³, respetivamente. Um desses elementos cristaliza-se em uma estrutura cúbica de corpo centrado; os outros três cristalizam-se em uma estrutura cúbica de face centrada. Qual deles se cristaliza na estrutura cúbica de corpo centrado?

12.32 Para cada um dos seguintes sólidos, indique se ele deve ter propriedades metálicas: (**a**) TiCl$_4$, (**b**) liga de NiCo, (**c**) W, (**d**) Ge, (**e**) ScN.

12.33 Considere as células unitárias mostradas a seguir para três estruturas diferentes, comumente observadas em elementos metálicos. (**a**) Que estrutura(s) corresponde(m) ao empacotamento mais denso de átomos? (**b**) Que estrutura(s) corresponde(m) ao empacotamento menos denso de átomos?

Estrutura do tipo A   Estrutura do tipo B   Estrutura do tipo C

12.34 O sódio metálico (massa atômica 22,99 g/mol) adota uma estrutura cúbica de corpo centrado com uma densidade de 0,97 g/cm³. (**a**) Utilize essas informações e o número de Avogadro ($N_A = 6,022 \times 10^{23}$/mol) para estimar o raio atômico do sódio. (**b**) Se o sódio não reagisse de maneira tão vigorosa, ele poderia flutuar na água. Use a resposta ao item (a) para estimar a densidade do Na se sua estrutura fosse a de um metal com estrutura de empacotamento cúbica. Ele ainda flutuaria na água?

12.35 O irídio cristaliza-se em uma célula unitária cúbica de face centrada cuja aresta mede 3,833 Å. (**a**) Calcule o raio atômico de um átomo de irídio. (**b**) Calcule a densidade do irídio metálico.

12.36 O cálcio cristaliza-se em uma estrutura cúbica de corpo centrado a 467 °C. (**a**) Quantos átomos de Ca há em cada célula unitária? (**b**) Quantos vizinhos mais próximos cada átomo de Ca possui? (**c**) Estime o comprimento da aresta da célula unitária, *a*, com base no raio atômico do cálcio (1,97 Å). (**d**) Estime a densidade do Ca metálico.

12.37 O cálcio cristaliza-se em uma célula unitária cúbica de face centrada à temperatura ambiente cuja aresta mede 5,588 Å. (**a**) Calcule o raio atômico de um átomo de cálcio. (**b**) Calcule a densidade do cálcio metálico a essa temperatura.

12.38 Calcule o volume em Å³ de cada um dos seguintes tipos de célula unitária cúbica se são compostos de átomos com raio atômico de 1,82 Å: (**a**) primitiva; (**b**) cúbica de face centrada.

12.39 O alumínio metálico cristaliza-se em uma célula unitária cúbica de face centrada. (**a**) Quantos átomos de alumínio existem em uma célula unitária? (**b**) Qual é o número de coordenação de cada átomo de alumínio? (**c**) Estime o comprimento da aresta da célula unitária, *a*, com base no raio atômico do alumínio (1,43 Å). (**d**) Calcule a densidade do alumínio metálico.

12.40 Um elemento cristaliza-se em uma estrutura cúbica de face centrada. A aresta da célula unitária mede 4,078 Å, e a densidade do cristal é 19,30 g/cm³. Calcule a massa atômica do elemento e identifique-o.

12.41 Qual dessas afirmações a respeito de ligas e compostos intermetálicos é *falsa*? (**a**) O bronze é um exemplo de uma liga. (**b**) "Liga" é apenas outra palavra para "composto químico de composição fixa que é feito de dois ou mais metais". (**c**) Intermetálicos são compostos de dois ou mais metais com uma composição definida e não são considerados ligas. (**d**) Se você misturar dois metais e, no nível atômico, eles se separarem em duas ou mais fases diferentes de composição, você terá criado uma liga heterogênea. (**e**) Ligas podem ser produzidas mesmo se os átomos que as constituem forem bastante diferentes em tamanho.

12.42 Determine se as seguintes afirmações são *verdadeiras* ou *falsas*. (**a**) Ligas de substituição são soluções sólidas, mas ligas intersticiais são ligas heterogêneas. (**b**) Ligas de substituição têm átomos de "soluto" que substituem átomos de "solvente" em uma estrutura, mas ligas intersticiais têm átomos de "soluto" presentes entre os átomos de "solvente" em uma estrutura. (**c**) Os raios atômicos dos átomos presentes em uma liga de substituição são semelhantes uns aos outros, mas, em uma liga intersticial, os átomos intersticiais são menores do que os átomos da estrutura hospedeira.

12.43 Para cada uma das seguintes composições de liga, indique se é uma liga de substituição, uma liga intersticial ou um composto intermetálico:

(**a**) $Fe_{0,97}Si_{0,03}$ (**b**) $Fe_{0,60}Ni_{0,40}$ (**c**) $SmCo_5$

12.44 Para cada uma das seguintes composições de liga, indique se é uma liga de substituição, uma liga intersticial ou um composto intermetálico:

(**a**) $Cu_{0,66}Zn_{0,34}$ (**b**) Ag_3Sn (**c**) $Ti_{0,99}O_{0,01}$

12.45 Indique se as afirmações a seguir são *verdadeiras* ou *falsas*.

(**a**) Ligas de substituição tendem a ser mais dúcteis que ligas intersticiais.

(**b**) Ligas intersticiais tendem a se formar entre elementos com raios iônicos similares.

(**c**) Elementos não metálicos nunca são encontrados em ligas.

12.46 Indique se as afirmações a seguir são *verdadeiras* ou *falsas*.

(**a**) Compostos intermetálicos têm uma composição fixa.

(**b**) O cobre é o componente majoritário no latão e no bronze.

(**c**) No aço inoxidável, os átomos de cromo ocupam posições intersticiais.

12.47 O ouro puro cristaliza-se em uma célula unitária cúbica de face centrada com aresta de comprimento igual a 4,08 Å. A liga denominada ouro 18 quilates é composta de 75% Au, 15% Ag e 10% Cu em massa. Qual é a fórmula empírica do ouro 18 quilates, com dois algarismos significativos?

12.48 Um aumento na temperatura causa aos metais *expansão térmica*, o que significa que o volume do metal aumenta com o aquecimento. (**a**) Como a expansão térmica afeta o comprimento da célula unitária? (**b**) Qual é o efeito de um aumento da temperatura na densidade do metal?

Ligação metálica (Seção 12.3)

12.49 Determine se as afirmações a seguir são *verdadeiras* ou *falsas*.

(**a**) Metais apresentam alta condutividade elétrica porque os elétrons presentes no metal são deslocalizados.

(**b**) Metais apresentam alta condutividade elétrica porque eles são mais densos do que os outros sólidos.

(**c**) Metais apresentam alta condutividade térmica porque eles se expandem quando aquecidos.

(**d**) Metais apresentam baixa condutividade térmica porque os elétrons deslocalizados não podem transferir facilmente a energia cinética transmitida ao metal pelo calor.

12.50 Imagine que você tem uma barra de metal colocada metade sob o sol e metade na sombra. Em um dia ensolarado, a parte do metal que está sob o sol fica quente. Quando você toca a parte da barra de metal que está na sombra, ela está quente ou fria? Justifique sua resposta em termos de condutividade térmica.

12.51 Os diagramas de orbital molecular para cadeias lineares com dois e quatro átomos de lítio são mostrados na Figura 12.21. Construa um diagrama de orbital molecular para uma cadeia com seis átomos de lítio e use-o para responder às seguintes questões: (**a**) Quantos orbitais moleculares há no diagrama? (**b**) Quantos nós há no orbital molecular ocupado de menor energia? (**c**) Quantos nós há no orbital molecular de maior energia? (**d**) Quantos nós há no orbital molecular ocupado de maior energia? (**e**) Quantos nós há no orbital molecular não ocupado de menor energia? (**f**) Como a banda proibida entre o orbital molecular ocupado de maior energia e o orbital molecular ocupado de menor energia para esse caso se compara ao caso com quatro átomos?

12.52 Repita o Exercício 12.51 para uma cadeia linear com oito átomos de lítio.

12.53 Qual você espera ser o elemento mais dúctil: (**a**) Ag ou Mo? (**b**) Zn ou Si?

12.54 Qual das seguintes afirmações não decorre do fato de que os metais alcalinos têm ligações metal-metal relativamente fracas?

(**a**) Os metais alcalinos são menos densos do que os outros metais.

(**b**) Os metais alcalinos são macios o suficiente para serem cortados com uma faca.

(**c**) Os metais alcalinos são mais reativos do que os outros metais.

(**d**) Os metais alcalinos têm pontos de fusão mais elevados do que os outros metais.

(**e**) Os metais alcalinos têm energias de ionização baixas.

12.55 Disponha os seguintes metais em ordem crescente de ponto de fusão: Mo, Zr, Y, Nb.

12.56 Para cada um dos seguintes grupos, qual metal você espera que tenha o maior ponto de fusão: (**a**) ouro, rênio ou césio; (**b**) rubídio, molibdênio ou índio; (**c**) rutênio, estrôncio ou cádmio?

Sólidos iônicos (Seção 12.4)

12.57 A tausonita, um mineral composto de Sr, O e Ti, tem a célula unitária cúbica mostrada na ilustração a seguir. (**a**) Qual é a fórmula empírica desse mineral? (**b**) Quantos oxigênios são coordenados ao titânio? (**c**) Para visualizar todo o ambiente de coordenação dos outros íons, devemos considerar as células unitárias vizinhas. Quantos oxigênios são coordenados ao estrôncio?

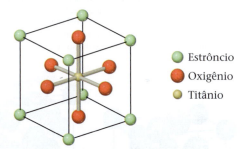

12.58 O diagrama mostra a célula unitária de um composto que contém Co e O. Os átomos de Co estão nos vértices e os de O estão completamente dentro da célula unitária. (**a**) Qual é a fórmula empírica desse composto? (**b**) Qual é o estado de oxidação do metal?

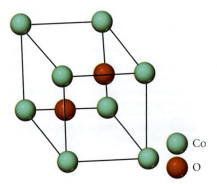

12.59 A alabandita é um mineral composto de sulfeto de manganês(II) (MnS). O mineral adota a estrutura de sal de rocha. O comprimento da aresta da célula unitária do MnS é 5,223 Å a 25 °C. Determine a densidade do MnS em g/cm³.

12.60 A claustalita é um mineral composto de seleneto de chumbo (PbSe). O mineral adota a estrutura de sal de rocha. A densidade do PbSe a 25 °C é 8,27 g/cm³. Calcule o comprimento de uma aresta da célula unitária do PbSe.

12.61 Uma forma particular de cinábrio (HgS) adota a estrutura da blenda de zinco. O comprimento da aresta da célula unitária é 5,852 Å. (**a**) Calcule a densidade do HgS nessa forma. (**b**) O mineral tiemanita (HgSe) também forma uma fase sólida com a estrutura da blenda de zinco. O comprimento da célula unitária nesse mineral é 6,085 Å. O que justifica a célula unitária maior da tiemanita? (**c**) Qual das duas substâncias tem a maior densidade? Como você explica a diferença de densidades?

12.62 Sob condições normais de temperatura e pressão, o RbI cristaliza-se com uma estrutura igual à do NaCl. (**a**) Use raios iônicos para prever o comprimento da aresta da célula unitária cúbica. (**b**) Aplique esse valor para estimar a densidade. (**c**) A altas pressões, a estrutura se transforma em uma como a do CsCl. Use raios iônicos para prever o comprimento da aresta da célula unitária cúbica para a forma sob alta pressão do RbI. (**d**) Aplique esse valor para estimar a densidade. Como essa densidade se compara à densidade que você calculou no item (b)?

12.63 O CuI, o CsI e o NaI adotam estruturas diferentes. As três estruturas são diferentes das mostradas na Figura 12.25 para o CsCl, o NaCl e o ZnS. (**a**) Use raios iônicos, Cs⁺ ($r = 1,81$ Å), Na⁺ ($r = 1,16$ Å), Cu⁺ ($r = 0,74$ Å) e I⁻ ($r = 2,06$ Å), para prever que composto se cristaliza com determinada estrutura. (**b**) Qual é o número de coordenação do iodeto em cada uma dessas estruturas?

12.64 As estruturas do rutilo e da fluorita mostradas a seguir (ânions estão na cor verde) são dois dos tipos de estrutura mais comuns de compostos iônicos, em que a razão entre o cátion e o ânion é 1:2. (**a**) Para o CaF₂ e o ZnF₂, use raios iônicos, Ca²⁺ ($r = 1,14$ Å), Zn²⁺ ($r = 0,88$ Å) e F⁻ ($r = 1,19$ Å), para prever qual composto tende a se cristalizar com a estrutura da fluorita e qual tende a se cristalizar com a estrutura do rutilo. (**b**) Quais são os números de coordenação dos cátions e ânions em cada uma dessas estruturas?

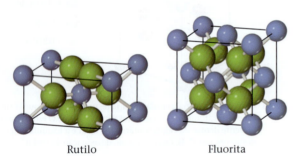

Rutilo   Fluorita

12.65 O número de coordenação do íon Mg²⁺ geralmente é seis. Considerando essa suposição verdadeira, determine o número de coordenação do ânion nos seguintes compostos: (**a**) MgS, (**b**) MgF₂, (**c**) MgO.

12.66 O número de coordenação do íon Al³⁺ costuma ficar entre quatro e seis. Use o número de coordenação do ânion para determinar o número de coordenação do Al³⁺ nos seguintes compostos: (**a**) AlF₃, em que os íons fluoreto têm número de coordenação igual a dois; (**b**) Al₂O₃, em que os íons de oxigênio têm número de coordenação igual a seis; (**c**) AlN, em que os íons nitreto têm número de coordenação igual a quatro.

Sólidos moleculares e de rede covalente (Seção 12.5)

12.67 Indique se cada uma das seguintes afirmações é *verdadeira* ou *falsa*.

(**a**) Apesar de tanto os sólidos moleculares quanto os sólidos de rede covalente terem ligações covalentes, os pontos de fusão dos sólidos moleculares são muito mais baixos, porque suas ligações covalentes são muito mais fracas.

(**b**) Com outros fatores equivalentes, moléculas altamente simétricas tendem a formar sólidos com pontos de fusão mais elevados do que moléculas de forma assimétrica.

12.68 Indique se cada uma das seguintes afirmações é *verdadeira* ou *falsa*.

(**a**) Para sólidos moleculares, o ponto de fusão costuma aumentar à medida que a intensidade das ligações covalentes aumenta.

(**b**) Para sólidos moleculares, o ponto de fusão geralmente aumenta à medida que a intensidade das forças intermoleculares aumenta.

12.69 Tanto os sólidos de rede covalente quanto os sólidos iônicos podem ter pontos de fusão que vão além da temperatura ambiente, e ambos podem ser maus condutores de eletricidade em sua forma pura. No entanto, suas propriedades são bastante diferentes no que diz respeito a outras características.

(**a**) Que tipo de sólidos está mais propenso a se dissolver na água?

(**b**) Que tipo de sólido pode se tornar um condutor elétrico melhor via substituição química?

12.70 Quais das seguintes propriedades são típicas de um sólido de rede covalente, de um sólido metálico ou dos dois: (**a**) ductilidade, (**b**) dureza, (**c**) alto ponto de fusão?

12.71 Nos seguintes pares de semicondutores, qual terá a maior banda proibida: (**a**) CdS ou CdTe, (**b**) GaN ou InP, (**c**) GaAs ou InAs?

12.72 Nos seguintes pares de semicondutores, qual terá a maior banda proibida: (**a**) InP ou InAs, (**b**) Ge ou AlP, (**c**) AgI ou CdT?

12.73 Se você quisesse dopar o GaAs para produzir um semicondutor do tipo n com um elemento que substituísse o Ga, que elemento(s) você escolheria: (**a**) Zn, (**b**) Al, (**c**) In, (**d**) Si?

12.74 Se você quisesse dopar o GaAs para produzir um semicondutor do tipo p com um elemento que substituísse o As, que grupo de elementos você escolheria: (**a**) grupo 1A, (**b**) grupo 2B, (**c**) grupo 4A, (**d**) grupo 5A, (**e**) grupo 6A?

12.75 O silício tem banda proibida de 1,1 eV à temperatura ambiente. (**a**) A qual comprimento de onda de luz um fóton com essa energia corresponderia? (**b**) Trace uma linha vertical nesse comprimento de onda na figura que mostra a emissão de luz do sol como uma função do comprimento de onda. O silício absorveria toda, nenhuma ou parte da luz visível que vem do Sol? (**c**) É possível estimar a parte do espectro solar geral que o silício absorve ao considerar a área abaixo da curva. Se você chamar toda a área abaixo da curva de "100%", que percentual aproximado dessa área é absorvido pelo silício?

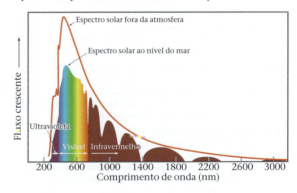

12.76 O telureto de cádmio é um material importante para as células solares. (a) Qual é a banda proibida do CdTe? (b) A que comprimento de onda de luz um fóton com essa energia corresponde? (c) Trace uma linha vertical com o comprimento de onda mostrado na figura do Exercício 12.75, que ilustra a emissão de luz do sol como uma função do comprimento de onda. (d) Em comparação ao silício, o CdTe absorve uma parte maior ou menor do espectro solar?

12.77 O semicondutor CdSe tem uma banda proibida de 1,74 eV. Que comprimento de onda de luz seria emitido por um LED produzido a partir do CdSe? Qual região do espectro eletromagnético é essa?

12.78 Os primeiros LEDs eram feitos de GaAs, que tem uma banda proibida de 1,43 eV. Que comprimento de onda de luz seria emitido por um LED feito de GaAs? A que região do espectro eletromagnético essa luz corresponde: ultravioleta, visível ou infravermelha?

12.79 O GaAs e o GaP formam soluções sólidas com a mesma estrutura cristalina dos seus materiais de partida, com átomos de As e P distribuídos aleatoriamente ao longo do cristal. O GaP_xAs_{1-x} existe para qualquer valor de x. Se considerarmos que a banda proibida varia linearmente com uma composição entre $x = 0$ e $x = 1$, estime a banda proibida do $GaP_{0,5}As_{0,5}$. (As bandas proibidas do GaAs e do GaP são 1,43 eV e 2,26 eV, respectivamente.) A qual comprimento de onda de luz esse valor corresponderia?

12.80 Os diodos emissores de luz vermelha são feitos de soluções sólidas de GaAs e GaP, GaP_xAs_{1-x} (ver o Exercício 12.79). Os LEDs vermelhos originais emitem luz com um comprimento de onda de 660 nm. Se considerarmos que a banda proibida varia linearmente com uma composição entre $x = 0$ e $x = 1$, estime a composição (o valor de x) utilizada nesses LEDs.

Polímeros (Seção 12.6)

12.81 (a) O que é um monômero? (b) Qual dessas moléculas pode ser usada como um monômero: benzeno, eteno (também denominado etileno) ou metano?

12.82 A fórmula molecular do n-decano é $CH_3(CH_2)_8CH_3$. O decano não é considerado um polímero, enquanto o polietileno é. Qual é a distinção entre eles?

12.83 Determine se cada um desses números é um valor razoável para a massa molecular de um polímero: 100 uma, 10.000 uma, 100.000 uma, 1.000.000 uma.

12.84 Indique se a seguinte afirmação é *verdadeira* ou *falsa*. Para uma polimerização de adição, não há subprodutos de reação (considerando 100% de rendimento).

12.85 Um éster representa um composto formado por uma reação de condensação entre um ácido carboxílico e um álcool que elimina uma molécula de água. Qual dos itens a seguir seria a unidade de repetição para um poliéster?

(a) $-[C(=O)]_n-$
(b) $-[C(=O)-C(=O)]_n-$
(c) $-[C(=O)-O-O-C(=O)]_n-$
(d) $-[C(=O)-O]_n-$

12.86 Escreva a equação química balanceada da formação de um polímero por meio de uma reação de condensação a partir dos monômeros de ácido succínico ($HOOCCH_2CH_2COOH$) e de etilenodiamina ($H_2NCH_2CH_2NH_2$).

12.87 Uma polimerização por adição forma o polímero usado originalmente como filme plástico Saran™, que tem a seguinte estrutura: $-[CCl_2-CH_2]_n-$. Desenhe a estrutura do monômero.

12.88 Escreva a equação química que representa a formação de:

(a) policloropreno a partir do cloropreno (o policloropreno é usado na pavimentação de estradas, em juntas de expansão, correias transportadoras e revestimentos de fios e cabos);

$$CH_2=CH-C(Cl)=CH_2$$

Cloropreno

(b) poliacrilonitrila a partir da acrilonitrila (a poliacrilonitrila é usada em artigos de decoração, fios de artesanato, roupas e outros itens).

$$CH_2=CH-CN$$

Acrilonitrila

12.89 O polímero Kevlar, um polímero de condensação, é usado como reforço em pneus de automóveis, nas cordas de arcos para tiro com arco e em coletes à prova de balas.

[estrutura do Kevlar com unidade de repetição]

Represente as estruturas dos dois monômeros que produzem o Kevlar.

12.90 As proteínas são polímeros encontrados na natureza, produzidos por reações de condensação de aminoácidos com a seguinte estrutura geral:

$$H-N(H)-C(H)(R)-C(=O)-O-H$$

Nessa estrutura, $-R$ representa $-H$, $-CH_3$ ou outro grupo de átomos; existem 20 aminoácidos naturais diferentes, e cada um deles tem um dos 20 grupos de R diferentes. (a) Represente a estrutura geral de uma proteína formada pela polimerização por condensação de aminoácidos genéricos, mostrada aqui. (b) Quando apenas alguns aminoácidos reagem para formar uma cadeia, o produto é chamado de peptídeo em vez de proteína; a molécula só é chamada de proteína quando houver 50 aminoácidos ou mais na cadeia. Para três aminoácidos (diferenciáveis pela presença de três grupos diferentes de R, R1, R2 e R3), represente o peptídeo que resulta de suas reações de condensação. (c) A ordem em que os grupos R são encontrados em um peptídeo ou proteína tem uma grande influência sobre sua atividade biológica. Para distinguir diferentes peptídeos e proteínas, químicos chamam o primeiro aminoácido de aquele no "terminal N" e o último de aquele no "terminal C". Com base na representação que você fez no item (b), é possível deduzir o que "terminal N" e "terminal C" significam. Quantos peptídeos diferentes podem ser produzidos a partir desses três aminoácidos diferentes?

12.91 (a) Que características moleculares tornam um polímero flexível? (b) Se você fizer uma ligação cruzada em um polímero, ele fica mais ou menos flexível do que era antes?

12.92 Que características molares estruturais fazem o polietileno de alta densidade ser mais denso que o polietileno de baixa densidade?

12.93 Se você quiser fazer um polímero para uma embalagem plástica, ele deve ter grau de cristalinidade alto ou baixo?

12.94 Indique se as afirmações a seguir são *verdadeiras* ou *falsas*.
- (a) Elastômeros são sólidos de borracha.
- (b) Termofixos não podem ser remodelados.
- (c) Polímeros termoplásticos podem ser reciclados.

Nanomateriais (Seção 12.7)

12.95 Em qual faixa de tamanho se encontram os materiais considerados nanomateriais?

12.96 O CdS tem banda proibida de 2,4 eV. Se cristais grandes de CdS forem iluminados com luz ultravioleta, eles emitirão luz igual à energia da banda proibida. (a) Qual é a cor da luz emitida? (b) Pontos quânticos de CdS de tamanho adequado são capazes de emitir luz azul? (c) E luz vermelha?

12.97 Indique se as afirmações a seguir são *verdadeiras* ou *falsas*.
- (a) A banda proibida de um semicondutor diminui à medida que o tamanho da partícula diminui em uma faixa de 1 a 10 nm.
- (b) A luz emitida por um semicondutor sob estímulo externo fica com maior comprimento de onda à medida que o tamanho de partícula do semicondutor diminui.

12.98 Indique se esta afirmação é *verdadeira* ou *falsa*:

Se você quiser um semicondutor que emita luz azul, pode usar um material com banda proibida correspondente à energia de um fóton azul ou usar um material com banda proibida menor, mas que produza uma nanopartícula de tamanho adequado do mesmo material.

12.99 O ouro adota uma estrutura cúbica de face centrada com uma célula unitária de 4,08 Å de aresta. Quantos átomos de ouro existem em uma esfera de 20 nm de diâmetro? Lembre-se de que o volume de uma esfera é $\frac{4}{3}\pi r^3$.

12.100 Um ponto quântico ideal para uso em televisores não contém cádmio, devido a preocupações com o descarte do material. Um material possível para esse fim é o InP, que adota a estrutura da blenda de zinco (ZnS) (cúbica de face centrada). A aresta da célula unitária tem 5,869Å de comprimento. (a) Se o ponto quântico tem formato cúbico, quanto de cada átomo há em um cristal cúbico cuja aresta tem 3,00 nm de comprimento? E 5,00 nm? (b) Se uma das nanopartículas no item (a) emite luz azul e a outra emite luz laranja, qual é a cor emitida pelo cristal com a aresta de 3,00 nm? E com a aresta de 5,00 nm?

12.101 Qual das seguintes afirmações descreve corretamente a diferença entre o grafeno e o grafite?

(a) O grafeno é uma molécula, e o grafite não é. (b) O grafeno é uma folha única de átomos de carbono, e o grafite contém muitas folhas maiores de átomos de carbono. (c) O grafeno é isolante, e o grafite é um metal. (d) O grafite é carbono puro, e o grafeno não é. (e) Os carbonos são hibridizados sp^2 no grafeno e hibridizados sp^3 no grafite.

12.102 Que evidência sustenta a noção de que bucky-bolas são moléculas, e não materiais estendidos?
- (a) Bucky-bolas são feitas de carbono.
- (b) Bucky-bolas têm estrutura atômica e massa molecular bem definidas.
- (c) Bucky-bolas têm um ponto de fusão bem definido.
- (d) Bucky-bolas são semicondutores.
- (e) Mais de uma das opções anteriores.

Exercícios adicionais

12.103 Os cloretos a seguir estão listados com seus pontos de fusão: NaCl (801 °C), MgCl₂ (714 °C), PCl₃ (−94 °C), SCl₂ (−121 °C) (a) Para cada composto, indique o tipo da sua forma sólida (molecular, metálica, iônica ou de rede covalente). (b) Determine qual dos compostos a seguir tem o ponto de fusão mais elevado: CaCl₂ ou SiCl₄.

12.104 A rede cristalina tetragonal de face centrada não faz parte das 14 redes cristalinas tridimensionais. Mostre que uma célula unitária tetragonal de face centrada pode ser redefinida como uma rede cristalina tetragonal de corpo centrado com uma unidade de célula menor.

12.105 Visualize uma rede cristalina cúbica primitiva. Agora, imagine que o topo da rede é empurrado para baixo. Em seguida, outra face é puxada e esticada para a direita. Todos os ângulos permanecem a 90°. Que tipo de rede cristalina primitiva foi produzida?

12.106 O ferro puro cristaliza-se em uma estrutura cúbica de corpo centrado, mas quantidades pequenas de impurezas podem estabilizar uma estrutura cúbica de face centrada. Qual das formas do ferro tem a maior densidade?

12.107 O Ni₃Al é utilizado em turbinas de motores de aviões por causa de sua resistência e baixa densidade. O níquel metálico tem uma estrutura empacotada com uma célula unitária cúbica de face centrada, enquanto o Ni₃Al tem a estrutura cúbica ordenada mostrada na Figura 12.17. O comprimento da aresta da célula unitária cúbica é 3,53 Å para o níquel e 3,56 Å para o Ni₃Al. Use esses dados para calcular e comparar as densidades desses dois materiais.

12.108 Que tipo de estrutura – cúbica primitiva, cúbica de corpo centrado ou cúbica de face centrada – tem cada um dos seguintes compostos: (a) CsCl, (b) Au, (c) NaCl, (d) Po, (e) ZnS?

12.109 O cinábrio (HgS) era utilizado como pigmento com o nome de "vermelhão". A substância tem banda proibida de 2,20 eV próxima à temperatura ambiente em sua forma sólida macroscópica. A qual comprimento de onda da luz (em nm) corresponde um fóton dessa energia?

12.110 A condutividade elétrica do alumínio é aproximadamente 10^9 vezes maior que a do seu vizinho na tabela periódica, o silício. O alumínio tem uma estrutura cúbica de face centrada, e o silício tem a estrutura do diamante. Um colega diz que a densidade é a razão pela qual o alumínio é um metal e o silício, não. Portanto, se o silício fosse colocado sob alta pressão, ele também se comportaria como um metal. Discuta essa ideia com seus colegas, consultando dados do Al e do Si se necessário.

12.111 O carboneto de silício, SiC, tem a estrutura tridimensional mostrada na figura a seguir.

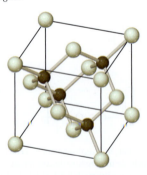

(a) Indique outro composto com a mesma estrutura. (b) Você acha que a ligação no SiC é predominantemente iônica, metálica ou covalente? (c) Como as ligações e a estrutura do SiC levam à sua alta estabilidade térmica (a 2.700 °C) e dureza excepcional?

12.112 As bandas de energia são consideradas contínuas devido ao grande número de níveis de energia próximos entre si. A faixa de níveis de energia em um cristal de cobre é de aproximadamente 1×10^{-19} J. Considerando que o espaçamento entre os níveis é igual, é possível aproximar os níveis de energia dividindo a faixa de energias pelo número de átomos no cristal. (a) Quantos átomos de cobre estão presentes em um cubo de cobre metálico com arestas de 0,5 mm? A densidade do cobre é 8,96 g/cm³. (b) Determine o espaçamento médio, em J, entre os níveis de energia do cobre metálico do item (a). (c) O espaçamento é maior, menor ou semelhante à separação de 1×10^{-18} J entre os níveis de energia em um átomo de hidrogênio?

12.113 Em geral, a condutividade elétrica de um metal diminui à medida que a temperatura aumenta. Ao contrário dos metais, os semicondutores aumentam a sua condutividade à medida que os aquecemos (até certo ponto). Qual é a explicação mais razoável para o comportamento dos semicondutores? (a) Os semicondutores, ao contrário dos metais, se tornam mais densos quando aquecidos, o que melhora a sobreposição orbital. (b) À medida que a temperatura aumenta, os elétrons tendem a povoar a banda de condução nos semicondutores, o que leva a um aumento da condutividade. (c) A sobreposição orbital se estende sobre cada vez mais átomos à medida que a temperatura é elevada nos semicondutores, mas não nos metais. (d) Os defeitos atômicos que permitem a condutividade cristalizam-se nos semicondutores à medida que a temperatura é elevada.

12.114 O óxido de sódio (Na₂O) adota uma estrutura cúbica, com os átomos de Na representados por esferas verdes e os átomos de O, por esferas vermelhas.

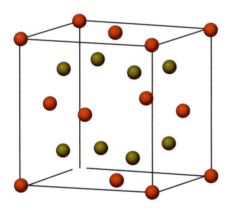

(a) Quantos átomos de cada tipo há na célula unitária?
(b) Determine o número de coordenação e descreva a forma do ambiente de coordenação do íon de sódio.
(c) O comprimento da aresta da célula unitária é 5,550 Å. Determine a densidade do Na₂O.

12.115 O teflon é um polímero formado pela polimerização do $F_2C=CF_2$. (a) Represente a estrutura de uma parte desse polímero. (b) Que tipo de reação de polimerização é necessário para produzir o teflon?

12.116 Ligações de hidrogênio entre cadeias de poliamida são importantes na determinação das propriedades de um náilon, como o náilon 6,6 (Tabela 12.6). Represente as fórmulas estruturais de duas cadeias adjacentes de náilon 6,6 e mostre onde as ligações de hidrogênio poderiam ocorrer entre elas.

12.117 No seu estudo de difração de raios X, William e Lawrence Bragg determinaram que a relação entre o comprimento de onda da radiação (λ), o ângulo em que a radiação é difratada (θ) e a distância entre os planos dos átomos no cristal que causam a difração (d) é dada por $n\lambda = 2d\,\text{sen}\,\theta$. Raios X de um tubo de raios X de cobre que têm comprimento de onda de 1,54 Å são difratados em um ângulo de 14,22° pelo silício cristalino. Usando a equação de Bragg, calcule a distância entre os planos de átomos responsáveis pela difração nesse cristal, considerando que $n = 1$ (difração de primeira ordem).

12.118 O germânio tem estrutura igual à do silício, mas o tamanho da célula unitária dos dois é diferente, porque os átomos de Ge e de Si não são do mesmo tamanho. Se você tivesse que repetir o experimento descrito no Exercício 12.117, mas substituísse o cristal de Si por um cristal de Ge, os raios X seriam difratados em um ângulo θ maior ou menor?

12.119 (a) A densidade do diamante é 3,5 g/cm³, e a do grafite, 2,3 g/cm³. Com base na estrutura do buckminsterfulereno, qual você acha que seria sua densidade em comparação à densidade dessas outras formas de carbono? (b) Estudos de difração de raios X do buckminsterfulereno mostram que ele tem uma estrutura cúbica de face centrada de moléculas de C₆₀. O comprimento de uma aresta da célula unitária é 14,2 Å. Calcule a densidade do buckminsterfulereno.

12.120 Quando você incide luz da faixa de energia da banda proibida ou maior em um semicondutor e promove elétrons da banda de valência para a banda de condução, você espera que a condutividade do semicondutor (a) mantenha-se inalterada, (b) aumente ou (c) diminua?

12.121 O espinélio é um mineral com 37,9% de Al, 17,1% de Mg e 45,0% de O em massa e tem densidade de 3,57 g/cm³. A célula unitária é cúbica com um comprimento de aresta de 8,09 Å. Quantos átomos de cada tipo há na célula unitária?

12.122 (a) Quais são os ângulos das ligações C—C—C no diamante? (b) Quais são os ângulos dessas mesmas ligações no grafite (em uma folha)? (c) Quais orbitais atômicos estão envolvidos no empilhamento de folhas de grafite?

12.123 Utilizando os valores de entalpia de ligação listados na Tabela 8.3, estime a variação de entalpia molar que ocorre (a) na polimerização do etileno, (b) na formação do náilon 6,6, e (c) na formação do poli(tereftalato de etileno), ou PET.

12.124 Embora o polietileno possa ser torcido e transformado em formas aleatórias, sua forma mais estável é linear, com o esqueleto de carbono com a orientação mostrada na figura a seguir:

As linhas cheias da figura indicam ligações de carbono que saem do plano da página; as linhas tracejadas indicam ligações por trás do plano da página.

(a) Qual é a hibridização de orbitais em cada átomo de carbono? Que ângulos há entre as ligações?
(b) Agora imagine que o polímero é o polipropileno em vez do polietileno. Represente estruturas de polipropileno em que (i) os grupos CH₃ fiquem no mesmo lado do plano do papel (essa forma é chamada de polipropileno isotático), (ii) os grupos CH₃ fiquem em lados alternados no plano (polipropileno sindiotático) e (iii) os grupos CH₃ sejam distribuídos aleatoriamente em ambos os lados (polipropileno atático). Qual dessas formas tem a maior e a menor cristalinidade e ponto de fusão? Explique em termos de interações intermoleculares e formas moleculares.
(c) Fibras de polipropileno têm sido empregadas no vestuário esportivo. Relata-se que o produto é superior à roupa de algodão ou de poliéster, pois faz com que o suor evapore mais rapidamente do tecido para o ambiente externo. Explique a diferença entre o polipropileno e o poliéster ou o algodão (que tem muitos grupos —OH ao longo da cadeia molecular) em termos de interações intermoleculares com água.

12.125 (a) No policloreto de vinila, mostrado na Tabela 12.6, quais ligações têm a menor entalpia média de ligação? (b) Quando submetido a alta pressão e aquecido, o policloreto de vinila converte-se em diamante. Durante essa transformação, que ligações estão mais propensas a serem rompidas primeiro? (c) Empregando os valores de entalpia média de ligação da Tabela 8.3, estime a variação global de entalpia para a conversão de PVC em diamante.

12.126 O silício tem a estrutura do diamante, com uma célula unitária de aresta de 5,43 Å de comprimento e oito átomos por célula unitária. (a) Quantos átomos de silício há em 1 cm³ de material? (b) Suponhamos que você realize a dopagem de uma amostra de 1 cm³ de silício com 1 ppm de fósforo, o que vai aumentar a condutividade em um fator de um milhão. Para fazer isso, quantos miligramas de fósforo serão necessários?

12.127 Um método de sintetizar sólidos iônicos é aquecer dois reagentes a altas temperaturas. Considere a reação do FeO com TiO_2 para formar $FeTiO_3$. Determine a quantidade de cada um dos reagentes para preparar 2,500 g de $FeTiO_3$, pressupondo que a reação se completa.

(a) Escreva uma reação química balanceada.
(b) Calcule a massa molecular do $FeTiO_3$.
(c) Determine a quantidade de matéria de $FeTiO_3$.
(d) Determine a quantidade de matéria e a massa (g) de FeO necessárias.
(d) Determine a quantidade de matéria e a massa (g) de TiO_2 necessárias.

12.128 Pesquise o diâmetro de um átomo de silício, em Å. Os chips semicondutores mais recentes têm linhas fabricadas de apenas 7 nm. A quantos átomos de silício isso corresponde?

Elabore um experimento

Polímeros foram feitos comercialmente pela primeira vez pela DuPont Company, no final dos anos 1920. Naquela época, alguns químicos ainda não acreditavam que os polímeros eram moléculas; eles pensavam que eram aglomerados de moléculas unidas por forças intermoleculares fracas, uma vez que ligações covalentes entre milhões de átomos não "durariam". Elabore um experimento para demonstrar que polímeros realmente são moléculas grandes, e não pequenos aglomerados de moléculas menores unidas por forças intermoleculares fracas.

13

PROPRIEDADES DAS SOLUÇÕES

▲ O Mar Morto é um dos corpos de água mais salgados do planeta. A concentração de sais dissolvidos, como MgCl$_2$ e NaCl, é quase 10 vezes maior do que a da água do oceano – tão alta que nem plantas nem animais conseguem sobreviver dentro da solução que é o Mar Morto. Encontrar maneiras de remover os sais dissolvidos do oceano e de outros corpos de água "salgados" está se tornando uma missão cada vez mais importante à medida que a população das regiões áridas cresce.

O QUE VEREMOS

13.1 ▶ Processo de dissolução Explorar o que acontece em nível molecular quando uma substância se dissolve em outra; as forças intermoleculares são fundamentais nesse processo. Dois aspectos importantes do processo de dissolução são a tendência natural das partículas de se misturar e suas variações concomitantes de energia.

13.2 ▶ Soluções saturadas e solubilidade Descobrir que, quando uma solução saturada entra em contato com um soluto insolúvel, as partículas de solutos solúveis e insolúveis encontram-se em equilíbrio dinâmico. A *solubilidade* de uma substância em uma determinada solução saturada é a solubilidade da substância necessária para criar uma solução saturada.

13.3 ▶ Fatores que afetam a solubilidade Descrever os principais fatores que afetam a solubilidade, incluindo as forças intermoleculares, a temperatura e, para solutos gasosos, a pressão.

13.4 ▶ Expressando a concentração de uma solução Examinar as maneiras mais comuns de expressar a concentração de um soluto em um solvente: *percentual em massa, partes por milhão, partes por bilhão, fração molar, concentração em quantidade de matéria e molalidade*.

13.5 ▶ Propriedades coligativas Examinar as propriedades físicas de soluções que dependem apenas da concentração, e não da identidade do soluto. Essas *propriedades coligativas* incluem a redução da pressão de vapor, a elevação do ponto de ebulição, a redução do ponto de congelamento e a pressão osmótica.

13.6 ▶ Coloides Investigar os coloides, misturas que não são soluções verdadeiras e consistem em uma fase semelhante ao soluto (fase dispersa) e uma semelhante ao solvente (meio de dispersão). A fase dispersa consiste em partículas maiores que os tamanhos moleculares típicos.

Nos Capítulos 10, 11 e 12, exploramos as propriedades de gases, líquidos e sólidos puros. No entanto, as matérias que encontramos em nosso cotidiano, como ar, água da torneira e vidro, costumam ser misturas. Neste capítulo, vamos analisar as misturas homogêneas, que, como aprendemos em capítulos anteriores, são chamadas de *soluções*. (Seções 1.2 e 4.1)

Quando pensamos em soluções, imediatamente imaginamos líquidos. No entanto, soluções também podem ser sólidas ou gasosas. Por exemplo, a prata esterlina é uma mistura homogênea com cerca de 7% de cobre em prata e, portanto, é uma solução sólida. O ar que respiramos também é uma mistura homogênea de vários gases, o que faz dele uma solução gasosa. Ainda assim, as soluções líquidas são particularmente importantes na química e na biologia e, portanto, serão o foco deste capítulo.

Cada substância em solução é um *componente* da solução. Como vimos no Capítulo 4, o *solvente* costuma ser o componente presente em maior quantidade, e todos os outros são chamados de *solutos*. Neste capítulo, vamos comparar as propriedades físicas das soluções com as propriedades dos componentes em sua forma pura. Vamos nos concentrar especialmente em soluções aquosas, que contêm água como solvente e um gás, líquido ou sólido como soluto.

Objetivos de aprendizagem

Após terminar a Seção 13.1, você deve ser capaz de:
- Descrever qualitativamente as variações de entropia e entalpia associadas à formação de soluções.
- Identificar as forças intermoleculares que unem as moléculas e/ou íons em substâncias puras e soluções.
- Avaliar as diversas variações de entalpia associadas à formação de uma solução e usar tais valores para prever a probabilidade de formação de uma solução.

13.1 | Processo de dissolução

As soluções estão por toda parte, mas nem todas as substâncias formam soluções. A capacidade de duas substâncias de formar soluções depende de dois fatores: (1) a tendência natural das substâncias de se misturar e se espalhar em volumes maiores, quando não são restringidas de alguma maneira; e (2) as forças intermoleculares que unem as moléculas nas substâncias puras e nas soluções. Nesta seção, consideraremos a termodinâmica por trás da formação de soluções.

Tendência natural para a mistura

Vamos supor que tenhamos o $O_2(g)$ e o $Ar(g)$ separados por uma barreira, conforme ilustrado na **Figura 13.1**. Se a barreira é removida, os gases são misturados para formar uma solução. As moléculas experimentam poucas interações intermoleculares e comportam-se como partículas de gás ideal. O resultado é que seu movimento molecular faz com que elas se espalhem de modo a ocupar um volume maior, formando uma solução gasosa.

A mistura de gases é um processo *espontâneo*, ou seja, ela ocorre por si só, sem qualquer fornecimento externo de energia ao sistema. Quando as moléculas se misturam e ficam distribuídas de maneira mais aleatória, há aumento de uma quantidade termodinâmica denominada *entropia*. A entropia é definida de forma mais rigorosa no Capítulo 19; por ora, podemos considerar que a entropia de um sistema aumenta se o seu nível de desordem aumenta, se os átomos ou moléculas ganham liberdade de movimento ou se sua energia se dispersa por um número maior de partículas. *A formação de soluções é favorecida pelo aumento da entropia que acompanha a mistura*. Contudo, para avaliar plenamente a energia da formação de uma solução, precisamos considerar também a variação de entalpia que acompanha a mistura. (Seção 5.3) As ligações químicas e as forças intermoleculares (forças de dispersão, interações dipolo-dipolo, ligações de hidrogênio, interações íon-dipolo) e suas energias correspondentes contribuem para a entalpia do sistema. Se a mistura otimiza as atrações intermoleculares entre os átomos, ela leva a uma *redução* na entalpia do sistema que é energeticamente *favorável*. Se a entalpia do sistema *aumenta* pela quebra das interações intermoleculares mais favoráveis, a entalpia *aumenta* quando a solução é formada.

Quando dois gases se misturam, a variação de entalpia é muito pequena, pois as suas moléculas estão muito distantes e as interações entre elas são desprezíveis. Assim, a mistura de gases depende apenas da entropia e é sempre termodinamicamente favorecida. No entanto, quando o solvente e/ou o soluto é um sólido ou um líquido, as forças intermoleculares tornam-se importantes o suficiente para determinar se uma solução será formada ou não. Por exemplo, embora ligações iônicas unam íons sódio e cloreto no cloreto de sódio sólido (Seção 8.2), o sólido é dissolvido em água por causa da magnitude relativa das forças de atração entre os íons e as moléculas de água. (Seção 11.2). No entanto, o cloreto de sódio não se dissolve na gasolina, pois as forças intermoleculares entre os íons e as moléculas dos hidrocarbonetos que compõem a gasolina são fracas demais.

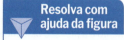 Que aspecto da teoria cinética-molecular dos gases indica que os gases se misturam?

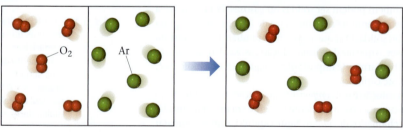

▲ **Figura 13.1** Mistura espontânea de dois gases formando uma mistura homogênea (solução).

Efeito das forças intermoleculares na formação da solução

Qualquer uma das forças intermoleculares discutidas no Capítulo 11 pode atuar entre partículas de soluto e solvente em uma solução. Essas forças são resumidas na **Figura 13.2**. Por exemplo, as forças de dispersão dominam quando uma substância apolar, como o C_7H_{16}, é dissolvida em outra, como o C_5H_{12}, e as forças íon-dipolo dominam em soluções de substâncias iônicas em água.

Três tipos de interações intermoleculares estão envolvidos na formação da solução:

1. As interações *soluto-soluto* entre partículas de soluto devem ser superadas para dispersar as partículas de soluto no solvente.
2. As interações *solvente-solvente* entre as partículas de solvente devem ser superadas para acomodar as partículas de soluto no solvente.
3. As interações *solvente-soluto* entre as partículas de soluto e solvente ocorrem à medida que as partículas se misturam.

A proporção na qual uma substância é capaz de se dissolver em outra depende das magnitudes relativas desses três tipos de interações. Soluções são formadas quando a magnitude das interações solvente-soluto são comparáveis ou superiores às magnitudes das interações soluto-soluto e solvente-solvente. Por exemplo, o heptano (C_7H_{16}) e o pentano (C_5H_{12}) se dissolvem um no outro em todas as proporções. Para essa discussão, podemos arbitrariamente chamar o heptano de solvente e o pentano de soluto. Ambas as substâncias são apolares, e as magnitudes das interações solvente-soluto (forças de dispersão atrativas) são comparáveis às das interações soluto-soluto e solvente-solvente. Dessa forma, não há forças que impeçam a mistura, e a tendência à mistura (aumento da entropia) faz com que a solução seja formada espontaneamente.

Um exemplo cotidiano da formação de soluções ocorre quando dissolvemos sal de cozinha em água. Como já observado, o NaCl sólido se dissolve com facilidade em água porque as interações de atração solvente-soluto entre as moléculas de H_2O polares e os íons são suficientemente fortes para superar as interações de atração soluto-soluto entre os íons presentes no NaCl(s) e as interações de atração solvente-solvente entre as moléculas de H_2O. Quando o NaCl é adicionado à água (**Figura 13.3**), as moléculas de água se orientam na superfície dos cristais de NaCl, com a extremidade positiva do dipolo da água em direção aos íons Cl^- e a extremidade negativa em direção aos íons Na^+. Essas atrações íon-dipolo são suficientemente fortes para afastar os íons do sólido que estão na superfície, superando as interações soluto-soluto. Para o sólido se dissolver, algumas interações solvente-solvente também devem ser superadas, abrindo espaço para que os íons se "encaixem" entre todas as moléculas de água.

Uma vez separados do sólido, os íons Na^+ e Cl^- ficam circundados por moléculas de água. Interações como essa entre as moléculas de soluto e solvente são conhecidas como **solvatação**. Quando o solvente é a água, as interações são conhecidas como **hidratação**.

Energética da formação de uma solução

Processos de dissolução são geralmente acompanhados por variações de entalpia. Por exemplo, quando o NaCl se dissolve na água, o processo é ligeiramente endotérmico, $\Delta H_{sol} = 3{,}9$ kJ/mol. Podemos usar a lei de Hess para analisar de que modo as

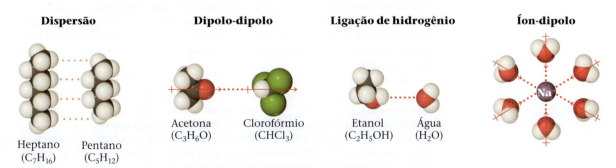

▲ **Figura 13.2** Interações intermoleculares envolvidas em soluções.

Resolva com ajuda da figura Qual átomo na água aponta para o Na⁺ na interação íon-dipolo? Por quê?

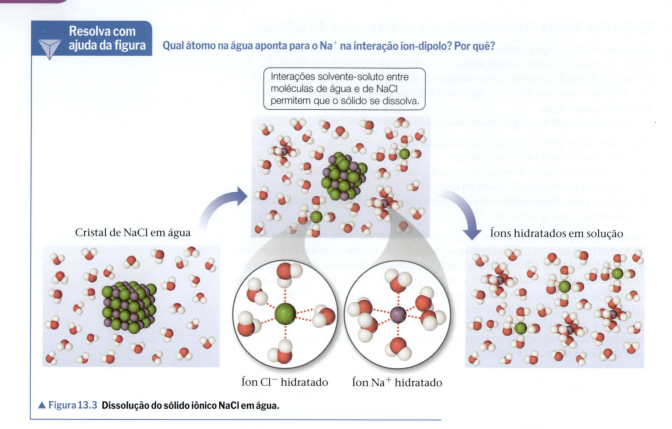

▲ **Figura 13.3** Dissolução do sólido iônico NaCl em água.

interações soluto-soluto, solvente-solvente e soluto-solvente influenciam a entalpia de solução. (Seção 5.6)

Podemos imaginar que o processo de dissolução tem três componentes, cada um com uma variação de entalpia associada: um aglomerado de n partículas de soluto que devem se separar umas das outras (ΔH_{soluto}), um aglomerado de m partículas de solvente que devem se separar umas das outras ($\Delta H_{solvente}$) e a mistura dessas partículas de soluto e solvente (ΔH_{mis}).

1.	(soluto)$_n$ ⇌ n soluto	ΔH_{soluto}
2.	(solvente)$_m$ ⇌ m solvente	$\Delta H_{solvente}$
3.	n soluto + m solvente ⇌ solução	ΔH_{mis}
4.	(soluto)$_n$ + (solvente)$_m$ ⇌ solução	$\Delta H_{sol} = \Delta H_{soluto} + \Delta H_{solvente} + \Delta H_{mis}$

Assim, a variação global de entalpia, ΔH_{sol}, representa a soma das três etapas:

$$\Delta H_{sol} = \Delta H_{soluto} + \Delta H_{solvente} + \Delta H_{mis} \qquad [13.1]$$

A separação das partículas de soluto sempre exige que energia seja absorvida para que sejam superadas suas interações atrativas. Portanto, o processo é endotérmico ($\Delta H_{soluto} > 0$). Da mesma forma, a separação de moléculas de solvente para acomodar as partículas de soluto exige energia ($\Delta H_{solvente} > 0$). O terceiro componente, que surge a partir das interações de atração entre as partículas de soluto e as partículas de solvente, é sempre exotérmico ($\Delta H_{mis} < 0$).

Os três termos de entalpia da Equação 13.1 podem ser combinados, resultando em uma soma positiva ou negativa, dependendo dos valores reais para o sistema que está sendo considerado (**Figura 13.4**). Assim, a formação de uma solução pode ser exotérmica ou endotérmica. Por exemplo, quando o sulfato de magnésio (MgSO$_4$) é adicionado à água, o processo de dissolução é exotérmico: $\Delta H_{sol} = -91,2$ kJ/mol. Em contraste, a dissolução de nitrato de amônia (NH$_4$NO$_3$) é endotérmica: $\Delta H_{sol} = +26,4$ kJ/mol. Esses sais são os principais componentes das compressas instantâneas quentes e frias usadas para tratar lesões esportivas (**Figura 13.5**). Essas compressas consistem em uma bolsa de água e o sal sólido

Resolva com ajuda da figura — Como a magnitude de ΔH_{mis} se compara à magnitude de $\Delta H_{solvente} + \Delta H_{soluto}$ para os processos de dissolução exotérmicos?

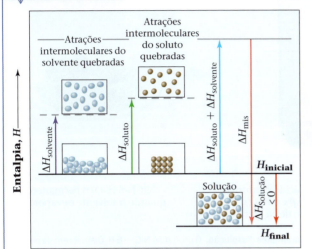
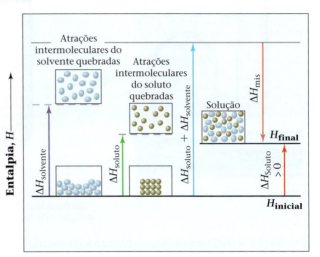

▲ **Figura 13.4** Variações de entalpia que acompanham o processo de formação de uma solução.

isolado da água: MgSO$_4$(s) para compressas quentes e NH$_4$NO$_3$(s) para compressas frias. Quando a embalagem é apertada, a vedação que separa o sólido da água é rompida e uma solução é formada, aumentando ou diminuindo a temperatura. Isso significa que uma solução recém-preparada de MgSO$_4$ em água é quente, enquanto uma de NH$_4$NO$_3$ é fria.

A variação de entalpia em um processo pode indicar a extensão em que o processo ocorre. (Seção 5.4) Processos exotérmicos tendem a ocorrer espontaneamente. Por outro lado, se o ΔH_{sol} é muito endotérmico, o soluto pode não se dissolver em uma extensão significativa no solvente escolhido. Assim, para que soluções se formem, a interação solvente-soluto deve ser forte o suficiente para tornar o ΔH_{mis} comparável em magnitude ao somatório $\Delta H_{soluto} + \Delta H_{solvente}$. Esse fato explica por que solutos iônicos não são dissolvidos em solventes apolares. As moléculas de solvente apolares experimentam apenas interações atrativas fracas com os íons, e essas interações não compensam as energias necessárias para separar os íons uns dos outros.

Seguindo por um raciocínio semelhante, um soluto líquido polar, como a água, não é dissolvido em um solvente líquido apolar, como o octano (C$_8$H$_{18}$). As moléculas de água experimentam fortes ligações de hidrogênio umas com as outras (Seção 11.2) – forças de atração que devem ser superadas se as moléculas de água forem dispersadas por todo o solvente octano. A energia necessária para separar as moléculas de H$_2$O não é recuperada na formação das interações atrativas entre as moléculas de H$_2$O e C$_8$H$_{18}$.

Formação de solução e reações químicas

Ao discutir soluções, devemos ter o cuidado de distinguir o processo físico de formação da solução das reações químicas que levam a uma solução. Por exemplo, o níquel metálico se dissolve em contato com uma solução aquosa de ácido clorídrico porque a seguinte reação ocorre:

$$\text{Ni}(s) + 2\,\text{HCl}(aq) \longrightarrow \text{NiCl}_2(aq) + \text{H}_2(g) \quad [13.2]$$

Nesse exemplo, um dos solutos resultantes não é o níquel metálico, mas seu sal NiCl$_2$. Se a solução for evaporada até secar, o NiCl$_2 \cdot$ 6 H$_2$O(s) é recuperado (**Figura 13.6**). Compostos como NiCl$_2 \cdot$ 6 H$_2$O(s), com um número definido de moléculas de água na estrutura cristalina, são conhecidos como *hidratos*. Por outro lado, quando o NaCl(s) é dissolvido em água, não ocorre reação química. Se a solução evapora até secar, o NaCl é recuperado. Neste capítulo, nosso foco são as soluções a partir das quais o soluto pode ser recuperado sem alterações.

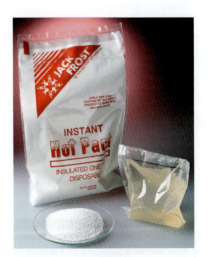

▲ **Figura 13.5 Compressa quente instantânea de sulfato de magnésio.** Quando o MgSO$_4$ dissolve-se em H$_2$O, calor é liberado, o que explica a sensação quente da compressa.

| Níquel metálico e ácido clorídrico | O níquel reage com o ácido clorídrico formando o NiCl₂(aq) e o H₂(g). A solução é de NiCl₂, não de Ni metálico | NiCl₂·6 H₂O(s) permanece quando o solvente é evaporado |

▲ **Figura 13.6 A reação entre o níquel metálico e o ácido clorídrico não é uma simples dissolução.** O produto é NiCl₂ · 6 H₂O(s), cloreto de níquel(II) hexa-hidratado, com exatamente seis moléculas de água de hidratação na estrutura cristalina para cada íon de níquel.

Exercícios de autoavaliação

EAA 13.1 Em quais das situações a seguir a entropia aumenta? (**a**) 200 mL de água são despejados de um béquer de 250 mL para um de 500 mL. (**b**) Uma pitada de açúcar é dissolvida em 200 mL de água. (**c**) 200 mL de azeite de oliva são despejados sobre 200 mL de água. (**d**) 200 mL de água são resfriados até se transformarem em gelo.

EAA 13.2 O brometo de lítio (LiBr) se dissolve em metanol (CH₃OH) para formar uma solução. Quais das imagens a seguir representa mais precisamente a disposição das moléculas de metanol em torno dos cátions de Li⁺?(Considere oxigênio = vermelho, carbono = preto, hidrogênio = branco, lítio = azul.)

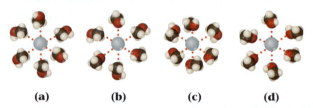

(a)　　　(b)　　　(c)　　　(d)

EAA 13.3 Considere uma solução na qual brometo de lítio (LiBr) é o soluto e metanol (CH₃OH) é o solvente. As moléculas de metanol serão _____ cátions de lítio predominantemente por interações _____. (**a**) atraídas pelos, de ligação de hidrogênio (**b**) atraídas pelos, dipolo-dipolo (**c**) atraídas pelos, íon-dipolo (**d**) repelidas pelos, dipolo-dipolo (**e**) repelidas pelos, íon-dipolo

EAA 13.4 Quando 0,10 mol do sólido iônico AX₂ é dissolvido em 500 mL de água em um béquer, a temperatura deste aumenta. Quando 0,10 mol do sólido iônico DZ₂ é dissolvido em 500 mL de água em um segundo béquer, a temperatura deste diminui. O que essas observações nos informam sobre os sinais da ΔH_{sol} para a formação de soluções aquosas de cada sólido?

(**a**) $\Delta H_{sol} > 0$ quando o soluto é o AX₂ e $\Delta H_{sol} > 0$ quando o soluto é o DZ₂. (**b**) $\Delta H_{sol} > 0$ quando o soluto é o AX₂ e $\Delta H_{sol} < 0$ quando o soluto é o DZ₂. (**c**) $\Delta H_{sol} < 0$ quando o soluto é o AX₂ e $\Delta H_{sol} < 0$ quando o soluto é o DZ₂. (**d**) $\Delta H_{sol} < 0$ quando o soluto é o AX₂ e $\Delta H_{sol} > 0$ quando o soluto é o DZ₂.

Objetivos de aprendizagem

Após terminar a Seção 13.2, você deve ser capaz de:
▶ Descrever o equilíbrio dinâmico entre sólido, soluto e solvente.
▶ Diferenciar soluções saturadas, insaturadas e supersaturadas.

13.2 | Soluções saturadas e solubilidade

Quando um soluto sólido começa a se dissolver em um solvente, a concentração de partículas de soluto presentes na solução aumenta, o que também aumenta as chances de que algumas partículas de soluto colidam com a superfície do sólido e sejam recombinadas.

Esse processo, que representa o oposto do processo de dissolução, é chamado de **cristalização**. Assim, dois processos opostos ocorrem em uma solução em contato com o soluto não dissolvido. Essa situação é representada na seguinte equação química:

$$\text{Soluto + Solvente} \underset{\text{cristaliza-se}}{\overset{\text{dissolve-se}}{\rightleftharpoons}} \text{Solução} \qquad [13.3]$$

Quando a velocidade com que ocorrem esses dois processos opostos se iguala, um *equilíbrio dinâmico* é estabelecido, e não há aumento adicional na quantidade de soluto em solução. (Seção 4.1)

Uma solução é **saturada** quando está em equilíbrio com o soluto não dissolvido. Se for adicionado mais soluto a uma solução saturada, ele não se dissolverá. A quantidade de soluto necessária para formar uma solução saturada em uma dada quantidade de solvente é conhecida como a **solubilidade** desse soluto. Ou seja,

a solubilidade de determinado soluto em determinado solvente é a quantidade máxima de soluto que pode ser dissolvido em uma dada quantidade de solvente a uma temperatura específica.

Por exemplo, a solubilidade do NaCl em água a 0 °C é 35,7 g por 100 mL de água. Essa é a quantidade máxima de NaCl que pode ser dissolvida em água para obter uma solução de equilíbrio estável a essa temperatura.

Se dissolvermos menos soluto que a quantidade necessária para formar uma solução saturada, a solução torna-se **insaturada**. Assim, uma solução que contém 10,0 g de NaCl por 100 mL de água a 0 °C é insaturada, pois tem a capacidade de dissolver mais soluto.

Sob condições adequadas, é possível formar soluções com maior quantidade de soluto que o necessário para formar uma solução saturada. Tais soluções são **supersaturadas**. Por exemplo, quando uma solução saturada de acetato de sódio é formada a uma temperatura elevada e, em seguida, resfriada lentamente, todo o soluto pode permanecer dissolvido, mesmo que a sua solubilidade diminua à medida que a temperatura cai. Como o soluto em uma solução supersaturada está presente em uma concentração mais elevada do que a concentração de equilíbrio, soluções supersaturadas são instáveis. No entanto, para que a cristalização ocorra, as partículas de soluto devem se ordenar de maneira apropriada para formar cristais. A adição de um pequeno cristal do soluto (cristal semente) fornece um modelo para a cristalização do soluto em excesso, levando a uma solução saturada em contato com o sólido em excesso (**Figura 13.7**).

▲ **Figura 13.7 Precipitação de uma solução supersaturada de acetato de sódio.** A solução da esquerda foi formada mediante a dissolução de cerca de 170 g de sal em 100 mL de água a 100 °C e, em seguida, o resfriamento lento para 20 °C. Como a solubilidade do acetato de sódio na água a 20 °C é de 46 g por 100 mL de água, a solução está supersaturada. A adição de um cristal de acetato de sódio faz com que o soluto em excesso seja cristalizado na solução.

Exercícios de autoavaliação

EAA 13.5 Uma amostra de 10 g de Ba(OH)$_2$ é adicionada a 100 mL de água e agitada de forma intermitente. O Ba(OH)$_2$ começa a se dissolver, mas, após um certo tempo, a quantidade de hidróxido de bário sólido no fundo do béquer para de mudar. Qual gráfico da concentração do Ba(OH)$_2$ em relação ao tempo é a melhor representação desse processo?

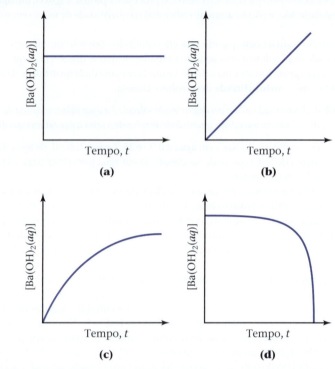

EAA 13.6 Duas soluções aquosas de cloreto de zinco são preparadas nos béqueres A e B e têm tempo suficiente para atingir um equilíbrio dinâmico. A solução A é incolor e não tem um sólido aparente no fundo do béquer. A solução B é incolor e tem um sólido branco no fundo do béquer. Uma alíquota de cada solução é coletada, tomando-se cuidado para não perturbar o sólido no fundo da solução B. As duas alíquotas são analisadas e descobre-se que elas têm a mesma concentração de Zn^{2+}(aq). A partir disso, podemos concluir que a solução no béquer A é _____ e que a solução no béquer B é _____. (**a**) saturada, supersaturada (**b**) insaturada, saturada (**c**) saturada, saturada (**d**) saturada, insaturada (**e**) supersaturada, insaturada

13.3 | Fatores que afetam a solubilidade

Objetivos de aprendizagem

Após terminar a Seção 13.3, você deve ser capaz de:

▶ Identificar solutos que serão solúveis em um determinado solvente com base na regra "semelhante dissolve semelhante".
▶ Usar a lei de Henry para determinar a solubilidade de um gás a partir da pressão parcial do gás em contato com a solução.
▶ Explicar como a solubilidade de gases e sólidos em soluções aquosas normalmente reage a variações de temperatura.

A extensão em que uma substância se dissolve em outra depende da natureza das duas substâncias. As forças intermoleculares que operam no solvente puro, no soluto puro e na solução são importantes para determinar a solubilidade do soluto em um determinado solvente. (Seção 13.1) A solubilidade também depende da temperatura e, no caso dos solutos gasosos, da pressão.

Interações soluto-solvente

A tendência natural das substâncias de se misturar e as diferentes interações entre partículas de soluto e solvente estão envolvidas na determinação das solubilidades. No entanto, muitas vezes, podemos ter uma noção das variações de solubilidade se nos concentrarmos na interação entre o soluto e o solvente. Os dados da **Tabela 13.1** mostram que a solubilidade de diversos gases na água cresce com o aumento da massa molar. Como as forças de atração entre as moléculas do gás e do solvente são principalmente forças de dispersão, que crescem com o aumento do tamanho e da massa das moléculas de gás (Seção 11.2), a solubilidade dos gases na água aumenta à medida que a atração entre o soluto (gás) e o solvente (água) aumenta. Em geral, quando outros fatores são comparáveis, *quanto mais forte for a atração entre as moléculas de soluto e solvente, maior será a solubilidade do soluto nesse solvente.*

Como as atrações dipolo-dipolo são favoráveis entre as moléculas de solvente e as moléculas do soluto, *líquidos polares tendem a se dissolver em solventes polares*. A água é polar e capaz de formar ligações de hidrogênio (Seção 11.2). Assim, moléculas polares, especialmente aquelas que podem formar ligações de hidrogênio com moléculas de água, tendem a ser solúveis nesse solvente. Por exemplo, a acetona, uma molécula polar com a fórmula estrutural mostrada a seguir, mistura-se em todas as proporções com a água. A acetona tem uma ligação C═O fortemente polar, e os pares de elétrons não ligantes no átomo de O podem formar ligações de hidrogênio com a água.

TABELA 13.1 Solubilidade de gases na água a 20 °C, com 1 atm de pressão de gás

Gás	Massa molar (g/mol)	Solubilidade (M)
N_2	28,0	$0,69 \times 10^{-3}$
O_2	32,0	$1,38 \times 10^{-3}$
Ar	39,9	$1,50 \times 10^{-3}$
Kr	83,8	$2,79 \times 10^{-3}$

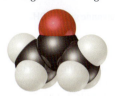

:Ö:
‖
CH_3CCH_3

Acetona

Líquidos que se misturam em todas as proporções, como a acetona e a água, são **miscíveis**, aqueles que não se dissolvem em outro são **imiscíveis**. A gasolina, uma mistura de hidrocarbonetos, é imiscível com a água. Os hidrocarbonetos são substâncias apolares por causa de vários fatores: as ligações C—C são apolares; as ligações C—H são quase apolares; e as moléculas são simétricas o suficiente para anular boa parte dos dipolos das ligações C—H, que são fracos. A atração entre as moléculas de água polares e as moléculas de hidrocarboneto apolares não é suficientemente forte para permitir a formação de uma solução. *Líquidos apolares tendem a ser insolúveis em líquidos polares*, conforme ilustrado na **Figura 13.8** para o hexano (C_6H_{14}) e a água.

Muitos compostos orgânicos têm grupos polares ligados a uma estrutura apolar de átomos de carbono e hidrogênio. Por exemplo, a série de compostos orgânicos indicada na **Tabela 13.2** contém o grupo polar OH. Compostos orgânicos com essa característica molecular são chamados de *álcoois*. (Seção 2.9) A ligação O—H é capaz de formar ligações de hidrogênio. Por exemplo, moléculas de etanol (CH_3CH_2OH) podem formar ligações de hidrogênio com as moléculas de água, assim como umas com as outras (**Figura 13.9**). Como resultado, as interações soluto-soluto, solvente-solvente e soluto-solvente não são muito diferentes em uma mistura de CH_3CH_2OH e H_2O. Nenhuma grande mudança ocorre nos ambientes das moléculas quando eles são misturados. Portanto, o aumento da entropia que ocorre quando os componentes se misturam favorece a formação da solução, e o etanol é completamente miscível com a água.

▲ **Figura 13.8** O hexano, um hidrocarboneto, é imiscível com a água. Ele é a camada que fica em cima, porque é menos denso que a água.

Observe, na Tabela 13.2, que o número de átomos de carbono em um álcool afeta a sua solubilidade em água. À medida que esse número aumenta, o grupo OH polar torna-se uma parte ainda menor da molécula, de modo que ela passa a se comportar mais como um hidrocarboneto. A solubilidade do álcool na água diminui de maneira correspondente. Por outro lado, a solubilidade de álcoois em um solvente apolar, como o hexano (C_6H_{14}), aumenta à medida que a cadeia de hidrocarboneto apolar se alonga.

TABELA 13.2 Solubilidade de alguns álcoois em água e em hexano*

Álcool	Solubilidade em H_2O	Solubilidade em C_6H_{14}
CH_3OH (metanol)	∞	0,12
CH_3CH_2OH (etanol)	∞	∞
$CH_3CH_2CH_2OH$ (propanol)	∞	∞
$CH_3CH_2CH_2CH_2OH$ (butanol)	0,11	∞
$CH_3CH_2CH_2CH_2CH_2OH$ (pentanol)	0,030	∞
$CH_3CH_2CH_2CH_2CH_2CH_2OH$ (hexanol)	0,0058	∞

*Expressa em mol de álcool/100 g de solvente a 20 °C. O símbolo de infinito (∞) indica que o álcool é completamente miscível com o solvente.

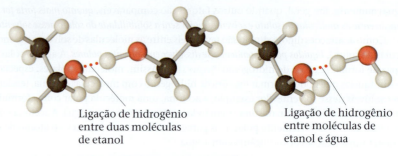

Ligação de hidrogênio entre duas moléculas de etanol

Ligação de hidrogênio entre moléculas de etanol e água

▲ **Figura 13.9** Ligações de hidrogênio envolvendo grupos OH.

O cicloexano, C_6H_{12}, que não possui grupos OH polares, é essencialmente insolúvel em água.

Na glicose, grupos OH aumentam a solubilidade em água por causa de sua capacidade de formar ligações de hidrogênio com H_2O.

Sítios de ligação de hidrogênio

▲ **Figura 13.10** Correlação da estrutura molecular com solubilidade.

Uma forma de aumentar a solubilidade de uma substância na água é aumentando o número de grupos polares presentes na substância. Por exemplo, aumentar o número de grupos OH em um soluto aumenta a magnitude da ligação de hidrogênio entre aquele soluto e a água, o que aumenta sua solubilidade. A glicose ($C_6H_{12}O_6$, **Figura 13.10**) tem cinco grupos OH em uma estrutura de seis carbonos, tornando a molécula muito solúvel em água: 830 g dissolvem-se em 1,00 L de água a 17,5 °C. O cicloexano (C_6H_{12}), que, por sua vez, tem estrutura semelhante à da glicose, mas com todos os grupos OH substituídos por H, é essencialmente insolúvel em água (apenas 55 mg de cicloexano podem se dissolver em 1,00 L de água a 25 °C).

Durante anos de estudo, a análise das diferentes combinações solvente-soluto levou a uma generalização importante:

As substâncias com forças de atração intermoleculares semelhantes tendem a ser solúveis umas nas outras.

Essa generalização é, muitas vezes, indicada simplesmente como "*semelhante dissolve semelhante*". Substâncias apolares são mais propensas a ser solúveis em solventes apolares; solutos iônicos e polares são mais propensos a ser solúveis em solventes polares. Sólidos de rede, como o diamante e o quartzo, não são solúveis em solventes polares ou apolares, em razão da forte ligação no interior do sólido.

Exercício resolvido 13.1

Como prever padrões de solubilidade

Para cada uma das seguintes substâncias, determine se ela é mais suscetível a se dissolver no solvente tetracloreto de carbono apolar (CCl_4) ou na água: C_7H_{16}, Na_2SO_4, HCl, I_2.

SOLUÇÃO

Analise Temos dois solventes, um apolar (CCl_4) e outro polar (H_2O), e devemos determinar qual será o melhor para cada soluto listado.

Planeje Ao examinar as fórmulas dos solutos, podemos prever se eles são iônicos ou moleculares. Para os moleculares, também podemos prever se eles são polares ou apolares. Em seguida, podemos aplicar a ideia de que o solvente apolar seria melhor para os solutos apolares, enquanto o solvente polar seria melhor para os solutos iônicos e polares.

Resolva O C_7H_{16} é um hidrocarboneto; por isso, é apolar e molecular. O Na_2SO_4, composto que contém um metal e não metais, é iônico. O HCl, uma molécula diatômica com dois não metais com eletronegatividades diferentes, é polar. O I_2, uma molécula diatômica com átomos de mesma eletronegatividade, é apolar. Portanto, o C_7H_{16} e o I_2 (solutos apolares) seriam mais solúveis no CCl_4 apolar que no H_2O polar, enquanto a água seria o melhor solvente para o Na_2SO_4 e o HCl (solutos iônicos e covalentes polares).

▶ **Para praticar**

Disponha as seguintes substâncias em ordem crescente de solubilidade na água:
(a) $CH_3CH_2CH_2CH_2CH_3$
(b) $CH_3CH_2CH_2CH_2CH_2OH$
(c) $HOCH_2CH_2CH_2CH_2CH_2OH$
(d) $CH_3CH_2CH_2CH_2CH_2Cl$

A QUÍMICA E A VIDA | Vitaminas solúveis em gordura ou em água

As vitaminas têm estruturas químicas únicas que afetam suas solubilidades em diferentes partes do corpo humano. Por exemplo, as vitaminas C e B são solúveis em água, as vitaminas A, D, E e K são solúveis em solventes apolares e no tecido adiposo (que é apolar). Por causa dessa solubilidade na água, as vitaminas B e C não são armazenadas em quantidade considerável no corpo, então os alimentos que contêm essas vitaminas devem ser incluídos na dieta diária. As vitaminas solúveis em gordura, por sua vez, são armazenadas em quantidades suficientes para prevenir doenças causadas por deficiências vitamínicas, mesmo depois de uma pessoa consumir uma dieta deficiente em vitaminas durante um longo período.

As estruturas das vitaminas explicam por que algumas vitaminas são solúveis em água enquanto outras não são. Observe na **Figura 13.11** que a vitamina A (retinol) é um álcool com uma cadeia carbônica muito longa. Uma vez que o grupo OH é uma parte tão pequena da molécula, ela se assemelha aos álcoois de cadeia longa listados na Tabela 13.2. Essa vitamina é praticamente apolar. Em contraste, a molécula de vitamina C é menor e tem vários grupos OH que podem formar ligações de hidrogênio com a água, semelhante à glicose.

Exercícios relacionados: 13.7, 13.48

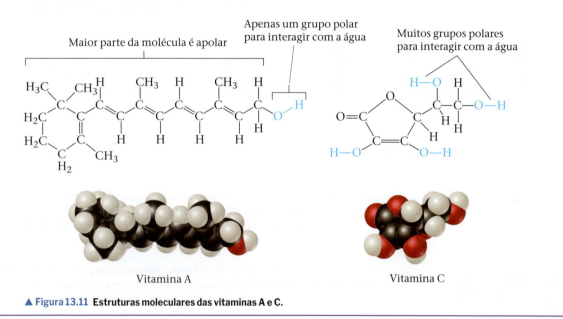

▲ **Figura 13.11** Estruturas moleculares das vitaminas A e C.

Efeitos da pressão

A solubilidade de sólidos e líquidos não é afetada de modo considerável pela pressão, enquanto *a solubilidade de um gás em qualquer solvente aumenta à medida que a pressão parcial do gás que se encontra logo acima do solvente aumenta*. Podemos entender o efeito da pressão sobre a solubilidade do gás considerando a **Figura 13.12**, que mostra o dióxido de carbono gasoso distribuído entre as fases gasosa e de solução. Quando o equilíbrio é estabelecido, a velocidade com que as moléculas do gás entram na solução é igual à velocidade com que as moléculas de soluto escapam da solução e entram na fase gasosa. O número igual de setas para cima e para baixo no recipiente da esquerda da Figura 13.12 representa esses processos opostos.

Agora, suponha que exercemos maior pressão sobre o pistão e comprimimos o gás logo acima da solução, como é mostrado no recipiente do meio da Figura 13.12. Se reduzirmos o volume do gás para metade do seu valor inicial, a pressão do gás aumenta duas vezes o seu valor inicial. Como resultado desse aumento de pressão, a velocidade com que as moléculas de gás atingem a superfície do líquido e entram na fase de solução aumenta, mas a velocidade com que as moléculas escapam da solução permanece a mesma. Assim, a solubilidade do gás na solução aumenta até que o equilíbrio seja estabelecido outra vez. Isso significa que a solubilidade aumenta até que a velocidade com que as moléculas de gás entram na solução seja igual à velocidade com que elas escapam da solução. Assim, *o*

> **Resolva com ajuda da figura**
> Se a duplicarmos a pressão parcial de um gás logo acima de uma solução, que variação será observada na concentração do gás na solução após o equilíbrio ser restabelecido?

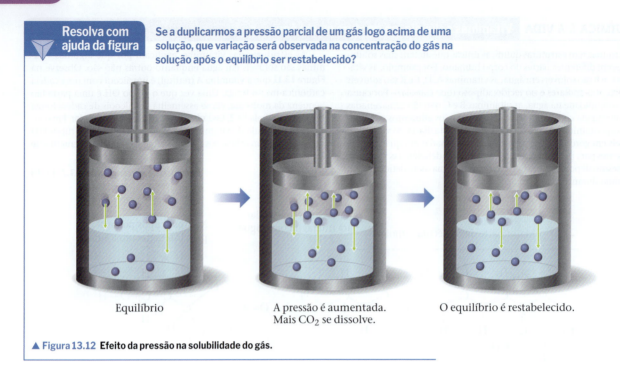

Equilíbrio   A pressão é aumentada. Mais CO₂ se dissolve.   O equilíbrio é restabelecido.

▲ Figura 13.12 **Efeito da pressão na solubilidade do gás.**

aumento da solubilidade de um gás em um solvente líquido é diretamente proporcional ao aumento da pressão parcial do gás que está logo acima da solução (**Figura 13.13**).

A relação entre a pressão e a solubilidade do gás é expressa pela **lei de Henry**:

$$S_g = kP_g \quad [13.4]$$

Aqui, S_g é a solubilidade do gás no solvente (geralmente expressa em concentração em quantidade de matéria), P_g é a pressão parcial do gás que está acima da solução e k é uma constante de proporcionalidade conhecida como *constante da lei de Henry*. O valor dessa constante depende do soluto, do solvente e da temperatura. Como exemplo, a solubilidade do gás N_2 na água a 25 °C e 0,78 atm de pressão é $4,75 \times 10^{-4}$ M. Portanto, a constante da lei de Henry para o N_2 em água a 25 °C é $(4,75 \times 10^{-4}\,\text{mol/L})/0,78\,\text{atm} = 6,1 \times 10^{-4}$ mol/L-atm. Duplicando a pressão parcial do N_2, a lei de Henry prevê que a solubilidade na água a 25 °C também duplique para $9,50 \times 10^{-4}$ M.

Engarrafadores utilizam o efeito da pressão sobre a solubilidade na produção de bebidas gaseificadas, que são engarrafadas sob pressão de dióxido de carbono superior a 1 atm. Quando as garrafas são abertas, a pressão parcial de CO_2 acima da solução diminui. Assim, a solubilidade do CO_2 diminui, e o $CO_2(g)$ escapa da solução na forma de bolhas (**Figura 13.14**).

> **Resolva com ajuda da figura**
>

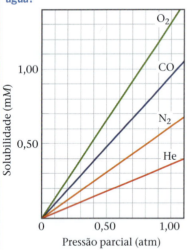

▲ Figura 13.13 **A solubilidade de um gás na água é diretamente proporcional à pressão parcial do gás.** As solubilidades estão em milimols de gás por litro de solução.

▲ Figura 13.14 **A solubilidade do gás diminui à medida que a pressão deste diminui.** Bolhas de CO_2 saem da solução quando a garrafa de uma bebida gaseificada é aberta porque a pressão parcial do CO_2 acima da solução é reduzida.

Exercício resolvido 13.2
Como usar a lei de Henry para calcular a solubilidade de um gás

Calcule a concentração de CO_2 em um refrigerante que é engarrafado com uma pressão parcial de CO_2 de 4,0 atm sobre o líquido a 25 °C. A constante da lei de Henry para o CO_2 em água a essa temperatura é $3,4 \times 10^{-2}$ mol/L-atm.

SOLUÇÃO
Analise Com base na pressão parcial de CO_2, P_{CO_2}, e na constante da lei de Henry, k, devemos calcular a concentração de CO_2 na solução.

Planeje A partir das informações fornecidas, podemos usar a lei de Henry, Equação 13.4, para calcular a solubilidade, S_{CO_2}.

Resolva $S_{CO_2} = k P_{CO_2} = (3,4 \times 10^{-2} \text{ mol/L-atm})(4,0 \text{ atm})$

$= 0,14 \text{ mol/L} = 0,14 \, M$

Confira As unidades estão corretas para a solubilidade, e a resposta tem dois algarismos significativos, de acordo tanto com a pressão parcial de CO_2 quanto com o valor da constante de Henry.

▶ **Para praticar**
Calcule a concentração de CO_2 em um refrigerante depois que a tampa é aberta e a solução é equilibrada a 25 °C sob pressão parcial de CO_2 de $3,0 \times 10^{-4}$ atm.

Efeitos da temperatura

Muitos aspectos da limpeza, como lavar a louça ou as roupas ou esfregar o chão, envolvem dissolver substâncias em uma solução aquosa. Com frequência, usamos água quente como solvente para essas tarefas, partindo do pressuposto que as substâncias que estamos tentando dissolver se tornam mais solúveis à medida que a temperatura aumenta. Os gráficos da **Figura 13.15** mostram que, de fato, *a solubilidade da maior parte dos solutos sólidos em água aumenta à medida que a temperatura da solução aumenta*. Contudo, há exceções a essa regra, como no caso do $Ce_2(SO_4)_3$, cuja curva de solubilidade inclina-se para baixo com o aumento da temperatura.

Em contraste aos solutos sólidos, *a solubilidade de gases na água diminui com o aumento da temperatura* (**Figura 13.16**). Se um copo de água fria da torneira é aquecido, é possível ver bolhas no interior do vidro porque um pouco do ar dissolvido sai da solução. Da mesma forma, quando bebidas gaseificadas são aquecidas, a solubilidade do dióxido de carbono diminui e o $CO_2(g)$ escapa da solução.

Por que as solubilidades dos sólidos e dos gases têm tendências opostas à medida que a temperatura aumenta? As variações de entropia que acompanham a formação de soluções podem nos ajudar a entender esse comportamento. Quando um sólido se dissolve para formar uma solução, as moléculas ou os íons que o compõem geralmente sofrem um aumento na sua liberdade de movimento, e a dissolução costuma aumentar a entropia do sistema. Como explicamos no Capítulo 19, um aumento na entropia favorece a ocorrência de um processo, e esse efeito se intensifica à medida que a temperatura aumenta. Portanto, as solubilidades da maior parte dos sólidos aumentam com a temperatura, o que aumenta a entropia do sistema. A entropia varia no sentido inverso para solutos gasosos. Uma molécula de gás tem menos liberdade de movimento na solução, onde está cercada por moléculas de solvente, do que no estado gasoso, onde está mais distante das outras moléculas. Assim, a entropia *diminui* à medida que a concentração das moléculas de gás dissolvidas no solvente *aumenta*, e a solubilidade *diminui* à medida que a temperatura *aumenta*.

O processo de dissolução é complexo, e é preciso considerar tanto a entalpia quanto a entropia para entender como a temperatura afeta a solubilidade. De modo geral, quando a entalpia da solução é endotérmica ($\Delta H_{sol} > 0$), a solubilidade aumenta com a temperatura. Já os solutos que se dissolvem de forma exotérmica na solução ($\Delta H_{sol} < 0$), como gases que se dissolvem na água, tendem a apresentar dependência de temperatura inversa. Exploraremos alguns desses efeitos em mais detalhes no Capítulo 19. Enquanto isso, a variação de entropia durante a dissolução oferece uma explicação simples e direta de por que a solubilidade dos sólidos geralmente aumenta com a temperatura, enquanto a dos gases diminui.

Resolva com ajuda da figura

Como a solubilidade do KCl a 80 °C pode ser comparada à do NaCl à mesma temperatura?

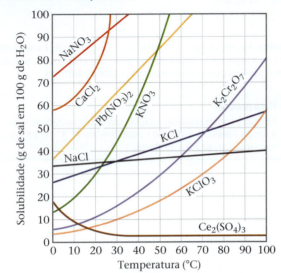

▲ **Figura 13.15** Solubilidade de alguns compostos iônicos em água como uma função da temperatura.

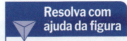

Resolva com ajuda da figura

Entre quais gases você esperaria que o N_2 se encaixasse neste gráfico?

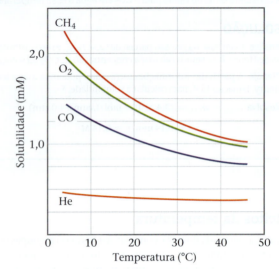

▲ **Figura 13.16 Solubilidade de quatro gases na água como uma função da temperatura.** As solubilidades estão em milimols por litro de solução, para uma pressão total de 1 atm constante na fase gasosa.

Exercícios de autoavaliação

EAA 13.7 A acetonitrila (CH_3CN) é um líquido incolor usado como solvente em diversas reações químicas. Qual dos líquidos a seguir tem a *menor* probabilidade de ser miscível com a acetonitrila? (**a**) água, H_2O (**b**) acetona, CH_3COCH_3 (**c**) hexano, C_6H_{14} (**d**) clorofórmio, CH_2Cl_2 (**e**) metanol, CH_3OH

EAA 13.8 Uma lata de alumínio vedada contém 330 mL de refrigerante a 20 °C e em equilíbrio com CO_2 gasoso a uma pressão de 2,0 atm. Se a constante da lei de Henry para o CO_2 é $3,4 \times 10^{-2}$ mol/L-atm a 20 °C, quantos mols de CO_2 estão dissolvidos no refrigerante? (**a**) 0,068 mol (**b**) 0,034, mol (**c**) 0,022 mol (**d**) 0,21 mol

EAA 13.9 Qual(is) das seguintes afirmações sobre a solubilidade é(são) *verdadeira(s)*?

(**i**) A solubilidade de um gás em contato com a água geralmente aumenta à medida que a temperatura da água aumenta.

(**ii**) A solubilidade de um gás em contato com a água geralmente aumenta à medida que a pressão do gás aumenta.

(**iii**) A solubilidade de um sólido iônico em contato com a água geralmente aumenta à medida que a pressão exercida sobre a solução aumenta.

(**a**) i (**b**) ii (**c**) iii (**d**) ii e iii (**e**) Todas as afirmações são verdadeiras.

EAA 13.10 Qual(is) das seguintes ações aumentaria a concentração de CO_2 dissolvido no oceano?

(**i**) Aumentar a concentração de CO_2 na atmosfera.

(**ii**) Aumentar a temperatura do oceano.

(**iii**) Aumentar a concentração de O_2 na atmosfera.

(**a**) i (**b**) ii (**c**) i e ii (**d**) i e iii (**e**) as três

13.4 | Expressando a concentração de uma solução

A concentração de uma solução pode ser expressa de modo qualitativo ou quantitativo. Os termos *"diluído"* e *"concentrado"* são usados para descrever uma solução qualitativamente. Diz-se que uma solução com concentração relativamente pequena de soluto é diluída e que uma solução com uma grande concentração de soluto é concentrada. No entanto, em muitos casos, precisamos expressar a concentração de uma solução quantitativamente. Nesta seção, examinaremos diversas maneiras de fazer isso.

Percentual em massa, ppm e ppb

Uma das expressões quantitativas de concentração mais simples é o **percentual em massa** de um componente em uma solução, dado por:

$$\% \text{ em massa do componente} = \frac{\text{massa do componente em solução}}{\text{massa total da solução}} \times 100\% \quad [13.5]$$

Uma vez que *"por cento"* significa "para cada 100", uma solução de ácido clorídrico com 36% de HCl em massa contém 36 g de HCl para cada 100 g de solução.

Com frequência, expressamos a concentração de soluções muito diluídas em **partes por milhão (ppm)** ou **partes por bilhão (ppb)**. Essas quantidades são semelhantes ao percentual em massa, mas usam 10^6 (um milhão) ou 10^9 (um bilhão), respectivamente, em vez de 100, como um multiplicador para a razão entre a massa de soluto e a massa de solução. Dessa forma, partes por milhão são definidas como:

$$\text{ppm de componente} = \frac{\text{massa do componente em solução}}{\text{massa total da solução}} \times 10^6 \quad [13.6]$$

Uma solução cuja concentração do soluto é de 1 ppm contém 1 g de soluto para cada milhão (10^6) de gramas de solução ou, de maneira equivalente, 1 mg de soluto por quilograma de solução. Uma vez que a densidade da água é 1 g/mL, 1 kg de uma solução aquosa diluída tem um volume muito próximo de 1 L. Assim, 1 ppm também corresponde a 1 mg de soluto por litro de solução aquosa.

As concentrações máximas aceitáveis de substâncias tóxicas ou cancerígenas no ambiente são, muitas vezes, expressas em ppm ou ppb. Por exemplo, nos Estados Unidos, a concentração máxima admissível de arsênio na água potável é 0,010 ppm, ou seja, 0,010 mg de arsênio por litro de água. Essa concentração corresponde a 10 ppb.

Objetivos de aprendizagem

Após terminar a Seção 13.4, você deve ser capaz de:

▶ Expressar a concentração de um soluto em partes por milhão (ppm), partes por bilhão (ppb) ou percentual em massa.

▶ Expressar a concentração de cada componente de uma solução como fração molar quando as quantidades de cada componente da solução são dados.

▶ Expressar a concentração de um soluto em quantidade de matéria ou molalidade e converter entre as duas.

Exercício resolvido 13.3

Cálculo de concentrações relacionadas à massa

(a) Uma solução é produzida mediante a dissolução de 13,5 g de glicose ($C_6H_{12}O_6$) em 0,100 kg de água. Qual é o percentual em massa de soluto nessa solução?

(b) Verificou-se que uma amostra de 2,5 g de água subterrânea contém 5,4 μg de Zn^{2+}. Qual é a concentração de Zn^{2+} em partes por milhão?

SOLUÇÃO

(a) **Analise** Com base no número de gramas de soluto (13,5 g) e no número de gramas de solvente (0,100 kg = 100 g), devemos calcular o percentual em massa do soluto.

Planeje Podemos calcular o percentual em massa utilizando a Equação 13.5. A massa da solução representa a soma da massa de soluto (glicose) e da massa de solvente (água).

Resolva
$$\% \text{ em massa de glicose} = \frac{\text{massa glicose}}{\text{massa de solução}} \times 100\%$$
$$= \frac{13,5 \text{ g}}{(13,5 + 100) \text{ g}} \times 100\% = 11,9\%$$

Comentário O percentual em massa de água nessa solução é $(100 - 11,9)\% = 88,1\%$.

(b) **Analise** Nesse caso, temos o número de microgramas de soluto. Como 1 μg = 1×10^{-6} g, 5,4 μg = $5,4 \times 10^{-6}$ g.

Planeje Calculamos as partes por milhão com base na Equação 13.6.

Resolva
$$\text{ppm} = \frac{\text{massa de soluto}}{\text{massa de solução}} \times 10^6$$
$$= \frac{5,4 \times 10^{-6} \text{ g}}{2,5 \text{ g}} \times 10^6 = 2,2 \text{ ppm}$$

▶ **Para praticar**
Uma solução de alvejante comercial contém 3,62% de massa de hipoclorito de sódio, NaOCl. Qual é a massa de NaOCl em uma garrafa que contém 2,50 kg de solução de alvejante?

Fração molar, concentração em quantidade de matéria e molalidade

Geralmente, expressões de concentração são baseadas na quantidade de matéria em mols de um ou mais componentes da solução. Agora, vamos retomar a Seção 10.4, na qual aprendemos que a *fração molar* de um componente de uma solução é determinada do seguinte modo:

$$\text{Fração molar do componente} = \frac{\text{quantidade de matéria de componente}}{\text{quantidade de matéria total de todos os componentes}} \quad [13.7]$$

O símbolo X costuma ser usado para a fração molar, com um subscrito para indicar o componente de interesse. Por exemplo, a fração molar de HCl em uma solução de ácido clorídrico é representada como X_{HCl}. Assim, se uma solução contém 1,00 mol de HCl (36,5 g) e 8,00 mol de água (144 g), a fração molar de HCl é X_{HCl} = (1,00 mol)/(1,00 + 8,00 mol) = 0,111. Frações molares não têm unidades porque as unidades no numerador e no denominador se cancelam. A soma das frações molares de todos os componentes de uma solução deve ser igual a 1. Assim, na solução aquosa de HCl, X_{H_2O} = 1,000 − 0,111 = 0,889. Frações molares são muito úteis ao lidar com gases, como vimos na Seção 10.4, mas têm uso limitado quando se trata de soluções líquidas.

Lembre-se do que foi visto na Seção 4.5: a *concentração em quantidade de matéria* (c) de um soluto em uma solução é definida como:

$$\text{Concentração em quantidade de matéria} = \frac{\text{quantidade de matéria de soluto}}{\text{litros de solução}} \quad [13.8]$$

Por exemplo, ao dissolver 0,500 mol de Na_2CO_3 em água suficiente para formar 0,250 L de uma solução, a concentração em quantidade de matéria do Na_2CO_3 na solução é (0,500 mol)/(0,250 L) = 2,00 M. Perceba que essa unidade de concentração é especialmente útil para relacionar o volume de uma solução à quantidade de soluto contida naquele volume, como vimos na discussão sobre titulações. (Seção 4.6)

A **molalidade** de uma solução, denotada m, é uma unidade de concentração que também se baseia em quantidade de matéria de soluto. A molalidade é igual à quantidade de matéria em mols de soluto por quilograma de solvente:

$$\text{Molalidade} = \frac{\text{quantidade de matéria de soluto}}{\text{quilogramas de solvente}} \quad [13.9]$$

Assim, se você formar uma solução mediante a mistura de 0,200 mol de NaOH (8,00 g) e 0,500 kg de água (500 g), a concentração da solução será (0,200 mol)/(0,500 kg) = 0,400 m (ou seja, 0,400 molal) em NaOH.

As definições de concentração em quantidade de matéria e molalidade são semelhantes o suficiente para que possam ser confundidas.

- A concentração em quantidade de matéria depende do *volume da solução*.
- A molalidade depende da *massa do solvente*.

Quando a água é o solvente, a molalidade e a concentração em quantidade de matéria de soluções diluídas são numericamente iguais, porque 1 kg de solvente é quase o mesmo que 1 kg de solução e 1 kg da solução tem um volume de cerca de 1 L.

A molalidade de determinada solução não varia com a temperatura, porque as massas não diferem com a temperatura. Em contrapartida, a concentração em quantidade de matéria da solução se altera de acordo com a temperatura, uma vez que o volume da solução

Exercício resolvido 13.4
Cálculo de molalidade

Uma solução é produzida mediante a dissolução de 4,35 g de glicose ($C_6H_{12}O_6$) em 25,0 mL de água a 25 °C. Calcule a molalidade da glicose na solução. Lembre-se de que a água tem densidade de 0,997 g/mL.

SOLUÇÃO

Analise Devemos calcular a concentração da solução em unidades de molalidade. Para fazer isso, precisamos determinar a quantidade de matéria em mols de soluto (glicose) e o número de quilogramas de solvente (água).

Planeje Com base na massa molar de $C_6H_{12}O_6$, podemos converter gramas de glicose em mols de glicose. Utilizamos a densidade da água para converter mililitros de água em quilogramas de água. A molalidade é igual à quantidade de matéria em mols do soluto (glicose) dividida pelo número de quilogramas de solvente (água).

Resolva

Utilize a massa molar da glicose, 180,2 g/mol, para converter gramas em mols:	Quantidade de matéria de $C_6H_{12}O_6$ = $(4{,}35 \text{ g } C_6H_{12}O_6)\left(\dfrac{1 \text{ mol de } C_6H_{12}O_6}{180{,}2 \text{ g } C_6H_{12}O_6}\right)$ = 0,0241 mol de $C_6H_{12}O_6$
Como a água tem densidade de 0,997 g/mL, a massa do solvente é:	$(25{,}0 \text{ mL})(0{,}997 \text{ g/mL}) = 24{,}9 \text{ g} = 0{,}0249 \text{ kg}$
Por fim, aplicamos a Equação 13.9 para obter a molalidade:	Molalidade de $C_6H_{12}O_6$ = $\dfrac{0{,}0241 \text{ mol de } C_6H_{12}O_6}{0{,}0249 \text{ kg } H_2O}$ = 0,968 m

▶ **Para praticar**
Qual é a molalidade de uma solução produzida mediante a dissolução de 36,5 g de naftaleno ($C_{10}H_8$) em 425 g de tolueno (C_7H_8)?

expande ou contrai com a temperatura. Assim, a molalidade é muitas vezes a unidade de concentração escolhida quando uma solução será utilizada em diferentes temperaturas.

Conversão de unidades de concentração

Muitas vezes, precisamos converter entre dois métodos diferentes de expressar a concentração da solução. A **Figura 13.17** resume os seis modos diferentes de expressar a concentração de uma solução que vimos até aqui. Em todos os casos, a quantidade do soluto está no numerador, expressa em termos de massa ou quantidade de matéria. Se precisamos converter uma concentração do lado esquerdo da Figura 13.17 para uma do lado direito, a massa molar do soluto pode ser usada para expressar o numerador nas unidades apropriadas.

Os denominadores das diferentes expressões na Figura 13.17 são mais diversos. Primeiro, precisamos determinar se o denominador é a quantidade de solução (percentual em massa, ppm, ppb, concentração em quantidade de matéria), a quantidade de solvente (molalidade) ou quantidade de matéria total de cada componente na solução (fração molar). A seguir, apresentaremos algumas formas de converter diferentes unidades de concentração:

- Se conhecemos a massa da solução, podemos converter para o volume, ou vice-versa, usando a densidade. Isso é necessário para converter o percentual em massa, ppm ou ppb para concentração em quantidade de matéria.
- Converter entre molalidade, concentração em quantidade de matéria e fração molar exige uma conversão adicional. Por exemplo, se conhecemos a concentração em quantidade de matéria e desejamos calcular a molalidade, antes devemos utilizar a densidade para converter o volume da solução para a sua massa. Depois que conhecemos a massa da solução, podemos subtrair a massa do soluto para obter a massa do solvente.
- Se precisamos converter para fração molar, podemos usar a massa molar do solvente para converter sua massa para mols.

O Exercício resolvido 13.5 ilustra algumas dessas conversões.

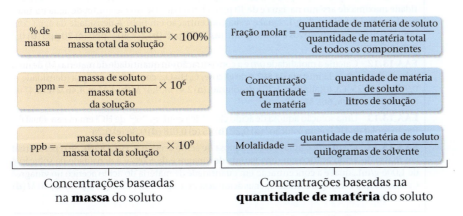

▲ **Figura 13.17** Diversas maneiras de expressar a concentração de uma solução.

Exercício resolvido 13.5

Conversão entre percentual em massa, molalidade e concentração em quantidade de matéria

Uma solução é produzida mediante a mistura de 5,0 g de tolueno (C_7H_8) e 225 g de benzeno (C_6H_6). Mede-se a densidade da solução e obtém-se 0,876 g/mL. Calcule (**a**) o percentual em massa, (**b**) a molalidade e (**c**) a concentração em quantidade de matéria do tolueno nessa solução.

SOLUÇÃO

Analise Devemos expressar a concentração do tolueno de três maneiras diferentes, como visto na Figura 13.17, dadas a massa do soluto e a massa do solvente.

Planeje (**a**) Podemos calcular a massa total da solução pela soma da massa do soluto (tolueno) e do solvente (benzeno). Em seguida, podemos determinar o percentual em massa (Equação 13.5) do tolueno ao dividir a massa do tolueno (5,0 g) pela massa total da solução, e então multiplicamos o resultado por 100%.

(**b**) Usando a massa molar do tolueno, podemos calcular a quantidade de matéria de tolueno a partir da sua massa. Dividindo essa quantidade pela massa (em kg) de benzeno, podemos determinar a molalidade da solução (Equação 13.9). (**c**) A concentração em quantidade de matéria de uma solução é a quantidade de matéria de soluto dividida pelo número de litros da solução (Equação 13.8). Determinamos a quantidade de matéria de soluto quando calculamos a molalidade, e o volume da solução pode ser determinado a partir da sua massa e da sua densidade.

Resolva

(**a**) O percentual em massa do tolueno pode ser calculado a partir das massas fornecidas no problema:

$$\% \text{ em massa do tolueno } C_7H_8 = \frac{5{,}0 \text{ g } C_7H_8}{(5{,}0 \text{ g } C_7H_8 + 225 \text{ g } C_6H_6)} \times 100\% = 2{,}2\%$$

(**b**) A quantidade de matéria em mols de soluto é:

$$\text{Quantidade de matéria de } C_7H_8 = (5{,}0 \text{ g } C_7H_8)\left(\frac{1 \text{ mol de } C_7H_8}{92 \text{ g } C_7H_8}\right) = 0{,}054 \text{ mol}$$

A molalidade é a concentração em quantidade de matéria em mols do soluto (tolueno) dividida pela massa, em kg, do solvente (benzeno):

$$\text{Molalidade} = \left(\frac{\text{Quantidade de matéria de } C_7H_8}{\text{kg } C_6H_6}\right) = \left(\frac{0{,}054 \text{ mol de } C_7H_8}{0{,}225 \text{ kg } C_6H_6}\right) = 0{,}24 \text{ } m$$

(**c**) Para determinar a concentração em quantidade de matéria, precisamos conhecer o volume da solução. A densidade da solução é usada para converter a massa da solução em seu volume:

$$\text{Mililitros de solução} = (230 \text{ g})\left(\frac{1 \text{ mL}}{0{,}876 \text{ g}}\right) = 263 \text{ mL}$$

A concentração em quantidade de matéria é o número de mols do soluto por litro de solução:

$$\text{Concentração em quantidade de matéria} = \left(\frac{\text{Quantidade de matéria de } C_7H_8}{\text{litros de solução}}\right) = \left(\frac{0{,}054 \text{ mol de } C_7H_8}{263 \text{ mL de solução}}\right)\left(\frac{1.000 \text{ mL de solução}}{1 \text{ L de solução}}\right) = 0{,}21 \text{ } M$$

Confira As magnitudes das nossas respostas são razoáveis. Arredondar os mols para 0,05 e os litros para 0,25 nos dá uma concentração em quantidade de matéria de (0,05 mol)/(0,25 L) = 0,2 M. A molalidade e a concentração em quantidade de matéria têm magnitudes semelhantes, como seria esperado para uma solução cuja densidade não está muito distante de 1 g/mL. Cada resposta tem dois algarismos significativos, o que corresponde ao número de algarismos significativos na massa do soluto (2).

▶ **Para praticar**

Uma solução contém massas iguais de glicerol ($C_3H_8O_3$) e água de densidade de 1,10 g/mL. Calcule (**a**) a molalidade do glicerol, (**b**) a fração molar do glicerol e (**c**) a concentração em quantidade de matéria do glicerol na solução.

 Exercícios de autoavaliação

EAA 13.11 Os padrões de potabilidade de água nos Estados Unidos determinam que a quantidade máxima de arsênio na água é de 10 ppb. O nível de arsênio nas fontes de água naturais geralmente é inferior a 2 μg/L. Qual é a sua concentração em ppb? A densidade da água com dois algarismos significativos é de 1,0 g/mL. (**a**) 2.000 ppb (**b**) 2×10^{-9} ppb (**c**) 20 ppb (**d**) 0,2 ppb (**e**) 2 ppb

EAA 13.12 Calcule a molalidade (*m*) e a concentração em quantidade de matéria (*M*) de uma solução formada pela mistura de 802 g de glicose, $C_6H_{12}O_6$, com 1,00 L de água (densidade = 0,997 g/mL a 25 °C), totalizando 1,20 L de solução. (**a**) 2,47 *m*, 4,47 *M* (**b**) 4,47 *m*, 4,46 *M* (**c**) 4,47 *m*, 3,71 *M* (**d**) 0,668 *m*, 668 *M*

EAA 13.13 Uma solução aquosa de ácido clorídrico contém 36% de HCl em massa. Qual é a fração molar do HCl nessa solução? (**a**) 0,22 (**b**) 15 (**c**) 0,018 (**d**) 0,36 (**e**) 0,28

EAA 13.14 O vinagre é uma solução aquosa de ácido acético (CH_3COOH). Se o percentual em massa do ácido acético em uma garrafa de vinagre é de 5,0% e a densidade da solução é de 1,006 g/mL, qual é a concentração em quantidade de matéria do ácido acético no vinagre? Considere que o vinagre contém apenas ácido acético e água. (**a**) 5,0 *M* (**b**) 0,88 *M* (**c**) 50 *M* (**d**) 0,84 *M* (**e**) 2,5 *M*

13.5 | Propriedades coligativas

Algumas propriedades físicas das soluções diferem em aspectos importantes daquelas do solvente puro. Por exemplo, a água pura congela a 0 °C, mas as soluções aquosas congelam a temperaturas mais baixas. Utilizamos esse comportamento quando colocamos anticongelantes à base de etilenoglicol no radiador do carro para reduzir o ponto de congelamento da solução. O soluto adicionado também aumenta o ponto de ebulição da solução acima da água pura, o que torna possível que o motor funcione a uma temperatura mais elevada.

A redução do ponto de congelamento e o aumento do ponto de ebulição são propriedades físicas das soluções que dependem da *quantidade* (concentração), mas não da *identidade* das partículas de soluto. Tais propriedades são chamadas de **propriedades coligativas**. (*Coligativa* significa "que depende do conjunto", ou seja, propriedades coligativas dependem do efeito conjunto do número de partículas de soluto.)

Além da redução do ponto de congelamento e do aumento do ponto de ebulição, a redução da pressão de vapor e a redução da pressão osmótica também são propriedades coligativas importantes. Ao examinarmos cada uma, observe como a concentração do soluto afeta quantitativamente a propriedade.

Redução da pressão de vapor

Um líquido em um recipiente fechado estabelece equilíbrio com o seu vapor. (Seção 11.5) A *pressão de vapor* representa a pressão exercida pelo vapor quando ele está em equilíbrio com o líquido (i.e., quando a velocidade de vaporização se iguala à velocidade de condensação). Uma substância que não tem uma pressão de vapor mensurável é considerada *não volátil*, enquanto a que apresenta pressão de vapor é *volátil*.

Uma solução que consiste em um solvente líquido *volátil* e um soluto *não volátil* é formada espontaneamente em razão do aumento da entropia que acompanha a mistura. Na prática, esse processo estabiliza as moléculas de solvente em seu estado líquido, o que acarreta uma tendência menor de escapar para o estado de vapor. Assim, quando um soluto *não volátil* está presente, a pressão de vapor do solvente é inferior à pressão de vapor do solvente puro, conforme a **Figura 13.18**.

Em uma situação ideal, a pressão de vapor de um solvente *volátil* acima de uma solução que contém um soluto *não volátil* é proporcional à concentração do solvente na solução. Essa relação é expressa quantitativamente pela **lei de Raoult**, que determina que a pressão parcial exercida pelo vapor de solvente acima da solução, $P_{solução}$, é igual ao produto da fração molar do solvente, $X_{solvente}$, multiplicado pela pressão de vapor do solvente puro, $P°_{solvente}$:

$$P_{solução} = X_{solvente} P°_{solvente} \qquad [13.10]$$

Por exemplo, a pressão de vapor da água pura a 20 °C é $P°_{H_2O}$ = 17,5 torr. Imagine que mantemos a temperatura constante enquanto a glicose ($C_6H_{12}O_6$) é adicionada à água, de modo que as frações molares na solução resultante sejam X_{H_2O} = 0,800 e $X_{C_6H_{12}O_6}$ = 0,200.

> **Objetivos de aprendizagem**
>
> Após terminar a Seção 13.5, você deve ser capaz de:
> ▶ Usar a lei de Raoult para calcular a pressão de vapor do solvente acima de uma solução que contém um soluto não volátil.
> ▶ Definir "solução ideal" e explicar como desvios no comportamento ideal afetam a pressão de vapor de uma solução.
> ▶ Calcular os pontos de ebulição e de congelamento normais de uma solução e descrever como eles dependem da natureza e da concentração do soluto.
> ▶ Descrever a pressão osmótica e calculá-la para duas soluções separadas por uma membrana semipermeável.
> ▶ Explicar por que as propriedades coligativas de soluções que contêm eletrólitos diferem daquelas que contêm não eletrólitos e calcular o tamanho desse efeito.
> ▶ Usar uma ou mais propriedades coligativas de uma solução que contém um soluto desconhecido para determinar a massa molar do soluto.

● Partículas de solvente voláteis

● Partículas de soluto não voláteis

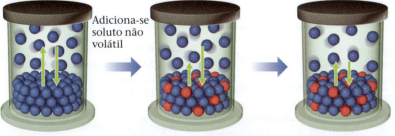

Equilíbrio | Redução da velocidade de vaporização por causa da presença de soluto não volátil | Equilíbrio restabelecido com menos moléculas na fase gasosa

◀ **Figura 13.18 Redução da pressão de vapor.** A presença de partículas de soluto não volátil em um solvente líquido resulta na redução da pressão do vapor acima do líquido.

De acordo com a Equação 13.10, a pressão de vapor da água acima da solução é 80,0% da pressão de vapor da água pura:

$$P_{solução} = (0,800)(17,5 \text{ torr}) = 14,0 \text{ torr}$$

A presença do soluto *não volátil* reduz a pressão de vapor do solvente *volátil* em 17,5 torr − 14,0 torr = 3,5 torr.

A redução da pressão de vapor, ΔP, é diretamente proporcional à fração molar do soluto, X_{soluto}:

$$\Delta P = X_{soluto} P°_{solvente} \qquad [13.11]$$

Assim, para o exemplo da solução de glicose na água, temos:

$$\Delta P = X_{C_6H_{12}O_6} P°_{H_2O} = (0,200)(17,5 \text{ torr}) = 3,50 \text{ torr}$$

A redução da pressão de vapor causada pela adição de um soluto *não volátil* depende da concentração total de partículas de soluto, independentemente de serem moléculas ou íons. Lembre-se de que a redução da pressão de vapor é uma propriedade coligativa, então seu valor para qualquer solução depende da concentração de partículas de soluto, e não de seu tipo ou identidade. Isso é importante para soluções de eletrólitos, como NaCl e HNO_3, em que devemos considerar a concentração de cátions e de ânions como partículas separadas.

Um gás ideal é definido como aquele que obedece à equação do gás ideal (Seção 10.3), e uma **solução ideal** é definida como aquela que obedece à lei de Raoult. Enquanto a idealidade de um gás surge de uma completa falta de interação intermolecular, a idealidade de uma solução implica uniformidade total de interação. As moléculas presentes em uma solução ideal se influenciam mutuamente da mesma maneira; em outras palavras, interações soluto-soluto, solvente-solvente e soluto-solvente são indistinguíveis umas das outras. Soluções reais se aproximam mais do comportamento ideal quando a concentração do soluto é baixa e o soluto e o solvente têm tamanhos moleculares semelhantes, participando de tipos similares de atrações intermoleculares.

Muitas soluções não obedecem exatamente à lei de Raoult e, por isso, não são ideais. Se, por exemplo, as interações solvente-soluto em uma solução são mais fracas do que as interações solvente-solvente ou soluto-soluto, a pressão de vapor tende a ser maior que o previsto pela lei de Raoult. Quando as interações soluto-solvente de uma solução são excepcionalmente fortes, como pode ser o caso quando não há ligação de hidrogênio, a pressão de vapor é mais baixa do que a prevista pela lei de Raoult. Embora você deva estar ciente de que esses desvios de idealidade ocorrem, vamos ignorá-los no restante deste capítulo.

Exercício resolvido 13.6
Cálculo de pressão de vapor de uma solução

A glicerina ($C_3H_8O_3$) é um não eletrólito não volátil com densidade de 1,26 g/mL a 25 °C. Calcule a pressão de vapor a 25 °C de uma solução produzida mediante a adição de 50,0 mL de glicerina a 500,0 ml de água. A pressão de vapor de água pura a 25 °C é 23,8 torr (Apêndice B), e sua densidade, 1,00 g/mL.

SOLUÇÃO

Analise O objetivo é calcular a pressão de vapor de uma solução, sabendo o volume e a densidade do soluto e do solvente.

Planeje Podemos usar a lei de Raoult (Equação 13.10) para calcular a pressão de vapor de uma solução a partir da fração molar do solvente, $X_{solvente}$. Para calcular a fração molar do solvente (Equação 13.7), usamos o volume, a densidade e a massa molar do solvente e do soluto para determinar a quantidade de matéria de cada um deles na solução.

Resolva

Primeiro, devemos determinar a quantidade de matéria de $C_3H_8O_3$ e H_2O a partir de seu volume, sua densidade e sua massa molar:

$$\text{Quantidade de matéria de } C_3H_8O_3 = (50,0 \text{ mL de } C_3H_8O_3)\left(\frac{1,26 \text{ g de } C_3H_8O_3}{1 \text{ mL de } C_3H_8O_3}\right)\left(\frac{1 \text{ mol de } C_3H_8O_3}{92,1 \text{ g de } C_3H_8O_3}\right) = 0,684 \text{ mol}$$

$$\text{Quantidade de matéria de } H_2O = (500,0 \text{ mL de } H_2O)\left(\frac{1,00 \text{ g de } H_2O}{1 \text{ mL de } H_2O}\right)\left(\frac{1 \text{ mol de } H_2O}{18,0 \text{ g de } H_2O}\right) = 27,8 \text{ mol}$$

Usamos esses valores para calcular a fração molar da água na solução:

$$X_{H_2O} = \frac{\text{Quantidade de matéria de } H_2O}{\text{Quantidade de matéria de } H_2O + \text{Quantidade de matéria de } C_3H_8O_3} = \frac{27,8}{27,8 + 0,684} = 0,976$$

Por fim, usamos a lei de Raoult para calcular a pressão de vapor de água para a solução:

$$P_{H_2O} = X_{H_2O} P°_{H_2O} = (0,976)(23,8 \text{ torr}) = 23,2 \text{ torr}$$

Confira A pressão de vapor da solução foi reduzida para 23,8 torr − 23,2 torr = 0,6 torr em relação à da água pura. A redução da pressão de vapor pode ser calculada diretamente a partir da Equação 13.11 e da fração molar do soluto, $C_3H_8O_3$: $\Delta P = X_{C_3H_8O_3} P°_{H_2O} = (0,024)(23,8 \text{ torr}) = 0,57$ torr. Observe que aplicar a Equação 13.11 resulta em mais um algarismo significativo do que o número obtido ao subtrair a pressão de vapor da solução da pressão de vapor do solvente puro.

▶ **Para praticar**
A pressão de vapor da água pura a 110 °C é 1.070 torr. Uma solução de etilenoglicol e água tem pressão de vapor de 1,00 atm a 110 °C. Considerando que a lei de Raoult é obedecida, qual é a fração molar de etilenoglicol na solução?

OLHANDO DE PERTO | **Soluções ideais com dois ou mais componentes voláteis**

Às vezes, soluções apresentam dois ou mais componentes voláteis. A gasolina, por exemplo, é uma solução com vários líquidos voláteis. Para compreender tais misturas, considere uma solução ideal de dois líquidos voláteis, A e B. (Para nossos propósitos, não importa o que chamamos de soluto e solvente.) As pressões parciais acima da solução são dadas pela lei de Raoult:

$$P_A = X_A P°_A \quad \text{e} \quad P_B = X_B P°_B$$

e a pressão de vapor total acima da solução é:

$$P_{total} = P_A + P_B = X_A P°_A + X_B P°_B$$

Considere uma mistura de 1,0 mol de benzeno (C_6H_6) e 2,0 mols de tolueno (C_7H_8) ($X_{ben} = 0,33$, $X_{tol} = 0,67$). A 20 °C, as pressões de vapor das substâncias puras são $P°_{ben} = 75$ torr e $P°_{tol} = 22$ torr. Assim, as pressões parciais acima da solução são:

$$P_{ben} = (0,33)(75 \text{ torr}) = 25 \text{ torr}$$
$$P_{tol} = (0,67)(22 \text{ torr}) = 15 \text{ torr}$$

e a pressão de vapor total acima do líquido é:

$$P_{total} = P_{ben} + P_{tol} = 25 \text{ torr} + 15 \text{ torr} = 40 \text{ torr}$$

Observe que o vapor é mais rico em benzeno, o componente mais volátil.

A fração molar de benzeno no vapor é dada pela razão entre a sua pressão de vapor e a pressão total (Equações 10.14 e 10.15):

$$X_{ben} \text{ no vapor} = \frac{P_{ben}}{P_{tol}} = \frac{25 \text{ torr}}{40 \text{ torr}} = 0,63$$

Embora o benzeno constitua apenas 33% das moléculas na solução, ele é responsável por 63% das moléculas no vapor.

Quando uma solução líquida ideal formada por dois componentes voláteis está em equilíbrio com seu vapor, o componente mais volátil será relativamente mais rico no vapor. Esse fato constitui a base da *destilação*, técnica usada para separar (ou separar parcialmente) misturas que contenham componentes voláteis. (Seção 1.3) A destilação é uma forma de purificar líquidos, representando o procedimento pelo qual indústrias petroquímicas conseguem separar o petróleo bruto em seus subprodutos, como gasolina, óleo diesel, óleo lubrificante, entre outros (**Figura 13.19**). A destilação também é utilizada rotineiramente, em pequena escala, no laboratório.

▲ **Figura 13.19** Os componentes voláteis de misturas orgânicas podem ser separados em uma escala industrial nessas torres de destilação.

Exercícios relacionados: 13.69, 13.70

Elevação do ponto de ebulição

Nas Seções 11.5 e 11.6, examinamos as pressões de vapor de substâncias puras e como usá-las para construir diagramas de fase. Contudo, de que maneira o diagrama de fases de uma solução e o seu ponto de ebulição e de congelamento diferem dos do solvente puro? A adição de um soluto não volátil reduz a pressão de vapor da solução. Assim, na **Figura 13.20**, a curva de pressão de vapor da solução é deslocada para baixo em relação à curva de pressão de vapor do solvente puro.

Na Seção 11.5, vimos que o ponto de ebulição normal de um líquido é a temperatura na qual sua pressão de vapor é igual a 1 atm. Como a solução tem uma pressão de vapor mais baixa que a do solvente puro, uma temperatura mais elevada será necessária para que a solução alcance uma pressão de vapor de 1 atm. Como resultado, *o ponto de ebulição da solução é maior que o do solvente puro*. Esse efeito é visto na Figura 13.20.

A elevação do ponto de ebulição de uma solução em relação ao do solvente puro depende da molalidade do soluto. Contudo, é importante lembrar que a elevação do ponto de ebulição é proporcional à concentração *total* de partículas de soluto, independentemente de as partículas serem moléculas ou íons. Quando o NaCl é dissolvido em água, 2 mols de partículas de soluto (1 mol de Na^+ e 1 mol de Cl^-) são formados para cada mol de NaCl que

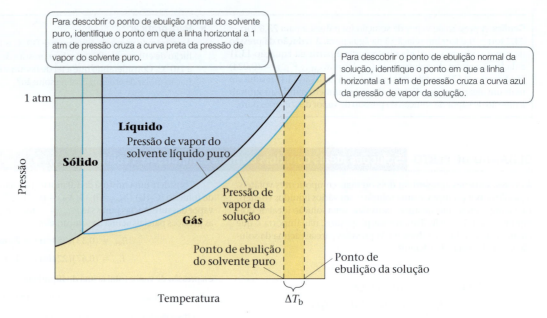

▲ Figura 13.20 **Diagrama de fases que ilustra a elevação do ponto de ebulição.** As linhas pretas mostram as curvas de equilíbrio de fases do solvente puro, enquanto as linhas azuis mostram as curvas de equilíbrio de fases da solução.

se dissolve. Levamos esse fato em consideração ao definir *i*, o **fator de van't Hoff**, como o número de partículas formadas em solução quando um dado soluto é separado por um determinado solvente. A variação no ponto de ebulição de uma solução em comparação à do solvente puro é:

$$\Delta T_e = T_e(\text{solução}) - T_e(\text{solvente}) = iK_e m \quad [13.12]$$

Nessa equação, $T_e(\text{solução})$ é o ponto de ebulição da solução, $T_e(\text{solvente})$ é o ponto de ebulição do solvente puro, *m* é a molalidade do soluto, K_e é a **constante molal de elevação do ponto de ebulição** para o solvente (constante de proporcionalidade determinada experimentalmente para cada solvente) e *i* é o fator de van't Hoff. Para um não eletrólito, sempre podemos considerar que *i* = 1; para um eletrólito, *i* vai depender de como a substância se ioniza ou se dissocia naquele solvente. Por exemplo, *i* = 2 para o NaCl em água, pressupondo a dissociação completa de íons. Como resultado, espera-se que a elevação do ponto de ebulição de uma solução aquosa 1 *m* de NaCl seja o dobro da elevação do ponto de ebulição de uma solução 1 *m* de um não eletrólito, como a sacarose. Assim, para prever adequadamente o efeito de um dado soluto sobre a elevação do ponto de ebulição (ou qualquer outra propriedade coligativa), é importante saber se o soluto é um eletrólito ou um não eletrólito. (Seções 4.1 e 4.3)

Redução do ponto de congelamento

As curvas de pressão de vapor para as fases líquida e sólida se interceptam no ponto triplo. (Seção 11.6) Na **Figura 13.21**, a temperatura do ponto triplo da solução é inferior à temperatura do ponto triplo do líquido puro, porque a solução tem uma pressão de vapor menor que a do líquido puro.

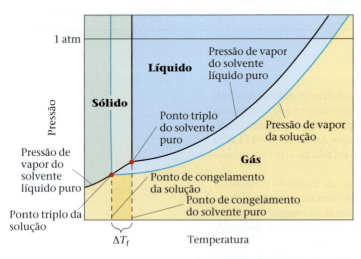

▲ Figura 13.21 **Diagrama de fases que ilustra a redução do ponto de congelamento.** As linhas pretas mostram as curvas de equilíbrio de fases do solvente puro, enquanto as linhas azuis mostram as curvas de equilíbrio de fases da solução.

TABELA 13.3 Constante molal da elevação do ponto de ebulição e da redução do ponto de congelamento

Solvente	Ponto de ebulição normal (°C)	K_e (°C/m)	Ponto de congelamento normal (°C)	K_c (°C/m)
Água, H_2O	100,0	0,51	0,0	1,86
Benzeno, C_6H_6	80,1	2,53	5,5	5,12
Etanol, C_2H_5OH	78,4	1,22	−114,6	1,99
Tetracloreto de carbono, Cl_4	76,8	5,02	−22,3	29,8
Clorofórmio, $CHCl_3$	61,2	3,63	−63,5	4,68

O ponto de congelamento de uma solução é a temperatura na qual os primeiros cristais de solvente puro são formados em equilíbrio com a solução. Na Seção 11.6, vimos que a linha que representa o equilíbrio entre o sólido e o líquido sobe quase verticalmente a partir do ponto triplo. Na Figura 13.21, a temperatura do ponto triplo da solução é mais baixa que a do líquido puro, mas isso também pode ser notado em todos os pontos da curva de equilíbrio sólido-líquido. Assim, *o ponto de congelamento da solução é mais baixo que o do líquido puro.*

Assim como a elevação do ponto de ebulição, a alteração no ponto de congelamento ΔT_c é diretamente proporcional à molalidade do soluto, considerando o fator de van't Hoff, i:

$$\Delta T_c = T_c(\text{solução}) - T_c(\text{solvente}) = -iK_c m \qquad [13.13]$$

A constante de proporcionalidade K_c é a **constante molal da redução do ponto de congelamento**, análoga à K_e para a elevação do ponto de ebulição. Observe que, como a solução congela a uma temperatura *mais baixa* que o solvente puro, o valor de ΔT_c é *negativo*.

Os valores de K_e e K_c para diversos solventes comuns estão listados na **Tabela 13.3**. Para a água, $K_e = 0,51$ °C/m, o que significa que o ponto de ebulição de qualquer solução aquosa com 1 m de partículas de soluto não volátil é 0,51 °C maior que o ponto de ebulição da água pura. Como as soluções geralmente não se comportam da maneira ideal, as constantes listadas na Tabela 13.3 aplicam-se somente para soluções bem diluídas. Para a água, $K_c = 1,86$ °C/m. Portanto, qualquer solução aquosa com 1 m de partículas de soluto não volátil (p. ex., $C_6H_{12}O_6$ 1 m ou NaCl 0,5 m) congela a uma temperatura 1,86 °C menor que o ponto de congelamento da água pura.

A redução do ponto de congelamento causada por solutos tem aplicações úteis; é por causa dela que o anticongelante funciona em sistemas de arrefecimento automotivos e que o cloreto de cálcio ($CaCl_2$) provoca a fusão do gelo em estradas e calçadas durante o inverno.

Exercício resolvido 13.7
Cálculo da elevação do ponto de ebulição e da redução do ponto de congelamento

Anticongelantes automotivos contêm etilenoglicol, $HOCH_2CH_2OH$, um não eletrólito não volátil, em água. Calcule o ponto de ebulição e o ponto de congelamento de uma solução aquosa que tem 25,0% de etilenoglicol em massa.

SOLUÇÃO

Analise Sabemos que a solução contém 25,0% em massa de um soluto não eletrolítico e não volátil e devemos calcular os pontos de ebulição e congelamento da solução. Para fazer isso, será necessário calcular a elevação do ponto de ebulição e a redução do ponto de congelamento.

Planeje Para calcular a elevação do ponto de ebulição e a redução do ponto de congelamento aplicando as Equações 13.12 e 13.13, devemos expressar a concentração da solução como molalidade. Vamos considerar, por conveniência, que temos 1.000 g de solução. Como a solução é de 25,0% em massa de etilenoglicol, as massas de etilenoglicol e água são de 250 e 750 g, respectivamente. Tomando essas quantidades como base, podemos calcular a molalidade da solução ao usá-las com a constante molal de elevação do ponto de ebulição e a constante molal de redução do ponto de congelamento (Tabela 13.3) para calcular ΔT_e e ΔT_c. Acrescentamos ΔT_e ao ponto de ebulição e ΔT_c ao ponto de congelamento do solvente para obter o ponto de ebulição e o ponto de congelamento da solução.

(Continua)

Resolva

A molalidade da solução é calculada da seguinte maneira:

$$\text{Molalidade} = \frac{\text{Quantidade de matéria de } C_2H_6O_2}{\text{quilogramas de } H_2O}$$

$$= \left(\frac{250 \text{ g de } C_2H_6O_2}{750 \text{ g de } H_2O}\right)\left(\frac{1 \text{ mol } C_2H_6O_2}{62,1 \text{ g de } C_2H_6O_2}\right)\left(\frac{1000 \text{ g de } H_2O}{1 \text{ kg de } HO_2}\right) = 5,37 \, m$$

Agora, podemos aplicar as Equações 13.12 e 13.13 para calcular as variações nos pontos de ebulição e congelamento:

$$\Delta T_e = iK_e m = (1)(0,51°C/m)(5,37\,m) = 2,7\,°C$$
$$\Delta T_c = -iK_c m = -(1)(1,86°C/m)(5,37\,m) = -10,0\,°C$$

Assim, os pontos de ebulição e congelamento da solução são facilmente calculados:

$$\Delta T_e = T_e(\text{solução}) - T_e(\text{solvente})$$
$$2,7°C = T_e(\text{solução}) - 100,0°C$$
$$T_e(\text{solução}) = 102,7°C$$

$$\Delta T_c = T_c(\text{solução}) - T_c(\text{solvente})$$
$$-10,0°C = T_c(\text{solução}) - 0,0°C$$
$$T_c(\text{solução}) = -10,0°C$$

Comentário Observe que a solução de água e etilenoglicol é um líquido em uma faixa de temperatura maior que a do solvente puro.

▶ **Para praticar**
Consultando a Tabela 13.3, calcule o ponto de congelamento de uma solução com 0,600 kg de $CHCl_3$ e 42,0 g de eucaliptol ($C_{10}H_{18}O$), uma substância perfumada encontrada em folhas de eucalipto.

OLHANDO DE PERTO — O fator de van't Hoff

As propriedades coligativas das soluções dependem da concentração *total* de partículas de soluto, independentemente de as partículas serem íons ou moléculas. Assim, espera-se que uma solução de NaCl 0,100 *m* tenha uma redução do ponto de congelamento de (2)(0,100 *m*)(1,86 °C/m) = 0,372 °C, porque ela tem 0,100 *m* de Na⁺(*aq*) e 0,100 *m* de Cl⁻(*aq*). No entanto, a redução do ponto de congelamento medida é de apenas 0,348 °C, e a situação é semelhante para outros eletrólitos fortes. Por exemplo, uma solução de KCl 0,100 *m* congela a −0,344 °C.

A diferença entre propriedades coligativas esperadas e observadas para eletrólitos fortes deve-se às atrações eletrostáticas entre os íons. Quando os íons se movem na solução, íons de carga oposta colidem e se recombinam por um curtíssimo intervalo de tempo. Enquanto eles estão unidos, comportam-se como uma única partícula, chamada de *par iônico* (**Figura 13.22**). Assim, o número de partículas independentes é reduzido, o que diminui a redução do ponto de congelamento (assim como a elevação do ponto de ebulição e a redução da pressão de vapor e da pressão osmótica).

Estamos considerando que o fator de van't Hoff, *i*, é igual ao número de íons por unidade de fórmula do eletrólito. No entanto, o valor real (medido) desse fator é dado pela razão entre o valor medido de uma propriedade coligativa e o valor calculado quando a substância é considerada um não eletrólito. Usando a redução do ponto de congelamento, por exemplo, temos:

$$i = \frac{\Delta T_c(\text{medido})}{\Delta T_c(\text{calculado para o não eletrólito})} \qquad [13.14]$$

O valor limite de *i* pode ser determinado por um sal a partir do número de íons por unidade de fórmula. Para o NaCl, por exemplo, o fator de van't Hoff limite é 2, porque o NaCl consiste em um Na⁺ e um Cl⁻ por unidade de fórmula; para o K_2SO_4, é 3, porque o K_2SO_4 consiste em dois K⁺ e um SO_4^{2-} por unidade de fórmula. Na ausência de qualquer informação sobre o valor real de *i* para uma solução, vamos usar o valor limite nos cálculos.

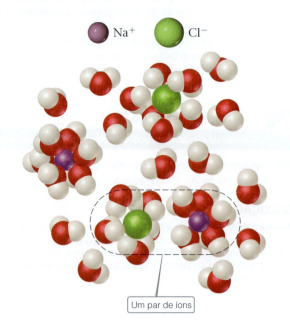

▲ **Figura 13.22 Recombinação de íons e propriedades coligativas.** Uma solução de NaCl contém íons Na⁺(*aq*) e Cl⁻(*aq*), além de pares iônicos.

Duas tendências são evidentes na **Tabela 13.4**, que apresenta fatores de van't Hoff medidos para várias substâncias em diferentes diluições. Em primeiro lugar, a diluição afeta o valor de *i* para eletrólitos; ou seja, quanto mais diluída for a solução, mais *i* se aproxima do valor ideal, com base no número de íons na unidade de fórmula. Assim, podemos concluir que o grau de recombinação dos íons em soluções eletrolíticas diminui com a diluição. Em segundo lugar, quanto mais baixas forem as cargas dos íons, menos *i* se afastará do valor esperado, porque o grau de recombinação dos íons diminui à medida que as cargas iônicas diminuem. Ambas as tendências estão de acordo com a eletrostática simples: a força de interação entre partículas carregadas diminui à medida que sua separação aumenta e suas cargas diminuem.

Exercícios relacionados: 13.71, 13.85, 13.86, 13.105

TABELA 13.4 Fatores de van't Hoff medidos e esperados para várias substâncias a 25 °C

Composto	0,100 m	0,0100 m	0,00100 m	Valor esperado
Sacarose	1,00	1,00	1,00	1,00
NaCl	1,87	1,94	1,97	2,00
K_2SO_4	2,32	2,70	2,84	3,00
$MgSO_4$	1,21	1,53	1,82	2,00

Osmose

Certos materiais, incluindo muitas membranas de sistemas biológicos e substâncias sintéticas, como o celofane, são *semipermeáveis*. Quando em contato com uma solução, esses materiais permitem que apenas íons ou moléculas pequenas, como as moléculas de água, atravessem sua rede de poros minúsculos.

Considere uma situação em que apenas as moléculas de solvente são capazes de atravessar uma membrana semipermeável colocada entre duas soluções de diferentes concentrações. A velocidade com que as moléculas de solvente passam da solução menos concentrada (menor concentração de soluto, mas maior concentração de solvente) para a solução mais concentrada (maior concentração de soluto, mas menor concentração de solvente) é maior que a velocidade no sentido oposto. Assim, existe um movimento global de moléculas de solvente da solução com menor concentração de soluto para a outra com maior concentração de soluto. Nesse processo, chamado de **osmose**, *o movimento global do solvente é sempre em direção à solução com a menor concentração de solvente (maior de soluto)*, como se as soluções fossem levadas a atingir concentrações iguais.

A **Figura 13.23** mostra a osmose que ocorre entre uma solução aquosa e a água pura, separadas por uma membrana semipermeável que permite a passagem de moléculas de água

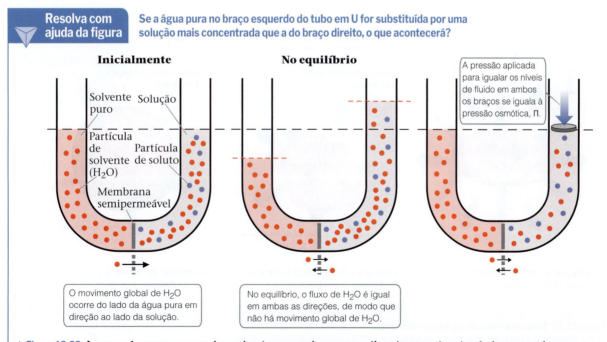

▲ **Figura 13.23 A osmose é o processo no qual um solvente se move de um compartimento para outro, através de uma membrana semipermeável, em direção a uma maior concentração de soluto.** A pressão osmótica é gerada no estado de equilíbrio em razão das diferentes alturas de líquido em ambos os lados da membrana e é equivalente à pressão necessária para igualar os níveis de fluido através dessa membrana.

em ambas as direções. O tubo em U é preenchido com água à esquerda e com uma solução aquosa à direita. Inicialmente, observa-se um movimento global de água da esquerda para a direita através da membrana, levando a níveis desiguais de líquido nos dois braços do tubo em U. Por fim, no equilíbrio (representação do meio da Figura 13.23), a diferença de pressão resultante da diferença de altura entre os líquidos torna-se tão grande que o fluxo de água é interrompido. Essa pressão que interrompe a osmose é a **pressão osmótica**, Π, da solução. Se uma pressão externa igual à pressão osmótica é aplicada à solução, os níveis de líquido nos dois braços podem ser igualados, como ilustra a representação da direita da Figura 13.23.

A pressão osmótica obedece a uma lei semelhante na forma à lei do gás ideal, $\Pi V = inRT$, em que: Π é a pressão osmótica; V, o volume da solução; i, o fator de van't Hoff; n, a quantidade de matéria em mols de soluto; R, a constante do gás ideal; T, a temperatura absoluta. Com base nessa equação, podemos escrever:

$$\Pi = i\left(\frac{n}{V}\right)RT = icRT \qquad [13.15]$$

em que c é a concentração em quantidade de matéria da solução. Uma vez que a pressão osmótica de qualquer solução depende da concentração da solução, a pressão osmótica é uma propriedade coligativa.

Se duas soluções, de pressão osmótica idêntica, são separadas por uma membrana semipermeável, não ocorrerá osmose. As duas soluções são *isotônicas* entre si. Se uma solução tem pressão osmótica mais baixa, ela é *hipotônica* em relação à solução mais concentrada. A solução mais concentrada é *hipertônica* em relação à solução diluída.

A osmose é importante em sistemas vivos. As membranas das hemácias, por exemplo, são semipermeáveis. Colocar uma hemácia em uma solução *hiper*tônica em relação à solução intracelular (a solução no interior das células) faz a água se mover para fora da célula (**Figura 13.24**). O resultado é que a célula vai murchar, um processo chamado de *crenação*. Colocar a célula em uma solução *hipo*tônica em relação ao fluido intracelular faz a água se mover para dentro da célula, podendo fazer com que ela se rompa, um processo chamado de *hemólise*. Pessoas que precisam de substitutos de fluidos corporais ou nutrientes, mas

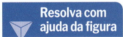

Se o líquido que circunda as hemácias de um paciente é pobre em eletrólitos, é mais provável que ocorra crenação ou hemólise?

As setas representam o movimento global das moléculas de água.

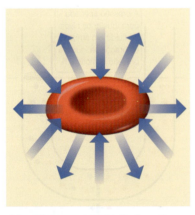

A hemácia em meio isotônico não incha nem encolhe.

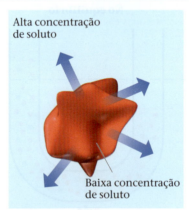

Alta concentração de soluto

Baixa concentração de soluto

Crenação da hemácia colocada em ambiente hipertônico.

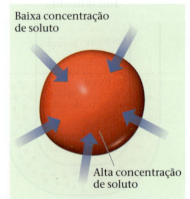

Baixa concentração de soluto

Alta concentração de soluto

Hemólise de hemácia colocada em ambiente hipotônico.

▲ **Figura 13.24 Osmose através de paredes de hemácias.** Se a água se move para fora da hemácia, ela murcha (crenação); se a água se move para dentro da hemácia, ela incha e pode se romper (hemólise).

não podem ser alimentadas por via oral, recebem soluções por infusão intravenosa (IV), que administra os nutrientes diretamente na veia. Para prevenir a crenação ou a hemólise das hemácias, as soluções IV devem ser isotônicas com os fluidos intracelulares das células sanguíneas.

Há muitos exemplos biológicos interessantes de osmose. Um pepino colocado em salmoura concentrada perde água por osmose e murcha, transformando-se em picles. Pessoas que consomem muita comida salgada retêm água nas células dos tecidos e no espaço intercelular em razão da osmose, e o inchaço resultante é chamado de *edema*. A água se move do solo para as raízes das plantas em parte por causa da osmose. Bactérias na carne salgada ou em frutas cristalizadas perdem água por meio de osmose, murcham e morrem, preservando, assim, a comida.

Exercício resolvido 13.8
Cálculos de pressão osmótica

A pressão osmótica média do sangue é 7,7 atm a 25 °C. Qual concentração em quantidade de matéria de glicose ($C_6H_{12}O_6$) será isotônica com o sangue?

SOLUÇÃO

Analise Devemos calcular a concentração de glicose em água que seria isotônica com o sangue, uma vez que a pressão osmótica do sangue a 25 °C é 7,7 atm.

Planeje Como temos a pressão osmótica e a temperatura, podemos recorrer à Equação 13.15 para encontrar a concentração. Como a glicose é um não eletrólito, $i = 1$.

Resolva

$$\Pi = icRT$$

$$c = \frac{\Pi}{iRT} = \frac{(7,7 \text{ atm})}{(1)\left(0{,}0821 \frac{\text{L-atm}}{\text{mol-K}}\right)(298 \text{ K})} = 0{,}31 \text{ M}$$

Comentário Em situações clínicas, as concentrações das soluções geralmente são expressas em percentuais de massa. O percentual em massa de uma solução de glicose a 0,31 *M* é 5,3%. A concentração de NaCl, isotônica com o sangue, é 0,16 *M*, pois $i = 2$ para o NaCl em água (solução de NaCl 0,155 *M* é 0,310 *M* em partículas). Uma solução de NaCl 0,16 *M* tem 0,9% de NaCl em massa. Esse tipo de solução é conhecido como solução salina fisiológica.

▶ **Para praticar**
Qual é a pressão osmótica, em atm, de uma solução de sacarose ($C_{12}H_{22}O_{11}$) 0,0020 *M* a 20,0 °C?

Determinação da massa molar a partir de propriedades coligativas

No Capítulo 2, aprendemos que um espectrômetro de massa pode ser utilizado para determinar a massa molecular de uma substância. (Seção 2.4) Em muitos casos, é possível obter boas estimativas da massa molecular e da massa fórmula preparando soluções e medindo uma ou mais propriedades coligativas, algo que pode ser feito em laboratórios com instrumentos muito menos sofisticados. A **Figura 13.25** descreve o procedimento usado para determinar a massa molar a partir de uma propriedade coligativa. Para tanto, primeiro pesamos uma massa conhecida de soluto e a dissolvemos em um solvente apropriado, de modo a preparar uma solução. Em seguida, medimos ao menos uma das propriedades coligativas da solução. Como cada propriedade coligativa depende apenas da concentração do soluto, podemos usar o seu valor para determinar a concentração da solução: fração molar pela pressão de vapor, molalidade pelo ponto de congelamento ou de ebulição, concentração em quantidade de matéria pela pressão osmótica. Uma vez conhecida a concentração, a quantidade de matéria do soluto pode ser calculada a partir do volume da solução. Então podemos calcular a massa molar do soluto:

$$\text{Quantidade de matéria de soluto} = \frac{\text{massa de soluto}}{\text{massa molar do soluto}} \quad [13.16]$$

Para ilustrar essa abordagem, o Exercício resolvido 13.9 mostra como a massa molar de uma proteína pode ser estimada a partir da pressão osmótica de uma solução que a contém.

▲ **Figura 13.25** Procedimento para estimar a massa molar de uma substância a partir das propriedades coligativas de uma solução que contém tal substância.

Exercício resolvido 13.9
Massa molar com base na pressão osmótica

A pressão osmótica de uma solução aquosa de determinada proteína foi medida para determinar a sua massa molar. A solução continha 3,50 mg de proteína dissolvidos em água suficiente para formar 5,00 mL de solução. Verificou-se que a pressão osmótica da solução a 25 °C é 1,54 torr. Considerando a proteína um não eletrólito, calcule a sua massa molar.

SOLUÇÃO

Analise Devemos calcular a massa molar de uma grande molécula de proteína com base na pressão osmótica de uma solução que a contém. Uma vez que a proteína será considerada um não eletrólito, $i = 1$.

Planeje Temos a temperatura ($T = 25$ °C) e a pressão osmótica ($\Pi = 1,54$ torr) e sabemos o valor de R. Dessa forma, podemos recorrer à Equação 13.15 para calcular a concentração em quantidade de matéria da solução, c. Ao fazer isso, devemos converter a temperatura de °C para K e a pressão osmótica de torr para atm. Em seguida, usamos a concentração em quantidade de matéria e o volume da solução (5,00 mL) para determinar a quantidade de matéria em mols do soluto. Por fim, utilizamos a Equação 13.16 para obter a massa molar da proteína.

Resolva
Solucionando a Equação 13.15 para encontrar a concentração em quantidade de matéria, obtemos:

$$\text{Concentração em quantidade de matéria} = \frac{\Pi}{iRT} = \frac{(1,54 \text{ torr})\left(\frac{1 \text{ atm}}{760 \text{ torr}}\right)}{(1)\left(0,0821 \frac{\text{L-atm}}{\text{mol-K}}\right)(298 \text{ K})} = 8,28 \times 10^{-5} \frac{\text{mol}}{\text{L}}$$

Como o volume da solução é 5,00 mL = $5,00 \times 10^{-3}$ L, a quantidade de matéria em mols de proteína deve ser:

$$\text{Quantidade de matéria de proteína} = (8,28 \times 10^{-5} \text{ mol/L})(5,00 \times 10^{-3} \text{ L}) = 4,14 \times 10^{-7} \text{ mol}$$

A massa molar é o número de gramas por mol da substância. Como sabemos que a amostra tem massa de 3,50 mg = $3,50 \times 10^{-3}$ g, podemos calcular a massa molar ao dividir o número de gramas na amostra pela quantidade de matéria em mols que acabamos de calcular:

$$\text{Massa molar} = \frac{\text{massa de soluto}}{\text{quantidade de matéria de soluto}} = \frac{3,50 \times 10^{-3} \text{ g}}{4,14 \times 10^{-7} \text{ mol}} = 8,45 \times 10^{3} \text{ g/mol}$$

Comentário Como pressões baixas podem ser medidas com facilidade e exatidão, as medidas de pressão osmótica são uma maneira útil de determinar as massas molares de moléculas grandes.

▶ **Para praticar**
Uma amostra de 2,05 g de poliestireno com o comprimento da cadeia polimérica uniforme foi dissolvida em tolueno suficiente para formar 0,100 L de solução. Verificou-se que a pressão osmótica dessa solução é de 1,21 kPa a 25 °C. Calcule a massa molar do poliestireno.

Exercícios de autoavaliação

EAA 13.15 Qual solução aquosa terá o menor ponto de congelamento? (**a**) NaCl 0,015 m (**b**) sacarose 0,025 m (**c**) MgCl$_2$ 0,012 m (**d**) glicose 0,010 m

EAA 13.16 Calcule a pressão de vapor esperada a 25 °C para uma solução preparada pela dissolução de 20,0 g de NaCl em 100,0 g de água. A pressão de vapor da água a essa temperatura é de 23,8 torr. Despreze os efeitos da recombinação de íons. (*Dica:* Lembre-se de considerar que a dissolução de cada mol de NaCl produz um mol de Na$^+$ e um mol de Cl$^-$.) (**a**) 23,8 torr (**b**) 22,4 torr (**c**) 21,2 torr (**d**) 19,8 torr

EAA 13.17 O benzeno, C$_6$H$_6$, que entra em ebulição a 80,1 °C, tem uma constante de elevação do ponto de ebulição de 2,53 °C/m e densidade de 0,8765 g/mL. Preveja o ponto de ebulição de uma solução composta de 150,0 g de benzeno e 12,6 g de um medicamento experimental não eletrólito e hidrofóbico com massa molar de 256 g/mol. (**a**) 0,83 °C (**b**) 79,3 °C (**c**) 80,2 °C (**d**) 80,9 °C (**e**) 81,1 °C

EAA 13.18 Uma solução é formada pela dissolução de 0,010 g de poliestireno, um polímero não eletrólito de massa molar desconhecida, em 1,00 mL de cicloexano (densidade = 0,779 g/mol). Quando essa solução é separada do cicloexano puro por uma membrana semipermeável, mede-se uma pressão osmótica de 68 Pa a 317 K. Qual é a massa molar do poliestireno? (**a**) 3,9 × 10^2 g/mol (**b**) 8,2 × 10^3 g/mol (**c**) 3,9 × 10^4 g/mol (**d**) 1,8 × 10^5 g/mol (**e**) 3,9 × 10^5 g/mol

EAA 13.19 A pressão de vapor de uma solução aquosa é prevista pela lei de Raoult como 14,7 torr a 20 °C, considerando que o soluto é não volátil. Quando a pressão de vapor da solução é medida, o valor obtido é 14,2 torr. Qual é a explicação mais provável para esse desvio em relação à lei de Raoult? (**a**) O soluto também deve ser volátil; quando o soluto é volátil, ele reduz a pressão de vapor total da solução. (**b**) As interações entre as moléculas de soluto e de solvente são mais fracas do que as interações soluto-soluto e solvente-solvente. (**c**) As interações entre as moléculas de soluto e de solvente são mais intensas do que as interações soluto-soluto e solvente-solvente. (**d**) Por ter menor densidade do que a água, as moléculas de soluto sobem para o alto da solução, o que reduz a fração molar da água próximo à superfície.

EAA 13.20 A 20 °C, uma solução saturada de NaCl pode ser preparada pela dissolução de 35,9 g de NaCl em 100,0 g de água para formar uma solução com densidade de 1,20 g/mL. Qual é a pressão osmótica prevista para essa solução se desprezarmos os efeitos da recombinação de íons? (**a**) 17,8 atm (**b**) 130 atm (**c**) 261 atm (**d**) 295 atm

QUÍMICA E SUSTENTABILIDADE | Dessalinização e osmose reversa

Em razão do alto teor de sal, a água do mar é imprópria para o consumo humano, para a irrigação e para vários outros usos práticos. Nos Estados Unidos, o teor de sal dos sistemas municipais de abastecimento de água é regulado pelas normas de saúde a não mais do que aproximadamente 0,05% em massa. Essa quantidade é muito menor do que os 3,5% de sais dissolvidos presentes na água do mar e o 0,5% ou mais presentes na água salobra encontrada no subsolo de algumas regiões. A remoção dos sais da água do mar ou salobra para torná-la própria para uso é chamada de dessalinização.

Como a água é uma substância volátil e os sais são não voláteis, podemos usar destilação para a dessalinização. (Seção 1.3) O princípio da destilação (Figura 1.12) é simples, mas executar o processo em larga escala envolve uma série de problemas. A destilação é um processo que demanda muita energia e, à medida que é realizado, os sais tornam-se cada vez mais concentrados e acabam por precipitar. Assim, embora a destilação possa ser usada para dessalinizar água em pequena escala, operações em escala industrial preferem utilizar abordagens que demandem menos energia.

Como vimos, a osmose é o movimento global de moléculas de solvente, e não moléculas de soluto, através de uma membrana semipermeável. Na osmose comum, o solvente passa de uma solução mais diluída para outra mais concentrada. Entretanto, se pressão externa suficiente for aplicada, o fluxo de moléculas de água para a solução mais salgada pode ser interrompido e, em pressões ainda mais altas, revertido. Sob tais pressões, as moléculas de solvente atravessam a membrana e passam de uma solução mais concentrada para outra mais diluída. Esse processo, denominado *osmose reversa*, é o método preferencial para a dessalinização em larga escala.

O primeiro passo em uma usina de dessalinização por osmose reversa é passar a água do mar por um filtro de areia e brita para remover algas, materiais orgânicos e outras partículas. Em seguida, a água é filtrada mais uma vez para remover os sedimentos microscópicos que podem entupir a membrana. Por fim, a água tratada é forçada sob pressão através de fibras ocas feitas de um composto polimérico que funciona como membrana semipermeável (**Figura 13.26**). A pressão osmótica da água do mar é de cerca de 27 atm, o que significa que pressões externas maiores do que essa devem ser aplicadas para forçar as moléculas de água através da membrana. Em uma usina de dessalinização típica, são usadas pressões entre 50 e 70 atm para executar o processo. É preciso uma quantidade significativa de energia elétrica para elevar a pressão da água do mar a esses níveis.

As maiores usinas de dessalinização estão no Oriente Médio: Arábia Saudita, Emirados Árabes e Israel obtêm uma parcela significativa de sua água doce de usinas de dessalinização. A maior delas, Ras Al-Khair, na Arábia Saudita, gera mais de 1×10^6 m³ de água doce por dia (1×10^9 L/dia). Essas usinas estão se tornando mais comuns nos Estados Unidos. A maior delas, inaugurada no final de 2015 em Carlsbad, na Califórnia, produz cerca de $1,9 \times 10^8$ L/dia. Para operar com 100% da capacidade, a usina utiliza cerca de 38 MW de eletricidade, consumo equivalente a 38.500 residências. São necessários dois litros de água do mar para produzir um litro de água doce.

O descarte da "salmoura" extremamente salgada, um subproduto da dessalinização, é um desafio adicional. O mais comum é descartá-la de volta ao oceano, mas o alto teor de sal da solução pode causar impactos ambientais negativos se não for tratado corretamente. Dispersar a salmoura em uma área maior e/ou diluí-la com a água usada para resfriamento em uma usina de energia vizinha são duas abordagens utilizadas para resolver esse problema.

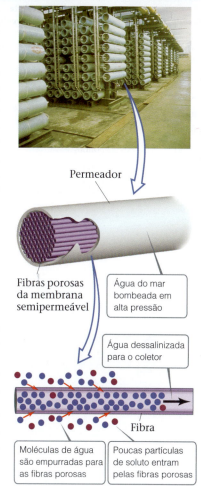

▲ **Figura 13.26** Osmose reversa.

Exercícios relacionados: 13.61, 13.62, 13.100

13.6 | Coloides

Algumas substâncias parecem inicialmente se dissolver em um solvente, mas, com o tempo, separam-se do solvente puro. Por exemplo, partículas de argila finamente divididas, quando dispersas em água, acabam afundando por causa da gravidade. A gravidade afeta as partículas de argila porque elas são muito maiores que a maioria das moléculas, que consistem em milhares ou mesmo milhões de átomos. Por outro lado, as partículas dispersas em uma solução verdadeira (íons em uma solução salina ou moléculas de glicose em uma solução de açúcar) são pequenas. Entre esses dois extremos ficam as partículas dispersas maiores que as moléculas típicas, mas não tão grandes a ponto de os componentes da mistura se separarem sob a influência da gravidade. Esses tipos intermediários de dispersão são chamados de **dispersões coloidais**, ou apenas **coloides**. Os coloides representam a linha divisória entre as soluções e as misturas heterogêneas. Assim como as soluções, os coloides podem ser gasosos, líquidos ou sólidos. A **Tabela 13.5** lista exemplos de cada um deles.

O tamanho da partícula pode ser utilizado para classificar uma mistura como coloide ou solução. Partículas coloidais têm diâmetro de 5 a 1.000 nm; partículas de soluto têm

▲ Objetivos de aprendizagem

Após terminar a Seção 13.6, você deve ser capaz de:

▶ Diferenciar soluções, dispersões coloidais e misturas heterogêneas.

▶ Usar a fase (sólida, líquida ou gasosa) da partícula dispersa e a do meio de dispersão para classificar diferentes tipos de coloides.

▶ Classificar dispersões coloidais em soluções aquosas como hidrofílicas ou hidrofóbicas com base na composição da partícula coloidal e em sua interação com o solvente.

TABELA 13.5 Tipos de coloide

Fase do coloide	Substância dispersante (semelhante a um solvente)	Substância dispersada (semelhante a um soluto)	Tipo de coloide	Exemplo
Gás	Gás	Gás	—	Nenhum (todos são soluções)
Gás	Gás	Líquido	Aerossol	Neblina
Gás	Gás	Sólido	Aerossol	Fumaça
Líquido	Líquido	Gás	Espuma	Chantili
Líquido	Líquido	Líquido	Emulsão	Leite
Líquido	Líquido	Sólido	Sol	Tinta
Sólido	Sólido	Gás	Espuma sólida	Marshmallow
Sólido	Sólido	Líquido	Emulsão sólida	Manteiga
Sólido	Sólido	Sólido	Sol sólido	Vidro rubi

menos de 5 nm de diâmetro. Os nanomateriais que vimos no Capítulo 12 (Seção 12.7), quando dispersos em um líquido, são coloides. Uma partícula coloidal também pode consistir em uma única molécula gigante. A molécula de hemoglobina, por exemplo, que transporta oxigênio no sangue, tem dimensões moleculares de 6,5 × 5,5 × 5,0 nm e massa molar de 64.500 g/mol.

Embora partículas coloidais possam ser tão pequenas que a dispersão pareça ser uniforme mesmo sob um microscópio, elas são grandes o suficiente para dispersar a luz. Consequentemente, a maioria dos coloides parecem turvos ou opacos, a menos que estejam muito diluídos. (Por exemplo, o leite homogeneizado é um coloide de moléculas de proteína e gordura dispersas em água.) Além disso, por dispersarem a luz, um feixe de luz pode ser visto atravessando uma dispersão coloidal (**Figura 13.27**). Essa dispersão de luz por partículas coloidais, conhecida como **efeito Tyndall**, torna possível que o feixe de luz do farol de um automóvel seja visto em uma estrada de terra empoeirada ou que a luz do sol seja vista entre as árvores ou as nuvens. Nem todos os comprimentos de onda são espalhados na mesma extensão. Cores na extremidade azul do espectro visível são mais espalhadas pelas moléculas e pequenas partículas de poeira na atmosfera do que aquelas na extremidade vermelha. Como resultado, o céu parece ser azul. No crepúsculo, a luz do sol atravessa mais a atmosfera; no entanto, a luz azul ainda está mais espalhada, permitindo que as luzes vermelhas e amarelas atravessem e sejam vistas.

▶ **Figura 13.27 Efeito Tyndall no laboratório.** O copo da direita contém uma dispersão coloidal; o copo da esquerda contém uma solução.

Coloides hidrofílicos e hidrofóbicos

Os coloides mais importantes são aqueles em que o meio de dispersão é a água. Esses coloides podem ser **hidrofílicos** ("que têm afinidade por água") ou **hidrofóbicos** ("que têm aversão à água"). Coloides hidrofílicos são mais parecidos com as soluções que analisamos anteriormente. No corpo humano, as moléculas de proteínas extremamente grandes, como as enzimas e os anticorpos, ficam em suspensão, interagindo com as moléculas de água circundantes. Uma molécula hidrofílica se dobra de maneira que seus grupos hidrofóbicos ficam afastados das moléculas de água, no interior da molécula dobrada, enquanto seus grupos hidrofílicos e polares ficam na superfície, interagindo com as moléculas de água. Os grupos hidrofílicos geralmente têm oxigênio ou nitrogênio e, muitas vezes, são espécies carregadas (**Figura 13.28**).

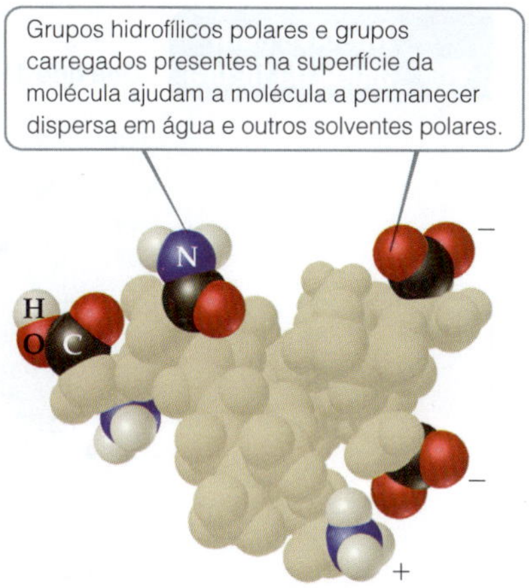

Coloides hidrofóbicos podem ser dispersos em água somente se estiverem estabilizados de alguma maneira. Caso contrário, sua ausência natural de afinidade com a água faz com que eles se aglutinem e se separem da água. Um método de estabilização envolve a adsorção de íons na superfície das partículas hidrofóbicas (**Figura 13.29**). (***Ad**sorção* significa aderir a uma superfície, sendo diferente de ***ab**sorção*, que significa passar para o interior, como quando uma esponja absorve água.) Os íons adsorvidos podem interagir com a água, estabilizando o coloide. Ao mesmo tempo, a repulsão eletrostática entre íons adsorvidos em coloides vizinhos impede que as partículas se aglutinem em vez de se dispersar na água.

Coloides hidrofóbicos também podem ser estabilizados por moléculas hidrofóbicas em uma extremidade e hidrofílicas na outra. Por exemplo, gotas de óleo são hidrofóbicas e não permanecem suspensas na água. Em vez disso, elas se aglutinam, formando uma mancha de óleo na superfície da água. O estearato de sódio (**Figura 13.30**), ou qualquer outra substância semelhante que tenha uma extremidade hidrofílica (polar ou carregada) e uma extremidade hidrofóbica (apolar), estabilizará uma suspensão de óleo em água. A estabilização é resultado da interação das extremidades hidrofóbicas dos íons estearato com as gotas de óleo e das extremidades hidrofílicas com a água.

A estabilização coloidal tem uma aplicação interessante no sistema digestivo humano. Quando as gorduras da nossa alimentação chegam ao intestino delgado, um hormônio faz com que a vesícula biliar excrete um líquido denominado bile. Entre os componentes da bile estão compostos com estruturas químicas semelhantes à do estearato de sódio; ou seja, eles têm uma extremidade hidrofílica (polar) e uma extremidade hidrofóbica (apolar). Esses compostos emulsificam as gorduras no intestino, permitindo a digestão e a absorção de vitaminas solúveis em gordura pela parede intestinal. O termo "*emulsificar*" significa "formar uma emulsão", ou seja, uma suspensão de um líquido em outro; o leite é um exemplo (Tabela 13.5). Uma substância que auxilia na formação de uma emulsão é chamada de agente emulsificante. Se você ler os rótulos de alimentos e outros materiais, vai encontrar uma variedade de produtos químicos usados como agentes emulsificantes. Esses produtos químicos geralmente têm uma extremidade hidrofílica e outra hidrofóbica.

▲ **Figura 13.28 Partícula coloidal hidrofílica.** Exemplos de grupos hidrofílicos que ajudam a manter uma molécula gigante (macromolécula) suspensa em água.

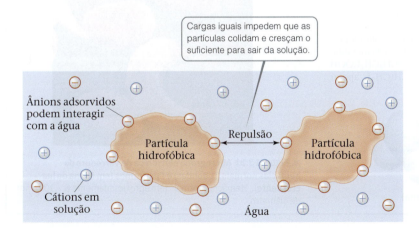

▲ Figura 13.29 **Coloides hidrofóbicos estabilizados em água por ânions adsorvidos.**

> **Resolva com ajuda da figura** Que tipo de força intermolecular atrai o íon estearato para a gota de óleo?

▲ **Figura 13.30** Estabilização de uma emulsão de óleo em água por íons estearato.

A QUÍMICA E A VIDA | Anemia falciforme

Nosso sangue contém a proteína complexa hemoglobina, que transporta oxigênio dos pulmões para outras partes do corpo. Na presença da doença genética denominada anemia falciforme, as moléculas de hemoglobina são anormais e menos solúveis em água, especialmente em sua forma não oxigenada. Consequentemente, 85% da hemoglobina presente nas hemácias cristaliza-se fora da solução.

A causa da insolubilidade é uma alteração estrutural em uma porção de um aminoácido. Moléculas de hemoglobina normais contêm um aminoácido que tem um grupo —CH$_2$CH$_2$COOH:

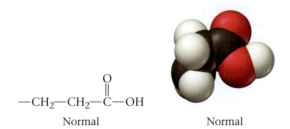

A polaridade do grupo —COOH contribui para a solubilidade da molécula de hemoglobina em água. Nas moléculas de hemoglobina de pacientes com anemia falciforme, a cadeia —CH$_2$CH$_2$COOH está ausente, e em seu lugar está o grupo —CH(CH$_3$)$_2$ apolar (hidrofóbico):

Essa alteração leva à agregação da forma defeituosa da hemoglobina em partículas muito grandes para permanecerem suspensas nos fluidos biológicos. Isso também faz com que as células fiquem distorcidas e com a forma de foice, mostrada na **Figura 13.31**. As células falciformes tendem a entupir os capilares, causando dor intensa, fraqueza e deterioração gradual dos órgãos vitais. A doença é hereditária e, se ambos os pais carregam os genes defeituosos, é provável que seus filhos possuam apenas hemoglobinas anormais.

Por que uma doença que apresenta risco à vida como a anemia falciforme tem persistido em seres humanos ao longo do tempo? A resposta, em parte, está no fato de que as pessoas com a doença são muito menos suscetíveis à malária. Assim, em climas tropicais, com alto índice de malária, pessoas com doença falciforme têm menor incidência dessa doença debilitante.

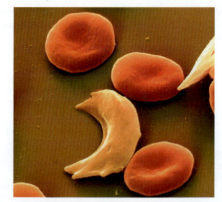

▲ **Figura 13.31** Micrografia eletrônica de varredura de hemácias normais (redondas) e falciformes (em forma de lua crescente). Hemácias normais têm aproximadamente 6 × 10^{-3} mm de diâmetro.

Movimento coloidal em líquidos

As moléculas de gás se movem em uma velocidade média inversamente proporcional à sua massa molar, em linha reta, até colidirem com algo. O *caminho livre médio* é a distância média que as moléculas percorrem entre as colisões. (Seção 10.6) A teoria cinética-molecular dos gases pressupõe, além disso, que moléculas de gás estão em movimento contínuo e aleatório. (Seção 10.5)

Partículas coloidais presentes em uma solução se movimentam aleatoriamente como resultado de colisões com moléculas de solvente. Uma vez que as partículas coloidais são enormes em comparação às moléculas de solvente, seu movimento resultante de qualquer colisão é muito pequeno. No entanto, muitas colisões ocorrem, e elas provocam um movimento aleatório da partícula coloidal como um todo. Quando visualizados com um microscópio, os movimentos aleatórios dos coloides são visíveis, mas as moléculas de solvente, não. Esse efeito foi descrito pelo botânico escocês Robert Brown em 1827, quando estudou pólen com um microscópio. Esse tipo de movimento aleatório determinado pelo solvente é chamado de **movimento browniano**. Em 1905, Einstein desenvolveu uma equação para o quadrado da média do deslocamento de uma partícula coloidal, um avanço importante na história da ciência, pois confirmou indiretamente a existência de moléculas no solvente e ofereceu uma estimativa do seu tamanho. Hoje, a compreensão do movimento browniano é aplicada a diversos problemas, que vão da fabricação de queijos ao diagnóstico médico por imagem.

Exercícios de autoavaliação

EAA 13.21 Qual dos sistemas a seguir representa um sol? (**a**) CO_2 dissolvido em chantili (**b**) nanopartículas de ouro suspensas em água (**c**) gotas de óleo suspensas em água (**d**) nanodiamantes dispersos em vidro

EAA 13.22 Vários gramas de uma proteína são adicionados a 50 mL de água, e a mistura é agitada vigorosamente até a proteína se dissolver. Após vários dias, a mistura parece ser homogênea e não apresenta evidências de um sólido. Ela é transparente à luz visível e não apresenta o efeito Tyndall. Com base nessas observações, a mistura pode ser classificada como uma _____. (**a**) solução (**b**) dispersão coloidal (**c**) mistura heterogênea (**d**) Não há informações suficientes para responder.

EAA 13.23 Qual composto tem a maior probabilidade de estabilizar uma emulsão de gotas de óleo na água? (**a**) NaCl (**b**) hexano, $CH_3(CH_2)_4CH_3$ (**c**) cloreto de amônio, NH_4Cl (**d**) dodecil sulfato de sódio, $CH_3(CH_2)_{11}OSO_3^-Na^+$

Integrando conceitos

Uma solução de 0,100 L é feita mediante a dissolução de 0,441 g de $CaCl_2(s)$ em água. (**a**) Calcule a pressão osmótica dessa solução a 27 °C, considerando que ela está completamente dissociada nos seus íons constituintes. (**b**) A pressão osmótica medida dessa solução é 2,56 atm a 27 °C. Explique por que ela é menor que o valor calculado no item (a), e calcule o fator de van't Hoff, *i*, para o soluto dessa solução. (**c**) A entalpia de solução do $CaCl_2$ é $\Delta H = -81,3$ kJ/mol. Se a temperatura final da solução é 27 °C, qual era sua temperatura inicial? (Considere que a densidade da solução é 1,00 g/mL; seu calor específico, 4,18 J/g-K; e que a solução não perde calor para a vizinhança.)

SOLUÇÃO

(**a**) Podemos calcular a concentração em quantidade de matéria da solução a partir da massa de $CaCl_2$ e do volume da solução:

$$\text{Concentração em quantidade de matéria} = \left(\frac{0,441 \text{ g CaCl}_2}{0,100 \text{ L}}\right)\left(\frac{1 \text{ mol CaCl}_2}{110 \text{ g CaCl}_2}\right)$$

$$= 0,0397 \text{ mol CaCl}_2/\text{L}$$

Compostos iônicos solúveis são eletrólitos fortes. (Seções 4.1 e 4.3) Assim, o $CaCl_2$ consiste em cátions metálicos (Ca^{2+}) e ânions não metálicos (Cl^-). Quando completamente dissociada, cada unidade de $CaCl_2$ forma três íons (um Ca^{2+} e dois Cl^-). Sabendo a concentração em quantidade de matéria, o fator de van't Hoff e a temperatura (300 K), podemos calcular a pressão osmótica usando a Equação 13.15:

$$\Pi = icRT = (3)(0,0397 \text{ mol/L})(0,0821 \text{ L-atm/mol-K})(300 \text{ K})$$
$$= 2,93 \text{ atm}$$

(Continua)

(b) Os valores reais das propriedades coligativas de eletrólitos são menores que os calculados, porque as interações eletrostáticas entre íons limitam seus movimentos independentes. Nesse caso, o fator de van't Hoff, que mede a extensão real em que os eletrólitos se dissociam em íons, é fornecido pela seguinte equação:

$$i = \frac{\Pi(\text{medido})}{\Pi(\text{calculado para um não eletrólito})}$$

Assim, a solução se comporta como se o $CaCl_2$ se dissociasse em 2,62 partículas em vez de 3, que seria o valor ideal.

$$= \frac{2{,}56 \text{ atm}}{(0{,}0397 \text{ mol/L})(0{,}0821 \text{ L-atm/mol-K})(300 \text{ K})} = 2{,}62$$

(c) Se a solução é $CaCl_2$ 0,0397 M e tem volume total de 0,100 L, a quantidade de matéria em mols do soluto é:

$$(0{,}100 \text{ L})(0{,}0397 \text{ mol/L}) = 0{,}00397 \text{ mol}$$

Assim, a quantidade de calor gerada na formação da solução é:

$$(0{,}00397 \text{ mol})(-81{,}3 \text{ kJ/mol}) = -0{,}323 \text{ kJ}$$

A solução absorve esse calor, promovendo o aumento da sua temperatura. A relação entre a variação de temperatura e o calor é dada pela Equação 5.22:

$$q = (\text{calor específico da solução})(\text{massa da solução})(\Delta T)$$

O calor absorvido pela solução é q = +0,323 kJ = 323 J. A massa do 0,100 L de solução é (100 mL)(1,00 g/mL) = 100 g (para três algarismos significativos). Assim, a variação de temperatura é:

$$\Delta T = \frac{q}{(\text{calor específico da solução})(\text{massa da solução})}$$

$$= \frac{323 \text{ J}}{(4{,}18 \text{ J/g-K})(100 \text{ g})} = 0{,}773 \text{ K}$$

Um kelvin tem a mesma magnitude que um grau Celsius. (Seção 1.4) Como a temperatura da solução aumenta em 0,773 °C, a temperatura inicial era de:

$$27{,}0 \text{ °C} - 0{,}773 \text{ °C} = 26{,}2 \text{ °C}$$

Resumo do capítulo e termos-chave

PROCESSO DE DISSOLUÇÃO (SEÇÃO 13.1) Soluções são formadas quando uma substância se dispersa uniformemente em outra. A interação de atração das moléculas de solvente com o soluto é chamada de **solvatação**. Quando o solvente é a água, a interação é chamada de **hidratação**. A dissolução de substâncias iônicas em água é promovida pela hidratação dos íons separados pelas moléculas polares da água. A variação global de entalpia na formação de uma solução pode ser positiva ou negativa. A formação da solução é favorecida tanto por uma variação positiva de entropia, que corresponde a um aumento da dispersão dos componentes da solução, quanto por uma variação negativa de entalpia, indicando um processo exotérmico.

SOLUÇÕES SATURADAS E SOLUBILIDADE (SEÇÃO 13.2) O equilíbrio entre uma solução saturada e o soluto não dissolvido é dinâmico; o processo de dissolução e o processo inverso, a **cristalização**, ocorrem simultaneamente. Em uma solução em equilíbrio com o soluto não dissolvido, os dois processos ocorrem com velocidades iguais, resultando em uma solução **saturada**. Se houver menos soluto presente que o necessário para saturar a solução, a solução é **insaturada**. Quando a concentração de soluto é maior que o valor da concentração de equilíbrio, a solução é **supersaturada**. Essa é uma condição instável, e a cristalização de alguns solutos da solução ocorrerá se o processo for iniciado com um cristal semente de soluto. A quantidade de soluto necessária para formar uma solução saturada em qualquer temperatura é a **solubilidade** do soluto naquela temperatura.

FATORES QUE AFETAM A SOLUBILIDADE (SEÇÃO 13.3) A solubilidade de uma substância em outra depende da tendência de os sistemas ficarem mais aleatórios, tornando-se mais dispersos no espaço, e da intensidade das interações intermoleculares soluto-soluto e solvente-solvente em comparação com as interações soluto-solvente. Solutos polares e iônicos tendem a se dissolver em solventes polares, e solutos apolares, em solventes apolares ("semelhante dissolve semelhante"). Líquidos que se misturam em todas as proporções são **miscíveis**; aqueles que não se dissolvem de maneira significativa em outro são **imiscíveis**. Ligações de hidrogênio entre soluto e solvente geralmente são importantes na determinação da solubilidade; por exemplo, o etanol e a água, cujas moléculas formam ligações de hidrogênio entre si, são miscíveis. A solubilidade de gases presentes em um líquido costuma ser proporcional à pressão do gás sobre a solução, como expressa a **lei de Henry**: $S_g = kP_g$. A solubilidade da maioria dos solutos sólidos em água costuma crescer com o aumento da temperatura da solução. Em contraste, a solubilidade dos gases em água geralmente diminui com o aumento da temperatura.

EXPRESSANDO A CONCENTRAÇÃO DE UMA SOLUÇÃO (SEÇÃO 13.4) A concentração da solução pode ser expressa quantitativamente por várias medidas diferentes, incluindo **percentual em massa**, **partes por milhão (ppm)**, **partes por bilhão (ppb)** e fração molar. A concentração em quantidade de matéria, c, é definida como quantidade de matéria de soluto por litro de solução; a **molalidade**, m, é definida como quantidade de matéria de soluto por quilograma de solvente. A conversão entre diferentes modos de expressar a concentração de uma solução envolve o uso da massa molar do soluto para converter entre concentrações baseadas em massa (percentual em massa, ppm, ppb) e concentrações baseadas em quantidade de matéria (fração molar, concentração em quantidade de matéria, molalidade). A densidade da solução deve ser conhecida para que possamos converter entre a concentração em quantidade de matéria e outras unidades de concentração.

PROPRIEDADES COLIGATIVAS (SEÇÃO 13.5) Uma propriedade física de uma solução que depende da concentração de partículas de soluto presentes, independentemente da natureza do soluto, é uma **propriedade coligativa**. São exemplos de propriedades coligativas a redução da pressão de vapor, a redução do ponto de congelamento, a elevação do ponto de ebulição e a pressão osmótica. A **lei de Raoult** pode ser utilizada para quantificar a redução da pressão de vapor. Uma **solução ideal** é aquela na qual as interações soluto-soluto, soluto-solvente e solvente-solvente têm a mesma intensidade. Desvios em relação à lei de Raoult são observados quando as soluções desviam do comportamento ideal.

Uma solução com um soluto não volátil possui um ponto de ebulição mais elevado que o solvente puro. A **constante molal de elevação do ponto de ebulição**, K_e, representa a elevação do ponto de ebulição para uma solução 1 m de partículas de soluto em comparação ao solvente puro. Da mesma forma, a **constante molal da redução do ponto de congelamento**, K_c, mede a redução do ponto de congelamento de uma solução 1 m de partículas de soluto. As variações de temperatura são dadas pelas equações $\Delta T_e = iK_e m$ e $\Delta T_c = -iK_c m$, em que i é o **fator de van't Hoff**, que representa a quantidade de partículas do soluto que são separadas pelo solvente. Quando o NaCl é dissolvido em água, dois mols de partículas de soluto são formados para cada mol de sal dissolvido. O ponto de ebulição ou o ponto de congelamento é, portanto, elevado ou reduzido, respectivamente, a cerca de duas vezes o de uma solução não eletrolítica de mesma concentração. Considerações semelhantes se aplicam a outros eletrólitos fortes.

A **osmose** é o movimento das moléculas de solvente através de uma membrana semipermeável de uma solução menos concentrada para uma solução mais concentrada. Esse movimento global do solvente gera uma **pressão osmótica**, Π, que pode ser medida em unidades de pressão de gás, como atm. A pressão osmótica de uma solução é proporcional à concentração em quantidade de matéria da solução: $\Pi = icRT$. A osmose é um processo muito importante em sistemas vivos, em que as paredes celulares atuam como membranas semipermeáveis, permitindo a passagem de água, mas restringindo a passagem de componentes iônicos e macromoleculares.

COLOIDES (SEÇÃO 13.6) Partículas grandes na escala molecular, mas pequenas o suficiente para permanecer suspensas indefinidamente em um sistema solvente, formam **coloides**, ou **dispersões coloidais**. Coloides formam a linha divisória entre as soluções e as misturas heterogêneas e apresentam muitas aplicações práticas. Uma propriedade física útil dos coloides, o espalhamento da luz visível, é chamado de **efeito Tyndall**. Os coloides aquosos são classificados como **hidrofílicos** ou **hidrofóbicos**. Coloides hidrofílicos são comuns em organismos vivos, em que grandes agregados moleculares (enzimas, anticorpos) permanecem suspensos por terem muitos grupos atômicos polares, ou carregados, em suas superfícies que interagem com a água. Coloides hidrofóbicos, como gotículas de óleo, podem permanecer suspensos devido à adsorção de partículas carregadas em suas superfícies ou ao uso de agentes emulsificantes, moléculas com caudas hidrofóbicas apolares ou grupos de cabeças polares. As caudas hidrofóbicas penetram o coloide hidrofóbico, e os grupos de cabeças polares, muitas vezes carregados, permanecem na superfície, o que estabiliza a partícula coloidal.

Coloides são submetidos ao **movimento browniano** em líquidos, análogo ao movimento tridimensional aleatório das moléculas de gás.

Equações-chave

- $S_g = kP_g$ [13.4] Lei de Henry, que relaciona a solubilidade do gás à pressão parcial
- % em massa do componente $= \dfrac{\text{massa do componente em solução}}{\text{massa total da solução}} \times 100\%$ [13.5] Concentração em percentual em massa
- ppm de componente $= \dfrac{\text{massa do componente em solução}}{\text{massa total da solução}} \times 10^6$ [13.6] Concentração em partes por milhão (ppm)
- Fração molar do componente $= \dfrac{\text{quantidade de matéria de componente}}{\text{quantidade de matéria total de todos os componentes}}$ [13.7] Concentração em fração molar
- Concentração em quantidade de matéria $= \dfrac{\text{quantidade de matéria de soluto}}{\text{litros de solução}}$ [13.8] Concentração em quantidade de matéria
- Molalidade $= \dfrac{\text{quantidade de matéria de soluto}}{\text{quilogramas de solvente}}$ [13.9] Concentração em molalidade
- $P_{\text{solução}} = X_{\text{solvente}} P^\circ_{\text{solvente}}$ [13.10] Lei de Raoult, que calcula a pressão de vapor do solvente em relação a uma solução
- $\Delta T_e = iK_e m$ [13.12] A elevação do ponto de ebulição de uma solução
- $\Delta T_c = -iK_c m$ [13.13] A redução do ponto de congelamento de uma solução
- $\Pi = i\left(\dfrac{n}{V}\right)RT = icRT$ [13.15] A pressão osmótica de uma solução

Simulado

SIM 13.1 Uma solução é preparada pela dissolução de 10,0 g de KBr em 150 mL de H_2O. Terminada a mistura, não resta KBr sólido e a temperatura da solução diminui 2 °C em relação à temperatura antes da mistura. Se definirmos o sistema como KBr mais H_2O, a entalpia do sistema _____ e a entropia do sistema _____ após a formação da solução. (**a**) aumenta, aumenta (**b**) aumenta, diminui (**c**) diminui, aumenta (**d**) diminui, diminui

SIM 13.2 Em qual das soluções a seguir o soluto e o solvente estão atraídos um pelo outro por ligações de hidrogênio que estão ausentes no soluto puro? (**a**) iodeto de césio (CsI) dissolvido em metanol (CH_3OH) (**b**) acetona (CH_3COCH_3) dissolvida em H_2O (**c**) amônia (NH_3) dissolvida em H_2O (**d**) ácido acético (CH_3COOH) dissolvido em H_2O (**e**) éter dietílico ($C_2H_5OC_2H_5$) dissolvido em hexano (C_6H_{14})

SIM 13.3 A dissolução do nitrato de sódio em água é endotérmica, $\Delta H_{sol} = +20,5$ kJ/mol, mas o $NaNO_3$ é altamente solúvel em água. Com base nesses fatos, qual(is) das afirmações a seguir é(são) *verdadeira(s)*?

(**i**) A entropia do sistema deve aumentar quando $NaNO_3$ se dissolve em água.

(**ii**) A entalpia da mistura deve ser endotérmica, $\Delta H_{mis} > 0$.

(**iii**) A temperatura da solução aumenta quando $NaNO_3(s)$ se dissolve em água.

(**a**) i (**b**) ii (**c**) iii (**d**) i e ii (**e**) i e iii

SIM 13.4 Quando o $CO_2(g)$ se dissolve em água para formar uma solução (água gaseificada), o processo é exotérmico. Com base nessa observação, o que podemos afirmar sobre as magnitudes de $\Delta H_{solvente}$, ΔH_{mis} e ΔH_{soluto} para essa solução?

(**a**) $|\Delta H_{mis}| < |\Delta H_{solvente}| < |\Delta H_{soluto}|$
(**b**) $|\Delta H_{soluto}| < |\Delta H_{solvente}| < |\Delta H_{mis}|$
(**c**) $|\Delta H_{soluto}| = |\Delta H_{solvente}| < |\Delta H_{mis}|$
(**d**) $|\Delta H_{soluto}| < |\Delta H_{mis}| < |\Delta H_{solvente}|$
(**e**) Não há informações suficientes para responder à pergunta.

SIM 13.5 Uma amostra de 10,0 g de $KClO_3$ é adicionada a 100 mL de água, e a solução é agitada até atingir o equilíbrio, quando 1,4 g de $KClO_3$ não dissolvidos se depositam no fundo do béquer. Após o sistema atingir esse equilíbrio, a velocidade de dissolução será _____ velocidade de cristalização e a solução será _____. (**a**) menor do que a, insaturada (**b**) igual à, insaturada (**c**) menor do que a, saturada (**d**) igual à, saturada (**e**) maior do que a, saturada

SIM 13.6 Se mais soluto for adicionado a uma solução saturada, ele _____. (a) provoca uma precipitação do soluto já dissolvido, reduzindo a concentração da solução (b) dissolve-se, aumentando a concentração da solução (c) se deposita no fundo sem dissolver, mantendo a concentração da solução inalterada (d) eleva a temperatura da solução, aumentando a concentração da solução

SIM 13.7 Qual dos solventes a seguir terá a maior eficácia em dissolver parafina, uma mistura de grandes moléculas de hidrocarboneto (alcanos) que contêm entre 20 e 40 átomos de carbono? (a) benzeno (C_6H_6) (b) acetona (CH_3COCH_3) (c) acetonitrila (CH_3CN) (d) água (H_2O)

SIM 13.8 Um cilindro de metal rígido é preenchido com água até o nível de 75%, e gás N_2 é injetado no espaço vazio sobre a água a uma pressão de 2 atm. O N_2 e o H_2O então recebem tempo o suficiente para atingirem o equilíbrio. Quais das variações a seguir aumentariam a concentração de moléculas de N_2 dissolvidas na água?

(i) Reduzir a temperatura do cilindro de 20 °C para 10 °C.

(ii) Injetar mais N_2 no espaço vazio do cilindro.

(iii) Remover um quarto da água do cilindro.

(a) i (b) ii (c) iii (d) i e ii (e) ii e iii

SIM 13.9 A constante da lei de Henry para o argônio dissolvido em água a 25 °C é $1,4 \times 10^{-3}$ mol/L-atm, enquanto a do hélio é $3,7 \times 10^{-4}$ mol/L-atm. Com base nesses valores, podemos determinar que o _____ é mais solúvel na água e que uma pressão parcial de _____ do argônio produziria a mesma concentração de gás na água que 1,00 atm de hélio. (a) argônio, 0,26 atm (b) argônio, 3,8 atm (c) hélio, 0,26 atm (d) hélio, 3,8 atm

SIM 13.10 De acordo com uma referência padrão, a constante da lei de Henry para o metano, CH_4, dissolvido em H_2O a 25 °C é $1,4 \times 10^{-5}$ mol/m³Pa. Qual é a concentração de metano, em unidades de mol/L, em uma solução aquosa a 25 °C em equilíbrio com o metano a uma pressão de 40 atm? (a) 57 mol/L (b) 18 mol/L (c) 0,057 mol/L (d) $5,6 \times 10^{-7}$ mol/L.

SIM 13.11 Uma solução aquosa de SO_2 contém $2,3 \times 10^{-4}$ g de SO_2 por litro de solução. Se a densidade da solução é 1,00 g/mL, qual é a concentração de SO_2 em ppb? (a) $2,3 \times 10^5$ ppb (b) 230 ppb (c) 3,6 ppb (d) 0,23 ppb (e) $3,6 \times 10^{-6}$ ppb.

SIM 13.12 Calcule o percentual em massa de NaCl em uma solução que contém 1,50 g de NaCl em 50,0 g de água. (a) 0,0291% (b) 0,0300% (c) 0,0513% (d) 2,91% (e) 3,00%

SIM 13.13 A 40 °C, a densidade da água é 0,992 g/mL e a solubilidade do gás oxigênio é 1,00 mmol por litro de água. A essa temperatura, qual é a fração molar do O_2 em uma solução saturada? (a) $1,00 \times 10^{-6}$ (b) $1,82 \times 10^{-5}$ (c) $1,00 \times 10^{-2}$ (d) $1,82 \times 10^{-2}$ (e) $5,55 \times 10^{-2}$

SIM 13.14 O xarope de bordo (maple syrup) tem densidade de 1,325 g/mL, e 100,00 g dele contêm 67 mg de cálcio na forma de íons Ca^{2+}. Qual é a concentração em quantidade de matéria do Ca^{2+} no xarope de bordo? (a) 0,017 M (b) 0,022 M (c) 0,89 M (d) 12,6 M (e) 45,4 M

SIM 13.15 O ácido nítrico concentrado é uma solução aquosa com 68% de HNO_3 em massa. Se a densidade da solução é 1,40 g/mL, qual é sua molalidade? (a) 0,034 m (b) 0,38 m (c) 11 m (d) 15 m (e) 34 m

SIM 13.16 Em um recipiente, 0,2 mol de NaCl é adicionado a 500 mL de água; em outro, 0,2 mol de glicose ($C_6H_{12}O_6$) é adicionado à mesma quantidade de água. Ambos os recipientes são selados, e a pressão de vapor é monitorada. Em qual recipiente a pressão de vapor será maior? (Dica: Não ignore as variações de volume associadas à adição do soluto e suponha que tanto o NaCl quanto a glicose são não voláteis.) (a) A pressão de vapor será maior no recipiente com a solução de NaCl; (b) A pressão de vapor será maior no recipiente com a solução de glicose. (c) A pressão de vapor será a mesma em ambos os béqueres. (d) Não há informações suficientes para responder à pergunta.

SIM 13.17 A pressão de vapor do benzeno, C_6H_6, é 100,0 torr a 26,1 °C. Considerando que a lei de Raoult é obedecida, quantos mols de soluto não volátil devem ser adicionados a 100,0 mL de benzeno para reduzir sua pressão de vapor para 90,0 torr a 26,1 °C? Considere a densidade do benzeno como 0,8765 g/cm³. (a) 0,0112 mol (b) 0,112 mol (c) 0,125 mol (d) 8,77 mol (e) 0,142 mol

SIM 13.18 Qual solução aquosa terá o ponto de congelamento mais baixo? (a) $CaCl_2$ 0,075 m (b) NaCl 0,15 m (c) HCl 0,10 m (d) CH_3COOH 0,050 m (e) $C_{12}H_{22}O_{11}$ 0,20 m

SIM 13.19 Uma solução ideal é uma solução na qual _____. (a) supõe-se que as interações entre as moléculas de soluto e de solvente são tão fracas que podem ser desprezadas (b) supõe-se que as interações entre as moléculas de soluto e de solvente são tão intensas que todas as outras interações intermoleculares podem ser desprezadas (c) os efeitos da entropia são desprezados (d) supõe-se que todas as interações soluto-soluto, solvente-solvente e soluto-solvente têm a mesma intensidade

SIM 13.20 Se você administrasse água pura no fluxo sanguíneo de um paciente por via intravenosa, a "solução" seria classificada como _____ em relação ao sangue e levaria à _____ de hemácias. (a) hipotônica, crenação (b) hipotônica, hemólise (c) hipertônica, crenação (d) hipertônica, hemólise (e) isotônica, hemólise

SIM 13.21 Quais das ações a seguir elevam a pressão osmótica de uma solução?

(i) Diluir a solução pela adição de mais solvente.

(ii) Aumentar a temperatura.

(iii) Aumentar o volume da solução enquanto mantém a mesma concentração.

(a) i (b) ii (c) iii (d) i e ii (e) ii e iii

SIM 13.22 Quando 80 mg de um pó branco misterioso encontrado na cena de um crime são dissolvidos em 1,50 mL de etanol (densidade = 0,789 g/mL, ponto de congelamento normal = −114.6 °C, K_c = 1,99 °C/m), o ponto de congelamento é reduzido para −115,5 °C. Qual das substâncias a seguir pode ser responsável por essa redução do ponto de congelamento? (a) sacarose ($C_{12}H_{22}O_{11}$) (b) cocaína ($C_{17}H_{21}NO_4$) (c) codeína ($C_{18}H_{21}NO_3$) (d) norfenefrina ($C_8H_{11}NO_2$) (e) frutose($C_6H_{12}O_6$)

SIM 13.23 Proteínas costumam formar complexos nos quais duas, três, quatro ou até mais proteínas individuais ("monômeros") interagem especificamente umas com as outras por meio de ligações de hidrogênio ou interações eletrostáticas. O conjunto inteiro de proteínas pode atuar como uma unidade na solução, e esse conjunto é chamado de estrutura quaternária da proteína. Suponhamos que você tenha descoberto uma nova proteína, cuja massa molar de monômero seja de 25.000 g/mol. Você mede uma pressão osmótica de 0,0916 atm a 37 °C para 7,20 g da proteína em 10,00 mL de uma solução aquosa. Quantos monômeros de proteína formam a estrutura quaternária da proteína em solução? Considere a proteína um não eletrólito. (a) 1 (b) 2 (c) 3 (d) 4 (e) 8

SIM 13.24 Em climas frios, equipes de manutenção "salgam" as estradas para reduzir o ponto de congelamento da água. Quantos quilos de $CaCl_2$ devem ser adicionados a 1.000 L de água para reduzir o seu ponto de congelamento de 0,0 °C para −10,0 °C? A constante de redução do ponto de congelamento da água é 1,86 °C/m e a densidade da água é 1,00 g/mL. (a) 0,200 kg (b) 1,79 kg (c) 71,7 kg (d) 199 kg (e) 596 kg

SIM 13.25 Em quais dos itens a seguir as moléculas tendem a ter regiões hidrofóbicas (apolares) e hidrofílicas (polares)?

(i) agente emulsificante

(ii) coloide hidrofóbico

(iii) coloide hidrofílico

(a) i (b) ii (c) iii (d) i e ii (e) i e iii

SIM 13.26 Sobremesas à base de gelatina, como a da figura, são feitas de um colágeno de origem animal rico em proteínas que envolve e prende gotículas de uma solução aquosa. Que tipo de coloide é esse? (**a**) Emulsão (**b**) Espuma sólida (**c**) Espuma (**d**) Emulsão sólida (**e**) Sol

SIM 13.27 Quais dos itens a seguir é uma propriedade de dispersões coloidais?

(**i**) não homogênea em escala microscópica

(**ii**) espalha luz

(**iii**) dado tempo suficiente, separa-se em uma mistura heterogênea

(**a**) i (**b**) ii (**c**) i e ii (**d**) ii e iii (**e**)i, ii e iii

Exercícios

Visualizando conceitos

13.1 Disponha o conteúdo dos seguintes recipientes em ordem crescente de entropia: [Seção 13.1]

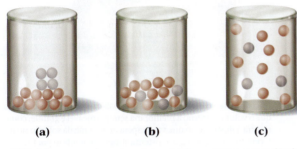

(a)   (b)   (c)

13.2 A figura a seguir mostra a interação de um cátion com moléculas de água vizinhas.

(a) Que átomo da água se associa ao cátion? Explique.

(b) Quais das seguintes afirmações explica o fato de que a interação íon-solvente é maior para o Li^+ do que para o K^+?

a. O Li^+ tem massa menor que o K^+.

b. A energia de ionização do Li é maior que a do K.

c. O Li^+ tem um raio iônico menor que o K^+.

d. O Li tem densidade menor que o K.

e. O Li reage com a água mais lentamente que o K. [Seção 13.1]

13.3 Considere dois sólidos iônicos, ambos compostos de íons monovalentes, com diferentes energias reticulares. (**a**) Os sólidos terão a mesma solubilidade em água? (**b**) Em caso negativo, qual sólido será mais solúvel em água: o que tem a maior ou a menor energia reticular? Considere que as interações soluto-solvente são iguais em ambos os sólidos. [Seção 13.1]

13.4 Quais *duas* afirmações sobre misturas gasosas são *verdadeiras*? [Seção 13.1]

(**a**) Gases sempre se misturam com outros gases porque as suas partículas estão distantes demais para sofrer repulsões ou atrações intermoleculares significativas.

(**b**) Assim como a água e o óleo não se misturam na fase líquida, dois gases podem ser imiscíveis e não se misturar na fase gasosa.

(**c**) Se você resfria uma mistura gasosa, liquefaz todos os gases à mesma temperatura.

(**d**) Os gases se misturam em todas as proporções em parte porque a entropia do sistema aumenta no processo.

13.5 Qual das seguintes representações é a melhor para uma solução saturada? [Seção 13.2]

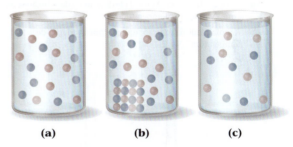

(a)   (b)   (c)

13.6 Se você comparar a solubilidade dos gases nobres em água, verá que a solubilidade aumenta em ordem de massa atômica: Ar < Kr < Xe. Qual das afirmações a seguir é a melhor explicação para isso? [Seção 13.3]

(**a**) Quanto mais pesado o gás, mais ele afunda na água e deixa espaço para mais moléculas de gás no alto do volume de água.

(**b**) Quanto mais pesado o gás, mais forças de dispersão ele tem; logo, mais interações atrativas ele tem com moléculas de água.

(**c**) Quanto mais pesado o gás, maior é a probabilidade de ele formar ligações de hidrogênio com a água.

(**d**) Quanto mais pesado o gás, maior é a probabilidade de ele formar uma solução saturada na água.

13.7 Usando as estruturas das vitaminas B₆ e E apresentadas a seguir, preveja qual é mais solúvel em água e qual é mais solúvel em gordura. [Seção 13.3]

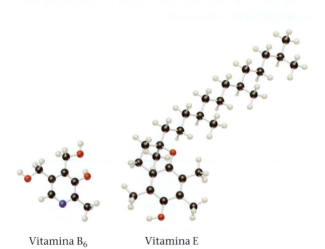

Vitamina B₆   Vitamina E

13.8 Você separa uma amostra de água que está em contato com o ar e à temperatura ambiente e a coloca sob vácuo. Imediatamente, você observa bolhas saindo da água, mas, depois de algum tempo, as bolhas param de sair. À medida que mais vácuo é aplicado, mais bolhas aparecem. Um amigo diz que as primeiras bolhas eram vapor de água e que a baixa pressão reduziu o ponto de ebulição da água, fazendo com que a água fervesse. Outro amigo explica que as primeiras bolhas eram moléculas dos gases atmosféricos (oxigênio, nitrogênio, etc.) que foram dissolvidas na água. Qual amigo está correto? O que, afinal, é responsável pelo segundo lote de bolhas? [Seção 13.4]

13.9 A figura a seguir mostra dois balões volumétricos idênticos com a mesma solução em duas temperaturas.
   (a) A concentração em quantidade de matéria da solução se altera com a variação de temperatura?
   (b) A molalidade da solução se altera com a variação de temperatura? [Seção 13.4]

25 °C   55 °C

13.10 Esta porção de um diagrama de fases mostra as curvas de pressão de vapor de um solvente volátil e de uma solução do mesmo solvente contendo um soluto não volátil. (a) Qual linha representa a solução? (b) Quais são os pontos de ebulição normal do solvente e da solução? [Seção 13.5]

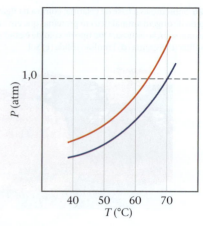

13.11 Imagine que você tenha um balão feito de alguma membrana semipermeável altamente flexível. O balão é preenchido completamente com uma solução 0,2 M de algum soluto e é submerso em uma solução 0,1 M do mesmo soluto:

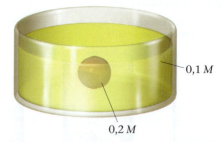

Inicialmente, o volume de solução no balão é 0,25 L. Considerando que o volume externo à membrana semipermeável é grande, como mostra a ilustração, o que você espera do volume da solução no interior do balão assim que o sistema atingir o equilíbrio por meio de osmose? [Seção 13.5]

13.12 Os diagramas representam uma emulsão, uma solução verdadeira e um cristal líquido. As bolas coloridas representam diferentes moléculas líquidas. Qual diagrama corresponde a cada tipo de mistura? [Seção 13.6]

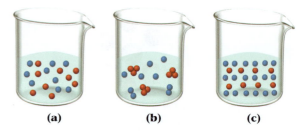

(a)   (b)   (c)

Processo de dissolução (Seção 13.1)

13.13 Indique se cada afirmação é *verdadeira* ou *falsa*. (a) Um soluto vai se dissolver em um solvente se as interações soluto-soluto forem mais fortes que as interações soluto-solvente. (b) Ao produzir uma solução, a entalpia da mistura é sempre um número positivo. (c) O aumento na entropia favorece a mistura.

13.14 Indique se cada afirmação é *verdadeira* ou *falsa*. (a) O NaCl se dissolve em água, mas não em benzeno (C_6H_6), porque o benzeno é mais denso que a água. (b) O NaCl se dissolve em água, mas não em benzeno, porque a água tem um momento de dipolo grande e o benzeno tem momento de dipolo igual a zero. (c) O NaCl se dissolve em água, mas não em benzeno, porque as interações água-íon são mais fortes do que as interações benzeno-íon.

13.15 Indique o tipo de interação soluto-solvente que deve ser mais importante em cada uma das seguintes soluções: (a) CCl_4 em benzeno (C_6H_6), (b) metanol (CH_3OH) em água, (c) KBr em água, (d) HCl em acetonitrila (CH_3CN).

13.16 Indique o principal tipo de interação soluto-solvente em cada uma das seguintes soluções e classifique as soluções em ordem crescente de magnitude da interação soluto-solvente: (a) KCl em água, (b) CH_2Cl_2 em benzeno (C_6H_6), (c) metanol (CH_3OH) em água.

13.17 Um composto iônico tem uma ΔH_{sol} bastante negativa na água. (a) Você espera que ele seja muito solúvel ou quase insolúvel em água? (b) Qual dos termos é o mais negativo: $\Delta H_{solvente}$, ΔH_{soluto} ou ΔH_{mis}?

13.18 Quando o cloreto de amônio é dissolvido em água, a solução torna-se mais fria. (a) O processo de dissolução é exotérmico ou endotérmico? (b) Por que a solução se forma?

13.19 (a) Na Equação 13.1, quais termos de entalpia para dissolver um sólido iônico corresponderiam à energia reticular? (b) Qual termo de energia nessa equação é sempre exotérmico?

13.20 Para a dissolução de LiCl em água, $\Delta H_{sol} = -37$ kJ/mol. Que termo é o mais negativo: $\Delta H_{solvente}$, ΔH_{soluto} ou ΔH_{mis}?

13.21 Dois líquidos orgânicos apolares, hexano (C_6H_{14}) e heptano (C_7H_{16}), são misturados. (a) Você acha que ΔH_{sol} é um número positivo grande, um número negativo grande ou está próximo de zero? Explique. (b) O hexano e o heptano são miscíveis entre si em todas as proporções. Na preparação de uma solução com eles, a entropia do sistema aumenta, diminui, ou está próxima de zero em comparação aos líquidos puros separados?

13.22 O KBr é relativamente solúvel em água, mas sua entalpia de solução é de +19,8 kJ/mol. Qual das afirmações a seguir melhor explica esse comportamento? (a) Os sais de potássio são sempre solúveis em água. (b) A entropia da mistura deve ser desfavorável. (c) A entalpia da mistura deve ser menor do que as entalpias para romper as interações água-água e as interações iônicas K–Br. (d) O KBr tem massa molar alta em comparação com outros sais, como o NaCl.

Soluções saturadas; Fatores que afetam a solubilidade (Seções 13.2 e 13.3)

13.23 A solubilidade do $Cr(NO_3)_3 \cdot 9 H_2O$ em água é de 208 g por 100 g de água a 15 °C. Uma solução de $Cr(NO_3)_3 \cdot 9 H_2O$ em água a 35 °C é formada mediante a dissolução de 324 g em 100 g de água. Quando essa solução é lentamente resfriada até 15 °C, não há formação de precipitado. (a) A solução que resfriou até 15 °C é insaturada, saturada ou supersaturada? (b) Você usa uma espátula de metal para raspar a lateral do recipiente de vidro que contém a solução resfriada, então cristais começam a surgir. O que aconteceu? (c) No equilíbrio, qual massa de cristais você espera que se forme?

13.24 A solubilidade do $MnSO_4 \cdot H_2O$ em água a 20 °C é de 70 g por 100 mL de água. (a) Uma solução de $MnSO_4 \cdot H_2O$ 1,22 M em água a 20 °C é saturada, supersaturada ou insaturada? (b) Dada uma solução de $MnSO_4 \cdot H_2O$ de concentração desconhecida, que experimento você pode executar para determinar se a nova solução é saturada, supersaturada ou insaturada?

13.25 Consultando a Figura 13.15, determine se a adição de 40,0 g de cada um dos seguintes sólidos iônicos em 100 g de água a 40 °C vai conduzir a uma solução saturada: (a) $NaNO_3$, (b) KCl, (c) $K_2Cr_2O_7$, (d) $Pb(NO_3)_2$.

13.26 Use a Figura 13.15 para determinar a massa de cada um dos seguintes sais necessária para formar uma solução saturada em 250 g de água a 30 °C: (a) $KClO_3$, (b) $Pb(NO_3)_2$, (c) $Ce_2(SO_4)_3$.

13.27 (a) Você acredita que a água e o glicerol, $CH_2(OH)CH(OH)CH_2OH$, são miscíveis em todas as proporções? Explique. (b) Liste as interações intermoleculares que ocorrem entre uma molécula de água e uma molécula de glicerol.

13.28 O óleo e a água são imiscíveis. Qual é a razão mais provável para isso? (a) Moléculas de óleo são mais densas que a água. (b) Moléculas de óleo são compostas, principalmente, de carbono e hidrogênio. (c) Moléculas de óleo têm massas molares mais elevadas que a água. (d) Moléculas de óleo têm pressões de vapor mais elevadas que a água. (e) Moléculas de óleo têm pontos de ebulição mais elevados que a água.

13.29 Solventes laboratoriais comuns incluem a acetona (CH_3COCH_3), o metanol (CH_3OH), o tolueno ($C_6H_5CH_3$) e a água. Qual desses é o melhor solvente para solutos apolares?

13.30 Você acha que a alanina (um aminoácido) é mais solúvel em água ou no hexano?

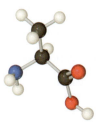

Alanina

13.31 (a) Você acha que o ácido esteárico, $CH_3(CH_2)_{16}COOH$, é mais solúvel em água ou em tetracloreto de carbono?
(b) Você acha que o cicloexano ou o dioxano é mais solúvel em água?

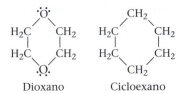

Dioxano   Cicloexano

13.32 O ibuprofeno, bastante utilizado como analgésico, tem solubilidade limitada em água, inferior a 1 mg/mL. Que parte da estrutura da molécula (cinza, branca, vermelha) contribui para a sua solubilidade em água? Que parte da molécula (cinza, branca, vermelha) contribui para a sua insolubilidade em água?

Ibuprofeno

13.33 Qual das seguintes substâncias em cada par é a mais solúvel em hexano, C_6H_{14}: (a) CCl_4 ou $CaCl_2$, (b) benzeno (C_6H_6) ou glicerol, $CH_2(OH)CH(OH)CH_2OH$, (c) ácido octanoico, $CH_3(CH_2)_6COOH$ ou ácido acético, CH_3COOH? Explique sua resposta para cada caso.

13.34 Qual das seguintes opções em cada par é solúvel em água: (a) cicloexano (C_6H_{12}) ou glicose ($C_6H_{12}O_6$), (b) ácido propiônico (CH_3CH_2COOH) ou propionato de sódio (CH_3CH_2COONa), (c) HCl ou cloreto de etila (CH_3CH_2Cl)? Explique sua resposta para cada caso.

13.35 Indique se cada afirmação é *verdadeira* ou *falsa*. (**a**) Quanto maior a temperatura, mais solúveis são a maioria dos gases na água. (**b**) Quanto maior a temperatura, mais solúveis são a maioria dos sólidos iônicos na água. (**c**) À medida que você resfria uma solução saturada de uma temperatura alta para uma baixa, sólidos começam a se cristalizar se você produz uma solução supersaturada. (**d**) Se você elevar a temperatura de uma solução saturada, você (geralmente) adiciona mais soluto para tornar a solução ainda mais concentrada.

13.36 Indique se cada afirmação é *verdadeira* ou *falsa*. (**a**) Quando a lei de Henry é obedecida, a solubilidade de um gás na água é diretamente proporcional à temperatura absoluta. (**b**) Na maioria dos casos, a entropia aumenta quando um sólido iônico se dissolve em água para formar uma solução aquosa. (**c**) Quando um gás se dissolve em água para formar uma solução saturada, o processo é endotérmico ($\Delta H_{sol} < 0$). (**d**) À medida que a massa molecular de uma substância gasosa aumenta, a constante da lei de Henry, k, também deve aumentar.

13.37 A constante da lei de Henry para o gás hélio em água a 30 °C é de $3{,}7 \times 10^{-4}$ M/atm e a constante para o N_2 a 30 °C é $6{,}0 \times 10^{-4}$ M/atm. Se os dois gases estão presentes sob 1,5 atm de pressão, calcule a solubilidade de cada gás.

13.38 Algumas cervejas, como a Guinness Irish Stout, não são pressurizadas com CO_2 puro, mas com uma mistura denominada "gás de cerveja", que é 25% mol de CO_2 e 75% mol de N_2. (**a**) Se a pressão total do gás de cerveja é de 1,0 atm, qual é a concentração do CO_2 dissolvido na cerveja a 5 °C? As constantes da lei de Henry para CO_2 e N_2 a 5 °C são $6{,}1 \times 10^{-2}$ e $8{,}3 \times 10^{-4}$ mol/L·atm, respectivamente. (**b**) Qual é a concentração de N_2 dissolvido na cerveja sob as mesmas condições? (**c**) Qual é a proporção entre CO_2 e N_2 na cerveja?

Concentrações de soluções (Seção 13.4)

13.39 (**a**) Calcule a percentagem em massa de Na_2SO_4 em uma solução que contém 10,6 g de Na_2SO_4 em 483 g de água. (**b**) Um minério contém 2,86 g de prata por tonelada. Qual é a concentração da prata em ppm?

13.40 (**a**) Qual é a percentagem de massa de iodo em uma solução que contém 0,035 mol de I_2 em 125 g de CCl_4? (**b**) A água do mar contém 0,0079 g de Sr^{2+} por quilograma de água. Qual é a concentração de Sr^{2+} em ppm?

13.41 Uma solução contém 14,6 g de CH_3OH em 184 g de H_2O. Calcule (**a**) a fração molar do CH_3OH, (**b**) o percentual em massa do CH_3OH, (**c**) a molalidade do CH_3OH.

13.42 Uma solução é feita com 20,8 g de fenol (C_6H_5OH) em 425 g de etanol (CH_3CH_2OH). Calcule (**a**) a fração molar do fenol, (**b**) o percentual em massa do fenol, (**c**) a molalidade do fenol.

13.43 Calcule a concentração em quantidade de matéria das seguintes soluções aquosas: (**a**) 0,540 g de $Mg(NO_3)_2$ em 250,0 mL de solução, (**b**) 22,4 g de $LiClO_4 \cdot 3\, H_2O$ em 125 mL de solução, (**c**) 25,0 mL de HNO_3 3,50 M diluído para 0,250 L.

13.44 Calcule a concentração em quantidade de matéria de cada uma das seguintes soluções: (**a**) 15,0 g de $Al_2(SO_4)_3$ em 0,250 mL de solução, (**b**) 5,25 g de $Mn(NO_3)_2 \cdot 2\, H_2O$ em 175 mL de solução, (**c**) 35,0 mL de H_2SO_4 9,00 M diluído para 0,500 L.

13.45 Calcule a molalidade de cada uma das seguintes soluções: (**a**) 8,66 g de benzeno (C_6H_6) dissolvidos em 23,6 g de tetracloreto de carbono (CCl_4), (**b**) 4,80 g de NaCl dissolvidos em 0,350 L de água.

13.46 (**a**) Qual é a molalidade de uma solução formada mediante a dissolução de 1,12 mol de KCl em 16,0 mol de água? (**b**) Quantos gramas de enxofre (S_8) devem ser dissolvidos em 100,0 g de naftaleno ($C_{10}H_8$) para preparar uma solução 0,12 m?

13.47 Uma solução de ácido sulfúrico com 571,6 g de H_2SO_4 por litro de solução tem densidade de 1,329 g/cm³. Calcule (**a**) o percentual em massa, (**b**) a fração molar, (**c**) a molalidade, (**d**) a concentração em quantidade de matéria do H_2SO_4 nessa solução.

13.48 O ácido ascórbico (vitamina C, $C_6H_8O_6$) é uma vitamina solúvel em água. Uma solução que contém 80,5 g de ácido ascórbico dissolvidos em 210 g de água tem densidade de 1,22 g/mL a 55 °C. Calcule (**a**) o percentual em massa, (**b**) a fração molar, (**c**) a molalidade, (**d**) a concentração em quantidade de matéria do ácido ascórbico nessa solução.

13.49 A densidade da acetonitrila (CH_3CN) é 0,786 g/mL, e a do metanol (CH_3OH), 0,791 g/mL. Uma solução é preparada mediante a dissolução de 22,5 mL de CH_3OH em 98,7 mL de CH_3CN. (**a**) Qual é a fração molar de metanol na solução? (**b**) Qual é a molalidade da solução? (**c**) Partindo do princípio de que os volumes são aditivos, qual é a concentração em quantidade de matéria do CH_3OH na solução?

13.50 A densidade do tolueno (C_7H_8) é 0,867 g/mL, e a do tiofeno (C_4H_4S), 1,065 g/mL. Uma solução é preparada mediante a dissolução de 8,10 g de tiofeno em 250,0 mL de tolueno. (**a**) Calcule a fração molar de tiofeno na solução. (**b**) Calcule a molalidade do tiofeno na solução. (**c**) Partindo do princípio de que os volumes de soluto e solvente são aditivos, qual é a concentração em quantidade de matéria do tiofeno na solução?

13.51 Calcule a quantidade de matéria em mols de soluto presente em cada uma das seguintes soluções aquosas: (**a**) 600 mL de $SrBr_2$ 0,250 M, (**b**) 86,4 g de KCl 0,180 m, (**c**) 124,0 g de uma solução com 6,45% de glicose ($C_6H_{12}O_6$) em massa.

13.52 Calcule a quantidade de matéria em mols de soluto presente em cada uma das seguintes soluções: (**a**) 255 mL de $HNO_3(aq)$ 1,50 M, (**b**) 50,0 mg de uma solução aquosa de NaCl 1,50 m, (**c**) 75,0 g de uma solução aquosa com 1,50% de sacarose ($C_{12}H_{22}O_{11}$) em massa.

13.53 Descreva como você prepararia cada uma das seguintes soluções aquosas a partir de água e KBr sólido: (**a**) 0,75 L de KBr $1{,}5 \times 10^{-2}$ M, (**b**) 125 g de KBr 0,180 m.

13.54 Descreva como você prepararia cada uma das seguintes soluções aquosas a partir de água e soluto sólido: (**a**) 1,50 L de solução de $(NH_4)_2SO_4$ 0,110 M; (**b**) 225 g de uma solução de 0,65 m em Na_2CO_3.

13.55 O ácido nítrico aquoso comercial tem densidade de 1,42 g/mL e é 16 M. Calcule o percentual em massa do HNO_3 na solução.

13.56 A amônia aquosa concentrada comercial tem 28% de NH_3 em massa e densidade de 0,90 g/mL. Qual é a concentração em quantidade de matéria dessa solução?

13.57 O latão é uma liga de substituição que consiste em uma solução de cobre e zinco. Um exemplo particular de bronze vermelho com 80,0% de Cu e 20,0% de Zn em massa tem densidade de 8.750 kg/m³. (**a**) Qual é a molalidade do Zn na solução sólida? (**b**) Qual é a concentração em quantidade de matéria do Zn na solução?

13.58 A cafeína ($C_8H_{10}N_4O_2$) é um estimulante encontrado no café e no chá. Se uma solução de cafeína no solvente clorofórmio ($CHCl_3$) tem concentração de 0,0500 m, calcule (**a**) o percentual de cafeína em massa, (**b**) a fração molar de cafeína na solução.

Cafeína

13.59 Descreva como você prepararia as seguintes soluções aquosas a partir de água e soluto sólido: (**a**) 1,85 L de uma solução aquosa de 12,0% de KBr em massa e densidade de 1,10 g/mL, (**b**) 1,20 L de uma solução de 15,0% de $Pb(NO_3)_2$ em massa e densidade de 1,19 g/mL.

13.60 (a) Qual volume de uma solução de KBr 0,150 M seria necessário para precipitar 16,0 g de AgBr de uma solução que contém 0,480 mol de AgNO₃? (b) Qual volume de uma solução de HCl 0,50 M seria suficiente para neutralizar 250 mL de uma solução que contém 5,5 g de Ba(OH)₂?

Propriedades coligativas (Seção 13.5)

13.61 Suponha que você deseja usar a osmose reversa para reduzir o teor de sal da água salobra, com uma concentração total de sal de 0,22 M, para um valor de 0,01 M, tornando-a potável para consumo humano. Qual é a pressão mínima necessária a ser aplicada nos permeadores (Figura 13.26) para atingir esse objetivo, supondo que a operação ocorre a 298 K?

13.62 Suponha que um aparelho de osmose reversa opere na água do mar, cuja concentração efetiva (a concentração de íons dissolvidos) é 1,12 M, e que a água dessalinizada que sai tenha uma concentração em quantidade de matéria de aproximadamente 0,02 M. Qual é a pressão mínima que deve ser aplicada por uma bomba manual a 297 K para promover a osmose reversa?

13.63 Você prepara uma solução com um soluto não volátil e um solvente líquido. Indique se cada uma das seguintes afirmações é *verdadeira* ou *falsa*. (a) O ponto de congelamento da solução é *maior* que o do solvente puro. (b) O ponto de congelamento da solução é *inferior* ao do solvente puro. (c) O ponto de ebulição da solução é *maior* que o do solvente puro. (d) O ponto de ebulição da solução é *inferior* ao do solvente puro.

13.64 Você prepara uma solução com um soluto não volátil e um solvente líquido. Indique se cada uma das seguintes afirmações é *verdadeira* ou *falsa*. (a) O sólido que se forma à medida que a solução congela é quase soluto puro. (b) O ponto de congelamento da solução é independente da concentração do soluto. (c) O ponto de ebulição da solução aumenta proporcionalmente a concentração do soluto. (d) A qualquer temperatura, a pressão de vapor do solvente acima da solução é inferior à do solvente puro.

13.65 Considere duas soluções: uma formada mediante a adição de 10 g de glicose (C₆H₁₂O₆) a 1 L de água; a outra formada mediante a adição de 10 g de sacarose (C₁₂H₂₂O₁₁) a 1 L de água. Calcule a pressão de vapor para cada solução a 20 °C. A pressão de vapor da água pura a essa temperatura é 17,5 torr.

13.66 (a) A pressão de vapor da água pura a 60 °C é 149 torr. Qual é a pressão de vapor prevista pela lei de Raoult para uma solução a 60 °C composta de 50% mol de água e 50% mol de etilenoglicol (um soluto não volátil)? (b) Se a pressão de vapor medida é de 67 torr, as interações entre as moléculas de etilenoglicol e de água são mais intensas, mais fracas ou de mesma intensidade que as interações água-água e etilenoglicol-etilenoglicol?

13.67 (a) Calcule a pressão do vapor de água sobre uma solução preparada mediante a adição de 22,5 g de lactose (C₁₂H₂₂O₁₁) a 200,0 g de água a 338 K. (Dados de pressão de vapor de água são fornecidos no Apêndice B.) (b) Calcule a massa de propilenoglicol (C₃H₈O₂) que deve ser adicionada a 0,340 kg de água para reduzir a pressão de vapor em 2,88 torr a 40 °C.

13.68 (a) Calcule a pressão de vapor da água sobre uma solução preparada mediante a dissolução de 28,5 g de glicerina (C₃H₈O₃) em 125 g de água a 343 K. (A pressão de vapor da água é dada no Apêndice B) (b) Calcule a massa de etilenoglicol (C₂H₆O₂) que deve ser adicionada a 1,00 kg de etanol (C₂H₅OH) para reduzir sua pressão de vapor em 10,0 torr a 35 °C. A pressão de vapor do etanol puro a 35 °C é 1,00 × 10² torr.

13.69 A 63,5 °C, a pressão de vapor de H₂O é 175 torr, e a do etanol (C₂H₅OH), 400 torr. Uma solução é feita mediante a mistura de massas iguais de H₂O e C₂H₅OH. (a) Qual é a fração molar de etanol na solução? (b) Considerando que o comportamento da solução é ideal, qual é a pressão de vapor da solução a 63,5 °C? (c) Qual é a fração molar de etanol no vapor sobre a solução?

13.70 A 20 °C, a pressão de vapor do benzeno (C₆H₆) é 75 torr, e a do tolueno (C₇H₈), 22 torr. Considere que o benzeno e o tolueno formam uma solução ideal. (a) Qual é a composição em fração molar de uma solução com uma pressão de vapor de 35 torr a 20 °C? (b) Qual é a fração molar do benzeno no vapor sobre a solução descrita no item (a)?

13.71 (a) Qual seria o ponto de ebulição de uma solução aquosa de hidróxido de sódio cuja porcentagem em quantidade de matéria de NaOH é 10%, considerando que não há recombinação de íons na solução? (b) Se o ponto de ebulição medido é de 105,0 °C, qual é o valor real do fator de van't Hoff para essa solução?

13.72 Organize as seguintes soluções aquosas, cada uma com 10% de soluto em massa, em ordem crescente de ponto de ebulição: glicose (C₆H₁₂O₆), sacarose (C₁₂H₂₂O₁₁), nitrato de sódio (NaNO₃).

13.73 Liste as seguintes soluções aquosas em ordem crescente de ponto de ebulição: glicose 0,120 m, LiBr 0,050 m, Zn(NO₃)₂ 0,050 m.

13.74 Liste as seguinte soluções aquosas em ordem decrescente de ponto de congelamento: glicerina (C₆H₈O₃) 0,040 m, KBr 0,020 m, fenol (C₆H₅OH) 0,030 m.

13.75 Com base nos dados da Tabela 13.3, calcule os pontos de ebulição e de congelamento de cada uma das seguintes soluções: (a) glicerol (C₃H₈O₃) 0,22 m em etanol, (b) 0,240 mol de naftaleno (C₁₀H₈) em 2,45 mols de clorofórmio, (c) 1,50 g de NaCl em 0,250 kg de água, (d) 2,04 g de KBr e 4,82 g de glicose (C₆H₁₂O₆) em 188 g de água.

13.76 Com base nos dados da Tabela 13.3, calcule os pontos de congelamento e de ebulição de cada uma das seguintes soluções: (a) glicose 0,25 m em etanol, (b) 20,0 g de decano, C₁₀H₂₂, em 50,0 g de CHCl₃, (c) 3,50 g de NaOH em 175 g de água, (d) 0,45 mol de etilenoglicol e 0,15 mol de KBr em 150 g de H₂O.

13.77 Quantos gramas de etilenoglicol (C₂H₆O₂) devem ser adicionados a 1,00 kg de água para produzir uma solução que congela a −5,00 °C?

13.78 Qual é o ponto de congelamento de uma solução aquosa que entra em ebulição a 105,0 °C?

13.79 Qual é a pressão osmótica formada mediante a dissolução de 44,2 mg de aspirina (C₉H₈O₄) em 0,358 L de água a 25 °C?

13.80 A água do mar contém 34 g de sais por cada litro de solução. Considerando que o soluto consiste inteiramente em NaCl (de fato, mais de 90% do sal é NaCl), calcule a pressão osmótica da água do mar a 20 °C.

13.81 A adrenalina é o hormônio que provoca a liberação de moléculas de glicose extras em momentos de estresse ou de urgência. Uma solução de 0,64 g de adrenalina em 36,0 g de CCl₄ eleva o ponto de ebulição em 0,49 °C. Calcule a massa molar aproximada de adrenalina com base nesses dados.

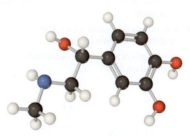

Adrenalina

13.82 O álcool láurico é obtido a partir de óleo de coco e utilizado para fazer detergentes. Uma solução de 5,00 g de álcool láurico em 0,100 kg de benzeno congela a 4,1 °C. Qual é a massa molar de álcool láurico com base nesses dados? Consulte a Tabela 13.3 para obter o ponto de congelamento normal e o Kc do benzeno.

13.83 A lisozima é uma enzima que quebra paredes celulares bacterianas. Uma solução com 0,150 g dessa enzima em 210 mL tem pressão osmótica de 0,953 torr a 25 °C. Qual é a massa molar da lisozima?

13.84 Uma solução aquosa diluída de um composto orgânico solúvel em água é formada mediante a dissolução de 2,35 g do composto em água para formar 0,250 L de solução. A solução resultante tem pressão osmótica de 0,605 atm a 25 °C. Supondo que o composto orgânico é um não eletrólito, qual é sua massa molar?

13.85 Verificou-se que a pressão osmótica de uma solução aquosa de $CaCl_2$ 0,010 M é 0,674 atm a 25 °C. Calcule o fator de van't Hoff, i, para a solução.

13.86 Com base nos dados apresentados na Tabela 13.4, qual solução teria a maior redução do ponto de congelamento: uma solução de NaCl 0,030 m ou uma solução de K_2SO_4 0,020 m?

Coloides (Seção 13.6)

13.87 Em cada um dos exemplos a seguir, identifique o tipo de coloide: **(a)** maionese, que é uma dispersão de gotículas de óleo em vinagre na qual as proteínas da gema de ovo atuam como agente emulsificante; **(b)** uma tinta produzida pela dispersão de partículas de pigmento em um solvente orgânico; **(c)** uma opala inversa, produzida pela formação de uma série de esferas poliméricas em empacotamento denso seguida pela deposição de uma matriz inorgânica de SiO_2 ao redor das esferas e então por aquecimento para remover as esferas poliméricas por meio de uma reação de combustão com o oxigênio.

13.88 Em cada um dos exemplos a seguir, identifique o tipo de coloide: **(a)** a cobertura de uma torta; **(b)** uma nuvem; **(c)** o vitral de uma igreja medieval cuja coloração avermelhada vem de nanocristais de ouro embutidos no vidro.

13.89 Um agente emulsificante é um composto que ajuda a estabilizar um coloide hidrofóbico em um solvente hidrofílico (ou um coloide hidrofílico em um solvente hidrofóbico). Qual das seguintes opções é o melhor agente emulsificante? **(a)** CH_3COOH **(b)** $CH_3CH_2CH_2COOH$ **(c)** $CH_3(CH_2)_{11}COOH$ **(d)** $CH_3(CH_2)_{11}COONa$

13.90 Aerossóis são componentes importantes da atmosfera. A presença de aerossóis na atmosfera aumenta ou diminui a quantidade de luz solar que chega à superfície da terra, em comparação a uma atmosfera "livre de aerossóis"? Explique seu raciocínio.

13.91 As proteínas podem precipitar em solução aquosa mediante a adição de um eletrólito; esse processo é chamado de *salting out* da proteína. **(a)** Você acredita que todas as proteínas seriam precipitadas em uma mesma proporção pela mesma concentração do mesmo eletrólito? **(b)** Se uma proteína sofrer *salting out*, as interações entre as proteínas serão mais fortes ou mais fracas do que eram antes de o eletrólito ter sido adicionado? **(c)** Um amigo que está tendo aulas de bioquímica diz que o *salting out* funciona porque a água de hidratação que circunda a proteína prefere circundar o eletrólito quando ele é adicionado; portanto, a camada de hidratação da proteína é arrancada, resultando na precipitação da proteína. Outro amigo da mesma classe de bioquímica explica que o *salting out* funciona porque os íons adicionados adsorvem fortemente à proteína, formando pares de íons na sua superfície, o que dá a ela uma carga líquida nula em meio aquoso; consequentemente, ela precipita. Discuta essas duas hipóteses. Que tipo de medida você precisa tomar para diferenciar essas duas hipóteses?

13.92 Os sabões são compostos que têm partes hidrofóbicas e hidrofílicas, como o estearato de sódio, $CH_3(CH_2)_{16}COO^-Na^+$. Considere que a parte hidrocarboneto do estearato de sódio é a "cauda" e que a parte carregada é a "cabeça".

(a) Qual parte do estearato de sódio, a cabeça ou a cauda, está mais propensa a ser solvatada pela água?

(b) A graxa é uma mistura complexa de compostos geralmente hidrofóbicos. Qual parte do estearato de sódio, a cabeça ou a cauda, está mais propensa a se ligar à graxa?

(c) Se você possui grandes depósitos de graxa e deseja lavá-los com água, adicionar estearato de sódio ajuda a produzir uma emulsão. Quais interações intermoleculares são responsáveis por isso?

Exercícios adicionais

13.93 A base livre da cocaína($C_{17}H_{21}NO_4$), também chamada de crack, e sua forma protonada, o cloridrato de cocaína ($C_{17}H_{22}ClO_4$), são representadas a seguir. A base livre pode ser convertida em cloridrato com um equivalente de HCl. Para fins de clareza, nem todos os átomos de carbono e de hidrogênio são apresentados; cada vértice representa um átomo de carbono com o número apropriado de átomos de hidrogênio, e cada carbono forma quatro ligações com outros átomos.

(a) Qual forma de cocaína, a base livre ou o cloridrato, é relativamente solúvel em água?

(b) Qual forma, a base livre ou o cloridrato, é relativamente insolúvel em água?

(c) A base livre de cocaína tem solubilidade de 1,00 g em 6,70 mL de etanol (CH_3CH_2OH). Calcule a concentração em quantidade de matéria de uma solução saturada de base livre de cocaína em etanol.

(d) O cloridrato de cocaína tem solubilidade de 1,00 g em 0,400 mL de água. Calcule a concentração em quantidade de matéria de uma solução saturada de cloridrato de cocaína em água.

(e) Quantos mL de uma solução aquosa concentrada de HCl 18,0 M seriam necessários para converter 1,00 kg de base livre de cocaína em cloridrato de cocaína?

Cocaína (base livre)

Cloridrato de cocaína

13.94 Uma solução supersaturada de sacarose ($C_{12}H_{22}O_{11}$) é produzida pela dissolução de sacarose em água quente, que então resfria lentamente até atingir a temperatura ambiente. Após bastante tempo, a sacarose em excesso se cristaliza. Indique se cada uma das afirmações a seguir é *verdadeira* ou *falsa*. (**a**) Após a cristalização do excesso de sacarose, a solução restante está saturada. (**b**) Após a cristalização do excesso de sacarose, o sistema está instável e não está em equilíbrio. (**c**) Após a cristalização do excesso de sacarose, a velocidade com que as moléculas de sacarose deixam a superfície dos cristais e são hidratadas pela água é igual à velocidade com que as moléculas de sacarose na água se ligam à superfície dos cristais.

13.95 A maioria dos peixes precisa de pelo menos 4 ppm de O_2 dissolvido em água para sobreviver. (**a**) Qual é a concentração em mol/L? (**b**) Que pressão parcial de O_2 acima da água é necessária para obter 4 ppm de O_2 em água a 10 °C? (A constante da lei de Henry para o O_2 a essa temperatura é $1{,}71 \times 10^{-3}$ mol/L-atm.)

13.96 A presença do gás radioativo radônio (Rn) em água de poço é um possível risco para a saúde em algumas regiões dos Estados Unidos. (**a**) Considerando que a solubilidade do radônio em água com pressão de gás de 1 atm sobre ela a 30 °C é $7{,}27 \times 10^{-3}$ M, qual é a constante da lei de Henry para o radônio na água a essa temperatura? (**b**) Uma amostra composta de vários gases contém fração molar de $3{,}5 \times 10^{-6}$ de radônio. Esse gás, a uma pressão total de 32 atm, é agitado com água a 30 °C. Calcule a concentração molar do radônio na água.

13.97 A glicose é responsável por aproximadamente 0,10% da massa do sangue humano. Calcule essa concentração em (**a**) ppm, (**b**) molalidade.

13.98 O teor alcoólico de bebidas como cerveja, vinho e destilados costuma ser expresso em unidades de álcool por volume (APV), calculado pela divisão do volume de etanol (C_2H_5OH) pelo volume total da solução. Se uma cerveja forte, como uma doppelbock, tem teor alcoólico de 8,0%, podemos expressar a concentração em outras unidades a partir da densidade do H_2O e do C_2H_5OH, que é 1,0 g/mL e 0,79 g/mL a 20 °C, respectivamente. Qual é a concentração dessa cerveja em (**a**) percentual em massa (também chamado de álcool por peso ou APP), (**b**) percentagem em mols, (**c**) concentração em quantidade de matéria, (**d**) molalidade?

13.99 A concentração máxima permitida de chumbo na água potável é de 9,0 ppb. (**a**) Calcule a concentração em quantidade de matéria de chumbo em uma solução com 9,0 ppb. (**b**) Quantos gramas de chumbo há em uma piscina com 9,0 ppb de chumbo em 60 m³ de água?

13.100 O primeiro estágio de tratamento em uma usina de osmose reversa é fazer a água escorrer através de rocha, areia e brita, como mostra o diagrama. Essa etapa removeria o material particulado? Essa etapa removeria sais dissolvidos?

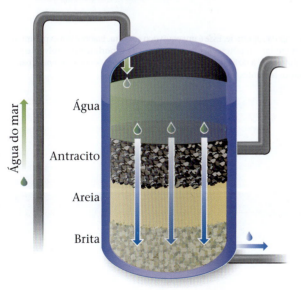

13.101 A acetonitrila (CH_3CN) é um solvente orgânico polar que dissolve uma vasta gama de solutos, incluindo diversos sais. A densidade de uma solução de LiBr 1,80 M em acetonitrila é 0,826 g/cm³. Calcule a concentração da solução em (**a**) molalidade, (**b**) fração molar de LiBr, (**c**) percentual em massa de CH_3CN.

13.102 Uma solução contém 0,115 mol de H_2O e um número desconhecido de quantidade de matéria de cloreto de sódio. A pressão de vapor da solução a 30 °C é 25,7 torr. A pressão de vapor de água pura a essa temperatura é 31,8 torr. Calcule a massa em gramas de cloreto de sódio na solução. (*Dica:* lembre-se de que o cloreto de sódio é um eletrólito forte.)

13.103 Dois béqueres são colocados dentro de uma caixa fechada a 25 °C. Um béquer contém 30,0 mL de uma solução aquosa 0,050 M de um não eletrólito não volátil. O outro béquer contém 30,0 mL de uma solução aquosa de NaCl 0,035 M. O vapor de água das duas soluções atinge o equilíbrio. (**a**) Em qual béquer o nível da solução aumenta e em qual ele diminui? (**b**) Quais são os volumes nos dois béqueres quando o equilíbrio é atingido, assumindo um comportamento ideal?

13.104 O ponto de ebulição normal do etanol, CH_3CH_2OH, é 78,4 °C. Quando 9,15 g de um não eletrólito solúvel são dissolvidos em 100,0 g de etanol a essa temperatura, a pressão de vapor da solução é $7{,}40 \times 10^2$ torr. Qual é a massa molar do soluto?

13.105 Calcule o ponto de congelamento de uma solução aquosa de K_2SO_4 0,100 m, (**a**) ignorando atrações interiônicas, (**b**) considerando as atrações interiônicas e usando o fator de van't Hoff (Tabela 13.4).

13.106 O dissulfeto de carbono (CS_2) entra em ebulição a 46,30 °C e tem densidade de 1,261 g/mL. (**a**) Quando 0,250 mol de um soluto não eletrólito é dissolvido em 400,0 mL de CS_2, a solução entra em ebulição a 47,46 °C. Qual é a constante molal da elevação do ponto de ebulição para o CS_2? (**b**) Quando 5,39 g de um soluto não eletrólito desconhecido são dissolvidos em 50,0 mL de CS_2, a solução entra em ebulição a 47,08 °C. Qual é a massa molar da substância desconhecida?

13.107 Fluorocarbonos (compostos com carbono e flúor) eram, até recentemente, utilizados como refrigerantes. Os compostos listados na tabela a seguir são gases a 25 °C, e a solubilidade deles na água a 25 °C e 1 atm de pressão de fluorocarbono é dada como percentual de massa. (**a**) Para cada fluorocarbono, calcule a molalidade de uma solução saturada. (**b**) Qual propriedade molecular melhor prevê a solubilidade desses gases em água: massa molar, momento de dipolo ou capacidade de formar ligações de hidrogênio com a água? (**c**) Alguns bebês nascidos com doenças respiratórias graves recebem *ventilação líquida*: eles respiram um líquido capaz de dissolver mais oxigênio do que o ar consegue conter. Um desses líquidos é um composto fluorado, o $CF_3(CF_2)_7Br$. A solubilidade do oxigênio nesse líquido é de 66 mL de O_2 por 100 mL de líquido. Em comparação, o ar tem 21% de oxigênio por volume. Calcule a quantidade de matéria em mols de O_2 presente nos pulmões de um bebê (volume: 15 mL) caso este respire ar profundamente em comparação com uma "inspiração" completa de uma solução saturada de O_2 no líquido fluorado. Considere que a pressão nos pulmões é de 1 atm.

Fluorocarboneto	Solubilidade (% de massa)
CF_4	0,0015
$CClF_3$	0,009
CCl_2F_2	0,028
$CHClF_2$	0,30

13.108 Um sal de lítio usado na graxa lubrificante tem a fórmula $LiC_nH_{2n+1}O_2$. O sal é solúvel em água na proporção de 0,036 g por 100 g de água a 25 °C. Verificou-se que a pressão osmótica dessa solução é 57,1 torr. Considerando que a molalidade e a concentração em quantidade de matéria de uma solução diluída como essa são iguais e que o sal de lítio é completamente dissociado na solução, determine um valor apropriado de n na fórmula para o sal.

13.109 À temperatura corporal normal (37 °C), a solubilidade do N_2 em água à pressão atmosférica padrão (1,0 atm) é 0,015 g/L. O ar tem aproximadamente 78% mol de N_2. (a) Calcule a quantidade de matéria em mols de N_2 dissolvida por litro de sangue, considerando que o sangue é uma solução aquosa simples. (b) A uma profundidade de 100 pés de água, a pressão externa é 4,0 atm. Qual é a solubilidade do N_2 do ar no sangue a essa pressão? (c) Se um mergulhador vem à tona de repente, partindo dessa profundidade, quantos mililitros de gás N_2, sob a forma de pequenas bolhas, são liberados na corrente sanguínea por litro de sangue?

13.110 A tabela a seguir apresenta a solubilidade de diversos gases em água a 25 °C sob uma pressão total de vapor de gás e de água de 1 atm. (a) Que volume de $CH_4(g)$, sob condições padrão de temperatura e pressão, está contido em 4,0 L de uma solução saturada a 25 °C? (b) As solubilidades (em água) dos hidrocarbonetos são: metano < etano < etileno. Isso ocorre porque o etileno é a molécula mais polar? (c) Que interações intermoleculares esses hidrocarbonetos têm com a água? (d) Desenhe estruturas de Lewis para os três hidrocarbonetos. Quais desses hidrocarbonetos possuem ligações π? Com base nas suas solubilidades, você diria que as ligações π são mais ou menos polarizáveis que as ligações σ? (e) Explique por que o NO é mais solúvel em água do que o N_2 e o O_2. (f) O H_2 é mais solúvel em água do que quase todos os outros gases da tabela. Quais forças intermoleculares o H_2 provavelmente tem com a água? (g) O SO_2 é, por larga margem, o gás da tabela mais solúvel em água. Quais forças intermoleculares o SO_2 provavelmente tem com a água?

Gás	Solubilidade (mM)
CH_4 (metano)	1,3
C_2H_6 (etano)	1,8
C_2H_4 (etileno)	4,7
N_2	0,6
O_2	1,2
NO	1,9
H_2S	99
SO_2	1476

13.111 A 35 °C, a pressão de vapor da acetona, $(CH_3)_2CO$, é 360 torr, e a do clorofórmio, $CHCl_3$, é 300 torr. A acetona e o clorofórmio podem formar ligações de hidrogênio muito fracas entre si; os cloros no carbono dão ao carbono uma carga parcial positiva suficiente para permitir esse comportamento:

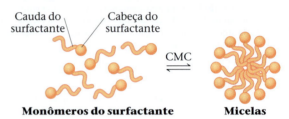

Uma solução composta da mesma quantidade de matéria em mols de acetona e clorofórmio tem uma pressão de vapor de 250 torr a 35 °C. (a) Qual seria a pressão de vapor da solução se ela exibisse um comportamento ideal? (b) Com base no comportamento da solução, preveja se a mistura de clorofórmio e acetona é um processo exotérmico ($\Delta H_{sol} < 0$) ou endotérmico ($\Delta H_{sol} > 0$).

13.112 Compostos como o estearato de sódio, em geral chamados de surfactantes ou tensoativos, podem formar estruturas conhecidas como micelas na água assim que a concentração da solução atinge o valor conhecido como concentração micelar crítica (CMC). As micelas contêm de dezenas a centenas de moléculas. A CMC depende da substância, do solvente e da temperatura.

Na CMC e acima dela, as propriedades da solução variam drasticamente.

(a) A turbidez (quantidade de dispersão da luz) das soluções aumenta drasticamente na CMC. Sugira uma explicação para isso. (b) A condutividade iônica da solução muda drasticamente na CMC. Sugira uma explicação para isso. (c) Químicos desenvolveram corantes fluorescentes que brilham bastante apenas quando as moléculas do corante se encontram em um ambiente hidrofóbico. Determine de que maneira a intensidade de tal fluorescência estaria relacionada com a concentração de estearato de sódio à medida que a concentração de estearato de sódio se aproxima da CMC e, em seguida, aumenta para além dela.

Elabore um experimento

Com base na Figura 13.18, você pode pensar que a razão pela qual as moléculas de um solvente volátil presentes em uma solução são menos propensas a escapar para a fase gasosa que as do solvente puro se deve ao fato de que as moléculas de soluto impedem fisicamente as moléculas de solvente de sair da superfície. Esse é um equívoco comum. Elabore um experimento para testar a hipótese de que o bloqueio da vaporização do solvente pelo soluto *não* é a razão pela qual as soluções têm pressões de vapor mais baixas que os solventes puros.

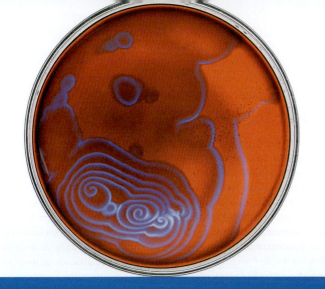

14

CINÉTICA QUÍMICA

▲ Reações químicas "oscilantes" em uma placa mostram os reagentes e os produtos mudando ao longo do tempo e espaço.

O QUE VEREMOS

14.1 ▶ Velocidade das reações Descrever as relações entre as velocidades das reações e os fatores que afetam tais velocidades: concentração, estado físico dos reagentes, temperatura e presença de catalisadores. Aprender a diferença entre velocidade média e instantânea de uma reação e usar a estequiometria da reação para determinar as velocidades de desaparecimento dos reagentes e de aparecimento dos produtos.

14.2 ▶ Leis de velocidade e constantes de velocidade: o método das velocidades iniciais Aprender a determinar as *leis de velocidade*, expressões quantitativas das velocidades de reação em relação a concentrações de reagentes, e as *constantes de velocidade*, determinadas experimentalmente. Um método de determinar as leis de velocidade e as constantes de velocidade associadas envolve realizar reações com concentrações iniciais diferentes e medir as velocidades iniciais.

14.3 ▶ Lei de velocidade integrada Aprender quais equações de velocidade podem ser escritas para expressar como as concentrações variam ao longo do tempo. Analisar várias classificações de equações de velocidade: *reações de ordem zero, de primeira ordem e de segunda ordem*.

14.4 ▶ Temperatura e velocidade: energia de ativação e equação de Arrhenius Aprender que a velocidade da reação depende, em parte, da *energia de ativação*, um mínimo de energia que deve ser fornecido para que a reação ocorra. A energia térmica é necessária para superar essa barreira, e a equação de Arrhenius conecta quantitativamente a constante de velocidade, a temperatura e a energia de ativação.

14.5 ▶ Mecanismos de reação Entender como as leis de velocidade são derivadas de *mecanismos de reação*, que são os caminhos moleculares que levam os reagentes aos produtos.

14.6 ▶ Catálise Examinar o papel dos catalisadores, substâncias que aumentam as velocidades das reações, mas não aparecem na equação de reação global. Aprender como funcionam os catalisadores biológicos, chamados de *enzimas*.

Reações químicas levam tempo para acontecer. Algumas reações, como a oxidação do ferro, ocorrem de forma relativamente lenta, levando dias, meses ou anos para serem concluídas. Outras, como a decomposição da azida de sódio, uma reação usada para inflar os airbags em automóveis, ocorrem tão rapidamente que são difíceis de medir. Como químicos, devemos estar preocupados com a *velocidade* com que as reações químicas ocorrem, bem como com os produtos das reações.

A velocidade com que uma reação química acontece é chamada de **velocidade da reação**. Muitas variáveis afetam a velocidade com que uma reação ocorre, como a temperatura e a concentração dos reagentes. A parte da química que lida com as velocidades de reação é chamada de **cinética química**. Ela tem um papel importante em diversos processos, incluindo a fabricação de produtos químicos em escala industrial, a invenção de sistemas de liberação de medicamentos e o decaimento dos isótopos radioativos usados na medicina.

A cinética química também é útil para fornecer informações sobre como as reações ocorrem: a ordem em que as ligações químicas são quebradas e formadas durante uma reação. Para entender como as reações acontecem, devemos examinar a velocidade da reação e os fatores que a influenciam. Informações experimentais sobre a velocidade de determinada reação fornecem evidências importantes que ajudam a formular um **mecanismo de reação**, uma visão em nível molecular que apresenta um passo a passo do caminho que transforma reagentes em produtos.

Neste capítulo, nosso objetivo é entender como determinar a velocidade das reações e considerar os fatores que controlam essa velocidade. Por exemplo, quais fatores determinam a velocidade com que determinado alimento apodrece? O que determina a velocidade com que o aço enferruja? Como podemos remover poluentes perigosos do escapamento do automóvel antes que sejam liberados para o ar? Embora não abordemos essas questões específicas, veremos que a velocidade de todas as reações químicas está sujeita aos mesmos princípios.

Objetivos de aprendizagem

Após terminar a Seção 14.1, você deve ser capaz de:

▶ Identificar os fatores que afetam a velocidade de uma reação.
▶ Calcular as velocidades média e instantânea de uma reação a partir de dados apropriados.
▶ Usar a estequiometria de uma reação para comparar a velocidade com que cada produto aparece e com que cada reagente desaparece.

Resolva com ajuda da figura

Se um prego de aço aquecido for colocado em O_2 puro, você acha que ele entra em combustão tão facilmente quanto a palha de aço?

A palha de aço queimada no ar (cerca de 20% de O_2) brilha de maneira incandescente, oxidando-se lentamente a Fe_2O_3

A palha de aço em brasa em 100% de O_2 queima vigorosamente, convertendo-se em Fe_2O_3 com rapidez

▲ **Figura 14.1 Efeito da concentração sobre a velocidade da reação.** A diferença no comportamento ocorre por causa das diferentes concentrações de O_2 nos dois ambientes.

14.1 | Velocidade das reações

A *velocidade* de um evento é definida como a *variação* que ocorre em um determinado intervalo de *tempo*. Isso significa que, ao falarmos de velocidade, necessariamente carregamos a noção de tempo. Por exemplo, a velocidade de um carro é expressa como a variação da sua posição ao longo de certo intervalo de tempo. Nos Estados Unidos, por exemplo, a velocidade dos carros costuma ser medida em milhas por hora – isto é, a quantidade que está variando (posição medida em milhas) dividida por um intervalo de tempo (medido em horas).

Da mesma forma, a velocidade de uma reação química, chamada de velocidade da reação, é a variação na concentração de reagentes ou produtos por unidade de tempo. A unidade da velocidade da reação é geralmente a concentração em quantidade de matéria por segundo (M/s), ou seja, a variação na concentração, medida em concentração em quantidade de matéria, dividida por um intervalo de tempo, medido em segundos.

Quatro fatores afetam a velocidade com que determinada reação ocorre:

1. *Estado físico dos reagentes.* Os reagentes devem se aproximar para reagir. Quanto mais facilmente as moléculas dos reagentes colidem umas com as outras, mais rapidamente elas reagem. De modo geral, as reações podem ser classificadas como *homogêneas*, envolvendo apenas gases ou líquidos, ou como *heterogêneas*, nas quais os reagentes se encontram em fases diferentes. Sob condições heterogêneas, uma reação é limitada pela área de contato dos reagentes. Assim, reações heterogêneas que envolvem sólidos tendem a ocorrer mais rapidamente se a área superficial do sólido for aumentada. Por exemplo, um medicamento na forma de um pó fino se dissolve no estômago e entra na corrente sanguínea mais rapidamente do que o mesmo medicamento na forma de comprimido.

2. *Concentração dos reagentes.* A maioria das reações químicas ocorre mais rapidamente se a concentração de um ou mais reagentes aumentar. Por exemplo, a palha de aço queima lentamente no ar, que contém 20% de O_2, mas se incendeia rapidamente em oxigênio puro (**Figura 14.1**). Com o aumento da concentração dos reagentes, a frequência com que as moléculas de reagente colidem aumenta, levando ao aumento da velocidade.

3. *Temperatura da reação.* A velocidade das reações geralmente aumenta à medida que a temperatura aumenta. Por exemplo, as reações bacterianas que fazem o leite estragar ocorrem mais rapidamente à temperatura ambiente do que a uma temperatura mais baixa no interior de uma geladeira. O aumento da temperatura eleva a energia cinética das moléculas. (Seção 10.5) À medida que as moléculas se movem com maior velocidade, elas colidem com mais frequência e energia, levando a velocidades de reação mais altas.

4. *Presença de um catalisador.* Os catalisadores são agentes que aumentam a velocidade das reações sem que eles mesmos sejam consumidos. Eles afetam os tipos de colisão (e, portanto, alteram o mecanismo) que levam à reação. Os catalisadores desempenham muitos papéis cruciais nos organismos vivos.

Em nível molecular, a velocidade das reações depende da frequência das colisões entre as moléculas. *Quanto maior for a frequência das colisões, maior será a velocidade da reação.* No entanto, para que uma colisão leve a uma reação, ela deve ocorrer com energia suficiente para quebrar ligações e com orientação adequada para que novas ligações sejam formadas nos locais apropriados. Vamos considerar esses fatores conforme avançarmos neste capítulo.

Vamos considerar a reação hipotética A $\longrightarrow$ B, representada na **Figura 14.2**. Cada esfera vermelha representa 0,01 mol de A, cada esfera azul representa 0,01 mol de B, e o recipiente tem um volume de 1,00 L. No início da reação, há 1,00 mol de A, de modo que a concentração é 1,00 mol/L = 1,00 M. Depois de 20 s, a concentração de A caiu para 0,54 M e a concentração de B aumentou para 0,46 M. A soma das concentrações ainda é 1,00 M, pois 1 mol de B é produzido a cada mol de A que reage. Após 40 s, a concentração de A é 0,30 M e a de B é 0,70 M.

A velocidade dessa reação pode ser expressa como a velocidade de desaparecimento do reagente A ou a velocidade de aparecimento do produto B. A velocidade *média* de aparecimento de B ao longo de determinado intervalo de tempo é dada pela variação na concentração de B dividida pela variação no tempo:

$$\text{Velocidade média de aparecimento de B} = \frac{\text{variação na concentração de B}}{\text{variação de tempo}}$$

$$= \frac{[B] \text{ em } t_2 - [B] \text{ em } t_1}{t_2 - t_1} = \frac{\Delta[B]}{\Delta t} \qquad [14.1]$$

> **Resolva com ajuda da figura** Estime a quantidade de matéria em mols de A na mistura depois de 30 s.

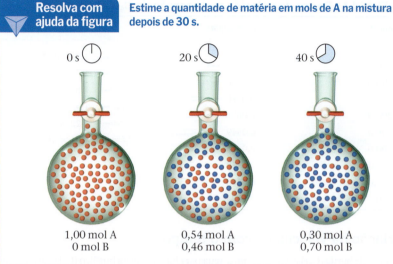

▲ Figura 14.2 **Progresso de uma reação hipotética A ⟶ B.** O volume do balão é 1,0 L.

Usamos colchetes em torno de uma fórmula química, como em [B], para indicar a concentração em quantidade de matéria. A letra grega delta, Δ, é lida como "variação na", sendo sempre igual a um valor final menos um valor inicial. (Equação 5.3, Seção 5.2) A velocidade média de aparecimento de B ao longo do intervalo de 20 s a partir do início da reação (t_1 = 0 s até t_2 = 20 s) é:

$$\text{Velocidade média} = \frac{0{,}46\,M - 0{,}00\,M}{20\,\text{s} - 0\,\text{s}} = 2{,}3 \times 10^{-2}\,M/s$$

Poderíamos igualmente expressar a velocidade da reação em termos do reagente A. Nesse caso, estaríamos descrevendo a velocidade de desaparecimento de A, que expressamos como:

$$\text{Velocidade média de desaparecimento de A} = -\frac{\text{variação na concentração de A}}{\text{variação de tempo}}$$

$$= -\frac{\Delta[A]}{\Delta t} \qquad [14.2]$$

Como [A] diminui, Δ[A] é um número negativo. O sinal de menos que colocamos na equação converte o Δ[A] negativo em uma velocidade positiva de desaparecimento. *Por convenção, a velocidade é sempre expressa como uma quantidade positiva.*

Como uma molécula de A é consumida por cada molécula de B formada, a velocidade média de desaparecimento de A é igual à velocidade média de aparecimento de B:

$$\text{Velocidade média} = -\frac{\Delta[A]}{\Delta t} = -\frac{0{,}54\,M - 1{,}00\,M}{20\,\text{s} - 0\,\text{s}} = 2{,}3 \times 10^{-2}\,M/s$$

Exercício resolvido 14.1
Cálculo da velocidade média da reação

Com base nos dados da Figura 14.2, calcule a velocidade média na qual A desaparece ao longo do intervalo de tempo de 20 a 40 s.

SOLUÇÃO
Analise Temos a concentração de A a 20 s (0,54 *M*) e a 40 s (0,30 *M*) e devemos calcular a velocidade média da reação durante esse intervalo de tempo.

Planeje A velocidade média é dada pela variação da concentração, Δ[A], dividida pela variação no tempo, Δt. Como A é um reagente, um sinal negativo é utilizado no cálculo da velocidade para que seja um valor positivo.

Resolva

$$\text{Velocidade média} = -\frac{\Delta[A]}{\Delta t} = -\frac{0{,}30\,M - 0{,}54\,M}{40\,\text{s} - 20\,\text{s}}$$

$$= 1{,}2 \times 10^{-2}\,M/s$$

▶ **Para praticar**
Com base nos dados da Figura 14.2, calcule a velocidade média de aparecimento de B ao longo do intervalo de 0 a 40 s.

TABELA 14.1 Dados da velocidade da reação de C_4H_9Cl com água

Tempo, t (s)	[C_4H_9Cl](M)	Velocidade média (M/s)
0,0	0,1000	$1,9 \times 10^{-4}$
50,0	0,0905	$1,7 \times 10^{-4}$
100,0	0,0820	$1,6 \times 10^{-4}$
150,0	0,0741	$1,4 \times 10^{-4}$
200,0	0,0671	$1,22 \times 10^{-4}$
300,0	0,0549	$1,01 \times 10^{-4}$
400,0	0,0448	$0,80 \times 10^{-4}$
500,0	0,0368	$0,560 \times 10^{-4}$
800,0	0,0200	
10.000	0	

Variação da velocidade com o tempo

O cloreto de butila (C_4H_9Cl) reage com a água para formar álcool butílico (C_4H_9OH) e ácido clorídrico:

$$C_4H_9Cl(aq) + H_2O(l) \longrightarrow C_4H_9OH(aq) + HCl(aq) \qquad [14.3]$$

Suponha que preparamos uma solução aquosa de C_4H_9Cl 0,1000 M e, em seguida, medimos a concentração de C_4H_9Cl em diferentes intervalos de tempo após o tempo zero (instante em que os reagentes são misturados e a reação é iniciada). Podemos usar os dados resultantes, mostrados nas duas primeiras colunas da **Tabela 14.1**, para calcular a velocidade média de desaparecimento do C_4H_9Cl em diferentes intervalos de tempo; essas velocidades são dadas na terceira coluna. Observe que a velocidade média diminui a cada intervalo de 50 s para as primeiras medidas e continua diminuindo ao longo de intervalos ainda maiores durante as medidas restantes. *É comum que a velocidade diminua durante a reação porque a concentração dos reagentes diminui.* A variação da velocidade durante a reação também é vista em um gráfico de [C_4H_9Cl] versus tempo (**Figura 14.3**). Observe como a inclinação da curva diminui com o tempo, indicando uma diminuição da velocidade da reação.

> **Resolva com ajuda da figura** A velocidade instantânea aumenta, diminui ou permanece igual à medida que a reação ocorre?

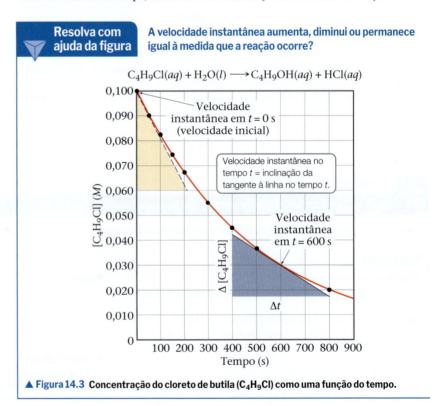

▲ **Figura 14.3** Concentração do cloreto de butila (C_4H_9Cl) como uma função do tempo.

Velocidade instantânea

Gráficos como os da Figura 14.3, que mostram como a concentração de um reagente ou produto varia ao longo do tempo, permitem que avaliemos a **velocidade instantânea** de uma reação, que é a velocidade em um determinado instante durante a reação. A velocidade instantânea é determinada a partir da inclinação da curva em um certo instante. Traçamos duas retas tangentes na Figura 14.3, uma linha tracejada que atravessa o ponto em $t = 0$ s e uma linha contínua que atravessa o ponto em $t = 600$ s. As inclinações dessas linhas tangentes indicam as velocidades instantâneas nesses dois pontos.* Para determinar a velocidade instantânea em 600 s, por exemplo, construímos linhas horizontais e verticais para formar o triângulo azul à direita na Figura 14.3. A inclinação da linha tangente é a razão entre a altura do lado vertical e o comprimento do lado horizontal:

$$\text{Velocidade instantânea} = -\frac{\Delta[C_4H_9Cl]}{\Delta t} = -\frac{(0{,}017 - 0{,}042)\,M}{(800 - 400)\,\text{s}}$$

$$= 6{,}3 \times 10^{-5}\,M/s$$

Nas discussões seguintes, o termo *"velocidade"* significa velocidade instantânea, a menos que se diga o contrário. A velocidade instantânea em $t = 0$ é chamada de *velocidade inicial* da reação. Para entender a diferença entre a velocidade média e a velocidade instantânea, imagine que você tenha acabado de dirigir 98 milhas em 2,0 horas. Sua velocidade média durante a viagem foi de 49 mi/h, mas sua velocidade instantânea em qualquer momento durante a viagem era a que estava no velocímetro naquele momento.

Exercício resolvido 14.2
Cálculo de uma velocidade instantânea da reação

Com base na Figura 14.4, calcule a velocidade instantânea de desaparecimento do C_4H_9Cl em $t = 0$ s (a velocidade inicial).

SOLUÇÃO

Analise Devemos determinar uma velocidade instantânea a partir de um gráfico da concentração do reagente em função do tempo.

Planeje Para obter a velocidade instantânea em $t = 0$ s, deve-se determinar a inclinação da curva em $t = 0$. A tangente é traçada no gráfico como a hipotenusa do triângulo laranja. A inclinação dessa linha reta é igual à variação no eixo vertical dividida pela variação correspondente no eixo horizontal (no caso desse exemplo, representa a variação na concentração em quantidade de matéria sobre a variação no tempo).

Resolva A linha tangente cai de $[C_4H_9Cl] = 0{,}100\,M$ para $0{,}060\,M$ na variação de tempo de 0 a 210 s. Assim, a velocidade inicial é:

$$\text{Velocidade} = -\frac{\Delta[C_4H_9Cl]}{\Delta t} = -\frac{(0{,}060 - 0{,}100)\,M}{(210 - 0)\,\text{s}}$$

$$= 1{,}9 \times 10^{-4}\,M/s$$

▶ **Para praticar**
Com base na Figura 14.4, determine a velocidade instantânea de desaparecimento do C_4H_9Cl em $t = 300$ s.

Velocidade das reações e estequiometria

Durante a discussão a respeito da reação hipotética da Figura 14.2, vimos que a estequiometria exige que a velocidade de desaparecimento de A seja igual à velocidade de aparecimento de B. Do mesmo modo, a estequiometria da Equação 14.3 indica que 1 mol de C_4H_9OH é produzido a cada mol de C_4H_9Cl consumido. Portanto, a velocidade de aparecimento de C_4H_9OH é igual à velocidade de desaparecimento de C_4H_9Cl:

$$\text{Velocidade} = -\frac{\Delta[C_4H_9Cl]}{\Delta t} = \frac{\Delta[C_4H_9OH]}{\Delta t}$$

O que acontece quando as relações estequiométricas não são de um para um? Por exemplo, considere a reação $2\,HI(g) \rightarrow H_2(g) + I_2(g)$. Podemos medir tanto a velocidade de

---

* Você pode querer rever a determinação gráfica de inclinações no Apêndice A. Se estiver familiarizado com cálculo, poderá reconhecer que a velocidade média se aproxima da velocidade instantânea à medida que o intervalo de tempo chega a zero. Esse limite, em cálculo diferencial, é o negativo da derivada da curva no tempo t, $-d\,[C_4H_9Cl]/dt$.

desaparecimento do HI quanto a velocidade de aparecimento do H_2 ou do I_2. Como 2 mols de HI desaparecem para cada mol de H_2 ou I_2 formado, a velocidade de desaparecimento do HI é o *dobro* da velocidade de aparecimento do H_2 ou do I_2. Contudo, de que maneira decidimos qual número deve ser usado para a velocidade da reação? Se monitorarmos o HI, o I_2 ou o H_2, veremos que as velocidades podem diferir por um fator de 2. Para corrigir esse problema, precisamos considerar a estequiometria da reação. Para chegar a um número para a velocidade da reação que independa de qual componente é medido, devemos dividir a velocidade de desaparecimento do HI por 2 (seu coeficiente na equação química balanceada):

$$\text{Velocidade} = -\frac{1}{2}\frac{\Delta[HI]}{\Delta t} = \frac{\Delta[H_2]}{\Delta t} = \frac{\Delta[I_2]}{\Delta t}$$

Em geral, para a reação

$$a\,A + b\,B \longrightarrow c\,C + d\,D$$

a velocidade é dada por:

$$\text{Velocidade} = -\frac{1}{a}\frac{\Delta[A]}{\Delta t} = -\frac{1}{b}\frac{\Delta[B]}{\Delta t} = \frac{1}{c}\frac{\Delta[C]}{\Delta t} = \frac{1}{d}\frac{\Delta[D]}{\Delta t} \qquad [14.4]$$

Quando falamos da velocidade de uma reação sem especificar um reagente ou produto, utilizamos a definição da Equação 14.4.*

Exercício resolvido 14.3
Relacionando velocidades com que produtos aparecem e reagentes desaparecem

(a) Como a velocidade com que o ozônio desaparece está relacionada com a velocidade com que o oxigênio aparece na reação $2\,O_3(g) \longrightarrow 3\,O_2(g)$?

(b) Se a velocidade com que o O_2 aparece, $\Delta[O_2]/\Delta t$, é de $6{,}0 \times 10^{-5}$ M/s em um determinado instante, a que velocidade o O_3 está desaparecendo no mesmo instante, $-\Delta[O_3]/\Delta t$?

SOLUÇÃO

Analise Com base na equação química balanceada, devemos relacionar a velocidade de aparecimento do produto com a velocidade de desaparecimento do reagente.

Planeje Podemos usar os coeficientes na equação química, como mostra a Equação 14.4, para expressar as velocidades relativas das reações.

Resolva

(a) Utilizando os coeficientes da equação balanceada e a relação dada pela Equação 14.4, temos:

$$\text{Velocidade} = -\frac{1}{2}\frac{\Delta[O_3]}{\Delta t} = \frac{1}{3}\frac{\Delta[O_2]}{\Delta t}$$

(b) Resolvendo a equação do item (a) para encontrar a velocidade com que o O_3 desaparece, $-\Delta[O_3]/\Delta t$, temos:

$$-\frac{\Delta[O_3]}{\Delta t} = \frac{2}{3}\frac{\Delta[O_2]}{\Delta t} = \frac{2}{3}(6{,}0 \times 10^{-5}\,M/s) = 4{,}0 \times 10^{-5}\,M/s$$

Confira Podemos aplicar um fator estequiométrico para converter a velocidade de formação de O_2 em velocidade de desaparecimento de O_3:

$$-\frac{\Delta[O_3]}{\Delta t} = \left(6{,}0 \times 10^{-5}\,\frac{\text{mols de } O_2/L}{s}\right)\left(\frac{2\text{ mols de } O_3}{3\text{ mols de } O_2}\right) = 4{,}0 \times 10^{-5}\,\frac{\text{mols de } O_3/L}{s}$$

$$= 4{,}0 \times 10^{-5}\,M/s$$

▶ **Para praticar**
Se a velocidade da decomposição do N_2O_5 na reação $2\,N_2O_5(g) \longrightarrow 4\,NO_2(g) + O_2(g)$ em determinado instante for $4{,}2 \times 10^{-7}$ M/s, qual será a velocidade do aparecimento do (a) NO_2 e do (b) O_2 nesse mesmo instante?

---

* A Equação 14.4 não é válida se substâncias diferentes de C e D forem formadas em quantidades significativas. Por exemplo, algumas vezes, a concentração de substâncias intermediárias aumenta antes que os produtos finais sejam formados. Nesse caso, a relação entre a velocidade de desaparecimento dos reagentes e a velocidade de aparecimento dos produtos não é dada pela Equação 14.4. Todas as reações cujas velocidades consideramos neste capítulo obedecem à Equação 14.4.

Exercícios de autoavaliação

EAA 14.1 Qual(is) das seguintes afirmações é(são) *verdadeira(s)*?
(i) À medida que a reação avança, espera-se que a velocidade aumente.
(ii) As velocidades da reação geralmente aumentam à medida que a temperatura aumenta.
(iii) As unidades da velocidade da reação normalmente são expressas em mol/s.

(a) Apenas uma das afirmações é verdadeira. (b) Apenas i e ii são verdadeiras. (c) Apenas i e iii são verdadeiras. (d) Apenas ii e iii são verdadeiras. (e) Todas as afirmações são verdadeiras.

EAA 14.2 As concentrações de A e B em função do tempo estão representadas na figura a seguir:

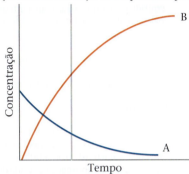

Qual(is) das seguintes afirmações é(são) *verdadeira(s)*?
(i) A estequiometria global da reação é A ⟶ B.
(ii) Considerando que a linha vertical no gráfico indica o tempo t, a velocidade instantânea do aparecimento de B é maior do que a velocidade instantânea do desaparecimento de A no tempo = t.

(a) i (b) ii (c) i e ii (d) nem i nem ii

EAA 14.3 O monóxido de nitrogênio (NO, também chamado de óxido nítrico) se combina com o oxigênio para formar dióxido de nitrogênio pela seguinte reação: $2\,NO(g) + O_2(g) \longrightarrow 2\,NO_2(g)$. Quando a velocidade da formação do $NO_2(g)$ é $5,5 \times 10^{-4}$ M/s, qual é a velocidade de desaparecimento do $O_2(g)$? (a) $3,0 \times 10^{-7}$ M/s (b) $2,8 \times 10^{-4}$ M/s (c) $5,5 \times 10^{-4}$ M/s, (d) $1,1 \times 10^{-3}$ M/s

14.2 | Leis de velocidade e constantes de velocidade: o método das velocidades iniciais

Uma maneira de estudar o efeito da concentração sobre a velocidade da reação é determinar de que maneira a velocidade inicial de uma reação depende das concentrações iniciais. Por exemplo, podemos estudar a velocidade da reação

$$NH_4^+(aq) + NO_2^-(aq) \longrightarrow N_2(g) + 2\,H_2O(l)$$

medindo a concentração de NH_4^+ ou NO_2^- como uma função do tempo ou medindo o volume de N_2 coletado como uma função do tempo. Uma vez que os coeficientes estequiométricos no NH_4^+, no NO_2^- e no N_2 são iguais, todas essas velocidades são iguais.

A **Tabela 14.2** mostra que alterar a concentração inicial de qualquer reagente altera a velocidade inicial da reação. Se duplicarmos $[NH_4^+]$ mantendo $[NO_2^-]$ constante, a

Objetivos de aprendizagem

Após terminar a Seção 14.2, você deve ser capaz de:
▶ Determinar a ordem da reação, a magnitude da constante de velocidade e as unidades da constante de velocidade, dadas a lei de velocidade e as concentrações iniciais dos reagentes.
▶ Usar o método das velocidades iniciais para determinar a lei de velocidade para uma reação.

TABELA 14.2 Dados de velocidade da reação entre íons amônia e nitrito em água a 25 °C

Número do experimento	Concentração de [NH$_4^+$] inicial (M)	Concentração de [NO$_2^-$] inicial (M)	Velocidade inicial observada (M/s)
1	0,0100	0,200	$5,4 \times 10^{-7}$
2	0,0200	0,200	$10,8 \times 10^{-7}$
3	0,0400	0,200	$21,5 \times 10^{-7}$
4	0,200	0,0202	$10,8 \times 10^{-7}$
5	0,200	0,0404	$21,6 \times 10^{-7}$
6	0,200	0,0808	$43,3 \times 10^{-7}$

OLHANDO DE PERTO | Uso de métodos espectroscópicos para a velocidade da reação: lei de Beer

Uma variedade de técnicas pode ser aplicada para monitorar a concentração do reagente e do produto durante uma reação, incluindo métodos espectroscópicos, baseados na capacidade das substâncias de absorver (ou emitir) luz. Estudos de cinética são, muitas vezes, realizados ao colocar a mistura reacional no compartimento de amostra de um *espectrômetro*, um instrumento que mede a quantidade de luz transmitida ou absorvida por uma amostra em diferentes comprimentos de onda. Para estudos de cinética, o espectrômetro é configurado para medir a luz absorvida em um comprimento de onda característico de um dos reagentes ou produtos. Por exemplo, na decomposição do HI(g) em H$_2$(g) e I$_2$(g), tanto o HI quanto o H$_2$ são incolores, enquanto o I$_2$ é violeta. Durante a reação, a cor violeta da mistura de reação torna-se mais intensa à medida que o I$_2$ é formado. Assim, luz visível de comprimento de onda adequado pode ser utilizada para monitorar a reação (**Figura 14.4**).

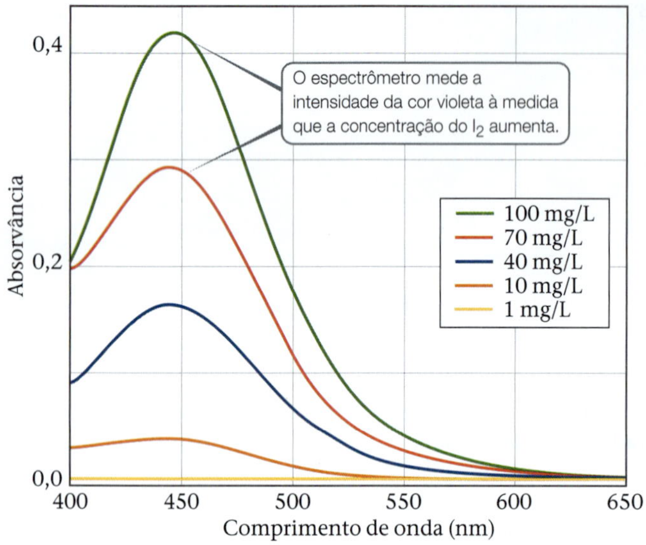

A **Figura 14.5** mostra os componentes de um espectrômetro. O espectrômetro mede, para vários comprimentos de onda, a quantidade de luz absorvida pela amostra e compara a intensidade da luz emitida pela fonte de luz com a intensidade da luz transmitida pela amostra. À medida que a concentração de I$_2$ aumenta e a sua cor torna-se mais intensa, a quantidade de luz absorvida pela mistura reacional aumenta, conforme a Figura 14.4, fazendo com que menos luz alcance o detector.

Como podemos relacionar a quantidade de luz detectada pelo espectrômetro com a concentração de uma espécie? A *lei de Beer* relaciona a quantidade de luz absorvida com a concentração da substância absorvente:

$$A = \varepsilon b c \quad [14.5]$$

Nessa equação, *A* é a absorvância medida, ε é a absortividade molar (característica da substância sendo monitorada em um determinado comprimento de onda de luz), *b* é o comprimento do caminho que a luz percorre e *c* é a concentração da substância absorvente. Assim, a concentração é diretamente proporcional à absorvância. Muitas empresas químicas e farmacêuticas usam rotineiramente a lei de Beer para calcular a concentração de soluções purificadas dos compostos produzidos. Quando estiver no laboratório, você também pode realizar um ou mais experimentos para aplicar a lei de Beer, relacionando a absorção da luz e a concentração.

Exercícios relacionados: 14.101, 14.102,
Elabore um experimento

▲ **Figura 14.4** Espectros visíveis de I$_2$ em diferentes concentrações.

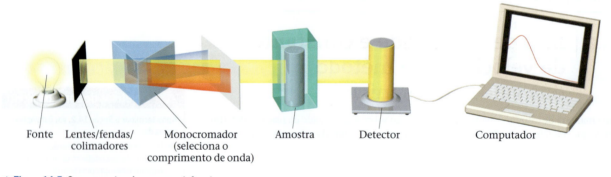

▲ **Figura 14.5** Componentes de um espectrômetro.

velocidade duplicará (compare os experimentos 1 e 2). Se aumentarmos [NH$_4^+$] por um fator de 4, mas deixarmos [NO$_2^-$] inalterada (experimentos 1 e 3), a velocidade variará em um fator de 4, e assim por diante.

Esses resultados indicam que a velocidade inicial da reação é proporcional a [NH$_4^+$]. Quando [NO$_2^-$] é alterado de maneira semelhante enquanto [NH$_4^+$] é mantida constante, a velocidade é afetada da mesma maneira. Assim, a velocidade também é diretamente proporcional à concentração de [NO$_2^-$].

Expressamos o modo como a velocidade depende das concentrações dos reagentes por meio da equação:

$$\text{Velocidade} = k[\text{NH}_4^+][\text{NO}_2^-] \quad [14.6]$$

Uma equação como a Equação 14.6, que mostra como a velocidade depende das concentrações dos reagentes, é chamada de **lei de velocidade**. Para a reação geral

$$a\text{A} + b\text{B} \longrightarrow c\text{C} + d\text{D}$$

a lei de velocidade geralmente tem a forma

$$\text{Velocidade} = k[A]^m[B]^n \qquad [14.7]$$

Observe que somente as concentrações dos reagentes costumam aparecer na lei de velocidade. A constante k é chamada de **constante de velocidade**. A magnitude de k é alterada com a temperatura e determina como a temperatura afeta a velocidade, como veremos na Seção 14.4. Os expoentes m e n são tipicamente números inteiros e pequenos, cujos valores não são necessariamente iguais aos coeficientes a e b da equação balanceada. Como aprenderemos a seguir, se conhecemos os valores de m e n em uma reação, podemos ter uma boa noção de cada etapa dela.

Uma vez identificada a lei de velocidade para uma reação e a velocidade da reação para um conjunto de concentrações de reagentes, podemos calcular o valor de k. Por exemplo, com base nos valores para o experimento 1 da Tabela 14.2, podemos substituir na Equação 14.6:

$$5{,}4 \times 10^{-7}\,M/s = k(0{,}0100\,M)(0{,}200\,M)$$

$$k = \frac{5{,}4 \times 10^{-7}\,M/s}{(0{,}0100\,M)(0{,}200\,M)} = 2{,}7 \times 10^{-4}\,M^{-1}s^{-1}$$

Pode-se verificar que esse mesmo valor de k é obtido ao utilizar qualquer um dos outros resultados experimentais da Tabela 14.2.

Uma vez que temos tanto a lei de velocidade quanto o valor de k para uma reação, podemos calcular a velocidade de reação para qualquer conjunto de concentrações. Por exemplo, aplicando a Equação 14.7 com $k = 2{,}7 \times 10^{-4}\,M^{-1}\,s^{-1}$, $m = 1$ e $n = 1$, podemos calcular a velocidade de $[NH_4^+] = 0{,}100\,M$ e de $[NO_2^-] = 0{,}100\,M$:

$$\text{Velocidade} = (2{,}7 \times 10^{-4}\,M^{-1}s^{-1})(0{,}100\,M)(0{,}100\,M) = 2{,}7 \times 10^{-6}\,M/s$$

Ordens de reação: os expoentes na lei de velocidade

A lei de velocidade tem a seguinte forma para a maioria das reações:

$$\text{Velocidade} = k[\text{reagente 1}]^m[\text{reagente 2}]^n \ldots \qquad [14.8]$$

Os expoentes m e n são chamados de **ordens de reação**. Na lei de velocidade para a reação do NH_4^+ com o NO_2^-:

$$\text{Velocidade} = k[NH_4^+][NO_2^-]$$

Como o expoente do $[NH_4^+]$ é 1, a velocidade no NH_4^+ é de primeira ordem. A velocidade também é de primeira ordem no NO_2^- (o expoente 1 não é mostrado em leis de velocidade). A **ordem global de reação** é a soma das ordens em relação a cada reagente representado na lei de velocidade. Assim, para a reação entre NH_4^+ e NO_2^-, a lei de velocidade tem uma ordem de reação global de $1 + 1 = 2$, e a reação é de *segunda ordem global*.

Os expoentes em uma lei de velocidade indicam como a velocidade é afetada pela concentração de cada reagente. Como a velocidade em que o NH_4^+ reage com o NO_2^- depende do $[NH_4^+]$ elevada à primeira potência, a velocidade duplica quando $[NH_4^+]$ é duplicada, triplica quando $[NH_4^+]$ triplica e assim por diante. Duplicar ou triplicar $[NO_2^-]$ também duplica ou triplica a velocidade. Se uma lei de velocidade é de segunda ordem em relação a um reagente, $[A]^2$, duplicar a concentração da substância faz com que a velocidade da reação quadruplique, pois $[2]^2 = 4$, enquanto triplicar a concentração faz com que a velocidade aumente nove vezes: $[3]^2 = 9$.

As equações a seguir são alguns exemplos adicionais de leis de velocidade determinadas experimentalmente:

$$2\,N_2O_5(g) \longrightarrow 4\,NO_2(g) + O_2(g) \quad \text{Velocidade} = k[N_2O_5] \qquad [14.9]$$

$$H_2(g) + I_2(g) \longrightarrow 2\,HI(g) \quad \text{Velocidade} = k[H_2][I_2] \qquad [14.10]$$

$$CHCl_3(g) + Cl_2(g) \longrightarrow CCl_4(g) + HCl(g) \quad \text{Velocidade} = k[CHCl_3][Cl_2]^{1/2} \qquad [14.11]$$

Embora os expoentes de uma lei de velocidade sejam, às vezes, os mesmos que os coeficientes da equação balanceada, esse não é necessariamente o caso, como mostram as Equações 14.9 e 14.11.

Para qualquer reação, a lei de velocidade deve ser determinada experimentalmente.

Na maioria das leis de velocidade, a ordem da reação é 0, 1 ou 2. No entanto, ocasionalmente, também encontramos leis de velocidade em que a ordem da reação é fracionária (como é o caso da Equação 14.11) ou até mesmo negativa.

Exercício resolvido 14.4
Relação de uma lei de velocidade com o efeito da concentração sobre a velocidade

Considere a reação A + B ⟶ C, cuja velocidade é $k[A][B]^2$. Cada uma das caixas a seguir representa uma mistura reacional, em que A é representado por esferas vermelhas e B, por esferas roxas. Disponha essas misturas em ordem crescente de velocidade de reação.

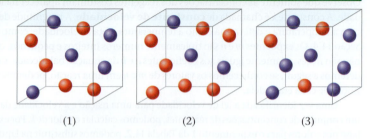

(1) (2) (3)

SOLUÇÃO
Analise A partir de três caixas com números diferentes de esferas, que representam misturas com diferentes concentrações de reagentes, devemos aplicar a lei de velocidade dada e a composição das caixas para classificar as misturas em ordem crescente de velocidade da reação.

Planeje Como as três caixas têm o mesmo volume, podemos colocar o número de esferas de cada tipo na lei de velocidade e calcular a velocidade para cada caixa.

Resolva A caixa 1 contém cinco esferas vermelhas e cinco roxas, com as seguintes velocidades:

$$\text{Caixa 1: Velocidade} = k(5)(5)^2 = 125k$$

A caixa 2 contém sete esferas vermelhas e três roxas:

$$\text{Caixa 2: Velocidade} = k(7)(3)^2 = 63k$$

A caixa 3 contém três esferas vermelhas e sete roxas:

$$\text{Caixa 3: Velocidade} = k(3)(7)^2 = 147k$$

A velocidade mais baixa é 63 k (caixa 2), e a maior é 147 k (caixa 3). Assim, as velocidades variam na ordem 2 < 1 < 3.

Confira Cada caixa contém 10 esferas. A lei de velocidade indica que, nesse caso, [B] tem maior influência sobre a velocidade de [A], pois apresenta uma ordem de reação maior. Portanto, a mistura com a maior concentração de B (maioria de esferas roxas) deve reagir mais rápido. Essa análise confirma a ordem 2 < 1 < 3.

▶ **Para praticar**
Considerando que velocidade = $k[A][B]$, ordene as misturas representadas neste Exercício resolvido em ordem crescente de velocidade.

Magnitudes e unidades da constante de velocidade

Se químicos quiserem comparar reações para avaliar quais são relativamente rápidas e quais são relativamente lentas, devem considerar a constante de velocidade. Como regra geral, um valor alto de k ($\sim 10^9$ ou maior) significa uma reação rápida, e um valor baixo de k (10 ou inferior) significa uma reação lenta.

As unidades da constante de velocidade dependem da ordem global de reação da lei de velocidade. Por exemplo, em uma reação de segunda ordem global, as unidades da constante de velocidade devem satisfazer a equação:

Unidades de velocidade = (unidades da constante de velocidade)(unidades de concentração)^2

Portanto, em concentração em quantidade de matéria, que é a unidade que costumamos usar para concentração, e segundos, a unidade usual para tempo, temos:

$$\text{Unidades da constante de velocidade} = \frac{\text{unidades de velocidade}}{(\text{unidades de concentração})^2} = \frac{M/s}{M^2} = M^{-1}s^{-1}$$

Exercício resolvido 14.5
Determinação das ordens de reação e das unidades das constantes de velocidade

(a) Quais são as ordens globais de reação para as reações descritas nas Equações 14.9 e 14.11?
(b) Quais são as unidades da constante de velocidade para a lei de velocidade da Equação 14.9?

SOLUÇÃO
Analise Partindo das duas leis de velocidade e devemos expressar (a) a ordem global de reação para cada e (b) as unidades para a constante de velocidade da primeira reação.

Planeje A ordem global de reação representa a soma dos expoentes da lei de velocidade. As unidades para a constante de velocidade, k, são encontradas ao utilizar as unidades normais para a velocidade (M/s) e a concentração (M) na lei de velocidade, e aplicamos álgebra para encontrar k.

Resolva

(a) A velocidade da reação na Equação 14.9 é de primeira ordem em N_2O_5 e de primeira ordem global. A reação na Equação 14.11 é de primeira ordem no $CHCl_3$ e de meia ordem no Cl_2. A ordem global de reação é de três meios.

(b) Para a lei de velocidade da Equação 14.9, temos:

$$\text{Unidades da constante de velocidade} = \frac{\text{unidades de velocidade}}{(\text{unidades de concentração})}$$

então,

$$\text{Unidades da constante de velocidade} = \frac{\text{unidades de velocidade}}{\text{unidades de concentração}} = \frac{M/s}{M} = s^{-1}$$

Assim, se a ordem da reação muda, as unidades da constante de velocidade também mudam.

> **Para praticar**
> (a) Qual é a ordem de reação do reagente H_2 na Equação 14.10?
> (b) Quais são as unidades da constante de velocidade da Equação 14.10?

Aplicação da velocidade inicial para determinar a lei de velocidade

Vimos que a lei de velocidade para a maioria das reações tem a forma geral

$$\text{Velocidade} = k[\text{reagente 1}]^m[\text{reagente 2}]^n \ldots$$

Assim, a tarefa de determinar a lei de velocidade transforma-se na de determinar as ordens de reação, m e n. Na maioria das reações, as ordens de reação são 0, 1 ou 2. Como notado anteriormente nesta seção, podemos usar a resposta da velocidade de reação para alterar a concentração inicial e determinar a ordem da reação.

Ao trabalhar com leis de velocidade, é importante perceber que a *velocidade* de uma reação depende da concentração, mas a *constante de velocidade*, não. Como veremos mais adiante neste capítulo, as constantes de velocidade (e, consequentemente, a velocidade da reação) são afetadas pela temperatura e pela presença de um catalisador.

Exercício resolvido 14.6
Determinação da lei de velocidade com base nos dados da velocidade inicial

A velocidade inicial de uma reação A + B ⟶ C foi medida para várias concentrações iniciais diferentes de A e B, e os resultados são os seguintes:

Número do experimento	[A](M)	[B](M)	Velocidade inicial (M/s)
1	0,100	0,100	$4,0 \times 10^{-5}$
2	0,100	0,200	$4,0 \times 10^{-5}$
3	0,200	0,100	$16,0 \times 10^{-5}$

Com base nos dados apresentados, determine (a) a lei de velocidade para a reação, (b) a constante de velocidade e (c) a velocidade da reação quando [A] = 0,050 M e [B] = 0,100 M.

SOLUÇÃO

Analise Com base na tabela de dados que relacionam as concentrações de reagentes com as velocidades iniciais de reação, devemos determinar (a) a lei de velocidade, (b) a constante de velocidade e (c) a velocidade da reação para um conjunto de concentrações não listadas na tabela.

Planeje (a) Consideramos que a lei de velocidade tem a seguinte forma: Velocidade = $k[A]^m[B]^n$. Usaremos os dados fornecidos para deduzir as ordens de reação m e n, determinando como as variações na concentração afetam a velocidade. (b) Conhecendo m e n, podemos usar a lei de velocidade e um dos conjuntos de dados para determinar a constante de velocidade, k. (c) Ao determinar a constante de velocidade e as ordens de reação, podemos usar a lei de velocidade com as concentrações indicadas para calcular a velocidade.

Resolva

(a) Se compararmos os experimentos 1 e 2, veremos que [A] é mantida constante e [B] é duplicada. Assim, esse par de experimentos mostra como [B] afeta a velocidade, o que nos permite deduzir a ordem da lei de velocidade com relação a B.

$$\frac{\text{Velocidade 1}}{\text{Velocidade 2}} = \frac{k[A_1]^m[B_1]^n}{k[A_2]^m[B_2]^n}$$

Inserindo os valores de velocidade e concentração dos experimentos, obtemos:

$$\frac{4,0 \times 10^{-5} \, M/s}{4,0 \times 10^{-5} \, M/s} = \frac{k[0,100 \, M]^m[0,100 \, M]^n}{k[0,100 \, M]^m[0,200 \, M]^n}$$

$$1 = (1/2)^n$$

A única forma como essa equação pode ser verdadeira é se $n = 0$. Portanto, a lei de velocidade é de ordem zero em B, o que significa que a velocidade independe de [B].

(Continua)

576 Química: a ciência central

Nos experimentos 1 e 3, [B] é mantida constante, então os dados nos permitem determinar a ordem da lei de velocidade com relação a [A].	$\dfrac{\text{Velocidade 1}}{\text{Velocidade 3}} = \dfrac{k[A_1]^m[B_1]^n}{k[A_3]^m[B_3]^n}$
Inserindo os valores de velocidade e concentração dos experimentos, obtemos: Como a velocidade aumenta por um fator de 4 quando [A] dobra, podemos concluir que $m = 2$ e que a lei de velocidade é de segunda ordem em A.	$\dfrac{16{,}0 \times 10^{-5}\,M/s}{4{,}0 \times 10^{-5}\,M/s} = \dfrac{k[0{,}200\,M]^m[0{,}100\,M]^n}{k[0{,}100\,M]^m[0{,}100\,M]^n}$ $4 = (2)^m$
Combinando esses resultados, chegamos à lei de velocidade:	Velocidade $= k[A]^2[B]^0 = k[A]^2$
(b) Aplicando a lei de velocidade e os dados do experimento 1, temos:	$k = \dfrac{\text{velocidade}}{[A]^2} = \dfrac{4{,}0 \times 10^{-5}\,M/s}{(0{,}100\,M)^2} = 4{,}0 \times 10^{-3}\,M^{-1}s^{-1}$
(c) Usando a lei de velocidade do item (a) e a constante de velocidade do item (b), temos: Como [B] não é parte da lei de velocidade, é irrelevante para a velocidade se houver pelo menos algum B presente para reagir com A.	Velocidade $= k[A]^2$ $= (4{,}0 \times 10^{-3}\,M^{-1}s^{-1})(0{,}050\,M)^2$ $= 1{,}0 \times 10^{-5}\,M/s$

Confira Uma boa maneira de verificar a lei de velocidade é usar as concentrações dos experimentos 2 ou 3 e ver se podemos calcular corretamente a velocidade. Usando os dados do experimento 3, temos:

Velocidade $= k[A]^2 = (4{,}0 \times 10^{-3}\,M^{-1}s^{-1})(0{,}200\,M)^2$
$= 1{,}6 \times 10^{-4}\,M/s$

Assim, a lei de velocidade reproduz corretamente os dados, dando o número e as unidades corretas para a velocidade.

▶ **Para praticar**
Os seguintes dados foram medidos para a reação entre o óxido nítrico e o hidrogênio:

$$2\,NO(g) + 2\,H_2(g) \longrightarrow N_2(g) + 2\,H_2O(g)$$

Número do experimento	[NO](M)	[H₂](M)	Velocidade inicial (M/s)
1	0,10	0,10	$1{,}23 \times 10^{-3}$
2	0,10	0,20	$2{,}46 \times 10^{-3}$
3	0,20	0,10	$4{,}92 \times 10^{-3}$

(a) Determine a lei de velocidade para essa reação.
(b) Calcule a constante de velocidade.
(c) Calcule a velocidade quando [NO] = 0,050 M e [H₂] = 0,150 M.

 Exercícios de autoavaliação

EAA 14.4 A lei de velocidade para a reação, $2\,NO(g) + 2H_2(g) \longrightarrow N_2(g) + 2\,H_2O(g)$, é de primeira ordem em H_2 e de segunda ordem em NO. O que acontece com a velocidade quando as concentrações de H_2 e de NO dobram? **(a)** A velocidade dobra. **(b)** A velocidade aumenta por um fator de 4. **(c)** A velocidade aumenta por um fator de 8. **(d)** A velocidade aumenta por um fator de 16.

EAA 14.5 Os dados a seguir foram coletados para a reação $CH_3Br(aq) + OH^-(aq) \longrightarrow CH_3OH(aq) + Br^-(aq)$.

Experimento	[CH₃Br] (M)	[OH⁻] (M)	Velocidade inicial (M/s)
1	0,010	0,015	0,0415
2	0,010	0,030	0,0830
3	0,030	0,015	0,125

Qual é a lei de velocidade para a reação?
(a) Velocidade $= k[CH_3Br][OH^-]$ **(c)** Velocidade $= k[CH_3Br][OH^-]^2$
(b) Velocidade $= k[CH_3Br]^2[OH^-]$ **(d)** Velocidade $= k[CH_3Br]^2[OH^-]^2$

EAA 14.6 Qual(is) das seguintes afirmações é(são) *verdadeira(s)*?
(i) Todas as constantes de velocidade têm unidades s^{-1}.
(ii) A lei de velocidade para a reação $A + B \longrightarrow C + D$ deve ser de primeira ordem em A e de primeira ordem em B.
(iii) Para duas reações de primeira ordem global, aquela com a maior constante de velocidade será a mais rápida.

(a) apenas i **(b)** apenas ii **(c)** apenas iii **(d)** Duas entre i, ii e iii **(e)** nenhuma

EAA 14.7 Os dados a seguir foram coletados para a reação $2\,NO(g) + Cl_2(g) \longrightarrow 2\,NOCl(g)$.

Experimento	[NO] (M)	[Cl₂] (M)	Velocidade inicial (M/s)
1	0,150	0,200	0,00475
2	0,150	0,300	0,00713
3	0,300	0,200	0,0190

Preveja a velocidade inicial quando [NO] inicial = 0,450 M e [Cl₂] inicial = 0,450 M. **(a)** 0,00475 M/s **(b)** 0,0321 M/s **(c)** 0,0721 M/s **(d)** 0,0962 M/s

14.3 | Lei de velocidade integrada

As leis de velocidade que examinamos até o momento nos permitem calcular a velocidade inicial de uma reação com base na constante de velocidade e nas concentrações iniciais dos reagentes. Nesta seção, vamos mostrar que as leis de velocidade também podem ser convertidas em equações que descrevem como as concentrações de reagentes ou produtos variam em função do tempo. A matemática necessária para realizar essa conversão envolve cálculo diferencial e integral. Não esperamos que você seja capaz de realizar os cálculos, mas é importante ser capaz de usar as equações resultantes. Vamos aplicar essa conversão em três das leis de velocidade mais simples: as de primeira ordem global, as de segunda ordem global e as de ordem zero global.

> **Objetivos de aprendizagem**
>
> Após terminar a Seção 14.3, você deve ser capaz de:
>
> ▶ Diferenciar entre reações de ordem zero, de primeira ordem e de segunda ordem com base em como as concentrações variam em função do tempo.
> ▶ Usar expressões da lei de velocidade integrada para calcular as concentrações dos reagentes e produtos em um determinado momento.
> ▶ Analisar a lei de velocidade integrada para obter a meia-vida de uma reação.

Reações de primeira ordem

Uma **reação de primeira ordem** é aquela na qual a velocidade depende da concentração de um único reagente elevada à primeira potência. Se uma reação do tipo A ⟶ produtos é de primeira ordem, a lei de velocidade é:

$$\text{Velocidade} = -\frac{\Delta[A]}{\Delta t} = k[A]$$

Essa forma de lei de velocidade, que expressa como a velocidade depende da concentração, é chamada de *lei de velocidade diferencial*. Aplicando a operação de cálculo denominada integração, essa relação pode ser transformada em uma equação conhecida como *lei de velocidade integrada* para uma reação de primeira ordem que relaciona a concentração inicial de A, $[A]_0$, à sua concentração em qualquer outro momento t, $[A]_t$:

$$\ln[A]_t - \ln[A]_0 = -kt \quad \text{ou} \quad \ln\frac{[A]_t}{[A]_0} = -kt \qquad [14.12]$$

A função "ln" na Equação 14.12 representa o logaritmo natural (Apêndice A.2). A Equação 14.12 também pode ser rearranjada para:

$$\ln[A]_t = -kt + \ln[A]_0 \qquad [14.13]$$

As Equações 14.12 e 14.13 podem ser usadas com quaisquer unidades de concentração, desde que as unidades sejam iguais para $[A]_t$ e $[A]_0$. Em soluções, a unidade usual é a concentração em quantidade de matéria. Quando trabalhamos com gases, podemos usar a pressão como uma concentração nas Equações 14.12 e 14.13. Essa substituição é possível porque a lei do gás ideal (ver Seção 10.3) determina que, a uma temperatura constante, a pressão é diretamente proporcional à concentração (n/V).

Para uma reação de primeira ordem, as Equações 14.12 ou 14.13 podem ser usadas de várias maneiras. Conhecendo qualquer uma das três quantidades seguintes, podemos encontrar a quarta: k, t, $[A]_0$ e $[A]_t$. Assim, você pode usar essas equações para determinar: (1) a concentração residual de um reagente em qualquer momento após o início da reação; (2) o intervalo de tempo necessário para que uma dada fração de uma amostra reaja; ou (3) o intervalo de tempo necessário para que a concentração de um reagente caia para um certo nível.

A Equação 14.13 pode ser usada para verificar se uma reação é de primeira ordem e para determinar sua constante de velocidade. Essa equação tem a forma da equação global de uma reta, $y = mx + b$, em que m é a inclinação e b é a interceptação em y da reta (Apêndice A.4):

$$\ln[A]_t = -kt + \ln[A]_0$$
$$y = mx + b$$

Portanto, para uma reação de primeira ordem, um gráfico de $\ln[A]_t$ versus tempo resulta em uma linha reta com uma inclinação de $-k$ e uma interceptação em y de $\ln[A]_0$. Uma reação que não é de primeira ordem não resultará em uma linha reta.

Como exemplo, considere a conversão de isonitrila de metila (CH_3NC) em seu isômero acetonitrila (CH_3CN) (**Figura 14.6**). Como os experimentos mostram que a reação é de primeira ordem, a concentração de CH_3 varia com o tempo de acordo com a lei de velocidade integrada na Equação 14.13:

$$\ln[CH_3NC]_t = -kt + \ln[CH_3NC]_0$$

Isonitrila de metila

Acetonitrila

▲ **Figura 14.6** A reação de primeira ordem de conversão CH_3NC em CH_3CN.

Resolva com ajuda da figura Por que a inclinação da linha no item (b) é negativa?

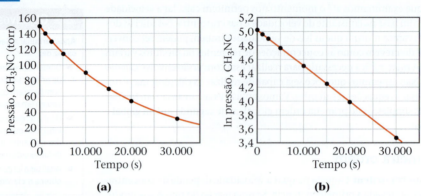

▲ **Figura 14.7** Dados cinéticos para a conversão de isonitrila de metila em acetonitrila.

Conduzimos a reação a uma temperatura na qual ambas as substâncias são gasosas (199 °C). A **Figura 14.7**(**a**) mostra a forma como a pressão do $CH_3NC(g)$ varia com o tempo. A Figura 14.7(b) mostra que um gráfico do logaritmo natural da pressão versus tempo é uma linha reta. A inclinação dessa linha é $-5,1 \times 10^{-5}$ s^{-1}. (Confirme isso por si mesmo, mas lembre-se de que seu resultado pode variar um pouco do nosso por causa de imprecisões associadas à leitura do gráfico.) Como a inclinação da linha é igual a $-k$, a constante de velocidade para essa reação é igual a $5,1 \times 10^{-5}$ s^{-1}.

Exercício resolvido 14.7
Uso da lei de velocidade integrada

A decomposição de determinado inseticida em água a 12 °C segue uma cinética de primeira ordem com uma constante de velocidade de 1,45 ano^{-1}. Uma quantidade desse inseticida foi derramada em um lago no dia 1º de junho, chegando a uma concentração de $5,0 \times 10^{-7}$ g/cm^3. Considere que a temperatura do lago permanece constante (ou seja, não haverá efeitos de variação da temperatura sobre a velocidade). (**a**) Qual é a concentração do inseticida no dia 1º de junho do ano seguinte? (**b**) Quanto tempo levará para que a concentração do inseticida diminua para $3,0 \times 10^{-7}$ g/cm^3?

SOLUÇÃO

Analise Partindo da constante de velocidade de uma reação que obedece à cinética de primeira ordem, bem como de informações sobre concentrações e tempo, devemos calcular a quantidade de reagente (inseticida) residual depois de um ano. Também é necessário determinar o intervalo de tempo necessário para atingir determinada concentração de inseticida.

Planeje No item (a), temos a concentração, um período de tempo e a concentração inicial do reagente, então podemos usar a Equação 14.13 para determinar a concentração do reagente após a passagem de um ano. No item (b), temos as concentrações inicial e final e a constante de velocidade. Nesse caso, podemos utilizar a Equação 14.13 para calcular quanto tempo deve passar até atingirmos a concentração desejada.

Resolva

(**a**) Substituindo as quantidades conhecidas na Equação 14.13, temos:	$\ln[\text{inseticida}]_{t=1\text{ano}} = -(1,45 \text{ ano}^{-1})(1,00 \text{ ano}) + \ln(5,0 \times 10^{-7})$
Usamos a função ln em uma calculadora para avaliar o segundo termo à direita, ou seja, $\ln(5,0 \times 10^{-7})$], e obtemos:	$\ln[\text{inseticida}]_{t=1\text{ano}} = -1,45 + (-14,51) = -15,96$
Para obter $[\text{inseticida}]_{t=1\text{ano}}$, usamos a função de logaritmo natural inverso, ou e^x, na calculadora:	$[\text{inseticida}]_{t=1\text{ano}} = e^{-15,96} = 1,2 \times 10^{-7}$ g/cm^3
Observe que as unidades de concentração para $[A]_t$ e $[A]_0$ devem ser iguais.	
(**b**) Substituindo novamente na Equação 14.13, com $[\text{inseticida}]_t = 3,0 \times 10^{-7}$ g/cm^3, temos:	$\ln(3,0 \times 10^{-7}) = -(1,45 \text{ ano}^{-1})(t) + \ln(5,0 \times 10^{-7})$

Ao resolver para encontrar t, obtemos:

$$t = -[\ln(3,0 \times 10^{-7}) - \ln(5,0 \times 10^{-7})]/1,45 \text{ ano}^{-1}$$
$$= -(-15,02 + 14,51)/1,45 \text{ ano}^{-1} = 0,35 \text{ ano}$$

Confira No item (a), a concentração remanescente depois de um ano (isto é, $1,2 \times 10^{-7} \text{g/cm}^3$) é menor que a concentração original ($5,0 \times 10^{-7} \text{g/cm}^3$), como deveria ser. Em (b), a concentração dada ($3,0 \times 10^{-7} \text{g/cm}^3$) é maior que a restante após um ano, indicando que o tempo deve ser inferior a um ano. Assim, $t = 0,35$ ano é uma resposta razoável.

▶ **Para praticar**

A decomposição do éter dimetílico, $(CH_3)_2O$, a 510 °C é um processo de primeira ordem com constante de velocidade de $6,8 \times 10^{-4} \text{ s}^{-1}$:

$$(CH_3)_2O(g) \longrightarrow CH_4(g) + H_2(g) + CO(g)$$

Se a pressão inicial do $(CH_3)_2O$ é 135 torr, qual é a pressão dele depois de 1.420 s?

Reações de segunda ordem

Uma **reação de segunda ordem** é aquela na qual a velocidade depende da concentração de um reagente elevada à segunda potência ou das concentrações de dois reagentes elevadas cada uma à primeira potência. Para simplificar, vamos considerar reações do tipo A ⟶ produtos, ou A + B ⟶ produtos de segunda ordem em apenas um reagente, A:

$$\text{Velocidade} = -\frac{\Delta[A]}{\Delta t} = k[A]^2$$

Com o uso do cálculo diferencial e integral, essa lei de velocidade diferencial pode ser utilizada para derivar a lei de velocidade integrada para reações de segunda ordem:

$$\frac{1}{[A]_t} = kt + \frac{1}{[A]_0} \quad [14.14]$$

Essa equação, assim como a Equação 14.13, tem quatro variáveis, k, t, $[A]_0$ e $[A]_t$, e qualquer uma delas pode ser calculada se conhecermos o valor das outras três. A Equação 14.14 também tem a forma de uma linha reta ($y = mx + b$). Se a reação é de segunda ordem, um gráfico de $1/[A]_t$ versus t produz uma linha reta com uma inclinação k e interceptação em $y = 1/[A]_0$. Uma forma de distinguir leis de velocidade de primeira e de segunda ordem é representar graficamente tanto $\ln[A]_t$ quanto $1/[A]_t$ versus t. Se o gráfico $\ln[A]_t$ for linear, a reação será de *primeira* ordem; se o gráfico $1/[A]_t$ for linear, a reação será de *segunda* ordem.

Exercício resolvido 14.8
Determinação da ordem de reação com base na lei de velocidade integrada

Os seguintes dados foram obtidos para a decomposição em fase gasosa do dióxido de nitrogênio a 300 °C, $NO_2(g) \longrightarrow NO(g) + \frac{1}{2}O_2(g)$. A reação é de primeira ou de segunda ordem no NO_2?

Tempo (s)	[NO₂] (M)
0,0	0,01000
50,0	0,00787
100,0	0,00649
200,0	0,00481
300,0	0,00380

SOLUÇÃO

Analise Com base nas concentrações de um reagente em vários momentos durante a reação, devemos determinar se a reação é de primeira ou segunda ordem.

Planeje Podemos colocar $\ln[NO_2]$ e $1/[NO_2]$ em gráficos versus tempo. Se um dos dois gráficos for linear, saberemos se a reação é de primeira ou segunda ordem.

Resolva
Para representar graficamente $\ln[NO_2]$ e $1/[NO_2]$ versus tempo, primeiro fazemos os seguintes cálculos com base nos dados fornecidos:

Tempo (s)	[NO₂](M)	ln[NO₂]	1/[NO₂] (1/M)
0,0	0,01000	−4,605	100
50,0	0,00787	−4,845	127
100,0	0,00649	−5,037	154
200,0	0,00481	−5,337	208
300,0	0,00380	−5,573	263

(Continua)

Como mostra a **Figura 14.8**, apenas o gráfico de 1/[NO₂] versus tempo é linear. Assim, a reação segue a lei de velocidade de segunda ordem: Velocidade = $k[NO_2]^2$. Da inclinação desse gráfico em linha reta, determinamos que $k = 0,543\ M^{-1}\ s^{-1}$ para o desaparecimento de NO_2.

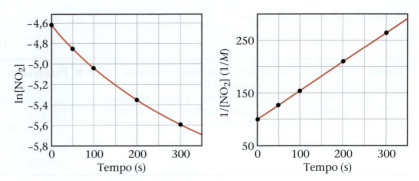

▲ **Figura 14.8** Dados cinéticos para a decomposição do NO_2.

▶ **Para praticar**
A decomposição do NO_2 discutida neste Exercício resolvido é de segunda ordem no NO_2 com $k = 0,543\ M^{-1}\ s^{-1}$. Se a concentração inicial de NO_2 em um recipiente fechado for de 0,0500 M, qual será a concentração desse reagente depois de 0,500 h?

Reações de ordem zero

Em uma reação de primeira ordem, a concentração de um reagente A diminui de maneira não linear, como mostra a curva em vermelho na **Figura 14.9**. À medida que [A] diminui, a *velocidade* com que ele desaparece diminui proporcionalmente. Uma **reação de ordem zero** é aquela em que a velocidade de desaparecimento de A é *independente* de [A]. A lei de velocidade para uma reação de ordem zero é:

$$\text{Velocidade} = \frac{-\Delta[A]}{\Delta t} = k \qquad [14.15]$$

A lei de velocidade integrada para uma reação de ordem zero é:

$$[A]_t = -kt + [A]_0 \qquad [14.16]$$

em que $[A]_t$ representa a concentração de A no tempo t e $[A]_0$ é a concentração inicial de A. Essa é a equação de uma reta com interseção vertical em $[A]_0$ e inclinação $-kt$, como indica a curva azul na Figura 14.9.

| **Resolva com ajuda da figura** | Em que momentos durante a reação você teria dificuldade para distinguir uma reação de ordem zero de uma reação de primeira ordem? |

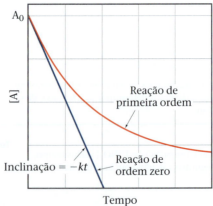

▲ **Figura 14.9** Comparação das reações de primeira ordem e de ordem zero para o desaparecimento do reagente A com o tempo.

O tipo mais comum de reação de ordem zero ocorre quando um gás é submetido a uma decomposição na superfície de um sólido. Se a superfície é completamente coberta por moléculas em decomposição, a velocidade da reação é constante, porque o número de moléculas de reagentes na superfície é constante, desde que haja alguma substância residual na fase gasosa.

Meia-vida

A **meia-vida** de uma reação, $t_{1/2}$, é o tempo necessário para que a concentração de uma reação atinja metade do seu valor inicial, $[A]_{t_{1/2}} = \frac{1}{2}[A]_0$. A meia-vida é uma maneira conveniente de descrever a velocidade de uma reação, especialmente se ela é um processo de primeira ordem. Uma reação rápida tem meia-vida curta.

Podemos determinar a meia-vida de uma reação de primeira ordem substituindo $[A]_{t_{1/2}} = \frac{1}{2}[A]_0$ para $[A]_t$ e $t_{1/2}$ para t na Equação 14.12:

$$\ln\frac{\frac{1}{2}[A]_0}{[A]_0} = -kt_{1/2}$$

$$\ln\frac{1}{2} = -kt_{1/2}$$

$$t_{1/2} = -\frac{\ln\frac{1}{2}}{k} = \frac{0{,}693}{k} \qquad [14.17]$$

Para uma lei de velocidade de primeira ordem, a Equação 14.17 mostra que $t_{1/2}$ *não* depende da concentração inicial de qualquer reagente. Consequentemente, a meia-vida permanece constante ao longo da reação. Se, por exemplo, a concentração de um reagente for 0,120 M em algum momento da reação, ela será $\frac{1}{2}(0{,}120\,M) = 0{,}060\,M$ após uma meia-vida. Depois de mais uma meia-vida, a concentração vai cair para 0,030 M e assim por diante. A Equação 14.17 também indica que, para uma reação de primeira ordem, podemos calcular $t_{1/2}$ se soubermos o valor de k e calcular k se soubermos o valor de $t_{1/2}$.

A variação na concentração ao longo do tempo para o rearranjo de primeira ordem de isonitrila de metila gasosa a 199 °C é representada graficamente na **Figura 14.10**. Uma vez que a concentração desse gás é diretamente proporcional à sua pressão durante a reação, optou-se pela pressão em vez da concentração nesse gráfico. A primeira meia-vida ocorre a 13.600 s (3,78 h). Depois de 13.600 s, a pressão da isonitrila de metila (e, por conseguinte, a concentração) diminuiu para metade da metade, ou seja, um quarto do valor inicial.

Em uma reação de primeira ordem, a concentração do reagente diminui pela metade a cada série de intervalos regulares de tempo, e cada intervalo é igual a $t_{1/2}$.

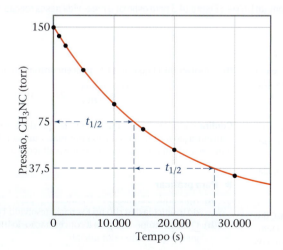

▲ **Figura 14.10** Dados cinéticos para o rearranjo em fase gasosa da isonitrila de metila em acetonitrila a 199 °C, mostrando a meia-vida da reação.

QUÍMICA E SUSTENTABILIDADE | Brometo de metila na atmosfera

Os compostos conhecidos como clorofluorcarbonetos (CFC) são responsáveis pela destruição da camada de ozônio da Terra, que, como veremos no Capítulo 18, nos protege da radiação ultravioleta nociva. Outra molécula simples com potencial de destruir a camada de ozônio da estratosfera é o brometo de metila, CH₃Br (**Figura 14.11**). Como essa substância tem uma grande variedade de usos, incluindo no tratamento antifúngico de sementes de plantas, ela foi produzida em grandes quantidades no passado (cerca de 68 mil toneladas por ano em todo o mundo em 1997, no auge de sua produção). Na estratosfera, a ligação C — Br é quebrada por meio da absorção de radiação de menor comprimento de onda. Os átomos de Br resultantes catalisam a decomposição do O₃.

O brometo de metila é removido da atmosfera inferior por uma variedade de mecanismos, incluindo uma reação lenta com a água do mar:

$$CH_3Br(g) + H_2O(l) \longrightarrow CH_3OH(aq) + HBr(aq) \qquad [14.18]$$

Para determinar a importância do CH₃Br na destruição da camada de ozônio, é importante saber quão rapidamente a reação na Equação 14.18 e todas as outras reações removem o CH₃Br da atmosfera inferior antes que ele possa se difundir na estratosfera.

O tempo de vida médio do CH₃Br na atmosfera inferior da Terra é difícil de medir, porque as condições da atmosfera são complexas demais para serem simuladas no laboratório. Em vez disso, cientistas analisaram quase 4 mil amostras atmosféricas recolhidas acima do Oceano Pacífico para verificar a presença de várias substâncias orgânicas vestigiais, incluindo o brometo de metila. Com base nessas medições, foi possível estimar o *tempo de residência atmosférica* para o CH₃Br.

O tempo de residência atmosférica está relacionado com a meia-vida do CH₃Br na atmosfera inferior, considerando que o CH₃Br se decompõe por um processo de primeira ordem. Com base nos dados experimentais, a meia-vida do brometo de metila na atmosfera inferior é estimada em 0,8 ± 0,1 ano. Isto é, um conjunto de moléculas de CH₃Br presentes em qualquer determinado momento vai, em média, ser 50% decomposto após 0,8 ano, 75% decomposto após 1,6 ano e assim por diante. A meia-vida de 0,8 ano, embora seja relativamente curta, ainda é longa o suficiente para que o CH₃Br contribua para a destruição da camada de ozônio.

Em 1997, foi feito um acordo internacional para eliminar progressivamente a utilização de brometo de metila nos países desenvolvidos até 2005. Embora tenham sido concedidas licenças para usos agrícolas essenciais, o consumo global desde a eliminação gradual da substância é apenas uma fração dos níveis observados no início da década de 1990.

▲ **Figura 14.11** Distribuição e destino do brometo de metila na atmosfera da Terra.

Exercício relacionado: 14.122

Exercício resolvido 14.9
Determinação da meia-vida de uma reação de primeira ordem

A reação entre o C₄H₉Cl e a água é uma reação de primeira ordem. **(a)** Utilize a Figura 14.3 para estimar a meia-vida dessa reação. **(b)** Use a meia-vida de (a) para calcular a constante de velocidade da reação.

SOLUÇÃO

Analise Devemos estimar a meia-vida de uma reação com base em um gráfico da concentração versus tempo. Em seguida, será necessário usar a meia-vida para calcular a constante de velocidade da reação.

Planeje

(a) Para estimar uma meia-vida, podemos selecionar uma concentração e, em seguida, determinar o tempo necessário para a concentração diminuir para a metade desse valor.

(b) A Equação 14.17 é utilizada para calcular a constante de velocidade com base na meia-vida.

Resolva

(a) Com base no gráfico, vemos que o valor inicial de [C₄H₉Cl] é 0,100 *M*. A meia-vida para essa reação de primeira ordem é o tempo necessário para [C₄H₉Cl] diminuir para 0,050 *M*, que podemos ler no gráfico. Esse ponto ocorre em aproximadamente 340 s.

(b) Resolvendo a Equação 14.17 para encontrar *k*, temos:

$$k = \frac{0{,}693}{t_{1/2}} = \frac{0{,}693}{340 \text{ s}} = 2{,}0 \times 10^{-3} \text{ s}^{-1}$$

Confira No final da segunda meia-vida, que deve ocorrer a 680 s, a concentração deverá ser reduzida por mais um fator de 2 a 0,025 *M*. A inspeção do gráfico mostra que esse é realmente o caso.

▶ **Para praticar**

(a) Aplicando a Equação 14.17, calcule $t_{1/2}$ para a decomposição do inseticida descrito no Exercício resolvido 14.7.
(b) Quanto tempo leva para a concentração do inseticida atingir um quarto do valor inicial?

A meia-vida para reações de segunda ordem e outras reações depende das concentrações dos reagentes e, portanto, muda à medida que a reação avança. Obtivemos a Equação 14.17 para a meia-vida de uma reação de primeira ordem ao substituir $[A]_{t_{1/2}} = \frac{1}{2}[A]_0$ para $[A]_t$ e $t_{1/2}$ para t na Equação 14.12. Encontramos a meia-vida de uma reação de segunda ordem ao fazer as mesmas substituições na Equação 14.14:

$$\frac{1}{\frac{1}{2}[A]_0} = kt_{1/2} + \frac{1}{[A]_0}$$

$$\frac{2}{[A]_0} - \frac{1}{[A]_0} = kt_{1/2}$$

$$t_{1/2} = \frac{1}{k[A]_0} \qquad [14.19]$$

Nesse caso, a meia-vida depende da concentração inicial do reagente: quanto menor for a concentração inicial, maior será a meia-vida.

Exercícios de autoavaliação

EAA 14.8 Considere a reação A ⟶ B. Se a lei de velocidade é de segunda ordem em [A], qual dos gráficos lineares a seguir será o esperado?

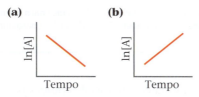

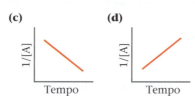

EAA 14.9 A decomposição do N_2O_5 é dada pela reação $2\ N_2O_5 \longrightarrow 4\ NO_2 + O_2$. A lei de velocidade é de primeira ordem em N_2O_5. A 64 °C, a constante de velocidade é $4{,}82 \times 10^{-3}\ s^{-1}$. Se começarmos com N_2O_5 0,100 M a essa temperatura, qual será a concentração de N_2O_5 após 120 s? **(a)** 0,0013 M **(b)** 0,056 M **(c)** 0,095 M **(d)** 0,18 M

EAA 14.10 Em HCl 6 M, o íon complexo $[Ru(NH_3)_6]^{3+}$ se decompõe em diversos produtos. A reação é de primeira ordem em $[Ru(NH_3)_6]^{3+}$ e tem constante de velocidade de 0,0495 h^{-1} a 250 °C. Se a concentração inicial de $[Ru(NH_3)_6]^{3+}$ for 0,100 M, qual será sua meia-vida a 250 °C? **(a)** 0,0714 h **(b)** 14,0 h **(c)** 20,2 h **(d)** 202 h

14.4 | Temperatura e velocidade: energia de ativação e equação de Arrhenius

A velocidade da maioria das reações químicas aumenta à medida que a temperatura aumenta. Por exemplo, uma massa cresce mais rapidamente à temperatura ambiente do que quando está refrigerada, e as plantas crescem mais rapidamente quando estão em um clima mais quente do que frio. Podemos ver o efeito da temperatura sobre a velocidade da reação observando uma reação de quimioluminescência (que produz luz), como as dos bastões de luz Cyalume® (**Figura 14.12**).

Como esse efeito da temperatura, observado experimentalmente, reflete na lei de velocidade? A maior velocidade de reação em temperaturas mais elevadas ocorre em razão de um aumento da constante de velocidade com o aumento da temperatura. Por exemplo, vamos reconsiderar a reação de primeira ordem que vimos na Figura 14.6: $CH_3NC \longrightarrow CH_3CN$.

Objetivos de aprendizagem

Após terminar a **Seção 14.4**, você deve ser capaz de:

▶ Usar o modelo de colisão para explicar como a temperatura influencia a velocidade de uma reação.
▶ Interpretar os perfis de reação que ilustram a relação entre a energia potencial e o progresso da reação.
▶ Usar a equação de Arrhenius para calcular a energia de ativação e as constantes de velocidade em diferentes temperaturas.

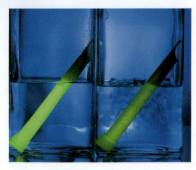

▲ Figura 14.12 A temperatura afeta a velocidade da reação de quimioluminescência em bastões de luz. A reação quimioluminescente ocorre mais rapidamente em água quente, produzindo mais luz.

Água quente   Água fria

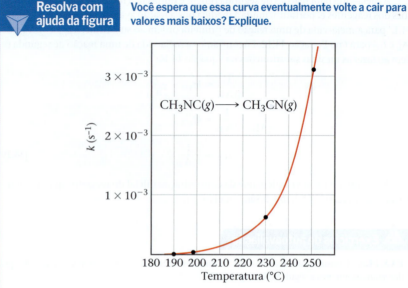

Resolva com ajuda da figura Você espera que essa curva eventualmente volte a cair para valores mais baixos? Explique.

▲ Figura 14.13 **Dependência da constante de velocidade com a temperatura para a conversão da isonitrila de metila em acetonitrila.** Os quatro pontos indicados são usados no Exercício resolvido 14.11.

A **Figura 14.13** mostra a constante de velocidade dessa reação como uma função da temperatura. A constante de velocidade e, portanto, a velocidade da reação, aumentam rapidamente com o aumento da temperatura, quase duplicando a cada 10 °C de aumento.

Modelo de colisão

A velocidade das reações é afetada tanto pela concentração dos reagentes quanto pela temperatura. O **modelo de colisão**, baseado na teoria cinética-molecular (Seção 10.5), explica esses dois efeitos em nível molecular. A ideia central do modelo de colisão é que as moléculas devem colidir para reagir. Quanto maior for o número de colisões por segundo, maior será a velocidade de reação. Portanto, com o aumento da concentração dos reagentes, o número de colisões também aumenta, levando a uma maior velocidade de reação. De acordo com a teoria cinética-molecular dos gases, aumentando a temperatura aumenta a velocidade molecular. Quando as moléculas se movem mais rapidamente, elas colidem com mais força (com mais energia cinética) e com maior frequência, aumentando a velocidade da reação.

No entanto, para uma reação ocorrer, é necessário mais do que uma simples colisão; a colisão deve ser do tipo certo. Para a maioria das reações, na verdade, apenas uma pequena fração de colisões leva a uma reação. Por exemplo, em uma mistura de H_2 e I_2 a temperatura e pressão normais, cada molécula é submetida a cerca de 10^{10} colisões por segundo. Se cada colisão entre o H_2 e o I_2 resultasse na formação de HI, a reação estaria concluída em menos de um segundo. Em vez disso, à temperatura ambiente, a reação ocorre muito lentamente, porque cerca de apenas uma em cada 10^{13} colisões produz uma reação. No entanto, o que impede que a reação ocorra mais rapidamente?

Fator de orientação

Na maioria das reações, as colisões entre as moléculas resultam em uma reação química somente quando as moléculas estiverem com uma determinada orientação durante a colisão. As orientações relativas das moléculas durante a colisão determinam se os átomos estão posicionados adequadamente para formar novas ligações. Por exemplo, considere a reação

$$Cl + NOCl \longrightarrow NO + Cl_2$$

que ocorre se a colisão unir átomos de Cl para formar Cl_2, como mostra a parte superior da **Figura 14.14**. Por outro lado, na colisão mostrada na parte inferior, os dois

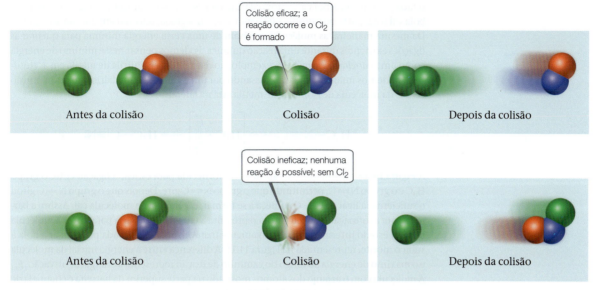

▲ Figura 14.14 Colisões moleculares podem ou não levar a uma reação química entre o Cl e o NOCl.

átomos de Cl *não* estão colidindo diretamente um com o outro, e, portanto, não são formados produtos.

Energia de ativação

A orientação molecular não é o único fator que influencia se uma colisão molecular produz uma reação. Em 1888, o químico sueco Svante Arrhenius sugeriu que as moléculas devem possuir uma quantidade mínima de energia para reagir. De acordo com o modelo de colisão, essa energia vem das energias cinéticas das moléculas que colidem. Após a colisão, a energia cinética das moléculas pode ser utilizada para esticar, dobrar e, por fim, romper as ligações, conduzindo às reações químicas. Isto é, a energia cinética é usada para alterar a energia potencial da molécula. Se as moléculas estiverem se movendo muito lentamente, ou, em outras palavras, com pouquíssima energia cinética, elas apenas se chocam umas com as outras sem se modificarem. A energia mínima necessária para iniciar uma reação química é chamada de **energia de ativação**, E_a, e o seu valor varia de reação para reação.

A situação durante as reações é análoga à ilustrada na **Figura 14.15**. O jogador acerta a bola para que ela suba o monte em direção ao buraco. O monte é uma *barreira* entre a bola e o buraco. Para alcançar o buraco, o jogador deve transferir energia cinética suficiente com

> **Resolva com ajuda da figura**
> Qual dos fatores a seguir determina a força com a qual o jogador deve acertar a bola: a diferença de elevação entre a bola e o buraco ou entre a bola e o topo da barreira?

▲ Figura 14.15 Energia é necessária para superar uma barreira entre os estados inicial e final.

o taco para mover a bola até o topo da barreira. Se ele não transferir energia suficiente, a bola vai rolar parte do caminho até o morro e, em seguida, retornar em direção ao jogador. Da mesma maneira, as moléculas precisam de uma certa energia mínima para quebrar as ligações existentes durante uma reação química. Podemos pensar nesse mínimo de energia como uma *barreira de energia*. Por exemplo, no rearranjo da isonitrila de metila em acetonitrila, podemos imaginar a reação passando por um estado intermediário, em que a porção N≡C da molécula de isonitrila de metila está na lateral:

$$H_3C-N\equiv C: \longrightarrow \left[H_3C\cdots \overset{C}{\underset{N}{\vert\vert\vert}} \right] \longrightarrow H_3C-C\equiv N:$$

A **Figura 14.16** mostra que energia deve ser fornecida para esticar a ligação entre o grupo H₃C e o grupo N≡C, permitindo que o grupo N≡C gire. Depois que o grupo N≡C girou o suficiente, a ligação C—C começa a se formar, e a energia da molécula cai. Assim, a barreira para a formação de acetonitrila representa a energia necessária para forçar a molécula por um estado intermediário relativamente instável, análoga à usada para forçar a bola a subir o monte, representada na Figura 14.15. A diferença entre a energia inicial da molécula e o máximo de energia ao longo do caminho de reação representa a energia de ativação, E_a. A molécula com o arranjo dos átomos mostrado na parte superior da barreira é chamada de **complexo ativado**, ou **estado de transição**.

A conversão da H₃C—N≡C em H₃C—C≡N é exotérmica. Portanto, a Figura 14.16 mostra o produto com menor energia que o reagente. No entanto, a variação de energia para a reação, ΔE, não tem efeito sobre a velocidade da reação. Em geral:

A velocidade depende da magnitude de E_a e, geralmente, quanto mais baixo o valor de E_a, mais rápida é a reação.

Observe que a reação inversa é endotérmica. A energia de ativação para a reação inversa é igual à energia que deve ser superada se a barreira for abordada pela direita: $\Delta E + E_a$. Assim, atingir o complexo ativado por meio da reação inversa requer mais energia do que pela reação direta – para essa reação, há uma barreira maior indo da direita para a esquerda do que da esquerda para a direita.

Qualquer molécula de isonitrila de metila adquire energia suficiente para superar a barreira de energia por meio de colisões com outras moléculas. Lembre-se de que a teoria cinética-molecular dos gases diz que, em qualquer instante, as moléculas de gás são

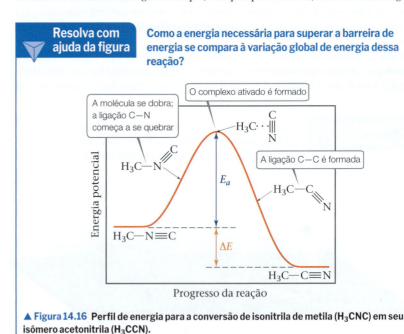

▲ **Figura 14.16** Perfil de energia para a conversão de isonitrila de metila (H₃CNC) em seu isômero acetonitrila (H₃CCN).

> **Resolva com ajuda da figura** Como seria a curva para uma temperatura superior à da curva vermelha na figura?

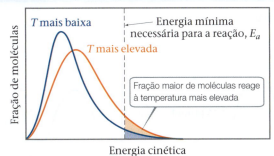

▲ **Figura 14.17** Efeito da temperatura sobre a distribuição de energia cinética das moléculas de uma amostra.

distribuídas em uma vasta faixa de energia. (Seção 10.5) A **Figura 14.17** mostra a distribuição das energias cinéticas para duas temperaturas, comparando-as com o mínimo de energia necessário para a reação, E_a. À temperatura mais elevada, uma fração muito maior das moléculas tem energia cinética superior a E_a, levando a uma maior velocidade de reação.

Para um conjunto de moléculas em fase gasosa, a fração de moléculas que têm a energia cinética igual ou superior a E_a é dada pela expressão:

$$f = e^{-E_a/RT} \qquad [14.20]$$

Nessa equação, R é a constante dos gases (8,314 J/mol·K) e T é a temperatura absoluta. Para entender a magnitude de f, vamos supor que E_a é 100 kJ/mol, um valor típico para muitas reações, e que T é 300 K. O valor calculado de f é $3,9 \times 10^{-18}$, um número extremamente pequeno. A 320 K, $f = 4,7 \times 10^{-17}$. Assim, um aumento de apenas 20° na temperatura produz um aumento de 10 vezes na fração de moléculas que têm pelo menos 100 kJ/mol de energia.

Equação de Arrhenius

Svante Arrhenius (1859–1927) observou que, para a maioria das reações, a relação entre o aumento da velocidade com o aumento da temperatura não é linear (Figura 14.13). Ele descobriu que a maioria dos dados sobre a velocidade da reação obedece a uma equação baseada: (a) na fração de moléculas que possuem energia igual ou superior a E_a; (b) no número de colisões por segundo; e (c) na fração de colisões que têm a orientação adequada. Esses três fatores estão incorporados na **equação de Arrhenius**:

$$k = Ae^{-E_a/RT} \qquad [14.21]$$

Nessa equação, k é a constante de velocidade, E_a é a energia de ativação, R é a constante do gás (8,314 J/mol·K) e T é a temperatura absoluta. O **fator de frequência**, A, é constante (ou quase) enquanto a temperatura é variável. Esse fator, também chamado de *fator pré-exponencial*, está relacionado com a frequência de colisões e com a probabilidade de que elas sejam favoravelmente orientadas para a reação.* À medida que a magnitude de E_a aumenta, k diminui, porque a fração de moléculas com a energia necessária é menor. Assim, em valores fixos de T e A, *a velocidade das reações diminui à medida que E_a aumenta*.

---

* Como a frequência de colisão aumenta com a temperatura, A também depende de certa forma da temperatura, mas essa dependência é muito menor que o termo exponencial. Portanto, A é considerado aproximadamente constante.

Exercício resolvido 14.10
Energias de ativação e velocidade das reações

Considere uma série de reações com os seguintes perfis de energia:

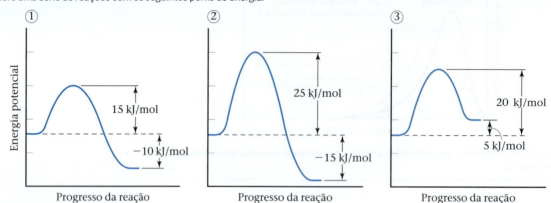

Classifique as constantes de velocidade da menor para a maior, supondo que as três têm quase o mesmo valor para o fator de frequência, A.

SOLUÇÃO
Quanto menor for a energia de ativação, maior será a constante de velocidade e mais rápida será a reação. O valor de ΔE não afeta o valor da constante de velocidade. Por isso, a ordem das constantes de velocidade é 2 < 3 < 1.

▶ **Para praticar**
Ordene as constantes de velocidade das reações inversas da mais lenta para a mais rápida.

Determinação da energia de ativação

Podemos calcular a energia de ativação para uma reação ao manipular a equação de Arrhenius. Considerando o logaritmo natural de ambos os lados da Equação 14.21, obtemos:

$$\ln k = \ln A e^{-E_a/RT}$$
$$\ln k = \ln e^{-E_a/RT} + \ln A$$
$$\ln k = -\frac{E_a}{RT} + \ln A \qquad [14.22]$$
$$\quad y \quad = \quad mx \quad + \quad b$$

que tem a forma da equação de uma reta. Um gráfico de ln k versus 1/T é uma reta com uma inclinação igual a $-E_a/R$ e uma interceptação em y igual a ln A. Assim, a energia de ativação pode ser determinada mediante a medida de k para uma série de temperaturas, fazendo o gráfico de ln k versus 1/T e calculando E_a com base na inclinação da reta resultante.

Também podemos aplicar a Equação 14.22 para avaliar E_a sem gráficos se soubermos qual é a constante de velocidade de uma reação em duas ou mais temperaturas diferentes. Por exemplo, suponhamos que, para duas temperaturas diferentes, T_1 e T_2, uma reação tem constantes de velocidade k_1 e k_2. Para cada condição, temos:

$$\ln k_1 = -\frac{E_a}{RT_1} + \ln A \quad \text{e} \quad \ln k_2 = -\frac{E_a}{RT_2} + \ln A$$

Subtraindo ln k_2 de ln k_1, obtemos:

$$\ln k_1 - \ln k_2 = \left(-\frac{E_a}{RT_1} + \ln A\right) - \left(-\frac{E_a}{RT_2} + \ln A\right)$$

Supondo que as variações dependentes da temperatura no fator de frequência A são desprezíveis, podemos simplificar para obter:

$$\ln \frac{k_1}{k_2} = \frac{E_a}{R}\left(\frac{1}{T_2} - \frac{1}{T_1}\right) \qquad [14.23]$$

A Equação 14.23 proporciona uma maneira conveniente de calcular uma constante de velocidade k_1 para uma temperatura T_1 quando sabemos a energia de ativação e a constante de velocidade k_2 a outra temperatura, T_2.

Exercício resolvido 14.11
Determinação da energia de ativação

A tabela à direita mostra as constantes de velocidade para o rearranjo da isonitrila de metila em várias temperaturas (dados da Figura 14.13):
(a) Com base nesses dados, calcule a energia de ativação para a reação.
(b) Qual é o valor da constante de velocidade a 430,0 K?

Temperatura (°C)	k (s^{-1})
189,7	$2,52 \times 10^{-5}$
198,9	$5,25 \times 10^{-5}$
230,3	$6,30 \times 10^{-5}$
251,2	$3,16 \times 10^{-5}$

SOLUÇÃO

Analise Com base nas constantes de velocidade, k, medidas em diversas temperaturas, devemos determinar a energia de ativação, E_a, e a constante de velocidade, k, sob determinada temperatura.

Planeje Podemos obter E_a com base na inclinação de um gráfico de ln k versus $1/T$. Uma vez que sabemos o valor de E_a, podemos usar a Equação 14.23 e os dados de velocidade para calcular a constante de velocidade a 430,0 K.

Resolva

(a) Primeiro, devemos converter as temperaturas de graus Celsius em kelvins. Em seguida, consideramos o inverso de cada temperatura, $1/T$, e o logaritmo natural de cada constante de velocidade, ln k. Isso resulta na tabela mostrada a seguir:

T(K)	$1/T$(K^{-1})	ln k
462,9	$2,160 \times 10^{-3}$	$-10,589$
472,1	$2,118 \times 10^{-3}$	$-9,855$
503,5	$1,986 \times 10^{-3}$	$-7,370$
524,4	$1,907 \times 10^{-3}$	$-5,757$

O gráfico de ln k versus $1/T$ é uma linha reta (**Figura 14.18**).

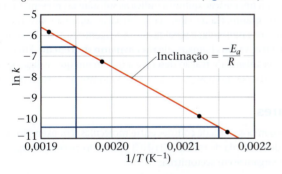

▲ **Figura 14.18** Determinação gráfica da energia de ativação, E_a.

A inclinação da linha é obtida ao escolher quaisquer dois pontos bem separados e usar as coordenadas de cada um:

$$\text{Inclinação} = \frac{\Delta y}{\Delta x} = \frac{-6,6 - (-10,4)}{0,00195 - 0,00215} = -1,9 \times 10^4$$

Como logaritmos não têm unidades, o numerador nessa equação é adimensional. O denominador tem as unidades de $1/T$, ou seja, K^{-1}. Assim, a unidade geral para a inclinação é K. A inclinação é igual a $-E_a/R$. Usamos o valor para a constante de gás R em unidades de J/mol-K (Tabela 10.2). Assim, obtemos:

$$\text{Inclinação} = -\frac{E_a}{R}$$

$$E_a = -(\text{Inclinação})(R) = -(-1,9 \times 10^4 \text{ K})\left(8,314 \frac{\text{J}}{\text{mol-K}}\right)\left(\frac{1 \text{ kJ}}{1000 \text{ J}}\right)$$
$$= 1,6 \times 10^2 \text{ kJ/mol} = 160 \text{ kJ/mol}$$

Registramos a energia de ativação com apenas dois algarismos significativos porque estamos limitados pela precisão com que podemos ler o gráfico da Figura 14.18.

(b) Para determinar a constante de velocidade, k_1, a $T_1 = 430,0$ K, podemos usar a Equação 14.23, com $E_a = 160$ kJ/mol, uma das constantes de velocidade e as temperaturas com base nos dados fornecidos, como $k_2 = 2,52 \times 10^{-5}$ s^{-1} e $T_2 = 462,9$ K:

$$\ln\left(\frac{k_1}{2,52 \times 10^{-5} \text{ s}^{-1}}\right) =$$

$$\left(\frac{160 \text{ kJ/mol}}{8,314 \text{ J/mol-K}}\right)\left(\frac{1}{462,9 \text{ K}} - \frac{1}{430,0 \text{ K}}\right)\left(\frac{1000 \text{ J}}{1 \text{ kJ}}\right) = -3,18$$

Assim,

$$\frac{k_1}{2,52 \times 10^{-5} \text{ s}^{-1}} = e^{-3,18} = 4,15 \times 10^{-2}$$

$$k_1 = (4,15 \times 10^{-2})(2,52 \times 10^{-5} \text{ s}^{-1}) = 1,0 \times 10^{-6} \text{ s}^{-1}$$

Observe que a unidade de k_1 é igual à de k_2 e a constante de velocidade a 430,0 K é menor do que a 462,9 K, como deveria ser.

▶ **Para praticar**
Qual é o valor do fator de frequência A, com um algarismo significativo, para os dados apresentados neste Exercício resolvido?

Exercícios de autoavaliação

EAA 14.11 A velocidade de uma reação normalmente dobra para cada aumento de temperatura de 10 °C. Qual afirmação melhor descreve o *porquê* do aumento da velocidade? (**a**) O número de colisões por segundo aumenta. (**b**) Mais moléculas do reagente têm energia cinética maior do que a energia de ativação. (**c**) A energia de ativação da reação diminui. (**d**) O fator de frequência, A, aumenta.

EAA 14.12 Considere os gráficos 1 e 2 do Exercício resolvido 14.10:

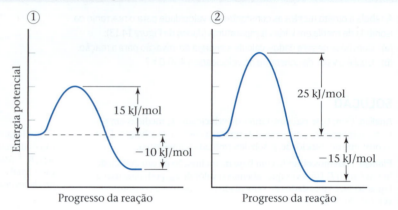

Considerando que os fatores de colisão são comparáveis, qual reação terá a menor constante de velocidade?

(**a**) reação direta 1   (**c**) reação direta 2
(**b**) reação inversa 1   (**d**) reação inversa 2

EAA 14.13 A energia de ativação de uma reação de primeira ordem é 83,5 kJ/mol. A constante de velocidade é $3,54 \times 10^{-5}\ s^{-1}$ a 45 °C. Qual é a constante de velocidade a 65 °C?

(**a**) $5,46 \times 10^{-6}\ s^{-1}$ (**c**) $2,29 \times 10^{-4}\ s^{-1}$
(**b**) $3,55 \times 10^{-5}\ s^{-1}$ (**d**) $2,36 \times 10^{25}\ s^{-1}$

14.5 | Mecanismos de reação

Objetivos de aprendizagem

Após terminar a Seção 14.5, você deve ser capaz de:
- Descrever a molecularidade e as leis de velocidade de reações elementares.
- Derivar a lei de velocidade e a equação de reação global para uma reação de várias etapas a partir do mecanismo de reação e das velocidades das etapas elementares.
- Dado um mecanismo de reação, identificar os intermediários e prever a lei de velocidade com base nas velocidades das reações elementares.

Uma equação balanceada para uma reação química indica as substâncias presentes no início e no final da reação. No entanto, ela não fornece informação alguma sobre as etapas detalhadas que ocorrem no nível molecular à medida que os reagentes se transformam em produtos. As etapas de uma reação são chamadas de **mecanismo da reação**. Em um nível mais sofisticado, um mecanismo de reação descreve a ordem em que as ligações são quebradas e formadas e as variações nas posições relativas dos átomos no curso da reação.

Reações elementares

Vimos que as reações ocorrem por causa de colisões entre moléculas. Por exemplo, as colisões entre as moléculas de isonitrila de metila (CH_3NC) podem fornecer a energia para permitir que a CH_3NC se reorganize em acetonitrila:

Do mesmo modo, a reação entre o NO e o O_3 para formar NO_2 e O_2 parece ocorrer como resultado de uma única colisão envolvendo moléculas de NO e O_3 com orientação adequada e energia suficiente:

$$NO(g) + O_3(g) \longrightarrow NO_2(g) + O_2(g) \qquad [14.24]$$

Ambas as reações ocorrem em uma única etapa ou evento e são chamadas de **reações elementares**.

O número de moléculas que participam como reagentes em uma reação elementar define a **molecularidade** da reação. Se uma única molécula está envolvida, a reação é **unimolecular**. O rearranjo da isonitrila de metila é um processo unimolecular. Reações elementares que envolvem a colisão de duas moléculas de reagente são **bimoleculares**. A reação entre o NO e o O_3 é bimolecular. Reações elementares que envolvem a colisão simultânea de três moléculas são **termoleculares**. No entanto, reações termoleculares são muito menos prováveis que as unimoleculares ou bimoleculares, sendo extremamente raras. A chance de que quatro ou mais moléculas colidam ao mesmo tempo com certa regularidade é ainda mais remota; consequentemente, tais colisões nunca são propostas como parte de um mecanismo de reação. Assim, quase todos os mecanismos de reação apresentam apenas reações elementares unimoleculares e bimoleculares.

Mecanismos de várias etapas

A variação total representada por uma equação química balanceada frequentemente ocorre por um *mecanismo de várias etapas*, que consiste em uma sequência de reações elementares. Por exemplo, abaixo de 225 °C, a reação

$$NO_2(g) + CO(g) \longrightarrow NO(g) + CO_2(g) \qquad [14.25]$$

parece ocorrer em duas reações elementares (ou duas *etapas elementares*), e cada uma delas é bimolecular. Primeiro, duas moléculas de NO_2 colidem, e um átomo de oxigênio é transferido de uma para a outra. Por fim, o NO_3 resultante colide com uma molécula de CO e transfere um átomo de oxigênio para ela:

$$NO_2(g) + NO_2(g) \longrightarrow NO_3(g) + NO(g)$$
$$NO_3(g) + CO(g) \longrightarrow NO_2(g) + CO_2(g)$$

Assim, podemos dizer que a reação ocorre por meio de um mecanismo em duas etapas. De modo geral,

As equações químicas de reações elementares em um mecanismo de várias etapas devem sempre ser somadas para resultar em uma equação química do processo global.

No presente exemplo, a soma das duas reações elementares é:

$$2\,NO_2(g) + NO_3(g) + CO(g) \longrightarrow NO_2(g) + NO_3(g) + NO(g) + CO_2(g)$$

Simplificando a equação por eliminação de substâncias que aparecem em ambos os lados, obtemos a Equação 14.25, a equação global do processo.

Como o NO_3 não é nem um reagente nem um produto da reação – ele é formado em uma reação primária e consumido na próxima –, ele é chamado de **intermediário**. Mecanismos em várias etapas envolvem um ou mais intermediários. Os intermediários não são os mesmos que os estados de transição, como mostra a **Figura 14.19**. Os intermediários

Resolva com ajuda da figura Para esse perfil, qual velocidade de reação elementar é mais rápida: aquela em que os intermediários convertem-se em produtos ou aquela em que os intermediários convertem-se de volta em reagentes?

▲ **Figura 14.19** Perfil de energia de uma reação que mostra os estados de transição e os intermediários.

podem ser estáveis e, portanto, podem ser identificados e até isolados algumas vezes. Estados de transição, por outro lado, são sempre inerentemente instáveis e, como tais, não podem ser isolados. No entanto, o uso de técnicas avançadas "ultrarrápidas" permite-nos, às vezes, caracterizá-los.

Exercício resolvido 14.12
Determinação da molecularidade e identificação dos intermediários

Foi proposto que a conversão do ozônio em O_2 ocorre por meio de um mecanismo em duas etapas:

$$O_3(g) \longrightarrow O_2(g) + O(g)$$
$$O_3(g) + O(g) \longrightarrow 2\,O_2(g)$$

(a) Descreva a molecularidade de cada reação elementar nesse mecanismo.
(b) Escreva a equação da reação global.
(c) Identifique o(s) intermediário(s).

SOLUÇÃO

Analise Temos um mecanismo em duas etapas e devemos obter **(a)** as molecularidades de cada uma das duas reações elementares, **(b)** a equação do processo global e **(c)** o intermediário.

Planeje A molecularidade de cada reação elementar depende do número de moléculas de reagente na equação da reação. A equação global é a soma das equações das reações elementares. O intermediário é uma substância formada em uma etapa do mecanismo e usada em outra etapa e, portanto, não faz parte da equação da reação global.

Resolva

(a) A primeira reação elementar envolve um único reagente e, consequentemente, é unimolecular. A segunda reação, que envolve duas moléculas de reagente, é bimolecular.

(b) A adição das duas reações elementares resulta em:

$$2\,O_3(g) + O(g) \longrightarrow 3\,O_2(g) + O(g)$$

Como $O(g)$ aparece em quantidades iguais em ambos os lados da equação, ele pode ser eliminado para obter a equação global do processo químico:

$$2\,O_3(g) \longrightarrow 3\,O_2(g)$$

(c) O intermediário é $O(g)$, que não é nem um reagente inicial nem um produto final; ele é formado na primeira etapa do mecanismo e consumido na segunda.

▶ **Para praticar**
Para a reação

$$Mo(CO)_6 + P(CH_3)_3 \longrightarrow Mo(CO)_5P(CH_3)_3 + CO$$

o mecanismo proposto é:

$$Mo(CO)_6 \longrightarrow Mo(CO)_5 + CO$$
$$Mo(CO)_5 + P(CH_3)_3 \longrightarrow Mo(CO)_5P(CH_3)_3$$

(a) O mecanismo proposto está de acordo com a equação da reação global? **(b)** Qual é a molecularidade de cada etapa do mecanismo? **(c)** Identifique o(s) intermediário(s).

Leis de velocidade para reações elementares

Na Seção 14.2, enfatizamos que as leis de velocidade devem ser determinadas experimentalmente, uma vez que elas não podem ser previstas com base nos coeficientes de equações químicas balanceadas. Estamos agora em condições de entender por que isso acontece. Cada reação é composta de uma série de uma ou mais etapas elementares, e as leis de velocidade e as velocidades relativas dessas etapas ditam a lei geral da velocidade da reação. Na verdade, a lei de velocidade da reação pode ser determinada com base em seu mecanismo, como veremos a seguir, e em comparação com a lei de velocidade experimental. Assim, nosso próximo desafio na cinética é chegar a mecanismos de reação que levem a leis de velocidade que estejam de acordo com as que foram observadas experimentalmente. Começamos examinando as leis de velocidade de reações elementares.

Reações elementares são significativas: *se uma reação for elementar, sua lei de velocidade será baseada diretamente em sua molecularidade.* Por exemplo, considere a reação unimolecular:

$$A \longrightarrow \text{produtos}$$

À medida que o número de moléculas de A aumenta, o número que reage em um dado intervalo de tempo aumenta proporcionalmente. Portanto, a velocidade de um processo unimolecular é de primeira ordem:

$$\text{Velocidade} = k[A]$$

TABELA 14.3 Reações elementares e suas leis de velocidade

Molecularidade	Reação elementar	Lei de velocidade
*Uni*molecular	A ⟶ produtos	Velocidade = $k[A]$
*Bi*molecular	A + A ⟶ produtos	Velocidade = $k[A]^2$
*Bi*molecular	A + B ⟶ produtos	Velocidade = $k[A][B]$
*Ter*molecular	A + A + A ⟶ produtos	Velocidade = $k[A]^3$
*Ter*molecular	A + A + B ⟶ produtos	Velocidade = $k[A]^2[B]$
*Ter*molecular	A + B + C ⟶ produtos	Velocidade = $k[A][B][C]$

Para etapas elementares bimoleculares, a lei de velocidade é de segunda ordem, como na seguinte reação:

$$A + B \longrightarrow \text{produtos} \quad \text{Velocidade} = k[A][B]$$

A lei de velocidade de segunda ordem obedece exatamente à teoria da colisão. Se duplicarmos a concentração de A, duplicaremos o número de colisões entre as moléculas de A e B; da mesma forma, se duplicarmos [B], duplicaremos o número de colisões entre A e B. Portanto, a lei de velocidade é de primeira ordem em [A] e em [B] e de segunda ordem global.

As leis de velocidade para todas as reações elementares viáveis são apresentadas na **Tabela 14.3**. Observe como cada lei de velocidade decorre diretamente da molecularidade da reação. No entanto, é importante lembrar que não podemos dizer se a reação envolve uma ou várias etapas elementares apenas analisando uma equação química global balanceada.

Exercício resolvido 14.13
Determinação da lei de velocidade de uma reação elementar

Imagine que a seguinte reação ocorre em uma única reação elementar. Com base nisso, determine a sua lei de velocidade:

$$H_2(g) + Br_2(g) \longrightarrow 2\,HBr(g)$$

SOLUÇÃO

Analise Partindo da equação apresentada, devemos determinar a sua lei de velocidade, considerando que é um processo elementar.

Planeje Como estamos considerando que a reação ocorre como uma única reação elementar, somos capazes de escrever a lei de velocidade utilizando os coeficientes dos reagentes na equação e as ordens de reação.

Resolva A reação é bimolecular, envolvendo uma molécula de H_2 e uma molécula de Br_2. Assim, a lei de velocidade é de primeira ordem em cada reagente e de segunda ordem global:

$$\text{Velocidade} = k[H_2][Br_2]$$

Comentário Estudos experimentais dessa reação mostram que ela tem realmente uma lei de velocidade muito diferente:

$$\text{Velocidade} = k[H_2][Br_2]^{1/2}$$

Como a lei de velocidade experimental é diferente da obtida, considerando uma única reação elementar, podemos concluir que o mecanismo não pode ocorrer por uma única etapa elementar. Ele deve, portanto, envolver duas ou mais etapas elementares.

▶ **Para praticar**
Considere a seguinte reação: $2\,NO(g) + Br_2(g) \longrightarrow 2\,NOBr(g)$. (**a**) Escreva a lei de velocidade da reação, considerando que ela envolve uma única reação elementar. (**b**) É possível que essa reação tenha um mecanismo com uma única etapa?

Etapa determinante da velocidade em um mecanismo de várias etapas

Assim como a reação do Exercício resolvido 14.13, a maioria das reações ocorre em mecanismos que envolvem duas ou mais reações elementares. Cada etapa do mecanismo tem a sua própria constante de velocidade e energia de ativação. Muitas vezes, uma etapa é mais lenta que as outras, e a velocidade global de uma reação não pode exceder a velocidade da

> **Resolva com ajuda da figura**
>
> No cenário (a), aumentar a velocidade com que os carros atravessam o pedágio B aumenta a velocidade com que os carros vão do ponto 1 ao ponto 3?

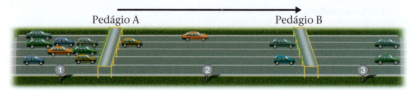

(a) Os carros passam mais lentamente pelo pedágio A, mas não pelo B; então, a etapa determinante da velocidade é a passagem pelo pedágio A

(b) Os carros passam mais lentamente pelo pedágio B, mas não pelo A; então, a etapa determinante da velocidade é a passagem pelo pedágio B

▲ **Figura 14.20** Etapas determinantes da velocidade do fluxo de tráfego em uma estrada com pedágios.

etapa mais lenta. Como a etapa lenta limita a velocidade global da reação, ela é chamada de **etapa determinante da velocidade** (ou *etapa limitante da velocidade*).

Para entender o conceito da etapa determinante da velocidade de uma reação, considere uma estrada com dois pedágios (**Figura 14.20**). Imagine que os carros entram na estrada no ponto 1 e passam pelo pedágio A. Em seguida, passam por um ponto intermediário 2 antes de passar pelo pedágio B, então chegam no ponto 3. Podemos estabelecer que essa viagem pela estrada com dois pedágios ocorre em duas etapas elementares:

$$
\begin{array}{rlll}
\text{Etapa 1:} & \text{Ponto 1} \longrightarrow \text{Ponto 2} & \text{(passa pelo pedágio A)} \\
\text{Etapa 2:} & \text{Ponto 2} \longrightarrow \text{Ponto 3} & \text{(passa pelo pedágio B)} \\ \hline
\text{Geral:} & \text{Ponto 1} \longrightarrow \text{Ponto 3} & \text{(passa por dois pedágios)}
\end{array}
$$

Agora, suponha que uma ou mais cancelas do pedágio A estejam com problemas de funcionamento, de modo que os carros se acumulem em filas atrás dessas cancelas, como mostra a Figura 14.20(a). A velocidade com que os carros podem chegar ao ponto 3 é limitada pela velocidade com que eles podem percorrer o engarrafamento no pedágio A. Assim, a etapa 1 é a etapa determinante da velocidade da viagem pela estrada com pedágios. No entanto, caso todas as cancelas do pedágio A estiverem funcionando normalmente, mas uma ou mais do pedágio B, não, o tráfego flui bem na passagem pelo pedágio A, mas fica complicado no pedágio B, como representa a Figura 14.20(b). Nesse caso, a etapa 2 é a determinante da velocidade.

Do mesmo modo, *a etapa mais lenta em uma reação de várias etapas determina a velocidade global*. Por analogia à Figura 14.20(a), a velocidade de uma etapa rápida após a etapa determinante da velocidade não acelera a velocidade global. Se a etapa lenta não for a primeira, como é o caso da Figura 14.20(b), as etapas anteriores mais rápidas produzirão produtos intermediários que vão se acumular antes de serem consumidos na etapa lenta. Em ambos os casos, *a etapa determinante da velocidade regula a lei de velocidade da reação global*.

Mecanismos com uma etapa inicial lenta

Podemos ver mais facilmente a relação entre a etapa lenta de um mecanismo e a lei de velocidade da reação global considerando um exemplo em que a primeira etapa de um mecanismo com várias etapas é a que determina a velocidade. Considere a reação entre o NO_2 e o CO para produzir NO e CO_2 (Equação 14.25). Abaixo de 225 °C, verifica-se experimentalmente que a lei de velocidade dessa reação é de segunda ordem no NO_2 e de ordem zero no CO: Velocidade = $k[NO_2]^2$.

Assim, podemos propor um mecanismo de reação que esteja de acordo com essa lei de velocidade? Considere o mecanismo de duas etapas:*

$$\begin{aligned}
\text{Etapa 1:} \quad & NO_2(g) + NO_2(g) \xrightarrow{k_1} NO_3(g) + NO(g) \quad \text{(lenta)} \\
\text{Etapa 2:} \quad & NO_3(g) + CO(g) \xrightarrow{k_2} NO_2(g) + CO_2(g) \quad \text{(rápida)} \\
\hline
\text{Geral:} \quad & NO_2(g) + CO(g) \longrightarrow NO(g) + CO_2(g)
\end{aligned}$$

A etapa 2 é mais rápida que a etapa 1; isto é, $k_2 \gg k_1$, indicando que o intermediário $NO_3(g)$ é produzido lentamente na etapa 1 e consumido imediatamente na etapa 2.

Como a etapa 1 é lenta e a etapa 2 é rápida, a primeira determina a velocidade da reação. Assim, a velocidade da reação global depende da velocidade da etapa 1, e a lei de velocidade da reação global é igual à lei de velocidade da etapa 1. A etapa 1 é um processo bimolecular que apresenta a seguinte lei de velocidade:

$$\text{Velocidade} = k_1[NO_2]^2$$

Assim, a lei de velocidade prevista por esse mecanismo está de acordo com a observada experimentalmente. O reagente CO está ausente na lei de velocidade porque ele reage em uma etapa que ocorre depois da etapa determinante da velocidade.

Nesse momento, um cientista não diria que "provamos" que esse mecanismo está correto. Tudo o que podemos dizer é que a lei de velocidade prevista pelo mecanismo *está de acordo com o experimento*. Muitas vezes podemos imaginar uma sequência diferente de etapas que levam à mesma lei de velocidade. No entanto, se a lei de velocidade prevista do mecanismo proposto *não está de acordo* com o experimento, temos certeza de que o mecanismo não pode estar correto.

Exercício resolvido 14.14
Determinação da lei de velocidade de um mecanismo com várias etapas

Acredita-se que a decomposição do óxido nitroso, N_2O, ocorra por um mecanismo em duas etapas:

$$N_2O(g) \longrightarrow N_2(g) + O(g) \text{ (lenta)}$$
$$N_2O(g) + O(g) \longrightarrow N_2(g) + O_2(g) \text{ (rápida)}$$

(a) Escreva a equação da reação global. **(b)** Escreva a lei de velocidade da reação global.

SOLUÇÃO

Analise Dado um mecanismo com várias etapas com as velocidades relativas das etapas, devemos escrever a reação global e a lei de velocidade da reação global.

Planeje (a) Encontre a reação global ao somar as etapas elementares e eliminar os intermediários. (b) A lei de velocidade da reação global será a da etapa determinante da velocidade, a etapa lenta.

Resolva

(a) Somando as duas reações elementares, temos:

$$2 N_2O(g) + O(g) \longrightarrow 2 N_2(g) + O_2(g) + O(g)$$

Omitindo o intermediário, $O(g)$, que ocorre em ambos os lados da equação, encontramos a reação global:

$$2 N_2O(g) \longrightarrow 2 N_2(g) + O_2(g)$$

(b) A lei de velocidade para a reação global é a lei de velocidade para a etapa lenta da reação elementar, determinante da velocidade. Como essa etapa lenta é uma reação elementar unimolecular, a lei de velocidade é de primeira ordem:

$$\text{Velocidade} = k[N_2O]$$

▶ **Para praticar**

O ozônio reage com o dióxido de nitrogênio, produzindo pentóxido de dinitrogênio e oxigênio:

$$O_3(g) + 2 NO_2(g) \longrightarrow N_2O_5(g) + O_2(g)$$

Acredita-se que a reação ocorra em duas etapas:

$$O_3(g) + NO_2(g) \longrightarrow NO_3(g) + O_2(g)$$
$$NO_3(g) + NO_2(g) \longrightarrow N_2O_5(g)$$

A lei de velocidade experimental é velocidade = $k[O_3][NO_2]$. O que você pode dizer sobre as velocidades relativas das duas etapas do mecanismo?

---

*Observe as constantes de velocidade k_1 e k_2 escritas acima das setas da reação. O subscrito de cada constante de velocidade identifica a etapa elementar envolvida. Assim, k_1 é a constante de velocidade da etapa 1, e k_2 é a constante de velocidade da etapa 2. Um subscrito negativo refere-se à constante de velocidade para o inverso de uma etapa fundamental. Por exemplo, k_{-1} é a constante de velocidade do inverso da primeira etapa.

Mecanismos com uma etapa inicial rápida

É possível, embora não seja simples, derivar a lei de velocidade para um mecanismo em que um intermediário é um reagente na etapa determinante da velocidade. Essa situação surge em mecanismos com várias etapas em que a primeira etapa é rápida e, portanto, *não* é a etapa determinante da velocidade. A reação de fase gasosa entre o óxido nítrico (NO) e o bromo (Br_2) serve de exemplo:

$$2\,NO(g) + Br_2(g) \longrightarrow 2\,NOBr(g) \qquad [14.26]$$

A lei de velocidade determinada experimentalmente para essa reação é de segunda ordem no NO e de primeira ordem no Br_2:

$$\text{Velocidade} = k[NO]^2[Br_2] \qquad [14.27]$$

Buscamos, então, um mecanismo de reação que está de acordo com essa lei de velocidade. Uma possibilidade é que a reação ocorre em uma única etapa termolecular:

$$NO(g) + NO(g) + Br_2(g) \longrightarrow 2\,NOBr(g) \quad \text{Velocidade} = k[NO]^2[Br_2] \qquad [14.28]$$

Contudo, isso não parece provável, pois os processos termoleculares são muito raros.

Em vez disso, vamos considerar um mecanismo alternativo, que não envolve uma etapa termolecular:

$$\begin{aligned}
\text{Etapa 1:} \quad & NO(g) + Br_2(g) \underset{k_{-1}}{\overset{k_1}{\rightleftharpoons}} NOBr_2(g) \quad \text{(rápida)} \\
\text{Etapa 2:} \quad & NOBr_2(g) + NO(g) \xrightarrow{k_2} 2\,NOBr(g) \quad \text{(lenta)}
\end{aligned} \qquad [14.29]$$

Nesse mecanismo, a etapa 1 envolve dois processos: uma reação direta e o seu inverso.

Uma vez que a etapa 2 é a que determina a velocidade, a lei de velocidade para essa etapa controla a velocidade da reação global:

$$\text{Velocidade} = k_2[NOBr_2][NO] \qquad [14.30]$$

Observe que o $NOBr_2$ é um intermediário gerado na reação direta da etapa 1. Intermediários geralmente são instáveis e têm uma concentração baixa e desconhecida. Assim, a lei de velocidade da Equação 14.30 depende da concentração desconhecida de um intermediário, o que não é desejável. Em vez disso, queremos expressar a lei de velocidade de uma reação em termos dos reagentes da reação, ou dos produtos, se necessário.

Com a ajuda de alguns pressupostos, podemos expressar a concentração do intermediário $NOBr_2$ em termos das concentrações dos reagentes iniciais NO e Br_2. Primeiro, assumimos que o $NOBr_2$ é instável e não se acumula em uma proporção significativa na mistura reacional. Uma vez formado, o $NOBr_2$ pode ser consumido pela reação com o NO para formar NOBr ou decompor-se novamente em NO e Br_2. A primeira dessas possibilidades é a etapa 2 do nosso mecanismo alternativo, um processo lento. A segunda é o inverso da etapa 1, um processo unimolecular:

$$NOBr_2(g) \xrightarrow{k_{-1}} NO(g) + Br_2(g)$$

Como a etapa 2 é lenta, considera-se que a maior parte do $NOBr_2$ se decompõe de acordo com essa reação. Assim, temos as reações direta e inversa da etapa 1 ocorrendo muito mais rapidamente do que a etapa 2. Uma vez que elas ocorrem rapidamente em comparação à etapa 2, as reações direta e inversa da etapa 1 estabelecem um equilíbrio. Como em qualquer outro equilíbrio dinâmico, a velocidade da reação direta é igual à da reação inversa:

$$\underbrace{k_1[NO][Br_2]}_{\text{Velocidade da reação direta}} = \underbrace{k_{-1}[NOBr_2]}_{\text{Velocidade da reação inversa}}$$

Resolvendo a equação para encontrar [$NOBr_2$], temos:

$$[NOBr_2] = \frac{k_1}{k_{-1}}[NO][Br_2]$$

Substituindo essa relação na Equação 14.30, obtemos

$$\text{Velocidade} = k_2 \frac{k_1}{k_{-1}}[NO][Br_2][NO] = k[NO]^2[Br_2]$$

em que a constante de velocidade experimental k é igual a $k_2 k_1/k_{-1}$. Essa expressão é consistente com a lei de velocidade experimental (Equação 14.27). Assim, nosso mecanismo alternativo (Equação 14.29), que envolve duas etapas, mas apenas processos unimoleculares e bimoleculares, é muito mais provável de ocorrer do que o mecanismo termolecular de uma única etapa visto na Equação 14.28. Esse pressuposto de que um intermediário tem concentração relativamente constante durante quase toda a reação também é chamado de *hipótese do estado estacionário*, ou *aproximação do estado estacionário*:

Em geral, sempre que uma etapa rápida precede uma lenta, podemos encontrar a concentração de um intermediário ao considerar que um equilíbrio é estabelecido na etapa rápida.

Exercício resolvido 14.15
Derivação da lei de velocidade para um mecanismo com uma etapa inicial rápida

Mostre que o seguinte mecanismo da Equação 14.26 também produz uma lei de velocidade de acordo com a experimentalmente observada:

Etapa 1: $NO(g) + NO(g) \underset{k_{-1}}{\overset{k_1}{\rightleftharpoons}} N_2O_2(g)$ (rápida, equilíbrio)

Etapa 2: $N_2O_2(g) + Br_2(g) \overset{k_2}{\longrightarrow} 2\,NOBr(g)$ (lenta)

SOLUÇÃO

Analise Com base em um mecanismo com uma etapa inicial rápida, devemos escrever a lei de velocidade da reação global.

Planeje A lei de velocidade da etapa elementar lenta em um mecanismo determina a lei de velocidade da reação global. Assim, primeiro devemos escrever a lei de velocidade com base na molecularidade da etapa lenta. Nesse caso, a etapa lenta envolve o intermediário N_2O_2 como um reagente. No entanto, leis de velocidade experimentais não contêm as concentrações de intermediários; em vez disso, são expressas em termos das concentrações dos reagentes e, em alguns casos, dos produtos. Assim, devemos relacionar a concentração de N_2O_2 com a concentração de NO, considerando que o equilíbrio é estabelecido na primeira etapa.

Resolva A segunda etapa é a determinante da velocidade, então a velocidade global é:

$$\text{Velocidade} = k_2[N_2O_2][Br_2]$$

Encontramos a concentração do intermediário N_2O_2 ao considerar que um equilíbrio é estabelecido na etapa 1; assim, a velocidade das reações direta e inversa na etapa 1 é igual a:

$$k_1[NO]^2 = k_{-1}[N_2O_2]$$

Ao resolver a equação para encontrar a concentração do intermediário N_2O_2, obtemos:

$$[N_2O_2] = \frac{k_1}{k_{-1}}[NO]^2$$

Substituindo essa expressão na expressão de velocidade, temos:

$$\text{Velocidade} = k_2\frac{k_1}{k_{-1}}[NO]^2[Br_2] = k[NO]^2[Br_2]$$

Observe que combinamos três constantes de velocidade em uma constante de velocidade final genérica. Assim, esse mecanismo também resulta em uma lei de velocidade que está de acordo com a experimental. Lembre-se: pode haver mais de um mecanismo que leva a uma lei de velocidade experimental observada.

▶ **Para praticar**
A primeira etapa de um mecanismo que envolve a reação do bromo é:

$$Br_2(g) \underset{k_{-1}}{\overset{k_1}{\rightleftharpoons}} 2\,Br(g) \quad \text{(rápida, equilíbrio)}$$

Qual é a expressão que relaciona a concentração de $Br(g)$ à do $Br_2(g)$?

Até aqui, consideramos apenas três mecanismos de reação: um para a reação que ocorre em uma única etapa elementar, e dois para as reações de várias etapas simples em que há uma única etapa determinante da velocidade. No entanto, há outros mecanismos mais complexos. Se você fizer um curso de bioquímica, por exemplo, vai aprender sobre os casos em que a concentração de um intermediário não pode ser desprezada na derivação da lei de velocidade. Além disso, alguns mecanismos exigem um grande número de etapas, às vezes até mais de 35, para chegar a uma lei de velocidade que esteja de acordo com dados experimentais.

OLHANDO DE PERTO | Reações controladas por difusão e reações controladas por ativação

Imagine que uma reação global A + B ⟶ C ocorra por meio de um complexo ativado AB:

$$A + B \underset{k_{-1}}{\overset{k_1}{\rightleftharpoons}} AB \overset{k_2}{\longrightarrow} C$$

Como um equilíbrio dinâmico leva ao complexo ativado AB, a constante de velocidade para a formação de AB é dada por k_1, enquanto a constante de velocidade para a decomposição de AB em A e B é k_{-1}. A constante de velocidade para AB formar o produto C é dada por k_2. Os valores para k_1, k_{-1} e k_2 serão regidos por diversos fatores, incluindo a intensidade da união do complexo ativado AB e a velocidade com que A e B colidem para formar AB.

Na solução, a velocidade com que A e B colidem depende, além das suas concentrações, da *difusão*, processo no qual as moléculas se movem de uma posição de alta concentração para uma de menor concentração, o que, em última análise, leva à presença da mesma concentração em equilíbrio em toda a amostra. A difusão tem a sua própria velocidade e energia de ativação para as moléculas que se movem pelo solvente. O *coeficiente de difusão* é uma medida quantitativa da capacidade do soluto de difundir-se em um solvente. O coeficiente de difusão se assemelha à constante de velocidade no sentido de que valores maiores significam que a molécula se move com mais rapidez (assim como uma constante de velocidade maior significa que a reação é mais rápida). Assim, objetos grandes em solventes de alta viscosidade (semelhantes ao melaço) têm coeficientes de difusão muito baixos. Por outro lado, objetos pequenos em líquidos de baixa viscosidade, como moléculas pequenas na maioria dos solventes orgânicos, têm coeficientes de difusão altos; logo, conseguem percorrer distâncias relativamente grandes a cada unidade de tempo. Na água, moléculas pequenas, como o oxigênio e o metanol, têm coeficientes de difusão de 10^{-5} cm^2/s à temperatura ambiente. Os átomos de alumínio no cobre metálico, por outro lado, têm um coeficiente de difusão de 10^{-30} cm^2/s à temperatura ambiente.

Há dois casos limites para as reações: as *controladas por difusão* e as *controladas por ativação* (também chamadas de *controladas por reação*). Em uma reação controlada por difusão, $k_2 \gg k_{-1}$, então a velocidade da reação é limitada por k_1, ou seja, pela velocidade com que as moléculas A e B se difundem na solução e colidem para formar AB. Um teste clássico para determinar se uma reação é controlada por difusão é variar a velocidade de agitação da reação: se a velocidade aumenta à medida que as substâncias são agitadas com mais rapidez, a reação provavelmente é controlada por difusão. Em uma reação controlada por ativação, E_a é grande (mais de 20 kJ/mol), e $k_2 \ll k_{-1}$. Assim, a velocidade da reação é determinada pela energia de ativação. A maioria das reações analisadas neste livro são controladas por ativação. Contudo, em estudos futuros, é possível que você encontre reações controladas por difusão, como alguns processos biomoleculares que envolvem enzimas.

Exercícios de autoavaliação

EAA 14.14 Considere o seguinte perfil de energia.

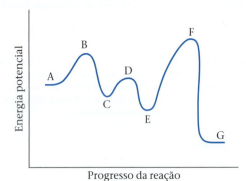

Qual(is) das seguintes afirmações é(são) *verdadeira(s)*?

(i) C e E são intermediários.
(ii) B, D e F são estados de transição.
(iii) Esse é um mecanismo em três etapas.

(a) Apenas uma das afirmações é verdadeira. (b) Apenas i e ii são verdadeiras. (c) Apenas i e iii são verdadeiras. (d) Apenas ii e iii são verdadeiras. (e) Todas as afirmações são verdadeiras.

EAA 14.15 Acredita-se que a formação de 2 $NO_2(g)$ a partir de $NO(g)$ e $O_2(g)$ ocorra por um mecanismo em duas etapas:

$$NO(g) + O_2(g) \rightleftharpoons NO_3(g) \text{ (rápida)}$$
$$NO_3(g) + NO(g) \longrightarrow 2\,NO_2(g) \text{ (lenta)}$$

Qual das seguintes leis de velocidade está de acordo com esse mecanismo?

(a) Velocidade = $k[NO]^2[O_2]$ (c) Velocidade = $k[NO][O_2]$
(b) Velocidade = $k[NO][O_2]^2$ (d) Velocidade = $k[NO_3][NO]$

EAA 14.16 Quando a reação 2 $NO(g)$ + $Cl_2(g)$ ⟶ 2 $NOCl(g)$ foi conduzida, obteve-se os seguintes dados sob condições de [Cl_2] constante:

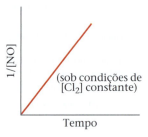

Qual(is) dos seguintes mecanismos é(são) consistente(s) com os dados?

(i) $2\,NO(g) \rightleftharpoons N_2O_2(g)$ (rápida)
    $N_2O_2(g) + Cl_2(g) \longrightarrow 2\,NOCl(g)$ (lenta)

(ii) $NO(g) + Cl_2(g) \longrightarrow NOCl(g) + Cl(g)$ (lenta)
     $NO(g) + Cl(g) \longrightarrow NOCl(g)$ (rápida)

(a) i (b) ii (c) i e ii (d) nem i nem ii

14.6 | Catálise

Um **catalisador** é uma substância que altera a velocidade de uma reação química sem passar por uma alteração química permanente. A maioria das reações nos organismos (seu metabolismo), na atmosfera e nos oceanos ocorre com a ajuda de catalisadores. Dessa maneira, muitas pesquisas nas indústrias químicas se empenham em encontrar catalisadores mais eficientes para reações importantes comercialmente. Extensivos esforços de pesquisas também são dedicados a encontrar meios de inibir ou remover certos catalisadores que promovem reações indesejáveis, como aqueles que corroem metais, envelhecem nossos corpos e causam a cárie dentária.

▲ **Objetivos de aprendizagem**

Após terminar a **Seção 14.6**, você deve ser capaz de:
▶ Identificar espécies que atuam como catalisadores a partir da inspeção do mecanismo de reação.
▶ Diferenciar entre catalisadores homogêneos e heterogêneos.
▶ Descrever o papel das enzimas nos organismos vivos.

Catálise homogênea

Um catalisador presente na mesma fase que os reagentes em uma mistura de reação é chamado de **catalisador homogêneo**. Existe um grande número de exemplos tanto em soluções quanto em fase gasosa. Considere, por exemplo, a decomposição do peróxido de hidrogênio aquoso, $H_2O_2(aq)$, em água e oxigênio:

$$2\,H_2O_2(aq) \longrightarrow 2\,H_2O(l) + O_2(g) \qquad [14.31]$$

Na ausência de um catalisador, essa reação é extremamente devagar. No entanto, muitas substâncias são capazes de catalisar a reação, como o íon brometo, que reage com o peróxido de hidrogênio em solução ácida, formando bromo aquoso e água (**Figura 14.21**).

$$2\,Br^-(aq) + H_2O_2(aq) + 2\,H^+(aq) \longrightarrow Br_2(aq) + 2\,H_2O(l) \qquad [14.32]$$

Resolva com ajuda da figura — Qual espécie é responsável pela cor amarronzada no cilindro do meio: H_2O_2, Br_2, Na^+, Br^- ou O_2? A substância marrom é um catalisador ou um intermediário?

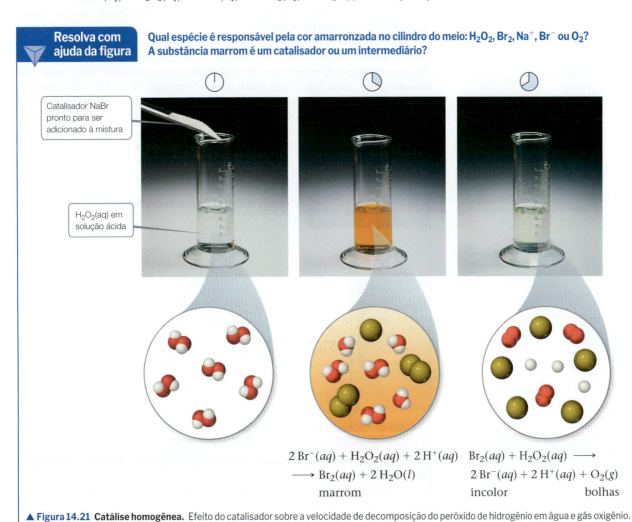

$2\,Br^-(aq) + H_2O_2(aq) + 2\,H^+(aq) \longrightarrow Br_2(aq) + 2\,H_2O(l)$
marrom

$Br_2(aq) + H_2O_2(aq) \longrightarrow 2\,Br^-(aq) + 2\,H^+(aq) + O_2(g)$
incolor   bolhas

▲ **Figura 14.21 Catálise homogênea.** Efeito do catalisador sobre a velocidade de decomposição do peróxido de hidrogênio em água e gás oxigênio.

Se essa fosse a reação completa, o íon brometo não seria um catalisador, porque sofreria transformação química durante a reação. No entanto, o peróxido de hidrogênio também reage com o Br$_2$(aq) gerado na Equação 14.32:

$$Br_2(aq) + H_2O_2(aq) \longrightarrow 2\,Br^-(aq) + 2\,H^+(aq) + O_2(g) \qquad [14.33]$$

A soma das equações 14.32 e 14.33 leva-nos à Equação 14.31, um resultado que você mesmo pode verificar.

Quando o H$_2$O$_2$ foi completamente decomposto, ficamos com uma solução incolor de Br$^-$(aq); isso significa que esse íon é de fato um catalisador da reação, pois ele acelera a reação sem sofrer qualquer variação líquida. O Br$_2$, por sua vez, é um intermediário, pois é inicialmente formado (Equação 14.32) e consumido em seguida (Equação 14.33). A variação de cor que observamos na Figura 14.22 ilustra que a presença de intermediários pode, em alguns casos, ser fácil de detectar. Nem o catalisador nem o intermediário aparecem na equação da reação global. No entanto, observe que *o catalisador está no início da reação, enquanto o intermediário é formado durante a reação.*

Como o catalisador funciona? Com base na forma geral das leis de velocidade (Equação 14.7, velocidade = $k[A]^m[B]^n$), o catalisador afeta o valor numérico de k, ou seja, a constante de velocidade. Com base na equação de Arrhenius (Equação 14.21, $k = Ae^{-Ea/RT}$), k é determinada pela energia de ativação (E_a) e o fator de frequência (A). Um catalisador poderia afetar a velocidade da reação mediante a variação do valor de E_a ou A. Isso pode acontecer de duas maneiras: o catalisador pode proporcionar um novo mecanismo para a reação que tem um valor de E_a menor que o valor de E_a para a reação não catalisada, ou o catalisador pode auxiliar na orientação de reagentes, aumentando A. Os efeitos catalíticos mais acentuados vêm da redução de E_a. Como regra geral, *um catalisador diminui a energia de ativação global de uma reação química.*

Um catalisador pode diminuir a energia de ativação de uma reação mediante um mecanismo alternativo para a reação. Por exemplo, na decomposição do peróxido de hidrogênio, ocorrem duas reações sucessivas de H$_2$O$_2$, primeiro com o brometo e, em seguida, com o bromo. Como essas duas reações juntas servem como uma via catalítica de decomposição do peróxido de hidrogênio, *ambas* devem ter energias de ativação significativamente mais baixas do que a decomposição não catalisada (**Figura 14.22**). Como a reação catalisada pode seguir uma série diferente de etapas no seu mecanismo, a lei de velocidade para a reação catalisada pode ser diferente da lei da reação não catalisada.

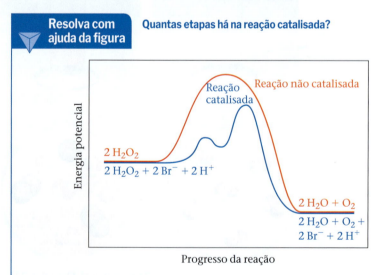

▲ **Figura 14.22** Perfis de energia para a decomposição do H$_2$O$_2$ não catalisado e catalisado por brometo.

Catálise heterogênea

Um **catalisador heterogêneo** é aquele encontrado em uma fase diferente da fase das moléculas de reagentes, sendo geralmente um sólido em contato com reagentes gasosos, ou reagentes sólidos em uma solução líquida. Muitas reações importantes na indústria são catalisadas pela superfície de sólidos. Por exemplo, o petróleo cru é transformado em moléculas menores de hidrocarbonetos usando o que são chamados de catalisadores para craqueamento. Catalisadores heterogêneos costumam ser compostos de metais ou óxidos metálicos.

A etapa inicial na catálise heterogênea geralmente é a **adsorção** dos reagentes. Lembre-se de que **ad***sorção* refere-se à ligação de moléculas a uma superfície, enquanto **ab***sorção* refere-se à assimilação de moléculas no interior de uma substância. (Seção 13.6) A adsorção ocorre porque os átomos ou íons na superfície de um sólido são extremamente reativos. Como a reação catalisada ocorre na superfície, métodos especiais são utilizados com frequência para preparar catalisadores para que eles tenham áreas superficiais muito grandes. Ao contrário dos seus homólogos no interior da substância, os átomos e íons superficiais têm a capacidade de ligação inutilizada, que pode ser empregada para ligar moléculas de fase gasosa ou de solução na superfície do sólido.

A reação do gás hidrogênio com gás etileno para formar gás etano é um exemplo de catálise heterogênea:

$$C_2H_4(g) + H_2(g) \longrightarrow C_2H_6(g) \quad \Delta H° = -137 \text{ kJ/mol} \qquad [14.34]$$
$$\text{Etileno} \qquad\qquad\quad \text{Etano}$$

Embora essa reação seja exotérmica, na ausência de um catalisador, ela ocorre muito lentamente. Já na presença de um pó de metal finamente dividido, como níquel, paládio ou platina, a reação ocorre com facilidade à temperatura ambiente através do mecanismo esquematizado na **Figura 14.23**. Tanto o etileno quanto o hidrogênio são adsorvidos na superfície metálica. Após a adsorção, a ligação H — H do H_2 se quebra, deixando dois átomos de H inicialmente ligados à superfície metálica, mas relativamente livres para se mover. Quando um átomo de hidrogênio encontra uma molécula de etileno adsorvida, ele pode formar uma ligação σ com um dos átomos de carbono, destruindo a ligação π C — C de maneira eficaz e deixando um *grupo etila* (C_2H_5) ligado à superfície por meio de uma ligação σ metal-carbono. Essa ligação σ é relativamente fraca, de modo que, quando o outro átomo de carbono também encontra um átomo de hidrogênio, uma sexta ligação σ C — H é formada, e uma molécula de etano (C_2H_6) é liberada da superfície metálica.

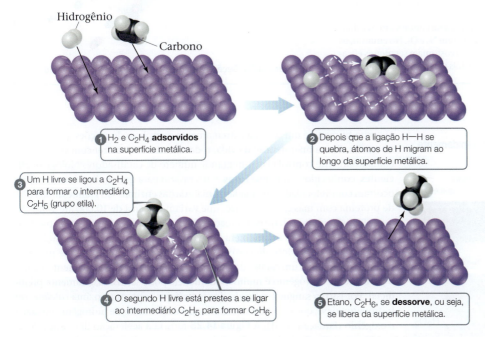

▲ **Figura 14.23 Catálise heterogênea.** O mecanismo para a reação de etileno com hidrogênio em uma superfície catalítica.

QUÍMICA E SUSTENTABILIDADE Conversores catalíticos

A catálise heterogênea é fundamental na luta contra a poluição do ar urbano. Dois componentes de escapamentos automotivos que ajudam a formar o smog fotoquímico são os óxidos de nitrogênio e os hidrocarbonetos não queimados. Além disso, o escapamento dos automóveis pode conter quantidades consideráveis de monóxido de carbono. Mesmo tomando o máximo de cuidado com o desenvolvimento do motor, é impossível, em condições normais de condução, reduzir a quantidade desses poluentes nos gases de escape a um nível aceitável. É, portanto, necessário removê-los do escape antes que sejam liberados no ambiente. Essa remoção é realizada no *conversor catalítico*.

O conversor catalítico, que faz parte do sistema de escape do automóvel, deve executar duas funções: (1) oxidação de CO e hidrocarbonetos não queimados (C_xH_y) em dióxido de carbono e água, e (2) redução dos óxidos de nitrogênio em nitrogênio gasoso:

$$CO, C_xH_y \xrightarrow{O_2} CO_2 + H_2O$$
$$NO, NO_2 \longrightarrow N_2 + O_2$$

Essas duas funções precisam de diferentes catalisadores, de modo que o desenvolvimento de um sistema catalisador bem-sucedido é um grande desafio. Os catalisadores devem ser eficazes em uma ampla faixa de temperaturas de funcionamento. Eles devem continuar ativos mesmo se diferentes componentes dos gases de escape bloquearem os sítios ativos do catalisador. Os catalisadores devem ser suficientemente robustos para suportar a turbulência dos gases de escape e os choques mecânicos da condução sob várias condições por milhares de quilômetros.

Os catalisadores que promovem a combustão de CO e hidrocarbonetos são, em geral, formados por óxidos de metais de transição e por metais nobres. Esses materiais são mantidos em uma estrutura (**Figura 14.24**) que permite o maior contato possível entre o gás de escape e a superfície do catalisador. Nesse caso, é utilizada uma estrutura de alumina (Al_2O_3) em formato de favo de mel, que é impregnada com o catalisador. Tais catalisadores funcionam, inicialmente, adsorvendo o gás oxigênio presente nos gases de escape. Essa adsorção enfraquece a ligação O — O no O_2, de modo que os átomos de oxigênio ficam disponíveis para reagir com o CO adsorvido para formar CO_2. A oxidação de hidrocarbonetos ocorre provavelmente de maneira parecida: os hidrocarbonetos são adsorvidos primeiro e, em seguida, ocorre a quebra da ligação C — H.

Os óxidos de metais de transição e os metais nobres são os catalisadores mais eficazes para a redução de NO em N_2 e O_2. No entanto, os catalisadores mais eficazes em uma reação costumam ser menos eficazes em outra. Portanto, é necessário ter dois componentes catalíticos.

Os conversores catalíticos contêm catalisadores heterogêneos notavelmente eficientes. Os gases de escape de automóveis estão em contato com o catalisador por apenas cerca de 100 a 400 ms, mas, nesse curto espaço de tempo, 96% dos hidrocarbonetos e do CO são convertidos em CO_2 e H_2O, e a emissão de óxidos de nitrogênio é reduzida em 76%.

Embora a combinação exata de catalisadores utilizada varie de um equipamento para outro, metais preciosos são essenciais em qualquer conversor catalítico. A platina é ótima para catalisar as reações de oxidação e tem boa resistência a impurezas, como chumbo, enxofre e fósforo, que podem envenenar ou desativar o catalisador. O paládio é uma alternativa ligeiramente mais barata à platina, mas é mais sensível ao envenenamento por impurezas no fluxo de escapamento. O ródio é o melhor metal para a redução de óxidos de nitrogênio e tem um nível de atividade razoável para as reações de oxidação, mas, infelizmente, é ainda mais raro e mais caro do que a platina. Os conversores catalíticos representam cerca de 35% do uso de platina, 65% do uso de paládio e 95% do uso de ródio a nível mundial. Os depósitos desses metais costumam estar concentrados na África do Sul e na Rússia, o que os sujeita a questões complexas de política global.

Exercícios relacionados: 14.62, 14.81, 14.82, 14.124

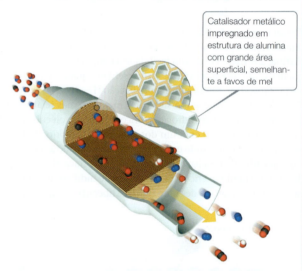

▲ **Figura 14.24** Seção transversal de um conversor catalítico.

Enzimas

O corpo humano é um sistema extremamente complexo de reações químicas interligadas. Para a manutenção da vida, todas elas devem ocorrer com velocidades cuidadosamente controladas. Um grande número de catalisadores biológicos eficientes, conhecidos como **enzimas**, é necessário para que muitas dessas reações ocorram com velocidades adequadas. A maioria das enzimas são grandes moléculas de proteína com massas moleculares que variam de cerca de 10.000 até 1 milhão uma. Elas são muito seletivas nas reações que catalisam, e algumas são absolutamente específicas, funcionando em apenas uma substância em uma reação. Por exemplo, a decomposição do peróxido de hidrogênio é um importante processo biológico que requer um catalisador natural para funcionar adequadamente. Como o peróxido de hidrogênio é muito oxidante, ele pode ser fisiologicamente prejudicial. Por isso, o sangue e o fígado dos mamíferos contêm a enzima *catalase*, ou hidroperoxidase, que catalisa a decomposição de peróxido de hidrogênio em água e oxigênio (Equação 14.31). A **Figura 14.25** mostra a aceleração dramática dessa reação química pela catalase no fígado bovino.

A reação de catálise de qualquer enzima ocorre em um local específico na enzima, denominado **sítio ativo**, já as substâncias que reagem nesse local são chamadas

Resolva com ajuda da figura

Por que esta reação ocorre mais rapidamente quando o fígado é moído?

▲ **Figura 14.25** Enzimas aceleram reações.

> **Resolva com ajuda da figura**
> Quais moléculas devem se ligar mais firmemente ao sítio ativo: os substratos ou os produtos?

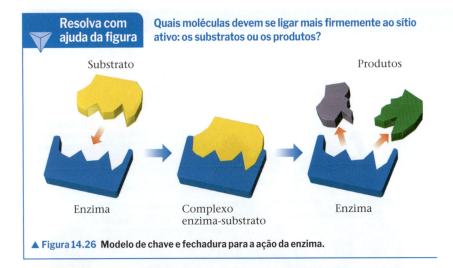

▲ Figura 14.26 Modelo de chave e fechadura para a ação da enzima.

de **substratos**. O **modelo de chave e fechadura** fornece uma explicação simples para a especificidade de uma enzima (**Figura 14.26**). O substrato é retratado como um encaixe perfeito no sítio ativo, assim como uma chave se encaixa perfeitamente em uma fechadura.

A lisozima é uma enzima importante para o funcionamento do nosso sistema imunológico porque acelera as reações que causam danos (ou "rompem" ou "lisam") às paredes celulares das bactérias. A **Figura 14.27** mostra um modelo da enzima lisozima sem e com uma molécula de substrato ligada.

A combinação de enzima e substrato é chamada de *complexo enzima-substrato*. Embora a Figura 14.26 mostre que tanto o sítio ativo quanto o seu substrato têm uma forma fixa, o sítio ativo costuma ser relativamente flexível e, por isso, pode alterar sua forma quando se liga ao substrato. A ligação entre o substrato e o sítio ativo envolve atrações dipolo-dipolo, ligações de hidrogênio e forças de dispersão. (Seção 11.2).

À medida que moléculas de substrato entram no sítio ativo, elas são ativadas de alguma forma, para que sejam capazes de reagir rapidamente. Esse processo de ativação pode ocorrer, por exemplo, com a retirada ou a doação de densidade eletrônica de uma ligação específica ou grupo de átomos no sítio ativo da enzima. Além disso, o substrato pode ser distorcido durante o processo de ajuste ao sítio ativo e se tornar mais reativo. Uma vez que a reação ocorre, os produtos afastam-se do local ativo, permitindo que outra molécula de substrato entre.

A atividade de uma enzima é destruída se alguma molécula diferente do substrato específico da enzima for ligada ao sítio ativo e bloquear a entrada do substrato. Tais substâncias são chamadas de *inibidores de enzima*. Acredita-se que neurotoxinas e determinados íons metálicos tóxicos, como o chumbo e o mercúrio, atuem desse modo para inibir a atividade da enzima. Alguns outros venenos atuam ligando-se a outra região da enzima, distorcendo o sítio ativo para que o substrato não se encaixe.

As enzimas são muito mais eficientes que os catalisadores não bioquímicos. O número de eventos de reação catalisada que ocorre em um sítio ativo específico, denominado *número de turnover*, está geralmente na faixa de 10^3 a 10^7 por segundo. Esse grande volume

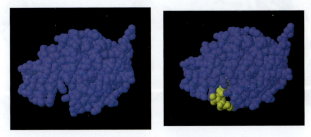

▲ Figura 14.27 **A lisozima foi uma das primeiras enzimas para as quais uma relação entre estrutura e função foi descrita.** Esse modelo mostra como o substrato (amarelo) "se encaixa" dentro do sítio ativo da enzima.

A QUÍMICA E A VIDA | Fixação de nitrogênio e nitrogenase

O nitrogênio é um dos elementos mais importantes em organismos vivos. Ele é encontrado em muitos compostos vitais, incluindo proteínas, ácidos nucleicos, vitaminas e hormônios. O ciclo do nitrogênio é contínuo pela biosfera em diversas formas, como mostra a **Figura 14.28**. Por exemplo, certos microrganismos convertem o nitrogênio presente em resíduos animais e plantas mortas em $N_2(g)$, que, em seguida, retorna para a atmosfera. Para a cadeia alimentar ser sustentada, deve existir um meio de converter $N_2(g)$ atmosférico em uma forma que possa ser utilizada pelas plantas. Por isso, se perguntassem a um cientista qual é a reação química mais importante do mundo, ele poderia dizer que é a *fixação do nitrogênio*, o processo pelo qual o $N_2(g)$ atmosférico é convertido em compostos adequados para o aproveitamento nas plantas. Parte do nitrogênio fixado resulta da ação de relâmpagos na atmosfera e parte é produzida industrialmente, mediante um processo que discutiremos no Capítulo 15. No entanto, cerca de 60% da fixação de nitrogênio é uma consequência da ação de uma enzima notável e complexa, a *nitrogenase*. Essa enzima *não* está presente em seres humanos ou animais; ela é encontrada em bactérias que vivem nos nódulos radiculares de certas plantas, como trevo e alfafa.

A nitrogenase converte N_2 em NH_3, um processo que, na ausência de um catalisador, tem uma grande energia de ativação. Esse processo é uma reação de *redução*, em que o estado de oxidação de N é reduzido de 0 no N_2 para −3 no NH_3. O mecanismo pelo qual a nitrogenase reduz o N_2 não é totalmente compreendido. Assim como outras enzimas, incluindo a catalase (Figura 14.25), o sítio ativo da nitrogenase contém átomos de metais de transição; essas enzimas são chamadas de *metaloenzimas*. Uma vez que metais de transição podem facilmente mudar de estado de oxidação, as metaloenzimas são muito úteis em transformações nas quais os substratos são oxidados ou reduzidos.

Sabe-se há quase 40 anos que uma parte da nitrogenase contém átomos de ferro e molibdênio. Acredita-se, então, que essa parte, o chamado *cofator Fe-Mo*, serve como sítio ativo da enzima. O cofator

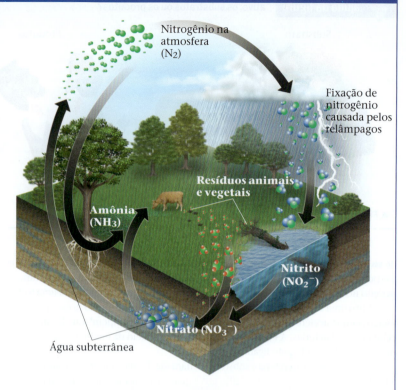

▲ **Figura 14.28** Simplificação do ciclo do nitrogênio.

Fe-Mo da nitrogenase é um aglomerado de sete átomos de Fe e um átomo de Mo, todos ligados por átomos de enxofre (**Figura 14.29**).

É uma das maravilhas da natureza que bactérias simples possam conter enzimas tão complexas e vitais quanto a nitrogenase. Por causa dessa enzima, o nitrogênio passa por um ciclo contínuo entre o seu papel inerte na atmosfera e o seu papel crucial nos organismos vivos. Sem a nitrogenase, a vida do modo como a conhecemos não existiria na Terra.

Exercícios relacionados: 14.86, 14.115, 14.116

▲ **Figura 14.29 O cofator FeMo da nitrogenase.** A nitrogenase é encontrada em nódulos radiculares de certas plantas, como na raiz do trevo branco, mostrado à esquerda. O cofator, que é o sítio ativo da enzima, contém sete átomos de Fe e um átomo de Mo ligados por átomos de enxofre. As moléculas fora do cofator se ligam ao restante da proteína.

◀ **Figura 14.30 Frances Arnold.** Ela dividiu o Prêmio Nobel de Química de 2018 pelo seu trabalho na engenharia de enzimas para realizar novas funções.

de número de *turnover* corresponde a energias de ativação muito baixas. Comparadas a um catalisador químico simples, as enzimas podem aumentar a constante de velocidade de uma reação em 1 milhão de vezes ou mais. Algumas enzimas são quase "perfeitas", no sentido de a etapa limitante da velocidade ser a difusão do substrato para o sítio ativo, de modo que as reações globais são controladas pela difusão. (Consulte o quadro "Olhando de perto: Reações controladas por difusão e reações controladas por ativação".)

As enzimas evoluíram durante milhões de anos para executar sua função em soluções aquosas, mas hoje os cientistas podem utilizar as técnicas da biologia molecular para "direcionar" essa evolução das enzimas de modo a catalisar reações não naturais ou catalisar reações em soluções não aquosas. A engenheira química Frances Arnold (**Figura 14.30**) dividiu o Prêmio Nobel de Química de 2018 pelo seu trabalho nessa área.

Exercícios de autoavaliação

EAA 14.17 Qual(is) das seguintes afirmações é(são) *verdadeira(s)*?

(i) Um catalisador influencia a velocidade da reação ao alterar o valor de E_a ou A.

(ii) Um catalisador alterar o ΔE de uma reação.

(iii) Os catalisadores muitas vezes são preparados para ter áreas superficiais muito grandes.

(**a**) Apenas uma das afirmações é verdadeira. (**b**) Apenas i e ii são verdadeiras. (**c**) Apenas i e iii são verdadeiras. (**d**) Apenas ii e iii são verdadeiras. (**e**) Todas as afirmações são verdadeiras.

EAA 14.18 Qual das afirmações a seguir é *verdadeira* para a sequência de reações apresentada?

Etapa 1: $Cl(g) + O_3(g) \longrightarrow ClO(g) + O_2(g)$
Etapa 2: $ClO(g) + O(g) \longrightarrow Cl(g) + O_2(g)$
Global: $O_3(g) + O(g) \longrightarrow 2\,O_2(g)$

(**a**) Cl é um intermediário e ClO é um catalisador. (**b**) Cl é um catalisador e ClO é um intermediário. (**c**) Cl e ClO são catalisadores. (**d**) Cl e ClO são intermediários.

EAA 14.19 Há duas maneiras principais de converter o nitrogênio em amônia: a natureza usa as enzimas de nitrogenase, enquanto os seres humanos usam o processo de Haber-Bosch, no qual N_2 e H_2 gasosos são aquecidos a altas temperaturas e escoados por um leito catalítico com ferro para produzir amônia. Qual(is) das afirmações a seguir sobre esses sistemas é(são) *verdadeira(s)*?

(i) A nitrogenase é um catalisador heterogêneo.

(ii) A variação de energia da reação global é a mesma, seja qual for o sistema catalisador utilizado.

(iii) A energia de ativação da reação global é a mesma, seja qual for o sistema catalisador utilizado.

(**a**) i (**b**) ii (**c**) iii (**d**) i e ii (**e**) ii e iii

Integrando conceitos

O ácido fórmico (HCOOH) se decompõe na fase gasosa a temperaturas elevadas da seguinte maneira:

$$HCOOH(g) \longrightarrow CO_2(g) + H_2(g)$$

A reação de decomposição não catalisada é de primeira ordem. Um gráfico da pressão parcial de HCOOH *versus* tempo para a decomposição a 838 K é mostrado conforme a curva em vermelho da **Figura 14.31**. Quando uma pequena quantidade de ZnO sólido é adicionada à câmara de reação, a pressão parcial de ácido *versus* tempo varia conforme mostrado na curva azul da Figura 14.31.

(a) Estime a constante de velocidade de meia-vida e de primeira ordem para a decomposição do ácido fórmico.

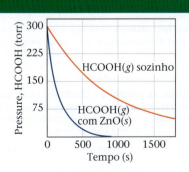

▲ **Figura 14.31** Variação na pressão de HCOOH(g) como uma função do tempo a 838 K.

(Continua)

(b) O que você pode concluir a respeito do efeito do ZnO adicionado sobre a decomposição do ácido fórmico?

(c) O progresso da reação foi acompanhado medindo-se a pressão parcial de vapor de ácido fórmico em determinados momentos. Suponha que, em vez disso, traçamos um gráfico da concentração de ácido fórmico em mol/L. Que efeito isso teria sobre o valor calculado de k?

(d) A pressão de vapor de ácido fórmico no início da reação é $3,00 \times 10^2$ torr. Considerando que a temperatura é constante e o comportamento do gás é ideal, qual será a pressão no sistema no fim da reação? Se o volume da câmara de reação for 436 cm^3, quantos mols de gás ocuparão a câmara de reação no fim da reação?

(e) O calor de formação padrão do vapor de ácido fórmico é $\Delta H_f° = -378,6$ kJ/mol. Calcule o $\Delta H°$ da reação global. Se a energia de ativação (E_a) da reação for 184 kJ/mol, esboce um perfil de energia aproximado para a reação e classifique a E_a, o $\Delta H°$ e o estado de transição.

SOLUÇÃO

(a) A pressão inicial de HCOOH é $3,00 \times 10^2$ torr. No gráfico, vamos para o nível em que a pressão parcial de HCOOH é $1,50 \times 10^2$ torr, metade do valor inicial. Isso corresponde a um tempo de aproximadamente $6,60 \times 10^2$ s, que é, portanto, sua meia-vida. A constante de velocidade de primeira ordem é dada pela Equação 14.17: $k = 0,693/t_{1/2} = 0,693/660$ s $= 1,05 \times 10^{-3}$ s^{-1}.

(b) A reação ocorre muito mais rapidamente na presença de ZnO sólido, então a superfície do óxido deve estar atuando como um catalisador para a decomposição do ácido. Esse é um exemplo de catálise heterogênea.

(c) Se tivéssemos representado graficamente a concentração de ácido fórmico em mol por litro, ainda teríamos determinado que a meia-vida da decomposição é de 660 s e registraríamos o mesmo valor para k. Como a unidade de k é s^{-1}, o valor de k independe da unidade utilizada na concentração.

(d) De acordo com a estequiometria da reação, dois mols de produto são formados por cada mol de reagente. Portanto, quando a reação estiver completa, a pressão será de 600 torr, ou seja, o dobro da pressão inicial, considerando um comportamento de gás ideal. (Como estamos trabalhando com uma temperatura bastante elevada e a pressão do gás é relativamente baixa, é razoável considerar um comportamento de gás ideal.) A quantidade de matéria de gás presente pode ser calculada ao aplicar a equação do gás ideal (Seção 10.3):

$$n = \frac{PV}{RT} = \frac{(600/760 \text{ atm})(0,436 \text{ L})}{(0,08206 \text{ L-atm/mol-K})(838 \text{ K})} = 5,00 \times 10^{-3} \text{ mol}$$

(e) Primeiro, calculamos a variação global de energia, $\Delta H°$ (Seção 5.7 e Apêndice C), como em:

$$\Delta H° = \Delta H_f°(CO_2(g)) + \Delta H_f°(H_2(g)) - \Delta H_f°(HCOOH(g))$$
$$= -393,5 \text{ kJ/mol} + 0 - (-378,6 \text{ kJ/mol})$$
$$= -14,9 \text{ kJ/mol}$$

Com base nesse valor e no valor da E_a, podemos esboçar um perfil de energia aproximado para a reação, em analogia à Figura 14.16.

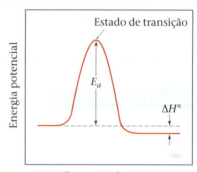

Resumo do capítulo e termos-chave

VELOCIDADE DAS REAÇÕES (SEÇÃO 14.1) A **cinética química** é a área da química que estuda as **velocidades das reações**. Os fatores que afetam a velocidade da reação são o estado físico dos reagentes, a concentração, a temperatura e a presença de catalisadores. A velocidade das reações costuma ser expressa como variação na concentração por unidade de tempo: geralmente, para reações em solução, as velocidades são dadas em concentração em quantidade de matéria por segundo (M/s). Para a maioria das reações, um gráfico de concentração em quantidade de matéria versus tempo mostra que a velocidade diminui à medida que a reação ocorre. A **velocidade instantânea** é a inclinação de uma linha traçada tangencialmente à curva de concentração versus tempo para um tempo específico. As velocidades podem ser dadas em termos do aparecimento de produtos ou do desaparecimento de reagentes. Já a estequiometria da reação determina a relação entre as velocidades de aparecimento e desaparecimento.

LEIS DE VELOCIDADE E CONSTANTES DE VELOCIDADE: O MÉTODO DAS VELOCIDADES INICIAIS (SEÇÃO 14.2) A relação quantitativa entre a velocidade e a concentração é expressa por uma **lei de velocidade**, que costuma apresentar a seguinte forma:

Velocidade = k[reagente 1]^m[reagente 2]^n ...

A constante k da lei de velocidade é chamada de **constante de velocidade**; os expoentes m, n e assim por diante são chamados de **ordens de reação** para os reagentes. A soma das ordens de reação resulta na **ordem global de reação**. Ordens de reação devem ser determinadas experimentalmente; uma forma comum é realizar a reação com diferentes concentrações iniciais de reagentes e medir as velocidades iniciais. As unidades da constante de velocidade dependem da ordem global de reação. Para uma reação em que a ordem global de reação é 1, k tem as unidades s^{-1}; já para aquela em que a ordem global de reação é 2, k tem as unidades M^{-1} s^{-1}.

A espectroscopia é uma técnica que pode ser utilizada para monitorar o curso de uma reação. De acordo com a lei de Beer, a absorção de radiação eletromagnética por uma substância a um determinado comprimento de onda é diretamente proporcional à sua concentração.

LEI DE VELOCIDADE INTEGRADA (SEÇÃO 14.3) Leis de velocidade podem ser aplicadas para determinar as concentrações de reagentes ou produtos em qualquer momento durante uma reação. Em uma **reação de primeira ordem**, a velocidade é proporcional à concentração de um único reagente elevada à primeira potência: velocidade = k[A]. Em tais casos, a forma integrada da lei de velocidade é ln[A]$_t = -kt + \ln$[A]$_0$, em que [A]$_t$ é a concentração do reagente A no tempo t, k é a constante de velocidade e [A]$_0$

é a concentração inicial de A. Assim, para uma reação de primeira ordem, um gráfico de ln[A] versus tempo produz uma linha reta com inclinação $-k$.

Uma **reação de segunda ordem** é aquela em que a ordem global de reação é 2. Se uma lei de velocidade de segunda ordem depender da concentração de apenas um reagente, então velocidade = $k[A]^2$, e a dependência do tempo de [A] é dada pela forma integrada da lei de velocidade: $1/[A]_t = 1/[A]_0 + kt$. Nesse caso, um gráfico de $1/[A]_t$ versus tempo dá origem a uma linha reta. A **reação de ordem zero** é aquela em que a ordem global de reação é 0; nesse caso, velocidade = k.

A **meia-vida** de uma reação, $t_{1/2}$, é o tempo necessário para a concentração de um reagente cair para a metade do seu valor original. Para uma reação de primeira ordem, a meia-vida depende apenas da constante de velocidade, e não da concentração inicial: $t_{1/2} = 0{,}693/k$. A meia-vida de uma reação de segunda ordem depende da constante de velocidade e da concentração inicial de A: $t_{1/2} = 1/(k[A]_0)$.

TEMPERATURA E VELOCIDADE: ENERGIA DE ATIVAÇÃO E EQUAÇÃO DE ARRHENIUS (SEÇÃO 14.4)
O **modelo de colisão**, que pressupõe que as reações ocorrem como resultado de colisões entre as moléculas, ajuda a explicar por que as magnitudes das constantes de velocidade crescem com o aumento da temperatura. Quanto maior for a energia cinética das moléculas que colidem, maior será a energia de colisão. A energia mínima necessária para que uma reação ocorra é chamada de **energia de ativação**, E_a. Uma colisão com energia E_a ou maior pode fazer com que os átomos das moléculas que colidem cheguem ao **complexo ativado** (ou **estado de transição**), que é a estrutura de mais alta energia na via de formação de produtos a partir de reagentes. Mesmo se uma colisão for suficientemente energética, ela pode não conduzir a uma reação; os reagentes também devem estar orientados corretamente um em relação ao outro para que uma colisão seja eficaz.

Como a energia cinética das moléculas depende da temperatura, a constante de velocidade da reação também depende da temperatura. A relação entre k e temperatura é dada pela **equação de Arrhenius**: $k = Ae^{-E_a/RT}$. O termo A é chamado de **fator de frequência** e se refere ao número de colisões que estão favoravelmente orientadas para a reação. A equação de Arrhenius é frequentemente aplicada na forma logarítmica: $\ln k = \ln A - E_a/RT$. Assim, um gráfico de ln k versus $1/T$ produz uma linha reta com inclinação $-E_a/R$. As reações em uma solução podem ser controladas pela difusão ou pela ativação. Em uma reação controlada pela difusão, a velocidade é limitada pela difusão dos reagentes para formar o complexo ativado; em uma reação controlada pela ativação, a velocidade é limitada pela energia de ativação da reação.

MECANISMOS DE REAÇÃO (SEÇÃO 14.5)
Um **mecanismo de reação** detalha as etapas individuais que ocorrem no curso de uma reação. Cada uma dessas etapas, chamadas de **reações elementares**, tem uma lei de velocidade bem definida que depende do número de moléculas (**molecularidade**) da etapa. Reações elementares são definidas como **unimoleculares**, **bimoleculares** ou **termoleculares**, a depender se uma, duas ou três moléculas de reagente estão envolvidas, respectivamente. Reações elementares termoleculares são muito raras. Reações unimoleculares, bimoleculares e termoleculares seguem as leis de velocidade que são de primeira, segunda e terceira ordem global, respectivamente.

Muitas reações ocorrem mediante mecanismo em várias etapas, que envolve duas ou mais etapas ou reações elementares. Um **intermediário** produzido em uma etapa elementar é consumido em uma etapa elementar posterior, e, portanto, não aparece na equação global da reação. Quando um mecanismo apresenta várias etapas elementares, a velocidade global é limitada pela etapa mais lenta, chamada de **etapa determinante da velocidade**. Uma etapa elementar rápida que acompanha a etapa determinante da velocidade não terá qualquer efeito sobre a lei de velocidade da reação. Uma etapa rápida que precede a etapa determinante da velocidade muitas vezes cria um equilíbrio que envolve um intermediário. Para que um mecanismo seja válido, a lei de velocidade prevista por ele deve ser igual à observada experimentalmente.

CATÁLISE (SEÇÃO 14.6)
Um **catalisador** é uma substância que aumenta a velocidade de uma reação sem sofrer uma transformação química líquida, fazendo isso mediante um mecanismo diferente para a reação, com uma energia de ativação inferior. Um **catalisador homogêneo** é aquele que está na mesma fase que os reagentes; um **catalisador heterogêneo** tem uma fase diferente da dos reagentes. Metais finamente divididos muitas vezes são utilizados como catalisadores heterogêneos para as reações em solução e em fase gasosa. Ao reagir, as moléculas podem se ligar (ou ser **adsorvidas**) à superfície do catalisador. A adsorção de um reagente em locais específicos na superfície faz com que a ligação quebre mais facilmente, diminuindo a energia de ativação. A catálise em organismos vivos é realizada por **enzimas**, grandes moléculas de proteína que catalisam uma reação muito específica. As moléculas dos reagentes específicos envolvidos em uma reação enzimática são chamadas de **substratos**. O local da enzima onde ocorre a catálise é chamado de **sítio ativo**. No **modelo de chave e fechadura** para a catálise da enzima, moléculas de substrato se ligam muito especificamente ao sítio ativo da enzima e, depois disso, podem reagir.

▼ Equações-chave

- Velocidade = $-\dfrac{1}{a}\dfrac{\Delta[A]}{\Delta t} = -\dfrac{1}{b}\dfrac{\Delta[B]}{\Delta t} = \dfrac{1}{c}\dfrac{\Delta[C]}{\Delta t} = \dfrac{1}{d}\dfrac{\Delta[D]}{\Delta t}$ [14.4]

  Definição de velocidade da reação em termos dos componentes da equação química balanceada $a\,A + b\,B \longrightarrow c\,C + d\,D$

- Velocidade = $k[A]^m[B]^n\ldots$ [14.7]

  Forma geral de uma lei de velocidade para a reação $A + B \longrightarrow$ produtos

- $\ln[A]_t - \ln[A]_0 = -kt$ ou $\ln\dfrac{[A]_t}{[A]_0} = -kt$ [14.12]

  Forma integrada de uma lei de velocidade de primeira ordem para a reação $A \longrightarrow$ produtos

- $\dfrac{1}{[A]_t} = kt + \dfrac{1}{[A]_0}$ [14.44]

  Forma integrada da lei de velocidade de segunda ordem para a reação $A \longrightarrow$ produtos

- $[A]_t = -kt + [A]_0$ [14.16]

  Forma integrada da lei de velocidade de ordem zero para a reação $A \longrightarrow$ produtos

- $t_{1/2} = \dfrac{0{,}693}{k}$ [14.17]

  Relação da meia-vida e da constante de velocidade em uma reação de primeira ordem

- $k = Ae^{-E_a/RT}$ [14.21]

  Equação de Arrhenius, que expressa como a constante de velocidade depende da temperatura

- $\ln k = -\dfrac{E_a}{RT} + \ln A$ [14.22]

  Forma logarítmica da equação Arrhenius

Simulado

SIM 14.1 Qual fator *não* afeta a velocidade da reação? (**a**) Temperatura (**b**) Concentração dos reagentes (**c**) Frequência de colisão dos reagentes (**d**) Dimensões do recipiente da reação (**e**) Se os reagentes estão em fase gasosa ou em uma solução.

SIM 14.2 Se o experimento da Figura 14.2 (incluído aqui) é conduzido por 60 s, sobra 0,16 mol de A. Qual(is) das seguintes afirmações está(ão) *correta(s)*?

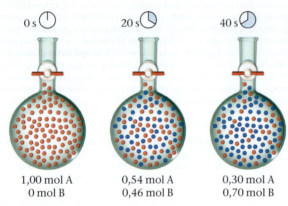

1,00 mol A   0,54 mol A   0,30 mol A
0 mol B   0,46 mol B   0,70 mol B

(i) Há 0,84 mol de B no recipiente após 60 s.
(ii) A redução na quantidade de matéria de A entre $t_1 = 0$ s e $t_2 = 20$ s é maior do que entre $t_1 = 40$ s e $t_2 = 60$ s.
(iii) A velocidade média da reação de $t_1 = 40$ s a $t_2 = 60$ s é $7,0 \times 10^{-3}$ M/s.

(**a**) Apenas i é verdadeira. (**b**) Apenas i e ii são verdadeiras. (**c**) Apenas i e iii são verdadeiras. (**d**) Apenas ii e iii são verdadeiras. (**e**) Todas as afirmações são verdadeiras.

SIM 14.3 Qual das alternativas a seguir representa a velocidade instantânea da reação da Figura 14.3 (incluída aqui) em $t = 1.000$ s?

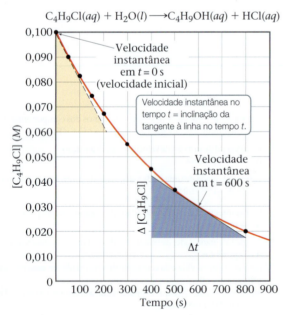

$C_4H_9Cl(aq) + H_2O(l) \longrightarrow C_4H_9OH(aq) + HCl(aq)$

(**a**) $1,2 \times 10^{-4}$ M/s
(**b**) $8,8 \times 10^{-5}$ M/s
(**c**) $6,3 \times 10^{-5}$ M/s
(**d**) $2,7 \times 10^{-5}$ M/s

SIM 14.4 Em um determinado momento da reação, a substância A está desaparecendo à velocidade de $4,2 \times 10^{-2}$ M/s, a substância B está aparecendo à velocidade de $2,0 \times 10^{-2}$ M/s e a substância C está aparecendo à velocidade de $6,0 \times 10^{-2}$ M/s. Qual das alternativas a seguir poderia ser a estequiometria da reação estudada?
(**a**) $2A + B \longrightarrow 3C$ (**d**) $4A \longrightarrow 2B + 3C$
(**b**) $A \longrightarrow 2B + 3C$ (**e**) $A + 2B \longrightarrow 3C$
(**c**) $2A \longrightarrow B + 3C$

SIM 14.5 Observa-se que a lei de velocidade para a reação entre A e B é velocidade = $k[A]^2[B]$. Qual(is) das afirmações a seguir é(são) *verdadeira(s)*?

(i) Trata-se de uma reação de segunda ordem global.
(ii) Se a concentração inicial de A for duplicada a velocidade duplica.
(iii) A constante de velocidade tem unidades $M^{-1}\,s^{-1}$.

(**a**) Apenas iii é verdadeira. (**b**) Apenas i e ii são verdadeiras. (**c**) Apenas i e iii são verdadeiras. (**d**) Apenas ii e iii são verdadeiras. (**e**) Nenhuma afirmação é verdadeira.

SIM 14.6 Dada a reação a seguir e sua lei de velocidade, quais são as unidades da constante de velocidade?

$CHCl_3(g) + Cl_2(g) \longrightarrow CCl_4(g) + HCl(g)$ Velocidade = $k[CHCl_3][Cl_2]^{1/2}$

SIM 14.7 A lei de velocidade da reação $A + B \longrightarrow C$ é velocidade = $k[A]^2$. Se a concentração de B for duplicada, a velocidade de desaparecimento de B _____; se a concentração de A for duplicada, a velocidade de desaparecimento de B _____. (**a**) não varia, aumenta por um fator de 2 (**b**) aumenta por um fator de 2, aumenta por um fator de 2 (**c**) aumenta por um fator de 4, aumenta por um fator de 2 (**d**) não varia, aumenta por um fator de 4 (**e**) aumenta por um fator de 4, não varia

SIM 14.8 A 25 °C, a decomposição do pentóxido de dinitrogênio, $N_2O_5(g)$, em $NO_2(g)$ e $O_2(g)$ segue a cinética de primeira ordem, com $k = 3,4 \times 10^{-5}\,s^{-1}$. A amostra de N_2O_5 com uma pressão inicial de 760 torr se decompõe a 25 °C até que sua pressão parcial seja 650 torr. Quanto tempo, em segundos, transcorreu desde o início da decomposição? (**a**) $5,3 \times 10^{-6}$ (**b**) 2.000 (**c**) 4.600 (**d**) 34.000 (**e**) 190.000

SIM 14.9 Para certa reação A $\longrightarrow$ produtos, um gráfico de ln[A] versus tempo produz uma linha reta com uma inclinação de $-3,0 \times 10^{-2}\,s^{-1}$. Qual das seguintes afirmações é *verdadeira*?

(i) A reação segue a cinética de primeira ordem.
(ii) A constante de velocidade para a reação é $3,0 \times 10^{-2}\,s^{-1}$.
(iii) A concentração inicial de [A] era de 1,0 M.

(**a**) Apenas uma das afirmações é verdadeira. (**b**) Apenas i e ii são verdadeiras. (**c**) Apenas i e iii são verdadeiras. (**d**) Apenas ii e iii são verdadeiras. (**e**) Todas as afirmações são verdadeiras.

SIM 14.10 A 25 °C, a decomposição do $N_2O_5(g)$ em $NO_2(g)$ e $O_2(g)$ segue a cinética de primeira ordem, com $k = 3,4 \times 10^{-5}\,s^{-1}$. Quanto tempo leva para uma amostra que originalmente continha 2,0 atm de N_2O_5 atingir uma pressão parcial de 380 torr? (**a**) 5,7 h (**b**) 8,2 h (**c**) 11 h (**d**) 16 h (**e**) 32 h

SIM 14.11 Qual das mudanças a seguir *sempre* leva a um aumento na constante de velocidade de uma reação?

(i) Diminuir a temperatura.
(ii) Diminuir a energia de ativação.
(iii) Tornar o valor da variação de energia para a reação, ΔE, mais negativo.

(**a**) ii (**b**) i e ii (**c**) i e iii (**d**) ii e iii (**e**) i, ii e iii

SIM 14.12 A constante de velocidade para o rearranjo da isonitrila de metila é $2,52 \times 10^{-5}\,s^{-1}$ a $189,7\,°C$. Se a energia de ativação é $160\,kJ/mol$, qual é a constante de velocidade a $320\,°C$?
(a) $8,1 \times 10^{-15}\,s^{-1}$
(b) $2,2 \times 10^{-13}\,s^{-1}$
(c) $2,7 \times 10^{-9}\,s^{-1}$
(d) $2,3 \times 10^{-1}\,s^{-1}$
(e) $9,2 \times 10^{3}\,s^{-1}$

SIM 14.13 Considere o mecanismo de reação de duas etapas a seguir:

$$A(g) + B(g) \longrightarrow X(g) + Y(g)$$
$$X(g) + C(g) \longrightarrow Y(g) + Z(g)$$

Qual das seguintes afirmações sobre o mecanismo é *verdadeira*?
(i) Ambas as etapas do mecanismo são bimoleculares.
(ii) A reação global é $A(g) + B(g) + C(g) \longrightarrow Y(g) + Z(g)$.
(iii) A substância $X(g)$ é um intermediário nesse mecanismo.

(a) Apenas i é verdadeira. (b) Apenas i e ii são verdadeiras. (c) Apenas i e iii são verdadeiras. (d) Apenas ii e iii são verdadeiras. (e) Todas as afirmações são verdadeiras.

SIM 14.14 Considere a seguinte reação: $2A + B \longrightarrow X + 2Y$. A primeira etapa no mecanismo dessa reação tem a seguinte lei de velocidade: Velocidade = $k[A][B]$. Qual das alternativas a seguir pode representar a primeira etapa no mecanismo da reação (observe que a substância Z é um intermediário)?
(a) $A + A \longrightarrow Y + Z$
(b) $A \longrightarrow X + Z$
(c) $A + A + B \longrightarrow X + Y + Y$
(d) $B \longrightarrow X + Y$
(e) $A + B \longrightarrow X + Z$

SIM 14.15 A velocidade da reação $2C + D \longrightarrow J + 2K$ é de segunda ordem global e de segunda ordem em [C]. Alguma das alternativas a seguir representa a primeira etapa determinante da velocidade em um mecanismo de reação que está de acordo com a lei de velocidade observada para a reação (observe que a substância Z é um intermediário)?
(a) $C + C \longrightarrow K + Z$
(b) $C + D \longrightarrow J + Z$
(c) $C \longrightarrow J + Z$
(d) $D \longrightarrow J + K$
(e) Nenhuma das anteriores está de acordo com a lei de velocidade observada.

SIM 14.16 Considere a seguinte reação hipotética:
$2P + Q \longrightarrow 2R + S$. O seguinte mecanismo é proposto para essa reação:

$$P + P \rightleftharpoons T \quad (\text{rápida})$$
$$Q + T \longrightarrow R + U \quad (\text{lenta})$$
$$U \longrightarrow R + S \quad (\text{rápida})$$

As substâncias T e U são intermediários instáveis. Qual lei de velocidade é prevista por esse mecanismo?
(a) Velocidade = $k[P]^2$
(b) Velocidade = $k[P][Q]$
(c) Velocidade = $k[P]^2[Q]$
(d) Velocidade = $k[P][Q]^2$
(e) Velocidade = $k[U]$

SIM 14.17 Qual composto é um intermediário no mecanismo de reação a seguir?
Etapa 1: $A + B \longrightarrow C$
Etapa 2: $C + D \longrightarrow E$
(a) A (b) B (c) C (d) D (e) E

SIM 14.18 Qual das afirmações a seguir sobre catalisadores é *falsa*? (a) Um catalisador não aparece na estequiometria geral da reação. (b) Um catalisador aumenta a velocidade de uma reação química. (c) A adição de um catalisador a uma mistura em equilíbrio não surte efeito. (d) Um catalisador não pode afetar o mecanismo de uma reação. (e) As enzimas são proteínas que atuam como catalisadores.

SIM 14.19 Como já observado, Frances Arnold dividiu o Prêmio Nobel de Química de 2018 pelo seu trabalho na evolução dirigida das enzimas, que é a mutação de enzimas (alterar seus aminoácidos originais) para que funcionem em ambientes não naturais e catalisem sua reação específica ainda mais rapidamente ou catalisem novas reações, diferentemente do que podiam fazer antes. Seu laboratório desenvolveu recentemente uma enzima para formar uma ligação C—Si, uma reação que enzima alguma consegue produzir na natureza. Essa nova enzima tem um aumento de 15 vezes no número de *turnover* para a formação da ligação C—Si em comparação com o catalisador homogêneo padrão usado na indústria química. O que isso significa? (a) A enzima desenvolvida por Arnold reduziu a energia de ativação por um fator de 15 em comparação com o catalisador padrão. (b) A enzima desenvolvida por Arnold pode repetir a reação 15 vezes, enquanto o catalisador padrão pode repetir apenas uma vez. (c) É preciso 1/15 da concentração da enzima desenvolvida por Arnold para fazer o mesmo que o catalisador padrão faz. (d) O número de reações por segundo realizado pela enzima desenvolvida por Arnold é 15 vezes maior do que o do catalisador padrão.

Exercícios

Visualizando conceitos

14.1 Um injetor de combustível automotivo distribui uma boa pulverização de gasolina para dentro do cilindro do automóvel, conforme a ilustração a seguir. Quando um injetor fica entupido, como mostrado na parte superior da figura, a pulverização não é tão boa ou uniforme e o desempenho do carro diminui. Como essa observação está relacionada à cinética química? [Seção 14.1]

14.2 Considere o seguinte gráfico da concentração de uma substância X ao longo do tempo. As afirmações a seguir são *verdadeiras* ou *falsas*? (a) X é um produto da reação. (b) A velocidade da reação continua igual à medida que o tempo avança. (c) A velocidade média entre os pontos 1 e 2 é maior que a velocidade média entre os pontos 1 e 3. (d) À medida que o tempo avança, a curva vai voltar-se para baixo, em direção ao eixo *x*. [Seção 14.1]

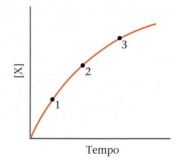

14.3 Você estuda a velocidade de uma reação, medindo a concentração do reagente e a concentração do produto em função do tempo, e obtém os seguintes resultados:

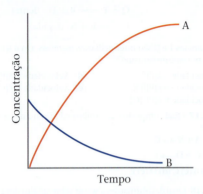

(a) Qual equação química está de acordo com esses dados?
(i) A ⟶ B (ii) B ⟶ A (iii) A ⟶ 2 B (iv) B ⟶ 2 A?

(b) Escreva expressões equivalentes para a velocidade da reação em função do aparecimento ou do desaparecimento das duas substâncias. [Seção 14.1]

14.4 Suponha que, para a reação K + L ⟶ M, você monitora a produção de M ao longo do tempo e, em seguida, traça o gráfico a seguir com base em seus dados:

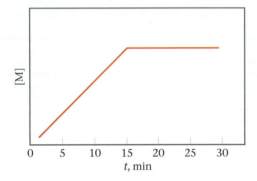

(a) A reação ocorre a uma constante de velocidade de $t = 0$ a $t = 15$ min? (b) A reação está completa em $t = 15$ min? (c) Suponha que a reação, representada graficamente, foi iniciada com 0,20 mol de K e 0,40 mol de L. Depois de 30 min, 0,20 mol de K foram adicionados à mistura da reação. Qual das alternativas descreve corretamente como o gráfico ficaria de $t = 30$ min a $t = 60$ min? (i) [M] permaneceria com o mesmo valor constante que apresenta em $t = 30$ minutos. (ii) [M] aumentaria com a mesma inclinação que $t = 0$ em 15 min até $t = 45$ min, quando o gráfico fica novamente horizontal. (iii) [M] diminui e atinge 0 em $t = 45$ min. [Seção 14.2]

14.5 Os diagramas representam misturas de NO(g) e O_2(g). Essas duas substâncias reagem da seguinte maneira:

$$2\,NO(g) + O_2(g) \longrightarrow 2\,NO_2(g)$$

Determinou-se experimentalmente que a velocidade é de segunda ordem em relação ao NO e de primeira ordem em relação ao O_2. Com base nisso, qual das seguintes misturas terá a velocidade inicial mais rápida? [Seção 14.2]

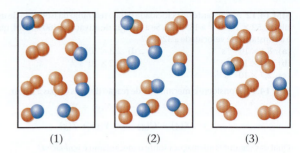

(1)   (2)   (3)

14.6 Um amigo estuda uma reação de primeira ordem e obtém os três gráficos a seguir para experimentos realizados em duas temperaturas diferentes. (a) Quais são os dois gráficos que representam os experimentos realizados à mesma temperatura? O que explica a diferença nesses dois gráficos? Em quais aspectos eles são iguais? (b) Quais são os dois gráficos que representam experimentos realizados com a mesma concentração inicial, mas em temperaturas diferentes? Qual gráfico representa, provavelmente, a temperatura mais baixa? Como você sabe? [Seção 14.3]

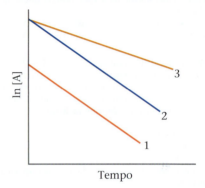

14.7 (a) Considerando os seguintes diagramas em $t = 0$ min e $t = 30$ min, qual é a meia-vida da reação se ela segue uma cinética de primeira ordem?

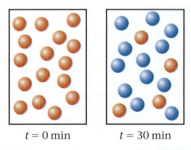

$t = 0$ min $t = 30$ min

(b) Depois de quatro períodos de meia-vida para uma reação de primeira ordem, qual será a fração remanescente do reagente? [Seção 14.3]

14.8 Qual dos seguintes gráficos lineares você espera para uma reação A ⟶ produtos se as cinéticas forem de: (a) ordem zero, (b) primeira ordem, (c) segunda ordem? [Seção 14.3]

Capítulo 14 | Cinética química **611**

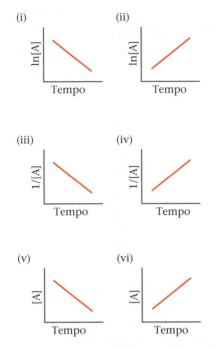

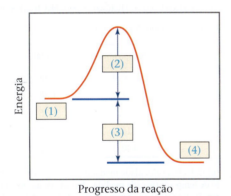

14.9 O diagrama a seguir mostra um perfil de reação. Nomeie os componentes indicados pelas caixas. [Seção 14.4]

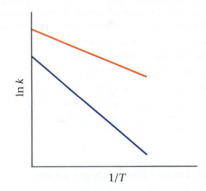

14.10 O gráfico a seguir mostra funções de ln k versus $1/T$ para duas reações diferentes. As funções foram extrapoladas para interceptar o eixo y. Qual reação, vermelha ou azul, tem (**a**) o maior valor para E_a e (**b**) o maior valor para o fator de frequência, A? [Seção 14.4]

14.11 O gráfico a seguir mostra dois caminhos de reação diferentes para a mesma reação global à mesma temperatura. As afirmações a seguir são *verdadeiras* ou *falsas*? (**a**) A velocidade é maior para o caminho vermelho do que para o caminho azul. (**b**) Para ambos os caminhos, a velocidade da reação inversa é menor do que a velocidade da reação direta. (**c**) A variação de energia, ΔE, é igual para ambos os caminhos. [Seção 14.5]

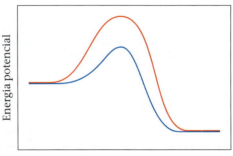

14.12 Considere o diagrama a seguir, que representa duas etapas em uma reação global. As esferas vermelhas são oxigênio, as azuis, nitrogênio, e as verdes, flúor. (**a**) Escreva a equação química de cada etapa da reação. (**b**) Escreva a equação da reação global. (**c**) Identifique o intermediário no mecanismo. (**d**) Escreva a lei de velocidade da reação global se a primeira etapa for a etapa determinante da reação, ou seja, a mais lenta. [Seção 14.5]

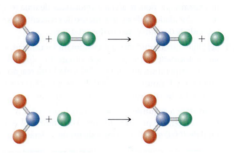

14.13 Com base no seguinte perfil de reação, quantos produtos intermediários são formados na reação A ⟶ C? Quantos estados de transição? Qual etapa é a mais rápida: A ⟶ B ou B ⟶ C? Para a reação A ⟶ C, o ΔE é positivo, negativo ou zero? [Seção 14.5]

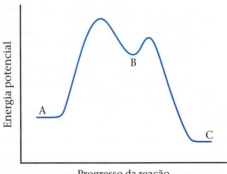

14.14 Ilustre um possível estado de transição para a reação bimolecular retratada aqui. (As esferas azuis são átomos de nitrogênio, e as vermelhas são átomos de oxigênio.) Use linhas tracejadas para representar as ligações que estão no processo de serem quebradas ou formadas no estado de transição. [Seções 14.4 e 14.5]

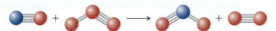

14.15 O diagrama a seguir representa um mecanismo imaginário de duas etapas. As esferas vermelhas são o elemento A, as verdes, o elemento B, e as azuis, o elemento C. (a) Escreva a equação da reação líquida que está ocorrendo, (b) identifique o intermediário e (c) identifique o catalisador. [Seções 14.5 e 14.6]

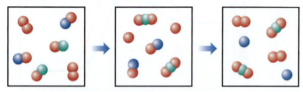

14.16 Faça um gráfico que mostre o caminho de uma reação global exotérmica com dois intermediários produzidos em velocidades diferentes. Em seu gráfico, indique os reagentes, os produtos, os intermediários, os estados de transição e as energias de ativação. [Seções 14.4 e 14.5]

Velocidade das reações (Seção 14.1)

14.17 (a) O que se entende pelo termo *"velocidade da reação"*? (b) Indique três fatores que podem afetar a velocidade de uma reação química. (c) A velocidade de desaparecimento dos reagentes é sempre igual à velocidade de aparecimento dos produtos?

14.18 (a) Quais são as unidades que costumam ser utilizadas para expressar a velocidade das reações que ocorrem em solução? (b) À medida que a temperatura aumenta, a velocidade da reação costuma aumentar ou diminuir? (c) À medida que a reação ocorre, a velocidade instantânea da reação aumenta ou diminui?

14.19 Considere a seguinte reação aquosa hipotética: $A(aq) \rightarrow B(aq)$. Um recipiente é preenchido com 0,065 mol de A em um volume total de 100,0 mL. Os seguintes dados são coletados:

Tempo (min)	0	10	20	30	40
Quantidade de matéria de A	0,065	0,051	0,042	0,036	0,031

(a) Calcule a quantidade de matéria de B para cada tempo da tabela, considerando que não há moléculas de B no tempo zero e que A se converte em B sem a formação de intermediários. (b) Calcule a velocidade média de desaparecimento de A, em M/s, para cada intervalo de 10 min. (c) Entre $t = 10$ min e $t = 30$ min, qual é a velocidade média de aparecimento de B em M/s? Considere que o volume da solução permanece constante.

14.20 Um frasco é preenchido com 0,100 mol de A e reage para formar B, de acordo com a reação em fase gasosa hipotética $A(g) \rightarrow B(g)$. Os seguintes dados são coletados:

Tempo (s)	0	40	80	120	160
Quantidade de matéria de A	0,100	0,067	0,045	0,030	0,020

(a) Calcule a quantidade de matéria de B para cada tempo da tabela, considerando que A se converte em B sem a formação de intermediários. (b) Calcule a velocidade média de desaparecimento de A, em mol/s, para cada intervalo de 40 s. (c) Quais das seguintes alternativas seriam necessárias para calcular a velocidade em unidades de concentração por tempo: (i) a pressão do gás em cada tempo, (ii) o volume do frasco de reação, (iii) a temperatura ou (iv) a massa molecular de A?

14.21 A isomerização da isonitrila de metila (CH_3NC) em acetonitrila (CH_3CN) foi estudada em fase gasosa a 215 °C, e os seguintes dados foram coletados:

Tempo (s)	[CH_3NC](M)
0	0,0165
2000	0,0110
5000	0,00591
8000	0,00314
12.000	0,00137
15.000	0,00074

(a) Calcule a velocidade média da reação, em M/s, para o intervalo de tempo entre cada medida. (b) Calcule a velocidade média da reação ao longo de todo o tempo dos dados, partindo de $t = 0$ até $t = 15.000$ s. (c) O que é maior, a velocidade média entre $t = 2.000$ e $t = 12.000$ s ou entre $t = 8.000$ e $t = 15.000$ s? (d) Construa um gráfico de [CH_3NC] versus tempo e determine as velocidades instantâneas, em M/s, em $t = 5.000$ s e $t = 8.000$ s.

14.22 A velocidade de desaparecimento de HCl foi medida para a seguinte reação:

$$CH_3OH(aq) + HCl(aq) \longrightarrow CH_3Cl(aq) + H_2O(l)$$

Os seguintes dados foram coletados:

Tempo (min)	[HCl](M)
0,0	1,85
54,0	1,58
107,0	1,36
215,0	1,02
430,0	0,580

(a) Calcule a velocidade média da reação, em M/s, para o intervalo de tempo entre cada medida. (b) Calcule a velocidade média da reação durante todo o tempo para os dados, partindo de $t = 0,0$ min até $t = 430,0$ min. (c) O que é maior, a velocidade média entre $t = 54,0$ e $t = 215,0$ min ou entre $t = 107,0$ e $t = 430,0$ min? (d) Construa um gráfico de [HCl] versus tempo e determine as velocidades instantâneas, em M/min e M/s, em $t = 75,0$ min e $t = 250$ min.

14.23 Para cada uma das seguintes reações em fase gasosa, indique de que maneira a velocidade de desaparecimento de cada reagente está relacionada com a velocidade de aparecimento de cada produto:
(a) $H_2O_2(g) \rightarrow H_2(g) + O_2(g)$
(b) $2 N_2O(g) \rightarrow 2 N_2(g) + O_2(g)$
(c) $N_2(g) + 3 H_2(g) \rightarrow 2 NH_3(g)$
(d) $C_2H_5NH_2(g) \rightarrow C_2H_4(g) + NH_3(g)$

14.24 Para cada uma das seguintes reações em fase gasosa, escreva a expressão de velocidade em termos de aparecimento de cada produto e desaparecimento de cada reagente:
(a) $2 H_2O(g) \rightarrow 2 H_2(g) + O_2(g)$
(b) $2 SO_2(g) + O_2(g) \rightarrow 2 SO_3(g)$
(c) $2 NO(g) + 2 H_2(g) \rightarrow N_2(g) + 2 H_2O(g)$
(d) $N_2(g) + 2 H_2(g) \rightarrow N_2H_4(g)$

14.25 **(a)** Considere a combustão do hidrogênio, 2 H$_2$(g) + O$_2$(g) ⟶ 2 H$_2$O(g). Se o hidrogênio estiver em combustão com velocidade de 0,48 mol/s, qual será a velocidade de consumo de oxigênio? Qual será a velocidade de formação de vapor de água? **(b)** A reação 2 NO(g) + Cl$_2$(g) ⟶ 2 NOCl(g) é realizada em um recipiente fechado. Se a pressão parcial de NO estiver diminuindo com uma velocidade de 56 torr/min, qual será a velocidade da variação da pressão total do recipiente?

14.26 **(a)** Considere a combustão do etileno, C$_2$H$_4$(g) + 3 O$_2$(g) ⟶ 2 CO$_2$(g) + 2 H$_2$O(g). Se a concentração de C$_2$H$_4$ estiver diminuindo com uma velocidade de 0,036 M/s, quais serão as velocidades de variação das concentrações de CO$_2$ e H$_2$O? **(b)** A velocidade de diminuição da pressão parcial de N$_2$H$_4$ em um reator fechado a partir da reação N$_2$H$_4$(g) + H$_2$(g) ⟶ 2 NH$_3$(g) é 74 torr por hora. Quais são as velocidades de variação da pressão parcial de NH$_3$ e da pressão total no recipiente?

Leis de velocidade e constantes de velocidade: o método das velocidades iniciais (Seção 14.2)

14.27 Uma reação A + B ⟶ C obedece à seguinte lei de velocidade: velocidade = k[B]^2. **(a)** Se [A] for duplicada, de que modo a velocidade vai variar? A constante de velocidade também apresentará variação? **(b)** Quais são as ordens de reação para A e B? Qual é a ordem de reação global? **(c)** Qual é a unidade da constante de velocidade?

14.28 Considere uma reação hipotética entre A, B e C que é de primeira ordem em A, ordem zero em B e de segunda ordem em C. **(a)** Escreva a lei de velocidade da reação. **(b)** Como a velocidade varia quando [A] duplica e as outras concentrações de reagente são mantidas constantes? **(c)** De que forma a velocidade varia quando [B] triplica e as outras concentrações de reagente são mantidas constantes? **(d)** Como a velocidade varia quando [C] triplica e as outras concentrações de reagente são mantidas constantes? **(e)** Com que fator a velocidade varia quando as concentrações dos três reagentes triplicam? **(f)** Com que fator a velocidade varia quando as concentrações dos três reagentes são reduzidas pela metade?

14.29 A reação de decomposição de N$_2$O$_5$ em tetracloreto de carbono é 2 N$_2$O$_5$ ⟶ 4 NO$_2$ + O$_2$. A lei de velocidade é de primeira ordem em relação ao N$_2$O$_5$. A 64 °C, a constante de velocidade é 4,82 × 10^{-3} s^{-1}. **(a)** Escreva a lei de velocidade da reação. **(b)** Qual é a velocidade da reação quando [N$_2$O$_5$] = 0,0240 M? **(c)** O que acontece com a velocidade quando a concentração de N$_2$O$_5$ é duplicada para 0,0480 M? **(d)** O que acontece com a velocidade quando a concentração de N$_2$O$_5$ é reduzida pela metade, 0,0120 M?

14.30 Considere a seguinte reação:

$$2\,NO(g) + 2\,H_2(g) \longrightarrow N_2(g) + 2\,H_2O(g)$$

(a) A lei de velocidade para essa reação é de primeira ordem no H$_2$ e de segunda ordem no NO. Escreva a lei de velocidade. **(b)** Se a constante de velocidade para essa reação a 1.000 K for 6,0 × 10^4 M^{-2} s^{-1}, que será a velocidade da reação quando [NO] = 0,035 M e [H$_2$] = 0,015 M? **(c)** Qual é a velocidade da reação a T = 1.000 K quando a concentração de NO é aumentada para 0,10 M e a concentração de H$_2$ é 0,010 M? **(d)** Qual é a velocidade da reação em T = 1.000 K se [NO] é reduzida para 0,010 M e [H$_2$] é aumentada para 0.030 M?

14.31 Considere a seguinte reação:

$$CH_3Br(aq) + OH^-(aq) \longrightarrow CH_3OH(aq) + Br^-(aq)$$

A lei de velocidade para essa reação é de primeira ordem em CH$_3$Br e de primeira ordem em OH$^-$. Quando [CH$_3$Br] é 5,0 × 10^{-3} M e [OH$^-$] é 0,050 M, a velocidade de reação em 298 K é 0,0432 M/s. **(a)** Qual é o valor da constante de velocidade? **(b)** Quais são as unidades da constante de velocidade? **(c)** O que aconteceria com a velocidade se a concentração de OH$^-$ fosse triplicada? **(d)** O que aconteceria com a velocidade se a concentração de ambos os reagentes fosse triplicada?

14.32 A reação entre o brometo de etila (C$_2$H$_5$Br) e o íon hidróxido em álcool etílico a 330 K, C$_2$H$_5$Br(alc) + OH$^-$(alc) ⟶ C$_2$H$_5$OH(l) + Br$^-$(alc), é de primeira ordem no brometo de etila e no íon hidróxido. Quando [C$_2$H$_5$Br] é 0,0477 M e [OH$^-$] é 0,100 M, a velocidade de desaparecimento do brometo de etila é 1,7 × 10^{-7} M/s. **(a)** Qual é o valor da constante de velocidade? **(b)** Quais são as unidades da constante de velocidade? **(c)** Como a velocidade de desaparecimento do brometo de etila variaria se a solução fosse diluída mediante a adição do mesmo volume de álcool etílico puro à solução?

14.33 O íon iodeto reage com o íon hipoclorito (ingrediente ativo em alvejantes com cloro) da seguinte maneira: OCl$^-$ + I$^-$ ⟶ OI$^-$ + Cl$^-$. Essa reação rápida fornece os seguintes dados de velocidade:

[OCl$^-$](M)	[I$^-$](M)	Velocidade inicial (M/s)
1,5 × 10^{-3}	1,5 × 10^{-3}	1,36 × 10^{-4}
3,0 × 10^{-3}	1,5 × 10^{-3}	2,72 × 10^{-4}
1,5 × 10^{-3}	3,0 × 10^{-3}	2,72 × 10^{-4}

(a) Escreva a lei de velocidade dessa reação. **(b)** Calcule a constante de velocidade com as unidades adequadas. **(c)** Calcule a velocidade quando [OCl$^-$] = 2,0 × 10^{-3} M e [I$^-$] = 5,0 × 10^{-4} M.

14.34 A reação 2 ClO$_2$(aq) + 2 OH$^-$(aq) ⟶ ClO$_3^-$(aq) + ClO$_2^-$(aq) + H$_2$O(l) foi estudada com os seguintes resultados:

Experimento	[ClO$_2$](M)	[OH$^-$](M)	Velocidade inicial (M/s)
1	0,060	0,030	0,0248
2	0,020	0,030	0,00276
3	0,020	0,090	0,00828

(a) Determine a lei de velocidade da reação. **(b)** Calcule a constante de velocidade com as unidades adequadas. **(c)** Calcule a velocidade quando [ClO$_2$] = 0,100 M e [OH$^-$] = 0,050 M.

14.35 Os seguintes dados foram medidos para a reação BF$_3$(g) + NH$_3$(g) ⟶ F$_3$BNH$_3$(g):

Experimento	[BF$_3$](M)	[NH$_3$](M)	Velocidade inicial (M/s)
1	0,250	0,250	0,2130
2	0,250	0,125	0,1065
3	0,200	0,100	0,0682
4	0,350	0,100	0,1193
5	0,175	0,100	0,0596

(a) Qual é a lei de velocidade da reação? **(b)** Qual é a ordem global de reação? **(c)** Calcule a constante de velocidade com as unidades adequadas. **(d)** Qual é a velocidade quando [BF$_3$] = 0,100 M e [NH$_3$] = 0,500 M?

14.36 Os seguintes dados foram coletados para a velocidade de desaparecimento de NO na reação 2 NO(g) + O$_2$(g) ⟶ 2 NO$_2$(g):

Experimento	[NO](M)	[O$_2$](M)	Velocidade inicial (M/s)
1	0,0126	0,0125	1,41 × 10^{-2}
2	0,0252	0,0125	5,64 × 10^{-2}
3	0,0252	0,0250	1,13 × 10^{-1}

(a) Qual é a lei de velocidade da reação? **(b)** Quais são as unidades da constante de velocidade? **(c)** Qual é o valor médio da constante de velocidade calculada com base nos três conjuntos de dados? **(d)** Qual é a velocidade de desaparecimento do NO quando [NO] = 0,0750 M e [O$_2$] = 0,0100 M? **(e)** Qual é a velocidade de desaparecimento do O$_2$ nas concentrações dadas no item (d)?

14.37 Considere a reação em fase gasosa entre o óxido nítrico e o bromo a 273 °C: $2\,NO(g) + Br_2(g) \longrightarrow 2\,NOBr(g)$. Foram obtidos os seguintes dados de velocidade inicial de aparecimento do NOBr:

Experimento	[NO](M)	[Br₂](M)	Velocidade inicial (M/s)
1	0,10	0,20	24
2	0,25	0,20	150
3	0,10	0,50	60
4	0,35	0,50	735

(a) Determine a lei de velocidade. (b) Calcule o valor médio da constante de velocidade para o aparecimento do NOBr com base nos quatro conjuntos de dados. (c) Como a velocidade de aparecimento do NOBr está relacionada com a velocidade de desaparecimento do Br_2? (d) Qual é a velocidade de desaparecimento do Br_2 quando [NO] = 0,075 M e [Br₂] = 0,25 M?

14.38 Considere a reação entre o íon peroxidissulfato ($S_2O_8^{2-}$) e o íon iodeto (I^-) em solução aquosa:

$$S_2O_8^{2-}(aq) + 3\,I^-(aq) \longrightarrow 2\,SO_4^{2-}(aq) + I_3^-(aq)$$

Em uma determinada temperatura, a velocidade inicial de desaparecimento do $S_2O_8^{2-}$ varia de acordo com as concentrações dos reagentes da seguinte maneira:

Experimento	[S₂O₈²⁻](M)	[I⁻](M)	Velocidade inicial (M/s)
1	0,018	0,036	$2,6 \times 10^{-6}$
2	0,027	0,036	$3,9 \times 10^{-6}$
3	0,036	0,054	$7,8 \times 10^{-6}$
4	0,050	0,072	$1,4 \times 10^{-6}$

(a) Determine a lei de velocidade para a reação e indique as unidades da constante de velocidade. (b) Qual é o valor médio da constante de velocidade para o desaparecimento do $S_2O_8^{2-}$ com base nos quatro conjuntos de dados? (c) De que maneira a velocidade de desaparecimento do $S_2O_8^{2-}$ está relacionada à velocidade de desaparecimento do I^-? (d) Qual é a velocidade de desaparecimento de I^- quando [$S_2O_8^{2-}$] = 0,025 M e [I^-] = 0,050 M?

Lei de velocidade integrada (Seção 14.3)

14.39 (a) Para a reação genérica $A \longrightarrow B$, que quantidade, quando representada graficamente em função do tempo, produzirá uma linha reta para uma reação de primeira ordem? (b) Como você pode calcular a constante de velocidade para uma reação de primeira ordem a partir do gráfico feito no item (a)?

14.40 (a) Para uma reação de segunda ordem genérica $A \longrightarrow B$, que quantidade, quando representada graficamente em função do tempo, produzirá uma linha reta? (b) Qual é a inclinação da reta do item (a)? (c) A meia-vida de uma reação de segunda ordem aumenta, diminui ou permanece igual à medida que a reação ocorre?

14.41 (a) A decomposição em fase gasosa de SO_2Cl_2, $SO_2Cl_2(g) \longrightarrow SO_2(g) + Cl_2(g)$, é de primeira ordem em SO_2Cl_2. A 600 K, a meia-vida para esse processo é de $2,3 \times 10^5$ s. Qual é a constante de velocidade nessa temperatura? (b) A 320 °C, a constante de velocidade é $2,2 \times 10^{-5}$ s^{-1}. Qual é a meia-vida nessa temperatura?

14.42 O iodo molecular, $I_2(g)$, é dissociado em átomos de iodo a 625 K com uma constante de velocidade de primeira ordem de 0,271 s^{-1}. (a) Qual é a meia-vida dessa reação? (b) Se você começar com I_2 a 0,050 M nessa temperatura, quanto restará após 5,12 s, considerando que os átomos de iodo não se recombinam para formar I_2?

14.43 Conforme descrito no Exercício 14.41, a decomposição do cloreto de sulfurila (SO_2Cl_2) é um processo de primeira ordem. A constante de velocidade para a decomposição a 660 K é de $4,5 \times 10^{-2}$ s^{-1}. (a) Se começarmos com uma pressão inicial de SO_2Cl_2 de 450 torr, qual será a pressão parcial dessa substância após 60 s? (b) Em que momento a pressão parcial de SO_2Cl_2 vai diminuir para um décimo do seu valor inicial?

14.44 A constante de velocidade de primeira ordem para a decomposição de N_2O_5, $2\,N_2O_5(g) \longrightarrow 4\,NO_2(g) + O_2(g)$, a 70 °C é $6,82 \times 10^{-3}$ s^{-1}. Imagine que partimos de 0,0250 mol de $N_2O_5(g)$ em um volume de 2,0 L. (a) Quantos mols de N_2O_5 restarão depois de 5,0 min? (b) Quantos minutos serão necessários para a quantidade de N_2O_5 cair para 0,010 mol? (c) Qual é a meia-vida do N_2O_5 a 70 °C?

14.45 A reação $SO_2Cl_2(g) \longrightarrow SO_2(g) + Cl_2(g)$ é de primeira ordem no SO_2Cl_2. Com base nos seguintes dados cinéticos, determine a magnitude e as unidades da constante de velocidade de primeira ordem:

Tempo (s)	Pressão SO₂Cl₂ (atm)
0	1,000
2500	0,947
5000	0,895
7500	0,848
10.000	0,803

14.46 Com base nos seguintes dados para a isomerização em fase gasosa de primeira ordem do CH_3NC em CH_3CN a 215 °C, calcule a constante de velocidade de primeira ordem e a meia-vida da reação:

Tempo (s)	Pressão CH₃NC (torr)
0	502
2000	335
5000	180
8000	95,5
12.000	41,7
15.000	22,4

14.47 Considere os dados apresentados no Exercício 14.19. (a) Utilizando os gráficos apropriados, determine se a reação é de primeira ou segunda ordem. (b) Qual é a constante de velocidade da reação? (c) Qual é a meia-vida da reação?

14.48 Considere os dados apresentados no Exercício 14.20. (a) Determine se a reação é de primeira ou segunda ordem. (b) Qual é a constante de velocidade? (c) Qual é a meia-vida?

14.49 A decomposição em fase gasosa de NO_2, $2\,NO_2(g) \longrightarrow 2\,NO(g) + O_2(g)$, estudada a 383 °C, resultou nos seguintes dados:

Tempo (s)	[NO₂](M)
0,0	0,100
5,0	0,017
10,0	0,0090
15,0	0,0062
20,0	0,0047

(a) A reação é de primeira ou de segunda ordem em relação à concentração de NO_2? (b) Qual é a constante de velocidade? (c) Determine as velocidades de reação no início da reação para concentrações iniciais de NO_2 0,200 M, 0,100 M e 0,050 M.

14.50 A sacarose ($C_{12}H_{22}O_{11}$), popularmente conhecida como açúcar de mesa, reage em soluções ácidas diluídas para formar dois açúcares mais simples, glicose e frutose, e ambos têm a fórmula $C_6H_{12}O_6$. A 23 °C e em HCl 0,5 M, os seguintes dados foram obtidos para o desaparecimento da sacarose:

Tempo (min)	[C₁₂H₂₂O₁₁](M)
0	0,316
39	0,274
80	0,238
140	0,190
210	0,146

(a) A reação é de primeira ou de segunda ordem em relação à [C$_{12}$H$_{22}$O$_{11}$]? (b) Qual é a constante de velocidade? (c) A partir dessa constante de velocidade, calcule a concentração de sacarose em 39, 80, 140 e 210 minutos se a concentração inicial de sacarose fosse 0,316 M e a reação fosse de ordem zero na sacarose.

Energia de ativação e equação de Arrhenius (Seção 14.4)

14.51 (a) Que fatores determinam se uma colisão entre duas moléculas resultará em uma reação química? (b) A constante de velocidade de uma reação geralmente aumenta ou diminui com o aumento da temperatura da reação? (c) Qual fator é mais sensível a variações de temperatura: a frequência das colisões, o fator de orientação ou a fração de moléculas com energia superior à energia de ativação?

14.52 (a) Em qual das seguintes reações você acredita que o fator de orientação é menos importante na condução da reação: NO + O ⟶ NO$_2$ ou H + Cl ⟶ HCl? (b) O fator de orientação depende da temperatura?

14.53 Calcule a fração de átomos em uma amostra de gás argônio a 400 K com energia igual ou superior a 10,0 kJ.

14.54 (a) A energia de ativação para a isomerização da isonitrila de metila (Figura 14.6) é 160 kJ/mol. Calcule a fração de moléculas de isonitrila de metila que apresenta uma energia igual ou superior à energia de ativação a 500 K. (b) Calcule essa fração para uma temperatura de 520 K. Qual é a razão entre a fração em 520 K e em 500 K?

14.55 A reação em fase gasosa Cl(g) + HBr(g) ⟶ HCl(g) + Br(g) tem uma variação total de energia de −66 kJ. A energia de ativação para a reação é 7 kJ. (a) Esboce o perfil de energia da reação e classifique E_a e ΔE. (b) Qual é a energia de ativação para a reação inversa?

14.56 Para o processo elementar N$_2$O$_5$(g) ⟶ NO$_2$(g) + NO$_3$(g), a energia de ativação (E_a) e o ΔE global são 154 kJ/mol e 136 kJ/mol, respectivamente. (a) Esboce o perfil de energia dessa reação e classifique E_a e ΔE. (b) Qual é a energia de ativação para a reação inversa?

14.57 Indique se as afirmações a seguir são *verdadeiras* ou *falsas*:
(a) Se você comparar duas reações com fatores de colisão semelhantes, aquela com a maior energia de ativação será a mais rápida.
(b) Uma reação com uma constante de velocidade baixa deve ter um fator de frequência pequeno.
(c) O aumento da temperatura da reação aumenta a fração de colisões bem-sucedidas entre reagentes.

14.58 Indique se as afirmações a seguir são *verdadeiras* ou *falsas*:
(a) Se você medir a constante de velocidade de uma reação a temperaturas diferentes, é possível calcular a variação global de entalpia da reação.
(b) As reações exotérmicas são mais rápidas que as endotérmicas.
(c) Se você duplicar a temperatura de uma reação, vai reduzir a energia de ativação pela metade.

14.59 Com base em suas energias de ativação e variações de energia e considerando que todos os fatores de colisão são iguais, disponha as reações a seguir em ordem crescente de velocidade.
(a) E_a = 45 kJ/mol; ΔE = −25 kJ/mol
(b) E_a = 35 kJ/mol; ΔE = −10 kJ/mol
(c) E_a = 55 kJ/mol; ΔE = 10 kJ/mol

14.60 Qual das reações do Exercício 14.59 será a mais rápida no sentido inverso? Qual será a mais lenta?

14.61 (a) Uma determinada reação de primeira ordem tem uma constante de velocidade de 2,75 × 10^{-2} s^{-1} a 20 °C. Qual é o valor de k a 60 °C se E_a = 75,5 kJ/mol? (b) Outra reação de primeira ordem também tem uma constante de velocidade de 2,75 × 10^{-2} s^{-1} a 20 °C. Qual é o valor de k a 60 °C se E_a = 125 kJ/mol? (c) Que suposições você precisa fazer para calcular as respostas dos itens (a) e (b)?

14.62 O entendimento do comportamento de óxidos de nitrogênio a altas temperaturas é essencial para controlar a poluição gerada por motores de automóveis. A decomposição do óxido nítrico (NO) em N$_2$ e O$_2$ é de segunda ordem, com uma constante de velocidade de 0,0796 M^{-1} s^{-1} a 737 °C e 0,0815 M^{-1} s^{-1} a 947 °C. Calcule a energia de ativação da reação.

14.63 A velocidade da reação

CH$_3$COOC$_2$H$_5$(aq) + OH$^-$(aq) ⟶ CH$_3$COO$^-$(aq) + C$_2$H$_5$OH(aq)

foi medida em várias temperaturas, e os seguintes dados foram coletados:

Temperatura (°C)	$k(M^{-1} s^{-1})$
15	0,0521
25	0,101
35	0,184
45	0,332

Calcule o valor de E_a, construindo um gráfico adequado.

14.64 A dependência da constante de velocidade com a temperatura para uma reação é tabelada da seguinte maneira:

Temperatura (K)	$k(M^{-1} s^{-1})$
600	0,028
650	0,22
700	1,3
750	6,0
800	23

Calcule E_a e A.

Mecanismos de reação (Seção 14.5)

14.65 (a) Qual o significado do termo "*reação elementar*"? (b) Qual é a diferença entre uma reação elementar *unimolecular* e uma *bimolecular*? (c) O que é um *mecanismo de reação*? (d) Qual é o significado do termo "*etapa determinante da velocidade*"?

14.66 (a) Um intermediário pode aparecer como reagente na primeira etapa de um mecanismo de reação? (b) Em um diagrama de perfil de energia de uma reação, o intermediário é representado como um pico ou como um vale? (c) Se uma molécula como o Cl$_2$ se desfaz em uma reação elementar, qual é a molecularidade da reação?

14.67 Qual é a molecularidade de cada uma das seguintes reações elementares? Escreva a lei de velocidade de cada uma.
(a) Cl$_2$(g) ⟶ 2 Cl(g)
(b) OCl$^-$(aq) + H$_2$O(l) ⟶ HOCl(aq) + OH$^-$(aq)
(c) NO(g) + Cl$_2$(g) ⟶ NOCl$_2$(g)

14.68 Qual é a molecularidade de cada uma das seguintes reações elementares? Escreva a lei de velocidade de cada uma.
(a) 2 NO(g) ⟶ N$_2$O$_2$(g)
(b) H$_2$C—CH$_2$(g) ⟶ CH$_2$=CH—CH$_3$(g) (com CH$_2$ no topo)
(c) SO$_3$(g) ⟶ SO$_2$(g) + O(g)

14.69 (a) Com base no seguinte perfil de reação, quantos intermediários são formados na reação A ⟶ D? (b) Há quantos estados de transição? (**c**) Qual é a etapa mais rápida? (**d**) Para a reação A ⟶ D, Δ*E* é positivo, negativo ou zero?

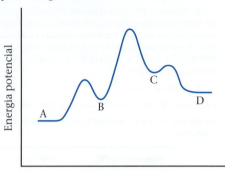

14.70 Considere o seguinte perfil de energia.

(**a**) Quantas reações elementares existem no mecanismo de reação? (**b**) Quantos intermediários são formados na reação? (**c**) Qual é a etapa limitante da velocidade? (**d**) Para a reação global, Δ*E* é positivo, negativo ou zero?

14.71 Foi proposto o seguinte mecanismo para a reação em fase gasosa entre o H₂ e o ICl:

$$H_2(g) + ICl(g) \longrightarrow HI(g) + HCl(g)$$
$$HI(g) + ICl(g) \longrightarrow I_2(g) + HCl(g)$$

(**a**) Escreva a equação balanceada da reação global. (**b**) Identifique todos os intermediários no mecanismo. (**c**) Se a primeira etapa é lenta e a segunda é rápida, que lei de velocidade você esperaria observar na reação global?

14.72 A decomposição do peróxido de hidrogênio é catalisada por íons iodeto. A reação catalisada ocorre por meio de um mecanismo em duas etapas:

$$H_2O_2(aq) + I^-(aq) \longrightarrow H_2O(l) + IO^-(aq) \text{ (lenta)}$$
$$IO^-(aq) + H_2O_2(aq) \longrightarrow H_2O(l) + O_2(g) + I^-(aq) \text{ (rápida)}$$

(**a**) Escreva a equação química do processo global. (**b**) Identifique o intermediário no mecanismo, se houver. (**c**) Considerando que a primeira etapa do mecanismo define a velocidade, determine a lei de velocidade para o processo global.

14.73 A reação 2 NO(*g*) + Cl₂(*g*) ⟶ 2 NOCl(*g*) foi realizada, e os seguintes dados foram obtidos em condições de [Cl₂] constante:

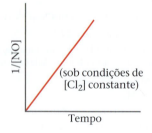

(**a**) O seguinte mecanismo está de acordo com os dados?

$$NO(g) + Cl_2(g) \rightleftharpoons NOCl_2(g) \text{ (rápida)}$$
$$NOCl_2(g) + NO(g) \longrightarrow 2 NOCl(g) \text{ (lenta)}$$

(**b**) O gráfico linear garante que a lei de velocidade global é de segunda ordem?

14.74 Você estudou a oxidação em fase gasosa do HBr pelo O₂:

$$4 HBr(g) + O_2(g) \longrightarrow 2 H_2O(g) + 2 Br_2(g)$$

Você descobre que a reação é de primeira ordem tanto em relação a HBr quanto a O₂. Você propõe o seguinte mecanismo:

$$HBr(g) + O_2(g) \longrightarrow HOOBr(g)$$
$$HOOBr(g) + HBr(g) \longrightarrow 2 HOBr(g)$$
$$HOBr(g) + HBr(g) \longrightarrow H_2O(g) + Br_2(g)$$

(**a**) Confirme que as reações elementares são somadas para que a reação global seja obtida. (**b**) Com base na lei de velocidade determinada experimentalmente, qual etapa é a determinante da velocidade? (**c**) Quais são os intermediários nesse mecanismo? (**d**) Se não for possível detectar HOBr ou HOOBr entre os produtos, isso refuta o seu mecanismo?

Catálise (Seção 14.6)

14.75 (**a**) O que é um catalisador? (**b**) Qual é a diferença entre um catalisador homogêneo e um heterogêneo? (**c**) Catalisadores afetam a variação global de entalpia de uma reação, a energia de ativação ou ambos?

14.76 (**a**) A maioria dos catalisadores heterogêneos comerciais são materiais sólidos finamente divididos. Por que o tamanho das partículas é importante? (**b**) Qual é o papel da adsorção na ação de um catalisador heterogêneo?

14.77 Na Figura 14.21, vimos que o Br⁻(*aq*) catalisa a decomposição do H₂O₂(*aq*) em H₂O(*l*) e O₂(*g*). Suponhamos que um pouco de KBr(*s*) seja adicionado a uma solução aquosa de peróxido de hidrogênio. Faça um gráfico de [Br⁻(*aq*)] em função do tempo a partir da adição do sólido até o fim da reação.

14.78 Em solução, espécies químicas simples como H⁺ e OH⁻ podem servir como catalisadores de reações. Imagine que você pudesse medir o [H⁺] de uma solução contendo uma reação catalisada por ácido à medida que ela ocorre. Considere que os reagentes e os produtos em si não sejam ácidos nem bases. Esboce o perfil de concentração do [H⁺] que você mediria como uma função do tempo para a reação, considerando que *t* = 0 quando você adiciona uma gota de ácido à reação.

14.79 A oxidação de SO₂ em SO₃ é acelerada pelo NO₂. A reação ocorre da seguinte maneira:

$$NO_2(g) + SO_2(g) \longrightarrow NO(g) + SO_3(g)$$
$$2 NO(g) + O_2(g) \longrightarrow 2 NO_2(g)$$

(**a**) Mostre que, com coeficientes adequados, as duas reações podem ser somadas para obter a oxidação global do SO₂ pelo O₂, resultando em SO₃. (**b**) Nessa reação, consideramos o NO₂ um catalisador ou um intermediário? (**c**) Você classificaria o NO como catalisador ou como intermediário? (**d**) Esse é um exemplo de catálise homogênea ou heterogênea?

14.80 A adição de NO acelera a decomposição do N₂O, possivelmente pelo seguinte mecanismo:

$$NO(g) + N_2O(g) \longrightarrow N_2(g) + NO_2(g)$$
$$2 NO_2(g) \longrightarrow 2 NO(g) + O_2(g)$$

(a) Qual é a equação química da reação global? Mostre como as duas etapas podem ser somadas para obtermos a equação global. (b) O NO está servindo como um catalisador ou como um intermediário nessa reação? (c) Se os experimentos mostrarem que, durante a decomposição do N_2O, o NO_2 *não* se acumula em quantidades mensuráveis, essa regra refuta o mecanismo proposto?

14.81 Muitos catalisadores metálicos, particularmente os de metais preciosos, muitas vezes são depositados como películas muito finas sobre uma substância com grande área superficial por unidade de massa, como a alumina (Al_2O_3) ou a sílica (SiO_2). (a) Por que essa é uma forma eficaz de utilizar o material catalisador em comparação à utilização dos metais em pó? (b) De que maneira a área superficial afeta a velocidade da reação?

14.82 (a) Se você fosse construir um sistema para verificar a eficácia dos conversores catalíticos de automóveis, quais substâncias você procuraria no escape do carro? (b) Conversores catalíticos de automóveis devem trabalhar sob altas temperaturas, uma vez que gases quentes de escape passam por eles. De que forma isso poderia ser uma vantagem? De que forma poderia ser uma desvantagem? (c) Por que a velocidade do fluxo de gases de escape através de um conversor catalítico é importante?

14.83 Quando o D_2 reage com o etileno (C_2H_4), na presença de um catalisador finamente dividido, forma-se etano com dois deutérios, CH_2D-CH_2D. (Deutério, D, é um isótopo do hidrogênio de massa 2). Pouquíssimo etano com dois deutérios ligados a um único átomo de carbono (p. ex., CH_3-CHD_2) é formado. Use a sequência de etapas envolvidas na reação (Figura 14.23) para explicar por que isso ocorre.

14.84 Catalisadores heterogêneos que participam de reações de hidrogenação, como ilustra a Figura 14.23, estão sujeitos a "envenenamento", fato que prejudica a sua capacidade catalítica. Os compostos de enxofre são, muitas vezes, tóxicos. Sugira um mecanismo em que tais compostos podem atuar como venenos.

14.85 A enzima carbônica anidrase catalisa a reação $CO_2(g) + H_2O(l) \longrightarrow HCO_3^-(aq) + H^+(aq)$. Em água, sem a enzima, a reação ocorre com uma constante de velocidade de $0,039 \text{ s}^{-1}$ a 25 °C. Na presença da enzima em água, a reação ocorre com uma constante de velocidade de $1,0 \times 10^6 \text{ s}^{-1}$ a 25 °C. Considerando que o fator de colisão é igual para ambas as situações, calcule a diferença nas energias de ativação para a reação não catalisada versus a catalisada por enzima.

14.86 A enzima urease catalisa a reação da ureia (NH_2CONH_2) com água para produzir dióxido de carbono e amônia. Em água, sem a enzima, a reação ocorre com uma constante de velocidade de primeira ordem de $4,15 \times 10^{-5} \text{ s}^{-1}$ a 100 °C. Na presença da enzima na água, a reação ocorre com uma constante de velocidade de $3,4 \times 10^4 \text{ s}^{-1}$ a 21 °C. (a) Escreva a equação balanceada da reação catalisada pela urease. (b) Se a velocidade da reação catalisada fosse igual a 100 °C e a 21 °C, qual seria a diferença na energia de ativação entre as reações catalisadas e não catalisadas? (c) O que você esperaria para a velocidade da reação catalisada a 100 °C em comparação com a catalisada a 21 °C? (d) Com base nos itens (c) e (d), o que você pode concluir a respeito da diferença de energia de ativação para as reações catalisada e não catalisada?

14.87 A energia de ativação de uma reação não catalisada é de 95 kJ/mol. A adição de um catalisador diminui a energia de ativação para 55 kJ/mol. Partindo do princípio de que o fator de colisão permanece o mesmo, a que fator o catalisador vai aumentar a velocidade da reação a (a) 25 °C, (b) 125 °C?

14.88 Suponha que uma determinada reação biologicamente importante é bastante lenta à temperatura do corpo (37 °C) na ausência de um catalisador. Partindo do princípio de que o fator de colisão permanece o mesmo, em quanto uma enzima deve baixar a energia de ativação da reação para atingir um aumento de 1×10^5 vezes na velocidade da reação?

Exercícios adicionais

14.89 Considerando a reação $A + B \longrightarrow C + D$, determine se as afirmações a seguir são *verdadeiras* ou *falsas*. (a) A lei de velocidade da reação deve ser velocidade = $k[A][B]$. (b) Se a reação for uma reação elementar, a lei de velocidade é de segunda ordem. (c) Se a reação for uma reação elementar, a lei de velocidade da reação inversa é de primeira ordem. (d) A energia de ativação da reação inversa deve ser maior que a da reação direta.

14.90 O sulfeto de hidrogênio (H_2S) é um poluente comum e problemático em efluentes industriais. Uma forma de removê-lo é tratar a água com cloro; nesse caso, ocorre a seguinte reação:

$$H_2S(aq) + Cl_2(aq) \longrightarrow S(s) + 2H^+(aq) + 2Cl^-(aq)$$

A velocidade dessa reação é de primeira ordem em cada reagente. A constante de velocidade para o desaparecimento do H_2S a 28 °C é $3,5 \times 10^{-2} M^{-1} \text{s}^{-1}$. Se, em um determinado momento, a concentração de H_2S for $2,0 \times 10^{-4} M$ e a do Cl_2 for $0,025 M$, qual será a velocidade da formação do Cl^-?

14.91 A reação $2 NO(g) + O_2(g) \longrightarrow 2 NO_2(g)$ é de segunda ordem no NO e de primeira ordem no O_2. Quando [NO] = 0,040 M e $[O_2]$ = 0,035 M, a velocidade observada de desaparecimento do NO é $9,3 \times 10^{-5}$ M/s. (a) Qual é a velocidade de desaparecimento do O_2 nesse momento? (b) Qual é o valor da constante de velocidade? (c) Quais são as unidades da constante de velocidade? (d) O que aconteceria com a velocidade se a concentração de NO aumentasse em um fator de 1,8?

14.92 Você realiza uma série de experimentos para a reação $A \longrightarrow B + C$ e descobre que a lei de velocidade tem a forma velocidade = $k[A]^x$. Determine o valor de *x* em cada um dos seguintes casos. (a) Não há variação na velocidade quando $[A]_0$ é triplicada. (b) A velocidade aumenta em um fator de 9 quando $[A]_0$ é triplicada. (c) Quando $[A]_0$ é duplicada, a velocidade aumenta em um fator de 8.

14.93 Considere a seguinte reação entre o cloreto de mercúrio(II) e o íon oxalato:

$$2 HgCl_2(aq) + C_2O_4^{2-}(aq) \longrightarrow 2 Cl^-(aq) + 2 CO_2(g) + Hg_2Cl_2(s)$$

A velocidade inicial dessa reação foi determinada para várias concentrações de $HgCl_2$ e $C_2O_4^{2-}$, e os seguintes dados de velocidade foram obtidos para a velocidade de desaparecimento do $C_2O_4^{2-}$:

Experimento	$[HgCl_2]$(M)	$[C_2O_4^{2-}]$(M)	Velocidade inicial (M/s)
1	0,164	0,15	$3,2 \times 10^{-5}$
2	0,164	0,45	$2,9 \times 10^{-4}$
3	0,082	0,45	$1,4 \times 10^{-4}$
4	0,246	0,15	$4,8 \times 10^{-5}$

(a) Qual é a lei de velocidade dessa reação? (b) Qual é o valor da constante de velocidade com unidades adequadas? (c) Qual é a velocidade da reação quando a concentração inicial de $HgCl_2$ é 0,100 M e a do $C_2O_4^{2-}$ é 0,25 M, se a temperatura for igual à utilizada para obter os dados apresentados?

14.94 Os seguintes dados cinéticos foram coletados para as velocidades iniciais de uma reação 2 X + Z ⟶ produtos:

Experimento	[X]₀(M)	[Z]₀(M)	Velocidade inicial (M/s)
1	0,25	0,25	$4,0 \times 10^1$
2	0,50	0,50	$3,2 \times 10^2$
3	0,50	0,75	$7,2 \times 10^2$

(a) Qual é a lei de velocidade dessa reação? (b) Qual é o valor da constante de velocidade com unidades adequadas? (c) Qual é a velocidade da reação quando a concentração inicial de X é 0,75 M e a de Z é 1,25 M?

14.95 A reação 2 NO₂ ⟶ 2 NO + O₂ tem a constante de velocidade $k = 0,63\ M^{-1}\ s^{-1}$. (a) Com base nas unidades de k, a reação é de primeira ou segunda ordem em NO₂? (b) Se a concentração inicial do NO₂ for 0,100 M, como você determinaria quanto tempo levaria para a concentração diminuir para 0,025 M?

14.96 Considere duas reações. A reação (1) tem uma meia-vida constante, enquanto a reação (2) tem uma meia-vida que fica mais longa à medida que a reação ocorre. O que você pode concluir sobre as leis de velocidade dessas reações com base nessas observações?

14.97 A reação A ⟶ B de primeira ordem tem a constante de velocidade $k = 3,2 \times 10^{-3}\ s^{-1}$. Se a concentração inicial de A for $2,5 \times 10^{-2} M$, qual será a velocidade da reação em $t = 660\ s$?

14.98 (a) A reação $H_2O_2(aq) \longrightarrow H_2O(l) + \frac{1}{2}O_2(g)$ é de primeira ordem. A 300 K, a constante de velocidade é igual a $7,0 \times 10^{-4}\ s^{-1}$. Calcule a meia-vida a essa temperatura. (b) Se a energia de ativação para essa reação for de 75 kJ/mol, a qual temperatura a velocidade da reação dobrará?

14.99 O amerício-241 é usado em detectores de fumaça e tem uma constante de velocidade de primeira ordem para o decaimento radioativo de $k = 1,6 \times 10^{-3}$ ano⁻¹. Em contraste, o iodo-125, que é utilizado para testar a tireoide, tem uma constante de velocidade de decaimento radioativo de $k = 0,011$ dia⁻¹. (a) Quais são as meias-vidas desses dois isótopos? (b) Qual decai com uma velocidade mais rápida? (c) Qual quantidade de uma amostra de 1,00 mg de cada isótopo permanece após 3 meias-vidas? (d) Qual quantidade de uma amostra de 1,00 mg de cada isótopo permanece após 4 dias?

14.100 A ureia (NH₂CONH₂) é o produto final no metabolismo da proteína nos animais. A decomposição da ureia em HCl 0,1 M ocorre de acordo com a reação:

$$NH_2CONH_2(aq) + H^+(aq) + 2\,H_2O(l) \longrightarrow 2\,NH_4^+(aq) + HCO_3^-(aq)$$

A reação é de primeira ordem na ureia e de primeira ordem global. Quando [NH₂CONH₂] = 0,200 M, a velocidade a 61,05 °C é $8,56 \times 10^{-5}$ M/s. (a) Qual é a constante de velocidade, k? (b) Qual é a concentração de ureia presente na solução depois de $4,00 \times 10^3$ s se a concentração inicial era 0,500 M? (c) Qual é a meia-vida dessa reação a 61,05 °C?

14.101 A velocidade de uma reação de primeira ordem é acompanhada por espectroscopia, que monitora a absorvância de um reagente colorido em 520 nm. A reação ocorre em uma célula de amostra de 1,00 cm, e a única espécie colorida na reação tem absortividade molar de $5,60 \times 10^3\ M^{-1}\ cm^{-1}$ em 520 nm. (a) Calcule a concentração inicial do reagente colorido se a absorvância for 0,605 no início da reação. (b) A absorvância cai para 0,250 em 30,0 min. Calcule a constante de velocidade em s^{-1}. (c) Calcule a meia-vida da reação. (d) Quanto tempo leva para a absorvância cair para 0,100?

14.102 Um corante colorido é decomposto, resultando em um produto incolor. O corante original absorve em 608 nm e tem absortividade molar de $4,7 \times 10^4\ M^{-1}\ cm^{-1}$ nesse comprimento de onda. Você realiza a reação de decomposição em uma cubeta de 1 cm em um espectrômetro e obtém os seguintes dados:

Tempo (min)	Absorvância em 608 nm
0	1,254
30	0,941
60	0,752
90	0,672
120	0,545

Com base nesses dados, determine a lei de velocidade para a reação corante ⟶ produto e defina a constante de velocidade.

14.103 O ciclopentadieno (C₅H₆) reage com ele próprio para formar o diciclopentadieno (C₁₀H₁₂). Uma solução de C₅H₆ 0,0400 M foi monitorada em função do tempo à medida que a reação de 2 C₅H₆ ⟶ C₁₀H₁₂ ocorria. Os seguintes dados foram coletados:

Tempo (s)	[C₅H₆](M)
0,0	0,0400
50,0	0,0300
100,0	0,0240
150,0	0,0200
200,0	0,0174

Faça um gráfico de [C₅H₆] em função do tempo, ln[C₅H₆] em função do tempo e 1/[C₅H₆] em função do tempo. (a) Qual é a ordem da reação? (b) Qual é o valor da constante de velocidade?

14.104 A constante de velocidade de primeira ordem para a reação entre determinado composto orgânico e água varia com a temperatura da seguinte maneira:

Temperatura (K)	Constante de velocidade (s⁻¹)
300	$3,2 \times 10^{-11}$
320	$1,0 \times 10^{-9}$
340	$3,0 \times 10^{-8}$
355	$2,4 \times 10^{-7}$

Com base nesses dados, calcule a energia de ativação em kJ/mol.

14.105 A 28 °C, o leite cru azeda em 4,0 h, mas leva 48 h para azedar na geladeira a 5 °C. Estime a energia de ativação em kJ/mol para a reação que leva à acidificação do leite.

14.106 A seguinte citação é de um artigo da edição do *The New York Times*, de 18 de agosto de 1998, sobre a quebra da celulose e amido: "uma queda de 18 graus Fahrenheit [de 77 °F para 59 °F] diminui a velocidade da reação em seis vezes; uma queda de 36 graus [de 77 °F para 41 °F] produz um decréscimo de quarenta vezes na velocidade". (a) Calcule as energias de ativação para o processo de quebra de acordo com as duas estimativas do efeito da temperatura sobre a velocidade. Os valores são consistentes? (b) Considerando que o valor de E_a é calculado a partir da queda de 36° e que a velocidade de quebra é de primeira ordem, com uma meia-vida a 25 °C de 2,7 anos, calcule a meia-vida para a quebra a uma temperatura de −15 °C.

14.107 Foi proposto o seguinte mecanismo para a reação entre o NO e o H₂ para formar N₂O e H₂O:

$$NO(g) + NO(g) \longrightarrow N_2O_2(g)$$
$$N_2O_2(g) + H_2(g) \longrightarrow N_2O(g) + H_2O(g)$$

(a) Mostre que as reações elementares do mecanismo proposto são somadas para obter uma equação balanceada da reação. (b) Escreva uma lei de velocidade para cada reação elementar no mecanismo.

(c) Identifique quaisquer intermediários no mecanismo. (d) A lei de velocidade observada é velocidade = $k[NO]^2[H_2]$. Se o mecanismo proposto estiver correto, o que se pode concluir sobre as velocidades relativas da primeira e da segunda reação?

14.108 O ozônio na atmosfera superior pode ser destruído pelo seguinte mecanismo de duas etapas:

$$Cl(g) + O_3(g) \longrightarrow ClO(g) + O_2(g)$$
$$ClO(g) + O(g) \longrightarrow Cl(g) + O_2(g)$$

(a) Qual é a equação global do processo? (b) Qual é o catalisador na reação? (c) Qual é o intermediário na reação?

14.109 Acredita-se que a decomposição em fase gasosa do ozônio ocorra pelo seguinte mecanismo em duas etapas:

Etapa 1: $O_3(g) \rightleftharpoons O_2(g) + O(g)$ (rápida)

Etapa 2: $O(g) + O_3(g) \longrightarrow 2\,O_2(g)$ (lenta)

(a) Escreva a equação balanceada para a reação global. (b) Derive a lei de velocidade que esteja de acordo com esse mecanismo. (*Dica:* O produto aparece na lei de velocidade.) (c) $O(g)$ é um catalisador ou um intermediário? (d) Se a reação ocorresse em uma única etapa, a lei de velocidade mudaria? Em caso positivo, qual seria?

14.110 Foi proposto o seguinte mecanismo para a reação em fase gasosa entre o clorofórmio ($CHCl_3$) e o cloro:

Etapa 1: $Cl_2(g) \underset{k_{-1}}{\overset{k_1}{\rightleftharpoons}} 2\,Cl(g)$ (rápida)

Etapa 2: $Cl(g) + CHCl_3(g) \xrightarrow{k_2} HCl(g) + CCl_3(g)$ (lenta)

Etapa 3: $Cl(g) + CCl_3(g) \xrightarrow{k_3} CCl_4$ (rápida)

(a) Qual é a reação global? (b) Quais são os intermediários no mecanismo? (c) Qual é a molecularidade de cada uma das reações elementares? (d) Qual é a etapa determinante da velocidade? (e) Qual é a lei de velocidade prevista por esse mecanismo? (*Dica:* a ordem de reação global não é um número inteiro.)

14.111 Considere a reação hipotética $2\,A + B \longrightarrow 2\,C + D$. O seguinte mecanismo de duas etapas foi proposto para a reação:

Etapa 1: $A + B \longrightarrow C + X$
Etapa 2: $A + X \longrightarrow C + D$

X é um intermediário instável. (a) Qual é a expressão da lei de velocidade prevista se a Etapa 1 é a determinante da velocidade? (b) Qual é a expressão da lei de velocidade prevista se a Etapa 2 é a determinante da velocidade? (c) O resultado do item (b) pode ser considerado surpreendente por qual dos seguintes motivos? (i) A concentração do produto está na lei de velocidade. (ii) Há uma ordem de reação negativa na lei de velocidade. (iii) i e ii estão corretos. (iv) Nenhuma das anteriores está correta.

14.112 Em uma solução de hidrocarboneto, o composto de ouro $(CH_3)_3AuPH_3$ é decomposto em etano (C_2H_6) e em um composto de ouro diferente, $(CH_3)AuPH_3$. O seguinte mecanismo foi proposto para a decomposição do $(CH_3)_3AuPH_3$:

Etapa 1: $(CH_3)_3AuPH_3 \underset{k_{-1}}{\overset{k_1}{\rightleftharpoons}} (CH_3)_3Au + PH_3$ (rápida)

Etapa 2: $(CH_3)_3Au \xrightarrow{k_2} C_2H_6 + (CH_3)Au$ (lenta)

Etapa 3: $(CH_3)Au + PH_3 \xrightarrow{k_3} (CH_3)AuPH_3$ (rápida)

(a) Qual é a reação global? (b) Quais são os intermediários no mecanismo? (c) Qual é a molecularidade de cada uma das etapas elementares? (d) Qual é a etapa determinante da velocidade? (e) Qual é a lei de velocidade prevista por esse mecanismo? (f) Qual seria o efeito sobre a velocidade da reação ao adicionar PH_3 à solução de $(CH_3)_3AuPH_3$?

14.113 Nanopartículas de platina com diâmetro ~ 2 nm são importantes catalisadores na oxidação de monóxido de carbono em dióxido de carbono. A platina cristaliza-se em uma estrutura cúbica de face centrada com uma aresta de 3,924 Å. (a) Estime quantos átomos de platina se encaixariam em uma esfera de 2,0 nm; o volume de uma esfera é $(4/3)\pi r^3$. Lembre-se de que $1\,Å = 1 \times 10^{-10}$ m e $1\,nm = 1 \times 10^{-9}$ m. (b) Estime quantos átomos de platina existem na superfície de uma esfera de Pt de 2,0 nm usando a área superficial de uma esfera ($4\pi r^2$) e considerando que a área coberta por um átomo de Pt pode ser calculada com base em seu diâmetro atômico de 2,8 Å. (c) Partindo dos seus resultados de (a) e (b), calcule a percentagem de átomos de Pt que estão na superfície de uma nanopartícula de 2,0 nm. (d) Repita esses cálculos para uma nanopartícula de platina de 5,0 nm. (e) Que tamanho de nanopartícula você acha que seria mais ativo cataliticamente e por quê?

14.114 Uma das muitas enzimas importantes para o corpo humano é a anidrase carbônica, que catalisa a interconversão de dióxido de carbono e água com íon bicarbonato e prótons. Se não fosse por essa enzima, o corpo não poderia se livrar de maneira suficientemente rápida do CO_2 acumulado pelo metabolismo celular. A enzima catalisa a desidratação (liberação para o ar) de até 10^7 moléculas de CO_2 por segundo. Quais componentes dessa descrição correspondem aos termos *enzima*, *substrato* e *número de turnover*?

14.115 Suponha que, na ausência de um catalisador, determinada reação bioquímica ocorra x vezes por segundo no corpo em temperatura normal (37 °C). Para ser fisiologicamente útil, a reação deve ocorrer 5 mil vezes mais rapidamente do que quando não é catalisada. Em quantos kJ/mol uma enzima deve baixar a energia de ativação da reação para ser útil?

14.116 Enzimas são, muitas vezes, descritas pelo seguinte mecanismo de duas etapas:

$$E + S \rightleftharpoons ES \quad (\text{rápida})$$
$$ES \longrightarrow E + P \quad (\text{lenta})$$

em que E = enzima, S = substrato, ES = complexo enzima−substrato e P = produto.

(a) Se uma enzima seguir esse mecanismo, que lei de velocidade é esperada para a reação? (b) Moléculas que podem se ligar ao sítio ativo de uma enzima, mas não são convertidas em produtos, são chamadas de *inibidores da enzima*. Escreva uma etapa elementar adicional para o mecanismo anterior para explicar a reação entre E e I, um inibidor.

14.117 O pentóxido de dinitrogênio (N_2O_5) é decomposto em clorofórmio como um solvente para resultar em NO_2 e O_2. A decomposição é de primeira ordem, com uma constante de velocidade a 45 °C de $1,0 \times 10^{-5}\,s^{-1}$. Calcule a pressão parcial de O_2 produzida a partir de 1,00 L de uma solução de N_2O_5 0,600 M a 45 °C ao longo de um período de 20,0 horas se o gás for coletado em um recipiente de 10,0 L. Suponha que os produtos não se dissolvem em clorofórmio.

14.118 A reação entre o iodeto de etila e o íon hidróxido em solução de etanol (C_2H_5OH), $C_2H_5I(alc) + OH^-(alc) \longrightarrow C_2H_5OH(l) + I^-(alc)$, tem uma energia de ativação de 86,8 kJ/mol e um fator de frequência de $2,10 \times 10^{11}\,M^{-1}\,s^{-1}$. (a) Determine a constante de velocidade para a reação a 35 °C. (b) Uma solução de KOH em etanol é composta mediante a dissolução de 0,335 g de KOH em etanol para formar uma solução de 250,0 mL. Do mesmo modo, 1,453 g de C_2H_5I é dissolvido em etanol para formar uma solução de 250,0 mL. Volumes iguais das duas soluções são misturados. Considerando que a reação é de primeira ordem em cada reagente, qual é a velocidade inicial a 35 °C? (c) Qual reagente da reação é o limitante, considerando que a reação é completada? (d) Uma vez que o fator de frequência e a energia de ativação não mudam como uma função da temperatura, calcule a constante de velocidade para a reação a 50 °C.

14.119 Você obtém os dados cinéticos de uma reação a diferentes temperaturas. A representação gráfica de ln k versus 1/T é a seguinte:

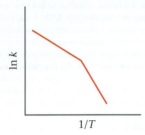

Sugira uma interpretação em nível molecular para esses dados incomuns.

14.120 A reação em fase gasosa entre o NO e o F_2 para formar NOF e F tem uma energia de ativação de $E_a = 6,3$ kJ/mol e um fator de frequência de $A = 6,0 \times 10^8 \, M^{-1} \, s^{-1}$. Acredita-se que a reação é bimolecular:

$$NO(g) + F_2(g) \longrightarrow NOF(g) + F(g)$$

(**a**) Calcule a constante de velocidade a 100 °C. (**b**) Represente as estruturas de Lewis para o NO e as moléculas de NOF, dado que a fórmula química para o NOF é enganosa, uma vez que o átomo de nitrogênio é, na verdade, o átomo central da molécula. (**c**) Determine a geometria da molécula de NOF. (**d**) Desenhe um estado de transição possível para a formação de NOF, usando linhas tracejadas para indicar as ligações fracas que começam a se formar. (**e**) Sugira uma razão para a baixa energia de ativação da reação.

14.121 O mecanismo para a oxidação do HBr por O_2 para formar 2 H_2O e Br_2 é mostrado no Exercício 14.74. (**a**) Calcule a variação global de entalpia padrão para o processo da reação. (**b**) O HBr não reage com o O_2 com uma velocidade mensurável à temperatura ambiente sob condições normais. Com base nisso, o que você pode inferir sobre a magnitude da energia de ativação para a etapa determinante da velocidade? (**c**) Represente uma estrutura de Lewis plausível para o intermediário HOOBr. Ele é semelhante a que composto familiar de hidrogênio e oxigênio?

14.122 As velocidades de muitas reações atmosféricas são aceleradas pela absorção de luz por um dos reagentes. Por exemplo, considere a reação entre o metano e o cloro para produzir cloreto de metila e cloreto de hidrogênio:

Reação 1: $CH_4(g) + Cl_2(g) \longrightarrow CH_3Cl(g) + HCl(g)$

Essa reação é muito lenta na ausência de luz. No entanto, o $Cl_2(g)$ pode absorver a luz para formar átomos de Cl:

Reação 2: $Cl_2(g) + h\nu \longrightarrow 2 \, Cl(g)$

Uma vez que os átomos de Cl são gerados, eles podem catalisar a reação entre o CH_4 e o Cl_2, de acordo com o seguinte mecanismo proposto:

Reação 3: $CH_4(g) + Cl(g) \longrightarrow CH_3(g) + HCl(g)$

Reação 4: $CH_3(g) + Cl_2(g) \longrightarrow CH_3Cl(g) + Cl(g)$

As variações de entalpia e as energias de ativação para essas duas reações estão tabeladas da seguinte maneira:

Reação	ΔH° (kJ/mol)	E_a (kJ/mol)
3	+4	17
4	−109	4

(**a**) Utilizando a entalpia da ligação para o Cl_2 (Tabela 8.3), determine o maior comprimento de onda da radiação que é suficientemente energética para fazer com que a reação 2 ocorra. Em que parte do espectro eletromagnético essa radiação se encontra? (**b**) Utilizando os dados tabelados aqui, esboce um perfil energético quantitativo para a reação catalisada, representada pelas reações 3 e 4. (**c**) Usando as entalpias de ligação, estime onde os reagentes, $CH_4(g) + Cl_2(g)$, devem ser colocados em seu diagrama do item (b). Use esse resultado para estimar o valor de E_a da reação $CH_4(g) + Cl_2(g) \longrightarrow CH_3(g) + HCl(g) + Cl(g)$. (**d**) As espécies $Cl(g)$ e $CH_3(g)$ presentes nas reações 3 e 4 são radicais, isto é, átomos ou moléculas com elétrons desemparelhados. Represente uma estrutura de Lewis do CH_3 e confirme se ele é um radical. (**e**) A sequência de reações 3 e 4 compreende um mecanismo em cadeia radicalar. Por que você acha que isso é chamado de "reação em cadeia"? Proponha uma reação que interromperá a reação em cadeia.

14.123 Muitas aminas primárias, RNH_2, em que R é um fragmento carbônico, como o CH_3, o CH_3CH_2 e assim por diante, são submetidas a reações em que o estado de transição é tetraédrico. (a) Ilustre um orbital híbrido para visualizar a ligação no nitrogênio em uma amina primária (use um átomo de C para "R"). (b) Que tipo de reagente com uma amina primária pode produzir um intermediário tetraédrico?

14.124 O fluxo de resíduos de NO_x do escapamento de automóveis inclui espécies como NO e NO_2. Catalisadores que convertem essas espécies em N_2 são desejáveis para reduzir a poluição do ar. (**a**) Represente a estrutura de Lewis e a estrutura VSEPR do NO, do NO_2 e do N_2. (**b**) Utilizando um recurso como a Tabela 8.3, consulte as energias das ligações nessas moléculas. Em que região do espectro eletromagnético estão essas energias? (**c**) Elabore um experimento espectroscópico para monitorar a conversão de NO_x em N_2, descrevendo quais comprimentos de onda de luz precisam ser monitorados como uma função do tempo.

Elabore um experimento

Vamos explorar a cinética química de uma reação hipotética: $aA + bB \longrightarrow cC + dD$. Vamos supor que todas as substâncias sejam solúveis em água e que realizamos a reação em solução aquosa. As substâncias A e C absorvem a luz visível, e a absorção máxima é de 510 nm para A e 640 nm para C. As substâncias B e D são incolores. Você tem amostras puras das quatro substâncias e conhece as suas fórmulas químicas. Você também está equipado com os instrumentos adequados para obter espectros de absorção visível (consulte o quadro "Olhando de perto: Uso de métodos espectroscópicos para a velocidade da reação" na Seção 14.2). Vamos elaborar um experimento para determinar a cinética da reação. (**a**) Que experimentos você poderia elaborar para determinar a lei de velocidade e a constante de velocidade da reação à temperatura ambiente? Você precisaria saber os valores das constantes estequiométricas de *a* e *c* para encontrar a lei de velocidade? (**b**) Elabore um experimento para determinar a energia de ativação da reação. Quais desafios você enfrentaria para realizar o experimento? (**c**) Em seguida, você quer testar se determinada substância X solúvel em água é um catalisador homogêneo da reação. Que experimentos você realizaria para testar essa ideia? (**d**) Se X de fato catalisar a reação, que outros experimentos você poderia realizar para aprender mais sobre o perfil da reação?

▲ Equilíbrio em uma fonte. Em uma fonte decorativa, a quantidade de água na bacia permanece constante porque a água entra e sai dela à mesma velocidade. Assim como uma fonte, o equilíbrio químico é caracterizado por dois processos opostos que ocorrem à mesma velocidade.

15

EQUILÍBRIO QUÍMICO

O QUE VEREMOS

15.1 ▶ O conceito de equilíbrio químico Relacionar o conceito de equilíbrio com reações químicas reversíveis.

15.2 ▶ Constante de equilíbrio Definir a *constante de equilíbrio*, com base na velocidade das reações direta e inversa, e desenvolver *expressões da constante de equilíbrio* para reações homogêneas.

15.3 ▶ Como usar constantes de equilíbrio Interpretar a magnitude de uma constante de equilíbrio e como o seu valor depende de como a equação química correspondente é expressa.

15.4 ▶ Equilíbrios heterogêneos Escrever expressões da constante de equilíbrio para reações heterogêneas.

15.5 ▶ Cálculo das constantes de equilíbrio Calcular constantes de equilíbrio com base nas concentrações de reagentes e produtos no equilíbrio.

15.6 ▶ Algumas aplicações das constantes de equilíbrio Usar constantes de equilíbrio para prever as concentrações de reagentes e produtos no equilíbrio e para determinar que direção uma reação deve seguir para que o equilíbrio seja atingido.

15.7 ▶ Princípio de Le Châtelier Usar o *princípio de Le Châtelier* para realizar previsões qualitativas sobre como um sistema em equilíbrio responde a variações de concentração, volume, pressão e temperatura.

Estar em equilíbrio é estar em uma posição estável, sem oscilações ou desvios. Um cabo de guerra em que os dois lados são puxados com a mesma força, de modo que a corda não se mova, é um exemplo de equilíbrio *estático*, ou seja, quando um objeto está em repouso. O equilíbrio também pode ser *dinâmico*, no qual o processo direto e o processo inverso ocorrem com a mesma velocidade, sem ocorrer variação global.

Nos últimos capítulos, encontramos diversos exemplos de equilíbrio dinâmico que envolviam transformações físicas da matéria, incluindo a pressão de vapor (Seção 11.5), a formação de soluções saturadas (Seção 13.2) e a lei de Henry (Seção 13.3). Considere a pressão de vapor como um exemplo típico. Em um recipiente fechado, a pressão de vapor acima de um líquido para de variar quando a velocidade com que as moléculas escapam do líquido para a fase gasosa se iguala à velocidade com que as moléculas da fase gasosa são capturadas e reentram no líquido.

Assim como a evaporação e a condensação, ou a dissolução e a cristalização, as reações químicas podem ocorrer nas direções direta e inversa. Na reação direta, os reagentes são convertidos em produtos; na reação inversa, os produtos são convertidos de volta em reagentes. Por fim, atingimos um estado no qual os dois processos ocorrem à mesma velocidade, um equilíbrio dinâmico que chamamos de **equilíbrio químico**.

Neste e nos próximos dois capítulos, exploraremos o equilíbrio químico em detalhes. Mais adiante, no Capítulo 19, explicaremos como relacionar os equilíbrios químicos à termodinâmica. Aqui, aprenderemos a expressar o estado de equilíbrio de uma reação em termos quantitativos e estudaremos os fatores que determinam as concentrações relativas de reagentes e produtos em misturas em equilíbrio.

15.1 | O conceito de equilíbrio químico

> **Objetivos de aprendizagem**
>
> Após terminar a Seção 15.1, você deve ser capaz de:
> ▶ Relacionar a ideia de equilíbrio químico às velocidades de reações químicas nos sentidos direto e inverso.

A ideia de equilíbrio químico depende do fato de as reações ocorrerem nos sentidos direto e inverso. Quando uma reação está em equilíbrio, a velocidade com que os produtos são formados a partir dos reagentes é igual à velocidade com que os reagentes são formados a partir dos produtos. Por consequência, as concentrações deixam de variar e a reação parece ter terminado, embora reagentes e produtos continuem a se converter uns nos outros. Em suma:

O equilíbrio químico ocorre quando as reações direta e inversa ocorrem com velocidades iguais.

Vamos começar este capítulo examinando uma reação química simples, de uma mistura de reagentes e produtos cujas concentrações não mudam com o tempo, para ver como ela atinge o *estado de equilíbrio*. Começamos com o N_2O_4, uma substância incolor que se dissocia para formar NO_2, um gás marrom. A **Figura 15.1** apresenta uma amostra de N_2O_4 congelado dentro de um tubo vedado. O N_2O_4 sólido torna-se gasoso quando aquecido a uma temperatura superior a 21,2 °C, seu ponto de ebulição, e o gás torna-se mais escuro à medida que o gás N_2O_4 incolor se dissocia na forma de gás NO_2 marrom. Em um determinado momento, mesmo que ainda exista N_2O_4 no tubo, a cor para de ficar mais escura, porque o sistema atinge o equilíbrio. Ficamos com uma *mistura em equilíbrio* de N_2O_4 e NO_2, na qual as concentrações dos gases não variam mais ao longo do tempo. Uma vez que a reação ocorre em um sistema fechado, nenhum gás pode escapar, então o equilíbrio é mantido.

Como resultado, temos uma mistura em equilíbrio, porque a reação é *reversível*: o N_2O_4 pode formar NO_2, e o NO_2 pode formar N_2O_4. O equilíbrio dinâmico é representado por duas meias-setas que apontam em direções opostas na equação da reação (Seção 4.1):

$$N_2O_4(g) \rightleftharpoons 2\,NO_2(g) \qquad [15.1]$$
$$\text{Incolor} \qquad \text{Marrom}$$

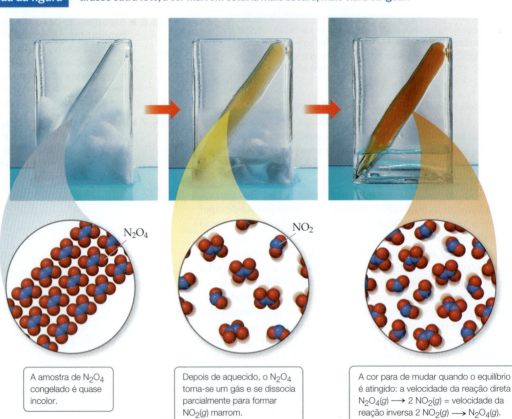

Resolva com ajuda da figura
Se você deixasse o tubo à direita em repouso durante a noite e, então, tirasse outra foto, a cor marrom estaria mais escura, mais clara ou igual?

A amostra de N_2O_4 congelado é quase incolor.

Depois de aquecido, o N_2O_4 torna-se um gás e se dissocia parcialmente para formar $NO_2(g)$ marrom.

A cor para de mudar quando o equilíbrio é atingido: a velocidade da reação direta $N_2O_4(g) \longrightarrow 2\,NO_2(g)$ = velocidade da reação inversa $2\,NO_2(g) \longrightarrow N_2O_4(g)$.

▲ **Figura 15.1** Equilíbrio entre N_2O_4 incolor e NO_2 marrom.

Podemos analisar esse equilíbrio partindo do nosso conhecimento sobre cinética. Vamos chamar a decomposição de N_2O_4 em NO_2 de reação direta, e a formação de N_2O_4 a partir de NO_2 de reação inversa. Nesse caso, tanto a reação direta quanto a inversa são *reações elementares*. (Seção 14.5) Como aprendemos na Seção 14.5, as leis de velocidade para reações elementares podem ser escritas com base nas seguintes equações químicas:

$$\text{Reação direta: } N_2O_4(g) \longrightarrow 2\,NO_2(g) \qquad \text{Velocidade}_d = k_d[N_2O_4] \qquad [15.2]$$

$$\text{Reação inversa: } 2\,NO_2(g) \longrightarrow N_2O_4(g) \qquad \text{Velocidade}_i = k_i[NO_2]^2 \qquad [15.3]$$

Aqui, k_d e Velocidade$_d$ são a constante de velocidade e a velocidade da reação no sentido *direto*, enquanto k_i e Velocidade$_i$ são a constante de velocidade e a velocidade da reação no sentido *inverso*.

Em equilíbrio, a velocidade de formação de NO_2 na reação direta é igual à velocidade de formação do N_2O_4 na reação inversa:

$$\underbrace{k_d[N_2O_4]}_{\text{Reação direta}} = \underbrace{k_i[NO_2]^2}_{\text{Reação inversa}} \qquad [15.4]$$

Reorganizando a equação, obtemos:

$$\frac{[NO_2]^2}{[N_2O_4]} = \frac{k_d}{k_i} = \text{uma constante} \qquad [15.5]$$

Na Equação 15.5, podemos observar que o quociente de duas constantes de velocidade é outra constante, chamada de *constante de equilíbrio*. Além disso, no estado de equilíbrio, a razão entre os termos de concentração é igual a essa constante. Não importa se vamos começar com o N_2O_4 ou com o NO_2, ou mesmo com uma mistura dos dois. No equilíbrio, a uma dada temperatura, a razão é igual a um valor específico. Assim, há uma importante limitação para as proporções de N_2O_4 e NO_2 em equilíbrio.

Uma vez que o equilíbrio é estabelecido, as concentrações de N_2O_4 e NO_2 não variam, conforme ilustra a **Figura 15.2(a)**. No entanto, o fato de a composição da mistura em equilíbrio permanecer constante com o tempo não significa que o N_2O_4 e o NO_2 parem de reagir. Pelo contrário, o equilíbrio é *dinâmico*, então um pouco de N_2O_4 é sempre convertido em NO_2 e um pouco de NO_2 é sempre convertido em N_2O_4. No equilíbrio, entretanto, os dois processos ocorrem à mesma velocidade, como mostra a Figura 15.2(**b**). Na próxima seção, mostraremos que a forma geral da Equação 15.5 de ter as concentrações de produtos divididas pelas concentrações dos reagentes pode ser generalizada mesmo quando não conhecemos o mecanismo de uma reação.

O exemplo demonstra diversas lições importantes sobre o equilíbrio:

- No equilíbrio, as concentrações de reagentes e produtos não sofrem variação com o tempo.
- Para que o equilíbrio ocorra, reagentes e produtos não podem escapar do sistema.
- No equilíbrio, uma determinada razão entre os termos de concentração é igual a uma constante.

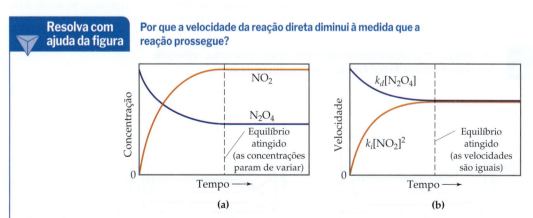

▲ **Figura 15.2 Atingindo o equilíbrio químico na reação $N_2O_4(g) \rightleftharpoons 2\,NO_2(g)$.** O equilíbrio ocorre quando a velocidade da reação direta é igual à velocidade da reação inversa.

Exercícios de autoavaliação

EAA 15.1 Uma determinada reação A ⇌ B atinge o equilíbrio. Qual(is) das seguintes afirmações sobre o equilíbrio é(são) *verdadeira(s)*?

(i) No equilíbrio, as concentrações de A e B na mistura devem ser iguais.
(ii) No equilíbrio, os processos A ⟶ B e B ⟶ A têm a mesma velocidade de reação.
(iii) No equilíbrio, as moléculas de A não são mais convertidas em moléculas de B.

(**a**) Apenas i é verdadeira. (**b**) Apenas ii é verdadeira. (**c**) Apenas iii é verdadeira. (**d**) Apenas i e ii são verdadeiras. (**e**) Apenas ii e iii são verdadeiras.

EAA 15.2 Considere as duas reações elementares a seguir, que são o inverso uma da outra:

$$C + D \longrightarrow E + E \quad \text{Velocidade} = k_1[C][D]$$
$$E + E \longrightarrow C + D \quad \text{Velocidade} = k_2[E]^2$$

Qual das afirmações a seguir sobre uma mistura no equilíbrio de C, D e E é *falsa*? (**a**) No equilíbrio, $k_1[C][D] = k_2[E]^2$. (**b**) No equilíbrio, C e D ainda reagem para formar E. (**c**) No equilíbrio, $[C][D]/[E]^2$ é uma constante. (**d**) No equilíbrio, as concentrações de C e D devem ser iguais. (**e**) k_1 e k_2 podem ter valores diferentes.

15.2 | Constante de equilíbrio

Objetivos de aprendizagem

Após terminar a Seção 15.2, você deverá ser capaz de:
▶ Construir expressões de constante de equilíbrio usando a lei de ação das massas.
▶ Para uma determinada reação de equilíbrio, avaliar K_c a partir das concentrações de equilíbrio de reagentes e produtos.
▶ Converter entre K_c e K_p como constantes de equilíbrio.

Uma reação na qual os reagentes se convertem em produtos e os produtos se convertem em reagentes no mesmo recipiente de reação leva a um equilíbrio, independentemente de quão complicadas sejam a reação e a natureza dos processos cinéticos das reações direta e inversa. Considere a síntese de amônia a partir do nitrogênio e do hidrogênio na equação a seguir:

$$N_2(g) + 3\,H_2(g) \rightleftharpoons 2\,NH_3(g) \qquad [15.6]$$

Essa reação é a base para o *processo de Haber-Bosch*, mais conhecido como **processo de Haber**. O processo é fundamental para a produção de fertilizantes e, portanto, essencial para o fornecimento de alimentos ao mundo (ver o quadro "Química e sustentabilidade: O processo de Haber: como alimentar o mundo"). No processo de Haber, o N_2 e o H_2 reagem sob alta pressão e temperatura na presença de um catalisador, formando a amônia. No entanto, quando a reação ocorre em um sistema fechado, não se observa um consumo completo dos reagentes N_2 e H_2. Em vez disso, em algum ponto, a reação parece parar, com todos os três componentes da mistura reacional presentes ao mesmo tempo.

O modo com que as concentrações de H_2, N_2 e NH_3 variam com o tempo é mostrado na **Figura 15.3**. Observe que é obtida uma mistura em equilíbrio independentemente de partirmos de N_2 e H_2 ou do NH_3. *Atinge-se a condição de equilíbrio em qualquer direção.*

Uma expressão semelhante à Equação 15.5 governa as concentrações de N_2, H_2 e NH_3 no equilíbrio. Se alterássemos sistematicamente as quantidades relativas dos três gases na mistura inicial e, em seguida, analisássemos cada uma das misturas no equilíbrio, poderíamos determinar a relação entre as concentrações em equilíbrio.

Químicos realizaram estudos desse tipo em outros sistemas químicos no século XIX, antes do trabalho de Haber. Em 1864, Cato Maximilian Guldberg (1836–1902) e Peter

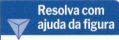
A velocidade de desaparecimento do H_2 está relacionada com a velocidade de desaparecimento do N_2? Em caso positivo, de que modo?

▲ **Figura 15.3 Equilíbrio na reação $N_2(g) + 3\,H_2(g) \rightleftharpoons 2\,NH_3(g)$.** O mesmo equilíbrio é alcançado se partirmos apenas dos reagentes (N_2 e H_2) ou apenas do produto (NH_3).

Waage (1833-1900) postularam a **lei de ação das massas**, que expressa, para toda e qualquer reação, a relação entre as concentrações de reagentes e produtos presentes no equilíbrio. Suponha que tenhamos a equação de equilíbrio geral

$$a\text{A} + b\text{B} \rightleftharpoons d\text{D} + e\text{E} \qquad [15.7]$$

em que A, B, D e E são as espécies químicas envolvidas e a, b, d e e são seus coeficientes na equação química balanceada. De acordo com a lei de ação das massas, a condição de equilíbrio é descrita pela seguinte expressão:

$$K_c = \frac{[\text{D}]^d[\text{E}]^e}{[\text{A}]^a[\text{B}]^b} \quad \longleftarrow \text{produtos} \atop \longleftarrow \text{reagentes} \qquad [15.8]$$

Chamamos essa relação de **expressão da constante de equilíbrio**, ou apenas *expressão de equilíbrio* da reação. A constante K_c, chamada de **constante de equilíbrio**, é o valor numérico obtido quando substituímos concentrações em quantidade de matéria no equilíbrio na expressão da constante de equilíbrio. O subscrito c no K indica que as concentrações usadas para calcular a constante são expressas em concentração em quantidade de matéria (molaridade).

O numerador da expressão da constante de equilíbrio é o produto das concentrações de todas as substâncias no lado do produto da equação balanceada, sendo cada uma

QUÍMICA E SUSTENTABILIDADE O processo de Haber: como alimentar o mundo

Resolver o problema da fome mundial é um dos Objetivos de Desenvolvimento Sustentável da ONU (Figura 1.16). A quantidade de comida necessária para alimentar a crescente população da Terra é muito superior à fornecida por plantas fixadoras de nitrogênio (ver o quadro "A química e a vida: Fixação de nitrogênio e nitrogenase"). (Seção 14.6) Portanto, a agricultura precisa de quantidades substanciais de fertilizantes à base de amônia para terras de cultivo. De todas as reações químicas que os humanos aprenderam a controlar para seus próprios fins, uma das mais importantes é a síntese de amônia a partir de hidrogênio e nitrogênio atmosférico.

Em 1912, o químico alemão Fritz Haber (1868-1934) desenvolveu o processo de Haber (Equação 15.6), que também pode ser chamado de processo de *Haber-Bosch*, em homenagem a Karl Bosch, o engenheiro que desenvolveu o processo industrial em grande escala. A engenharia necessária para implementar o processo de Haber requer o uso de temperaturas e pressões difíceis de atingir naquela época (aproximadamente 500 °C e 200 a 600 atm).

O processo de Haber fornece um exemplo historicamente interessante do complexo impacto da química em nossas vidas. No início da Primeira Guerra Mundial, em 1914, a Alemanha dependia de depósitos de nitrato do Chile para obter os compostos de nitrogênio necessários para a fabricação de explosivos. Durante a guerra, o bloqueio naval dos Aliados na América do Sul cortou esse abastecimento. No entanto, com base na reação de Haber para fixar o nitrogênio do ar, a Alemanha foi capaz de continuar a produzir explosivos. Especialistas estimam que a Primeira Guerra Mundial poderia ter terminado um ano antes se não fosse o processo de Haber.

Depois desse começo infeliz como fator importante para a manutenção da guerra, o processo de Haber tornou-se a principal fonte mundial de nitrogênio fixado. O mesmo processo que prolongou a Primeira Guerra Mundial permitiu a fabricação de fertilizantes que aumentaram a produtividade das culturas, salvando milhões de pessoas da fome. Cerca de 40 bilhões de libras de amônia (18 milhões de toneladas) são fabricadas todos os anos nos Estados Unidos, principalmente pelo processo de Haber. A amônia pode ser aplicada diretamente no solo (**Figura 15.4**) ou ser convertida em sais de amônia, que também são utilizados como fertilizantes. O processo de Haber é de suma importância para alimentar o mundo; sem ele, estima-se que mais de metade da população mundial passaria fome.

Embora o processo de Haber seja crucial para o suprimento de alimentos em escala global, ele também tem impactos negativos graves com relação à sustentabilidade. O crescimento do uso de fertilizantes nitrogenados levou a problemas ecológicos, com o escoamento de nitrogênio para lagos, córregos e bacias hidrográficas, como discutido no Capítulo 18. A maior parte do gás hidrogênio usado no processo de Haber é produzido com o uso de metano, $CH_4(g)$, que serve de matéria-prima. O principal subproduto da produção de H_2 é o CO_2, que contribui para a mudança climática. O processo de Haber também exige enormes quantidades de energia para atingir as temperaturas e pressões necessárias, e a maior parte dessa energia vem do consumo de combustíveis fósseis. Entre a produção de H_2 e os requisitos energéticos do processo, a produção de amônia pelo processo de Haber é responsável por mais de 1% das emissões de CO_2 produzidas pelo homem em escala global; nos Estados Unidos, cerca de 2,1 toneladas de CO_2 são emitidas para cada tonelada de NH_3 produzida. Boa parte da pesquisa atual envolve explorar maneiras alternativas de produzir H_2 e usar fontes de energia renováveis para produzir amônia com o processo de Haber de uma maneira que crie uma pegada de carbono menor.

Haber era um patriota alemão que apoiou de maneira entusiasmada os esforços de seu país durante a guerra. Ele atuou como chefe do Serviço de Guerra Química da Alemanha durante a Primeira Guerra Mundial e desenvolveu o uso de cloro como uma arma de gás tóxico. Por isso, a decisão de dar o Prêmio Nobel de Química a ele em 1918 foi objeto de polêmica e críticas consideráveis. A ironia, entretanto, veio em 1933, quando Haber foi expulso da Alemanha por ser judeu.

Exercícios relacionados: 15.44, 15.75, 15.78

▲ **Figura 15.4 Amônia e agricultura.** A amônia produzida pelo uso do processo de Haber é aplicada diretamente às lavouras como fertilizante nitrogenado.

elevada à mesma potência do coeficiente da equação balanceada. O denominador é derivado de maneira semelhante do lado do reagente da equação balanceada. Assim, para o processo de Haber, $N_2(g) + 3\,H_2(g) \rightleftharpoons 2\,NH_3(g)$, a expressão da constante de equilíbrio é:

$$K_c = \frac{[NH_3]^2}{[N_2][H_2]^3} \qquad [15.9]$$

Uma vez que conhecemos a equação química balanceada de uma reação que atinge o equilíbrio, podemos escrever a expressão da constante de equilíbrio mesmo se não conhecermos o mecanismo da reação.

A expressão da constante de equilíbrio depende apenas da estequiometria da reação, e não do seu mecanismo.

Dessa forma, as expressões de constante de equilíbrio diferem das leis de velocidade.

O valor da constante de equilíbrio em qualquer temperatura não depende das quantidades iniciais de reagentes e produtos. Também não importa se outras substâncias estão presentes, desde que elas não reajam com um reagente ou um produto. O valor de K_c depende apenas da reação em questão e da temperatura.

Exercício resolvido 15.1
Escrevendo expressões das constantes de equilíbrio

Escreva a expressão de equilíbrio para K_c das seguintes reações:
(a) $2\,O_3(g) \rightleftharpoons 3\,O_2(g)$
(b) $2\,NO(g) + Cl_2(g) \rightleftharpoons 2\,NOCl(g)$
(c) $Ag^+(aq) + 2\,NH_3(aq) \rightleftharpoons Ag(NH_3)_2^+(aq)$

SOLUÇÃO

Analise Com base em três equações, devemos escrever uma expressão da constante de equilíbrio para cada uma.

Planeje Podemos escrever cada expressão aplicando a lei de ação das massas, com um quociente com os termos de concentração do produto no numerador e os termos de concentração de reagente no denominador. Cada termo de concentração é elevado à potência do seu coeficiente na equação química balanceada.

Resolva

(a) $K_c = \dfrac{[O_2]^3}{[O_3]^2}$ (b) $K_c = \dfrac{[NOCl]^2}{[NO]^2[Cl_2]}$ (c) $K_c = \dfrac{[Ag(NH_3)_2^+]}{[Ag^+][NH_3]^2}$

▶ **Para praticar**

Escreva a expressão da constante de equilíbrio K_c para:
(a) $H_2(g) + I_2(g) \rightleftharpoons 2\,HI(g)$,
(b) $Cd^{2+}(aq) + 4\,Br^-(aq) \rightleftharpoons CdBr_4^{2-}(aq)$.

Avaliação de K_c

Podemos ilustrar de que modo a lei de ação das massas foi descoberta empiricamente e demonstrar que a constante de equilíbrio independe das concentrações iniciais ao examinar uma série de experimentos que envolvem tetróxido de dinitrogênio e dióxido de nitrogênio:

$$N_2O_4(g) \rightleftharpoons 2\,NO_2(g) \qquad K_c = \frac{[NO_2]^2}{[N_2O_4]} \qquad [15.10]$$

Começamos com vários tubos vedados contendo diferentes concentrações de NO_2 e N_2O_4. Os tubos são mantidos a 100 °C até que o equilíbrio seja atingido. Em seguida, analisamos as misturas e determinamos as concentrações de equilíbrio do NO_2 e do N_2O_4, mostradas na **Tabela 15.1**.

Para avaliar K_c, inserimos as concentrações de equilíbrio na expressão da constante de equilíbrio. Por exemplo, com base nos dados do Experimento 1, $[NO_2] = 0{,}0172\,M$ e $[N_2O_4] = 0{,}00140\,M$, encontramos:

$$K_c = \frac{[NO_2]^2}{[N_2O_4]} = \frac{[0{,}0172]^2}{0{,}00140} = 0{,}211$$

TABELA 15.1 Concentrações iniciais e de equilíbrio do $N_2O_4(g)$ e do $NO_2(g)$ a 100 °C

Experimento	$[N_2O_4]$ (M) inicial	$[NO_2]$ (M) inicial	$[N_2O_4]$ (M) em equilíbrio	$[NO_2]$ (M) em equilíbrio	K_c
1	0,0	0,0200	0,00140	0,0172	0,211
2	0,0	0,0300	0,00280	0,0243	0,211
3	0,0	0,0400	0,00452	0,0310	0,213
4	0,0200	0,0	0,00452	0,0310	0,213

Procedendo da mesma maneira, os valores de K_c são calculados para as outras amostras. Observe na Tabela 15.1 que o valor de K_c é constante (dentro dos limites de erro experimental), embora as concentrações iniciais e finais variem. Além disso, o Experimento 4 mostra que o equilíbrio pode ser atingido ao partir de N_2O_4 em vez de NO_2. Ou seja, o equilíbrio pode ser atingido a partir de qualquer direção. A **Figura 15.5** mostra como os Experimentos 3 e 4 resultam na mesma mistura em equilíbrio, embora os dois experimentos partam de concentrações muito diferentes de NO_2.

Observe que não são dadas as unidades para K_c na Tabela 15.1 ou no cálculo que acabamos de fazer usando os dados do Experimento 1. É uma prática comum escrever constantes de equilíbrio sem unidades, por razões que abordaremos mais adiante nesta seção.

Constantes de equilíbrio em termos de pressão, K_p

Quando reagentes e produtos em uma reação química são gases, podemos formular a expressão da constante de equilíbrio em termos de pressões parciais. Quando as pressões parciais em atmosferas são usadas na expressão, denotamos a constante de equilíbrio K_p (em que o subscrito p representa a pressão). Para a reação global da Equação 15.7, temos:

$$K_p = \frac{(P_D)^d(P_E)^e}{(P_A)^a(P_B)^b} \qquad [15.11]$$

em que P_A é a pressão parcial de A em atmosferas, P_B é a pressão parcial de B em atmosferas e assim por diante. Por exemplo, para a nossa reação N_2O_4/NO_2, temos:

$$K_p = \frac{(P_{NO_2})^2}{P_{N_2O_4}}$$

Para determinada reação, o valor numérico de K_c costuma ser diferente do valor numérico de K_p. Devemos, portanto, ter o cuidado de indicar, com o subscrito c ou p, qual constante estamos usando. Contudo, é possível calcular uma a partir da outra usando a equação do gás ideal (Seção 10.3):

$$PV = nRT, \text{ portanto } P = \frac{n}{V}RT \qquad [15.12]$$

As unidades comuns para n/V são mol/L, equivalente à concentração em quantidade de matéria, M. Para a substância A na nossa reação genérica, observamos que:

$$P_A = \frac{n_A}{V}RT = [A]RT \qquad [15.13]$$

Resolva com ajuda da figura

Em qual experimento, 3 ou 4, a concentração de N_2O_4 diminui para atingir o equilíbrio?

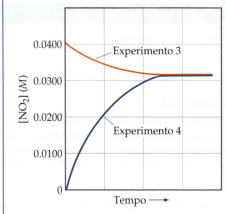

▲ **Figura 15.5** A mesma mistura no equilíbrio é produzida independentemente da concentração inicial de NO_2. A concentração de NO_2 pode aumentar ou diminuir até que o equilíbrio seja atingido.

Quando substituímos a Equação 15.13 e expressões semelhantes para os outros componentes gasosos da reação na Equação 15.11, obtemos uma expressão geral que relaciona K_p e K_c:

$$K_p = \frac{([D]RT)^d([E]RT)^e}{([A]RT)^a([B]RT)^b} = \left(\frac{[D]^d[E]^e}{[A]^a[B]^b}\right)\frac{(RT)^{d+e}}{(RT)^{a+b}} \quad [15.14]$$

O termo entre colchetes é igual a K_c, então podemos simplificar a expressão:

$$K_p = K_c(RT)^{(d+e)-(a+b)} = K_c(RT)^{\Delta n} \quad [15.15]$$

A quantidade Δn representa a variação na quantidade de matéria, em mols, de gás na equação química balanceada, que é igual à soma dos coeficientes dos produtos gasosos menos a soma dos coeficientes dos reagentes gasosos:

$$\Delta n = \begin{pmatrix} \text{quantidade de matéria} \\ \text{de produtos gasosos} \end{pmatrix} - \begin{pmatrix} \text{quantidade de matéria} \\ \text{de reagentes gasosos} \end{pmatrix} \quad [15.16]$$

Por exemplo, na reação $N_2O_4(g) \rightleftharpoons 2\, NO_2(g)$, há 2 mols do produto NO_2 e 1 mol de reagente N_2O_4. Portanto, $\Delta n = 2 - 1 = 1$ e $K_p = K_c(RT)$ para essa reação. Na nossa derivação, as pressões dos gases são expressas em atmosferas e as concentrações, em mols por litro, de modo que a forma apropriada da constante dos gases é $R = 0,08206$ L-atm/mol-K.

Exercício resolvido 15.2
Conversões entre K_c e K_p

Para o processo de Haber,

$$N_2(g) + 3\, H_2(g) \rightleftharpoons 2\, NH_3(g)$$

$K_c = 9,60$ a 300 °C. Calcule K_p para essa reação à temperatura citada.

SOLUÇÃO
Analise Partindo do valor de K_c de uma reação, devemos calcular K_p.

Planeje A relação entre K_c e K_p é dada pela Equação 15.15. Para aplicar essa equação, devemos determinar Δn comparando a quantidade de matéria de produto com a quantidade de matéria de reagentes (Equação 15.16).

Resolva Com 2 mols de produtos gasosos (2 NH$_3$) e 4 mols de reagentes gasosos (1 N$_2$ + 3 H$_2$), $\Delta n = 2 - 4 = -2$. (Lembre-se de que as funções Δ são sempre baseadas em *produtos menos reagentes*.) A temperatura é $300 + 273 = 573$ K. O valor da constante do gás ideal, R, é 0,08206 L-atm/mol-K. Com base em $K_c = 9,60$, obtemos:

$$K_p = K_c(RT)^{\Delta n} = (9,60)(0,08206 \times 573)^{-2}$$

$$= \frac{(9,60)}{(0,08206 \times 573)^2} = 4,34 \times 10^{-3}$$

▶ **Para praticar**
Para o equilíbrio de $2\, SO_3(g) \rightleftharpoons 2\, SO_2(g) + O_2(g)$, K_c é $4,08 \times 10^{-3}$ a 1.000 K. Calcule o valor de K_p.

Constantes de equilíbrio e unidades

Por que constantes de equilíbrio não apresentam unidades? A constante de equilíbrio está relacionada à cinética de uma reação e à termodinâmica. (Exploraremos essa relação no Capítulo 19.) Assim, as constantes de equilíbrio derivadas de medidas termodinâmicas são definidas em termos de *atividades* em vez de concentrações ou pressões parciais.

A atividade de qualquer substância em uma mistura *ideal* é a razão entre a concentração ou a pressão da substância e uma concentração de referência (1 M) ou uma pressão de referência (1 atm). Por exemplo, se a concentração de uma substância em uma mistura em equilíbrio é de 0,010 M, sua atividade é de 0,010 M/1 M = 0,010. As unidades de tais razões sempre se cancelam e, consequentemente, as atividades não têm unidades. Além disso, o valor numérico da atividade é igual à concentração. Para sólidos e líquidos puros, a situação é ainda mais simples, uma vez que as atividades mal se igualam a 1 (novamente, sem unidades).

Em sistemas reais, as atividades também são razões que não apresentam unidades. Mesmo que essas atividades possam não ser exatamente iguais às concentrações, vamos considerar que essas diferenças são pequenas o suficiente para serem desprezíveis. Tudo que precisamos saber neste momento é que as atividades não têm unidades. Como resultado, as *constantes de equilíbrio termodinâmico* derivadas delas também não têm unidades. Desse modo, é comum escrever todas as constantes de equilíbrio sem unidades, uma prática que adotamos neste livro. Em cursos de química mais avançados, você pode fazer distinções mais rigorosas entre concentrações e atividades.

Exercícios de autoavaliação

EAA 15.3 Para a reação $C_2H_2(g) + 2\ H_2(g) \rightleftharpoons C_2H_6(g)$, qual das alternativas representa a expressão correta para K_c?

(a) $K_c = \dfrac{[C_2H_6]}{[C_2H_2][H_2]^2}$

(b) $K_c = \dfrac{2[C_2H_2][H_2]}{[C_2H_6]}$

(c) $K_c = \dfrac{[C_2H_2][H_2]^2}{[C_2H_6]}$

(d) $K_c = \dfrac{[C_2H_6]}{[C_2H_2][H_2]}$

(e) $K_c = \dfrac{[C_2H_6]}{2[C_2H_2][H_2]}$.

EAA 15.4 Quando a reação $A(aq) + B(aq) \rightleftharpoons 2\ C(aq)$ atinge o equilíbrio em um determinado experimento, as concentrações de equilíbrio de A, B e C são $[A] = 0{,}150\ M$, $[B] = 0{,}350\ M$ e $[C] = 0{,}600\ M$. Qual é o valor de K_c para essa reação? (a) 0,146 (b) 6,86 (c) 11,4 (d) 22,9 (e) 131

EAA 15.5 Considere o equilíbrio $C_2H_2(g) + 2\ H_2(g) \rightleftharpoons C_2H_6(g)$. Qual das alternativas a seguir é a relação correta entre K_c e K_p para esse equilíbrio? (a) $K_p = K_c(RT)^2$ (b) $K_p = K_c(RT)$ (c) $K_p = K_c$ (d) $K_p = K_c/(RT)$ (e) $K_p = K_c/(RT)^2$

EAA 15.6 A 900 K, $K_p = 2{,}90$ para a seguinte reação:

$$2\ SO_3(g) \rightleftharpoons 2\ SO_2(g) + O_2(g)$$

Qual é o valor de K_c para esse equilíbrio a 900 K? (a) $7{,}20 \times 10^{-6}$ (b) $3{,}22 \times 10^{-3}$ (c) $3{,}93 \times 10^{-2}$ (d) 2,90 (e) 214

15.3 | Como usar constantes de equilíbrio

Objetivos de aprendizagem

Após terminar a Seção 15.3, você deverá ser capaz de:

▶ Deduzir qualitativamente quanto um equilíbrio favorece os produtos ou os reagentes a partir da magnitude da constante de equilíbrio.

▶ Determinar como as constantes de equilíbrio variam quando uma reação é invertida, multiplicada por uma constante ou quando dois ou mais equilíbrios são somados.

Os valores numéricos das constantes de equilíbrio são ferramentas valiosas para os químicos: os valores de *K* muitas vezes permitem que os químicos façam a "sintonia" das reações para maximizar a quantidade do produto desejado. Posteriormente neste capítulo, e também nos Capítulos 16 e 17, descreveremos muitas maneiras de usar os valores numéricos das constantes de equilíbrio quantitativamente. Nesta seção, mostraremos como obter informações *qualitativas* importantes a partir da *magnitude* da constante de equilíbrio. Também mostraremos como os valores das constantes de equilíbrio variam, dependendo de como a equação química é escrita, e como combinar as constantes de equilíbrio quando dois ou mais equilíbrios são somados.

Magnitude das constantes de equilíbrio

A magnitude da constante de equilíbrio de uma reação fornece informações importantes sobre a composição da mistura em equilíbrio. Por exemplo, considere os dados experimentais da reação entre os gases monóxido de carbono e cloro a 100 °C para formar fosgênio ($COCl_2$), um gás tóxico utilizado na fabricação de certos polímeros e inseticidas:

$$CO(g) + Cl_2(g) \rightleftharpoons COCl_2(g) \qquad K_c = \dfrac{[COCl_2]}{[CO][Cl_2]} = 4{,}56 \times 10^9$$

Para que a constante de equilíbrio seja tão grande, o numerador da expressão da constante de equilíbrio deve ser, aproximadamente, um bilhão (10^9) de vezes maior que o denominador. Assim, a concentração do $COCl_2$ no equilíbrio deve ser muito maior do que a concentração do CO ou do Cl_2 e, na verdade, isso é o que se observa experimentalmente. Dizemos que esse equilíbrio está *deslocado à direita* (ou seja, no sentido do produto). Do mesmo modo, uma constante de equilíbrio muito pequena indica que a mistura no equilíbrio é formada principalmente de reagentes. Então, dizemos que o equilíbrio está *deslocado à esquerda*. Em geral,

Se $K \gg 1$ (K grande): o equilíbrio está deslocado à direita e os produtos predominam

Se $K \ll 1$ (K pequeno): o equilíbrio está deslocado à esquerda e os reagentes predominam

Essas situações estão resumidas na **Figura 15.6**. *Lembre-se: são as velocidades de reações diretas e inversas, e não as concentrações de reagentes e produtos, que são iguais em equilíbrio.*

Resolva com ajuda da figura

Como ficaria a seguinte ilustração para uma reação em que $K \approx 1$?

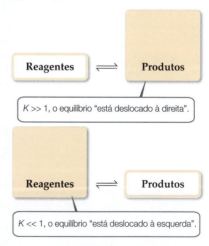

▲ **Figura 15.6** Relação entre a magnitude de *K* e a composição de uma mistura no equilíbrio.

Exercício resolvido 15.3
Interpretação da magnitude de uma constante de equilíbrio

Os diagramas a seguir representam três sistemas em equilíbrio, todos em recipientes de tamanho igual. (a) Sem fazer cálculos, classifique os sistemas em ordem crescente de K_c. (b) Se o volume dos recipientes for 1,0 L e cada esfera representar 0,10 mol, calcule K_c para cada sistema.

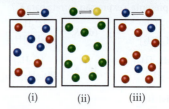

(i)   (ii)   (iii)

SOLUÇÃO
Analise Devemos determinar a importância relativa das três constantes de equilíbrio e, em seguida, calculá-las.

Planeje (a) Quanto mais produto houver no estado de equilíbrio em relação ao reagente, maior será a constante de equilíbrio. (b) A constante de equilíbrio é dada pela Equação 15.8.

Resolva

(a) Cada caixa contém 10 esferas. A quantidade de produto em cada uma varia da seguinte maneira: (i) 6, (ii) 1, (iii) 8. Assim, a constante de equilíbrio varia na ordem (ii) < (i) < (iii), do menor (mais reagente) para o maior (mais produto).

(b) Em (i), temos 0,60 mol/L de produto e 0,40 mol/L de reagente, resultando em $K_c = 0{,}60/0{,}40 = 1{,}5$. (Ao dividir o número de esferas de cada tipo, você consegue obter o mesmo resultado: 6 esferas/4 esferas = 1,5). Em (ii), temos 0,10 mol/L de produto e 0,90 mol/L de reagente, resultando em $K_c = 0{,}10/0{,}90 = 0{,}11$ (ou 1 esfera/9 esferas = 0,11). Em (iii), temos 0,80 mol/L de produto e 0,20 mol/L de reagente, resultando em $K_c = 0{,}80/0{,}20 = 4{,}0$ (ou 8 esferas/2 esferas = 4,0). Esses cálculos conferem com a ordem em (a).

Comentário Imagine uma ilustração que representa uma reação com um valor muito pequeno ou muito grande de K_c. Por exemplo, como seria a ilustração se $K_c = 1 \times 10^{-5}$? Nesse caso, precisaria haver 100 mil moléculas de reagente para apenas uma molécula de produto, mas isso seria impossível de ilustrar.

▶ **Para praticar**
Para a reação $H_2(g) + I_2(g) \rightleftharpoons 2\,HI(g)$, $K_p = 794$ a 298 K e $K_p = 55$ a 700 K. Com base nisso, a formação de HI é favorecida a uma temperatura maior ou menor?

Direção da equação química e K

Vimos na Tabela 15.1 que podemos representar o equilíbrio entre N_2O_4 e NO_2 com a seguinte equação:

$$N_2O_4(g) \rightleftharpoons 2\,NO_2(g) \quad K_c = \frac{[NO_2]^2}{[N_2O_4]} = 0{,}212 \quad (\text{a } 100\,°C) \quad [15.17]$$

Também podemos considerar esse equilíbrio com relação à reação inversa:

$$2\,NO_2(g) \rightleftharpoons N_2O_4(g)$$

A expressão de equilíbrio é, então:

$$K_c = \frac{[N_2O_4]}{[NO_2]^2} = \frac{1}{0{,}212} = 4{,}72 \quad (\text{a } 100\,°C) \quad [15.18]$$

A Equação 15.18 é a recíproca da expressão dada na Equação 15.17. *A expressão da constante de equilíbrio para uma reação em uma direção é a recíproca da expressão para a reação na direção inversa.* Consequentemente, o valor numérico da constante de equilíbrio da reação em uma direção é recíproco ao da reação inversa. Assim, ambas as expressões são igualmente válidas, mas não faz sentido dizer que a constante de equilíbrio para o equilíbrio entre o NO_2 e o N_2O_4 é 0,212 ou 4,72, a menos que indiquemos de que maneira a reação de equilíbrio é escrita, especificando a temperatura. Portanto, sempre que você estiver usando uma constante de equilíbrio, deve escrever a equação química balanceada associada.

Relação entre a estequiometria da equação química e as constantes de equilíbrio

Há diversas maneiras de escrever uma equação química balanceada para uma determinada reação. Por exemplo, se multiplicarmos a Equação 15.1, $N_2O_4(g) \rightleftharpoons 2\,NO_2(g)$, por 2, teremos:

$$2\,N_2O_4(g) \rightleftharpoons 4\,NO_2(g)$$

Essa equação química está balanceada e pode ser escrita dessa maneira em alguns contextos. A expressão da constante de equilíbrio para essa equação é:

$$K_c = \frac{[NO_2]^4}{[N_2O_4]^2}$$

que é o quadrado da expressão da constante de equilíbrio dada na Equação 15.10 para a reação expressa na Equação 15.1: $K_c = [NO_2]^2/[N_2O_4]$. Como a nova expressão da constante de equilíbrio é igual ao quadrado da expressão original, a nova constante de equilíbrio K_c é igual ao quadrado da constante original: $0,212^2 = 0,0449$ (a 100 °C). Mais uma vez, é importante lembrar que você deve relacionar cada constante de equilíbrio com que trabalha a uma equação química balanceada *específica*. As concentrações das substâncias presentes na mistura no equilíbrio serão iguais independentemente de como você escrever a equação química, ainda que o valor de K_c calculado dependa de como você escreve a reação.

De modo semelhante à maneira como a entalpia de reação de uma reação desconhecida pode ser determinada a partir das entalpias de reação conhecidas usando a lei de Hess, é possível calcular a constante de equilíbrio de uma certa reação desde que sejam conhecidas as constantes de equilíbrio de outras reações que, se somadas, resultam na reação que queremos. (Seção 5.6) Por exemplo, considere as duas reações a seguir, suas expressões de constante de equilíbrio e suas constantes de equilíbrio a 100 °C:

1. $2\,NOBr(g) \rightleftharpoons 2\,NO(g) + Br_2(g)$ $K_{c1} = \dfrac{[NO]^2[Br_2]}{[NOBr]^2} = 0,014$

2. $Br_2(g) + Cl_2(g) \rightleftharpoons 2\,BrCl(g)$ $K_{c2} = \dfrac{[BrCl]^2}{[Br_2][Cl_2]} = 7,2$

O somatório dessas duas equações é:

3. $2\,NOBr(g) + Cl_2(g) \rightleftharpoons 2\,NO(g) + 2\,BrCl(g)$

Você pode provar algebricamente que a expressão da constante de equilíbrio da reação global é o produto das expressões das reações individuais:

$$K_{c3} = \dfrac{[NO]^2[BrCl]^2}{[NOBr]^2[Cl_2]} = \dfrac{[NO]^2[Br_2]}{[NOBr]^2} \times \dfrac{[BrCl]^2}{[Br_2][Cl_2]}$$

Assim,

$$K_{c3} = (K_{c1})(K_{c2}) = (0,014)(7,2) = 0,10$$

Para resumir:

1. A constante de equilíbrio de uma reação na direção *inversa* é igual ao *inverso* (ou *recíproca*) da constante de equilíbrio da reação na direção direta:

$$A + B \rightleftharpoons C + D \quad K_1$$
$$C + D \rightleftharpoons A + B \quad K = 1/K_1$$

2. A constante de equilíbrio de uma reação que foi *multiplicada* por um número é igual à constante de equilíbrio original elevada a uma *potência* igual a esse número.

$$A + B \rightleftharpoons C + D \quad K_1$$
$$nA + nB \rightleftharpoons nC + nD \quad K = K_1^n$$

3. A constante de equilíbrio de uma reação global que é resultado do somatório de *duas ou mais reações* é igual ao *produto* das constantes de equilíbrio das reações individuais:

$$A + B \rightleftharpoons C + D \quad K_1$$
$$C + F \rightleftharpoons G + A \quad K_2$$
$$\overline{B + F \rightleftharpoons D + G \quad K_3 = (K_1)(K_2)}$$

Exercício resolvido 15.4
Combinando expressões de equilíbrio

Dadas as reações

$HF(aq) \rightleftharpoons H^+(aq) + F^-(aq)$ $K_c = 6,8 \times 10^{-4}$

$H_2C_2O_4(aq) \rightleftharpoons 2\,H^+(aq) + C_2O_4^{2-}(aq)$ $K_c = 3,8 \times 10^{-6}$

determine o valor de K_c da reação

$2\,HF(aq) + C_2O_4^{2-}(aq) \rightleftharpoons 2\,F^-(aq) + H_2C_2O_4(aq)$

(Continua)

SOLUÇÃO

Analise Com base em duas equações balanceadas e nas constantes de equilíbrio correspondentes, devemos determinar a constante de equilíbrio de uma terceira equação, que está relacionada às duas primeiras.

Planeje Não podemos simplesmente somar as duas equações para obter a terceira. Em vez disso, precisamos determinar como manipular essas equações para chegar a equações que podemos somar para obter a equação desejada.

Resolva

Se multiplicarmos a primeira equação por 2 e fizermos a alteração correspondente na sua constante de equilíbrio (elevando à segunda potência), obtemos:

$$2\,HF(aq) \rightleftharpoons 2\,H^+(aq) + 2\,F^-(aq) \qquad K_c = (6{,}8 \times 10^{-4})^2 = 4{,}6 \times 10^{-7}$$

Ao inverter a segunda equação e fazer novamente a alteração correspondente na sua constante de equilíbrio (assumindo o recíproco), obtemos:

$$2\,H^+(aq) + C_2O_4^{2-}(aq) \rightleftharpoons H_2C_2O_4(aq) \qquad K_c = \dfrac{1}{3{,}8 \times 10^{-6}} = 2{,}6 \times 10^5$$

Agora temos duas equações que podem ser somadas para resultar na equação global, possibilitando a multiplicação dos valores de K_c individuais para chegar à constante de equilíbrio desejada.

$$\begin{array}{ll}
2\,HF(aq) \rightleftharpoons 2\,H^+(aq) + 2\,F^-(aq) & K_c = 4{,}6 \times 10^{-7} \\
2\,H^+(aq) + C_2O_4^{2-}(aq) \rightleftharpoons H_2C_2O_4(aq) & K_c = 2{,}5 \times 10^5 \\
\hline
2\,HF(aq) + C_2O_4^{2-}(aq) \rightleftharpoons 2\,F^-(aq) + H_2C_2O_4(aq) & K_c = (4{,}6 \times 10^{-7})(2{,}6 \times 10^5) = 0{,}12
\end{array}$$

▶ **Para praticar**

Uma vez que, a 700 K, $K_p = 54{,}0$ para a reação $H_2(g) + I_2(g) \rightleftharpoons 2\,HI(g)$ e $K_p = 1{,}04 \times 10^{-4}$ para a reação $N_2(g) + 3\,H_2(g) \rightleftharpoons 2\,NH_3(g)$, determine o valor de K_p para a reação $2\,NH_3(g) + 3\,I_2(g) \rightleftharpoons 6\,HI(g) + N_2(g)$ a 700 K.

▲ Exercícios de autoavaliação

EAA 15.7 A reação a seguir tem constante de equilíbrio $K_p < 1$:

$$A(g) + B(g) \rightleftharpoons C(g).$$

Qual dos gráficos a seguir melhor descreve a abordagem ao equilíbrio a partir de uma mistura de $B(g)$ e $C(g)$?

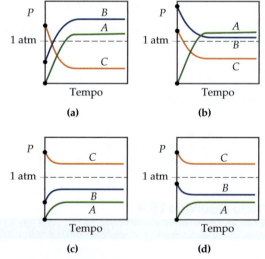

EAA 15.8 Considere os seguintes equilíbrios a 300 K:

$$2\,SO_3(g) \rightleftharpoons 2\,SO_2(g) + O_2(g) \quad K_c = 2{,}3 \times 10^{-7}$$
$$2\,NO_3(g) \rightleftharpoons 2\,NO_2(g) + O_2(g) \quad K_c = 1{,}4 \times 10^{-3}$$

Qual é o valor de K_c para o seguinte equilíbrio a 300 K?

$$SO_2(g) + NO_3(g) \rightleftharpoons SO_3(g) + NO_2(g)$$

(a) $1{,}8 \times 10^{-5}$ **(b)** $7{,}8 \times 10^1$ **(c)** $3{,}0 \times 10^3$ **(d)** $6{,}1 \times 10^3$

15.4 | Equilíbrios heterogêneos

Muitos equilíbrios envolvem substâncias que estão todas na mesma fase. Tais equilíbrios são chamados de **equilíbrios homogêneos**. O equilíbrio entre $N_2O_4(g)$ e $NO_2(g)$ mostrado na Figura 15.1 é um exemplo. Porém, em alguns casos, as substâncias em equilíbrio estão em diferentes fases, dando origem a **equilíbrios heterogêneos**. Um exemplo ocorre quando o cloreto de chumbo(II) sólido se dissolve em água para formar uma solução saturada:

$$PbCl_2(s) \rightleftharpoons Pb^{2+}(aq) + 2\,Cl^-(aq) \quad [15.19]$$

> **Objetivos de aprendizagem**
>
> Após terminar a Seção 15.4, você deverá ser capaz de:
> ▶ Escrever expressões da constante de equilíbrio para reações que envolvem um sólido puro ou um líquido puro.

Esse sistema é composto de um sólido em equilíbrio com duas espécies aquosas. Se quisermos escrever a expressão da constante de equilíbrio para esse processo, enfrentaremos um problema que ainda não foi visto: como podemos expressar a concentração de um sólido? Por sorte, não precisamos nos preocupar com isso. Experimentos mostram que a quantidade de um sólido presente não afeta o equilíbrio (desde que algum sólido esteja presente). Para a reação na Equação 15.19, a expressão da constante de equilíbrio é:

$$K_c = [Pb^{2+}][Cl^-]^2 \quad [15.20]$$

Desse modo, nosso problema de como expressar a concentração de um sólido não é relevante, porque o $PbCl_2(s)$ não aparece na expressão da constante de equilíbrio. De maneira mais geral, pode-se afirmar que, *sempre que um sólido ou um líquido puro está envolvido em um equilíbrio heterogêneo, sua concentração não está incluída na expressão da constante de equilíbrio.*

O fato de que os sólidos e os líquidos puros ficam de fora das expressões da constante de equilíbrio pode ser explicado de dois modos. Primeiro, a concentração de um sólido ou de um líquido puro tem um valor constante. Se duplicarmos a massa de um sólido, seu volume também será duplicado. Assim, sua concentração, que se relaciona com a razão entre a massa e o volume, permanece igual. Como expressões da constante de equilíbrio incluem termos apenas para reagentes e produtos cujas concentrações podem variar durante uma reação química, as concentrações de sólidos e líquidos puros são omitidas.

Segundo, lembre-se de que, na Seção 15.2, vimos que, em uma expressão de equilíbrio termodinâmico, o que é substituído é a *atividade* de cada substância, ou seja, a razão entre a concentração e um valor de referência. Para uma substância pura, o valor de referência é a concentração da substância pura, de modo que a atividade de qualquer líquido ou sólido puro é sempre 1.

A decomposição de carbonato de cálcio é outro exemplo de uma reação heterogênea:

$$CaCO_3(s) \rightleftharpoons CaO(s) + CO_2(g)$$

Ao omitir as concentrações dos sólidos com base na expressão da constante de equilíbrio, temos:

$$K_c = [CO_2] \quad \text{e} \quad K_p = P_{CO_2}$$

Essas equações mostram que, em uma dada temperatura, o equilíbrio entre o $CaCO_3$, o CaO e o CO_2 sempre conduz à mesma pressão parcial de CO_2 enquanto os três componentes estão presentes. Conforme a **Figura 15.7**, temos a mesma pressão de CO_2, independentemente das quantidades relativas de CaO e $CaCO_3$.

Quando um solvente representa um reagente ou um produto no equilíbrio, sua concentração é omitida na expressão da constante de equilíbrio, desde que as concentrações de reagentes e produtos sejam baixas, de modo que o solvente representa essencialmente uma substância pura. Aplicando essa regra a um equilíbrio que envolve a água como solvente,

$$H_2O(l) + CO_3^{2-}(aq) \rightleftharpoons OH^-(aq) + HCO_3^-(aq) \quad [15.21]$$

resulta em uma expressão da constante de equilíbrio que não contém $[H_2O]$:

$$K_c = \frac{[OH^-][HCO_3^-]}{[CO_3^{2-}]} \quad [15.22]$$

Resolva com ajuda da figura Se um pouco de CO₂(g) fosse liberado da redoma de vidro à esquerda e, em seguida, ela fosse vedada novamente e o sistema atingisse novamente o equilíbrio, a quantidade de CaCO₃(s) aumentaria, diminuiria ou permaneceria igual?

$$CaCO_3(s) \rightleftharpoons CaO(s) + CO_2(g)$$

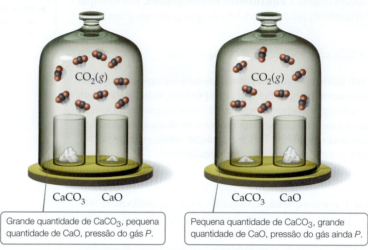

CaCO₃   CaO   CaCO₃   CaO

Grande quantidade de CaCO₃, pequena quantidade de CaO, pressão do gás P.

Pequena quantidade de CaCO₃, grande quantidade de CaO, pressão do gás ainda P.

▲ **Figura 15.7** A uma dada temperatura, a pressão de equilíbrio de CO₂ nas redomas é igual, independentemente da quantidade presente de cada sólido.

Exercício resolvido 15.5
Escrevendo expressões da constante de equilíbrio para reações heterogêneas

Escreva a expressão da constante de equilíbrio K_c para:
(a) $CO_2(g) + H_2(g) \rightleftharpoons CO(g) + H_2O(l)$
(b) $SnO_2(s) + 2\,CO(g) \rightleftharpoons Sn(s) + 2\,CO_2(g)$

SOLUÇÃO

Analise A partir de duas equações químicas, ambas em equilíbrio heterogêneo, devemos escrever as expressões da constante de equilíbrio correspondentes.

Planeje Vamos aplicar a lei da ação das massas, omitindo qualquer sólido ou líquido puro das expressões.

Resolva

(a) A expressão de constante de equilíbrio é:

$$K_c = \frac{[CO]}{[CO_2][H_2]}$$

Uma vez que H₂O aparece na reação como um líquido, sua concentração não aparece na expressão da constante de equilíbrio.

(b) A expressão da constante de equilíbrio é:

$$K_c = \frac{[CO_2]^2}{[CO]^2}$$

Como o SnO₂ e o Sn são sólidos puros, suas concentrações não aparecem na expressão da constante de equilíbrio.

▶ **Para praticar**
Escreva as seguintes expressões da constante de equilíbrio:
(a) K_c para $Cr(s) + 3\,Ag(aq) \rightleftharpoons Cr^{3+}(aq) + 3\,Ag(s)$.
(b) K_p para $3\,Fe(s) + 4\,H_2O(g) \rightleftharpoons Fe_3O_4(s) + 4\,H_2(g)$.

Exercício resolvido 15.6
Análise do equilíbrio heterogêneo

Cada uma dessas misturas foi colocada em um recipiente fechado e deixada em repouso:
(a) $CaCO_3(s)$
(b) $CaO(s)$ e $CO_2(g)$ a uma pressão maior que o valor de K_p
(c) $CaCO_3(s)$ e $CO_2(g)$ a uma pressão maior que o valor de K_p
(d) $CaCO_3(s)$ e $CaO(s)$

Determine se cada mistura pode atingir ou não o equilíbrio:

$$CaCO_3(s) \rightleftharpoons CaO(s) + CO_2(g)$$

SOLUÇÃO

Analise Devemos responder qual das várias combinações de espécies pode estabelecer um equilíbrio entre o carbonato de cálcio e os seus produtos de decomposição: o óxido de cálcio e o dióxido de carbono.

Planeje Para atingir o equilíbrio, o processo direto e o processo inverso devem ser possíveis. Para que o processo direto aconteça, um pouco de carbonato de cálcio deve estar presente. Para que o processo inverso ocorra, tanto o óxido de cálcio quanto o dióxido de carbono devem estar presentes. Em ambos os casos, os compostos necessários podem estar presentes inicialmente ou ser formados durante a reação das outras espécies.

Resolva O equilíbrio pode ser atingido em todos os casos, exceto em (c), contanto que estejam presentes quantidades suficientes de sólidos. (a) O $CaCO_3$ simplesmente se decompõe, formando $CaO(s)$ e $CO_2(g)$ até que seja atingida a pressão de CO_2 no equilíbrio. No entanto, deve haver $CaCO_3$ suficiente para permitir que a pressão de CO_2 atinja o equilíbrio. (b) O CO_2 continua a reagir com o CaO até que a pressão parcial de CO_2 diminua para o valor no equilíbrio. (c) Como não há CaO presente, o equilíbrio não pode ser atingido, uma vez que não há como diminuir a pressão de CO_2 até o seu valor no equilíbrio (seria necessário que um pouco de CO_2 reagisse com o CaO). (d) A situação é essencialmente a mesma que em (a): $CaCO_3$ decompõe-se até que o equilíbrio seja atingido. A presença de CaO inicialmente não faz diferença.

▶ **Para praticar**
Quando $Fe_3O_4(s)$ é adicionado em um recipiente fechado, qual das seguintes substâncias – $H_2(g)$, $H_2O(g)$, $O_2(g)$ – permite que o equilíbrio seja estabelecido na reação $3\ Fe(s) + 4\ H_2O(g) \rightleftharpoons Fe_3O_4(s) + 4\ H_2(g)$?

Exercícios de autoavaliação

EAA 15.9 A azida de sódio, $NaN_3(s)$, é usada para inflar os airbags de automóveis por meio do seguinte equilíbrio:

$$2\ NaN_3(s) \rightleftharpoons 2\ Na(s) + 3\ N_2(g)$$

Qual(is) das afirmações a seguir sobre essa reação de equilíbrio é(são) *verdadeira(s)*?
(i) Ao escrever a expressão da constante de equilíbrio para a reação, não incluímos NaN_3 e Na porque são sólidos.
(ii) Para uma mistura de equilíbrio das três substâncias, a constante de equilíbrio K_p será igual à pressão de equilíbrio de $N_2(g)$.
(iii) Uma mistura de equilíbrio pode ser atingida a partir de $NaN_3(s)$ puro.

(a) Apenas i é verdadeira. (b) Apenas i e ii são verdadeiras. (c) Apenas i e iii são verdadeiras.
(d) Apenas ii e iii são verdadeiras. (e) Todas as afirmações são verdadeiras.

EAA 15.10 O equilíbrio a seguir é estabelecido em uma solução saturada de brometo de chumbo:

$$PbBr_2(s) \rightleftharpoons Pb^{2+}(aq) + 2\ Br^-(aq)$$

Se for adicionado mais $PbBr_2$ sólido a essa solução, qual das afirmações a seguir será *verdadeira*?
(a) A massa total de $PbBr_2$ não dissolvido retornará ao valor anterior ao da adição do excesso de $PbBr_2$. (b) O valor de K_c aumentará. (c) A concentração de Br^- aumentará mais do que a concentração de Pb^{2+}. (d) As concentrações de Pb^{2+} e Br^- não sofrerão alterações.

15.5 | Cálculo das constantes de equilíbrio

O valor de uma constante de equilíbrio é uma ferramenta quantitativa poderosa na química. Usando a expressão da constante de equilíbrio e as concentrações de equilíbrio de ao menos parte dos reagentes e dos produtos, muitas vezes podemos determinar o valor numérico da constante de equilíbrio a uma determinada temperatura (lembre-se de que o valor de uma constante de equilíbrio varia com a temperatura). Nesta seção, analisaremos algumas dessas técnicas mais detalhadamente.

Objetivos de aprendizagem

Após terminar a Seção 15.5, você deverá ser capaz de:
▶ Determinar o valor de K a partir das concentrações de equilíbrio conhecidas dos reagentes e produtos.
▶ Deduzir o valor de K quando as concentrações iniciais dos reagentes e produtos são conhecidas e a concentração de equilíbrio de ao menos uma espécie é conhecida.

Vamos começar com a maneira mais simples de determinar o valor de uma constante de equilíbrio. O cálculo da constante de equilíbrio é simplificado se pudermos medir as concentrações no equilíbrio de todos os reagentes e produtos em uma reação química, como fizemos com os dados da Tabela 15.1. Com isso, calcular o valor da constante de equilíbrio é um processo fácil. Apenas inserimos todas as concentrações das espécies no equilíbrio na expressão da constante de equilíbrio da reação, como mostrado no Exercício resolvido 15.7.

Exercício resolvido 15.7
Cálculo de K quando todas as concentrações no equilíbrio são conhecidas

Depois que uma mistura de gases de hidrogênio e nitrogênio atinge o equilíbrio a 472 °C em um recipiente, verifica-se que ela contém H_2 a 7,38 atm, N_2 a 2,46 atm e NH_3 a 0,166 atm. Com base nesses dados, calcule a constante de equilíbrio K_p da reação

$$N_2(g) + 3\,H_2(g) \rightleftharpoons 2\,NH_3(g)$$

SOLUÇÃO
Analise Com base na equação balanceada e nas pressões parciais em equilíbrio, devemos calcular o valor da constante de equilíbrio.

Planeje Aplicando a equação balanceada, escrevemos a expressão da constante de equilíbrio para K_p (Equação 15.11). Em seguida, substituímos as pressões parciais em equilíbrio na expressão e resolvemos o cálculo para encontrar K_p.

Resolva
$$K_p = \frac{(P_{NH_3})^2}{(P_{N_2})(P_{H_2})^3} = \frac{(0{,}166)^2}{(2{,}46)(7{,}38)^3} = 2{,}79 \times 10^{-5}$$

Comentário Sempre que calculamos o valor de uma constante de equilíbrio, devemos observar o valor e nos perguntar que informação ele nos comunica. Neste caso, o valor muito baixo de K_p nos diz que uma mistura no equilíbrio contém muito mais N_2 e H_2 do que NH_3, ou seja, o equilíbrio está significativamente à esquerda a essa temperatura.

▶ **Para praticar**
Descobre-se que uma solução aquosa de ácido acético possui as seguintes concentrações de equilíbrio a 25 °C: $[CH_3COOH]$ = $1{,}65 \times 10^{-2}\,M$; $[H^+] = 5{,}44 \times 10^{-4}\,M$; e $[CH_3COO^-] = 5{,}44 \times 10^{-4}\,M$. Calcule a constante de equilíbrio K_c para a ionização do ácido acético a 25 °C. A reação de equilíbrio é:

$$CH_3COOH(aq) \rightleftharpoons H^+(aq) + CH_3COO^-(aq)$$

Muitas vezes, não sabemos as concentrações de equilíbrio de todas as espécies em uma mistura em equilíbrio. No entanto, sabendo as concentrações inicial e no equilíbrio de pelo menos uma espécie, geralmente podemos usar a estequiometria da reação para deduzir as concentrações no equilíbrio das demais. As seguintes etapas descrevem o procedimento:

> *Como determinar concentrações de espécies desconhecidas em uma mistura em equilíbrio*
>
> 1. Tabule todos os valores conhecidos de concentrações iniciais e no equilíbrio das espécies que aparecem na expressão da constante de equilíbrio.
> 2. Para aquelas espécies cujas concentrações iniciais e no equilíbrio são conhecidas, calcule as variações de concentração que ocorrem à medida que o sistema atinge o equilíbrio.
> 3. Utilize a estequiometria da reação (i.e., os coeficientes na equação química balanceada) para calcular as variações na concentração de todas as outras espécies na expressão da constante de equilíbrio.
> 4. Utilize as concentrações iniciais da etapa 1 e as variações na concentração da etapa 3 para calcular qualquer concentração no equilíbrio não tabelada na etapa 1.
> 5. Determine o valor da constante de equilíbrio.

A melhor maneira de ilustrar esse procedimento é seguindo um exemplo, como demonstrado no Exercício resolvido 15.8.

Exercício resolvido 15.8
Cálculo de K com base nas concentrações inicial e de equilíbrio

Um recipiente de reação que contém $H_2(g)$ $1{,}000 \times 10^{-3}\,M$ e $I_2(g)$ $2{,}000 \times 10^{-3}\,M$ é aquecido a 448 °C, então ocorre a seguinte reação:

$$H_2(g) + I_2(g) \rightleftharpoons 2\,HI(g)$$

Qual é o valor da concentração K_c se, uma vez que o sistema atinge o equilíbrio a 448 °C, a concentração de HI é $1{,}87 \times 10^{-3}\,M$?

SOLUÇÃO

Analise Com base nas concentrações iniciais de H_2 e I_2 e a concentração de HI no equilíbrio, devemos calcular a constante de equilíbrio K_c para $H_2(g) + I_2(g) \rightleftharpoons 2\,HI(g)$.

Planeje Construímos uma tabela para encontrar as concentrações no equilíbrio de todas as espécies e, em seguida, usamos tais concentrações para calcular a constante de equilíbrio.

Resolva

(**1**) Tabelamos as concentrações inicial e de equilíbrio de quantas espécies for possível. Também deixamos espaço na tabela para listar as alterações nas concentrações. Como mostrado a seguir, é conveniente usar a equação química como cabeçalho da tabela.

	$H_2(g)$ + $I_2(g)$ $\rightleftharpoons$ 2 HI(g)		
Concentração inicial (M)	$1,000 \times 10^{-3}$	$2,000 \times 10^{-3}$	0
Variação na concentração (M)			
Concentração no equilíbrio (M)			$1,87 \times 10^{-3}$

(**2**) Calculamos a variação na concentração de HI, que é a diferença entre o equilíbrio e os valores iniciais:

$$\text{Variação em [HI]} = 1,87 \times 10^{-3}\,M - 0 = 1,87 \times 10^{-3}\,M$$

(**3**) Usamos os valores dos coeficientes na equação balanceada para relacionar a variação em [HI] com as variações em $[H_2]$ e $[I_2]$:

$$\left(1,87 \times 10^{-3}\,\frac{\text{mol de HI}}{L}\right)\left(\frac{1\,\text{mol de}\,H_2}{2\,\text{mol de HI}}\right) = 0,935 \times 10^{-3}\,\frac{\text{mol de}\,H_2}{L}$$

$$\left(1,87 \times 10^{-3}\,\frac{\text{mol de HI}}{L}\right)\left(\frac{1\,\text{mol de}\,I_2}{2\,\text{mol de HI}}\right) = 0,935 \times 10^{-3}\,\frac{\text{mol de}\,I_2}{L}$$

(**4**) Calculamos as concentrações de H_2 e I_2 no equilíbrio usando as concentrações iniciais e variações na concentração. A concentração no equilíbrio será igual à concentração inicial menos o que foi consumido durante a reação (variação na concentração):

$$[H_2] = (1,000 \times 10^{-3}\,M) - (0,935 \times 10^{-3}\,M) = 0,065 \times 10^{-3}\,M$$

$$[I_2] = (2,000 \times 10^{-3}\,M) - (0,935 \times 10^{-3}\,M) = 1,065 \times 10^{-3}\,M$$

(**5**) Agora nossa tabela está completa (com as concentrações no equilíbrio em azul para dar ênfase):

	$H_2(g)$ +	$I_2(g)$ $\rightleftharpoons$	2 HI(g)
Concentração inicial (M)	$1,000 \times 10^{-3}$	$2,000 \times 10^{-3}$	0
Variação na concentração (M)	$-0,935 \times 10^{-3}$	$-0,935 \times 10^{-3}$	$+1,87\,10^{-3}$
Concentração no equilíbrio (M)	$0,065 \times 10^{-3}$	$1,065 \times 10^{-3}$	$1,87\,10^{-3}$

Observe que as entradas para as variações são negativas quando um reagente é consumido e positivas quando um produto é formado.

Por fim, aplicamos a expressão da constante de equilíbrio para calculá-la:

$$K_c = \frac{[HI]^2}{[H_2][I_2]} = \frac{(1,87 \times 10^{-3})^2}{(0,065 \times 10^{-3})(1,065 \times 10^{-3})} = 51$$

Comentário Esse mesmo método pode ser aplicado a problemas de equilíbrio entre gases para o cálculo de K_p. Nesse caso, as pressões parciais são usadas como entradas na tabela em vez das concentrações em quantidade de matéria. Seu professor pode se referir a esse tipo de tabela como tabela IVE, em que IVE representa *I*nicial − *V*ariação − *E*quilíbrio.

▶ **Para praticar**

O composto gasoso BrCl se decompõe a uma temperatura elevada em um recipiente vedado: $2\,BrCl(g) \rightleftharpoons Br_2(g) + Cl_2(g)$. Inicialmente, o recipiente é aquecido a 500 K, com uma pressão parcial de BrCl(g) de 0,500 atm. Em equilíbrio, a pressão parcial do BrCl(g) é 0,040 atm. Calcule o valor de K_p a 500 K.

 Exercícios de autoavaliação

EAA 15.11 Uma mistura de $CH_4(g)$ e $H_2O(g)$ é aquecida e atinge o equilíbrio a uma determinada temperatura de acordo com a seguinte reação:

$$CH_4(g) + H_2O(g) \rightleftharpoons CO(g) + 3\,H_2(g)$$

A mistura em equilíbrio dos gases possui as seguintes pressões parciais: $P(CH_4) = 0,310$ atm, $P(H_2O) = 0,830$ atm, $P(CO) = 0,570$ atm e $P(H_2) = 2,26$ atm. Qual é o valor de K_p para esse equilíbrio? (**a**) $3,91 \times 10^{-2}$ (**b**) 5,01 (**c**) 15,0 (**d**) 25,6

EAA 15.12 Um balão de 2,00 L é preenchido com 2,00 mols de NOBr(g) puro, que atinge o equilíbrio a uma temperatura constante de acordo com a seguinte reação:

$$2\,NOBr(g) \rightleftharpoons 2\,NO(g) + Br_2(g)$$

A mistura de equilíbrio desses três gases contém 0,86 mol de NOBr(g). Qual é o valor de K_c para esse equilíbrio a essa temperatura? (**a**) 0,13 (**b**) 0,38 (**c**) 0,44 (**d**) 0,50 (**e**) 1,0

EAA 15.13 Considere o seguinte equilíbrio: $3\,A(g) \rightleftharpoons B(g)$. Um balão é preenchido com 1,00 atm de A(g) puro e atinge o equilíbrio a uma temperatura fixa. Quando o equilíbrio é estabelecido, a pressão parcial de A(g) no balão é de 0,40 atm. Qual é o valor de K_p para esse equilíbrio a essa temperatura? (**a**) 0,50 (**b**) 3,1 (**c**) 6,3 (**d**) 9,4

15.6 | Algumas aplicações das constantes de equilíbrio

> **Objetivos de aprendizagem**
>
> Após terminar a Seção 15.6, você você deverá ser capaz de:
> ▶ Usar o quociente de reação Q para prever a direção de uma reação que não está em equilíbrio.
> ▶ Calcular as concentrações de equilíbrio a partir das concentrações iniciais, da expressão da constante de equilíbrio e do valor de K.

Nesta seção, continuaremos nosso tratamento quantitativo dos equilíbrios pela análise de duas aplicações importantes das constantes de equilíbrio: (1) determinar se um sistema está em equilíbrio e, se não, como deve responder para atingir o equilíbrio; e (2) usar o valor da constante de equilíbrio para determinar as concentrações de equilíbrio dos reagentes e dos produtos. As técnicas que veremos aqui serão particularmente úteis para o material sobre equilíbrios ácido-base e equilíbrios aquosos nos Capítulos 16 e 17.

Prevendo a direção da reação

Para a formação de NH_3 a partir de N_2 e H_2 (Equação 15.6), $K_c = 0,105$ a 472 °C. Suponha que coloquemos 2,00 mols de H_2, 1,00 mol de N_2 e 2,00 mols de NH_3 em um recipiente de 1,00 L a 472 °C. De que forma a mistura vai reagir para atingir o equilíbrio? O N_2 e o H_2 vão reagir para formar mais NH_3 ou o NH_3 vai se decompor em N_2 e H_2?

Para responder a essa pergunta, substituímos as concentrações iniciais de N_2, H_2 e NH_3 na expressão da constante de equilíbrio e comparamos o seu valor com a constante de equilíbrio:

$$\frac{[NH_3]^2}{[N_2][H_2]^3} = \frac{(2,00)^2}{(1,00)(2,00)^3} = 0,500 \quad \text{enquanto} \quad K_c = 0,105 \quad [15.23]$$

Para atingir o equilíbrio, o quociente $[NH_3]^2/[N_2][H_2]^3$ deve diminuir do valor inicial de 0,500 até o valor de equilíbrio de 0,105. Como o sistema é fechado, essa mudança pode acontecer somente quando $[NH_3]$ diminuir e $[N_2]$ e $[H_2]$ aumentarem. Assim, a reação segue em direção ao equilíbrio, mediante a formação de N_2 e H_2 a partir de NH_3; isto é, a reação dada na Equação 15.6 prossegue da *direita para a esquerda*, formando mais reagentes a partir dos produtos.

Essa abordagem pode ser formalizada pela definição de uma quantidade denominada quociente de reação:

> O **quociente de reação**, *Q, é um número obtido a partir da substituição de concentrações de reagentes e produtos, ou pressões parciais, em qualquer ponto de uma reação na expressão da constante de equilíbrio.*

Portanto, para a reação geral:

$$a\,A + b\,B \rightleftharpoons d\,D + e\,E$$

o quociente de reação em termos de concentrações em quantidade de matéria é:

$$Q_c = \frac{[D]^d[E]^e}{[A]^a[B]^b} \quad [15.24]$$

Podemos escrever a quantidade como Q_p para qualquer reação que envolva gases, usando pressões parciais em vez de concentrações.

Embora usemos o que parece ser a expressão da constante de equilíbrio para calcular o quociente de reação, as concentrações que utilizamos podem ou não ser as concentrações de equilíbrio. Por exemplo, quando substituímos as concentrações iniciais na expressão da constante de equilíbrio da Equação 15.23, obtemos $Q_c = 0,500$, enquanto $K_c = 0,105$. A constante de equilíbrio tem apenas um valor para cada temperatura. O quociente de reação, no entanto, varia à medida que a reação prossegue.

Então, para que serve o *Q*? Algo prático que podemos fazer com o *Q* é ver se nossa reação está realmente em equilíbrio, algo útil quando uma reação é muito lenta. Podemos tomar amostras da mistura reacional à medida que a reação ocorre, separar os componentes e medir as suas concentrações. Em seguida, podemos inserir esses números na Equação 15.24 para a reação. Para determinar se a reação está em equilíbrio ou a direção que ela segue até atingir o equilíbrio, comparamos os valores de Q_c e K_c ou Q_p e K_p. Surgem, dessa forma, três situações possíveis (**Figura 15.8**), que podem ser resumidas da seguinte forma:

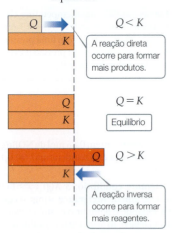

▲ **Figura 15.8** Prevendo a direção de uma reação ao comparar *Q* e *K* a uma dada temperatura.

Como usar Q para analisar o progresso da reação
- $Q < K$: A concentração dos produtos é muito pequena e a de reagentes é muito grande. A reação atinge o equilíbrio mediante a formação de mais produtos, prosseguindo da esquerda para a direita.
- $Q = K$: O quociente de reação é igual à constante de equilíbrio apenas se o sistema estiver em equilíbrio.
- $Q > K$: A concentração de produtos é muito grande e a de reagentes é muito pequena. A reação atinge o equilíbrio mediante a formação de mais reagentes, prosseguindo da direita para a esquerda.

Exercício resolvido 15.9
Prevendo a direção para alcançar o equilíbrio

A 448 °C, a constante de equilíbrio K_c para a reação

$$H_2(g) + I_2(g) \rightleftharpoons 2\,HI(g)$$

é 50,5. Preveja a direção em que a reação ocorre para atingir o equilíbrio se começarmos com $2,0 \times 10^{-2}$ mols de HI, $1,0 \times 10^{-2}$ mols de H_2 e $3,0 \times 10^{-2}$ mols de I_2 em um recipiente de 2,00 L.

SOLUÇÃO
Analise A partir do volume e das quantidades de matéria iniciais das espécies na reação, devemos determinar em que direção a reação deve ocorrer para atingir o equilíbrio.

Planeje Podemos determinar a concentração inicial de cada uma das espécies presentes na mistura reacional. Com isso, é possível substituir as concentrações na expressão da constante de equilíbrio para calcular o quociente de reação, Q_c. Comparando a magnitude da constante de equilíbrio, que é dada, e o quociente de reação, vamos saber em que direção a reação ocorrerá.

Resolva As concentrações iniciais são

$$[HI] = 2,0 \times 10^{-2}\,mol/2,00\,L = 1,0 \times 10^{-2}\,M$$
$$[H_2] = 1,0 \times 10^{-2}\,mol/2,00\,L = 5,0 \times 10^{-3}\,M$$
$$[I_2] = 3,0 \times 10^{-2}\,mol/2,00\,L = 1,5 \times 10^{-2}\,M$$

O quociente de reação, Q_c, é, portanto,

$$Q_c = \frac{[HI]^2}{[H_2][I_2]} = \frac{(1,0 \times 10^{-2})^2}{(5,0 \times 10^{-3})(1,5 \times 10^{-2})} = 1,3$$

Como $K_c = 50,5$, $Q_c < K_c$ e, portanto, a concentração de HI deve aumentar e as concentrações de H_2 e I_2 devem diminuir para atingir o equilíbrio. A reação escrita ocorre da esquerda para a direita para alcançar o equilíbrio.

▶ **Para praticar**
A 1.000 K, o valor de K_p para a reação $2\,SO_3(g) \rightleftharpoons 2\,SO_2(g) + O_2(g)$ é 0,338. Calcule o valor de Q_p e preveja em qual direção a reação ocorre para atingir o equilíbrio se as pressões parciais iniciais forem $P_{SO_3} = 0,16$ atm, $P_{SO_2} = 0,41$ atm e $P_{O_2} = 2,5$ atm.

Cálculo de concentrações no equilíbrio

Com frequência, químicos precisam calcular as quantidades de reagentes e produtos presentes no equilíbrio em uma reação para a qual a constante de equilíbrio é conhecida. A abordagem na resolução de problemas como esse é semelhante à que usamos para avaliar constantes de equilíbrio: tabelamos as concentrações iniciais ou as pressões parciais, as variações nessas concentrações ou pressões e as concentrações finais ou as pressões parciais no equilíbrio. Geralmente, aplicamos a expressão da constante de equilíbrio para derivar uma equação, que deve ser resolvida para encontrarmos uma quantidade desconhecida, como mostra o Exercício resolvido 15.10.

Exercício resolvido 15.10
Cálculo de concentrações no equilíbrio

Para o processo de Haber, $N_2(g) + 3\,H_2(g) \rightleftharpoons 2\,NH_3(g)$, $K_p = 1,45 \times 10^{-5}$ a 500 °C. Em uma mistura em equilíbrio dos três gases a 500 °C, a pressão parcial do H_2 é 0,928 atm e a do N_2 é 0,432 atm. Qual é a pressão parcial de NH_3 nessa mistura no equilíbrio?

SOLUÇÃO
Analise Com base na constante de equilíbrio, K_p, e nas pressões parciais no equilíbrio de duas das três substâncias presentes na equação (N_2 e H_2), devemos calcular a pressão parcial da terceira substância (NH_3) no equilíbrio.

Planeje Podemos definir K_p como igual à expressão da constante de equilíbrio e substituir nas pressões parciais que conhecemos. Então, podemos resolver a equação para encontrar o único valor desconhecido.

Resolva
Tabelamos as pressões no equilíbrio:

	$N_2(g)$	+ $3\,H_2(g)$	$\rightleftharpoons$ $2\,NH_3(g)$
Pressão no equilíbrio (atm)	0,432	0,928	x

(Continua)

Como não sabemos a pressão de NH₃ no equilíbrio, ela é representada por um x. No equilíbrio, as pressões devem satisfazer a expressão da constante de equilíbrio:

$$K_p = \frac{(P_{NH_3})^2}{P_{N_2}(P_{H_2})^3} = \frac{x^2}{(0{,}432)(0{,}928)^3} = 1{,}45 \times 10^{-5}$$

Agora, reorganizamos a equação para calcular x:

$$x^2 = (1{,}45 \times 10^{-5})(0{,}432)(0{,}928)^3 = 5{,}01 \times 10^{-6}$$

$$x = \sqrt{5{,}01 \times 10^{-6}} = 2{,}24 \times 10^{-3} \text{ atm} = P_{NH_3}$$

Confira Sempre podemos conferir nossa resposta utilizando-a para recalcular o valor da constante de equilíbrio:

$$K_p = \frac{(2{,}24 \times 10^{-3})^2}{(0{,}432)(0{,}928)^3} = 1{,}45 \times 10^{-5}$$

▶ **Para praticar**
A 500 K, a reação $PCl_5(g) \rightleftharpoons PCl_3(g) + Cl_2(g)$ tem $K_p = 0{,}497$. Em uma mistura em equilíbrio a 500 K, a pressão parcial do PCl_5 é 0,860 atm e a do PCl_3 é 0,350 atm. Qual é a pressão parcial do Cl_2 na mistura em equilíbrio?

Em muitas situações, sabemos o valor da constante de equilíbrio e as quantidades iniciais de todas as espécies. Devemos, então, resolver a equação para encontrar os valores no equilíbrio. Resolver esse tipo de problema geralmente implica tratar a variação na concentração como uma variável. A estequiometria da reação resulta na relação entre as alterações nas quantidades de todos os reagentes e produtos, e os cálculos costumam envolver a fórmula quadrática, como mostrado no Exercício resolvido 15.11.

Exercício resolvido 15.11
Cálculo de concentrações de equilíbrio a partir de concentrações iniciais

Um frasco de 1,000 L é preenchido com 1,000 mol de H₂(g) e 2,000 mols de I₂(g) a 448 °C. O valor da constante de equilíbrio K_c para a reação

$$N_2(g) + I_2(g) \rightleftharpoons 2\,HI(g)$$

a 448 °C é 50,5. Quais são as concentrações (em mols por litro) de H₂, I₂ e HI no equilíbrio?

SOLUÇÃO

Analise Com base no volume de um recipiente, na constante de equilíbrio e nas quantidades iniciais de reagentes no recipiente, devemos calcular as concentrações de todas as espécies no equilíbrio.

Planeje Nesse caso, não temos as concentrações no equilíbrio. Assim, teremos de relacionar de alguma forma as concentrações iniciais às concentrações no equilíbrio. O procedimento é semelhante em muitos aspectos ao descrito no Exercício resolvido 15.8, no qual calculamos uma constante de equilíbrio utilizando as concentrações iniciais.

Resolva

(1) As concentrações iniciais de H₂ e I₂ são: $[H_2] = 1{,}000\,M$ e $[I_2] = 2{,}000\,M$

(2) Construa uma tabela que inclua as concentrações iniciais:

	H₂(g)	+	I₂(g)	⇌	2 HI(g)
Concentração inicial (M)	1,000		2,000		0
Variação na concentração (M)					
Concentração no equilíbrio (M)					

(3) Use a estequiometria da reação para determinar as variações na concentração que ocorrem à medida que a reação segue para o equilíbrio. As concentrações de H₂ e I₂ diminuem à medida que o equilíbrio é estabelecido e que a concentração de HI aumenta. Vamos representar a variação na concentração de H₂ por x. A equação química balanceada indica que, para cada x mol de H₂ que reage, x mol de I₂ são consumidos e $2x$ mol de HI são produzidos.

	H₂(g)	+	I₂(g)	⇌	2 HI(g)
Concentração inicial (M)	1,000		2,000		0
Variação na concentração (M)	$-x$		$-x$		$+2x$
Concentração no equilíbrio (M)					

(4) Use as concentrações iniciais e as variações nas concentrações, como ditado pela estequiometria, para expressar as concentrações no equilíbrio. Com todas as nossas entradas, nossa tabela fica da seguinte forma:

	H₂(g)	+	I₂(g)	⇌	2 HI(g)
Concentração inicial (M)	1,000		2,000		0
Variação na concentração (M)	$-x$		$-x$		$+2x$
Concentração no equilíbrio (M)	$1{,}000 - x$		$2{,}000 - x$		$2x$

(5) Substitua as concentrações no equilíbrio na expressão da constante de equilíbrio e a resolva para encontrar x:

$$K_c = \frac{[HI]^2}{[H_2][I_2]} = \frac{(2x)^2}{(1,000 - x)(2,000 - x)} = 50,5$$

Se você tiver uma calculadora que resolve equações, será possível resolver essa equação diretamente para encontrar x. Em caso negativo, expanda essa expressão para obter uma equação quadrática em x:

$$4x^2 = 50,5(x^2 - 3,000x + 2,000)$$
$$46,5x^2 - 151,5x + 101,0 = 0$$

A resolução da equação quadrática (Apêndice A.3) nos leva a duas soluções para x:

$$x = \frac{-(-151,5) \pm \sqrt{(-151,5)^2 - 4(46,5)(101,0)}}{2(46,5)} = 2,323 \text{ ou } 0,935$$

Quando substituímos $x = 2,323$ nas expressões para as concentrações no equilíbrio, encontramos concentrações *negativas* de H_2 e I_2. Como uma concentração negativa não é quimicamente significativa, rejeitamos essa solução. Em seguida, usamos $x = 0,935$ para encontrar as concentrações no equilíbrio:

$$[H_2] = 1,000 - x = 0,065 \, M$$
$$[I_2] = 2,000 - x = 1,065 \, M$$
$$[HI] = 2x = 1,87 \, M$$

Confira Podemos conferir a solução colocando esses números na expressão da constante de equilíbrio, para garantir que calculamos corretamente a constante de equilíbrio:

$$K_c = \frac{[HI]^2}{[H_2][I_2]} = \frac{(1,87)^2}{(0,065)(1,065)} = 51$$

Comentário Sempre que você usar uma equação quadrática para resolver um problema de equilíbrio, uma das soluções para a equação dará um valor que leva a concentrações negativas e, portanto, não é quimicamente significativa. Rejeite essa solução da equação quadrática.

▶ **Para praticar**
Para o equilíbrio $PCl_5(g) \rightleftharpoons PCl_3(g) + Cl_2(g)$, a constante de equilíbrio K_p é 0,497 a 500 K. Um cilindro de gás a 500 K é carregado com $PCl_5(g)$ a uma pressão inicial de 1,66 atm. A essa temperatura, quais são as pressões no equilíbrio de PCl_5, PCl_3 e Cl_2?

Exercícios de autoavaliação

EAA 15.14 A 950 K, K_p = 1,75 para o seguinte equilíbrio:

$$C(s) + CO_2(g) \rightleftharpoons 2\, CO(g)$$

Um recipiente vazio a 950 K é carregado com 0,50 atm de $CO_2(g)$ e 3,0 atm de $CO(g)$. O que acontece à medida que esse sistema tenta alcançar o equilíbrio? (**a**) O sistema já está em equilíbrio. (**b**) $CO_2(g)$ se decompõe para formar mais $CO(g)$. (**c**) $CO(g)$ se decompõe para formar $C(s)$ e $CO_2(g)$. (**d**) O sistema não consegue alcançar o equilíbrio até $C(s)$ ser adicionado ao recipiente.

EAA 15.15 A uma determinada temperatura T, a constante de equilíbrio para a seguinte reação é K_c = 8,0:

$$A(aq) \rightleftharpoons B(aq)$$

Um balão à temperatura T é carregado com 400,0 mL de $A(aq)$ 1,0 M. Qual é a concentração de [$B(aq)$] quando a reação atinge o equilíbrio? (**a**) 0,36 M (**b**) 0,89 M (**c**) 2,8 M (**d**) 8,0 M (**e**) Mais informações são necessárias para responder.

EAA 15.16 A T = 700 K, a constante de equilíbrio para a reação a seguir é K_p = 0,76:

$$CCl_4(g) \rightleftharpoons C(s) + 2\, Cl_2(g)$$

Um balão é carregado com 3,0 atm de $CCl_4(g)$ a 700 K e então atinge o equilíbrio. Qual é a pressão parcial de $Cl_2(g)$ no balão em equilíbrio? (**a**) 0,666 atm (**b**) 0,826 atm (**c**) 1,12 atm (**d**) 1,18 atm (**e**) 1,33 atm

---

15.7 | Princípio de Le Châtelier

Muitos dos produtos utilizados no dia a dia são obtidos da indústria química. Químicos e engenheiros químicos gastam bastante tempo e esforço para maximizar o rendimento de produtos de valor, minimizando o desperdício. Por exemplo, quando Haber desenvolveu o seu processo para produzir amônia a partir de N_2 e H_2, ele examinou de que maneira as condições da reação poderiam ser alteradas para aumentar o rendimento de NH_3. Utilizando os valores da constante de equilíbrio a várias temperaturas, ele calculou os valores de NH_3 formados no equilíbrio sob várias condições. Alguns dos resultados de Haber são mostrados na **Figura 15.9**. Observe que a percentagem de NH_3 presente no equilíbrio diminui com o aumento da temperatura e aumenta com o aumento da pressão.

Podemos entender esses efeitos por meio de um princípio apresentado, pela primeira vez, por Henri-Louis Le Châtelier (1850–1936), um químico industrial francês:

Objetivos de aprendizagem

Após terminar a Seção 15.7, você você deverá ser capaz de:

▶ Usar o princípio de Le Châtelier para prever como um sistema em equilíbrio responderá a uma variação que desequilibra o sistema.

▶ Descrever o efeito de um catalisador no equilíbrio químico.

Se um sistema em equilíbrio for perturbado por uma variação na temperatura, na pressão ou em um componente de concentração, o sistema deslocará a sua posição de equilíbrio para opor-se ao efeito da perturbação.

Nesta seção, aplicaremos o princípio de Le Châtelier para fazer previsões qualitativas sobre como um sistema em equilíbrio responde a diversas mudanças nas condições externas. Consideramos três maneiras pelas quais um equilíbrio químico pode ser perturbado: (1) adição ou remoção de um reagente ou produto, (2) alteração da pressão causada por uma alteração no volume e (3) variação na temperatura. O gráfico na **Figura 15.10** resume o impacto do princípio de Le Châtelier sob essas variações; consulte-o à medida que avançarmos neste tópico.

Resolva com ajuda da figura

Que combinação de pressão e temperatura deve ser aplicada à reação para que o rendimento de NH_3 seja máximo?

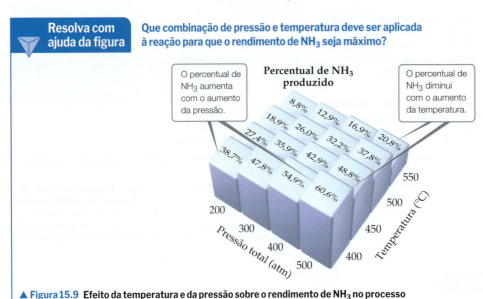

▲ **Figura 15.9 Efeito da temperatura e da pressão sobre o rendimento de NH_3 no processo de Haber.** Cada mistura foi produzida a partir de uma mistura molar 3:1 de H_2 e N_2.

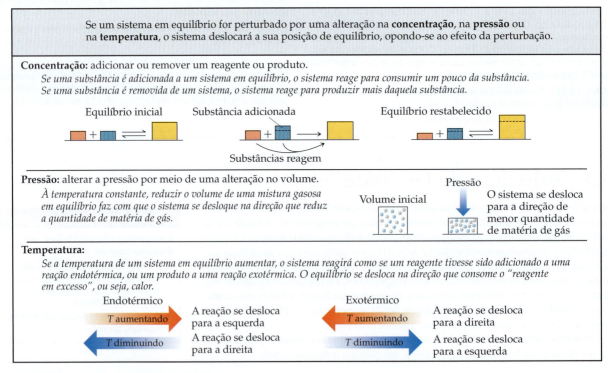

▲ **Figura 15.10 Resumo do princípio de Le Châtelier.**

Variação na concentração de reagentes ou produtos

Um sistema em equilíbrio dinâmico encontra-se em um estado balanceado. Quando as concentrações de espécies na reação são alteradas, o equilíbrio se desloca até que um novo estado de balanceamento seja atingido. Contudo, afinal, o que significa *deslocamento*? Significa que as concentrações de reagentes e produtos mudam ao longo do tempo para se adaptar à nova situação. *Deslocamento não* quer dizer que a constante de equilíbrio em si é alterada; ela permanece igual enquanto a temperatura permanece igual. O princípio de Le Châtelier determina que o deslocamento em uma direção minimiza ou reduz o efeito da mudança:

> *Se um sistema químico já estiver em equilíbrio e a concentração de qualquer substância presente na mistura for aumentada (reagente ou produto), o sistema reagirá para consumir um pouco dessa substância. Inversamente, se a concentração de uma substância diminuir, o sistema reagirá para produzir um pouco dessa substância.*

Por exemplo, considere nossa já familiar mistura de N_2, H_2 e NH_3 em equilíbrio:

$$N_2(g) + 3\,H_2(g) \rightleftharpoons 2\,NH_3(g)$$

Adicionar H_2 tira o sistema do equilíbrio e faz com que ele se desloque de modo a reduzir a concentração de H_2 (**Figura 15.11**). Essa mudança pode ocorrer somente quando a reação consumir H_2 e N_2 simultaneamente para formar mais NH_3. Da mesma forma, adicionar N_2 à mistura em equilíbrio faz com que a reação se desloque para a direita, formando mais NH_3. Remover NH_3 também provoca um deslocamento para a direita, para a produção de mais NH_3, enquanto *adicionar* mais NH_3 ao sistema em equilíbrio faz com que a reação se desloque na direção que reduz o aumento na concentração de NH_3: parte da amônia adicionada se decompõe para formar N_2 e H_2. Todos esses "deslocamentos" estão inteiramente de acordo com as previsões que faríamos ao comparar o quociente de reação Q após a adição ou a remoção de um reagente ou produto com a constante de equilíbrio K.

Portanto, na reação de Haber, remover NH_3 de uma mistura de N_2, H_2 e NH_3 em equilíbrio faz a reação se deslocar para a direita, com o objetivo de formar mais NH_3. Se o NH_3 puder ser removido continuamente à medida que for produzido, o rendimento pode ser aumentado drasticamente. Na produção industrial de amônia, o NH_3 é continuamente removido por liquefação seletiva (**Figura 15.12**). (O ponto de ebulição de NH_3, $-33\,°C$, é muito mais elevado que o do N_2, $-196\,°C$, e o do H_2, $-253\,°C$.) O NH_3 líquido é removido,

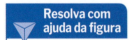
Resolva com ajuda da figura — Por que a concentração de nitrogênio diminui depois que o hidrogênio é adicionado?

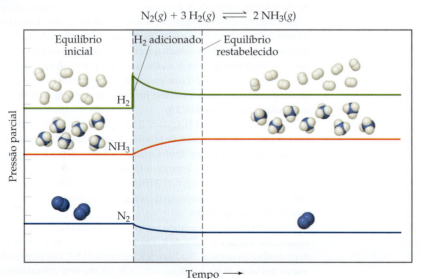

▲ **Figura 15.11 Efeito da adição de H_2 a uma mistura de N_2, H_2 e NH_3 em equilíbrio.** Adicionar H_2 faz com que a reação se desloque para a direita, consumindo um pouco do N_2 para produzir mais NH_3.

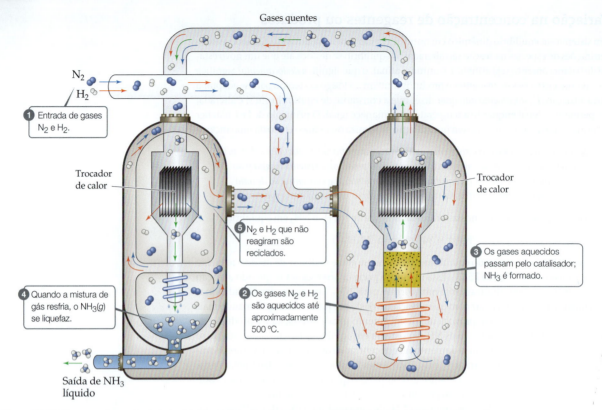

▲ **Figura 15.12 Diagrama da produção industrial de amônia usando o processo de Haber.** N₂(g) e H₂(g) que entram são aquecidos até aproximadamente 500 °C, passando por um catalisador. Quando a mistura resultante de N₂, H₂ e NH₃ se resfria, o NH₃ se liquefaz e é removido da mistura, deslocando o sentido da reação para produzir mais NH₃.

e o N₂ e o H₂ são reciclados para formar mais NH₃. Como resultado dessa remoção contínua do produto, a reação prossegue até se completar.

Efeitos de variações de volume e pressão

Se um sistema que contém um ou mais gases estiver em equilíbrio e o seu volume for reduzido, aumentando a sua pressão total, o princípio de Le Châtelier indica que o sistema vai responder deslocando a sua posição de equilíbrio para reduzir a pressão. Um sistema pode reduzir sua pressão diminuindo o número total de moléculas de gás (menos moléculas de gás exercem menos pressão). Assim, à temperatura constante, *reduzir o volume de uma mistura gasosa em equilíbrio faz com que o sistema se desloque na direção que reduz o número de moléculas do gás.* Aumentar o volume provoca um deslocamento na direção que produz mais moléculas do gás (**Figura 15.13**).

Na reação N₂(g) + 3 H₂(g) ⇌ 2 NH₃(g), quatro moléculas de reagente são consumidas por cada duas moléculas de produto produzidas. Consequentemente, um aumento da pressão, causado por uma diminuição de volume, desloca a reação na direção que produz menos moléculas de gás, levando à formação de mais NH₃, conforme indicado na Figura 15.9. Na reação H₂(g) + I₂(g) ⇌ 2 HI(g), o número de moléculas de produtos gasosos (dois) é igual ao número de moléculas de reagentes gasosos; assim, alterar a pressão não influencia a posição de equilíbrio.

Considere que, desde que a temperatura permaneça constante, variações de pressão e volume *não* alteram o valor de K. Em vez disso, essas variações alteram as pressões parciais das substâncias gasosas. No Exercício resolvido 15.7, calculamos $K_p = 2{,}79 \times 10^{-5}$ para a reação de Haber, N₂(g) + 3 H₂(g) ⇌ 2 NH₃(g), em uma mistura em equilíbrio a 472 °C contendo H₂ a 7,38 atm, N₂ a 2,46 atm e NH₃ a 0,166 atm. Considere o que acontece quando reduzimos, de repente, o volume do sistema pela metade. Se não houvesse deslocamento no equilíbrio, essa variação de volume provocaria a duplicação das pressões parciais de todas

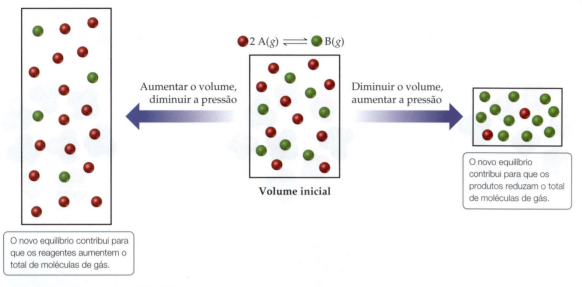

▲ Figura 15.13 **Pressão e princípio de Le Châtelier.**

as substâncias, resultando em $P_{H_2} = 14{,}76$ atm, $P_{N_2} = 4{,}92$ atm e $P_{NH_3} = 0{,}332$ atm. Assim, o quociente de reação não seria igual à constante de equilíbrio:

$$Q_p = \frac{(P_{NH_3})^2}{P_{N_2}(P_{H_2})^3} = \frac{(0{,}332)^2}{(4{,}92)(14{,}76)^3} = 6{,}97 \times 10^{-6} < K_p$$

Como $Q_p < K_p$, o sistema não estaria mais em equilíbrio. O equilíbrio seria restabelecido ao aumentar P_{NH_3} e diminuir P_{N_2} e P_{H_2} até que $Q_p = K_p = 2{,}79 \times 10^{-5}$. Portanto, o equilíbrio desloca-se para a direita na reação, como determina o princípio de Le Châtelier.

É possível alterar a pressão de um sistema no qual uma reação química ocorre sem alterar o seu volume. Por exemplo, a pressão aumenta se quantidades adicionais de qualquer componente da reação forem adicionadas ao sistema. Já vimos como lidar com uma variação na concentração de um reagente ou produto. No entanto, a pressão *total* no recipiente de reação também pode ser aumentada, mediante a adição de um gás que não está envolvido no equilíbrio. Por exemplo, argônio pode ser adicionado ao sistema em equilíbrio da amônia. O argônio não alteraria as pressões *parciais* dos componentes da reação e, portanto, não provocaria alteração no equilíbrio.

Efeito das variações de temperatura

Variações nas concentrações ou nas pressões parciais deslocam o equilíbrio sem alterar o valor da constante de equilíbrio. Por outro lado, quase todas as constantes de equilíbrio são alteradas por variações de temperatura. Por exemplo, considere o equilíbrio estabelecido quando íons de cloro aquoso, $Cl^-(aq)$, reagem com cobalto(II) hidratado, $Co(H_2O)_6^{2+}(aq)$, na reação endotérmica:

$$\underset{\text{Rosa claro}}{Co(H_2O)_6^{2+}(aq)} + Cl^-(aq) \rightleftharpoons \underset{\text{Azul escuro}}{CoCl_4^{2-}(aq)} + 6\,H_2O(l) \qquad \Delta H > 0 \qquad [15.25]$$

Uma vez que o $Co(H_2O)_6^{2+}$ é rosa e o $CoCl_4^{2-}$ é azul, a posição desse equilíbrio é facilmente perceptível com base na cor da solução (**Figura 15.14**). Quando a solução é aquecida, ela se torna azul, indicando que o equilíbrio foi deslocado para formar mais $CoCl_4^{2-}$. Resfriar a solução leva a uma mudança na coloração para rosa, indicando que o equilíbrio foi deslocado para produzir mais $Co(H_2O)_6^{2+}$. Podemos monitorar essa reação por métodos espectroscópicos e medir a concentração de todas as espécies em diferentes temperaturas. (Seção 14.2) Desse modo, podemos calcular a constante de equilíbrio em cada temperatura. Como explicamos por que tanto as constantes de equilíbrio quanto a posição de equilíbrio dependem da temperatura?

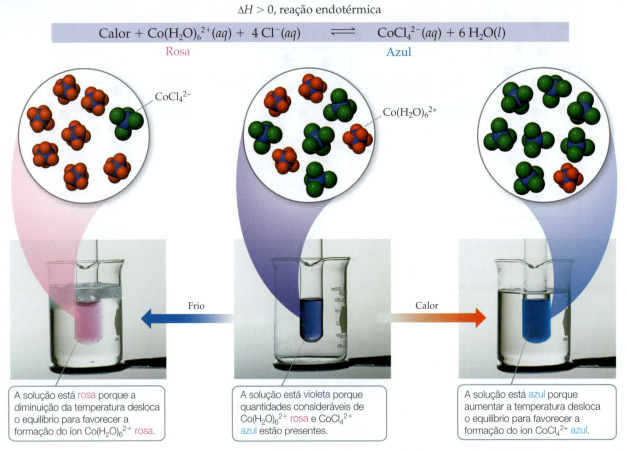

▲ Figura 15.14 **Temperatura e princípio de Le Châtelier.** Em nível molecular, apenas os íons $CoCl_4^{2-}$ e $Co(H_2O)_6^{2+}$ são mostrados, para que fique mais claro.

Podemos deduzir regras para a relação entre K e a temperatura a partir do princípio de Le Châtelier. Fazemos isso ao tratar o calor como um reagente químico. Em uma reação *endotérmica* (de absorção de calor), consideramos o calor um *reagente*, e em uma reação *exotérmica* (de liberação de calor), consideramos o calor um *produto*:

Endotérmica: reagentes + *calor* ⇌ produtos

Exotérmica: reagentes ⇌ produtos + *calor*

Quando aumentamos a temperatura de um sistema em equilíbrio, o sistema reage como se tivéssemos adicionado um reagente a uma reação endotérmica ou um produto a uma reação exotérmica. O equilíbrio se desloca na direção que consome o excesso de reagente (ou produto), ou seja, calor.

Em uma reação endotérmica, como a da Equação 15.25, o calor é absorvido à medida que os reagentes são convertidos em produtos. Desse modo, o aumento da temperatura faz com que o equilíbrio se desloque para a direita, na direção que forma mais produtos, e K aumenta. Em uma reação exotérmica, ocorre o inverso: calor é produzido à medida que os reagentes são convertidos em produtos. Nesse caso, um aumento na temperatura faz com que o equilíbrio se desloque para a esquerda, na direção que forma mais reagentes, e K diminui.

Endotérmica: aumentar T resulta em maior valor de K

Exotérmica: aumentar T resulta em menor valor de K

Resfriar uma reação tem o efeito oposto. À medida que diminuímos a temperatura, o equilíbrio se desloca na direção que produz calor. Assim, resfriar uma reação endotérmica desloca o equilíbrio para a esquerda, diminuindo K, conforme a Figura 15.14, e resfriar uma reação exotérmica desloca o equilíbrio para a direita, aumentando K.

OLHANDO DE PERTO | Variações de temperatura e o princípio de Le Châtelier

Quando pensamos no calor como um reagente químico, podemos usar o princípio de Le Châtelier para prever como uma mistura de reagentes e produtos em equilíbrio reagirá a uma variação na temperatura. Para uma reação endotérmica, a constante de equilíbrio K aumenta e diminui com a temperatura; as reações exotérmicas respondem da maneira oposta. Entendemos o motivo por trás desse comportamento quando analisamos mais de perto as relações entre a constante de equilíbrio, a velocidade das reações direta e inversa e suas energias de ativação.

Para exemplificar as relações fundamentais, considere uma reação elementar AB. No equilíbrio, as velocidades das reações direta e inversa são iguais:

$$k_d[A] = k_i[B] \quad [15.26]$$

A constante de equilíbrio, $K = [B]/[A]$, pode ser expressa em termos das velocidades das reações pela reorganização da Equação 15.26:

$$K = \frac{[B]}{[A]} = \frac{k_d}{k_i} \quad [15.27]$$

Pode ser instrutivo considerar os deslocamentos do equilíbrio pelo ponto de vista da Equação 15.27. Se a reação é endotérmica, uma redução na temperatura leva a uma redução em K, o que desloca o equilíbrio para a esquerda. A Equação 15.27 nos informa que, para que K diminua, a constante de velocidade da reação direta, k_d, deve diminuir por um valor maior do que a constante de velocidade da reação inversa, k_i.

Para entender por que k_d diminui mais rápido do que k_i, considere a relação entre a velocidade da reação e a energia de ativação, E_a. Para servir de exemplo, considere o efeito de reduzir a temperatura de $T_1 = 398$ K para $T_2 = 298$ K. Podemos calcular a variação da constante de velocidade direta com a Equação 14.23:

$$\ln\frac{k_{d1}}{k_{d2}} = \frac{E_a(\text{direta})}{R}\left(\frac{1}{T_2} - \frac{1}{T_1}\right) \quad [15.28]$$

$$\ln\frac{k_{d1}}{k_{d2}} = \frac{E_a(\text{direta})}{R}\left(\frac{1}{298\text{ K}} - \frac{1}{398\text{ K}}\right) = (8{,}43 \times 10^{-4})\frac{E_a(\text{direta})}{R} \quad [15.29]$$

Usando a mesma abordagem, podemos escrever uma equação que fornece a variação na constante de velocidade inversa:

$$\ln\frac{k_{i1}}{k_{i2}} = \frac{E_a(\text{inversa})}{R}\left(\frac{1}{298\text{ K}} - \frac{1}{398\text{ K}}\right) = (8{,}43 \times 10^{-4})\frac{E_a(\text{inversa})}{R} \quad [15.30]$$

Essas equações são idênticas, mas com uma exceção: as energias de ativação das reações direta e inversa não são iguais, como mostra o lado esquerdo da **Figura 15.15**. Para uma reação endotérmica, a energia de ativação no sentido direto é sempre maior do que o da reação inversa, $E_a(\text{direta}) > E_a(\text{inversa})$. Por consequência, a redução na constante de velocidade direta (Equação 15.30) será maior do que a redução na constante de velocidade inversa (Equação 29.15), e o valor da constante de equilíbrio K deve diminuir.

Para uma reação exotérmica, $E_a(\text{inversa}) > E_a(\text{direta})$, e as relações opostas se aplicam de acordo com o modelo no lado direito da Figura 15.15. À medida que a temperatura é reduzida, a constante de velocidade inversa diminui mais rapidamente que a constante de velocidade direta, e a constante de equilíbrio K aumenta; ou seja, o equilíbrio é deslocado para a direita.

Exercícios relacionados: 15.69, 15.70, 15.93, 15.95

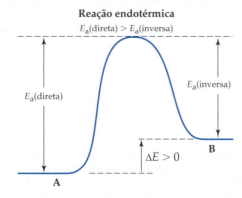 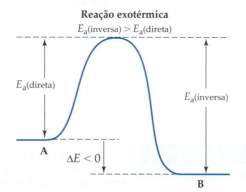

▲ **Figura 15.15** O perfil de energia de uma reação endotérmica (esquerda) e de uma reação exotérmica (direita).

Exercício resolvido 15.12
Aplicação do princípio de Le Châtelier para prever deslocamentos no equilíbrio

Considere o equilíbrio

$$N_2O_4(g) \rightleftharpoons 2\,NO_2(g) \quad \Delta H° = 58{,}0\text{ kJ}$$

Em que direção o equilíbrio se deslocará se (**a**) N_2O_4 for adicionado, (**b**) NO_2 for removido, (**c**) a pressão for aumentada mediante a adição de $N_2(g)$, (**d**) o volume for aumentado, (**e**) a temperatura for diminuída?

SOLUÇÃO

Analise Com base em uma série de variações a serem feitas em um sistema em equilíbrio, devemos prever o efeito que cada variação terá na posição de equilíbrio.

Planeje O princípio de Le Châtelier pode ser usado para determinar os efeitos de cada uma dessas variações.

(Continua)

Resolva

(a) O sistema vai se ajustar para diminuir a concentração de N_2O_4 adicionado, de modo que o equilíbrio se desloca para a direita, na direção de formação do produto.

(b) O sistema vai se ajustar à remoção de NO_2 deslocando-se para o lado que produz mais NO_2; assim, o equilíbrio desloca-se para a direita.

(c) Adicionar N_2 vai aumentar a pressão total do sistema, mas o N_2 não está envolvido na reação. Portanto, as pressões parciais de NO_2 e N_2O_4 não serão alteradas, não ocorrendo variação na posição de equilíbrio.

(d) Se o volume for aumentado, o sistema se deslocará na direção que ocupa um volume maior (mais moléculas de gás); assim, o equilíbrio se desloca para a direita.

(e) A reação é endotérmica, então podemos imaginar o calor como um reagente na equação. Diminuir a temperatura vai deslocar o equilíbrio na direção que produz calor, de modo que o equilíbrio se deslocará para a esquerda, em direção à formação de mais N_2O_4.

De todas as mudanças propostas neste problema, apenas a última, a variação na temperatura, afeta o valor da constante de equilíbrio, K.

▶ **Para praticar**

Para a reação

$$PCl_5(g) \rightleftharpoons PCl_3(g) + Cl_2(g) \qquad \Delta H° = 87,9 \text{ kJ}$$

para qual direção o equilíbrio vai se deslocar se (a) $Cl_2(g)$ for removido, (b) a temperatura for diminuída, (c) o volume da reação for aumentado, (d) $PCl_3(g)$ for adicionado?

Efeito de catalisadores

O que acontece se adicionarmos um catalisador a um sistema químico que está em equilíbrio? Como mostra a **Figura 15.16**, um catalisador diminui a barreira de ativação entre reagentes e produtos. As energias de ativação para as reações direta e inversa são reduzidas. Assim, o catalisador aumenta tanto a velocidade da reação direta quanto a da inversa. Uma vez que K é a razão entre as constantes de velocidade direta e inversa de uma reação, é possível prever que a presença de um catalisador não afetará o valor numérico de K, mesmo que altere a *velocidade* de reação (Figura 15.16). Desse modo, *um catalisador aumenta a velocidade com que o equilíbrio é atingido, mas não altera a composição da mistura no equilíbrio.*

A velocidade com que uma reação se aproxima do equilíbrio é uma consideração importante. Como exemplo, vamos considerar novamente a síntese de amônia a partir do N_2 e do H_2. Ao desenvolver o seu processo, Haber teve de lidar com uma rápida diminuição na constante de equilíbrio com o aumento da temperatura, como vemos na **Tabela 15.2**. Em temperaturas suficientemente elevadas para atingir uma velocidade de reação satisfatória, a quantidade de amônia formada era muito baixa. A solução para esse dilema foi

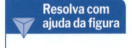

Que quantidade determina a velocidade de uma reação: (a) a diferença de energia entre os estados inicial e de transição, ou (b) a diferença de energia entre os estados inicial e final?

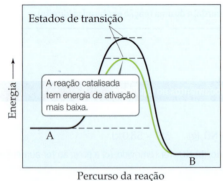 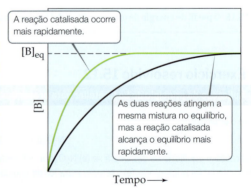

▲ **Figura 15.16** Um perfil de energia para a reação A $\rightleftharpoons$ B (esquerda) e a variação da concentração de B como uma função do tempo (direita), com e sem um catalisador. As curvas verdes mostram a reação na presença de um catalisador; as curvas pretas mostram a reação na ausência de um catalisador.

desenvolver um catalisador que fizesse a reação se aproximar do equilíbrio mais rapidamente, em uma temperatura baixa o suficiente, de modo que a constante de equilíbrio permanecesse razoavelmente grande. Portanto, o desenvolvimento de um catalisador adequado tornou-se o foco das pesquisas de Haber.

Depois de testar diferentes substâncias para verificar qual seria mais eficiente, Carl Bosch optou por uma mistura de ferro com óxidos metálicos, e variantes dessa formulação catalítica são usadas ainda hoje [ver o quadro "Química e sustentabilidade: O processo de Haber: como alimentar o mundo". (Seção 15.2)] Esses catalisadores permitem que a reação se aproxime do equilíbrio mais rapidamente, a cerca de 400 a 500 °C e 200 a 600 atm. As pressões mais elevadas são necessárias para obter uma quantidade satisfatória de NH_3 no equilíbrio. Se houvesse um catalisador que fizesse a reação ocorrer de forma rápida o suficiente em temperaturas abaixo de 400 °C, seria possível obter o mesmo grau de conversão no equilíbrio em pressões inferiores à faixa de 200 a 600 atm. Isso resultaria em uma grande economia, tanto no custo do equipamento de alta pressão quanto na energia consumida no processo de produção da amônia. Como observado no quadro sobre o processo de Haber, estima-se que este consuma, aproximadamente, 1% da energia gerada em todo o mundo a cada ano. Não é de surpreender que químicos e engenheiros químicos estejam buscando catalisadores mais eficientes para o processo de Haber. Um avanço nesse campo aumentaria a oferta de amônia para fertilizantes e poderia reduzir de maneira significativa o consumo global de combustíveis fósseis.

TABELA 15.2 Variação de K_p com temperatura para $N_2 + 3 H_2 \rightleftharpoons 2 NH_3$

Temperatura (°C)	K_c
300	$4,34 \times 10^{-3}$
400	$1,64 \times 10^{-4}$
450	$4,51 \times 10^{-5}$
500	$1,45 \times 10^{-5}$
550	$5,38 \times 10^{-6}$
600	$2,25 \times 10^{-6}$

QUÍMICA E SUSTENTABILIDADE | Controle das emissões de óxido nítrico

Como exploraremos melhor no Capítulo 18, os óxidos de nitrogênio estão entre os fatores mais importantes para a poluição atmosférica urbana. Uma das formas mais significativas de produção de óxidos de nitrogênio é a formação de óxido nítrico, NO, nos motores de automóveis pela reação de N_2 e O_2 do ar:

$$\tfrac{1}{2} N_2(g) + \tfrac{1}{2} O_2(g) \rightleftharpoons NO(g) \quad \Delta H° = 90,4 \text{ kJ} \quad [15.31]$$

Essa reação fornece um exemplo interessante de como as constantes de equilíbrio e as velocidades de reação variam com a temperatura. Aplicando o princípio de Le Châtelier a essa reação endotérmica e tratando o calor como um reagente, deduzimos que um aumento na temperatura desloca o equilíbrio na direção de mais NO. A constante de equilíbrio K_p para a formação de 1 mol de NO a partir de seus elementos a 300 K é apenas cerca de 1×10^{-15} (**Figura 15.17**). Contudo, a 2.400 K, a constante de equilíbrio é de aproximadamente 0,05, ou seja, 10^{13} vezes maior que o valor a 300 K.

A Figura 15.17 ajuda a explicar por que o NO é um problema de poluição. No cilindro de alta compressão de um motor de automóvel moderno, a temperatura durante a etapa do ciclo de queima do combustível é de cerca de 2.400 K. Além disso, há bastante excesso de ar no cilindro. Essas condições favorecem a formação de NO. No entanto, depois da combustão, os gases se resfriam rapidamente. À medida que a temperatura diminui, o equilíbrio na Equação 15.31 se desloca para a esquerda, no sentido de N_2 e O_2, porque o calor está sendo removido. Por outro lado, a temperatura mais baixa também significa que a velocidade de reação diminui, de modo que o NO formado a 2.400 K está basicamente "aprisionado" naquela forma à medida que o gás resfria.

Os gases de escape do cilindro ainda estão quentes, talvez a 1.200 K. A essa temperatura, como mostra a Figura 15.17, a constante de equilíbrio da formação de NO é aproximadamente 5×10^{-4}, ou seja, muito menor do que o valor a 2.400 K. No entanto, a velocidade de conversão de NO em N_2 e O_2 é muito baixa para permitir a perda de NO antes que os gases sejam resfriados ainda mais.

Conforme discutido no quadro "Química e sustentabilidade: Conversores catalíticos" (Seção 14.6), um dos objetivos dos conversores catalíticos dos automóveis é converter rapidamente o NO em N_2

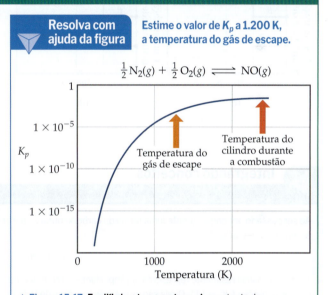

Resolva com ajuda da figura — Estime o valor de K_p a 1.200 K, a temperatura do gás de escape.

▲ **Figura 15.17 Equilíbrio e temperatura.** A constante de equilíbrio aumenta com o aumento da temperatura, pois a reação é endotérmica. É necessário utilizar uma escala logarítmica para os valores de K_p, porque eles variam dentro de uma ampla faixa.

e O_2 na temperatura dos gases de escape. Alguns catalisadores desenvolvidos para essa reação são razoavelmente eficazes nas condições extenuantes dos sistemas de exaustão automotivos. Ainda assim, cientistas e engenheiros continuam à procura de novos materiais que proporcionem ainda mais eficácia à catálise da decomposição de óxidos de nitrogênio. A transição dos motores de combustão interna para os veículos elétricos reduzirá essa fonte de poluição atmosférica, além de diminuir a geração de gases do efeito estufa.

Exercícios de autoavaliação

EAA 15.17 Uma mistura das substâncias A, B e C a uma temperatura fixa está em equilíbrio em um recipiente fechado, de acordo com a seguinte equação:

$$A(g) \rightleftharpoons B(g) + C(g)$$

Sem variar a temperatura ou o volume do recipiente, mais B(g) é adicionado à mistura. Qual dos gráficos a seguir mostra o retorno do sistema a um novo equilíbrio?

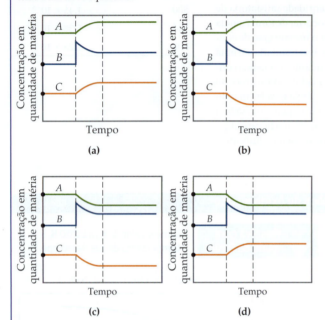

EAA 15.18 Para qual dos seguintes equilíbrios a adição de mais $O_2(g)$ causará um deslocamento para a *direita*?

(i) $N_2(g) + O_2(g) \rightleftharpoons 2\,NO(g)$
(ii) $2\,CO(g) + O_2(g) \rightleftharpoons 2\,CO_2(g)$
(iii) $2\,O_3(g) \rightleftharpoons 3\,O_2(g)$
(iv) $N_2(g) + 2\,O_2(g) \rightleftharpoons 2\,NO_2(g)$

(a) i e ii (b) ii e iii (c) iii e iv (d) i, ii e iii (e) i, ii e iv

EAA 15.19 A seguinte reação é endotérmica ($\Delta H > 0$):

$$CCl_4(g) \rightleftharpoons C(s) + 2\,Cl_2(g)$$

Suponha que a reação ocorra em um recipiente que permite variações de temperatura (*T*) e volume (*V*). Quais das condições a seguir você escolheria para maximizar a fração de Cl_2 em uma mistura no equilíbrio? (a) aumentar *T*, diminuir *V* (b) aumentar *T*, diminuir *V* (c) aumentar *T*, diminuir *V* (d) diminuir *T*, diminuir *V* (e) A fração de $Cl_2(g)$ no equilíbrio não depende de *T* ou de *V*.

EAA 15.20 Qual(is) das afirmações a seguir sobre equilíbrios e catalisadores a uma temperatura fixa é(são) *verdadeira(s)*?

(i) Um catalisador permite que o sistema atinja o equilíbrio mais rapidamente.
(ii) Um catalisador aumenta a velocidade das reações direta e inversa de um equilíbrio.
(iii) Um catalisador não altera o valor da constante de equilíbrio *K*.

(a) Apenas uma das afirmações é verdadeira. (b) Apenas i e ii são verdadeiras. (c) Apenas i e iii são verdadeiras. (d) Apenas ii e iii são verdadeiras. (e) Todas as afirmações são verdadeiras.

Integrando conceitos

Ao ser passado por coque quente (uma forma do carbono obtida a partir do carvão) o vapor de água reagem para formar CO e H_2 em temperaturas próximas a 800 °C:

$$C(s) + H_2O(g) \rightleftharpoons CO(g) + H_2(g)$$

A mistura gasosa resultante representa um importante combustível industrial, chamado de *gás de água*. (a) A 800 °C, a constante de equilíbrio para essa reação é $K_p = 14{,}1$. Quais são as pressões parciais de H_2O, CO e H_2 na mistura no equilíbrio a essa temperatura se partirmos de carbono sólido e de 0,100 mol de H_2O em um recipiente de 1,00 L? (b) Qual é a quantidade mínima de carbono necessária para atingir o equilíbrio nessas condições? (c) Qual é a pressão total no recipiente em equilíbrio? (d) A 25 °C, o valor de K_p para essa reação é $1{,}7 \times 10^{-21}$. A reação é exotérmica ou endotérmica? (e) Para produzir a quantidade máxima de CO e H_2 no equilíbrio, devemos aumentar ou diminuir a pressão do sistema?

SOLUÇÃO

(a) Para determinar as pressões parciais no equilíbrio, aplicamos a equação do gás ideal, determinando a pressão parcial da água.

$$P_{H_2O} = \frac{n_{H_2O}RT}{V} = \frac{(0{,}100\text{ mol})(0{,}08206\text{ L-atm/mol-K})(1073\text{ K})}{1{,}00\text{ L}} = 8{,}81 \text{ atm}$$

Em seguida, construímos uma tabela de pressões parciais iniciais e suas variações quando o equilíbrio é alcançado:

	$C(s)$ + $H_2O(g)$ $\rightleftharpoons$ $CO(g)$ + $H_2(g)$		
Pressão parcial inicial (atm)	8,81	0	0
Variação na pressão parcial (atm)	$-x$	$+x$	$+x$
Pressão parcial no equilíbrio (atm)	$8{,}81 - x$	x	x

Não existem entradas na tabela sob C(s) porque o reagente, por ser um sólido, não aparece na expressão da constante de equilíbrio. Substituindo as pressões parciais das outras espécies no equilíbrio na expressão da constante de equilíbrio para a reação, obtemos:

$$K_p = \frac{P_{CO}P_{H_2}}{P_{H_2O}} = \frac{(x)(x)}{(8,81-x)} = 14,1$$

Multiplicando pelo denominador, temos uma equação quadrática em x:

$$x^2 = (14,1)(8,81-x)$$

Ao resolver essa equação para encontrar x usando a fórmula quadrática, descobrimos que $x = 6,14$ atm. Assim, as pressões parciais de equilíbrio são $P_{CO} = x = 6,14$ atm, $P_{H_2} = x = 6,14$ atm e $P_{H_2O} = (8,81-x) = 2,67$ atm.

$$x^2 + 14,1x - 124,22 = 0$$

(b) O item (a) mostra que $x = 6,14$ atm de H_2O deve reagir para que o sistema atinja o equilíbrio. Podemos usar a equação do gás ideal para converter essa pressão parcial em quantidade de matéria.

Assim, 0,0697 mol de H_2O e a mesma quantidade de C devem reagir para atingir o equilíbrio. Como resultado, deve existir pelo menos 0,0697 mol de C (0,836 g de C) presente entre os reagentes no início da reação.

$$n = \frac{PV}{RT}$$
$$= \frac{(6,14 \text{ atm})(1,00 \text{ L})}{(0,08206 \text{ L-atm/mol-K})(1073 \text{ K})} = 0,0697 \text{ mol}$$

(c) A pressão total no recipiente no estado de equilíbrio é a soma das pressões parciais no equilíbrio:

$$P_{total} = P_{H_2O} + P_{CO} + P_{H_2}$$
$$= 2,67 \text{ atm} + 6,14 \text{ atm} + 6,14 \text{ atm} = 14,95 \text{ atm}$$

(d) Ao discutir o princípio de Le Châtelier, vimos que as reações endotérmicas exibem um aumento de K_p com o aumento da temperatura. Como a constante de equilíbrio para essa reação aumenta à medida que a temperatura aumenta, a reação deve ser endotérmica. A partir das entalpias de formação dadas no Apêndice C, podemos conferir nossa previsão calculando a variação de entalpia da reação:

$$\Delta H° = \Delta H_f°(CO(g)) + \Delta H_f°(H_2(g)) - \Delta H_f°[C(s, \text{grafite})]$$
$$- \Delta H_f°(H_2O(g)) = +131,3 \text{ kJ}$$

O sinal positivo para $\Delta H°$ indica que a reação é endotérmica.

(e) De acordo com o princípio de Le Châtelier, a diminuição na pressão faz com que um equilíbrio gasoso se desloque no sentido em que há maior quantidade de matéria de gás. Nesse caso, há dois mols de gás no lado do produto e apenas um no lado dos reagentes. Assim, a pressão deve ser reduzida para maximizar o rendimento de CO e H_2.

Resumo do capítulo e termos-chave

O CONCEITO DE EQUILÍBRIO QUÍMICO (SEÇÃO 15.1) Uma reação química pode atingir um estado em que os processos direto e inverso ocorrem a uma mesma velocidade. Essa condição é chamada de **equilíbrio químico**, resultando na formação de uma mistura em equilíbrio dos reagentes e produtos da reação. A composição de uma mistura em equilíbrio não é alterada com o tempo se a temperatura for mantida constante.

CONSTANTE DE EQUILÍBRIO (SEÇÃO 15.2) Um estado de equilíbrio que é usado ao longo deste capítulo é a reação $N_2(g) + 3H_2(g) \rightleftharpoons 2NH_3(g)$. Essa reação representa a base do **processo de Haber** para a produção de amônia. A relação entre as concentrações dos reagentes e produtos de um sistema em equilíbrio é dada pela **lei de ação das massas**. Para uma equação de equilíbrio da forma de $aA + bB \rightleftharpoons dD + eE$, a **expressão da constante de equilíbrio** é escrita da seguinte maneira:

$$K_c = \frac{[D]^d[E]^e}{[A]^a[B]^b}$$

em que K_c é uma constante adimensional, chamada de **constante de equilíbrio**. Quando o sistema de equilíbrio de interesse é constituído por gases, muitas vezes é conveniente expressar as concentrações de reagentes e produtos em termos de pressões de gás:

$$K_p = \frac{(P_D)^d(P_E)^e}{(P_A)^a(P_B)^b}$$

K_c e K_p estão relacionados por meio da expressão $K_p = K_c(RT)^{\Delta n}$, onde Δn é a quantidade de matéria de gases nos produtos menos a quantidade de matéria de gases nos reagentes.

COMO USAR CONSTANTES DE EQUILÍBRIO (SEÇÃO 15.3) O valor da constante de equilíbrio é alterado com a temperatura. Um valor grande de K_c indica que a mistura no equilíbrio contém mais produtos do que reagentes e, portanto, o equilíbrio está deslocado no sentido de formação de produtos ("deslocado para a direita"). Um valor pequeno da constante de equilíbrio significa que a mistura em equilíbrio contém menos produtos do que reagentes e, portanto, o equilíbrio está deslocado no sentido de formação de reagentes ("deslocado para a esquerda"). A expressão da constante de equilíbrio e a constante de equilíbrio do inverso de uma reação são recíprocas às da reação direta. Se uma reação representar a soma de duas ou mais reações, sua constante de equilíbrio será o produto das constantes de equilíbrio das reações individuais.

EQUILÍBRIOS HETEROGÊNEOS (SEÇÃO 15.4) Os equilíbrios podem ser divididos em dois tipos: **equilíbrios homogêneos**, nos quais todos os reagentes e produtos estão na mesma fase, e **equilíbrios heterogêneos**, nos quais duas ou mais fases estão presentes. Como suas atividades são exatamente 1, as concentrações de sólidos e líquidos puros são deixadas de fora da expressão da constante de equilíbrio para um equilíbrio heterogêneo.

CÁLCULO DAS CONSTANTES DE EQUILÍBRIO (SEÇÃO 15.5) Se as concentrações de todas as espécies em um equilíbrio forem conhecidas, a expressão da constante de equilíbrio poderá ser utilizada para calcular a constante de equilíbrio. As concentrações dos reagentes e dos produtos no equilíbrio muitas vezes podem ser determinadas por meio da estequiometria da reação.

ALGUMAS APLICAÇÕES DAS CONSTANTES DE EQUILÍBRIO (SEÇÃO 15.6) O **quociente de reação**, Q, é encontrado mediante a substituição das concentrações de reagentes e produtos, ou pressões parciais, em qualquer momento durante uma reação na expressão da constante de equilíbrio. Se o sistema estiver em equilíbrio, $Q = K$. No entanto, se $Q \neq K$, o sistema não estará em equilíbrio. Quando $Q < K$, a reação se deslocará em direção ao equilíbrio ao formar mais produtos (a reação ocorre da esquerda para a direita); quando $Q > K$, a reação se deslocará em direção ao equilíbrio ao formar mais reagentes (a reação ocorre da direita para a esquerda).

Ao conhecer o valor de K, podemos calcular os valores de equilíbrio de reagentes e produtos, frequentemente solucionando uma equação em que o desconhecido é a variação de uma pressão parcial ou da concentração.

PRINCÍPIO DE LE CHÂTELIER (SEÇÃO 15.7) O princípio de Le Châtelier determina que, se um sistema em equilíbrio for perturbado, o equilíbrio se deslocará para minimizar a influência perturbadora. Portanto, se um reagente ou produto for adicionado a um sistema em equilíbrio, o equilíbrio será deslocado para consumir a substância adicionada. Os efeitos da remoção de reagentes e produtos e da variação de pressão ou volume de uma reação podem ser deduzidos de maneira semelhante. Por exemplo, se o volume do sistema for reduzido, o equilíbrio se deslocará na direção que diminui o número de moléculas de gás. Embora as variações na concentração ou pressão levem a deslocamentos nas concentrações de equilíbrio, elas não alteram o valor da constante de equilíbrio, K.

As alterações de temperatura afetam as concentrações no equilíbrio e a constante de equilíbrio. Podemos usar a variação de entalpia de reação para determinar de que maneira um aumento na temperatura afeta o equilíbrio: para uma reação endotérmica, um aumento na temperatura desloca o equilíbrio para a direita; já para uma reação exotérmica, um aumento de temperatura desloca o equilíbrio para a esquerda. Catalisadores afetam a velocidade com que o equilíbrio é atingido, mas não afetam a magnitude de K.

Equações-chave

- $K_c = \dfrac{[D]^d[E]^e}{[A]^a[B]^b}$ [15.8]

  A expressão da constante de equilíbrio para uma reação geral do tipo $a\,A + b\,B \rightleftharpoons d\,D + e\,E$; as concentrações são apenas concentrações no equilíbrio

- $K_p = \dfrac{(P_D)^d(P_E)^e}{(P_A)^a(P_B)^b}$ [15.11]

  A expressão da constante de equilíbrio em termos de pressões parciais no equilíbrio

- $K_p = K_c(RT)^{\Delta n}$ [15.15]

  Relação da constante de equilíbrio com base em pressões com a constante de equilíbrio com base nas concentrações

- $Q_c = \dfrac{[D]^d[E]^e}{[A]^a[B]^b}$ [15.24]

  O quociente de reação. As concentrações são para qualquer momento da reação; se forem concentrações no equilíbrio, $Q_c = K_c$.

Simulado

SIM 15.1 Quando a reação $N_2O_4(g) \rightleftharpoons 2\,NO_2(g)$ atinge o equilíbrio, quais dos seguintes devem ser iguais?
 (**i**) as constantes de velocidade direta e inversa k_d e k_i
 (**ii**) as concentrações $[N_2O_4]$ e $[NO_2]$
 (**iii**) as velocidades de reação direta e inversa
(**a**) apenas i (**b**) apenas ii (**c**) apenas iii (**d**) i e ii (**e**) i e iii

SIM 15.2 Para a reação $2\,SO_2(g) + O_2(g) \rightleftharpoons 2\,SO_3(g)$, qual das alternativas a seguir é a expressão da constante de equilíbrio correta?

(**a**) $K_c = \dfrac{[SO_2]^2[O_2]}{[SO_3]^2}$ (**c**) $K_c = \dfrac{[SO_3]^2}{[SO_2]^2[O_2]}$

(**b**) $K_c = \dfrac{2[SO_2][O_2]}{2[SO_3]}$ (**d**) $K_c = \dfrac{2[SO_3]}{2[SO_2][O_2]}$

SIM 15.3 Considere o seguinte equilíbrio:

$$2\,SO_2(g)\,O_2(g) \rightleftharpoons 2\,SO_3(g)$$

A uma determinada temperatura, as concentrações de equilíbrio são obtidas: $[SO_2] = 1,83 \times 10^{-3}\,M$, $[O_2] = 6,16 \times 10^{-3}\,M$ e $[SO_3] = 6,23 \times 10^{-3}\,M$. Qual é o valor de K_c para essa reação a essa temperatura?

(**a**) $5,32 \times 10^{-4}$ (**b**) $3,44$ (**c**) $5,52 \times 10^2$ (**d**) $1,88 \times 10^3$ (**e**) $3,02 \times 10^5$

SIM 15.4 A constante de equilíbrio para a reação $N_2O_4(g) \rightleftharpoons 2\,NO_2(g)$ a 2 °C é $K_c = 2,0$. Se cada esfera amarela representa 1 mol de N_2O_4 e cada esfera marrom representa 1 mol de NO_2, qual dos seguintes recipientes de 1,0 L representa a mistura em equilíbrio a 2 °C?

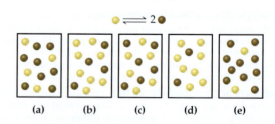

SIM 15.5 Para qual das seguintes reações a razão K_p/K_c é maior a 300 K?
(**a**) $N_2(g) + O_2(g) \rightleftharpoons 2\,NO(g)$
(**b**) $CaCO_3(s) \rightleftharpoons CaO(s) + CO_2(g)$
(**c**) $C(s) + 2\,H_2(g) \rightleftharpoons CH_4(g)$
(**d**) $Ni(CO)_4(g) \rightleftharpoons Ni(s) + 4\,CO(g)$

SIM 15.6 Uma amostra de A(g) puro é colocada em um recipiente a uma pressão de 1,0 atm e atinge o equilíbrio de acordo com a seguinte reação: A(g) ⇌ B(g) + C(g). A constante de equilíbrio para essa reação é $K_p = 1,0 \times 10^{-6}$. Qual(is) das afirmações a seguir sobre a mistura de A, B e C no equilíbrio é(são) *verdadeira(s)*?

(i) A mistura no equilíbrio contém mais B(g) e C(g) do que A(g).

(ii) No equilíbrio, as pressões parciais de B(g) e C(g) são as mesmas.

(iii) A constante de equilíbrio para a reação inversa é $K_p = 1,0 \times 10^6$.

(a) Apenas uma das afirmações é verdadeira. (b) Apenas i e ii são verdadeiras. (c) Apenas i e iii são verdadeiras. (d) Apenas ii e iii são verdadeiras. (e) Todas as afirmações são verdadeiras.

SIM 15.7 Dadas as constantes de equilíbrio para as seguintes reações em solução aquosa a 25 °C,

$HNO_2(aq) \rightleftharpoons H^+(aq) + NO_2^-(aq)$ $K_c = 4,5 \times 10^{-4}$

$H_2SO_3(aq) \rightleftharpoons 2H^+(aq) + SO_3^-(aq)$ $K_c = 1,1 \times 10^{-9}$

qual é o valor de K_c para a reação?

$2 HNO_2(aq) + SO_3^{2-}(aq) \rightleftharpoons H_2SO_3(aq) + 2 NO_2^-(aq)$

(a) $4,9 \times 10^{-13}$ (b) $4,1 \times 10^5$ (c) $8,2 \times 10^5$ (d) $1,8 \times 10^2$ (e) $5,4 \times 10^{-3}$

SIM 15.8 Considere o equilíbrio estabelecido em uma solução saturada de cloreto de prata, $Ag^+(aq) + Cl^-(aq) \rightleftharpoons AgCl(s)$. Se AgCl sólido for adicionado a essa solução, o que acontecerá com a concentração de íons Ag^+ e Cl^- na solução?

(a) $[Ag^+]$ e $[Cl^-]$ vão aumentar. (b) $[Ag^+]$ e $[Cl^-]$ vão diminuir. (c) $[Ag^+]$ vai aumentar e $[Cl^-]$ vai diminuir. (d) $[Ag^+]$ vai diminuir e $[Cl^-]$ vai aumentar. (e) $[Ag^+]$ e $[Cl^-]$ não serão alterados.

SIM 15.9 Se 8,0 g de $NH_4HS(s)$ forem colocados em um recipiente vedado com um volume de 1,0 L e aquecidos a 200 °C, a reação $NH_4HS(s) \rightleftharpoons NH_3(g) + H_2S(g)$ ocorrerá. Quando o sistema atinge o equilíbrio, um pouco de $NH_4HS(s)$ ainda está presente. Qual das seguintes alterações levará a uma redução na quantidade de $NH_4HS(s)$ presente, supondo que o equilíbrio é restabelecido depois da alteração? (a) Adicionar mais $NH_3(g)$ ao recipiente, (b) Adicionar mais $H_2S(g)$ ao recipiente, (c) Adicionar mais $NH_4HS(s)$ ao recipiente, (d) Aumentar o volume do recipiente.

SIM 15.10 Uma mistura de dióxido de enxofre gasoso e oxigênio é adicionada a um recipiente de reação e aquecida a 1.000 K, reagindo para formar $SO_3(g)$. Se o recipiente contiver 0,669 atm de $SO_2(g)$, 0,395 atm de $O_2(g)$ e 0,0851 atm de $SO_3(g)$ após o sistema atingir o equilíbrio, qual será o valor da constante de equilíbrio K_p para a reação $2 SO_2(g) + O_2(g) \rightleftharpoons 2 SO_3(g)$ a 1.000 K? (a) 0,0410 (b) 0,322 (c) 24,4 (d) 3,36 (e) 3,11

SIM 15.11 Quando 9,20 g de N_2O_4 são adicionados a um recipiente de reação de 0,500 L que é aquecido até 400 K e então atinge o equilíbrio, determina-se que a concentração de equilíbrio de N_2O_4 é 0,057 M. Dadas essas informações, qual é o valor de K_c para a reação $N_2O_4(g) \rightleftharpoons 2 NO_2(g)$ a 400 K? (a) 0,23 (b) 0,36 (c) 0,13 (d) 1,4 (e) 2,5

SIM 15.12 O cloro, $Cl_2(g)$, e o bromo, $Br_2(g)$, reagem na fase gasosa para formar BrCl(g), de acordo com o seguinte equilíbrio:

$Cl_2(g) + Br_2(g) \rightleftharpoons 2 BrCl(g)$

Um cilindro é carregado com 0,500 atm de $Cl_2(g)$ e 0,300 atm de $Br_2(g)$ a 298 K, e eles reagem até o equilíbrio ser atingido. A mistura no equilíbrio contém 0,0754 atm de BrCl(g). Qual é o valor de K_p para a reação a 298 K?

(a) $2,7 \times 10^{-2}$ (b) $4,7 \times 10^{-2}$ (c) $5,9 \times 10^{-2}$ (d) $6,2 \times 10^{-1}$

SIM 15.13 Qual(is) das afirmações a seguir sobre o quociente de reação, Q, é(são) *verdadeira(s)*?

(i) A expressão usada para avaliar Q parece igual àquela usada para avaliar K.

(ii) Quando Q < K, a reação deve formar mais produtos para atingir o equilíbrio.

(iii) Um valor grande de Q indica que a reação atingirá mais rapidamente o equilíbrio.

(a) Apenas i é verdadeira. (b) Apenas ii é verdadeira. (c) Apenas i e ii são verdadeiras. (d) Apenas ii e iii são verdadeiras. (e) Todas as afirmações são verdadeiras.

SIM 15.14 A 500 K, a reação $2 NO(g) + Cl_2(g) \rightleftharpoons 2 NOCl(g)$ tem $K_p = 51$. Em uma mistura em equilíbrio a 500 K, a pressão parcial do NO é 0,125 atm e a do Cl_2 é 0,165 atm. Qual é a pressão parcial do NOCl na mistura em equilíbrio? (a) 0,13 atm (b) 0,36 atm (c) 1,0 atm (d) $5,1 \times 10^{-5}$ atm (e) 0,017 atm

SIM 15.15 Para o equilíbrio $Br_2(g) + Cl_2(g) \rightleftharpoons 2 BrCl(g)$, a constante de equilíbrio K_p é 7,0 a 400 K. Se um cilindro for carregado com BrCl(g) a uma pressão inicial de 1,00 atm e o sistema atingir o equilíbrio, qual será a pressão final (equilíbrio) de BrCl? (a) 0,57 atm (b) 0,22 atm (c) 0,45 atm (d) 0,15 atm (e) 0,31 atm

SIM 15.16 Considere a reação $N_2(g) + 2 O_2(g) \rightleftharpoons 2 NO_2(g)$. Como cada uma das variações a seguir impacta a pressão parcial de NO_2 no equilíbrio?

(i) Adicionar mais N_2 ao recipiente de reação _____ a pressão parcial do NO_2 no equilíbrio.

(ii) Remover O_2 do recipiente de reação _____ a pressão parcial do NO_2 no equilíbrio.

(iii) Adicionar um catalisador ao recipiente de reação _____ a pressão parcial do NO_2 no equilíbrio.

(a) aumentará, diminuirá, aumentará (b) não mudará, aumentará, diminuirá (c) diminuirá, aumentará, não mudará (d) aumentará, diminuirá, não mudará (e) diminuirá, não mudará, aumentará

SIM 15.17 Para a reação

$4 NH_3(g) + 5 O_2(g) \rightleftharpoons 4 NO(g) + 6 H_2O(g)$ $\Delta H° = -904$ kJ

Qual das alterações a seguir vai deslocar o equilíbrio para a direita, em direção à formação de mais produtos? (a) Aumentar o volume do recipiente de reação. (b) Aumentar a temperatura. (c) Adicionar mais vapor de água. (d) Remover $O_2(g)$. (e) Aumentar a pressão total do sistema ao adicionar 1 atm de Ne(g) ao recipiente de reação.

SIM 15.18 Uma mistura de $CO_2(g)$, C(s) e CO(g) está no equilíbrio de acordo com a seguinte reação:

$CO_2(g) + C(s) \rightleftharpoons 2 CO(g)$

Qual é o efeito de adicionar mais C(s) à mistura no equilíbrio? (a) O equilíbrio se desloca para a esquerda. (b) O equilíbrio não se desloca. (c) O equilíbrio se desloca para a direita. (d) Mais informações são necessárias para responder.

SIM 15.19 Vimos que o uso de catalisadores é importante em diversos processos industriais e sustentáveis. Qual das afirmações a seguir sobre o uso de catalisadores é *falsa*?

(a) Um catalisador pode ser usado para que a reação atinja o equilíbrio mais rapidamente.

(b) Um catalisador pode ser usado para atingir o equilíbrio a uma temperatura menor, na qual a constante de equilíbrio pode ser mais favorável para a reação desejada.

(c) A uma temperatura fixa, um catalisador pode deslocar o equilíbrio na direção da formação de mais produto.

(d) O desenvolvimento de um catalisador apropriado foi um dos desafios mais importantes do uso do processo de Haber para sintetizar amônia em grande escala.

Exercícios

Visualizando conceitos

15.1 (a) Com base no seguinte perfil de energia, preveja se $k_d > k_i$ ou $k_d < k_i$. (b) Utilizando a Equação 15.5, preveja se a constante de equilíbrio do processo é maior ou menor que 1. [Seção 15.1]

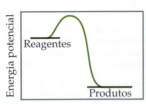

15.2 Os diagramas a seguir representam uma reação hipotética A ⟶ B, sendo que A é representado por esferas vermelhas e B, por esferas azuis. A sequência da esquerda para a direita representa o sistema em função do tempo. O sistema atinge o equilíbrio? Em caso afirmativo, em que diagrama(s) o sistema está em equilíbrio? [Seções 15.1 e 15.2]

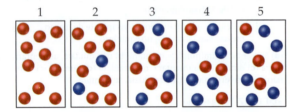

15.3 O diagrama a seguir representa uma mistura em equilíbrio produzida por uma reação do tipo A + X ⇌ AX. Se o volume for de 1 L e cada átomo/molécula presente no diagrama representar 1 mol, K é maior, igual ou menor do que 1? [Seção 15.2]

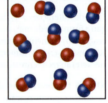

15.4 O diagrama a seguir mostra uma reação atingindo o equilíbrio. Cada molécula no diagrama representa 0,1 mol, e o volume da caixa é de 1,0 L. (a) Considerando que A = esferas vermelhas e B = esferas azuis, escreva uma equação balanceada para a reação. (b) Escreva a expressão da constante de equilíbrio para a reação. (c) Calcule o valor de K_c. (d) Considerando que todas as moléculas estão na fase gasosa, calcule Δn, a variação do número de moléculas de gás que acompanha a reação. (e) Calcule o valor de K_p. [Seção 15.2]

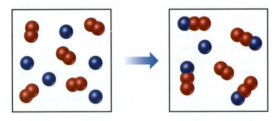

15.5 A seguir, são mostradas duas reações hipotéticas, A(g) + B(g) ⇌ AB(g) e X(g) + Y(g) ⇌ XY(g), em cinco momentos diferentes. Que reação tem uma constante de equilíbrio maior? [Seções 15.1 e 15.2]

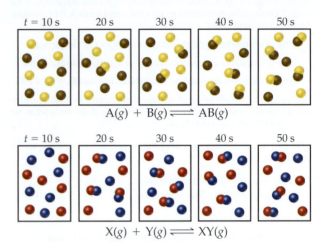

15.6 O eteno (C₂H₄) reage com halogênios (X₂) de acordo com a seguinte reação:

$$C_2H_4(g) + X_2(g) \rightleftharpoons C_2H_4X_2(g)$$

As seguintes ilustrações representam as concentrações no equilíbrio a uma mesma temperatura quando X₂ é Cl₂ (verde), Br₂ (marrom) e I₂ (roxo). Ordene os equilíbrios da menor para a maior constante de equilíbrio. [Seção 15.3]

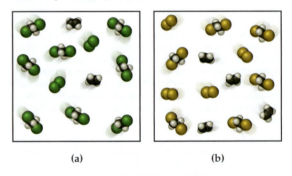

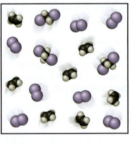

(c)

15.7 O gráfico apresentado aqui mostra o progresso da reação A(g) ⇌ B(g) + C(g) até o equilíbrio em um recipiente fechado a uma temperatura fixa. Qual(is) das afirmações a seguir sobre o progresso desse sistema é(são) *verdadeira(s)*? (a) O recipiente originalmente continha uma mistura de B(g) e C(g). (b) No equilíbrio, o recipiente contém a mesma quantidade de matéria em mols de B(g) e C(g). (c) O valor de K_p para essa reação é > 1. [Seção 15.3]

Capítulo 15 | Equilíbrio químico   655

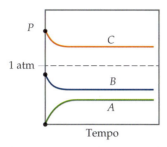

15.8 Quando o óxido de chumbo(IV) é aquecido acima de 300 °C, ele se decompõe, de acordo com a seguinte reação 2 PbO$_2$(s) $\rightleftharpoons$ 2 PbO(s) + O$_2$(g). Considere os dois recipientes com PbO$_2$ vedados ilustrados a seguir. Se os dois recipientes forem aquecidos a 400 °C e atingirem o equilíbrio, qual(is) das seguintes afirmações será(ão) *verdadeira(s)*? (**a**) Haverá menos PbO$_2$ restante no recipiente A. (**b**) O sólido remanescente em cada recipiente será uma mistura de PbO$_2$(s) e PbO(s). (**c**) A pressão parcial de O$_2$(g) será a mesma nos recipientes A e B. [Seção 15.4]

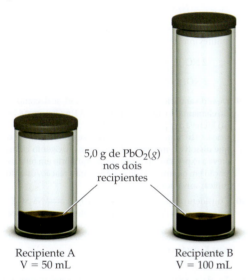

15.9 A reação A$_2$ + B$_2$ $\rightleftharpoons$ 2 AB tem uma constante de equilíbrio K_c = 1,5. Os diagramas a seguir representam misturas reacionais que contêm moléculas A$_2$ (vermelho), B$_2$ (azul) e AB. (**a**) Que mistura reacional está em equilíbrio? (**b**) Para as misturas que não estão em equilíbrio, como a reação vai prosseguir para atingir o equilíbrio? [Seções 15.5 e 15.6]

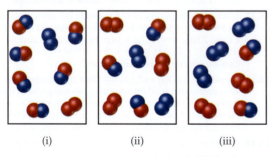

15.10 O diagrama a seguir representa o estado de equilíbrio para a reação A$_2$(g) + 2 B(g) $\rightleftharpoons$ 2 AB(g). (**a**) Considerando que o volume é de 2 L, calcule a constante de equilíbrio K_c para a reação. (**b**) Se o volume da mistura em equilíbrio for diminuído, o número de moléculas de AB vai aumentar ou diminuir? [Seções 15.5 e 15.7]

15.11 Os seguintes diagramas representam misturas em equilíbrio para a reação A$_2$ + B $\rightleftharpoons$ A + AB a 300 K e 500 K. Os átomos de A são vermelhos, e os átomos de B, azuis. (**a**) O valor de K_p a 500 K é maior, igual ou menor do que o valor de K_p a 300 K? (**b**) A reação é exotérmica ou endotérmica?

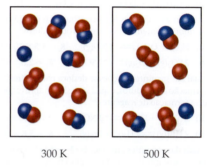

15.12 O gráfico a seguir representa o rendimento do composto AB em equilíbrio na reação A(g) + B(g) $\rightleftharpoons$ AB(g) a duas pressões diferentes, *x* e *y*, como uma função da temperatura.

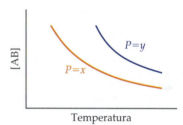

(**a**) Essa reação é exotérmica ou endotérmica? (**b**) P = *x* é maior ou menor que P = *y*? [Seção 15.7]

Equilíbrio; Uso da constante de equilíbrio (Seções 15.1-15.4)

15.13 Suponha que as reações em fase gasosa A $\longrightarrow$ B e B $\longrightarrow$ A são reações elementares com constantes de velocidade de 4,7 × 10^{-3} s^{-1} e 5,8 × 10^{-1} s^{-1}, respectivamente. (**a**) Qual é o valor da constante de equilíbrio para o equilíbrio A(g) $\rightleftharpoons$ B(g)? (**b**) No estado de equilíbrio, qual é maior: a pressão parcial de A ou a pressão parcial de B?

15.14 A constante de equilíbrio para a dissociação do iodo molecular, I$_2$(g) $\rightleftharpoons$ 2 I(g), a 800 K é K_c = 3,1 × 10^{-5}. (**a**) Qual espécie predomina no equilíbrio, I$_2$ ou I? (**b**) Supondo que as reações direta e inversa sejam elementares, qual delas tem a maior constante de velocidade?

15.15 Escreva a expressão para K_c em relação às seguintes reações. Em cada caso, indique se a reação é homogênea ou heterogênea.
(a) $3\,NO(g) \rightleftharpoons N_2O(g) + NO_2(g)$
(b) $CH_4(g) + 2\,H_2S(g) \rightleftharpoons CS_2(g) + 4\,H_2(g)$
(c) $Ni(CO)_4(g) \rightleftharpoons Ni(s) + 4\,CO(g)$
(d) $HF(aq) \rightleftharpoons H^+(aq) + F^-(aq)$
(e) $2\,Ag(s) + Zn^{2+}(aq) \rightleftharpoons 2\,Ag^+(aq) + Zn(s)$
(f) $H_2O(l) \rightleftharpoons H^+(aq) + OH^-(aq)$
(g) $2\,H_2O_2(l) \rightleftharpoons 2\,H_2O(l) + O_2(g)$

15.16 Escreva as expressões para K_c em relação às seguintes reações. Em cada caso, indique se a reação é homogênea ou heterogênea.
(a) $2\,O_3(g) \rightleftharpoons 3\,O_2(g)$
(b) $Ti(s) + 2\,Cl_2(g) \rightleftharpoons TiCl_4(l)$
(c) $2\,C_2H_4(g) + 2\,H_2O(g) \rightleftharpoons 2\,C_2H_6(g) + O_2(g)$
(d) $C(s) + 2\,H_2(g) \rightleftharpoons CH_4(g)$
(e) $4\,HCl(aq) + O_2(g) \rightleftharpoons 2\,H_2O(l) + 2\,Cl_2(g)$
(f) $2\,C_8H_{18}(l) + 25\,O_2(g) \rightleftharpoons 16\,CO_2(g) + 18\,H_2O(g)$
(g) $2\,C_8H_{18}(l) + 25\,O_2(g) \rightleftharpoons 16\,CO_2(g) + 18\,H_2O(l)$

15.17 Quando as seguintes reações atingem o equilíbrio, a mistura no equilíbrio contém mais reagentes ou produtos?
(a) $N_2(g) + O_2(g) \rightleftharpoons 2\,NO(g)$ $K_c = 1{,}5 \times 10^{-10}$
(b) $2\,SO_2(g) + O_2(g) \rightleftharpoons 2\,SO_3(g)$ $K_p = 2{,}5 \times 10^9$

15.18 Qual das seguintes reações se desloca para a direita, favorecendo a formação de produtos, e qual se desloca para a esquerda, favorecendo a formação de reagentes?
(a) $2\,NO(g) + O_2(g) \rightleftharpoons 2\,NO_2(g)$ $K_p = 5{,}0 \times 10^{12}$
(b) $2\,HBr(g) \rightleftharpoons H_2(g) + Br_2(g)$ $K_c = 5{,}8 \times 10^{-18}$

15.19 Quais das seguintes afirmações são verdadeiras e quais são falsas? (a) A constante de equilíbrio nunca pode ser um número negativo. (b) Em reações que representamos com uma seta única, a constante de equilíbrio tem um valor muito grande. (c) À medida que o valor da constante de equilíbrio aumenta, a velocidade com que uma reação atinge o equilíbrio também aumenta.

15.20 Quais das seguintes afirmações sobre o equilíbrio $2\,NO_2(g) \rightleftharpoons 2\,NO(g) + O_2(g)$ a 300 K são verdadeiras e quais são falsas? (a) Os valores de K_c e K_p são diferentes. (b) Se o equilíbrio for atingido a partir de $NO_2(g)$ puro, as pressões parciais no equilíbrio do $NO_2(g)$ e do $NO(g)$ devem ser iguais. (c) Se o equilíbrio for atingido a partir de $NO_2(g)$ puro, as pressões parciais no equilíbrio do $NO(g)$ e do $O_2(g)$ devem ser diferentes.

15.21 Se $K_c = 0{,}042$ para $PCl_3(g) + Cl_2(g) \rightleftharpoons PCl_5(g)$ a 500 K, qual seria o valor de K_p para essa reação a essa temperatura?

15.22 Calcule K_c a 303 K para $SO_2(g) + Cl_2(g) \rightleftharpoons SO_2Cl_2(g)$ se $K_p = 34{,}5$ a essa temperatura.

15.23 A constante de equilíbrio para a reação:
$$2\,NO(g) + Br_2(g) \rightleftharpoons 2\,NOBr(g)$$
é $K_c = 1{,}3 \times 10^{-2}$ a 1.000 K. (a) A essa temperatura, o equilíbrio favorece NO e Br_2 ou NOBr? (b) Calcule K_c para $2\,NOBr(g) \rightleftharpoons 2\,NO(g) + Br_2(g)$. (c) Calcule K_c para $NOBr(g) \rightleftharpoons NO(g) + \tfrac{1}{2}Br_2(g)$.

15.24 Considere o seguinte equilíbrio:
$$2\,H_2(g)\,S_2(g) \rightleftharpoons 2\,H_2S(g)\quad K_c = 1{,}08 \times 10^7 \text{ a } 700\,°C$$
(a) Calcule K_p. (b) A mistura no equilíbrio contém mais H_2 e S_2 ou H_2S? (c) Calcule o valor de K_c se você reescrevesse a equação $H_2(g) + \tfrac{1}{2}S_2(g) \rightleftharpoons H_2S(g)$.

15.25 A 1.000 K, $K_p = 1{,}85$ para a seguinte reação:
$$SO_2(g) + \tfrac{1}{2}O_2(g) \rightleftharpoons SO_3(g)$$
(a) Qual é o valor de K_p para a reação? (b) Qual é o valor de K_p para a reação $2\,SO_2(g) + O_2(g) \rightleftharpoons 2\,SO_3(g)$? (c) Qual é o valor de K_c para a reação na parte (b)?

15.26 Considere o seguinte equilíbrio, para o qual $K_p = 0{,}0752$ a 480 °C:
$$2\,Cl_2(g) + 2\,H_2O(g) \rightleftharpoons 4\,HCl(g) + O_2(g)$$
(a) Qual é o valor de K_p para a reação $4\,HCl(g) + O_2(g) \rightleftharpoons 2\,Cl_2(g) + 2\,H_2O(g)$?
(b) Qual é o valor de K_p para a reação $Cl_2(g) + H_2O(g) \rightleftharpoons 2\,HCl(g) + \tfrac{1}{2}O_2(g)$?
(c) Qual é o valor de K_c para a reação do item (b)?

15.27 Os seguintes equilíbrios foram alcançados a 823 K:
$$CoO(s) + H_2(g) \rightleftharpoons Co(s) + H_2O(g)\quad K_c = 67$$
$$CoO(s) + CO(g) \rightleftharpoons Co(s) + CO_2(g)\quad K_c = 490$$
Com base neles, calcule a constante de equilíbrio K_c para $H_2(g) + CO_2(g) \rightleftharpoons CO(g) + H_2O(g)$ a 823 K.

15.28 Considere o equilíbrio:
$$N_2(g) + O_2(g) + Br_2(g) \rightleftharpoons 2\,NOBr(g)$$
Calcule a constante de equilíbrio K_p para essa reação, dadas as seguintes informações (a 298 K):
$$2\,NO(g) + Br_2(g) \rightleftharpoons 2\,NOBr(g)\quad K_c = 2{,}0$$
$$2\,NO(g) \rightleftharpoons N_2(g) + O_2(g)\quad K_c = 2{,}1 \times 10^{30}$$

15.29 Quando aquecido, o óxido de mercúrio(I) se decompõe em mercúrio elementar e oxigênio elementar: $2\,Hg_2O(s) \rightleftharpoons 4\,Hg(l) + O_2(g)$. (a) Escreva a expressão da constante de equilíbrio para K_p para essa reação. (b) Suponha que você realize essa reação em um solvente que dissolve o mercúrio elementar e o oxigênio elementar. Reescreva a expressão da constante de equilíbrio em termos de concentração em quantidade de matéria para a reação, usando (solv) para indicar solvatação.

15.30 Considere o equilíbrio $Na_2O(s) + SO_2(g) \rightleftharpoons Na_2SO_3(s)$. (a) Escreva a expressão da constante de equilíbrio para essa reação em termos de pressões parciais. (b) Todos os compostos nessa reação são solúveis em água. Reescreva a expressão da constante de equilíbrio para K_c para a reação aquosa.

Cálculo das constantes de equilíbrio (Seção 15.5)

15.31 O metanol (CH_3OH) é produzido comercialmente pela reação catalisada do monóxido de carbono com o hidrogênio: $CO(g) + 2\,H_2(g) \rightleftharpoons CH_3OH(g)$. Descobre-se que uma mistura em equilíbrio em um recipiente de 2,00 L contém 0,0406 mol de CH_3OH, 0,170 mol de CO e 0,302 mol de H_2 a 500 K. Calcule K_c a essa temperatura.

15.32 Iodeto de hidrogênio gasoso é colocado em um recipiente fechado a 425 °C, onde ele se decompõe parcialmente em hidrogênio e iodo: $2\,HI(g) \rightleftharpoons H_2(g) + I_2(g)$. No equilíbrio, descobre-se que $[HI] = 3{,}53 \times 10^{-3}\,M$, $[H_2] = 4{,}79 \times 10^{-4}\,M$ e $[I_2] = 4{,}79 \times 10^{-4}\,M$. Qual é o valor de K_c a essa temperatura?

15.33 O equilíbrio $2\,NO(g) + Cl_2(g) \rightleftharpoons 2\,NOCl(g)$ é estabelecido a 500 K. Uma mistura em equilíbrio dos três gases tem pressões parciais de 0,095 atm, 0,171 atm e 0,28 atm para NO, Cl_2 e NOCl, respectivamente. (a) Calcule K_p para essa reação a 500,0 K. (b) Se o recipiente tiver um volume de 5,00 L, calcule K_c a essa temperatura.

15.34 Gás de tricloreto de fósforo e gás cloro reagem, formando gás de pentacloreto de fósforo: $PCl_3(g) + Cl_2(g) \rightleftharpoons PCl_5(g)$. Um recipiente com 7,5 L de gás é preenchido com uma mistura de $PCl_3(g)$ e $Cl_2(g)$, que atinge o equilíbrio a 450 K. No equilíbrio, as pressões parciais dos três gases são $P_{PCl_3} = 0{,}124$ atm, $P_{Cl_2} = 0{,}157$ atm e $P_{PCl_5} = 1{,}30$ atm. (a) Qual é o valor de K_p nessa temperatura? (b) O equilíbrio favorece reagentes ou produtos? (c) Calcule K_c para essa reação a 450 K.

15.35 Uma mistura de 0,10 mol de NO, 0,050 mol de H_2 e 0,10 mol de H_2O é colocada em um recipiente de 1,0 L a 300 K. O seguinte equilíbrio é estabelecido:

$$2\,NO(g) + 2\,H_2(g) \rightleftharpoons N_2(g) + 2\,H_2O(g)$$

No equilíbrio, [NO] = 0,062 M. (**a**) Calcule as concentrações de H_2, N_2 e H_2O no equilíbrio. (**b**) Calcule o valor de K_c a 300 K.

15.36 Uma mistura de 1,374 g de H_2 e 70,31 g de Br_2 é aquecida em um recipiente de 2,00 L a 700 K. Essas substâncias reagem da seguinte maneira:

$$H_2(g) + Br_2(g) \rightleftharpoons 2\,HBr(g)$$

No equilíbrio, descobre-se que o recipiente contém 0,566 g de H_2. (**a**) Calcule as concentrações de H_2, de Br_2 e do HBr no equilíbrio. (**b**) Calcule o valor de K_c a 700 K.

15.37 Uma mistura de 0,2000 mol de CO_2, 0,1000 mol de H_2 e 0,1600 mol de H_2O é colocada em um recipiente de 2,000 L. O seguinte equilíbrio é estabelecido a 500 K:

$$CO_2(g) + H_2(g) \rightleftharpoons CO(g) + H_2O(g)$$

(**a**) Calcule as pressões parciais iniciais de CO_2, H_2 e H_2O. (**b**) No equilíbrio, P_{H_2O} = 3,51 atm. Calcule as pressões parciais de CO_2, H_2 e CO no equilíbrio. (**c**) Calcule o K_p da reação. (**d**) Calcule o K_c da reação.

15.38 Um frasco é preenchido com $N_2O_4(g)$ a 1,500 atm e $NO_2(g)$ a 1,00 atm a 250 °C, que atingem o seguinte equilíbrio:

$$N_2O_4(g) \rightleftharpoons 2\,NO_2(g)$$

Depois que o equilíbrio é atingido, a pressão parcial de NO_2 é 0,512 atm. (**a**) Qual é a pressão parcial do N_2O_4 no equilíbrio? (**b**) Calcule o valor do K_p da reação. (**c**) Calcule o K_c da reação.

15.39 Duas proteínas diferentes, X e Y, são dissolvidas em solução aquosa a 37 °C. As proteínas se ligam em uma proporção de 1:1 para formar XY. Uma solução de, inicialmente, 1,00 mM em cada proteína atinge o equilíbrio. No equilíbrio, permanecem livres 0,20 mM de X e 0,20 mM de Y. Qual é o K_c da reação?

15.40 Um químico de uma empresa farmacêutica está medindo as constantes de equilíbrio para reações em que moléculas de uma determinada droga se ligam a uma proteína relacionada ao câncer. As moléculas da droga se ligam à proteína em uma proporção de 1:1 para formar um complexo proteína-droga. A concentração de proteína na solução aquosa a 25 °C é $1,50 \times 10^{-6}$ M. A droga A é introduzida na solução de proteína a uma concentração inicial de $2,00 \times 10^{-6}$ M. Já a droga B é introduzida em outra solução de proteína, idêntica, a uma concentração inicial de $2,00 \times 10^{-6}$ M. No equilíbrio, a solução de proteína com a droga A tem uma concentração do complexo de proteína-A de $1,00 \times 10^{-6}$ M, e a solução da droga B tem uma concentração do complexo de proteína-B de $1,40 \times 10^{-6}$ M. Calcule o valor de K_c para a reação de ligação proteína-A e para a reação de ligação proteína-B. Supondo que a droga que se liga mais fortemente será mais eficaz, qual droga é a melhor escolha para continuar com a investigação?

Algumas aplicações das constantes de equilíbrio (Seção 15.6)

15.41 Indique se cada uma das afirmações a seguir sobre o quociente de reação Q é verdadeira ou falsa. (**a**) A expressão para Q_c é igual à expressão para K_c. (**b**) Se $Q_c < K_c$, a reação precisa prosseguir para a direita para atingir o equilíbrio. (**c**) Se $Q_p > K_p$, as pressões parciais dos produtos precisam aumentar em comparação com as dos reagentes para atingir o equilíbrio.

15.42 Um determinado equilíbrio $A(g) + B(g) \rightleftharpoons C(g)$ tem K_c = 2,0. Para cada uma das concentrações a seguir de A, B e C, determine se a mistura reacional está em equilíbrio ou se precisa prosseguir para a esquerda ou para a direita para atingir o equilíbrio: (**a**) [A] = 1,0 M, [B] = 1,0 M, [C] = 1,0 M (**b**) [A] = 1,0 M, [B] = 0,50 M, [C] = 1,0 M (**c**) [A] = 0,5 M, [B] = 0,50 M, [C] = 1,0 M (**d**) [A] = 1,0 M, [B] = 2,0 M, [C] = 2,0 M

15.43 A 100 °C, a constante de equilíbrio da reação $COCl_2(g) \rightleftharpoons CO(g) + Cl_2(g)$ tem o valor $K_c = 2,19 \times 10^{-10}$. As seguintes misturas de $COCl_2$, CO e Cl_2 estão em equilíbrio a 100 °C? Em caso negativo, indique a direção em que a reação deve prosseguir até atingir o equilíbrio.

(**a**) $[COCl_2] = 2,00 \times 10^{-3}\,M$, $[CO] = 3,3 \times 10^{-6}\,M$, $[Cl_2] = 6,62 \times 10^{-6}\,M$

(**b**) $[COCl_2] = 4,50 \times 10^{-2}\,M$, $[CO] = 1,1 \times 10^{-7}\,M$, $[Cl_2] = 2,25 \times 10^{-6}\,M$

(**c**) $[COCl_2] = 0,0100\,M$, $[CO] = [Cl_2] = 1,48 \times 10^{-6}\,M$

15.44 Como mostra a Tabela 15.2, K_p para o equilíbrio

$$N_2(g) + 3\,H_2(g) \rightleftharpoons 2\,NH_3(g)$$

é $4,51 \times 10^{-5}$ a 450 °C. Para cada uma das misturas listadas a seguir, indique se ela está em equilíbrio a 450 °C. Se não estiver, indique a direção (em direção ao produto ou aos reagentes) para a qual a mistura deve se deslocar para atingir o equilíbrio.

(**a**) 98 atm de NH_3, 45 atm de N_2, 55 atm de H_2

(**b**) 57 atm de NH_3, 143 atm de N_2, sem H_2

(**c**) 13 atm de NH_3, 27 atm de N_2, 82 atm de H_2

15.45 A 100 °C, K_c = 0,078 para a reação

$$SO_2Cl_2(g) \rightleftharpoons SO_2(g) + Cl_2(g)$$

Em uma mistura em equilíbrio dos três gases, as concentrações de SO_2Cl_2 e SO_2 são de 0,108 M e 0,052 M, respectivamente. Qual é a pressão parcial de Cl_2 no equilíbrio?

15.46 A 900 K, a seguinte reação tem K_p = 0,345:

$$2\,SO_2(g) + O_2(g) \rightleftharpoons 2\,SO_3(g)$$

Em uma mistura em equilíbrio, as pressões parciais de SO_2 e O_2 são 0,135 atm e 0,455 atm, respectivamente. Qual é a pressão parcial do SO_3 no equilíbrio?

15.47 A 1.285 °C, a constante de equilíbrio para a reação $Br_2(g) \rightleftharpoons 2\,Br(g)$ é $K_c = 1,04 \times 10^{-3}$. Um frasco de 0,200 L que contém uma mistura em equilíbrio dos gases tem 0,245 g de $Br_2(g)$. Qual é a massa de Br(g) no frasco?

15.48 Para a reação $H_2(g) + I_2(g) \rightleftharpoons 2\,HI(g)$, K_c = 55,3 a 700 K. Em um frasco de 2,00 L que contém uma mistura em equilíbrio dos três gases, há 0,056 g de H_2 e 4,36 g de I_2. Qual é a massa de HI no frasco?

15.49 A 800 K, a constante de equilíbrio para $I_2(g) \rightleftharpoons 2\,I(g)$ é $K_c = 3,1 \times 10^{-5}$. Se uma mistura em equilíbrio em um recipiente de 10,0 L contiver $2,67 \times 10^{-2}$ g de I(g), quantos gramas de I_2 haverá na mistura?

15.50 Para $2\,SO_2(g) + O_2(g) \rightleftharpoons 2\,SO_3(g)$, $K_p = 3,0 \times 10^4$ a 700 K. Em um recipiente de 2,00 L, a mistura contém 1,17 g de SO_3 e 0,105 g de O_2 no equilíbrio. Quantos gramas de SO_2 há no recipiente?

15.51 A 218 °C, $K_c = 1,2 \times 10^{-4}$ para o equilíbrio

$$NH_4SH(s) \rightleftharpoons NH_3(g) + H_2S(g)$$

(**a**) Calcule as concentrações de NH_3 e H_2S no equilíbrio se uma amostra sólida de NH_4SH for colocada em um recipiente fechado a 218 °C e se decompuser até que o equilíbrio seja atingido. (**b**) Se o frasco tiver um volume de 1,00 L, qual será a massa mínima de $NH_4SH(s)$ que deve ser adicionada ao frasco para atingir o equilíbrio?

15.52 A 80 °C, $K_c = 1,87 \times 10^{-3}$ para a reação

$$PH_3BCl_3(s) \rightleftharpoons PH_3(g) + BCl_3(g)$$

(a) Calcule as concentrações de PH_3 e BCl_3 no equilíbrio se uma amostra sólida de PH_3BCl_3 for colocada em um recipiente fechado a 80 °C e se decompuser até que o equilíbrio seja atingido. (b) Se o frasco tiver um volume de 0,250 L, qual será a massa mínima de $PH_3BCl_3(s)$ que deve ser adicionada ao frasco para atingir o equilíbrio?

15.53 A 25 °C, a reação

$$CaCrO_4(s) \rightleftharpoons Ca^{2+}(aq) + CrO_4^{2-}(aq)$$

tem uma constante de equilíbrio $K_c = 7,1 \times 10^{-4}$. Quais são as concentrações de equilíbrio de Ca^{2+} e CrO_4^{2-} em uma solução saturada de $CaCrO_4$?

15.54 Considere a reação:

$$CaSO_4(s) \rightleftharpoons Ca^{2+}(aq) + SO_4^{2-}(aq)$$

A 25 °C, a constante de equilíbrio é $K_c = 2,4 \times 10^{-5}$ para essa reação. (a) Se o excesso de $CaSO_4(s)$ for misturado com água a 25 °C para produzir uma solução saturada de $CaSO_4$, quais serão as concentrações de Ca^{2+} e de SO_4^{2-} no equilíbrio? (b) Se a solução resultante tiver um volume de 1,4 L, qual será a massa mínima de $CaSO_4(s)$ necessária para atingir o equilíbrio?

15.55 A 2.000 °C, a constante de equilíbrio para a reação

$$2 NO(g) \rightleftharpoons N_2(g) + O_2(g)$$

é $K_c = 2,4 \times 10^3$. Se a concentração inicial de NO for 0,175 M, quais serão as concentrações de equilíbrio do NO, do N_2 e do O_2?

15.56 Para a reação $I_2(g) + Br_2(g) \rightleftharpoons 2 IBr(g)$, $K_c = 280$ a 150 °C. Suponha que 0,500 mol de IBr em um frasco de 2,00 L atinge o equilíbrio a 150 °C. Quais são as concentrações de IBr, I_2 e Br_2 no equilíbrio?

15.57 Para o equilíbrio

$$Br_2(g) + Cl_2(g) \rightleftharpoons 2 BrCl(g)$$

a 400 K, $K_c = 7,0$. Se 0,25 mol de Br_2 e 0,55 mol de Cl_2 forem introduzidos em um recipiente de 3,0 L a 400 K, quais serão as concentrações de Br_2, Cl_2 e BrCl no equilíbrio?

15.58 A 373 K, $K_p = 0,416$ para o equilíbrio

$$2 NOBr(g) \rightleftharpoons 2 NO(g) + Br_2(g)$$

Se as pressões parciais de NOBr(g) e $Br_2(g)$ são 0,100 atm a 373 K, qual será a pressão parcial de NO(g) no equilíbrio?

15.59 O metano, CH_4, reage com o I_2 de acordo com a reação $CH_4(g) + I_2(g) \rightleftharpoons CH_3I(g) + HI(g)$. A 630 K, o K_p dessa reação é $2,26 \times 10^{-4}$. A reação foi estabelecida a 630 K, com pressões parciais iniciais de 105,1 torr para o CH_4 e de 7,96 torr para o I_2. Calcule as pressões, em torr, de todos os reagentes e produtos no equilíbrio.

15.60 A reação de um ácido orgânico com um álcool em solvente orgânico para produzir um éster e água costuma ser realizada na indústria farmacêutica. Essa reação é catalisada por um ácido forte (geralmente H_2SO_4). Um exemplo simples é a reação do ácido acético com álcool etílico para produzir acetato de etila e água:

$$CH_3COOH(solv) + CH_3CH_2OH(solv) \rightleftharpoons$$
$$CH_3COOCH_2CH_3(solv) + H_2O(solv)$$

em que "(solv)" indica que todos os reagentes e produtos estão presentes em solução, mas não é uma solução aquosa. A constante de equilíbrio para essa reação a 55 °C é 6,68. Um químico farmacêutico prepara 15,0 L de uma solução que tem, inicialmente, 0,275 M de ácido acético e 3,85 M de etanol. No equilíbrio, quantos gramas de acetato de etila são formados?

Princípio de Le Châtelier (Seção 15.7)

15.61 Considere o seguinte equilíbrio, para o qual $\Delta H < 0$:

$$2 SO_2(g) + O_2(g) \rightleftharpoons 2 SO_3(g)$$

De que forma cada uma das seguintes alterações vai afetar uma mistura em equilíbrio dos três gases: (a) $O_2(g)$ for adicionado ao sistema; (b) a mistura reacional for aquecida; (c) o volume do recipiente de reação for duplicado; (d) um catalisador for adicionado à mistura; (e) a pressão total do sistema for aumentada pela adição de um gás nobre; (f) $SO_3(g)$ for removido do sistema?

15.62 Considere a reação:

$$4 NH_3(g) + 5 O_2(g) \rightleftharpoons$$
$$4 NO(g) + 6 H_2O(g), \Delta H = -904,4 \text{ kJ}$$

Cada uma das seguintes ações vai aumentar, diminuir ou manter inalterado o rendimento de NO no equilíbrio? (a) aumentar $[NH_3]$ (b) aumentar $[H_2O]$ (c) diminuir $[O_2]$ (d) diminuir o volume do recipiente em que a reação ocorre (e) adicionar um catalisador (f) aumentar a temperatura

15.63 De que maneira as seguintes alterações afetam o valor da constante de equilíbrio de uma reação exotérmica em fase gasosa: (a) remover um reagente, (b) remover um produto, (c) reduzir o volume, (d) diminuir a temperatura, (e) adicionar um catalisador?

15.64 Para uma determinada reação em fase gasosa, a fração de produtos em uma mistura em equilíbrio aumenta por causa do aumento da temperatura ou do aumento do volume do recipiente de reação. (a) A reação é exotérmica ou endotérmica? (b) A equação química balanceada tem mais moléculas no lado dos reagentes ou no lado dos produtos?

15.65 Considere o seguinte equilíbrio entre os óxidos de nitrogênio:

$$3 NO(g) \rightleftharpoons NO_2(g) + N_2O(g)$$

(a) A uma temperatura constante, uma variação no volume do recipiente afetaria a fração de produtos na mistura? (b) Utilize dados do Apêndice C para calcular o $\Delta H°$ dessa reação. (c) Com base na sua resposta para o item (b), a constante de equilíbrio da reação aumentará ou diminuirá com o aumento da temperatura?

15.66 O metanol (CH_3OH) pode ser produzido por meio da reação de CO com H_2:

$$CO(g) + 2 H_2(g) \rightleftharpoons CH_3OH(g)$$

(a) Utilize dados termoquímicos do Apêndice C para calcular o $\Delta H°$ dessa reação. (b) Para maximizar o rendimento de metanol no equilíbrio, você usaria uma temperatura alta ou baixa? (c) Para maximizar o rendimento de metanol no equilíbrio, você usaria uma pressão alta ou baixa?

15.67 O ozônio, O_3, é decomposto na estratosfera em oxigênio molecular a partir da reação $2 O_3(g) \longrightarrow 3 O_2(g)$. Um aumento na pressão por meio da redução do tamanho do recipiente da reação favoreceria a formação de ozônio ou de oxigênio?

15.68 A reação de deslocamento gás-água, $CO(g) + H_2O(g) \rightleftharpoons CO_2(g) + H_2(g)$, é usada industrialmente para produzir hidrogênio. A entalpia de reação é $\Delta H° = -41$ kJ. (a) Para aumentar o rendimento de hidrogênio no equilíbrio, deve-se usar uma temperatura alta ou baixa? (b) Você poderia aumentar o rendimento de hidrogênio no equilíbrio ao controlar a pressão dessa reação? Em caso afirmativo, uma pressão alta ou baixa favoreceria a formação de $H_2(g)$?

15.69 (a) A dissociação das moléculas de flúor em flúor atômico, $F_2(g) \rightleftharpoons 2 F(g)$, é um processo exotérmico ou endotérmico? (b) Se a temperatura for elevada em 100 K, a constante de equilíbrio dessa reação irá aumentar ou diminuir? (c) Se a temperatura é elevada em 100 K, a constante de velocidade direta k_d aumenta mais ou menos do que a constante de velocidade inversa k_i?

15.70 Verdadeiro ou falso: quando a temperatura de uma reação exotérmica aumenta, a constante de velocidade da reação direta diminui, o que leva a uma redução na constante de equilíbrio, K_c.

Exercícios adicionais

15.71 Acredita-se que as reações direta e inversa no equilíbrio a seguir sejam reações elementares:

$$CO(g) + Cl_2(g) \rightleftharpoons COCl(g) + Cl(g)$$

A 25 °C, as constantes de velocidade das reações direta e inversa são $1,4 \times 10^{-28} M^{-1} s^{-1}$ e $9,3 \times 10^{10} M^{-1} s^{-1}$, respectivamente. (a) Qual é o valor da constante de equilíbrio a 25 °C? (b) No equilíbrio, quem é mais abundante: os reagentes ou os produtos?

15.72 Suponha que o equilíbrio $2 A(g) \rightleftharpoons B(g)$ tem $K_c = 1$. (a) Qual é a relação entre [A] e [B] no equilíbrio? (b) Se começamos com [A] = 1,0 M e [B] = 0 M, qual é o valor de [B] quando o sistema atinge o equilíbrio? (c) Se o volume do recipiente da reação fosse reduzido sob T constante, o equilíbrio se deslocaria para a direita, para a esquerda ou permaneceria inalterado?

15.73 Uma mistura de CH_4 e H_2O é passada por um catalisador de níquel a 1.000 K. O gás emergente é coletado em um frasco de 5,00 L, e descobre-se que contém 8,62 g de CO, 2,60 g de H_2, 43,0 g de CH_4 e 48,4 g de H_2O. Supondo que o equilíbrio foi atingido, calcule K_c e K_p para a reação $CH_4(g) + H_2O(g) \rightleftharpoons CO(g) + 3 H_2(g)$.

15.74 Quando 2,00 mols de SO_2Cl_2 são colocados em um frasco de 2,00 L a 303 K, 56% do SO_2Cl_2 se decompõe em SO_2 e Cl_2:

$$SO_2Cl_2(g) \rightleftharpoons SO_2(g) + Cl_2(g)$$

(a) Calcule K_c para a reação a essa temperatura. (b) Calcule K_p para essa reação a 303 K. (c) De acordo com o princípio de Le Châtelier, a percentagem de SO_2Cl_2 que se decompõe aumentaria, diminuiria ou permaneceria igual se a mistura fosse transferida para um recipiente de 15,00 L? (d) Use a constante de equilíbrio calculada anteriormente para determinar a percentagem de SO_2Cl_2 que se decompõe quando 2,00 mols de SO_2Cl_2 são colocados em um recipiente de 15,00 L a 303 K.

15.75 O valor da constante de equilíbrio K_c para a reação $N_2(g) + 3 H_2(g) \rightleftharpoons 2 NH_3(g)$ varia da seguinte forma em função da temperatura:

Temperatura (°C)	K
300	9,6
400	0,50
500	0,058

(a) Com base nas variações de K_c, essa reação é exotérmica ou endotérmica? (b) Use as entalpias padrão de formação fornecidas no Apêndice C para determinar o ΔH para essa reação em condições padrão. Esse valor está de acordo com a sua previsão no item (a)? (c) Se 0,025 mol de NH_3 gasoso for adicionado a um recipiente de 1,00 L e aquecido a 500 °C, qual será a concentração de NH_3 após a amostra atingir o equilíbrio?

15.76 Uma amostra de brometo de nitrosila (NOBr) se decompõe de acordo com a equação:

$$2 NOBr(g) \rightleftharpoons 2 NO(g) + Br_2(g)$$

Uma mistura em equilíbrio em um recipiente de 5,00 L a 100 °C contém 3,22 g de NOBr, 2,46 g de NO e 6,55 g de Br_2. (a) Calcule K_c. (b) Qual é a pressão total exercida pela mistura de gases? (c) Qual era a massa inicial da amostra de NOBr?

15.77 Considere a reação hipotética $A(g) \rightleftharpoons 2 B(g)$. Um frasco é carregado com 0,75 atm de A puro, atingindo o equilíbrio a 0 °C. No equilíbrio, a pressão parcial de A é 0,36 atm. (a) Qual é a pressão total no frasco no equilíbrio? (b) Qual é o valor de K_p? (c) Para maximizar o rendimento do produto B, você usaria um frasco maior ou menor?

15.78 Conforme a Tabela 15.2, a constante de equilíbrio da reação $N_2(g) + 3 H_2(g) \rightleftharpoons 2 NH_3(g)$ é $K_p = 4,34 \times 10^{-3}$ a 300 °C. Supondo que NH_3 puro é colocado em um frasco de 1,00 L e atinge o equilíbrio a essa temperatura e que, no equilíbrio, há 1,05 g de NH_3 na mistura, (a) quais são as massas de N_2 e H_2 na mistura no equilíbrio? (b) Qual era massa inicial de amônia colocada no recipiente? (c) Qual é a pressão total no recipiente?

15.79 Para o equilíbrio

$$2 IBr(g) \rightleftharpoons I_2(g) + Br_2(g)$$

$K_p = 8,5 \times 10^{-3}$ a 150 °C. Se 0,025 atm de IBr for colocado em um recipiente de 2,0 L, qual será a pressão parcial de todas as substâncias depois que o equilíbrio for atingido?

15.80 Para o equilíbrio

$$PH_3BCl_3(s) \rightleftharpoons PH_3(g) + BCl_3(g)$$

$K_p = 0,052$ a 60 °C. (a) Calcule K_c. (b) Um recipiente fechado de 1,500 L a 60 °C é carregado com 0,0500 g de $BCl_3(g)$, então, 3,00 g de PH_3BCl_3 sólido são adicionados ao recipiente, permitindo que o sistema atinja o equilíbrio. Qual é a concentração de PH_3 no equilíbrio?

15.81 NH_4SH sólido é introduzido em um frasco evacuado a 24 °C. A seguinte reação ocorre:

$$NH_4SH(s) \rightleftharpoons NH_3(g) + H_2S(g)$$

Em equilíbrio, a pressão total (para o NH_3 e o H_2S considerados juntos) é 0,614 atm. Qual é o K_p para esse equilíbrio a 24 °C?

15.82 Uma amostra de 0,831 g de SO_3 é colocada em um recipiente de 1,00 L e aquecido a 1.100 K. O SO_3 se decompõe em SO_2 e O_2:

$$2 SO_3(g) \rightleftharpoons 2 SO_2(g) + O_2(g)$$

No equilíbrio, a pressão total do recipiente é 1,300 atm. Encontre os valores de K_p e K_c para essa reação a 1.100 K.

15.83 A 100 °C, $K_c = 0,212$ para o seguinte equilíbrio:

$$N_2O_4(g) \rightleftharpoons 2 NO_2(g)$$

(a) Qual é o valor de K_p para esse equilíbrio? (b) A 100 °C, um balão de 2,00 L é preenchido com 1,00 mol de $N_2O_4(g)$. Após o sistema alcançar o equilíbrio, qual é a concentração de $NO_2(g)$?

15.84 O óxido nítrico (NO) reage facilmente com gás de cloro da seguinte maneira:

$$2 NO(g) + Cl_2(g) \rightleftharpoons 2 NOCl(g)$$

A 700 K, a constante de equilíbrio K_p para essa reação é 0,26. Para cada uma das seguintes misturas a essa temperatura, indique se as misturas estão em equilíbrio ou não. Em caso negativo, indique se a mistura precisa produzir mais produtos ou reagentes para atingir o equilíbrio.

(a) $P_{NO} = 0,15$ atm, $P_{Cl_2} = 0,31$ atm, $P_{NOCl} = 0,11$ atm
(b) $P_{NO} = 0,12$ atm, $P_{Cl_2} = 0,10$ atm, $P_{NOCl} = 0,050$ atm
(c) $P_{NO} = 0,15$ atm, $P_{Cl_2} = 0,20$ atm, $P_{NOCl} = 5,10 \times 10^{-3}$ atm

15.85 A 900 °C, $K_c = 0,0108$ para a reação

$$CaCO_3(s) \rightleftharpoons CaO(s) + CO_2(g)$$

Uma mistura de $CaCO_3$, CaO e CO_2 é colocada em um recipiente de 10,0 L a 900 °C. Para as seguintes misturas, a quantidade de $CaCO_3$ vai aumentar, diminuir ou permanecer igual à medida que o sistema se aproxima do equilíbrio?

(a) 15,0 g de $CaCO_3$, 15,0 g de CaO e 4,25 g de CO_2
(b) 2,50 g de $CaCO_3$, 25,0 g de CaO e 5,66 g de CO_2
(c) 30,5 g de $CaCO_3$, 25,5 g de CaO e 6,48 g de CO_2

15.86 Quando 1,50 mol de CO₂ e 1,50 mol de H₂ são colocados em um recipiente de 3,00 L a 395 °C, ocorre a seguinte reação: CO₂(g) + H₂(g) ⇌ CO(g) + H₂O(g). Se K_c = 0,802, no equilíbrio, quais serão as concentrações de cada substância na mistura?

15.87 A constante de equilíbrio K_c para C(s) + CO₂(g) ⇌ 2 CO(g) é 1,9 a 1.000 K e 0,133 a 298 K. **(a)** Se o excesso de C reagir com 25,0 g de CO₂ em um recipiente de 3,00 L a 1.000 K, quantos gramas de CO serão produzidos? **(b)** Quantos gramas de C serão consumidos? **(c)** Se um recipiente menor for usado para a reação, o rendimento de CO será maior ou menor? **(d)** A reação é endotérmica ou exotérmica?

15.88 NiO é reduzido a níquel metálico em um processo industrial por meio da seguinte reação:

$$NiO(s) + CO(g) \rightleftharpoons Ni(s) + CO_2(g)$$

A 1.600 K, a constante de equilíbrio da reação é $K_p = 6,0 \times 10^2$. **(a)** Um reator de 50,0 L a 1.600 K é carregado com 50,0 g de NiO(s) e 1,00 atm de CO(g). Após o equilíbrio ser atingido, qual será a pressão parcial do CO₂(g) no reator? **(b)** Qual é a massa de Ni(s) produzida na reação do item (a)?

15.89 A 700 K, a constante de equilíbrio para a reação

$$CCl_4(g) \rightleftharpoons C(s) + 2\,Cl_2(g)$$

é $K_p = 0,76$. Um frasco é carregado com 2,00 atm de CCl₄, que, em seguida, atinge o equilíbrio a 700 K. **(a)** Que fração de CCl₄ é convertida em C e Cl₂? **(b)** Quais são as pressões parciais de CCl₄ e Cl₂ no equilíbrio?

15.90 A reação PCl₃(g) + Cl₂(g) ⇌ PCl₅(g) tem K_p = 0,0870 a 300 °C. Um frasco é preenchido com 0,50 atm de PCl₃, 0,50 atm de Cl₂ e 0,20 atm de PCl₅ a essa temperatura. **(a)** Use o quociente de reação para determinar a direção em que a reação deve ocorrer para atingir o equilíbrio. **(b)** Calcule as pressões parciais dos gases no equilíbrio. **(c)** Que efeito o aumento do volume do sistema terá sobre a fração molar de Cl₂ na mistura no equilíbrio? **(d)** A reação é exotérmica. Qual será o efeito do aumento da temperatura do sistema sobre a fração molar de Cl₂ na mistura no equilíbrio?

15.91 Uma mistura em equilíbrio de H₂, I₂ e HI a 458 °C contém 0,112 mol de H₂, 0,112 mol de I₂ e 0,775 mol de HI em um recipiente de 5,00 L. Quais são as pressões parciais no equilíbrio quando o equilíbrio for restabelecido após a adição de 0,200 mol de HI?

15.92 Considere a reação hipotética A(g) + 2 B(g) ⇌ 2 C(g), para a qual K_c = 0,25 a uma determinada temperatura. Um recipiente de reação de 1,00 L é preenchido com 1,00 mol do composto C, que atinge o equilíbrio. Considere que a variável x representa a quantidade de matéria/L do composto A presente no equilíbrio. **(a)** Em termos de x, quais são as concentrações dos compostos B e C no equilíbrio? **(b)** Que limites devem ser colocados sobre o valor de x para que todas as concentrações sejam positivas? **(c)** Colocando as concentrações no equilíbrio (em termos de x) na expressão da constante de equilíbrio, derive uma equação que possa ser resolvida para encontrar x. **(d)** A equação do item (c) é uma equação cúbica (tem a forma $ax^3 + bx^2 + cx + d = 0$). Em geral, as equações cúbicas não podem ser resolvidas de forma fechada. No entanto, você pode estimar a solução traçando um gráfico da equação cúbica na faixa permitida de x especificada no item (b). O ponto no qual a equação cúbica cruza o eixo x é a solução. **(e)** A partir do gráfico do item (d), estime as concentrações de A, B e C no equilíbrio. (*Dica:* Você pode conferir a precisão de sua resposta substituindo essas concentrações na expressão de equilíbrio.)

15.93 A uma temperatura de 700 K, as constantes de velocidade direta e inversa para a reação 2 HI(g) ⇌ H₂(g) + I₂(g) são $k_d = 1,8 \times 10^{-3}$ $M^{-1}\,s^{-1}$ e k_i = 0,063 $M^{-1}\,s^{-1}$. **(a)** Qual é o valor da constante de equilíbrio K_c a 700 K? **(b)** A reação direta é endotérmica ou exotérmica se as constantes de velocidade para a mesma reação têm valores de k_d = 0,097 $M^{-1}\,s^{-1}$ e k_i = 2,6 $M^{-1}\,s^{-1}$ a 800 K?

15.94 Considere a reação IO₄⁻(aq) + 2 H₂O(l) ⇌ H₄IO₆⁻(aq), em que $K_c = 3,5 \times 10^{-2}$. Se você partir de 25,0 mL de uma solução de NaIO₄ 0,905 M e em seguida diluí-la com 500,0 mL de água, qual será a concentração de H₄IO₆⁻ no equilíbrio?

15.95 A 800 K, a constante de equilíbrio para a reação A₂(g) ⇌ 2 A(g) é $K_c = 3,1 \times 10^{-4}$. **(a)** Supondo que as reações direta e inversa sejam elementares, espera-se que qual constante de velocidade seja maior, k_d ou k_i? **(b)** Se o valor de k_d = 0,27 s⁻¹, qual é o valor de k_i a 800 K? **(c)** Com base na natureza da reação, espera-se que a reação direta seja endotérmica ou exotérmica? **(d)** Se a temperatura for elevada para 1.000 K, a constante de velocidade inversa k_i aumentará ou diminuirá? A variação em k_i será maior ou menor do que a variação em k_d?

15.96 As moléculas de água da atmosfera podem formar dímeros ligados por hidrogênio, (H₂O)₂. A presença desses dímeros é considerada importante na nucleação de cristais de gelo e na formação de chuva ácida. **(a)** Utilizando a teoria VSEPR, ilustre a estrutura de um dímero de água, utilizando linhas tracejadas para indicar interações intermoleculares. **(b)** Que tipo de força intermolecular está envolvido na formação de dímeros de água? **(c)** O K_p para a formação de dímeros de água em fase gasosa é 0,050 a 300 K e 0,020 a 350 K. A formação de dímeros de água é endotérmica ou exotérmica?

15.97 A proteína hemoglobina (Hb) transporta O₂ no sangue dos mamíferos. Cada Hb pode ligar-se a quatro moléculas de O₂. A constante de equilíbrio para a reação de ligação do O₂ é maior na hemoglobina fetal do que na hemoglobina adulta. Ao discutir a capacidade da proteína de se ligar ao oxigênio, bioquímicos usam uma medida chamada de *valor P50*, definida como a pressão parcial de oxigênio em que 50% da proteína está saturada. A hemoglobina fetal tem um valor P50 de 19 torr, e a hemoglobina adulta tem um valor P50 de 26,8 torr. Considere esses dados para estimar quão maior é K_c para a reação aquosa 4 O₂(g) + Hb(aq) ⇌ [Hb(O₂)₄(aq)] em um feto em comparação com o K_c para a mesma reação em um adulto.

Elabore um experimento

A reação entre o hidrogênio e o iodo para formar iodeto de hidrogênio foi usada para ilustrar a lei de Beer no Capítulo 14 (Figura 14.4). A reação pode ser monitorada ao utilizar espectroscopia na região visível, uma vez que I₂ tem uma cor violeta, enquanto o H₂ e HI são incolores. A 300 K, a constante de equilíbrio para a reação H₂(g) + I₂(g) ⇌ 2 HI(g) é K_c = 794. Para responder às seguintes perguntas, suponha que você tenha acesso a hidrogênio, iodo, iodeto de hidrogênio, um recipiente de reação transparente, um espectrômetro de luz visível e um meio para modificar a temperatura. **(a)** Que concentração de gás ou gases você poderia monitorar facilmente com o espectrômetro? **(b)** Para usar a lei de Beer (Equação 14.5), você precisa determinar a absortividade molar, ε, para a substância em questão. Como você determinaria ε? **(c)** Descreva um experimento para determinar a constante de equilíbrio a 600 K. **(d)** Use as entalpias de ligação da Tabela 8.3 para estimar a entalpia dessa reação. **(e)** Com base em sua resposta ao item (d), você espera que, a 600 K, K_c seja maior ou menor que a 300 K?

16

EQUILÍBRIO ÁCIDO-BASE

▲ Frutas cítricas. A maioria das frutas contém diversos ácidos que contribuem para os seus sabores característicos.

Ácidos e bases estão entre as substâncias mais importantes da química, afetando nossas vidas de inúmeras maneiras. Por exemplo, o ácido cítrico e o ácido ascórbico, também conhecido como vitamina C, dão às frutas cítricas seus sabores adstringentes característicos (**Figura 16.1**). Eles não estão presentes apenas nos alimentos; também são partes essenciais dos sistemas vivos, como os aminoácidos, utilizados para sintetizar proteínas, e os ácidos nucleicos, que codificam informações genéticas. Tanto o ácido cítrico quanto o málico estão entre os vários ácidos envolvidos no ciclo de Krebs (também chamado de ciclo do ácido cítrico), utilizado para gerar energia em organismos aeróbios. A aplicação da química ácido-base também teve um papel fundamental no desenvolvimento da sociedade moderna, inclusive nas atividades humanas, como a fabricação industrial, a criação de produtos farmacêuticos avançados e muitos aspectos ambientais.

Estudamos ácidos e bases pela primeira vez nas Seções 2.8 e 4.3, nas quais discutimos, respectivamente, a nomenclatura de ácidos e algumas reações ácido-base simples. Neste capítulo, vamos olhar mais de perto como os ácidos e as bases são identificados e caracterizados. No processo, consideraremos sua estrutura e suas ligações, assim como os equilíbrios químicos nos quais participam.

O QUE VEREMOS

16.1 ▶ Classificações de ácidos e bases Aprender as diversas abordagens à classificação de ácidos e bases. Na definição de Arrhenius, os ácidos aumentam a concentração de prótons e as bases aumentam a concentração de íons hidróxido na água. Na definição de Brønsted-Lowry, os ácidos são *doadores de prótons*, e as bases são *receptores de prótons*. Na definição de Lewis, os ácidos são *receptores de pares de elétrons*, e as bases são *doadores de pares de elétrons*.

16.2 ▶ Pares ácido-base conjugados Reconhecer que, na abordagem de Brønsted-Lowry, todas as reações ácido-base são *reações de transferências de prótons* e que as espécies que se distinguem por meio da presença ou ausência de um próton são conhecidas como *par ácido-base conjugado*. Quanto mais forte um ácido, mais fraca sua base conjugada.

16.3 ▶ Autoionização da água Reconhecer que a *autoionização* da água produz pequenas quantidades de íons H_3O^+ e OH^-. A constante de equilíbrio da autoionização, $K_w = [H_3O^+][OH^-]$, define a relação entre as concentrações de $[H_3O^+]$ e $[OH^-]$ em soluções aquosas.

16.4 ▶ Escala de pH Usar a escala de pH para descrever a acidez ou a basicidade de uma solução aquosa. A 25 °C, soluções neutras têm pH = 7, soluções ácidas têm pH abaixo de 7 e soluções básicas têm pH acima de 7.

16.5 ▶ Ácidos e bases fortes Categorizar ácidos e bases como eletrólitos fortes ou fracos. Ácidos e bases *fortes* são eletrólitos fortes, que se ionizam ou se dissociam completamente em solução aquosa. Ácidos e bases *fracos* são eletrólitos fracos, que se ionizam parcialmente.

16.6 ▶ Ácidos fracos Aprender que a ionização de um ácido fraco em água é um processo de equilíbrio, com uma constante de equilíbrio, K_a, que pode ser usada para calcular o pH de uma solução ácida fraca.

16.7 ▶ Bases fracas Aprender que a ionização de uma base fraca em água é um processo de equilíbrio, com a constante de equilíbrio, K_b, que pode ser usada para calcular o pH de uma solução básica fraca.

16.8 ▶ Relação entre K_a e K_b Reconhecer que K_a e K_b estão relacionados por $K_a \times K_b = K_w$. Assim, quanto mais forte for um ácido, mais fraca será a sua base conjugada.

16.9 ▶ Propriedades ácido-base de soluções salinas Entender como compostos iônicos solúveis podem atuar como ácidos ou bases.

16.10 ▶ Comportamento ácido-base e estrutura química Explorar a relação entre estrutura química e comportamento ácido-base.

▶ **Figura 16.1** Dois ácidos orgânicos: ácido cítrico, $C_6H_8O_7$, e ácido ascórbico, $C_6H_8O_6$.

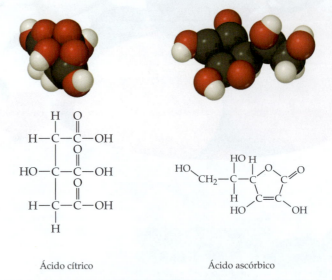

Ácido cítrico   Ácido ascórbico

16.1 | Classificações de ácidos e bases

Desde o início da química experimental, cientistas reconhecem ácidos e bases por causa de suas propriedades características. Os ácidos têm um sabor azedo e provocam a mudança de cor em certos corantes; as bases têm um gosto adstringente e são escorregadias ao toque (o sabão é um bom exemplo). O uso do termo "base" origina-se do inglês arcaico, "rebaixar". (A palavra inglesa *debase* ainda é usada nesse sentido e significa "diminuir o valor de algo".) Quando uma base é adicionada a um ácido, a base "rebaixa" a quantidade de ácido. De fato, quando ácidos e bases são misturados nas proporções adequadas, suas propriedades características parecem desaparecer. (Seção 4.3)

Não surpreende, então, que o nosso entendimento sobre ácidos e bases tenha evoluído ao longo dos séculos. No caminho, a definição do que torna uma substância ácida ou básica mudou. Em geral, os critérios se tornaram mais abrangentes a cada nova definição. Por isso, a definição mais apropriada muitas vezes depende do contexto, então é importante se familiarizar com as diferentes maneiras de classificar ácidos e bases.

Ácidos e bases de Arrhenius

Por volta de 1830, tornou-se evidente que todos os ácidos contêm hidrogênio, mas nem todas as substâncias que contêm hidrogênio são ácidas. Durante a década de 1880, o químico sueco Svante Arrhenius (1859–1927) definiu ácidos como substâncias que produzem íons H^+ em água e bases como substâncias que produzem íons OH^- em água. Ao longo do tempo, o conceito de ácidos e bases de Arrhenius foi estabelecido da seguinte maneira:

- Um **ácido de Arrhenius** é uma substância que, quando dissolvida em água, aumenta a concentração de íons H^+.
- Uma **base de Arrhenius** é uma substância que, quando dissolvida em água, aumenta a concentração de íons OH^-.

O gás de cloreto de hidrogênio, que é altamente solúvel em água, é um ácido de Arrhenius. Quando ele é dissolvido em água, o HCl(g) produz íons H^+ e Cl^- hidratados:

$$HCl(g) \xrightarrow{H_2O} H^+(aq) + Cl^-(aq) \qquad [16.1]$$

A solução aquosa de HCl é conhecida como *ácido clorídrico*. O ácido clorídrico concentrado tem cerca de 37% de HCl em massa, sendo 12 M em HCl.

O hidróxido de sódio é uma base de Arrhenius. Como o NaOH é um composto iônico solúvel, ele se dissocia em íons Na^+ e OH^- quando dissolvido em água, aumentando, assim, a concentração de íons OH^- na solução.

 Objetivos de aprendizagem

Após terminar a Seção 16.1, você deverá ser capaz de:

▶ Definir ácidos e bases de Arrhenius e identificar substâncias que atuam como ácidos e bases de Arrhenius.

▶ Definir ácidos e bases de Brønsted-Lowry e identificar moléculas e íons que atuam como ácidos ou bases de Brønsted-Lowry.

▶ Escrever equações químicas balanceadas para reações de transferência de prótons.

▶ Definir ácidos e bases de Lewis e identificar moléculas e íons que atuam como ácidos ou bases de Lewis.

Ácidos e bases de Brønsted–Lowry

O conceito de Arrhenius sobre ácidos e bases, embora útil, é bastante limitado. Por exemplo, ele se aplica apenas a soluções aquosas. Em 1923, os químicos Johannes Brønsted (1879–1947), dinamarquês, e Thomas Lowry (1874–1936), inglês, propuseram, separadamente, uma definição mais geral de ácidos e bases. O conceito deles era baseado no fato de que *as reações ácido-base envolvem transferência de íons H^+ de uma substância para a outra*. Para entender melhor essa definição, precisamos examinar mais de perto o comportamento do íon H^+ em água.

Poderíamos começar imaginando que a ionização de HCl em água produz apenas H^+ e Cl^-. Um íon de hidrogênio não é nada além de um próton, ou seja, uma partícula muito pequena com carga positiva. Como tal, um íon H^+ interage fortemente com qualquer fonte de densidade eletrônica, como pares de elétrons não ligantes sobre os átomos de oxigênio das moléculas de água. Quando um próton interage com a água dessa maneira, forma-se o **íon hidrônio**, $H_3O^+(aq)$:

$$H^+ + :\!\ddot{O}\!-\!H \longrightarrow \left[H\!-\!\ddot{O}\!-\!H\right]^+ \quad [16.2]$$
$$\qquad\qquad\;\; |\qquad\qquad\qquad\;\; |$$
$$\qquad\qquad\;\; H\qquad\qquad\qquad\; H$$

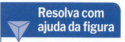

O comportamento de íons H^+ em água líquida é complexo, porque íons hidrônio interagem com moléculas de água adicionais por meio da formação de ligações de hidrogênio. (Seção 11.2) Por exemplo, o íon H_3O^+ é ligado a moléculas de H_2O adicionais para gerar íons como $H_5O_2^+$ e $H_9O_4^+$ (**Figura 16.2**).

Químicos usam as notações $H^+(aq)$ e $H_3O^+(aq)$ alternadamente para representar o próton hidratado, responsável pelas propriedades características de soluções aquosas de ácidos. Muitas vezes, utilizamos a notação $H^+(aq)$ por simplicidade e conveniência, como fizemos no Capítulo 4 e na Equação 16.1. A notação $H_3O^+(aq)$, no entanto, representa melhor a realidade.

Na reação que ocorre quando se dissolve HCl em água, a molécula de HCl transfere um íon H^+ (um próton) para uma molécula de água. Assim, podemos representar a reação como se ela estivesse ocorrendo entre uma molécula de HCl e uma molécula de água para formar íons hidrônio e cloreto:

$$HCl(g) + H_2O(l) \longrightarrow Cl^-(aq) + H_3O^+(aq) \quad [16.3]$$

$$:\!\ddot{Cl}\!-\!H + :\!\ddot{O}\!-\!H \longrightarrow :\!\ddot{Cl}\!:^- + \left[H\!-\!\ddot{O}\!-\!H\right]^+$$
$$\qquad\qquad\;\;\; |\qquad\qquad\qquad\qquad\qquad |$$
$$\qquad\qquad\;\;\; H\qquad\qquad\qquad\qquad\qquad H$$

Ácido   Base

Observe que a reação da Equação 16.3 envolve um *doador de prótons* (HCl) e um *receptor de prótons* (H_2O). A noção de transferência, de um doador de prótons para um receptor de prótons, é a ideia chave na definição de Brønsted-Lowry sobre ácidos e bases:

- Um **ácido de Brønsted-Lowry** é uma substância (molécula ou íon) que *doa* um próton para outra substância.
- Uma **base de Brønsted-Lowry** é uma substância (molécula ou íon) que *recebe* ou *aceita* um próton.

Desse modo, quando o HCl é dissolvido em água (Equação 16.3), ele atua como um ácido de Brønsted-Lowry (doa um próton à H_2O), e a H_2O atua como uma base de Brønsted-Lowry

---

Resolva com ajuda da figura

Que tipo de força intermolecular é representado pelas linhas pontilhadas na figura?

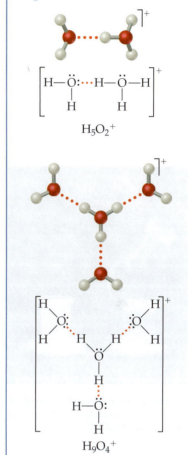

▲ **Figura 16.2** Modelos de bola e vareta e estruturas de Lewis para dois íons hidrônio hidratados.

(aceita um próton do HCl). Vemos que a molécula de H₂O serve como um receptor de prótons, usando um dos pares de elétrons não ligantes no átomo de O para "prender" o próton.

Uma vez que a ênfase no conceito de Brønsted-Lowry está na transferência de prótons, o conceito também é aplicado a reações que não ocorrem em solução aquosa. Por exemplo, na reação entre o HCl em fase gasosa e o NH₃, um próton é transferido do ácido HCl para a base NH₃:

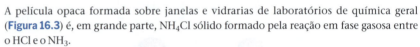

$$\text{Ácido} \quad \text{Base}$$ [16.4]

▲ Figura 16.3 **Vapores de HCl(g) e NH₃(g) dos frascos de reagente reagem para criar uma névoa de NH₄Cl(s).**

A película opaca formada sobre janelas e vidrarias de laboratórios de química geral (**Figura 16.3**) é, em grande parte, NH₄Cl sólido formado pela reação em fase gasosa entre o HCl e o NH₃.

Para entender melhor a relação entre as definições de ácidos e bases de Arrhenius e Brønsted-Lowry, considere uma solução aquosa de amônia, na qual temos o equilíbrio:

$$\underset{\text{Base}}{NH_3(aq)} + \underset{\text{Ácido}}{H_2O(l)} \rightleftharpoons NH_4^+(aq) + OH^-(aq) \quad [16.5]$$

A amônia é uma base de Brønsted-Lowry porque recebe um próton da H₂O. Ela também é uma base de Arrhenius porque ocorre um aumento na concentração de OH⁻(aq) ao adicioná-la à água. Um aspecto fundamental da abordagem de Brønsted-Lowry à classificação de ácidos e bases pode ser resumida pela seguinte frase:

A transferência de um próton sempre envolve tanto um ácido (doador) quanto uma base (receptor).

Em outras palavras, uma substância pode funcionar como um ácido apenas se, simultaneamente, outra substância se comportar como uma base. Para ser um ácido de Brønsted-Lowry, uma molécula ou um íon deve ter um átomo de hidrogênio que possa ser perdido na forma de um íon H⁺. Para ser uma base de Brønsted-Lowry, uma molécula ou um íon deve ter um par de elétrons não ligantes que possa ser usado para se ligar ao íon H⁺.

Algumas substâncias podem agir como um ácido em uma reação e como uma base em outra. Por exemplo, H₂O é uma base de Brønsted-Lowry na Equação 16.3 e um ácido de Brønsted-Lowry na Equação 16.5. Uma substância capaz de agir como um ácido ou uma base é chamada de **anfiprótica** ou *anfótera*. Uma substância anfiprótica age como uma base quando é combinada com algo mais ácido que ela mesma e como um ácido quando combinada a algo mais básico que ela própria.

Exercício resolvido 16.1
Escrevendo equações para reações ácido-base de Brønsted-Lowry

O íon hidrogenosulfito (HSO₃⁻) é anfótero. Escreva uma equação para a reação entre o HSO₃⁻ e a água **(a)** em que o íon atue como um ácido e **(b)** em que o íon atue como uma base.

SOLUÇÃO

Analise e planeje Devemos escrever duas equações que representem reações entre o HSO₃⁻ e a água. Na primeira, o HSO₃⁻ deve doar um próton para a água, atuando como um ácido de Brønsted-Lowry. Na segunda, o HSO₃⁻ deve aceitar um próton da água, atuando como uma base.

Resolva

(a) Para que atue como um ácido, HSO₃⁻ deve doar um próton para H₂O. Após doar o próton, ele torna-se SO₃²⁻ e H₂O transforma-se em H₃O⁺ ao aceitar o próton.

$$HSO_3^-(aq) + H_2O(l) \rightleftharpoons SO_3^{2-}(aq) + H_3O^+(aq)$$

(b) Para atuar como uma base, HSO₃⁻ deve aceitar um próton de H₂O. Essa transferência de prótons cria ácido sulfuroso (H₂SO₃) e íons hidróxido.

$$HSO_3^-(aq) + H_2O(l) \rightleftharpoons H_2SO_3(aq) + OH^-(aq)$$

▶ **Para praticar**
Quando o óxido de lítio (Li₂O) é dissolvido na água, a solução torna-se básica por causa da reação entre o íon óxido (O²⁻) e a água. Escreva a equação química balanceada para essa reação.

Ácidos e bases de Lewis

Para que uma substância seja um receptor de prótons (ou seja, uma base de Brønsted-Lowry), ela deve ter um par de elétrons não compartilhado para a ligação com o próton, como ilustrado pela amônia. Usando estruturas de Lewis, podemos escrever a reação entre H^+ e NH_3 da seguinte forma:

$$H^+ + :\!\!\underset{\underset{H}{|}}{\overset{\overset{H}{|}}{N}}\!\!-\!H \longrightarrow \left[H\!-\!\underset{\underset{H}{|}}{\overset{\overset{H}{|}}{N}}\!\!-\!H \right]^+ \quad [16.6]$$

G. N. Lewis foi o primeiro a perceber esse aspecto das reações ácido-base. Ele propôs uma definição mais geral de ácidos e bases, que ressalta o par de elétrons compartilhado:

- Um **ácido de Lewis** é um receptor de par de elétrons.
- Uma **base de Lewis** é um doador de par de elétrons.

Tudo que é base de Brønsted-Lowry (um receptor de prótons) também é base de Lewis (um doador de par de elétrons). Na teoria de Lewis, no entanto, uma base pode doar o seu par de elétrons a uma espécie química diferente de H^+. Portanto, a definição de Lewis aumenta bastante o número de espécies que podem ser consideradas ácidos. Por exemplo, a reação entre NH_3 e BF_3 ocorre porque BF_3 tem um orbital vazio na sua camada de valência. (Seção 8.7) Consequentemente, esse composto atua como um receptor de par de elétrons (um ácido de Lewis) em relação a NH_3, que doa o par de elétrons:

$$H\!-\!\underset{\underset{H}{|}}{\overset{\overset{H}{|}}{N}}\!:\; +\; \underset{\underset{F}{|}}{\overset{\overset{F}{|}}{B}}\!-\!F \longrightarrow H\!-\!\underset{\underset{H}{|}}{\overset{\overset{H}{|}}{N}}\!-\!\underset{\underset{F}{|}}{\overset{\overset{F}{|}}{B}}\!-\!F$$

Base de   Ácido de
Lewis   Lewis   [16.7]

Ácidos de Lewis incluem moléculas que, como BF_3, têm um octeto incompleto de elétrons. Além disso, muitos cátions simples podem atuar como ácidos de Lewis. Por exemplo, Fe^{3+} interage fortemente com íons cianeto para formar o *íon ferricianeto*, $[Fe(CN)_6]^{3-}$:

$$Fe^{3+} + 6[:C\!\equiv\!N:]^- \longrightarrow [Fe(:C\!\equiv\!N:)_6]^{3-} \quad [16.8]$$

O íon Fe^{3+} tem orbitais vazios que aceitam pares de elétrons doados pelos íons cianeto. (No Capítulo 23, explicaremos em mais detalhes quais orbitais são utilizados pelo íon Fe^{3+}). O íon do metal também tem carga alta, o que contribui para a interação com íons CN^-. Na Seção 16.9, mostraremos que essa propriedade dos cátions de metal é importante para entender as propriedades ácido-base de soluções salinas.

Alguns compostos com ligações múltiplas podem se comportar como ácidos de Lewis. Por exemplo, a reação entre o dióxido de carbono e a água para produzir ácido carbônico (H_2CO_3) pode ser representada como se uma molécula de água atacasse o CO_2. Nesse caso, a água atua como doadora de par de elétrons, e o CO_2, como receptor de par de elétrons:

$$\underset{H}{\overset{H}{}}\!\!\ddot{O}: + \overset{\ddot{O}}{\underset{\ddot{O}}{\parallel}}C \longrightarrow H\!-\!\overset{H\;\;\;:\ddot{O}:}{\underset{:\ddot{O}:}{O\!-\!C}} \longrightarrow H\!-\!\overset{H\!-\!\ddot{O}:}{\underset{:\ddot{O}:}{\ddot{O}\!-\!C}} \quad [16.9]$$

Um par de elétrons de uma das ligações duplas carbono-oxigênio é deslocado para o oxigênio, deixando um orbital vazio no carbono. Isso significa que o carbono pode aceitar um par de elétrons doado por H_2O. O produto inicial ácido-base sofre rearranjo mediante transferência de um próton do oxigênio da água para um oxigênio do dióxido de carbono, formando ácido carbônico.

Ao longo deste capítulo, consideraremos a água como o solvente e os prótons como a fonte das propriedades ácidas. Nesses casos, a definição de Brønsted-Lowry de ácido e de base é a mais útil. Na verdade, quando definimos uma substância como ácida ou básica, geralmente estamos pensando em soluções aquosas e usando esses termos no sentido estabelecido por Arrhenius ou Brønsted-Lowry. Para evitar confusão, uma substância como

BF₃ raramente é chamada de ácido, a menos que fique claro e de acordo com um contexto específico que estamos usando o termo baseado na definição de Lewis. Em vez disso, substâncias que atuam como receptores de pares de elétrons são chamadas explicitamente de "ácidos de Lewis".

O conceito ácido-base de Lewis permite que muitas ideias desenvolvidas neste capítulo sejam usadas de maneira mais ampla na química, incluindo para reações que ocorrem em outros solventes. No curso de química orgânica, você verá que uma série de reações importantes requerem a presença de um ácido de Lewis. A influência de pares de elétrons não ligantes em uma molécula ou íon com orbitais vazios sobre outra molécula ou outro íon é um dos conceitos mais importantes da química, como você verá ao longo dos seus estudos.

 Exercícios de autoavaliação

EAA 16.1 Quando adicionado à água, o fluoreto de sódio se dissolve, e os íons fluoreto resultantes reagem com a água de acordo com a seguinte equação: $F^-(aq) + H_2O(l) \rightleftharpoons HF(aq) + OH^-(aq)$. Como você classificaria os íons fluoreto nessa reação? (**a**) uma base de Brønsted-Lowry, mas não uma base de Arrhenius (**b**) uma base de Brønsted-Lowry e uma base de Arrhenius (**c**) um ácido de Brønsted-Lowry, mas não um ácido de Arrhenius (**d**) um ácido de Brønsted-Lowry e um ácido de Arrhenius

EAA 16.2 Qual das moléculas a seguir pode atuar como um ácido de Lewis, mas não como um ácido de Brønsted-Lowry? (**a**) AlCl₃ (**b**) CH₃NH₂ (**c**) HClO₄ (**d**) H₂O

EAA 16.3 O íon hidrogenofosfato, HPO_4^{2-}, atua como base de Brønsted-Lowry quando reage com a água. Quais são os produtos dessa reação? (**a**) H_3O^+ e PO_4^{3-} (**b**) H_3O^+ e $H_2PO_4^-$ (**c**) OH^- e PO_4^{3-} (**d**) OH^- e $H_2PO_4^-$

EAA 16.4 Quando NH₄Cl(s) é dissolvido na água, a solução torna-se ácida devido à reação dos cátions de amônio com a água: $NH_4^+(aq) + H_2O(l) \rightleftharpoons NH_3(aq) + H_3O^+(aq)$. Nessa reação, o cátion de amônio atua como ____. (**a**) um ácido de Arrhenius (**b**) um ácido de Brønsted-Lowry (**c**) um ácido de Lewis (**d**) um ácido de Brønsted-Lowry e um ácido de Lewis (**e**) um ácido de acordo com as três definições

16.2 | Pares ácido-base conjugados

 Objetivos de aprendizagem

Após terminar a Seção 16.2, você deverá ser capaz de:
▶ Dado um ácido ou uma base de Brønsted-Lowry, determinar a identidade do seu conjugado.
▶ Correlacionar a força de um ácido e a força de sua base conjugada.
▶ Usar as forças relativas de ácidos e bases em uma reação para prever se o equilíbrio em uma reação ácido-base de Brønsted-Lowry favorece os reagentes ou os produtos.

Em todo equilíbrio ácido-base de Brønsted-Lowry, tanto a reação direta (para a direita) quanto a reação inversa (para a esquerda) envolvem transferência de prótons. Por exemplo, considere a reação de um ácido HA com água:

$$HA(aq) + H_2O(l) \rightleftharpoons A^-(aq) + H_3O^+(aq) \quad [16.10]$$

Na reação direta, o HA doa um próton para o H₂O. Portanto, HA é o ácido Brønsted-Lowry e H₂O é a base de Brønsted-Lowry. Na reação inversa, o íon H_3O^+ doa um próton para o íon A^-, de modo que o H_3O^+ é o ácido e A^- é a base. Quando o ácido HA doa um próton, ele deixa para trás uma substância, A^-, que pode atuar como uma base. Da mesma forma, quando H₂O atua como uma base, ela gera H_3O^+, que pode atuar como um ácido.

Um ácido e uma base, como o HA e o A^-, que diferem apenas na presença ou na ausência de um próton, são chamados de **par ácido-base conjugado**. Cada ácido tem uma **base conjugada**, formada mediante a remoção de um próton de um ácido. Por exemplo, o OH^- é a base conjugada de H₂O, e o A^- é a base conjugada do HA. Cada base tem um **ácido conjugado**, formado pela adição de um próton à base. Assim, o H_3O^+ é o ácido conjugado de H₂O, e o HA é o ácido conjugado do A^-.

Em qualquer reação ácido-base de Brønsted-Lowry, podemos identificar dois conjuntos de pares ácido-base conjugados. Por exemplo, considere a reação entre o ácido nitroso e a água:

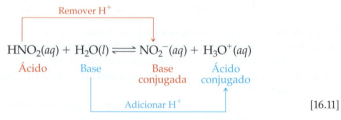

[16.11]

Da mesma forma, para a reação entre NH₃ e H₂O (Equação 16.12), temos

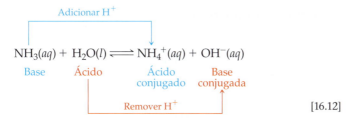

[16.12]

Uma vez que você passar a identificar pares ácido-base conjugados com facilidade, será mais natural escrever equações para reações que envolvem ácidos e bases de Brønsted-Lowry (*reações de transferência de prótons*).

Exercício resolvido 16.2
Identificação de ácidos e bases conjugados

(a) Qual é a base conjugada dos elementos $HClO_4$, H_2S, PH_4^+ e HCO_3^-?
(b) Qual é o ácido conjugado dos elementos CN^-, SO_4^{2-}, H_2O e HCO_3^-?

SOLUÇÃO

Analise Devemos determinar a base conjugada de vários ácidos e o ácido conjugado de várias bases.

Planeje A base conjugada de uma substância é a substância-mãe menos um próton, enquanto o ácido conjugado de uma substância é a substância-mãe mais um próton.

Resolva
(a) Se removermos um próton do $HClO_4$, vamos obter o ClO_4^-, que é a sua base conjugada. As outras bases conjugadas são HS^-, PH_3 e CO_3^{2-}.

(b) Se adicionarmos um próton ao CN^-, teremos o HCN, seu ácido conjugado. Os outros ácidos conjugados são HSO_4^-, H_3O^+ e H_2CO_3. Observe que o íon hidrogenocarbonato (HCO_3^-) é anfiprótico, podendo atuar como um ácido ou uma base.

▶ **Para praticar**
Escreva a fórmula do ácido conjugado de HSO_3^-, F^-, CH_3NH_2 e PO_4^{3-}.

Forças relativas de ácidos e bases

Alguns ácidos são melhores doadores de prótons que outros, e algumas bases são melhores receptoras de prótons que outras. Se nós dispusermos os ácidos em ordem de capacidade de doar um próton, descobriremos que, quanto mais facilmente uma substância doa um próton, menos facilmente sua base conjugada aceitará um próton. Da mesma forma, quanto mais facilmente uma base aceitar um próton, menos facilmente seu ácido conjugado doará um próton. Em outras palavras, *quanto mais forte for um ácido, mais fraca será a sua base conjugada*, e *quanto mais forte for uma base, mais fraco será o seu ácido conjugado*. Assim, se soubermos a facilidade com que um ácido doa prótons, também identificaremos a facilidade com que a sua base conjugada aceitará prótons.

A relação inversa entre a força de ácidos e as suas bases conjugadas está ilustrada na **Figura 16.4**. A seguir, agrupamos ácidos e bases em três grandes categorias, com base em seu comportamento na água:

1. Um *ácido forte* transfere seus prótons completamente para a água, não deixando praticamente nenhuma molécula não dissociada em solução. (Seção 4.3) Sua base conjugada tem uma tendência insignificante de aceitar prótons em solução aquosa. (*A base conjugada de um ácido forte mostra basicidade insignificante.*)
2. Um *ácido fraco* dissocia-se parcialmente em solução aquosa, sendo, portanto, encontrado na solução como uma mistura de ácido não dissociado e sua base conjugada. Assim, a base conjugada de um ácido fraco mostra uma ligeira capacidade de remover prótons da água. (*A base conjugada de um ácido fraco é uma base fraca.*)
3. Uma substância com *acidez insignificante* contém hidrogênio, mas não demonstra qualquer comportamento ácido na água. Sua base conjugada é uma base forte, reagindo completamente com água para formar íons OH^-. (*A base conjugada de uma substância com acidez insignificante é uma base forte.*)

> **Resolva com ajuda da figura** Se íons O^{-2} forem adicionados à água, que reação poderá ocorrer?

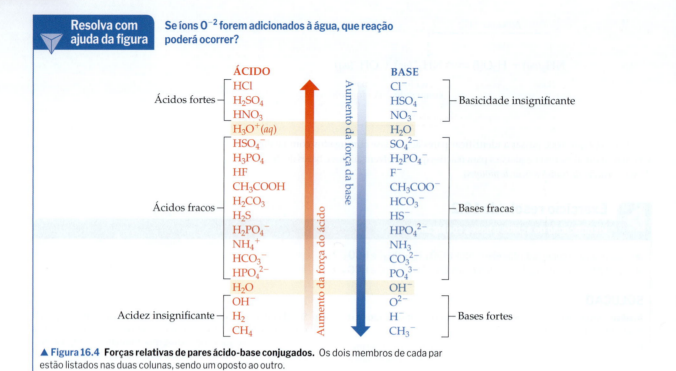

▲ **Figura 16.4 Forças relativas de pares ácido-base conjugados.** Os dois membros de cada par estão listados nas duas colunas, sendo um oposto ao outro.

Os íons $H_3O^+(aq)$ e $OH^-(aq)$ são, respectivamente, o ácido e a base mais fortes possíveis de existir em equilíbrio em uma solução aquosa. Ácidos mais fortes reagem com a água para produzir íons $H_3O^+(aq)$, e bases mais fortes reagem com a água para produzir íons $OH^-(aq)$, um fenômeno conhecido como *efeito nivelador*.

Podemos pensar que as reações de transferência de prótons são controladas pelas capacidades relativas de duas bases abstraírem prótons. Por exemplo, considere a transferência de prótons que ocorre quando um ácido HA é dissolvido na água:

$$HA(aq) + H_2O(l) \rightleftharpoons H_3O^+(aq) + A^-(aq) \qquad [16.13]$$

Se H_2O (base na reação direta) é uma base mais forte que A^- (base conjugada do HA), transferir o próton do HA para H_2O é favorável, produzindo H_3O^+ e A^-. Como resultado, o equilíbrio fica à direita. Levado ao limite, isso descreve o comportamento de um ácido forte em água. Por exemplo, quando o HCl é dissolvido em água, a solução é composta quase inteiramente de íons H_3O^+ e Cl^-, com uma concentração insignificante de moléculas de HCl:

$$HCl(g) + H_2O(l) \longrightarrow H_3O^+(aq) + Cl^-(aq) \qquad [16.14]$$

H_2O é uma base mais forte que o Cl^- (Figura 16.4), de modo que H_2O adquire o próton para se tornar o íon hidrônio. Como a reação fica completamente à direita, escrevemos a Equação 16.14 apenas com uma seta para a direita, e não com as setas duplas de equilíbrio.

Quando A^- representa uma base mais forte que H_2O, o equilíbrio fica à esquerda. Essa situação ocorre quando o HA é um ácido fraco. Por exemplo, uma solução aquosa de ácido acético é constituída, principalmente, de moléculas de CH_3COOH, com apenas um número relativamente pequeno de íons H_3O^+ e CH_3COO^-:

$$CH_3COOH(aq) + H_2O(l) \rightleftharpoons H_3O^+(aq) + CH_3COO^-(aq) \qquad [16.15]$$

O íon CH_3COO^- é uma base mais forte que a H_2O (Figura 16.4) e, portanto, a reação inversa é mais favorecida do que a reação direta.

Com base nesses exemplos, concluímos que, *em todas as reações ácido-base, o equilíbrio favorece a transferência de prótons do ácido mais forte para a base mais forte, a fim de formar o ácido e a base mais fracas.*

Exercício resolvido 16.3
Previsão da posição de um equilíbrio de transferência de prótons

Para a seguinte reação de transferência de prótons, tenha como base a Figura 16.4 para prever se o equilíbrio fica à esquerda ($K_c < 1$) ou à direita ($K_c > 1$):

$$HSO_4^-(aq) + CO_3^{2-}(aq) \rightleftharpoons SO_4^{2-}(aq) + HCO_3^-(aq)$$

SOLUÇÃO

Analise Devemos prever se o equilíbrio fica à direita, favorecendo os produtos, ou à esquerda, favorecendo os reagentes.

Planeje Essa é uma reação de transferência de prótons, e a posição do equilíbrio vai favorecer que o próton vá para a mais forte das duas bases. As duas bases na equação são CO_3^{2-}, a base na reação direta, e SO_4^{2-}, a base conjugada de HSO_4^-. Podemos encontrar as posições relativas dessas duas bases na Figura 16.4 para determinar qual é a base mais forte.

Resolva O íon CO_3^{2-} aparece quase no fim da coluna da direita da Figura 16.4 e é, portanto, uma base mais forte que o SO_4^{2-}. Assim, o CO_3^{2-} receberá preferencialmente o próton para se tornar HCO_3^-, enquanto o SO_4^{2-} permanecerá não protonado em sua maior parte. O equilíbrio resultante fica à direita, favorecendo os produtos (i.e., $K_c > 1$):

$$\underset{\text{Ácido}}{HSO_4^-(aq)} + \underset{\text{Base}}{CO_3^{2-}(aq)} \rightleftharpoons \underset{\text{Base conjugada}}{SO_4^{2-}(aq)} + \underset{\text{Ácido conjugado}}{HCO_3^-(aq)} \quad K_c > 1$$

Comentário Dos dois ácidos, HSO_4^- e HCO_3^-, o mais forte (HSO_4^-) doa um próton mais facilmente, e o mais fraco (HCO_3^-) tende a manter o seu próton. Assim, o equilíbrio favorece a direção em que o próton sai do ácido forte e se liga à base mais forte.

▶ **Para praticar**
Para cada reação, consulte a Figura 16.4 para prever se o equilíbrio fica à esquerda ou à direita:
(a) $HPO_4^{2-}(aq) + H_2O(l) \rightleftharpoons H_2PO_4^-(aq) + OH^-(aq)$
(b) $NH_4^+(aq) + OH^-(aq) \rightleftharpoons NH_3(aq) + H_2O(l)$

Exercícios de autoavaliação

EAA 16.5 A base conjugada de $HPO_4^{2-}(aq)$ é _____, e o ácido conjugado de $NH_3(aq)$ é _____.
(a) $H_2PO_4^-$, NH_4^+ (b) PO_4^{3-}, NH_4^+ (c) $H_2PO_4^-$, NH_2^- (d) PO_4^{3-}, NH_2^- (e) PO_4, NH_4

EAA 16.6 Disponha as moléculas/íons a seguir em ordem crescente de basicidade: Cl^-, OH^-, O^{2-}, NH_3. (a) menos básico $Cl^- < NH_3 < O^{2-} < OH^-$ mais básico (b) menos básico $O^{2-} < Cl^- < NH_3 < OH^-$ mais básico (c) menos básico $Cl^- < NH_3 < OH^- < O^{2-}$ mais básico; (d) menos básico $Cl^- < O^{2-} < NH_3 < OH^-$ mais básico (e) menos básico $NH_3 < Cl^- < OH^- < O^{2-}$ mais básico

EAA 16.7 Use a Figura 16.4 para determinar em quais das seguintes reações ácido-base o equilíbrio fica à direita ($K_c > 1$)?

(i) $NH_3(aq) + H_2PO_4^-(aq) \rightleftharpoons NH_4^+(aq) + HPO_4^{2-}(aq)$
(ii) $HF(aq) + SO_4^{2-}(aq) \rightleftharpoons F^-(aq) + HSO_4^-(aq)$
(iii) $CH_3COOH(aq) + HCO_3^-(aq) \rightleftharpoons CH_3COO^-(aq) + H_2CO_3(aq)$

(a) i (b) iii (c) i e ii (d) ii e iii (e) i, ii e iii

16.3 | Autoionização da água

Uma das propriedades químicas mais importantes da água é a sua capacidade de atuar tanto como um ácido quanto como uma base de Brønsted-Lowry. Na presença de um ácido, ela atua como um receptor de prótons; na presença de uma base, ela atua como um doador de prótons. Na verdade, uma molécula de água pode doar um próton a outra molécula de água:

$$H_2O(l) + H_2O(l) \rightleftharpoons OH^-(aq) + H_3O^+(aq) \quad [16.16]$$

Objetivos de aprendizagem

Após terminar a Seção 16.3, você deverá ser capaz de:
▶ Determinar a concentração de íons H_3O^+ ou OH^- em uma solução aquosa a partir da concentração da água K_w e da concentração do outro íon.

Ácido   Base

Chamamos esse processo de **autoionização** da água.

Como as reações direta e inversa da Equação 16.16 são extremamente rápidas, nenhuma molécula de água permanece ionizada por muito tempo. Em temperatura ambiente, apenas cerca de duas de cada 10^9 moléculas de água são ionizadas em um determinado instante. Assim, a água pura é composta quase inteiramente de moléculas de H_2O e é uma péssima condutora de eletricidade. No entanto, a autoionização da água é muito importante, como veremos mais adiante.

O produto iônico da água

A expressão da constante de equilíbrio para a autoionização da água é

$$K_c = [H_3O^+][OH^-] \quad \quad [16.17]$$

O termo $[H_2O]$ é excluído da expressão da constante de equilíbrio porque eliminamos as concentrações de sólidos e líquidos puros. (Seção 15.4) Como essa expressão refere-se especificamente à autoionização da água, utilizamos o símbolo K_w para denotar a constante de equilíbrio, chamada de **constante do produto iônico** da água. A 25 °C, K_w é igual a 1,0 $\times$ 10^{-14}. Assim, temos:

$$K_w = [H_3O^+][OH^-] = 1,0 \times 10^{-14} \quad \text{(a 25 °C)} \quad [16.18]$$

Como usamos $H^+(aq)$ e $H_3O^+(aq)$ alternadamente para representar o próton hidratado, a reação de autoionização para a água também pode ser escrita como:

$$H_2O(l) \rightleftharpoons H^+(aq) + OH^-(aq) \quad \quad [16.19]$$

Da mesma forma, a expressão de K_w pode ser escrita em termos de H_3O^+ ou H^+, e K_w tem o mesmo valor em qualquer um dos casos:

$$K_w = [H_3O^+][OH^-] = [H^+][OH^-] = 1,0 \times 10^{-14} \quad \text{(a 25 °C)} \quad [16.20]$$

Essa expressão da constante de equilíbrio e o valor do K_w a 25 °C são extremamente importantes, e você deve memorizá-los.

Diz-se que uma solução em que $[H^+] = [OH^-]$ é *neutra*. No entanto, na maioria das soluções, as concentrações de H^+ e OH^- não são iguais. À medida que a concentração de um desses íons aumenta, a concentração do outro diminui, de modo que o produto de suas concentrações é sempre igual a $1,0 \times 10^{-14}$ (**Figura 16.5**). Soluções aquosas nas quais $[H^+] > [OH^-]$ são chamadas de *ácidas*, enquanto soluções aquosas nas quais $[OH^-] > [H^+]$ são chamadas de *básicas*.

O que torna a Equação 16.20 particularmente útil é que ela pode ser aplicada tanto à água pura quanto a qualquer solução aquosa. Embora o equilíbrio entre $H^+(aq)$ e $OH^-(aq)$, bem como outros equilíbrios iônicos, sejam afetados de alguma maneira pela presença de íons adicionais em solução, é comum ignorar esses efeitos iônicos, exceto em trabalhos que exigem uma precisão excepcional. Assim, a Equação 16.20 é considerada válida para qualquer solução aquosa diluída e pode ser utilizada para calcular $[H^+]$ (se $[OH^-]$ for conhecido) ou $[OH^-]$ (se $[H^+]$ for conhecido).

▶ **Figura 16.5** Concentrações relativas de H^+ e OH^- em soluções aquosas a 25 °C.

Solução ácida
$[H^+] > [OH^-]$
$[H^+][OH^-] = 1,0 \times 10^{-14}$

Solução neutra
$[H^+] = [OH^-]$
$[H^+][OH^-] = 1,0 \times 10^{-14}$

Solução básica
$[H^+] < [OH^-]$
$[H^+][OH^-] = 1,0 \times 10^{-14}$

Exercício resolvido 16.4
Calculando [H⁺] a partir de [OH⁻]

Calcule a concentração de H⁺(aq) em (a) uma solução em que [OH⁻] é 0,010 M e (b) em uma solução em que [OH⁻] é $1,8 \times 10^{-9}$ M. *Observação:* neste problema e em todos os seguintes, pressupomos uma temperatura de 25 °C, a menos que indiquemos o contrário.

SOLUÇÃO
Analise Devemos calcular a concentração [H⁺] em uma solução aquosa em que a concentração de hidróxido é conhecida.

Planeje Podemos usar a expressão de constante de equilíbrio para a autoionização da água e o valor de K_w para encontrar cada concentração desconhecida.

Resolva

(a) Com base na aplicação da Equação 16.20, temos:

$$[H^+][OH^-] = 1,0 \times 10^{-14}$$

$$[H^+] = \frac{(1,0 \times 10^{-14})}{[OH^-]} = \frac{1,0 \times 10^{-14}}{0,010} = 1,0 \times 10^{-12}\, M$$

Essa solução é básica porque

$$[OH^-] > [H^+]$$

(b) Nesse exemplo,

$$[H^+] = \frac{(1,0 \times 10^{-14})}{[OH^-]} = \frac{1,0 \times 10^{-14}}{1,8 \times 10^{-9}} = 5,6 \times 10^{-6}\, M$$

Essa solução é ácida, porque

$$[H^+] > [OH^-]$$

▶ **Para praticar**
Calcule a concentração de OH⁻(aq) em uma solução em que
(a) $[H^+] = 2 \times 10^{-6}\, M$, (b) $[H^+] = [OH^-]$,
(c) $[H^+] = 200 \times [OH^-]$.

Exercícios de autoavaliação

EAA 16.8 A uma temperatura de 75 °C, a constante do produto iônico da água é $K_w = 2,0 \times 10^{-13}$. Para a água pura a essa temperatura, [H₃O⁺] é ____ 1×10^{-7} M e é ____ [OH⁻]. (a) maior do que, maior do que (b) menor do que, menor do que (c) igual a, igual a (d) maior do que, igual a (e) menor do que, igual a

EAA 16.9 Quando uma substância desconhecida é dissolvida em água a 25 °C, determina-se que a concentração de íons OH⁻ é $2,5 \times 10^{-9}$ M. A partir disso, podemos concluir que [H₃O⁺] = ____ e que a solução é ____. (a) $2,5 \times 10^{-9}$ M, neutra (b) $1,0 \times 10^{-7}$ M, ácida (c) $4,0 \times 10^{-6}$ M, básica (d) $4,0 \times 10^{-6}$ M, ácida

16.4 | Escala de pH

A concentração molar de H⁺(aq) em uma solução aquosa costuma ser muito pequena. Por conveniência, portanto, geralmente expressamos [H⁺] em termos de **pH**, que é o logaritmo negativo na base 10 de [H⁺]:*

$$pH = -\log[H^+] \quad [16.21]$$

Para rever o uso de logaritmos, consulte o Apêndice A.

Podemos usar a Equação 16.21 para calcular o pH de uma solução neutra a 25 °C, na qual $[H^+] = 1,0 \times 10^{-7}$ M:

$$pH = -\log(1,0 \times 10^{-7}) = -(-7,00) = 7,00$$

Observe que o pH é registrado com duas casas decimais, pois *apenas os números à direita do ponto decimal são os algarismos significativos em um logaritmo*. Como nosso valor original para a concentração ($1,0 \times 10^{-7}$ M) tem dois algarismos significativos, o pH correspondente tem duas casas decimais (7,00).

Objetivos de aprendizagem

Após terminar a Seção 16.4, você deverá ser capaz de:

▶ Calcular o pH de uma solução a partir da concentração de H⁺ ou OH⁻ e usar o resultado para classificar a solução como ácida, básica ou neutra a 25 °C.

▶ Calcular o pOH de uma solução a partir da concentração de OH⁻ ou do pH.

▶ Descrever métodos para medir o pH experimentalmente.

---

*Uma vez que [H⁺] e [H₃O⁺] são usados alternadamente, você pode ver o pH definido como −log [H₃O⁺].

TABELA 16.1 Relações entre [H⁺], [OH⁻] e pH a 25 °C para soluções aquosas ácidas, neutras e básicas

	Ácida	Neutra	Básica
pH	<7,00	7,00	>7,00
[H⁺] (M)	>1,0 × 10⁻⁷	1,0 × 10⁻⁷	<1,0 × 10⁻⁷
[OH⁻] (M)	<1,0 × 10⁻⁷	1,0 × 10⁻⁷	>1,0 × 10⁻⁷

O que acontece com o pH de uma solução quando tornamos a solução mais ácida, aumentando [H⁺]? Por causa do sinal negativo no termo logarítmico da Equação 16.21, *o pH diminui à medida que [H⁺] aumenta*. Por exemplo, quando adicionamos ácido suficiente para tornar [H⁺] = 1,0 × 10⁻³ M, o pH é

$$pH = -\log(1{,}0 \times 10^{-3}) = -(-3{,}00) = 3{,}00$$

A 25 °C, *o pH de uma solução ácida é menor que 7,00.*

Também podemos calcular o pH de uma solução básica em que [OH⁻] > 1,0 × 10⁻⁷ M. Suponha que [OH⁻] = 2,0 × 10⁻³ M. Podemos aplicar a Equação 16.20 para calcular [H⁺] para essa solução e a Equação 16.21 para calcular o pH:

$$[H^+] = \frac{K_w}{[OH^-]} = \frac{1{,}0 \times 10^{-14}}{2{,}0 \times 10^{-3}} = 5{,}0 \times 10^{-12} \, M$$

$$pH = -\log(5{,}0 \times 10^{-12}) = 11{,}30$$

A 25 °C, *o pH de uma solução básica é maior que 7,00*. As relações entre [H⁺], [OH⁻] e o pH estão resumidas na **Tabela 16.1**.

Mesmo quando [H⁺] é muito pequena, como costuma ser, seu valor ainda é importante. Lembre-se de que muitos processos químicos dependem da razão de variações na concentração. Por exemplo, se uma lei de velocidade cinética é de primeira ordem com relação à [H⁺], duplicar a concentração de H⁺ duplicará a velocidade, mesmo que a variação for apenas de 1 × 10⁻⁷ M a 2 × 10⁻⁷ M. (Seção 14.3) Em sistemas biológicos, muitas reações envolvem transferências de prótons e apresentam velocidades que dependem de [H⁺]. Uma vez que as velocidades dessas reações são cruciais, o pH dos fluidos biológicos deve ser mantido dentro de uma faixa limitada. Por exemplo, o sangue humano tem um intervalo de pH normal entre 7,35 e 7,45. Se o valor do pH sair muito dessa faixa, é possível aparecer doenças ou até mesmo levar à morte.

Exercício resolvido 16.5
Cálculo do pH a partir de [H⁺]

Calcule os valores do pH das duas soluções do Exercício resolvido 16.4.

SOLUÇÃO

Analise Devemos determinar o pH de soluções aquosas para as quais já calculamos a [H⁺].

Planeje Podemos calcular o pH ao aplicar a equação que o define, ou seja, a Equação 16.21.

Resolva

(a) Primeiro, encontramos [H⁺]: 1,0 × 10⁻¹² M, de modo que

$$pH = -\log(1{,}0 \times 10^{-12}) = -(-12{,}00) = 12{,}00$$

Como 1,0 × 10⁻¹² tem dois algarismos significativos, o pH tem duas casas decimais, 12,00.

(b) Para a segunda solução, [H⁺] = 5,6 × 10⁻⁶ M. Antes de fazer o cálculo, é útil estimar o pH. Para fazer isso, notamos que [H⁺] está situado entre 1 × 10⁻⁶ e 1 × 10⁻⁵.

Assim, esperamos que o pH esteja entre 6,0 e 5,0. Aplicamos a Equação 16.21 para calcular o pH:

$$pH = -\log(5{,}6 \times 10^{-6}) = 5{,}25$$

Confira Depois de calcular o pH, é útil compará-lo à sua estimativa. Nesse caso, o pH, como prevíamos, está situado entre 6 e 5. Se o pH calculado e a estimativa não concordassem, teríamos de reconsiderar o cálculo, a estimativa ou ambos.

▶ **Para praticar**
(a) Em uma amostra de limonada, [H⁺] = 3,8 × 10⁻⁴ M. Qual é o pH?
(b) Um limpa-vidros comum tem [OH⁻] = 1,9 × 10⁻⁶ M. Qual é o pH?

Capítulo 16 | Equilíbrio ácido-base **673**

> **Resolva com ajuda da figura** — O que é mais ácido: café preto ou limonada?

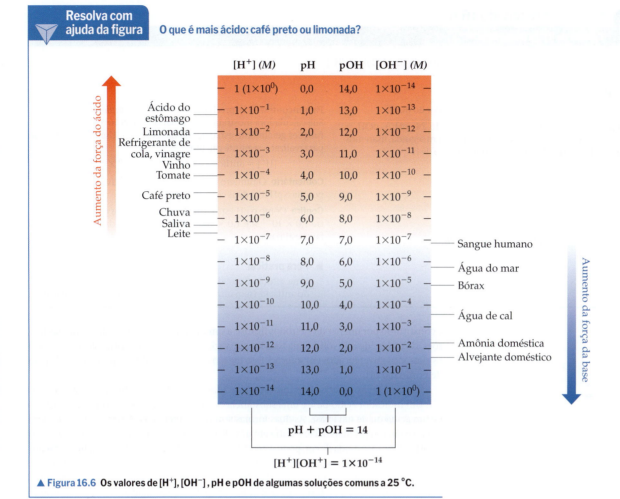

▲ **Figura 16.6** Os valores de [H⁺], [OH⁻], pH e pOH de algumas soluções comuns a 25 °C.

pOH e outras escalas "p"

O logaritmo negativo é uma maneira conveniente de expressar as magnitudes de outras quantidades pequenas. Usamos a convenção de classificar o logaritmo negativo de uma quantidade como "p" (quantidade). Assim, podemos expressar a concentração de [OH⁻] como pOH:

$$pOH = -\log[OH^-] \quad [16.22]$$

Da mesma maneira, pK_w é igual a $-\log K_w$.

Ao tomarmos o logaritmo negativo de ambos os lados da expressão da constante de equilíbrio para a água, $K_w = [H^+][OH^-]$, obtemos:

$$-\log[H^+] + (-\log[OH^-]) = -\log K_w \quad [16.23]$$

a partir da qual obtemos a expressão útil:

$$pH + pOH = 14{,}00 \quad (\text{a } 25\,°C) \quad [16.24]$$

O valores do pH e do pOH característicos de uma série de soluções conhecidas são mostrados na **Figura 16.6**. Observe que uma variação na [H⁺] em um fator de 10 faz com que o pH varie em uma unidade. Assim, a concentração de H⁺(aq) em uma solução de pH 5 é 10 vezes a concentração de H⁺(aq) em uma solução de pH 6.

Medição do pH

O pH de uma solução pode ser calculado com um *medidor de pH* (**Figura 16.7**). Para entender completamente como esse equipamento funciona, são necessários conhecimentos de eletroquímica, assunto que abordaremos no Capítulo 20. Em resumo, um medidor de pH

▲ **Figura 16.7 Medidor de pH digital.** Os eletrodos mergulhados em uma solução produzem uma tensão que depende do pH da solução.

Exercício resolvido 16.6
Cálculo de [H⁺] a partir do pOH

Uma amostra de suco de maçã fresco tem um pOH de 10,24. Calcule [H⁺].

SOLUÇÃO

Analise Devemos calcular [H⁺] com base no valor do pOH.

Planeje Primeiro, vamos aplicar a Equação 16.24, pH + pOH = 14,00, para calcular o pH final a partir do pOH. Em seguida, usaremos a Equação 16.21 para determinar a concentração de H⁺.

Resolva Com base na Equação 16.24, temos:

$$pH = 14,00 - pOH$$
$$pH = 14,00 - 10,24 = 3,76$$

Em seguida, aplicamos a Equação 16.21:

$$pH = -\log[H^+] = 3,76$$

Assim,

$$\log[H^+] = -3,76$$

Para encontrar [H⁺], precisamos determinar o *antilogaritmo* de $-3,76$. Sua calculadora mostrará esse comando como 10^x ou INV log (essas funções geralmente estão acima da tecla log). Usamos essa função para realizar o seguinte cálculo:

$$[H^+] = \text{antilog}(-3,76) = 10^{-3,76}\ 1,7 \times 10^{-4}\ M$$

Comentário O número de algarismos significativos em [H⁺] é dois, porque o pH tem duas casas decimais.

Confira Como o pH está entre 3,0 e 4,0, sabemos que [H⁺] estará entre $1,0 \times 10^{-3}\ M$ e $1,0 \times 10^{-4}\ M$. A [H⁺] calculada fica dentro dessa faixa estimada.

▶ **Para praticar**
Uma solução formada mediante a dissolução de um comprimido antiácido tem um pOH de 4,82. Qual é a [H⁺] dessa solução?

é constituído por um par de eletrodos ligados a um medidor capaz de medir pequenas tensões, da ordem de milivolts. Uma tensão, que varia de acordo com o pH, é gerada quando os eletrodos são colocados em solução. Essa tensão é lida pelo medidor, que é calibrado para determinar o pH.

Embora menos precisos, os indicadores ácido-base podem ser utilizados para medir o pH. Um indicador ácido-base é uma substância colorida que pode ser encontrada na forma de um ácido ou de uma base. As duas formas têm cores diferentes. Assim, o indicador tem uma cor em um pH mais baixo e outra em um pH mais elevado. Se você souber em que valor de pH o indicador muda de cor, pode determinar se uma solução tem um pH maior ou menor do que esse valor. O tornassol, por exemplo, muda de cor por volta do pH 7. A mudança de cor, no entanto, não é muito acentuada. O tornassol vermelho indica um pH de aproximadamente 5 ou inferior, e o tornassol azul indica um pH de aproximadamente 8 ou superior.

Alguns indicadores comuns estão listados na **Figura 16.8**. Por exemplo, o gráfico indica que o vermelho de metila muda de cor durante o intervalo de pH entre 4,5 e 6,0. Abaixo

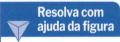

Se uma solução incolor se torna rosa quando adicionamos fenolftaleína, o que podemos concluir sobre o pH dessa solução?

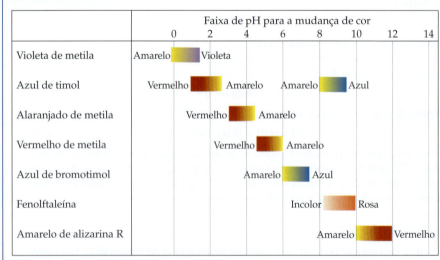

▲ **Figura 16.8 Faixas de pH de indicadores ácido-base comuns.** A maioria dos indicadores tem uma faixa útil de cerca de 2 unidades de pH

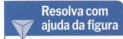

Resolva com ajuda da figura — Qual destes indicadores é o mais adequado para diferenciar uma solução ligeiramente ácida de uma ligeiramente básica?

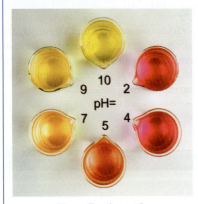

Vermelho de metila — Azul de bromotimol — Fenolftaleína

▲ **Figura 16.9** Soluções com três indicadores ácido-base comuns em vários valores de pH.

do pH 4,5, que é na forma de ácido, ele é vermelho. No intervalo entre 4,5 e 6,0, que é gradualmente convertido em sua forma básica, ele é amarelo. Uma vez que o pH aumenta para mais de 6, a conversão está completa e a solução torna-se amarela. Essa mudança de cor, assim como a dos indicadores azul de bromotimol e fenolftaleína, é mostrada na **Figura 16.9**. Uma fita de papel impregnada com vários indicadores é bastante utilizada para determinar valores aproximados de pH.

Exercícios de autoavaliação

EAA 16.10 Uma determinada solução de ácido nítrico tem concentração de H^+ igual a 5,0 M. Qual é o pH dessa solução? (**a**) 5,0 (**b**) −0,70 (**c**) 0,70 (**d**) 14,30

EAA 16.11 A concentração de OH^- em uma solução aquosa é de $8,0 \times 10^{-5}$ M à temperatura ambiente. Qual é o pH dessa solução? (**a**) $1,2 \times 10^{-10}$ (**b**) 8,00 (**c**) 9,90 (**d**) 4,10

EAA 16.12 Qual dos indicadores ácido-base da Figura 16.8 seria o mais apropriado para determinar se uma solução é ácida ou básica? (**a**) alaranjado de metila (**b**) azul de timol (**c**) azul de bromotimol (**d**) fenolftaleína

16.5 | Ácidos e bases fortes

Muitas vezes, a química de uma solução aquosa depende diretamente do pH. Portanto, é importante examinar de que forma o pH se relaciona com concentrações ácidas e básicas. Os casos mais simples são aqueles que envolvem ácidos e bases fortes, *eletrólitos fortes* encontrados inteiramente como íons em solução aquosa. Estudamos ácidos e bases fortes no Capítulo 4. (Seção 4.3) Embora a lista de ácidos e bases fortes não seja longa (ver Tabela 4.2), vários, incluindo o ácido sulfúrico e o hidróxido de sódio, são produzidos em grandes quantidades para uso em diversas aplicações.

Objetivos de aprendizagem

Após terminar a **Seção 16.5**, você deverá ser capaz de:

▶ Calcular o pH de uma solução de um ácido forte ou de uma base forte quando for dada a sua concentração.

Ácidos fortes

Os sete ácidos fortes mais comuns são seis ácidos monopróticos (HCl, HBr, HI, HNO_3, $HClO_3$ e $HClO_4$) e um ácido diprótico (H_2SO_4). O ácido nítrico (HNO_3) exemplifica o comportamento dos ácidos fortes monopróticos. Para todos os efeitos práticos, uma solução aquosa de HNO_3 consiste inteiramente de íons H_3O^+ e NO_3^-:

$$HNO_3(aq) + H_2O(l) \longrightarrow H_3O^+(aq) + NO_3^-(aq) \quad \text{(ionização completa)} \quad [16.25]$$

Não usamos setas de equilíbrio para essa equação porque a reação fica deslocada totalmente à direita. (Seção 4.1) Como observado na Seção 16.3, usamos $H_3O^+(aq)$ e $H^+(aq)$

alternadamente para representar o próton hidratado em água. Assim, podemos simplificar essa equação de ionização do ácido como

$$HNO_3(aq) \longrightarrow H^+(aq) + NO_3^-(aq)$$

Em uma solução aquosa de um ácido forte, o ácido costuma ser a única fonte significativa de íons H^+.* Como consequência, o cálculo do pH da solução de um ácido monoprótico forte é direto, porque $[H^+]$ é igual à concentração original de ácido. Por exemplo, em uma solução de $HNO_3(aq)$ 0,20 M, $[H^+] = [NO_3^-] = 0,20$ M. A situação com o ácido diprótico H_2SO_4 é um pouco mais complexa, como explicaremos na Seção 16.6.

Exercício resolvido 16.7
Cálculo do pH de um ácido forte

Qual é o pH de uma solução de $HClO_4$ 0,040 M?

SOLUÇÃO
Analise e planeje Como o $HClO_4$ é um ácido forte, ele é completamente ionizado, resultando em $[H^+] = [ClO_4^-] = 0,040$ M.

Resolva

$$pH = -\log (0,040) = 1,40$$

Confira Uma vez que o $[H^+]$ fica entre 1×10^{-2} e 1×10^{-1}, o pH ficará entre 2,0 e 1,0. Nosso pH calculado fica dentro do intervalo estimado. Além disso, como a concentração tem dois algarismos significativos, o pH tem duas casas decimais.

▶ **Para praticar**
Uma solução aquosa de HNO_3 tem pH de 2,34. Qual é a concentração do ácido?

Bases fortes

As bases fortes solúveis mais comuns são os hidróxidos iônicos de metais alcalinos, como NaOH e KOH, e os hidróxidos iônicos de metais alcalino-terrosos mais pesados, como o $Sr(OH)_2$. Esses compostos dissociam-se completamente em íons em solução aquosa. Assim, uma solução de NaOH 0,30 M consiste em $Na^+(aq)$ 0,30 M e $OH^-(aq)$ 0,30 M; não há NaOH não dissociado.

Embora todos os hidróxidos de metais alcalinos sejam eletrólitos fortes, LiOH, RbOH e CsOH geralmente não são encontrados em laboratório. Os hidróxidos de metais alcalino-terrosos mais pesados – $Ca(OH)_2$, $Sr(OH)_2$ e $Ba(OH)_2$ – também são eletrólitos fortes. No entanto, eles têm solubilidade limitada, sendo utilizados apenas quando o fator solubilidade não é fundamental.

Soluções fortemente básicas também são formadas por certas substâncias que reagem com água para formar $OH^-(aq)$. A mais comum delas contém íon óxido. Óxidos iônicos de metais, especialmente Na_2O e CaO, costumam ser usados na indústria quando uma base forte é necessária. O íon O^{2-} reage de maneira muito exotérmica com a água para formar OH^-, deixando praticamente nenhum O^{2-} na solução:

$$O^{2-}(aq) + H_2O(l) \longrightarrow 2\,OH^-(aq) \qquad [16.26]$$

Assim, uma solução formada mediante a dissolução de 0,010 mol de $Na_2O(s)$ em água suficiente para formar 1,0 L de solução tem $[OH^-] = 0,020$ M e um pH de 12,30.

---

*Normalmente, a concentração de H^+ a partir de H_2O é tão pequena que pode ser desprezada. No entanto, se a concentração do ácido for 10^{-6} M ou inferior, também precisaremos considerar os íons H^+ resultantes da autoionização da H_2O.

Exercício resolvido 16.8
Cálculo do pH de uma base forte

Qual é o pH (**a**) de uma solução de NaOH 0,028 M, (**b**) de uma solução de Ca(OH)$_2$ 0,0011 M?

SOLUÇÃO

Analise Devemos calcular o pH de duas soluções de bases fortes.

Planeje Podemos calcular cada pH por meio de dois métodos equivalentes. Primeiro, poderíamos aplicar a Equação 16.20 para calcular [H$^+$] e, em seguida, utilizar a Equação 16.21 para calcular o pH. Como alternativa, poderíamos usar [OH$^-$] para calcular o pOH e, em seguida, usar a Equação 16.24 para calcular o pH.

Resolva

(**a**) O NaOH é dissociado na água para resultar em dois íons OH$^-$ por unidade de fórmula. Portanto, a concentração de OH$^-$ para a solução em (a) é igual à concentração indicada de NaOH, ou seja, 0,028 M.

Método 1:
$$[H^+] = \frac{1,0 \times 10^{-14}}{0,028} = 3,57 \times 10^{-13} M$$
$$pH = -\log(3,57 \times 10^{-13}) = 12,45$$

Método 2:
$$pOH = -\log(0,028) = 1,55$$
$$pH = 14,00 - pOH = 12,45$$

(**b**) Ca(OH)$_2$ é uma base forte que se dissocia em água para resultar em *dois* íons OH$^-$ por unidade de fórmula. Assim, a concentração de OH$^-$(*aq*) para a solução de (b) é

Método 1:
$$[H^+] = \frac{1,0 \times 10^{-14}}{0,022} = 4,55 \times 10^{-12} M$$
$$pH = -\log(4,55 \times 10^{-12}) = 11,34$$

Método 2:
$$pOH = -\log(0,0022) = 2,66$$
$$pH = 14,00 - pOH = 11,34$$

▶ **Para praticar**
Qual é a concentração de uma solução (**a**) de KOH cujo pH é 11,89, (**b**) de Ca(OH)$_2$ cujo pH é 11,68?

Exercícios de autoavaliação

EAA 16.13 Qual é o pH de uma solução produzida pela diluição de 25 mL de HCl(*aq*) 6,0 M em um volume total de 0,200 L? (**a**) −0,78 (**b**) 0,12 (**c**) 0,75 (**d**) 0,90

EAA 16.14 Qual é o pH de uma solução de Sr(OH)$_2$ 0,044 M? (**a**) 1,06 (**b**) 1,36 (**c**) 12,64 (**d**) 12,94

EAA 16.15 O pH de uma solução de ácido brômico é medido em 3,28. Qual é a concentração de HBr na solução? (**a**) 3,28 M (**b**) 1,9 × 10^3 M (**c**) 5,2 × 10^{-4} M (**d**) 2,6 × 10^{-4} M

16.6 | Ácidos fracos

A maioria das substâncias ácidas são ácidos fracos; por isso, são parcialmente ionizadas em solução aquosa (**Figura 16.10**). Podemos usar a constante de equilíbrio para a reação de ionização com o objetivo de expressar o grau em que um ácido fraco se ioniza. Se representarmos um ácido fraco global como HA, poderemos escrever a equação para a sua ionização de uma das seguintes maneiras, dependendo se o próton hidratado for representado como H$_3$O$^+$(*aq*) ou H$^+$(*aq*):

$$HA(aq) + H_2O(l) \rightleftharpoons H_3O^+(aq) + A^-(aq) \quad [16.27]$$

ou

$$HA(aq) \rightleftharpoons H^+(aq) + A^-(aq) \quad [16.28]$$

Esses equilíbrios estão em solução aquosa; por isso, vamos usar expressões da constante de equilíbrio com base em concentrações. Como H$_2$O é o solvente, ela é omitida na expressão da constante de equilíbrio. (Seção 15.4) Além disso, adicionamos um subscrito *a*, indicando que é uma constante de equilíbrio para a ionização de um *ácido*. Assim, podemos escrever a expressão da constante de equilíbrio como:

$$K_a = \frac{[H_3O^+][A^-]}{[HA]} \quad \text{ou} \quad K_a = \frac{[H^+][A^-]}{[HA]} \quad [16.29]$$

K_a é chamado de **constante de acidez** para o ácido HA.

Objetivos de aprendizagem

Após terminar a Seção 16.6, você deverá ser capaz de:

▶ Definir a constante de acidez K_a de um ácido fraco e calcular seu valor a partir de uma solução aquosa do ácido.

▶ Calcular o pH de uma solução aquosa de um ácido fraco a partir das suas concentrações e do seu valor de K_a.

▶ Calcular o percentual de ionização de um ácido fraco em uma solução a partir da concentração inicial do ácido e do seu valor K_a.

▶ Escrever equações e as expressões da constante de equilíbrio correspondentes para cada ionização sucessiva de um ácido poliprótico.

▶ Calcular o pH e as concentrações de diversos íons em uma solução aquosa de um ácido poliprótico.

▶ **Figura 16.10** Espécies presentes em soluções de um ácido forte e de um ácido fraco.

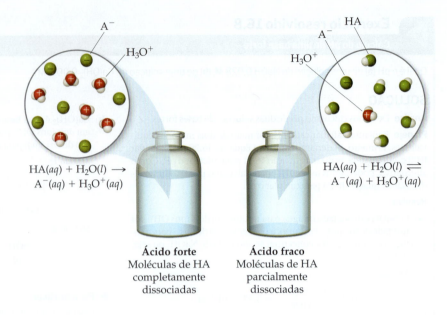

A **Tabela 16.2** mostra as fórmulas estruturais, as bases conjugadas e os valores de K_a para alguns ácidos fracos. O Apêndice D fornece uma lista mais completa desses dados. Muitos ácidos fracos são compostos orgânicos, formados inteiramente por carbono, hidrogênio e oxigênio. Esses compostos costumam conter alguns átomos de hidrogênio ligados a átomos de carbono e outros ligados a átomos de oxigênio. Em quase todos os casos, os átomos de hidrogênio ligados a átomos de carbono não ionizam na água. Em vez disso, o comportamento ácido desses compostos deve-se aos átomos de hidrogênio ligados aos átomos de oxigênio.

A magnitude de K_a indica a tendência do ácido de ionizar em água: *quanto maior o valor de K_a, mais forte é o ácido*. Por exemplo, o ácido cloroso ($HClO_2$) é o mais forte na Tabela 16.2, e o fenol (HOC_6H_5) é o mais fraco. Para a maioria dos ácidos fracos, os valores de K_a variam de 10^{-2} a 10^{-10}.

TABELA 16.2 Características de alguns ácidos fracos em água a 25 °C

Ácido	Fórmula estrutural*	Base conjugada	K_a
Ácido cloroso ($HClO_2$)	H—O—Cl—O	ClO_2^-	$1,0 \times 10^{-2}$
Ácido fluorídrico (HF)	H—F	F^-	$6,8 \times 10^{-4}$
Ácido nitroso (HNO_2)	H—O—N=O	NO_2^-	$4,5 \times 10^{-4}$
Ácido benzoico (C_6H_5COOH)	H—O—C(=O)—C₆H₅	$C_6H_5COO^-$	$6,3 \times 10^{-5}$
Ácido acético (CH_3COOH)	H—O—C(=O)—C(H)(H)—H	CH_3COO^-	$1,8 \times 10^{-5}$
Ácido hipocloroso (HOCl)	H—O—Cl	OCl^-	$3,0 \times 10^{-8}$
Ácido cianídrico (HCN)	H—C≡N	CN^-	$4,9 \times 10^{-10}$
Fenol (HOC_6H_5)	H—O—C₆H₅	$C_6H_5O^-$	$1,3 \times 10^{-10}$

*O próton ionizável é mostrado em vermelho.

Cálculo de K_a a partir do pH

Para calcular o valor de K_a de um ácido fraco ou o pH de suas soluções, precisaremos aplicar muitas das habilidades aprendidas na Seção 15.5 para resolver problemas de equilíbrio. Em muitos casos, a pequena magnitude do K_a significa que podemos utilizar aproximações para simplificar o problema. Ao fazer esses cálculos, é importante perceber que as reações de transferência de prótons geralmente são muito rápidas. Como resultado, o pH medido ou calculado de um ácido fraco representa sempre uma condição de equilíbrio. Mostraremos o procedimento para obter o valor de K_a a partir do pH no Exercício resolvido 16.9.

Exercício resolvido 16.9
Cálculo de K_a a partir de um pH medido

Um estudante preparou uma solução de ácido fórmico (HCOOH) 0,10 M e descobriu que seu pH é 2,38 a 25 °C. Calcule o valor de K_a do ácido fórmico a essa temperatura.

SOLUÇÃO

Analise Com base na concentração molar de uma solução aquosa de um ácido fraco e no pH da solução, devemos determinar o valor de K_a do ácido.

Planeje Embora estejamos lidando especificamente com a ionização de um ácido fraco, esse problema é muito semelhante aos de equilíbrio que encontramos no Capítulo 15. Podemos resolver esse problema utilizando o método descrito no Exercício resolvido 15.8, começando com a reação química e a tabulação das concentrações iniciais e no equilíbrio.

Resolva

O primeiro passo para resolver problemas de equilíbrio é escrever a equação da reação em equilíbrio. A ionização do ácido fórmico pode ser escrita como:

$$\text{HCOOH}(aq) \rightleftharpoons \text{H}^+(aq) + \text{HCOO}^-(aq)$$

A expressão da constante de equilíbrio é:

$$K_a = \frac{[\text{H}^+][\text{HCOO}^-]}{[\text{HCOOH}]}$$

Com base no pH medido, podemos calcular $[\text{H}^+]$:

$$\text{pH} = -\log[\text{H}^+] = 2,38$$
$$\log[\text{H}^+] = -2,38$$
$$[\text{H}^+] = 10^{-2,38} = 4,2 \times 10^{-3} \, M$$

Para determinar as concentrações das espécies envolvidas no equilíbrio, vamos imaginar que a solução é inicialmente de 0,10 M em moléculas de HCOOH. Então, consideramos a ionização do ácido em H^+ e HCOO^-. Para cada molécula de HCOOH que ioniza, um íon H^+ e um íon HCOO^- são produzidos em solução. Uma vez que a medida de pH indica que $[\text{H}^+] = 4,2 \times 10^{-3} \, M$ no equilíbrio, podemos construir a seguinte tabela:

	HCOOH(aq) $\rightleftharpoons$	H^+(aq) +	HCOO^-(aq)
Concentração inicial (M)	0,10	0	0
Variação na concentração (M)	$-4,2 \times 10^{-3}$	$+4,2 \times 10^{-3}$	$+4,2 \times 10^{-3}$
Concentração no equilíbrio (M)	$(0,10 - 4,2 \times 10^{-3})$	$4,2 \times 10^{-3}$	$4,2 \times 10^{-3}$

Observe que desprezamos a pequena concentração de $\text{H}^+(aq)$, em razão da autoionização da H_2O. Veja também que a quantidade de HCOOH que ioniza é muito pequena em comparação à concentração inicial do ácido. Para o número de algarismos significativos que estamos usando, a subtração resulta em 0,10 M:

$$(0,10 - 4,2 \times 10^{-3}) \, M \simeq 0,10 \, M$$

Agora podemos inserir as concentrações no equilíbrio na expressão de K_a:

$$K_a = \frac{(4,2 \times 10^{-3})(4,2 \times 10^{-3})}{0,10} = 1,8 \times 10^{-4}$$

Confira A magnitude da nossa resposta é razoável porque o valor de K_a de um ácido fraco fica geralmente entre 10^{-2} e 10^{-10}.

▶ **Para praticar**
A niacina, uma das vitaminas B, tem a estrutura molecular apresentada a seguir. Uma solução de niacina 0,020 M tem um pH de 3,26. Qual é a constante de acidez da niacina?

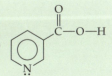

Aplicação do valor de K_a para calcular o pH

Com base no valor de K_a e na concentração inicial de um ácido fraco, podemos calcular a concentração de $H^+(aq)$ em uma solução do ácido. O procedimento pode ser dividido nos quatro passos a seguir.

Aplicação do valor de K_a para calcular o pH
1. Escreva o equilíbrio de ionização.
2. Escreva a expressão da constante de equilíbrio, incluindo o valor apropriado da constante de equilíbrio, K_a.
3. Expresse as concentrações envolvidas na reação em equilíbrio.
4. Substitua as concentrações no equilíbrio na expressão da constante de equilíbrio e a resolva para encontrar x.

Vamos usar esse processo para calcular o pH a 25 °C de uma solução de ácido acético (CH_3COOH) 0,30 M.

1. O equilíbrio de ionização é:

$$CH_3COOH(aq) \rightleftharpoons H^+(aq) + CH_3COO^-(aq) \qquad [16.30]$$

Observe que o hidrogênio ionizável está ligado a um átomo de oxigênio.

2. Adotando $K_a = 1,8 \times 10^{-5}$, de acordo com a Tabela 16.2, escrevemos a expressão da constante de equilíbrio e seu valor.

$$K_a = \frac{[H^+][CH_3COO^-]}{[CH_3COOH]} = 1,8 \times 10^{-5} \qquad [16.31]$$

3. Em seguida, expressamos as concentrações envolvidas na reação em equilíbrio. Isso pode ser feito com o cálculo descrito no Exercício resolvido 16.9. Como queremos encontrar o valor de equilíbrio para $[H^+]$, vamos chamar essa quantidade de x. A concentração de ácido acético antes de qualquer ionização é de 0,30 M. A equação química indica que, para cada molécula de CH_3COOH que se ioniza, um $H^+(aq)$ e um $CH_3COO^-(aq)$ são formados. Consequentemente, se x mols por litro de $H^+(aq)$ são formados no estado de equilíbrio, x mols por litro de $CH_3COO^-(aq)$ também devem se formar e x mols por litro de CH_3COOH devem ser ionizados:

	$CH_3COOH(aq)$ $\rightleftharpoons$	$H^+(aq)$ +	$CH_3COO^-(aq)$
Concentração inicial (M)	0,30	0	0
Variação na concentração (M)	$-x$	$+x$	$+x$
Concentração no equilíbrio (M)	$(0,30 - x)$	x	x

4. Por fim, substituímos as concentrações no equilíbrio na expressão da constante de equilíbrio e a resolvemos para encontrar x:

$$K_a = \frac{[H^+][CH_3COO^-]}{[CH_3COOH]} = \frac{(x)(x)}{0,30 - x} = 1,8 \times 10^{-5} \qquad [16.32]$$

Essa expressão leva a uma equação quadrática em x, que podemos resolver usando uma calculadora científica ou a fórmula quadrática. No entanto, podemos simplificar o problema ao observar que o valor de K_a é bastante pequeno. Como resultado, prevemos que o equilíbrio estará bem à esquerda e que x é muito menor que a concentração inicial de ácido acético. Assim, podemos *considerar* que x é desprezível em relação a 0,30, de modo que $0,30 - x$ é essencialmente igual a 0,30. Podemos (e devemos!) conferir a validade dessa suposição quando terminarmos o problema. Ao utilizar esse pressuposto, a Equação 16.32 torna-se:

$$K_a = \frac{x^2}{0,30} = 1,8 \times 10^{-5}$$

Resolvendo para encontrar x, temos:

$$x^2 = (0{,}30)(1{,}8 \times 10^{-5}) = 5{,}4 \times 10^{-6}$$

$$x = \sqrt{5{,}4 \times 10^{-6}} = 2{,}3 \times 10^{-3}$$

$$[H^+] = x = 2{,}3 \times 10^{-3} M$$

$$pH = -\log(2{,}3 \times 10^{-3}) = 2{,}64$$

Agora, vamos verificar a validade dessa hipótese simplificadora de que $0{,}30 - x \approx 0{,}30$. O valor determinado para x é tão pequeno que, para esse número de algarismos significativos, a suposição é válida. *Como regra geral, se x é maior que cerca de 5% do valor da concentração inicial, é melhor usar a fórmula quadrática.* Você sempre deve confirmar a validade de qualquer hipótese simplificadora após terminar de resolver um problema.

Também consideramos outra hipótese: a de que todo H^+ na solução vem da ionização do CH_3COOH. Essa seria uma justificativa para desprezar a autoionização da H_2O? A resposta é sim; a $[H^+]$ adicional decorrente da água, que seria da ordem de 10^{-7} M, é insignificante em comparação com a $[H^+]$ do ácido (que, nesse caso, é da ordem de 10^{-3} M). Em um trabalho extremamente preciso, ou em casos que envolvem soluções de ácidos muito diluídas, seria necessário considerar a autoionização da água mais plenamente.

Por fim, pode-se comparar o valor desse pH ácido fraco com o pH de uma solução de um ácido forte com a mesma concentração. O pH do ácido acético $0{,}30$ M é $2{,}64$ e o pH de uma solução $0{,}30$ M de um ácido forte, como o HCl, é $-\log(0{,}30) = 0{,}52$. Como esperado, o pH de uma solução de um ácido fraco é mais alto que o de uma solução de um ácido forte de mesma concentração molar. (Lembre-se: quanto maior for o valor de pH, *menos* ácida será a solução).

Exercício resolvido 16.10
Aplicação do valor de K_a para calcular o pH

Calcule o pH de uma solução HCN $0{,}20$ M. (Consulte a Tabela 16.2 ou o Apêndice D para verificar o valor de K_a.)

SOLUÇÃO

Analise Com base na concentração em quantidade de matéria de um ácido fraco, devemos determinar o pH. Considerando a Tabela 16.2, K_a para o HCN é $4{,}9 \times 10^{-10}$.

Planeje Vamos proceder como no exemplo trabalhado anteriormente, escrevendo a equação química e construindo uma tabela de concentrações iniciais e no equilíbrio, em que a concentração no equilíbrio do H^+ é a incógnita.

Resolva Ao escrever a equação química para a reação de ionização que forma o $H^+(aq)$ e a expressão da constante de equilíbrio (K_a) para a reação, temos:

$$HCN(aq) \rightleftharpoons H^+(aq) + CN^-(aq)$$

$$K_a = \frac{[H^+][CN^-]}{[HCN]} = 4{,}9 \times 10^{-10}$$

Em seguida, tabulamos as concentrações das espécies envolvidas na reação de equilíbrio, estabelecendo que $x = [H^+]$ no estado de equilíbrio:

	$HCN(aq)$ $\rightleftharpoons$	$H^+(aq)$	+ $CN^-(aq)$
Concentração inicial (M)	0,20	0	0
Variação na concentração (M)	$-x$	$+x$	$+x$
Concentração no equilíbrio (M)	$(0{,}20 - x)$	x	x

Substituindo as concentrações de equilíbrio nas expressões da constante de equilíbrio, temos:

$$K_a = \frac{(x)(x)}{0{,}20 - x} = 4{,}9 \times 10^{-10}$$

Em seguida, fazemos a aproximação simplificada de que x, a quantidade de ácido dissociado, é pequena em comparação à concentração inicial de ácido, $0{,}20 - x \approx 0{,}20$. Assim,

$$\frac{x^2}{0{,}20} = 4{,}9 \times 10^{-10}$$

Resolvendo para encontrar x, temos

$$x^2 = (0{,}20)(4{,}9 \times 10^{-10}) = 0{,}98 \times 10^{-10}$$

$$x = \sqrt{0{,}98 \times 10^{-10}} = 9{,}9 \times 10^{-6} M = [H^+]$$

(Continua)

Uma concentração de $9,9 \times 10^{-6}$ M é muito menor que 5% de 0,20 M, a concentração inicial de HCN. Nossa aproximação simplificada é, portanto, apropriada. Agora, vamos calcular o pH da solução:

$$pH = -\log[H^+] = -\log(9,9 \times 10^{-6}) = 5,00$$

Comentário A concentração de H^+ nesse exemplo é bastante pequena (1×10^{-5}), mas ainda é aproximadamente 100 vezes maior do que a concentração decorrente da autoionização da água (1×10^{-7}). Assim, nossa decisão de ignorar a autoionização da água ainda é um pressuposto razoável. Contudo, se a concentração de [H^+] decorrente da ionização do ácido fraco for muito menor, esse deixa de ser o caso.

▶ **Para praticar**

O valor de K_a para a niacina (Exercício resolvido 16.9) é $1,5 \times 10^{-5}$. Qual é o pH de uma solução de niacina 0,010 M?

Percentual de ionização

Vimos que a magnitude de K_a indica a força de um ácido fraco. Outra medida da força do ácido é o **percentual de ionização**, definido como:

$$\text{Percentual de ionização} = \frac{\text{concentração de HA ionizado}}{\text{concentração original de HA}} \times 100\% \qquad [16.33]$$

Quanto mais forte for o ácido, maior será o percentual de ionização.

Se considerarmos que a autoionização da H_2O é desprezível, a concentração de ácido que se ioniza é igual à concentração de $H^+(aq)$ formado. Dessa forma, o percentual de ionização de um ácido HA pode ser expresso como:

$$\text{Percentual de ionização} = \frac{[H^+]_{\text{equilíbrio}}}{[HA]_{\text{inicial}}} \times 100\% \qquad [16.34]$$

Por exemplo, uma solução de 0,035 M de HNO_2 contém $3,7 \times 10^{-3}$ M em $H^+(aq)$, e o percentual de sua ionização é

$$\text{Percentual de ionização} = \frac{[H^+]_{\text{equilíbrio}}}{[HNO_2]_{\text{inicial}}} \times 100\% = \frac{3,7 \times 10^{-3} M}{0,035 M} \times 100\% = 11\%$$

À medida que a concentração de um ácido fraco aumenta, a concentração de $H^+(aq)$ no equilíbrio também aumenta, como esperado. No entanto, conforme a **Figura 16.11**, *o percentual de ionização diminui à medida que a concentração aumenta*. Dessa forma, a concentração de $H^+(aq)$ não é diretamente proporcional à concentração do ácido fraco. Por exemplo, duplicar a concentração de um ácido fraco não duplica a concentração de $H^+(aq)$.

Resolva com ajuda da figura

A tendência observada neste gráfico está de acordo com o princípio de Le Châtelier? Explique.

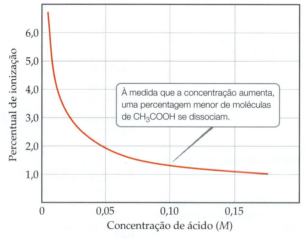

▲ **Figura 16.11** Efeito da concentração sobre o percentual de ionização em uma solução de ácido acético.

Capítulo 16 | Equilíbrio ácido-base

▲ **Figura 16.12 A mesma reação tem diferentes velocidades em uma solução ácida fraca e em uma forte.** As bolhas são de gás H_2, que, em conjunto com cátions metálicos, são produzidas quando um metal é oxidado por um ácido. (Seção 4.4)

As propriedades de uma solução ácida relacionadas diretamente à concentração do $H^+(aq)$, assim como à condutividade elétrica e à velocidade da reação com um metal reativo, são menos evidentes para uma solução de um ácido fraco do que para uma solução de um ácido forte de mesma concentração. A **Figura 16.12** apresenta um experimento que demonstra essa diferença com CH_3COOH 1 M e HCl 1 M. A concentração de $H^+(aq)$ em CH_3COOH 1 M é de apenas 0,004 M, enquanto a solução de HCl 1 M contém $H^+(aq)$ 1 M. Como resultado, a velocidade da reação com o metal é muito mais rápida na solução de HCl.

Exercício resolvido 16.11
Uso da equação quadrática para calcular o pH e o percentual de ionização

Calcule o pH e a percentagem de moléculas ionizadas de HF em uma solução de HF 0,10 M.

SOLUÇÃO

Analise Devemos calcular o percentual de ionização de uma solução de HF. Com base no Apêndice D, sabemos que $K_a = 6{,}8 \times 10^{-4}$.

Planeje Vamos abordar esse problema conforme fizemos com os anteriores: vamos escrever a equação química para o equilíbrio e tabular as concentrações conhecidas e desconhecidas de todas as espécies. Então, vamos substituir as concentrações de equilíbrio na expressão da constante de equilíbrio e fazer o cálculo para encontrar a concentração desconhecida de H^+. Depois, podemos calcular o pH usando a Equação 16.21 e o percentual de ionização da Equação 16.33.

Resolva A reação de equilíbrio e as concentrações no equilíbrio são as seguintes:

	HF(aq) ⇌	H^+(aq)	+ F^-(aq)
Concentração inicial (M)	0,10	0	0
Variação na concentração (M)	$-x$	$+x$	$+x$
Concentração no equilíbrio (M)	$(0{,}10 - x)$	x	x

A expressão da constante de equilíbrio é:

$$K_a = \frac{[H^+][F^-]}{[HF]} = \frac{(x)(x)}{0{,}10 - x} = 6{,}8 \times 10^{-4}$$

(Continua)

Quando tentamos resolver essa equação usando a aproximação 0,10 − x ≈ 0,10 (i.e., omitindo a concentração de ácido que ioniza), obtemos	$x = 8,2 \times 10^{-3} M$
No entanto, como essa aproximação é superior a 5% de 0,10 M, devemos trabalhar o problema da forma quadrática padrão. Reorganizando, temos:	$x^2 = (0,10 - x)(6,8 \times 10^{-4})$ $= 6,8 \times 10^{-5} - (6,8 \times 10^{-4})x$ $x^2 + (6,8 \times 10^{-4})x - 6,8 \times 10^{-5} = 0$
Substituindo esses valores na fórmula quadrática padrão, obtemos:	$x = \dfrac{-6,8 \times 10^{-4} \pm \sqrt{(6,8 \times 10^{-4})^2 - 4(-6,8 \times 10^{-5})}}{2}$ $= \dfrac{-6,8 \times 10^{-4} \pm 1,65 \times 10^{-2}}{2}$
Das duas soluções (7,9 × 10⁻³, −8,6 × 10⁻²), apenas o valor positivo para x é quimicamente razoável. A partir desse valor, podemos determinar [H⁺] e, consequentemente, o pH:	$x = [H^+] = [F^-] = 7,9 \times 10^{-3} M$ $pH = -\log[H^+] = -\log(7,9 \times 10^{-3}) = 2,10$
A partir do nosso resultado, podemos calcular a percentagem de moléculas ionizadas:	Percentual de ionização de HF = $\dfrac{\text{concentração ionizada}}{\text{concentração original}} \times 100\%$ $= \dfrac{7,9 \times 10^{-3} M}{0,10 M} \times 100\% = 7,9\%$

▶ **Para praticar**
Calcule a percentagem de moléculas de niacina ($K_a = 1,5 \times 10^{-5}$) ionizadas em uma solução (**a**) 0,010 M, (**b**) 1,0 × 10⁻³ M.

Ácidos polipróticos

Ácidos com mais de um átomo de H ionizável são conhecidos como **ácidos polipróticos**. Por exemplo, o ácido sulfuroso (H_2SO_3) pode ser submetido a duas ionizações sucessivas:

$$H_2SO_3(aq) \rightleftharpoons H^+(aq) + HSO_3^-(aq) \qquad K_{a1} = 1,7 \times 10^{-2} \qquad [16.35]$$

$$HSO_3^-(aq) \rightleftharpoons H^+(aq) + SO_3^{2-}(aq) \qquad K_{a2} = 6,4 \times 10^{-8} \qquad [16.36]$$

Observe que as constantes de acidez são classificadas como K_{a1} e K_{a2}. Os números nas constantes referem-se ao próton do ácido que está sendo ionizado. Assim, K_{a2} sempre se refere ao equilíbrio envolvido na remoção do segundo próton de um ácido poliprótico.

K_{a2} para o ácido sulfuroso é muito menor que o valor de K_{a1}. Por causa das atrações eletrostáticas, esperaríamos que um próton com carga positiva fosse perdido mais facilmente pela molécula de H_2SO_3 neutra do que pelo íon HSO_3^- carregado negativamente. *Sempre é mais fácil remover o primeiro próton de um ácido poliprótico do que remover o segundo.* Do mesmo modo, para um ácido com três prótons ionizáveis, é mais fácil remover o segundo próton do que o terceiro. Assim, os valores de K_a tornam-se sucessivamente menores à medida que ocorrem remoções sucessivas de prótons. As constantes de acidez para ácidos polipróticos comuns estão listadas na **Tabela 16.3**, e o Apêndice D fornece uma lista mais completa. A estrutura do ácido cítrico (**Figura 16.13**), por exemplo, tem múltiplos prótons ionizáveis.

Note que, na maioria dos casos da Tabela 16.3, os valores de K_a para perdas sucessivas de prótons diferem por um fator de pelo menos 10³. Observe também que o valor de K_{a1} para o ácido sulfúrico é listado apenas como "grande". O ácido sulfúrico é um ácido forte em relação à remoção do primeiro próton. Dessa forma, a reação para a primeira etapa da ionização está deslocada completamente à direita:

$$H_2SO_4(aq) \longrightarrow H^+(aq) + HSO_4^-(aq) \quad \text{(ionização completa)}$$

No entanto, o HSO_4^- é um ácido fraco, para o qual $K_{a2} = 1,2 \times 10^{-2}$.

Resolva com ajuda da figura

Quantos prótons por molécula de ácido cítrico são ionizáveis?

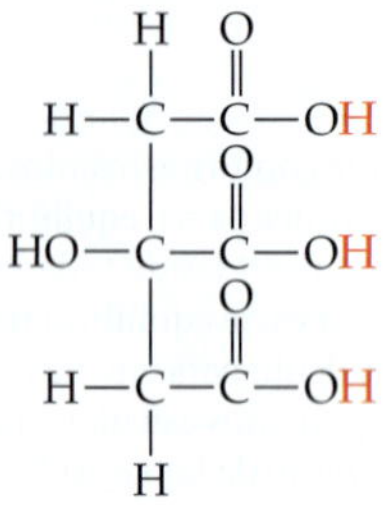

Ácido cítrico

▲ **Figura 16.13 Estrutura do ácido cítrico.**

TABELA 16.3 Constantes de acidez de alguns ácidos polipróticos comuns

Nome	Fórmula	K_{a1}	K_{a2}	K_{a3}
Ascórbico	$H_2C_6H_6O_6$	$8{,}0 \times 10^{-5}$	$1{,}6 \times 10^{-12}$	
Carbônico	H_2CO_3	$4{,}3 \times 10^{-7}$	$5{,}6 \times 10^{-11}$	
Cítrico	$H_3C_6H_5O_7$	$7{,}4 \times 10^{-4}$	$1{,}7 \times 10^{-5}$	$4{,}0 \times 10^{-7}$
Oxálico	HOOC—COOH	$5{,}9 \times 10^{-2}$	$6{,}4 \times 10^{-5}$	
Fosfórico	H_3PO_4	$7{,}5 \times 10^{-3}$	$6{,}2 \times 10^{-8}$	$4{,}2 \times 10^{-13}$
Sulfuroso	H_2SO_3	$1{,}7 \times 10^{-2}$	$6{,}4 \times 10^{-8}$	
Sulfúrico	H_2SO_4	Grande	$1{,}2 \times 10^{-2}$	
Tartárico	$C_2H_2O_2(COOH)_2$	$1{,}0 \times 10^{-3}$	$4{,}6 \times 10^{-5}$	

Para muitos ácidos polipróticos, K_{a1} é maior do que as constantes de acidez subsequentes, de modo que $H^+(aq)$ na solução é resultado quase inteiramente da primeira reação de ionização. Enquanto os valores sucessivos de K_a diferirem por um fator de 10^3 ou mais, é possível obter uma estimativa satisfatória do pH de soluções de ácidos polipróticos ao lidar com os ácidos como se eles fossem monopróticos, considerando apenas K_{a1}, como ilustramos no Exercício resolvido 16.12.

Exercício resolvido 16.12
Cálculo do pH da solução de um ácido poliprótico

A solubilidade do CO_2 na água a 25 °C e pressão parcial do CO_2 de 0,1 atm é 0,0037 M. A prática comum é considerar que todo o CO_2 dissolvido está na forma de ácido carbônico (H_2CO_3), produzido na seguinte reação:

$$CO_2(aq) + H_2O(l) \rightleftharpoons H_2CO_3(aq)$$

Qual é o pH de uma solução de H_2CO_3 0,0037 M?

SOLUÇÃO
Analise Devemos determinar o pH de uma solução de 0,0037 M de um ácido poliprótico.

Planeje O H_2CO_3 é um ácido diprótico. As duas constantes de acidez, K_{a1} e K_{a2} (Tabela 16.3), diferem em mais de um fator de 10^3. Por consequência, o pH pode ser determinado ao considerar apenas o valor de K_{a1}, o que significa que podemos abordar o problema como se H_2CO_3 fosse um ácido monoprótico.

Resolva
Vamos proceder conforme fizemos nos Exercícios resolvidos 16.10 e 16.11. Assim, podemos escrever a reação de equilíbrio e as concentrações no equilíbrio como:

	$H_2CO_3(aq)$	$\rightleftharpoons$ $H^+(aq)$	$+$ $HCO_3^-(aq)$
Concentração inicial (M)	0,0037	0	0
Variação na concentração (M)	$-x$	$+x$	$+x$
Concentração no equilíbrio (M)	$(0{,}0037 - x)$	x	x

A expressão da constante de equilíbrio é:
$$K_{a1} = \frac{[H^+][HCO_3^-]}{[H_2CO_3]} = \frac{(x)(x)}{0{,}0037 - x} = 4{,}3 \times 10^{-7}$$

Resolvendo essa equação quadrática, obtemos: $x = 4{,}0 \times 10^{-5} M$

Alternativamente, como o valor de K_{a1} é pequeno, podemos fazer a aproximação simplificada de que x também é pequeno, de modo que: $0{,}0037 - x \simeq 0{,}0037$

Assim, $\dfrac{(x)(x)}{0{,}0037} = 4{,}3 \times 10^{-7}$

(Continua)

Resolvendo para encontrar x, temos

$$x^2 = (0{,}0037)(4{,}3 \times 10^{-7}) = 1{,}6 \times 10^{-9}$$

$$x = [\text{H}^+] = [\text{HCO}_3^-] = \sqrt{1{,}6 \times 10^{-9}} = 4{,}0 \times 10^{-5}\, M$$

Como temos o mesmo valor (para dois algarismos significativos), nossa hipótese simplificada foi justificada. O pH é, portanto:

$$\text{pH} = -\log[\text{H}^+] = -\log(4{,}0 \times 10^{-5}) = 4{,}40$$

Comentário Se devemos determinar $[\text{CO}_3^{2-}]$, vamos precisar de K_{a2}. Vamos ilustrar esse cálculo a seguir, usando os nossos valores calculados de $[\text{HCO}_3^-]$ e $[\text{H}^+]$ e definindo $[\text{CO}_3^{2-}] = y$:

	$\text{HCO}_3^-(aq)$	$\rightleftharpoons$	$\text{H}^+(aq)$	+	$\text{CO}_3^{2-}(aq)$
Concentração inicial (M)	$4{,}0 \times 10^{-5}$		$4{,}0 \times 10^{-5}$		0
Variação na concentração (M)	$-y$		$+y$		$+y$
Concentração no equilíbrio (M)	$(4{,}0 \times 10^{-5} - y)$		$(4{,}0 \times 10^{-5} + y)$		y

Considerando que y é pequeno em relação a $4{,}0 \times 10^{-5}$, temos:

$$K_{a2} = \frac{[\text{H}^+][\text{CO}_3^{2-}]}{[\text{HCO}_3^-]} = \frac{(4{,}0 \times 10^{-5})(y)}{4{,}0 \times 10^{-5}} = 5{,}6 \times 10^{-11}$$

$$y = 5{,}6 \times 10^{-11}\, M = [\text{CO}_3^{2-}]$$

O valor para y é realmente muito pequeno em comparação a $4{,}0 \times 10^{-5}$. Isso mostra que a nossa suposição estava correta. Também indica que a ionização de HCO_3^- é desprezível em relação a H_2CO_3, enquanto a produção de H^+ estiver em questão. No entanto, é a *única* fonte de CO_3^{2-} que tem uma concentração muito baixa na solução. Portanto, nossos cálculos indicam que, em uma solução de dióxido de carbono em água, a maior parte do CO_2 está sob a forma de CO_2 ou H_2CO_3; apenas uma pequena fração ioniza para formar H^+ e HCO_3^-, e uma fração ainda menor ioniza para produzir CO_3^{2-}. Observe também que $[\text{CO}_3^{2-}]$ é numericamente igual a K_{a2}.

▶ **Para praticar**
(a) Calcule o pH de uma solução de ácido oxálico ($\text{H}_2\text{C}_2\text{O}_4$) 0,020 M. (Veja a Tabela 16.3 para K_{a1} e K_{a2}.)
(b) Calcule a concentração de íon oxalato, $[\text{C}_2\text{O}_4^{2-}]$, nessa solução.

OLHANDO DE PERTO | **Ácidos polipróticos e pH**

Diferentes estados de protonação de ácidos polipróticos existem a diferentes valores de pH. A **Figura 16.14** mostra as concentrações no equilíbrio relativas do ácido fosfórico e suas bases conjugadas sucessivas em função do pH.
 Temos muito a aprender com a Figura 16.14. Por exemplo, se o pH é maior do que 4, praticamente não sobra H_3PO_4 na solução. Quando pH > 12, o principal componente é o íon fosfato, PO_4^{3-}. Também vemos que, quando o pH é igual a um dos valores de pK_a (assim como p$K_w = -\log K_w$, p$K_a = -\log K_a$), as concentrações dos pares ácido-base conjugados relevantes são iguais. Por exemplo, quando pH = 7,21, $[\text{H}_2\text{PO}_4^{2-}] = [\text{HPO}_4^-]$. Isso faz sentido se considerarmos que a reação no equilíbrio com esse pH é:

$$\text{H}_2\text{PO}_4^-(aq) + \text{H}_2\text{O}(l) \rightleftharpoons \text{HPO}_4^{2-}(aq) + \text{H}_3\text{O}^+(aq)$$

Portanto, K_{a2} corresponde a:

$$K_{a2} = [\text{HPO}_4^{2-}][\text{H}_3\text{O}]^+/[\text{H}_2\text{PO}_4^-]$$

Utilizando nossas regras logarítmicas:

$$\text{p}K_{a2} = \log([\text{HPO}_4^{2-}]/[\text{H}_2\text{PO}_4^-]) + \text{pH}$$

Logo, se pK_{a2} tem o mesmo valor que o pH, a proporção entre $[\text{H}_2\text{PO}_4^-]$ e $[\text{HPO}_4^{2-}]$ deve ser 1, pois o logaritmo de 1 é igual a zero.

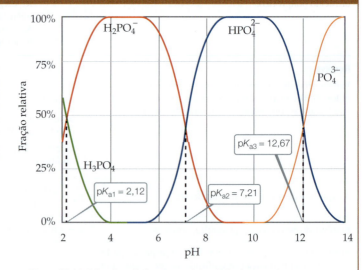

▲ **Figura 16.14** A fração relativa de espécies de fosfato em água como função do pH para o ácido fosfórico.

Exercícios de autoavaliação

EAA 16.16 Uma solução de ácido fluoroacético (CH₂FCOOH) $5{,}5 \times 10^{-3}$ M tem pH de 2,57. Qual é a constante de acidez, K_a, desse ácido? (a) $2{,}5 \times 10^{-3}$ (b) $1{,}3 \times 10^{-3}$ (c) 0,95 (d) $1{,}8 \times 10^{-5}$

EAA 16.17 Qual é o percentual de ionização do ácido fluoroacético no problema anterior? (a) 51% (b) 49% (c) 5,1% (d) 0,049%

EAA 16.18 O ácido cloroso (HClO₂) tem constante de acidez $K_a = 0{,}010$ a 25 °C. Qual é o pH de uma solução $5{,}0 \times 10^{-3}$ M de ácido cloroso? (a) 2,30 (b) 2,15 (c) 2,87 (d) 2,44

EAA 16.19 Qual é o percentual de ionização de uma solução de ácido nitroso, HNO₂, 2,0 M ($K_a = 4{,}5 \times 10^{-4}$)? (a) 0,045% (b) 1,1% (c) 1,5% (d) 3,0%

EAA 16.20 O ácido málico, H₂C₄H₄O₅, é um ácido diprótico presente em frutas e vinhos. K_{a2} é a constante de equilíbrio para a reação _____, e a magnitude de K_{a2} será _____ K_{a1}.

(a) $H_2C_4H_4O_5(aq) \rightleftharpoons 2\,H^+(aq) + C_4H_4O_5^{2-}(aq)$, menor do que
(b) $H_2C_4H_4O_5(aq) \rightleftharpoons 2\,H^+(aq) + C_4H_4O_5^{2-}(aq)$, maior do que
(c) $HC_4H_4O_5^-(aq) \rightleftharpoons H^+(aq) + C_4H_4O_5^{2-}(aq)$, menor do que
(d) $HC_4H_4O_5^-(aq) \rightleftharpoons H^+(aq) + C_4H_4O_5^{2-}(aq)$, maior do que

EAA 16.21 Disponha as seguintes espécies presentes em uma solução de ácido sulforoso 1 M em ordem decrescente de concentração. O ácido sulforoso, H₂SO₃, é um ácido diprótico com constantes de acidez $K_{a1} = 1{,}7 \times 10^{-2}$ e $K_{a2} = 6{,}4 \times 10^{-8}$.

(a) $[H_2SO_3] > [HSO_3^-] > [SO_3^{2-}] > [H_3O^+]$
(b) $[H_2SO_3] > [HSO_3^-] \approx [H_3O^+] > [SO_3^{2-}]$
(c) $[H_3O^+] > [HSO_3^-] \approx [SO_3^{2-}] > [H_2SO_3]$
(d) $[H_3O^+] > [H_2SO_3] > [HSO_3^-] > [SO_3^{2-}]$
(e) $[H_2SO_3] > [HSO_3^-] > [H_3O^+] \approx [SO_3^{2-}]$

16.7 | Bases fracas

Toda reação ácido-base envolve um ácido e uma base. Na seção anterior, exploramos as propriedades das moléculas que atuam como ácidos fracos em soluções aquosas. Agora voltaremos nossa atenção para substâncias que se comportam como bases fracas quando se dissolvem na água ao abstrair prótons do H₂O. Os produtos dessa reação são o ácido conjugado da base e íons OH⁻:

$$B(aq) + H_2O(l) \rightleftharpoons HB^+(aq) + OH^-(aq) \qquad [16.37]$$

A expressão da constante de equilíbrio para essa reação pode ser escrita da seguinte maneira:

$$K_b = \frac{[BH^+][OH^-]}{[B]} \qquad [16.38]$$

A água é um solvente, por isso ela é omitida na expressão da constante de equilíbrio. A amônia, uma das bases fracas mais comuns, serve de exemplo para essas relações:

$$NH_3(aq) + H_2O(l) \rightleftharpoons NH_4^+(aq) + OH^-(aq) \quad K_b = \frac{[NH_4^+][OH^-]}{[NH_3]} \qquad [16.39]$$

Assim como acontece com K_w e K_a, o subscrito b, em K_b, indica que a constante de equilíbrio se refere à ionização de uma base fraca na água. A **constante de basicidade**, K_b, sempre se refere ao equilíbrio em que uma base reage com H₂O para formar o ácido conjugado correspondente e OH⁻.

A **Tabela 16.4**, a seguir, lista as estruturas de Lewis, os ácidos conjugados e os valores de K_b para determinadas bases fracas em água. O Apêndice D apresenta uma lista mais extensa. Essas bases contêm um ou mais pares de elétrons isolados, pois um par isolado é necessário para formar a ligação com o H⁺, que não tem seus próprios elétrons. As outras bases listadas são ânions derivados de ácidos fracos.

Bases fracas se dividem em duas categorias gerais. A primeira é de substâncias neutras que têm um átomo com um par de elétrons não ligantes que podem aceitar um próton.

Objetivos de aprendizagem

Após terminar a Seção 16.7, você deverá ser capaz de:

▶ Descrever os aspectos característicos de moléculas e íons que podem atuar como bases fracas.

▶ Calcular a constante de basicidade K_b de uma base fraca a partir da sua concentração e do pH de uma solução aquosa da base.

▶ Calcular o pH de uma solução aquosa de uma base fraca a partir das suas concentrações e do seu valor de K_b.

> **Resolva com ajuda da figura**
>
> Quando a hidroxilamina atua como uma base, qual átomo recebe o próton?
>
>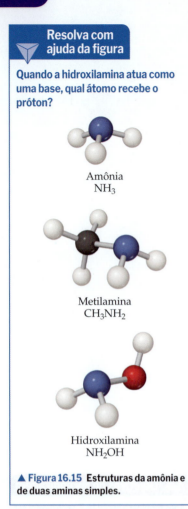
>
> Amônia
> NH₃
>
> Metilamina
> CH₃NH₂
>
> Hidroxilamina
> NH₂OH
>
> ▲ **Figura 16.15** Estruturas da amônia e de duas aminas simples.

TABELA 16.4 Algumas bases fracas em água a 25 °C

Base	Fórmula estrutural*	Ácido conjugado	K_b
Amônia (NH₃)	H—N̈(H)—H, H	NH_4^+	$1,8 \times 10^{-5}$
Piridina (C₅H₅N)	C₅H₅N:	$C_5H_5NH^+$	$1,7 \times 10^{-9}$
Hidroxilamina (HONH₂)	H—N̈—ÖH, H	$HONH_3^+$	$1,1 \times 10^{-8}$
Metilamina (CH₃NH₂)	H—N̈—CH₃, H	$CH_3NH_3^+$	$4,4 \times 10^{-4}$
Íon hidrogenossulfeto (HS⁻)	[H—S̈:]⁻	H_2S	$1,8 \times 10^{-7}$
Íon carbonato (CO₃²⁻)	[O=C(Ö:)(Ö:)]²⁻	HCO_3^-	$1,8 \times 10^{-4}$
Íon hipoclorito (ClO⁻)	[:C̈l—Ö:]⁻	$HClO$	$3,3 \times 10^{-7}$

*O átomo que aceita o próton é mostrado em azul.

A maioria dessas bases, incluindo todas as não carregadas da Tabela 16.4, contêm um átomo de nitrogênio. Essas substâncias incluem a amônia e uma classe relacionada de compostos: as **aminas** (**Figura 16.15**). Em aminas orgânicas, pelo menos uma ligação N—H no NH₃ é substituída por uma ligação N—C. Como ocorre com o NH₃, as aminas podem retirar um próton de uma molécula de água mediante a formação de uma ligação N—H, como mostrado a seguir para a metilamina:

$$H-\ddot{N}(H)-CH_3(aq) + H_2O(l) \rightleftharpoons [H-N(H)(H)-CH_3]^+(aq) + OH^-(aq) \qquad [16.40]$$

Ânions de ácidos fracos formam a segunda categoria geral de bases fracas. Em uma solução aquosa de hipoclorito de sódio (NaClO), por exemplo, o NaClO é dissociado em íons Na⁺ e ClO⁻. O íon Na⁺ é sempre um íon espectador em reações ácido-base. (Seção 4.3) O íon ClO⁻, no entanto, é a base conjugada de um ácido fraco, o ácido hipocloroso. Consequentemente, o íon ClO⁻ atua como uma base fraca em água:

$$ClO^-(aq) + H_2O(l) \rightleftharpoons HClO(aq) + OH^-(aq) \qquad K_b = 3,3 \times 10^{-7} \qquad [16.41]$$

Na Figura 16.6, vimos que o alvejante é bastante básico (valores de pH de 12 a 13). O alvejante de cloro comum é tipicamente uma solução NaOCl 5%.

Cálculos que envolvem bases fracas

Para todos os cálculos de equilíbrio que encontramos com ácidos fracos, existe uma contraparte para as bases fracas. Dada a concentração e o pH de uma solução básica fraca, podemos calcular a constante de basicidade, K_b. Uma vez que conhecemos K_b, podemos calcular o pH de uma solução básica fraca a partir da sua concentração ou vice-versa. As reações e as expressões da constante de equilíbrio serão diferentes, como vimos nas Equações 16.37 e 16.38, mas nossa abordagem para a resolução do problema é basicamente a mesma. Como as reações produzem OH⁻, e não H⁺, é necessário converter entre pH e pOH (lembre-se de que pH + pOH = 14). Os Exercícios resolvidos 16.13 e 16.14 ilustram os tipos de cálculos que você tenderá a realizar enquanto trabalha com bases fracas.

Exercício resolvido 16.13
Uso do valor de K_b para calcular [OH⁻] e pH

Calcule a concentração de OH⁻ em uma solução de NH₃ 0,15 *M*. Calcule também o pH dessa solução.

SOLUÇÃO

Analise Com base na concentração de uma base fraca, devemos determinar a concentração de OH⁻ e o pH da solução.

Planeje Usaremos essencialmente o mesmo procedimento da resolução de problemas que envolvem a ionização de ácidos fracos. Primeiro, escrevemos a equação química e a expressão da constante de equilíbrio correspondente. Em seguida, tabulamos as concentrações iniciais e no equilíbrio e inserimos esses valores de volta na expressão da constante de equilíbrio. Por fim, calculamos a variável cujo valor não conhecemos: a concentração de OH⁻. Depois de saber [OH⁻], podemos determinar o pOH e subtrair 14 do valor para obter o pH.

Resolva

A reação de ionização e a expressão da constante de equilíbrio são:

$$NH_3(aq) + H_2O(l) \rightleftharpoons NH_4^+(aq) + OH^-(aq)$$

$$K_b = \frac{[NH_4^+][OH^-]}{[NH_3]} = 1,8 \times 10^{-5}$$

Ignorando a concentração de H₂O, uma vez que ela não está presente na expressão da constante de equilíbrio, as concentrações no equilíbrio são:

	$NH_3(aq)$	+	$H_2O(l)$	$\rightleftharpoons$	$NH_4^+(aq)$	+	$OH^-(aq)$
Concentração inicial (*M*)	0,15		—		0		0
Variação na concentração (*M*)	$-x$		—		$+x$		$+x$
Concentração no equilíbrio (*M*)	$(0,15 - x)$		—		x		x

Inserindo essas quantidades na expressão da constante de equilíbrio, temos:

$$K_b = \frac{[NH_4^+][OH^-]}{[NH_3]} = \frac{(x)(x)}{0,15 - x} = 1,8 \times 10^{-5}$$

Como K_b é um valor pequeno, a quantidade de NH₃ que reage com a água é muito menor do que a concentração de NH₃ e, por isso, podemos desprezar *x* em relação a 0,15 *M*. Então, temos:

$$\frac{x^2}{0,15} = 1,8 \times 10^{-5}$$

$$x^2 = (0,15)(1,8 \times 10^{-5}) = 2,7 \times 10^{-6}$$

$$x = [NH_4^+] = [OH^-] = \sqrt{2,7 \times 10^{-6}} = 1,6 \times 10^{-3} M$$

Uma vez que determinamos [OH⁻], podemos aplicar o procedimento descrito no Exercício resolvido 16.8 para calcular o pH da solução.

$$pOH = -\log(1,6 \times 10^{-3}) = 2,80$$

$$pH = 14,00 - pOH = 11,20$$

Confira O valor obtido para *x* é de apenas cerca de 1% da concentração de NH₃, 0,15 *M*. Portanto, desprezar *x* em relação a 0,15 estava correto. O pH é maior do que 7, como esperado para uma solução básica.

▶ **Para praticar**
Qual dos seguintes compostos deveria produzir o pH mais elevado como uma solução de 0,05 *M*: piridina, metilamina ou ácido nitroso?

Exercício resolvido 16.14
Uso do pH para determinar a concentração de um sal

Uma solução preparada mediante a adição de hipoclorito de sódio sólido (NaClO) em água suficiente para fazer 2,00 L de solução tem um pH de 10,50. Utilizando a reação da Equação 16.41 e a constante de basicidade K_b apropriada da Tabela 16.4, calcule a quantidade de matéria (em mols) de NaClO adicionado à água.

SOLUÇÃO

Analise O NaClO é um composto iônico que consiste em íons Na^+ e ClO^-. Assim, é um eletrólito forte que se dissocia completamente em uma solução em Na^+, um íon espectador, e em um íon ClO^-, uma base fraca, com $K_b = 3,3 \times 10^{-7}$. Com base nessas informações, devemos calcular o número de mols de NaClO necessário para aumentar o pH de 2,00 L de água para 10,50.

Planeje A partir do pH, podemos determinar a concentração de OH^- no equilíbrio. Consequentemente, é possível construir uma tabela de concentrações iniciais e no equilíbrio, em que a concentração inicial de ClO^- é a nossa incógnita. Podemos calcular $[ClO^-]$ ao utilizar a expressão para K_b.

Resolva

Podemos calcular $[OH^-]$ usando a Equação 16.20 ou a Equação 16.24. Neste caso, vamos usar esta última:

$pOH = 14,00 - pH = 14,00 - 10,50 = 3,50$
$[OH^-] = 10^{-3,50} = 3,2 \times 10^{-4} M$

Essa concentração é alta o suficiente para assumirmos que a Equação 16.41 é a única fonte de OH^-. Isto é, podemos desprezar qualquer OH^- produzido pela autoionização de H_2O. Agora, consideramos um valor de x para a concentração inicial de ClO^- e resolvemos o problema de equilíbrio da maneira usual.

	$ClO^-(aq)$ + $H_2O(l)$	$\rightleftharpoons$	$HClO(aq)$ +	$OH^-(aq)$
Concentração inicial (M)	x	—	0	0
Variação na concentração (M)	$-3,2 \times 10^{-4}$	—	$+3,2 \times 10^{-4}$	$+3,2 \times 10^{-4}$
Concentração no equilíbrio (M)	$(x - 3,2 \times 10^{-4})$	—	$3,2 \times 10^{-4}$	$3,2 \times 10^{-4}$

Em seguida, vamos usar a expressão para a constante de basicidade para encontrar x:

$$K_b = \frac{[HClO][OH^-]}{[ClO^-]} = \frac{(3,2 \times 10^{-4})^2}{x - 3,2 \times 10^{-4}} = 3,3 \times 10^{-7}$$

$$x = \frac{(3,2 \times 10^{-4})^2}{3,3 \times 10^{-7}} + (3,2 \times 10^{-4}) = 0,31\ M$$

Dizemos que a solução é NaClO 0,31 M, embora alguns dos íons ClO^- tenham reagido com água. Como a solução é NaClO 0,31 M e o volume total da solução é de 2,00 L, 0,62 mol de NaClO é a quantidade de sal que foi adicionada à água.

▶ **Para praticar**
Qual é a concentração em quantidade de matéria de uma solução aquosa de NH_3 que tem um pH de 11,17?

Exercícios de autoavaliação

EAA 16.22 Qual(is) das moléculas a seguir atua(m) como base fraca?

(i) $C_3N_2H_4$ (ii) CH_3CH_2COOH (iii) $CH_3CH_2CH_2CH_2OH$

(**a**) i (**b**) ii (**c**) iii (**d**) i e iii (**e**) i, ii e iii

EAA 16.23 Uma solução da base orgânica fraca imidazol, $C_3N_2H_4$, 0,15 M tem pH de 10,11. Qual é a K_b do imidazol? (**a**) $4,0 \times 10^{-20}$ (**b**) $1,3 \times 10^{-4}$ (**c**) $2,5 \times 10^{-9}$ (**d**) $1,1 \times 10^{-7}$

EAA 16.24 A constante de basicidade da piridina (C_5H_5N) é $K_b = 1,7 \times 10^{-9}$. Qual é o pH de uma solução de piridina 0,069 M? (**a**) 4,97 (**b**) 9,03 (**c**) 9,61 (**d**) 9,93

16.8 | Relação entre K_a e K_b

Vimos de maneira qualitativa que, quanto mais forte for um ácido, mais fraca será a sua base conjugada. Nesta seção, quantificaremos essa relação. Primeiro, vamos considerar o par ácido-base conjugado NH_4^+ e NH_3. Cada espécie reage com a água de uma maneira. Para o ácido, NH_4^+, o equilíbrio é:

$$NH_4^+(aq) + H_2O(l) \rightleftharpoons NH_3(aq) + H_3O^+(aq)$$

Ou, escrito em sua forma mais simples,

$$NH_4^+(aq) \rightleftharpoons NH_3(aq) + H^+(aq) \quad [16.42]$$

Para a base, NH_3, o equilíbrio é:

$$NH_3(aq) + H_2O(l) \rightleftharpoons NH_4^+(aq) + OH^-(aq) \quad [16.43]$$

Cada equilíbrio é expresso por sua respectiva constante de equilíbrio:

$$K_a = \frac{[NH_3][H^+]}{[NH_4^+]} \quad K_b = \frac{[NH_4^+][OH^-]}{[NH_3]}$$

Quando adicionamos as equações 16.42 e 16.43, as espécies NH_4^+ e NH_3 se cancelam e ficamos com a autoionização da água:

$$NH_4^+(aq) \rightleftharpoons NH_3(aq) + H^+(aq)$$
$$\underline{NH_3(aq) + H_2O(l) \rightleftharpoons NH_4^+(aq) + OH^-(aq)}$$
$$H_2O(l) \rightleftharpoons H^+(aq) + OH^-(aq)$$

Lembre-se de que, quando duas equações são somadas para obter uma terceira, a constante de equilíbrio associada à terceira equação é igual ao produto das constantes de equilíbrio das duas primeiras. (Seção 15.3)

Quando multiplicamos K_a e K_b para o exemplo atual, obtemos:

$$K_a \times K_b = \left(\frac{[NH_3][H^+]}{[NH_4^+]}\right)\left(\frac{[NH_4^+][OH^-]}{[NH_3]}\right)$$
$$= [H^+][OH^-] = K_w$$

Assim, o produto de K_a e K_b é a constante do produto iônico da água, K_w (Equação 16.20). Esse resultado era esperado, porque a soma das equações 16.42 e 16.43 resultou no equilíbrio de autoionização da água, cuja constante de equilíbrio é K_w.

O resultado vale para qualquer par ácido-base conjugado. Em geral, *o produto da constante de dissociação de um ácido pela constante de basicidade de sua base conjugada é igual à constante do produto iônico da água:*

$$K_a \times K_b = K_w \quad \text{(para um par ácido-base conjugado)} \quad [16.44]$$

Observe que essa relação vale apenas para pares ácido-base conjugados. Não use a Equação 16.44 para pares aleatórios de ácidos e bases! À medida que a força de um ácido aumenta (ou seja, K_a aumenta), a força de sua base conjugada diminui (K_b diminui), de modo que o produto $K_a \times K_b$ continua sendo $1,0 \times 10^{-14}$ a 25 °C. A **Tabela 16.5** demonstra essa relação.

Ao aplicar a Equação 16.44, podemos calcular K_b de qualquer base fraca se conhecermos K_a do seu ácido conjugado. Da mesma forma, podemos calcular K_a de um ácido fraco se conhecermos K_b da sua base conjugada. Uma consequência prática é que as constantes de ionização muitas vezes são listadas para apenas um membro do par ácido-base conjugado. Por exemplo, o Apêndice D não contém os valores de K_b para os ânions de ácidos fracos, porque eles podem ser calculados com facilidade a partir dos valores tabelados de K_a dos ácidos conjugados.

> **Objetivos de aprendizagem**
>
> Após terminar a Seção 16.8, você deverá ser capaz de:
>
> ▶ Dada a constante de acidez K_a de um ácido fraco, calcular a constante de basicidade K_b da sua base conjugada e vice-versa.

TABELA 16.5 Alguns pares conjugados ácido-base

Ácido	K_a	Base	K_b
HNO_3	(Ácido forte)	NO_3^-	(Basicidade insignificante)
HF	$6,8 \times 10^{-4}$	F^-	$1,5 \times 10^{-11}$
CH_3COOH	$1,8 \times 10^{-5}$	CH_3CO^-	$5,6 \times 10^{-10}$
H_2CO_3	$4,3 \times 10^{-7}$	HCO_3^-	$2,3 \times 10^{-8}$
NH_4^+	$5,6 \times 10^{-10}$	NH_3	$1,8 \times 10^{-5}$
HCO_3^-	$5,6 \times 10^{-11}$	CO_3^{2-}	$1,8 \times 10^{-4}$
OH^-	(Acidez insignificante)	O^{2-}	(Base forte)

Lembre-se de que, com frequência, expressamos [H$^+$] como pH: pH = $-$log [H$^+$]. (Seção 16.4) Essa nomenclatura "p" é usada também em outras situações que envolvem números muito pequenos. Por exemplo, se você verificar os valores das constantes acidez ou de basicidade em um manual de química, provavelmente os encontrará como pK_a ou pK_b:

$$pK_a = -\log K_a \quad e \quad pK_b = -\log K_b \qquad [16.45]$$

Usando essa nomenclatura, a Equação 16.44 pode ser escrita em termos de pK_a e pK_b se aplicarmos o logaritmo negativo em ambos os lados:

$$pK_a + K_b = pK_w = 14,00 \quad \text{a 25 °C (par ácido-base conjugado)} \qquad [16.45]$$

A QUÍMICA E A VIDA | Aminas e cloridratos de amina

Muitas aminas de baixo peso molecular têm um odor de peixe. As aminas e o NH_3 são produzidos mediante a decomposição anaeróbia (na ausência de O_2) de animais mortos ou matéria vegetal. Duas dessas aminas com aromas muito desagradáveis são a *putrescina*, $H_2N(CH_2)_4NH_2$, e a *cadaverina*, $H_2N(CH_2)_5NH_2$. Os nomes dessas substâncias já refletem seus odores repugnantes.

Muitas drogas, incluindo quinina, codeína, cafeína e anfetamina, são aminas. Como outras aminas, essas substâncias são bases fracas; o nitrogênio da amina é rapidamente protonado quando ela é tratada como um ácido. Os produtos resultantes são chamados de *sais de ácidos*. Se utilizarmos a letra A como a abreviatura de uma amina, o sal de ácido formado mediante a reação com o ácido clorídrico pode ser representado como AH$^+$Cl$^-$. Também é possível representá-lo como A · HCl e denominá-lo cloridrato. O cloridrato de anfetamina, por exemplo, é o sal de ácido formado mediante a reação entre HCl e anfetamina:

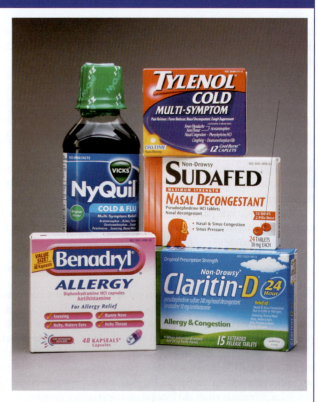

▲ **Figura 16.16** Alguns medicamentos que não exigem receita têm o cloridrato de amina como princípio ativo.

Sais de ácidos são menos voláteis, mais estáveis e geralmente mais solúveis em água do que as aminas correspondentes. Por isso, muitos fármacos são vendidos e administrados na forma de sal de ácido em vez de amina. Na **Figura 16.16**, são mostrados alguns exemplos de medicamentos que não exigem receita e contêm cloridratos de amina como princípios ativos.

Exercícios relacionados: 16.10, 16.77, 16.78

Exercício resolvido 16.15
Cálculo de K_a ou K_b para um par ácido-base conjugado

Calcule (a) K_b para o íon fluoreto a partir da constante de acidez do HF e (b) K_a para o íon amônio a partir da constante de basicidade da amônia.

SOLUÇÃO

Analise Devemos determinar as constantes de dissociação do F^-, da base conjugada de HF e do NH_4^+, o ácido conjugado de NH_3.

Planeje Podemos usar os valores tabulados de K para HF e NH_3 e a relação entre K_a e K_b para calcular as constantes de dissociação dos seus pares conjugados, F^- e NH_4^+.

Resolva

(a) Para o ácido fraco HF, a Tabela 16.2 e o Apêndice D mostram que $K_a = 6,8 \times 10^{-4}$. Podemos usar a Equação 16.44 para calcular K_b da base conjugada, F^-:

$$K_b = \frac{K_w}{K_a} = \frac{1,0 \times 10^{-14}}{6,8 \times 10^{-4}} = 1,5 \times 10^{-11}$$

(b) Para NH_3, a Tabela 16.4 e o Apêndice D fornecem $K_b = 1,8 \times 10^{-5}$, e esse valor na Equação 16.44 nos dá o valor de K_a do ácido conjugado, NH_4^+:

$$K_a = \frac{K_w}{K_b} = \frac{1,0 \times 10^{-14}}{1,8 \times 10^{-5}} = 5,6 \times 10^{-10}$$

Confira Os respectivos valores de K para F^- e NH_4^+ estão listados na Tabela 16.5; veja que os valores calculados aqui estão de acordo.

▶ **Para praticar**

(a) Com base no Apêndice D, quais destes ânions apresenta a maior constante de basicidade: NO_2^-, PO_4^{3-} ou N_3^-?

(b) A base quinolina tem a seguinte estrutura:

Em manuais de química, encontramos o valor de pK_a do seu ácido conjugado: 4,90. Qual é a constante de basicidade da quinolina?

 Exercícios de autoavaliação

EAA 16.25 A constante de acidez do ácido cianídrico, HCN, é $K_a = 4,9 \times 10^{-10}$. Qual é a identidade e o valor de pK_b da sua base conjugada? (a) CN^-, 4,69 (b) CN^-, $2,0 \times 10^{-5}$; (c) H_2CN^+, 4,69 (d) H_2CN^+, 9,31 (e) CN^-, 9,31

EAA 16.26 Considere as seguintes constantes de acidez e basicidade: NH_3 ($K_b = 1,8 \times 10^{-5}$), H_2CO_3 ($K_{a1} = 4,3 \times 10^{-7}$, $K_{a2} = 5,6 \times 10^{-11}$) e H_2SO_3 ($K_{a1} = 1,7 \times 10^{-2}$, $K_{a2} = 6,4 \times 10^{-8}$). Disponha as seguintes espécies em ordem crescente de acidez: NH_4^+, HCO_3^-, HSO_3^-.

(a) $NH_4^+ < HCO_3^- < HSO_3^-$
(b) $HSO_3^- < HCO_3^- < NH_4^+$
(c) $HCO_3^- < NH_4^+ < HSO_3^-$
(d) $HSO_3^- < NH_4^+ < HCO_3^-$

16.9 | Propriedades ácido-base de soluções salinas

Mesmo antes de começar este capítulo, você certamente já conhecia moléculas neutras que formam soluções ácidas quando dissolvidas na água, como HNO_3, HCl e H_2SO_4. Da mesma forma, conhecemos muitas substâncias que formam soluções básicas quando dissolvidas na água, como $NaOH$ e NH_3. Talvez você se surpreenda ao descobrir que sais como $AlCl_3$ e Na_2CO_3 também podem ter um forte efeito no pH quando formam soluções aquosas. Uma pista para esse comportamento vem da observação de que os íons podem apresentar propriedades ácidas ou básicas. Por exemplo, calculamos o K_a para NH_4^+ e o K_b para F^- no Exercício resolvido 16.15. Como os sais são compostos de cátions e ânions, as soluções salinas podem ser ácidas ou básicas. Antes de aprofundar as discussões acerca de ácidos e bases, vamos examinar como sais dissolvidos podem afetar o pH.

Uma vez que quase todos os sais são eletrólitos fortes, podemos supor que qualquer sal dissolvido em água se dissocia por completo. Consequentemente, as propriedades ácido-base de soluções salinas resultam do comportamento de cátions e ânions. Muitos íons reagem com a água para gerar $H^+(aq)$ ou $OH^-(aq)$. Esse tipo de reação é chamado de **hidrólise** e é responsável pelas características ácidas-básicas dos sais.

 Objetivos de aprendizagem

Após terminar a Seção 16.9, você deverá ser capaz de:

▶ Prever se uma solução aquosa de um sal será ácida, básica ou neutra.

▶ Calcular o pH de uma solução salina a partir da concentração e da identidade do sal e das constantes de equilíbrio em meio aquoso relevantes.

Hidrólise de ânions

Em geral, um ânion A⁻ em solução pode ser considerado a base conjugada de um ácido. Por exemplo, Cl⁻ é a base conjugada de HCl, e CH₃COO⁻, a base conjugada de CH₃COOH. A reação de um ânion com a água para produzir íons hidróxido depende da força do ácido conjugado do ânion. Para identificar o ácido e avaliar a sua força, adicionamos um próton à fórmula do ânion. Se o ácido HA determinado dessa maneira for um dos sete ácidos fortes listados no início da Seção 16.5, o ânion terá uma tendência insignificante de produzir íons OH⁻ a partir da água e não afetará o pH da solução. Por exemplo, como Cl⁻ é a base conjugada do ácido clorídrico (um ácido forte), sua presença em uma solução aquosa não produz qualquer OH⁻ e não afeta o pH. Assim, Cl⁻ sempre será um íon espectador na química ácido-base.

Se HA *não* for um dos sete ácidos fortes comuns, será um ácido fraco. Nesse caso, a base conjugada A⁻ é uma base fraca e reage pouco com a água, produzindo um ácido fraco e íons hidróxido:

$$A^-(aq) + H_2O(l) \rightleftharpoons HA(aq) + OH^-(aq) \quad [16.47]$$

O íon OH⁻ gerado dessa forma faz o pH da solução aumentar, tornando-a básica. O íon acetato, por exemplo, base conjugada de um ácido fraco, reage com a água, produzindo ácido acético e íons hidróxido e aumentando o pH da solução:

$$CH_3COO^-(aq) + H_2O(l) \rightleftharpoons CH_3COOH(aq) + OH^-(aq) \quad [16.48]$$

A situação é mais complicada quando temos sais que contêm ânions com prótons ionizáveis, como o HSO₃⁻. Esses sais são anfóteros (Seção 16.1), e o seu comportamento na água é determinado pelos valores relativos de K_a e K_b do íon, como mostra o Exercício resolvido 16.17. Se $K_a > K_b$, o íon torna a solução ácida. Se $K_a < K_b$, ele torna a solução básica.

Hidrólise de cátions

Cátions poliatômicos com um ou mais prótons podem ser considerados ácidos conjugados de bases fracas. O íon NH₄⁺, por exemplo, é o ácido conjugado da base fraca NH₃. Assim, NH₄⁺ é um ácido fraco e doa um próton à água, produzindo íons hidrônio e diminuindo o pH:

$$NH_4^+(aq) + H_2O(l) \rightleftharpoons NH_3(aq) + H_3O^+(aq) \quad [16.49]$$

Outras bases neutras que se tornam cátions ao aceitar um próton têm comportamentos semelhantes. Por exemplo, a metilamina, CH₃NH₂, transforma-se no cátion metilamônio, CH₃NH₃⁺, quando protonada. Assim como os sais de amônio, aqueles que contêm CH₃NH₃⁺ atuam como ácidos fracos quando dissolvidos em água.

Uma situação mais rara ocorre com alguns sais metálicos. Por exemplo, se dissolvemos Fe(NO₃)₃ em água, a solução torna-se bastante ácida. Por quê? Você poderia imaginar que o íon nitrato está produzindo ácido nítrico de alguma forma, mas estaria errado. Lembre-se de que o nitrato é a base conjugada de um ácido forte, então sua reação com a água é desprezível. Se o íon nitrato não tem um papel relevante, a variação do pH deve ser, de alguma forma, devido à presença de Fe³⁺ na solução. No entanto, pequenos cátions metálicos com cargas altas, como o Fe³⁺, podem criar soluções surpreendentemente ácidas em água (**Tabela 16.6**). Uma comparação entre os valores de Fe²⁺ e Fe³⁺ na tabela ilustra como a acidez aumenta junto com a carga iônica.

Note que os valores de K_a para os íons 3+ apresentados na Tabela 16.6 são comparáveis aos valores para ácidos fracos conhecidos, como o ácido acético ($K_a = 1,8 \times 10^{-5}$). Por outro lado, íons de metais alcalinos e alcalino-terrosos, relativamente grandes e sem cargas elevadas, não reagem em níveis significativos com a água e, portanto, não afetam o pH. Observe que são os mesmos cátions encontrados nas bases fortes (Seção 16.5). As diferentes tendências de quatro cátions de diminuir o pH de uma solução são ilustradas na **Figura 16.17**.

Vamos analisar mais de perto as reações que ocorrem quando um cátion metálico atua como ácido. Como têm carga positiva, os íons metálicos atraem os pares de elétrons não compartilhados das moléculas de água e se tornam hidratados. (Seção 13.1) Podemos descrever a hidratação de um cátion metálico como uma reação ácido-base de Lewis. O íon Fe³⁺, sendo deficiente em elétrons, atua como ácido de Lewis, enquanto as moléculas de água, tendo pares de elétrons não ligantes, atuam como base de Lewis. Quando uma

TABELA 16.6 Constantes de acidez para a hidrólise de cátions metálicos em solução aquosa a 25 °C

Cátion	K_a*
Fe³⁺	$6,3 \times 10^{-3}$
Cr³⁺	$1,6 \times 10^{-4}$
Al³⁺	$1,4 \times 10^{-5}$
Fe²⁺	$3,2 \times 10^{-10}$
Zn²⁺	$2,5 \times 10^{-10}$
Ni²⁺	$2,5 \times 10^{-11}$

*K_a é a constante de equilíbrio para a reação mostrada na Figura 16.18.

> **Resolva com ajuda da figura** — Por que precisamos usar múltiplos indicadores ácido-base nesta figura?

▲ **Figura 16.17 Efeito dos cátions no pH da solução.** Os valores de pH de soluções de 1,0 M de quatro sais de nitrato são estimados ao usar indicadores ácido-base.

molécula de água interage com o íon metálico com carga positiva, a densidade eletrônica é atraída a partir do oxigênio. Esse deslocamento de densidade eletrônica na direção do cátion metálico torna a ligação O—H mais polarizada; consequentemente, as moléculas de água ligadas ao íon metálico são mais ácidas do que as presentes no solvente. O mecanismo pelo qual os cátions metálicos hidratados reagem com a água para produzir $HO^+(aq)$ se encontra na **Figura 16.18**. À medida que a carga do cátion aumenta, este se torna um ácido de Lewis mais forte, o que leva a mais polarização das ligações O—H das moléculas de água hidratadas. Isso explica por que cátions com carga 3+ são mais ácidos que cátions 2+ e por que normalmente desprezamos a acidez de cátions 1+.

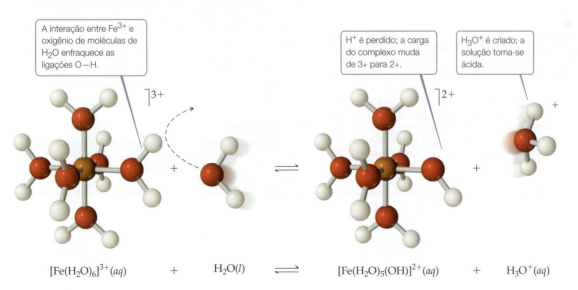

▲ **Figura 16.18** O íon Fe^+ hidratado atua como um ácido ao doar um H^+ de uma molécula de água ligada para uma molécula de H_2O livre, formando H_3O^+.

Sais em que cátions e/ou ânions sofrem hidrólise

Para determinar se um sal forma uma solução ácida, básica ou neutra quando dissolvido em água, devemos considerar a ação do cátion e do ânion. Há quatro combinações possíveis:

1. Se o sal tiver um ânion que não reage com água e um cátion que não reage com água, espera-se que o pH seja neutro. Isso ocorre quando o ânion é uma base conjugada de um ácido forte e o cátion faz parte do grupo 1A ou é um dos membros mais pesados do grupo 2A (Ca^{2+}, Sr^{2+} e Ba^{2+}). *Exemplos:* NaCl, $Ba(NO_3)_2$, $RbClO_4$.
2. Se o sal tiver um ânion que reage com água para produzir íons hidróxido e um cátion que não reage com água, espera-se que o pH seja básico. Isso ocorre quando o ânion é a base conjugada de um ácido fraco e o cátion faz parte do grupo 1A ou é um dos membros mais pesados do grupo 2A (Ca^{2+}, Sr^{2+} e Ba^{2+}). *Exemplos:* NaClO, RbF, $BaSO_3$.
3. Se o sal tiver um cátion que reage com água para produzir íons hidrônio e um ânion que não reage com água, espera-se que o pH seja ácido. Isso ocorre quando o cátion é um ácido conjugado de uma base fraca ou um cátion pequeno com uma carga maior ou igual a 2+. *Exemplos:* NH_4NO_3, $AlCl_3$, $Fe(NO_3)_3$.
4. Se o sal tiver um ânion *e* um cátion capazes de reagir com água, íons hidróxido e hidrônio são produzidos. A solução, então, pode ser básica, neutra ou ácida, dependendo das capacidades relativas dos íons de reagir com água. *Exemplos*: NH_4ClO, $Al(CH_3COO)_3$, CrF_3.

Exercício resolvido 16.16
Determinando se soluções salinas são ácidas, básicas ou neutras

Determine se as soluções aquosas de cada um dos seguintes sais são ácidas, básicas ou neutras: (a) $Ba(CH_3COO)_2$, (b) NH_4Cl, (c) CH_3NH_3Br, (d) KNO_3, (e) $Al(ClO_4)_3$.

SOLUÇÃO

Analise Com base nas fórmulas químicas de cinco compostos iônicos (sais), devemos verificar se suas soluções aquosas são ácidas, básicas ou neutras.

Planeje Podemos determinar se a solução de um sal é ácida, básica ou neutra ao identificar os íons em solução e avaliar como cada íon afetará o pH.

Resolva

(a) Essa solução contém íons bário e íons acetato. O cátion, Ba^{2+}, é um íon de um metal alcalino-terroso pesado e, portanto, não afetará o pH. O ânion, CH_3COO^-, é a base conjugada do ácido fraco CH_3COOH e sofre hidrólise, produzindo íons OH^- e tornando a solução básica.

(b) Nessa solução, NH_4^+ é o ácido conjugado de uma base fraca (NH_3), então é ácido. Cl^- é a base conjugada de um ácido forte (HCl) e, portanto, não exerce influência sobre o pH da solução. Uma vez que a solução contém um íon que é ácido (NH_4^+) e um que não exerce influência sobre o pH (Cl^-), a solução será ácida.

(c) $CH_3NH_3^+$ é o ácido conjugado de uma base fraca (CH_3NH_2, uma amina), portanto é ácido, e Br^- é a base conjugada de um ácido forte (HBr), portanto o pH é neutro. Uma vez que a solução contém um íon que é ácido e um que não exerce influência sobre o pH, a solução será ácida.

(d) Essa solução contém o íon K^+, que é um cátion do grupo 1A, e o íon NO_3^-, que é a base conjugada do ácido forte HNO_3. Nenhum dos íons vai reagir com a água significativamente, então a solução será neutra.

(e) Essa solução contém íons Al^{3+} e ClO_4^-. Cátions como o Al^{3+}, com uma carga maior ou igual a 3+, são ácidos. O íon ClO_4^- é a base conjugada de um ácido forte ($HClO_4$), então não afeta o pH. Assim, a solução de $Al(ClO_4)_3$ será ácida.

▶ **Para praticar**
Indique qual sal em cada um dos seguintes pares forma a solução de 0,010 *M* mais ácida (ou menos básica): (a) $NaNO_3$ ou $Fe(NO_3)_3$, (b) KBr ou KBrO, (c) CH_3NH_3Cl ou $BaCl_2$, (d) NH_4NO_2 ou NH_4NO_3.

Exercício resolvido 16.17
Prevendo se a solução de um ânion anfiprótico é ácida ou básica

Preveja se o sal Na$_2$HPO$_4$ forma uma solução ácida ou básica quando dissolvido em água.

SOLUÇÃO
Analise Devemos determinar se uma solução de Na$_2$HPO$_4$ é ácida ou básica. Essa substância é um composto iônico constituído de íons Na$^+$ e HPO$_4^{2-}$.

Planeje Precisamos avaliar cada íon e prever se ele é ácido ou básico. Como o Na$^+$ é um cátion do grupo 1A, ele não exerce influência sobre o pH. Assim, nossa análise deve focar o comportamento do íon HPO$_4^{2-}$. Precisamos considerar que HPO$_4^{2-}$ é anfiprótico, ou seja, pode atuar como um ácido ou uma base:

Atuação como ácido HPO$_4^{2-}$(aq) $\rightleftharpoons$ H$^+$(aq) + PO$_4^{3-}$(aq)

Atuação como base HPO$_4^{2-}$(aq) + H$_2$O $\rightleftharpoons$ H$_2$PO$_4^-$(aq) + OH$^-$(aq)

Dessas duas reações, a com a maior constante de equilíbrio determina se a solução é ácida ou básica.

Resolva O valor de K_a para HPO$_4^{2-}$ atuando como ácido é equivalente a K_{a3} para H$_3$PO$_4$: $4,2 \times 10^{-13}$ (Tabela 16.3). Para a segunda equação, na qual HPO$_4^{2-}$ atua como base, devemos calcular K_b para a base HPO$_4^{2-}$ a partir do valor de K_a para seu ácido conjugado, H$_2$PO$_4^-$, e da relação $K_a \times K_b = K_w$ (Equação 16.44). O valor relevante de K_a para H$_2$PO$_4^-$ é K_{a2} para H$_3$PO$_4$: $6,2 \times 10^{-8}$ (Tabela 16.3). Temos, portanto:

$$K_b(\text{HPO}_4^{2-}) \times K_a(\text{H}_2\text{PO}_4^-) = K_w = 1,0 \times 10^{-14}$$

$$K_b(\text{HPO}_4^{2-}) = \frac{1,0 \times 10^{-14}}{6,2 \times 10^{-8}} = 1,6 \times 10^{-7},$$

Esse valor de K_b é mais de 10^5 vezes maior que K_a para HPO$_4^{2-}$. Assim, a tendência do HPO$_4^{2-}$ de atuar como base e abstrair um próton da água é predominante, e a solução é básica.

▶ **Para praticar**
Preveja se o sal de dipotássio do ácido cítrico (K$_2$HC$_6$H$_5$O$_7$) forma uma solução ácida ou básica quando dissolvido em água (consulte os dados na Tabela 16.3).

Exercícios de autoavaliação

EAA 16.27 Quais dos sais a seguir formam soluções ácidas quando dissolvidos em água: AlCl$_3$, Na$_2$SO$_3$, CH$_3$NH$_3$NO$_3$? (**a**) AlCl$_3$ (**b**) Na$_2$SO$_3$ (**c**) CH$_3$NH$_3$NO$_3$ (**d**) AlCl$_3$ e CH$_3$NH$_3$NO$_3$ (**e**) AlCl$_3$, Na$_2$SO$_3$ e CH$_3$NH$_3$NO$_3$

EAA 16.28 Qual é o pH de uma solução de NaBrO 0,50 M? A constante de acidez do HBrO é $K_a = 2,5 \times 10^{-9}$. (**a**) 2,85 (**b**) 4,45 (**c**) 9,67 (**d**) 11,15

16.10 | Comportamento ácido-base e estrutura química

Como vimos ao longo deste capítulo, quando uma substância é dissolvida em água, ela pode se comportar como um ácido, uma base ou não apresentar propriedades ácido-base. Contudo, como a estrutura química de uma substância determina quais desses comportamentos será apresentado? Por exemplo, por que algumas substâncias que contêm grupos OH se comportam como bases, liberando íons OH$^-$ em solução (como NaOH), enquanto outras se comportam como ácidos, ionizando-se e liberando íons H$^+$ (como HOCl), já outras não apresentam nem um comportamento nem o outro (como CH$_3$OH)? Nesta seção, vamos discutir brevemente os efeitos da estrutura química sobre o comportamento ácido-base.

▲ **Objetivos de aprendizagem**

Após terminar a Seção 16.10, você deverá ser capaz de:

▶ Explicar como a polaridade e a força das ligações de uma molécula estão relacionadas à sua tendência de atuar como ácido ou como base.

▶ Ordenar as forças de ácidos quimicamente relacionados com base em sua composição e estrutura molecular.

Fatores que afetam a força dos ácidos

A força de um ácido é afetada por três fatores diferentes.

- **Polaridade da ligação H–A** Uma molécula que contém H vai atuar como um doador de prótons (um ácido) apenas se a ligação H—A for polarizada de modo que o átomo de H possua uma carga positiva parcial. (Seção 8.4) Lembre-se de que indicamos tal polarização da seguinte maneira:

Em hidretos iônicos, como NaH, a ligação é polarizada no sentido oposto: o átomo de H tem uma carga negativa e se comporta como um receptor de prótons (base). Já ligações H—A não polares, como a ligação H—C em CH$_4$, não produzem soluções aquosas ácidas nem básicas. *Em geral, quanto mais a polaridade da ligação H—A aumenta, atraindo mais densidade eletrônica do H, mais forte é o ácido.*

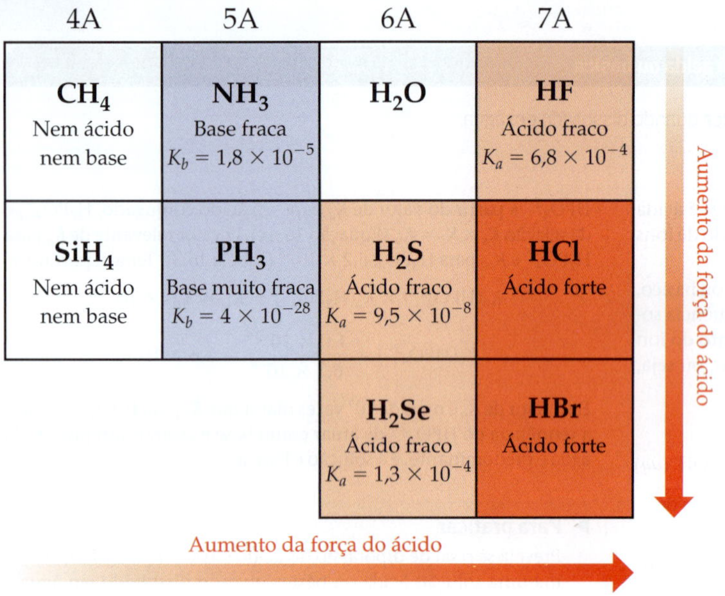

	4A	5A	6A	7A
	CH₄ Nem ácido nem base	NH₃ Base fraca $K_b = 1{,}8 \times 10^{-5}$	H₂O	HF Ácido fraco $K_a = 6{,}8 \times 10^{-4}$
	SiH₄ Nem ácido nem base	PH₃ Base muito fraca $K_b = 4 \times 10^{-28}$	H₂S Ácido fraco $K_a = 9{,}5 \times 10^{-8}$	HCl Ácido forte
			H₂Se Ácido fraco $K_a = 1{,}3 \times 10^{-4}$	HBr Ácido forte

Aumento da força do ácido →
Aumento da força do ácido ↓

▲ **Figura 16.19** Tendências da força do ácido para os hidretos binários do 2º ao 4º período.

- **Força da ligação H—A** A força da ligação (Seção 8.8) também ajuda a determinar se uma molécula que contém uma ligação H—A doará um próton. Ligações fortes são quebradas com menos facilidade do que as mais fracas. Esse fator é importante, por exemplo, nos halogenetos de hidrogênio. A ligação H—F é a ligação H—A mais polar. Portanto, seria de esperar que HF fosse um ácido forte se a polaridade fosse o único aspecto importante. No entanto, a força de ligação H—A aumenta conforme subimos no grupo: 299 kJ/mol em HI, 366 kJ/mol em HBr, 431 kJ/mol em HCl e 567 kJ/mol em HF. Como HF tem a maior força de ligação entre os halogenetos de hidrogênio, ele é um ácido fraco, enquanto todos os outros halogenetos de hidrogênio são ácidos fortes em solução aquosa. *Em geral, a força de um ácido aumenta à medida que a força da ligação H—A diminui.*

- **Estabilidade de bases conjugadas** Um terceiro fator que afeta a facilidade com que um átomo de hidrogênio ioniza-se do HA é a estabilidade da base conjugada, A⁻. *Em geral, quanto maior for a estabilidade da base conjugada, mais forte será o ácido.*

Ácidos binários

Para uma série de ácidos binários HA, em que A representa os membros de um mesmo *grupo* da tabela periódica, a força da ligação H—A é geralmente o fator mais importante na determinação da força do ácido. A força de uma ligação H—A tende a diminuir à medida que o elemento A aumenta de tamanho. Dessa forma, a força de ligação diminui e a acidez aumenta à medida que descemos em um grupo. Assim, o HCl é um ácido mais forte que o HF, e o H₂S é um ácido mais forte que a H₂O.

A polaridade de ligação é o fator determinante da acidez para ácidos binários HA quando A representa membros do mesmo *período*. Assim, a acidez aumenta à medida que a eletronegatividade do elemento A aumenta, o que geralmente ocorre quando nos deslocamos da esquerda para a direita em um período. (Seção 8.4) Por exemplo, considerando os elementos do 2º período, a diferença de acidez é: CH₄ < NH₃ ≪ H₂O < HF. Como a ligação C—H é essencialmente apolar, CH₄ não apresenta qualquer tendência de formar íons H⁺ e CH₃⁻. Embora a ligação N—H seja polar, NH₃ tem um par de elétrons não ligante no átomo de nitrogênio que define a sua química; assim, NH₃ atua como uma base, e não como um ácido.

As tendências periódicas sobre as forças ácidas dos compostos binários de hidrogênio e não metais do 2º e 3º período estão resumidas na **Figura 16.19**.

Oxiácidos

Muitos ácidos comuns, como o ácido sulfúrico, apresenta uma ou mais ligações O—H:

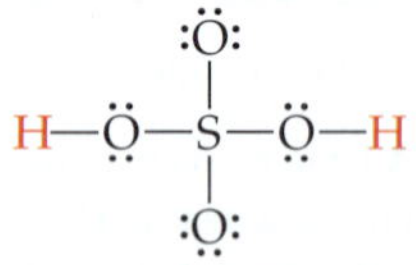

$$H-\overset{..}{\underset{..}{O}}-\overset{\overset{\overset{..}{O}:}{|}}{\underset{\underset{:\overset{..}{O}:}{|}}{S}}-\overset{..}{\underset{..}{O}}-H$$

Os **oxiácidos** são ácidos em que os grupos OH e eventualmente átomos adicionais de oxigênio estão ligados a um átomo central. A princípio, pode parecer confuso que o grupo OH, que, como sabemos, se comporta como uma base, também esteja presente em alguns ácidos. Vamos analisar mais minuciosamente quais fatores determinam se um determinado grupo OH se comporta como uma base ou como um ácido.

Considere um grupo OH ligado a um átomo Y, que pode, por sua vez, estar ligado a outros grupos:

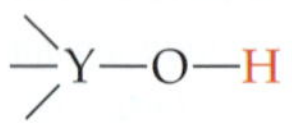

—Y—O—H

Resolva com ajuda da figura — No equilíbrio, qual das duas espécies com um átomo de halogêneo (verde) está presente em maior concentração?

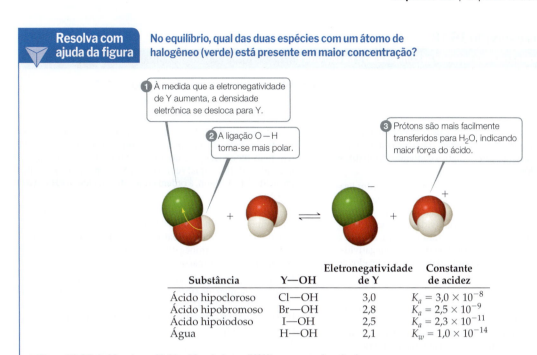

▲ Figura 16.20 Acidez dos oxiácidos hipo-halosos (YOH) como uma função da eletronegatividade de Y.

Em um extremo, Y pode ser um metal, como Na ou Mg. Em razão da baixa eletronegatividade dos metais, o par de elétrons compartilhado entre Y e O é completamente transferido para o oxigênio, e um composto iônico contendo OH^- é formado. Tais compostos são, portanto, fontes de íons OH^- e comportam-se como bases, a exemplo do NaOH e do $Mg(OH)_2$.

Quando Y é um não metal, a ligação com o O é covalente, e a substância não perde prontamente o OH^-. Esses compostos são ácidos ou neutros. *Geralmente, à medida que a eletronegatividade de Y aumenta, a acidez da substância também aumenta.* Isso acontece por duas razões: primeiro, conforme a densidade de elétrons é atraída para Y, a ligação O—H torna-se mais fraca e mais polar, favorecendo a perda de H^+; segundo, como a base conjugada de qualquer ácido YOH normalmente é um ânion, é comum que sua estabilidade aumente com o aumento da eletronegatividade de Y. Essa tendência é ilustrada pelos valores de K_a dos ácidos hipo-halosos (ácidos YOH em que Y é um íon haleto), que diminuem à medida que a eletronegatividade do átomo de halogênio diminui (**Figura 16.20**).

Muitos oxiácidos contêm átomos de oxigênio adicionais ligados ao átomo central Y. Esses átomos atraem a densidade eletrônica da ligação O—H, aumentando ainda mais a sua polaridade. O aumento do número de átomos de oxigênio também ajuda a estabilizar a base conjugada, pois aumenta a sua capacidade de distribuir carga negativa. Assim, *a força de um ácido aumenta à medida que os átomos eletronegativos adicionais se ligam ao átomo central Y.* Por exemplo, a força dos oxiácidos de cloro (Y = Cl) aumenta constantemente conforme os átomos de O são adicionados:

Hipocloroso	Cloroso	Clórico	Perclórico
H—Ö—Cl:	H—Ö—Cl—Ö:	H—Ö—Cl—Ö: (com :Ö: acima)	H—Ö—Cl—Ö: (com :Ö: acima e :Ö: abaixo)
$K_a = 3{,}0 \times 10^{-8}$	$K_a = 1{,}1 \times 10^{-2}$	Ácido forte	Ácido forte

→ Aumento da força do ácido

Uma vez que o número de oxidação de Y aumenta à medida que o número de átomos de O aumenta, essa correlação pode ser estabelecida de forma equivalente: em uma série de oxiácidos, a acidez aumenta conforme o número de oxidação do átomo central aumenta.

Exercício resolvido 16.18
Prevendo a acidez relativa baseada na composição e na estrutura

Disponha os compostos de cada série em ordem crescente de força ácida: (a) AsH₃, HBr, KH, H₂Se; (b) H₂SO₄, H₂SeO₃, H₂SeO₄.

SOLUÇÃO
Analise Devemos organizar dois conjuntos de compostos em ordem crescente de força, partindo do ácido mais fraco até o mais forte. Em (a), as substâncias são compostos binários contendo H; em (b), as substâncias são oxiácidos.

Planeje Para os compostos binários, todos os quatro elementos ligados ao hidrogênio estão no quarto período, então vamos considerar as eletronegatividades de As, Br, K e Se em relação à eletronegatividade de H. Quanto maior for a eletronegatividade desses átomos, maior será a carga positiva parcial de H e, portanto, mais ácido será o composto. Para os oxiácidos, vamos considerar as eletronegatividades do átomo central e o número de átomos de oxigênio ligados ao átomo central.

Resolva
(a) Como K está do lado esquerdo da tabela periódica, ele tem uma eletronegatividade muito baixa (0,8, ver Figura 8.8). Consequentemente, o hidrogênio em KH tem uma carga negativa. Assim, KH deve ser o composto menos ácido (mais básico) da série.

Arsênio e hidrogênio têm eletronegatividades semelhantes, 2,0 e 2,1, respectivamente. Isso significa que a ligação As—H é apolar. Assim, AsH₃ tem pouca tendência para doar um próton em solução aquosa.

A eletronegatividade do Se é 2,4, e a do Br é 2,8. Consequentemente, a ligação H—Br é mais polar que a ligação H—Se, e HBr tem mais tendência para doar um próton. (Isso é confirmado pela Figura 16.19, na qual vemos que H₂Se é um ácido fraco e HBr, um ácido forte). Assim, a ordem crescente de acidez é KH < AsH₃ < H₂Se < HBr.

(b) Os ácidos H₂SO₄ e H₂SeO₄ têm o mesmo número de átomos de O e o mesmo número de grupos OH. Em tais casos, a força aumenta com o aumento da eletronegatividade do átomo central. Como S é um pouco mais eletronegativo que Se (2,5 versus 2,4), podemos afirmar que H₂SO₄ é mais ácido que H₂SeO₄.

Para ácidos com o mesmo átomo central, a acidez aumenta à medida que o número de átomos de oxigênio ligados ao átomo central aumenta. Assim, H₂SeO₄ deve ser um ácido mais forte que H₂SeO₃. A ordem crescente de acidez, então, deve ser: H₂SeO₃ < H₂SeO₄ < H₂SO₄.

▶ **Para praticar**
Para cada par, escolha o composto que produz a solução mais ácida (ou menos básica): (a) HBr, HF; (b) PH₃, H₂S; (c) HNO₂, HNO₃; (d) H₂SO₃, H₂SeO₃.

Ácidos carboxílicos

Outro grande grupo de ácidos é representado pelo ácido acético, um ácido fraco ($K_a = 1,8 \times 10^{-5}$):

$$\text{H}-\underset{\underset{\text{H}}{|}}{\overset{\overset{\text{H}}{|}}{\text{C}}}-\overset{\text{:O:}}{\overset{\|}{\text{C}}}-\ddot{\text{O}}-\text{H}$$

A parte da estrutura em vermelho é chamada de *grupo carboxila*, que é, com frequência, escrita como COOH. Assim, a fórmula química do ácido acético é escrita da seguinte forma: CH₃COOH, em que apenas o átomo de hidrogênio do grupo carboxila pode ser ionizado. Os ácidos que contêm um grupo carboxila são denominados **ácidos carboxílicos** e formam a maior classe de ácidos orgânicos. O ácido fórmico e o ácido benzoico são outros exemplos dessa importante classe de ácidos:

Ácido fórmico   Ácido benzoico

Dois fatores contribuem para o comportamento ácido dos ácidos carboxílicos. O primeiro é que o átomo de oxigênio adicional ligado ao carbono do grupo carboxila atrai a densidade de elétrons da ligação O—H, aumentando a sua polaridade e ajudando a estabilizar a base conjugada.

A QUÍMICA E A VIDA | O comportamento anfiprótico dos aminoácidos

Como discutiremos mais detalhadamente no Capítulo 24, os *aminoácidos* são os "blocos de construção" que formam as proteínas. A estrutura geral dos aminoácidos é:

$$H-\underset{\underset{\text{Grupo amino (básico)}}{\underbrace{}}}{\overset{H}{\underset{H}{N}}}-\overset{R}{\underset{H}{C}}-\underset{\underset{\text{Grupo carboxila (ácido)}}{\underbrace{}}}{\overset{:O:}{\underset{}{C}}-\ddot{O}-H}$$

em que aminoácidos diferentes têm diferentes grupos R ligados aos átomos de carbono central. Por exemplo, na *glicina*, um aminoácido mais simples, o símbolo R representa um átomo de hidrogênio, e na *alanina*, R representa um grupo CH_3:

$$H_2N-\overset{H}{\underset{H}{C}}-COOH \qquad H_2N-\overset{CH_3}{\underset{H}{C}}-COOH$$

Glicina   Alanina

Os aminoácidos contêm um grupo carboxila, então podem atuar como ácidos. Eles também têm um grupo NH_2, caraterístico de aminas (Seção 16.7), sendo capazes de atuar também como bases. Aminoácidos, portanto, são anfipróticos. Para a glicina, poderíamos esperar reações ácido-base com água da seguinte forma:

Ácido: $H_2N-CH_2-COOH(aq) + H_2O(l) \rightleftharpoons$
$$H_2N-CH_2-COO^-(aq) + H_3O^+(aq) \quad [16.50]$$

Base: $H_2N-CH_2-COOH(aq) + H_2O(l) \rightleftharpoons$
$$^+H_3N-CH_2-COOH(aq) + OH^-(aq) \quad [16.51]$$

O pH de uma solução de glicina em água é cerca de 6,0, indicando que ela é um pouco mais ácida que básica.

Entretanto, a química ácido-base dos aminoácidos é mais complicada do que a mostrada nas Equações 16.50 e 16.51. Uma vez que o grupo COOH pode atuar como um ácido e o grupo NH_2, como uma base, aminoácidos passam por uma reação ácido-base de Brønsted-Lowry independente (ou interna), em que o próton do grupo carboxila é transferido para o nitrogênio do grupo amino:

Molécula neutra   Zwitterion

Embora o aminoácido à direita dessa equação seja eletricamente neutro, ele tem uma extremidade com carga positiva e outra com carga negativa. Uma molécula desse tipo é chamada de *zwitterion* (termo alemão que significa "íon híbrido").

Os aminoácidos apresentam alguma propriedade que indica que eles se comportam como *zwitterions*? Em caso afirmativo, seu comportamento deve ser semelhante ao das substâncias iônicas. (Seção 8.2) Aminoácidos cristalinos têm temperaturas de fusão relativamente elevadas, em geral acima de 200 °C, que é uma característica dos sólidos iônicos. Os aminoácidos são muito mais solúveis em água do que em solventes apolares. Além disso, os momentos de dipolo dos aminoácidos são grandes, o que pode ser explicado pela separação significativa de cargas na molécula. Assim, a capacidade que os aminoácidos têm de agir ao mesmo tempo como ácidos e como bases tem efeitos importantes nas suas propriedades.

Exercício relacionado: 16.113

O segundo fator é que a base conjugada de um ácido carboxílico (um *ânion carboxilato*) pode exibir ressonância (Seção 8.6), contribuindo para a estabilidade do ânion, pois favorece a distribuição da carga negativa por vários átomos:

Exercícios de autoavaliação

EAA 16.29 Tanto o ácido bromoso ($HBrO_2$) quanto o ácido hipobromoso (HBrO) são ácidos fracos. Em ambas as moléculas, o átomo de hidrogênio está ligado ao _____. Contudo, a ligação é mais polar no _____, o que o torna um ácido mais forte. **(a)** bromo, HBrO **(b)** bromo, $HBrO_2$ **(c)** oxigênio, HBrO **(d)** oxigênio, $HBrO_2$

EAA 16.30 Qual(is) das seguintes afirmações é(são) *verdadeira(s)*?

(i) Um ácido se torna mais forte à medida que a polaridade da ligação H–X aumenta.

(ii) Um ácido se torna mais forte à medida que a força da ligação H–X aumenta.

(a) i **(b)** ii **(c)** i e ii **(d)** nem i nem ii

Integrando conceitos

O ácido fosforoso (H$_3$PO$_3$) tem a seguinte estrutura de Lewis:
(a) Explique por que H$_3$PO$_3$ é diprótico e não triprótico. (b) Uma amostra de 25,0 mL de uma solução de H$_3$PO$_3$, titulada com NaOH 0,102 M, requer 23,3 mL de NaOH para neutralizar ambos os prótons do ácido. Qual é a concentração em quantidade de matéria da solução de H$_3$PO$_3$? (c) A solução original proveniente da parte (b) tem um pH de 1,59. Calcule o percentual de ionização e K_{a1} para H$_3$PO$_3$, considerando que $K_{a1} \gg K_{a2}$. (d) Compare qualitativamente a pressão osmótica de uma solução de HCl 0,050 M com a de uma solução de H$_3$PO$_3$ 0,050 M. Justifique.

SOLUÇÃO

Com base no que aprendemos sobre a estrutura molecular e o seu impacto no comportamento ácido, vamos responder a parte (a). Então vamos usar a estequiometria e a relação entre pH e [H$^+$] para responder as partes (b) e (c). Por fim, vamos considerar a ionização percentual para comparar a pressão osmótica das duas soluções na parte (d).

(a) Ácidos têm ligações H—X polares. De acordo com a Figura 8.8, a eletronegatividade de H é 2,1 e a de P também é 2,1. Como os dois elementos têm a mesma eletronegatividade, a ligação H—P é apolar. (Seção 8.4) Assim, esse H não pode ser ácido. Os outros dois átomos de H, no entanto, estão ligados ao O, que tem uma eletronegatividade de 3,5. As ligações H—O são, portanto, polares, e esses átomos de H têm uma carga positiva parcial, ou seja, são ácidos.

(b) A equação química para a reação de neutralização é:

$$H_3PO_3(aq) + 2\,NaOH(aq) \longrightarrow Na_2HPO_3(aq) + 2\,H_2O(l)$$

Com base na definição de concentração em quantidade de matéria, c = mol/L, vemos que mols = $c \times$ L. (Seção 4.5) Assim, a quantidade de matéria em mols de NaOH adicionada à solução é:

$$(0,0233\ \text{L})(0,102\ \text{mol/L}) = 2,38 \times 10^{-3}\ \text{mol NaOH}$$

A equação balanceada indica que 2 mols de NaOH são consumidos para cada mol de H$_3$PO$_3$. Assim, a quantidade de matéria de H$_3$PO$_3$ na amostra é:

$$(2,38 \times 10^{-3}\ \text{mol NaOH})\left(\frac{1\ \text{mol H}_3\text{PO}_3}{2\ \text{mol NaOH}}\right) = 1,19 \times 10^{-3}\ \text{mol H}_3\text{PO}_3$$

A concentração da solução de H$_3$PO$_3$, portanto, é igual a (1,19 $\times$ 10^{-3} mol)/(0,0250 L) = 0,0476 M.

(c) Com base no pH da solução, 1,59, podemos calcular [H$^+$] no equilíbrio:

$$[\text{H}^+] = \text{antilog}(-1,59) = 10^{-1,59} = 0,026\ M\ \text{(dois algarismos significativos)}$$

Como $K_{a1} \gg K_{a2}$, a grande maioria dos íons em solução é proveniente da primeira ionização do ácido.

Como um íon H$_2$PO$_3^-$ é formado para cada íon H$^+$, as concentrações de equilíbrio de H$^+$ e H$_2$PO$_3^-$ são iguais: [H$^+$] = [H$_2$PO$_3^-$] = 0,026 M. A concentração no equilíbrio de H$_3$PO$_3$ é igual à concentração inicial menos a quantidade que se ioniza para formar H$^+$ e H$_2$PO$_3^-$: [H$_3$PO$_3$] = 0,0476 M − 0,026 M = 0,022 M (dois algarismos significativos). Esses resultados podem ser tabulados do seguinte modo:

	H$_3$PO$_3$(aq) ⇌	H$^+$(aq) +	H$_2$PO$_3^-$(aq)
Concentração inicial (M)	0,0476	0	0
Variação na concentração (M)	−0,026	+0,026	+0,026
Concentração no equilíbrio (M)	0,022	0,026	0,026

Assim, o percentual de ionização é:

$$\text{percentual de ionização} = \frac{[\text{H}^+]_{\text{equilíbrio}}}{[\text{H}_3\text{PO}_3]_{\text{inicial}}} \times 100\% = \frac{0,026\ M}{0,0476\ M} \times 100\% = 55\%$$

A primeira constante de acidez é:

$$K_{a1} = \frac{[\text{H}^+][\text{H}_2\text{PO}_3^-]}{[\text{H}_3\text{PO}_3]} = \frac{(0,026)(0,026)}{0,022} = 0,031$$

(d) A pressão osmótica é uma propriedade coligativa e depende da concentração total de partículas presentes em solução. (Seção 13.5) Como o HCl é um ácido forte, uma solução de 0,050 M conterá 0,050 M de H$^+$(aq) e 0,050 M de Cl$^-$(aq), ou um total de 0,100 mol/L de partículas. Como o H$_3$PO$_3$ é um ácido fraco, ele ioniza em menor grau que o HCl, então há menos partículas na solução de H$_3$PO$_3$. Como resultado, a solução de H$_3$PO$_3$ terá uma pressão osmótica menor.

Resumo do capítulo e termos-chave

CLASSIFICAÇÕES DE ÁCIDOS E BASES (SEÇÃO 16.1) Inicialmente, ácidos e bases eram reconhecidos pelas propriedades de suas soluções aquosas. Por exemplo, ácidos fazem com que o tornassol fique vermelho, enquanto bases deixam o tornassol azul. Arrhenius reconheceu que as propriedades de soluções ácidas se devem a íons $H^+(aq)$ e que as de soluções básicas se devem aos íons $OH^-(aq)$. Os **ácidos de Arrhenius** são substâncias que aumentam a concentração de íons H^+ quando dissolvidas na água. As **bases de Arrhenius** são substâncias que aumentam a concentração de OH^- quando dissolvidas na água.

O conceito de ácidos e bases de Brønsted-Lowry é mais geral do que o conceito de Arrhenius e enfatiza a transferência de um próton (H^+) de um ácido para uma base. O íon H^+ está fortemente ligado à água. Por esse motivo, o **íon hidrônio**, $H_3O^+(aq)$, muitas vezes é utilizado para representar a forma predominante do H^+ na água no lugar do $H^+(aq)$, mais simples. Um **ácido de Brønsted-Lowry** é uma substância que doa um próton a outra; uma **base de Brønsted-Lowry** é uma substância que recebe um próton de outra. A água é um exemplo de substância **anfiprótica**, que pode atuar como um ácido ou como uma base de Brønsted-Lowry, dependendo da substância com a qual reage.

O conceito de ácido e base de Lewis enfatiza o par de elétrons compartilhado em vez do próton. Um **ácido de Lewis** é um receptor de par de elétrons, e uma **base de Lewis** é um doador de par de elétrons. O conceito de Lewis é mais geral que o de Brønsted-Lowry porque pode ser aplicado a casos em que o ácido não contém hidrogênio.

PARES ÁCIDO-BASE CONJUGADOS (SEÇÃO 16.2) A **base conjugada** de um ácido de Brønsted-Lowry é a espécie química que resulta quando um próton é removido do ácido. O **ácido conjugado** de uma base de Brønsted-Lowry é a espécie química formada pela adição de um próton à base. Juntos, um ácido e a sua base conjugada (ou uma base e o seu ácido conjugado) são chamados de **par ácido-base conjugado**.

As forças ácido-base dos pares conjugados ácido-base estão relacionadas: quanto mais forte for um ácido, mais fraca será a sua base conjugada; quanto mais fraco for um ácido, mais forte será a sua base conjugada. Em todas as reações ácido-base, a posição de equilíbrio favorece a transferência de prótons do ácido mais forte para a base mais forte.

AUTOIONIZAÇÃO DA ÁGUA (SEÇÃO 16.3) A água ioniza em um grau leve, formando $H^+(aq)$ e $OH^-(aq)$. A extensão dessa **autoionização** é expressa pela **constante do produto iônico** da água: $K_w = [H^+][OH^-] = 1{,}0 \times 10^{-14}$ (25 °C). Essa relação é mantida tanto para a água pura quanto para as soluções aquosas. A expressão K_w indica que o produto de $[H^+]$ e $[OH^-]$ é uma constante. Assim, à medida que $[H^+]$ aumenta, $[OH^-]$ diminui. Soluções ácidas são aquelas que contêm mais $H^+(aq)$ que $OH^-(aq)$, enquanto soluções básicas contêm mais $OH^-(aq)$ que $H^+(aq)$. Quando $[H^+] = [OH^-]$, a solução é neutra.

ESCALA DE PH (SEÇÃO 16.4) A concentração de $H^+(aq)$ pode ser expressa em termos de **pH**: $pH = -\log[H^+]$. A 25 °C, o pH de uma solução neutra é 7,00, o de uma solução ácida é inferior a 7,00 e o de uma solução básica é superior a 7,00. Essa notação p também é usada para representar o logaritmo negativo de outras quantidades pequenas, como em pOH e pK_w. O pH de uma solução pode ser medido com um medidor de pH ou estimado com o uso de indicadores ácido-base.

ÁCIDOS E BASES FORTES (SEÇÃO 16.5) Ácidos fortes são eletrólitos fortes e se ionizam completamente em solução aquosa. Ácidos fortes comuns são HCl, HBr, HI, HNO_3, $HClO_3$, $HClO_4$ e H_2SO_4. As bases conjugadas dos ácidos fortes têm basicidade insignificante. Bases fortes comuns são os hidróxidos iônicos dos metais alcalinos e os metais alcalino-terrosos pesados.

ÁCIDOS FRACOS (SEÇÕES 16.6) Os ácidos fracos são eletrólitos fracos; apenas uma pequena fração das moléculas existe em solução sob a forma ionizada. O grau de ionização é expresso pela **constante de acidez**, K_a, que é a constante de equilíbrio para a reação $HA(aq) \rightleftharpoons H^+(aq) + A^-(aq)$, que também podem ser escrita da seguinte forma: $HA(aq) + H_2O(l) \rightleftharpoons H_3O^+(aq) + A^-(aq)$. Quanto maior for o valor de K_a, mais forte será o ácido. Para soluções de concentração igual, um ácido mais forte também tem maior **percentual de ionização**. A concentração de um ácido fraco e o seu valor de K_a podem ser usados no cálculo do pH de uma solução.

Ácidos polipróticos, como o H_3PO_4, têm mais de um próton ionizável. Esses ácidos têm constante de acidez cuja magnitude diminui na ordem $K_{a1} > K_{a2} > K_{a3}$. Como quase todos os $H^+(aq)$ em uma solução de ácido poliprótico vêm da primeira etapa da dissociação, o pH pode ser estimado considerando-se apenas K_{a1}.

BASES FRACAS (SEÇÃO 16.7) As bases fracas incluem NH_3, **aminas** e os ânions que são bases conjugadas de ácidos fracos. O quanto uma base fraca reage com a água para gerar o ácido conjugado correspondente e OH^- é medido pela **constante de basicidade**, K_b, sendo que K_b é a constante de equilíbrio para a reação $B(aq) + H_2O(l) \rightleftharpoons HB^+(aq) + OH^-(aq)$, em que B é a base. Quanto maior o valor de K_b, mais forte é a base.

RELAÇÃO ENTRE K_a E K_b (SEÇÃO 16.8) A relação entre a força de um ácido e a força de sua base conjugada é expressa quantitativamente pela equação $K_a \times K_b = K_w$, em que K_a e K_b são constantes de dissociação para os pares conjugados ácido-base. Essa equação explica a relação inversa entre a força de um ácido e de sua base conjugada.

PROPRIEDADES ÁCIDO-BASE DE SOLUÇÕES SALINAS (SEÇÃO 16.9) As propriedades ácido-base de sais podem ser atribuídas ao comportamento de seus respectivos cátions e ânions. A reação entre os íons e a água com uma consequente alteração no pH é chamada de **hidrólise**. Os cátions de metais alcalinos e metais alcalino-terrosos, bem como os ânions de ácidos fortes, como Cl^-, Br^-, I^- e NO_3^-, não hidrolisam. Eles são sempre íons espectadores na química ácido-base. Cátions que são ácidos conjugados de bases fracas produzem H^+ por hidrólise. Ânions que são bases conjugadas de ácidos fracos produzem OH^- por hidrólise. Cátions metálicos altamente carregados, como Fe^{3+}, são hidratados na água; as moléculas de água ligadas ao metal reagem com a água livre para formar H_3O^+ e, logo, são ácidas.

COMPORTAMENTO ÁCIDO-BASE E ESTRUTURA QUÍMICA (SEÇÃO 16.10) A tendência que uma substância tem de apresentar características ácidas ou básicas em água pode ser correlacionada com a sua estrutura química. O caráter ácido requer a presença de uma ligação H—X altamente polar. A acidez também é favorecida quando a ligação H—X é fraca e o íon X^- é muito estável.

Para **oxiácidos** com números iguais de grupos OH e de átomos de O, a força ácida aumenta com o aumento da eletronegatividade do átomo central. Para oxiácidos com o mesmo átomo central, a força ácida aumenta à medida que o número de átomos de oxigênio ligados ao átomo central aumenta. Os **ácidos carboxílicos**, que contêm o grupo COOH, são a classe mais importante de ácidos orgânicos. A presença de ligação π deslocalizada na base conjugada é um importante fator responsável pela acidez desses compostos.

Equações-chave

- $K_w = [H_3O^+][OH^-] = [H^+][OH^-] = 1{,}0 \times 10^{-14}$ [16.20] Produto iônico da água a 25 °C
- $pH = -\log[H^+]$ [16.21] Definição de pH
- $pOH = -\log[OH^-]$ [16.22] Definição de pOH
- $pH + pOH = 14{,}00$ [16.24] Relação entre pH e pOH
- $K_a = \dfrac{[H_3O^+][A^-]}{[HA]}$ ou $K_a = \dfrac{[H^+][A^-]}{[HA]}$ [16.29] Constante de acidez de um ácido fraco, HA
- Percentual de ionização $= \dfrac{[H^+]_{equilíbrio}}{[HA]_{inicial}} \times 100\%$ [16.34] Percentual de ionização de um ácido fraco
- $K_b = \dfrac{[BH^+][OH^-]}{[B]}$ [16.38] Constante de basicidade de uma base fraca, B
- $K_a \times K_b = K_w$ [16.44] Relação entre as constantes de dissociação de um par ácido-base conjugado
- $pK_a = -\log K_a$ e $pK_b = -\log K_b$ [16.45] Definições de pK_a e pK_b

Simulado

SIM 16.1 Uma base de Brønsted-Lowry é definida como um _____ de prótons; uma base de Lewis é definida como um _____ de pares de elétrons. (**a**) receptor, receptor (**b**) receptor, doador (**c**) doador, receptor (**d**) doador, doador

SIM 16.2 Considere a seguinte reação de equilíbrio:

$$HSO_4^-(aq) + OH^-(aq) \rightleftharpoons SO_4^{2-}(aq) + H_2O(l)$$

Quais substâncias atuam como ácidos na reação? (**a**) HSO_4^- e OH^- (**b**) HSO_4^- e H_2O (**c**) OH^- e SO_4^{2-} (**d**) SO_4^{2-} e H_2O (**e**) OH^- e H_2O

SIM 16.3 Uma reação entre duas moléculas em fase gasosa *não* pode ser classificada como uma reação ácido-base sob qual sistema de classificação? (**a**) Arrhenius (**b**) Brønsted-Lowry (**c**) Lewis (**d**) Arrhenius e Lewis (**e**) Uma reação em fase gasosa pode ser uma reação ácido-base sob os três sistemas de classificação.

SIM 16.4 Quando o hidreto de sódio, NaH, dissolve em água, o íon hidreto reage com a água, como descreve a seguinte reação iônica global:

$$H^-(aq) + H_2O(l) \longrightarrow H_2(g) + OH^-(aq)$$

Quais das afirmações a seguir sobre essa reação são *verdadeiras*? (i) NaH é uma base de Arrhenius. (ii) H_2 é o ácido conjugado de H^-. (iii) H_2O atua como um ácido de Brønsted-Lowry.

(**a**) i e ii (**b**) i e iii (**c**) ii e iii (**d**) Todas as afirmações são verdadeiras.

SIM 16.5 O íon di-hidrogenofosfato, $H_2PO_4^-$, é anfiprótico. Em qual das seguintes reações o íon atua como uma base?

(i) $H_3O^+(aq) + H_2PO_4^-(aq) \rightleftharpoons H_3PO_4(aq) + H_2O(l)$
(ii) $H_3O^+(aq) + HPO_4^{2-}(aq) \rightleftharpoons H_2PO_4^-(aq) + H_2O(l)$
(iii) $H_3PO_4(aq) + HPO_4^{2-}(aq) \rightleftharpoons 2\,H_2PO_4^-(aq)$

(**a**) i (**b**) i e ii (**c**) i e iii (**d**) ii e iii (**e**) i, ii e iii

SIM 16.6 Qual espécie é a base conjugada do íon hidróxido, OH^-? (**a**) H_2O (**b**) O^{2-} (**c**) H_3O^+ (**d**) H_2O^- (**e**) OH^- não tem base conjugada.

SIM 16.7 Com base na informação da Figura 16.4, disponha os seguintes equilíbrios do menor para o maior valor de K_c:

(i) $CH_3COOH(aq) + HS^-(aq) \rightleftharpoons CH_3COO^-(aq) + H_2S(aq)$
(ii) $F^-(aq) + NH_4^+(aq) \rightleftharpoons HF(aq) + NH_3(aq)$
(iii) $H_2CO_3(aq) + Cl^-(aq) \rightleftharpoons HCO_3^-(aq) + HCl(aq)$

(**a**) i < ii < iii (**b**) ii < i < iii (**c**) iii < i < ii (**d**) ii < iii < i (**e**) iii < ii < i

SIM 16.8 Uma solução tem $[OH^-] = 4{,}0 \times 10^{-8}\,M$ a 25 °C. Qual é o valor de $[H^+]$ para essa solução? (**a**) $2{,}5 \times 10^{-8}\,M$ (**b**) $4{,}0 \times 10^{-8}\,M$ (**c**) $2{,}5 \times 10^{-7}\,M$ (**d**) $2{,}5 \times 10^{-6}\,M$ (**e**) $4{,}0 \times 10^{-6}\,M$

SIM 16.9 Se $[H^+]$ é 100 vezes maior do que $[OH^-]$ em uma solução aquosa a 25 °C, qual é a concentração de OH^-? (**a**) $1{,}0 \times 10^{-8}\,M$ (**b**) $1{,}0 \times 10^{-7}\,M$ (**c**) $1{,}0 \times 10^{-6}\,M$ (**d**) $1{,}0 \times 10^{-2}\,M$ (**e**) $1{,}0 \times 10^{-9}\,M$.

SIM 16.10 À medida que a temperatura aumenta, a constante de equilíbrio para a autoionização da água, K_w, aumenta. Com base nisso, uma amostra de água pura a 50 °C terá pH _____, e $[H^+]$ será _____ $[OH^-]$. (**a**) maior do que 7, igual a (**b**) maior do que 7, maior do que (**c**) igual a 7, igual a (**d**) menor do que 7, igual a (**e**) menor do que 7, menor do que

SIM 16.11 Uma solução a 25 °C tem $[OH^-] = 6{,}7 \times 10^{-3}\,M$. Qual é o pH da solução? (**a**) 0,83 (**b**) 2,2 (**c**) 2,17 (**d**) 11,83 (**e**) 12

SIM 16.12 Uma solução a 25 °C tem pOH = 10,53. Nessa solução, $[OH^-]$ é _____ $[H^+]$, e pH = _____. (**a**) maior do que, 10,53 (**b**) menor do que, 10,53 (**c**) maior do que, 3,47 (**d**) menor do que, 3,47

SIM 16.13 Coloque as três soluções a seguir em ordem crescente de pH: (i) $HClO_3$ 0,20 M (ii) HNO_3 0,0030 M (iii) HCl 1,50 M

(**a**) i < ii < iii (**b**) ii < i < iii (**c**) iii < i < ii (**d**) ii < iii < i (**e**) iii < ii < i

SIM 16.14 Qual é o pH de uma solução de $Ba(OH)_2$ 0,015 M? (**a**) 1,52 (**b**) 1,82 (**c**) 12,48 (**d**) 12,18 (**e**) 8,83

SIM 16.15 Coloque as três soluções a seguir em ordem crescente de pH: (i) $Sr(OH)_2$ 0,030 M (ii) KOH 0,040 M (iii) água pura

(**a**) i < ii < iii (**b**) ii < i < iii (**c**) iii < i < ii (**d**) ii < iii < i (**e**) iii < ii < i

SIM 16.16 O indicador azul de bromotimol é amarelo quando pH < 6,2 e torna-se azul quando o pH tem valores maiores. A fenolftaleína é incolor quando pH < 8,0 e torna-se rosa com valores de pH maiores. As soluções A, B e C apresentam as seguintes cores com cada um desses indicadores:

Solução A: azul com azul de bromotimol, rosa com fenolftaleína

Solução B: amarelo com azul de bromotimol, incolor com fenolftaleína

Solução C: azul com azul de bromotimol, incolor com fenolftaleína

Coloque essas soluções em ordem crescente de pH. (a) A < B < C (b) B < C < A (c) A < C < B (d) C < A < B (e) C < B < A

SIM 16.17 Uma solução de um ácido fraco HA 0,50 M tem pH = 2,24. Qual é o valor de K_a para o ácido? (a) $1,7 \times 10^{-12}$ (b) $3,3 \times 10^{-5}$ (c) $6,7 \times 10^{-5}$ (d) $5,8 \times 10^{-3}$ (e) $1,2 \times 10^{-2}$

SIM 16.18 Uma solução de 0,077 M de um ácido HA tem pH = 2,16. Qual é a percentagem ionizada do ácido? (a) 0,090% (b) 0,69% (c) 0,90% (d) 3,6% (e) 9,0%

SIM 16.19 Qual é o pH de uma solução de 0,40 M de ácido benzoico, C_6H_5COOH ($K_a = 6,3 \times 10^{-5}$)? (a) 2,30 (b) 2,10 (c) 1,90 (d) 4,20 (e) 4,60

SIM 16.20 Qual é o pH de uma solução de HF 0,010 M ($K_a = 6,8 \times 10^{-4}$)? (a) 1,58 (b) 2,10 (c) 2,30 (d) 2,58 (e) 2,64

SIM 16.21 Qual das expressões da constante de equilíbrio a seguir corresponde a K_{a2} para o ácido carbônico, H_2CO_3?

(a) $K_{a2} = \dfrac{[H^+]^2[CO_3^{2-}]}{[H_2CO_3]}$ (c) $K_{a2} = \dfrac{[H^+][CO_3^{2-}]}{[HCO_3^-]}$

(b) $K_{a2} = \dfrac{[H^+][CO_3^{2-}]}{[H_2CO_3]}$ (d) $K_{a2} = \dfrac{[HCO_3^-]}{[H^+][CO_3^{2-}]}$

SIM 16.22 Qual é o pH de uma solução de ácido ascórbico 0,28 M ($K_{a1} = 8,0 \times 10^{-5}$ e $K_{a2} = 1,6 \times 10^{-12}$)? (a) 2,04 (b) 2,32 (c) 2,82 (d) 4,65 (e) 6,17

SIM 16.23 Qual é a concentração de íons SO_4^{2-} em uma solução de ácido sulfúrico 0,80 M (K_{a1} = grande, $K_{a2} = 1,2 \times 10^{-2}$) (a) 0,012 (b) 0,096 (c) 0,79 M (d) 0,80 M (e) 0,812

SIM 16.24 Qual é o pH de uma solução de piridina, C_5H_5N, 0,65 M ($K_b = 1,7 \times 10^{-9}$)? (a) 4,48 (b) 8,96 (c) 9,52 (d) 9,62 (e) 9,71

SIM 16.25 Qual das moléculas ou íons a seguir atua como base fraca em uma solução aquosa: anilina, $C_6H_5NH_2$; metanol, CH_3OH; íon sulfito, SO_3^{2-}? (a) anilina (b) metanol (c) íon sulfito (d) anilina e íon sulfito (e) os três

SIM 16.26 Uma solução de 0,066 M de uma base fraca tem pH = 11,31. Qual é o valor de K_b para essa base? (a) $3,0 \times 10^{-2}$ (b) $2,0 \times 10^{-3}$ (c) $6,3 \times 10^{-5}$ (d) $4,0 \times 10^{-6}$ (e) $3,6 \times 10^{-22}$

SIM 16.27 O íon benzoato, $C_6H_5COO^-$, é uma base fraca, com $K_b = 1,6 \times 10^{-10}$. Quantos mols de benzoato de sódio estão presentes em 0,50 L de uma solução de NaC_6H_5COO se o pH é 9,04? (a) 0,38 (b) 0,66 (c) 0,76 (d) 1,5 (e) 2,9

SIM 16.28 Considere as seguintes constantes de acidez e de basicidade: ácido cloroacético, $CH_2ClCOOH$ ($K_a = 1,4 \times 10^{-3}$); piridina, C_5H_5N ($K_b = 1,7 \times 10^{-9}$); ácido hipocloroso, HClO (pK_a = 7,5). Agora disponha as seguintes espécies em ordem crescente de acidez: $CH_2ClCOOH$, $C_5H_5NH^+$, HClO.

(a) $CH_2ClCOOH < C_5H_5NH^+ < HClO$
(b) $HClO < C_5H_5NH^+ < CH_2ClCOOH$
(c) $C_5H_5NH^+ < CH_2ClCOOH < HClO$
(d) $C_5H_5NH^+ < HClO < CH_2ClCOOH$
(e) $HClO < CH_2ClCOOH < C_5H_5NH^+$

SIN 16.29 Com base em informações do Apêndice D, coloque as três seguintes substâncias em ordem crescente de basicidade: trimetilamina, $(CH_3)_3N$; íon formato, $HCOO^-$; hipobromito, BrO^-.

(a) $HCOO^- < BrO^- < (CH_3)_3N$
(b) $BrO^- < (CH_3)_3N < HCOO^-$
(c) $HCOO^- < (CH_3)_3N < BrO^-$
(d) $(CH_3)_3N < BrO^- < HCOO^-$
(e) $BrO^- < HCOO^- < (CH_3)_3N$

SIM 16.30 Disponha as seguintes soluções em ordem crescente de pH: (i) NaClO 0,10 M, (ii) KBr 0,10 M, (iii) NH_4ClO_4 0,10 M. (a) i < ii < iii (b) ii < i < iii (c) iii < i < ii (d) ii < iii < i (e) iii < ii < i

SIM 16.31 Quais dos seguintes sais devem produzir soluções ácidas (consulte os dados na Tabela 16.3): $NaHSO_4$, NaH_2PO_4 e $NaHCO_3$? (a) nenhum (b) $NaHSO_4$ (c) NaH_2PO_4 (d) $NaHSO_4$ e NaH_2PO_4 (e) $NaHSO_4$, NaH_2PO_4 e $NaHCO_3$

SIM 16.32 Disponha as seguintes substâncias em ordem crescente de acidez: $HClO_3$, HOI, $HBrO_2$, $HClO_2$, HIO_2.

(a) $HIO_2 < HOI < HClO_3 < HBrO_2 < HClO_2$
(b) $HOI < HIO_2 < HBrO_2 < HClO_2 < HClO_3$
(c) $HBrO_2 < HIO_2 < HClO_2 < HOI < HClO_3$
(d) $HClO_3 < HClO_2 < HBrO_2 < HIO_2 < HOI$
(e) $HOI < HClO_2 < HBrO_2 < HIO_2 < HClO_3$

Exercícios

Visualizando conceitos

16.1 (a) Identifique o ácido e a base de Brønsted-Lowry na reação:

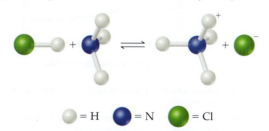

= H   = N   = Cl

(b) Identifique o ácido e a base de Lewis na reação. [Seção 16.1]

16.2 Para cada uma das reações a seguir, identifique o ácido e a base entre os reagentes e determine se são ácidos e bases de Lewis, Arrhenius e/ou Brønsted-Lowry:

(a) $PCl_4^+ + Cl^- \longrightarrow PCl_5$
(b) $NH_3 + BF_3 \longrightarrow H_3NBF_3$
(c) $[Al(H_2O)_6]^{3+} + H_2O \longrightarrow [Al(H_2O)_5OH]^{2+} + H_3O^+$

16.3 Os seguintes diagramas representam soluções aquosas de dois ácidos monopróticos, HA (A = X ou Y). As moléculas de água foram omitidas para maior clareza. (a) Qual é o ácido mais forte, HX ou HY? (b) Qual é a base mais forte, X^- ou Y^-? (c) Se você misturar concentrações iguais de HX e NaY, o equilíbrio

$HX(aq) + Y^-(aq) \rightleftharpoons HY(aq) + X^-(aq)$

se deslocará mais para a direita ($K_c > 1$) ou para a esquerda ($K_c < 1$)? [Seção 16.2]

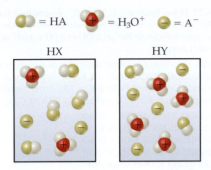

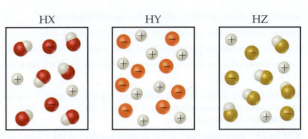

16.4 O indicador alaranjado de metila foi adicionado às seguintes soluções. Com base nas cores, classifique cada afirmação como *verdadeira* ou *falsa*:

(a) O pH da solução A é inferior a 7,00.
(b) O pH da solução B é superior a 7,00.
(c) O pH da solução B é maior que o da solução A.
[Seção 16.4]

16.7 O gráfico a seguir mostra [H$^+$] *versus* a concentração de uma solução aquosa de uma substância desconhecida. (a) A substância é um ácido forte, um ácido fraco, uma base forte ou uma base fraca? (b) Com base em sua resposta para (a), você pode determinar o valor de pH da solução quando sua concentração for 0,18 M? (c) A linha cortaria o ponto de origem do sistema cartesiano?
[Seções 16.5 e 16.6]

Solução A   Solução B

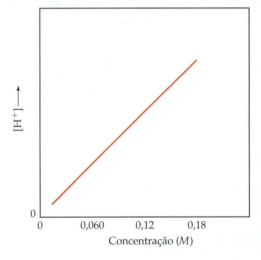

16.5 A sonda do medidor de pH mostrada aqui foi inserida em um líquido límpido contido em um béquer. (a) Você é informado que o líquido pode ser água pura, uma solução de HCl(*aq*) ou uma solução de KOH(*aq*). A qual ele corresponde? (b) Se o líquido for uma das soluções, qual é a sua concentração em quantidade de matéria? (c) Por que a temperatura é indicada no medidor de pH? [Seções 16.4 e 16.5]

16.8 Qual das afirmações a seguir sobre como o percentual de ionização de um ácido fraco depende da concentração do ácido é verdadeira?
[Seção 16.6]

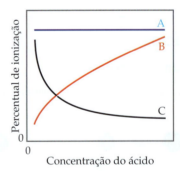

16.6 Os seguintes diagramas representam soluções aquosas de três ácidos, HX, HY e HZ. As moléculas de água foram omitidas para facilitar o entendimento, e o próton hidratado é representado como H$^+$ em vez de H$_3$O$^+$. (a) Qual dos ácidos é um ácido forte? Explique. (b) Qual ácido teria a menor constante de acidez, K_a? (c) Qual solução teria o maior pH? [Seções 16.5 e 16.6]

(a) A linha A é a mais precisa porque K_a não depende da concentração.
(b) A linha A é a mais precisa porque o percentual de ionização do ácido não depende da concentração.
(c) A linha B é a mais precisa porque, à medida que a concentração do ácido aumenta, uma proporção maior é ionizada.
(d) A linha B é a mais precisa porque, à medida que a concentração do ácido aumenta, K_a aumenta.

(e) A linha C é a mais precisa porque, à medida que a concentração do ácido aumenta, uma proporção menor é ionizada.

(f) A linha C é a mais precisa porque, à medida que a concentração do ácido aumenta, K_a diminui.

16.9 Cada uma das três moléculas mostradas a seguir tem um grupo OH, mas uma molécula atua como base, outra como ácido e a terceira não é ácido nem base. (a) Qual delas atua como uma base? (b) Qual molécula atua como um ácido? (c) Qual molécula não é ácida nem básica? [Seções 16.6 e 16.7]

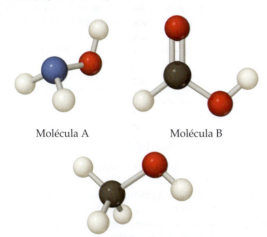

Molécula A   Molécula B

Molécula C

16.10 A *fenilefrina*, uma substância orgânica com fórmula molecular $C_9H_{13}NO_2$, é usada como um descongestionante nasal em medicamentos que não exigem receita médica. A estrutura molecular da fenilefrina é mostrada a seguir em nomenclatura abreviada. (a) Uma solução de fenilefrina seria ácida, neutra ou básica? (b) Um dos princípios ativos presentes no remédio para gripe Alka-Seltzer PLUS® é o cloridrato de fenilefrina. Qual é a diferença entre esse composto e o mostrado na representação a seguir? (c) Uma solução de cloridrato de fenilefrina seria ácida, neutra ou básica? [Seções 16.8 e 16.9]

16.11 Qual dos seguintes diagramas representa melhor uma solução aquosa de NaF? Para maior clareza, as moléculas de água foram omitidas. Essa solução é ácida, neutra ou básica? [Seção 16.9]

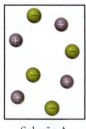  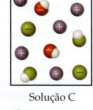

Solução A   Solução B   Solução C

⊕ Na⁺   ⊖ F⁻   OH⁻   HF

16.12 Considere os modelos moleculares mostrados a seguir, em que X representa um átomo de halogêneo. (a) Se X for o mesmo átomo em ambas as moléculas, qual delas será mais ácida? (b) A acidez de cada molécula aumenta ou diminui à medida que a eletronegatividade do átomo X aumenta? [Seção 16.10]

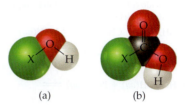

(a)   (b)

Classificações de ácidos e bases (Seção 16.1)

16.13 $NH_3(g)$ e $HCl(g)$ reagem para formar o sólido iônico $NH_4Cl(s)$. Que substância corresponde ao ácido de Brønsted-Lowry nessa reação? Qual é a base de Brønsted-Lowry?

16.14 Qual(is) das seguintes afirmações é(são) *falsa(s)*?

(a) Uma base de Arrhenius aumenta a concentração de OH⁻ na água.

(b) Uma base de Brønsted–Lowry é um receptor de prótons.

(c) A água atua como um ácido de Brønsted-Lowry.

(d) A água atua como uma base de Brønsted-Lowry.

(e) Qualquer composto que contenha um grupo –OH atua como uma base de Brønsted-Lowry.

16.15 Identifique os reagentes que atuam como ácidos de Brønsted-Lowry em cada uma das reações a seguir:

(a) $NaHCO_3(s) + CH_3COOH(aq) \longrightarrow Na^+(aq) + H_2O(l) + CO_2(g) + CH_3COO^-(aq)$

(b) $F^-(aq) + H_2O(l) \rightleftharpoons HF(aq) + OH^-(aq)$

(c) $CH_3NH_3^+(aq) + H_2O(l) \rightleftharpoons CH_3NH_2(aq) + H_3O^+(aq)$

16.16 Identifique os reagentes que atuam como bases de Brønsted-Lowry em cada uma das reações a seguir:

(a) $H_3PO_4(aq) + HPO_4^{2-}(aq) \rightleftharpoons 2\,H_2PO_4^-(aq)$

(b) $HSO_3(aq) + H_2O(l) \rightleftharpoons H_2SO_3(aq) + OH^-(aq)$

(c) $CaO(s) + H_2O(l) \longrightarrow Ca^{2+}(aq) + 2\,OH^-(aq)$

16.17 Identifique o ácido de Lewis e a base de Lewis entre os reagentes de cada uma das seguintes reações:

(a) $Fe(ClO_4)_3(s) + 6\,H_2O(l) \rightleftharpoons [Fe\,H_2O)_6]^{3+}(aq) + 3\,ClO_4^-(aq)$

(b) $CN^-(aq) + H_2O(l) \rightleftharpoons HCN(aq) + OH^-(aq)$

(c) $(CH_3)_3N(g) + BF_3(g) \rightleftharpoons (CH_3)_3NBF_3(s)$

(d) $HIO(lq) + NH_2^-(lq) \rightleftharpoons NH_3(lq) + IO^-(lq)$ (lq denota amônia líquida como solvente)

16.18 Identifique o ácido de Lewis e a base de Lewis entre os reagentes de cada uma das seguintes reações:

(a) $HNO_2(aq) + OH^-(aq) \rightleftharpoons NO_2^-(aq) + H_2O(l)$

(b) $FeBr_3(s) + Br^-(aq) \rightleftharpoons FeBr_4^-(aq)$

(c) $Zn^{2+}(aq) + 4\,NH_3(aq) \rightleftharpoons Zn(NH_3)_4^{2+}(aq)$

(d) $SO_2(g) + H_2O(l) \rightleftharpoons H_2SO_3(aq)$

Pares ácido-base conjugados (Seção 16.2)

16.19 (a) Indique a base conjugada dos seguintes ácidos de Brønsted-Lowry: (i) HIO_3, (ii) NH_4^+. (b) Indique o ácido conjugado das seguintes bases de Brønsted-Lowry: (i) O^{2-}, (ii) $H_2PO_4^-$.

16.20 (a) Indique a base conjugada dos seguintes ácidos de Brønsted-Lowry: (i) HCOOH, (ii) HPO_4^{2-}. (b) Indique o ácido conjugado das seguintes bases de Brønsted-Lowry: (i) SO_4^{2-}, (ii) CH_3NH_2.

16.21 Identifique o ácido de Brønsted-Lowry e a base de Brønsted-Lowry presentes no lado esquerdo de cada uma das seguintes reações, bem como o ácido conjugado e a base conjugada presentes no lado direito de cada uma delas:

(a) $NH_4^+(aq) + CN^-(aq) \rightleftharpoons HCN(aq) + NH_3(aq)$

(b) $(CH_3)_3N(aq) + H_2O(l) \rightleftharpoons$
$(CH_3)_3NH^+(aq) + OH^-(aq)$

(c) $HCOOH(aq) + PO_4^{3-}(aq) \rightleftharpoons$
$HCOO^-(aq) + HPO_4^{2-}(aq)$

16.22 Identifique o ácido de Brønsted-Lowry e a base de Brønsted-Lowry presentes no lado esquerdo de cada uma das reações, bem como o ácido conjugado e a base conjugada presentes no lado direito de cada uma delas:

(a) $HBrO(aq) + H_2O(l) \rightleftharpoons H_3O^+(aq) + BrO^-(aq)$

(b) $HSO_4^-(aq) + HCO_3^-(aq) \rightleftharpoons SO_4^{2-}(aq) + H_2CO_3(aq)$

(c) $HSO_3^-(aq) + H_3O^+(aq) \rightleftharpoons H_2SO_3(aq) + H_2O(l)$

16.23 (a) O íon hidrogenossulfito (HSO_3^-) é anfiprótico. Escreva uma equação química balanceada mostrando a sua atuação como ácido em relação à água e outra equação mostrando a sua atuação como base em relação à água. (b) Qual é o ácido conjugado de HSO_3^-? Qual é a sua base conjugada?

16.24 (a) Escreva uma equação para a reação em que $H_2C_6H_7O_5^-(aq)$ atua como base em $H_2O(l)$. (b) Escreva uma equação para a reação em que $H_2C_6H_7O_5^-(aq)$ atua como ácido em $H_2O(l)$. (c) Qual é o ácido conjugado de $H_2C_6H_7O_5^-(aq)$? Qual é a sua base conjugada?

16.25 Classifique cada uma das soluções a seguir como base forte, base fraca ou espécie química com basicidade insignificante: (a) CH_3COO^-, (b) HCO_3^-, (c) O^{2-}, (d) Cl^-, (e) NH_3. Em cada caso, escreva a fórmula do seu ácido conjugado e indique se o ácido conjugado é forte, fraco ou uma espécie química com acidez insignificante.

16.26 Classifique cada uma das soluções a seguir como ácido forte, ácido fraco ou espécie química com acidez insignificante: (a) HCOOH, (b) H_2, (c) CH_4, (d) HF, (e) NH_4^+. Em cada caso, escreva a fórmula da sua base conjugada e indique se a base conjugada é forte, fraca ou uma espécie química com basicidade insignificante.

16.27 (a) Qual é o ácido de Brønsted-Lowry mais forte, HBrO ou HBr? (b) Qual é a base de Brønsted-Lowry mais forte, F^- ou Cl^-?

16.28 (a) Qual é o ácido de Brønsted-Lowry mais forte, $HClO_3$ ou $HClO_2$? (b) Qual é a base de Brønsted-Lowry mais forte, HS^- ou HSO_4^-?

16.29 Preveja os produtos das seguintes reações ácido-base e verifique se o equilíbrio se deslocará para a esquerda ou para a direita da reação:

(a) $O^{2-}(aq) + H_2O(l) \rightleftharpoons$

(b) $CH_3COOH(aq) + HS^-(aq) \rightleftharpoons$

(c) $NO_2^-(aq) + H_2O(l) \rightleftharpoons$

16.30 Preveja os produtos das seguintes reações ácido-base e verifique se o equilíbrio se deslocará para a esquerda ou para a direita da reação:

(a) $NH_4^+(aq) + OH^-(aq) \rightleftharpoons$

(b) $CH_3COO^-(aq) + H_3O^+(aq) \rightleftharpoons$

(c) $HCO_3^-(aq) + F^-(aq) \rightleftharpoons$

Autoionização da água (Seção 16.3)

16.31 Quando uma solução neutra de água com pH = 7,00 é resfriada até 10 °C, o pH sobe para 7,27. Qual das três afirmações a seguir está correta, considerando-se a água resfriada: (i) $[H^+] > [OH^-]$, (ii) $[H^+] = [OH^-]$ ou (iii) $[H^+] < [OH^-]$?

16.32 (a) Escreva a equação química que ilustra a autoionização da água. (b) Escreva a expressão para a constante de produto iônico da água, K_w. (c) Se uma solução for descrita como básica, qual das seguintes afirmações será considerada verdadeira: (i) $[H^+] > [OH^-]$, (ii) $[H^+] = [OH^-]$ ou (iii) $[H^+] < [OH^-]$?

16.33 Calcule $[H^+]$ para cada uma das soluções a seguir e indique se a solução é ácida, básica ou neutra: (a) $[OH^-] = 0,00045\ M$; (b) $[OH^-] = 8,8 \times 10^{-9}\ M$; (c) uma solução em que $[OH^-]$ é 100 vezes maior que $[H^+]$.

16.34 Calcule $[OH^-]$ para cada uma das soluções a seguir e indique se a solução é ácida, básica ou neutra: (a) $[H^+] = 0,0505\ M$; (b) $[H^+] = 2,5 \times 10^{-10}\ M$; (c) uma solução em que $[H^+]$ é 1.000 vezes maior que $[OH^-]$.

16.35 Na temperatura de solidificação da água (0 °C), $K_w = 1,2 \times 10^{-15}$. Calcule $[H^+]$ e $[OH^-]$ para uma solução neutra a essa temperatura.

16.36 O óxido de deutério (D_2O, em que D é o deutério, o isótopo de hidrogênio-2) tem uma constante de produto iônico, K_w, igual a $8,9 \times 10^{-16}$ a 20 °C. Calcule $[D^+]$ e $[OD^-]$ para D_2O puro (neutro) a essa temperatura.

Escala de pH (Seção 16.4)

16.37 Para variações de pH de (a) 2,00 unidades e (b) 0,50 unidades, qual é a variação de $[H^+]$?

16.38 Se $[H^+]$ na solução A é 250 vezes maior que $[H^+]$ na solução B, qual é a diferença entre os valores de pH das duas soluções?

16.39 Calcule os valores que faltam, indicando se a solução é ácida ou básica, e complete a tabela a seguir.

$[H^+]$	$[OH^-]$	pH	pOH	Ácida ou básica
$7,5 \times 10^{-3}\ M$				
	$3,6 \times 10^{-10}\ M$			
		8,25		
			5,70	

16.40 Calcule os valores que faltam, indicando se a solução é ácida ou básica, e complete a tabela a seguir.

pH	pOH	$[H^+]$	$[OH^-]$	Ácida ou básica
5,25				
	2,02			
		$4,4 \times 10^{-10}\ M$		
			$8,5 \times 10^{-2}\ M$	

16.41 O pH médio do sangue arterial normal é igual a 7,40. À temperatura normal do corpo (37 °C), $K_w = 2,4 \times 10^{-14}$. Calcule $[H^+]$, $[OH^-]$ e o pOH do sangue a essa temperatura.

16.42 O dióxido de carbono presente na atmosfera é dissolvido em gotas de chuva, produzindo ácido carbônico (H_2CO_3) e fazendo com que o pH da chuva limpa e não poluída varie entre 5,2 e 5,6. Quais são as faixas de $[H^+]$ e $[OH^-]$ nas gotas de chuva?

16.43 A adição do indicador alaranjado de metila a uma solução desconhecida resulta em uma cor amarela. A adição de azul de bromotimol a uma solução igual também resulta em uma cor amarela. (a) A solução é ácida, neutra ou básica? (b) Qual é a faixa (em números inteiros) de valores possíveis de pH da solução? (c) Existe outro indicador que você poderia usar para diminuir a faixa de possíveis valores de pH da solução?

16.44 A adição de fenolftaleína a uma solução incolor desconhecida não causa uma mudança de cor. A adição de azul de bromotimol a uma solução igual resulta em uma cor amarela. (a) A solução é ácida, neutra ou básica? (**b**) Qual das seguintes informações a respeito da solução você pode estabelecer: (i) um pH mínimo, (ii) um pH máximo ou (iii) uma faixa específica de valores de pH? (**c**) Que outro indicador ou indicadores você usaria para determinar o pH da solução de maneira mais precisa?

Ácidos e bases fortes (Seção 16.5)

16.45 Cada uma das seguintes afirmações é *verdadeira* ou *falsa*? (**a**) Todos os ácidos fortes contêm um ou mais átomos de H. (**b**) Um ácido forte é um eletrólito forte. (**c**) Uma solução de 1,0 M de um ácido forte terá pH = 1,0.

16.46 Determine se cada uma das seguintes afirmações é *verdadeira* ou *falsa*. (**a**) Todas as bases fortes são sais do íon hidróxido. (**b**) A adição de uma base forte à água produz uma solução de pH > 7,0. (**c**) Como o $Mg(OH)_2$ não é muito solúvel, ele não pode ser uma base forte.

16.47 Calcule o pH de cada uma das seguintes soluções de ácido forte: (**a**) HBr $8,5 \times 10^{-3}$ M, (**b**) 1,52 g de HNO_3 em 575 mL de solução, (**c**) 5,00 mL de $HClO_4$ 0,250 M diluídos a 50,0 mL, (**d**) uma solução formada pela mistura de 10,0 mL de HBr 0,100 M e 20,0 mL de HCl 0,200 M.

16.48 Calcule o pH de cada uma das seguintes soluções de ácido forte: (**a**) HNO_3 0,0167 M, (**b**) 0,225 g de $HClO_3$ em 2,00 L de solução, (**c**) 15,00 mL de HCl 1,00 M diluídos a 0,500 L, (**d**) uma mistura formada pela adição de 50,0 mL de HCl 0,020 M e 125 mL de HI 0,010 M.

16.49 Calcule a [OH^-] e o pH para (**a**) $Sr(OH)_2$ $1,5 \times 10^{-3}$ M, (**b**) 2,250 g de LiOH em 250,0 mL de solução, (**c**) 1,00 mL de NaOH 0,175 M diluído a 2,00 L, (**d**) uma solução formada pela adição de 5,00 mL de KOH 0,105 M a 15,0 mL de $Ca(OH)_2$ $9,5 \times 10^{-2}$ M.

16.50 Calcule a [OH^-] e o pH para cada uma das seguintes soluções de base forte: (**a**) KOH 0,182 M, (**b**) 3,165 g de KOH em 500,0 mL de solução, (**c**) 10,0 mL de $Ca(OH)_2$ 0,0105 M diluídos a 500,0 mL, (**d**) uma solução formada pela mistura de 20,0 mL de $Ba(OH)_2$ 0,015 M e 40,0 mL de NaOH $8,2 \times 10^{-3}$ M.

16.51 Calcule a concentração de uma solução aquosa de NaOH cujo pH é de 11,50.

16.52 Calcule a concentração de uma solução aquosa de $Ca(OH)_2$ cujo pH é de 10,05.

Ácidos fracos (Seção 16.6)

16.53 Escreva a equação química e a expressão de K_a para a ionização de cada um dos seguintes ácidos em uma solução aquosa. Em primeiro lugar, mostre a reação com $H^+(aq)$ como um produto e, em seguida, a reação com o íon hidrônio: (**a**) $HBrO_2$, (**b**) C_2H_5COOH.

16.54 Escreva a equação química e a expressão de K_a para a dissociação de cada um dos seguintes ácidos em uma solução aquosa. Em primeiro lugar, mostre a reação com $H^+(aq)$ como um produto e, em seguida, a reação com o íon hidrônio: (**a**) C_6H_5COOH, (**b**) HCO_3^-.

16.55 O ácido láctico ($CH_3CH(OH)COOH$) tem um hidrogênio ácido. Uma solução de ácido láctico 0,10 M tem um pH igual a 2,44. Calcule K_a.

16.56 O ácido fenilacético ($C_6H_5CH_2COOH$) é uma das substâncias acumuladas no sangue de pessoas com fenilcetonúria, uma doença hereditária que pode causar retardo mental ou até mesmo a morte. Uma solução de $C_6H_5CH_2COOH$ 0,085 M tem um pH de 2,68. Calcule o valor de K_a para esse ácido.

16.57 O ácido cloroacético ($ClCH_2COOH$), em uma solução de 0,100 M, apresenta ionização de 11,0%. Com base nessa informação, calcule [$ClCH_2COO^-$], [H^+], [$ClCH_2COOH$] e K_a para o ácido cloroacético.

16.58 O ácido bromoacético ($BrCH_2COOH$), em uma solução de 0,100 M, apresenta ionização de 13,2%. Calcule [H^+], [$BrCH_2COO^-$], [$BrCH_2COOH$] e K_a para o ácido bromoacético.

16.59 Uma amostra de vinagre tem um pH de 2,90. Se o ácido acético for o único ácido presente no vinagre ($K_a = 1,8 \times 10^{-5}$), calcule a concentração de ácido acético no vinagre.

16.60 Considerando que uma solução de HF ($K_a = 6,8 \times 10^{-4}$) tem um pH de 3,65, calcule a concentração de ácido fluorídrico.

16.61 A constante de acidez do ácido benzoico (C_6H_5COOH) é $6,3 \times 10^{-5}$. Calcule as concentrações no equilíbrio de H_3O^+, $C_6H_5COO^-$ e C_6H_5COOH na solução se a concentração inicial de C_6H_5COOH for 0,050 M.

16.62 A constante de acidez do ácido cloroso ($HClO_2$) é $1,1 \times 10^{-2}$. Calcule as concentrações de H_3O^+, ClO_2^- e $HClO_2$ no estado de equilíbrio se a concentração inicial de $HClO_2$ for 0,0125 M.

16.63 Calcule o pH de cada uma das soluções a seguir (valores de K_a e K_b são dados no Apêndice D): (**a**) 0,095 M de ácido propanoico (C_2H_5COOH), (**b**) 0,100 M de íons de hidrogenocromato ($HCrO_4^-$), (**c**) 0,120 M de piridina (C_5H_5N).

16.64 Determine o pH de cada uma das soluções a seguir (valores de K_a e K_b são dados no Apêndice D): (**a**) 0,095 M de ácido hipocloroso, (**b**) 0,0085 M de hidrazina, (**c**) 0,165 M de hidroxilamina.

16.65 Sacarina, um substituto do açúcar, é um ácido fraco com $pK_a = 2,32$ a 25 °C. Ela ioniza em solução aquosa, como mostra a equação a seguir:

$$HNC_7H_4SO_3(aq) \rightleftharpoons H^+(aq) + NC_7H_4SO_3^-(aq)$$

Qual é o pH de uma solução de 0,10 M dessa substância?

16.66 O princípio ativo da aspirina é o ácido acetilsalicílico ($HC_9H_7O_4$), um ácido monoprótico com $K_a = 3,3 \times 10^{-4}$ a 25 °C. Qual é o pH de uma solução obtida mediante a dissolução de dois comprimidos de aspirina, contendo 500 mg de ácido acetilsalicílico cada um, em 250 mL de água?

16.67 Calcule o percentual de ionização de ácido hidrazoico (HN_3) em soluções com as seguintes concentrações (K_a é dada no Apêndice D): (**a**) 0,400 M, (**b**) 0,100 M, (**c**) 0,0400 M.

16.68 Calcule o percentual de ionização de ácido propanoico (C_2H_5COOH) em soluções com as seguintes concentrações (K_a é dada no Apêndice D): (**a**) 0,250 M, (**b**) 0,0800 M, (**c**) 0,0200 M.

16.69 O ácido cítrico, que está presente nas frutas cítricas, é um ácido triprótico (Tabela 16.3). (a) Calcule o pH de uma solução de ácido cítrico 0,040 M. (b) Você teve de fazer alguma aproximação ou suposição para concluir os seus cálculos? (c) A concentração de íon citrato ($C_6H_5O_7^{3-}$) é igual, menor ou maior que a concentração de íons H^+?

16.70 O ácido tartárico é encontrado em muitas frutas, como em uvas, e é parcialmente responsável pela textura seca de certos vinhos. Calcule o pH e a concentração de íon tartarato ($C_4H_4O_6^{2-}$) em uma solução de ácido tartárico 0,250 M. A constante de acidez está listada na Tabela 16.3. Você teve de fazer alguma aproximação ou suposição em seu cálculo?

Bases fracas (Seção 16.7)

16.71 Considere a base hidroxilamina, NH_2OH. (**a**) Qual é o ácido conjugado da hidroxilamina? (**b**) Quando atua como uma base, que átomo da hidroxilamina recebe um próton? (**c**) Há dois átomos da hidroxilamina com pares de elétrons não ligantes, que podem agir como receptores de prótons. Use estruturas de Lewis e as cargas formais (Seção 8.5) para deduzir por que um desses átomos é melhor receptor de prótons do que o outro.

16.72 O íon hipoclorito, ClO^-, atua como uma base fraca. (**a**) O ClO^- é uma base mais forte ou mais fraca que a hidroxilamina, NH_2OH? (**b**) Quando o ClO^- atua como uma base, qual átomo, Cl ou O, atua como receptor de prótons? (**c**) Você pode usar cargas formais (Seção 8.5) para responder à parte (b)?

16.73 Escreva a equação química e a expressão de K_b para a reação de cada uma das seguintes bases com água: (a) dimetilamina, $(CH_3)_2NH$; (b) íon carbonato, CO_3^{2-}; (c) íon formiato, CHO_2^-.

16.74 Escreva a equação química e a expressão de K_b para a reação de cada uma das seguintes bases com água: (a) propilamina, $C_3H_7NH_2$; (b) íon monohidrogenofosfato, HPO_4^{2-}; (c) íon benzoato, $C_6H_5CO_2^-$.

16.75 Calcule a concentração em quantidade de matéria de OH^- em uma solução de 0,075 M de etilamina ($C_2H_5NH_2$; $K_b = 6,4 \times 10^{-4}$). Calcule o valor de pH dessa solução.

16.76 Calcule a concentração em quantidade de matéria de OH^- em uma solução de 0,724 M de íon hipobromito (BrO^-; $K_b = 4,0 \times 10^{-6}$). Qual é o pH dessa solução?

16.77 A efedrina, um estimulante do sistema nervoso central, é utilizada em *sprays* nasais como um descongestionante. Esse composto é uma base orgânica fraca:

$$C_{10}H_{15}ON(aq) + H_2O(l) \rightleftharpoons C_{10}H_{15}ONH^+(aq) + OH^-(aq)$$

Uma solução de efedrina 0,035 M tem pH igual a 11,33. (a) Quais são as concentrações no equilíbrio de $C_{10}H_{15}ON$, $C_{10}H_{15}ONH^+$ e OH^-? (b) Calcule a K_b da efedrina.

16.78 Codeína ($C_{18}H_{21}NO_3$) é uma base orgânica fraca. Uma solução de codeína $5,0 \times 10^{-3}$ M tem pH igual a 9,95. Calcule o valor de K_b dessa substância. Qual é o pK_b dessa base?

Relação entre K_a e K_b; Propriedades ácido-base de soluções salinas (Seções 16.8 e 16.9)

16.79 O fenol, C_6H_5OH, tem $K_a = 1,3 \times 10^{-10}$.

(a) Escreva a reação de K_a para o fenol.

(b) Calcule K_b para a base conjugada do fenol.

(c) O fenol é um ácido mais forte ou mais fraco do que a água?

16.80 Considere as constantes de dissociação listadas na Tabela 16.3 para organizar estes oxiânions da base mais forte para a mais fraca: SO_4^{2-}, CO_3^{2-}, SO_3^{2-} e PO_4^{3-}.

16.81 (a) Sabendo que a K_a do ácido acético é $1,8 \times 10^{-5}$ e a do ácido hipocloroso é $3,0 \times 10^{-8}$, qual é o ácido mais forte? (b) Qual é a base mais forte, o íon acetato ou o íon hipoclorito? (c) Calcule os valores de K_b do CH_3COO^- e do ClO^-.

16.82 (a) Sabendo que a K_b da amônia é $1,8 \times 10^{-5}$ e a da hidroxilamina é $1,1 \times 10^{-8}$, qual é a base mais forte? (b) Qual é o ácido mais forte, o íon amônio ou o hidroxiamônio? (c) Calcule os valores de K_a para o NH_4^+ e o H_3NOH^+.

16.83 Com base nos dados do Apêndice D, calcule $[OH^-]$ e o pH de cada uma das seguintes soluções: (a) NaBrO 0,10 M, (b) NaHS 0,080 M, (c) uma mistura de $NaNO_2$ 0,10 M e $Ca(NO_2)_2$ 0,20 M.

16.84 Com base nos dados do Apêndice D, calcule $[OH^-]$ e o pH de cada uma das seguintes soluções: (a) NaF 0,105 M, (b) Na_2S 0,035 M, (c) uma mistura de $NaCH_3COO$ 0,045 M e $Ba(CH_3COO)_2$ 0,055 M.

16.85 Uma solução de acetato de sódio ($NaCH_3COO$) tem um pH igual a 9,70. Qual é a concentração em quantidade de matéria da solução?

16.86 O brometo de piridínio (C_5H_5NHBr) é um eletrólito forte que se dissocia completamente em $C_5H_5NH^+$ e Br^-. Uma solução de brometo de piridínio tem um pH igual a 2,95.

(a) Escreva a reação que leva a esse pH ácido.

(b) Use o Apêndice D para calcular o K_a do brometo de piridínio.

(c) Uma solução de brometo de piridínio tem pH de 2,95. Qual é a concentração do cátion piridínio no equilíbrio, em concentração em quantidade de matéria?

16.87 Preveja se soluções aquosas dos seguintes compostos são ácidas, básicas ou neutras: (a) NH_4Br, (b) $FeCl_3$, (c) Na_2CO_3, (d) $KClO_4$, (e) $NaHC_2O_4$.

16.88 Preveja se soluções aquosas dos seguintes compostos são ácidas, básicas ou neutras: (a) $AlCl_3$, (b) NaBr, (c) NaClO, (d) $[CH_3NH_3]NO_3$, (e) Na_2SO_3.

16.89 Preveja qual membro de cada par produz a solução aquosa mais ácida: (a) K^+ ou Cu^{2+}, (b) Fe^{2+} ou Fe^{3+}, (c) Al^{3+} ou Ga^{3+}.

16.90 Qual membro de cada par produz a solução aquosa mais ácida: (a) $ZnBr_2$ ou $CdCl_2$, (b) CuCl ou $Cu(NO_3)_2$, (c) $Ca(NO_3)_2$ ou $NiBr_2$?

16.91 Um sal desconhecido pode ser NaF, NaCl ou hipoclorito de sódio. Quando 0,050 mol do sal é dissolvido em água, formando 0,500 L de solução, o pH dela passa a ser de 8,08. Qual é a identidade do sal?

16.92 Um sal desconhecido pode ser KBr, NH_4Cl, KCN ou K_2CO_3. Se uma solução de 0,100 M do sal é neutra, qual é a identidade do sal?

Comportamento ácido-base e estrutura química (Seção 16.10)

16.93 Determine qual é o ácido mais forte em cada par: (a) HNO_3 ou HNO_2; (b) H_2S ou H_2O; (c) H_2SO_4 ou H_2SeO_4; (d) CH_3COOH ou CCl_3COOH.

16.94 Determine qual é o ácido mais forte em cada par: (a) HCl ou HF; (b) H_3PO_4 ou H_3AsO_4; (c) $HBrO_3$ ou $HBrO_2$; (d) $H_2C_2O_4$ ou $HC_2O_4^-$; (e) ácido benzoico (C_6H_5COOH) ou fenol (C_6H_5OH).

16.95 Com base em suas composições e estruturas e nas relações ácido-base conjugados, selecione a base mais forte em cada um dos seguintes pares: (a) BrO^- ou ClO^-, (b) BrO^- ou BrO_2^-, (c) HPO_4^{2-} ou $H_2PO_4^-$.

16.96 Com base em suas composições e estruturas e nas relações ácido-base conjugados, selecione a base mais forte em cada um dos seguintes pares: (a) NO_3^- ou NO_2^-, (b) PO_4^{3-} ou AsO_4^{3-}, (c) HCO_3^- ou CO_3^{2-}.

16.97 Indique se cada uma das seguintes afirmações é *verdadeira* ou *falsa*. Para cada afirmação que for falsa, corrija-a para torná-la verdadeira. (a) De modo geral, a acidez de ácidos binários aumenta da esquerda para direita em um dado período da tabela periódica. (b) Em uma série de ácidos que têm o mesmo átomo central, a força do ácido aumenta com o número de átomos de hidrogênio ligados ao átomo central. (c) O ácido telúrico (H_2Te) é um ácido mais forte que o H_2S, porque Te é mais eletronegativo que S.

16.98 Indique se cada uma das seguintes afirmações é *verdadeira* ou *falsa*. Para cada afirmação que for falsa, corrija-a para torná-la verdadeira. (a) A força do ácido em uma série de moléculas H—A aumenta com o aumento do tamanho de A. (b) Para ácidos com a mesma estrutura geral, mas com átomos centrais apresentando diferentes eletronegatividades, a força diminui com o aumento de eletronegatividade do átomo central. (c) O ácido mais forte é o HF, porque o flúor é o elemento mais eletronegativo.

Exercícios adicionais

16.99 Indique se cada uma das seguintes afirmações é correta ou incorreta.
 (a) Todo ácido de Brønsted-Lowry também é um ácido de Lewis.
 (b) Todo ácido de Lewis também é um ácido de Brønsted-Lowry.
 (c) Ácidos conjugados de bases fracas produzem soluções mais ácidas que os ácidos conjugados de bases fortes.
 (d) Íons K^+ são ácidos em água tornam as moléculas de água hidratadas ácidas.
 (e) A ionização percentual de um ácido fraco em água aumenta à medida que a concentração do ácido diminui.

16.100 Uma solução é preparada mediante adição de 0,300 g de $Ca(OH)_2(s)$, 50,0 mL de HNO_3 1,40 M e água suficiente para completar o volume final de 75,0 mL. Supondo que todos os sólidos são dissolvidos, qual é o pH da solução final?

16.101 Quais das seguintes afirmações são verdadeiras, se houver alguma?
 (a) Quanto mais forte a base, menor o pK_b.
 (b) Quanto mais forte a base, maior o pK_b.
 (c) Quanto mais forte a base, menor o K_b.
 (d) Quanto mais forte a base, maior o K_b.
 (e) Quanto mais forte a base, menor o pK_a do seu ácido conjugado.
 (f) Quanto mais forte a base, maior o pK_a do seu ácido conjugado.

16.102 Preveja como cada molécula ou íon agirá, segundo o conceito de Brønsted-Lowry, em uma solução aquosa, escrevendo "ácido", "base" ou "nenhum" nas lacunas.
 (a) HCO_3^-, o íon bicarbonato: ____
 (b) Prozac: ____

 (c) PABA (antes usado em filtro solar): ____

 (d) TNT, trinitrotolueno: ____

 (e) N-Metilpiridínio: ____

16.103 Calcule o pH de uma solução feita mediante a adição de 2,50 g de óxido de lítio (Li_2O) a água suficiente para completar 1,500 L de solução.

16.104 O ácido benzoico (C_6H_5COOH) e a anilina ($C_6H_5NH_2$) são derivados do benzeno. O ácido benzoico é um ácido com $K_a = 6,3 \times 10^{-5}$ e a anilina é uma base com $K_b = 4,3 \times 10^{-10}$.

Ácido benzoico   Anilina

 (a) Qual é a base conjugada do ácido benzoico e o ácido conjugado da anilina? (b) O cloreto de anilina ($C_6H_5NH_3Cl$) é um eletrólito forte que se dissocia em íons de anilina ($C_6H_5NH_3^+$) e cloreto. Qual será mais ácida, uma solução de ácido benzoico 0,10 M ou uma solução de cloreto de anilina 0,10 M? (c) Qual é o valor da constante de equilíbrio para o seguinte equilíbrio?

$$C_6H_5COOH(aq) + C_6H_5NH_2(aq) \rightleftharpoons C_6H_5COO^-(aq) + C_6H_5NH_3^+(aq)$$

16.105 Qual é o pH de uma solução de NaOH $2,5 \times 10^{-9}$ M? Sua resposta faz sentido? Que suposições normalmente fazemos que não são válidas nesse caso?

16.106 O ácido oxálico ($H_2C_2O_4$) é um ácido diprótico. Com base nos dados do Apêndice D, determine se cada uma das seguintes afirmações é verdadeira. (a) $H_2C_2O_4$ pode servir tanto como um ácido de Brønsted-Lowry quanto como uma base de Brønsted-Lowry. (b) $C_2O_4^{2-}$ é a base conjugada de $HC_2O_4^-$. (c) Uma solução aquosa do eletrólito forte KHC_2O_4 terá um pH < 7.

16.107 O ácido succínico ($H_2C_4H_6O_4$), que vamos representar como H_2Suc, é um ácido diprótico biologicamente relevante; sua estrutura é mostrada a seguir. A 25 °C, as constantes de acidez do ácido succínico são $K_{a1} = 6,9 \times 10^{-5}$ e $K_{a2} = 2,5 \times 10^{-6}$. (a) Determine o pH de uma solução de H_2Suc 0,32 M a 25 °C, considerando que apenas a primeira ionização é relevante. (b) Determine a concentração em quantidade de matéria de Suc^{2-} na solução da parte (a). (c) O pressuposto que você fez na parte (a) é justificado pelo resultado da parte (b)? (d) Uma solução do sal NaHSuc é ácida, neutra ou básica?

16.108 O ácido butírico é responsável pelo mau cheiro da manteiga rançosa. O pK_a do ácido butírico é 4,84. **(a)** Calcule o pK_b do íon butirato. **(b)** Calcule o pH de uma solução de ácido butírico 0,050 M. **(c)** Calcule o pH de uma solução de butirato de sódio 0,050 M.

16.109 Organize as seguintes soluções de 0,10 M em ordem crescente de acidez: (i) NH_4NO_3, (ii) $NaNO_3$, (iii) CH_3COONH_4, (iv) NaF, (v) CH_3COONa.

16.110 Uma solução de um sal de NaA 0,25 M tem um pH = 9,29. Qual é o K_a do ácido HA?

16.111 As seguintes observações foram feitas a respeito de um ácido diprótico H_2A: (i) uma solução de H_2A 0,10 M tem pH = 3,30; (ii) uma solução do sal de NaHA 0,10 M é ácida. Qual dos seguintes valores pode ser o do pK_{a2} para H_2A: (a) 3,22, (b) 5,30, (c) 7,47 ou (d) 9,82?

16.112 Muitas moléculas orgânicas moderadamente grandes com átomos de nitrogênio básicos não são tão solúveis em água quanto moléculas neutras, mas são, de modo geral, muito mais solúveis do que os sais ácidos. Partindo do princípio de que o pH no estômago é igual a 2,5, indique se cada um dos seguintes compostos estaria presente no estômago como base neutra ou sob a forma protonada: nicotina, $K_b = 7 \times 10^{-7}$; cafeína, $K_b = 4 \times 10^{-14}$; estricnina, $K_b = 1 \times 10^{-6}$; quinina, $K_b = 1,1 \times 10^{-6}$.

16.113 O aminoácido glicina (H_2N-CH_2-COOH) pode participar dos seguintes equilíbrios em meio aquoso:

$H_2N-CH_2-COOH + H_2O \rightleftharpoons$
$\quad H_2N-CH_2-COO^- + H_3O^+ \quad K_a = 4,3 \times 10^{-3}$

$H_2N-CH_2-COOH + H_2O \rightleftharpoons$
$\quad ^+H_3N-CH_2-COOH + OH^- \quad K_b = 6,0 \times 10^{-5}$

(a) Utilize os valores de K_a e K_b para estimar a constante de equilíbrio no processo de transferência intramolecular de próton, que resulta na formação de um *zwitterion*:

$H_2N-CH_2-COOH \rightleftharpoons ^+H_3N-CH_2-COO^-$

(b) Qual é o pH de uma solução aquosa de glicina 0,050 M?

(c) Qual seria a forma predominante de glicina em uma solução com pH igual a 13? E com pH igual a 1?

16.114 O pK_b da água é _____.

(a) 1 **(b)** 7 **(c)** 14 **(d)** indefinido **(e)** nenhum dos anteriores

16.115 Calcule o número de íons $H^+(aq)$ em 1,0 mL de água pura a 25 °C.

16.116 Quantos mililitros de solução de ácido clorídrico concentrado (36,0% de HCl em massa, densidade = 1,18 g/mL) são necessários para produzir 10,0 L de uma solução que tem um pH igual a 2,05?

16.117 Os níveis atmosféricos de CO_2 subiram quase 20% nos últimos 40 anos, de 320 ppm para mais de 400 ppm.

(a) Sabendo que hoje o pH médio da água da chuva limpa, não poluída, é igual a 5,4, determine o pH da chuva não poluída há 40 anos. Considere que o ácido carbônico (H_2CO_3), formado pela reação entre CO_2 e água, é o único fator que influencia o pH.

$$CO_2(g) + H_2O(l) \rightleftharpoons H_2CO_3(aq)$$

(b) Qual é o volume de CO_2 a 25 °C e 1,0 atm dissolvido em um balde com 20,0 L de água da chuva atual?

16.118 A 50 °C, a constante de produto iônico da H_2O tem o valor de $K_w = 5,48 \times 10^{-14}$. **(a)** Qual é o pH da água pura a 50 °C? **(b)** Com base na variação de K_w com a temperatura, diga se ΔH é positivo, negativo ou zero para a reação de autoionização da água:

$$2 H_2O(l) \rightleftharpoons H_3O^+(aq) + OH^-(aq)$$

16.119 Em muitas reações, a adição de $AlCl_3$ produz o mesmo efeito que a adição de H^+.

(a) Desenhe uma estrutura de Lewis para $AlCl_3$ em que os átomos não tenham cargas formais e determine a sua estrutura utilizando o método VSEPR.

(b) Que caraterística da estrutura da parte (a) nos ajuda a entender o caráter ácido de $AlCl_3$?

(c) Preveja o resultado da reação entre $AlCl_3$ e NH_3 em um solvente que não participe como reagente.

(d) Qual teoria ácido-base é mais adequada para discutir as semelhanças entre $AlCl_3$ e H^+?

Elabore um experimento

Seu professor fornece uma garrafa que contém um líquido translúcido. Você é informado de que o líquido é uma substância pura volátil e solúvel em água, podendo ser um ácido ou uma base. Elabore um experimento para elucidar os seguintes pontos sobre essa amostra desconhecida. **(a)** Determine se a substância na amostra é um ácido ou uma base. **(b)** Suponha que a substância seja um ácido. Como você determinaria se ela é um ácido forte ou um ácido fraco? **(c)** Se a substância fosse um ácido fraco, como você determinaria o valor de K_a? **(d)** Suponha que a substância seja um ácido fraco e que você tenha recebido também uma solução de NaOH(aq) com concentração em quantidade de matéria conhecida. Qual procedimento você usaria para isolar uma amostra pura do sal de sódio da substância? **(e)** Agora, suponha que a substância seja uma base em vez de um ácido. Que modificações você faria nos procedimentos das partes (b) e (c) para determinar se a substância é uma base forte ou fraca? Caso fosse fraca, como você obteria o valor de K_b?

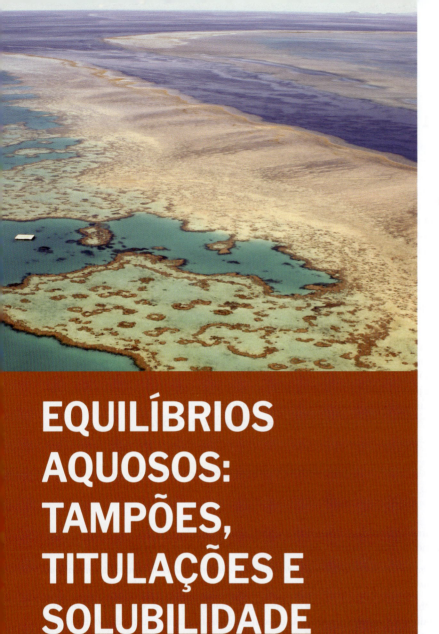

▲ Grande barreira de coral. Essas estruturas são feitas de carbonato de cálcio, $CaCO_3$.

17

O QUE VEREMOS

17.1 ▶ Efeito do íon comum Considerar um exemplo específico do princípio de Le Châtelier, conhecido como efeito do íon comum, e usá-lo para calcular as concentrações no equilíbrio de reagentes em soluções.

17.2 ▶ Tampões Reconhecer a composição das soluções-tampão e aprender como elas resistem à mudança de pH quando são adicionadas pequenas quantidades de um ácido forte ou de uma base forte.

17.3 ▶ Titulações ácido-base Examinar as titulações ácido-base e explorar como determinar o pH em qualquer ponto de uma titulação ácido-base.

17.4 ▶ Equilíbrios de solubilidade Usar as *constantes de produto de solubilidade* para determinar o quanto um sal pouco solúvel se dissolve na água.

17.5 ▶ Fatores que afetam a solubilidade Investigar alguns dos fatores que afetam a solubilidade, incluindo o efeito do íon comum e o efeito dos ácidos.

17.6 ▶ Precipitação e separação de íons Aprender como usar diferenças de solubilidade para separar íons por precipitação seletiva.

17.7 ▶ Análise qualitativa de elementos metálicos Aplicar princípios de equilíbrio de solubilidade e complexação para identificar íons em solução.

EQUILÍBRIOS AQUOSOS: TAMPÕES, TITULAÇÕES E SOLUBILIDADE

A água, o solvente mais comum e importante na Terra, ocupa uma posição de destaque não somente pela abundância, mas também por sua excepcional capacidade de dissolver uma grande variedade de substâncias. Os recifes de coral são um exemplo notável da ação da química aquosa existente na natureza. Esses recifes são formados por minúsculos animais, chamados corais duros, que produzem um exoesqueleto rígido de carbonato de cálcio. Com o tempo, esses corais formam grandes redes de carbonato de cálcio, sobre as quais o recife se desenvolve. O tamanho de tais estruturas pode ser imenso, como no caso da Grande Barreira de Corais da Austrália.

Para entender a química responsável pela formação dos recifes de coral e de outros processos no oceano e em sistemas aquosos, como as células vivas, devemos desenvolver um entendimento mais profundo sobre os conceitos de equilíbrio em meio aquoso. Neste capítulo, além dos equilíbrios ácido-base, em que há apenas um soluto, consideraremos os equilíbrios que contêm uma mistura de solutos. Em seguida, ampliaremos nossa abordagem para incluir outros dois tipos de equilíbrio aquoso: aqueles que envolvem sais ligeiramente solúveis e aqueles que envolvem a formação de complexos metálicos em solução. As discussões e os cálculos apresentados neste capítulo são extensões do que estudamos nos Capítulos 15 e 16.

17.1 | Efeito do íon comum

Objetivos de aprendizagem

Após terminar a Seção 17.1, você deve ser capaz de:
▶ Determinar as concentrações de equilíbrio de espécies em soluções que contêm múltiplos solutos com um íon comum.
▶ Calcular o pH de uma solução que envolve um íon comum.

No Capítulo 16, examinamos as concentrações no equilíbrio de íons em soluções que contêm um ácido fraco ou uma base fraca. Agora, vamos analisar soluções que contêm um ácido fraco, como o ácido acético (CH_3COOH), e um sal solúvel desse ácido (no caso, CH_3COONa). Essas soluções contêm duas substâncias que partilham um íon comum, CH_3COO^-. É instrutivo observar essas soluções sob a perspectiva do princípio de Le Châtelier. (Seção 15.7)

O acetato de sódio é um composto iônico solúvel e, portanto, um eletrólito forte (Seção 4.1). Como consequência, ele é completamente dissociado em solução aquosa para formar íons Na^+ e CH_3COO^-:

$$CH_3COONa(aq) \longrightarrow Na^+(aq) + CH_3COO^-(aq)$$

Por outro lado, CH_3COOH é um eletrólito fraco que se ioniza parcialmente, representado pelo equilíbrio dinâmico

$$CH_3COOH(aq) \rightleftharpoons H^+(aq) + CH_3COO^-(aq) \qquad [17.1]$$

A constante de equilíbrio para a Equação 17.1 é $K_a = 1,8 \times 10^{-5}$ a 25 °C (Tabela 16.2). Se adicionarmos acetato de sódio a uma solução de ácido acético em água, o CH_3COO^- de CH_3COONa fará as concentrações de equilíbrio das substâncias na Equação 17.1 deslocarem-se para a esquerda, como seria de se esperar de acordo com o princípio de Le Châtelier, diminuindo, assim, a concentração no equilíbrio de $H^+(aq)$:

$$CH_3COOH(aq) \rightleftharpoons H^+(aq) + CH_3COO^-(aq)$$

⬅ Adição de CH_3COO^- desloca as concentrações de equilíbrio, diminuindo $[H^+]$

Em outras palavras, a presença do íon acetato adicionado faz com que o ácido acético ionize menos do que o normal. Chamamos isso de **efeito do íon comum**.

Sempre que um eletrólito fraco e um eletrólito forte que contém um íon comum estão juntos em uma solução, o eletrólito fraco se ioniza menos do que se estivesse sozinho na solução.

Observe que a constante de equilíbrio em si não varia; são as concentrações relativas de produtos e reagentes na expressão de equilíbrio que mudam. Confirmaremos essa previsão nos Exercícios resolvidos 17.1 e 17.2.

Exercício resolvido 17.1
Cálculo do pH quando um íon comum está envolvido

Qual é o pH de uma solução preparada ao adicionar 0,30 mol de ácido acético e 0,30 mol de acetato de sódio a uma quantidade suficiente de água para fazer 1,0 L de solução?

SOLUÇÃO

Analise Deve-se determinar o pH de uma solução de um eletrólito fraco (CH_3COOH) e um eletrólito forte (CH_3COONa) que partilham um íon comum, CH_3COO^-.

Planeje Para todos os problemas em que devemos determinar o pH de uma solução contendo uma mistura de solutos, é útil seguir uma série de etapas lógicas. São elas:

1. Verificar quais solutos são eletrólitos fortes e quais são eletrólitos fracos, identificando as principais espécies na solução.
2. Identificar a reação de equilíbrio de interesse, ou seja, aquela que é a fonte de H^+ e, portanto, determina o pH.
3. Calcular as concentrações de íons envolvidas no equilíbrio.
4. Aplicar a expressão da constante de equilíbrio para calcular $[H^+]$ e, em seguida, o pH.

Resolva

Em primeiro lugar, visto que CH_3COOH é um eletrólito fraco e CH_3COONa é um eletrólito forte, as principais espécies na solução são CH_3COOH (um ácido fraco), Na^+ (que não é nem ácido nem básico, sendo um "espectador" na química ácido-base) e CH_3COO^- (a base conjugada de CH_3COOH).

Em segundo lugar, $[H^+]$ e o pH da solução são controlados pelo equilíbrio de dissociação de CH_3COOH:

$$CH_3COOH(aq) \rightleftharpoons H^+(aq) + CH_3COO^-(aq)$$

(Escrevemos o equilíbrio usando $H^+(aq)$ em vez de $H_3O^+(aq)$, mas ambas as representações do íon hidrogênio hidratado são válidas.)

Em terceiro lugar, calculamos as concentrações inicial e no equilíbrio, como fizemos na resolução de outros problemas de equilíbrio nos capítulos 15 e 16:

A concentração no equilíbrio de CH_3COO^- (íon comum) é a concentração inicial relativa a CH_3COONa (0,30 M) mais a variação na concentração (x) relativa à ionização de CH_3COOH.

$CH_3COOH(aq) \rightleftharpoons H^+(aq) + CH_3COO^-(aq)$			
Inicial (M)	0,30	0	0,30
Variação (M)	$-x$	$+x$	$+x$
Equilíbrio (M)	$(0,30 - x)$	x	$(0,30 + x)$

Agora podemos usar a expressão da constante de equilíbrio:

$$K_a = 1,8 \times 10^{-5} = \frac{[H^+][CH_3COO^-]}{[CH_3COOH]}$$

A constante de acidez para o CH_3COOH a 25 °C pode ser encontrada na Tabela 16.2 ou no Apêndice D. De qualquer forma, a adição de CH_3COONa *não* altera o valor dessa constante. Substituindo as concentrações da constante de equilíbrio na nossa tabela pela expressão de equilíbrio, temos:

$$K_a = 1,8 \times 10^{-5} = \frac{x(0,30 + x)}{0,30 - x}$$

Como K_a é pequena, consideramos que x é pequeno em comparação às concentrações iniciais de CH_3COOH e CH_3COO^- (0,30 M cada uma). Podemos, assim, desprezar o x muito pequeno em relação a 0,30 M, obtendo:

$$K_a = 1,8 \times 10^{-5} = \frac{x(0,30)}{0,30}$$

O valor resultante de x é realmente pequeno em relação a 0,30, justificando a aproximação feita no problema.

$$x = 1,8 \times 10^{-5} M = [H^+]$$

Por fim, calculamos o pH a partir da concentração no equilíbrio de $H^+(aq)$:

$$pH = -\log(1,8 \times 10^{-5}) = 4,74$$

Comentário Na Seção 16.6, vimos que uma solução de CH_3COOH 0,30 M tem pH de 2,64, correspondendo a $[H^+] = 2,3 \times 10^{-3}$ M. Portanto, a adição de CH_3COONa diminui substancialmente a $[H^+]$ (ou seja, o pH aumenta de forma significativa), como seria esperado pelo princípio de Le Châtelier.

▶ **Para praticar**
Calcule o pH de uma solução de ácido nitroso (HNO_2; $K_a = 4,5 \times 10^{-4}$) 0,085 M e nitrito de potássio (KNO_2) 0,10 M.

Exercício resolvido 17.2
Cálculo das concentrações de íon quando um íon comum está envolvido

Calcule a concentração de íon fluoreto e o pH da solução de HF 0,20 M e HCl 0,10 M.

SOLUÇÃO

Analise Deve-se determinar a concentração de F^- e o pH em uma solução que contém o ácido fraco HF e o ácido forte HCl. Nesse caso, o íon comum é H^+.

Planeje Podemos aplicar novamente as quatro etapas descritas no Exercício resolvido 17.1.

(Continua)

Resolva

Uma vez que HF é um ácido fraco e HCl é um ácido forte, as principais espécies em solução são HF, H⁺ e Cl⁻. O Cl⁻, que é a base conjugada de um ácido forte, representa um íon espectador em uma química ácido-base. O problema pede [F⁻], que se forma pela ionização de HF. Assim, o equilíbrio principal é:

$$HF(aq) \rightleftharpoons H^+(aq) + F^-(aq)$$

O íon comum, nesse problema, é o íon hidrogênio (ou hidrônio). Agora, podemos tabular as concentrações inicial e final de cada espécie envolvida nesse equilíbrio:

	HF(aq) ⇌	H⁺(aq) +	F⁻(aq)
Inicial (M)	0,20	0,10	0
Variação (M)	−x	+x	+x
Equilíbrio (M)	(0,20 − x)	(0,10 + x)	x

A constante de equilíbrio para a ionização de HF, com base no Apêndice D, é $6{,}8 \times 10^{-4}$. Substituindo as concentrações no equilíbrio e a constante de equilíbrio na expressão de equilíbrio, temos:

$$K_a = 6{,}8 \times 10^{-4} = \frac{[H^+][F^-]}{[HF]} = \frac{(0{,}10 + x)(x)}{0{,}20 - x}$$

Se admitirmos que x é pequeno em relação a 0,10 ou 0,20 M, essa expressão é simplificada para:

$$\frac{(0{,}10)(x)}{0{,}20} = 6{,}8 \times 10^{-4}$$

$$x = \frac{0{,}20}{0{,}10}(6{,}8 \times 10^{-4}) = 1{,}4 \times 10^{-3} M = [F^-]$$

Uma vez que $1{,}4 \times 10^{-3}$ é muito menor do que 0,10 e 0,20, nosso pressuposto sobre x era válido; caso contrário, teríamos de calcular x usando a equação quadrática. Essa concentração de F⁻ é substancialmente menor do que em uma solução de HF 0,20 M sem adição de HCl. O íon comum, H⁺, suprime a ionização de HF. A concentração de H⁺(aq) é:

Assim,

$$[H^+] = (0{,}10 + x) M \simeq 0{,}10 M$$
$$pH = 1{,}00$$

Comentário Note que, para todos os propósitos práticos, a concentração de íon hidrogênio deve-se inteiramente a HCl; HF tem contribuição desprezível em comparação.

▶ **Para praticar**
Calcule a concentração do íon formiato e o pH de uma solução de ácido fórmico (HCOOH; $K_a = 1{,}8 \times 10^{-4}$) 0,050 M e HNO₃ 0,10 M.

Os Exercícios resolvidos 17.1 e 17.2 envolvem ácidos fracos. A ionização de uma base fraca também diminui com a adição de um íon comum. Por exemplo, a adição de NH₄⁺ (a partir do eletrólito forte NH₄Cl) faz com que as concentrações no equilíbrio dos reagentes sejam deslocadas para a esquerda, diminuindo a concentração de OH⁻ no equilíbrio e o pH:

$$NH_3(aq) + H_2O(l) \rightleftharpoons NH_4^+(aq) + OH^-(aq)$$

Adição de NH₄⁺ desloca as concentrações no equilíbrio, diminuindo [OH⁻]

Exercícios de autoavaliação

EAA 17.1 Considere o equilíbrio de um ácido fraco genérico em solução: HA(aq) + H₂O(l) ⇌ A⁻(aq) + H₃O⁺(aq). Se um sal altamente solúvel que contém o ânion A⁻ é adicionado à solução, qual(is) das afirmações a seguir é(são) *verdadeira(s)*?

(i) A constante de equilíbrio da reação, K_a, diminui.
(ii) A concentração de A⁻ diminui.
(iii) O pH da solução diminui.

(**a**) i (**b**) ii (**c**) iii (**d**) ii e iii (**e**) nenhuma

EAA 17.2 Qual é o pH de uma solução formada pela mistura de 50,0 mL de uma solução de HNO₂ ($K_a = 4{,}5 \times 10^{-4}$) 0,20 M com 20,0 mL de uma solução de NaNO₂ 0,46 M? (**a**) 2,02 (**b**) 2,10 (**c**) 3,31 (**d**) 3,71

17.2 | Tampões

Soluções que contêm altas concentrações (10^{-3} M ou mais) de um par ácido-base conjugado fraco e que podem resistir a variações drásticas de pH com a adição de pequenas quantidades de ácido ou base forte são chamadas de **soluções-tampão** (ou apenas **tampões**). O sangue humano, por exemplo, é uma solução-tampão complexa, que mantém o pH a aproximadamente 7,4 (ver o quadro "A química e a vida: O sangue como uma solução-tampão" nesta seção). Grande parte do comportamento químico da água do mar é determinada pelo seu pH, tamponado em aproximadamente 8,1 próximo à superfície devido ao par ácido-base HCO_3^-/CO_3^{2-}. As soluções-tampão também têm muitas aplicações importantes no laboratório e na medicina (**Figura 17.1**). Várias reações biológicas ocorrem com velocidades otimizadas somente quando estão adequadamente tamponadas. Se algum dia você trabalhar em um laboratório de bioquímica, muito provavelmente terá de preparar tampões específicos para executar suas reações bioquímicas.

Objetivos de aprendizagem

Após terminar a Seção 17.2, você deve ser capaz de:
▶ Identificar soluções-tampão a partir da sua composição.
▶ Calcular o pH e as concentrações dos reagentes em soluções-tampão.
▶ Calcular as concentrações dos reagentes necessários para preparar um tampão com um determinado pH.
▶ Calcular o pH após um ácido ou uma base ser adicionada a uma solução-tampão.

Composição e ação dos tampões

Um tampão resiste às variações no pH porque contém espécies ácidas para neutralizar os íons OH^- e espécies básicas para neutralizar os íons H^+. Entretanto, as espécies ácidas e básicas que constituem o tampão não devem consumir umas às outras pela reação de neutralização. (Seção 4.3) Esses requisitos são atendidos por um par ácido-base conjugado, como CH_3COOH/CH_3COO^- ou NH_4^+/NH_3. O segredo é ter concentrações praticamente iguais tanto do ácido fraco quanto de sua base conjugada. Existem duas formas de preparar um tampão:

- Misture um ácido fraco ou uma base fraca com um sal desse ácido ou base. Por exemplo, o tampão CH_3COOH/CH_3COO^- pode ser preparado pela adição de CH_3COONa a uma solução de CH_3COOH. Do mesmo modo, o tampão NH_4^+/NH_3 pode ser preparado pela adição de NH_4Cl a uma solução de NH_3.
- Prepare o ácido ou a base conjugada a partir de uma solução de ácido ou base fraca, adicionando um ácido ou base forte. Por exemplo, para fazer o tampão CH_3COOH/CH_3COO^-, pode-se partir de uma solução de CH_3COOH e adicionar um pouco de $NaOH$ à solução, o suficiente para neutralizar cerca de metade do CH_3COOH segundo a reação

$$CH_3COOH(aq) + OH^-(aq) \longrightarrow CH_3COO^-(aq) + H_2O(l)$$

▲ **Figura 17.1 Tampões padronizados.** Para trabalhos em laboratório, é possível adquirir tampões pré-embalados com valores específicos de pH.

(Seção 4.3) Reações de neutralização apresentam constantes de equilíbrio muito grandes, de modo que a quantidade de acetato formado será limitada apenas pelas quantidades relativas do ácido e da base forte que são misturados. A solução resultante é igual à que adicionou acetato de sódio à solução de ácido acético: quantidades comparáveis de ácido acético e de sua base conjugada em solução.

Ao escolher os componentes apropriados e ajustar as respectivas concentrações relativas, podemos tamponar uma solução a praticamente qualquer pH.

Para entender melhor como um tampão funciona, vamos considerar um composto de um ácido fraco HA e um de seus sais MA, em que M^+ poderia ser Na^+, K^+ ou qualquer outro cátion que não reaja com água. O equilíbrio de dissociação do ácido nessa solução-tampão envolve o ácido e a sua base conjugada:

$$HA(aq) \rightleftharpoons H^+(aq) + A^-(aq)$$

A expressão da constante de acidez correspondente é:

$$K_a = \frac{[H^+][A^-]}{[HA]} \qquad [17.2]$$

Resolvendo essa expressão para $[H^+]$, temos:

$$[H^+] = K_a \frac{[HA]}{[A^-]} \qquad [17.3]$$

Com base nessa expressão, vemos que [H$^+$] e, consequentemente, o pH são determinados por dois fatores:

- o valor de K_a para o componente ácido fraco do tampão;
- a razão das concentrações do par ácido-base conjugado, [HA]/[A$^-$].

Se íons OH$^-$ são adicionados à solução-tampão, eles vão reagir com o componente ácido do tampão para produzir água e A$^-$:

$$\underset{\text{base adicionada}}{OH^-(aq) + HA(aq)} \longrightarrow H_2O(l) + A^-(aq)$$

Essa reação de neutralização faz com que [HA] diminua e [A$^-$] aumente. Contanto que as quantidades de HA e A$^-$ no tampão sejam grandes em comparação à quantidade de OH$^-$ adicionada, a razão [HA]/[A$^-$] não vai variar muito, tornando a variação no pH pequena.

Se íons H$^+$ são adicionados, eles vão reagir com o componente básico do tampão:

$$\underset{\text{ácido adicionado}}{H^+(aq) + A^-(aq)} \longrightarrow HA(aq)$$

Essa reação também pode ser representada usando H$_3$O$^+$:

$$H_3O^+(aq) + A^-(aq) \longrightarrow HA(aq) + H_2O(l)$$

Seja qual for a equação usada, a reação faz [A$^-$] diminuir e [HA] aumentar. Desde que a variação na razão [HA]/[A$^-$] seja pequena, a variação no pH também será pequena.

Um exemplo de tampão HA/A$^-$ é a solução-tampão CH$_3$COOH/CH$_3$COO$^-$ apresentada na **Figura 17.2**. O tampão é composto de concentrações iguais de ácido acético, CH$_3$COOH, e íon acetato, CH$_3$COO$^-$ (centro). A adição de OH$^-$ reduz [CH$_3$COOH] e aumenta ligeiramente [CH$_3$COO$^-$]; a adição de H$^+$ reduz [CH$_3$COO$^-$] e aumenta ligeiramente [CH$_3$COOH].

É possível arruinar um tampão ao adicionar ácido ou base muito fortes. Examinaremos isso em detalhes mais adiante neste capítulo.

Cálculo do pH de um tampão

Visto que os pares ácido-base conjugados compartilham um íon comum, podemos usar o mesmo procedimento para calcular o pH de um tampão que utilizamos para tratar o efeito do íon comum no Exercício resolvido 17.1. Uma abordagem alternativa é baseada em uma equação derivada da Equação 17.3. Considerando o logaritmo negativo na base 10 (cologaritmo) de ambos os lados da Equação 17.3, temos:

$$-\log[H^+] = -\log\left(K_a \frac{[HA]}{[A^-]}\right) = -\log K_a - \log\frac{[HA]}{[A^-]}$$

▼ **Figura 17.2 Ação do tampão.** O pH de uma solução-tampão que contém um ácido fraco (CH$_3$COOH) e sua base conjugada (CH$_3$COO$^-$) tem pequena variação em resposta à adição de um ácido forte ou uma base forte externos.

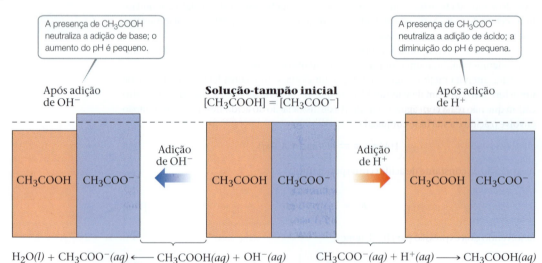

Uma vez que $-\log[H^+] = pH$ e $-\log K_a = pK_a$, temos:

$$pH = pK_a - \log \frac{[HA]}{[A^-]} = pK_a + \log \frac{[A^-]}{[HA]} \quad [17.4]$$

(Relembre as regras de logaritmos no Apêndice A.2 se não tiver certeza de como esse cálculo funciona.)

De modo geral,

$$pH = pK_a + \log \frac{[base]}{[ácido]} \quad [17.5]$$

em que [ácido] e [base] referem-se às concentrações no equilíbrio do *par ácido-base conjugado*. Observe que, quando [base] = [ácido], $pH = pK_a$.

A Equação 17.5 é conhecida como **equação de Henderson-Hasselbalch**. Biólogos, bioquímicos e outros profissionais que trabalham frequentemente com tampões costumam usar essa equação para calcular o pH dos tampões. Ao fazermos cálculos de equilíbrio, vimos que geralmente podemos desprezar as quantidades de ácido e base do tampão que ioniza. Dessa forma, podemos usar as concentrações *iniciais* dos componentes ácido e básico do tampão diretamente na Equação 17.5, como mostra o Exercício resolvido 17.3. No entanto, a hipótese de que as concentrações iniciais dos componentes ácidos e básicos do tampão sejam iguais às concentrações no equilíbrio não passa de uma suposição. Às vezes, será preciso ter mais cuidado, como veremos no Exercício resolvido 17.4.

Exercício resolvido 17.3
Cálculo do pH de um tampão

Qual é o pH de um tampão de ácido lático [$CH_3CH(OH)COOH$ ou $HC_3H_5O_3$] 0,12 M e lactato de sódio [$CH_3CH(OH)COONa$ ou $NaC_3H_5O_3$] 0,10 M? Para o ácido lático, $K_a = 1,4 \times 10^{-4}$.

SOLUÇÃO

Analise Deve-se calcular o pH de um tampão contendo ácido lático ($HC_3H_5O_3$) e sua base conjugada, o íon lactato ($C_3H_5O_3^-$).

Planeje Em primeiro lugar, determinaremos o pH, com base no método descrito na Seção 17.1. Visto que $HC_3H_5O_3$ é um eletrólito fraco e $NaC_3H_5O_3$ é um eletrólito forte, as espécies principais na solução são $HC_3H_5O_3$, Na^+ e $C_3H_5O_3^-$. O íon Na^+ é espectador. O par ácido-base conjugado $HC_3H_5O_3/C_3H_5O_3^-$ determina $[H^+]$ e, desse modo, o pH; $[H^+]$ pode ser determinada ao utilizar o equilíbrio de dissociação do ácido lático.

Resolva
A concentração inicial e a concentração no equilíbrio das espécies envolvidas nesse equilíbrio são:

	$CH_3CH(OH)COOH(aq)$	$\rightleftharpoons$	$H^+(aq)$	$+ CH_3CH(OH)COO^-(aq)$
Inicial (M)	0,12		0	0,10
Variação (M)	$-x$		$+x$	$+x$
Equilíbrio (M)	$(0,12 - x)$		x	$(0,10 + x)$

As concentrações no equilíbrio são governadas pela expressão de equilíbrio:

$$K_a = 1,4 \times 10^{-4} = \frac{[H^+][C_3H_5O_3^-]}{[HC_3H_5O_3]} = \frac{x(0,10 + x)}{0,12 - x}$$

Visto que K_a é pequena e um íon comum está presente, espera-se que x seja pequeno em relação a 0,12 M ou 0,10 M. Assim, a equação pode ser simplificada para:

$$K_a = 1,4 \times 10^{-4} = \frac{x(0,10)}{0,12}$$

Resolvendo x, obtemos um valor que justifica a aproximação:

$$[H^+] = x = \left(\frac{0,12}{0,10}\right)(1,4 \times 10^{-4}) = 1,7 \times 10^{-4} M$$

(Continua)

Então, podemos resolver o pH:

Uma alternativa seria aplicar a equação de Henderson-Hasselbalch (Equação 17.5) com as concentrações iniciais de ácido e base para calcular o pH diretamente:

$$pH = -\log(1{,}7 \times 10^{-4}) = 3{,}77$$

$$pH = pK_a + \log\frac{[\text{base}]}{[\text{ácido}]} = 3{,}85 + \log\left(\frac{0{,}10}{0{,}12}\right)$$

$$= 3{,}85 + (-0{,}08) = 3{,}77$$

▶ **Para praticar**
Calcule o pH de um tampão composto de ácido benzoico 0,12 M e benzoato de sódio 0,20 M. (Consulte o Apêndice D.)

Exercício resolvido 17.4
Calculando o pH quando a equação de Henderson-Hasselbalch não oferecer precisão

Calcule o pH de um tampão que contém inicialmente CH_3COOH $1{,}00 \times 10^{-3}$ M e CH_3COONa $1{,}00 \times 10^{-4}$ M das seguintes formas: (i) aplicando a equação de Henderson-Hasselbalch; e (ii) não fazendo suposições sobre quantidades (o que pressupõe o uso da equação quadrática). Considere que a K_a de CH_3COOH é $1{,}80 \times 10^{-5}$.

SOLUÇÃO
Analise Deve-se calcular o pH de um tampão de duas maneiras. Conhecemos as concentrações iniciais do ácido fraco e sua base conjugada, além do K_a do ácido fraco.

Planeje Em primeiro lugar, vamos aplicar a equação de Henderson-Hasselbalch, que relaciona o pK_a e a razão de concentrações ácido-base ao pH. Isso será simples e direto. Depois, vamos refazer o cálculo sem supor as quantidades, o que significa escrever as concentrações iniciais, de variação e no equilíbrio como já fizemos. Além disso, vamos resolver as quantidades usando a equação quadrática, uma vez que não podemos fazer suposições sobre as incógnitas serem pequenas.

Resolva

(i) A equação de Henderson-Hasselbalch é

$$pH = pK_a + \log\frac{[\text{base}]}{[\text{ácido}]}$$

Sabemos o K_a do ácido ($1{,}8 \times 10^{-5}$), portanto, sabemos o pK_a ($pK_a = -\log K_a = 4{,}74$). Conhecemos as concentrações iniciais da base, do acetato de sódio e do ácido acético; vamos supor que elas são iguais às concentrações no equilíbrio.

Portanto, temos:

$$pH = 4{,}74 + \log\frac{(1{,}00 \times 10^{-4})}{(1{,}00 \times 10^{-3})}$$

$$= 4{,}74 - 1{,}00 = 3{,}74$$

(ii) Agora, vamos refazer o cálculo sem qualquer suposição. Vamos calcular x, que representa a concentração de H^+ no estado de equilíbrio, a fim de calcular o pH.

	$CH_3COOH(aq)$	$\rightleftharpoons$ $CH_3COO^-(aq)$	$+$ $H^+(aq)$
Inicial (M)	$1{,}00 \times 10^{-3}$	$1{,}00 \times 10^{-4}$	0
Variação (M)	$-x$	$+x$	$+x$
Equilíbrio (M)	$(1{,}00 \times 10^{-3} - x)$	$(1{,}00 \times 10^{-4} + x)$	x

$$\frac{[CH_3COO^-][H^+]}{[CH_3COOH]} = K_a$$

$$\frac{(1{,}00 \times 10^{-4} + x)(x)}{(1{,}00 \times 10^{-3} - x)} = 1{,}8 \times 10^{-5}$$

$$1{,}00 \times 10^{-4}x + x^2 = 1{,}8 \times 10^{-5}(1{,}00 \times 10^{-3} - x)$$

$$x^2 + 1{,}00 \times 10^{-4}x = 1{,}8 \times 10^{-8} - 1{,}8 \times 10^{-5}x$$

$$x^2 + 1{,}18 \times 10^{-4}x - 1{,}8 \times 10^{-8} = 0$$

$$x = \frac{-1{,}18 \times 10^{-4} \pm \sqrt{(1{,}18 \times 10^{-4})^2 - 4(1)(-1{,}8 \times 10^{-8})}}{2(1)}$$

$$= \frac{-1{,}18 \times 10^{-4} \pm \sqrt{8{,}5924 \times 10^{-8}}}{2}$$

$$= 8{,}76 \times 10^{-5} = [H^+]$$

$$pH = 4{,}06$$

Comentário No Exercício resolvido 17.3, o pH calculado será o mesmo tanto ao resolver pela equação quadrática quanto ao fazer a suposição simplificada de que as concentrações de equilíbrio de ácido e base são iguais às suas concentrações iniciais. A hipótese simplificada funciona porque as concentrações do par ácido-base conjugado são mil vezes maiores do que K_a. Aqui no Exercício resolvido 17.4, as concentrações do par ácido-base conjugado são apenas 10–100 vezes maiores que K_a. Portanto, não podemos supor que x é pequeno em comparação às concentrações iniciais (i.e., que as concentrações iniciais são essencialmente iguais às concentrações no equilíbrio). A melhor resposta para este exercício é pH = 4,06, obtida sem supor que x é pequeno. Assim, vemos que os pressupostos da equação de Henderson-Hasselbalch não são válidos quando a concentração inicial do ácido fraco (ou da base fraca) é pequena em comparação com a sua K_a (ou K_b).

▶ **Para praticar**
Calcule o pH final de equilíbrio de um tampão que contém inicialmente HOCl $6,50 \times 10^{-4}$ M e NaOCl $7,50 \times 10^{-4}$ M. O K_a de HOCl é $3,0 \times 10^{-5}$.

No Exercício resolvido 17.3, calculamos o pH de uma solução tampão. Muitas vezes, precisaremos trabalhar na direção oposta, calculando as quantidades do ácido e da sua base conjugada necessárias para atingir um valor de pH específico. Esse cálculo é ilustrado no Exercício resolvido 17.5.

Exercício resolvido 17.5
Preparo de um tampão

Qual é a quantidade de matéria de NH₄Cl a ser adicionada a 2,0 L de NH₃ 0,10 M para formar um tampão cujo pH é 9,00? (Suponha que a adição de NH₄Cl não altere o volume da solução.)

SOLUÇÃO
Analise Deve-se determinar a quantidade de íon NH_4^+ necessária para preparar um tampão de pH específico.

Planeje As principais espécies na solução serão NH_4^+, Cl^- e NH_3. Destas, o íon Cl^- é um espectador (a base conjugada de um ácido forte). Portanto, o par ácido-base conjugado NH_4^+/NH_3 determinará o pH da solução-tampão. A relação no equilíbrio entre NH_4^+ e NH_3 é dada pela reação de dissociação para NH_3:

$$NH_3(aq) + H_2O(l) \rightleftharpoons NH_4^+(aq) + OH^-(aq)$$

$$K_b = \frac{[NH_4^+][OH^-]}{[NH_3]} = 1,8 \times 10^{-5}$$

A chave para este exercício é usar essa expressão de K_b para calcular $[NH_4^+]$.

Resolva
Obtemos $[OH^-]$ do pH dado:
de modo que:

$pOH = 14,00 - pH = 14,00 - 9,00 = 5,00$
$[OH^-] = 1,0 \times 10^{-5}$ M

Visto que K_b é pequena e o íon comum $[NH_4^+]$ está presente, a concentração de NH_3 no equilíbrio será praticamente igual à concentração inicial:

$[NH_3] = 0,10$ M

Agora, usamos a expressão para K_b para obter $[NH_4^+]$:

$[NH_4^+] = K_b \dfrac{[NH_3]}{[OH^-]} = (1,8 \times 10^{-5}) \dfrac{(0,10)}{(1,0 \times 10^{-5})} = 0,18$ M

Assim, para que a solução tenha pH = 9,00, $[NH_4^+]$ deve ser igual a 0,18 M. A quantidade de matéria de NH₄Cl necessária para produzir essa concentração é dada pelo produto do volume da solução e sua concentração em quantidade de matéria:

$(2,0 \text{ L})(0,18 \text{ mol NH}_4\text{Cl/L}) = 0,36 \text{ mol NH}_4\text{Cl}$

Comentário Como NH_4^+ e NH_3 são um par ácido-base conjugado, poderíamos aplicar a equação de Henderson-Hasselbalch (Equação 17.5) para resolver esse problema. Para isso, primeiro é preciso calcular o pK_a para NH_4^+ com base no valor de pK_b para NH_3. Sugerimos que você experimente essa abordagem para se convencer de que pode usar a equação de Henderson-Hasselbalch com tampões para os quais se tem K_b para a base conjugada em vez de K_a para o ácido conjugado.

▶ **Para praticar**
Calcule a concentração do benzoato de sódio que deve estar presente em uma solução 0,20 M de ácido benzoico (C_6H_5COOH) para produzir um pH de 4,00. Consulte o Apêndice D.

Capacidade tamponante e faixa de pH

Duas características importantes de um tampão são sua capacidade e sua faixa de pH. A **capacidade tamponante** representa a quantidade de ácido ou base que um tampão pode neutralizar antes que o pH comece a variar a um grau apreciável. A capacidade tamponante depende da quantidade de ácido e de base usada para preparar o tampão. De acordo com a Equação 17.3, por exemplo, o pH de 1 L de uma solução que é 1 M em CH_3COOH e 1 M em CH_3COONa será o mesmo que para 1 L de uma solução que é 0,1 M em CH_3COOH e 0,1 M em CH_3COONa. Entretanto, a primeira solução tem maior capacidade tamponante, pois contém maior concentração das espécies CH_3COOH e CH_3COO^-.

Já a faixa de pH representa o intervalo de pH ao longo do qual o tampão atua de forma eficaz. Os tampões resistem com mais eficácia à variação de pH em *qualquer* direção quando as concentrações de ácido fraco e base conjugada são aproximadamente iguais. Considerando a Equação 17.5, vemos que, quando as concentrações de ácido fraco e base conjugada são iguais, pH = pK_a. Essa relação fornece o pH ideal de qualquer tampão. Por isso, tentamos selecionar um tampão cuja forma ácida tem pK_a próximo do pH desejado. Na prática, descobrimos que, se a concentração de um componente do tampão é mais do que 10 vezes a concentração do outro componente, a ação tamponante é pobre. Visto que log 10 = 1, *normalmente os tampões têm um intervalo de pH utilizável na faixa de ±1 unidade de* pK_a (ou seja, um intervalo de pH = pK_a ±1).

Como tampões reagem à adição de ácidos ou bases fortes

Agora, vamos analisar de maneira mais quantitativa a resposta de uma solução-tampão à adição de um ácido ou uma base forte. Nessa discussão, é importante entender que *as reações de neutralização entre ácidos fortes e bases fracas prosseguem praticamente até se completarem, assim como acontece com as reações entre bases fortes e ácidos fracos.* Isso ocorre porque a água é produto da reação, e tem-se uma constante de equilíbrio de $1/K_w = 10^{14}$ a favor quando água é produzida. (Seção 16.3) Portanto, desde que não excedamos a capacidade tamponante do tampão, podemos supor que o ácido forte ou a base forte é completamente consumido pela reação com o tampão.

Considere um tampão que contenha um ácido fraco HA e sua base conjugada A^-. Quando um ácido forte é adicionado a esse tampão, o H^+ é consumido por A^- para produzir HA; portanto, [HA] aumenta e [A^-] diminui. Quando uma base forte é adicionada, o OH^- adicionado é consumido por HA para produzir A^-; nesse caso, [HA] diminui e [A^-] aumenta. Essas duas situações são resumidas na Figura 17.2, em que HA = CH_3COOH e A^- = CH_3COO^-.

Para calcular como o pH do tampão responde à adição de ácido forte ou base forte, seguimos a estratégia apresentada na **Figura 17.3**:

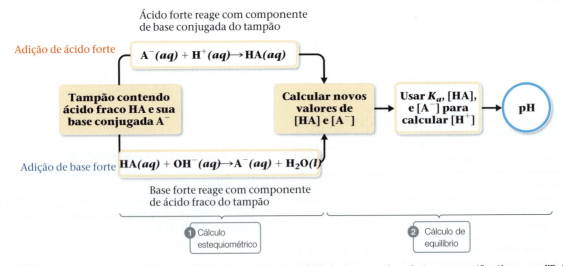

▲ **Figura 17.3** Cálculo do pH de uma solução-tampão depois da adição de um ácido forte ou uma base forte: reage, então atinge o equilíbrio.

Capítulo 17 | Equilíbrios aquosos: tampões, titulações e solubilidade   723

1. Considere a reação de neutralização ácido-base e determine seu efeito em [HA] e [A⁻]. Essa etapa do procedimento é o *cálculo estequiométrico de reagente limitante*. (Seções 3.6 e 3.7)
2. Use os valores calculados de [HA] e [A⁻] com K_a para calcular [H⁺]. Esta etapa é um *cálculo de equilíbrio*, e pode ser mais fácil executá-lo com a equação de Henderson--Hasselbalch (se as concentrações do par ácido-base fraco forem muito grandes em comparação a K_a para o ácido).

Exercício resolvido 17.6
Cálculo do pH de um tampão após a adição de uma base forte

Um tampão é preparado com a adição de 0,300 mol de CH₃COOH e 0,300 mol de CH₃COONa em água suficiente para fazer 1,000 L de solução. O pH do tampão é 4,74 (Exercício resolvido 17.1). **(a)** Calcule o pH dessa solução após a adição de 5,0 mL de NaOH(aq) 4,0 M. **(b)** Para comparação, calcule o pH de uma solução feita com a adição de 5,0 mL de NaOH(aq) 4,0 M a 1,000 L de água pura.

SOLUÇÃO

Analise Deve-se determinar o pH de um tampão após a adição de uma pequena quantidade de base forte e comparar a variação de pH que resultaria se fosse adicionada a mesma quantidade de base forte à água pura.

Planeje A resolução desse problema envolve as duas etapas resumidas na Figura 17.3. Em primeiro lugar, devemos fazer um cálculo de estequiometria para determinar de que modo o OH⁻ adicionado afeta a composição do tampão. Em seguida, usamos a composição do tampão resultante e a equação de Henderson-Hasselbalch, ou a expressão da constante de equilíbrio do tampão, para determinar o pH.

Resolva

(a) *Cálculos estequiométricos:* O OH⁻ fornecido pelo NaOH reage com CH₃COOH, o componente ácido fraco do tampão. Uma vez que os volumes estão mudando, é prudente verificar quantos mols de reagentes e produtos seriam produzidos e, em seguida, dividir pelo volume final para obter as concentrações. Antes da reação de neutralização, há 0,300 mol de CH₃COOH e CH₃COO⁻. A quantidade de base adicionada é 0,0050 L × 4,0 mol/L = 0,020 mol. Neutralizar 0,020 mol de OH⁻ requer 0,020 mol de CH₃COOH. Consequentemente, a quantidade de CH₃COOH *diminui* em 0,020 mol, e a quantidade do produto da neutralização, CH₃COO⁻, *aumenta* em 0,020 mol. Podemos criar uma tabela de antes/variação/após (Seção 3.6) para verificar como a composição do tampão varia em razão da sua reação com OH⁻:

	CH₃COOH(aq) +	OH⁻(aq)	⟶ H₂O(l) +	CH₃COO⁻(aq)
Antes da reação (mol)	0,300	0,020	—	0,300
Variação (reagente limitante) (mol)	−0,020	−0,020	—	+0,020
Após reação (mol)	0,280	0	—	0,320

Cálculos de equilíbrio: Agora, voltamos para o equilíbrio que determinará o pH do tampão, isto é, a ionização do ácido acético.

$$CH_3COOH(aq) \rightleftharpoons H^+(aq) + CH_3COO^-(aq)$$

Usando as novas quantidades de CH₃COOH e CH₃COO⁻ remanescentes no tampão após a reação com a base forte, podemos determinar o pH ao aplicar a equação de Henderson-Hasselbalch. O volume da solução agora é 1,000 L + 0,0050 L = 1,005 L por causa da adição da solução de NaOH:

$$pH = 4,74 + \log \frac{0,320 \text{ mol}/1,005 \text{ L}}{0,280 \text{ mol}/1,005 \text{ L}} = 4,80$$

(Continua)

(b) Para determinar o pH de uma solução preparada pela adição de 0,020 mol de NaOH a 1,000 L de água pura, primeiro determinamos a concentração de íons OH⁻ na solução:

$$[OH^-] = 0,020 \text{ mol}/1,005 \text{ L} = 0,020 \, M$$

Aplicamos esse valor na Equação 16.22 para calcular o pOH e, em seguida, usamos o valor de pOH calculado para obter o pH:

$$pOH = -\log[OH^-] = -\log(0,020) = +1,70$$
$$pH = 14 - (+1,70) = 12,30$$

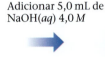

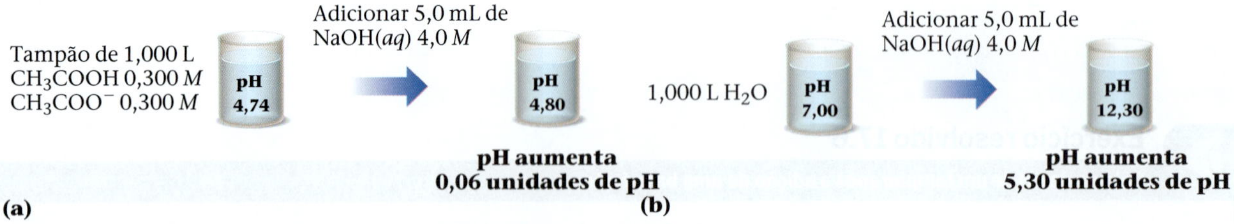

Tampão de 1,000 L
CH₃COOH 0,300 M
CH₃COO⁻ 0,300 M
pH 4,74

Adicionar 5,0 mL de NaOH(aq) 4,0 M

pH 4,80

1,000 L H₂O
pH 7,00

Adicionar 5,0 mL de NaOH(aq) 4,0 M

pH 12,30

(a) pH aumenta 0,06 unidades de pH **(b)** pH aumenta 5,30 unidades de pH

▲ **Figura 17.4** Efeito da adição de uma base a uma solução-tampão e à água.

Comentário Observe que a pequena quantidade de NaOH altera significativamente o pH da água, já o pH do tampão varia pouco quando o NaOH é adicionado, como resumido na **Figura 17.4**.

▶ **Para praticar**
Determine **(a)** o pH original do tampão descrito no Exercício resolvido 17.6 depois da adição de 0,020 mol de HCl e **(b)** o pH da solução que resultaria da adição de 0,020 mol de HCl a 1,000 L de água pura.

A QUÍMICA E A VIDA O sangue como uma solução-tampão

As reações químicas que ocorrem nos seres vivos são, muitas vezes, extremamente sensíveis ao pH. Muitas das enzimas que catalisam reações bioquímicas importantes são eficientes apenas dentro de uma faixa estreita de pH. Por isso, o corpo humano mantém um notável e complexo sistema de tampões, tanto dentro das células quanto nos fluidos que as transportam. O sangue, fluido que transporta o oxigênio por todas as partes do corpo, é um dos exemplos mais notáveis da importância dos tampões nos seres vivos.

O sangue humano tem um pH normal de 7,35 a 7,45. Qualquer desvio dessa faixa pode ter efeitos muito danosos à estabilidade das membranas celulares, às estruturas das proteínas e à atividade das enzimas. Caso o pH fique abaixo de 6,8 ou acima de 7,8, haverá um risco que pode ser fatal. Quando o pH baixa mais que 7,35, a condição é chamada de *acidose*; quando sobe acima de 7,45, a condição é chamada de *alcalose*. A acidose é a tendência mais comum, porque o metabolismo normal gera vários ácidos no corpo.

O principal sistema tampão usado para controlar o pH no sangue é o *sistema tampão ácido carbônico-bicarbonato*. O ácido carbônico (H₂CO₃) e o íon bicarbonato (HCO₃⁻) são um par ácido-base conjugado. Além disso, o ácido carbônico pode se decompor em dióxido de carbono e água. Os principais equilíbrios envolvidos nesse sistema são:

$$H^+(aq) + HCO_3^-(aq) \rightleftharpoons H_2CO_3(aq)$$
$$\rightleftharpoons H_2O(l) + CO_2(g) \quad [17.7]$$

Vários aspectos desses equilíbrios são notáveis. Em primeiro lugar, apesar de o ácido carbônico ser diprótico, o íon carbonato (CO₃²⁻) não é importante nesse sistema. Em segundo lugar, um dos componentes desse equilíbrio, CO₂, é um gás que fornece um mecanismo para o corpo se ajustar aos equilíbrios. A remoção de CO₂ por exalação desloca o equilíbrio para a direita, consumindo íons H⁺. Em terceiro lugar, o sistema tampão no sangue opera a um pH de 7,4, que é relativamente distante do valor do pK_{a1} do H₂CO₃ (6,1 na temperatura fisiológica). Para que o tampão tenha pH de 7,4, a razão [base]/[ácido] deve ser igual a 20. No plasma sanguíneo normal, as concentrações de HCO₃⁻ e H₂CO₃ são cerca de 0,024 M e 0,0012 M, respectivamente. Como consequência, o tampão tem alta capacidade de neutralizar o ácido excedente, porém baixa capacidade de neutralizar a base excedente.

Os principais órgãos que regulam o pH do sistema tampão ácido carbônico-bicarbonato são os pulmões e os rins. Quando a concentração de CO₂ aumenta, os equilíbrios na Equação 17.6 são deslocados para a esquerda, levando à formação de H⁺ e a uma queda no pH. Essa variação é detectada por receptores no cérebro que disparam um reflexo para respirar mais rápido e mais profundamente, aumentando a velocidade de eliminação de CO₂ dos pulmões e deslocando o equilíbrio na Equação 17.6 de volta para a direita. Quando o pH no sangue fica excessivamente alto, os rins removem HCO₃⁻ do sangue. Isso desloca as concentrações no equilíbrio para a esquerda, elevando a concentração de H⁺. Consequentemente, o pH diminui.

A regulagem do pH do plasma sanguíneo está diretamente relacionada ao transporte efetivo de O₂ para os tecidos corpóreos. O oxigênio é carregado pela proteína hemoglobina, encontrada nas células de glóbulos vermelhos (**Figura 17.5**). A hemoglobina (Hb) liga reversivelmente tanto o H⁺ quanto o O₂. Essas duas substâncias competem pela Hb, e essa competição pode ser representada de maneira simplificada pelo seguinte equilíbrio:

$$HbH^+(aq) + O_2(aq) \rightleftharpoons HbO_2(aq) + H^+(aq) \quad [17.7]$$

O oxigênio entra no sangue pelos pulmões, passa para dentro das células dos glóbulos vermelhos e se liga à Hb. Quando o sangue atinge os tecidos nos quais a concentração de O₂ é baixa, o equilíbrio na Equação 17.7 é deslocado para a esquerda e O₂ é liberado.

Em períodos de esforço vigoroso, três fatores atuam em conjunto para garantir a entrega de O₂ aos tecidos ativos. O papel de cada fator pode ser compreendido pela aplicação do princípio de Le Châtelier ao equilíbrio hemoglobina-O₂:

1. O_2 é consumido, fazendo com que as concentrações no equilíbrio na Equação 17.7 se desloquem para a esquerda, liberando mais O_2.

2. Grandes quantidades de CO_2 são produzidas pelo metabolismo, aumentando $[H^+]$ (Equação 17.6) e fazendo com que as concentrações no equilíbrio na Equação 17.7 se desloquem para a esquerda, o que libera O_2.

3. A temperatura corporal se eleva. Visto que a reação hemoglobina-O_2 é exotérmica, o aumento da temperatura desloca as concentrações no equilíbrio na Equação 17.7 para a esquerda, liberando O_2.

Além dos fatores que causam a liberação de O_2 para os tecidos, a diminuição no pH estimula um aumento da taxa de respiração, que fornece mais O_2 e elimina CO_2. Sem essa série elaborada de deslocamentos de equilíbrio e variações de pH, o O_2 nos tecidos se esgotaria rapidamente, impossibilitando mais atividade. Sob tais condições, a capacidade tamponante do sangue e a exalação de CO_2 pelos pulmões são essenciais para impedir que o pH caia demais e provoque a acidose.

Exercício relacionado: 17.29

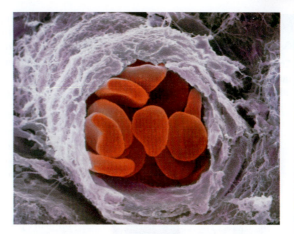

▲ **Figura 17.5 Glóbulos vermelhos.** Micrografia eletrônica de varredura dos glóbulos vermelhos no sangue percorrendo um pequeno ramo de uma artéria. Esses glóbulos têm cerca de 0,010 milímetros de diâmetro.

Exercícios de autoavaliação

EAA 17.3 Considere as soluções formadas pela adição de 50 mL de uma solução de NH_3 1,00 M a cada um dos béqueres a seguir:

Béquer 1: 50 mL de HCl(aq) 2,00 M

Béquer 2: 50 mL de HCl(aq) 0,50 M

Béquer 3: 50 mL de NH_4Cl(aq) 1,00 M

Qual(is) béquer(es) conterá(ão) uma solução-tampão após a mistura ser completada? (**a**) 3 (**b**) 1 e 2 (**c**) 1 e 3 (**d**) 2 e 3 (**e**) 1, 2 e 3

EAA 17.4 Qual é o pH de um tampão formado pela adição de 0,78 g de benzoato de sódio, NaC_6H_5COO (massa molar = 144,1 g/mol), a 150 mL de uma solução de ácido benzoico, C_6H_5COOH ($K_a = 6,3 \times 10^{-5}$), 0,88 M? Despreze as variações de volume que ocorrem com a adição do sal. (**a**) 3,81 (**b**) 4,20 (**c**) 4,58 (**d**) 5,15

EAA 17.5 Qual das combinações de reagentes a seguir seria a mais adequada para formar uma solução-tampão a pH = 10,5? (**a**) Ácido fluorídrico, HF(aq) ($K_a = 6,8 \times 10^{-4}$), e NaF (**b**) Piridina, C_5H_5N(aq) ($K_b = 1,7 \times 10^{-9}$), e C_5H_5NHCl (**c**) Metilamina, CH_3NH_2 ($K_b = 4,4 \times 10^{-4}$), e CH_3NH_3Cl (**d**) Hidróxido de sódio, NaOH(aq), e NaCl

EAA 17.6 Um tampão é formado pela adição de 0,68 g de formiato de sódio, NaHCOO (massa molar = 68,0 g/mol), a 1,00 L de ácido fórmico, HCOOH, 0,015 M ($K_a = 1,8 \times 10^{-4}$). O pH do tampão é 3,57. Qual será o pH após 10,0 mL de HCl(aq) 0,50 M ser adicionado ao tampão? (**a**) 2,30 (**b**) 3,14 (**c**) 3,57 (**d**) 3,92 (**e**) 4,34

17.3 | Titulações ácido-base

Titulações são procedimentos em que um reagente é adicionado lentamente a uma solução de outro reagente, enquanto as concentrações no equilíbrio ao longo do caminho são monitoradas. (Seção 4.6) Há duas razões principais para fazer titulações:

- determinar a concentração de um dos reagentes;
- determinar a constante de equilíbrio para a reação.

Em uma titulação ácido-base, uma solução que contém uma concentração desconhecida de base é adicionada lentamente a um ácido (ou vice-versa). (Seção 4.6) Os indicadores ácido-base podem ser usados para sinalizar o *ponto de equivalência* de uma titulação (o ponto em que as quantidades estequiometricamente equivalentes de ácido e de base foram conciliadas). Uma alternativa é utilizar um medidor de pH para monitorar o progresso da reação (**Figura 17.6**), produzindo uma **curva de titulação de pH**, um gráfico de pH em função do volume de titulante adicionado. A forma da curva de titulação permite determinar o ponto de equivalência na titulação. A curva também pode ser usada para escolher indicadores apropriados e determinar K_a do ácido fraco ou K_b da base fraca que está sendo titulada.

Objetivos de aprendizagem

Após terminar a Seção 17.3, você deve ser capaz de:

▶ Interpretar uma curva de titulação de pH para determinar o ponto de equivalência.

▶ Calcular o pH em qualquer ponto de uma titulação ácido forte-base forte.

▶ Calcular o pH em qualquer ponto, incluindo o ponto de equivalência, de uma titulação ácido fraco-base forte (ou ácido forte-base fraca).

▶ Escolher um indicador apropriado para estimar o ponto de equivalência em uma titulação ácido-base.

▶ Interpretar uma curva de titulação de pH para estimar o pK_a de um ácido fraco.

726 Química: a ciência central

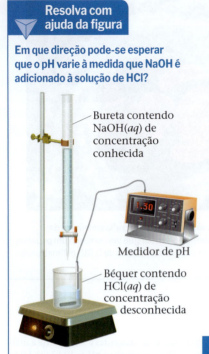

Resolva com ajuda da figura

Em que direção pode-se esperar que o pH varie à medida que NaOH é adicionado à solução de HCl?

▲ Figura 17.6 Medição do pH durante a titulação.

Para entender por que as curvas de titulação têm determinados formatos, examinaremos três tipos de titulação: (1) ácido forte-base forte; (2) ácido fraco-base forte; e (3) ácido poliprótico-base forte. Também analisaremos brevemente como essas curvas se relacionam com aquelas que envolvem bases fracas.

Titulações ácido forte-base forte

A curva de titulação produzida quando uma base forte é adicionada a um ácido forte tem o formato geral mostrado na **Figura 17.7**. Essa curva descreve a variação de pH que ocorre à medida que se adiciona NaOH 0,100 M a 50,0 mL de HCl 0,100 M. O pH pode ser calculado em vários estágios da titulação. Para facilitar a compreensão desses cálculos, podemos dividir a curva em quatro regiões:

1. **pH inicial:** O pH da solução antes da adição de qualquer base é determinado pela concentração inicial do ácido forte. Para uma solução de HCl 0,100 M, [H$^+$] = 0,100 M e pH = $-\log(0,100) = 1,000$. Assim, o pH inicial é baixo.
2. **Entre o pH inicial e o ponto de equivalência:** À medida que NaOH é adicionado, o pH aumenta lentamente e, depois, de maneira mais rápida nas proximidades do ponto de equivalência. O pH da solução antes do ponto de equivalência é determinado pela concentração do ácido que ainda não foi neutralizado. Esse cálculo é ilustrado no Exercício resolvido 17.7(a).

Resolva com ajuda da figura

Qual volume de NaOH (aq) seria necessário para atingir o ponto de equivalência se a concentração da base adicionada fosse de 0,200 M?

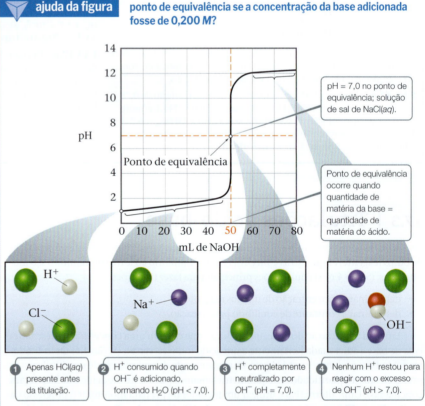

▲ Figura 17.7 **Titulação de um ácido forte com uma base forte.** O pH da curva de titulação para 50,0 mL de uma solução de ácido clorídrico 0,100 M com uma solução de NaOH(aq) 0,100 M. Para facilitar a compreensão, as moléculas de água foram omitidas da ilustração molecular.

Capítulo 17 | Equilíbrios aquosos: tampões, titulações e solubilidade   727

3. **Ponto de equivalência:** No ponto de equivalência, uma mesma quantidade de matéria de NaOH e HCl reagiu, deixando apenas uma solução do seu sal, NaCl. O pH da solução é 7,00 porque o cátion de uma base forte (nesse caso, Na$^+$) e o ânion de um ácido forte (nesse caso, Cl$^-$) não são nem ácidos nem bases e não têm efeito apreciável no pH (Seção 16.9).
4. **Depois do ponto de equivalência:** O pH da solução após o ponto de equivalência é determinado pela concentração do excesso de NaOH na solução. Esse cálculo é ilustrado no Exercício resolvido 17.7(b).

Exercício resolvido 17.7
Cálculos de uma titulação ácido forte-base forte

Calcule o pH quando as seguintes quantidades de solução de NaOH 0,100 M forem adicionadas a 50,0 mL de solução de HCl 0,100 M: (**a**) 49,0 mL; (**b**) 51,0 mL.

SOLUÇÃO

Analise Deve-se calcular o pH em dois pontos na titulação de um ácido forte com uma base forte. O primeiro ponto é logo antes do ponto de equivalência, então esperamos que o pH seja determinado pela pequena quantidade de ácido forte que ainda não foi neutralizada. O segundo ponto é logo após o ponto de equivalência, e esperamos que esse pH seja determinado pela pequena quantidade de excesso de base forte.

Planeje (**a**) À medida que a solução de NaOH é adicionada à de HCl, H$^+$(aq) reage com OH$^-$(aq) para formar H$_2$O. Tanto Na$^+$ quanto Cl$^-$ são íons espectadores, exercendo um efeito desprezível sobre o pH. Para determinar o pH da solução, devemos determinar a quantidade de matéria de H$^+$ originalmente presente e a quantidade de matéria de OH$^-$ que foi adicionada. Depois, podemos calcular a quantidade de matéria de cada íon que permanece após a reação de neutralização. Para calcular [H$^+$] e o pH, também devemos lembrar que o volume da solução aumentou conforme adicionamos o titulante, diluindo a concentração de todos os solutos presentes. Portanto, é melhor tratar primeiro com quantidade de matéria (em mols) e, depois, converter para concentração em quantidade de matéria, usando os volumes totais da solução (volume de ácido mais volume de base). (**b**) Procedemos da mesma forma que fizemos no item (a), mas, nesse caso, passamos do ponto de equivalência e temos mais OH$^-$ na solução do que H$^+$.

Resolva

(**a**) A quantidade de matéria de H$^+$ na solução original de HCl é dada pelo produto do volume da solução e sua concentração em quantidade de matéria:

$$(0,0500 \text{ L de solução})\left(\frac{0,100 \text{ mol de H}^+}{1 \text{ L de solução}}\right) = 5,00 \times 10^{-3} \text{ mol de H}^+$$

Da mesma forma, a quantidade de matéria de OH$^-$ em 49,0 mL de NaOH 0,100 M é:

$$(0,0490 \text{ L de solução})\left(\frac{0,100 \text{ mol de OH}^-}{1 \text{ L de solução}}\right) = 4,90 \times 10^{-3} \text{ mol de OH}^-$$

Uma vez que ainda não atingimos o ponto de equivalência, existe mais quantidade de matéria de H$^+$ presente do que de OH$^-$. Assim, OH$^-$ é o reagente limitante. Cada mol de OH$^-$ reagirá com um mol de H$^+$. Usando a convenção introduzida no Exercício resolvido 17.6, temos:

	H$^+$(aq)	+	OH$^-$(aq)	⟶	H$_2$O(l)
Antes da reação (mol)	5,00 × 10^{-3}		4,90 × 10^{-3}		—
Variação (reagente limitante) (mol)	−4,90 × 10^{-3}		−4,90 × 10^{-3}		—
Após reação (mol)	0,10 × 10^{-3}		0		—

O volume da mistura reacional aumenta à medida que a solução de NaOH é adicionada à de HCl. Portanto, nesse ponto da titulação, a solução tem volume igual a:

50,0 mL + 49,0 mL = 99,0 mL = 0,0990 L

Assim, a concentração de H$^+$(aq) na solução é:

$$[\text{H}^+] = \frac{\text{mols de H}^+(aq)}{\text{litros de solução}} = \frac{0,10 \times 10^{-3} \text{ mol}}{0,09900 \text{ L}} = 1,0 \times 10^{-3} M$$

O pH correspondente é igual a

$$-\log(1,0 \times 10^{-3}) = 3,00$$

(**b**) Como antes, a quantidade de matéria inicial de cada reagente é determinada a partir de seus volumes e suas concentrações. O reagente presente em menor quantidade estequiométrica (o reagente limitante) é consumido completamente, deixando um excesso de íon hidróxido.

	H$^+$(aq)	+	OH$^-$(aq)	⟶	H$_2$O(l)
Antes da reação (mol)	5,00 × 10^{-3}		5,10 × 10^{-3}		—
Variação (reagente limitante) (mol)	−5,00 × 10^{-3}		−5,00 × 10^{-3}		—
Após reação (mol)	0		0,10 × 10^{-3}		—

(Continua)

Nesse caso, o volume total da solução é:

Dessa forma, a concentração de OH⁻(aq) na solução é: mols de OH⁻(aq)

E temos:

$50,0 \text{ mL} + 51,0 \text{ mL} = 101,0 \text{ mL} = 0,1010 \text{ L}$

$[OH^-] = \dfrac{\text{mols de OH}^-(aq)}{\text{litro de sol}} = \dfrac{0,10 \times 10^{-3} \text{ mol}}{0,1010 \text{ L}} = 1,0 \times 10^{-3} M$

$pOH = -\log(1,0 \times 10^{-3}) = 3,00$

$pH = 14,00 - pOH = 14,00 - 3,00 = 11,00$

Comentário Note que o pH aumentou apenas duas unidades, de 1,00 (Figura 17.7) para 3,00, depois da adição dos primeiros 49,0 mL de solução de NaOH. No entanto, saltou oito unidades, de 3,00 para 11,00, à medida que 2,0 mL de solução de base foram adicionados perto do ponto de equivalência.

Tal ascensão rápida no pH próximo ao ponto de equivalência é uma característica de titulações que envolvem ácidos fortes e bases fortes.

▶ **Para praticar**
Calcule o pH quando as seguintes quantidades de HNO₃ 0,100 M forem adicionadas a 25,0 mL de solução de KOH 0,100 M: **(a)** 24,9 mL; **(b)** 25,1 mL.

A titulação de uma solução de base forte com uma solução de ácido forte produziria uma curva análoga de pH versus ácido adicionado. Entretanto, nesse caso, o pH seria alto no início da titulação e baixo no final (**Figura 17.8**). O pH no ponto de equivalência ainda é 7,0 (a 25 °C), exatamente como a titulação ácido forte-base forte.

Titulações ácido fraco-base forte

A curva para titulação de um ácido fraco com uma base forte tem formato semelhante à curva na Figura 17.7. Considere, por exemplo, a curva de titulação de 50,0mL de ácido acético 0,100 M com NaOH 0,100 M, mostrada na **Figura 17.9**. Podemos calcular o pH nos pontos ao longo dessa curva usando os princípios que abordamos anteriormente, ou seja, dividindo a curva em quatro regiões:

1. **pH inicial:** Usamos K_a para calcular o pH, como mostramos na Seção 16.6. O pH calculado de CH₃COOH 0,100 M é 2,89.
2. **Entre o pH inicial e o ponto de equivalência:** Antes de atingir o ponto de equivalência, o ácido está sendo neutralizado e a sua base conjugada está sendo formada:

$$CH_3COOH(aq) + OH^-(aq) \longrightarrow CH_3COO^-(aq) + H_2O(l)$$

Portanto, a solução contém uma mistura de CH₃COOH e CH₃COO⁻, o que a torna uma solução-tampão. O cálculo do pH nessa região envolve duas etapas. Primeiro, analisamos a reação de neutralização entre CH₃COOH e OH⁻ para determinar [CH₃COOH] e [CH₃COO⁻]. Em seguida, calculamos o pH desse par tampão usando os procedimentos apresentados nas Seções 17.1 e 17.2. O procedimento geral está representado na **Figura 17.10** e ilustrado no Exercício resolvido 17.7.

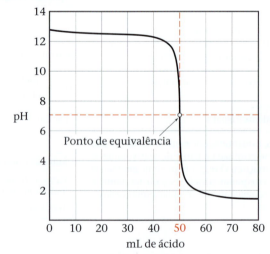

▲ **Figura 17.8 Titulação de uma base forte com um ácido forte.** Curva de pH para titulação de 50,0 mL de uma solução 0,100 M de uma base forte com uma solução 0,100 M de um ácido forte.

Capítulo 17 | Equilíbrios aquosos: tampões, titulações e solubilidade | 729

Resolva com ajuda da figura — Se o ácido acético que está sendo titulado aqui fosse substituído por ácido clorídrico, a quantidade de base necessária para atingir o ponto de equivalência mudaria? O pH no ponto de equivalência seria alterado?

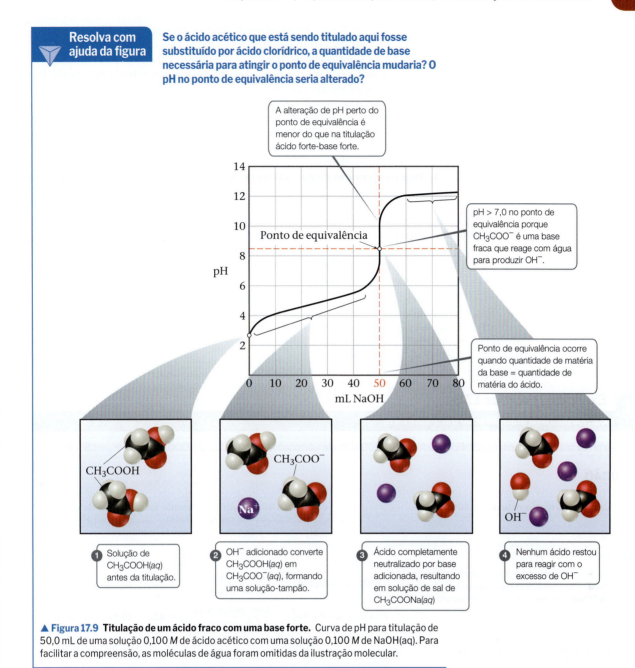

▲ **Figura 17.9 Titulação de um ácido fraco com uma base forte.** Curva de pH para titulação de 50,0 mL de uma solução 0,100 M de ácido acético com uma solução 0,100 M de NaOH(aq). Para facilitar a compreensão, as moléculas de água foram omitidas da ilustração molecular.

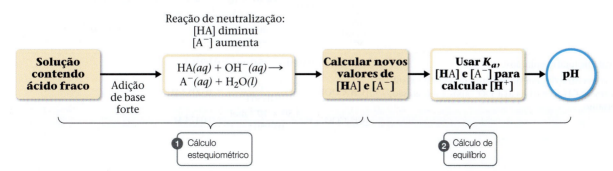

▲ **Figura 17.10** Procedimento para cálculo de pH quando um ácido fraco é neutralizado parcialmente por uma base forte.

3. **Ponto de equivalência:** O ponto de equivalência é atingido após a adição de 50,0 mL de NaOH 0,100 M a 50,0 mL de CH_3COOH 0,100 M. Nesse ponto, $5,00 \times 10^{-3}$ mol de NaOH reage completamente com $5,00 \times 10^{-3}$ mol de CH_3COOH para formar $5,00 \times 10^{-3}$ mol de CH_3COONa. O íon Na^+ desse sal não tem efeito significativo no pH. Entretanto, o íon CH_3COO^- é uma base fraca cuja reação com água não é desprezível, e o pH no ponto de equivalência é, por consequência, maior que 7. De modo geral, o pH no ponto de equivalência está sempre acima de 7 em uma titulação ácido fraco-base forte, porque o ânion do sal formado é uma base fraca. O procedimento para o cálculo do pH da solução de uma base fraca é descrito nas Seções 16.7 e 16.9 e mostrado no Exercício resolvido 17.8.

4. **Depois do ponto de equivalência:** Nessa região, $[OH^-]$ resultante da reação de CH_3COO^- com água é desprezível em relação a $[OH^-]$ resultante do excesso de NaOH. Portanto, o pH é determinado pela concentração de OH^- a partir do excesso de NaOH. Portanto, o método para calcular o pH nessa região é parecido com aquele ilustrado no Exercício resolvido 17.7(b). Assim, a adição de 51,0 mL de NaOH 0,100 M a 50,0 mL de HCl 0,100 M ou CH_3COOH 0,100 M produz o mesmo pH: 11,00. Observe que as curvas de titulação do ácido forte (Figura 17.7) e do ácido fraco (Figura 17.9) são quase iguais após o ponto de equivalência.

Demonstraremos como calcular o pH de uma titulação ácido fraco-base forte antes do ponto de equivalência (Exercício resolvido 17.8) e no ponto de equivalência (Exercício resolvido 17.9).

Exercício resolvido 17.8
Cálculo para uma titulação ácido fraco-base forte

Calcule o pH da solução formada quando 45,0 mL de NaOH 0,100 M forem adicionados a 50,0 mL de CH_3COOH 0,100 M ($K_a = 1,8 \times 10^{-5}$).

SOLUÇÃO
Analise Deve-se calcular o pH antes do ponto de equivalência da titulação de um ácido fraco com uma base forte.

Planeje Primeiro, devemos determinar a quantidade de matéria de CH_3COOH e CH_3COO^- presente após a reação de neutralização (cálculo estequiométrico). Então, calculamos o pH usando K_a, $[CH_3COOH]$ e $[CH_3COO^-]$ (cálculo de equilíbrio).

Resolva

Cálculo estequiométrico: o produto do volume pela concentração de cada solução fornece a quantidade de matéria de cada reagente presente antes da neutralização:

$$(0,0500 \text{ L de solução})\left(\frac{0,100 \text{ mol de } CH_3COOH}{1 \text{ L de solução}}\right) = 5,00 \times 10^{-3} \text{ mol de } CH_3COOH$$

$$(0,0450 \text{ L de solução})\left(\frac{0,100 \text{ mol de NaOH}}{1 \text{ L de solução}}\right) = 4,50 \times 10^{-3} \text{ mol de NaOH}$$

$4,50 \times 10^{-3}$ mols de NaOH consomem $4,50 \times 10^{-3}$ mols de CH_3COOH:

	$CH_3COOH(aq)$	$+ OH^-(aq)$	$\longrightarrow CH_3COO^-(aq)$	$+ H_2O(l)$
Antes da reação (mol)	$5,00 \times 10^{-3}$	$4,50 \times 10^{-3}$	0	—
Variação (reagente limitante) (mol)	$-4,50 \times 10^{-3}$	$-4,50 \times 10^{-3}$	$+4,50 \times 10^{-3}$	
Após reação (mol)	$0,50 \times 10^{-3}$	0	$4,50 \times 10^{-3}$	—

O volume total da solução é: $45,0 \text{ mL} + 50,0 \text{ mL} = 95,0 \text{ mL} = 0,0950 \text{ L}$

As concentrações em quantidade de matéria resultantes de CH_3COOH e CH_3COO^- após a reação são, portanto,

$$[CH_3COOH] = \frac{0,50 \times 10^{-3} \text{ mol}}{0,0950 \text{ L}} = 0,0053 \text{ M}$$

$$[CH_3COO^-] = \frac{4,50 \times 10^{-3} \text{ mol}}{0,0950 \text{ L}} = 0,0474 \text{ M}$$

Cálculo do equilíbrio: o equilíbrio entre CH_3COOH e CH_3COO^- deve obedecer à expressão da constante de acidez para o CH_3COOH:

Resolvendo para $[H^+]$, temos:

$$K_a = \frac{[H^+][CH_3COO^-]}{[CH_3COOH]} = 1,8 \times 10^{-5}$$

$$[H^+] = K_a \times \frac{[CH_3COOH]}{[CH_3COO^-]} = (1,8 \times 10^{-5}) \times \left(\frac{0,0053}{0,0474}\right) = 2,0 \times 10^{-6} M$$

$$pH = -\log(2,0 \times 10^{-6}) = 5,70$$

Comentário Também poderíamos ter calculado o pH usando a equação de Henderson-Hasselbalch na última etapa.

▶ **Para praticar**
(a) Calcule o pH de uma solução formada pela adição de 10,0 mL de NaOH 0,050 *M* a 40,0 mL de ácido benzoico 0,0250 *M* (C_6H_5COOH, $K_a = 6,3 \times 10^{-5}$). (b) Calcule o pH de uma solução formada pela adição de 10,0 mL de HCl 0,100 *M* a 20,0 mL de NH_3 0,100 *M*.

Exercício resolvido 17.9
Cálculo do pH no ponto de equivalência para uma titulação ácido fraco-base forte

Calcule o pH no ponto de equivalência na titulação de 50,0 mL de CH_3COOH 0,100 *M* com NaOH 0,100 *M*.

SOLUÇÃO

Analise Deve-se determinar o pH no ponto de equivalência da titulação de um ácido fraco com uma base forte. Como a neutralização de um ácido fraco produz o seu ânion, uma base conjugada capaz de reagir com água, esperamos que o pH no ponto de equivalência seja maior que 7.

Planeje A quantidade de matéria inicial de ácido acético é igual à quantidade de matéria de íon acetato no ponto de equivalência. Usamos o volume da solução no ponto de equivalência para calcular a concentração de íon acetato. Visto que o íon acetato é uma base fraca, podemos calcular o pH usando K_b e $[CH_3COO^-]$.

Resolva
A quantidade de matéria de ácido acético na solução inicial é obtida a partir do volume e da concentração em quantidade de matéria, *c*, da solução.

$$\text{Mols} = c \times V = (0,100 \text{ mol/L})(0,0500 \text{ L})$$
$$= 5,00 \times 10^{-3} \text{ mol } CH_3COOH$$

Portanto, $5,00 \times 10^{-3}$ mol de CH_3COO^- é formado. Serão necessários 50,0 mL de NaOH para alcançar o ponto de equivalência (Figura 17.9). O volume dessa solução de sal no ponto de equivalência representa a soma dos volumes de ácido e base, 50,0 mL + 50,0 mL = 100,0 mL = 0,1000 L. Portanto, a concentração de CH_3COO^- é:

$$[CH_3COO^-] = \frac{5,00 \times 10^{-3} \text{ mol}}{0,1000 \text{ L}} = 0,0500 M$$

O íon CH_3COO^- é uma base fraca:

$$CH_3COO^-(aq) + H_2O(l) \rightleftharpoons CH_3COOH(aq) + OH^-(aq)$$

O K_b para CH_3COO^- pode ser calculado a partir do valor de K_a do seu ácido conjugado, $K_b = K_w/K_a = (1,0 \times 10^{-14})/(1,8 \times 10^{-5}) = 5,6 \times 10^{-10}$. Ao aplicar a expressão de K_b, temos:

Fazendo a aproximação de que $0,0500 - x \approx 0,0500$ e resolvendo para *x*, temos:

$$K_b = \frac{[CH_3COOH][OH^-]}{[CH_3COO^-]} = \frac{(x)(x)}{0,0500 - x} = 5,6 \times 10^{-10}$$

$x = [OH^-] = 5,3 \times 10^{-6} M$,
que fornece um pOH 5,28 e um pH 8,72

Confira O pH está acima de 7, como esperado para o sal de um ácido fraco e uma base forte.

▶ **Para praticar**
Calcule o pH no ponto de equivalência quando (a) 40,0 mL de ácido benzoico 0,025 *M* (C_6H_5COOH, $K_a = 6,3 \times 10^{-5}$) são titulados com NaOH 0,050 *M*; (b) 40,0 mL de NH_3 0,100 *M* são titulados com HCl 0,100 *M*.

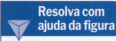

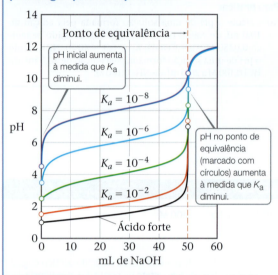

▲ **Figura 17.11** Curvas mostrando o efeito da força do ácido sobre a curva de titulação quando um ácido fraco é titulado por uma base forte. Cada curva representa a titulação de 50,0 mL de ácido 0,10 M com NaOH 0,10 M.

A curva de titulação de pH de uma titulação de ácido fraco-base forte (Figura 17.9) difere da curva para uma titulação de ácido forte-base forte (Figura 17.7) de três maneiras evidentes:

1. A solução do ácido fraco tem um pH inicial maior que a solução de um ácido forte com a mesma concentração.
2. A variação de pH na parte de crescimento rápido da curva próximo ao ponto de equivalência é menor para o ácido fraco do que para o ácido forte.
3. O pH no ponto de equivalência está acima de 7,00 para a titulação do ácido fraco.

Quanto mais fraco o ácido, mais pronunciadas tornam-se essas diferenças. Para ilustrar esse ponto, analise a família de curvas de titulação mostrada na **Figura 17.11**. Observe que, à medida que o ácido fica mais fraco (i.e., K_a torna-se menor), o pH inicial aumenta e a variação do pH próximo ao ponto de equivalência torna-se menos marcante. Além disso, o pH no ponto de equivalência aumenta de maneira uniforme à proporção que K_a diminui, porque a força da base conjugada do ácido fraco aumenta. É praticamente impossível determinar o ponto de equivalência quando pK_a é 10 ou maior, porque a variação do pH é muito pequena e gradual.

Os experimentos de titulação de pH são uma maneira excelente de medir o pK_a de um ácido fraco. Na Figura 17.11, observe que, para cada solução ácida, 50 mL de uma base forte são necessários para atingir o ponto de equivalência. Isso significa que 50 mL de base são necessários para converter as moléculas de HA em ânions da base conjugada A$^-$. Observe também que, a meio caminho de cada ponto de equivalência (com 25 mL de base adicionados), o pH da solução é quase igual ao pK_a do ácido. Seria uma coincidência? Não! Lembre-se de que $K_a = [H^+][A^-]/[HA]$, onde todas as concentrações estão no equilíbrio. A meio caminho do ponto de equivalência, metade do [HA] foi convertido em [A$^-$]. Em outras palavras, [HA] = [A$^-$]. Portanto, [HA]/[A$^-$] = 1. Nesse caso, $K_a = [H^+]$ e, então, pK_a = pH.

Assim, passa a ser possível determinar o pK_a de um ácido fraco a partir da sua curva de titulação de pH. Após identificar a quantidade de base necessária para atingir o ponto de equivalência, encontre o pH na curva no ponto médio até o ponto de equivalência. O pH informado no gráfico nesse ponto corresponde ao pK_a do ácido fraco. Se a concentração do ácido é baixa demais, entretanto, a autoionização da água se torna significativa, e essa maneira gráfica de medir pK_a não é precisa.

Titulando com um indicador ácido-base

Muitas vezes, em uma titulação ácido-base, usa-se um indicador em vez de um medidor de pH. O indicador é um composto que muda de cor em uma solução ao longo de um intervalo de pH específico porque suas formas de ácido/base conjugada têm cores diferentes. Idealmente, um indicador deve mudar de cor de maneira abrupta no ponto de equivalência em uma titulação. No entanto, na prática, o indicador não precisa marcar com precisão o ponto de equivalência. O pH varia muito rapidamente perto do ponto de equivalência e, nessa região, uma gota de titulante pode alterar o pH por várias unidades. Desse modo, um indicador que inicia e termina a sua mudança de cor em qualquer parte da elevação rápida da curva de titulação fornece uma medida precisa o suficiente do volume de titulante necessário para alcançar o ponto de equivalência. O ponto de uma titulação em que a cor do indicador muda é chamado de *ponto final*, para distingui-lo do ponto de equivalência do qual se aproxima.

A **Figura 17.12** mostra a curva de titulação de uma base forte (NaOH) com um ácido forte (HCl). Verificamos pela parte vertical da curva que o pH varia rapidamente, de cerca de 11 para 3, perto do ponto de equivalência. Por consequência, um indicador para essa titulação pode alterar a cor em qualquer ponto dessa faixa. A maioria das titulações de ácido

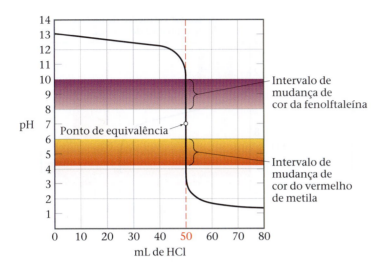

◀ **Figura 17.12 Uso de indicadores de cor para titulação de base forte com ácido forte.** Tanto a fenolftaleína quanto o vermelho de metila mudam de cor na parte de variação rápida da curva de titulação.

forte-base forte é realizada utilizando a fenolftaleína como indicador, pois a mudança de cor ocorre nessa faixa (Figura 16.8). Vários outros indicadores também poderiam ser usados, incluindo o vermelho de metila, que, como mostra a banda de cor inferior na Figura 17.12, muda de cor no intervalo de pH de 4,2 a 6,0.

Como observado na discussão da Figura 17.11, visto que a variação de pH próximo ao ponto de equivalência torna-se menor à medida que K_a diminui, a escolha do indicador para uma titulação ácido fraco-base forte é mais importante do que para uma titulação ácido forte-base forte. Quando CH_3COOH 0,100 M ($K_a = 1,8 \times 10^{-5}$) é titulado com NaOH 0,100 M, por exemplo, o pH aumenta rapidamente apenas no intervalo entre cerca de 7 e 11 (**Figura 17.13**). Assim, a fenolftaleína é um indicador ideal, pois muda de cor na faixa de pH entre 8,3 e 10,0, próximo ao pH no ponto de equivalência. Já o vermelho de metila é uma escolha ruim, porque sua mudança de cor ocorre entre 4,2 e 6,0, bem antes de atingir o ponto de equivalência.

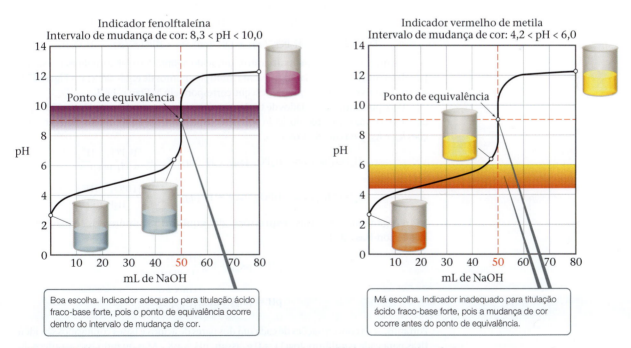

▲ **Figura 17.13 Indicador adequado e inadequado para a titulação de um ácido fraco com uma base forte.**

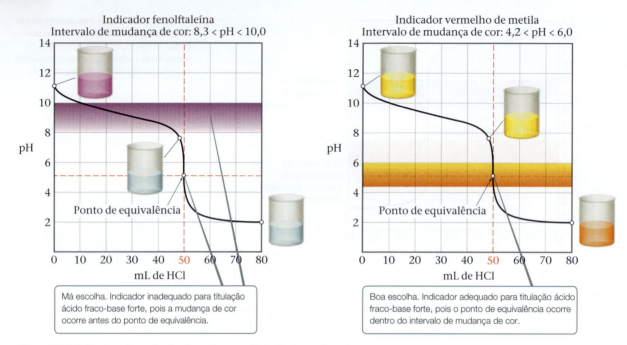

▲ Figura 17.14 Indicador adequado e inadequado para a titulação de uma base fraca com um ácido forte.

A titulação de uma base fraca (como NH₃ 0,100 M) com uma solução de ácido forte (como HCl 0,100 *M*) leva à curva de titulação mostrada na **Figura 17.14**. Nesse exemplo, o ponto de equivalência ocorre com pH = 5,28. Assim, o vermelho de metila seria um indicador ideal, enquanto a fenolftaleína seria uma escolha ruim.

Titulações de ácidos polipróticos

Quando ácidos fracos apresentam mais de um átomo de H ionizável, a reação com OH⁻ ocorre em uma série de etapas. A neutralização do H₃PO₃ prossegue em dois estágios (o terceiro H está ligado ao P e não ioniza):

Etapa 1: $H_3PO_3(aq) + OH^-(aq) \longrightarrow H_2PO_3^-(aq) + H_2O(l)$

Etapa 2: $H_2PO_3^-(aq) + OH^-(aq) \longrightarrow HPO_3^{2-}(aq) + H_2O(l)$

Quando as etapas de neutralização de um ácido poliprótico ou base polibásica estão separadas o suficiente, a titulação apresenta múltiplos pontos de equivalência. A **Figura 17.15** mostra os dois pontos de equivalência que correspondem às Etapas 1 e 2.

Você pode utilizar os dados de titulação, como aqueles presentes na Figura 17.15, para descobrir os valores de pK_a do ácido poliprótico fraco. Por exemplo, vamos escrever as reações K_{a1} e K_{a2} para o ácido fosfórico:

$$H_3PO_3(aq) \rightleftharpoons H_2PO_3^-(aq) + H^+(aq) \quad K_{a1} = \frac{[H_2PO_3^-][H^+]}{[H_3PO_3]}$$

$$H_2PO_3^-(aq) \rightleftharpoons HPO_3^{2-}(aq) + H^+(aq) \quad K_{a2} = \frac{[HPO_3^{2-}][H^+]}{[H_2PO_3^-]}$$

Se reorganizarmos essas expressões de equilíbrio, obteremos equações de Henderson-Hasselbalch:

$$pH = pK_{a1} + \log\frac{[H_2PO_3^-]}{[H_3PO_3]}$$

$$pH = pK_{a2} + \log\frac{[HPO_3^{2-}]}{[H_2PO_3^-]}$$

Portanto, se as concentrações de cada um dos pares de ácidos e bases conjugados são idênticas para cada equilíbrio, log(1) = 0 e, assim, pH = pK_a. Mas quando isso acontece durante a titulação? No início da titulação, o ácido é H₃PO₃; contudo, no primeiro ponto de equivalência, tudo se converte em H₂PO₃⁻. Portanto, a meio caminho do primeiro ponto

Capítulo 17 | Equilíbrios aquosos: tampões, titulações e solubilidade

> **Resolva com ajuda da figura**
> Quando pH = 4,0, quais são as espécies dominantes na solução: H_3PO_3, $H_2PO_3^-$, HPO_3^{2-} e/ou PO_3^{3-}? E quando pH = 11?

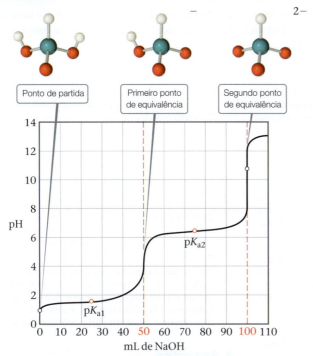

▲ **Figura 17.15 Curva de titulação de um ácido diprótico.** A curva mostra a variação de pH quando 50,0 mL de H_3PO_3 0,10 M são titulados com NaOH 0,10 M.

de equivalência, metade do H_3PO_3 é convertida em $H_2PO_3^-$. Consequentemente, a meio caminho do ponto de equivalência, a concentração de H_3PO_3 é igual à de $H_2PO_3^-$ e, nesse ponto, pH = pK_{a1}. Uma lógica semelhante é válida para a segunda reação de equilíbrio: a meio caminho entre o primeiro ponto de equivalência e o segundo, pH = pK_{a2}.

Podemos, então, verificar os dados de titulação e estimar os pK_a para o ácido poliprótico diretamente da curva de titulação. Esse procedimento é bastante útil quando estamos tentando identificar um ácido poliprótico desconhecido. Na Figura 17.15, por exemplo, o primeiro ponto de equivalência ocorre para 50 mL de NaOH adicionado. A meio caminho do ponto de equivalência, corresponde a 25 mL de NaOH. Visto que o pH a 25 mL de NaOH é de cerca de 1,5, podemos estimar pK_{a1} = 1,5 para o ácido fosforoso. O segundo ponto de equivalência ocorre em 100 mL de NaOH adicionado; o meio do caminho entre o primeiro e o segundo ponto de equivalência é em 75 mL de NaOH adicionado. O gráfico indica que o pH em 75 mL de NaOH adicionado é de cerca de 6,5. Portanto, estimamos o pK_{a2} do ácido fosforoso em 6,5. Os valores reais para os dois pK_a são pK_{a1} = 1,3 e pK_{a2} = 6,7, valores próximos de nossas estimativas.

Titulações no laboratório

A maior parte das titulações ácido-base que você realizará em laboratório não envolverão o cálculo do pH em cada um dos pontos; você muito provavelmente medirá o pH à medida que um ácido forte ou uma base forte forem adicionados à sua amostra (Figura 17.6), levando a dados semelhantes aos das Figuras 17.7, 17.8, 17.9 ou 17.15. Como vimos na Figura 17.15, a análise da curva de titulação de pH pode lhe fornecer uma boa estimativa do $pK_a(s)$ de um ácido fraco, o que pode permitir que você identifique o seu ácido entre diversas opções. Outro experimento de laboratório comum é usar a titulação ácido-base para calcular a quantidade de ácido ou base na sua amostra para uma análise quantitativa. O Exercício resolvido 4.6 ilustra esse tipo de cálculo; o Exercício resolvido 17.10 ilustra uma combinação desses conceitos.

Exercício resolvido 17.10
Identificação de um ácido fraco usando dados de titulações ácido-base

Uma amostra de 0,1004 g de um ácido monoprótico desconhecido requer 22,10 mL de NaOH 0,0500 M para atingir o ponto de equivalência. (a) Qual é a massa molar do ácido? (b) À medida que o ácido é titulado, o pH da solução após a adição de 11,05 mL da base torna-se 4,89. Qual é a K_a do ácido? (c) Com base no Apêndice D, identifique o ácido.

SOLUÇÃO

Analise No item (a), recebemos a massa de um ácido monoprótico desconhecido (que vamos chamar de HA) e fomos informados qual volume de uma determinada concentração de base é necessário para atingir o ponto de equivalência. A partir disso, precisamos encontrar a massa molar de HA. No item (b), recebemos dados de titulação e precisamos encontrar a K_a de HA. Por fim, no item (c), pede-se uma sugestão da identidade de HA a partir da massa molar e de K_a.

Planeje No item (a), reconhecemos que quantidade de matéria de base = quantidade de matéria de ácido no ponto de equivalência. A partir das informações que temos sobre a base, podemos calcular a quantidade de matéria da base e, assim, obter a quantidade de matéria do ácido. Como também sabemos quantos gramas de HA há na amostra, podemos calcular a massa molar pela divisão dos gramas de HA pela quantidade de matéria de HA. No item (b), podemos usar nosso conhecimento sobre curvas de titulação para descobrir K_a. Por fim, no item (c), podemos usar o Apêndice D para encontrar um ácido que é monoprótico, tem K_a semelhante ao que calculamos e tem massa molar semelhante à que calculamos.

Resolva

(a) Podemos calcular a quantidade de matéria necessária para reagir no ponto final da titulação:

$(0{,}0500 \text{ mol de NaOH}/\text{L})(22{,}10 \times 10^{-3} \text{ L}) = 1{,}105 \times 10^{-3}$ mol de NaOH

Como quantidade de matéria de base = quantidade de matéria de ácido no ponto de equivalência, deve haver $1{,}105 \times 10^{-3}$ mol de HA na amostra.

Como sabemos quantos gramas de HA há na amostra, podemos calcular a massa molar:

$0{,}1004$ g HA$/1{,}105 \times 10^{-3}$ mol de HA = 94,5 g/mol

(b) Observe que o volume da base na titulação para atingir o ponto final foi 22,10 mL. A seguir, fomos informados que o pH da solução era 4,89 com 11,05 mL da base adicionados. É evidente que 11,05 é metade de 22,10. Voltando à nossa análise da Figura 17.11, lembre-se que, a meio caminho do ponto de equivalência, o pH da solução é igual ao pK_a do ácido fraco. Portanto, o pK_a de HA é 4,89. Assim, K_a é $10^{-4,89} = 1{,}29 \times 10^{-5}$.

(c) No Apêndice D, precisamos procurar um ácido monoprótico, com K_a de $1{,}3 \times 10^{-5}$ e massa molar de 95 g/mol (com dois algarismos significativos). Das opções disponíveis no Apêndice D, o ácido butanoico, $CH_3CH_2CH_2COOH$, é a melhor; trata-se de um ácido monoprótico com massa molar de 88 g/mol e K_a de $1{,}5 \times 10^{-5}$.

▶ **Para praticar**

Um comprimido de 325 mg de aspirina (um ácido monoprótico cujo nome formal é ácido acetilsalicílico) é pulverizado, dissolvido em 100,0 mL de água e titulado com NaOH 0,1000 M, exigindo 18,1 mL da base para atingir o ponto de equivalência. Qual é a massa molar da aspirina?

 Exercícios de autoavaliação

EAA 17.7 Em uma titulação ácido fraco-base forte, qual das quantidades a seguir *não depende* da constante de acidez K_a do ácido fraco? (a) O pH no ponto de equivalência (b) O pH inicial (c) O volume da base necessário para atingir o ponto de equivalência (d) A elevação do pH próximo ao ponto de equivalência

EAA 17.8 Uma amostra de 25,0 mL de uma solução de HBr 0,100 M é titulada com uma solução de NaOH 0,050 M. Qual é o pH após 25,0 mL da solução de NaOH serem adicionados? (a) 1,00 (b) 1,30 (c) 1,60 (d) 7,00 (e) 12,70

EAA 17.9 Uma amostra de 25,0 mL de uma solução de ácido acético (CH_3COOH) 0,150 M ($K_a = 1{,}8 \times 10^{-5}$) é titulada com uma solução de NaOH 0,150 M. Qual é o pH após 15,0 mL da solução de NaOH serem adicionados? (a) 3,09 (b) 4,74 (c) 4,92 (d) 5,25 (e) 6,89

EAA 17.10 Uma amostra de 25,0 mL de uma solução de ácido acético (CH_3COOH) 0,150 M ($K_a = 1{,}8 \times 10^{-5}$) é titulada com uma solução de NaOH 0,150 M. Qual é o pH no ponto de equivalência? (a) 5,19 (b) 7,00 (c) 8,15 (d) 8,81 (e) 8,96

EAA 17.11 O indicador ácido-base azul de timol sofre duas mudanças de cor, como mostra o diagrama a seguir (ver Figura 16.8). Se esse indicador fosse usado na titulação do ácido acético com uma solução de hidróxido de sódio, qual seria a mudança de cor na passagem pelo ponto de equivalência? (a) Vermelho para amarelo (b) Amarelo para vermelho (c) Amarelo para azul (d) Azul para amarelo (e) Vermelho para azul

	Faixa de pH para a mudança de cor
	0 2 4 6 8 10 12 14
Azul de timol	Vermelho — Amarelo — Amarelo — Azul

EAA 17.12 Considere os dados de titulação apresentados no gráfico a seguir. Qual(is) das seguintes afirmações é(são) *verdadeira(s)*?

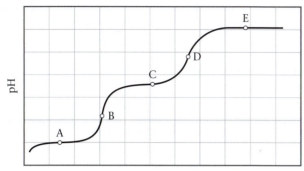

(i) Os pontos A e C são as regiões onde a solução está bem tamponada.
(ii) O ponto D é o ponto de equivalência.
(iii) Trata-se da curva de titulação de um ácido triprótico.

(**a**) i (**b**) ii (**c**) iii (**d**) i e ii (**e**) i, ii e iii

EAA 17.13 O ácido oleico, um ácido monoprótico com massa molecular de 282,5 g/mol, é um dos principais componentes do azeite de oliva. Uma amostra de 25,6 mL que contém ácido oleico e outros óleos não ácidos é titulada com NaOH 0,150 M, exigindo 15,7 mL para atingir o ponto de equivalência. Qual é o percentual de ácido oleico por volume na amostra? Considere que todos os compostos são líquidos com densidade igual a 0,925 g/mL.

(**a**) 2,40% (**b**) 2,61% (**c**) 2,81% (**d**) 3,26%

17.4 | Equilíbrios de solubilidade

Os equilíbrios que examinamos até aqui envolviam ácidos e bases. Além disso, eram homogêneos; isto é, todas as espécies estavam na mesma fase (soluções aquosas). A partir daqui, vamos analisar neste capítulo os equilíbrios aquosos envolvidos na dissolução ou na precipitação dos compostos iônicos. Essas reações são heterogêneas, pois envolvem o equilíbrio entre sólidos e íons aquosos dissolvidos em uma solução.

A dissolução e a precipitação de compostos são fenômenos que ocorrem tanto dentro de nós quanto ao nosso redor. Por exemplo, o esmalte dos dentes é dissolvido em soluções ácidas, provocando cáries dentárias; a precipitação de determinados sais nos rins produz pedras nesses órgãos; as águas da Terra contêm sais que se dissolvem quando elas passam sobre o solo e através dele; a precipitação de $CaCO_3$ proveniente da água do subsolo é responsável pela formação de estalactites e estalagmites no interior de grutas de calcário; entre tantos outros exemplos.

Em nossa abordagem anterior sobre reações de precipitação, consideramos algumas regras gerais para determinar a solubilidade de sais comuns em água (Seção 4.2). Essas regras fornecem a noção *qual*itativa sobre um composto ter solubilidade baixa ou alta em água. Por outro lado, ao analisar os equilíbrios de solubilidade, podemos fazer previsões *quant*itativas sobre a solubilidade.

Constante do produto de solubilidade, K_{ps}

Lembre-se de que uma *solução saturada* é aquela que está em contato com o soluto não dissolvido (Seção 13.2). Considere, por exemplo, uma solução aquosa saturada de $BaSO_4$ que está em contato com $BaSO_4$ sólido. Por ser um composto iônico, o sólido é um eletrólito forte e produz íons $Ba^{2+}(aq)$ e $SO_4^{2-}(aq)$ quando dissolvido em água, estabelecendo o seguinte equilíbrio:

$$BaSO_4(s) \rightleftharpoons Ba^{2+}(aq) + SO_4^{2-}(aq)$$

Assim como ocorre com qualquer equilíbrio, a extensão em que essa reação de dissolução acontece é expressa pela ordem de grandeza da sua constante de equilíbrio. Como essa equação de equilíbrio descreve a dissolução de um sólido, a constante de equilíbrio, que indica quão solúvel é o sólido em água, é chamada de **constante do produto de solubilidade** (ou apenas **produto de solubilidade**). Essa constante é representada por K_{ps}, em que o subscrito *ps* significa produto de solubilidade.

> **Objetivos de aprendizagem**
>
> Após terminar a Seção 17.4, você deve ser capaz de:
> ▶ Escrever a expressão K_{ps} para um sólido iônico em contato com a água.
> ▶ Converter entre solubilidade em massa, solubilidade molar e K_{ps}.

A expressão da constante de equilíbrio para o equilíbrio entre um sólido e uma solução aquosa de seus íons componentes (K_{ps}) é escrita de acordo com as mesmas regras aplicadas a qualquer expressão da constante de equilíbrio. Lembre-se de que os sólidos *não* aparecem nas expressões da constante de equilíbrio para equilíbrios heterogêneos. (Seção 15.4)

Portanto, a expressão do produto de solubilidade para BaSO$_4$ é:

$$K_{ps} = [\text{Ba}^{2+}][\text{SO}_4^{2-}]$$

O coeficiente para cada íon na equação de equilíbrio também é igual ao seu subscrito na fórmula química do composto.

> *De modo geral, o produto de solubilidade K_{ps} de um composto é igual ao produto da concentração dos íons envolvidos no equilíbrio, cada um elevado à potência do seu coeficiente na equação de equilíbrio.*

Assim, para um sólido iônico genérico A$_n$X$_m$:

$$K_{ps} = [\text{A}^+]^n[\text{X}^-]^m \qquad [17.8]$$

Os valores de K_{ps} a 25 °C para muitos sólidos iônicos estão tabulados no Apêndice D. O valor de K_{ps} para BaSO$_4$ é $1{,}1 \times 10^{-10}$, um número muito pequeno, o que indica que apenas uma pequena quantidade do sólido será dissolvida em água a 25 °C.

Exercício resolvido 17.11
Escrevendo expressões de produto de solubilidade (K_{ps})

Escreva a expressão para a constante do produto de solubilidade para CaF$_2$ e procure o valor correspondente de K_{ps} no Apêndice D.

SOLUÇÃO

Analise Deve-se escrever a expressão da constante de equilíbrio para o processo pelo qual CaF$_2$ é dissolvido em água.

Planeje Aplicamos as mesmas regras para escrever qualquer expressão da constante de equilíbrio, excluindo o reagente sólido da expressão. Supomos que o composto é completamente dissociado em seus íons constituintes:

$$\text{CaF}_2(s) \rightleftharpoons \text{Ca}^{2+}(aq) + 2\,\text{F}^-(aq)$$

Resolva A expressão para K_{ps} é:

$$K_{ps} = [\text{Ca}^{2+}][\text{F}^-]^2$$

No Apêndice D, vemos que K_{ps} tem valor de $3{,}9 \times 10^{-11}$.

▶ **Para praticar**
Forneça as expressões da constante do produto de solubilidade e os valores de K_{ps} (consulte o Apêndice D) para: **(a)** carbonato de bário; **(b)** sulfato de prata.

Solubilidade e K_{ps}

É importante fazer uma distinção cuidadosa entre solubilidade e constante do produto de solubilidade. A solubilidade de uma substância representa a quantidade dissolvida para formar uma solução saturada. (Seção 13.2) A solubilidade, também chamada de *solubilidade em massa*, normalmente é expressa em gramas de soluto por litro de solução (g/L). Já a *solubilidade molar* é a quantidade de matéria de soluto dissolvida para formar um litro de solução saturada de soluto (mol/L). A constante do produto de solubilidade (K_{ps}) é a constante de equilíbrio para o equilíbrio entre um sólido iônico e sua solução saturada e não tem unidades. Assim, a magnitude de K_{ps} é uma medida de quanto do sólido dissolve para formar uma solução saturada.

A solubilidade de uma substância pode variar consideravelmente, em resposta a uma série de fatores. Por exemplo, a solubilidade de hidróxidos metálicos, como Mg(OH)$_2$, depende sobretudo do pH da solução. A solubilidade também é afetada pelas concentrações de outros íons em solução, principalmente íons comuns. Em outras palavras, o valor numérico da solubilidade de determinado soluto é alterado conforme outras espécies em solução variam. No entanto, a constante do produto de solubilidade, K_{ps}, tem apenas um único valor para certo soluto a uma temperatura específica.* A **Figura 17.16** resume as relações entre as várias expressões de solubilidade e K_{ps}.

A princípio, é possível usar o valor de K_{ps} de um sal para calcular a solubilidade sob várias condições. Na prática, deve-se tomar muito cuidado ao fazer isso, pelas razões

---

* Isso é estritamente verdadeiro apenas para soluções muito diluídas, pois os valores de K_{ps} são de certa forma alterados quando a concentração total de substâncias iônicas em água aumenta. Entretanto, ignoraremos esses efeitos, que são considerados apenas para trabalhos que precisam de excepcional exatidão.

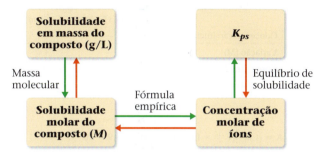

▲ **Figura 17.16 Processo de conversão entre solubilidade e K_{ps}.** A partir da solubilidade em massa, siga as setas verdes para determinar K_{ps}. A partir de K_{ps}, siga as setas vermelhas para determinar a solubilidade molar ou a solubilidade em massa.

indicadas no quadro "Olhando de perto: Limitações dos produtos de solubilidade" ao final desta seção. A concordância entre a solubilidade medida e a calculada a partir de K_{ps} costuma ser melhor para sais cujos íons têm cargas baixas (1+ e 1−) e não se hidrolisam.

Exercício resolvido 17.12
Cálculo de K_{ps} a partir da solubilidade

O cromato de prata sólido é adicionado a água pura a 25 °C, e parte do sólido permanece não dissolvida no fundo do frasco. A mistura é agitada por vários dias para certificar que o equilíbrio entre $Ag_2CrO_4(s)$ não dissolvido e a solução foi atingido. A análise da solução em equilíbrio mostra que a concentração do seu íon prata é $1,3 \times 10^{-4}$ M. Supondo que a solução de Ag_2CrO_4 seja saturada e que não existem outros equilíbrios importantes envolvendo os íons Ag^+ ou CrO_4^{2-} em solução, calcule a K_{ps} para esse composto.

SOLUÇÃO

Analise Com base na concentração no equilíbrio de Ag^+ em uma solução saturada de Ag_2CrO_4, devemos determinar o valor de K_{ps} para Ag_2CrO_4.

Planeje A equação do equilíbrio e a expressão para K_{ps} são:

$$Ag_2CrO_4(s) \rightleftharpoons 2\,Ag^+(aq) + CrO_4^{2-}(aq)$$

$$K_{ps} = [Ag^+]^2[CrO_4^{2-}]$$

Para calcular K_{ps}, precisamos das concentrações no equilíbrio de Ag^+ e CrO_4^{2-}. Sabemos que, no equilíbrio, $[Ag^+] = 1,3 \times 10^{-4}$ M. Todos os íons Ag^+ e CrO_4^{2-} na solução são provenientes de Ag_2CrO_4 que se dissolve. Assim, podemos usar $[Ag^+]$ para calcular $[CrO_4^{2-}]$.

Resolva Com base na fórmula química do cromato de prata, sabemos que devem existir dois íons Ag^+ em solução para cada íon CrO_4^{2-} em solução. Consequentemente, a concentração de CrO_4^{2-} é a metade da concentração de Ag^+:

$$[CrO_4^{2-}] = \left(\frac{1,3 \times 10^{-4}\ \text{mol de Ag}^+}{L}\right)\left(\frac{1\ \text{mol de CrO}_4^{2-}}{2\ \text{mols de Ag}^+}\right) = 6,5 \times 10^{-5}\ M$$

K_{ps} é:

$$K_{ps} = [Ag^+]^2[CrO_4^{2-}] = (1,3 \times 10^{-4})^2(6,5 \times 10^{-5}) = 1,1 \times 10^{-12}$$

Confira Obtemos um valor pequeno, como esperado para um sal pouco solúvel. Além disso, o valor calculado está de acordo com aquele apresentado no Apêndice D, $1,2 \times 10^{-12}$.

▶ **Para praticar**
Uma solução saturada de $Mg(OH)_2$ em contato com $Mg(OH)_2(s)$ não dissolvido é preparada a 25 °C. O pH da solução é determinado como 10,17. Supondo que não existem outros equilíbrios simultâneos envolvendo os íons Mg^{2+} ou OH^- na solução, calcule K_{ps} para esse composto.

Exercício resolvido 17.13
Cálculo da solubilidade a partir da K_{ps}

A K_{ps} para CaF_2 é $3,9 \times 10^{-11}$ a 25 °C. Supondo que haja equilíbrio entre o CaF_2 sólido e o dissolvido e que não existam outros equilíbrios importantes afetando as solubilidades, calcule a solubilidade de CaF_2 em gramas por litro.

SOLUÇÃO

Analise Com base no valor de K_{ps} para CaF_2, devemos determinar a sua solubilidade. Lembre-se de que a solubilidade de uma substância é a quantidade que pode ser dissolvida no solvente, ao passo que a constante do produto de solubilidade, K_{ps}, é uma constante de equilíbrio.

Planeje Para passar da K_{ps} à solubilidade, seguimos os passos indicados pelas setas vermelhas na Figura 17.16. Primeiro, escrevemos a

equação química da dissolução e elaboramos uma tabela de concentrações iniciais e no equilíbrio. Em seguida, usamos a expressão da constante de equilíbrio.

Neste caso, conhecemos K_{ps} e, assim, resolvemos as concentrações dos íons em solução. Uma vez determinadas essas concentrações, utilizamos a massa molecular para determinar a solubilidade em g/L.

(Continua)

Resolva

Suponha que, inicialmente, nenhum sal tenha se dissolvido e, então, deixe que x mol/L de CaF$_2$ se dissocie por completo quando o equilíbrio for atingido:

	CaF$_2$(s)	$\rightleftharpoons$	Ca^{2+}(aq)	+	2 F$^-$(aq)
Concentração inicial (M)	—		0		0
Variação (M)	—		+x		+2x
Concentração no equilíbrio (M)	—		x		2x

A estequiometria do equilíbrio determina que 2x mol/L de F$^-$ são produzidos por cada x mol/L de CaF$_2$ dissolvido. Agora, usamos a expressão de K_{ps} e substituímos as concentrações no equilíbrio para achar o valor de x:

$$K = [\text{Ca}^{2+}][\text{F}^-]^2 = (x)(2x)^2 = 4x^3 = 3{,}9 \times 10^{-11}$$

(Lembre-se de que $\sqrt[3]{y} = y^{1/3}$..) Assim, a solubilidade molar de CaF$_2$ é $2{,}1 \times 10^{-4}$ mol/L.

$$x = \sqrt[3]{\frac{3{,}9 \times 10^{-11}}{4}} = 2{,}1 \times 10^{-4}$$

A massa de CaF$_2$ que é dissolvida em água para formar 1 L de solução é:

$$\left(\frac{2{,}1 \times 10^{-4} \text{ mol de CaF}_2}{1 \text{ L de solução}}\right)\left(\frac{78{,}1 \text{ g CaF}_2}{1 \text{ mol de CaF}_2}\right) = 1{,}6 \times 10^{-2} \text{ g CaF}_2/\text{L de solução}$$

Confira Esperamos um número pequeno para a solubilidade de um sal pouco solúvel. Se invertermos o cálculo, devemos ser capazes de calcular o produto da solubilidade: $K_{ps} = (2{,}1 \times 10^{-4})(4{,}2 \times 10^{-4})^2 = 3{,}7 \times 10^{-11}$, um valor próximo do fornecido no enunciado do problema: $3{,}9 \times 10^{-11}$.

Comentário Visto que F$^-$ é o ânion de um ácido fraco, poderíamos esperar que a hidrólise do íon afetasse a solubilidade de CaF$_2$. Entretanto, a basicidade de F$^-$ é tão pequena ($K_b = 1{,}5 \times 10^{-11}$) que a hidrólise ocorre de modo limitado e não influencia significativamente a solubilidade. O valor tabelado é 0,017 g/L a 25 °C, em concordância com nossos cálculos.

▶ **Para praticar**

A K_{ps} para LaF$_3$ é 2×10^{-19}. Qual é a solubilidade de LaF$_3$ em água, em M (mols por litro)?

OLHANDO DE PERTO | Limitações dos produtos de solubilidade

Às vezes, as concentrações de íons calculadas a partir de valores da K_{ps} desviam-se significativamente daquelas determinadas de modo experimental. Em parte, esses desvios acontecem devido a interações eletrostáticas entre os íons em solução, que podem levar a pares de íons. Consulte o quadro "Olhando de perto: O fator de van't Hoff". (Seção 13.5) Essas interações aumentam em magnitude à medida que as concentrações dos íons e suas cargas aumentam. A solubilidade calculada de K_{ps} tende a ser baixa, a menos que seja corrigida em função dessas interações.

Como exemplo do efeito dessas interações, considere CaCO$_3$ (calcita), cujo produto de solubilidade, $4{,}5 \times 10^{-9}$, fornece uma solubilidade calculada de $6{,}7 \times 10^{-5}$ mol/L; corrigindo as interações iônicas na solução, temos $7{,}3 \times 10^{-5}$ mol/L. Entretanto, a solubilidade relatada é de $1{,}4 \times 10^{-4}$ mol/L, indicando que deve haver fatores complementares envolvidos.

Outra fonte comum de erro no cálculo de concentrações de íons a partir da K_{ps} é ignorar outros equilíbrios que ocorrem ao mesmo tempo na solução. É possível, por exemplo, que equilíbrios ácido-base ocorram em simultaneidade com equilíbrios de solubilidade. Em particular, tanto ânions quanto cátions básicos com alta razão carga/raio passam por reações de hidrólise que podem elevar de forma mensurável as solubilidades dos seus sais. Por exemplo, CaCO$_3$ contém o íon carbonato básico ($K_b = 1{,}8 \times 10^{-4}$), que reage com água:

$$\text{CO}_3^{2-}(aq) + \text{H}_2\text{O}(l) \rightleftharpoons \text{HCO}_3^-(aq) + \text{OH}^-(aq)$$

Se examinarmos o efeito das interações íon-íon, bem como a solubilidade simultânea e os equilíbrios K_b, calcularemos uma solubilidade de $1{,}4 \times 10^{-4}$ mol/L, que concorda com o valor medido para a calcita.

Por fim, normalmente supomos que os compostos iônicos são dissociados por completo quando se dissolvem, mas nem sempre essa suposição é válida. Quando o MgF$_2$ é dissolvido, por exemplo, produz Mg^{2+}, íons F$^-$ e também íons MgF$^+$.

⚠ Exercícios de autoavaliação

EAA 17.14 Os compostos iônicos La(IO$_3$)$_3$ e PbCO$_3$ têm valores de K_{ps} iguais a $7{,}4 \times 10^{-14}$. O que podemos inferir sobre a solubilidade molar a partir desse fato? (**a**) A solubilidade molar de La(IO$_3$)$_3$ será igual à solubilidade molar de PbCO$_3$. (**b**) A solubilidade molar de La(IO$_3$)$_3$ será maior do que a solubilidade molar de PbCO$_3$. (**c**) A solubilidade molar de La(IO$_3$)$_3$ será menor do que a solubilidade molar de PbCO$_3$.

EAA 17.15 A solubilidade em massa do iodato de prata, AgIO$_3$ (massa molar = 283 g/mol), é 0,098 g/L a 25 °C. Qual é o valor da constante do produto de solubilidade, K_{ps}? (**a**) $9{,}6 \times 10^{-3}$ (**b**) $3{,}5 \times 10^{-4}$ (**c**) $1{,}2 \times 10^{-7}$ (**d**) $1{,}7 \times 10^{-10}$

EAA 17.16 A K_{ps} de Ni(OH)$_2$ a 25 °C é $6{,}0 \times 10^{-16}$. Qual é o pH de uma solução saturada de Ni(OH)$_2$ a essa temperatura, supondo que nenhum outro equilíbrio precisa ser considerado? (**a**) 5,0 (**b**) 7,6 (**c**) 8,9 (**d**) 9,0 (**e**) 9,2

17.5 | Fatores que afetam a solubilidade

A solubilidade é afetada tanto pela temperatura quanto pela presença de outros solutos. A presença de um ácido, por exemplo, pode ter importante influência na solubilidade de certa substância. Na Seção 17.4, analisamos a dissolução de um composto iônico em água pura. Nesta seção, examinaremos três fatores que afetam a solubilidade de compostos iônicos: (1) a presença de íons comuns, (2) o pH da solução e (3) a presença de agentes complexantes. Veremos também o fenômeno do *anfoterismo*, que está relacionado aos efeitos do pH e dos agentes complexantes.

> ▲ **Objetivos de aprendizagem**
>
> Após terminar a Seção 17.5, você deve ser capaz de:
>
> ▶ Calcular como a presença de um íon comum afeta a solubilidade de um composto iônico.
> ▶ Calcular como a solubilidade de um composto iônico reage a variações de pH.
> ▶ Identificar íons complexos e prever como a sua presença afeta a solubilidade de compostos iônicos.

Efeito do íon comum

A presença de $Ca^{2+}(aq)$ ou $F^-(aq)$ em uma solução reduz a solubilidade de CaF_2, deslocando o seu equilíbrio de solubilidade para a esquerda.

$$CaF_2(s) \rightleftharpoons Ca^{2+}(aq) + 2\,F^-(aq)$$

⬅ A adição de Ca^{2+} ou F^- desloca as concentrações de equilíbrio, reduzindo a solubilidade

Essa redução de solubilidade é outra aplicação do efeito do íon comum, que vimos na Seção 17.1. De modo geral, *a solubilidade de um sal pouco solúvel diminui pela presença de um segundo soluto que fornece um íon comum*, como mostra a **Figura 17.17** para o CaF_2.

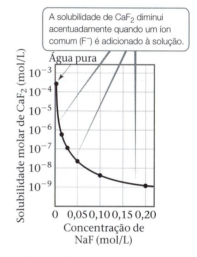

▲ **Figura 17.17 Efeito do íon comum.** Observe que a solubilidade de CaF_2 está em escala logarítmica.

Exercício resolvido 17.14

Cálculo do efeito do íon comum na solubilidade

Calcule a solubilidade molar de CaF_2 a 25 °C nas seguintes soluções: **(a)** $Ca(NO_3)_2$ 0,010 M; **(b)** NaF 0,010 M.

SOLUÇÃO

Analise Deve-se determinar a solubilidade de CaF_2 na presença de dois eletrólitos fortes, sendo que cada um contém um íon comum ao CaF_2. Em (**a**), o íon comum é o Ca^{2+}, enquanto NO_3^- é um íon espectador. Em (**b**), o íon comum é F⁻, e Na^+ é um íon espectador.

Planeje Uma vez que o composto pouco solúvel é CaF_2, precisamos usar K_{ps}, que o Apêndice D indica como $3,9 \times 10^{-11}$. O valor de K_{ps} não é alterado com a presença de solutos adicionais. No entanto, por causa do efeito do íon comum, a solubilidade do sal diminui na presença de íons comuns. Começaremos com a equação para dissolução de CaF_2, elaborando uma tabela com as concentrações inicial e no equilíbrio, e então usaremos a expressão da K_{ps} para determinar a concentração do íon que deriva somente de CaF_2.

Resolva

(a) A concentração inicial de Ca^{2+} é 0,010 M, em razão do $Ca(NO_3)_2$ dissolvido:

	$CaF_2(s)$	$\rightleftharpoons$	$Ca^{2+}(aq)$	+	$2\,F^-(aq)$
Concentração inicial (M)	—		0,010		0
Variação (M)	—		$+x$		$+2x$
Concentração no equilíbrio (M)	—		$(0,010 + x)$		$2x$

Substituindo na expressão do produto de solubilidade, obtemos:

$$K_{ps} = 3,9 \times 10^{-11} = [Ca^{2+}][F^-]^2 = (0,010 + x)(2x)^2$$

(Continua)

Se admitirmos que x é pequeno se comparado a 0,010, temos: O valor muito pequeno de x valida a suposição simplificada que fizemos. O cálculo indica que $3,1 \times 10^{-5}$ mol de CaF_2 sólido é dissolvido por litro de solução de $Ca(NO_3)_2$ 0,010 M.

$$3,9 \times 10^{-11} = (0,010)(2x)^2$$

$$x^2 = \frac{3,9 \times 10^{-11}}{4(0,010)} = 9,8 \times 10^{-10}$$

$$x = \sqrt{9,8 \times 10^{-10}} = 3,1 \times 10^{-5} M$$

(b) O íon comum é F^-. No equilíbrio, temos:

$$[Ca^{2+}] = x \quad \text{e} \quad [F^-] = 0,010 + 2x$$

Supondo que $2x$ seja bem menor do que 0,010 M (i.e., 0,010 + $2x \simeq 0,010$), temos:

$$3,9 \times 10^{-11} = (x)(0,010 + 2x)^2 \simeq x(0,010)^2$$

Portanto, devemos ter uma dissolução de $3,9 \times 10^{-7}$ mol de CaF_2 sólido por litro de solução de NaF 0,010 M.

$$x = \frac{3,9 \times 10^{-11}}{(0,010)^2} = 3,9 \times 10^{-7} M$$

Comentário A solubilidade molar de CaF_2 em água é de $2,1 \times 10^{-4}$ M (Exercício resolvido 17.13). Em comparação, nossos cálculos resultam em uma solubilidade de CaF_2 de $3,1 \times 10^{-5}$ M na presença de 0,010 M de Ca^{2+} e $3,9 \times 10^{-7}$ M na presença de 0,010 M de íon F^-. Assim, a adição de Ca^{2+} e F^- a uma solução de CaF_2 diminui a solubilidade. Entretanto, o efeito de F^- é mais pronunciado que o de Ca^{2+}, porque $[F^-]$ aparece elevada ao quadrado na expressão de K_{ps} para CaF_2, enquanto $[Ca^{2+}]$ aparece elevada à primeira potência.

▶ **Para praticar**

Para o hidróxido de manganês(II), $Mn(OH)_2$, $K_{ps} = 1,6 \times 10^{-13}$. Calcule a solubilidade molar do $Mn(OH)_2$ em uma solução que contém NaOH 0,020 M.

Solubilidade e pH

A solubilidade de quase todos os compostos iônicos é afetada quando a solução se torna suficientemente ácida ou básica. Contudo, os efeitos são observáveis somente quando um dos íons é pelo menos moderadamente ácido ou básico. Os hidróxidos metálicos, como $Mg(OH)_2$, são exemplos de compostos que contêm um íon muito básico, o íon hidróxido. Vamos analisar o $Mg(OH)_2$, para o qual o equilíbrio de solubilidade é:

$$Mg(OH)_2(s) \rightleftharpoons Mg^{2+}(aq) + 2\,OH^-(aq) \quad K_{ps} = 1,8 \times 10^{-11}$$

Uma solução saturada de $Mg(OH)_2$ tem um pH calculado de 10,52, e a concentração de Mg^{2+} é $1,7 \times 10^{-4}$ M. Agora, suponha que $Mg(OH)_2$ sólido esteja em equilíbrio com uma solução-tampão a um pH mais ácido de 9,0. O pOH, consequentemente, é 5,0, de modo que $[OH^-] = 1,0 \times 10^{-5}$. Inserindo esse valor para $[OH^-]$ na expressão do produto de solubilidade, temos:

$$K_{ps} = [Mg^{2+}][OH^-]^2 = 1,8 \times 10^{-11}$$

$$[Mg^{2+}](1,0 \times 10^{-5})^2 = 1,8 \times 10^{-11}$$

$$[Mg^{2+}] = \frac{1,8 \times 10^{-11}}{(1,0 \times 10^{-5})^2} = 0,18\,M$$

Assim, $Mg(OH)_2$ é dissolvido na solução até que $[Mg^{2+}] = 0,18$ M. Fica claro que $Mg(OH)_2$ é bem mais solúvel nessa solução.

Se a concentração de OH^- fosse ainda mais reduzida, tornando-se uma solução mais ácida, a concentração de Mg^{2+} precisaria aumentar para manter a condição de equilíbrio. Portanto, uma amostra de $Mg(OH)_2(s)$ se dissolverá completamente caso seja adicionado ácido suficiente, como vimos na Figura 4.8.

Como vimos, a solubilidade do $Mg(OH)_2$ aumenta significativamente à medida que a acidez da solução aumenta. Com base nessa observação, podemos estabelecer a seguinte generalização:

De modo geral, a solubilidade de um composto contendo um ânion básico (i.e., o ânion de um ácido fraco) aumenta à medida que a solução se torna mais ácida.

A solubilidade de PbF_2 aumenta muito à medida que a acidez da solução aumenta, pois F^- é uma base (a base conjugada do ácido fraco HF). Como resultado, o equilíbrio de solubilidade de PbF_2 é deslocado para a direita à medida que a concentração de íons F^- é reduzida pela protonação para formar HF. Portanto, o processo de dissolução pode ser entendido em termos de duas reações consecutivas:

Etapa 1: $\quad PbF_2(s) \rightleftharpoons Pb^{2+}(aq) + 2\,F^-(aq)$

Etapa 2: $\quad F^-(aq) + H^+(aq) \rightleftharpoons HF(aq)$

Capítulo 17 | Equilíbrios aquosos: tampões, titulações e solubilidade

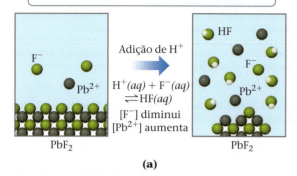

Sal cujo ânion é a base conjugada do ácido fraco:
A solubilidade aumenta à medida que o pH diminui.

(a)

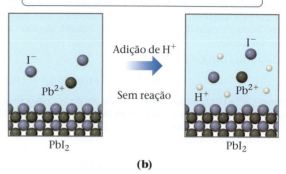

Sal cujo ânion é a base conjugada do ácido forte:
A solubilidade não é afetada por alterações no pH.

(b)

▲ **Figura 17.18 Resposta de dois compostos iônicos à adição de um ácido forte.** (a) A solubilidade de PbF_2 aumenta com adição de ácido. (b) A solubilidade de PbI_2 não é afetada pela adição de ácido. Para facilitar a compreensão, as moléculas de água e o ânion do ácido forte foram omitidos.

A equação para o processo total é:

$$PbF_2(s) + 2\,H^+(aq) \rightleftharpoons Pb^{2+}(aq) + 2\,HF(aq)$$

A **Figura 17.18(a)** mostra o processo responsável pelo aumento da solubilidade de PbF_2 em solução ácida.

Outros sais com ânions básicos, como CO_3^{2-}, PO_4^{3-}, CN^- ou S^{2-}, comportam-se de modo análogo. Esses exemplos ilustram uma regra geral: *a solubilidade de sais ligeiramente solúveis contendo ânions básicos aumenta à medida que $[H^+]$ aumenta (conforme o pH é reduzido).* Quanto mais básico o ânion, mais a solubilidade é influenciada pelo pH. A solubilidade de sais com ânions de basicidade desprezível (ânions que são bases conjugadas de ácidos fortes), como Cl^-, Br^-, I^- e NO_3^-, não é afetada pelas variações de pH, como mostra a Figura 17.18(**b**).

Exercício resolvido 17.15
Prevendo o efeito de um ácido na solubilidade

Quais das seguintes substâncias são mais solúveis em solução ácida do que em solução básica:
(a) $Ni(OH)_2(s)$; (b) $CaCO_3(s)$; (c) $BaF_2(s)$; (d) $AgCl(s)$?

SOLUÇÃO

Analise O problema relaciona quatro sais ligeiramente solúveis, e pede-se para determinar quais serão mais solúveis a um pH baixo do que a um pH alto.

Planeje Vamos identificar os compostos iônicos que se dissociam para produzir um ânion básico, visto que são consideravelmente solúveis em solução ácida.

Resolva

(a) $Ni(OH)_2(s)$ é mais solúvel em soluções ácidas por causa da basicidade de OH^-; o íon H^+ reage com OH^-, formando água:

$$Ni(OH)_2(s) \rightleftharpoons Ni^{2+}(aq) + 2\,OH^-(aq)$$
$$2\,OH^-(aq) + 2\,H^+(aq) \longrightarrow 2\,H_2O(l)$$
Total: $Ni(OH)_2(s) + 2\,H^+(aq) \rightleftharpoons Ni^{2+}(aq) + 2\,H_2O(l)$

(b) De modo análogo, $CaCO_3(s)$ se dissolve em soluções ácidas porque CO_3^{2-} é um ânion básico:

A reação entre CO_3^{2-} e H^+ ocorre em etapas, de modo que primeiro é formado HCO_3^-, e H_2CO_3 é formado em quantidades consideráveis apenas quando o íon $[H^+]$ é grande o suficiente.

$$CaCO_3(s) \rightleftharpoons Ca^{2+}(aq) + CO_3^{2-}(aq)$$
$$CO_3^{2-}(aq) + 2\,H^+(aq) \rightleftharpoons H_2CO_3(aq)$$
$$H_2CO_3(aq) \rightleftharpoons CO_2(g) + H_2O(l)$$
Total: $CaCO_3(s) + 2\,H^+(aq) \rightleftharpoons Ca^{2+}(aq) + CO_2(g) + H_2O(l)$

(c) A solubilidade de BaF_2 é aumentada pela redução de pH, porque F^- é um ânion básico.

$$BaF_2(s) \rightleftharpoons Ba^{2+}(aq) + 2\,F^-(aq)$$
$$2\,F^-(aq) + 2\,H^+(aq) \rightleftharpoons 2\,HF(aq)$$
Total: $BaF_2(s) + 2\,H^+(aq) \rightleftharpoons Ba^{2+}(aq) + 2\,HF(aq)$

(d) A solubilidade de $AgCl$ não é afetada pelas variações no pH, porque Cl^- é o ânion de um ácido forte e, portanto, tem basicidade desprezível.

▶ **Para praticar**
Escreva a equação iônica simplificada para a reação entre um ácido forte e (**a**) CuS; (**b**) $Cu(N_3)_2$.

A QUÍMICA E A VIDA | Cárie dentária e fluoretação

O esmalte dos dentes consiste principalmente em um mineral denominado hidroxiapatita, $Ca_{10}(PO_4)_6(OH)_2$, a substância mais dura no corpo humano. Quando ácidos dissolvem o esmalte, são formadas cáries nos dentes:

$$Ca_{10}(PO_4)_6(OH)_2(s) + 8\,H^+(aq) \longrightarrow$$
$$10\,Ca^{2+}(aq) + 6\,HPO_4^{2-}(aq) + 2\,H_2O(l)$$

Os íons Ca^{2+} e HPO_4^{2-} difundem do esmalte dos dentes e são carregados pela saliva. Os ácidos que atacam a hidroxiapatita são formados pela ação de bactérias específicas, que agem nos açúcares e em outros carboidratos presentes na placa que adere aos dentes.

O íon fluoreto, presente na água potável e na pasta de dente, pode reagir com a hidroxiapatita para formar fluoroapatita, $Ca_{10}(PO_4)_6F_2$. Esse mineral, no qual F^- substitui OH^-, é muito mais resistente ao ataque de ácidos, porque o íon fluoreto é uma base de Brønsted-Lowry muito mais fraca que o íon hidróxido.

A concentração usual de F^- na água de abastecimento público é de 1 mg/L (1 ppm). O composto adicionado pode ser NaF ou Na_2SiF_6. O fluossilicato de sódio reage com água para liberar íons fluoreto:

$$SiF_6^{2-}(aq) + 2\,H_2O(l) \longrightarrow 6\,F^-(aq) + 4\,H^+(aq) + SiO_2(s)$$

Cerca de 80% de todos os cremes dentais vendidos atualmente nos Estados Unidos contêm compostos de fluoreto, em geral no nível de 0,1% de fluoreto em massa. Os compostos mais comuns são o fluoreto de sódio (NaF), o monofluorofosfato de sódio (Na_2PO_3F) e o fluoreto estanoso (SnF_2).

Exercícios relacionados: 17.100, 17.116

Formação de íons complexos

Uma propriedade característica dos íons metálicos é a sua capacidade de atuar como ácidos de Lewis na presença de moléculas de água, que agem como uma base de Lewis. (Seção 16.11) Outras bases de Lewis (exceto água) também podem interagir com íons metálicos, em especial os íons de metais de transição. Tais interações podem afetar significativamente a solubilidade de um sal metálico. Por exemplo, AgCl ($K_{ps} = 1,8 \times 10^{-10}$) é dissolvido na presença de amônia aquosa porque Ag^+ interage com a base de Lewis NH_3, como mostra a **Figura 17.19**. Esse processo pode ser visto como a soma de duas reações:

$$\begin{aligned}
\text{Etapa 1:} &\quad AgCl(s) \rightleftharpoons Ag^+(aq) + Cl^-(aq) \\
\text{Etapa 2:} &\quad Ag^+(aq) + 2\,NH_3(aq) \rightleftharpoons Ag(NH_3)_2^+(aq) \\
\hline
\text{Total:} &\quad AgCl(s) + 2\,NH_3(aq) \rightleftharpoons Ag(NH_3)_2^+(aq) + Cl^-(aq)
\end{aligned}$$

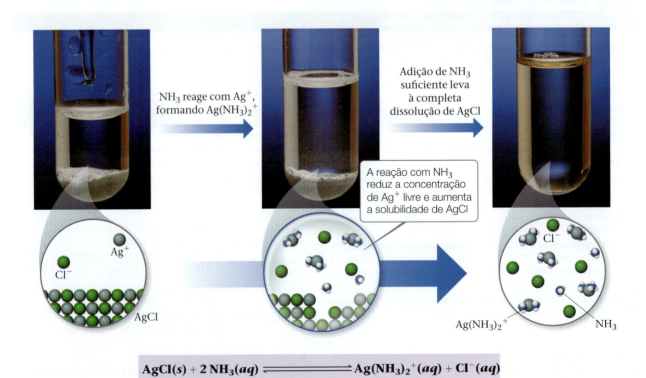

▲ **Figura 17.19** O $NH_3(aq)$ concentrado dissolve o $AgCl(s)$, que tem solubilidade muito baixa em água.

TABELA 17.1 Constantes de formação para alguns íons complexos de metal em água a 25 °C

Íon complexo	K_f	Equação química
$Ag(NH_3)_2^+$	$1{,}7 \times 10^7$	$Ag^+(aq) + 2\,NH_3(aq) \rightleftharpoons Ag(NH_3)_2^+(aq)$
$Ag(CN)_2^-$	1×10^{21}	$Ag^+(aq) + 2\,CN^-(aq) \rightleftharpoons Ag(CN)_2^-(aq)$
$Ag(S_2O_3)_2^{3-}$	$2{,}9 \times 10^{13}$	$Ag^+(aq) + 2\,S_2O_3^{2-}(aq) \rightleftharpoons Ag(S_2O_3)_2^{3-}(aq)$
$Al(OH)_4^-$	$1{,}1 \times 10^{33}$	$Al^{3+}(aq) + 4\,OH^-(aq) \rightleftharpoons Al(OH)_4^-(aq)$
$CdBr_4^{2-}$	5×10^3	$Cd^{2+}(aq) + 4\,Br^-(aq) \rightleftharpoons CdBr_4^{2-}(aq)$
$Cr(OH)_4^-$	8×10^{29}	$Cr^{3+}(aq) + 4\,OH^-(aq) \rightleftharpoons Cr(OH)_4^-(aq)$
$Co(SCN)_4^{2-}$	1×10^3	$Co^{2+}(aq) + 4\,SCN^-(aq) \rightleftharpoons Co(SCN)_4^{2-}(aq)$
$Cu(NH_3)_4^{2+}$	5×10^{12}	$Cu^{2+}(aq) + 4\,NH_3(aq) \rightleftharpoons Cu(NH_3)_4^{2+}(aq)$
$Cu(CN)_4^{2-}$	1×10^{25}	$Cu^{2+}(aq) + 4\,CN^-(aq) \rightleftharpoons Cu(CN)_4^{2+}(aq)$
$Ni(NH_3)_6^{2+}$	$1{,}2 \times 10^9$	$Ni^{2+}(aq) + 6\,NH_3(aq) \rightleftharpoons Ni(NH_3)_6^{2+}(aq)$
$Fe(CN)_6^{4-}$	1×10^{35}	$Fe^{2+}(aq) + 6\,CN^-(aq) \rightleftharpoons Fe(CN)_6^{4-}(aq)$
$Fe(CN)_6^{3-}$	1×10^{42}	$Fe^{3+}(aq) + 6\,CN^-(aq) \rightleftharpoons Fe(CN)_6^{3-}(aq)$
$Zn(OH)_4^{2-}$	$4{,}6 \times 10^{17}$	$Zn^{2+}(aq) + 4\,OH^-(aq) \rightleftharpoons Zn(OH)_4^{2-}(aq)$

A presença de NH_3 impulsiona a reação para a direita – para a dissolução de AgCl – à medida que $Ag^+(aq)$ é consumido para formar $Ag(NH_3)_2^+$, uma espécie bastante solúvel.

Para uma base de Lewis como NH_3 aumentar a solubilidade de um sal metálico, ela deve ser capaz de interagir mais fortemente com o íon metálico do que a água. Em outras palavras, NH_3 deve ser capaz de deslocar as moléculas de H_2O de solvatação (Seção 13.11) para formar $[Ag(NH_3)_2]^+$:

$$Ag^+(aq) + 2\,NH_3(aq) \rightleftharpoons Ag(NH_3)_2^+(aq) \qquad [17.9]$$

O agrupamento de um íon metálico com as bases de Lewis ligadas a ele, como $Ag(NH_3)_2^+$, é chamado de íon complexo. Os íons complexos são muito solúveis em água. A estabilidade de um íon complexo em solução aquosa pode ser julgada pelo tamanho da constante de equilíbrio para a sua formação, a partir do íon metálico hidratado. Por exemplo, a constante de equilíbrio para a formação de $Ag(NH_3)_2^+$ é:

$$K_f = \frac{[Ag(NH_3)_2^+]}{[Ag^+][NH_3]^2} = 1{,}7 \times 10^7 \qquad [17.10]$$

A constante de equilíbrio para esse tipo de reação é chamada de **constante de formação**, K_f. Constantes de formação para vários íons complexos estão listadas na Tabela 17.1.

A regra geral é que a solubilidade de sais metálicos aumenta na presença de bases de Lewis adequadas, como NH_3, CN^- ou OH^-, desde que o metal forme um complexo com a base. A capacidade de íons metálicos formarem complexos é um aspecto muito importante na química dessas espécies.

Exercício resolvido 17.16

Avaliação do equilíbrio envolvendo um íon complexo

Calcule a concentração de Ag^+ presente em uma solução em equilíbrio quando amônia concentrada é adicionada a uma solução de $AgNO_3$ 0,010 M para fornecer uma concentração no equilíbrio de $[NH_3]$ = 0,20 M. Despreze a pequena variação de volume que ocorre quando NH_3 é adicionado.

SOLUÇÃO

Analise A adição de $NH_3(aq)$ a $Ag^+(aq)$ forma $Ag(NH_3)_2^+(aq)$, como mostrado na Equação 17.9. Assim, deve-se determinar qual concentração de $Ag^+(aq)$ permanecerá sem se combinar quando a concentração de NH_3 for levada a 0,20 M em uma solução originalmente de 0,010 M em $AgNO_3$.

Planeje Supomos que $AgNO_3$ está completamente dissociado, dando Ag^+ 0,010 M. Visto que o valor de K_f para a formação de $Ag(NH_3)_2^+$ é bastante elevado (ver Equação 17.10), supomos que praticamente todo Ag^+ é convertido em $Ag(NH_3)_2^+$ e abordamos o problema como se estivéssemos interessados na dissociação de $Ag(NH_3)_2^+$, e não em

(Continua)

sua formação. Para facilitar essa abordagem, precisaremos reverter a reação K_f (Equação 17.9) e fazer a variação correspondente à constante de equilíbrio:

$$Ag(NH_3)_2^+(aq) \rightleftharpoons Ag^+(aq) + 2\,NH_3(aq)$$

$$\frac{1}{K_f} = \frac{1}{1{,}7 \times 10^7} = 5{,}9 \times 10^{-8}$$

Resolva Se, inicialmente, $[Ag^+]$ é 0,010 M, então $[Ag(NH_3)_2^+]$ será 0,010 M após a adição de NH_3. Elaboraremos uma tabela para resolver esse problema de equilíbrio. Observe que a concentração de NH_3 dada no problema é uma concentração no equilíbrio em vez de inicial.

	$Ag(NH_3)_2^+(aq)$ $\rightleftharpoons$	$Ag^+(aq)$	$+\ 2\,NH_3(aq)$
Inicial (M)	0,010	0	—
Variação (M)	$-x$	$+x$	—
Equilíbrio (M)	$(0{,}010-x)$	x	0,20

Como a concentração de Ag^+ é muito pequena, podemos supor que x é pequeno em comparação a 0,010. Substituindo esses valores na expressão da constante de equilíbrio para a dissociação de $Ag(NH_3)_2^+$, obtemos:

$$\frac{[Ag^+][NH_3]^2}{[Ag(NH_3)_2^+]} = \frac{(x)(0{,}20)^2}{0{,}010} = 5{,}9 \times 10^{-8}$$

$$x = 1{,}5 \times 10^{-8}\,M = [Ag^+]$$

A formação do complexo $Ag(NH_3)_2^+$ reduz drasticamente a concentração de íon Ag^+ livre na solução.

▶ **Para praticar**
Calcule $[Cr^{3+}]$ no equilíbrio com $Cr(OH)_4^-(aq)$ quando 0,010 mol de $Cr(NO_3)_3$ é dissolvido em 1 L de solução-tampão a um pH de 10,0.

Anfoterismo

Alguns hidróxidos e óxidos metálicos relativamente insolúveis em água dissolvem-se em soluções altamente ácidas e altamente básicas. Essas substâncias, chamadas de óxidos anfotéricos e **hidróxidos anfotéricos**,* são solúveis em ácidos e bases fortes porque elas próprias são capazes de se comportar como ácido ou base. Exemplos de substâncias anfóteras incluem óxidos e hidróxidos de Al^{3+}, Cr^{3+}, Zn^{2+} e Sn^{2+}.

Como outros óxidos metálicos e hidróxidos, as espécies anfóteras são dissolvidas em soluções ácidas porque seus ânions, O^{2-} ou OH^-, reagem com ácidos. Entretanto, o que torna os óxidos e hidróxidos anfóteros especiais é que eles também se dissolvem em soluções fortemente básicas. Esse comportamento resulta da formação de ânions complexos contendo vários (normalmente quatro) hidróxidos ligados ao íon metálico (**Figura 17.20**).

$$Al(OH)_3(s) + OH^-(aq) \rightleftharpoons Al(OH)_4^-(aq)$$

A extensão da reação de um hidróxido metálico insolúvel com ácido ou base varia de acordo com o íon metálico envolvido. Muitos hidróxidos metálicos, como $Ca(OH)_2$, $Fe(OH)_2$ e $Fe(OH)_3$, podem dissolver em uma solução ácida, mas não reagem com excesso de base. Esses hidróxidos não são anfotéricos.

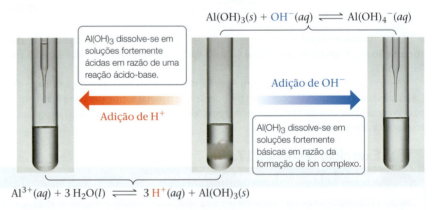

▲ **Figura 17.20 Anfoterismo.** Alguns óxidos e hidróxidos metálicos, como $Al(OH)_3$, são anfotéricos. Isso significa que eles se dissolvem em soluções fortemente ácidas e fortemente básicas.

A purificação do minério de alumínio na fabricação do alumínio metálico é uma aplicação interessante da propriedade do anfoterismo. Como vimos, $Al(OH)_3$ é anfótero,

---

* Note que o termo "*anfotérico*" é aplicado ao comportamento de óxidos e hidróxidos insolúveis, dissolvidos em soluções ácidas ou básicas. O termo similar "*anfótero*" (Seção 16.1) refere-se mais genericamente a qualquer molécula ou íon que pode ganhar ou perder um próton.

enquanto Fe(OH)$_3$, não. O alumínio é encontrado em grandes quantidades como minério de *bauxita*, que é essencialmente Al$_2$O$_3$ contaminado com Fe$_2$O$_3$. Quando a bauxita é adicionada a uma solução fortemente básica, Al$_2$O$_3$ dissolve-se porque o alumínio forma íons complexos, como Al(OH)$_4^-$. Entretanto, a impureza de Fe$_2$O$_3$ não é anfótera, permanecendo como um sólido. A solução é filtrada, livrando-se da impureza do ferro. O hidróxido de alumínio é, então, precipitado pela adição de um ácido. O hidróxido purificado recebe tratamentos adicionais e então produz alumínio metálico.

OLHANDO DE PERTO | Contaminação da água potável por chumbo

No mundo industrializado, a maioria das pessoas não costuma pensar no acesso à água potável. Infelizmente, há raros casos em que não é seguro beber a água da torneira, como ilustra a descoberta de níveis elevados de chumbo no sistema municipal de abastecimento de água de Flint, Michigan, em 2015.

O chumbo é prejudicial a muitos órgãos do corpo humano, mas o cérebro e o sistema nervoso central são particularmente sensíveis à sua presença. No cérebro, os íons Pb^{2+} interferem na comunicação e no crescimento celular por imitarem os íons Ca^{2+}. Um dos efeitos colaterais mais graves do envenenamento por chumbo ocorre em crianças pequenas, levando a deficiências cognitivas. Os compostos de chumbo eram utilizados em diversas aplicações (aditivo de gasolina, pigmentos, munição de rifles, vidro e tubulações de água), mas nossa exposição diária a esse elemento caiu radicalmente depois que agências do governo americano começaram a regular o seu uso na década de 1970. De acordo com a pesquisa National Health and Nutrition Examination Survey, a concentração média de chumbo no sangue de um residente comum dos EUA caiu de 150 ppb em 1976 para 16 ppb em 2002, uma redução de quase uma ordem de magnitude.

O limite regulatório definido pela Agência de Proteção Ambiental dos Estados Unidos (EPA) para chumbo na água potável é de 15 partes por bilhão (ppb). De acordo com as normas da EPA, os sistemas que atendem mais de 50 mil pessoas devem monitorar o nível de chumbo na água e adotar ações corretivas se mais de 10% das residências amostradas superarem o limite de 15 ppb. Os testes realizados em amostras coletadas em setembro de 2015 por pesquisadores da universidade Virginia Tech revelaram que, em 10% das 252 residências testadas em Flint, a concentração de chumbo era superior a 25 ppb, e em várias delas a concentração superava 100 ppb. Ao mesmo tempo, um pediatra local analisou os resultados de hemogramas de bebês e descobriu que o percentual de crianças com concentrações elevadas de chumbo no sangue (> 50 ppb) havia dobrado de 2,4% em 2013 para 4,9% em 2015.

Os problemas começaram em abril de 2014, quando a cidade começou a usar as águas do Rio Flint para o seu abastecimento. Antes disso, Flint obtinha água de Detroit, onde a água era extraída do Lago Huron e tratada antes de ser levada até Flint. A fonte do chumbo não era o Rio Flint em si, mas a corrosão das tubulações de chumbo presentes na rede de distribuição subterrânea. Quando a água é tratada corretamente, uma camada de passivação de sais de chumbo insolúveis se acumula na superfície interna dos tubos de chumbo (**Figura 17.21**). Essa camada impede a corrosão que permitiria a oxidação do chumbo e sua dissolução na água na forma de íons Pb^{2+}. As instalações de tratamento de água em Detroit adicionavam íons fosfato, PO$_4^{3-}$, à sua água para inibir a corrosão, enquanto os gestores da estação de tratamento de Flint optaram por não fazer o mesmo. A presença de íons PO$_4^{3-}$ promove a formação de sais de fosfato altamente insolúveis na superfície interna da tubulação, o que ajuda a prevenir a corrosão.

Outro fator que parece ter contribuído para o problema é a queda do pH da água, de 8,0 em dezembro de 2014 para 7,3 em agosto de 2015. Como os sais de chumbo insolúveis que se formam na camada de passivação, como Pb$_3$(PO$_4$)$_2$ e PbCO$_3$, contêm ânions que podem atuar como bases fracas, qualquer coisa que torne a água mais ácida aumenta a sua solubilidade.

Um fator adicional foi a presença de altos níveis de íons cloreto. A água tratada de Detroit tinha níveis de cloreto de cerca de 11 ppm, enquanto a água tratada de Flint tinha níveis de cloreto de 85 ppm em agosto de 2015. O PbCl$_2$ é relativamente insolúvel (K_{ps} = 1,7 × 10^{-5}), mas altas concentrações de íons cloreto podem levar à formação de íons complexos solúveis, como PbCl$_3^-$ e PbCl$_4^{2-}$. Os níveis elevados de cloreto se deviam em parte à adição de FeCl$_3$, usado para ajudar a coagular e filtrar a matéria orgânica indesejada que estava causando problemas com contaminação por *E. coli*. Os íons cloreto também são produzidos quando a matéria orgânica indesejada é oxidada por íons hipoclorito, adicionados para matar bactérias. O escoamento de água com sais de cloreto, usados para tratar estradas congeladas durante o inverno, também pode ter piorado o problema.

Embora o uso de chumbo nos encanamentos seja proibido nos Estados Unidos desde 1986, estima-se que milhões de quilômetros de tubulações de chumbo subterrâneas ainda estejam em uso nas cidades do país. A vigilância das estações de tratamento de água e das agências de proteção ambiental é necessária para que a tragédia de Flint não se repita.

Exercícios relacionados: 17.97, 17.101

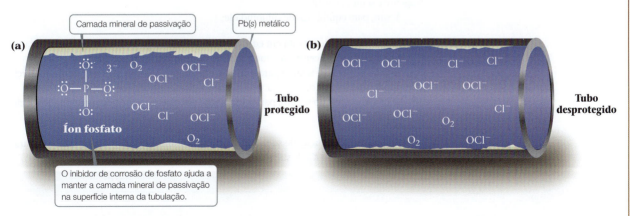

▲ **Figura 17.21 Tubos de chumbo protegidos e desprotegidos.** (a) Um tubo de chumbo que possui uma camada protetora de passivação e (b) um tubo de chumbo no qual a ausência do inibidor de corrosão de fosfato faz com que a camada de passivação se dissolva e caia, expondo o chumbo a agentes oxidantes como o O$_2$ e o OCl$^-$.

Exercícios de autoavaliação

EAA 17.17 Qual é a solubilidade molar de BaSO$_4$ (massa molar = 233,4 g/mol, K_{ps} = 1,1 × 10^{-10}) em uma solução de BaCl$_2$ 0,050 M? **(a)** 0,050 M **(b)** 1,0 × 10^{-5} M **(c)** 5,1 × 10^{-7} M **(d)** 2,2 × 10^{-9} M **(e)** 1,1 × 10^{-10} M

EAA 17.18 Considere uma solução saturada de ZnCO$_3$ (K_{ps} = 1 × 10^{-10}) em contato com ZnCO$_3$ não dissolvido. Se uma pequena quantidade de ácido clorídrico HCl(aq) concentrado for adicionada à solução, a quantidade de ZnCO$_3$ não dissolvido vai _____. Se parte do Zn(NO$_3$)$_2$ sólido for dissolvido na solução, a quantidade de ZnCO$_3$ não dissolvido vai _____. **(a)** aumentar, aumentar **(b)** aumentar, diminuir **(c)** diminuir, aumentar **(d)** diminuir, diminuir **(e)** permanecer a mesma, aumentar

EAA 17.19 Se 1,70 g de AgNO$_3$ (massa molar = 169,9 g/mol) é dissolvido em 150 mL de ácido clorídrico 0,20 M, forma-se o íon complexo AgCl$_2^-$ (K_f = 1,1 × 10^5). Quando a solução atinge o equilíbrio, quais são as concentrações de Ag$^+$ e AgCl$_2^-$? **(a)** [Ag$^+$] = 1,4 × 10^{-4} M, [AgCl$_2^-$] = 6,7 × 10^{-2} M **(b)** [Ag$^+$] = 1,4 × 10^{-4} M, [AgCl$_2^-$] = 1,4 × 10^{-4} M **(c)** [Ag$^+$] = 9,1 × 10^{-6} M, [AgCl$_2^-$] = 6,7 × 10^{-2} M **(d)** [Ag$^+$] = 3,4 × 10^{-5} M, [AgCl$_2^-$] = 6,7 × 10^{-2} M

17.6 | Precipitação e separação de íons

Objetivos de aprendizagem

Após terminar a Seção 17.6, você deve ser capaz de:
- Prever se um composto iônico sofrerá precipitação quando soluções aquosas que contêm sais solúveis forem misturadas.
- Prever a ordem de precipitação de compostos iônicos e, logo, uma maneira de separar compostos, quando sais solúveis são misturados.

O equilíbrio pode ser atingido ao começar pelas substâncias de qualquer lado de uma equação química. Por exemplo, considere mais uma vez a dissolução do sulfato de bário:

$$BaSO_4(s) \rightleftharpoons Ba^{2+}(aq) + SO_4^{2-}(aq)$$

O equilíbrio entre BaSO$_4$(s), Ba^{2+}(aq) e SO$_4^{2-}$(aq) pode ser alcançado a partir de BaSO$_4$(s) ou com soluções contendo Ba^{2+} e SO$_4^{2-}$. Se misturarmos uma solução aquosa de BaCl$_2$ com outra de Na$_2$SO$_4$, o BaSO$_4$ sólido pode ou não precipitar, dependendo das concentrações dos dois íons. Nesta seção, explicaremos como prever se um precipitado se formará ou não sob diversas condições.

Vale lembrar que usamos o quociente de reação, Q, na Seção 15.6 para determinar o sentido em que a reação deve prosseguir para atingir o equilíbrio. A forma de Q é a mesma que a expressão da constante de equilíbrio para uma reação, mas, em vez de apenas concentrações no equilíbrio, pode-se usar as concentrações presentes em qualquer momento. O sentido no qual uma reação segue até atingir o equilíbrio depende da relação entre Q e K para a reação. Se Q < K, as concentrações do produto são muito baixas e as concentrações dos reagentes são muito altas em comparação às concentrações no equilíbrio, de modo que a reação segue para a direita (em direção aos produtos) para atingir o equilíbrio. Por outro lado, se Q > K, as concentrações de produto são elevadas e as concentrações dos reagentes são muito baixas, fazendo com que a reação siga para a esquerda (no sentido dos reagentes) para atingir o equilíbrio. Se Q = K, a reação está em equilíbrio.

Para equilíbrios de produto de solubilidade, a relação entre Q e K_{ps} é exatamente igual à de outros equilíbrios. Para as reações de K_{ps}, os produtos são sempre os íons solúveis, e o reagente é sempre o sólido.

Assim, para equilíbrios de solubilidade:

- Se Q = K_{ps}, o sistema está em equilíbrio, o que significa que a solução está saturada; essa é a maior concentração que a solução pode atingir sem precipitar.
- Se Q < K_{ps}, a reação seguirá para a direita, em direção aos íons solúveis; nenhum precipitado será formado.
- Se Q > K_{ps}, a reação seguirá para a esquerda, em direção ao sólido; precipitados serão formados.

Para o caso da solução de sulfato de bário, calculamos Q = [Ba^{2+}][SO$_4^{2-}$] e comparamos essa quantidade à K_{ps} de sulfato de bário.

Exercício resolvido 17.17
Prevendo a formação de uma precipitação

Um precipitado será formado quando 0,10 L de Pb(NO₃)₂ 8,0 × 10⁻³ M for adicionado a 0,40 L de Na₂SO₄ 5,0 × 10⁻³ M?

SOLUÇÃO

Analise O problema pede para determinar se um precipitado será ou não formado quando duas soluções de sal forem combinadas.

Planeje Devemos determinar as concentrações de todos os íons quando as soluções são misturadas e comparar o valor de Q ao de K_{ps} para qualquer produto potencialmente insolúvel. Os possíveis produtos de metátese são PbSO₄ e NaNO₃. Como todos os sais de sódio, NaNO₃ é solúvel, mas PbSO₄ tem K_{ps} de 6,3 × 10⁻⁷ (Apêndice D) e vai precipitar se as concentrações dos íons Pb²⁺ e SO₄²⁻ forem altas o suficiente para que Q exceda K_{ps}.

Resolva

Quando as duas soluções são misturadas, o volume é 0,10 L + 0,40 L = 0,50 L. A quantidade de matéria de Pb²⁺ em 0,10 L de solução de Pb(NO₃)₂ 8,0 × 10⁻³ M é:

$$(0{,}10\ L)\left(\frac{8{,}0 \times 10^{-3}\ \text{mol}}{L}\right) = 8{,}0 \times 10^{-4}\ \text{mol}$$

A concentração de Pb²⁺ em 0,50 L de mistura é, portanto,

$$[Pb^{2+}] = \frac{8{,}0 \times 10^{-4}\ \text{mol}}{0{,}50\ L} = 1{,}6 \times 10^{-3}\ M$$

A quantidade de matéria de SO₄²⁻ em 0,40 L de solução de Na₂SO₄ 5,0 × 10⁻³ M é:

$$(0{,}40\ L)\left(\frac{5{,}0 \times 10^{-3}\ \text{mol}}{L}\right) = 2{,}0 \times 10^{-3}\ \text{mol}$$

Portanto:

$$[SO_4^{2-}] = \frac{2{,}0 \times 10^{-3}\ \text{mol}}{0{,}50\ L} = 4{,}0 \times 10^{-3}\ M$$

e:

$$Q = [Pb^{2+}][SO_4^{2-}] = (1{,}6 \times 10^{-3})(4{,}0 \times 10^{-3}) = 6{,}4 \times 10^{-6}$$

Visto que $Q > K_{ps}$, PbSO₄ precipitará.

▶ **Para praticar**
Um precipitado será formado quando 0,050 L de NaF 2,0 × 10⁻² M for misturado com 0,010 L de Ca(NO₃)₂ 1,0 × 10⁻² M?

Precipitação seletiva de íons

Os íons podem ser separados uns dos outros com base nas solubilidades de seus sais. Pense em uma solução contendo Ag⁺ e Cu²⁺. Se HCl é adicionado a essa solução, AgCl (K_{ps} = 1,8 × 10⁻¹⁰) precipita, enquanto Cu²⁺ permanece em solução, porque CuCl₂ é solúvel. A separação de íons em uma solução aquosa usando um reagente que forma um precipitado com um ou mais (porém não todos) íons é chamada de *precipitação seletiva*.

O íon sulfeto é usado com frequência para separar íons metálicos, porque as solubilidades dos sais sulfetos estendem-se sobre uma ampla faixa e dependem bastante do pH da solução. Por exemplo, Cu²⁺ e Zn²⁺ podem ser separados ao injetar H₂S gasoso a uma solução acidificada contendo esses dois cátions. Como CuS (K_{ps} = 6 × 10⁻³⁷) é menos solúvel que ZnS (K_{ps} = 2 × 10⁻²⁵), CuS precipita da solução acidificada (pH ≈ 1), enquanto ZnS, não (**Figura 17.22**):

$$Cu^{2+}(aq) + H_2S(aq) \rightleftharpoons CuS(s) + 2\ H^+(aq) \qquad [17.11]$$

O CuS pode ser separado da solução de Zn²⁺ por filtração, sendo dissolvido ao elevar ainda mais a concentração de H⁺. Isso faz com que as concentrações no equilíbrio dos compostos na Equação 17.11 sejam deslocadas para a esquerda.

Exercício resolvido 17.18
Precipitação seletiva

Uma solução contém Ag⁺(aq) 1,0 × 10⁻² M e Pb²⁺(aq) 2,0 × 10⁻² M. Quando Cl⁻(aq) é adicionado à solução, AgCl (K_{ps} = 1,8 × 10⁻¹⁰) e PbCl₂ (K_{ps} = 1,7 × 10⁻⁵) podem precipitar. Qual é a concentração de Cl⁻(aq) necessária para iniciar a precipitação de cada sal? Qual sal precipita primeiro?

(Continua)

SOLUÇÃO

Analise Deve-se determinar a concentração de Cl⁻(aq) necessária para iniciar a precipitação a partir de uma solução contendo íons Ag⁺(aq) e Pb²⁺(aq) e prever qual cloreto metálico iniciará a precipitação primeiro.

Planeje Com base nos valores de K_{ps} para os dois precipitados, devemos usar esses dados com as concentrações dos íons metálicos para calcular a concentração de íon Cl⁻(aq) necessária para precipitar cada sal. O sal que requer a menor concentração de íons Cl⁻(aq) precipitará primeiro.

Resolva Para AgCl, temos $K_{ps} = [Ag^+][Cl^-] = 1,8 \times 10^{-10}$.

Como [Ag⁺] = $1,0 \times 10^{-2}$ M, a maior concentração de Cl⁻(aq) que pode estar presente sem causar a precipitação de AgCl pode ser calculada a partir da expressão de K_{ps}:

$$K_{ps} = (1,0 \times 10^{-2})[Cl^-] = 1,8 \times 10^{-10}$$

$$[Cl^-] = \frac{1,8 \times 10^{-10}}{1,0 \times 10^{-2}} = 1,8 \times 10^{-8} \, M$$

Comentário A precipitação de AgCl manterá a concentração de Cl⁻(aq) baixa até que a quantidade de matéria de Cl⁻(aq) adicionado exceda a quantidade de matéria de Ag⁺(aq) na solução. Uma vez passado esse ponto, [Cl⁻] aumenta acentuadamente, e PbCl₂ logo começará a precipitar.

Qualquer Cl⁻(aq) acima dessa concentração muito pequena fará com que AgCl precipite da solução. Procedendo de maneira similar para PbCl₂, temos:

$$K_{ps} = [Pb^{2+}][Cl^-]^2 = 1,7 \times 10^{-5}$$

$$(2,0 \times 10^{-2})[Cl^-]^2 = 1,7 \times 10^{-5}$$

$$[Cl^-]^2 = \frac{1,7 \times 10^{-5}}{2,0 \times 10^{-2}} = 8,5 \times 10^{-4}$$

$$[Cl^-] = \sqrt{8,5 \times 10^{-4}} = 2,9 \times 10^{-2} \, M$$

Portanto, uma concentração de Cl⁻(aq) acima de $2,9 \times 10^{-2}$ M provocará a precipitação de PbCl₂.

Comparando as concentrações de Cl⁻(aq) necessárias para precipitar cada sal, vemos que, à medida que Cl⁻(aq) é adicionado à solução, AgCl precipitará primeiro, porque requer uma concentração muito menor de Cl⁻. Assim, Ag⁺(aq) pode ser separado de Pb²⁺(aq) pela lenta adição de Cl⁻(aq), de modo que a concentração de íon cloreto permaneça entre $1,8 \times 10^{-8}$ M e $2,9 \times 10^{-2}$ M.

▶ **Para praticar**
Uma solução consiste em Mg²⁺(aq) 0,050 M e Cu²⁺(aq) 0,050 M. Qual íon precipitará primeiro à medida que OH⁻(aq) for adicionado? Qual é a concentração de OH⁻(aq) necessária para começar a precipitação de cada cátion? [Considere $K_{ps} = 1,8 \times 10^{-11}$ para Mg(OH)₂ e $K_{ps} = 4,8 \times 10^{-20}$ para Cu(OH)₂.]

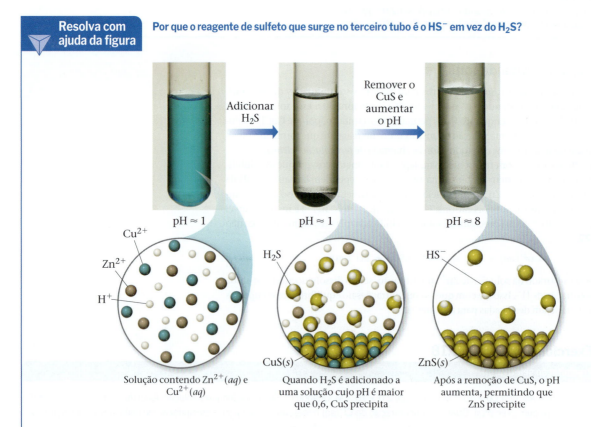

▲ **Figura 17.22 Precipitação seletiva.** Neste exemplo, íons Cu²⁺ são separados de íons Zn²⁺.

Exercícios de autoavaliação

EAA 17.20 No laboratório, você mistura 75 mL de uma solução de Pb(NO$_3$)$_2$ 0,100 M com 25 mL de uma solução de KCl 0,044 M, esperando a precipitação de PbCl$_2$ (K_{ps} = 1,7 × 10^{-5}). O quociente da reação será Q = _____, o que significa que _____ precipitação de PbCl$_2$ da solução. (**a**) 1,9 × 10^{-4}, haverá (**b**) 1,9 × 10^{-4}, não haverá (**c**) 9,1 × 10^{-6}, haverá (**d**) 9,1 × 10^{-6}, não haverá (**e**) 8,2 × 10^{-4}, haverá

EAA 17.21 Uma solução aquosa contém uma mistura de íons Ag$^+$ e Pb^{2+} com concentrações de [Ag$^+$] = 0,32 M e [Pb^{2+}] = 8,8 × 10^{-3} M. Se uma solução de Na$_2$SO$_4$(aq) for adicionada gota a gota, _____ precipitará primeiro, quando [SO$_4^{2-}$] atingir _____. A constante do produto de solubilidade de Ag$_2$SO$_4$ é K_{ps} = 1,5 × 10^{-5}, enquanto a de PbSO$_4$ é K_{ps} = 6,3 × 10^{-7}. (**a**) Ag$_2$SO$_4$, 4,7 × 10^{-5} M (**b**) Ag$_2$SO$_4$, 1,5 × 10^{-4} M (**c**) PbSO$_4$, 7,2 × 10^{-5} M (**d**) PbSO$_4$, 1,2 × 10^{-3} M

17.7 | Análise qualitativa de elementos metálicos

Nesta seção final, examinaremos como os equilíbrios de solubilidade e a formação de íons complexos podem ser usados para detectar a presença de íons metálicos específicos em solução. Antes do desenvolvimento da instrumentação analítica moderna, era necessário analisar misturas de metais em amostras pelos chamados *métodos por via úmida*. Por exemplo, uma amostra metálica que poderia conter vários elementos metálicos era dissolvida em uma solução de ácido concentrado. Depois, essa mesma solução era testada de maneira sistemática para detectar a presença de vários íons metálicos.

A **análise qualitativa** determina apenas a presença ou a ausência de um íon metálico específico; a **análise quantitativa** determina a quantidade da substância que está presente. Embora os métodos por via úmida de análise qualitativa tenham se tornado menos importantes na indústria química, eles são muito usados em aulas de laboratório de química geral para ilustrar os equilíbrios, ensinar propriedades de íons metálicos comuns em solução e desenvolver habilidades no laboratório. Em geral, tais análises prosseguem em três estágios: (1) os íons de cada grupo são separados com base nas propriedades de solubilidade; (2) os íons individuais em cada grupo são separados pela dissolução seletiva de membros no grupo; (3) os íons são identificados por meio de testes específicos.

Um esquema no uso geral divide os cátions comuns em cinco grupos, como mostrado na **Figura 17.23**. A ordem de adição dos reagentes é importante nesse esquema. As separações mais seletivas, que envolvem o menor número de íons, são realizadas primeiro. As reações usadas devem prosseguir até próximo do fim, de forma que qualquer concentração dos cátions que permanecem em solução seja muito pequena para interferir nos testes subsequentes.

Vamos examinar de perto cada um desses cinco grupos de cátions, analisando rapidamente a lógica usada nesse esquema de análise qualitativa.

 Objetivos de aprendizagem

Após terminar a Seção 17.7, você deve ser capaz de:

▶ Usar diferenças de solubilidade para identificar grupos específicos de cátions em uma solução que contém uma mistura desconhecida de cátions.

Grupo 1. *Cloretos insolúveis:* Dos íons metálicos comuns, apenas Ag$^+$(aq), Hg$_2^{2+}$(aq) e Pb^{2+}(aq) formam cloretos insolúveis. Portanto, quando HCl é adicionado à mistura de cátions, apenas AgCl, Hg$_2$Cl$_2$ e PbCl$_2$ precipitam, deixando os outros cátions em solução. A ausência de um precipitado indica que a solução inicial não tinha Ag$^+$(aq), Hg$_2^{2+}$(aq) ou Pb^{2+}(aq).

Grupo 2. *Sulfetos insolúveis em ácidos:* Após qualquer cloreto insolúvel ter sido removido, a solução restante, agora ácida pelo tratamento com HCl, é tratada com H$_2$S. Visto que H$_2$S é um ácido fraco em comparação ao HCl, seu papel aqui consiste em agir como fonte de pequenas quantidades de sulfeto. Apenas os sulfetos metálicos mais insolúveis – CuS, Bi$_2$S$_3$, CdS, PbS, HgS, As$_2$S$_3$, Sb$_2$S$_3$ e SnS$_2$ – precipitam (observe os valores muito pequenos de K_{ps} para alguns desses sulfetos no Apêndice D). Os íons metálicos cujos sulfetos são de alguma forma mais solúveis, como ZnS ou NiS, permanecem em solução.

Grupo 3. *Hidróxidos e sulfetos insolúveis em base:* Depois que a solução é filtrada para remover qualquer sulfeto insolúvel em ácido, a solução restante é ligeiramente alcalinizada e (NH$_4$)$_2$S é adicionado. Nas soluções básicas, a concentração de S^{2-}(aq) é maior do que em soluções ácidas. Sob essas condições, os produtos iônicos para muitos dos sulfetos mais solúveis excedem seus valores de K_{ps} e, assim, a precipitação ocorre. Os íons metálicos precipitados nessa etapa são Al^{3+}(aq), Cr^{3+}(aq), Fe^{3+}(aq), Zn^{2+}(aq), Ni^{2+}(aq), Co^{2+}(aq) e Mn^{2+}(aq). (Os íons Al^{3+}(aq), Fe^{3+}(aq) e Cr^{3+}(aq) não formam sulfetos insolúveis. Em vez disso, eles são precipitados como hidróxidos insolúveis, como mostra a Figura 17.23.)

Resolva com ajuda da figura Se uma solução contivesse uma mistura de íons $Cu^{2+}(aq)$ e $Zn^{2+}(aq)$, este esquema de separação funcionaria? Depois de qual etapa seria possível observar o primeiro precipitado?

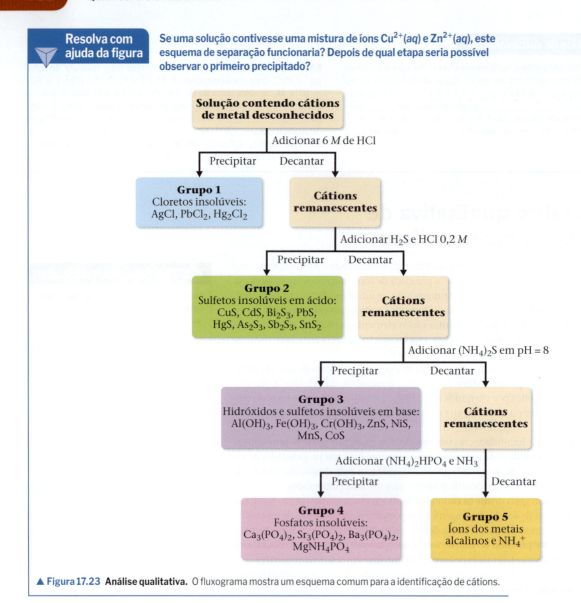

▲ **Figura 17.23 Análise qualitativa.** O fluxograma mostra um esquema comum para a identificação de cátions.

Grupo 4. *Fosfatos insolúveis:* Neste ponto, a solução contém apenas íons metálicos dos grupos 1A e 2A da tabela periódica. A adição de $(NH_4)_2HPO_4$ à solução básica precipita os elementos do grupo 2A $Mg^{2+}(aq)$, $Ca^{2+}(aq)$, $Sr^{2+}(aq)$ e $Ba^{2+}(aq)$, porque esses metais formam fosfatos insolúveis.

Grupo 5. *Íons dos metais alcalinos e $NH_4^+(aq)$:* Os íons que permanecem após a remoção dos fosfatos insolúveis são testados individualmente. Por exemplo, um teste de chama pode ser usado para determinar a presença de $K^+(aq)$, porque a chama torna-se violeta, cor característica quando $K^+(aq)$ está presente (Figura 7.23).

▲ Exercícios de autoavaliação

EAA 17.22 Você recebe uma solução de 25,0 mL e é informado que ela pode conter qualquer combinação dos seguintes íons: Ag^+, Bi^{3+}, Zn^{2+} e/ou Ca^{2+}. De acordo com o esquema de análise qualitativa, você primeiro adiciona gotas de $HCl(aq)$ 6 M para reduzir o pH para aproximadamente 1, mas não observa reação evidente. A seguir, você borbulha H_2S na solução, o que leva à formação de um precipitado preto-amarronzado escuro. A seguir, você eleva o pH para aproximadamente 8 pela adição de $NaOH(aq)$, antes de adicionar $(NH_4)_2S$. Nenhuma reação evidente é observada. Por fim, a solução é tratada com $(NH_4)_2HPO_4$, levando à formação de um precipitado branco. Quais íons estão presentes na solução original? (**a**) Ag^+, Bi^{3+} e Ca^{2+} (**b**) Ag^+ e Ca^{2+} (**c**) Bi^{3+} e Ca^{2+} (**d**) Bi^{3+} e Zn^{2+} (**e**) Bi^{3+}, Zn^{2+} e Ca^{2+}

Capítulo 17 | Equilíbrios aquosos: tampões, titulações e solubilidade · **753**

Integrando conceitos

Uma amostra de 1,25 L de HCl(g) a 21 °C e 0,950 atm é borbulhada em 0,500 L de uma solução de NH₃ 0,150 M. Calcule o pH da solução resultante, supondo que todo o HCl é dissolvido e que o volume da solução permanece 0,500 L.

SOLUÇÃO

A quantidade de matéria do gás HCl é calculada a partir da lei do gás ideal:

$$n = \frac{PV}{RT} = \frac{(0,950 \text{ atm})(1,25 \text{ L})}{(0,0821 \text{ L-atm/mol-K})(294 \text{ K})} = 0,0492 \text{ mol de HCl}$$

A quantidade de matéria de NH₃ na solução é dada pelo produto do volume da solução e sua concentração:

Quantidade de matéria de NH₃ = (0,500 L)(0,150 mol NH₃/L) = 0,0750 mol NH₃

O ácido HCl e a base NH₃ reagem, transferindo um próton de HCl para NH₃ e produzindo íons NH₄⁺ e Cl⁻:

$$HCl(g) + NH_3(aq) \longrightarrow NH_4^+(aq) + Cl^-(aq)$$

Para determinar o pH da solução, primeiro calculamos a quantidade de cada reagente e produto presente ao final da reação. Como é possível assumir que essa reação de neutralização segue para o lado do produto o quanto for possível, trata-se de um problema de reagente limitante.

	HCl(g) +	NH₃(aq) ⟶	NH₄⁺(aq) +	Cl⁻(aq)
Antes da reação (mol)	0,0492	0,0750	0	0
Variação (reagente limitante) (mol)	−0,0492	−0,0492	+0,0492	+0,0492
Após reação (mol)	0	0,0258	0,0492	0,0492

Assim, a reação produz uma solução contendo uma mistura de NH₃, NH₄⁺ e Cl⁻. Aqui, NH₃ é uma base fraca ($K_b = 1,8 \times 10^{-5}$), NH₄⁺ é seu ácido conjugado e Cl⁻ não é ácido nem básico. Consequentemente, o pH depende de [NH₃] e [NH₄⁺]:

$$[NH_3] = \frac{0,0258 \text{ mol de NH}_3}{0,500 \text{ L solução}} = 0,0516 \text{ M}$$

$$[NH_4^+] = \frac{0,0492 \text{ mol de NH}_4^+}{0,500 \text{ L solução}} = 0,0984 \text{ M}$$

Podemos calcular o pH aplicando K_b para NH₃ ou K_a para NH₄⁺. Ao utilizar a expressão de K_b, temos:

	NH₃(aq) +	H₂O(l) ⇌	NH₄⁺(aq) +	OH⁻(aq)
Inicial (M)	0,0516	—	0,0984	0
Variação (M)	−x	—	+x	+x
Equilíbrio (M)	(0,0516 − x)	—	(0,0984 + x)	x

$$K_b = \frac{[NH_4^+][OH^-]}{[NH_3]} = \frac{(0,0984 + x)(x)}{(0,0516 - x)} \cong \frac{(0,0984)x}{0,0516} = 1,8 \times 10^{-5}$$

$$x = [OH^-] = \frac{(0,0516)(1,8 \times 10^{-5})}{0,0984} = 9,4 \times 10^{-6} \text{ M}$$

Consequentemente, pOH = −log(9,4 × 10⁻⁶) = 5,03
e pH = 14,00 − pOH = 14,00 − 5,03 = 8,97.

Resumo do capítulo e termos-chave

EFEITO DO ÍON COMUM (SEÇÃO 17.1) E TAMPÕES (SEÇÃO 17.2) A dissociação de um ácido fraco ou uma base fraca é restringida pela presença de um eletrólito forte, que fornece um íon comum ao equilíbrio (o **efeito do íon comum**). Um tipo particularmente importante de mistura ácido-base é o de um par ácido-base conjugado fraco que funciona como **solução-tampão** (ou apenas tampão). A adição de pequenas quantidades de um ácido forte ou uma base forte à solução-tampão provoca apenas pequenas variações no pH, porque o tampão reage com o ácido ou a base adicionada.

(As reações ácido forte-base forte, ácido forte-base fraca e ácido fraco-base forte prosseguem praticamente até se completarem.) Em geral, as soluções--tampão são preparadas a partir de um ácido fraco e um sal desse ácido, ou de uma base fraca e um sal dessa base. Duas características fundamentais de uma solução-tampão são a **capacidade tamponante** e a faixa de pH. O pH ideal de um tampão equivale ao pK_a do ácido (ou pK_b da base) usada para preparar o tampão. A relação entre pH, pK_a e concentrações de um ácido e da sua respectiva base conjugada pode ser expressa pela **equação de**

Henderson-Hasselbalch. É importante compreender que essa equação é uma aproximação, e cálculos mais detalhados podem ser necessários para obter as concentrações no equilíbrio.

TITULAÇÕES ÁCIDO-BASE (SEÇÃO 17.3) O gráfico do pH de um ácido (ou uma base) em função do volume de base (ou ácido) adicionada é chamado de **curva de titulação de pH**. A curva de titulação de uma titulação de ácido forte-base forte exibe uma grande variação do pH na vizinhança imediata do ponto de equivalência; para essa titulação, no ponto de equivalência, pH = 7. Para titulações de ácido forte-base fraca ou ácido fraco-base forte, a variação de pH na vizinhança do ponto de equivalência não é tão grande quanto para titulações de ácido forte-base forte, e o pH não será igual a 7 nesses casos. Em vez disso, o pH da solução será determinado de acordo com o sal que resulta da reação de neutralização. Por isso, recomenda-se escolher um indicador cuja mudança de cor ocorra próximo ao pH no ponto de equivalência de titulações que envolvam ácidos fracos ou bases fracas. É possível calcular o pH em qualquer ponto da curva de titulação ao considerar, em primeiro lugar, os efeitos da reação ácido-base nas concentrações da solução para, em seguida, examinar o equilíbrio que envolve as espécies restantes do soluto.

EQUILÍBRIOS DE SOLUBILIDADE (SEÇÃO 17.4) O equilíbrio entre um composto sólido e os seus íons em solução fornece um exemplo de equilíbrio heterogêneo. A **constante do produto de solubilidade** (ou **produto de solubilidade**), K_{ps}, é uma constante de equilíbrio que expressa quantitativamente até que ponto o composto é dissolvido. Pode-se usar K_{ps} para calcular a solubilidade de um composto iônico, e a solubilidade pode ser usada para calcular K_{ps}.

FATORES QUE AFETAM A SOLUBILIDADE (SEÇÃO 17.5) Vários fatores experimentais, incluindo a temperatura, afetam a solubilidade de compostos iônicos em água. A solubilidade de um composto iônico ligeiramente solúvel diminui com a presença de um segundo soluto que fornece um íon comum (o efeito do íon comum). A solubilidade de compostos contendo ânions básicos aumenta à medida que a solução torna-se mais ácida (conforme o pH diminui). Sais com ânions de basicidade desprezível (ânions de ácidos fortes) não são afetados pelas variações de pH.

A solubilidade de sais metálicos também é afetada pela presença de certas bases de Lewis, que reagem com os íons metálicos para formar íons complexos estáveis. A formação de íon complexo em solução aquosa envolve a substituição de moléculas de água ligadas ao íon metálico por bases de Lewis (como NH_3 e CN^-). A extensão em que tal formação de complexo ocorre é expressa quantitativamente pela **constante de formação** para o íon complexo. Óxidos e **hidróxidos anfóteros** são aqueles apenas ligeiramente solúveis em água, mas que dissolvem após a adição de um ácido ou base.

PRECIPITAÇÃO E SEPARAÇÃO DE ÍONS (SEÇÃO 17.6) A comparação entre o quociente de reação, Q, e o valor do produto iônico, K_{ps}, pode ser usada para julgar se um precipitado será formado quando as soluções forem misturadas ou se um sal ligeiramente solúvel será dissolvido sob várias condições. A formação de precipitados ocorre quando $Q > K_{ps}$. Se dois sais têm solubilidades distintas o suficiente, pode-se utilizar a precipitação seletiva para precipitar um íon enquanto o outro fica em solução, separando efetivamente os dois íons.

ANÁLISE QUALITATIVA DE ELEMENTOS METÁLICOS (SEÇÃO 17.7) Os elementos metálicos variam bastante nas solubilidades dos seus sais, no comportamento ácido-base e nas tendências de formar íons complexos. Essas diferenças podem ser usadas para separar e detectar a presença de íons em misturas. A **análise qualitativa** determina a presença ou a ausência de espécies em uma amostra, enquanto a **análise quantitativa** determina quanto de cada espécie está presente. A análise qualitativa de íons metálicos na solução pode ser realizada ao separar os íons em grupos com base nas reações de precipitação e analisar cada grupo de modo individual.

Equações-chave

- $\text{pH} = \text{p}K_a + \log\dfrac{[\text{base}]}{[\text{ácido}]}$ [17.5]

    A equação de Henderson-Hasselbalch, usada para estimar o pH de uma solução-tampão a partir das concentrações de um par ácido-base conjugado

- $K_{ps} = [A^+]^n[X^-]^m$ [17.8]

    A definição da constante do produto de solubilidade do sólido iônico genérico A_nX_m

Simulado

SIM 17.1 Para o equilíbrio genérico $HA(aq) \rightleftharpoons H^+(aq) + A^-(aq)$, qual das seguintes afirmações é *verdadeira*?
(a) A constante de equilíbrio dessa reação muda à medida que o pH muda.
(b) Ao adicionar o sal solúvel KA a uma solução de HA que está em equilíbrio, a concentração de HA diminui.
(c) Ao adicionar o sal solúvel KA a uma solução de HA que está em equilíbrio, a concentração de A^- diminui.
(d) Ao adicionar o sal solúvel KA a uma solução de HA que está em equilíbrio, o pH aumenta.

SIM 17.2 Calcule a concentração do íon lactato em uma solução de ácido lático ($CH_3CH(OH)COOH$, $\text{p}K_a = 3{,}86$) 0,100 M e HCl 0,080 M.
(a) 4,83 M
(b) 0,0800 M
(c) $7{,}3 \times 10^{-3}$ M
(d) $3{,}65 \times 10^{-3}$ M
(e) $1{,}73 \times 10^{-4}$ M

SIM 17.3 Se o pH de uma solução-tampão é igual ao pK_a do ácido no tampão, o que isso diz sobre as concentrações das formas de ácido e base conjugada dos componentes do tampão?
(a) A concentração de ácido deve ser igual a zero. (b) A concentração de base deve ser igual a zero. (c) As concentrações de ácido e base devem ser iguais. (d) As concentrações de ácido e base devem ser iguais a K_a. (e) A concentração de base deve ser 2,3 vezes maior do que a concentração de ácido.

SIM 17.4 Um tampão é preparado com acetato de sódio (CH_3COONa) e ácido acético (CH_3COOH); o K_a para o ácido acético é de $1,80 \times 10^{-5}$. O pH do tampão é 3,98. Qual é a razão da concentração do acetato de sódio no equilíbrio pela do ácido acético? (a) 0,174 (b) 0,760 (c) 0,840 (d) 5,75 (e) Não há informação suficiente para responder.

SIM 17.5 Calcule a massa em gramas de cloreto de amônio que deve ser adicionada a 2,00 L de uma solução de amônia 0,500 M para obter um tampão de pH = 9,20. Considere que o volume da solução não muda com a adição do sólido. A K_b da amônia é $1,8 \times 10^{-5}$. (a) 60,7 g (b) 30,4 g (c) 1,52 g (d) 0,568 g (e) $1,59 \times 10^{-5}$ g

SIM 17.6 Para a curva de titulação mostrada, em que ponto pH = pK_{a2}?

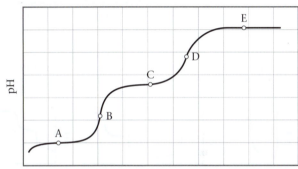

Quantidade de matéria de base adicionada

(a) A (b) B (c) C (d) D (e) E

SIM 17.7 A seguinte titulação ácido-base é realizada: 250,0 mL de uma concentração desconhecida de HCl(aq) são titulados até o ponto de equivalência com 36,7 mL de uma solução aquosa de NaOH 0,1000 M. Qual das afirmações a seguir é *falsa* para essa titulação? (a) A solução de HCl é menos concentrada do que a de NaOH. (b) O pH é inferior a 7 após a adição de 25 mL de solução de NaOH. (c) O pH no ponto de equivalência é 7,00. (d) Se mais 1,00 mL de solução de NaOH for adicionado depois do ponto de equivalência, o pH da solução será superior a 7,00. (e) No ponto de equivalência, a concentração de OH$^-$ na solução é $3,67 \times 10^{-3}$ M.

SIM 17.8 Quando NH_3 é titulado com HCl, o pH no ponto de equivalência será _____, devido à presença de _____. (a) maior do que 7, NH_3 (b) maior do que 7, Cl$^-$ (c) igual a 7, NH_4Cl (d) menor do que 7, NH_4^+ (e) menor do que 7, HCl

SIM 17.9 Por que o pH no ponto de equivalência é maior do que 7 quando você titula um ácido fraco com uma base forte? (a) Há excesso de base forte no ponto de equivalência. (b) Há excesso de ácido fraco no ponto de equivalência. (c) A base conjugada formada no ponto de equivalência é uma base forte. (d) A base conjugada formada no ponto de equivalência reage com água. (e) Essa declaração é falsa: o pH é sempre igual a 7 no ponto de equivalência de uma titulação de pH.

SIM 17.10 Uma amostra de 25,0 mL de uma solução de HBr 0,100 M é titulada com uma solução de NaOH 0,050 M. Qual é o pH após 25,0 mL da solução de NaOH serem adicionados? (a) 1,00 (b) 1,30 (c) 1,60 (d) 7,00 (e) 12,70

SIM 17.11 Qual das seguintes expressões indica corretamente a constante de produto de solubilidade para Ag_3PO_4 em água? (a) [Ag]^3 [PO$_4$] (b) [Ag$^+$] [PO$_4^{3-}$] (c) [Ag$^+$]^3 [PO$_4^{3-}$] (d) [Ag$^+$]^3 [PO$_4^{3-}$]^3 (e) [Ag$^+$]^3 [PO$_4^{3-}$]^3

SIM 17.12 Você adiciona 10,0 gramas de fosfato de cobre(II) sólido, $Cu_3(PO_4)_2$, a um béquer e, em seguida, adiciona 100,0 mL de água no béquer a T = 298 K. O sólido parece não se dissolver. Depois de um longo período de tempo, mexendo ocasionalmente, você mede a concentração de Cu^{2+}(aq) no equilíbrio na água: $5,01 \times 10^{-8}$ M. Qual é a K_{ps} do fosfato de cobre(II)?
(a) $5,01 \times 10^{-8}$ (d) $3,16 \times 10^{-37}$
(b) $2,50 \times 10^{-15}$ (e) $1,40 \times 10^{-37}$
(c) $4,20 \times 10^{-15}$

SIM 17.13 Dos cinco sais enumerados a seguir, qual contém a maior concentração de cátion em água? Suponha que todas as soluções salinas são saturadas e que os íons não passam por outra reação em água.
(a) Cromato de chumbo(II), $K_{ps} = 2,8 \times 10^{-13}$
(b) Hidróxido de cobalto(II), $K_{ps} = 1,3 \times 10^{-15}$
(c) Sulfeto de cobalto(II), $K_{ps} = 5 \times 10^{-22}$
(d) Hidróxido de cromo(III), $K_{ps} = 1,6 \times 10^{-30}$
(e) Sulfeto de prata, $K_{ps} = 6 \times 10^{-51}$

SIM 17.14 Considere uma solução saturada do sal MA_3, na qual M é um cátion de metal com carga 3+ e A é um ânion com carga 1−, em água a 298 K. Qual das seguintes condições afetará a K_{ps} de MA_3 na água? (a) A adição de mais M^{3+} à solução. (b) A adição de mais A$^-$ à solução. (c) A diluição da solução. (d) A elevação da temperatura da solução. (e) Mais de uma resposta anterior é válida.

SIM 17.15 Qual das seguintes ações vai aumentar a solubilidade de AgBr na água? (a) Aumentar o pH. (b) Diminuir o pH. (c) Adicionar NaBr. (d) Adicionar $NaNO_3$. (e) Nenhuma das alternativas anteriores.

SIM 17.16 Temos uma solução aquosa de nitrato de cromo(III) que titulamos com outra solução aquosa de hidróxido de sódio. Após a adição de certa quantidade de titulante, observamos a formação de um precipitado. Adicionamos mais solução de hidróxido de sódio, então o precipitado se dissolve, restando novamente uma solução. O que aconteceu? (a) O precipitado era hidróxido de sódio, que se dissolveu novamente no volume maior. (b) O precipitado era hidróxido de cromo, que se dissolveu quando foi adicionada mais solução, formando Cr^{3+}(aq). (c) O precipitado era hidróxido de cromo, que reagiu com mais hidróxido para produzir um íon complexo solúvel, $Cr(OH)_4^-$. (d) O precipitado era nitrato de sódio, que reagiu com mais nitrato para produzir o íon complexo solúvel $Na(NO_3)_3^{2-}$(aq).

SIM 17.17 Um sal insolúvel MA tem K_{ps} de $1,0 \times 10^{-16}$. Duas soluções, MNO_3 e NaA, são misturadas para obter uma solução final que é $1,0 \times 10^{-8}$ M em M^+(aq) e $1,00 \times 10^{-7}$ M em A$^-$(aq). Para essa situação, Q é _____ do que K_{ps}, e um precipitado _____ se formar. (a) maior, vai (b) maior, não vai (c) menor, vai (d) menor, não vai

SIM 17.18 Você adiciona uma solução concentrada de HCl a uma solução aquosa de um cátion metálico desconhecido e, aparentemente, nada acontece. Em seguida, você adiciona sulfeto de amônio sob condições básicas à solução e observa a formação de um precipitado colorido. Qual é a identidade provável do cátion desconhecido? (a) Prata (b) Chumbo (c) Mercúrio (d) Alumínio (e) Estrôncio

SIM 17.19 O valor de K_{ps} para $Mg(OH)_2$ é $1,8 \times 10^{-11}$. Qual é o pH de uma solução saturada de $Mg(OH)_2$? (a) 3,78 (b) 8,62 (c) 10,21 (d) 10,52 (e) 10,74

Exercícios

Visualizando conceitos

17.1 Os quadros a seguir representam soluções aquosas contendo um ácido fraco, HA, e sua base conjugada, A⁻. As moléculas de água, os íons hidrônio e os cátions não são mostrados. Qual solução tem o pH mais alto? Explique. [Seção 17.1]

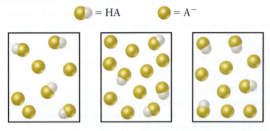

17.2 O béquer à direita contém uma solução de ácido acético 0,1 M com alaranjado de metila como indicador. O béquer à esquerda contém uma mistura de ácido acético 0,1 M e acetato de sódio 0,1 M com alaranjado de metila. (a) Com base nas Figuras 16.8 e 16.9, qual solução tem pH mais elevado? (b) Qual solução tem maior capacidade de manter seu pH quando pequenas quantidades de NaOH são dissociadas? Explique. [Seções 17.1 e 17.2]

17.3 Um tampão contém um ácido fraco, HA, e sua base conjugada. O ácido fraco tem pK_a de 4,5 e o tampão tem pH de 4,3. Sem fazer cálculos, quais destas possibilidades estão corretas: (a) [HA] = [A⁻], (b) [HA] > [A⁻] ou (c) [HA] < [A⁻]? [Seção 17.2]

17.4 O diagrama a seguir representa um tampão preparado com concentrações iguais de um ácido fraco, HA, e sua base conjugada, A⁻. As alturas das colunas são proporcionais às concentrações dos componentes do tampão. (a) Qual dos três desenhos, (1), (2) ou (3), representa o tampão depois da adição de um ácido forte? (b) Qual dos três representa o tampão após a adição de uma base forte? (c) Qual dos três representa uma situação que não pode ocorrer a partir da adição de um ácido ou uma base? [Seção 17.2]

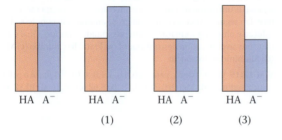

17.5 A figura a seguir representa soluções em diversas fases da titulação de um ácido fraco, HA, com NaOH. (Para facilitar a compreensão, os íons Na⁺ e as moléculas de água foram omitidas.) A qual das seguintes regiões da curva de titulação cada quadro corresponde: (a) antes da adição de NaOH, (b) após a adição de NaOH, mas antes do ponto de equivalência, (c) no ponto de equivalência, (d) após o ponto de equivalência? [Seção 17.3]

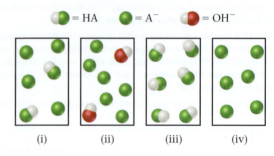

17.6 Faça a correspondência entre as seguintes descrições de curvas de titulação com os diagramas a seguir: (a) ácido forte adicionado a base forte, (b) base forte adicionada a ácido fraco, (c) base forte adicionada a ácido forte, (d) base forte adicionada a ácido poliprótico. [Seção 17.3]

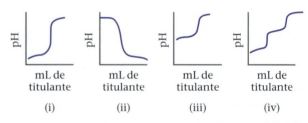

17.7 Volumes iguais de dois ácidos são titulados com NaOH 0,10 M, resultando nas duas curvas de titulação apresentadas a seguir. (a) Qual curva corresponde à solução mais concentrada de ácido? (b) Qual corresponde ao ácido com maior K_a? [Seção 17.3]

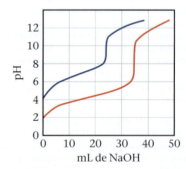

17.8 Uma solução saturada de Cd(OH)₂ é mostrada no béquer do meio da figura a seguir. Se uma solução de ácido clorídrico for adicionada, a solubilidade de Cd(OH)₂ vai aumentar, causando a dissolução do sólido adicional. Qual das duas opções, béquer A ou béquer B, representa com precisão a solução depois que o equilíbrio é restabelecido? (Para facilitar a compreensão, as moléculas de água e os íons Cl⁻ foram omitidos.) [Seções 17.4 e 17.5]

17.9 Os gráficos a seguir representam o comportamento do BaCO₃ sob diversas circunstâncias. Em todos os casos, o eixo vertical indica a solubilidade do BaCO₃ e o eixo horizontal, a concentração de algum outro reagente. (**a**) Qual gráfico representa o que acontece com a solubilidade do BaCO₃ quando HNO₃ é adicionado? (**b**) Qual gráfico representa o que acontece com a solubilidade do BaCO₃ quando Na₂CO₃ é adicionado? (**c**) Qual gráfico representa o que acontece com a solubilidade do BaCO₃ quando NaNO₃ é adicionado? [Seção 17.5]

17.10 Ca(OH)₂ tem K_{ps} de $6,5 \times 10^{-6}$. (**a**) Se 0,370 g de Ca(OH)₂ for adicionado a 500 mL de água e a mistura atingir o equilíbrio, a solução será saturada? (**b**) Se 50 mL da solução na parte (a) forem adicionados a cada béquer mostrado a seguir, em quais deles um precipitado será formado? Nos casos em que um precipitado é formado, qual é a sua identidade? [Seção 17.6]

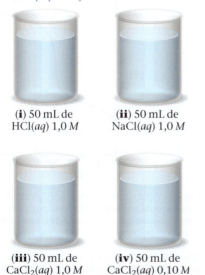

17.11 O gráfico a seguir mostra a solubilidade de um sal em função do pH. Qual das seguintes opções explica a forma desse gráfico? (**a**) Nenhuma, esse comportamento não é possível. (**b**) Um sal solúvel reage com ácido para formar um precipitado, e o ácido adicionado reage com esse produto para dissolvê-lo. (**c**) Um sal solúvel forma um hidróxido insolúvel e, então, uma base adicional reage com esse produto para dissolvê-lo. (**d**) A solubilidade do sal aumenta com o pH e depois diminui por causa do calor gerado pelas reações de neutralização. [Seção 17.5]

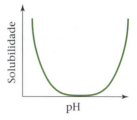

17.12 Três cátions, Ni²⁺, Cu²⁺ e Ag⁺, são separados por meio de dois agentes precipitantes. Com base na Figura 17.23, quais dois agentes de precipitação poderiam ser usados? Usando esses agentes, indique qual dos cátions é A, qual é B e qual é C. [Seção 17.7]

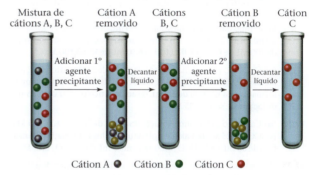

Efeito do íon comum (Seção 17.1)

17.13 Qual das seguintes afirmações sobre o efeito do íon comum está correta? (**a**) A solubilidade de um sal MA é reduzida em uma solução que já contém M⁺ ou A⁻. (**b**) Íons comuns alteram a constante de equilíbrio para a reação de um sólido iônico com água. (**c**) O efeito do íon comum não se aplica a íons incomuns, como SO₃²⁻. (**d**) A solubilidade de um sal MA é afetada igualmente pela adição de A⁻ ou de um íon não comum.

17.14 Analise o equilíbrio

$$B(aq) + H_2O(l) \rightleftharpoons HB^+(aq) + OH^-(aq).$$

Suponha que um sal de HB⁺(aq) é adicionado a uma solução de B(aq) no estado de equilíbrio. (**a**) A constante de equilíbrio para a reação vai aumentar, diminuir ou permanecer estável? (**b**) A concentração de B(aq) vai aumentar, diminuir ou permanecer estável? (**c**) O pH da solução vai aumentar, diminuir ou permanecer estável?

17.15 Use as informações do Apêndice D para calcular o pH de (**a**) uma solução de propionato de potássio (C₂H₅COOK ou KC₃H₅O₂) 0,060 M e ácido propiônico (C₂H₅COOH ou HC₃H₅O₂) 0,085 M; (**b**) uma solução de trimetilamina, (CH₃)₃N, 0,075 M e cloreto de trimetilamônio, (CH₃)₃NHCl, 0,10 M; (**c**) uma solução preparada pela mistura de 50,0 mL de ácido acético 0,15 M e 50,0 mL de acetato de sódio 0,20 M.

17.16 Com base nas informações do Apêndice D, calcule o pH de (**a**) uma solução de formato de sódio (HCOONa) 0,250 M e ácido fórmico (HCOOH) 0,100 M; (**b**) uma solução de piridina (C_5H_5N) 0,510 M e cloreto de piridínio (C_5H_5NHCl) 0,450 M; (**c**) uma solução preparada ao combinar 55 mL de ácido fluorídrico 0,050 M com 125 mL de fluoreto de sódio 0,10 M.

17.17 (**a**) Calcule o percentual de ionização do ácido butanoico 0,007 M ($K_a = 1,5 \times 10^{-5}$). (**b**) Calcule o percentual de ionização de ácido butanoico 0,0075 M em uma solução contendo butanoato de sódio 0,085 M.

17.18 (**a**) Calcule o percentual de ionização de ácido lático 0,125 M ($K_a = 1,4 \times 10^{-4}$). (**b**) Calcule o percentual de ionização de ácido lático 0,125 M em uma solução contendo lactato de sódio 0,0075 M.

Tampões (Seção 17.2)

17.19 Qual das seguintes soluções é um tampão? (**a**) CH_3COOH 0,10 M e CH_3COONa 0,10 M (**b**) CH_3COOH 0,10 M (**c**) HCl 0,10 M e NaCl 0,10 M (**d**) Alternativas a e c (**e**) Alternativas a, b e c

17.20 Qual das seguintes soluções é um tampão? (**a**) Uma solução preparada com a mistura de 100 mL de CH_3COOH 0,100 M e 50 mL de NaOH 0,100 M. (**b**) Uma solução preparada com a mistura de 100 mL de CH_3COOH 0,100 M e 500 mL de NaOH 0,100 M. (**c**) Uma solução preparada com a mistura de 100 mL de CH_3COOH 0,100 M e 50 mL de HCl 0,100 M. (**d**) Uma solução preparada com a mistura de 100 mL de CH_3COOK 0,100 M e 50 mL de KCl 0,100 M.

17.21 (**a**) Calcule o pH de uma solução-tampão de ácido lático 0,12 M e lactato de sódio 0,11 M. (**b**) Calcule o pH de uma solução-tampão formada pela mistura de 85 mL de ácido lático 0,13 M com 95 mL de lactato de sódio 0,15 M.

17.22 (**a**) Calcule o pH de uma solução-tampão de $NaHCO_3$ 0,105 M e Na_2CO_3 0,125 M. (**b**) Calcule o pH de uma solução formada pela mistura de 65 mL de $NaHCO_3$ 0,20 M, com 75 mL de Na_2CO_3 0,15 M.

17.23 Uma solução-tampão é preparada pela adição de 20,0 g de acetato de sódio (CH_3COONa) a 500 mL de uma solução de ácido acético (CH_3COOH) 0,150 M. (**a**) Determine o pH do tampão. (**b**) Escreva a equação iônica completa para a reação que ocorre quando algumas gotas de ácido clorídrico são adicionadas ao tampão. (**c**) Escreva a equação iônica completa para a reação que ocorre quando algumas gotas de solução de hidróxido de sódio são adicionadas ao tampão.

17.24 Uma solução-tampão é preparada pela adição de 10,0 g de cloreto de amônio (NH_4Cl) a 250 mL de solução de NH_3 1,00 M. (**a**) Qual é o pH desse tampão? (**b**) Escreva a equação iônica completa para a reação que ocorre quando algumas gotas de ácido nítrico são adicionadas ao tampão. (**c**) Escreva a equação iônica completa para a reação que ocorre quando algumas gotas de solução de hidróxido de potássio são adicionadas ao tampão.

17.25 Você deve preparar uma solução-tampão de pH = 3,00, partindo de 1,25 L de uma solução de ácido fluorídrico (HF) 1,00 M e a quantidade necessária de fluoreto de sódio (NaF). (**a**) Qual é o pH da solução de ácido fluorídrico antes da adição de fluoreto de sódio? (**b**) Quantos gramas de fluoreto de sódio devem ser adicionados para preparar a solução-tampão? Despreze a pequena variação de volume que ocorre quando o fluoreto de sódio é adicionado.

17.26 Você deve preparar uma solução tampão de pH = 4,00, partindo de 1,50 L de solução de ácido benzoico 0,0200 M (C_6H_5COOH) e a quantidade necessária de benzoato de sódio (C_6H_5COONa). (**a**) Qual é o pH da solução de ácido benzoico antes da adição de benzoato de sódio? (**b**) Quantos gramas de benzoato de sódio devem ser adicionados para preparar a solução-tampão? Despreze a pequena variação de volume que ocorre quando o benzoato de sódio é adicionado.

17.27 Um tampão contém 0,10 mol de ácido acético e 0,13 mol de acetato de sódio em 1,00 L. (**a**) Qual é o pH desse tampão? (**b**) Qual é o pH do tampão após a adição de 0,020 mol de KOH? (**c**) Qual é o pH do tampão após a adição de 0,020 mol de HNO_3?

17.28 Um tampão contém 0,15 mols de ácido propiônico (C_2H_5COOH) e 0,10 mols de propionato de sódio (C_2H_5COONa) em 1,20 L. (**a**) Qual é o pH desse tampão? (**b**) Qual é o pH do tampão após a adição de 0,010 mol de NaOH? (**c**) Qual é o pH do tampão após a adição de 0,010 mol de HI?

17.29 (**a**) Qual é a razão entre HCO_3^- e H_2CO_3 no sangue de pH 7,4? (**b**) Qual é a razão entre HCO_3^- e H_2CO_3 em um maratonista exausto, cujo pH do sangue é 7,1?

17.30 Um tampão que consiste em $H_2PO_4^-$ e HPO_4^{2-} ajuda a controlar o pH de fluidos fisiológicos. Muitos refrigerantes também usam esse sistema tampão. Qual é o pH de um refrigerante em que os principais ingredientes do tampão são 6,5 g de NaH_2PO_4 e 8,0 g de Na_2HPO_4 por 355 mL de solução?

17.31 Você deve preparar uma solução-tampão de pH = 3,50, tendo disponíveis as seguintes soluções de 0,10 M: HCOOH, CH_3COOH, H_3PO_4, HCOONa, CH_3COONa e NaH_2PO_4. Quais soluções você escolheria? Quantos mililitros de cada solução você usaria para preparar cerca de 1 L do tampão?

17.32 Você deve preparar uma solução-tampão de pH = 5,00, tendo disponíveis as seguintes soluções de 0,10 M: HCOOH, HCOONa, CH_3COOH, CH_3COONa, HCN e NaCN. Quais soluções você escolheria? Quantos mililitros de cada solução você usaria para preparar cerca de 1 L do tampão?

Titulações ácido-base (Seção 17.3)

17.33 O gráfico a seguir mostra as curvas de titulação para dois ácidos monopróticos. (**a**) Qual curva é a de um ácido forte? (**b**) Qual é o pH aproximado no ponto de equivalência de cada titulação? (**c**) Se 40,0 mL de cada ácido foram titulados com uma base 0,100 M, qual ácido é o mais concentrado? (**d**) Estime o pK_a do ácido fraco.

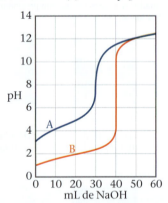

17.34 Compare a titulação de um ácido monoprótico forte com uma base forte e a titulação de um ácido monoprótico fraco com uma base forte. Considere que as soluções ácidas fortes e fracas têm, inicialmente, concentrações iguais. Indique se as afirmações a seguir são verdadeiras ou falsas. (**a**) É necessário uma maior quantidade de base para atingir o ponto de equivalência para o ácido forte do que para o ácido fraco. (**b**) O pH no início da titulação é menor para o ácido fraco do que para o ácido forte. (c) O pH no ponto de equivalência é 7, independentemente do ácido titulado.

17.35 As amostras de ácido nítrico e ácido acético mostradas aqui são tituladas com uma solução de NaOH(aq) 0,100 M.

25,0 mL de HNO₃(aq) 1,0 M   25,0 mL de CH₃COOH(aq) 1,0 M

Determine se cada uma das seguintes afirmações a respeito dessas titulações é *verdadeira* ou *falsa*.

(a) É necessário um volume maior de NaOH(aq) para atingir o ponto de equivalência na titulação de HNO₃.

(b) O pH no ponto de equivalência da titulação de HNO₃ será inferior ao valor do pH no ponto de equivalência da titulação de CH₃COOH.

(c) A fenolftaleína seria um indicador apropriado para ambas as titulações.

17.36 Determine se cada uma das seguintes afirmações a respeito das titulações no Exercício 17.35 é *verdadeira* ou *falsa*.

(a) O pH no início das duas titulações será igual.

(b) As curvas de titulação serão essencialmente as mesmas após o ponto de equivalência.

(c) O vermelho de metila seria um indicador apropriado para ambas as titulações.

17.37 Preveja se o pH no ponto de equivalência de cada uma das seguintes titulações é igual, superior ou inferior a 7: (a) NaHCO₃ titulado com NaOH, (b) NH₃ titulado com HCl, (c) KOH titulado com HBr.

17.38 Preveja se o pH no ponto de equivalência de cada uma das seguintes titulações é igual, superior ou inferior a 7: (a) ácido fórmico titulado com NaOH, (b) hidróxido de cálcio titulado com ácido perclórico, (c) piridina titulada com ácido nítrico.

17.39 Como mostra a Figura 16.8, o indicador azul de bromotimol tem duas alterações de cor. Qual alteração de cor será mais apropriada para a titulação de um ácido fraco com uma base forte?

17.40 Suponha que 30,0 mL de uma solução 0,10 M de uma base fraca B que aceita um próton sejam titulados com uma solução 0,10 M do ácido monoprótico forte HA. (a) Quantos mols de HA foram adicionados no ponto de equivalência? (b) Qual é a forma predominante de B no ponto de equivalência? (c) O pH é igual, menor ou maior que 7 no ponto de equivalência? (d) Qual indicador, fenolftaleína ou vermelho de metila, é a melhor escolha para essa titulação?

17.41 Quantos mililitros de NaOH 0,0850 M são necessários para titular cada uma das seguintes soluções ao ponto de equivalência: (a) 40,0 mL de HNO₃ 0,0900 M, (b) 35,0 mL de CH₃COOH 0,0850 M, (c) 50,0 mL de uma solução que contém 1,85 g de HCl por litro?

17.42 Quantos mililitros de HCl 0,105 M são necessários para titular cada uma das seguintes soluções ao ponto de equivalência: (a) 45,0 mL de NaOH 0,0950 M, (b) 22,5 mL de NH₃ 0,118 M, (c) 125,0 mL de uma solução que contém 1,35 g de NaOH por litro?

17.43 Uma amostra de 20,0 mL de uma solução de HBr 0,200 M é titulada com uma solução de NaOH 0,200 M. Calcule o pH da solução depois da adição dos seguintes volumes de base: (a) 15,0 mL, (b) 19,9 mL, (c) 20,0 mL, (d) 20,1 mL, (e) 35,0 mL.

17.44 Uma amostra de 20,0 mL de KOH 0,150 M é titulada com uma solução de HClO₄ 0,125 M. Calcule o pH após a adição dos seguintes volumes de ácido: (a) 20,0 mL, (b) 23,0 mL, (c) 24,0 mL, (d) 25,0 mL, (e) 30,0 mL.

17.45 Uma amostra de 35,0 mL de ácido acético (CH₃COOH) 0,150 M é titulada com uma solução de NaOH 0,150 M. Calcule o pH depois da adição dos seguintes volumes de base: (a) 0 mL, (b) 17,5 mL, (c) 34,5 mL, (d) 35,0 mL, (e) 35,5 mL, (f) 50,0 mL.

17.46 Considere a titulação de 30,0 mL de NH₃ 0,050 M com HCl 0,025 M. Calcule o pH depois da adição dos seguintes volumes de titulante: (a) 0 mL, (b) 20,0 mL, (c) 59,0 mL, (d) 60,0 mL, (e) 61,0 mL, (f) 65,0 mL.

17.47 Calcule o pH no ponto de equivalência para a titulação de soluções de 0,200 M de cada uma das seguintes bases com HBr 0,200 M: (a) hidróxido de sódio (NaOH), (b) hidroxilamina (NH₂OH), (c) anilina (C₆H₅NH₂).

17.48 Calcule o pH no ponto de equivalência para a titulação de soluções de 0,100 M de cada um dos seguintes ácidos com NaOH 0,080 M: (a) ácido bromídrico (HBr), (b) ácido cloroso (HClO₂), (c) ácido benzoico (C₆H₅COOH).

Equilíbrios de solubilidade e fatores que afetam a solubilidade (Seções 17.4 e 17.5)

17.49 Indique se cada afirmação a seguir é *verdadeira* ou *falsa*.

(a) A solubilidade de um sal pouco solúvel pode ser expressa em unidades de mols por litro.

(b) O produto de solubilidade de um sal pouco solúvel é simplesmente o quadrado da solubilidade.

(c) A solubilidade de um sal pouco solúvel independe da presença de um íon comum.

(d) O produto de solubilidade de um sal pouco solúvel independe da presença de um íon comum.

17.50 A solubilidade de dois sais ligeiramente solúveis de M²⁺, MA e MZ₂, é igual, 4×10^{-4} mol/L. (a) Qual tem o maior valor numérico para a constante do produto de solubilidade? (b) Em uma solução saturada de cada sal em água, qual tem concentração mais elevada de M²⁺? (c) Ao adicionar um volume igual de uma solução saturada de MA a outra solução saturada de MZ₂, qual será a concentração no equilíbrio do cátion M²⁺?

17.51 Escreva a expressão para a constante do produto de solubilidade de cada um dos seguintes compostos iônicos: AgI, SrSO₄, Fe(OH)₂ e Hg₂Br₂.

17.52 (a) *Verdadeiro* ou *falso*? "Solubilidade" e "constante do produto de solubilidade" representam o mesmo número para um dado composto. (b) Escreva a expressão para a constante do produto de solubilidade de cada um destes compostos iônicos: MnCO₃, Hg(OH)₂, Cu₃(PO₄)₂.

17.53 (a) Se a solubilidade molar de CaF₂ a 35 °C é $1,24 \times 10^{-3}$ mol/L, qual a K_{ps} a essa temperatura? (b) Constata-se a dissolução de 1,1 $\times 10^{-2}$ g de SrF₂ por 100 mL de solução aquosa a 25 °C. Calcule o produto de solubilidade para SrF₂. (c) A K_{ps} de Ba(IO₃)₂ a 25 °C é 6,0 $\times 10^{-10}$. Qual é a solubilidade molar de Ba(IO₃)₂?

17.54 (a) A solubilidade molar de PbBr₂ a 25 °C é $1,0 \times 10^{-2}$ mol/L. Calcule K_{ps}. (b) Se há dissolução de 0,0490 g de AgIO₃ por litro de solução, calcule a constante do produto de solubilidade. (c) Utilizando o valor apropriado de K_{ps} do Apêndice D, calcule o pH de uma solução saturada de Ca(OH)₂.

17.55 1,00 L de solução saturada de oxalato de cálcio (CaC₂O₄) a 25 °C contém 0,0061 g de CaC₂O₄. Calcule a constante do produto de solubilidade desse sal a 25 °C.

17.56 1,00 L de solução saturada de iodeto de chumbo(II) a 25 °C contém 0,54 g de PbI$_2$. Calcule a constante do produto de solubilidade desse sal a 25 °C.

17.57 Com base no Apêndice D, calcule a solubilidade molar de AgBr em (a) água pura, (b) solução de AgNO$_3$ 3,0 × 10^{-2} M, (c) solução de NaBr 0,10 M.

17.58 Calcule a solubilidade do LaF$_3$ em gramas por litro em (a) água pura, (b) solução de KF 0,010 M, (c) solução de LaCl$_3$ 0,050 M.

17.59 Considere um béquer contendo uma solução saturada de CaF$_2$ em equilíbrio com CaF$_2$(s) não dissolvido. Então, CaCl$_2$ sólido é adicionado à solução. (a) A quantidade de CaF$_2$ sólido no fundo do béquer aumenta, diminui ou permanece igual? (b) A concentração de íons Ca^{2+} em solução aumenta ou diminui? (c) A concentração de íons F$^-$ em solução aumenta ou diminui?

17.60 Considere um béquer contendo uma solução saturada de PbI$_2$ em equilíbrio com PbI$_2$(s) não dissolvido. Então, o sólido KI é adicionado a essa solução. (a) A quantidade de PbI$_2$ sólido no fundo do béquer aumenta, diminui ou permanece igual? (b) A concentração de íons Pb^{2+} em solução aumenta ou diminui? (c) A concentração de íons I$^-$ em solução aumenta ou diminui?

17.61 Calcule a solubilidade de Mn(OH)$_2$ em gramas por litro quando tamponado a pH (a) 7,0, (b) 9,5, (c) 11,8.

17.62 Calcule a solubilidade molar de Ni(OH)$_2$ quando tamponado a pH (a) 8,0, (b) 10,0, (c) 12,0.

17.63 Qual dos seguintes sais será substancialmente mais solúvel em solução ácida do que em água pura: (a) ZnCO$_3$, (b) ZnS, (c) BiI$_3$, (d) AgCN, (e) Ba$_3$(PO$_4$)$_2$?

17.64 Para cada um dos seguintes sais ligeiramente solúveis, escreva a equação iônica simplificada, se for o caso, para a reação com um ácido forte: (a) MnS, (b) PbF$_2$, (c) AuCl$_3$, (d) Hg$_2$C$_2$O$_4$, (e) CuBr.

17.65 Com base nos valores de K_f listados na Tabela 17.1, calcule a concentração de Ni^{2+}(aq) e Ni(NH$_3$)$_6^{2+}$ presente no equilíbrio após a dissolução de 1,25 g de NiCl$_2$ em 100,0 mL de NH$_3$(aq) 1,00 M.

17.66 Com base no valor de K_f listado na Tabela 17.1, calcule a concentração de NH$_3$ necessária para dissolver 0,020 mol de NiC$_2$O$_4$ (K_{ps} = 4 × 10^{-10}) em 1,00 L de solução. (Dica: você pode desprezar a hidrólise de C$_2$O$_4^{2-}$, porque a solução será muito básica.)

17.67 Use valores de K_{ps} para AgI e K_f para Ag(CN)$_2^-$ para (a) calcular a solubilidade molar de AgI em água pura, (b) calcular a constante de equilíbrio para a reação AgI(s) + 2 CN$^-$(aq) ⇌ Ag(CN)$_2^-$(aq) + I$^-$(aq), (c) determinar a solubilidade molar de AgI em uma solução de NaCN 0,100 M.

17.68 Com base no valor de K_{ps} para Ag$_2$S, de K_{a1} e K_{a2} para H$_2$S e de K_f = 1,1 × 10^5 para AgCl$_2^-$, calcule a constante de equilíbrio para a seguinte reação:

$$Ag_2S(s) + 4\,Cl^-(aq) + 2\,H^+(aq) \rightleftharpoons 2\,AgCl_2^-(aq) + H_2S(aq)$$

Precipitação e separação de íons (Seção 17.6)

17.69 (a) Haverá precipitação de Ca(OH)$_2$ se o pH de uma solução de CaCl$_2$ 0,050 M for ajustado a 8,0? (b) Haverá precipitação de Ag$_2$SO$_4$ se 100 mL de AgNO$_3$ 0,050 M forem misturados com 10 mL de uma solução de Na$_2$SO$_4$ 5,0 × 10^{-2} M?

17.70 (a) Haverá precipitação de Co(OH)$_2$ se o pH de uma solução de Co(NO$_3$)$_2$ 0,020 M for ajustado a 8,5? (b) Haverá precipitação de AgIO$_3$ se 20 mL de AgIO$_3$ 0,010 M forem misturados com 10 mL de NaIO$_3$ 0,015 M? (K_{ps} de AgIO$_3$ é 3,1 × 10^{-8}).

17.71 Calcule o pH mínimo necessário para precipitar Mn(OH)$_2$ tão completamente que a concentração de Mn^{2+}(aq) seja menor que 1 µg por litro [1 parte por bilhão (ppb)].

17.72 Suponha que uma amostra de 10 mL de uma solução deva ser testada para o íon I$^-$ adicionando-se uma gota (0,2 mL) de Pb(NO$_3$)$_2$ 0,10 M. Qual é a quantidade mínima de gramas de I$^-$ que deve estar presente para que haja formação de PbI$_2$(s)?

17.73 Uma solução contém Ag$^+$(aq) 2,0 × 10^{-4} M e Pb^{2+}(aq) 1,5 × 10^{-3} M. Com adição de NaI, qual se precipitará primeiro: AgI (K_{ps} = 8,3 × 10^{-17}) ou PbI$_2$ (K_{ps} = 7,9 × 10^{-9})? Especifique a concentração de I$^-$(aq) necessária para iniciar a precipitação.

17.74 Uma solução de Na$_2$SO$_4$ é adicionada gota a gota a uma solução de Ba^{2+}(aq) 0,010 M e Sr^{2+}(aq) 0,010 M. (a) Qual concentração de SO$_4^{2-}$ é necessária para iniciar a precipitação? (Despreze variações de volume. BaSO$_4$: K_{ps} = 1,1 × 10^{-10}; SrSO$_4$: K_{ps} = 3,2 × 10^{-7}.) (b) Qual cátion precipita primeiro? (c) Qual é a concentração de SO$_4^{2-}$(aq) quando o segundo cátion começa a precipitar?

17.75 Uma solução contém três ânions com as seguintes concentrações: CrO$_4^{2-}$ 0,20 M, CO$_3^{2-}$ 0,10 M e Cl$^-$ 0,010 M. Se uma solução diluída de AgNO$_3$ for adicionada lentamente à solução, qual será o primeiro composto a precipitar: Ag$_2$CrO$_4$ (K_{ps} = 1,2 × 10^{-12}), Ag$_2$CO$_3$ (K_{ps} = 8,1 × 10^{-12}) ou AgCl (K_{ps} = 1,8 × 10^{-10})?

17.76 Uma solução de Na$_2$SO$_4$ 1,0 M é adicionada lentamente a 10,0 mL de uma solução Ca^{2+} 0,20 M e Ag$^+$ 0,30 M. (a) Qual composto vai precipitar primeiro: CaSO$_4$ (K_{ps} = 2,4 × 10^{-5}) ou Ag$_2$SO$_4$ (K_{ps} = 1,5 × 10^{-5})? (b) Quanto de solução de Na$_2$SO$_4$ deve ser adicionado para iniciar a precipitação?

Análise qualitativa de elementos metálicos (Seção 17.7)

17.77 Uma solução contendo vários íons metálicos é tratada com HCl diluído; não há formação de precipitado. O pH é ajustado para cerca de 1, e H$_2$S é borbulhado. Novamente, não há formação de precipitado. O pH da solução é, então, ajustado a cerca de 8. Mais uma vez, borbulha-se H$_2$S. Desta vez, há formação de precipitado. O líquido filtrado resultante dessa solução é tratado com (NH$_4$)$_2$HPO$_4$. Nenhum precipitado se forma. Quais dos cátions metálicos a seguir possivelmente estão presentes e quais estão definitivamente ausentes: Al^{3+}, Na$^+$, Ag$^+$, Mg^{2+}?

17.78 Um sólido desconhecido é totalmente solúvel em água. A adição de HCl diluído forma um precipitado. Uma vez filtrado o precipitado, o pH é ajustado para cerca de 1 e H$_2$S é borbulhado; forma-se novamente um precipitado. Após a filtragem desse precipitado, o pH é ajustado para 8 e H$_2$S é borbulhado novamente; nenhum precipitado se forma. A adição de (NH$_4$)$_2$HPO$_4$ não forma precipitado algum. A solução restante apresenta cor amarela em um teste de chama (Figura 7.22). Com base nessas observações, quais dos seguintes compostos podem estar presentes na solução, quais estão definitivamente presentes e quais estão definitivamente ausentes: CdS, Pb(NO$_3$)$_2$, HgO, ZnSO$_4$, Cd(NO$_3$)$_2$ e Na$_2$SO$_4$?

17.79 No decorrer de vários procedimentos de análise qualitativa, são encontradas as seguintes misturas: (a) Zn^{2+} e Cd^{2+}, (b) Cr(OH)$_3$ e Fe(OH)$_3$, (c) Mg^{2+} e K$^+$, (d) Ag$^+$ e Mn^{2+}. Indique como cada mistura pode ser separada.

17.80 Indique como os cátions em cada uma das seguintes misturas de solução podem ser separados: (a) Na$^+$ e Cd^{2+}, (b) Cu^{2+} e Mg^{2+}, (c) Pb^{2+} e Al^{3+}, (d) Ag$^+$ e Hg^{2+}.

17.81 (a) A precipitação dos cátions do grupo 4 da Figura 17.23 pede um meio básico. Por que isso ocorre? (b) Qual é a diferença mais significativa entre os sulfetos precipitados no grupo 2 e os precipitados no grupo 3? (c) Indique um procedimento que serviria para redissolver os cátions do grupo 3 após a sua precipitação.

17.82 Um estudante que está com muita pressa para terminar seu trabalho de laboratório deduz que a incógnita de sua análise qualitativa contém um íon metálico do grupo 4 da Figura 17.23. Assim, ele testa sua amostra diretamente com (NH$_4$)$_2$HPO$_4$, ignorando testes anteriores para íons metálicos dos grupos 1, 2 e 3. Ele observa um precipitado e conclui que um íon metálico do grupo 4 está presente. Por que essa conclusão pode estar errada?

Exercícios adicionais

17.83 Qual das equações a seguir relaciona o pOH de um tampão com o pK_b da sua base fraca de forma análoga à equação de Henderson-Hasselbalch para ácidos fracos? (**a**) $pK_b = pOH + \log[\text{ácido}]/[\text{base}]$ (**b**) $pK_b = pOH - \log[\text{ácido}]/[\text{base}]$ (**c**) $pK_b = pOH - \log[\text{base}]/[\text{ácido}]$ (**d**) $pK_b = pOH + \log[\text{base}]/[\text{ácido}]$

17.84 A água da chuva é ácida porque $CO_2(g)$ se dissolve na água, produzindo ácido carbônico, H_2CO_3. Se é muito ácida, a água da chuva reage com calcário e conchas (feitas principalmente de carbonato de cálcio, $CaCO_3$). Calcule as concentrações de ácido carbônico, íon bicarbonato (HCO_3^-) e íon carbonato (CO_3^{2-}) encontrados em uma gota de chuva com pH de 5,60, supondo que a soma das três espécies na gota de chuva é $1,0 \times 10^{-5}$ M.

17.85 O ácido furoico ($HC_5H_3O_3$) tem valor de K_a de $6,76 \times 10^{-4}$ a 25 °C. Calcule o pH a 25 °C de (**a**) uma solução formada pela adição de 25,0 g de ácido furoico e 30,0 g de furoato de sódio ($NaC_5H_3O_3$) em água suficiente para formar 0,250 L de solução, (**b**) uma solução formada pela mistura de 30,0 mL de $HC_5H_3O_3$ 0,250 M e 20,0 mL de $NaC_5H_3O_3$ 0,22 M e pela diluição do volume total para 125 mL, (**c**) uma solução preparada pela adição de 50,0 mL de solução de NaOH 1,65 M a 0,500 L de $HC_5H_3O_3$ 0,0850 M.

17.86 O indicador ácido-base verde de bromocresol é um ácido fraco. As formas ácida (amarela) e básica (azul) do indicador estão presentes em concentrações iguais em uma solução quando o pH é de 4,68. Qual é o pK_a para o verde de bromocresol?

17.87 Quantidades iguais de soluções 0,010 M de um ácido HA e uma base B são misturadas. O pH da solução resultante é 9,2. (**a**) Escreva a equação química e a expressão da constante de equilíbrio para a reação entre HA e B. (**b**) Se K_a para HA é $8,0 \times 10^{-5}$, qual é o valor da constante de equilíbrio para a reação entre HA e B? (**c**) Qual é o valor de K_b para B?

17.88 Dois tampões são preparados pela adição de igual quantidade de matéria de ácido fórmico (HCOOH) e formiato de sódio (HCOONa) em água suficiente para formar 1,00 L de solução. O tampão A é preparado com 1,00 mol de ácido fórmico e de formiato de sódio. O tampão B é preparado com 0,010 mol de cada um. (**a**) Calcule o pH de cada tampão. (**b**) Qual tampão terá a maior capacidade tamponante? (**c**) Calcule a variação do pH para cada tampão após a adição de 1,0 mL de HCl 1,00 M. (**d**) Calcule a variação do pH de cada tampão após a adição de 10 mL de HCl 1,00 M.

17.89 Um bioquímico precisa de 750 mL de um tampão de ácido acético-acetato de sódio com pH 4,50. Encontram-se disponíveis o acetato de sódio sólido (CH_3COONa) e o ácido acético glacial (CH_3COOH). O ácido acético glacial é de 99% de CH_3COOH em massa e tem densidade de 1,05 g/mL. Se o tampão deve ser de CH_3COOH 0,15 M, quantos gramas de CH_3COONa e quantos mililitros de ácido acético glacial devem ser utilizados?

17.90 Uma amostra de 0,2140 g de um ácido monoprótico desconhecido foi dissolvida em 25,0 mL de água e titulada com NaOH 0,0950 M. O ácido consumiu 30,0 mL de base para atingir o ponto de equivalência. (**a**) Qual é a massa molar do ácido? (**b**) Após a adição de 15,0 mL de base à titulação, verificou-se um pH de 6,50. Qual é o K_a do ácido desconhecido?

17.91 Uma amostra de 0,1687 g de um ácido monoprótico desconhecido foi dissolvida em 25,0 mL de água e titulada com NaOH 0,1150 M. O ácido consumiu 15,5 mL de base para alcançar o ponto de equivalência. (**a**) Qual é a massa molar do ácido? (**b**) Após a adição de 7,25 mL de base à titulação, verificou-se um pH de 2,85. Qual é a K_a do ácido desconhecido?

17.92 Ao longo de quais das seguintes partes da curva de titulação de pH para um ácido monoprótico fraco/base forte a solução é tamponada? (**a**) No início, logo antes de qualquer base ser adicionada. (**b**) A meio caminho do ponto de equivalência. (**c**) No ponto de equivalência. (**d**) Muito além do ponto de equivalência.

17.93 Um ácido monoprótico fraco é titulado com NaOH 0,100 M. São necessários 50,0 mL da solução de NaOH para alcançar o ponto de equivalência. Após a adição de 25,0 mL de base, o pH da solução é 3,62. Estime o pK_a do ácido fraco.

17.94 Qual é o pH de uma solução preparada com a mistura de 0,30 mol de NaOH, 0,25 mol de Na_2HPO_4 e 0,20 mol de H_3PO_4 em água e diluída para 1,00 L?

17.95 Suponha que você queira fazer uma experiência fisiológica que requer um tampão de pH 6,50 e constata que o organismo com o qual está trabalhando não é sensível ao ácido fraco H_2A ($K_{a1} = 2 \times 10^{-2}$; $K_{a2} = 5,0 \times 10^{-7}$) ou a seus sais de sódio. Estão disponíveis uma solução 1,0 M desse ácido e uma solução de NaOH 1,0 M. Quanto da solução de NaOH deve ser adicionado a 1,0 L do ácido para preparar um tampão a um pH de 6,50? (Despreze qualquer variação de volume.)

17.96 Quantos microlitros de solução de NaOH 1,000 M devem ser adicionados a 25,00 mL de uma solução de ácido láctico [$CH_3CH(OH)COOH$ ou $HC_3H_5O_3$] 0,1000 M para produzir um tampão com pH = 3,75?

17.97 O carbonato de chumbo(II), $PbCO_3$, é um dos componentes da camada de passivação formada no interior das tubulações de chumbo. (**a**) Se a K_{ps} do $PbCO_3$ é $7,4 \times 10^{-14}$, qual é a concentração em quantidade de matéria do Pb^{2+} em uma solução saturada de carbonato de chumbo(II)? (**b**) Qual a concentração em ppb de íons Pb^{2+} em uma solução saturada? (**c**) A solubilidade do $PbCO_3$ aumentará ou diminuirá à medida que o pH for reduzido? (**d**) O limite estabelecido pela Agência de Proteção Ambiental dos Estados Unidos (EPA) para níveis aceitáveis de íons de chumbo na água é de 15 ppb. Uma solução saturada de carbonato de chumbo(II) produz uma solução que excede o limite da EPA?

17.98 Para cada par de compostos, utilize valores de K_{ps} para determinar qual tem a maior solubilidade molar: (**a**) CdS ou CuS, (**b**) $PbCO_3$ ou $BaCrO_4$, (**c**) $Ni(OH)_2$ ou $NiCO_3$, (**d**) AgI ou Ag_2SO_4.

17.99 A solubilidade do $CaCO_3$ depende do pH. (**a**) Calcule a solubilidade molar de $CaCO_3$ ($K_{ps} = 4,5 \times 10^{-9}$), desprezando o caráter ácido-base do íon carbonato. (**b**) Use a expressão de K_b para o íon CO_3^{2-} para determinar a constante de equilíbrio da reação

$$CaCO_3(s) + H_2O(l) \rightleftharpoons Ca^{2+}(aq) + HCO_3^-(aq) + OH^-(aq)$$

(**c**) Se assumirmos que as únicas fontes de Ca^{2+}, HCO_3^- e íons OH^- advêm da dissolução de $CaCO_3$, qual será a solubilidade molar de $CaCO_3$ ao usar a expressão de equilíbrio da parte (b)? (**d**) Qual é a solubilidade molar de $CaCO_3$ ao pH do oceano (8,3)? (**e**) Se o pH é tamponado a 7,5, qual é a solubilidade molar de $CaCO_3$?

17.100 O esmalte dos dentes é composto de hidroxiapatita, cuja fórmula simples é $Ca_5(PO_4)_3OH$, com $K_{ps} = 6,8 \times 10^{-27}$. Como discutimos no quadro "A química e a vida: Cárie dentária e fluoretação" na Seção 17.5, o flúor em água fluorada ou na pasta de dente reage com hidroxiapatita para formar fluorapatita, $Ca_5(PO_4)_3F$, com $K_{ps} = 1,0 \times 10^{-60}$. (**a**) Escreva a expressão da constante do produto de solubilidade para a hidroxiapatita e a fluorapatita. (**b**) Calcule a solubilidade molar de cada um desses compostos.

17.101 Sais que contêm o íon fosfato são adicionados ao abastecimento de água para impedir a corrosão da tubulação de chumbo. (**a**) Com base nos valores de pK_a para o ácido fosfórico ($pK_{a1} = 7,5 \times 10^{-3}$, $pK_{a2} = 6,2 \times 10^{-8}$, $pK_{a3} = 4,2 \times 10^{-13}$), qual é o valor de K_b para o íon PO_4^{3-}? (**b**) Qual é o pH de uma solução de Na_3PO_4 1×10^{-3} M (você pode ignorar a formação de $H_2PO_4^-$ e H_3PO_4)?

17.102 Calcule a solubilidade de $Mg(OH)_2$ em NH_4Cl 0,50 M.

17.103 A constante do produto de solubilidade para o permanganato de bário, Ba(MnO$_4$)$_2$, é $2,5 \times 10^{-10}$. Suponha que Ba(MnO$_4$)$_2$ sólido está em equilíbrio com uma solução de KMnO$_4$. Qual é a concentração de KMnO$_4$ necessária para estabelecer uma concentração de $2,0 \times 10^{-8}$ M para o íon Ba^{2+} em solução?

17.104 Calcule a razão entre [Ca^{2+}] e [Fe^{2+}] em um lago em que a água está em equilíbrio com depósitos de CaCO$_3$ e FeCO$_3$. Suponha que a água é ligeiramente básica e, portanto, a hidrólise do íon carbonato pode ser ignorada.

17.105 As constantes do produto de solubilidade de PbSO$_4$ e SrSO$_4$ são $6,3 \times 10^{-7}$ e $3,2 \times 10^{-7}$, respectivamente. Quais são os valores de [SO$_4^{2-}$], [Pb^{2+}] e [Sr^{2+}] em uma solução em equilíbrio com ambas as substâncias?

17.106 Um tampão de qual pH é necessário para produzir uma concentração de Mg^{2+} de $3,0 \times 10^{-2}$ M em equilíbrio com oxalato de magnésio sólido?

17.107 O valor de K_{ps} para Mg$_3$(AsO$_4$)$_2$ é $2,1 \times 10^{-20}$. O íon AsO$_4^{3-}$ é derivado do ácido fraco H$_3$AsO$_4$ (pK_{a1} = 2,22; pK_{a2} = 6,98; pK_{a3} = 11,50). (a) Calcule a solubilidade molar de Mg$_3$(AsO$_4$)$_2$ em água. (b) Calcule o pH de uma solução saturada de Mg$_3$(AsO$_4$)$_2$ em água.

17.108 O produto de solubilidade para Zn(OH)$_2$ é $3,0 \times 10^{-16}$. A constante de formação para o complexo hidróxido, Zn(OH)$_4^{2-}$, é $4,6 \times 10^{17}$. Qual é a concentração de OH$^-$ necessária para dissolver 0,015 mol de Zn(OH)$_2$ em um litro de solução?

17.109 O valor da K_{ps} para Cd(OH)$_2$ é $2,5 \times 10^{-14}$. (a) Qual é a solubilidade molar de Cd(OH)$_2$? (b) A solubilidade de Cd(OH)$_2$ pode ser aumentada pela formação do íon complexo CdBr$_4^{2-}$ ($K_f = 5 \times 10^3$). Se Cd(OH)$_2$ sólido é adicionado a uma solução de NaBr, qual é a concentração inicial de NaBr necessária para aumentar a solubilidade molar de Cd(OH)$_2$ para $1,0 \times 10^{-3}$ mol/L?

17.110 (a) Escreva a equação iônica simplificada para a reação que ocorre quando uma solução de ácido clorídrico (HCl) é misturada a uma solução de formato de sódio (NaCHO$_2$). (b) Calcule a constante de equilíbrio para essa reação. (c) Calcule as concentrações no equilíbrio de Na$^+$, Cl$^-$, H$^+$, CHO$_2^-$ e HCHO$_2$ quando 50,0 mL de HCl 0,15 M são misturados a 50,0 mL de NaCHO$_2$ 0,15 M.

17.111 Uma amostra de 7,5 L de gás NH$_3$ a 22 °C e 735 torr é borbulhada em uma solução de 0,50 L de HCl 0,40 M. Partindo do princípio de que todo o NH$_3$ se dissolve e que o volume da solução permanece 0,50 L, calcule o pH da solução resultante.

17.112 Qual é o pH a 25 °C de água saturada com CO$_2$ a uma pressão parcial de 1,10 atm? A constante da Lei de Henry para CO$_2$ a 25 °C é $3,1 \times 10^{-2}$ mol/L-atm.

17.113 Ca(OH)$_2$ em excesso é agitado com água para produzir uma solução saturada. A solução é filtrada, e uma amostra de 50,00 mL titulada com HCl requer 11,23 mL de HCl 0,0983 M para atingir o ponto final. Calcule K_{ps} para Ca(OH)$_2$. Compare o seu resultado com o que consta no Apêndice D a 25 °C. Indique uma razão para qualquer diferença que encontrar entre o seu valor e o apresentado no Apêndice D.

17.114 A pressão osmótica de uma solução saturada de sulfato de estrôncio a 25 °C é 21 torr. Qual é o produto de solubilidade desse sal a 25 °C?

17.115 Uma concentração de íons Ag$^+$ na faixa de 10-100 partes por bilhão (em massa) é um desinfetante eficaz para piscinas. Contudo, se a concentração for superior a essa faixa, Ag$^+$ pode causar efeitos adversos à saúde. Uma forma de manter uma concentração adequada de Ag$^+$ é adicionar um sal ligeiramente solúvel à piscina. Usando valores de K_{ps} do Apêndice D, calcule a concentração no equilíbrio de Ag$^+$ em partes por bilhão que existiria em equilíbrio com (a) AgCl, (b) AgBr, (c) AgI.

17.116 A fluoretação de água potável é utilizada em muitos lugares para ajudar na prevenção da cárie dentária. Geralmente, a concentração do íon F$^-$ é ajustada para cerca de 1 ppm. Algumas fontes de água também são "duras"; isto é, contêm determinados cátions, como o Ca^{2+}, que interferem na ação do sabão. Considere um caso em que a concentração de Ca^{2+} é de 8 ppm. Um precipitado de CaF$_2$ poderia se formar sob tais condições? (Faça qualquer aproximação necessária.)

17.117 O bicarbonato de sódio (NaHCO$_3$) reage com ácidos em alimentos de modo a formar ácido carbônico (H$_2$CO$_3$), que, por sua vez, se decompõe em água e dióxido de carbono. Em uma massa de bolo, CO$_2$(g) forma bolhas e faz o bolo crescer. (a) A regra de ouro no processo de assar é que ½ colher de chá de bicarbonato de sódio é neutralizada por uma xícara de leite fermentado. O componente ácido no leite fermentado é o ácido lático, CH$_3$CH(OH)COOH. Escreva a equação química para essa reação de neutralização. (b) A densidade do bicarbonato de sódio é de 2,16 g/cm^3. Calcule a concentração de ácido lático em uma xícara de leite fermentado (supondo que a regra geral se aplica), em unidades de mol/L. (Uma xícara = 236,6 mL = 48 colheres de chá). (c) Se ½ colher de chá de bicarbonato de sódio é realmente neutralizada por completo pelo ácido lático do leite fermentado, calcule o volume de dióxido de carbono que seria produzido à pressão de 1 atm em um forno a 350 °F.

17.118 Em solventes não aquosos, é possível provocar a reação de HF para produzir H$_2$F$^+$. Qual das seguintes afirmações decorre dessa observação? (a) HF pode atuar como um ácido forte em solventes não aquosos. (b) HF pode atuar como uma base em solventes não aquosos. (c) HF é termodinamicamente instável. (d) Há um ácido no meio não aquoso que é mais forte do que HF.

Elabore um experimento

Enquanto limpa um velho laboratório de química, você encontra um frasco de vidro com "NaOH 6,00 M" no rótulo. O frasco parece conter cerca de 5 mL da solução. Contudo, é possível que o hidróxido de sódio, após um longo período de tempo, tenha reagido com o vidro (SiO$_2$). Também é possível que o frasco não tenha sido bem selado e que parte da água tenha evaporado. Elabore um experimento para determinar a concentração do NaOH usando uma quantidade mínima do conteúdo do frasco (menos de 1 mL). Considere que você tem ao seu dispor uma quantidade ilimitada de água, uma solução estoque de HCl 2,00 M e os indicadores de pH que precisar. Considere também que o seu equipamento permite apenas a medição de volumes na escala de mL.

18

QUÍMICA AMBIENTAL

▲ A atmosfera terrestre não recebe a nossa devida atenção, mas é fundamental para a sustentação da vida no nosso planeta. Além de fornecer o oxigênio de que precisamos para respirar, ela protege a superfície do planeta contra a radiação solar nociva e modera as oscilações diárias e sazonais de temperatura.

A riqueza da vida na Terra, representada pela foto de abertura deste capítulo, é possível graças à atmosfera favorável do nosso planeta, à energia recebida do Sol e à abundância de água. Essas são as características ambientais marcantes que acreditamos serem necessárias à vida.

Agora, estamos em condições de aplicar os princípios que aprendemos nos capítulos anteriores para compreender como o nosso meio ambiente opera e de que maneira as atividades humanas podem afetá-lo. Para entender e proteger o ambiente em que vivemos, devemos estudar como os compostos químicos produzidos pelo homem e os encontrados na natureza interagem na terra, no mar e no ar. Nossas ações diárias como consumidores repercutem as mesmas escolhas feitas por renomados especialistas e líderes governamentais, e cada decisão deve ponderar custos *versus* benefícios. Infelizmente, os impactos ambientais das nossas escolhas costumam ser sutis, não sendo imediatamente perceptíveis.

O QUE VEREMOS

18.1 ▶ Atmosfera terrestre Investigar o perfil de temperatura e de pressão atmosférica na Terra, bem como a sua composição química. Examinar a *fotoionização* e a *fotodissociação*, reações que resultam da absorção atmosférica da radiação solar.

18.2 ▶ Atividades humanas e atmosfera terrestre Considerar o efeito das atividades humanas na atmosfera, incluindo de que maneira o ozônio atmosférico é exaurido por reações que envolvem gases produzidos pelo homem, como a chuva ácida e o *smog* são produzidos e de que maneira os gases do efeito estufa afetam o clima terrestre.

18.3 ▶ Água existente na Terra Examinar o ciclo global da água, que descreve o modo com que a água se move do solo para a superfície, depois para a atmosfera e, por fim, de volta ao solo. Comparar as composições químicas da *água do mar*, da *água doce* e dos *lençóis freáticos*.

18.4 ▶ Atividades humanas e qualidade da água Considerar a relação entre a água existente na Terra e seu clima e examinar uma medida da qualidade da água: a concentração de oxigênio dissolvido. Examinar métodos de tratar a água para torná-la segura para o consumo humano.

18.5 ▶ Química verde Conhecer a *química verde*, uma iniciativa internacional que visa a tornar todos os produtos industriais, processos e reações químicas compatíveis com uma sociedade e um meio ambiente sustentáveis.

18.1 | Atmosfera terrestre

Objetivos de aprendizagem

Após terminar a Seção 18.1, você deverá ser capaz de:

▶ Identificar as quatro regiões da atmosfera terrestre e descrever como a temperatura e a pressão variam com a altitude entre cada uma dessas regiões.
▶ Listar os principais componentes do ar seco próximo ao nível do mar.
▶ Expressar as concentrações de gases em partes por milhão (ppm) ou fração molar e converter entre os dois.
▶ Explicar o que significa fotodissociação e fotoionização e listar exemplos de cada processo na atmosfera terrestre.
▶ Descrever as reações que levam ao ciclo de formação e decomposição do ozônio na atmosfera externa.

Uma vez que a maioria de nós nunca esteve muito longe da superfície da Terra, tendemos a não prestar atenção às várias formas com que a atmosfera determina o ambiente em que vivemos. Nesta seção, examinaremos algumas características importantes da atmosfera do nosso planeta.

A temperatura da atmosfera varia em função da altitude (**Figura 18.1**), e a atmosfera é dividida em quatro regiões, baseadas nesse perfil de temperatura. Logo acima da superfície, na **troposfera**, a temperatura costuma diminuir com o aumento da altitude, atingindo um mínimo de 215 K a aproximados 10 km. Praticamente todos nós vivemos na troposfera. Ventos uivantes e brisas leves, chuvas e céu azul – tudo a que costumamos nos referir como clima – ocorrem nessa região. De modo geral, aviões a jato voam a uma altura aproximada de 10 km acima da Terra, perto do limite superior da troposfera, que denominamos *tropopausa*.

Acima da tropopausa, a temperatura atmosférica aumenta com a altitude, atingindo uma máxima de aproximadamente 275 K a cerca de 50 km. Essa região de 10 km a 50 km é chamada de **estratosfera**, e acima dela estão a *mesosfera* e a *termosfera*. Observe, na Figura 18.1, que os extremos da temperatura que formam os limites entre regiões adjacentes são denominados pelo sufixo -*pausa*. Os limites são importantes porque os gases se misturam por meio deles de maneira relativamente lenta. Por exemplo, os gases poluentes gerados na troposfera passam pela tropopausa e se infiltram na estratosfera muito lentamente.

A pressão atmosférica diminui à medida que a altitude aumenta (Figura 18.1), diminuindo muito mais rapidamente nas regiões mais baixas do que nas mais altas, por causa

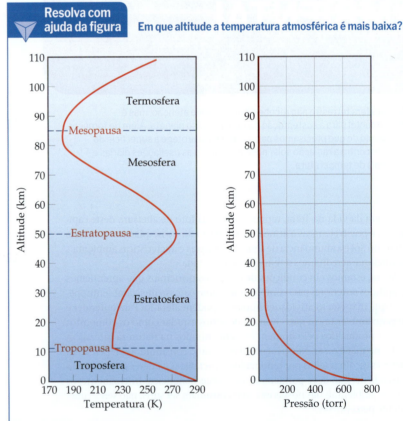

▲ **Figura 18.1** A temperatura e a pressão na atmosfera variam em função da altitude acima do nível do mar.

da compressibilidade da atmosfera. Assim, a pressão diminui de um valor médio de 760 torr no nível do mar para $2,3 \times 10^{-3}$ torr a 100 km para apenas $1,0 \times 10^{-6}$ torr a 200 km.

A troposfera e a estratosfera juntas respondem por 99,9% da massa atmosférica, e 75% dessa massa corresponde à troposfera. No entanto, a fina atmosfera externa desempenha papéis muito importantes nas condições de vida na superfície.

Composição da atmosfera

A atmosfera terrestre é constantemente bombardeada pela radiação e por partículas energéticas provenientes do Sol. Esse bombardeio de energia tem efeitos químicos profundos, em especial nos limites mais externos da atmosfera, acima de, aproximadamente, 80 km (**Figura 18.2**). Além disso, em razão do campo gravitacional da Terra, os átomos e as moléculas mais pesadas tendem a penetrar na atmosfera, deixando os átomos mais leves na parte superior. (Por isso, como acabamos de observar, 75% da massa da atmosfera está na troposfera.) Como resultado de todos esses fatores, a composição da atmosfera não é uniforme.

A **Tabela 18.1** mostra a composição do ar seco próximo ao nível do mar. Note que, apesar dos traços de muitas substâncias estarem presentes, N_2 e O_2 constituem cerca de 99% de toda a atmosfera no nível do mar. Os gases nobres e o CO_2 constituem a maioria do restante.

Quando aplicada às soluções aquosas, a unidade de concentração de *partes por milhão* (ppm) refere-se a gramas de substância por milhões de gramas de solução. (Seção 13.4) Contudo, ao lidar com gases, 1 ppm significa uma parte por unidade de *volume* em 1 milhão de unidades de volume do todo. Visto que o volume é proporcional à quantidade de gás pela equação de gás ideal ($PV = nRT$), a fração de volume e a fração molar são iguais. Portanto, 1 ppm de um constituinte em traço da atmosfera corresponde a 1 mol do constituinte em 1 milhão de mols de gás total; isto é, a concentração em ppm é igual à fração molar multiplicada por 10^6. A Tabela 18.1 relaciona a fração molar de CO_2 na atmosfera como 0,000415, o que significa que sua concentração em ppm é $0,000415 \times 10^6 = 415$ ppm. Além do CO_2, outros componentes secundários da troposfera estão listados na **Tabela 18.2**.

Antes de examinarmos os processos químicos que ocorrem na atmosfera, vamos revisar algumas propriedades de seus dois principais componentes, N_2 e O_2. Lembre-se de que a molécula de N_2 possui uma ligação tripla entre os átomos de nitrogênio. (Seção 8.3) Essa ligação muito forte (energia de ligação de 941 kJ/mol) é basicamente responsável pela baixa reatividade de N_2. A energia de ligação no O_2 é de apenas 495 kJ/mol, tornando O_2 muito mais reativo que N_2. Por exemplo, o oxigênio reage com muitas substâncias para formar óxidos.

▲ **Figura 18.2** Aurora boreal (luzes do norte).

Partículas solares de alta energia criam átomos de N e O excitados; observa-se a emissão de radiação visível à medida que os elétrons nesses átomos decaem de estados de maior para menor energia.

TABELA 18.1 Principais componentes do ar seco próximo ao nível do mar

Componente*	Teor (fração molar)	Massa molar (g/mol)
Nitrogênio	0,78084	28,013
Oxigênio	0,20946	31,998
Argônio	0,00934	39,948
Dióxido de carbono	0,000415	44,0099
Neônio	0,00001818	20,183
Hélio	0,00000524	4,003
Metano	0,000002	16,043
Criptônio	0,00000114	83,80
Hidrogênio	0,0000005	2,0159
Óxido nitroso	0,0000005	44,0128
Xenônio	0,000000087	131,30

*Ozônio, dióxido de enxofre, dióxido de nitrogênio, amônia e monóxido de carbono estão presentes como gases em níveis de traço em quantidades variáveis.

TABELA 18.2 Fontes e concentrações típicas de alguns constituintes atmosféricos secundários

Constituintes	Fontes	Concentração típica
Dióxido de carbono, CO_2	Decomposição de matéria orgânica, emissões dos oceanos, queima de combustíveis fósseis	415 ppm em toda troposfera
Monóxido de carbono, CO	Decomposição de matéria orgânica, processos industriais, queima de combustíveis fósseis	0,05 ppm em ar não poluído; 1 a 50 ppm em áreas urbanas
Metano, CH_4	Decomposição de matéria orgânica, vazamento de gás natural, emissão de gases pela pecuária	1,82 ppm em toda troposfera
Óxido nítrico, NO	Descargas elétricas atmosféricas, motores de combustão interna, combustão de matéria orgânica	0,01 ppm em ar não poluído; 0,2 ppm em *smog*
Ozônio, O_3	Descargas elétricas atmosféricas, difusão da estratosfera, *smog* fotoquímico	0 a 0,01 ppm em ar não poluído; 0,5 ppm em *smog* fotoquímico
Dióxido de enxofre, SO_2	Gases vulcânicos, incêndios florestais, ação bacteriana, queima de combustíveis fósseis, processos industriais	0 a 0,01 ppm em ar não poluído; 0,1 a 2 ppm em áreas urbanas poluídas

Exercício resolvido 18.1
Cálculo da concentração a partir de uma pressão parcial

Qual será a concentração, em partes por milhão, de vapor d'água em uma amostra de ar se a pressão parcial da água for 0,80 torr e a pressão total de ar for 735 torr?

SOLUÇÃO
Analise Com base na pressão parcial do vapor d'água e na pressão total de uma amostra de ar, deve-se determinar a concentração de vapor d'água.

Planeje Da Equação 10.16, lembre-se de que a pressão parcial de certo componente de uma mistura de gases é determinada pelo produto da sua fração molar e a pressão total da mistura (Seção 10.4):

$$P_{H_2O} = X_{H_2O} P_t$$

Resolva Ao determinar a fração molar do vapor d'água na mistura, X_{H_2O}, obtemos:

$$X_{H_2O} = \frac{P_{H_2O}}{P_t} = \frac{0,80 \text{ torr}}{735 \text{ torr}} = 0,0011$$

A concentração em ppm é a fração molar multiplicada por 10^6:

$$0,0011 \times 10^6 = 1100 \text{ ppm}$$

▶ **Para praticar**
A concentração de CO em uma amostra de ar é 4,3 ppm. Qual é a pressão parcial de CO se a pressão total do ar é 695 torr?

Reações fotoquímicas na atmosfera

Embora a atmosfera para além da estratosfera contenha somente uma pequena fração da massa atmosférica, ela forma uma defesa externa contra a precipitação de radiação e de partículas de alta energia que bombardeiam continuamente a Terra. À medida que atravessa a atmosfera externa, o bombardeio radioativo causa dois tipos de variação química: *fotodissociação* e *fotoionização*. Esses processos nos protegem da radiação de alta energia, absorvendo a maior parte da radiação antes de atingir a troposfera. Se não fosse por esses processos fotoquímicos, as plantas e os animais, tal como os conhecemos, não poderiam existir na Terra.

O Sol emite energia radiante em uma faixa ampla de comprimentos de onda (**Figura 18.3**). Para entender a conexão entre o comprimento de onda da radiação e o seu efeito sobre átomos e moléculas, lembre-se de que a radiação eletromagnética pode ser imaginada como um feixe de fótons. (Seção 6.2) A energia de cada fóton é determinada pela relação $E = h\nu$, em que h é a constante de Planck e ν é a frequência da radiação. Para uma transformação química ocorrer quando a radiação atinge átomos ou moléculas, duas condições devem ser satisfeitas. Em primeiro lugar, os fótons incidentes devem ter energia suficiente para quebrar uma ligação química ou remover um elétron do átomo ou da molécula. Em segundo lugar, os átomos ou as moléculas, ao serem bombardeados, devem absorver esses fótons. Quando essas exigências são atendidas, a energia dos fótons é usada para realizar o trabalho associado a alguma transformação química.

A quebra de uma ligação química resultante da absorção de um fóton por uma molécula é chamada de **fotodissociação**. Esse processo não forma íons; em vez disso, metade

> **Resolva com ajuda da figura** Por que o espectro solar ao nível do mar não coincide perfeitamente com o espectro solar fora da atmosfera?

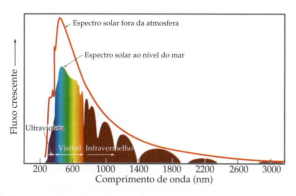

▲ **Figura 18.3** **Espectro solar acima da atmosfera terrestre em comparação com o do nível do mar.** A curva mais estruturada ao nível do mar deve-se aos gases na atmosfera que absorvem comprimentos de onda de radiação específicos. A unidade no eixo vertical representa o "fluxo", ou seja, a energia radiante por área, por unidade de tempo.

dos elétrons fica com um átomo e metade fica com o outro átomo. Como resultado, temos duas partículas eletricamente neutras.

Um dos processos mais importantes que ocorrem na atmosfera externa acima de cerca de 120 km de altitude é a fotodissociação da molécula de oxigênio:

$$\ddot{\text{O}}=\ddot{\text{O}} + h\nu \longrightarrow \ddot{\text{O}} + \ddot{\text{O}} \qquad [18.1]$$

A energia mínima necessária para provocar essa mudança é determinada pela energia de ligação (ou *energia de dissociação*) de O_2, 495 kJ/mol.

Exercício resolvido 18.2
Cálculo do comprimento de onda necessário para quebrar uma ligação

Qual é o máximo comprimento de onda da luz, em nanômetros, com energia suficiente, por fóton, para dissociar a molécula de O_2?

SOLUÇÃO

Analise Deve-se determinar o comprimento de onda de um fóton com energia suficiente para quebrar a ligação dupla O=O em O_2.

Planeje Em primeiro lugar, precisamos calcular a energia necessária para quebrar a ligação dupla O=O em uma molécula e, em seguida, determinar o comprimento de onda de um fóton dessa energia.

Resolva A energia de dissociação de O_2 é 495 kJ/mol. Com base nesse valor e no número de Avogadro, podemos calcular a quantidade de energia necessária para quebrar a ligação em uma única molécula de O_2:

$$\left(495 \times 10^3 \frac{J}{mol}\right)\left(\frac{1 \text{ mol}}{6,022 \times 10^{23} \text{ moléculas}}\right)$$
$$= 8,22 \times 10^{-19} \frac{J}{\text{molécula}}$$

Em seguida, usamos a relação de Planck (Equação 6.2), $E = h\nu$ (Seção 6.2), para calcular a frequência, ν, de um fóton com essa quantidade de energia:

$$\nu = \frac{E}{h} = \frac{8,22 \times 10^{-19} \text{ J}}{6,626 \times 10^{-34} \text{ J-s}} = 1,24 \times 10^{15} \text{ s}^{-1}$$

Por fim, usamos a relação entre a frequência e o comprimento de onda de luz (Equação 6.1) (Seção 6.1) para calcular o comprimento de onda da luz:

$$\lambda = \frac{c}{\nu} = \left(\frac{3,00 \times 10^8 \text{ m/s}}{1,24 \times 10^{15}/\text{s}}\right)\left(\frac{10^9 \text{ nm}}{1 \text{ m}}\right) = 242 \text{ nm}$$

Comentário A luz de comprimento de onda de 242 nm, que está na região ultravioleta do espectro eletromagnético, tem energia por fóton suficiente para fotodissociar uma molécula de O_2. Como a energia do fóton aumenta à medida que o comprimento de onda *diminui*, qualquer fóton de comprimento de onda *menor* que 242 nm terá energia suficiente para dissociar O_2.

▶ **Para praticar**
A energia de ligação no N_2 é de 941 kJ/mol. Qual é o máximo comprimento de onda que um fóton pode ter para ainda assim ter energia suficiente para dissociar o N_2?

Felizmente para nós, O₂ absorve muito da radiação de maior energia do espectro solar, de comprimento de onda mais curto, antes que ela atinja a atmosfera mais baixa. À medida que isso ocorre, forma-se o oxigênio atômico, O. Em maiores altitudes, a dissociação do O₂ é muito maior. A 400 km, por exemplo, apenas 1% do oxigênio está na forma de O₂; os 99% restantes são oxigênio atômico. A 130 km, O₂ e O são igualmente abundantes. Abaixo de 130 km, O₂ é mais abundante que o oxigênio atômico, porque a maior parte dos fótons com energia suficiente para causar a fotodissociação do O₂ foi absorvida na atmosfera externa.

A energia de dissociação da ligação de N₂ é muito alta: 941 kJ/mol. Como mostrado no Exercício resolvido 18.2, no exercício Para praticar, somente fótons de comprimento de onda inferiores a 127 nm têm energia suficiente para dissociar o N₂. Além disso, o N₂ não absorve tão prontamente os fótons, mesmo quando estes têm energia suficiente. Por consequência, pouco nitrogênio atômico é formado na atmosfera externa pela fotodissociação do N₂.

Outros processos fotoquímicos além da fotodissociação ocorrem na camada externa da atmosfera, embora essa descoberta tenha sido marcada por muitas reviravoltas. Em 1901, Guglielmo Marconi recebeu um sinal de rádio em St. John's, Newfoundland, que havia sido transmitido de Land's End, Inglaterra, a 2.900 km de distância. Na época, pensava-se que as ondas de rádio se moviam em linha reta, então acreditava-se que a comunicação por rádio a longas distâncias, por causa da curvatura da Terra, seria impossível. O experimento bem-sucedido de Marconi sugeriu que a atmosfera afetava a propagação das ondas de rádio de alguma forma. Essa descoberta levou a estudos intensos da atmosfera externa. Por volta de 1924, estabeleceu-se a existência de elétrons nessa camada atmosférica, por meio de estudos experimentais.

Os elétrons na atmosfera externa resultam principalmente da **fotoionização**, que ocorre quando uma molécula absorve radiação solar na atmosfera externa, e a energia absorvida faz com que um elétron seja ejetado da molécula. A molécula torna-se, então, um íon carregado positivamente. Assim, para haver fotoionização, uma molécula deve absorver um fóton, e o fóton deve ter energia suficiente para remover um elétron. (Seção 7.4) Note que se trata de um processo *bem* diferente da fotodissociação.

Quatro importantes processos de ionização que ocorrem na atmosfera acima de aproximadamente 90 km são mostrados na **Tabela 18.3**. Fótons com comprimento de onda mais curto que os máximos dados na tabela têm energia suficiente para provocar fotoionização. Ao examinar melhor a Figura 18.3, vemos que praticamente todos esses fótons de alta energia são filtrados da radiação que atinge a Terra, porque são absorvidos pela atmosfera externa.

Ozônio na estratosfera

Enquanto N₂, O₂ e o oxigênio atômico absorvem fótons com comprimentos de onda mais curtos que 240 nm, o ozônio, O₃, é o principal absorvedor de fótons com comprimentos de onda de 240 a 310 nm na região ultravioleta do espectro eletromagnético (**Figura 18.4**). O ozônio na atmosfera externa nos protege desses danosos fótons de alta energia, que, do contrário, penetrariam a superfície terrestre. Vamos examinar de que modo o ozônio é formado na atmosfera externa e como ele absorve fótons.

Quando a radiação do Sol atinge uma altitude de 90 km acima da superfície terrestre, a maior parte da radiação de comprimento de onda mais curto, capaz de fotoionização, foi absorvida. Entretanto, a radiação capaz de dissociar a molécula de O₂ é intensa o suficiente para que a fotodissociação de O₂ (Equação 18.1) se mantenha considerável a uma

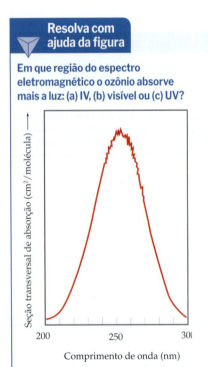

> **Resolva com ajuda da figura**
>
> Em que região do espectro eletromagnético o ozônio absorve mais a luz: (a) IV, (b) visível ou (c) UV?

▲ Figura 18.4 O espectro de absorção do ozônio.

TABELA 18.3 Reações de fotoionização dos quatro componentes da atmosfera

Processo	Energia de ionização (kJ/mol)	$\lambda_{máx}$ (nm)
$N_2 + h\nu \longrightarrow N_2^+ + e^-$	1495	80,1
$O_2 + h\nu \longrightarrow O_2^+ + e^-$	1205	99,3
$O + h\nu \longrightarrow O^+ + e^-$	1313	91,2
$NO + h\nu \longrightarrow NO^+ + e^-$	890	134,5

altitude de 30 km. Na região entre 30 e 90 km, a concentração de O_2 é muito maior do que a concentração de oxigênio atômico. Por consequência, os átomos de oxigênio formados pela fotodissociação de O_2 nessa região sofrem colisões frequentes com as moléculas de O_2, resultando na formação de ozônio:

$$:\ddot{O} + O_2 \longrightarrow O_3^* \qquad [18.2]$$

O asterisco em O_3 significa que a molécula de ozônio contém excesso de energia (está em um estado excitado), uma vez que a reação é exotérmica. A energia de 105 kJ/mol liberada deve ser transferida da molécula de O_3^* rapidamente ou será decomposta em O_2 e O atômico, um processo inverso ao que O_3^* é formado.

Uma molécula de O_3^* rica em energia pode liberar seu excesso de energia ao colidir com outro átomo ou molécula, transferindo-lhe, assim, parte do excesso de energia. Vamos representar o átomo ou a molécula com a qual O_3^* colide como M. (Geralmente, M é N_2 ou O_2, porque essas são as moléculas mais abundantes na atmosfera.) A formação de O_3^* e a transferência do excesso de energia para M são resumidas pelas seguintes equações:

$$O(g) + O_2(g) \rightleftharpoons O_3^*(g) \qquad [18.3]$$
$$\underline{O_3^*(g) + M(g) \longrightarrow O_3(g) + M^*(g)} \qquad [18.4]$$
$$O(g) + O_2(g) + M(g) \longrightarrow O_3(g) + M^*(g) \qquad [18.5]$$

A velocidade com que ocorrem as reações das Equações 18.3 e 18.4 depende de dois fatores que variam inversamente ao aumento da altitude. Em primeiro lugar, a formação de O_3^* (Equação 18.3) depende da presença de átomos de O. Em altitudes mais baixas, a maior parte da radiação energética, suficiente para dissociar O_2, já foi absorvida; portanto, a formação de O é mais abundante em maiores altitudes. O segundo ponto é que as Equações 18.3 e 18.4 dependem das colisões moleculares. (Seção 14.4) A concentração de moléculas é maior a menores altitudes, de modo que a velocidade de ambas as reações é maior nesse tipo de altitude. Uma vez que esses processos variam inversamente com a altitude, a maior velocidade de formação do O_3 ocorre em uma banda, a uma altitude de aproximadamente 50 km, próximo à estratopausa (Figura 18.1). Em geral, cerca de 90% do ozônio da Terra se encontra na estratosfera.

A fotodissociação do ozônio inverte a reação que o forma. Assim, temos um processo cíclico de formação e decomposição do ozônio, que pode ser resumido da seguinte forma:

$$O_2(g) + h\nu \longrightarrow O(g) + O(g)$$
$$O(g) + O_2(g) + M(g) \longrightarrow O_3(g) + M^*(g) \quad \text{(calor liberado)}$$
$$O_3(g) + h\nu \longrightarrow O_2(g) + O(g)$$
$$O(g) + O(g) + M(g) \longrightarrow O_2(g) + M^*(g) \quad \text{(calor liberado)}$$

O primeiro e o terceiro processos são fotoquímicos, uma vez que usam um fóton de radiação solar para iniciar a reação química. O segundo e o quarto processos são reações químicas exotérmicas. O resultado dos quatro processos é um ciclo em que a energia solar radiante é convertida em energia térmica. O ciclo do ozônio na estratosfera é responsável pelo aumento da temperatura, que atinge o seu máximo na estratopausa (Figura 18.1).

As reações do ciclo de ozônio explicam parte dos fatos a respeito da camada de ozônio. Ocorrem muitas reações químicas que envolvem outras substâncias que não o oxigênio. Além disso, os efeitos de turbulência e ventos na estratosfera devem ser considerados. A combinação desses fatores leva ao perfil de ozônio na atmosfera externa, como mostra a **Figura 18.5**, com a máxima concentração de ozônio ocorrendo a uma altitude de cerca de 25 km. Essa banda com concentração relativamente alta de O_3 é denominada camada de ozônio, ou escudo de ozônio.

Fótons com comprimentos de onda mais curtos do que 300 nm têm energia suficiente para quebrar muitos tipos de ligações químicas individuais. Assim, o escudo de ozônio é essencial para a manutenção do nosso bem-estar. No entanto, as moléculas de ozônio que formam essa proteção contra a radiação de alta energia representam apenas uma pequena fração dos átomos de oxigênio presentes na estratosfera, uma vez que essas moléculas são destruídas continuamente assim que formadas.

Resolva com ajuda da figura

Estime a concentração de ozônio em mols por litro (*M*) para o valor de pico no gráfico a seguir.

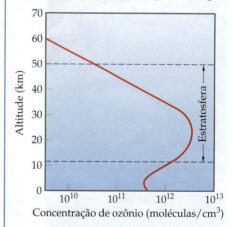

▲ **Figura 18.5** Variação na concentração de ozônio na atmosfera em função da altitude.

Exercícios de autoavaliação

EAA 18.1 Na troposfera, a temperatura _____ com o aumento da altitude; na estratosfera, a temperatura _____ com o aumento da altitude. (**a**) aumenta, aumenta (**b**) aumenta, diminui (**c**) diminui, aumenta (**d**) diminui, diminui

EAA 18.2 Quais dois gases representam quase 99% da atmosfera terrestre? (**a**) O_2 e CO_2 (**b**) O_2 e H_2 (**c**) O_2 e N_2 (**d**) N_2 e CO_2 (**e**) N_2 e CH_4

EAA 18.3 A fração molar do argônio no ar seco próximo ao nível do mar é 0,00001818. Qual é a concentração de argônio em ppm? (**a**) $1,818 \times 10^{-11}$ ppm (**b**) 18,18 ppm (**c**) 1.818 ppm (**d**) $5,501 \times 10^{10}$ ppm

EAA 18.4 Qual(is) das seguintes afirmações é(são) *verdadeira(s)*?

(**i**) O fóton com energia mínima necessária para a fotoionização do O_2 tem comprimento de onda menor do que o fóton com energia mínima necessária para a fotodissociação do O_2.

(**ii**) A fotodissociação do N_2 ocorre facilmente na atmosfera externa.

(**iii**) A fotoionização leva à formação de um cátion.

(**a**) i (**b**) i e ii (**c**) ii e iii (**d**) i e iii (**e**) Todas as afirmações são verdadeiras.

EAA 18.5 Qual passo no ciclo da formação e decomposição do ozônio absorve os fótons de energia mais elevada?

(**a**) $O_2(g) + h\nu \longrightarrow O(g) + O(g)$
(**b**) $O(g) + O_2(g) + M(g) \longrightarrow O_3(g) + M^*(g)$
(**c**) $O_3(g) + h\nu \longrightarrow O_2(g) + O(g)$
(**d**) $O(g) + O(g) + M(g) \longrightarrow O_2(g) + M^*(g)$

18.2 | Atividades humanas e atmosfera terrestre

Objetivos de aprendizagem

Após terminar a Seção 18.2, você deverá ser capaz de:

▶ Explicar como clorofluorcarbonetos (CFCs) catalisam a destruição do ozônio na estratosfera.

▶ Descrever as fontes de óxidos de enxofre na atmosfera e as reações que levam à chuva ácida.

▶ Descrever as fontes de óxidos de nitrogênio na atmosfera e as reações que levam ao *smog* fotoquímico.

▶ Explicar como gases do efeito estufa, como H_2O e CO_2, impactam o clima da Terra.

Eventos naturais e *antropogênicos* (causados pelo homem) podem modificar a atmosfera da Terra. Nesta seção, vamos nos concentrar principalmente em como as atividades humanas estão impactando a atmosfera, mas eventos naturais também podem ter um efeito significativo. Um evento natural impressionante foi a erupção do Monte Pinatubo, em junho de 1991 (**Figura 18.6**). O vulcão lançou cerca de 10 km³ de material na estratosfera, provocando uma queda de 10% na quantidade de luz solar que atingiu a superfície terrestre nos dois anos seguintes. Essa redução na luz solar levou a uma queda temporária de 0,5 °C na temperatura da superfície terrestre. As partículas vulcânicas que chegaram à estratosfera permaneceram lá por aproximadamente três anos, *elevando* a temperatura em vários graus, por causa da absorção de luz. As medições da concentração de ozônio estratosférico mostraram um aumento significativo na decomposição do ozônio nesse período.

Camada de ozônio e sua redução

A camada de ozônio protege a superfície terrestre da radiação ultravioleta (UV) prejudicial. Portanto, se a concentração de ozônio na estratosfera diminuir substancialmente, mais radiação UV atingirá a superfície da Terra, causando reações fotoquímicas indesejadas, como as relacionadas ao câncer de pele. O monitoramento de ozônio por satélite, iniciado em 1978, revelou uma diminuição de ozônio na estratosfera particularmente severa na Antártida, um fenômeno conhecido como *buraco de ozônio* (**Figura 18.7**). O primeiro artigo científico sobre esse fenômeno surgiu em 1985, e a Nasa (National Aeronautics and Space Administration) mantém o *site Ozone Hole Watch* com atualizações diárias e dados de 1999 até o presente.

Em 1995, o Prêmio Nobel de Química foi concedido a F. Sherwood Rowland, Mario Molina e Paul Crutzen por seus estudos a respeito da redução do ozônio na estratosfera. Em 1970, Crutzen demonstrou que óxidos de nitrogênio naturais destroem cataliticamente o ozônio. Rowland e Molina identificaram, em 1974, que o cloro dos **clorofluorcarbonetos** (CFC) podiam diminuir a camada de ozônio. Essas substâncias, sobretudo $CFCl_3$ e CF_2Cl_2, não ocorrem na natureza e têm sido bastante utilizadas como propelentes em latas de aerossol, como gases de refrigeração e ar-condicionado, além de serem agentes espumantes para plásticos. Elas são praticamente inertes na atmosfera mais baixa e quase insolúveis em água, por isso não são removidas da atmosfera pela chuva ou por dissolução nos oceanos. Infelizmente, a falta de reatividade, que tornou os clorofluorcarbonetos comercialmente viáveis, também permite que sobrevivam na atmosfera e se dissipem para a estratosfera. Estima-se que milhões de toneladas de clorofluorcarbonetos estejam presentes atualmente na atmosfera.

À medida que se dissipam na estratosfera, os CFC são expostos à radiação de alta energia, que pode provocar a fotodissociação. Visto que as ligações C—Cl são consideravelmente mais

▲ **Figura 18.6** Monte Pinatubo entra em erupção, junho de 1991.

fracas que as C—F, os átomos livres de cloro são formados rapidamente na presença de luz com comprimentos de onda na faixa de 190 a 225 nm, como mostrado nesta equação típica:

$$CF_2Cl_2(g) + h\nu \longrightarrow CF_2Cl(g) + Cl(g) \qquad [18.6]$$

Os cálculos sugerem que a formação do átomo de cloro ocorre com maior velocidade a aproximadamente 30 km, altitude em que o ozônio está em sua concentração máxima.

O cloro atômico reage rapidamente com o ozônio para formar monóxido de cloro e oxigênio molecular:

$$Cl(g) + O_3(g) \longrightarrow ClO(g) + O_2(g) \qquad [18.7]$$

Essa reação segue uma lei de velocidade de segunda ordem, com constante de velocidade muito grande:

$$\text{Velocidade} = k[Cl][O_3] \quad k = 7,2 \times 10^9\, M^{-1}\, s^{-1}\ \text{a 298 K} \qquad [18.8]$$

Sob determinadas condições, o ClO gerado na Equação 18.7 pode reagir para regenerar átomos livres de Cl. Um meio para isso ocorrer é pela fotodissociação de ClO:

$$ClO(g) + h\nu \longrightarrow Cl(g) + O(g) \qquad [18.9]$$

Os átomos de Cl gerados nas Equações 18.6 e 18.9 podem reagir com mais O_3, de acordo com a Equação 18.7. O resultado é uma sequência de reações que realiza a decomposição de O_3 em O_2 catalisada pelo Cl:

$$\begin{aligned}
2\,Cl(g) + 2\,O_3(g) &\longrightarrow 2\,ClO(g) + 2\,O_2(g) \\
2\,ClO(g) + h\nu &\longrightarrow 2\,Cl(g) + 2\,O(g) \\
O(g) + O(g) &\longrightarrow O_2(g) \\
\hline
2\,Cl(g) + 2\,O_3(g) + 2\,ClO(g) + 2\,O(g) &\longrightarrow 2\,Cl(g) + 2\,ClO(g) + 3\,O_2(g) + 2\,O(g)
\end{aligned}$$

A equação pode ser simplificada ao eliminar espécies semelhantes de cada lado da equação:

$$2\,O_3(g) \xrightarrow{Cl} 3\,O_2(g) \qquad [18.10]$$

Visto que a velocidade da Equação 18.7 aumenta linearmente com [Cl], a velocidade com que o ozônio é destruído aumenta conforme a quantidade de átomos de Cl aumenta. Assim, quanto maior for a concentração de CFC na estratosfera, mais rápida será a destruição da camada de ozônio. Embora as velocidades de difusão das moléculas da troposfera para a estratosfera sejam lentas, uma diminuição considerável da camada de ozônio sobre o Polo Sul já foi observada, em especial nos meses de setembro e outubro (Figura 18.7).

Por causa dos problemas ambientais associados aos CFC, algumas medidas foram tomadas para limitar sua fabricação e seu uso. Uma das principais ações foi a assinatura do Protocolo de Montreal sobre Substâncias que Destroem a Camada de Ozônio, em 1987, em que os países participantes concordaram em reduzir a produção de CFC. Limites mais rigorosos foram estabelecidos em 1992, quando representantes de cerca de 100 países concordaram em banir a produção e a utilização dos CFC até 1996, com algumas exceções para "usos essenciais". Desde então, a fabricação de CFC caiu abruptamente. Fotos como a mostrada na Figura 18.7 são tiradas anualmente e revelam que a profundidade e o tamanho do buraco de ozônio estão diminuindo aos poucos. Uma vez que os CFC são não reativos e se dissipam lentamente na estratosfera, os cientistas estimam que as concentrações de ozônio na estratosfera precisarão de muitas décadas para voltar aos níveis pré-1980.

Quais substâncias substituíram os CFC? Até o momento, as principais alternativas são os hidrofluorcarbonetos (HFC), compostos em que as ligações C—H substituem as ligações C—Cl dos CFC. Um composto desse tipo que é utilizado atualmente é CH_2FCF_3, conhecido como HFC-134a. Embora os HFC sejam um grande avanço em relação ao CFC por não conterem ligações C—Cl, eles são potentes gases do efeito estufa, que discutiremos em breve.

Não existem CFC de ocorrência natural, mas algumas fontes naturais fornecem cloro e bromo à atmosfera. Tal como os halogêneos de CFC, esses átomos de Cl e Br de origem natural também podem participar de reações destruidoras de ozônio. As principais fontes naturais são o brometo de metila e o cloreto de metila, emitidos a partir dos oceanos. Estima-se que essas moléculas contribuam com menos de um terço do total de Cl e Br na atmosfera; os dois terços restantes resultam de atividades humanas. Vulcões são fonte de HCl, mas, de modo geral, o HCl liberado por eles reage com água na troposfera e não chega à atmosfera externa.

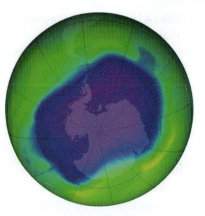

Total de ozônio (em unidades Dobson)

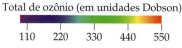

▲ **Figura 18.7 Ozônio presente no hemisfério sul, 24 de setembro de 2006.** Dados extraídos de um satélite em órbita. Esse dia teve a menor concentração de ozônio estratosférico já registrada. Uma unidade Dobson corresponde a $2,69 \times 10^{16}$ moléculas de ozônio em uma coluna de 1 cm^2 da atmosfera.

TABELA 18.4 Concentrações médias de poluentes atmosféricos em um ambiente urbano típico

Poluente	Concentração (ppm)
Monóxido de carbono	10
Hidrocarbonetos	3
Dióxido de enxofre	0,08
Óxidos de nitrogênio	0,05
Oxidantes totais (ozônio e outros)	0,02

Compostos de enxofre e chuva ácida

Compostos que contêm enxofre estão, em alguma medida, presentes nas atmosferas naturais não poluídas e têm como origem a decomposição por bactérias de matéria orgânica, os gases vulcânicos e outras fontes que estão relacionadas na Tabela 18.2. Os compostos de enxofre, sobretudo o dióxido de enxofre, SO_2, são os mais desagradáveis e prejudiciais entre os gases poluentes mais comuns. Estima-se que cerca de dois terços do SO_2 emitido na atmosfera possa ser atribuído à atividade humana, principalmente ao consumo de combustíveis fósseis ricos em enxofre. A **Tabela 18.4** mostra as concentrações de vários gases poluentes em um ambiente urbano *típico* (ou seja, um ambiente não particularmente afetado por *smog*).* De acordo com esses dados, o nível de dióxido de enxofre é 0,08 ppm ou maior em aproximadamente metade do tempo. Essa concentração é mais baixa que a de outros poluentes, em especial a do monóxido de carbono. Todavia, entre os poluentes mostrados, o SO_2 é considerado o mais prejudicial à saúde, especialmente para pessoas com dificuldades respiratórias.

As três principais fontes antropogênicas de emissões de SO_2, em ordem decrescente de contribuição, são as usinas termelétricas a carvão, a combustão de gás natural e petróleo e as fundições, onde minérios que contêm sulfetos são refinados para a produção de metais. Historicamente, as emissões de SO_2 nos Estados Unidos eram mais problemáticas no centro-oeste e no nordeste do país, pois o carvão oriundo do leste tinha maior teor de enxofre (até 6% em massa). Em 2010, a Agência de Proteção Ambiental (EPA) americana estabeleceu novas normas para reduzir as emissões de SO_2. A norma antiga, de 140 partes por bilhão, medida em um período de 24 horas, foi substituída por uma norma de 75 partes por bilhão, medida em 1 hora. De 1990 a 2020, as emissões anuais de SO_2 do país diminuíram em 95% decorrente, em grande parte, da adoção de tecnologias para remover a maior parte dos óxidos de enxofre dos gases lançados pelas usinas de energia. A transição para gerar eletricidade pela queima de gás natural, e não de carvão, também ajudou a reduzir as emissões de SO_2 (**Figura 18.8**).

Emissões anuais de dióxido de enxofre (1990)

Emissões anuais de dióxido de enxofre (2020)

▲ **Figura 18.8 Emissões anuais de SO_2 nos Estados Unidos em 1990 e 2020.** Quanto maior o círculo, maiores são as emissões de SO_2 de usinas de energia individuais. Os círculos maiores representam 6×10^8 libras (cerca de 272 mil toneladas) e os círculos menores, $< 4 \times 10^7$ libras de SO_2 (cerca de 18 mil toneladas) emitidas por ano.

---

*N. do R.T.: Na língua inglesa, o termo *smog* é uma junção das palavras *smoke* (fumaça) e *fog* (neblina); ele designa o acúmulo de poluição no ambiente atmosférico, formando uma neblina de fumaça na superfície, comum em alguns dos grandes centros urbanos.

O dióxido de enxofre é prejudicial tanto à saúde quanto aos recursos humanos; além disso, o SO_2 atmosférico pode ser oxidado a SO_3 de diversas maneiras (como a reação com O_2 ou O_3). Quando SO_3 é dissolvido na água, produz ácido sulfúrico:

$$SO_3(g) + H_2O(l) \longrightarrow H_2SO_4(aq)$$

Muitos dos efeitos ambientais atribuídos ao SO_2 são, na realidade, atribuíveis ao H_2SO_4.

A presença de SO_2 na atmosfera e o ácido sulfúrico que ele produz resultam em um fenômeno chamado de **chuva ácida**. (Os óxidos de nitrogênio que formam ácido nítrico também são importantes formadores de chuva ácida.) A água da chuva não contaminada costuma ter um valor de pH em torno de 5,6. A principal fonte dessa acidez natural é o CO_2, que reage com a água para formar ácido carbônico, H_2CO_3. Geralmente, a chuva ácida tem pH de 4. Essa tendência tem afetado muitos lagos ao norte da Europa, dos Estados Unidos e do Canadá, reduzindo as populações de peixes e afetando outras partes do ecossistema em lagos e florestas das redondezas.

O pH da maior parte das águas naturais com organismos vivos está entre 6,5 e 8,5. Em pH abaixo de 4,0, todos os vertebrados, a maioria dos invertebrados e muitos microrganismos são destruídos. Os lagos mais suscetíveis ao estrago são os de baixas concentrações de íons básicos, como HCO_3^-, que atuariam como tampões para minimizar variações de pH. Muitos desses lagos estão se recuperando à medida que as emissões de enxofre resultantes da queima de combustíveis fósseis diminuem, em parte por causa da Lei do Ar Puro.

Uma vez que os ácidos reagem com metais e carbonatos, a chuva ácida é corrosiva para metais e materiais de construção em pedra. O mármore e o calcário, por exemplo, cujo principal constituinte é $CaCO_3$, são atacados rapidamente pela chuva ácida. Bilhões de dólares são perdidos a cada ano em decorrência da corrosão pela poluição causada por SO_2.

Um modo de reduzir a quantidade de SO_2 liberado no meio ambiente é reduzir o enxofre do carvão e do petróleo antes de eles entrarem em combustão. Embora seja um processo difícil e oneroso, vários métodos foram desenvolvidos até o momento. Por exemplo, o carbonato de cálcio ($CaCO_3$) pode ser injetado na fornalha de uma usina, onde se decompõe em óxido de cálcio (CaO) e dióxido de carbono:

$$CaCO_3(s) \longrightarrow CaO(s) + CO_2(g)$$

CaO reage com SO_2 para formar sulfito de cálcio:

$$CaO(s) + SO_2(g) \longrightarrow CaSO_3(s)$$

As partículas sólidas de $CaSO_3$, assim como grande parte do SO_2 que não reagiu, podem ser removidas do gás da fornalha ao passarem por uma suspensão aquosa de CaO (**Figura 18.9**). O $CaSO_3$ pode ser oxidado e transformado em gipsita, $CaSO_4 \cdot 2H_2O$, que pode ser utilizada na engenharia civil.

Resolva com ajuda da figura Qual é o principal produto sólido resultante da remoção de SO_2 do gás da fornalha?

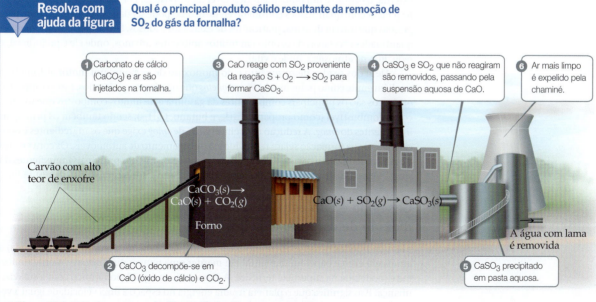

▲ **Figura 18.9 Método para remover SO_2 de combustível em combustão.**

Óxidos de nitrogênio e *smog* fotoquímico

Os óxidos de nitrogênio são os principais componentes do *smog*, um fenômeno com o qual os habitantes das grandes cidades estão habituados. Esse termo refere-se à condição de poluição em determinados ambientes urbanos que ocorre quando as condições climáticas produzem uma massa de ar relativamente estagnada. O *smog*, que ganhou fama em Los Angeles (Estados Unidos), tornou-se comum em muitas outras áreas urbanas e é mais corretamente descrito como **smog fotoquímico**, uma vez que os processos fotoquímicos têm papel relevante em sua formação (**Figura 18.10**).

▲ **Figura 18.10** *Smog* **fotoquímico.** O *smog* fotoquímico é produzido em grande parte pela ação da luz solar sobre os gases emitidos pelo escapamento dos veículos.

A maioria das emissões de óxido de nitrogênio (cerca de 50%) vem de carros, ônibus e outros meios de transporte. O óxido nítrico, NO, forma-se em pequenas quantidades nos cilindros de combustão interna dos motores, por meio da seguinte reação:

$$N_2(g) + O_2(g) \rightleftharpoons 2\,NO(g) \quad \Delta H = 180,8\ kJ \quad [18.11]$$

Como observado no quadro "Química e sustentabilidade: Controle das emissões de óxido nítrico" (Seção 15.7), a constante de equilíbrio dessa reação aumenta aproximadamente de 10^{-15} a 300 K para cerca de 0,05 a 2.400 K (temperatura aproximada no cilindro de um motor durante a combustão). Dessa forma, a reação é mais favorável a elevadas temperaturas. Na verdade, um pouco de NO é formado em qualquer combustão de alta temperatura.

Antes da instalação de dispositivos de controle de poluição nos automóveis, os níveis de emissão normais de NO_x eram de 4 g/mi. (O x é 1 ou 2, porque NO e NO_2 são formados, apesar de o NO ser predominante.) A partir de 2004, os padrões de emissão veicular de NO_x exigiram uma redução escalonada a 0,07 g/mi até 2009, o que foi atingido.

No ar, o óxido nítrico é oxidado rapidamente em dióxido de nitrogênio:

$$2\,NO(g) + O_2(g) \rightleftharpoons 2\,NO_2(g) \quad \Delta H = -113,1\ kJ \quad [18.12]$$

A constante de equilíbrio dessa reação diminui de aproximadamente 10^{12} a 300 K para cerca de 10^{-5} a 2.400 K.

A fotodissociação de NO_2 inicia as reações associadas ao *smog* fotoquímico. A dissociação de NO_2 requer 304 kJ/mol, correspondendo a um comprimento de onda de fóton de 393 nm. À luz do sol, portanto, NO_2 sofre dissociação em NO e O:

$$NO_2(g) + h\nu \longrightarrow NO(g) + O(g) \quad [18.13]$$

O oxigênio atômico formado sofre várias reações possíveis, uma das quais fornece ozônio, como descrito anteriormente:

$$O(g) + O_2(g) + M(g) \longrightarrow O_3(g) + M^*(g) \quad [18.14]$$

Apesar de ser um filtro essencial para nos proteger da radiação UV nociva na atmosfera externa, o ozônio é um poluente indesejável na troposfera. Por ser muito reativo e tóxico, respirar ar com quantidades consideráveis de ozônio pode ser danoso principalmente para pessoas que sofrem de asma, praticantes de exercícios e idosos. Isso impõe dois problemas: quantidades excessivas de ozônio em muitos ambientes urbanos, onde ele é prejudicial, e reduzidas na atmosfera, onde é vital.

Além dos óxidos de nitrogênio e do monóxido de carbono, um motor automotivo também emite como poluentes *hidrocarbonetos* que não foram queimados. Esses compostos orgânicos são os principais componentes da gasolina e de muitos compostos que usamos como combustível (como propano, C_3H_8, e butano, C_4H_{10}), sendo também os principais ingredientes do *smog*. A redução ou a eliminação de *smog* exige que os ingredientes essenciais para a sua formação sejam removidos do escapamento de automóveis. Os conversores catalíticos reduzem os níveis de NO_x e hidrocarboneto, dois dos principais ingredientes do *smog*. [Veja o quadro "Química e sustentabilidade: Conversores catalíticos". (Seção 14.6)]

Gases do efeito estufa: vapor d'água, dióxido de carbono e o clima

Além de blindar nosso planeta da radiação nociva de menor comprimento de onda, a atmosfera exerce papel fundamental em manter uma temperatura razoavelmente uniforme e moderada na superfície terrestre. A Terra está em equilíbrio térmico com a sua vizinhança. Isso significa que o planeta irradia energia no espaço a uma velocidade igual à velocidade com que absorve a energia solar. A **Figura 18.11** mostra a distribuição de radiação

Capítulo 18 | Química ambiental 775

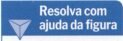

Resolva com ajuda da figura — Qual é a quantidade total de energia absorvida pela superfície? Que fração dessa energia é emitida de volta na forma de radiação infravermelha?

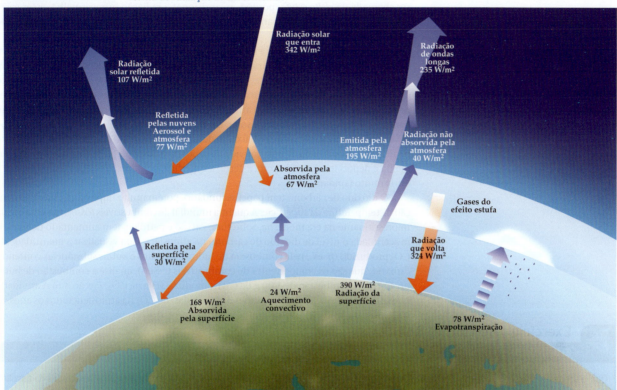

▲ **Figura 18.11 Equilíbrio térmico da Terra.** A quantidade de radiação que chega à superfície do planeta é igual à quantidade irradiada de volta para o espaço.

absorvida e emitida pela Terra; a **Figura 18.12** ilustra a parcela da radiação infravermelha emanada pela superfície e que é absorvida pelo vapor d'água e pelo dióxido de carbono atmosférico. Ao fazer isso, esses gases atmosféricos ajudam na manutenção de uma temperatura uniforme e suportável na superfície terrestre, conservando, por assim dizer, a radiação infravermelha que sentimos como calor. Para um exemplo contrário, considere as variações de temperatura observadas em Marte, cuja atmosfera é extremamente rarefeita. Sem

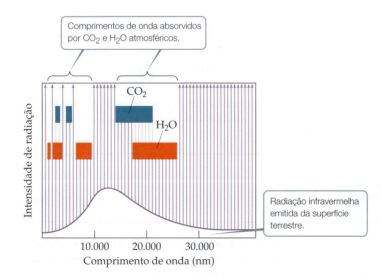

◀ **Figura 18.12** Parcelas da radiação infravermelha emitida pela superfície da Terra absorvidas por CO_2 e H_2O atmosféricos.

muita atmosfera para reter o calor, variações de temperatura de 70 a 80 °C entre a máxima diurna e a mínima noturna são comuns no planeta vermelho.

A influência de H_2O, CO_2 e outros gases atmosféricos na temperatura da Terra costuma ser chamada de *efeito estufa*, porque, ao aprisionar a radiação infravermelha, esses gases atuam de modo muito semelhante à vidraça de uma estufa. Os gases em si são chamados de **gases do efeito estufa**.

O vapor d'água representa a maior contribuição para o efeito estufa. A pressão parcial do vapor d'água na atmosfera varia muito de um lugar para outro e acontece de tempos em tempos, mas costuma ser mais elevada próximo à superfície terrestre e cai com o aumento da altitude. Visto que o vapor absorve fortemente a radiação infravermelha, ele é importante na manutenção da temperatura atmosférica à noite, quando a superfície emite radiação para o espaço e não recebe energia solar. Em regiões de clima desértico muito seco, em que a concentração de vapor d'água é baixa, pode fazer calor extremo durante o dia, mas muito frio à noite. Na ausência de uma camada de vapor para absorver parte da radiação infravermelha e depois irradiá-la de volta à Terra, a superfície perde essa radiação para o espaço e esfria muito rapidamente.

O dióxido de carbono tem papel secundário, porém muito importante, na manutenção da temperatura da superfície. A queima mundial de combustíveis fósseis em uma escala impressionante na era moderna, sobretudo carvão e petróleo, tem aumentado de maneira acentuada o nível de dióxido de carbono na atmosfera. Para visualizar a quantidade de CO_2 produzido (p. ex., pela combustão de hidrocarbonetos e outras substâncias contendo carbono, que são os componentes de combustíveis fósseis), analise a combustão de butano, C_4H_{10}. A combustão de 1,00 g de C_4H_{10} produz 3,03 g de CO_2. (Seção 3.6) A atividade humana lança $3,6 \times 10^{16}$ g (36 bilhões de toneladas) de CO_2 na atmosfera todos os anos.

Exercício resolvido 18.3
Estimativa da quantidade de CO_2 liberada pela combustão de gasolina

Qual é a massa de dióxido de carbono produzida pela combustão de 1,0 galão de gasolina? A densidade e composição aproximadas da gasolina são 0,70 g/mL e C_8H_{18}, respectivamente.

SOLUÇÃO
Analise Devemos calcular a massa de CO_2 produzida quando 1,0 galão de C_8H_{18} reage com oxigênio para formar dióxido de carbono e água.

Planeje Primeiro devemos determinar a massa em gramas de C_8H_{18} em 1,0 galão de gasolina. Depois, escrevemos uma equação química balanceada para a combustão de C_8H_{18} e a usamos para determinar o rendimento teórico de CO_2.

Resolva
Primeiro, converta o volume de galões para mL.

$$(1,0 \text{ galão})\left(\frac{3,785 \text{ L}}{1 \text{ galão}}\right)\left(\frac{1000 \text{ mL}}{1 \text{ L}}\right) = 3,79 \times 10^3 \text{ mL}$$

Em seguida, use a densidade da gasolina para calcular a sua massa em gramas.

$$(3,79 \times 10^3 \text{ mL})\left(\frac{0,70 \text{ g}}{\text{mL}}\right) = 2,65 \times 10^3 \text{ g}$$

Para calcular o rendimento teórico do dióxido de carbono, devemos escrever uma equação química balanceada para a combustão de C_8H_{18} (octano):

$$2\,C_8H_{18}(l) + 25\,O_2(g) \longrightarrow 16\,CO_2(g) + 18\,H_2O(g)$$

Usando a equação balanceada e a massa de C_8H_{18}, podemos calcular o rendimento teórico de CO_2.

$$(2,65 \times 10^3 \text{ g de } C_8H_{18})\left(\frac{1 \text{ mol de } C_8H_{18}}{114,2 \text{ g de } C_8H_{18}}\right)\left(\frac{16 \text{ mols de } CO_2}{2 \text{ mols de } C_8H_{18}}\right)\left(\frac{44 \text{ g de } CO_2}{1 \text{ mol de } CO_2}\right)$$

$$= 8,2 \times 10^3 \text{ g de } CO_2$$

Assim, vemos que, para cada galão de gasolina consumido, 8,2 kg de CO_2 são produzidos.

▶ **Para praticar**
Um botijão de propano, C_3H_8, usado em churrasqueiras contém 15 libras de propano. Qual é a massa de CO_2 produzida pela combustão do propano contido nesse botijão?

Muito CO_2 é absorvido pelos oceanos ou consumido pelas plantas. No entanto, hoje, a geração de CO_2 ocorre muito mais rapidamente do que sua absorção ou utilização. A análise do ar aprisionado em amostras de gelo retiradas da Antártica e da Groenlândia

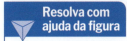

Resolva com ajuda da figura — Qual é a fonte da elevação persistente na inclinação dessa curva ao longo do tempo?

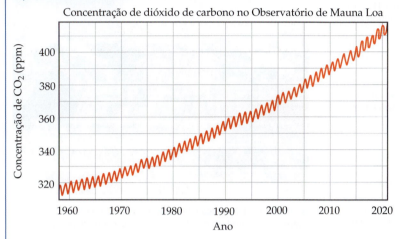

▲ **Figura 18.13 Aumento dos níveis de CO₂.** A concentração de CO_2 é medida no Observatório de Mauna Loa, no Havaí, desde 1958. Desde aquela época, a concentração aumentou mais de 100 ppm. O gráfico "dente de serra" deve-se a variações sazonais regulares na concentração de CO_2 para cada ano.

possibilita determinar os níveis atmosféricos de CO_2 nos últimos 160 mil anos. Essas medições revelam que o nível de CO_2 permaneceu constante desde a última Idade do Gelo, cerca de 10 mil anos atrás, até próximo do início da Revolução Industrial, cerca de 300 anos atrás. Desde então, a concentração de CO_2 aumentou até atingir o recorde atual, de cerca de 415 ppm (**Figura 18.13**). Os cientistas que estudam o clima acreditam que o nível de CO_2 não era tão alto assim desde 3 a 5 milhões de anos atrás.

O consenso entre os climatologistas é que o aumento de CO_2 atmosférico está interferindo no clima da Terra e, muito provavelmente, desempenhando um importante papel no aumento observado na média global da temperatura da superfície terrestre (**Figura 18.14**). Os cientistas costumam usar o termo *mudança climática* em vez de *aquecimento global* para se referir a esse efeito porque, à medida que a temperatura da Terra é elevada, os ventos e as

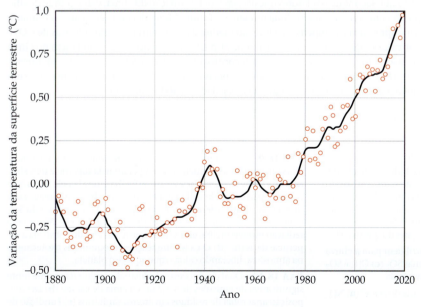

▲ **Figura 18.14 Temperatura da superfície terrestre nos últimos 140 anos.** O gráfico ilustra a variação da temperatura global em relação à temperatura média entre 1951 e 1980, de acordo com os dados compilados pelo Instituto Goddard para Estudos Espaciais da Nasa.

OLHANDO DE PERTO | Outros gases do efeito estufa

Apesar de o CO_2 receber grande parte da atenção, outros gases também contribuem para o efeito estufa, como o metano, CH_4, o óxido nitroso, N_2O, os hidrofluorcarbonetos (HFC) e os clorofluorcarbonetos (CFC).

O metano tem uma contribuição significativa para o efeito estufa. Estudos sobre o gás atmosférico aprisionado há muito tempo em placas de gelo na Groenlândia e na Antártida mostram que a concentração de metano na atmosfera vem aumentando dos valores pré-industriais, na faixa de 0,3 a 0,7 ppm, até o valor atual, de cerca de 1,9 ppm. As principais fontes de metano estão associadas à agricultura, produção de combustíveis fósseis e decomposição de resíduos orgânicos.

O metano é formado em processos biológicos que ocorrem em ambientes com pouco oxigênio. As bactérias anaeróbicas, que florescem em pântanos e aterros sanitários, próximo às raízes do arroz e no sistema digestivo do gado e de outros animais ruminantes, produzem metano (**Figura 18.15**). Ele também escapa para a atmosfera durante a extração e o transporte do gás natural. Estima-se que cerca de dois terços das atuais emissões diárias de metano, que crescem cerca de 1% por ano, estejam relacionadas à atividade humana.

O metano tem uma meia-vida na atmosfera de cerca de 9 a 12 anos; o CO_2 dura muito mais tempo. Isso pode parecer uma vantagem, mas existem efeitos indiretos que devem ser considerados. O metano é oxidado na estratosfera, produzindo vapor d'água, um poderoso gás do efeito estufa que, do contrário, estaria ausente na estratosfera. Na troposfera, o metano é atacado por espécies reativas, como os radicais de OH ou os óxidos de nitrogênio, produzindo outros gases do efeito estufa, como os O_3. Estima-se que, em massa, o potencial de aquecimento global do CH_4 é de cerca de 25 vezes o do CO_2. Dada essa grande contribuição, importantes reduções do efeito estufa poderiam ser alcançadas pela diminuição das emissões de metano ou pela captura das emissões para uso como combustível.

O óxido nitroso, N_2O, é outro importante gás do efeito estufa. A maior parte das emissões de N_2O é resultado do uso de fertilizantes nitrogenados na agricultura. Embora os fertilizantes sejam fundamentais na produção de alimentos para sustentar a população

▲ **Figura 18.15 Produção de metano.** Animais ruminantes, como gado e ovinos, produzem metano em seus aparelhos digestivos.

do nosso planeta, seu uso eficiente ajudaria a reduzir as emissões de N_2O. Em nível global, cerca de 40% das emissões de N_2O vêm das atividades humanas. Estima-se que o efeito de aquecimento global do óxido nitroso seja, em massa, 250 a 300 vezes maior do que o do CO_2.

Os HFC substituíram os CFC em uma série de aplicações, como gases de refrigeração e ar-condicionado. Embora não contribuam para a destruição da camada de ozônio, os HFC são potentes gases do efeito estufa. Por exemplo, uma das moléculas resultantes da produção de HFC de uso comercial é o HCF_3. Estima-se que essa substância tenha potencial de aquecimento global, grama por grama, mais de 14 mil vezes maior que o do CO_2. A concentração total de HFC na atmosfera tem aumentado cerca de 10% ao ano. Ao contrário do CO_2, do CH_4 e do N_2O, todas as emissões de HFC podem ser atribuídas à atividade humana, pois não são moléculas que ocorrem na natureza.

Exercício relacionado: 18.62

---

correntes oceânicas são afetados de formas que esfriam algumas áreas e esquentam outras. Visto que são muitos os fatores que afetam a determinação do clima, é um grande desafio prever com certeza como o clima mudará no futuro. Muito depende de quanto a humanidade aprenderá a compensar a elevação inédita das concentrações atmosféricas de CO_2 e outros gases que "aprisionam" o calor na atmosfera. Os efeitos dessas mudanças no clima já estão sendo sentidos e, se não forem controlados, têm o potencial de alterar significativamente o clima do planeta. As consequências dessas mudanças provavelmente terão um efeito profundo nos ecossistemas e nas sociedades de todo o planeta.

Exercícios de autoavaliação

EAA 18.6 Por que os clorofluorcarbonetos (CFC), como o $CFCl_3$, destroem o ozônio na atmosfera externa, mas os hidrofluorcarbonetos (HFC), como o CH_2FCF_3, não? (**a**) Os HFC são mais reativos do que os CFC e, logo, reagem com outras moléculas antes de atingirem a atmosfera externa. (**b**) Os HFC não absorvem radiação infravermelha. (**c**) Os HFC não sofrem fotodissociação na atmosfera externa para produzir cloro atômico. (**d**) Os HFC são mais polares do que os CFC.

EAA 18.7 Quais das moléculas a seguir contribuem para a chuva ácida: NO_2, CH_4, SO_2? (**a**) Apenas NO_2 (**b**) Apenas SO_2 (**c**) CH_4 e SO_2 (**d**) NO_2 e SO_2 (**e**) Todas contribuem para a chuva ácida.

EAA 18.8 Qual molécula não é um componente do *smog*? (**a**) NO_2 (**b**) CO (**c**) CF_2Cl_2 (**d**) O_3

EAA 18.9 Como um aumento na concentração de CO_2 na atmosfera contribui para o aumento da temperatura da superfície terrestre? (**a**) O CO_2 absorve a radiação infravermelha emitida pela superfície e irradia parte dela de volta para a superfície. (**b**) O CO_2 reage com moléculas na atmosfera, como o O_3, que absorvem energia do Sol, o que reduz a sua concentração. (**c**) Uma vez que o CO_2 não absorve radiação infravermelha, ele permite que mais calor do Sol atinja a superfície da Terra. (**d**) O CO_2 sofre reações fotoquímicas exotérmicas na atmosfera, liberando calor, o que aquece o planeta.

EAA 18.10 Qual dos processos industriais a seguir *não* é uma fonte significativa de emissões de SO_2? (**a**) Queima de carvão (**b**) Decomposição anaeróbia de resíduos em aterros sanitários (**c**) Fundição de minérios para a produção de metais (**d**) Combustão de petróleo

18.3 | Água existente na Terra

A água cobre 72% da superfície terrestre e é essencial à vida. Nossos corpos são cerca de 65% compostos de água em massa. Por causa das extensivas ligações de hidrogênio, de modo geral, a água tem altos pontos de fusão e ebulição e alto calor específico. (Seção 11.2) Seu alto caráter polar é responsável pela excepcional habilidade em dissolver uma vasta classe de compostos iônicos e substâncias covalentes polares. Muitas reações ocorrem na água, inclusive aquelas em que H_2O é um reagente. Vale lembrar, por exemplo, que H_2O pode participar de reações ácido-base como doadora ou receptora de próton. (Seção 16.3) Todas essas propriedades tornam a água um solvente e uma molécula excepcional. Não surpreende que ela tenha um papel relevante no nosso ambiente.

Ciclo global da água

Toda água na Terra está ligada a um ciclo global (**Figura 18.16**). A maioria dos processos descritos aqui é baseada nas mudanças de fase da água. Por exemplo, ao ser aquecida pelo Sol, a água líquida nos oceanos evapora para a atmosfera na forma de vapor e é condensada em gotículas que enxergamos como nuvens. Essas gotículas podem se cristalizar em gelo e precipitar como granizo ou neve. Uma vez no solo, o granizo ou a neve derrete, e a água líquida penetra no solo. Se as condições forem propícias, também é possível que o gelo em contato com o chão sublime como vapor d'água na atmosfera. Como os processos que ocorrem na superfície (evaporação, sublimação) são endotérmicos e os que ocorrem na atmosfera (condensação, cristalização) são exotérmicos, eles transferem o calor absorvido pela superfície para a atmosfera.

Água salgada: oceanos e mares

A vasta camada de água salgada que cobre a maior parte do planeta está conectada e, geralmente, possui composição constante. Por isso, os oceanógrafos falam de um *oceano do mundo* em vez de separá-los, como aprendemos nos livros de geografia.

> **Objetivos de aprendizagem**
>
> Após terminar a **Seção 18.3**, você deverá ser capaz de:
>
> ▶ Identificar os processos exotérmicos e endotérmicos no ciclo global da água e explicar como eles facilitam a transferência de calor da superfície para a atmosfera.
>
> ▶ Descrever a composição da água do mar e como suas propriedades variam com a profundidade.
>
> ▶ Descrever as fontes, a distribuição e as características da água doce.

Resolva com ajuda da figura
Quais processos mostrados na seguinte figura envolvem a transição de fase $H_2O(l) \longrightarrow H_2O(g)$?

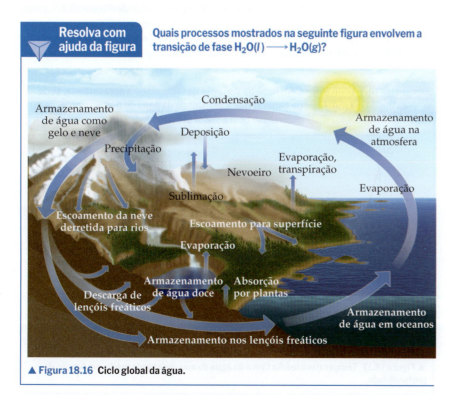

▲ **Figura 18.16** Ciclo global da água.

TABELA 18.5 Constituintes iônicos da água do mar presentes em concentrações superiores a 0,001 g/kg (1 ppm)

Constituinte iônico	Salinidade	Concentração (M)
Cloreto, Cl^-	19,35	0,55
Sódio, Na^+	10,76	0,47
Sulfato, SO_4^{2-}	2,71	0,028
Magnésio, Mg^{2+}	1,29	0,054
Cálcio, Ca^{2+}	0,412	0,010
Potássio, K^+	0,40	0,010
Dióxido de carbono*	0,106	$2,3 \times 10^{-3}$
Brometo, Br^-	0,067	$8,3 \times 10^{-4}$
Ácido bórico, H_3BO_3	0,027	$4,3 \times 10^{-4}$
Estrôncio, Sr^{2+}	0,0079	$9,1 \times 10^{-5}$
Fluoreto, F^-	0,0013	$7,0 \times 10^{-5}$

*CO_2 está presente na água do mar como HCO_3^- e CO_3^{2-}.

O oceano do mundo é enorme, contendo um volume de $1,35 \times 10^9$ km³ e representando 97,2% de toda a água da Terra. Dos 2,8% restantes, três quartos estão na forma de calotas de gelo e geleiras. Toda a água doce, em lagos, rios e subsolo, soma apenas 0,6% da água da Terra. A maior parte do 0,1% restante está contida em água salobra (salgada), como no Mar Morto ou no Grande Lago Salgado.

Geralmente, chamamos a água do mar de água salina. Sua **salinidade** é a massa em gramas de sal seco presente em 1 kg de água do mar. No oceano do mundo, a salinidade média é de 35. Em outras palavras, a água do mar contém aproximadamente 3,5% de sais dissolvidos em massa, e a lista de elementos presentes nela é bastante extensa. Entretanto, a maioria está presente apenas em concentrações muito baixas. A **Tabela 18.5** relaciona as 11 espécies iônicas mais abundantes na água do mar.

A temperatura da água do mar varia em função da profundidade (**Figura 18.17**), assim como a salinidade e a densidade. A luz solar penetra bem na água até 200 metros; a região entre 200 e 1.000 m de profundidade é a "zona de penumbra", região em que a luz visível é fraca. Abaixo de 1.000 m, o oceano é escuro e frio, com cerca de 4 °C. O transporte de calor,

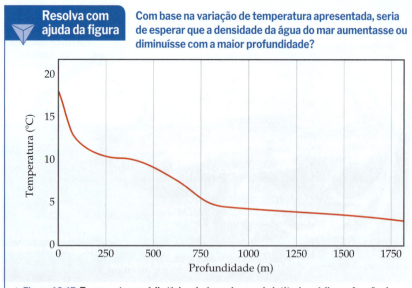

Resolva com ajuda da figura Com base na variação de temperatura apresentada, seria de esperar que a densidade da água do mar aumentasse ou diminuísse com a maior profundidade?

▲ **Figura 18.17** Temperatura média típica da água do mar de latitude média em função da profundidade.

sal e outras substâncias químicas em todo o oceano é influenciado por essas mudanças nas propriedades físicas da água do mar. Por sua vez, as variações na forma como o calor e as substâncias são transportadas afetam as correntes oceânicas e o clima global.

O mar é tão vasto que, se uma substância estiver presente na água do mar em um grau de apenas 1 parte por bilhão (i.e., 1×10^{-6} g/kg de água), há ainda 1×10^{12} kg dessa substância no oceano do mundo. Todavia, em virtude do alto custo de extração, somente três substâncias são obtidas da água do mar em quantidades comerciais consideráveis: cloreto de sódio, bromo (dos sais de brometo) e magnésio.

A absorção de CO_2 pelo oceano desempenha papel importante no clima global. Visto que dióxido de carbono e água formam ácido carbônico, a concentração de H_2CO_3 no oceano aumenta à medida que a água absorve CO_2 atmosférico. A maior parte do carbono no oceano, porém, está na forma de íons HCO_3^- e CO_3^{2-}, que formam um sistema tampão que mantém o pH do oceano entre 8,0 e 8,3. O pH do oceano diminui à medida que a concentração de CO_2 na atmosfera aumenta, como discutido no quadro "Química e sustentabilidade: Acidificação dos oceanos". (Seção 18.4)

Água doce e lençóis freáticos

"Água doce" é o termo utilizado para as águas naturais com baixas concentrações de sais e sólidos dissolvidos (inferiores a 500 ppm). Inclui águas de lagos, rios, lagoas e riachos. Os Estados Unidos têm a sorte de serem abundantes em água doce: $1,7 \times 10^{15}$ L (660 trilhões de galões) é a reserva estimada. Estima-se que 9×10^{11} L de água doce são usados todos os dias no país. A maior parte é utilizada na agricultura (41%) e na geração de energia hidrelétrica (39%), com pequenas quantidades voltadas para indústria (6%), necessidades domésticas (6%) e água potável (1%). Em nível mundial, o adulto médio bebe cerca de 2 L de água por dia. Nos Estados Unidos, o consumo diário de água por pessoa excede bastante esse nível de subsistência, totalizando uma média de cerca de 300 L/dia para consumo e higiene pessoal. Usa-se cerca de 8 L/pessoa para cozinhar e beber, 120 L/pessoa para limpeza (banho, lavagem de roupa e limpeza da casa), 80 L/pessoa para descarga no banheiro e 80 L/pessoa para regar jardins e gramados.

A quantidade total de água doce na Terra não representa uma fração muito grande do total de água existente. Na verdade, a água doce é uma das nossas riquezas mais preciosas. Ela é formada pela evaporação dos oceanos e da terra. O vapor d'água acumulado na atmosfera é transportado pela circulação atmosférica global, retornando à Terra como chuva, neve e outras formas de precipitação (Figura 18.16).

À medida que a água escorre pelo solo rumo aos oceanos, ela dissolve diversos cátions (principalmente Na^+, K^+, Mg^{2+}, Ca^{2+} e Fe^{2+}), ânions (principalmente Cl^-, SO_4^{2-} e HCO_3^-) e gases (principalmente O_2, N_2 e CO_2). À medida que usamos a água, ela incorpora material dissolvido adicional, inclusive dejetos da sociedade humana. Conforme a população e a produção de poluentes ambientais aumenta, é preciso gastar quantidades cada vez maiores de recursos financeiros e riquezas para garantir o fornecimento de água doce.

Aproximadamente 20% da água doce do mundo está debaixo do solo, na forma de *lençóis freáticos*. Estes ficam em *aquíferos*, camadas de rocha porosa que retêm água. Essa água pode ser muito pura e acessível ao consumo humano se estiver próxima da superfície. Formações subterrâneas densas que não permitem uma pronta penetração da água podem reter lençóis freáticos por anos ou até mesmo milênios. Quando a água é removida por perfuração e bombeamento, esses aquíferos têm reabastecimento lento por meio da difusão da água de superfície.

A natureza da rocha que retém águas subterrâneas exerce grande influência na composição química da água. Se os minerais na rocha forem até certo ponto solúveis em água, íons podem ser lixiviados da rocha e permanecer dissolvidos nos lençóis freáticos. A água com concentração relativamente alta de íons dissolvidos é chamada de *água dura*. Em alguns casos, substâncias tóxicas são lixiviadas das rochas em contato com os lençóis freáticos. Arsênio na forma de $HAsO_4^{2-}$, $H_2AsO_4^-$ e H_3AsO_3 é encontrado em muitas fontes de água subterrânea pelo mundo, de modo mais abominável em Bangladesh, onde ocorre em concentrações tóxicas para os seres humanos.

QUÍMICA E SUSTENTABILIDADE — Aquífero de Ogallala: um recurso em extinção

O Aquífero de Ogallala, também conhecido como High Plains, é um enorme lençol freático situado abaixo das Grandes Planícies, nos Estados Unidos. Um dos maiores aquíferos do mundo, ele abrange uma área de aproximadamente 450 mil km² (170 mil mi²), passando por oito estados: Dakota do Sul, Nebraska, Wyoming, Colorado, Kansas, Oklahoma, Novo México e Texas (**Figura 18.18**). A profundidade saturada do aquífero subterrâneo varia entre meros 1 m a mais de 300 m. O volume de água total armazenado no aquífero é maior do que o Lago Huron.

Quem já sobrevoou as Grandes Planícies está familiarizado com a visão de círculos enormes formados por irrigadores que cobrem praticamente todo o solo. O sistema de irrigação de pivôs centrais, desenvolvido após a Segunda Guerra Mundial, permite a aplicação da água em grandes áreas. Como resultado, as Grandes Planícies tornaram-se uma das regiões agrícolas mais produtivas do mundo. Infelizmente, a premissa de que o aquífero é uma fonte inesgotável de água doce provou ser falsa. O reabastecimento do aquífero com água da superfície é lento, levando centenas ou talvez milhares de anos. Os níveis de água em partes da metade sul do aquífero diminuíram em mais de 50 m nas últimas sete décadas, tornando proibitivos os custos de trazer água para a superfície. À medida que os níveis do aquífero continuam a cair, menos água estará disponível para atender às necessidades de cidades, residências e empresas.

Exercício relacionado: 18.42

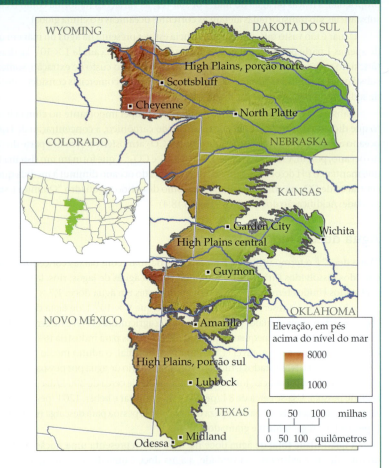

▲ **Figura 18.18** Mapa que mostra a extensão do Aquífero de Ogallala (High Plains). Note que a elevação do solo varia muito. O aquífero segue a topografia das formações que estão na base da área.

Exercícios de autoavaliação

EAA 18.11 Quais dos seguintes processos do ciclo global da água liberam calor para a vizinhança?
(i) evaporação
(ii) condensação
(iii) sublimação
(**a**) i (**b**) ii (**c**) iii (**d**) i e iii (**e**) i, ii e iii

EAA 18.12 Qual íon está presente em maior concentração na água do mar? (**a**) Cl^- (**b**) Na^+ (**c**) CO_3^{2-} (**d**) SO_4^{2-} (**e**) Na^+ e Cl^- estão presentes em quantidades iguais.

EAA 18.13 Qual(is) das afirmações sobre a água existente na Terra a seguir é(são) *verdadeira(s)*?
(i) A temperatura da água do mar varia em função da profundidade.
(ii) A água doce representa uma parcela considerável da água total do planeta.
(iii) O pH do oceano aumenta à medida que a concentração de CO_2 na atmosfera aumenta.
(**a**) i (**b**) i e ii (**c**) i e iii (**d**) ii e iii (**e**) Todas as afirmações são verdadeiras.

18.4 | Atividades humanas e qualidade da água

Toda forma de vida na Terra depende da disponibilidade adequada de água. Muitas atividades humanas lançam resíduos em águas naturais sem qualquer tratamento. Essas práticas resultam em água contaminada, que é prejudicial para a vida aquática de plantas e animais. Nesta seção, exploraremos algumas das consequências das atividades humanas na qualidade da água doce e analisaremos os métodos usados para tratar a água e torná-la adequada para o consumo humano.

Oxigênio dissolvido e qualidade da água

A quantidade de O_2 dissolvido em água é um importante indicador da sua qualidade. A água completamente saturada, com ar a 1 atm e a 20 °C, contém aproximadamente 9 ppm de O_2. O oxigênio é necessário para os peixes e muitas outras espécies aquáticas. Os peixes de águas frias precisam que a água tenha no mínimo 5 ppm de oxigênio dissolvido para sobreviver. As bactérias aeróbicas consomem o oxigênio dissolvido para oxidar a matéria orgânica e, dessa forma, obter energia. Esse material orgânico que as bactérias são capazes de oxidar é chamado de **biodegradável**.

Quantidades excessivas de materiais orgânicos biodegradáveis na água são prejudiciais, porque retiram dela o oxigênio necessário para manter a vida animal. Fontes típicas desses materiais biodegradáveis, conhecidos como *rejeitos que exigem oxigênio*, incluem esgoto, rejeitos de indústrias alimentícias e fábricas de papel e efluentes (rejeitos líquidos) de usinas de processamento de carne.

Na presença de oxigênio, o carbono, hidrogênio, nitrogênio, enxofre e fósforo presentes no material biodegradável são convertidos em CO_2, HCO_3^-, H_2O, NO_3^-, SO_4^{2-} e fosfatos. Às vezes, a formação desses produtos de oxidação reduz a quantidade de oxigênio dissolvido a ponto de as bactérias aeróbicas não conseguirem mais sobreviver. Por consequência, as bactérias anaeróbicas assumem o processo de decomposição, formando CH_4, NH_3, H_2S, PH_3, entre outros produtos, vários dos quais contribuem para os odores fortes de algumas águas poluídas.

Nutrientes vegetais, sobretudo nitrogênio e fósforo, contribuem para a poluição da água, estimulando excessivamente o crescimento de plantas aquáticas. Os resultados mais visíveis desse crescimento vegetal excessivo são as algas flutuantes e as águas escuras. Contudo, o mais significativo é que, à medida que o crescimento vegetal se torna excessivo, a quantidade de matéria vegetal morta e decadente aumenta com rapidez, em um processo chamado de *eutrofização* (**Figura 18.19**). O processo pelo qual as plantas se deterioram consome O_2 e, sem oxigênio suficiente, a água não pode sustentar vida animal.

As fontes mais significativas de compostos de nitrogênio e fósforo na água são os esgotos domésticos (detergentes com fosfato e rejeitos com nitrogênio), escoamentos de terras agrícolas (fertilizantes contendo nitrogênio e fósforo) e escoamentos de áreas de criação de animais (rejeitos animais com nitrogênio).

Objetivos de aprendizagem

Após terminar a Seção 18.4, você deverá ser capaz de:

▶ Explicar como a presença de matéria biodegradável nos sistemas de água naturais pode reduzir a quantidade de oxigênio dissolvido disponível para os organismos aquáticos.

▶ Descrever os processos de tratamento e purificação da água utilizados para produzir água adequada para o consumo humano.

▲ **Figura 18.19 Eutrofização.** Esse rápido acúmulo de matéria vegetal morta e em decomposição em um corpo d'água consome o seu suprimento de oxigênio, tornando a água imprópria para animais aquáticos.

Purificação da água: tratamento municipal

A água necessária para uso doméstico, na agricultura e em processos industriais é retirada de lagos, rios e fontes subterrâneas ou de reservatórios. A maior parte da água que chega aos sistemas municipais de abastecimento nos Estados Unidos é de água "usada", ou seja, ela já deve ter passado por um ou mais sistemas de tratamento de esgoto ou usinas industriais. Essa água deve ser tratada novamente antes de ser distribuída para as torneiras.

Em geral, o tratamento municipal de água envolve cinco etapas (**Figura 18.20**).

1. Depois da filtração grossa por uma tela, a água é deixada em repouso em grandes tanques de sedimentação, nos quais a areia e as outras partículas minúsculas vão se sedimentar. Para ajudar na remoção de partículas muito pequenas, a água pode, primeiro, tornar-se ligeiramente básica com a adição de CaO.

2. Em seguida, é adicionado $Al_2(SO_4)_3$, que reage com os íons OH^- para formar um precipitado esponjoso e gelatinoso de $Al(OH)_3$ ($K_{ps} = 1,3 \times 10^{-33}$). Esse precipitado decanta lentamente, carregando para baixo partículas suspensas e, com isso, removendo quase toda matéria finamente dividida e a maior parte das bactérias.

Resolva com ajuda da figura Qual é a principal função da etapa de aeração no tratamento de água?

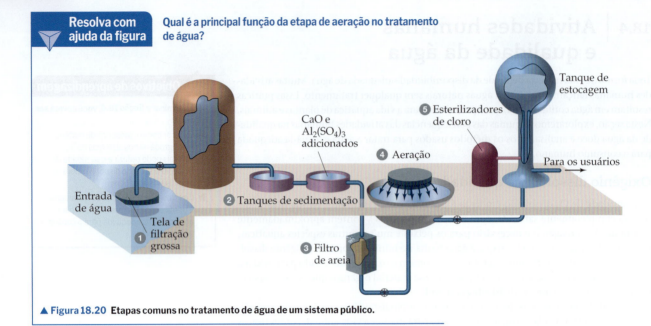

▲ Figura 18.20 Etapas comuns no tratamento de água de um sistema público.

3. A água é, então, filtrada através de uma camada de areia.
4. Depois da filtração, a água pode ser borrifada no ar (aeração) para apressar a oxidação de íons inorgânicos dissolvidos de ferro e manganês, reduzir concentrações de qualquer H_2S e NH_3 que possa estar presente e diminuir as concentrações bacterianas.
5. A etapa final da operação costuma envolver o tratamento de água com um agente químico para assegurar a destruição de bactérias. O ozônio é o mais eficiente, mas o cloro é menos oneroso. Cl_2 liquefeito é distribuído a partir de tanques por meio de um dispositivo medidor diretamente ligado ao estoque de água. A quantidade usada depende da presença de outras substâncias com as quais o cloro pode reagir e das concentrações de bactéria e vírus que serão removidas.

A ação esterilizante do cloro deve-se provavelmente não ao Cl_2, mas ao ácido hipocloroso, formado quando o cloro reage com a água:

$$Cl_2(aq) + H_2O(l) \longrightarrow HClO(aq) + H^+(aq) + Cl^-(aq) \quad [18.15]$$

Estima-se que cerca de 880 milhões de pessoas no mundo não tenham acesso à água limpa. De acordo com a Organização Mundial de Saúde e a Unicef, estima-se que 2,4 bilhões de pessoas ainda não tenham acesso a qualquer forma de saneamento melhorado, e cerca de 13% da população mundial não tem acesso a qualquer tipo de recurso de saneamento e pratica defecação ao ar livre. Assim, não surpreende que quase 80% de todos os problemas de saúde nos países em desenvolvimento possam ser atribuídos a doenças transmitidas por água insalubre.

A desinfecção da água é uma das maiores inovações em saúde pública na história da humanidade, reduzindo drasticamente a incidência de doenças causadas por bactérias provenientes da água, como cólera e tifo. No entanto, esse grande benefício tem um preço. Em 1974, cientistas europeus e americanos descobriram que a cloração da água produz um grupo de produtos secundários que, até então, passara despercebido. Esses produtos secundários são chamados de *trialogenometanos* (THM), porque todos têm um único átomo de carbono e três átomos de halogênio: $CHCl_3$, $CHCl_2Br$, $CHClBr_2$ e $CHBr_3$. Essas e muitas outras substâncias orgânicas contendo cloro e bromo são produzidas pela reação de cloro dissolvido com os materiais orgânicos presentes em quase todas as águas naturais, bem como com substâncias que são produtos secundários da atividade humana.

Lembre-se de que o cloro se dissolve em água para formar o agente oxidante HOCl, como mostra a Equação 18.15. O HOCl, por sua vez, reage com substâncias orgânicas para formar THM. O bromo entra na sequência por meio da reação do HOCl com o íon brometo dissolvido:

$$HClO(aq) + Br^-(aq) \longrightarrow HBrO(aq) + Cl^-(aq) \quad [18.16]$$

Ambos, HBrO(aq) e HClO(aq), promovem a halogenação das substâncias orgânicas para formar THM.

QUÍMICA E SUSTENTABILIDADE | Fraturamento hidráulico (*fracking*) e qualidade da água

Nos últimos anos, o ***fracking***, termo em inglês para *fraturamento hidráulico*, passou a ser bastante utilizado para aumentar em muito a disponibilidade de reservas de petróleo. No *fracking*, um grande volume de água, por volta de dois milhões de galões ou mais, misturada com vários aditivos, é injetado sob alta pressão em poços escavados horizontalmente em formações rochosas (**Figura 18.21**). A água está carregada de areia, materiais cerâmicos e outros aditivos, incluindo géis, espumas e gases comprimidos, que aumentam o rendimento do processo. O fluido de alta pressão escorre para pequenas falhas em formações geológicas, liberando petróleo e gás natural. Em muitas partes do mundo, o *fracking* aumenta bastante as reservas de petróleo e, em especial, de gás natural.

Infelizmente, o potencial de danos ao meio ambiente do *fracking* é considerável. O grande volume de líquido de *fracking* necessário para criar um poço deve ser retornado à superfície. Sem purificação, o fluido torna-se impróprio para outros usos e um problema ambiental em larga escala. Muitas vezes, águas residuais são retidas em poços abertos. O Energy Policy Act, de 2005, assim como outras leis federais americanas, isentam as operações de fraturamento hidráulico de algumas disposições do Safe Drinking Water Act e outras normas. Portanto, parte do país que já enfrenta escassez de água tem uma demanda maior para uma oferta limitada. Visto que o fraturamento de formações rochosas aumenta as vias para o fluxo de petróleo e vários gases, massas de água subterrânea têm servido como fontes de abastecimento municipal ou poços residenciais em algumas localidades contaminadas com petróleo, sulfeto de hidrogênio e outras substâncias tóxicas. O escape de uma variedade de gases das cabeças de poço, incluindo metano e outros hidrocarbonetos, contribui para a poluição do ar. Em um estudo publicado em 2013, estima-se que as emissões de metano para a atmosfera durante as operações de fraturamento hidráulico em Utah estejam na faixa de 6 a 12% da quantidade de metano produzido. Como relatado na seção "Olhando de perto: Outros gases do efeito estufa" (Seção 18.2), o metano é um potente gás do efeito estufa.

As muitas questões ambientais que cercam a prática do *fracking* têm gerado preocupação generalizada e reação pública adversa. O método é mais um exemplo do conflito entre os que defendem a disponibilidade de energia a baixo custo e os que estão mais focados em sustentar a qualidade do meio ambiente no longo prazo.

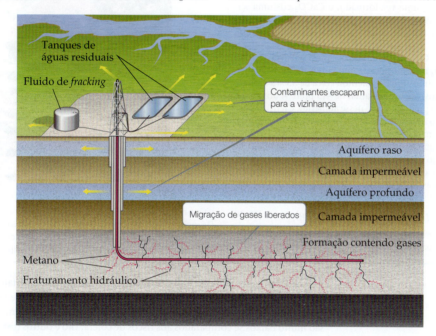

▲ **Figura 18.21 Diagrama de uma área de poços que usam o *fracking*.** As setas amarelas indicam as vias pelas quais os contaminantes entram no ambiente.

Alguns THM e outras substâncias orgânicas halogenadas são suspeitos de serem carcinógenos, outros interferem no sistema endócrino do corpo. Consequentemente, a Organização Mundial de Saúde (OMS) e a Agência de Proteção Ambiental dos Estados Unidos (EPA) estabeleceram limites de 80 µg/L (80 ppb) na quantidade total de THM em água potável. O objetivo é reduzir os níveis de THM e demais produtos secundários de desinfecção no fornecimento de água potável enquanto preserva a eficácia bactericida do tratamento da água. Em alguns casos, a simples redução da concentração de cloro pode fornecer desinfecção adequada, enquanto reduz as concentrações de THM formados. Agentes oxidantes alternativos, como ozônio ou dióxido de cloro, produzem menos substâncias halogenadas, mas têm suas desvantagens. Por exemplo, eles são capazes de oxidar o bromo aquoso, como mostrado a seguir para o ozônio:

$$O_3(aq) + Br^-(aq) + H_2O(l) \longrightarrow HBrO(aq) + O_2(aq) + OH^-(aq) \quad [18.17]$$

$$HBrO(aq) + 2\,O_3(aq) \longrightarrow BrO_3^-(aq) + 2\,O_2(aq) + H^+(aq) \quad [18.18]$$

Testes com animais revelaram que o íon bromato, BrO_3^-, pode provocar câncer.

QUÍMICA E SUSTENTABILIDADE — Acidificação do oceano

A água do mar é uma solução ligeiramente básica, com valores de pH normalmente entre 8,0 e 8,3. Essa faixa de pH é mantida por meio de um sistema tampão de ácido carbônico semelhante ao do sangue [veja a Equação 17.6 no quadro "A química e a vida: O sangue como uma solução-tampão" (Seção 17.2)]. Visto que o pH da água do mar é maior que o do sangue (7,35 a 7,45), a segunda dissociação do ácido carbônico não pode ser negligenciada, e CO_3^{2-} torna-se uma espécie aquosa importante.

A disponibilidade de íons carbonato é importante na formação de conchas para uma série de organismos marinhos, incluindo os corais duros, amêijoas, mexilhões e muitos outros (**Figura 18.22**). Esses organismos, referidos como *calcificadores* marinhos, são importantes nas cadeias alimentares de quase todos os ecossistemas oceânicos e dependem de íons dissolvidos de Ca^{2+} e CO_3^{2-} para formar suas conchas e exoesqueletos. A constante do produto de solubilidade relativamente baixa do $CaCO_3$,

$$CaCO_3(s) \rightleftharpoons Ca^{2+}(aq) + CO_3^{2-}(aq) \quad K_{ps} = 4,5 \times 10^{-9} \quad [18.19]$$

e o fato de que o oceano contém concentrações saturadas de Ca^{2+} e CO_3^{2-} significam que, uma vez formado, o $CaCO_3$ costuma ser bastante estável. Inclusive, esqueletos de carbonato de cálcio de criaturas que morreram milhões de anos atrás não são incomuns em registros fósseis.

A concentração de CO_2 dissolvido no oceano é sensível a variações nos níveis de CO_2 na atmosfera. Como vimos na Seção 18.2, a concentração de CO_2 atmosférico aumentou cerca de 33% ao longo dos últimos três séculos, até o nível atual de 415 ppm. A atividade humana teve um papel predominante nesse aumento. Cientistas estimam que de um terço a metade das emissões de CO_2 resultantes da atividade humana foram absorvidas pelos oceanos da Terra. Embora essa absorção ajude a atenuar o efeito estufa do CO_2, a quantidade extra de CO_2 no oceano produz ácido carbônico, H_2CO_3, reduzindo o pH. O efeito no pH é compensado em parte pelo sistema tampão CO_3^{2-}/HCO_3^-. Ainda assim, a adição de ácido carbônico converte parte dos íons carbonato em íons de carbonato de hidrogênio:

$$CO_3^{2-}(aq) + H^+(aq) \rightleftharpoons HCO_3^-(aq) \quad [18.20]$$

Esse consumo de íon carbonato desloca o equilíbrio da dissolução de $CaCO_3$ expresso na Equação 18.19 para a direita, aumentando a sua solubilidade e levando à dissolução parcial de conchas e exoesqueletos de carbonato de cálcio.

Para recifes de coral e os ecossistemas ao seu redor, a acidificação do oceano é apenas um dos muitos estresses que enfrentam. Os corais de águas quentes têm uma relação simbiótica com algas microscópicas denominadas zooxantelas. Os corais permitem que as algas morem dentro deles; por sua vez, com a fotossíntese, as algas fornecem aos corais a maior parte da sua energia. Quando a temperatura da água aumenta demais, os corais ejetam as algas e tornam-se brancos, um fenômeno conhecido como branqueamento de corais. Uma questão preocupante é que os eventos de branqueamento de corais se tornaram mais comuns nos últimos anos. O aumento das temperaturas oceânicas, a acidificação do oceano, a poluição e a sobrepesca representam ameaças à saúde dos recifes de corais.

Exercícios relacionados: 18.6, 18.8, 18.66

▲ **Figura 18.22 Calcificadores marinhos.** Muitos organismos que vivem no mar usam $CaCO_3$ para formar suas conchas e exoesqueletos. Os recifes de coral, como o da figura, são um dos exemplos mais marcantes. Outras criaturas com exoesqueleto de $CaCO_3$ incluem crustáceos, ouriços, estrelas-do-mar e alguns tipos de fitoplânctons.

No momento, parece não haver alternativas plenamente satisfatórias à cloração ou à ozonização, impondo a necessidade de uma análise de benefícios e riscos. Nesse caso, os riscos de câncer dos THM e de substâncias similares no abastecimento municipal de água são muito baixos se comparados aos riscos de cólera, tifo e outros distúrbios gastrointestinais causados por água não tratada. Quando o fornecimento de água é mais limpo desde o início, menos desinfetante é necessário; dessa forma, o perigo de contaminação por desinfecção também diminui. Uma vez formados os THM, suas concentrações no fornecimento de água podem ser reduzidas por aeração, porque os THM são mais voláteis que a água. Eles também podem ser removidos por adsorção em carvão ativado ou outros absorventes.

 Exercícios de autoavaliação

EAA 18.14 A constante da lei de Henry para $O_2(g)$ na água a 20 °C é de $1,38 \times 10^{-3}$ M/atm. Qual é a concentração de oxigênio em um corpo de água em contato com a atmosfera a uma pressão de 1,00 atm, em concentração em quantidade de matéria e em partes por milhão? Suponha que a densidade da solução aquosa seja de 1,00 g/mL. **(a)** $2,88 \times 10^{-4}$ M, 9,23 ppm **(b)** $1,38 \times 10^{-3}$ M, 44,2 ppm **(c)** $2,88 \times 10^{-4}$ M, 0,288 ppm **(d)** $1,38 \times 10^{-3}$ M, 9,23 ppm **(e)** $1,38 \times 10^{-3}$ M, 1,38 ppm

EAA 18.15 Quais dos processos a seguir reduz a concentração de oxigênio dissolvido em corpos de água que contém matéria orgânica biodegradável?

(i) Bactérias anaeróbias consomem oxigênio no processo de decomposição de matéria orgânica.

(ii) Bactérias aeróbicas consomem oxigênio no processo de decomposição de matéria orgânica.

(iii) A decomposição de vegetais mortos consome oxigênio.

(a) i **(b)** ii **(c)** iii **(d)** i e ii **(e)** ii e iii

EAA 18.16 Qual dos processos a seguir, quando empregado em uma estação de tratamento de água, *não* leva à oxidação de contaminantes indesejados? **(a)** Tratamento com O_3 **(b)** Tratamento com Cl_2 **(c)** Tratamento com $Al_2(SO_4)_3$ **(d)** Aeração

18.5 | Química verde

O planeta em que vivemos é, em grande parte, um *sistema fechado*, que troca energia, mas não troca matéria com a vizinhança. Para a humanidade prosperar no futuro, todos os processos que realizamos devem estar em equilíbrio com os fluxos naturais da Terra e os recursos físicos. Esse objetivo exige que nenhum material tóxico seja liberado para o meio ambiente, que nossas necessidades sejam atendidas com recursos renováveis e que consumamos a menor quantidade possível de energia. Embora a indústria química represente apenas uma pequena parcela da atividade humana, os processos químicos estão envolvidos em quase todos os aspectos da vida moderna. Como resultado, a química está no centro dos esforços para alcançar esses objetivos.

A **química verde** é uma iniciativa que promove o desenvolvimento e a aplicação de produtos e processos químicos compatíveis com a saúde humana e a preservação do meio ambiente. A química verde é baseada em um conjunto de 12 princípios:

> **Objetivos de aprendizagem**
>
> Após terminar a Seção 18.5, você deverá ser capaz de:
> - Descrever os princípios da química verde e explicar como a sua adoção pode promover a sustentabilidade e preservar o meio ambiente.
> - Comparar vias químicas alternativas para um produto e determinar qual processo é mais consistente com os princípios da química verde.

1. **Prevenção** É melhor evitar a produção de rejeitos do que tratá-los ou limpá-los depois de criados.
2. **Economia de átomos** Ao sintetizar novas substâncias, o método empregado deve maximizar a incorporação de todos os átomos iniciais ao produto final.
3. **Sínteses químicas menos arriscadas** Sempre que possível, os métodos sintéticos devem ser criados para usar e gerar substâncias que possuam pouca ou nenhuma toxicidade à saúde humana e ao ambiente.
4. **Substâncias químicas mais seguras** Deve-se criar produtos químicos com o mínimo de toxicidade possível, sem afetar a função desejada.
5. **Solventes e auxiliares mais seguros** Substâncias auxiliares (solventes, agentes de separação, etc.) devem ser usadas o mínimo possível. Aquelas que forem utilizadas devem ser as menos tóxicas possíveis.
6. **Eficiência energética** Devem ser identificados e minimizados os impactos ambientais e econômicos da demanda de energia de processos químicos. Se possível, as reações químicas devem ser conduzidas à temperatura e à pressão ambiente.
7. **Uso de matéria-prima renovável** Caso seja técnica e economicamente viável, a matéria-prima usada para os processos químicos deve ser renovável.
8. **Redução de derivados** Derivatização desnecessária (formação de compostos intermediários ou modificação temporária de processos físicos e químicos) deve ser minimizada ou evitada, se possível, uma vez que tais processos requerem reagentes adicionais e podem gerar resíduos.
9. **Catálise** Reagentes catalíticos (tão seletivos quanto possível) melhoram o rendimento de produtos em determinado intervalo de tempo e com um custo de energia mais baixo em comparação a processos não catalíticos e são, portanto, preferíveis a alternativas não catalíticas.
10. **Degradação** Os produtos finais de um processamento químico devem se decompor ao fim de sua vida útil em produtos de degradação inócuos que não perdurem no ambiente.
11. **Análise em tempo real para prevenção da poluição** Métodos analíticos devem ser desenvolvidos para permitir monitoramento e controle em tempo real, para prevenir a formação de substâncias perigosas.
12. **Química inerentemente mais segura para prevenção de acidentes** Reagentes e solventes utilizados em um processo químico devem ser escolhidos para minimizar o potencial de acidentes químicos, incluindo vazamentos, explosões e incêndios.*

Para ilustrar como funciona a química verde, vamos analisar a fabricação do estireno, um elemento importante na construção de diversos polímeros, incluindo os pacotes de poliestireno expandido usados para embalar ovos e refeições para viagem em restaurantes. A demanda global de estireno é maior que $3,5 \times 10^{10}$ kg por ano. Durante muito tempo, o estireno foi produzido em um processo de duas etapas: primeiro, benzeno e etileno reagem

---

*Adaptado de P. T. Anastas and J. C. Warner, *Green Chemistry: Theory and Practice*. Nova York: Oxford University Press 1998, p. 30. Veja também Mike Lancaster, *Green Chemistry: An Introductory Text*. Cambridge, Reino Unido: RSC Publishing, 2010, Second Edition, Capítulo 1.

para formar etilbenzeno, que é misturado com vapor em alta temperatura e passado por um catalisador de óxido de ferro para formar estireno:

$$\text{Benzeno} + H_2C=CH_2 \xrightarrow{\text{Catalisador ácido}} \text{Etilbenzeno (C}_6\text{H}_5\text{CH}_2\text{CH}_3\text{)} \xrightarrow[-H_2]{\text{Catalisador de óxido de ferro}} \text{Estireno (C}_6\text{H}_5\text{CH}=CH_2\text{)}$$

Esse processo apresenta vários inconvenientes. Um deles é que tanto o benzeno, que deriva do petróleo bruto, quanto o etileno, derivado do gás natural, são materiais de partida onerosos para um produto que deveria ser uma *commodity* de baixo preço. Outro inconveniente é o fato de o benzeno ser um agente cancerígeno. Em um processo recém-desenvolvido que contorna algumas dessas deficiências, o fluxo de duas etapas é substituído por outro de uma única etapa, em que o tolueno é submetido a uma reação com metanol a 425 °C por um catalisador especial:

$$\text{Tolueno (C}_6\text{H}_5\text{CH}_3\text{)} + CH_3OH \xrightarrow[-H_2,\ -H_2O]{\text{Catalisador básico}} \text{Estireno (C}_6\text{H}_5\text{CH}=CH_2\text{)}$$

O processo de uma única etapa é econômico porque tanto o tolueno quanto o metanol são menos onerosos do que o benzeno e o etileno e porque a reação requer menos energia. Outras vantagens são que o metanol pode ser produzido a partir de biomassa e o benzeno pode ser substituído por tolueno menos tóxico. O hidrogênio formado na reação pode ser reciclado como fonte de energia. Esse exemplo demonstra que encontrar o catalisador certo pode ser a chave para desenvolver um novo processo.

Vamos examinar outros exemplos em que a química verde pode atuar para melhorar a qualidade ambiental.

Solventes supercríticos

Um dos principais motivos de preocupação nos processos químicos é o uso de compostos orgânicos voláteis como solventes. De modo geral, o solvente não é consumido na reação, mas existem liberações inevitáveis para a atmosfera, mesmo nos processos controlados com rigor. Além disso, ele pode ser tóxico ou se decompor em certo grau durante a reação, criando rejeitos.

O uso de fluidos supercríticos é uma forma de substituir solventes convencionais. Vale lembrar que um fluido supercrítico é um estado incomum de matéria, com propriedades tanto de um gás quanto de um líquido. (Seção 11.4) Água e dióxido de carbono são as duas escolhas mais comuns de solventes de fluido supercrítico. Por exemplo, um processo industrial recentemente desenvolvido substitui os solventes de clorofluorcarboneto por CO_2 líquido ou supercrítico na produção de politetrafluoroetileno ($[CF_2CF_2]_n$, vendido como Teflon®). Embora o CO_2 seja um gás do efeito estufa, nenhum CO_2 adicional precisa ser fabricado para uso como solvente de fluido supercrítico.

Como exemplo adicional, o *para*xileno é oxidado para formar ácido tereftálico, que, por sua vez, é usado para produzir fibras de poliéster e plástico de tereftalato de polietileno (PET) [ver Tabela 12.5 (Seção 12.6)]:

$$\text{paraxileno (CH}_3\text{-C}_6\text{H}_4\text{-CH}_3\text{)} + 3\ O_2 \xrightarrow[\text{Catalisador}]{190\ °C,\ 20\ atm} \text{Ácido tereftálico (HOOC-C}_6\text{H}_4\text{-COOH)} + 2\ H_2O$$

Esse processo comercial requer pressurização e uma temperatura relativamente alta. O oxigênio é o agente oxidante e o ácido acético (CH_3COOH), o solvente. Uma rota alternativa emprega água supercrítica como solvente e peróxido de hidrogênio como oxidante. Esse processo alternativo tem várias vantagens potenciais, sendo a principal a eliminação do ácido acético como solvente.

Reagentes e processos mais ecológicos

Vamos examinar mais dois exemplos de química verde em ação.

A hidroquinona, HOC$_6$H$_4$OH, é um intermediário que costuma ser usado na fabricação de polímeros. A rota industrial padrão para a hidroquinona, utilizada até recentemente, gera muitos subprodutos, que são tratados como resíduos:

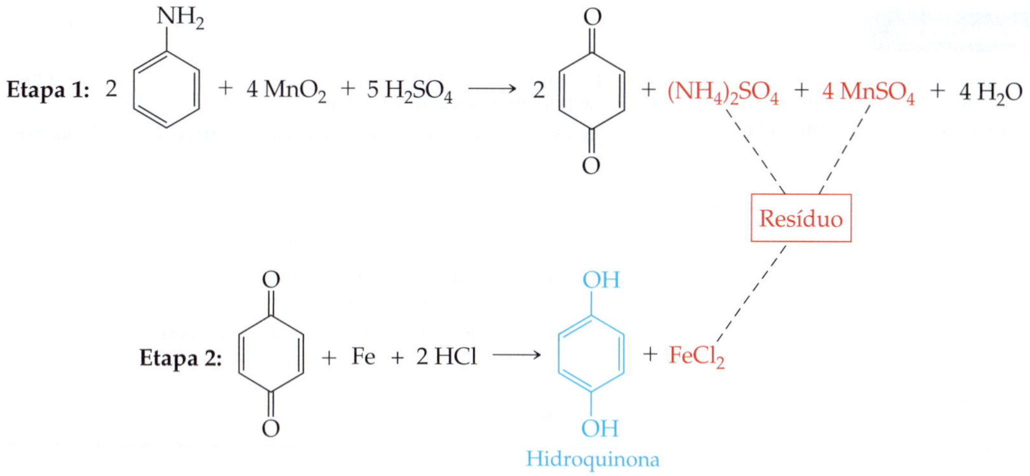

Etapa 1: 2 C$_6$H$_5$NH$_2$ + 4 MnO$_2$ + 5 H$_2$SO$_4$ ⟶ 2 C$_6$H$_4$O$_2$ + (NH$_4$)$_2$SO$_4$ + 4 MnSO$_4$ + 4 H$_2$O

Etapa 2: C$_6$H$_4$O$_2$ + Fe + 2 HCl ⟶ C$_6$H$_4$(OH)$_2$ (Hidroquinona) + FeCl$_2$

[(NH$_4$)$_2$SO$_4$, MnSO$_4$ e FeCl$_2$ → Resíduo]

Com base nos princípios da química verde, pesquisadores aprimoraram esse processo. O novo processo para produção de hidroquinona utiliza um novo material de partida. Dois dos subprodutos da nova reação (indicados em verde) podem ser isolados e usados para fazer o novo material de partida.

HO–C$_6$H$_4$–C(CH$_3$)$_2$–C$_6$H$_4$–OH —Catalisador→ HO–C$_6$H$_4$–C(=CH$_2$)(CH$_3$) + C$_6$H$_5$OH

HO–C$_6$H$_4$–C(=CH$_2$)(CH$_3$) + H$_2$O$_2$ ⟶ HO–C$_6$H$_4$–OH + (CH$_3$)$_2$C=O

Subprodutos reciclados para fazer material de partida

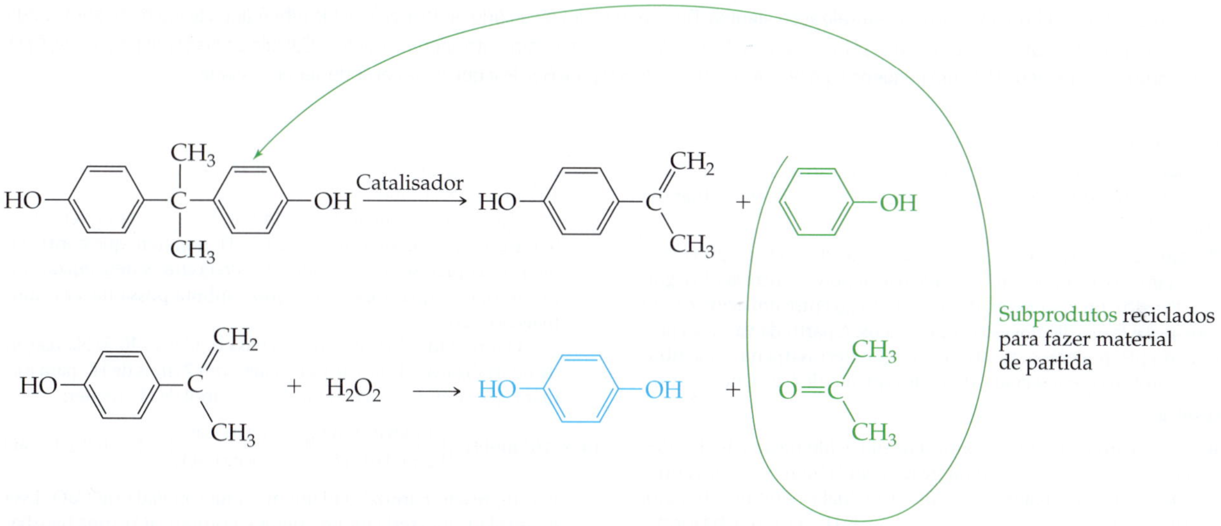

O novo processo é um excelente exemplo de economia de átomos (princípio n° 2 da química verde), pois uma alta percentagem dos átomos dos materiais de partida continua no produto.

Outro exemplo de economia de átomos é a seguinte reação, em que, à temperatura ambiente e na presença de um catalisador de cobre(I), uma *azida* orgânica e um *alcino* formam uma molécula de produto:

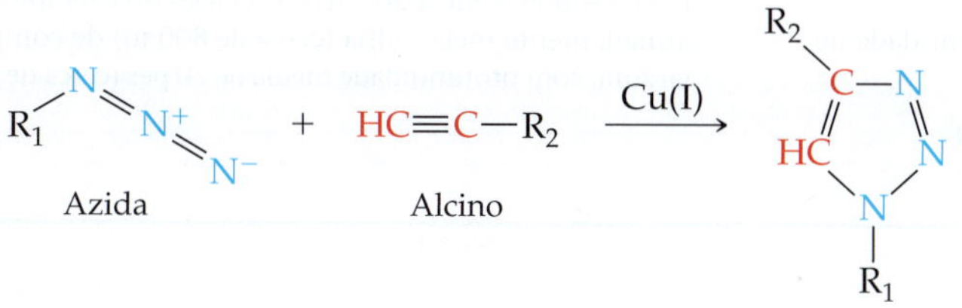

R$_1$–N=N$^+$=N$^-$ (Azida) + HC≡C–R$_2$ (Alcino) —Cu(I)→ [anel triazol com R$_1$, R$_2$]

Essa reação é chamada informalmente de *reação clique*. O rendimento – real, não apenas teórico – está próximo de 100%, e não há subprodutos. Dependendo do tipo de azida e de alcino de partida, essa reação bastante eficiente pode ser usada para criar qualquer quantidade de valiosas moléculas de produtos.

Exercícios de autoavaliação

EAA 18.17 Os líquidos iônicos [veja o quadro "Química e sustentabilidade: Líquidos iônicos" (Seção 11.3)] normalmente têm pressão de vapor desprezível, o que faz com que não sejam inflamáveis e representem risco mínimo de inalação. Quais dos princípios da química verde a seguir se aplicariam a um novo processo no qual um solvente orgânico volátil fosse substituído por um líquido iônico?

(i) economia de átomos
(ii) solventes e auxiliares mais seguros
(iii) eficiência energética

(**a**) i (**b**) ii (**c**) iii (**d**) i e ii (**e**) ii e iii

EAA 18.18 O processo de Haber para a produção de amônia, $N_2(g) + 3 H_2(g) \rightleftharpoons 2 NH_3(g)$, foi discutido diversas vezes neste livro. (Seções 15.2 e 15.7) O processo de Haber é um excelente exemplo do princípio da química verde de _____, mas desvia bastante do princípio da química verde de _____.

(**a**) uso de matéria-prima renovável, catálise (**b**) economia de átomos, catálise (**c**) economia de átomos, eficiência energética (**d**) uso de matéria-prima renovável, eficiência energética

EAA 18.19 Qual dos itens a seguir é um exemplo de mudança que leva a um processo mais ambientalmente correto?

(i) Utilizar lactato de etila, derivado do processamento de milho, como solvente no lugar do solvente petroquímico tolueno.
(ii) Usar uma tinta a óleo que contém compostos orgânicos voláteis (COV) no lugar de tintas à base d'água com baixos teores de COV.

(**a**) i (**b**) ii (**c**) i e ii (**d**) nem i nem ii

Integrando conceitos

(**a**) A chuva ácida não representa uma ameaça a lagos em que a rocha é o calcário (carbonato de cálcio), que pode neutralizar o ácido. Entretanto, onde a rocha for granito, não ocorrerá neutralização alguma. De que maneira o calcário neutraliza o ácido? (**b**) A água ácida pode ser tratada com substâncias básicas para aumentar o pH, apesar de tal procedimento ser geralmente apenas paliativo. Calcule a massa mínima de cal, CaO, necessária para ajustar o pH de um pequeno lago ($V = 4,0 \times 10^9$ L) de 5,0 para 6,5. Por que mais cal pode ser necessária?

SOLUÇÃO

Analise Precisamos lembrar o que é uma reação de neutralização e calcular a quantidade necessária de uma substância para efetuar determinada variação do pH.

Planeje Para (a), devemos pensar como o ácido pode reagir com o carbonato de cálcio, uma reação que não acontece entre ácido e granito. Para (b), precisamos analisar qual reação entre um ácido e CaO é possível e fazer cálculos estequiométricos. A partir da variação proposta no pH, podemos calcular a alteração necessária na concentração de prótons e, em seguida, descobrir quanto de CaO é necessário.

Resolva

(**a**) O íon carbonato, CO_3^{2-}, ânion de um ácido fraco, é básico (Seções 16.2 e 16.7) e, como tal, reage com $H^+(aq)$. Se a concentração de $H^+(aq)$ é baixa, o produto principal é o íon bicarbonato, HCO_3^-. Entretanto, se a concentração de $H^+(aq)$ é alta, há formação de H_2CO_3 e sua decomposição em CO_2 e H_2O. (Seção 4.3)

(**b**) As concentrações inicial e final de $H^+(aq)$ no lago são obtidas a partir de seus valores de pH:

$$[H^+]_{inicial} = 10^{-5,0} = 1 \times 10^{-5} M$$

$$[H^+]_{final} = 10^{-6,5} = 3 \times 10^{-7} M$$

Usando o volume do lago, podemos calcular a quantidade de matéria de $H^+(aq)$ em ambos os valores de pH:

$$(1 \times 10^{-5} \text{ mol/L})(4,0 \times 10^9 \text{ L}) = 4 \times 10^4 \text{ mol}$$
$$(3 \times 10^{-7} \text{ mol/L})(4,0 \times 10^9 \text{ L}) = 1 \times 10^3 \text{ mol}$$

Então, a variação na quantidade de $H^+(aq)$ é 4×10^4 mol $- 1 \times 10^3$ mol $\approx 4 \times 10^4$ mol.

Vamos supor que todo o ácido no lago seja completamente ionizado, de modo que somente o $H^+(aq)$ livre que contribui para o pH precise ser neutralizado. Precisamos neutralizar, no mínimo, essa quantidade de ácido, embora possa haver muito mais no lago.

O íon óxido do CaO é muito básico. (Seção 16.5) Na reação de neutralização, 1 mol de CaO reage com 2 mols de H^+ para formar H_2O e íons Ca^{2+}. Portanto, 4×10^4 mol de H^+ requer:

$$(4 \times 10^4 \text{ mol H}^+)\left(\frac{1 \text{ mol de CaO}}{2 \text{ mols de H}^+}\right)\left(\frac{56,1 \text{ g de CaO}}{1 \text{ mol de CaO}}\right) = 1 \times 10^6 \text{ g de CaO}$$

Isso representa aproximadamente uma tonelada de CaO. Essa quantidade não seria muito onerosa, porque CaO é uma base barata, sendo vendida por menos 100 dólares a tonelada quando comprada em grandes volumes. Entretanto, essa quantidade de CaO é a mínima necessária, porque é bem provável que existam ácidos fracos na água que também precisem ser neutralizados.

Esse procedimento de tratamento com cal tem sido usado para ajustar o pH de alguns lagos pequenos à faixa necessária para a sobrevivência dos peixes. O lago do exemplo teria aproximadamente meia milha (cerca de 800 m) de comprimento e largura, com profundidade média de 20 pés (cerca de 600 m).

Resumo do capítulo e termos-chave

ATMOSFERA TERRESTRE (SEÇÃO 18.1) Nessa seção, examinamos as propriedades físicas e químicas da atmosfera da Terra. As complexas variações de temperatura na atmosfera dão origem a quatro regiões, cada qual com propriedades características. A mais baixa delas, a **troposfera**, estende-se da superfície até uma altitude aproximada de 12 km. Acima da troposfera, por ordem crescente de altitude, estão a **estratosfera**, a mesosfera e a termosfera. Nos limites mais externos da atmosfera, apenas as espécies químicas mais simples podem sobreviver ao bombardeamento de partículas altamente energéticas e à radiação solar. A massa molecular média da atmosfera em altas elevações é mais baixa que a da superfície terrestre, porque átomos e moléculas mais leves difundem para cima. Isso também ocorre por causa da **fotodissociação**, que representa a quebra de ligações nas moléculas causada pela absorção de luz. A absorção de radiação também leva à formação de íons por **fotoionização**.

ATIVIDADES HUMANAS E ATMOSFERA TERRESTRE (SEÇÃO 18.2) O ozônio é produzido na atmosfera mais externa, a partir da reação do oxigênio atômico com o O_2. O ozônio é decomposto pela absorção de um fóton ou pela reação com espécies ativas, como o Cl. Os **clorofluorcarbonetos** podem sofrer fotodissociação na estratosfera, introduzindo cloro atômico, que é capaz de destruir cataliticamente o ozônio. Uma redução significativa no nível de ozônio na atmosfera externa teria sérias consequências adversas, pois a camada de ozônio filtra determinados comprimentos de onda de luz ultravioleta que não são removidos por outro componente atmosférico.

Na troposfera, a química de componentes atmosféricos em traço é de fundamental importância. Muitos desses componentes secundários são poluentes. O dióxido de enxofre é um dos exemplos mais nocivos e predominantes; ele é oxidado no ar para formar trióxido de enxofre, que, ao se dissolver em água, forma ácido sulfúrico. Os óxidos de enxofre são os principais contribuintes da **chuva ácida**. Um método para prevenir o escape de SO_2 das operações industriais é fazê-lo reagir com CaO para formar sulfito de cálcio ($CaSO_3$). O ***smog* fotoquímico** é uma mistura complexa em que os óxidos de nitrogênio e o ozônio desempenham papéis importantes. Os componentes do *smog* são gerados principalmente dos motores de automóveis, e o seu controle está em grande parte na regulação das emissões veiculares.

Dióxido de carbono e vapor d'água são os principais componentes da atmosfera que absorvem fortemente a radiação infravermelha. CO_2 e H_2O são, portanto, cruciais na manutenção da temperatura da Terra. As concentrações de CO_2 e outros **gases do efeito estufa** na atmosfera são, assim, importantes na determinação do clima no mundo inteiro. Como resultado da combustão extensiva de combustíveis fósseis (carvão, petróleo e gás natural), o nível de dióxido de carbono na atmosfera tem crescido regularmente, o que contribui para um aumento na temperatura média da Terra.

ÁGUA EXISTENTE NA TERRA (SEÇÃO 18.3) A água da Terra concentra-se, em grande parte, em oceanos e mares; somente uma pequena fração é constituída de água doce. A água do mar contém aproximadamente 3,5% em massa de sais dissolvidos e **salinidade** (gramas de sais secos por 1 kg de água do mar) de 35. A densidade e a salinidade da água do mar variam conforme a profundidade. O ciclo global da água envolve variações contínuas de fases que, na prática, transportam calor da superfície para a atmosfera.

ATIVIDADES HUMANAS E QUALIDADE DA ÁGUA (SEÇÃO 18.4) A água doce contém muitas substâncias dissolvidas, incluindo o oxigênio, necessário para peixes e outros organismos aquáticos. As substâncias decompostas por bactérias são chamadas de **biodegradáveis**. Em virtude de a oxidação de substâncias biodegradáveis por bactérias aeróbicas consumir o oxigênio dissolvido, essas substâncias são chamadas de rejeitos que necessitam de oxigênio. A presença de uma quantidade excessiva desse tipo de rejeito na água pode exaurir o oxigênio dissolvido, levando à mortandade dos peixes. Nutrientes vegetais podem contribuir para o problema pelo estímulo do crescimento de plantas que se tornam rejeitos e consomem oxigênio durante a sua decomposição.

A água disponível de fontes de água doce pode demandar tratamento antes de ser usada nos lares. As várias etapas que costumam ser aplicadas no tratamento municipal de água incluem filtração grossa, sedimentação, filtração com areia, aeração e esterilização.

QUÍMICA VERDE (SEÇÃO 18.5) A iniciativa da **química verde** promove o desenvolvimento e a aplicação de produtos e processos químicos compatíveis com a saúde humana e que preservam o ambiente. As áreas em que os princípios da química verde podem operar para melhorar a qualidade ambiental incluem escolhas de solventes e reagentes para reações químicas, desenvolvimento de processos alternativos e melhoras nos sistemas e práticas existentes.

Simulado

SIM 18.1 Quase 75% da massa da atmosfera se concentra em qual camada? **(a)** Troposfera **(b)** Estratosfera **(c)** Mesosfera **(d)** Termosfera

SIM 18.2 As reações de fotoionização ocorrem predominantemente em qual camada da atmosfera terrestre? **(a)** Troposfera **(b)** Estratosfera **(c)** Mesosfera **(d)** Termosfera

SIM 18.3 O dióxido de carbono, o oxigênio e o metano são gerados por diversas formas de vida na Terra. Ordene as concentrações desses três gases na atmosfera.

(a) $CO_2 > O_2 > CH_4$
(b) $O_2 > CO_2 > CH_4$
(c) $O_2 > CH_4 > CO_2$
(d) $CO_2 > CH_4 > O_2$
(e) $CH_4 > CO_2 > O_2$

SIM 18.4 A concentração de ozônio, O_3, no *smog* pode atingir níveis de 0,5 ppm. Em comparação com os níveis de O_3 na estratosfera (ver Figura 18.5), expresse a concentração de ozônio no *smog* 0,5 ppm em unidades de moléculas/cm^3. Você pode pressupor que a pressão total é de 1,0 atm e a temperatura é de 298 K.

(a) 1×10^{16} moléculas/cm^3
(b) 4×10^{-5} moléculas/cm^3
(c) 2×10^{-11} moléculas/cm^3
(d) 1×10^{13} moléculas/cm^3
(e) 5×10^{14} moléculas/cm^3

SIM 18.5 A fração molar do argônio no ar seco é de 0,00934. Qual é a pressão parcial de argônio no ar seco a uma elevação na qual a pressão atmosférica é de 668 mm Hg? **(a)** 3,12 mm Hg **(b)** 7,09 mm Hg **(c)** 6,24 mm Hg **(d)** 9,34 mm Hg **(e)** 39,9 mm Hg

SIM 18.6 A energia de dissociação da ligação Br—Br é 193 kJ/mol. Qual comprimento de onda de radiação tem energia suficiente para causar a dissociação da ligação Br—Br? **(a)** 620 nm **(b)** 310 nm **(c)** 148 nm **(d)** 6.200 nm **(e)** 563 nm

SIM 18.7 Use as entalpias médias de ligação para uma ligação dupla oxigênio-oxigênio (495 kJ/mol) e uma ligação simples (146 kJ/mol) para estimar ΔH para a reação que leva à formação do ozônio na atmosfera externa:

$$O_2(g) + O(g) \longrightarrow O_3(g)$$

(a) +146 kJ/mol **(b)** −146 kJ/mol **(c)** +495 kJ/mol **(d)** −495 kJ/mol **(e)** −641 kJ/mol

SIM 18.8 A presença do cloro atômico na atmosfera leva à decomposição do ozônio pelo seguinte mecanismo em três etapas:

$$2\,Cl(g) + 2\,O_3(g) \longrightarrow 2\,ClO(g) + 2\,O_2(g)$$
$$2\,ClO(g) + h\nu \longrightarrow 2\,Cl(g) + 2\,O(g)$$
$$O(g) + O(g) \longrightarrow O_2(g)$$

Nesse mecanismo de reação, Cl é um _____, ClO é um _____ e O₂ é um _____.

(**a**) catalisador, produto, produto (**b**) catalisador, intermediário, produto (**c**) intermediário, catalisador, produto (**d**) reagente, intermediário, produto (**e**) reagente, produto, produto

SIM 18.9 Em áreas sem poluição, o pH da água da chuva é de aproximadamente _____, devido à reação _____.
(**a**) 7,0, $2\,H_2O(l) \rightleftharpoons H_3O^+(aq) + OH^-(aq)$
(**b**) 4,0, $SO_3(g) + H_2O(l) \longrightarrow H_2SO_4(aq)$
(**c**) 4,0, $CO_2(g) + H_2O(l) \longrightarrow H_2CO_3(aq)$
(**d**) 5,6, $SO_3(g) + H_2O(l) \longrightarrow H_2SO_4(aq)$
(**e**) 5,6, $CO_2(g) + H_2O(l) \longrightarrow H_2CO_3(aq)$

SIM 18.10 Qual componente do *smog* urbano *não* se forma na ausência da luz solar? (**a**) NO_2 (**b**) NO (**c**) O_3 (**d**) SO_2 (**e**) Hidrocarboneto

SIM 18.11 Muitos automóveis usam como combustível uma mistura de gasolina e etanol, C_2H_5OH. Qual é a massa de CO_2 produzida pela combustão de 1,0 galão de etanol (densidade = 0,789 g/mL)? (**a**) 2,9 kg (**b**) 5,7 kg (**c**) 6,0 kg (**d**) 8,6 kg (**e**) 9,2 kg

SIM 18.12 Quais das características a seguir são necessárias para que uma substância atue como gás do efeito estufa?

(**i**) sustenta vida vegetal
(**ii**) absorve radiação infravermelha
(**iii**) absorve radiação UV

(**a**) i (**b**) ii (**c**) iii (**d**) i e ii (**e**) i, ii e iii

SIM 18.13 A Tabela 8.1 lista os principais gases que compõem a atmosfera. Três dos onze gases na tabela atuam como gases do efeito estufa (dióxido de carbono, metano e óxido nitroso). Qual característica esses gases têm em comum, mas que não compartilham com os outros oito gases na Tabela 8.1? (**a**) Não sofrem reações químicas facilmente na atmosfera. (**b**) Contêm ligações múltiplas. (**c**) Contêm mais de dois átomos. (**d**) Têm massas molares relativamente grandes. (**e**) Atuam como agentes oxidantes.

SIM 18.14 Das mudanças de fase que compõem o ciclo global da água, processos _____ tendem a ocorrer na superfície e processos _____ tendem a ocorrer na atmosfera. (**a**) exotérmicos, exotérmicos (**b**) exotérmicos, endotérmicos (**c**) endotérmicos, exotérmicos (**d**) endotérmicos, endotérmicos

SIM 18.15 Qual das substâncias a seguir *não* é extraída da água do mar em quantidades comercialmente importantes? (**a**) Óxido de cálcio (**b**) Magnésio (**c**) Cloreto de sódio (**d**) Bromo

SIM 18.16 Quais elementos são os principais responsáveis pela eutrofização da água doce?

(**i**) cálcio
(**ii**) nitrogênio
(**iii**) fósforo

(**a**) Ca (**b**) Ca e N (**c**) N e P (**d**) Ca e P (**e**) Ca, N e P

SIM 18.17 Qual das afirmações a seguir sobre o tratamento da água em sistemas de abastecimento municipais é *falsa*? (**a**) A água é tratada com um agente químico, em geral ozônio ou Cl_2 liquefeito, para garantir a destruição de bactérias. (**b**) Quando é adicionado, o $Al_2(SO_4)_3$ reage com diversos cátions para formar precipitados de sulfato. Esses precipitados decantam lentamente, levando partículas suspensas consigo. (**c**) A água é deixada em repouso em grandes tanques de sedimentação, nos quais a areia e outras partículas minúsculas decantam. (**d**) Uma etapa de aeração é usada para acelerar a oxidação de contaminantes indesejados.

SIM 18.18 Qual dos itens a seguir *não* é um princípio da iniciativa da química verde? (**a**) Os métodos empregados para sintetizar novas substâncias devem maximizar a incorporação de todos os átomos iniciais ao produto final. (**b**) Reagentes e solventes utilizados em um processo químico devem ser escolhidos para minimizar o potencial de acidentes químicos, como vazamentos, explosões e incêndios. (**c**) Todos os resíduos devem ser eliminados com cuidado após criados. (**d**) Sempre que possível, os métodos sintéticos devem ser criados para usar e gerar substâncias que possuam pouca ou nenhuma toxicidade à saúde humana e ao ambiente.

SIM 18.19 Quais dos itens a seguir, se incorporados a um processo químico, podem levar a um processo mais ambientalmente correto?

(**i**) solvente orgânico volátil
(**ii**) fluido supercrítico
(**iii**) catalisador

(**a**) i (**b**) ii (**c**) iii (**d**) ii e iii (**e**) i, ii e iii

Exercícios

Visualizando conceitos

18.1 A 273 K e 1 atm de pressão, 1 mol de um gás ideal ocupa 22,4 L. (Seção 10.3) (**a**) Com base na Figura 18.1, verifique se uma amostra de 1 mol da atmosfera no meio da estratosfera ocuparia um volume maior ou menor que 22,4 L. (**b**) Ainda observando a Figura 18.1, vemos que a temperatura é mais baixa a 85 km de altitude do que a 50 km. Isso significa que um mol de um gás ideal ocuparia menos volume a 85 km do que a 50 km? Explique. (**c**) Em que partes da atmosfera pode-se esperar que os gases tenham um comportamento mais ideal (ignorando qualquer reação fotoquímica)? [Seção 18.1]

18.2 Moléculas na atmosfera externa tendem a conter ligações duplas e triplas em vez de ligações simples. Sugira uma explicação. [Seção 18.1]

18.3 A figura a seguir mostra as três regiões mais baixas da atmosfera terrestre. (**a**) Nomeie cada uma e indique as altitudes aproximadas em que os limites ocorrem. (**b**) Em qual região o ozônio é um poluente? Em qual região ele filtra radiação solar UV? (**c**) Em qual região a radiação infravermelha proveniente da superfície da Terra é refletida mais fortemente? (**d**) Uma aurora boreal é resultante da excitação de átomos e moléculas na atmosfera a 55-95 km acima da superfície da Terra. Quais regiões na figura estão envolvidas em uma aurora boreal? (**e**) Compare as alterações nas concentrações de vapor d'água e dióxido de carbono com a elevação crescente nessas três regiões. [Seção 18.1]

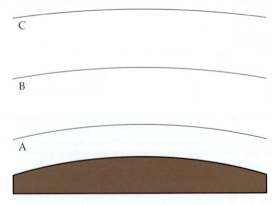

18.4 De onde vem a energia para evaporar os estimados 425.000 km³ de água que anualmente deixam os oceanos, como ilustrado a seguir? [Seção 18.3]

18.5 Os oceanos da Terra têm salinidade de 35. Qual é a concentração de sais dissolvidos na água do mar, em ppm? Qual percentual dos sais deve ser removido da água do mar antes que esta seja considerada água doce (sais dissolvidos < 500 ppm)? [Seção 18.3]

18.6 Descreva quais mudanças ocorrem quando o CO_2 atmosférico interage com o oceano do mundo, como ilustrado a seguir. [Seção 18.3]

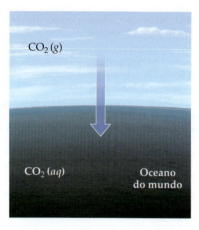

18.7 Analisando a Figura 18.21, descreva como o *fracking* pode levar à contaminação ambiental.

18.8 Um mistério na ciência ambiental é o desequilíbrio no "orçamento de dióxido de carbono". Considerando apenas as atividades humanas, cientistas estimam que 1,6 bilhão de toneladas métricas de CO_2 é adicionado à atmosfera por ano em virtude do desmatamento (plantas usam CO_2, então menos plantas precisarão de menos CO_2, deixando mais da substância na atmosfera). Outros 5,5 bilhões de toneladas por ano entram na atmosfera por causa da queima de combustíveis fósseis. Estima-se ainda (considerando somente as atividades humanas) que a atmosfera, na verdade, absorve cerca de 3,3 bilhões de toneladas desse CO_2 por ano, enquanto os oceanos incorporam 2 bilhões de toneladas por ano, o que deixa cerca de 1,8 bilhão de toneladas de CO_2 não computado. Descreva um mecanismo pelo qual o CO_2 é removido da atmosfera e termina no subterrâneo (*Dica:* Qual é a fonte dos combustíveis fósseis?). [Seções 18.1–18.3]

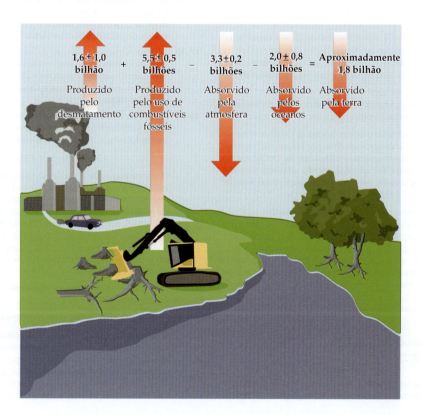

Atmosfera terrestre (Seção 18.1)

18.9 (a) Qual é a base primária para a divisão da atmosfera em diferentes regiões? (b) Dê o nome das regiões atmosféricas, indicando o intervalo de altitude de cada uma.

18.10 (a) De que modo os limites entre as regiões da atmosfera são determinados? (b) Explique por que a estratosfera, que tem cerca de 35 km de espessura, possui massa total menor que a troposfera, que apresenta cerca de 12 km de espessura.

18.11 A poluição do ar na área metropolitana da Cidade do México está entre as piores do mundo. A medição de concentração de ozônio na cidade tem sido de 441 ppb (0,441 ppm). A uma altitude de 7.400 pés, sua pressão atmosférica é de apenas 0,67 atm. (a) Calcule a pressão parcial de ozônio a 441 ppb se a pressão atmosférica for 0,67 atm. (b) Quantas moléculas de ozônio existem em 1,0 L de ar na Cidade do México? Considere $T = 25\ °C$.

18.12 Com base nos dados da Tabela 18.1, calcule as pressões parciais de dióxido de carbono e argônio quando a pressão atmosférica total for 1,05 bar.

18.13 Em 2006, a concentração média de monóxido de carbono no ar de uma cidade de Ohio foi de 3,5 ppm. Calcule o número de moléculas de CO em 1,0 L desse ar à pressão de 759 torr e temperatura de 22 °C.

18.14 (a) Com base nos dados da Tabela 18.1, qual é a concentração de neônio na atmosfera em ppm? (b) Qual é a concentração de neônio na atmosfera em moléculas por litro, supondo uma pressão atmosférica de 730 torr e temperatura de 296 K?

18.15 A energia de dissociação de uma ligação carbono-bromo costuma ser cerca de 276 kJ/mol. (a) Qual é o comprimento de onda máximo dos fótons que pode dissociar a ligação C—Br? (b) Qual tipo de radiação eletromagnética – ultravioleta, visível ou infravermelha – corresponde ao comprimento de onda calculado no item (a)?

18.16 Em CF_3Cl, a energia de dissociação da ligação C—Cl é 339 kJ/mol. Em CCl_4, a energia de dissociação da ligação C—Cl é 293 kJ/mol. Qual é o intervalo de comprimento de onda dos fótons que pode causar a quebra da ligação C—Cl de uma das moléculas, mas não da outra?

18.17 (a) Explique a diferença entre *fotodissociação* e *fotoionização*. (b) Considere as exigências de energia desses dois processos para explicar por que a fotodissociação do oxigênio é mais importante do que a fotoionização desse mesmo elemento a altitudes abaixo de 90 km.

18.18 Por que a fotodissociação de N_2 na atmosfera é um processo relativamente sem importância comparado à fotodissociação de O_2?

18.19 O comprimento de onda no qual a molécula de O_2 absorve luz de forma mais intensa é o de aproximadamente 145 nm. (a) Em qual região do espectro eletromagnético está essa luz? (b) Um fóton cujo comprimento de onda é 145 nm teria energia suficiente para efetuar a fotodissociação de O_2, cuja energia de ligação é 495 kJ/mol? Teria energia suficiente para efetuar a fotoionização de O_2?

18.20 O espectro ultravioleta pode ser dividido em três regiões com base no comprimento de onda: UV-A (315 a 400 nm), UV-B (280 a 315 nm) e UV-C (100 a 280 nm). (a) Os fótons de qual região têm a maior energia e, logo, são mais prejudiciais aos tecidos vivos? (b) Na ausência do ozônio, alguma dessas três regiões é absorvida pela atmosfera? Quais? (c) Quando concentrações adequadas de ozônio estão presentes na estratosfera, toda a luz UV é absorvida antes de atingir a superfície terrestre? Em caso negativo, quais regiões não são filtradas?

Atividades humanas e atmosfera terrestre (Seção 18.2)

18.21 As reações envolvidas na destruição do ozônio envolvem mudanças no estado de oxidação dos átomos de O? Explique.

18.22 Qual das seguintes reações na estratosfera pode causar aumento de temperatura nessa parte da atmosfera?

(a) $O(g) + O_2(g) \longrightarrow O_3^*(g)$

(b) $O_3^*(g) + M(g) \longrightarrow O_3(g) + M^*(g)$

(c) $O_2(g) + h\nu \longrightarrow 2\ O(g)$

(d) $O(g) + N_2(g) \longrightarrow NO(g) + N(g)$

(e) Todas essas reações podem causar aumento de temperatura na estratosfera.

18.23 (a) Qual é a diferença entre clorofluorcarbonetos (CFC) e hidrofluorcarbonetos? (b) Por que os hidrofluorcarbonetos são potencialmente menos prejudiciais à camada de ozônio do que os CFC?

18.24 Desenhe a estrutura de Lewis para o clorofluorcarboneto CFC-11, $CFCl_3$. Quais características químicas dessa substância permitem diminuir o ozônio estratosférico?

18.25 As entalpias médias das ligações C—F e C—Cl são 485 kJ/mol e 328 kJ/mol, respectivamente. (a) Qual é o comprimento de onda máximo que um fóton pode possuir e ainda ter energia suficiente para romper as ligações C—F e C—Cl, respectivamente? (b) Como O_2, N_2 e O na atmosfera superior absorvem a maior parte da luz com comprimentos de onda menores do que 240 nm, pode-se esperar que a fotodissociação de ligações C—F seja significativa na atmosfera inferior?

18.26 (a) Quando átomos de cloro reagem com ozônio atmosférico, quais são os produtos da reação? (b) Com base nas entalpias médias de ligação, você espera que um fóton capaz de dissociar uma ligação C—Cl tenha energia suficiente para dissociar uma ligação C—Br? (c) Você espera que a substância $CFBr_3$ acelere a destruição da camada de ozônio?

18.27 Os óxidos de nitrogênio, como NO_2 e NO, são uma fonte significativa de chuva ácida. Para cada uma dessas moléculas, escreva uma equação que mostre como um ácido é formado a partir da reação com a água.

18.28 Por que a água da chuva é naturalmente ácida, mesmo na ausência de gases poluentes como SO_2?

18.29 (a) Escreva uma equação química que explique de que modo ocorre o ataque da chuva ácida ao calcário, $CaCO_3$. (b) Se uma escultura de calcário tivesse uma superfície de sulfato de cálcio, isso ajudaria a diminuir os efeitos da chuva ácida? Justifique.

18.30 A primeira etapa da corrosão do ferro na atmosfera é a oxidação a Fe^{2+}. (a) Escreva uma equação balanceada para mostrar a reação do ferro com o oxigênio e os prótons da chuva ácida. (b) Você esperaria que o mesmo tipo de reação ocorresse com uma superfície de prata? Justifique.

18.31 Os combustíveis para automóveis à base de álcool levam à produção de formaldeído (CH_2O) nos gases de exaustão. Os formaldeídos sofrem fotodissociação, o que contribui para o *smog* fotoquímico:

$$CH_2O + h\nu \longrightarrow CHO + H$$

O comprimento de onda de luz máximo que pode provocar essa reação é 335 nm. (a) Em qual porção do espectro eletromagnético esse comprimento de onda de luz é encontrado? (b) Qual é a energia máxima de uma ligação, em kJ/mol, que pode ser rompida pela absorção de um fóton de luz de 335 nm? (c) Compare a sua resposta para o item (b) com o valor apropriado da Tabela 8.3. O que você pode concluir sobre a energia de ligação C—H no formaldeído? (d) Escreva a reação de dissociação do formaldeído, mostrando as estruturas de Lewis.

18.32 Uma reação importante na formação do *smog* fotoquímico é a fotodissociação de NO_2:

$$NO_2 + h\nu \longrightarrow NO(g) + O(g)$$

O máximo comprimento de onda de luz que pode provocar essa reação é 420 nm. (a) Em qual porção do espectro eletromagnético esse comprimento de onda de luz é encontrado? (b) Qual é a energia máxima de uma ligação, em kJ/mol, que pode ser rompida pela absorção de um fóton de luz de 420 nm? (c) Escreva a reação de dissociação, mostrando as estruturas de Lewis.

18.33 Considere o balanço de energia da Terra mostrado na Figura 18.11. **(a)** Quantas fontes diferentes transferem energia para a atmosfera? Qual representa a maior contribuição? Qual é a quantidade total de energia transferida para a atmosfera, em W/m²? **(b)** Para manter o equilíbrio, a atmosfera deve perder a mesma quantidade de energia pela emissão de radiação para o espaço ou de volta para a superfície. Qual é a fração irradiada de volta para a superfície?

18.34 A atmosfera de Marte é 96% CO_2, com pressão de aproximadamente 6×10^{-3} atm na superfície. Com base em medições realizadas durante um período de vários anos pela Rover Environmental Monitoring Station (REMS), a temperatura diurna média no local da REMS em Marte é $-5,7$ °C (22 °F), e a temperatura noturna média é -79 °C (-109 °F). Essa variação de temperatura diária é muito maior do que a que vivenciamos na Terra. Qual é o fator mais importante por trás dessa enorme variação de temperatura: a composição ou a densidade da atmosfera?

Água existente na Terra (Seção 18.3)

18.35 Qual será a quantidade de matéria de Na^+ em uma solução de NaCl com salinidade de 5,6 se a solução tiver uma densidade de 1,03 g/mL?

18.36 O fósforo está presente na água do mar a 0,07 ppm em massa. Se o fósforo está presente como di-hidrogenofosfato, $H_2PO_4^-$, calcule a concentração em quantidade de matéria de $H_2PO_4^-$ correspondente na água do mar.

18.37 A entalpia de evaporação da água é 40,67 kJ/mol. A luz solar que atinge a superfície da Terra fornece 168 W/m² (1 W = 1 watt = 1 J/s). **(a)** Supondo que a evaporação da água se deve somente à entrada de energia solar, calcule quantos gramas de água poderiam ser evaporados de um trecho de 1,00 m² de oceano ao longo de 12 horas. **(b)** A capacidade calorífica específica da água líquida é de 4,184 J/g °C. Se a temperatura inicial da superfície de um trecho de 1,00 m² de oceano for de 26 °C, qual será a sua temperatura final após a exposição à luz solar por 12 horas, supondo que não haja mudanças de fases e que a luz solar penetre de modo uniforme a uma profundidade de 10,0 cm?

18.38 A entalpia de fusão da água é 6,01 kJ/mol. A luz solar que atinge a superfície da Terra fornece 168 W/m² (1 W = 1 watt = 1 J/s). **(a)** Supondo que o derretimento do gelo deve-se apenas à entrada de energia solar, calcule quantos gramas de gelo poderiam ser derretidos de um trecho de 1,00 m² de gelo ao longo de 12 horas. **(b)** A capacidade calorífica específica do gelo é de 2,032 J/g °C. Se a temperatura inicial de um trecho de 1,00 m² de gelo for de $-5,0$ °C, qual será sua temperatura final após a exposição à luz solar por 12 horas, supondo que não haja mudanças de fases e que a luz solar penetre de modo uniforme a uma profundidade de 1,00 cm?

18.39 A primeira etapa de recuperação do magnésio da água do mar é a precipitação de $Mg(OH)_2$ com CaO:

$Mg^{2+}(aq) + CaO(s) + H_2O(l) \longrightarrow Mg(OH)_2(s) + Ca^{2+}(aq)$

Qual é a massa de CaO necessária para precipitar 1.000 lb de $Mg(OH)_2$?

18.40 Ouro é encontrado na água do mar em níveis muito baixos, cerca de 0,05 ppb em massa. Supondo que o ouro valha cerca de US$ 1.300 por onça troy, quantos litros de água do mar seriam necessários processar para obter US$ 1.000.000 em ouro? Suponha que a densidade da água do mar seja 1,03 g/mL e que o seu processo de recuperação de ouro tenha 50% de eficiência.

18.41 Embora a água do mar contenha muitos íons, as cargas totais dos cátions e ânions dissolvidos devem manter a neutralidade. Considere apenas os seis íons mais abundantes na água do mar, listados na Tabela 18.5 (Cl^-, Na^+, SO_4^{2-}, Mg^{2+}, Ca^{2+} e K^+), e calcule a carga total, em coulombs, dos cátions em 1,0 L de água do mar. Calcule a carga total, em coulombs, dos ânions em 1,0 L de água do mar. Com quantos algarismos significativos os dois números são iguais?

18.42 O Aquífero de Ogallala, descrito no quadro "Olhando de perto: Aquífero de Ogallala: um recurso em extinção" (Seção 18.3), fornece 82% da água potável disponibilizada às pessoas que vivem na região, embora mais de 75% da água bombeada dele seja para irrigação. As retiradas para essa atividade são de aproximadamente 18 bilhões de galões por dia. Supondo que 2% da chuva que cai sobre uma área de 600.000 km² reabasteça o aquífero, qual precipitação média anual seria necessária para repor a água retirada para irrigação?

Atividades humanas e qualidade da água (Seção 18.4)

18.43 Relacione os produtos comuns formados quando um material orgânico constituído de carbono, hidrogênio, oxigênio, enxofre e nitrogênio se decompõe **(a)** sob condições aeróbicas, **(b)** sob condições anaeróbicas.

18.44 **(a)** Explique por que a concentração de oxigênio dissolvido em água doce é um indicador importante da qualidade da água. **(b)** Encontre dados gráficos no texto que demonstrem variações na solubilidade do gás, de acordo com a temperatura, e estime com dois algarismos significativos a percentagem de solubilidade do O_2 em água a 30 °C, em comparação a 20 °C. Como esses dados se relacionam com a qualidade de águas naturais?

18.45 O ânion orgânico

$H_3C-(CH_2)_9-\underset{\underset{CH_3}{|}}{\overset{\overset{H}{|}}{C}}-\underset{}{\bigcirc}-SO_3^-$

é encontrado na maioria dos detergentes. Suponha que o ânion passe pela seguinte decomposição aeróbica:

$2\,C_{18}H_{29}SO_3^-(aq) + 51\,O_2(aq) \longrightarrow$
$36\,CO_2(aq) + 28\,H_2O(l) + 2\,H^+(aq) + 2\,SO_4^{2-}(aq)$

Qual é a massa total de O_2 necessária para biodegradar 10,0 g dessa substância?

18.46 A média diária de massa de O_2 consumida pela descarga de esgoto nos Estados Unidos é 59 g por pessoa. Quantos litros de água a 9 ppm de O_2 são exauridos em 50% de oxigênio em 1 dia por uma população de 1,2 milhão de pessoas?

18.47 Íons magnésio são removidos no tratamento de água por adição de cal apagada, $Ca(OH)_2$. Escreva a equação química balanceada para descrever o que ocorre nesse processo.

18.48 No processo de cal sodada, que já foi utilizado em larga escala no amaciamento de água em sistemas municipais de abastecimento nos Estados Unidos, adiciona-se hidróxido de cálcio preparado a partir de cal e carbonato de sódio para precipitar Ca^{2+} como $CaCO_3(s)$ e Mg^{2+} como $Mg(OH)_2(s)$:

$Ca^{2+}(aq) + CO_3^{2-}(aq) \longrightarrow CaCO_3(s)$
$Mg^{2+}(aq) + 2\,OH^-(aq) \longrightarrow Mg(OH)_2(s)$

Quanta quantidade de matéria de $Ca(OH)_2$ e Na_2CO_3 deveria ser adicionada para amaciar (remover o Ca^{2+} e o Mg^{2+}) 1.200 L de água em que

$[Ca^{2+}] = 5,0 \times 10^{-4}\,M$ e
$[Mg^{2+}] = 7,0 \times 10^{-4}\,M$?

18.49 **(a)** O que são *trialogenometanos* (THM)? **(b)** Escreva as estruturas de Lewis de dois exemplos de THM.

18.50 (a) Suponha que testes de um sistema municipal de abastecimento de água revelem a presença de íon bromato, BrO_3^-. Quais são as prováveis origens desse íon? (b) O íon bromato é um agente oxidante ou redutor?

Química verde (Seção 18.5)

18.51 Segundo um dos princípios da química verde, é recomendável usar o mínimo possível de etapas na produção de novas substâncias químicas. De que maneira a adoção dessa regra promove os objetivos da química verde? Como esse princípio se relaciona com a eficiência energética?

18.52 Discuta de que modo os catalisadores podem tornar os processos mais energeticamente eficientes.

18.53 Uma reação de conversão de cetonas a lactonas, chamada de reação de Baeyer-Villiger,

Cetona + Ácido 3-cloroperbenzoico → Lactona + Ácido 3-cloroperbenzoico

é usada na fabricação de plásticos e medicamentos. Entretanto, o ácido 3-cloroperbenzoico é sensível ao impacto e propenso a explosão, além de ser um produto residual. Um processo alternativo em desenvolvimento usa o peróxido de hidrogênio e um catalisador, que consiste em estanho depositado em um suporte sólido. O catalisador é recuperado rapidamente da mistura da reação. (a) Na sua opinião, qual seria o outro produto da oxidação da cetona à lactona pelo peróxido de hidrogênio? (b) Que princípios da química verde são abordados pelo uso do processo proposto?

18.54 A reação de hidrogenação mostrada a seguir foi realizada com um catalisador de irídio, tanto em CO_2 supercrítico ($scCO_2$) quanto no solvente clorado CH_2Cl_2. Os dados cinéticos da reação em ambos os solventes são traçados no gráfico. Em que aspectos o uso de $scCO_2$ é um bom exemplo de reação de química verde?

18.55 Nos três casos a seguir, qual escolha é a mais ecológica em cada situação? Explique. (a) Benzeno como solvente ou água como solvente. (b) Temperatura da reação de 500 K ou de 1.000 K. (c) Cloreto de sódio ou clorofórmio ($CHCl_3$) como um produto secundário.

18.56 Nos três casos a seguir, qual é a escolha mais ecológica em um processo químico? Explique. (a) Uma reação que pode ser executada a 350 K por 12 horas sem um catalisador ou uma que pode ser executada a 300 K por 1 hora com um catalisador reutilizável. (b) Um reagente para a reação que pode ser obtido de cascas de milho ou um que é obtido do petróleo. (c) Um processo que não gera produtos secundários ou um em que os produtos secundários são reciclados para outro processo.

Exercícios adicionais

18.57 Um amigo encontrou os termos a seguir em um jornal e quer uma explicação: (a) chuva ácida, (b) gás do efeito estufa, (c) *smog* fotoquímico, (d) diminuição do ozônio. Dê uma breve explicação aos termos e identifique um ou dois produtos químicos associados a cada um.

18.58 Se, em média, a molécula de O_3 "vive" apenas de 100 a 200 segundos na estratosfera antes de sofrer dissociação, como O_3 pode oferecer proteção contra a radiação ultravioleta?

18.59 Mostre como as Equações 18.7 e 18.9 e a reação de combinação que leva à formação de oxigênio molecular, $2\,O(g) \longrightarrow O_2(g)$, podem ser somadas para resultar na Equação 18.10.

18.60 Quais propriedades tornam os CFC ideais para diversas aplicações comerciais, mas também um problema de longo prazo na estratosfera?

18.61 *Halons* são fluorocarbonetos que contêm bromo, como o $CBrF_3$, e são amplamente utilizados como agentes espumantes para extintores de incêndio. Assim como os CFC, os halons são pouco reativos e, em última instância, podem difundir-se para a estratosfera. (a) Com base nos dados da Tabela 8.3, pode-se esperar que a fotodissociação dos átomos de Br ocorra na estratosfera? (b) Proponha um mecanismo pelo qual a presença de halons na estratosfera possa levar à diminuição do ozônio estratosférico.

18.62 (a) Qual é a diferença entre um CFC e um HFC? (b) Estima-se que o tempo de vida dos HFC na estratosfera seja de 2 a 7 anos. Por que esse número é significativo? (c) Por que os HFC foram usados para substituir os CFC? (d) Qual é a grande desvantagem dos HFC como substitutos dos CFC?

18.63 Com base no princípio de Le Châtelier, explique por que a constante de equilíbrio para a formação de NO a partir de N_2 e O_2 aumenta com a elevação da temperatura, enquanto a constante de equilíbrio para a formação de NO_2 a partir de NO e O_2 diminui com a elevação da temperatura.

18.64 O gás natural consiste basicamente em metano, $CH_4(g)$. (a) Escreva uma equação química balanceada para a combustão completa do metano, com o objetivo de produzir $CO_2(g)$ como o único produto contendo carbono. (b) Escreva uma equação química balanceada para a combustão incompleta do metano, a fim de produzir $CO(g)$ como o único produto contendo carbono. (c) A 25 °C e 1,0 atm de pressão, qual é a quantidade mínima de ar seco necessária para a combustão de 1,0 L de $CH_4(g)$ completamente em $CO_2(g)$?

18.65 Estima-se que a erupção do vulcão Monte Pinatubo resultou na injeção de 20 milhões de toneladas de SO_2 na atmosfera. A maior parte desse SO_2 sofreu oxidação para SO_3, que reage com água na atmosfera para formar um aerossol. (**a**) Escreva as equações químicas para os processos que levam à formação do aerossol. (**b**) Os aerossóis causaram uma queda de 0,5 a 0,6 °C na temperatura da superfície no hemisfério norte. Como isso ocorre? (**c**) Os aerossóis de sulfato, como são chamados, também provocam perda de ozônio da estratosfera. Como isso pode ocorrer?

18.66 Uma das possíveis consequências do aquecimento global é um aumento na temperatura da água do oceano. Os oceanos servem como um "sumidouro" para o CO_2 ao dissolver grandes quantidades dele. (**a**) A figura a seguir mostra a solubilidade de CO_2 na água em função da temperatura. Nesse aspecto, o CO_2 comporta-se mais ou menos como outros gases? (**b**) Quais são as implicações dessa figura para a questão da mudança climática?

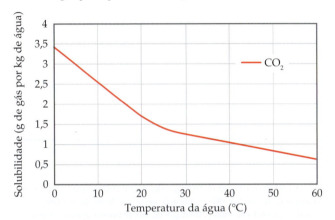

18.67 A energia solar que atinge a Terra produz, em média, 168 W/m^2. A energia irradiada da superfície terrestre produz cerca de 390 W/m^2. Uma comparação desses números sugere que o planeta deveria esfriar rapidamente, mas não é isso que ocorre. Por que não?

18.68 A energia solar que atinge a Terra todos os dias produz, em média, 168 W/m^2. O pico de consumo de energia elétrica em Nova York é de 13.200 MW, recorde estabelecido em julho de 2013. Considerando que a atual tecnologia para conversão de energia solar tem eficiência aproximada de 10%, a luz solar deve ser coletada de uma área de quantos metros quadrados para fornecer essa potência de pico? (Para fins de comparação, a área total da cidade de Nova York é de 830 km^2.)

18.69 Escreva equações químicas balanceadas para cada uma das seguintes reações. (**a**) A molécula de óxido nítrico sofre fotodissociação na atmosfera externa. (**b**) A molécula de óxido nítrico sofre fotoionização na atmosfera externa. (**c**) O óxido nítrico sofre oxidação pelo ozônio na estratosfera. (**d**) O dióxido de nitrogênio dissolve-se em água para formar ácido nítrico e óxido nítrico.

18.70 (**a**) Explique por que $Mg(OH)_2$ se precipita quando o íon CO_3^{2-} é adicionado a uma solução contendo Mg^{2+}. (**b**) $Mg(OH)_2$ vai se precipitar quando 4,0 g de Na_2CO_3 forem adicionados a 1,00 L de uma solução contendo 125 ppm de Mg^{2+}?

18.71 (**a**) O limite da Agência de Proteção Ambiental dos Estados Unidos (EPA) para níveis aceitáveis de íons de chumbo na água é < 15 ppb. Qual é a concentração em quantidade de matéria de uma solução aquosa com concentração de 15 ppb? (**b**) As concentrações de chumbo na corrente sanguínea muitas vezes são informadas em unidades de μg/dL. A concentração média nacional de chumbo na corrente sanguínea nos Estados Unidos era de 1,6 μg/dL, de acordo com uma medição de 2008. Expresse essa concentração em ppb.

18.72 Em 1986, uma usina de energia elétrica em Taylorsville, Geórgia, queimou 8.376.726 toneladas de carvão, um recorde para os Estados Unidos na época. (**a**) Supondo que o carvão fosse 83% de carbono e 2,5% de enxofre e que a combustão tivesse sido completa, calcule quantas toneladas de dióxido de carbono e dióxido de enxofre foram produzidas pela usina naquele ano. (**b**) Se 55% de SO_2 pudessem ser removidos pela reação com CaO em pó para formar $CaSO_3$, quantas toneladas de $CaSO_3$ seriam produzidas?

18.73 O suprimento de água para uma cidade do centro-oeste dos EUA contém as seguintes impurezas: areia grossa, partículas finamente divididas, íons nitrato, trialometanos, fósforo dissolvido na forma de fosfatos, cepas bacterianas potencialmente prejudiciais, substâncias orgânicas dissolvidas. Qual dos seguintes processos ou agentes (se houver algum) é eficiente na remoção de cada uma dessas impurezas: filtração em areia grossa, filtração em carvão ativado, aeração, ozonização, precipitação com hidróxido de alumínio?

18.74 A concentração de H_2O na estratosfera é de aproximadamente 5 ppm. Ela passa por fotodissociação conforme a equação a seguir:

$$H_2O(g) \longrightarrow H(g) + OH(g)$$

(**a**) Escreva as estruturas de Lewis para os produtos e o reagente.

(**b**) Dada que a entalpia média da ligação O—H é 463 kJ/mol, calcule o comprimento de onda máximo de um fóton que poderia causar essa dissociação.

(**c**) O radical hidroxila, OH, pode reagir com ozônio, fornecendo as seguintes reações:

$$OH(g) + O_3(g) \longrightarrow HO_2(g) + O_2(g)$$
$$HO_2(g) + O(g) \longrightarrow OH(g) + O_2(g)$$

Qual reação geral resulta dessas duas reações elementares? Qual é o catalisador na reação geral? Justifique sua resposta.

18.75 As entalpias padrão de formação de ClO e ClO_2 são 101 e 102 kJ/mol, respectivamente. Com base nesses dados e nos dados termodinâmicos do Apêndice C, calcule a variação de entalpia total para cada etapa no seguinte ciclo catalítico:

$$ClO(g) + O_3(g) \longrightarrow ClO_2(g) + O_2(g)$$
$$ClO_2(g) + O(g) \longrightarrow ClO(g) + O_2(g)$$

Qual é a variação de entalpia para a reação geral que resulta dessas duas etapas?

18.76 Uma reação que contribui para a diminuição do ozônio na estratosfera é a reação direta dos átomos de oxigênio com ozônio:

$$O(g) + O_3(g) \longrightarrow 2\,O_2(g)$$

A 298 K, a constante de velocidade para essa reação é $4,8 \times 10^5\,M^{-1}\,s^{-1}$. (**a**) Com base nas unidades da constante de velocidade, escreva a provável lei de velocidade para essa reação. (**b**) Pode-se esperar que essa reação ocorra por meio de um único processo elementar? Explique. (**c**) Use valores de $\Delta H°_f$ vistos no Apêndice C para estimar a variação de entalpia para essa reação. Ela deve elevar ou baixar a temperatura da estratosfera?

18.77 Os dados a seguir foram coletados para a destruição de O_3 por H ($O_3 + H \longrightarrow O_2 + OH$) em concentrações muito baixas:

Teste	[O_3] (M)	[H] (M)	Velocidade inicial (M/s)
1	$5,17 \times 10^{-33}$	$3,22 \times 10^{-26}$	$1,88 \times 10^{-14}$
2	$2,59 \times 10^{-33}$	$3,25 \times 10^{-26}$	$9,44 \times 10^{-15}$
3	$5,19 \times 10^{-33}$	$6,46 \times 10^{-26}$	$3,77 \times 10^{-14}$

(**a**) Escreva a lei de velocidade para a reação.

(**b**) Calcule a constante de velocidade.

18.78 A constante da lei de Henry para CO_2 na água a 25 °C é $3,1 \times 10^{-2}\,M^{-2}\,atm^{-1}$. (**a**) Qual será a solubilidade de CO_2 na água a essa temperatura se a solução estiver em contato com o ar a uma pressão atmosférica normal? (**b**) Suponha que todo esse CO_2 esteja na forma de H_2CO_3, produzido pela reação entre CO_2 e H_2O:

$$CO_2(aq) + H_2O(l) \longrightarrow H_2CO_3(aq)$$

Qual é o pH dessa solução?

18.79 A precipitação de Al(OH)$_3$ ($K_{ps} = 1{,}3 \times 10^{-33}$) é utilizada algumas vezes para purificar água. **(a)** Estime o pH no qual a precipitação de Al(OH)$_3$ começará se uma massa de 5,0 lb de Al$_2$(SO$_4$)$_3$ for adicionada a 2.000 gal de água. **(b)** Aproximadamente, qual massa de CaO, em libras, deve ser adicionada à água para atingir esse pH?

18.80 O valioso polímero de poliuretano resulta de uma reação de condensação de álcoois (ROH) com compostos que contêm um grupo isocianato (RNCO). Duas reações que podem gerar um monômero de uretano são mostradas a seguir:

(i) RNH$_2$ + CO$_2$ ⟶ R—N=C=O + 2 H$_2$O

R—N=C=O + R'OH ⟶ R—N(H)—C(=O)—OR'

(ii) RNH$_2$ + COCl$_2$ ⟶ R—N=C=O + 2 HCl

R—N=C=O + R'OH ⟶ R—N(H)—C(=O)—OR'

(a) Qual processo, i ou ii, é mais ecológico? Explique.
(b) Qual é a hibridização e a geometria dos átomos de carbono em cada um dos compostos contendo C em cada reação?
(c) Se você quisesse promover a formação do isocianato intermediário em cada reação, o que poderia fazer, usando o princípio de Le Châtelier?

18.81 O pH de uma gota de chuva é 5,6. **(a)** Supondo que as principais espécies na gota de chuva são H$_2$CO$_3$(*aq*), HCO$_3^-$(*aq*) e CO$_3^{2-}$(*aq*), calcule as concentrações dessas espécies na gota, considerando que a concentração total de carbonato é $1{,}0 \times 10^{-5}$ M. Os valores apropriados de K_a são dados na Tabela 16.3. **(b)** Quais experimentos você poderia fazer para testar a hipótese de que a chuva também contém espécies que contêm enxofre e que contribuem para o pH da chuva? Suponha que você tenha uma grande amostra de chuva para testar.

Elabore um experimento

Nos últimos anos, a atividade de *fracking* de poços de petróleo e gás natural [veja o quadro "Química e sustentabilidade: Fraturamento hidráulico (*fracking*) e qualidade da água" (Seção 18.4)] foi considerável em uma determinada área rural. Moradores da região queixaram-se de que a água nos poços residenciais que abastecem suas casas havia sido contaminada por produtos químicos associados às operações de *fracking*. Os operadores dos poços alegam que as substâncias químicas, objeto das queixas, ocorrem naturalmente, não sendo resultado das atividades de perfuração dos poços.

Descreva experimentos que você poderia realizar nas águas dos poços residenciais para ajudar a determinar se os contaminantes presentes são decorrentes das operações de *fracking* e em que medida isso ocorre. Entre os produtos químicos de provável aplicação nesse tipo de operação estão: ácido clorídrico, cloreto de sódio, etilenoglicol, sais de borato, agentes de gelificação solúveis em água (p. ex., goma guar), ácido cítrico, metanol e outros álcoois, assim como isopropanol e metano. Considere que você tem disponíveis as técnicas para fazer medições das concentrações dessas substâncias nos poços residenciais. Que experimentos você realizaria e quais análises dos resultados conduziria para descobrir se as operações de *fracking* levaram à contaminação da água desses poços? Apenas medir as concentrações de algumas ou de todas essas substâncias nessa água é suficiente para resolver a questão?

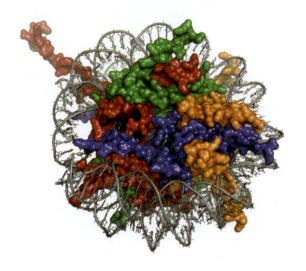

▲ Nucleossomo. No núcleo de uma célula viva, o DNA (a parte externa cinza em dupla hélice) envolve oito moléculas de proteínas (modelos moleculares coloridos). Essa estrutura geral DNA/proteína, chamada de nucleossomo, é a unidade básica dos cromossomos no núcleo das células. Essas estruturas são altamente ordenadas, mas devem ser desemaranhadas para que ocorra a expressão dos genes. O empacotamento e o desempacotamento do DNA no nucleossomo implicam em variações na energia e no grau de ordem do sistema.

TERMODINÂMICA QUÍMICA

19

O QUE VEREMOS

19.1 ▶ Processos espontâneos
Reconhecer que as mudanças que ocorrem na natureza têm um caráter direcional, ou seja, elas se movem *espontaneamente* em uma direção, mas não no sentido inverso.

19.2 ▶ Entropia e segunda lei da termodinâmica Desenvolver mais plenamente o conceito de *entropia*, uma função de estado termodinâmico importante para determinar se um processo é espontâneo. De acordo com a *segunda lei da termodinâmica*, em qualquer processo espontâneo, a entropia do universo (sistema mais vizinhanças) aumenta.

19.3 ▶ Interpretação molecular da entropia e terceira lei da termodinâmica No nível molecular, reconhecer que a entropia de um sistema está relacionada com o número de *microestados* acessíveis. A entropia do sistema aumenta à medida que cresce a aleatoriedade do sistema. A *terceira lei da termodinâmica* diz que, a 0 K, a entropia de um sólido cristalino perfeito é igual a zero.

19.4 ▶ Variações da entropia nas reações químicas Calcular variações de entropia padrão para sistemas submetidos a uma reação usando *entropias molares padrão*.

19.5 ▶ Energia livre de Gibbs Definir outra função de estado termodinâmico, a *energia livre* (ou *energia livre de Gibbs*), que mede o quanto um sistema está afastado do equilíbrio. A variação na energia livre mede a quantidade máxima de trabalho útil possível de obter a partir de um processo e nos diz em qual direção uma reação química é espontânea.

19.6 ▶ Energia livre e temperatura Desenvolver as relações entre variação de energia livre, variação de entalpia e variação de entropia, que nos ajudam a entender como a temperatura afeta a espontaneidade de um processo.

19.7 ▶ Energia livre e constante de equilíbrio Descrever como a variação da energia livre padrão para uma reação química pode ser usada para calcular a constante de equilíbrio da reação.

A incrível organização dos sistemas vivos, que contempla desde estruturas moleculares complexas, como o nucleossomo, até células, tecidos, além de plantas e animais inteiros, é fonte inesgotável de admiração e prazer para os cientistas que os estudam. É necessário um certo gasto de energia para formar e manter todos esses sistemas organizados. Mas como essa energia é canalizada para executar essas tarefas?

Compreender processos naturais, sejam eles a replicação de DNA, a fotossíntese ou o simples fato de um prego enferrujar, depende de um entendimento das leis gerais que regem as reações químicas. Os químicos fazem duas perguntas básicas quando estudam reações: "Qual é a velocidade de uma reação?" e "De que forma a reação prossegue até o equilíbrio final?". A primeira pergunta é tratada pela cinética química, que abordamos no Capítulo 14. A segunda envolve a constante de equilíbrio, foco do Capítulo 15.

Vimos que a velocidade de uma reação é controlada, em grande parte, pela sua energia de ativação. (Seção 14.4) O equilíbrio químico é alcançado quando reações opostas acontecem em velocidades iguais. (Seção 15.1) Neste capítulo, veremos a inter-relação entre a energia e a magnitude de uma reação. Para tanto, estudaremos mais a fundo a *termodinâmica química*, área da química que explora as relações de energia. A termodinâmica foi abordada pela primeira vez no Capítulo 5, quando estudamos a primeira lei da termodinâmica e o conceito de *entalpia*. Também discutimos a segunda e a terceira leis da termodinâmica, que envolvem o conceito de *entropia*, uma grandeza termodinâmica que estudamos rapidamente no Capítulo 13. (Seção 13.1)

19.1 | Processos espontâneos

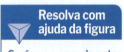

Objetivos de aprendizagem

Após terminar a **Seção 19.1**, você deve ser capaz de:
▶ Classificar determinados processos como termodinamicamente espontâneos ou não espontâneos.
▶ Classificar determinados processos como termodinamicamente reversíveis ou irreversíveis.

Se você segurar um tijolo no ar e soltá-lo, ele vai cair. O tijolo nunca salta de volta para a sua mão, por mais tempo que você espere. Da mesma forma, se deixar um prego na chuva, ele enferrujará. O prego enferrujado nunca volta para a sua condição original, mesmo em um dia ensolarado ou com o passar do tempo. Esses são apenas dois exemplos da direcionalidade dos eventos. Por que esses eventos ocorrem em uma determinada direção? A primeira lei da termodinâmica nos informa que *a energia é conservada* durante esses processos, mas não diz sobre a direção preferencial dos fatos. (Seção 5.2) Para entender por que os processos ocorrem em uma determinada direção, precisamos desenvolver mais profundamente o nosso entendimento sobre termodinâmica.

Eventos como um tijolo que cai sob a influência da gravidade ou um prego úmido que enferruja ocorrem sem qualquer intervenção externa; eles ocorrem *espontaneamente*. Um **processo espontâneo** é aquele que acontece por conta própria, sem qualquer assistência externa.

Um processo espontâneo ocorre apenas em uma única direção, e o inverso de qualquer processo espontâneo é sempre *não espontâneo*. Por exemplo, se você derrubar um ovo sobre uma superfície dura, ele vai cair e quebrar com o impacto (**Figura 19.1**). Agora, imagine que você assista a um vídeo em que um ovo quebrado levanta do chão e se recompõe, chegando à mão de alguém. Você concluiria que o vídeo está sendo rodado de trás para a frente, pois sabe que ovos quebrados atuam dessa forma, ou seja, não se erguem nem se recompõem sozinhos, como em um passe de mágica. A queda e a quebra de um ovo são espontâneas. O processo inverso não é espontâneo, ainda que a energia seja conservada em ambos os processos.

Conhecemos outros processos espontâneos e não espontâneos relacionados mais diretamente ao nosso estudo de química. Por exemplo, um gás se expande espontaneamente no vácuo (**Figura 19.2**), mas o processo inverso, em que o gás retrocede totalmente para um frasco, não acontece. Em outras palavras, a expansão do gás é espontânea, mas o processo inverso não é. De modo geral:

Os processos que são espontâneos em uma direção não são espontâneos na direção oposta.

Condições experimentais, como temperatura e pressão, costumam ser importantes para determinar se um processo é espontâneo. Há situações, como a fusão do gelo, em que um processo direto é espontâneo a uma dada temperatura, mas o processo inverso é espontâneo a outra temperatura. À pressão atmosférica, quando a temperatura ambiente é superior a 0 °C, o gelo derrete espontaneamente. Entretanto, quando a temperatura do ambiente é inferior a 0 °C, o processo inverso é espontâneo: a água líquida congela (**Figura 19.3**).

Não devemos confundir a *espontaneidade* de um processo com a sua *velocidade*. O simples fato de um processo ser espontâneo não significa que ele vá ocorrer a uma velocidade perceptível. Um processo espontâneo pode ser rápido, como no caso da neutralização ácido-base, ou lento, como na oxidação do ferro. A termodinâmica revela a *direção* e a *magnitude* de uma reação, não a velocidade.

Também é importante entender que não espontânea não é o mesmo que impossível. Por exemplo, embora a decomposição do sal de cozinha (NaCl) em sódio e cloro seja não espontânea sob condições normais, ainda é possível decompor NaCl fundido por meio do fornecimento de energia de uma fonte externa. Um processo espontâneo, por outro lado, ocorre sem intervenção externa.

Ovos que caem e se quebram ou gases que se expandem no vácuo são processos que você talvez considere obviamente espontâneos. Por meio da termodinâmica, podemos responder a uma pergunta mais geral: é possível analisar um processo químico específico e determinar se ele é espontâneo ou não? Veremos que é possível, mas exige que estudemos aspectos adicionais da termodinâmica.

Resolva com ajuda da figura

Será que a energia potencial dos ovos varia durante esse processo?

 Espontâneo   Não espontâneo

▲ **Figura 19.1** Um processo espontâneo.

Capítulo 19 | Termodinâmica química 801

Resolva com ajuda da figura — Não é realizado trabalho quando o gás se expande inicialmente do frasco A para o frasco B. Por quê?

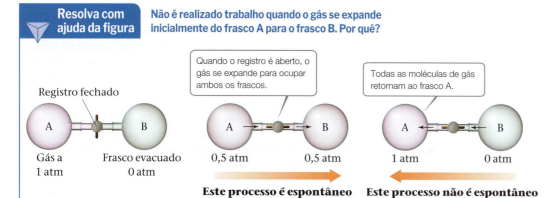

▲ Figura 19.2 **Expansão de um gás em um espaço evacuado é um processo espontâneo.** O processo inverso – as moléculas de gás inicialmente distribuídas de modo uniforme em dois frascos deslocando-se para um frasco – não é espontâneo.

Resolva com ajuda da figura — Em que direção esse processo é exotérmico?

▲ Figura 19.3 **A espontaneidade pode depender da temperatura.** A $T > 0\ °C$, o gelo derrete espontaneamente e se transforma em água líquida. A $T < 0\ °C$, o processo inverso, de congelamento da água em gelo, é espontâneo. A $T = 0\ °C$, ambos os estados estão em equilíbrio.

Exercício resolvido 19.1
Identificando processos espontâneos

Determine se os seguintes processos são espontâneos como descritos, espontâneos no sentido inverso ou se estão em equilíbrio. (**a**) Água a 40 °C esquenta quando um pedaço de metal aquecido a 150 °C é adicionado a ela. (**b**) Água em temperatura ambiente decompõe-se em $H_2(g)$ e $O_2(g)$. (**c**) O vapor de benzeno, $C_6H_6(g)$, a uma pressão de 1 atm, é condensado em benzeno líquido no ponto de ebulição normal do benzeno, 80,1 °C.

SOLUÇÃO

Analise Deve-se avaliar se cada processo ocorre espontaneamente no sentido indicado, no sentido inverso ou em nenhum sentido.

Planeje Precisamos verificar se cada processo é compatível com a nossa experiência sobre a direção natural dos acontecimentos ou se esperamos que o processo inverso ocorra.

Resolva

(**a**) Esse processo é espontâneo. Quando dois objetos em diferentes temperaturas são colocados em contato, o calor é transferido do mais quente para o mais frio. (Seção 5.1) Assim, o calor é transferido do metal quente para a água mais fria. Após o metal e a água atingirem a mesma temperatura (equilíbrio térmico), a temperatura final vai estar entre as temperaturas iniciais do metal e da água.

(**b**) Nossa experiência nos diz que esse processo não é espontâneo; com certeza nunca vimos gás de hidrogênio e oxigênio borbulhando espontaneamente da água. Por outro lado, o *processo inverso* – a reação de H_2 e O_2 para formar H_2O – é espontâneo.

(**c**) O ponto de ebulição normal é a temperatura na qual o vapor com uma pressão de 1 atm está em equilíbrio com o líquido. Dessa forma, essa é uma situação de equilíbrio. Se a temperatura fosse inferior a 80,1 °C, a condensação seria espontânea.

▶ **Para praticar**
À pressão de 1 atm, $CO_2(s)$ sublima a −78 °C. Esse processo é espontâneo a −100 °C e 1 atm de pressão?

Busca por um critério de espontaneidade

Uma bola de gude que rola em uma inclinação ou um tijolo que cai da mão perdem energia potencial. A perda de alguma forma de energia é uma característica comum da variação espontânea em sistemas mecânicos. Isso significa que a direção de variações espontâneas em sistemas químicos é determinada pela perda de energia? Se sim, então todas as variações químicas e físicas espontâneas são exotérmicas? Não é difícil encontrar exceções para essa ideia. Por exemplo, o derretimento do gelo à temperatura ambiente é espontâneo e endotérmico. De modo análogo, muitos processos espontâneos de dissolução, como o de NH_4NO_3, são endotérmicos. (Seção 13.1) Podemos concluir que, embora a maioria das reações espontâneas seja exotérmica, existem também algumas endotérmicas. Por consequência, deve haver outro fator para determinar a direção natural dos processos.

Para entender melhor o motivo de determinados processos serem espontâneos, precisamos examinar mais atentamente como o estado de um sistema pode variar. Lembre-se, conforme a Seção 5.2, de que grandezas como temperatura, energia interna e entalpia são *funções de estado*, ou seja, propriedades que definem o estado e não dependem do modo com que o sistema chegou a um determinado estado. Por outro lado, o calor transferido entre o sistema e as vizinhanças (q), bem como o trabalho realizado pelo sistema (w) ou nele, *não* são funções de estado; esses valores dependem do *caminho* tomado de um estado para outro. Entender dois tipos de caminhos, os *reversíveis* e os *irreversíveis*, é o segredo para compreender o conceito de espontaneidade.

Processos reversíveis e irreversíveis

Para qualquer processo, podemos imaginar um caminho ideal hipotético que pode ser invertido para restaurar o sistema e sua vizinhança exatamente aos seus estados originais. Isso significa que, após o processo ser revertido, tanto o sistema quanto a vizinhança estão inalterados. Diz-se que esse processo ideal é reversível.

- Um **processo reversível** é aquele no qual o sistema pode ser restaurado à sua condição original sem alterar a vizinhança.
- Um **processo irreversível** é aquele que altera a vizinhança de alguma forma quando o sistema é restaurado ao seu estado original.

Às vezes, esses processos são chamados de *termodinamicamente reversíveis* ou *termodinamicamente irreversíveis*, para que seus significados fiquem mais claros.

Por exemplo, vamos considerar um processo que envolva a transferência de calor. Quando dois objetos com temperaturas diferentes entram em contato, o calor flui espontaneamente do mais quente para o mais frio. Visto que é impossível fazer o calor fluir no sentido oposto, do objeto mais frio para o mais quente, o fluxo de calor é um processo irreversível. Diante disso, podemos imaginar uma condição sob a qual a transferência de calor poderia ser reversível? A resposta é sim, mas apenas se considerarmos variações de temperatura infinitesimalmente pequenas.

Imagine um sistema e a sua vizinhança essencialmente com a mesma temperatura, com apenas uma diferença infinitesimal de temperatura δT entre eles (**Figura 19.4**). Se a vizinhança estiver na temperatura T e o sistema estiver na temperatura infinitesimalmente maior $T + \delta T$, então uma quantidade infinitesimal de calor fluirá do sistema para a vizinhança. Podemos inverter a direção do fluxo de calor ao provocar uma mudança infinitesimal de temperatura na direção oposta, baixando a temperatura do sistema para $T - \delta T$. Agora, a direção do calor flui da vizinhança para o sistema. Assim, para que o processo seja reversível, as quantidades de calor devem ser infinitesimalmente pequenas e a transferência de calor deve ocorrer de forma infinitamente lenta. *Processos reversíveis são aqueles que mudam de direção sempre que uma variação infinitesimal ocorre em alguma propriedade do sistema.**

---

* Para um processo ser reversível de verdade, as quantidades de calor ou trabalho transferidas devem ser infinitesimalmente pequenas e a transferência deve ocorrer muito lentamente. Assim, nenhum processo que podemos observar é reversível de verdade. A noção de quantidades infinitesimais está relacionada aos infinitesimais, que você pode ter estudado em um curso de cálculo.

> **Resolva com ajuda da figura**
> Se o fluxo de calor que entra ou sai de um sistema é reversível, o que pode-se falar sobre δT?

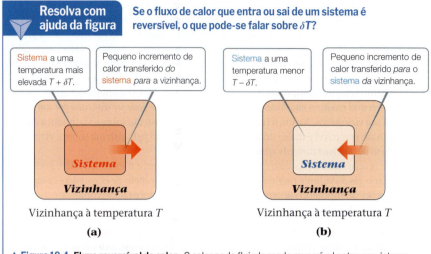

▲ **Figura 19.4 Fluxo reversível de calor.** O calor pode fluir de modo reversível entre um sistema e sua vizinhança somente se ambos apresentarem uma diferença infinitesimalmente pequena na temperatura δT. (a) O aumento da temperatura do sistema em δT faz com que o calor flua do sistema mais quente para a vizinhança mais fria. (b) A redução da temperatura do sistema em δT faz com que o calor flua da vizinhança mais quente para o sistema mais frio.

Agora, vamos analisar outro exemplo: a expansão de um gás ideal à temperatura constante (processo chamado de **isotérmico**). Na montagem de um cilindro e um pistão, mostrada na **Figura 19.5**, quando a separação é removida, o gás se expande espontaneamente para preencher o espaço evacuado. Podemos determinar se essa expansão isotérmica é reversível ou irreversível? Uma vez que o gás está se expandindo contra o vácuo sem pressão externa, ele não realiza trabalho $P - V$ sobre a sua vizinhança. (Seção 5.3) Assim, para efeito de expansão, $w = 0$. Podemos usar o pistão para comprimir o gás de volta ao seu estado original, mas, para isso, é necessário que a vizinhança realize trabalho no sistema, ou seja, $w > 0$ para a compressão. Em outras palavras, o caminho para restaurar o sistema ao estado original precisa de um valor de w diferente (e, pela primeira lei da termodinâmica, um valor diferente de q) daquele do caminho pelo qual o sistema sofreu variação primeiro. O fato de não poder seguir o mesmo caminho para restaurar o sistema ao estado original indica que o processo é irreversível.

> **Resolva com ajuda da figura**
> Depois que a separação é removida, por que $w = 0$ quando o gás se expande para preencher o cilindro?

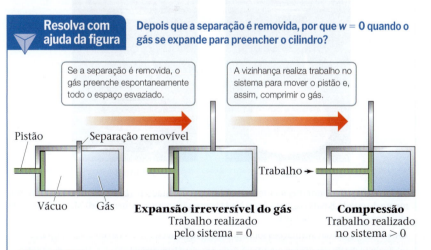

▲ **Figura 19.5 Um processo irreversível.** Inicialmente, um gás ideal é confinado à metade direita de um cilindro. Quando a separação é removida, o gás se expande espontaneamente para preencher todo o cilindro. Nenhum trabalho é realizado pelo sistema durante essa expansão. Usar o pistão para comprimir o gás de volta ao estado original requer que a vizinhança realize trabalho no sistema.

De que modo uma expansão isotérmica de um gás ideal poderia ser *reversível*? Esse processo pode ocorrer somente se, a princípio, quando o gás estiver confinado à metade do cilindro, a pressão externa que atua sobre o pistão equilibrar na medida exata a pressão exercida pelo gás no pistão. Se a pressão externa for reduzida muito lentamente, o pistão será movido para fora, permitindo que a pressão do gás confinado se ajuste para manter o equilíbrio de pressão. Esse processo infinitamente lento, no qual a pressão externa e a pressão interna estão sempre em equilíbrio, é reversível. É interessante observar que *um processo reversível produz a quantidade máxima de trabalho que pode ser realizada por um sistema sobre a sua vizinhança*. Assim, o trabalho realizado pelo sistema sobre a vizinhança durante a expansão reversível é maior do que o trabalho realizado pelo sistema sobre a vizinhança por meio de *qualquer* caminho irreversível.

Se revertermos o processo e comprimirmos o gás com a mesma lentidão, poderemos retornar o gás ao volume original. Além disso, o ciclo completo de expansão e compressão nesse processo hipotético ocorre sem qualquer variação global na vizinhança.

Deste e de outros exemplos, aprendemos dois fatos importantes:

- Visto que os processos reais podem, na melhor das hipóteses, apenas aproximar-se das variações infinitesimais associadas aos processos reversíveis, *todos os processos reais são irreversíveis*.
- Uma vez que processos espontâneos são processos reais, *todos os processos espontâneos são irreversíveis*.

Assim, para qualquer variação espontânea, retornar o sistema à sua condição original resulta em uma variação global na vizinhança. Mas que tipo de variação ocorre? A resposta a essa pergunta é dada na segunda lei da termodinâmica, que analisaremos a seguir.

Exercícios de autoavaliação

EAA 19.1 Qual(is) das afirmações sobre processos espontâneos a seguir é(são) *verdadeira(s)*?

(i) A combustão do gás metano com gás oxigênio é um processo espontâneo.

(ii) Um processo espontâneo em uma direção será não espontâneo na direção oposta.

(iii) Um processo espontâneo sempre é rápido.

(a) Apenas a afirmação i é verdadeira. (b) As afirmações i e ii são verdadeiras. (c) As afirmações i e iii são verdadeiras. (d) As afirmações ii e iii são verdadeiras. (e) Todas as afirmações são verdadeiras.

EAA 19.2 Considere os dois estados de um sistema composto de água em um frasco a 1 atm de pressão, como mostra a figura. O que podemos concluir sobre esse sistema?

Estado A   Estado B

(a) Ele avançará espontaneamente do estado A para o estado B. (b) Ele avançará espontaneamente do estado B para o estado A. (c) Nada ocorrerá espontaneamente. (d) Mais informações são necessárias para responder.

EAA 19.3 Qual das afirmações sobre processos reversíveis e irreversíveis a seguir é *falsa*?

(a) A expansão de um gás em um vácuo é um processo irreversível.

(b) Em um processo reversível, podemos restaurar o sistema ao seu estado original sem alterar a vizinhança.

(c) Um processo reversível será sempre espontâneo.

(d) Todos os processos reais são irreversíveis.

19.2 | Entropia e segunda lei da termodinâmica

Na Seção 5.2, apresentamos a primeira lei da termodinâmica, explicada com palavras ("a energia é conservada") e como uma equação ($\Delta E = q + w$). A primeira lei da termodinâmica garante que, em qualquer um dos processos que discutimos, a energia interna do universo não varia, seja o processo espontâneo ou não. Assim, as variações da energia interna não conseguem explicar os conceitos de espontaneidade e reversibilidade que acabamos de discutir. Para entender por que alguns processos são espontâneos, precisamos analisar mais de perto a grandeza termodinâmica denominada *entropia*, mencionada pela primeira vez na Seção 13.1.

A **entropia** é uma medida do grau de *aleatoriedade* ou *desordem* associado a um sistema. Para um sistema composto de partículas, como átomos ou moléculas, a entropia é uma medida do número de maneiras que as partículas podem se mover ou se organizar; chamamos esses movimentos e arranjos de *graus de liberdade* das partículas.

Nesta seção, vamos estudar de que maneira as variações de entropia estão relacionadas à transferência de calor e à temperatura. Nossa análise vai nos levar a uma declaração aprofundada sobre a espontaneidade, conhecida como a segunda lei da termodinâmica.

Objetivos de aprendizagem

Após terminar a Seção 19.2, você deve ser capaz de:

▶ Definir e interpretar a entropia, S, como uma função de estado termodinâmico que mede o nível de aleatoriedade ou desordem de um sistema.

▶ Enunciar a segunda lei da termodinâmica e suas consequências em relação a variações na entropia do universo, tanto para os processos reversíveis quanto para os irreversíveis.

Relação entre variação de entropia e calor

A entropia, S, de um sistema é uma função de estado, assim como a energia interna, E, e a entalpia, H. Tal como acontece com essas outras grandezas, o valor de S é uma característica do estado de um sistema. (Seção 5.2) Dessa forma, a variação na entropia, ΔS, de um sistema depende apenas dos seus estados inicial e final, e não do caminho percorrido de um estado para o outro:

$$\Delta S = S_{final} - S_{inicial} \qquad [19.1]$$

Observe que, quando $\Delta S > 0$, a entropia do sistema aumentou; seu estado final é mais aleatório ou desordenado do que o seu estado inicial. Por outro lado, quando $\Delta S < 0$, a entropia do sistema diminuiu; seu estado final é *menos* aleatório ou desordenado do que o seu estado inicial.

No caso especial de um processo isotérmico, ΔS é igual ao calor que seria transferido caso o processo fosse reversível, q_{rev}, dividido pela temperatura absoluta a que o processo ocorre:

$$\Delta S = \frac{q_{rev}}{T} \qquad (T \text{ constante}) \qquad [19.2]$$

Embora muitos caminhos possam levar o sistema de um estado para o outro, somente um deles está associado a um processo reversível. Assim, o valor de q_{rev} é definido exclusivamente para quaisquer dois estados do sistema. Visto que S é uma função de estado, podemos usar a Equação 19.2 para calcular ΔS para *qualquer* processo isotérmico entre os estados, e não apenas o reversível.

ΔS para mudanças de fase

A fusão de uma substância em seu ponto de fusão e a vaporização de uma substância em seu ponto de ebulição são processos isotérmicos. (Seção 11.4) Considere o derretimento do gelo. À pressão de 1 atm, gelo e água no estado líquido estão em equilíbrio a 0 °C. Imagine fundir 1 mol de gelo a 0 °C e 1 atm para formar 1 mol de água líquida a 0 °C e 1 atm. Podemos realizar essa alteração adicionando calor ao sistema a partir da vizinhança: $q = \Delta H_{fusão}$, em que $\Delta H_{fusão}$ é o calor de fusão. Agora, imagine adicionar calor de forma infinitamente lenta, elevando a temperatura da vizinhança infinitesimalmente acima de 0 °C. Quando a variação ocorre dessa forma, o processo é reversível, porque podemos invertê-lo ao remover muito lentamente a mesma quantidade de calor, $\Delta H_{fusão}$, do sistema, usando a vizinhança imediata que está infinitesimalmente abaixo de 0 °C. Assim, $q_{rev} = \Delta H_{fusão}$ para a fusão de gelo a $T = 0$ °C = 273 K.

A entalpia de fusão para H₂O é $\Delta H_{fusão}$ = 6,01 kJ/mol (um valor positivo, porque a fusão é um processo endotérmico). Assim, podemos usar a Equação 19.2 para calcular $\Delta S_{fusão}$ para a fusão de 1 mol de gelo a 273 K:

$$\Delta S_{fusão} = \frac{q_{rev}}{T} = \frac{\Delta H_{fusão}}{T} = \frac{(1 \text{ mol})(6,01 \times 10^3 \text{ J/mol})}{273 \text{ K}} = 22,0 \text{ J/K}$$

Note que (1) devemos usar a temperatura absoluta na Equação 19.2 e que (2) as unidades para ΔS, J/K, são energia dividida pela temperatura absoluta, como pode ser deduzido a partir da Equação 19.2.

Exercício resolvido 19.2
Cálculo de ΔS para uma mudança de fase

O elemento mercúrio é um líquido prateado à temperatura ambiente. O seu ponto de congelamento normal é −38,9 °C, e a sua entalpia molar de fusão é $\Delta H_{fusão}$ = 2,29 kJ/mol. Qual é a variação de entropia do sistema quando 50,0 g de Hg(l) é congelado no ponto de congelamento normal?

SOLUÇÃO
Analise Em primeiro lugar, admitimos que o congelamento é um processo *exotérmico*; isso significa que o calor é transferido do sistema para a vizinhança e q < 0. Visto que o congelamento é o processo inverso da fusão, a variação de entalpia que acompanha o congelamento de 1 mol de Hg é −$\Delta H_{fusão}$ = −2,29 kJ/mol.

Planeje Podemos usar −$\Delta H_{fusão}$ e a massa atômica de Hg para calcular q para o congelamento de 50,0 g de Hg. Então, usamos esse valor de q como q_{rev} na Equação 19.2 para determinar ΔS para o sistema.

Resolva
Para q, temos

$$q = (50,0 \text{ g Hg})\left(\frac{1 \text{ mol de Hg}}{200,59 \text{ g de Hg}}\right)\left(\frac{-2,29 \text{ kJ}}{1 \text{ mol de Hg}}\right)\left(\frac{1000 \text{ J}}{1 \text{ kJ}}\right) = -571 \text{ J}$$

Antes de aplicar a Equação 19.2, devemos converter o valor dado em Celsius para kelvins:

$$-38,9 \text{ °C} = (-38,9 + 273,15) \text{ K} = 234,3 \text{ K}$$

Agora, podemos calcular o valor de ΔS_{sis}:

$$\Delta S_{sis} = \frac{q_{rev}}{T} = \frac{-571 \text{ J}}{234,3 \text{ K}} = -2,44 \text{ J/K}$$

Confira A variação de entropia é negativa porque o nosso valor de q_{rev} é negativo, que ocorre porque o calor flui para fora do sistema nesse processo exotérmico.

Comentário Faz sentido que a variação da entropia seja negativa no congelamento, pois os átomos de mercúrio têm menos liberdade para se moverem (menos graus de liberdade) na forma sólida do que na líquida, então a entropia diminui com o congelamento. O procedimento utilizado aqui pode ser usado para calcular ΔS para outras mudanças de fase isotérmicas, como a vaporização de um líquido em seu ponto de ebulição.

▶ **Para praticar**
O ponto de ebulição normal do etanol, C₂H₅OH, é 78,3 °C, e a sua entalpia molar de vaporização é 38,56 kJ/mol. Qual é a variação de entropia no sistema quando 68,3 g de C₂H₅OH(g) a 1 atm de pressão são condensados no ponto de ebulição normal?

OLHANDO DE PERTO | Variação de entropia quando ocorre a expansão isotérmica de um gás

De modo geral, a entropia de todo e qualquer sistema aumenta à medida que ele se torna mais aleatório ou espalhado. Assim, esperamos que a expansão espontânea de um gás resulte em um aumento da entropia. Para saber como calcular esse aumento, pense na expansão de um gás ideal inicialmente confinado por um pistão, como na parte mais à direita da Figura 19.5. Imagine que permitimos que o gás seja submetido a uma expansão isotérmica reversível, reduzindo infinitesimalmente a pressão externa no pistão. O trabalho realizado na vizinhança pela expansão reversível do sistema contra o pistão pode ser calculado algebricamente (não demonstramos a derivação):

$$w_{rev} = -nRT \ln \frac{V_2}{V_1}$$

Nessa equação, n é a quantidade de matéria, em mols, de gás; R, a constante do gás ideal (Seção 10.3); T, a temperatura absoluta; V_1, o volume inicial; e V_2, o volume final. Note que, se $V_2 > V_1$, como deve estar em nossa expansão, então $w_{rev} < 0$. Isso significa que a expansão do gás realiza trabalho na vizinhança.

Uma característica de um gás ideal é que a sua energia interna depende apenas da temperatura, e não da pressão. Assim, quando um gás ideal expande isotermicamente, $\Delta E = 0$. Visto que $\Delta E = q_{rev} + w_{rev} = 0$, vemos que $q_{rev} = -w_{rev} = nRT \ln(V_2/V_1)$. Em seguida, ao aplicar a Equação 19.2, podemos calcular a variação de entropia no sistema:

$$\Delta S_{sis} = \frac{q_{rev}}{T} = \frac{nRT \ln(V_2/V_1)}{T} = nR \ln(V_2/V_1) \quad [19.3]$$

Vamos calcular a variação de entropia de 1,00 L de um gás ideal, à pressão de 1,00 atm e à temperatura de 0 °C, que se expande para 2,00 L. Pela equação do gás ideal, podemos calcular a quantidade de matéria em 1,00 L de um gás ideal a 1,00 atm e 0 °C, como fizemos no Capítulo 10:

$$n = \frac{PV}{RT} = \frac{(1,00 \text{ atm})(1,00 \text{ L})}{(0,08206 \text{ L-atm/mol-K})(273 \text{ K})} = 4,46 \times 10^{-2} \text{ mol}$$

A constante do gás, R, também pode ser expressa como 8,314 J/mol-K (Tabela 10.2), e esse é o valor que devemos usar na Equação 19.3, porque queremos que a resposta seja expressa em J em vez de L-atm. Dessa forma, para a expansão do gás de 1,00 L para 2,00 L, temos:

$$\Delta S_{sis} = (4,46 \times 10^{-2} \text{ mol})\left(8,314 \frac{\text{J}}{\text{mol-K}}\right)\left(\ln \frac{2,00 \text{ L}}{1,00 \text{ L}}\right)$$
$$= 0,26 \text{ J/K}$$

Vemos que ΔS_{sis} é positivo; a entropia do sistema aumenta com a expansão. Isso faz sentido, uma vez que as moléculas de gás agora têm um volume maior onde se mover; elas estão mais desordenadas e têm mais graus de liberdade.

Exercícios relacionados: 19.27, 19.28

Segunda lei da termodinâmica

A principal ideia da primeira lei da termodinâmica é que a energia é conservada em qualquer processo. (Seção 5.2) Será que a entropia em um processo espontâneo também é conservada da mesma forma que a energia?

Vamos tentar responder a essa questão calculando a variação de entropia de um sistema e da sua vizinhança, com base em um sistema de 1 mol de gelo (aproximadamente o tamanho de um cubo de gelo) derretendo na palma da mão, que faz parte da vizinhança. O processo não é reversível porque o sistema e a vizinhança estão em diferentes temperaturas. Ainda assim, uma vez que ΔS é uma função de estado, seu valor não varia, independentemente de o processo ser reversível ou não. Anteriormente (logo antes do Exercício resolvido 19.2), calculamos a variação de entropia do sistema:

$$\Delta S_{sis} = \frac{q_{rev}}{T} = \frac{(1 \text{ mol})(6{,}01 \times 10^3 \text{ J/mol})}{273 \text{ K}} = 22{,}0 \text{ J/K}$$

A vizinhança imediatamente em contato com o gelo é a palma da sua mão, que supomos estar à temperatura do corpo, 37 °C = 310 K. Usaremos esse valor como a temperatura da vizinhança. A quantidade de calor perdida pela mão é $-6{,}01 \times 10^3$ J/mol, o que equivale em magnitude à quantidade de calor ganho pelo gelo, mas tem sinal oposto. Assim, a variação de entropia da vizinhança é

$$\Delta S_{vizin} = \frac{q_{rev}}{T} = \frac{(1 \text{ mol})(-6{,}01 \times 10^3 \text{ J/mol})}{310 \text{ K}} = -19{,}4 \text{ J/K}$$

Lembre-se de que, na termodinâmica, o universo é o sistema de interesse mais sua vizinhança. (Seção 5.2) Portanto, $\Delta S_{univ} = \Delta S_{sis} + \Delta S_{vizin}$. Assim, a variação global de entropia do universo é positiva no exemplo:

$$\Delta S_{univ} = \Delta S_{sis} + \Delta S_{vizin} = (22{,}0 \text{ J/K}) + (-19{,}4 \text{ J/K}) = 2{,}6 \text{ J/K}$$

Se a temperatura da vizinhança não fosse 310 K, mas um valor infinitesimalmente maior que 273 K, a fusão seria reversível em vez de irreversível. Nesse caso, a variação de entropia da vizinhança equivaleria a $-22{,}0$ J/K e ΔS_{univ} seria igual a zero.

Em geral, todo processo irreversível resulta em um aumento da entropia do universo, enquanto todo processo reversível não resulta em variação na entropia do universo:

$$\text{Processo reversível: } S_{univ} = S_{sis} + S_{vizin} = 0$$
$$\text{Processo irreversível: } S_{univ} = S_{sis} + S_{vizin} > 0 \qquad [19.4]$$

Essas equações resumem a **segunda lei da termodinâmica**. Como os processos espontâneos são irreversíveis, também podemos enunciar a segunda lei como *a entropia do universo aumenta para qualquer processo espontâneo*.

A segunda lei da termodinâmica revela a característica essencial das variações espontâneas: estar sempre acompanhada por um aumento da entropia do universo. Podemos usar esse critério para prever se determinado processo é espontâneo ou não.

No entanto, antes de verificar como isso é feito, é útil explorar a entropia de uma perspectiva molecular.

Antes de continuarmos, vamos falar um pouco sobre notação: durante a maior parte do restante deste capítulo, vamos nos concentrar nos sistemas em vez de na vizinhança. Para simplificar a notação, vamos nos referir à variação de entropia do sistema como ΔS em vez de ΔS_{sis}.

Exercícios de autoavaliação

EAA 19.4 Qual das afirmações a seguir sobre entropia é *falsa*? (**a**) A variação de entropia entre dois estados de um sistema depende da quantidade de calor transferida durante o caminho específico percorrido entre os dois estados. (**b**) A entropia de um sistema pode ser relacionada ao seu grau de aleatoriedade ou desordem. (**c**) A entropia é uma função de estado. (**d**) As unidades de entropia são energia por kelvin. (**e**) A variação de entropia associada a uma mudança de fase pode ser determinada a partir da variação de entalpia para a mudança de fase e da temperatura à qual a mudança de fase ocorre.

EAA 19.5 O ponto de fusão do estanho, Sn(*s*), é 232 °C, e sua entalpia molar de fusão é $\Delta H_{fusão} = 7{,}03$ kJ/mol. Qual é a variação de entropia do sistema quando um mol de estanho fundido se solidifica a 232 °C? (**a**) $-30{,}3$ J/K (**b**) $-13{,}9$ J/K (**c**) $+13{,}9$ J/K (**d**) $+30{,}3$ J/K (**e**) Mais informações são necessárias para responder.

SIM 19.6 Qual(is) das afirmações a seguir sobre a segunda lei da termodinâmica é(são) *verdadeira(s)*?

(**i**) Para um processo reversível, $\Delta S_{vizin} = -\Delta S_{sis}$.

(**ii**) A entropia do universo é conservada em qualquer processo.

(**iii**) Para qualquer processo espontâneo, $\Delta S_{vizin} + \Delta S_{sis} > 0$.

(**a**) Apenas uma das afirmações é verdadeira. (**b**) As afirmações i e ii são verdadeiras. (**c**) As afirmações i e iii são verdadeiras. (**d**) As afirmações ii e iii são verdadeiras. (**e**) Todas as afirmações são verdadeiras.

19.3 | Interpretação molecular da entropia e terceira lei da termodinâmica

Objetivos de aprendizagem

Após terminar a Seção 19.3, você deve ser capaz de:

▶ Analisar o conceito de entropia em nível molecular para comparar qualitativamente as entropias de diferentes substâncias e estados.

▶ Descrever e quantificar a relação entre a entropia de um sistema e o número de microestados do sistema.

▶ Prever o sinal de ΔS para processos químicos.

▶ Interpretar a terceira lei da termodinâmica.

Como químicos, estamos interessados em moléculas. O que a entropia tem a ver com elas e com as suas transformações? Qual propriedade molecular a entropia reflete? Ludwig Boltzmann (1844–1906) deu outro significado conceitual à noção de entropia; para compreender sua contribuição, precisamos examinar as formas de interpretar a entropia no nível molecular.

Expansão de um gás no nível molecular

Considere um processo espontâneo simples: a expansão de um gás no vácuo, como mostrado na Figura 19.2. Agora entendemos que se trata de um processo irreversível e que a entropia do universo aumenta durante a expansão, mas como podemos explicar a espontaneidade desse processo no nível molecular? Temos uma noção do que torna essa expansão espontânea, imaginando o gás como um conjunto de partículas em movimento constante, como fizemos na discussão da teoria cinética-molecular dos gases. (Seção 10.6) Quando o registro da Figura 19.2 é aberto, podemos ver a expansão do gás como o resultado final de suas moléculas, que se deslocam aleatoriamente por um volume maior.

Vamos analisar essa ideia com mais detalhes observando duas moléculas de gás enquanto se movem. Antes da abertura do registro, ambas estão confinadas do lado esquerdo do frasco, como mostrado na **Figura 19.6(a)**. Depois que o registro é aberto, elas se movem aleatoriamente por todo o dispositivo. Conforme a Figura 19.6(b), existem quatro arranjos possíveis para as duas moléculas assim que ambos os frascos ficam disponíveis. Por causa do movimento aleatório das moléculas, cada um desses quatro arranjos é igualmente provável. Agora, observe que apenas um dos arranjos corresponde à situação de antes da abertura do registro: ambas as moléculas no frasco da esquerda.

A Figura 19.6(b) mostra que, com ambos os frascos disponíveis para as moléculas, a probabilidade de a molécula vermelha estar no recipiente à esquerda é dois em quatro (parte superior direita e inferior esquerda), enquanto a probabilidade de a molécula azul estar no recipiente à esquerda é a mesma (parte superior esquerda e inferior esquerda). Como a probabilidade de cada molécula estar no frasco esquerdo é $2/4 = 1/2$, a probabilidade de *ambas* estarem lá é $(1/2)^2 = 1/4$. Se aplicarmos essa análise às *três* moléculas de gás, descobriremos que a probabilidade de que todas elas estejam no frasco esquerdo ao mesmo tempo é de $(1/2)^3 = 1/8$.

Agora, vamos analisar um *mol* de gás. A probabilidade de todas as moléculas estarem no frasco esquerdo ao mesmo tempo é $(1/2)^N$, em que $N = 6,02 \times 10^{23}$. Trata-se de um número infinitamente pequeno! Assim, não há probabilidade de todas as moléculas de gás estarem no recipiente esquerdo ao mesmo tempo. Essa análise do comportamento microscópico das moléculas de gás leva ao comportamento macroscópico esperado: o gás expande-se espontaneamente para preencher tanto o frasco esquerdo quanto o direito e não volta de forma espontânea ao recipiente esquerdo.

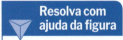
Resolva com ajuda da figura

Após a abertura do registro, qual é o cenário mais provável: encontrar ambas as moléculas no frasco esquerdo ou encontrar uma molécula em cada frasco?

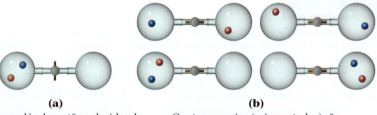

(a) As duas moléculas estão coloridas de vermelho e azul para serem rastreadas.

(b) Quatro arranjos (microestados) são possíveis quando o registro é aberto.

▲ **Figura 19.6 Possíveis arranjos de duas moléculas de gás em dois frascos.** (a) Antes da abertura do registro, ambas as moléculas estão no frasco esquerdo. (b) Após a abertura do registro, existem quatro arranjos possíveis das duas moléculas.

Esse ponto de vista molecular da expansão do gás mostra a tendência das moléculas de "se espalharem" entre os diferentes arranjos que podem assumir. Antes da abertura do registro, existe apenas uma distribuição possível: todas as moléculas no frasco esquerdo. Quando o registro é aberto, o arranjo em que todas as moléculas estão no recipiente esquerdo é apenas um de um número extremamente grande de arranjos possíveis. Os mais prováveis são aqueles em que existem basicamente números iguais de moléculas em cada frasco. Quando o gás se espalha por todo o frasco, qualquer molécula poderia estar em qualquer um dos recipientes em vez de confinada no esquerdo. Dizemos que, com o registro aberto, as moléculas de gás têm mais graus de liberdade e o arranjo de moléculas de gás torna-se mais aleatório e desordenado do que quando elas estão todas confinadas no frasco esquerdo.

Veremos que essa noção de aumento da aleatoriedade ajuda a compreender a entropia no nível molecular.

Equação de Boltzmann e microestados

A ciência da termodinâmica foi desenvolvida como um meio de descrever as propriedades da matéria em nosso mundo macroscópico sem considerar a estrutura microscópica. Na verdade, a termodinâmica era um campo bem desenvolvido antes mesmo de a visão moderna de estrutura atômica e molecular ser conhecida. Por exemplo, as propriedades termodinâmicas da água se referem ao comportamento do corpo de água (gelo ou vapor d'água) como uma substância sem considerar todas as propriedades específicas das moléculas individuais de H_2O.

Para conectar as descrições microscópica e macroscópica da matéria, cientistas desenvolveram o campo da *termodinâmica estatística*, que utiliza as ferramentas da estatística e da probabilidade para ligar os mundos macroscópico e microscópico. Aqui, mostraremos como a entropia, uma propriedade da matéria condensada, pode ser associada ao comportamento de átomos e moléculas. Tendo em vista que a matemática da termodinâmica estatística é complexa, nossa discussão será em grande parte conceitual.

Durante a discussão sobre as duas moléculas de gás no sistema de dois frascos da Figura 19.6, vimos que o número de arranjos possíveis ajudou a explicar por que o gás se expande. Agora, vamos supor que analisamos um mol de um gás ideal em um dado estado termodinâmico, que podemos definir especificando a temperatura, T, e o volume, V, do gás. O que está acontecendo com esse gás no nível microscópico? Como o que está acontecendo no nível microscópico está relacionado com a entropia do gás?

Imagine fotografar as posições e as velocidades de todas as moléculas em um dado instante. A velocidade de cada molécula revela a sua energia cinética. O conjunto de $6,02 \times 10^{23}$ posições e energias cinéticas de cada molécula de gás é o que chamamos de um *microestado* do sistema. Um **microestado** é o único arranjo possível das posições e energias cinéticas das moléculas quando elas estão em um estado termodinâmico específico. Continue imaginando que fotografamos nosso sistema para verificar outros microestados possíveis.

Como deve ser evidente, haveria um número tão elevado de microestados que essa fotografia de todos eles não seria viável. No entanto, visto que estamos analisando um volume tão grande de partículas, podemos usar as ferramentas da estatística e da probabilidade para determinar o número total de microestados para o estado termodinâmico (daí vem o termo "termodinâmica *estatística*"). Cada estado termodinâmico tem um número característico de microestados associados a ele, e vamos usar o símbolo W para esse número.

É útil diferenciar entre o estado de um sistema e os microestados associados ao estado.

- Um *estado* descreve a visão macroscópica do nosso sistema conforme caracterizado, por exemplo, pela pressão ou temperatura de uma amostra de gás.
- Um *microestado* é um arranjo microscópico específico de átomos ou moléculas do sistema que corresponde a um dado estado do sistema.

Cada uma das fotos que descrevemos é um microestado; as posições e as energias cinéticas de cada molécula de gás mudam de uma foto para outra, mas cada uma é um possível arranjo do conjunto de moléculas correspondentes a um único estado. Para sistemas com dimensões macroscópicas, como um mol de gás, há um número muito grande de microestados para cada estado; isto é, W costuma representar um volume extremamente alto.

▲ **Figura 19.7 Túmulo de Ludwig Boltzmann.** Na lápide de Boltzmann em Viena está gravada a sua famosa relação entre a entropia de um estado, *S*, e o número de microestados disponíveis, *W*. (Na época de Boltzmann, "log" era usado para representar o logaritmo natural.)

A ligação entre o número de microestados de um sistema, *W*, e a entropia do sistema, *S*, é expressa em uma equação simples, desenvolvida por Boltzmann e gravada em sua lápide (**Figura 19.7**):

$$S = k \ln W \quad [19.5]$$

Nessa equação, *k* é a *constante de Boltzmann*, $1{,}38 \times 10^{-23}$ J/K. Assim, a equação nos mostra que:

A entropia é uma medida da quantidade de microestados associados a um determinado estado macroscópico.

Pela Equação 19.5, vemos que a variação de entropia que acompanha qualquer processo é:

$$\Delta S = k \ln W_{final} - k \ln W_{inicial} = k \ln \frac{W_{final}}{W_{inicial}} \quad [19.6]$$

Qualquer variação no sistema que leve a um aumento no número de microestados ($W_{final} > W_{inicial}$) conduz a um valor positivo de ΔS:

A entropia aumenta conforme o número de microestados do sistema aumenta.

Vamos considerar duas modificações em relação à nossa amostra de gás ideal e verificar como a entropia varia em cada caso. Em um primeiro momento, vamos aumentar o volume do sistema ao mesmo tempo que mantemos a temperatura constante, o que é análogo a permitir que o gás se expanda isotermicamente. Um volume maior significa um número maior de posições disponíveis para os átomos do gás e, portanto, um número maior de microestados. Assim, a entropia aumenta conforme o volume aumenta, como vimos no quadro "Olhando de perto: Variação de entropia quando ocorre a expansão isotérmica de um gás", na Seção 19.2.

Agora, vamos manter o volume fixo, mas elevar a temperatura. Como essa alteração afeta a entropia do sistema? Lembre-se da distribuição de velocidades moleculares apresentada na Figura 10.12(a). A elevação na temperatura eleva a mais provável velocidade das moléculas e amplia a distribuição de velocidades. Desse modo, as moléculas têm um maior número de energias cinéticas possíveis, e o número de microestados aumenta. Em suma, a entropia do sistema aumenta conforme a temperatura aumenta.

Movimentos moleculares e energia

Quando uma substância é aquecida, o movimento de suas moléculas aumenta. Na Seção 10.5, verificamos que a energia cinética média das moléculas de um gás ideal é diretamente proporcional à temperatura absoluta do gás. Isso significa que, quanto maior a temperatura, mais rapidamente as moléculas se movem e mais energia cinética elas possuem. Além disso, sistemas mais quentes têm uma distribuição mais larga de velocidades moleculares, como mostra a Figura 10.12 (a).

No entanto, as partículas de um gás ideal são pontos idealizados, sem volume nem ligações; são pontos que visualizamos como se estivessem flutuando pelo espaço. Como uma partícula de um gás ideal ou um átomo, uma molécula pode se mover pelo espaço como um todo. Chamamos tal fenômeno de **movimento translacional**. Em um gás, as moléculas têm mais movimento translacional do que em um líquido, assim como têm mais movimento translacional em um líquido do que em um sólido.

Além do movimento translacional, as moléculas têm duas formas adicionais de movimentos mais complexos, e cada uma dessas formas representa um *grau de liberdade* adicional das moléculas. A primeira é o **movimento vibracional**, em que seus átomos se movem periodicamente em atração e repulsão mútua, como dois pesos ligados às pontas de uma mola. O segundo grau de liberdade adicional é o **movimento rotacional**, em que a molécula gira ao longo de um eixo. A **Figura 19.8** mostra os movimentos vibracionais e um dos movimentos

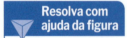

Descreva outro movimento de rotação possível para esta molécula.

▲ **Figura 19.8** Movimentos vibracional e rotacional para uma molécula de água.

rotacionais possíveis para a molécula de água. Os movimentos translacional, vibracional e rotacional de uma molécula são chamados de *graus de liberdade de movimento* da molécula.

Os movimentos vibracionais e rotacionais possíveis em moléculas reais resultam em arranjos que um átomo isolado não pode ter. Em geral, *o número de microestados possíveis para um sistema aumenta conforme o volume, a temperatura ou o número de moléculas aumenta, porque qualquer uma dessas variações aumenta as posições e os graus de liberdade possíveis das moléculas que compõem o sistema*. Consequentemente, um conjunto de moléculas reais apresenta um número maior de microestados possíveis do que o mesmo número de partículas de gás ideal. Além disso, o número de microestados aumenta à medida que a complexidade da molécula aumenta, pois existem mais graus de liberdade vibracionais disponíveis.

Os químicos têm várias formas de descrever um aumento no número de microestados possíveis para um sistema e, consequentemente, um aumento da entropia do sistema. Cada forma busca dar uma ideia do aumento da liberdade de movimento que faz as moléculas se espalharem quando não estão contidas por barreiras físicas ou ligações químicas.

A forma mais comum de descrever um aumento da entropia é o aumento na *aleatoriedade*, ou *desordem*, do sistema. Outra forma compara o aumento da entropia com o aumento da *dispersão* ("espalhamento") da energia, porque há um aumento no número de maneiras com que as posições e as energias das moléculas podem ser distribuídas por todo o sistema. Cada descrição (aleatoriedade ou dispersão de energia) é conceitualmente útil, desde que aplicada da forma correta.

Realizando previsões qualitativas sobre ΔS

Em geral, não é difícil estimar qualitativamente a forma como a entropia de um sistema varia durante um processo simples. Como já vimos, um aumento na temperatura ou no volume de um sistema acarreta um aumento no número de microestados, o que leva a um aumento na entropia. Outro fator relacionado ao número de microestados é o número de partículas que se movem de modo independente.

Em geral, podemos fazer previsões qualitativas sobre variações de entropia com foco nesses fatores. Por exemplo, quando a água evapora, as moléculas se espalham por um volume maior. Ao ocuparem um volume maior, há um aumento em sua liberdade de movimento, dando origem a um número maior de microestados possíveis e, consequentemente, a um aumento na entropia.

Agora, vamos analisar as fases da água. No gelo, a ligação de hidrogênio leva à estrutura rígida mostrada na **Figura 19.9**. Nesse estado, cada molécula é livre para vibrar, mas

Resolva com ajuda da figura — Em qual fase as moléculas de água têm menor capacidade de apresentar movimento de rotação?

Aumento da entropia

Gelo | Água no estado líquido | Vapor de água

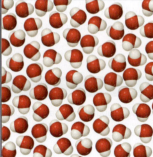

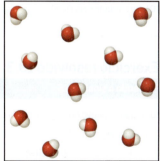

Estrutura cristalina rígida
Movimento restrito somente à **vibração**
O menor número de microestados

Maior liberdade em relação à **translação**
Livre para **vibrar** e **girar**
Maior número de microestados

Moléculas se espalham, são essencialmente independentes umas das outras
Total liberdade de **translação**, **vibração** e **rotação**
O maior número de microestados

▲ **Figura 19.9 Entropia e fases da água.** Quanto maior o número de microestados possíveis, maior é a entropia do sistema.

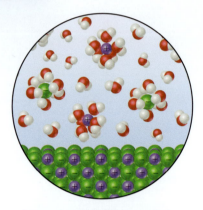

▲ **Figura 19.10** Variações de entropia quando um sólido iônico é dissolvido na água. Os íons ficam mais espalhados e desordenados, mas as moléculas de água que os hidratam ficam menos desordenadas.

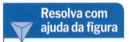

Qual é o principal fator que leva à diminuição na entropia quando essa reação ocorre?

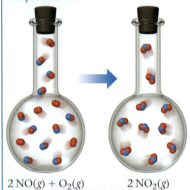

▲ **Figura 19.11** A entropia diminui quando NO(g) é oxidado pelo O₂(g) a NO₂(g).

seus movimentos de translação e rotação são bem mais restritos do que na água em estado líquido. Embora existam ligações de hidrogênio na água líquida, as moléculas podem se mover mais facilmente umas em relação às outras (translação) e girar (rotação). Durante a fusão, o número de possíveis microestados aumenta, assim como a entropia. No vapor d'água, as moléculas são essencialmente independentes umas das outras e têm uma ampla variedade de movimentos translacionais, vibracionais e rotacionais. Desse modo, o vapor d'água apresenta um número ainda maior de microestados possíveis e, portanto, tem uma entropia mais elevada do que a água líquida ou o gelo.

Quando um sólido iônico é dissolvido em água, uma mistura de água e íons substitui o sólido puro e a água pura, como mostrado na **Figura 19.10** para KCl. Os íons no líquido movimentam-se em um volume maior do que aquele em que podiam se mover na estrutura cristalina, submetendo-se a mais movimento. Esse aumento de movimento leva à conclusão de que a entropia do sistema aumentou. No entanto, devemos ter cuidado, pois algumas moléculas de água perderam parte da liberdade de movimento, uma vez que agora estão presas aos íons na forma de água de hidratação. (Seção 13.1) Essas moléculas de água estão em um estado *mais ordenado do* que antes, pois estão confinadas à vizinhança imediata dos íons. Portanto, a dissolução de um sal envolve tanto um processo de desordenamento (os íons tornam-se menos confinados) quanto um processo de ordenamento (algumas moléculas de água tornam-se mais confinadas). Os processos de desordenamento costumam ser dominantes, de modo que o efeito global é um aumento da aleatoriedade do sistema quando a maioria dos sais é dissolvida em água.

Agora, imagine arranjar biomoléculas em um sistema bioquímico altamente organizado, como o nucleossomo na figura de abertura deste capítulo. Você poderia esperar que a criação dessa estrutura bem ordenada levaria a uma diminuição da entropia do sistema. Contudo, esse não costuma ser o caso. Águas de hidratação e contraíons podem ser expelidos da interface quando duas grandes biomoléculas interagem, e assim a entropia do sistema pode aumentar, considerando que a água e os contraíons fazem parte do sistema.

As mesmas ideias podem ser aplicadas às reações químicas, como aquela entre os gases óxido nítrico e oxigênio para formar o gás dióxido de nitrogênio:

$$2\,NO(g) + O_2(g) \longrightarrow 2\,NO_2(g) \qquad [19.7]$$

Essa reação resulta em uma redução no número de moléculas: três moléculas de reagentes gasosos formam duas moléculas de produtos gasosos (**Figura 19.11**). A formação de novas ligações N—O reduz os movimentos dos átomos no sistema e, com isso, diminui o número de graus de liberdade, ou formas de movimento, disponíveis para os átomos. Isto é, os átomos têm menos liberdade para se mover de forma aleatória por causa da formação de novas ligações. A diminuição no número de moléculas e no movimento resulta em um menor número de microestados possíveis e, portanto, em uma diminuição na entropia do sistema.

Em suma, costumamos esperar que a entropia de um sistema aumente nos processos em que:

1. Gases se formam a partir de sólidos ou líquidos.
2. Líquidos ou soluções se formam a partir de sólidos.
3. O número de moléculas de gás aumenta durante uma reação química.

Exercício resolvido 19.3

Prevendo o sinal de ΔS

Determine se ΔS é positivo ou negativo para cada processo, supondo que cada um ocorre a uma temperatura constante:

(a) $H_2O(l) \longrightarrow H_2O(g)$

(b) $Ag^+(aq) + Cl^-(aq) \longrightarrow AgCl(s)$

(c) $4\,Fe(s) + 3\,O_2(g) \longrightarrow 2\,Fe_2O_3(s)$

(d) $N_2(g) + O_2(g) \longrightarrow 2\,NO(g)$

SOLUÇÃO

Analise Com base em quatro reações, devemos prever o sinal de ΔS para cada uma.

Planeje Esperamos que ΔS seja positivo caso haja aumento de temperatura, de volume ou do número de partículas de gás. Segundo o enunciado, a temperatura é constante, portanto devemos ficar atentos apenas a variações no volume e no número de partículas.

Resolva

(a) A evaporação envolve um grande aumento de volume quando um líquido se transforma em um gás. Um mol de água (18 g) ocupa cerca de 18 mL no estado líquido e, se pudesse existir como um gás nas CPTP, ocuparia 22,4 L. Uma vez que as moléculas são distribuídas por um volume muito maior no estado gasoso, um aumento da liberdade de movimento acompanha a vaporização, de modo que ΔS é positivo.

(b) Nesse processo, os íons, livres para se mover por todo o volume da solução, formam um sólido no qual estão confinados a um volume menor e a posições mais restritas. Assim, ΔS é negativo.

(c) As partículas de um sólido estão confinadas a locais específicos e têm menos meios de se moverem (menos microestados) do que as moléculas de um gás. Como o gás O_2 é convertido em parte do produto sólido Fe_2O_3, ΔS é negativo.

(d) A quantidade de matéria dos gases reagentes é igual à quantidade de matéria dos gases do produto, fazendo com que a variação de entropia seja pequena. O sinal do ΔS é impossível de ser previsto com base em nossas discussões até aqui, mas podemos imaginar que ΔS estará próximo de zero.

▶ **Para praticar**

A entropia do universo aumenta em processos espontâneos. Isso significa que a entropia do universo diminui em processos não espontâneos?

Exercício resolvido 19.4
Prevendo entropias relativas

Em cada par, identifique o sistema com a maior entropia e explique sua escolha: (a) 1 mol de NaCl(s) ou 1 mol de HCl(g) a 25 °C, (b) 2 mols de HCl(g) ou 1 mol de HCl(g) a 25 °C, (c) 1 mol de HCl(g) ou 1 mol de Ar(g) a 298 K.

SOLUÇÃO

Analise Em cada par, devemos selecionar o sistema com a maior entropia.

Planeje Vamos examinar o estado de cada sistema e a complexidade das moléculas contidas nele.

Resolva (a) HCl(g) tem a maior entropia porque as partículas nos gases são mais desordenadas e apresentam mais liberdade de movimento do que as partículas em sólidos. (b) Quando esses dois sistemas estão a uma pressão igual, a amostra com 2 mols de HCl tem o dobro do número de moléculas que a amostra com 1 mol. Assim, a amostra de 2 mols possui duas vezes o número de microestados e duas vezes a entropia da amostra de 1 mol. (c) O sistema HCl tem a entropia mais elevada porque o número de formas com que uma molécula de HCl pode armazenar energia é maior do que o número de formas com que um átomo de Ar pode armazenar energia. (Moléculas podem girar e vibrar, átomos, não.)

▶ **Para praticar**

Escolha o sistema com a maior entropia em cada caso: (a) 1 mol de $H_2(g)$ nas CPTP ou 1 mol de $SO_2(g)$ nas CPTP, (b) 1 mol de $N_2O_4(g)$ nas CPTP ou 2 mols de $NO_2(g)$ nas CPTP.

Terceira lei da termodinâmica

Se diminuirmos a energia térmica de um sistema baixando a temperatura, a energia armazenada no movimento de translação, vibração e rotação também vai diminuir. À medida que menos energia é armazenada, a entropia do sistema é reduzida, pois existem cada vez menos microestados disponíveis. Uma pergunta que pode ser feita é: se continuarmos a baixar a temperatura, poderemos chegar a um estado em que esses movimentos serão, essencialmente, paralisados, ou seja, um ponto descrito por um único microestado? Essa questão é tratada pela **terceira lei da termodinâmica**:

A entropia de uma substância pura em estado sólido perfeitamente cristalino, no zero absoluto, é igual a zero: S(0 K) = 0.

Considere um sólido cristalino puro. No zero absoluto, átomos ou moléculas na estrutura estariam perfeitamente ordenados. Visto que nenhum deles teria movimento térmico, existiria apenas um microestado possível. Como resultado, a Equação 19.5 se tornaria $S = k \ln W = k \ln 1 = 0$. À medida que a temperatura é elevada a partir do zero absoluto, átomos ou moléculas no cristal ganham energia na forma de movimento vibracional em relação às suas posições de estrutura. Isso significa que os graus de liberdade e a entropia aumentam. No entanto, o que acontece com a entropia quando continuamos a aquecer o cristal? Analisaremos essa importante questão na próxima seção.

QUÍMICA E SUSTENTABILIDADE | Entropia e sociedade humana

A sustentabilidade da Terra e dos seus organismos vivos depende das leis da termodinâmica. Já vimos que a demanda crescente dos seres humanos por energia levou a problemas relacionados à mudança climática e ao esgotamento dos recursos naturais. Essa energia que consumimos é usada para gerar calor e trabalho, os componentes da primeira lei.

A segunda lei da termodinâmica também é altamente relevante para discussões sobre a nossa existência e nossa capacidade de avançar

(Continua)

enquanto civilização. Qualquer organismo vivo é um sistema complexo, altamente organizado e bem-ordenado, inclusive no nível molecular, como o nucleossomo que vimos no início deste capítulo. Nosso teor de entropia é bem inferior ao que seria se fôssemos completamente decompostos em dióxido de carbono, água e várias outras substâncias químicas simples. No entanto, será que isso significa que a vida é uma violação da segunda lei? A resposta é não, porque as milhares de reações químicas necessárias para produzir e manter a vida provocaram um grande aumento de entropia em todo o universo. Assim, de acordo com a segunda lei, a variação global de entropia no decorrer da vida de um ser humano, ou qualquer outro sistema vivo, é positiva.

A segunda lei da termodinâmica aplica-se também ao modo com que os seres humanos ordenam o meio circundante. Além de sermos sistemas vivos complexos, nós controlamos a produção de ordem no mundo que nos cerca. Construímos estruturas e edificações impressionantes e altamente ordenadas. Manipulamos e ordenamos matéria no nível nanoescalar, a fim de produzir os avanços tecnológicos que se tornaram tão comuns no século XXI. Usamos enormes quantidades de matéria-prima para produzir materiais altamente ordenados. Ao fazer isso, despendemos muita energia para, em essência, "combater" a segunda lei da termodinâmica.

Contudo, para cada porção de ordem produzida, uma quantidade ainda maior de desordem é gerada. Petróleo, carvão e gás natural são queimados para fornecer a energia necessária para obter estruturas altamente ordenadas, mas sua combustão aumenta a entropia do universo, liberando $CO_2(g)$, $H_2O(g)$ e calor. Assim, ainda que nos esforcemos para fazer descobertas mais impressionantes e colocar mais ordem em nossa sociedade, elevamos a entropia do universo, tal qual a segunda lei diz que devemos.

Nós, seres humanos, na prática, estamos consumindo nosso estoque de materiais ricos em energia para criar ordem e tecnologia avançada. Como observado no Capítulo 5, devemos aprender a explorar novas fontes de energia, como a solar, e reduzir nossa dependência de recursos não renováveis. Contudo, ao mesmo tempo que descobrimos novas maneiras de usar energia de formas mais sustentáveis, estamos sujeitos às limitações da segunda lei da termodinâmica. A descoberta de novos materiais para células solares, dispositivos mais eficientes para capturar a força do vento e métodos melhores de armazenar e distribuir energia, entre outros, exigirão o processamento de matérias-primas para produzir os dispositivos de alto desempenho que buscamos. Cada passo da jornada, desde a conversão do SiO_2 da areia em silício ultrapuro até a criação de novos materiais leves, está sujeito à segunda lei da termodinâmica. Assim, um dos nossos grandes desafios para a criação de um mundo mais sustentável é a batalha inevitável contra a entropia sempre crescente do universo.

Exercícios de autoavaliação

EAA 19.7 Para a expansão isotérmica de um gás ideal no vácuo, $q = 0$, $w = 0$ e $\Delta E = 0$. Qual dos itens a seguir explica melhor por que esse é um processo espontâneo? (**a**) A variação de entropia do universo é negativa para o processo. (**b**) O fato de que $w = 0$ significa que a expansão é favorável, pois não é realizado trabalho sobre o sistema. (**c**) As partículas do gás ideal se repelem mutuamente, de modo que a expansão é favorável. (**d**) $\Delta E = 0$, então o gás pode se expandir e comprimir de forma reversível. (**e**) O número de microestados do sistema aumenta quando o volume do sistema aumenta.

EAA 19.8 Suponha que temos um mol de $F_2(g)$, um mol de $C_2H_6(g)$ e um mol de $Ar(g)$, todos à mesma temperatura e ocupando o mesmo volume. Qual é a ordem correta para os três gases, da menor para a maior entropia? (**a**) $C_2H_6 < F_2 < Ar$ (**b**) $Ar < C_2H_6 < F_2$ (**c**) $F_2 < Ar < C_2H_6$ (**d**) $Ar < F_2 < C_2H_6$

EAA 19.9 Para quais das reações a seguir ΔS será positivo?

  (**i**) $2\,CO(g) + O_2(g) \longrightarrow 2\,CO_2(g)$
  (**ii**) $C_6H_6(l) \longrightarrow C_6H_6(g)$
  (**iii**) $Cl_2(g) \longrightarrow 2\,Cl(g)$

(**a**) i e ii (**b**) i e iii (**c**) ii e iii (**d**) i, ii e iii

EAA 19.10 Qual das afirmações a seguir sobre a terceira lei da termodinâmica é *falsa*? (**a**) A terceira lei relaciona a entropia à entalpia. (**b**) A terceira lei afirma que a entropia de uma substância pura perfeitamente cristalina, no zero absoluto, é igual a zero. (**c**) Quando $S = 0$, apenas um microestado está disponível para o sistema. (**d**) A terceira lei é consistente com a equação de Boltzmann que relaciona a entropia com o número de microestados.

19.4 | Variações da entropia nas reações químicas

Objetivos de aprendizagem

Após terminar a Seção 19.4, você deve ser capaz de:

▶ Definir a entropia molar padrão de uma substância e prever as entropias molares padrão de diferentes substâncias.

▶ Usar as entropias molares padrão para calcular variações de entropia padrão em reações químicas.

Na Seção 5.5, vimos como a calorimetria pode ser usada para medir ΔH nas reações químicas. Não existe método parecido para medir ΔS em uma reação. Entretanto, tendo em vista que a terceira lei estabelece um ponto zero para a entropia, podemos usar medidas experimentais para determinar o *valor absoluto da entropia*, S. Para ver esquematicamente como isso ocorre, vamos rever em detalhes a variação na entropia de uma substância a uma dada temperatura.

Variação de temperatura da entropia

Sabemos que a entropia de um sólido cristalino puro, a 0 K, é igual a zero e que a entropia aumenta à medida que a temperatura do cristal é elevada. A **Figura 19.12** mostra que a entropia do sólido aumenta progressivamente com a elevação da temperatura até o ponto de fusão do sólido. Quando ele se funde, átomos ou moléculas ficam livres para se mover por todo o volume da amostra. Os graus de liberdade adicionais aumentam a aleatoriedade da substância, aumentando também a entropia. Vemos, portanto, um acentuado aumento da entropia no ponto de fusão. Após a fusão de todo o sólido, a temperatura é novamente elevada e, com ela, a entropia.

No ponto de ebulição do líquido, ocorre outro aumento abrupto na entropia. Esse aumento pode ser resultante do aumento do volume disponível aos átomos ou às moléculas no estado gasoso. Quando o gás é aquecido, a entropia aumenta continuamente à medida que mais energia é armazenada no movimento translacional dos átomos ou moléculas de gás.

Outra variação que ocorre em temperaturas mais elevadas é o desvio das velocidades moleculares em direção a valores maiores [Figura 10.12(a)]. A expansão da faixa de velocidades leva a um aumento da energia cinética e dos graus de liberdade e, consequentemente, a uma maior entropia. As conclusões que podemos extrair da análise da Figura 10.12 são compatíveis com o que já observamos: a entropia costuma aumentar com o aumento da temperatura, porque uma energia mecânica maior leva a um número maior de possíveis microestados.

Gráficos de entropia versus temperatura, como o da Figura 19.12, podem ser traçados ao medir cuidadosamente como a capacidade de calor de uma substância (Seção 5.5) varia com a temperatura, e podemos usar os dados para obter as entropias absolutas em diferentes temperaturas. (A teoria e os métodos utilizados para essas medições e cálculos estão além do escopo deste livro.) Geralmente, as entropias são tabuladas como quantidades molares, em unidades de joules por mol-kelvin (J/mol-K).

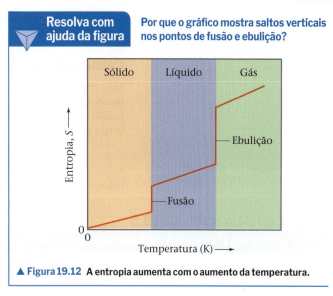

▲ **Figura 19.12** A entropia aumenta com o aumento da temperatura.

Entropias molares padrão

Os valores de entropia molar das substâncias em seus estados padrão são conhecidos como **entropias molares padrão**, denominados $S°$. O estado padrão de qualquer substância é definido como a substância pura a 1 atm de pressão.* A **Tabela 19.1** relaciona os valores de $S°$ para várias substâncias a 298 K. Para ver uma lista maior, consulte o Apêndice C.

Podemos fazer várias observações a respeito dos valores de $S°$ na Tabela 19.1:

1. Diferentemente das entalpias de formação, as entropias molares padrão dos elementos na temperatura de referência (298 K) *não* são nulas.
2. As entropias molares padrão de gases são maiores que as de líquidos e sólidos, o que é coerente com a nossa interpretação das observações experimentais, como representado na Figura 19.12.
3. As entropias molares padrão geralmente aumentam com o aumento das massas molares.
4. As entropias molares padrão geralmente aumentam com o aumento do número de átomos na fórmula de uma substância.

Essa última observação é consistente com a abordagem de movimento molecular que vimos na Seção 19.3. De modo geral, o número de microestados possíveis aumenta com o aumento do número de átomos. A **Figura 19.13** compara as entropias molares padrão de

TABELA 19.1 Entropias molares padrão de algumas substâncias a 298 K

Substância	$S°$ (J/mol-K)
$H_2(g)$	130,7
$N_2(g)$	191,6
$O_2(g)$	205,2
$H_2O(g)$	188,8
$NH_3(g)$	192,8
$CH_3OH(g)$	237,6
$C_6H_6(g)$	269,2
$H_2O(l)$	69,9
$CH_3OH(l)$	127,2
$C_6H_6(l)$	173,3
$Li(s)$	29,1
$Na(s)$	51,3
$K(s)$	64,7
$Fe(s)$	27,3
$FeCl_3(s)$	142,2
$NaCl(s)$	72,1

Resolva com ajuda da figura — Qual valor de $S°$ podemos esperar para o butano, C_4H_{10}?

Metano, CH_4
$S° = 186,3$ J/mol-K

Etano, C_2H_6
$S° = 229,5$ J/mol-K

Propano, C_3H_8
$S° = 269,9$ J/mol-K

▲ **Figura 19.13** A entropia aumenta com o aumento da complexidade molecular.

---

* A pressão padrão usada em termodinâmica deixou de ser 1 atm e passou a se basear na unidade SI para pressão, o pascal (Pa). A pressão padrão é 10^5 Pa, grandeza conhecida como *bar*: 1 bar = 10^5 Pa = 0,987 atm. Visto que 1 bar difere de 1 atm em apenas 1,3%, continuaremos considerando a pressão padrão como 1 atm.

três hidrocarbonetos na fase gasosa. Observe como a entropia aumenta à medida que o número de átomos na molécula aumenta.

Cálculo da variação de entropia padrão para uma reação

Uma vez que a entropia é uma função de estado, podemos calcular a variação de entropia padrão para uma reação química, $\Delta S°$, de modo análogo ao cálculo da variação de entalpia padrão para uma reação, $\Delta H°$ (Equação 5.31). (Seção 5.7) A variação de entropia padrão é igual à soma das entropias dos produtos menos a soma das entropias dos reagentes:

$$\Delta S° = \sum nS°(\text{produtos}) - \sum mS°(\text{reagentes}) \qquad [19.8]$$

Assim como na Equação 5.31, os coeficientes n e m são os coeficientes na equação química balanceada para a reação.

Exercício resolvido 19.5
Cálculo de $\Delta S°$ a partir das entropias tabuladas

Calcule a variação na entropia padrão do sistema, $\Delta S°$, para a síntese de amônia a partir de $N_2(g)$ e $H_2(g)$ a 298 K:

$$N_2(g) + 3 H_2(g) \longrightarrow 2 NH_3(g)$$

SOLUÇÃO
Analise Devemos calcular a variação de entropia para a síntese de $NH_3(g)$ a partir dos seus elementos constituintes.

Planeje Podemos realizar esse cálculo aplicando a Equação 19.8 e usando como base os valores de entropia molar padrão vistos na Tabela 19.1 e no Apêndice C.

Resolva
Usando a Equação 19.8, temos:

$$\Delta S° = 2 S°(NH_3) - [S°(N_2) + 3 S°(H_2)]$$

Substituindo os valores apropriados de $S°$ da Tabela 19.1, obtemos:

$$\Delta S° = (2 \text{ mol})(192{,}8 \text{ J/mol-K}) - [(1 \text{ mol})(191{,}6 \text{ J/mol-K})$$
$$+ (3 \text{ mol})(130{,}7 \text{ J/mol-K})]$$
$$= -198{,}1 \text{ J/K}$$

Confira O valor de $\Delta S°$ é negativo, em concordância com a nossa suposição qualitativa, baseada na redução do número de moléculas de gás durante a reação.

▶ **Para praticar**
Com base nas entropias molares padrão do Apêndice C, calcule a variação de entropia padrão, $\Delta S°$, para a seguinte reação a 298 K:
$$Al_2O_3(s) + 3 H_2(g) \longrightarrow 2 Al(s) + 3 H_2O(g)$$

Variações da entropia na vizinhança

Os valores tabulados de entropia absoluta podem ser usados para calcular a variação de entropia padrão que ocorre em um sistema, como em uma reação química, conforme descrito há pouco. Contudo, e quanto à variação de entropia que ocorre na vizinhança? Encontramos essa situação na Seção 19.2, mas é recomendável revisá-la agora que estamos examinando as reações químicas.

Devemos admitir que a vizinhança de qualquer sistema serve basicamente como uma grande fonte de calor de temperatura constante (ou como um dissipador de calor, se o calor flui do sistema para a vizinhança). A variação na entropia da vizinhança dependerá de quanto calor é absorvido ou fornecido pelo sistema.

Para um processo isotérmico, a variação de entropia da vizinhança é dada por:

$$\Delta S_{\text{vizin}} = \frac{q_{\text{vizin}}}{T} = \frac{-q_{\text{sis}}}{T}$$

Visto que, em um processo de pressão constante, q_{sis} é a variação da entalpia para a reação, ΔH, podemos escrever

$$\Delta S_{\text{vizin}} = \frac{-\Delta H_{\text{sis}}}{T} \quad [P \text{ constante}] \qquad [19.9]$$

Para a reação de síntese de amônia do Exercício resolvido 19.5, q_{sis} é a variação de entalpia para a reação sob condições padrão, $\Delta H°$, de modo que variações na entropia serão variações na entropia padrão, $\Delta S°$. Assim, com base nos procedimentos descritos na Seção 5.7, temos:

$$\Delta H°_{rea} = 2\,\Delta H°_f[NH_3(g)] - 3\,\Delta H°_f[H_2(g)] - \Delta H°_f[N_2(g)]$$
$$= 2(-45,94\text{ kJ}) - 3(0\text{ kJ}) - (0\text{ kJ}) = -91,88\text{ kJ}$$

O valor negativo revela que, a 298 K, a formação de amônia a partir de $H_2(g)$ e $N_2(g)$ é exotérmica. A vizinhança absorve o calor liberado pelo sistema, o que significa um aumento na entropia da vizinhança:

$$\Delta S°_{vizin} = \frac{91,88\text{ kJ}}{298\text{ K}} = 0,308\text{ kJ/K} = 308\text{ J/K}$$

Observe que a ordem de grandeza da entropia adquirida pela vizinhança é maior do que a entropia despendida pelo sistema, calculada em $-198{,}1$ J/K no Exercício resolvido 19.5.

A variação de entropia global para a reação é:

$$\Delta S°_{univ} = \Delta S°_{sis} + \Delta S°_{vizin} = -198{,}1\text{ J/K} + 310\text{ J/K} = 110\text{ J/K}$$

Como $\Delta S°_{univ}$ é positivo para qualquer reação espontânea, esse cálculo indica que, quando $NH_3(g)$, $H_2(g)$ e $N_2(g)$ estão juntos a 298 K em seus estados padrão (cada um a 1 atm de pressão), o sistema de reação movimenta-se espontaneamente no sentido da formação de $NH_3(g)$.

Considere que, embora os cálculos termodinâmicos indiquem que a formação da amônia é espontânea, eles nada informam sobre a velocidade com que a amônia é formada. O estabelecimento do equilíbrio nesse sistema dentro de um período razoável requer um catalisador, como abordado na Seção 15.7.

Exercícios de autoavaliação

EAA 19.11 Disponha as substâncias a seguir em ordem crescente de entropia molar padrão: $H_2O(l)$, $H_2O(g)$, $C_6H_6(l)$, $C_6H_6(g)$, $CO_2(g)$.
(a) $H_2O(l) < H_2O(g) < CO_2(g) < C_6H_6(l) < C_6H_6(g)$
(b) $H_2O(g) < CO_2(g) < C_6H_6(g) < H_2O(l) < C_6H_6(l)$
(c) $C_6H_6(l) < H_2O(l) < H_2O(g) < CO_2(g) < C_6H_6(g)$
(d) $H_2O(l) < C_6H_6(l) < H_2O(g) < CO_2(g) < C_6H_6(g)$

EAA 19.12 Sabendo a entropia molar padrão de $CH_4(g)$ (186,3 J/mol-K) e de $CO_2(g)$ (213,6 J/mol-K) e consultando os dados da Tabela 19.1, calcule $\Delta S°$ para a seguinte reação: $CH_4(g) + 2\,O_2(g) \longrightarrow CO_2(g) + 2\,H_2O(g)$. (a) $-243{,}3$ J/K (b) $-5{,}5$ J/K (c) 10,9 J/K (d) 404,9 J/K (e) 1.187,9 J/K

19.5 | Energia livre de Gibbs

Vimos exemplos de processos endotérmicos espontâneos, como a dissolução do nitrato de amônio em água. (Seção 13.1) Aprendemos que um processo espontâneo endotérmico deve ser acompanhado por um aumento na entropia do sistema. Entretanto, também encontramos processos que são espontâneos e, mesmo assim, prosseguem com uma *diminuição* na entropia do sistema, como a formação altamente exotérmica de cloreto de sódio a partir de seus elementos constituintes. (Seção 8.2) Os processos espontâneos que resultam em diminuição na entropia do sistema são sempre exotérmicos. Assim, a espontaneidade de uma reação parece envolver dois conceitos termodinâmicos: entalpia e entropia.

Como podemos usar ΔH e ΔS para determinar se certa reação que ocorre a temperatura e pressão constantes será espontânea? Os meios para fazer isso foram desenvolvidos pelo matemático americano J. Willard Gibbs (1839–1903). Gibbs propôs uma nova função de estado, hoje chamada de **energia livre de Gibbs** (ou apenas **energia livre**), G, definida como:

$$G = H - TS \qquad [19.10]$$

Objetivos de aprendizagem

Após terminar a Seção 19.5, você deve ser capaz de:
▶ Descrever a energia livre de Gibbs, G, como uma função de estado termodinâmico.
▶ Usar energias livres padrão de formação para calcular variações de energia livre padrão em reações químicas.

> **Resolva com ajuda da figura**
>
> Os processos que conduzem um sistema para o equilíbrio são espontâneos ou não?
>
>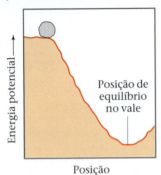
>
>
>
> ▲ **Figura 19.14 Energia potencial e energia livre.** Uma analogia é mostrada entre a variação de energia potencial gravitacional de uma pedra rolando colina abaixo e a variação de energia livre em uma reação espontânea. A energia livre sempre diminui em um processo espontâneo quando a pressão e a temperatura são mantidas constantes.

em que T representa a temperatura absoluta. Para um processo isotérmico, a variação na energia livre do sistema, ΔG, é dada pela expressão:

$$\Delta G = \Delta H - T\Delta S \qquad [19.11]$$

Sob condições padrão, essa equação torna-se:

$$\Delta G° = \Delta H° - T\Delta S° \qquad [19.12]$$

Para verificar como a função G está relacionada à espontaneidade da reação, lembre-se de que, para uma reação que ocorre a temperatura e pressão constantes:

$$\Delta S_{univ} = \Delta S_{sis} + \Delta S_{vizin} = \Delta S_{sis} + \left(\frac{-\Delta H_{sis}}{T}\right)$$

em que a Equação 19.9 substitui ΔS_{vizin}. Multiplicando ambos os lados por $-T$, obtemos:

$$-T\Delta S_{univ} = \Delta H_{sis} - T\Delta S_{sis} \qquad [19.13]$$

Ao comparar as Equações 19.11 e 19.13, vemos que, em um processo que ocorre a temperatura e pressão constantes, a variação da energia livre, ΔG, é igual a $-T\Delta S_{univ}$. Sabemos que, para processos espontâneos, ΔS_{univ} é sempre positivo; portanto, $-T\Delta S_{univ}$ é sempre negativo. Assim, o sinal de ΔG fornece informações extremamente valiosas sobre a espontaneidade de processos que ocorrem a temperatura e pressão constantes. Se tanto T quanto P são constantes, a relação entre o sinal de ΔG e a espontaneidade de uma reação é estabelecida da seguinte forma:

- Se $\Delta G < 0$, a reação é espontânea no sentido direto.
- Se $\Delta G = 0$, a reação está em equilíbrio.
- Se $\Delta G > 0$, a reação no sentido direto não é espontânea (trabalho deve ser realizado para que ela ocorra), mas a reação inversa é espontânea.

É mais conveniente usar ΔG como um critério de espontaneidade do que ΔS_{univ}, porque ΔG se relaciona apenas com o sistema e evita a complicação de precisar examinar a vizinhança.

Com frequência, uma analogia é traçada entre a variação da energia livre durante uma reação espontânea e a variação da energia potencial quando uma pedra rola colina abaixo (**Figura 19.14**). A energia potencial em um campo gravitacional "guia" a pedra até ela atingir o estado de energia potencial mínima no vale. De modo análogo, a energia livre de um sistema químico diminui até atingir um valor mínimo. Quando esse mínimo é atingido, existe um estado de equilíbrio. *Em um processo espontâneo a temperatura e pressão constantes, a energia livre sempre diminui.*

Para ilustrar essas ideias, vamos retornar ao processo de Haber para a síntese de amônia a partir de nitrogênio e hidrogênio que abordamos em detalhes no Capítulo 15 (Seção 15.2):

$$N_2(g) + 3\,H_2(g) \rightleftharpoons 2\,NH_3(g)$$

Imagine que temos um frasco de reação que mantém a temperatura e a pressão constantes e um catalisador que permite que a reação prossiga a uma velocidade razoável. O que acontecerá se carregarmos o frasco com quantidade de matéria de N_2 e três vezes essa quantidade de matéria de H_2? Como vimos na Figura 15.3, N_2 e H_2 reagem espontaneamente para formar NH_3 até que o equilíbrio seja atingido. De modo análogo, a Figura 15.3 mostra que, se carregarmos o frasco com NH_3 puro, ele vai se decompor espontaneamente em N_2 e H_2 até que o equilíbrio seja atingido. Em cada caso, a energia livre do sistema diminui progressivamente à medida que a reação se move no sentido do equilíbrio, que representa um mínimo da energia livre. Ilustramos esses casos na **Figura 19.15**.

Esta é uma boa hora para relembrarmos o significado do quociente de reação, Q, para um sistema que não está em equilíbrio. (Seção 15.6) Lembre-se de que, quando $Q < K$, existe um excesso de reagentes em comparação aos produtos, então a reação prosseguirá espontaneamente no sentido direto para atingir o equilíbrio, conforme a Figura 19.15. Quando $Q > K$, a reação prosseguirá espontaneamente no sentido inverso. Em equilíbrio, $Q = K$.

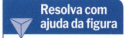

Resolva com ajuda da figura — Por que os processos espontâneos mostrados às vezes são considerados "ladeira abaixo" em termos de energia livre?

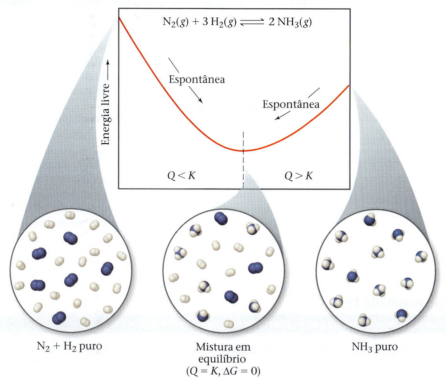

▲ **Figura 19.15 Energia livre e aproximação do equilíbrio na reação $N_2(g) + H_2(g) \rightleftharpoons 2\,NH_3(g)$.** Se a mistura tiver muito N_2 e H_2 em comparação a NH_3 (à esquerda), $Q < K$, e NH_3 será formado espontaneamente. Se houver mais NH_3 na mistura em comparação aos reagentes N_2 e H_2 (à direita), $Q > K$, e NH_3 será decomposto espontaneamente em N_2 e H_2.

Exercício resolvido 19.6

Cálculo da variação de energia livre a partir de $\Delta H°$, T e $\Delta S°$

Calcule a variação de energia livre padrão para a formação de $NO(g)$ a partir de $N_2(g)$ e $O_2(g)$ a 298 K:

$$N_2(g) + O_2(g) \longrightarrow 2\,NO(g)$$

dado que $\Delta H° = 180{,}7$ kJ e $\Delta S° = 24{,}4$ J/K. A reação é espontânea sob essas condições?

SOLUÇÃO

Analise Devemos calcular $\Delta G°$ para a reação indicada (dados $\Delta H°$, $\Delta S°$ e T) e determinar se a reação é espontânea em condições normais a 298 K.

Planeje Para calcular $\Delta G°$, aplicamos a Equação 19.12, $\Delta G° = \Delta H° - T\Delta S°$. Para determinar se a reação é espontânea sob condições padrão, observamos o sinal de $\Delta G°$.

Resolva

$$\Delta G° = \Delta H° - T\Delta S°$$

$$= 180{,}7 \text{ kJ} - (298\text{ K})(24{,}4\text{ J/K})\left(\frac{1\text{ kJ}}{10^3\text{ J}}\right)$$

$$= 180{,}7 \text{ kJ} - 7{,}3 \text{ kJ}$$

$$= 173{,}4 \text{ kJ}$$

Visto que $\Delta G°$ é positivo, a reação não é espontânea sob condições padrão a 298 K.

Comentário Observe que convertemos a unidade do termo $T\Delta S°$ para kJ para que ele pudesse ser somado ao termo $\Delta H°$, cuja unidade é kJ.

▶ **Para praticar**
Calcule $\Delta G°$ para uma reação em que $\Delta H° = 24{,}6$ kJ e $\Delta S° = 132$ J/K a 298 K. A reação é espontânea sob essas condições?

TABELA 19.2 Convenções usadas para estabelecer energias livres padrão	
Estado da matéria	**Estado padrão**
Sólido	Sólido puro
Líquido	Líquido puro
Gás	1 atm de pressão
Solução	Concentração de 1 M
Elemento	$\Delta G_f^\circ = 0$ para elemento em estado padrão

Energia livre padrão de formação

Definimos *entalpias padrão de formação*, ΔH_f°, como a variação de entalpia quando uma substância é formada a partir de seus elementos sob condições padrão definidas. (Seção 5.7) Podemos definir **energias livres padrão de formação**, ΔG_f°, de modo semelhante: ΔG_f° de uma substância representa a variação de energia livre para a sua formação a partir de seus elementos sob condições padrão. Como resumido na **Tabela 19.2**, o estado padrão é 1 atm de pressão para gases, o sólido puro para sólidos e o líquido puro para líquidos. Para substâncias em solução, o estado padrão costuma ser uma concentração de 1 M. (Em trabalhos muito exatos, pode ser necessário fazer determinadas correções, mas não precisamos nos preocupar com isso aqui.)

A temperatura normalmente escolhida para tabular dados é 25 °C, mas calculamos ΔG em outras temperaturas também. Assim como para os calores padrão de formação, as energias livres padrão de formação da forma mais estável de um elemento sob condições padrão são fixadas como zero. Essa escolha arbitrária de um ponto de referência não afeta a grandeza em que estamos interessados, que é a *diferença* em energia livre entre reagentes e produtos. O Apêndice C lista energias livres padrão de formação.

As energias livres padrão de formação são úteis no cálculo da *variação da energia livre padrão* para processos químicos. O procedimento é semelhante ao do cálculo de ΔH° (Equação 5.31) e ΔS° (Equação 19.8):

$$\Delta G^\circ = \sum n \Delta G_f^\circ (\text{produtos}) - \sum m \Delta G_f^\circ (\text{reagentes}) \qquad [19.14]$$

Exercício resolvido 19.7

Cálculo da variação de energia livre padrão a partir de energias livres de formação

(a) Com base nos dados do Apêndice C, calcule a variação da energia livre padrão para a reação $P_4(g) + 6\,Cl_2(g) \longrightarrow 4\,PCl_3(g)$ a 298 K. **(b)** Qual é o valor de ΔG° para o inverso dessa reação?

SOLUÇÃO

Analise Devemos calcular a variação de energia livre para a reação indicada e determinar a variação de energia livre da reação inversa.

Planeje Com base nos valores para as energias livres dos produtos e dos reagentes, aplicamos a Equação 19.14. Multiplicamos as quantidades molares pelos coeficientes na equação balanceada e subtraímos o total obtido para os reagentes do total obtido para os produtos.

Resolva

(a) $Cl_2(g)$ está em seu estado padrão, logo ΔG_f° é igual a zero para esse reagente. Entretanto, $P_4(g)$ não está em seu estado padrão, de modo que ΔG_f° não é igual a zero para esse reagente. A partir da equação balanceada e consultando o Apêndice C, temos:

$\Delta G_{rea}^\circ = 4\,\Delta G_f^\circ[PCl_3(g)] - \Delta G_f^\circ[P_4(g)] - 6\,\Delta G_f^\circ[Cl_2(g)]$

$= (4\,\text{mol})(-269{,}6\,\text{kJ/mol}) - (1\,\text{mol})(24{,}4\,\text{kJ/mol}) - 0$

$= -1102{,}8\,\text{kJ}$

ΔG° é negativo, então uma mistura de $P_4(g)$, $Cl_2(g)$ e $PCl_3(g)$ a 25 °C, cada um à pressão parcial de 1 atm, reagiria espontaneamente no sentido direto para formar mais PCl_3. Entretanto, é importante lembrar que o valor de ΔG° nada informa sobre a velocidade com que a reação ocorre.

(b) Se invertemos a reação, também invertemos os papéis dos reagentes e dos produtos. Portanto, a inversão da reação muda o sinal de ΔG na Equação 19.14, assim como a inversão da reação muda o sinal de ΔH. (Seção 5.4) Consequentemente, com base no resultado do item (a), temos:

$4\,PCl_3(g) \longrightarrow P_4(g) + 6\,Cl_2(g) \qquad \Delta G^\circ = +1.102{,}8\,\text{kJ}$

▶ **Para praticar**

Recorrendo aos dados do Apêndice C, calcule ΔG° a 298 K para a combustão do metano:

$CH_4(g) + 2\,O_2(g) \longrightarrow CO_2(g) + 2\,H_2O(g)$

Exercício resolvido 19.8

Prevendo e calculando ΔG°

Na Seção 5.7, usamos a lei de Hess para calcular ΔH° para a combustão do gás propano a 298 K:

$C_3H_8(g) + 5\,O_2(g) \longrightarrow 3\,CO_2(g) + 4\,H_2O(l) \quad \Delta H^\circ = -2220\,\text{kJ}$

(a) *Sem usar os dados do Apêndice C*, determine se ΔG° para essa reação é mais ou menos negativa do que ΔH°.
(b) Use os dados do Apêndice C para calcular ΔG° para a reação a 298 K. A sua previsão para o item (a) está correta?

SOLUÇÃO

Analise No item (a), devemos determinar o valor de $\Delta G°$ em comparação ao valor de $\Delta H°$ com base na equação balanceada para a reação. No item (b), devemos calcular o valor de $\Delta G°$ e compará-lo com a previsão qualitativa.

Planeje A variação de energia livre incorpora tanto a variação na entalpia quanto a variação na entropia para a reação (Equação 19.11); logo, sob condições padrão:

$$\Delta G° = \Delta H° - T\Delta S°$$

Para determinar se $\Delta G°$ é mais ou menos negativa que $\Delta H°$, precisamos determinar o sinal do termo $T\Delta S°$. Visto que T é a temperatura absoluta, 298 K, ela será sempre um número positivo. Podemos supor o sinal de $\Delta S°$ analisando a reação.

Resolva

(a) Vemos que os reagentes consistem em seis moléculas de gás, e os produtos, em três moléculas de gás e quatro moléculas de líquido. Portanto, a quantidade de matéria de gás diminui significativamente durante a reação. Com base nas regras gerais que abordamos na Seção 19.3, esperamos que uma diminuição no número das moléculas de gás leve à diminuição da entropia do sistema – os produtos têm menos microestados possíveis do que os reagentes. Consequentemente, esperamos que $\Delta S°$ e $T\Delta S°$ sejam números negativos. Como estamos subtraindo $T\Delta S°$, que é um número negativo, podemos supor que $\Delta G°$ é *menos negativo* que $\Delta H°$.

(b) Ao aplicar a Equação 19.14 e os valores do Apêndice C, temos:

$$\Delta G° = 3\,\Delta G_f°[CO_2(g)] + 4\,\Delta G_f°[H_2O(l)]$$
$$- \Delta G_f°[C_3H_8(g)] - 5\,\Delta G_f°[O_2(g)]$$
$$= 3\text{ mol}(-394,4\text{ kJ/mol}) + 4\text{ mol}(-237,13\text{ kJ/mol}) -$$
$$1\text{ mol}(-24,16\text{ kJ/mol}) - 5\text{ mol}(0\text{ kJ/mol}) = -2108\text{ kJ}$$

Observe que fomos cuidadosos no uso do valor de $\Delta G_f°$ para $H_2O(l)$; como nos cálculos dos valores de ΔH, as fases dos reagentes e dos produtos são importantes. Como previmos, $\Delta G°$ é menos negativo que $\Delta H°$, por causa da diminuição na entropia durante a reação.

> **Para praticar**
>
> Para a combustão do butano a 298 K, $2\,C_4H_{10}(g) + 13\,O_2(g) \longrightarrow 8\,CO_2(g) + 10\,H_2O(g)$, pode-se esperar que $\Delta G°$ seja mais ou menos negativo do que $\Delta H°$?

OLHANDO DE PERTO | O que há de "livre" na energia livre?

A energia livre de Gibbs é uma grandeza termodinâmica extraordinária. Uma vez que tantas reações químicas são realizadas sob condições próximas a temperatura e pressão constantes, químicos, bioquímicos e engenheiros consideram o sinal e a ordem de grandeza de ΔG ferramentas excepcionalmente úteis no desenvolvimento de reações químicas e bioquímicas. Veremos exemplos da utilidade do ΔG ao longo deste capítulo e do livro.

Ao estudar ΔG pela primeira vez, duas perguntas surgem com frequência: por que o sinal de ΔG é um indicador da espontaneidade das reações? O que há de "livre" na energia livre?

Na Seção 19.2, vimos que a segunda lei da termodinâmica rege a espontaneidade dos processos. Entretanto, para aplicar a segunda lei (Equação 19.4), devemos determinar ΔS_{univ}, que costuma ser difícil de avaliar. Porém, quando T e P são constantes, podemos relacionar ΔS_{univ} às variações de entropia e entalpia somente do *sistema*, substituindo a expressão da Equação 19.9 para ΔS_{vizin} na Equação 19.4:

$$\Delta S_{univ} = \Delta S_{sis} + \Delta S_{vizin} = \Delta S_{sis} + \left(\frac{-\Delta H_{sis}}{T}\right) \quad (T \text{ e } P \text{ constantes})$$

[19.15]

Assim, a temperatura e pressão constantes, a segunda lei torna-se:

Processo reversível: $\quad \Delta S_{univ} = \Delta S_{sis} - \dfrac{\Delta H_{sis}}{T} = 0$

Processo irreversível: $\quad \Delta S_{univ} = \Delta S_{sis} - \dfrac{\Delta H_{sis}}{T} > 0$ [19.16]

(T e P constantes)

Agora podemos ver a relação entre ΔG_{sis} (que chamamos de ΔG) e a segunda lei. Pela Equação 19.11, sabemos que $\Delta G = \Delta H_{sis} - T\Delta S_{sis}$. Se multiplicarmos as Equações 19.16 por $-T$ e rearranjá-las, chegaremos à seguinte conclusão:

Processo reversível: $\quad \Delta G = \Delta H_{sis} - T\Delta S_{sis} = 0$

Processo irreversível: $\quad \Delta G = \Delta H_{sis} - T\Delta S_{sis} < 0$ [19.17]

(T e P constantes)

As Equações 19.17 permitem a utilização do sinal de ΔG para concluir se uma reação é espontânea, não espontânea ou equilibrada.

Quando $\Delta G < 0$, o processo é irreversível e, portanto, espontâneo. Quando $\Delta G = 0$, o processo é reversível e, portanto, está em equilíbrio. Se um processo tiver $\Delta G > 0$, o processo inverso terá $\Delta G < 0$; assim, o processo é não espontâneo, mas sua reação inversa é irreversível e espontânea.

A ordem de grandeza de ΔG também é importante. Uma reação com ΔG grande e negativa, como a queima da gasolina, apresenta maior capacidade de realizar trabalho na vizinhança do que uma reação com ΔG pequena e negativa, como a fusão do gelo à temperatura ambiente. Na verdade, a termodinâmica indica que *a variação na energia livre de um processo*, ΔG, *é igual ao trabalho útil máximo que pode ser realizado pelo sistema em sua vizinhança em um processo espontâneo que ocorre a temperatura e pressão constantes*:

$$\Delta G = -w_{máx} \quad [19.18]$$

(Lembre-se da convenção de sinais na Tabela 5.1: o trabalho feito *por* um sistema é negativo, enquanto o trabalho realizado *sobre* um sistema é positivo.) Em outras palavras, ΔG estabelece o limite teórico para a quantidade de trabalho que pode ser feita por um processo.

A relação mostrada na Equação 19.18 explica por que chamamos ΔG de energia *livre*: é a parte da variação da energia de um processo espontâneo que está livre para realizar trabalho útil. O restante da energia entra no ambiente como calor. Por exemplo, o trabalho teórico máximo obtido para a combustão de gasolina é dado pelo valor de ΔG para a reação de combustão. Em média, motores de combustão interno padrão são ineficientes no uso desse potencial de trabalho – mais de 60% são perdidos (sobretudo na forma de calor) na conversão da energia química da gasolina em energia mecânica para mover o veículo. Quando outras perdas são consideradas, como tempo ocioso, frenagem, arraste aerodinâmico, entre outras, apenas de 12 a 30% do potencial de trabalho da gasolina são utilizados para colocar o carro em movimento.

Avanços nos automóveis com motores de combustão interna, como a tecnologia híbrida e novos materiais leves, têm o potencial de aumentar o percentual de trabalho útil obtido da gasolina. Parte do entusiasmo em torno dos veículos elétricos (VEs) é a sua maior utilização da energia livre disponível da energia química das baterias (que discutiremos no Capítulo 20): quando a energia é recuperada pela frenagem regenerativa, os VEs conseguem utilizar de 77 a 100% da energia livre para acionar as rodas.

> **Exercícios de autoavaliação**
>
> **EAA 19.13** Qual das afirmações a seguir sobre a energia livre de Gibbs, G, é *falsa*? (**a**) A energia livre de Gibbs para um processo não varia quando a temperatura varia. (**b**) G é uma função de estado. (**c**) Quando $\Delta G = 0$ para uma reação, esta está em equilíbrio. (**d**) Para um processo que ocorre a pressão e temperatura constantes, pode-se usar ΔG para determinar se o processo é espontâneo.
>
> **EAA 19.14** Para uma reação $A(g) \longrightarrow B(g)$, $\Delta H = -300$ kJ e $\Delta S = -200$ J/K a 27 °C. Preencha as lacunas na frase a seguir: ΔG para a reação é _____, e a reação será _____. (**a**) -360 kJ, não espontânea (**b**) -240 kJ, não espontânea (**c**) -360 kJ, espontânea (**d**) -240 kJ, espontânea (**e**) Mais informações são necessárias para responder.
>
> **EAA 19.15** A partir dos dados do Apêndice C, calcule $\Delta G°$ para a seguinte reação: $4\,NO(g) \longrightarrow 2\,N_2O(g) + O_2(g)$. (**a**) $-198,3$ kJ (**b**) $-139,7$ kJ (**c**) $+16,9$ kJ (**d**) $+554,0$ kJ (**e**) Mais informações são necessárias para responder.

19.6 | Energia livre e temperatura

Objetivos de aprendizagem

Após terminar a Seção 19.6, você deve ser capaz de:
▶ Prever o efeito de variações de temperatura no módulo e no sinal de ΔG.

Tabelas de $\Delta G°_f$, como as apresentadas no Apêndice C, permitem calcular $\Delta G°$ para reações na temperatura padrão de 25 °C. Entretanto, com frequência queremos examinar reações em outras temperaturas. Para verificar como ΔG é afetada pela temperatura, vamos analisar novamente a Equação 19.11:

$$\Delta G = \Delta H - T\Delta S = \underbrace{\Delta H}_{\text{Termo de entalpia}} + \underbrace{(-T\Delta S)}_{\text{Termo de entropia}}$$

Observe que escrevemos a expressão para ΔG como a soma de duas contribuições: um termo de entalpia, ΔH, e um termo de entropia, $-T\Delta S$. Uma vez que o valor de $-T\Delta S$ depende da temperatura absoluta T, ΔG vai variar conforme a temperatura. Sabemos que o termo de entalpia, ΔH, pode ser positivo ou negativo e que T é um número positivo sob qualquer temperatura diferente do zero absoluto. O termo de entropia, $-T\Delta S$, também pode ser positivo ou negativo. Quando ΔS é positivo, indicando que o estado final apresenta maior aleatoriedade que o inicial (um número maior de microestados), o termo $-T\Delta S$ é negativo. Quando ΔS é negativo, o termo $-T\Delta S$ é positivo.

O sinal de ΔG, que revela se um processo é espontâneo, dependerá dos sinais e das ordens de grandeza de ΔH e $-T\Delta S$. As diversas combinações de ΔH e $-T\Delta S$ são dadas na **Tabela 19.3**.

Observe que, segundo a Tabela 19.3, quando ΔH e $-T\Delta S$ têm sinais negativos, o sinal de ΔG depende das ordens de grandeza desses dois termos. Nesses casos, a temperatura é um importante fator a ser considerado. Geralmente, ΔH e ΔS variam pouquíssimo com a temperatura. Entretanto, o valor de T afeta diretamente a ordem de grandeza de $-T\Delta S$. À medida que a temperatura aumenta, a ordem de grandeza do termo $-T\Delta S$ aumenta, e ele se torna relativamente mais importante na determinação do sinal e da ordem de grandeza de ΔG.

Por exemplo, vamos considerar mais uma vez a fusão do gelo em água líquida a 1 atm de pressão:

$$H_2O(s) \longrightarrow H_2O(l) \quad \Delta H > 0, \Delta S > 0$$

Esse processo é endotérmico, ou seja, ΔH é positivo. Visto que a entropia aumenta durante esse processo, ΔS é positivo, o que torna $-T\Delta S$ negativo. Em temperaturas abaixo de 0 °C (273 K), o módulo de ΔH é maior que o de $-T\Delta S$. Por consequência, o termo de entalpia positivo domina, levando a um valor positivo de ΔG. Esse valor positivo de ΔG significa que a fusão do gelo não é espontânea para $T < 0$ °C, como atesta nossa experiência cotidiana; em vez disso, o processo inverso, isto é, o congelamento da água líquida, é espontâneo a essas temperaturas.

TABELA 19.3 Como os sinais de ΔH e ΔS afetam a espontaneidade de uma reação

ΔH	ΔS	$-T\Delta S$	$\Delta G = \Delta H - T\Delta S$	Características da reação	Exemplo
−	+	−	−	Espontânea em todas as temperaturas	$2\,O_3(g) \longrightarrow 3\,O_2(g)$
+	−	+	+	Não espontânea em todas as temperaturas	$3\,O_2(g) \longrightarrow 2\,O_3(g)$
−	−	+	+ ou −	Espontânea em temperaturas baixas; não espontânea em temperaturas altas	$H_2O(l) \longrightarrow H_2O(s)$
+	+	−	+ ou −	Espontânea em temperaturas altas; não espontânea em temperaturas baixas	$H_2O(s) \longrightarrow H_2O(l)$

O que acontece em temperaturas maiores que 0 °C? À medida que T aumenta, o módulo do termo de entropia $-T\Delta S$ também aumenta. Quando $T > 0$ °C, o módulo de $-T\Delta S$ é maior que o de ΔH, o que significa que o termo $-T\Delta S$ domina e ΔG é negativa. O valor negativo de ΔG indica que a fusão do gelo é espontânea para $T > 0$ °C.

No ponto de fusão normal da água, $T = 0$ °C, as duas fases estão em equilíbrio. Lembre-se de que $\Delta G = 0$ em equilíbrio; para $T = 0$ °C, ΔH e $-T\Delta S$ têm módulos idênticos, mas sinais contrários e, portanto, são cancelados entre si e fornecem $\Delta G = 0$.

Nossa abordagem sobre a dependência de ΔG em relação à temperatura também é relevante para as variações de energia livre padrão. Podemos calcular os valores de $\Delta H°$ e $\Delta S°$ a 298 K a partir dos dados tabelados no Apêndice C. Se considerarmos que esses valores não variam com a temperatura, poderemos aplicar a Equação 19.12 para estimar o valor de ΔG em temperaturas diferentes de 298 K.

Exercício resolvido 19.9

Determinação do efeito da temperatura sobre a espontaneidade

O processo de Haber para a produção de amônia envolve o seguinte equilíbrio:

$$N_2(g) + 3H_2(g) \rightleftharpoons 2NH_3(g)$$

Para essa reação, $\Delta H° = -91,88$ kJ e $\Delta S° = -198,1$ J/K. Considere que $\Delta H°$ e $\Delta S°$ para essa reação não variam com a temperatura.
(a) Determine o sentido em que $\Delta G°$ varia nessa reação com o aumento da temperatura. (b) Calcule os valores de $\Delta G°$ para a reação a 25 °C e a 500 °C.

SOLUÇÃO

Analise No item (a), devemos determinar o sentido em que ΔG varia conforme a temperatura aumenta. No item (b), precisamos determinar ΔG para a reação a duas temperaturas diferentes.

Planeje Podemos responder a parte (a) determinando o sinal de ΔS para a reação e, em seguida, usando essa informação para analisar a Equação 19.12. Na parte (b), usamos os valores dados de $\Delta H°$ e $\Delta S°$ para a reação junto com a Equação 19.12 para calcular ΔG.

Resolva

(a) A dependência de ΔG em relação à temperatura vem do termo de entropia na Equação 19.12, $\Delta G = \Delta H - T\Delta S$. Esperamos que ΔS para essa reação seja negativo porque a quantidade de matéria de gás é menor nos produtos. Visto que ΔS é negativo, o termo $-T\Delta S$ é positivo e aumenta com o aumento da temperatura. Como resultado, ΔG torna-se menos negativo (ou mais positivo) com a elevação da temperatura. Portanto, a força direcionada para a produção de NH_3 torna-se menor com o aumento da temperatura.

(b) Se considerarmos que os valores de $\Delta H°$ e $\Delta S°$ não variam com a temperatura, poderemos aplicar a Equação 19.12 para calcular ΔG a qualquer temperatura. Em $T = 25$ °C = 298 K, temos:

$$\Delta G° = -91,88 \text{ kJ} - (298 \text{ K})(-198,1 \text{ J/K})\left(\frac{1 \text{ kJ}}{1000 \text{ J}}\right)$$
$$= -91,88 \text{ kJ} + 59,0 \text{ kJ} = -32,8 \text{ kJ}$$

A $T = 500$ °C = 773 K, temos:

$$\Delta G = -91,88 \text{ kJ} - (773 \text{ K})(-198,1 \text{ J/K})\left(\frac{1 \text{ kJ}}{1000 \text{ J}}\right)$$
$$= -91,88 \text{ kJ} + 153 \text{ kJ} = 61 \text{ kJ}$$

Observe que precisamos converter $-T\Delta S°$ para unidades de kJ em ambos os cálculos, para que esse termo possa ser adicionado a $\Delta H°$, que tem a unidade kJ.

Comentário Elevar a temperatura de 298 K para 773 K provoca a variação de ΔG de $-32,8$ kJ para $+61$ kJ. Naturalmente, o resultado a 773 K parte do princípio de que $\Delta H°$ e $\Delta S°$ não variam com a temperatura. Embora esses valores variem ligeiramente com a temperatura, o resultado a 773 K é uma aproximação razoável.

O aumento positivo em ΔG com o aumento de T está de acordo com a suposição do item (a) deste exercício. O resultado indica que, em uma mistura de $N_2(g)$, $H_2(g)$ e $NH_3(g)$, cada um à pressão parcial de 1 atm, $N_2(g)$ e $H_2(g)$ reagem espontaneamente a 298 K para formar mais $NH_3(g)$. A 773 K, o valor positivo de ΔG indica que a reação inversa é espontânea. Portanto, quando a mistura desses gases, cada um à pressão parcial de 1 atm, for aquecida a 773 K, parte do $NH_3(g)$ vai se decompor espontaneamente em $N_2(g)$ e $H_2(g)$.

▶ **Para praticar**
(a) Com base nas entalpias padrão de formação e nas entropias padrão do Apêndice C, calcule $\Delta H°$ e $\Delta S°$ a 298 K para a seguinte reação: $2SO_2(g) + O_2(g) \longrightarrow 2SO_3(g)$. (b) Utilizando os valores obtidos na parte (a), estime ΔG a 400 K.

Exercícios de autoavaliação

EAA 19.16 Considere a reação $A(g) + B(g) \longrightarrow C(g) + D(g)$, para a qual $\Delta H° = +85,0$ kJ e $\Delta S° = -66,0$ J/K. Supondo que $\Delta H°$ e $\Delta S°$ não variam com a temperatura, o que podemos concluir sobre essa reação? (a) Ela é espontânea a todas as temperaturas. (b) A reação inversa é espontânea a todas as temperaturas. (c) Ela é espontânea a baixas temperaturas, mas não espontânea a altas temperaturas. (d) Ela é não espontânea a baixas temperaturas, mas espontânea a altas temperaturas.

EAA 19.17 A partir dos dados do Apêndice C, calcule $\Delta G°$ a -25 °C para a seguinte reação: $2NO_2(g) \longrightarrow N_2O_4(g)$. (a) -102 kJ (b) $-62,4$ kJ (c) $-40,0$ kJ (d) $-14,2$ kJ (e) $-5,3$ kJ

19.7 | Energia livre e constante de equilíbrio

> **Objetivos de aprendizagem**
>
> Após terminar a Seção 19.7, você deve ser capaz de:
> ▶ Calcular a variação de energia livre, ΔG, para uma reação química sob condições não padrão.
> ▶ Descrever a relação entre ΔG° e a constante de equilíbrio K e usar essa relação para converter entre as duas quantidades.

Na Seção 19.5, vimos uma relação especial entre ΔG e equilíbrio: para um sistema em equilíbrio, ΔG = 0. Também estudamos o modo de usar dados termodinâmicos tabulados, como os do Apêndice C, para calcular os valores da variação de energia livre padrão, ΔG°. Na seção final deste capítulo, veremos mais duas maneiras de usar a energia livre como uma ferramenta poderosa na análise de reações químicas: usando ΔG° para calcular ΔG sob condições *não padrão* e relacionando diretamente os valores de ΔG° e K para uma reação.

Energia livre sob condições não padrão

O conjunto de condições padrão às quais os valores de ΔG° se referem é dado na Tabela 19.2. A maioria das reações químicas ocorre sob condições não padrão. Para qualquer processo químico, a relação entre a variação de energia livre sob condições padrão, ΔG°, e a variação de energia livre sob outras condições, ΔG, é dada pela seguinte expressão:

$$\Delta G = \Delta G° + RT \ln Q \qquad [19.19]$$

Nessa equação, R é a constante do gás ideal, 8,314 J/mol-K; T, a temperatura absoluta; e Q, o quociente de reação para a mistura da reação de interesse. (Seção 15.6) Devemos lembrar que a expressão para Q é calculada como uma constante de equilíbrio, exceto pelo fato de serem utilizadas as concentrações em qualquer ponto de interesse na reação; se Q = K, a reação está em equilíbrio. Sob condições padrão, as concentrações de todos os reagentes e produtos são iguais a 1 M. Portanto, sob condições padrão, Q = 1 e, consequentemente, ln Q = 0. Note que a Equação 19.19 é reduzida a ΔG = ΔG° sob condições padrão, como deveria ser.

Exercício resolvido 19.10
Relacionando ΔG a uma mudança de fase no equilíbrio

(a) Escreva a equação química que define o ponto de ebulição normal do tetracloreto de carbono líquido, CCl₄(l). (b) Qual é o valor de ΔG° para o equilíbrio do item (a)? (c) Com base nos dados do Apêndice C e na Equação 19.12, estime o ponto de ebulição normal do CCl₄.

SOLUÇÃO
Analise (a) Devemos escrever uma equação química que descreva o equilíbrio físico entre CCl₄ líquido e gasoso no ponto de ebulição normal. (b) Vamos determinar o valor de ΔG° para CCl₄ no equilíbrio com seu vapor no ponto de ebulição normal. (c) Por fim, precisamos estimar o ponto de ebulição normal de CCl₄ com base nos dados termodinâmicos disponíveis.

Planeje (a) A equação química é a variação do estado líquido para o gasoso. Para (b), precisamos analisar a Equação 19.19 em equilíbrio (ΔG = 0). Para (c), podemos usar a Equação 19.12 para calcular T quando ΔG = 0.

Resolva

(a) O ponto de ebulição normal é a temperatura em que um líquido puro está em equilíbrio com seu vapor à pressão de 1 atm:

$$CCl_4(l) \rightleftharpoons CCl_4(g) \quad P = 1 \text{ atm}$$

(b) No equilíbrio, ΔG = 0. Em qualquer equilíbrio do ponto de ebulição normal, tanto o líquido quanto o vapor estão em seus estados padrão de líquido puro e vapor a 1 atm (Tabela 19.2). Consequentemente, Q = 1, ln Q = 0 e ΔG = ΔG° para esse processo. Concluímos, então, que ΔG° = 0 para o equilíbrio envolvido no ponto de ebulição normal de qualquer líquido. (Encontraríamos também que ΔG° = 0 para os equilíbrios pertinentes aos pontos de fusão e sublimação normais.)

$$\Delta G° = 0$$

(c) Combinando a Equação 19.12 com o resultado do item (b), vemos que a igualdade no ponto de ebulição normal, T_e, de CCl₄(l), ou de qualquer outro líquido puro, é:

$$\Delta G° = \Delta H° - T_e \Delta S° = 0$$

Resolvendo a equação para T_e, obtemos:

$$T_e = \Delta H° / \Delta S°$$

Estritamente falando, para fazer esse cálculo, precisamos dos valores de $\Delta H°$ e $\Delta S°$ para o equilíbrio entre $CCl_4(l)$ e $CCl_4(g)$ no ponto de ebulição normal. Entretanto, podemos *estimar* o ponto de ebulição usando como base os valores de $\Delta H°$ e $\Delta S°$ para CCl_4 a 298 K, que podemos obter a partir dos dados do Apêndice C e das equações 5.31 e 19.8:

$$\Delta H° = (1 \text{ mol})(-106,7 \text{ kJ/mol}) - (1 \text{ mol})(-139,3 \text{ kJ/mol}) = +32,6 \text{ kJ}$$

$$\Delta S° = (1 \text{ mol})(309,4 \text{ J/mol-K}) - (1 \text{ mol})(214,4 \text{ J/mol-K}) = +95,0 \text{ J/K}$$

Observe que, como esperado, o processo é endotérmico ($\Delta H > 0$) e produz um gás, aumentando a entropia ($\Delta S > 0$). Agora, podemos estimar T_e para $CCl_4(l)$:

$$T_e = \frac{\Delta H°}{\Delta S°} = \left(\frac{32,6 \text{ kJ}}{95,0 \text{ J/K}}\right)\left(\frac{1.000 \text{ J}}{1 \text{ kJ}}\right) = 343 \text{ K} = 70 \text{ °C}$$

Observe também que usamos o fator de conversão entre joules e quilojoules para combinar as unidades de $\Delta H°$ e $\Delta S°$.

Confira O ponto de ebulição normal experimental de $CCl_4(l)$ é 76,5 °C. O pequeno desvio do valor estimado para o valor experimental deve-se à suposição de que $\Delta H°$ e $\Delta S°$ não variam com a temperatura.

▶ **Para praticar**
Com base nos dados do Apêndice C, estime o ponto de ebulição normal, em K, para o bromo elementar, $Br_2(l)$. (O valor experimental é dado na Figura 11.4.)

Quando as concentrações de reagentes e produtos não são padrão, devemos calcular o valor de Q para determinar ΔG. Vamos ilustrar como isso é feito no Exercício resolvido 19.11. Nesta fase da discussão, é importante observar as unidades usadas para calcular Q quando se aplica a Equação 19.19. A convenção para os estados padrão é utilizada quando essa equação é utilizada: ao determinar o valor de Q, as concentrações de gases são sempre expressas como pressões parciais em atmosferas, enquanto os solutos são expressos como suas concentrações em quantidade de matéria.

Exercício resolvido 19.11
Cálculo da variação de energia livre sob condições não padrão

Calcule ΔG a 298 K para uma mistura de N_2 a 1,0 atm, H_2 a 3,0 atm e NH_3 a 0,50 atm usada no processo de Haber:

$$N_2(g) + 3 H_2(g) \rightleftharpoons 2 NH_3(g)$$

SOLUÇÃO
Analise Devemos calcular ΔG sob condições não padrão.
Planeje Podemos aplicar a Equação 19.19 para calcular ΔG. Para isso, precisamos calcular o valor do quociente de reação Q para as pressões parciais especificadas, utilizando a fórmula de pressões parciais da Equação 15.24 (a expressão da constante de equilíbrio). Então, usamos uma tabela de energias livres padrão de formação para avaliar $\Delta G°$.

Resolva
A fórmula de pressões parciais da Equação 15.24 fornece:

$$Q = \frac{P_{NH_3}^2}{P_{N_2} P_{H_2}^3} = \frac{(0,50)^2}{(1,0)(3,0)^3} = 9,3 \times 10^{-3}$$

No Exercício resolvido 19.9, calculamos $\Delta G° = -32,8$ kJ para essa reação. Entretanto, teremos de alterar as unidades dessa grandeza ao aplicarmos a Equação 19.19. Para que as unidades na Equação 19.19 funcionem, usaremos $\Delta G°$ em kJ/ mol, em que "por mol" significa "por mol da reação escrita". Assim, $\Delta G° = -32,8$ kJ/mol implica 1 mol de N_2 por 3 mols de H_2 e por 2 mols de NH_3.

Agora, podemos aplicar a Equação 19.19 para calcular ΔG para essas condições não padrão:

$$\Delta G = \Delta G° + RT \ln Q$$
$$= (-32,8 \text{ kJ/mol})$$
$$+ (8,314 \text{ J/mol-K})(298 \text{ K})(1 \text{ kJ}/1.000 \text{ J}) \ln(9,3 \times 10^{-3})$$
$$= (-32,8 \text{ kJ/mol}) + (-11,6 \text{ kJ/mol}) = -44,4 \text{ kJ/mol}$$

Comentário Podemos observar que ΔG se torna mais negativo à medida que as pressões de N_2, H_2 e NH_3 variam de 1,0 atm (condição padrão, $\Delta G°$) para 1,0 atm, 3,0 atm e 0,50 atm, respectivamente. O valor mais negativo de ΔG indica maior "força motriz" para produzir NH_3.

Chegaríamos a essa mesma suposição com base no princípio de Le Châtelier. (Seção 15.7) Em relação às condições padrão, elevamos a pressão de um reagente (H_2) e reduzimos a pressão do produto (NH_3).

O princípio de Le Châtelier determina que ambas as variações deslocam a reação mais para o lado do produto, formando mais NH_3.

▶ **Para praticar**
Calcule ΔG a 298 K para a reação de Haber de uma mistura de N_2 a 0,50 atm, H_2 a 0,75 atm e NH_3 a 2,0 atm.

Relação entre ΔG° e K

Agora, podemos aplicar a Equação 19.19 para derivar a relação entre $\Delta G°$ e a constante de equilíbrio K. No equilíbrio, $\Delta G = 0$ e $Q = K$. Portanto, no equilíbrio, a Equação 19.19 transforma-se no seguinte:

$$\Delta G = \Delta G° + RT \ln Q$$
$$0 = \Delta G° + RT \ln K$$
$$\Delta G° = -RT \ln K \qquad [19.20]$$

A Equação 19.20 é muito importante, com amplo significado na química. Ao relacionar K a $\Delta G°$, podemos relacionar K a variações de entropia e entalpia em uma reação.

Também é possível resolver a Equação 19.20 para K, produzindo uma expressão que permita calcular o valor de K se conhecermos o valor de $\Delta G°$:

$$\ln K = \frac{\Delta G°}{-RT}$$
$$K = e^{-\Delta G°/RT} \qquad [19.21]$$

Como de costume, devemos ficar atentos na escolha das unidades. Nas Equações 19.20 e 19.21, expressamos novamente $\Delta G°$ em kJ/mol. Na expressão da constante de equilíbrio, utilizamos as seguintes convenções: as pressões dos gases são dadas em atm; as concentrações de solução são dadas em M; e sólidos, líquidos e solventes não aparecem na expressão. (Seção 15.4) Assim, a constante de equilíbrio é K_p para reações em fase gasosa e K_c para reações em solução. (Seção 15.2)

Pela Equação 19.20, vemos que, se $\Delta G°$ for negativa, $\ln K$ será positiva; isso significa que $K > 1$. Portanto, quanto mais negativa for $\Delta G°$, maior será K. Por outro lado, se $\Delta G°$ for positiva, $\ln K$ será negativa; ou seja, $K < 1$. Por fim, se $\Delta G° = 0$, $K = 1$.

Exercício resolvido 19.12
Cálculo de uma constante de equilíbrio a partir de ΔG°

A variação de energia livre padrão para o processo de Haber a 25 °C foi obtida no Exercício resolvido 19.9 para a reação de Haber

$$N_2(g) + 3H_2(g) \rightleftharpoons 2NH_3(g) \quad \Delta G° = -32,8 \text{ kJ/mol} = -32.800 \text{ J/mol}$$

Use esse valor de $\Delta G°$ para calcular a constante de equilíbrio do processo a 25 °C.

SOLUÇÃO

Analise Com base no valor de $\Delta G°$, calcule K de uma reação.

Planeje Podemos usar a Equação 19.21 para calcular K.

Resolva Ao usar a temperatura absoluta para T na Equação 19.21 e a forma de R que combina nossas unidades, temos:

$$K = e^{-\Delta G°/RT} = e^{-(-32.800 \text{ J/mol})/(8,314 \text{ J/mol-K})(298 \text{ K})} = e^{13,2} = 5 \times 10^5$$

Comentário Trata-se de uma constante de equilíbrio grande, o que indica que o produto, NH_3, é muito favorecido na mistura no equilíbrio a 25 °C. As constantes de equilíbrio para a reação de Haber a temperaturas na faixa de 300 °C a 600 °C, dadas na Tabela 15.2, são muito menores que o valor a 25 °C. Assim, um equilíbrio a uma baixa temperatura favorece mais a produção de amônia do que um equilíbrio a uma alta temperatura. Ainda assim, o processo de Haber é realizado a altas temperaturas, porque a reação é extremamente lenta à temperatura ambiente.

Lembre-se A termodinâmica revela o sentido e a magnitude de uma reação, mas nada diz sobre a velocidade com que ela ocorre. Se houvesse um catalisador para a reação ocorrer mais rapidamente à temperatura ambiente, não seriam necessárias altas pressões para forçar o equilíbrio no sentido de NH_3.

▶ **Para praticar**
Com base nos dados do Apêndice C, calcule $\Delta G°$ e K a 298 K para a seguinte reação: $H_2(g) + Br_2(l) \rightleftharpoons 2HBr(g)$.

A QUÍMICA E A VIDA | Forçando reações não espontâneas: reações de acoplamento

Muitas reações químicas desejáveis, inclusive várias que são essenciais para os seres vivos, não são espontâneas como escritas. Por exemplo, vamos considerar a extração do cobre metálico a partir do mineral *calcocita*, que contém Cu_2S. A decomposição de Cu_2S em seus elementos não é espontânea:

$$Cu_2S(s) \longrightarrow 2Cu(s) + S(s) \quad \Delta G° = +86,2 \text{ kJ}$$

Visto que $\Delta G°$ é muito positivo, não podemos obter Cu(s) diretamente por essa reação. Em vez disso, devemos encontrar algum meio de "realizar trabalho" na reação, para forçar que ela ocorra da maneira como desejamos. Podemos fazer isso acoplando a reação a outra, de forma que a reação como um todo *seja* espontânea. Por exemplo, podemos visualizar $S(s)$ reagindo com $O_2(g)$ para formar $SO_2(g)$:

$$S(s) + O_2(g) \longrightarrow SO_2(g) \quad \Delta G° = -300,4 \text{ kJ}$$

Pelo acoplamento (junção) dessas reações, podemos extrair muito do cobre metálico por uma reação espontânea:

$$Cu_2S(s) + O_2(g) \longrightarrow 2Cu(s) + SO_2(g)$$
$$\Delta G° = (+86,2 \text{ kJ}) + (-300,4 \text{ kJ}) = -214,2 \text{ kJ}$$

Em resumo, usamos a reação espontânea de S(s) com O₂(g) para fornecer a energia livre necessária para extrair o cobre metálico do mineral.

Os sistemas biológicos empregam o mesmo princípio do uso de reações espontâneas para produzir outras não espontâneas. Muitas reações bioquímicas essenciais à formação e à manutenção de estruturas biológicas altamente ordenadas não são espontâneas. A ocorrência dessas reações é forçada pelo acoplamento com reações espontâneas que liberam energia. O metabolismo dos alimentos é a fonte usual de energia livre necessária para realizar o trabalho de manutenção dos sistemas biológicos. Por exemplo, a oxidação completa do açúcar glicose, C₆H₁₂O₆, em CO₂ e H₂O produz substancial energia livre:

$$C_6H_{12}O_6(s) + 6\,O_2(g) \longrightarrow 6\,CO_2(g) + 6\,H_2O(l) \quad \Delta G° = -2.880 \text{ kJ}$$

Essa energia pode ser usada para produzir reações não espontâneas no corpo. Entretanto, um meio de transporte da energia liberada pelo metabolismo da glicose é necessário para as reações que dependem dela. Uma das maneiras, mostrada na **Figura 19.16**, envolve a interconversão de trifosfato de adenosina (ATP) e difosfato de adenosina (ADP), moléculas que estão relacionadas às unidades fundamentais dos ácidos nucleicos. A conversão de ATP em ADP libera energia livre ($\Delta G° = -30{,}5$ kJ), que pode ser usada para produzir outras reações.

No corpo humano, o metabolismo da glicose ocorre por meio de uma série complexa de reações, a maioria das quais libera energia livre, usada em parte para reconverter ADP de mais baixa energia em ATP de mais alta energia. Portanto, as interconversões ATP-ADP são empregadas para estocar energia durante o metabolismo e liberá-la quando necessário para produzir reações não espontâneas no organismo. Ao cursar uma disciplina de bioquímica ou de biologia geral, você poderá aprender mais sobre a notável sequência de reações usada para transportar energia livre pelo corpo humano.

Exercícios relacionados: 19.99, 19.100

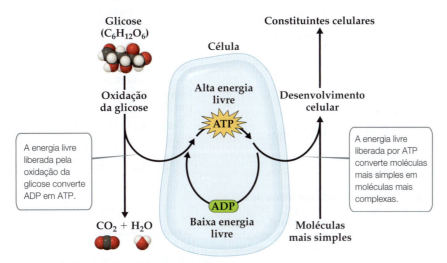

▲ **Figura 19.16 Representação esquemática de variações de energia livre durante o metabolismo celular.** A oxidação da glicose em CO₂ e H₂O produz energia livre, que será utilizada para converter ADP em ATP, mais energético. Este será empregado, conforme necessário, como fonte de energia para conduzir reações não espontâneas, como a conversão de moléculas simples em constituintes celulares mais complexos.

Exercícios de autoavaliação

EAA 19.18 Considere a reação 2 NO₂(g) ⟶ N₂(g) + 2 O₂(g). $\Delta G_f°$ para NO₂(g) é 51,84 kJ/mol. Qual é o valor de ΔG a 298 K para essa reação quando as pressões parciais de NO₂, N₂ e O₂ são 0,100 atm, 1,00 atm e 2,00 atm, respectivamente? **(a)** −104 kJ **(b)** −91,4 kJ **(c)** −39,5 kJ **(d)** 12,3 kJ **(e)** 116 kJ

EAA 19.19 Os dados termodinâmicos a seguir se referem às fases líquida e gasosa de HSiCl₃, usado como principal fonte de silício ultrapuro na indústria de eletrônicos:

	$\Delta H_f°$ (kJ/mol)	$S°$ (J/mol-K)
HSiCl₃(l)	−539,3	227,6
HSiCl₃(g)	−513,0	313,9

Considere que $\Delta H_f°$ e $S°$ não variam com a temperatura. Qual é o ponto de ebulição normal de HSiCl₃, em °C? **(a)** 31,8 °C **(b)** 86,3 °C **(c)** 113 °C **(d)** 199 °C **(e)** 305 °C

EAA 19.20 Considere o seguinte equilíbrio: 4 Ag(s) + O₂(g) ⇌ 2 Ag₂O(s). A 298 K, a constante de equilíbrio para essa reação é $K = 8{,}44 \times 10^3$. Qual é o valor de $\Delta G_f°$ para Ag₂O(s)? **(a)** −4,86 kJ **(b)** −8,44 kJ **(c)** −11,2 kJ **(d)** −22,4 kJ **(e)** Mais informações são necessárias para responder.

Integrando conceitos

Examinaremos os equilíbrios nos quais os sais simples NaCl(s) e AgCl(s) se dissolvem em água para formar soluções aquosas de íons:

$$NaCl(s) \rightleftharpoons Na^+(aq) + Cl^-(aq)$$
$$AgCl(s) \rightleftharpoons Ag^+(aq) + Cl^-(aq)$$

(a) Calcule o valor de $\Delta G°$ a 298 K para cada uma dessas reações. **(b)** Os dois valores do item (a) são muito diferentes. Essa diferença deve-se basicamente ao termo de entalpia ou ao termo de entropia da variação de energia livre padrão? **(c)** Use os valores de $\Delta G°$ para calcular os valores de K_{ps} para os dois sais a 298 K. **(d)** O cloreto de sódio é considerado um sal solúvel; o cloreto de prata é considerado insolúvel. Essas descrições são coerentes com as respostas do item (c)? **(e)** Como $\Delta G°$ vai variar no processo de dissolução desses sais com a elevação de T? Essa variação deve ter qual efeito na solubilidade dos sais?

SOLUÇÃO

(a) Vamos utilizar a Equação 19.14 com os valores de $\Delta G_f°$ do Apêndice C para calcular os valores de $\Delta G_{sol}°$ para cada equilíbrio. (Como fizemos na Seção 13.1, usamos o subscrito "sol" para indicar que essas são grandezas termodinâmicas para a formação de uma solução.) Encontramos:

$$\Delta G_{sol}° (NaCl) = (-261,9\ kJ/mol) + (-131,2\ kJ/mol)$$
$$-(-384,1\ kJ/mol)$$
$$= -9,0\ kJ/mol$$

$$\Delta G_{sol}° (AgCl) = (+77,11\ kJ/mol) + (-131,2\ kJ/mol)$$
$$-(-109,70\ kJ/mol)$$
$$= +55,6\ kJ/mol$$

(b) Podemos escrever $\Delta G_{sol}°$ como a soma de um termo de entalpia, $\Delta H_{sol}°$, e um termo de entropia, $-T\Delta S_{sol}°$: $\Delta G_{sol}° = \Delta H_{sol}° + (-T\Delta S_{sol}°)$. É possível calcular os valores de $\Delta H_{sol}°$ e $\Delta S_{sol}°$ usando as Equações 5.31 e 19.8. Podemos, então, calcular $-T\Delta S_{sol}°$ a T = 298 K. Os resultados estão resumidos na seguinte tabela:

Sal	$\Delta H_{sol}°$	$\Delta S_{sol}°$	$T\Delta S_{sol}°$
NaCl	+3,8 kJ mol	+43,4 J mol K	−12,9 kJ mol
AgCl	+65,7 kJ mol	+34,3 J mol K	+10,2 kJ mol

Os termos de entropia para a solução dos dois sais são muito similares. Isso parece sensato, porque cada processo de dissolução deve levar a um aumento similar na desordem à medida que o sal é dissolvido em íons hidratados. (Seção 13.1) Por outro lado, verificamos uma diferença muito grande no termo de entalpia. A diferença nos valores de $\Delta G_{sol}°$ é governada pela diferença nos valores de $\Delta H_{sol}°$.

(c) O produto de solubilidade, K_{ps}, é a constante de equilíbrio para o processo de dissolução. (Seção 17.4) Dessa forma, podemos relacionar K_{ps} diretamente a $\Delta G_{sol}°$ usando a Equação 19.21:

$$K_{ps} = e^{-\Delta G_{sol}°/RT}$$

Podemos calcular os valores de K_{ps} da mesma maneira que aplicamos a Equação 19.21 no Exercício resolvido 19.12. Usamos os valores de $\Delta G_{sol}°$ que obtivemos no item (a), convertidos de kJ/mol para J/mol:

NaCl: $K_{ps} = [Na^+][Cl^-] = e^{-(-9.100)/[(8,314)(298)]}$
$$= e^{+3,6} = 38$$

AgCl: $K_{ps} = [Ag^+][Cl^-] = e^{-(+55.600)/[(8,314)(298)]}$
$$= e^{-22,4}$$
$$= 1,9 \times 10^{-10}$$

O valor calculado para K_{ps} de AgCl é muito próximo do listado no Apêndice D.

(d) Um sal solúvel é aquele que se dissolve consideravelmente em água. (Seção 4.2) O valor de K_{ps} para NaCl é maior que 1, indicando que NaCl se dissolve bastante. O valor de K_{ps} para AgCl é muito pequeno, mostrando que ele se dissolve muito pouco em água. De fato, o cloreto de prata deve ser considerado um sal insolúvel.

(e) Como esperávamos, o processo de dissolução tem valor positivo de ΔS para ambos os sais, como mostra a tabela no item (b) deste exercício. Assim, o termo de entropia da variação de energia livre, $-T\Delta S_{sol}°$, é negativo. Se admitirmos que $\Delta H_{sol}°$ e $\Delta S_{sol}°$ não variam muito com a temperatura, uma elevação em T tornará $\Delta S_{sol}°$ mais negativo. Assim, a força direcionada à dissolução dos sais aumentará com a elevação de T, então podemos esperar que a solubilidade dos sais aumente com a elevação de T. Na Figura 13.15, vimos que a solubilidade de NaCl (e a de quase todo sal) aumenta com a elevação da temperatura. (Seção 13.3)

Resumo do capítulo e termos-chave

PROCESSOS ESPONTÂNEOS (SEÇÃO 19.1) A maioria das reações e dos processos químicos possui um sentido inerente: é **espontânea** em um sentido e não espontânea no sentido inverso. A espontaneidade de um processo está relacionada ao caminho termodinâmico que o sistema toma do estado inicial para o estado final. Em um **processo reversível**, tanto o sistema quanto a sua vizinhança podem ser restaurados ao seu estado original, invertendo a variação. Em um **processo irreversível**, o sistema não pode retornar ao estado original sem que haja uma mudança permanente na vizinhança. Qualquer processo espontâneo é irreversível. Um processo que ocorre a uma temperatura constante é denominado **isotérmico**.

ENTROPIA E SEGUNDA LEI DA TERMODINÂMICA (SEÇÃO 19.2) A natureza espontânea dos processos está relacionada a uma função de estado termodinâmico chamada de **entropia**, indicada como S. Para um processo que ocorre em temperatura constante, a variação de entropia do sistema é determinada pelo calor absorvido pelo sistema ao longo de um caminho reversível dividido pela temperatura: $\Delta S = q_{rev}/T$. Para qualquer processo, a variação de entropia do universo é igual à variação de entropia do sistema mais a variação de entropia da vizinhança: $\Delta S_{univ} = \Delta S_{sis} + \Delta S_{vizin}$. A maneira com que a entropia controla a espontaneidade dos processos é determinada pela **segunda lei da termodinâmica**, segundo a qual, em um processo irreversível (espontâneo), $\Delta S_{univ} > 0$. Geralmente, os valores da entropia são expressos em unidades de joules por kelvin, J/K.

INTERPRETAÇÃO MOLECULAR DA ENTROPIA E TERCEIRA LEI DA TERMODINÂMICA (SEÇÃO 19.3)
Uma combinação específica de movimentos e localizações de átomos e moléculas de um sistema em determinado instante é chamada de **microestado**. A entropia de um sistema é a medida da sua aleatoriedade ou desordem e está relacionada ao número de microestados, W, correspondente ao estado do sistema: $S = k \ln W$. As moléculas podem realizar três tipos de movimentos: no **movimento translacional**, a molécula inteira move-se no espaço; no **movimento vibracional**, os átomos da molécula aproximam-se e afastam-se uns dos outros periodicamente; e no **movimento rotacional**, a molécula inteira gira como um pião. O número de microestados disponíveis, e, portanto, a entropia, aumenta quando há aumento de volume, temperatura ou movimento das moléculas, porque qualquer uma dessas variações aumenta as possíveis movimentações e localizações das moléculas. Como resultado, a entropia costuma aumentar quando líquidos ou soluções são formados a partir de sólidos, quando gases são formados a partir de sólidos ou líquidos ou quando o número de moléculas de gás aumenta durante uma reação química. A **terceira lei da termodinâmica** afirma que a entropia de um sólido cristalino puro a 0 K é igual a zero.

VARIAÇÕES DA ENTROPIA NAS REAÇÕES QUÍMICAS (SEÇÃO 19.4)
A terceira lei permite determinar valores de entropia para substâncias em diferentes temperaturas. Sob condições padrão, a entropia de um mol de uma substância é chamada de **entropia molar padrão**, indicada como $S°$. A partir de valores tabelados de $S°$, podemos calcular a variação de entropia para qualquer processo sob condições padrão. Para um processo isotérmico, a variação de entropia na vizinhança é igual a $-\Delta H/T$.

ENERGIA LIVRE DE GIBBS (SEÇÃO 19.5)
A **energia livre de Gibbs** (ou apenas **energia livre**), G, é uma função de estado termodinâmico que combina as duas funções de estado entalpia e entropia: $G = H - TS$. Para processos que ocorrem a temperatura constante, $\Delta G = \Delta H - T\Delta S$. Para um processo que ocorre a temperatura e pressão constantes, o sinal de ΔG refere-se à espontaneidade do processo. Quando ΔG for negativo, o processo será espontâneo. Quando ΔG for positivo, o processo será não espontâneo, mas o processo inverso será espontâneo. No equilíbrio, o processo é reversível e ΔG é igual a zero. A energia livre também é uma medida do máximo trabalho útil que pode ser realizado por um sistema em um processo espontâneo. A variação da energia livre padrão, $\Delta G°$, para qualquer processo pode ser calculada a partir de **energias livres padrão de formação** tabuladas, $\Delta G_f°$ que são definidas de maneira análoga à das entalpias padrão de formação, $\Delta H_f°$. O valor de $\Delta G_f°$ para um elemento puro em seu estado padrão é definido como zero.

ENERGIA LIVRE, TEMPERATURA E CONSTANTE DE EQUILÍBRIO (SEÇÕES 19.6 E 19.7)
Geralmente, os valores de ΔH e ΔS para um processo químico não variam muito com a temperatura. Assim, a dependência de ΔG em relação à temperatura é regida sobretudo pelo valor de T na expressão $\Delta G = \Delta H - T\Delta S$. O termo de entropia, $-T\Delta S$, tem maior efeito na dependência de ΔG em relação à temperatura; com isso, também tem maior efeito na espontaneidade do processo. Por exemplo, um processo para o qual $\Delta H > 0$ e $\Delta S > 0$, como a fusão do gelo, pode ser não espontâneo ($\Delta G > 0$) a baixas temperaturas e espontâneo ($\Delta G < 0$) a temperaturas mais altas. Sob condições não padrão, ΔG relaciona-se com $\Delta G°$ e com o valor do quociente de reação, Q: $\Delta G = \Delta G° + RT \ln Q$. No equilíbrio ($\Delta G = 0$, $Q = K$), $\Delta G° = -RT \ln K$. Portanto, a variação da energia livre está diretamente relacionada à constante de equilíbrio da reação. Essa relação expressa a dependência das constantes de equilíbrio em relação à temperatura.

Equações-chave

- $\Delta S = \dfrac{q_{rev}}{T}$ (T constante) [19.2]

    Relaciona variação de entropia ao calor absorvido ou liberado em um processo reversível

- $\left.\begin{array}{l} \text{Processo reversível:} \quad \Delta S_{univ} = \Delta S_{sis} + \Delta S_{vizin} = 0 \\ \text{Processo irreversível:} \quad \Delta S_{univ} = \Delta S_{sis} + \Delta S_{vizin} > 0 \end{array}\right\}$ [19.4]

    Segunda lei da termodinâmica

- $S = k \ln W$ [19.5]

    Relaciona entropia ao número de microestados

- $\Delta S° = \sum n S°(\text{produtos}) - \sum m S°(\text{reagentes})$ [19.8]

    Calcula a variação de entropia padrão a partir de entropias molares padrão

- $\Delta S_{vizin} = \dfrac{-\Delta H_{sis}}{T}$ [19.9]

    Variação de entropia da vizinhança para um processo a temperatura e pressão constantes

- $\Delta G = \Delta H - T\Delta S$ [19.11]

    Calcula variação da energia livre de Gibbs a partir de variações de entalpia e entropia a temperatura constante

- $\Delta G° = \sum n \Delta G_f°(\text{produtos}) - \sum m \Delta G_f°(\text{reagentes})$ [19.14]

    Calcula a variação de energia livre padrão a partir de energias livres padrão de formação

- $\left.\begin{array}{l} \text{Processo reversível:} \quad \Delta G = \Delta H_{sis} - T\Delta S_{sis} = 0 \\ \text{Processo irreversível:} \quad \Delta G = \Delta H_{sis} - T\Delta S_{sis} < 0 \end{array}\right\}$ [19.17]

    Relaciona a variação de energia livre com a reversibilidade de um processo a temperatura e pressão constantes

- $\Delta G = -w_{máx}$ [19.18]

    Relaciona a variação de energia livre ao trabalho máximo que um sistema pode realizar

- $\Delta G = \Delta G° + RT \ln Q$ [19.19]

    Cálculo da variação de energia livre sob condições não padrão

- $\Delta G° = -RT \ln K$ [19.20]

    Relaciona a variação de energia livre padrão à constante de equilíbrio

Simulado

SIM 19.1 O processo de oxidar ferro para produzir óxido de ferro(III) (ferrugem) é espontâneo. Qual destas afirmações sobre esse processo é *verdadeira*? (**a**) A redução do óxido de ferro(III) para ferro também é espontânea. (**b**) Uma vez que o processo é espontâneo, a oxidação do ferro deve ser rápida. (**c**) A oxidação do ferro é endotérmica. (**d**) O equilíbrio é atingido em um sistema fechado quando a velocidade de oxidação do ferro é igual à velocidade da redução do óxido de ferro(III). (**e**) A energia do universo é reduzida quando o ferro é oxidado em ferrugem.

SIM 19.2 Um sistema vai do estado A para o estado B por dois caminhos diferentes: O caminho 1 é reversível, enquanto o caminho 2 é irreversível Qual(is) das afirmações a seguir sobre esse cenário é(são) *verdadeira(s)*?

  (i) ΔE para o caminho 1 deve ser igual a ΔE para o caminho 2.
  (i) w para o caminho 1 deve ser igual a w para o caminho 2.
  (iii) Se o sistema retorna ao estado A pela inversão do caminho 1, a vizinhança permanece inalterada.

(**a**) i (**b**) i e ii (**c**) i e iii (**d**) ii e iii (**e**) i, ii e iii

SIM 19.3 Qual das afirmações a seguir sobre a entropia é *falsa*? (**a**) ΔS pode ser positiva, negativa ou zero. (**b**) A entropia é uma medida do grau de aleatoriedade ou desordem de um sistema. (**c**) A T constante, a ordem de grandeza de ΔS está relacionada ao calor transferido quando o estado de um sistema varia ao longo de um caminho reversível. (**d**) O valor de ΔS para um sistema depende do caminho percorrido entre os dois estados do sistema.

SIM 19.4 Todas as mudanças de fase exotérmicas têm um valor negativo para a variação de entropia do sistema? (**a**) Sim, porque o calor transferido do sistema tem sinal negativo. (**b**) Sim, porque a temperatura cai durante a transição de fase. (**c**) Não, porque a variação de entropia depende do sinal do calor transferido para o sistema ou a partir dele. (**d**) Não, porque o calor transferido para o sistema tem sinal positivo. (**e**) Mais de uma das respostas anteriores estão corretas.

SIM 19.5 Qual(is) das afirmações a seguir sobre a segunda lei da termodinâmica é(são) *verdadeira(s)*?

  (i)   A variação de entropia do universo é igual à soma da variação de entropia do sistema e da variação de entropia da vizinhança.
  (ii) Para um processo reversível, a variação de entropia do universo é zero.
  (iii) Para um processo irreversível, a variação de entropia do universo é maior do que zero.

(**a**) Apenas uma das afirmações é verdadeira. (**b**) Apenas as afirmações i e ii são verdadeiras. (**c**) Apenas as afirmações i e iii são verdadeiras. (**d**) Apenas as afirmações ii e iii são verdadeiras. (**e**) Todas as afirmações são verdadeiras.

SIM 19.6 Os arranjos possíveis de dois átomos em dois fracos são apresentados a seguir. Considere dois estados possíveis desse sistema: no estado 1, ambos os átomos estão no frasco esquerdo; no estado 2, há um átomo em cada frasco. Com base na figura, complete a seguinte frase: "O estado 1 tem _____ microestados, o estado 2 tem _____ microestados; logo, a entropia do estado 1 é _____ a entropia do estado 2".

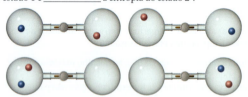

(**a**) um, um, igual a (**b**) um, dois, maior do que (**c**) dois, um, menor do que (**d**) dois, um, maior do que (**e**) um, dois, menor do que

SIM 19.7 Qual dos processos a seguir produz uma *redução* na entropia do sistema?

  (i) $CaO(s) + CO_2(g) \longrightarrow CaCO_3(s)$
  (ii) $CO_2(s) \longrightarrow CO_2(g)$
  (iii) $2\,SO_2(g) + O_2(g) \longrightarrow 2\,SO_3(g)$

(**a**) i (**b**) i e ii (**c**) i e iii (**d**) ii e iii (**e**) i, ii e iii

SIM 19.8 Qual destes sistemas tem a maior entropia? (**a**) 1 mol de $H_2(g)$ nas CPTP (**b**) 1 mol de $H_2(g)$ a 100 °C e 0,5 atm (**c**) 1 mol de $H_2O(s)$ a 0 °C (**d**) 1 mol de $H_2O(l)$ a 25 °C

SIM 19.9 Qual das afirmações a seguir sobre a terceira lei da termodinâmica é *falsa*? (**a**) A terceira lei descreve a entropia de uma substância cristalina pura a $T = 0$ K. (**b**) A $T = 0$ K, um sólido cristalino puro não tem movimentos translacionais, vibracionais ou rotacionais. (**c**) A $T = 0$ K, um sólido cristalino puro tem zero microestados possíveis. (**d**) Um sólido cristalino puro a $T = 0$ K tem $S = 0$.

SIM 19.10 Qual das afirmações a seguir sobre entropias molares padrão é *falsa*?

(**a**) A entropia molar padrão da forma gasosa de uma substância é maior do que a da sua forma líquida.

(**b**) A entropia molar padrão de um elemento puro na sua forma mais estável não é igual a zero.

(**c**) As entropias molares padrão geralmente aumentam com o aumento das massas molares.

(**d**) As entropias molares padrão podem ter valores positivos ou negativos.

(**e**) As entropias molares padrão das moléculas geralmente aumentam com o aumento da complexidade molecular.

SIM 19.11 Com base nas entropias molares padrão da Tabela 19.1, calcule a variação de entropia padrão, $\Delta S°$, para a reação de "separação da água" a 298 K:

$$2\,H_2O(l) \longrightarrow 2\,H_2(g) + O_2(g)$$

(**a**) 326,8 J/K (**b**) 266,0 J/K (**c**) 163,8 J/K (**d**) 88,6 J/K (**e**) −326,8 J/K

SIM 19.12 Qual das seguintes afirmações é *verdadeira*? (**a**) Todas as reações espontâneas têm uma variação de entropia negativa. (**b**) Todas as reações espontâneas têm uma variação de entropia positiva. (**c**) Todas as reações espontâneas têm uma variação de energia livre negativa. (**d**) Todas as reações espontâneas têm uma variação de energia livre positiva. (**e**) Todas as reações espontâneas têm uma variação de entalpia negativa.

SIM 19.13 A partir dos dados do Apêndice C, calcule $\Delta G°$ para a seguinte reação: $N_2H_4(g) + H_2(g) \longrightarrow 2\,NH_3(g)$.
(**a**) −212,4 kJ (**b**) −192,7 kJ (**c**) −175,8 kJ (**d**) +126,6 kJ (**e**) Mais informações são necessárias para responder.

SIM 19.14 Se uma reação é exotérmica e tem variação de entropia positiva, qual destas afirmações é *verdadeira*? (**a**) A reação é espontânea em todas as temperaturas. (**b**) A reação não espontânea em todas as temperaturas. (**c**) A reação é espontânea somente em temperaturas mais elevadas. (**d**) A reação é espontânea somente em temperaturas mais baixas.

SIM 19.15 O processo de Haber para a produção de amônia envolve o seguinte equilíbrio:

$$N_2(g) + 3\,H_2(g) \rightleftharpoons 2\,NH_3(g)$$

Para essa reação, $\Delta H° = -91{,}88$ kJ e $\Delta S° = -198{,}1$ J/K. Considere que $\Delta H°$ e $\Delta S°$ para essa reação não variam com a temperatura. Qual é a temperatura acima da qual o processo de Haber para a produção de amônia se torna não espontâneo? (**a**) 25 °C (**b**) 47 °C (**c**) 61 °C (**d**) 191 °C (**e**) 500 °C

SIM 19.16 Se o ponto de ebulição normal de um líquido é 67 °C e a variação de entropia molar padrão para o processo de ebulição é +100 J/K, estime a variação de entalpia molar padrão para o processo de ebulição.
(**a**) +6.700 J (**b**) −6.700 J (**c**) +34.000 J (**d**) −34.000 J

SIM 19.17 A variação de energia livre padrão a 298 K para a reação aquosa A(aq) + B(aq) ⟶ C(aq) é $\Delta G° = -3,0$ kJ. Qual é o valor de ΔG a 298 K para essa reação quando [A] = 0,50 M, [B] = 0,50 M e [C] = 2,0 M?
(a) −8,2 kJ (b) −3,0 kJ (c) −0,76 kJ (d) +0,43 kJ (e) +2,2 kJ

SIM 19.18 K_{ps} para um sal muito insolúvel é $4,2 \times 10^{-47}$ a 298 K. Qual é o valor de $\Delta G°$ para a dissolução do sal em água? (a) −8,2 kJ/mol (b) −115 kJ/mol (c) −2,61 kJ/mol (d) +115 kJ/mol (e) +265 kJ/mol

SIM 19.19 Considere o seguinte equilíbrio: $H_2(g) + I_2(s) \rightleftharpoons 2 HI(g)$, para o qual $\Delta H°_{298} = +53,0$ kJ e $\Delta S°_{298} = +165,8$ J/K. Considerando que $\Delta H°$ e $\Delta S°$ não variam com a temperatura, qual é a constante de equilíbrio para a reação a 100 °C?
(a) $K = 9,7 \times 10^{-20}$ (b) $K = 0,059$ (c) $K = 0,31$ (d) $K = 17$

Exercícios

Visualizando conceitos

19.1 Dois gases diferentes ocupam os dois frascos mostrados na figura a seguir. Pense no processo que ocorre quando a válvula é aberta, supondo que os gases se comportam de modo ideal. (a) Desenhe o estado final (de equilíbrio). (b) Determine os sinais de ΔH e ΔS do processo. (c) O processo que ocorre ao abrir a válvula é reversível? (d) Como o processo afeta a entropia da vizinhança? [Seções 19.1 e 19.2]

19.2 Como mostrado a seguir, um tipo de limpador de teclado de computador contém 1,1-difluoroetano liquefeito ($C_2H_4F_2$), um gás à pressão atmosférica. Ao apertar o bocal, o gás é vaporizado sob alta pressão. (a) Com base em sua experiência, a vaporização é um processo espontâneo em temperatura ambiente? (b) Definindo o 1,1-difluoroetano como o sistema, pode-se esperar que q_{sis} do processo seja positivo ou negativo? (c) Determine se ΔS é positivo ou negativo para esse processo. (d) Considerando suas respostas para (a), (b) e (c), você acha que a operação desse produto depende mais da entalpia ou da entropia? [Seções 19.1 e 19.2]

$C_2H_4F_2$ vaporizado
$C_2H_4F_2$ liquefeito

19.3 (a) Quais são os sinais de ΔS e ΔH para o processo descrito aqui? (b) Se a energia pode fluir para dentro e para fora do sistema, mantendo uma temperatura constante durante o processo, o que pode ser dito sobre a variação de entropia da vizinhança como resultado desse processo? [Seções 19.2 e 19.5]

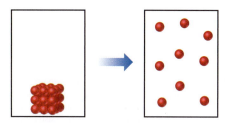

19.4 Determine os sinais de ΔH e ΔS para essa reação. Explique a sua escolha. [Seção 19.3]

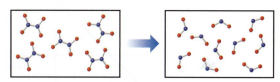

19.5 O diagrama a seguir mostra como a entropia varia com a temperatura para uma substância que é um gás na maior temperatura mostrada. (a) Quais processos correspondem aos aumentos de entropia ao longo das linhas verticais assinaladas como 1 e 2? (b) Por que a variação de entropia para a linha 2 é maior do que para a 1? (c) Se essa substância for um cristal perfeito a T = 0 K, qual será o valor de S a essa temperatura? [Seção 19.3]

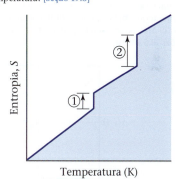

19.6 *Isômeros* são moléculas com a mesma fórmula química, mas com diferentes arranjos de átomos, como mostrado a seguir para dois isômeros do pentano, C_5H_{12}. (a) Você espera uma diferença significativa na entalpia de combustão dos dois isômeros? Explique.

(b) Qual isômero você acha que tem maior entropia molar padrão? Explique. [Seção 19.4]

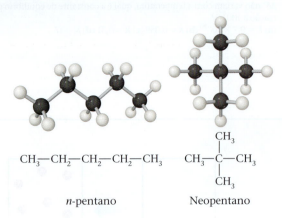

n-pentano   Neopentano

19.7 O diagrama a seguir mostra como ΔH (linha vermelha) e TΔS (linha azul) variam com a temperatura para uma reação hipotética. Quais das afirmações a seguir sobre esse diagrama são *verdadeiras*? (a) ΔS para a reação é menor do que zero. (b) O sistema está em equilíbrio a T = 300 K. (c) A reação é espontânea a T > 300 K. [Seção 19.6]

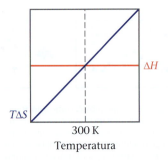

19.8 O diagrama a seguir mostra como ΔG varia conforme a temperatura para uma reação hipotética. (a) Em que temperatura o sistema está em equilíbrio? (b) Em que faixa de temperatura a reação é espontânea? (c) ΔH é positivo ou negativo? (d) ΔS é positivo ou negativo? [Seções 19.5 e 19.6]

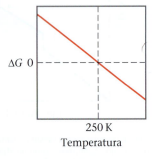

19.9 Imagine uma reação $A_2(g) + B_2(g) \rightleftharpoons 2\ AB(g)$, com os átomos de A mostrados em vermelho e os de B em azul no diagrama a seguir. (a) Se $K_c = 1$, qual caixa representa o sistema em equilíbrio? (b) Se $K_c = 1$, qual caixa representa o sistema em $Q < K_c$? (c) Classifique as caixas por ordem crescente de grandeza de ΔG para a reação. [Seções 19.5 e 19.7]

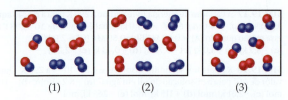

(1)   (2)   (3)

19.10 O diagrama a seguir mostra como a energia livre, G, varia durante a reação hipotética $A(g) + B(g) \longrightarrow C(g)$. À esquerda estão os reagentes puros A e B, cada qual a 1 atm, e à direita está o produto puro, C, também a 1 atm. Indique se cada uma das seguintes afirmações é verdadeira ou falsa. (a) O mínimo no gráfico corresponde à mistura em equilíbrio dos reagentes e produtos dessa reação. (b) No equilíbrio, A e B reagiram totalmente, formando C puro. (c) A variação de entropia para essa reação é positiva. (d) O *x* no gráfico corresponde à ΔG da reação. (e) ΔG da reação corresponde à diferença entre a parte superior esquerda da curva e a parte inferior da curva. [Seção 19.7]

Processos espontâneos (Seção 19.1)

19.11 Identifique os processos espontâneos e os não espontâneos: (a) o amadurecimento de uma banana; (b) a dissolução de açúcar em uma xícara de café quente; (c) a reação de átomos de nitrogênio para formar moléculas de N_2 a 25 °C e 1 atm; (d) um relâmpago; (e) a formação de moléculas de CH_4 e de O_2 a partir de CO_2 e H_2O à temperatura ambiente e 1 atm de pressão.

19.12 Quais dos seguintes processos são espontâneos? (a) O derretimento de cubos de gelo a −10 °C e 1 atm de pressão; (b) a separação de uma mistura de N_2 e O_2 em duas amostras, sendo que uma é N_2 puro e outra é O_2 puro; (c) o alinhamento de limalha de ferro em um campo magnético; (d) a reação de gás hidrogênio com gás oxigênio para formar vapor d'água em temperatura ambiente; (e) a dissolução de HCl(g) em água para formar ácido clorídrico concentrado.

19.13 Indique se cada afirmação é verdadeira ou falsa. (a) Uma reação espontânea em uma direção será não espontânea na direção inversa sob as mesmas condições de reação. (b) Todos os processos espontâneos são rápidos. (c) A maioria dos processos espontâneos é reversível. (d) Um processo isotérmico é aquele em que o sistema não perde calor. (e) A quantidade máxima de trabalho pode ser obtida de um processo irreversível, e não de um reversível.

19.14 (a) Reações químicas endotérmicas podem ser espontâneas? (b) Um processo que é espontâneo a determinada temperatura pode ser não espontâneo a uma temperatura diferente? (c) A água pode ser decomposta para formar hidrogênio e oxigênio, e esses dois elementos podem ser recombinados para formar água. Isso significa que os processos são termodinamicamente reversíveis? (d) A quantidade de trabalho que um sistema pode realizar sobre a sua vizinhança depende do caminho do processo?

19.15 Pense na vaporização da água líquida à pressão de 1 atm. (**a**) Esse processo é endotérmico ou exotérmico? (**b**) Em que faixa de temperatura esse processo é espontâneo? (**c**) Em que faixa de temperatura é um processo não espontâneo? (**d**) Em que temperatura as duas fases estão em equilíbrio?

19.16 O ponto de congelamento normal do n-octano (C_8H_{18}) é −57 °C. (**a**) O congelamento do n-octano é um processo endotérmico ou exotérmico? (**b**) Em que faixa de temperatura esse processo é espontâneo? (**c**) Em que faixa de temperatura esse processo é não espontâneo? (**d**) Há alguma temperatura na qual as fases sólida e líquida do n-octano estejam em equilíbrio? Justifique sua resposta.

19.17 Um sistema vai do estado 1 para o estado 2 e volta ao estado 1, percorrendo um caminho *reversível* nas duas direções. Quais das afirmações a seguir sobre esse processo são *verdadeiras*? (**a**) O valor de ΔE para ir do estado 1 para o estado 2 tem o mesmo módulo do valor de ΔE para voltar do estado 2 para o estado 1, mas sinal oposto. (**b**) O valor de q para ir do estado 1 para o estado 2 tem o mesmo módulo do valor de q para voltar do estado 2 para o estado 1, mas sinal oposto. (**c**) O valor de w para ir do estado 1 para o estado 2 tem o mesmo módulo do valor de w para voltar do estado 2 para o estado 1, mas sinal oposto.

19.18 Um sistema vai do estado X para o estado Y e volta ao estado X, percorrendo um caminho *irreversível* nas duas direções. Quais das afirmações a seguir sobre esse processo são *verdadeiras*? (**a**) O valor de ΔE para ir do estado X para o estado Y tem o mesmo módulo do valor de ΔE para voltar do estado Y para o estado X, mas sinal oposto. (**b**) O valor de q para ir do estado X para o estado Y tem o mesmo módulo do valor de q para voltar do estado Y para o estado X, mas sinal oposto. (**c**) O valor de w para ir do estado X para o estado Y tem o mesmo módulo do valor de w para voltar do estado Y para o estado X, mas sinal oposto.

19.19 Imagine um sistema que consiste em um cubo de gelo que se funde a 20 °C sob pressão constante. (**a**) O processo é espontâneo ou não espontâneo? (**b**) O processo é reversível ou irreversível? (**c**) Qual é o sinal de ΔH para esse processo? (**d**) Qual é o sinal de ΔS para esse processo?

19.20 Analise o que acontece quando uma amostra do explosivo TNT é detonada sob pressão atmosférica. (**a**) A detonação é um processo reversível? (**b**) Qual é o sinal de q para esse processo? (**c**) Para esse processo, w é positivo, negativo ou zero?

Entropia e segunda lei da termodinâmica (Seção 19.2)

19.21 Indique se cada afirmação é verdadeira ou falsa. (**a**) S é uma função de estado. (**b**) Se um sistema é submetido a um processo reversível, a entropia do universo aumenta. (**c**) Se um sistema é submetido a um processo reversível, a variação na entropia do sistema é equiparada por uma variação igual e oposta na entropia da vizinhança. (**d**) Se um sistema passa por um processo reversível, a variação na entropia do sistema deve ser igual a zero.

19.22 Indique se cada afirmação é verdadeira ou falsa. (**a**) A entropia do universo aumenta para qualquer processo espontâneo. (**b**) A variação de entropia do sistema tem módulo igual, mas sinal oposto, à da vizinhança para qualquer processo irreversível. (**c**) A entropia do sistema deve aumentar em qualquer processo espontâneo. (**d**) A variação de entropia para um processo isotérmico depende da temperatura absoluta e da quantidade de calor transferida reversivelmente.

19.23 O ponto de ebulição normal do $Br_2(l)$ é 58,8 °C, e sua entalpia molar de vaporização é ΔH_{vap} = 29,6 kJ/mol. (**a**) Quando $Br_2(l)$ ferve em seu ponto de ebulição normal, sua entropia aumenta ou diminui? (**b**) Calcule o valor de ΔS quando 1,00 mol de $Br_2(l)$ é vaporizado a 58,8°C.

19.24 O gálio elementar (Ga) congela a 29,8 °C, e sua entalpia molar de fusão é ΔH_{fus} = 5,59 kJ/mol. (**a**) Quando o gálio fundido se solidifica em Ga(s) em seu ponto de fusão normal, ΔS é positivo ou negativo? (**b**) Calcule o valor de ΔS quando 60,0 g de Ga(l) se solidifica a 29,8 °C.

19.25 Indique se cada afirmação é verdadeira ou falsa. (**a**) A segunda lei da termodinâmica afirma que a entropia é conservada. (**b**) Se a entropia do sistema aumenta durante um processo reversível, a entropia da vizinhança deve diminuir na mesma quantidade. (**c**) Em determinado processo espontâneo, o sistema é submetido a uma variação de entropia de 4,2 J/K; consequentemente, a variação de entropia da vizinhança deve ser −4,2 J/K.

19.26 (**a**) A entropia da vizinhança aumenta em processos espontâneos? (**b**) Em determinado processo espontâneo, a entropia do sistema diminui. O que podemos concluir a respeito do sinal e da magnitude de ΔS_{vizin}? (**c**) Durante certo processo reversível, a vizinhança é submetida a uma variação de entropia de ΔS_{vizin} = −78 J/K. Qual é a variação de entropia do sistema para esse processo?

19.27 (**a**) Qual sinal de ΔS podemos esperar quando o volume de 0,200 mol de um gás ideal a 27 °C é aumentado isotermicamente a partir de um volume inicial de 10,0 L? (**b**) Se o volume final é 18,5 L, calcule a variação de entropia para o processo. (**c**) Quais das afirmações a seguir sobre esse processo são *verdadeiras*? (i) A variação de entropia que você calculou será a mesma para qualquer outra temperatura constante. (ii) O valor de ΔS que você calculou será válido apenas se a expansão for realizada de forma reversível. (iii) Se a quantidade de matéria de gás sendo expandido dobrasse, a variação de entropia dobraria.

19.28 (**a**) Qual sinal de ΔS podemos esperar quando a pressão sobre 0,600 mol de um gás ideal a 350 K é aumentada isotermicamente a partir de uma pressão inicial de 0,750 atm? (**b**) Se a pressão final sobre o gás é 1,20 atm, calcule a variação de entropia para o processo. (**c**) Quais das afirmações a seguir sobre esse processo são *verdadeiras*? (i) A variação de entropia que você calculou será a mesma para qualquer outra temperatura constante. (ii) O valor de ΔS que você calculou será válido apenas se a compressão for realizada de forma irreversível. (iii) Se a quantidade de matéria de gás sendo comprimido fosse reduzida por um fator de três, a variação de entropia aumentaria por um fator de três.

Interpretação molecular da entropia e terceira lei da termodinâmica (Seção 19.3)

19.29 Para a expansão isotérmica de um gás no vácuo, ΔE = 0, q = 0 e w = 0. (**a**) Esse é um processo espontâneo? (**b**) Explique por que nenhum trabalho é realizado pelo sistema durante esse processo. (**c**) A "força propulsora" para a expansão do gás é a entalpia ou a entropia?

19.30 (**a**) Qual é a diferença entre *estado* e *microestado* de um sistema? (**b**) À medida que um sistema vai do estado A para o estado B, sua entropia diminui. O que se pode dizer sobre o número de microestados correspondente a cada estado? (**c**) Em determinado processo espontâneo, o número de microestados disponíveis ao sistema diminui. O que pode ser concluído sobre o sinal de ΔS_{vizin}?

19.31 Cada uma das seguintes variações aumenta, diminui ou não tem efeito sobre o número de microestados disponíveis para um sistema: (**a**) aumento da temperatura, (**b**) diminuição do volume, (**c**) variação de estado líquido para gasoso?

19.32 (**a**) Com base no calor de vaporização apresentado no Apêndice B, calcule a variação de entropia para a vaporização de água a 25 °C e a 100 °C. (**b**) De acordo com o seu conhecimento sobre microestados e a estrutura da água líquida, explique a diferença nesses dois valores.

19.33 (a) Qual sinal se pode esperar para ΔS de uma reação química em que 2 mols de reagentes gasosos são convertidos em 3 mols de produtos gasosos? (b) Em qual dos processos vistos no Exercício 19.11 a entropia do sistema aumenta?

19.34 (a) Em uma reação química, dois gases são combinados para formar um sólido. Qual sinal se pode esperar para ΔS? (b) Como a entropia do sistema varia no processo descrito no Exercício 19.12?

19.35 A entropia do sistema aumenta, diminui ou não é alterada quando (a) um sólido se funde, (b) um gás se liquefaz, (c) um sólido sublima?

19.36 A entropia do sistema aumenta, diminui ou não é alterada quando (a) a temperatura do sistema aumenta, (b) o volume de um gás aumenta, (c) volumes iguais de etanol e água são misturados para formar uma solução?

19.37 Indique se cada afirmação é verdadeira ou falsa. (a) A terceira lei da termodinâmica afirma que a entropia de um cristal perfeito, puro, no zero absoluto, aumenta de acordo com a massa do cristal. (b) O movimento translacional de moléculas refere-se à sua variação na localização espacial em função do tempo. (c) Os movimentos rotacionais e vibracionais contribuem para a entropia em gases atômicos, como He e Xe. (d) Quanto maior for o número de átomos em uma molécula, mais graus de liberdade de movimento rotacional e vibracional ela provavelmente terá.

19.38 Indique se cada afirmação é verdadeira ou falsa. (a) Diferentemente da entalpia, em que podemos determinar apenas as variações em H, para a entropia podemos determinar os valores absolutos de S. (b) Se você aquecer um gás como o CO_2, vai aumentar seus graus de movimento translacional, rotacional e vibracional. (c) $CO_2(g)$ e $Ar(g)$ têm quase a mesma massa molar; a uma dada temperatura, terão o mesmo número de microestados.

19.39 Para cada um dos seguintes pares, escolha a substância com a maior entropia por mol a uma dada temperatura: (a) $Ar(l)$ ou $Ar(g)$; (b) $He(g)$ a 3 atm de pressão ou $He(g)$ a 1,5 atm de pressão; (c) 1 mol de $Ne(g)$ em 15,0 L ou 1 mol de $Ne(g)$ em 1,50 L; (d) $CO_2(g)$ ou $CO_2(s)$.

19.40 Para cada um dos seguintes pares, indique qual substância possui a maior entropia por mol: (a) 1 mol de $O_2(g)$ a 300 °C e 0,01 atm ou 1 mol de $O_3(g)$ a 300 °C e 0,01 atm; (b) 1 mol de $H_2O(g)$ a 100 °C e 1 atm ou 1 mol de $H_2O(l)$ a 100 °C e 1 atm; (c) 0,5 mol de $N_2(g)$ a 298 K e 20 L de volume ou 0,5 mol $CH_4(g)$ a 298 K e 20 L de volume; (d) 100 g de $Na_2SO_4(s)$ a 30 °C ou 100 g de $Na_2SO_4(aq)$ a 30 °C.

19.41 Determine o sinal da variação de entropia do sistema para cada uma das seguintes reações:

(a) $N_2(g) + 3 H_2(g) \longrightarrow 2 NH_3(g)$

(b) $CaCO_3(s) \longrightarrow CaO(s) + CO_2(g)$

(c) $3 C_2H_2(g) \longrightarrow C_6H_6(g)$

(d) $Al_2O_3(s) + 3 H_2(g) \longrightarrow 2 Al(s) + 3 H_2O(g)$

19.42 Determine o sinal de ΔS_{vizin} para cada um dos seguintes processos: (a) ouro fundido se solidifica; (b) Cl_2 gasoso é dissociado na atmosfera para formar átomos de Cl gasoso; (c) CO gasoso reage com H_2 gasoso para formar metanol líquido, CH_3OH; (d) fosfato de cálcio se precipita ao ser misturado com $Ca(NO_3)_2(aq)$ e $(NH_4)_3PO_4(aq)$.

Variações da entropia nas reações químicas (Seção 19.4)

19.43 Com relação à Figura 19.12, determine se cada uma das afirmações a seguir sobre a água a 1 atm de pressão é ou não *verdadeira*. (a) O valor de ΔS para $H_2O(s) \longrightarrow H_2O(l)$ a 0 °C é maior do que o valor de ΔS para $H_2O(l) \longrightarrow H_2O(g)$ a 100 °C. (b) Quando o gelo se funde a 0 °C, a entropia aumenta, e a temperatura permanece constante até todo o gelo se fundir. (c) A T > 100 °C, a entropia aumenta à medida que T aumenta.

19.44 Os pontos de fusão e ebulição normais do propanol (C_3H_7OH) são −126,5 °C e 97,4 °C, respectivamente. Com relação à Figura 19.12, determine se cada uma das afirmações a seguir sobre o propanol sob 1 atm de pressão são *verdadeiras*. (a) O valor de ΔS para $C_3H_7OH(s) \longrightarrow C_3H_7OH(l)$ a −126,5 °C é menor do que o valor de ΔS para $C_3H_7OH(l) \longrightarrow C_3H_7OH(g)$ a 97,4 °C. (b) Quando o propanol vaporiza a 97,4 °C, a entropia aumenta, e a temperatura permanece constante até a vaporização de todo o propanol. (c) Entre −126,5 °C e 97,4 °C, a entropia diminui à medida que T aumenta.

19.45 Em cada um dos seguintes pares, qual deve ter a maior entropia molar padrão: (a) $Br_2(g)$ ou $Br_2(l)$; (b) $CH_3OH(l)$ ou $C_2H_5OH(l)$; (c) $CCl_4(l)$ ou $SiCl_4(l)$; (d) $Fe(s)$ a 25 °C ou $Fe(s)$ a 500 °C?

19.46 O ciclopropano e o propileno são isômeros que têm a fórmula C_3H_6. Com base nas estruturas moleculares mostradas, qual desses isômeros terá a entropia absoluta mais alta a 25 °C?

Ciclopropano   Propileno

19.47 Determine qual membro de cada um dos pares a seguir tem a maior entropia padrão a 25 °C: (a) $Sc(s)$ ou $Sc(g)$; (b) $NH_3(g)$ ou $NH_3(aq)$; (c) $O_2(g)$ ou $O_3(g)$; (d) C(grafite) ou C(diamante). Use o Apêndice C para obter a entropia padrão de cada substância.

19.48 Determine qual membro de cada um dos pares a seguir tem a maior entropia padrão a 25 °C: (a) $C_6H_6(l)$ ou $C_6H_6(g)$; (b) $CO(g)$ ou $CO_2(g)$; (c) 1 mol de $N_2O_4(g)$ ou 2 mols de $NO_2(g)$; (d) $HCl(g)$ ou $HCl(aq)$. Use o Apêndice C para obter a entropia padrão de cada substância.

19.49 O nitrato de amônio é dissolvido de modo espontâneo e endotérmico em água à temperatura ambiente. O que se pode deduzir sobre o sinal de ΔS para esse processo em solução?

19.50 O hidrato cristalino $Cd(NO_3)_2 \cdot 4 H_2O(s)$ perde água quando colocado em um recipiente grande, fechado e seco à temperatura ambiente:

$$Cd(NO_3)_2 \cdot 4H_2O(s) \longrightarrow Cd(NO_3)_2(s) + 4 H_2O(g)$$

Esse processo é espontâneo e ΔH° é positivo à temperatura ambiente. (a) Qual é o sinal de ΔS° à temperatura ambiente? (b) Se o composto hidratado for colocado em um recipiente grande e fechado que já contém uma grande quantidade de vapor d'água, o ΔS° nessa reação sofrerá variação à temperatura ambiente?

19.51 Com base nos valores de S° do Apêndice C, calcule os valores de ΔS° para as seguintes reações. Em cada caso, explique o sinal de ΔS°:

(a) $C_2H_4(g) + H_2(g) \longrightarrow C_2H_6(g)$

(b) $N_2O_4(g) \longrightarrow 2 NO_2(g)$

(c) $Be(OH)_2(s) \longrightarrow BeO(s) + H_2O(g)$

(d) $2 CH_3OH(g) + 3 O_2(g) \longrightarrow 2 CO_2(g) + 4 H_2O(g)$

19.52 Calcule os valores de ΔS° para as seguintes reações, com base nos valores de S° tabulados no Apêndice C. Em cada caso, explique o sinal de ΔS°:

(a) $HNO_3(g) + NH_3(g) \longrightarrow NH_4NO_3(s)$

(b) $2 Fe_2O_3(s) \longrightarrow 4 Fe(s) + 3 O_2(g)$

(c) $CaCO_3(s, \text{calcita}) + 2 HCl(g) \longrightarrow CaCl_2(s) + CO_2(g) + H_2O(l)$

(d) $3 C_2H_6(g) \longrightarrow C_6H_6(l) + 6 H_2(g)$

Energia livre de Gibbs (Seções 19.5 e 19.6)

19.53 (a) Para um processo que ocorre com temperatura constante, a variação na energia livre de Gibbs depende de variações na entalpia e na entropia do sistema? (b) Para determinado processo que ocorre com T e P constantes, o valor de ΔG é positivo. O processo é espontâneo? (c) Se ΔG é grande para um processo, ele acontece rapidamente?

19.54 (a) A variação de energia livre padrão, $\Delta G°$, é sempre maior que ΔG? (b) Para qualquer processo que ocorre a temperatura e pressão constantes, qual é o significado de $\Delta G = 0$? (c) Para determinado processo, ΔG é grande e negativo. Isso significa que o processo tem necessariamente uma barreira de ativação baixa?

19.55 Para determinada reação química, $\Delta H° = -35,4$ kJ e $\Delta S° = -85,5$ J/K. (a) A reação é exotérmica ou endotérmica? (b) A reação leva a um aumento ou a uma diminuição na aleatoriedade ou desordem do sistema? (c) Calcule $\Delta G°$ para a reação a 298 K. (d) A reação é espontânea a 298 K sob condições padrão?

19.56 Determinada reação tem $\Delta H° = +23,7$ kJ e $\Delta S° = +52,4$ J/K. (a) A reação é exotérmica ou endotérmica? (b) A reação leva a um aumento ou a uma diminuição na aleatoriedade ou desordem do sistema? (c) Calcule $\Delta G°$ para a reação a 298 K. (d) A reação é espontânea a 298 K sob condições padrão?

19.57 Com base nos dados do Apêndice C, calcule $\Delta H°$, $\Delta S°$ e $\Delta G°$ a 298 K para cada uma das seguintes reações:

(a) $H_2(g) + F_2(g) \longrightarrow 2\,HF(g)$

(b) $C(s, \text{grafite}) + 2\,Cl_2(g) \longrightarrow CCl_4(g)$

(c) $2\,PCl_3(g) + O_2(g) \longrightarrow 2\,POCl_3(g)$

(d) $2\,CH_3OH(g) + H_2(g) \longrightarrow C_2H_6(g) + 2\,H_2O(g)$

19.58 Com base nos dados do Apêndice C, calcule $\Delta H°$, $\Delta S°$ e $\Delta G°$ a 25 K para cada uma das seguintes reações:

(a) $4\,Cr(s) + 3\,O_2(g) \longrightarrow 2\,Cr_2O_3(s)$

(b) $BaCO_3(s) \longrightarrow BaO(s) + CO_2(g)$

(c) $2\,P(s) + 10\,HF(g) \longrightarrow 2\,PF_5(g) + 5\,H_2(g)$

(d) $K(s) + O_2(g) \longrightarrow KO_2(s)$

19.59 Com base nos dados do Apêndice C, calcule $\Delta G°$ para as seguintes reações. Indique se cada reação é espontânea a 298 K sob condições padrão.

(a) $2\,SO_2(g) + O_2(g) \longrightarrow 2\,SO_3(g)$

(b) $NO_2(g) + N_2O(g) \longrightarrow 3\,NO(g)$

(c) $6\,Cl_2(g) + 2\,Fe_2O_3(s) \longrightarrow 4\,FeCl_3(s) + 3\,O_2(g)$

(d) $SO_2(g) + 2\,H_2(g) \longrightarrow S(s) + 2\,H_2O(g)$

19.60 Com base nos dados do Apêndice C, calcule a variação na energia livre de Gibbs para cada umas das seguintes reações. Em cada caso, indique se a reação é espontânea a 298 K sob condições padrão.

(a) $2\,Ag(s) + Cl_2(g) \longrightarrow 2\,AgCl(s)$

(b) $P_4O_{10}(s) + 16\,H_2(g) \longrightarrow 4\,PH_3(g) + 10\,H_2O(g)$

(c) $CH_4(g) + 4\,F_2(g) \longrightarrow CF_4(g) + 4\,HF(g)$

(d) $2\,H_2O_2(l) \longrightarrow 2\,H_2O(l) + O_2(g)$

19.61 O octano (C_8H_{18}) é um hidrocarboneto líquido à temperatura ambiente, sendo o principal componente da gasolina. (a) Escreva uma equação balanceada para a combustão de $C_8H_{18}(l)$ para formar $CO_2(g)$ e $H_2O(l)$. (b) Sem usar dados termoquímicos, determine se $\Delta G°$ para essa reação é mais negativo ou menos negativo do que $\Delta H°$.

19.62 O dióxido de enxofre reage com óxido de estrôncio da seguinte forma:

$$SO_2(g) + SrO(g) \longrightarrow SrSO_3(s)$$

(a) Sem utilizar dados termodinâmicos, determine se $\Delta G°$ para essa reação é mais ou menos negativo que $\Delta H°$. (b) Dispondo apenas dos dados de entalpia padrão para essa reação, estime o valor de $\Delta G°$ a 298 K usando os dados do Apêndice C para outras substâncias.

19.63 Classifique cada uma das seguintes reações como um dos quatro tipos possíveis, resumidos na Tabela 19.3:

(i) Espontânea a todas as temperaturas

(ii) Não espontânea a qualquer temperatura

(iii) Espontânea a baixas temperaturas, mas não espontânea a altas temperaturas

(iv) Espontânea a altas temperaturas, mas não espontânea a baixas temperaturas

(a) $N_2(g) + 3\,F_2(g) \longrightarrow 2\,NF_3(g)$
$\Delta H = -249$ kJ; $\Delta S = -278$ J/K

(b) $N_2(g) + 3\,Cl_2(g) \longrightarrow 2\,NCl_3(g)$
$\Delta H = 460$ kJ; $\Delta S = -275$ J/K

(c) $N_2F_4(g) \longrightarrow 2\,NF_2(g)$
$\Delta H = 85$ kJ; $\Delta S = 198$ J/K

19.64 A partir dos valores dados para $\Delta H°$ e $\Delta S°$, calcule $\Delta G°$ para cada uma das seguintes reações a 298 K. Se a reação não for espontânea sob condições padrão a 298 K, a qual temperatura (se houver alguma) ela seria espontânea?

(a) $2\,PbS(s) + 3\,O_2(g) \longrightarrow 2\,PbO(s) + 2\,SO_2(g)$
$\Delta H = -844$ kJ; $\Delta S = -165$ J/K

(b) $2\,POCl_3(g) \longrightarrow 2\,PCl_3(g) + O_2(g)$
$\Delta H = 572$ kJ; $\Delta S = 179$ J/K

19.65 Uma reação sob pressão constante é quase espontânea a 390 K. A variação de entalpia para a reação é $+23,7$ kJ. Estime ΔS para a reação.

19.66 Uma reação sob pressão constante é quase espontânea a 45 °C. A variação de entropia para a reação é 72 J/K. Estime ΔH.

19.67 Para uma reação em particular, $\Delta H = -32$ kJ e $\Delta S = -98$ J/K. Suponha que ΔH e ΔS não variam com a temperatura. (a) A que temperatura a reação terá $\Delta G = 0$? (b) Se T for elevada acima do valor encontrado no item (a), a reação será espontânea ou não espontânea?

19.68 As reações em que uma substância se decompõe pela perda de CO são chamadas de reações de *descarboxilação*. A descarboxilação do ácido acético procede da seguinte maneira:

$$CH_3COOH(l) \longrightarrow CH_3OH(g) + CO(g)$$

Com base nos dados do Apêndice C, calcule a temperatura mínima na qual esse processo será espontâneo sob condições padrão. Considere que $\Delta H°$ e $\Delta S°$ não variam com a temperatura.

19.69 Considere a seguinte reação entre óxidos de nitrogênio:

$$NO_2(g) + N_2O(g) \longrightarrow 3\,NO(g)$$

(a) Com base nos dados do Apêndice C, determine como ΔG varia com o aumento da temperatura para a reação. (b) Calcule $\Delta G°$ a 800 K, supondo que $\Delta H°$ e $\Delta S°$ não variam com a temperatura. Sob condições padrão, a reação é espontânea a 800 K? (c) Calcule ΔG a 1.000 K. A reação é espontânea sob condições padrão a essa temperatura?

19.70 O metanol (CH_3OH) pode ser preparado pela oxidação controlada do metano:

$$CH_4(g) + \tfrac{1}{2}O_2(g) \longrightarrow CH_3OH(g)$$

(a) Com base nos dados do Apêndice C, calcule $\Delta H°$ e $\Delta S°$ para essa reação. (b) ΔG para a reação vai aumentar, diminuir ou não será alterada com o aumento da temperatura? (c) Calcule $\Delta G°$ a 298 K. Sob condições padrão, a reação é espontânea a essa temperatura? (d) Existe uma temperatura na qual a reação estaria em equilíbrio sob condições padrão e que seja baixa o suficiente para que os compostos envolvidos fiquem estáveis?

19.71 (a) Com base nos dados do Apêndice C, calcule o ponto de ebulição do benzeno, $C_6H_6(l)$. (b) Compare a sua resposta para o item (a) com o ponto de ebulição experimental real (fácil de obter em fontes da internet).

19.72 (a) Com base nos dados do Apêndice C, estime a temperatura na qual a variação de energia livre seja igual a zero para a transformação de $I_2(s)$ em $I_2(g)$. (b) Use uma fonte de referência, como Web Elements (www.webelements.com), para encontrar os pontos de fusão e ebulição experimentais do I_2. (c) Qual dos valores do item (b) é mais próximo do valor obtido no item (a)?

19.73 O gás acetileno, $C_2H_2(g)$, é usado em soldagem. (a) Escreva uma equação balanceada para a combustão do gás acetileno em $CO_2(g)$ e $H_2O(l)$. (b) Qual é a quantidade de calor produzida pela queima de um mol de C_2H_2 sob condições padrão se os regentes e os produtos são levados a 298 K? (c) Qual é a quantidade máxima de trabalho útil que pode ser realizada por essa reação sob condições padrão?

19.74 O metano (CH_4) é o principal combustível para veículos a gás natural de alta eficiência. (a) Quanto calor é produzido na queima de 1 mol de $CH_4(g)$ sob condições padrão se reagentes e produtos são levados a 298 K e $H_2O(l)$ é formada? (b) Qual é a quantidade máxima de trabalho útil que pode ser realizado por esse sistema sob condições padrão?

Energia livre e constante de equilíbrio (Seção 19.7)

19.75 Indique se ΔG aumenta, diminui ou não é alterada para cada uma das seguintes reações à medida que a pressão parcial de O_2 é aumentada:
(a) $2 CO(g) + O_2(g) \longrightarrow 2 CO_2(g)$
(b) $2 H_2O_2(l) \longrightarrow 2 H_2O(l) + O_2(g)$
(c) $2 KClO_3(s) \longrightarrow 2 KCl(s) + 3 O_2(g)$

19.76 Indique se ΔG aumenta, diminui ou não é alterada quando a pressão parcial de H_2 é aumentada em cada uma das seguintes reações:
(a) $N_2(g) + 3 H_2(g) \longrightarrow 2 NH_3(g)$
(b) $2 HBr(g) \longrightarrow H_2(g) + Br_2(g)$
(c) $2 H_2(g) + C_2H_2(g) \longrightarrow C_2H_6(g)$

19.77 Considere a reação $2 NO_2(g) \longrightarrow N_2O_4(g)$. (a) Com base nos dados do Apêndice C, calcule $\Delta G°$ a 298 K. (b) Calcule ΔG a 298 K se as pressões parciais de NO_2 e N_2O_4 forem 0,40 atm e 1,60 atm, respectivamente.

19.78 Considere a reação $3 CH_4(g) \longrightarrow C_3H_8(g) + 2 H_2(g)$.
(a) Utilizando os dados do Apêndice C, calcule $\Delta G°$ a 298 K.
(b) Calcule ΔG a 298 K se a mistura da reação consistir em CH_4 a 40,0 atm, $C_3H_8(g)$ a 0,0100 atm e H_2 a 0,0180 atm

19.79 Com base nos dados do Apêndice C, calcule a constante de equilíbrio, K, e $\Delta G°$ a 298 K para cada uma das seguintes reações:
(a) $H_2(g) + I_2(g) \rightleftharpoons 2 HI(g)$
(b) $C_2H_5OH(g) \rightleftharpoons C_2H_4(g) + H_2O(g)$
(c) $3 C_2H_2(g) \rightleftharpoons C_6H_6(g)$

19.80 Utilizando os dados do Apêndice C, escreva a expressão da constante de equilíbrio e calcule o valor da constante de equilíbrio e a variação de energia livre para as seguintes reações a 298 K:
(a) $NaHCO_3(s) \rightleftharpoons NaOH(s) + CO_2(g)$
(b) $2 HBr(g) + Cl_2(g) \rightleftharpoons 2 HCl(g) + Br_2(g)$
(c) $2 SO_2(g) + O_2(g) \rightleftharpoons 2 SO_3(g)$

19.81 Analise a decomposição do carbonato de bário:
$$BaCO_3(s) \rightleftharpoons BaO(s) + CO_2(g)$$
Com base nos dados do Apêndice C, calcule a pressão de equilíbrio de CO_2 no sistema a (a) 298 K e (b) 1.100 K.

19.82 Considere a reação:
$$PbCO_3(s) \rightleftharpoons PbO(s) + CO_2(g)$$
Com base nos dados do Apêndice C, calcule a pressão de equilíbrio de CO_2 no sistema a (a) 400 °C e (b) 180 °C.

19.83 O valor de K_a para o ácido nitroso (HNO_2) a 25 °C é dado no Apêndice D. (a) Escreva a equação química para o equilíbrio correspondente a K_a. (b) Empregando o valor de K_a, calcule $\Delta G°$ para a dissociação do ácido nitroso em solução aquosa. (c) Qual é o valor de ΔG no equilíbrio? (d) Qual é o valor de ΔG quando $[H^+] = 5,0 \times 10^{-2}$ M, $[NO_2^-] = 6,0 \times 10^{-4}$ M e $[HNO_2] = 0,20$ M?

19.84 O valor de K_b para a metilamina (CH_3NH_2) a 25 °C é dado no Apêndice D. (a) Escreva a equação química para o equilíbrio correspondente a K_b. (b) Utilizando o valor de K_b, calcule $\Delta G°$ para o equilíbrio do item (a). (c) Qual é o valor de ΔG no equilíbrio? (d) Qual é o valor de ΔG quando $[H^+] = 6,7 \times 10^{-9}$ M, $[CH_3NH_3^+] = 2,4 \times 10^{-3}$ M e $[CH_3NH_2] = 0,098$ M?

Exercícios adicionais

19.85 (a) Quais das quantidades termodinâmicas T, E, q, w e S são funções de estado? (b) Quais dependem do caminho tomado de um estado para outro? (c) Quantos caminhos *reversíveis* existem entre dois estados de um sistema? (d) Para um processo isotérmico reversível, escreva uma expressão para ΔE em termos de q e w e uma expressão para ΔS em termos de q e T.

19.86 Indique se cada uma das seguintes afirmativas é verdadeira ou falsa. (a) A viabilidade da produção de NH_3 a partir de N_2 e H_2 depende do valor de ΔH para o processo $N_2(g) + 3 H_2(g) \longrightarrow 2 NH_3(g)$. (b) A reação de $Na(s)$ com $Cl_2(g)$ para formar $NaCl(s)$ é um processo espontâneo. (c) Um processo espontâneo pode, em princípio, ser conduzido reversivelmente. (d) De modo geral, processos espontâneos requerem que seja realizado trabalho para forçá-los a ocorrer. (e) Processos espontâneos são exotérmicos e levam a um grau mais elevado de ordem no sistema.

19.87 Para cada um dos seguintes processos, indique se os sinais de ΔS e ΔH devem ser positivos, negativos ou aproximadamente zero. (a) Um sólido sublima. (b) A temperatura de uma amostra de $Co(s)$ é reduzida de 60 °C para 25 °C. (c) O álcool etílico evapora de uma proveta. (d) Uma molécula diatômica se dissocia em átomos. (e) Um pedaço de carvão entra em combustão para formar $CO_2(g)$ e $H_2O(g)$.

19.88 Considere as seguintes entropias padrão a 298 K: $Br_2(l)$, 152,3 J/mol-K; $Br_2(g)$, 245,3 J/mol-K; $I_2(s)$, 116,7 J/mol-K; $I_2(g)$, 260,6 J/mol-K. Quais das afirmações a seguir sobre essas entropias são *verdadeiras*? (a) A entropia padrão do $I_2(g)$ é maior do que a do $I_2(s)$ porque os gases têm mais graus de liberdade do que os sólidos. (b) A entropia padrão do $I_2(g)$ é maior do que a do $Br_2(g)$ porque I_2 tem maior massa molar do que Br_2. (c) A entropia padrão do $Br_2(l)$ é maior do que a do $I_2(s)$ porque Br é mais eletronegativo do que I.

19.89 A reação $2 Mg(s) + O_2(g) \longrightarrow 2 MgO(s)$ é altamente espontânea. Um colega de classe calcula a variação de entropia para essa reação e obtém um valor altamente negativo para $\Delta S°$. Seu colega cometeu algum erro no cálculo? Explique.

19.90 Imagine um sistema composto por dois dados de jogo comuns, sendo que o estado do sistema é definido pela soma dos valores apresentados nas faces dos dados voltadas para cima. (a) Os dois arranjos de faces superiores mostrados a seguir podem ser considerados dois possíveis microestados do sistema. Explique. (**b**) A qual estado cada microestado corresponde? (**c**) Quantos estados possíveis existem para o sistema? (**d**) Determine um ou mais estados que tenham a maior entropia. Explique. (**e**) Determine um ou mais estados que tenham a menor entropia. Explique. (**f**) Calcule a entropia absoluta do sistema dos dois dados.

19.91 Um ar-condicionado padrão envolve um *refrigerante* que, atualmente, costuma ser um hidrofluorcarboneto, como CH_2F_2. Um refrigerante de ar-condicionado tem a propriedade de ser prontamente vaporizado à pressão atmosférica e comprimido com facilidade até a fase líquida sob pressão aumentada. A operação de um aparelho desse tipo pode ser pensada como um sistema fechado composto pelo refrigerante, que passa pelas duas fases mostradas a seguir (a circulação de ar não é mostrada no diagrama).

Câmara de expansão

Compressão (alta pressão)

Durante a *expansão*, o refrigerante líquido é liberado para uma câmara de expansão a baixa pressão, onde evapora. Em seguida, o vapor passa por *compressão* a alta pressão para voltar à fase líquida em uma câmara de compressão. (**a**) Qual é o sinal de q para a expansão? (**b**) Qual é o sinal de q para a compressão? (**c**) Em um sistema de ar-condicionado central, uma câmara fica dentro de casa e a outra, fora. Onde fica cada câmara e por quê? (**d**) Imagine que uma amostra de líquido refrigerante é submetida a expansão seguida de compressão, retornando ao seu estado original. Você espera que esse seja um processo reversível? (**e**) Suponha que a casa e o seu exterior estejam inicialmente a 31 °C. Algum tempo depois de ligado o ar-condicionado, a casa é refrigerada a 24 °C. Esse processo é espontâneo ou não espontâneo?

19.92 Segundo a regra de Trouton, para muitos líquidos, em seus pontos de ebulição normais, a entropia molar padrão de vaporização é de cerca de 88 J/mol·K. (**a**) Calcule o ponto de ebulição normal do bromo, Br_2, determinando $\Delta H°_{vap}$ para Br_2 com base nos dados do Apêndice C. Suponha que $\Delta H°_{vap}$ permanece constante com a temperatura e que a regra de Trouton se aplica. (**b**) Consulte o ponto de ebulição normal do Br_2 em um manual de química ou no site da Web Elements (www.webelements.com) e compare-o ao seu cálculo. Quais são as possíveis fontes de erro, ou suposições incorretas, no seu cálculo?

19.93 (**a**) Escreva as equações químicas que correspondem a $\Delta G°_f$ para $NH_3(g)$ e para $CO(g)$. (**b**) Para quais dessas reações de formação o valor de $\Delta G°_f$ será mais positivo (menos negativo) do que o de $\Delta H°_f$? (**c**) Em geral, sob qual condição $\Delta G°_f$ é mais positivo (menos negativo) do que $\Delta H°_f$? (i) Quando a temperatura é alta. (ii) Quando a reação é reversível. (iii) Quando $\Delta S°_f$ é negativo.

19.94 Considere as três seguintes reações:
 (i) $Ti(s) + 2 Cl_2(g) \longrightarrow TiCl_4(g)$
 (ii) $C_2H_6(g) + 7 Cl_2(g) \longrightarrow 2 CCl_4(g) + 6 HCl(g)$
 (iii) $BaO(s) + CO_2(g) \longrightarrow BaCO_3(s)$

(**a**) Para cada uma das reações, use os dados do Apêndice C para calcular $\Delta H°$, $\Delta G°$, K e $\Delta S°$ a 25 °C. (**b**) Quais dessas reações são espontâneas sob condições padrão a 25 °C? (**c**) Para cada uma das reações, determine a forma como a energia livre varia com o aumento da temperatura.

19.95 Com base nos dados do Apêndice C e conhecendo as pressões listadas, calcule K_p e ΔG para cada uma das seguintes reações:
(**a**) $N_2(g) + 3 H_2(g) \longrightarrow 2 NH_3(g)$
  $P_{N_2} = 2,6$ atm, $P_{H_2} = 5,9$ atm, $P_{NH_3} = 1,2$ atm
(**b**) $2 N_2H_4(g) + 2 NO_2(g) \longrightarrow 3 N_2(g) + 4 H_2O(g)$
  $P_{N_2H_4} = P_{NO_2} = 5,0 \times 10^{-2}$ atm,
  $P_{N_2} = 0,5$ atm, $P_{H_2O} = 0,3$ atm
(**c**) $N_2H_4(g) \longrightarrow N_2(g) + 2 H_2(g)$
  $P_{N_2H_4} = 0,5$ atm, $P_{N_2} = 1,5$ atm, $P_{H_2} = 2,5$ atm

19.96 (**a**) Para cada uma das seguintes reações, determine o sinal de $\Delta H°$ e $\Delta S°$ sem fazer cálculos. (**b**) Com base em seu conhecimento geral de química, determine qual dessas reações terá $K > 1$. (**c**) Em cada caso, indique se K deve aumentar ou diminuir com o aumento da temperatura.
 (i) $2 Mg(s) + O_2(g) \rightleftharpoons 2 MgO(s)$
 (ii) $2 KI(s) \rightleftharpoons 2 K(g) + I_2(g)$
 (iii) $Na_2(g) \rightleftharpoons 2 Na(g)$
 (iv) $2 V_2O_5(s) \rightleftharpoons 4 V(s) + 5 O_2(g)$

19.97 O ácido acético pode ser fabricado pela combinação de metanol com monóxido de carbono, um exemplo de reação de *carboxilação*:

$$CH_3OH(l) + CO(g) \longrightarrow CH_3COOH(l)$$

(**a**) Calcule a constante de equilíbrio para a reação a 25 °C. (**b**) Industrialmente, essa reação ocorre a temperaturas acima de 25 °C. Um aumento na temperatura produzirá aumento ou redução na fração molar de ácido acético no equilíbrio? (**c**) Qual dos itens a seguir é o motivo provável para temperaturas elevadas serem utilizadas? (i) O equilíbrio se desloca para a direita a uma temperatura mais elevada. (ii) A reação atinge o equilíbrio mais rapidamente a uma temperatura mais elevada. (iii) i e ii são motivos para a reação ocorrer a uma temperatura mais elevada. (**d**) A que temperatura essa reação terá um equilíbrio constante igual a 1? (Você pode supor que $\Delta H°$ e $\Delta S°$ independem da temperatura e ignorar qualquer mudança de fase que poderia ocorrer.)

19.98 A oxidação da glicose ($C_6H_{12}O_6$) no tecido corporal produz CO_2 e H_2O, uma reação que produz boa parte da energia usada nas atividades fisiológicas:

Oxidação: $C_6H_{12}O_6(s) + 6 O_2(g) \rightleftharpoons 6 CO_2(g) + 6 H_2O(l)$

Em contraste, a decomposição anaeróbia, que ocorre durante a fermentação, produz etanol (C_2H_5OH) e CO_2:

Decomposição anaeróbia: $C_6H_{12}O_6(s) \rightleftharpoons$
$$2 C_2H_5OH(l) + 2 CO_2(g)$$

(**a**) Com base nos dados do Apêndice C, calcule $\Delta H°$ e $\Delta G°$ para a oxidação da glicose. (**b**) Calcule $\Delta H°$ e $\Delta G°$ para a decomposição anaeróbia da glicose. (**c**) Qual processo, a oxidação ou a decomposição anaeróbia, libera mais calor sob condições padrão? (**d**) Para a decomposição anaeróbia da glicose, qual é o valor da constante de equilíbrio K_p a 298 K?

19.99 A conversão de gás natural, que é basicamente metano, em produtos que contêm dois ou mais átomos de carbono, como o etano (C_2H_6), é um processo químico industrial muito importante. Em princípio, o metano pode ser convertido em etano e hidrogênio:

$$2\,CH_4(g) \longrightarrow C_2H_6(g) + H_2(g)$$

Na prática, essa reação é conduzida na presença de oxigênio:

$$2\,CH_4(g) + \tfrac{1}{2}O_2(g) \longrightarrow C_2H_6(g) + H_2O(g)$$

(a) Com base nos dados do Apêndice C, calcule K para essas reações a 25 °C. (b) A diferença em $\Delta G°$ para as duas reações deve-se principalmente ao termo de entalpia (ΔH) ou ao termo de entropia ($-T\Delta S$)? (c) A constante de equilíbrio da segunda reação aumenta, diminui ou permanece igual se a temperatura aumenta para 500 °C? (d) A reação de CH_4 e O_2 para formar C_2H_6 e H_2O deve ser conduzida cuidadosamente para evitar uma reação concorrente. Qual é a reação concorrente mais provável?

19.100 As células usam a hidrólise do trifosfato de adenosina (ATP) como fonte de energia (Figura 19.16). A conversão de ATP em ADP tem variação de energia livre padrão de −30,5 kJ/mol. Se toda a energia livre do metabolismo da glicose,

$$C_6H_{12}O_6(s) + 6\,O_2(g) \longrightarrow 6\,CO_2(g) + 6\,H_2O(l)$$

entrar na conversão de ADP em ATP, que quantidade de matéria de ATP poderá ser produzida para cada mol de glicose?

19.101 A concentração de íon potássio no plasma sanguíneo é de aproximadamente $5,0 \times 10^{-3}$ M, enquanto a concentração no fluido das células musculares é muito maior (0,15 M). O plasma e o fluido intracelular estão separados pela membrana celular, que supomos ser permeável somente para K^+. (a) Qual é ΔG para a transferência de 1 mol de K^+ do plasma sanguíneo para o fluido celular à temperatura corporal (37 °C)? (b) Qual é a quantidade mínima de trabalho que deve ser utilizada para transferir K^+?

19.102 A que temperatura a reação de redução da magnetita pela grafite em ferro elementar é espontânea?

$$Fe_3O_4(s) + 2\,C(s, grafite) \longrightarrow 2\,CO_2(g) + 3\,Fe(s)$$

19.103 Considere o seguinte equilíbrio:

$$N_2O_4(g) \rightleftharpoons 2\,NO_2(g)$$

Os dados termodinâmicos desses gases são fornecidos no Apêndice C. Você pode supor que $\Delta H°$ e $\Delta S°$ não variam com a temperatura. (a) A que temperatura uma mistura em equilíbrio conterá quantidades iguais dos dois gases? (b) A que temperatura uma mistura em equilíbrio a 1 atm de pressão total conterá duas vezes mais NO_2 que N_2O_4? (c) A que temperatura uma mistura em equilíbrio a 10 atm de pressão total conterá duas vezes mais NO_2 que N_2O_4?

19.104 A reação

$$SO_2(g) + 2\,H_2S(g) \rightleftharpoons 3\,S(s) + 2\,H_2O(g)$$

é a base de um método sugerido para a remoção de SO_2 de gases de chaminés de usinas de energia. A energia livre padrão de cada substância é dada no Apêndice C. (a) Qual é a constante de equilíbrio para a reação a 298 K? (b) Em princípio, essa reação é um método possível para a remoção de SO_2? (c) Se $P_{SO_2} = P_{H_2S}$ e a pressão de vapor da água for 25 torr, calcule a pressão no equilíbrio de SO_2 no sistema a 298 K. (d) Você espera que o processo seja mais ou menos eficaz a temperaturas mais elevadas?

19.105 Quando a maioria dos polímeros elastoméricos (p. ex., uma tira de borracha) é esticada, as moléculas tornam-se mais ordenadas, como ilustrado a seguir:

Suponha que você estique uma tira de borracha. (a) Você espera que a entropia do sistema aumente ou diminua? (b) Se a tira de borracha fosse esticada isotermicamente, seria necessário absorver ou emitir calor para manter a temperatura constante? (c) Tente esta experiência: estique uma tira de borracha e aguarde um momento. Em seguida, coloque o elástico esticado em seu lábio superior e deixe-o voltar de uma vez ao estado não esticado (lembre-se de continuar segurando!). O que você observa? Suas observações são coerentes com a sua resposta para o item (b)?

Elabore um experimento

Você está medindo a constante de equilíbrio de um fármaco candidato ligado ao seu DNA alvo a uma série de temperaturas diferentes. Você escolheu esse fármaco com base na modelagem molecular auxiliada por computador, indicando que é provável que sua molécula faça muitas ligações de hidrogênio e interações dipolo-dipolo favoráveis com a posição do DNA. Você executa um conjunto de experimentos em solução-tampão para o complexo droga-DNA e gera uma tabela de K a diferentes T. (a) Deduza uma equação que relacione a constante de equilíbrio a variações de entalpia e entropia padrão. (Dica: constante de equilíbrio, entalpia e entropia estão relacionadas à energia livre). (b) Mostre como você pode representar graficamente os dados de K e T para calcular as variações de entropia e entalpia padrão para a interação entre o fármaco candidato e a ligação de DNA. (c) Você se surpreende ao saber que a variação de entalpia para a reação de ligação é próxima de zero e que a variação de entropia é grande e positiva. Explique por que isso acontece e elabore um experimento para testar isso. (Dica: pense em água e íons). (d) Você testa outro fármaco candidato com o DNA alvo e descobre que o fármaco tem uma variação de entalpia grande e negativa sobre a ligação do DNA, e a variação de entropia é pequena e positiva. Explique por que isso ocorre, no nível molecular, e elabore um experimento para testar sua hipótese.

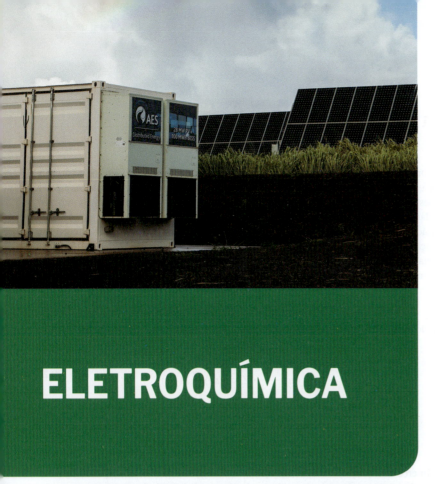

20

ELETROQUÍMICA

▲ Baterias para armazenamento de energia em escala de rede. A eletricidade gerada por fontes de energia renováveis, como solar e eólica, é intermitente por natureza. Para que essas tecnologias se tornem nossas principais fontes de energia elétrica, a energia gerada nos horários de pico deve ser armazenada, para que possa ser utilizada quando a demanda por eletricidade for maior do que a oferta. Baterias como as da imagem oferecem uma maneira confiável de armazenar energia.

A sociedade moderna depende da eletricidade para tudo, incluindo, iluminação, computadores e ar condicionado. Em 2020, apenas os Estados Unidos consumiram cerca de $1,4 \times 10^{19}$ J de energia elétrica, uma quantidade 13 vezes maior do que a eletricidade usada em 1950. A maior parte da energia necessária para gerar eletricidade vem de reações químicas, especialmente a combustão de hidrocarbonetos. Dadas as preocupações com as emissões de CO_2 e os efeitos da mudança climática, existe um esforço consciente para gerar cada vez mais eletricidade de fontes renováveis, com a energia solar e a eólica em papéis de destaque. Infelizmente, a natureza intermitente desses recursos representa uma série de desafios. A demanda por eletricidade não desaparece quando o sol não brilha ou quando o vento não sopra; a energia gerada durante os horários de pico precisa ser armazenada, e uma maneira de fazer isso é convertê-la em energia química. Esta é fácil de armazenar e converter de volta em energia elétrica quando necessário, seja na forma de uma bateria, seja na forma de uma célula a combustível.

As baterias são essenciais para tecnologias que vão muito além do armazenamento de energia. A portabilidade das baterias as torna a principal fonte de energia para necessidades básicas do nosso cotidiano, como computadores, telefones celulares, marca-passos e, cada vez mais, automóveis. Hoje, dedica-se um esforço considerável à pesquisa e ao desenvolvimento de novas baterias. As reações de oxirredução que alimentam as baterias estão na base desses dispositivos. As reações redox estão envolvidas no funcionamento de baterias e em uma ampla variedade de processos naturais importantes, como a oxidação do ferro, o escurecimento de alimentos e a respiração dos animais. O tema deste capítulo, a **eletroquímica**, é o estudo das relações entre a eletricidade e as reações químicas.

O QUE VEREMOS

20.1 ▶ Estados de oxidação e reações de oxirredução Revisar os estados de oxidação e as *reações de oxirredução (redox)*.

20.2 ▶ Balanceamento de equações redox Aprender a balancear equações redox usando o método das *semirreações*.

20.3 ▶ Células voltaicas Considerar as *células voltaicas*, que geram eletricidade a partir de reações redox espontâneas. Eletrodos sólidos funcionam como as superfícies em que ocorrem a oxidação e a redução. O eletrodo no qual se dá a oxidação é o *ânodo*, enquanto a redução acontece no *cátodo*.

20.4 ▶ Potenciais de célula sob condições padrão Aprender sobre o *potencial de célula, E*, que consiste na diferença dos potenciais elétricos ou tensão nos dois eletrodos de uma célula voltaica. O potencial padrão da célula, $E°$, pode ser calculado a partir dos *potenciais padrão de redução* das semirreações que ocorrem em cada eletrodo.

20.5 ▶ Energia livre e reações redox Relacionar a energia livre de Gibbs, ΔG, ao potencial de célula, E.

20.6 ▶ Potenciais de célula sob condições não padrão Calcular os potenciais de célula sob condições não padrão usando potenciais de célula padrão e a equação de Nernst.

20.7 ▶ Baterias e células a combustível Aprender sobre baterias e células a combustível, fontes de energia comercialmente importantes que utilizam reações eletroquímicas para converter energia química em energia elétrica.

20.8 ▶ Corrosão Estudar a corrosão, um processo eletroquímico espontâneo que envolve a oxidação de metais.

20.9 ▶ Eletrólise Examinar as *células eletrolíticas*, que usam eletricidade para promover reações químicas que não seriam espontâneas.

20.1 | Estados de oxidação e reações de oxirredução

Objetivos de aprendizagem

Após terminar a Seção 20.1, você deve ser capaz de:
▶ Determinar os números de oxidação dos elementos individuais em substâncias.
▶ Diferenciar reações redox de outros tipos de reações químicas e determinar a identidade do agente oxidante e do agente redutor nessas reações.

De acordo com o que foi discutido no Capítulo 4, a *oxidação* ocorre quando um átomo perde elétrons; o processo oposto, o ganho de elétrons, é chamado de *redução*. Assim, as reações de oxirredução (redox) ocorrem quando elétrons são transferidos de um átomo que é oxidado a um átomo que é reduzido. (Seção 4.4) Determinamos se uma reação é de oxirredução ao verificar os *números de oxidação* (*estados de oxidação*) dos elementos envolvidos na reação.* Um procedimento detalhado para identificar o número de oxidação é apresentado na Seção 4.4. Em qualquer reação redox, um ou mais elementos sofrem uma variação do número de oxidação. Por exemplo, considere a reação que ocorre espontaneamente ao adicionar zinco metálico a um ácido forte (**Figura 20.1**):

$$Zn(s) + 2\,H^+(aq) \longrightarrow Zn^{2+}(aq) + H_2(g) \qquad [20.1]$$

Quando atribuímos números de oxidação para todas as espécies na reação, temos:

$$Zn(s) + 2\,H^+(aq) \longrightarrow Zn^{2+}(aq) + H_2(g) \qquad [20.2]$$
$$\;0 \qquad\;\; +1 \qquad\qquad\;\; +2 \qquad\;\;\; 0$$

(H⁺ reduzido; Zn oxidado)

Os números de oxidação abaixo da equação mostram que o estado de oxidação do Zn varia de 0 a +2, enquanto o estado de oxidação do H varia de +1 a 0. Como há uma variação nos números de oxidação, podemos identificar que trata-se de uma reação de oxirredução. Elétrons são transferidos de átomos de zinco para íons de hidrogênio; Zn é oxidado e H⁺ é reduzido.

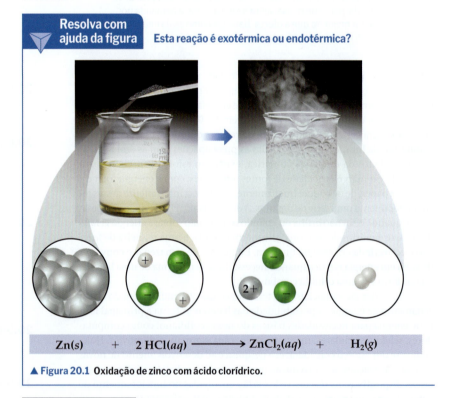

Resolva com ajuda da figura — Esta reação é exotérmica ou endotérmica?

Zn(s) + 2 HCl(aq) ⟶ ZnCl₂(aq) + H₂(g)

▲ **Figura 20.1** Oxidação de zinco com ácido clorídrico.

---
*A convenção usada pelos químicos é sinalizar com + ou − antes do valor numérico quando expressam um número de oxidação (p. ex., +6 ou −1), e depois do valor numérico quando representam a carga de um íon (p. ex., 1+ ou 2−).

Em uma reação como a da Equação 20.2, é evidente a transferência de elétrons. Porém, em outras, os números de oxidação variam, mas não se pode dizer que uma substância literalmente ganha ou perde elétrons. Por exemplo, na combustão de gás hidrogênio,

$$2\ H_2(g) + O_2(g) \longrightarrow 2\ H_2O(g) \quad [20.3]$$
$$\ 0\ \ 0\ +1\ -2$$

o hidrogênio foi oxidado do estado de oxidação 0 a +1, e o oxigênio foi reduzido do estado de oxidação 0 a −2. Logo, a Equação 20.3 é uma reação de oxirredução. Embora verificar os estados de oxidação seja uma forma confiável de identificar as reações redox e, logo, ofereça uma forma conveniente de "fazer a contabilidade", em geral, não se deve equiparar o estado de oxidação de um átomo à sua carga real em um composto químico. Para mais informações, consulte o quadro "Olhando de perto: Números de oxidação, cargas formais e cargas parciais reais". (Seção 8.5)

Em qualquer reação redox, tanto a oxidação quanto a redução devem ocorrer. Em outras palavras, se uma substância for oxidada, a outra deve ser reduzida. A substância que permite que outra seja oxidada é chamada de **agente oxidante,** ou **oxidante**. Ela remove elétrons da outra substância e, desse modo, a reduz. De modo análogo, um **agente redutor**, ou apenas **redutor**, é uma substância que fornece elétrons e leva outra substância a ser reduzida. O agente redutor é, portanto, oxidado no processo. Na Equação 20.2, $H^+(aq)$, espécie reduzida, é o agente oxidante, e $Zn(s)$, espécie oxidada, é o agente redutor.

Exercício resolvido 20.1
Identificando agentes oxidantes e redutores

A bateria de níquel-cádmio (NiCad) usa a seguinte reação redox para gerar eletricidade:

$$Cd(s) + NiO_2(s) + 2\ H_2O(l) \longrightarrow Cd(OH)_2(s) + Ni(OH)_2(s)$$

Primeiro, identifique as substâncias oxidadas e reduzidas. Depois, indique qual reagente é o agente oxidante e qual é o redutor.

SOLUÇÃO

Analise Com base em uma equação redox, identifique as substâncias oxidada e reduzida e indique os agentes oxidante e redutor.

Planeje Em primeiro lugar, usamos as regras já estudadas (Seção 4.4) para designar estados, ou números, de oxidação a todos os átomos e determinar quais elementos alteram o estado de oxidação. Depois, aplicamos as definições de oxidação e redução.

Resolva

$$Cd(s) + NiO_2(s) + 2\ H_2O(l) \longrightarrow Cd(OH)_2(s) + Ni(OH)_2(s)$$
$$\ 0\ +4\ -2+1\ -2+2\ -2\ +1+2\ -2\ +1$$

O estado de oxidação do Cd aumenta de 0 a +2, e o do Ni diminui de +4 a +2. Assim, o átomo de Cd é oxidado (perde elétrons) e atua como agente redutor. O estado de oxidação do Ni diminui à medida que NiO_2 é convertido em $Ni(OH)_2$. Portanto, NiO_2 é reduzido (ganha elétrons) e atua como agente oxidante.

Comentário Para lembrar os conceitos de oxidação e redução, repita: perder elétrons é oxidação; ganhar elétrons é redução.

▶ **Para praticar**
Identifique os agentes oxidante e redutor na reação:

$$2\ H_2O(l) + Al(s) + MnO_4^-(aq) \longrightarrow Al(OH)_4^-(aq) + MnO_2(s)$$

Exercícios de autoavaliação

EAA 20.1 Em quais dos compostos a seguir o número de oxidação é igual a −1?

   (i) Na_2O_2 **(ii)** Li_2O **(iii)** H_2SO_4

(a) i **(b)** ii **(c)** iii **(d)** i e ii **(e)** i e iii

SIM 20.2 Quais das reações a seguir podem ser classificada como reação redox?

   (i) $2\ HClO_4(aq) + SrO(s) \longrightarrow H_2O(l) + Sr(ClO_4)_2(aq)$
  (ii) $2\ Li(s) + 2\ H_2O(l) \longrightarrow 2\ LiOH(aq) + H_2(g)$
 (iii) $SO_3(g) + H_2O(l) \longrightarrow H_2SO_4(aq)$

(a) i **(b)** ii **(c)** iii **(d)** i e ii **(e)** i e iii

EAA 20.3 A reação de combinação a seguir leva à formação de cloreto de hidrogênio:

$$Cl_2(g) + H_2(g) \longrightarrow 2\ HCl(g)$$

Nessa reação, _____ é reduzido e _____ é o agente redutor. **(a)** $Cl_2(g)$, $Cl_2(g)$ **(b)** $Cl_2(g)$, $H_2(g)$ **(c)** $H_2(g)$, $Cl_2(g)$ **(d)** $H_2(g)$, $H_2(g)$

EAA 20.4 A reação de combinação a seguir entre hidrogênio e oxigênio forma água:

$$2\ H_2(g) + O_2(g) \longrightarrow 2\ H_2O(l)$$

Qual(is) das afirmações sobre essa reação é(são) *verdadeira(s)*?

   (i) O hidrogênio é reduzido nessa reação.
  (ii) O estado de oxidação do oxigênio na água é +2.
 (iii) Essa é uma reação ácido-base, não uma reação de oxirredução.

(a) i **(b)** ii **(c)** iii **(d)** i e iii **(e)** nenhuma

20.2 | Balanceamento de equações redox

Quando balanceamos uma equação química, devemos obedecer à lei da conservação de massa: a quantidade de cada elemento deve ser igual em ambos os lados da equação (átomos não são criados nem destruídos em qualquer reação química). (Seção 3.1) À medida que balanceamos as reações de oxirredução, surge uma exigência adicional: os elétrons ganhos e os perdidos devem estar balanceados. Se uma substância perde determinado número de elétrons durante uma reação, a outra precisa ganhar o mesmo número de elétrons (elétrons não são criados nem destruídos em qualquer reação química).

Em muitas equações químicas simples, como a Equação 20.2, o balanceamento de elétrons é tratado "automaticamente"; isto é, podemos balancear a equação sem considerar explicitamente a transferência de elétrons. Entretanto, muitas reações redox são mais complexas do que a Equação 20.2 e não podem ser balanceadas sem considerar o número de elétrons perdidos e ganhos no curso da reação. Nesta seção, examinaremos o *método das semirreações*, um procedimento sistemático para balancear equações redox.

Semirreações

Embora a oxidação e a redução devam ocorrer ao mesmo tempo, muitas vezes é conveniente considerá-las processos separados. Por exemplo, a oxidação de Sn^{2+} por Fe^{3+},

$$Sn^{2+}(aq) + 2\,Fe^{3+}(aq) \longrightarrow Sn^{4+}(aq) + 2\,Fe^{2+}(aq)$$

é formada por dois processos: a oxidação de Sn^{2+} e a redução de Fe^{3+}.

Oxidação: $Sn^{2+}(aq) \longrightarrow Sn^{4+}(aq) + 2e^-$ [20.4]

Redução: $2\,Fe^{3+}(aq) + 2e^- \longrightarrow 2\,Fe^{2+}(aq)$ [20.5]

Observe que, no processo de oxidação, os elétrons são mostrados como produtos, enquanto, no processo de redução, são mostrados como reagentes.

As equações que apresentam apenas oxidação ou redução, como as Equações 20.4 e 20.5, são chamadas de **semirreações**. Na reação redox como um todo, o número de elétrons perdidos na semirreação de oxidação deve ser igual ao número de elétrons ganhos na semirreação de redução. Quando essas condições são satisfeitas e cada semirreação está balanceada, os elétrons em cada lado são cancelados quando as duas semirreações são somadas para fornecer a equação de oxirredução total balanceada.

Balanceamento de equações pelo método das semirreações

Como podemos usar semirreações para balancear uma reação química que envolve oxirredução? Com o uso de números de oxidação, temos certeza de que ocorreram oxidações e reduções. Em seguida, analisamos duas equações "esqueleto": uma que mostra a espécie oxidada, outra que mostra a espécie reduzida. Depois, balanceamos cada semirreação e descobrimos que é comum que H_2O e H^+ (para meios ácidos) ou OH^- (para meios básicos) estejam envolvidos como reagentes ou produtos no balanceamento das semirreações. A menos que H_2O, H^+ ou OH^- estejam sendo oxidados ou reduzidos, essas espécies não aparecem nas equações esqueleto. A sua presença, entretanto, pode ser deduzida ao balancearmos a equação global.

> *Como balancear reações redox em uma solução aquosa ácida*
> 1. Divida a equação em uma semirreação de oxidação e uma semirreação de redução.
> 2. Balanceie cada semirreação.
>   (a) Primeiro, devemos balancear os elementos diferentes de H e O.
>   (b) Em seguida, devemos balancear os átomos de O, adicionando moléculas H_2O, conforme necessário.
>   (c) Depois, devemos balancear os átomos de H, adicionando íons H^+, conforme necessário.
>   (d) Por fim, devemos balancear as cargas, adicionando e^-, conforme necessário.

Essa sequência específica é importante e está resumida no diagrama ao lado. Neste ponto, você pode verificar se o número de elétrons em cada semirreação corresponde às variações no estado de oxidação.

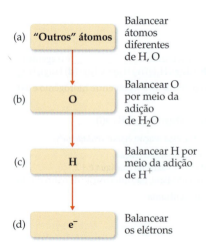

3. Multiplique as semirreações por números inteiros, conforme necessário, para equiparar o número de elétrons perdidos na semirreação de oxidação ao número de elétrons ganhos na semirreação de redução.
4. Some as semirreações e, se possível, simplifique cancelando espécies que aparecem em ambos os lados da equação combinada.
5. Certifique-se de que átomos e cargas estejam balanceados.

Como exemplo, vamos considerar a reação que ocorre entre o íon permanganato (MnO_4^-) e o íon oxalato ($C_2O_4^{2-}$) em soluções aquosas ácidas (**Figura 20.2**). Ao adicionar MnO_4^- a uma solução acidificada de $C_2O_4^{2-}$, a cor púrpura do íon MnO_4^- desbota, bolhas de CO_2 são formadas e a solução assume a coloração rosa-claro característica do íon Mn^{2+}. Podemos escrever a equação não balanceada como segue:

$$MnO_4^-(aq) + C_2O_4^{2-}(aq) \longrightarrow Mn^{2+}(aq) + CO_2(aq) \qquad [20.6]$$

Experimentos mostram também que H^+ é consumido e H_2O é produzida na reação. Veremos que envolvimento deles na reação será deduzido no decorrer do balanceamento da equação.

Para completar e balancear a Equação 20.6, começamos escrevendo as duas semirreações (Etapa 1). Uma delas deve ter Mn em ambos os lados da seta e a outra deve ter C em ambos os lados da seta:

$$MnO_4^-(aq) \longrightarrow Mn^{2+}(aq)$$
$$C_2O_4^{2-}(aq) \longrightarrow CO_2(g)$$

Em seguida, vamos completar e balancear cada semirreação. Todos os átomos são balanceados, exceto H e O (etapa 2a). Na semirreação de permanganato, temos um átomo de manganês em cada lado da equação e, portanto, nada precisa ser feito. Na semirreação de oxalato, adicionamos um coeficiente 2 à direita para balancear os dois carbonos à esquerda:

$$MnO_4^-(aq) \longrightarrow Mn^{2+}(aq)$$
$$C_2O_4^{2-}(aq) \longrightarrow 2\,CO_2(g)$$

Agora, balanceamos o O (Etapa 2b). A semirreação de permanganato tem quatro oxigênios à esquerda e nenhum à direita; para balancear esses quatro átomos de oxigênio, podemos adicionar quatro moléculas de H_2O do lado direito:

$$MnO_4^-(aq) \longrightarrow Mn^{2+}(aq) + 4\,H_2O(l)$$

Os oito átomos de hidrogênio introduzidos nos produtos devem ser balanceados, adicionando 8 íons H^+ aos reagentes (Etapa 2c):

$$8\,H^+(aq) + MnO_4^-(aq) \longrightarrow Mn^{2+}(aq) + 4\,H_2O(l)$$

Resolva com ajuda da figura Qual espécie é reduzida nessa reação? Qual espécie é o agente redutor?

▲ **Figura 20.2** Titulação de uma solução ácida de $Na_2C_2O_4$ com $KMnO_4(aq)$.

Agora, há números iguais de cada tipo de átomo em ambos os lados da equação, mas a carga ainda precisa ser balanceada. A carga dos reagentes é 8(1+) + 1(1−) = 7+, enquanto a dos produtos é 1(2+) + 4(0) = 2+. Para balancear a carga, são adicionados cinco elétrons no lado dos reagentes (Etapa 2d):

$$5\,e^- + 8\,H^+(aq) + MnO_4^-(aq) \longrightarrow Mn^{2+}(aq) + 4\,H_2O(l)$$

Podemos usar os estados de oxidação para verificar o resultado obtido. Nessa semirreação, Mn vai do estado de oxidação +7 em MnO_4^- ao estado de oxidação +2 de Mn^{2+}. Portanto, cada átomo de Mn ganha cinco elétrons, de acordo com nossa semirreação balanceada.

Na semirreação do oxalato, temos C e O balanceados (Etapa 2a). Balanceamos a carga (Etapa 2d) por meio da adição de dois elétrons aos produtos:

$$C_2O_4^{2-}(aq) \longrightarrow 2\,CO_2(g) + 2\,e^-$$

Podemos verificar esse resultado usando estados de oxidação. O carbono vai do estado de oxidação +3 em $C_2O_4^{2-}$ ao estado de oxidação +4 em CO_2. Desse modo, cada átomo de C perde um elétron. Portanto, os dois átomos de C em $C_2O_4^{2-}$ perdem dois elétrons, de acordo com nossa semirreação balanceada.

Agora, multiplicamos cada semirreação por um fator apropriado, para que o número de elétrons ganhos em uma semirreação seja igual ao número de elétrons perdidos na outra (Etapa 3). Nesse caso, multiplicamos a semirreação de MnO_4^- por 2 e a de $C_2O_4^{2-}$ por 5:

$$10\,e^- + 16\,H^+(aq) + 2\,MnO_4^-(aq) \longrightarrow 2\,Mn^{2+}(aq) + 8\,H_2O(l)$$
$$5\,C_2O_4^{2-}(aq) \longrightarrow 10\,CO_2(g) + 10\,e^-$$
$$\overline{16\,H^+(aq) + 2\,MnO_4^-(aq) + 5\,C_2O_4^{2-}(aq) \longrightarrow 2\,Mn^{2+}(aq) + 8\,H_2O(l) + 10\,CO_2(g)}$$

A equação balanceada é a soma das semirreações balanceadas (Etapa 4). Observe que os elétrons no lado dos reagentes e no dos produtos da equação se cancelam.

Podemos conferir a equação balanceada ao contar os átomos e as cargas (Etapa 5): existem 16 H, 2 Mn, 28 O, 10 C e uma carga líquida de 4+ em ambos os lados da equação, confirmando que ela está balanceada corretamente.

Exercício resolvido 20.2
Balanceamento de equações redox em solução ácida

Complete e faça o balanceamento da seguinte equação pelo método das semirreações:

$$Cr_2O_7^{2-}(aq) + Cl^-(aq) \longrightarrow Cr^{3+}(aq) + Cl_2(g) \text{ (meio ácido)}$$

SOLUÇÃO
Analise Com base em uma equação redox parcial e desbalanceada (esqueleto) para uma reação que ocorre em meio ácido, devemos completá-la e fazer o seu balanceamento.

Planeje Aplicamos o procedimento de semirreação que acabamos de estudar.

Resolva

Etapa 1: Dividimos a equação em duas semirreações:

$$Cr_2O_7^{2-}(aq) \longrightarrow Cr^{3+}(aq)$$
$$Cl^-(aq) \longrightarrow Cl_2(g)$$

Etapa 2: Balanceamos cada semirreação. Na primeira, a presença de um $Cr_2O_7^{2-}$ entre os reagentes exige dois íons Cr^{3+} entre os produtos. Os sete átomos de oxigênio no $Cr_2O_7^{2-}$ são balanceados ao se adicionar sete moléculas de H_2O aos produtos. Os 14 átomos de hidrogênio nas sete moléculas de H_2O são, então, balanceados com a adição de 14 íons H^+ aos reagentes:

$$14\,H^+(aq) + Cr_2O_7^{2-}(aq) \longrightarrow 2\,Cr^{3+}(aq) + 7\,H_2O(l)$$

Depois, a carga é balanceada pela adição de elétrons do lado esquerdo da equação, de forma que a carga total seja igual em ambos os lados.

$$6\,e^- + 14\,H^+(aq) + Cr_2O_7^{2-}(aq) \longrightarrow 2\,Cr^{3+}(aq) + 7\,H_2O(l)$$

Podemos conferir esse resultado ao analisar as variações de estado de oxidação. Cada átomo de cromo vai de +6 a +3, ganhando três elétrons. Portanto, os dois átomos de Cr em $Cr_2O_7^{2-}$ ganham seis elétrons, de acordo com nossa semirreação.

Na segunda semirreação, são necessários dois Cl^- para balancear um Cl_2.

$$2\,Cl^-(aq) \longrightarrow Cl_2(g)$$

Adicionamos dois elétrons no lado direito para o balanceamento da carga.

$$2\,Cl^-(aq) \longrightarrow Cl_2(g) + 2\,e^-$$

Esse resultado está de acordo com as variações de estado de oxidação. Cada átomo de cloro vai de −1 a 0, perdendo um elétron; por consequência, os dois átomos de cloro perdem dois elétrons.

Etapa 3: Devemos balancear os elétrons transferidos nas duas semirreações. Para fazer isso, multiplicamos a semirreação de Cl por 3, de modo que o número de elétrons ganhos na semirreação de Cr (6) seja igual ao número de elétrons perdidos na semirreação de Cl, o que permite que os elétrons se cancelem quando as semirreações forem somadas:

$$6\,Cl^-(aq) \longrightarrow 3\,Cl_2(g) + 6\,e^-$$

Etapa 4: As equações são somadas para fornecer a equação balanceada:

$$14\,H^+(aq) + Cr_2O_7^{2-}(aq) + 6\,Cl^-(aq) \longrightarrow 2\,Cr^{3+}(aq) + 7\,H_2O(l) + 3\,Cl_2(g)$$

Etapa 5: Existem números iguais de átomos de cada tipo em ambos os lados da equação (14 H, 2 Cr, 7 O, 6 Cl). Além disso, a carga é igual em ambos os lados (6+). Logo, a equação está balanceada corretamente.

▶ **Para praticar**

Complete e faça o balanceamento da seguinte equação de oxirredução em meio ácido pelo método das semirreações.

$$Cu(s) + NO_3^-(aq) \longrightarrow Cu^{2+}(aq) + NO_2(g)$$

Balanceamento de equações para reações que ocorrem em soluções básicas

Se uma reação redox ocorre em meio básico, a equação deve ser balanceada com a utilização de OH^- e H_2O em vez de H^+ e H_2O. Visto que a molécula de água e o íon hidróxido contêm hidrogênio, essa abordagem pode necessitar de mais idas e voltas de um lado da equação para o outro para se chegar à semirreação adequada. Aqui, usamos uma abordagem alternativa, muitas vezes mais simples e que leva à mesma equação balanceada.

Como balancear reações redox em uma solução aquosa básica

1. Primeiro, balanceie as semirreações como se ocorressem em solução ácida.
2. Conte o número de íons H^+ em cada semirreação e, em seguida, adicione o mesmo número de OH^- a cada um dos lados da semirreação.

Dessa forma, a reação tem a massa balanceada, porque é adicionado o mesmo elemento a ambos os lados. Em essência, o que ocorre é a "neutralização" dos prótons para formar água ($H^+ + OH^- \longrightarrow H_2O$) no lado que contém H^+, e o outro lado fica com os íons OH^-. As moléculas de água resultantes podem ser canceladas, se necessário.

Exercício resolvido 20.3
Balanceamento de equações redox em solução básica

Complete e faça o balanceamento da seguinte reação:

$$CN^-(aq) + MnO_4^-(aq) \longrightarrow CNO^-(aq) + MnO_2(s) \text{ (meio básico)}$$

SOLUÇÃO

Analise É fornecida uma equação incompleta para uma reação redox em meio básico e devemos balanceá-la.

Planeje Seguimos as quatro primeiras etapas como se a reação ocorresse em meio ácido. Depois, adicionamos o número adequado de íons OH^- a cada lado da equação, combinando H^+ e OH^- para formar H_2O. Completamos o processo simplificando a equação.

Resolva

Etapa 1: Escrevemos as semirreações incompletas e não balanceadas:

$$CN^-(aq) \longrightarrow CNO^-(aq)$$
$$MnO_4^-(aq) \longrightarrow MnO_2(s)$$

Etapa 2: Fazemos o balanceamento de cada semirreação como se ocorresse em meio ácido:

$$CN^-(aq) + H_2O(l) \longrightarrow CNO^-(aq) + 2H^+(aq) + 2e^-$$
$$3e^- + 4H^+(aq) + MnO_4^-(aq) \longrightarrow MnO_2(s) + 2H_2O(l)$$

Agora, precisamos considerar que a reação ocorre em solução básica, adicionando íons OH^- a ambos os lados das semirreações para neutralizar os íons H^+:

$$CN^-(aq) + H_2O(l) + 2OH^-(aq) \longrightarrow CNO^-(aq) + 2H^+(aq) + 2e^- + 2OH^-(aq)$$
$$3e^- + 4H^+(aq) + MnO_4^-(aq) + 4OH^-(aq) \longrightarrow MnO_2(s) + 2H_2O(l) + 4OH^-(aq)$$

"Neutralizamos" H^+ e OH^- ao formar moléculas de H_2O quando eles estão no mesmo lado de uma das semirreações:

$$CN^-(aq) + H_2O(l) + 2OH^-(aq) \longrightarrow CNO^-(aq) + 2H_2O(l) + 2e^-$$
$$3e^- + 4H_2O(l) + MnO_4^-(aq) \longrightarrow MnO_2(s) + 2H_2O(l) + 4OH^-(aq)$$

Em seguida, cancelamos as moléculas de água que aparecem como reagentes e produtos:

$$CN^-(aq) + 2OH^-(aq) \longrightarrow CNO^-(aq) + H_2O(l) + 2e^-$$
$$3e^- + 2H_2O(l) + MnO_4^-(aq) \longrightarrow MnO_2(s) + 4OH^-(aq)$$

Ambas as semirreações estão balanceadas. Você pode verificar os átomos e a carga total.

Etapa 3: Multiplicamos a semirreação de cianeto por 3, resultando em seis elétrons do lado do produto, e multiplicamos a semirreação de permanganato por 2, chegando a seis elétrons do lado do reagente:

$$3CN^-(aq) + 6OH^-(aq) \longrightarrow 3CNO^-(aq) + 3H_2O(l) + 6e^-$$
$$6e^- + 4H_2O(l) + 2MnO_4^-(aq) \longrightarrow 2MnO_2(s) + 8OH^-(aq)$$

Etapa 4: As duas semirreações são somadas e simplificadas a partir do cancelamento das espécies que aparecem como reagentes e produtos:

$$3CN^-(aq) + H_2O(l) + 2MnO_4^-(aq) \longrightarrow 3CNO^-(aq) + 2MnO_2(s) + 2OH^-(aq)$$

Etapa 5: Verifique se os átomos e as cargas estão balanceados. Há 3 C, 3 N, 2 H, 9 O, 2 Mn e a carga de 5− em ambos os lados da equação.

Comentário Devemos lembrar que esse procedimento não implica que íons H^+ estejam envolvidos na reação química. Em soluções aquosas a 25 °C, $K_w = [H^+][OH^-] = 1,0 \times 10^{-14}$. Assim, $[H^+]$ é muito pequena nessa solução básica. (Seção 16.3)

▶ **Para praticar**
Complete e faça o balanceamento da seguinte reação de oxirredução em meio básico:

$$Cr(OH)_3(s) + ClO^-(aq) \longrightarrow CrO_4^{2-}(aq) + Cl_2(g)$$

Exercícios de autoavaliação

EAA 20.5 O cálcio metálico reage com a água para formar hidróxido de cálcio aquoso e gás hidrogênio. Qual é a semirreação balanceada para a oxidação que ocorre durante essa reação?
(a) $2H_2O(l) \longrightarrow 2H_2(g) + O_2(g)$
(b) $Ca(s) + 2H_2O(l) \longrightarrow Ca(OH)_2(aq) + H_2(g)$
(c) $Ca(s) \longrightarrow Ca^{2+}(aq) + 2e^-$
(d) $2H_2O(l) + 2e^- \longrightarrow 2OH^-(aq) + H_2(g)$

EAA 20.6 Use o método das semirreações para balancear a reação redox a seguir entre cobre e ácido nítrico em meio *ácido*:

$$Cu(s) + HNO_3(aq) \longrightarrow Cu^{2+}(aq) + NO_2(g)$$

Na equação balanceada, há _____ molécula(s) de H_2O no lado dos _____. (a) 1, reagentes (b) 2, regentes (c) 1, produtos (d) 2, produtos (e) Não há moléculas de H_2O na reação balanceada.

EAA 20.7 Use o método das semirreações para balancear a reação redox a seguir entre peróxido de hidrogênio e dióxido de cloro em meio *básico*:

$$H_2O_2(aq) + ClO_2(aq) \longrightarrow ClO_2^-(aq) + O_2(g)$$

Na reação balanceada, há _____ íon(s) OH⁻ no lado dos _____. (**a**) 1, reagentes (**b**) 2, regentes (**c**) 1, produtos (**d**) 2, produtos (**e**) Não há íons OH⁻ na reação balanceada.

20.3 | Células voltaicas

A energia liberada em uma reação redox espontânea pode ser usada para realizar trabalho elétrico. Essa tarefa é realizada por uma **célula voltaica** (ou **galvânica**), dispositivo no qual a transferência de elétrons ocorre por um caminho externo em vez de diretamente entre os reagentes no mesmo recipiente da reação.

Uma reação espontânea como essa ocorre quando uma tira de zinco é colocada em contato com uma solução contendo $Cu^{2+}(aq)$. À medida que a reação prossegue, a cor azul dos íons $Cu^{2+}(aq)$ desaparece e o cobre metálico é depositado no zinco. Ao mesmo tempo, o zinco começa a se dissolver. Essas transformações são mostradas na **Figura 20.3** e resumidas pela Equação 20.7:

$$Zn(s) + Cu^{2+}(aq) \longrightarrow Zn^{2+}(aq) + Cu(s) \quad [20.7]$$

A **Figura 20.4** mostra uma célula voltaica que usa a reação redox dada na Equação 20.7. Embora a montagem mostrada na Figura 20.4 seja mais complexa que a da Figura 20.3, a reação é igual em ambos os casos. A principal diferença é que, na célula voltaica, o Zn metálico e $Cu^{2+}(aq)$ não estão em contato direto. Em vez disso, o Zn metálico está em contato com íons $Zn^{2+}(aq)$ em um compartimento, e o Cu metálico está em contato com íons $Cu^{2+}(aq)$ em outro compartimento. Como consequência, a redução do $Cu^{2+}(aq)$ pode ocorrer apenas por meio do fluxo de elétrons por um circuito externo, ou seja, um fio que conecta as tiras de Zn e de Cu. Tanto elétrons que fluem por um fio quanto íons que se movem em uma solução constituem uma *corrente elétrica*. Esse fluxo de carga elétrica pode ser usado para realizar trabalho elétrico.

Objetivos de aprendizagem

Após terminar a Seção 20.3, você deve ser capaz de:

▶ Explicar a operação de uma célula voltaica e identificar seus principais componentes (ânodo, cátodo, ponte salina).

▶ Determinar as semirreações que ocorrem em cada eletrodo de uma célula voltaica a partir da reação total da célula.

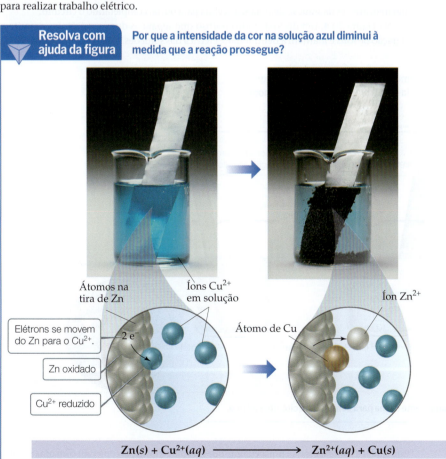

▲ Figura 20.3 Reação de oxirredução espontânea envolvendo zinco e cobre.

848 Química: a ciência central

> **Resolva com ajuda da figura**
>
> **Qual metal, Cu ou Zn, é oxidado nesta célula fotovoltaica?**

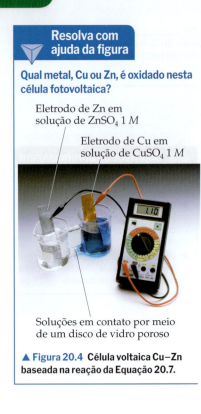

▲ **Figura 20.4** Célula voltaica Cu–Zn baseada na reação da Equação 20.7.

Os dois metais sólidos conectados por um circuito externo são chamados de *eletrodos*. Por definição, o eletrodo em que ocorre a oxidação é chamado de **ânodo**, e o eletrodo em que ocorre a redução é chamado de **cátodo**.* Os eletrodos podem ser feitos de materiais que participam da reação, como no exemplo dado. Durante a reação, o eletrodo de Zn desaparece gradualmente, e o de cobre ganha massa. Comumente, os eletrodos são feitos de um material condutor, como platina ou grafite, que não ganha nem perde massa durante a reação, mas serve como a superfície para a qual os elétrons são transferidos.

Cada compartimento de uma célula voltaica é chamado de *semicélula*. Uma delas é o local da semirreação de oxidação e a outra, o local da semirreação de redução. No exemplo dado, Zn é oxidado e Cu^{2+}, reduzido:

Ânodo (semirreação de oxidação) $\quad Zn(s) \longrightarrow Zn^{2+}(aq) + 2\,e^-$

Cátodo (semirreação de redução) $\quad Cu^{2+}(aq) + 2\,e^- \longrightarrow Cu(s)$

Os elétrons tornam-se disponíveis à medida que o zinco metálico é oxidado no ânodo. Eles fluem pelo circuito externo até o cátodo, onde são consumidos à medida que o $Cu^{2+}(aq)$ é reduzido. Como Zn(s) é oxidado na célula, o eletrodo de zinco perde massa, e a concentração da solução de $Zn^{2+}(aq)$ aumenta conforme a célula opera. Ao mesmo tempo, o eletrodo de Cu ganha massa, tornando a solução de $Cu^{2+}(aq)$ menos concentrada à medida que $Cu^{2+}(aq)$ é reduzido a Cu(s).

Para uma célula voltaica funcionar, as soluções nas duas semicélulas devem permanecer eletricamente neutras. À medida que Zn é oxidado na semicélula do ânodo, os íons $Zn^{2+}(aq)$ entram na solução, desordenando o balanço de carga inicial Zn^{2+}/SO_4^{2-}. Para manter a solução eletricamente neutra, deve haver algum meio de os íons $Zn^{2+}(aq)$ migrarem para fora da semicélula do ânodo ou de os ânions irem para dentro. Igualmente, a redução de $Cu^{2+}(aq)$ no cátodo remove esses cátions da solução, deixando um excesso de ânions de SO_4^{2-} na semicélula. Para manter a neutralidade elétrica, alguns desses ânions devem migrar para fora da semicélula do cátodo, ou os íons positivos devem ir para dentro. Na verdade, nenhum fluxo mensurável de elétrons ocorre entre os eletrodos, a menos que haja um meio de os íons migrarem através da solução de uma semicélula para outra, completando o circuito.

Na Figura 20.4, um disco de vidro poroso que separa as duas semicélulas permite a migração de íons e mantém a neutralidade elétrica das soluções. Na **Figura 20.5**, uma *ponte*

> **Resolva com ajuda da figura**
>
> **Como o balanceamento elétrico é mantido no béquer à esquerda à medida que $Zn^{2+}(aq)$ é formado no ânodo?**

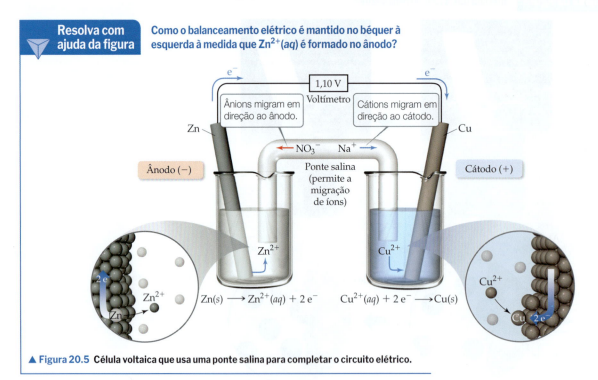

▲ **Figura 20.5** Célula voltaica que usa uma ponte salina para completar o circuito elétrico.

---

*Para ajudar a lembrar essas definições, note que o *ânodo* e a *oxidação* começam com uma vogal, e o *cátodo* e a *redução* começam com uma consoante.

salina serve para esse propósito. Essa ponte consiste em um tubo em forma de U que contém uma solução de eletrólito, como NaNO$_3$(*aq*), cujos íons não reagem com outros íons na célula voltaica ou com os eletrodos. Geralmente, o eletrólito é incorporado a uma pasta ou a um gel para que a solução não escorra quando o tubo em U for invertido. Conforme a oxidação e a redução ocorrem nos eletrodos, os íons da ponte salina migram para as duas semicélulas – cátions migram para a semicélula do cátodo e ânions migram para a semicélula do ânodo – com o objetivo de neutralizar a carga nas soluções. Independentemente do meio usado para permitir que os íons migrem entre as semicélulas, *os ânions sempre migram no sentido do ânodo e os cátions sempre migram no sentido do cátodo*.

A **Figura 20.6** resume as diversas relações em uma célula voltaica. Em especial, observe que *os elétrons fluem pelo circuito externo do ânodo para o cátodo*. Por causa desse fluxo direcional, o ânodo em uma célula voltaica é marcado com um sinal negativo e o cátodo, com um sinal positivo. Podemos imaginar os elétrons sendo atraídos do ânodo negativo para o cátodo positivo através de um circuito externo.

▲ **Figura 20.6 Resumo das reações que ocorrem em uma célula voltaica.** As semicélulas podem ser separadas por um disco de vidro poroso (como na Figura 20.4) ou por uma ponte salina (como na Figura 20.5).

Exercício resolvido 20.4
Descrevendo uma célula voltaica

A reação de oxirredução a seguir é espontânea:

$$Cr_2O_7^{2-}(aq) + 14\,H^+(aq) + 6\,I^-(aq) \longrightarrow 2\,Cr^{3+}(aq) + 3\,I_2(s) + 7\,H_2O(l)$$

Uma solução contendo K$_2$Cr$_2$O$_7$ e H$_2$SO$_4$ é despejada em um béquer, e uma solução de KI, em outro. Uma ponte salina é usada para unir os recipientes. Um condutor metálico que não reage com as soluções, como uma lâmina de platina, é suspenso em cada solução, e os dois condutores são conectados com fios por meio de um voltímetro ou algum outro dispositivo que detecte corrente elétrica. A célula voltaica resultante gera corrente elétrica. Indique a reação que ocorre no ânodo, a reação no cátodo, o sentido das migrações do elétron e do íon e os sinais dos eletrodos.

SOLUÇÃO

Analise Com base na equação para uma reação espontânea que ocorre em uma célula voltaica e uma descrição de como a célula é construída, devemos escrever as semirreações que ocorrem no ânodo e no cátodo, bem como os sentidos dos movimentos do elétron e dos íons e os sinais designados aos eletrodos.

Planeje O primeiro passo é dividir a equação química em duas semirreações para identificar os processos de oxidação e redução. Depois, usamos as definições de ânodo e cátodo, bem como as demais terminologias resumidas na Figura 20.6.

Resolva Em uma semirreação, Cr$_2$O$_7^{2-}$(*aq*) é convertido em Cr^{3+}(*aq*). Começando com esses íons e, em seguida, completando e balanceando a semirreação, temos:

$$Cr_2O_7^{2-}(aq) + 14\,H^+(aq) + 6\,e^- \longrightarrow 2\,Cr^{3+}(aq) + 7\,H_2O(l)$$

Na outra semirreação, I$^-$(*aq*) é convertido em I$_2$(*s*):

$$6\,I^-(aq) \longrightarrow 3\,I_2(s) + 6\,e^-$$

Agora, podemos usar o resumo da Figura 20.6 para descrever a célula voltaica. A primeira semirreação é o processo de redução (elétrons mostrados no lado do reagente da equação). Por definição, esse processo ocorre no cátodo. A segunda semirreação é o processo de oxidação (elétrons no lado do produto da reação), que ocorre no ânodo.

Os íons I$^-$ são a fonte de elétrons; os íons Cr$_2$O$_7^{2-}$ os recebem. Consequentemente, os elétrons fluem pelo circuito externo a partir do eletrodo imerso na solução de KI (o ânodo) para o eletrodo imerso na solução de K$_2$Cr$_2$O$_7$/H$_2$SO$_4$ (o cátodo). Os eletrodos em si não reagem de forma alguma; apenas fornecem um meio de transferência de elétrons de soluções ou para soluções. Os cátions movimentam-se pelas soluções na direção do cátodo, e os ânions movem-se na direção do ânodo. O ânodo (de onde os elétrons se movimentam) é o eletrodo negativo, e o cátodo (para onde os elétrons se movimentam) é o eletrodo positivo.

▶ **Para praticar**

As duas semirreações em uma célula voltaica são:

$$Zn(s) \longrightarrow Zn^{2+}(aq) + 2\,e^- \quad (\text{eletrodo} = Zn)$$
$$ClO_3^-(aq) + 6\,H^+(aq) + 6\,e^- \longrightarrow Cl^-(aq) + 3\,H_2O(l)$$
$$(\text{eletrodo} = Pt)$$

(a) Indique qual reação ocorre no ânodo e qual ocorre no cátodo. **(b)** O eletrodo de zinco ganha, perde ou mantém a mesma massa à medida que a reação ocorre? **(c)** O eletrodo de platina ganha, perde ou mantém a mesma massa à medida que a reação ocorre? **(d)** Qual é o eletrodo positivo?

Exercícios de autoavaliação

EAA 20.8 Considere uma célula voltaica com a reação global Ni(s) + 2 Ag⁺(aq) ⟶ Ni²⁺(aq) + 2 Ag(s). Qual(is) das afirmações a seguir é(são) *verdadeira(s)* em relação a essa célula?

(i) O eletrodo de prata é o ânodo.

(ii) A massa do eletrodo de prata aumenta à medida que a reação avança.

(iii) Os ânions migram pela ponte salina para o compartimento que contém o eletrodo de Ni.

(**a**) i (**b**) ii (**c**) iii (**d**) ii e iii (**e**) i, ii e iii

EAA 20.9 Se a reação global para uma célula voltaica é Hg₂Cl₂(s) + H₂(g) ⟶ 2 Hg(l) + 2 Cl⁻(aq) + 2 H⁺(aq), qual é a semirreação do cátodo?

(**a**) H₂(g) ⟶ 2 H⁺(aq)

(**b**) H₂(g) ⟶ 2 H⁺(aq) + 2 e⁻

(**c**) Hg₂Cl₂(s) ⟶ 2 Hg(l) + 2 Cl⁻(aq)

(**d**) Hg₂Cl₂(s) + 2 e⁻ ⟶ 2 Hg(l) + 2 Cl⁻(aq)

(**e**) Hg₂Cl₂(s) ⟶ 2 Hg(l) + Cl₂(aq)

20.4 | Potenciais de célula sob condições padrão

Objetivos de aprendizagem

Após terminar a Seção 20.4, você deve ser capaz de:

▶ Usar valores tabulados de potenciais padrão de redução para calcular o potencial padrão da célula (fem padrão), $E°_{cél}$, de uma célula voltaica.

▶ Determinar as forças relativas de agentes oxidantes e redutores a partir dos seus potenciais padrão de redução.

Por que os elétrons são transferidos espontaneamente de um átomo de Zn para um íon de Cu²⁺, seja de modo direto, como na reação da Figura 20.3, seja por um circuito externo, como na célula voltaica da Figura 20.4? Para simplificar, podemos comparar o fluxo de elétrons ao fluxo de água em uma cachoeira (**Figura 20.7**). A água flui espontaneamente por uma cachoeira por causa da diferença na energia potencial entre o topo da queda e o rio abaixo. (Seção 5.1) Da mesma forma, os elétrons fluem espontaneamente por um circuito externo do ânodo de uma célula voltaica para o cátodo em razão da diferença na energia potencial, que é mais alta no ânodo do que no cátodo. Assim, os elétrons fluem espontaneamente no sentido do eletrodo com o potencial elétrico mais positivo.

A diferença na energia potencial por carga elétrica (*diferença de potencial*) entre dois eletrodos é medida em unidades de *volts*. Um volt (V) é a diferença de potencial necessária para fornecer 1 joule (J) de energia para uma carga de 1 coulomb (C):

$$1 \text{ V} = 1\frac{\text{J}}{\text{C}}$$

Lembre-se de que um elétron tem uma carga de 1,602 × 10⁻¹⁹ C. (Seção 2.2)

A diferença de potencial entre dois eletrodos de uma célula voltaica é chamada de **potencial da célula**, indicada como $E_{cél}$. Visto que a diferença de potencial fornece a força propulsora que impulsiona os elétrons pelo circuito externo, também a chamamos de **força eletromotriz** ("provoca o movimento do elétron"), ou **fem**. Uma vez que $E_{cél}$ é medida em volts, costumamos nos referir a ela como *tensão* (ou voltagem) da célula.

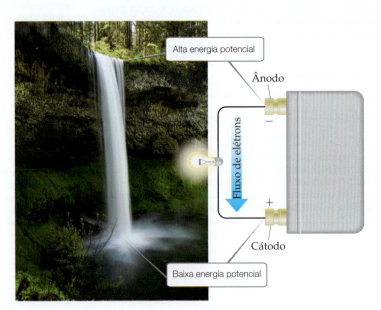

▶ **Figura 20.7 Analogia da água para o fluxo de elétrons.** Assim como a água flui espontaneamente morro abaixo, os elétrons fluem espontaneamente do ânodo para o cátodo em uma célula voltaica.

O potencial de qualquer célula voltaica é positivo. A grandeza desse potencial depende das reações específicas que ocorrem no cátodo e no ânodo, das concentrações dos reagentes e dos produtos e da temperatura, que vamos considerar 25 °C, a menos que seja especificada de outra maneira. Nesta seção, teremos como foco as células que funcionam a 25 °C sob *condições padrão*. Conforme a Tabela 19.2, as condições padrão incluem concentrações de 1 M para reagentes e produtos em solução e 1 atm de pressão para os que são gases. O potencial da célula em condições padrão é denominado **potencial padrão da célula**, ou **fem padrão**, e representado por $E°_{cél}$. Por exemplo, para a célula voltaica Zn−Cu da Figura 20.5, o potencial padrão da célula a 25 °C é +1,10 V:

$$Zn(s) + Cu^{2+}(aq, 1\ M) \longrightarrow Zn^{2+}(aq, 1\ M) + Cu(s) \qquad E°_{cél} = +1,10\ V$$

Lembre-se de que o sobrescrito ° indica condições de estado padrão. (Seção 5.7)

Potenciais padrão de redução

O potencial padrão de uma célula voltaica, $E°_{cél}$, depende de semicélulas específicas de cátodo e ânodo. Em princípio, poderíamos tabular os potenciais padrão da célula para todas as combinações possíveis de cátodo-ânodo. Entretanto, não é necessário fazer esse trabalho árduo. Em vez disso, podemos atribuir um potencial padrão para cada semicélula e usar esses potenciais para determinar $E°_{cél}$. O potencial da célula representa a diferença entre dois potenciais de semicélula. Por convenção, o potencial associado a cada eletrodo é escolhido como o potencial para a *redução* que ocorre nele. Dessa forma, os potenciais padrão de semicélula são tabulados para as reações de redução. Isso significa que eles são os **potenciais padrão de redução**, indicados como $E°_{red}$. O potencial padrão da célula, $E°_{cél}$, é dado pelo potencial padrão de redução da reação do cátodo, $E°_{red}$ (cátodo), *menos* o potencial padrão de redução da reação do ânodo, $E°_{red}$ (ânodo):

$$E°_{cél} = E°_{red}\ (\text{cátodo}) - E°_{red}\ (\text{ânodo}) \qquad [20.8]$$

Não é possível medir o potencial padrão de redução de uma semirreação diretamente. Entretanto, se atribuirmos um potencial padrão de redução para uma certa semirreação de referência, podemos determinar os potenciais padrão de redução de outras semirreações em relação a esse valor de referência. A semirreação de referência é a redução de $H^+(aq)$ a $H_2(g)$ sob condições padrão, à qual se atribui um potencial padrão de redução de 0 V:

$$2\ H^+(aq, 1\ M) + 2\ e^- \longrightarrow H_2(g, 1\ atm) \qquad E°_{red} = 0\ V \qquad [20.9]$$

Um eletrodo desenvolvido para produzir essa semirreação é chamado de **eletrodo padrão de hidrogênio** (EPH) e consiste em um fio de platina conectado a um pedaço de lâmina de platina coberto com platina finamente dividida, que serve como uma superfície inerte para a reação (**Figura 20.8**). O EPH permite que a platina fique em contato com

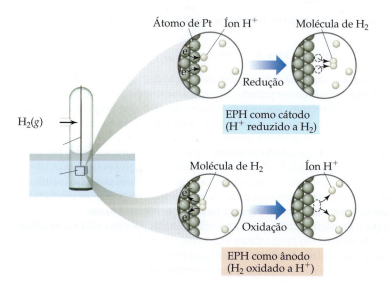

▲ **Figura 20.8** O eletrodo padrão de hidrogênio (EPH) é usado como um eletrodo de referência.

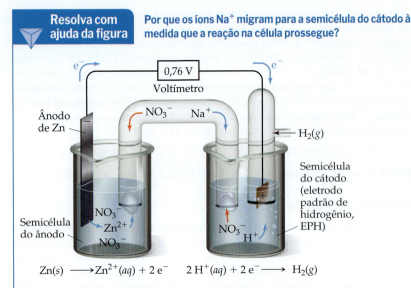

Resolva com ajuda da figura — Por que os íons Na⁺ migram para a semicélula do cátodo à medida que a reação na célula prossegue?

▲ **Figura 20.9 Célula voltaica que usa um eletrodo padrão de hidrogênio (EPH).** A semicélula do ânodo é Zn metálico em uma solução de Zn(NO₃)₂(aq), e a semicélula de cátodo é EPH em uma solução de HNO₃(aq).

1 M de H⁺(aq) e com um fluxo de gás hidrogênio a 1 atm. O EPH pode funcionar como o ânodo ou como o cátodo de uma célula, dependendo da natureza do outro eletrodo.

A **Figura 20.9** mostra uma célula voltaica usando EPH. A reação espontânea (a oxidação de Zn e a redução de H⁺) está representada na Figura 20.1:

$$Zn(s) + 2H^+(aq) \longrightarrow Zn^{2+}(aq) + H_2(g)$$

Quando a célula é operada sob condições padrão, seu potencial é +0,76 V. Ao aplicar o potencial padrão de célula ($E°_{cél}$ = 0,76 V), o potencial padrão de redução definido do H⁺ ($E°_{red}$ = 0 V) e a Equação 20.8, podemos determinar o potencial padrão de redução para a semirreação Zn²⁺/Zn:

$$E°_{cél} = E°_{red}(\text{cátodo}) - E°_{red}(\text{ânodo})$$

$$+0{,}76\,V = 0\,V - E°_{red}(\text{ânodo})$$

$$E°_{red}(\text{ânodo}) = -0{,}76\,V$$

Portanto, um potencial padrão de redução de −0,76 V pode ser atribuído à redução de Zn²⁺ a Zn:

$$Zn^{2+}(aq, 1\,M) + 2e^- \longrightarrow Zn(s) \quad E°_{red} = -0{,}76\,V$$

Escrevemos a reação como uma redução, embora a reação de Zn, na Figura 20.9, seja uma oxidação. *Quando atribuímos um potencial elétrico a uma semirreação, escrevemos a reação como uma redução*. No entanto, semirreações são reversíveis, podendo operar como reduções ou oxidações. Por consequência, às vezes, as semirreações são escritas usando duas setas (⇌) entre reagentes e produtos, como nas reações de equilíbrio.

Os potenciais padrão de redução para outras semirreações podem ser determinados de modo análogo ao usado para Zn²⁺/Zn. A **Tabela 20.1** relaciona alguns potenciais padrão de redução; uma lista mais completa é encontrada no Apêndice E. Esses potenciais padrão de redução, que costumam ser chamados de *potenciais de semicélula*, podem ser combinados para calcular os valores de $E°_{cél}$ de uma grande variedade de células voltaicas.

Visto que o potencial elétrico mede a energia potencial por carga elétrica, os potenciais padrão de redução são propriedades intensivas. (Seção 1.3) Em outras palavras, se aumentarmos a quantidade de substâncias em uma reação redox, aumentaremos tanto a energia quanto as cargas envolvidas, mas a razão energia (joules)/carga elétrica (coulombs)

Capítulo 20 | Eletroquímica 853

TABELA 20.1 Potenciais padrão de redução em água a 25 °C

$E°_{red}$(V)	Semirreação de redução
+2,87	$F_2(g) + 2e^- \longrightarrow 2F^-(aq)$
+1,51	$MnO_4^-(aq) + 8H^+(aq) + 5e^- \longrightarrow Mn^{2+}(aq) + 4H_2O(l)$
+1,36	$Cl_2(g) + 2e^- \longrightarrow 2Cl^-(aq)$
+1,33	$Cr_2O_7^{2-}(aq) + 14H^+(aq) + 6e^- \longrightarrow 2Cr^{3+}(aq) + 7H_2O(l)$
+1,23	$O_2(g) + 4H^+(aq) + 4e^- \longrightarrow 2H_2O(l)$
+1,06	$Br_2(l) + 2e^- \longrightarrow 2Br^-(aq)$
+0,96	$NO_3^-(aq) + 4H^+(aq) + 3e^- \longrightarrow NO(g) + 2H_2O(l)$
+0,80	$Ag^+(aq) + e^- \longrightarrow Ag(s)$
+0,77	$Fe^{3+}(aq) + e^- \longrightarrow Fe^{2+}(aq)$
+0,68	$O_2(g) + 2H^+(aq) + 2e^- \longrightarrow H_2O_2(aq)$
+0,59	$MnO_4^-(aq) + 2H_2O(l) + 3e^- \longrightarrow MnO_2(s) + 4OH^-(aq)$
+0,54	$I_2(s) + 2e^- \longrightarrow 2I^-(aq)$
+0,40	$O_2(g) + 2H_2O(l) + 4e^- \longrightarrow 4OH^-(aq)$
+0,34	$Cu^{2+}(aq) + 2e^- \longrightarrow Cu(s)$
0 [definido]	$2H^+(aq) + 2e^- \longrightarrow H_2(g)$
−0,28	$Ni^{2+}(aq) + 2e^- \longrightarrow Ni(s)$
−0,44	$Fe^{2+}(aq) + 2e^- \longrightarrow Fe(s)$
−0,76	$Zn^{2+}(aq) + 2e^- \longrightarrow Zn(s)$
−0,83	$2H_2O(l) + 2e^- \longrightarrow H_2(g) + OH^-(aq)$
−1,66	$Al^{3+}(aq) + 3e^- \longrightarrow Al(s)$
−2,71	$Na^+(aq) + e^- \longrightarrow Na(s)$
−3,05	$Li^+(aq) + e^- \longrightarrow Li(s)$

permanecerá constante (V = J/C). Dessa forma, *a variação do coeficiente estequiométrico em uma semirreação não afeta o valor do potencial padrão de redução*. Por exemplo, $E°_{red}$ é igual para a redução de 10 mols de Zn^{2+} e para a redução de 1 mol de Zn^{2+}:

$$10Zn^{2+}(aq, 1M) + 20e^- \longrightarrow 10Zn(s) \quad E°_{red} = -0,76 V$$

Exercício resolvido 20.5
Cálculo de $E°_{red}$ a partir de $E°_{cél}$

Para a célula voltaica Zn–Cu, mostrada na Figura 20.5, temos:

$$Zn(s) + Cu^{2+}(aq, 1M) \longrightarrow Zn^{2+}(aq, 1M) + Cu(s) \quad E°_{cél} = 1,10 V$$

Dado que o potencial padrão de redução de Zn^{2+} para Zn(s) é −0,76 V, calcule $E°_{red}$ para a redução de Cu^{2+} a Cu:

$$Cu^{2+}(aq, 1M) + 2e^- \longrightarrow Cu(s)$$

SOLUÇÃO
Analise A partir de $E°_{cél}$ e $E°_{red}$ para Zn^{2+}, devemos calcular $E°_{red}$ para Cu^{2+}.

Planeje Na célula voltaica, Zn é oxidado e, portanto, é o ânodo. Dessa forma, $E°_{red}$ para Zn^{2+} é $E°_{red}$ (ânodo). Como Cu^{2+} é reduzido, está na semirreação do cátodo. Assim, o potencial de redução desconhecido para Cu^{2+} é $E°_{red}$ (cátodo). Sabendo $E°_{cél}$ e $E°_{red}$ (ânodo), podemos aplicar a Equação 20.8 para calcular $E°_{red}$ (cátodo).

(Continua)

Resolva

$$E°_{cél} = E°_{red}(\text{cátodo}) - E°_{red}(\text{ânodo})$$

$$1{,}10\,V = E°_{red}(\text{cátodo}) - (-0{,}76\,V)$$

$$E°_{red}(\text{cátodo}) = 1{,}10\,V - 0{,}76\,V = 0{,}34\,V$$

Confira Esse potencial padrão de redução está de acordo com o que consta na Tabela 20.1.

Comentário O potencial padrão de redução para Cu^{2+} pode ser representado como $E°_{Cu^{2+}} = 0{,}34\,V$ e para Zn^{2+} como $E°_{Zn^{2+}} = -0{,}76\,V$. O subscrito identifica o íon reduzido na semirreação de redução.

▶ **Para praticar**

O potencial padrão de uma célula voltaica é 1,46 V, com base nas seguintes semirreações:

$$In^+(aq) \longrightarrow In^{3+}(aq) + 2\,e^-$$

$$Br_2(l) + 2\,e^- \longrightarrow 2\,Br^-(aq)$$

Com base na Tabela 20.1, calcule $E°_{red}$ para a redução de In^{3+} a In^+.

Exercício resolvido 20.6

Cálculo de $E°_{cél}$ a partir de $E°_{red}$

Use a Tabela 20.1 para calcular $E°_{cél}$ para a célula voltaica descrita no Exercício resolvido 20.4, que se baseia na reação:

$$Cr_2O_7^{2-}(aq) + 14\,H^+(aq) + 6\,I^-(aq) \longrightarrow 2\,Cr^{3+}(aq) + 3\,I_2(s) + 7\,H_2O(l)$$

SOLUÇÃO

Analise Com base na equação para uma reação redox, devemos usar os dados da Tabela 20.1 para calcular o potencial padrão para a célula voltaica associada.

Planeje O primeiro passo é identificar as semirreações que ocorrem no cátodo e no ânodo, o que já fizemos no Exercício resolvido 20.4. Depois, usamos os dados da Tabela 20.1 e a Equação 20.8 para calcular o potencial padrão da célula.

Resolva

As semirreações são:

Cátodo: $Cr_2O_7^{2-}(aq) + 14\,H^+(aq) + 6\,e^- \longrightarrow 2\,Cr^{3+}(aq) + 7\,H_2O(l)$

Ânodo: $6\,I^-(aq) \longrightarrow 3\,I_2(s) + 6\,e^-$

De acordo com a Tabela 20.1, o potencial padrão de redução para a redução de $Cr_2O_7^{2-}$ a Cr^{3+} é +1,33 V, e o potencial padrão de redução para a redução de I_2 a I^- (o inverso da semirreação de oxidação) é +0,54 V. Aplicamos esses dados na Equação 20.8:

$$E°_{cél} = E°_{red}(\text{cátodo}) - E°_{red}(\text{ânodo}) = 1{,}33\,V - 0{,}54\,V = 0{,}79\,V$$

Comentário Embora a semirreação do iodeto deva ser multiplicada por 3 para obtermos uma equação balanceada para a reação, o valor de $E°_{red}$ não é multiplicado por 3. Como observamos, o potencial padrão de redução é uma propriedade intensiva; logo, independe dos coeficientes estequiométricos específicos.

Confira O potencial da célula, 0,79 V, é um número positivo. Como já observado, uma célula voltaica deve ter um potencial positivo.

▶ **Para praticar**

Com base nos dados na Tabela 20.1, calcule a fem para uma célula que emprega a seguinte reação de célula:
$2\,Al(s) + 3\,I_2(s) \longrightarrow 2\,Al^{3+}(aq) + 6\,I^-(aq)$.

Para cada semicélula de uma célula voltaica, o potencial padrão de redução fornece uma medida da tendência para a reação ocorrer: *quanto mais positivo for o valor de $E°_{red}$, maior será a tendência de redução sob condições padrão*. Em qualquer célula voltaica nessas condições, o valor de $E°_{red}$ no cátodo é mais positivo do que o de $E°_{red}$ para a reação no ânodo. Assim, os elétrons fluem espontaneamente pelo circuito interno, do eletrodo com o valor mais negativo de $E°_{red}$ para o eletrodo com o valor mais positivo de $E°_{red}$. A **Figura 20.10** ilustra a relação entre os potenciais padrão de redução para as duas semirreações da célula voltaica Zn–Cu da Figura 20.5.

Exercício resolvido 20.7
Determinação de semirreações em eletrodos e cálculo de potenciais de célula

Uma célula voltaica é baseada nas duas semirreações a seguir:

$$Cd^{2+}(aq) + 2\,e^- \longrightarrow Cd(s)$$
$$Sn^{2+}(aq) + 2\,e^- \longrightarrow Sn(s)$$

Com base nos dados do Apêndice E, determine (a) as semirreações que ocorrem no cátodo e no ânodo, (b) o potencial padrão da célula.

SOLUÇÃO
Analise Precisamos consultar $E°_{red}$ para as duas semirreações e aplicar esses valores para determinar o cátodo e o ânodo da célula e, depois, para calcular o potencial padrão da célula, $E°_{cél}$.

Planeje O cátodo terá a redução com o valor mais positivo de $E°_{red}$, e o ânodo terá a reação com o valor menos positivo de $E°_{red}$. Para escrever a semirreação do ânodo, invertemos a semirreação escrita para a redução, de modo que a semirreação é escrita como uma oxidação.

Resolva

(a) De acordo com o Apêndice E, $E°_{red}(Cd^{2+}/Cd) = -0{,}40$ V e $E°_{red}(Sn^{2+}/Sn) = -0{,}14$ V. O potencial padrão de redução para Sn^{2+} é mais positivo (menos negativo) que o para Cd^{2+}; com isso, a redução de Sn^{2+} é a reação que ocorre no cátodo:

Cátodo: $\quad Sn^{2+}(aq) + 2\,e^- \longrightarrow Sn(s)$

A reação do ânodo, consequentemente, é a perda de elétrons do Cd:

Ânodo: $\quad Cd(s) \longrightarrow Cd^{2+}(aq) + 2\,e^-$

(b) O potencial da célula é dado pela diferença entre os potenciais padrão de redução do cátodo e do ânodo (Equação 20.8):

$$E°_{cél} = E°_{red}(\text{cátodo}) - E°_{red}(\text{ânodo})$$
$$= (-0{,}14\,V) - (-0{,}40\,V) = 0{,}26\,V$$

Comentário Observe que não é importante que os valores de $E°_{red}$ de ambas as semirreações sejam negativos; os valores negativos apenas indicam de que maneira essas reduções são comparadas à reação de referência, que representa a redução de $H^+(aq)$.

Confira O potencial da célula é positivo, como deve ser no caso de uma célula voltaica.

▶ **Para praticar**
Uma célula voltaica é baseada em uma semicélula Co^{2+}/Co e em uma semicélula AgCl/Ag. (a) Qual semirreação ocorre no ânodo? (b) Qual é o potencial padrão da célula?

Forças de agentes oxidantes e redutores

A Tabela 20.1 apresenta as semirreações por ordem decrescente de tendência a sofrer redução. Por exemplo, F_2 está no topo da tabela, com o valor mais positivo para $E°_{red}$. Assim, F_2 é a espécie mais facilmente reduzida da Tabela 20.1. Portanto, é o agente oxidante mais forte entre os listados.

Entre os agentes oxidantes mais utilizados estão os halogêneos, O_2, e os oxiânions, como MnO_4^-, $Cr_2O_7^{2-}$ e NO_3^-, cujos átomos centrais têm estados de oxidação altamente positivos. De acordo com a Tabela 20.1, todas essas espécies têm valores altamente positivos de $E°_{red}$, de modo que sofrem redução com muita facilidade.

Quanto menor for a tendência de uma semirreação ocorrer em um sentido, maior será a sua tendência em ocorrer no sentido oposto. Assim, *a semirreação com o potencial de redução mais negativo da Tabela 20.1 é aquela mais facilmente invertida para ocorrer como uma oxidação.* Na base da tabela, $Li^+(aq)$ é a espécie mais difícil de reduzir e, portanto, o agente oxidante mais fraco da lista. Embora $Li^+(aq)$ tenha pouca tendência em ganhar elétrons, a reação inversa, a oxidação de $Li(s)$ para $Li^+(aq)$, é altamente favorável. Assim, Li é o agente redutor mais forte entre as substâncias listadas na Tabela 20.1. (Note que, como a Tabela 20.1 lista semirreações como reduções, somente as substâncias no lado dos reagentes dessas equações podem servir como agentes oxidantes, e apenas aquelas no lado dos produtos podem servir como agentes redutores.)

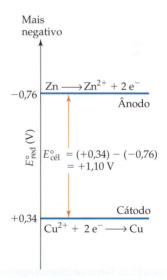

▲ **Figura 20.10** Potenciais de semicélula e potencial padrão de célula para a célula voltaica Zn–Cu.

Agentes redutores de uso mais comuns incluem H₂ e os metais reativos, como metais alcalinos e alcalino-terrosos. Outros metais cujos cátions apresentam valores negativos de $E°_{red}$ (p. ex., Zn e Fe) também são usados como agentes redutores. As soluções de agentes redutores são difíceis de estocar por longos períodos, em virtude da onipresença de O₂, um bom agente oxidante.

As informações contidas na Tabela 20.1 são resumidas graficamente na **Figura 20.11**. Para as semirreações no topo da Tabela 20.1, as substâncias no lado dos reagentes na equação são aquelas que se reduzem com mais facilidade; portanto, são os agentes oxidantes mais fortes. As substâncias no lado dos produtos dessas reações são as mais difíceis de reduzir; portanto, são os agentes redutores mais fracos da tabela. Assim, a Figura 20.11 mostra F₂(g) como o agente oxidante mais forte e F⁻(aq) como o agente redutor mais fraco. Por outro lado, os reagentes em semirreações na parte inferior da Tabela 20.1, como o Li⁺(aq), são os mais difíceis de reduzir e, portanto, são os agentes oxidantes mais fracos, ao passo que os produtos dessas reações, como Li(s), são as espécies oxidadas com mais facilidade da tabela e, portanto, são os agentes redutores mais fortes.

Essa relação inversa entre as forças oxidante e redutora assemelha-se à relação inversa entre as forças de ácidos e bases conjugadas. (Seção 16.2 e Figura 16.3)

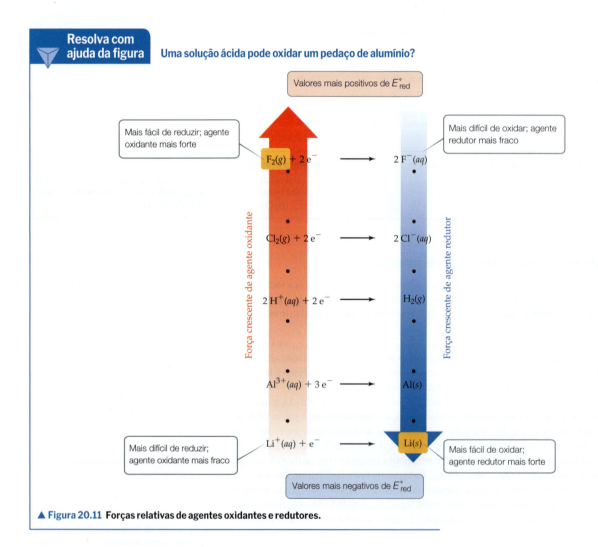

▲ **Figura 20.11** Forças relativas de agentes oxidantes e redutores.

Exercício resolvido 20.8
Determinação de forças relativas de agentes oxidantes

Com base na Tabela 20.1, classifique os íons a seguir por ordem crescente de força como agentes oxidantes: $NO_3^-(aq)$, $Ag^+(aq)$, $Cr_2O_7^{2-}(aq)$.

SOLUÇÃO
Analise Devemos classificar a habilidade de vários íons de atuar como agentes oxidantes.

Planeje Quanto mais facilmente um íon é reduzido (quanto mais positivo é seu valor de $E°_{red}$), mais forte ele é como agente oxidante.

Resolva
De acordo com a Tabela 20.1, temos:

$$NO_3^-(aq) + 4\,H^+(aq) + 3\,e^- \longrightarrow NO(g) + 2\,H_2O(l) \quad E°_{red} = +0{,}96\,V$$

$$Ag^+(aq) + e^- \longrightarrow Ag(s) \quad E°_{red} = +0{,}80\,V$$

$$Cr_2O_7^{2-}(aq) + 14\,H^+(aq) + 6\,e^- \longrightarrow 2\,Cr^{3+}(aq) + 7\,H_2O(l) \quad E°_{red} = +1{,}33\,V$$

Como seu potencial padrão de redução é o mais positivo, $Cr_2O_7^{2-}(aq)$ é o agente oxidante mais forte dos três. A ordem de classificação é:

$$Ag^+ < NO_3^- < Cr_2O_7^{2-}$$

▶ **Para praticar**
Com base na Tabela 20.1, ordene as espécies a seguir do agente redutor mais forte para o mais fraco: $I^-(aq)$, $Fe(s)$, $Al(s)$.

Exercícios de autoavaliação

EAA 20.10 Considere uma célula voltaica baseada em uma semicélula que contém um eletrodo de Zn em uma solução de $Zn^{2+}(aq)$ 1,0 M e outra semicélula que contém um eletrodo de Sn em uma solução de $Sn^{2+}(aq)$ 1,0 M. Qual é o valor de $E°_{cél}$? Para os potenciais padrão de redução, consulte o Apêndice E. **(a)** −0,90 V **(b)** −0,62 V **(c)** 0,62 V **(d)** 0,90 V **(e)** Não é possível criar uma célula voltaica porque ambas as semicélulas têm potenciais padrão de redução negativos.

EAA 20.11 Para construir uma célula voltaica, um eletrodo de níquel é posicionado em uma solução de $NiCl_2(aq)$ 1,0 M e um eletrodo de ouro é posicionado em uma solução de $AuNO_3(aq)$ 1,0 M. Um voltímetro mostra que $E°_{cél} = 1{,}97$ V. Considerando que a Tabela 20.1 mostra que o potencial padrão de redução para $Ni^{2+}(aq)$ é −0,28 V, nessa célula, o eletrodo de ouro atua como _____, e o potencial padrão de redução da semirreação $Au^+(aq) + e^- \longrightarrow Au(s)$ é $E°_{red} = $ _____. **(a)** ânodo, +1,69 V **(b)** ânodo, +2,25 V **(c)** cátodo, +1,69 V **(d)** cátodo, +2,25 V

EAA 20.12 Use a Tabela 20.1 para ordenar as espécies a seguir do agente oxidante mais forte para o mais fraco: O_2, Fe^{2+}, MnO_4^-. **(a)** $O_2 > MnO_4^- > Fe^{2+}$ **(b)** $MnO_4^- > Fe^{2+} > O_2$ **(c)** $Fe^{2+} > MnO_4^- > O_2$ **(d)** $MnO_4^- > O_2 > Fe^{2+}$ **(e)** $O_2 > Fe^{2+} > MnO_4^-$

20.5 | Energia livre e reações redox

Podemos observar que as células voltaicas usam reações redox que ocorrem espontaneamente para produzir um potencial de célula positivo. Dados os potenciais de semicélulas, podemos determinar se uma reação é espontânea. Para isso, usamos uma forma da Equação 20.8 que descreve reações redox em geral, não somente reações em células voltaicas:

$$E° = E°_{red}(\text{processo de redução}) = E°_{red}(\text{processo de oxidação}) \quad [20.10]$$

Ao escrever a Equação 20.10 dessa forma, retiramos o subscrito "cél" para indicar que a fem calculada não se refere necessariamente a uma célula voltaica. Também generalizamos os potenciais padrão de redução ao usar os termos gerais *redução* e *oxidação* em vez de *cátodo* e *ânodo*, termos específicos para células voltaicas. Agora, podemos fazer uma afirmação geral sobre a espontaneidade de uma reação e sua fem associada, E: *um valor positivo de* E *indica um processo espontâneo, e um valor negativo de* E *indica um processo não espontâneo*. Vamos considerar E para representar a fem sob condições não padrão e E° para indicar a fem padrão.

Objetivos de aprendizagem

Após terminar a Seção 20.5, você deve ser capaz de:
▶ Determinar se uma reação redox é espontânea no sentido direto sob condições padrão.
▶ Calcular a energia livre de Gibbs, ΔG, a partir do potencial de célula, E, e vice-versa.
▶ Calcular a constante de equilíbrio, K, para uma reação redox a partir do potencial padrão da célula, E°, e vice-versa.

Exercício resolvido 20.9
Determinação da espontaneidade

Com base na Tabela 20.1, determine se as seguintes reações são espontâneas sob condições padrão:
(a) Cu(s) + 2 H$^+$(aq) ⟶ Cu^{2+}(aq) + H$_2$(g)
(b) Cl$_2$(g) + 2 I$^-$(aq) ⟶ 2 Cl$^-$(aq) + I$_2$(s)

SOLUÇÃO

Analise A partir de duas reações, devemos determinar se cada uma delas é espontânea.

Planeje Para determinar se uma reação redox é espontânea sob condições padrão, primeiro precisamos escrever suas semirreações de redução e oxidação. Em seguida, podemos usar os potenciais padrão de redução e a Equação 20.10 para calcular a fem padrão, $E°$, da reação. Se uma reação é espontânea, sua fem padrão deve ser um número positivo.

Resolva

(a) Em primeiro lugar, devemos identificar as semirreações de oxidação e redução que, quando combinadas, resultam na reação total.

Redução: 2 H$^+$(aq) + 2 e$^-$ ⟶ H$_2$(g)
Oxidação: Cu(s) ⟶ Cu^{2+}(aq) + 2 e$^-$

Procuramos os potenciais padrão de redução para ambas as semirreações que consideraremos para calcular $E°$, por meio da Equação 20.10:

$E° = E°_{red}$ (processo de redução) $- E°_{red}$ (processo de oxidação)
$= (0\,V) - (0{,}34\,V) = -0{,}34\,V$

Visto que o valor de $E°$ é negativo, a reação é não espontânea no sentido escrito. O cobre metálico não reage com ácidos, conforme escrito na equação (a). Entretanto, a reação inversa *é* espontânea e tem valor positivo de $E°$:

Cu^{2+}(aq) + H$_2$(g) ⟶ Cu(s) + 2 H$^+$(aq) $E° = +0{,}34\,V$

Assim, Cu^{2+} pode ser reduzido por H$_2$.

(b) Seguimos um procedimento análogo ao do item (a):

Redução: Cl$_2$(g) + 2 e$^-$ ⟶ 2 Cl$^-$(aq)
Oxidação: 2 I$^-$(aq) ⟶ I$_2$(s) + 2 e$^-$

Nesse caso: $E° = (1{,}36\,V) - (0{,}54\,V) = +0{,}82\,V$

Como o valor de $E°$ é positivo, essa reação é espontânea.

▶ **Para praticar**
Partindo dos potenciais padrão de redução listados no Apêndice E, determine quais das seguintes reações são espontâneas sob condições padrão:

(a) (a) I$_2$(s) + 5 Cu^{2+}(aq) + 6 H$_2$O(l) ⟶ 2 IO$_3^-$(aq) + 5 Cu(s) + 12 H$^+$(aq)
(b) Hg^{2+}(aq) + 2 I$^-$(aq) ⟶ Hg(l) + I$_2$(s)
(c) H$_2$SO$_3$(aq) + 2 Mn(s) 4 H$^+$(aq) ⟶ S(s) + 2 Mn^{2+}(aq) + 3 H$_2$O(l)

Podemos usar os potenciais padrão de redução para entender a série de reatividade dos metais. (Seção 4.4) Lembre-se de que qualquer metal na série de reatividade (Tabela 4.5) é oxidado pelos íons de qualquer outro metal abaixo dele. Agora, podemos identificar a origem dessa regra com base nos potenciais padrão de redução. A série de reatividade consiste em reações de oxidação dos metais, ordenados do agente redutor mais forte no topo para o agente redutor mais fraco na base. (Portanto, a ordem é "invertida" em relação à da Tabela 20.1.) Por exemplo, o níquel fica acima da prata na série de reatividade, sendo o agente redutor mais forte. Visto que um agente redutor é oxidado em qualquer reação redox, o níquel é oxidado com mais facilidade do que a prata. Portanto, em uma mistura de níquel metálico e cátions de prata, esperamos uma reação de deslocamento em que os íons de prata são deslocados na solução pelos íons de níquel:

Ni(s) + 2 Ag$^+$(aq) ⟶ Ni^{2+}(aq) + 2 Ag(s)

Nessa reação, Ni é oxidado e Ag^+, reduzido. Consequentemente, a fem padrão para a reação é:

$$E° = E°_{red}(Ag^+/Ag) - E°_{red}(Ni^{2+}/Ni)$$
$$= (+0,80\,V) - (-0,28\,V) = +1,08\,V$$

O valor positivo de $E°$ indica que o deslocamento da prata pelo níquel resultante da oxidação de Ni metálico e da redução de Ag^+ é um processo espontâneo. Lembre-se de que a semirreação da prata é multiplicada por 2, mas não o potencial de redução.

Fem, energia livre e constante de equilíbrio

A variação na energia livre de Gibbs, ΔG, é uma medida da espontaneidade de um processo que ocorre a temperatura e pressão constantes. (Seção 19.5) A fem, E, de uma reação redox também indica se a reação é espontânea. Portanto, não é surpresa que essas duas grandezas estejam relacionadas pela equação:

$$\Delta G = -nFE \quad [20.11]$$

Nessa equação, n é um número positivo sem unidades, representando o número de elétrons transferidos de acordo com a equação balanceada da reação, e F é a **constante de Faraday**, em homenagem a Michael Faraday (**Figura 20.12**):

$$F = 96.485\,C/mol = 96.485\,J/V\text{-}mol$$

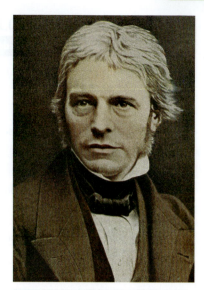

▲ **Figura 20.12 Michael Faraday.** Faraday (1791–1867) nasceu na Inglaterra, filho de um pobre ferreiro. Aos 14 anos, foi aprendiz de um encadernador, que o permitia ler e assistir a palestras. Em 1812, ele se tornou assistente no laboratório de Humphry Davy, no Royal Institution, e o sucedeu como o cientista mais famoso e influente da Inglaterra. Entre seu incrível número de importantes descobertas está a formulação das relações quantitativas entre corrente elétrica e extensão das reações químicas em células eletroquímicas.

A constante de Faraday é a grandeza de carga elétrica em 1 mol de elétrons.

As unidades de ΔG, calculadas pela Equação 20.11, são J/mol. Assim como na Equação 19.19, usamos "por mol" no sentido de por mol da reação, como indicado pelos coeficientes na equação balanceada. (Seção 19.7)

Tanto n quanto F são números positivos. Portanto, um valor positivo de E na Equação 20.11 leva a um valor negativo de ΔG. Lembre-se: *tanto um valor positivo de E quanto um negativo de ΔG indicam uma reação espontânea.* Quando reagentes e produtos estão em seus estados padrão, a Equação 20.11 pode ser modificada para relacionar $\Delta G°$ e $E°$:

$$\Delta G° = -nFE° \quad [20.12]$$

Visto que $\Delta G°$ está relacionado à constante de equilíbrio, K, para uma reação com expressão $\Delta G° = -RT \ln K$ (Equação 19.20), podemos relacionar $E°$ a K, solucionando a Equação 20.12 para $E°$ e, em seguida, substituindo a expressão da Equação 19.20 para $\Delta G°$.

$$E° = \frac{\Delta G°}{-nF} = \frac{-RT \ln K}{-nF} = \frac{RT}{nF} \ln K \quad [20.13]$$

A **Figura 20.13** resume as relações entre $E°$, $\Delta G°$ e K.

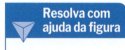 **Resolva com ajuda da figura** O que a variável n representa nas equações $\Delta G°$ e $E°$?

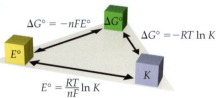

▲ **Figura 20.13 Relações entre $E°$, $\Delta G°$ e K.** Qualquer um desses parâmetros importantes pode ser utilizado para calcular os outros dois. Os sinais de $E°$ e ΔG determinam o sentido em que a reação prossegue sob condições padrão. A magnitude de K determina as grandezas relativas de reagentes e produtos em uma mistura no equilíbrio.

860 Química: a ciência central

Exercício resolvido 20.10
Aplicação de potenciais padrão de redução para calcular $\Delta G°$ e K

(a) Use os potenciais padrão de redução listados na Tabela 20.1 para calcular a variação da energia livre, $\Delta G°$, e a constante de equilíbrio, K, a 298 K para a seguinte reação:

$$4\,Ag(s) + O_2(g) + 4\,H^+(aq) \longrightarrow 4\,Ag^+(aq) + 2\,H_2O(l)$$

(b) Suponha que a reação do item (a) fosse escrita da seguinte forma:

$$2\,Ag(s) + \tfrac{1}{2}O_2(g) + 2\,H^+(aq) \longrightarrow 2\,Ag^+(aq) + H_2O(l)$$

Quais são os valores de $\Delta G°$, $E°$ e K quando a reação é escrita dessa forma?

SOLUÇÃO

Analise Devemos determinar $\Delta G°$ e K para uma reação redox com base nos potenciais padrão de redução.

Planeje Primeiro, consideramos os dados da Tabela 20.1 e da Equação 20.10 para determinar $E°$ para a reação e, depois, usamos $E°$ na Equação 20.12 para calcular $\Delta G°$. Podemos aplicar tanto a Equação 19.20 quanto a Equação 20.13 para calcular K.

Resolva

(a) Em primeiro lugar, calculamos $E°$ quebrando a equação em duas semirreações e obtendo os valores de $E°_{red}$ a partir da Tabela 20.1 (ou Apêndice E):

Redução: $\quad O_2(g) + 4\,H^+(aq) + 4\,e^- \longrightarrow 2\,H_2O(l) \qquad E°_{red} = +1{,}23\,V$

Oxidação: $\quad 4\,Ag(s) \longrightarrow 4\,Ag^+(aq) + 4\,e^- \qquad E°_{red} = +0{,}80\,V$

Embora a segunda semirreação tenha 4 Ag, usamos o valor de $E°_{red}$ diretamente da Tabela 20.1, porque a fem é uma propriedade intensiva. Usando a Equação 20.10, temos:

$$E° = (1{,}23\,V) - (0{,}80\,V) = 0{,}43\,V$$

As semirreações mostram a transferência de quatro elétrons. Portanto, para essa reação, $n = 4$. Agora, aplicamos a Equação 20.12 para calcular $\Delta G°$:

$$\Delta G° = -nFE°$$
$$= -(4)(96{,}485\,J/V\text{-mol})(+0{,}43\,V)$$
$$= -1{,}7 \times 10^5\,J/mol = -170\,kJ/mol$$

Agora, precisamos calcular a constante de equilíbrio, K, considerando $\Delta G° = RT \ln K$. Como $\Delta G°$ é um número grande e negativo, a reação é termodinamicamente muito favorável; portanto, esperamos que K seja grande.

$$\Delta G° = -RT \ln K$$
$$-1{,}7 \times 10^5\,J/mol = -(8{,}314\,J/mol\text{-K})(298\,K) \ln K$$
$$\ln K = \frac{-1{,}7 \times 10^5\,J/mol}{-(8{,}314\,J/mol\text{-K})(298\,K)}$$
$$\ln K = 69$$
$$K = 9 \times 10^{29}$$

(b) A equação global é igual à do item (a) multiplicada por 1/2. As semirreações são:

Redução: $\quad \tfrac{1}{2}O_2(g) + 2\,H^+(aq) + 2\,e^- \longrightarrow H_2O(l) \qquad E°_{red} = +1{,}23\,V$

Oxidação: $\quad 2\,Ag(s) \longrightarrow 2\,Ag^+(aq) + 2\,e^- \qquad E°_{red} = +0{,}80\,V$

Os valores de $E°_{red}$ são iguais aos do item (a); eles não variam ao multiplicar as semirreações por 1/2. Portanto, $E°$ tem o mesmo valor que no item (a): $E° = +0{,}43\,V$. Entretanto, observe que o valor de n variou para $n = 2$, metade do valor no item (a). Assim, o valor de $\Delta G°$ é a metade do valor no item (a):

$$\Delta G° = -(2)(96{,}485\,J/V\text{-mol})(+0{,}43\,V) = -83\,kJ/mol$$

O valor de $\Delta G°$ é a metade do valor no item (a) porque os coeficientes na equação química são a metade do valor em (a).

Agora, podemos calcular K como antes:

$$-8{,}3 \times 10^4\,J/mol = -(8{,}314\,J/mol\text{-K})(298\,K) \ln K$$
$$K = 4 \times 10^{14}$$

Comentário $E°$ é uma grandeza *intensiva*; portanto, multiplicar uma equação química por determinado fator não afetará o valor de $E°$. Contudo, a multiplicação de uma equação afetará o valor de n e, por consequência, o valor de $\Delta G°$. A variação na energia livre, em unidades de J/mol da reação como escrita, é uma grandeza *extensiva*. A constante de equilíbrio também é uma grandeza extensiva.

▶ **Para praticar**
Considere a seguinte reação: $2\ Ag^+(aq) + H_2(aq) \longrightarrow 2\ Ag(s) + 2\ H^+(aq)$. Calcule $\Delta G°_f$ para o íon $Ag^+(aq)$ a partir dos potenciais padrão de redução da Tabela 20.1 e do fato de que $\Delta G°_f$ para $H_2(g)$, $Ag(s)$ e $H^+(aq)$ é sempre igual a zero. Compare sua resposta ao valor dado no Apêndice C.

OLHANDO DE PERTO | Trabalho elétrico

Para qualquer processo espontâneo, ΔG é uma medida do trabalho útil máximo, $w_{máx}$, que pode ser extraído do processo: $\Delta G = w_{máx}$. (Seção 19.5) Visto que $\Delta G = -nFE$, o máximo trabalho elétrico útil obtido a partir de uma célula voltaica é

$$w_{máx} = -nFE_{cél} \qquad [20.14]$$

Uma vez que a fem da célula, $E_{cél}$, é sempre positiva para uma célula voltaica, $w_{máx}$ é negativo, indicando que o trabalho é realizado *pelo* sistema *sobre* a sua vizinhança, como é de se esperar para uma célula voltaica. (Seção 5.2)

Como indica a Equação 20.14, quanto mais carga uma célula voltaica movimenta por um circuito (nF) e quanto maior a fem que impulsiona os elétrons pelo circuito ($E°_{cél}$), mais trabalho a célula pode realizar. No Exercício resolvido 20.10, calculamos $\Delta G° = -170$ kJ/mol para a reação $4\ Ag(s) + O_2(g) + 4\ H^+(aq) \longrightarrow 4\ Ag^+(aq) + 2\ H_2O(l)$. Assim, uma célula voltaica que utiliza essa reação pode executar um máximo de 170 kJ de trabalho ao consumir 4 mols de Ag, 1 mol de O_2 e 4 mols de H^+.

Se uma reação não é espontânea, ΔG é positivo e E é negativo. Para forçar uma reação não espontânea a ocorrer em uma célula eletroquímica, precisamos aplicar um potencial externo, E_{ext}, que exceda $|E_{cél}|$. Por exemplo, se um processo não espontâneo tem $E = -0,9$ V, o potencial externo E_{ext} deve ser maior que $+0,9$ V para que o processo ocorra. Vamos examinar esses processos não espontâneos na Seção 20.9.

O trabalho elétrico pode ser expresso em unidades de energia de watts vezes o tempo. O *watt* (W) é uma unidade de potência elétrica (i.e., taxa de gasto de energia):

$$1\ W = 1\ J/s$$

Assim, um watt-segundo representa um joule. A unidade empregada por concessionárias de energia elétrica é o quilowatt-hora (kWh), equivalente a $3,6 \times 10^6$ J:

$$1\ kWh = (1000\ W)(1\ h)\left(\frac{3600\ s}{1\ h}\right)\left(\frac{1\ J/s}{1\ W}\right) = 3,6 \times 10^6\ J$$

Exercícios relacionados: 20.63, 20.64

▲ Exercícios de autoavaliação

EAA 20.13 Qual(is) das seguintes afirmações é(são) *verdadeira(s)*?
 (i) Todas as reações redox com fem positiva são espontâneas.
 (ii) Se uma reação redox é espontânea, ela deve ser rápida.
 (iii) Em uma reação redox espontânea, a espécie reduzida tem um potencial padrão de redução mais negativo do que a espécie oxidada.

(**a**) i (**b**) ii (**c**) iii (**d**) i e iii (**e**) i, ii e iii

EAA 20.14 Considere os seguintes potenciais padrão de redução:

$AgI(s) + e^- \longrightarrow Ag(s) + I^-(aq) \qquad E°_{red} = -0,15$ V

$I_2(s) + 2\,e^- \longrightarrow 2\,I^-(aq) \qquad E°_{red} = +0,54$ V

Com base nesses valores, podemos concluir que, sob condições padrão, a reação redox $2\ AgI(s) + I_2(s) \longrightarrow 2\ AgI(s)$ é _____, e $\Delta G°$ para a reação é _____. (**a**) não espontânea, $1,3 \times 10^2$ kJ (**b**) não espontânea, 67 kJ (**c**) espontânea, $-1,3 \times 10^2$ kJ (**d**) espontânea, -67 kJ (**e**) espontânea, -75 kJ

EAA 20.15 Use os potenciais padrão de redução da Tabela 20.1 para determinar a constante de equilíbrio sob condições padrão para a reação

$$Ag^+(aq) + Fe^{2+}(aq) \longrightarrow Ag(s) + Fe^{3+}(aq)$$

(**a**) 0,31 (**b**) 3,2 (**c**) $2,9 \times 10^3$ (**d**) $3,6 \times 10^{26}$ (**e**) $2,8 \times 10^{51}$

20.6 | Potenciais de célula sob condições não padrão

▲ Objetivos de aprendizagem

Após terminar a Seção 20.6, você deve ser capaz de:

▶ Usar a equação de Nernst para relacionar o potencial de célula (ou fem), E, de uma célula voltaica sob condições não padrão com as concentrações de reagentes e produtos e com a temperatura.

▶ Analisar as células de concentração para relacionar o potencial de célula (ou fem), E, e o sentido do fluxo de elétrons com as concentrações de reagentes e produtos em cada semicélula.

Vimos como calcular o potencial de célula, ou fem, de uma célula quando reagentes e produtos estão sob condições padrão. Entretanto, à medida que uma célula voltaica é descarregada, reagentes são consumidos e produtos são gerados, de modo que as concentrações variam. A fem cai progressivamente até $E = 0$, ponto no qual dizemos que a célula está "morta". Nesta seção, examinaremos de que maneira a fem gerada sob condições não padrão pode ser calculada por uma equação a princípio derivada por Walther Nernst (1864–1941), um químico alemão que estabeleceu muitos dos fundamentos teóricos da eletroquímica.

Equação de Nernst

O efeito da concentração sobre a fem de uma célula pode ser obtido a partir do efeito da concentração sobre a variação da energia livre. (Seção 19.7) Lembre-se de que a variação da energia livre, ΔG, está relacionada com a variação da energia livre padrão, $\Delta G°$:

$$\Delta G = \Delta G° + RT \ln Q \qquad [20.15]$$

A grandeza Q é o quociente de reação, que apresenta a forma da expressão da constante de equilíbrio, porém as concentrações são aquelas que existem na mistura reacional em um dado momento. (Seção 15.6)

A substituição de $\Delta G = -nFE$ (Equação 20.11) na Equação 20.15 fornece:

$$-nFE = -nFE° + RT \ln Q$$

A resolução dessa equação para E fornece a **equação de Nernst**:

$$E = E° - \frac{RT}{nF} \ln Q \qquad [20.16]$$

Essa equação costuma ser expressa em termos de logaritmo de base 10:

$$E = E° - \frac{2{,}303\,RT}{nF} \log Q \qquad [20.17]$$

Quando $T = 298$ K, a grandeza $2{,}303\,RT/F$ é igual a 0,0592 V, com unidades de volt; logo, a equação de Nernst é simplificada para:

$$E = E° - \frac{0{,}0592\,\text{V}}{n} \log Q \quad (T = 298\,\text{K}) \qquad [20.18]$$

Podemos usar essa equação para encontrar a fem produzida por uma célula sob condições não padrão ou para determinar a concentração de um reagente ou produto medindo a fem da célula. Por exemplo, considere a seguinte reação:

$$Zn(s) + Cu^{2+}(aq) \longrightarrow Zn^{2+}(aq) + Cu(s)$$

Nesse caso, $n = 2$ (dois elétrons são transferidos do Zn para Cu^{2+}) e a fem padrão é +1,10 V. (Seção 20.4) Assim, a 298 K, a equação de Nernst fornece:

$$E = 1{,}10\,\text{V} - \frac{0{,}0592\,\text{V}}{2} \log \frac{[Zn^{2+}]}{[Cu^{2+}]} \qquad [20.19]$$

Lembre-se de que sólidos puros são excluídos da expressão para Q. (Seção 15.6) De acordo com a Equação 20.19, a fem aumenta à medida que $[Cu^{2+}]$ aumenta e $[Zn^{2+}]$ diminui. Por exemplo, quando $[Cu^{2+}]$ é 5,0 M e $[Zn^{2+}]$ é 0,050 M, temos:

$$E = 1{,}10\,\text{V} - \frac{0{,}0592\,\text{V}}{2} \log\left(\frac{0{,}050}{5{,}0}\right)$$

$$= 1{,}10\,\text{V} - \frac{0{,}0592\,\text{V}}{2}(-2{,}00) = 1{,}16\,\text{V}$$

Portanto, o aumento da concentração do reagente (Cu^{2+}) e a diminuição da concentração do produto (Zn^{2+}) em relação às condições padrão aumentam a fem da célula em relação às condições padrão ($E° = +1{,}10$ V).

A equação de Nernst ajuda a entender por que a fem de uma célula voltaica diminui com as descargas das células. À medida que os reagentes são convertidos em produtos, o valor de Q aumenta e o de E diminui, até atingir $E = 0$. Visto que $\Delta G = -nFE$ (Equação 20.11), $\Delta G = 0$ quando $E = 0$. Lembre-se de que um sistema está em equilíbrio quando $\Delta G = 0$. (Seção 19.7) Assim, quando $E = 0$, a reação da célula atingiu o equilíbrio, e não ocorre reação global.

De modo geral, aumentar as concentrações dos reagentes ou diminuir as concentrações dos produtos aumenta a força propulsora da reação, resultando em uma fem maior. Por outro lado, reduzir a concentração dos reagentes ou aumentar a concentração de produtos diminui a fem em comparação ao seu valor sob condições padrão.

Exercício resolvido 20.11
Potencial de célula sob condições não padrão

Calcule a fem a 298 K gerada por uma célula voltaica em que a reação é

$$Cr_2O_7^{2-}(aq) + 14\,H^+(aq) + 6\,I^-(aq) \longrightarrow 2\,Cr^{3+}(aq) + 3\,I_2(s) + 7\,H_2O(l)$$

quando

$$[Cr_2O_7^{2-}] = 2{,}0\ M,\ [H^+] = 1{,}0\ M,\ [I^-] = 1{,}0\ M\ e\ [Cr^{3+}] = 1{,}0 \times 10^{-5}\ M$$

SOLUÇÃO

Analise Com base em uma equação química para uma célula voltaica e nas concentrações de reagentes e produtos sob as quais ela opera, devemos calcular a fem da célula sob essas condições não padrão.

Planeje Para calcular a fem de uma célula sob condições não padrão, usamos a equação de Nernst na forma da Equação 20.18.

Resolva

Calculamos $E°$ para a célula a partir dos potenciais padrão de redução (Tabela 20.1 ou Apêndice E). A fem padrão para essa reação foi calculada no Exercício resolvido 20.6: $E° = 0{,}79$ V. Como o exercício mostra, seis elétrons foram transferidos do agente redutor para o agente oxidante, logo $n = 6$. O quociente de reação, Q, é:

$$Q = \frac{[Cr^{3+}]^2}{[Cr_2O_7^{2-}][H^+]^{14}[I^-]^6}$$

$$= \frac{(1{,}0 \times 10^{-5})^2}{(2{,}0)(1{,}0)^{14}(1{,}0)^6} = 5{,}0 \times 10^{-11}$$

Usando a Equação 20.18, temos:

$$E = 0{,}79\ V - \left(\frac{0{,}0592\ V}{6}\right)\log(5{,}0 \times 10^{-11})$$

$$= 0{,}79\ V - \left(\frac{0{,}0592\ V}{6}\right)(-10{,}30)$$

$$= 0{,}79\ V + 0{,}10\ V = 0{,}89\ V$$

Confira Esse resultado é qualitativamente o que esperávamos: como a concentração de $Cr_2O_7^{2-}$ (um reagente) é maior que 1 M e a concentração de Cr^{3+} (um produto) é menor que 1 M, a fem é maior que $E°$. Como Q é aproximadamente 10^{-10}, log Q fica em torno de -10. Portanto, a correção de $E°$ é de aproximadamente $0{,}06 \times 10/6$, ou seja, 0,1, em concordância com o cálculo mais detalhado.

▶ **Para praticar**
Para a célula voltaica Zn−Cu, mostrada na Figura 20.5, a fem aumentaria, diminuiria ou não seria alterada se a concentração de $Cu^{2+}(aq)$ fosse aumentada pela adição de $CuSO_4 \cdot 5\,H_2O$ ao compartimento do cátodo?

Exercício resolvido 20.12
Cálculo de concentrações em uma célula voltaica

Se o potencial de uma célula de Zn−H_2 (semelhante à da Figura 20.9) é 0,45 V a 25 °C quando $[Zn^{2+}] = 1{,}0\ M$ e $P_{H_2} = 1{,}0$ atm, qual é o pH da solução do cátodo?

SOLUÇÃO

Analise Partindo da descrição de uma célula voltaica, de sua fem, da concentração de Zn^{2+} e da pressão parcial de H_2 (ambos produtos na reação da célula), devemos calcular o pH da solução do cátodo, que podemos determinar a partir da concentração de H^+, um reagente.

Planeje Escrevemos a equação para a reação da célula e usamos os potenciais padrão de redução para calcular $E°$ da reação. Após determinar o valor de n a partir de nossa equação da reação, resolvemos a equação de Nernst, a Equação 20.18, para Q. Usamos a equação para a reação da célula para escrever uma expressão para Q que contenha $[H^+]$ para determinar $[H^+]$. Por fim, usamos $[H^+]$ para calcular o pH.

Resolva

A reação da célula é:	$Zn(s) + 2\,H^+(aq) \longrightarrow Zn^{2+}(aq) + H_2(g)$
A fem padrão é:	$E° = E°_{red}\ (redução) - E°_{red}\ (oxidação)$ $= 0\ V - (-0{,}76\ V) = +0{,}76\ V$
Uma vez que cada átomo de Zn perde dois elétrons,	$n = 2$

(Continua)

Ao aplicar a Equação 20.18, podemos calcular Q:	$0,45 \text{ V} = 0,76 \text{ V} - \dfrac{0,0592 \text{ V}}{2} \log Q$ $Q = 10^{10,5} = 3 \times 10^{10}$
Q tem a forma da constante de equilíbrio para a reação:	$Q = \dfrac{[Zn^{2+}]P_{H_2}}{[H^+]^2} = \dfrac{(1,0)(1,0)}{[H^+]^2} = 3 \times 10^{10}$
Resolvendo para [H$^+$], temos:	$[H^+]^2 = \dfrac{1,0}{3 \times 10^{10}} = 3 \times 10^{-11}$ $[H^+] = \sqrt{3 \times 10^{-11}} = 6 \times 10^{-6} M$
Por fim, usamos [H$^+$] para calcular o pH da solução catódica:	$\text{pH} = \log[H^+] = -\log(6 \times 10^{-6}) = 5,2$

Comentário Uma célula voltaica cuja reação envolve H$^+$ pode ser usada para medir [H$^+$] ou o pH. Um medidor de pH é uma célula voltaica desenvolvida com um voltímetro calibrado para ler diretamente o pH. (Seção 16.4)

▶ **Para praticar**
Qual é o pH da solução na semicélula do cátodo, mostrada na Figura 20.9, quando P_{H_2} é 1,0 atm, [Zn^{2+}] na semicélula do ânodo é 0,10 M e a fem da célula é 0,542 V?

Células de concentração

Nas células voltaicas que examinamos até o momento, a espécie reativa no ânodo era diferente da do cátodo. Entretanto, a fem da célula depende da concentração, de modo que uma célula voltaica pode ser construída usando a *mesma* espécie em ambas as semi-células, contanto que as concentrações sejam diferentes. Uma célula baseada unicamente na fem gerada em razão de uma diferença de concentração é chamada de **célula de concentração**.

Um exemplo de célula de concentração é mostrado na **Figura 20.14(a)**. Uma semicélula consiste em uma lâmina de níquel metálico imerso em uma solução de Ni^{2+}(aq) 1,00 × 10^{-3} M. A outra semicélula também tem um eletrodo de Ni(s), mas está imersa em uma solução de Ni^{2+}(aq) 1,00 M. As duas semicélulas estão conectadas por uma ponte salina e por um fio externo com um voltímetro. As reações das semicélulas são o inverso uma da outra:

Ânodo:	Ni(s) ⟶ Ni^{2+}(aq) + 2 e$^-$	$E°_{\text{red}} = -0,28$ V
Cátodo:	Ni^{2+}(aq) + 2 e$^-$ ⟶ Ni(s)	$E°_{\text{red}} = -0,28$ V

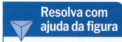
Resolva com ajuda da figura Algum eletrodo ganha massa à medida que a reação procede? Qual?

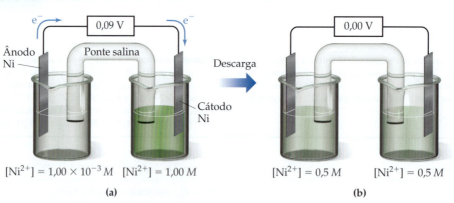

▲ **Figura 20.14 Célula de concentração com base na reação da célula Ni^{2+}–Ni.** (a) As concentrações de Ni^{2+}(aq) nas duas semicélulas são diferentes, e a célula gera uma corrente elétrica. (b) A célula funciona até que [Ni^{2+}] seja igual nas duas semicélulas, ponto em que a célula atingiu o equilíbrio e a fem vai a zero.

Apesar de a fem *padrão* para essa célula ser igual a zero,

$$E°_{cél} = E°_{red}\text{(cátodo)} - E°_{red}\text{(ânodo)} = (-0{,}28\text{ V}) - (-0{,}28\text{ V}) = 0\text{ V}$$

a célula funciona sob condições *não padrão*, porque a concentração de $Ni^{2+}(aq)$ não é 1 M nas duas semicélulas. Na verdade, a célula funciona até que $[Ni^{2+}]_{\text{ânodo}} = [Ni^{2+}]_{\text{cátodo}}$. A oxidação de Ni(s) ocorre na semicélula com a solução mais diluída; isso significa que ele é o ânodo da célula. A redução de $Ni^{2+}(aq)$ ocorre na semicélula com a solução mais concentrada, fazendo dele o cátodo. Portanto, a reação *total* da célula é:

Ânodo:	$Ni(s) \longrightarrow Ni^{2+}(aq, \text{diluído}) + 2\,e^-$
Cátodo:	$Ni^{2+}(aq, \text{concentrado}) + 2\,e^- \longrightarrow Ni(s)$
Total:	$Ni^{2+}(aq, \text{concentrado}) \longrightarrow Ni^{2+}(aq, \text{diluído})$

Podemos calcular a fem de uma célula de concentração usando a equação de Nernst. Para essa célula em particular, vemos que $n = 2$. A expressão para o quociente de reação para a reação total é $Q = [Ni^{2+}]_{\text{diluído}}/[Ni^{2+}]_{\text{concentrado}}$. Assim, a fem a 298 K é:

$$E = E° - \frac{0{,}0592\text{ V}}{n}\log Q$$

$$= 0 - \frac{0{,}0592\text{ V}}{2}\log\frac{[Ni^{2+}]_{\text{diluído}}}{[Ni^{2+}]_{\text{concentrado}}} = -\frac{0{,}0592\text{ V}}{2}\log\frac{1{,}00\times 10^{-3}\,M}{1{,}00\,M}$$

$$= +0{,}089\text{ V}$$

Essa célula de concentração gera uma fem de aproximadamente 0,09 V, mesmo com $E° = 0$. A diferença na concentração fornece a força propulsora para a célula. Quando as concentrações nas duas semicélulas se igualam, $Q = 1$ e $E = 0$.

A ideia de gerar um potencial pela diferença na concentração é a base da operação dos medidores de pH. Também é um aspecto crucial na biologia. Por exemplo, células nervosas no cérebro geram um potencial por meio da membrana celular a partir de diferentes concentrações de íons nos dois lados da membrana. Com base em um princípio semelhante, as enguias elétricas usam células denominadas eletrócitos para gerar impulsos elétricos curtos, porém intensos, para atordoar presas e dissuadir predadores (**Figura 20.15**). A regulação dos batimentos cardíacos em mamíferos, como discutido no quadro "A química e a vida" a seguir, é outro exemplo da importância da eletroquímica para os organismos vivos.

◀ **Figura 20.15 Enguia elétrica.** Diferenças nas concentrações de íons, sobretudo Na^+ e K^+, em células especiais denominadas eletrócitos produzem uma fem da ordem de 0,1 V. Ao conectar milhares dessas células em série, esses peixes da América do Sul são capazes de gerar pulsos elétricos curtos que chegam a 500 V.

A QUÍMICA E A VIDA | Batimentos do coração e eletrocardiograma

O coração humano é uma maravilha em termos de eficiência e confiabilidade. Em um dia normal, o coração de um adulto bombeia mais de 7 mil litros de sangue pelo sistema circulatório, geralmente sem a necessidade de manutenção além de uma dieta e um estilo de vida sensatos. Costumamos pensar no coração como um dispositivo mecânico, um músculo que faz circular o sangue via contrações regularmente espaçadas. Entretanto, há mais de dois séculos, dois pioneiros em eletricidade, Luigi Galvani (1729–1787) e Alessandro Volta (1745–1827), descobriram que as contrações do coração são controladas por fenômenos elétricos, da mesma forma que os impulsos nervosos. Os pulsos de eletricidade que fazem o coração bater resultam de uma combinação notável da eletroquímica e das propriedades das membranas semipermeáveis. (Seção 13.5)

As paredes da célula são membranas com permeabilidades variáveis em relação a uma série de íons fisiologicamente importantes (em especial Na^+, K^+ e Ca^{2+}). As concentrações desses íons diferem de acordo com os fluidos dentro das células (*fluido intracelular*, ou FIC) e fora das células (*fluido extracelular*, ou FEC). Por exemplo, nas células dos músculos cardíacos, as concentrações de K^+ no FIC e no FEC costumam ser de 135 m*M* e 4 m*M*, respectivamente. Entretanto, para Na^+, a diferença de concentração entre FIC e FEC é o contrário daquela para K^+; normalmente, $[Na^+]_{FIC}$ = 10 m*M* e $[Na^+]_{FEC}$ = 145 m*M*.

Inicialmente, a membrana da célula é permeável aos íons K^+, porém muito menos aos íons Na^+ e Ca^{2+}. A diferença na concentração de íons K^+ entre o FIC e o FEC gera uma célula de concentração. Embora os mesmos íons estejam presentes em ambos os lados da membrana, existe uma diferença de potencial entre os fluidos que pode ser calculada pela equação de Nernst, com $E°$ = 0. Sob temperatura fisiológica (37 °C), o potencial em milivolts para mover K^+ de FEC para FIC é:

$$E = E° - \frac{2{,}30\,RT}{nF} \log \frac{[K^+]_{FIC}}{[K^+]_{FEC}}$$

$$= 0 - (61{,}5\text{ mV}) \log \left(\frac{135 \text{ m}M}{4 \text{ m}M} \right) = -94 \text{ mV}$$

Em resumo, o interior da célula e o FEC funcionam como uma célula voltaica. O sinal negativo do potencial indica que é necessário trabalho para mover K^+ para dentro do FIC.

As variações nas concentrações relativas dos íons no FEC e no FIC levam a variações na fem da célula voltaica. As células do coração que controlam sua taxa de contração são chamadas de *células marca-passo*. As membranas celulares regulam as concentrações de íons no FIC, permitindo que eles variem de modo sistemático. As variações de concentração fazem com que a fem mude de uma forma cíclica, como mostrado na **Figura 20.16**. O ciclo da fem determina a velocidade da batida do coração. Se as células marca-passo não funcionam direito por causa de uma doença ou um ferimento, um aparelho artificial pode ser implantado cirurgicamente. O marca-passo artificial é uma pequena bateria que gera os pulsos elétricos necessários para disparar as contrações do coração.

No final do século XIX, cientistas descobriram que os impulsos elétricos que provocam a contração muscular do coração são fortes o suficiente para serem detectados na superfície do corpo. Essa observação formou a base da *eletrocardiografia*, um monitoramento não invasivo do coração por meio de uma rede complexa de eletrodos na pele para medir a variação de tensão durante as batidas do coração. A **Figura 20.17** mostra um eletrocardiograma comum. É bastante impressionante que, apesar de a principal função do coração ser o bombeamento *mecânico* do sangue, ela é monitorada com bem mais facilidade ao utilizar os impulsos *elétricos* gerados por minúsculas células voltaicas.

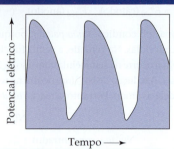

▲ **Figura 20.16 Variações no potencial elétrico de um coração humano.** Variação no potencial elétrico causado por alterações das concentrações de íons nas células marca-passo do coração.

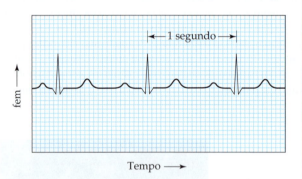

▲ **Figura 20.17 Eletrocardiograma comum.** A impressão registra os eventos elétricos monitorados por eletrodos presos à superfície do corpo.

Exercício resolvido 20.13
Determinação do pH por meio de uma célula de concentração

Uma célula voltaica é construída com dois eletrodos de hidrogênio. O eletrodo 1 tem P_{H_2} = 1,00 atm e uma concentração desconhecida de $H^+(aq)$. O eletrodo 2 é um eletrodo padrão de hidrogênio (P_{H_2} = 1,00 atm, $[H^+]$ = 1,00 *M*). A 298 K, o potencial de célula medido é de 0,211 V, e observa-se que a corrente elétrica flui do eletrodo 1 para o eletrodo 2 pelo circuito externo. Qual é o pH da solução no eletrodo 1?

SOLUÇÃO

Analise Partindo do potencial de uma célula de concentração, do sentido em que a corrente flui e das concentrações e pressões parciais de todos os reagentes e produtos, devemos calcular a concentração de $[H^+]$ na semicélula 1.

Planeje Podemos usar a equação de Nernst para determinar Q, que será utilizado para calcular a concentração desconhecida. Por ser uma célula de concentração, $E°_{cél}$ = 0 V.

Resolva

Ao aplicar a equação de Nernst, temos:

$$0{,}211\ V = 0 - \frac{0{,}0592\ V}{2} \log Q$$

$$\log Q = -(0{,}211\ V)\left(\frac{2}{0{,}0592\ V}\right) = -7{,}13$$

$$Q = 10^{-7{,}13} = 7{,}4 \times 10^{-8}$$

Visto que a corrente flui do eletrodo 1 para o eletrodo 2, o eletrodo 1 é o ânodo da célula, enquanto o eletrodo 2 é o cátodo. Portanto, as reações dos eletrodos são como seguem, com a concentração de $H^+(aq)$ no eletrodo 1 representada pela incógnita x:

Eletrodo 1: (ânodo) $H_2(g, 1{,}00\ atm) \longrightarrow 2\ H^+(aq, x\ M) + 2\ e^-$ $E°_{red} = 0$
Eletrodo 2: (cátodo) $2\ H^+(aq, 1{,}00\ M) + 2\ e^- \longrightarrow H_2(g, 1{,}00\ atm)$ $E°_{red} = 0$
Total: $2\ H^+(aq, 1{,}00\ M) \longrightarrow 2\ H^+(aq, x\ M)$

Assim,

$$Q = \frac{[H^+(aq, x\ M)]^2}{[H^+(aq, 1{,}00\ M)]^2}$$

$$= \frac{x^2}{(1{,}00)^2} = x^2 = 7{,}4 \times 10^{-8}$$

$$x = [H^+] = \sqrt{7{,}4 \times 10^{-8}} = 2{,}7 \times 10^{-4}$$

No eletrodo 1, portanto, o pH da solução é:

$$pH = -\log[H^+] = -\log(2{,}7 \times 10^{-4}) = 3{,}57$$

Comentário A concentração de H^+ no eletrodo 1 é inferior à concentração no eletrodo 2, por isso o eletrodo 1 é o ânodo da célula: a oxidação de H_2 a $H^+(aq)$ aumenta $[H^+]$ no eletrodo 1.

▶ **Para praticar**
Uma célula de concentração é construída com duas semicélulas de $Zn(s)$–$Zn^{2+}(aq)$. Em uma semicélula, $[Zn^{2+}] = 1{,}35\ M$; na outra, $[Zn^{2+}] = 3{,}75 \times 10^{-4}\ M$. (a) Qual semicélula é o ânodo? (b) Qual é a fem da célula?

Exercícios de autoavaliação

EAA 20.16 Os íons de prata oxidam o cobre metálico para produzir prata metálica e íons Cu^{2+}. Calcule a fem dessa reação quando $T = 40\ °C$ e as concentrações dos reagentes são $[Ag^{2+}(aq)] = 0{,}040\ M$ e $[Cu^{2+}(aq)] = 0{,}040\ M$. (a) 0,37 V (b) 0,42 V (c) 0,44 V (d) 0,46 V (e) 1,10 V

EAA 20.17 Para uma determinada célula voltaica, se você duplicar as concentrações de todos os componentes solúveis de 1,0 M para 2,0 M, o que acontecerá com o potencial de célula? (a) Não mudará, pois o potencial de célula não depende da concentração dos reagentes. (b) Duplicará. (c) Diminuirá pela metade. (d) A pergunta não pode ser respondida sem conhecer a reação total da célula.

EAA 20.18 O potencial padrão de redução do O_2 em ácido é +1,23 V. Qual é o potencial de redução do O_2 em uma solução com pH = 7 se todas as outras condições são padrão? (a) 0,40 V (b) 0,82 V (c) 1,13 V (d) 1,23 V (e) 1,64 V

EAA 20.19 Qual é o valor absoluto da tensão em uma membrana biológica com $[Na^+]_{externa} = 140\ mM$ e $[Na^+]_{interna} = 12\ mM$? Considere que todas as outras condições (incluindo a temperatura) são padrão. (a) 0,00 mV (b) 63,1 mV (c) 65,6 mV (d) 300 mV

EAA 20.20 A célula de concentração mostrada a seguir contém uma solução de $Zn(NO_3)_2(aq)$ 1,0 M no béquer 1 e uma concentração desconhecida de $Zn^{2+}(aq)$ no béquer 2. Ambas as semicélulas contêm um eletrodo sólido de Zn e estão à temperatura de 298 K. Um voltímetro mostra que a fem da célula é 0,042 V e indica que os elétrons fluem do béquer 2 para o béquer 1. Qual é a concentração de Zn^{2+} no béquer 2? (a) 0,038 M (b) 26,2 M (c) 0,20 M (d) 5,1 M (e) 1,4 M

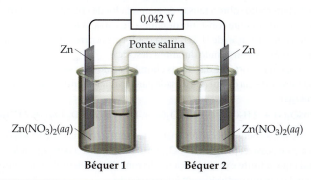

Objetivos de aprendizagem

Após terminar a Seção 20.7, você deve ser capaz de:

▶ Explicar como uma bateria opera e diferenciar as células primárias das secundárias.

▶ Descrever as semirreações associadas a tipos comuns de baterias, incluindo alcalinas, de chumbo-ácido e de íons de lítio.

▶ Explicar os princípios operacionais de uma célula a combustível.

▲ **Figura 20.18 Combinação de pilhas.** Quando pilhas são ligadas em série, como na maioria das lanternas, a tensão total é a soma das tensões individuais.

Resolva com ajuda da figura

Qual é o estado de oxidação do chumbo no cátodo desta bateria?

▲ **Figura 20.19 Bateria automotiva chumbo-ácido de 12 V.** Cada par ânodo/cátodo nesse corte esquemático produz uma tensão aproximada de 2 V. Seis pares de eletrodos são ligados em série, produzindo 12 V.

20.7 | Baterias e células a combustível

A **bateria** é uma fonte de energia eletroquímica portátil e fechada que consiste em uma ou mais células voltaicas. Por exemplo, as pilhas comuns de 1,5 V, usadas para acender lanternas e outros dispositivos eletrônicos de uso doméstico, são células voltaicas únicas. Quando pilhas em série são conectadas (com o cátodo de uma ligado ao ânodo de outra), a tensão produzida é a soma das fem de cada pilha (**Figura 20.18**). Os eletrodos das baterias são sinalizados seguindo a convenção da Figura 20.6: o cátodo é indicado com um sinal positivo, e o ânodo, com um sinal negativo.

Embora qualquer reação redox espontânea possa servir como base para uma célula voltaica, fabricar uma bateria comercial com características de desempenho específicas pode requerer considerável engenhosidade. As substâncias oxidadas no ânodo e reduzidas no cátodo determinam a tensão, e a vida útil de uma bateria depende das quantidades dessas substâncias incorporadas nela. Em geral, as semicélulas do ânodo e do cátodo são separadas por uma barreira semelhante à barreira porosa da Figura 20.6.

Diferentes aplicações exigem baterias com diferentes propriedades. Por exemplo, a bateria necessária para dar partida em um carro deve ser capaz de fornecer uma corrente elétrica grande por um curto período. Já a bateria que faz funcionar os marca-passos deve ser bem pequena e capaz de fornecer uma corrente reduzida, porém constante por um longo período. Algumas baterias são **células primárias**; isso significa que elas não podem ser recarregadas e devem ser descartadas ou recicladas depois que sua tensão cair a zero. Uma **célula secundária** é alimentada por reações redox reversíveis, então pode ser recarregada a partir de uma fonte de energia externa após a sua tensão cair.

À medida que estudamos algumas baterias comuns, observe como os princípios abordados até aqui ajudam a entender essas importantes fontes portáteis de energia elétrica.

Bateria chumbo-ácido

As baterias chumbo-ácido são bastante utilizadas em automóveis com motores de combustão interna. O cátodo de cada célula é composto de dióxido de chumbo (PbO_2) e o ânodo, de chumbo (**Figura 20.19**). Ambos os eletrodos são imersos em ácido sulfúrico.

As reações do eletrodo que ocorrem durante a descarga são:

Cátodo: $PbO_2(s) + HSO_4^-(aq) + 3\,H^+(aq) + 2\,e^- \longrightarrow PbSO_4(s) + 2\,H_2O(l)$

Ânodo: $Pb(s) + HSO_4^-(aq) \longrightarrow PbSO_4(s) + H^+(aq) + 2\,e^-$

Total: $PbO_2(s) + Pb(s) + 2\,HSO_4^-(aq) + 2\,H^+(aq) \longrightarrow 2\,PbSO_4(s) + 2\,H_2O(l)$ [20.20]

O potencial padrão da célula pode ser obtido a partir dos potenciais padrão de redução do Apêndice E:

$$E°_{cél} = E°_{red}\,(\text{cátodo}) - E°_{red}\,(\text{ânodo}) = (+1{,}69\,V) - (-0{,}36\,V) = +2{,}05\,V$$

A tensão de cerca de 12 V, comum à maioria das baterias automotivas, é produzida ao conectar eletricamente seis células individuais em série. Como os reagentes são sólidos, não é necessário separar a célula em semicélulas de ânodo e cátodo; Pb e PbO_2 não podem entrar em contato direto, a menos que um eletrodo toque o outro. Para evitar que se toquem, espaçadores de madeira ou fibra de vidro são colocados entre eles (Figura 20.19). O uso de uma reação cujos reagentes e produtos são sólidos traz outro benefício. Como os sólidos são excluídos do quociente de reação, Q, as quantidades relativas de $Pb(s)$, $PbO_2(s)$ e $PbSO_4(s)$ não têm efeito sobre a tensão do acumulador de chumbo, ajudando a bateria a manter tensão relativamente constante durante a descarga. A tensão varia um pouco com o uso, porque a concentração de H_2SO_4 varia conforme ocorre a descarga. Como indica a Equação 20.20, H_2SO_4 é consumido durante a descarga.

Uma vantagem importante da bateria chumbo-ácido é ela ser recarregável. Durante a recarga, uma fonte externa de energia é usada para reverter o sentido da reação, regenerando $Pb(s)$ e $PbO_2(s)$.

$$2\,PbSO_4(s) + 2\,H_2O(l) \longrightarrow PbO_2(s) + Pb(s) + 2\,HSO_4^-(aq) + 2\,H^+(aq)$$

Em um automóvel, a energia necessária para recarregar a bateria é fornecida por um alternador. A recarga é possível porque o $PbSO_4$, formado durante a descarga, adere aos eletrodos. À medida que a fonte externa força os elétrons de um eletrodo para outro, $PbSO_4$ é convertido em Pb em um eletrodo e em PbO_2 no outro.

Bateria alcalina

A célula primária (não recarregável) mais comum é a pilha alcalina (**Figura 20.20**). Seu ânodo consiste em zinco metálico em pó, imobilizado em um gel em contato com uma solução concentrada de KOH (por isso o nome pilha *alcalina*). O cátodo é uma mistura de MnO$_2$(s) e grafite, separado do ânodo por um tecido poroso. A pilha é lacrada em uma lata de aço para reduzir o risco de vazamento de KOH concentrado.

As reações são complexas, mas podem ser representadas aproximadamente como:

Cátodo: $2\,\text{MnO}_2(s) + 2\,\text{H}_2\text{O}(l) + 2\,e^- \longrightarrow 2\,\text{MnO(OH)}(s) + 2\,\text{OH}^-(aq)$

Ânodo: $\text{Zn}(s) + 2\,\text{OH}^-(aq) \longrightarrow \text{Zn(OH)}_2(s) + 2\,e^-$

Uma bateria alcalina totalmente carregada fornece uma fem de cerca de 1,5 V.

Baterias de níquel-cádmio e níquel-hidreto metálico

O intenso crescimento de dispositivos eletrônicos portáteis que consomem bastante energia aumentou a demanda por baterias leves e rapidamente recarregáveis. No final do século XX, uma das baterias recarregáveis mais populares era a de níquel-cádmio (NiCad). Durante a descarga, o cádmio metálico é oxidado no ânodo da bateria, enquanto o oxi-hidróxido de níquel [NiO(OH)(s)] é reduzido no cátodo:

Cátodo: $2\,\text{NiO(OH)}(s) + 2\,\text{H}_2\text{O}(l) + 2\,e^- \longrightarrow 2\,\text{Ni(OH)}_2(s) + 2\,\text{OH}^-(aq)$

Ânodo: $\text{Cd}(s) + 2\,\text{OH}^-(aq) \longrightarrow \text{Cd(OH)}_2(s) + 2\,e^-$

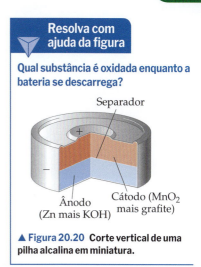

Resolva com ajuda da figura

Qual substância é oxidada enquanto a bateria se descarrega?

▲ **Figura 20.20** Corte vertical de uma pilha alcalina em miniatura.

Como ocorre na bateria chumbo-ácido, os produtos sólidos da reação aderem aos eletrodos, permitindo que as reações do eletrodo sejam revertidas durante a carga. Uma única célula voltaica de NiCad tem uma tensão de 1,30 V. Um pacote de baterias de NiCad geralmente contém três ou mais células em série, para produzir as tensões maiores necessárias a grande parte dos dispositivos eletrônicos.

Embora as baterias de níquel-cádmio apresentem uma série de características atrativas, o uso do cádmio como o ânodo traz consideráveis limitações. Uma vez que o cádmio é tóxico, essas baterias precisam ser recicladas. A toxicidade dessa substância acarretou um declínio em sua popularidade, após atingir um pico de produção anual de cerca de 1,5 bilhão de baterias no início da década de 2000. Em 2006, a União Europeia proibiu o uso de cádmio em baterias portáteis, exceto para algumas aplicações especializadas. O cádmio também tem uma densidade relativamente alta, o que aumenta o peso da bateria, um aspecto indesejável para dispositivos portáteis e veículos elétricos.

Os problemas associados ao uso do cádmio estimularam o desenvolvimento de baterias de níquel-hidreto metálico (NiMH). A reação no cátodo dessas baterias é igual à das de níquel-cádmio, mas a reação no ânodo é muito diferente. O ânodo consiste em uma liga metálica, geralmente com estequiometria de AM$_5$, em que A é lantânio (La) ou uma mistura de metais que derivam da série de lantanídeos, e M é, em grande parte, níquel ligado com quantidades menores de outros metais de transição. Durante a carga, a água é reduzida no ânodo para formar íons hidróxido e átomos de hidrogênio, que são absorvidos na liga de AM$_5$. Quando a bateria está em funcionamento (ou seja, descarregando), os átomos de hidrogênio são oxidados e os íons H$^+$ resultantes reagem com íons OH$^-$ para formar H$_2$O. As baterias de níquel-hidreto metálico têm tensão de saída semelhante à das baterias de níquel-cádmio, mas conseguem armazenar cerca de três vezes mais energia por massa.

Baterias de íons de lítio

Atualmente, a maioria dos aparelhos eletrônicos portáteis, incluindo telefones celulares e notebooks, é alimentada por baterias recarregáveis de íon lítio (íon-Li). Como o lítio é um elemento muito leve, as baterias íon-Li atingem maior *densidade específica de energia* – quantidade de energia armazenada por unidade de massa – que as de níquel. Considerando que Li$^+$ tem um potencial padrão de redução muito grande e negativo (Tabela 20.1), as baterias íon-Li produzem maior tensão por célula que outras baterias e uma tensão máxima de 3,7 V por célula, cerca de três vezes maior do que a de 1,3 V por célula gerada pelas de níquel-cádmio e de níquel-hidreto metálico. Como resultado, uma bateria íon-Li pode fornecer mais energia do que outras de tamanho comparável, levando a uma maior *densidade volumétrica de energia* – a quantidade de energia armazenada por unidade de volume.

A tecnologia das baterias de íon-Li é baseada na habilidade dos íons Li$^+$ de serem inseridos em certos sólidos estendidos em camadas e removidos deles. Na maioria das pilhas comerciais, o ânodo é de grafite, que contém camadas de átomos de carbono sp^2 ligados uns aos outros [Figura 12.28(b)]. O cátodo é feito de um óxido de metal de transição que também tem uma estrutura em camadas, normalmente óxido de cobalto e lítio (LiCoO$_2$). Os dois eletrodos são separados por um eletrólito, que funciona como uma ponte salina ao permitir que os íons Li$^+$ atravessem. Quando a pilha está sendo carregada, os íons cobalto são oxidados e os Li$^+$ migram do LiCoO$_2$ para o grafite. Durante a descarga, quando a bateria está produzindo eletricidade para uso, os íons Li$^+$ migram espontaneamente do ânodo de grafite para o cátodo, passando pelo eletrólito e possibilitando o fluxo dos elétrons pelo circuito externo (**Figura 20.21**). Pelas pesquisas que levaram ao desenvolvimento das baterias de íon-Li, John Goodenough, Stanley Whittingham e Akira Yoshino receberam o Prêmio Nobel de Química em 2019.

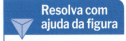

Resolva com ajuda da figura

Quando uma bateria de íon-Li é descarregada por completo, o cátodo tem uma fórmula empírica de LiCoO$_2$. Qual é o número de oxidação do cobalto nesse composto? O número de oxidação do cobalto aumenta ou diminui enquanto a bateria é carregada?

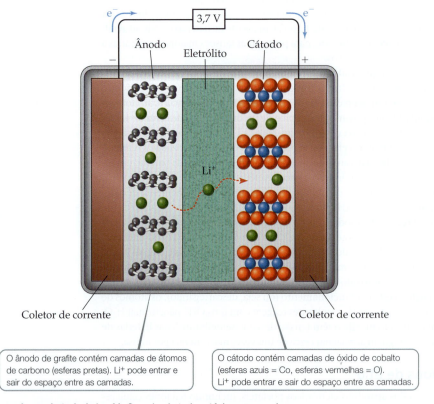

▲ **Figura 20.21 Diagrama de uma bateria de íon-Li.** Quando a bateria está descarregando, ou seja, em funcionamento, íons Li$^+$ saem do ânodo e migram através do eletrólito, onde entram nos espaços entre as camadas de óxido de cobalto, reduzindo os íons cobalto. Para recarregar a bateria, utiliza-se energia elétrica para conduzir Li$^+$ de volta para o ânodo, oxidando os íons cobalto no cátodo.

QUÍMICA E SUSTENTABILIDADE | Baterias para veículos híbridos e elétricos

Nos últimos anos, houve um enorme impulso no desenvolvimento de veículos elétricos. Atualmente, encontram-se à venda veículos totalmente elétricos e híbridos, e as vendas do primeiro tipo superaram 3 milhões de unidades em nível mundial em 2020. Os modelos híbridos podem ser alimentados por eletricidade proveniente de baterias ou por um motor de combustão convencional, enquanto os totalmente elétricos são movidos exclusivamente por baterias (**Figura 20.22**). Veículos elétricos híbridos podem ser divididos em híbridos plug-in, em que a bateria é carregada quando conectada a uma tomada convencional, ou híbridos regulares, que usam frenagem regenerativa e energia do motor de combustão para carregar as baterias.

Entre os muitos avanços tecnológicos necessários para fabricar veículos elétricos práticos, os mais importantes são os focados nas baterias. Para veículos elétricos, as baterias devem ter alta densidade específica de energia, com o objetivo de reduzir o peso do veículo, bem como alta densidade volumétrica de energia, para minimizar o espaço necessário para o conjunto da bateria. A **Figura 20.23** mostra um gráfico de densidades de energia de vários tipos de bateria recarregável. As baterias de chumbo-ácido, utilizadas em automóveis movidos a gasolina, são confiáveis e de baixo custo, mas suas densidades de energia são demasiado baixas para uso prático em um veículo elétrico. Baterias de níquel-hidreto metálico oferecem cerca de três vezes mais densidade de energia e, até recentemente, eram as preferidas para veículos híbridos comerciais, como o Toyota Prius.

Os veículos elétricos atuais utilizam principalmente as baterias de íon-Li, pois estas oferecem a maior densidade de energia entre os modelos disponíveis comercialmente. Contudo, as baterias de íon-Li usadas na maioria desses veículos não utilizam o ânodo de $LiCoO_2$ apresentado na Figura 20.21. Em vez disso, os materiais mais usados incluem $LiFePO_4$, $LiMn_2O_4$ e soluções sólidas de $LiCoO_2$, nas

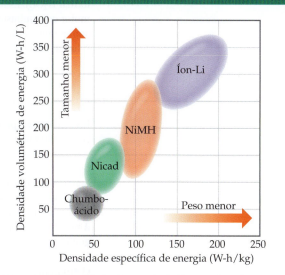

▲ **Figura 20.23 Densidades de energia de diversos tipos de bateria.** Quanto maior for a densidade volumétrica de energia, menor será a quantidade de espaço necessário para as baterias. Quanto mais elevada for a densidade específica de energia, menor será a massa das baterias. Um Watt-hora (W-h) é equivalente a $3,6 \times 10^3$ Joules.

quais uma parcela considerável do cobalto é substituída por metais como níquel, manganês e/ou alumínio; as com níquel e manganês, $LiNi_xMn_yCo_{1-x-y}O_2$, também são chamadas de materiais Li-NMC ("níquel-manganês-cobalto"). As baterias que usam esses cátodos têm diversas vantagens: elas não são propensas a ocorrências de fuga térmica que podem levar à combustão e tendem a ter tempos de vida mais longos do que o $LiCoO_2$. Preocupações com o preço e a disponibilidade do cobalto também levaram à adoção de cátodos alternativos. O cobalto é um metal raro, obtido principalmente como subproduto da mineração de cobre ou níquel. Ainda mais problemática é a concentração das reservas de cobalto em alguns poucos países; mais de metade do suprimento global desse metal é originário da República Democrática do Congo. Preocupações com instabilidade política, além de questões éticas associadas à mineração de cobalto, criam incentivos fortes para minimizar o seu uso nas baterias de íon-Li. Contudo, os materiais dos ânodos alternativos mencionados aqui têm uma desvantagem: menor densidade de energia do que as baterias feitas com um ânodo de $LiCoO_2$, o que limita a autonomia dos veículos elétricos. Entre cientistas e engenheiros há uma busca frenética por novos materiais que levarão a mais ganhos de densidade de energia, duração e segurança para as baterias, ao mesmo tempo que tentam reduzir o custo e o impacto ambiental das matérias-primas das quais elas são feitas.

▲ **Figura 20.22 Carro elétrico.** Com o conjunto de baterias totalmente carregado, esse automóvel elétrico pode percorrer mais de 400 km.

Exercícios relacionados: 20.10, 20.83, 20.84

Células a combustível de hidrogênio

A energia térmica liberada pela queima de combustíveis pode ser convertida em energia elétrica. Por exemplo, a energia térmica pode converter água em vapor ao acionar uma turbina que liga um gerador elétrico. Geralmente, um máximo de apenas 40% da energia proveniente da combustão é convertido em eletricidade; o restante é perdido na forma de calor. A produção direta de eletricidade a partir de combustíveis por uma célula voltaica poderia, em princípio, produzir uma maior taxa de conversão de energia química em energia elétrica. As células voltaicas que realizam essa conversão usando combustíveis convencionais, como H_2 e CH_4, são chamadas de **células a combustível**. Ao contrário das baterias, as células a combustível não são sistemas fechados, e o combustível deve ser fornecido continuamente para gerar eletricidade.

Uma das células a combustível mais populares se baseia na reação de $H_2(g)$ e $O_2(g)$ para formar $H_2O(l)$. Essas células podem gerar eletricidade com o dobro da eficiência do melhor motor de combustão interna. Além disso, seu único subproduto é a água, então elas não aumentam os níveis de CO_2 na atmosfera. Sob condições ácidas, as reações desse tipo de célula a combustível são:

Cátodo:	$O_2(g) + 4\,H^+ + 4\,e^- \longrightarrow 2\,H_2O(l)$
Ânodo:	$2\,H_2(g) \longrightarrow 4\,H^+ + 4\,e^-$
Total:	$2\,H_2(g) + O_2(g) \longrightarrow 2\,H_2O(l)$

Essas células empregam gás hidrogênio como combustível e gás oxigênio proveniente do ar como oxidante, gerando cerca de 1,2 V.

Com frequência, as células a combustível são classificadas conforme o combustível ou o eletrólito usado. Na célula a combustível de hidrogênio PEM (a sigla PEM significa "membrana de condução protônica" ou "membrana de eletrólito polimérico", do inglês *proton-exchange membrane* ou *polymer-electrolyte membrane*), o ânodo e o cátodo são separados por uma membrana que permite a passagem dos prótons, mas não dos elétrons (**Figura 20.24**). A membrana, portanto, atua como ponte salina. Normalmente, os eletrodos são feitos de grafite.

A célula a hidrogênio PEM funciona a cerca de 80 °C. A essa temperatura, as reações eletroquímicas costumam ocorrer muito lentamente e, assim, pequenas ilhas de platina (nanopartículas) são depositadas em cada eletrodo para catalisar as reações. O alto custo e a relativa escassez de platina são fatores que limitam o uso mais amplo de células a combustível de hidrogênio PEM.

Para abastecer um veículo, várias células devem ser montadas em uma *pilha* de células a combustível. A quantidade de energia gerada por uma pilha depende do número e do tamanho das células a combustível na pilha e da área superficial da PEM.

Atualmente, muitas pesquisas com células a combustível são voltadas para a melhoria de eletrólitos e catalisadores e para o desenvolvimento de células que utilizam combustíveis como hidrocarbonetos e álcoois, mais fáceis de manipular e distribuir do que o gás hidrogênio.

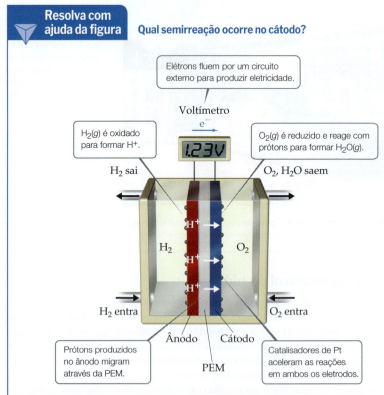

▲ **Figura 20.24 Célula a combustível de hidrogênio do tipo PEM.** A membrana de condução protônica (PEM) permite que os íons H^+ gerados pela oxidação do H_2 no ânodo migrem para o cátodo, onde se forma H_2O.

Exercícios de autoavaliação

EAA 20.21 Qual(is) das afirmações a seguir sobre baterias é(são) *verdadeira(s)*?

(i) A reação total em uma bateria deve ter fem positiva.

(ii) As baterias devem ter algum mecanismo que permita o transporte de íons de uma semicélula para a outra.

(iii) As baterias de íons de lítio oferecem tensões mais altas do que quase todas as outras baterias.

(**a**) i (**b**) ii (**c**) iii (**d**) ii e iii (**e**) i, ii e iii

EAA 20.22 A reação global para a bateria de chumbo-ácido, $PbO_2(s) + Pb(s) + 2\ HSO_4^-(aq) \rightarrow 2\ PbSO_4(s) + 2\ H_2O(l)$, tem potencial padrão da célula $E°_{cél} = +2,05$ V. Quando usado em um automóvel, o pacote de bateria fornece cerca de 12 V. O que explica a discrepância entre $E°_{cél}$ e a tensão de saída? (**a**) Seis baterias individuais são ligadas em série para produzir $6 \times 2\ V \approx 12$ V. (**b**) A concentração de ácido sulfúrico é muito maior do que 1 M, levando $E°_{cél}$ a aumentar para 12 V. (**c**) A temperatura de um automóvel em funcionamento não é a temperatura padrão, então a tensão não padrão é 12 V. (**d**) A concentração de ácido sulfúrico é muito menor do que 1 M, levando $E°_{cél}$ a aumentar para 12 V.

EAA 20.23 Qual(is) das afirmações sobre células de combustível a seguir é(são) *verdadeira(s)*?

(i) Célula a combustível é apenas outro nome para uma bateria.

(ii) Os reagentes que alimentam uma célula a combustível precisam ser reabastecidos continuamente.

(iii) Uma célula a combustível deve ter fem positiva.

(**a**) i (**b**) ii (**c**) iii (**d**) ii e iii (**e**) i, ii e iii

20.8 | Corrosão

Nesta seção, vamos examinar as reações redox indesejáveis que levam à **corrosão** de metais. As reações de corrosão são reações redox espontâneas, nas quais um metal é atacado por alguma substância em seu ambiente e convertido em um composto não desejado.

Para quase todos os metais, a oxidação é um processo termodinamicamente favorável na presença do ar à temperatura ambiente. Quando a oxidação de um objeto metálico não é inibida, ela pode destruí-lo. Entretanto, a oxidação também pode formar uma camada de óxido protetora e isolante, capaz de prevenir uma reação adicional do metal da camada inferior. Por exemplo, com base no potencial padrão de redução para Al^{3+}, seria de esperar que o alumínio metálico fosse oxidado com facilidade. No entanto, as muitas latas de alumínio que poluem o meio ambiente são evidências de que esse material sofre uma corrosão química muito lenta. A excepcional estabilidade desse metal reativo ao ar deve-se à formação de um fino revestimento protetor de óxido – um hidrato de Al_2O_3 – sobre a superfície do metal. O revestimento de óxido é impermeável ao O_2 ou à H_2O e, portanto, protege o metal da camada inferior de mais corrosão.

O magnésio metálico é protegido de modo semelhante. Algumas ligas metálicas, como o aço inoxidável, também formam revestimentos protetores de óxido impenetráveis.

 Objetivos de aprendizagem

Após terminar a Seção 20.8, você deve ser capaz de:

▶ Explicar de que maneira a corrosão ocorre e como preveni-la por meio de proteção catódica.

Corrosão do ferro (ferrugem)

A ferrugem é um processo de corrosão comum, mas que tem um impacto econômico significativo. Estima-se que até 20% do ferro produzido anualmente nos Estados Unidos seja usado para substituir objetos de ferro descartados por conta de danos com ferrugem.

A ferrugem requer tanto o oxigênio quanto a água, e o processo pode ser acelerado por outros fatores, como pH, presença de sais, contato com metais mais difíceis de oxidar do que o ferro e desgaste do ferro. O processo de corrosão envolve oxidação e redução, e o metal conduz eletricidade. Portanto, os elétrons podem se mover pelo metal de uma região onde ocorre oxidação para outra onde ocorre redução, como nas células voltaicas. Como o potencial padrão de redução para a redução de $Fe^{2+}(aq)$ é menos positivo que aquele para a redução de O_2, $Fe(s)$ pode ser oxidado pelo $O_2(g)$.

Cátodo: $\quad O_2(g) + 4\ H^+(aq) + 4\ e^- \longrightarrow 2\ H_2O(l) \qquad E°_{red} = 1,23\ V$

Ânodo: $\quad\quad\quad\quad\quad\quad\quad\quad Fe(s) \longrightarrow Fe^{2+}(aq) + 2\ e^- \qquad E°_{red} = -0,44\ V$

Uma parte do ferro, comumente associada a uma cavidade ou área sujeita a pressão, pode servir como um ânodo, onde ocorre a oxidação do Fe a Fe^{2+} (**Figura 20.25**). Os elétrons produzidos na oxidação migram pelo metal, partindo dessa região anódica para outra parte da superfície que serve como cátodo, onde O_2 é reduzido. A redução de O_2 requer H^+, de modo que a diminuição da concentração de H^+ (aumentando o pH) torna a redução de O_2 menos favorável. O ferro em contato com uma solução na qual o pH é maior que 9 não sofre corrosão.

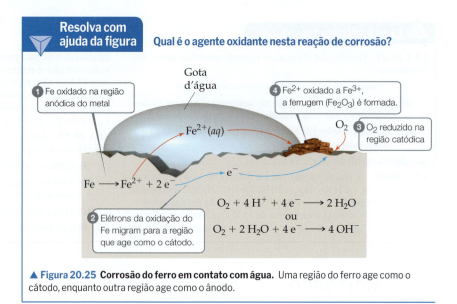

▲ Figura 20.25 **Corrosão do ferro em contato com água.** Uma região do ferro age como o cátodo, enquanto outra região age como o ânodo.

O Fe^{2+} formado no ânodo é posteriormente oxidado a Fe^{3+}, que forma o óxido de ferro(III) hidratado, conhecido como ferrugem:*

$$4\,Fe^{2+}(aq) + O_2(g) + 4\,H_2O(l) + x\,H_2O(l) \longrightarrow 2\,Fe_2O_3 \cdot x\,H_2O(s) + 8\,H^+(aq)$$

Uma vez que o cátodo costuma ser a área com maior suprimento de O_2, a ferrugem costuma se depositar ali. Se examinarmos uma pá exposta ao ar livre e úmido e com sujeira molhada aderida à lâmina, notaremos que há corrosão sob a sujeira, mas que a ferrugem apareceu em outra parte, com mais disponibilidade de O_2. O aumento da corrosão provocado pela presença de sais costuma ser evidente nos automóveis em áreas onde se joga muito sal nas ruas durante o inverno. Tal qual uma ponte salina em uma célula voltaica, os íons do sal fornecem o eletrólito necessário para completar o circuito elétrico.

Como evitar a corrosão do ferro

É comum que objetos de ferro sejam revestidos com tinta ou outro metal, como estanho ou zinco, para proteger sua superfície contra a corrosão. Cobrir a superfície com tinta ou estanho é um modo simples de evitar que oxigênio e água atinjam a superfície do ferro. Se o revestimento for removido e o ferro for exposto ao oxigênio e à água, a corrosão terá início à medida que o ferro for oxidado.

No *ferro galvanizado*, ou seja, aquele revestido com uma fina camada de zinco, o ferro é protegido da corrosão mesmo depois que o revestimento da superfície é rompido. Os potenciais padrão de redução são:

$$Fe^{2+}(aq) + 2\,e^- \longrightarrow Fe(s) \quad E°_{red} = -0,44\,V$$
$$Zn^{2+}(aq) + 2\,e^- \longrightarrow Zn(s) \quad E°_{red} = -0,76\,V$$

Visto que o valor de $E°_{red}$ para a redução de Fe^{2+} é menos negativo (mais positivo) que aquele para a redução de Zn^{2+}, $Zn(s)$ é oxidado com mais facilidade que $Fe(s)$. Dessa forma, mesmo que o revestimento de zinco seja removido e o ferro galvanizado seja exposto ao oxigênio e à água, como na **Figura 20.26**, o zinco serve como ânodo e é corroído (oxidado) em vez do ferro. O ferro funciona como cátodo, onde O_2 é reduzido.

---

*Com frequência, compostos metálicos obtidos a partir de solução aquosa têm água associada a eles. Por exemplo, o sulfato de cobre(II) é cristalizado com 5 mols de água por mol de $CuSO_4$. Representamos essa fórmula como $CuSO_4 \cdot 5\,H_2O$. Tais compostos são chamados de hidratos. (Seção 13.1) A ferrugem é um hidrato de óxido de ferro(III) com uma quantidade variável de água de hidratação. Representamos esse conteúdo variável de água escrevendo a fórmula como $Fe_2O_3 \cdot x\,H_2O$.

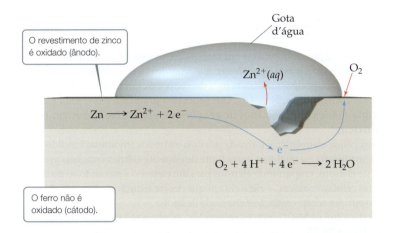

▲ **Figura 20.26 Proteção catódica de ferro em contato com zinco.** Os potenciais padrão de redução são $E°_{red, Fe^{2+}} = -0,44$ V, $E°_{red, Zn^{2+}} = -0,76$ V, tornando o zinco mais facilmente oxidado.

A ação de proteger um metal contra corrosão ao torná-lo um cátodo em uma célula eletroquímica é conhecida como **proteção catódica**. O metal oxidado à medida que protege o cátodo é denominado *ânodo de sacrifício*. Tubulações subterrâneas e tanques de armazenagem feitos de ferro geralmente são protegidos contra a corrosão, tornando o ferro o cátodo de uma célula voltaica. Por exemplo, pedaços de um metal mais facilmente oxidado que o ferro, como o magnésio ($E°_{red} = -2,37$ V), são enterrados próximos à tubulação ou ao tanque e conectados a eles por um fio (**Figura 20.27**). Em solo úmido, onde a corrosão pode ocorrer, o metal de sacrifício serve como o ânodo, e a tubulação ou o tanque recebe proteção catódica.

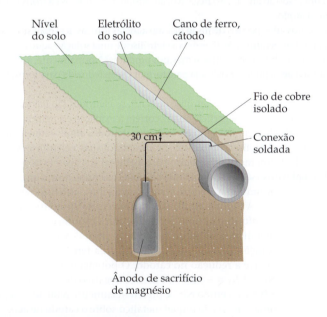

◄ **Figura 20.27 Proteção catódica de um cano de ferro.** Uma mistura de gesso, sulfato de sódio e argila circunda o ânodo de sacrifício de magnésio para promover a condutividade de íons.

⚠ Exercícios de autoavaliação

EAA 20.24 Qual(is) das afirmações a seguir sobre a corrosão do ferro é(são) *verdadeira(s)*?
  (i) O gás oxigênio é reduzido durante a corrosão do ferro.
  (ii) O estado de oxidação do ferro na ferrugem é +2.
  (iii) Visto que H$^+$(*aq*) é um produto das reações que levam à corrosão, a formação da ferrugem é inibida em condições ácidas.
(a) i (b) ii (c) iii (d) i e ii (e) i e iii

EAA 20.25 Se você quiser proteger uma tubulação de zinco usando proteção catódica, qual metal seria um ânodo de sacrifício adequado? (a) Alumínio (b) Ferro (c) Prata (d) Estanho (e) Níquel

20.9 | Eletrólise

Objetivos de aprendizagem

Após terminar a Seção 20.9, você deve ser capaz de:
▶ Explicar as diferenças entre células eletrolíticas e células voltaicas.
▶ Calcular a quantidade de reagentes consumidos e/ou produtos produzidos em uma célula eletrolítica dados a corrente e o tempo de operação da célula.

As células voltaicas são baseadas em reações redox espontâneas. Também é possível provocar reações redox *não espontâneas,* mas usando energia elétrica para tal. Por exemplo, a eletricidade pode ser utilizada para decompor o cloreto de sódio fundido em seus elementos constituintes, Na e Cl_2. Tais processos produzidos por uma fonte externa de energia elétrica são chamados de **reações de eletrólise** e ocorrem em **células eletrolíticas**.

Uma célula eletrolítica é formada por dois eletrodos em um sal fundido ou uma solução. Uma bateria ou qualquer outra fonte de corrente elétrica contínua age como uma bomba de elétrons, empurrando elétrons para um eletrodo e puxando-os do outro. Assim como nas células voltaicas, o eletrodo em que ocorre redução é chamado de cátodo, e o eletrodo em que ocorre oxidação é chamado de ânodo.

Na eletrólise de NaCl fundido, os íons Na^+ recebem elétrons e são reduzidos a Na no cátodo (**Figura 20.28**). À medida que os íons Na^+ nas proximidades do cátodo são consumidos, íons Na^+ da solução migram em sua direção. Analogamente, existe um movimento efetivo de íons Cl^- para o ânodo, onde são oxidados. As reações de eletrodo para a eletrólise de NaCl fundido são resumidas como descrito a seguir:

$$\begin{array}{ll} \text{Cátodo:} & 2\,Na^+(l) + 2\,e^- \longrightarrow 2\,Na(l) \\ \text{Ânodo:} & 2\,Cl^-(l) \longrightarrow Cl_2(g) + 2\,e^- \\ \hline \text{Total:} & 2\,Na^+(l) + 2\,Cl^-(l) \longrightarrow 2\,Na(l) + Cl_2(g) \end{array}$$

Observe como a fonte de tensão está conectada aos eletrodos na Figura 20.28. O terminal positivo é conectado ao ânodo, e o negativo, ao cátodo, forçando os elétrons a se mover do ânodo para o cátodo.

Por causa dos altos pontos de fusão das substâncias iônicas, a eletrólise de sais fundidos requer altas temperaturas. Se fizermos a eletrólise de uma solução aquosa de um sal em vez da de um sal fundido, obteremos os mesmos produtos? Normalmente, a resposta é não, porque a própria água pode ser oxidada para formar O_2 ou reduzida para formar H_2 em vez dos íons do sal.

Em nossos exemplos sobre a eletrólise de NaCl, os eletrodos são *inertes*, ou seja, não reagem, mas servem como a superfície onde ocorrem a oxidação e a redução. No entanto, várias aplicações de eletroquímica são baseadas em eletrodos *ativos* – aqueles que participam do processo de eletrólise. Por exemplo, a *galvanização* usa a eletrólise para depositar uma fina camada de um metal sobre outro para melhorar sua aparência ou resistência à corrosão. Exemplos disso são a galvanoplastia de níquel ou cromo no aço e a galvanoplastia de um metal precioso como a prata sobre outro menos nobre.

A **Figura 20.29** ilustra uma célula eletrolítica para galvanizar níquel sobre um pedaço de aço. O ânodo é uma tira de níquel metálico, e o cátodo é o aço. Os eletrodos são imersos em uma solução de $NiSO_4(aq)$. Quando uma tensão externa é aplicada, ocorre a redução no cátodo. O potencial padrão de redução de Ni^{2+} ($E°_{red} = -0,28$ V) é menos negativo do que o de H_2O ($E°_{red} = -0,83$ V), então Ni^{2+} é preferencialmente reduzido, depositando uma camada de níquel metálico sobre o cátodo de aço.

No ânodo, o níquel metálico é oxidado. Para explicar esse comportamento, precisamos comparar as substâncias em contato com o ânodo, H_2O e $NiSO_4(aq)$, com o material do ânodo, Ni. Para a solução de $NiSO_4(aq)$, Ni^{2+} e SO_4^{2-} não podem ser oxidados porque ambos já têm seus elementos em seu estado de oxidação mais alto possível. Contudo, tanto o solvente H_2O quanto os átomos de Ni no ânodo podem sofrer oxidação:

$$2\,H_2O(l) \longrightarrow O_2(g) + 4\,H^+(aq) + 4\,e^- \qquad E°_{red} = +1,23\,V$$
$$Ni(s) \longrightarrow Ni^{2+}(aq) + 2\,e^- \qquad E°_{red} = -0,28\,V$$

Vimos na Seção 20.4 que a semirreação com $E°_{red}$ mais negativo sofre oxidação mais facilmente. (Lembre-se da Figura 20.11: os agentes redutores mais fortes, que são as substâncias oxidadas com mais

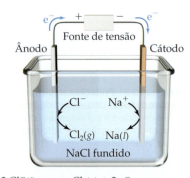

▲ **Figura 20.28 Eletrólise de cloreto de sódio fundido.** NaCl puro funde a 801 °C.

Resolva com ajuda da figura Qual é $E°$ para esta célula?

▲ **Figura 20.29 Célula eletrolítica com um eletrodo de metal ativo.** Níquel é dissolvido a partir do ânodo para formar $Ni^{2+}(aq)$. No cátodo, $Ni^{2+}(aq)$ é reduzido e forma uma "placa" de níquel no cátodo de aço.

facilidade, têm os valores mais negativos de $E°_{red}$.) Assim, Ni(s), com sua $E°_{red} = -0,28$ V, é oxidado no ânodo, e não H_2O. Se analisarmos a reação total, vai parecer que nada foi realizado. Entretanto, isso não é verdade, porque átomos de Ni são transferidos do ânodo de Ni para o cátodo de aço, revestindo o aço com uma camada fina de átomos de níquel.

A fem padrão para a reação total é:

$$E°_{cél} = E°_{red}(\text{cátodo}) - E°_{red}(\text{ânodo}) = (-0,28\text{ V}) - (-0,28\text{ V}) = 0$$

Visto que a fem padrão é nula, basta uma pequena fem para provocar a transferência de átomos de níquel de um eletrodo para o outro.

Aspectos quantitativos da eletrólise

A estequiometria de uma semirreação mostra quantos elétrons são necessários para realizar um processo eletrolítico. Por exemplo, a redução de Na^+ em Na é um processo de um elétron:

$$Na^+ + e^- \longrightarrow Na$$

Portanto, 1 mol de elétrons deposita 1 mol de Na metálico, 2 mols de elétrons depositam 2 mols de Na metálico, e assim por diante. De modo análogo, 2 mols de elétrons são necessários para depositar 1 mol de Cu a partir de Cu^{2+}, e 3 mols de elétrons são necessários para depositar 1 mol de Al a partir de Al^{3+}:

$$Cu^{2+} + 2\,e^- \longrightarrow Cu$$
$$Al^{3+} + 3\,e^- \longrightarrow Al$$

Para qualquer semirreação, a quantidade de uma substância reduzida ou oxidada em uma célula eletrolítica é diretamente proporcional ao número de elétrons transferidos para a célula.

A quantidade de carga que passa pelo circuito elétrico, como aquele de uma célula eletrolítica, costuma ser medida em *coulombs*. Conforme observado na Seção 20.5, a carga em 1 mol de elétrons é 96.485 C. Um coulomb é a quantidade de carga que passará por um ponto de um circuito em 1 s quando a corrente for 1 ampère (A). Consequentemente, o número de coulombs que passa por uma célula pode ser obtido ao multiplicar a corrente, em ampères, pelo tempo decorrido, em segundos.

$$\text{coulombs} = \text{ampères} \times \text{segundos} \quad [20.21]$$

A **Figura 20.30** mostra como as quantidades das substâncias produzidas ou consumidas em uma eletrólise estão relacionadas à quantidade de carga elétrica usada. A mesma relação também pode ser aplicada às células voltaicas. Em outras palavras, os elétrons podem ser considerados "reagentes" em reações de eletrólise.

▲ **Figura 20.30** Reação entre carga e quantidade de reagente e produto em reações de eletrólise.

Exercício resolvido 20.14

Relacionando carga elétrica com quantidade de eletrólise

Calcule a massa em gramas de alumínio produzida em 1,00 h pela eletrólise de $AlCl_3$ fundido se a corrente elétrica utilizada for de 10,0 A.

SOLUÇÃO

Analise Sabemos que $AlCl_3$ foi eletrolisado para formar Al e devemos calcular a massa em gramas de Al produzida em 1,00 h com 10,0 A.

Planeje A Figura 20.30 fornece um roteiro para solucionar este problema. Partindo da corrente, do tempo, de uma semirreação balanceada e da massa atômica do alumínio, podemos calcular a massa de Al produzido.

Resolva

Em primeiro lugar, calculamos a carga elétrica, em coulombs, que passa pela célula eletrolítica (observe que 10,0 A = 10,0 C/s):

$$\text{Coulombs} = \text{ampères} \times \text{segundos} = (10,0\text{ C/s})(1,00\text{ h})\left(\frac{3600\text{ s}}{\text{h}}\right) = 3,60 \times 10^4\text{ C}$$

Depois, calculamos a quantidade de matéria de elétrons que passa pela célula:

$$\text{Mols e}^- = (3,60 \times 10^4\text{ C})\left(\frac{1\text{ mol e}^-}{96.485\text{ C}}\right) = 0,373\text{ mol de e}^-$$

Em seguida, relacionamos a quantidade de matéria de elétrons à quantidade de matéria de alumínio formada, utilizando a semirreação para a redução de Al^{3+}:

$$Al^{3+} + 3\,e^- \longrightarrow Al$$

(Continua)

Assim, 3 mols de elétrons são necessários para formar 1 mol de Al:	Mols de Al = $(0{,}373 \text{ mol de } e^-)\left(\dfrac{1 \text{ mol Al}}{3 \text{ mol } e^-}\right) = 0{,}124$ mol de Al
Por fim, convertemos quantidade de matéria em gramas:	Gramas de Al = $(0{,}124 \text{ mol Al})\left(\dfrac{27{,}0 \text{ g Al}}{1 \text{ mol Al}}\right) = 3{,}36$ g de Al
Ou então poderíamos ter combinado todos os passos acima:	Gramas de Al = $(3{,}60 \times 10^4 \text{ C})\left(\dfrac{1 \text{ mol } e^-}{96.485 \text{ C}}\right)\left(\dfrac{1 \text{ mol Al}}{3 \text{ mol } e^-}\right)\left(\dfrac{27{,}0 \text{ g de Al}}{1 \text{ mol Al}}\right) = 3{,}36$ g de Al

> **Para praticar**
> (a) A semirreação para formação de magnésio metálico pela eletrólise de $MgCl_2$ fundido é $Mg^{2+} + 2\,e^- \longrightarrow Mg$. Calcule a massa de magnésio formada com a passagem de uma corrente de 60,0 A por um período de $4{,}00 \times 10^3$ s. (b) Quantos segundos seriam necessários para produzir 50,0 g de Mg a partir de $MgCl_2$ se a corrente fosse de 100,0 A?

QUÍMICA E SUSTENTABILIDADE | Eletrometalurgia do alumínio

Muitos processos utilizados para produzir ou refinar metais são baseados na eletrólise. Coletivamente, esses processos são referidos como *eletrometalurgia*, e seus procedimentos podem variar muito, dependendo se envolvem a eletrólise de um sal fundido ou de uma solução aquosa.

Os métodos eletrolíticos que usam sais fundidos são importantes para a obtenção de metais mais reativos, como sódio, magnésio e alumínio. Esses metais não podem ser obtidos a partir de uma solução aquosa porque a água é reduzida com mais facilidade do que os íons metálicos. Os potenciais padrão de redução da água sob condições ácidas ($E°_{red} = 0{,}00$ V) e básicas ($E°_{red} = -0{,}83$ V) são mais positivos do que os de Na^+ ($E°_{red} = -2{,}71$ V), Mg^{2+} ($E°_{red} = -2{,}37$ V) e Al^{3+} ($E°_{red} = -1{,}66$ V).

Obter alumínio metálico tem sido um desafio há tempos. Ele é obtido a partir do minério de bauxita, que é quimicamente tratado para concentrar óxido de alumínio (Al_2O_3), que, por sua vez, tem um ponto de fusão superior a 2.000 °C, muito alto para permitir sua utilização como um meio fundido para a eletrólise.

O processo eletrolítico usado comercialmente para produzir alumínio é o *processo de Hall-Héroult*, batizado em homenagem a seus inventores, Charles M. Hall e Paul Héroult. Hall (1863–1914) começou a trabalhar no problema de redução de alumínio por volta de 1885, após um professor contar a ele sobre a dificuldade de reduzir minérios de metais muito reativos. Antes do desenvolvimento de um processo eletrolítico, o alumínio era obtido por meio de uma redução química, utilizando sódio ou potássio como o agente redutor, um procedimento oneroso que encarecia o alumínio metálico. Em 1852, o custo do alumínio era de US$ 1.200 por quilograma, muito superior ao custo do ouro. Na Exposição de Paris, em 1855, o alumínio foi apresentado como um metal raro, embora seja o terceiro elemento mais abundante na crosta da Terra.

Hall, que tinha 21 anos quando começou a pesquisa, utilizou equipamentos artesanais e alguns emprestados no seu estudo e usou uma cabana perto de sua casa em Ohio como laboratório. Em cerca de um ano, ele desenvolveu um processo eletrolítico usando um composto iônico que se fundia para formar um meio condutor que dissolvia Al_2O_3, mas não interferia nas reações de eletrólise. O composto iônico selecionado por ele foi o mineral relativamente raro criolita (Na_3AlF_6). Héroult, que tinha a idade de Hall, chegou à mesma descoberta na França, de forma independente e quase ao mesmo tempo. Graças à investigação desses dois jovens cientistas desconhecidos, a produção em larga escala de alumínio tornou-se comercialmente viável, e esse metal passou a ser comum. Inclusive, a fábrica que Hall construiu posteriormente para produzir alumínio evoluiu e se transformou na Alcoa Corporation.

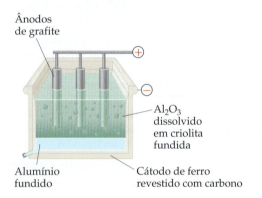

▲ **Figura 20.31 Processo de Hall-Héroult.** Como o alumínio fundido é mais denso do que a mistura de criolita (Na_3AlF_6) e Al_2O_3, o metal se junta no fundo da célula.

No processo de Hall-Héroult, Al_2O_3 é dissolvido em criolita fundida, cujo ponto de fusão é 1.012 °C, resultando em um eficiente condutor elétrico (**Figura 20.31**). Varetas de grafite são utilizadas como ânodos e consumidas na eletrólise:

Ânodo: $\quad C(s) + 2\,O^{2-}(l) \longrightarrow CO_2(g) + 4\,e^-$

Cátodo: $\quad 3\,e^- + Al^{3+}(l) \longrightarrow Al(l)$

O processo de Hall-Héroult consome grande quantidade de energia elétrica, por isso a indústria de alumínio é uma grande consumidora de eletricidade. Não por acaso, a maior parte do alumínio é fabricada em locais onde a eletricidade é relativamente barata. Cerca de 75% da eletricidade usada para produzir alumínio na América do Norte, na América do Sul e na Europa é gerada em usinas hidrelétricas, enquanto, na China, a eletricidade de usinas termelétricas a carvão tem um papel mais importante. Uma vez que o alumínio reciclado requer menos de 10% da energia necessária para produzir um "novo" alumínio, uma economia considerável de energia pode ser obtida com o aumento da quantidade de alumínio reciclado. Cerca de 50% dos recipientes de bebidas de alumínio são reciclados nos Estados Unidos. Estima-se que cada aumento de 10% nos índices de reciclagem de alumínio leva a uma redução de 15% nas emissões de gases do efeito estufa geradas pela indústria do alumínio.

Exercício relacionado: 20.109

Capítulo 20 | Eletroquímica

Exercícios de autoavaliação

EAA 20.26 Qual das seguintes afirmações sobre eletrólise é *falsa*? (**a**) As reações eletrolíticas são não espontâneas. (**b**) As reações eletrolíticas exigem uma fonte externa de energia elétrica. (**c**) A oxidação ocorre no cátodo da célula eletrolítica. (**d**) A eletrólise pode ser usada para a eletrodeposição de um metal sobre outro.

EAA 20.27 Uma célula eletrolítica é construída para galvanizar cobre metálico sobre um eletrodo plano de 3,00 cm × 3,00 cm. Se uma corrente de 10,0 A for aplicada a uma célula que contém $CuCl_2$ 0,25 M, quanto tempo ela levará para depositar uma camada de 1,00 mm de espessura de cobre sobre o eletrodo (suponha que o cobre galvaniza apenas um lado do eletrodo)? A densidade do cobre é 8,96 g/cm^3. (**a**) 19 min (**b**) 42 min (**c**) 45 min (**d**) 6,8 h (**e**) 68 h

Integrando conceitos

O K_{ps} do fluoreto de ferro(II) a 298 K é $2,4 \times 10^{-6}$. (**a**) Escreva a semirreação que fornece os prováveis produtos da redução de dois elétrons do $FeF_2(s)$ em água. (**b**) Use o valor de K_{ps} e o potencial padrão de redução de $Fe^{2+}(aq)$ para calcular o potencial padrão de redução para a semirreação do item (a). (**c**) Racionalize a diferença no potencial padrão de redução para a semirreação do item (a) e para $Fe^{2+}(aq)$.

SOLUÇÃO

Analise Vamos combinar o que sabemos sobre constantes de equilíbrio e eletroquímica para obter os potenciais de redução.

Planeje Para (a), é necessário determinar qual íon, Fe^{2+} ou F^-, é mais provável de ser reduzido por dois elétrons e completar a reação total $FeF_2 + 2\,e^- \longrightarrow ?$. Para (b), precisamos escrever a equação química associada a K_{ps} e verificar de que maneira ela se relaciona com $E°$ para a semirreação de redução do item (a). Para (c), precisamos comparar $E°$ do item (b) com o valor para a redução de Fe^{2+}.

Resolva

(**a**) O fluoreto de ferro(II) é uma substância iônica que consiste em íons Fe^{2+} e F^-. Devemos determinar onde dois elétrons poderiam ser adicionados a FeF_2. Não podemos imaginar a adição de dois elétrons aos íons F^- para formar F^{2-}, então parece provável que podemos reduzir os íons Fe^{2+} em Fe(s). Assim, é possível supor a seguinte semirreação:

$$FeF_2(s) + 2\,e^- \longrightarrow Fe(s) + 2\,F^-(aq)$$

(**b**) O valor de K_{ps} para FeF_2 refere-se ao seguinte equilíbrio: (Seção 17.4)

$$FeF_2(s) \rightleftharpoons Fe^{2+}(aq) + 2\,F^-(aq) \quad K_{ps} = [Fe^{2+}][F^-]^2 = 2,4 \times 10^{-6}$$

Também devemos usar o potencial padrão de redução de Fe^{2+}, cuja semirreação e potenciais padrão de redução são listados no Apêndice E:

$$Fe^{2+}(aq) + 2\,e^- \longrightarrow Fe(s) \quad E = -0{,}440\,V$$

Segundo a lei de Hess, se podemos somar equações químicas para obter uma equação desejada, podemos somar suas funções de estado termodinâmico associadas, como ΔH ou ΔG, para determinar a grandeza termodinâmica para a reação desejada. (Seção 5.6) Dessa forma, precisamos analisar se as três equações com que estamos trabalhando podem ser combinadas de modo semelhante. Note que, se somarmos a reação de K_{ps} à semirreação de redução padrão para Fe^{2+}, obteremos a semirreação desejada:

Total:
1. $FeF_2(s) \longrightarrow Fe^{2+}(aq) + 2\,F^-(aq)$
2. $Fe^{2+}(aq) + 2\,e^- \longrightarrow Fe(s)$
3. $FeF_2(s) + 2\,e^- \longrightarrow Fe(s) + 2\,F^-(aq)$

A reação 3 ainda é uma semirreação, por isso vemos os elétrons livres.

(Continua)

Se conhecêssemos $\Delta G°$ para as reações 1 e 2, poderíamos somá-las para obter $\Delta G°$ para a reação 3. Podemos relacionar $\Delta G°$ a $E°$ por $\Delta G° = -nFE°$ (Equação 20.12) e a K por $\Delta G° = -RT \ln K$ (Equação 19.20; veja também a Figura 20.13). Além disso, sabemos que K para a reação 1 é a K_{ps} de FeF_2 e conhecemos $E°$ para a reação 2. Portanto, podemos calcular $\Delta G°$ para as reações 1 e 2: (Lembre-se de que 1 volt é 1 joule por coulomb.)	*Reação 1:* $\Delta G° = -RT \ln K = -(8,314 \text{ J/K mol})(298 \text{ K}) \ln (2,4 \times 10^{-6}) = 3,21 \times 10^4 \text{ J/mol}$ *Reação 2:* $\Delta G° = -nFE° = -(2)(96,485 \text{ C/mol})(-0,440 \text{ J/C}) = 8,49 \times 10^4 \text{ J/mol}$
Logo, $\Delta G°$ para a reação 3 é a soma dos valores de $\Delta G°$ para reações 1 e 2:	$3,21 \times 10^4 \text{ J/mol} + 8,49 \times 10^4 \text{ J/mol} = 1,17 \times 10^5 \text{ J/mol}$
Podemos converter isso em $E°$ a partir da relação $\Delta G° = -nFE°$:	$1,17 \times 10^5 \text{ J/mol} = -(2)(96,485 \text{ C/mol}) E°$ $E° = \dfrac{1,17 \times 10^5 \text{ J/mol}}{-(2)(96,485 \text{ C/mol})} = -0,606 \text{ J/C} = -0,606 \text{ V}$
(c) O potencial padrão de redução para FeF_2 ($-0,606$ V) é mais negativo do que aquele para Fe^{2+} ($-0,440$ V), o que indica que a redução de FeF_2 é o processo menos favorável. Quando FeF_2 é reduzido, há redução dos íons Fe^{2+} e decomposição do sólido iônico. Como essa energia adicional deve ser superada, a redução de FeF_2 é menos favorável do que a redução de Fe^{2+}.	

Resumo do capítulo e termos-chave

ESTADOS DE OXIDAÇÃO E REAÇÕES DE OXIRREDUÇÃO (INTRODUÇÃO E SEÇÃO 20.1) Neste capítulo, o foco do estudo foi a **eletroquímica**, ramo da química que relaciona a eletricidade às reações químicas. A eletroquímica envolve reações de oxirredução, também chamadas de reações redox. Essas reações envolvem uma variação no estado de oxidação de um ou mais elementos. Em toda reação de oxirredução, uma substância é oxidada (seu estado de oxidação aumenta) e uma substância é reduzida (seu estado de oxidação diminui). A substância oxidada é chamada de **agente redutor**, ou **redutor**, porque provoca redução de outra substância. A substância reduzida é chamada de **agente oxidante**, ou **oxidante**, uma vez que provoca a oxidação de outra substância.

BALANCEAMENTO DE EQUAÇÕES REDOX (SEÇÃO 20.2) Uma reação de oxirredução pode ser balanceada ao dividir a reação em duas **semirreações**, uma para a oxidação e outra para a redução. Uma semirreação é uma equação química balanceada que inclui os elétrons. Nas semirreações de oxidação, os elétrons estão do lado dos produtos na equação (à direita). Já nas semirreações de redução, os elétrons estão do lado dos reagentes (à esquerda). Cada semirreação é balanceada separadamente, e as duas são unidas com os coeficientes apropriados para balancear os elétrons em cada lado da equação, de modo que eles possam se cancelar quando as semirreações forem adicionadas.

CÉLULAS VOLTAICAS (SEÇÃO 20.3) Uma **célula voltaica (ou galvânica)** usa uma reação de oxirredução espontânea para gerar eletricidade. Em uma célula voltaica, as semirreações de oxidação e redução geralmente ocorrem em semicélulas separadas. Cada semicélula tem uma superfície sólida chamada de eletrodo, onde a semirreação ocorre. O eletrodo onde ocorre a oxidação é chamado de **ânodo**; já a redução ocorre no **cátodo**. Os elétrons liberados no ânodo fluem pelo circuito externo (realizando trabalho elétrico) para o cátodo. A neutralidade elétrica na solução é mantida pela migração de íons entre as duas semicélulas por um dispositivo que atua como ponte salina.

POTENCIAIS DE CÉLULA SOB CONDIÇÕES PADRÃO (SEÇÃO 20.4) Uma célula voltaica gera uma **força eletromotriz (fem)** que impulsiona os elétrons do ânodo para o cátodo pelo circuito externo. A origem da fem é uma diferença na energia potencial elétrica entre os dois eletrodos na célula. A fem de uma célula é chamada de **potencial da célula**, $E_{cél}$, e medida em volts (1 V = 1 J/C). O potencial da célula sob condições padrão é chamado de **fem padrão** ou **potencial padrão da célula**, sendo denominado $E°_{cél}$.

Um **potencial padrão de redução**, $E°_{red}$, pode ser atribuído a uma semirreação individual. Isso é feito ao comparar o potencial da semirreação ao do **eletrodo padrão de hidrogênio** (EPH), definido como tendo $E°_{red} = 0$ V.

O potencial padrão de uma célula voltaica é a diferença entre os potenciais padrão de redução das semirreações que ocorrem no cátodo e no ânodo:

$$E°_{cél} = E°_{red} \text{ (cátodo)} - E°_{red} \text{ (ânodo)}.$$

O valor de $E°_{cél}$ é positivo para uma célula voltaica.

Para uma semirreação de redução, $E°_{red}$ é um indicador da tendência de que a redução vai ocorrer; quanto mais positivo for o valor para $E°_{red}$, maior será a tendência de a substância ser reduzida. As substâncias facilmente reduzidas atuam como agentes oxidantes fortes; portanto, $E°_{red}$ fornece uma medida da força oxidante de uma substância. Substâncias que são agentes oxidantes fortes levam a produtos que são agentes redutores fracos e vice-versa.

ENERGIA LIVRE E REAÇÕES REDOX (SEÇÃO 20.5) A fem, E, está relacionada à variação na energia livre de Gibbs, $\Delta G = -nFE$, em que n é a quantidade de matéria de elétrons transferidos durante o processo de redução e F é a **constante de Faraday**, definida como a quantidade de carga em 1 mol de elétrons: $F = 96.485$ C/mol. Como E está relacionado a ΔG, o sinal de E indica se um processo redox é espontâneo: $E > 0$ indica um processo espontâneo e $E < 0$ indica um processo não espontâneo.

Como ΔG também está relacionado à constante de equilíbrio para uma reação ($\Delta G° = -RT \ln K$), podemos relacionar $E°$ a K.

POTENCIAIS DE CÉLULA SOB CONDIÇÕES NÃO PADRÃO (SEÇÃO 20.6) A fem de uma reação redox varia conforme a temperatura e as concentrações dos reagentes e produtos. A **equação de Nernst** relaciona a fem sob condições não padrão com a fem padrão e o quociente de reação, Q:

$$E = E° - (RT/nF) \ln Q = E° - (0{,}0592/n) \log Q$$

O fator 0,0592 é válido quando $T = 298$ K. Uma **célula de concentração** é uma célula voltaica na qual a mesma semirreação ocorre tanto no ânodo quanto no cátodo, mas com diferentes concentrações dos reagentes em cada semicélula. No equilíbrio, $Q = K$ e $E = 0$.

BATERIAS E CÉLULAS A COMBUSTÍVEL (SEÇÃO 20.7) Uma **bateria** é uma fonte de energia eletroquímica fechada que contém uma ou mais células voltaicas. As baterias são baseadas em uma variedade de diferentes reações redox. As que não podem ser recarregadas são as **células primárias**, e as que podem, são as **células secundárias**. A pilha seca alcalina comum é um exemplo de bateria de célula primária. As de chumbo-ácido, níquel-cádmio, níquel-hidreto metálico e íon-lítio são exemplos de baterias de células secundárias. As **células de combustível** são células voltaicas que utilizam reações redox em que reagentes, como H_2, devem ser fornecidos continuamente à célula para gerar tensão.

CORROSÃO (SEÇÃO 20.8) Os princípios eletroquímicos ajudam a entender a **corrosão**, reações redox indesejáveis em que um metal é atacado por alguma substância em seu ambiente. A corrosão do ferro à ferrugem é provocada pela presença de água e oxigênio e acelerada pela presença de eletrólitos, como o sal nas ruas. A proteção de um metal colocado em contato com outro metal que sofre oxidação com mais facilidade é chamada de **proteção catódica**. Por exemplo, o ferro galvanizado é revestido por uma fina camada de zinco. Uma vez que o zinco é oxidado com mais facilidade que o ferro, ele funciona como um ânodo de sacrifício na reação redox.

ELETRÓLISE (SEÇÃO 20.9) Uma **reação de eletrólise**, realizada em uma **célula eletrolítica**, emprega uma fonte externa de eletricidade para promover uma reação eletroquímica não espontânea. O meio que transporta a corrente na célula eletrolítica pode ser um sal fundido ou uma solução de eletrólito. Os eletrodos em uma célula eletrolítica podem ser ativos, o que significa que o eletrodo pode estar envolvido na reação de eletrólise. Os eletrodos ativos são importantes na galvanoplastia e nos processos metalúrgicos.

A quantidade de substâncias formadas durante a eletrólise pode ser calculada ao considerar o número de elétrons envolvidos na reação redox e a quantidade de carga elétrica que passa pela célula. A quantidade de carga elétrica é medida em coulombs e está relacionada à grandeza da corrente que flui e ao tempo decorrido (1 C = 1 A-s).

Equações-chave

- $E°_{cél} = E°_{red}$ (cátodo) $- E°_{red}$ (ânodo) [16.20]
  Relaciona fem padrão a potenciais padrão de redução das semirreações de redução (cátodo) e oxidação (ânodo)

- $\Delta G = -nFE$ [16.21]
  Relaciona variação de energia livre e fem

- $E = E° - \dfrac{0{,}0592 \text{ V}}{n} \log Q$ (a 298 K) [16.22]
  Equação de Nernst, que expressa o efeito da concentração sobre o potencial da célula

Simulado

SIM 20.1 Em qual das substâncias a seguir o nitrogênio tem o número de oxidação maior (mais positivo)? (**a**) AlN (**b**) NO (**c**) HNO_3 (**d**) N_2O (**e**) N_2

SIM 20.2 Quais das reações a seguir podem ser classificadas como uma reação redox?

   (**i**) $Ba(NO_3)_2(aq) + K_2SO_4(aq) \longrightarrow BaSO_4(s) + 2 KNO_3(aq)$

   (**ii**) $PbS(s) + 4 H_2O_2(aq) \longrightarrow PbSO_4(s) + 4 H_2O(l)$

   (**iii**) $Mg(s) + O_2(g) \longrightarrow MgO(s)$

(**a**) i (**b**) ii (**c**) iii (**d**) i e ii (**e**) ii e iii

SIM 20.3 Qual é o agente redutor na seguinte reação?

$$2 Br^-(aq) + H_2O_2(aq) + 2 H^+(aq) \longrightarrow Br_2(aq) + 2 H_2O(l)$$

(**a**) $Br^-(aq)$ (**b**) $H_2O_2(aq)$ (**c**) $H^+(aq)$ (**d**) Não há agente redutor porque não é uma reação redox.

SIM 20.4 Em meio ácido, íons permanganato reagem com metanol e produzem ácido fórmico de acordo com a seguinte equação química não balanceada: $MnO_4^-(aq) + CH_3OH(aq) \longrightarrow Mn^{2+}(aq) + HCOOH(aq)$. Quais afirmações sobre essa reação são *verdadeiras*?

   (**i**) Após o balanceamento da equação, há 2 íons $H^+(aq)$ no lado dos produtos para cada HCOOH.

   (**ii**) O manganês é oxidado durante a reação.

   (**iii**) Após o balanceamento da equação, há 11 moléculas de água no lado dos produtos.

(**a**) i (**b**) ii (**c**) iii (**d**) i e iii (**e**) Nenhuma das afirmações é verdadeira.

SIM 20.5 Se você completar e balancear a equação a seguir em solução ácida

$$Mn^{2+}(aq) + NaBiO_3(s) \longrightarrow Bi^{3+}(aq) + MnO_4^-(aq) + Na^+(aq)$$

quantas moléculas de água existirão na equação balanceada, com o menor coeficiente de número inteiro? (**a**) Quatro no lado dos reagentes (**b**) Três no lado dos produtos (**c**) Uma no lado dos reagentes (**d**) Sete no lado dos produtos (**e**) Duas no lado dos produtos

SIM 20.6 Se você completar e balancear a seguinte reação de oxirredução em solução básica,

$$NO_2^-(aq) + Al(s) \longrightarrow NH_3(aq) + Al(OH)_4^-(aq)$$

quantos íons hidróxido existirão na equação balanceada, com o menor coeficiente de número inteiro? (**a**) Um no lado dos reagentes (**b**) Um no lado dos produtos (**c**) Quatro no lado dos reagentes (**d**) Sete no lado dos produtos (**e**) Nenhum

SIM 20.7 As duas semirreações a seguir ocorrem em uma célula voltaica:

$$Ni(s) \longrightarrow Ni^{2+}(aq) + 2 e^- \quad (\text{eletrodo} = Ni)$$

$$Cu^{2+}(aq) + 2 e^- \longrightarrow Cu(s) \quad (\text{eletrodo} = Cu)$$

Qual das seguintes alternativas descreve com mais precisão o que ocorre na semicélula que contém o eletrodo de Cu e a solução de $Cu^{2+}(aq)$?

(**a**) O eletrodo perde massa, e os cátions da ponte salina fluem para a semicélula.

(**b**) O eletrodo ganha massa, e os cátions da ponte salina fluem para a semicélula.

(**c**) O eletrodo perde massa, e os ânions da ponte salina fluem para a semicélula.

(**d**) O eletrodo ganha massa, e os ânions da ponte salina fluem para a semicélula.

SIM 20.8 Considere uma célula voltaica com um eletrodo de prata e AgNO$_3$(aq) em um compartimento e um eletrodo de cobre e uma solução de CuCl$_2$(aq) no outro compartimento, sendo a reação total da célula 2 Ag$^+$(aq) + Cu(s) ⟶ 2 Ag(s) + Cu^{2+}(aq). Nessa célula voltaica, a _____ ocorre no eletrodo de cobre, que atua como _____. (**a**) oxidação, cátodo (**b**) oxidação, ânodo (**c**) redução, cátodo (**d**) redução, ânodo

SIM 20.9 Uma célula fotovoltaica baseada na reação 2 Eu^{2+}(aq) + Ni^{2+}(aq) ⟶ 2 Eu^{3+}(aq) + Ni(s) gera $E°_{cél}$ = 0,07 V. Dado o potencial padrão de redução da reação Ni^{2+}(aq) + 2 e$^-$ ⟶ Ni(s), $E°_{red}$ = −0,28 V, qual é o potencial padrão de redução para a reação Eu^{3+}(aq) + e$^-$ ⟶ Eu^{2+}(aq)? (**a**) −0,35 V (**b**) +0,35 V (**c**) −0,21 V (**d**) +0,21 V (**e**) −0,18 V

SIM 20.10 Com base nos dados da Tabela 20.1, qual valor você calcularia para a fem padrão ($E°_{cél}$) de uma célula voltaica cuja reação total da célula é 2 Ag$^+$(aq) + Ni(s) ⟶ 2 Ag(s) + Ni^{2+}(aq)? (**a**) +0,52 V (**b**) −0,52 V (**c**) +1,08 V (**d**) −1,08 V (**e**) +0,80 V

SIM 20.11 Considere três células voltaicas, todas semelhantes à da Figura 20.5. Em cada célula voltaica, uma semicélula contém uma solução de Fe(NO$_3$)$_2$(aq) 1,0 M com um eletrodo de Fe. O conteúdo das outras semicélulas é conforme o seguinte:

Célula 1: uma solução de CuCl$_2$(aq) 1,0 M com um eletrodo de Cu
Célula 2: uma solução de NiCl$_2$(aq) 1,0 M com um eletrodo de Ni
Célula 3: uma solução de ZnCl$_2$(aq) 1,0 M com um eletrodo de Zn

Em qual célula voltaica o ferro atua como o ânodo? (**a**) Célula 1 (**b**) Célula 2 (**c**) Célula 3 (**d**) Células 1 e 2 (**e**) Células 1, 2 e 3

SIM 20.12 Com base nos dados da Tabela 20.1, qual das seguintes espécies podemos esperar que seja o agente oxidante mais forte? (**a**) Cl$^-$(aq) (**b**) Cl$_2$(g) (**c**) O$_2$(g) (**d**) H$^+$(aq) (**e**) Na$^+$(aq)

SIM 20.13 Qual dos seguintes elementos é capaz de oxidar íons Fe^{2+}(aq) a íons Fe^{3+}(aq): cloro, bromo ou iodo? (**a**) I$_2$ (**b**) Cl$_2$ (**c**) Cl$_2$ e I$_2$ (**d**) Cl$_2$ e Br$_2$ (**e**) Os três elementos

SIM 20.14 Partindo dos potenciais padrão de redução listados no Apêndice E, determine quais das seguintes reações são espontâneas sob condições padrão:

(i) Pb(s) + Fe^{2+}(aq) ⟶ Fe(s) + Pb^{2+}(aq)
(ii) Co^{3+}(aq) + Ce^{3+}(aq) ⟶ Co^{2+}(aq) + Ce^{4+}(aq)
(iii) Ni(s) + I$_2$(s) ⟶ NiI$_2$(aq)

(**a**) i (**b**) ii (**c**) iii (**d**) ii e iii (**e**) i, ii e iii

SIM 20.15 Para a reação:

3 Ni^{2+}(aq) + 2 Cr(OH)$_3$(s) + 10 OH$^-$(aq) ⟶ 3 Ni(s) + 2 CrO$_4^{2-}$(aq) + 8 H$_2$O(l)

$\Delta G°$ = +87 kJ/mol. Dado o potencial padrão de redução de Ni^{2+}(aq) na Tabela 20.1, $E°_{red}$ = −0,28 V, qual valor você calcula para o potencial padrão de redução da semirreação a seguir:

CrO$_4^{2-}$(aq) + 4 H$_2$O(l) + 3 e$^-$ ⟶ Cr(OH)$_3$(s) + 5 OH$^-$(aq)

(**a**) −0,43 V (**b**) −0,28 V (**c**) 0,02 V (**d**) −0,13 V (**e**) −0,15 V

SIM 20.16 Dados os potenciais padrão de redução:

Pb^{2+}(aq) + 2 e$^-$ ⟶ Pb(s) $E°_{red}$ = −0,13 V
2 H$^+$(aq) + 2 e$^-$ ⟶ H$_2$(g) $E°_{red}$ = 0,00 V

qual é a constante de equilíbrio para a reação redox Pb(s) + 2 H$^+$(aq) ⟶ Pb^{2+}(aq) + H$_2$(g) a 298 K?

(**a**) 1,0 (**b**) 4,0 × 10^{-5} (**c**) 158 (**d**) 2,5 × 10^4

SIM 20.17 Considere uma célula voltaica cuja reação global é Pb^{2+}(aq) + Zn(s) ⟶ Pb(s) + Zn^{2+}(aq). Os potenciais padrão de redução das duas semirreações são:

Zn^{2+}(aq) + 2 e$^-$ ⟶ Zn(s) $E°_{red}$ = −0,760 V
Sn^{2+}(aq) + 2 e$^-$ ⟶ Sn(s) $E°_{red}$ = −0,136 V

Qual é a fem gerada por essa célula voltaica quando as concentrações de íon são [Pb^{2+}] = 1,5 × 10^{-3} M e [Zn^{2+}] = 0,55 M? (**a**) 0,71 V (**b**) 0,55 V (**c**) 0,49 V (**d**) 0,79 V (**e**) 0,63 V

SIM 20.18 Considere uma célula voltaica em que a semirreação do ânodo é Zn(s) ⟶ Zn^{2+}(aq) + 2 e$^-$ e a semirreação do cátodo é Sn^{2+}(aq) + 2 e$^-$ ⟶ Sn(s). Os potenciais padrão de redução das duas semirreações são:

Zn^{2+}(aq) + 2 e$^-$ ⟶ Zn(s) $E°_{red}$ = −0,760 V
Sn^{2+}(aq) + 2 e$^-$ ⟶ Sn(s) $E°_{red}$ = −0,136 V

Qual é a concentração de Sn^{2+} no compartimento do cátodo se [Zn^{2+}] = 2,5 × 10^{-3} M e a fem da célula é 0,660 V? (**a**) 1,0 × 10^{-2} M (**b**) 8,4 × 10^{-3} M (**c**) 4,1 × 10^{-2} M (**d**) 1,5 × 10^{-4} M (**e**) 2,5 × 10^{-3} M

SIM 20.19 Uma célula de concentração é construída a partir de dois eletrodos de hidrogênio, ambos com P_{H_2} = 1,00 atm. Um eletrodo é imerso em H$_2$O pura e o outro em ácido clorídrico 6,0 M. Qual é a fem gerada pela célula e qual é a identidade do eletrodo imerso em ácido clorídrico? (**a**) 0,23 V, cátodo (**b**) 0,23 V, ânodo (**c**) 0,46 V, cátodo (**d**) 0,46 V, ânodo (**e**) 0,046 V, cátodo

SIM 20.20 Qual das afirmações a seguir sobre uma bateria alcalina é *falsa*? (**a**) É uma célula primária. (**b**) O quociente de reação é Q = 1 para a reação total da célula, de modo que a fem não deve variar à medida que a bateria descarrega. (**c**) À medida que a bateria descarrega, K$^+$ migra em direção ao ânodo e OH$^-$ migra em direção ao cátodo para manter o balanceamento da carga. (**d**) O zinco metálico é oxidado no ânodo. (**e**) As reações redox ocorrem em condições básicas.

SIM 20.21 Em uma célula a combustível de hidrogênio, qual é a função da membrana de eletrólito polimérico (PEM)? (**a**) Permite que os elétrons se movam do ânodo para o cátodo. (**b**) Permite que as moléculas de hidrogênio migrem para o cátodo, onde reagem com as moléculas de oxigênio. (**c**) Permite que os íons H$^+$ migrem do ânodo para o cátodo. (**d**) Catalisa a reação entre os prótons e as moléculas de oxigênio para que a transferência de elétrons ocorra a uma velocidade razoável.

SIM 20.22 Qual condição ou variação na condição a seguir tende a desacelerar ou inibir a corrosão do ferro? (**a**) Um aumento na pressão parcial do oxigênio. (**b**) Um aumento no pH. (**c**) A presença de água. (**d**) A presença de sais, como NaCl. (**e**) Contato com metais oxidados com menos facilidade, como Ni ou Ag.

SIM 20.23 O sódio metálico é produzido industrialmente a partir da eletrólise do cloreto de sódio fundido. Por que não é possível produzir sódio a partir da eletrólise da água do mar, que contém uma concentração relativamente alta de íons de sódio (≈ 0,5 M)? (**a**) A reação de eletrólise libera tanta energia que evapora a água. (**b**) Íons Na$^+$ migram através da ponte salina e reagem no ânodo. (**c**) A água é reduzida a gás H$_2$ no cátodo mais facilmente do que os íons Na$^+$ são reduzidos a sódio metálico. (**d**) A eletrólise do NaCl(aq) produz gás cloro no ânodo, um subproduto indesejado, dada a sua toxicidade.

SIM 20.24 Quanto tempo é necessário para depositar 1,0 g de cromo metálico proveniente de uma solução aquosa de CrCl$_3$ utilizando uma corrente de 1,5 A? (**a**) 3,8 × 10^{-2} s (**b**) 21 min (**c**) 62 min (**d**) 139 min (**e**) 3,2 × 10^3 min

Exercícios

Visualizando conceitos

20.1 No conceito ácido-base de Brønsted-Lowry, as reações ácido-base são consideradas reações de transferência de prótons. Quanto mais forte for o ácido, mais fraca será a sua base conjugada. Se fôssemos pensar em reações redox da mesma maneira, qual partícula seria análoga ao próton? Os agentes oxidantes fortes seriam análogos a ácidos fortes ou a bases fortes? [Seções 20.1 e 20.2]

20.2 Você já deve ter ouvido que antioxidantes fazem bem à saúde. Um antioxidante é um agente oxidante ou um agente redutor? [Seções 20.1 e 20.2]

20.3 O diagrama a seguir representa a visão molecular de um processo que ocorre em um eletrodo de uma célula voltaica.
(a) Esse processo representa oxidação ou redução? (b) O eletrodo é o ânodo ou o cátodo? (c) Por que os átomos no eletrodo são representados por esferas maiores do que os íons da solução? [Seção 20.3]

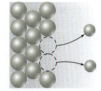

20.4 Suponha que você queira construir uma célula voltaica que utilize as seguintes semirreações:

$$A^{2+}(aq) + 2e^- \longrightarrow A(s) \quad E°_{red} = -0,10 \text{ V}$$
$$B^{2+}(aq) + 2e^- \longrightarrow B(s) \quad E°_{red} = -1,10 \text{ V}$$

Comece com a célula incompleta mostrada aqui, em que os eletrodos estão imersos em água.

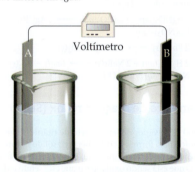

(a) Quais adições você deve fazer à célula para que ela possa gerar uma fem padrão? (b) Qual eletrodo funciona como o cátodo? (c) Em que sentido os elétrons se movem pelo circuito externo? (d) Qual tensão a célula vai gerar sob condições padrão? [Seções 20.3 e 20.4]

20.5 Para uma reação espontânea $A(aq) + B(aq) \longrightarrow A^-(aq) + B^+(aq)$, responda às seguintes perguntas:

(a) Se você construir uma célula voltaica a partir dessa reação, qual semirreação ocorreria no cátodo e qual ocorreria no ânodo?
(b) Qual semirreação do item (a) tem maior energia potencial?
(c) Qual é o sinal de $E°_{red}$? [Seção 20.3]

20.6 Considere a seguinte tabela de potenciais padrão de eletrodo para uma série de reações hipotéticas em solução aquosa:

Semirreação de redução	E°(V)
$A^+(aq) + e^- \longrightarrow A(s)$	1,33
$B^{2+}(aq + 2e^- \longrightarrow B(s)$	0,87
$C^{3+}(aq) + e^- \longrightarrow C^{2+}(aq)$	-0,12
$D^{3+}(aq) + 3e^- \longrightarrow D(s)$	-1,59

(a) Qual substância é o agente oxidante mais forte? Qual é o mais fraco?
(b) Qual substância é o agente redutor mais forte? Qual é o mais fraco?
(c) Quais substâncias podem oxidar C^{2+}? [Seções 20.4 e 20.5]

20.7 Imagine uma reação redox na qual $E°$ tem um valor negativo.
(a) Qual é o sinal de $\Delta G°$ para a reação?
(b) A constante de equilíbrio para a reação será maior ou menor que 1?
(c) Uma célula eletroquímica baseada nessa reação realiza trabalho sobre sua vizinhança? [Seção 20.5]

20.8 Considere a seguinte célula voltaica:

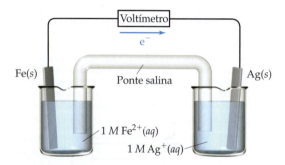

(a) Qual eletrodo atua como cátodo?
(b) Qual é a fem padrão gerada por essa célula?
(c) Qual é a variação na tensão da célula quando as concentrações de íon na semicélula do cátodo são multiplicadas por 10?
(d) Qual é a variação na tensão da célula quando as concentrações de íon na semicélula do ânodo são multiplicadas por 10? [Seções 20.4 e 20.6]

20.9 Considere a semirreação $Ag^+(aq) + e^- \longrightarrow Ag(s)$. (a) Qual das linhas no diagrama a seguir indica de que modo o potencial de redução varia em função da concentração de $Ag^+(aq)$? (b) Qual é o valor de $E°_{red}$ quando $\log[Ag^+] = 0$? [Seção 20.6]

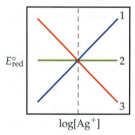

20.10 Os eletrodos em uma bateria de óxido de prata são o óxido de prata (Ag_2O) e o zinco. (a) Qual eletrodo atua como o ânodo? (b) Qual bateria você acredita que tenha uma densidade de energia mais semelhante à do óxido de prata: uma bateria íon-Li, uma de níquel-cádmio ou uma de chumbo-ácido? [Seção 20.7]

20.11 Barras de ferro são colocadas em cada um dos três béqueres, como mostrado a seguir. Em qual béquer, A, B ou C, o ferro deve apresentar maior corrosão? [Seção 20.8]

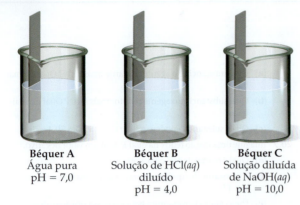

Béquer A
Água pura
pH = 7,0

Béquer B
Solução de HCl(aq)
diluído
pH = 4,0

Béquer C
Solução diluída
de NaOH(aq)
pH = 10,0

20.12 O magnésio elementar é produzido comercialmente por eletrólise a partir de um sal fundido ("eletrólito"), usando uma célula semelhante à mostrada a seguir. (a) Qual é o número de oxidação mais comum para o Mg quando ele é parte de um sal? (b) O gás cloro é produzido quando uma tensão é aplicada à célula. Com base nisso, identifique o eletrólito. (c) Lembre-se de que, em uma célula eletrolítica, o ânodo recebe o sinal + e o cátodo, o sinal –, que é o oposto do que vemos nas baterias. Qual semirreação ocorre no ânodo dessa célula eletrolítica? (d) Qual semirreação ocorre no cátodo? (e) Supondo que as células têm 96% de eficiência na produção dos produtos desejados na eletrólise, qual massa de Mg é formada por uma corrente de 97.000 A por um período de 24 h? [Seção 20.9]

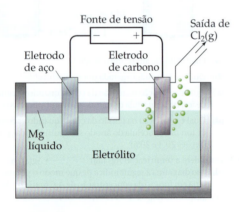

Reações de oxirredução (Seção 20.1)

20.13 (a) O que significa o termo "*oxidação*"? (b) Em qual lado de uma semirreação de oxidação os elétrons aparecem? (c) O que significa o termo "*oxidante*"? (d) O que significa o termo "*agente oxidante*"?

20.14 (a) O que significa o termo "*redução*"? (b) Em qual lado de uma semirreação de redução os elétrons aparecem? (c) O que significa o termo "*redutor*"? (d) O que significa o termo "*agente redutor*"?

20.15 Indique se cada uma das seguintes afirmações é *verdadeira* ou *falsa*.
(a) Se algo é oxidado, está perdendo elétrons.
(b) Para a reação $Fe^{3+}(aq) + Co^{2+}(aq) \longrightarrow Fe^{2+}(aq) + Co^{3+}(aq)$, $Fe^{3+}(aq)$ é o agente redutor e $Co^{2+}(aq)$ é o agente oxidante.
(c) Se não houver variações no estado de oxidação dos reagentes ou dos produtos de determinada reação, esta não será uma reação redox.

20.16 Indique se cada uma das seguintes afirmações é *verdadeira* ou *falsa*.
(a) Se algo é reduzido, está perdendo elétrons.
(b) Um agente redutor é oxidado enquanto reage.
(c) É necessário um agente oxidante para converter CO em CO_2.

20.17 Em cada uma das seguintes reações de oxirredução balanceadas, (i) identifique os números de oxidação de todos os elementos dos reagentes e dos produtos e (ii) determine o número total de elétrons transferidos em cada reação.
(a) $I_2O_5(s) + 5\, CO(g) \longrightarrow I_2(s) + 5\, CO_2(g)$
(b) $2\, Hg^{2+}(aq) + N_2H_4(aq) \longrightarrow 2\, Hg(l) + N_2(g)\, 4\, H^+(aq)$
(c) $3\, H_2S(aq) + 2\, H^+(aq) + 2\, NO_3^-(aq) \longrightarrow 3\, S(s) + 2\, NO(g) + 4\, H_2O(l)$

20.18 Em cada uma das seguintes reações de oxirredução balanceadas, (i) identifique os números de oxidação de todos os elementos dos reagentes e dos produtos e (ii) determine o número total de elétrons transferidos em cada reação.
(a) $2\, MnO_4^-(aq) + 3\, S^{2-}(aq) + 4\, H_2O(l) \longrightarrow 3\, S(s) + 2\, MnO_2(s) + 8\, OH^-(aq)$
(b) $4\, H_2O_2(aq) + Cl_2O_7(g) + 2\, OH^-(aq) \longrightarrow 2\, ClO_2^-(aq) + 5\, H_2O(l) + 4\, O_2(g)$
(c) $Ba^{2+}(aq) + 2\, OH^-(aq) + H_2O_2(aq) + 2\, ClO_2(aq) \longrightarrow Ba(ClO_2)_2(s) + 2\, H_2O(l) + O_2(g)$

20.19 Indique se as seguintes equações balanceadas envolvem oxirredução. Caso envolvam, identifique os elementos que sofrem variação no número de oxidação.
(a) $PBr_3(l) + 3\, H_2O(l) \longrightarrow H_3PO_3(aq) + 3\, HBr(aq)$
(b) $NaI(aq) + 3\, HOCl(aq) \longrightarrow NaIO_3(aq) + 3\, HCl(aq)$
(c) $3\, SO_2(g) + 2\, HNO_3(aq) + 2\, H_2O(l) \longrightarrow 3\, H_2SO_4(aq) + 2\, NO(g)$

20.20 Indique se as seguintes equações balanceadas envolvem oxirredução. Caso envolvam, identifique os elementos que sofrem variação no número de oxidação.
(a) $2\, AgNO_3(aq) + CoCl_2(aq) \longrightarrow 2\, AgCl(s) + Co(NO_3)_2(aq)$
(b) $2\, PbO_2(s) \longrightarrow 2\, PbO(s) + O_2(g)$
(c) $2\, H_2SO_4(aq) + 2\, NaBr(s) \longrightarrow Br_2(l) + SO_2(g) + Na_2SO_4(aq) + 2\, H_2O(l)$

Balanceamento de reações redox (Seção 20.2)

20.21 A 900 °C, o vapor de tetracloreto de titânio reage com magnésio fundido para formar titânio metálico sólido e cloreto de magnésio fundido. (a) Escreva uma equação balanceada para essa reação. (b) O que está sendo oxidado e o que está sendo reduzido? (c) Qual substância é o redutor e qual é o oxidante?

20.22 A hidrazina (N_2H_4) e o tetróxido de dinitrogênio (N_2O_4) formam uma mistura autoinflamável utilizada como propulsor de foguetes. Os produtos da reação são N_2 e H_2O. (a) Escreva uma equação química balanceada para essa reação. (b) O que está sendo oxidado e o que está sendo reduzido? (c) Qual substância funciona como agente redutor e qual funciona como agente oxidante?

20.23 Complete e faça o balanceamento das seguintes semirreações em meio ácido. Em cada caso, indique se ocorre oxidação ou redução.
(a) $Sn^{2+}(aq) \longrightarrow Sn^{4+}(aq)$
(b) $TiO_2(s) \longrightarrow Ti^{2+}(aq)$
(c) $ClO_3^-(aq) \longrightarrow Cl^-(aq)$
(d) $N_2(g) \longrightarrow NH_4^+(aq)$

20.24 Complete e faça o balanceamento das seguintes semirreações em meio básico. Em cada caso, indique se ocorre oxidação ou redução.
(a) $OH^-(aq) \longrightarrow O_2(g)$
(b) $SO_3^{2-}(aq) \longrightarrow SO_4^{2-}(aq)$
(c) $N_2(g) \longrightarrow NH_3(g)$
(d) $HO_2^-(aq) \longrightarrow OH^-(aq)$

20.25 Complete e faça o balanceamento das seguintes semirreações em meio básico. Em cada caso, indique se ocorre oxidação ou redução.
(a) $O_2(g) \longrightarrow H_2O(l)$
(b) $Mn^{2+}(aq) \longrightarrow MnO_2(s)$
(c) $Cr(OH)_3(s) \longrightarrow CrO_4^{2-}(aq)$
(d) $N_2H_4(aq) \longrightarrow N_2(g)$

20.26 Complete e faça o balanceamento das seguintes semirreações em meio ácido. Em cada caso, indique se ocorre oxidação ou redução.
(a) $Mo^{3+}(aq) \longrightarrow Mo(s)$
(b) $H_2SO_3(aq) \longrightarrow SO_4^{2-}(aq)$
(c) $NO_3^-(aq) \longrightarrow NO(g)$
(d) $O_2(g) \longrightarrow H_2O(l)$

20.27 Complete e faça o balanceamento das seguintes equações. Em cada caso, identifique os agentes de oxidação e de redução:
(a) $Cr_2O_7^{2-}(aq) + I^-(aq) \longrightarrow Cr^{3+}(aq) + IO_3^-(aq)$ (meio ácido)
(b) $I_2(s) + OCl^-(aq) \longrightarrow IO_3^-(aq) + Cl^-(aq)$ (meio ácido)
(c) $MnO_4^-(aq) + Br^-(aq) \longrightarrow MnO_2(s) + BrO_3^-(aq)$ (meio básico)

20.28 Complete e faça o balanceamento das seguintes equações. Em cada caso, identifique os agentes de oxidação e de redução:
(a) $MnO_4^-(aq) + CH_3OH(aq) \longrightarrow Mn^{2+}(aq) + HCOOH(aq)$ (meio ácido)
(b) $As_2O_3(s) + NO_3^-(aq) \longrightarrow H_3AsO_4(aq) + N_2O_3(aq)$ (meio ácido)
(c) $Pb(OH)_4^{2-}(aq) + ClO^-(aq) \longrightarrow PbO_2(s) + Cl^-(aq)$ (meio básico)

20.29 Complete e faça o balanceamento das seguintes equações. Em cada caso, identifique os agentes de oxidação e de redução:
(a) $NO_2^-(aq) + Cr_2O_7^{2-}(aq) \longrightarrow Cr^{3+}(aq) + NO_3^-(aq)$ (meio ácido)
(b) $Cr_2O_7^{2-}(aq) + CH_3OH(aq) \longrightarrow HCOOH(aq) + Cr^{3+}(aq)$ (meio ácido)
(c) $NO_2^-(aq) + Al(s) \longrightarrow NH_4^+(aq) + AlO_2^-(aq)$ (meio básico)

20.30 Complete e faça o balanceamento das seguintes equações. Em casa caso, identifique os agentes de oxidação e de redução. (Lembre-se de que os átomos de O no peróxido de hidrogênio, H_2O_2, têm um estado de oxidação atípico.)
(a) $S(s) + HNO_3(aq) \longrightarrow H_2SO_3(aq) + N_2O(g)$ (meio ácido)
(b) $BrO_3^-(aq) + N_2H_4(g) \longrightarrow Br^-(aq) + N_2(g)$ (meio ácido)
(c) $H_2O_2(aq) + ClO_2(aq) \longrightarrow ClO_2^-(aq) + O_2(g)$ (meio básico)

Células voltaicas (Seção 20.3)

20.31 Indique se cada afirmação é *verdadeira* ou *falsa*. (a) O cátodo é o eletrodo onde ocorre a oxidação. (b) "Célula galvânica" é outro nome para uma célula voltaica. (c) Os elétrons fluem espontaneamente do ânodo para o cátodo em uma célula voltaica.

20.32 Indique se cada afirmação é *verdadeira* ou *falsa*. (a) O ânodo é o eletrodo onde ocorre a oxidação. (b) Uma célula voltaica sempre tem fem positiva. (c) Uma ponte salina ou barreira permeável é necessária para permitir a operação de uma célula voltaica.

20.33 Foi construída uma célula voltaica semelhante àquela mostrada na Figura 20.5. Uma semicélula de eletrodo consiste em uma lâmina de prata colocada em uma solução de $AgNO_3$, e a outra é uma lâmina de ferro colocada em uma solução de $FeCl_2$. A reação completa da célula é:

$$Fe(s) + 2\,Ag^+(aq) \longrightarrow Fe^{2+}(aq) + 2\,Ag(s)$$

(a) O que está sendo oxidado e o que está sendo reduzido?
(b) Escreva as semirreações que ocorrem nas duas semicélulas.
(c) Qual eletrodo é o ânodo e qual é o cátodo?
(d) Indique os sinais dos eletrodos. (e) Os elétrons passam do eletrodo de prata para o de ferro ou do eletrodo de ferro para o de prata? (f) Em quais sentidos os cátions e os ânions migram pela solução?

20.34 Foi construída uma célula voltaica semelhante àquela mostrada na Figura 20.5. Uma semicélula de eletrodo consiste em uma lâmina de alumínio colocada em uma solução de $Al(NO_3)_3$, e a outra é uma lâmina de níquel colocada em uma solução de $NiSO_4$. A reação completa da célula é:

$$2\,Al(s) + 3\,Ni^{2+}(aq) \longrightarrow 2\,Al^{3+}(aq) + 3\,Ni(s)$$

(a) O que está sendo oxidado e o que está sendo reduzido?
(b) Escreva as semirreações que ocorrem nas duas semicélulas.
(c) Qual eletrodo é o ânodo e qual é o cátodo?
(d) Indique os sinais dos eletrodos. (e) Os elétrons passam do eletrodo de alumínio para o de níquel ou do eletrodo de níquel para o de alumínio? (f) Em quais sentidos os cátions e os ânions migram pela solução? Suponha que Al não esteja revestido com seu óxido.

Potenciais de célula sob condições padrão (Seção 20.4)

20.35 (a) Qual é a definição do *volt*? (b) Todas as células voltaicas produzem um potencial de célula positivo?

20.36 (a) Qual eletrodo de uma célula voltaica corresponde à maior energia potencial para os elétrons: o cátodo ou o ânodo? (b) Quais são as unidades para potencial elétrico? De que maneira essa unidade se relaciona com a energia expressa em joules?

20.37 (a) Escreva a semirreação que ocorre em um eletrodo de hidrogênio em um meio aquoso ácido quando ele serve como cátodo de uma célula voltaica. (b) Escreva a semirreação que ocorre em um eletrodo de hidrogênio em um meio aquoso ácido quando ele serve como ânodo de uma célula voltaica. (c) O que é *padrão* em um eletrodo padrão de hidrogênio?

20.38 (a) Quais condições devem ser atendidas para um potencial de redução ser um *potencial padrão de redução*? (b) Qual é o potencial padrão de redução de um eletrodo padrão de hidrogênio? (c) Por que é impossível medir o potencial padrão de redução de uma semirreação individual?

20.39 Uma célula voltaica que usa a reação

$$Tl^{3+}(aq) + 2\,Cr^{2+}(aq) \longrightarrow Tl^+(aq) + 2\,Cr^{3+}(aq)$$

tem potencial padrão de célula de +1,19 V. (a) Escreva as duas reações das semicélulas. (b) Com base nos dados do Apêndice E, determine $E°_{red}$ para a redução de $Tl^{3+}(aq)$ em $Tl^+(aq)$. (c) Faça o esboço da célula voltaica, marque o ânodo e o cátodo e indique o sentido do fluxo de elétrons.

20.40 Uma célula voltaica que usa a reação

$$PdCl_4^{2-}(aq) + Cd(s) \longrightarrow Pd(s) + 4\,Cl^-(aq) + Cd^{2+}(aq)$$

tem potencial padrão de célula de +1,03 V. (a) Escreva as duas reações das semicélulas. (b) Com base nos dados do Apêndice E, determine $E°_{red}$ para a reação que envolve Pd. (c) Faça o esboço da célula voltaica, marque o ânodo e o cátodo e indique o sentido do fluxo de elétrons.

20.41 Com base nos potenciais padrão de redução (Apêndice E), calcule a fem padrão de cada uma das seguintes reações:
(a) $Cl_2(g) + 2\,I^-(aq) \longrightarrow 2\,Cl^-(aq) + I_2(s)$
(b) $Ni(s) + 2\,Ce^{4+}(aq) \longrightarrow Ni^{2+}(aq) + 2\,Ce^{3+}(aq)$
(c) $Fe(s) + 2\,Fe^{3+}(aq) \longrightarrow 3\,Fe^{2+}(aq)$
(d) $2\,NO_3^-(aq) + 8\,H^+(aq) + 3\,Cu(s) \longrightarrow 2\,NO(g) + 4\,H_2O(l) + 3\,Cu^{2+}(aq)$

20.42 Com base nos dados do Apêndice E, calcule a fem padrão de cada uma das seguintes reações:

(a) $H_2(g) + F_2(g) \longrightarrow 2\,H^+(aq) + 2\,F^-(aq)$

(b) $Cu^{2+}(aq) + Ca(s) \longrightarrow Cu(s) + Ca^{2+}(aq)$

(c) $3\,Fe^{2+}(aq) \longrightarrow Fe(s) + 2\,Fe^{3+}(aq)$

(d) $2\,ClO_3^-(aq) + 10\,Br^-(aq) + 12\,H^+(aq) \longrightarrow Cl_2(g) + 5\,Br_2(l) + 6\,H_2O(l)$

20.43 Os potenciais padrão de redução das seguintes semirreações são dados no Apêndice E:

$$Ag^+(aq) + e^- \longrightarrow Ag(s)$$
$$Cu^{2+}(aq) + 2\,e^- \longrightarrow Cu(s)$$
$$Ni^{2+}(aq) + 2\,e^- \longrightarrow Ni(s)$$
$$Cr^{3+}(aq) + 3\,e^- \longrightarrow Cr(s)$$

(a) Determine qual combinação dessas reações de semicélulas leva à reação de célula com o potencial de célula mais positivo e calcule o valor. (b) Determine qual combinação dessas reações de semicélula leva à reação de célula com o potencial de célula menos positivo e calcule o valor.

20.44 Considere as seguintes semirreações e os potenciais padrão de redução associados:

$$AuBr_4^-(aq) + 3\,e^- \longrightarrow Au(s) + 4\,Br^-(aq)$$
$$E^\circ_{red} = -0{,}86\,V$$

$$Eu^{3+}(aq) + e^- \longrightarrow Eu^{2+}(aq)$$
$$E^\circ_{red} = -0{,}43\,V$$

$$IO^-(aq) + H_2O(l) + 2\,e^- \longrightarrow I^-(aq) + 2\,OH^-(aq)$$
$$E^\circ_{red} = +0{,}49\,V$$

(a) Escreva a equação para a combinação dessas reações de semicélula que leva à fem mais positiva e calcule o valor. (b) Escreva a equação para a combinação de reações de semicélula que leva à fem menos positiva e calcule o valor.

20.45 Uma solução 1 M de $Cu(NO_3)_2$ é colocada em um béquer com uma lâmina de Cu metálico. Uma solução 1 M de $SnSO_4$ é colocada em um segundo béquer com uma lâmina de Sn metálico. Os dois recipientes são conectados por uma ponte salina, e os dois eletrodos metálicos são conectados por fios a um voltímetro. (a) Qual eletrodo funciona como ânodo e qual funciona como cátodo? (b) À medida que a reação da célula ocorre, qual eletrodo ganha massa e qual perde? (c) Escreva a equação para a reação completa da célula. (d) Qual é a fem gerada pela célula sob condições padrão?

20.46 Uma célula voltaica consiste em uma lâmina de cádmio metálico em uma solução de $Cd(NO_3)_2$ em um béquer. Em outro béquer, um eletrodo de platina é imerso em uma solução de NaCl, com gás de Cl_2 borbulhando ao redor do eletrodo. Os dois recipientes são conectados por uma ponte salina. (a) Qual eletrodo funciona como ânodo e qual funciona como cátodo? (b) À medida que a reação da célula ocorre, o eletrodo de Cd ganha ou perde massa? (c) Escreva a equação para a reação completa da célula. (d) Qual é a fem gerada pela célula sob condições padrão?

Forças de agentes oxidantes e redutores (Seção 20.4)

20.47 Para cada um dos seguintes pares de substâncias, utilize os dados do Apêndice E para escolher o agente redutor mais forte:

(a) Fe(s) ou Mg(s)

(b) Ca(s) ou Al(s)

(c) H_2(g, meio ácido) ou $H_2S(g)$

(d) $BrO_3^-(aq)$ ou $IO_3^-(aq)$

20.48 Para cada um dos seguintes pares de substâncias, utilize os dados do Apêndice E para escolher o agente oxidante mais forte:

(a) $Cl_2(g)$ ou $Br_2(l)$

(b) $Zn^{2+}(aq)$ ou $Cd^{2+}(aq)$

(c) $Cl^-(aq)$ ou $ClO_3^-(aq)$

(d) $H_2O_2(aq)$ ou $O_3(g)$

20.49 Com base nos dados do Apêndice E, determine se cada uma das seguintes substâncias pode atuar como um oxidante ou como um redutor: (a) $Cl_2(g)$; (b) $MnO_4^-(aq$, meio ácido); (c) Ba(s); (d) Zn(s).

20.50 Cada uma das seguintes substâncias pode atuar como um oxidante ou como um redutor? (a) $Ce^{3+}(aq)$ (b) Ca(s) (c) $ClO_3^-(aq)$ (d) $N_2O_5(g)$

20.51 (a) Admitindo condições padrão, organize as seguintes espécies em ordem crescente de força como agentes oxidantes em solução ácida: $Cr_2O_7^{2-}$, H_2O_2, Cu^{2+}, Cl_2, O_2. (b) Coloque as seguintes espécies em ordem crescente de força como agentes redutores em meio ácido: Zn, I^-, Sn^{2+}, H_2O_2, Al.

20.52 Com base nos dados do Apêndice E, (a) qual das seguintes espécies é o agente oxidante mais forte e qual é o mais fraco em meio ácido: Br_2, H_2O_2, Zn, $Cr_2O_7^{2-}$? (b) Qual das seguintes espécies é o agente redutor mais forte e qual é o mais fraco em meio ácido: F^-, Zn, $N_2H_5^+$, I_2, NO?

20.53 O potencial padrão de redução para a redução de $Eu^{3+}(aq)$ a $Eu^{2+}(aq)$ é −0,43V. Com base no Apêndice E, qual das seguintes substâncias é capaz de reduzir $Eu^{3+}(aq)$ para $Eu^{2+}(aq)$ sob condições padrão: Al, Co, H_2O_2, $N_2H_5^+$, $H_2C_2O_4$?

20.54 O potencial padrão de redução para a redução de $RuO_4^-(aq)$ a $RuO_4^{2-}(aq)$ é +0,59V. Com base no Apêndice E, qual das seguintes substâncias pode oxidar $RuO_4^{2-}(aq)$ para $RuO_4^-(aq)$ sob condições padrão: $Br_2(l)$, $BrO_3^-(aq)$, $Mn^{2+}(aq)$, $O_2(g)$, $Sn^{2+}(aq)$?

Energia livre e reações redox (Seção 20.5)

20.55 Dadas as seguintes semirreações de redução:

$$Fe^{3+}(aq) + e^- \longrightarrow Fe^{2+}(aq) \quad E^\circ_{red} = +0{,}77\,V$$
$$S_2O_6^{2-}(aq) + 4\,H^+(aq) + 2\,e^- \longrightarrow 2\,H_2SO_3(aq) \quad E^\circ_{red} = +0{,}60\,V$$
$$N_2O(g) + 2\,H^+(aq) + 2\,e^- \longrightarrow N_2(g) + H_2O(l) \quad E^\circ_{red} = -1{,}77\,V$$
$$VO_2^+(aq) + 2\,H^+(aq) + e^- \longrightarrow VO^{2+} + H_2O(l) \quad E^\circ_{red} = +1{,}00\,V$$

(a) Escreva as equações químicas balanceadas para a oxidação de $Fe^{2+}(aq)$ por $S_2O_6^{2-}(aq)$, por $N_2O(aq)$ e por $VO^{2+}(aq)$. (b) Calcule $\Delta G°$ para cada reação a 298 K. (c) Calcule a constante de equilíbrio K para cada reação a 298 K.

20.56 Para cada uma das seguintes reações, escreva uma equação balanceada e calcule a fem padrão, $\Delta G°$ a 298 K e a constante de equilíbrio K a 298 K. (a) O íon iodeto aquoso é oxidado a $I_2(s)$ por $Hg_2^{2+}(aq)$. (b) Em ácido, o íon cobre(I) é oxidado a íon cobre(II) pelo íon nitrato. (c) Em meio básico, $Cr(OH)_3(s)$ é oxidado a $CrO_4^{2-}(aq)$ por $ClO^-(aq)$.

20.57 Se a constante de equilíbrio de uma reação redox entre dois elétrons a 298 K é de $1{,}5 \times 10^{-4}$, calcule $\Delta G°$ e E° correspondentes.

20.58 Se a constante de equilíbrio de uma reação redox de um elétron a 298 K é de $8{,}7 \times 10^4$, calcule $\Delta G°$ e E° correspondentes.

20.59 Com base nos potenciais padrão de redução listados no Apêndice E, calcule a constante de equilíbrio para cada uma das seguintes reações a 298 K:

(a) $Fe(s) + Ni^{2+}(aq) \longrightarrow Fe^{2+}(aq) + Ni(s)$

(b) $Co(s) + 2\,H^+(aq) \longrightarrow Co^{2+}(aq) + H_2(g)$

(c) $10\,Br^-(aq) + 2\,MnO_4^-(aq) + 16\,H^+(aq) \longrightarrow 2\,Mn^{2+}(aq) + 8\,H_2O(l) + 5\,Br_2(l)$

20.60 Com base nos potenciais padrão de redução listados no Apêndice E, calcule a constante de equilíbrio para cada uma das seguintes reações a 298 K:

(a) $Cu(s) + 2\,Ag^+(aq) \longrightarrow Cu^{2+}(aq) + 2\,Ag(s)$

(b) $3\,Ce^{4+}(aq) + Bi(s) + H_2O(l) \longrightarrow 3\,Ce^{3+}(aq) + BiO^+(aq) + 2\,H^+(aq)$

(c) $N_2H_5^+(aq) + 4\,Fe(CN)_6^{3-}(aq) \longrightarrow N_2(g) + 5\,H^+(aq) + 4\,Fe(CN)_6^{4-}(aq)$

20.61 Uma célula tem potencial padrão de célula de +0,177 V a 298 K. Calcule o valor da constante de equilíbrio da reação (a) se $n = 1$; (b) se $n = 2$; (c) se $n = 3$.

20.62 A 298 K, uma reação tem um potencial padrão de célula de +0,17 V. A constante de equilíbrio da reação é $5{,}5 \times 10^5$. Qual é o valor de n para a reação?

20.63 Uma célula voltaica é baseada na reação

$$Sn(s) + I_2(s) \longrightarrow Sn^{2+}(aq) + 2\,I^-(aq)$$

Sob condições padrão, qual é o trabalho elétrico máximo, em joules, que a célula pode realizar se são consumidos 75,0 g de Sn?

20.64 Considere a célula voltaica ilustrada na Figura 20.5, baseada na reação de célula

$$Zn(s) + Cu^{2+}(aq) \longrightarrow Zn^{2+}(aq) + Cu(s)$$

Sob condições padrão, qual é o trabalho elétrico máximo, em joules, que a célula pode realizar se são formados 50,0 g de cobre?

Fem sob condições não padrão (Seção 20.6)

20.65 (a) Na equação de Nernst, qual é o valor numérico do quociente de reação, Q, sob condições padrão? (b) A equação de Nernst pode ser usada em outras temperaturas que não a ambiente?

20.66 Uma célula voltaica é construída com todos os reagentes e produtos em seus estados padrão. A concentração dos reagentes aumenta, diminui ou não é alterada enquanto a célula opera?

20.67 Qual é o efeito de cada uma das seguintes variações sobre a fem da célula da Figura 20.9 que tem a reação geral $Zn(s) + 2\,H^+(aq) \longrightarrow Zn^{2+}(aq) + H_2(g)$? (a) A pressão do gás H_2 é aumentada na semicélula catódica. (b) O nitrato de zinco é adicionado à semicélula anódica. (c) O hidróxido de sódio é adicionado à semicélula catódica, reduzindo $[H^+]$. (d) A área do ânodo é duplicada.

20.68 Uma célula voltaica utiliza a seguinte reação:

$$Al(s) + 3\,Ag^+(aq) \longrightarrow Al^{3+}(aq) + 3\,Ag(s)$$

Qual é o efeito de cada uma das seguintes variações na fem da célula? (a) A solução da semicélula anódica é diluída mediante a adição de água. (b) O tamanho do eletrodo de alumínio é aumentado. (c) Uma solução de $AgNO_3$ é adicionada à semicélula catódica, aumentando a quantidade de Ag^+, mas sem alterar a sua concentração. (d) HCl é adicionado à solução de $AgNO_3$, precipitando um pouco de Ag^+ como AgCl.

20.69 Uma célula voltaica que usa a seguinte reação e opera a 298 K é desenvolvida:

$$Zn(s) + Ni^{2+}(aq) \longrightarrow Zn^{2+}(aq) + Ni(s)$$

(a) Qual é a fem dessa célula sob condições padrão? (b) Qual é a fem dessa célula quando $[Ni^{2+}] = 3{,}00\,M$ e $[Zn^{2+}] = 0{,}100\,M$? (c) Qual é a fem dessa célula quando $[Ni^{2+}] = 0{,}200\,M$ e $[Zn^{2+}] = 0{,}900\,M$?

20.70 Uma célula voltaica utiliza a seguinte reação e opera a 298 K:

$$3\,Ce^{4+}(aq) + Cr(s) \longrightarrow 3\,Ce^{3+}(aq) + Cr^{3+}(aq)$$

(a) Qual é a fem dessa célula sob condições padrão? (b) Qual é a fem dessa célula quando $[Ce^{4+}] = 3{,}0\,M$, $[Ce^{3+}] = 0{,}10\,M$ e $[Cr^{3+}] = 0{,}010\,M$? (c) Qual é a fem dessa célula quando $[Ce^{4+}] = 0{,}010\,M$, $[Ce^{3+}] = 2{,}0\,M$ e $[Cr^{3+}] = 1{,}5\,M$?

20.71 Uma célula voltaica utiliza a seguinte reação:

$$4\,Fe^{2+}(aq) + O_2(g) + 4\,H^+(aq) \longrightarrow 4\,Fe^{3+}(aq) + 2\,H_2O(l)$$

(a) Qual é a fem dessa célula sob condições padrão?

(b) Qual é a fem dessa célula quando $[Fe^{2+}] = 1{,}3\,M$, $[Fe^{3+}] = 0{,}010\,M$, $P_{O_2} = 0{,}50$ atm e o pH da solução na semicélula catódica é 3,50?

20.72 Uma célula voltaica utiliza a seguinte reação:

$$2\,Fe^{3+}(aq) + H_2(g) \longrightarrow 2\,Fe^{2+}(aq) + 2\,H^+(aq)$$

(a) Qual é a fem dessa célula sob condições padrão?

(b) Qual é a fem dessa célula quando $[Fe^{3+}] = 3{,}50\,M$, $P_{H_2} = 0{,}95$ atm, $[Fe^{2+}] = 0{,}0010\,M$ e o pH em ambas as semicélulas é 4,00?

20.73 Uma célula voltaica é construída com dois eletrodos Zn^{2+} – Zn. As duas semicélulas têm $[Zn^{2+}] = 1{,}8\,M$ e $[Zn^{2+}] = 1{,}00 \times 10^{-2}\,M$, respectivamente. (a) Qual eletrodo é o ânodo da célula? (b) Qual é a fem padrão da célula? (c) Qual é a fem da célula para as concentrações dadas? (d) Para cada eletrodo, determine se $[Zn^{2+}]$ vai aumentar, diminuir ou não vai mudar à medida que a célula opera.

20.74 Uma célula voltaica é construída com dois eletrodos de cloreto de prata-prata, cada um deles baseado na seguinte semirreação:

$$AgCl(s) + e^- \longrightarrow Ag(s) + Cl^-(aq)$$

As semicélulas têm $[Cl^-] = 0{,}0150\,M$ e $[Cl^-] = 2{,}55\,M$, respectivamente. (a) Qual eletrodo é o cátodo da célula? (b) Qual é a fem padrão da célula? (c) Qual é a fem da célula para as concentrações dadas? (d) Para cada eletrodo, determine se $[Cl^-]$ vai aumentar, diminuir ou não vai mudar à medida que a célula opera.

20.75 A célula na Figura 20.9 poderia ser usada para fornecer uma medida do pH no compartimento catódico. Calcule o pH da solução da semicélula catódica se a fem da célula a 298 K é +0,684 V quando $[Zn^{2+}] = 0{,}30\,M$ e $P_{H_2} = 0{,}90$ atm.

20.76 Uma célula voltaica é construída com base na seguinte reação:

$$Sn^{2+}(aq) + Pb(s) \longrightarrow Sn(s) + Pb^{2+}(aq)$$

(a) Se a concentração de Sn^{2+} na semicélula catódica é $1{,}00\,M$ e a célula gera uma fem de +0,22 V, qual é a concentração de Pb^{2+} na semicélula anódica? (b) Se a semicélula anódica contém $[SO_4^{2-}] = 1{,}00\,M$ em equilíbrio com $PbSO_4(s)$, qual é a K_{ps} de $PbSO_4$?

Baterias e células a combustível (Seção 20.7)

20.77 Durante um período de descarga de uma pilha de chumbo-ácido, 402 g de Pb do ânodo são convertidos em $PbSO_4(s)$. (a) Qual massa de $PbO_2(s)$ é reduzida no cátodo nesse período? (b) Quantos coulombs de carga elétrica são transferidos de Pb para PbO_2?

20.78 Durante a descarga de uma pilha alcalina, 4,50 g de Zn são consumidos no ânodo. (a) Qual massa de MnO_2 é reduzida no cátodo durante essa descarga? (b) Quantos coulombs de carga elétrica são transferidos de Zn para MnO_2?

20.79 Marca-passos costumam utilizar baterias de cromato de lítio e prata do tipo botão. A reação completa da célula é:

$$2\,Li(s) + Ag_2CrO_4(s) \longrightarrow Li_2CrO_4(s) + 2\,Ag(s)$$

(a) O lítio metálico, reagente em um dos eletrodos da bateria, é o ânodo ou o cátodo? (b) Escolha as duas semirreações do Apêndice E *que mais se aproximam* das reações que ocorrem na bateria. Qual fem padrão seria gerada pela célula voltaica com base nessas semirreações? (c) A bateria gera uma fem de +3,5 V. Como esse valor se aproxima do valor calculado no item (b)? (d) Calcule a fem que seria gerada à temperatura corporal, 37 °C. Como esse valor é comparado ao calculado no item (b)?

20.80 As pilhas secas de óxido de mercúrio são comumente usadas onde se necessita de uma descarga de tensão constante e longa vida útil, como em relógios e câmeras. As duas semirreações da célula que ocorrem na pilha são:

$$HgO(s) + H_2O(l) + 2\,e^- \longrightarrow Hg(l) + 2\,OH^-(aq)$$
$$Zn(s) + 2\,OH^-(aq) \longrightarrow ZnO(s) + H_2O(l) + 2\,e^-$$

(a) Escreva a reação completa da célula. (b) O valor de $E°_{red}$ da reação do cátodo é +0,098 V. O potencial total da célula é +1,35 V. Supondo que ambas as semicélulas operam sob condições padrão, qual é o potencial padrão de redução para a reação do ânodo? (c) Por que o potencial da reação do ânodo é diferente do que se poderia esperar caso a reação ocorresse em meio ácido?

20.81 (a) Suponha que uma pilha alcalina seja fabricada utilizando cádmio metálico em vez de zinco. Que efeito isso teria na fem da pilha? (b) Qual é a vantagem ambiental obtida pelo uso de baterias de níquel-hidreto metálico em vez de baterias de níquel-cádmio?

20.82 Em algumas aplicações, baterias de níquel-cádmio foram substituídas por outras de níquel-zinco. A reação geral da célula para essa bateria é:

$$2\,H_2O(l) + 2\,NiO(OH)(s) + Zn(s)$$
$$\longrightarrow 2\,Ni(OH)_2(s) + Zn(OH)_2(s)$$

(a) Qual é a semirreação do cátodo? (b) Qual é a semirreação do ânodo? (c) Uma única célula de níquel-cádmio tem uma tensão de 1,30 V. Com base na diferença dos potenciais padrão de redução de Cd^{2+} e Zn^{2+}, uma bateria de níquel-zinco poderia produzir qual tensão? (d) Pode-se esperar que a densidade específica de energia de uma bateria de níquel-zinco seja maior ou menor do que a de uma bateria de níquel-cádmio?

20.83 Em uma bateria de íon-Li, a composição do cátodo é $LiCoO_2$ quando ela está completamente descarregada. Em carregamento, cerca de 50% dos íons Li^+ podem ser extraídos do cátodo e transportados para o ânodo de grafite, onde ficam intercalados entre as camadas. (a) Qual é a composição do cátodo quando a bateria está totalmente carregada? (b) Qual é o número de oxidação do cobalto no cátodo de uma bateria totalmente carregada? (c) Se o cátodo de $LiCoO_2$ tem massa de 10 g (quando totalmente descarregada), quantos coulombs de eletricidade podem ser fornecidos quando uma bateria carregada se descarrega completamente?

20.84 Baterias de íon-Li utilizadas em automóveis costumam usar um cátodo de $LiMn_2O_4$ no lugar do cátodo de $LiCoO_2$ encontrado na maioria das baterias de íon de lítio. (a) Calcule a percentagem de massa de lítio no material de cada eletrodo. (b) Qual material tem uma percentagem maior de lítio? Isso explicaria por que as baterias feitas com cátodos de $LiMn_2O_4$ fornecem menos energia quando ocorre a descarga? (c) Em uma bateria que utiliza um cátodo de $LiCoO_2$, cerca de 50% do lítio migra do cátodo para o ânodo durante o carregamento. Em uma bateria que utiliza um cátodo de $LiMn_2O_4$, qual fração do lítio de $LiMn_2O_4$ precisaria migrar para fora do cátodo para fornecer a mesma quantidade de lítio para o ânodo de grafite?

20.85 (a) Qual reação é espontânea na célula a combustível de hidrogênio: gás hidrogênio mais gás oxigênio forma água ou água forma gás hidrogênio mais gás oxigênio? (b) Use os potenciais padrão de redução do Apêndice E para calcular a tensão padrão gerada pela célula a combustível de hidrogênio em uma solução ácida.

20.86 (a) Qual é a diferença entre uma bateria e uma célula a combustível? (b) O "combustível" de uma célula a combustível pode ser um sólido?

Corrosão (Seção 20.8)

20.87 (a) Escreva as reações do ânodo e do cátodo que causam a corrosão do ferro metálico a ferro(II) aquoso. (b) Escreva as semirreações balanceadas envolvidas na oxidação ao ar de $Fe^{2+}(aq)$ para $Fe_2O_3 \cdot 3\,H_2O(s)$.

20.88 (a) Com base nos potenciais padrão de redução, pode-se esperar que o cobre metálico se oxide sob condições padrão na presença de íons de oxigênio e hidrogênio? (b) Quando a Estátua da Liberdade foi reformada, espaçadores de teflon foram colocados entre a estrutura de ferro e o cobre metálico na superfície da estátua. Qual é o papel desempenhado por esses espaçadores?

20.89 (a) O magnésio metálico é usado como um ânodo de sacrifício para proteger tubulações subterrâneas contra a corrosão. Por que o magnésio é chamado de ânodo de sacrifício? (b) Consulte o Apêndice E e sugira de qual metal essa tubulação deveria ser feita para que o magnésio seja um ânodo de sacrifício apropriado.

20.90 Um objeto de ferro é revestido com uma camada de cobalto para protegê-lo contra a corrosão. O cobalto protege o ferro por proteção catódica?

20.91 A corrosão do ferro produz ferrugem, Fe_2O_3, mas outros produtos da corrosão que podem se formar são o $Fe(O)(OH)$, oxi-hidróxido de ferro, e a magnetita, Fe_3O_4. (a) Qual é o número de oxidação do Fe no oxi-hidróxido de ferro, considerando que o número de oxidação do oxigênio é −2? (b) O número de oxidação do Fe na magnetita foi controverso por muito tempo. Considerando que o número de oxidação do oxigênio é −2 e que o Fe tem um número de oxidação único, qual é o número de oxidação do Fe na magnetita? (c) Descobriu-se que há dois tipos diferentes de Fe na magnetita, com números de oxidação diferentes. Sugira quais são esses números de oxidação e qual deve ser a estequiometria de cada um deles, considerando que o número de oxidação do oxigênio é −2.

20.92 A corrosão do cobre produz óxido cuproso, Cu_2O, ou óxido cúprico, CuO, dependendo das condições ambientais. (a) Qual é o estado de oxidação do cobre no óxido cuproso? (b) Qual é o estado de oxidação do cobre no óxido cúprico? (c) O peróxido de cobre é outro produto da oxidação do cobre elementar. Com base no nome da substância, sugira uma fórmula para o peróxido de cobre. (d) O óxido de cobre(III) é um produto raro da oxidação do cobre elementar. Sugira uma fórmula química para o óxido de cobre(III).

Eletrólise (Seção 20.9)

20.93 (a) O que é *eletrólise*? (b) As reações de eletrólise são termodinamicamente espontâneas? (c) Qual processo ocorre no ânodo na eletrólise de NaCl fundido? (d) Por que sódio metálico não é obtido quando uma solução aquosa de NaCl passa por eletrólise?

20.94 (a) O que é uma *célula eletrolítica*? (b) O terminal negativo de uma fonte de tensão é conectado a um eletrodo de uma célula eletrolítica. O eletrodo é o ânodo ou o cátodo da célula? Justifique sua resposta. (c) A eletrólise da água é comumente realizada com uma pequena quantidade de ácido sulfúrico adicionada à água. Qual é o papel do ácido sulfúrico? (d) Por que metais ativos como Al são obtidos por eletrólise de sais fundidos em vez de soluções aquosas?

20.95 (a) Uma solução de $Cr^{3+}(aq)$ é eletrolisada ao usar uma corrente de 7,60 A. Que massa de Cr(s) é depositada após 2,00 dias? (b) Qual é a amperagem necessária para galvanizar 0,250 mol de Cr a partir de uma solução de Cr^{3+} em um período de 8,00 h?

20.96 O magnésio metálico pode ser obtido pela eletrólise de $MgCl_2$ fundido. (a) Qual massa de Mg é formada pela passagem de uma corrente de 4,55 A pelo $MgCl_2$ fundido por 4,50 dias? (b) Quantos minutos são necessários para galvanizar 25,00 g de Mg a partir de $MgCl_2$ fundido ao usar uma corrente de 3,50 A?

20.97 (a) Calcule a massa de Li formada pela eletrólise de LiCl fundido por uma corrente de $7,5 \times 10^4$ A por 24h. Suponha que a célula eletrolítica possua eficiência de 85%. (b) Qual é a tensão mínima necessária para realizar a reação?

20.98 O cálcio elementar é produzido pela eletrólise de $CaCl_2$ fundido. (a) Qual massa de cálcio pode ser produzida por esse processo se uma corrente de $7,5 \times 10^3$ A for aplicada por 48 h? Suponha que a célula eletrolítica possua eficiência de 68%. (b) Qual é a tensão mínima necessária para causar a eletrólise?

Exercícios adicionais

20.99 Uma reação de *desproporcionamento* é uma reação de oxirredução em que a mesma substância é oxidada e reduzida. Complete e faça o balanceamento das seguintes reações de desproporcionamento:

(a) $Ni^+(aq) \longrightarrow Ni^{2+}(aq) + Ni(s)$ (meio ácido)
(b) $MnO_4^{2-}(aq) \longrightarrow MnO_4^-(aq) + MnO_2(s)$ (meio ácido)
(c) $H_2SO_3(aq) \longrightarrow S(s) + HSO_4^-(aq)$ (meio ácido)
(d) $Cl_2(aq) \longrightarrow Cl^-(aq) + ClO^-(aq)$ (meio básico)

20.100 Uma célula voltaica é comumente representada pela forma abreviada:

ânodo | solução anódica | | solução catódica | cátodo

A linha vertical dupla representa uma ponte salina ou uma barreira porosa. A linha vertical única representa uma mudança de fase, como de sólido para solução. (a) Escreva as semirreações e a reação total da célula representada por Fe| Fe²⁺| |Ag⁺|Ag; calcule a fem padrão da célula usando os dados do Apêndice E. (b) Escreva as semirreações e a reação total da célula representada por Zn|Zn²⁺| |H⁺|H₂; calcule a fem padrão da célula usando os dados do Apêndice E e use Pt para o eletrodo de hidrogênio. (c) Utilizando a notação que acabamos de descrever, represente uma célula com base na seguinte reação:

$$ClO_3^-(aq) + 3\,Cu(s) + 6\,H^+(aq) \longrightarrow Cl^-(aq) + 3\,Cu^{2+}(aq) + 3\,H_2O(l)$$

Pt é usada como um eletrodo inerte em contato com ClO_3^- e Cl^-. Calcule a fem padrão da célula, considerando $ClO_3^-(aq) + 6\,H^+(aq) + 6\,e^- \longrightarrow Cl^-(aq) + 3\,H_2O(l)$ e $E° = 1,45$ V.

20.101 Determine se as seguintes reações serão espontâneas em meio ácido sob condições padrão: (a) oxidação de Sn em Sn^{2+} por I_2 (para formar I^-); (b) redução de Ni^{2+} em Ni por I^- (para formar I_2); (c) redução de Ce^{4+} em Ce^{3+} por H_2O_2; (d) redução de Cu^{2+} em Cu por Sn^{2+} (para formar Sn^{4+}).

20.102 O ouro existe em dois estados de oxidação positivos comuns, +1 e +3. Os potenciais padrão de redução para esses estados de oxidação são:

$$Au^+(aq) + e^- \longrightarrow Au(s) \quad E°_{red} = +1,69\text{ V}$$
$$Au^{3+}(aq) + 3\,e^- \longrightarrow Au(s) \quad E°_{red} = +1,50\text{ V}$$

(a) Podemos usar esses dados para explicar por que o ouro não se oxida no ar? (b) Sugira várias substâncias que devem ser agentes oxidantes fortes o suficiente para oxidar ouro metálico. (c) Garimpeiros obtêm ouro mergulhando minérios que contêm ouro em uma solução aquosa de cianeto de sódio. Um complexo muito solúvel de íon de ouro forma-se na solução aquosa por causa da reação redox

$$4\,Au(s) + 8\,NaCN(aq) + 2\,H_2O(l) + O_2(g) \longrightarrow 4\,Na[Au(CN)_2](aq) + 4\,NaOH(aq)$$

O que está sendo oxidado e o que está sendo reduzido nessa reação? (d) Em seguida, os garimpeiros reagem a solução do produto de base aquosa do item (c) com pó de Zn para obter ouro. Escreva uma reação redox balanceada para esse processo. O que está sendo oxidado e o que está sendo reduzido?

20.103 Uma célula voltaica é construída a partir de uma semicélula de $Ni^{2+}(aq) - Ni(s)$ e de uma semicélula de $Ag^+(aq) - Ag(s)$. A concentração inicial de $Ni^{2+}(aq)$ na semicélula de $Ni^{2+} - Ni$ é $[Ni^{2+}] = 0,0100$ M. A tensão inicial da célula é +1,12 V. (a) Com base nas informações da Tabela 20.1, calcule a fem padrão dessa célula voltaica. (b) A concentração de $Ni^{2+}(aq)$ aumenta ou diminui à medida que a célula opera? (c) Qual é a concentração inicial de $Ag^+(aq)$ na semicélula $Ag^+ - Ag$?

20.104 Uma célula voltaica é construída utilizando as seguintes reações de semicélula:

$$Cu^+(aq) + e^- \longrightarrow Cu(s)$$
$$I_2(s) + 2\,e^- \longrightarrow 2\,I^-(aq)$$

A célula opera a 298 K com $[Cu^+] = 0,25$ M e $[I^-] = 0,035$ M. (a) Determine E para a célula nessas concentrações. (b) Qual eletrodo é o ânodo da célula? (c) A resposta ao item (b) seria igual se a célula operasse sob condições padrão? (d) Se $[Cu^+]$ fosse igual a 0,15 M, qual deveria ser a concentração de I^- para que a célula tivesse potencial igual a zero?

20.105 (a) Escreva as reações para a descarga e a carga de uma bateria recarregável de níquel-cádmio (NiCad). (b) Com base nos seguintes potenciais de redução, calcule a fem padrão da célula:

$$Cd(OH)_2(s) + 2\,e^- \longrightarrow Cd(s) + 2\,OH^-(aq)$$
$$E°_{red} = -0,76\text{ V}$$

$$NiO(OH)(s) + H_2O(l) + e^- \longrightarrow Ni(OH)_2(s) + OH^-(aq)$$
$$E°_{red} = +0,49\text{ V}$$

(c) Uma célula voltaica de NiCad comum gera fem de +1,30 V. Por que há uma diferença entre esse valor e aquele calculado no item (b)? (d) Calcule a constante de equilíbrio para a reação geral de NiCad com base nesse valor de fem comum.

20.106 A capacidade de baterias como a pilha alcalina AA comum é expressa em unidades de miliampères-hora (mAh). Uma pilha alcalina AA produz uma capacidade nominal de 2.850 mAh. (a) Qual quantidade de interesse para o consumidor está sendo expressa pelas unidades de mAh? (b) A tensão inicial de uma pilha alcalina AA é 1,55 V. A tensão diminui durante a descarga e é 0,80 V quando a bateria forneceu sua capacidade nominal. Se considerarmos que a tensão diminui linearmente à medida que a corrente é retirada, estime o trabalho elétrico total máximo que a bateria poderia realizar durante a descarga.

20.107 Os dissulfetos são compostos com ligações S—S enquanto os peróxidos têm ligações O—O. Os tióis são compostos orgânicos com a fórmula geral R—SH, em que R é um hidrocarboneto genérico. O íon SH⁻ é o contraíon de enxofre do hidróxido, OH⁻. Dois tióis podem reagir para formar um dissulfeto, R—S—S—R. (a) Qual é o estado de oxidação do enxofre em um tiol? (b) Qual é o estado de oxidação do enxofre em um dissulfeto? (c) Se dois tióis reagem para formar um dissulfeto, os tióis são oxidados ou reduzidos? (d) Se você quisesse converter um dissulfeto em dois tióis, deveria adicionar um agente redutor ou um oxidante à solução? (e) O que acontece com os hidrogênios nos tióis quando estes formam dissulfetos?

20.108 (a) Quantos coulombs são necessários para depositar uma camada de cromo metálico de 0,25 mm de espessura em um para-choque de automóvel com área total de 0,32 m² a partir de uma solução contendo CrO_4^{2-}? A densidade do cromo metálico é 7,20 g/cm³. (b) Qual é o fluxo de corrente necessário para essa eletrodeposição se o para-choque for laminado por 10,0 s? (c) Se a fonte externa tem fem de +6,0 V e a célula eletrolítica apresenta 65% de eficiência, qual é a potência elétrica gasta na eletrodeposição do para-choque?

20.109 Calcule quantos quilowatts-horas de eletricidade são necessários para produzir $1,0 \times 10^3$ kg (1 tonelada métrica) de alumínio por eletrólise de Al^{3+} se a tensão aplicada é de 4,50 V e a eficiência do processo é de 45%.

20.110 Há alguns anos, surgiu uma proposta singular para resgatar o *Titanic*. O plano envolvia colocar plataformas flutuantes no navio, usando uma embarcação do tipo submarino, controlada da superfície. As plataformas conteriam cátodos e seriam preenchidas com gás hidrogênio, formado por eletrólise da água. Foi estimado que seriam necessários aproximadamente 7×10^8 mols de H_2 para levantar o navio (*J. Chem. Educ.*, 1973, vol. 50, 61). (**a**) Quantos coulombs de carga elétrica seriam necessários? (**b**) Qual seria a tensão mínima necessária para gerar H_2 e O_2 se a pressão dos gases na profundidade dos destroços (2 milhas) fosse de 300 atm? (**c**) Qual seria a energia elétrica mínima necessária para resgatar o *Titanic* por eletrólise? (**d**) Qual seria o custo mínimo da energia elétrica exigida para gerar o H_2 necessário se o custo da eletricidade fosse de 85 centavos de dólar por quilowatt-hora usado no local?

20.111 Soluções aquosas de amônia (NH_3) e alvejante (ingrediente ativo NaOCl) são vendidos como produtos de limpeza, mas os rótulos de ambos contêm o seguinte aviso: "Nunca misture amônia e alvejante; a mistura pode produzir gases tóxicos". Um dos gases tóxicos que podem ser produzidos é a cloroamina, NH_2Cl. (**a**) Qual é o número de oxidação do cloro no alvejante? (**b**) Qual é o número de oxidação do cloro na cloroamina? (**c**) O Cl é oxidado, reduzido ou nenhum dos dois quando o alvejante é convertido em cloroamina? (**d**) Outro gás tóxico que pode ser produzido é o tricloreto de nitrogênio, NCl_3. Qual é o número de oxidação do N no tricloreto de nitrogênio? (**e**) O N é oxidado, reduzido ou nenhum dos dois quando a amônia é convertida em tricloreto de nitrogênio?

20.112 Uma célula voltaica é baseada nas semirreações $Ag^+(aq)/Ag(s)$ e $Fe^{3+}(aq)/Fe^{2+}(aq)$. (**a**) Qual é a fem padrão da célula? (**b**) Qual reação ocorre no cátodo e qual ocorre no ânodo? (**c**) Use os valores de $S°$ do Apêndice C e a relação entre o potencial da célula e a variação de energia livre para determinar se o potencial padrão da célula aumenta ou diminui quando a temperatura é elevada acima de 25 °C.

20.113 O citocromo, uma molécula complicada que representaremos como $CyFe^{2+}$, reage com o ar que respiramos para fornecer energia necessária para sintetizar trifosfato de adenosina (ATP). O corpo usa ATP como fonte de energia para promover outras reações (Seção 19.7). A um pH de 7,0, os seguintes potenciais de redução referem-se a essa oxidação de $CyFe^{2+}$:

$$O_2(g) + 4H^+(aq) + 4e^- \longrightarrow 2H_2O(l) \quad E°_{red} = +0,82 \text{ V}$$

$$CyFe^{3+}(aq) + e^- \longrightarrow CyFe^{2+}(aq) \quad E°_{red} = +0,22 \text{ V}$$

(**a**) Qual é ΔG para a oxidação de $CyFe^{2+}$ pelo ar? (**b**) Se a síntese de 1,00 mol de ATP a partir do difosfato de adenosina (ADP) requer uma ΔG de 37,7 kJ, qual é a quantidade de matéria de ATP sintetizada por mol de O_2?

20.114 O potencial padrão para a redução de AgSCN(s) é +0,09 V.

$$AgSCN(s) + e^- \longrightarrow Ag(s) + SCN^-(aq)$$

Com base nesse valor e no potencial do eletrodo para $Ag^+(aq)$, calcule K_{ps} para AgSCN.

20.115 Um estudante desenvolveu um amperímetro (dispositivo que mede a corrente elétrica) com base na eletrólise da água em gases hidrogênio e oxigênio. Quando uma corrente elétrica de valor desconhecido passa pelo dispositivo por 2,00 min, são coletados 12,3 mL de água saturada com $H_2(g)$. A temperatura do sistema é 25,5 °C, e a pressão atmosférica é 768 torr. Qual é o valor da corrente em A?

Elabore um experimento

Você deve construir uma célula voltaica que simule uma pilha alcalina, fornecendo uma saída de 1,50 V no início de sua descarga. Quando pronta, sua célula voltaica será usada para alimentar um dispositivo externo que exige uma corrente constante de 0,50 ampères por 2,0 horas. São fornecidas as seguintes fontes: eletrodos de cada metal de transição do manganês para o zinco, sais de cloreto dos íons de metais de transição +2 de Mn^{2+} para Zn^{2+} ($MnCl_2$, $FeCl_2$, $CoCl_2$, $NiCl_2$, $CuCl_2$ e $ZnCl_2$), dois béqueres de 100 mL, uma ponte salina, um voltímetro e fios para fazer ligações elétricas entre os eletrodos e o voltímetro. (**a**) Desenhe sua célula voltaica e marque o metal utilizado para cada um dos eletrodos, bem como o tipo e a concentração das soluções em que cada eletrodo está imerso. Certifique-se de descrever quantos gramas de sal são dissolvidos e o volume total de solução em cada recipiente. (**b**) Quais serão as concentrações do íon de metal de transição em cada solução no fim da descarga de 2 h? (**c**) Qual tensão a célula vai registrar no final da descarga? (**d**) Quanto tempo sua célula opera antes de se esgotar porque o reagente foi completamente consumido em uma das semicélulas? Considere que a corrente permanece constante durante a descarga.

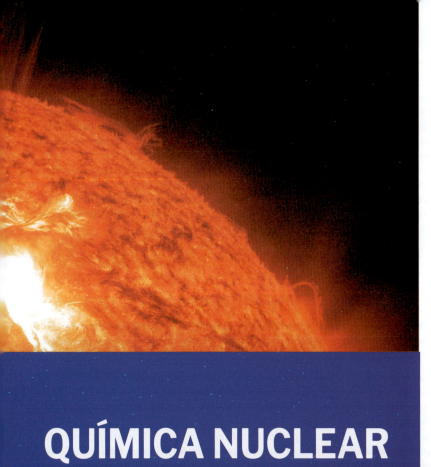

21

QUÍMICA NUCLEAR

▲ O sol é uma esfera gigantesca, tão quente que os núcleos e os elétrons se movem de forma independente. O Sol representa 99,86% da massa do nosso sistema solar e é composto de 73,8% de hidrogênio, 24,8% de hélio e 1,4% de outros elementos. A maior parte da energia do Sol é gerada no seu núcleo, pela fusão de núcleos de hidrogênio para formar núcleos de hélio. A superfície do Sol libera essa energia na forma de radiação eletromagnética, acompanhada de um feixe de partículas carregadas chamado de vento solar. A emissão de radiação e partículas irrompe continuamente da superfície, produzindo erupções solares.

Em nosso estudo da estrutura e das propriedades da matéria, vimos que os elétrons são os protagonistas. As reações químicas envolvem a formação e a quebra de ligações, o que causa diversas mudanças nos ambientes eletrônicos dos átomos envolvidos. Os núcleos, embora também sejam importantes, não mudam durante as reações químicas. Contudo, existe outro tipo de reação, que ainda não examinamos, em que os núcleos sofrem variações e, logo, alteram a identidade dos átomos envolvidos.

As transformações dos núcleos atômicos recebem o nome bastante apropriado de **reações nucleares**. Alguns núcleos mudam espontaneamente à temperatura ambiente, emitindo reação, e são chamados de **radioativos**. Como descreveremos neste capítulo, também há outros tipos de mudanças nucleares.

As reações nucleares são a fonte de energia das usinas nucleares, das bombas nucleares e das estrelas. Também estão envolvidas nos diversos tipos de radioterapia usados para diagnosticar e tratar doenças. Além disso, os elementos radioativos são utilizados para ajudar a determinar os mecanismos das reações químicas, traçar o movimento dos átomos em sistemas biológicos e no meio ambiente e datar artefatos históricos.

As reações nucleares podem liberar quantidades gigantescas de energia, muito maiores do que as quantidades envolvidas até mesmo nas reações

O QUE VEREMOS

21.1 ▶ Radioatividade e equações nucleares
Descrever reações nucleares por meio de equações análogas às equações químicas, nas quais as cargas nucleares e as massas dos reagentes e produtos estão balanceadas. Aprender também que o decaimento de núcleos radioativos ocorre com mais frequência pela emissão de radiação *alfa*, *beta* ou *gama*.

21.2 ▶ Padrões de estabilidade nuclear
Reconhecer que a estabilidade nuclear geralmente é determinada pela *razão nêutron-próton*. Para núcleos estáveis, essa razão aumenta conforme aumenta o número atômico. Todos os núcleos com 84 ou mais prótons são radioativos. Núcleos pesados ganham estabilidade por uma série de desintegrações, levando a núcleos estáveis.

21.3 ▶ Transmutações nucleares Descrever as *transmutações nucleares*, reações nucleares induzidas pelo bombardeamento de um núcleo por um nêutron ou uma partícula carregada acelerada.

21.4 ▶ Velocidades de decaimento radioativo
Observar que os decaimentos radioativos são processos cinéticos de primeira ordem que exibem meias-vidas características. As velocidades de decaimento radioativo podem ser usadas para determinar a idade de artefatos e formações geológicas antigas.

21.5 ▶ Detecção de radioatividade Ver que a radiação emitida por uma substância radioativa pode ser detectada por uma variedade de dispositivos, como dosímetros, contadores Geiger e contadores de cintilação.

21.6 ▶ Variações de energia em reações nucleares Interpretar as variações de energia nas reações nucleares em termos de variações de massa por meio da equação de Einstein, $E = mc^2$. A *energia de coesão nuclear* é a diferença entre a massa do núcleo e a soma das massas de seus núcleons.

21.7 ▶ Energia nuclear: fissão Descrever a *fissão nuclear*, na qual um núcleo pesado é dividido para formar dois ou mais núcleos de produto. A fissão nuclear é a fonte de energia das usinas de energia nuclear.

21.8 ▶ Energia nuclear: fusão Reconhecer que, em uma *fusão nuclear*, dois núcleos leves se fundem para formar um núcleo mais pesado e estável.

21.9 ▶ Radiação no meio ambiente e nos sistemas vivos Descobrir que radioisótopos de ocorrência natural banham nosso planeta – e a nós mesmos – com baixos níveis de radiação. A radiação emitida nas reações nucleares pode provocar danos às células de organismos vivos, mas também tem aplicações diagnósticas e terapêuticas.

químicas mais energéticas. A foto que abre este capítulo mostra a superfície do Sol. A enorme quantidade de energia que ele libera é gerada por reações nucleares, especialmente pela fusão de núcleos de hidrogênio para formar núcleos de hélio. Sem as reações nucleares, não teríamos a luz solar e, por consequência, não haveria vida na Terra.

Neste capítulo, examinaremos diversos tipos comuns de reações nucleares e os fatores relacionados à estabilidade do núcleo. Também consideraremos como são descritas e usadas as velocidades das reações nucleares, como a radioatividade é detectada e como variações de energia associadas a reações nucleares podem ser calculadas. Por fim, discutiremos os efeitos da radiação sobre a matéria, especialmente sobre os sistemas vivos.

21.1 | Radioatividade e equações nucleares

> **⚠ Objetivos de aprendizagem**
>
> Após terminar a Seção 21.1, você deve ser capaz de:
> ▶ Identificar os reagentes e os produtos de uma reação nuclear.
> ▶ Comparar os três tipos primários de radiação emitida no decaimento radioativo.
> ▶ Escrever equações nucleares que relacionam o modo de decaimento radioativo e as variações de massa e/ou número atômico.

As reações nucleares têm algumas semelhanças e diferenças com as reações químicas analisadas até este ponto. Para entender as reações nucleares, devemos rever e desenvolver algumas ideias introduzidas na Seção 2.3:

- Dois tipos de partículas subatômicas estão localizados no núcleo: os *prótons* e os *nêutrons*. Vamos nos referir a essas partículas como **núcleons**.
- Todos os átomos de determinado elemento apresentam o mesmo número de prótons: o *número atômico* do elemento.
- Os átomos de um elemento podem ter diferentes números de nêutrons, podendo apresentar diferentes *números de massa*, que representam o número total de núcleons (prótons + nêutrons) no núcleo.
- Os átomos com o mesmo número atômico, mas com diferentes números de massa, são conhecidos como *isótopos*.

Os vários isótopos de um elemento são diferenciados por seus números de massa. Por exemplo, os três isótopos naturais do urânio são urânio-234, urânio-235 e urânio-238, em que os sufixos numéricos representam os números de massa. Esses isótopos também são escritos como $^{234}_{92}U$, $^{235}_{92}U$ e $^{238}_{92}U$, em que o índice superior é o número de massa e o inferior, o número atômico.*

Os vários isótopos de um elemento têm diferentes abundâncias naturais. Por exemplo, 99,3% do urânio natural é urânio-238, 0,7% é urânio-235 e apenas um traço é urânio-234. Os diferentes isótopos de um elemento também exibem diferenças nas suas estabilidades. Na verdade, as propriedades nucleares de qualquer isótopo dependem do número de prótons e nêutrons no seu núcleo.

Um *nuclídeo* é um núcleo com um número específico de prótons e nêutrons. Os nuclídeos radioativos são chamados de **radionuclídeos**, e os átomos que contêm esses núcleos são os **radioisótopos**.

Equações nucleares

A maioria dos núcleos encontrados na natureza é estável e permanece indefinidamente intacta. Entretanto, os radionuclídeos são instáveis: eles mudam de identidade quando emitem partículas e radiação eletromagnética de maneira espontânea. A emissão de radiação é uma das maneiras de transformar um núcleo instável em outro mais estável e menos energético. A radiação emitida transporta a energia excedente. Por exemplo, o urânio-238 é radioativo e passa por uma reação nuclear em que são emitidos núcleos de hélio-4. Essas partículas de hélio-4 são conhecidas como **partículas alfa** (α), e um feixe delas é chamado de *radiação alfa*. Quando o núcleo de $^{238}_{92}U$ perde uma partícula alfa, o fragmento restante tem número atômico 90 e número de massa 234. O elemento com número atômico 90 é

---

* Como vimos na Seção 2.3, não é comum escrever o número atômico de um isótopo de maneira explícita, porque o símbolo do elemento é específico para o número atômico. Ao estudar química nuclear, no entanto, incluir o número atômico costuma ser útil para controlar as variações no núcleo.

o Th, tório. Assim, os produtos da decomposição de urânio-238 são uma partícula alfa e um núcleo de tório-234. Representamos essa reação pela seguinte *equação nuclear*:

$$^{238}_{92}U \longrightarrow {}^{234}_{90}Th + {}^{4}_{2}He \qquad [21.1]$$

Quando um núcleo se decompõe espontaneamente dessa maneira, dizemos que ele é *radioativo* e que decaiu ou sofreu *decaimento radioativo*. Como a partícula alfa está envolvida nessa reação, os cientistas também descrevem o processo como *decaimento alfa* ou **emissão alfa**.

Na Equação 21.1, a soma dos números de massa é igual em ambos os lados da equação (238 = 234 + 4). De modo semelhante, a soma dos números atômicos em ambos os lados da equação é igual (92 = 90 + 2). Os números de massa e os números atômicos devem estar balanceados em todas as equações nucleares.

As propriedades radioativas dos núcleos são basicamente independentes do estado químico do átomo (elemento ou composto). Portanto, ao escrever as equações nucleares, a forma química do átomo no qual o núcleo está localizado não nos interessa.

Exercício resolvido 21.1
Determinação do produto de uma reação nuclear

Qual produto é formado quando o rádio-226 sofre emissão alfa?

SOLUÇÃO

Analise Deve-se determinar o núcleo que resulta quando o rádio-226 perde uma partícula alfa.

Planeje A melhor maneira de fazer isso é escrever uma reação nuclear balanceada para o processo.

Resolva A tabela periódica mostra que o rádio tem número atômico 88. O símbolo químico completo do rádio-226 é, portanto, $^{226}_{88}Ra$. Uma partícula alfa é um núcleo de hélio-4; logo, seu símbolo é $^{4}_{2}He$. A partícula alfa é um produto da reação nuclear e, portanto, a equação tem a seguinte forma:

$$^{226}_{88}Ra \longrightarrow {}^{A}_{Z}X + {}^{4}_{2}He$$

em que A é o número de massa do núcleo do produto e Z é seu número atômico. Os números de massa e atômicos devem ser balanceados, de modo que

$$226 = A + 4$$

e

$$88 = Z + 2$$

Consequentemente,

$$A = 222 \quad \text{e} \quad Z = 86$$

Mais uma vez, com base na tabela periódica, o elemento com Z = 86 é o radônio (Rn). Assim, o produto é $^{222}_{86}Rn$, e a equação nuclear é:

$$^{226}_{88}Ra \longrightarrow {}^{222}_{86}Rn + {}^{4}_{2}He$$

▶ **Para praticar**
Qual elemento sofre decaimento alfa para formar chumbo-208?

Tipos de decaimento radioativo

Os três tipos mais comuns de radiação liberada quando ocorre o decaimento de um radionuclídeo são alfa (α), beta (β) e gama (γ). (Seção 2.2) A **Tabela 21.1** resume algumas propriedades importantes desses tipos de radiação.

Radiação alfa Como acabamos de abordar, a radiação alfa consiste em um feixe de núcleos de hélio-4 conhecidos como partículas alfa, representados como $^{4}_{2}He$ ou simplesmente α.

TABELA 21.1 Propriedades da radiação alfa, beta e gama

	Tipo de radiação		
Propriedade	α	β	γ
Carga	2+	1−	0
Massa	$6{,}64 \times 10^{-24}$ g	$9{,}11 \times 10^{-28}$ g	0
Poder de penetração relativo	1	100	10.000
Natureza da radiação	Núcleos $^{4}_{2}He$	Elétrons	Fótons de alta energia

Radiação beta A *radiação beta* consiste em feixes de **partículas beta** (β), que são elétrons com alta velocidade emitidos por um núcleo instável. Essas partículas são representadas nas equações nucleares pelo símbolo $_{-1}^{0}e$ ou, mais comumente, por β^-. O índice superior 0 indica que a massa do elétron é extremamente pequena se comparada à de um núcleon. O índice inferior -1 representa a carga negativa da partícula, contrária à do próton.

O iodo-131 é um isótopo que sofre decaimento por **emissão beta**:

$$^{131}_{53}\text{I} \longrightarrow {}^{131}_{54}\text{Xe} + {}^{0}_{-1}e \qquad [21.2]$$

A partir dessa equação, vemos que o decaimento beta faz com que o número atômico aumente de 53 para 54, o que significa que um próton foi criado. Assim, a emissão beta é equivalente à conversão de um nêutron ($_0^1$n, ou apenas n) em um próton ($_1^1$H, ou apenas p):

$$^{1}_{0}\text{n} \longrightarrow {}^{1}_{1}\text{H} + {}^{0}_{-1}e \quad \text{ou} \quad \text{n} \longrightarrow \text{p} + \beta^- \qquad [21.3]$$

Não devemos pensar que um núcleo é composto de elétrons só porque uma dessas partículas é ejetada dele em um decaimento beta, da mesma forma que não consideramos que um palito de fósforo é composto de faíscas apenas porque ele as produz quando riscado. O elétron da partícula beta passa a existir somente quando o núcleo sofre uma reação nuclear. Além disso, a velocidade da partícula beta é alta o suficiente para não acabar em um orbital do átomo sujeito ao decaimento.

Radiação gama A *radiação gama* (γ) (ou **raios gama**) consiste em fótons de alta energia, isto é, radiação eletromagnética de comprimento de onda muito curto (ver Figura 6.4). Sua emissão não provoca alteração no número atômico nem na massa atômica do núcleo, sendo representada como $_0^0\gamma$ ou apenas por γ. Geralmente, a radiação gama acompanha outra emissão radioativa, pois representa a energia perdida quando, em uma reação nuclear, os núcleons se reorganizam em arranjos mais estáveis. É comum não mostrar os raios gama quando escrevemos equações nucleares.

Emissão de pósitron e captura de elétron Os dois outros tipos de decaimento radioativo são a emissão de pósitron e a captura de elétron. Um **pósitron**, $_{+1}^{0}e$, ou apenas β^+, é uma partícula com massa igual a de um elétron (logo, usamos a letra **e** e um índice superior 0 para a massa), mas com uma carga oposta (representada pelo índice inferior +1).*

O isótopo carbono-11 decai por **emissão de pósitron**:

$$^{11}_{6}\text{C} \longrightarrow {}^{11}_{5}\text{B} + {}^{0}_{+1}e \qquad [21.4]$$

A emissão de pósitron faz com que o número atômico do reagente nessa equação caia de 6 para 5. De modo geral, a emissão de um pósitron tem o efeito de converter um próton em um nêutron, reduzindo o número atômico do núcleo em 1, mas sem alterar o número de massa:

$$^{1}_{1}\text{p} \longrightarrow {}^{1}_{0}\text{n} + {}^{0}_{+1}e \quad \text{ou} \quad \text{p} \longrightarrow \text{n} + \beta^+ \qquad [21.5]$$

A **captura de elétron** ocorre quando o núcleo captura um elétron da nuvem eletrônica ao seu redor, como no seguinte decaimento do rubídio-81:

$$^{81}_{37}\text{Rb} + {}^{0}_{-1}e \text{ (elétron do orbital)} \longrightarrow {}^{81}_{36}\text{Kr} \qquad [21.6]$$

Uma vez que o elétron é consumido em vez de formado no processo, ele aparece na equação no lado dos reagentes. A captura de elétron, como a emissão de pósitron, converte um próton em um nêutron:

$$^{1}_{1}\text{p} + {}^{0}_{-1}e \longrightarrow {}^{1}_{0}\text{n} \qquad [21.7]$$

A **Tabela 21.2** resume os símbolos usados para representar as partículas que costumam ser encontradas nas reações nucleares. Os diversos tipos de decaimento radioativo estão resumidos na **Tabela 21.3**.

TABELA 21.2 Partículas encontradas em reações nucleares

Partícula	Símbolo
Nêutron	$_0^1$n ou n
Próton	$_1^1$H ou p
Elétron	$_{-1}^{0}e$
Partícula alfa	$_2^4$He ou α
Partícula beta	$_{-1}^{0}e$ ou β^-
Pósitron	$_{+1}^{0}e$ ou β^+

---

*O pósitron tem vida muito curta porque é aniquilado ao colidir com um elétron, produzindo raios gama: $_{+1}^{0}e + {}_{-1}^{0}e \longrightarrow 2\,{}_{0}^{0}\gamma$.

TABELA 21.3 Tipos de decaimento radioativo

Tipo	Equação nuclear	Variação no número atômico	Variação no número de massa
Emissão alfa	$^{A}_{Z}X \longrightarrow \,^{A-4}_{Z-2}Y + \,^{4}_{2}He$	−2	−4
Emissão beta	$^{A}_{Z}X \longrightarrow \,^{A}_{Z+1}Y + \,^{0}_{-1}e$	+1	Não muda
Emissão de pósitron	$^{A}_{Z}X \longrightarrow \,^{A}_{Z-1}Y + \,^{0}_{+1}e$	−1	Não muda
Captura de elétron*	$^{A}_{Z}X + \,^{0}_{-1}e \longrightarrow \,^{A}_{Z-1}Y$	−1	Não muda

*O elétron capturado vem da nuvem eletrônica que circunda o núcleo.

Exercício resolvido 21.2
Escrevendo equações nucleares

Escreva as equações nucleares para os seguintes processos: (a) mercúrio-201 sofre captura de elétron; (b) tório-231 decai para formar protactínio-231.

SOLUÇÃO

Analise Devemos escrever as equações nucleares balanceadas, em que as massas e as cargas dos reagentes e produtos são iguais.

Planeje Podemos começar escrevendo os símbolos químicos completos para os núcleos e para as partículas do decaimento dadas no problema.

Resolva

(a) A informação dada na questão pode ser resumida como:
$$^{201}_{80}Hg + \,^{0}_{-1}e \longrightarrow \,^{A}_{Z}X$$
Os números de massa devem ter soma igual em ambos os lados da equação:
$$201 + 0 = A$$
Portanto, o núcleo do produto deve ter um número de massa de 201. De modo análogo, ao fazer o balanceamento dos números atômicos, obtemos:
$$80 - 1 = Z$$

Assim, o número atômico do núcleo do produto deve ser 79, o que o identifica como ouro (Au):
$$^{201}_{80}Hg + \,^{0}_{-1}e \longrightarrow \,^{201}_{79}Au$$

(b) Nesse caso, devemos determinar que tipo de partícula é emitida no curso do decaimento radioativo:
$$^{231}_{90}Th \longrightarrow \,^{231}_{91}Pa + \,^{A}_{Z}X$$
Considerando 231 = 231 + A e 90 = 91 + Z, deduzimos que A = 0 e Z = −1. De acordo com a Tabela 21.2, a partícula com essas características é a beta (elétron). Dessa forma, escrevemos o seguinte:
$$^{231}_{90}Th \longrightarrow \,^{231}_{91}Pa + \,^{0}_{-1}e \quad \text{ou} \quad ^{231}_{90}Th \longrightarrow \,^{231}_{91}Pa + \beta^-$$

▶ **Para praticar**
Escreva uma equação nuclear balanceada para a reação em que o oxigênio-15 passa por emissão de pósitron.

Exercícios de autoavaliação

EAA 21.1 Quando um determinado nuclídeo sofre emissão alfa, é produzido ástato-217. Qual é a identidade do nuclídeo que sofreu decaimento? (a) Ástato-221 (b) Actínio-221 (c) Frâncio-221 (d) Actínio-219 (e) Frâncio-217

SIM 21.2 Qual(is) das afirmações a seguir sobre a radiação associada ao decaimento radioativo é(são) *verdadeira(s)*?

(i) A radiação alfa é composta de um fluxo de núcleos de átomos de hidrogênio.

(ii) A radiação beta é composta de um fluxo de elétrons de alta velocidade.

(iii) Quando um nuclídeo sofre emissão de raios gama, tanto o número atômico quanto o número de massa permanecem iguais.

(a) Apenas uma das afirmações é verdadeira. (b) As afirmações i e ii são verdadeiras. (c) As afirmações i e iii são verdadeiras. (d) As afirmações ii e iii são verdadeiras. (e) Todas as afirmações são verdadeiras.

EAA 21.3 Qual das afirmações a seguir é *falsa*? (a) Um pósitron é uma partícula com a mesma massa de um elétron, mas carga oposta. (b) Quando um nuclídeo sofre captura de elétron, seu número atômico permanece igual. (c) Quando um nuclídeo sofre emissão de pósitron, seu número de massa permanece igual. (d) A captura de elétron tem o efeito de converter um próton em um nêutron.

EAA 21.4 Qual partícula é produzida durante o processo de decaimento a seguir: $^{56}_{25}Mn$ decai para $^{56}_{26}Fe$? (a) Partícula beta (β^-) (b) Partícula alfa (α) (c) Raio gama (γ) (d) Pósitron (β^+)

EAA 21.5 O radônio-222 decai e produz uma partícula alfa. Qual isótopo também é um produto desse decaimento? (a) $^{222}_{84}Po$ (b) $^{222}_{87}Fr$ (c) $^{218}_{84}Po$ (d) $^{218}_{86}Rn$

21.2 | Padrões de estabilidade nuclear

Alguns nuclídeos, como $^{12}_{6}C$ e $^{13}_{6}C$, são estáveis, enquanto outros, como $^{14}_{6}C$ são instáveis e sofrem decaimento radioativo. Por que uma pequena diferença no número de nêutrons afeta a estabilidade de um nuclídeo? Nenhuma regra simples nos permite dizer se um núcleo em particular é radioativo e, em caso positivo, como ele deve decair. Entretanto, existem várias observações empíricas que ajudam a determinar a estabilidade de um núcleo.

Objetivos de aprendizagem
Após terminar a Seção 21.2, você deve ser capaz de:
▶ Relacionar a estabilidade nuclear à razão nêutron-próton em diferentes partes da tabela periódica.
▶ Prever quais nuclídeos são radioativos e como eles decaem.

Razão nêutron-próton

Uma vez que cargas semelhantes se repelem, pode parecer surpreendente que um grande número de prótons possa estar localizado dentro do pequeno volume de um núcleo. Entretanto, em curtas distâncias, existe uma força de atração entre os núcleons, chamada de *força nuclear forte* [ver o quadro "Olhando de perto: Forças básicas" (Seção 2.3)]. Os nêutrons estão intimamente envolvidos nessa força de atração.

Todos os núcleos, exceto $^{1}_{1}H$, contêm nêutrons. À medida que o número de prótons aumenta em um núcleo, há uma necessidade ainda maior de que os nêutrons compensem as repulsões próton-próton. Núcleos estáveis com números atômicos de até cerca de 20 têm números praticamente iguais de nêutrons e prótons. Para núcleos estáveis com número atômico acima de 20, o número de nêutrons supera o número de prótons. Na verdade, o número de nêutrons necessário para criar um núcleo estável aumenta mais rapidamente do que o número de prótons. Portanto, as razões nêutron-próton dos núcleos estáveis aumentam conforme o número atômico aumenta, como ilustrado pelos isótopos a seguir: $^{12}_{6}C$ (n/p = 1), manganês, $^{55}_{25}Mn$ (n/p = 1,20), e ouro, $^{197}_{79}Au$ (n/p = 1,49).

A **Figura 21.1** mostra todos os isótopos conhecidos dos elementos até Z = 100, representados graficamente de acordo com seus números de prótons e nêutrons. Observe como o gráfico passa acima da linha da razão nêutron-próton 1:1 para elementos mais pesados. Os pontos em azul-escuro na figura representam os isótopos estáveis (não radioativos). A região do gráfico coberta por esses pontos é conhecida como *cinturão de estabilidade*, que termina no elemento 83 (bismuto). Isso significa que *todos os núcleos com 84 ou mais prótons são radioativos*. Por exemplo, todos os isótopos do urânio, Z = 92, são radioativos.

Radionuclídeos diferentes decaem de maneiras diferentes. O tipo de decaimento que ocorre costuma depender de como a sua razão nêutron-próton se compara com a de

Resolva com ajuda da figura

Estime o número ideal de nêutrons para um núcleo de Yb (Z = 70).

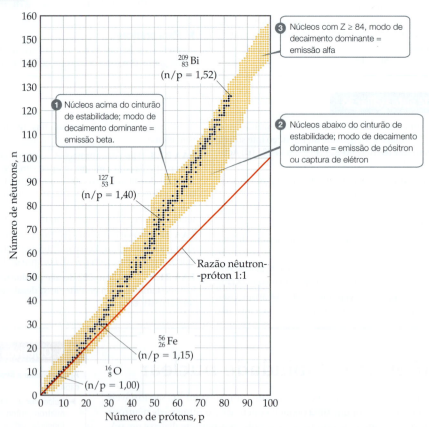

▲ **Figura 21.1 Isótopos estáveis e radioativos em função dos números de nêutrons e prótons em um núcleo.** Os núcleos estáveis (pontos em azul-escuro) definem uma região conhecida como cinturão de estabilidade.

núcleos dentro do cinturão de estabilidade. Podemos visualizar três situações gerais, marcadas como 1, 2 e 3 na Figura 21.1.

1. **Núcleos acima do cinturão de estabilidade (altas razões nêutron-próton).** Esses núcleos ricos em nêutrons podem diminuir suas razões e, assim, mover-se no sentido do cinturão de estabilidade pela emissão de uma partícula beta, porque a emissão beta reduz o número de nêutrons e aumenta o número de prótons (Equação 21.3).
2. **Núcleos abaixo do cinturão de estabilidade (baixas razões nêutron-próton).** Esses núcleos ricos em prótons podem aumentar suas razões e, assim, mover-se no sentido do cinturão de estabilidade, seja pela emissão de pósitron, seja pela captura de elétron, porque ambos os tipos de decaimento aumentam o número de nêutrons e reduzem o número de prótons (Equações 21.5 e 21.7). A emissão de pósitron é mais comum entre os núcleos mais leves. A captura de elétron torna-se cada vez mais comum à medida que a carga nuclear aumenta.
3. **Núcleos com números atômicos ≥ 84.** Esses núcleos pesados tendem a sofrer emissão alfa, que diminui o número de nêutrons e o número de prótons em 2, movendo o núcleo diagonalmente no sentido do cinturão de estabilidade.

Exercício resolvido 21.3
Determinação dos modos de decaimento nuclear

Determine o modo de decaimento de (**a**) carbono-14; (**b**) xenônio-118.

SOLUÇÃO
Analise Devemos determinar os modos de decaimento de dois núcleos.

Planeje Precisamos localizar os respectivos núcleos na Figura 21.1 e determinar suas posições em relação ao cinturão de estabilidade para prever o modo de decaimento mais provável.

Resolva

(**a**) O carbono tem número atômico 6. Assim, o carbono-14 tem 6 prótons e 14 − 6 = 8 nêutrons, conferindo uma razão nêutron-próton de 1,25. Os elementos com Z < 20 costumam ter núcleos estáveis, com números de nêutrons e prótons aproximadamente iguais (n/p = 1). Dessa forma, o carbono-14 está localizado acima do cinturão de estabilidade, e esperamos que ele decaia emitindo uma partícula beta para reduzir a razão n/p:

$$^{14}_{6}C \longrightarrow {}^{14}_{7}N + {}^{0}_{-1}e$$

Esse é realmente o modo de decaimento observado para o carbono-14, uma reação que reduz a razão n/p de 1,25 para 1,0.

(**b**) O xenônio tem número atômico 54. Portanto, o xenônio-118 tem 54 prótons e 118 − 54 = 64 nêutrons, conferindo uma razão nêutron-próton de 1,18. De acordo com a Figura 21.1, os núcleos estáveis nessa região do cinturão de estabilidade têm maiores razões nêutron-próton que o xenônio-118. O núcleo pode aumentar essa razão pela emissão de pósitron ou pela captura de elétron:

$$^{118}_{54}Xe \longrightarrow {}^{118}_{53}I + {}^{0}_{+1}e$$

$$^{118}_{54}Xe + {}^{0}_{-1}e \longrightarrow {}^{118}_{53}I$$

Nesse caso, ambos os modos de decaimento são observados.

Comentário Tenha em mente que nem sempre nossas diretrizes funcionam. Por exemplo, o tório-233 (n/p = 143/90 = 1,59), que poderíamos esperar que sofresse decaimento alfa, na verdade sofre emissão beta. Além disso, alguns núcleos radioativos localizam-se dentro do cinturão de estabilidade. Tanto $^{146}_{60}$Nd quanto $^{148}_{60}$Nd (n/p = 1,43 e 1,47, respectivamente), por exemplo, são estáveis e localizam-se no cinturão de estabilidade. Entretanto, $^{147}_{60}$Nd, que se localiza entre eles, tem n/p = 1,45 e é radioativo.

▶ **Para praticar**
Determine o modo de decaimento de (**a**) plutônio-239; (**b**) índio-120.

Série de decaimento radioativo

Alguns núcleos não ganham estabilidade a partir de uma única emissão. Em decorrência disso, uma série de emissões sucessivas ocorre, conforme a **Figura 21.2** mostra para o urânio-238. O decaimento continua até que um núcleo estável – nesse caso, chumbo-206 – seja formado. Uma série de reações nucleares que começa com um núcleo instável e termina com um núcleo estável é conhecida como **série de decaimento radioativo**, ou **série de desintegração nuclear**. Três dessas séries ocorrem na natureza: urânio-238 para chumbo-206, urânio-235 para chumbo-207 e tório-232 para chumbo-208. Todos os processos de decaimento nessas séries são emissões alfa ou beta.

Outras observações

Duas observações adicionais podem ajudá-lo a determinar a estabilidade nuclear:

- Núcleos com os **números mágicos** de 2, 8, 20, 28, 50 ou 82 prótons e 2, 8, 20, 28, 50, 82 ou 126 nêutrons costumam ser mais estáveis do que núcleos que não contêm esses números de núcleons.

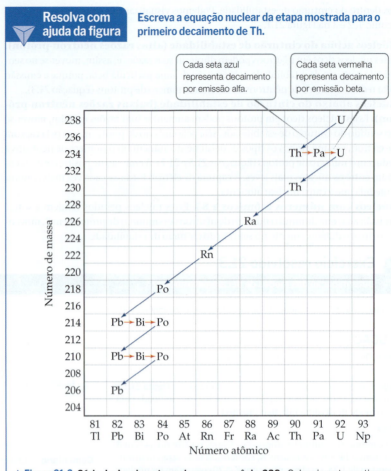

Resolva com ajuda da figura — Escreva a equação nuclear da etapa mostrada para o primeiro decaimento de Th.

▲ **Figura 21.2 Série de decaimento nuclear para o urânio-238.** O decaimento continua até que o núcleo estável ^{206}Pb seja formado.

- Núcleos com números pares de prótons, nêutrons ou ambos geralmente são mais estáveis do que os com números ímpares. Cerca de 60% dos núcleos estáveis têm um número par de prótons e de nêutrons, enquanto menos de 2% têm números ímpares de ambos (**Tabela 21.4**).

Essas observações podem ser entendidas em termos do *modelo de níveis do núcleo*, em que os núcleons são descritos como localizados em níveis, de acordo com a estrutura de níveis dos elétrons nos átomos. Assim como determinados números de elétrons correspondem a configurações eletrônicas de níveis completos mais estáveis, determinados números (chamados de números mágicos) de núcleons correspondem a níveis completos nos núcleos.

Há vários exemplos de estabilidade dos núcleos com números mágicos de núcleons. Por exemplo, a série radioativa representada na Figura 21.2 termina com a formação do núcleo estável de $^{206}_{82}$Pb, que tem um número mágico de prótons (82). Outro exemplo é a observação de que o estanho, com um número mágico de prótons (50), tem 10 isótopos estáveis, mais do que qualquer outro elemento.

Evidências também sugerem que pares de prótons e nêutrons têm uma estabilidade especial, análoga aos pares de elétrons nas moléculas. Isso considera a observação de que os núcleos estáveis com um número par de prótons e/ou nêutrons são mais numerosos do que aqueles com números ímpares. A preferência por números pares de prótons é ilustrada na **Figura 21.3**, que mostra o número de isótopos estáveis para todos os elementos até Xe. Note que, depois de passarmos pelo nitrogênio, os elementos com um número ímpar de prótons invariavelmente têm menos isótopos estáveis do que os seus vizinhos com números pares de prótons.

TABELA 21.4 Número de isótopos estáveis com números pares e ímpares de prótons e nêutrons

Número de isótopos estáveis	Número de prótons	Número de nêutrons
157	Par	Par
53	Par	Ímpar
50	Ímpar	Par
5	Ímpar	Ímpar

Resolva com ajuda da figura Entre os elementos mostrados aqui, quantos têm um número par de prótons e menos de três isótopos estáveis? Quantos têm um número ímpar de prótons e mais de dois isótopos estáveis?

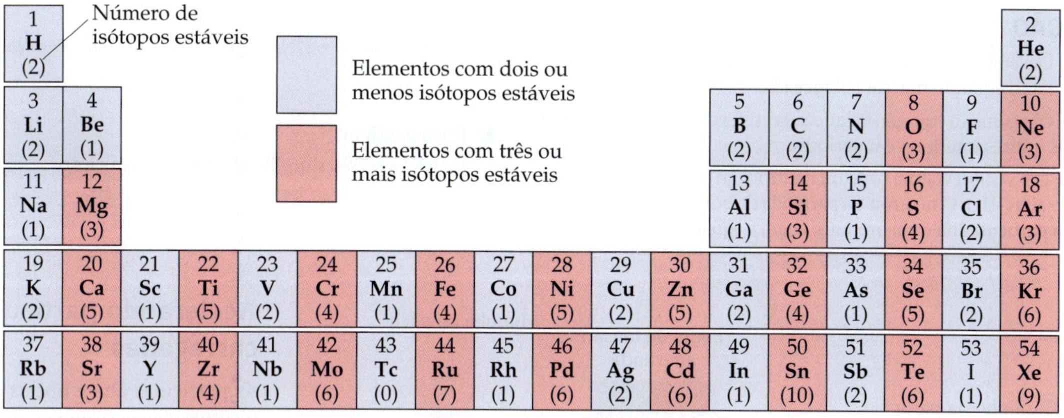

▲ Figura 21.3 Número de isótopos estáveis para elementos 1-54.

Exercícios de autoavaliação

EAA 21.6 Quais dos nuclídeos a seguir provavelmente sofrerão uma emissão beta no seu modo de decaimento radioativo dominante? (**a**) Ítrio-76 (**b**) Césio-120 (**c**) Bário-146 (**d**) Estanho-105

EAA 21.7 As duas etapas finais da série de decaimento do urânio-238 são:

bismuto-210 ⟶ polônio-210 ⟶ chumbo-206

O chumbo-206 é um isótopo estável. Quais são os processos de decaimento radioativo para essas duas etapas? (**a**) Duas emissões alfa sucessivas (**b**) Emissão alfa seguida de captura de elétron (**c**) Captura de elétron seguida de emissão alfa (**d**) Emissão alfa seguida de emissão beta (**e**) Emissão beta seguida de emissão alfa

EAA 21.8 Qual das afirmações a seguir sobre a estabilidade dos nuclídeos é *falsa*? (**a**) Os nuclídeos no cinturão de estabilidade sempre têm a mesma razão nêutron-próton. (**b**) Os núcleos com mais de 84 prótons tendem a decair por emissão alfa. (**c**) Um nuclídeo com um número par de prótons e um número par de nêutrons tem maior probabilidade de ser estável do que um nuclídeo com um número ímpar de ambos. (**d**) Quase todos os núcleos estáveis têm um número maior de nêutrons do que de prótons. (**e**) Um núcleo que decai por captura de elétron tem razão nêutron-próton menor do que a esperada para estabilidade.

21.3 | Transmutações nucleares

Até este momento, examinamos as reações nucleares em que um núcleo decai espontaneamente. Um núcleo também pode trocar de identidade se for atingido por um nêutron ou outro núcleo. Reações nucleares induzidas dessa maneira são conhecidas como **transmutações nucleares**.

A primeira conversão de um núcleo em outro foi realizada em 1919 por Ernest Rutherford, que usou partículas alfa emitidas por átomos de rádio para converter nitrogênio-14 em oxigênio-17:

$$^{14}_{7}\text{N} + ^{4}_{2}\text{He} \longrightarrow ^{17}_{8}\text{O} + ^{1}_{1}\text{H} \quad \text{ou} \quad ^{14}_{7}\text{N} + \alpha \longrightarrow ^{17}_{8}\text{O} + p \quad [21.8]$$

Tais reações permitiram aos cientistas sintetizar centenas de radioisótopos em laboratório.

Uma notação abreviada muitas vezes usada para representar as transmutações nucleares lista o núcleo-alvo, a partícula de bombardeamento (projétil) e a partícula ejetada entre parênteses, seguidos pelo núcleo do produto. Escrita dessa maneira simplificada, vemos que a Equação 21.8 torna-se:

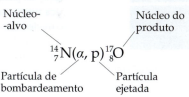

Objetivos de aprendizagem

Após terminar a Seção 21.3, você deve ser capaz de:

▶ Descrever e analisar as reações de transmutação nuclear.

Exercício resolvido 21.4
Escrevendo uma equação nuclear balanceada

Escreva a equação nuclear balanceada para o processo resumido como $^{27}_{13}Al(n,\alpha)^{24}_{11}Na$.

SOLUÇÃO
Analise Devemos passar da forma descritiva simplificada da reação nuclear para a equação nuclear balanceada.

Planeje Chegamos à equação balanceada escrevendo n e α, cada qual com seus índices inferiores e superiores.

Resolva O n é a abreviatura para um nêutron ($^{1}_{0}n$), e α representa uma partícula alfa ($^{4}_{2}He$). O nêutron é a partícula de bombardeamento, enquanto a partícula alfa é um produto. Logo, a equação nuclear é:

$$^{27}_{13}Al + ^{1}_{0}n \longrightarrow ^{24}_{11}Na + ^{4}_{2}He \quad \text{ou} \quad ^{27}_{13}Al + n \longrightarrow ^{24}_{11}Na + \alpha$$

▶ **Para praticar**
Escreva a versão simplificada da reação nuclear
$$^{16}_{8}O + ^{1}_{1}H \longrightarrow ^{13}_{7}N + ^{4}_{2}He$$

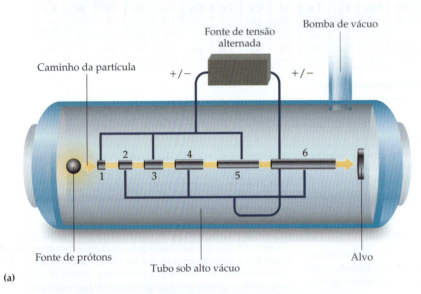

(a)

(b)

▲ **Figura 21.4 O acelerador linear.** (a) Diagrama esquemático do funcionamento e (b) o Centro de Aceleração Linear de Stanford, na Califórnia, EUA.

Acelerando partículas carregadas

As partículas alfa e outras com carga positiva devem se mover muito rapidamente para superar a repulsão eletrostática entre elas e o núcleo-alvo. Quanto maior a carga nuclear no projétil ou no alvo, mais aceleradamente o projétil deve se mover para provocar uma reação nuclear. Muitos métodos foram inventados para acelerar partículas carregadas usando fortes campos magnéticos e eletrostáticos. Esses **aceleradores de partículas**, popularmente chamados de esmagadores de átomos, têm nomes como *cíclotron* e *síncrotron*.

Um tópico comum em todos os aceleradores de partículas é a necessidade de criar partículas carregadas, para que possam ser manipuladas por campos elétricos e magnéticos. Além disso, a região pela qual as partículas se movem deve ser mantida sob alto vácuo, para que as partículas não colidam com qualquer molécula em fase gasosa.

A **Figura 21.4(a)** mostra um acelerador linear de múltiplos estágios. Uma partícula carregada, como um próton, é acelerada através de uma série de tubos de comprimentos crescentes. A carga elétrica dos tubos muda de positiva para negativa, de modo que a partícula é sempre atraída pelo tubo do qual se aproxima e repelida do tubo do qual está saindo. O resultado é a aceleração da partícula até ter energia cinética suficiente para esmagar-se contra o núcleo-alvo. A **Figura 21.4(b)** mostra o acelerador linear de Stanford, que tem 3 km de extensão.

A **Figura 21.5(a)** mostra um *cíclotron*. Neste dispositivo, partículas carregadas movem-se em um caminho espiral dentro de dois eletrodos em forma de D. Cargas alternadas nos eletrodos aceleram as partículas, enquanto ímãs acima e abaixo do dispositivo restringem as partículas ao interior de um caminho em espiral com raio crescente. Em um *síncrotron*, os campos magnéticos são sincronizados para que a partícula se mova em um caminho circular, não em espiral. A **Figura 21.5(b)** mostra o Fermi National Accelerator Lab, em Batavia, Illinois, EUA, que tem 6,2 km de circunferência.

Reações que envolvem nêutrons

A maioria dos isótopos sintéticos usados na medicina e em pesquisa científica é preparada com a utilização de nêutrons como projéteis. Como não apresentam cargas, os nêutrons não são repelidos pelo núcleo. Consequentemente, não precisam ser acelerados para provocar reações nucleares. Os nêutrons são produzidos pelas reações que ocorrem nos reatores nucleares (ver Seção 21.7). Por exemplo, o cobalto-60, usado no tratamento do câncer, é produzido pela captura de nêutrons. Já o ferro-58 é colocado em um reator nuclear e bombardeado por nêutrons para desencadear a seguinte sequência de reações:

$$^{58}_{26}Fe + ^{1}_{0}n \longrightarrow ^{59}_{26}Fe \qquad [21.9]$$

$$^{59}_{26}Fe \longrightarrow ^{59}_{27}Co + ^{0}_{-1}e \qquad [21.10]$$

$$^{59}_{27}Co + ^{1}_{0}n \longrightarrow ^{60}_{27}Co \qquad [21.11]$$

Elementos transurânicos

Transmutações artificiais têm sido usadas para produzir elementos com número atômico acima de 92, que são

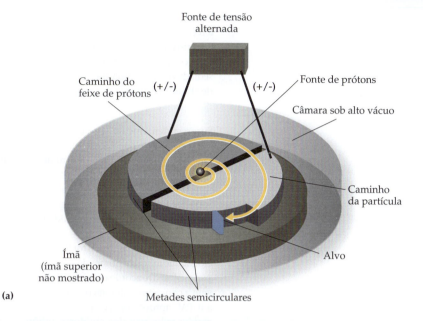
(a)

(b)

▲ **Figura 21.5 O cíclotron.** (a) Diagrama esquemático do funcionamento e (b) o Fermi National Accelerator Lab, em Illinois, EUA.

conhecidos como **elementos transurânicos**, porque aparecem imediatamente após o urânio na tabela periódica. Os elementos 93 (netúnio, Np) e 94 (plutônio, Pu) foram descobertos em 1940 por meio do bombardeamento de urânio-238 com nêutrons:

$$^{238}_{92}U + ^{1}_{0}n \longrightarrow ^{239}_{92}U \longrightarrow ^{239}_{93}Np + ^{0}_{-1}e \qquad [21.12]$$

$$^{239}_{93}Np \longrightarrow ^{239}_{94}Pu + ^{0}_{-1}e \qquad [21.13]$$

Elementos com números atômicos ainda maiores costumam ser formados em pequenas quantidades nos aceleradores de partículas. Por exemplo, o cúrio-242 é formado quando um alvo de plutônio-239 é atingido com partículas alfa aceleradas:

$$^{239}_{94}Pu + ^{4}_{2}He \longrightarrow ^{242}_{96}Cm + ^{1}_{0}n \qquad [21.14]$$

Novos avanços na detecção dos padrões de decaimento de átomos individuais levaram a recentes adições à tabela periódica. Entre 1994 e 2010, os elementos 110 a 118 foram descobertos, por meio de reações nucleares que ocorrem quando núcleos de elementos mais leves colidem com alta energia. Por exemplo, em 1996, uma equipe de cientistas europeus sediada na Alemanha sintetizou o elemento 112, copernício, Cn, ao bombardear um alvo de chumbo continuamente por três semanas com um feixe de átomos de zinco:

$$^{208}_{82}Pb + ^{70}_{30}Zn \longrightarrow ^{277}_{112}Cn + ^{1}_{0}n \qquad [21.15]$$

Surpreendentemente, essa descoberta foi baseada na detecção de apenas um átomo do novo elemento, que decai após cerca de 100 μs por decaimento alfa para formar o darmstácio-273 (elemento 110). Dentro de um minuto, mais cinco decaimentos alfa ocorrem, produzindo férmio-253 (elemento 100). A descoberta foi verificada no Japão e na Rússia.

Visto que experimentos para criar elementos são muito complicados e produzem somente um número muito pequeno de átomos dos novos elementos, eles precisam ser avaliados e reproduzidos com cuidado antes que o novo elemento seja incorporado oficialmente à tabela periódica.

A International Union for Pure and Applied Chemistry (IUPAC) é o organismo internacional que autoriza nomes de novos elementos depois de sua descoberta e confirmação experimental. De acordo com a IUPAC, os novos elementos podem ser batizados em homenagem a conceitos mitológicos, minerais, locais, países, propriedades ou cientistas. Em 2016, a IUPAC aprovou os seguintes nomes e símbolos para os elementos 113, 115, 117 e 118, sugeridos pelos seus descobridores: nihônio, Nh, para o elemento 113; moscóvio, Mc, para o elemento 115; tenesso, Ts, para o elemento 117; e oganessônio, Og, para o elemento 118.

> ▲ **Objetivos de aprendizagem**
>
> Após terminar a Seção 21.4, você deve ser capaz de:
> ▶ Relacionar a quantidade de radioisótopo com a sua meia-vida.
> ▶ Calcular a idade de um objeto com base no decaimento radioativo.

> ▲ **Exercícios de autoavaliação**
>
> **EAA 21.9** Identifique o núcleo X na transmutação a seguir:
>
> $$^{239}_{94}Pu(n,\beta^-)X$$
>
> **(a)** $^{240}_{95}Am$ **(b)** $^{240}_{94}Pu$ **(c)** $^{240}_{96}Cm$ **(d)** $^{241}_{97}Bk$

21.4 | Velocidades de decaimento radioativo

Alguns radioisótopos, como o urânio-238, são encontrados na natureza, embora não sejam estáveis. Outros radioisótopos não existem na natureza, mas podem ser sintetizados em reações nucleares. Para compreender essa distinção, precisamos saber que diferentes núcleos sofrem decaimento radioativo com diferentes velocidades. Muitos radioisótopos decaem basicamente por completo em questão de segundos, de modo que não os encontramos na natureza. Por outro lado, o urânio-238 decai muito lentamente; por isso, apesar de sua instabilidade, ainda podemos observar o que resta de sua formação nos primórdios do universo.

O decaimento radioativo é um processo cinético de primeira ordem. Lembre-se de que um processo de primeira ordem tem uma **meia-vida** característica, que é o tempo necessário para a metade de dada quantidade de uma substância reagir (Seção 14.3). Geralmente, as velocidades de decaimento dos núcleos são expressas em termos de meias-vidas, e cada isótopo tem sua própria meia-vida característica. Por exemplo, a meia-vida do estrôncio-90 é 28,8 anos:

$$^{90}_{38}Sr \longrightarrow ^{90}_{39}Y + ^{0}_{-1}e \qquad t_{1/2} = 28,8 \text{ anos} \qquad [21.16]$$

Assim, se começarmos com 10,0 g de estrôncio-90, apenas 5,0 g desse isótopo permanecerá após 28,8 anos; 2,5 g após outros 28,8 anos; e assim por diante (Figura 21.6).

Existem meias-vidas tão curtas quanto milionésimos de um segundo e tão longas quanto bilhões de anos. As meias-vidas de alguns radioisótopos estão apresentadas na Tabela 21.5. Uma importante característica das meias-vidas é que elas não são afetadas por condições externas, como temperatura, pressão ou estado de combinação química. Por consequência, ao contrário dos produtos

> **Resolva com ajuda da figura**
>
> Se começarmos com uma amostra de 50,0 g, quanto dela permanecerá após três meias-vidas?

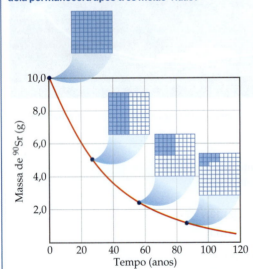

▲ **Figura 21.6 Decaimento de uma amostra de 10,0 g de estrôncio-90 ($t_{1/2}$ = 28,8 anos).** As grades de 10 × 10 mostram quanto do isótopo radioativo permanece após decorridos vários períodos de tempo.

TABELA 21.5 Meias-vidas e tipos de decaimento para diversos radioisótopos

	Isótopo	Meia-vida (anos)	Tipo de decaimento
Radioisótopos naturais	$^{238}_{92}U$	$4,5 \times 10^9$	Alfa
	$^{235}_{92}U$	$7,0 \times 10^8$	Alfa
	$^{232}_{90}Th$	$1,4 \times 10^{10}$	Alfa
	$^{40}_{19}K$	$1,3 \times 10^9$	Beta
	$^{14}_{6}C$	5730	Beta
Radioisótopos sintéticos	$^{239}_{94}Pu$	24.000	Alfa
	$^{137}_{55}Cs$	30,2	Beta
	$^{90}_{38}Sr$	28,8	Beta
	$^{131}_{53}I$	0,022	Beta

Exercício resolvido 21.5
Cálculo envolvendo meias-vidas

A meia-vida do cobalto-60 é 5,27 anos. Quanto restará de uma amostra de 1,000 mg de cobalto-60 após um período de 15,81 anos?

SOLUÇÃO
Analise Com base na meia-vida do cobalto-60, devemos calcular a quantidade de cobalto-60 que restará de uma amostra de 1,000 mg após um período de 15,81 anos.

Planeje Usamos o fato de que a quantidade de uma substância radioativa diminui em 50% após o decorrer de cada meia-vida.

Resolva Visto que $5,27 \times 3 = 15,81$, isso representa três meias-vidas para o cobalto-60. Teremos 0,500 mg de cobalto-60 no fim de uma meia-vida, 0,250 mg no final de duas meias-vidas e 0,125 mg no final de três meias-vidas.

▶ **Para praticar**
O carbono-11, usado em imagiologia médica, tem meia-vida de 20,4 minutos. Os nuclídeos de carbono-11 são formados, e os átomos de carbono são incorporados a um composto adequado. A amostra resultante é injetada em um paciente para se obter uma imagem médica. Todo o processo leva cinco meias-vidas. Que percentagem do carbono-11 original restará ao final desse período?

químicos tóxicos, é impossível usar reações químicas ou qualquer outro tratamento prático para torná-los átomos radioativos inofensivos.

Datação radiométrica

Por ser constante, a meia-vida de todo e qualquer nuclídeo pode servir como um "relógio nuclear" para determinar a idade de diversos objetos. O método de datar objetos com base em seus isótopos e na abundância de isótopos é chamado de *datação radiométrica*.

Ao utilizar o carbono-14 em datação radiométrica, a técnica é denominada *datação por radiocarbono*. Esse procedimento é baseado na formação de carbono-14 quando nêutrons criados por raios cósmicos na atmosfera superior convertem nitrogênio-14 em carbono-14 (**Figura 21.7**). O ^{14}C reage com o oxigênio para formar $^{14}CO_2$ na atmosfera, e esse CO_2 "marcado" é absorvido pelas plantas e introduzido na cadeia alimentar pela fotossíntese. Esse processo fornece uma pequena, porém razoavelmente constante, fonte de carbono-14, que é radioativo e sofre decaimento beta, com uma meia-vida de 5.730 anos (para três algarismos significativos):

$$^{14}_{6}C \longrightarrow \, ^{14}_{7}N + \, ^{0}_{-1}e \qquad [21.17]$$

Considerando que uma planta ou um animal vivo faz ingestão constante de compostos de carbono, é possível manter uma razão de carbono-14 para carbono-12 que seja quase idêntica à da atmosfera. Contudo, quando morre, o organismo deixa de ingerir compostos de carbono para reabastecer o carbono-14 perdido por decaimento radioativo. Portanto, a razão entre carbono-14 e carbono-12 diminui. Ao medir essa razão e compará-la à da atmosfera, pode-se estimar a idade de um objeto. Por exemplo, se a razão cai para metade daquela do ambiente, pode-se concluir que o objeto tem uma meia-vida, ou 5.730 anos de idade.

904 Química: a ciência central

Resolva com ajuda da figura — Como o $^{14}CO_2$ é incorporado à cadeia alimentar de pequenos mamíferos?

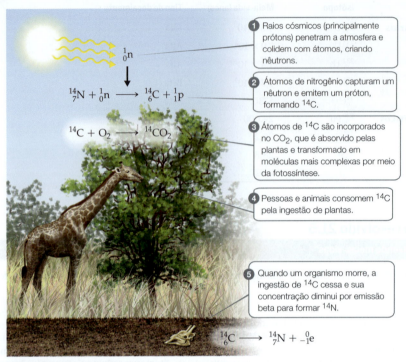

1. Raios cósmicos (principalmente prótons) penetram a atmosfera e colidem com átomos, criando nêutrons.
2. Átomos de nitrogênio capturam um nêutron e emitem um próton, formando ^{14}C.
3. Átomos de ^{14}C são incorporados no CO_2, que é absorvido pelas plantas e transformado em moléculas mais complexas por meio da fotossíntese.
4. Pessoas e animais consomem ^{14}C pela ingestão de plantas.
5. Quando um organismo morre, a ingestão de ^{14}C cessa e sua concentração diminui por emissão beta para formar ^{14}N.

▲ **Figura 21.7 Criação e distribuição de carbono-14.** A razão carbono-14/carbono-12 em um animal ou uma planta morta está relacionada ao tempo decorrido desde sua morte.

Esse método não se aplica à datação de objetos mais antigos do que cerca de 50 mil anos porque, após esse período, a radioatividade é muito baixa para ser medida com precisão.

Em datação por radiocarbono, uma hipótese razoável é que a razão de carbono-14 para carbono-12 na atmosfera tenha se mantido relativamente constante nos últimos 50 mil anos. Contudo, uma vez que variações na atividade solar controlam a quantidade de carbono-14 produzido na atmosfera, essa proporção pode variar. Podemos contornar esse efeito utilizando outros tipos de dados. Recentemente, cientistas compararam dados do carbono-14 aos de anéis de árvores, corais, sedimentos de lagos, amostras de gelo e outras fontes naturais para corrigir variações no "relógio" de carbono-14 que remontam a 26 mil anos.

Outros isótopos podem ser usados da mesma maneira para datar vários tipos de objeto. Por exemplo, leva cerca de $4,5 \times 10^9$ anos para metade de uma amostra de urânio-238 decair para chumbo-206. A idade de rochas contendo urânio pode, então, ser determinada ao medir a razão entre chumbo-206 e urânio-238. Se, de algum modo, o chumbo-206 tivesse se incorporado à pedra por meio de processos químicos normais em vez de decaimento radioativo, a pedra conteria também grandes quantidades de chumbo-208, isótopo mais abundante. Na ausência de grandes quantidades desse isótopo "geonormal" de chumbo, podemos supor que todo o chumbo-206 foi em algum momento urânio-238.

As rochas mais antigas encontradas na Terra têm cerca de 3×10^9 anos. Essa idade indica que a crosta terrestre é sólida por pelo menos esse período. Cientistas estimam que foram necessários de 1×10^9 a $1,5 \times 10^9$ anos para a Terra resfriar e a sua superfície solidificar, garantindo uma idade de 4,0 a $4,5 \times 10^9$ anos.

Cálculos baseados em meia-vida

A velocidade com que uma amostra decai é chamada de **atividade** e costuma ser expressa como o número de desintegrações observadas por unidade de tempo. Um **becquerel** (Bq) é definido como uma desintegração nuclear por segundo. Uma unidade mais antiga, porém ainda utilizada, é o **curie** (Ci), definida como $3,7 \times 10^{10}$ desintegrações por segundo, o que corresponde à velocidade de decaimento de 1 g de rádio. Portanto, uma amostra de 4,0 mCi de cobalto-60 sofre

$$4,0 \times 10^{-3} \text{ Ci} \times \frac{3,7 \times 10^{10} \text{ desintegrações por segundo}}{1 \text{ Ci}} = 1,5 \times 10^{8} \text{ desintegrações por segundo}$$

e tem uma atividade de $1,5 \times 10^8$ Bq.

À medida que uma amostra radioativa decai, a quantidade de radiação que emana da amostra também decai. Por exemplo, a meia-vida do cobalto-60 é 5,27 anos. A amostra de 4,0 mCi de cobalto-60 teria, após 5,27 anos, uma atividade de radiação de 2,0 mCi, ou $7,5 \times 10^7$ Bq.

Uma vez que o decaimento radioativo é um processo cinético de primeira ordem, sua velocidade é proporcional ao número de núcleos radioativos N presentes em uma amostra:

$$\text{Velocidade} = kN \qquad [21.18]$$

A constante de velocidade de primeira ordem, k, é chamada de *constante de decaimento* e está relacionada à meia-vida:

$$k = \frac{0,693}{t_{1/2}} \qquad [21.19]$$

Assim, se conhecemos o valor da constante de decaimento, podemos calcular o valor da meia-vida, e vice-versa.

Como vimos na Seção 14.3, uma lei de velocidade de primeira ordem pode ser transformada na seguinte equação:

$$\ln \frac{N_t}{N_0} = -kt \qquad [21.20]$$

Nessa equação, t é o intervalo de tempo do decaimento, k é a constante de decaimento, N_0 é o número inicial de núcleos (no tempo zero) e N_t é o número restante após esse intervalo. Tanto a massa de um radioisótopo específico quanto a sua atividade são proporcionais ao número de núcleos radioativos. Dessa forma, a razão entre a massa em qualquer tempo t e a massa em $t = 0$ ou a razão entre as atividades nos tempos t e $t = 0$ pode ser substituída por N_t/N_0 na Equação 21.20.

Exercício resolvido 21.6
Cálculo da idade de objetos por decaimento radioativo

Uma rocha contém 0,257 mg de chumbo-206 para cada miligrama de urânio-238. A meia-vida para o decaimento de urânio-238 a chumbo-206 é $4,5 \times 10^9$ anos. Qual é a idade da rocha?

SOLUÇÃO

Analise Devemos calcular a idade de uma rocha que contém urânio-238 e chumbo-206, dadas a meia-vida do urânio-238 e as quantidades de urânio-238 e chumbo-206.

Planeje O chumbo-206 é produto do decaimento radioativo do urânio-238. Vamos supor que a única fonte de chumbo-206 na rocha seja proveniente do decaimento de urânio-238, com uma meia-vida conhecida. Para aplicar as expressões de cinética de primeira ordem (Equações 21.19 e 21.20) para calcular o tempo decorrido desde que a rocha foi formada, primeiro precisamos calcular quanto de urânio-238 havia inicialmente para cada 1 miligrama restante hoje.

Resolva Vamos supor que a rocha contenha 1,000 mg de urânio-238 e, portanto, 0,257 mg de chumbo-206. A quantidade de urânio-238 na rocha no momento de sua formação é igual a 1,000 mg mais a quantidade que decaiu para chumbo-206. Visto que a massa de átomos de chumbo não é igual à massa de átomos de urânio, não podemos apenas somar 1,000 mg e 0,257 mg. Devemos multiplicar a massa atual de chumbo-206 (0,257 mg) pela razão entre o número de massa do urânio e o número de massa do chumbo ao qual ele decaiu. Dessa forma, a massa original de $^{238}_{92}\text{U}$ era:

$$\text{Massa original de } ^{238}_{92}\text{U} = 1,000 \text{ mg} + \frac{238}{206}(0,257 \text{ mg})$$
$$= 1,297 \text{ mg}$$

Aplicando a Equação 21.19, podemos calcular a constante de decaimento para o processo a partir de sua meia-vida:

$$k = \frac{0,693}{4,5 \times 10^9 \text{ anos}} = 1,5 \times 10^{-10} \text{ anos}^{-1}$$

Reorganizando a Equação 21.20 para determinar o tempo, t, e substituindo as grandezas conhecidas, temos:

$$t = -\frac{1}{k} \ln \frac{N_t}{N_0} = -\frac{1}{1,5 \times 10^{-10} \text{ ano}^{-1}} \ln \frac{1,000}{1,297} = 1,7 \times 10^9 \text{ anos}$$

▶ **Para praticar**
Um objeto de madeira encontrado em um sítio arqueológico é submetido a uma datação por radiocarbono. A atividade resultante da amostra de ^{14}C é medida em 11,6 desintegrações por segundo. A atividade de uma amostra de carbono com massa igual à madeira fresca é de 15,2 desintegrações por segundo. A meia-vida de ^{14}C é 5.730 anos. Qual é a idade da amostra arqueológica?

Exercício resolvido 21.7
Cálculos envolvendo decaimento radioativo e tempo

Se partirmos de 1,000 g de estrôncio-90, após 2,00 anos restará 0,953 g. **(a)** Qual é a meia-vida do estrôncio-90? **(b)** Quanto estrôncio-90 restará após 5,00 anos?

SOLUÇÃO

Analise **(a)** Deve-se calcular a meia-vida, $t_{1/2}$, com base em quanto um núcleo radioativo decaiu no período de $t = 2{,}00$ anos, em $N_0 = 1{,}000$ g e em $N_t = 0{,}953$ g. **(b)** Devemos calcular a quantidade do radionuclídeo que permanece após determinado período.

Planeje **(a)** Primeiro, precisamos calcular a constante de velocidade do decaimento, k, e então usar esse valor para calcular $t_{1/2}$. **(b)** Precisamos calcular N_t, a quantidade de estrôncio presente no tempo, t, usando a quantidade inicial, N_0, e a constante de velocidade para decaimento, k, calculada no item (a).

Resolva

(a) A Equação 21.20 é resolvida para a constante de decaimento, k. Em seguida, a Equação 21.19 é usada para calcular a meia-vida, $t_{1/2}$:

$$k = -\frac{1}{t}\ln\frac{N_t}{N_0} = -\frac{1}{2{,}00 \text{ anos}}\ln\frac{0{,}953 \text{ g}}{1{,}000 \text{ g}}$$

$$= -\frac{1}{2{,}00 \text{ anos}}(-0{,}0481) = 0{,}0241 \text{ ano}^{-1}$$

$$t_{1/2} = \frac{0{,}693}{k} = \frac{0{,}693}{0{,}0241 \text{ ano}^{-1}} = 28{,}8 \text{ anos}$$

(b) Aplicando mais uma vez a Equação 21.20, com $k = 0{,}0241$ ano^{-1}, temos:

$$\ln\frac{N_t}{N_0} = -kt = -(0{,}0241 \text{ ano}^{-1})(5{,}00 \text{ anos}) = -0{,}120$$

N_t/N_0 é calculado a partir de $\ln(N_t/N_0) = -0{,}120$ usando e^x ou a função INV LN de uma calculadora:

$$\frac{N_t}{N_0} = e^{-0{,}120} = 0{,}887$$

Uma vez que $N_0 = 1{,}000$ g, temos:

$$N_t = (0{,}887)N_0 = (0{,}887)(1{,}000 \text{ g}) = 0{,}887 \text{ g}$$

▶ **Para praticar**
Uma amostra a ser usada em imagiologia médica é marcada com ^{18}F, que tem meia-vida de 110 min. Qual percentagem da atividade inicial da amostra permanece após 300 min?

Exercícios de autoavaliação

EAA 21.10 O iodo-131 pode ser utilizado no diagnóstico por imagem da glândula tireoide e tem meia-vida de 8,02 dias. Se o laboratório começar com 224 μg, quanto iodo-131 restará após 32,1 dias? **(a)** 7,00 μg **(b)** 14,0 μg **(c)** 28,0 μg **(d)** 56,0 μg

EAA 21.11 Demora 45 horas para que uma amostra de 6,00 mg de sódio-24 decaia para 0,750 mg. Qual é a meia-vida do sódio-24? **(a)** 45 h **(b)** 30 h **(c)** 15 h **(d)** 65 h **(e)** 7,5 h

EAA 21.12 O césio-137, um componente de resíduo radioativo, tem uma meia-vida de 30,2 anos. Se uma amostra de resíduo tiver uma atividade inicial de 15,0 Ci resultante do césio-137, quanto tempo levará para que a atividade resultante do césio-137 caia para 0,250 Ci? **(a)** 0,728 ano **(b)** 60,4 anos **(c)** 78,2 anos **(d)** 124 anos **(e)** 178 anos

EAA 21.13 A meia-vida do decaimento do rádio-226 para radônio-222, ^{226}Ra $\longrightarrow$ ^{222}Rn, é de 1.600 anos. O radônio-222 é um gás inerte com meia-vida curta. Uma amostra mineral continha originalmente 30,0 mg de ^{226}Ra e agora contém 28,5 mg. Há quanto tempo essa amostra está guardada? **(a)** 360 anos **(b)** 12 anos **(c)** 37 anos **(d)** 120 anos **(e)** 82 anos

---

21.5 | Detecção de radioatividade

Objetivos de aprendizagem
Após terminar a Seção 21.5, você deve ser capaz de:
▶ Descrever modos comuns de detectar a radioatividade.
▶ Descrever como radiomarcadores são utilizados em aplicações práticas.

Diversos métodos foram desenvolvidos para detectar emissões de substâncias radioativas. Henri Becquerel descobriu a radioatividade por causa do embaçamento que a radiação causava em lâminas fotográficas e, desde então, lâminas e filmes fotográficos têm sido usados para detectar a radioatividade. A radiação afeta o filme fotográfico do mesmo modo que os raios X. Quanto maior a exposição à radiação, mais escura fica a área do negativo revelado. As pessoas que trabalham com substâncias radioativas carregam um filme dosimétrico para registrar a extensão de suas exposições à radiação (**Figura 21.8**).

Capítulo 21 | Química nuclear 907

> **Resolva com ajuda da figura**
> Qual tipo de radiação – alfa, beta ou gama – deve embaçar um filme sensível a raios X?

▲ **Figura 21.8 Filmes dosimétricos monitoram a extensão da exposição de um indivíduo à radiação de alta energia.** A dose de radiação é determinada pelo nível de escurecimento do filme no dosímetro.

A radioatividade também pode ser detectada e medida com um dispositivo conhecido como contador Geiger. A operação desse dispositivo é baseada no fato de que a radiação é capaz de ionizar a matéria. Os íons e os elétrons produzidos pela radiação ionizante permitem a condução de uma corrente elétrica. O projeto básico de um contador Geiger é mostrado na **Figura 21.9**. Um pulso de corrente entre o ânodo e o cilindro de metal ocorre sempre que a incidência de radiação produz íons. Cada pulso é contado para estimar a quantidade de radiação.

Algumas substâncias, chamadas de *substâncias fosforescentes*, emitem luz quando a radiação as atravessa. A radioatividade excita os átomos, os íons ou as moléculas da substância para um estado mais energético, e eles liberam essa energia na forma de luz quando

> **Resolva com ajuda da figura**
> Qual propriedade dos átomos de gás dentro de um contador Geiger é mais relevante para a operação do dispositivo?

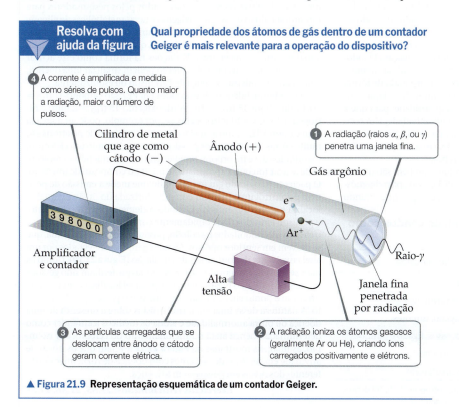

▲ **Figura 21.9** Representação esquemática de um contador Geiger.

retornam aos seus estados fundamentais. Por exemplo, o ZnS reage dessa forma à radiação alfa. Um instrumento chamado *contador de cintilações* detecta e conta os sinais de luz produzidos quando a radiação atinge uma substância fosforescente. Os sinais de luz são amplificados eletronicamente e contados para medir a quantidade de radiação.

Radiomarcadores

Em razão da sua fácil detecção, os radioisótopos podem ser usados para seguir um elemento por meio de suas reações químicas. A incorporação dos átomos de carbono provenientes do CO_2 na glicose durante a fotossíntese, por exemplo, tem sido estudada com a utilização de CO_2 contendo carbono-14:

$$6\ ^{14}CO_2 + 6\ H_2O \xrightarrow[\text{Clorofila}]{\text{Luz solar}} {}^{14}C_6H_{12}O_6 + 6\ O_2 \quad [21.21]$$

O uso da marcação de carbono-14 fornece evidência experimental direta de que o dióxido de carbono no meio ambiente é quimicamente convertido em glicose nas plantas. Experimentos análogos de marcação que usam oxigênio-18 mostram que o O_2 produzido durante a fotossíntese vem da água, e não do dióxido de carbono. Quando é possível isolar e purificar os intermediários e os produtos das reações, dispositivos de detecção (como contadores de cintilação) podem ser utilizados para "rastrear" o radioisótopo enquanto ele se move do material de partida e passa pelos intermediários até o produto final. Esses tipos de experimento são úteis para identificar as etapas elementares de um mecanismo de reação. (Seção 14.5)

O uso de radioisótopos é possível porque todos os isótopos de um elemento têm propriedades químicas praticamente idênticas. Quando uma pequena quantidade de um radioisótopo é misturada a isótopos naturais estáveis do mesmo elemento, todos os isótopos passam pelas mesmas reações juntos. O caminho do elemento é revelado pela radioatividade do radioisótopo. Visto que pode ser usado para seguir o caminho do elemento, o radioisótopo é chamado de **radiomarcador**.

A QUÍMICA E A VIDA | Aplicações médicas de radiomarcadores

Os radiomarcadores têm ampla utilização como ferramentas de diagnóstico em medicina. A **Tabela 21.6** lista alguns deles e seus usos. Esses radioisótopos são incorporados a um composto administrado ao paciente, geralmente por via intravenosa. O uso diagnóstico desses isótopos está baseado na capacidade de o composto radioativo localizar-se e concentrar-se no órgão ou tecido sob investigação. O iodo-131, por exemplo, serve para testar a atividade da glândula tireoide. Essa glândula é o único lugar em que o iodo é incorporado de forma significativa no corpo. O paciente toma uma solução de NaI que contém iodo-131, mas apenas em uma pequena quantidade, para que a pessoa não receba uma dose prejudicial de radioatividade. Um contador Geiger colocado próximo à tireoide, na região do pescoço, determina sua capacidade de absorver o iodo. Uma tireoide normal absorverá cerca de 12% do iodo em algumas horas.

As aplicações médicas dos radiomarcadores também são ilustradas pela *tomografia por emissão de pósitrons* (PET), usada para diagnóstico clínico de muitas doenças. Nesse método, compostos contendo radionuclídeos que decaem por emissão de pósitron são injetados em um paciente. Esses compostos são usados pelos pesquisadores para monitorar o fluxo de sangue, oxigênio e taxas metabólicas de glicose, além de outras funções biológicas. Alguns dos trabalhos mais interessantes envolvem o estudo do cérebro, que depende da glicose para a maior parte de sua energia. Variações na forma como esse açúcar é metabolizado ou usado pelo cérebro podem sinalizar uma doença, como câncer, epilepsia, doença de Parkinson ou esquizofrenia.

Os radionuclídeos mais utilizados em PET são carbono-11 ($t_{1/2}$ = 20,4 min), flúor-18 ($t_{1/2}$ = 110 min), oxigênio-15 ($t_{1/2}$ = 2 min) e nitrogênio-13 ($t_{1/2}$ = 10 min). A glicose, por exemplo, pode ser marcada com carbono-11. Como as meias-vidas de emissores de pósitrons são muito curtas, eles devem ser gerados in loco utilizando um cíclotron, e o químico deve incorporar rapidamente o radionuclídeo à molécula de açúcar (ou outra apropriada) e injetar o composto de imediato. O paciente é colocado em um aparelho que mede a emissão de pósitron e constrói uma imagem computadorizada do órgão no qual se localiza o composto emissor. Quando o elemento sofre decaimento, o pósitron emitido colide rapidamente com um elétron. O pósitron e o elétron são aniquilados na colisão, produzindo dois raios gama, que se movem em sentidos opostos. Os raios gama são detectados por um anel envolvente de contadores de cintilação (**Figura 21.10**). Como os raios se movem em sentidos opostos, ainda que tenham sido gerados no mesmo local e ao mesmo tempo, é possível localizar com precisão no corpo o ponto em que o isótopo radioativo passou por decaimento. A natureza dessa imagem fornece pistas sobre a presença de uma doença ou outra anormalidade e ajuda os médicos a entender como determinada doença afeta o funcionamento do cérebro. Por exemplo, as imagens mostradas na **Figura 21.11** revelam que os níveis de atividade em cérebros de pacientes com doença de Alzheimer são diferentes dos níveis em pessoas sem a doença.

TABELA 21.6 Alguns radionuclídeos usados como radiomarcadores

Nuclídeo	Meia-vida	Área estudada do corpo
Iodo-131	8,04 dias	Tireoide
Ferro-59	44,5 dias	Glóbulos vermelhos
Fósforo-32	14,3 dias	Olhos, fígado, tumores
Tecnécio-99[a]	6,0 horas	Coração, ossos, fígado e pulmões
Tálio-201	73 horas	Coração, artérias
Sódio-24	14,8 horas	Sistema circulatório

[a] O isótopo do tecnécio é, na verdade, um isótopo especial de Tc-99 denominado Tc-99*m*, em que *m* indica um isótopo *metaestável*.

Exercícios relacionados: 21.55, 21.56, 21.81

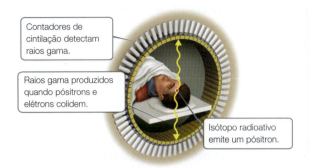

▲ Figura 21.10 Representação esquemática de um *scanner* de tomografia por emissão de pósitrons (PET).

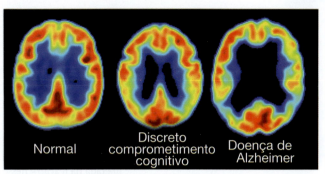

▲ Figura 21.11 Imagens de tomografia por emissão de pósitrons (PET) que mostram níveis do metabolismo da glicose no cérebro. As cores vermelha e amarela mostram níveis mais elevados de metabolismo da glicose.

Exercícios de autoavaliação

EAA 21.14 Qual propriedade dos radioisótopos os torna úteis como radiomarcadores, para registrar o caminho dos elementos nas reações? **(a)** As propriedades químicas dos radioisótopos são idênticas às dos isótopos não radioativos. **(b)** Os radioisótopos são usados em grandes volumes para alterar as características das reações do elemento. **(c)** Detectores de radiação, como os contadores de cintilação, detectam apenas o isótopo não radioativo. **(d)** Os radioisótopos muitas vezes se separam do isótopo não radioativo e criam reações diferenciadas.

21.6 | Variações de energia em reações nucleares

Por que as energias associadas às reações nucleares são tão altas que, em muitos casos, têm ordens de grandeza maiores do que as associadas às reações químicas não nucleares? A resposta a essa pergunta começa com a célebre equação de Einstein da teoria da relatividade, que relaciona massa e energia:

$$E = mc^2 \qquad [21.22]$$

Nessa equação, E representa energia, m é a massa e c é a velocidade da luz, $2,9979 \times 10^8$ m/s. Segundo essa equação, massa e energia são equivalentes, e uma pode ser convertida na outra. Se um sistema perde massa, ele também perde energia; se ganha massa, também ganha energia. Como a constante de proporcionalidade entre energia e massa, c^2, é um número bem alto, até mesmo pequenas variações de massa são acompanhadas por grandes variações de energia.

As variações de massa nas reações químicas são muito pequenas para serem detectadas com facilidade. Por exemplo, a variação de massa associada à combustão de um mol de CH_4 (processo exotérmico) é $-9,9 \times 10^{-9}$ g. Como a variação de massa é tão pequena, é possível tratar as reações químicas como se as massas fossem conservadas. (Seção 2.1)

As variações de massa e as variações de energia associadas às reações nucleares são muito maiores do que as das reações químicas. Por exemplo, a variação de massa que acompanha o decaimento radioativo de 1 mol de urânio-238 é 50 mil vezes maior do que aquela para a combustão de CH_4. Vamos examinar a variação de energia para essa reação nuclear:

$$^{238}_{92}U \longrightarrow {}^{234}_{90}Th + {}^{4}_{2}He$$

As massas dos núcleos são 238,0003 uma para $^{238}_{92}U$, 233,9942 uma para $^{234}_{90}Th$ e 4,0015 uma para $^{4}_{2}He$. A variação de massa, Δm, representa a massa total dos produtos menos a massa dos reagentes. A variação de massa para o decaimento de 1 mol de urânio-238 pode, então, ser expressa em gramas:

$$233,9942 \text{ g} + 4,0015 \text{ g} - 238,0003 \text{ g} = -0,0046 \text{ g}$$

O fato de o sistema ter perdido massa indica que o processo é exotérmico. Todas as reações nucleares espontâneas são exotérmicas.

Objetivos de aprendizagem

Após terminar a Seção 21.6, você deve ser capaz de:

▶ Usar a equação de Einstein para relacionar massa e energia em reações nucleares.

▶ Determinar a energia associada à separação do núcleo de um átomo em partes menores.

A variação de energia por mol associada a essa reação é:

$$\Delta E = \Delta(mc^2) = c^2 \Delta m$$

$$= (2{,}9979 \times 10^8 \text{ m/s})^2 (-0{,}0046 \text{ g})\left(\frac{1 \text{ kg}}{1000 \text{ g}}\right)$$

$$= -4{,}1 \times 10^{11} \frac{\text{kg} \cdot \text{m}^2}{\text{s}^2} = -4{,}1 \times 10^{11} \text{ J}$$

Observe que Δm é convertida em quilogramas, unidade SI de massa, para obter ΔE em joules, unidade SI de energia. O sinal negativo da variação de energia indica que a energia é liberada na reação – nesse caso, mais de 400 bilhões de joules por mol de urânio! Isso seria suficiente para suprir as necessidades energéticas de cerca de 10 mil residências americanas por um ano.

Exercício resolvido 21.8
Cálculo da variação de massa em uma reação nuclear

Quanta energia é dispendida ou ganha quando um mol de cobalto-60 sofre decaimento beta: $^{60}_{27}\text{Co} \longrightarrow {}^{60}_{28}\text{Ni} + {}^{0}_{-1}\text{e}$? A massa de um átomo $^{60}_{27}\text{Co}$ é 59,933819 uma e de um átomo $^{60}_{28}\text{Ni}$ é 59,930788 uma.

SOLUÇÃO
Analise Devemos calcular a variação de energia em uma reação nuclear.

Planeje Em primeiro lugar, devemos calcular a variação de massa no processo. Temos as massas atômicas, mas precisamos das massas dos núcleos na reação. Vamos fazer esse cálculo considerando as massas dos elétrons que contribuem para as massas atômicas.

Resolva

Um átomo de $^{60}_{27}\text{Co}$ tem 27 elétrons. A massa de um elétron é $5{,}4858 \times 10^{-4}$ uma. (Veja a lista de constantes fundamentais na contracapa no fim deste livro.) Subtraímos a massa dos 27 elétrons da massa do *átomo* de $^{60}_{27}\text{Co}$ para determinar a massa do *núcleo* de $^{60}_{27}\text{Co}$:

$59{,}933819 \text{ uma} - (27)(5{,}4858 \times 10^{-4} \text{ uma})$
$= 59{,}919007 \text{ uma (ou 59,919007 g/mol)}$

Analogamente, para $^{60}_{28}\text{Ni}$, a massa do núcleo é:

$59{,}930788 \text{ uma} - (28)(5{,}4858 \times 10^{-4} \text{ uma})$
$= 59{,}915428 \text{ uma (ou 59,915428 g/mol)}$

A variação de massa em uma reação nuclear é a massa total dos produtos menos a massa dos reagentes:

$\Delta m = $ massa do elétron + massa do núcleo de $^{60}_{28}\text{Ni}$ − massa do núcleo de $^{60}_{27}\text{Co}$
$= 0{,}00054858 \text{ uma} + 59{,}915428 \text{ uma} - 59{,}919007 \text{ uma}$
$= -0{,}003030 \text{ uma}$

Portanto, quando um mol de cobalto-60 decai, $\Delta m = -0{,}003030 \text{ g}$

Como a massa diminui ($\Delta m < 0$), a energia é liberada ($\Delta E < 0$). A quantidade de energia liberada *por mol* de cobalto-60 é calculada pela Equação 21.22:

$$\Delta E = c^2 \Delta m$$

$$= (2{,}9979 \times 10^8 \text{ m/s})^2 (-0{,}003030 \text{ g})\left(\frac{1 \text{ kg}}{1000 \text{ g}}\right)$$

$$= -2{,}723 \times 10^{11} \frac{\text{kg} \cdot \text{m}^2}{\text{s}^2} = -2{,}723 \times 10^{11} \text{ J}$$

▶ **Para praticar**
A emissão de pósitron do ^{11}C, $^{11}_{6}\text{C} \longrightarrow {}^{11}_{5}\text{B} + {}^{0}_{+1}\text{e}$ ocorre com liberação de $2{,}87 \times 10^{11}$ J por mol de ^{11}C. Qual é a variação de massa por mol de ^{11}C nessa reação nuclear? As massas de ^{11}B e ^{11}C são 11,009305 e 11,011434 uma, respectivamente.

Energias de ligação nuclear

Na década de 1930, cientistas descobriram que as massas dos núcleos são sempre menores do que as massas de cada núcleon que os compõe. Por exemplo, o núcleo do hélio-4 (uma partícula alfa) tem massa de 4,00150 uma. A massa de um próton é 1,00728 uma, e a de um nêutron, 1,00866 uma. Logo, dois prótons e dois nêutrons têm massa total de 4,03188 uma:

$$\text{Massa de dois prótons} = 2(1,00728 \text{ amu}) = 2,01456 \text{ amu}$$
$$\text{Massa de dois nêutrons} = 2(1,00866 \text{ amu}) = \underline{2,01732 \text{ amu}}$$
$$\text{Massa total} = 4,03188 \text{ amu}$$

A massa de cada núcleon é 0,03038 uma maior que a massa do núcleo de hélio-4:

$$\text{Massa de dois prótons e dois nêutrons} = 4,03188 \text{ amu}$$
$$\text{Massa do núcleo de } {}_2^4\text{He} = \underline{4,00150 \text{ amu}}$$
$$\text{Diferença de massa } \Delta m = 0,03038 \text{ amu}$$

A diferença de massa entre um núcleo e os seus núcleons constituintes é chamada de **defeito de massa**. Sua origem é entendida facilmente se considerarmos que a energia deve ser adicionada ao núcleo para quebrá-lo em prótons e nêutrons separados:

$$\text{Energia} + {}_2^4\text{He} \longrightarrow 2\,{}_1^1\text{H} + 2\,{}_0^1\text{n} \qquad [21.23]$$

Segundo a relação de Einsten, a adição de energia a um sistema deve ser acompanhada por um aumento proporcional na massa. A variação de massa para a conversão de hélio-4 em núcleons separados é $\Delta m = 0{,}03038$ uma. Assim, a energia necessária para esse processo é:

$$\Delta E = c^2 \Delta m$$
$$= (2{,}9979 \times 10^8 \text{ m/s})^2 (0{,}03038 \text{ uma}) \left(\frac{1 \text{ g}}{6{,}022 \times 10^{23} \text{ uma}}\right)\left(\frac{1 \text{ kg}}{1000 \text{ g}}\right)$$
$$= 4{,}534 \times 10^{-12} \text{ J}$$

A energia necessária para separar um núcleo em seus núcleons é chamada de **energia de ligação nuclear**. A Tabela 21.7 compara o defeito de massa e a energia de ligação nuclear para três elementos.

Os valores das energias de ligação por núcleon podem ser usados para comparar a estabilidade de diversas combinações de núcleons (como dois prótons e dois nêutrons arranjados como ${}_2^4\text{He}$ ou $2\,{}_1^2\text{H}$). A **Figura 21.12** mostra um gráfico da energia de ligação por núcleon versus o número de massa. Em primeiro lugar, a energia de ligação média por núcleon aumenta em magnitude à medida que o número de massa aumenta, atingindo $1{,}4 \times 10^{-12}$ J para os núcleos cujos números de massa estão na vizinhança do ferro-56. Em seguida, ela diminui lentamente até cerca de $1{,}2 \times 10^{-12}$ J para núcleos muito pesados. *Essa tendência indica que os núcleos de números de massa intermediários estão mais fortemente ligados (e, portanto, mais estáveis) do que os com números de massa menores ou maiores.*

Essa tendência tem duas consequências significativas: a primeira é que os núcleos mais pesados ganham estabilidade e, com isso, liberam energia se fragmentados em dois núcleos de tamanho médio. Esse processo, conhecido como **fissão**, é usado para gerar energia em usinas nucleares. A segunda tendência é que, por conta do aumento acentuado observado no gráfico para pequenos valores de números de massa, quantidades ainda maiores de energia são liberadas se esses núcleos muito leves são combinados, ou fundidos, para originar núcleos mais massivos. Esse processo de **fusão** representa o processo crucial para a produção de energia no Sol e em outras estrelas.

TABELA 21.7 Defeito de massa e energias de ligação para três núcleos

Núcleo	Massa do núcleo (uma)	Massa de cada núcleon (uma)	Defeito de massa (uma)	Energia de ligação (J)	Energia de ligação por núcleon (J)
${}_2^4\text{He}$	4,00150	4,03188	0,03038	$4{,}53 \times 10^{-12}$	$1{,}13 \times 10^{-12}$
${}_{26}^{56}\text{Fe}$	55,92068	56,44914	0,52846	$7{,}90 \times 10^{-11}$	$1{,}41 \times 10^{-12}$
${}_{92}^{238}\text{U}$	238,00031	239,93451	1,93420	$2{,}89 \times 10^{-10}$	$1{,}21 \times 10^{-12}$

▶ **Figura 21.12 Energias de ligação nuclear.** A energia de ligação média por núcleo, a princípio, aumenta à medida que o número de massa aumenta e, em seguida, diminui lentamente. Por causa dessas tendências, a fusão de núcleos leves e a fissão de núcleos pesados são processos exotérmicos.

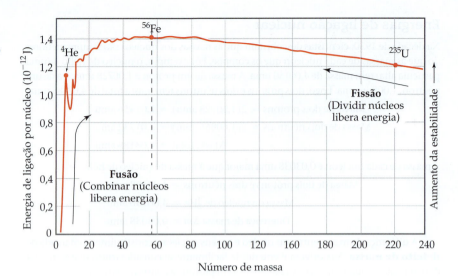

 Exercícios de autoavaliação

EAA 21.15 Qual variação de energia (em J) acompanharia a perda de 0,0035 mg em massa? 1 J = 1 kg·m²/s². (a) 1,0 J (b) 1,0 × 10⁶ J (c) 3,1 × 10⁸ J (d) 3,1 × 10¹⁴ J

EAA 21.16 A massa de um núcleo de níquel-62 é igual a 61,928345 uma. Qual é a energia de ligação desse núcleo? A massa de um nêutron é de 1,008664916 uma, a massa de um próton é de 1,007276466 uma, a velocidade da luz é igual a 2,9979 × 10⁸ m/s e 1 uma = 1,660538921 × 10⁻²⁷ kg. (a) 8,506 × 10⁻¹¹ J (b) 0,569935 J (c) 8,506 × 10⁻⁸ J (d) 5,122 × 10¹³ J

21.7 | Energia nuclear: fissão

Objetivos de aprendizagem

Após terminar a Seção 21.7, você deve ser capaz de:

▶ Analisar uma reação de fissão nuclear para determinar os núcleos do produto.
▶ Descrever os princípios da operação de uma usina nuclear.

A fissão nuclear é o processo usado para gerar energia em usinas nucleares. Mais de 10% da eletricidade gerada no mundo inteiro vem de usinas nucleares, embora o percentual varie de um país para outro, como mostra a **Figura 21.13**. Há cerca de 440 usinas nucleares comerciais em operação em 32 países, e cerca de 50 outras estão em construção, especialmente na China e na Índia.

A maioria dos reatores nucleares utiliza a fissão de urânio-235, a primeira reação de fissão nuclear a ser descoberta. Esse núcleo, bem como os de urânio-233 e plutônio-239,

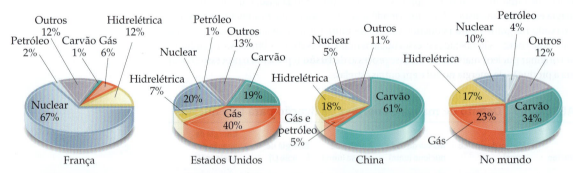

▲ **Figura 21.13 Fontes de geração de eletricidade em todo o mundo e para alguns países.** A combinação das fontes de energia varia bastante entre os diversos países. A categoria "outros" inclui outras fontes de energia renováveis (eólica, solar e biomassa).
[**Fonte**: Ember Global Electricity Dashboard (ember-climate.org/data/global-electricity/), dados de 2020]

> **Resolva com ajuda da figura**
> Qual é a relação entre a soma dos números de massa nos dois lados desta reação?

▲ Figura 21.14 **Fissão do urânio-235.** Esse é apenas um dos muitos padrões de fissão. Nessa reação, $3,5 \times 10^{-11}$ J de energia são liberados pelo núcleo de ^{235}U que é dividido.

sofre fissão quando atingido por um nêutron que se move lentamente (**Figura 21.14**).* Um núcleo pesado pode ser induzido à fissão de muitas formas diferentes, dando origem a diversos núcleos menores.

Por exemplo, duas maneiras de dividir o núcleo de urânio-235 são:

$$^{1}_{0}n + {}^{235}_{92}U \longrightarrow {}^{137}_{52}Te + {}^{97}_{40}Zr + 2\,{}^{1}_{0}n \qquad [21.24]$$
$$\longrightarrow {}^{142}_{56}Ba + {}^{91}_{36}Kr + 3\,{}^{1}_{0}n \qquad [21.25]$$

Os núcleos produzidos nas Equações 21.24 e 21.25, chamados de *produtos de fissão*, são radioativos e sofrem mais decaimento nuclear. Mais de 200 isótopos de 35 elementos distintos foram descobertos entre os produtos da fissão do urânio-235, a maioria dos quais são radioativos.

Nêutrons que se movem lentamente são necessários para a fissão do urânio-235 porque esse processo envolve absorção inicial do nêutron pelo núcleo. O núcleo mais maciço resultante costuma ser instável e sofre fissão espontânea. Nêutrons rápidos tendem a ricochetear no núcleo, provocando pouca fissão.

Note que os coeficientes dos nêutrons produzidos nas Equações 21.24 e 21.25 são 2 e 3, respectivamente. Em média, 2,4 nêutrons são produzidos por fissão de urânio-235. Se uma fissão produz dois nêutrons, estes podem gerar duas fissões adicionais, cada uma resultando em dois nêutrons. Dessa forma, os quatro nêutrons liberados podem produzir quatro fissões, e assim por diante, conforme a **Figura 21.15**. O número de fissões e a energia

> **Resolva com ajuda da figura**
> Se a seguinte figura fosse estendida para mais uma "geração" para baixo, quantos nêutrons seriam produzidos?

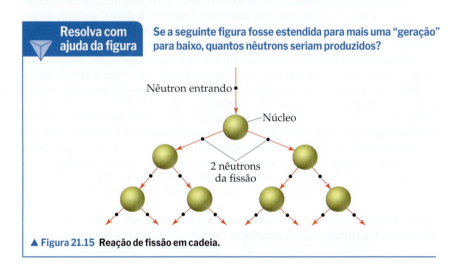

▲ Figura 21.15 **Reação de fissão em cadeia.**

---

* Outros núcleos pesados podem ser induzidos à fissão. Entretanto, esses três são os únicos de importância prática.

Resolva com ajuda da figura

Qual destes cenários de criticidade – subcrítico, crítico ou supercrítico – é desejável em uma usina nuclear que gera eletricidade?

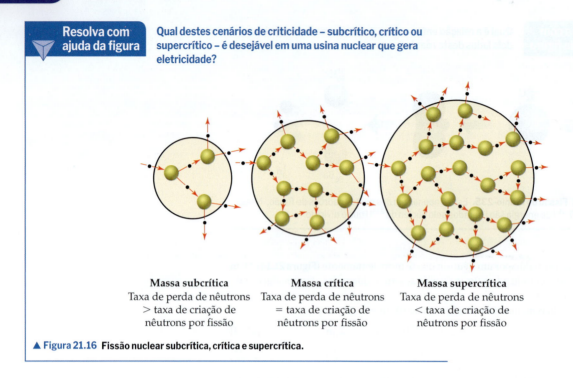

Massa subcrítica
Taxa de perda de nêutrons > taxa de criação de nêutrons por fissão

Massa crítica
Taxa de perda de nêutrons = taxa de criação de nêutrons por fissão

Massa supercrítica
Taxa de perda de nêutrons < taxa de criação de nêutrons por fissão

▲ **Figura 21.16** Fissão nuclear subcrítica, crítica e supercrítica.

▲ **Figura 21.17 Representação esquemática de uma bomba atômica.** Um explosivo convencional é usado para unir duas massas subcríticas e formar uma massa supercrítica.

(Labels: Alvo subcrítico de urânio-235; Cunha subcrítica de urânio-235; Explosivo químico)

liberada sofrem rápido incremento e, se o processo não for controlado, o resultado é uma explosão violenta. As reações que se multiplicam dessa maneira são conhecidas como **reações em cadeia**.

Para que uma reação de fissão em cadeia ocorra, a amostra do material físsil deve ter certa massa mínima. Caso contrário, os nêutrons escapam da amostra antes de atingir outros núcleos e provocar fissão adicional. A quantidade mínima de material físsil, suficiente para manter a reação em cadeia com velocidade constante de fissão, é chamada de **massa crítica**. Quando há massa crítica de material, em média um nêutron de cada fissão é eficaz na produção de outra fissão, e a fissão continua a uma velocidade constante e controlável. A massa crítica do urânio-235 é cerca de 50 kg para uma esfera do metal.*

Se mais do que uma massa crítica de material físsil estiver presente, poucos nêutrons vão escapar. Assim, a reação em cadeia multiplica o número de fissões, podendo levar a uma explosão nuclear. Uma massa superior à crítica é denominada **massa supercrítica**. O efeito da massa em uma reação de fissão é ilustrado na **Figura 21.16**.

A **Figura 21.17** mostra a representação esquemática da primeira bomba atômica usada em guerra, de codinome Little Boy, que foi jogada em Hiroshima, no Japão, em 6 de agosto de 1945. A bomba continha cerca de 64 kg de urânio-235, separado do urânio-238 não físsil primariamente por difusão gasosa de hexafluoreto de urânio, UF_6. (Seção 10.6) Para desencadear a reação de fissão, duas massas subcríticas de urânio-235 foram unidas por meio de explosivos químicos. Essa combinação forma uma massa supercrítica, que leva a uma reação em cadeia rápida e sem controle e, por fim, a uma explosão nuclear. A energia liberada pela bomba jogada em Hiroshima era equivalente à energia liberada por 16 mil toneladas de TNT (por isso, é chamada de bomba de 16 *quilotons*). Infelizmente, o projeto básico de uma bomba atômica com base na fissão é bastante simples, e os materiais físseis estão potencialmente disponíveis para qualquer país que tenha um reator nuclear. A combinação da simplicidade no projeto com a disponibilidade dos materiais gerou preocupações internacionais sobre a proliferação de armas atômicas.

---

* O valor exato da massa crítica depende da forma da substância radioativa. A massa crítica pode ser reduzida, caso o radioisótopo esteja envolto por um material que reflita alguns nêutrons.

OLHANDO DE PERTO | O início da era nuclear

A fissão de urânio-235 foi atingida pela primeira vez no final da década de 1930, por Enrico Fermi e seus colegas em Roma, e pouco depois disso por Otto Hahn e seus colaboradores, em Berlim. Ambos os grupos tentavam produzir elementos transurânicos. Em 1938, Hahn identificou o bário entre seus produtos de reação, mas ficou intrigado com essa observação e duvidou da identificação, porque a presença desse elemento químico era muito inesperada. Ele enviou uma carta detalhando seus experimentos a Lise Meitner, uma antiga colaboradora, que tinha sido forçada a deixar a Alemanha em razão do antissemitismo do Terceiro Reich e se estabelecera na Suécia. Ela concluiu que o experimento de Hahn indicava a ocorrência de um novo processo nuclear, em que o urânio-235 se dividia. Ela chamou esse processo de *fissão nuclear*.

Meitner escreveu sobre essa descoberta para seu sobrinho, Otto Frisch, um físico que trabalhava no instituto de pesquisa de Niels Bohr, em Copenhague, na Dinamarca. Ele repetiu o experimento, seguindo as observações de Hahn, e descobriu que quantidades muito elevadas de energia estavam envolvidas. Em janeiro de 1939, Meitner e Frisch publicaram um breve artigo descrevendo essa nova reação. Em março de 1939, Leo Szilard e Walter Zinn, da Universidade de Columbia, descobriram que mais nêutrons são produzidos do que usados em cada fissão. Como vimos, isso provoca um processo de reação em cadeia.

As notícias dessas descobertas e o reconhecimento do seu potencial uso em explosivos espalharam-se rapidamente na comunidade científica. Vários cientistas persuadiram Albert Einstein, o físico mais famoso da época, a escrever uma carta para o presidente Franklin Delano Roosevelt explicando as implicações dessas descobertas. A carta de Einstein, escrita em agosto de 1939, destacava as possíveis aplicações militares da fissão nuclear e enfatizava o perigo que esse tipo de armamento implicaria caso fosse desenvolvido pelos nazistas. Roosevelt julgou essencial que os Estados Unidos investigassem a possibilidade de viabilizar tais armas. No final de 1941, foi tomada a decisão de construir uma bomba com base na reação de fissão. Um enorme projeto de pesquisa teve início, conhecido como Projeto Manhattan.

Em 2 de dezembro de 1942, a primeira reação em cadeia de fissão artificial autossustentável foi atingida em uma quadra de squash abandonada na Universidade de Chicago. Essa conquista, tão pouco tempo após o início do Projeto Manhattan, levou ao desenvolvimento da primeira bomba atômica, no Laboratório Nacional de Los Alamos, no Novo México, em julho de 1945 (**Figura 21.18**). Em agosto de 1945, os Estados Unidos jogaram bombas atômicas em duas cidades japonesas, Hiroshima e Nagasaki. Tinha início a era nuclear, ainda que de forma infelizmente destrutiva. Desde então, a humanidade tem lutado com o conflito entre o potencial positivo da energia nuclear e seu aterrorizante potencial como arma.

▲ **Figura 21.18** Teste Trinity para a bomba atômica desenvolvida durante a Segunda Guerra Mundial. A primeira explosão nuclear realizada pelo homem ocorreu em 16 de julho de 1945, no campo de prova de Alamogordo, no Novo México.

Reatores nucleares

Usinas nucleares utilizam fissão nuclear para gerar energia. O núcleo de um reator nuclear comum consiste em quatro componentes principais: elementos combustíveis, bastões de controle, um moderador e um refrigerante primário (**Figura 21.19**). O combustível é uma substância físsil, como o urânio-235. A ocorrência natural do isótopo de urânio-235 é de apenas 0,7%, muito baixa para sustentar uma reação em cadeia na maioria dos reatores. Por isso, para uso em um reator, o teor de ^{235}U do combustível deve ser enriquecido em 3 a 5%. Os *elementos combustíveis* contêm urânio enriquecido na forma de pastilhas de UO_2 envoltas em tubos de zircônio ou aço inoxidável.

Os *bastões de controle* são compostos de materiais que absorvem nêutrons, como o boro-10 ou uma liga de prata, índio e cádmio. Esses bastões regulam o fluxo de nêutrons para manter a reação em cadeia autossustentável e, ao mesmo tempo, evitam o superaquecimento do núcleo do reator.*

A probabilidade de um nêutron desencadear a fissão de um núcleo de ^{235}U depende da sua velocidade. Os que são produzidos por fissão têm altas velocidades (normalmente acima de 10.000 km/s). A função do *moderador* é reduzir a velocidade dos nêutrons a alguns quilômetros por segundo, de forma que possam ser capturados com mais facilidade pelos núcleos fissionáveis. O moderador mais comum é a água ou o grafite.

O *refrigerante primário* é uma substância que retira do núcleo do reator o calor gerado pela fissão nuclear em cadeia. Em um *reator de água pressurizada*, tipo mais comum de uso comercial, a água age ao mesmo tempo como moderador e como refrigerante primário.

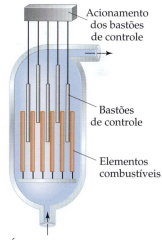

▲ **Figura 21.19** Diagrama esquemático do núcleo de um reator de água pressurizada.

---

* O núcleo do reator não vai atingir níveis supercríticos e explodir com a violência de uma bomba atômica porque a concentração de urânio-235 é baixa demais. Entretanto, se houver superaquecimento do núcleo, poderá ocorrer estrago suficiente e liberação de materiais radioativos no meio ambiente. Foi o que ocorreu no desastre de Chernobyl, na União Soviética, em 1986.

▶ **Figura 21.20 Projeto básico de uma usina nuclear com reator de água pressurizada.**

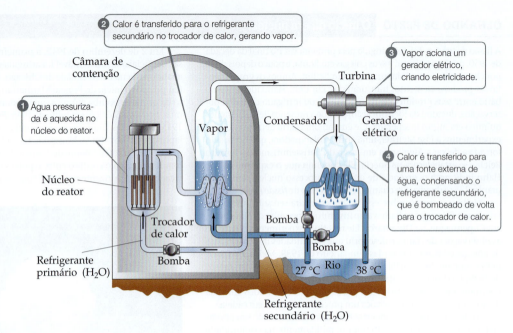

O projeto de uma usina nuclear é praticamente igual ao de uma usina de energia que queima combustível fóssil (exceto que o queimador é substituído pelo núcleo de um reator). O projeto de usina nuclear apresentado na **Figura 21.20**, um reator de água pressurizada, é o mais popular atualmente. O refrigerante primário passa pelo núcleo do reator em um sistema fechado, minimizando a chance de que produtos radioativos possam escapar do núcleo. Como medida de precaução adicional, o reator é circundado por uma *câmara de contenção*, para proteger os trabalhadores da usina e os residentes da vizinhança, bem como para proteger o próprio reator de forças externas. Após passar pelo núcleo do reator, o refrigerante primário muito quente atravessa um trocador de calor, em que grande parte do calor é transferida para um *refrigerante secundário*, convertendo o último em vapor de alta pressão, usado para acionar uma turbina. O refrigerante secundário é, então, condensado por transferência de calor para uma fonte externa de água, como um lago ou rio. Os sistemas de refrigeração das usinas nucleares são necessários para garantir a sua operação segura e correta. O desastre nuclear de Fukushima, no Japão, em março de 2011, ocorreu quando um tsunami danificou os sistemas de refrigeração do reator, levando a uma liberação em larga escala de materiais radioativos.

Cerca de dois terços dos reatores comerciais são reatores de água pressurizada, mas existem diversas variações desse projeto básico, cada qual com vantagens e desvantagens. Um *reator de água fervente* gera vapor por meio da ebulição do refrigerante primário, tornando desnecessário o uso de um refrigerante secundário. Os reatores de Fukushima, no Japão, eram reatores de água fervente. Reatores de água pressurizada e de água fervente são chamados de *reatores de água leve*, porque usam H_2O como moderador e refrigerante primário. Já um *reator de água pesada* usa D_2O (D = deutério, ^2H) como moderador e refrigerante primário, enquanto um *reator refrigerado a gás* utiliza um gás, normalmente CO_2, como refrigerante primário e grafite como moderador. O uso de D_2O e grafite como moderadores tem a vantagem de ambas as substâncias absorverem menos nêutrons do que H_2O. Consequentemente, o combustível de urânio não precisa ser tão enriquecido.

Resíduos nucleares

Os produtos da fissão que se acumulam à medida que o reator opera reduzem sua eficiência pela captura de nêutrons. Por isso, os reatores de uso comercial precisam ser paralisados periodicamente para que o combustível nuclear possa ser trocado ou reprocessado. Quando removidos do reator, os elementos combustíveis são, a princípio, muito radioativos. O plano original era que fossem estocados por vários meses em reservatórios na própria área do reator, permitindo o decaimento de núcleos radioativos de vida curta. Seriam, então, transportados em recipientes protegidos para usinas de reprocessamento, onde o combustível não gasto seria separado dos produtos de fissão. Entretanto, esse tipo de usina tem passado por dificuldades operacionais, e existe intensa oposição ao transporte de resíduos nucleares por rodovias e ferrovias dos Estados Unidos.

Ainda que as dificuldades de transporte possam ser superadas, o alto nível de radioatividade do combustível gasto torna o reprocessamento uma operação perigosa. Atualmente, os elementos combustíveis gastos são mantidos em depósitos na própria área dos reatores nos Estados Unidos, mas reprocessados em países como França, Rússia, Reino Unido, Índia e Japão.

A armazenagem de combustível nuclear gasto representa um grave problema, porque produtos de fissão são extremamente radioativos. Estima-se que sejam necessárias 10 meias-vidas para que sua radioatividade atinja níveis aceitáveis à exposição biológica. Com base na meia-vida de 28,8 anos do estrôncio-90, um dos produtos de vida mais longa e de maior periculosidade, os resíduos devem ser estocados por 300 anos. O plutônio-239 é um dos derivados presentes em elementos combustíveis gastos, formado pela absorção de um nêutron pelo urânio-238 seguida de duas emissões beta sucessivas. (Lembre-se de que a maior parte do urânio nos elementos combustíveis é urânio-238). Se os elementos forem reprocessados, o plutônio-239 será amplamente recuperado, porque poderá ser usado como combustível nuclear. Caso contrário, a armazenagem deve ocorrer por um período muito longo, uma vez que o plutônio-239 tem meia-vida de 24 mil anos.

Um *reator regenerador rápido* oferece uma alternativa para obter mais potência de fontes de urânio e talvez reduzir resíduos radioativos. Esse tipo de reator é chamado dessa maneira por criar mais material físsil do que o consumido (*breed*). O reator opera sem um moderador, o que significa que os nêutrons utilizados não são desacelerados. Para capturar os nêutrons rápidos, o combustível deve ser altamente enriquecido, tanto com urânio-235 quanto com plutônio-239. A água não serve como refrigerante primário, porque moderaria os nêutrons; por isso, utiliza-se um metal líquido, normalmente o sódio. O núcleo é cercado por um manto de urânio-238 que captura os nêutrons que escapam do núcleo, produzindo plutônio-239 nesse processo. O plutônio pode ser separado depois por reprocessamento e utilizado como combustível em um ciclo futuro.

Uma vez que os nêutrons rápidos são mais eficazes no decaimento de muitos nuclídeos radioativos, o material separado do urânio e do plutônio durante o reprocessamento é menos radioativo do que os resíduos de outros reatores. No entanto, a geração de níveis relativamente elevados de plutônio, combinada à necessidade de reprocessamento, representa um problema em relação à não proliferação nuclear. Assim, fatores políticos associados a preocupações crescentes com segurança e a custos operacionais elevados tornam os reatores regeneradores rápidos bastante raros.

Um número considerável de pesquisas tem sido dedicado a uma destinação final segura de resíduos radioativos. No momento, as possibilidades mais atraentes parecem ser a formação de vidro, cerâmica ou rochas sintéticas a partir dos dejetos, como meio de imobilizá-los. Esses materiais sólidos seriam, então, colocados em recipientes de alta resistência à corrosão e durabilidade, sendo enterrados em grande profundidade. Hoje, o processo de seleção de repositórios profundos para resíduos de alto nível e combustível gasto ocorre em diversos países. Nos Estados Unidos, o Departamento de Energia havia designado a Yucca Mountain, em Nevada, como um possível local de descarte. Entretanto, em 2010, o projeto foi suspenso por questões tecnológicas e políticas. Infelizmente, hoje não há uma solução de longo prazo para o problema do armazenamento de resíduos nucleares nos Estados Unidos.

Apesar de tantas dificuldades, a energia nuclear vem recuperando sua condição como fonte de energia. A preocupação com as alterações climáticas causadas pela escalada dos níveis de CO_2 na atmosfera (Seção 18.2) tem intensificado o apoio à energia nuclear como importante fonte de energia no futuro, embora ela ainda seja fonte de dissenso e debate na política. O aumento da demanda por energia em países de rápido desenvolvimento, em especial a China, aumentou a construção de novas usinas nucleares nessas partes do mundo.

Exercícios de autoavaliação

EAA 21.17 Identifique o produto ausente na seguinte reação de fissão nuclear:

$$^{239}_{94}Pu + ^{1}_{0}n \longrightarrow ? + ^{94}_{36}Kr + 2\,^{1}_{0}n$$

(a) $^{144}_{31}Ga$ (b) $^{144}_{58}Ce$ (c) $^{145}_{58}Ce$ (d) $^{146}_{58}Ce$

EAA 21.18 Quais das afirmações a seguir sobre usinas de fissão nuclear são *verdadeiras*?

(i) Uma das vantagens dos reatores de fissão nuclear é que eles não produzem resíduos.

(ii) O combustível primário usado em usinas de fissão nuclear é o ^{235}U.

(iii) O papel dos bastões de controle é absorver nêutrons para controlar a velocidade com que ocorre a fissão.

(a) Apenas uma das afirmações é verdadeira. (b) As afirmações i e ii são verdadeiras. (c) As afirmações i e iii são verdadeiras. (d) As afirmações ii e iii são verdadeiras. (e) Todas as afirmações são verdadeiras.

21.8 | Energia nuclear: fusão

> **Objetivos de aprendizagem**
>
> Após terminar a **Seção 21.8**, você deve ser capaz de:
> ▶ Descrever os princípios envolvidos nas reações de fusão nuclear.

Nas Seções 21.6 e 21.7, vimos que é liberada energia quando núcleos pesados são divididos em núcleos menores. Além disso, energia é produzida quando núcleos leves são fundidos em núcleos mais pesados. Reações desse tipo são responsáveis pela energia produzida pelo Sol. Estudos espectroscópicos indicam que o Sol é composto de 74% de H, 25% de He e apenas 1% de todos os outros elementos. Entre os vários processos de fusão que se acredita ocorrer, podemos listar os seguintes:

$$^{1}_{1}H + {}^{1}_{1}H \longrightarrow {}^{2}_{1}H + {}^{0}_{+1}e \quad [21.26]$$

$$^{1}_{1}H + {}^{2}_{1}H \longrightarrow {}^{3}_{2}He \quad [21.27]$$

$$^{3}_{2}He + {}^{3}_{2}He \longrightarrow {}^{4}_{2}He + 2\,{}^{1}_{1}H \quad [21.28]$$

$$^{3}_{2}He + {}^{1}_{1}H \longrightarrow {}^{4}_{2}He + {}^{0}_{+1}e \quad [21.29]$$

A fusão é uma alternativa atrativa como fonte de energia por causa da disponibilidade de isótopos mais leves na Terra e porque, de modo geral, os produtos da fusão não são radioativos. Apesar disso, atualmente, a fusão não é usada para gerar energia. O problema é que, para que ocorra a fusão de dois núcleos, são necessárias temperaturas e pressões extremamente altas para superar a repulsão eletrostática entre os núcleos. A temperatura mais baixa requerida para qualquer fusão é de cerca de 40.000.000 K, necessária para fundir deutério e trítio:

$$^{2}_{1}H + {}^{3}_{1}H \longrightarrow {}^{4}_{2}He + {}^{1}_{0}n \quad [21.30]$$

Por isso, as reações de fusão também são conhecidas como **reações termonucleares**.

Temperaturas altas assim têm sido atingidas quando se usa uma bomba atômica para iniciar o processo de fusão. Trata-se do princípio operacional de uma bomba termonuclear ou de hidrogênio. Entretanto, essa abordagem é obviamente inaceitável para uma usina geradora de energia.*

Inúmeros problemas devem ser solucionados antes que a fusão possa se tornar uma fonte de energia prática. Além das altas temperaturas necessárias para iniciar a reação, existe a questão de restringir a reação. Nenhum material estrutural conhecido é capaz de resistir às enormes temperaturas necessárias à fusão. As pesquisas têm focado o uso de aparelhos chamados de *tokamak*, que utilizam campos magnéticos fortes para conter e aquecer uma reação. Temperaturas de aproximadamente 100.000.000 K têm sido atingidas em um tokamak, mas os pesquisadores ainda não conseguiram gerar mais energia do que a consumida por um período sustentado de tempo.

---

* Uma arma nuclear baseada exclusivamente em um processo de fissão para liberar energia é chamada de bomba atômica, enquanto aquela que também libera energia por meio de uma reação de fusão é chamada de bomba de hidrogênio.

OLHANDO DE PERTO | Síntese nuclear dos elementos

Os elementos mais leves – hidrogênio e hélio, assim como quantidades muito pequenas de lítio e berílio – foram formados a partir da expansão do universo, logo após o Big Bang. Todos os elementos mais pesados devem sua existência a reações nucleares que ocorrem em estrelas. Contudo, nem todos esses elementos mais pesados foram criados em quantidades iguais. Em nosso sistema solar, por exemplo, carbono e oxigênio são um milhão de vezes mais abundantes do que lítio e boro, e mais de 100 milhões de vezes mais abundante do que o berílio (**Figura 21.21**). Na verdade, entre os elementos mais pesados que o hélio, os mais abundantes são carbono e oxigênio. Trata-se de mais do que mera curiosidade acadêmica, dado o fato de que esses elementos, junto com o hidrogênio, são os mais importantes para a vida na Terra. Agora, vamos analisar os fatores responsáveis para essa abundância tão alta de carbono e oxigênio no universo.

Uma estrela nasce de uma nuvem de gás e poeira chamada de *nebulosa*. Sob condições adequadas, forças gravitacionais provocam o colapso da nuvem, e a densidade e a temperatura em seu núcleo sobem até se iniciar a fusão nuclear. Os núcleos de hidrogênio são fundidos para formar deutério, $^{2}_{1}H$ e, por fim, $^{4}_{2}He$, por meio das reações apresentadas nas Equações 21.26 a 21.29. Visto que $^{4}_{2}He$ tem energia de ligação maior do que qualquer um de seus vizinhos imediatos (Figura 21.12), essas reações liberam enorme quantidade de energia. Esse processo, chamado de *queima de hidrogênio*, é o dominante a maior parte do tempo de vida de uma estrela.

Quando o suprimento de hidrogênio de uma estrela está quase esgotado, várias mudanças importantes ocorrem à medida que a estrela entra na próxima fase de sua vida e transforma-se em uma *gigante vermelha*. A diminuição da fusão nuclear leva o núcleo à contração, desencadeando uma elevação na temperatura e na pressão do núcleo.

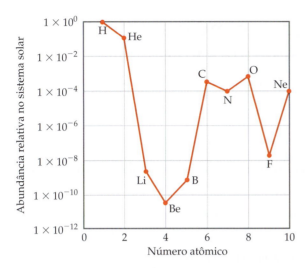

▲ Figura 21.21 Abundância relativa dos elementos 1 a 10 no sistema solar. Observe a escala logarítmica utilizada para o eixo y.

Ao mesmo tempo, as regiões externas se expandem e resfriam o suficiente para fazer a estrela emitir luz vermelha (por isso o nome *gigante vermelha*). Agora, a estrela deve usar núcleos de $^{4}_{2}He$ como combustível. A reação mais simples que pode ocorrer no núcleo rico em He, que é a fusão de duas partículas alfa para formar um núcleo de $^{8}_{4}Be$, realmente ocorre. A energia de ligação por núcleon para $^{8}_{4}Be$ é um pouco menor do que para $^{4}_{2}He$, de modo que esse processo de fusão é ligeiramente endotérmico. O núcleo de $^{8}_{4}Be$ é muito instável (meia-vida de 7×10^{-17} s) e, assim, é desfeito quase que de imediato. No entanto, em uma pequena fração dos casos, um terceiro $^{4}_{2}He$ colide com um núcleo de $^{8}_{4}Be$ antes do decaimento, formando carbono-12:

$$^{4}_{2}He + {}^{4}_{2}He \longrightarrow {}^{8}_{4}Be$$

$$^{8}_{4}Be + {}^{4}_{2}He \longrightarrow {}^{12}_{6}C$$

Parte dos núcleos de $^{12}_{6}C$ continuam a reagir com partículas alfa, formando oxigênio-16:

$$^{12}_{6}C + {}^{4}_{2}He \longrightarrow {}^{16}_{8}O$$

Essa etapa da fusão nuclear é chamada de *queima de hélio*. Observe que o carbono, elemento 6, é formado sem a formação prévia dos elementos 3, 4 e 5, o que explica em parte sua abundância muito baixa. O nitrogênio é relativamente abundante porque pode ser produzido a partir do carbono por uma série de reações que envolvem captura de prótons e emissão de pósitrons.

A maioria das estrelas perde gradualmente calor e brilho à medida que o hélio é convertido a carbono e oxigênio, terminando suas vidas como *anãs brancas*, uma fase em que se tornam incrivelmente densas – de modo geral, cerca de um milhão de vezes mais densas que o Sol. A densidade extrema das anãs brancas é acompanhada por temperaturas e pressões muito altas no núcleo, onde diversos processos de fusão levam à síntese dos elementos do neônio ao enxofre. Essas reações de fusão são conhecidas como *queima avançada*.

Por fim, elementos progressivamente mais pesados são formados no núcleo até se tornarem predominantemente ^{56}Fe, como mostrado na **Figura 21.22**. Por esse ser um núcleo tão estável, a fusão adicional de núcleos mais pesados consome em vez de liberar energia. Quando isso acontece, as reações de fusão que energizam a estrela diminuem, e forças gravitacionais imensas levam a um colapso drástico chamado de *explosão de supernova*. A captura de nêutrons associada aos decaimentos radioativos subsequentes nos momentos finais da estrela é responsável pela presença de todos os elementos mais pesados que ferro e níquel.

Sem esses eventos dramáticos das supernovas na história do universo, elementos mais pesados que nos são tão familiares, como prata, ouro, iodo, chumbo e urânio, não existiriam.

Exercícios relacionados: 21.73, 21.75

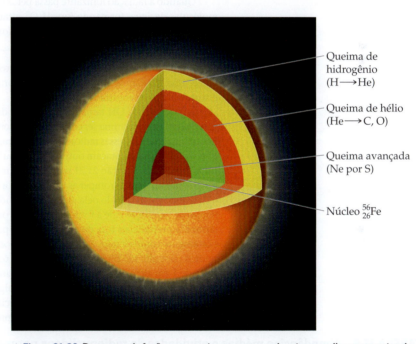

▲ Figura 21.22 Processos de fusão que acontecem em uma gigante vermelha pouco antes de uma explosão de supernova.

Exercícios de autoavaliação

EAA 21.19 Identifique o produto ausente na seguinte reação de fusão nuclear:
$^{8}_{4}Be + {}^{4}_{2}He \longrightarrow$ ___
(a) $^{8}_{4}Be$ (b) $^{12}_{6}C$ (c) $^{16}_{8}O$ (d) $^{14}_{6}C$

21.9 | Radiação no meio ambiente e nos sistemas vivos

> **Objetivos de aprendizagem**
>
> Após terminar a Seção 21.9, você deve ser capaz de:
> ▶ Comparar os efeitos nocivos e terapêuticos da radiação.
> ▶ Calcular uma dose de radiação.

Somos continuamente bombardeados por radiação de fontes naturais e artificiais. Estamos expostos às radiações infravermelha, ultravioleta e visível provenientes do Sol, ondas de rádio das estações de radiodifusão, micro-ondas dos fornos de micro-ondas, raios X de vários procedimentos médicos e radioatividade de materiais naturais (Tabela 21.8). Entender as diferentes energias dessas várias espécies de radiação é necessário para compreender seus vários efeitos sobre a matéria.

Quando a matéria absorve radiação, essa energia pode provocar excitação ou ionização dos átomos na matéria. De modo geral, a radiação que provoca ionização, chamada de **radiação ionizante**, é muito mais prejudicial aos sistemas biológicos do que aquela que não provoca ionização. Esta, chamada de **radiação não ionizante**, costuma ser de menor energia, como a radiação eletromagnética de radiofrequência (Seção 6.1) ou nêutrons que se movem lentamente.

Muitos tecidos vivos contêm no mínimo 70% de água em massa. Quando são irradiados, a maioria da energia da radiação é absorvida pelas moléculas de água. Portanto, é comum definir a radiação ionizante como a que pode ionizar a água, um processo que requer energia mínima de 1.216 kJ/mol. Os raios alfa, beta e gama (bem como os raios X e a radiação ultravioleta de alta energia) possuem energias acima dessa quantidade e são, portanto, formas de radiação ionizante.

Quando a radiação ionizante passa pelos tecidos vivos, os elétrons são removidos das moléculas de água, formando íons H_2O^+ altamente reativos. Um íon H_2O^+ pode reagir com outra molécula de água para formar um íon H_3O^+ e uma molécula neutra OH:

$$H_2O^+ + H_2O \longrightarrow H_3O^+ + OH \qquad [21.31]$$

A molécula de OH é instável e altamente reativa, sendo classificada como um **radical livre**, uma substância com um ou mais elétrons desemparelhados, como pode ser visto na estrutura de Lewis mostrada na margem.

A molécula de OH também é chamada de *radical hidroxila*, e a presença do elétron desemparelhado costuma ser enfatizada ao escrever as espécies com um único ponto, ·OH. Em células e tecidos, esses radicais podem atacar biomoléculas para produzir novos radicais livres, os quais ainda atacam outras biomoléculas. Portanto, a formação de um único radical hidroxila via Equação 21.31 pode iniciar um grande número de reações químicas que, no fim, são capazes de romper as operações normais das células.

O estrago produzido pela radiação depende da atividade e da energia da radiação, do tempo de exposição e de a fonte estar dentro ou fora do corpo. Os raios gama são particularmente prejudiciais fora do corpo, porque penetram o tecido humano com facilidade, exatamente como os raios X. Assim, seus danos não estão limitados à pele. Por outro lado, muitos raios alfa são bloqueados pela pele, e os raios beta são capazes de penetrar apenas cerca de 1 cm além da superfície da pele (Figura 21.23). Portanto, nenhum deles é tão perigoso quanto os raios gama, *a menos que*, de alguma forma, a fonte de radiação penetre no corpo. Dentro do corpo, os raios alfa são especialmente perigosos, porque transferem com facilidade suas energias aos tecidos vizinhos, provocando dano considerável.

TABELA 21.8 Abundâncias médias e atividades de radionuclídeos naturais[†]

	Potássio-40	Rubídio-87	Tório-232	Urânio-238
Abundância elementar no solo (ppm)	28.000	112	10,7	2,8
Atividade no solo (Bq/kg)	870	102	43	35
Concentração elementar no oceano (mg/L)	339	0,12	1×10^{-7}	0,0032
Atividade no oceano (Bq/L)	12	0,11	4×10^{-7}	0,040
Abundância elementar em sedimentos oceânicos (ppm)	17.000	—	5,0	1,0
Atividade em sedimentos oceânicos (Bq/kg)	500	—	20	12
Atividade no corpo humano (Bq)	4000	600	0,08	0,4[‡]

[†] Dados extraídos de Ionizing Radiation Exposure of the Population of the United States, Report 93, 1987, e Report 160, 2009, National Council on Radiation Protection.
[‡] Inclui chumbo-210 e polônio-210, núcleos filhos do urânio-238.

De modo geral, os tecidos mais prejudicados pela radiação são os que se reproduzem rapidamente, como a medula óssea, os tecidos formadores de sangue e os nódulos linfáticos. O principal efeito da exposição prolongada a baixas doses de radiação é o câncer, doença causada pelo dano ao mecanismo que regula o crescimento das células, induzindo-as a se reproduzirem de maneira incontrolável. A leucemia, caracterizada pelo crescimento excessivo dos glóbulos brancos, talvez seja o principal tipo de câncer associado à radiação.

A respeito dos efeitos biológicos da radiação, é importante determinar se algum nível de exposição é seguro. Infelizmente, nos frustramos nas tentativas de estabelecer padrões realísticos, porque não entendemos plenamente os efeitos da exposição à radiação por longos períodos. Cientistas preocupados em estabelecer padrões saudáveis têm usado a hipótese de que os efeitos da radiação são proporcionais à exposição. Supõe-se que *qualquer* quantidade de radiação provoque algum risco finito de lesão, e os efeitos de altas taxas de dosagem são extrapolados para aqueles de doses mais baixas. Entretanto, alguns cientistas acreditam que existe um limite abaixo do qual não há riscos na radiação. Até que evidências científicas nos permitam decidir sobre a matéria com alguma confiança, é mais seguro supor que mesmo níveis baixos de radiação apresentam certo perigo.

Doses de radiação

Duas unidades costumam ser usadas para medir a quantidade de exposição à radiação. O **gray** (Gy), unidade SI de dose absorvida, corresponde à absorção de 1 J de energia por quilograma de tecido. O **rad** (radiation *a*bsorbed *d*ose, ou dose absorvida de radiação) corresponde à absorção de 1×10^{-2} J de energia por quilograma de tecido. Portanto, 1 Gy = 100 rads. O rad é a unidade mais utilizada na medicina.

Nem todas as formas de radiação provocam danos aos materiais biológicos com a mesma eficiência, ainda que ocorra o mesmo nível de exposição. Um rad de radiação alfa, por exemplo, pode ser mais prejudicial do que um rad de radiação beta. Para corrigir essas diferenças, a dose de radiação é multiplicada por um fator que mede o dano biológico relativo causado pela radiação. Esse fator de multiplicação é conhecido como *efetividade biológica relativa*, *EBR*, e equivale a cerca de 1 para a radiação gama e beta e 10 para a radiação alfa.

O valor exato da EBR varia conforme a taxa da dose, a dose total e o tipo de tecido afetado. O produto da dose de radiação em rads e a EBR da radiação fornecem a *dose efetiva* em unidades de **rem** (*r*oentgen *e*quivalent for *m*an, ou equivalente em roentgens por ser vivo):

$$\text{Número de rems} = (\text{número de rads})(\text{EBR}) \qquad [21.32]$$

A unidade SI para dosagem efetiva é o *sievert* (Sv), obtida ao multiplicar a EBR pela unidade SI para a dose de radiação, o gray. Como um gray é 100 vezes maior do que um rad, 1 Sv = 100 rem. O rem é a unidade de dano de radiação comumente utilizada na medicina.

Os efeitos de exposição de curto prazo à radiação aparecem na **Tabela 21.9**. Uma exposição de 600 rem é fatal para a maioria das pessoas. Para colocar esse número em perspectiva, uma radiografia dentária normal acarreta uma exposição de cerca de 0,5 mrem (ou seja, 0,0005 rem). A exposição média de uma pessoa em um ano com base na exposição a todas as fontes naturais de radiação ionizante (chamada de *radiação de fundo*) é de cerca de 360 mrem (**Figura 21.24**).

Radônio

O radônio-222 é um produto da série de desintegração nuclear do urânio-238 (Figura 21.2), continuamente gerado com o decaimento do urânio presente nas rochas e no solo. Conforme a Figura 21.24, estima-se que a exposição ao radônio responda por mais da metade dos 360 mrem de exposição média anual à radiação ionizante.

Resolva com ajuda da figura

Por que os raios alfa são muito mais danosos quando a fonte de radiação está localizada dentro do corpo?

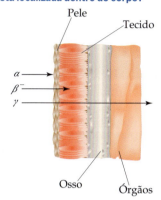

▲ **Figura 21.23** Habilidades relativas de penetração da radiação alfa, beta e gama.

TABELA 21.9 Efeitos de curto prazo da exposição à radiação

Dose (rem)	Efeito
0–25	Efeitos clínicos não detectáveis
25–50	Ligeira redução temporária na contagem de glóbulos brancos
100–200	Náusea; redução acentuada na contagem de glóbulos brancos
500	Morte de metade da população exposta dentro de 30 dias

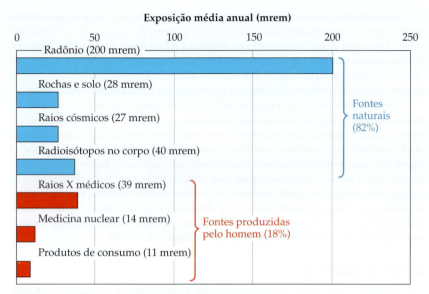

▲ **Figura 21.24 Fontes de exposição média anual à radiação de alta energia nos Estados Unidos.** A exposição média anual total é de 360 mrem.
Dados de "Ionizing Radiation Exposure of the Population of the United States," Report 93, 1987 and Report 160, 2009, National Council on Radiation Protection.

A interação entre suas propriedades químicas e nucleares torna o radônio um perigo à saúde. Por ser um gás nobre, é extremamente não reativo e, por isso, livre para escapar do solo sem reagir quimicamente ao longo do percurso. É também inalado e exalado com facilidade, sem efeito químico direto. Entretanto, sua meia-vida é de apenas 3,82 dias. Ele decai ao radioisótopo polônio ao perder uma partícula alfa:

$$^{222}_{86}Rn \longrightarrow ^{218}_{84}Po + ^{4}_{2}He \qquad [21.33]$$

Visto que o radônio tem uma meia-vida tão curta e as partículas alfa têm EBR alta, o radônio inalado é considerado uma provável causa de câncer de pulmão. Entretanto, pior ainda é o produto do decaimento, porque o polônio-218 é um sólido que emite radiação alfa e tem meia-vida ainda mais curta (3,11 min) que a do radônio-222:

$$^{218}_{84}Po \longrightarrow ^{214}_{82}Pb + ^{4}_{2}He \qquad [21.34]$$

Ao inalar radônio, os átomos de polônio-218 podem ficar retidos nos pulmões, envolvendo o delicado tecido com uma radiação alfa danosa. Estima-se que o dano resultante contribua para 10% de todas as mortes por câncer nos pulmões nos Estados Unidos.

A Agência de Proteção Ambiental dos Estados Unidos (EPA) recomenda que os níveis de radônio-222 não excedam 4 pCi por litro de ar em residências. Os lares localizados em áreas em que o conteúdo de urânio natural do solo é alto costumam apresentar níveis muito maiores que esse, e tais áreas têm incidências significativamente mais altas de câncer de pulmão induzido pelo radônio. Em 2015, a EPA, aliada a outras organizações, lançou o Plano Nacional de Ação Contra o Radônio, com o objetivo de reduzir o risco decorrente do radônio para 5 milhões de residências nos EUA, principalmente pela intensificação dos testes e das medidas de mitigação.

A QUÍMICA E A VIDA Radioterapia

Células saudáveis são destruídas ou danificadas por radiação de alta energia, levando a distúrbios fisiológicos. Contudo, essa radiação também pode destruir células *não saudáveis*, inclusive as cancerosas. Todos os tipos de câncer são caracterizados pelo crescimento descontrolado de células, que pode produzir *tumores malignos*. É possível que estes sejam resultado da exposição de células saudáveis à radiação de alta energia. Entretanto, paradoxalmente, eles podem ser destruídos pela radiação que os gerou, porque as células de rápida reprodução dos tumores são muito suscetíveis aos danos da radiação. Portanto, as células cancerosas são mais suscetíveis à destruição pela radiação do que as saudáveis, permitindo o uso eficaz da radiação no tratamento do câncer. Desde 1904, médicos aplicam a radiação emitida por substâncias radioativas para tratar tumores por meio da destruição da massa de tecido não saudável. O tratamento da doença por radiação de alta energia é chamado de *radioterapia*.

TABELA 21.10 Alguns radioisótopos usados em radioterapia

Isótopo	Meia-vida	Isótopo	Meia-vida
^{32}P	14,3 dias	^{137}Cs	30 anos
^{60}Co	5,27 anos	^{192}Ir	74,2 dias
^{90}Sr	28,8 anos	^{198}Au	2,7 dias
^{125}I	60,25 dias	^{222}Rn	3,82 dias
^{131}I	8,04 dias	^{226}Ra	1.600 anos

Vários radionuclídeos são usados atualmente na radioterapia, e alguns dos mais comuns estão listados na **Tabela 21.10**. A maioria deles tem meias-vidas curtas, o que significa que esses radioisótopos emitem grande quantidade de radiação em um curto período (**Figura 21.25**).

A fonte de radiação usada na radioterapia pode estar dentro ou fora do corpo. Em quase todos os casos, aplica-se a radiação gama de alta energia emitida por radioisótopos. Qualquer radiação alfa e beta que seja emitida ao mesmo tempo pode ser bloqueada por empacotamento apropriado. Por exemplo, ^{192}Ir costuma ser administrado como "sementes" que consistem em um núcleo de isótopo radioativo revestido com 0,1 mm de platina metálica. O revestimento de platina detém os raios alfa e beta, mas não os raios gama, que o penetram com facilidade. As sementes radioativas podem ser implantadas cirurgicamente em um tumor.

Em alguns casos, a fisiologia humana permite a ingestão de radioisótopos. Por exemplo, a maioria do iodo no corpo humano acaba na glândula tireoide; portanto, esse tipo de câncer pode ser tratado com altas doses de ^{131}I. A radioterapia em órgãos mais profundos, em que um implante cirúrgico é impraticável, costumam usar uma "arma" de ^{60}Co fora do corpo para disparar um feixe de raios gama no tumor. Aceleradores de partículas também são usados como fonte externa de radiação na radioterapia.

Como a radiação gama é fortemente penetrante, é quase impossível evitar danos às células saudáveis durante a terapia. Muitos pacientes com câncer que recebem tratamentos por radiação experimentam efeitos colaterais desagradáveis e perigosos, como fadiga, náusea, perda de cabelos, enfraquecimento do sistema imunológico

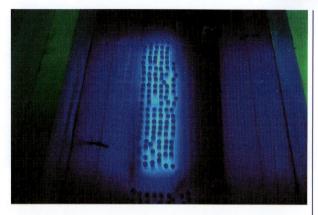

▲ **Figura 21.25 Armazenamento de césio radioativo.** Os frascos contêm um sal de césio-137, um emissor beta usado em radioterapia que também é resíduo da fissão nuclear. O brilho azul é oriundo da radioatividade do césio.

e, ocasionalmente, até mesmo a morte. No entanto, quando outros tratamentos, como a *quimioterapia* (tratamento de combate ao câncer com medicamentos), falham, a radioterapia pode ser uma boa opção.

Grande parte da pesquisa atual a respeito da radioterapia está envolvida no desenvolvimento de novos medicamentos que mirem especificamente os tumores, por meio de um método chamado de *terapia de captura de nêutrons*. Nessa técnica, um isótopo não radioativo, geralmente o boro-10, é concentrado no tumor pela utilização de reagentes específicos que procuram o tumor. O boro-10 é, então, irradiado com nêutrons, sofrendo a seguinte reação nuclear, que produz partículas alfa:

$$^{10}_{5}B + ^{1}_{0}n \longrightarrow ^{7}_{3}Li + ^{4}_{2}He$$

As células tumorais são destruídas ou danificadas pela exposição às partículas alfa. O tecido saudável mais afastado do tumor não é afetado em razão do poder de penetração de curto alcance das partículas alfa. Assim, a terapia de captura de nêutrons traz a promessa de ser uma "bala de prata", que tem como alvo específico as células não saudáveis na exposição à radiação.

Exercícios relacionados: 21.37, 21.55, 21.56

Exercícios de autoavaliação

EAA 21.20 Por que a radiação ionizante é mais prejudicial aos sistemas biológicos do que a radiação não ionizante? (**a**) A radiação ionizante tende a não ter energia suficiente para afetar os sistemas biológicos. (**b**) A radiação ionizante geralmente é menos energética e não ioniza a água. (**c**) A radiação ionizante remove elétrons das moléculas de água e forma radicais livres prejudiciais. (**d**) A radiação ionizante não causa danos aos tecidos vivos ou câncer.

EAA 21.21 Se um homem de 75 kg é irradiado uniformemente com 0,15 J de radiação alfa, qual é a dose efetiva em rem? (**a**) 0,00020 rem (**b**) 0,0020 rem (**c**) 0,20 rem (**d**) 2,0 rem

Integrando conceitos

O íon potássio está presente nos alimentos e é um nutriente essencial ao corpo humano. Um dos isótopos naturais do potássio, o potássio-40, é radioativo e tem abundância natural de 0,0117%, com meia-vida de $t_{1/2} = 1,28 \times 10^9$ anos. Ele sofre decaimento radioativo de três maneiras: 98,2% por captura de elétron, 1,35% por emissão beta e 0,49% por emissão de pósitron. (**a**) Por que devemos esperar que ^{40}K seja radioativo? (**b**) Escreva as equações nucleares para os três modos de decaimento de ^{40}K. (**c**) Quantos íons ^{40}K$^+$ estão presentes em 1,00 g de KCl? (**d**) Quanto tempo leva para que 1,00% de ^{40}K em uma amostra sofra decaimento radioativo?

(Continua)

SOLUÇÃO

(a) O núcleo de ^{40}K contém 19 prótons e 21 nêutrons. Existem poucos núcleos estáveis com números ímpares de prótons e nêutrons. (Seção 21.2)

(b) A captura de elétron é a captura de um elétron em uma camada interna pelo núcleo:

$$^{40}_{19}K + ^{0}_{-1}e \longrightarrow ^{40}_{18}Ar$$

A emissão beta representa a perda de uma partícula beta ($^{0}_{-1}e$) pelo núcleo:

$$^{40}_{19}K \longrightarrow ^{40}_{20}Ca + ^{0}_{-1}e$$

A emissão de pósitron é a perda de pósitron ($^{0}_{+1}e$) pelo núcleo:

$$^{40}_{19}K \longrightarrow ^{40}_{18}Ar + ^{0}_{+1}e$$

(c) O número total de íons K$^+$ na amostra é:

$$(1{,}00\text{ g de KCl})\left(\frac{1\text{ mol de KCl}}{74{,}55\text{ g de KCl}}\right)\left(\frac{1\text{ mol de K}^+}{1\text{ mol de KCl}}\right)\left(\frac{6{,}022 \times 10^{23}\text{ K}^+}{1\text{ mol de K}^+}\right) = 8{,}08 \times 10^{21}\text{ íons K}^+$$

Desses, 0,0117% são íons ^{40}K$^+$:

$$(8{,}08 \times 10^{21}\text{ íons K}^+)\left(\frac{0{,}0117\text{ íons }^{40}\text{K}^+}{100\text{ íons K}^+}\right) = 9{,}45 \times 10^{17}\text{ íons }^{40}\text{K}^+$$

(d) A constante de decaimento (constante de velocidade) para o decaimento radioativo pode ser calculada a partir da meia-vida, aplicando a Equação 21.19:

$$k = \frac{0{,}693}{t_{1/2}} = \frac{0{,}693}{1{,}28 \times 10^9\text{ anos}} = (5{,}41 \times 10^{-10})/\text{anos}$$

A equação de velocidade, Equação 21.20, permite-nos calcular o tempo necessário:

$$\ln\frac{N_t}{N_0} = -kt$$

$$\ln\frac{99}{100} = -[(5{,}41 \times 10^{-10})/\text{anos}]t$$

$$-0{,}01005 = -[(5{,}41 \times 10^{-10})/\text{anos}]t$$

$$t = \frac{-0{,}01005}{(-5{,}41 \times 10^{-10})/\text{anos}} = 1{,}86 \times 10^7\text{ anos}$$

Isto é, levariam 18,6 milhões de anos para apenas 1,00% de ^{40}K decair em uma amostra.

Resumo do capítulo e termos-chave

RADIOATIVIDADE E EQUAÇÕES NUCLEARES (SEÇÃO 21.1) O núcleo de um átomo contém prótons e nêutrons, ambos os quais são chamados de **núcleons**. As reações que envolvem alterações em núcleos atômicos são denominadas **reações nucleares**. Os núcleos que se modificam espontaneamente e emitem radiação são considerados **radioativos**. Esses núcleos radioativos são chamados de **radionuclídeos**, e os átomos que os contêm são os **radioisótopos**. Os radionuclídeos mudam espontaneamente por meio de um processo denominado decaimento radioativo. Os três tipos mais importantes de radiação resultantes de decaimento radioativo são: partículas **alfa** (α) ($^4_2$He ou α), **beta** (β) ($^0_{-1}$e ou β^-) e **gama** (γ) ($^0_0\gamma$ ou γ). **Pósitrons** ($^0_{+1}$e ou β^+), partículas com a mesma massa de um elétron, mas carga oposta, também podem ser produzidos quando um radioisótopo sofre decaimento.

Nas equações nucleares, os núcleos de reagentes e produtos são representados com seus números de massa e números atômicos, bem como seus símbolos químicos. O total dos números de massa e dos números atômicos é igual em ambos os lados da equação. Há quatro modos comuns de decaimento radioativo: **decaimento alfa**, que reduz o número atômico por dois e o número de massa por quatro; **emissão beta**, que aumenta o número atômico por um e mantém o número de massa inalterado; e **emissão de pósitron** e **captura de elétron**, que reduzem o número atômico por um e mantêm o número de massa inalterado.

PADRÕES DE ESTABILIDADE NUCLEAR (SEÇÃO 21.2) A razão nêutron--próton é um fator determinante da estabilidade nuclear. Ao comparar a razão nêutron-próton de um nuclídeo com a de núcleos estáveis, podemos determinar o modo de decaimento radioativo. De modo geral, núcleos ricos em nêutrons tendem a emitir partículas beta, núcleos ricos em prótons tendem a emitir pósitrons ou a sofrer captura de elétron e núcleos pesados tendem a emitir partículas alfa. A presença de **números mágicos** de núcleons e do número par de prótons e nêutrons também ajuda a determinar a estabilidade de um núcleo. Um nuclídeo pode passar por uma série de etapas de decaimento antes da formação de um nuclídeo estável. Essa série de etapas é chamada de **série de decaimento radioativo** ou **série de desintegração nuclear**.

TRANSMUTAÇÕES NUCLEARES (SEÇÃO 21.3) Transmutações nucleares, conversões induzidas de um núcleo em outro, podem ser realizadas pelo bombardeamento do núcleo com partículas carregadas ou nêutrons. **Aceleradores de partículas** aumentam as energias cinéticas de partículas carregadas positivamente, permitindo que elas superem suas repulsões eletrostáticas pelo núcleo. Transmutações nucleares são usadas para produzir **elementos transurânicos**, aqueles de números atômicos maiores que o número atômico do urânio.

VELOCIDADES DE DECAIMENTO RADIOATIVO E DETECÇÃO DE RADIOATIVIDADE (SEÇÕES 21.4 E 21.5) A unidade SI para a atividade de uma fonte radioativa é o **becquerel** (Bq), definida como uma desintegração nuclear por segundo. Uma unidade relacionada, o **curie** (Ci), corresponde a $3,7 \times 10^{10}$ desintegrações por segundo. O decaimento nuclear é um processo de primeira ordem. A velocidade de decaimento (**atividade**) é, assim, diretamente proporcional ao número de núcleos radioativos. A **meia-vida** de um radionuclídeo, constante independente da temperatura, é o tempo necessário para o decaimento de metade do núcleo. Alguns radioisótopos podem ser usados para datar objetos. Por exemplo, ^{14}C serve para datar objetos orgânicos. Os contadores Geiger e de cintilação contam as emissões de amostras radioativas. A facilidade de detecção dos radioisótopos também permite que sejam usados como **radiomarcadores**, para rastrear os elementos por suas reações.

VARIAÇÕES DE ENERGIA NAS REAÇÕES NUCLEARES (SEÇÃO 21.6) A energia produzida nas reações nucleares é acompanhada por variações mensuráveis de massa, de acordo com a relação de Einstein, $\Delta E = c^2 \Delta m$. A diferença de massa entre os núcleos e os núcleons que compõem tais núcleos é conhecida como **defeito de massa**. O defeito de massa de um nuclídeo torna possível calcular sua **energia de ligação nuclear**, a energia necessária para separar o núcleo de seus núcleons. Em virtude das tendências na energia de ligação nuclear com o número atômico, a energia é produzida quando núcleos pesados são divididos (**fissão**) e quando núcleos mais leves são fundidos (**fusão**).

ENERGIA NUCLEAR: FISSÃO E FUSÃO (SEÇÕES 21.7 E 21.8) O urânio-235, o urânio-233 e o plutônio-239 sofrem fissão quando capturam um nêutron, dividindo-se em núcleos mais leves e liberando mais nêutrons. Os nêutrons resultantes de uma fissão podem causar mais reações de fissão, que podem levar a uma **reação em cadeia**. Uma reação que mantém velocidade constante é chamada de crítica, e a massa necessária para manter essa velocidade é a **massa crítica**. A massa acima da crítica é a **massa supercrítica**.

Nos reatores nucleares, a velocidade da fissão é controlada para gerar uma energia constante. O núcleo do reator consiste em elementos combustíveis com núcleos fissionáveis, bastões de controle, um moderador e um refrigerante primário. Uma usina nuclear lembra uma usina de energia convencional, exceto pelo fato de o núcleo do reator substituir o queimador de combustível. Existe uma preocupação com a destinação dos rejeitos nucleares altamente radioativos gerados nessas usinas nucleares.

A fusão nuclear requer altas temperaturas, porque os núcleos devem ter grandes energias cinéticas para superar suas repulsões mútuas. Por isso, elas são chamadas de **reações termonucleares**. Ainda não é possível gerar um processo de fusão controlado.

RADIAÇÃO NO MEIO AMBIENTE E NOS SISTEMAS VIVOS (SEÇÃO 21.9) A **radiação ionizante** tem energia suficiente para remover um elétron de uma molécula de água; a radiação com menos energia é denominada **radiação não ionizante**. A radiação ionizante gera **radicais livres**, substâncias reativas com um ou mais elétrons desemparelhados. Os efeitos da exposição prolongada a baixos níveis de radiação não são plenamente conhecidos, mas há evidências de que a extensão do dano biológico varia em proporção direta ao nível de exposição.

A quantidade de energia depositada no tecido biológico pela radiação é chamada de dose de radiação e medida em unidades de gray ou rad. Um **gray** (Gy) corresponde a uma dose de 1 J/kg de tecido. É a unidade SI de dose de radiação. O **rad** é uma unidade menor; 100 rads = 1 Gy. A dose efetiva, que mede o dano biológico criado pela energia depositada, é medida em unidades de rems ou sieverts (Sv). A **rem** é obtida ao multiplicar o número de rads pela efetividade biológica relativa (EBR); 100 rem = 1 Sv.

Equações-chave

- $k = \dfrac{0,693}{t_{1/2}}$ [21.19] Relação entre constante de decaimento nuclear e meia-vida, derivada da equação seguinte em $N_t = \frac{1}{2}N_0$

- $\ln\dfrac{N_t}{N_0} = -kt$ [21.20] Lei da velocidade de primeira ordem para o decaimento nuclear

- $E = mc^2$ [21.22] Equação de Einstein que relaciona massa e energia

Simulado

SIM 21.1 Qual é o produto formado quando o plutônio-238 sofre emissão alfa? (**a**) Plutônio-234 (**b**) Urânio-234 (**c**) Urânio-238 (**d**) Tório-236 (**e**) Netúnio-237

SIM 21.2 Qual(is) das seguintes afirmações é(são) *verdadeira(s)*?
(i) A radiação gama é mais penetrante do que a radiação alfa.
(ii) A radiação alfa é composta de um fluxo de núcleos de hélio-4.
(iii) Quando um nuclídeo sofre emissão beta, tanto o número atômico quanto o número de massa variam.

(**a**) Apenas a afirmação i é verdadeira. (**b**) As afirmações i e ii são verdadeiras. (**c**) As afirmações i e iii são verdadeiras. (**d**) As afirmações ii e iii são verdadeiras. (**e**) Todas as afirmações são verdadeiras.

SIM 21.3 O decaimento radioativo de tório-232 ocorre em várias etapas, chamadas de *série de decaimento radioativo*. O segundo produto resultante dessa série é o actínio-228. Qual dos processos a seguir poderia levar a esse produto, partindo do tório-232?
(**a**) Decaimento alfa seguido por emissão beta.
(**b**) Emissão beta seguida por captura de elétrons.
(**c**) Emissão de pósitron seguida por decaimento alfa.
(**d**) Captura de elétron seguida por emissão de pósitron.
(**e**) Mais de uma das alternativas anteriores são compatíveis com a transformação observada.

SIM 21.4 O ferro-55 sofre decaimento radioativo por captura de elétron. Qual é o produto desse processo de decaimento?
(**a**) Cromo-51 (**c**) Ferro-56
(**b**) Cobalto-55 (**d**) Manganês-55

SIM 21.5 Qual dos seguintes nuclídeos você espera que seja radioativo?
(**a**) $^{90}_{40}Zr$ (**c**) $^{140}_{58}Ce$
(**b**) $^{134}_{55}Cs$ (**d**) $^{208}_{82}Pb$

SIM 21.6 Qual dos seguintes núcleos radioativos é mais passível de sofrer decaimento por emissão de uma partícula β^-?
(**a**) Nitrogênio-13 (**d**) Iodo-131
(**b**) Magnésio-23 (**e**) Netúnio-237
(**c**) Rubídio-83

SIM 21.7 Qual é a identidade do núcleo X na transmutação nuclear $^{238}_{92}U(n,\beta^-)X$?
(**a**) $^{238}_{93}Np$ (**d**) $^{235}_{90}Th$
(**b**) $^{239}_{92}U$ (**e**) $^{239}_{93}Np$
(**c**) $^{239}_{92}U^+$

SIM 21.8 Um radioisótopo de tecnécio é usado em técnicas de imagiologia médica (diagnóstico médico por imagem). Inicialmente, uma amostra contém 80,0 mg desse isótopo. Após 24,0 horas, restam apenas 5,0 mg dele. Qual é a meia-vida do isótopo?
(a) 3,0 h
(b) 6,0 h
(c) 12,0 h
(d) 16,0 h
(e) 24,0 h

SIM 21.9 O césio-137, que tem meia-vida de 30,2 anos, é um componente do resíduo radioativo proveniente de usinas nucleares. Se a atividade resultante do césio-137 em uma amostra de resíduos radioativos diminuiu para 35,2% do seu valor inicial, qual é a idade da amostra?
(a) 1,04 ano
(b) 15,4 anos
(c) 31,5 anos
(d) 45,5 anos
(e) 156 anos

SIM 21.10 Uma equipe de arqueólogos recupera uma tábua de madeira que eles acreditam pertencer a um navio antigo. A tábua tem atividade de carbono-14 de 35,8 Bq por grama de carbono. Em comparação, um organismo vivo tem atividade de C-14 de 47,5 Bq por grama de carbono. Se a meia-vida do carbono-14 é de 5.730 anos, quantos anos tem a tábua?
(a) 1.020 anos
(b) 1.620 anos
(c) 2.340 anos
(d) 11.000 anos

SIM 21.11 Nos veículos espaciais, a eletricidade é gerada a partir do calor produzido pelo decaimento radioativo do plutônio-238: $^{238}_{94}Pu \longrightarrow ^{234}_{92}U + ^{4}_{2}He$. As massas atômicas do plutônio-238 e do urânio-234 são 238,049554 uma e 234,040946 uma, respectivamente. A massa de uma partícula alfa é 4,001506 uma. Quanta energia é liberada quando 1,00 g de plutônio-238 decai para urânio-234, em J?
(a) $2,27 \times 10^6$ kJ
(b) $2,68 \times 10^6$ kJ
(c) $3,10 \times 10^6$ kJ
(d) $3,15 \times 10^6$ kJ
(e) $7,37 \times 10^8$ kJ

SIM 21.12 A massa de um núcleo de magnésio-25 é igual a 24,98584 uma. Qual é a energia de ligação desse núcleo? A massa de um nêutron é de 1,008664916 uma, a massa de um próton é de 1,007276466 uma, a velocidade da luz é igual a $2,9979 \times 10^8$ m/s e 1 uma = $1,660538921 \times 10^{-27}$ kg.
(a) $3,72887048 \times 10^{-9}$ J
(b) $6,24499767 \times 10^{-9}$ J
(c) $3,19553534 \times 10^{-11}$ J
(d) $2,92616053 \times 10^{-11}$ J

SIM 21.13 Identifique o produto ausente na seguinte reação de fissão nuclear:

$$^{235}_{92}U + ^{1}_{0}n \longrightarrow ^{90}_{38}Sr + \_\_\_ + 2\,^{1}_{0}n$$

(a) $^{144}_{54}Xe$
(b) $^{142}_{54}Xe$
(c) $^{145}_{54}Xe$
(d) $^{144}_{52}Te$

SIM 21.14 Quais das afirmações a seguir sobre fissão e fusão nuclear são *verdadeiras*?
(i) A fissão nuclear é um processo favorável para núcleos muito pesados.
(ii) A fusão nuclear ocorre entre núcleos muitos leves.
(iii) Tanto na fissão quanto na fusão nuclear, a energia liberada é uma consequência da variação das energias de ligação nuclear entre os elementos.

(a) Apenas uma das afirmações é verdadeira. (b) As afirmações i e ii são verdadeiras. (c) As afirmações i e iii são verdadeiras. (d) As afirmações ii e iii são verdadeiras. (e) Todas as afirmações são verdadeiras.

Exercícios

Visualizando conceitos

21.1 Indique se cada um dos seguintes nuclídeos está localizado no cinturão de estabilidade da Figura 21.2: (a) neônio-24; (b) cloro-32; (c) estanho-108; (d) polônio-216. Para qualquer um que não esteja localizado, descreva um processo de decaimento que altere a razão nêutron-próton para aumentar a estabilidade. [Seção 21.2]

21.2 Escreva a equação nuclear balanceada para a reação representada pelo diagrama a seguir. [Seção 21.2]

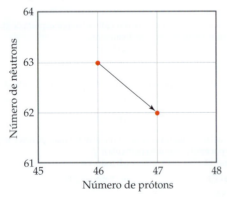

21.3 Desenhe um diagrama, semelhante ao mostrado no Exercício 21.2, que ilustre a reação nuclear $^{211}_{83}Bi \longrightarrow \,^{4}_{2}He + ^{207}_{81}Tl$. [Seção 21.2]

21.4 Na figura a seguir, as esferas vermelhas representam os prótons, e as de cor cinza representam os nêutrons. (a) Quais são as identidades das quatro partículas envolvidas nessa reação? (b) Escreva a transformação representada a seguir usando notação condensada. (c) Com base no número atômico e no número de massa, você acha que o núcleo do produto é estável ou radioativo? [Seção 21.3]

21.5 As etapas a seguir mostram três das etapas na cadeia de decaimento radioativo para $^{232}_{90}Th$. A meia-vida de cada isótopo é mostrada abaixo do símbolo do isótopo. (a) Identifique o tipo de decaimento radioativo para cada uma das etapas (i), (ii) e (iii). (b) Qual dos isótopos mostrados tem a atividade mais elevada? (c) Qual dos isótopos mostrados tem a menor atividade? (d) A próxima etapa na cadeia de decaimento é uma emissão alfa. Qual é o próximo isótopo na cadeia? [Seções 21.2 e 21.4]

$^{232}_{90}Th$	(i)	$^{228}_{88}Rn$	(ii)	$^{228}_{89}Ac$	(iii)	$^{228}_{90}Th$
$1,41 \times 10^9$ anos		5,7 anos		6,1 min		1,9 anos

21.6 O gráfico a seguir ilustra o decaimento de $^{88}_{42}Mo$, que decai via emissão de pósitron. (a) Qual é a meia-vida do decaimento? (b) Qual é a constante de velocidade do decaimento? (c) Qual fração da amostra original de $^{88}_{42}$Mo permanece após 12 min? (**d**) Qual é o produto do processo de decaimento? [Seção 21.4]

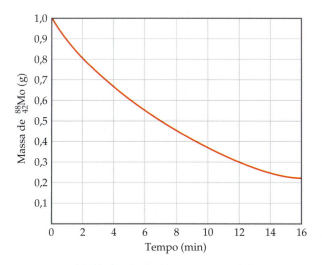

21.7 Todos os isótopos estáveis de boro, carbono, nitrogênio, oxigênio e flúor são mostrados no gráfico a seguir (em vermelho), assim como seus isótopos radioativos, com $t_{1/2} > 1$ min (em azul). (**a**) Escreva os símbolos químicos e os números de massa e atômico para todos os isótopos estáveis. (**b**) Quais isótopos radioativos são mais suscetíveis à deterioração por emissão beta? (**c**) Alguns dos isótopos mostrados são utilizados na tomografia por emissão de pósitron. Quais você espera que sejam mais úteis para essa aplicação? (**d**) Que isótopo decairia para 12,5% de sua concentração original após 1 hora? [Seções 21.2, 21.4 e 21.5]

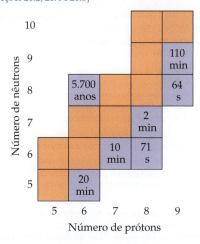

21.8 O diagrama a seguir ilustra um processo de fissão. (**a**) Qual é o produto não identificado da fissão? (**b**) Utilize a Figura 21.2 para determinar se os produtos nucleares dessa reação de fissão são estáveis. [Seção 21.7]

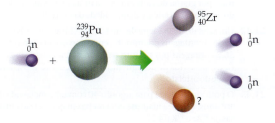

Radioatividade e equações nucleares (Seção 21.1)

21.9 Indique o número de prótons e nêutrons nos seguintes núcleos: (**a**) $^{56}_{24}$Cr; (**b**) ^{193}Tl; (**c**) argônio-38.

21.10 Indique o número de prótons e nêutrons nos seguintes núcleos: (**a**) $^{129}_{53}$I; (**b**) ^{138}Ba; (**c**) netúnio-237.

21.11 Dê o símbolo para (**a**) um nêutron; (**b**) uma partícula alfa; (**c**) radiação gama.

21.12 Dê o símbolo para (**a**) um próton; (**b**) uma partícula beta; (**c**) um pósitron.

21.13 Escreva as equações nucleares balanceadas para os seguintes processos: (**a**) rubídio-90 sofre emissão beta; (**b**) selênio-72 sofre captura de elétron; (**c**) criptônio-76 sofre emissão de pósitron; (**d**) rádio-226 emite radiação alfa.

21.14 Escreva as equações nucleares balanceadas para as seguintes transformações: (**a**) bismuto-213 sofre decaimento alfa; (**b**) nitrogênio-13 sofre captura de elétron; (**c**) tecnécio-98 sofre captura de elétron; (**d**) ouro-188 decai por emissão de pósitron.

21.15 O decaimento de qual núcleo levará aos seguintes produtos: (**a**) bismuto-211 por decaimento beta; (**b**) cromo-50 por emissão de pósitron; (**c**) tântalo-179 por captura de elétron; (**d**) rádio-226 por decaimento alfa?

21.16 Qual partícula é produzida durante os seguintes processos de decaimento: (**a**) sódio-24 decai para magnésio-24; (**b**) mercúrio-188 decai para ouro-188; (**c**) iodo-122 decai para xenônio-122; (**d**) plutônio-242 decai para urânio-238?

21.17 A série natural de decaimento radioativo que começa com $^{235}_{92}$U termina na formação do núcleo estável de $^{207}_{82}$Pb. O decaimento acontece por meio de emissões de partículas alfa e beta. Quantas emissões de cada tipo estão envolvidas nessa série?

21.18 Uma série de decaimento radioativo que começa com $^{232}_{90}$Th termina com a formação do nuclídeo estável $^{208}_{82}$Pb. Quantas emissões de partículas alfa e beta estão envolvidas nessa sequência de decaimentos radioativos?

Padrões de estabilidade nuclear (Seção 21.2)

21.19 Determine o tipo de processo de decaimento radioativo para os seguintes radionuclídeos: (**a**) $^{8}_{5}$B; (**b**) $^{68}_{29}$Cu; (**c**) fósforo-32; (**d**) cloro-39.

21.20 Cada um dos seguintes núcleos sofre decaimento beta ou emissão de pósitron. Determine o tipo de emissão para cada um: (**a**) trítio, $^{3}_{1}$H; (**b**) $^{89}_{38}$Sr; (**c**) iodo-120; (**d**) prata-102.

21.21 Um dos nuclídeos em cada um dos seguintes pares é radioativo. Determine qual é radioativo e qual é estável: (**a**) $^{39}_{19}$K e $^{40}_{19}$K; (**b**) ^{209}Bi e ^{208}Bi; (**c**) níquel-58 e níquel-65.

21.22 Em cada um dos seguintes pares, um nuclídeo é radioativo. Determine qual é radioativo e qual é estável: (**a**) $^{40}_{20}$Ca e $^{45}_{20}$Ca; (**b**) ^{12}C e ^{14}C; (**c**) chumbo-206 e tório-230. Justifique sua escolha para cada caso.

21.23 Quais dos seguintes nuclídeos têm números mágicos de prótons e nêutrons: (**a**) hélio-4; (**b**) oxigênio-18; (**c**) cálcio-40; (**d**) zinco-66; (**e**) chumbo-208?

21.24 Apesar das semelhanças na reatividade química de elementos na série dos lantanídeos, suas abundâncias na superfície da Terra variam de acordo com duas ordens de grandeza. Este gráfico mostra a abundância relativa em função do número atômico. Qual das afirmações a seguir é a melhor explicação para a variação "dente de serra" ao longo da série?

(**a**) Os elementos com número atômico ímpar estão acima do cinturão de estabilidade.

(**b**) Os elementos com número atômico ímpar estão abaixo do cinturão de estabilidade.

(c) Os elementos com número atômico par têm um número mágico de prótons.

(d) Pares de prótons têm estabilidade especial.

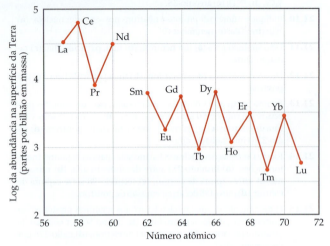

21.25 Qual das afirmações a seguir explica melhor por que a emissão alfa é relativamente comum, enquanto a emissão de prótons é extremamente rara?

(a) As partículas alfa são muito estáveis devido aos números mágicos de prótons e nêutrons.

(b) As partículas alfa ocorrem no núcleo.

(c) As partículas alfa são núcleos de um gás inerte.

(d) Uma partícula alfa tem carga maior do que um próton.

21.26 Qual dos seguintes nuclídeos você pode esperar que seja radioativo: $^{58}_{26}Fe$, $^{60}_{27}Co$, $^{92}_{41}Nb$, mercúrio-202, rádio-226? Explique suas escolhas.

Transmutações nucleares (Seção 21.3)

21.27 Qual afirmação melhor explica por que as transmutações nucleares que envolvem nêutrons são geralmente mais fáceis de acontecer do que as que envolvem prótons ou partículas alfa?

(a) Os nêutrons não são uma partícula de número mágico.

(b) Os nêutrons não têm carga elétrica.

(c) Os nêutrons são menores do que os prótons ou do que as partículas alfa.

(d) Os nêutrons são atraídos pelo núcleo até longas distâncias, enquanto os prótons e as partículas alfa são repelidos.

21.28 Em 1930, o físico americano Ernest Lawrence projetou o primeiro cíclotron em Berkeley, na Califórnia. Em 1937, Lawrence bombardeou um alvo de molibdênio com íons de deutério, produzindo pela primeira vez um elemento não encontrado na natureza. Qual era esse elemento? Partindo do molibdênio-96 como seu reagente, escreva uma equação nuclear para representar esse processo.

21.29 Complete e faça o balanceamento das seguintes equações nucleares, fornecendo a partícula que falta:

(a) $^{252}_{98}Cf + ^{10}_{5}B \longrightarrow 3\,^{1}_{0}n + ?$

(b) $^{2}_{1}H + ^{3}_{2}He \longrightarrow ^{4}_{2}He + ?$

(c) $^{1}_{1}H + ^{11}_{5}B \longrightarrow 3\,?$

(d) $^{122}_{53}I \longrightarrow ^{122}_{54}Xe + ?$

(e) $^{59}_{26}Fe \longrightarrow ^{0}_{-1}e + ?$

21.30 Complete e faça o balanceamento das seguintes equações nucleares, fornecendo a partícula que falta:

(a) $^{14}_{7}N + ^{4}_{2}He \longrightarrow ? + ^{1}_{1}H$

(b) $^{40}_{19}K + ^{0}_{-1}e$ (orbital atômico) $\longrightarrow ?$

(c) $? + ^{4}_{2}He \longrightarrow ^{30}_{14}Si + ^{1}_{1}H$

(d) $^{58}_{26}Fe + 2\,^{1}_{0}n \longrightarrow ^{60}_{27}Co + ?$

(e) $^{235}_{92}U + ^{1}_{0}n \longrightarrow ^{135}_{54}Xe + 2\,^{1}_{0}n + ?$

21.31 Escreva equações balanceadas para (a) $^{238}_{92}U(\alpha, n)^{241}_{94}Pu$, (b) $^{14}_{7}N(\alpha, p)^{17}_{8}O$, (c) $^{56}_{26}Fe(\alpha, \beta^-)^{60}_{29}Cu$.

21.32 Escreva equações balanceadas para as seguintes reações nucleares: (a) $^{238}_{92}U(n, \gamma)^{239}_{92}U$, (b) $^{16}_{8}O(p, \alpha)^{13}_{7}N$, (c) $^{18}_{8}O(n, \beta^-)^{19}_{9}F$.

Velocidades de decaimento radioativo (Seção 21.4)

21.33 Quais das afirmações sobre as meias-vidas dos radionuclídeos a seguir são *verdadeiras*?

(a) A constante de velocidade de decaimento diminui à medida que a meia-vida aumenta.

(b) Após duas meias-vidas, uma amostra de um radionuclídeo terá diminuído para 1/4 do seu tamanho original.

(c) A meia-vida é uma medida do tipo de radiação emitido pelo radionuclídeo.

21.34 Foi sugerido que o estrôncio-90 (gerado por teste nuclear) depositado no deserto quente sofre decaimento radioativo mais rápido porque é exposto a temperaturas médias muito mais elevadas. (a) Essa sugestão é coerente? (b) O processo de decaimento radioativo tem uma energia de ativação, assim como o comportamento de Arrhenius em muitas reações químicas? (Seção 14.4)

21.35 Alguns mostradores de relógio são revestidos por uma substância fosforescente, como ZnS, e um polímero em que alguns átomos de ^{1}H são substituídos por átomos de ^{3}H, trítio. O fósforo emite luz quando é atingido pela partícula beta do decaimento de trítio, fazendo os mostradores brilharem no escuro. A meia-vida do trítio é 12,3 anos. Se considerarmos que a luz liberada é diretamente proporcional à quantidade de trítio, quanto brilho um mostrador de relógio vai perder após 50 anos?

21.36 Leva 4 h 39 min para uma amostra de 2,00 mg de rádio-230 decair para 0,25 mg. Qual é a meia-vida do rádio-230?

21.37 O cobalto-60 é um forte emissor de raios gama e tem uma meia-vida de 5,26 anos. Esse elemento, em uma unidade de radioterapia, deve ser substituído quando sua atividade cai para 75% da amostra original. Se a amostra original foi adquirida em junho de 2021, quando será necessário substituir o cobalto-60?

21.38 Quanto tempo é necessário para uma amostra de 6,25 mg de ^{51}Cr decair para 0,75 mg se ela tem uma meia-vida de 27,8 dias?

21.39 O rádio-226, que sofre decaimento alfa, tem uma meia-vida de 1.600 anos. (a) Quantas partículas alfa são emitidas em 5,0 min por uma amostra de 10,0 mg de ^{226}Ra? (b) Qual é a atividade da amostra em mCi?

21.40 O cobalto-60, que sofre decaimento beta, tem meia-vida de 5,26 anos. (a) Quantas partículas beta são emitidas em 600 s por uma amostra de 3,75 mg de ^{60}Co? (b) Qual é a atividade da amostra em Bq?

21.41 Constatou-se que a mortalha de tecido ao redor de uma múmia tem atividade de ^{14}C de 9,7 desintegrações por minuto por grama de carbono. Organismos vivos sofrem 16,3 desintegrações por minuto por grama de carbono. A partir da meia-vida de decaimento do ^{14}C, de 5.730 anos, calcule a idade da mortalha.

21.42 Um artefato de madeira de um templo chinês tem atividade de ^{14}C de 38,0 contagens por minuto, em comparação a uma atividade de 58,2 contagens por minuto para um padrão de idade zero. A partir da meia-vida de decaimento do ^{14}C, de 5.730 anos, determine a idade do artefato.

21.43 O potássio-40 decai para argônio-40 com uma meia-vida de $1,27 \times 10^9$ anos. Qual é a idade de uma rocha em que a razão entre as massas de ^{40}Ar e ^{40}K é 4,2?

21.44 A meia-vida para o processo $^{238}U \longrightarrow {}^{206}Pb$ é $4,5 \times 10^9$ anos. Uma amostra de mineral contém 75,0 mg de ^{238}U e 18,0 mg de ^{206}Pb. Qual é a idade do mineral?

Variações de energia em reações nucleares (Seção 21.6)

21.45 Uma balança analítica de laboratório costuma medir a massa com aproximação de 0,1 mg. Qual é a variação de energia que acompanha a perda de 0,1 mg de massa?

21.46 A reação de termita, $Fe_2O_3(s) + 2\ Al(s) \longrightarrow 2\ Fe(s) + Al_2O_3(s)$, $\Delta H = -851,5$ kJ/mol, é uma das mais exotérmicas conhecidas. Uma vez que o calor liberado é suficiente para fundir o produto de ferro, a reação é usada para soldar metais sob o oceano. Quanto calor é liberado por mol de Al_2O_3 produzido? Como essa quantidade de energia térmica pode ser comparada à energia liberada quando 2 mols de prótons e 2 mols de nêutrons são combinados para formar 1 mol de partículas alfa?

21.47 Quanta energia deve ser fornecida para quebrar um único núcleo de alumínio-27 em prótons e nêutrons separados se um átomo de alumínio-27 tem massa de 26,9815386 uma? Qual é a energia necessária para 100,0 gramas de alumínio-27? (A massa de um elétron é dada na contracapa final do livro.)

21.48 Quanta energia deve ser fornecida para quebrar um núcleo de ^{21}Ne em prótons e nêutrons separados se o núcleo tem massa de 20,98846 uma? Qual é a energia de ligação nuclear para 1 mol de ^{21}Ne?

21.49 As massas atômicas de hidrogênio-2 (deutério), hélio-4 e lítio-6 são 2,014102 uma, 4,002602 uma e 6,0151228 uma, respectivamente. Para cada isótopo, calcule (**a**) a massa nuclear, (**b**) a energia de ligação nuclear e (**c**) a energia de ligação nuclear por núcleon. (**d**) Qual desses três isótopos tem a maior energia de ligação nuclear por núcleon? Isso está de acordo com as tendências do gráfico da Figura 21.12?

21.50 As massas atômicas de nitrogênio-14, titânio-48 e xenônio-129 são 13,999234 uma, 47,935878 uma e 128,904779 uma, respectivamente. Para cada isótopo, calcule (**a**) a massa nuclear, (**b**) a energia de ligação nuclear e (**c**) a energia de ligação nuclear por núcleon.

21.51 A energia da radiação solar incidente na Terra é $1,07 \times 10^{16}$ kJ/min. (**a**) Quanta perda de massa do Sol ocorre em um dia apenas com a energia que atinge a Terra? (**b**) Se a energia liberada na reação

$$^{235}U + {}^{1}_{0}n \longrightarrow {}^{141}_{56}Ba + {}^{92}_{36}Kr + 3{}^{1}_{0}n$$

(massa nuclear de ^{235}U é 234,9935 uma; massa nuclear de ^{141}Ba é 140,8833 uma; massa nuclear de ^{92}Kr é 91,9021 uma) é considerada típica da que ocorre em um reator nuclear, qual massa de urânio-235 é necessária para igualar 0,10% da energia solar que atinge a Terra em 1,0 dia?

21.52 Com base nos seguintes valores de massas atômicas – ^1H, 1,00782 uma; ^2H, 2,01410 uma; ^3H, 3,01605 uma; ^3He, 3,01603 uma; ^4He, 4,00260 uma – e na massa do nêutron dada no texto, calcule a energia liberada por mol em cada uma das seguintes reações nucleares (todas são possibilidades para um processo de fusão controlado):

(**a**) ${}^{2}_{1}H + {}^{3}_{1}H \longrightarrow {}^{4}_{2}He + {}^{1}_{0}n$

(**b**) ${}^{2}_{1}H + {}^{2}_{1}H \longrightarrow {}^{3}_{2}He + {}^{1}_{0}n$

(**c**) ${}^{2}_{1}H + {}^{3}_{2}He \longrightarrow {}^{4}_{2}He + {}^{1}_{1}H$

21.53 Com base na Figura 21.12, determine qual dos seguintes núcleos provavelmente terá o maior defeito de massa por núcleon: (**a**) ^{11}B, (**b**) ^{51}V, (**c**) ^{118}Sn, (**d**) ^{243}Cm.

21.54 O isótopo ${}^{62}_{28}Ni$ tem a maior energia de ligação por núcleon de qualquer isótopo. Calcule esse valor a partir da massa atômica de níquel-62 (61,928345 uma) e compare-o ao valor dado para o ferro-56 na Tabela 21.7.

Energia nuclear e radioisótopos (Seções 21.7, 21.8 e 21.9)

21.55 O iodo-131 é um isótopo radioativo conveniente para monitorar a atividade da tireoide em seres humanos. Trata-se de um emissor beta com meia-vida de 8,02 dias. A tireoide é a única glândula do corpo que usa iodo. Uma pessoa que se submete a um exame de atividade da tireoide toma uma solução de NaI, em que apenas uma pequena fracção do iodeto é radioativa. (**a**) Qual das alternativas a seguir melhor explica por que NaI é uma boa escolha de fonte de iodo? (i) A meia-vida do iodo-131 é maior em um íon iodeto do que em um átomo de iodo. (ii) NaI é solúvel em água; logo, é facilmente absorvido por fluidos corporais. (iii) O íon de sódio absorve a maior parte da radiação emitida pelo iodo radioativo. (**b**) Uma tireoide normal vai reter cerca de 12% do iodeto ingerido em poucas horas. Quanto tempo levará para que o iodeto radioativo ingerido e retido pela tireoide decaia a 0,01% do valor original?

21.56 Por que é importante que os radioisótopos utilizados como ferramentas de diagnóstico na medicina nuclear produzam radiação gama quando decaem? Por que emissores de raios alfa não são usados como ferramentas de diagnóstico?

21.57 (**a**) Qual das seguintes características é necessária para um isótopo ser utilizado como combustível em um reator nuclear? (i) Deve emitir radiação gama. (ii) No decaimento, deve liberar dois ou mais nêutrons. (iii) Deve ter uma meia-vida inferior a uma hora. (iv) Deve passar por fissão mediante absorção de um nêutron. (**b**) Qual é o isótopo físsil mais comum em um reator de energia nuclear comercial?

21.58 Quais das seguintes afirmações sobre o urânio utilizado em reatores nucleares são *verdadeiras*? (i) O urânio natural tem muito pouco ^{235}U para ser utilizado como combustível. (ii) ^{238}U não pode ser usado como combustível porque forma massa supercrítica com muita facilidade. (iii) Para ser utilizado como combustível, o urânio deve ser enriquecido, de modo que tenha mais de 50% de ^{235}U na composição. (iv) A fissão induzida por nêutrons de ^{235}U libera mais nêutrons por núcleo do que a fissão de ^{238}U.

21.59 Qual é a função dos bastões de controle em um reator nuclear? Quais substâncias são utilizadas para construir bastões de controle? Por que essas substâncias são escolhidas?

21.60 (**a**) Qual é a função do moderador em um reator nuclear? (**b**) Qual substância atua como moderador em um gerador de água pressurizada? (**c**) Quais outras substâncias são usadas como moderador em projetos de reatores nucleares?

21.61 Complete e faça o balanceamento das equações nucleares para as seguintes reações de fissão ou fusão:

(**a**) ${}^{2}_{1}H + {}^{2}_{1}H \longrightarrow {}^{3}_{2}He + \_\_$

(**b**) ${}^{239}_{92}U + {}^{1}_{0}n \longrightarrow {}^{133}_{51}Sb + {}^{98}_{41}Nb + \_\_ {}^{1}_{0}n$

21.62 Complete e faça o balanceamento das equações nucleares para as seguintes reações de fissão:

(**a**) ${}^{235}_{92}U + {}^{1}_{0}n \longrightarrow {}^{160}_{62}Sm + {}^{72}_{30}Zn + \_\_ {}^{1}_{0}n$

(**b**) ${}^{239}_{94}Pu + {}^{1}_{0}n \longrightarrow {}^{144}_{58}Ce + \_\_ + 2{}^{1}_{0}n$

21.63 Uma parte da energia do Sol vem da reação

$$4\,{}^{1}_{1}H \longrightarrow {}^{4}_{2}He + 2\,{}^{0}_{1}e$$

Aplique a massa do núcleo de hélio-4, dada na Tabela 21.7, para determinar quanta energia é liberada quando a reação é realizada com 1 mol de átomos de hidrogênio.

21.64 Os elementos de combustível gastos de um reator de fissão são muito mais intensamente radioativos do que os elementos de combustível originais. (**a**) O que isso indica sobre os produtos do processo de fissão em relação ao cinturão de estabilidade (ver Figura 21.2)? (**b**) Dado que apenas dois ou três nêutrons são liberados por evento de fissão e sabendo que o núcleo submetido à fissão tem razão nêutron-próton característica de um núcleo pesado, que tipos de decaimento podemos esperar que sejam dominantes entre os produtos de fissão?

21.65 Que tipo de reator nuclear apresenta as seguintes características?
(a) Não utiliza um refrigerante secundário.
(b) Cria mais material físsil do que consome.
(c) Usa um gás, como He ou CO₂, como refrigerante primário.

21.66 Que tipo de reator nuclear apresenta as seguintes características?
(a) Pode usar urânio natural como combustível.
(b) Não utiliza um moderador.
(c) Pode ser reabastecido sem ser desligado.

21.67 Radicais hidroxila podem arrancar átomos de hidrogênio de moléculas (abstração de hidrogênio), e íons hidróxido podem arrancar prótons de moléculas (desprotonação). Escreva as equações das reações e as estruturas de Lewis para a abstração de hidrogênio e e a desprotonação do ácido carboxílico genérico R—COOH, com radical hidroxila e íon hidróxido, respectivamente. Por que o radical hidroxila é mais tóxico para os sistemas vivos do que o íon hidróxido?

21.68 Quais das seguintes radiações são classificadas como radiação ionizante: raios X, partículas alfa, micro-ondas de um telefone celular ou raios gama?

21.69 Um rato de laboratório é exposto a uma fonte de radiação alfa cuja atividade é 14,3 mCi. (a) Qual é a atividade da radiação em desintegrações por segundo? E em becquerels? (b) O rato tem massa de 385 g e é exposto à radiação por 14,0 s, absorvendo 35% das partículas alfa emitidas, cada uma com energia de $9,12 \times 10^{-13}$ J. Calcule a dose absorvida em milirads e grays. (c) Se a EBR da radiação é 9,5, calcule a dose efetiva absorvida em mrem e Sv.

21.70 Uma pessoa de 65 kg é exposta acidentalmente a uma fonte de radiação beta de 15 mCi, proveniente de uma amostra de ^{90}Sr, por 240 s. (a) Qual é a atividade da fonte de radiação em desintegrações por segundo? E em becquerels? (b) Cada partícula beta tem energia de $8,75 \times 10^{-14}$ J, e 7,5% da radiação é absorvida pela pessoa. Supondo que a radiação absorvida se espalhe por todo o corpo da vítima, calcule a dose absorvida em rads e grays. (c) Se a EBR das partículas beta é 1,0, qual é a dose efetiva em mrem e sieverts? (d) A dose de radiação é igual, maior ou menor em comparação à de uma mamografia normal (300 mrem)?

Exercícios adicionais

21.71 A tabela a seguir indica o número de prótons (p) e nêutrons (n) para quatro isótopos, identificados apenas de i a iv. (a) Escreva o símbolo de cada isótopo. (b) Qual isótopos tem a maior probabilidade de ser instável? (c) Qual dos isótopos envolve um número mágico de prótons e/ou nêutrons? (d) Qual isótopo produzirá potássio-39 após a emissão de pósitron?

	(i)	(ii)	(iii)	(iv)
p	19	19	20	20
n	19	21	19	20

21.72 O radônio-222 decai para um núcleo estável por uma série de três emissões alfa e duas emissões beta. Qual é o núcleo estável formado?

21.73 A Equação 21.28 é a reação nuclear responsável por grande parte da produção de hélio-4 pelo Sol. Quanta energia é liberada por essa reação?

21.74 O cloro tem dois nuclídeos estáveis, ^{35}Cl e ^{37}Cl. Em contraste, ^{36}Cl é um nuclídeo radioativo que decai por emissão beta. (a) Qual é o produto do decaimento do ^{36}Cl? (b) Qual das alternativas a seguir é a explicação mais provável para por que ^{36}Cl é menos estável do que ^{35}Cl ou ^{37}Cl? (i) A razão nêutron-próton de ^{36}Cl é maior do que as dos dois outros isótopos. (ii) Os nuclídeos com números de massa ímpares são mais estáveis do que aqueles com números de massa pares. (iii) ^{36}Cl tem um número ímpar de prótons e de nêutrons.

21.75 Quando dois prótons são fundidos em uma estrela, o produto é ^{2}H mais um pósitron. Escreva a equação nuclear para esse processo.

21.76 Cientistas nucleares sintetizaram cerca de 1.600 núcleos não conhecidos na natureza. É possível descobrir ainda mais núcleos ao aplicar o bombardeamento de íons pesados e usar aceleradores de partículas de alta energia. Complete e faça o balanceamento das seguintes reações, que envolvem bombardeamentos com íons pesados:
(a) $^6_3$Li + $^{56}_{28}$Ni ⟶ ?
(b) $^{40}_{20}$Ca + $^{248}_{96}$Cm ⟶ $^{147}_{62}$Sm + ?
(c) $^{88}_{38}$Sr + $^{84}_{36}$Kr ⟶ $^{116}_{46}$Pd + ?
(d) $^{40}_{20}$Ca + $^{238}_{92}$U ⟶ $^{70}_{30}$Zn + 4 $^1_0$n + 2 ?

21.77 Em 2010, uma equipe de cientistas da Rússia e dos Estados Unidos relatou a criação do primeiro átomo do elemento 117, denominado tenesso (Ts). A síntese envolveu a colisão de um alvo de $^{249}_{97}$Bk com íons acelerados de um isótopo, que vamos designar como Q. O átomo do produto, que chamaremos de Z, libera nêutrons imediatamente e forma $^{294}_{117}$Ts:

$$^{249}_{97}\text{Bk} + \text{Q} \longrightarrow \text{Z} \longrightarrow {}^{294}_{117}\text{Ts} + 3\,{}^1_0\text{n}$$

(a) Quais são as identidades dos isótopos Q e Z? (b) O isótopo Q é incomum, pois sua meia-vida tem duração muito longa (da ordem de 10^{19} anos), apesar de ele ter uma razão nêutron-próton desfavorável (Figura 21.1). O que poderia justificar essa estabilidade incomum? (c) A colisão de íons de isótopos Q com um alvo também foi usada para produzir os primeiros átomos de livermório, Lv. O produto inicial da colisão foi $^{296}_{116}$Lv. Qual era o isótopo alvo com o qual Q colidiu nessa experiência?

21.78 O radioisótopo sintético tecnécio-99, que decai por emissão beta, é o isótopo mais utilizado na medicina nuclear. Os seguintes dados foram coletados em uma amostra de ^{99}Tc:

Desintegrações por minuto	Tempo (h)
180	0
130	2,5
104	5,0
77	7,5
59	10,0
46	12,5
24	17,5

Com base nesses dados, faça um gráfico e uma curva que sejam adequados para determinar a meia-vida.

21.79 De acordo com regulamentos atuais, a dose máxima permissível de estrôncio-90 no corpo de um adulto é 1 μCi (1×10^{-6} Ci).

Aplicando a relação de velocidade = kN, calcule o número de átomos de estrôncio-90 a que essa dose corresponde. A que massa de estrôncio-90 isso corresponde? Sua meia-vida é 28,8 anos.

21.80 O acetato de metila (CH_3COOCH_3) é formado pela reação de ácido acético com álcool metílico. Se o álcool metílico for marcado com oxigênio-18, este resultará em acetato de metila:

$$CH_3\overset{O}{\underset{\|}{C}}OH + H^{18}OCH_3 \longrightarrow CH_3\overset{O}{\underset{\|}{C}}{}^{18}OCH_3 + H_2O$$

(a) Quais das seguintes ligações se quebram na reação: a ligação C—OH do ácido e a ligação O—H do álcool, ou a ligação O—H do ácido e a ligação C—OH do álcool? Justifique sua resposta. (b) Imagine um experimento semelhante com o radioisótopo ^{3}H, o *trítio*, que costuma ser indicado por T. Será que a reação entre CH_3COOH e $TOCH_3$ fornece as mesmas informações que a experiência anterior com $H^{18}OCH_3$ a respeito de qual ligação é quebrada?

21.81 Cada uma das transmutações a seguir produz um radionuclídeo usado na tomografia por emissão de pósitrons (PET). (a) Nas equações (i) e (ii), identifique a espécie indicada como "X". (b) Na equação (iii), uma das espécies é indicada como "d". O que você acha que isso representa?

(i) $^{14}N(p, \alpha)X$

(ii) $^{18}O(p, X)^{18}F$

(iii) $^{14}N(d, n)^{15}O$

21.82 As massas nucleares de ^{7}Be, ^{9}Be e ^{10}Be são 7,0147, 9,0100 e 10,0113 uma, respectivamente. Qual desses núcleos tem a maior energia de ligação por núcleon?

21.83 Uma amostra de 26,00 g de água contendo trítio, $^3_1$H, emite $1,50 \times 10^3$ partículas beta por segundo. O trítio é um emissor beta fraco, com meia-vida de 12,3 anos. Considerando todos os hidrogênios na amostra de água, qual fração deles é trítio?

21.84 O Sol irradia energia no espaço à velocidade de $3,9 \times 10^{26}$ J/s. (a) Calcule a velocidade da perda de massa do Sol em kg/s. (b) Estima-se que o Sol contenha 9×10^{56} prótons livres. Quantos prótons por segundo são consumidos em reações nucleares no Sol?

21.85 A energia média liberada na fissão de um único núcleo de urânio-235 é de cerca de 3×10^{-11} J. Se a conversão dessa energia em eletricidade em uma usina nuclear tiver 40% de eficiência, qual massa de urânio-235 sofrerá fissão em um ano em uma usina que produz 1.000 megawatts? Lembre-se de que um watt é 1 J/s.

21.86 Testes em habitantes de Boston, nos anos de 1965 e 1966, após a era dos testes da bomba atômica, revelaram quantidades médias de aproximadamente 2 pCi de radioatividade de plutônio por pessoa. Quantas desintegrações por segundo implica esse nível de atividade? Se cada partícula alfa deposita 8×10^{-13} J de energia e se a massa média de uma pessoa é de 75 kg, calcule o número de rads e rems de radiação resultante desse nível de plutônio no prazo de um ano.

21.87 Uma amostra de 53,8 mg de perclorato de sódio contém cloro-36 radioativo, cuja massa atômica é 36,0 uma. Se 29,6% dos átomos de cloro na amostra são cloro-36 e o restante são átomos de cloro naturalmente não radioativos, quantas desintegrações por segundo são produzidas por essa amostra? A meia-vida do cloro-36 é $3,0 \times 10^5$ anos.

21.88 O urânio encontrado naturalmente consiste em 99,274% de ^{238}U, 0,720% de ^{235}U e 0,006% de ^{233}U. Como vimos, ^{235}U é o isótopo que pode ser submetido a uma reação nuclear em cadeia. A maior parte do ^{235}U utilizado na primeira bomba atômica foi obtida por difusão gasosa de hexafluoreto de urânio, $UF_6(g)$. (a) Qual é a massa de UF_6 em um recipiente de 30,0 L a uma pressão de 695 torr e a 350 K? (b) Qual é a massa do ^{235}U na amostra descrita no item (a)? (c) Agora, suponha que o UF_6 seja difundido por meio de uma barreira porosa e que a variação na razão entre ^{238}U e ^{235}U no gás difundido possa ser descrita pela Equação 10.24. Qual é a massa de ^{235}U em uma amostra do gás difundido análoga à do item (a)? (d) Após mais um ciclo de difusão gasosa, qual é a percentagem de $^{235}UF_6$ na amostra?

21.89 Uma amostra de um emissor alfa com atividade de 0,18 Ci é armazenada em um recipiente selado de 25,0 mL, a 22 °C, por 245 dias. (a) Quantas partículas alfa são formadas durante esse período? (b) Suponha que cada partícula alfa seja convertida em um átomo de hélio. Qual é a pressão parcial do gás hélio no recipiente depois desse período de 245 dias?

21.90 Amostras de carvão de Stonehenge, na Inglaterra, foram queimadas em O_2, e o gás CO_2 resultante foi borbulhado em uma solução de $Ca(OH)_2$ (água de cal). Isso resultou em um precipitado de $CaCO_3$, que foi removido por filtração e secado. Uma amostra de 788 mg de $CaCO_3$ tinha radioatividade de $1,5 \times 10^{-2}$ Bq por causa do carbono-14. Por comparação, os organismos vivos sofrem 15,3 desintegrações por minuto por grama de carbono. Com base na meia-vida do carbono-14, 5.730 anos, calcule a idade da amostra de carvão.

Elabore um experimento

Visto que a radioatividade pode ter efeitos nocivos sobre a saúde humana, são necessários procedimentos experimentais e precauções rigorosas ao realizar experiências com materiais radioativos. Por isso, normalmente, não há experiências que envolvam substâncias radioativas em laboratórios de química geral. No entanto, podemos considerar a concepção de algumas experiências hipotéticas que nos permitiriam explorar certas propriedades do rádio, descoberto por Marie e Pierre Curie em 1898.

(a) Um aspecto fundamental da descoberta do rádio foi a observação de Marie Curie de que a *uraninita*, minério natural de urânio, tinha radioatividade maior do que o metal de urânio puro. Elabore um experimento para reproduzir essa observação e obter uma razão entre a atividade da uraninita e a do urânio puro.

(b) O rádio foi isolado pela primeira vez na forma de sais de haletos. Suponha que você tenha amostras puras de rádio metálico e brometo de rádio. Os tamanhos das amostras são da ordem de miligramas e não são passíveis de formas habituais de análise elementar. Seria possível usar um dispositivo para medir a radioatividade e determinar quantitativamente a fórmula empírica do brometo de rádio? Qual informação você poderia usar que o casal Curie provavelmente não tinha no momento da descoberta?

(c) Suponha que você tenha o período de um ano para medir a meia-vida do rádio e de seus elementos relacionados. Você tem algumas amostras puras e um dispositivo que mede quantitativamente a radioatividade. Seria possível determinar a meia-vida dos elementos nas amostras? As restrições experimentais seriam diferentes dependendo de a meia-vida ser de 10 ou 1.000 anos?

(d) Antes que seus efeitos negativos sobre a saúde fossem mais bem compreendidos, pequenas quantidades de sais de rádio eram usadas em relógios que "brilham no escuro", conforme o ilustrado a seguir. O brilho não é diretamente por causa da radioatividade do rádio; na verdade, o rádio é combinado a uma substância luminescente, como o sulfeto de zinco, que brilha quando exposto à radiação. Suponha que você tenha amostras puras de rádio e sulfeto de zinco. Como você pode determinar se o brilho do sulfeto zinco resulta de radiação alfa, beta ou gama? Que tipo de dispositivo poderia ser projetado para usar o brilho como medida da quantidade de radioatividade de uma amostra?

22

QUÍMICA DOS NÃO METAIS

▲ Uma praia tropical. A água, a areia e o ar são compostos de não metais.

Boa parte do mundo é composta de não metais. A água, por exemplo, é H₂O, e a areia é, em grande parte, SiO₂. Embora não possamos enxergá-lo, o ar contém, sobretudo, N₂ e O₂, com quantidades muito menores de outras substâncias não metálicas.

Neste capítulo, apresentaremos uma visão panorâmica da química descritiva dos elementos não metálicos, começando pelo hidrogênio e avançando, grupo a grupo, da direita para a esquerda na tabela periódica. Consideraremos de que forma eles ocorrem na natureza, a maneira como são isolados de suas fontes naturais e como são usados. Daremos destaque especial ao hidrogênio, ao oxigênio, ao nitrogênio e ao carbono, porque esses quatro não metais formam muitos compostos comercialmente importantes e respondem por 99% dos átomos exigidos pelas células vivas.

À medida que estudamos a *química descritiva*, é importante identificar tendências em vez de tentar memorizar todos os fatos apresentados. A tabela periódica é a ferramenta mais valiosa nesse sentido.

O QUE VEREMOS

22.1 ▶ Tendências periódicas e reações químicas Revisar as tendências periódicas e dos tipos de reações químicas para identificar padrões gerais de comportamento.

22.2 ▶ Hidrogênio Explorar o hidrogênio, que forma compostos com a maioria dos outros não metais e com muitos metais.

22.3 ▶ Grupo 8A: gases nobres Examinar os gases nobres, elementos que compõem o grupo 8A e que exibem reatividade química muito limitada.

22.4 ▶ Grupo 7A: halogênios Explorar os elementos mais eletronegativos, os halogênios, do grupo 7A.

22.5 ▶ Oxigênio Aprender sobre o oxigênio, o elemento mais abundante na crosta terrestre e no corpo humano, além dos compostos de óxido e peróxido formados por ele.

22.6 ▶ Outros elementos do grupo 6A: S, Se, Te e Po Estudar os outros membros do grupo 6A (S, Se, Te e Po), dos quais o enxofre é o mais importante.

22.7 ▶ Nitrogênio Explorar o nitrogênio, um componente-chave da atmosfera, que forma compostos nos quais o número de oxidação varia de −3 a +5.

22.8 ▶ Outros elementos do grupo 5A: P, As, Sb e Bi Analisar os outros membros do grupo 5A (P, As, Sb e Bi), com atenção especial ao fósforo, o mais importante em termos comerciais e o único, dentre eles, a desempenhar um papel crucial e benéfico nos sistemas biológicos.

22.9 ▶ Carbono Aprender sobre os compostos inorgânicos do carbono.

22.10 ▶ Outros elementos do grupo 4A: Si, Ge, Sn e Pb Explorar o silício, o elemento mais abundante e significativo dos membros mais pesados do grupo 4A.

22.11 ▶ Boro Examinar o boro, o único elemento não metálico do grupo 3A.

22.1 | Tendências periódicas e reações químicas

Objetivos de aprendizagem

Após terminar a **Seção 22.1**, você deve ser capaz de:
▶ Prever tendências nas propriedades dos elementos com base na sua posição na tabela periódica.
▶ Prever quais elementos em um grupo têm maior probabilidade de formar ligação π.
▶ Prever os produtos de reações químicas com base na combustão ou na química ácido-base.

Antes de iniciar o estudo deste capítulo, é importante lembrar que podemos classificar os elementos como metais, metaloides e não metais. (Seção 7.5) Exceto pelo hidrogênio, que é um caso especial, os não metais ocupam a parte direita superior da tabela periódica. Essa divisão dos elementos está relacionada às tendências nas propriedades dos elementos, conforme resumido na **Figura 22.1**. A eletronegatividade, por exemplo, aumenta à medida que avançamos da esquerda para a direita ao longo de um período da tabela e diminui à medida que descemos em um grupo. Os não metais, portanto, têm eletronegatividades mais elevadas do que os metais. Essa diferença leva à formação de sólidos iônicos em reações entre metais e não metais. (Seções 7.5, 8.2 e 8.4) Por outro lado, os compostos formados entre dois ou mais não metais costumam ser substâncias moleculares. (Seções 7.7 e 8.4)

▲ **Figura 22.1** Tendências em propriedades elementares.

A química exibida pelo primeiro membro de um grupo de não metais pode diferir de várias maneiras importantes dos membros subsequentes. Duas diferenças merecem destaque:

- O primeiro membro segue a regra do octeto, mas os membros mais pesados do grupo podem expandir seu octeto. (Seção 8.7) Por exemplo, o nitrogênio é capaz de ligar-se a um máximo de três átomos de Cl, NCl_3, enquanto o fósforo pode se ligar a cinco, PCl_5. O pequeno tamanho do nitrogênio é, em grande parte, responsável por essa diferença.

- O primeiro membro pode formar ligações π com mais facilidade e, portanto, ligações duplas e triplas. Essa tendência também ocorre, em parte, em razão do tamanho, uma vez que átomos pequenos são capazes de se aproximar mais uns dos outros. Como resultado, a superposição dos orbitais p, que resulta na formação de ligações π, é mais eficiente para o primeiro elemento de cada grupo (**Figura 22.2**). Uma sobreposição mais eficiente significa ligações π mais fortes, o que reflete nas entalpias de ligação. (Seções 5.8 e 8.8) Por exemplo, a diferença nas entalpias de ligação das ligações C—C e C═C é de cerca de 270 kJ/mol (Tabela 8.3); esse valor alto representa a "força" de uma ligação π carbono-carbono. Por outro lado, a diferença entre Si—Si e Si═Si é de cerca de 100 kJ/mol, significativamente mais baixa que para o carbono, refletindo uma ligação π mais fraca.

Como podemos perceber, as ligações π são especialmente importantes na química dos elementos carbono, nitrogênio e oxigênio, sendo cada um deles o primeiro membro em seus grupos. Os elementos nesses grupos têm tendência a formar apenas ligações simples.

Menor distância entre núcleos; maior sobreposição orbital; ligação π mais forte

Maior distância entre núcleos; menor sobreposição orbital; ligação π mais fraca

▲ **Figura 22.2** Ligações π nos elementos dos períodos 2 e 3.

Exercício resolvido 22.1
Identificação de propriedades elementares

Dos elementos Li, K, N, P e Ne, qual (**a**) é o mais eletronegativo; (**b**) tem o maior caráter metálico; (**c**) pode ligar-se a mais de quatro átomos em uma molécula; (**d**) forma ligações π com mais facilidade?

SOLUÇÃO

Analise Com base em uma lista de elementos, deve-se determinar várias propriedades que podem ser relacionadas às tendências periódicas.

Planeje Podemos observar as Figuras 22.1 e 22.2 para nos guiar nas respostas.

Resolva

(**a**) A eletronegatividade aumenta à medida que avançamos no sentido da parte superior direita da tabela periódica, excluindo os gases nobres. Portanto, o nitrogênio (N) é o elemento mais eletronegativo entre os listados.

(**b**) O caráter metálico é inversamente proporcional à eletronegatividade: quanto menos eletronegativo for um elemento, maior será o seu caráter metálico. Dessa forma, o potássio (K) é o elemento com o maior caráter metálico, uma vez que está mais próximo do canto inferior esquerdo da tabela periódica.

(**c**) Os não metais tendem a formar compostos moleculares, logo podemos restringir a escolha aos três não metais da lista: N, P e Ne. Para formar mais de quatro ligações, um elemento deve ser capaz de expandir sua camada de valência para permitir mais de um octeto de elétrons ao seu redor. Essa expansão ocorre para elementos no terceiro período em diante da tabela periódica. N e Ne estão no segundo período e não sofrem expansão da camada de valência, então a resposta é o fósforo (P).

(**d**) Os não metais do segundo período formam ligações π com mais facilidade que os elementos do terceiro período em diante. Uma vez que não são conhecidos compostos que tenham ligações covalentes com o gás nobre Ne, N é o elemento da lista que forma ligações π com mais facilidade.

▶ **Para praticar**

Dos elementos Be, C, Cl, Sb e Cs, qual (**a**) tem a eletronegatividade mais baixa; (**b**) tem o maior caráter metálico; (**c**) é o mais provável de participar na formação de ligação π; (**d**) é o mais provável de ser um metaloide?

A habilidade dos elementos do 2º período de formar ligações π é um fator importante na determinação das formas elementares desses elementos. Por exemplo, compare o carbono e o silício. O carbono tem cinco *alótropos* cristalinos: diamante, grafite, fulereno (buckminsterfulereno), grafeno e nanotubos de carbono. (Seções 12.5 e 12.7) O diamante é um sólido covalente formado por ligações σ C—C, mas nenhuma ligação π. Grafite, fulereno, grafeno e nanotubos de carbono têm ligações π que resultam da superposição lateral dos orbitais *p*. O silício elementar, contudo, existe apenas como um sólido covalente com ligações σ, semelhante ao diamante, mas não exibe forma similar à do grafite, do fulereno, do grafeno ou dos nanotubos de carbono, aparentemente porque as ligações π Si—Si são muito fracas.

Da mesma forma, vemos diferenças significativas nos dióxidos de carbono e de silício, em virtude de suas habilidades de formar ligações π (**Figura 22.3**). CO_2 é uma substância molecular com ligações duplas C=O, SiO_2 é um sólido covalente no qual quatro átomos de oxigênio estão ligados a cada átomo de silício por meio de ligações simples, formando a estrutura estendida de fórmula empírica SiO_2.

Reações químicas

Uma vez que O_2 e H_2O são abundantes no ambiente, é importante considerar as possíveis reações dessas substâncias com outros compostos. Cerca de um terço das reações abordadas neste capítulo envolve O_2 (reações de oxidação ou combustão) ou H_2O (em especial, reações de transferência de prótons).

Nas reações de combustão (Seção 3.2), compostos que contêm hidrogênio produzem H_2O. Já os compostos que contêm carbono produzem CO_2 (a menos que a quantidade de O_2 seja insuficiente; nesse caso, pode-se formar CO ou até mesmo C). Compostos que contêm nitrogênio tendem a formar N_2, apesar de a formação de NO também ser uma possibilidade em casos especiais. Uma reação que ilustra essas generalizações é a seguinte:

$$4\ CH_3NH_2(g) + 9\ O_2(g) \longrightarrow 4\ CO_2(g) + 10\ H_2O(g) + 2\ N_2(g) \qquad [22.1]$$

A formação de H_2O, CO_2 e N_2 reflete as altas estabilidades termodinâmicas dessas substâncias, indicadas pelas altas energias de ligação para as ligações O—H, C=O e N≡N (463, 799 e 941 kJ/mol, respectivamente). (Seções 5.8 e 8.8)

Fragmento da estrutura estendida do SiO_2; Si forma apenas ligações simples

CO_2; C forma ligações duplas

▲ **Figura 22.3** Comparação das ligações em SiO_2 e em CO_2.

Ao lidar com reações de transferência de próton, lembre-se de que, quanto mais fraco for um ácido de Brønsted-Lowry, mais forte será a sua base conjugada. (Seção 16.2) Por exemplo, H_2, OH^-, NH_3 e CH_4 são doadores de prótons extremamente fracos e que *não* têm tendência em agir como ácidos em água. Portanto, as espécies formadas a partir deles por remoção de um ou mais prótons são bases extremamente fortes. Todas reagem rapidamente com a água, removendo prótons da H_2O para formar OH^-. Duas reações representativas são:

$$CH_3^-(aq) + H_2O(l) \longrightarrow CH_4(g) + OH^-(aq) \quad [22.2]$$

$$N^{3-}(aq) + 3\,H_2O(l) \longrightarrow NH_3(aq) + 3\,OH^-(aq) \quad [22.3]$$

Exercício resolvido 22.2
Determinação de produtos de reações químicas

Determine os produtos formados em cada uma das seguintes reações e escreva uma equação balanceada:
(a) $CH_3NHNH_2(g) + O_2(g) \longrightarrow ?$
(b) $Mg_3P_2(s) + H_2O(l) \longrightarrow ?$

SOLUÇÃO

Analise Dados os reagentes de duas reações químicas, devemos descobrir os produtos e fazer o balanceamento das reações.

Planeje Precisamos examinar os reagentes para verificar se existe um possível tipo de reação que possamos reconhecer. No item (**a**), o composto de carbono está reagindo com O_2, o que sugere que se trata de uma reação de combustão. No item (**b**), a água reage com um composto iônico. O ânion, P^{3-}, é uma base forte, e H_2O é capaz de agir como um ácido, de modo que os reagentes sugerem uma reação ácido-base (transferência de prótons).

Resolva
(**a**) Com base na composição elementar do composto de carbono, essa reação de combustão deve produzir CO_2, H_2O e N_2:

$$2\,CH_3NHNH_2(g) + 5\,O_2(g) \longrightarrow 2\,CO_2(g) + 6\,H_2O(g) + 2\,N_2(g)$$

(**b**) Mg_3P_2 é iônico, consistindo em íons Mg^{2+} e P^{3-}. O íon P^{3-}, assim como N^{3-}, tem forte afinidade por prótons e reage com H_2O para formar OH^- e PH_3 (PH^{2-}, PH_2^- e PH_3 são doadores de prótons extremamente fracos).

$$Mg_3P_2(s) + 6\,H_2O(l) \longrightarrow 2\,PH_3(g) + 3\,Mg(OH)_2(s)$$

$Mg(OH)_2$ tem baixa solubilidade em água e precipitará.

▶ **Para praticar**
Escreva uma equação balanceada para a reação do hidreto de sódio sólido com água.

Exercícios de autoavaliação

EAA 22.1 Entre os elementos Na, Rb, F, Si e Ne, qual é o mais eletronegativo? (**a**) F (**b**) Na (**c**) Rb (**d**) Si

EAA 22.2 Entre os elementos Na, Rb, F, Si e Ne, qual tem o maior caráter metálico? (**a**) Na (**b**) F (**c**) Si (**d**) Rb (**e**) Ne

EAA 22.3 Entre os elementos Rb, F, Si e Ne, qual forma um íon positivo mais facilmente? (**a**) F (**b**) Si (**c**) Rb (**d**) Ne

EAA 22.4 Entre os elementos Al, N, P e As, qual tem a maior probabilidade de formar múltiplas ligações π consigo mesmo? (**a**) Al (**b**) N (**c**) P (**d**) As

EAA 22.5 Complete e faça o balanceamento da seguinte equação:

$$C_2H_5OH(l) + O_2(g) \longrightarrow$$

(**a**) $C_2H_5OH(l) + 2\,O_2(g) \longrightarrow 2\,H_2O(l) + 2\,CHO_2(g)$
(**b**) $C_2H_5OH(l) + 3\,O_2(g) \longrightarrow 3\,H_2O(l) + 2\,CO_2(g)$
(**c**) $3\,C_2H_5OH(l) + O_2(g) \longrightarrow H_2O(l) + 6\,CO_2(g)$
(**d**) $C_2H_5OH(l) + 3\,H_2O(l) \longrightarrow 6\,H_2(g) + 2\,CO_2(g)$

Objetivos de aprendizagem

Após terminar a **Seção 22.2**, você deve ser capaz de:
▶ Comparar e contrastar os isótopos de hidrogênio.
▶ Classificar um determinado hidreto como iônico, metálico ou molecular.
▶ Diferenciar as propriedades e a reatividade do hidrogênio das de outros elementos.

22.2 | Hidrogênio

Visto que o hidrogênio produz água quando queimado no ar, o químico francês Antoine Lavoisier (1734–1794) deu a ele o nome de *hidrogênio*, que significa "produtor de água" (do grego: *hydro*, água; *gennao*, produzir).

O hidrogênio é o elemento mais abundante no universo [ver o quadro "Química e sustentabilidade: Hidrogênio e hélio (Seção 10.6)]. O hidrogênio é o combustível nuclear consumido pelo Sol e outras estrelas para produzir energia. (Seção 21.8) Embora cerca de 75% do universo seja composto de hidrogênio, ele representa apenas 0,87% da massa da Terra. A maior parte do hidrogênio do planeta é encontrada associada ao oxigênio. A água, que tem 11% de massa de hidrogênio, é o composto de hidrogênio mais abundante.

Isótopos de hidrogênio

O isótopo mais comum do hidrogênio, ^1_1H, tem um núcleo formado por um único próton. O isótopo, algumas vezes denominado **prótio**,* constitui 99,9844% do hidrogênio natural.

Dois outros isótopos são conhecidos: ^2_1H, cujo núcleo contém um próton e um nêutron, e ^3_1H, cujo núcleo contém um próton e dois nêutrons. O isótopo ^2_1H, chamado de **deutério**, constitui 0,0156% do hidrogênio natural. Ele não é radioativo e costuma receber o símbolo D nas fórmulas químicas, como em D_2O (óxido de deutério), conhecido como *água pesada*.

Pelo fato de um átomo de deutério ser cerca de duas vezes mais massivo que um de prótio, as propriedades das substâncias com deutério diferem ligeiramente daquelas com o seu análogo, o prótio. Por exemplo, os pontos de fusão e ebulição normais de D_2O são 3,81 °C e 101,42 °C, respectivamente, enquanto para H_2O são 0,00 °C e 100,00 °C. Não surpreende que a densidade de D_2O a 25 °C (1,104 g/mL) seja maior que a de H_2O (0,997 g/mL). A substituição do prótio pelo deutério (processo chamado de *deuteração*) também pode afetar profundamente as velocidades das reações, fenômeno chamado de *efeito cinético de isótopo*. Por exemplo, a água pesada pode ser obtida por meio da eletrólise da água comum [$2 H_2O(l) \longrightarrow 2 H_2(g) + O_2(g)$], porque a pequena quantidade de D_2O natural presente na amostra sofre eletrólise a uma velocidade mais baixa do que H_2O, tornando-se, portanto, concentrada durante a reação.

O terceiro isótopo, ^3_1H, o **trítio**, é radioativo, com meia-vida de 12,3 anos:

$$^3_1H \longrightarrow {}^3_2He + {}^{\,\,0}_{-1}e \quad t_{1/2} = 12,3 \text{ anos} \qquad [22.4]$$

Em razão da sua meia-vida curta, a existência natural do trítio resume-se apenas a quantidades em nível de traço. O isótopo pode ser sintetizado em reatores nucleares por meio do bombardeamento de lítio-6 com nêutrons:

$$^6_3Li + {}^1_0n \longrightarrow {}^3_1H + {}^4_2He \qquad [22.5]$$

O deutério e o trítio têm se mostrado valiosos no estudo de reações de compostos que contêm hidrogênio. Um composto pode ser "marcado" pela substituição de um ou mais átomos de hidrogênio normais por átomos de deutério ou trítio em posições específicas na molécula. Ao comparar a posição dos átomos marcados nos reagentes e nos produtos, geralmente, pode-se inferir um mecanismo da reação. Quando o álcool metílico (CH_3OH) é colocado em D_2O, por exemplo, o átomo de hidrogênio da ligação O — H troca rapidamente com os átomos de D, formando CH_3OD. Os átomos de H do grupo CH_3 não fazem trocas. Esse experimento demonstra a estabilidade cinética das ligações C — H e revela a velocidade com que a ligação O — H na molécula se quebra e volta a se formar.

Propriedades do hidrogênio

O hidrogênio é o único elemento que não faz parte de qualquer família na tabela periódica. Em razão de sua configuração eletrônica $1s^1$, ele costuma ser colocado acima do lítio na tabela periódica. Entretanto, ele não é um metal alcalino; ele forma um *íon* positivo com menor facilidade que qualquer metal alcalino. A energia de ionização do átomo de hidrogênio é 1.312 kJ/mol, enquanto a do lítio é 520 kJ/mol.

Em alguns casos, o hidrogênio é colocado acima dos halogênios na tabela periódica, porque o átomo de hidrogênio pode receber um elétron para formar o *íon hidreto*, H^-, que apresenta configuração eletrônica igual a do hélio. Entretanto, a afinidade eletrônica do hidrogênio ($EA = -73$ kJ/mol) não é tão grande quanto a de qualquer halogênio. De modo geral, o hidrogênio não é mais parecido com os halogênios do que com os metais alcalinos.

O hidrogênio elementar existe em temperatura ambiente como um gás incolor, inodoro e sem sabor, na forma de moléculas diatômicas. Podemos chamar H_2 de *di-hidrogênio*, mas ele é popularmente chamado de *hidrogênio molecular*, ou apenas hidrogênio. Como H_2 é apolar e tem apenas dois elétrons, as forças atrativas entre as moléculas são extremamente fracas. Como resultado, seus pontos de fusão (-259 °C) e de ebulição (-253 °C) são muito baixos.

A entalpia da ligação H — H (436 kJ/mol) é alta para uma ligação simples. (Tabela 8.3) Por comparação, a entalpia da ligação Cl — Cl é apenas 242 kJ/mol. Em virtude de o H_2 ter ligação forte, a maioria das reações do H_2 é lenta à temperatura ambiente. Entretanto, a molécula é ativada rapidamente por calor, irradiação ou catálise. O processo de ativação geralmente produz átomos de hidrogênio, que são muito mais reativos. Como H_2 é ativado, ele reage de maneira rápida e exotérmica com uma grande variedade de substâncias.

---

* Essa nomenclatura dos isótopos limita-se ao hidrogênio. Por causa das grandes diferenças proporcionais em suas massas, os isótopos de H têm bem menos diferenças em suas propriedades do que os isótopos dos demais elementos mais pesados.

O hidrogênio forma ligações covalentes fortes com muitos outros elementos, inclusive com o oxigênio; a entalpia da ligação O — H é 463 kJ/mol. A formação da forte ligação O — H torna o hidrogênio um agente redutor eficiente para muitos óxidos metálicos. Por exemplo, quando H_2 passa por CuO aquecido, cobre é produzido:

$$CuO(s) + H_2(g) \longrightarrow Cu(s) + H_2O(g) \quad [22.6]$$

Quando H_2 é queimado no ar, ocorre uma reação vigorosa, resultando em H_2O. Até mesmo o ar, que contém 4% de H_2 em volume, é potencialmente explosivo. A combustão de misturas de hidrogênio-oxigênio costuma ser usada como combustível líquido em motores de foguetes no lançamento de veículos espaciais. Nesse caso, o hidrogênio e o oxigênio são armazenados a baixas temperaturas na forma líquida.

Produção de hidrogênio

Quando uma pequena quantidade de H_2 é necessária em laboratório, ele costuma ser obtido por meio da reação entre um metal ativo, como o zinco, e uma solução diluída de um ácido forte, como HCl ou H_2SO_4:

$$Zn(s) + 2\,H^+(aq) \longrightarrow Zn^{2+}(aq) + H_2(g) \quad [22.7]$$

Grandes quantidades de H_2 são produzidas pela reação de metano com vapor d'água a 1.100 °C. Podemos considerar que esse processo envolve duas reações:

$$CH_4(g) + H_2O(g) \longrightarrow CO(g) + 3\,H_2(g) \quad [22.8]$$
$$CO(g) + H_2O(g) \longrightarrow CO_2(g) + H_2(g) \quad [22.9]$$

A Equação 22.8, chamada de *reforma a vapor*, é uma reação endotérmica. A Equação 22.9 mostra que um produto da reforma a vapor, o CO, pode reagir com a água para produzir CO_2 e H_2. A Equação 22.9, chamada de *reação de deslocamento gás-água*, é ligeiramente exotérmica. Em conjunto, as Equações 22.8 e 22.9 (CO, CO_2 e H_2) são chamadas de *gás de síntese* ou syngas. O gás de síntese é usado como combustível industrial na geração de eletricidade. Tanto a Equação 22.8 quanto a 22.9 precisam de catalisadores para ocorrer.

Quando aquecido com água a aproximadamente 1.000 °C, o carbono também passa a ser uma fonte de H_2:

$$C(s) + H_2O(g) \longrightarrow H_2(g) + CO(g) \quad [22.10]$$

Essa mistura, conhecida como *gás d'água*, também é usada como combustível industrial. O gás d'água também é um produto da Equação 22.8.

A eletrólise da água consome muita energia e, por isso, é onerosa para produzir H_2 comercialmente. Entretanto, o H_2 é um subproduto na eletrólise de soluções de salmoura (NaCl) no processo de fabricação de Cl_2 e NaOH:

$$2\,NaCl(aq) + 2\,H_2O(l) \xrightarrow{\text{eletrólise}} H_2(g) + Cl_2(g) + 2\,NaOH(aq) \quad [22.11]$$

QUÍMICA E SUSTENTABILIDADE | Economia do hidrogênio

A reação do hidrogênio com o oxigênio é altamente exotérmica:

$$2\,H_2(g) + O_2(g) \longrightarrow 2\,H_2O(g) \quad \Delta H = -483,6\ kJ \quad [22.12]$$

Visto que tem baixa massa molar e elevada entalpia de combustão, o H_2 apresenta alta densidade de energia por massa (i.e., sua combustão produz alta energia por grama). Além disso, o único produto da reação é vapor d'água, o que significa que o hidrogênio é ecologicamente mais limpo do que os combustíveis fósseis. Assim, a perspectiva de um amplo uso do hidrogênio como combustível é bastante atraente. Além disso, o hidrogênio pode ser utilizado como combustível nas células a combustível de hidrogênio, o que aumenta a eficiência da sua utilização. (Seção 20.7)

O termo *"economia do hidrogênio"* é utilizado para descrever o conceito de disponibilizar e utilizar o hidrogênio como combustível em vez dos combustíveis fósseis. [O conceito também foi mencionado no quadro "Química e sustentabilidade: Hidrogênio e hélio". (Seção 10.6)] Para desenvolver uma economia do hidrogênio, seria necessário gerar hidrogênio elementar em grande escala e providenciar seu transporte e armazenamento. No entanto, essas questões impõem consideráveis desafios técnicos.

A **Figura 22.4** ilustra várias fontes e usos do combustível H_2. Sua geração por eletrólise da água é, em princípio, a alternativa mais limpa, porque esse processo – o inverso da Equação 22.12 – produz apenas hidrogênio e oxigênio. (Figura 1.6 e Seção 20.9) No entanto, a energia necessária para eletrolisar água deve vir de algum lugar. Se queimarmos combustíveis fósseis para gerar essa energia, não avançaremos muito rumo a uma verdadeira economia do hidrogênio. Por outro lado, se a energia para a eletrólise viesse de uma usina hidrelétrica ou nuclear, células solares ou geradores eólicos, o consumo de fontes de energia não renováveis e a produção indesejada de CO_2 poderiam ser evitados.

A armazenagem do hidrogênio é outro obstáculo técnico a ser superado no desenvolvimento de uma economia do hidrogênio. Apesar de $H_2(g)$ ter alta densidade de energia por massa, possui baixa densidade de energia por volume. Assim, armazenar hidrogênio como gás requer um grande volume em comparação à energia que ele proporciona. Existem também questões de segurança associadas ao manuseio e ao armazenamento do gás, porque sua combustão pode ser explosiva. Armazenar hidrogênio sob a forma de vários compostos, como o hidreto $LiAlH_4$, está sendo pesquisado como meio de reduzir o volume e aumentar a segurança. Contudo, um problema dessa abordagem é que esses compostos têm alta densidade de energia por volume, mas baixa densidade de energia por massa.

Exercícios relacionados: 22.27, 22.28, 22.93

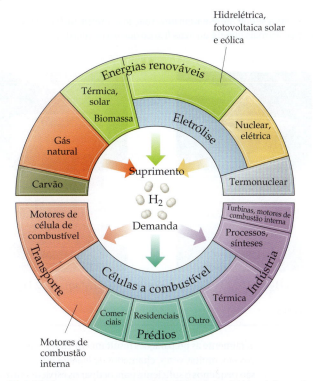

▲ Figura 22.4 **Oferta e procura na economia do hidrogênio.** O hidrogênio precisaria ser produzido a partir de várias fontes e seria utilizado em aplicações relacionadas à energia.

Usos do hidrogênio

O hidrogênio é uma substância comercialmente importante Quase a metade do H_2 produzido é usada para sintetizar amônia por meio do processo de Haber. (Seção 15.2) Grande parte do hidrogênio restante atua na conversão de hidrocarbonetos de alto peso molecular do petróleo em hidrocarbonetos de menor peso molecular, adequados como combustível (gasolina, diesel e outros), em um processo conhecido como *craqueamento*. O hidrogênio também é usado para fabricar metanol por meio da reação catalítica de CO e H_2 sob altas pressão e temperatura:

$$CO(g) + 2\,H_2(g) \longrightarrow CH_3OH(g) \qquad [22.13]$$

Compostos binários de hidrogênio

O hidrogênio reage com outros elementos para formar três tipos de composto: (1) hidretos iônicos, (2) hidretos metálicos e (3) hidretos moleculares.

Os **hidretos iônicos** são formados por metais alcalinos e alcalino-terrosos mais pesados (Ca, Sr e Ba). Esses metais ativos são bem menos eletronegativos que o hidrogênio. (Figura 8.8) Por consequência, o hidrogênio recebe elétrons deles para formar íons hidreto (H^-):

$$Ca(s) + H_2(g) \longrightarrow CaH_2(s) \qquad [22.14]$$

O íon hidreto é muito básico e reage rapidamente com compostos que contêm até mesmo prótons pouco ácidos para formar H_2, como mostra a **Figura 22.5** e como resume a equação a seguir:

$$H^-(aq) + H_2O(l) \longrightarrow H_2(g) + OH^-(aq) \qquad [22.15]$$

Dessa forma, os hidretos iônicos podem ser usados como fontes convenientes (apesar de caras) de H_2.

O hidreto de cálcio (CaH_2) é usado para inflar barcos salva-vidas e balões meteorológicos e como um meio simples e compacto de gerar H_2 (Figura 22.5).

Os **hidretos metálicos** são formados quando o hidrogênio reage com metais de transição. Esses compostos são assim chamados porque mantêm suas propriedades metálicas. Em muitos hidretos metálicos, a razão entre os átomos metálicos e os de hidrogênio não é fixa nem em números inteiros pequenos. A composição pode variar dentro de uma faixa, dependendo das condições da reação. Por exemplo, TiH_2 pode ser produzido, mas

> **Resolva com ajuda da figura**
> As imagens a seguir apresentam uma reação exotérmica. O béquer à direita está mais quente ou mais frio do que o à esquerda?

▲ **Figura 22.5** Reação de CaH₂ com água.

> **Resolva com ajuda da figura**
>
> Qual hidreto é o termodinamicamente mais estável? Qual é o termodinamicamente menos estável?
>
> | 4A | 5A | 6A | 7A |
> |---|---|---|---|
> | CH₄(g) −50,8 | NH₃(g) −16,7 | H₂O(l) −237 | HF(g) −271 |
> | SiH₄(g) +56,9 | PH₃(g) +18,2 | H₂S(g) −33,0 | HCl(g) −95,3 |
> | GeH₄(g) +117 | AsH₃(g) +111 | H₂Se(g) +71 | HBr(g) −53,2 |
> | | SbH₃(g) +187 | H₂Te(g) +138 | HI(g) +1,30 |

▲ **Figura 22.6 Energias livres padrão de formação de hidretos moleculares.** Todos os valores em quilojoules por mol de hidreto.

> **Objetivos de aprendizagem**
>
> Após terminar a Seção 22.3, você deve ser capaz de:
> ▶ Prever quais elementos têm maior probabilidade de reagir com gases nobres.
> ▶ Determinar os estados de oxidação dos elementos em compostos de gases nobres.
> ▶ Prever as estruturas de compostos de gases nobres usando o modelo VSPER.

geralmente as preparações resultam em TiH$_{1,8}$. Esses hidretos metálicos não estequiométricos são, muitas vezes, chamados de *hidretos intersticiais*. Visto que os átomos de hidrogênio são pequenos o suficiente para ocupar os espaços entre os átomos metálicos, muitos hidretos metálicos atuam como ligas intersticiais. (Seção 12.2)

Os **hidretos moleculares**, formados por não metais ou metaloides, são gases ou líquidos sob condições padrão. Os hidretos moleculares simples estão listados na **Figura 22.6**, com suas energias livre de formação, ΔG_f°. (Seção 19.5) Em cada família, a estabilidade térmica (medida como ΔG_f°) diminui à medida que descemos na família. (Lembre-se de que, quanto mais estável for um composto em relação aos seus elementos sob condições padrão, mais negativo será o valor de ΔG_f°).

> **Exercícios de autoavaliação**
>
> **EAA 22.6** Qual dos seguintes isótopos do hidrogênio não ocorre na natureza? (**a**) $^5_1$H (**b**) $^3_1$H (**c**) $^2_1$H (**d**) $^1_1$H
>
> **EAA 22.7** Qual elemento reage com o hidrogênio para formar um hidreto iônico? (**a**) C (**b**) Fe (**c**) F (**d**) Sr
>
> **EAA 22.8** Qual elemento reage com o hidrogênio para formar um hidreto metálico? (**a**) C (**b**) K (**c**) Fe (**d**) F
>
> **EAA 22.9** Qual(is) das seguintes afirmações é(são) *verdadeira(s)*?
> (**i**) A ligação H—H no hidrogênio é muito forte (mais de 400 kJ/mol).
> (**ii**) O hidrogênio atômico, de configuração eletrônica $1s^1$, tem energia de ionização alta em comparação à do lítio, de configuração eletrônica $1s^2 2s^1$.
> (**iii**) Os estados de oxidação comuns do hidrogênio são −1, 0 e +1.
>
> (**a**) Apenas uma das afirmações é verdadeira. (**b**) As afirmações i e ii são verdadeiras. (**c**) As afirmações i e iii são verdadeiras. (**d**) As afirmações ii e iii são verdadeiras. (**e**) Todas as afirmações são verdadeiras.

22.3 | Grupo 8A: gases nobres

Os elementos do grupo 8A são quimicamente não reativos. Na verdade, a maior parte do que falamos sobre esses elementos foi sobre suas propriedades físicas, como quando abordamos as forças intermoleculares. (Seção 11.2) A relativa inércia química desses elementos deve-se à presença de um octeto completo de elétrons em sua camada de valência (exceto He, que tem apenas o subnível 1s completo). A estabilidade de tal arranjo é percebida a partir das altas energias de ionização dos elementos do grupo 8A. (Seção 7.4)

Todos os elementos do grupo 8A são gases à temperatura ambiente. São componentes da atmosfera da Terra, com exceção do radônio, que existe apenas como um radioisótopo de vida curta. (Seção 21.9) Somente o argônio é relativamente abundante. (Tabela 18.1)

Neônio, argônio, criptônio e xenônio são utilizados em dispositivos de iluminação, expositores e aplicações em laser, nos quais os átomos são excitados eletricamente e os elétrons que estão em um estado de maior energia emitem luz ao retornarem ao estado fundamental. (Seção 6.2) As luzes de neon talvez sejam o exemplo mais conhecido do uso de gases nobres na iluminação. O argônio também é usado como atmosfera protetora para prevenir a oxidação em soldas e em determinados processos metalúrgicos de alta temperatura.

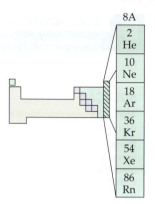

O hélio é, de muitas maneiras, o mais importante dos gases nobres. O hélio líquido é usado como refrigerante em experimentos com temperaturas muito baixas [ver o quadro "Química e sustentabilidade: Hidrogênio e hélio" (Seção 10.6)]. O hélio entra em ebulição a 4,2 K sob 1 atm de pressão, o ponto de ebulição mais baixo de todas as substâncias. Ele é encontrado em concentrações relativamente altas em muitas fontes naturais.

Compostos de gases nobres

Por serem extremamente estáveis, os gases nobres sofrem reações apenas sob condições rigorosas. Com isso, podemos supor que os mais pesados sejam mais suscetíveis a formar compostos, porque suas energias de ionização são mais baixas. (Figura 7.11) Uma energia de ionização mais baixa sugere a possibilidade de compartilhar um elétron com outro átomo, levando a uma ligação química. Além disso, uma vez que os elementos do grupo 8A (exceto o hélio) já apresentam oito elétrons nas suas camadas de valência, a formação de ligações covalentes exigirá uma expansão na camada de valência. (Seção 8.7)

O primeiro composto de gás nobre foi relatado em 1962. A descoberta causou comoção, porque acabava com a crença de que os elementos dos gases nobres eram inertes. O estudo inicial envolvia o xenônio em combinação com o flúor, o elemento mais eletronegativo e, logo, aquele que deveria ter a maior capacidade de atrair densidade eletrônica de outro átomo (muito polarizável). Desde então, vários compostos de xenônio com flúor e oxigênio têm sido preparados (Tabela 22.1). Os fluoretos XeF_2, XeF_4 e XeF_6 são preparados pela reação direta dos elementos. Ao variar a proporção dos reagentes e alterar as condições de reação, um dos três compostos pode ser obtido, de modo que os compostos que contêm oxigênio são formados quando os fluoretos reagem com a água, por exemplo:

$$XeF_6(s) + 3\,H_2O(l) \longrightarrow XeO_3(aq) + 6\,HF(aq) \quad [22.16]$$

Os outros elementos dos gases nobres formam compostos com menos facilidade que o xenônio. Durante muitos anos, apenas um composto binário de criptônio, KrF_2, era conhecido com clareza, e ele se decompõe em seus elementos constituintes a −10 °C. Outros compostos de criptônio foram isolados a temperaturas muito baixas (40 K). Em 2000, foi descoberto um composto de argônio, o HArF, mas este existe apenas em matrizes de argônio a baixíssimas temperaturas. Em 2017, o estranho composto Na_2He, o heleto de dissódio, foi identificado pela reação dos elementos sob alta pressão, o que causou outra comoção no campo da química. No composto, os átomos de sódio são cátions parcialmente carregados, os átomos de He têm cargas ligeiramente negativas e a maior parte da carga negativa que equilibra as cargas positivas do Na vem dos elétrons livres na rede cristalina. A energia de ionização do hélio, 2.372 kJ/mol (Figura 7.11), é a maior entre todos os elementos, o que torna a oxidação do hélio muito desfavorável. Assim, o truque de usar um elemento altamente eletronegativo para reagir com um gás nobre não funciona para o hélio.

TABELA 22.1 Propriedades dos compostos de xenônio

Composto	Estado de oxidação do Xe	Ponto de fusão (°C)	$\Delta H°_f$ (kJ/mol)[a]
XeF_2	+2	129	−109(g)
XeF_4	+4	117	−218(g)
XeF_6	+6	49	−298(g)
$XeOF_4$	+6	−41 a −28	+146(l)
XeO_3	+6	—[b]	+402(s)
XeO_2F_2	+6	31	+145(s)
XeO_4	+8	—[c]	—

[a] A 25°C, para o composto no estado indicado.
[b] Sólido, se decompõe a 40°C.
[c] Sólido, se decompõe a −40°C.

Exercício resolvido 22.3
Determinação de uma estrutura molecular

Utilize o modelo VSEPR para determinar a estrutura de XeF$_4$.

SOLUÇÃO
Analise Deve-se determinar a estrutura geométrica com base apenas na fórmula molecular.

Planeje Em primeiro lugar, devemos escrever a estrutura de Lewis para a molécula. Depois, contamos o número de pares de elétrons (domínios) ao redor do átomo de Xe e usamos esse número e o número de ligações para determinar a geometria.

Resolva Existem 36 elétrons na camada de valência da molécula (8 do xenônio e 7 de cada átomo de flúor). Se formarmos quatro ligações Xe—F, cada flúor terá o seu octeto satisfeito. Xe tem 12 elétrons em seu nível de valência, de modo que esperamos uma disposição octaédrica dos seis pares de elétrons. Dois desses pares são não ligantes e, uma vez que eles precisam de um volume maior que os pares ligantes (Seção 9.2), é razoável esperar que esses pares não ligantes sejam opostos entre si. A estrutura esperada é a quadrática plana, como mostrada na **Figura 22.7**.

Comentário A estrutura determinada experimentalmente está de acordo com essa suposição.

▲ **Figura 22.7** Tetrafluoreto de xenônio.

▶ **Para praticar**
Descreva a geometria do domínio eletrônico e a geometria molecular do KrF$_2$.

Exercícios de autoavaliação

EAA 22.10 O radônio, abaixo do Xe na tabela periódica, não tem isótopos estáveis e, logo, é radioativo e difícil de estudar. Preveja que tipos de reação o Rn tem maior probabilidade de sofrer. (**a**) Reação química redox com flúor para formar fluoretos de radônio. (**b**) Reação química redox com cloro para formar cloretos de radônio. (**c**) Reação química redox com cálcio para formar sais de radeto de cálcio. (**d**) Reação de ligas com argônio sob alta pressão para formar compostos Ar$_x$Rn$_y$.

EAA 22.11 Qual é o estado de oxidação do gás nobre no composto difluoreto de criptônio, KrF$_2$? (**a**) +1 (**b**) −1 (**c**) +2 (**d**) 0

EAA 22.12 O estado de oxidação do Xe no XeO$_3$ é _____, e sua geometria molecular é _____. (**a**) +3, trigonal plana (**b**) +3, piramidal trigonal (**c**) +6, trigonal plana (**d**) +6, piramidal trigonal (**e**) +6, em forma de T

22.4 | Grupo 7A: halogênios

Objetivos de aprendizagem

Após terminar a Seção 22.4, você deve ser capaz de:

▶ Comparar e contrastar as propriedades físicas e químicas dos halogênios e dos seus compostos.

▶ Prever a estrutura dos compostos do grupo 7A usando o modelo VSEPR e designar números de oxidação aos elementos que tais compostos contêm.

Os elementos do grupo 7A, halogênios, têm configuração eletrônica da camada mais externa ns^2np^5, em que n varia de 2 até 6. Os halogênios têm afinidades eletrônicas muito negativas (Seção 7.4) e, com frequência, atingem uma configuração de gás nobre ao ganhar um elétron, o que resulta em um estado de oxidação −1. O flúor, por ser o elemento mais eletronegativo, existe em compostos apenas no estado de oxidação −1. Os demais halogênios exibem estados de oxidação positivos até +7 em combinação com átomos mais eletronegativos, como O. Nos estados de oxidação positivos, os halogênios tendem a ser bons agentes oxidantes, aceitando elétrons com facilidade.

Cloro, bromo e iodo são encontrados como haletos na água do mar e em depósitos de sal. O flúor ocorre nos minerais fluorita (CaF$_2$), criolita (Na$_3$AlF$_6$) e fluorapatita [Ca$_5$(PO$_4$)$_3$F].* No entanto, apenas a fluorita é uma importante fonte comercial de flúor.

Todos os isótopos do ástato são radioativos. O isótopo de vida mais longa é o astato-210, que tem meia-vida de 8,1 h e decai principalmente por captura de elétron. Por ser tão instável ao decaimento nuclear, pouco se conhece sobre a química do astato.

Propriedades e produção dos halogênios

A maioria das propriedades dos halogênios varia de maneira regular à medida que passamos do flúor ao iodo (**Tabela 22.2**).

Sob condições normais, os halogênios existem como moléculas diatômicas, que são mantidas juntas nos estados sólido e líquido por forças de dispersão. (Seção 11.2) Em

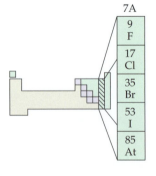

---
* Os minerais são substâncias sólidas presentes na natureza. Costumam ser conhecidos por seus nomes comuns em vez de seus nomes químicos. O que conhecemos como rochas é apenas um agregado de diferentes tipos de minerais.

TABELA 22.2 Algumas propriedades dos halogênios

Propriedade	F	Cl	Br	I
Raio atômico (Å)	0,57	1,02	1,20	1,39
Raio iônico, X⁻ (Å)	1,33	1,81	1,96	2,20
Primeira energia de ionização (kJ/mol)	1681	1251	1140	1008
Afinidade eletrônica (kJ/mol)	−328	−349	−325	−295
Eletronegatividade	4,0	3,0	2,8	2,5
Entalpia da ligação simples X — X (kJ/mol)	155	242	193	151
Potencial de redução (V): $\frac{1}{2}X_2(aq) + e^- \longrightarrow X^-(aq)$	2,87	1,36	1,07	0,54

Resolva com ajuda da figura

Em qual dos solventes Br_5 e I_2 devem ser mais solúveis: CCl_4 ou H_2O?

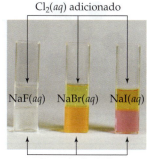

▲ **Figura 22.8** A reação de Cl_2 com soluções aquosas de NaF, NaBr e NaI na presença de tetracloreto de carbono. A camada superior de líquido em cada frasco é água, e a inferior é tetracloreto de carbono. O $Cl_2(aq)$ adicionado a cada frasco é incolor. A coloração marrom na camada de tetracloreto de carbono indica a presença de Br_2, e a camada púrpura indica a presença de I_2.

virtude de I_2 ser a maior e a mais polarizável das moléculas de halogênio, as forças intermoleculares de I_2 são as mais fortes. Portanto, I_2 tem os pontos de fusão e ebulição mais altos. À temperatura ambiente e 1 atm de pressão, I_2 é um sólido de cor púrpura, Br_2, um líquido castanho-avermelhado, e Cl_2 e F_2, gases. (Figura 7.28) O cloro se liquefaz com muita facilidade ao ser comprimido à temperatura ambiente e, em geral, é armazenado e manuseado na forma líquida em recipientes de aço.

A entalpia de ligação consideravelmente baixa do F_2 (155 kJ/mol) é, em parte, responsável pela extrema reatividade do flúor elementar. Por causa de sua alta reatividade, é muito difícil lidar com F_2. Determinados metais, como cobre e níquel, podem ser usados para conter F_2, porque suas superfícies formam um revestimento protetor de fluoreto metálico. O cloro e os halogênios mais pesados também são reativos, embora em menor extensão que o flúor.

Por causa de sua alta eletronegatividade, os halogênios tendem a ganhar elétrons de outras substâncias, atuando como agentes oxidantes. A habilidade oxidante dos halogênios, indicada por seus potenciais padrão de redução, diminui à medida que descemos no grupo. Como resultado, um determinado halogênio é capaz de oxidar ânions haletos inferiores a ele no grupo. Por exemplo, Cl_2 pode oxidar Br^- e I^-, mas não F^-, como visto na **Figura 22.8**.

Observe, na Tabela 22.2, que o potencial de redução de F_2 é excepcionalmente alto. Como resultado, o gás flúor oxida a água com rapidez:

$$F_2(aq) + H_2O(l) \longrightarrow 2\,HF(aq) + \tfrac{1}{2}O_2(g) \quad E° = 1,80\,V \qquad [22.17]$$

O flúor não pode ser preparado por oxidação eletrolítica de soluções aquosas de sais de fluoreto, porque a água é oxidada mais rapidamente que F^-. (Seção 20.9) Na prática, o elemento é formado por oxidação eletrolítica de uma solução de KF em HF anidro.

O cloro é produzido principalmente pela eletrólise de cloreto de sódio fundido ou em solução aquosa. O bromo e o iodo são obtidos comercialmente a partir de salmouras contendo íons haletos; a reação usada é a oxidação com Cl_2.

Exercício resolvido 22.4
Determinação de reações químicas entre halogênios

Escreva a equação balanceada para a reação, se houver alguma, entre (a) $I^-(aq)$ e $Br_2(l)$, (b) $Cl^-(aq)$ e $I_2(s)$.

SOLUÇÃO

Analise Deve-se determinar se uma reação ocorre quando um haleto e um halogênio específicos são combinados.

Planeje Um determinado halogênio é capaz de reduzir os ânions dos halogênios abaixo dele na tabela periódica. Assim, em cada par, o halogênio com o menor número atômico acabará como um íon haleto. Se o halogênio com o menor número atômico já for um haleto, não haverá reação. Portanto, o segredo para determinar se ocorrerá ou não reação está na localização dos elementos na tabela periódica.

Resolva

(a) Br_2 é capaz de oxidar (i. e., remover elétrons de) ânions dos halogênios abaixo dele na tabela periódica. Assim, ele oxidará I^-:

$$2\,I^-(aq) + Br_2(aq) \longrightarrow I_2(s) + 2\,Br^-(aq)$$

(b) Cl^- é o ânion de um halogênio acima do iodo na tabela periódica. Portanto, I_2 não pode oxidar Cl^-, então não haverá reação.

▶ **Para praticar**

Escreva a equação química balanceada para a reação que ocorre entre $Br^-(aq)$ e $Cl_2(aq)$.

Resolva com ajuda da figura

Qual é a unidade de repetição neste polímero?

▲ Figura 22.9 Estrutura do Teflon®, um polímero de fluorocarboneto.

Usos dos halogênios

O flúor é usado para preparar os fluorocarbonetos, compostos muito estáveis de carbono e flúor usados como refrigerantes, lubrificantes e plásticos. O Teflon® (**Figura 22.9**) é um fluorocarboneto polimérico conhecido pela sua alta estabilidade térmica e ausência de reatividade química.

O cloro é o halogênio de maior importância comercial. Mais ou menos metade do cloro é utilizada na fabricação de compostos organoclorados, como o cloreto de vinila (C_2H_3Cl), usado na fabricação do plástico de cloreto de polivinila (PVC). (Seção 12.6) Grande parte do restante serve como agente alvejante na indústria de papel e tecidos.

Quando dissolvido em base diluída fria, o Cl_2 é convertido em Cl^- e hipoclorito, ClO^-:

$$Cl_2(aq) + 2\,OH^-(aq) \rightleftharpoons Cl^-(aq) + ClO^-(aq) + H_2O(l) \qquad [22.18]$$

O hipoclorito de sódio (NaClO) é o ingrediente ativo em muitos alvejantes líquidos. O cloro também é usado no tratamento de água para oxidar e eliminar bactérias. (Seção 18.4)

Um uso mais comum do iodo é na forma de KI, no sal de cozinha. O sal iodado fornece a pequena quantidade de iodo necessária na alimentação e é essencial para a formação da tiroxina, hormônio secretado pela glândula tireoide. A falta de iodo na dieta alimentar resulta no crescimento dessa glândula, uma condição denominada *bócio*.

Haletos de hidrogênio

Todos os halogênios formam moléculas diatômicas estáveis com o hidrogênio. Os haletos de hidrogênio podem ser formados por meio da reação direta dos elementos.

Os haletos de hidrogênio formam soluções ácidas quando são dissolvidos em água. Essas soluções exibem propriedades características de ácidos, como a reação com metais reativos para produzir gás hidrogênio. (Seção 4.4) O ácido fluorídrico também reage rapidamente com a **sílica** (SiO_2) e outros vários silicatos para formar ácido hexafluorossilícico (H_2SiF_6):

$$SiO_2(s) + 6\,HF(aq) \longrightarrow H_2SiF_6(aq) + 2\,H_2O(l) \qquad [22.19]$$

Compostos inter-halogênios

Assim como existem halogênios na forma de moléculas diatômicas, também existem moléculas diatômicas formadas por dois átomos de halogênio diferentes. Esses compostos são os exemplos mais simples de **inter-halogênios**, que são compostos como ClF e IF_5, formados entre dois elementos do grupo dos halogênios.

A grande maioria dos inter-halogênios tem como átomos centrais Cl, Br ou I circundados por átomos de flúor. O maior tamanho do átomo de I permite a formação de IF_3, IF_5 e IF_7, em que o estado de oxidação do I é +3, +5 e +7, respectivamente. Com os átomos de bromo e cloro, que são menores, apenas compostos com três ou cinco átomos de flúor podem ser formados. Os únicos compostos inter-halogênios que não têm átomos de F mais externos são ICl_3 e ICl_5; o maior tamanho do átomo de I pode acomodar cinco átomos de Cl, enquanto Br não é grande o suficiente nem mesmo para permitir que $BrCl_3$ seja formado. Todos os compostos inter-halogênios são agentes oxidantes fortes.

Oxiácidos e oxiânions

A **Tabela 22.3** resume as fórmulas e os nomes dos oxiácidos dos halogênios conhecidos.* (Seção 2.8) As forças ácidas dos oxiácidos acompanham o aumento do estado de oxidação do átomo de halogênio central. (Seção 16.10) Todos os oxiácidos são agentes oxidantes fortes. Os oxiânions, formados pela remoção de H^+ dos oxiácidos, costumam ser mais estáveis do que os oxiácidos. Os sais de hipoclorito são usados como alvejantes e desinfetantes por causa da poderosa capacidade oxidante do íon ClO^-. Os sais de clorato também são muito reativos. Por exemplo, o clorato de potássio é utilizado para fabricar fósforos e fogos de artifício.

---

*O flúor forma um oxiácido, HOF. Visto que a eletronegatividade do flúor é maior que a do oxigênio, devemos considerar o flúor como pertencente ao estado de oxidação −1 e o oxigênio, ao estado de oxidação 0 nesse composto.

TABELA 22.3 Oxiácidos estáveis dos halogênios

Estado de oxidação do halogênio	Fórmula do ácido			Nome do ácido
	Cl	Br	I	
+1	HClO	HBrO	HIO	Ácido *hipo*al*oso*
+3	HClO$_2$	—	—	Ácido hal*oso*
+5	HClO$_3$	HBrO$_3$	HIO$_3$	Ácido hál*ico*
+7	HClO$_4$	HBrO$_4$	HIO$_4$	Ácido *per*ál*ico*

$10\ Al(s) + 6\ NH_4ClO_4(s) \longrightarrow$
$4\ Al_2O_3(s) + 2\ AlCl_3(s)$
$+ 12\ H_2O(g) + 3\ N_2(g)$

O grande volume de gases produzido fornece força de propulsão para os foguetes.

▲ **Figura 22.10** Lançamento do ônibus espacial *Columbia* do Kennedy Space Center.

O ácido perclórico e os seus sais são os mais estáveis dos oxiácidos e oxiânions. As soluções diluídas de ácido perclórico são bastante seguras, e muitos sais de perclorato são estáveis, exceto quando aquecidos com materiais orgânicos. Nesse caso, os percloratos podem se tornar oxidantes vigorosos e até violentos. Por isso, ao manipular essas substâncias, deve-se ter cuidado considerável, sendo crucial evitar o contato entre percloratos e material que seja facilmente oxidável. O uso do perclorato de amônio (NH$_4$ClO$_4$) como um oxidante nos propulsores sólidos de foguetes para ônibus espaciais demonstra o poder oxidante dos percloratos. O propelente sólido contém uma mistura de NH$_4$ClO$_4$ e alumínio em pó, o agente redutor. Cada lançamento de um ônibus espacial requer aproximadamente 6 × 10^5 kg (700 toneladas) de NH$_4$ClO$_4$ (**Figura 22.10**).

> ▲ **Exercícios de autoavaliação**
>
> **EAA 22.13** O menor halogênio é o _____, e o halogênio mais fácil de oxidar é o _____. (**a**) flúor, flúor (**b**) flúor, iodo (**c**) iodo, flúor (**d**) iodo, iodo
>
> **EAA 22.14** O número de oxidação do iodo em IF$_3$ é _____, e sua geometria molecular é _____. (**a**) +3, trigonal (**b**) +3, em forma de T (**c**) +3, piramidal trigonal (**d**) +3, bipiramidal trigonal (**e**) −3, piramidal trigonal

22.5 | Oxigênio

O oxigênio é encontrado em combinação com outros elementos em uma grande variedade de compostos; água (H$_2$O), sílica (SiO$_2$), alumina (Al$_2$O$_3$) e os óxidos de ferro (Fe$_2$O$_3$, Fe$_3$O$_4$) são alguns exemplos. O oxigênio é o elemento mais abundante em massa tanto na crosta terrestre quanto no corpo humano (Seção 1.2), sendo o agente oxidante para o metabolismo dos alimentos e crucial à vida humana.

Propriedades do oxigênio

O oxigênio tem dois alótropos, O$_2$ e O$_3$. Quando falamos de oxigênio molecular, ou apenas oxigênio, geralmente se subentende que estamos falando do *dioxigênio* (O$_2$), a forma normal do elemento; já O$_3$ é chamado de ozônio.

A uma temperatura ambiente, o dioxigênio é um gás incolor e inodoro, apenas ligeiramente solúvel em água (0,04 g/L ou 0,001 M a 25 °C), mas sua presença na água é essencial à vida marinha.

A configuração eletrônica do átomo de oxigênio é [He]$2s^22p^4$. Portanto, o oxigênio pode completar seu octeto de elétrons ao receber dois elétrons, formando o íon óxido (O^{2-}), ou compartilhando dois elétrons. Em seus compostos covalentes, ele tende a formar duas ligações simples, como em H$_2$O, ou uma ligação dupla, como no formaldeído (H$_2$C=O). A molécula de O$_2$ contém uma ligação dupla muito forte (entalpia de ligação de 495 kJ/mol). O oxigênio também forma ligações fortes com uma série de outros elementos; por isso, muitos compostos que contêm oxigênio são termodinamicamente mais estáveis do que O$_2$. Entretanto, na ausência de catalisadores, muitas reações desse elemento têm altas energias de ativação e, assim, precisam de altas temperaturas para prosseguir com

> ▲ **Objetivos de aprendizagem**
>
> Após terminar a Seção 22.5, você deve ser capaz de:
> ▶ Escrever equações químicas balanceadas para reações que envolvem oxigênio.
> ▶ Comparar as propriedades ácido-base de óxidos metálicos e não metálicos.
> ▶ Designar estados de oxidação a átomos de oxigênio em espécies reativas de oxigênio.

$2\,C_2H_2(g) + 5\,O_2(g) \longrightarrow 4\,CO_2(g) + 2\,H_2O(g);$
$\Delta H° = -2510\ kJ$

▲ **Figura 22.11** Solda com um maçarico de oxiacetileno.

velocidade apropriada. Uma vez que uma reação exotérmica o suficiente se inicia, ela pode acelerar rapidamente, produzindo uma reação violenta e explosiva.

Produção de oxigênio

Praticamente todo o oxigênio comercial é obtido do ar. O seu ponto de ebulição normal é −183 °C, enquanto o de N_2, outro componente principal do ar, é −196 °C. Portanto, quando o ar é liquefeito e aquecido, N_2 entra em ebulição, deixando O_2 líquido contaminado sobretudo por pequenas quantidades de N_2 e Ar.

Grande parte do O_2 na atmosfera é reabastecida por meio do processo de fotossíntese, pelo qual os vegetais verdes usam a energia da luz solar para gerar O_2 (com glicose, $C_6H_{12}O_6$) a partir do CO_2 atmosférico.

$$6\,CO_2(g) + 6\,H_2O(l) \longrightarrow C_6H_{12}O_6(aq) + 6\,O_2(g) \qquad [22.20]$$

Usos do oxigênio

No uso industrial, o oxigênio fica atrás apenas do ácido sulfúrico (H_2SO_4) e do nitrogênio (N_2). O oxigênio é o agente oxidante mais utilizado. Mais da metade do O_2 produzido é usada na indústria de aço, sobretudo para remover as impurezas do aço, mas O_2 também é utilizado para alvejar polpa de celulose e papel. (A oxidação de compostos coloridos normalmente leva a produtos incolores.) O oxigênio também é usado com acetileno (C_2H_2) na solda de oxiacetileno (**Figura 22.11**). A reação entre C_2H_2 e O_2 é altamente exotérmica, produzindo temperaturas acima de 3.000 °C.

Ozônio

O ozônio é um gás venenoso azul-claro, com odor forte e pungente, de modo que a maioria das pessoas pode detectar uma quantidade tão ínfima quanto 0,01 ppm no ar. A exposição a quantidades na faixa de 0,1 a 1 ppm de O_3 produz dores de cabeça, queimação nos olhos e irritação nas vias respiratórias.

A molécula de O_3 possui elétrons π que ficam deslocalizados pelos três átomos de oxigênio. (Seção 8.6) A molécula é dissociada com facilidade, formando átomos de oxigênio reativos:

$$O_3(g) \longrightarrow O_2(g) + O(g) \quad \Delta H° = 105\ kJ \qquad [22.21]$$

O ozônio é um agente oxidante mais forte do que o dioxigênio, formando óxidos com muitos elementos em condições em que O_2 não reage. Na verdade, ele oxida todos os metais comuns, exceto ouro e platina.

O ozônio pode ser preparado ao passar eletricidade pelo O_2 seco. Em temporais, o ozônio é gerado (e o seu odor pode ser sentido por quem estiver muito perto) pela queda de raios:

$$3\,O_2(g) \xrightarrow{\text{eletricidade}} 2\,O_3(g) \quad \Delta H° = 284,6\ kJ \qquad [22.22]$$

Às vezes, o ozônio é usado no tratamento doméstico da água. Assim como o Cl_2, ele mata bactérias e oxida compostos orgânicos. Entretanto, o maior uso do ozônio é na fabricação de medicamentos, lubrificantes sintéticos e outros compostos orgânicos comercialmente úteis, em que O_3 é usado para romper ligações duplas carbono-carbono.

O ozônio é um componente importante da atmosfera superior e bloqueia a radiação ultravioleta, protegendo-nos dos efeitos desses raios de alta energia. É por isso que a destruição do ozônio estratosférico é uma grande preocupação científica. (Seção 18.2) Na atmosfera inferior, o ozônio é considerado um poluente do ar e o principal constituinte do smog. (Seção 18.2) Em razão de seu poder oxidante, é prejudicial aos sistemas vivos e aos materiais estruturais, em especial à borracha.

Óxidos

A eletronegatividade do oxigênio só é menor que a do flúor. Como resultado, o oxigênio exibe estados de oxidação negativos em todos os compostos, exceto naqueles com flúor,

OF_2 e O_2F_2. O estado de oxidação -2 é o mais comum, de modo que os compostos nesse estado de oxidação são chamados de *óxidos*.

Os não metais formam óxidos covalentes, a maioria dos quais são moléculas simples com baixos pontos de fusão e ebulição. Entretanto, tanto SiO_2 quanto B_2O_3 têm estruturas estendidas. A maioria dos óxidos não metálicos são combinados com água para fornecer oxiácidos. O dióxido de enxofre (SO_2), por exemplo, é dissolvido em H_2O para formar ácido sulfuroso (H_2SO_3):

$$SO_2(g) + H_2O(l) \longrightarrow H_2SO_3(aq) \quad [22.23]$$

Essa reação e a de SO_3 com H_2O para formar H_2SO_4 são responsáveis em grande parte pela chuva ácida. (Seção 18.2) A reação análoga de CO_2 com água para formar ácido carbônico (H_2CO_3) provoca a acidez da água gaseificada.

Os óxidos que formam ácidos quando reagem com água são chamados de **anidridos ácidos** (que significa "sem água") ou **óxidos ácidos**. Poucos óxidos de não metais, principalmente aqueles com não metais em baixo estado de oxidação, como N_2O, NO e CO, não reagem com água e não são anidridos ácidos.

A maioria dos óxidos metálicos são compostos iônicos. Esses óxidos iônicos dissolvidos em água formam hidróxidos e, por isso, são chamados de **anidridos básicos** ou **óxidos básicos**. O óxido de bário, por exemplo, reage com água para formar hidróxido de bário (**Figura 22.12**). Esses tipos de reações se devem à alta basicidade do íon O^{2-} e à sua hidrólise quase completa em água:

$$O^{2-}(aq) + H_2O(l) \longrightarrow 2\, OH^-(aq) \quad [22.24]$$

Até mesmo os óxidos iônicos insolúveis em água tendem a se dissolver em ácidos fortes. O óxido de ferro(III), por exemplo, dissolve-se nos seguintes ácidos:

$$Fe_2O_3(s) + 6\, H^+(aq) \longrightarrow 2\, Fe^{3+}(aq) + 3\, H_2O(l) \quad [22.25]$$

Essa reação é usada para remover a ferrugem ($Fe_2O_3 \cdot nH_2O$) do ferro ou do aço antes de um revestimento de proteção de zinco ou estanho ser aplicado.

Os óxidos que podem exibir características tanto ácidas quanto básicas são conhecidos como *anfóteros*. (Seção 17.5) Se um metal forma mais de um óxido, o caráter básico do óxido diminui à medida que o estado de oxidação do metal aumenta (**Tabela 22.4**). Em outras palavras, quanto mais alto o estado de oxidação do metal, mais ácido é o óxido. Os motivos para isso são complexos, mas se resumem à ligação M—O no óxido.

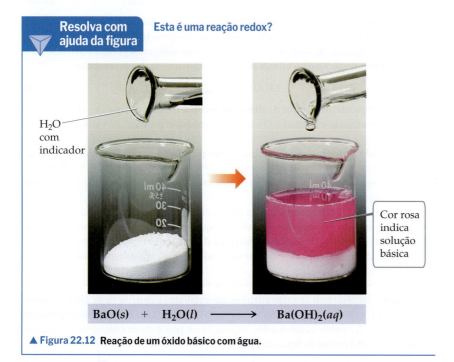

▲ **Figura 22.12** Reação de um óxido básico com água.

$$4\,KO_2(s) + 2\,H_2O(l, \text{da respiração}) \longrightarrow$$
$$4\,K^+(aq) + 4\,OH^-(aq) + 3\,O_2(g)$$

$$2\,OH^-(aq) + CO_2(g, \text{da respiração}) \longrightarrow$$
$$H_2O(l) + CO_3^{2-}(aq)$$

TABELA 22.4 Caráter ácido-base de óxidos de cromo

Óxido	Estado de oxidação de Cr	Natureza do óxido
CrO	+2	Básica
Cr_2O_3	+3	Anfótero
CrO_3	+6	Ácida

Os metais com estados de oxidação menores (CrO na Tabela 22.4) têm mais ligações iônicas M—O; logo, reagem com a água de forma a produzir hidróxido (Figura 22.12). Os metais com estados de oxidação maiores nos óxidos metálicos (CrO_3 na Tabela 22.4) têm mais ligações covalentes M—O, são mais ácidos e, logo, reagem com hidróxido para produzir água:

$$CrO_3(s) + 2\,OH^-(aq) \longrightarrow CrO_4^{2-}(aq) + H_2O(l) \qquad [22.26]$$

Peróxidos, superóxidos e espécies reativas de oxigênio

Os compostos que contêm ligações O—O e oxigênio no estado de oxidação −1 são chamados de *peróxidos*. O oxigênio tem estado de oxidação $-\frac{1}{2}$ em O_2^-, denominado íon *superóxido*. Os metais mais reativos (facilmente oxidáveis: K, Rb e Cs) reagem com O_2 para formar os superóxidos (KO_2, RbO_2 e CsO_2). Seus vizinhos reativos na tabela periódica (Na, Ca, Sr e Ba) reagem com O_2 para produzir peróxidos (Na_2O_2, CaO_2, SrO_2 e BaO_2). Metais e não metais menos reativos produzem óxidos normais. (Seção 7.5)

O O_2 é produzido quando os superóxidos se dissolvem em água:

$$4\,KO_2(s) + 2\,H_2O(l) \longrightarrow 4\,K^+(aq) + 4\,OH^-(aq) + 3\,O_2(g) \qquad [22.27]$$

▲ **Figura 22.13** Aparelho respiratório autossuficiente.

Por causa dessa reação, o superóxido de potássio é usado como fonte de oxigênio nas máscaras utilizadas por bombeiros (**Figura 22.13**). Para garantir a respiração adequada em ambientes tóxicos, o oxigênio deve ser gerado na máscara, e o dióxido de carbono exalado deve ser eliminado. A umidade da respiração provoca a decomposição de KO_2 em O_2 e KOH, e este remove CO_2 do ar exalado:

$$2\,OH^-(aq) + CO_2(g) \longrightarrow H_2O(l) + CO_3^{2-}(aq) \qquad [22.28]$$

O peróxido de hidrogênio (**Figura 22.14**) é o peróxido mais conhecido e comercialmente importante. Em sua forma pura, é um líquido xaroposo transparente, que se funde a −0,4 °C. O peróxido de hidrogênio concentrado é uma substância perigosamente reativa, porque sua decomposição para formar água e gás oxigênio é muito exotérmica:

$$2\,H_2O_2(l) \longrightarrow 2\,H_2O(l) + O_2(g) \quad \Delta H° = -196,1\,kJ \qquad [22.29]$$

Esse é um exemplo de uma reação de **desproporcionamento**, em que um elemento é ao mesmo tempo oxidado e reduzido. O número de oxidação do oxigênio varia de −1 a −2 e zero.

O peróxido de hidrogênio é vendido como reagente químico em soluções aquosas com até cerca de 30% em massa. Uma solução contendo cerca de 3% de H_2O_2 em massa é vendida em drogarias e usada como antisséptico leve. Algumas soluções mais concentradas servem para alvejar tecidos.

O íon peróxido é um subproduto do metabolismo resultante da redução de O_2. O peróxido, o superóxido e compostos semelhantes que contêm O e são subprodutos do metabolismo são chamados de **espécies reativas de oxigênio** (ERO). Algumas ERO estão sempre presentes nos sistemas vivos. Níveis elevados de ERO nos sistemas biológicos estão associados ao estresse e podem levar à oxidação de compostos cruciais, como proteínas e DNA, o que causa danos oxidativos irreversíveis e pode levar a doenças. Para se contrapor a tais reações, o corpo tem diversas enzimas que catalisam a destruição de ERO. O *superóxido dismutase*, por exemplo, catalisa a conversão de superóxido em oxigênio e peróxido de hidrogênio. A *catalase* catalisa a decomposição do peróxido de hidrogênio em água e oxigênio, a mesma reação da Equação 22.29.

Resolva com ajuda da figura

H_2O_2 tem momento de dipolo?

▲ **Figura 22.14 Estrutura molecular do peróxido de hidrogênio.** A interação repulsiva das ligações O—H com os pares de elétrons isolados em cada átomo de O restringe a livre rotação em torno da ligação simples O—O.

Capítulo 22 | Química dos não metais

Exercícios de autoavaliação

EAA 22.15 Complete e faça o balanceamento da seguinte reação:

$$I_2O_5 + H_2O \longrightarrow ?$$

(a) $I_2O_5 + H_2O \longrightarrow 2\,HIO_3$
(b) $I_2O_5 + H_2O \longrightarrow 6\,H_2O + I_2$
(c) $I_2O_5 + H_2O \longrightarrow HIO_3$
(d) $I_2O_5 + H_2O \longrightarrow 2\,HI + 3\,O_2$

EAA 22.16 Determine qual composto em cada par forma o óxido mais ácido ao reagir com a água.

CO_2 ou GeO_2
MnO ou MnO_2

(a) CO_2 e MnO_2 (b) CO_2 e MnO (c) GeO_2 e MnO (d) GeO_2 e MnO_2

EAA 22.17 O radical hidroxila, OH· (lê-se "O — H ponto") é outro exemplo de espécie reativa de oxigênio. Dois radicais hidroxila são formados se a ligação O — O no peróxido de hidrogênio for cortada ao meio. Quantos elétrons de valência contém um radical hidroxila?
(a) 6 (b) 7 (c) 8 (d) 9 (e) 10

22.6 | Outros elementos do grupo 6A: S, Se, Te e Po

Os outros elementos do grupo 6A são enxofre, selênio, telúrio e polônio. Destes, o enxofre é o mais importante e o menos é o polônio, pois não apresenta isótopos estáveis e é encontrado apenas em pequenas quantidades nos minerais que contêm rádio.

Os elementos do grupo 6A possuem a configuração eletrônica externa geral ns^2np^4, em que o valor de n varia de 2 a 6. Portanto, esses elementos podem atingir uma configuração eletrônica de gás nobre pela adição de dois elétrons, resultando em um estado de oxidação −2. Exceto no caso do oxigênio, os elementos do grupo 6A costumam ser encontrados em estados de oxidação positivos de até +6 e podem expandir suas camadas de valência. Assim, existem compostos, como SF_6, SeF_6 e TeF_6, nos quais o átomo central está no estado de oxidação +6.

A Tabela 22.5 resume algumas propriedades dos átomos dos elementos do grupo 6A.

Objetivos de aprendizagem

Após terminar a Seção 22.6, você deve ser capaz de:

▶ Prever as propriedades físicas e químicas dos elementos do grupo 6A além do oxigênio.
▶ Prever a estrutura dos compostos do grupo 6A usando o modelo VSEPR e designar números de oxidação aos elementos que tais compostos contêm.

Ocorrência e produção de S, Se e Te

Enxofre, selênio e telúrio podem ser extraídos da terra. Grandes depósitos no subsolo são a principal fonte de enxofre elementar (**Figura 22.15**). O enxofre também está presente em grandes quantidades na forma de minerais de sulfeto (S^{2-}) e sulfato (SO_4^{2-}). Sua presença como componente minoritário do carvão e do petróleo representa um problema sério. A combustão desses combustíveis "sujos" leva a uma grave poluição por óxido de enxofre. (Seção 18.2) Por isso, muito esforço vem sendo dedicado à remoção desse enxofre, fato que causa um aumento na disponibilidade de enxofre.

O selênio e o telúrio estão presentes em minerais raros, como Cu_2Se, $PbSe$, Cu_2Te e $PbTe$, e como constituintes minoritários de minérios de sulfeto de cobre, ferro, níquel e chumbo.

Propriedades e usos do enxofre, do selênio e do telúrio

O enxofre elementar é amarelo, sem sabor e quase inodoro. Insolúvel em água, existe em várias formas alotrópicas. A forma termodinamicamente estável a uma temperatura

TABELA 22.5 Algumas propriedades dos elementos do grupo 6A

Propriedade	O	S	Se	Te
Raio atômico (Å)	0,66	1,05	1,21	1,38
Raio iônico X^{2-} (Å)	1,40	1,84	1,98	2,21
Primeira energia de ionização (kJ/mol)	1314	1000	941	869
Afinidade eletrônica (kJ/mol)	−141	−200	−195	−190
Eletronegatividade	3,5	2,5	2,4	2,1
Entalpia da ligação simples X — X (kJ/mol)	146*	266	172	126
Potencial de redução para H_2X em solução ácida (V)	1,23	0,14	−0,40	−0,72

*Baseado na energia de ligação O — O no H_2O_2.

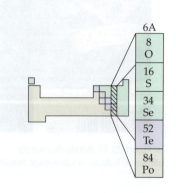

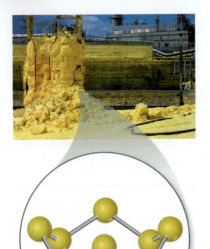

▲ Figura 22.15 Quantidades enormes de enxofre são extraídas todo ano da terra.

▲ Figura 22.16 Comparação entre pirita de ferro (FeS₂, à direita) e ouro.

▲ Figura 22.17 Rótulo de produto alimentar indicando a presença de sulfitos.

ambiente é o enxofre rômbico, que consiste em anéis de S_8 dobrados, de modo que cada átomo de enxofre forma duas ligações (Figura 22.15).

A maior parte do enxofre produzido nos Estados Unidos anualmente é usada na fabricação de ácido sulfúrico. O enxofre também serve para vulcanizar borracha, um processo que a endurece ao introduzir ligações cruzadas entre as cadeias poliméricas. (Seção 12.6)

O selênio é usado em células fotoelétricas e medidores de luminosidade, porque sua condutividade elétrica aumenta muito com a exposição à luz. As fotocopiadoras também dependem da fotocondutividade do selênio. Elas contêm um cinto ou tambor revestido com um filme de selênio, e esse tambor é carregado eletrostaticamente e exposto à luz refletida a partir da imagem fotocopiada. A carga elétrica flui das regiões em que o filme de selênio se tornou condutor pela exposição à luz. Um pó preto (o toner) gruda apenas nas áreas que permanecem carregadas. A fotocópia é feita quando o toner é transferido para uma folha de papel.

Sulfetos

Quando um elemento é menos eletronegativo que o enxofre, são formados os *sulfetos*, que contêm S^{2-}. Muitos elementos metálicos são encontrados na forma de sulfetos minerais, como PbS (galena) e HgS (cinabre). Uma série de minérios relacionados contendo íon dissulfeto, S_2^{2-} (semelhante ao íon peróxido), é conhecida como *pirita*. A pirita de ferro, FeS_2, ocorre como cristais cúbicos amarelo-dourado (**Figura 22.16**). Por ser às vezes confundida com ouro pelos mineiros, é chamada de "ouro dos tolos".

Um dos sulfetos mais importantes é o sulfeto de hidrogênio (H_2S). Uma das propriedades do sulfeto de hidrogênio reconhecida com facilidade é o odor, encontrado com mais frequência no cheiro repulsivo de ovos podres. O sulfeto de hidrogênio é tóxico, mas nosso olfato pode detectar H_2S em concentrações extremamente baixas e atóxicas. Uma molécula orgânica que contém enxofre, como o dimetil-sulfeto $(CH_3)_2S$, também odorífera e passível de detecção de uma parte por trilhão, é adicionada ao gás natural como fator de segurança, para conferir a ele um odor detectável.

Óxidos, oxiácidos e oxiânions de enxofre

O dióxido de enxofre, formado ao queimar enxofre no ar, tem odor sufocante e é venenoso. O gás é particularmente tóxico aos organismos inferiores, como fungos, sendo usado para esterilizar frutas secas e vinho. A 1 atm de pressão e temperatura ambiente, SO_2 dissolve-se em água para produzir uma solução 1,6 M. A solução de SO_2 é ácida, e a descrevemos como ácido sulfuroso (H_2SO_3).

Os sais de SO_3^{2-} (sulfitos) e HSO_3^- (hidrogenossulfitos ou bissulfitos) são bastante conhecidos. Pequenas quantidades de Na_2SO_3 ou $NaHSO_3$ são usadas como aditivos em alimentos para prevenir a contaminação por bactérias. No entanto, sabe-se que elas intensificam os sintomas de asma em cerca de 5% nos portadores dessa doença. Por isso, todos os produtos alimentares que contêm sulfitos devem trazer a indicação da sua presença no rótulo (**Figura 22.17**).

Apesar de a combustão do enxofre no ar produzir, sobretudo, SO_2, pequenas quantidades de SO_3 também são formadas. A reação produz principalmente SO_2 porque a barreira de energia de ativação para a oxidação adicional a SO_3 é muito alta, a menos que a reação seja catalisada. Curiosamente, o subproduto de SO_3 é usado na indústria para fabricar H_2SO_4, que representa o produto final da reação entre SO_3 e água. Na fabricação do ácido sulfúrico, SO_2 é obtido primeiro pela queima do enxofre, então é oxidado a SO_3 por meio de um catalisador, como V_2O_5 ou platina. SO_3 é dissolvido em H_2SO_4 porque não se dissolve rapidamente em água, e então o $H_2S_2O_7$ formado nessa reação, chamado de ácido pirossulfúrico, é adicionado à água para formar H_2SO_4.

$$SO_3(g) + H_2SO_4(l) \longrightarrow H_2S_2O_7(l) \qquad [22.30]$$

$$H_2S_2O_7(l) + H_2O(l) \longrightarrow 2\,H_2SO_4(l) \qquad [22.31]$$

O ácido sulfúrico comercial é 98% H_2SO_4. Trata-se de um líquido oleoso, denso e incolor. É um ácido forte, um potente agente desidratante (**Figura 22.18**) e um agente oxidante moderado.

▲ Figura 22.18 **Ácido sulfúrico desidrata o açúcar de mesa para produzir carbono elementar.**

Ano após ano, a produção de ácido sulfúrico é a maior dentre todos os produtos químicos produzidos nos Estados Unidos. O ácido sulfúrico é empregado de alguma forma em quase todos os processos de fabricação.

O ácido sulfúrico é classificado como ácido forte, mas apenas o primeiro hidrogênio é completamente ionizado em solução aquosa:

$$H_2SO_4(aq) \longrightarrow H^+(aq) + HSO_4^-(aq) \quad [22.32]$$

$$HSO_4^-(aq) \rightleftharpoons H^+(aq) + SO_4^{2-}(aq) \quad K_a = 1,1 \times 10^{-2} \quad [22.33]$$

Por consequência, o ácido sulfúrico forma tanto os sulfatos (sais SO_4^{2-}) quanto os bissulfatos (ou hidrogenossulfatos, sais HSO_4^-). Os sais de bissulfato são componentes comuns dos "ácidos secos", usados para ajustar o pH de piscinas e banheiras de hidromassagem. Também são componentes de diversos materiais de limpeza para vaso sanitário.

Outro íon importante que contém enxofre é o tiossulfato ($S_2O_3^{2-}$). O termo "*tio*" indica a substituição de um oxigênio por enxofre. As estruturas dos íons sulfato e tiossulfato são comparadas na **Figura 22.19**.

Os tióis, compostos orgânicos com um grupo —SH ligado ao carbono, desempenham funções importantes na biologia. Quando oxidados sob condições brandas, os tióis formam dissulfetos, compostos orgânicos com ligações S—S entre átomos de carbono análogas aos peróxidos. Por outro lado, as ligações de dissulfeto podem ser rompidas pela sua redução a tióis. A forma e a função das proteínas podem ser modificadas pela formação ou pelo rompimento das ligações de dissulfeto entre cadeias de proteínas. Muitas proteínas mantêm sua forma tridimensional devido a ligações cruzadas S—S. As tecnologias para cachear e alisar cabelos utilizam o rompimento e a reformação de ligações de dissulfeto entre as moléculas de proteína do cabelo (**Figura 22.20**).

> **Resolva com ajuda da figura**
> Quais são os estados de oxidação dos átomos de enxofre no íon $S_2O_3^{2-}$?

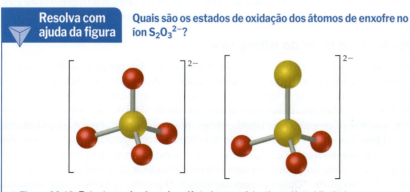

▲ Figura 22.19 **Estruturas dos íons de sulfato (esquerda) e tiossulfato (direita).**

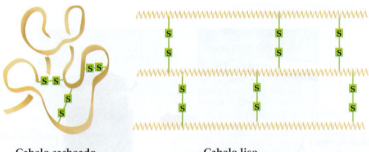

▲ **Figura 22.20 Alisamento e cacheamento de cabelos.** Para alterar a forma do cabelo, primeiro aplica-se um agente redutor que rompe as ligações de dissulfeto entre as cadeias de proteínas. Depois que o cabelo recebe a forma desejada, adiciona-se um agente oxidante para formar novas ligações de dissulfeto para manter a forma obtida.

Exercícios de autoavaliação

EAA 22.18 Qual é a fórmula química do ácido sulfuroso? Qual é o estado de oxidação do enxofre nesse composto? (**a**) H_2SO_3, +6 (**b**) HSO_3, +5 (**c**) H_2SO_3, +4 (**d**) H_2S, −2

EAA 22.19 Determine a estrutura molecular do tetracloreto de enxofre, SCl_4. (**a**) Piramidal quadrada (**b**) Gangorra (**c**) Linear (**d**) Quadrada plana

EAA 22.20 Qual das reações a seguir melhor descreve a reação entre o peróxido de hidrogênio e o selênio?

(**a**) $2 H_2O_2(aq) + Se(s) \longrightarrow SeO_2(s) + 2 H_2O(l)$
(**b**) $H_2O_2(aq) + Se(s) \longrightarrow SeO_2(s) + H_2O(l)$
(**c**) $H_2O_2(aq) + Se(s) \longrightarrow SeO_2(s) + 2 H_2O(l)$
(**d**) $H_2O_2(aq) + Se(s) \longrightarrow SeO_2(s) + H_2(g)$

EAA 22.21 Para a reação $RSH + HSR' \longrightarrow RSSR' + H_2$, na qual R e R' são grupos alquilas, quais é o estado de oxidação do enxofre nos reagentes e nos produtos, respectivamente? (**a**) 0, 0 (**b**) −1, −1 (**c**) −2, −2 (**d**) −2, −1 (**e**) −1, −2

22.7 | Nitrogênio

O nitrogênio constitui 78% do volume da atmosfera terrestre, na qual está presente como moléculas de N_2. Apesar de ser um elemento essencial para os seres vivos, compostos de nitrogênio não são abundantes na crosta terrestre. Os maiores depósitos naturais de compostos de nitrogênio são os de KNO_3 (salitre) na Índia e de $NaNO_3$ (salitre do Chile) no Chile e em outras regiões desérticas da América do Sul.

Propriedades do nitrogênio

O nitrogênio é um gás incolor, inodoro e insípido, composto de moléculas de N_2. A molécula de N_2 é muito pouco reativa por causa da forte ligação tripla entre os átomos de nitrogênio. [A entalpia da ligação $N \equiv N$ é 941 kJ/mol, quase duas vezes a da ligação no O_2 (Tabela 8.3).] Quando as substâncias se queimam no ar, elas costumam reagir com O_2, mas não com N_2.

A configuração eletrônica do átomo de nitrogênio é $[He]2s^22p^3$. O elemento exibe todos os estados de oxidação formais de +5 a −3 (Tabela 22.6). Os estados de oxidação +5, 0 e −3 são os mais encontrados e, de modo geral, os mais estáveis. Por ser mais eletronegativo do que todos os demais elementos, exceto flúor, oxigênio e cloro, o nitrogênio exibe estados de oxidação positivos apenas quando combinado com esses três elementos.

Produção e usos do nitrogênio

O nitrogênio elementar é obtido em quantidades comerciais por meio da destilação fracionada de ar líquido. Em razão de sua baixa reatividade, grandes quantidades de N_2 são usadas como barreira gasosa inerte para eliminar o O_2 de atividades como processamento de alimentos e fabricação de produtos químicos e metais, além de dispositivos eletrônicos. O N_2 líquido é empregado como líquido refrigerante para congelar alimentos rapidamente.

O principal uso de N_2 é na fabricação de fertilizantes nitrogenados, que fornecem uma fonte de nitrogênio *fixado* (i.e., nitrogênio já incorporado a compostos). Já abordamos a fixação de nitrogênio no quadro "A química e a vida: Fixação de nitrogênio e nitrogenase" da Seção 14.6 e no quadro "Química e sustentabilidade: O processo de Haber: Como alimentar o mundo" da Seção 15.2. O ponto de partida na fixação de nitrogênio é a fabricação de

Objetivos de aprendizagem

Após terminar a Seção 22.7, você deve ser capaz de:

▶ Determinar o estado de oxidação do nitrogênio em compostos.
▶ Escrever equações químicas balanceadas para reações de compostos que contêm nitrogênio.

TABELA 22.6 Estados de oxidação do nitrogênio

Estado de oxidação	Exemplos
+5	N_2O_5, HNO_3, NO_3^-
+4	NO_2, N_2O_4
+3	HNO_2, NO_2^-, NF_3
+2	NO
+1	N_2O, $H_2N_2O_2$, $N_2O_2^{2-}$, HNF_2
0	N_2
−1	NH_2OH, NH_2F
−2	N_2H_4
−3	NH_3, NH_4^+, NH_2^-

> **Resolva com ajuda da figura**
> Em qual das seguintes espécies o número de oxidação do nitrogênio é +3?

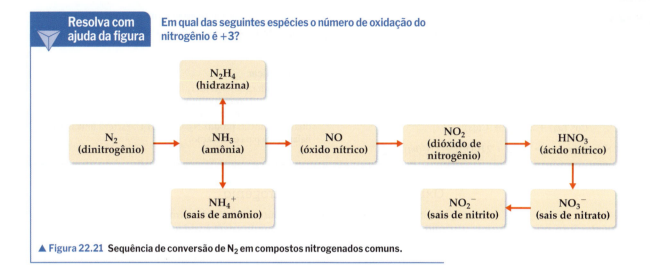

▲ Figura 22.21 Sequência de conversão de N₂ em compostos nitrogenados comuns.

amônia via processo de Haber. (Seção 15.2) A amônia pode, então, ser convertida em uma variedade de espécies simples que contêm nitrogênio (**Figura 22.21**).

Compostos hidrogenados do nitrogênio

A *amônia* é um dos mais importantes compostos de nitrogênio. É um gás tóxico incolor de odor característico e desagradável. Como já vimos, a molécula de NH₃ é básica ($K_b = 1,8 \times 10^{-5}$). (Seção 16.7)

Em laboratório, NH₃ pode ser preparada pela ação de NaOH sobre um sal de amônio. O íon NH₄⁺, que é o ácido conjugado de NH₃, transfere um próton para OH⁻. A NH₃ resultante é volátil e expelida da solução por aquecimento brando:

$$NH_4Cl(aq) + NaOH(aq) \longrightarrow NH_3(g) + H_2O(l) + NaCl(aq) \quad [22.34]$$

A produção comercial de NH₃ é realizada por meio do processo de Haber: (Seção 15.2)

$$N_2(g) + 3\,H_2(g) \longrightarrow 2\,NH_3(g) \quad [22.35]$$

Cerca de 75% são usados para fabricar fertilizantes.

A *hidrazina* (N₂H₄) é outro importante hidreto de nitrogênio. A molécula de hidrazina contém uma ligação simples N—N (**Figura 22.22**). A hidrazina pode ser preparada pela reação da amônia com o íon hipoclorito (OCl⁻) em solução aquosa:

$$2\,NH_3(aq) + OCl^-(aq) \longrightarrow N_2H_4(aq) + Cl^-(aq) + H_2O(l) \quad [22.36]$$

A reação envolve vários intermediários, inclusive a cloroamina (NH₂Cl), uma substância tóxica que borbulha da solução ao misturar a amônia doméstica com o alvejante de cloro (o qual contém OCl⁻). Por isso, é comum a advertência de não fazer essa mistura.

A hidrazina pura é um agente redutor forte e versátil. O principal uso da hidrazina e de compostos semelhantes, como a metil-hidrazina (Figura 22.22), é como combustível de foguete.

> **Resolva com ajuda da figura**
> O comprimento da ligação N—N nessas moléculas é mais curto ou mais longo do que o comprimento da ligação N—N no N₂?
>
>
>
>
>
> ▲ **Figura 22.22 Hidrazina (superior, N₂H₄) e dimetil-hidrazina (inferior, CH₃NHNH₂).** Os lobos roxos representam os orbitais onde se encontram os pares isolados de elétrons.

Exercício resolvido 22.5
Escrevendo uma equação balanceada

A hidroxilamina (NH₂OH) reduz o cobre(II) ao metal livre em meio ácido. Escreva uma equação balanceada para a reação, supondo que N₂ seja o produto da oxidação.

SOLUÇÃO
Analise Deve-se escrever uma equação balanceada de oxirredução em que NH₂OH seja convertido em N₂ enquanto Cu²⁺ é convertido em Cu.

Planeje Por se tratar de uma reação redox, a equação pode ser balanceada pelo método das semirreações, abordado na Seção 20.2. Dessa forma, começamos com duas semirreações, sendo que uma envolve NH₂OH e N₂ e a outra envolve Cu²⁺ e Cu.

(Continua)

Resolva

As semirreações não balanceadas e incompletas são:

$$Cu^{2+}(aq) \longrightarrow Cu(s)$$

$$NH_2OH(aq) \longrightarrow N_2(g)$$

O balanceamento dessas equações, como descrito na Seção 20.2, fornece:

$$Cu^{2+}(aq) + 2\,e^- \longrightarrow Cu(s)$$

$$2\,NH_2OH(aq) \longrightarrow N_2(g) + 2\,H_2O(l) + 2\,H^+(aq) + 2\,e^-$$

Por fim, a soma dessas semirreações fornece a equação balanceada:

$$Cu^{2+}(aq) + 2\,NH_2OH(aq) \longrightarrow Cu(s) + N_2(g) + 2\,H_2O(l) + 2\,H^+(aq)$$

▶ **Para praticar**

A metil-hidrazina, $N_2H_3CH_3(l)$, é utilizada junto com o oxidante tetróxido de dinitrogênio, $N_2O_4(l)$, para impulsionar os foguetes de direcionamento de ônibus espaciais. A reação dessas duas substâncias produz N_2, CO_2 e H_2O. Escreva uma equação balanceada para essa reação.

Óxidos e oxiácidos de nitrogênio

O nitrogênio forma três óxidos comuns: N_2O (óxido nitroso), NO (óxido nítrico) e NO_2 (dióxido de nitrogênio). Também forma dois óxidos instáveis, que não abordaremos aqui: N_2O_3 (trióxido de dinitrogênio) e N_2O_5 (pentóxido de dinitrogênio).

O *óxido nitroso* (N_2O) é conhecido como gás hilariante, porque uma pessoa fica um tanto eufórica ao inalar uma pequena quantidade dele. Esse gás incolor foi a primeira substância usada como anestésico geral. Hoje, ele é usado como propelente em diversos aerossóis e espumas, como no creme de chantili.

O *óxido nítrico* (NO) também é um gás incolor, mas, diferentemente do N_2O, é um pouco tóxico. Pode ser preparado em laboratório pela redução de ácido nítrico diluído, utilizando cobre ou ferro como agente redutor:

$$3\,Cu(s) + 2\,NO_3^-(aq) + 8\,H^+(aq) \longrightarrow 3\,Cu^{2+}(aq) + 2\,NO(g) + 4\,H_2O(l) \quad [22.37]$$

O óxido nítrico também é produzido pela reação direta de N_2 e O_2 a altas temperaturas. Essa reação é uma fonte significativa de óxidos de nitrogênio que poluem o ar. (Seção 18.2) Entretanto, a combinação direta de N_2 e O_2 não é usada para a produção comercial de NO, uma vez que o rendimento da reação é baixo; a constante de equilíbrio K_p a 2.400 K é de apenas 0,05. [Consulte o quadro "Química e sustentabilidade: Controle das emissões de óxido nítrico". (Seção 15.7)]

A rota comercial do NO (e, por consequência, de outros compostos oxinitrogenados) ocorre via oxidação catalítica de NH_3:

$$4\,NH_3(g) + 5\,O_2(g) \xrightarrow[850\,°C]{catalisador\ de\ Pt} 4\,NO(g) + 6\,H_2O(g) \quad [22.38]$$

Essa reação é a primeira etapa do **processo de Ostwald**, pelo qual NH_3 é convertida comercialmente em ácido nítrico (HNO_3).

Quando exposto ao ar, o óxido nítrico reage rapidamente com O_2 (**Figura 22.23**):

$$2\,NO(g) + O_2(g) \longrightarrow 2\,NO_2(g) \quad [22.39]$$

▲ **Figura 22.23** Formação de $NO_2(g)$ à medida que $NO(g)$ se combina com $O_2(g)$ no ar.

Quando dissolvido em água, NO₂ forma ácido nítrico.

$$3\,NO_2(g) + H_2O(l) \longrightarrow 2\,H^+(aq) + 2\,NO_3^-(aq) + NO(g) \qquad [22.40]$$

O nitrogênio é ao mesmo tempo oxidado e reduzido nessa reação, sofrendo desproporcionamento. O NO pode ser convertido de volta em NO₂ pela exposição ao ar (Equação 22.39) e, depois disso, dissolvido em água para preparar mais HNO₃.

O NO é um importante neurotransmissor no corpo humano. Ele relaxa os músculos que revestem os vasos sanguíneos, o que permite maior fluxo sanguíneo (veja o quadro "A química e a vida: Nitroglicerina, óxido nítrico e doença cardíaca" ao final desta seção).

O *dióxido de nitrogênio* (NO₂) é um gás castanho-amarelado (Figura 22.23). Tal qual o NO, é um dos principais componentes do smog. (Seção 18.2) Tóxico, tem odor sufocante. Como abordamos na Seção 15.1, NO₂ e N₂O₄ existem em equilíbrio:

$$2\,NO_2(g) \rightleftharpoons N_2O_4(g) \quad \Delta H° = -58\,kJ \qquad [22.41]$$

Os dois oxiácidos comuns de nitrogênio são os ácidos nítrico (HNO₃) e nitroso (HNO₂) (**Figura 22.24**). O *ácido nítrico* é um ácido forte, além de um poderoso agente oxidante, como indicam os seguintes potenciais padrão de redução:

$$NO_3^-(aq) + 4\,H^+(aq) + 3\,e^- \longrightarrow NO(g) + 2\,H_2O(l) \quad E° = +0{,}96\,V \qquad [22.42]$$

O ácido nítrico concentrado ataca ou oxida a maioria dos metais, exceto Au, Pt, Rh e Ir. O seu principal uso é na fabricação de NH₄NO₃ para fertilizantes, mas também serve para a produção de plásticos, drogas e explosivos. Entre os explosivos fabricados com ácido nítrico estão a nitroglicerina, o trinitrotolueno (TNT) e a nitrocelulose. A seguinte reação ocorre quando a nitroglicerina explode:

$$4\,C_3H_5N_3O_9(l) \longrightarrow 6\,N_2(g) + 12\,CO_2(g) + 10\,H_2O(g) + O_2(g) \qquad [22.43]$$

Todos os produtos dessa reação contêm ligações muito fortes e são gases. Como resultado, a reação é bastante exotérmica, e o volume dos produtos é bem maior do que o volume ocupado pelo reagente. Assim, a expansão resultante do calor gerado pela reação produz a explosão.

> 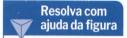 **Resolva com ajuda da figura**
>
> Qual ligação N — O é a mais curta nestas duas moléculas? 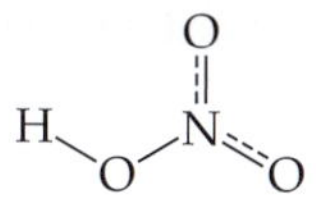 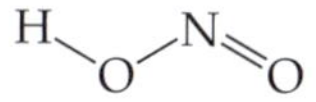
>
> ▲ **Figura 22.24** Estruturas de ácido nítrico (em cima) e ácido nitroso (embaixo).

A QUÍMICA E A VIDA | Nitroglicerina, óxido nítrico e doença cardíaca

Durante a década de 1870, uma observação interessante foi feita nas fábricas de dinamite de Alfred Nobel. Trabalhadores que sofriam de doença cardíaca e sentiam dores no peito encontravam alívio quando faziam esforço durante os dias de trabalho. Logo se tornou evidente que a nitroglicerina, presente no ar da fábrica, agia para dilatar os vasos sanguíneos. Assim, esse potente explosivo químico tornou-se um tratamento padrão para angina, as dores peitorais que acompanham a insuficiência cardíaca. Levamos mais de 100 anos para descobrir que a nitroglicerina era convertida no músculo vascular liso em NO, agente químico que provoca a dilatação dos vasos sanguíneos. Em 1998, o Prêmio Nobel de Fisiologia ou Medicina foi concedido a Robert F. Furchgott, Louis J. Ignarro e Ferid Murad por suas descobertas a respeito de como o NO atua no sistema cardiovascular. Causou furor saber que esse poluente atmosférico simples e comum poderia exercer funções importantes nos mamíferos, incluindo os seres humanos.

Por mais útil que seja até hoje no tratamento da angina, a nitroglicerina tem a limitação de que uma administração prolongada resulta no desenvolvimento de tolerância, ou dessensibilização, do músculo vascular a posteriores relaxamentos dos vasos provocados pela nitroglicerina. A bioativação da nitroglicerina é foco de intensa pesquisa, na expectativa de descobrir um meio de contornar a dessensibilização.

 Exercícios de autoavaliação

EAA 22.22 Selecione a fórmula correta para o nitrito de sódio e indique o estado de oxidação do nitrogênio nesse composto. (**a**) Na₃N, +1 (**b**) Na₃NO₃, −3 (**c**) NaNO₃, +5 (**d**) Na₃N, −3

EAA 22.23 Selecione a equação balanceada para a reação do óxido nítrico com o oxigênio.
(**a**) $N_2(g) + O_2(g) \longrightarrow 2\,NO_2(g)$
(**b**) $2\,NO(g) + O_2(g) \longrightarrow 2\,NO_2(g)$
(**c**) $2\,N_2(g) + 5\,O_2(g) \longrightarrow 2\,N_2O_5(g)$
(**d**) $2\,N_2O(g) \longrightarrow 2\,N_2(g) + O_2(g)$

22.8 | Outros elementos do grupo 5A: P, As, Sb e Bi

Objetivos de aprendizagem

Após terminar a Seção 22.8, você deve ser capaz de:
▶ Comparar e contrastar as propriedades e a reatividade dos elementos do grupo 5A.
▶ Designar números de oxidação aos elementos do grupo 5A nos seus compostos.

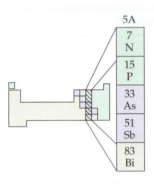

Em relação aos outros elementos do grupo 5A – fósforo, arsênio, antimônio e bismuto – o fósforo tem papel central em vários aspectos da bioquímica e da química ambiental.

Os elementos do grupo 5A possuem a configuração eletrônica da camada mais externa ns^2np^3, em que os valores de n variam de 2 a 6. Uma configuração de gás nobre resulta da adição de três elétrons para formar o estado de oxidação −3. Entretanto, compostos iônicos que contêm íons X^{3-} não são comuns. Geralmente, o elemento do grupo 5A adquire um octeto de elétrons por ligação covalente, e os número de oxidação podem variar de −3 a +5.

Em virtude de sua baixa eletronegatividade, o fósforo é encontrado com mais frequência em estados de oxidação positivos do que o nitrogênio. Além disso, compostos nos quais o fósforo tem estado de oxidação +5 não são tão fortemente oxidantes quanto os compostos correspondentes de nitrogênio. Os compostos nos quais o fósforo tem estado de oxidação −3 são agentes redutores muito mais fortes do que os correspondentes de nitrogênio.

Algumas das principais propriedades dos elementos do grupo 5A estão listadas na Tabela 22.7. A variação nas propriedades entre os elementos do grupo 5A é mais evidente do que a vista para os grupos 6A e 7A. O nitrogênio, em um extremo, existe como molécula diatômica gasosa, claramente não metálico. No outro extremo, o bismuto é um sólido rosa-prateado, muitas vezes iridescente devido a uma camada de óxido, e tem grande parte das características de um metal.

Os valores listados para as entalpias de ligação X—X não são muito confiáveis, pois é difícil obter tais dados a partir de experimentos termoquímicos. Entretanto, não há dúvida sobre a tendência geral: um valor baixo para a ligação simples N—N, um aumento no fósforo e, em seguida, uma diminuição gradual para o arsênio e o antimônio. A partir de observações dos elementos na fase gasosa, é possível estimar as entalpias das ligações triplas X≡X. Aqui, vemos uma tendência diferente daquela para a ligação simples X—X. O nitrogênio forma uma ligação tripla muito mais forte do que os outros elementos, e há uma diminuição regular na entalpia da ligação tripla à medida que descemos no grupo. Esses dados ajudam a entender por que o nitrogênio é o único elemento no grupo 5A que existe como molécula diatômica em seu estado mais estável a 25 °C. Todos os outros elementos existem em formas estruturais com ligações simples entre os átomos.

Ocorrência, isolamento e propriedades do fósforo

O fósforo ocorre, sobretudo, na forma de minerais de fosfato. A principal fonte de fósforo é a rocha de fosfato, que contém fosfato principalmente como $Ca_3(PO_4)_2$. O elemento é produzido comercialmente por meio da redução do fosfato de cálcio com carbono na presença de SiO_2:

$$2\,Ca_3(PO_4)_2(s) + 6\,SiO_2(s) + 10\,C(s) \xrightarrow{1500\,°C} P_4(g) + 6\,CaSiO_3(l) + 10\,CO(g) \quad [22.44]$$

O fósforo produzido dessa maneira é o alótropo conhecido como fósforo branco. Essa forma é extraída da mistura reacional à medida que a reação prossegue.

O fósforo existe em diversas formas alotrópicas e, na forma branca, consiste em tetraedros de P_4 (Figura 22.25). Os ângulos de ligação nessa molécula, de 60°, são surpreendentemente pequenos, fazendo com que exista muita tensão na ligação, o que é coerente com a alta reatividade do fósforo branco. Esse alótropo explode em chamas de forma espontânea se exposto ao ar. Quando aquecido na ausência de ar, a cerca de 400 °C, o fósforo branco é convertido no alótropo mais estável, conhecido como fósforo vermelho, que não

TABELA 22.7 Propriedades dos elementos do grupo 5A

Propriedade	N	P	As	Sb	Bi
Raio atômico (Å)	0,71	1,07	1,19	1,39	1,48
Primeira energia de ionização (kJ/mol)	1402	1012	947	834	703
Afinidade eletrônica (kJ/mol)	> 0	−72	−78	−103	−91
Eletronegatividade	3,0	2,1	2,0	1,9	1,9
Entalpia da ligação simples X—X (kJ/mol)*	163	200	150	120	—
Entalpia da ligação tripla X≡X (kJ/mol)	941	490	380	295	192

*Valores aproximados.

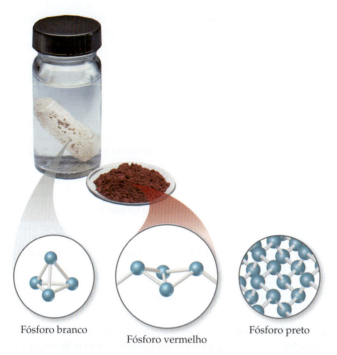

Fósforo branco Fósforo vermelho Fósforo preto

▲ **Figura 22.25 Fósforo branco, vermelho e preto.** Apesar de todas conterem apenas átomos de fósforo, essas formas de fósforo diferem bastante na reatividade. O alótropo branco, que reage violentamente com o oxigênio, deve ser armazenado sob a água para que não seja exposto ao ar. As formas vermelha e preta, bem menos reativas, não precisam ser armazenadas dessa maneira. O fósforo preto conduz eletricidade até certo ponto, devido à sua estrutura.

se incendeia em contato com o ar. O fósforo vermelho também é menos tóxico do que a forma branca. Outro alótropo, o fósforo preto, é um sólido estendido e a forma termodinamicamente estável (por −39,3 kJ/mol) em comparação com o fósforo branco. Indicaremos o fósforo elementar apenas como P(s).

Halogenetos de fósforo

O fósforo forma uma grande variedade de compostos com os halogênios. Seus elementos mais importantes são tri-haletos e penta-haletos. O tricloreto de fósforo (PCl_3) é comercialmente o mais significativo desses compostos, sendo usado no preparo de uma grande variedade de produtos, incluindo sabões, detergentes, plásticos e inseticidas.

Cloretos, brometos e iodetos de fósforo podem ser preparados pela oxidação direta de fósforo elementar com o halogênio elementar. Por exemplo, PCl_3, um líquido à temperatura ambiente, é preparado pela passagem de um fluxo de gás cloro seco pelo fósforo branco ou vermelho:

$$2\,P(s) + 3\,Cl_2(g) \longrightarrow 2\,PCl_3(l) \qquad [22.45]$$

Na presença de excesso de gás cloro, ocorre um equilíbrio entre o PCl_3 e o PCl_5:

$$PCl_3(l) + Cl_2(g) \rightleftharpoons PCl_5(s) \qquad [22.46]$$

Os haletos de fósforo são prontamente hidrolisados quando entram em contato com a água, e a maioria exala vapores no ar como resultado da reação com o vapor d'água. Na presença de excesso de água, os produtos são os correspondentes oxiácidos de fósforo e haletos de hidrogênio.

$$PBr_3(l) + 3\,H_2O(l) \longrightarrow H_3PO_3(aq) + 3\,HBr(aq) \qquad [22.47]$$

$$PCl_5(l) + 4\,H_2O(l) \longrightarrow H_3PO_4(aq) + 5\,HCl(aq) \qquad [22.48]$$

Compostos oxigenados de fósforo

É provável que os compostos de fósforo mais significativos sejam aqueles nos quais o elemento é combinado com o oxigênio de alguma forma. O óxido de fósforo(III) (P_4O_6)

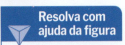

Resolva com ajuda da figura

Como os domínios de elétrons ao redor do P no P_4O_6 diferem daqueles ao redor do P no P_4O_{10}?

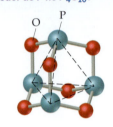

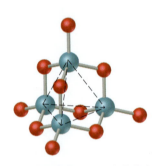

▲ **Figura 22.26** Estrutura do P_4O_6 (em cima) e do P_4O_{10} (embaixo). As linhas tracejadas destacam o núcleo de P_4 de cada molécula.

é obtido quando o fósforo branco é oxidado na presença de um suprimento limitado de oxigênio. Se a oxidação ocorrer na presença de excesso de oxigênio, forma-se o óxido de fósforo(V) (P_4O_{10}). Esse composto também se forma rapidamente por meio da oxidação do P_4O_6. Esses dois óxidos representam os dois estados de oxidação mais comuns para o fósforo, +3 e +5. A relação estrutural entre P_4O_6 e P_4O_{10} é mostrada na **Figura 22.26**. Observe a semelhança que essas moléculas têm com a molécula de P_4 (Figura 22.26): as três têm um núcleo de P_4.

O óxido de fósforo(V) é o anidrido do ácido fosfórico (H_3PO_4), um ácido triprótico fraco. Na verdade, P_4O_{10} tem grande afinidade com água e, por isso, é usado como agente dessecante. O óxido de fósforo(III) é o anidrido do ácido fosforoso (H_3PO_3), um ácido diprótico fraco (**Figura 22.27**).

Uma característica dos ácidos fosfórico e fosforoso é a tendência de sofrer *reações de condensação* quando aquecidos. (Seção 12.6) Por exemplo, duas moléculas de H_3PO_4 unem-se quando uma molécula de H_2O é eliminada para formar $H_4P_2O_7$:

$$\underset{\text{Esses átomos são eliminados como } H_2O}{HO-\overset{\overset{O}{\|}}{\underset{\underset{OH}{|}}{P}}-OH \;+\; HO-\overset{\overset{O}{\|}}{\underset{\underset{OH}{|}}{P}}-OH \longrightarrow HO-\overset{\overset{O}{\|}}{\underset{\underset{OH}{|}}{P}}-O-\overset{\overset{O}{\|}}{\underset{\underset{OH}{|}}{P}}-OH \;+\; H_2O}$$

[22.49]

O ácido fosfórico, seus sais e os "polifosfatos", como o produto da Equação 22.49, são mais utilizados como detergentes e fertilizantes. Nos detergentes, os fosfatos encontram-se na forma de trifosfato de sódio ($Na_5P_3O_{10}$). Os íons fosfato "amaciam" a água, formando ligações dos seus grupos oxigênio com íons metálicos que contribuem para sua dureza. Isso impede que os íons interfiram na ação do detergente. O fosfato também mantém o pH acima de 7, evitando que as moléculas do detergente sejam protonadas.

A maior parte das rochas fosfáticas retiradas de minas é convertida em fertilizantes. O $Ca_3(PO_4)_2$ é insolúvel na rocha fosfática ($K_{ps} = 2,0 \times 10^{-29}$), sendo convertido em uma forma solúvel para uso em fertilizantes por meio do tratamento da rocha fosfática com ácido sulfúrico ou fosfórico. A reação com ácido fosfórico resulta em $Ca(H_2PO_4)_2$:

$$Ca_3(PO_4)_2(s) + 4\,H_3PO_4(aq) \longrightarrow 3\,Ca^{2+}(aq) + 6\,H_2PO_4^-(aq) \qquad [22.50]$$

Embora a solubilidade do $Ca(H_2PO_4)_2$ permita que ele seja assimilado pelos vegetais, ela também permite que ele seja levado do solo para os mananciais de água, contribuindo para a poluição da água. (Seção 18.4)

Os compostos de fósforo são importantes nos sistemas biológicos. O elemento aparece nos grupos fosfato no RNA e no DNA, moléculas responsáveis pelo controle da biossíntese de proteínas e pela transmissão de informações genéticas. Ele também ocorre no trifosfato de adenosina (ATP), que armazena energia dentro das células biológicas e tem a seguinte estrutura:

Este H não é um hidrogênio ácido porque a ligação P–H é apolar.

▲ **Figura 22.27** Estrutura do H_3PO_4 (em cima) e do H_3PO_3 (embaixo).

A ligação P—O—P no final do grupo fosfato é quebrada pela hidrólise com água, formando difosfato de adenosina (ADP):

$$^-O-\overset{\overset{O}{\|}}{\underset{\underset{O^-}{|}}{P}}-O-\overset{\overset{O}{\|}}{\underset{\underset{O^-}{|}}{P}}-O-\overset{\overset{O}{\|}}{\underset{\underset{O^-}{|}}{P}}-O-\text{Adenosina} + H_2O \longrightarrow$$

ATP

$$HO-\overset{\overset{O}{\|}}{\underset{\underset{O^-}{|}}{P}}-O-\overset{\overset{O}{\|}}{\underset{\underset{O^-}{|}}{P}}-O-\text{Adenosina} + {}^-O-\overset{\overset{O}{\|}}{\underset{\underset{O^-}{|}}{P}}-OH$$

ADP

Essa reação libera 33 kJ de energia sob condições padrão, mas, na célula viva, a variação da energia livre de Gibbs para a reação é de cerca de -57 kJ/mol. A concentração de ATP dentro de uma célula viva está na faixa de 1 a 10 mM. Um ser humano normal metaboliza a sua massa corporal de ATP em um dia! O ATP é gerado continuamente a partir de ADP e reconvertido continuamente para ADP, o que libera energia, que pode ser aproveitada por outras reações celulares.

Arsênio, antimônio e bismuto

Os membros mais pesados do grupo 5A são conhecidos principalmente pelos seus efeitos na saúde humana. O arsênio, na forma de As_2O_3, conhecido como arsênio branco, foi vendido durante muitas décadas como veneno de rato e usado ilegalmente para envenenar pessoas. O teste de Marsh para arsênio, usado entre as décadas de 1840 e 1970 em investigações policiais, envolve uma reação redox de amostras que contêm arsênio branco com ácido sulfúrico e zinco pela aplicação de calor:

$$As_2O_3(s) + 6 Zn(s) + 6 H_2SO_4(aq) \longrightarrow 2 AsH_3(g) + 6 ZnSO_4(aq) + 3 H_2O(l) \quad [22.52]$$

No equipamento para o teste de Marsh, uma bacia de vidro ou cerâmica era colocada próximo ao local da reação; a arsina (AsH_3) gasosa quente se decompunha em arsênio elementar no local, criando uma película "espelho" preta e prateada característica sobre o recipiente. O antimônio reage de maneira semelhante ao arsênio no teste de Marsh, mas pode ser diferenciado do As pela reação da camada "espelho" com hipoclorito de sódio: o espelho de arsênio se dissolve quando reage com o hipoclorito de sódio, mas o de antimônio permanece.

O arsênio, o antimônio e o bismuto reagem de modos muito semelhantes ao fósforo para formar oxiânions, haletos e outros compostos. O composto mais conhecido do bismuto é o subsalicilato de bismuto, a solução coloidal rosa conhecida pela marca Pepto-Bismol®, usada para tratar doenças gastrointestinais leves (ver o quadro "Integrando conceitos" no final da Seção 7.7).

A QUÍMICA E A VIDA | **Arsênio em água potável**

Há séculos, o arsênio, sob a forma de seus óxidos, é conhecido como veneno. O padrão atual da Agência de Proteção Ambiental dos Estados Unidos (EPA) para o arsênio no fornecimento público de água é de 10 ppb (equivalente a 10 μg/L). A maioria das regiões dos EUA tem lençóis de água com níveis de arsênio de baixos a moderados (2 a 10 ppb) (**Figura 22.28**). A região oeste costuma apresentar níveis mais altos, provenientes principalmente de fontes geológicas naturais na área. Por exemplo, estimativas indicam que 35% dos poços de abastecimento de água no Arizona têm concentrações de arsênio acima de 10 ppb.

A questão do arsênio em água potável nos Estados Unidos é ofuscada pelo problema em outras partes do mundo, especialmente em Bangladesh, onde a situação é trágica. Ao longo da história, as fontes de água de superfície localizadas em Bangladesh foram contaminadas por microrganismos, causando sérios problemas de saúde na população. Na década de 1970, agências internacionais, lideradas pelo Fundo das Nações Unidas para a Infância (Unicef), começaram a investir milhões de dólares para construir poços em Bangladesh, visando a fornecer água potável "limpa". Infelizmente, ninguém testou a presença de arsênio na água de poço, e o problema só foi descoberto na década de 1980. O resultado foi o maior surto de envenenamento em massa da história. Cerca de metade dos 10 milhões de poços estimados no país apresentaram concentrações de arsênio acima de 50 ppb.

Na água, as formas mais comuns de arsênio são o íon arsenato e seus ânions de hidrogênio protonado (AsO_4^{3-}, $HAsO_2^{3-}$ e $H_2AsO_4^-$) e

(Continua)

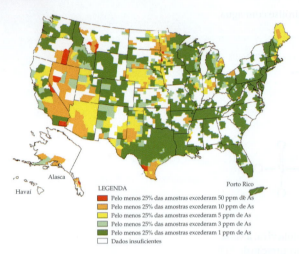

▲ Figura 22.28 Distribuição geográfica de arsênio em água subterrânea nos Estados Unidos.

o íon arsenito e suas formas protonadas (AsO_3^{3-}, $HAsO_3^{2-}$, $H_2AsO_3^-$ e H_3AsO_3). Essas espécies são chamadas de arsênio(V) e arsênio(III), respectivamente, conforme o número de oxidação do arsênio. O arsênio(V) predomina em águas de superfícies ricas em oxigênio (aeróbicas), enquanto a ocorrência do arsênio(III) é mais provável em lençóis de água pobres em oxigênio (anaeróbicas).

Um dos desafios na determinação dos efeitos do arsênio em águas potáveis sobre a saúde é a diferente química do arsênio(V) e do arsênio(III), bem como as diferentes concentrações necessárias para respostas fisiológicas em diferentes indivíduos. Em Bangladesh, lesões cutâneas foram os primeiros sinais do problema com arsênio. Estudos estatísticos que correlacionam níveis de arsênio com a ocorrência de doenças indicam maior risco de câncer de pulmão e bexiga, mesmo com baixos níveis de arsênio.

As tecnologias atuais para remoção de arsênio são mais eficazes quando tratam o elemento na forma de arsênio(V), e as estratégias de tratamento de água requerem pré-oxidação da água potável. Uma vez na forma de arsênio(V), há uma série de estratégias possíveis de remoção. Por exemplo, Fe^{3+} pode ser adicionado para precipitar o $FeAsO_4$, que é, então, removido por filtração.

Exercícios de autoavaliação

EAA 22.24 PCl_3 é _____ estável do que NCl_3 porque o fósforo é _____ eletronegativo do que o nitrogênio e, logo, tem maior afinidade com estados de oxidação positivos. (**a**) mais, mais (**b**) menos, menos (**c**) menos, mais (**d**) mais, menos

EAA 22.25 Determine o estado de oxidação do fósforo em $H_4P_2O_7$. (**a**) -3 (**b**) -5 (**c**) $+5$ (**d**) $+3$

EAA 22.26 Selecione a equação balanceada que representa a reação do pentafluoreto de fósforo com a água.

(**a**) $PF_5(g) + 4\,H_2O(l) \longrightarrow H_3PO_4(aq) + 5\,HF(aq)$
(**b**) $PF_3(g) + 3\,H_2O(l) \longrightarrow H_3PO_3(aq) + 3\,HF(aq)$
(**c**) $PF_5(g) + H_2O(l) \longrightarrow H_3PO_4(aq) + 5\,HF(aq)$
(**d**) $PF_3(g) + H_2O(l) \longrightarrow H_3PO_3(aq) + HF(aq)$

22.9 | Carbono

Objetivos de aprendizagem

Após terminar a Seção 22.9, você deve ser capaz de:
▶ Dado o nome de um composto que contém carbono, determinar sua fórmula química e vice-versa.
▶ Escrever equações químicas balanceadas para reações que envolvem carbono.

O carbono constitui apenas 0,027% da crosta terrestre e, apesar de, em parte, estar na forma elementar como grafite ou diamante, a maioria dele é encontrada na forma combinada. Mais da metade do carbono ocorre em compostos carbonatos. Além disso, ele também é encontrado no carvão mineral, no petróleo e no gás natural. A sua importância tem origem, em grande parte, na sua presença em todos os seres vivos: a vida tem como base os compostos de carbono.

Formas elementares do carbono

Vimos que o carbono existe em várias formas alotrópicas cristalinas: grafite, diamante, fulerenos, nanotubos de carbono e grafeno. Os três últimos foram tratados no Capítulo 12; aqui, vamos nos concentrar no grafite e no diamante.

A *grafite* é um sólido macio, preto e escorregadio, que tem brilho metálico e conduz eletricidade. Consiste em folhas paralelas de átomos de carbono hibridizados sp^2 unidas por forças de dispersão [ver Figura 12.28(b)]. (Seção 12.5) Já o diamante é um sólido duro e transparente no qual os átomos de carbono formam uma rede covalente hibridizada sp^3 [ver Figura 12.28(a)]. (Seção 12.5) O diamante é mais denso que a grafite ($d = 2{,}25$ g/cm³ para a grafite; $d = 3{,}51$ g/cm³ para o diamante). Sob pressão de cerca de 100.000 atm e temperatura de cerca de 3.000 °C, a grafite é convertida em diamante. Na verdade, quase todas as substâncias que contêm carbono, se colocadas sob pressão alta o suficiente, formam diamantes. Na década de 1950, cientistas da General Electric usaram pasta de amendoim para fazer diamantes. Cerca de 3×10^4 kg de diamantes de pureza industrial são sintetizados por ano, principalmente para uso em ferramentas de cortar, afiar e polir.

A grafite tem uma estrutura cristalina bem definida, mas também existe em duas formas amorfas comuns: **carbono negro** e **carvão**. O carbono negro é formado quando hidrocarbonetos são aquecidos em um suprimento muito limitado de oxigênio, como na seguinte reação de metano:

$$CH_4(g) + O_2(g) \longrightarrow C(s) + 2\,H_2O(g) \qquad [22.53]$$

O carbono negro é usado como pigmento em tintas pretas; grandes quantidades dele também são utilizadas na fabricação de pneus automotivos.

O carvão é formado quando madeira é fortemente aquecida na ausência de ar. Devido à sua estrutura muito aberta, tem enorme área superficial por unidade de massa. O "carvão ativado", uma forma pulverizada cuja superfície é limpa por aquecimento com vapor, é bastante utilizado para absorver moléculas e em filtros para remover odores desagradáveis do ar e impurezas da água, como coloração ou sabor ruim.

Óxidos de carbono

O carbono forma dois óxidos principais: monóxido de carbono (CO) e dióxido de carbono (CO_2). O *monóxido de carbono* é formado ao queimar carbono ou hidrocarbonetos com suprimento limitado de oxigênio:

$$2\,C(s) + O_2(g) \longrightarrow 2\,CO(g) \qquad [22.54]$$

CO é um gás incolor, inodoro e insípido, que é tóxico porque pode se ligar à hemoglobina e interferir no transporte de oxigênio. Um baixo nível de intoxicação provoca dor de cabeça e tontura; um alto nível pode causar a morte.

O monóxido de carbono é incomum, visto que tem um par de elétrons não ligante no carbono: :C≡O:. Por ser isoeletrônico com N_2, pode-se esperar que o CO seja igualmente não reativo. Além disso, ambas as substâncias têm altas energias de ligação (1.072 kJ/mol para C≡O e 941 kJ/mol para N≡N). Entretanto, por causa da carga nuclear mais baixa no carbono (em comparação com N ou O), o par de elétrons livres não é tão fortemente mantido como no N ou O. Por consequência, CO tem maior capacidade de atuar como uma base de Lewis do que o N_2. Por exemplo, CO pode coordenar seu par de elétrons não ligante ao ferro da hemoglobina, deslocando O_2, já o N_2 não é capaz de fazer isso.

OLHANDO DE PERTO | **Fibras e compósitos de carbono**

A grafite tem propriedades anisotrópicas, isto é, que diferem de acordo com a sua orientação no sólido. Ao longo dos planos de carbono, a grafite possui muita força em virtude do número e da intensidade das ligações carbono-carbono. Entretanto, as ligações entre os planos são relativamente fracas, tornando a grafite fraca nessa direção.

As fibras de grafite podem ser preparadas de forma que os planos de carbono sejam alinhados em extensões variadas, paralelas ao eixo da fibra. Essas fibras são leves (densidade aproximada de 2 g/cm³) e quimicamente inertes. As fibras orientadas são feitas, em um primeiro momento, por pirólise vagarosa (decomposição pela ação do calor) de fibras orgânicas, de 150 a 300 °C. Essas fibras são, então, aquecidas a cerca de 2.500 °C para se tornarem grafite (conversão de carbono amorfo em grafite). O estiramento da fibra durante a pirólise auxilia na orientação dos planos de grafite paralelos ao eixo da fibra. Mais fibras de carbono amorfo são formadas por pirólise de fibras orgânicas a baixas temperaturas (400 a 1.200 °C). Esses materiais amorfos costumam ser chamados de *fibras de carbono*, sendo o tipo mais comum usado em materiais comerciais.

Os materiais compósitos que se aproveitam da força, estabilidade e baixa densidade das fibras de carbono são muito usados. Eles consistem em combinações de dois ou mais materiais que estão presentes em fases separadas e combinam-se para formar estruturas que tiram vantagem de certas propriedades desejáveis de cada componente. Em compósitos de carbono, as fibras de grafite costumam ser entrelaçadas em um tecido que é incorporado a uma matriz que as une em uma estrutura sólida. As fibras transmitem igualmente as cargas por toda a matriz. O compósito final torna-se, assim, mais forte que qualquer um dos seus componentes individuais.

Os materiais compósitos de carbono são utilizados em uma série de aplicações, inclusive em equipamentos esportivos de alto desempenho, como raquetes de tênis, tacos de golfe e, mais recentemente, estruturas de bicicletas (**Figura 22.29**). Compósitos resistentes ao calor são úteis para muitas aplicações aeroespaciais, em que os compósitos de carbono têm sido amplamente utilizados.

▲ **Figura 22.29** Compósitos de carbono em produtos comerciais.

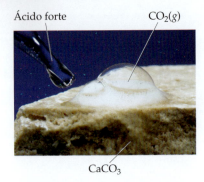

▲ **Figura 22.30** Formação do CO_2 a partir da reação entre um ácido e um carbonato de cálcio em rocha.

O monóxido de carbono possui vários usos comerciais. Uma vez que queima rapidamente, formando CO_2, é empregado na forma de combustível:

$$2\,CO(g) + O_2(g) \longrightarrow 2\,CO_2(g) \quad \Delta H° = -566\,kJ \quad [22.55]$$

Ele também é um importante agente redutor, bastante utilizado em operações metalúrgicas para reduzir óxidos metálicos, como os óxidos de ferro:

$$Fe_3O_4(s) + 4\,CO(g) \longrightarrow 3\,Fe(s) + 4\,CO_2(g) \quad [22.56]$$

O *dióxido de carbono* é produzido quando substâncias que contêm carbono são queimadas na presença de excesso de oxigênio, como na seguinte reação envolvendo o etanol:

$$C_2H_5OH(l) + 3\,O_2(g) \longrightarrow 2\,CO_2(g) + 3\,H_2O(g) \quad [22.57]$$

Ele também é produzido quando muitos carbonatos são aquecidos:

$$CaCO_3(s) \xrightarrow{\Delta} CaO(s) + CO_2(g) \quad [22.58]$$

Em laboratório, o CO_2 costuma ser produzido pela ação de ácidos nos carbonatos (**Figura 22.30**):

$$CO_3^{2-}(aq) + 2\,H^+(aq) \longrightarrow CO_2(g) + H_2O(l) \quad [22.59]$$

O dióxido de carbono é um gás incolor e inodoro. Trata-se de um componente minoritário da atmosfera terrestre, mas um dos principais contribuintes do efeito estufa. (Seção 18.2) Apesar de atóxico, altas concentrações de CO_2 aceleram a respiração e podem causar sufocamento. Ele é liquefeito com facilidade por compressão, porém, quando resfriado à pressão atmosférica, é condensado como um sólido em vez de um líquido; assim, sublima a −78 °C. Essa propriedade torna o CO_2 sólido, conhecido como *gelo seco*, valioso como refrigerante. Cerca de metade do CO_2 consumido anualmente é usado para refrigeração. Outro uso importante é na produção de bebidas gaseificadas, e grandes quantidades também são úteis na fabricação do *carbonato de sódio* ($Na_2CO_3 \cdot 10\,H_2O$), usado para precipitar íons metálicos que interferem na ação de limpeza do sabão, e do *bicarbonato de sódio* ($NaHCO_3$), usado como fermento em razão da seguinte reação que ocorre no cozimento:

$$NaHCO_3(s) + H^+(aq) \longrightarrow Na^+(aq) + CO_2(g) + H_2O(l) \quad [22.60]$$

O $H^+(aq)$ é fornecido pelo vinagre, pelo leite azedo ou pela hidrólise de determinados sais. As bolhas de CO_2 formadas são aprisionadas na massa, fazendo com que ela cresça.

Ácido carbônico e carbonatos

O dióxido de carbono é relativamente solúvel em H_2O sob pressão atmosférica. As soluções resultantes são ligeiramente ácidas por causa da formação do ácido carbônico (H_2CO_3):

$$CO_2(aq) + H_2O(l) \rightleftharpoons H_2CO_3(aq) \quad [22.61]$$

O ácido carbônico é um ácido diprótico fraco. Seu caráter ácido faz com que as bebidas gaseificadas tenham sabor pronunciado, levemente ácido.

Embora o ácido carbônico não possa ser isolado, os hidrogenocarbonatos (bicarbonatos) e os carbonatos podem ser obtidos por meio da neutralização de soluções de ácido carbônico. Uma neutralização parcial produz HCO_3^-, e a neutralização completa resulta no CO_3^{2-}. O íon HCO_3^- poderia, na teoria, atuar como ácido ou como base, mas é mais básico do que ácido ($K_b = 2,3 \times 10^{-8}$; $K_a = 5,6 \times 10^{-11}$), já o íon carbonato é predominantemente básico ($K_b = 1,8 \times 10^{-4}$).

Os principais carbonatos minerais são calcita ($CaCO_3$), magnesita ($MgCO_3$), dolomita [$MgCa(CO_3)_2$] e siderita ($FeCO_3$). A calcita é o principal mineral na rocha calcária e a maior constituinte do mármore, giz, pérolas, recifes de corais e conchas de animais marinhos, como as de mariscos e ostras. Apesar do $CaCO_3$ ter baixa solubilidade em água pura, ele é dissolvido com facilidade em soluções ácidas, com liberação de CO_2:

$$CaCO_3(s) + 2\,H^+(aq) \rightleftharpoons Ca^{2+}(aq) + H_2O(l) + CO_2(g) \quad [22.62]$$

Uma vez que a água que contém CO_2 é um pouco ácida (Equação 22.61), $CaCO_3$ é lentamente dissolvido nesse meio:

$$CaCO_3(s) + H_2O(l) + CO_2(g) \longrightarrow Ca^{2+}(aq) + 2\,HCO_3^-(aq) \quad [22.63]$$

Essa reação ocorre quando as águas superficiais movem-se para o subsolo através de depósitos de calcário. É a principal maneira de íons Ca^{2+} entrarem no subsolo, produzindo *"água dura"* (água com alto conteúdo mineral, em especial íons Ca^{2+} e Mg^{2+}). Se o depósito de calcário for fundo o suficiente no subsolo, a dissolução do calcário produz uma caverna.

Uma das mais importantes reações de $CaCO_3$ é a sua decomposição em CaO e CO_2 a temperaturas elevadas (Equação 22.58). Por reagir com água para formar $Ca(OH)_2$, o óxido de cálcio é uma importante base comercial. Também é útil na fabricação de argamassa, uma mistura de areia, água e CaO usada na construção civil para unir tijolos, blocos e pedras. O óxido de cálcio reage com água e CO_2 para formar $CaCO_3$, que liga a areia à argamassa.

$$CaO(s) + H_2O(l) \longrightarrow Ca^{2+}(aq) + 2\,OH^-(aq) \quad [22.64]$$

$$Ca^{2+}(aq) + 2\,OH^-(aq) + CO_2(aq) \longrightarrow CaCO_3(s) + H_2O(l) \quad [22.65]$$

Carbonetos

Os compostos binários de carbono com metais, metaloides e determinados não metais são chamados de **carbonetos**. Os metais mais ativos formam os *carbonetos iônicos*; destes, os que ocorrem com maior frequência contêm o íon *acetileto* (C_2^{2-}). Esse íon é isoeletrônico com o N_2, e a sua estrutura de Lewis, $[:C\equiv C:]^{2-}$, tem uma ligação tripla carbono-carbono. O carboneto iônico mais importante é o carboneto de cálcio (CaC_2), produzido pela redução do CaO com carbono a altas temperaturas:

$$2\,CaO(s) + 5\,C(s) \longrightarrow 2\,CaC_2(s) + CO_2(g) \quad [22.66]$$

O íon carboneto é uma base muito forte que reage com água para formar acetileno ($H-C\equiv C-H$), como na seguinte reação:

$$CaC_2(s) + 2\,H_2O(l) \longrightarrow Ca(OH)_2(aq) + C_2H_2(g) \quad [22.67]$$

O carboneto de cálcio é, portanto, uma fonte sólida conveniente de acetileno, usado na solda (Figura 22.11).

Os *carbonetos intersticiais* são formados por muitos metais de transição. Os átomos de carbono ocupam espaços vazios (interstícios) entre os átomos metálicos de maneira semelhante aos hidretos intersticiais. (Seção 22.2) Esse processo costuma endurecer o metal. Por ser muito duro e resistente ao calor, o carboneto de tungstênio (WC), por exemplo, é usado para fazer ferramentas de corte.

Os *carbonetos covalentes* são formados por boro e silício. O carboneto de silício (SiC), conhecido como Carborundum®, é usado como abrasivo em ferramentas de corte. Quase tão duro quanto o diamante, o SiC tem estrutura semelhante, com átomos de Si e C alternados.

Exercícios de autoavaliação

EAA 22.27 Qual é a fórmula química do hidrogenocarbonato de magnésio? (**a**) $MgHCO_3$ (**b**) $Mg(HCO_3)_2$ (**c**) $MgCO_3$ (**d**) MgH_2CO_3

EAA 22.28 Selecione a equação balanceada correta para a combustão completa do propano, C_3H_8.

(**a**) $C_3H_8(g) + 5\,O_2(g) \longrightarrow O_2(g) + 4\,H_2O(l)$
(**b**) $C_3H_8(g) + 3\,O_2(g) \longrightarrow 3\,CO_2(g) + 2\,H_2O(l)$
(**c**) $C_3H_8(g) + 5\,O_2(g) \longrightarrow 3\,CO_2(g) + 4\,H_2O(l)$
(**d**) $C_3H_8(g) + H_2O(l) \longrightarrow 3\,CO_2(g)$

EAA 22.29 Qual(is) das seguintes afirmações é(são) *verdadeira(s)*?

(**i**) O íon bicarbonato pode atuar como ácido ou como base.
(**ii**) Compostos iônicos de carboneto são ácidos fracos.
(**iii**) O CaC_2 é um exemplo de carboneto covalente.

(**a**) Apenas uma das afirmações é verdadeira. (**b**) As afirmações i e ii são verdadeiras. (**c**) As afirmações i e iii são verdadeiras. (**d**) As afirmações ii e iii são verdadeiras. (**e**) Todas as afirmações são verdadeiras.

22.10 | Outros elementos do grupo 4A: Si, Ge, Sn e Pb

> **Objetivos de aprendizagem**
>
> Após terminar a Seção 22.10, você deve ser capaz de:
> - Determinar os estados de oxidação de elementos do grupo 4A em compostos.
> - Comparar e contrastar as propriedades e a reatividade de compostos que contêm os elementos mais pesados do grupo 4A com as de compostos que contêm carbono.
> - Usar a fórmula de um mineral silicato para determinar sua estrutura geral.

A tendência do caráter não metálico para o metálico à medida que descemos na família é muito evidente no grupo 4A. O carbono é um não metal; silício e germânio são metaloides; já estanho e chumbo são metais. Nesta seção, vamos examinar algumas características gerais do grupo 4A e analisar em mais detalhes o silício.

Características gerais dos elementos do grupo 4A

Os elementos do grupo 4A têm a configuração eletrônica da camada mais externa ns^2np^2, sendo que n varia entre 2 e 6. Suas eletronegatividades costumam ser baixas (Tabela 22.8); os carbonetos que formalmente contêm íons C^{4-} são observados apenas no caso de alguns compostos de carbono com metais muito reativos. A formação de íons 4+ por meio da perda de elétron não é observada nesses elementos; as energias de ionização são altas demais. No entanto, o estado de oxidação +4 é comum, sendo encontrado na grande maioria dos compostos dos elementos do grupo 4A. Já o estado de oxidação +2 é encontrado na química do germânio, do estanho e do chumbo, sendo o principal estado de oxidação do chumbo. O carbono normalmente forma um máximo de quatro ligações; os outros membros da família são capazes de formar mais de quatro ligações. (Seção 8.7)

A Tabela 22.8 mostra que a força de uma ligação entre dois átomos de determinado elemento diminui à medida que descemos no grupo 4A. As ligações carbono-carbono são bem fortes. Assim, o carbono tem uma habilidade surpreendente para formar compostos em que os átomos de carbono estão ligados entre si em cadeias estendidas e anéis. Tal habilidade é responsável pelo grande número de compostos orgânicos de carbono existentes. Outros elementos também podem formar cadeias e anéis, mas essas ligações são bem menos importantes na química desses outros elementos. Por exemplo, a força da ligação Si—Si (226 kJ/mol) é muito menor que a força da ligação Si—O (386 kJ/mol). Como resultado, a química do silício é dominada pela formação de ligações Si—O, e as ligações Si—Si têm papel secundário.

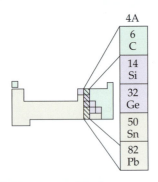

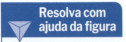

Ocorrência e preparação do silício

O silício é o segundo elemento mais abundante na crosta terrestre, depois do oxigênio. Ocorre como SiO_2 (a fórmula empírica do quartzo e da areia) e em uma enorme variedade de minerais silicatos. O elemento é obtido por meio da redução do dióxido de silício fundido com carbono em alta temperatura:

$$SiO_2(l) + 2\,C(s) \longrightarrow Si(l) + 2\,CO(g) \qquad [22.68]$$

O silício elementar tem estrutura análoga à do diamante. O silício cristalino é um sólido cinza com aparência metálica que se funde a 1.410 °C. O elemento é semicondutor, como vimos nos Capítulos 7 e 12, e é usado na fabricação de células solares e transistores para chips de computador. Para ser usado como semicondutor, ele deve estar extremamente puro, com menos de 10^{-7}% (1 ppb) de impurezas. Um método de purificação é tratar o elemento com Cl_2 para formar $SiCl_4$, um líquido volátil que é purificado por destilação fracionada e, depois, reconvertido em silício elementar por redução com H_2:

$$SiCl_4(g) + 2\,H_2(g) \longrightarrow Si(s) + 4\,HCl(g) \qquad [22.69]$$

O elemento pode ser purificado mais uma vez pelo processo de *refinamento de zona* (Figura 22.31). À medida que uma espiral aquecida é passada lentamente em volta de um

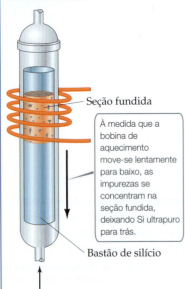

▲ **Figura 22.31** Dispositivo para refinamento de zona destinado à produção de silício ultrapuro.

TABELA 22.8 Algumas propriedades dos elementos do grupo 4A

Propriedade	C	Si	Ge	Sn	Pb
Raio atômico (Å)	0,76	1,11	1,20	1,39	1,46
Primeira energia de ionização (kJ/mol)	1086	786	762	709	716
Eletronegatividade	2,5	1,8	1,8	1,8	1,9
Entalpia da ligação simples X—X (kJ/mol)	348	226	188	151	—

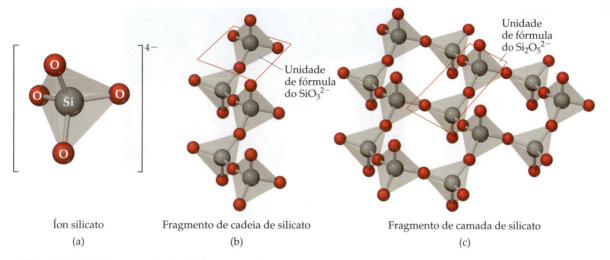

▲ Figura 22.32 Cadeias e camadas de silicato.

bastão de silício, uma banda estreita do elemento é fundida. Enquanto a área fundida é varrida lentamente ao longo do tubo, as impurezas concentram-se nessa região e seguem para o final do bastão. A porção superior purificada do bastão é cristalizada como silício 99,999999999% puro.

Silicatos

O dióxido de silício e outros compostos que contêm silício e oxigênio compreendem mais de 90% da crosta terrestre. Nos **silicatos**, um átomo de silício é circundado por quatro oxigênios, e o silício é encontrado em seu estado de oxidação mais comum, +4. O íon ortossilicato, SiO_4^{4-}, é encontrado em poucos minerais silicatos, mas podemos considerá-lo um "bloco de construção" para diversas estruturas de minerais. Como a **Figura 22.32** mostra, tetraedros vizinhos são unidos por um átomo de oxigênio comum. Dois tetraedros unidos desse modo são chamados de íon *dissilicato* e contêm dois átomos de Si e sete átomos de O. O silício e o oxigênio estão nos estados de oxidação +4 e −2, respectivamente, em todos os silicatos; logo, a carga total de qualquer íon silicato deve ser coerente com esses estados de oxidação. Assim, a carga no Si_2O_7 é $(2)(+4) + (7)(-2) = -6$; trata-se do íon $Si_2O_7^{6-}$.

Na maioria dos minerais silicatos, tetraedros de silicatos são unidos para formar cadeias, camadas ou estruturas tridimensionais. Podemos conectar dois vértices de cada tetraedro em outros dois tetraedros, por exemplo, levando a uma cadeia infinita com um esqueleto $\cdots O-Si-O-Si\cdots$, conforme a Figura 22.32(b). Note que cada silício nessa estrutura possui dois oxigênios não compartilhados (terminal) e dois compartilhados (ponte). Portanto, a estequiometria é $2(1) + 2(1/2) = 3$ oxigênios por silício. Assim, a fórmula para essa cadeia é SiO_3^{2-}. O mineral *enstatita* ($MgSiO_3$) apresenta esse tipo de estrutura, que consiste em filas de cadeias de silicato em fibra com íons Mg^{2+} entre as fibras para balancear a carga.

Na Figura 22.32(c), cada tetraedro de silicato é unido a outros três, formando uma estrutura infinita de camadas. Nessa estrutura, cada silício possui um oxigênio não compartilhado e três compartilhados. A estequiometria passa a ser $1(1) + 3(½) = 2½$ oxigênios por silício. A fórmula mais simples dessa camada é $Si_2O_5^{2-}$. O mineral *esteatita*, também conhecido como pó de talco, tem a fórmula $Mg_3(Si_2O_5)_2(OH)_2$ e tem como base essa estrutura em camadas. Os íons Mg^{2+} e OH^- estão localizados entre as camadas de silicato. A sensação escorregadia do pó de talco deve-se às camadas de silicato, que deslizam entre si.

Amianto é um termo geral aplicado a um grupo de minerais silicatos fibrosos. A estrutura desses minerais é de cadeias de tetraedros de silicato ou de camadas formadas em rolos. O resultado disso é que os minerais apresentam um caráter fibroso (**Figura 22.33**). Os minerais de amianto foram muito utilizados como isolantes térmicos, em especial em aplicações de alta temperatura, por causa da grande estabilidade química da estrutura de silicato. Além disso, as fibras podiam ser tecidas em panos de amianto, sendo usadas em

▶ Figura 22.33 Amianto serpentina.

cortinas à prova de fogo e outras aplicações. Entretanto, a estrutura fibrosa dos minerais de amianto apresenta um risco à saúde, porque as fibras penetram com facilidade os tecidos macios, como os pulmões, podendo causar doenças, inclusive câncer. Por isso, o uso de amiantos como um material de construção comum foi abandonado.

Quando os quatro vértices de cada tetraedro de SiO_4 são ligados a outros tetraedros, a estrutura é estendida em três dimensões. Essa ligação dos tetraedros forma o quartzo (SiO_2). Como a estrutura é travada em uma rede tridimensional muito parecida com a do diamante (Seção 12.5), o quartzo é mais duro do que os silicatos fibrosos ou em camadas.

Exercício resolvido 22.6
Determinação de uma fórmula empírica

O mineral *crisotila* é um amianto não cancerígeno, baseado na estrutura em camadas mostrada na Figura 22.32(c). Além do tetraedro de silicato, o mineral contém íons Mg^{2+} e OH^-. A análise do mineral mostra que há 1,5 átomo de Mg por átomo de Si. Qual é a fórmula empírica da crisotila?

SOLUÇÃO

Analise Um mineral é descrito como tendo uma estrutura em camadas de silicatos com íons Mg^{2+} e OH^- para balancear a carga e 1,5 Mg por 1 Si. Devemos escrever a fórmula empírica desse mineral.

Planeje Como mostrado na Figura 22.32(c), a estrutura em camadas de silicato tem a fórmula mais simples: $Si_2O_5^{2-}$. Em primeiro lugar, adicionamos Mg^{2+} para fornecer a razão adequada Mg:Si. Depois, adicionamos os íons OH^- para obter um composto neutro.

Resolva A observação de que a razão Mg:Si é igual a 1,5 é coerente com três íons Mg^{2+} por unidade de $Si_2O_5^{2-}$. A adição de três íons Mg^{2+} resultaria em $Mg_3(Si_2O_5)^{4+}$. Para atingirmos o balanceamento de cargas no mineral, deve haver quatro íons OH^- por íon $Si_2O_5^{2-}$. Portanto, a fórmula da crisotila é $Mg_3(Si_2O_5)(OH)_4$. Uma vez que não é possível reduzi-la a uma fórmula mais simples, trata-se de uma fórmula empírica.

▶ **Para praticar**
O íon ciclossilicato tem três tetraedros de silicato unidos em um anel. O íon contém três átomos de Si e nove de O. Qual é a carga total no íon?

Vidro

O quartzo funde a cerca de 1.600 °C, formando um líquido viscoso. Durante a fusão, muitas ligações silício-oxigênio são quebradas. Quando o líquido é resfriado rapidamente, as ligações silício-oxigênio voltam a se formar antes que os átomos sejam capazes de se organizar de maneira regular. O resultado disso é um sólido amorfo, conhecido como vidro de quartzo ou vidro de sílica. Diversas substâncias podem ser adicionadas ao SiO_2 para fazer com que ele seja fundido a uma temperatura mais baixa. O **vidro** comum, usado em janelas e garrafas, conhecido como vidro alcalino, contém CaO e Na_2O, além de SiO_2 da areia.

CaO e Na₂O são produzidos pelo aquecimento de dois produtos químicos baratos, o calcário (CaCO₃) e a barrilha (Na₂CO₃), que se decompõem a temperaturas elevadas:

$$CaCO_3(s) \longrightarrow CaO(s) + CO_2(g) \quad [22.70]$$

$$Na_2CO_3(s) \longrightarrow Na_2O(s) + CO_2(g) \quad [22.71]$$

Outras substâncias podem ser adicionadas ao vidro alcalino para dar cor ou alterar suas propriedades de diversas maneiras. A adição de CoO, por exemplo, gera a cor azul-escuro do vidro de cobalto. A substituição de Na₂O por K₂O resulta em um vidro mais duro, com alto ponto de fusão. A substituição de CaO por PbO resulta em um vidro de cristal de chumbo, mais denso e com índice de refração mais alto. O cristal de chumbo é usado para taças e copos decorativos; o maior índice de refração dá uma aparência particularmente brilhante a esse vidro. A adição de óxidos de não metais, como B₂O₃ e P₄O₁₀, que formam estruturas em rede relacionadas aos silicatos, também muda as propriedades do vidro. A adição de B₂O₃ cria o vidro borossilicato, com ponto de fusão mais alto e maior capacidade de suportar variações de temperatura. Tais vidros, vendidos comercialmente sob as marcas registradas Pyrex® e Kimax®, são usados quando há necessidade de resistência térmica ao choque, como em vidrarias de laboratório ou cafeteiras.

Silicones

Os silicones consistem em cadeias O—Si—O em que as posições de ligação restantes em cada silício são ocupadas por grupos orgânicos como CH₃:

```
     H₃C  CH₃    H₃C  CH₃    H₃C  CH₃
       \ /         \ /         \ /
...—    Si    —    Si    —    Si    —...
       / \         / \         / \
      O           O           O
```

Dependendo do comprimento da cadeia e do grau das ligações cruzadas, os silicones podem ser materiais oleosos ou semelhantes à borracha. Eles são atóxicos e têm boa estabilidade em relação ao calor, à luz, ao oxigênio e à água. São usados comercialmente em uma grande variedade de produtos, como lubrificantes, polidores de carro, seladores e calafetadores, além de tecidos à prova d'água. Quando aplicados a um tecido, os átomos de oxigênio formam ligações de hidrogênio com as moléculas na superfície do tecido. Os grupos orgânicos hidrofóbicos (impermeáveis) do silicone são apontados para fora da superfície, agindo como uma barreira.

Exercícios de autoavaliação

EAA 22.30 Qual é a fórmula química do cloreto de chumbo(II) e qual é o estado de oxidação do chumbo nesse composto? (**a**) PbCl₂, +2 (**b**) PbCl₂, −2 (**c**) PbCl, +1 (**d**) Pb₂Cl, +0,5

EAA 22.31 Qual elemento do grupo 4A tem a maior primeira energia de ionização? (**a**) Germânio (**b**) Estanho (**c**) Chumbo (**d**) Silício

EAA 22.32 Em qual dos minerais silicatos a seguir você espera encontrar cadeias de tetraedros de SiO₄ ligados pelos vértices? (**a**) Na₂SiO₃ (**b**) Na₄SiO₄ (**c**) Na₆Si₂O₇ (**d**) Mg₃Si₂O₅(OH)₄

22.11 | Boro

O boro é o único elemento do grupo 3A que pode ser considerado não metálico; assim, é o elemento final deste capítulo. O boro tem estrutura de rede estendida, com ponto de fusão (2.300 °C) intermediário entre o do carbono (3.550 °C) e o do silício (1.410 °C). A configuração eletrônica do boro é [He]$2s^22p^1$.

Na família de compostos denominada **boranos**, as moléculas contêm apenas átomos de boro e hidrogênio. Visto que B é menos eletronegativo do que H, a ligação B—H nesses compostos é polarizada, e H tem a maior densidade eletrônica. O borano mais simples é o BH₃, que contém apenas seis elétrons de valência e é, portanto, uma exceção à regra do octeto. Como resultado, moléculas de BH₃ reagem entre si para formar o *diborano* (B₂H₆). Essa reação pode ser considerada uma reação ácido-base de Lewis na qual um par de elétrons

Objetivos de aprendizagem

Após terminar a Seção 22.11, você deve ser capaz de:

▶ Prever ligações em boranos.
▶ Escrever equações químicas balanceadas para reações que envolvem compostos que contêm boro.

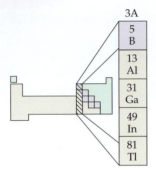

ligantes B — H em cada molécula de BH₃ é doado para o outro. Como resultado, o diborano é uma molécula incomum, em que os átomos de hidrogênio formam uma ponte entre dois átomos de B (**Figura 22.34**). Tais hidrogênios são chamados de *hidrogênios de ponte*.

Os átomos de hidrogênio compartilhados entre os dois átomos de boro compensam, de certa forma, a deficiência nos elétrons de valência ao redor de cada átomo de boro. Todavia, o diborano é uma molécula bastante reativa, que se inflama de modo espontâneo no ar em uma reação extremamente exotérmica:

$$B_2H_6(g) + 3\,O_2(g) \longrightarrow B_2O_3(s) + 3\,H_2O(g) \quad \Delta H° = -2030 \text{ kJ} \quad [22.72]$$

O boro e o hidrogênio formam uma série de ânions: os *ânions boranos*. Os sais do íon boroidreto (BH_4^-) são muito utilizados como agentes redutores. Por exemplo, o boroidreto de sódio ($NaBH_4$) costuma ser utilizado como agente redutor para determinados compostos orgânicos.

O único óxido de boro importante é o óxido bórico (B_2O_3). Essa substância é o anidrido do ácido bórico, que podemos escrever como H_3BO_3 ou $B(OH)_3$. O ácido bórico é um ácido tão fraco ($K_a = 5,8 \times 10^{-10}$) que as soluções de H_3BO_3 são usadas como colírio. Ao ser aquecido, o ácido bórico perde água por meio de uma reação de condensação similar à descrita para o fósforo na Seção 22.8:

$$4\,H_3BO_3(s) \longrightarrow H_2B_4O_7(s) + 5\,H_2O(g) \quad [22.73]$$

O ácido diprótico $H_2B_4O_7$ é chamado ácido tetrabórico. O sal hidratado de sódio, $Na_2B_4O_7 \cdot 10\,H_2O$, chamado de bórax, ocorre em depósitos de lagos secos na Califórnia e também pode ser preparado com facilidade a partir de outros minerais de borato. As soluções de bórax são alcalinas, e a substância é usada em vários produtos de lavanderia e limpeza.

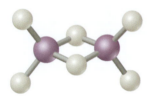

▲ **Figura 22.34** Estrutura do diborano (B_2H_6).

Exercícios de autoavaliação

EAA 22.33 Em uma molécula de diborano, B_2H_6, há _____ elétrons de valência e _____ ligações B — H. (**a**) 16, 8 (**b**) 12, 8 (**c**) 12, 6 (**d**) 14, 7

EAA 22.34 Qual dos itens a seguir é a equação balanceada que descreve a reação entre diborano e oxigênio?

(**a**) $B_2H_6 + 3\,O_2 \longrightarrow B_2O_3 + 3\,H_2O$
(**b**) $B_2H_6 + O_2 \longrightarrow B_2O_3 + 3\,H_2O$
(**c**) $2\,B_2H_6 + 6\,O_2 \longrightarrow 2\,B_2O_3 + 6\,H_2O$
(**d**) $B_2H_6 + 6\,O_2 \longrightarrow 2\,B_2O_3 + 6\,H_2O$

Integrando conceitos

O composto inter-halogênio BrF_3 é um líquido volátil cor de palha. O composto exibe apreciável condutividade elétrica por causa da autoionização ("solv" refere-se a BrF_3 como solvente):

$$2\,BrF_3(l) \rightleftharpoons BrF_2^+(solv) + BrF_4^-(solv)$$

(**a**) Quais são as estruturas moleculares dos íons BrF_2^+ e BrF_4^-?
(**b**) A condutividade elétrica do BrF_3 diminui com o aumento da temperatura. O processo de autoionização é exotérmico ou endotérmico?
(**c**) Uma característica química do BrF_3 é que ele age como um ácido de Lewis diante de íons fluoreto. O que podemos esperar quando KBr é dissolvido em BrF_3?

SOLUÇÃO

(**a**) O íon BrF_2^+ tem $7 + 2(7) - 1 = 20$ elétrons no nível de valência. A estrutura de Lewis para o íon é:

$$\left[:\!\ddot{F}\!-\!\ddot{Br}\!-\!\ddot{F}\!:\right]^+$$

Como existem quatro domínios de pares de elétrons ao redor do átomo central de Br, o arranjo resultante é tetraédrico. (Seção 9.2) Uma vez que dois desses domínios estão ocupados por pares de elétrons ligantes, a geometria molecular é não angular:

O íon BrF$_4^-$ tem um total de 7 + 4(7) + 1 = 36 elétrons, levando à seguinte estrutura de Lewis:

Uma vez que existem seis domínios de pares de elétrons ao redor do átomo central de Br nesse íon, o arranjo é octaédrico. Os dois pares de elétrons não ligantes estão localizados em oposição no octaedro, levando a uma geometria molecular quadrada plana:

(b) A observação de que a condutividade diminui à medida que a temperatura aumenta indica que existem poucos íons presentes na solução a uma temperatura mais alta. Portanto, a elevação da temperatura faz com que o equilíbrio seja deslocado para a esquerda. De acordo com o princípio de Le Châtelier, esse deslocamento indica que a reação é exotérmica à medida que prossegue da esquerda para a direita. (Seção 15.7)

(c) Um ácido de Lewis é um receptor de pares de elétrons. (Seção 16.1) Os íons fluoreto têm quatro pares de elétrons na camada de valência e podem atuar como uma base de Lewis (um doador de par de elétrons). Assim, podemos visualizar a ocorrência da seguinte reação:

$$F^- + BrF_3 \longrightarrow BrF_4^-$$

Resumo do capítulo e termos-chave

TENDÊNCIAS PERIÓDICAS E REAÇÕES QUÍMICAS (SEÇÃO 22.1) A tabela periódica é útil para organizar e lembrar a química descritiva dos elementos. Entre os elementos de determinado grupo, o tamanho aumenta conforme o número atômico, ao passo que a eletronegatividade e a energia de ionização diminuem. A maioria dos elementos não metálicos se encontra na parte direita superior da tabela periódica.

Entre os elementos não metálicos, o primeiro de cada grupo difere drasticamente dos demais, pois forma um máximo de quatro ligações com outros átomos e exibe uma maior tendência para formar ligações π do que os elementos mais pesados do grupo.

Uma vez que O$_2$ e H$_2$O são abundantes no mundo, destacamos dois tipos importantes e gerais de reação ao abordarmos a química descritiva dos não metais: reações de oxidação por O$_2$ e reações de transferência de prótons envolvendo H$_2$O ou soluções aquosas.

HIDROGÊNIO (SEÇÃO 22.2) O hidrogênio tem três isótopos: **prótio** ($^1_1$H), **deutério** ($^2_1$H) e **trítio** ($^3_1$H). Ele não faz parte de grupo periódico algum, apesar de geralmente ser colocado acima do lítio. O átomo de hidrogênio pode perder um elétron, formando H$^+$, ou ganhar um elétron, formando H$^-$ (o íon hidreto). Uma vez que a ligação H—H é um tanto forte, H$_2$ é razoavelmente não reativo, a menos que ativado por calor ou catalisador. O hidrogênio forma uma ligação muito forte com o oxigênio, de modo que as reações de H$_2$ com compostos que contêm oxigênio costumam levar à formação de H$_2$O. O íon H$^+$(aq) é capaz de oxidar muitos metais, formando H$_2$(g). A eletrólise da água também libera H$_2$(g).

Os compostos binários de hidrogênio são de três tipos gerais: **hidretos iônicos** (formados por metais ativos), **hidretos metálicos** (formados por metais de transição) e **hidretos moleculares** (formados por não metais). Os hidretos iônicos contêm o íon H$^-$. Visto que esse íon é extremamente básico, os hidretos iônicos reagem com água para formar H$_2$ e OH$^-$.

GRUPO 8A: GASES NOBRES E GRUPO 7A: HALOGÊNIOS (SEÇÕES 22.3 E 22.4) Os gases nobres (grupo 8A) exibem uma reatividade química muito limitada por causa da excepcional estabilidade de suas configurações eletrônicas. Os fluoretos, os óxidos de xenônio e o KrF$_2$ são os compostos mais estabelecidos de gases nobres.

Os halogênios (grupo 7A) ocorrem como moléculas diatômicas. Com exceção do flúor, todos exibem estados de oxidação que variam de −1 a +7. O flúor é o elemento mais eletronegativo; logo, está restrito aos estados de oxidação 0 e −1. O poder oxidante do elemento (sua tendência em formar o estado de oxidação −1) diminui à medida que descemos no grupo.

Os haletos de hidrogênio estão entre os compostos mais úteis desses elementos; esses gases se dissolvem em água para formar ácidos halídricos, como HCl(aq). O ácido fluorídrico reage com a **sílica**. Os **inter-halogênios** são compostos formados com dois halogênios diferentes. Cloro, bromo e iodo formam uma série de oxiácidos em que o átomo de halogênio está em estado de oxidação positivo. Esses compostos e seus oxiânions são agentes oxidantes fortes.

OXIGÊNIO E OUTROS ELEMENTOS DO GRUPO 6A (SEÇÕES 22.5 E 22.6) O oxigênio tem dois alótropos, O$_2$ e O$_3$ (ozônio). O ozônio é instável quando comparado ao O$_2$, além de ser um agente oxidante mais forte que o O_2. A maioria das reações de O_2 leva à formação de óxidos, compostos nos quais o oxigênio está em seu estado de oxidação −2. Os óxidos solúveis de não metais costumam produzir soluções aquosas ácidas e são chamados de **anidridos ácidos** ou **óxidos ácidos**. Em contrapartida, os óxidos metálicos produzem soluções básicas e são denominados **anidridos básicos** ou **óxidos básicos**. Muitos óxidos metálicos insolúveis em água são dissolvidos em ácidos, acompanhados pela formação de H_2O.

Os peróxidos contêm ligações O—O e oxigênio em seu estado de oxidação −1. Eles são instáveis e se decompõem em O_2 e óxidos. Em tais reações, os peróxidos são ao mesmo tempo oxidados e reduzidos, um processo chamado de **desproporcionamento**. Os superóxidos contêm o íon O_2^-, no qual o oxigênio está em seu estado de oxidação $-\frac{1}{2}$.

O enxofre é o mais importante dos outros elementos do grupo 6A, com várias formas alotrópicas; a mais estável à temperatura ambiente consiste em anéis S_8. O enxofre forma dois óxidos, SO_2 e SO_3, ambos importantes poluentes atmosféricos. O trióxido de enxofre é o anidrido do ácido sulfúrico, o composto de enxofre mais importante e o reagente químico industrial mais produzido. O ácido sulfúrico é um ácido forte e um bom agente desidratante. O enxofre também forma vários oxiânions, incluindo os íons SO_3^{2-} (sulfito), SO_4^{2-} (sulfato) e $S_2O_3^{2-}$ (tiossulfato). O enxofre é encontrado em combinação com muitos metais como sulfeto, no qual o enxofre está em seu estado de oxidação −2. Esses compostos geralmente reagem com ácidos para formar sulfeto de hidrogênio (H_2S), que tem odor semelhante ao de um ovo podre.

NITROGÊNIO E OUTROS ELEMENTOS DO GRUPO 5A (SEÇÕES 22.7 E 22.8)
O nitrogênio é encontrado na natureza como moléculas de N_2. Na forma molecular, é quimicamente muito estável, em razão da forte ligação N≡N. O nitrogênio molecular pode ser convertido em amônia por meio do processo de Haber. Uma vez preparada, a amônia pode ser convertida em uma diversidade de compostos, que exibem estados de oxidação do nitrogênio que variam entre −3 e +5. A mais importante conversão industrial da amônia é o **processo de Ostwald**, pelo qual a amônia é oxidada a ácido nítrico (HNO_3).

O nitrogênio tem três óxidos importantes: óxido nitroso (N_2O), óxido nítrico (NO) e dióxido de nitrogênio (NO_2). O ácido nitroso (HNO_2) é um ácido fraco, e a sua base conjugada é o íon nitrito (NO_2^-). Outro composto de nitrogênio importante é a hidrazina (N_2H_4).

O fósforo é o mais importante dos elementos restantes do grupo 5A, ocorrendo na natureza na forma de minerais fosfáticos. O fósforo tem vários alótropos, inclusive o fósforo branco, que consiste em tetraedros P_4.

Na reação com halogênios, o fósforo forma os tri-haletos (PX_3) e os penta-haletos (PX_5). Esses compostos sofrem hidrólise para produzir um oxiácido de fósforo e HX.

O fósforo forma dois óxidos, P_4O_6 e P_4O_{10}. Seus ácidos correspondentes, o ácido fosforoso e o ácido fosfórico, sofrem reações de condensação quando aquecidos. Os compostos de fósforo são importantes na bioquímica e como fertilizantes. O arsênio, o antimônio e o bismuto reagem de forma semelhante ao fósforo.

CARBONO E OUTROS ELEMENTOS DO GRUPO 4A (SEÇÕES 22.9 E 22.10)
Os alótropos de carbono incluem diamante, grafite, fulerenos, nanotubos de carbono e grafeno. As formas amorfas de carbono incluem **carvão** e **carbono negro**. O carbono forma dois óxidos comuns, CO e CO_2. As soluções aquosas de CO_2 produzem um ácido diprótico fraco, o ácido carbônico (H_2CO_3), que é o "ácido pai" dos sais hidrogenocarbonato e carbonato. Os compostos binários de carbono são chamados de **carbonetos**, que podem ser iônicos, intersticiais ou covalentes. O carboneto de cálcio (CaC_2) contém o íon acetileto (C_2^{2-}), que é fortemente básico e reage com água para formar o gás acetileno.

Os outros elementos do grupo 4A mostram grande diversidade nas propriedades físicas e químicas. O silício, segundo elemento mais abundante, é um semicondutor. Ele reage com Cl_2 para formar $SiCl_4$, um líquido à temperatura ambiente. Essa reação é usada para ajudar a purificar o silício de seus minerais nativos. O silício forma ligações Si—O fortes e ocorre em vários minerais silicatos. A sílica é SiO_2, e os **silicatos** consistem em tetraedros de SiO_4 unidos por seus vértices para formar cadeias, camadas ou estruturas tridimensionais. O silicato tridimensional mais comum é o quartzo (SiO_2). O **vidro** é uma forma amorfa (não cristalina) de SiO_2. Os silicones contêm cadeias O—Si—O com grupos orgânicos ligados aos átomos de Si. Assim como o silício, o germânio é um metaloide; já o estanho e o chumbo são metálicos.

BORO (SEÇÃO 22.11)
O boro é o único elemento não metálico do grupo 3A, formando uma variedade de compostos com o hidrogênio, chamados de boroidretos ou **boranos**. O diborano (B_2H_6) tem uma estrutura incomum, com dois átomos de hidrogênio que fazem uma ponte entre os dois átomos de boro. Os boranos reagem com o oxigênio para formar óxido bórico (B_2O_3), no qual o boro está em seu estado de oxidação +3. O óxido bórico é o anidrido do ácido bórico (H_3BO_3). O ácido bórico sofre reações de condensação com facilidade.

Simulado

SIM 22.1 Qual das seguintes afirmações descreve corretamente uma diferença entre a química do oxigênio e a do enxofre?
(**a**) O oxigênio é um não metal, e o enxofre, um metaloide. (**b**) O oxigênio pode formar mais de quatro ligações, enquanto o enxofre, não. (**c**) O enxofre tem uma eletronegatividade superior à do oxigênio. (**d**) O oxigênio tem maior capacidade de formar ligações π que o enxofre.

SIM 22.2 Quando CaC_2 reage com água, qual composto que contém carbono é formado? (**a**) CO (**b**) CO_2 (**c**) CH_4 (**d**) C_2H_2 (**e**) H_2CO_3

SIM 22.3 Qual é o estado de oxidação do átomo de H no metano? (**a**) −4 (**b**) −2 (**c**) 0 (**d**) +1 (**e**) +4

SIM 22.4 Entre os elementos Na, Rb, F e Si, qual tem o menor raio atômico? (**a**) F (**b**) Na (**c**) Rb (**d**) Si

SIM 22.5 Qual é o número máximo de elétrons que o hidrogênio pode ter na sua camada de valência? (**a**) 2 (**b**) 6 (**c**) 8 (**d**) 10

SIM 22.6 A reforma a vapor do metano produz hidrogênio e qual outro produto? (**a**) Água (**b**) Monóxido de carbono (**c**) Dióxido de carbono (**d**) Oxigênio (**e**) Propano

SIM 22.7 Qual elemento forma um hidreto metálico com o hidrogênio? (**a**) Sr (**b**) As (**c**) P (**d**) Pd

SIM 22.8 Qual das seguintes opções é um hidreto metálico? (**a**) BaH_2 (**b**) CuH (**c**) H_2Se (**d**) CsH (**e**) N_2H_2

SIM 22.9 Determine os produtos da seguinte reação:
$$Ni(s) + H_2SO_4(aq) \longrightarrow$$
(**a**) $Ni^{2+}(aq) + H_2(g) + SO_4^{2-}(aq)$
(**b**) $NiO(s) + H_2O(l) + SO_2(g)$
(**c**) $NiSO_4(s) + H_2(g)$
(**d**) $NiO_2(s) + H_2O(l) + SO(g)$

SIM 22.10 Qual(is) das seguintes afirmações é(são) *verdadeira(s)*?
(i) O hidrogênio possui três isótopos que ocorrem na natureza.
(ii) Todos os isótopos de hidrogênio têm propriedades bastante semelhantes.
(iii) O prótio é o isótopo do hidrogênio mais abundante.

(**a**) Apenas a afirmação i é verdadeira. (**b**) As afirmações i e ii são verdadeiras. (**c**) As afirmações i e iii são verdadeiras. (**d**) As afirmações ii e iii são verdadeiras. (**e**) Todas as afirmações são verdadeiras.

SIM 22.11 Foram caracterizados compostos contendo o íon XeF_3^+. Descreva a geometria do domínio eletrônico e a geometria molecular desse íon.

(a) Trigonal plana, trigonal plana (b) Tetraédrica, piramidal trigonal (c) Bipiramidal trigonal, em forma de T (d) Tetraédrica, tetraédrica (e) Octaédrica, quadrática plana

SIM 22.12 Qual composto tem o maior estado de oxidação (mais positivo) no halogênio? (a) $KXeO_3F$ (b) $XeCl_2$ (c) $HBrO_3$ (d) IF_3

SIM 22.13 Qual dos itens a seguir tem espécies que conseguem oxidar o Cl^-? (a) F_2 (b) F^- (c) Br_2 e I_2 (d) Br^- e I

SIM 22.14 Qual ácido é produzido pela reação de I_2O_5 com a água? (a) HIO (b) HIO_2 (c) HIO_3 (d) HIO_4

SIM 22.15 Qual dos óxidos a seguir é o mais ácido? (a) N_2O (b) SiO_2 (c) P_4O_{10} (d) P_4O_6

SIM 22.16 Determine a geometria molecular de $TeCl_2$. (a) Tetraédrica (b) Linear (c) Piramidal trigonal (d) Angular

SIM 22.17 O estado de oxidação de S em $H_2S_2O_7$ é _____, e o estado de oxidação de N em HNO_2 é _____. (a) +3, +3 (b) +6, +5 (c) +3, +5 (d) +6, +3 (e) +5, +2

SIM 22.18 Em usinas de energia, a hidrazina é utilizada para prevenir a corrosão de peças metálicas dos aquecedores de vapor pela dissolução de O_2 em água. A hidrazina reage com O_2 na água e produz $N_2(g)$ e $H_2O(l)$. Escreva uma equação balanceada para essa reação.
(a) $N_2H_4(aq) + O_2(aq) \longrightarrow N_2(g) + H_2O(l)$
(b) $N_2H_4(aq) + O_2(aq) \longrightarrow N_2(g) + 2\,H_2O(l)$
(c) $N_2H_6(aq) + \tfrac{3}{2}\,O_2(aq) \longrightarrow N_2(g) + 3\,H_2O(l)$
(d) $2\,N_2H_6(aq) + 3\,O_2(aq) \longrightarrow 2\,N_2(g) + 6\,H_2O(l)$

SIM 22.19 Qual(is) das seguintes afirmações é(são) *verdadeira(s)*?
(i) As estruturas moleculares bipiramidais trigonais, com 5 átomos em torno do átomo central, podem se formar com N ou P na posição de átomo central.
(ii) As propriedades dos elementos do grupo 5A são muito semelhantes entre si.
(iii) Compostos nos quais P está no estado de oxidação +5 são agentes oxidantes muito mais fortes do que os compostos análogos que contêm N.

(a) Apenas a afirmação i é verdadeira. (b) As afirmações i e ii são verdadeiras. (c) As afirmações i e iii são verdadeiras. (d) As afirmações ii e iii são verdadeiras. (e) Nenhuma das afirmações é verdadeira.

SIM 22.20 Qual oxiácido é produzido quando PF_3 reage com a água? (a) H_3FO_3 (b) H_3FO_4 (c) H_3PO_3 (d) H_3PO_4

SIM 22.21 Qual composto é um carboneto? (a) SiC (b) $NaHCO_3$ (c) CO_2 (d) C_2H_2 (e) C_{60}

SIM 22.22 Qual é o estado de oxidação mais comum do silício nos seus compostos? (a) -4 (b) $+1$ (c) $+2$ (d) $+3$ (e) $+4$

SIM 22.23 A esteatita, também conhecida como pó de talco, tem a fórmula $Mg_3(Si_2O_5)_2(OH)_2$. Qual tipo de estrutura de silicato ela forma? (a) Uma rede tridimensional, como um diamante (b) Cadeias de tetraedros de SiO_4 ligados (c) Camadas de tetraedros de SiO_4 ligados (d) Cadeias de átomos —Si—O—Si—O— com contraíons Mg(II) e hidróxido.

SIM 22.24 No mineral berilo, seis tetraedros de silicato estão ligados para formar um anel, como o mostrado aqui. A carga negativa desse poliânion é equilibrada pelos cátions Be^{2+} e Al^{3+}. Se a análise elementar fornece uma razão Be:Si de 1:2 e uma razão Al:Si de 1:3, qual é a fórmula empírica do berilo? (a) $Be_2Al_3Si_6O_{19}$ (b) $Be_3Al_2(SiO_4)_6$ (c) $Be_3Al_2Si_6O_{18}$ (d) $BeAl_2Si_6O_{15}$

Berilo

SIM 22.25 Os polímeros com um esqueleto O—Si—O e grupos hidrocarboneto no Si são _____. A ligação de tetraedros de SiO_4 em três dimensões forma _____. Os tetraedros de SiO_4 ligados em camadas ou cadeias formam _____. (a) silicatos, quartzos, silicones (b) silicatos, silicones, quartzos (c) quartzos, silicones, silicatos (d) quartzos, silicatos, silicones (e) silicones, quartzos, silicatos

---

Exercícios

Visualizando conceitos

22.1 Qual afirmação identifica qual dos dois compostos é mais estável e explica o porquê? [Seção 22.1]

(a) O composto de carbono, pois C é menos eletronegativo do que Si.
(b) O composto de silício, pois Si forma ligações sigma mais fortes do que C.
(c) O composto de carbono, pois C forma ligações múltiplas mais fortes do que Si.
(d) O composto de silício, pois Si forma ligações pi mais fortes do que C.

22.2 (a) Identifique o *tipo* de reação química representada pelo diagrama a seguir. (b) Atribua cargas adequadas às espécies em ambos os lados da equação. (c) Escreva a equação química da reação. [Seção 22.1]

22.3 Qual das seguintes espécies (pode haver mais do que uma) pode ter a estrutura mostrada a seguir:

(a) XeF_4, (b) BrF_4^+, (c) SiF_4, (d) $TeCl_4$, (e) $HClO_4$? As cores não refletem as identidades dos átomos. [Seções 22.3, 22.4, 22.6 e 22.10]

22.4 Você tem duas garrafas de vidro, uma contendo oxigênio e a outra, nitrogênio. Como você pode determinar qual é qual? [Seções 22.5 e 22.7]

22.5 Escreva a fórmula molecular e a estrutura de Lewis para cada um dos seguintes óxidos de nitrogênio: [Seção 22.7]

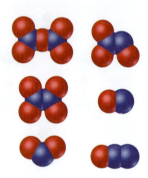

22.6 Qual é a propriedade dos elementos do grupo 6A representada no gráfico a seguir: (a) eletronegatividade, (b) primeira energia de ionização, (c) densidade, (d) entalpia da ligação simples X—X, (e) afinidade eletrônica? [Seções 22.5 e 22.6]

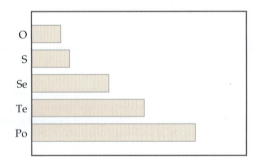

22.7 Identifique as afirmações verdadeiras relativas aos átomos e íons dos elementos do grupo 6A. [Seções 22.5 e 22.6]

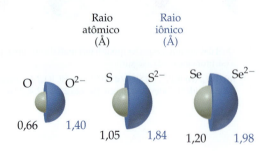

(a) Os raios iônicos são maiores do que os raios atômicos, porque os íons têm mais elétrons do que seus átomos correspondentes.
(b) Os raios atômicos aumentam quando descemos no grupo, devido ao aumento da carga nuclear.
(c) Os raios iônicos aumentam quando descemos no grupo, devido ao aumento do número quântico principal dos elétrons mais externos.
(d) Entre esses íons, Se^{2-} é a base mais forte em água, porque é o maior íon.

22.8 Qual é a propriedade dos elementos não metálicos do terceiro período representada a seguir: (a) primeira energia de ionização, (b) raio atômico, (c) eletronegatividade, (d) ponto de fusão, (e) entalpia da ligação simples X—X? [Seções 22.3, 22.4, 22.6, 22.8 e 22.10]

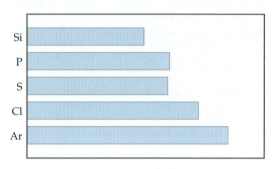

22.9 Qual dos seguintes compostos você espera que seja o mais reativo, e por quê? (Cada vértice nessas estruturas representa um grupo CH_2.) [Seção 22.8]

22.10 (a) Escreva as estruturas de Lewis para pelo menos quatro espécies que tenham a fórmula geral

$$\left[:X\equiv Y:\right]^n$$

em que X e Y podem ser iguais ou diferentes e n pode ter um valor de +1 a −2. (b) Qual dos compostos provavelmente é a base de Brønsted mais forte? Explique sua resposta. [Seções 22.1, 22.7 e 22.9]

Tendências periódicas e reações químicas (Seção 22.1)

22.11 Identifique cada um dos seguintes elementos como metal, não metal ou metaloide: (a) fósforo; (b) estrôncio; (c) manganês; (d) selênio; (e) sódio; (f) criptônio.

22.12 Identifique cada um dos seguintes elementos como metal, não metal ou metaloide: (a) gálio; (b) molibdênio; (c) telúrio; (d) arsênio; (e) xenônio; (f) rutênio.

22.13 Considere os elementos O, Ba, Co, Be, Br e Se. Selecione o elemento dessa lista que (a) é mais eletronegativo; (b) exibe um estado de oxidação máximo de +7; (c) perde um elétron mais facilmente; (d) forma ligações π mais facilmente; (e) é um metal de transição; (f) é um líquido a temperatura e pressão ambientes.

22.14 Considere os elementos Li, K, Cl, C, Ne e Ar. Selecione o elemento dessa lista que (a) é mais eletronegativo; (b) tem maior caráter metálico; (c) forma um íon positivo mais facilmente; (d) tem o menor raio atômico; (e) forma ligações π mais facilmente; (f) tem múltiplos alótropos.

22.15 Quais das seguintes afirmações são *verdadeiras*?

(a) Tanto o nitrogênio quanto o fósforo podem formar um composto pentafluoreto.

(b) Embora o CO seja um composto bastante conhecido, SiO não existe sob condições normais.

(c) Cl_2 é mais fácil de oxidar do que I_2.

(d) À temperatura ambiente, a forma estável do oxigênio é O_2, enquanto a do enxofre é S_8.

22.16 Quais das seguintes afirmações são *verdadeiras*?

(a) Si pode formar um íon com seis átomos de flúor, SiF_6^{2-}, mas o carbono não pode.

(b) Si pode formar três compostos estáveis que contêm dois átomos de Si cada: Si_2H_2, Si_2H_4 e Si_2H_6.

(c) Em HNO_3 e H_3PO_4, os átomos centrais, N e P, têm estados de oxidação diferentes.

(d) S é mais eletronegativo do que Se.

22.17 Complete e faça o balanceamento das seguintes equações:

(a) $NaOCH_3(s) + H_2O(l) \longrightarrow$

(b) $CuO(s) + HNO_3(aq) \longrightarrow$

(c) $WO_3(s) + H_2(g) \xrightarrow{\Delta}$

(d) $NH_2OH(l) + O_2(g) \longrightarrow$

(e) $Al_4C_3(s) + H_2O(l) \longrightarrow$

22.18 Complete e faça o balanceamento das seguintes equações:

(a) $Mg_3N_2(s) + H_2O(l) \longrightarrow$

(b) $C_3H_7OH(l) + O_2(g) \longrightarrow$

(c) $MnO_2(s) + C(s) \xrightarrow{\Delta}$

(d) $AlP(s) + H_2O(l) \longrightarrow$

(e) $Na_2S(s) + HCl(aq) \longrightarrow$

Hidrogênio, gases nobres e halogênios (Seções 22.2, 22.3 e 22.4)

22.19 (a) Relacione os nomes e os símbolos químicos dos três isótopos do hidrogênio. (b) Liste os isótopos por ordem decrescente de abundância natural. (c) Qual isótopo do hidrogênio é radioativo? (d) Escreva a equação nuclear para o decaimento radioativo desse isótopo.

22.20 As propriedades físicas de D_2O são diferentes das de H_2O porque:

(a) D tem uma configuração eletrônica diferente de O.

(b) D é radioativo.

(c) D forma ligações mais fortes com O do que H.

(d) D é muito mais maciço do que H.

22.21 Por que o hidrogênio pode ser colocado junto com os elementos do grupo 1A da tabela periódica? Cite um motivo.

22.22 Por que o hidrogênio pode ser colocado junto com os elementos do grupo 7A da tabela periódica? Cite um motivo.

22.23 Complete e faça o balanceamento das seguintes equações:

(a) $NaH(s) + H_2O(l) \longrightarrow$

(b) $Fe(s) + H_2SO_4(aq) \longrightarrow$

(c) $H_2(g) + Br_2(g) \longrightarrow$

(d) $Na(l) + H_2(g) \longrightarrow$

(e) $PbO(s) + H_2(g) \longrightarrow$

22.24 Escreva equações balanceadas para cada uma das seguintes reações (algumas são similares às reações mostradas neste capítulo). (a) O alumínio metálico reage com ácidos para formar gás hidrogênio. (b) O vapor reage com magnésio metálico para produzir óxido de magnésio e hidrogênio. (c) O óxido de manganês(IV) é reduzido a óxido de manganês(II) por gás hidrogênio. (d) O hidreto de cálcio reage com água para gerar gás hidrogênio.

22.25 Identifique os seguintes hidretos como iônicos, metálicos ou moleculares: (a) BaH_2, (b) H_2Te, (c) $TiH_{1,7}$.

22.26 Identifique os seguintes hidretos como iônicos, metálicos ou moleculares: (a) B_2H_6, (b) RbH, (c) $Th_4H_{1,5}$.

22.27 Descreva duas características do hidrogênio que favorecem a sua utilização como uma fonte de energia em veículos.

22.28 A célula a combustível H_2/O_2 converte hidrogênio e oxigênio elementar em água, produzindo, teoricamente, 1,23 V. Qual é a forma mais sustentável de se obter hidrogênio para operar um grande número de células a combustível? Explique sua resposta.

22.29 Por que o xenônio forma compostos estáveis com flúor, mas não com argônio?

22.30 Um amigo diz que o neon em letreiros luminosos é um composto de neônio e alumínio. Ele está certo? Explique sua resposta.

22.31 Escreva a fórmula química para cada um dos seguintes compostos e indique o estado de oxidação do halogênio ou do átomo de gás nobre em cada um: (a) hipobromito de cálcio; (b) ácido brômico; (c) trióxido de xenônio; (d) íon perclorato; (e) ácido iodoso; (f) pentafluoreto de iodo.

22.32 Escreva a fórmula química para cada um dos seguintes compostos e indique o estado de oxidação do halogênio ou do átomo de gás nobre em cada um: (a) íon clorato; (b) ácido iodídrico; (c) tricloreto de iodo; (d) hipoclorito de sódio; (e) ácido perclórico; (f) tetrafluoreto de xenônio.

22.33 Nomeie os seguintes compostos e atribua estados de oxidação aos halogênios presentes neles: (a) $Fe(ClO_3)_3$; (b) $HClO_2$; (c) XeF_6; (d) BrF_5; (e) $XeOF_4$; (f) HIO_3.

22.34 Nomeie os seguintes compostos e atribua estados de oxidação aos halogênios presentes neles: (a) $KClO_3$; (b) $Ca(IO_3)_2$; (c) $AlCl_3$; (d) $HBrO_3$; (e) H_5IO_6; (f) XeF_4.

22.35 Explique cada uma das seguintes observações. (a) À temperatura ambiente, I_2 é um sólido, Br_2 é um líquido e Cl_2 e F_2 são gases. (b) F_2 não pode ser preparado por oxidação eletrolítica de soluções aquosas de F^-. (c) O ponto de ebulição do HF é bem mais alto do que o dos outros haletos de hidrogênio. (d) A ordem de poder de oxidação dos halogênios é $F_2 > Cl_2 > Br_2 > I_2$.

22.36 Explique as seguintes observações. (a) Para um dado estado de oxidação, a ordem do poder ácido do oxiácido em solução aquosa é cloro > bromo > iodo. (b) O ácido fluorídrico não pode ser guardado em garrafas de vidro. (c) HI não pode ser preparado por tratamento de NaI com ácido sulfúrico. (d) O inter-halogênio ICl_3 é conhecido, mas $BrCl_3$, não.

Oxigênio e outros elementos do grupo 6A (Seções 22.5 e 22.6)

22.37 Escreva equações balanceadas para cada uma das seguintes reações. (a) Quando o óxido de mercúrio(II) é aquecido, ele se decompõe para formar O_2 e mercúrio metálico. (b) Quando o nitrato de cobre(II) é aquecido intensamente, ele é decomposto para formar óxido de cobre(II), dióxido de nitrogênio e oxigênio. (c) O sulfeto de chumbo(II), $PbS(s)$, reage com o ozônio para formar $PbSO_4(s)$ e $O_2(g)$. (d) Quando aquecido no ar, $ZnS(s)$ é convertido em ZnO. (e) O peróxido de potássio reage com $CO_2(g)$ para produzir carbonato de potássio e O_2. (f) O oxigênio é convertido em ozônio na atmosfera superior.

22.38 Complete e faça o balanceamento das seguintes equações:

(a) $CaO(s) + H_2O(l) \longrightarrow$ (b) $Al_2O_3(s) + H^+(aq) \longrightarrow$

(c) $Na_2O_2(s) + H_2O(l) \longrightarrow$ (d) $N_2O_3(g) + H_2O(l) \longrightarrow$

(e) $KO_2(s) + H_2O(l) \longrightarrow$ (f) $NO(g) + O_3(g) \longrightarrow$

22.39 Determine se cada um dos seguintes óxidos é ácido, básico, anfótero ou neutro: (a) NO_2; (b) CO_2; (c) Al_2O_3; (d) CaO.

22.40 Selecione o membro mais ácido de cada um dos seguintes pares: (a) Mn_2O_7 e MnO_2; (b) SnO e SnO_2; (c) SO_2 e SO_3; (d) SiO_2 e SO_2; (e) Ga_2O_3 e In_2O_3; (f) SO_2 e SeO_2.

22.41 Escreva a fórmula química para cada um dos seguintes compostos e indique o estado de oxidação do elemento do grupo 6A em cada um: (a) ácido selenoso; (b) hidrogenossulfeto de potássio; (c) telureto de hidrogênio; (d) dissulfeto de carbono; (e) sulfato de cálcio; (f) sulfeto de cádmio; (g) telureto de zinco.

22.42 Escreva a fórmula química para cada um dos seguintes compostos e indique o estado de oxidação do elemento do grupo 6A em cada um deles: (a) tetracloreto de enxofre; (b) trióxido de selênio; (c) tiossulfato de sódio; (d) sulfeto de hidrogênio; (e) ácido sulfúrico; (f) dióxido de enxofre; (g) telureto de mercúrio.

22.43 Em solução aquosa, o sulfeto de hidrogênio reduz (a) Fe^{3+} a Fe^{2+}, (b) Br_2 a Br^-, (c) MnO_4^- a Mn^{2+} e (d) HNO_3 a NO_2. Em todos os casos, sob condições apropriadas, o produto é o enxofre elementar. Escreva uma equação iônica simplificada balanceada para cada reação.

22.44 Uma solução aquosa de SO_2 reduz (a) $KMnO_4$ aquoso a $MnSO_4(aq)$, (b) $K_2Cr_2O_7$ aquoso ácido a Cr^{3+} aquoso e (c) $Hg_2(NO_3)_2$ a mercúrio metálico. Escreva equações balanceadas para essas reações.

22.45 Escreva a estrutura de Lewis para cada uma das seguintes espécies e indique as respectivas estruturas: (a) SeO_3^{2-}; (b) S_2Cl_2; (c) ácido clorossulfônico, HSO_3Cl (o cloro está ligado ao enxofre).

22.46 O íon SF_5^- é formado quando $SF_4(g)$ reage com sais de fluoreto que contêm cátions grandes, como $CsF(s)$. Desenhe a estrutura de Lewis para SF_4 e SF_5^-. Determine também a estrutura molecular de cada um.

22.47 Escreva uma equação balanceada para cada uma das seguintes reações. (a) O dióxido de enxofre reage com água. (b) O sulfeto de zinco sólido reage com ácido clorídrico. (c) O enxofre elementar reage com íon sulfeto para formar tiossulfato. (d) O trióxido de enxofre dissolve-se em ácido sulfúrico.

22.48 Escreva uma equação balanceada para cada uma das seguintes reações. (Talvez você deva supor um ou mais dos produtos da reação, mas isso é possível com base no estudo deste capítulo.) (a) O seleneto de hidrogênio pode ser preparado pela reação de uma solução aquosa ácida em seleneto de alumínio. (b) O tiossulfato de sódio é usado para remover o excesso de Cl_2 de tecidos branqueados com cloro. O íon tiossulfato forma SO_4^{2-} e enxofre elementar, enquanto Cl_2 é reduzido a Cl^-.

Nitrogênio e outros elementos do grupo 5A (Seções 22.7 e 22.8)

22.49 Escreva a fórmula química para cada um dos seguintes compostos e indique o estado de oxidação do nitrogênio em cada um: (a) nitrito de sódio; (b) amônia; (c) óxido nitroso; (d) cianeto de sódio; (e) ácido nítrico; (f) dióxido de nitrogênio, (g) nitrogênio, (h) nitreto de boro.

22.50 Escreva a fórmula química para cada um dos seguintes compostos e indique o estado de oxidação do nitrogênio em cada um: (a) óxido nítrico; (b) hidrazina; (c) cianeto de potássio; (d) nitrato de sódio; (e) cloreto de amônio; (f) nitrito de lítio.

22.51 Escreva a estrutura de Lewis para cada uma das seguintes espécies, descreva suas geometrias e indique o estado de oxidação do nitrogênio: (a) HNO_2, (b) N_3^-, (c) $N_2H_5^+$, (d) NO_3^-.

22.52 Escreva a estrutura de Lewis para cada uma das seguintes espécies, descreva suas geometrias e indique o estado de oxidação do nitrogênio: (a) NH_4^+, (b) NO_2^-, (c) N_2O, (d) NO_2.

22.53 Complete e faça o balanceamento das seguintes equações:

(a) $Mg_3N_2(s) + H_2O(l) \longrightarrow$

(b) $NO(g) + O_2(g) \longrightarrow$

(c) $N_2O_5(g) + H_2O(l) \longrightarrow$

(d) $NH_3(aq) + H^+(aq) \longrightarrow$

(e) $N_2H_4(l) + O_2(g) \longrightarrow$

Quais delas são reações redox?

22.54 Escreva equações iônicas simplificadas para cada uma das seguintes reações. (a) O ácido nítrico diluído reage com zinco metálico para formar óxido nitroso. (b) O ácido nítrico concentrado reage com enxofre para formar dióxido de nitrogênio. (c) O ácido nítrico concentrado oxida dióxido de enxofre para formar óxido nítrico. (d) A hidrazina é queimada em excesso de gás flúor, formando NF_3. (e) A hidrazina reduz CrO_4^{2-} a $Cr(OH)_4^-$ em meio básico (a hidrazina é oxidada a N_2).

22.55 Escreva as semirreações completas balanceadas para (a) a oxidação de ácido nitroso para íon nitrato em solução ácida; (b) a oxidação de N_2 a N_2O em solução ácida.

22.56 Escreva as semirreações completas balanceadas para (a) a redução do íon nitrato a NO em solução ácida; (b) a oxidação de HNO_2 a NO_2 em solução ácida.

22.57 Escreva uma fórmula molecular para cada composto e indique o estado de oxidação do elemento do grupo 5A em cada um: (a) ácido fosforoso; (b) ácido pirofosfórico; (c) tricloreto de antimônio; (d) arseneto de magnésio; (e) pentóxido de fósforo; (f) fosfato de sódio.

22.58 Escreva uma fórmula química para cada composto e indique o estado de oxidação do elemento do grupo 5A em cada um: (a) íon fosfato; (b) ácido arsenoso; (c) sulfeto de antimônio(III); (d) di-hidrogenofosfato de cálcio; (e) fosfito de potássio; (f) arseneto de gálio.

22.59 Explique as seguintes observações. (a) O fósforo forma um pentacloreto, mas o nitrogênio, não. (b) H_3PO_2 é um ácido monoprótico. (c) Sais fosfônio, como PH_4Cl, podem ser formados sob condições anidras, mas não podem ser preparados em solução aquosa. (d) O fósforo branco é extremamente reativo.

22.60 Explique as seguintes observações. (a) H_3PO_3 é um ácido diprótico. (b) O ácido nítrico é um ácido forte, enquanto o ácido fosfórico é fraco. (c) A rocha fosfática é ineficiente como fertilizante de fosfato. (d) O fósforo não existe à temperatura ambiente como moléculas diatômicas, mas o nitrogênio, sim. (e) As soluções de Na_3PO_4 são bem básicas.

22.61 Escreva uma equação balanceada para cada uma das seguintes reações: (a) preparação do fósforo branco a partir de fosfato de cálcio; (b) hidrólise de PBr_3; (c) redução de PBr_3 para P_4 na fase gasosa usando H_2.

22.62 Escreva uma equação balanceada para cada uma das seguintes reações: (a) hidrólise de PCl_5; (b) desidratação do ácido fosfórico (também chamado de ácido ortofosfórico) para formar ácido pirofosfórico; (c) reação de P_4O_{10} com água.

Carbono, outros elementos do grupo 4A e boro (Seções 22.9, 22.10 e 22.11)

22.63 Liste as fórmulas químicas para (a) cianeto de hidrogênio; (b) níquel tetracarbonilo; (c) bicarbonato de bário; (d) acetileto de cálcio; (e) carbonato de potássio.

22.64 Liste as fórmulas químicas para (a) ácido carbônico; (b) cianeto de sódio; (c) hidrogenocarbonato de potássio; (d) acetileno; (e) pentacarbonila de ferro.

22.65 Complete e faça o balanceamento das seguintes equações:

(a) $ZnCO_3(s) \xrightarrow{\Delta}$

(b) $BaC_2(s) + H_2O(l) \longrightarrow$

(c) $C_2H_2(g) + O_2(g) \longrightarrow$

(d) $CS_2(g) + O_2(g) \longrightarrow$

(e) $Ca(CN)_2(s) + HBr(aq) \longrightarrow$

22.66 Complete e faça o balanceamento das seguintes equações:

(a) $CO_2(g) + OH^-(aq) \longrightarrow$

(b) $NaHCO_3(s) + H^+(aq) \longrightarrow$

(c) $CaO(s) + C(s) \xrightarrow{\Delta}$

(d) $C(s) + H_2O(g) \xrightarrow{\Delta}$

(e) $CuO(s) + CO(g) \longrightarrow$

22.67 Escreva uma equação balanceada para cada uma das seguintes reações. (**a**) O cianeto de hidrogênio é preparado comercialmente pela passagem da mistura de metano, amônia e ar por um catalisador a 800 °C. A água é um subproduto da reação. (**b**) O bicarbonato de sódio reage com ácidos para produzir gás dióxido de carbono. (**c**) Quando o carbonato de bário reage no ar com dióxido de enxofre, são formados sulfato de bário e dióxido de carbono.

22.68 Escreva uma equação balanceada para cada uma das seguintes reações. (**a**) A queima do magnésio metálico em uma atmosfera de dióxido de carbono reduz CO_2 a carbono. (**b**) Na fotossíntese, a energia solar é usada para produzir glicose ($C_6H_{12}O_6$) e O_2 a partir de dióxido de carbono e água. (**c**) Quando os sais de carbonato se dissolvem em água, eles produzem soluções básicas.

22.69 Escreva as fórmulas para os seguintes compostos e indique o estado de oxidação do elemento do grupo 4A ou do boro em cada um: (**a**) ácido bórico; (**b**) tetrabrometo de silício; (**c**) cloreto de chumbo(II); (**d**) tetraborato de sódio decaidratado (bórax); (**e**) óxido bórico; (**f**) dióxido de germânio.

22.70 Escreva as fórmulas para os seguintes compostos e indique o estado de oxidação do elemento do grupo 4A ou do boro em cada um: (**a**) dióxido de silício; (**b**) tetracloreto de germânio; (**c**) boroidreto de sódio; (**d**) cloreto estanoso; (**e**) diborano; (**f**) tricloreto de boro.

22.71 Selecione o membro do grupo 4A que melhor se encaixa em cada uma das seguintes descrições: (**a**) tem a menor primeira energia de ionização; (**b**) é encontrado em estados de oxidação que variam de −4 a +4; (**c**) é o mais abundante na crosta terrestre.

22.72 Selecione o membro do grupo 4A que melhor se encaixa em cada uma das seguintes descrições: (**a**) forma cadeias de maior extensão; (**b**) forma o óxido mais básico; (**c**) é um metaloide que pode formar íons 2+.

22.73 (**a**) Qual é a geometria característica do silício em todos os minerais silicatos? (**b**) O ácido metassilícico tem a fórmula empírica H_2SiO_3. Qual das estruturas mostradas na Figura 22.32 você espera que o ácido metassilícico tenha?

22.74 Especule por que o carbono forma carbonato em vez de similares ao silicato.

22.75 (**a**) Determine o número de íons cálcio na fórmula química do mineral hardistonita, $Ca_xZn(Si_2O_7)$. (**b**) Determine o número de íons hidróxido na fórmula química do mineral pirofilita, $Al_2(Si_2O_5)_2(OH)_x$.

22.76 (**a**) Determine o número de íons sódio na fórmula química da albita, $Na_xAlSi_3O_8$. (**b**) Determine o número de íons hidróxido na fórmula química da tremolita, $Ca_2Mg_5(Si_4O_{11})_2(OH)_x$.

22.77 (**a**) De que modo a estrutura do diborano (B_2H_6) difere da estrutura do etano (C_2H_6)? (**b**) Explique por que o diborano adota aquela geometria. (**c**) Qual é a importância da declaração de que os átomos de hidrogênio no diborano são descritos como "hidretos"?

22.78 Escreva uma equação balanceada para cada uma das seguintes reações. (**a**) O diborano reage com água para formar ácido bórico e hidrogênio molecular. (**b**) Quando aquecido, o ácido bórico sofre uma reação de condensação para formar ácido tetrabórico. (**c**) O óxido de boro se dissolve em água para produzir uma solução de ácido bórico.

Exercícios adicionais

22.79 Indique se cada uma das seguintes afirmações é *verdadeira* ou *falsa*. (**a**) $H_2(g)$ e $D_2(g)$ são formas alotrópicas do hidrogênio. (**b**) ClF_3 é um composto inter-halogênio. (**c**) $MgO(s)$ é um anidrido de ácido. (**d**) $SO_2(g)$ é um anidrido de ácido. (**e**) $2\ H_3PO_4(l) \longrightarrow H_4P_2O_7(l) + H_2O(g)$ é um exemplo de reação de condensação. (**f**) O trítio é um isótopo do hidrogênio. (**g**) $2\ SO_2(g) + O_2(g) \longrightarrow 2\ SO_3(g)$ é um exemplo de reação de desproporcionamento.

22.80 Apesar de os íons ClO_4^- e IO_4^- serem conhecidos há muito tempo, o BrO_4^- só foi sintetizado em 1965. A síntese do íon ocorreu pela oxidação do íon bromato com difluoreto de xenônio, produzindo xenônio, ácido fluorídrico e o íon perbromato. (**a**) Escreva a equação balanceada para essa reação. (**b**) Quais são os estados de oxidação do Br nas espécies dessa reação?

22.81 Escreva uma equação balanceada para a reação de cada um dos seguintes compostos com água: (**a**) $SO_2(g)$; (**b**) $Cl_2O_7(g)$; (**c**) $Na_2O_2(s)$; (**d**) $BaC_2(s)$; (**e**) $RbO_2(s)$; (**f**) $Mg_3N_2(s)$; (**g**) $NaH(s)$.

22.82 Indique o anidrido para cada um dos seguintes ácidos: (**a**) H_2SO_4; (**b**) $HClO_3$; (**c**) HNO_2; (**d**) H_2CO_3; (**e**) H_3PO_4.

22.83 O peróxido de hidrogênio é capaz de oxidar (**a**) hidrazina a N_2 e H_2O, (**b**) SO_2 a SO_4^{2-}; (**c**) NO_2^- a NO_3^-; (**d**) $H_2S(g)$ a $S(s)$; (**e**) Fe^{2+} a Fe^{3+}. Escreva uma equação iônica simplificada balanceada para cada uma dessas reações redox.

22.84 Uma indústria de ácido sulfúrico produz uma quantidade considerável de calor. Esse calor é usado para gerar eletricidade, ajudando a reduzir os custos operacionais. A síntese de H_2SO_4 consiste em três processos químicos principais: (**i**) oxidação de S a SO_2; (**ii**) oxidação de SO_2 a SO_3; (**iii**) dissolução de SO_3 em H_2SO_4 e a reação com água para formar H_2SO_4. (**a**) Se o terceiro processo produz 130 kJ/mol, quanto calor é produzido na preparação de um mol de H_2SO_4 a partir de um mol de S? (**b**) Quanto calor é produzido na preparação de 5 mil libras (2.267 kg) de H_2SO_4?

22.85 (**a**) Qual é o estado de oxidação do P no PO_4^{3-} e do N no NO_3^-? (**b**) Diferentemente de P, N não forma um íon NO_4^{3-} estável. Por quê?

22.86 (**a**) As moléculas de P_4, P_4O_6 e P_4O_{10} têm uma característica estrutural comum de quatro átomos de P dispostos em um tetraedro (Figuras 22.25 e 22.26). Isso significa que a ligação entre os átomos de P é igual em todos esses casos? (**b**) O trimetafosfato de sódio ($Na_3P_3O_9$) e o tetrametafosfato de sódio ($Na_4P_4O_{12}$) são utilizados como agentes de amaciamento de água. Eles contêm íons cíclicos $P_3O_9^{3-}$ e $P_4O_{12}^{4-}$, respectivamente. Proponha estruturas razoáveis para esses íons.

22.87 Escreva a reação química balanceada para a reação de condensação entre moléculas de H_3PO_4 para formar $H_5P_3O_{10}$.

22.88 O germânio ultrapuro, assim como o silício, é usado em semicondutores. O germânio de pureza "normal" é preparado pela redução em alta temperatura de GeO_2 com carbono. O Ge é convertido em $GeCl_4$ pelo tratamento com Cl_2 e, então, purificado por destilação. Depois, o $GeCl_4$ é hidrolisado em água, sendo convertido em GeO_2, e reduzido à forma elementar com H_2. Em seguida, o elemento passa por refinamento de zona. Escreva uma equação química balanceada para cada uma das transformações químicas ao longo da formação do Ge ultrapuro a partir de GeO_2.

22.89 Quando alumínio substitui até metade dos átomos de silício no SiO_2, o resultado é uma classe mineral denominada feldspato. Os feldspatos são os minerais formadores de rochas mais abundantes do nosso planeta, representando cerca de 50% dos minerais da crosta terrestre. A ortoclase é um feldspato no qual o Al substitui um quarto dos átomos de Si do SiO_2, e o equilíbrio de carga é completado por íons K^+. Determine a fórmula química da ortoclase.

22.90 (**a**) Determine a carga do íon aluminossilicato cuja composição é $AlSi_3O_{10}$. (**b**) Com base na Figura 22.32, proponha uma descrição razoável da estrutura desse aluminossilicato.

22.91 (**a**) Quantos gramas de H_2 podem ser armazenados em 100,0 kg da liga de FeTi se o hidreto $FeTiH_2$ é formado? (**b**) Qual volume essa quantidade de H_2 ocupa nas CPTP? (**c**) Quanta energia poderia ser produzida se essa quantidade de hidrogênio fosse queimada no ar para produzir água em estado líquido?

22.92 Com base nos dados termoquímicos da Tabela 22.1 e do Apêndice C, calcule a entalpia média da ligação Xe—F em XeF_2, XeF_4 e XeF_6. Qual é a importância da tendência nessas grandezas?

22.93 O gás hidrogênio tem valor de combustão mais alto do que o gás natural com base na massa, mas não com base no volume. Assim, o hidrogênio não compete com o gás natural como um combustível transportado a longas distâncias por oleodutos. Calcule o calor de combustão do H_2 e do CH_4 (o principal componente do gás natural) **(a)** por mol; **(b)** por grama; **(c)** por metro cúbico nas CPTP. Suponha $H_2O(l)$ como um produto.

22.94 Usando $\Delta G_f°$ do Apêndice C para o ozônio, calcule a constante de equilíbrio para a Equação 22.22 a 298,0 K, supondo que não há entrada de energia elétrica.

22.95 A solubilidade do Cl_2 em 100 g de água nas CPTP é 310 cm³. Suponha que essa quantidade de Cl_2 seja dissolvida e equilibrada da seguinte forma:

$$Cl_2(aq) + H_2O \rightleftharpoons Cl^-(aq) + HClO(aq) + H^+(aq)$$

(a) Se a constante de equilíbrio para essa reação é $4,7 \times 10^{-4}$, calcule a concentração no equilíbrio de HClO formada. **(b)** Qual é o pH da solução?

22.96 Quando o perclorato de amônio é decomposto termicamente, os produtos da reação são $N_2(g)$, $O_2(g)$, $H_2O(g)$ e $HCl(g)$. **(a)** Escreva uma equação balanceada para a reação. (*Dica:* pode ser mais fácil usar coeficientes fracionados para os produtos.) **(b)** Calcule a variação de entalpia da reação por mol de NH_4ClO_4. A entalpia padrão de formação de $NH_4ClO_4(s)$ é $-295,8$ kJ. **(c)** Quando $NH_4ClO_4(s)$ é empregado em foguetes de propulsão por combustível sólido, está preenchido com alumínio em pó. Considerando a elevada temperatura necessária para a decomposição do $NH_4ClO_4(s)$ e os produtos da reação, qual é o papel desempenhado pelo alumínio? **(d)** Calcule o volume de todos os gases que seriam produzidos nas CPTP, considerando a reação completa de uma libra (cerca de 0,454 kg) de perclorato de amônio.

22.97 O oxigênio dissolvido presente em qualquer caldeira de vapor sob alta temperatura e pressurização pode ser extremamente corrosivo às partes metálicas. A hidrazina, que se mistura completamente em água, pode ser adicionada para remover o oxigênio, reagindo com ele para formar nitrogênio e água. **(a)** Escreva a equação balanceada para a reação entre a hidrazina gasosa e o oxigênio. **(b)** Calcule a variação de entalpia que acompanha essa reação. **(c)** O oxigênio no ar se dissolve em água em uma extensão de 9,1 ppm a 20 °C no nível do mar. Quantos gramas de hidrazina são necessários para reagir com todo o oxigênio em $3,0 \times 10^4$ L (o volume de uma piscina pequena) sob essas condições?

22.98 Um método proposto para a remoção de SO_2 dos gases das chaminés das usinas de energia envolve a reação com H_2S aquoso, produzindo enxofre elementar. **(a)** Escreva uma equação química balanceada para a reação. **(b)** Que volume de H_2S a 27 °C e 760 torr seria necessário para remover SO_2 formado pela queima de 2,0 toneladas de carvão contendo 3,5% S em massa? **(c)** Qual massa de enxofre elementar é produzida? Suponha que todas as reações sejam 100% eficientes.

22.99 A concentração máxima permitida de $H_2S(g)$ no ar é de 20 mg por quilograma de ar (20 ppm em massa). Quantos gramas de FeS seriam necessários para reagir com o ácido clorídrico e produzir essa concentração a 1,00 atm e 25 °C em um cômodo que mede 12 pés × 20 pés × 80 pés? (Sob essas condições, a massa molar média de ar é 29,0 g/mol.)

22.100 Os calores padrão de formação de $H_2O(g)$, $H_2S(g)$, $H_2Se(g)$ e $H_2Te(g)$ são $-241,8$, $-20,17$, $+29,7$ e $+99,6$ kJ/mol, respectivamente. As entalpias necessárias para converter os elementos em seus estados padrão para 1 mol de átomos gasosos são 248, 277, 227 e 197 kJ/mol de átomos para O, S, Se e Te, respectivamente. A entalpia para dissociação de H_2 é 436 kJ/mol. Calcule as entalpias de ligação médias de H—O, H—S, H—Se e H—Te, e comente sobre suas tendências.

22.101 O silicato de manganês tem a fórmula empírica MnSi e funde-se a 1.280 °C. É insolúvel em água, mas se dissolve em solução aquosa de HF. **(a)** Que tipo de composto você pode esperar que o MnSi seja: metálico, molecular, rede covalente ou iônico? **(b)** Escreva uma provável equação química balanceada para a reação do MnSi com HF aquoso concentrado.

22.102 A hidrazina tem sido empregada como um agente redutor para metais. Com base nos potenciais padrão de redução, determine se os seguintes metais podem ser reduzidos ao estado metálico pela hidrazina sob condições padrão em solução ácida: **(a)** Fe^{2+}, **(b)** Sn^{2+}, **(c)** Cu^{2+}, **(d)** Ag^+, **(e)** Cr^{3+}, **(f)** Co^{3+}.

22.103 Tanto a dimetil-hidrazina, $(CH_3)_2NNH_2$, quanto a metil-hidrazina, CH_3NHNH_2, têm sido usadas como combustível de foguetes. Quando o tetróxido de dinitrogênio (N_2O_4) é usado como oxidante, os produtos são H_2O, CO_2 e N_2. Se a propulsão do foguete depende do volume produzido, qual dos substitutos da hidrazina produz maior propulsão por grama de massa total da mistura oxidante mais combustível? Suponha que ambos os combustíveis gerem a mesma temperatura e que $H_2O(g)$ seja formada.

22.104 A borazina, $(BH)_3(NH)_3$, é uma substância análoga ao C_6H_6, o benzeno. Pode ser preparada pela reação de diborano com amoníaco, sendo o hidrogênio o outro produto, ou a partir de boroidreto de lítio e cloreto de amônio, sendo o cloreto de lítio e o hidrogênio os outros produtos. **(a)** Escreva as equações químicas balanceadas para a produção de borazina utilizando ambos os métodos sintéticos. **(b)** Desenhe a estrutura de Lewis da borazina. **(c)** Quantos gramas de borazina podem ser preparados a partir de 2,00 L de amônia nas CPTP, supondo que o diborano está em excesso?

Elabore um experimento

São fornecidas amostras de cinco substâncias. À temperatura ambiente, três delas são gases incolores, uma é um líquido incolor e a outra é um sólido branco. Sabe-se que as substâncias são NF_3, PF_3, PCl_3, PF_5 e PCl_5. Vamos elaborar experimentos para determinar qual substância é qual, aplicando conceitos apresentados neste capítulo e nos anteriores.

(a) Supondo que você não tem acesso à internet nem a um manual de química (como quando você faz provas), elabore experiências que permitam identificar as substâncias. **(b)** Qual das substâncias poderia sofrer reação para adicionar mais átomos em torno do átomo central? Que tipos de reação você poderia escolher para testar essa hipótese? **(c)** Com base no que você sabe sobre as forças intermoleculares, qual das substâncias deve ser o sólido?

23

METAIS DE TRANSIÇÃO E QUÍMICA DE COORDENAÇÃO

▲ O Lago das Ninfeias, pintado por Claude Monet em 1899.

O QUE VEREMOS

23.1 ▶ Metais de transição Examinar as propriedades físicas, as configurações eletrônicas, os estados de oxidação e as propriedades magnéticas dos *metais de transição*.

23.2 ▶ Complexos de metais de transição Apresentar os conceitos de *complexos metálicos* e *ligantes*, além de fornecer um breve histórico do desenvolvimento da *química de coordenação*.

23.3 ▶ Ligantes mais comuns na química de coordenação Explorar algumas das geometrias mais comuns adotadas pelos complexos de coordenação e ver como as geometrias se relacionam com os *números de coordenação*.

23.4 ▶ Nomenclatura e isomeria na química de coordenação Definir a nomenclatura usada para dar nomes aos complexos metálicos e nos familiarizar com o conceito de *isomerismo*, em que dois compostos têm a mesma composição, mas diferentes estruturas.

23.5 ▶ Cor e magnetismo na química de coordenação Descobrir as causas fundamentais da cor nos compostos de coordenação, enfatizando a porção visível do espectro eletromagnético e a noção de *cores complementares*. Veremos também que muitos complexos de metais de transição são paramagnéticos, pois apresentam elétrons desemparelhados.

23.6 ▶ Teoria do campo cristalino Aplicar a *teoria do campo cristalino* para explicar algumas propriedades espectrais e magnéticas dos compostos de coordenação.

As cores do mundo em que vivemos são belas, mas, para um químico, elas também são informativas, pois ajudam a compreender a estrutura e as ligações das substâncias. Os compostos de metais de transição são um grupo importante de substâncias coloridas, incluindo o vermelho característico do sangue humano oxigenado. A cor vermelha se deve à hemoglobina, uma proteína que contém ferro e que está presente nas hemácias.

As cores geradas pelos compostos de metais de transição estão entre as mais comuns do nosso mundo. Alguns compostos de metais de transição são usados como pigmentos, outros produzem as cores no vidro e nas pedras preciosas. O uso de cores verdes, amarelas e azuis vibrantes nas pinturas de impressionistas como Monet, Cézanne e Van Gogh foi possível por causa do desenvolvimento de pigmentos sintéticos na década de 1800. Três desses pigmentos utilizados em larga escala pelos impressionistas eram o azul-cobalto, $CoAl_2O_4$, o amarelo-cromo, $PbCrO_4$, e o verde-esmeralda, $Cu_4(CH_3COO)_2(AsO_2)_6$. Em cada caso, a presença de um íon de metal de transição é diretamente responsável pela cor do pigmento: Co^{2+} no azul-cobalto, Cr^{6+} no amarelo-cromo e Cu^{2+} no verde-esmeralda. Infelizmente, o verde-esmeralda também contém arsênio, o que o torna tóxico, e seu uso como pigmento foi descontinuado no início do século XX.

A cor de um composto de metal de transição depende não só do íon do metal de transição, mas também da identidade e da geometria dos íons e/ou das moléculas circundantes. Para avaliar a importância da vizinhança do íon metálico, pense nas cores dos minerais azurita, $Cu_3(CO_3)_2(OH)_2$, e malaquita, $Cu_2(CO_3)(OH)_2$ (**Figura 23.1**). Ambos os minerais contêm íons Cu^{2+} coordenados por íons carbonato e hidróxido, mas diferenças sutis nas vizinhanças do íon Cu^{2+} levam às diferentes cores desses minerais.

A importância dos metais de transição não se restringe à biologia e ao uso como fonte de cores. Os metais de transição e suas ligas são usados como materiais estruturais na produção de joias e moedas e como condutores eletrônicos em fios e dispositivos. A presença de orbitais *d* parcialmente preenchidos permite que os compostos de metais de transição atuem como catalisadores e ímãs. Em capítulos anteriores, vimos que os íons metálicos podem funcionar como ácidos de Lewis, formando ligações covalentes com moléculas e com íons que atuam como bases de Lewis. (Seção 16.1) Encontramos muitos íons e compostos que resultam dessas interações. A hemoglobina, por exemplo, foi mencionada pela primeira vez no quadro "A química e a vida: Anemia falciforme". (Seção 13.6) Em nossa discussão sobre a solubilidade das substâncias iônicas, vimos a formação de íons complexos, como $[Ag(NH_3)_2]^+$. (Seção 17.5)

Neste capítulo, vamos analisar mais de perto muitos aspectos dos metais de transição, incluindo a rica e importante química associada a essas estruturas complexas de íons metálicos circundados por moléculas e íons. Compostos metálicos desse tipo são chamados de *compostos de coordenação*, e o ramo da química que os estuda é denominado *química de coordenação*.

23.1 | Metais de transição

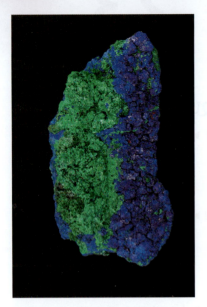

▲ **Figura 23.1 Cristais de azurita azul e malaquita verde.** Essas pedras semipreciosas eram trituradas e usadas como pigmentos na Idade Média e no Renascimento, mas esses pigmentos acabaram substituídos por pigmentos azuis e verdes com maior estabilidade química.

 Objetivos de aprendizagem

Após terminar a Seção 23.1, você deve ser capaz de:

▶ Prever as propriedades físicas dos metais de transição com base na sua posição na tabela periódica.

▶ Determinar a configuração eletrônica de um íon de metal de transição.

▶ Determinar o estado de oxidação de um íon de metal de transição em um composto.

▶ Descrever as diferentes propriedades magnéticas que os metais de transição podem apresentar.

Os metais de transição localizam-se na parte da tabela periódica em que, à medida que nos deslocamos da esquerda para a direita em um período, os orbitais *d* são preenchidos (**Figura 23.2**). (Seção 6.8)

Com algumas exceções (p. ex., ouro e platina), os elementos metálicos são encontrados na natureza na forma de compostos inorgânicos sólidos denominados **minerais**. Na **Tabela 23.1**, observe que os minerais são identificados pelos seus nomes comuns em vez de seus nomes químicos.

A maioria dos metais de transição em minerais tem estados de oxidação (Seção 4.4) que variam de +1 a +4. Para obter o metal puro a partir de um mineral, devem ser realizados vários processos químicos, de modo a reduzir o metal à sua forma elementar (estado de oxidação = 0). A **metalurgia** é a ciência e a tecnologia de extração de metais a partir de suas fontes naturais e de sua preparação para uso prático. Em geral, ela envolve várias etapas: (1) mineração, isto é, extrair *minério* relevante (uma mistura de minerais) do solo; (2) concentração do minério ou outra forma de prepará-lo para tratamento posterior; (3) redução do minério, a fim de obter o metal livre; (4) purificação do metal; e (5) mistura do metal com outros elementos para modificar suas propriedades. Este último processo produz uma *liga*, um material metálico composto de dois ou mais elementos. (Seção 12.2)

TABELA 23.1 Principais fontes minerais de alguns metais de transição

Metal	Mineral	Composição do mineral
Cromo	Cromita	$FeCr_2O_4$
Cobalto	Cobaltita	CoAsS
Cobre	Calcocita	Cu_2S
	Calcopirita	$CuFeS_2$
	Malaquita	$Cu_2(CO_3)(OH)_2$
Ferro	Hematita	Fe_2O_3
	Magnetita	Fe_3O_4
Manganês	Pirolusita	MnO_2
Mercúrio	Cinábrio	HgS
Molibdênio	Molibdenita	MoS_2
Titânio	Rutilo	TiO_2
	Ilmenita	$FeTiO_3$
Zinco	Esfalerita	ZnS

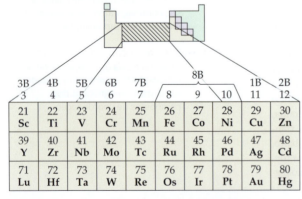

▲ **Figura 23.2 Posição dos metais de transição na tabela periódica.** São os grupos B nos períodos 4, 5 e 6. Os metais de transição radioativos de vida curta do sétimo período não são mostrados.

TABELA 23.2 Propriedades dos metais de transição do quarto período

Grupo	3B	4B	5B	6B	7B	8B			1B	2B
Elemento	Sc	Ti	V	Cr	Mn	Fe	Co	Ni	Cu	Zn
Configuração eletrônica do estado fundamental	$3d^1 4s^2$	$3d^2 4s^2$	$3d^3 4s^2$	$3d^5 4s^1$	$3d^5 4s^2$	$3d^6 4s^2$	$3d^7 4s^2$	$3d^8 4s^2$	$3d^{10} 4s^1$	$3d^{10} 4s^2$
Primeira energia de ionização (kJ/mol)	631	658	650	653	717	759	758	737	745	906
Raio metálico (Å)	1,64	1,47	1,35	1,29	1,37	1,26	1,25	1,25	1,28	1,37
Densidade (g/cm³)	3,0	4,5	6,1	7,9	7,2	7,9	8,7	8,9	8,9	7,1
Ponto de fusão (°C)	1541	1660	1917	1857	1244	1537	1494	1455	1084	420
Estrutura cristalina*	hcp	hcp	bcc	bcc	**	bcc	hcp	fcc	fcc	hcp

*As abreviaturas para as estruturas cristalinas são hcp = *hexagonal close packed* (empacotamento denso hexagonal), fcc = *face centered cubic* (rede cristalina cúbica de face centrada), bcc = *body centered cubic* (rede cristalina cúbica de corpo centrado). (Seção 12.2)
**O manganês tem uma estrutura cristalina mais complexa.

Propriedades físicas

Algumas propriedades físicas dos metais de transição do quarto período estão listadas na **Tabela 23.2**. As propriedades dos metais de transição mais pesados variam de maneira parecida ao longo do quinto e do sexto períodos.

A **Figura 23.3** mostra o raio atômico observado nas estruturas metálicas de empacotamento denso em função do número do grupo.* As tendências observadas no gráfico são o resultado de duas forças contrárias. Por um lado, um aumento na carga nuclear efetiva favorece uma diminuição do raio ao seguirmos da esquerda para a direita ao longo de cada período. (Seção 7.2) Por outro lado, a força de ligação metálica aumenta até atingirmos o meio de cada período e, em seguida, diminui à medida que preenchemos os orbitais antiligantes. (Seção 12.3) De modo geral, uma ligação se encurta à medida que fica mais forte. (Seção 8.8) Para os grupos de 3B a 6B, esses dois efeitos trabalham em cooperação, e o resultado é uma redução acentuada no raio. Nos elementos à direita do grupo 6B, os dois efeitos contrapõem-se, levando a um aumento no raio.

De modo geral, os raios atômicos aumentam à medida que descemos em um dado grupo na tabela periódica por causa do aumento do número quântico principal dos elétrons do nível de valência. (Seção 7.3) Entretanto, nota-se na Figura 23.3 que, depois de passarmos dos elementos do grupo 3B, os elementos de transição do quinto e sexto períodos em um dado grupo têm praticamente os mesmos raios. No grupo 5B, por exemplo, o tântalo no sexto período tem quase o mesmo raio do nióbio. Esse efeito interessante e importante tem origem na série dos lantanídeos, os elementos com números atômicos de 57 até 70. O preenchimento dos orbitais 4*f* nos elementos lantanídeos (Figura 6.28) provoca um aumento constante na carga nuclear efetiva, levando a uma redução no tamanho, chamada de **contração lantanídica**. Ela apenas compensa o aumento esperado à medida que nos deslocamos dos metais de transição do quinto para o sexto período. Assim, os metais de transição do quinto e do sexto períodos em cada grupo têm raios e propriedades químicas muito semelhantes. Por exemplo, os metais do grupo 4B zircônio (quinto período) e háfnio (sexto período) sempre se apresentam juntos na natureza e são muito difíceis de separar.

Configurações eletrônicas e estados de oxidação

Os metais de transição devem suas localizações na tabela periódica ao preenchimento dos subníveis *d*, como vimos na Figura 6.28. Muitas das propriedades químicas e físicas dos metais de transição resultam

Resolva com ajuda da figura

A variação no raio dos metais de transição segue a mesma tendência da carga nuclear efetiva ao seguirmos da esquerda para a direita na tabela periódica?

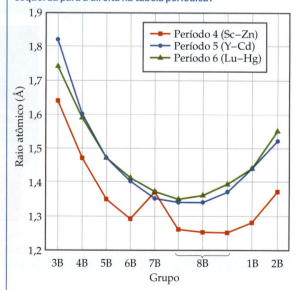

▲ **Figura 23.3** Raios de metais de transição em função do número do grupo.

---

* Observe que os raios definidos desse modo, comumente chamados de raios metálicos, diferem um pouco dos raios atômicos ligantes definidos na Seção 7.3.

das características únicas dos orbitais *d*. Para um dado átomo de metal de transição, os orbitais de valência (*n* − 1)*d* são menores do que os correspondentes *ns* e *np*. Em termos da mecânica quântica, as funções de onda de um orbital (*n* − 1)*d* decaem mais rapidamente à medida que nos afastamos do núcleo do que as funções de onda de orbitais *ns* e *np*. Essa característica dos orbitais *d* limita sua interação com orbitais em átomos vizinhos, mas não a ponto de serem insensíveis aos átomos circundantes. Como resultado, os elétrons nesses orbitais às vezes se comportam como elétrons de valência e às vezes como elétrons do caroço. Os detalhes dependem da localização na tabela periódica e da vizinhança do átomo.

Quando esses metais são oxidados, eles *perdem elétrons mais externos de seu subnível s antes de perder os elétrons do subnível* d. (Seção 7.4) Por exemplo, a configuração eletrônica do Fe é [Ar]$3d^6 4s^2$, enquanto a do Fe^{2+} é [Ar]$3d^6$. A formação do Fe^{3+} requer a perda de um elétron 3*d*, resultando em [Ar]$3d^5$. A maioria dos íons dos metais de transição contém subníveis *d* parcialmente ocupados, que são responsáveis em parte por três características:

1. Os metais de transição normalmente exibem mais de um estado de oxidação estável.
2. A maioria dos compostos de metais de transição é colorida, como mostra a **Figura 23.4**.
3. Os metais de transição e seus compostos frequentemente apresentam propriedades magnéticas.

A **Figura 23.5** mostra os estados de oxidação diferentes de zero que são comuns aos metais de transição do quarto período. O estado de oxidação +2, que é comum para a maioria dos metais de transição, deve-se à perda de seus dois elétrons 4*s* mais externos. Esse estado de oxidação é encontrado para todos esses elementos, exceto Sc, no qual o íon 3+ com configuração [Ar] é particularmente estável.

Os estados de oxidação maiores que +2 devem-se às perdas sucessivas dos elétrons 3*d*. Do Sc ao Mn, o estado de oxidação máximo aumenta de +3 para +7, igualando em cada caso o número total dos elétrons 4*s* mais 3*d* no átomo. Portanto, o manganês, que tem a configuração eletrônica [Ar]$3d^5 4s^2$, tem estado de oxidação máximo de 2 + 5 = +7. À medida que seguimos para a direita e ultrapassamos o Mn na Figura 23.5, o estado de oxidação máximo diminui. Essa redução deve-se em parte ao aumento da atração dos elétrons no orbital *d* pelo núcleo, que aumenta mais rápido do que a atração dos elétrons no orbital *s* à medida que nos deslocamos da esquerda para a direita na tabela periódica. Em outras palavras, os elétrons *d* de cada período se aproximam cada vez mais do núcleo à medida que o número atômico aumenta. Quando se chega ao zinco, não é possível remover elétrons dos orbitais 3*d* por meio de oxidação química.

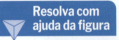

Resolva com ajuda da figura Em qual íon de metal de transição deste grupo os orbitais 3*d* são completamente preenchidos?

▲ **Figura 23.4 Soluções aquosas de íons de metais de transição.** Da esquerda para a direita: Co^{2+}, Ni^{2+}, Cu^{2+} e Zn^{2+}. Em todos os casos, o contraíon é o nitrato.

Nos metais de transição do quinto e sexto períodos, o tamanho dos orbitais 4d e 5d permite atingir estados de oxidação máximos de até +8, que pode ser atingido por compostos como o RuO_4 e o OsO_4. Em geral, esses estados de oxidação são encontrados apenas quando os metais estão combinados com elementos mais eletronegativos, como O, F e, em alguns casos, Cl.

Magnetismo

Um elétron possui uma propriedade intrínseca chamada de *spin* que lhe confere um *momento magnético*, uma propriedade que faz com que ele se comporte como um minúsculo ímã. (Seção 6.7) Em um sólido *diamagnético*, em que todos os elétrons no sólido estão emparelhados, os elétrons com *spins* opostos se cancelam. (Seção 9.8) Normalmente, as substâncias diamagnéticas são descritas como não magnéticas, mas, quando colocadas em um campo magnético, os movimentos dos elétrons fazem com que elas sejam repelidas muito fracamente pelo ímã. Em outras palavras, essas substâncias supostamente não magnéticas exibem um caráter magnético muito fraco na presença de um campo magnético.

Quando um átomo ou íon possui um ou mais elétrons desemparelhados, a substância é *paramagnética*. (Seção 9.8) Em um sólido paramagnético, os elétrons desemparelhados nos átomos ou íons do sólido não são influenciados pelos elétrons nos átomos ou íons vizinhos. Por conseguinte, os momentos magnéticos nos átomos ou íons individuais são orientados aleatoriamente e variam de sentido o tempo todo, como mostrado na **Figura 23.6(a)**. Entretanto, quando colocados em um campo magnético, os momentos magnéticos tendem a se alinhar paralelamente uns aos outros, produzindo interação atrativa efetiva com o ímã. Assim, diferentemente do que acontece com uma substância diamagnética, que sofre fraca repulsão por um campo magnético, uma substância paramagnética é atraída por um campo magnético.

Quando pensa em um ímã, provavelmente você imagina um simples ímã de ferro. Este exibe **ferromagnetismo**, uma forma de magnetismo muito mais forte que o paramagnetismo e que surge quando os elétrons desemparelhados dos átomos ou íons em um sólido são influenciados pelas orientações dos elétrons em átomos ou íons vizinhos. O arranjo mais estável (de menor energia) resulta quando os *spins* dos elétrons nos átomos ou íons vizinhos estão alinhados no mesmo sentido, como mostra a Figura 23.6(b). Quando um sólido ferromagnético é colocado em um campo magnético, os elétrons tendem a se alinhar fortemente em paralelo ao campo magnético. A atração pelo campo magnético resultante pode ser um milhão de vezes mais forte que a de uma substância paramagnética.

Quando um ferromagneto é retirado de um campo magnético externo, as interações entre os elétrons fazem com que a substância ferromagnética retenha um momento magnético, mesmo na ausência de um campo magnético externo. Dessa forma, nos referimos a ele como um *ímã permanente* (**Figura 23.7**).

Os únicos metais de transição ferromagnéticos são Fe, Co e Ni, mas muitas ligas exibem ferromagnetismo, que, em muitos casos, são mais fortes do que os metais puros. Um ferromagnetismo bastante potente é encontrado em compostos que contêm tanto os metais de transição quanto os metais lantanídeos. Dois dos exemplos mais importantes são $SmCo_5$ e $Nd_2Fe_{14}B$.

Dois outros tipos de magnetismo que envolvem arranjos ordenados de elétrons desemparelhados estão representados na Figura 23.6. Nos materiais que exibem **antiferromagnetismo** [Figura 23.6(c)], os elétrons desemparelhados em determinado átomo ou íon alinham-se orientados no sentido oposto ao do *spin* nos átomos vizinhos. Isso significa que elétrons de *spins* opostos anulam-se

Resolva com ajuda da figura

Para qual dos íons mostrados nesta figura os orbitais 4s estão vazios? Para quais íons os orbitais 3d estão vazios?

▲ **Figura 23.5** Estados de oxidação diferentes de zero para os metais de transição do quarto período.

Resolva com ajuda da figura

Descreva como a representação gráfica mostrada para o material paramagnético variaria se o material fosse colocado em um campo magnético.

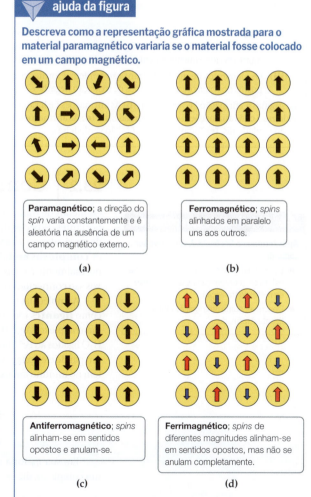

Paramagnético; a direção do *spin* varia constantemente e é aleatória na ausência de um campo magnético externo.

(a)

Ferromagnético; *spins* alinhados em paralelo uns aos outros.

(b)

Antiferromagnético; *spins* alinham-se em sentidos opostos e anulam-se.

(c)

Ferrimagnético; *spins* de diferentes magnitudes alinham-se em sentidos opostos, mas não se anulam completamente.

(d)

▲ **Figura 23.6** Orientação dos *spins* de elétrons em vários tipos de substâncias magnéticas.

982 Química: a ciência central

▲ Figura 23.7 **Ímã permanente.** Ímãs permanentes são feitos de materiais ferromagnéticos e ferrimagnéticos.

mutuamente. Exemplos de substâncias antiferromagnéticas são o cromo, ligas de FeMn e óxidos de metais de transição como Fe_2O_3, $LaFeO_3$ e MnO.

Uma substância que exibe **ferrimagnetismo** [Figura 23.6(d)] apresenta características tanto ferromagnéticas quanto antiferromagnéticas. Como um antiferromagneto, os elétrons desemparelhados alinham-se de modo que os *spins* em átomos ou íons vizinhos apontam para sentidos opostos. Contudo, ao contrário de um antiferromagneto, os momentos magnéticos efetivos dos elétrons opostos não se cancelam totalmente. Isso pode acontecer porque os centros magnéticos têm números diferentes de elétrons desemparelhados (como no caso do $NiMnO_3$), porque o número de sítios magnéticos alinhados em um sentido é maior do que o número daqueles alinhados no sentido oposto ($Y_3Fe_5O_{12}$), ou por ambas as condições se aplicarem (Fe_3O_4). Visto que os momentos magnéticos não se cancelam, as propriedades dos materiais ferrimagnéticos assemelham-se às dos materiais ferromagnéticos.

Todos os materiais ferromagnéticos, ferrimagnéticos e antiferromagnéticos tornam-se paramagnéticos quando aquecidos acima de uma temperatura crítica. Isso acontece quando a energia térmica é suficiente para superar as forças que determinam as orientações dos *spins* dos elétrons – o alinhamento especial dos *spins* eletrônicos é perturbado acima da temperatura crítica, que varia entre as diversas substâncias. Essa temperatura chama-se *temperatura de Curie*, T_C, para ferromagnetos e ferrimagnetos, e *temperatura de Néel*, T_N, para antiferromagnetos.

 Exercícios de autoavaliação

EAA 23.1 Qual(is) das afirmações sobre os elementos de metais de transição a seguir é(são) *verdadeira(s)*?

(i) A maioria dos metais de transição está presente na natureza na forma de minerais.

(ii) O raio atômico de um metal de transição do sexto período costuma ser bastante semelhante ao do metal de transição do quinto período imediatamente acima dele na tabela periódica.

(iii) Os elementos de metais de transição tendem a formar compostos nos quais eles têm estados de oxidação negativos.

(**a**) Apenas a afirmação i é verdadeira. (**b**) As afirmações i e ii são verdadeiras. (**c**) As afirmações i e iii são verdadeiras. (**d**) As afirmações ii e iii são verdadeiras. (**e**) Todas as afirmações são verdadeiras.

EAA 23.2 Quantos elétrons estão nos orbitais de valência d do Zn^{2+} no estado fundamental? (**a**) 2 (**b**) 6 (**c**) 8 (**d**) 10 (**e**) 12

EAA 23.3 Qual é a configuração eletrônica de estado fundamental do Mn^{2+}? (**a**) $[Ar]3d^54s^2$ (**b**) $[Ar]3d^5$ (**c**) $[Ar]3d^34s^2$ (**d**) $[Ar]3d^74s^2$

EAA 23.4 Qual é o estado de oxidação do cromo no Cr_2O_3? (**a**) -3 (**b**) 0 (**c**) $+2$ (**d**) $+3$ (**e**) $+6$

EAA 23.5 Qual dos íons de metais de transição a seguir deve exibir paramagnetismo? (**a**) Sc^{3+} (**b**) Cu^+ (**c**) Fe^{3+} (**d**) Zn^{2+}

23.2 | Complexos de metais de transição

Objetivos de aprendizagem

Após terminar a Seção 23.2, você deve ser capaz de:

▶ Determinar o número de coordenação e a esfera de coordenação de um complexo de metal de transição.

▶ Descrever como uma ligação metal-ligante é formada.

Os metais de transição têm ocorrência em muitas formas moleculares interessantes e importantes. Espécies que resultam da união de um íon metálico central ligado a um grupo de moléculas ou íons vizinhos, como $[Ag(NH_3)_2]^+$, $[CoCl_4]^{2-}$ e $[Fe(H_2O)_6]^{3+}$, são chamadas de **complexos metálicos**, ou apenas *complexos*.* Se o complexo possui uma carga líquida, normalmente é chamado de *íon complexo*. (Seção 17.5) Os compostos que contêm complexos são conhecidos como **compostos de coordenação**.

As moléculas ou os íons que circundam o íon metálico em um complexo são conhecidos como **ligantes** (do latim *ligare*). Por exemplo, existem dois ligantes NH_3 ligados ao Ag^+ no íon complexo $[Ag(NH_3)_2]^+$, quatro ligantes Cl^- ligados ao Co^{2+} em $[CoCl_4]^{2-}$ e seis ligantes H_2O ligados ao Fe^{3+} no $[Fe(H_2O)_6]^{3+}$. Cada ligante atua como uma base de Lewis e, assim, doa um par de elétrons para formar a ligação metal-ligante. (Seção 16.1) Desse modo, cada ligante tem no mínimo um par de elétrons de valência isolado. Quatro dos ligantes mais comuns são:

$$\ddot{\underset{H}{O}}-H \qquad \underset{H}{\overset{H}{\underset{|}{N}}}-H \qquad :\ddot{\underset{..}{Cl}}:^- \qquad :C\equiv N:^-$$

Em sua maioria, os ligantes são moléculas polares ou espécies aniônicas. Ao formar um complexo, diz-se que os ligantes *coordenam-se* ao metal.

---
* A maioria dos compostos de coordenação estudados neste capítulo tem íons de metais de transição, embora íons de outros metais também possam formar complexos.

TABELA 23.3 Propriedades de alguns complexos de cobalto(III) com amônia

Fórmula original	Cor	Íons por unidade de fórmula	Íons Cl⁻ "livres" por unidade de fórmula	Fórmula moderna
CoCl$_3$ · 6 NH$_3$	Laranja	4	3	[Co(NH$_3$)$_6$]Cl$_3$
CoCl$_3$ · 5 NH$_3$	Púrpura	3	2	[Co(NH$_3$)$_5$Cl]Cl$_2$
CoCl$_3$ · 4 NH$_3$	Verde	2	1	trans-[Co(NH$_3$)$_4$Cl$_2$]Cl
CoCl$_3$ · 4 NH$_3$	Violeta	2	1	cis-[Co(NH$_3$)$_4$Cl$_2$]Cl

Observe que, quando escrevemos a fórmula de íons complexos, como [Fe(H$_2$O)$_6$]$^{3+}$, usamos colchetes para demarcar o íon metálico e todos os ligantes. A carga total do íon complexo é escrita fora dos colchetes. Mais detalhes sobre essa nomenclatura serão apresentados em breve.

Desenvolvimento da química de coordenação: a teoria de Werner

Como os compostos de metais de transição exibem belas cores, a química desses elementos já fascinava os químicos antes do surgimento da tabela periódica. Durante o final dos anos de 1700 até o início de 1800, muitos compostos de coordenação foram isolados e estudados. Tais compostos apresentavam propriedades que pareciam confusas à luz das teorias de ligação da época. A **Tabela 23.3**, por exemplo, lista uma série de compostos CoCl$_3$—NH$_3$ que têm cores surpreendentemente diferentes. Observe que a terceira e a quarta espécies apresentam cores diferentes, embora a fórmula originalmente atribuída fosse a mesma: CoCl$_3$ · 4 NH$_3$.

As fórmulas modernas dos compostos da Tabela 23.3 são baseadas em várias linhas de evidências experimentais. Por exemplo, todos os quatro compostos são eletrólitos fortes (Seção 4.1), mas produzem números diferentes de íons quando dissolvidos em água. A dissolução de CoCl$_3$ · 6 NH$_3$ em água gera quatro íons por unidade de fórmula ([Co(NH$_3$)$_6$]$^{3+}$ mais três íons Cl⁻), enquanto o CoCl$_3$ · 5 NH$_3$ gera apenas três íons por unidade de fórmula ([Co(NH$_3$)$_5$Cl]$^{2+}$ mais dois íons Cl⁻). Além disso, a reação dos compostos com excesso de nitrato de prata aquoso leva à precipitação de quantidades diferentes de AgCl(s). Quando CoCl$_3$ · 6 NH$_3$ é tratado com um excesso de AgNO$_3$(aq), três mols de AgCl(s) são precipitados por mol de complexo, o que significa que todos os três íons Cl⁻ no complexo podem reagir para formar AgCl(s). Em contraste, quando CoCl$_3$ · 5 NH$_3$ é tratado com AgNO$_3$(aq) de maneira semelhante, apenas 2 mols de AgCl(s) são precipitados por mol de complexo, o que nos diz que um dos íons Cl⁻ no composto não reage com Ag$^+$. Esses resultados estão resumidos na Tabela 23.3.

Em 1893, o químico suíço Alfred Werner (1866–1919) propôs uma teoria que explicou com sucesso as observações da Tabela 23.3. Nessa teoria, que se tornou a base para o entendimento da química de coordenação, Werner propôs que os íons metálicos apresentam valências primárias e secundárias. A *valência primária* consiste no estado de oxidação do metal, que é +3 para os complexos da Tabela 23.3. A *valência secundária* é o número de átomos ligados diretamente ao íon metálico, chamado de **número de coordenação**. Para esses complexos de cobalto, Werner deduziu um número de coordenação seis com os ligantes em um arranjo octaédrico (Seção 9.1) ao redor do íon Co^{3+}.

A teoria de Werner forneceu uma bela explicação para os resultados da Tabela 23.3. As moléculas de NH$_3$ são ligantes coordenados ao íon Co^{3+} (por meio do átomo de nitrogênio, como veremos mais adiante); se existem menos de seis moléculas de NH$_3$, os ligantes restantes são íons Cl⁻. O metal central e os ligantes unidos a ele constituem a **esfera de coordenação** do complexo.

Ao escrever a fórmula química para um composto de coordenação, Werner sugeriu o uso de colchetes para indicar a constituição da esfera de coordenação em determinado composto. Assim, ele propôs que CoCl$_3$ · 6 NH$_3$ e CoCl$_3$ · 5 NH$_3$ fossem escritos como [Co(NH$_3$)$_6$]Cl$_3$ e [Co(NH$_3$)$_5$Cl]Cl$_2$, respectivamente. Ele também propôs que os íons cloreto que fazem parte da esfera de coordenação estão ligados tão fortemente que não se dissociam quando o complexo é dissolvido em água. Portanto, a dissolução de [Co(NH$_3$)$_5$Cl]Cl$_2$ em água produz um íon [Co(NH$_3$)$_5$Cl]$^{2+}$ e dois íons Cl⁻.

As ideias de Werner também explicaram por que existem duas formas de CoCl₃ · 4 NH₃. Usando seus postulados, formulamos o composto como [Co(NH₃)₄Cl₂]Cl. A **Figura 23.8** mostra que existem duas maneiras de arranjar os ligantes no complexo [Co(NH₃)₄Cl₂]⁺: formas *cis* e *trans*. Na forma cis, os dois ligantes cloreto ocupam vértices adjacentes do arranjo octaédrico. No *trans*-[Co(NH₃)₄Cl₂]⁺, os cloretos são opostos entre si. É essa diferença nas posições dos ligantes Cl que leva a dois compostos, um violeta e outro verde.

A compreensão de Werner sobre a ligação nos compostos de coordenação é ainda mais notável quando nos damos conta de que essa teoria antecedeu em mais de 20 anos as ideias de Lewis sobre as ligações covalentes. Por causa de suas enormes contribuições para a química de coordenação, Werner recebeu o Prêmio Nobel de Química em 1913.

> **Resolva com ajuda da figura**
> Existe outra maneira de organizar os íons cloreto no íon [Co(NH₃)₄Cl₂]⁺ além das duas mostradas nesta figura?

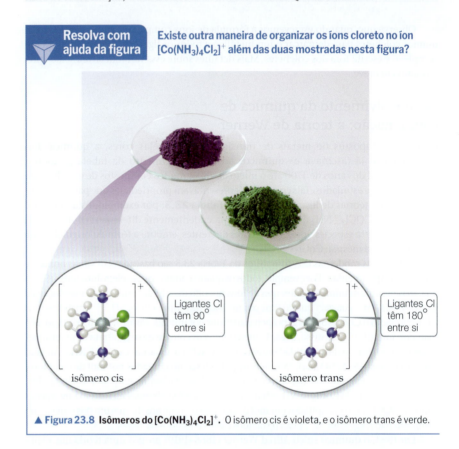

▲ **Figura 23.8** Isômeros do [Co(NH₃)₄Cl₂]⁺. O isômero cis é violeta, e o isômero trans é verde.

Exercício resolvido 23.1
Identificação da esfera de coordenação de um complexo

O paládio(II) tende a formar complexos com um número de coordenação 4. Um dos compostos foi originalmente formulado como PdCl₂ · 3 NH₃. **(a)** Escreva a fórmula para esse composto que melhor descreve sua estrutura de coordenação. **(b)** Quando uma solução aquosa desse composto é tratada com excesso de AgNO₃(aq), quantos mols de AgCl(s) são formados por mol de PdCl₂ · 3 NH₃?

SOLUÇÃO

Analise Dados o número de coordenação de Pd(II) e uma fórmula química segundo a qual o complexo contém NH₃ e Cl⁻, precisamos determinar **(a)** quais ligantes estão coordenados ao Pd(II) no composto e **(b)** como o composto se comporta em relação a AgNO₃ em solução aquosa.

Planeje (a) Por causa de sua carga, os íons Cl⁻ podem estar na esfera de coordenação, ligados diretamente ao metal, ou fora da esfera de coordenação, atuando como contraíon no complexo. Os ligantes NH₃ são eletricamente neutros e devem estar na esfera de coordenação, se supormos quatro ligantes coordenados ao íon Pd(II). **(b)** Cloretos na esfera de coordenação não precipita como AgCl.

Resolva

(a) Por analogia aos complexos de cobalto(III) com amônia mostrados na Figura 23.8, podemos supor que os três grupos NH₃ servem como ligantes coordenados ao íon Pd(II). O quarto ligante ao redor do Pd(II) é um dos íons cloreto. O segundo íon cloreto não é um ligante; ele funciona apenas como um *contraíon* (um íon não coordenado que equilibra a carga). Concluímos, então, que a formulação mais adequada é [Pd(NH₃)₃Cl]Cl.

(b) Tendo em vista que somente o Cl⁻ não ligante pode reagir com Ag⁺, esperamos produzir 1 mol de AgCl(s) por mol de complexo. A equação balanceada é a seguinte:

[Pd(NH₃)₃Cl]Cl(aq) + AgNO₃(aq) ⟶

[Pd(NH₃)₃Cl]NO₃(aq) + AgCl(s)

Essa é uma reação de metátese (Seção 4.2) em que um dos cátions é o íon complexo [Pd(NH₃)₃Cl]⁺.

> ▶ **Para praticar**
> Determine o número de íons produzidos por unidade de fórmula quando CoCl₂ · 6 H₂O dissolve-se em água para formar uma solução aquosa.

Ligação metal-ligante

A ligação entre um ligante e um íon metálico exemplifica uma interação ácido-base de Lewis. (Seção 16.1) Como os ligantes têm pares de elétrons não compartilhados, eles podem funcionar como bases de Lewis (doadores de par de elétrons). Os íons metálicos (em especial os íons de metais de transição) têm orbitais de valência vazios, de modo que podem atuar como ácidos de Lewis (receptores de par de elétrons). Podemos considerar a ligação entre o íon metálico e o ligante o resultado do compartilhamento de um par de elétrons que inicialmente situava-se no ligante:

$$Ag^+(aq) + 2\ :NH_3(aq) \longrightarrow [H_3N:Ag:NH_3]^+ (aq)$$

A formação das ligações metal-ligante pode alterar profundamente as propriedades do íon metálico. Um complexo metálico é uma espécie química distinta, com propriedades físicas e químicas diferentes do íon metálico e dos ligantes a partir dos quais é formado. Como exemplo, a **Figura 23.9** mostra a variação de cor que ocorre quando soluções aquosas de NCS⁻ (incolor) e Fe³⁺ (amarela) são misturadas para formar [Fe(H₂O)₅NCS]²⁺.

A formação do complexo também pode mudar significativamente outras propriedades dos íons metálicos, como sua facilidade de oxidar ou reduzir. O íon prata, por exemplo, é reduzido facilmente em água.

$$Ag^+(aq) + e^- \longrightarrow Ag(s) \qquad E°_{red} = +0{,}799\ V \qquad [23.2]$$

Em comparação, o íon [Ag(CN)₂]⁻ é muito mais difícil de reduzir (valor mais negativo de $E°_{red}$), porque a complexação por íons CN⁻ estabiliza a prata no estado de oxidação +1:

$$[Ag(CN)_2]^-(aq) + e^- \longrightarrow Ag(s) + 2\ CN^-(aq) \qquad E°_{red} = -0{,}31\ V \qquad [23.3]$$

> **Resolva com ajuda da figura**
> O número de coordenação do ferro varia durante essa reação?
> O número de oxidação do ferro varia?

▲ **Figura 23.9** Reação de [Fe(H₂O)₆]³⁺(aq) e NCS⁻(aq).

Íons metálicos hidratados são íons complexos em que o ligante é a água. Portanto, $Fe^{3+}(aq)$ é formado em grande parte por $[Fe(H_2O)_6]^{3+}$. (Seção 16.9) É importante perceber que os ligantes podem sofrer reações. Por exemplo, vimos na Figura 16.18 que uma molécula de água no $[Fe(H_2O)_6]^{3+}(aq)$ pode ser desprotonada, resultando em $[Fe(H_2O)_5OH]^{2+}(aq)$ e $H^+(aq)$. O íon de ferro mantém seu estado de oxidação; o ligante coordenado de hidróxido, com carga 1−, reduz a carga do complexo para 2+. Os ligantes também podem ser deslocados da esfera de coordenação por outros ligantes se os que entram se ligam mais fortemente ao íon metálico do que os originais. Por exemplo, ligantes como NH_3, NCS^- e CN^- podem substituir H_2O na esfera de coordenação de íons metálicos, como vimos na Figura 23.9.

Cargas, números de coordenação e geometrias

A carga de um complexo é a soma das cargas do metal e de seus ligantes. No $[Cu(NH_3)_4]SO_4$, podemos deduzir a carga do íon complexo porque sabemos que o íon sulfato tem carga 2−. Uma vez que o composto é eletricamente neutro, o íon complexo deve ter carga 2+, $[Cu(NH_3)_4]^{2+}$. Podemos usar a carga do íon complexo para deduzir o número de oxidação do cobre. Como os ligantes NH_3 são moléculas neutras, o número de oxidação do cobre deve ser +2:

$$+2 + 4(0) = +2$$
$$[Cu(NH_3)_4]^{2+}$$

Lembre-se de que o número de átomos ligados diretamente ao átomo metálico em um complexo é chamado de *número de coordenação*. Assim, o íon cobre em $[Cu(NH_3)_4]^{2+}$ tem número de coordenação 4. Da mesma forma, o íon prata no $[Ag(NH_3)_2]^+$ tem número de coordenação 2, enquanto cada íon cobalto tem número de coordenação 6 nos quatro complexos da Tabela 23.3.

Alguns íons metálicos apresentam apenas um número de coordenação. O número de coordenação do cromo(III) e do cobalto(III), por exemplo, é sempre 6, enquanto o da platina(II) é sempre 4. Entretanto, os números de coordenação da maioria dos íons metálicos variam de acordo com o ligante. Nesses complexos, os números de coordenação mais comuns são 4 e 6.

O número de coordenação de um íon metálico costuma ser influenciado pelo tamanho do íon metálico e dos ligantes. À medida que um ligante se torna maior, um menor número deles pode se coordenar ao íon metálico. Portanto, o ferro(III) é capaz de se coordenar a seis fluoretos no $[FeF_6]^{3-}$, mas se coordena a apenas quatro cloretos no $[FeCl_4]^-$. Os ligantes que transferem uma considerável densidade negativa ao metal também produzem números de coordenação menores. Por exemplo, o níquel(II) pode se coordenar a seis moléculas de amônia, formando o $[Ni(NH_3)_6]^{2+}$, mas se coordena a apenas quatro íons cianeto para formar $[Ni(CN)_4]^{2-}$.

Exercício resolvido 23.2
Determinação do estado de oxidação do metal em um complexo

Qual é o número de oxidação do metal em $[Rh(NH_3)_5Cl](NO_3)_2$?

SOLUÇÃO
Analise Temos a fórmula química de um composto de coordenação e devemos determinar o estado de oxidação de seu átomo metálico.

Planeje Para determinar o estado de oxidação do átomo de Rh, é preciso deduzir com quais cargas os outros grupos contribuem para a substância. A carga total é igual a zero, logo o estado de oxidação do metal deve balancear a carga resultante do resto do composto.

Resolva O grupo NO_3 é o ânion nitrato, que tem carga 1−. Os ligantes NH_3 são neutros e Cl é um íon cloreto coordenado de carga 1−. A soma de todas as cargas deve ser igual a zero:

$$x + 5(0) + (-1) + 2(-1) = 0$$
$$[Rh(NH_3)_5Cl](NO_3)_2$$

Por conseguinte, o estado de oxidação do ródio, x, deve ser +3.

▶ **Para praticar**
Qual é a carga do complexo formado por um íon metálico de platina(II) para o qual duas moléculas de amônia e dois íons brometo são coordenados?

As geometrias de coordenação mais comuns para os complexos de coordenação são mostradas na **Figura 23.10**. Complexos com número de coordenação 4 têm duas geometrias possíveis: tetraédrica e quadrática plana. A geometria tetraédrica é a mais comum das duas, em especial entre os metais que não são de transição, como vimos em nossa discussão sobre o modelo VSEPR. (Seção 9.2) A geometria quadrática plana é característica de íons de metais de transição com oito elétrons *d* na camada de valência, como platina(II) e ouro(III). Complexos com número de coordenação 6 quase sempre apresentam geometria octaédrica. Embora o octaedro possa ser representado como um quadrado plano com ligantes acima e abaixo do plano, todos os seis vértices são equivalentes.

> **Resolva com ajuda da figura**
>
> Nas figuras do lado direito, o que representa a linha larga que conecta os átomos? E as linhas tracejadas?

Geometria tetraédrica

Geometria quadrática plana

Geometria octaédrica

▲ **Figura 23.10 Geometrias mais comuns em complexos de coordenação.** Em complexos com número de coordenação 4, a geometria costuma ser tetraédrica ou quadrática plana. Naqueles com número de coordenação 6, a geometria é quase sempre octaédrica.

Exercícios de autoavaliação

EAA 23.6 No complexo [Co(NH$_3$)$_5$Br]Br$_2$, o estado de oxidação do átomo de cobalto é _____, e o número de coordenação é _____. (**a**) 0, 6 (**b**) 0, 8 (**c**) +2, 6 (**d**) +3, 5 (**e**) +3, 6

EAA 23.7 Qual das afirmações a seguir sobre o complexo [Zn(NH$_3$)$_4$]Cl$_2$ é *falsa*?

(**a**) O número de coordenação do complexo é 4.
(**b**) Quando um ligante NH$_3$ se liga ao átomo de zinco, ele atua como base de Lewis.
(**c**) A geometria do complexo é octaédrica.
(**d**) O estado de oxidação do átomo de zinco é +2.
(**e**) Os íons Cl no complexo podem ser precipitados com o uso de AgNO$_3$(*aq*).

23.3 | Ligantes mais comuns na química de coordenação

O átomo do ligante que se liga diretamente ao íon metálico central em um complexo de coordenação é chamado de **átomo doador** do ligante. Os ligantes que têm somente um átomo doador são **ligantes monodentados** ("com um dente") e podem ocupar apenas um sítio na esfera de coordenação. Os ligantes que têm dois átomos doadores são **ligantes bidentados** ("com dois dentes"), e os que têm três ou mais átomos doadores são **ligantes polidentados** ("com muitos dentes"). Tanto nas espécies bidentadas quanto nas polidentadas, os vários átomos doadores podem ligar-se ao mesmo tempo ao íon metálico, ocupando dois ou mais sítios na esfera de coordenação. A **Tabela 23.4** dá exemplos dos três tipos de ligantes.

Como parecem agarrar o metal entre dois ou mais átomos doadores, os ligantes bidentados e os polidentados também são conhecidos como **agentes quelantes** (do grega *chele*, ou garra).

Um agente quelante comum é o ligante bidentado *etilenodiamina*, C$_2$N$_2$H$_8$, abreviada como *en*:

$$\text{H}_2\ddot{\text{N}}\overset{\displaystyle \text{CH}_2-\text{CH}_2}{}\ddot{\text{N}}\text{H}_2$$

Cada átomo de nitrogênio em um ligante *en* tem um par de elétrons não ligantes. Assim, cada átomo de N pode atuar como doador para um metal, e eles estão separados o bastante para que ambos possam se ligar ao íon metálico em posições adjacentes. O íon complexo [Co(en)$_3$]$^{3+}$, que tem três ligantes etilenodiamina na esfera de coordenação

> **Objetivos de aprendizagem**
>
> Após terminar a Seção 23.3, você deve ser capaz de:
> ▶ Diferenciar entre ligantes monodentados, bidentados e polidentados.
> ▶ Para ligantes comuns, identificar o número e o tipo de átomo doador que se liga ao átomo metálico central em um complexo de coordenação.

TABELA 23.4 Alguns ligantes mais comuns

Tipo de ligante	Exemplos
Monodentado	H₂O: Água — :F:⁻ Íon fluoreto — [:C≡N:]⁻ Íon cianeto — [:Ö—H]⁻ Íon hidróxido
	:NH₃ Amônia — :Cl:⁻ Íon cloreto — [:S̈=C=N̈:]⁻ Íon tiocianato (ou) — [:Ö—N=Ö:]⁻ Íon nitrito (ou)
Bidentado	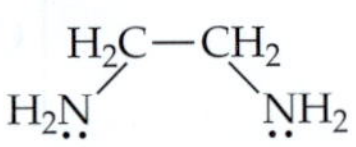 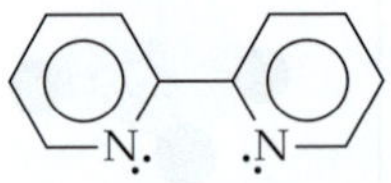 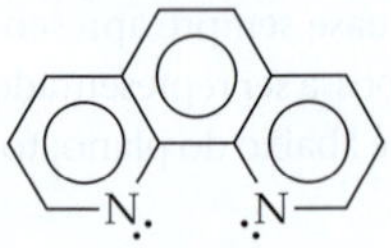 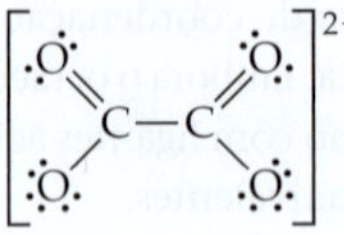 Etilenodiamina (en); Bipiridina (bipy ou bpy); *Orto*-fenantrolina (*o*-phen); Íon oxalato; 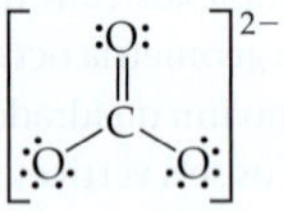 Íon carbonato
Polidentado	Dietilenotriamina; Íon trifosfato; Íon etilenodiaminotetraacetato (EDTA⁴⁻)

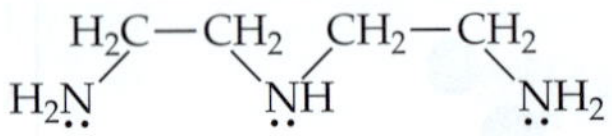

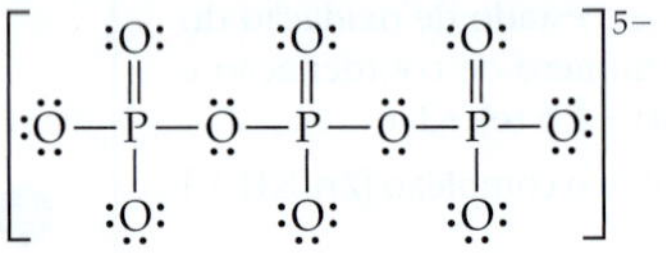

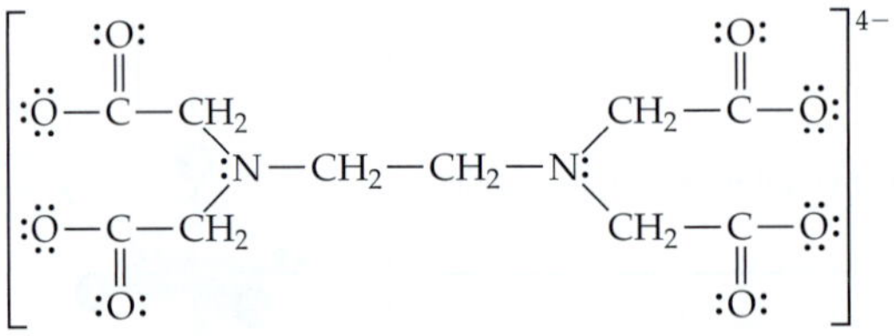

octaédrica do cobalto(III), é mostrado na **Figura 23.11**. Observe que, na imagem à direita, a etilenodiamina foi escrita em uma notação abreviada, com dois átomos de nitrogênio conectados por um arco.

O íon etilenodiaminotetraacetato (EDTA^{4-}) é um importante ligante polidentado, com seis átomos doadores (dois átomos de N e quatro de O). Ele pode se enrolar em um íon metálico usando os seis átomos doadores, como mostrado na **Figura 23.12**, apesar de algumas vezes ligar-se a um metal usando apenas cinco dos seis átomos doadores.

De modo geral, os complexos formados pelos ligantes quelantes (i.e., bidentados e polidentados) são mais estáveis que os análogos monodentados. As constantes de formação no equilíbrio para o [Ni(NH₃)₆]$^{2+}$ e o [Ni(en)₃]$^{2+}$ ilustram essa observação:

$$[Ni(H_2O)_6]^{2+}(aq) + 6\,NH_3(aq) \rightleftharpoons [Ni(NH_3)_6]^{2+}(aq) + 6\,H_2O(l)$$

$$K_f = 1{,}2 \times 10^9 \qquad [23.4]$$

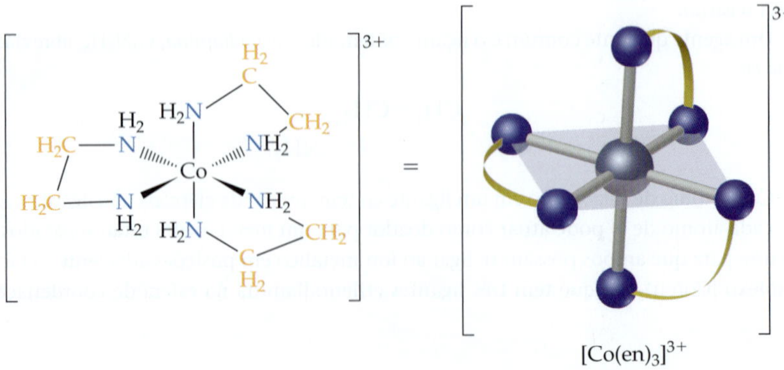

▲ **Figura 23.11** Íon [Co(en)₃]$^{3+}$.
A abreviação en é usada para o ligante etilenodiamina.

$$[Ni(H_2O)_6]^{2+}(aq) + 3\,en(aq) \rightleftharpoons [Ni(en)_3]^{2+}(aq) + 6\,H_2O(l)$$

$$K_f = 6,8 \times 10^{17} \qquad [23.5]$$

Embora o átomo doador seja o nitrogênio em ambos os casos, $[Ni(en)_3]^{2+}$ tem uma constante de formação 10^8 vezes maior do que a de $[Ni(NH_3)_6]^{2+}$. Essa tendência em constantes de formação geralmente maiores para os ligantes bidentados e polidentados, conhecida como **efeito quelato**, é examinada no quadro "Olhando de perto: Entropia e efeito quelato", nesta seção.

Os agentes quelantes costumam ser usados para prevenir uma ou mais das reações costumeiras de um íon metálico sem removê-lo da solução. Por exemplo, um íon metálico que interfere em uma análise química pode ser complexado e, com isso, sua interferência é removida. De certo modo, o agente quelante oculta o íon metálico. Por isso, algumas vezes os cientistas referem-se a esses ligantes como *agentes sequestrantes*. Os ligantes fosfatos, como o trifosfato de sódio, $Na_5[OPO_2OPO_2OPO_3]$, são usados para sequestrar os íons Ca^{2+} e Mg^{2+} da água dura, para que esses íons não possam interferir na ação de sabões ou detergentes.

Os agentes quelantes são usados em muitos alimentos prontos, como molhos de saladas e sobremesas congeladas, para complexar traços de íons metálicos que catalisam as reações de decomposição. Os agentes quelantes são úteis na medicina para remover íons metálicos tóxicos que tenham sido ingeridos, como Hg^{2+}, Pb^{2+} e Cd^{2+}. Um método de tratar a intoxicação por chumbo é administrar $Na_2Ca(EDTA)$. O EDTA promove a quelação do chumbo, permitindo que ele seja removido do corpo pela urina.

Metais e quelatos nos sistemas vivos

Dez dos 29 elementos conhecidos por serem necessários à vida humana são metais de transição [ver o quadro "A química e a vida: Elementos químicos necessários para organismos vivos" (Seção 2.7)]. Esses 10 elementos – V, Cr, Mn, Fe, Co, Ni, Cu, Zn, Mo e Cd – formam complexos com diversos grupos presentes nos sistemas biológicos.

Apesar de nossos corpos necessitarem apenas de pequenas quantidades de metais, as deficiências podem levar a doenças graves. Uma deficiência de ferro, por exemplo, pode levar à *anemia*, em que o corpo não tem hemácias saudáveis em quantidade suficiente, como veremos no quadro "A química e a vida: A luta por ferro nos sistemas vivos" nesta seção. Uma deficiência de manganês pode levar a distúrbios convulsivos. Alguns pacientes epilépticos são tratados com a adição de manganês à dieta.

Entre os mais importantes agentes quelantes na natureza estão aqueles derivados da molécula de *porfina* (**Figura 23.13**). Essa molécula pode se coordenar a um metal usando os quatro átomos de nitrogênio como doadores. Com a coordenação ao metal, os dois átomos de H ligados ao nitrogênio são deslocados para formar complexos denominados **porfirinas**. Duas das mais importantes são o *heme*, em que o íon metálico é Fe(II), e a *clorofila*, que tem como íon metálico central o Mg(II).

A **Figura 23.14** mostra uma estrutura esquemática da mioglobina, proteína que contém um grupo heme. A mioglobina é uma *proteína globular*, que se dobra em uma forma compacta e quase esférica. Encontrada nas células do músculo esquelético, em especial em focas, baleias e toninhas, ela armazena oxigênio nas células, uma molécula de O_2 por mioglobina, até que ele seja necessário para atividades metabólicas. A hemoglobina, proteína que transporta oxigênio no sangue humano, é constituída de quatro subunidades contendo o grupo heme, todas muito similares à mioglobina. Uma hemoglobina pode se ligar a quatro moléculas O_2.

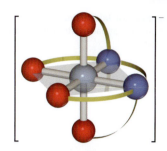

▲ **Figura 23.12 Íon complexo [Co(EDTA)]⁻**. O ligante é o íon polidentado etilenodiaminotetraacetato, cuja representação completa é dada na Tabela 23.2. Essa representação mostra como os dois átomos N e os quatro O doadores se coordenam com o cobalto.

> **Resolva com ajuda da figura**
>
> Quantos átomos de carbono há na porfina? Quantos têm hibridização sp^3? Quantos têm hibridização sp^2?

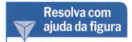

Porfina

Heme b

Clorofila a

▲ **Figura 23.13 Porfina e duas porfirinas, heme b e clorofila a.** Íons Fe(II) e Mg(II) substituem os dois átomos de H indicados em azul na porfina e ligam-se aos quatro átomos de nitrogênios na heme b e na clorofila a, respectivamente.

▶ **Figura 23.14 Mioglobina.** Esse diagrama de fitas não mostra a maior parte dos átomos.

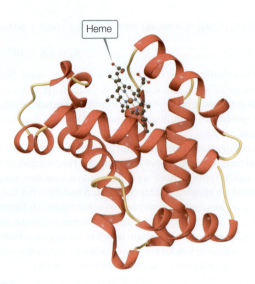

Tanto na mioglobina quanto na hemoglobina, o ferro está coordenado aos quatro átomos de nitrogênio de uma porfirina e a um átomo de nitrogênio da cadeia proteica (**Figura 23.15**). Na hemoglobina, a sexta posição ao redor do ferro é ocupada pelo oxigênio (na oxihemoglobina, a forma vermelha) ou pela água (na desoxihemoglobina, a forma vermelho-arroxeada). (A forma oxi é mostrada na Figura 23.15.)

O monóxido de carbono é tóxico porque a constante de equilíbrio da ligação entre a hemoglobina humana e o CO é cerca de 210 vezes maior do que para o O_2. Por conseguinte, uma quantidade relativamente pequena de CO pode inativar uma fração substancial da hemoglobina no sangue, deslocando a molécula de O_2 da subunidade contendo o grupo heme. Por exemplo, uma pessoa que respire ar com apenas 0,1% de CO absorve, em algumas horas, monóxido de carbono suficiente para converter até 60% da hemoglobina (Hb) em COHb, reduzindo a capacidade normal de transporte de oxigênio do sangue em 60%.

Sob condições normais, um não fumante que respire ar puro tem cerca de 0,3 a 0,5% de COHb no sangue. Esse montante decorre principalmente da produção de pequenas quantidades de CO no curso da química normal do organismo e do baixo teor de CO presente no ar limpo. A exposição a concentrações mais elevadas de CO aumenta o nível de COHb, o que, por sua vez, deixa menos sítios Hb aos quais O_2 pode se ligar. Se o nível de COHb aumentar demais, o transporte de oxigênio é obstruído, provocando a morte. Visto que CO é incolor e inodoro, a intoxicação por CO ocorre muito rapidamente. Dispositivos de combustão ventilados de forma inadequada, como lanternas de querosene e fogões, podem representar um risco à saúde.

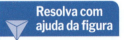 Qual é o número de coordenação do ferro na unidade heme mostrada aqui? Qual é a identidade dos átomos doadores na heme?

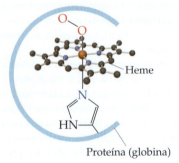

▲ **Figura 23.15** Esfera de coordenação do grupo heme nas proteínas oximioglobina e oxihemoglobina.

OLHANDO DE PERTO | Entropia e efeito quelato

Em nossa discussão sobre a energia livre de Gibbs, vimos que os processos químicos são dirigidos por variações positivas na entropia do sistema. (Seção 19.5) A estabilidade especial associada à formação de quelatos, chamada de *efeito quelato*, pode ser explicada ao comparar as variações de entropia que ocorrem com os ligantes monodentados com as variações de entropia que ocorrem com os ligantes polidentados.

Começamos examinando a reação em que dois ligantes H_2O do complexo quadrático plano de Cu(II), $[Cu(H_2O)_4]^{2+}$, são substituídos por ligantes monodentados de NH_3 a 27 °C:

$$[Cu(H_2O)_4]^{2+}(aq) + 2\,NH_3(aq) \rightleftharpoons$$
$$[Cu(H_2O)_2(NH_3)_2]^{2+}(aq) + 2\,H_2O(l)$$
$$\Delta H° = -46\text{ kJ}; \quad \Delta S° = -8,4\text{ J/K}; \quad \Delta G° = -43\text{ kJ}$$

Os dados termodinâmicos fornecem informações sobre as habilidades de H_2O e NH_3 de funcionar como ligantes nesses sistemas. Em geral, NH_3 liga-se mais fortemente a íons metálicos do que H_2O, o que indica que essa substituição é exotérmica ($\Delta H < 0$). A ligação mais forte dos ligantes NH_3 também torna o íon $[Cu(H_2O)_2(NH_3)_2]^{2+}$ mais rígido, que é a provável razão de por que $\Delta S°$ é ligeiramente negativa.

Podemos usar a Equação 19.20, $\Delta G° = -RT \ln K$, para calcular a constante de equilíbrio da reação a 27 °C. O valor resultante, $K = 3,1 \times 10^7$, revela que o equilíbrio se localiza bem à direita, favorecendo a substituição de H_2O por NH_3. Para esse equilíbrio, portanto, a variação de entalpia, $\Delta H° = -46$ kJ, é grande e negativa o suficiente para superar a variação negativa na entropia, $\Delta S° = -8,4$ J/K.

Agora, vamos usar um ligante bidentado etilenodiamino (en) em nossa reação de substituição:

$$[Cu(H_2O)_4]^{2+}(aq) + en(aq) \rightleftharpoons [Cu(H_2O)_2(en)]^{2+}(aq) + 2\,H_2O(l)$$
$$\Delta H° = -54\text{ kJ}; \quad \Delta S° = +23\text{ J/K}; \quad \Delta G° = -61\text{ kJ}$$

O ligante en liga-se um pouco mais fortemente ao íon Cu^{2+} do que dois ligantes NH_3; logo, a variação de entalpia aqui (-54 kJ) é ligeiramente mais negativa do que para $[Cu(H_2O)_2(NH_3)_2]^{2+}$ (-46 kJ). Entretanto, existe uma grande diferença na variação de entropia:

$\Delta S° = -8,4$ J/K para a reação de NH_3, mas $+23$ J/K para a reação de en. Podemos explicar o valor positivo de $\Delta S°$ usando os conceitos que abordamos na Seção 19.3. Como um único ligante en ocupa dois sítios de coordenação, duas moléculas de H_2O são liberadas com a ligação de um ligante en. Assim, existem três moléculas de produto na reação, porém apenas duas moléculas de reagente. O maior número de moléculas de produto leva a uma variação de entropia positiva para o equilíbrio.

O valor ligeiramente mais negativo de $\Delta H°$ para a reação en (-54 kJ versus -46 kJ) associado à variação positiva de entropia leva a um valor muito mais negativo de $\Delta G°$ (-61 kJ para en, -43 kJ para NH_3) e, portanto, a uma constante de equilíbrio maior: $K = 4,2 \times 10^{10}$.

Podemos combinar nossas duas equações usando a lei de Hess (Seção 5.6) para calcular as variações de entalpia, entropia e energia livre que ocorrem quando o en substitui a amônia como ligante no Cu(II):

$$[Cu(H_2O)_2(NH_3)_2]^{2+}(aq) + en(aq) \rightleftharpoons$$
$$[Cu(H_2O)_2(en)]^{2+}(aq) + 2\,NH_3(aq)$$
$$\Delta H° = (-54\text{ kJ}) - (-46\text{ kJ}) = -8\text{ kJ}$$
$$\Delta S° = (+23\text{ J/K}) - (-8,4\text{ J/K}) = +31\text{ J/K}$$
$$\Delta G° = (-61\text{ kJ}) - (-43\text{ kJ}) = -18\text{ kJ}$$

Observe que, a 27 °C, a contribuição entrópica ($-T\Delta S°$) para a variação da energia livre, $\Delta G° = \Delta H° - T\Delta S°$ (Equação 19.12), é negativa e maior em ordem de grandeza do que a contribuição entálpica ($\Delta H°$). A constante de equilíbrio para a substituição de dois ligantes NH_3 por um ligante en, $1,4 \times 10^3$, mostra que a substituição de NH_3 por en é termodinamicamente favorável.

O efeito quelato é importante na bioquímica e na biologia molecular. A estabilização termodinâmica adicional fornecida pelos efeitos entrópicos ajuda a estabilizar complexos metal-quelato biológicos, como as porfirinas, permitindo que ocorram alterações no estado de oxidação do íon metálico enquanto a integridade estrutural do complexo é mantida.

Exercício relacionado: 23.32

As **clorofilas**, porfirinas que contêm Mg(II) (Figura 23.13), são os principais componentes da conversão da energia solar em formas que possam ser usadas pelos organismos vivos. Esse processo, chamado de **fotossíntese**, ocorre nas folhas de plantas verdes:

$$6\,CO_2(g) + 6\,H_2O(l) \longrightarrow C_6H_{12}O_6(aq) + 6\,O_2(g) \quad [23.6]$$

A formação de um mol de glicose, $C_6H_{12}O_6$, requer a absorção de 48 mols de fótons da luz solar ou de outras fontes de luz. Os pigmentos que contêm clorofila nas folhas de plantas absorvem os fótons. A Figura 23.13 mostra que a molécula de clorofila tem uma série de ligações duplas alternadas, ou *conjugadas*, no anel que circunda o íon metálico. Esse sistema de ligações duplas conjugadas torna possível para a clorofila absorver fortemente a luz na região visível do espectro. A **Figura 23.16** mostra que a clorofila é verde porque absorve a luz vermelha (absorção máxima a 655 nm) e a luz azul (absorção máxima a 430 nm) e transmite a luz verde.

A fotossíntese é uma máquina natural de conversão de energia solar, e dela depende a sustentabilidade de todos os sistemas vivos na Terra. A forma da clorofila que facilita a fotossíntese, denominada *clorofila a*, está ilustrada na Figura 23.13 e na capa deste livro.

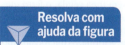

> **Resolva com ajuda da figura**
>
> Que pico nesta curva corresponde à transição da menor energia de um elétron em uma molécula de clorofila?

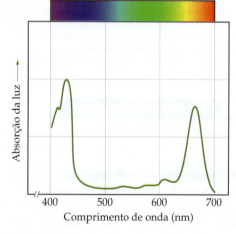

▲ **Figura 23.16** Absorção da luz solar pela clorofila.

A QUÍMICA E A VIDA | A luta por ferro nos sistemas vivos

Tendo em vista a dificuldade dos sistemas vivos em assimilar ferro suficiente para satisfazer suas necessidades, a anemia ferropriva é um problema comum nos seres humanos. Nas plantas, a clorose, uma deficiência de ferro que resulta no amarelamento das folhas, também é corriqueira.

Os sistemas vivos têm dificuldade em assimilar o ferro porque a maior parte dele nos compostos da natureza tem solubilidade muito baixa em água. Os microrganismos têm se adaptado a esse problema liberando um composto que se liga ao ferro, o *sideróforo*, que forma um complexo de ferro(II) solúvel em água extremamente estável. Um complexo desse tipo é chamado de *ferricromo* (**Figura 23.17**). A força do sideróforo para se ligar ao ferro é tão grande que ele pode extrair ferro de óxidos de ferro.

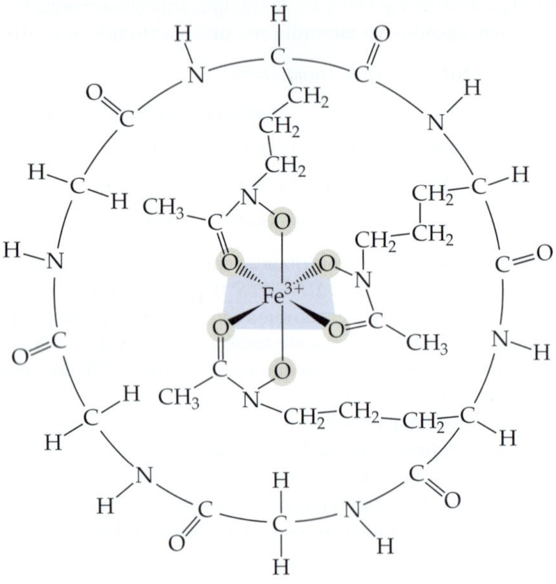

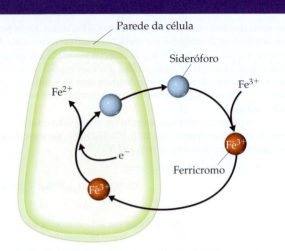

▲ **Figura 23.18** Sistema de transporte de ferro de uma célula bacteriana.

▲ **Figura 23.17** Ferricromo.

Quando o ferricromo entra em uma célula, o ferro que ele carrega é removido por uma reação catalisada por enzima que reduz o ferro(III), ligado fortemente, a ferro(II), que é fracamente complexado pelo sideróforo (**Figura 23.18**). Dessa forma, os microrganismos adquirem ferro liberando um sideróforo em sua vizinhança imediata para, em seguida, levar o complexo de ferro resultante para dentro da célula.

Nos seres humanos, o ferro é assimilado dos alimentos pelo intestino. A proteína *transferrina* liga-se ao ferro e o transporta pela parede do intestino para distribuí-lo aos outros tecidos do corpo. Um adulto normal possui um total de 4 g de ferro. Em dado momento, cerca de 3 g, ou 75%, desse ferro estarão no sangue, sobretudo na forma de hemoglobina. A maior parte do restante é transportada pela transferrina.

Uma bactéria que infecta o sangue necessita de uma fonte de ferro para crescer e se reproduzir. A bactéria elimina um sideróforo na corrente sanguínea para competir com a transferrina pelo ferro. As constantes de formação para os complexos de ferro com a transferrina e com o sideróforo são praticamente iguais. Quanto mais ferro disponível para a bactéria, mais rapidamente ela pode se reproduzir e, assim, mais dano pode causar ao organismo.

Alguns anos atrás, médicos da Nova Zelândia receitavam suplementos de ferro para bebês logo após o nascimento. Entretanto, a incidência de determinadas infecções bacterianas era oito vezes maior em crianças tratadas com suplementos de ferro do que nas não tratadas. Supõe-se que a presença de mais ferro no sangue do que o necessário tornava mais fácil para as bactérias obterem o ferro necessário para seu crescimento e reprodução.

Nos Estados Unidos, é prática médica comum suplementar o alimento infantil com ferro durante o primeiro ano de vida. Entretanto, essa suplementação não é necessária a bebês amamentados pela mãe, porque o leite materno contém duas proteínas especializadas, a lactoferrina e a transferrina, que fornecem ferro suficiente sem disponibilizá-lo às bactérias. Mesmo para crianças alimentadas com fórmulas infantis, a suplementação de ferro nos primeiros meses de vida pode não ser recomendável.

Para continuar a se multiplicar na corrente sanguínea, as bactérias devem sintetizar novos suprimentos de sideróforos. Entretanto, a síntese de sideróforos na bactéria desacelera à medida que a temperatura aumenta para mais de 37 °C, cessando por completo a 40 °C. Isso sugere que a febre na presença de um micróbio invasor é um mecanismo usado pelo corpo para privar as bactérias de ferro.

Exercício relacionado: 23.76

Exercícios de autoavaliação

EAA 23.8 O íon oxalato, $C_2O_4^{2-}$, denotado por *ox*, forma um íon complexo com o cromo: $[Cr(ox)_3]^{3-}$. Qual das afirmações a seguir sobre esse complexo é *falsa*?

(a) O íon oxalato é um ligante bidentado.
(b) O número de coordenação desse complexo é 3.
(c) O estado de oxidação do cromo nesse complexo é +3.
(d) Os átomos doadores no ligante ox são átomos de oxigênio.
(e) O íon oxalato é um exemplo de ligante quelante.

EAA 23.9 A *clorofila a*, um complexo porfirínico, é a principal substância envolvida na fotossíntese dos vegetais. Qual das afirmações a seguir sobre a clorofila a é *verdadeira*?

(a) A clorofila a é um exemplo de complexo de metal de transição.
(b) A porfirina é um ligante bidentado.
(c) A clorofila a absorve luz visível.
(d) O átomo de metal na clorofila a está no estado de oxidação +3.
(e) O átomo de metal no centro da clorofila a é manganês.

23.4 | Nomenclatura e isomeria na química de coordenação

A princípio, quando descobertos, os complexos recebiam o nome do químico que os havia preparado originalmente. Alguns desses nomes persistem; por exemplo, a substância vermelho-escura NH$_4$[Cr(NH$_3$)$_2$(NCS)$_4$] ainda é conhecida como sal de Reinecke. À medida que as estruturas dos complexos passaram a ser mais bem compreendidas, tornou-se possível nomeá-los de maneira mais sistemática. Vamos analisar dois exemplos que ilustram como os compostos de coordenação são nomeados:

Objetivos de aprendizagem

Após terminar a Seção 23.4, você deve ser capaz de:
▶ Converter entre o nome de um composto de coordenação e sua fórmula química.
▶ Descrever os tipos de isomerização que um complexo de coordenação pode apresentar.
▶ Descrever como isômeros ópticos de um complexo diferem entre si.

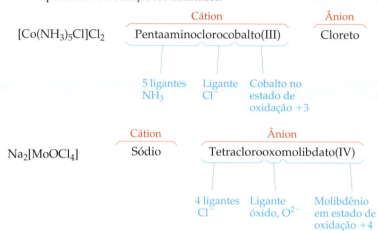

Como nomear compostos de coordenação

1. *Ao nomear complexos que são sais, o nome do ânion é dado antes do nome do cátion (apesar de ser escrito à direita do cátion na fórmula), precedido pela preposição de.* Assim, em [Co(NH$_3$)$_5$Cl]Cl$_2$, nomeamos o ânion, Cl$^-$ e, em seguida, o cátion, [Co(NH$_3$)$_5$Cl]$^{2+}$.

2. *Em um íon ou molécula complexa, os ligantes recebem os nomes antes do metal. Os ligantes são listados em ordem alfabética, independentemente de sua carga. Os prefixos que fornecem o número de ligantes não são considerados parte do nome do ligante na determinação da ordem alfabética.* Assim, o íon [Co(NH$_3$)$_5$Cl]$^{2+}$ é pentaaminoclorocobalto(III). (Atenção: ao escrever a fórmula química, o metal é escrito primeiro.)

3. *Os ligantes aniônicos têm os nomes terminados em o; os ligantes neutros comuns conservam o nome das moléculas* (Tabela 23.5). Nomes especiais são dados aos ligantes H$_2$O (aquo), NH$_3$ (amin ou amino) e CO (carbonil). Por exemplo, [Fe(CN)$_2$(NH$_3$)$_2$(H$_2$O)$_2$]$^+$ é o íon diaminodiaquodicianoferro(III).

4. *Os prefixos gregos (di-, tri-, tetra-, penta- e hexa-) são usados para indicar o número de cada tipo de ligante quando mais de um estiver presente. Se o nome do ligante já tiver um desses prefixos (p. ex., etilenodiamino) ou for polidentado, são usados prefixos alternativos (bis-, tris-, tetraquis-, pentaquis- e hexaquis-), e o nome do ligante é colocado entre parênteses.* Por exemplo, o nome de [Co(en)$_3$]Br$_3$ é brometo de tris(etilenodiamino)cobalto(III).

5. *Se o complexo for um ânion, seu nome termina em -ato.* O composto K$_4$[Fe(CN)$_6$] é o hexacianoferrato(II) de potássio, por exemplo, e o íon [CoCl$_4$]$^{2-}$ é o íon tetraclorocobaltato(II).

6. *O estado de oxidação do metal é dado entre parênteses em números romanos após o nome do metal.* Não há espaço entre o nome do metal e os parênteses.
   Três exemplos que demonstram a aplicação dessas regras:
   [Ni[(NH$_3$)$_6$]Br$_2$ Brometo de hexaaminoníquel(II)
   [Co(en)$_2$(H$_2$O)(CN)]Cl$_2$ Cloreto de aquocianobis(etilenodiamino)cobalto(III)
   Na$_2$[MoOCl$_4$]   Tetraclorooxomolibdato(IV) de sódio

TABELA 23.5 Alguns ligantes comuns e seus nomes

Ligante	Nome em complexos	Ligante	Nome em complexos
Azida, N_3^-	Azido	Oxalato, $C_2O_4^{2-}$	Oxalato
Brometo, Br^-	Bromo	Óxido, O^{2-}	Oxo
Cloreto, Cl^-	Cloro	Amônia, NH_3	Amino ou amin
Cianeto, CN^-	Ciano	Monóxido de carbono, CO	Carbonil
Fluoreto, F^-	Fluoro	Etilenodiamina, en	Etilenodiamino
Hidróxido, OH^-	Hidroxo	Piridina, C_5H_5N	Piridina
Carbonato, CO_3^{2-}	Carbonato	Água, H_2O	Aquo

Exercício resolvido 23.3
Como nomear compostos de coordenação

Nomeie os compostos (**a**) $[Cr(H_2O)_4Cl_2]Cl$, (**b**) $K_4[Ni(CN)_4]$.

SOLUÇÃO
Analise Temos as fórmulas químicas de dois compostos de coordenação e a tarefa de nomeá-los.

Planeje Para dar nomes aos complexos, precisamos determinar os ligantes nos complexos e seus nomes, bem como o estado de oxidação do íon metálico. Depois, reunimos as informações e seguimos as regras já apresentadas.

Resolva

(**a**) Os ligantes são quatro moléculas de água (tetraquo) e dois íons cloretos (dicloro). Aplicando todos os números de oxidação conhecidos para essa molécula, verificamos que o do Cr é +3:

$$+3 + 4(0) + 2(-1) + (-1) = 0$$
$$[Cr(H_2O)_4Cl_2]Cl$$

Assim, temos cromo(III). O ânion é o cloreto. O nome do composto é cloreto de tetraquodiclorocromo(III).

(**b**) O complexo tem quatro íons ligantes cianeto, CN^-, que indicamos como tetraciano. O estado de oxidação do níquel é igual a zero:

$$4(+1) + 0 + 4(-1) = 0$$
$$K_4[Ni(CN)_4]$$

Uma vez que o complexo é um ânion, o metal é indicado como niquelato(0). Reunindo essas partes e nomeando o cátion por último, temos tetracianoniquelato(0) de potássio.

▶ **Para praticar**
Nomeie os seguintes compostos: (**a**) $[Mo(NH_3)_3Br_3]NO_3$, (**b**) $(NH_4)_2[CuBr_4]$. (**c**) Escreva a fórmula do diaquodioxalatorutenato(III) de sódio.

Isomerismo

Quando dois ou mais compostos têm a mesma composição, mas um arranjo diferente de átomos, são chamados de **isômeros**. (Seção 2.9) Vamos analisar dois tipos principais de isômeros nos compostos de coordenação: **isômeros estruturais** (que têm ligações diferentes) e **estereoisômeros** (que têm as mesmas ligações, porém diferem nos arranjos espaciais das ligações em torno do átomo central). Cada uma dessas classes também tem subclasses, como mostrado na **Figura 23.19**.

Isomerismo estrutural

Na química de coordenação, são conhecidos muitos tipos de isomerismo estrutural, inclusive os dois mencionados na Figura 23.19: isomerismo de ligação e isomerismo de esfera de coordenação. O **isomerismo de ligação** é um tipo relativamente raro, mas interessante, que se origina quando determinado ligante é capaz de se coordenar ao metal de duas maneiras. O íon nitrito, NO_2^-, por exemplo, pode se coordenar ao íon metálico tanto pelo nitrogênio quanto por um dos oxigênios (**Figura 23.20**). Quando ele se coordena pelo átomo de nitrogênio, o ligante NO_2^- é chamado *nitro*; quando se coordena pelo átomo de oxigênio, é chamado *nitrito* e geralmente escrito como ONO^-. Os isômeros mostrados na Figura 23.20 apresentam propriedades diferentes. Por exemplo, o isômero nitro é amarelo, enquanto o nitrito é vermelho.

Capítulo 23 | Metais de transição e química de coordenação

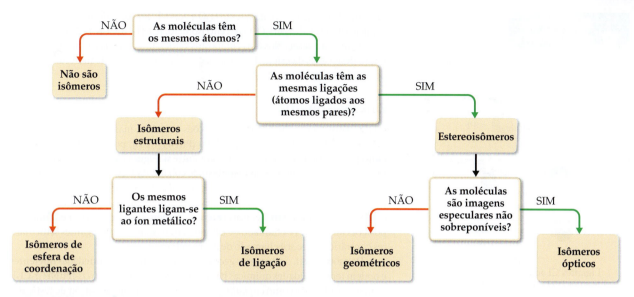

▲ Figura 23.19 Formas de isomerismo em compostos de coordenação.

Resolva com ajuda da figura
Qual é a fórmula química e o nome de cada um dos íons complexos desta figura?

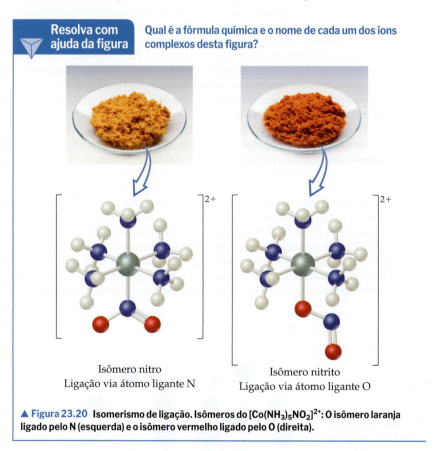

Isômero nitro
Ligação via átomo ligante N

Isômero nitrito
Ligação via átomo ligante O

▲ Figura 23.20 Isomerismo de ligação. Isômeros do [Co(NH$_3$)$_5$NO$_2$]$^{2+}$: O isômero laranja ligado pelo N (esquerda) e o isômero vermelho ligado pelo O (direita).

Outro ligante capaz de se coordenar por ambos os átomos doadores é o tiocianato, SCN$^-$, cujos átomos doadores potenciais são N e S.

Os **isômeros de esfera de coordenação** diferem em relação a quais espécies no complexo são ligantes e quais estão fora da esfera de coordenação. Por exemplo, três isômeros têm a fórmula CrCl$_3$(H$_2$O)$_6$. Quando os ligantes são seis H$_2$O e os íons cloreto estão na rede cristalina (como contraíons), temos o composto violeta [Cr(H$_2$O)$_6$]Cl$_3$. Quando os ligantes

> **Resolva com ajuda da figura**
>
> Qual destes isômeros tem um momento de dipolo diferente de zero?
>
>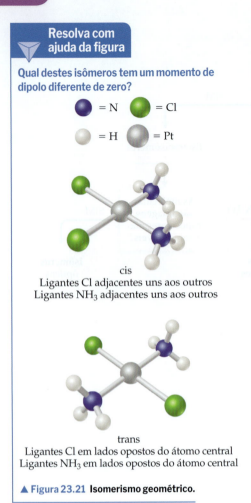
>
> ▲ Figura 23.21 **Isomerismo geométrico.**

são cinco H₂O e um Cl⁻, com o sexto H₂O e dois Cl⁻ fora da rede, temos o composto verde [Cr(H₂O)₅Cl]Cl₂ · H₂O. O terceiro isômero, [Cr(H₂O)₄Cl₂]Cl · 2 H₂O, também é um composto verde. Nos dois compostos verdes, uma ou duas moléculas de água foram deslocadas da esfera de coordenação por íons cloreto. As moléculas de H₂O deslocadas ocupam um sítio na rede cristalina.

Estereoisomeria

Os estereoisômeros têm as mesmas ligações químicas, mas diferentes arranjos espaciais. No complexo quadrático plano [Pt(NH₃)₂Cl₂], por exemplo, os ligantes cloro podem estar adjacentes ou opostos entre si (**Figura 23.21**). (Vimos um exemplo desse tipo de isomeria no complexo de cobalto da Figura 23.8 e retornaremos a esse complexo em breve.) Essa forma particular de isomerismo, em que o arranjo dos átomos constituintes difere, apesar de apresentarem as mesmas ligações, é chamada de **isomerismo geométrico**. O isômero com ligantes semelhantes em posições adjacentes é chamado de isômero cis; o isômero com ligantes semelhantes contrários entre si é chamado de isômero trans.

De modo geral, os isômeros geométricos apresentam propriedades diferentes e podem ter reatividades químicas bem distintas. Por exemplo, o *cis*-[Pt(NH₃)₂Cl₂], também conhecido como *cisplatina*, é eficaz no tratamento de câncer de testículo, ovário e alguns outros tipos, enquanto o isômero trans é ineficaz. Isso se dá porque a cisplatina forma um quelato com dois átomos de nitrogênio do DNA, deslocando os ligantes cloreto. Os ligantes cloreto do isômero trans estão muito distantes para formar o quelato N–Pt–N com os nitrogênios doadores no DNA.

O isomerismo geométrico também é possível em compostos octaédricos quando dois ou mais ligantes diferentes estão presentes, como nos isômeros cis e trans do íon tetraaminodiclorocobalto(III) mostrados na Figura 23.8. Como todos os vértices de um tetraedro são adjacentes entre si, o isomerismo cis-trans não é observado em complexos tetraédricos.

Um segundo tipo de estereoisomerismo listado na Figura 23.19 é conhecido como **isomerismo óptico**. Esses isômeros, também chamados de **enantiômeros**, são imagens especulares que não podem ser sobrepostas entre si. Elas exibem a mesma semelhança que a sua mão esquerda em relação à direita. Se você olhar para sua mão esquerda em um espelho, a imagem será idêntica à da direita (**Figura 23.22**). Entretanto, por mais que você tente, não conseguirá sobrepor as duas mãos. Um exemplo de complexo que exibe esse tipo de isomerismo é o íon [Co(en)₃]³⁺. A Figura 23.22 mostra os dois enantiômeros desse complexo e sua relação de imagem especular. Assim como não há como torcer ou virar nossa mão direita para fazê-la parecer idêntica à esquerda, não existe uma maneira de rotacionar um desses enantiômeros de modo a torná-lo idêntico ao outro. Moléculas ou íons que não são sobreponíveis com suas imagens especulares são chamadas de **quirais**.

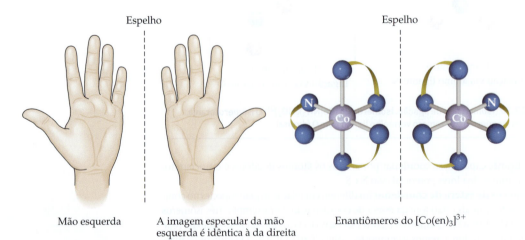

▲ Figura 23.22 **Isomerismo óptico.**

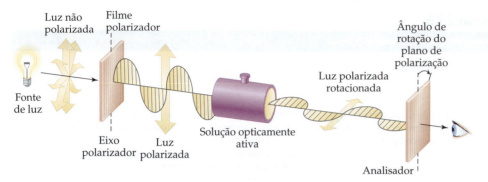

▲ Figura 23.23 **Uso da luz polarizada para detectar atividade óptica.**

As propriedades de dois isômeros ópticos diferem apenas se eles estiverem em um ambiente quiral, isto é, um ambiente em que haja um senso de direcionalidade para direita e esquerda (anisotropia). Na presença de uma enzima quiral, por exemplo, a reação de um isômero óptico pode ser catalisada, enquanto o outro isômero, não. Portanto, um isômero óptico pode produzir um efeito fisiológico específico no corpo, enquanto sua imagem especular produz um efeito diferente ou não produz efeito algum. As reações quirais também são muito importantes na síntese de medicamentos e outros produtos químicos industrialmente importantes.

Em geral, os isômeros ópticos distinguem-se entre si por suas interações com o plano da luz polarizada. Se a luz é polarizada (p. ex., ao passar por uma película de filme polarizado), o vetor de campo elétrico da luz é confinado a um único plano (**Figura 23.23**). Se a luz polarizada passa por uma solução que contém um isômero óptico, o plano de polarização da luz é rotacionado para a direita ou para a esquerda. O isômero que rotaciona o plano de polarização para a direita é o **dextrorrotatório**, designado dextro ou *d* (do latim *dexter*, "direita"). Sua imagem especular rotaciona o plano de polarização para a esquerda; trata-se do isômero **levorrotatório**, designado como levo ou *l* (do latim *laevus*, "esquerda"). O isômero do $[Co(en)_3]^{3+}$ à direita na Figura 23.22 é identificado de modo experimental como o isômero *l* desse íon. Sua imagem especular é o isômero *d*. Por causa de seus efeitos na luz plano-polarizada, as moléculas quirais são consideradas **opticamente ativas**.

Exercício resolvido 23.4

Determinação do número de isômeros geométricos

A estrutura de Lewis :C≡O: indica que a molécula de CO tem um par de elétrons isolados. Quando CO se liga a um átomo de metal de transição, quase sempre ele se liga usando o par de elétrons isolados no átomo C. Quantos isômeros geométricos existem para o tetracarbonildicloroferro(II)?

SOLUÇÃO
Analise Dado o nome de um complexo que contém apenas ligantes monodentados, precisamos determinar o número de isômeros que o complexo pode formar.

Planeje Podemos contar o número de ligantes para determinar o número de coordenação do Fe e usar o número de coordenação para prever a geometria. Podemos traçar uma série de figuras com ligantes em posições diferentes para determinar o número de isômeros ou então deduzir o número de isômeros por analogia aos casos que já discutimos.

Resolva O nome indica que o complexo tem quatro ligantes carbonil (CO) e dois ligantes cloro (Cl^-), de forma que sua fórmula é $Fe(CO)_4Cl_2$. Desse modo, o complexo tem número de coordenação 6, e podemos supor que sua geometria é octaédrica. Assim como $[Co(NH_3)_4Cl_2]^+$ (Figura 23.8), ele tem quatro ligantes de um tipo e dois de outro. Portanto, há dois isômeros possíveis: um com os ligantes Cl^- opostos entre si (ou seja, separados por 180°),

trans-$[Fe(CO)_4Cl_2]$, e um com dois ligantes Cl^- adjacentes (ou seja, separados por 90°), *cis*-$[Fe(CO)_4Cl_2]$.

Comentário É fácil superestimar o número de isômeros geométricos. Às vezes, diferentes orientações de um único isômero são consideradas erroneamente diferentes isômeros. Se duas estruturas podem ser rotacionadas para que sejam equivalentes, elas não são isômeras entre si. O problema de identificar isômeros é agravado pela dificuldade que costumamos ter de visualizar tridimensionalmente as moléculas a partir de representações bidimensionais. Em alguns casos, é mais fácil determinar o número de isômeros usando modelos tridimensionais.

▶ **Para praticar**
Quantos isômeros existem para a molécula quadrática plana $[Pt(NH_3)_2ClBr]$?

Exercício resolvido 23.5
Como determinar se um complexo tem isômeros ópticos

Qual dos seguintes compostos tem isômeros ópticos: *cis*-[Co(en)₂Cl₂]⁺ ou *trans*-[Co(en)₂Cl₂]⁺?

SOLUÇÃO
Analise Temos a fórmula química de dois isômeros geométricos e devemos determinar se algum deles possui isômeros ópticos. Como en é um ligante bidentado, sabemos que ambos os complexos são octaédricos e têm número de coordenação 6.

Planeje Precisamos desenhar as estruturas dos isômeros cis e trans, bem como suas imagens especulares. Podemos representar o ligante en como dois átomos N conectados por um arco. Se a imagem especular não puder ser sobreposta à estrutura original, o complexo e sua imagem especular serão isômeros ópticos.

Resolva O isômero trans de [Co(en)₂Cl₂]⁺ e sua imagem especular são apresentados a seguir. Observe que a imagem especular do isômero é idêntica à original. Por conseguinte, o *trans*-[Co(en)₂Cl₂]⁺ não exibe isomerismo óptico.

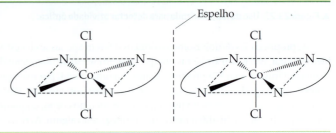

O isômero cis de [Co(en)₂Cl₂]⁺ e sua imagem especular são apresentados a seguir. Nesse caso, eles não podem se sobrepor. Logo, as duas estruturas cis são isômeros ópticos (enantiômeros). Dizemos que o *cis*-[Co(en)₂Cl₂]⁺ é um complexo quiral.

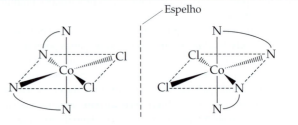

▶ **Para praticar**
O íon complexo quadrático plano [Pt(NH₃)(N₃)ClBr]⁻ tem isômeros ópticos? Explique sua resposta.

Quando uma substância com isômeros ópticos é preparada em laboratório, o ambiente químico durante a síntese não costuma ser quiral. Por consequência, obtêm-se quantidades iguais dos dois isômeros, e a mistura é chamada de **racêmica**. Esse tipo de mistura não gira a luz polarizada, porque os efeitos rotatórios dos dois isômeros se cancelam.

 Exercícios de autoavaliação

EAA 23.10 Qual é a fórmula correta para o cloreto de diclorobis(etilenodiamino)cobalto(III)? (**a**) [CoCl₃(en)]Cl (**b**) [Co(en)₃]Cl₃ (**c**) [CoCl₃(en)₂] (**d**) [CoCl₂(en)]Cl (**e**) [CoCl₂(en)₂]Cl

EAA 23.11 Para quais das alternativas a seguir o nome e a fórmula correspondem um ao outro?

(i) Tetracloroplatinato(II) de potássio: K₂[PtCl₆]
(ii) Brometo de hexaaquomanganês(I): [Mn(H₂O)₆]Br
(iii) Triaminotriclorocromo(III): [Cr(NH₃)₃Cl₃]

(**a**) i (**b**) ii (**c**) i e ii (**d**) ii e iii (**e**) i, ii e iii

EAA 23.12 Qual(is) das seguintes afirmações sobre isômeros em compostos de coordenação é(são) *verdadeira(s)*?

(i) O complexo octaédrico [CoCl₄F₂]³⁻ tem dois isômeros geométricos.
(ii) Para formar isômeros de ligação, um ligante deve ter dois átomos doadores diferentes.
(iii) Um isômero óptico gira o plano de polarização da luz plano-polarizada.

(**a**) Apenas uma das afirmações é verdadeira. (**b**) As afirmações i e ii são verdadeiras. (**c**) As afirmações i e iii são verdadeiras. (**d**) As afirmações ii e iii são verdadeiras. (**e**) Todas as afirmações são verdadeiras.

EAA 23.13 Qual das afirmações a seguir sobre isomeria óptica é *falsa*?

(**a**) Os isômeros ópticos são imagens especulares não sobreponíveis entre si.
(**b**) Os dois isômeros ópticos de uma molécula quiral giram a luz plano-polarizada em direções opostas.
(**c**) O número e/ou tipo de ligação metal-ligante deve ser diferente para dois isômeros ópticos de um composto de coordenação.
(**d**) Uma mistura racêmica é aquela que contém quantidades iguais dos dois isômeros ópticos de um composto.
(**e**) Alguns compostos de coordenação não têm isômeros ópticos.

23.5 | Cor e magnetismo na química de coordenação

O estudo das cores e das propriedades magnéticas dos complexos de metais de transição tem sido importante no desenvolvimento de modelos modernos para a ligação metal-ligante. Abordamos vários tipos de comportamento magnético dos metais de transição na Seção 23.1 e discutimos a interação da energia radiante com a matéria na Seção 6.3. Vamos examinar brevemente o significado dessas duas propriedades para os complexos de metais de transição antes de desenvolvermos um modelo para a ligação metal-ligante.

Cor

Na Figura 23.4, vimos a faixa distinta de cores exibida pelos sais de íons de metais de transição e suas soluções aquosas. De modo geral, a cor de um complexo depende da identidade do íon metálico, de seu estado de oxidação e dos ligantes coordenados ao metal. Por exemplo, a **Figura 23.24** mostra como a cor azul-clara característica do $[Cu(H_2O)_4]^{2+}$ muda para azul-escuro à medida que os ligantes NH_3 substituem os ligantes H_2O para formar o $[Cu(NH_3)_4]^{2+}$.

Para que um composto seja colorido, este deve absorver luz na porção visível do espectro. (Seção 6.1) A absorção ocorre, porém, somente se a energia necessária para mover um elétron do seu estado fundamental para um estado excitado corresponder à energia de alguma porção da luz visível. (Seção 6.3) Assim, as energias específicas da radiação que uma substância absorve determinam as cores que ela exibe.

Quando uma amostra absorve luz visível, a cor que enxergamos é a soma das porções não absorvidas, que são refletidas ou transmitidas pelo objeto e atingem nossos olhos. (Objetos opacos *refletem* luz, objetos transparentes *transmitem* luz.) Se um objeto absorve todos os comprimentos de onda da luz visível, nenhum atinge nossos olhos, e o objeto parece preto. Se não absorve luz visível, ele é branco, se for opaco, ou incolor, se for

Objetivos de aprendizagem

Após terminar a Seção 23.5, você deve ser capaz de:

▶ Prever a cor de um composto de coordenação a partir do seu espectro de absorção.

▶ Lembrar que o comportamento magnético de compostos de coordenação depende, em parte, do número de elétrons no átomo metálico em seu estado de oxidação específico.

Resolva com ajuda da figura: A constante de equilíbrio da ligação entre amônia e Cu(II) deve ser maior ou menor do que a entre água e Cu(II)?

$[Cu(H_2O)_4]^{2+}(aq)$ $NH_3(aq)$ $[Cu(NH_3)_4]^{2+}(aq)$

▲ Figura 23.24 **A cor de um complexo de coordenação muda quando mudamos o ligante.** Quando uma pequena quantidade de $NH_3(aq)$ concentrado é adicionada a uma solução de $[Cu(H_2O)_4]^{2+}$, a cor muda à medida que NH_3 substitui H_2O na esfera de coordenação.

▲ Figura 23.25 **Duas formas de perceber a cor laranja.** Um objeto parece laranja quando reflete a luz laranja para o olho (imagem à esquerda) ou quando transmite ao olho todas as cores, exceto o azul, complemento do laranja (no meio). As cores complementares ficam frente a frente na roda de cores de um artista (à direita).

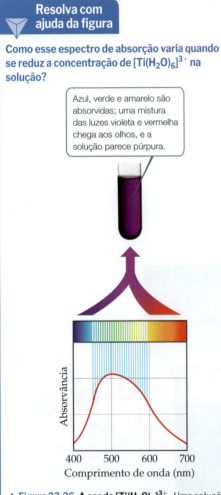

▲ Figura 23.26 **A cor do [Ti(H$_2$O)$_6$]$^{3+}$**. Uma solução que contém o íon [Ti(H$_2$O)$_6$]$^{3+}$ parece roxa porque, como mostra seu espectro de absorção visível, a solução não absorve a luz das extremidades violeta e vermelha do espectro. Essa luz não absorvida é a que chega aos nossos olhos.

transparente. Se ele absorve todos os comprimentos de onda menos o laranja, a luz dessa tonalidade é a que atinge nossos olhos e, portanto, é essa cor que enxergamos.

Um fenômeno interessante da visão é que nós também enxergamos a cor laranja quando um objeto absorve apenas a porção azul da luz visível e todas as outras cores chegam aos nossos olhos. Isso ocorre porque laranja e azul são **cores complementares**, o que significa que a remoção do azul da luz branca faz com que ela pareça laranja (e a remoção do laranja faz com que a luz pareça azul).

As cores complementares podem ser determinadas pela roda de cores de um artista, que exibe cores complementares em lados opostos (**Figura 23.25**). O laranja e o azul são complementares, assim como o vermelho e o verde ou o amarelo e o violeta.

A quantidade de luz absorvida por uma amostra em função do comprimento de onda é conhecida como seu **espectro de absorção**. Em uma amostra transparente, o espectro de absorção visível pode ser determinado usando um espectrômetro, como descrito no quadro "Olhando de perto: Uso de métodos espectroscópicos para a velocidade da reação: Lei de Beer". (Seção 14.2) O espectro de absorção do íon [Ti(H$_2$O)$_6$]$^{3+}$ é mostrado na **Figura 23.26**. O máximo de absorção ocorre em 500 nm, mas o gráfico revela que a maior parte da luz amarela, verde e azul também é absorvida. Uma vez que a amostra absorve todas essas cores, o que vemos são os comprimentos de onda de luz vermelha e violeta não absorvidas, que enxergamos como púrpura (uma cor terciária, localizada entre o vermelho e o violeta na roda de cores).

Magnetismo de compostos de coordenação

Muitos complexos de metais de transição exibem paramagnetismo, como descrito nas Seções 9.8 e 23.1. Em tais compostos, os íons metálicos possuem certo número de elétrons desemparelhados. É possível determinar de modo experimental o número de elétrons desemparelhados por íon metálico a partir do grau de paramagnetismo, e os experimentos revelam algumas comparações interessantes.

Os compostos do íon complexo [Co(CN)$_6$]$^{3-}$ não têm elétrons desemparelhados, por exemplo, mas os compostos do íon [CoF$_6$]$^{3-}$ têm quatro elétrons desemparelhados por íon metálico. Ambos os complexos têm o Co(III) com uma configuração eletrônica $3d^6$. (Seção 7.4) Existe uma grande diferença no modo como os elétrons estão arranjados nesses dois casos. Qualquer teoria de ligação bem-sucedida deve explicar essa diferença; apresentaremos uma delas na próxima seção.

Capítulo 23 | Metais de transição e química de coordenação

Exercício resolvido 23.6
Relacionando a cor absorvida com a cor percebida

O íon complexo *trans*-[Co(NH$_3$)$_4$Cl$_2$]$^+$ absorve luz basicamente na região vermelha do espectro visível (a absorção mais intensa ocorre em 680 nm). Qual é a cor do íon complexo?

SOLUÇÃO

Analise Temos de relacionar a cor absorvida por um complexo (vermelho) com a cor observada para o complexo.

Planeje No caso de um objeto que absorve somente uma cor do espectro visível, a cor que vemos será complementar à cor absorvida. Podemos usar a roda de cores da Figura 23.25 para determinar a cor complementar.

Resolva Pela Figura 23.25, vemos que o verde é complementar ao vermelho; por isso, o complexo mostra-se verde.

Comentário Como observado na Seção 23.2, esse complexo verde ajudou Werner a estabelecer sua teoria de coordenação (Tabela 23.3). O outro isômero geométrico desse complexo, *cis*-[Co(NH$_3$)$_4$Cl$_2$]$^+$, absorve luz amarela e, portanto, revela-se violeta.

▶ **Para praticar**
Determinado íon complexo de metal de transição absorve em 695 nm. Qual é a cor mais provável para esse íon: azul, amarelo, verde ou vermelho?

Exercícios de autoavaliação

EAA 23.14 O espectro de absorção visível do [Ni(NH$_3$)$_6$]Cl$_2$ aquoso tem um pico de absorção forte em 570 nm. Qual é a cor da solução? (**a**) Violeta-azulado (**b**) Laranja-amarelado (**c**) Verde (**d**) Incolor

EAA 23.15 Qual(is) das afirmações a seguir sobre a solução aquosa de [Zn(H$_2$O)$_6$]$^{2+}$ é(são) *verdadeira(s)*?

(**i**) Nesse complexo, Zn está no estado de oxidação +2.
(**ii**) Nesse complexo, a configuração eletrônica de valência de Zn é 3d^{10}.
(**iii**) O complexo será paramagnético.

(**a**) Apenas a afirmação i é verdadeira. (**b**) As afirmações i e ii são verdadeiras. (**c**) As afirmações i e iii são verdadeiras. (**d**) As afirmações ii e iii são verdadeiras. (**e**) Todas as afirmações são verdadeiras.

23.6 | Teoria do campo cristalino

Muito tempo atrás, os cientistas identificaram que várias das propriedades magnéticas e das cores dos complexos de metais de transição estão relacionadas à presença de elétrons *d* no cátion metálico. Nesta seção, vamos analisar um modelo da ligação nos complexos de metal de transição, denominado **teoria do campo cristalino**, que explica muitas das propriedades observadas nessas substâncias.* Visto que as previsões da teoria do campo cristalino são qualitativamente as mesmas que as obtidas com teorias do orbital molecular mais avançadas, a teoria do campo cristalino é um excelente ponto de partida para examinar a estrutura eletrônica de compostos de coordenação.

Como discutido, a interação entre um ligante e um íon metálico é essencialmente uma interação ácido-base de Lewis, em que a base (i.e., o ligante) doa um par de elétrons a um orbital vazio no íon metálico (**Figura 23.27**). Grande parte da interação atrativa entre o íon metálico e os ligantes se deve, contudo, às forças eletrostáticas entre a carga positiva no íon metálico e a carga negativa nos ligantes. Um ligante iônico, como Cl$^-$ ou SCN$^-$, sofre a habitual atração cátion-ânion. Quando o ligante é neutro, como no caso de H$_2$O ou NH$_3$, os lados negativos dessas moléculas polares, que contêm um par de elétrons não compartilhado, estão direcionados para o íon metálico. Nesse caso, a interação atrativa é do tipo íon-dipolo. (Seção 11.2) Em qualquer um dos casos, os ligantes são atraídos fortemente na direção do íon metálico. Por causa da atração eletrostática metal-ligante, a energia do complexo é mais baixa do que a energia combinada do íon metálico e dos ligantes separados.

Objetivos de aprendizagem

Após terminar a Seção 23.6, você deve ser capaz de:

▶ Descrever o desdobramento dos orbitais *d* de um íon metálico em um campo cristalino octaédrico.

▶ Descrever como a luz visível pode levar a uma transição *d-d* em um complexo octaédrico.

▶ Relacionar a capacidade de um ligante de aumentar o desdobramento do campo cristalino com a diferença de energia, Δ, entre os conjuntos t$_{2g}$ e e$_g$ dos orbitais *d*.

▶ Determinar as configurações eletrônicas e propriedades magnéticas de complexos octaédricos de *spin* alto e *spin* baixo.

▶ Usar a teoria do campo cristalino para determinar os padrões de desdobramento dos orbitais *d* e o número de elétrons desemparelhados em complexos tetraédricos e quadráticos planos.

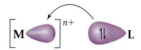

▲ **Figura 23.27 Formação da ligação metal-ligante.** O ligante atua como uma base de Lewis ao doar seu par de elétrons não ligante a um orbital vazio no íon metálico. A ligação resultante é fortemente polar, com caráter covalente.

---
* O nome "*campo cristalino*" surgiu porque a teoria foi desenvolvida para explicar as propriedades de materiais sólidos cristalinos, como o rubi. Entretanto, o mesmo modelo teórico pode ser aplicado a complexos em solução.

1002 Química: a ciência central

Resolva com ajuda da figura Quais orbitais *d* têm lóbulos que apontam diretamente para os ligantes em um campo cristalino octaédrico?

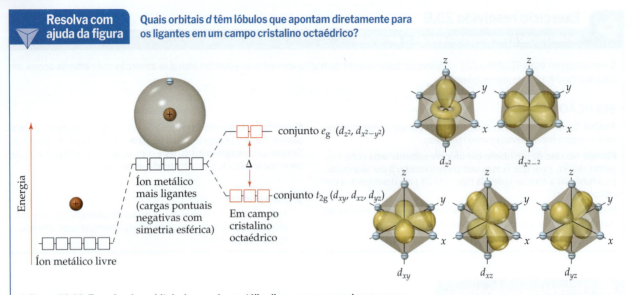

▲ **Figura 23.28 Energias dos orbitais *d* em um íon metálico livre, na presença de um campo cristalino esfericamente simétrico e de um campo cristalino octaédrico.** A magnitude do desdobramento dos orbitais *d* em um campo cristalino é a *energia de desdobramento do campo cristalino*, denotada por Δ.

Embora o íon metálico seja atraído pelos elétrons nos ligantes, os elétrons *d* no íon metálico são repelidos eletrostaticamente pelos ligantes. Vamos examinar esse efeito em detalhes, em especial no caso em que os ligantes formam um arranjo octaédrico ao redor de um íon metálico que tem número de coordenação 6.

Na teoria do campo cristalino, analisaremos os ligantes como cargas pontuais negativas que repelem os elétrons carregados negativamente nos orbitais *d* do íon metálico. O diagrama de energia da **Figura 23.28** mostra como essas cargas pontuais dos ligantes afetam as energias dos orbitais *d*. Em primeiro lugar, supomos que o complexo tenha todas as cargas pontuais uniformemente distribuídas na superfície de uma esfera centrada no íon metálico. A energia *média* dos orbitais *d* do íon metálico aumenta com a presença dessa esfera uniformemente carregada. Por conseguinte, as energias dos cinco orbitais *d* aumentam na mesma proporção; os orbitais *d* continuam *degenerados* sob a influência da esfera com carga negativa. (Seção 6.7)

Todavia, essa descrição de energia é apenas uma primeira aproximação, porque os ligantes não apresentam distribuição uniforme sobre uma superfície esférica e, por conseguinte, não se aproximam do íon metálico igualmente em todas as direções. Em vez disso, vemos os seis ligantes aproximando-se ao longo dos eixos *x*-, *y*- e *z*-, como mostrado à direita na Figura 23.28. Esse arranjo dos ligantes é chamado de *campo cristalino octaédrico*. Como os orbitais *d* no íon metálico exibem diferentes orientações e formas, nem todos sentem a mesma repulsão por parte dos ligantes e, portanto, nem todos têm a mesma energia sob a influência de um campo cristalino octaédrico. Para perceber o porquê, devemos analisar as formas dos orbitais *d* e como seus lóbulos se orientam em relação aos ligantes.

A Figura 23.28 mostra que os orbitais d_{z^2} e $d_{x^2-y^2}$ têm os lóbulos direcionados *ao longo* dos eixos *x*-, *y*- e *z*-, apontando na direção das cargas pontuais, enquanto os orbitais d_{xy}, d_{xz} e d_{yz} têm os lóbulos direcionados *entre* os eixos e, portanto, não apontam diretamente para as cargas. O resultado dessa diferença de orientação é que os elétrons nos orbitais $d_{x^2-y^2}$ e d_{z^2} sofrem maior repulsão das cargas negativas dos ligantes do que os elétrons nos orbitais d_{xy}, d_{xz} ou d_{yz}. Assim, em um campo cristalino octaédrico, a energia dos orbitais $d_{x^2-y^2}$ e d_{z^2} é maior do que a energia dos orbitais d_{xy}, d_{xz} e d_{yz}. Essa diferença de energia é representada pelos quadros vermelhos no diagrama de energia da Figura 23.28.

Pode parecer que a energia do orbital $d_{x^2-y^2}$ deva ser diferente daquela do orbital d_{z^2} porque $d_{x^2-y^2}$ tem quatro lóbulos que apontam para os ligantes e d_{z^2} tem apenas dois lóbulos nessa condição. No entanto, o orbital d_{z^2} tem densidade de elétrons no plano *xy*,

> **Resolva com ajuda da figura** Como calcular a diferença de energia entre os orbitais t_{2g} e e_g deste diagrama?

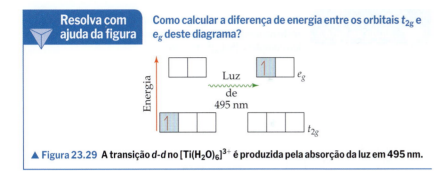

▲ Figura 23.29 A transição *d-d* no [Ti(H$_2$O)$_6$]$^{3+}$ é produzida pela absorção da luz em 495 nm.

representada pelo anel que circunda o ponto onde os dois lóbulos se encontram. Teorias mais avançadas provam que, em um campo cristalino octaédrico, os orbitais $d_{x^2-y^2}$ e d_{z^2} têm a mesma energia, e os orbitais d_{xy}, d_{xz} ou d_{yz} também têm a mesma energia.

A repulsão desigual dos orbitais *d* no campo cristalino octaédrico leva ao padrão de desdobramento da Figura 23.28. Os cinco orbitais *d* são divididos em dois grupos: um de três orbitais menos energéticos e um de dois orbitais mais energéticos. O grupo de três orbitais *d* com menor energia é denominado *conjunto de orbitais* t_{2g}, e o de dois orbitais com maior energia é chamado de conjunto de orbitais e_g.* A diferença de energia Δ entre os dois conjuntos costuma ser designada como *energia de desdobramento do campo cristalino*.

A teoria do campo cristalino ajuda a explicar as cores observadas nos complexos de metais de transição. A diferença de energia Δ entre os dois cojuntos dos orbitais d t_{2g}, e_g é da mesma ordem de grandeza da energia de um fóton de luz visível. Portanto, é possível um complexo de metal de transição absorver luz visível, que excita um elétron dos orbitais (t_{2g}) *d* com menor energia para os orbitais (e_g) *d* com maior energia. No [Ti(H$_2$O)$_6$]$^{3+}$, por exemplo, o íon Ti(III) tem configuração eletrônica [Ar]$3d^1$. (Lembre-se de que, de acordo com a Seção 7.4, ao determinar as configurações eletrônicas dos íons de metais de transição, primeiro removemos os elétrons *s*). Ti(III) é, dessa forma, chamado de íon d^1. No estado fundamental do [Ti(H$_2$O)$_6$]$^{3+}$, o único elétron 3*d* localiza-se em um orbital no conjunto t_{2g} (**Figura 23.29**). A absorção de luz com um comprimento de onda de 495 nm excita esse elétron até um orbital no conjunto e_g, gerando o espectro de absorção mostrado na Figura 23.26. Como essa transição envolve a excitação de um elétron de um conjunto de orbitais *d* para outro, nós a chamamos de **transição *d-d***. Como já observado, a absorção da radiação visível que produz essa transição *d-d* faz com que o íon [Ti(H$_2$O)$_6$]$^{3+}$ se mostre púrpura.

A magnitude da energia de desdobramento do campo cristalino e, por conseguinte, a cor de um complexo dependem tanto do metal quanto dos ligantes. Por exemplo, vimos na Figura 23.4 que a cor dos complexos [M(H$_2$O)$_6$]$^{2+}$ varia de rosa avermelhado, quando o íon metálico é Co^{2+}, a verde, para o Ni^{2+}, e a azul-claro, para o Cu^{2+}. Se mudarmos os ligantes no íon [Ni(H$_2$O)$_6$]$^{2+}$, a cor também vai mudar. O [Ni(NH$_3$)$_6$]$^{2+}$ é violeta-azulado, enquanto o [Ni(en)$_3$]$^{2+}$ é púrpura (**Figura 23.30**). Na classificação denominada **série espectroquímica**, os ligantes são dispostos por ordem de capacidade de aumentar a energia de desdobramento, como nesta lista abreviada:

$$\text{—— Aumento de } \Delta \longrightarrow$$

$$\text{Cl}^- < \text{F}^- < \text{H}_2\text{O} < \text{NH}_3 < \text{en} < \text{NO}_2^- \text{ (ligado pelo N)} < \text{CN}^-$$

A magnitude de Δ aumenta em um fator de cerca de dois da ponta esquerda para a ponta da direita da série espectroquímica. Os ligantes que se localizam no lado mais baixo de Δ da série espectroquímica são chamados de *ligantes de campo fraco*; os localizados no lado mais alto de Δ são os *ligantes de campo forte*.

Vamos analisar melhor as cores e o desdobramento do campo cristalino à medida que variamos o ligante na série de complexos Ni^{2+} da Figura 23.30. Em virtude de o átomo de Ni ter configuração eletrônica [Ar]$3d^84s^2$, Ni^{2+} tem a configuração [Ar]$3d^8$ e, portanto, é um íon d^8. O conjunto dos orbitais t_{2g} contém seis elétrons, dois em cada orbital, enquanto os

---

* Os rótulos t_{2g} para os orbitais d_{xy}, d_{xz} e d_{yz} e e_g para os orbitais d_{z^2} e $d_{x^2-y^2}$ decorrem da aplicação de um ramo da matemática chamado de *teoria de grupo* à teoria do campo cristalino. A teoria de grupo pode ser usada para analisar os efeitos da simetria nas propriedades moleculares.

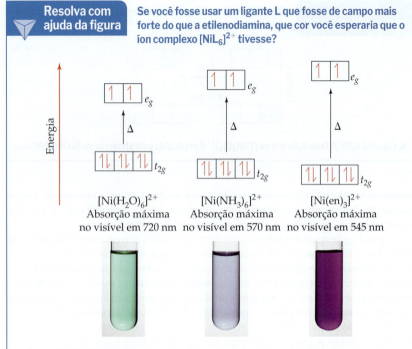

> **Resolva com ajuda da figura** Se você fosse usar um ligante L que fosse de campo mais forte do que a etilenodiamina, que cor você esperaria que o íon complexo [NiL₆]²⁺ tivesse?

▲ **Figura 23.30 Efeito do ligante no desdobramento do campo cristalino.** Quanto maior a força do campo cristalino do ligante, maior é a diferença de energia Δ entre os conjuntos t_{2g} e e_g dos orbitais do íon metálico. Isso desloca o comprimento de onda do máximo de absorção para valores menores.

dois últimos elétrons entram no conjunto de orbitais e_g. Em conformidade com a regra de Hund, cada orbital e_g tem um elétron, e ambos os elétrons têm o mesmo *spin*. (Seção 6.8)

À medida que o ligante muda de H₂O para NH₃ e para etilenodiamina, a série espectroquímica nos diz que o campo cristalino, Δ, exercido pelos seis ligantes deve aumentar. Quando há mais de um elétron nos orbitais *d*, as interações entre os elétrons tornam os espectros de absorção mais complexos do que aquele apresentado para [Ti(H₂O)₆]³⁺ na Figura 23.26, o que complica a tarefa de relacionar as variações em Δ com a cor. Com íons d^8 como Ni²⁺, são observados três picos nos espectros de absorção. Felizmente, para complexos de Ni²⁺, podemos simplificar a análise, porque apenas um dos picos cai na região visível do espectro.* Visto que a separação de energia Δ está aumentando, o comprimento de onda do pico de absorção deve mudar para um comprimento de onda mais curto. (Seção 6.3) No caso do [Ni(H₂O)₆]²⁺, o pico de absorção na região visível do espectro atinge um máximo próximo de 720 nm na região vermelha do espectro. Então, o íon complexo assume a cor complementar: o verde. Para [Ni(NH₃)₆]²⁺, o pico de absorção atinge o máximo em 570 nm perto do limite entre laranja e amarelo. A cor resultante do íon complexo é uma mistura das cores complementares azul e violeta. Por fim, para o [Ni(en)₃]²⁺, o pico se desloca para um comprimento de onda ainda mais curto, em 540 nm, situado perto do limite entre o verde e o amarelo. A cor púrpura resultante é uma mistura das cores complementares vermelho e violeta.

Configurações eletrônicas em complexos octaédricos

A teoria do campo cristalino também ajuda a entender as propriedades magnéticas e outras propriedades químicas importantes dos íons de metais de transição. Com base na regra de Hund, supomos que os elétrons sempre ocupem primeiro os orbitais vazios de menor energia e que ocupem um conjunto de orbitais degenerados (mesma energia), um de cada vez, com seus *spins* paralelos. (Seção 6.8) Assim, se temos um complexo octaédrico d^1, d^2 ou d^3, os elétrons entram no conjunto de orbitais t_{2g} de menor energia, com seus *spins* paralelos. Quando um

---

* Os outros dois picos caem nas regiões infravermelho (IV) e ultravioleta (UV) do espectro. Para [Ni(H₂O)₆]²⁺, o pico em IV é observado em 1.176 nm, e o pico em UV, em 388 nm.

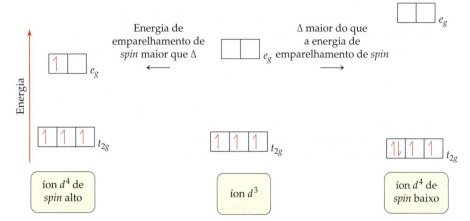

▲ **Figura 23.31 Duas possibilidades ao se adicionar um quarto elétron a um complexo octaédrico d^3.** Se o quarto elétron ocupará um orbital t_{2g} ou um orbital e dependerá das magnitudes da energia de desdobramento do campo cristalino e da energia de emparelhamento de *spin*.

quarto elétron deve ser adicionado, temos as duas possibilidades mostradas na **Figura 23.31**: o elétron pode entrar em um orbital e_g, onde ele será o único elétron ocupando o orbital, ou tornar-se o segundo elétron a ocupar um orbital t_{2g}. Uma vez que a diferença de energia entre os conjuntos t_{2g} e e_g é igual à energia de desdobramento Δ, o gasto de energia para ocupar um orbital e_g em vez de um orbital t_{2g} também é igual a Δ. Assim, a meta de preencher primeiro os orbitais com a menor energia disponível é atingida ao colocar o elétron em um orbital t_{2g}.

Entretanto, existe uma consequência para isso, pois o elétron deve ser emparelhado com outro elétron que já ocupa o orbital. A diferença entre a energia necessária para emparelhar um elétron em um orbital ocupado e a energia necessária para colocá-lo em um orbital vazio é chamada de **energia de emparelhamento de *spin***. Essa energia se origina do fato de que a repulsão eletrostática entre dois elétrons que compartilham um orbital (e, portanto, com *spins* opostos) é maior do que a repulsão entre dois elétrons que ocupam orbitais diferentes com *spins* paralelos.

Nos complexos de coordenação, a natureza dos ligantes e a carga do íon metálico normalmente são importantes na determinação de qual arranjo de dois elétrons da Figura 23.31 será usado. Tanto no íon $[CoF_6]^{3-}$ quanto no íon $[Co(CN)_6]^{3-}$, os ligantes têm carga $1-$. Entretanto, o íon F^- está na extremidade inferior da série espectroquímica; logo, é um ligante de campo fraco. O íon CN^- está na extremidade superior da série espectroquímica; logo, é um ligante de campo forte, o que significa que ele produz uma diferença de energia Δ maior que o íon F^-. Os desdobramentos nas energias dos orbitais d nesses dois complexos são comparados na **Figura 23.32**.

O íon metálico cobalto(III) tem a configuração eletrônica $[Ar]3d^6$, de modo que ambos os complexos na Figura 23.32 são d^6. Vamos imaginar que adicionamos esses seis elétrons, um de cada vez, aos orbitais d do íon $[CoF_6]^{3-}$. Os três primeiros entram nos orbitais t_{2g} de mais baixa energia, com seus *spins* paralelos. O quarto elétron poderia se emparelhar em um dos orbitais t_{2g}. Entretanto, o íon F^- é um ligante de campo fraco, de modo que é pequena a diferença de energia Δ entre o conjunto t_{2g} e o conjunto e_g. Nesse caso, o arranjo no qual o quarto elétron ocupa um dos orbitais e_g é o mais estável. Com base no mesmo argumento sobre energia, o quinto elétron entra no outro orbital e_g. Com todos os cinco orbitais d semipreenchidos, o sexto elétron deve ser emparelhado, e a energia necessária para colocar esse sexto elétron em um orbital t_{2g} é menor do que a energia necessária para colocá-lo em um orbital e_g. Isso resulta em uma configuração eletrônica com quatro elétrons t_{2g} e dois elétrons e_g.

A Figura 23.32 mostra que a energia de desdobramento do campo cristalino Δ é muito maior no complexo $[Co(CN)_6]^{3-}$. Nesse caso, a energia de emparelhamento de *spin* é menor que Δ, de modo que o arranjo de menor energia será o com seis elétrons emparelhados nos orbitais t_{2g}.

O complexo $[CoF_6]^{3-}$ é um **complexo de *spin* alto**, e os elétrons estão ordenados para permanecerem desemparelhados tanto quanto possível. O íon $[Co(CN)_6]^{3-}$, por outro lado, é um **complexo de *spin* baixo**, e os elétrons estão ordenados para permanecerem

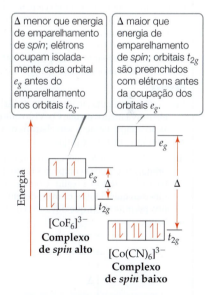

▲ **Figura 23.32 Complexos de *spin* alto e de *spin* baixo.** O íon de *spin* alto $[CoF_6]^{3-}$ tem um ligante de campo fraco e, portanto, um valor pequeno de Δ. O íon de *spin* baixo $[Co(CN)_6]^{3-}$ tem um ligante de campo forte e, portanto, um valor grande de Δ. Uma vez que $[CoF_6]^{3-}$ tem elétrons desemparelhados, ele é paramagnético, enquanto $[Co(CN)_6]^{3-}$ é diamagnético.

emparelhados tanto quanto possível, enquanto ainda seguem a regra de Hund. Essas duas configurações eletrônicas podem ser facilmente observadas ao se medir as propriedades magnéticas dos complexos. Experimentos demonstram que o $[CoF_6]^{3-}$ tem quatro elétrons desemparelhados e é paramagnético, enquanto o $[Co(CN)_6]^{3-}$ não tem nenhum elétron desemparelhado e é diamagnético. O espectro de absorção também mostra picos correspondentes a diferentes valores de Δ nesses dois complexos.

Nos íons de metais de transição dos períodos 5 e 6 (que têm elétrons de valência $4d$ e $5d$), os orbitais d são maiores do que nos íons do período 4 (que têm apenas elétrons $3d$). Assim, os íons dos períodos 5 e 6 interagem mais fortemente com os ligantes, resultando em um maior desdobramento de campo cristalino. *Consequentemente, os íons metálicos nesses períodos são sempre de spin baixo na presença de um campo cristalino octaédrico.*

Exercício resolvido 23.7
A série espectroquímica, o desdobramento de campo cristalino e o magnetismo

O composto hexaaminocobalto(III) é diamagnético e de cor laranja, com um único pico de absorção no seu espectro de absorção visível. (**a**) Qual é a configuração eletrônica do íon cobalto(III)? (**b**) $[Co(NH_3)_6]^{3+}$ é um complexo de *spin* alto ou de *spin* baixo? (**c**) Estime o comprimento de onda no qual a absorção da luz atinge seu máximo. (**d**) Que cor e comportamento magnético você pode prever para o íon complexo $[Co(en)_3]^{3+}$?

SOLUÇÃO

Analise Temos a cor e o comportamento magnético de um complexo octaédrico de Co com estado de oxidação +3. Devemos usar essas informações para determinar sua configuração eletrônica, seu estado de *spin* (baixo ou alto) e a cor da luz absorvida. No item (d), devemos usar a série espectroquímica para determinar como suas propriedades vão variar se o ligante NH_3 for substituído pela etilenodiamina (en).

Planeje (**a**) A partir do número de oxidação e da tabela periódica, podemos determinar o número de elétrons de valência para Co(III) e, com base nisso, determinar a configuração eletrônica. (**b**) O comportamento magnético pode servir para determinar se esse composto é um complexo de *spin* baixo ou alto. (**c**) Uma vez que há um único pico no espectro de absorção visível, a cor do composto deve ser complementar à cor da luz que é absorvida mais fortemente. (**d**) O etilenodiamino é um ligante de campo mais forte do que NH_3, por isso, esperamos um Δ maior para o $[Co(en)_3]^{3+}$ do que para o $[Co(NH_3)_6]^{3+}$.

Resolva

(**a**) Co tem configuração eletrônica de $[Ar]3d^7 4s^2$ e Co^{3+} possui três elétrons a menos do que Co. Visto que os íons de metais de transição sempre perdem seus elétrons de valência s, a configuração eletrônica de Co^{3+} é $[Ar]3d^6$.

(**b**) Há seis elétrons de valência nos orbitais d. O preenchimento dos orbitais t_{2g} e e_g para complexos tanto de *spin* alto quanto de *spin* baixo é mostrado a seguir. Como o composto é diamagnético, sabemos que todos os elétrons devem estar emparelhados, o que nos permite dizer que o $[Co(NH_3)_6]^{3+}$ é um complexo de *spin* baixo.

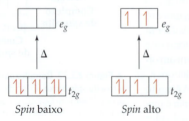

(**c**) Sabemos que o composto é laranja e que tem um único pico de absorção na região visível do espectro. O composto deve, portanto, absorver a cor complementar do laranja, que é azul. A região azul do espectro varia de aproximadamente 430 a 490 nm. Podemos estimar que o íon complexo absorve em algum ponto no meio da região do azul, perto de 460 nm.

(**d**) Pela série de espectroquímica, o etilenodiamino é um ligante de campo mais forte do que a amônia. Assim, espera-se maior Δ para $[Co(en)_3]^{3+}$. Visto que o valor de Δ já era maior que a energia de emparelhamento de *spin* para o $[Co(NH_3)_6]^{3+}$, esperamos que o $[Co(en)_3]^{3+}$ também seja um complexo de *spin* baixo, com uma configuração d^6, de modo que este também será diamagnético. O comprimento de onda em que o complexo absorve luz vai se deslocar para uma energia maior. Se supormos um deslocamento no máximo de absorção de azul para violeta, a cor do complexo será amarela.

Comentário O composto $[Co(en)_3]Cl_3$, que contém o íon $[Co(en)_3]^{3+}$, foi produzido e estudado por Alfred Werner. O composto forma cristais amarelos-dourados diamagnéticos.

▶ **Para praticar**

Consulte as cores dos complexos de Co^{3+} com amônia dados na Tabela 23.3. Com base na variação de cor, pode-se esperar que $[Co(NH_3)_5Cl]^{2+}$ tenha um Δ maior ou menor do que o $[Co(NH_3)_6]^{3+}$? Essa previsão está de acordo com a série espectroquímica?

Capítulo 23 | Metais de transição e química de coordenação

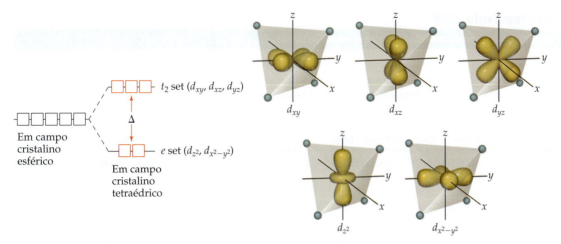

▲ **Figura 23.33 Energias dos orbitais *d* em um campo cristalino tetraédrico.** O desdobramento dos conjuntos de orbitais *e* e *t*₂ é invertido em relação ao desdobramento associado a um campo cristalino octaédrico. A energia de desdobramento do campo cristalino Δ é muito menor do que em um campo cristalino octaédrico.

Complexos tetraédricos e quadráticos planos

Até aqui, analisamos a teoria do campo cristalino apenas para complexos com geometria octaédrica. Quando existem apenas quatro ligantes em um complexo, a geometria costuma ser tetraédrica, exceto no caso especial dos íons metálicos com configuração eletrônica d^8, que abordaremos em breve.

O desdobramento do campo cristalino dos orbitais *d* em complexos tetraédricos difere daquele dos complexos octaédricos. Quatro ligantes equivalentes podem interagir com um íon metálico central de modo mais eficiente pela aproximação ao longo dos vértices de um tetraedro. Nessa geometria, os lóbulos dos dois orbitais *e* apontam para as arestas do tetraedro, exatamente entre os ligantes (**Figura 23.33**). Essa orientação mantém $d_{x^2-y^2}$ e d_{z^2} o mais distante possível das cargas pontuais do ligante. Por conseguinte, esses dois orbitais *d* sofrem menos repulsão dos ligantes e permanecem com energia mais baixa do que os outros três orbitais *d*. Os três orbitais t_2 não apontam diretamente para as cargas pontuais do ligante, mas se aproximam mais dos ligantes do que o conjunto *e*; por isso, sentem mais repulsão e têm maior energia. Como vemos na Figura 23.33, o desdobramento dos orbitais *d* em uma geometria tetraédrica é o oposto do que observamos na geometria octaédrica, ou seja, os orbitais *e* agora estão *abaixo* dos orbitais t_2. A energia de desdobramento do campo cristalino Δ é muito menor para complexos tetraédricos do que para os respectivos octaédricos, porque, por um lado, há menos cargas pontuais na geometria tetraédrica e, por outro, nenhum conjunto de orbitais tem lóbulos apontados diretamente para as cargas pontuais do ligante. Os cálculos mostram que para o mesmo íon metálico e o mesmo conjunto de ligantes, Δ para um complexo tetraédrico é cerca de quatro nonos do desdobramento para o complexo octaédrico. Por essa razão, todos os complexos tetraédricos são de *spin* alto; a energia de desdobramento do campo cristalino nunca é grande o suficiente para superar as energias de emparelhamento de *spin*.

Em um complexo quadrático plano, quatro ligantes são ordenados ao redor do íon metálico de modo que as cinco espécies, ligantes e íon metálico, estejam no plano *xy*. Os níveis de energia resultantes dos orbitais *d* são ilustrados na **Figura 23.34**. Observe em especial que o orbital d_{z^2} tem energia consideravelmente mais baixa que o orbital $d_{x^2-y^2}$. Para entender por que isso acontece, lembre-se de que em um campo octaédrico na Figura 23.28 o orbital d_{z^2} do íon metálico interage com os ligantes posicionados acima e abaixo do plano *xy*. Não há ligantes nessas duas posições em um complexo quadrático plano, o que significa que o orbital d_{z^2} sofre menos repulsão e, assim, permanece em um estado mais estável, de menor energia.

Os complexos quadráticos planos são característicos de íons metálicos com configuração eletrônica d^8. São quase sempre de *spin* baixo, isto é, os oito elétrons *d* estão com *spin* emparelhados para formar um complexo diamagnético. Esse emparelhamento deixa o orbital $d_{x^2-y^2}$ vazio. Tal arranjo eletrônico é muito comum entre os íons d^8 dos períodos 5 e 6, como Pd^{2+}, Pt^{2+}, Ir^+ e Au^{3+}.

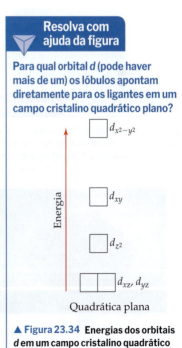

Resolva com ajuda da figura

Para qual orbital *d* (pode haver mais de um) os lóbulos apontam diretamente para os ligantes em um campo cristalino quadrático plano?

▲ **Figura 23.34 Energias dos orbitais *d* em um campo cristalino quadrático plano.**

Exercício resolvido 23.8
Ocupando orbitais *d* em complexos tetraédricos e quadráticos planos

Os complexos de níquel(II) em que o número de coordenação do metal é 4 exibem geometrias tanto tetraédrica quanto quadrática plana. $[NiCl_4]^{2-}$ é paramagnético, enquanto $[Ni(CN)_4]^{2-}$ é diamagnético. Um desses complexos é quadrático plano e, o outro, tetraédrico. Use os diagramas de desdobramento do campo cristalino apresentados aqui para determinar a geometria de cada complexo.

SOLUÇÃO

Analise Temos dois complexos com Ni^{2+} e suas propriedades magnéticas. Temos também duas possibilidades de geometria molecular e devemos usar os diagramas de desdobramento do campo cristalino dados no livro para determinar a geometria de cada complexo.

Planeje Precisamos determinar o número de elétrons *d* em Ni^{2+} e usar a Figura 23.33 para o complexo tetraédrico e a Figura 23.34 para o complexo quadrático plano.

Resolva O níquel(II) tem a configuração eletrônica $[Ar]3d^8$. Com raríssimas exceções, complexos tetraédricos são de *spin* alto e complexos quadráticos planos são de *spin* baixo. Assim, a ocupação dos orbitais *d* nas duas geometrias é:

O complexo tetraédrico tem dois elétrons desemparelhados, e o quadrático plano, nenhum. Portanto, o complexo tetraédrico deve ser paramagnético e o quadrático plano, diamagnético. Portanto, $[NiCl_4]^{2-}$ é tetraédrico, e $[Ni(CN)_4]^{2-}$ é quadrático plano.

Comentário O níquel(II) forma complexos octaédricos com mais frequência do que os quadráticos planos, enquanto os metais d^8 dos períodos 5 e 6 tendem a favorecer a coordenação quadrática plana.

▶ **Para praticar**
Existe algum complexo tetraédrico diamagnético que tenha íons de metais de transição com orbitais *d* parcialmente preenchidos? Em caso afirmativo, qual contagem de elétrons leva ao diamagnetismo?

A teoria do campo cristalino fornece uma base para explicar muitas observações além das que abordamos aqui. Essa teoria se baseia nas interações eletrostáticas entre íons e átomos, o que essencialmente implica ligações iônicas. Entretanto, muitas linhas de evidências mostram que a ligação nos complexos deve ter um certo caráter de covalência. Desse modo, a teoria do orbital molecular (Seções 9.7 e 9.8) também pode ser usada para descrever a ligação nos complexos, embora a aplicação da teoria do orbital molecular aos compostos de coordenação esteja além do escopo de nossa abordagem. O modelo do campo cristalino, apesar de não ser exato em todos os detalhes, fornece uma descrição inicial adequada e útil da estrutura eletrônica dos complexos.

OLHANDO DE PERTO | Complexos de transferência de carga

Nas aulas de laboratório de seu curso, você provavelmente viu muitos compostos coloridos de metais de transição, inclusive aqueles mostrados na **Figura 23.35**. Muitos desses compostos exibem cor por conta das transições *d-d*. Entretanto, existem alguns complexos de metais de transição coloridos, como o íon permanganato violeta (MnO_4^-) e o íon cromato amarelo (CrO_4^{2-}), que têm suas cores resultantes de um tipo bastante diferente de excitação envolvendo os orbitais *d*.

KMnO₄

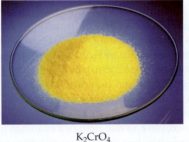
K₂CrO₄

KClO₄

▲ **Figura 23.35 As cores dos compostos podem surgir de transições de transferência de carga.** $KMnO_4$ e K_2CrO_4 são coloridos em virtude das transições de transferência de carga ligante-metal nos seus ânions. Fótons ultravioletas mais energéticos são necessários para excitar a transição de transferência de carga no íon perclorato, então $KClO_4$ é branco.

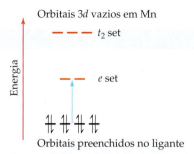

▲ Figura 23.36 **A transição de transferência de carga ligante-metal no MnO$_4^-$.** Como indicado pela seta azul, um elétron é excitado a partir de um par não ligante do O para um dos orbitais *d* vazios no Mn.

O íon permanganato absorve fortemente a luz visível, com absorção máxima em 565 nm. Visto que o violeta é a cor complementar do amarelo, essa absorção forte na porção amarela do espectro visível é responsável pela aparência violeta dos sais e das soluções do íon. O que acontece durante essa absorção de luz? O íon MnO$_4^-$ é um complexo de Mn(VII), que tem configuração eletrônica [Ar]3d^0. Como tal, a absorção no complexo não pode acontecer por causa de uma transição *d-d*, pois não existem elétrons *d* para excitar. Entretanto, isso não significa que os orbitais *d* não estejam envolvidos na transição. A excitação no íon MnO$_4^-$ deve-se a uma *transição de transferência de carga*, em que um elétron de um dos ligantes oxigênio é excitado para um orbital *d* vazio no íon Mn(VII) (**Figura 23.36**). Em essência, um elétron é transferido de um ligante para o metal, e essa transição é chamada de *transferência de carga do ligante para o metal (TCLM)*.

Uma transição TCLM também é responsável pela cor do CrO$_4^{2-}$, que contém o íon Cr(VI), também de configuração eletrônica [Ar]3d^0.

A Figura 23.35 também mostra um sal do íon perclorato (ClO$_4^-$). Como MnO$_4^-$, ClO$_4^-$ é tetraédrico e tem seu átomo central em estado de oxidação +7. Contudo, uma vez que o átomo de Cl não tem orbitais *d* de baixa energia, excitar um elétron requer um fóton mais energético do que para MnO$_4^-$. A primeira absorção para o ClO$_4^-$ ocorre na região ultravioleta do espectro, então a luz visível não é absorvida, e o sal apresenta-se branco.

Outros complexos também exibem excitações de transferência de carga nas quais um elétron do átomo metálico é excitado para um orbital vazio em um ligante. Uma excitação desse tipo é chamada de *transferência de carga do metal para o ligante (TCML)*.

Normalmente, as transições de transferência de carga são mais intensas que as *d-d*. Muitos pigmentos que contêm metal usados para tintas a óleo, como o amarelo-cádmio (CdS), o amarelo-cromo (PbCrO$_4$) e o ocre-vermelho (Fe$_2$O$_3$), têm cores intensas por conta das transições de transferência de carga.

Exercícios relacionados: 23.84, 23.85

 Exercícios de autoavaliação

EAA 23.16 Qual das seguintes afirmações sobre a teoria do campo cristalino aplicada a complexos octaédricos é *falsa*?

(a) Na teoria do campo cristalino, os ligantes são modelados com cargas pontuais negativas.

(b) Em um campo cristalino octaédrico, supõe-se que os ligantes estão nos eixos ±x, ±y e ±z.

(c) Em um campo cristalino octaédrico, os orbitais *d* se dividem em um conjunto de três orbitais de menor energia e um conjunto de dois orbitais de maior energia.

(d) Em um campo cristalino octaédrico, o orbital d_{xy} é mais energético do que o orbital d_{xz}.

EAA 23.17 Como discutido no texto, uma solução de [Ti(H$_2$O)$_6$]$^{3+}$ absorve luz com comprimento de onda de 495 nm. Qual(is) das afirmações a seguir sobre essa observação é(são) *verdadeira(s)*?

(i) Como a absorção ocorre na parte visível do espectro, a solução será colorida.

(ii) [Ti(H$_2$O)$_6$]$^{3+}$ é um exemplo de complexo de metal de transição d^2.

(iii) A transição é um exemplo de transição *d–d*, na qual um elétron é excitado do conjunto de orbitais t_{2g} para o conjunto de orbitais e_g.

(a) Apenas a afirmação i é verdadeira. (b) As afirmações i e ii são verdadeiras. (c) As afirmações i e iii são verdadeiras. (d) As afirmações ii e iii são verdadeiras. (e) Todas as afirmações são verdadeiras.

EAA 23.18 Qual dos complexos de cobalto(III) a seguir tem a maior energia de desdobramento do campo cristalino?

(a) [Co(NH$_3$)$_6$]$^{3+}$
(b) [CoF$_6$]$^{3-}$
(c) [Co(en)$_3$]$^{3+}$
(d) [Co(H$_2$O)$_6$]$^{3+}$
(e) [Co(CN)$_6$]$^{3-}$

EAA 23.19 Os béqueres A, B e C contêm soluções de complexos octaédricos do mesmo metal de transição no mesmo estado de oxidação, mas com ligantes diferentes. Cada solução sofre a mesma transição *d-d*, e as cores das soluções são amarelo-alaranjado, verde e azul-violeta para os béqueres A, B e C, respectivamente. Disponha as soluções nos béqueres A, B e C em ordem crescente de força do campo ligante.

(a) B < C < A
(b) A < C < B
(c) C < B < A
(d) A < B < C

EAA 23.20 O cobalto(II) forma complexos octaédricos de *spin* alto e *spin* baixo. Complete a afirmação: Os complexos de Co(II) de *spin* alto terão _____ elétrons desemparelhados, enquanto os complexos de *spin* baixo terão _____ elétrons desemparelhados. (a) 1, 3 (b) 2, 1 (c) 3, 1 (d) 4, 0 (e) 5, 6

EAA 23.21 Qual das seguintes afirmações sobre a aplicação da teoria do campo cristalino a complexos tetraédricos e quadráticos planos é *falsa*?

(a) O desdobramento dos orbitais *d* em um complexo tetraédrico tem um conjunto de dois orbitais de menor energia e um conjunto de três orbitais de maior energia.

(b) Os complexos tetraédricos são quase sempre de *spin* baixo.

(c) Para um determinado ligante, a magnitude da energia de desdobramento do campo cristalino em um complexo tetraédrico é menor do que aquela em um complexo octaédrico.

(d) Em um complexo quadrático plano, a energia do orbital d_{z^2} é menor do que a do orbital $d_{x^2-y^2}$.

(e) Um complexo quadrático plano d^8 tem quatro orbitais *d* preenchidos e um orbital *d* vazio.

Integrando conceitos

O íon oxalato tem a estrutura de Lewis mostrada na Tabela 23.4. **(a)** Mostre a geometria do complexo formado quando o oxalato se coordena ao cobalto(II), formando [Co(C$_2$O$_4$)(H$_2$O)$_4$]. **(b)** Escreva a fórmula para o sal obtido pela coordenação de três íons oxalato ao Co(II), supondo que o contraíon para o balanceamento de cargas seja Na$^+$. **(c)** Desenhe todos os isômeros geométricos possíveis para o complexo de cobalto formado no item (b). Algum desses isômeros é quiral? Justifique sua resposta. **(d)** A constante de formação do complexo de cobalto(II) obtido pela coordenação de três ânions oxalato, como no item (b), é 5,0 × 10^9, e a constante de formação do complexo de cobalto(II) com três moléculas de *orto*-fenantrolina (Tabela 23.4) é 9 × 10^{19}. A partir disso, o que você pode concluir a respeito das propriedades de basicidade de Lewis dos dois ligantes em relação ao cobalto(II)? **(e)** Usando a abordagem descrita no Exercício resolvido 17.16, calcule a concentração do íon livre Co(II) aquoso em uma solução que contém inicialmente 0,040 M de íon oxalato(*aq*) e 0,0010 M de Co^{2+}(*aq*).

SOLUÇÃO

(a) O complexo formado pela coordenação de um íon oxalato é octaédrico:

(b) Como o íon oxalato tem carga 2−, a carga efetiva de um complexo com três ânions oxalato e um íon Co^{2+} é 4−. Portanto, o composto de coordenação tem fórmula:

Na$_4$[Co(C$_2$O$_4$)$_3$]

(c) Existe apenas um isômero geométrico. Entretanto, o complexo é quiral, assim como o complexo [Co(en)$_3$]$^{3+}$ (Figura 23.22). Essas duas imagens especulares não são sobreponíveis, logo existem dois enantiômeros:

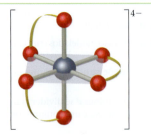 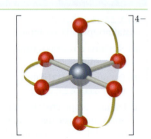

(d) O ligante *orto*-fenantrolina é bidentado, como o ligante oxalato, de modo que ambos exibem efeito quelato. Portanto, podemos concluir que, em relação a Co^{2+}, a orto-fenantrolina é uma base de Lewis mais forte que o oxalato. Essa conclusão é coerente com o que aprendemos sobre bases na Seção 16.7: as bases de nitrogênio costumam ser mais fortes que as de oxigênio. (Lembre-se, por exemplo, de que NH$_3$ é uma base mais forte que H$_2$O.)

(e) O equilíbrio que devemos considerar envolve três mols de íon oxalato (representado como ox^{2-}).

$$Co^{2+}(aq) + 3\, ox^{2-}(aq) \rightleftharpoons [Co(ox)_3]^{4-}(aq)$$

A expressão da constante de formação é:

$$K_f = \frac{[[Co(ox)_3]^{4-}]}{[Co^{2+}][ox^{2-}]^3}$$

Como K_f é muito grande, podemos supor que quase todo o Co^{2+} será convertido em complexo de oxalato. Sob essa suposição, a concentração final de [Co(ox)$_3$]$^{4-}$ é 0,0010 M e a do íon oxalato é [ox^{2-}] = (0,040) − 3(0,0010) = 0,037 M (três íons ox^{2-} reagem com cada íon Co^{2+}). Então, temos:

$[Co^{2+}] = x\, M, [ox^{2-}] \cong 0,037\, M, [[Co(ox)_3]^{4-}] \cong 0,0010\, M$

Inserindo esses valores na expressão da constante de equilíbrio e resolvendo para x, obtemos 4 × 10^{-9} M. A partir disso, podemos ver que o oxalato complexou quase totalmente, deixando apenas uma fração mínima de Co^{2+} presente na solução.

$$K_f = \frac{(0,0010)}{x(0,037)^3} = 5 \times 10^9$$

$$x = 4 \times 10^{-9}\, M$$

Resumo do capítulo e termos-chave

METAIS DE TRANSIÇÃO (SEÇÃO 23.1) Os elementos metálicos são extraídos de **minerais**, substâncias inorgânicas sólidas encontradas na natureza. A **metalurgia** é a ciência e a tecnologia de extrair metais da terra e processá-los para outros usos. Os metais de transição são caracterizados pelo preenchimento incompleto dos orbitais d. A presença dos elétrons d nos elementos de transição leva a estados de oxidação múltiplos. À medida que prosseguimos por determinada série de metais de transição, a atração entre o núcleo e os elétrons de valência aumenta mais acentuadamente para os elétrons d do que para os elétrons s. Como resultado, os últimos elementos de transição de um dado período tendem a adotar estados de oxidação mais baixos.

Os raios atômico e iônico dos metais de transição do quinto período são maiores do que os dos metais do quarto período. Os metais de transição do quinto e sexto períodos têm raios atômico e iônico comparáveis e também se assemelham em outras propriedades. Essa semelhança se deve à **contração lantanídica**.

A presença de elétrons desemparelhados nos orbitais de valência leva a um comportamento magnético interessante nos metais de transição e seus compostos. Em substâncias **ferromagnéticas**, **ferrimagnéticas** e **antiferromagnéticas**, os *spins* dos elétrons desemparelhados nos átomos em um sólido são afetados pelos *spins* dos átomos vizinhos. Em uma substância ferromagnética, os *spins* apontam na mesma direção. Em uma substância antiferromagnética, os *spins* apontam em sentidos opostos e se cancelam. Em uma substância ferrimagnética, os *spins* apontam em sentidos opostos, mas não se cancelam completamente. As substâncias ferromagnéticas e ferrimagnéticas são usadas para fazer ímãs permanentes.

COMPLEXOS DE METAIS DE TRANSIÇÃO (SEÇÃO 23.2) Os **compostos de coordenação** são substâncias que contêm **complexos metálicos**; estes têm íons metálicos ligados a vários ânions ou moléculas conhecidas como **ligantes**. O íon metálico e seus ligantes constituem a **esfera de coordenação** do complexo. O número de átomos doadores ligados ao íon metálico é o **número de coordenação** do íon metálico. Os números de coordenação mais comuns são 4 e 6; as geometrias de coordenação mais comuns são tetraédrica, quadrática plana e octaédrica.

LIGANTES MAIS COMUNS NA QUÍMICA DE COORDENAÇÃO (SEÇÃO 23.3) Os ligantes que ocupam apenas um sítio na esfera de coordenação são chamados de **ligantes monodentados**. O átomo do ligante que se liga ao íon metálico é o **átomo doador**. Ligantes com dois átomos doadores são **ligantes bidentados**. Aqueles com três ou mais átomos doadores são **ligantes polidentados**. Os ligantes bidentados e polidentados também são conhecidos como **agentes quelantes**. Em geral, os agentes quelantes formam complexos mais estáveis do que os ligantes monodentados relacionados, uma observação conhecida como **efeito quelato**. Muitas moléculas biologicamente importantes, como as **porfirinas**, são complexos de agentes quelantes. Um grupo correlacionado de pigmentos de plantas, conhecido como **clorofila**, é importante na **fotossíntese**, processo pelo qual as plantas usam a energia solar para converter CO_2 e H_2O em carboidratos.

NOMENCLATURA E ISOMERIA NA QUÍMICA DE COORDENAÇÃO (SEÇÃO 23.4) Ao nomear compostos de coordenação, o número e o tipo de ligantes ligados ao íon metálico são especificados, assim como o estado de oxidação do íon metálico. Os **isômeros** são compostos com a mesma composição, mas com diferentes arranjos de átomos e, com isso, têm diferentes propriedades. Os **isômeros estruturais** diferem nos arranjos das ligações dos ligantes. O **isomerismo de ligação** ocorre quando um ligante é capaz de se coordenar ao íon metálico por meio de diferentes átomos doadores. Os **isômeros de esfera de coordenação** têm diferentes ligantes na esfera de coordenação. Os **estereoisômeros** são isômeros com os mesmos arranjos de ligação química, mas diferentes arranjos espaciais dos ligantes. As formas mais comuns de estereoisomerismo são o **isomerismo geométrico** e o **isomerismo óptico**. Os isômeros geométricos diferem um do outro nas posições dos átomos doadores na esfera de coordenação; os mais comuns são os isômeros cis e trans. Os isômeros geométricos diferem um do outro nas propriedades químicas e físicas. Os isômeros ópticos são imagens especulares não sobreponíveis uma da outra. Os isômeros ópticos, ou **enantiômeros**, são **quirais**, o que significa que possuem um "efeito de anisotropia" específico e diferem entre si apenas na presença de um ambiente quiral. Os isômeros ópticos podem ser distinguidos um do outro por interações com a luz plano-polarizada; as soluções de um isômero giram o plano de polarização para a direita (**dextrorrotatório**), e as soluções de sua imagem especular giram o plano para a esquerda (**levorrotatório**). As moléculas quirais, por isso, são **opticamente ativas**. Uma mistura de 50-50 de dois isômeros ópticos não gira a luz plano-polarizada e é conhecida como **racêmica**.

COR E MAGNETISMO NA QUÍMICA DE COORDENAÇÃO (SEÇÃO 23.5) Uma substância tem determinada cor porque reflete ou transmite a luz daquela cor ou, então, absorve a luz da **cor complementar**. A quantidade de luz absorvida por uma amostra em função do comprimento de onda é conhecida como **espectro de absorção**. A luz absorvida fornece energia para excitar os elétrons para estados de maior energia.

É possível determinar o número de elétrons desemparelhados em um complexo a partir de seu grau de paramagnetismo. Compostos sem elétrons desemparelhados são diamagnéticos.

TEORIA DO CAMPO CRISTALINO (SEÇÃO 23.6) A **teoria do campo cristalino** explica muitas propriedades dos compostos de coordenação, inclusive sua cor e seu magnetismo. De acordo com essa teoria, a interação entre o íon metálico e o ligante é eletrostática. Visto que alguns orbitais d apontam diretamente para os ligantes, enquanto outros apontam entre si, os ligantes desdobram as energias dos orbitais d do metal. Para um complexo octaédrico, os orbitais d são desdobrados em um conjunto de três orbitais degenerados de menor energia (o conjunto t_{2g}) e um conjunto de dois orbitais degenerados de maior energia (o conjunto e_g). A luz visível pode provocar **transição d-d**, em que um elétron é excitado de um orbital d de menor energia para um orbital d de maior energia. A **série espectroquímica** ordena os ligantes por ordem de sua capacidade de desdobrar as energias dos orbitais d em complexos octaédricos.

Os ligantes de campo forte criam um desdobramento de energias dos orbitais d grande o suficiente para superar a **energia de emparelhamento de spin**. Assim, os elétrons d preferencialmente se emparelham nos orbitais de menor energia, produzindo um **complexo de *spin* baixo**. Quando os ligantes exercem um campo cristalino fraco, o desdobramento dos orbitais d é pequeno. Então, os elétrons ocupam os orbitais d de maior energia em vez de se emparelharem no conjunto de orbitais de menor energia, produzindo um **complexo de *spin* alto**. Os íons de metais de transição dos períodos 5 e 6 têm energias de desdobramento do campo cristalino grandes e adotam configurações de *spin* baixo em complexos octaédricos.

A teoria do campo cristalino também se aplica aos complexos tetraédricos e quadráticos planos, o que leva a diferentes padrões de desdobramento dos orbitais d. Em um campo cristalino tetraédrico, o desdobramento dos orbitais d resulta em um conjunto t_2 mais energético e um conjunto e menos energético, o oposto do caso octaédrico. O desdobramento do campo cristalino tetraédrico é muito menor do que em um campo cristalino octaédrico, de modo que os complexos tetraédricos são quase sempre de *spin* alto.

Simulado

SIM 23.1 Um determinado metal de transição apresenta as seguintes propriedades: (i) seu estado de oxidação positivo máximo é +5; (ii) seu raio metálico é maior do que a do elemento imediatamente à sua direita na tabela periódica; (iii) seu raio metálico é quase idêntico ao do elemento imediatamente abaixo dele na tabela periódica. Qual é a identidade do elemento? (a) Vanádio (b) Manganês (c) Nióbio (d) Tecnécio (e) Ródio

SIM 23.2 Em qual dos seguintes compostos o metal de transição apresenta o maior estado de oxidação?
(a) [Co(NH₃)₄Cl₂]
(b) K₂[PtCl₆]
(c) Rb₃[MoO₃F₃]
(d) Na[Ag(CN)₂]
(e) K₄[Mn(CN)₆]

SIM 23.3 Qual é a configuração eletrônica de valência do estado fundamental de Ru²⁺? (a) [Kr]4d⁶5s² (b) [Kr]4d⁶ (c) [Kr]4d⁴5s² (d) [Kr]4d⁸

SIM 23.4 Qual tipo de comportamento magnético descreve a afirmação a seguir? "Neste fenômeno, os *spins* dos átomos e dos íons no sólido estão todos alinhados em paralelo uns aos outros." (a) Paramagnetismo (b) Diamagnetismo (c) Ferrimagnetismo (d) Ferromagnetismo (e) Antiferromagnetismo

SIM 23.5 Quando o composto RhCl₃ · 4 NH₃ é dissolvido em água e tratado com excesso de AgNO₃(aq), forma-se 1 mol de AgCl(s) por mol de RhCl₃ · 4 NH₃. Qual é a maneira correta de escrever a fórmula desse composto?
(a) [Rh(NH₃)₄Cl₃]
(b) [RhCl₃](NH₃)₄
(c) [Rh(NH₃)₄Cl]Cl₂
(d) [Rh(NH₃)₄]Cl₃
(e) [Rh(NH₃)₄Cl₂]Cl

SIM 23.6 Qual(is) das seguintes afirmações sobre a ligação metal-ligante é(são) *verdadeira(s)*?
(i) A ligação metal-ligante pode ser descrita como uma interação ácido-base de Lewis.
(ii) Os ligantes devem ter carga negativa.
(iii) Para agir como ligante, uma molécula ou íon deve ter um par isolado de elétrons.

(a) Apenas uma das afirmações é verdadeira. (b) As afirmações i e ii são verdadeiras. (c) As afirmações i e iii são verdadeiras. (d) As afirmações ii e iii são verdadeiras. (e) Todas as afirmações são verdadeiras.

SIM 23.7 Qual das seguintes afirmações sobre ligantes é *falsa*?
(a) A bipiridina é um ligante monodentado.
(b) O efeito quelato leva a uma estabilidade especial dos complexos formados com ligantes bidentados e polidentados.
(c) O ligante EDTA tem átomos doadores de nitrogênio e oxigênio.
(d) O ligante dietilenotriamina tem três átomos doadores.
(e) Um complexo de coordenação com três ligantes bidentados tem um número de coordenação 6.

SIM 23.8 Qual dos ligantes a seguir *não* tem um átomo de nitrogênio que atua como átomo doador? (a) Íon tiocianato (b) Etilenodiamina (c) Bipiridina (d) Íon nitrito (e) Íon oxalato

SIM 23.9 Qual é o nome do composto [Rh(NH₃)₄Cl₂]Cl?
(a) Ródio(III)cloreto de tetraaminodicloro (b) Cloreto de tetraamoniodiclororódio(III) (c) Cloreto de tetraaminodiclororódio(III) (d) Tetraaminotriclororódio(III) (e) Cloreto de tetraaminodiclororódio(II)

SIM 23.10 Qual é a fórmula química do composto tetracianoplatinato(II) de sódio?
(a) Na[Pt(CN)₄]
(b) Na₂[Pt(CN)₄]
(c) Na₄[Pt(CN)₄]
(d) Na₂[Pt(CN)₆]
(e) Na₄[Pt(CN)₆]

SIM 23.11 Qual das seguintes moléculas *não* possui um isômero geométrico?

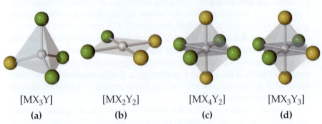

[MX₃Y] [MX₂Y₂] [MX₄Y₂] [MX₃Y₃]
(a)   (b)   (c)   (d)

SIM 23.12 Qual dos complexos a seguir possui um isômero óptico?
(a) [CdBr₂Cl₂]²⁻ tetraédrico (c) [Co(NH₃)₄Cl₂]²⁺ octaédrico (b) [CoCl₄(en)]²⁻ octaédrico (d) [Co(NH₃)BrClI]⁻ tetraédrico

SIM 23.13 Uma solução que contém determinado íon complexo de metal de transição possui o espectro de absorção mostrado a seguir.

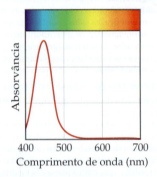

De qual cor você espera que seja uma solução contendo esse íon? (a) Violeta (b) Azul (c) Verde (d) Laranja (e) Vermelho

SIM 23.14 Qual(is) das seguintes afirmações sobre teoria do campo cristalino é(são) *verdadeira(s)*?
(i) Em um campo cristalino octaédrico, os cinco orbitais *d* permanecem degenerados.
(ii) Em um campo cristalino octaédrico, o conjunto de orbitais t_{2g} tem menor energia do que o conjunto de orbitais e_g.
(iii) A energia de desdobramento do campo cristalino é a separação entre os conjuntos de orbitais t_{2g} e e_g.

(a) Apenas uma das afirmações é verdadeira. (b) As afirmações i e ii são verdadeiras. (c) As afirmações i e iii são verdadeiras. (d) As afirmações ii e iii são verdadeiras. (e) Todas as afirmações são verdadeiras.

SIM 23.15 Quando um complexo de metal octaédrico d^1 sofre uma transição *d-d*, o elétron é excitado do _____ para o _____.
(a) conjunto de orbitais t_{2g}, conjunto de orbitais e_g (b) conjunto de orbitais e_g, conjunto de orbitais t_{2g} (c) conjunto de orbitais t_{2g}, orbital *s* (d) orbital *s*, conjunto de orbitais e_g (e) conjunto de orbitais e_g, orbital *s*

SIM 23.16 Uma solução aquosa de [Co(H₂O)₆]³⁺ é azul. Quando os ligantes H₂O são substituídos por um determinado ligante X, a solução fica verde. Quando os ligantes H₂O são substituídos por um ligante Y, a solução fica roxa. Quais são as posições dos ligantes X e Y na série espectroquímica em relação a H₂O?
(a) X < Y < H₂O
(b) H₂O < Y < X
(c) X < H₂O < Y
(d) Y < H₂O < X
(e) H₂O < X < Y

SIM 23.17 O diagrama de níveis de energia do complexo octaédrico [Fe(H$_2$O)$_6$]$^{3+}$ é apresentado a seguir. Quando os ligantes H$_2$O são substituídos por ligantes CN$^-$, o complexo de *spin* baixo [Fe(CN)$_6$]$^{3-}$ é formado. Quais dos fatores a seguir serão diferentes entre [Fe(H$_2$O)$_6$]$^{3+}$ e [Fe(CN)$_6$]$^{3-}$?

(i) A cor do complexo
(ii) O número de elétrons desemparelhados
(iii) A energia de desdobramento do campo cristalino (Δ)

(a) i (b) i e ii (c) i e iii (d) ii e iii (e) i, ii e iii

SIM 23.18 Qual dos seguintes íons complexos octaédricos terá o menor número de elétrons desemparelhados?
(a) [Cr(H$_2$O)$_6$]$^{3+}$ (d) [RhCl$_6$]$^{3-}$
(b) [V(H$_2$O)$_6$]$^{3+}$ (e) [Ni(NH$_3$)$_6$]$^{2+}$
(c) [FeF$_6$]$^{3-}$

SIM 23.19 Quantos elétrons desemparelhados podemos prever para o íon tetraédrico [MnCl$_4$]$^{2-}$? (a) 1 (b) 2 (c) 3 (d) 4 (e) 5

SIM 23.20 Os níveis de energia do campo cristalino apresentados a seguir se referem a três geometrias diferentes. Qual geometria corresponde aos diagramas i, ii e iii, respectivamente? (a) Octaédrica, tetraédrica, quadrática plana (b) Octaédrica, quadrática plana, tetraédrica (c) Tetraédrica, octaédrica, quadrática plana (d) Tetraédrica, quadrática plana, octaédrica (e) Quadrática plana, tetraédrica, octaédrica

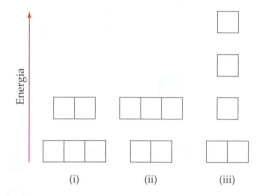

Exercícios

Visualizando conceitos

23.1 Os três gráficos a seguir mostram a variação no raio, na carga nuclear efetiva e no estado de oxidação máximo dos metais de transição do período 4. Em cada parte a seguir, identifique a propriedade representada. [Seção 23.1]

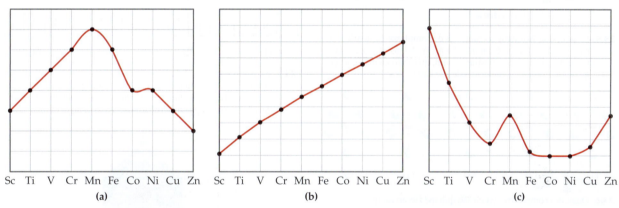

23.2 Desenhe a estrutura do Pt(en)Cl$_2$ e use-a para responder às seguintes perguntas: (a) Qual é o número de coordenação da platina nesse complexo? (b) Qual é a geometria de coordenação? (c) Qual é o estado de oxidação da platina? (d) Há quantos elétrons desemparelhados? [Seções 23.2 e 23.6]

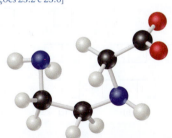

NH$_2$CH$_2$CH$_2$NHCH$_2$CO$_2^-$

23.3 Desenhe a estrutura de Lewis para o ligante mostrado a seguir. (a) Quais átomos podem atuar como doadores? Classifique esse ligante como monodentado, bidentado ou polidentado. (b) Quantos desses ligantes são necessários para preencher a esfera de coordenação em um complexo octaédrico? [Seção 23.2]

23.4 Metais tetracoordenados podem ter geometria tetraédrica ou quadrática plana; ambas as possibilidades são apresentadas a seguir para o [PtCl$_2$(NH$_3$)$_2$]. (a) Qual é o nome dessa molécula? (b) A molécula tetraédrica teria um isômero geométrico? (c) A molécula tetraédrica seria diamagnética ou paramagnética? (d) A molécula quadrática plana teria um isômero geométrico? (e) A molécula quadrática plana seria diamagnética ou paramagnética? (f) Determinar o número de isômeros geométricos ajudaria a diferenciar entre as geometrias tetraédrica e quadrática plana? (g) Medir a resposta da molécula a um campo magnético ajudaria a diferenciar entre as duas geometrias? [Seções 23.4 a 23.6]

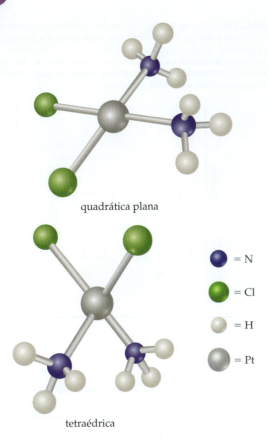

quadrática plana

tetraédrica

= N
= Cl
= H
= Pt

23.5 Existem dois isômeros geométricos de complexos octaédricos do tipo MA$_3$X$_3$, onde M é um metal e A e X são ligantes monodentados. Dos complexos mostrados aqui, quais são idênticos a (1) e quais são isômeros geométricos de (1)? [Seção 23.4]

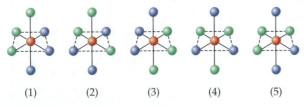

(1) (2) (3) (4) (5)

23.6 Quais dos complexos a seguir são quirais? [Seção 23.4]

● = Cr   ◠ = NH$_2$CH$_2$CH$_2$NH$_2$ ● = Cl   ● = NH$_3$

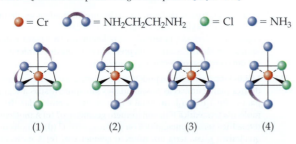

(1) (2) (3) (4)

23.7 Cada uma das soluções mostradas aqui tem um espectro de absorção com um único pico de absorção, como o mostrado na Figura 23.26. Qual cor cada solução absorve mais fortemente? [Seção 23.5]

23.8 Qual desses diagramas de desdobramento de campo cristalino representa: (**a**) um complexo octaédrico de Fe^{3+} de campo fraco, (**b**) um complexo octaédrico de Fe^{3+} de campo forte, (**c**) um complexo tetraédrico de Fe^{3+}, (**d**) um complexo tetraédrico de Ni^{2+}? (Os diagramas não indicam a magnitude de Δ.) [Seção 23.6]

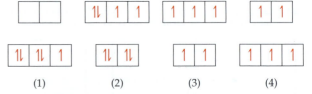

(1) (2) (3) (4)

23.9 No campo cristalino linear mostrado aqui, as cargas negativas estão sobre o eixo z. Usando a Figura 23.28 como guia, determine qual das seguintes opções descreve melhor o desdobramento dos orbitais d em um campo cristalino linear. [Seção 23.6]

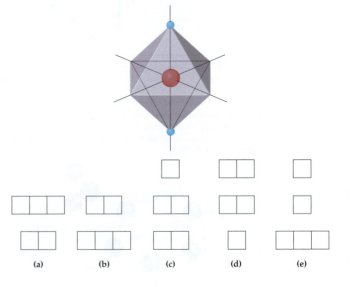

(a) (b) (c) (d) (e)

23.10 Dois complexos de Fe(II) têm *spin* baixo, mas ligantes diferentes. A solução de um é verde, enquanto a de outro é vermelha. Qual solução contém o complexo que possui o ligante de campo mais forte? [Seção 23.6]

Metais de transição (Seção 23.1)

23.11 Qual das seguintes tendências periódicas a contração lantanídica explica? (**a**) Os raios atômicos dos metais de transição primeiro diminuem e depois aumentam quando nos movemos horizontalmente em cada período. (**b**) Ao formar íons, os metais de transição do quarto período perdem seus elétrons 4s antes dos 3d. (**c**) Os raios dos metais de transição do quinto período (Y-Cd) são muito semelhantes aos raios dos metais de transição do sexto período (Lu-Hg).

23.12 Qual tendência periódica é responsável pela observação de que o estado de oxidação máximo dos elementos de metais de transição atinge seu pico próximo aos grupos 7B e 8B? (**a**) O número de elétrons de valência atinge um máximo no grupo 8B. (**b**) A carga nuclear efetiva aumenta quando nos movemos para a esquerda ao longo de cada período. (**c**) Os raios dos elementos de metais de transição atingem um mínimo para o grupo 8B e, conforme o tamanho dos átomos diminui, torna-se mais fácil remover elétrons.

23.13 Para cada um dos seguintes compostos, determine a configuração eletrônica do íon de metal de transição: (**a**) TiO, (**b**) TiO$_2$, (**c**) NiO, (**d**) ZnO.

23.14 Entre os metais de transição do quarto período (Sc-Zn), quais elementos *não* formam íons com orbitais 3d parcialmente preenchidos?

23.15 Escreva a configuração eletrônica de estado fundamental para (**a**) Ti^{3+}, (**b**) Ru^{2+}, (**c**) Au^{3+}, (**d**) Mn^{4+}.

23.16 Quantos elétrons estão nos orbitais de valência d nestes íons de metais de transição: (**a**) Co^{3+}, (**b**) Cu$^+$, (**c**) Cd^{2+}, (**d**) Os^{3+}?

23.17 Que tipo de substância é atraída por um campo magnético: uma substância diamagnética ou uma substância paramagnética?

23.18 Que tipo de material magnético não pode ser usado para fabricar ímãs permanentes: uma substância ferromagnética, uma substância antiferromagnética ou uma substância ferrimagnética?

23.19 Que tipo de magnetismo é exibido pelo diagrama a seguir?

23.20 Os óxidos mais importantes do ferro são a magnetita, Fe$_3$O$_4$, e a hematita, Fe$_2$O$_3$. (**a**) Quais são os estados de oxidação do ferro nesses compostos? (**b**) Um desses óxidos de ferro é ferrimagnético, e o outro é antiferromagnético. Qual óxido de ferro é o mais provável de ser ferrimagnético? Explique sua resposta.

Complexos de metais de transição (Seção 23.2)

23.21 (**a**) Usando a definição de valência de Werner, qual propriedade é o mesmo que o número de oxidação: *valência primária* ou *valência secundária*? (**b**) Qual termo normalmente usamos para o outro tipo de valência? (**c**) Por que NH$_3$ pode servir como um ligante, mas BH$_3$ não pode?

23.22 Qual espécie tem maior probabilidade de atuar como ligante: (**a**) Íons de carga positiva ou negativa? (**b**) Moléculas neutras polares ou apolares?

23.23 Um complexo é escrito como NiBr$_2$ · 6 NH$_3$. (**a**) Qual é o estado de oxidação do átomo de Ni nesse complexo? (**b**) Qual é o provável número de coordenação do complexo? (**c**) Se o complexo for tratado com AgNO$_3$(*aq*) em excesso, quantos mols de AgBr precipitarão por mol do complexo?

23.24 Os cristais de cloreto de cromo(III) hidratado são verdes, têm a fórmula empírica CrCl$_3$ · 6 H$_2$O e são altamente solúveis. (**a**) Escreva o íon complexo existente nesse composto. (**b**) Se o complexo for tratado com excesso de AgNO$_3$(*aq*), quantos mols de AgCl precipitarão por mol de CrCl$_3$ · 6 H$_2$O dissolvido em solução? (**c**) Cristais de cloreto de cromo(III) anidro têm coloração violeta e são insolúveis em solução aquosa. A geometria de coordenação do cromo nesses cristais é octaédrica, que é quase sempre o caso para Cr^{3+}. Como isso pode acontecer se a razão de Cr para Cl não é 1:6?

23.25 Indique o número de coordenação e o número de oxidação do metal para cada um destes complexos:

(**a**) Na$_2$[CdCl$_4$]
(**b**) K$_2$[MoOCl$_4$]
(**c**) [Co(NH$_3$)$_4$Cl$_2$]Cl
(**d**) [Ni(CN)$_5$]$^{3-}$
(**e**) K$_3$[V(C$_2$O$_4$)$_3$]
(**f**) [Zn(en)$_2$]Br$_2$

23.26 Indique o número de coordenação e o número de oxidação do metal para cada um destes complexos:

(**a**) K$_3$[Co(CN)$_6$]
(**b**) Na$_2$[CdBr$_4$]]
(**c**) [Pt(en)$_3$](ClO$_4$)$_4$
(**d**) [Co(en)$_2$(C$_2$O$_4$)]$^+$
(**e**) NH$_4$[Cr(NH$_3$)$_2$(NCS)$_4$]
(**f**) [Cu(bipy)$_2$I]I

Ligantes mais comuns na química de coordenação (Seção 23.3)

23.27 Para cada uma das moléculas ou íons poliatômicos a seguir, desenhe a estrutura de Lewis e indique se pode atuar como ligante monodentado ou bidentado, ou se é improvável que atue como ligante: (**a**) etilamina, CH$_3$CH$_2$NH$_2$; (**b**) trimetilfosfina, P(CH$_3$)$_3$; (**c**) carbonato, CO$_3^{2-}$; (**d**) etano, C$_2$H$_6$.

23.28 Para cada um dos ligantes polidentados, determine (i) o número máximo de sítios de coordenação que cada ligante pode ocupar em um único íon metálico e (ii) o número e o tipo de átomos doadores no ligante: (**a**) etilenodiamina (en); (**b**) bipiridil (bipy); (**c**) ânion oxalato (C$_2$O$_4^{2-}$); (**d**) íon 2− da molécula porfina (Figura 23.13); (**e**) [EDTA]$^{4-}$.

23.29 Os ligantes polidentados podem variar quanto ao número de posições de coordenação que ocupam. Em cada um dos seguintes itens, identifique o ligante polidentado presente e o provável número de posições de coordenação que ele ocupa:

(**a**) [Co(NH$_3$)$_4$(*o*-phen)]Cl$_3$
(**b**) [Cr(C$_2$O$_4$)(H$_2$O)$_4$]Br
(**c**) [Ca(EDTA)]$^{2-}$
(**d**) [Zn(en)$_2$](ClO$_4$)$_2$

23.30 Indique o provável número de coordenação do metal em cada um dos seguintes complexos:

(a) [Rh(bipy)₃](NO₃)₃
(b) Na₃[Co(C₂O₄)₂Cl₂]
(c) [Cr(o-phen)₃](CH₃COO)₃
(d) Na₂[Co(EDTA)Br]

23.31 Para cada um dos pares a seguir, identifique a molécula ou o íon com a maior probabilidade de atuar como ligante em um complexo de metal: (a) acetonitrila (CH₃CN) ou amônio (NH₄⁺); (b) hidreto (H⁻) ou hidrônio (H₃O⁺); (c) monóxido de carbono (CO) ou metano (CH₄).

23.32 A piridina (C₅H₅N), abreviada como py, é a molécula:

(a) Espera-se que a piridina atue como ligante monodentado ou bidentado? (b) Para a reação de equilíbrio

[Ru(py)₄(bipy)]²⁺ + 2 py ⇌ [Ru(py)₆]²⁺ + bipy

preveja se a constante de equilíbrio será maior ou menor que um.

23.33 *Verdadeiro* ou *falso*? O ligante a seguir pode atuar como um ligante bidentado:

23.34 Quando se reage o nitrato de prata com a base molecular *orto*-fenantrolina, são formados cristais incolores que contêm o complexo de metal de transição mostrado a seguir. (a) Qual é a geometria de coordenação da prata nesse complexo? (b) Supondo que não ocorra nem oxidação nem redução durante a reação, qual é a carga do complexo mostrado aqui? (c) Pode-se esperar a presença de íons nitrato no cristal? (d) Escreva uma fórmula para o composto que se forma nessa reação. (e) Use a nomenclatura aceita para escrever o nome desse composto.

Nomenclatura e isomeria na química de coordenação (Seção 23.4)

23.35 Escreva a fórmula de cada um dos seguintes compostos, certificando-se de usar colchetes para indicar a esfera de coordenação:

(a) nitrato de hexaaminocromo(III)
(b) sulfato de tetraaminocarbonatocobalto(III)
(c) brometo de diclorobis(etilenodiamino)platina(IV)
(d) diaquotetrabromovanadato(III) de potássio
(e) tetraiodomercurato(II) de bis(etilenodiamino)zinco(II)

23.36 Escreva a fórmula de cada um dos seguintes compostos, certificando-se de usar colchetes para indicar a esfera de coordenação:

(a) perclorato de tetraaquodibromomanganês(III)
(b) cloreto de bis(bipiridil)cádmio(II)
(c) tetrabromo(*orto*-fenantrolina)cobaltato(III) de potássio
(d) diaminotetracianocromato(III) de césio
(e) tris(oxalato)cobaltato(III) de tris(etilenodiamino)ródio(III)

23.37 Escreva os nomes dos seguintes compostos usando as regras de nomenclatura padrão para complexos de coordenação:

(a) [Rh(NH₃)₄Cl₂]Cl
(b) K₂[TiCl₆]
(c) MoOCl₄
(d) [Pt(H₂O)₄(C₂O₄)]Br₂

23.38 Escreva os nomes para os seguintes compostos de coordenação:

(a) [Cd(en)Cl₂]
(b) K₄[Mn(CN)₆]
(c) [Cr(NH₃)₅(CO₃)]Cl
(d) [Ir(NH₃)₄(H₂O)₂](NO₃)₃

23.39 Considere estes três complexos:

(Complexo 1) [Co(NH₃)₄Br₂]Cl
(Complexo 2) [Pd(NH₃)₂(ONO)₂]
(Complexo 3) [V(en)₂Cl₂]⁺

Qual dos três complexos pode ter (a) isômeros geométricos, (b) isômeros de ligação, (c) isômeros ópticos, (d) isômeros de esfera de coordenação?

23.40 Considere estes três complexos:

(Complexo 1) [Co(NH₃)₅SCN]²⁺
(Complexo 2) [Co(NH₃)₃Cl₃]²⁺
(Complexo 3) CoClBr · 5 NH₃

Qual dos três complexos pode ter (a) isômeros geométricos, (b) isômeros de ligação, (c) isômeros ópticos, (d) isômeros de esfera de coordenação?

23.41 Um complexo tetracoordenado MA₂B₂ é preparado, e descobre-se que ele tem dois isômeros diferentes. É possível, a partir dessa informação, determinar se o complexo é quadrático plano ou tetraédrico? Se sim, determine.

23.42 Considere um complexo octaédrico MA₃B₃. Quantos isômeros geométricos são esperados para esse composto? Algum dos isômeros será opticamente ativo? Em caso afirmativo, qual deles?

23.43 Determine se cada um dos complexos a seguir apresenta isomerismo geométrico. Caso haja, determine quantos. (a) [Cd(H₂O)₂Cl₂] tetraédrico (b) [IrCl₂(PH₃)₂]⁻ quadrático plano (c) [Fe(o-phen)₂Cl₂]⁺ octaédrico

23.44 Determine se cada um dos complexos a seguir apresenta isomerismo geométrico. Caso haja, determine quantos. (a) [Rh(*bipy*)(o-phen)₂]³⁺ (b) [Co(NH₃)₃(bipy)Br]²⁺ (c) [Pd(en)(CN)₂] quadrático plano

23.45 Determine se cada um dos complexos metálicos a seguir é quiral e, logo, tem um isômero óptico: (a) [Zn(H₂O)₂Cl₂] tetraédrico, (b) *trans*-[Ru(bipy)₂Cl₂] octaédrico, (c) *cis*-[Ru(bipy)₂Cl₂] octaédrico.

23.46 Determine se cada um dos complexos metálicos a seguir é quiral e, logo, tem um isômero óptico: (a) [Pd(en)(CN)₂] quadrático plano, (b) [Ni(en)(NH₃)₄]²⁺ octaédrico, (c) *cis*-[V(en)₂ClBr] octaédrico.

Cor e magnetismo na química de coordenação; teoria do campo cristalino (Seções 23.5 e 23.6)

23.47 (a) Se um complexo absorve a luz em 610 nm, qual cor podemos esperar que o complexo tenha? (b) Qual é a energia em Joules de um fóton com comprimento de onda de 610 nm? (c) Qual é a energia dessa absorção em kJ/mol?

23.48 (a) Um complexo absorve fótons com uma energia de $4,51 \times 10^{-19}$ J. Qual é o comprimento de onda desses fótons? (b) Se esse é o único ponto no espectro visível onde o complexo absorve luz, qual cor podemos esperar que ele tenha?

23.49 Identifique cada um dos seguintes complexos de coordenação como diamagnético ou paramagnético:
(a) $[ZnCl_4]^{2-}$
(b) $[Pd(NH_3)_2Cl_2]$
(c) $[V(H_2O)_6]^{3+}$
(d) $[Ni(en)_3]^{2+}$

23.50 Identifique cada um dos seguintes complexos de coordenação como diamagnético ou paramagnético:
(a) $[Ag(NH_3)_2]^+$
(b) $[Cu(NH_3)_4]^{2+}$ quadrático plano
(c) $[Ru(bipy)_3]^{2+}$
(d) $[CoCl_4]^{2-}$

23.51 Se os lóbulos de um determinado orbital d apontam diretamente para os ligantes, um elétron nesse orbital será mais ou menos energético do que um elétron em um orbital d cujos lóbulos *não* apontam diretamente para os ligantes?

23.52 Os lóbulos de quais orbitais d apontam diretamente entre os ligantes em uma (a) geometria octaédrica, (b) geometria tetraédrica?

23.53 (a) Esboce um diagrama que mostre a definição da *energia de desdobramento do campo cristalino* (Δ) para um campo cristalino octaédrico. (b) Qual é a relação entre a ordem de grandeza de Δ e a energia de transição d-d para um complexo d^1? (c) Sabendo que um complexo d^1 tem absorção máxima em 545 nm, calcule Δ em kJ/mol.

23.54 Como mostra a Figura 23.26, a transição d-d do $[Ti(H_2O)_6]^{3+}$ produz absorção máxima em cerca de 500 nm. (a) Qual é a magnitude de Δ para $[Ti(H_2O)_6]^{3+}$ em kJ/mol? (b) Como a magnitude de Δ variaria se os ligantes H_2O em $[Ti(H_2O)_6]^{3+}$ fossem substituídos por ligantes NH_3?

23.55 As cores dos minerais de cobre malaquita (verde, fórmula empírica $Cu_2CO_3(OH)_2$) e azurita (azul, fórmula empírica $Cu_3(CO_3)_2(OH)_2$) provêm de uma única transição d-d em cada composto. Ocasionalmente, os compostos são encontrados juntos na natureza, como vemos na Figura 23.1. (a) Qual é a configuração eletrônica do íon cobre nesses minerais? (b) Com base em suas cores, em qual composto podemos supor que o desdobramento do campo cristalino Δ é maior?

23.56 A cor e o comprimento de onda da absorção máxima de $[Ni(H_2O)_6]^{2+}$, $[Ni(NH_3)_6]^{2+}$ e $[Ni(en)_3]^{2+}$ são dados na Figura 23.30. O máximo de absorção para o íon $[Ni(bipy)_3]^{2+}$ ocorre em cerca de 520 nm. (a) Que cor podemos esperar para o íon $[Ni(bipy)_3]^{2+}$? (b) Com base nesses dados, em que posição o bipy poderia ser colocado na série espectroquímica?

23.57 Dê o número de elétrons (valência) d associado aos íons metálicos centrais em cada um dos complexos a seguir: (a) $K_3[TiCl_6]$, (b) $Na_3[Co(NO_2)_6]$, (c) $[Ru(en)_3]Br_3$, (d) $[Mo(EDTA)]ClO_4$, (e) $K_3[ReCl_6]$.

23.58 Dê o número de elétrons (valência) d associado aos íons metálicos centrais em cada um dos complexos a seguir: (a) $K_3[Fe(CN)_6]$, (b) $[Mn(H_2O)_6](NO_3)_2$, (c) $Na[Ag(CN)_2]$, (d) $[Cr(NH_3)_4Br_2]ClO_4$, (e) $[Sr(EDTA)]^{2-}$.

23.59 Um colega de classe diz: "Um ligante de campo fraco geralmente significa que o complexo é de *spin* alto". Ele está correto? Explique sua resposta.

23.60 Para um determinado íon metálico e conjunto de ligantes, a energia de desdobramento do campo cristalino é maior para uma geometria tetraédrica ou octaédrica?

23.61 Para cada um dos seguintes metais, escreva a configuração eletrônica do átomo e de seu íon 2+: (a) Mn; (b) Ru; (c) Rh. Desenhe o diagrama de níveis de energia do campo cristalino para os orbitais d de um complexo octaédrico e mostre o preenchimento dos elétrons d para cada íon 2+, supondo um complexo de campo forte. Quantos elétrons desemparelhados existem em cada caso?

23.62 Para cada um dos seguintes metais, escreva a configuração eletrônica do átomo e de seu íon 3+: (a) Fe; (b) Mo; (c) Co. Desenhe o diagrama de níveis de energia do campo cristalino para os orbitais d de um complexo octaédrico e mostre o preenchimento dos elétrons d para cada íon 3+, supondo um complexo de campo fraco. Quantos elétrons desemparelhados existem em cada caso?

23.63 Desenhe os diagramas de níveis de energia do campo cristalino e mostre o preenchimento dos elétrons d para cada um dos seguintes itens: (a) $[Cr(H_2O)_6]^{2+}$ (quatro elétrons desemparelhados); (b) $[Mn(H_2O)_6]^{2+}$ (*spin* alto); (c) $[Ru(NH_3)_5(H_2O)]^{2+}$ (*spin* baixo); (d) $[IrCl_6]^{2-}$ (*spin* baixo); (e) $[Cr(en)_3]^{3+}$; (f) $[NiF_6]^{4-}$.

23.64 Desenhe os diagramas de níveis de energia do campo cristalino e mostre a disposição dos elétrons para os seguintes complexos: (a) $[VCl_6]^{3-}$; (b) $[FeF_6]^{3-}$ (complexo de *spin* alto); (c) $[Ru(bipy)_3]^{3+}$ (complexo de *spin* baixo); (d) $[NiCl_4]^{2-}$ (tetraédrico); (e) $[PtBr_6]^{2-}$; (f) $[Ti(en)_3]^{2+}$.

23.65 O complexo $[Mn(NH_3)_6]^{2+}$ tem cinco elétrons desemparelhados. Esboce o diagrama de níveis de energia para os orbitais d e indique o preenchimento de elétrons para esse íon complexo. O íon é um complexo de *spin* alto ou de *spin* baixo?

23.66 O íon $[Fe(CN)_6]^{3-}$ tem um elétron desemparelhado; $[Fe(NCS)_6]^{3-}$ tem cinco elétrons desemparelhados. A partir disso, o que se pode concluir sobre o *spin* de cada complexo: alto ou baixo? O que se pode afirmar sobre a posição do NCS^- na série espectroquímica?

Exercícios adicionais

23.67 A *temperatura de Curie* é aquela em que um sólido ferromagnético passa de ferromagnético a paramagnético. Para o níquel, a temperatura de Curie é de 354 °C. Sabendo disso, você amarra um barbante a dois clipes feitos de níquel e os segura perto de um ímã permanente. O ímã atrai os clipes, como mostra a primeira foto a seguir. Então, você aquece um dos clipes com um isqueiro de butano, o que o faz cair (segunda foto). Explique o que aconteceu.

23.68 Explique por que os metais de transição do quinto e sexto períodos têm raios quase idênticos em cada grupo.

23.69 Com base nos valores de condutância molar listados aqui para uma série de complexos de platina(IV), escreva a fórmula para cada complexo e mostre quais ligantes estão na esfera de coordenação do metal. Como exemplo, as condutâncias molares de 0,050 M de NaCl e $BaCl_2$ são 107 ohm^{-1} e 197 ohm^{-1}, respectivamente.

Complexo	Condutância molar (ohm^{-1})* de uma solução de 0,050 M
$Pt(NH_3)_6Cl_4$	523
$Pt(NH_3)_4Cl_4$	228
$Pt(NH_3)_3Cl_4$	97
$Pt(NH_3)_2Cl_4$	0
$KPt(NH_3)Cl_5$	108

*Ohm é uma unidade de resistência; condutância é o inverso da resistência.

23.70 (a) Um composto com fórmula $RuCl_3 \cdot 5\,H_2O$ é dissolvido em água, formando uma solução de cor aproximada à do sólido. Logo após a formação da solução, a adição de um excesso de $AgNO_3(aq)$ forma 2 mols de AgCl sólido por mol de complexo. Escreva a fórmula para o composto, mostrando quais ligantes têm maior probabilidade de estarem presentes na esfera de coordenação. (b) Depois de uma solução de $RuCl_3 \cdot 5\,H_2O$ ficar em repouso por cerca de um ano, a adição de $AgNO_3(aq)$ precipita 3 mols de AgCl por mol de complexo. O que acontece em seguida?

23.71 Esboce a estrutura do complexo em cada um dos seguintes compostos e dê o nome completo do composto:
(a) *cis*-[Co(NH$_3$)$_4$(H$_2$O)$_2$](NO$_3$)$_2$
(b) Na$_2$[Ru(H$_2$O)Cl$_5$]
(c) *trans*-NH$_4$[Co(C$_2$O$_4$)$_2$(H$_2$O)$_2$]
(d) *cis*-[Ru(en)$_2$Cl$_2$]

23.72 Quais íons complexos no Exercício 23.71 têm isômeros ópticos?

23.73 A molécula *dimetilfosfinoetano*, [(CH$_3$)$_2$PCH$_2$CH$_2$P(CH$_3$)$_2$], abreviada como dmpe, é usada como um ligante para alguns complexos que funcionam como catalisadores. Um complexo octaédrico que contém esse ligante é Mo(CO)$_4$(dmpe). (a) Desenhe uma estrutura de Lewis para o dmpe. (b) O dmpe é um ligante monodentado, bidentado ou polidentado? (c) Determine o estado de oxidação do Mo em Mo(CO)$_4$(dmpe)? (d) Mo(CO)$_4$(dmpe) é uma molécula quiral?

23.74 O complexo quadrático plano [Pt(en)Cl$_2$] forma apenas um de dois isômeros geométricos possíveis. Qual isômero não é observado: cis ou trans?

23.75 O íon acetilacetonato forma complexos muito estáveis com muitos íons metálicos. Ele age como um ligante bidentado, coordenando-se ao metal em duas posições adjacentes. Suponha que um dos grupos CH$_3$ do ligante seja substituído por um grupo CF$_3$, como mostrado aqui:

Trifluorometil acetilacetonato (tfac)

Esboce todos os isômeros possíveis para o complexo com três ligantes tfac no cobalto(III). (Você pode usar o símbolo ⬢ para representar o ligante.)

23.76 Qual átomo de metal de transição está presente em cada uma destas moléculas biologicamente importantes: (a) hemoglobina, (b) clorofila, (c) sideróforos, (d) hemocianina.

23.77 O monóxido de carbono, CO, é um ligante importante na química de coordenação. Quando reage CO com o metal níquel, o produto é o [Ni(CO)$_4$], um líquido amarelo-claro tóxico. (a) Qual é o número de oxidação para o níquel nesse composto? (b) Considerando-se que [Ni(CO)$_4$] é uma molécula diamagnética com geometria tetraédrica, qual é a configuração eletrônica do níquel nesse composto? (c) Escreva o nome de [Ni(CO)$_4$] usando as regras de nomenclatura para os compostos de coordenação.

23.78 Alguns complexos metálicos têm número de coordenação 5. Um desses complexos é o Fe(CO)$_5$, que adota uma geometria *bipiramidal trigonal* (veja a Figura 9.8). (a) Escreva o nome do Fe(CO)$_5$ usando as regras de nomenclatura para compostos de coordenação. (b) Qual é o estado de oxidação do Fe nesse composto? (c) Suponha que um dos ligantes CO seja substituído por um ligante CN$^-$, formando [Fe(CO)$_4$(CN)]$^-$. Quantos isômeros geométricos você determinaria para esse complexo?

23.79 Qual dos seguintes objetos é quiral: (a) um pé esquerdo de sapato; (b) uma fatia de pão; (c) um parafuso para madeira; (d) um modelo molecular de Zn(en)Cl$_2$; (e) um taco de golfe?

23.80 Os complexos [V(H$_2$O)$_6$]$^{3+}$ e [VF$_6$]$^{3-}$ são conhecidos. (a) Desenhe o diagrama de níveis de energia dos orbitais d para os complexos octaédricos de V(III). (b) O que dá origem à cor desses complexos? (i) A excitação de um elétron dos orbitais e_g para os orbitais t_{2g}. (ii) A excitação de um elétron dos orbitais t_{2g} para os orbitais e_g. (iii) A excitação de um elétron 4s para os orbitais t_{2g}. (c) Qual dos dois complexos podemos esperar que absorva luz de maior energia?

23.81 Uma das espécies mais famosas na química de coordenação é o complexo de Creutz-Taube, descoberto em 1969:

[(NH$_3$)$_5$RuN⬡NRu(NH$_3$)$_5$]$^{5+}$

Ele recebe o nome de Carol Creutz e de Henry Taube, vencedor do Prêmio Nobel de Química em 1983, os dois cientistas que o descobriram e estudaram suas propriedades. O ligante central é a pirazina, um anel de seis membros com nitrogênios em lados opostos. **(a)** Como explicar o fato de que o complexo, que tem apenas ligantes neutros, tem uma carga total ímpar? **(b)** O metal está em uma configuração de *spin* baixo em ambos os casos. Supondo que a coordenação seja octaédrica, desenhe o diagrama de níveis de energia dos orbitais *d* para cada metal. **(c)** Em muitos experimentos, os dois íons metálicos parecem estar em estados equivalentes. Qual seria a razão para isso, admitindo-se que os elétrons movimentam-se muito rapidamente em relação aos núcleos?

23.82 As soluções de [Co(NH$_3$)$_6$]$^{2+}$, [Co(H$_2$O)$_6$]$^{2+}$ (ambas octaédricas) e [CoCl$_4$]$^{2-}$ (tetraédrica) são coloridas. Uma é rosa, e as outras, azul e amarela. Com base na série espectroquímica e lembrando-se de que o desdobramento de energia em complexos tetraédricos costuma ser muito menor que o desdobramento em complexos octaédricos, especifique a cor para cada complexo.

23.83 A oxihemoglobina, com O$_2$ ligado ao ferro, é um complexo de Fe(II) de *spin* baixo; a desoxihemoglobina, sem a molécula de O$_2$, é um complexo de *spin* alto. **(a)** Se admitirmos que o ambiente de coordenação em torno do metal é octaédrico, quantos elétrons desemparelhados estarão centrados no íon metálico em cada caso? **(b)** Qual ligante está coordenado ao ferro no lugar do O$_2$ na desoxihemoglobina? **(c)** Explique por que as duas formas de hemoglobina têm cores diferentes (a hemoglobina é vermelha, enquanto a desoxihemoglobina tem aparência azulada). **(d)** Uma exposição de 15 minutos ao ar contendo 400 ppm de CO faz com que cerca de 10% da hemoglobina no sangue seja convertida no complexo de monóxido de carbono denominado carboxihemoglobina. O que isso sugere sobre as constantes de equilíbrio da ligação do monóxido de carbono e O$_2$ à hemoglobina? **(e)** CO é um ligante de campo forte. Qual deve ser a cor da carboxihemoglobina?

23.84 Considere os ânions tetraédricos VO$_4$$^{3-}$ (íon ortovanadato), CrO$_4$$^{2-}$ (íon cromato) e MnO$_4$$^{-}$ (íon permanganato). **(a)** Esses ânions são *isoeletrônicos*. Qual é o significado dessa afirmação? **(b)** Pode-se esperar que esses ânions exibam transições *d-d*? Explique. **(c)** Como mencionado no quadro "Olhando de perto" sobre complexos de transferência de carga (Seção 23.6), a coloração violeta de MnO$_4$$^{-}$ deve-se à *transição de transferência de carga do ligante para o metal* (TCLM). Qual é o significado desse termo? **(d)** A transição TCLM no MnO$_4$$^{-}$ ocorre em um comprimento de onda de 565 nm. O íon CrO$_4$$^{2-}$ é amarelo. O comprimento de onda para a transição TCLM para o cromato é maior ou menor que para o MnO$_4$$^{-}$? Justifique sua resposta. **(e)** O íon VO$_4$$^{3-}$ é incolor. Pode-se esperar que a luz absorvida pela TCLM caia na região do UV ou do IR do espectro eletromagnético? Explique seu raciocínio.

23.85 Considerando as cores observadas para VO$_4$$^{3-}$ (íon ortovanadato), CrO$_4$$^{2-}$ (íon cromato) e MnO$_4$$^{-}$ (íon permanganato) (Exercício 23.84), explique por que a separação de energia entre os orbitais ligantes e os orbitais vazios *d* muda em função do estado de oxidação da transição do metal no centro do ânion tetraédrico.

23.86 A cor vermelha do rubi deve-se à presença de íons Cr(III) nos pontos octaédricos na rede de óxidos de empacotamento denso do Al$_2$O$_3$. Desenhe o diagrama de desdobramento do campo cristalino para Cr(III) nesse ambiente. Supondo que o cristal de rubi esteja submetido a alta pressão, o que se pode prever para a variação do comprimento de onda da absorção do rubi em função da pressão? Explique.

23.87 Em 2001, químicos da Suny-Stony Brook sintetizaram com sucesso o complexo *trans*-[Fe(CN)$_4$(CO)$_2$]$^{2-}$, um modelo de complexo que pode ter tido papel importante na origem da vida. **(a)** Esboce a estrutura do complexo. **(b)** O complexo é isolado como um sal de sódio. Escreva o nome completo desse sal. **(c)** Qual é o estado de oxidação do Fe nesse complexo? Quantos elétrons *d* estão associados ao Fe nesse complexo? **(d)** Pode-se esperar que esse complexo seja de *spin* alto ou *spin* baixo? Explique.

23.88 Quando Alfred Werner desenvolveu o campo da química de coordenação, houve quem argumentasse que a atividade óptica observada por ele nos complexos quirais que tinha preparado fosse em razão da presença de átomos de carbono na molécula. Para contestar esse argumento, Werner sintetizou um complexo quiral de cobalto no qual não havia átomos de carbono e foi capaz de resolvê-lo em seus enantiômeros. Desenvolva um complexo de cobalto(III) que seria quiral se pudesse ser sintetizado e que não tenha átomos de carbono. (Pode não ser possível sintetizar esse complexo, mas não se preocupe com isso agora.)

23.89 De modo geral, para um dado metal e ligante, a estabilidade de um composto de coordenação é maior para o metal no estado de oxidação +3 em vez de +2 (para metais que formam íons estáveis +3 em primeiro lugar). Dê uma explicação para isso, levando em conta a natureza ácido-base de Lewis da ligação metal-ligante.

23.90 Muitos traços de íons metálicos existem na corrente sanguínea como complexos com aminoácidos ou pequenos peptídeos. O ânion do aminoácido glicina (gly)

$$H_2NCH_2C(=O)-O^-$$

é capaz de atuar como um ligante bidentado, coordenando-se ao metal através dos átomos de nitrogênio e oxigênio. Quantos isômeros são possíveis para **(a)** [Zn(gly)$_2$] (tetraédrico); **(b)** [Pt(gly)$_2$] (quadrático plano); **(c)** [Co(gly)$_3$] (octaédrico)? Desenhe todos os isômeros possíveis. Use o símbolo ●⌒○ para representar o ligante.

23.91 O complexo de coordenação [Cr(CO)$_6$] forma cristais incolores e diamagnéticos que se fundem a 90 °C. **(a)** Qual é o estado de oxidação do cromo nesse composto? **(b)** Considerando que [Cr(CO)$_6$] é diamagnético, qual é a configuração eletrônica do cromo nesse composto? **(c)** Dado que [Cr(CO)$_6$] é incolor, pode-se esperar que CO seja um ligante de campo fraco ou forte? **(d)** Nomeie [Cr(CO)$_6$] utilizando a regra de nomenclatura para compostos de coordenação.

23.92 Os elementos metálicos são componentes essenciais de muitas enzimas importantes que atuam em nossos corpos. A *anidrase carbônica*, que contém Zn^{2+}, é responsável pela interconversão rápida de CO$_2$ dissolvido em íon bicarbonato, HCO$_3$$^{-}$. O zinco na anidrase carbônica é coordenado tetraedricamente aos três grupos neutros contendo nitrogênio e à molécula de água. A molécula de água coordenada tem pK_a de 7,5, crucial à atividade da enzima. **(a)** Desenhe a geometria do sítio ativo para o centro de Zn(II) na anidrase carbônica; apenas escreva "N" para os três ligantes nitrogenados neutros da proteína. **(b)** Compare o pK_a do sítio ativo da anidrase carbônica com o da água pura; qual espécie é mais ácida? **(c)** Quando a água coordenada ao centro de Zn(II) na anidrase carbônica é desprotonada, quais ligantes estão ligados ao centro de Zn(II)? Considere que os três ligantes de nitrogênio permanecem inalterados. **(d)** O pK_a do [Zn(H$_2$O)$_6$]$^{2+}$ é 10. Dê uma explicação para a diferença entre esse pK_a e o pK_a da anidrase carbônica. **(e)** Pode-se esperar que a anidrase carbônica tenha uma coloração intensa, como a hemoglobina e outras proteínas contendo metais? Explique sua resposta.

23.93 Dois compostos diferentes têm a fórmula CoBr(SO$_4$) · 5 NH$_3$. O composto A é violeta-escuro, e o B, violeta-avermelhado. Quando tratado com AgNO$_3$(aq), o composto A não sofre reação, enquanto o B reage para formar um precipitado branco. Quando tratado com BaCl$_2$(aq), o composto A forma um precipitado branco, enquanto o B não apresenta reação. (**a**) Co está no mesmo estado de oxidação nesses complexos? (**b**) Qual é a substância precipitada quando o composto B reage com AgNO$_3$(aq)? (**c**) Qual é a substância precipitada quando o composto A reage com BaCl$_2$(aq)? (**d**) Os compostos A e B são isômeros um do outro? Caso sejam, qual categoria da Figura 23.19 descreve melhor o isomerismo observado nesses complexos? (**d**) Pode-se esperar que os compostos A e B sejam eletrólitos fortes ou fracos? Ou eles são não eletrólitos?

23.94 O valor de Δ para o complexo [CrF$_6$]$^{3-}$ é 182 kJ/mol. Calcule o comprimento de onda esperado da absorção que corresponde à promoção de um elétron do orbital *d* de menor energia para o de maior energia nesse complexo. O complexo absorve em qual faixa no visível?

Elabore um experimento

Seguindo um procedimento encontrado em um artigo científico, você vai a um laboratório e tenta preparar cristais de cloreto de diclorobis(etilenodiamino)cobalto(III). Segundo o documento, esse composto pode ser preparado ao reagir CoCl$_2$ · 6 H$_2$O, um excesso de etilenodiamina, O$_2$ do ar (que atua como agente oxidante), água e ácido clorídrico concentrado. No fim da reação, você filtra a solução e obtém um produto verde cristalino. (**a**) Quais experiências você poderia realizar para confirmar que preparou [CoCl$_2$(en)$_2$]Cl, e não [CO(en)$_3$]Cl$_3$? (**b**) Como você pode verificar a presença de cobalto na forma Co^{3+} e determinar o estado de *spin* do complexo de cobalto em seu produto? (**c**) Quantos isômeros geométricos existem para o [CoCl$_2$(en)$_2$]Cl? Como você poderia determinar se o produto contém um único isômero geométrico ou vários deles? (**d**) Se o produto tiver um único isômero geométrico, como determinar qual estava presente? (*Sugestão:* as informações da Tabela 23.3 podem ser úteis.)

24

O QUE VEREMOS

24.1 ▶ **Características gerais das moléculas orgânicas** Revisar as estruturas e reatividades de compostos orgânicos.

24.2 ▶ **Introdução aos hidrocarbonetos** Considerar os *hidrocarbonetos*, compostos que contêm apenas C e H, incluindo os *alcanos*, que apresentam apenas ligações simples C—C. Também examinaremos os *isômeros*, compostos com composições idênticas, mas estruturas moleculares distintas.

24.3 ▶ **Alcenos, alcinos e hidrocarbonetos aromáticos** Explorar os hidrocarbonetos com uma ou mais ligações C=C, chamados de *alcenos*, e aqueles com uma ou mais ligações C≡C, chamados de *alcinos*. Os hidrocarbonetos *aromáticos* têm, no mínimo, um anel plano com elétrons π deslocalizados.

24.4 ▶ **Grupos funcionais orgânicos** Reconhecer que um princípio organizacional central da química orgânica é o *grupo funcional*, grupo de átomos em que ocorre a maioria das reações químicas dos compostos.

24.5 ▶ **Quiralidade na química orgânica** Aprender que os compostos com imagens especulares não sobreponíveis são *quirais* e que a quiralidade é importante na química orgânica e biológica.

24.6 ▶ **Proteínas** Aprender que as proteínas são polímeros de *aminoácidos* ligados por ligações *amida* (também chamadas de ligações *peptídicas*). Proteínas são usadas por organismos como suporte estrutural, transportadores moleculares e catalisadores em reações bioquímicas.

24.7 ▶ **Carboidratos** Explorar as estruturas e propriedades dos carboidratos, uma classe de compostos que inclui açúcares e polímeros de açúcares utilizados sobretudo como combustível por organismos (glicose) ou como suporte estrutural em plantas (celulose).

24.8 ▶ **Lipídeos** Entender que os lipídeos são uma grande classe de moléculas usadas principalmente para armazenar energia em organismos.

24.9 ▶ **Ácidos nucleicos** Aprender que os ácidos nucleicos são polímeros de *nucleotídeos* que guardam a informação genética de um organismo. O *ácido desoxirribonucleico* (DNA) e o *ácido ribonucleico* (RNA) são polímeros compostos de nucleotídeos.

A QUÍMICA DA VIDA: QUÍMICA ORGÂNICA E BIOLÓGICA

▲ Mercado de temperos. As inúmeras cores e sabores desses temperos vêm dos componentes orgânicos que eles contêm.

As substâncias químicas podem influenciar nossa saúde e nosso comportamento. A aspirina, também conhecida como ácido acetilsalicílico, alivia dores. A cafeína no café e no chá e o etanol no vinho e na cerveja são moléculas famosas e, em doses apropriadas, nos propiciam uma experiência prazerosa. Os temperos mostrados na fotografia que abre este capítulo contêm uma série de moléculas, como capsaicina (nas pimentas), cinamaldeído (na canela) e vanilina (no grão de baunilha). Outros compostos de origem vegetal incluem o quinino (para tratar a malária) e o taxol (para tratar diversos tipos de câncer).

Compreender como essas moléculas exercem seus efeitos e como desenvolver novas moléculas capazes de combater doenças e dores é importante na química moderna. Este capítulo trata das moléculas compostas principalmente de carbono, hidrogênio, oxigênio e nitrogênio, que fazem a ponte entre a química e a biologia.

São conhecidos mais de 16 milhões de compostos carbônicos. O estudo de compostos cujas moléculas contêm carbono constitui o ramo da química conhecido como **química orgânica**. Esse termo surgiu de uma crença do século XVIII segundo a qual compostos orgânicos poderiam ser formados apenas por sistemas vivos (i.e., orgânicos). Tal ideia foi refutada pelo químico alemão Friedrich Wöhler (1800–1882). Em 1828, Wöhler sintetizou a ureia (H_2NCONH_2), uma substância orgânica encontrada na urina dos mamíferos, por meio do aquecimento do cianato de amônio (NH₄OCN), uma substância inorgânica (não viva). Na química, compostos orgânicos normalmente são aqueles que contêm ligações carbono-hidrogênio. Portanto, compostos como a amônia e o dióxido de carbono costumam ser considerados inorgânicos.

Embora nem todas as moléculas orgânicas sejam formadas por sistemas vivos, a química das plantas, dos animais e de outros organismos vivos se baseia nas substâncias orgânicas. O estudo da química das espécies vivas é chamado de *química biológica*, *biologia química* ou **bioquímica**. As moléculas importantes na biologia têm algumas características em comum. Muitas são grandes, pois os organismos constroem biomoléculas a partir de substâncias menores e mais simples disponíveis na biosfera. A síntese de moléculas maiores requer energia, porque a maioria das reações é endotérmica. A fonte fundamental dessa energia é o Sol. Os animais quase não têm capacidade de usar a energia solar de forma direta, então dependem da fotossíntese vegetal para suprir grande parte de suas necessidades energéticas. (Seção 23.3) Além de demandar grandes quantidades de energia, os organismos vivos são muito organizados. Em termos termodinâmicos, esse alto nível de organização significa que os sistemas vivos têm entropias muito menores que as das matérias-primas a partir das quais eles são formados. Assim, os sistemas vivos resistem continuamente à tendência espontânea no sentido de maior entropia. (Seção 19.3)

Nos quadros "A química e a vida" incluídos neste livro, apresentamos algumas aplicações bioquímicas importantes de ideias químicas fundamentais. Na segunda metade deste capítulo, nos aprofundaremos um pouco mais na composição, na estrutura e nas propriedades das biomoléculas.

24.1 | Características gerais das moléculas orgânicas

Objetivos de aprendizagem

Após terminar a **Seção 24.1**, você deve ser capaz de:

▶ Prever a geometria molecular, a hibridização orbital e o padrão de ligação de moléculas orgânicas a partir de suas fórmulas estruturais.

▶ Prever o momento de dipolo e a solubilidade de compostos orgânicos a partir da sua estrutura molecular.

O que o carbono tem que justifica a enorme diversidade em seus compostos e o faz tão crucial na biologia e na sociedade? Primeiro, vamos examinar alguns aspectos gerais das moléculas orgânicas e, nesse processo, revisar alguns princípios que aprendemos nos capítulos anteriores.

As estruturas das moléculas orgânicas

Visto que tem quatro elétrons de valência ([He]$2s^2 2p^2$), o carbono forma quatro ligações em quase todos os compostos. Quando as quatro ligações são simples, os pares de elétrons se ordenam seguindo um arranjo tetraédrico. (Seção 9.2) No modelo de hibridização, os orbitais $2s$ e $2p$ são hibridizados sp^3. (Seção 9.5) Quando existe uma ligação dupla, a geometria é trigonal plana e os orbitais no carbono têm hibridização sp^2. Com uma ligação tripla, a geometria é linear e o carbono tem hibridização sp. Os exemplos estão na **Figura 24.1**.

As ligações C—H ocorrem em quase toda molécula orgânica. Uma vez que a camada de valência do H acomoda no máximo dois elétrons, o hidrogênio forma apenas uma ligação covalente. Como resultado, os átomos de hidrogênio sempre ocupam as porções *terminais* das moléculas orgânicas, enquanto as ligações C—C formam a *estrutura principal* ou o *esqueleto* da molécula, como na de propano:

```
      H   H   H
      |   |   |
  H — C — C — C — H
      |   |   |
      H   H   H
```

A estabilidade das substâncias orgânicas

O carbono se liga fortemente com uma variedade de elementos, em especial com H, O, N e os halogêneos. (Seções 5.8 e 8.8) Os átomos de carbono também têm uma habilidade excepcional de se ligarem entre si, formando diversas moléculas com cadeias ou anéis de átomos de carbono. A maioria das reações com energia de ativação baixa a moderada (Seção 14.4) se inicia quando uma região de alta densidade eletrônica em uma molécula encontra uma região de baixa densidade eletrônica em outra. Essas regiões podem ser

> **Resolva com ajuda da figura**
> Qual é a geometria ao redor do átomo de carbono que está localizado na base da acetonitrila?

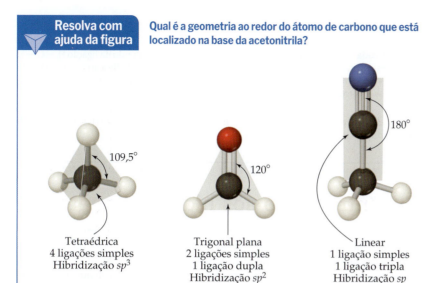

▲ **Figura 24.1 Geometrias adotadas pelo carbono.** As três geometrias comuns adotadas pelo carbono são: tetraédrica, como no metano (CH₄); trigonal plana, como no formaldeído (CH₂O); e linear, como na acetonitrila (CH₃CN). Observe que, em todos os casos, cada átomo de carbono forma quatro ligações.

> **Resolva com ajuda da figura**
> Como a substituição de grupos OH no ácido ascórbico por grupos CH₃ afeta a solubilidade da substância em (a) solventes polares e (b) solventes apolares?

atribuídas à presença de uma ligação múltipla ou à presença de um átomo mais eletronegativo de uma ligação polar. Por causa das suas intensidades [a entalpia da ligação simples C—C é 348 kJ/mol, e a entalpia da ligação C—H é 413 kJ/mol (Tabelas 5.4 e 8.3)] e da ausência de polaridade, tanto as ligações simples C—C quanto as ligações C—H têm reatividades muito baixas. Para entender melhor as consequências disso, considere o etanol:

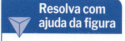

As diferenças nos valores de eletronegatividade entre C (2,5), O (3,5) e H (2,1) indicam que as ligações C—O e O—H são bastante polares. Assim, muitas reações do etanol envolvem essas ligações, enquanto a porção de hidrocarboneto da molécula permanece intacta. Um grupo de átomos como o C—O—H, que determina como uma molécula orgânica reage (em outras palavras, como uma molécula *funciona*), é chamado de **grupo funcional**. Trata-se do centro de reatividade em uma molécula orgânica.

A solubilidade e as propriedades ácido-base de substâncias orgânicas

Na maioria das substâncias orgânicas, as ligações predominantes são do tipo carbono-carbono e carbono-hidrogênio, que são apolares. Por isso, a polaridade total das moléculas orgânicas costuma ser baixa, o que as torna geralmente solúveis em solventes apolares e não muito solúveis em água. (Seção 13.3) As moléculas solúveis em solventes polares são as que têm grupos polares na superfície da molécula, como no caso da glicose e do ácido ascórbico (**Figura 24.2**). As moléculas orgânicas que têm uma cadeia longa e apolar ligada a uma parte iônica e polar, como o íon estearato da Figura 24.2, funcionam como *surfactantes* e são usadas na fabricação de sabão e detergente. (Seção 13.6) A parte apolar da molécula estende-se para um meio apolar, como graxa ou óleo, enquanto a parte polar estende-se para um meio polar, como a água.

Muitas substâncias orgânicas contêm grupos ácidos ou básicos. As substâncias orgânicas ácidas mais importantes são os ácidos carboxílicos, que apresentam o grupo funcional —COOH. (Seções 4.3 e 16.10) As substâncias orgânicas básicas mais importantes são as aminas, que apresentam os grupos —NH₂, —NHR ou —NR₂, sendo R um grupo orgânico composto de átomos de carbono e hidrogênio. (Seção 16.7)

Glicose (C₆H₁₂O₆)

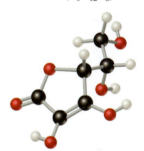

Ácido ascórbico (HC₆H₇O₆)

Estearato (C₁₇H₃₅COO⁻)

▲ **Figura 24.2 Algumas moléculas orgânicas solúveis em solventes polares.**

Exercícios de autoavaliação

EAA 24.1 Nos compostos orgânicos, espera-se que cada carbono forme _____ ligações e que cada hidrogênio forme _____ ligação(ões). (**a**) 4, 2 (**b**) 4, 1 (**c**) 6, 1 (**d**) 4, 4 (**e**) O número de ligações que cada elemento forma varia entre os diversos compostos orgânicos e não pode ser generalizado.

EAA 24.2 Qual é a geometria em torno de cada um dos átomos de carbono no etileno, $H_2C=CH_2$? (**a**) Tetraédrica (**b**) Trigonal plana (**c**) Linear (**d**) Gangorra (**e**) Piramidal trigonal

EAA 24.3 Na acetonitrila, CH_3CN, o ângulo da ligação H—C—H é de cerca de _____, e o ângulo da ligação C—C—N é de cerca de _____. (**a**) 109,5°, 180° (**b**) 180°, 120° (**c**) 109,5°, 120° (**d**) 120°, 180° (**e**) 120°, 120°

EAA 24.4 Qual das moléculas a seguir será a menos solúvel em água? (**a**) CH_3NH_2 (**b**) $CH_3CH_2CH_2CH=CH_2$ (**c**) $HOCH_2CH_2OH$ (**d**) CH_3COOH (**e**) CH_2Cl_2

24.2 | Introdução aos hidrocarbonetos

Objetivos de aprendizagem

Após terminar a Seção 24.2, você deve ser capaz de:
- Diferenciar entre alcanos, alcenos, alcinos e hidrocarbonetos aromáticos.
- Diferenciar entre alcanos de cadeia linear, alcanos de cadeia ramificada e cicloalcanos.
- Converter entre a fórmula estrutural de um alcano e seu nome.
- Identificar alcanos que são isômeros estruturais uns dos outros.
- Escrever equações químicas balanceadas para a combustão de alcanos.

Considerando que os compostos de carbono são muito numerosos, é conveniente organizá-los em famílias com similaridades estruturais. A classe de compostos orgânicos mais simples é a dos *hidrocarbonetos*, compostos constituídos apenas de carbono e hidrogênio. Uma vez que o carbono é o único elemento capaz de formar cadeias estendidas e estáveis de átomos unidos por ligações simples, duplas e triplas, esses dois elementos conseguem formar sozinhos um número surpreendente de substâncias diferentes.

Os hidrocarbonetos podem ser divididos em quatro tipos, dependendo dos tipos de ligação carbono-carbono em suas moléculas.

- **Alcanos** contêm apenas ligações simples C—C.
- **Alcenos**, também chamados de olefinas, contêm ao menos uma ligação dupla C=C.
- **Alcinos** contêm ao menos uma ligação tripla C≡C.
- **Hidrocarbonetos aromáticos** têm átomos de carbono conectados em uma estrutura plana em forma de anel, unidos por ligações σ e por ligações π deslocalizadas entre os átomos de carbono. (Seção 8.6)

A Tabela 24.1 mostra um exemplo de cada um deles.

TABELA 24.1 Os quatro tipos de hidrocarbonetos e exemplos moleculares

Tipo	Exemplo			
Alcano	Etano	CH_3CH_3		109,5°; 1,54 Å
Alceno	Eteno (etileno)	$CH_2=CH_2$		1,34 Å; 122°
Alcino	Etino (acetileno)	$CH\equiv CH$		1,21 Å; 180°
Aromático	Benzeno	C_6H_6		120°; 1,39 Å

Cada tipo de hidrocarboneto exibe diferentes comportamentos químicos, como veremos em breve. As propriedades físicas dos quatro tipos, porém, assemelham-se de muitas maneiras. Uma vez que são relativamente apolares, as moléculas de hidrocarboneto são praticamente insolúveis em água, mas se dissolvem com facilidade em outros solventes apolares. Seus pontos de fusão e de ebulição são determinados pelas forças de dispersão. (Seção 11.2) Como resultado, os hidrocarbonetos de massa molecular muito baixa, como C_2H_6 (pe = -89 °C), são gases à temperatura ambiente; aqueles com massa molecular moderada, como C_6H_{14} (pe = 69 °C), são líquidos; os com massa molecular alta, como $C_{22}H_{46}$ (pf = 44 °C), são sólidos.

As fórmulas moleculares, os nomes e os pontos de ebulição dos alcanos simples foram discutidos no Capítulo 2, assim como a convenção usada para os seus nomes. Para entender o material a seguir, releia a Seção 2.9.

Você deve conhecer diversos alcanos, pois eles são amplamente utilizados. O metano (CH_4) é o principal componente do gás natural. O etano (C_2H_6) também é um componente do gás natural e serve de matéria-prima para a produção de polietileno. (Seção 12.6) O propano (C_3H_8) é o principal componente do gás engarrafado (GLP) usado para aquecimento doméstico e na cozinha em áreas onde o gás natural não está disponível. O butano (C_4H_{10}) é usado em isqueiros descartáveis e recipientes de combustível para fogões e lampiões a gás para acampamento. Os alcanos de 5 a 12 átomos de carbono por molécula são componentes da gasolina.

As fórmulas para os alcanos estão escritas em uma notação chamada de *fórmula estrutural condensada*. Essa notação revela como os átomos estão ligados entre si, mas não exige o desenho de todas as ligações. Por exemplo, a fórmula estrutural e as fórmulas estruturais condensadas do butano (C_4H_{10}) são:

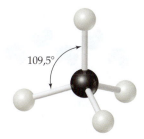

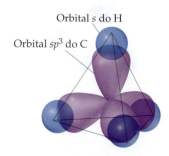

▲ **Figura 24.3 Ligações ao redor do átomo de carbono no metano.** Essa geometria molecular tetraédrica é observada ao redor de todos os átomos de carbono nos alcanos.

Estruturas dos alcanos

De acordo com o modelo VSEPR, a geometria molecular ao redor de cada átomo de carbono em um alcano é tetraédrica. (Seção 9.2) A ligação pode ser descrita como envolvendo orbitais hibridizados sp^3 no carbono, conforme mostra a **Figura 24.3** para o metano. (Seção 9.5)

A rotação em torno de uma ligação simples carbono-carbono é relativamente fácil e ocorre com rapidez à temperatura ambiente. Para visualizá-la, imagine agarrar um dos grupos metil da molécula de propano na **Figura 24.4** e girá-lo em relação ao restante da estrutura. Como o movimento desse tipo ocorre com rapidez nos alcanos, uma molécula de alcano de cadeia longa sofre constantemente movimentos que modificam a sua forma.

Os alcanos com mais de três átomos de carbono apresentam isomerismo estrutural. (Seções 2.9 e 23.4) Por exemplo, os três isômeros estruturais do pentano se encontram na **Figura 24.5**. As moléculas em que os átomos de carbono estão ligados em uma cadeia contínua, como o *n*-pentano (a letra *n* indica que essa é a estrutura "normal"), são chamadas de *hidrocarbonetos lineares* ou *de cadeia linear*. Todos os demais alcanos contêm uma ou mais cadeias laterais ramificadas da estrutura básica linear de carbono da molécula e são chamados de *hidrocarbonetos de cadeia ramificada*; o 2-metilbutano (isopentano) e o 2,2-dimetilpropano (neopentano) são exemplos de hidrocarbonetos de cadeia ramificada. Tanto os alcanos lineares quanto os de cadeia ramificada têm a mesma fórmula molecular, C_nH_{2n+2}, na qual *n* é o número de átomos de carbono na molécula. As propriedades físicas dos isômeros estruturais de um determinado alcano são diferentes, como vemos no exemplo dos pontos de fusão e de ebulição dos isômeros do pentano. O número de isômeros estruturais possíveis aumenta rapidamente com o número de átomos de carbono no alcano. Por exemplo, há 18 isômeros para o alcano com a fórmula molecular C_8H_{18} e 75 para aquele com fórmula molecular $C_{10}H_{22}$.

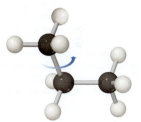

antes da rotação

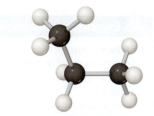

após a rotação

▲ **Figura 24.4** A rotação em torno de uma ligação C—C ocorre de forma fácil e rápida em todos os alcanos.

Pentano
n-Pentano
pf = −130 °C
pe = 36 °C

2-metilbutano
isopentano
pf = −160 °C
pe = 28 °C

2,2-dimetilpropano
Neopentano
pf = −16 °C
pe = 9 °C

▲ **Figura 24.5 Os três isômeros estruturais do pentano, C₅H₁₂.** No isômero de cadeia linear, n-pentano, todos os cinco carbonos estão ligados em uma cadeia contínua, enquanto os outros dois isômeros são alcanos de cadeia ramificada. Os nomes comuns são apresentados em azul embaixo dos nomes sistemáticos de cada composto. As regras para os nomes dos alcanos são descritas na Seção 2.9. As propriedades físicas e químicas dos isômeros diferem entre eles, como exemplificado aqui pelos pontos de fusão (pf) e de ebulição (pe).

> **Resolva com ajuda da figura** A fórmula geral dos alcanos de cadeia linear é C_nH_{2n+2}. Qual é a fórmula geral para os cicloalcanos?

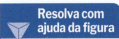

Cicloexano
Cada vértice representa um grupo CH₂

Ciclopentano
Cinco vértices = cinco grupos CH₂

Ciclopropano
Três vértices = três grupos CH₂

▲ **Figura 24.6** Fórmulas estruturais condensadas e estruturas por linhas para três cicloalcanos.

Cicloalcanos

Os alcanos que formam anéis, ou ciclos, são chamados de **cicloalcanos**. Como ilustra a **Figura 24.6**, em alguns casos, as estruturas dos cicloalcanos são desenhadas como *estruturas por linhas*, polígonos simples em que cada vértice representa um grupo CH₂. Esse método de representação é similar ao usado para os anéis de benzeno. (Seção 8.6) (Lembre-se da nossa discussão sobre o benzeno: em estruturas aromáticas, cada vértice representa um grupo CH, e não um grupo CH₂.)

Os anéis de carbono que contêm menos de cinco átomos de carbono são tensionados, porque os ângulos de ligação C—C—C nesses anéis devem ser menores que o ângulo tetraédrico de 109,5°. A tensão aumenta à medida que os anéis ficam menores. No ciclopropano, que tem a forma de um triângulo equilátero, o ângulo é de apenas 60°; essa molécula é, portanto, muito mais reativa que o propano, seu análogo de cadeia linear.

Reações de alcanos

Por conterem apenas ligações C—C e C—H, muitos alcanos são relativamente não reativos. À temperatura ambiente, por exemplo, eles não reagem com ácidos, bases ou agentes oxidantes fortes. Sua baixa reatividade química, como observado na Seção 24.1, deve-se basicamente à força e à ausência de polaridade das ligações C—C e C—H.

Entretanto, os alcanos não são completamente inertes. Uma de suas reações mais importantes do ponto de vista comercial é a *combustão* na presença de oxigênio, que leva à formação de dióxido de carbono e água, que serve de base para o seu uso como combustível. (Seção 3.2) Por exemplo, a combustão completa do etano ocorre de acordo com esta reação altamente exotérmica:

$$2\ C_2H_6(g) + 7\ O_2(g) \longrightarrow 4\ CO_2(g) + 6\ H_2O(l) \quad \Delta H° = -2855\ kJ$$

 Exercícios de autoavaliação

EAA 24.5 Quantos átomos de hidrogênio há em uma molécula de 2,3-dimetil-hexano? (**a**) 8 (**b**) 12 (**c**) 14 (**d**) 18 (**e**) mais de 18

EAA 24.6 Dos três compostos listados a seguir, quais são isômeros estruturais?

(**i**) 3-etil-hexano

(**ii**) 4-metil-hexano

(**iii**) 2,3,4-trimetilpentano

(**a**) i e ii (**b**) i e iii (**c**) ii e iii (**d**) i, ii e iii (**e**) Todos os compostos têm fórmulas moleculares diferentes, então nenhum é isômero estrutural do outro.

EAA 24.7 Como você classificaria um composto cuja fórmula molecular é C_6H_{12} e que contém apenas ligações simples C—C e C—H? (**a**) Alcano de cadeia linear (**b**) Alcano de cadeia ramificada (**c**) Cicloalcano (**d**) Hidrocarboneto aromático

EAA 24.8 Quais hidrocarbonetos não contêm ligações π? (**a**) Alcanos (**b**) Alcenos (**c**) Alcinos (**d**) Hidrocarbonetos aromáticos (**e**) Alcanos e hidrocarbonetos aromáticos

EAA 24.9 O nome do composto com a fórmula estrutural mostrada a seguir é _____. O composto tem _____ isômeros estruturais.

```
           H
           |
       H—C—H
           |  H   H
           |  |   |
       H—C—C—C—H
           |  |   |
           H  H   H
```

(a) 1-metilpropano, 1 (b) 1-metilpropano, 2 (c) n-butano, 0 (d) n-butano, 1 (e) n-butano, 2

EAA 24.10 Qual reação descreve a combustão do n-pentano?
(a) $C_5H_{10}(l) \longrightarrow 5\ C(s) + 5\ H_2(g)$
(b) $2\ C_5H_{10}(l) + 15\ O_2(g) \longrightarrow 10\ CO_2(g) + 10\ H_2O(g)$
(c) $C_5H_{12}(l) + 8\ O_2(g) \longrightarrow 5\ CO_2(g) + 6\ H_2O(g)$
(d) $C_5H_{12}(l) + 5\ O_2(g) \longrightarrow 5\ CO_2(g) + 6\ H_2(g)$

24.3 | Alcenos, alcinos e hidrocarbonetos aromáticos

Por terem apenas ligações simples, os alcanos contêm o maior número possível de átomos de hidrogênio por átomo de carbono. Por isso, são chamados de *hidrocarbonetos saturados*. Os alcenos, alcinos e hidrocarbonetos aromáticos apresentam ligações múltiplas carbono-carbono (duplas, triplas ou π deslocalizadas). Como resultado, eles têm menos hidrogênio do que um alcano com o mesmo número de átomos de carbono. Coletivamente, são chamados de *hidrocarbonetos insaturados*. De modo geral, as moléculas insaturadas são mais reativas do que as saturadas.

▲ **Objetivos de aprendizagem**

Após terminar a Seção 24.3, você deve ser capaz de:
▶ Converter entre a fórmula estrutural e o nome de um alceno ou de um alcino.
▶ Identificar os isômeros estruturais de alcenos e alcinos.
▶ Identificar e nomear isômeros geométricos de alcenos e explicar por que tais isômeros não são frequentes em alcanos e alcinos.
▶ Prever os produtos de reações de adição que envolvem alcenos e alcinos.
▶ Descrever as diferenças nas reatividades de alcenos e hidrocarbonetos aromáticos.

Alcenos

Os alcenos são hidrocarbonetos insaturados que contêm uma ligação C=C. O alceno mais simples é $CH_2=CH_2$, chamado de eteno (IUPAC) ou etileno (nome comum), e tem um papel importante como hormônio vegetal na germinação de sementes e no amadurecimento de frutas. O próximo membro da série é $CH_3-CH=CH_2$, chamado de propeno ou propileno. Para os alcenos com quatro ou mais átomos de carbono, existem vários isômeros para cada fórmula molecular. Por exemplo, existem quatro isômeros de C_4H_8, como mostrado na **Figura 24.7**. Observe tanto suas estruturas quanto seus nomes.

Os nomes dos alcenos são baseados na cadeia mais longa e contínua de átomos de carbono que contém a ligação dupla. O nome dado à cadeia é obtido trocando-se a terminação do nome do alcano correspondente de *-ano* para *-eno*. O composto à esquerda na Figura 24.7, por exemplo, tem ligação dupla como parte de uma cadeia de três carbonos; assim, o alceno "base" é o propeno.

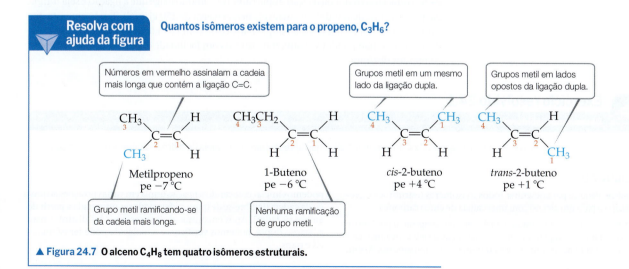

▲ **Figura 24.7** O alceno C_4H_8 tem quatro isômeros estruturais.

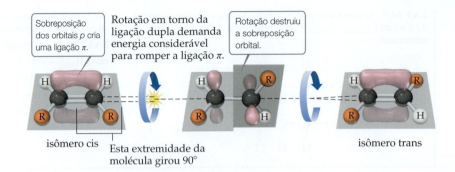

▲ **Figura 24.8 Isômeros cis e trans dos alcenos.** Isômeros geométricos de alcenos existem porque a rotação em torno de uma ligação dupla carbono-carbono requer muita energia para ocorrer a temperaturas normais.

A localização da ligação dupla ao longo da cadeia do alceno é indicada por um prefixo numérico que designa o número do átomo de carbono que faz parte da ligação dupla e está mais próximo de uma extremidade da cadeia. A cadeia sempre é numerada a partir da extremidade que nos remete mais rapidamente à ligação dupla e, portanto, resulta no menor prefixo numérico. No propeno, a única posição possível para a ligação dupla é entre o primeiro e o segundo carbonos, de modo que um prefixo indicador de sua localização é desnecessário. Para o buteno (Figura 24.7), existem duas posições possíveis para a ligação dupla: após o primeiro carbono (1-buteno) ou após o segundo carbono (2-buteno).

Se uma substância apresenta duas ou mais ligações duplas, cada uma delas é indicada por um prefixo numérico, e a terminação do nome é alterada para identificar o número de ligações duplas: dieno (duas), trieno (três), etc. Por exemplo, $CH_2=CH-CH_2-CH=CH_2$ é o 1,4-pentadieno.

Os dois isômeros à direita na Figura 24.7 diferem na localização de seus grupos metil. Esses dois compostos são isômeros geométricos, ou seja, têm a mesma fórmula molecular e os mesmos grupos ligados entre si, mas diferem no arranjo espacial dos grupos. (Seção 23.4) No isômero cis, os dois grupos metil estão em um mesmo lado da ligação dupla, enquanto no isômero trans eles estão em lados opostos. Os isômeros geométricos têm propriedades físicas distintas e podem ter comportamento químico bem diferente.

O isomerismo geométrico em alcenos acontece porque, diferentemente da ligação $C-C$, a ligação $C=C$ não permite a livre rotação. Lembre-se, da Seção 9.6, de que a ligação dupla entre dois átomos de carbono consiste em uma ligação σ e outra π. A **Figura 24.8** mostra um alceno cis. O eixo da ligação carbono-carbono e as ligações com os átomos de hidrogênio e com os grupos alquilas (denominados R) estão todos em um plano, e os orbitais p que formam a ligação π estão perpendiculares a esse plano. Como indicado na Figura 24.8, a rotação ao redor da ligação dupla carbono-carbono exige que a ligação π seja rompida, processo que demanda considerável energia (cerca de 250 kJ/mol). Tendo em vista que a rotação ao redor de uma ligação dupla não ocorre com facilidade, os isômeros cis e trans de um alceno não podem se converter entre si com facilidade e, portanto, existem como compostos distintos.

Exercício resolvido 24.1
Desenhando isômeros

Desenhe todos os isômeros estruturais e geométricos do penteno, C_5H_{10}, que apresentam uma cadeia de hidrocarbonetos não ramificada.

SOLUÇÃO
Analise Pede-se para desenhar todos os isômeros (estruturais e geométricos) para um alceno com uma cadeia de cinco carbonos.

Planeje Como o nome usado para designar o composto é penteno, e não pentadieno ou pentatrieno, sabemos que a cadeia de cinco carbonos contém apenas uma ligação dupla carbono-carbono. Assim, podemos iniciar colocando a ligação dupla em várias posições ao longo da cadeia (lembre-se de que a cadeia pode ser numerada a partir de ambos os lados). Após encontrar as diversas posições distintas para a ligação dupla, podemos verificar se a molécula pode ter isômeros cis e trans.

Capítulo 24 | A química da vida: química orgânica e biológica **1029**

Resolva

Pode haver uma ligação dupla depois do primeiro carbono (1-penteno) ou do segundo carbono (2-penteno). Essas são as duas únicas possibilidades, porque a cadeia pode ser numerada a partir de ambos os lados. Assim, o que poderíamos chamar erroneamente de 3-penteno é, na verdade, 2-penteno, como se vê ao numerar a cadeia de carbono pelo outro lado.

$$\overset{1}{C}=\overset{2}{C}-\overset{3}{C}-\overset{4}{C}-\overset{5}{C}$$

$$\overset{1}{C}-\overset{2}{C}=\overset{3}{C}-\overset{4}{C}-\overset{5}{C}$$

$$\overset{1}{C}-\overset{2}{C}-\overset{3}{C}=\overset{4}{C}-\overset{5}{C} \quad \text{renumerado como} \quad \overset{5}{C}-\overset{4}{C}-\overset{3}{C}=\overset{2}{C}-\overset{1}{C}$$

$$\overset{1}{C}-\overset{2}{C}-\overset{3}{C}-\overset{4}{C}=\overset{5}{C} \quad \text{renumerado como} \quad \overset{5}{C}-\overset{4}{C}-\overset{3}{C}-\overset{2}{C}=\overset{1}{C}$$

Como o primeiro átomo de C no 1-penteno está ligado a dois átomos de H, não existem isômeros cis-trans. No entanto, existem isômeros cis e trans para o 2-penteno. Assim, os três isômeros possíveis são:

$CH_2=CH-CH_2-CH_2-CH_3$
1-penteno

cis-2-penteno (estrutura com CH_3 e CH_2-CH_3 do mesmo lado, H e H do outro)

trans-2-penteno (estrutura com CH_3 e H de um lado, H e CH_2-CH_3 do outro)

Comentário Você pode se convencer de que o *cis*- ou o *trans*-3-penteno são idênticos ao *cis*- ou ao *trans*-2-penteno, respectivamente. Contudo, *cis*-2-penteno e *trans*-2-penteno são os nomes corretos, porque têm prefixos de números mais baixos.

▶ **Para praticar**
Quantos isômeros de cadeia linear existem para o hexeno, C_6H_{12}?

Alcinos

Os alcinos são hidrocarbonetos insaturados que contêm uma ou mais ligações C≡C. O mais simples deles é o acetileno (C_2H_2, nome sistemático etino), uma molécula altamente reativa. Quando o acetileno é queimado em um fluxo de oxigênio em um maçarico de oxiacetileno, a chama atinge cerca de 3.200 K. Visto que os alcinos são, de modo geral, moléculas altamente reativas, eles não estão tão distribuídos na natureza quanto os alcenos. Entretanto, os alcinos são intermediários importantes em muitos processos industriais.

Os alcinos são nomeados pela identificação da cadeia contínua mais longa na molécula que contém a ligação tripla e pela modificação da terminação do nome do alcano correspondente de *-ano* para *-ino*, como mostrado no Exercício resolvido 24.2.

Exercício resolvido 24.2

Como nomear hidrocarbonetos insaturados

Dê nome aos seguintes compostos:

(a) $CH_3CH_2CH_2-CH(CH_3)-C(H)=C(H)-CH_3$

(b) $CH_3CH_2CH_2CH(CH_2CH_2CH_3)-C\equiv CH$

SOLUÇÃO

Analise Temos as fórmulas estruturais condensadas de um alceno e de um alcino e devemos dar nome aos compostos.

Planeje Em cada caso, o nome é baseado no número de átomos de carbono na cadeia de carbono contínua mais longa que contém a ligação múltipla. No caso do alceno, deve-se tomar cuidado para indicar se é possível o isomerismo cis-trans e, se for, qual isômero é dado.

Resolva

(a) A cadeia contínua mais longa de átomos de carbono que contém a ligação dupla é de sete átomos. O composto "base" é, por conseguinte, o hepteno. Como a ligação dupla começa no carbono 2 (numerando-se da extremidade mais próxima da ligação dupla), temos o 2-hepteno. Com um grupo metil no átomo de carbono 4, temos 4-metil-2-hepteno. A configuração geométrica na ligação dupla é cis (i.e., os grupos alquila estão ligados aos carbonos da ligação dupla do mesmo lado). Assim, o nome completo é 4-metil-*cis*-2-hepteno.

(b) A cadeia contínua mais longa que contém a ligação tripla tem seis átomos de carbono; logo, esse composto é derivado do hexino. A ligação tripla vem depois do primeiro carbono (numerando-se a partir da direita), tornando-o um derivado do 1-hexino. A ramificação da cadeia do hexino contém três átomos de carbono, tornando-o um grupo propil. Uma vez que esse substituinte está localizado no carbono 3 da cadeia do hexino, a molécula é o 3-propil-1-hexino.

▶ **Para praticar**
Desenhe a fórmula estrutural condensada para o 4-metil-2-pentino.

Reações de adição de alcenos e alcinos

A presença de ligações duplas ou triplas carbono-carbono nos hidrocarbonetos aumenta bastante a reatividade química deles. As reações mais características de alcenos e alcinos são as **reações de adição**, nas quais um reagente é adicionado aos dois átomos que formam a ligação múltipla. Um exemplo simples é a adição de bromo ao etileno para produzir o 1,2-dibromoetano:

$$H_2C=CH_2 + Br_2 \longrightarrow \underset{\underset{Br}{|}}{H_2C}-\underset{\underset{Br}{|}}{CH_2} \qquad [24.1]$$

A ligação π no etileno é rompida, e os elétrons que formaram a ligação são usados para formar duas ligações σ com os dois átomos de bromo. A ligação σ entre os átomos de carbono é mantida.

A adição de H_2 converte o alceno em um alcano:

$$CH_3CH=CHCH_3 + H_2 \xrightarrow{Ni,\,500\,°C} CH_3CH_2CH_2CH_3 \qquad [24.2]$$

A reação entre um alceno e H_2, chamada de *hidrogenação*, não ocorre facilmente sob condições ordinárias de temperatura e pressão. Uma razão para a falta de reatividade do H_2 frente aos alcenos é a alta entalpia de ligação do H_2. Para promover a reação, é necessário elevar a temperatura (500 °C) e usar um catalisador (como Ni) que auxilie na ruptura da ligação H — H. Escrevemos tais condições sobre a seta da reação para indicar que eles devem estar presentes para que a reação ocorra. Os catalisadores mais usados são metais finamente divididos, nos quais o H_2 é adsorvido. (Seção 14.6)

Os haletos de hidrogênio e a água também podem ser adicionados à ligação dupla dos alcenos, como ilustrado nas seguintes reações do etileno:

$$CH_2=CH_2 + HBr \longrightarrow CH_3CH_2Br \qquad [24.3]$$

$$CH_2=CH_2 + H_2 \xrightarrow{H_2SO_4} CH_3CH_2OH \qquad [24.4]$$

A adição de água é catalisada por um ácido forte, como H_2SO_4.

As reações de adição dos alcinos lembram as dos alcenos, como mostrado nos seguintes exemplos:

$$CH_3C\equiv CCH_3 + Cl_2 \longrightarrow \underset{CH_3}{\overset{Cl}{|}}C=C\underset{Cl}{\overset{CH_3}{|}} \qquad [24.5]$$

2-butino   *trans*-2,3-dicloro-2-buteno

$$CH_3C\equiv CCH_3 + 2\,Cl_2 \longrightarrow CH_3-\underset{\underset{Cl}{|}}{\overset{\overset{Cl}{|}}{C}}-\underset{\underset{Cl}{|}}{\overset{\overset{Cl}{|}}{C}}-CH_3 \qquad [24.6]$$

2-butino   2,2,3,3-tetraclorobutano

Exercício resolvido 24.3
Determinação do produto de uma reação de adição

Escreva a fórmula estrutural condensada do produto da hidrogenação do 3-metil-1-penteno.

SOLUÇÃO

Analise Pede-se para determinar o composto formado quando um alceno em particular sofre hidrogenação (reação com H_2) e para escrever a fórmula estrutural condensada do produto.

Planeje Para determinar a fórmula estrutural condensada do produto, devemos primeiro escrever a fórmula estrutural ou a estrutura de Lewis do reagente. Na hidrogenação do alceno, o H_2 é adicionado à ligação dupla, produzindo um alcano.

Resolva O nome do composto de partida revela que temos uma cadeia de cinco átomos de carbono com uma ligação dupla em uma ponta (posição 1) e um grupo metil no C3:

$$\underset{}{CH_2}=CH-\underset{\underset{CH_3}{|}}{CH}-CH_2-CH_3$$

A hidrogenação – adição de dois átomos de H aos carbonos da ligação dupla – leva ao seguinte alcano:

$$CH_3-CH_2-\underset{\underset{CH_3}{|}}{CH}-CH_2-CH_3$$

Comentário A cadeia mais longa nesse alcano tem cinco átomos de carbono; seu nome é, portanto, 3-metilpentano.

▶ **Para praticar**
A adição de HCl a um alceno forma o 2-cloropropano. Qual é o alceno?

OLHANDO DE PERTO | Mecanismo de reações de adição

À medida que o entendimento da química foi aprofundado, os químicos avançaram da mera catalogação das reações que ocorrem para a explicação de *como* elas ocorrem. Eles passaram a descrever cada etapa de uma reação com base em evidências experimentais e teóricas. O conjunto dessas etapas é chamado de *mecanismo de reação*. (Seção 14.5)

A reação de adição entre HBr e um alceno, por exemplo, é considerada um processo de duas etapas. Na primeira, a etapa determinante da velocidade (Seção 14.6), a molécula de HBr ataca a ligação dupla rica em elétrons, transferindo um próton para um dos átomos de carbono. Na reação do 2-buteno com HBr, por exemplo, a primeira etapa prossegue da seguinte maneira:

$$CH_3CH=CHCH_3 + HBr \longrightarrow \begin{bmatrix} CH_3\overset{\delta+}{CH}\!\!=\!\!=\!\!CHCH_3 \\ | \\ H \\ | \\ Br^{\delta-} \end{bmatrix}$$

$$\longrightarrow CH_3\overset{+}{CH}-CH_2CH_3 + Br^- \qquad [24.7]$$

O par de elétrons que formou a ligação π é usado para formar a nova ligação C — H.

A segunda etapa, mais rápida, consiste na adição de Br⁻ ao carbono carregado positivamente. O íon brometo doa um par de elétrons ao carbono, formando a ligação C — Br:

$$CH_3\overset{+}{CH}-CH_2CH_3 + Br^- \longrightarrow \begin{bmatrix} CH_3\overset{\delta+}{CH}-CH_2CH_3 \\ | \\ Br^{\delta-} \end{bmatrix}$$

$$\longrightarrow CH_3\underset{\underset{Br}{|}}{CH}CH_2CH_3 \qquad [24.8]$$

Como a etapa determinante da velocidade da reação envolve tanto o alceno quanto o ácido, a lei da velocidade para a reação é de segunda ordem, sendo de primeira ordem em relação ao brometo e ao alceno:

$$\text{Velocidade} = -\frac{\Delta[CH_3CH=CHCH_3]}{\Delta t} = k[CH_3CH=CHCH_3][HBr]$$
$$[24.9]$$

O perfil de energia da reação é mostrado na **Figura 24.9**. O primeiro pico de energia representa o estado de transição na primeira etapa; o segundo pico, o estado de transição na segunda etapa. O mínimo de energia corresponde às energias das espécies intermediárias, $CH_3{}^+CH-CH_2CH_3$ e Br^-.

Para mostrar como os elétrons se deslocam durante reações como essas, os químicos costumam usar setas curvadas apontando na direção do fluxo de elétrons. Para a adição do HBr ao 2-buteno, por exemplo, os deslocamentos nas posições dos elétrons são mostrados como:

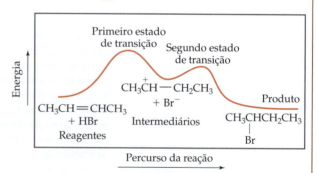

▲ **Figura 24.9 Perfil de energia para adição de HBr ao 2-buteno.** Os dois picos revelam que esse é um mecanismo de duas etapas.

Hidrocarbonetos aromáticos

O hidrocarboneto aromático mais simples é o benzeno (C_6H_6), e sua estrutura é mostrada na **Figura 24.10**, com alguns outros deles. Por ser o hidrocarboneto aromático mais importante, o benzeno será o foco da maior parte de nossa discussão. Quando o grupo C_6H_5 é um substituinte no composto, ele é conhecido como grupo **fenila** (o que pode ser confuso).

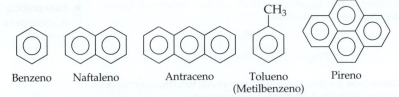

▲ Figura 24.10 **Estruturas em linhas e nomes comuns de vários compostos aromáticos.** Os anéis aromáticos são representados por hexágonos, com um círculo inscrito em seu interior para denotar ligações π deslocalizadas. Cada vértice representa um átomo de carbono. Cada átomo de carbono está ligado a três outros átomos – três átomos de carbono ou dois átomos de carbono e um de hidrogênio –, de modo que cada carbono forma as quatro ligações necessárias.

Desenhar uma estrutura de Lewis para o benzeno implica desenhar um anel que contém três ligações duplas C═C e três ligações simples C─C. (Seção 8.6) Pode-se, assim, esperar que o benzeno se assemelhe aos alcenos e seja altamente reativo. O benzeno e outros hidrocarbonetos aromáticos são muito mais estáveis que os alcenos, porque os elétrons π estão deslocalizados nos orbitais π. (Seção 9.6)

Podemos estimar a estabilização dos elétrons π no benzeno ao comparar a energia necessária para formar o cicloexano pela adição de hidrogênio ao benzeno, ao cicloexeno (uma ligação dupla) e ao 1,4-cicloexadieno (duas ligações duplas):

$$\text{benzeno} + 3\,H_2 \longrightarrow \text{cicloexano} \quad \Delta H° = -208\ kJ/mol$$

$$\text{cicloexeno} + H_2 \longrightarrow \text{cicloexano} \quad \Delta H° = -120\ kJ/mol$$

$$\text{1,4-cicloexadieno} + 2\,H_2 \longrightarrow \text{cicloexano} \quad \Delta H° = -232\ kJ/mol$$

Observe que, na segunda e terceira reações, hidrogenamos uma e duas ligações duplas C═C, respectivamente. Portanto, a energia liberada com a hidrogenação de cada ligação dupla é de cerca de 116 a 120 kJ/mol para cada ligação. O benzeno contém o equivalente a três ligações duplas. Poderíamos esperar, com isso, que a energia liberada pela hidrogenação das três ligações duplas do benzeno fosse cerca de 348 a 360 kJ/mol se o benzeno se comportasse como se fosse o "cicloexatrieno", ou seja, se ele se comportasse como se tivesse três ligações duplas isoladas em um anel. Em vez disso, a energia liberada é de apenas 208 kJ, indicando que o benzeno é mais estável do que se esperaria para três ligações duplas. A diferença de 140 a 152 kJ/mol entre o calor de hidrogenação esperado e o calor de hidrogenação observado se deve à estabilização dos elétrons π pela deslocalização nos orbitais π que se estendem ao redor do anel. Os químicos chamam essa energia de *energia de ressonância*.

Reações de substituição de hidrocarbonetos aromáticos

Apesar de serem insaturados, *os hidrocarbonetos aromáticos não sofrem reações de adição com tanta facilidade.* As ligações π deslocalizadas fazem com que os compostos aromáticos se comportem de maneira bastante diferente dos alcenos e alcinos. O benzeno, por exemplo, não adiciona Cl_2 ou Br_2 às suas ligações duplas sob condições ordinárias. Por outro lado, os hidrocarbonetos aromáticos sofrem **reações de substituição** com relativa facilidade. Nesse tipo de reação, um átomo de hidrogênio da molécula é removido e substituído por outro átomo ou grupo de átomos. Quando o benzeno é aquecido em uma mistura de ácidos nítrico e sulfúrico, por exemplo, o hidrogênio é substituído pelo grupo nitro, NO_2:

$$\text{Benzeno} + HNO_3 \xrightarrow{H_2SO_4} \text{Nitrobenzeno} + H_2O \qquad [24.10]$$

Um tratamento mais vigoroso resulta na substituição de um segundo grupo nitro na molécula:

$$\text{C}_6\text{H}_5\text{NO}_2 + \text{HNO}_3 \xrightarrow{\text{H}_2\text{SO}_4} \text{C}_6\text{H}_4(\text{NO}_2)_2 + \text{H}_2\text{O} \quad [24.11]$$

Existem três isômeros possíveis do benzeno que contêm dois grupos nitro: o 1,2-, ou *orto*-; o 1,3-, ou *meta*-; e o 1,4-, ou *para*-isômero de dinitrobenzeno:

orto-dinitrobenzeno
1,2-dinitrobenzeno
pf 118 °C

meta-dinitrobenzeno
1,3-dinitrobenzeno
pf 90 °C

para-dinitrobenzeno
1,4-dinitrobenzeno
pf 174 °C

Na reação da Equação 24.11, o principal produto é o isômero *meta*.

Outra reação de substituição é a bromação do benzeno, realizada ao usar FeBr₃ como catalisador:

$$\text{C}_6\text{H}_6 + \text{Br}_2 \xrightarrow{\text{FeBr}_3} \text{C}_6\text{H}_5\text{Br} + \text{HBr} \quad [24.12]$$

Benzeno   Bromobenzeno

Em uma reação similar, chamada de *reação Friedel-Crafts*, os grupos alquila podem ser substituídos em um anel aromático pela reação de um haleto de alquila com um composto aromático na presença de AlCl₃ como catalisador:

$$\text{C}_6\text{H}_6 + \text{CH}_3\text{CH}_2\text{Cl} \xrightarrow{\text{AlCl}_3} \text{C}_6\text{H}_5\text{CH}_2\text{CH}_3 + \text{HCl} \quad [24.13]$$

Benzeno   Etilbenzeno

▲ Exercícios de autoavaliação

EAA 24.11 Quantos hidrogênios contém o 2-bromo-3-hexeno? (**a**) 6 (**b**) 9 (**c**) 11 (**d**) 14 (**e**) Nenhuma das alternativas está correta.

EAA 24.12 Quais dos compostos a seguir têm isômeros geométricos?

(i) 1,3-dibromo-2-buteno

(ii) 1,1-dibromo-1-buteno

(**a**) i (**b**) ii (**c**) i e ii (**d**) nenhum

EAA 24.13 Qual das afirmações a seguir sobre reações de adição é *falsa*? (**a**) Alcenos, alcinos e hidrocarbonetos aromáticos sofrem reações de adição semelhantes. (**b**) Alcenos podem sofrer reações de adição com halogênios elementares. (**c**) A adição de hidrogênio a um alceno produz um alcano. (**d**) A adição de água a um alceno produz um álcool.

EAA 24.14 Quantos isômeros, tanto estruturais quanto geométricos, existem para um alceno com a fórmula molecular C_3H_5Cl? (**a**) Dois (**b**) Três (**c**) Quatro (**d**) Mais de quatro (**e**) Não há isômeros; apenas um alceno tem essa fórmula molecular.

EAA 24.15 Qual é o produto da reação entre 3-metil-2-penteno e bromo elementar? Ignore possíveis isomerismos geométricos. (**a**) 1,2-dibromo-3-metilpentano (**b**) 2,3-dibromo-3-metilpentano (**c**) 2-bromo-3-metilpentano (**d**) 3-bromo-3-metilpentano (**e**) 3-metil-pentano

24.4 | Grupos funcionais orgânicos

As ligações duplas C=C de alcenos e as ligações triplas C≡C de alcinos são apenas dois dos muitos grupos funcionais em moléculas orgânicas. Como já observado, cada um desses grupos sofre reações características, e isso também se aplica a todos os demais grupos funcionais. Cada tipo distinto de grupo funcional sofre, com frequência, os mesmos tipos de reações em toda molécula, independentemente do tamanho e da complexidade da molécula. Assim, grande parte da química de uma molécula orgânica é determinada pela presença de tais grupos funcionais. A **Tabela 24.2** relaciona os grupos funcionais mais comuns. Observe que, exceto pelas ligações C═C e C≡C, todos contêm O, N ou um átomo de halogênio, X.

As moléculas orgânicas são compostas de grupos funcionais ligados a um ou mais grupos alquila. Esses grupos, constituídos de ligações simples C — C e C — H, são as partes menos reativas das moléculas. Ao descrever os aspectos gerais dos compostos orgânicos, os químicos costumam usar a designação R para representar um grupo alquila: metil, etil, propil, etc. Os alcanos, por exemplo, que não contêm grupos funcionais, são representados como R — H. Os álcoois, que contêm o grupo funcional — OH, são representados como R — OH. Se dois ou mais grupos alquila diferentes estiverem presentes em uma molécula, serão designados como R, R′, R″ e assim por diante.

Álcoois

Os **álcoois** são compostos em que um ou mais hidrogênios de um hidrocarboneto "base" foram substituídos pelo grupo funcional — OH, chamado de *grupo hidroxila* ou *grupo álcool*. Observe na **Figura 24.11** que o nome de um álcool termina em *-ol*. Os álcoois simples são nomeados trocando-se a última letra no nome do alcano correspondente pelo sufixo *-ol*; por exemplo, o etano torna-se etan*ol*. Quando necessário, a localização do grupo OH é designada por um prefixo numérico apropriado que indica o número do átomo de carbono que carrega o grupo OH. A **Figura 24.12** mostra vários produtos comerciais que consistem, inteiramente ou em grande parte, em álcoois.

A ligação O — H é polar; logo, os álcoois são muito mais solúveis em solventes polares que os respectivos hidrocarbonetos. O grupo funcional — OH pode participar também na formação de ligações de hidrogênio. Como resultado, os pontos de ebulição dos álcoois são muito maiores que os dos seus alcanos "base".

Objetivos de aprendizagem

Após terminar a Seção 24.4, você deve ser capaz de:
▶ Reconhecer e nomear diferentes grupos funcionais orgânicos a partir da inspeção da fórmula estrutural de um composto orgânico.
▶ Identificar os grupos funcionais presentes em um composto orgânico a partir do nome do composto.
▶ Determinar os produtos de reações químicas simples que envolvem compostos orgânicos.

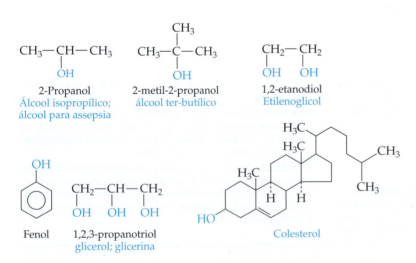

▲ **Figura 24.11 Fórmulas estruturais condensadas de seis álcoois importantes.** Nomes comuns estão em azul.

▲ **Figura 24.12 Álcoois do dia a dia.** Muitos dos produtos que usamos todos os dias – do álcool para assepsia ao *spray* de cabelo e aos anticongelantes – são constituídos integral ou parcialmente de álcoois.

TABELA 24.2 Grupos funcionais mais comuns

Grupo funcional	Tipo de composto	Sufixo ou prefixo	Exemplo — Fórmula estrutural	Nome sistemático (nome comum)
\C=C/	Alceno	-eno	H₂C=CH₂	Eteno (etileno)
—C≡C—	Alcino	-ino	H—C≡C—H	Etino (acetileno)
—C—Ö—H	Álcool	-ol	H—C(H)(H)—Ö—H	Metanol (álcool metílico)
—C—Ö—C—	Éter	-óxi	H—C(H)(H)—Ö—C(H)(H)—H	Metoximetano (Éter dimetílico)
—C—X: (X = halogênio)	Halogeneto de alquila ou halogenoalcano	halo-	H—C(H)(H)—Cl:	Clorometano (cloreto de metila)
—C—N—	Amina	-amina	H—C(H)(H)—C(H)(H)—N(H)—H	Etilamina
—C(=O)—H	Aldeído	-al	H—C(H)(H)—C(=O)—H	Etanal (acetaldeído)
—C—C(=O)—C—	Cetona	-ona	H—C(H)(H)—C(=O)—C(H)(H)—H	Propanona (acetona)
—C(=O)—Ö—H	Ácido carboxílico	ácido- -óico	H—C(H)(H)—C(=O)—Ö—H	Ácido etanoico (ácido acético)
—C(=O)—Ö—C—	Éster	-oato	H—C(H)(H)—C(=O)—Ö—C(H)(H)—H	Etanoato de metila (acetato de metila)
—C(=O)—N—	Amida	-amida	H—C(H)(H)—C(=O)—N(H)—H	Etanamida (Acetamida)

O álcool mais simples – metanol (álcool metílico) – apresenta diversos usos industriais e é produzido em larga escala ao aquecer o monóxido de carbono e o hidrogênio sob pressão na presença de um catalisador de óxido metálico:

$$CO(g) + 2\,H_2(g) \xrightarrow[400\,°C]{200-300\,atm} CH_3OH(g) \quad [24.14]$$

Uma vez que o metanol tem octanagem muito alta como combustível automotivo, ele é usado como aditivo na gasolina e como combustível puro nos Estados Unidos.

O etanol (álcool etílico, C_2H_5OH) é um produto da fermentação de carboidratos como o açúcar e o amido. Na ausência de ar, as células das leveduras convertem os carboidratos em uma mistura de etanol e CO_2:

$$C_6H_{12}O_6(aq) \xrightarrow{\text{leveduras}} 2\,C_2H_5OH(aq) + 2\,CO_2(g) \quad [24.15]$$

No processo, a levedura obtém energia necessária para o crescimento. Essa reação é realizada sob condições cuidadosamente controladas para produzir cerveja, vinho e outras bebidas em que o etanol (denominado apenas "álcool" na linguagem cotidiana) é o ingrediente ativo.

O álcool polihidroxilado (aquele com mais de um grupo OH) mais simples é o 1,2-etanodiol (etilenoglicol, $HOCH_2CH_2OH$), o principal ingrediente dos anticongelantes automotivos. Outro álcool polihidroxilado comum é o 1,2,3-propanotriol (glicerol, $HOCH_2CH(OH)CH_2OH$), um líquido viscoso que se dissolve rapidamente em água e é utilizado em cosméticos como um emoliente da pele e em alimentos e doces para mantê-los úmidos.

O fenol é o composto mais simples com um grupo OH ligado a um anel aromático. Um dos efeitos mais notáveis do grupo aromático é a acidez bastante elevada do grupo OH. O fenol é cerca de 1 milhão de vezes mais ácido em água do que um álcool não aromático. Mesmo assim, não é um ácido muito forte ($K_a = 1,3 \times 10^{-10}$). O fenol é usado na indústria para fabricar plásticos e corantes e como anestésico tópico em sprays para garganta inflamada.

O colesterol, mostrado na Figura 24.11, é um álcool de importância bioquímica. O grupo OH compreende apenas um pequeno componente dessa molécula, de modo que o colesterol é apenas levemente solúvel em água (2,6 g/L de H_2O). O colesterol é um componente normal e essencial de nosso organismo; entretanto, quando presente em quantidades excessivas, pode precipitar da solução. Ele precipita na vesícula biliar, formando protuberâncias chamadas de *cálculos biliares*. Também pode precipitar contra as paredes de veias e artérias, contribuindo para alta pressão sanguínea e outros problemas cardiovasculares.

Éteres

Os compostos em que dois grupos hidrocarbonetos estão ligados a um oxigênio são chamados de **éteres**. Eles podem ser formados a partir de duas moléculas de álcool, liberando uma molécula de água. A reação é catalisada pelo ácido sulfúrico, que absorve a água para removê-la do sistema:

$$CH_3CH_2\text{—}OH + H\text{—}OCH_2CH_3 \xrightarrow{H_2SO_4} CH_3CH_2\text{—}O\text{—}CH_2CH_3 + H_2O \quad [24.16]$$

Uma reação em que água é liberada a partir de duas substâncias é chamada de *reação de condensação*. (Seções 12.6 e 22.8)

Tanto o éter etílico quanto o éter cíclico tetraidrofurano são solventes usados com frequência em reações orgânicas:

$$CH_3CH_2\text{—}O\text{—}CH_2CH_3 \qquad \begin{array}{c} CH_2\text{—}CH_2 \\ | \quad\quad | \\ CH_2 \quad CH_2 \\ \diagdown\,O\,\diagup \end{array}$$

Éter etílico   Tetraidrofurano (THF)

O éter etílico já foi usado como anestésico (conhecido apenas como "éter" nesse contexto), mas apresentava consideráveis efeitos colaterais.

Aldeídos e cetonas

Vários dos grupos funcionais listados na Tabela 24.2 contêm o **grupo carbonila**, $C=O$. Esse grupo, junto com os átomos ligados ao seu carbono, define vários grupos funcionais importantes que analisamos nesta seção.

Nos **aldeídos**, o grupo carbonila tem no mínimo um átomo de hidrogênio ligado a ele:

$$\underset{\underset{\text{Formaldeído}}{\text{Metanal}}}{H-\overset{\overset{O}{\|}}{C}-H} \quad \underset{\underset{\text{Acetaldeído}}{\text{Etanal}}}{CH_3-\overset{\overset{O}{\|}}{C}-H}$$

Nas **cetonas**, o grupo carbonila ocorre no interior de uma cadeia carbônica e está, assim, ladeado por átomos de carbono:

$$\underset{\underset{\text{Acetona}}{\text{Propanona}}}{CH_3-\overset{\overset{O}{\|}}{C}-CH_3} \quad \underset{\underset{\text{Metiletilcetona}}{\text{2-butanona}}}{CH_3-\overset{\overset{O}{\|}}{C}-CH_2CH_3} \quad \underset{\text{Testosterona}}{}$$

Os nomes sistemáticos dos aldeídos têm a terminação -*al*, e os nomes das cetonas têm a terminação -*ona*. Observe que a testosterona tem tanto o grupo álcool quanto o cetona; o grupo funcional da cetona domina as propriedades moleculares. Por isso, a testosterona é considerada em primeiro lugar uma cetona e em segundo lugar um álcool, e seu nome reflete suas propriedades cetônicas.

Muitos compostos encontrados na natureza têm um grupo funcional aldeído ou cetona. Os aromatizantes de baunilha e de canela são aldeídos naturais. Dois isômeros da carvona fornecem os sabores característicos das folhas de hortelã e das sementes de cominho.

As cetonas são menos reativas que os aldeídos e são bastante usadas como solventes. A cetona mais utilizada, a acetona (propanona), é completamente miscível em água e dissolve uma grande variedade de substâncias orgânicas.

Ácidos carboxílicos e ésteres

Os **ácidos carboxílicos** contêm o grupo funcional *carboxila*, geralmente escrito como COOH. (Seção 16.10) Esses ácidos fracos estão bastante distribuídos na natureza e são comuns em frutas cítricas. Eles também se destacam na fabricação de polímeros utilizados para produzir fibras, filmes e tintas. A **Figura 24.13** mostra as fórmulas estruturais de vários ácidos carboxílicos.

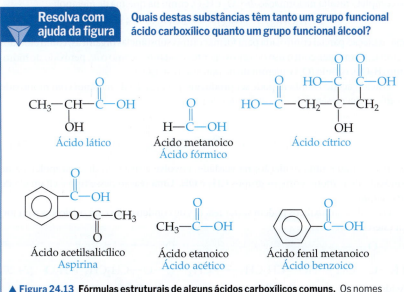

▲ **Figura 24.13 Fórmulas estruturais de alguns ácidos carboxílicos comuns.** Os nomes comuns desses ácidos estão em azul.

Os nomes comuns de muitos ácidos carboxílicos são baseados em suas origens históricas. O ácido fórmico, por exemplo, foi preparado pela primeira vez por extração a partir de formigas; seu nome deriva da palavra latina *formica*, que significa formiga.

Os ácidos carboxílicos podem ser produzidos pela oxidação de álcoois. Sob condições apropriadas, o aldeído pode ser isolado como o primeiro produto de oxidação, como na sequência:

$$CH_3CH_2OH + (O) \longrightarrow CH_3\overset{\overset{O}{\|}}{C}H + H_2O \qquad [24.17]$$
$$\text{Etanol} \qquad\qquad\qquad \text{Acetaldeído}$$

$$CH_3\overset{\overset{O}{\|}}{C}H + (O) \longrightarrow CH_3\overset{\overset{O}{\|}}{C}OH \qquad [24.18]$$
$$\text{Acetaldeído} \qquad\qquad \text{Ácido acético}$$

em que (O) representa um oxidante que pode fornecer átomos de oxigênio. A oxidação do etanol ao ácido acético pelo ar é responsável pelo azedamento dos vinhos, produzindo vinagre.

Os processos de oxidação de compostos orgânicos estão relacionados com as reações de oxidação estudadas no Capítulo 20. Em vez de contar elétrons, é comum considerar o número de ligações C—O para indicar a extensão da oxidação de compostos semelhantes. Por exemplo, o metano pode ser oxidado a metanol, depois a formaldeído (metanal) e depois a ácido fórmico (ácido metanoico):

Metano Metanol Formaldeído Ácido fórmico

Do metano ao ácido fórmico, o número de ligações C—O aumenta de 0 para 3 (ligações duplas são contadas como duas). Se fôssemos calcular o estado de oxidação do carbono nesses compostos, ele variaria entre −4 no metano (se os H fossem contados como +1) e +2 no ácido fórmico, o que é consistente com o carbono sendo oxidado. O produto final da oxidação de qualquer composto orgânico, portanto, é CO_2, que de fato é o produto das reações de combustão de compostos que contêm carbono (CO_2 tem 4 ligações C—O, e C tem estado de oxidação +4).

Aldeídos e cetonas podem ser preparados por oxidação controlada de álcoois. A oxidação completa resulta na formação de CO_2 e H_2O, como na queima de metanol:

$$2\,CH_3OH(g) + 3\,O_2(g) \longrightarrow 2\,CO_2(g) + 4\,H_2O(g)$$

Uma oxidação parcial controlada para formar outras substâncias orgânicas, como aldeídos e cetonas, é realizada com o uso de vários agentes oxidantes, como o ar, peróxido de hidrogênio (H_2O_2), ozônio (O_3) e dicromato de potássio ($K_2Cr_2O_7$).

O ácido acético também pode ser produzido pela reação de metanol com monóxido de carbono na presença de um catalisador de ródio:

$$CH_3OH + CO \xrightarrow{\text{catalisador}} CH_3-\overset{\overset{O}{\|}}{C}-OH \qquad [24.19]$$

Essa reação não é uma oxidação; na verdade, envolve a inserção de uma molécula de monóxido de carbono entre os grupos CH_3 e OH. Uma reação desse tipo é chamada de *carboxilação*.

Os ácidos carboxílicos podem sofrer reações de condensação com os álcoois para formar ésteres:

$$CH_3-\overset{\overset{O}{\|}}{C}-OH + HO-CH_2CH_3 \longrightarrow CH_3-\overset{\overset{O}{\|}}{C}-O-CH_2CH_3 + H_2O \qquad [24.20]$$
$$\text{Ácido acético} \qquad \text{Etanol} \qquad\qquad \text{Acetato de etila}$$

Os **ésteres** são compostos em que o átomo de H de um ácido carboxílico é substituído por um grupo carbônico:

$$-\overset{O}{\underset{\|}{C}}-O-\overset{|}{\underset{|}{C}}-$$

O nome de todo éster deriva do nome do grupo do álcool seguido pelo nome do grupo do ácido carboxílico, com a terminação -*ico* substituída por -*ato*. Por exemplo, o éster formado pela reação entre o álcool etílico, CH_3CH_2OH, e o ácido butírico, $CH_3CH_2CH_2COOH$, é

$$CH_3CH_2CH_2\overset{O}{\underset{\|}{C}}-OCH_2CH_3$$

butirato de etila

Note que a fórmula química normalmente tem o grupo que se origina do ácido escrito em primeiro lugar, que é igual à forma como o éster é nomeado. Outro exemplo é o acetato de isoamila, éster formado a partir de ácido acético e álcool isoamílico. Esse acetato tem cheiro de bananas ou peras.

$$(CH_3)_2CHCH_2CH_2-O-\overset{O}{\underset{\|}{C}}-CH_3$$
Isoamila   Acetato

Muitos ésteres, como o acetato de isoamila, têm cheiro agradável, e vários são responsáveis pelos aromas agradáveis das frutas.

Quando os ésteres são tratados com ácido ou base em solução aquosa, eles são *hidrolisados*, isto é, a molécula é dividida em um álcool e um ácido carboxílico ou seu ânion:

$$CH_3CH_2-\overset{O}{\underset{\|}{C}}-O-CH_3 + OH^- \longrightarrow$$
Propionato de metila

$$CH_3CH_2-\overset{O}{\underset{\|}{C}}-O^- + CH_3OH$$
Propionato   Metanol   [24.21]

A **hidrólise** de um éster na presença de uma base é denominada **saponificação**, termo que vem da palavra latina para sabão (*sapon*). Os ésteres naturais incluem gorduras e óleos. No processo de fabricação de sabão, gordura animal ou óleo vegetal estável é fervido junto com uma base forte. O sabão resultante consiste em uma mistura de sais de ácidos carboxílicos de cadeia longa (denominados ácidos graxos), que se formam durante a reação de saponificação.

Exercício resolvido 24.4
Como nomear ésteres e determinar produtos de hidrólise

Em uma solução aquosa básica, os ésteres reagem com o íon hidróxido para formar o sal do ácido carboxílico e o álcool do qual o éster é constituído. Nomeie cada um dos seguintes ésteres e indique os produtos de suas reações com base aquosa.

(a) $C_6H_5-\overset{O}{\underset{\|}{C}}-OCH_2CH_3$ (b) $CH_3CH_2CH_2-\overset{O}{\underset{\|}{C}}-O-C_6H_5$

(Continua)

1040 Química: a ciência central

SOLUÇÃO

Analise Temos dois ésteres e devemos nomeá-los e determinar os produtos formados quando sofrem hidrólise (rompem-se em um álcool e um íon carboxilato) em solução básica.

Planeje Os ésteres são formados pela reação de condensação entre um álcool e um ácido carboxílico. Para dar nome a um éster, devemos analisar sua estrutura e determinar as identidades do álcool e do ácido a partir dos quais ele é formado. Podemos identificar o álcool adicionando um OH ao grupo alquila ligado ao átomo de O do grupo carboxílico (COO). Podemos identificar o ácido pela adição de um grupo H ao átomo de O do grupo carboxílico. Vimos que a primeira parte do nome de um éster indica a parte do ácido, enquanto a segunda, a parte do álcool. O nome descreve a maneira como os ésteres sofrem a hidrólise em base, reagindo com a base para formar um álcool e um ânion carboxilato.

Resolva

(a) Esse éster deriva do etanol (CH_3CH_2OH) e do ácido benzoico (C_6H_5COOH). Seu nome, portanto, é benzoato de etila. A equação iônica simplificada para a reação do benzoato de etila com o íon hidróxido é:

C_6H_5—C(=O)—OCH_2CH_3(aq) + OH^-(aq) ⟶

C_6H_5—C(=O)—O^-(aq) + $HOCH_2CH_3$(aq)

Os produtos são o íon benzoato e o etanol.

(b) Esse éster deriva do fenol (C_6H_5) e do ácido butírico ($CH_3CH_2CH_2COOH$). O resíduo do fenol é chamado de grupo fenila. O éster é, portanto, chamado de butirato de fenila ou butanoato de fenila. A equação iônica simplificada da reação do butirato de fenila com o íon hidróxido é:

$CH_3CH_2CH_2$C(=O)—O—C_6H_5(aq) + OH^-(aq) ⟶

$CH_3CH_2CH_2$C(=O)—O^-(aq) + HO—C_6H_5(aq)

Os produtos são o íon butirato e o fenol.

▶ **Para praticar**
Escreva a fórmula estrutural condensada para o éster formado a partir do álcool propílico e do ácido propiônico.

Aminas e amidas

As *aminas* são compostos em que um ou mais hidrogênios da amônia (NH_3) são substituídos por um grupo alquila:

$CH_3CH_2NH_2$ $(CH_3)_3N$ C_6H_5—NH_2

Etilamina   Trimetilamina   Fenilamina
                              Anilina

As aminas são as bases orgânicas mais comuns. (Seção 16.7) Como vimos no quadro "A química e a vida: Aminas e cloridratos de amina", na Seção 16.8, muitos compostos farmacêuticos ativos são aminas complexas:

Cocaína   Morfina   Codeína

Capítulo 24 | A química da vida: química orgânica e biológica

Uma amina com no mínimo um H ligado ao N pode sofrer uma reação de condensação com um ácido carboxílico para formar uma **amida**, que contém o grupo carbonila (C=O) ligado ao N (Tabela 24.2):

$$CH_3C(=O)-OH + H-N(CH_3)_2 \longrightarrow CH_3C(=O)-N(CH_3)_2 + H_2O \quad [24.22]$$

Podemos considerar o grupo funcional amida derivado de um ácido carboxílico com um grupo NRR', NH$_2$ ou NHR' substituindo o OH do ácido, como nestes exemplos:

Etanamida	Fenilmetanamida	N-(4-hidroxifenil)etanamida
Acetamida	Benzamida	Acetaminofeno

A ligação amida

$$R-C(=O)-N(H)-R'$$

em que R e R' são grupos orgânicos, é o principal grupo funcional das proteínas, como veremos na Seção 24.7.

Exercícios de autoavaliação

EAA 24.16 Considere a reação ROH + ROH ⟶ ROR' + H$_2$O, na qual R e R' são grupos alquila genéricos. É um exemplo de reação de _____, e o produto é _____. (a) condensação, um éster (b) condensação, um éter (c) adição, um éster (d) adição, um éter (e) hidrólise, uma cetona

EAA 24.17 Qual é o composto formado na reação de condensação entre o ácido propiônico e o metanol? (a) Propionato de metila (b) Hexanoato (c) Metanoato de butila (d) Metanoato de propila

EAA 24.18 Qual das substâncias a seguir é um éster? (a) 3-pentanona (b) 1-propilamina (c) Acetato de etila (d) Propanal (e) Ácido fórmico

EAA 24.19 Qual das substâncias a seguir *não* contém uma ligação dupla carbono-oxigênio? (a) Éster (b) Amida (c) Amina (d) Cetona (e) Aldeído

EAA 24.20 Uma amida é formada a partir da reação de condensação de _____ e _____ (a) um ácido carboxílico, um álcool (b) um ácido carboxílico, uma amina (c) uma amina, um álcool (d) um álcool, um álcool

24.5 | Quiralidade na química orgânica

Uma molécula que possui uma imagem especular não sobreponível é chamada de **quiral** (do grego *cheir*, "mão"). (Seção 23.4) Compostos que contêm átomos de carbono ligados a quatro grupos diferentes são quirais. Um átomo de carbono com quatro grupos diferentes ligados é chamado de *centro quiral*. Por exemplo, veja a fórmula do 2-bromopentano:

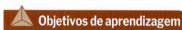

Objetivos de aprendizagem

Após terminar a Seção 24.?, você deve ser capaz de:
▶ Identificar compostos orgânicos quirais.

1042 Química: a ciência central

> **Resolva com ajuda da figura** Se substituirmos Br por CH₃, o composto vai se tornar quiral?

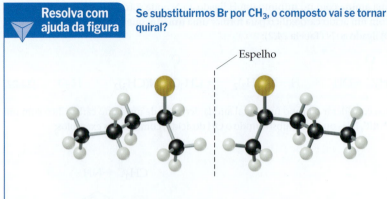

▲ **Figura 24.14** **As duas formas enantioméricas do 2-bromopentano.** Os isômeros de imagem especular não são sobreponíveis entre si.

Os quatro grupos ligados ao C2 são diferentes, tornando-o um centro quiral. A **Figura 24.14** ilustra as duas imagens especulares não sobreponíveis dessa molécula. Se imaginarmos a movimentação da molécula do lado esquerdo para o lado direito e a virarmos de todas as maneiras possíveis, veremos que ela não pode ser sobreposta à molécula do lado direito. Imagens especulares não sobreponíveis são chamadas de *isômeros ópticos* ou *enantiômeros*. (Seção 23.4) Os químicos orgânicos usam os rótulos *R* e *S* para distinguir as duas formas. Não precisamos detalhar as regras para decidir sobre os rótulos.

Os dois membros de um par de enantiômeros têm propriedades físicas e químicas idênticas quando reagem com reagentes não quirais. Apenas em um ambiente quiral eles exibem comportamentos diferentes entre si. Uma das propriedades interessantes das substâncias quirais é que suas soluções podem girar o plano de polarização da luz, como explicado na Seção 23.4.

A quiralidade é comum em substâncias orgânicas. Entretanto, não costuma ser observada, porque, quando uma substância quiral é sintetizada em uma reação química normal, os dois enantiômeros são formados em quantidades precisamente iguais. A mistura resultante de isômeros é chamada de *mistura racêmica* e não gira o plano de polarização da luz, uma vez que as duas formas giram a luz em proporções iguais em sentidos opostos. (Seção 23.4)

Muitos medicamentos são compostos quirais. Quando um medicamento é administrado como uma mistura racêmica, costuma acontecer de apenas um dos enantiômeros apresentar resultados benéficos. Com frequência, o outro é inerte ou quase inerte, podendo até ter efeito nocivo. A droga (*R*)-albuterol [**Figura 24.15**(**a**)], por exemplo, é um broncodilatador utilizado para aliviar os sintomas da asma; já o enantiômero (*S*)-albuterol não só é ineficaz como

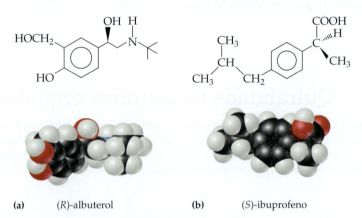

(a) (*R*)-albuterol   (b) (*S*)-ibuprofeno

▲ **Figura 24.15 (*R*)-albuterol e (*S*)-ibuprofeno.** (a) O (*R*)-albuterol, que atua como broncodilatador em pacientes com asma, é um dos membros de um par de enantiômeros. O outro membro, (*S*)-albuterol, tem o grupo OH apontado para baixo e não apresenta o mesmo efeito fisiológico. (b) Para aliviar a dor e reduzir a inflamação, a capacidade do enantiômero (*S*) do ibuprofeno supera de longe a do isômero (*R*). No isômero (*R*), as posições do grupo H e CH₃ no carbono à extrema direita são trocadas.

broncodilatador, mas também anula os efeitos do (R)-albuterol. Como outro exemplo, o analgésico não esteroide ibuprofeno é uma molécula quiral que costuma ser vendida como mistura racêmica. Entretanto, uma preparação que consiste apenas no enantiômero mais ativo, o (S)-ibuprofeno [Figura 24.15(**b**)], alivia a dor e reduz a inflamação com mais rapidez do que a mistura racêmica. Por isso, a versão quiral da droga pode um dia substituir a racêmica.

Exercícios de autoavaliação

EAA 24.21 Qual(is) das seguintes afirmações é(são) *verdadeira(s)*?
 (**i**) Para ser quiral, uma molécula orgânica deve ter um átomo de carbono ligado a quatro grupos diferentes.
 (**ii**) Para ser quiral, uma molécula orgânica deve conter outros átomos além de C e H.
 (**iii**) Os dois enantiômeros de uma molécula quiral são imagens especulares uns dos outros.
(**a**) i (**b**) i e ii (**c**) i e iii (**d**) ii e iii (**e**) Todas as afirmações são verdadeiras.

EAA 24.22 Desenhe as fórmulas estruturais dos compostos orgânicos a seguir e use os desenhos para determinar quais são quirais.
 (**i**) 2-cloro-3-metilpentano
 (**ii**) 2-bromo-2-cloropropano
 (**iii**) 1-fluoro-2-cloropropano
(**a**) i (**b**) i e iii (**c**) i e ii (**d**) ii e iii (**e**) Todos são quirais.

24.6 | Proteínas

Os grupos funcionais abordados na Seção 24.4 geram uma vasta matriz de moléculas com reatividades químicas muito específicas. Em nenhum lugar essa especificidade é mais aparente do que na *bioquímica*, a química dos organismos vivos. O restante deste capítulo se concentra nos compostos orgânicos que têm um papel proeminente em vegetais, animais, fungos e organismos unicelulares, como as bactérias.

À medida que analisamos as principais classes de biomoléculas, você observará o surgimento de alguns padrões. A ligação de hidrogênio (Seção 11.2), por exemplo, é crítica à função de muitos sistemas bioquímicos, e a geometria das moléculas (Seção 9.1) pode determinar a importância e a atividade biológica delas. Muitas das grandes moléculas nos sistemas vivos são polímeros (Seção 12.6) de moléculas muito menores. Esses **biopolímeros** podem ser classificados em três categorias abrangentes: *proteínas, polissacarídeos* (carboidratos) e *ácidos nucleicos*. Os *lipídeos* são outra classe comum de moléculas em sistemas vivos, mas costumam ser moléculas grandes, e não biopolímeros.

Objetivos de aprendizagem
Após terminar a Seção 24.6, você deve ser capaz de:
▶ Descrever os aspectos comuns a todos os aminoácidos e os que diferenciam os aminoácidos uns dos outros.
▶ Converter entre a fórmula estrutural e o nome de um peptídeo ou polipeptídeo.
▶ Analisar as estruturas das proteínas, diferenciando entre os aspectos primários, secundários, terciários e quaternários da estrutura.

Aminoácidos

As **proteínas** são substâncias macromoleculares presentes em todas as células vivas. Cerca de 50% da massa seca do corpo humano é proteína. Algumas delas servem como principal componente estrutural dos tecidos animais; são parte fundamental da pele, das unhas, das cartilagens e dos músculos. Outras proteínas catalisam reações, transportam oxigênio, funcionam como hormônio para regular processos específicos do organismo e realizam outras tarefas. Para entender as proteínas, antes devemos nos familiarizar com os *aminoácidos*, as pequenas moléculas das quais as proteínas são formadas.

Um **aminoácido** é uma molécula que apresenta um grupo amina —NH$_2$ e um grupo de ácido carboxílico —COOH. As unidades fundamentais de todas as proteínas são os *aminoácidos α*, em que α (alfa) indica que o grupo amino está localizado no átomo de carbono imediatamente adjacente ao grupo carboxílico. Assim, sempre há um átomo de carbono entre o grupo amina e o ácido carboxílico.

A fórmula geral de um aminoácido α é representada de duas maneiras:

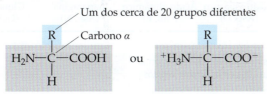

A forma duplamente ionizada, chamada de *zwitteríon*, costuma predominar em valores de pH quase neutro. Essa forma resulta da transferência de um próton do grupo carboxílico para o grupo básico amina. [Ver o quadro "A química e a vida: O comportamento anfiprótico dos aminoácidos". (Seção 16.10)]

Os aminoácidos diferem entre si quanto à natureza de seus grupos R. Vinte e dois aminoácidos ocorrem naturalmente nas proteínas, e a **Figura 24.16** mostra os 20 desses 22 identificados em seres humanos. Nosso organismo pode sintetizar 11 desses 20 em quantidades suficientes para nossas necessidades. Os outros nove devem ser ingeridos e são chamados de *aminoácidos essenciais*, porque têm componentes necessários à nossa dieta.

O átomo de carbono α dos aminoácidos, que é o carbono entre os grupos amino e carboxilato, tem quatro grupos distintos ligados a ele. Os aminoácidos são, portanto, quirais

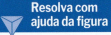
Resolva com ajuda da figura Qual grupo de aminoácidos tem carga positiva em pH 7?

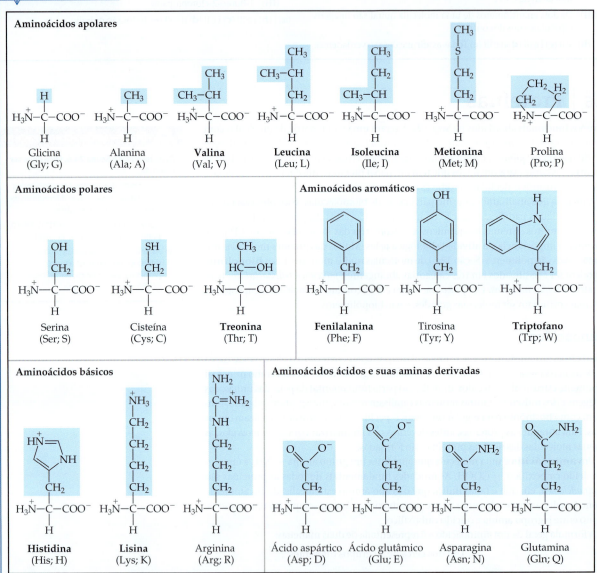

▲ **Figura 24.16 Os 20 aminoácidos encontrados no corpo humano.** O sombreamento azul identifica os diferentes grupos R de cada aminoácido. Os ácidos estão apresentados sob a forma zwitteriônica, na qual existem em água a valores de pH quase neutro. Os nomes de aminoácidos mostrados em negrito são os nove essenciais, componentes necessários da alimentação humana. As abreviaturas de três e uma letra para cada aminoácido são apresentadas entre parênteses abaixo do nome completo.

(exceto a glicina, que tem dois hidrogênios ligados ao carbono central). Por razões históricas, as duas formas enantioméricas dos aminoácidos costumam ser distinguidas pelos rótulos D (do latim *dexter*, "direita") e L (do latim *laevus*, "esquerda"). Quase todos os aminoácidos quirais encontrados em organismos vivos têm a configuração L no centro quiral. As principais exceções são as proteínas que constituem as paredes celulares de bactérias, que contêm quantidades consideráveis dos isômeros D.

Polipeptídeos e proteínas

Os aminoácidos são unidos nas proteínas pelos grupos amida (Tabela 24.2):

Cada grupo amida é chamado de **ligação peptídica** quando formado por aminoácidos. Uma ligação peptídica é formada por uma reação de condensação entre o grupo carboxílico de um aminoácido e o grupo amina de outro. A alanina e a glicina, por exemplo, podem reagir para formar o dipeptídeo glicilalanina:

$$H_3N^+—CH_2—COO^- + H_3N^+—CH(CH_3)—COO^- \longrightarrow$$

Glicina (Gly; G)   Alanina (Ala; A)

$$H_3N^+—CH_2—CO—NH—CH(CH_3)—COO^- + H_2O$$

Glicilalanina (Gly–Ala; GA)   [24.23]

O aminoácido que fornece o grupo carboxílico para a formação de uma ligação peptídica é nomeado primeiro, com terminação -*il*, seguido pelo aminoácido que fornece o grupo amina. Com base nas abreviações mostradas na Figura 24.16, a glicilalanina pode ser abreviada como Gly-Ala ou GA. Nessa notação, entende-se que o grupo amina que não reagiu está à esquerda e que o grupo carboxílico que não reagiu está à direita.

O adoçante artificial *aspartame* (**Figura 24.17**) é o éster metílico do dipeptídeo formado a partir dos aminoácidos ácido aspártico e fenilalanina.

> **Resolva com ajuda da figura**
>
> Quantos centros quirais existem em uma molécula de aspartame?
>
>
>
>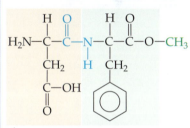
>
> Ácido aspártico (Asp)   Fenilalanina (Phe)
>
> ▲ **Figura 24.17 Coisas doces.** O adoçante aspartame é o éster metílico de um dipeptídeo.

Exercício resolvido 24.5

Como desenhar a fórmula estrutural de um tripeptídeo

Desenhe a fórmula estrutural para o alanil-glicil-serina.

SOLUÇÃO

Analise Temos o nome de uma substância com ligações peptídicas e devemos escrever sua fórmula estrutural.

Planeje O nome dessa substância sugere que três aminoácidos – alanina, glicina e serina – foram unidos, formando um *tripeptídeo*. Observe que a terminação –*il* foi adicionada a cada aminoácido, exceto para o último, a serina. Por convenção, a sequência de aminoácidos em peptídeos e proteínas é escrita do lado do nitrogênio para o lado do carbono: o primeiro aminoácido nomeado (alanina, nesse caso) tem o grupo amino livre, e o último (a serina), o grupo carboxílico livre.

Resolva Primeiro combinamos o grupo carboxílico da alanina com o grupo amino da glicina para formar uma ligação peptídica e, depois, o grupo carboxílico da glicina com o grupo amino da serina para formar outro grupo peptídico:

Grupo amino ⟶ Grupo carboxílico

$$H_3N^+—CH(CH_3)—CO—NH—CH_2—CO—NH—CH(CH_2OH)—COO^-$$

Ala   Gly   Ser
A   G   S

Podemos abreviar esse tripeptídeo como Ala-Gly-Ser ou AGS.

(Continua)

> **Para praticar**
> Dê nome ao dipeptídeo e forneça duas maneiras de escrever sua abreviatura:

$$H_3\overset{+}{N}-\underset{HOCH_2}{\underset{|}{\overset{H}{\overset{|}{C}}}}-\overset{O}{\overset{\|}{C}}-\underset{H}{\underset{|}{N}}-\underset{CH_2}{\underset{|}{\overset{H}{\overset{|}{C}}}}-\overset{O}{\overset{\|}{C}}-O^-$$
$$\underset{COOH}{}$$

Os **polipeptídeos** se formam quando um grande número de aminoácidos (> 30) é unido por ligações peptídicas. As proteínas são moléculas polipeptídicas lineares (i.e., não ramificadas), com massa molecular que varia de cerca de 6 mil a mais de 50 milhões de uma. Uma vez que 22 aminoácidos diferentes são unidos nas proteínas e elas consistem em centenas de aminoácidos, o número de arranjos possível nas proteínas é quase ilimitado.

Estrutura das proteínas

A sequência de aminoácidos ao longo de uma cadeia proteica do "terminal N" (ou seja, o lado amina) até o "terminal C" (o lado do ácido carboxílico) é chamada de **estrutura primária** e fornece à proteína sua identidade singular. Uma variação em apenas um aminoácido já pode alterar as características bioquímicas da proteína. Por exemplo, a anemia falciforme é um distúrbio genético resultante de uma única substituição em uma cadeia proteica na hemoglobina. A cadeia afetada contém 146 aminoácidos. A substituição de um aminoácido com uma cadeia lateral de hidrocarboneto por outro que tem um grupo funcional ácido na cadeia lateral altera as propriedades de solubilidade da hemoglobina, e o fluxo sanguíneo normal é impedido. [Veja o quadro "A química e a vida: Anemia falciforme". (Seção 13.6)]

As proteínas nos organismos vivos não são apenas cadeias longas e flexíveis com formas aleatórias. Em vez disso, as cadeias se ordenam em estruturas baseadas nas forças intermoleculares que estudamos no Capítulo 11. Esse arranjo leva à **estrutura secundária** da proteína, que se refere a como os segmentos da cadeia proteica estão orientados em um padrão regular, como se vê na **Figura 24.18.**

Um dos arranjos de estrutura secundária mais importante e comum é o de *α*-**hélice** (alfa-hélice). A alfa-hélice é mantida em posição por ligações de hidrogênio entre os átomos de H da amida e os átomos de O da carbonila na cadeia principal da proteína, e não nas cadeias laterais. A montagem da hélice e seu diâmetro devem ser tais que (1) nenhum ângulo de ligação esteja tensionado e (2) os grupos funcionais N — H e C = O em lados adjacentes estejam em posições apropriadas para as ligações de hidrogênio. Um arranjo desse tipo é possível para alguns aminoácidos ao longo da cadeia, mas não para outros. As moléculas proteicas maiores podem conter segmentos da cadeia que têm um arranjo helicoidal *α* intercalado com seções em que a cadeia é uma espiral aleatória.

Outra estrutura secundária comum de proteínas é a **folha-*β*** (beta), que consiste em duas ou mais cadeias de peptídeos unidos por ligações de hidrogênio entre o H de uma amida em uma cadeia e o O de uma carbonila em outra cadeia. Assim como a alfa-hélice, a ligação de hidrogênio na folha-beta ocorre entre as espinhas dorsais de peptídeos, não entre as cadeias laterais.

As proteínas não são biologicamente ativas, a menos que estejam sob determinada forma em uma solução. O processo pelo qual a proteína adota sua forma biologicamente ativa é chamado de **enovelamento**. A forma de uma proteína em sua versão dobrada – determinada pelas curvas, dobras e seções de componentes em forma cilíndrica helicoidal-*α*, de folha-*β* ou espiral flexível – é chamada de **estrutura terciária**.

As proteínas globulares dobram-se e assumem um formato compacto, ligeiramente esférico. De modo geral, são solúveis em água e com mobilidade dentro das células. Têm funções não estruturais, como combater a invasão de corpos estranhos, transportar e armazenar oxigênio (hemoglobina e mioglobina) e atuar como catalisador. As *proteínas fibrosas* formam uma segunda classe de proteínas. Nessas substâncias, as espirais longas se alinham de maneira mais ou menos paralela para formar longas fibras insolúveis em água. As proteínas fibrosas fornecem integridade e força estrutural a muitos tipos de tecidos e são os principais componentes de músculos, tendões e cabelos. As maiores proteínas conhecidas, que excedem 27 mil aminoácidos de comprimento, são as proteínas musculares.

A estrutura terciária de uma proteína é mantida por meio de diversas interações. Determinados enovelamentos da cadeia proteica levam a um arranjo de energia mais baixa (mais estável) que outros padrões de enovelamento. Por exemplo, uma proteína globular

Capítulo 24 | A química da vida: química orgânica e biológica

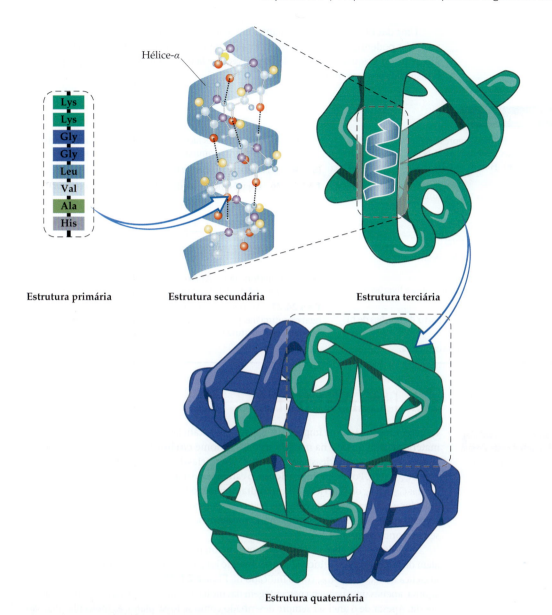

▲ **Figura 24.18 Os quatro níveis da estrutura proteica.** Os aminoácidos, ligados por ligações amida do lado da amina até o lado do ácido, podem usar ligações de hidrogênio para formar as estruturas secundárias de hélice-alfa ou folha-beta. Essas estruturas secundárias se dobram em estruturas terciárias com base em interações eletrostáticas e de van der Waals. Muitas proteínas formam estruturas quaternárias, nas quais múltiplas moléculas de proteína se associam para formar dímeros, trímeros ou tetrâmeros (como mostrado).

dissolvida em uma solução aquosa se dobra de modo que as porções de hidrocarbonetos apolares estejam protegidas no interior da molécula, longe das moléculas polares de água. Entretanto, a maioria das cadeias laterais ácidas e básicas mais polares projetam-se para a solução, para que possam interagir com as moléculas de água por meio de interações íon--dipolo, dipolo-dipolo ou ligações de hidrogênio.

Algumas proteínas são arranjos de mais de uma cadeia polipeptídica. Cada uma delas tem sua própria estrutura terciária, e duas ou mais dessas subunidades terciárias podem agregar--se em uma macromolécula funcional maior. O modo como as subunidades terciárias se organizam é chamado de **estrutura quaternária** da proteína (Figura 24.18). Por exemplo, a hemoglobina, uma proteína dos glóbulos vermelhos que transporta oxigênio, é constituída de quatro subunidades terciárias. Cada uma delas contém um componente denominado heme com um átomo de ferro que se liga ao oxigênio, como representado na Figura 23.15. A estrutura quaternária é mantida pelos mesmos tipos de interação que mantêm a estrutura terciária.

Uma das hipóteses mais fascinantes em bioquímica na atualidade é que proteínas deformadas podem causar doenças infecciosas. Elas são chamadas de *príons*. O melhor exemplo de príon é aquele considerado responsável pela doença da vaca louca, que pode ser transmitida aos seres humanos.

Exercícios de autoavaliação

EAA 24.23 Qual estrutura de linhas representa um aminoácido, em que R é uma de 20 cadeias laterais? (**a**) $H_2N-CHR-COOH$ (**b**) H_2N-CH_2-COOR (**c**) $HOOC-CH_2-CHR-NH_2$ (**d**) $HOOC-R-NH_2$

EAA 24.24 Qual(is) das afirmações sobre aminoácidos a seguir é(são) *verdadeira(s)*?

(**i**) Todos os aminoácidos são quirais.
(**ii**) Todos os aminoácidos têm carga total de pH 7.
(**iii**) Alguns aminoácidos são ácidos e alguns são básicos.

(**a**) i (**b**) ii (**c**) iii (**d**) i e iii (**e**) i, ii e iii

EAA 24.25 Qual(is) das seguintes afirmações sobre a ligação peptídica é(são) *verdadeira(s)*?

(**i**) As ligações peptídicas são formadas a partir de reações de hidrólise de aminoácidos.
(**ii**) A ligação peptídica contém um grupo carbonila.

(**iii**) Qualquer aminoácido pode formar uma ligação peptídica com o seu grupo amina ou com o seu grupo ácido.

(**a**) i (**b**) ii (**c**) iii (**d**) ii e iii (**e**) i, ii e iii

EAA 24.26 Qual é o nome do dipeptídeo mostrado a seguir?

(**a**) Glicil-metionina (G-A) (**b**) Metionil-alanina (M-A) (**c**) Alanil-cisteína (A-C) (**d**) Cisteinil-alanina (C-A) (**e**) Alanil-metionina (A–M)

EAA 24.27 As ligações de hidrogênio têm um papel dominante em qual estrutura das proteínas? (**a**) Estrutura primária (**b**) Estrutura secundária (**c**) Estrutura terciária (**d**) Estrutura quaternária

24.7 | Carboidratos

Objetivos de aprendizagem

Após terminar a Seção 24.7, você deve ser capaz de:
▶ Identificar compostos orgânicos que são carboidratos a partir de sua fórmula molecular, fórmula estrutural ou fórmula estrutural condensada.
▶ Diferenciar entre monossacarídeos, dissacarídeos e polissacarídeos e listar exemplos de cada um deles.

Os carboidratos são uma importante classe de substâncias naturais encontradas tanto na matéria vegetal quanto na matéria animal. O nome **carboidrato** (hidrato de carbono) vem das fórmulas empíricas da maioria das substâncias dessa classe, que podem ser escritas como $C_x(H_2O)_y$. Por exemplo, a **glicose**, o carboidrato mais abundante, tem a fórmula molecular $C_6H_{12}O_6$, ou $C_6(H_2O)_6$. Os carboidratos não são hidratos de carbono de verdade; são aldeídos e cetonas polihidroxilados. A glicose, por exemplo, é um açúcar de aldeído com seis carbonos, e a *frutose*, o açúcar muito presente nas frutas, é um açúcar de cetona com seis carbonos (**Figura 24.19**).

A molécula de glicose, tendo grupos funcionais tanto de álcool quanto de aldeído, além de uma estrutura principal razoavelmente longa e flexível, pode formar uma estrutura cíclica de seis membros, como indicado na **Figura 24.20**. Na verdade, em uma solução aquosa, apenas uma pequena percentagem das moléculas de glicose está na forma de cadeia aberta. Apesar de o anel ser sempre desenhado como se fosse plano, as moléculas não são planas, por causa dos ângulos de ligação tetraédricos ao redor dos átomos de C e O do anel.

A Figura 24.20 mostra que a estrutura cíclica da glicose pode ter duas orientações. Na forma α, o grupo OH em C1 e o grupo CH₂OH em C5 apontam em sentidos *opostos*. Na forma β, eles apontam no *mesmo* sentido. Apesar de a diferença entre as formas α e β parecer pequena, ela acarreta enormes consequências biológicas, inclusive a vasta diferença entre as propriedades do amido e da celulose.

A frutose pode ciclar para formar anéis de cinco ou seis membros. O anel de cinco membros se forma quando o grupo hidroxila em C5 reage com o grupo carbonila em C2:

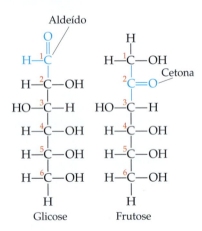

▲ **Figura 24.19** Estrutura linear dos carboidratos glicose e frutose.

Capítulo 24 | A química da vida: química orgânica e biológica   1049

▲ **Figura 24.20** A estrutura cíclica da glicose tem uma forma α e uma β.

O anel de seis membros resulta da reação entre o grupo hidroxila em C6 com o grupo carbonila em C2.

Exercício resolvido 24.6
Identificação dos grupos funcionais e centros quirais em carboidratos

Quantos átomos de carbono quirais existem na forma de cadeia aberta da glicose (Figura 24.19)?

SOLUÇÃO
Analise Dada a estrutura da glicose, pede-se para determinar o número de carbonos quirais na molécula.

Planeje Um carbono quiral tem quatro grupos diferentes de átomos ligados a ele. (Seção 24.5) Precisamos identificar esses átomos de carbono na glicose.

Resolva Os átomos de carbono 2, 3, 4 e 5 têm, cada um, quatro grupos diferentes ligados a eles, como indicado aqui:

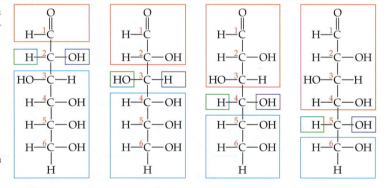

Portanto, existem quatro átomos de carbono quirais na molécula de glicose.

▶ **Para praticar**
Dê nome aos grupos funcionais presentes na forma beta da glicose.

Dissacarídeos

Tanto a glicose quanto a frutose são exemplos de **monossacarídeos**, açúcares simples que não podem ser quebrados em moléculas menores por hidrólise com ácidos aquosos. Duas unidades de monossacarídeos podem ser unidas por uma reação de condensação para formar um **dissacarídeo**. As estruturas de dois dissacarídeos comuns, a *sacarose* (açúcar refinado) e a *lactose* (açúcar do leite), são mostradas na **Figura 24.21**.

A palavra *"açúcar"* nos faz pensar em doce. Todos os açúcares são doces, mas diferem no grau de doçura que percebemos quando os provamos. A sacarose é cerca de seis vezes mais doce que a lactose e ligeiramente mais doce que a glicose, mas tem apenas metade da

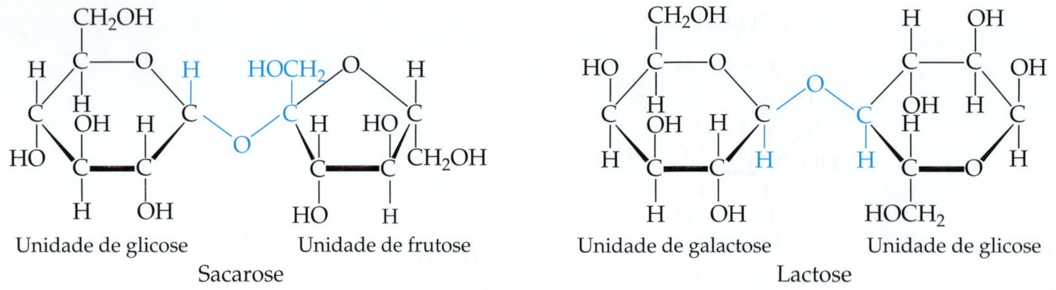

▲ **Figura 24.21 Dois dissacarídeos.**

doçura da frutose. Os dissacarídeos podem reagir com a água (ser hidrolisados) na presença de um catalisador ácido para formar monossacarídeos. Quando a sacarose é hidrolisada, a mistura de glicose e frutose que se forma, chamada de *açúcar invertido*,* é mais doce que a sacarose original. A calda adocicada presente em frutas enlatadas e guloseimas é, em grande parte, formada pela hidrólise da sacarose adicionada.

Polissacarídeos

Os **polissacarídeos** são constituídos de muitas unidades de monossacarídeos unidos. Os mais importantes são o amido, o glicogênio e a celulose, formados a partir de unidades de glicose repetidas.

O **amido** não é uma substância pura. Esse termo refere-se a um grupo de polissacarídeos encontrados nos vegetais. Os amidos são o principal método de armazenar alimento em sementes e tubérculos vegetais. Milho, batata, trigo e arroz contêm quantidades substanciais de amido. Esses produtos vegetais funcionam como as principais fontes de energia alimentar necessária aos humanos. As enzimas no sistema digestivo catalisam a hidrólise do amido em glicose.

Algumas moléculas de amido são cadeias não ramificadas, enquanto outras são ramificadas. A **Figura 24.22(a)** ilustra uma estrutura de amido não ramificada. Observe que as unidades de glicose estão na forma α, com os átomos de oxigênio em ponte apontando em uma direção e os grupos CH₂OH apontando na direção oposta.

O **glicogênio** é uma substância semelhante ao amido, sintetizada nas células animais. Essas moléculas variam em massa molecular de cerca de 5 mil até mais de 5 milhões de uma. O glicogênio age como uma espécie de banco de energia no corpo e fica

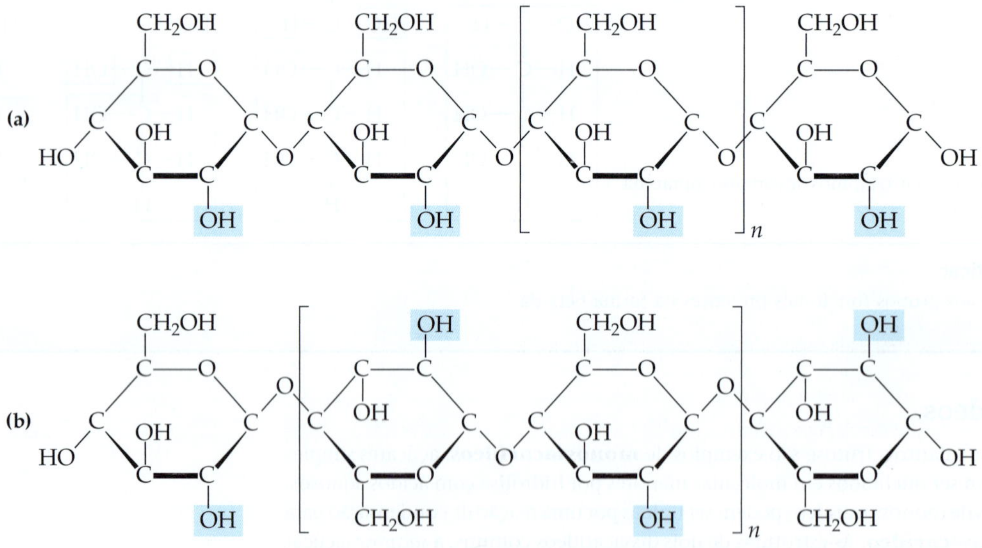

▲ **Figura 24.22 Estruturas de (a) amido e (b) celulose.** Nem todos os átomos de hidrogênio são mostrados.

---

* O termo "*açúcar invertido*" vem do fato de que a rotação do plano de polarização da luz pela mistura glicose-frutose é no sentido contrário, ou invertido, daquele da solução de sacarose.

concentrado nos músculos e no fígado. Nos músculos, ele funciona como fonte imediata de energia; no fígado, serve como local de armazenamento de glicose e ajuda a manter um nível de glicose constante no sangue.

A **celulose** [Figura 24.22(**b**)] forma a principal unidade estrutural dos vegetais. A madeira contém cerca de 50% desse polissacarídeo, e as fibras de algodão são quase inteiramente constituídas dele. A celulose consiste em uma cadeia não ramificada de unidades de glicose, com massas moleculares médias maiores que 500 mil uma. À primeira vista, essa estrutura parece muito similar à do amido. Entretanto, na celulose, as unidades de glicose estão na forma β, com cada átomo de oxigênio em ponte apontado na mesma direção que os grupos CH_2OH no anel à sua esquerda.

Visto que as unidades individuais de glicose têm diferentes relações entre si nas duas estruturas, as enzimas que hidrolisam rapidamente os amidos não hidrolisam a celulose. Assim, você pode ingerir um quilo de celulose sem obter valor calórico algum dela, mesmo que o calor de combustão por unidade de massa seja basicamente o mesmo tanto para a celulose quanto para o amido. Por outro lado, um quilo de amido representaria uma ingestão calórica substancial. A diferença está no fato de que o amido é hidrolisado em glicose, que acaba sendo oxidada com a liberação de energia. Já a celulose não é rapidamente hidrolisada por enzimas presentes no organismo e, por isso, passa pelo sistema digestivo quase inalterada. Muitas bactérias contêm enzimas, chamadas de celulases, que hidrolisam a celulose. Essas bactérias estão presentes no aparelho digestivo de animais de pasto, como o gado, que usam a celulose como alimento.

Exercícios de autoavaliação

EAA 24.28 Quais dos compostos a seguir são carboidratos?

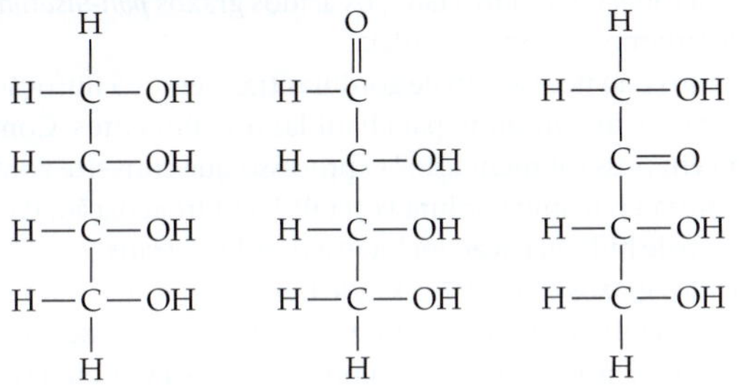

(i), (ii), (iii)

(**a**) i (**b**) ii (**c**) iii (**d**) ii e iii (**e**) i, ii e iii

EAA 24.29 A forma aberta e uma forma de anel possível da frutose são apresentadas a seguir:

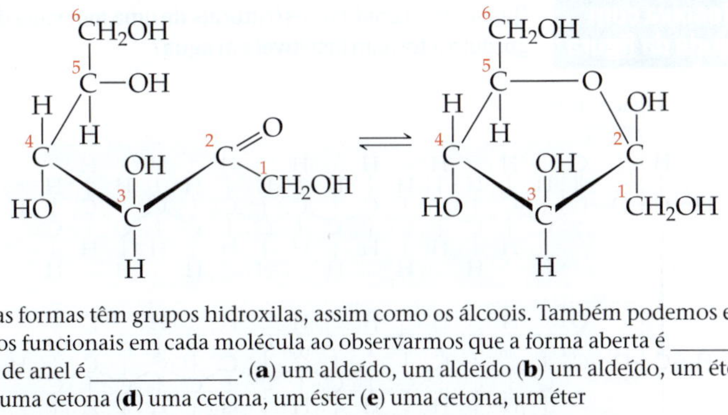

Ambas as formas têm grupos hidroxilas, assim como os álcoois. Também podemos especificar os grupos funcionais em cada molécula ao observarmos que a forma aberta é _____ e a forma de anel é _____. (**a**) um aldeído, um aldeído (**b**) um aldeído, um éter (**c**) uma cetona, uma cetona (**d**) uma cetona, um éster (**e**) uma cetona, um éter

EAA 24.30 Qual dos compostos a seguir é um dissacarídeo? (**a**) Glicose (**b**) Sucrose (**c**) Frutose (**d**) Celulose (**e**) Amido

EAA 24.31 Qual é a relação entre os monossacarídeos glicose e frutose (a Figura 24.19 apresenta desenhos das formas abertas dessas duas moléculas)?

(**a**) As duas moléculas são isômeros estruturais.

(**b**) As duas moléculas são isômeros geométricos.

(**c**) As duas moléculas são isômeros ópticos.

(**d**) As duas moléculas não são isômeros.

> **Objetivos de aprendizagem**
>
> Após terminar a Seção 24.8, você deve ser capaz de:
> ▶ Descrever os aspectos característicos dos lipídeos.
> ▶ Diferenciar entre os diversos tipos de lipídeos, incluindo gorduras saturadas, gorduras insaturadas, ácidos graxos e fosfolipídeos.

24.8 | Lipídeos

Os **lipídeos** são uma classe diversificada de moléculas biológicas apolares utilizadas por organismos para armazenamento duradouro de energia (gorduras, óleos) e como elementos de estruturas biológicas (fosfolipídeos, membranas celulares, ceras).

Gorduras

As gorduras são lipídeos derivados do glicerol e de ácidos graxos. O glicerol é um álcool com três grupos OH. Os ácidos graxos são ácidos carboxílicos (RCOOH), em que R é uma cadeia de hidrocarboneto, geralmente com comprimento entre 15 e 19 átomos de carbono. O glicerol e os ácidos graxos sofrem reações de condensação para formar ligações de éster, como indica a **Figura 24.23**. Três moléculas de ácido graxo se juntam ao glicerol. Embora os três ácidos graxos de uma gordura possam ser os mesmos, como na Figura 24.23, também é possível que uma gordura tenha três ácidos graxos diferentes.

Lipídeos com ácidos graxos saturados são chamados de gorduras saturadas e costumam se solidificar à temperatura ambiente (como a manteiga e a gordura vegetal). As gorduras insaturadas contêm uma ou mais ligações duplas carbono-carbono em suas cadeias. A nomenclatura cis e trans que atribuímos aos alcenos também se aplica aqui: as gorduras trans têm átomos de H nos lados opostos da ligação dupla C=C, e as gorduras cis têm átomos de H nos mesmos lados da ligação dupla C=C. As gorduras insaturadas (como azeite de oliva e óleo de amendoim) costumam ser líquidas à temperatura ambiente e encontradas com maior frequência em plantas. Por exemplo, o principal componente do azeite é o ácido oleico, *cis*-CH$_3$(CH$_2$)$_7$CH=CH(CH$_2$)$_7$COOH (cerca de 60 a 80%). O ácido oleico é um exemplo de ácido graxo *monoinsaturado*, o que significa que tem apenas uma ligação dupla carbono-carbono na cadeia. Por outro lado, os ácidos graxos *poli-insaturados* têm mais de uma ligação dupla carbono-carbono na cadeia.

Os seres humanos não necessitam de gorduras trans em sua nutrição, razão pela qual alguns governos estão se mobilizando para bani-las dos alimentos. Como, então, as gorduras trans surgem em nossa alimentação? O processo que converte gorduras insaturadas (como óleos) em saturadas (como gordura vegetal) é a hidrogenação. (Seção 24.3) Os subprodutos do processo de hidrogenação incluem as gorduras trans.

Alguns dos ácidos graxos essenciais à saúde humana devem estar presentes em nossa dieta, porque nosso metabolismo não é capaz de sintetizá-los. Esses ácidos graxos essenciais são aqueles que têm ligações duplas carbono-carbono a três ou seis átomos de carbonos de distância do grupo —CH$_3$ terminal. Eles são denominados ácidos graxos ômega-3 e ômega-6, em que *ômega* se refere ao último carbono na cadeia (o carbono do grupo carboxílico é considerado o primeiro, ou alfa).

Quais características estruturais de uma molécula de gordura a tornam insolúvel em água?

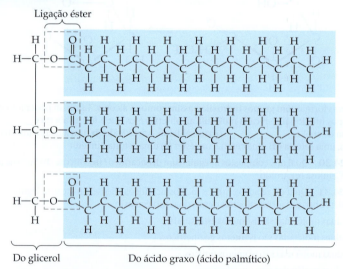

▲ Figura 24.23 Estrutura de uma gordura.

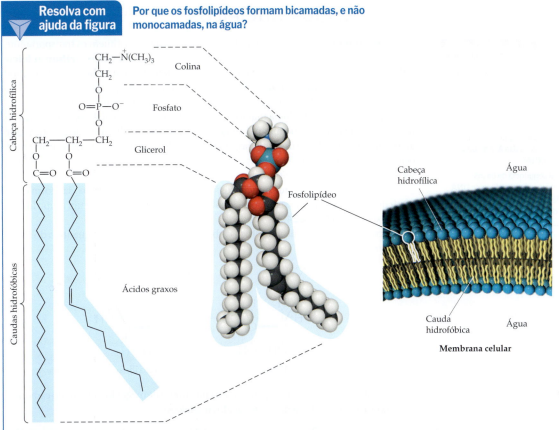

▲ Figura 24.24 **Estrutura de um fosfolipídeo e de uma membrana celular.** As células vivas são envoltas por membranas normalmente compostas de bicamadas de fosfolipídeos. Essa estrutura é estabilizada pelas interações favoráveis entre as caudas hidrofóbicas dos fosfolipídeos, que apontam em direções opostas à água dentro e fora da célula, enquanto as cabeças carregadas estão voltadas para os dois ambientes aquosos.

Fosfolipídeos

Os **fosfolipídeos** têm estrutura química semelhante à das gorduras, mas apenas dois ácidos graxos ligados a um glicerol. O terceiro grupo álcool do glicerol está associado a um grupo fosfato (**Figura 24.24**). O grupo fosfato também pode ser ligado a um pequeno grupo carregado ou polar, como a colina, como mostrado na figura. A diversidade dos fosfolipídeos tem como base as diferenças em seus ácidos graxos e nos grupos ligados ao grupo fosfato.

Na água, os fosfolipídeos agrupam-se com suas cabeças polares carregadas voltadas para a água e suas caudas apolares voltadas para o interior. Assim, os fosfolipídeos formam uma bicamada que é o componente-chave das membranas celulares (Figura 24.24).

Exercícios de autoavaliação

EAA 24.32 Complete a afirmação: Quando o glicerol e um ácido graxo sofrem uma reação de _____, os produtos são _____ e água. (**a**) condensação, gordura (**b**) condensação, fosfolipídeo (**c**) hidrogenação, gordura (**d**) hidrogenação, fosfolipídeo (**e**) hidrólise, gordura

EAA 24.33 Qual(is) das afirmações sobre lipídeos a seguir é(são) *verdadeira(s)*?
(**i**) As gorduras insaturadas contêm ligações duplas C=C e C=O.
(**ii**) As membranas celulares são formadas por ácidos graxos.
(**iii**) As gorduras saturadas podem ser subdivididas em gorduras trans e cis.
(**a**) i (**b**) ii (**c**) iii (**d**) i e ii (**e**) ii e iii

24.9 | Ácidos nucleicos

Objetivos de aprendizagem

Após terminar a Seção 24.9, você deve ser capaz de:

▶ Descrever a composição e as estruturas dos ácidos nucleicos tanto na forma de hélice simples quanto na de dupla hélice.

▶ Explicar as diferenças entre ácidos desoxirribonucleicos (DNA) e ácidos ribonucleicos (RNA).

▶ Determinar a sequência de bases complementares em duas fitas de DNA ou RNA e descrever o processo de replicação do DNA.

Os **ácidos nucleicos** são uma classe de biopolímeros que constituem os transportadores químicos das informações genéticas do organismo. Os **ácidos desoxirribonucleicos (DNA)** são moléculas enormes, cujas massas moleculares podem variar de 6 a 16 milhões uma. Os **ácidos ribonucleicos (RNA)** são moléculas menores, com massas moleculares na faixa de 20 a 40 mil uma. Enquanto o DNA é encontrado basicamente nos núcleos das células, o RNA é encontrado na maioria das vezes fora do núcleo, no *citoplasma*, material não nuclear envolto pela membrana celular. O DNA armazena a informação genética da célula e controla a produção de proteínas, enquanto o RNA carrega a informação armazenada pelo DNA para fora do núcleo celular até o interior do citoplasma, onde a informação pode ser usada na síntese de proteínas.

Os monômeros dos ácidos nucleicos, chamados de **nucleotídeos**, são formados a partir de um açúcar de cinco carbonos, uma base orgânica nitrogenada e um grupo fosfato. Veja o exemplo da **Figura 24.25**.

O componente de açúcar de cinco carbonos do RNA é a *ribose*, enquanto o do DNA é a *desoxirribose*:

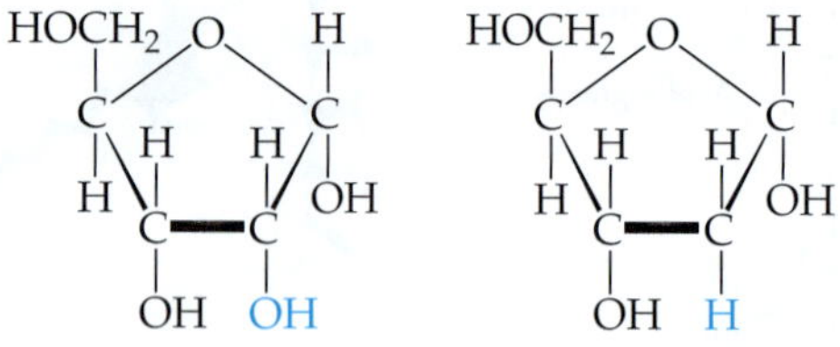

A desoxirribose difere da ribose apenas por ter um átomo de oxigênio a menos no carbono 2. Há cinco bases nitrogenadas nos ácidos nucleicos:

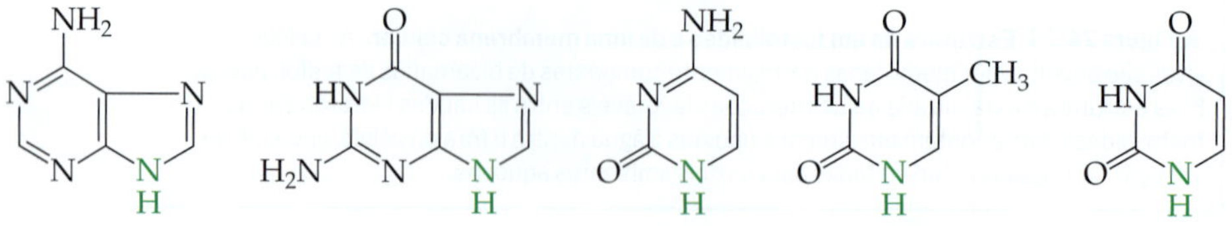

Adenina (A) — DNA RNA
Guanina (G) — DNA RNA
Citosina (C) — DNA RNA
Timina (T) — DNA
Uracila (U) — RNA

As três primeiras bases mostradas são encontradas tanto no DNA quanto no RNA. A timina ocorre somente no DNA, enquanto a uracila, apenas no RNA. Em qualquer um dos ácidos nucleicos, cada base está unida a um açúcar de cinco carbonos por meio da ligação ao átomo de nitrogênio mostrada em destaque.

 Figura 24.25 Nucleotídeo. Estrutura de um ácido desoxiadenílico, o nucleotídeo formado a partir do ácido fosfórico, do açúcar desoxirribose e da base orgânica de adenina.

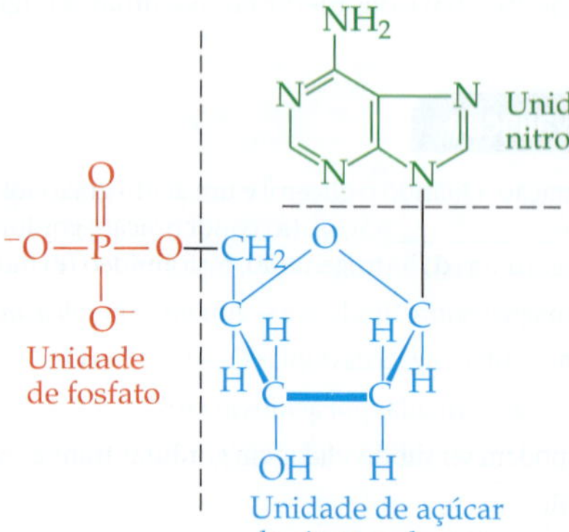

Capítulo 24 | A química da vida: química orgânica e biológica **1055**

◄ **Figura 24.26 Polinucleotídeo.** Uma vez que o açúcar em cada nucleotídeo é uma desoxirribose, esse polinucleotídeo é um DNA.

Os ácidos nucleicos RNA e DNA são *polinucleotídeos* formados por reações de condensação entre um grupo OH da unidade de ácido fosfórico em um nucleotídeo e um grupo OH do açúcar de outro nucleotídeo. Desse modo, a fita de polinucleotídeo tem uma estrutura básica composta de grupos alternados de açúcar e fosfato, cujas bases se estendem para fora da cadeia como grupos laterais (**Figura 24.26**). Os carbonos nos açúcares são numerados 1, 2, etc., como mostra a Figura 24.26. Assim como as proteínas têm uma sequência de aminoácidos do terminal N ao terminal C, os ácidos nucleicos têm uma sequência de bases que iniciam na extremidade 5′ da estrutura básica açúcar-fosfato e vão até a extremidade 3′.

As fitas de DNA se enrolam em uma **dupla hélice** [**Figura 24.27(a)**] e são mantidas unidas pelas atrações entre as bases (representadas pelas letras T, A, C e G). Essas atrações envolvem forças de dispersão, forças dipolo-dipolo e ligações de hidrogênio. (Seção 11.2) Como mostrado na Figura 24.27(**b**), as estruturas da timina e da adenina as tornam pares

Resolva com ajuda da figura
Qual par de bases complementares será mais difícil de dissociar um do outro: AT ou GC?

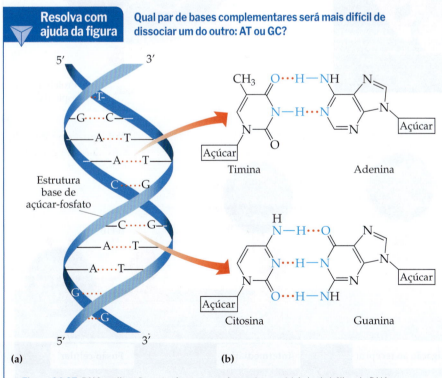

▲ **Figura 24.27 DNA e a ligação entre bases complementares.** (**a**) A dupla hélice do DNA mostra a estrutura base de açúcar-fosfato como um par de fitas e linhas pontilhadas para indicar a ligação de hidrogênio entre bases complementares. (**b**) Estruturas dos pares de bases complementares no DNA.

A QUÍMICA E A VIDA | As vacinas contra a covid-19

Em 2019, o vírus SARS-CoV-2 foi descoberto em seres humanos. O vírus levava à doença covid-19, que desde então matou milhões de pessoas ao redor do planeta. O vírus é composto de uma única fita de RNA, com cerca de 30 mil nucleotídeos, encapsulada por uma camada proteica (**Figura 24.28**). Há três tipos de proteína na superfície do vírus SARS-CoV-2: proteínas espícula (S), membrana (M) e envelope (E). A proteína S é aquela que reconhece uma proteína comum na membrana celular do hospedeiro, atraca o vírus nela e então funde o vírus com a membrana. Uma vez dentro da célula, o vírus utiliza o maquinário celular do hospedeiro para replicar seu RNA inúmeras vezes.

Entender como esse vírus funciona foi crucial para desenvolver vacinas para combatê-lo. As atuais vacinas da Pfizer-BioNTech e da Moderna se baseiam em um tipo de RNA chamado de RNA mensageiro, abreviado como mRNA. O mRNA é uma molécula de RNA de cadeia única complementar a uma cadeia de DNA que contém o código para um gene específico. Normalmente, as moléculas de mRNA são produzidas no núcleo da célula e então migram para o citoplasma, onde o sistema de tradução da célula se liga a elas, lê o código de mRNA e produz uma proteína específica.

Tanto a vacina da Pfizer-BioNTech quanto a da Moderna contém moléculas de mRNA que transportam as instruções necessárias para produzir uma proteína espícula modificada. Na vacina, o mRNA é misturado com lipídeos e sais para estabilizá-la. Após injetada, as células do corpo absorvem o mRNA e produzem a proteína espícula modificada, que depois é exposta na superfície da célula. A proteína modificada contém resíduos de prolina em determinados pontos, o que faz parecer que a proteína acabou de se ligar à superfície externa da membrana celular, mas ainda não se fundiu com ela. O sistema imunológico detecta essas versões modificadas (e inofensivas) da proteína espícula e gera anticorpos contra ela. Esses anticorpos, também proteínas grandes, circulam

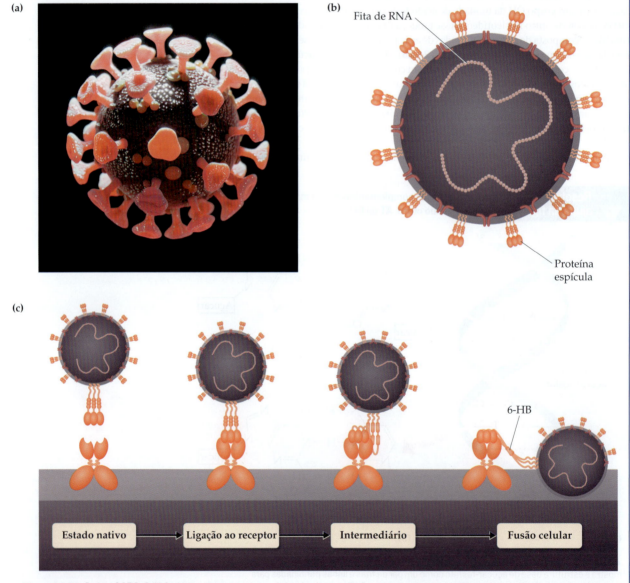

▲ **Figura 24.28 O vírus SARS-CoV-2.** (a) Uma imagem microscópica do vírus, na qual as proteínas espícula na superfície estão claramente visíveis. (b) Visão esquemática do vírus. (c) O mecanismo pelo qual o vírus se prende e então penetra a membrana celular para injetar o seu RNA na célula.

pelo corpo, preparados para combater o verdadeiro vírus SARS-CoV-2 quando este entrar no corpo, e geram imunidade.

A abordagem tradicional às vacinas é introduzir vírus mortos/inativados ou atenuados para provocar uma resposta imunológica. As vacinas da Sinovac e da Sinopharm contra a covid-19, desenvolvidas na China, adotaram essa abordagem e utilizam o vírus SARS-CoV-2 inativado. A vacina da Johnson & Johnson (Janssen) usa uma terceira abordagem, chamada de vetor viral, para provocar uma resposta imunológica. Nessa tecnologia, uma cadeia de DNA com instruções para criar a proteína espícula modificada é integrada a um vírus não relacionado (semelhante ao vírus que causa o resfriado comum). O vírus transporta essa cadeia de DNA às suas células, que então fabricam a versão modificada da proteína espícula. A partir desse ponto, o processo segue basicamente as mesmas etapas observadas na vacina de mRNA.

As vacinas contra a covid-19 foram desenvolvidas a uma velocidade sem precedentes. A maioria das vacinas precisa de 10 a 15 anos para serem desenvolvidas, testadas e receber todas as autorizações necessárias do governo. Antes da pandemia da covid-19, o processo de desenvolvimento mais rápido da história ocorrera na década de 1960, quando foram precisos 4 anos para criar a vacina contra a caxumba. O desenvolvimento rápido e a eficácia das vacinas de mRNA e de vetores virais para nos proteger contra essa doença mortal são um triunfo da ciência moderna, fundamentado sobre décadas de pesquisas fundamentais em bioquímica que salvaram inúmeras vidas.

perfeitos para ligações de hidrogênio. De modo análogo, a citosina e a guanina formam pares ideais para ligações de hidrogênio. Dizemos que a timina e a adenina são *complementares* entre si, assim como a citosina em relação à guanina. Na estrutura de dupla hélice, consequentemente, cada timina em uma fita está oposta a uma adenina em outra fita, e cada citosina está oposta a uma guanina. A estrutura de dupla hélice com bases complementares nas duas fitas é o segredo para o entendimento de como o DNA funciona.

As duas fitas de DNA desenrolam-se durante a divisão celular, e novas fitas complementares são construídas sobre as fitas separadas (**Figura 24.29**). Esse processo resulta em duas estruturas idênticas de dupla hélice, cada uma contendo uma fita da estrutura original e uma fita nova. Tal processo de replicação permite que a informação genética seja transmitida quando as células se dividem.

A estrutura do DNA também é a chave para entender a síntese de proteínas, como as viroses infectam as células e muitos outros problemas de grande importância para a biologia moderna. Entretanto, esses temas estão além do escopo deste livro. Contudo, quem optar por disciplinas relacionadas às biociências, terá muito a aprender sobre essas questões.

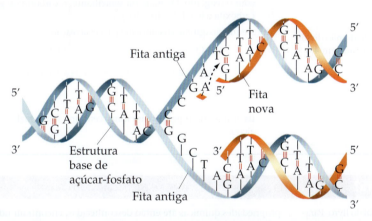

▲ **Figura 24.29 Replicação do DNA.** A dupla hélice original do DNA se desenrola parcialmente, e novos nucleotídeos alinham-se em cada fita de modo complementar. As ligações de hidrogênio ajudam a alinhar os novos nucleotídeos com a cadeia original de DNA. A união dos novos nucleotídeos por reações de condensação resulta em duas hélices duplas idênticas de moléculas de DNA.

Exercícios de autoavaliação

EAA 24.34 Qual dos fragmentos moleculares *não* é parte da estrutura de um ácido nucleico? (**a**) Base nitrogenada (**b**) Aminoácido (**c**) Grupo fosfato (**d**) Um anel de açúcar que contém cinco carbonos

EAA 24.35 Qual base é encontrada no RNA, mas não no DNA? (**a**) Adenina (**b**) Guanina (**c**) Citosina (**d**) Timina (**e**) Uracila

EAA 24.36 Qual das afirmações a seguir sobre a estrutura e/ou a função do RNA é *falsa*?

(**a**) O RNA está presente principalmente no interior do núcleo celular.

(**b**) O RNA transporta informações armazenadas pelo DNA.

(**c**) O RNA é usado na síntese de proteínas.

(**d**) O RNA geralmente é uma molécula menor do que o DNA.

(**e**) Os anéis de açúcar no RNA têm um grupo hidroxila a mais do que os anéis de açúcar no DNA.

EAA 24.37 Uma fita curta de DNA tem a sequência 5′–TTGCA–3′. Qual é a sequência da fita de DNA complementar? (**a**) 3′–TTGCA–5′ (**b**) 3′–TTGGG–5′ (**c**) 3′–GGATC–5′ (**d**) 3′–AACGT–5′

Integrando conceitos

O ácido pirúvico tem a seguinte estrutura:

$$CH_3-\underset{\underset{O}{\parallel}}{C}-\underset{\underset{O}{\parallel}}{C}-OH$$

Ele se forma no corpo a partir do metabolismo de carboidrato. No músculo, é reduzido ao ácido lático durante o esforço físico. A constante de acidez para o ácido pirúvico é $3,2 \times 10^{-3}$. **(a)** Por que o ácido pirúvico tem constante de acidez maior que a do ácido acético? **(b)** Podemos esperar que o ácido pirúvico exista principalmente como ácido neutro ou como íons dissociados no tecido muscular, supondo pH de 7,4 e concentração inicial de ácido de 2×10^{-4} M? **(c)** O que se pode prever quanto às propriedades de solubilidade do ácido pirúvico? Justifique sua resposta. **(d)** Qual é a hibridização de cada átomo de carbono no ácido pirúvico? **(e)** Supondo os átomos de H como agentes redutores, escreva uma equação química balanceada para a redução do ácido pirúvico ao ácido lático (Figura 24.13). (Embora os átomos de H não existam como tais em sistemas bioquímicos, os agentes redutores bioquímicos fornecem hidrogênio para tais reduções.)

SOLUÇÃO

(a) A constante de acidez para o ácido pirúvico deve ser um pouco maior que a constante para o ácido acético, porque a função carbonila no átomo de carbono α exerce efeito retirador de elétrons no grupo carboxílico. No sistema da ligação C — O — H, os elétrons são deslocados do H, facilitando a sua perda como um próton. (Seção 16.10)

(b) Para determinar a extensão da ionização, primeiro montamos o equilíbrio de ionização e a expressão da constante de equilíbrio. Usando HPv como símbolo para o ácido, temos:

$$HPv \rightleftharpoons H^+ + Pv^-$$

$$K_a = \frac{[H^+][Pv^-]}{[HPv]} = 3,2 \times 10^{-3}$$

Considere $[Pv^-] = x$. Então, a concentração de ácido não dissolvido é $2 \times 10^{-4} - x$. A concentração de $[H^+]$ é fixada em $4,0 \times 10^{-8}$ M (o antilog do valor do pH). Substituindo, temos:

$$3,2 \times 10^{-3} = \frac{(4,0 \times 10^{-8})(x)}{(2 \times 10^{-4} - x)}$$

Calculando x, obtemos:

$$x = [Pv^-] = 2 \times 10^{-4} M$$

Essa é a concentração inicial de ácido, o que significa que quase todo o ácido foi dissociado. Poderíamos esperar esse resultado porque o ácido está bastante diluído e a constante de acidez é razoavelmente alta.

(c) O ácido pirúvico deve ser bastante solúvel em água, pois tem grupos funcionais polares e um pequeno componente de hidrocarboneto. Poderíamos prever que ele fosse solúvel em solventes orgânicos polares, em especial naqueles oxigenados. Na verdade, o ácido pirúvico dissolve-se em água, etanol e éter etílico.

(d) O carbono do grupo metila tem hibridização sp^3. O carbono do grupo carbonila tem hibridização sp^2 por causa da ligação dupla com o oxigênio. De maneira semelhante, o carbono do grupo carboxílico tem hibridização sp^2.

(e) A equação química balanceada para essa reação é:

$$CH_3\overset{\overset{O}{\parallel}}{C}COOH + 2\,(H) \longrightarrow CH_3\underset{\underset{H}{|}}{\overset{\overset{OH}{|}}{C}}COOH$$

Basicamente, o grupo funcional cetônico foi reduzido a um álcool.

ESTRATÉGIAS PARA O SUCESSO — E agora?

Se você está lendo este quadro é porque chegou ao final do livro. Parabéns pela tenacidade e dedicação para chegar tão longe!

Como epílogo, oferecemos a estratégia de estudo final na forma de uma pergunta: o que você pretende fazer com o conhecimento de química adquirido até aqui em seus estudos? Muitos de vocês vão cursar outras disciplinas de química como parte das exigências do currículo. Para outros, esta será a última disciplina formal em química. Independentemente da carreira a ser seguida – química, um dos campos da biomédica, engenharia ou qualquer outra –, esperamos que este livro tenha aguçado sua compreensão da química no mundo ao seu redor. Se prestar atenção, poderá encontrar a química ao seu redor, dos produtos alimentícios aos farmacêuticos e das células solares aos equipamentos esportivos.

Tentamos também passar uma noção da natureza dinâmica, em constante transformação, da química. Pesquisadores químicos sintetizam novos compostos, desenvolvem novas reações, desvendam propriedades químicas até então desconhecidas, encontram novas aplicações para compostos conhecidos e aperfeiçoam as teorias. O entendimento da química fundamental de sistemas biológicos se torna cada vez mais importante à medida que novos níveis de complexidade são descobertos. Solucionar os desafios globais da energia sustentável e da água potável envolve o trabalho de muitos desses profissionais, e nós incentivamos todos vocês a participarem do mundo fascinante da pesquisa química e seguir um curso universitário na área. Tendo em conta todas as respostas que os químicos parecem ter, você poderá se surpreender com o grande número de perguntas que eles ainda tentam responder.

Por fim, esperamos que você tenha gostado de usar este livro. Sem dúvida, nós gostamos de compartilhar com você nossas experiências e perspectivas sobre o mundo fascinante da química. Acreditamos de verdade que ela seja a ciência central, que beneficia a todos que aprendem sobre ela e a partir dela.

Resumo do capítulo e termos-chave

CARACTERÍSTICAS GERAIS DE COMPOSTOS ORGÂNICOS (INTRODUÇÃO E SEÇÃO 24.1) Este capítulo apresenta a **química orgânica**, estudo dos compostos que contêm ligações carbono-hidrogênio, e a **bioquímica**, estudo da química dos organismos vivos. As ligações simples C — C e as ligações C — H tendem a ter baixa reatividade. As ligações que têm alta densidade eletrônica (como as múltiplas ou as com um átomo de alta eletronegatividade) tendem a ser os sítios de reatividade em um composto orgânico. Esses sítios de reatividade são chamados de **grupos funcionais**.

INTRODUÇÃO AOS HIDROCARBONETOS (SEÇÃO 24.2) Os tipos mais simples de compostos orgânicos são os hidrocarbonetos, constituídos apenas de carbono e hidrogênio. Existem quatro tipos principais de hidrocarbonetos: alcanos, alcenos, alcinos e hidrocarbonetos aromáticos. Os **alcanos** são constituídos somente de ligações simples C — C e C — H. Os **alcenos** contêm uma ou mais ligações duplas carbono-carbono. Os **alcinos** contêm uma ou mais ligações triplas carbono-carbono. Os **hidrocarbonetos aromáticos** contêm arranjos cíclicos de átomos de carbono ligados tanto por ligações σ quanto por ligações π deslocalizadas. Os alcanos são hidrocarbonetos saturados; os outros são insaturados.

Os alcanos podem formar arranjos de cadeia linear, cadeia ramificada e cíclicos. Os isômeros são substâncias que têm a mesma fórmula molecular, mas diferem nos arranjos dos átomos. Os **isômeros estruturais** diferem nos arranjos de ligação dos átomos. A diferentes isômeros são dados diferentes nomes sistemáticos. A nomenclatura de hidrocarbonetos é baseada na cadeia contínua mais longa de átomos de carbono na estrutura. As localizações dos **grupos alquila**, que se ramificam da cadeia, são especificadas por numeração ao longo da cadeia carbônica.

Os alcanos com estruturas cíclicas são chamados de **cicloalcanos**. Os alcanos são relativamente não reativos. Entretanto, sofrem combustão ao ar e sua principal aplicação é como fonte de calor, que é produzido pelas reações de combustão.

ALCENOS, ALCINOS E HIDROCARBONETOS AROMÁTICOS (SEÇÃO 24.3) Os nomes dos alcenos e alcinos têm base na cadeia contínua mais longa de átomos de carbono que contém a ligação múltipla, e a localização da ligação múltipla é especificada por um prefixo numérico. Os alcenos exibem não só isomerismo estrutural, mas também isomerismo geométrico (cis-trans). Nos **isômeros geométricos**, as ligações são as mesmas, mas as moléculas têm diferentes geometrias. O isomerismo geométrico é possível em alcenos porque a rotação ao redor da ligação dupla C═C é restrita.

Os alcenos e alcinos sofrem rapidamente **reações de adição** nas ligações múltiplas carbono-carbono. As reações de adição são difíceis de realizar com hidrocarbonetos aromáticos; já as **reações de substituição** são realizadas com mais facilidade na presença de catalisadores.

GRUPOS FUNCIONAIS ORGÂNICOS (SEÇÃO 24.4) A química dos compostos orgânicos é dominada pela natureza de seus grupos funcionais. Os grupos funcionais que examinamos são

R — O — H Álcool
R — C(═O) — H Aldeído
C═C Alceno
—C≡C— Alcino
R — C(═O) — N Amida
R — N — R' (ou H) Amina
R — C(═O) — O — H Ácido carboxílico
R — C(═O) — O — R' Éster
R — O — R' Éter
R — C(═O) — R' Cetona

R, R' e R" representam grupos de hidrocarbonetos; por exemplo, metil (CH₃) ou fenil (C₆H₅).

Os **álcoois** são derivados de hidrocarbonetos que contêm um ou mais grupos OH. Os **éteres** são formados por uma reação de condensação de duas moléculas de álcool. Vários grupos funcionais contêm o **grupo carbonila** (C═C), incluindo **aldeídos**, **cetonas**, **ácidos carboxílicos**, **ésteres** e **amidas**. Os aldeídos e as cetonas podem ser produzidos pela oxidação de determinados álcoois. Uma oxidação subsequente de aldeídos produz ácidos carboxílicos. Os ácidos carboxílicos podem formar ésteres por meio de uma reação de condensação com álcoois ou podem formar amidas por meio de uma reação de condensação com aminas. Os ésteres sofrem **hidrólise** (**saponificação**) na presença de bases fortes.

QUIRALIDADE NA QUÍMICA ORGÂNICA (SEÇÃO 24.5) As moléculas que têm imagens especulares não sobreponíveis são chamadas de **quirais**. As duas formas não sobreponíveis de uma molécula quiral são chamadas de *enantiômeros*. Nos compostos de carbono, um centro quiral é criado quando todos os quatro grupos ligados ao átomo de carbono central são diferentes. Muitas das moléculas que existem nos sistemas vivos, como os aminoácidos, são quirais e existem na natureza apenas sob forma enantiomérica. Muitos medicamentos importantes na medicina humana são quirais, e os enantiômeros podem produzir diversos efeitos bioquímicos.

PROTEÍNAS (SEÇÕES 24.6) Muitas moléculas essenciais à vida são grandes polímeros naturais construídos a partir de moléculas pequenas denominadas monômeros. Três desses **biopolímeros** foram tratados neste capítulo: proteínas, polissacarídeos (carboidratos) e ácidos nucleicos.

As **proteínas** são polímeros de **aminoácidos**. Elas são os principais materiais estruturais nos sistemas animais. Todas as proteínas naturais são formadas a partir de 22 aminoácidos, embora somente 20 sejam comuns. Os aminoácidos são unidos por **ligações peptídicas**. Um **polipeptídeo** é um polímero formado pela união de muitos aminoácidos por meio de ligações peptídicas.

Os aminoácidos são substâncias quirais. Em geral, verifica-se que apenas um dos enantiômeros é biologicamente ativo. A estrutura proteica é determinada pela sequência de aminoácidos na cadeia (**estrutura primária**), pelas interações intramoleculares dentro da cadeia (**estrutura secundária**) e pela forma geral da molécula completa (**estrutura terciária**). Duas importantes estruturas secundárias são a **hélice-α** e a **folha-β**. O processo pelo qual uma proteína assume sua estrutura terciária biologicamente ativa é chamado de **enovelamento**. Às vezes, várias proteínas agregam-se para formar uma **estrutura quaternária**.

CARBOIDRATOS E LIPÍDEOS (SEÇÕES 24.7 E 24.8) Os **carboidratos**, que são aldeídos e cetonas polihidroxilados, são os principais constituintes estruturais dos vegetais e fontes de energia tanto para os vegetais quanto para os animais. A **glicose** é o **monossacarídeo** mais comum ou açúcar mais simples. Dois monossacarídeos podem ser unidos por meio de uma reação de condensação para formar o **dissacarídeo**. Os **polissacarídeos** são carboidratos complexos constituídos de muitas unidades de monossacarídeos unidas. Os polissacarídeos mais importantes são o **amido** e a **celulose**, encontrados nos vegetais, e o **glicogênio**, encontrado nos mamíferos.

Os **lipídeos** são compostos formados por reações de condensação entre o glicerol e ácidos graxos. Eles incluem as gorduras e os **fosfolipídeos**. Os ácidos graxos podem ser saturados, insaturados, cis ou trans, dependendo de suas fórmulas químicas e estruturas.

ÁCIDOS NUCLEICOS (SEÇÃO 24.9) Os **ácidos nucleicos** são biopolímeros que carregam a informação genética necessária à reprodução celular. Eles também controlam o desenvolvimento das células por meio do controle da síntese de proteínas. As unidades fundamentais desses biopolímeros são os **nucleotídeos**. Existem dois tipos de ácido nucleico, os **ácidos ribonucleicos (RNA)** e os **ácidos desoxirribonucleicos (DNA)**. Essas substâncias consistem em uma estrutura básica polimérica de grupos alternados de fosfato e de açúcar ribose ou desoxirribose, com bases nitrogenadas orgânicas ligadas às moléculas de açúcar. O polímero DNA é uma hélice de fitas duplas (**dupla hélice**) mantidas unidas por meio de ligações de hidrogênio entre as bases orgânicas situadas transversalmente entre si nas duas fitas. A ligação de hidrogênio entre os pares específicos de base é o segredo da replicação genética e da síntese de proteínas.

Simulado

SIM 24.1 Preveja o ângulo da ligação O—C—O na seguinte molécula:

$$CH_3CH_2\overset{O}{\overset{\|}{C}}-OH$$

(a) 90°
(b) Um pouco maior do que 90°
(c) 120°
(d) Um pouco menor do que 120°
(e) Um pouco maior do que 120°

SIM 24.2 Quantos locais distintos existem para uma ligação dupla em uma cadeia linear de seis carbonos? (a) 1 (b) 2 (c) 3 (d) 4 (e) 5

SIM 24.3 Qual dos compostos a seguir *não* existe? (a) 1,3,5,7-octatetraeno (b) *cis*-2-butano (c) *trans*-3-hexeno (d) 1-propeno (e) *cis*-4-deceno

SIM 24.4 Quantos átomos de hidrogênio há no 3-etil-2,3-dimetilpentano? (a) 5 (b) 9 (c) 12 (d) 18 (e) 20

SIM 24.5 Qual é a relação entre o 2,3-dimetilpentano e o 3-metil-hexano?
(a) São isômeros geométricos.
(b) São isômeros estruturais.
(c) São isômeros ópticos (enantiômeros).
(d) *Não* são isômeros.

SIM 24.6 O composto a seguir é um _____, com fórmula molecular _____.

(estrutura: anel aromático com Cl e OH)

(a) hidrocarboneto aromático, C_6ClOH
(b) hidrocarboneto aromático, C_6H_4ClOH
(c) hidrocarboneto aromático, C_6H_8ClOH
(d) alceno, C_6H_4ClOH
(e) alceno, C_6H_8ClOH

SIM 24.7 Qual das moléculas a seguir pode apresentar isomerismo geométrico?
   (i) 1-buteno
   (ii) 2-buteno
(a) i (b) ii (c) i e ii (d) nenhuma

SIM 24.8 Qual produto é formado a partir da hidrogenação do 2-metil-propeno? (a) Propano (b) Butano (c) 2-metilbutano (d) 2-metilpropano (e) 2-metilpropino

SIM 24.9 Quais tipos de compostos orgânicos sofrem reações de adição com facilidade?
   (i) Alcenos
   (ii) Alcinos
   (iii) Hidrocarbonetos aromáticos
(a) i (b) iii (c) i e ii (d) i e iii (e) i, ii e iii

SIM 24.10 O aminoácido glicina contém quais grupos funcionais?

$$H-\underset{\underset{H}{|}}{\overset{\overset{H}{|}}{N}}-\underset{}{\overset{\overset{O}{\|}}{C}}-C-O-H$$

(a) Amina, álcool
(b) Amida, álcool
(c) Amina, ácido carboxílico
(d) Amida, ácido carboxílico
(e) Amina, alceno, álcool

SIM 24.11 Uma reação de condensação entre _____ e _____ resulta na formação de um éster.
(a) um aldeído, álcool
(b) um álcool, álcool
(c) um ácido carboxílico, álcool
(d) um ácido carboxílico, amina
(e) um ácido carboxílico, ácido carboxílico

SIM 24.12 Quantos carbonos quirais existem na molécula a seguir?

$$CH_3CH_2\overset{}{\underset{H}{\overset{}{C}}}=\overset{}{\underset{H}{\overset{}{C}}}CH_2\overset{CH_3}{\underset{}{\overset{|}{C}H}}CH_2CH_3$$

(a) 1 (b) 2 (c) 3 (d) 5 (e) 8

SIM 24.13 Quantos átomos de nitrogênio estão presentes no tripeptídeo Arg-Asp-Gly? (a) 3 (b) 4 (c) 5 (d) 6 (e) 7

SIM 24.14 Qual afirmação sobre a estrutura e a composição de diferentes aminoácidos é *falsa*?
(a) Os grupos de ácido carboxílico e amina são sempre ligados ao carbono α.
(b) Todos os aminoácidos podem formar zwitteríons.
(c) A hibridização no carbono α é sempre sp^3.
(d) O carbono α normalmente é um centro quiral, mas não sempre.
(e) O grupo –R contém apenas carbono e hidrogênio, mas o número de átomos nesse grupo difere entre os aminoácidos.

SIM 24.15 Se aquecermos uma proteína até uma temperatura alta o suficiente para quebrar ligações de hidrogênio intramoleculares, a estrutura de hélice-α e/ou de folha-β será mantida?
(a) A estrutura de hélice-α será preservada, mas a estrutura de folha-β, não.
(b) A estrutura de folha-β será preservada, mas a estrutura de hélice-α, não.
(c) Tanto a estrutura de hélice-α quanto a estrutura de folha-β serão preservadas.
(d) Nem a estrutura de hélice-α nem a estrutura de folha-β serão preservadas.

SIM 24.16 Qual das moléculas a seguir é um carboidrato?

(i) $CH_3\underset{OH}{\overset{OH}{\overset{|}{C}H}}CH_2$ ... OH
(ii) $HOCH_2\underset{O}{\overset{OH}{\overset{|}{C}H}}\overset{\|}{C}CH_2OH$
(iii) $HOCH_2CH_2\overset{O}{\overset{\|}{C}}CH_2OH$

(a) i (b) ii (c) iii (d) i e ii (e) ii e iii

Capítulo 24 | A química da vida: química orgânica e biológica **1061**

SIM 24.17 Quantos átomos de carbono quiral há na forma de cadeia aberta da frutose?

```
        H
        |
    H — ¹C — OH
        |
        ²C = O
        |
   HO — ³C — H
        |
    H — ⁴C — OH
        |
    H — ⁵C — OH
        |
    H — ⁶C — OH
        |
        H
     Frutose
```

(**a**) 0 (**b**) 1 (**c**) 2 (**d**) 3 (**e**) 4

SIM 24.18 Qual é a relação entre os monossacarídeos glicose e galactose (a Figura 24.21 apresenta desenhos das formas de anel dessas duas moléculas)?
(**a**) As duas moléculas são isômeros estruturais.
(**b**) As duas moléculas são isômeros geométricos.
(**c**) As duas moléculas são isômeros ópticos.
(**d**) As duas moléculas *não* são isômeros.

SIM 24.19 Dissacarídeos, peptídeos, gorduras e polinucleotídeos são formados por qual tipo de reação? (**a**) Adição (**b**) Oxidação (**c**) Condensação (**d**) Hidrogenação (**e**) Carbonilação

SIM 24.20 Qual(is) das seguintes afirmações é(são) *verdadeira(s)*?
(**i**) As gorduras são lipídeos derivados de glicerol e ácidos graxos.
(**ii**) Gorduras trans são gorduras saturadas.
(**iii**) Os fosfolipídeos são componentes críticos das membranas celulares, pois formam bicamadas que contêm extremidades polares e apolares.

(**a**) i (**b**) i e ii (**c**) i e iii (**d**) ii e iii (**e**) i, ii e iii

SIM 24.21 Qual classe de biomoléculas é a menos solúvel em água? (**a**) Proteínas (**b**) Aminoácidos (**c**) Carboidratos (**d**) Lipídeos (**e**) Ácidos nucleicos

SIM 24.22 Na estrutura de dupla hélice do DNA, qual base forma ligações de hidrogênio com a timina? (**a**) Adenina (**b**) Guanina (**c**) Citosina (**d**) Uracila

SIM 24.23 Imagine uma única fita de DNA com a seguinte sequência de bases: 5′–GACCTTA–3′. Qual é a sequência de base da fita complementar?
(**a**) 3′–GACCTTA–5′ (**b**) 3′–AGTTCCA–5′ (**c**) 3′–TCAAGGC–5′ (**d**) 3′–CTGGAAT–5′

SIM 24.24 Qual das comparações a seguir entre DNA e RNA é *falsa*?
(**a**) As estruturas bases de DNA e RNA contêm moléculas de açúcar diferentes.
(**b**) DNA e RNA são formados a partir das mesmas bases nitrogenadas.
(**c**) As moléculas de DNA costumam ser muito maiores do que as moléculas de RNA.
(**d**) Os DNA normalmente estão presentes no núcleo celular, enquanto os RNA são encontrados fora do núcleo celular.
(**e**) DNA e RNA são biopolímeros.

Exercícios

Visualizando conceitos

24.1 Dê o nome sistemático de cada um dos hidrocarbonetos a seguir. [Seções 24.2, 24.3]

```
        CH₃
        |
   CH₃CCH₂CHCH₃
        |   |
       CH₃ CH₃
         (a)
```

```
   CH₃       CH₃
      \     /
       C = C
      /     \
   CH₃CH₂    CH₃
          (b)
```

```
   CH₃
      \
       C=C=CH₂        CH₃CH₂C≡CH
      /
     H
        (c)              (d)
```

24.2 Qual destas moléculas é insaturada? [Seção 24.3]

CH₃CH₂CH₂CH₃
(a)

```
   CH₂ — CH₂
   |       |
   CH₂    CH₂
      \   /
       CH₂
```
(b)

```
      O
      ||
   CH₃C — OH          CH₃CH = CHCH₃
      (c)                   (d)
```

24.3 (a) Qual destas moléculas submete-se com mais facilidade a uma reação de adição? (b) Qual destas moléculas é aromática? (c) Qual destas moléculas submete-se com mais facilidade a uma reação de substituição? [Seção 24.3]

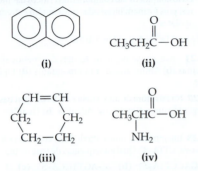

24.4 (a) Qual destes compostos podemos esperar que tenha o maior ponto de ebulição? (b) Qual destes compostos é o mais oxidado? (c) Qual destes compostos, se houver, é um éter? (d) Qual destes compostos, se houver, é um éster? (e) Qual destes compostos, se houver, é uma cetona? [Seção 24.4]

$$\underset{(i)}{CH_3\overset{O}{\underset{\parallel}{C}}H} \quad \underset{(ii)}{CH_3CH_2OH} \quad \underset{(iii)}{CH_3C\equiv CH} \quad \underset{(iv)}{H\overset{O}{\underset{\parallel}{C}}OCH_3}$$

24.5 Para cada um dos compostos a seguir, informe o nome sistemático, o(s) grupo(s) funcional(is) e se ele é ou não quiral. [Seções 24.2, 24.4]

(a) CH₃CHCH\overset{O}{\underset{\parallel}{C}}—O⁻ com CH₃ acima e NH₃⁺ abaixo

(b) ácido 3-clorobenzóico (C—OH em anel com Cl)

(c) CH₃CH₂CH=CHCH₃

(d) CH₃CH₂CH₃

24.6 Com base nos modelos moleculares i-v, escolha a substância que (a) pode ser hidrolisada para formar uma solução que contenha glicose, (b) é capaz de formar um zwitteríon, (c) é uma das quatro bases presentes no DNA, (d) reage com um ácido para formar um éster, (e) é um lipídeo. [Seções 24.6 a 24.9]

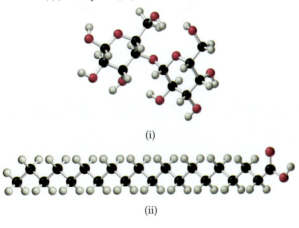

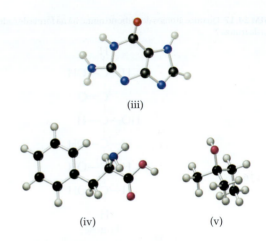

Introdução a compostos orgânicos; Hidrocarbonetos (Seções 24.1 e 24.2)

24.7 Indique se cada afirmação é *verdadeira* ou *falsa*. (a) O butano apresenta carbonos que são hibridizados sp^2. (b) Cicloexano é outro nome para benzeno. (c) O grupo isopropílico contém três carbonos hibridizados sp^3. (d) Olefina é outro nome para alcino.

24.8 Indique se cada afirmação é *verdadeira* ou *falsa*. (a) O pentano tem uma massa molar maior do que o hexano. (b) Quanto mais longa a cadeia linear de alquila para hidrocarbonetos de cadeia linear, maior é o ponto de ebulição. (c) A geometria local em torno do grupo alcino é linear. (d) O propano tem dois isômeros estruturais.

24.9 Determine os valores ideais para os ângulos de ligação ao redor de cada átomo de carbono na molécula a seguir. Indique a hibridização dos orbitais de cada carbono.

$$CH_3CCCH_2COOH$$

24.10 Identifique na estrutura mostrada o(s) átomo(s) de carbono que tenha(m) cada uma das seguintes hibridizações: (a) sp^3, (b) sp, (c) sp^2.

$$N\equiv C-CH_2-CH_2-CH=CH-\underset{\underset{H}{\overset{\overset{C=O}{|}}{|}}}{CHOH}$$

24.11 Para cada um dos hidrocarbonetos a seguir, informe quantos átomos de carbono cada molécula contém:

(a) metano (d) neopentano
(b) decano (e) acetileno
(c) 2-metil-hexano

24.12 *Verdadeiro* ou *falso*? Quanto mais fraca a ligação simples de uma molécula, maior é a probabilidade de este ser o local da reação (em comparação com as ligações simples mais fortes da molécula).

24.13 Indique se cada afirmação é *verdadeira* ou *falsa*. (a) Os alcanos não contêm ligações múltiplas carbono-carbono. (b) O ciclobutano contém um anel de quatro membros. (c) Os alcenos contêm ligações triplas carbono-carbono. (d) Os alcinos contêm ligações duplas carbono-carbono. (e) O pentano é um hidrocarboneto saturado, mas o 1-penteno é um hidrocarboneto insaturado. (f) O cicloexano é um hidrocarboneto aromático. (g) O grupo metil contém um átomo de hidrogênio a menos que o metano.

24.14 Quais aspectos estruturais nos ajudam a identificar um composto como um (a) alcano, (b) cicloalcano, (c) alceno, (d) alcino, (e) hidrocarboneto saturado, (f) hidrocarboneto aromático?

24.15 Dê o nome ou a fórmula estrutural condensada, conforme apropriado:

(a)
$$\text{CH}_3\text{CHCH}_3$$
$$|$$
$$\text{CHCH}_2\text{CH}_2\text{CH}_2\text{CH}_3$$
$$|$$
$$\text{CH}_3$$

(b) 2,2-dimetilpentano
(c) 4-etil-1,1-dimetilcicloexano
(d) $(\text{CH}_3)_2\text{CHCH}_2\text{CH}_2\text{C}(\text{CH}_3)_3$
(e) $\text{CH}_3\text{CH}_2\text{CH}(\text{C}_2\text{H}_5)\text{CH}_2\text{CH}_2\text{CH}_2\text{CH}_3$

24.16 Dê o nome ou a fórmula estrutural condensada, conforme apropriado:

(a) 3-fenilpentano
(b) 2,3-dimetil-hexano
(c) 3,3-dimetiloctano
(d) $\text{CH}_3\text{CH}_2\text{CH}(\text{CH}_3)\text{CH}_2\text{CH}(\text{CH}_3)_2$
(e) [ciclobutano]—CH$_3$

Alcenos, alcinos e hidrocarbonetos aromáticos (Seção 24.3)

24.17 (a) C_4H_6 é um hidrocarboneto saturado ou insaturado?
(b) Todos os alcinos são insaturados?

24.18 (a) O composto $\text{CH}_3\text{CH}=\text{CH}_2$ é saturado ou insaturado? Explique sua resposta. (b) O que há de errado com a fórmula $\text{CH}_3\text{CH}_2\text{CH}=\text{CH}_3$?

24.19 Dê a fórmula molecular de um hidrocarboneto que contenha cinco átomos de carbono e que seja um (a) alcano, (b) cicloalcano, (c) alceno, (d) alcino.

24.20 Dê a fórmula molecular de um hidrocarboneto que contenha cinco átomos de carbono e que seja um (a) alcano cíclico, (b) alceno cíclico, (c) alcano linear, (d) hidrocarboneto aromático.

24.21 Enediinos são uma classe de compostos que inclui alguns antibióticos. Desenhe a estrutura de um fragmento de um enediino que tenha seis carbonos em uma fileira.

24.22 Dê a fórmula geral de um alceno cíclico, isto é, um hidrocarboneto cíclico com uma ligação dupla.

24.23 Escreva as fórmulas estruturais condensadas para dois alcenos e um alcino com a fórmula molecular C_6H_{10}.

24.24 Desenhe todos os isômeros possíveis de C_5H_{10}. Dê o nome de cada composto.

24.25 Dê o nome ou escreva a fórmula estrutural condensada dos seguintes compostos:

(a) *trans*-2-penteno
(b) 2,5-dimetil-4-octeno

(c)
$$\text{CH}_3\text{CH}_2 \quad\quad \text{CH}_2\text{CHCH}_2\text{CH}_3$$
$$\text{C}=\text{C}$$
$$\text{H} \quad\quad\quad\quad \text{H}$$
com CH_3 no grupo CHCH$_2$CH$_3$

(d) 1,4-dibromobenzeno

(e) $\text{HC}\equiv\text{CCH}_2\text{CCH}_3$ com substituintes CH$_2$CH$_3$ e CH$_3$ no carbono

24.26 Dê o nome ou escreva a fórmula estrutural condensada dos seguintes compostos:

(a) 4-metil-2-penteno
(b) *cis*-2,5-dimetil-3-hexeno
(c) *orto*-dimetilbenzeno
(d) $\text{HC}\equiv\text{CCH}_2\text{CH}_3$
(e) *trans*-$\text{CH}_3\text{CH}=\text{CHCH}_2\text{CH}_2\text{CH}_2\text{CH}_3$

24.27 Indique se cada afirmação é *verdadeira* ou *falsa*. (a) Dois isômeros geométricos do pentano são o *n*-pentano e o neopentano. (b) Os alcenos podem ter isômeros cis e trans em torno da ligação dupla carbono-carbono. (c) Os alcinos podem ter isômeros cis e trans em torno da ligação tripla carbono-carbono.

24.28 Desenhe todos os isômeros estruturais e geométricos do buteno e dê seus nomes.

24.29 Indique se cada uma das seguintes moléculas é capaz de apresentar isomerismo geométrico. Para as que forem, desenhe a estrutura de cada isômero: (a) 1,1-dicloro-1-buteno; (b) 2,4-dicloro-2-buteno; (c) 1,4-diclorobenzeno; (d) 4,4-dimetil-2-pentino.

24.30 Desenhe os três isômeros geométricos diferentes do 2,4-hexadieno.

24.31 (a) *Verdadeiro* ou *falso*? Os alcenos sofrem reações de adição, enquanto os hidrocarbonetos aromáticos sofrem reações de substituição. (b) Utilizando fórmulas estruturais condensadas, escreva a equação balanceada da reação de 2-penteno com Br_2 e nomeie o composto resultante. Essa é uma reação de adição ou de substituição? (c) Escreva uma equação química balanceada para a reação de Cl_2 com benzeno para preparar *para*-diclorobenzeno na presença de FeCl$_3$ como um catalisador. Essa é uma reação de adição ou de substituição?

24.32 Usando as fórmulas estruturais condensadas, escreva uma equação química balanceada para cada uma das seguintes reações: (a) hidrogenação do cicloexeno; (b) adição de H_2O ao *trans*-2-penteno usando H_2SO_4 como catalisador (dois produtos); (c) reação do 2-cloropropano com benzeno na presença de AlCl$_3$.

24.33 (a) Quando o ciclopropano é tratado com HI, forma-se o 1-iodopropano. Um tipo de reação similar não ocorre com o ciclopentano ou com o cicloexano. Como você explica a reatividade do ciclopropano? (b) Sugira um método de preparação do etilbenzeno, partindo do benzeno e do etileno como os únicos reagentes orgânicos.

24.34 (a) Um teste para a presença de um alceno é adicionar pequena quantidade de bromo, um líquido castanho-avermelhado, e verificar se a cor desaparece. Esse teste não funciona para detectar a presença de hidrocarbonetos aromáticos. Explique. (b) Escreva uma série de reações que levem ao *para*-bromoetilbenzeno, partindo do benzeno e usando outros reagentes, se necessário. Quais subprodutos isoméricos também podem ser formados?

24.35 A lei de velocidade para a adição de Br_2 a um alceno é de primeira ordem em Br_2 e de primeira ordem no alceno. Essa informação sugere que o mecanismo para a adição de Br_2 a um alceno é igual ao para a adição de HBr? Justifique sua resposta.

24.36 Descreva o intermediário que resulta da adição de um haleto de hidrogênio a um alceno. Use o cicloexeno como o alceno na sua descrição.

24.37 O calor de combustão molar do ciclopropano gasoso é -2.089 kJ/mol; para o ciclopentano gasoso, é -3.317 kJ/mol. Calcule o calor de combustão por grupo CH_2 nos dois casos e explique a diferença.

24.38 O calor de combustão do decaidronaftaleno, ($C_{10}H_{18}$), é -6.286 kJ/mol. O calor de combustão do naftaleno ($C_{10}H_8$) é -5.157 kJ/mol. (Em ambos os casos, $CO_2(g)$ e $H_2O(l)$ são os produtos.) Usando esses dados e os do Apêndice C, calcule o calor de hidrogenação e a energia de ressonância do naftaleno.

Grupos funcionais e quiralidade (Seções 24.4 e 24.5)

24.39 (a) Qual dos seguintes compostos, se houver, é um éter? (b) Qual composto, se houver, é um álcool? (c) Qual composto, se houver, produziria uma solução básica se dissolvido em água? (Suponha que a solubilidade não seja um problema.) (d) Qual composto, se houver, é uma cetona? (e) Qual composto, se houver, é um aldeído?

(i) H₃C—CH₂—OH
(ii) H₃C—N(H)—CH₂CH=CH₂
(iii) [éter coroa com 4 oxigênios]
(iv) [ciclopentadienona]
(v) CH₃CH₂CH₂CH₂CHO
(vi) CH₃C≡CCH₂COOH

24.40 Identifique os grupos funcionais em cada um destes compostos:

(a) H₃C—C(=O)—O—CH₂CH₂CH₂CH₂CH₂CH₃
(b) [3-clorofenol]
(c) H₃C—C(=O)—N(H)—CH₂CH₂CH₂CH₃
(d) [cadeia de carbonos com hidrogênios]
(e) [alqueno com aldeído]
(f) CH₃CH₂CH₂CH₂—C(=O)—CH₂CH₂CH₃

24.41 Dê a estrutura molecular de (a) um aldeído que seja um isômero da acetona; (b) um éter que seja um isômero do 1-propanol.

24.42 (a) Dê a fórmula empírica e a fórmula estrutural de um éter cíclico com quatro átomos de carbono no anel. (b) Escreva a fórmula estrutural para um éter cíclico que é um isômero estrutural do composto da sua resposta para o item (a).

24.43 O nome dado pela IUPAC a um ácido carboxílico é baseado no nome do hidrocarboneto com o mesmo número de átomos de carbono. Adiciona-se a terminação *-oico*, como no ácido etanoico, que é o nome IUPAC para o ácido acético. Desenhe a estrutura de cada um dos seguintes ácidos: (a) ácido metanoico, (b) ácido pentanoico, (c) ácido 2-cloro-3-metildecanoico.

24.44 Os aldeídos e as cetonas podem ser nomeados de maneira sistemática ao contar o número de átomos de carbono (inclusive o carbono da carbonila) que eles contêm. O nome do aldeído ou da cetona é baseado no hidrocarboneto com o mesmo número de átomos de carbono. A terminação *-al*, para aldeído, ou *-ona*, para cetona, é adicionada conforme apropriado. Desenhe as fórmulas estruturais para os seguintes aldeídos ou cetonas: (a) propanal; (b) 2-pentanona; (c) 3-metil-2-butanona; (d) 2-metilbutanal.

24.45 Desenhe a estrutura condensada dos compostos formados pelas reações de condensação entre (a) o ácido benzoico e o etanol; (b) o ácido etanoico e a metilamina; (c) o ácido acético e o fenol. Dê o nome do composto formado em cada caso.

24.46 Desenhe as estruturas condensadas dos ésteres formados a partir (a) do ácido butanoico e do metanol; (b) do ácido benzoico e do 2-propanol; (c) do ácido propanoico e da dimetilamina. Dê o nome do composto formado em cada caso.

24.47 Escreva uma equação química balanceada usando as fórmulas estruturais condensadas para a saponificação (hidrólise básica) do (a) propionato de metila; (b) acetato de fenila.

24.48 Escreva uma equação química balanceada usando as fórmulas estruturais condensadas para (a) a formação do propionato de butila a partir do ácido e do álcool apropriados; (b) a saponificação (hidrólise básica) do benzoato de metila.

24.49 O ácido acético puro é um líquido viscoso, com elevados pontos de fusão e de ebulição (16,7 e 118 °C, respectivamente) em comparação com compostos de massa molecular semelhante. Sugira uma explicação.

24.50 O anidrido acético é formado a partir de duas moléculas de ácido acético em uma reação de condensação que envolve a remoção de uma molécula de água. Escreva a equação química para esse processo e mostre a estrutura do anidrido acético.

24.51 Escreva a fórmula estrutural condensada de cada um dos seguintes compostos: (a) 2-pentanol, (b) 1,2-propanodiol, (c) acetato de etila, (d) difenilcetona, (e) éter metil-etílico.

24.52 Escreva a fórmula estrutural condensada de cada um dos seguintes compostos: (a) 2-etil-1-hexanol, (b) metil-fenil-cetona, (c) ácido *para*-bromobenzoico, (d) éter etil-butílico, (e) *N,N*-dimetilbenzamida.

24.53 Quantos átomos de carbono quiral há no 2-bromo-2-cloro-3-metilpentano? (a) 0 (b) 1 (c) 2 (d) 3 (e) 4 ou mais.

24.54 O 3-cloro-3-metil-hexano é quiral?

Proteínas (Seção 24.6)

24.55 (a) Desenhe a estrutura química de um aminoácido genérico, utilizando R para a cadeia lateral. (b) Quando aminoácidos reagem para formar proteínas, isso ocorre via reações de substituição, adição ou condensação? (c) Desenhe a ligação que une os aminoácidos em proteínas. Como isso se chama?

24.56 Indique se cada afirmação é *verdadeira* ou *falsa*. (a) O triptofano é um aminoácido aromático. (b) A lisina tem carga positiva em pH 7. (c) A asparagina tem duas ligações amida. (d) A isoleucina e a leucina são enantiômeros. (e) A valina é provavelmente mais solúvel em água do que a arginina.

24.57 Desenhe dois possíveis dipeptídeos formados por reações de condensação entre a histidina e o ácido aspártico.

24.58 Escreva uma equação química para a formação da glicina-metionina a partir de seus aminoácidos constituintes.

24.59 (a) Desenhe a estrutura condensada do tripeptídeo Gly-Gly-His. (b) Quantos tripeptídeos diferentes podem ser formados a partir dos aminoácidos glicina e histidina? Dê as abreviaturas para cada um desses tripeptídeos; use o código de três letras e o de uma letra para os aminoácidos.

Capítulo 24 | A química da vida: química orgânica e biológica 1065

24.60 (a) Quais aminoácidos seriam obtidos por meio da hidrólise do seguinte tripeptídeo?

H₂NCHCNHCHCNHCHCOH
(CH₃)₂CH   H₂COH   H₂CCH₂COH
 com grupos C=O e O

(b) Quantos tripeptídeos diferentes podem ser formados a partir dos aminoácidos glicina, serina e ácido glutâmico? Dê a abreviatura para cada um desses tripeptídeos; use o código de três letras e o de uma letra para os aminoácidos.

24.61 Indique se cada afirmação é *verdadeira* ou *falsa*. (a) A sequência de aminoácidos em uma proteína, do lado da amina até o lado do ácido, é chamada de estrutura primária da proteína. (b) As estruturas de hélice-alfa e folha-beta são exemplos de estrutura quaternária da proteína. (c) É impossível mais de uma proteína se ligar a outra e criar uma estrutura de ordem superior.

24.62 Indique se cada afirmação é *verdadeira* ou *falsa*. (a) Na estrutura de hélice-alfa de proteínas, a ligação de hidrogênio ocorre entre as cadeias laterais (grupos R). (b) As forças de dispersão, e não as ligações de hidrogênio, mantêm unidas as estruturas em folha-beta.

Carboidratos e lipídeos (Seções 24.7 e 24.8)

24.63 Indique se cada afirmação é *verdadeira* ou *falsa*. (a) Dissacarídeos são um tipo de carboidrato. (b) A sacarose é um monossacarídeo. (c) Todos os carboidratos possuem a fórmula $C_nH_{2m}O_m$.

24.64 (a) A glicose-α e a glicose-β são enantiômeros? (b) Mostre a condensação de duas moléculas de glicose para formar um dissacarídeo com uma ligação α. (c) Repita a parte (b), mas com uma ligação β.

24.65 (a) Qual é a fórmula empírica da celulose? (b) Qual é o monômero que forma a base do polímero celulose? (c) Qual ligação une as unidades monoméricas na celulose: amida, ácido, éter, éster ou álcool?

24.66 (a) Qual é a fórmula empírica do amido? (b) Qual é o monômero que forma a base do polímero amido? (c) Qual ligação une as unidades monoméricas no amido: amida, ácido, éter, éster ou álcool?

24.67 A fórmula estrutural de cadeia aberta da D-manose é

(estrutura da D-manose: CH=O, HO—C—H, HO—C—H, H—C—OH, H—C—OH, CH₂OH)

(a) Essa molécula é um açúcar? (b) Quantos carbonos quirais estão presentes na molécula? (c) Desenhe a estrutura em forma de anel de seis membros dessa molécula.

24.68 A fórmula estrutural de cadeia aberta da galactose é

(estrutura da galactose: CH=O, H—C—OH, HO—C—H, HO—C—H, H—C—OH, CH₂OH)

(a) Essa molécula é um açúcar? (b) Quantos carbonos quirais estão presentes na molécula? (c) Desenhe a estrutura em forma de anel de seis membros dessa molécula.

24.69 Indique se cada afirmação é *verdadeira* ou *falsa*. (a) As moléculas de gordura contêm ligações amida. (b) Os fosfolipídeos podem ser zwitteríons. (c) Os fosfolipídeos formam bicamadas na água, para que suas longas caudas hidrofóbicas interajam favoravelmente entre si, deixando as cabeças polares em direção ao meio aquoso.

24.70 Indique se cada afirmação é *verdadeira* ou *falsa*. (a) Se utilizar os dados da Tabela 8.3 sobre entalpias de ligação, você poderá mostrar que quanto mais ligações C—H uma molécula tiver em comparação com ligações C—O e O—H, mais energia poderá armazenar. (b) As gorduras trans são saturadas. (c) Os ácidos graxos são ácidos carboxílicos de cadeia longa. (d) Os ácidos graxos monoinsaturados têm uma ligação simples C—C na cadeia, enquanto as outras ligações são duplas ou triplas.

Ácidos nucleicos (Seção 24.9)

24.71 Adenina e guanina são membros de uma classe de moléculas conhecidas como *purinas*; elas têm dois anéis em sua estrutura. Timina e citosina, por outro lado, são *pirimidinas* e têm apenas um anel em sua estrutura. Determine se as purinas ou as pirimidinas apresentam forças de dispersão maiores em solução aquosa.

24.72 Um nucleosídeo é uma base orgânica do tipo mostrado na Seção 24.9, ligado à ribose ou à desoxirribose. Desenhe a estrutura da desoxiguanosina, formada a partir da guanina e da desoxirribose.

24.73 Qual é a sequência de DNA da molécula apresentada a seguir?

(estrutura de DNA mostrando timina, adenina, citosina e guanina ligados a desoxirriboses conectadas por grupos fosfato)

24.74 Você trabalha em um laboratório de biotecnologia que realiza análises de DNA. Você obtém uma amostra de um dodecâmero curto de DNA que contém 12 pares de bases. (**a**) Qual deve ser a proporção entre adenina e timina na sua amostra? (**b**) Qual deve ser a proporção entre citosina e guanina na sua amostra? (**c**) Considere que os contraíons presentes na sua solução de DNA são íons de sódio. Quantos íons de sódio deve haver por dodecâmero? Considere que cada fosfato da extremidade 5' tem carga −1.

24.75 Imagine uma única fita de DNA que contém uma seção com a seguinte sequência de bases: 5'−GCATTGGC−3'. Qual é a sequência de bases da fita complementar?

24.76 Qual afirmação explica melhor as diferenças químicas entre DNA e RNA? (**a**) O DNA tem dois açúcares diferentes em sua estrutura base de açúcar-fosfato, enquanto o RNA tem apenas um. (**b**) A timina é uma das bases do DNA, enquanto a base correspondente do RNA é uma timina menos um grupo metil. (**c**) A estrutura base de açúcar-fosfato do RNA contém menos átomos de oxigênio do que a espinha dorsal do DNA. (**d**) O DNA forma hélices duplas, e o RNA, não.

Exercícios adicionais

24.77 Desenhe as fórmulas estruturais condensadas de duas moléculas diferentes com a fórmula C_3H_4O.

24.78 Quantos isômeros estruturais existem para uma cadeia carbônica linear de cinco membros com uma ligação dupla? E para uma cadeia carbônica linear de seis membros com duas ligações duplas?

24.79 (**a**) Desenhe as fórmulas estruturais condensadas para os isômeros cis e trans do 2-penteno. (**b**) O ciclopenteno pode apresentar isomerismo cis-trans? Justifique sua resposta. (**c**) O 1-pentino tem enantiômeros? Explique sua resposta.

24.80 Se uma molécula é um "eno-ona", quais grupos funcionais ela deve ter?

24.81 Identifique cada um dos grupos funcionais nestas moléculas:

(a) (Responsável pelo cheiro dos pepinos)

(b) (Quinona, uma droga antimalária)

(c) (Índigo, um corante azul)

(d) (Acetaminofeno, ou Tylenol®)

24.82 Para as moléculas mostradas no Exercício 24.81, (**a**) quais, se houver alguma, vão produzir uma solução básica se dissolvidas em água? (**b**) Quais, se houver alguma, vão produzir uma solução ácida se dissolvidas em água? (**c**) Qual delas é a mais solúvel em água?

24.83 Escreva uma fórmula estrutural condensada para cada um dos seguintes itens: (**a**) ácido com a fórmula $C_4H_8O_2$; (**b**) cetona cíclica com a fórmula C_5H_8O; (**c**) composto di-hidroxílico com a fórmula $C_3H_8O_2$; (**d**) éster cíclico com a fórmula $C_5H_8O_2$.

24.84 Considerando o seu nome e as informações a seguir, desenhe cada molécula. (**a**) A nitroglicerina, também conhecida como 1,2,3-trinitroxipropano, é o ingrediente ativo da dinamite e também um medicamento receitado para pessoas que estão sofrendo um ataque cardíaco. (*Dica:* O grupo nitróxi é a base conjugada do ácido nítrico.) (**b**) A putrescina, também conhecida como 1,4-diaminobutano, é o composto responsável pelo cheiro de peixe podre. (**c**) A cicloexanona é o precursor do Nylon. (**d**) O 1,1,2,2-tetrafluoroeteno é o precursor do Teflon. (**e**) O ácido oleico, também conhecido como ácido *cis*-9-octadecenóico, é um ácido graxo monoinsaturado encontrado em diversas gorduras e óleos. Desenhe o isômero correto.

24.85 O indol tem um odor bastante forte em altas concentrações, mas tem um odor agradável de essência floral quando altamente diluído. Sua estrutura é:

O indol é uma molécula plana, e o nitrogênio é uma base muito fraca, com $K_b = 2 \times 10^{-12}$. Explique como essas informações indicam que a molécula de indol tem caráter aromático.

24.86 Para cada uma das moléculas a seguir, identifique os grupos funcionais e quantos centros quirais ela contém.

(a) $HOCH_2CH_2\overset{O}{\overset{\|}{C}}CH_2OH$

(b) $HOCH_2\overset{OH}{\overset{|}{CH}}\overset{O}{\overset{\|}{C}}CH_2OH$

(c) $HO\overset{O}{\overset{\|}{C}}CH\overset{CH_3}{\overset{|}{CH}}C_2H_5$
    $\qquad\quad\overset{|}{NH_2}$

24.87 Qual dos seguintes peptídeos têm carga líquida positiva em pH 7? (**a**) Gly-Ser-Lys (**b**) Pro-Leu-Ile (**c**) Phe-Tyr-Asp

24.88 A glutationa é um tripeptídeo encontrado na maioria das células vivas. A hidrólise parcial produz Cys-Gly e Glu-Cys. Quais são as estruturas possíveis para a glutationa?

24.89 Os monossacarídeos podem ser categorizados em relação ao número de átomos de carbono (pentoses têm cinco carbonos; hexoses, seis) e pelo fato de conterem um aldeído (prefixo *aldo-*, como em aldopentose) ou grupo cetona (prefixo *ceto-*, como em cetopentose). Classifique a glicose e a pentose dessa maneira.

24.90 Uma fita de DNA pode se ligar a uma fita complementar de RNA? Explique sua resposta.

24.91 Um composto orgânico é analisado e descobre-se que ele contém 66,7% de carbono, 11,2% de hidrogênio e 22,1% de oxigênio em massa. O composto entra em ebulição a 79,6 °C. A 100 °C e 0,970 atm, o vapor tem densidade de 2,28 g/L. O composto tem um grupo carbonila e não pode ser oxidado a ácido carboxílico. Sugira uma estrutura para ele.

24.92 Descobre-se que uma substância desconhecida contém apenas carbono e hidrogênio. Trata-se de um líquido que entra em ebulição a 49 °C e a 1 atm de pressão. Ao ser analisada, verifica-se que ela contém 85,7% de carbono e 14,3% de hidrogênio em massa. A 100 °C e 735 torr, o vapor dessa substância desconhecida tem densidade de 2,21 g/L. Quando ela é dissolvida em uma solução de hexano e água de bromo é adicionada, não ocorre reação. Qual é a identidade do composto desconhecido?

Elabore um experimento

Estruturas quaternárias de proteínas surgem se dois ou mais polipeptídeos ou proteínas menores se associam para formar uma estrutura de proteína muito maior. A associação deve-se às ligações de hidrogênio, ligações eletrostáticas e forças de dispersão que já estudamos. A hemoglobina, uma proteína utilizada para o transporte de moléculas de oxigênio no sangue, é um exemplo de proteína que tem estrutura quaternária. A hemoglobina é um tetrâmero; ela é feita de quatro polipeptídeos menores, dois "alfas" e dois "betas". (Esses nomes não indicam o número de hélices-alfa ou folhas-beta em cada polipeptídeo.) Elabore um conjunto de experiências que forneça evidências concretas da existência da hemoglobina como um tetrâmero, e não como uma enorme cadeia polipeptídica.

APÊNDICE A

OPERAÇÕES MATEMÁTICAS

A.1 | Notação exponencial

Os números usados em química muitas vezes são extremamente grandes ou pequenos. Tais números são expressos sob a forma

$$N \times 10^n$$

onde N é sempre um número entre 1 e 10, e n é o expoente. A seguir, veja alguns exemplos da *notação exponencial*, também chamada de *notação científica*.

1.200.000 é $1,2 \times 10^6$ (lê-se "um vírgula dois vezes dez à sexta potência")

0,000604 é $6,04 \times 10^{-4}$ (lê-se "seis vírgula zero quatro vezes dez à quarta potência negativa")

Um expoente positivo, como no primeiro exemplo, indica quantas vezes um número deve ser multiplicado por 10 para dar a forma extensa do número:

$$1,2 \times 10^6 = 1,2 \times 10 \times 10 \times 10 \times 10 \times 10 \times 10 \text{ (seis dezenas)}$$
$$= 1.200.000$$

Também convém pensar no *expoente positivo* como o número de casas que a vírgula decimal deve ser movida para a *esquerda* para gerar um número maior do que 1 e menor do que 10. Por exemplo, se começamos com 3.450 e movemos a vírgula decimal três casas para a esquerda, vamos acabar com $3,45 \times 10^3$.

De modo análogo, um expoente negativo mostra quantas vezes temos de dividir um número por 10 para dar a forma extensa do número.

$$6,04 \times 10^{-4} = \frac{6,04}{10 \times 10 \times 10 \times 10} = 0,000604$$

É conveniente pensar no *expoente negativo* como o número de casas que a vírgula decimal deve ser deslocada para a *direita* para gerar um número entre 1 e 10. Por exemplo, se começamos com 0,0048 e movemos a vírgula decimal três casas para a direita, vamos acabar com $4,8 \times 10^{-3}$.

No sistema de notação exponencial, cada deslocamento da vírgula decimal de uma casa para a direita *diminui* o expoente em 1:

$$4,8 \times 10^{-3} = 48 \times 10^{-4}$$

Da mesma forma, cada deslocamento da vírgula decimal de uma casa para a esquerda *aumenta* o expoente em 1:

$$4,8 \times 10^{-3} = 0,48 \times 10^{-2}$$

Muitas calculadoras científicas têm uma tecla EXP ou EE, que serve para introduzir números em notação exponencial. Para introduzir o número $5,8 \times 10^3$ nesse tipo de calculadora, a sequência de teclas é

$$\boxed{5}\,\boxed{\cdot}\,\boxed{8}\,\boxed{\text{EXP}}\,(\text{ou}\,\boxed{\text{EE}}\,)\,\boxed{3}$$

Em algumas calculadoras, a tela exibirá 5,8, então um espaço e depois 03, o expoente. Em outras calculadoras, um pequeno 10 é mostrado com um expoente 3.

Para introduzir um expoente negativo, use a tecla +/−. Por exemplo, para introduzir o número $8,6 \times 10^{-5}$, a sequência de teclas é

$$\boxed{8}\,\boxed{\cdot}\,\boxed{6}\,\boxed{\text{EXP}}\,\boxed{+/-}\,\boxed{5}$$

Ao digitar um número em notação exponencial, não tecle 10 se usar o botão EXP ou EE.

Ao lidar com expoentes, é importante lembrar que $10^0 = 1$. As regras a seguir são úteis para transportar os expoentes nos cálculos.

1. **Adição e subtração** Para somar ou subtrair números expressos em notação exponencial, as potências de 10 devem ser iguais.

$$(5{,}22 \times 10^4) + (3{,}21 \times 10^2) = (522 \times 10^2) + (3{,}21 \times 10^2)$$
$$= 525 \times 10^2 \text{ (3 algarismos significativos)}$$
$$= 5{,}25 \times 10^4$$
$$(6{,}25 \times 10^{-2}) - (5{,}77 \times 10^{-3}) = (6{,}25 \times 10^{-2}) - (0{,}577 \times 10^{-2})$$
$$= 5{,}67 \times 10^{-2} \text{ (3 algarismos significativos)}$$

Quando usamos uma calculadora para somar ou subtrair, não precisamos nos preocupar em ter números com expoentes iguais, porque a calculadora cuida disso automaticamente.

2. **Multiplicação e divisão** Quando números expressos em notação exponencial são multiplicados, os expoentes são somados. Quando os números expressos em notação exponencial são divididos, o expoente do denominador é subtraído do expoente do numerador.

$$(5{,}4 \times 10^2)(2{,}1 \times 10^3) = (5{,}4)(2{,}1) \times 10^{2+3}$$
$$= 11 \times 10^5$$
$$= 1{,}1 \times 10^6$$
$$(1{,}2 \times 10^5)(3{,}22 \times 10^{-3}) = (1{,}2)(3{,}22) \times 10^{5+(-3)} = 3{,}9 \times 10^2$$
$$\frac{3{,}2 \times 10^5}{6{,}5 \times 10^2} = \frac{3{,}2}{6{,}5} \times 10^{5-2} = 0{,}49 \times 10^3 = 4{,}9 \times 10^2$$
$$\frac{5{,}7 \times 10^7}{8{,}5 \times 10^{-2}} = \frac{5{,}7}{8{,}5} \times 10^{7-(-2)} = 0{,}67 \times 10^9 = 6{,}7 \times 10^8$$

3. **Potências e raízes** Quando os números expressos em notação exponencial são elevados a uma potência, os expoentes são multiplicados pela potência. Quando as raízes de números expressos em notação exponencial são extraídas, os expoentes são divididos pela raiz.

$$(1{,}2 \times 10^5)^3 = (1{,}2)^3 \times 10^{5 \times 3}$$
$$= 1{,}7 \times 10^{15}$$
$$\sqrt[3]{2{,}5 \times 10^6} = \sqrt[3]{2{,}5} \times 10^{6/3}$$
$$= 1{,}3 \times 10^2$$

Em geral, as calculadoras científicas têm as teclas x^2 e $\sqrt{x}$ para elevar um número ao quadrado ou extrair sua raiz quadrada, respectivamente. Para extrair potências ou raízes superiores, diversas calculadoras têm as teclas y^x e $\sqrt[x]{y}$ (ou INV y^x). Por exemplo, para executar a operação $\sqrt[3]{7{,}5} \times 10^{-4}$ nesse tipo de calculadora, pode-se digitar 7,5 × 10^{-4}, teclar $\sqrt[x]{y}$ (ou as teclas INV e, em seguida, y^x), digitar a raiz 3 e, por fim, pressionar =. O resultado será $9{,}1 \times 10^{-2}$.

Exercício resolvido 1
Como utilizar a notação exponencial

Realize cada uma das seguintes operações e use uma calculadora sempre que possível:

(a) Escreva o número 0,0054 em notação exponencial padrão. **(b)** $(5{,}0 \times 10^{-2}) + (4{,}7 \times 10^{-3})$ **(c)** $(5{,}98 \times 10^{12})(2{,}77 \times 10^{-5})$ **(d)** $\sqrt[4]{1{,}75 \times 10^{-12}}$

SOLUÇÃO
(a) Como movemos o ponto decimal três casas para a direita para converter 0,0054 em 5,4, o expoente é −3:

$$5{,}4 \times 10^{-3}$$

Em geral, as calculadoras científicas são capazes de converter números para notação exponencial ao usar uma ou duas combinações de teclas. Com frequência, "SCI" (abreviação de "scientific notation"; em português, notação científica) vai converter um número em notação exponencial. Consulte o manual de instruções da sua calculadora para verificar como essa operação é realizada.

(b) Para somar esses números de forma manual, devemos convertê-los ao mesmo expoente.

$$(5,0 \times 10^{-2}) + (0,47 \times 10^{-2}) = (5,0 + 0,47) \times 10^{-2} = 5,5 \times 10^{-2}$$

(c) Ao executar essa operação de forma manual, temos

$$(5,98 \times 2,77) \times 10^{12-5} = 16,6 \times 10^7 = 1,66 \times 10^8$$

(d) Para realizar essa operação em uma calculadora, digite o número, pressione a tecla $\sqrt[x]{y}$ (ou INV y^x), digite 4 e pressione a tecla =. O resultado será $1,15 \times 10^{-3}$.

▶ **Para praticar**
Realize as seguintes operações:
(a) Escreva 67.000 em notação exponencial, mostrando dois algarismos significativos.
(b) $(3,378 \times 10^{-3}) - (4,97 \times 10^{-5})$
(c) $(1,84 \times 10^{15})(7,45 \times 10^{-2})$
(d) $(6,67 \times 10^{-8})^3$

A.2 | Logaritmos

Logaritmos comuns

O logaritmo comum (abreviado como log), ou na base 10, de qualquer número representa a potência à qual 10 deve ser elevado para produzir esse número. Por exemplo, o logaritmo comum de 1.000 (escrito log 1.000) é 3, porque ao elevar 10 à terceira potência obteremos o número 1.000.

$$10^3 = 1.000, \text{ portanto, } \log 1.000 = 3$$

Alguns exemplos adicionais são:

$$\log 10^5 = 5$$
$$\log 1 = 0 \text{ Lembrando que } 10^0 = 1$$
$$\log 10^{-2} = -2$$

Nesses exemplos, o logaritmo comum pode ser obtido por verificação. No entanto, não é possível obter o logaritmo de um número como 31,25 por verificação. O logaritmo de 31,25 é o número x que satisfaz a seguinte relação:

$$10^x = 31,25$$

A maioria das calculadoras eletrônicas tem uma tecla LOG, que pode ser usada para obter logaritmos. Por exemplo, em muitas calculadoras, chegamos ao valor de log 31,25 inserindo 31,25 e pressionando a tecla LOG. Com isso, temos o seguinte resultado:

$$\log 31,25 = 1,4949$$

Note que 31,25 é maior do que $10(10^1)$ e menor do que $100(10^2)$. Assim, o valor de log 31,25 está entre log 10 e log 100, ou seja, entre 1 e 2.

Algarismos significativos e logaritmos comuns

Para o logaritmo comum de determinada quantidade medida, o número de dígitos depois da vírgula decimal é igual ao número de algarismos significativos no número original. Por exemplo, se 23,5 é uma quantidade medida (três algarismos significativos), então log 23,5 = 1,371 (três algarismos significativos depois da vírgula decimal).

Antilogaritmos

O processo de determinação do número que corresponde a determinado logaritmo é conhecido como obtenção de um *antilogaritmo*. Ou seja, é o inverso de tomar um logaritmo. Por exemplo, vimos que log 23,5 = 1,371. Isso significa que o antilogaritmo de 1,371 é igual a 23,5.

$$\log 23,5 = 1,371$$
$$\text{antilog } 1,371 = 23,5$$

O processo de tomar o antilogaritmo de um número é igual a elevar 10 a uma potência igual a esse número.

$$\text{antilog } 1{,}371 = 10^{1{,}371} = 23{,}5$$

Muitas calculadoras têm uma tecla marcada com 10^x que nos permite obter diretamente os antilogaritmos. Em outras, será necessário pressionar a tecla INV (de *"inverso"*), seguida pela tecla LOG.

Logaritmos naturais

Logaritmos com base no número *e* são chamados de logaritmos naturais (abreviado por ln), ou base *e*. O log natural de um número é a potência a qual *e* (que tem o valor 2,71828...) deve ser elevado para produzir esse número. Por exemplo, o log natural de 10 é igual a 2,303.

$$e^{2{,}303} = 10, \text{ portanto, } \ln 10 = 2{,}303$$

Sua calculadora provavelmente tem uma tecla LN que permite obter logaritmos naturais. Por exemplo, para chegar ao log natural de 46,8, teclamos 46,8 e pressionamos a tecla LN.

$$\ln 46{,}8 = 3{,}846$$

O antilogaritmo natural de um número equivale a *e* elevado a uma potência igual a esse número. Uma calculadora que calcula logaritmos naturais também será capaz de calcular antilogaritmos naturais. Em algumas calculadoras, há uma tecla e^x que permite calcular diretamente os antilogaritmos naturais; em outras, será necessário pressionar a tecla INV e depois a tecla LN. Por exemplo, o antilogaritmo natural de 1,679 é:

$$\text{Antilog natural } 1{,}679 = e^{1{,}679} = 5{,}36$$

A relação entre logaritmos comuns e naturais é como o seguinte:

$$\ln a = 2{,}303 \log a$$

Note que o fator relativo a dois, 2,303, é o log natural de 10, calculado anteriormente.

Operações matemáticas com logaritmos

Visto que logaritmos são expoentes, as operações matemáticas envolvendo logaritmos seguem as regras de uso dos expoentes. Por exemplo, o produto de z^a e z^b (em que z é qualquer número) é dado por

$$z^a \cdot z^b = z^{(a+b)}$$

Da mesma forma, o logaritmo (seja ele comum ou natural) de um produto é igual à *soma* dos logs dos números individuais.

$$\log ab = \log a + \log b \qquad \ln ab = \ln a + \ln b$$

Para o log de um quociente,

$$\log(a/b) = \log a - \log b \qquad \ln(a/b) = \ln a - \ln b$$

Com base nas propriedades de expoentes, também podemos derivar as regras para o logaritmo de um número elevado a determinada potência.

$$\log a^n = n \log a \qquad \ln a^n = n \ln a$$
$$\log a^{1/n} = (1/n)\log a \qquad \ln a^{1/n} = (1/n)\ln a$$

Problemas de pH

Um dos usos mais frequentes de logaritmos em química geral é para tratar problemas de pH. O pH é definido como $-\log[\text{H}^+]$, em que $[\text{H}^+]$ representa a concentração de íons hidrogênio de uma solução. (Seção 16.4) O exercício resolvido a seguir ilustra essa aplicação.

Exercício resolvido 2
Como aplicar logaritmos

(a) Qual é o pH de uma solução cuja concentração de íons hidrogênio é 0,015 *M*?
(b) Se o pH de uma solução é 3,80, qual é sua concentração de íons hidrogênio?

SOLUÇÃO

(1) Partindo do valor de [H$^+$], devemos usar a tecla LOG da calculadora para calcular o valor de log [H$^+$]. Para chegar ao valor do pH, é necessário alterar o sinal do valor obtido. (Certifique-se de alterar o sinal *após* extrair os logaritmos.)

$$[H^+] = 0{,}015$$
$$\log[H^+] = -1{,}82 \text{ (2 algarismos significativos)}$$
$$pH = -(-1{,}82) = 1{,}82$$

(2) Para obter a concentração de íons hidrogênio já sabendo o pH, devemos extrair o antilogaritmo de −pH.

$$pH = -\log[H^+] = 3{,}80$$
$$\log[H^+] = -3{,}80$$
$$[H^+] = \text{antilog}(-3{,}80) = 10^{-3,80} = 1{,}6 \times 10^{-4}\ M$$

▶ **Para praticar**
Realize as seguintes operações:
(a) $\log(2{,}5 \times 10^{-5})$
(b) $\ln 32{,}7$
(c) antilog $-3{,}47$
(d) $e^{-1,89}$

A.3 | Equações quadráticas

Uma equação algébrica da forma $ax^2 + bx + c = 0$ é chamada de *equação quadrática*. As duas soluções para tal equação são dadas pela fórmula quadrática:

$$x = \frac{-b \pm \sqrt{b^2 - 4ac}}{2a}$$

Muitas calculadoras modernas podem calcular as soluções para uma equação quadrática com uma ou duas teclas. Na maioria das vezes, *x* corresponde à concentração de uma espécie química em solução. Apenas uma das soluções será um número positivo, e essa é a que deve ser usada; uma "concentração negativa" não tem significado físico.

Exercício resolvido 3
Como aplicar a fórmula quadrática

Determine os valores de *x* que satisfazem a equação $2x^2 + 4x = 1$.

SOLUÇÃO
Para resolver a equação dada para *x*, primeiro devemos colocá-la na forma

$$ax^2 + bx + c = 0$$

e depois aplicar a fórmula quadrática. Se

$$2x^2 + 4x = 1$$

então

$$2x^2 + 4x - 1 = 0$$

Aplicando a fórmula quadrática, em que $a = 2$, $b = 4$ e $c = -1$, temos

$$x = \frac{-4 \pm \sqrt{4^2 - 4(2)(-1)}}{2(2)}$$
$$= \frac{-4 \pm \sqrt{16 + 8}}{4} = \frac{-4 \pm \sqrt{24}}{4} = \frac{-4 \pm 4{,}899}{4}$$

As duas soluções são

$$x = \frac{0{,}899}{4} = 0{,}225 \quad \text{e} \quad x = \frac{-8{,}899}{4} = -2{,}225$$

Se este fosse um problema em que *x* representasse uma concentração, diríamos que $x = 0{,}225$ (em unidades apropriadas), visto que um número negativo de concentração não tem significado físico.

A.4 | Gráficos

Muitas vezes, a maneira mais objetiva de representar a inter-relação entre duas variáveis é representá-las graficamente. De modo geral, a variável que está sendo alterada experimentalmente, chamada de *variável independente*, é mostrada ao longo do eixo horizontal (eixo *x*). A variável que responde à alteração na variável independente, chamada de *variável*

TABELA A.1 Inter-relação entre pressão e temperatura

Temperatura (°C)	Pressão (atm)
20,0	0,120
30,0	0,124
40,0	0,128
50,0	0,132

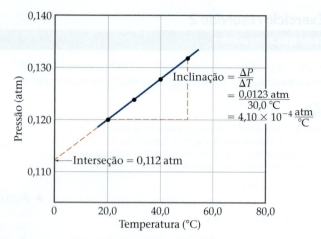

▲ **Figura A.1** Um gráfico de pressão em função da temperatura produz uma linha reta para os dados.

dependente, passa a ser mostrada ao longo do eixo vertical (eixo *y*). Por exemplo, pense em um experimento em que a temperatura de um gás confinado varia e medimos sua pressão. A variável independente é a temperatura, e a variável dependente é a pressão. Os dados da **Tabela A.1** podem ser obtidos por meio dessa experiência. Esses dados são representados graficamente na **Figura A.1**. A relação entre temperatura e pressão é linear. A equação para qualquer gráfico linear tem a seguinte forma

$$y = mx + b$$

em que *m* é a inclinação da linha e *b* é o ponto de interseção com o eixo *y*. No caso da Figura A.1, poderíamos dizer que a relação entre temperatura e pressão tem a seguinte forma

$$P = mT + b$$

em que *P* é a pressão em atm e *T*, a temperatura em °C. Como indica a Figura A.1, a inclinação é $4,10 \times 10^{-4}$ atm/°C, e o ponto de interseção – o ponto no qual a linha cruza o eixo *y* – é 0,112 atm. Portanto, a equação para a reta é

$$P = \left(4,10 \times 10^{-4}\,\frac{\text{atm}}{\text{°C}}\right)T + 0,112\,\text{atm}$$

A.5 | Desvio padrão

O desvio padrão da média (*s*) é um método comum para descrever a precisão em dados determinados experimentalmente. Definimos o desvio padrão como

$$s = \sqrt{\frac{\sum_{i=1}^{N}(x_i - \bar{x})^2}{N-1}}$$

em que *N* é o número de medições, $\bar{x}$ é o valor médio (também chamado de média) das medições e x_i representa as medições individuais. Calculadoras eletrônicas que incorporam funções estatísticas podem solucionar *s* diretamente com a introdução das medições individuais.

Um menor valor de *s* indica maior precisão, o que significa que os dados estão mais estreitamente agrupados em torno da média. O desvio padrão tem significância estatística. Se um grande número de medições for realizado, pode-se esperar que 68% dos valores medidos estejam situados dentro de um desvio padrão da média, pressupondo que somente erros aleatórios estejam associados às medições.

Exercício resolvido 4
Cálculo de uma média e de um desvio padrão

O percentual de carbono em um açúcar é medido quatro vezes: 42,01%, 42,28%, 41,79% e 42,25%. Calcule (a) a média e (b) o desvio padrão para essas medições.

SOLUÇÃO

(a) A média é determinada ao somar as quantidades e dividir essas quantidades pelo número de medidas:

$$\bar{x} = \frac{42,01 + 42,28 + 41,79 + 42,25}{4} = \frac{168,33}{4} = 42,08$$

(b) O desvio padrão é determinado a partir da aplicação da equação anterior:

$$s = \sqrt{\frac{\sum_{i=1}^{N}(x_i - \bar{x})^2}{N - 1}}$$

Vamos tabular os dados de modo que o cálculo de $\sum_{i=1}^{N}(x_i - \bar{x})^2$ possa ser visto com clareza.

Percentual de C	Diferença entre medição e média, $(x_i - x)$	Quadrado da diferença, $(x_i - x)^2$
42,01	$42,01 - 42,08 = -0,07$	$(-0,07)^2 = 0,005$
42,28	$42,28 - 42,08 = 0,20$	$(0,20)^2 = 0,040$
41,79	$41,79 - 42,08 = -0,29$	$(-0,29)^2 = 0,084$
42,25	$42,25 - 42,08 = 0,17$	$(0,17)^2 = 0,029$

A soma das quantidades na última coluna é

$$\sum_{i=1}^{N}(x_i - \bar{x})^2 = 0,005 + 0,040 + 0,084 + 0,029 = 0,16$$

Assim, o desvio padrão é

$$s = \sqrt{\frac{\sum_{i=1}^{N}(x_i - \bar{x})^2}{N - 1}} = \sqrt{\frac{0,16}{4 - 1}} = \sqrt{\frac{0,16}{3}} = \sqrt{0,053} = 0,23$$

Com base nessas medições, seria adequado representar o percentual medido de carbono como 42,08 ± 0,23.

APÊNDICE B

PROPRIEDADES DA ÁGUA

Densidade: 0,99987 g/mL a 0 °C
1,00000 g/mL a 4 °C
0,99707 g/mL a 25 °C
0,95838 g/mL a 100 °C

Calor (entalpia) de fusão: 6,008 kJ/mol a 0 °C

Calor (entalpia) de vaporização: 44,94 kJ/mol a 0 °C
44,02 kJ/mol a 25 °C
40,67 kJ/mol a 100 °C

Constante de produto iônico, K_w: $1,14 \times 10^{-15}$ a 0 °C
$1,01 \times 10^{-14}$ a 25 °C
$5,47 \times 10^{-14}$ a 50 °C

Calor específico: 2,092 J/g-K = 2,092 J/g · °C para gelo a −3 °C
4,184 J/g-K = 4,184 J/g · °C para água a 25 °C
1,841 J/g-K = 1,841 J/g · °C para vapor a 100 °C

Pressão de vapor (torr) para diferentes temperaturas

T(°C)	P	T(°C)	P	T(°C)	P	T(°C)	P
0	4,58	21	18,65	35	42,2	92	567,0
5	6,54	22	19,83	40	55,3	94	610,9
10	9,21	23	21,07	45	71,9	96	657,6
12	10,52	24	22,38	50	92,5	98	707,3
14	11,99	25	23,76	55	118,0	100	760,0
16	13,63	26	25,21	60	149,4	102	815,9
17	14,53	27	26,74	65	187,5	104	875,1
18	15,48	28	28,35	70	233,7	106	937,9
19	16,48	29	30,04	80	355,1	108	1004,4
20	17,54	30	31,82	90	525,8	110	1074,6

APÊNDICE C

GRANDEZAS TERMODINÂMICAS PARA SUBSTÂNCIAS SELECIONADAS A 298,15 K (25 °C)

Substância	$\Delta H_f^°$ (kJ/mol)	$\Delta G_f^°$ (kJ/mol)	$\Delta S^°$ (J/mol-K)	Substância	$\Delta H_f^°$ (kJ/mol)	$\Delta G_f^°$ (kJ/mol)	$\Delta S^°$ (J/mol-K)
Alumínio				$C_2H_2(g)$	227,4	210,0	200,9
$Al(s)$	0	0	28,32	$C_2H_4(g)$	52,4	68,3	219,4
$AlCl_3(s)$	−705,6	−630,0	109,3	$C_2H_6(g)$	−84,68	−32,78	229,5
$Al_2O_3(s)$	−1669,8	−1576,5	51,00	$C_3H_8(g)$	−103,85	−24,16	269,9
Bário				$C_4H_{10}(g)$	−124,73	−15,71	310,0
$Ba(s)$	0	0	63,2	$C_4H_{10}(l)$	−147,6	−15,0	231,0
$BaCO_3(s)$	−1216,3	−1137,6	112,1	$C_6H_6(g)$	82,9	129,7	269,2
$BaO(s)$	−553,5	−525,1	70,42	$C_6H_6(l)$	49,0	124,5	173,3
Berílio				$CH_3OH(g)$	−201,2	−161,9	237,6
$Be(s)$	0	0	9,44	$CH_3OH(l)$	−238,4	−166,1	127,2
$BeO(s)$	−608,4	−579,1	13,77	$C_2H_5OH(g)$	−235,1	−168,5	282,7
$Be(OH)_2(s)$	−905,8	−817,9	50,21	$C_2H_5OH(l)$	−277,0	−174,0	160,7
Bromo				$C_6H_{12}O_6(s)$	−1273,02	−910,4	212,1
$Br(g)$	111,8	82,38	174,9	$CO(g)$	−110,5	−137,2	197,9
$Br^-(aq)$	−120,9	−102,8	80,71	$CO_2(g)$	−393,5	−394,4	213,6
$Br_2(g)$	30,71	3,14	245,3	$CH_3COOH(l)$	−487,0	−392,4	159,8
$Br_2(l)$	0	0	152,3	Césio			
$HBr(g)$	−36,29	−53,34	198,7	$Cs(g)$	76,50	49,53	175,6
Cálcio				$Cs(l)$	2,09	0,03	92,07
$Ca(g)$	179,3	145,5	154,8	$Cs(s)$	0	0	85,15
$Ca(s)$	0	0	41,4	$CsCl(s)$	−442,8	−414,4	101,2
$CaCO_3(s, calcita)$	−1207,1	−1128,76	92,88	Cloro			
$CaCl_2(s)$	−795,8	−748,1	104,6	$Cl(g)$	121,7	105,7	165,2
$CaF_2(s)$	−1219,6	−1167,3	68,87	$Cl^-(aq)$	−167,2	−131,2	56,5
$CaO(s)$	−635,1	−604,0	39,7	$Cl_2(g)$	0	0	222,96
$Ca(OH)_2(s)$	−986,2	−898,5	83,4	$HCl(aq)$	−167,2	−131,2	56,5
$CaSO_4(s)$	−1434,0	−1321,8	106,7	$HCl(g)$	−92,31	−95,27	186,69
Carbono				Cromo			
$C(g)$	718,4	672,9	158,0	$Cr(g)$	397,5	352,6	174,2
$C(s, diamante)$	1,88	2,87	2,43	$Cr(s)$	0	0	23,6
$C(s, grafite)$	0	0	5,74	$Cr_2O_3(s)$	−1139,7	−1058,1	81,2
$CCl_4(g)$	−106,7	−64,0	309,4	Cobalto			
$CCl_4(l)$	−139,3	−68,6	214,4	$Co(g)$	439	393	179
$CF_4(g)$	−679,9	−635,1	262,3	$Co(s)$	0	0	28,4
$CH_4(g)$	−74,6	−50,5	186,3				

Substância	$\Delta H_f°$ (kJ/mol)	$\Delta G_f°$ (kJ/mol)	$\Delta S°$ (J/mol-K)	Substância	$\Delta H_f°$ (kJ/mol)	$\Delta G_f°$ (kJ/mol)	$\Delta S°$ (J/mol-K)
Cobre				Li+(aq)	−278,5	−273,4	12,2
Cu(g)	338,4	298,6	166,3	Li+(g)	685,7	648,5	133,0
Cu(s)	0	0	33,30	LiCl(s)	−408,3	−384,0	59,30
CuCl$_2$(s)	−205,9	−161,7	108,1	**Magnésio**			
CuO(s)	−156,1	−128,3	42,59	Mg(g)	147,1	112,5	148,6
Cu$_2$O(s)	−170,7	−147,9	92,36	Mg(s)	0	0	32,51
Flúor				MgCl$_2$(s)	−641,6	−592,1	89,6
F(g)	80,0	61,9	158,7	MgO(s)	−601,8	−569,6	26,8
F−(aq)	−332,6	−278,8	−13,8	Mg(OH)$_2$(s)	−924,7	−833,7	63,24
F$_2$(g)	0	0	202,8	**Manganês**			
HF(g)	−273,30	−275,40	173,78	Mn(g)	280,7	238,5	173,6
Hidrogênio				Mn(s)	0	0	32,0
H(g)	217,94	203,26	114,60	MnO(s)	−385,2	−362,9	59,7
H+(aq)	0	0	0	MnO$_2$(s)	−519,6	−464,8	53,14
H+(g)	1536,2	1517,0	108,9	MnO$_4^-$(aq)	−541,4	−447,2	191,2
H$_2$(g)	0	0	130,68	**Mercúrio**			
Iodo				Hg(g)	60,83	31,76	174,89
I(g)	106,60	70,16	180,66	Hg(l)	0	0	77,40
I−(g)	−55,19	−51,57	111,3	HgCl$_2$(s)	−230,1	−184,0	144,5
I$_2$(g)	62,25	19,37	260,57	Hg$_2$Cl$_2$(s)	−264,9	−210,5	192,5
I$_2$(s)	0	0	116,73	**Níquel**			
HI(g)	26,50	1,79	206,6	Ni(g)	429,7	384,5	182,1
Ferro				Ni(s)	0	0	29,9
Fe(g)	415,5	369,8	180,5	NiCl$_2$(s)	−305,3	−259,0	97,65
Fe(s)	0	0	27,31	NiO(s)	−239,7	−211,7	37,99
Fe^{2+}(aq)	−87,86	−84,93	113,4	**Nitrogênio**			
Fe^{3+}(aq)	−47,69	−10,54	293,3	N(g)	472,7	455,5	153,3
FeCl$_2$(s)	−341,8	−302,3	117,9	N$_2$(g)	0	0	191,61
FeCl$_3$(s)	−400	−334	142,2	NH$_3$(aq)	−80,29	−26,50	111,3
FeO(s)	−271,9	−255,2	60,75	NH$_3$(g)	−45,94	−16,41	192,8
Fe$_2$O$_3$(s)	−822,16	−740,98	89,96	NH$_4^+$(aq)	−132,5	−79,31	113,4
Fe$_3$O$_2$(s)	−1117,1	−1014,2	146,4	N$_2$H$_4$(g)	95,40	159,4	238,5
FeS$_2$(s)	−171,5	−160,1	52,92	NH$_4$CN(s)	0,4	—	—
Chumbo				NH$_4$Cl(s)	−314,4	−203,0	94,6
Pb(s)	0	0	68,85	NH$_4$NO$_3$(s)	−365,6	−184,0	151
PbBr$_2$(s)	−277,4	−260,7	161	NO(g)	90,37	86,71	210,62
PbCO$_3$(s)	−699,1	−625,5	131,0	NO$_2$(g)	33,84	51,84	240,45
Pb(NO$_3$)$_2$(aq)	−421,3	−246,9	303,3	N$_2$O(g)	81,6	103,59	220,0
Pb(NO$_3$)$_2$(s)	−451,9	—	—	N$_2$O$_4$(g)	9,66	98,28	304,3
PbO(s)	−217,3	−187,9	68,70	NOCl(g)	52,6	66,3	264
Lítio				HNO$_3$(aq)	−206,6	−110,5	146
Li(g)	159,3	126,6	138,8	HNO$_3$(g)	−134,3	−73,94	266,4
Li(s)	0	0	29,09				

Apêndice C | Grandezas termodinâmicas para substâncias selecionadas a 298,15 K (25 °C)

Substância	ΔH°f (kJ/mol)	ΔG°f (kJ/mol)	ΔS° (J/mol-K)	Substância	ΔH°f (kJ/mol)	ΔG°f (kJ/mol)	ΔS° (J/mol-K)
Oxigênio				Escândio			
O(g)	247,5	230,1	161,0	Sc(g)	377,8	336,1	174,7
O_2(g)	0	0	205,15	Sc(s)	0	0	34,6
O_3(g)	142,3	163,4	237,6	Selênio			
OH^-(aq)	−230,0	−157,3	−10,7	H_2Se(g)	29,7	15,9	219,0
H_2O(g)	−241,82	−228,57	188,83	Silício			
H_2O(l)	−285,83	−237,13	69,91	Si(g)	368,2	323,9	167,8
H_2O_2(g)	−136,10	−105,48	232,9	Si(s)	0	0	18,7
H_2O_2(l)	−187,8	−120,4	109,6	SiC(s)	−73,22	−70,85	16,61
Fósforo				$SiCl_4$(l)	−640,1	−572,8	239,3
P(g)	316,4	280,0	163,2	SiO_2(s, quartzo)	−910,9	−856,5	41,84
P_2(g)	144,3	103,7	218,1	Prata			
P_4(g)	58,9	24,4	280	Ag(s)	0	0	42,55
P_4(s, red)	−17,46	−12,03	22,85	Ag^+(aq)	105,90	77,11	73,93
P_4(s, white)	0	0	41,08	AgCl(s)	−127,0	−109,70	96,11
PCl_3(g)	−288,07	−269,6	311,7	Ag_2O(s)	−31,05	−11,20	121,3
PCl_3(l)	−319,6	−272,4	217	$AgNO_3$(s)	−124,4	−33,41	140,9
PF_5(g)	−1594,4	−1520,7	300,8	Sódio			
PH_3(g)	5,4	13,4	210,2	Na(g)	107,7	77,3	153,7
P_4O_6(s)	−1640,1	—	—	Na(s)	0	0	51,30
P_4O_{10}(s)	−2940,1	−2675,2	228,9	Na^+(aq)	−240,1	−261,9	59,0
$POCl_3$(g)	−542,2	−502,5	325	Na^+(g)	609,3	574,3	148,0
$POCl_3$(l)	−597,0	−520,9	222	NaBr(aq)	−360,6	−364,7	141,00
H_3PO_4(aq)	−1288,3	−1142,6	158,2	NaBr(s)	−361,4	−349,3	86,82
Potássio				Na_2CO_3(s)	−1130,8	−1047,7	136,0
K(g)	89,99	61,17	160,2	NaCl(aq)	−407,1	−393,0	115,5
K(s)	0	0	64,67	NaCl(g)	−181,4	−201,3	229,8
K^+(aq)	−252,4	−283,3	102,5	NaCl(s)	−411,1	−384,1	72,11
K^+(g)	514,2	481,2	154,5	$NaHCO_3$(s)	−947,7	−851,8	102,1
KCl(s)	−435,9	−408,3	82,7	$NaNO_3$(aq)	−446,2	−372,4	207
$KClO_3$(s)	−391,2	−289,9	143,0	$NaNO_3$(s)	−467,9	−367,0	116,5
$KClO_3$(aq)	−349,5	−284,9	265,7	NaOH(aq)	−469,6	−419,2	49,8
K_2CO_3(s)	−1150,18	−1064,58	155,44	NaOH(s)	−425,6	−379,5	64,46
KI(s)	−327,9	−322,9	106,4	Na_2SO_4(s)	−1387,1	−1270,2	149,6
KNO_3(s)	−492,70	−393,13	132,9	Estrôncio			
K_2O(s)	−363,2	−322,1	94,14	SrO(s)	−592,0	−561,9	54,9
KO_2(s)	−284,5	−240,6	122,5	Sr(g)	164,4	110,0	164,6
K_2O_2(s)	−495,8	−429,8	113,0	Enxofre			
KOH(s)	−424,7	−378,9	78,91	S(s, rômbico)	0	0	31,88
KOH(aq)	−482,4	−440,5	91,6	S_8(g)	102,3	49,7	430,9
Rubídio				SO_2(g)	−296,9	−300,4	248,5
Rb(g)	85,8	55,8	170,0	SO_3(g)	−395,2	−370,4	256,2
Rb(s)	0	0	76,78	SO_4^{2-}(aq)	−909,3	−744,5	20,1
RbCl(s)	−430,5	−412,0	92	$SOCl_2$(l)	−245,6	—	—
$RbClO_3$(s)	−392,4	−292,0	152				

Substância	ΔH_f° (kJ/mol)	ΔG_f° (kJ/mol)	ΔS° (J/mol-K)	Substância	ΔH_f° (kJ/mol)	ΔG_f° (kJ/mol)	ΔS° (J/mol-K)
$H_2S(g)$	−20,17	−33,01	205,6	Vanádio			
$H_2SO_4(aq)$	−909,3	−744,5	20,1	$V(g)$	514,2	453,1	182,2
$H_2SO_4(l)$	−814,0	−689,9	156,1	$V(s)$	0	0	28,9
Titânio				Zinco			
$Ti(g)$	468	422	180,3	$Zn(g)$	130,7	95,2	160,9
$Ti(s)$	0	0	30,76	$Zn(s)$	0	0	41,63
$TiCl_4(g)$	−763,2	−726,8	354,9	$ZnCl_2(s)$	−415,1	−369,4	111,5
$TiCl_4(l)$	−804,2	−728,1	221,9	$ZnO(s)$	−348,0	−318,2	43,9
$TiO_2(s)$	−944,7	−889,4	50,29				

APÊNDICE D

CONSTANTES DE EQUILÍBRIO EM MEIO AQUOSO

TABELA D.1 Constantes de acidez para alguns ácidos a 25 °C

Nome	Fórmula	K_{a1}	K_{a2}	K_{a3}
Ácido acético	CH_3COOH (ou $HC_2H_3O_2$)	$1,8 \times 10^{-5}$		
Ácido arsênico	H_3AsO_4	$5,6 \times 10^{-3}$	$1,0 \times 10^{-7}$	$3,0 \times 10^{-12}$
Ácido arsenoso	H_3AsO_3	$5,1 \times 10^{-10}$		
Ácido ascórbico	$H_2C_6H_6O_6$	$8,0 \times 10^{-5}$	$1,6 \times 10^{-12}$	
Ácido benzoico	C_6H_5COOH (ou $HC_7H_5O_2$)	$6,3 \times 10^{-5}$		
Ácido bórico	H_3BO_3	$5,8 \times 10^{-10}$		
Ácido butanoico	C_3H_7COOH (ou $HC_4H_7O_2$)	$1,5 \times 10^{-5}$		
Ácido carbônico	H_2CO_3	$4,3 \times 10^{-7}$	$5,6 \times 10^{-11}$	
Ácido cloroacético	$CH_2ClCOOH$ (ou $HC_2H_2O_2Cl$)	$1,4 \times 10^{-3}$		
Ácido cloroso	$HClO_2$	$1,0 \times 10^{-2}$		
Ácido cítrico	$HOOCC(OH)(CH_2COOH)_2$ (ou $H_3C_6H_5O_7$)	$7,4 \times 10^{-4}$	$1,7 \times 10^{-5}$	$4,0 \times 10^{-7}$
Ácido ciânico	$HCNO$	$3,5 \times 10^{-4}$		
Ácido fórmico	$HCOOH$ (ou $HCHO_2$)	$1,8 \times 10^{-4}$		
Ácido hidrazoico	HN_3	$1,9 \times 10^{-5}$		
Ácido cianídrico	HCN	$4,9 \times 10^{-10}$		
Ácido fluorídrico	HF	$6,8 \times 10^{-4}$		
Íon hidrogenocromato	$HCrO_4^-$	$3,0 \times 10^{-7}$		
Peróxido de hidrogênio	H_2O_2	$2,4 \times 10^{-12}$		
Íon hidrogenosselenato	$HSeO_4^-$	$2,2 \times 10^{-2}$		
Sulfeto de hidrogênio	H_2S	$9,5 \times 10^{-8}$	1×10^{-19}	
Ácido hipobromoso	$HBrO$	$2,5 \times 10^{-9}$		
Ácido hipocloroso	$HClO$	$3,0 \times 10^{-8}$		
Ácido hipoiodoso	HIO	$2,3 \times 10^{-11}$		
Ácido iódico	HIO_3	$1,7 \times 10^{-1}$		
Ácido lático	$CH_3CH(OH)COOH$ (ou $HC_3H_5O_3$)	$1,4 \times 10^{-4}$		
Ácido malônico	$CH_2(COOH)_2$ (ou $H_2C_3H_2O_4$)	$1,5 \times 10^{-3}$	$2,0 \times 10^{-6}$	
Ácido nitroso	HNO_2	$4,5 \times 10^{-4}$		
Ácido oxálico	$(COOH)_2$ (ou $H_2C_2O_4$)	$5,9 \times 10^{-2}$	$6,4 \times 10^{-5}$	
Ácido paraperiódico	H_5IO_6	$2,8 \times 10^{-2}$	$5,3 \times 10^{-9}$	
Fenol	C_6H_5OH (ou HC_6H_5O)	$1,3 \times 10^{-10}$		
Ácido fosfórico	H_3PO_4	$7,5 \times 10^{-3}$	$6,2 \times 10^{-8}$	$4,2 \times 10^{-13}$
Ácido propiônico	C_2H_5COOH (ou $HC_3H_5O_2$)	$1,3 \times 10^{-5}$		
Ácido pirofosfórico	$H_4P_2O_7$	$3,0 \times 10^{-2}$	$4,4 \times 10^{-3}$	$2,1 \times 10^{-7}$
Ácido selenoso	H_2SeO_3	$2,3 \times 10^{-3}$	$5,3 \times 10^{-9}$	
Ácido sulfúrico	H_2SO_4	Ácido forte	$1,2 \times 10^{-2}$	
Ácido sulfuroso	H_2SO_3	$1,7 \times 10^{-2}$	$6,4 \times 10^{-8}$	
Ácido tartárico	$HOOC(CHOH)_2COOH$ (ou $H_2C_4H_4O_6$)	$1,0 \times 10^{-3}$	$1,4 \times 10^{-5}$	

TABELA D.2 Constantes de basicidade para algumas bases a 25 °C

Nome	Fórmula	K_b
Amônia	NH_3	$1,8 \times 10^{-5}$
Anilina	$C_6H_5NH_2$	$4,3 \times 10^{-10}$
Dimetilamina	$(CH_3)_2NH$	$5,4 \times 10^{-4}$
Etilamina	$C_2H_5NH_2$	$6,4 \times 10^{-4}$
Hidrazina	H_2NNH_2	$1,3 \times 10^{-6}$
Hidroxilamina	$HONH_2$	$1,1 \times 10^{-8}$
Metilamina	CH_3NH_2	$4,4 \times 10^{-4}$
Piridina	C_5H_5N	$1,7 \times 10^{-9}$
Trimetilamina	$(CH_3)_3N$	$6,4 \times 10^{-5}$

TABELA D.3 Constantes de produto de solubilidade para alguns compostos a 25 °C

Nome	Fórmula	K_{ps}	Nome	Fórmula	K_{ps}
Carbonato de bário	$BaCO_3$	$5,0 \times 10^{-9}$	Fluoreto de chumbo(II)	PbF_2	$3,6 \times 10^{-8}$
Cromato de bário	$BaCrO_4$	$2,1 \times 10^{-10}$	Sulfato de chumbo(II)	$PbSO_4$	$6,3 \times 10^{-7}$
Fluoreto de bário	BaF_2	$1,7 \times 10^{-6}$	Sulfeto de chumbo(II)*	PbS	3×10^{-28}
Oxalato de bário	BaC_2O_4	$1,6 \times 10^{-6}$	Hidróxido de magnésio	$Mg(OH)_2$	$1,8 \times 10^{-11}$
Sulfato de bário	$BaSO_4$	$1,1 \times 10^{-10}$	Carbonato de magnésio	$MgCO_3$	$3,5 \times 10^{-8}$
Carbonato de cádmio	$CdCO_3$	$1,8 \times 10^{-14}$	Oxalato de magnésio	MgC_2O_4	$8,6 \times 10^{-5}$
Hidróxido de cádmio	$Cd(OH)_2$	$2,5 \times 10^{-14}$	Carbonato de manganês(II)	$MnCO_3$	$5,0 \times 10^{-10}$
Sulfeto de cádmio*	CdS	8×10^{-28}	Hidróxido de manganês(II)	$Mn(OH)_2$	$1,6 \times 10^{-13}$
Carbonato de cálcio (calcita)	$CaCO_3$	$4,5 \times 10^{-9}$	Sulfeto de manganês(II)*	MnS	2×10^{-53}
Cromato de cálcio	$CaCrO_4$	$7,1 \times 10^{-4}$	Cloreto de mercúrio(I)	Hg_2Cl_2	$1,2 \times 10^{-18}$
Fluoreto de cálcio	CaF_2	$3,9 \times 10^{-11}$	Iodeto de mercúrio(I)	Hg_2I_2	$1,1 \times 10^{-1,1}$
Hidróxido de cálcio	$Ca(OH)_2$	$6,5 \times 10^{-6}$	Sulfeto de mercúrio(II)*	HgS	2×10^{-53}
Fosfato de cálcio	$Ca_3(PO_4)_2$	$2,0 \times 10^{-29}$	Carbonato de níquel(II)	$NiCO_3$	$1,3 \times 10^{-7}$
Sulfato de cálcio	$CaSO_4$	$2,4 \times 10^{-5}$	Hidróxido de níquel(II)	$Ni(OH)_2$	$6,0 \times 10^{-16}$
Hidróxido de cromo(III)	$Cr(OH)_3$	$6,7 \times 10^{-31}$	Sulfeto de níquel(II)*	NiS	3×10^{-20}
Carbonato de cobalto(II)	$CoCO_3$	$1,0 \times 10^{-10}$	Bromato de prata	$AgBrO_3$	$5,5 \times 10^{-13}$
Hidróxido de cobalto(II)	$Co(OH)_2$	$1,3 \times 10^{-15}$	Brometo de prata	$AgBr$	$5,0 \times 10^{-13}$
Sulfeto de cobalto (II)*	CoS	5×10^{-22}	Carbonato de prata	Ag_2CO_3	$8,1 \times 10^{-12}$
Brometo de cobre(I)	$CuBr$	$5,3 \times 10^{-9}$	Cloreto de prata	$AgCl$	$1,8 \times 10^{-10}$
Carbonato de cobre(II)	$CuCO_3$	$2,3 \times 10^{-10}$	Cromato de prata	Ag_2CrO_4	$1,2 \times 10^{-12}$
Hidróxido de cobre(II)	$Cu(OH)_2$	$4,8 \times 10^{-20}$	Iodeto de prata	AgI	$8,3 \times 10^{-17}$
Sulfeto de cobre(II)*	CuS	6×10^{-37}	Sulfato de prata	Ag_2SO_4	$1,5 \times 10^{-5}$
Carbonato de ferro(II)	$FeCO_3$	$2,1 \times 10^{-11}$	Sulfeto de prata*	Ag_2S	6×10^{-51}
Hidróxido de ferro(II)	$Fe(OH)_2$	$7,9 \times 10^{-16}$	Carbonato de estrôncio	$SrCO_3$	$9,3 \times 10^{-10}$
Fluoreto de lantânio	LaF_3	2×10^{-19}	Sulfeto de estanho (II)*	SnS	1×10^{-26}
Iodato de lantânio	$La(IO_3)_3$	$7,4 \times 10^{-14}$	Carbonato de zinco	$ZnCO_3$	$1,0 \times 10^{-10}$
Carbonato de chumbo(II)	$PbCO_3$	$7,4 \times 10^{-14}$	Hidróxido de zinco	$Zn(OH)_2$	$3,0 \times 10^{-16}$
Cloreto de chumbo(II)	$PbCl_2$	$1,7 \times 10^{-5}$	Oxalato de zinco	ZnC_2O_4	$2,7 \times 10^{-8}$
Cromato de chumbo(II)	$PbCrO_4$	$2,8 \times 10^{-13}$	Sulfeto de zinco*	ZnS	2×10^{-25}

*Para um equilíbrio de solubilidade do tipo $MS(s) + H_2O(l) \rightleftharpoons M^{2+}(aq) + HS^-(aq) + OH^-(aq)$

APÊNDICE E

POTENCIAIS PADRÃO DE REDUÇÃO A 25 °C

Semirreação	E°(V)
$Ag^+(aq) + e^- \longrightarrow Ag(s)$	+0,80
$AgBr(s) + e^- \longrightarrow Ag(s) + Br^-(aq)$	+0,10
$AgCl(s) + e^- \longrightarrow Ag(s) + Cl^-(aq)$	+0,22
$Ag(CN)_2^-(aq) + e^- \longrightarrow Ag(s) + 2\,CN^-(aq)$	−0,31
$Ag_2CrO_4(s) + 2\,e^- \longrightarrow 2\,Ag(s) + CrO_4^{2-}(aq)$	+0,45
$AgI(s) + e^- \longrightarrow Ag(s) + I^-(aq)$	−0,15
$Ag(S_2O_3)_2^{3-}(aq) + e^- \longrightarrow Ag(s) + 2\,S_2O_3^{2-}(aq)$	+0,01
$Al^{3+}(aq) + 3\,e^- \longrightarrow Al(s)$	−1,66
$H_3AsO_4(aq) + 2\,H^+(aq) + 2\,e^- \longrightarrow H_3AsO_3(aq) + H_2O(l)$	+0,56
$Ba^{2+}(aq) + 2\,e^- \longrightarrow Ba(s)$	−2,90
$BiO^+(aq) + 2\,H^+(aq) + 3\,e^- \longrightarrow Bi(s) + H_2O(l)$	+0,32
$Br_2(l) + 2\,e^- \longrightarrow 2\,Br^-(aq)$	+1,06
$2\,BrO_3^-(aq) + 12\,H^+(aq) + 10\,e^- \longrightarrow Br_2(l) + 6\,H_2O(l)$	+1,52
$2\,CO_2(g) + 2\,H^+(aq) + 2\,e^- \longrightarrow H_2C_2O_4(aq)$	−0,49
$Ca^{2+}(aq) + 2\,e^- \longrightarrow Ca(s)$	−2,87
$Cd^{2+}(aq) + 2\,e^- \longrightarrow Cd(s)$	−0,40
$Ce^{4+}(aq) + e^- \longrightarrow Ce^{3+}(aq)$	+1,61
$Cl_2(g) + 2\,e^- \longrightarrow 2\,Cl^-(aq)$	+1,36
$2\,HClO(aq) + 2\,H^+(aq) + 2\,e^- \longrightarrow Cl_2(g) + 2\,H_2O(l)$	+1,63
$ClO^-(aq) + H_2O(l) + 2\,e^- \longrightarrow Cl^-(aq) + 2\,OH^-(aq)$	+0,89
$2\,ClO_3^-(aq) + 12\,H^+(aq) + 10\,e^- \longrightarrow Cl_2(g) + 6\,H_2O(l)$	+1,47
$Co^{2+}(aq) + 2\,e^- \longrightarrow Co(s)$	−0,28
$Co^{3+}(aq) + e^- \longrightarrow Co^{2+}(aq)$	+1,84
$Cr^{3+}(aq) + 3\,e^- \longrightarrow Cr(s)$	−0,74
$Cr^{3+}(aq) + e^- \longrightarrow Cr^{2+}(aq)$	−0,41
$Cr_2O_7^{2-}(aq) + 14\,H^+(aq) + 6\,e^- \longrightarrow 2\,Cr^{3+}(aq) + 7\,H_2O(l)$	+1,33
$CrO_4^{2-}(aq) + 4\,H_2O(l) + 3\,e^- \longrightarrow Cr(OH)_3(s) + 5\,OH^-(aq)$	−0,13
$Cu^{2+}(aq) + 2\,e^- \longrightarrow Cu(s)$	+0,34
$Cu^{2+}(aq) + e^- \longrightarrow Cu^+(aq)$	+0,15
$Cu^+(aq) + e^- \longrightarrow Cu(s)$	+0,52
$CuI(s) + e^- \longrightarrow Cu(s) + I^-(aq)$	−0,19
$F_2(g) + 2\,e^- \longrightarrow 2\,F^-(aq)$	+2,87
$Fe^{2+}(aq) + 2\,e^- \longrightarrow Fe(s)$	−0,44
$Fe^{3+}(aq) + e^- \longrightarrow Fe^{2+}(aq)$	+0,77
$Fe(CN)_6^{3-}(aq) + e^- \longrightarrow Fe(CN)_6^{4-}(aq)$	+0,36
$2\,H^+(aq) + 2\,e^- \longrightarrow H_2(g)$	0,00
$2\,H_2O(l) + 2\,e^- \longrightarrow H_2(g) + 2\,OH^-(aq)$	−0,83
$HO_2^-(aq) + H_2O(l) + 2\,e^- \longrightarrow 3\,OH^-(aq)$	+0,88
$H_2O_2(aq) + 2\,H^+(aq) + 2\,e^- \longrightarrow 2\,H_2O(l)$	+1,78
$Hg_2^{2+}(aq) + 2\,e^- \longrightarrow 2\,Hg(l)$	+0,79
$2\,Hg^{2+}(aq) + 2\,e^- \longrightarrow Hg_2^{2+}(aq)$	+0,92
$Hg^{2+}(aq) + 2\,e^- \longrightarrow Hg(l)$	+0,85
$I_2(s) + 2\,e^- \longrightarrow 2\,I^-(aq)$	+0,54
$2\,IO_3^-(aq) + 12\,H^+(aq) + 10\,e^- \longrightarrow I_2(s) + 6\,H_2O(l)$	+1,20
$K^+(aq) + e^- \longrightarrow K(s)$	−2,92
$Li^+(aq) + e^- \longrightarrow Li(s)$	−3,05
$Mg^{2+}(aq) + 2\,e^- \longrightarrow Mg(s)$	−2,37
$Mn^{2+}(aq) + 2\,e^- \longrightarrow Mn(s)$	−1,18
$MnO_2(s) + 4\,H^+(aq) + 2\,e^- \longrightarrow Mn^{2+}(aq) + 2\,H_2O(l)$	+1,23
$MnO_4^-(aq) + 8\,H^+(aq) + 5\,e^- \longrightarrow Mn^{2+}(aq) + 4\,H_2O(l)$	+1,51
$MnO_4^-(aq) + 2\,H_2O(l) + 3\,e^- \longrightarrow MnO_2(s) + 4\,OH^-(aq)$	+0,59
$HNO_2(aq) + H^+(aq) + e^- \longrightarrow NO(g) + H_2O(l)$	+1,00
$N_2(g) + 4\,H_2O(l) + 4\,e^- \longrightarrow 4\,OH^-(aq) + N_2H_4(aq)$	−1,16
$N_2(g) + 5\,H^+(aq) + 4\,e^- \longrightarrow N_2H_5^+(aq)$	−0,23
$NO_3^-(aq) + 4\,H^+(aq) + 3\,e^- \longrightarrow NO(g) + 2\,H_2O(l)$	+0,96
$Na^+(aq) + e^- \longrightarrow Na(s)$	−2,71
$Ni^{2+}(aq) + 2\,e^- \longrightarrow Ni(s)$	−0,28
$O_2(g) + 4\,H^+(aq) + 4\,e^- \longrightarrow 2\,H_2O(l)$	+1,23
$O_2(g) + 2\,H_2O(l) + 4\,e^- \longrightarrow 4\,OH^-(aq)$	+0,40
$O_2(g) + 2\,H^+(aq) + 2\,e^- \longrightarrow H_2O_2(aq)$	+0,68
$O_3(g) + 2\,H^+(aq) + 2\,e^- \longrightarrow O_2(g) + H_2O(l)$	+2,07
$Pb^{2+}(aq) + 2\,e^- \longrightarrow Pb(s)$	−0,13
$PbO_2(s) + HSO_4^-(aq) + 3\,H^+(aq) + 2\,e^- \longrightarrow PbSO_4(s) + 2\,H_2O(l)$	+1,69
$PbSO_4(s) + H^+(aq) + 2\,e^- \longrightarrow Pb(s) + HSO_4^-(aq)$	−0,36
$PtCl_4^{2-}(aq) + 2\,e^- \longrightarrow Pt(s) + 4\,Cl^-(aq)$	+0,73
$S(s) + 2\,H^+(aq) + 2\,e^- \longrightarrow H_2S(g)$	+0,14
$H_2SO_3(aq) + 4\,H^+(aq) + 4\,e^- \longrightarrow S(s) + 3\,H_2O(l)$	+0,45
$HSO_4^-(aq) + 3\,H^+(aq) + 2\,e^- \longrightarrow H_2SO_3(aq) + H_2O(l)$	+0,17
$Sn^{2+}(aq) + 2\,e^- \longrightarrow Sn(s)$	−0,14
$Sn^{4+}(aq) + 2\,e^- \longrightarrow Sn^{2+}(aq)$	+0,15
$VO_2^+(aq) + 2\,H^+(aq) + e^- \longrightarrow VO^{2+}(aq) + H_2O(l)$	+1,00
$Zn^{2+}(aq) + 2\,e^- \longrightarrow Zn(s)$	−0,76

RESPOSTAS DOS EXERCÍCIOS EM VERMELHO

Capítulo 1 **1.1 (a)** Quatro; **(b)** seis; **(c)** hidrogênio; **(d)** 22.
1.2 (a) Substância simples pura: i; **(b)** mistura de elementos: v, vi; **(c)** substância composta pura: iv; **(d)** mistura de um elemento químico e uma substância composta: ii, iii. **1.4 (a)** Mistura homogênea **(b)** Sim, latão é uma solução. **1.5 (iv)** Um gás se transforma em um sólido. **1.7** Filtração.
1.8 (a) A esfera de alumínio é a mais leve, seguida pelo níquel e depois pela prata. **(b)** O cubo de platina é o menor, seguido pelo ouro e depois pelo chumbo. **1.10 (a)** 7,5 cm; dois algarismos significativos
(b) 72 mi/h (escala interna, dois algarismos significativos) ou 115 km/h (escala externa, três algarismos significativos). **1.12** 464 jujubas. A massa de uma jujuba média tem 2 casas decimais e 3 algarismos significativos. O número de jujubas tem 3 algarismos significativos, de acordo com as regras para a multiplicação e divisão. **1.13** A afirmação (c) é falsa.
1.15 (a) Mistura heterogênea; **(b)** mistura homogênea (heterogênea se houver partículas não dissolvidas); **(c)** substância pura; **(d)** substância pura. **1.17 (a)** S; **(b)** Au; **(c)** K; **(d)** Cl; **(e)** Cu; **(f)** urânio; **(g)** níquel; **(h)** sódio; **(i)** alumínio; **(j)** silício. **1.19** C é uma substância composta; contém carbono e oxigênio. A é uma substância composta; contém ao menos carbono e oxigênio. B não é definido pelos dados fornecidos; provavelmente também é uma substância composta, pois são raras as substâncias simples que existem na forma de sólidos brancos.
1.21 Propriedades físicas: branco metálico; lustroso; ponto de fusão = 649 °C, ponto de ebulição = 1.105 °C; densidade a 20 °C = 1,738 g/cm^3; convertido em folhas; transformado em fios; bom condutor. Propriedades químicas: entra em combustão no ar; reage com Cl$_2$.
1.23 (a) Químico; **(b)** físico; **(c)** físico; **(d)** químico; **(e)** químico.
1.25 (a) Filtração; **(b)** cromatografia; **(c)** destilação. **1.27** As afirmações (i) e (iii) são verdadeiras. **1.29 (a)** $1,9 \times 10^5$ J; **(b)** $4,6 \times 10^4$ cal; **(c)** 14 m/s.
1.31 (a) Energia cinética; **(b)** Energia potencial diminui. **(c)** Aumentaria.
1.33 (a) 1×10^{-1} **(b)** 1×10^{-2} **(c)** 1×10^{-15} **(d)** 1×10^{-6} **(e)** 1×10^{6}
(f) 1×10^{3} **(g)** 1×10^{-9} **(h)** 1×10^{-3} **(i)** 1×10^{-12} **1.35 (a)** 22 °C;
(b) 422,1 °F; **(c)** 506 K; **(d)** 107 °F; **(e)** 1.600 K; **(f)** −459,67 °F.
1.37 (a) 1,62 g/mL. O tetracloroetileno, 1,62 g/mL, é mais denso do que a água, 1,00 g/mL; o tetracloroetileno afundará na água e não flutuará.
(b) 11,7 g. **1.39 (a)** Densidade calculada = 0,86 g/mL. A substância provavelmente é o tolueno, densidade = 0,866 g/mL. **(b)** 89,2 mL de benzeno. **(c)** $1,11 \times 10^3$ g de níquel. **1.41 (a)** 940 Tg; **(b)** $1,1 \times 10^{11}$ gal de gasolina; **(c)** 520 teralitros (TL) de CO$_2$. **1.43** Exatos: (b), (d) e (f).
1.45 (a) 2 **(b)** 4 **(c)** 4 **(d)** 3 **(e)** 3 **(f)** 1 **1.47 (a)** $1,025 \times 10^2$ **(b)** 6.570×10^2
(c) $8,543 \times 10^{-3}$ **(d)** $2,579 \times 10^{-4}$ **(e)** $-3,572 \times 10^{-2}$ **1.49 (a)** 17,00
(b) 812,0 **(c)** $8,23 \times 10^3$ **(d)** $8,69 \times 10^{-2}$ **1.51 (a)** $3,80 \times 10^5$ **(b)** $7,91 \times 10^6$
(c) $1,68 \times 10^2$ **(d)** $-9,45$ **1.53** 5 algarismos significativos.
1.55 (a) $\dfrac{1 \times 10^{-3} \text{ m}}{1 \text{ mm}} \times \dfrac{1 \text{ nm}}{1 \times 10^{-9} \text{ m}}$ **(b)** $\dfrac{1 \times 10^{-3} \text{ g}}{1 \text{ mg}} \times \dfrac{1 \text{ kg}}{1000 \text{ g}}$
(c) $\dfrac{1000 \text{ m}}{1 \text{ km}} \times \dfrac{1 \text{ cm}}{1 \times 10^{-2} \text{ m}} \times \dfrac{1 \text{ in.}}{2,54 \text{ cm}} \times \dfrac{1 \text{ ft}}{12 \text{ in.}}$ **(d)** $\dfrac{(2,54)^3 \text{ cm}^3}{1^3 \text{ in.}^3}$
1.57 (a) 54,7 km/h **(b)** $1,3 \times 10^3$ gal **(c)** 46,0 m **(d)** 0,984 pol./h
1.59 (a) $4,32 \times 10^5$ s **(b)** 88,5 m **(c)** $0,499/L **(d)** 46,6 km/h
(e) 1,420 L/s **(f)** 707,9 cm^3 **1.61 (a)** $1,2 \times 10^2$ L **(b)** 5×10^2 mg
(c) 19,9 mi/gal (2×10^1 mi/gal para 1 algarismo significativo) **(d)** 1,81 kg
1.63 0,18 g CO **1.65 (a)** 1208 lb/pés **(b)** 232,2 g **1.67** 1×10^5
1.71 8,47 g O **1.73 (a)** Conjunto 1, 34,44; conjunto 2, 34,52. Com base na média, o conjunto 1 é mais preciso. **(b)** O desvio médio para o conjunto 1 é de 0,02 e o do conjunto 2 é de 0,03. O conjunto 1 é mais preciso.
1.74 (a) Volume; **(b)** área; **(c)** volume; **(d)** densidade; **(e)** tempo;
(f) comprimento; **(g)** temperatura. **1.78** As substâncias (c), (d), (e), (g) e **(h)** são puras ou quase puras. **1.80 (a)** $1,13 \times 10^5$ moedas. **(b)** $6,41 \times 10^5$ g **(c)** $2,83 \times 10^4$ **(d)** $9,28 \times 10^8$ pilhas. **1.84** O líquido mais denso, Hg, afundará; o menos denso, ciclo-hexano, flutuará; H$_2$O ficará no meio.
1.88 Densidade do sólido = 1,63 g/mL. **1.94** O diâmetro interno do tubo é de 1,71 cm. **1.96** As afirmações (i) e (iii) são verdadeiras. **1.99 (a)** Volume = 0,050 mL; **(b)** área superficial = 12,4 m^2; **(c)** 99,99% do mercúrio foi removido. **(d)** O material esponjoso pesa 17,7 mg após a exposição ao mercúrio.

Capítulo 2 **2.1 (a)** (−) **(b)** aumentar **(c)** diminuir **2.4** A partícula é um íon. $^{32}_{16}$S^{2-} **2.6** Fórmula: IF$_5$; nome: pentafluoreto de iodo; o composto é molecular. **2.8** Apenas o Ca(NO$_3$)$_2$, nitrato de cálcio, é consistente com o diagrama. **2.10 (a)** Na presença de um campo elétrico, há uma atração eletrostática entre as gotas de óleo com carga negativa e a placa com carga positiva, assim como repulsão eletrostática entre as gotas de óleo com carga negativa e a placa com carga negativa. Essas forças eletrostáticas se opõem à força da gravidade e alteram a velocidade de queda das gotas.
(b) Cada gota individual tem um número diferente de elétrons associado a ela. Se as forças eletrostáticas combinadas são maiores do que a força da gravidade, a gota sobe. **2.11 (a)** massa O/massa C = 2,66 **(b)** massa O/massa C = 1,33 **(c)** CO **2.13 (a)** 0,5711 g de O/1 g N; 1,142 g de O/1 g N; 2,284 g de O/1 g de N; 2,855 g de O/1 g de N **(b)** Os números na parte (a) obedecem à *lei das proporções múltiplas*. Proporções múltiplas ocorrem porque os átomos são entidades indivisíveis que se combinam, como afirma a teoria atômica de Dalton. **2.15** Os nêutrons foram os últimos a serem descobertos. **2.17 (a)** apenas a afirmação (i) é verdadeira. **2.19 (a)** 0,135 nm; $1,35 \times 10^2$ ou 135 pm **(b)** $3,70 \times 10^6$ átomos de Au **(c)** $1,03 \times 10^{-23}$ cm^3 **2.21 (a)** Próton, nêutron, elétron **(b)** próton = 1+, nêutron = 0, elétron = 1− **(c)** O nêutron é o mais maciço. (O nêutron e o próton têm massas muito semelhantes.) **(d)** O elétron é o menos maciço.
2.23 (a) 5 prótons, 5 nêutrons, 5 elétrons **(b)** $^{11}_{6}$C **(c)** $^{11}_{5}$B **(d)** O átomo na parte (c) é um isótopo de ^{10}B. **2.25 (a)** O número atômico é o número de prótons no núcleo de um átomo. O número de massa é o número total de partículas nucleares, prótons mais nêutrons, de um átomo. **(b)** número atômico **(c)** número de massa **2.27 (a)** ^{40}Ar: 18 p, 22 n, 18 e **(b)** ^{65}Zn: 30 p, 35 n, 30 e **(c)** ^{70}Ga: 31 p, 39 n, 31 e **(d)** ^{80}Br: 35 p, 45 n, 35 e **(e)** ^{184}W: 74 p, 110 n, 74 e **(f)** ^{243}Am: 95 p, 148 n, 95e
2.29

Símbolo	^{79}Br	^{55}Mn	^{112}Cd	^{222}Rn	^{207}Pb
Prótons	35	25	48	86	82
Nêutrons	44	30	64	136	125
Elétrons	35	25	48	86	82
Número de massa	79	55	112	222	207

2.31 (a) $^{196}_{78}$Pt **(b)** $^{84}_{36}$Kr **(c)** $^{75}_{33}$As **(d)** $^{24}_{12}$Mg
2.33 A resposta (b) é a melhor opção. Cada átomo de B terá a massa de um dos isótopos naturais, enquanto a "massa atômica" é um valor médio.
2.35 63,55 uma **2.37 (a)** No tubo de raios catódicos de Thomson, as partículas com carga são elétrons. Em um espectrômetro de massa, as partículas com carga são íons positivos (cátions). **(b)** O eixo *x* indica *m/z* (a proporção entre a massa e a carga das partículas), enquanto o eixo *y* indica a intensidade do sinal. **(c)** O íon Cl^{2+} será mais desviado.
2.39 (a) massa atômica média = 24,31 uma **(b)** Intensidade do sinal
(b)

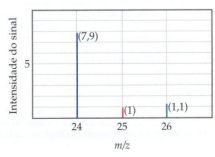

2.41 (a) Cr, 24 (metal) **(b)** He, 2 (não metal) **(c)** P, 15 (não metal)
(d) Zn, 30 (metal) **(e)** Mg, 12 (metal) **(f)** Br, 35 (não metal)
(g) As, 33 (metaloide)

2.43 (a) K, metais alcalinos (metal) **(b)** I, halogênios (não metal) **(c)** Mg, metais alcalinoterrosos (metal) **(d)** Ar, gases nobres (não metal) **(e)** S, calcogênios (não metal) **2.45 (a)** C_4H_{10} é a fórmula molecular de ambos os compostos. **(b)** C_2H_5 é a fórmula empírica de ambos os compostos. **(c)** estrutural **2.47** Da esquerda para a direita: molecular, N_2H_4, empírica, NH_2; molecular, N_2H_2, empírica, NH, molecular e empírica, NH_3
2.49 (a) $AlBr_3$ **(b)** C_4H_5 **(c)** C_2H_4O **(d)** P_2O_5 **(e)** C_3H_2Cl **(f)** BNH_2
2.51 (a) 6 **(b)** 10 **(c)** 12
2.53

(a) C_2H_6O, H—C—O—C—H (com H's)

(b) C_2H_6O, H—C—C—O—H (com H's)

(c) CH_4O, H—C—O—H (com H's)

(d) PF_3, F—P—F com F

2.55

Símbolo	$^{59}Co^{3+}$	$^{80}Se^{2-}$	$^{192}Os^{2+}$	$^{200}Hg^{2+}$
Prótons	27	34	76	80
Nêutrons	32	46	116	120
Elétrons	24	36	74	78
Carga líquida	3+	2−	2+	2+

2.57 (a) Mg^{2+} **(b)** Al^{3+} **(c)** K^+ **(d)** S^{2-} **(e)** F^-
2.59 (a) GaF_3, fluoreto de gálio(III) **(b)** LiH, hidreto de lítio **(c)** AlI_3, iodeto de alumínio **(d)** K_2S, sulfeto de potássio
2.61 (a) $CaBr_2$ **(b)** K_2CO_3 **(c)** $Al(CH_3COO)_3$ **(d)** $(NH_4)_2SO_4$ **(e)** $Mg_3(PO_4)_2$
2.63

Íon	K^+	NH_4^+	Mg^{2+}	Fe^{3+}
Cl^-	KCl	NH_4Cl	$MgCl_2$	$FeCl_3$
OH^-	KOH	NH_4OH	$Mg(OH)_2$	$Fe(OH)_3$
CO_3^{2-}	K_2CO_3	$(NH_4)_2CO_3$	$MgCO_3$	$Fe_2(CO_3)_3$
PO_4^{3-}	K_3PO_4	$(NH_4)_3PO_4$	$Mg_3(PO_4)_2$	$FePO_4$

2.65 Molecular: **(a)** B_2H_6 **(b)** CH_3OH **(f)** NOCl **(g)** NF_3. Iônico: **(c)** $LiNO_3$ **(d)** Sc_2O_3 **(e)** CsBr **(f)** Ag_2SO_4 **2.67 (a)** ClO_2^- **(b)** Cl^- **(c)** ClO_3^- **(d)** ClO_4^- **(e)** ClO^- **2.69 (a)** cálcio, 2+; óxido, 2− **(b)** sódio, 1+; sulfato, 2− **(c)** potássio, 1+; perclorato, 1− **(d)** ferro, 2+, nitrato, 1− **(e)** cromo, 3+; hidróxido, 1− **2.71 (a)** óxido de lítio **(b)** cloreto de ferro(III) (cloreto férrico) **(c)** hipoclorito de sódio **(d)** sulfito de cálcio **(e)** hidróxido de cobre(II) (hidróxido cúprico) **(f)** nitrato de ferro(II) (nitrato ferroso) **(g)** acetato de cálcio **(h)** carbonato de cromo(III) (carbonato crômico) **(i)** cromato de potássio **(j)** sulfato de amônio **2.73 (a)** $Al(OH)_3$ **(b)** K_2SO_4 **(c)** Cu_2O **(d)** $Zn(NO_3)_2$ **(e)** $HgBr_2$ **(f)** $Fe_2(CO_3)_3$ **(g)** NaBrO
2.75 (a) ácido brômico **(b)** ácido bromídrico **(c)** ácido fosfórico **(d)** HClO **(e)** HIO_3 **(f)** H_2SO_3 **2.77 (a)** hexafluoreto de enxofre **(b)** dicloreto de selênio **(c)** trióxido de xenônio **(d)** N_2O_4 **(e)** HCN **(f)** P_4S_6 **2.79 (a)** $ZnCO_3$, ZnO, CO_2 **(b)** HF, SiO_2, SiF_4 **(c)** SO_2, H_2O, H_2SO_3 **(d)** PH_3 **(e)** $HClO_4$, Cd, $Cd(ClO_4)_2$ **(f)** VBr_3 **2.81 (a)** Um hidrocarboneto é uma substância composta que consiste apenas nos elementos hidrogênio e carbono.

(b) H—C—C—C—C—C—C—C—C—H (cadeia com H's)

fórmula molecular C_8H_{18}, fórmula empírica C_4H_9
2.83 (a) —OH

(b) H—C—C—C—C—C—OH (com H's)

2.85 A resposta correta é (c). A fórmula incorreta do metanol, CH_4OH, deve ser corrigida para CH_3OH. **2.87** As estruturas c e d são a mesma molécula. **2.89 (a)** 2-dimetil-hexano **(b)** 4-etil-2, 4-dimetildecano **(c)** $CH_3CH_2CH_2CH_2CH_2CH(CH_3)_2$ **(d)** $CH_3CH_2CH_2CH_2CH(CH_2CH_3)$ $CH(CH_3)CH(CH_3)_2$ **2.91** A afirmação (d) está correta. **2.94 (a)** 2 prótons, 1 nêutron, 2 elétrons **(b)** O trítio, ^3H, é mais massivo. **(c)** Uma precisão de 1×10^{-27} g seria necessária para diferenciar entre $^3H^+$ e $^3He^+$.
2.97 (a) $^{16}_8O$, $^{17}_8O$, $^{18}_8O$ **(b)** Nenhum deles contém 10 elétrons; todos têm 8. **(c)** 9 **2.99 (a)** $^{69}_{31}Ga$, 31 prótons, 38 nêutrons; $^{71}_{31}Ga$, 31 prótons, 40 nêutrons **(b)** $^{69}_{31}Ga$, 60,3%, $^{71}_{31}Ga$, 39,7%. **2.101 (a)** Cinco algarismos significativos **(b)** Um elétron tem 0,05444% da massa de um átomo de ^1H. **2.106 (a)** óxido de níquel(II), 2+ **(b)** óxido de manganês(IV), 4+ **(c)** óxido de cromo(III), 3+ **(d)** óxido de molibdênio(VI), 6+ **2.109 (a)** Íon perbromato **(b)** íon selenito **(c)** AsO_4^{3-} **(d)** $HTeO_4^-$ **2.112 (a)** nitrato de potássio **(b)** carbonato de sódio **(c)** óxido de cálcio **(d)** ácido clorídrico **(e)** sulfato de magnésio **(f)** hidróxido de magnésio

Capítulo 3 **3.1** A Equação **(a)** encaixa-se melhor no diagrama.
3.3 (a) NO_2. **(b)** Não, porque não temos como saber se as fórmulas empírica e molecular são iguais. NO_2 representa a razão mais simples de átomos em uma molécula, mas não a única fórmula molecular possível. **3.5 (a)** $C_2H_5NO_2$ **(b)** 75,0 g/mol **(c)** 1,332 mol de glicina **(d)** A percentagem em massa do N na glicina é 18,7%. **3.7 (a)** $N_2 + 3 H_2 \longrightarrow 2 NH_3$. **(b)** H_2 é o reagente limitante. **(c)** Seis moléculas de NH_3 podem ser produzidas. **(d)** Uma molécula de N_2 está em excesso.
3.9 (a) Falso **(b)** Verdadeiro **(c)** Falso
3.11 (a) $2 CO(g) + O_2(g) \longrightarrow 2 CO_2(g)$
(b) $N_2O_5(g) + H_2O(l) \longrightarrow 2 HNO_3(aq)$
(c) $CH_4(g) + 4 Cl_2(g) \longrightarrow CCl_4(l) + 4 HCl(g)$
(d) $Zn(OH)_2(s) + 2 HNO_3(aq) \longrightarrow Zn(NO_3)_2(aq) + 2 H_2O(l)$
3.13 (a) $Al_4C_3(s) + 12 H_2O(l) \longrightarrow 4 Al(OH)_3(s) + 3 CH_4(g)$
(b) $2 C_5H_{10}O_2(l) + 13 O_2(g) \longrightarrow 10 CO_2(g) + 10 H_2O(g)$
(c) $2 Fe(OH)_3(s) + 3 H_2SO_4(aq) \longrightarrow Fe_2(SO_4)_3(aq) + 6 H_2O(l)$
(d) $Mg_3N_2(s) + 4 H_2SO_4(aq) \longrightarrow 3 MgSO_4(aq) + (NH_4)_2SO_4(aq)$
3.15 (a) $CaC_2(s) + 2 H_2O(l) \longrightarrow Ca(OH)_2(aq) + C_2H_2(g)$
(b) $2 KClO_3(s) \xrightarrow{\Delta} 2 KCl(s) + 3 O_2(g)$
(c) $Zn(s) + H_2SO_4(aq) \longrightarrow ZnSO_4(aq) + H_2(g)$
(d) $PCl_3(l) + 3 H_2O(l) \longrightarrow H_3PO_3(aq) + 3 HCl(aq)$
(e) $3 H_2S(g) + 2 Fe(OH)_3(s) \longrightarrow Fe_2S_3(s) + 6 H_2O(g)$
3.17 (a) NaBr **(b)** sólido **(c)** 2
3.19 (a) $Mg(s) + Cl_2(g) \longrightarrow MgCl_2(s)$
(b) $BaCO_3(s) \xrightarrow{\Delta} BaO(s) + CO_2(g)$
(c) $C_8H_8(l) + 10 O_2(g) \longrightarrow 8 CO_2(g) + 4 H_2O(l)$
(d) $C_2H_6O(g) + 3 O_2(g) \longrightarrow 2 CO_2(g) + 3 H_2O(l)$
3.21 (a) $2 C_3H_6(g) + 9 O_2(g) \longrightarrow 6 CO_2(g) + 6 H_2O(g)$; combustão
(b) $NH_4NO_3(s) \longrightarrow N_2O(g) + 2 H_2O(g)$; decomposição
(c) $C_5H_6O(l) + 6 O_2(g) \longrightarrow 5 CO_2(g) + 3 H_2O(g)$; combustão
(d) $N_2(g) + 3 H_2(g) \longrightarrow 2 NH_3(g)$; combinação
(e) $K_2O(s) + H_2O(l) \longrightarrow 2 KOH(aq)$; combinação
3.23 (a) 63,0 uma **(b)** 158,0 uma **(c)** 310,3 uma **(d)** 60,1 uma **(e)** 235,7 uma **(f)** 392,3 uma **(g)** 137,5 uma
3.25 (a) 16,8% **(b)** 16,1% **(c)** 21,1% **(d)** 28,8% **(e)** 27,2% **(f)** 26,5%

3.27 (a) 79,2% **(b)** 63,2% **(c)** 64,6%
3.29 (a) Falso **(b)** Verdadeiro **(c)** Falso **(d)** Verdadeiro
3.31 23 g de Na contém 1 mol de átomos; 0,5 mol de H$_2$O contém átomos de 1,5 mol; 6,0 × 10^{23} moléculas de N$_2$ contêm 2 mols de átomos.
3.33 4,4 × 10^{25} kg. Um mol de pessoas pesa 7,4 vezes mais do que a Terra.
3.35 (a) 35,9 g de C$_{12}$H$_{22}$O$_{11}$ **(b)** 0,75766 mol de Zn(NO$_3$)$_2$ **(c)** 6,0 × 10^{17} moléculas de CH$_3$CH$_2$OH **(d)** 2,47 × 10^{23} átomos de N
3.37 (a) 0,373 g de (NH$_4$)$_3$PO$_4$ **(b)** 5,737 × 10^{-3} mols de Cl$^-$ **(c)** 0,248 g de C$_8$H$_{10}$N$_4$O$_2$ **(d)** 387 g de colesterol/mol
3.39 (a) Massa molar = 162,3 g **(b)** 3.08 × 10^{-5} mols de alicina **(c)** 1,86 × 10^{19} moléculas de alicina **(d)** 3,71 × 10^{19} átomos de S
3.41 (a) 2,500 × 10^{21} átomos de H **(b)** 2,083 × 10^{20} moléculas de C$_6$H$_{12}$O$_6$ **(c)** 3,460 × 10^{-4} mol de C$_6$H$_{12}$O$_6$ **(d)** 0,06227 g de C$_6$H$_{12}$O$_6$
3.43 3,2 × 10^{-8} mol de C$_2$H$_3$Cl/L; 1,9 × 10^{16} moléculas/L
3.45 (a) C$_2$H$_6$O **(b)** Fe$_2$O$_3$ **(c)** CH$_2$O
3.47 (a) CSCl$_2$ **(b)** C$_3$OF$_6$ **(c)** Na$_3$AlF$_6$
3.49 31 g/mol
3.51 (a) C$_6$H$_{12}$ **(b)** NH$_2$Cl
3.53 (a) Fórmula empírica, CH; fórmula molecular, C$_8$H$_8$ **(b)** fórmula empírica, C$_4$H$_5$N$_2$O; fórmula molecular, C$_8$H$_{10}$N$_4$O$_2$ **(c)** fórmula empírica e fórmula molecular, NaC$_5$H$_8$O$_4$N
3.55 (a) C$_7$H$_8$ **(b)** As fórmulas empírica e molecular são C$_{10}$H$_{20}$O.
3.57 Fórmula empírica, C$_4$H$_8$O; fórmula molecular, C$_8$H$_{16}$O$_2$
3.59 x = 10; Na$_2$CO$_3 \cdot$ 10H$_2$O
3.61 (a) 2,40 mols de HF **(b)** 5,25 g de NaF **(c)** 0,610 g de Na$_2$SiO$_3$
3.63 (a) Al(OH)$_3$(s) + 3 HCl(aq) $\longrightarrow$ AlCl$_3$(aq) + 3 H$_2$O(l) **(b)** 0,701 g de HCl **(c)** 0,855 g de AlCl$_3$; 0,347 g de H$_2$O **(d)** Massa de reagentes = 0,500 g + 0,701 g = 1,201 g; massa de produtos = 0,855 g + 0,347 g = 1,202 g. Massa é conservada, dentro da precisão dos dados.
3.65 (a) Al$_2$S$_3$(s) + 6 H$_2$O(l) $\longrightarrow$ 2 Al(OH)$_3$(s) + 3 H$_2$S(g) **(b)** 14,7 g de Al(OH)$_3$ **3.67 (a)** 2,25 mols de N$_2$ **(b)** 15,5 g de NaN$_3$ **(c)** 548 g de NaN$_3$
3.69 (a) 5,50 × 10^{-3} mol Al **(b)** 2 Al(s) + 3 Br$_2$(l) $\longrightarrow$ 2 AlBr$_3$(s) **(c)** 1,47 g AlBr$_3$ **3.71** 1,25 × 10^5 kJ **3.73 (a)** O *reagente limitante* determina a quantidade de matéria máxima do produto resultante de uma reação química; qualquer outro reagente é um *reagente em excesso*. **(b)** O reagente limitante regula a quantidade de produtos porque é completamente consumido durante a reação; nenhum outro produto pode ser preparado quando um dos reagentes não está disponível. **(c)** As razões combinadas são as razões moleculares e molares. Uma vez que moléculas diferentes possuem massas diferentes, comparar as massas iniciais dos reagentes não fornecerá uma comparação dos números de moléculas ou mols.
3.75 (a) 2 C$_2$H$_5$OH + 6 O$_2$ $\longrightarrow$ 4 CO$_2$ + 6 H$_2$O [Esta equação corresponde à mistura de reagentes no quadro, mas a proporção dos coeficientes não foi simplificada. Divida todos os coeficientes por 2 para obter C$_2$H$_5$OH + 3 O$_2$ $\longrightarrow$ 2 CO$_2$ + 3 H$_2$O] **(b)** C$_2$H$_5$OH limita **(c)** Se a reação for completada, haverá quatro moléculas de CO$_2$, seis moléculas de H$_2$O, zero moléculas de C$_2$H$_5$OH e uma molécula de O$_2$. **3.77** NaOH é o reagente limitante; 0,925 mol de Na$_2$CO$_3$ pode ser produzido; 0,075 mol de CO$_2$ permanece.
3.79 (a) NaHCO$_3$ é o reagente limitante. **(b)** 0,524 g de CO$_2$ **(c)** 0,238 g de ácido cítrico resta. **3.81** 0,00 g de AgNO$_3$ (reagente limitante), 1,94 g de Na$_2$CO$_3$, 4,06 g de Ag$_2$CO$_3$, 2,50 g de NaNO$_3$ **3.83 (a)** O rendimento teórico é 60,3 g de C$_6$H$_5$Br. **(b)** 70,1% **3.85** Rendimento real de 28 g de S$_8$.
3.87 (a) C$_2$H$_4$O$_2$(l) + 2 O$_2$(g) $\longrightarrow$ 2 CO$_2$(g) + 2 H$_2$O(l) **(b)** Ca(OH)$_2$(s) $\longrightarrow$ CaO(s) + H$_2$O(g) **(c)** Ni(s) + Cl$_2$(g) $\longrightarrow$ NiCl$_2$(s) **3.91** 4,8 × 10^{-20} g de CdSe **(b)** 150 átomos de Cd **(c)** 8,4 × 10^{-19} g de CdSe **(d)** 2,6 × 10^3 átomos de Cd **3.95** C$_8$H$_8$O$_3$ **3.99 (a)** 1,19 × 10^{-5} mol de NaI **(b)** 8,1 × 10^{-3} g de NaI
3.103 7,5 mols de H$_2$ e 4,5 mols de N$_2$ presentes inicialmente
3.108 6,46 × 10^{24} átomos de O **3.112 (a)** S(s) + O$_2$(g) $\longrightarrow$ SO$_2$(g); SO$_2$(g) + CaO(s) $\longrightarrow$ CaSO$_3$(s) **(b)** 7,9 × 10^7 g de CaO **(c)** 1,7 × 10^8 g de CaSO$_3$

Capítulo 4 **4.1** Diagrama **(c)** representa Li$_2$SO$_4$. **4.5** BaCl$_2$
4.7 (c) está correta. **4.9** A reação é **(c)**, uma reação redox.
4.13 (a) Falso. Soluções de eletrólitos conduzem eletricidade porque *íons* se movimentam pela solução. **(b)** Verdadeiro. Uma vez que os íons se movimentam na solução, a presença adicional de moléculas não carregadas não inibe a condutividade. **4.15** A afirmativa **(b)** é a mais correta. **4.17 (a)** FeCl$_2$(aq) $\longrightarrow$ Fe^{2+}(aq) + 2 Cl$^-$(aq)
(b) HNO$_3$(aq) $\longrightarrow$ H$^+$(aq) + NO$_3^-$(aq)
(c) (NH$_4$)$_2$SO$_4$(aq) $\longrightarrow$ 2 NH$_4^+$(aq) + SO$_4^{2-}$(aq)
(d) Ca(OH$_4$)$_2$(aq) $\longrightarrow$ Ca^{2+}(aq) + 2 OH$^-$(aq)
4.19 Moléculas HCOOH, íons H$^+$ e íons HCOO$^-$;
HCOOH(aq)H$^+$(aq) + HCOO$^-$(aq) **4.21 (a)** solúvel **(b)** insolúvel
(c) solúvel **(d)** solúvel **(e)** solúvel. **4.23 (a)** Na$_2$CO$_3$(aq) + 2 AgNO$_3$(aq) $\longrightarrow$ Ag$_2$CO$_3$(s) + 2 NaNO$_3$(aq) **(b)** Não ocorre precipitação. **(c)** FeSO$_4$(aq) + Pb(NO$_3$)$_2$(aq) $\longrightarrow$ PbSO$_4$(s) + Fe(NO$_3$)$_2$(aq)
4.25 (a) K$^+$, SO$_4^{2-}$ **(b)** Li$^+$, NO$_3^-$ **(c)** NH$_4^+$, Cl$^-$ **4.27** Apenas Pb^{2+} poderia estar presente. **4.29** A resposta **(c)** está correta. **4.31 (b)**, 0,20 M HI(aq) é o mais ácido. **4.33 (a)** Falso. H$_2$SO$_4$ é um ácido diprótico e tem dois átomos de hidrogênio ionizáveis. **(b)** Falso, HCl é um ácido forte. **(c)** Falso, CH$_3$OH é um não eletrólito molecular. **4.35 (a)** Ácido, mistura de íons e moléculas (eletrólito fraco); **(b)** nenhuma das alternativas, inteiramente moléculas (não eletrólito); **(c)** sal, inteiramente íons (eletrólito forte); **(d)** base, inteiramente íons (eletrólito forte). **4.37 (a)** H$_2$SO$_3$, eletrólito fraco; **(b)** CH$_3$CH$_2$OH, não eletrólito; **(c)** NH$_3$, eletrólito fraco; **(d)** KClO$_3$, eletrólito forte; **(e)** Cu(NO$_3$)$_2$, eletrólito forte.
4.39 (a) 2 HBr(aq) + Ca(OH)$_2$(aq) $\longrightarrow$ CaBr$_2$(aq) + 2 H$_2$O(l); H$^+$(aq) + OH$^-$(aq) $\longrightarrow$ H$_2$O(l); **(b)** Cu(OH)$_2$(s) + 2 HClO$_4$(aq) $\longrightarrow$ Cu(ClO$_4$)$_2$(aq) + 2 H$_2$O(l); Cu(OH)$_2$(s) + 2 H$^+$(aq) $\longrightarrow$ 2 H$_2$O(l) + Cu^{2+}(aq)
(c) Al(OH)$_3$(s) + 3 HNO$_3$(aq) $\longrightarrow$ Al(NO$_3$)$_3$(aq) + 3 H$_2$O(l); Al(OH)$_3$(s) + 3 H$^+$(aq) $\longrightarrow$ 3 H$_2$O(l) + Al^{3+}(aq) **4.41 (a)** CdS(s) + H$_2$SO$_4$(aq) $\longrightarrow$ CdSO$_4$(aq) + H$_2$S(g); CdS(s) + 2 H$^+$(aq) $\longrightarrow$ H$_2$S(g) + Cd^{2+}(aq)
(b) MgCO$_3$(s) + 2 HClO$_4$(aq) $\longrightarrow$ Mg(ClO$_4$)$_2$(aq) + H$_2$O(l) + CO$_2$(g); MgCO$_3$(s) + 2 H$^+$(aq) $\longrightarrow$ H$_2$O(l) + CO$_2$(g) + Mg^{2+}(aq)
4.43 MgCO$_3$(s) + 2 HCl(aq) $\longrightarrow$ MgCl$_2$(aq) + H$_2$O(l) + CO$_2$(g); MgCO$_3$(s) + 2 H$^+$(aq) $\longrightarrow$ Mg^{2+}(aq) + H$_2$O(l) + CO$_2$(g); MgO(s) + 2 HCl(aq) $\longrightarrow$ MgCl$_2$(aq) + H$_2$O(l); MgO(s) + 2 H$^+$(aq) $\longrightarrow$ Mg^{2+}(aq) + H$_2$O(l); Mg(OH)$_2$(s) + 2 H$^+$(aq) $\longrightarrow$ Mg^{2+}(aq) + 2 H$_2$O(l)
4.45 (a) Falso **(b)** Verdadeiro **4.47** Metais na região A são mais facilmente oxidados. Não metais na região D são mais difíceis de serem oxidados.
4.49 (a) +4 **(b)** +4 **(c)** +7 **(d)** +1 **(e)** +3 **(f)** −1 **4.51 (a)** H é oxidado; N é reduzido. **(b)** Fe é reduzido; Al é oxidado. **(c)** Cl é reduzido; I é oxidado.
(d) S é oxidado; O é reduzido. **4.53 (a)** Sn(s) + 2 HCl(aq) $\longrightarrow$ SnCl$_2$(aq) + H$_2$(g); Sn(s) + 2 H$^+$(aq) $\longrightarrow$ Sn^{2+}(aq) + H$_2$(g)
(b) 2 Al(s) + 6 HCOOH(aq) $\longrightarrow$ 2 Al(HCOO)$_3$(aq) + 3 H$_2$(g); 2 Al(s) + 6 HCOOH(aq) $\longrightarrow$ 2 Al^{3+}(aq) + 6 HCOO$^-$(aq) + 3 H$_2$(g)
4.55 (a) Fe(s) + Cu(NO$_3$)$_2$(aq) $\longrightarrow$ Fe(NO$_3$)$_2$(aq) + Cu(s)
(b) NR **(c)** Sn(s) + 2 HBr(aq) $\longrightarrow$ SnBr$_2$(aq) + H$_2$(g)
(d) NR **(e)** 2 Al(s) + 3 CoSO$_4$(aq) $\longrightarrow$ Al$_2$(SO$_4$)$_3$(aq) + 3 Co(s)
4.57 (a) i. Zn(s) + Cd^{2+}(aq) $\longrightarrow$ Cd(s) + Zn^{2+}(aq);
ii. Cd(s) + Ni^{2+}(aq) $\longrightarrow$ Ni(s) + Cd^{2+}(aq) **(b)** Cd deve estar abaixo do Zn na série de reatividade. **(c)** Cd deve estar acima do Ni na série de reatividade.
4.59 (a) Intensiva; a razão entre a quantidade de soluto e a quantidade total da solução é igual, independentemente da quantidade de solução presente. **(b)** O termo 0,50 mol de HCl define uma quantidade (~ 18 g) da substância pura HCl. O termo HCl 0,50 M é uma razão; isso indica que há 0,50 mol de HCl soluto em 1,0 litro de solução. **4.61 (a)** ZnCl$_2$ 1,17 M
(b) 0,158 mol de H$^+$ **(c)** 58,3 mL de NaOH 6,00 M **4.63** 16 g de Na$^+$(aq)
4.65 CAS de 0,08 = 0,02 M de CH$_3$CH$_2$OH (álcool)
4.67 (a) 316 g de etanol; **(b)** 401 ml de etanol.
4.69 (a) K$_2$CrO$_4$ 0,15 M tem a maior concentração de K$^+$.
(b) 30,0 mL de K$_2$CrO$_4$ 0,15 M tem mais íons K$^+$.
4.71 (a) 0,25 M Na$^+$, 0,25 M NO$_3^-$ **(b)** 1,3 × 10^{-2} M Mg^{2+}, 1,3 × 10^{-2} M SO$_4^{2-}$ **(c)** 0,0150 M C$_6$H$_{12}$O$_6$ **(d)** 0,111 M Na$^+$, 0,111 M Cl$^-$, 0,0292 M NH$_4^+$, 0,0146 M CO$_3^{2-}$
4.73 (a) 16,9 mL de NH$_3$ 14,8 M **(b)** NH$_3$ 0,296 M
4.75 (a) A proporção entre as moléculas do medicamento e as células cancerígenas é 4,5 × 10^6. **4.77** CH$_3$COOH 1,398 M
4.79 (a) 20,0 mL de HCl 0,15 M **(b)** 0,224 g de KCl **(c)** O reagente de KCl é praticamente gratuito em comparação à solução de HCl. A análise KCl é

mais econômica. **4.81** (**a**) 38,0 mL de HClO$_4$ 0,115 M (**b**) 769 mL de HCl 0,128 M (**c**) AgNO$_3$ 0,408 M(**d**) 0,275 g de KOH **4.83** 27 g de NaHCO$_3$ **4.85** (**a**) Massa molar do hidróxido do metal é 103 g/mol. (**b**) Rb$^+$ **4.87** (**a**) NiSO$_4$(aq) + 2 KOH(aq) ⟶ Ni(OH)$_2$(s) + K$_2$SO$_4$(aq) (**b**) Ni(OH)$_2$ (**c**) KOH é o reagente limitante. (**d**) 0,927 g Ni(OH)$_2$ (**e**) 0,0667 M de Ni^{2+}(aq), 0,0667 M de K$^+$(aq), 0,100 M de SO$_4^{2-}$(aq) **4.89** 91,39% de Mg(OH)$_2$ **4.91** (**a**) U(s) + 2 ClF$_3$(g) ⟶ UF$_6$(g) + Cl$_2$(g) (**b**) Essa não é uma reação de metátese. (**c**) É uma reação redox.
4.95 (**a**) Al(OH)$_3$(s) + 3 H$^+$(aq) ⟶ Al^{3+}(aq) + 3 H$_2$O(l)
(**b**) Mg(OH)$_2$(s) + 2 H$^+$(aq) ⟶ Mg^{2+}(aq) + 2 H$_2$O(l)
(**c**) MgCO$_3$(s) + 2 H$^+$(aq) ⟶ Mg^{2+}(aq) + H$_2$O(l) + CO$_2$(g)
(**d**) NaAl(CO$_3$)(OH)$_2$(s) + 4 H$^+$(aq) ⟶ Na$^+$(aq) + Al^{3+}(aq) + 3 H$_2$O(l) + CO$_2$(g) (**e**) CaCO$_3$(s) + 2 H$^+$(aq) ⟶ Ca^{2+}(aq) + H$_2$O(l) + CO$_2$(g)
[Em (**c**), (**d**) e (**e**), também é possível escrever a equação para formar bicarbonato como MgCO$_3$(s) + H$^+$(aq) ⟶ Mg^{2+} + HCO$_3^-$(aq).]
4.100 (**a**) Sr(OH)$_2$ 2,055 M (**b**) 2 HNO$_3$(aq) + Sr(OH)$_2$(aq) ⟶ Sr(NO$_3$)$_2$(aq) + 2 H$_2$O(l) (**c**) HNO$_3$ 2,62 M
4.106 (**a**) Mg(OH)$_2$(s) + 2 HNO$_3$(aq) ⟶ Mg(NO$_3$)$_2$(aq) + 2 H$_2$O(l)
(**b**) HNO$_3$ é o reagente limitante. (**c**) 0,130 mol de Mg(OH)$_2$, 0 mol de HNO$_3$ e 0,00250 mol de Mg(NO$_3$)$_2$ estão presentes.

Capítulo 5 **5.1** (**a**) O alimento que a lagarta come. (**b**) À medida que a lagarta sobe, parte da energia alimentar que ela usa é liberada na forma de calor, então $q < 0$. (**c**) Sim, a lagarta realiza trabalho à medida que move sua massa contra a força da gravidade. (**d**) Sim, a quantidade de trabalho é determinada pela maneira específica (caminho) como a lagarta se move. (**e**) Não, a variação em energia potencial depende apenas das posições inicial e final da lagarta. **5.4** (**a**) (iii); (**b**) nenhum deles; (**c**) todos eles. **5.6** (**a**) O sinal de w é (+). (**b**) O sinal de q é (−). (**c**) O sinal de w é positivo e o de q é negativo, por isso não é possível determinar o sinal de ΔE. É provável que a perda de calor seja muito menor do que o trabalho realizado sobre o sistema, de modo que o sinal de ΔE é provavelmente positivo. **5.9** (**a**) N$_2$(g) + O$_2$(g) ⟶ 2 NO(g). Uma vez que $\Delta V = 0$, $w = 0$. (**b**) $\Delta H = \Delta H_f = 90,37$ kJ. A definição de uma reação de formação é a de que os elementos se combinam para formar um mol de um único produto. A variação de entalpia para uma reação desse tipo é a entalpia de formação. **5.12** As afirmações (i) e (iii) são verdadeiras.
5.13 (**a**) $E_{el} = -4,3 \times 10^{-18}$ J (**b**) $\Delta E_{el} = 4,1 \times 10^{-18}$ J (**c**) A energia potencial eletrostática do sistema aumenta (torna-se menos negativa) à medida que a separação entre partículas com cargas opostas aumenta.
5.15 (**a**) $F_{el} = -2,3 \times 10^{-8}$ N (**b**) $F_g = 1,0 \times 10^{-47}$ N (**c**) A força eletrostática atrativa é $2,3 \times 10^{39}$ vezes maior. **5.17** $w = 2,6 \times 10^{-18}$ J.
5.19 (**a**) A matéria não pode entrar ou sair de um sistema fechado. (**b**) Nem a matéria nem a energia podem entrar ou sair de um sistema isolado. (**c**) Todas as partes do universo que não pertencem ao sistema são chamadas de vizinhança. **5.21** (**a**) De acordo com a primeira lei da termodinâmica, a energia é conservada. (**b**) A *energia interna* (E) de um sistema representa a soma de todas as energias cinéticas e potenciais dos componentes do sistema. (**c**) A energia interna de um sistema fechado aumenta quando trabalho é realizado sobre o sistema e quando o calor é transferido para o sistema. **5.23** (**a**) $\Delta E = -0,077$ kJ, endotérmico; (**b**) $\Delta E = -22,1$ kJ, exotérmico. **5.25** (**a**) Uma vez que o sistema no caso (2) não realiza trabalho, o gás absorverá a maior parte da energia na forma de calor. No caso (2), o gás terá a temperatura mais elevada. (**b**) No caso (1), a energia será usada para realizar trabalho sobre a vizinhança ($-w$), mas uma parte dela será absorvida na forma de calor ($+q$). No caso (2), $w = 0$ e q é (+). (**c**) ΔE é maior no caso (2) porque o total de 100 J aumenta a energia interna do sistema, em vez de ter uma parte da energia realizando trabalho sobre a vizinhança. **5.27** A variação da sua elevação e da sua energia potencial gravitacional são funções de estado. As duas outras quantidades dependem do caminho percorrido.
5.29 (**a**) No Caminho 1, $q = +470$ J. (**b**) No Caminho 2, $w = +110$ J.
5.31 $w = -51$ J **5.33** As afirmações (i) e (ii) são verdadeiras.
5.35 (**a**) Para calcular ΔE a partir de ΔH, é necessário conhecer a temperatura, T, ou os valores de P e ΔV. (**b**) ΔE é maior do que ΔH. (**c**) Uma vez que o valor de Δn é negativo, a grandeza ($-P\Delta V$) é positiva. Adicionamos uma grandeza positiva ΔH para calcular ΔE, de modo que ΔE deve ser maior.

5.37 $\Delta E = 1,47$ kJ; $\Delta H = 0,824$ kJ
5.39 (**a**) C$_2$H$_5$OH(l) + 3O$_2$(g) ⟶ 3 H$_2$O + 2 CO$_2$(g), $\Delta H = -1.235$ kJ

(**b**)
$$C_2H_5OH(l) + 3\ O_2(g)$$
$$\Delta H = -1.235 \text{ kJ}$$
$$3\ H_2O(g) + 2\ CO_2(g)$$

5.41 (**a**) $\Delta H = -142,3$ kJ/mol de O$_3$(g) (**b**) 2 O$_3$(g) tem a entalpia mais elevada. **5.43** (**a**) Exotérmica; (**b**) −87,9 kJ de calor transferido; (**c**) 15,7 g de MgO produzido; (**d**) 602 kJ de calor absorvido.
5.45 (**a**) −29,5 kJ (**b**) −4,11 kJ (**c**) 60,6 J
5.47 (**a**) $\Delta H = +2.248$ kJ (**b**) $\Delta H = -4.496$ kJ (**c**) É mais provável que a reação exotérmica direta seja termodinamicamente favorecida. (**d**) A vaporização é endotérmica. Se o produto fosse H$_2$O(g), a reação seria mais endotérmica e teria ΔH menos negativo. **5.49** (**a**) J/mol-°C ou J/mol-K (**b**) J/g-°C ou J/g-K (**c**) Para calcular a capacidade calorífica a partir do calor específico, a massa da peça de tubo de cobre deve ser conhecida.
5.51 (**a**) 4,184 J/g-K (**b**) 75,40 J/mol-C (**c**) 774 J/C (**d**) 904 kJ
5.53 (**a**) $2,93 \times 10^3$ J (**b**) Será necessário mais calor para aumentar a temperatura de um mol de etanol, C$_2$H$_5$OH(l), por determinada quantidade do que para aumentar a temperatura de um mol de água, H$_2$O(l), pela mesma quantidade.
5.55 (**a**) 5,31 kJ (**b**) −41,6 kJ/mol de NaOH.
5.57 (**a**) $\Delta H_{rea} = -25,5$ kJ/g de C$_6$H$_4$O$_2$ (**b**) $-2,75 \times 10^3$ kJ/mol de C$_6$H$_4$O$_2$
5.59 (**a**) A capacidade calorífica do calorímetro completo = 8,74 kJ/°C (**b**) 30,0 kJ/g (**c**) Se água é perdida, a capacidade calorífica total do calorímetro diminui.
5.61 (**a**) +90 kJ
(**b**)

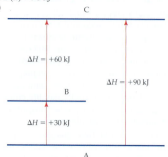

5.63 $\Delta H = -1.300,0$ kJ **5.65** $\Delta H = -2,49 \times 10^3$ kJ **5.67** $\Delta H = +201,9$ kJ
5.69 (**a**) As *condições padrão* para as variações de entalpia são $P = 1$ atm e uma temperatura comum, geralmente 298 K. (**b**) A *entalpia de formação* é a variação de entalpia que ocorre quando um composto é formado a partir de seus elementos componentes. (**c**) A *entalpia padrão de formação*, $\Delta H_f°$, é a variação de entalpia que acompanha a formação de um mol de uma substância a partir dos elementos em seus estados padrão.
5.71 (**a**) N$_2$(g) + $\frac{1}{2}$O$_2$(g) ⟶ N$_2$O(g), $\Delta H_f° = 81,6$ kJ
(**b**) Fe(s) + $\frac{3}{2}$Cl$_2$(g) ⟶ FeCl$_3$(s), $\Delta H_f° = -400$ kJ
(**c**) P$_4$(s, branco) + 5 O$_2$(g) ⟶ P$_4$O$_{10}$(s), $\Delta H_f° = -2.940,1$ kJ
(**d**) Ca(s) + H$_2$(g) + O$_2$(g) ⟶ Ca(OH)$_2$(s), $\Delta H_f° = -986,2$ kJ
5.73 $\Delta H°_{rea} = -847,6$ kJ **5.75** (**a**) $\Delta H°_{rea} = -508,3$ kJ (**b**) $\Delta H°_{rea} = +88,3$ kJ (**c**) $\Delta H°_{rea} = +246$ kJ (**d**) $\Delta H°_{rea} = -196,1$ kJ **5.77** $\Delta H_f° = -248$ kJ
5.79 (**a**) C$_8$H$_{18}$(l) + $\frac{25}{2}$O$_2$(g) ⟶ 8 CO$_2$(g) + 9 H$_2$O(g) (**b**) $\Delta H_f° = -259,5$ kJ
5.81 (**a**) C$_2$H$_5$OH(l) + 3 O$_2$(g) ⟶ 2 CO$_2$(g) + 3 H$_2$O(g)
(**b**) $\Delta H°_{rea} = -1.235$ kJ (**c**) $2,11 \times 10^4$ kJ/L de calor produzido.
(**d**) 0,071284 g de CO$_2$/kJ de calor emitido.
5.83 As afirmações (i) e (iii) são verdadeiras.
5.85 (**a**) ΔH para a reação é +1.312 kJ. D(C—Cl) = 1.312/4 = +328 kJ
(**b**) A diferença entre o valor calculado no item (**a**) e o valor da Tabela 5.4 é zero, com três algarismos significativos.
5.87 (**a**) $\Delta H = -103$ kJ (**b**) $\Delta H = -1.295$ kJ

5.89 (a) ΔH para a reação calculada usando entalpias de ligação é −485 kJ. **(b)** A estimativa do item **(a)** é menos negativa ou maior do que a entalpia de reação verdadeira. **(c)** ΔH para a reação calculada usando as entalpias de formação é −572 kJ. **5.91 (a)** O *poder calorífico* é a quantidade de energia produzida quando se queima 1 g de uma substância (combustível). **(b)** 5 g de gordura. **(c)** Esses produtos do metabolismo são expelidos como resíduos pelo trato alimentar: $H_2O(l)$ principalmente na urina e nas fezes e $CO_2(g)$ como gás quando respiramos. **5.93 (a)** 108 ou 1×10^2 Cal/porção. **(b)** O sódio não contribui para o teor de calorias dos alimentos porque não é metabolizado pelo organismo. **5.95** 59,7 Cal
5.97 (a) ΔH_{comb} = −1.850 kJ/mol de C_3H_4, −1.926 kJ/mol de C_3H_6, −2.044 kJ/mol de C_3H_8 **(b)** ΔH_{comb} = −4,616 × 10^4 kJ/kg de C_3H_4, −4,578 × 10^4 kJ/kg de C_3H_6, −4,635 × 10^4 kJ/kg de C_3H_8 **(c)** Essas três substâncias produzem quantidades quase idênticas de calor por unidade de massa, mas o propano é ligeiramente superior aos outros dois.
5.99 $1,0 \times 10^{12}$ kg de $C_6H_{12}O_6$/ano **5.101 (a)** E_{el} = $1,8 \times 10^2$ J **(b)** Se as esferas forem soltas, se afastarão uma da outra. **(c)** v = 19 m/s
5.103 A reação espontânea dos airbags é provavelmente exotérmica, com −ΔH e, portanto, −q. Quando esse dispositivo é inflado, trabalho é realizado pelo sistema, portanto o sinal de w também é negativo. **5.107** ΔH = 38,95 kJ; ΔE = 36,48 kJ **5.108** $1,8 \times 10^4$ tijolos.
5.112 (a) $\Delta H_{rea}°$ = −353,0 kJ **(b)** 1,2 g de Mg **5.115** ΔH = −445 kJ
5.117 (a) ΔH° = −633,2 kJ **(b)** 3 mols de gás acetileno possui maior entalpia. **(c)** Os poderes caloríficos são 50 kJ/g de $C_2H_2(g)$ e 42 kJ/g de $C_6H_6(l)$. **5.119 (a)** Entalpias de combustão: para $C_4H_6(g)$, ΔH = −2.543 kJ/mol; para $C_4H_8(g)$, ΔH = −2.719 kJ/mol; para $C_4H_{10}(g)$, ΔH = −2.878 kJ/mol. **(b)** Poder calorífico: para $C_4H_6(g)$, poder calorífico = 47,0 kJ/g; para $C_4H_8(g)$, poder calorífico = 48,5 kJ/g; para $C_4H_{10}(g)$, poder calorífico = 49,5 kJ/g. **(c)** Percentual em massa de H: para $C_4H_6(g)$, 11,2% de H; para $C_4H_8(g)$, 14,4% de H; para $C_4H_{10}(g)$, 17,3% de H. **(d)** O poder calorífico aumenta com o maior percentual em massa de hidrogênio.

Capítulo 6

6.2 (a) 0,1 m ou 10 cm. **(b)** Não; a radiação visível tem comprimentos de onda bem inferiores a 0,1 m. **(c)** Energia e comprimento de onda são inversamente proporcionais. Fótons da radiação maiores que 0,1 m têm menos energia do que os fótons de radiação visível. **(d)** Radiação com λ = 0,1 m fica na porção de baixa energia da região de micro-ondas. O aparelho é, provavelmente, um forno micro-ondas.
6.5 (a) Aumenta **(b)** Diminui **6.9 (a)** l = 1 **(b)** $3p_y$ **(c)** (iii)
6.13 (a) Metros **(b)** 1/segundo **(c)** Metros/segundo
6.15 (a) Verdadeiro. **(b)** Falso, a luz ultravioleta tem comprimentos de onda mais curtos do que a luz visível. **(c)** Falso, os raios X apresentam a mesma velocidade das micro-ondas. **(d)** Falso, a radiação eletromagnética e as ondas apresentam velocidades diferentes.
6.17 Comprimento de onda de raios X < ultravioleta < luz verde < luz vermelha < infravermelho < ondas de rádio.
6.19 (a) $3,0 \times 10^{13}$ s^{-1} **(b)** $5,45 \times 10^{-7}$ m = 545 nm **(c)** a radiação em **(b)** é visível, e a radiação em **(a)** não é **(d)** $1,50 \times 10^4$ m **6.21** $4,6 \times 10^{14}$ s^{-1}; vermelho. **6.23** (iii) **6.25 (a)** $1,95 \times 10^{-19}$ J **(b)** $4,81 \times 10^{-19}$ J **(c)** 328 nm
6.27 (a) λ = 3,3 μm, E = $6,0 \times 10^{-20}$ J; λ = 0,154 nm, E = $1,29 \times 10^{-15}$ J **(b)** O fóton de 3,3 μm está na região do infravermelho, e o de 0,154 nm está na região dos raios X; o fóton dos raios X tem a maior energia.
6.29 (a) $6,11 \times 10^{-19}$ J/fóton **(b)** 368 kJ/mol **(c)** $1,64 \times 10^{15}$ fótons **(d)** 368 kJ/mol **6.31 (a)** A radiação ~1×10^{-6} m está na parte infravermelha do espectro. **(b)** $8,1 \times 10^{16}$ fótons/s.
6.33 (a) $E_{mín}$ = $7,22 \times 10^{-19}$ J **(b)** λ = 275 nm **(c)** E_{120} = $1,66 \times 10^{-18}$ J. O excesso de energia do fóton de 120 nm é convertido em energia cinética do elétron ejetado. E_c = $9,3 \times 10^{-19}$ J/elétron. **6.35** Quando um elétron em um átomo de hidrogênio completa a transição de n = 1 para n = 3, o átomo se "expande".
6.37 (a) Emitida; **(b)** absorvida; **(c)** emitida **6.39 (a)** E_2 = −5,45 × 10^{-19} J; E_6 = −0,606 × 10^{-19} J; ΔE = 4,84 × 10^{-19} J; λ = 410 nm **(b)** visível, violeta
6.41 (a) (ii) **(b)** n_i = 3, n_f = 2; λ = 6,56 × 10^{-7} m; esta é a linha vermelha em 656 nm. n_i = 4, n_f = 2; λ = 4,86 × 10^{-7} m; esta é a linha azul esverdeada em 486 nm. n_i = 5, n_f = 2; λ = 4,34 × 10^{-7} m; esta é a linha azul violeta em 434 nm. **6.43 (a)** Região ultravioleta **(b)** n_i = 7, n_f = 1

6.45 A ordem de frequência crescente de luz absorvida é: n = 4 para n = 9; n = 3 para n = 6; n = 2 para n = 3; n = 1 para n = 2.
6.47 (a) λ = 5,6 × 10^{-37} m **(b)** λ = 2,65 × 10^{-34} m **(c)** λ = 2,3 × 10^{-13} m **(d)** λ = 1,51 × 10^{-11} m **6.49** 3,16 × 10^3 m/s **6.51 (a)** Δx ≥ 4 × 10^{-27} m **(b)** Δx ≥ 3 × 10^{-10} m **6.53 (a)** Falso **(b)** Falso **6.55 (a)** n = 4, l = 3, 2, 1, 0 **(b)** l = 2, m_l = −2, −1, 0, 1, 2 **(c)** m_l = 2, l ≥ 2 ou l = 2, 3 ou 4
6.57 (a) 3p: n = 3, l = 1 **(b)** 2s: n = 2, l = 0 **(c)** 4f: n = 4, l = 3 **(d)** 5d: n = 5, l = 2 **6.59 (a)** 2, 1, 0, −1, −2 **(b)** ½, −½
6.61 (a) impossível, 1p **(b)** possível **(c)** possível **(d)** impossível, 2d
6.63

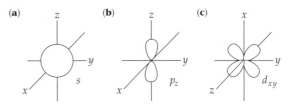

6.65 (a) O orbital 4s tem três nós radiais. **(b)** Como todos os orbitais p, o orbital $2p_x$ tem um único plano nodal. **(c)** A distância mais provável entre um elétron e o núcleo em um orbital 2s é menor do que para um elétron em um orbital 3s. **(d)** 1s < 2p < 3d < 4f < 6s **6.67 (a)** Para o íon He^+, os orbitais 2s e 2p têm a mesma energia. **(b)** Sim. Em um átomo de hélio, o orbital 2s é de menor energia do que o orbital 2p. **6.69 (a)** Não. Ambas as configurações estão de acordo com o princípio de exclusão de Pauli. **(b)** Não. Ambas as configurações estão de acordo com a regra de Hund. **(c)** Não. Na ausência de um campo magnético, não podemos afirmar qual configuração tem a menor energia. **6.71 (a)** 6 **(b)** 10 **(c)** 2 **(d)** 14
6.73 (a) Elétrons de valência são aqueles envolvidos em ligações químicas. Eles representam parte ou a totalidade dos elétrons da camada mais externa, listados depois do caroço. **(b)** Elétrons do caroço são elétrons da camada mais interna que têm a configuração eletrônica do elemento de gás nobre mais próximo. **(c)** Cada caixa representa um orbital. **(d)** Cada meia seta em um diagrama orbital representa um elétron. A direção da meia seta representa o *spin* do elétron. **6.75 (a)** Cs, [Xe]$6s^1$ **(b)** Ni, [Ar]$4s^23d^8$ **(c)** Se, [Ar]$4s^23d^{10}4p^4$ **(d)** Cd, [Kr]$5s^24d^{10}$ **(e)** U, [Rn]$5f^36d^17s^2$ **(f)** Pb, [Xe]$6s^24f^{14}5d^{10}6p^2$ **6.77 (a)** Be, 0 elétrons desemparelhados; **(b)** O, 2 elétrons desemparelhados; **(c)** Cr, 6 elétrons desemparelhados; **(d)** Te, 2 elétrons desemparelhados.
6.79 (a) O quinto elétron preencheria o subnível 2p antes do 3s. **(b)** Ou o núcleo é [He] ou a configuração eletrônica mais externa deve ser $3s^23p^3$. **(c)** O subnível 3p seria preenchido antes do 3d.
6.81 (a) $λ_A$ = 3,6 × 10^{-8} m, $λ_B$ = 8,0 × 10^{-8} m **(b)** v_A = 8,4 × 10^{15} s^{-1}, v_B = 3,7 × 10^{15} s^{-1} **(c)** A, ultravioleta; B, ultravioleta **6.84** 35,0 min
6.86 1,6 × 10^{18} fótons **6.91 (a)** A série de Paschen situa-se no infravermelho. **(b)** n_i = 4, λ = 1,87 × 10^{-6} m; n_i = 5, λ = 1,28 × 10^{-6} m; n_i = 6, λ = 1,09 × 10^{-6} m **6.95** λ = 10,6 pm **6.97 (a)** O plano nodal do orbital p_z é o plano xy. **(b)** Os dois planos nodais do orbital d_{xy} são aqueles em que x = 0 e y = 0. Estes são os planos yz e xz. **(c)** Os dois planos nodais do orbital $d_{x^2-y^2}$ são os que dividem os eixos x e y e contêm o eixo z.
6.100 (a) Br: [Ar]$4s^23d^{10}4p^5$, 1 elétron desemparelhado; **(b)** Ga: [Ar]$4s^23d^{10}4p^1$, 1 elétron desemparelhado; **(c)** Hf: [Xe]$6s^24f^{14}5d^2$, 2 elétrons desemparelhados; **(d)** Sb: [Kr]$5s^24d^{10}5p^3$, 3 elétrons desemparelhados; **(e)** Bi: [Xe]$6s^24f^{14}5d^{10}6p^3$, 3 elétrons desemparelhados; **(f)** Sg: [Rn]$7s^25f^{14}6d^4$, 4 elétrons desemparelhados. **6.103 (a)** 1,7 × 10^{28} fótons **(b)** 34 s

Capítulo 7

7.2 A esfera maior marrom é o Br^-, a intermediária azul é o Br, e a vermelha menor é o F. **7.5 (a)** O raio atômico ligante de A, r_A, é $d_1/2$; r_x = d_2 − ($d_1/2$). **(b)** O comprimento da ligação X—X é $2r_x$ ou $2d_2 − d_1$.
7.8 (a) X + $2F_2$ ⟶ XF_4 **(b)** Se X fosse um metal, o composto seria iônico e a carga de X seria 4+. **(c)** Se X fosse um não metal, poderia ser C, que tem tamanho semelhante a F, e o tetrafluoreto de carbono é, de fato, um composto conhecido. **7.9** O bloco p. **7.11 (a)** Dos elementos listados, apenas o Fe era conhecido antes de 1700. **(b)** Os sete metais conhecidos na Antiguidade, Fe, Cu, Ag, Sn, Au, Hg e Pb, estão quase todos na parte

inferior da série de reatividade, Tabela **4.5**. **7.13** Para os elementos 1 a 18, H, Li e Na têm valores mínimos de Z_{ef}; Ne e Ar têm valores máximos. **7.15 (a)** Para Na e K, Z_{ef} = 1. **(b)** Para Na e K, Z_{ef} = 2,2. **(c)** As regras de Slater resultam em valores mais próximos dos cálculos detalhados: Na, 2,51; K, 3,49. **(d)** Ambas as aproximações chegam ao mesmo valor de Z_{ef} para Na e K; nenhuma delas explica o aumento gradual na Z_{ef} ao se deslocar para baixo em um grupo. **(e)** Seguindo a tendência dos cálculos detalhados, prevemos um valor aproximado de Z_{ef} de 4,5.
7.17 Os elétrons em n = 3 do Kr sentem uma maior carga nuclear efetiva, apresentando, portanto, maior probabilidade de estarem mais perto do núcleo. **7.19** A melhor resposta é (c). **7.21 (a)** 1,37 Å **(b)** A distância entre os átomos de W vai diminuir. **7.23** A partir da soma dos raios atômicos, As—I = 2,58 Å. Esse valor é muito próximo do experimental de 2,55 Å. **7.25 (a)** Cs > K > Li **(b)** Pb > Sn > Si **(c)** N > O > F **7.27 (a)** Falso **(b)** Verdadeiro **(c)** Falso **7.29** Ga^{3+}: nenhum; Zr^{4+}: Kr; Mn^{7+}: Ar; I^-: Xe; Pb^{2+}: Hg **7.31 (a)** Na^+ **(b)** F^-, Z_{ef} = 7; Na^+, Z_{ef} = 9 **(c)** S = 4,15; F^-, Z_{ef} = 4,85; Na^+, Z_{ef} = 6,85 **(d)** Para íons isoeletrônicos, à medida que a carga nuclear (Z) aumenta, a carga nuclear efetiva (Z_{ef}) aumenta e o raio iônico diminui. **7.33 (a)** $Cl < S < K$ **(b)** $K^+ < Cl^- < S^{2-}$ **(c)** O átomo neutro de K tem raio maior porque o valor de n do seu elétron mais externo é maior do que o valor de n dos elétrons de valência no S e no Cl. O íon K^+ é menor porque, em uma série isoeletrônica, o íon com o maior Z tem o menor raio iônico. **7.35 (a)** Verdadeiro. O^{2-} é maior do que O porque o aumento nas repulsões intereletrônicas, que acompanha a adição de um elétron, faz a nuvem eletrônica se expandir. **(b)** Falso. S^{2-} é maior do que o O^{2-} porque, para partículas com cargas iguais, o tamanho aumenta à medida que se desce em uma família. **(c)** Verdadeiro. S^{2-} é maior do que K^+ porque os dois íons são isoeletrônicos e K^+ tem maiores Z e Z_{ef}. **(d)** Verdadeiro. K^+ é maior do que o Ca^{2+} porque os dois íons são isoeletrônicos e Ca^{2+} tem maiores Z e Z_{ef}. **7.37 (a)** $1s^22s^22p^63s^23p^63d^7$, ou $[Ar]3d^7$; **(b)** $[Kr]5s^24d^{10}$; **(c)** $1s^22s^22p^63s^23p^64s^23d^{10}4p^6$, que é [Kr], uma configuração de gás nobre; **(d)** $[Kr]4d^{10}$; **(e)** $1s^22s^22p^63s^23p^6$, que é [Ar], uma configuração de gás nobre. **7.39** A resposta correta é (e), mais de uma das opções (Ni^{2+} e Pt^{2+} são sistemas d^8). **7.41 (a)** Segunda afinidade eletrônica de Cl: $Cl^- + 1e^- \longrightarrow Cl^{2-}(g)$. **(b)** Prevemos que a segunda afinidade eletrônica do cloro será positiva, pois adicionar um elétron ao íon cloreto (uma configuração de gás nobre) não é favorável. Provavelmente não é possível medir essa quantidade diretamente, pois um valor positivo indica que o íon Cl^{2-} é instável e não se formará. **7.43** $Al(g) \longrightarrow Al^+(g) + 1e^-$; $Al^+(g) \longrightarrow Al^{2+}(g) + 1e^-$; $Al^{2+}(g) \longrightarrow Al^{3+}(g) + 1e^-$. O processo para a primeira energia de ionização requer uma menor quantidade de energia. **7.45** Desses três elementos, o Li tem a maior segunda energia de ionização. Tanto o Li^+ quanto o K^+ têm as configurações eletrônicas dos gases nobres, mas o elétron 1s não blindado do Li^+ está muito mais próximo do núcleo e precisa de mais energia para ser removido. **7.47 (a)** Quanto maior for o átomo, menor será a sua primeira energia de ionização. **(b)** Dos elementos não radioativos, He tem a maior primeira energia de ionização. **(c)** Dos elementos não radioativos, o Cs tem a menor primeira energia de ionização. **7.49 (a)** Cl **(b)** Ca **(c)** K **(d)** Ge **(e)** Sn **7.51** A afinidade eletrônica do K^+ é mais negativa. As repulsões intereletrônicas criadas pela adição de um elétron ao átomo de K neutro torna a afinidade eletrônica do K maior (menos negativa) do que a do K^+. **7.53 (a)** Energia de ionização (I_1) do Ne: $Ne(g) \longrightarrow Ne^+(g) + 1e^-$; $[He]2s^22p^6 \longrightarrow [He]2s^22p^5$; afinidade eletrônica ($E_1$) de F: $F(g) + 1e^- \longrightarrow F^-(g)$; $[He]2s^22p^5 \longrightarrow [He]2s^22p^6$. **(b)** I_1 do Ne é positiva; E_1 do F é negativa. **(c)** Um processo é aparentemente o inverso do outro, com uma diferença importante. Ne tem maior Z e Z_{ef}, então esperamos que I_1 para Ne seja um pouco maior em magnitude e de sinal oposto a E_1 para F. **7.55 (a)** Diminui. **(b)** Aumenta. **(c)** Quanto menor for a primeira energia de ionização de um elemento, maior será o caráter metálico desse elemento. As tendências nos itens **(a)** e **(b)** são contrárias às tendências na energia de ionização. **7.57** Verdadeiro. Ao formar íons, todos os metais formam cátions. O único elemento não metálico que forma cátions é o metaloide Sb, que provavelmente apresenta um significativo caráter metálico. **7.59** Iônicos: SnO_2, Al_2O_3, Li_2O, Fe_2O_3. Moleculares: CO_2, H_2O. Compostos iônicos são formados por meio da combinação de um metal com um não metal; compostos moleculares são formados por dois ou mais não metais. **7.61** MnO reage mais facilmente com HCl.
7.63 (a) Heptóxido de dicloro **(b)** $2 Cl_2(g) + 7 O_2(g) \longrightarrow 2 Cl_2O_7(l)$

(c) Cl_2O_7 é um óxido ácido, por isso será mais reativo à base, OH^-. **(d)** O estado de oxidação do Cl no Cl_2O_7 é +7; a configuração eletrônica correspondente para o Cl é $[He]2s^22p^6$ ou [Ne].
7.65 (a) $BaO(s) + H_2O(l) \longrightarrow Ba(OH)_2(aq)$
(b) $FeO(s) + 2 HClO_4(aq) \longrightarrow Fe(ClO_4)_2(aq) + H_2O(l)$
(c) $SO_3(g) + H_2O(l) \longrightarrow H_2SO_4(aq)$
(d) $CO_2(g) + 2 NaOH(aq) \longrightarrow Na_2CO_3(aq) + H_2O(l)$
7.67 K > Ca > Mg, com base na ordem das energias de ionização.
7.69 (a) $2 K(s) + Cl_2(g) \longrightarrow 2 KCl(s)$
(b) $SrO(s) + H_2O(l) \longrightarrow Sr(OH)_2(aq)$
(c) $4 Li(s) + O_2(g) \longrightarrow 2 Li_2O(s)$ **(d)** $2 Na(s) + S(l) \longrightarrow Na_2S(s)$
7.71 (a) As reações dos metais alcalinos com o hidrogênio e com um halogênio são reações redox. O hidrogênio e o halogênio ganham elétrons e são reduzidos (o metal alcalino perde elétrons e é oxidado). $Ca(s) + F_2(g) \longrightarrow CaF_2(s)$; $Ca(s) + H_2(g) \longrightarrow CaH_2(s)$. **(b)** O número de oxidação do Ca em ambos os produtos é +2. A configuração eletrônica é a do Ar, $[Ne]3s^23p^6$. **7.73 (a)** Br, $[Ar]4s^24p^5$; Cl, $[Ne]3s^23p^5$ **(b)** Br e Cl estão no mesmo grupo e adotam uma carga iônica 1−. **(c)** A pergunta deveria ter lhe pedido para prever a primeira energia de ionização relativa. A energia de ionização do Br é menor do que a do Cl, porque os elétrons de valência 4p no Br estão mais distantes do núcleo e mais fracamente ligados do que os elétrons 3p de Cl. **(d)** Ambos reagem lentamente com água para formar HX + HOX. **(e)** A pergunta deveria ter lhe pedido para prever a afinidade eletrônica relativa. A afinidade eletrônica do Br é menos negativa do que a do Cl, pois o elétron adicionado ao orbital 4p no Br está mais distante do núcleo e mais fracamente ligado do que o elétron adicionado ao orbital 3p do Cl. **(f)** A pergunta deveria ter lhe pedido para prever o raio atômico relativo. O raio atômico de Br é maior do que o de Cl, porque os elétrons de valência 4p em Br estão mais distantes do núcleo e mais fracamente ligados do que os elétrons 3p de Cl.
7.75 (a) O termo "*inerte*" foi abandonado porque não descreve mais todos os elementos do grupo 8A. **(b)** Na década de 1960, cientistas descobriram que o Xe reagiria com substâncias com forte tendência a remover elétrons, como F_2. Assim, Xe não poderia ser classificado como um gás "inerte". **(c)** O grupo passou a ser chamado de gases nobres.
7.77 (a) $2 O_3(g) \longrightarrow 3 O_2(g)$ **(b)** $Xe(g) + F_2(g) \longrightarrow XeF_2(g)$; $Xe(g) + 2 F_2(g) \longrightarrow XeF_4(s)$; $Xe(g) + 3 F_2(g) \longrightarrow XeF_6(s)$ **(c)** $S(s) + H_2(g) \longrightarrow H_2S(g)$ **(d)** $2 F_2(g) + 2 H_2O(l) \longrightarrow 4 HF(aq) + O_2(g)$ **7.79** Até Z = 82, existem três ocorrências em que as massas atômicas são invertidas em relação aos números atômicos: Ar e K; Co e Ni; Te e I. **7.81 (a)** 5+ **(b)** 4,8+ **(c)** A blindagem é maior para os elétrons 3p, devido à penetração dos elétrons 3s, por isso a Z_{ef} para elétrons 3p é menor do que para elétrons 3s. **(d)** O primeiro elétron perdido é um elétron 3p, pois apresenta menor Z_{ef} e sofre menos atração ao núcleo do que um elétron 3s.
7.84 (a) A distância As—Cl é 2,24 Å. **(b)** O comprimento previsto da ligação As—Cl é 2,21 Å. **7.86 (a)** Calcogênios, −2; halogênios, −1. **(b)** A família com valor maior é formada por: raios atômicos, calcogênios; raios iônicos do estado de oxidação mais comum, calcogênios; primeira energia de ionização, halogênios; segunda energia de ionização, halogênios.
7.89 C: $1s^22s^22p^2$. I_1 a I_4 representam a perda dos elétrons 2p e 2s da camada mais externa do átomo. Os valores de I_1 a I_4 aumentam como esperado. I_5 e I_6 representam a perda dos elétrons do caroço 1s. Esses elétrons 1s estão muito mais próximos do núcleo e sentem a carga nuclear total, de modo que os valores de I_5 e I_6 são significativamente maiores do que de I_1 a I_4. **7.94 (a)** Cl^-, K^+; **(b)** Mn^{2+}, Fe^{3+}; **(c)** Sn^{2+}, Sb^{3+}.
7.96 (a) Para ambos, H e metais alcalinos, o elétron adicionado completará uma subcamada ns, assim a blindagem e os efeitos de repulsão serão semelhantes. Para os átomos de halogênio, o elétron é adicionado a uma subcamada np, de modo que a variação de energia é provavelmente bem diferente. **(b)** Verdadeiro. A configuração eletrônica de H é $1s^1$. O elétron 1s não sente repulsão de outros elétrons e sente a carga nuclear total sem blindagem. Os elétrons mais externos de todos os outros elementos que formam compostos são blindados por um caroço interno esférico de elétrons e menos fortemente atraídos ao núcleo, resultando em raios atômicos ligantes maiores. **(c)** Tanto H quanto os halogênios têm grandes energias de ionização. A carga nuclear efetiva relativamente grande, sentida pelos elétrons np dos halogênios, é semelhante à carga nuclear não blindada, sentida pelo elétron 1s do H. Para os metais alcalinos, o elétron ns a ser removido é blindado efetivamente pelos elétrons do caroço, de modo que as energias de ionização são baixas.

(d) A energia de ionização do hidreto, H⁻(g) ⟶ H(g) + 1 e⁻; (e) afinidade eletrônica do hidrogênio, H(g) + 1 e⁻ ⟶ H⁻(g). O valor da energia de ionização do hidreto é igual em magnitude, mas tem sinal oposto à afinidade eletrônica do hidrogênio.
7.99 O produto mais provável é (a). **7.103** Configuração eletrônica, [Rn]$7s^25f^{14}6d^{10}7p^5$; primeira energia de ionização, 805 kJ/mol; afinidade eletrônica, −235 kJ/mol; tamanho atômico, 1,65 Å; estado de oxidação comum, −1. **7.106** (a) Li, [He]$2s^1$; $Z_{ef} ≈ 1+$ (b) $I_1 ≈ 5,45 × 10^{-19}$ J/átomo ≈ 328 kJ/mol (c) O valor estimado de 328 kJ/mol é menor do que o valor da Tabela 7.4 de 520 kJ/mol. Nossa estimativa para Z_{ef} foi um limite mínimo; os elétrons do caroço [He] não blindam perfeitamente o elétron 2s da carga nuclear. (d) Com base na energia de ionização experimental, Z_{ef} = 1,26. Esse valor é maior do que a estimativa do item (a), mas está de acordo com o valor de Slater de 1,3 e é consistente com a explicação do item (c). **7.108** (a) Mg$_3$N$_2$ (b) Mg$_3$N$_2$(s) + 3 H$_2$O(l) ⟶ 3 MgO(s) + 2 NH$_3$(g); a força motriz é a produção de NH$_3$(g). (c) 17% de Mg$_3$N$_2$ (d) 3 Mg(s) + 2 NH$_3$(g) ⟶ Mg$_3$N$_2$(s) + 3 H$_2$(g). NH$_3$ é o reagente limitante, e 0,46 g de H$_2$ é formado. (e) $ΔH°_{rea}$ = −368,70 kJ

Capítulo 8
8.1 (a) Grupo 4A ou 14; (b) Grupo 2A ou 2; (c) Grupo 5A ou 15.
8.4 (a) Co (b) [Ar]$4s^23d^7$.
8.9 (a) Ligação 3, (b) ligação 2, (c) ligação 1.
8.11 (a) Falso (b) três (c) quatro
8.13 (a) Si, $1s^22s^22p^63s^23p^2$; (b) quatro; (c) Os elétrons 3s e 3p são elétrons de valência.
8.15 (a) ·Al· (b) :Br:̇ (c) :Ar:̈ (d) ·Sr
8.17 Mg + :Ö: ⟶ Mg²⁺ + [:Ö:]²⁻;
(b) dois; (c) Mg perde elétrons.
8.19 (a) AlF$_3$; (b) K$_2$S; (c) Y$_2$O$_3$; (d) Mg$_3$N$_2$.
8.21 (a) Rb⁺, [Ar]$4s^23d^{10}4p^6$ = [Kr], configuração de gás nobre; (b) Rh³⁺, [Kr]$4d^6$; (c) P³⁻, [Ne]$3s^23p^6$ = [Ar], configuração de gás nobre; (d) Sc³⁺, [Ne]$3s^23p^6$ = [Ar], configuração de gás nobre; (e) S²⁻, [Ne]$3s^23p^6$ = [Ar], configuração de gás nobre; (f) V²⁺, [Ar]$3d^3$. **8.23** (a) Endotérmica; (b) NaCl(s) ⟶ Na⁺(g) + Cl⁻(g); (c) Sais como NaCl, que têm íons com cargas monovalentes, apresentam energias reticulares menores em comparação com sais como CaO, que têm íons divalentes.
8.25 (a) Na⁺, 1+; Ca²⁺, 2+ (b) F⁻, 1−; O²⁻, 2− (c) O CaO terá maior energia reticular. (d) Espera-se que a energia reticular do ScN seja ligeiramente menor que 8,10 × 10³ kJ.
8.27 (a) K—F, 2,71 Å; Na—Cl, 2,83 Å; Na—Br, 2,98 Å; Li—Cl, 2,57 Å; (b) LiCl > KF > NaCl > NaBr. (c) De acordo com a Tabela 8.2, LiCl, 1.030 kJ; KF, 808 kJ; NaCl, 788 kJ; NaBr, 732 kJ. As previsões para os raios iônicos estão corretas. **8.29** A afirmação (a) é a melhor explicação.
8.31 A energia reticular do KI(s) é +649 kJ/mol.
8.33 (a) A ligação em (iii) e (iv) deve ser covalente. (b) Covalente, porque é um gás a uma temperatura ambiente ou inferior.
8.35

:Cl:̇ + :Cl:̇ + :Cl:̇ + :Cl:̇ + ·Si· ⟶ :Cl—Si—Cl: com :Cl: acima e :Cl: abaixo

(a) 4 (b) 7 (c) 8 (d) 8 (e) 4
8.37 (a) :Ö=Ö:; (b) quatro elétrons de ligação (dois pares de elétrons de ligação); (c) Uma ligação dupla O=O é mais curta do que uma ligação simples O—O. Quanto maior for o número de pares de elétrons compartilhados entre dois átomos, menor será a distância entre os átomos. **8.39** As afirmações (ii) e (iii) são verdadeiras.
8.41 (a) Mg; (b) S; (c) C; (d) As. **8.43** As ligações em (a), (c) e (d) são polares. O elemento mais eletronegativo em cada ligação polar é (a) F; (c) O; (d) I. **8.45** (a) A carga calculada em H e Br é 0,12e. (b) Diminuiria.
8.47 (a) SiF$_4$, molecular, tetracloreto de silício; LaF$_3$, iônico, fluoreto de lantânio(III). (b) FeCl$_2$, iônico, cloreto de ferro(II); ReCl$_6$, molecular (metal em alto estado de oxidação), hexacloreto de rênio. (c) PbCl$_4$, molecular (em contraste com o distintamente iônico RbCl), tetracloreto de chumbo; RbCl, iônico, cloreto de rubídio.

8.49
(a) :F:̈ ao redor de F—C—F com :F:̈ acima e abaixo (CF$_4$)
(b) [:N≡O:]⁺
(c) [:Ö—S—Ö:]²⁻ com :Ö: acima
(d) H—C≡N:
(e) [:F̈—B—F̈:]⁻ com :F̈: acima e abaixo
(f) H—Ö—C̈l:

8.51 A afirmativa (b) é a mais verdadeira. Considere que, quando é necessário colocar mais de um octeto de elétrons ao redor de um átomo a fim de minimizar a carga formal, pode não haver uma "melhor" estrutura de Lewis. **8.53** Cargas formais são mostradas nas estruturas de Lewis; os números de oxidação estão listados abaixo de cada estrutura.

(a) Ö=C=S̈
      0 0 0
O, −2; C, +4; S, −2

(b) :Ö:⁻¹ com 0:C̈l—S—C̈l:0 e carga +1 no S
S, +4; Cl, −1; O, −2

(c) [Br com Ö's em volta, cargas: −1, −1, −1, +2]¹⁻
Br, +5; O, −2

(d) 0 H—Ö—C̈l—Ö:⁻¹, cargas 0, +1
Cl, +3; H, +1; O, −2

8.55 (a) :Ö—S=Ö
(b) O$_3$ é isoeletrônico com SO$_2$; ambos têm 18 elétrons de valência. (c) Sim, há múltiplas estruturas de ressonância equivalentes para a molécula. (d) Visto que cada ligação S—O tem caráter parcial de ligação dupla, o comprimento da ligação S—O no SO$_2$ deve ser mais curto do que uma ligação simples S—O, porém mais longo do que uma ligação dupla S=O. **8.57** Quanto mais pares de elétrons compartilhados por dois átomos, menor é a ligação. Assim, os comprimentos da ligação C—O variam na ordem CO < CO$_2$ < CO$_3$²⁻. **8.59** As afirmações (i) e (iii) são verdadeiras. **8.61** (a) O AsF$_5$ é uma exceção à regra do octeto. (b) O BCl$_3$ é uma exceção à regra do octeto. **8.63** Suponha que a estrutura dominante é a que minimiza a carga formal. Seguindo essa diretriz, apenas ClO⁻ obedece à regra do octeto. ClO, ClO$_2$⁻, ClO$_3$⁻ e ClO$_4$⁻ não obedecem à regra do octeto.

ClO, ·C̈l=Ö   ClO⁻, [:C̈l—Ö:]⁻
ClO$_2$⁻, [Ö=C̈l—Ö:]⁻   ClO$_3$⁻, [Ö=C̈l—Ö com :O: abaixo (dupla)]⁻
ClO$_4$⁻, [Ö=Cl=Ö com :Ö: acima e :Ö: abaixo]⁻

8.65 (a) H—P̈—H com H abaixo   (b) H—Al—H com H abaixo
(b) Não obedece à regra do octeto. O Al central tem apenas 6 elétrons.
(c) [:N≡N—N̈:]⁻ ⟷ [:N̈—N≡N:]⁻ ⟷ [:N̈=N=N̈:]⁻

(d) Estrutura de Lewis: Cl—C(Cl)(H)—H com pares não ligantes nos Cl.

(e) [SnF₆]²⁻ com pares não ligantes em todos os F.

(e) Não obedece à regra do octeto. O Sn central tem 12 elétrons.

8.67 (a) :Cl̈—Be—C̈l:
        0   0   0

Essa estrutura viola a regra do octeto.

(b) C̈l=Be=C̈l ⟷ :Cl̈—Be≡Cl: ⟷ Cl≡Be—C̈l:
    1   2   1   0   2   2   2   2   0

(c) As cargas formais são minimizadas na estrutura que viola a regra do octeto; essa forma é provavelmente a predominante.

8.69 (a) Estrutura de H₂SO₃ com S ligado a três OH e um O (par não ligante no S).
(b) Estrutura de H₂SO₃ com S=O duplo e dois OH.

8.71 (a) ΔH = −304 kJ **(b)** ΔH = −82 kJ **(c)** ΔH = −467 kJ
8.73 Apenas a afirmação (e) é verdadeira.
8.75 A ligação Ca—O será mais forte do que a ligação Na—Cl, pois as cargas iônicas são maiores.
8.77 Uma ligação tripla C—C
8.79 (a) Não **(b)** Ligação 2 **(c)** Ligação 1
8.87 (a) B—O. A ligação mais polar será formada por dois elementos com a maior diferença de eletronegatividade. **(b)** Te—I. Esses elementos têm os dois maiores raios covalentes nesse grupo. **(c)** TeI₂. A regra do octeto é satisfeita para todos os três átomos. **(d)** P₂O₃. Cada átomo de P precisa compartilhar 3 e⁻ e cada átomo de O precisa compartilhar 2 e⁻ para atingir um octeto. Com relação a B₂O₃, embora não seja um composto puramente iônico, pode ser entendido em termos de ganho e perda de elétrons para obter uma configuração de gás nobre. Se cada átomo B fosse perder 3 e⁻ e cada átomo O viesse a ganhar 2 e⁻, a carga balanceada e a regra do octeto seriam satisfeitas.
8.88 (a) 0,162 e **(b)** o átomo de O
(c) +1 ·Cl̈—Ö:⁻¹   0 ·C̈l=Ö 0   **(d)** 0
8.91

	Isômero A	Isômero B	Isômero C
Número de ligações simples	5	6	5
Número de ligações duplas	2	0	2
Número de ligações triplas	0	1	0
Número de pares não ligantes	2	2	2

8.93 (a) +1, **(b)** −1, **(c)** +1 (supondo que o elétron ímpar está no N), **(d)** 0, **(e)** +3. **8.95 (a)** A estrutura mais à esquerda, com uma ligação tripla N—N, leva às cargas formais mais favoráveis. **(b)** A estrutura mais à direita, com duas ligações duplas, é a mais consistente com os comprimentos de ligação observados.
8.99 (a) H = +40 kJ/mol; o etanol tem a menor entalpia.
(b) H = −83 kJ/mol; o acetaldeído tem a menor entalpia. **(c)** H = +82 kJ/mol; o ciclopenteno tem a menor entalpia. **(d)** H = −55 kJ/mol; a acetonitrila tem a menor entalpia.
8.103 (a) C₂H₃Cl₃O₂ **(b)** C₂H₃Cl₃O₂
(c) Estrutura com Cl—C—C—O—H e substituintes Cl, Cl, H.

Capítulo 9 **9.1** Ao remover um átomo do plano equatorial da bipirâmide trigonal na Figura 9.3 cria uma estrutura em forma de gangorra.
9.3 (a) Duas geometrias de domínio eletrônico, linear e bipiramidal trigonal; **(b)** uma geometria de domínio eletrônico, bipiramidal trigonal; **(c)** uma geometria de domínio eletrônico, octaédrica; **(d)** uma geometria de domínio eletrônico, octaédrica; **(e)** uma geometria de domínio eletrônico, octaédrica; **(f)** uma geometria de domínio eletrônico, bipiramidal trigonal. (Essa pirâmide triangular é uma geometria molecular incomum que não está listada na Tabela 9.3. Ela pode ocorrer se os substituintes equatoriais na bipirâmide trigonal forem extremamente volumosos, fazendo com que o par de elétrons não ligantes ocupe uma posição axial.) **9.5 (a)** Zero. Da esquerda para a direita ao longo do eixo x do gráfico, a distância entre os átomos de Cl aumenta. A uma separação muito grande, a energia potencial da interação se aproxima de zero.
(b) A distância da ligação Cl—Cl é de aproximadamente 2,0 Å. A energia da ligação Cl—Cl é de aproximadamente 240 kJ/mol. **(c)** Mais fraca. Sob pressão extrema, a ligação Cl—Cl fica mais curta. A energia potencial do par atômico aumenta e a ligação se torna mais fraca. **9.11 (a)** i, dois orbitais atômicos s; dois orbitais atômicos p sobrepostos de uma ponta a outra; dois orbitais atômicos p sobrepostos lado a lado; **(b)** i, OM tipo σ; ii, OM tipo σ; iii, OM tipo π; **(c)** i, antiligante; ii, ligante; iii, antiligante; **(d)** i, o plano nodal está entre os centros do átomo, perpendicular ao eixo interatômico e equidistante de cada átomo. ii, existem dois planos nodais, ambos perpendiculares ao eixo interatômico. Um está à esquerda do átomo esquerdo e o segundo está à direita do átomo direito. iii, existem dois planos nodais: um está entre os centros do átomo, perpendicular ao eixo interatômico e equidistante de cada átomo; o outro contém o eixo interatômico e é perpendicular ao primeiro. **9.13 (a)** O orbital 2p_x.
(b) As afirmações (i) e (iii) são verdadeiras. **9.15 (a)** Tetraédrica **(b)** Angular **(c)** Não, uma molécula AB₂ com ligações duplas A=B teria geometria molecular linear. **9.17 (a)** Piramidal trigonal; **(b)** tetraédrica; **(c)** um.
9.19 (a) Octaédrica; **(b)** octaédrica; **(c)** quadrática plana.
9.21 (a) Nenhum efeito na forma molecular; **(b)** Um par não ligante em P influencia a forma molecular; **(c)** nenhum efeito; **(d)** nenhum efeito; **(e)** Um par não ligante no S influencia a forma molecular. **9.21 (a)** 2; **(b)** 1; **(c)** nenhum; **(d)** 3. **9.23 (a)** Tetraédrico, tetraédrica; **(b)** bipiramidal trigonal, em forma de T; **(c)** octaédrico, piramidal quadrática; **(d)** octaédrico, quadrática plana. **9.25 (a)** Linear, linear; **(b)** tetraédrico, piramidal trigonal; **(c)** bipiramidal trigonal, gangorra; **(d)** octaédrico, octaédrica; **(e)** tetraédrico, tetraédrica; **(f)** linear, linear.
9.27 (a) i, trigonal plano; ii, tetraédrico; iii, bipiramidal trigonal; **(b)** i, 0; ii, 1; iii, 2; **(c)** N e P; **(d)** Cl (ou Br ou I). Essa geometria molecular em forma de T surge de uma geometria bipiramidal trigonal dos domínios eletrônicos com dois domínios não ligantes. Considerando que cada átomo de F tem três domínios não ligantes e forma apenas ligações simples com A, A deve ter sete elétrons de valência e estar no terceiro período da tabela periódica, ou abaixo dele, para produzir essas geometrias do domínio eletrônico e molecular. **9.29 (a)** 1, inferior a 109,5°; 2, inferior a 109,5°; **(b)** 3, diferente de 109,5°; 4, inferior a 109,5°; **(c)** 5, 180°; **(d)** 6, um pouco mais de 120°; 7, inferior a 109,5°; 8, diferente de 109,5°.
9.31 (a) NH₄⁺ tem zero pares de elétrons não ligantes no N e os maiores ângulos de ligação. **(b)** NH₂⁻ tem dois pares de elétrons não ligantes no N e os menores ângulos de ligação. **9.33 (a)** PF₄⁻, BrF₄⁻ e ClF₄⁻ **(b)** AlF₄⁻ **(c)** BrF₄⁻ **(d)** PF₄⁻ e ClF₄⁺ **9.35** As afirmações (i) e (iii) são verdadeiras.
9.37 (a) Sim. **(b)** A afirmação (iii) descreve corretamente a direção do momento de dipolo. **9.39 (a)** Apolar. As ligações polares B—F estão dispostas em uma geometria trigonal plana simétrica. **(b)** Não. O par de elétrons não ligante adicional exige que a geometria do domínio eletrônico seja tetraédrica e a forma seja piramidal trigonal. **(c)** Sim. No BF₂Cl, os dipolos de ligação não se cancelam. **9.41 (a)** IF, **(d)** PCl₃ e **(f)** IF₅ são polares. **9.43 (a)** Estruturas de Lewis

Geometrias moleculares

Polar   Apolar   Polar

(**b**) O isômero do meio tem um momento de dipolo nulo. (**c**) C_2H_3Cl tem somente um isômero e um momento de dipolo. **9.45** (**a**) verdadeiro; (**b**) falso; (**c**) falso; (**d**) verdadeiro; (**e**) verdadeiro **9.47** (**a**) falso; (**b**) verdadeiro; (**c**) falso; (**d**) falso **9.49** (**a**) B, $[He]2s^22p^1$; (**b**) F, $[He]2s^22p^5$; (**c**) sp^2; (**d**) Um único orbital $2p$ não é hibridizado. Ele é perpendicular ao plano trigonal dos orbitais híbridos sp^2. **9.51** (**a**) sp^2; (**b**) sp^3; (**c**) sp; (**d**) sp^3. **9.53** Esquerdo. Nenhum dos orbitais híbridos discutidos neste capítulo formam ângulos de 90° entre si; orbitais atômicos p são perpendiculares entre si. Centro, 109,5°, sp^3. Direito, 120°, sp^2.
9.55 (**a**) verdadeiro; (**b**) falso; (**c**) verdadeiro; (**d**) verdadeiro
9.57

(**b**) sp^3, sp^2, sp; (**c**) não planar, planar, planar; (**d**) 7 σ, 0 π; 5 σ, 1 π; 3 σ, 2 π. **9.59** (**a**) 18 elétrons de valência. (**b**) 16 elétrons de valência formam ligações σ. (**c**) 2 elétrons de valência formam ligações π. (**d**) Nenhum elétron de valência é não ligante. (**e**) Os átomos de C à esquerda e central sofrem hibridização sp^2; o átomo C à direita sofre hibridização sp^3.
9.61 (**a**) ~109,5° em torno do C mais à esquerda, sp^3; ~120° em torno do C à direita, sp^2. (**b**) O átomo de O com ligação dupla pode ser visualizado como sp^2, e o outro como sp^3; o nitrogênio é sp^3 com ângulos de ligações inferiores a 109,5°. (**c**) Nove ligações σ, uma ligação π. **9.63** (**a**) verdadeiro; (**b**) verdadeiro; (**c**) verdadeiro; (**d**) falso
9.65

(**a**)

(**b**) sp^2
(**c**) Sim, existe outra estrutura de ressonância.

(**d**) Existem quatro elétrons no sistema π do íon.
9.67 (**a**) Linear. (**b**) Os dois átomos de C centrais têm uma geometria trigonal plana, cada um com ângulos de ligação de ~120°. Os átomos de C e O ficam em um plano com os átomos de H livres para girar dentro e fora desse plano. (**c**) A molécula é planar, com ângulos de ligação de ~120° nos dois átomos de N. **9.69** (**a**) verdadeiro; (**b**) verdadeiro; (**c**) verdadeiro; (**d**) falso; (**e**) verdadeiro

9.71

(**a**)

H_2^+

(**b**) Existe um elétron no H_2^+. (**c**) σ_{1s}^1 (**d**) ordem de ligação = $\frac{1}{2}$ (**e**) Será instável. Se o único elétron em H_2^+ é excitado para o orbital σ^*_{1s}, sua energia é mais alta do que a de um orbital atômico $1s$ do H, e H_2^+ vai se decompor em um átomo de hidrogênio e um íon hidrogênio. (**f**) A afirmação (**i**) está correta.
9.73

(**a**) 1 ligação σ; (**b**) 2 ligações π; (**c**) 1 σ* e 2 π*. **9.75** (**a**) dois (**b**) um (**c**) $\frac{1}{2}$ (**d**) Na_2^+ (**e**) Na_2 **9.77** (**a**) verdadeiro; (**b**) falso; (**c**) verdadeiro; (**d**) verdadeiro.
9.79 (**a**) B_2^+, $\sigma_{2s}^2\sigma_{2s}^{*2}\pi_{2p}^1$, aumentaria; (**b**) Li_2^+, $\sigma_{1s}^2\sigma_{1s}^{*2}\sigma_{2s}^1$, aumentaria (**c**) N_2^+ $\sigma_{2s}^2\sigma_{2s}^{*2}\pi_{2p}^4\sigma_{2p}^1$, aumentaria
(**d**) Ne_2^{2+}, $\sigma_{2s}^2\sigma_{2s}^{*2}\sigma_{2p}^2\pi_{2p}^4\pi_{2p}^{*4}$, diminuiria **9.81** CN, $\sigma_{2s}^2\sigma_{2s}^{*2}\sigma_{2p}^2\pi_{2p}^3$, ordem de ligação = 2,5; CN^+, $\sigma_{2s}^2\sigma_{2s}^{*2}\sigma_{2p}^2\pi_{2p}^2$, ordem de ligação = 2,0; CN^-, $\sigma_{2s}^2\sigma_{2s}^{*2}\sigma_{2p}^2\pi_{2p}^4$, ordem de ligação = 3,0. (**a**) CN^- (**b**) CN, CN^+
9.83 (**a**) $3s$, $3p_x$, $3p_y$, $3p_z$ (**b**) π_{3p} (**c**) 2 (**d**) Se o diagrama de OM para P_2 é semelhante ao do N_2, P_2 não terá elétrons desemparelhados e será diamagnético. **9.86** (**a**) Dois (**b**) (iii), em forma de T.
9.90 (**a**) 2 ligações σ, 2 ligações π; (**b**) 3 ligações σ, 4 ligações π; (**c**) 3 ligações σ, 1 ligação π; (**d**) 4 ligações σ, 1 ligação π. **9.92** (**a**) Piramidal quadrada; (**b**) octaédrica; (**c**) (iii), grupo 7A.

9.97

(**a**) Hibridização sp. (**b**) A molécula não é plana. (**c**) O aleno não tem momento de dipolo. (**d**) A ligação no aleno não poderia ser descrita como deslocalizada. As nuvens de elétrons π das duas ligações adjacentes C=C são mutuamente perpendiculares, de modo que não há sobreposição nem deslocalização de elétrons π. **9.100** (**a**) Todos os átomos de O têm hibridação sp^2. (**b**) As duas ligações σ são formadas pela sobreposição de orbitais híbridos sp^2, a ligação π é formada pela sobreposição de orbitais atômicos p, um par não ligante está em um orbital atômico p e os outros cinco pares não ligantes estão em orbitais híbridos sp^2.
(**c**) Orbitais atômicos p não hibridizados. (**d**) Quatro, dois da ligação π e dois do par não ligante no orbital atômico p. **9.104** (**a**) σ antiligante (**b**) um (**c**) $\frac{1}{2}$ (**d**) (iv), mais longa e mais fraca **9.109** (**a**) O orbital molecular π_{2p}^*. (**b**) O orbital molecular π_{2p}^*. (**c**) A ligação C—C é mais fraca no estado excitado porque um elétron foi excitado de um OM ligante para um OM antiligante. (**d**) Sim, a molécula seria mais fácil de rotacionar no estado excitado, pois o componente π da ligação C—C foi destruído.
9.111 (**a**) $2 SF_4(g) + O_2(g) \longrightarrow 2 OSF_4(g)$

(**b**)

(c) ΔH = −551 kJ, exotérmica (d) A geometria de domínio eletrônico é bipiramidal trigonal. O átomo de O pode ser equatorial ou axial.

$$\text{F}-\overset{\overset{\displaystyle O}{\|}}{\underset{\underset{\displaystyle F}{|}}{S}}-\text{F} \quad \text{ou} \quad \overset{\overset{\displaystyle F}{|}}{\underset{\underset{\displaystyle F}{|}}{S}}=\text{O}$$

(e) Na estrutura da esquerda, há três átomos de flúor equatoriais e um axial. Na estrutura da direita, há dois átomos de flúor equatoriais e dois axiais.

9.113

(a) $H-\underset{H}{\overset{H}{C}}-\ddot{N}=C=\ddot{O} \longleftrightarrow H-\underset{H}{\overset{H}{C}}-N\equiv C-\ddot{O}:$

(A estrutura do lado direito não minimiza as cargas formais e oferece uma contribuição menor para a estrutura real.)

(b) Com ângulos: 180°, 109°, 120°, 109°, em torno de N=C=O e C central.

Ambas as estruturas de ressonância determinam os mesmos ângulos de ligação. (c) As duas estruturas de Lewis extremas preveem diferentes comprimentos de ligação. Essas estimativas consideram que a estrutura que minimiza a carga formal oferece uma contribuição maior para a estrutura real. C—O, 1,28 Å; C≡N, 1,33 Å; C—N, 1,43 Å; C—H, 1,07 Å.
(d) A molécula terá um momento de dipolo. Os dipolos da ligação C=N e C=O são opostos entre si, mas não são iguais. Além disso, há pares de elétrons não ligantes que não são diretamente opostos entre si e não se cancelam.

Capítulo 10 **10.1** Seria muito mais fácil beber com um canudo em Marte. Quando um canudo é colocado em um copo com líquido, a atmosfera exerce a mesma pressão dentro e fora do canudo. Quando bebemos por um canudo, retiramos ar e, assim, reduzimos a pressão sobre o líquido em seu interior. Se uma pressão de apenas 0,007 atm for exercida sobre o líquido no copo, uma redução muito pequena da pressão no interior do canudo fará com que o líquido suba.
10.3 Em uma mesma temperatura e volume e a uma pressão mais baixa, o recipiente teria a metade do número de partículas do que em uma pressão mais elevada, de modo que a resposta (b) está correta.
10.5 Para uma quantidade fixa de gás ideal a volume constante, o volume e a temperatura são proporcionais um ao outro – a lei de Charles. Portanto, o gráfico (a) está correto. **10.7** (a) $P_{vermelho} < P_{amarelo} < P_{azul}$ (b) $P_{vermelho}$ = 0,28 atm; $P_{amarelo}$ = 0,42 atm; P_{azul} = 0,70 atm. **10.9** (a) A curva B é o hélio. (b) A curva B corresponde à temperatura mais elevada. (c) A velocidade média quadrática é maior. **10.11** O anel de NH$_4$Cl(s) se formará no local A. **10.13** A afirmação (c) é falsa. As moléculas de gás estão tão distantes que não há obstáculos à mistura, independentemente da identidade das moléculas. **10.15** (a) 2,6 × 10² lb/pol.² (b) 1,8 × 10³ kPa (c) 18 atm **10.17** (a) 8,20 m (b) 1,4 atm **10.19** (a) 0,349 atm (b) 265 mm Hg (c) 3,53 × 10⁴ Pa (d) 0,353 bar (e) 5,13 psi **10.21** (a) P = 773,4 torr (b) P = 1,018 atm **10.23** (i) 0,31 atm (ii) 1,88 atm (iii) 0,136 atm **10.25** A ação do item (c) dobraria a pressão. **10.27** (a) Lei de Boyle, PV = constante ou $P_1V_1 = P_2V_2$, se V é constante, P_1/P_2 = 1; Lei de Charles, V/T = constante ou $V_1/T_1 = V_2/T_2$, se V é constante, T_1/T_2 = 1; em seguida, $P_1/T_1 = P_2/T_2$ ou P/T = constante. Segundo a lei de Amontons, a pressão e a temperatura em Kelvin são diretamente proporcionais se o volume é mantido constante. (b) 34,7 psi. **10.29** (a) CPTP significa condições padrão de temperatura e pressão, 0 °C (ou 273 K) e pressão de 1 atm. (b) 22,4 L (c) 24,5 L (d) 0,08315 L-bar/mol-K **10.31** O frasco A contém o gás com massa molar de 30 g/mol e o frasco B contém o gás com massa molar de 60 g/mol.

10.33

P	V	n	T
200 atm	1,00 L	0,500 mol	48,7 K
0,300 atm	0,250 L	3,05 × 10⁻³ mol	27 °C
650 torr	11,2 L	0,333 mol	350 K
10,3 atm	585 mL	0,250 mol	295 K

10.35 8,2 × 10² kg de He. **10.37** (a) 5,5 × 10²² moléculas; (b) 6,5 kg de ar. **10.39** (a) 91 atm (b) 2,3 × 10² L **10.41** p = 4,9 atm **10.43** (a) 29,8 g de Cl$_2$; (b) 9,42 L; (c) 501 K; (d) 2,28 atm. **10.45** (a) n = 2 × 10⁻⁴ mol de O$_2$ (b) A barata precisa de 8 × 10⁻³ mol de O$_2$ em 48 h, aproximadamente 100% do O$_2$ no pote. **10.47** A densidade dos gases aumenta com a massa molar. A ordem crescente de densidade é: HF (20 g/mol) < CO (28 g/mol) < N$_2$O (44 g/mol) < Cl$_2$ (71 g/mol). **10.49** (c) Como os átomos de hélio têm menos massa que a molécula de ar média, o gás hélio é menos denso que o ar. Assim, a massa do balão é menor que a massa do ar deslocado pelo seu volume. **10.51** (a) d = 1,77 g/L (b) massa molar = 80,1 g/mol **10.53** Massa molar = 89,4 g/mol **10.55** 4,1 × 10⁻⁹ g de Mg **10.57** (a) 21,4 L de CO$_2$ (b) 40,7 L de O$_2$ **10.59** 0,402 g de Zn **10.61** (a) Quando a válvula é aberta, o volume ocupado por N$_2$(g) aumenta de 2,0 L para 5,0 L. P_{N_2} = 0,40 atm. (b) Quando os gases se misturam, o volume de O$_2$(g) aumenta de 3,0 L para 5,0 L. P_{O_2} = 1,2 atms. (c) P_t = 1,6 atm. **10.63** (a) P_{He} = 1,87 atm, P_{Ne} = 0,807 atm, P_{Ar} = 0,269 atm; (b) P_t = 2,95 atm. **10.65** X_{CO_2} = 0,000407 **10.67** P_{CO_2} = 0,305 atm, P_t = 1,232 atm **10.69** P_{CO_2} = 0,9 atm **10.71** 2,5 mols% de O$_2$. **10.73** P_t = 2,47 atm. **10.75** (a) aumenta (b) aumenta (c) diminui **10.77** A velocidade média quadrática do WF$_6$ é cerca de 9 vezes menor que a do He. **10.79** (a) A energia cinética média das moléculas aumenta. (b) A velocidade média quadrática das moléculas aumenta. (c) A força de um impacto médio com as paredes do recipiente aumenta. (d) O total de colisões das moléculas com as paredes por segundo aumenta.
10.81 (a) Por ordem de velocidade crescente e massa molar decrescente: HBr < NF$_3$ < SO$_2$ < CO < Ne. (b) u_{NF_3} = 324 m/s. (c) A velocidade mais provável de uma molécula de ozônio na estratosfera é 306 m/s.
10.83 As afirmações (a) e (d) são verdadeiras. **10.85** A ordem crescente de taxa de efusão é ²H³⁷Cl < ¹H³⁷Cl < ²H³⁵Cl¹ < H³⁵Cl. **10.87** As$_4$S$_6$ **10.89** (a) O comportamento não ideal de um gás é observado em pressões muito altas e temperaturas muito baixas. (b) Os volumes reais das moléculas gasosas e as forças intermoleculares atrativas entre as moléculas fazem com que os gases se desviem do comportamento ideal.
10.91 A afirmação (b) é verdadeira. **10.93** Com base no valor de b do Xe, o raio não ligante é 2,72 Å. A partir da Figura 7.7, o raio atômico ligante de Xe é 1,40 Å. Esperamos que o raio ligante de um átomo seja menor do que o seu raio não ligante, mas o valor que calculamos é quase duas vezes maior. **10.97** P = 0,43 mm Hg **10.100** (a) A massa molar do gás desconhecido é 100,4 g/mol. (b) Supomos que os gases se comportam idealmente e que P, V e T são constantes. **10.102** (a) 0,00378 mol de O$_2$ (b) 0,0345 g de C$_8$H$_{18}$ **10.104** 42,2 g de O$_2$ **10.106** T_2 = 687 °C. **10.112** (a) 44,58% de C, 6,596% de H, 16,44% de Cl, 32,38% de N. (b) C$_8$H$_{14}$N$_5$Cl. (c) A massa molar do composto é necessária para determinar a fórmula molecular quando se conhece a fórmula empírica. **10.114** (a) NH$_3$(g) permanece após a reação. (b) P = 0,957 atm. (c) 7,33 g de NH$_4$Cl. **10.117** (a) P_{IF_3} = 0,515 atm; (b) X_{IF_5} = 0,544;
(c) Estrutura de Lewis do IF$_5$ com I central, cinco F ligados com pares isolados e um par isolado no I.

(d) A massa total no frasco é 20,00 g; a massa é conservada.

Capítulo 11 **11.1** (a) O diagrama descreve um líquido. (b) No diagrama, as partículas estão próximas umas das outras, muitas se tocam, mas não há arranjo ou ordem regular. Isso descarta uma amostra gasosa, em que as partículas estão afastadas entre si, e um sólido cristalino, que tem uma estrutura de repetição regular nas três direções.
11.5 (a) No seu estado final, o metano é um gás a 185 °C.

11.8 (a) O propanol pode realizar ligações de hidrogênio. **(b)** Ambas as moléculas são polares, mas esperamos que o propanol tenha um momento de dipolo maior devido à sua ligação O—H. **(c)** O propanol entra em ebulição a 97,2 °C, enquanto o éter metil-etílico entra em ebulição a 10,8 °C. As forças intermoleculares mais intensas no propanol fazem com que ele tenha um ponto de ebulição mais elevado.
11.11 (a) Sólido < líquido < gás **(b)** Gás < líquido < sólido **(c)** A matéria no estado gasoso é mais facilmente comprimida porque as partículas estão distantes umas das outras e há muito espaço vazio. **11.13 (a)** Ela aumenta. A energia cinética representa a energia de movimento. À medida que a fusão ocorre, o movimento dos átomos em relação uns aos outros aumenta. **(b)** Ela aumenta um pouco. A densidade do chumbo líquido é menor do que a do chumbo sólido. A densidade menor implica maior volume da amostra e distância média entre os átomos em três dimensões.
11.15 (a) Os volumes molares do Cl_2 e do NH_3 são praticamente iguais porque ambos são gases. **(b)** Ao serem resfriados a 160 K, ambos são condensados da fase gasosa para o estado sólido, por isso esperamos significativa redução no volume molar. **(c)** Os volumes molares são 0,0351 L/mol de Cl_2 e 0,0203 L/mol de NH_3. **(d)** Volumes molares em estado sólido não são tão semelhantes a aqueles no estado gasoso, porque a maioria dos espaços vazios não existe mais e as características moleculares determinam as propriedades. O $Cl_2(s)$ é mais pesado, tem distância de ligação mais longa e forças intermoleculares mais fracas, de modo que o seu volume molar é significativamente maior do que o do $NH_3(s)$. **(e)** Há pouco espaço vazio entre as moléculas no estado líquido, por isso esperamos que os volumes molares estejam mais próximos daqueles no estado sólido do que daqueles no estado gasoso. **11.17 (a)** Forças de dispersão de London; **(b)** forças dipolo-dipolo; **(c)** ligação de hidrogênio.
11.19 (a) SO_2, forças dipolo-dipolo e de dispersão de London; **(b)** CH_3COOH, dispersão de London, dipolo-dipolo e ligação de hidrogênio; **(c)** H_2S, forças dipolo-dipolo e de dispersão de London (mas não ligação de hidrogênio). **11.21 (a)** Em ordem crescente de polarizabilidade: $CH_4 < SiH_4 < SiCl_4 < GeCl_4 < GeBr_4$. **(b)** As magnitudes das forças de dispersão de London e, logo, os pontos de ebulição das moléculas, aumentam à medida que a polarizabilidade aumenta. A ordem crescente dos pontos de ebulição é a ordem crescente de polarizabilidade informada no item **(a)**. **11.23 (a)** H_2S **(b)** CO_2 **(c)** GeH_4 **11.25** Tanto as moléculas cilíndricas de butano quanto as moléculas esféricas de 2-metilpropano sofrem forças de dispersão. A maior superfície de contato entre as moléculas de butano facilita forças mais intensas e produz um ponto de ebulição mais elevado. **11.27 (a)** Uma molécula deve conter átomos de H ligados aos átomos de N, O ou F para participar de ligações de hidrogênio com moléculas semelhantes. **(b)** CH_3NH_2 e CH_3OH.
11.29 (a) Substituir o hidrogênio de uma hidroxila por um grupo CH_3 elimina a ligação de hidrogênio nessa parte da molécula. Isso reduz a intensidade das forças intermoleculares e leva a um ponto de ebulição mais baixo. **(b)** $CH_3OCH_2CH_2OCH_3$ é uma molécula maior, mais polarizável e com forças de dispersão de London mais intensas; portanto, tem um ponto de ebulição mais elevado.
11.31

Propriedade física	H_2O	H_2S
Ponto de ebulição normal,°C	100,00	−60,7
Ponto de fusão normal, °C	0,00	−85,5

(a) Com base em seus pontos de fusão e de ebulição normais bem mais elevados, o H_2O tem forças intermoleculares muito mais intensas. **(b)** O H_2O tem ligação de hidrogênio, enquanto o H_2S tem forças dipolo-dipolo. Ambas as moléculas têm forças de dispersão de London. **11.33** O SO_4^{-2} tem uma carga negativa maior que o BF_4^-, de modo que as atrações eletrostáticas íon-íon são maiores em sais de sulfato, e é menos provável que eles formem líquidos. **11.35 (a)** À medida que a temperatura aumenta, a tensão superficial diminui; elas são inversamente relacionadas. **(b)** À medida que a temperatura aumenta, a viscosidade diminui; elas são inversamente relacionadas. **(c)** As forças de atração que dificultam a separação das moléculas da superfície (alta tensão superficial) também levam as moléculas em outras posições na amostra a resistir ao movimento relativo entre si (alta viscosidade).

11.37 (a) O diagrama (ii) mostra forças de adesão mais intensas entre a superfície e o líquido. **(b)** O diagrama (i) representa a água sobre uma superfície apolar. **(c)** O diagrama (ii) representa a água sobre uma superfície polar. **11.39 (a)** As três moléculas têm estruturas semelhantes e experimentam os mesmos tipos de força intermolecular. À medida que a massa molar aumenta, a intensidade da força de dispersão também aumenta, assim como os pontos de ebulição, a tensão superficial e a viscosidade. **(b)** O etilenoglicol tem um grupo —OH em ambas as extremidades da molécula. Isso aumenta muito as possibilidades de ligação de hidrogênio; as forças intermoleculares atrativas gerais são maiores, e a viscosidade do etilenoglicol é bem maior. **(c)** A água tem a tensão superficial mais alta, porém a menor viscosidade, porque é a menor molécula na série. Não há cadeia de hidrocarbonetos para inibir a sua forte atração por moléculas no interior da gota, resultando em elevada tensão superficial. A falta de uma cadeia alquílica significa também que as moléculas podem se mover facilmente ao redor umas das outras, o que resulta em baixa viscosidade. **11.41 (a)** fusão, endotérmica; **(b)** evaporação, endotérmica; **(c)** deposição, exotérmica; **(d)** condensação, exotérmica. **11.43 (a)** Fusão (derretimento), (s) ⟶ (l) **(b)** endotérmica **(c)** O calor de vaporização geralmente é maior do que o calor de fusão.
11.45 $2,3 \times 10^3$ g de H_2O **11.47 (a)** 39,3 kJ **(b)** 60 kJ
11.49 (a) Falso **(b)** Verdadeiro **(c)** Falso **(d)** Verdadeiro
11.51 As propriedades **(c)** forças de atração intermoleculares, **(d)** temperatura e **(e)** densidade do líquido afetam a pressão de vapor de um líquido. **11.53 (a)** $CBr_4 < CHBr_3 < CH_2Br_2 < CH_2Cl_2 < CH_3Cl < CH_4$ **(b)** $CH_4 < CH_3Cl < CH_2Cl_2 < CH_2Br_2 < CHBr_3 < CBr_4$ **(c)** Por analogia às forças atrativas em HCl, a tendência será dominada por forças de dispersão, embora quatro das moléculas sejam polares. A ordem crescente do ponto de ebulição é a ordem crescente da massa molar e da intensidade de forças de dispersão crescentes. **11.55 (a)** A temperatura da água nas duas panelas é igual. **(b)** A pressão de vapor não depende nem do volume nem da área da superfície do líquido. A uma mesma temperatura, as pressões de vapor da água nos dois recipientes são iguais.
11.57 (a) cerca de 48 °C **(b)** cerca de 340 torr **(c)** cerca de 17 °C **(d)** cerca de 1.000 torr **11.59 (a)** Sim, desde que a temperatura seja menor do que a temperatura crítica. **(b)** Não, a temperaturas acima da temperatura crítica, uma substância pode ser apenas um gás ou um fluido supercrítico. **(c)** Não, a pressões abaixo do ponto triplo, uma substância pode ser apenas um sólido ou um gás. **(d)** Depende da inclinação da curva de fusão. Para a maioria das substâncias, a curva de fusão se inclina ligeiramente para a direita e, nesses casos, o líquido não pode existir a temperaturas abaixo do ponto triplo. **11.61 (a)** $H_2O(g)$ vai se condensar em $H_2O(s)$ a cerca de 4 torr; em uma pressão mais elevada, talvez 5 atm ou em torno disso, $H_2O(s)$ vai se fundir para formar $H_2O(l)$. **(b)** A 100 °C e 0,50 atm, a água está na fase de vapor. Ao se resfriar, o vapor de água se condensa para a forma líquida a aproximadamente 82 °C, a temperatura na qual a pressão de vapor da água em estado líquido é de 0,50 atm. Mais refrigeração resulta em congelamento a aproximadamente 0 °C. O ponto de congelamento da água aumenta com a diminuição da pressão, de modo que, a 0,50 atm, a temperatura de congelamento é ligeiramente superior a 0 °C.
11.63 (a) 24 K **(b)** O neônio sublima em pressões inferiores à pressão do ponto triplo, cerca de 0,5 atm. **(c)** Não **11.65 (a)** O metano na superfície de Titã provavelmente existe em ambas as formas, sólida e líquida. **(b)** À medida que a pressão diminui diante do afastamento da superfície de Titã, $CH_4(l)$ (a −178 °C) vai vaporizar em $CH_4(g)$, e $CH_4(s)$ (em temperaturas inferiores a −180 °C) vai sublimar em $CH_4(g)$. **11.67** Em uma fase líquida cristalina nemática, as moléculas estão alinhadas ao longo de seus eixos, mas não suas extremidades. Moléculas são livres para transladar em todas as dimensões, mas não podem tombar ou rotacionar para fora do plano molecular, senão a ordem da fase nemática se perde e a amostra se torna um líquido comum. Em um líquido comum, as moléculas estão orientadas aleatoriamente e são livres para se moverem em qualquer direção. **11.69 (a)** Verdadeiro **(b)** Falso **(c)** Verdadeiro **(d)** Falso **(e)** Falso **(f)** Verdadeiro **11.71 (a)** Endotérmica **(b)** Diminuir **11.73** Nemática.
11.75 (a) Diminui **(b)** Aumenta **(c)** Aumenta **(d)** Aumenta **(e)** Aumenta **(f)** Aumenta **(g)** Aumenta **11.78 (a)** O isômero *cis* tem forças dipolo-dipolo mais fortes; o isômero *trans* é apolar. **(b)** O isômero *cis* ferve a 60,3 °C, e o isômero *trans* ferve a 47,5 °C. **11.80 (a)** Quatro, todos. **(b)** Três, o benzeno é apolar. **(c)** Um, fenol. **(d)** O bromo é maior e mais polarizável

do que o cloro, de modo que as forças de dispersão no bromobenzeno são mais intensas do que aquelas no clorobenzeno, e o bromobenzeno tem o ponto de ebulição mais elevado. (**e**) O fenol apresenta ligações de hidrogênio, que é a interação intermolecular mais intensa entre as moléculas covalentes. **11.83** Um gráfico do número de átomos de carbono versus o ponto de ebulição indica que o ponto de ebulição do C_8H_{18} é aproximadamente 130 °C. Quanto mais átomos de carbono no hidrocarboneto, mais longa é a cadeia, mais polarizável é a nuvem eletrônica e mais elevado é o ponto de ebulição. **11.85** (**a**) A evaporação é um processo endotérmico. O calor necessário para vaporizar o suor é retirado do seu corpo, ajudando a resfriá-lo. (**b**) A bomba de vácuo reduz a pressão atmosférica acima da água até que ela se iguale à pressão de vapor da água e a água ferva. A ebulição é um processo endotérmico, e a temperatura cai se o sistema não é capaz de absorver calor do ambiente com a devida rapidez. À medida que a temperatura da água cai, a água congela. **11.89** Nas baixas temperaturas do polo antártico, moléculas na fase de líquido cristalino têm menos energia cinética devido à temperatura, e a tensão aplicada pode não ser suficiente para superar as forças orientadoras entre as extremidades das moléculas. Se uma parte ou a totalidade das moléculas não rotacionar quando a tensão for aplicada, o mostrador não vai funcionar corretamente.
11.93

(i) MM = 44   (ii) MM = 72   (iii) MM = 123

(iv) MM = 58   (v) MM = 123   (vi) MM = 60

(**a**) Massa molar: os compostos (i) e (ii) têm estruturas cilíndricas semelhantes. A cadeia mais longa em (ii) conduz a uma massa molar maior, a forças de dispersão de London mais intensas e a um calor de vaporização mais elevado.
(**b**) Forma molecular: os compostos (iii) e (v) têm fórmula química e massa molar igual, mas formas moleculares diferentes. A forma mais cilíndrica de (v) leva a um maior contato entre as moléculas, a forças de dispersão mais intensas e a um calor de vaporização mais alto. (**c**) Polaridade molecular: o composto (iv) possui massa molar menor do que (ii), mas calor de vaporização maior, provavelmente devido à presença de forças dipolo-dipolo. (**d**) Interações de ligação de hidrogênio: as moléculas (v) e (vi) possuem estruturas semelhantes. Embora (v) apresente massa molar e forças de dispersão maiores, a ligação de hidrogênio faz (vi) ter calor de vaporização mais elevado.

Capítulo 12 **12.1** O composto laranja é mais provável de ser um semicondutor e o branco, um isolante. O primeiro absorve a luz no espectro visível (a cor laranja é refletida, então a azul é absorvida); o outro, não. Isso indica que o composto laranja tem uma transição de elétrons de energia mais baixa do que o branco. Os semicondutores têm transições eletrônicas com energia inferior às transições nos isolantes. **12.5** (**a**) A estrutura é um empacotamento denso hexagonal. (**b**) O número de coordenação, NC, é 12. (**c**) NC(1) = 9, NC(2) = 6. **12.7** O fragmento (**b**) é o mais suscetível a gerar condutividade elétrica. O arranjo (**b**) tem um sistema π deslocalizado, em que os elétrons são livres para se mover. Elétrons móveis são necessários para a condutividade elétrica.
12.9 Espera-se que o polímero linear (**a**) com regiões ordenadas seja mais cristalino e tenha ponto de fusão mais alto do que o polímero ramificado (**b**). **12.11** A afirmação (**b**) é a melhor explicação. **12.13** (**a**) Ligação de hidrogênio, forças dipolo-dipolo, forças de dispersão de London; (**b**) ligações químicas covalentes; (**c**) ligações iônicas; (**d**) ligações metálicas. **12.15** (**a**) Iônico; (**b**) metálico; (**c**) rede covalente (também pode ser caracterizado como iônico com algum caráter covalente das ligações); (**d**) molecular; (**e**) molecular; (**f**) molecular. **12.17** Metálico, devido ao seu ponto de fusão, sua condutividade e sua insolubilidade na água.

12.19 (**a**) (**b**)

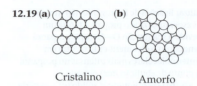

Cristalino   Amorfo

12.21

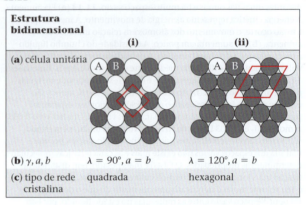

12.23 Tetragonal. **12.25** (**e**) Triclínica e romboédrica. **12.27** (**b**) 2. **12.29** (**a**) Célula unitária hexagonal primitiva; (**b**) NiAs. **12.31** Potássio. A estrutura cúbica de corpo centrado tem mais espaço vazio do que uma estrutura cúbica de face centrada. Quanto mais espaço vazio, menos denso é o sólido. Espera-se que o elemento com menor densidade – o potássio – adote a estrutura cúbica de corpo centrado. **12.33** (**a**) As estruturas de tipo A e C têm empacotamento igualmente denso, porém mais denso do que o tipo B. (**b**) A estrutura do tipo B tem empacotamento menos denso. **12.35** (**a**) O raio de um átomo de Ir é 1,355 Å. (**b**) A densidade do Ir é 22,67 g/cm³. **12.37** (**a**) O raio do átomo de Ca é 1,976 Å. (**b**) A densidade do Ca é 1,526 g/cm³. **12.39** (**a**) Quatro átomos de Al por célula unitária; (**b**) número de coordenação = 12; (**c**) a = 4,04 Å ou $4,04 \times 10^{-8}$ cm; (**d**) densidade = 2,71 g/cm³. **12.41** A afirmação (**b**) é falsa. **12.43** (**a**) Liga intersticial (**b**) Liga de substituição, (**c**) Composto intermetálico **12.45** (**a**) Verdadeiro (**b**) Falso (**c**) Falso **12.47** $Au_{2,8}Ag_{1,0}Cu_{1,1}$ **12.49** (**a**) Verdadeiro (**b**) Falso (**c**) Falso (**d**) Falso
12.51

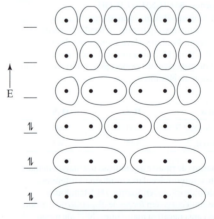

(**a**) Seis OA exigem seis OM. (**b**) Nenhum nó no menor orbital de energia. (**c**) Cinco nós no orbital de maior energia. (**d**) Dois nós no HOMO. (**e**) Três nós no LUMO. (**f**) A diferença de energia HOMO-LUMO para o diagrama de seis átomos é menor do que a para o diagrama de quatro átomos. De modo geral, quanto mais átomos na cadeia, menor é a diferença de energia HOMO-LUMO. **12.53** (**a**) Ag é mais dúctil. Mo tem ligação metálica mais forte e uma rede cristalina mais rígida, além de ser menos suscetível a distorções. (**b**) Zn é mais dúctil. Si é um sólido de rede covalente com uma rede cristalina mais rígida do que o Zn metálico. **12.55** A ordem crescente de pontos de fusão é Y < Zr < Nb < Mo. Indo do Y para o Mo, o número de elétrons de valência, a ocupação da banda

ligante e a força da ligação metálica aumentam. Uma ligação metálica mais forte requer mais energia para quebrar as ligações e mobilizar os átomos, resultando em pontos de fusão mais altos. **12.57 (a)** SrTiO$_3$ **(b)** seis **(c)** Cada átomo de Sr é coordenado para um total de doze átomos de O nas oito células unitárias que contêm o átomo de Sr.
12.59 A densidade do MnS é 4,056 g/cm^3. **12.61 (a)** 7,711 g/cm^3 **(b)** Espera-se que o Se^{2-} tenha raio iônico maior do que S^{2-}; portanto, HgSe vai ocupar um volume maior e a aresta da célula unitária será mais longa. **(c)** A densidade do HgSe é 8,241 g/cm^3. A maior massa do Se é responsável pela maior densidade do HgSe. **12.63 (a)** Cs$^+$ e I$^-$ têm os raios mais semelhantes e vão adotar a estrutura do tipo CsCl. Os raios de Na$^+$ e I$^-$ são um pouco diferentes; NaI vai adotar a estrutura do tipo NaCl. Os raios de Cu$^+$ e I$^-$ são muito diferentes; CuI tem estrutura do tipo ZnS. **(b)** CsI, 8; NaI, 6; CuI, 4. **12.65 (a)** 6 **(b)** 3 **(c)** 6 **12.67 (a)** Falsa **(b)** Verdadeira **12.69 (a)** Sólidos iônicos são muito mais suscetíveis a se dissolverem em água. **(b)** Sólidos de rede covalente podem se tornar condutores elétricos por substituição química. **12.71 (a)** CdS **(b)** GaN **(c)** GaAs
12.73 Si. **(d)** é a melhor opção, pois queremos um elemento que tenha mais elétrons de valência que o Ga. **12.75 (a)** O fóton de 1,1eV corresponde a um comprimento de onda de 1,1 × 10^{-6} m, ou 1.100 nm. **(b)** De acordo com a figura, Si pode absorver todos os comprimentos de onda na porção visível do espectro solar. **(c)** Si absorve comprimentos de onda inferiores a 1.100 nm. Isso corresponde a cerca de 80 a 90% da área total sob a curva. **12.77** O comprimento de onda da luz emitida é 713 nm. É a luz vermelha na região visível do espectro eletromagnético.
12.79 A banda proibida é de aproximadamente 1,85 eV, o que corresponde a um comprimento de onda de 672 nm. **12.81 (a)** Um monômero é uma molécula pequena com baixa massa molecular que pode ser unida para formar um polímero. Eles são as unidades de repetição de um polímero. **(b)** Eteno (também conhecido como etileno).
12.83 Os valores razoáveis para o peso molecular de um polímero são 10.000 uma, 100.000 uma e 1.000.000 uma. **12.85 (d)** mostra a unidade de repetição do poliéster.
12.87

Cl   H
 \   /
  C == C
 /   \
Cl   H

12.89

HOOC—⬡—COOH   NH$_2$—⬡—NH$_2$

12.91 (a) A flexibilidade das cadeias moleculares gera a flexibilidade do polímero. A flexibilidade é reforçada por características moleculares que inibem a ordem, como a ramificação, e reduzida por características que incentivam a ordem, como a ligação cruzada ou a densidade eletrônica π deslocalizada. **(b)** Menos flexível. **12.93** Baixo grau de cristalinidade. **12.95** 1 a 100 nm **12.97 (a)** Falsa. À medida que o tamanho das partículas diminui, a diferença aumenta. **(b)** Falsa. À medida que o tamanho das partículas diminui, a banda proibida aumenta; logo, o comprimento de onda da luz emitida diminui. **12.99** 2,47 × 10^5 átomos de Au.
12.101 A afirmação **(b)** está correta. **12.109** O comprimento de onda que corresponde a um fóton com essa energia é 564 nm.
12.111 (a) Sulfeto de zinco, ZnS **(b)** Covalente **(c)** Na fase sólida, cada Si se liga a quatro átomos de C em um arranjo tetraédrico, e cada C se liga a quatro átomos de Si em um arranjo tetraédrico, produzindo uma rede tridimensional estendida. SiC é de alta fusão porque esta requer a quebra de ligações covalentes Si—C, o que consome uma enorme quantidade de energia térmica. Ele é duro porque a estrutura tridimensional resiste a qualquer deformação que enfraqueceria a rede de ligação Si—C.
12.122 (a) 109° **(b)** 120° **(c)** orbitais atômicos p **12.126 (a)** 2,50 × 10^{22} átomos de Si (para 1 algarismo significativo, o resultado é 2 × 10^{22} átomos de Si) **(b)** 1,29 × 10^{-3} mg de P (1,29 μg de P) **12.128** 32 átomos de Si.

Capítulo 13 **13.1 (a)** < **(b)** < **(c)** **13.3 (a)** Não. **(b)** O sólido iônico com a menor energia reticular será mais solúvel em água.
13.7 A vitamina B6 é mais solúvel em água. A vitamina E é mais solúvel em gordura. **13.9 (a)** Sim, a *concentração em quantidade de matéria* varia de acordo com a temperatura. **(b)** Não, a *molalidade* não varia com a temperatura. **13.11** O volume no interior do balão será de 0,5 L, considerando osmose perfeita através da membrana semipermeável.
13.13 (a) Falsa **(b)** Falsa **(c)** Verdadeira **13.15 (a)** Dispersão **(b)** Ligação de hidrogênio **(c)** Íon-dipolo **(d)** Dipolo-dipolo **13.17 (a)** Muito solúvel. **(b)** $\Delta H_{mistura}$ será o maior número negativo. Para $\Delta H_{solução}$ ser negativa, a grandeza de $\Delta H_{mistura}$ deve ser maior do que ($\Delta H_{soluto} + \Delta H_{solvente}$).
13.19 (a) ΔH_{soluto} **(b)** $\Delta H_{mistura}$ **13.21 (a)** $\Delta H_{solução}$ é quase igual a zero. Visto que o soluto e o solvente sofrem forças de dispersão de London muito semelhantes, a energia necessária para separá-los individualmente e a energia liberada quando se misturam são aproximadamente iguais. $\Delta H_{soluto} + \Delta H_{solvente} \approx -\Delta H_{mistura}$. **(b)** A entropia do sistema aumenta quando o heptano e o hexano formam uma solução. No item **(a)**, a entalpia de mistura é quase nula, de modo que o aumento da entropia é a força motriz para a mistura em todas as proporções.
13.23 (a) Supersaturada. **(b)** Os pedaços de vidro raspados do recipiente atuam como cristal semente, um local onde as moléculas de soluto podem se alinhar para formar um cristal. O nitrato de cromo em excesso se cristaliza. **(c)** Formam-se 116 g de cristal. **13.25 (a)** Insaturada **(b)** Saturada **(c)** Saturada **(d)** Não saturada **13.27 (a)** Esperamos que os líquidos água e glicerol sejam miscíveis em todas as proporções. **(b)** Ligação de hidrogênio, forças dipolo-dipolo, forças de dispersão de London.
13.29 Tolueno, C$_6$H$_5$CH$_3$, é o melhor solvente para solutos apolares. Sem grupos polares ou pares de elétrons não ligantes, formam-se somente interações de dispersão consigo e outras moléculas. **13.31 (a)** Tetracloreto de carbono **(b)** Dioxano **13.33 (a)** O CCl$_4$ é mais solúvel porque as forças de dispersão entre moléculas apolares de CCl$_4$ são semelhantes às forças de dispersão no hexano. **(b)** O C$_6$H$_6$ é um hidrocarboneto apolar e será mais solúvel no hexano similarmente apolar. **(c)** A cadeia cilíndrica alongada de hidrocarboneto do ácido octanoico forma fortes interações de dispersão e faz com que ele seja mais solúvel no hexano. **13.35 (a)** Falso **(b)** Verdadeiro **(c)** Falso **(d)** Verdadeiro **13.37** $S_{He} = 5,6 × 10^{-4} M$, $S_{N_2} = 9,0 × 10^{-4} M$ **13.39 (a)** 2,15% Na$_2$SO$_4$ em massa **(b)** 3,15 ppm Ag
13.41 (a) $X_{CH_3OH} = 0,0427$ **(b)** 7,35% CH$_3$OH em massa **(c)** CH$_3$OH 2,48 m
13.43 (a) Mg(NO$_3$)$_2$ 1,46 × 10^{-2} M **(b)** LiClO$_4$ · 3H$_2$O 1,12 M **(c)** HNO$_3$ 0,350 M **13.45 (a)** C$_6$H$_6$ 4,70 m **(b)** NaCl 0,235 m
13.47 (a) 43,01% H$_2$SO$_4$ em massa **(b)** $X_{H_2SO_4} = 0,122$ **(c)** H$_2$SO$_4$ 7,69 m **(d)** H$_2$SO$_4$ 5,827 M **13.49 (a)** $X_{CH_3OH} = 0,227$ **(b)** CH$_3$OH 7,16 m **(c)** CH$_3$OH 4,58 M **13.51 (a)** 0,150 mol de SrBr$_2$ **(b)** 1,56 × 10^{-2} mols de KCl **(c)** 4,44 × 10^{-2} mols de C$_6$H$_{12}$O$_6$ **13.53 (a)** Pesar 1,3 g KBr, dissolver em água, diluir agitando a 0,75 L. **(b)** Pesar 2,62 g de KBr, dissolver em 122,38 g de H$_2$O para preparar exatos 125 g de solução 0,180 m.
13.55 71% HNO$_3$ em massa. **13.57 (a)** Zn 3,82 m **(b)** Zn 26,8 M
13.59 (a) Dissolver 244 g de KBr em água, diluir agitando a 1,85 L. **(b)** Dissolver 214 g de Pb(NO$_3$)$_2$ em água, diluir agitando a 1,20 L.
13.61 A pressão mínima exigida para iniciar a osmose reversa é superior a 5,1 atm. **13.63 (a)** Falso **(b)** Verdadeiro **(c)** Verdadeiro **(d)** Falso
13.65 A pressão de vapor de ambas as soluções é 17,5 torr. Por serem tão diluídas, essas duas soluções têm essencialmente pressão de vapor igual. De modo geral, a solução menos concentrada, aquela com menos quantidade de matéria de soluto por quilograma de dissolvente, terá a pressão de vapor mais elevada. **13.67 (a)** P$_{H_2O}$ = 186,4 torr **(b)** 78,9 g de C$_3$H$_8$O$_2$
13.69 (a) $X_{Et} = 0,2812$ **(b)** $P_{sol} = 238$ torr **(c)** X_{Et} em vapor = 0,472
13.71 (a) 106,3 °C **(b)** i = 1,6 **13.73** LiBr 0,050 m < glicose 0,120 m < Zn(NO$_3$)$_2$ 0,050 m **13.75 (a)** $T_c = -115,0$ °C, $T_e = 78,7$ °C **(b)** $T_c = -67,3$ °C, $T_e = 64,2$ °C **(c)** $T_c = -0,4$ °C, $T_e = 100,1$ °C **(d)** $T_c = -0,6$ °C, $T_e = 100,2$ °C **13.77** 167 g de C$_2$H$_6$O$_2$
13.79 Π = 0,0168 atm = 12,7 torr **13.81** A massa molar aproximada da adrenalina é 1,8 × 10^2 g. **13.83** Massa molar de lisozima = 1,39 × 10^4 g.
13.85 i = 2,8 **13.87 (a)** Emulsão **(b)** Sol **(c)** Espuma sólida
13.89 Opção **(d)**, CH$_3$(CH$_2$)$_{11}$COONa é o melhor agente emulsionante. A longa cadeia de hidrocarboneto vai interagir com o componente hidrofóbico, enquanto a extremidade iônica vai interagir com o componente hidrofílico e estabilizar o coloide.
13.91 (a) Não. A natureza hidrofóbica ou hidrofílica da proteína vai determinar qual eletrólito em qual concentração será o agente de precipitação mais eficiente. **(b)** Mais fortes. Se uma proteína sofreu *salting out*, as interações proteína-proteína são mais fortes do que as interações proteína-solvente e as formas sólidas das proteínas. **(c)** A primeira hipótese parece plausível, já que as interações íon-dipolo entre os eletrólitos e as moléculas de água são mais fortes do que as interações dipolo-dipolo

e de ligações de hidrogênio entre as moléculas de água e proteína. Contudo, também sabemos que os íons adsorvem na superfície de um coloide hidrofóbico, então a segunda hipótese também parece plausível. Se pudéssemos medir a carga e o teor de água adsorvida de moléculas de proteína em função da concentração de sal, poderíamos distinguir entre essas duas hipóteses. **13.93 (a)** Cloridrato **(b)** Base livre **(c)** Base livre 0,492 M **(d)** Cloridrato 7,36 M **(e)** 275 mL de HCl 12,0 M
13.96 (a) $k_{Rn} = 7,27 \times 10^{-3}$ mol/L-atm **(b)** $P_{Rn} = 1,1 \times 10^{-4}$ atm; $S_{Rn} = 8,1 \times 10^{-7} M$ **13.101 (a)** LiBr 2,69 m **(b)** $X_{LiBr} = 0,0994$ **(c)** 81,1% LiBr em massa **13.102** $X_{H_2O} = 0,808$; 0,0273 mol de íons; 0.0137 mol de NaCl; 0,798 g de NaCl. **13.105 (a)** $-0,6$ °C **(b)** $-0,4$ °C **13.108 (a)** CF_4, $1,7 \times 10^{-4} m$; $CClF_3$, $9 \times 10^{-4} m$; CCl_2F_2, $2,3 \times 10^{-2} m$; $CHClF_2$, $3,5 \times 10^{-2} m$ **(b)** Momento de dipolo **(c)** $3,9 \times 10^{-4}$ mol de O_2

Capítulo 14 **14.1** A velocidade da reação de combustão no cilindro depende da área de superfície das gotículas na pulverização. Quanto menores forem as gotas e maior for a área de superfície exposta ao oxigênio, mais rápida será a reação de combustão. No caso de um injetor entupido, gotas maiores acarretam uma combustão mais lenta. Uma combustão irregular em vários cilindros pode levar a um mau funcionamento do motor e a uma redução na economia de combustível.
14.3 Equação (iv) **(b)** Velocidade = $-\Delta[B]/\Delta t = \frac{1}{2}\Delta[A]/\Delta t$
14.9 (1) energia potencial total dos reagentes; (2) E_a, energia de ativação da reação; (3) ΔE, variação líquida de energia da reação; (4) energia potencial total dos produtos.
14.12 (a) $NO_2 + F_2 \longrightarrow NO_2F + F$; $NO_2 + F \longrightarrow NO_2F$ **(b)** $2NO_2 + F_2 \longrightarrow 2NO_2F$ **(c)** F (flúor atômico) é o intermediário. **(d)** Velocidade = $k[NO_2][F_2]$. **14.15 (a)** reação líquida: $AB + AC \longrightarrow BA_2 + C$ **(b)** A é o intermediário. **(c)** A_2 é o catalisador. **14.17 (a)** A *velocidade da reação* é a variação na quantidade de produtos ou reagentes em determinado período de tempo. **(b)** As velocidades dependem da concentração dos reagentes, da área de superfície dos reagentes, da temperatura e da presença de um catalisador. **(c)** Não. A estequiometria da reação (razões molares de reagentes e produtos) deve ser conhecida para relacionar a velocidade de desaparecimento dos reagentes à velocidade de aparecimento dos produtos.

14.19

Tempo (min)	Quanti-dade de matéria A	(a) Quanti-dade de matéria B	[A] (mol/L)	Δ[A] (mol/L)	(b) Velocidade (M/s)
0	0,065	0,000	0,65		
10	0,051	0,014	0,51	−0,14	$2,3 \times 10^{-4}$
20	0,042	0,023	0,42	−0,09	$1,5 \times 10^{-4}$
30	0,036	0,029	0,36	−0,06	$1,0 \times 10^{-4}$
40	0,031	0,034	0,31	−0,05	$0,8 \times 10^{-4}$

(c) $\Delta[B]_{méd}/\Delta t = 1,3 \times 10^{-4}$ M/s

14.21

Tempo (s)	Intervalo de tempo (s)	Concen-tração (M)	ΔM	Velocidade (M/s)
0		0,0165		
2.000	2.000	0,0110	−0,0055	28×10^{-7}
5.000	3.000	0,00591	−0,0051	17×10^{-7}
8.000	3.000	0,00314	−0,00277	$9,3 \times 10^{-7}$
12.000	4.000	0,00137	−0,00177	$4,43 \times 10^{-7}$
15.000	3.000	0,00074	−0,00063	$2,1 \times 10^{-7}$

(b) A velocidade média da reação é $1,05 \times 10^{-6}$ M/s. **(c)** A velocidade média entre $t = 2.000$ e $t = 12.000$ s ($9,63 \times 10^{-7}$ M/s) é maior do que a velocidade média entre $t = 8.000$ e $t = 15.000$ s ($3,43 \times 10^{-7}$ M/s). **(d)** Pelas inclinações das tangentes ao gráfico, as velocidades são 12×10^{-7} M/s em 5.000 s e $5,8 \times 10^{-7}$ M/s em 8.000 s.
14.23 (a) $-\Delta[H_2O_2]/\Delta t = \Delta[H_2]/\Delta t = \Delta[O_2]/\Delta t$
(b) $-\frac{1}{2}\Delta[N_2O]/\Delta t = \frac{1}{2}\Delta N_2/\Delta t = \Delta[O_2]/\Delta t$

(c) $-\Delta[N_2]/\Delta t = -1/3\Delta[H_2]/\Delta t = -1/2\Delta[H_2][NH_3]/\Delta t$
(d) $-\Delta[C_2H_5NH_2]/\Delta t = \Delta[C_2H_4]//\Delta t = \Delta[NH_3]/\Delta t$
14.25 (a) $-\Delta[O_2]/\Delta t = 0,24$ mol/s; $\Delta[H_2O]/\Delta t = 0,48$ mol/s **(b)** P_{total} diminui em 28 torr/min. **14.27 (a)** Se [A] dobra, não há variação na velocidade ou na constante de velocidade. **(b)** A reação é de ordem zero em A, de segunda ordem em B e de segunda ordem global. **(c)** Unidades de $k = M^{-1} s^{-1}$ **14.29 (a)** Velocidade = $k[N_2O_5]$ **(b)** Velocidade = $1,16 \times 10^{-4}$ M/s **(c)** Quando a concentração de N_2O_5 dobra, a velocidade dobra. **(d)** Quando a concentração de N_2O_5 é reduzida pela metade, a velocidade é reduzida pela metade.
14.31 (a, b) $k = 1,7 \times 10^2 M^{-1} s^{-1}$ **(c)** Se [OH$^-$] é triplicada, a velocidade triplica. **(d)** Se [OH$^-$] e [CH$_3$Br] triplicam, a velocidade aumenta por um fator de 9. **14.33 (a)** Velocidade = $k[OCl^-][I^-]$ **(b)** $k = 60 M^{-1} s^{-1}$
(c) Velocidade = $6,0 \times 10^{-5}$ M/s **14.35 (a)** Velocidade = $k[BF_3][NH_3]$
(b) A reação é de segunda ordem global. **(c)** $k_{méd} = 3,41 M^{-1} s^{-1}$
(d) 0,170 M/s **14.37 (a)** Velocidade = $k[NO]^2[Br_2]$
(b) $k_{méd} = 1,2 \times 10^4 M^{-2} s^{-1}$ **(c)** $\frac{1}{2}\Delta[NOBr]/\Delta t = -\Delta[Br_2]/\Delta t$
(d) $-\Delta[Br_2]/\Delta t = 8,4$ M/s **14.39 (a)** Um gráfico de ln[A] versus tempo produz uma linha reta para uma reação de primeira ordem. **(b)** Em um gráfico de ln[A] em função do tempo, a constante de velocidade é a (−inclinação) da linha reta. **14.41(a)** $k = 3.0 \times 10^{-6} s^{-1}$ **(b)** $t_{1/2} = 3,2 \times 10^4$ s
14.43 (a) $p = 30$ torr **(b)** $t = 51$ s **14.45** Gráfico (ln $P_{SO_2Cl_2}$) versus tempo, $k = -$inclinação = $2,19 \times 10^{-5} s^{-1}$ **14.47 (a)** O gráfico de 1/[A] em função do tempo é linear, de modo que a reação é de segunda ordem em [A].
(b) $k = 0,040 M^{-1}$ min^{-1} **(c)** $t_{1/2} = 38$ min **14.49 (a)** O gráfico de 1/[NO$_2$] como uma função do tempo é linear, de modo que a reação é de segunda ordem em NO$_2$. **(b)** $k = $ inclinação = $10 M^{-1} s^{-1}$ **(c)** velocidade em 0,200 M = 0,400 M/s; velocidade em 0,100 M = 0,100 M/s; velocidade em 0,050 M = 0,025 M/s **14.51 (a)** A energia da colisão e a orientação das moléculas quando colidem determinam se uma reação vai ocorrer. **(b)** A constante de velocidade geralmente aumenta com o aumento da temperatura da reação.
(c) A fração de moléculas com energia maior do que a energia de ativação varia mais radicalmente com a temperatura. A frequência das colisões e o fator de orientação são agrupados no fator de frequência, A, que é considerado constante com a temperatura. **14.53** $f = 4,94 \times 10^{-2}$.
Em 400 K, aproximadamente 1 em cada 20 moléculas tem energia cinética.
14.55 (a)

(b) E_a(inversa) = 73 kJ **14.57 (a)** Falsa **(b)** Falsa **(c)** Verdadeira
14.59 A ordem da reação mais lenta para a mais rápida é: velocidade **(c)** < velocidade **(a)** < velocidade **(b)**. **14.61 (a)** $k = 1,1$ s^{-1}
(b) $k = 13$ s^{-1} **(c)** O método nos itens **(a)** e **(b)** considera que o modelo de colisão e, portanto, a equação de Arrhenius, descreve a cinética das reações. Isto é, a energia de ativação é constante ao longo da faixa de temperatura em consideração. **14.63** Um gráfico de ln k em função de $1/T$ tem inclinação de $-5,64 \times 10^3$; $E_a = -R$(inclinação) = 47,5 kJ/mol.
14.65 (a) Uma *reação elementar* é um processo que ocorre como um único evento; a ordem é dada pelos coeficientes na equação balanceada da reação. **(b)** A reação elementar *unimolecular* envolve somente uma molécula do reagente; uma reação elementar *bimolecular* envolve duas moléculas do reagente. **(c)** Um *mecanismo de reação* é uma série de reações elementares que descreve como uma reação global ocorre e explica a lei de velocidade determinada de modo experimental. **(d)** Uma *etapa determinante da velocidade* é a etapa mais lenta em um mecanismo de reação; ela limita a velocidade de reação global.
14.67 (a) Unimolecular, velocidade = $k[Cl_2]$ **(b)** Bimolecular, velocidade = $k[OCl^-][H_2O]$ **(c)** Bimolecular, velocidade = $k[NO][Cl_2]$
14.69 (a) Dois intermediários, B e C **(b)** Três estados de transição
(c) C $\longrightarrow$ D é mais rápida. **(d)** ΔE é positivo.

14.71 (a) $H_2(g) + 2\,ICl(g) \longrightarrow I_2(g) + 2\,HCl(g)$ **(b)** HI é o intermediário. **(c)** Se a primeira etapa é lenta, a lei da velocidade observada é velocidade = $k[H_2][ICl]$. **14.73 (a)** O mecanismo de duas etapas está de acordo com os dados, considerando que a segunda etapa é determinante da velocidade. **(b)** Não. O gráfico linear garante que a lei geral da velocidade vai incluir $[NO]^2$. Visto que os dados foram obtidos com $[Cl_2]$ constante, não temos informações sobre a ordem de reação em relação a $[Cl_2]$.
14.75 (a) Um catalisador é uma substância que altera (geralmente aumenta) a velocidade de uma reação química sem sofrer uma mudança química permanente. **(b)** Um catalisador homogêneo está na mesma fase dos reagentes, enquanto um catalisador heterogêneo está em uma fase diferente. **(c)** Um catalisador não tem efeito na variação global da entalpia de uma reação, mas afeta a energia de ativação. Também pode afetar o fator de frequência.
14.77

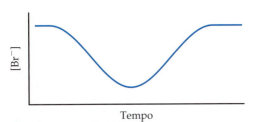

14.79 (a) Multiplique os coeficientes da primeira reação por 2 e some. **(b)** $NO_2(g)$ é um catalisador. **(c)** $NO(g)$ é um intermediário. **(d)** É um exemplo de catálise homogênea. **14.81 (a)** O uso de suportes quimicamente estáveis torna possível obter áreas de superfície muito grandes por unidade de massa do catalisador de metal precioso, pois ele pode ser depositado em uma camada muito fina, até mesmo monomolecular, sobre a superfície do suporte. **(b)** Quanto maior for a área de superfície do catalisador, mais sítios de reação existirão e maior será a velocidade da reação catalisada. **14.83** Para colocar dois átomos de D em um único carbono, é necessário que uma das ligações C—H já existentes no etileno seja quebrada enquanto a molécula é adsorvida, de modo que o átomo de H é retirado como um átomo adsorvido e substituído por um átomo de D. Isso exige energia de ativação maior do que simplesmente adsorver C_2H_4 e adicionar um átomo de D para cada carbono.
14.85 A anidrase carbônica reduz a energia de ativação da reação em 42 kJ.
14.87 (a) A reação catalisada é aproximadamente 10.000.000 vezes mais rápida a 25 °C. **(b)** A reação catalisada é 180.000 vezes mais rápida a 125 °C. **14.91 (a)** Velocidade = $4{,}7 \times 10^{-5}$ M/s (b, c) $k = 0{,}84\ M^{-2}\ s^{-1}$ **(d)** Se [NO] é aumentada por um fator de 1,8, a velocidade aumenta por um fator de 3,2. **14.95 (a)** A reação é de segunda ordem em NO_2. **(b)** Se $[NO_2]_0 = 0{,}100\ M$ e $[NO_2]_t = 0{,}025\ M$, use a forma integrada da equação de velocidade de segunda ordem para resolver t. $t = 48$ s. **14.99 (a)** A meia-vida de ^{241}Am é $4{,}3 \times 10^2$ anos, e a de ^{125}I é de 63 dias. **(b)** ^{125}I decai a uma velocidade muito mais rápida. **(c)** 0,13 mg de cada isótopo permanece após três meias-vidas. **(d)** A quantidade de ^{241}Am restante após 4 dias é de 1,00 mg. A quantidade de ^{125}I remanescente após 4 dias é de 0,96 mg.
14.103 (a) O gráfico de $1/[C_5H_6]$ em função do tempo é linear, e a reação é de segunda ordem. **(b)** $k = 0{,}167\ M^{-1}\ s^{-1}$ **14.107 (a)** Quando as duas reações elementares são somadas, $N_2O_2(g)$ aparece em ambos os lados e se cancela, resultando na reação global $2\,NO(g) + H_2(g) \longrightarrow N_2O(g) + H_2O(g)$. **(b)** Primeira reação, $-[NO]\Delta t = k[NO]_2$, segunda reação, $-[H_2]/\Delta t = k[H_2][N_2O_2]$ **(c)** N_2O_2 é o intermediário. **(d)** Visto que $[H_2]$ aparece na lei de velocidade, a segunda etapa deve ser lenta em comparação à primeira.
14.110 (a) $Cl_2(g) + CHCl_3(g) \longrightarrow HCl(g) + CCl_4(g)$ **(b)** $Cl(g)$, $CCl_3(g)$ **(c)** Reação 1, unimolecular; reação 2, bimolecular; reação 3, bimolecular **(d)** A reação 2 é determinante da velocidade. **(e)** Velocidade = $k[CHCl_3][Cl_2]^{1/2}$ **14.115** A enzima deve diminuir a energia de ativação em 22 kJ, a fim de torná-la útil. **14.120 (a)** $k = 8 \times 10^7\ M^{-1}\ s^{-1}$
(b) :N≡O:

:Ö=N—F̈: ⟷ (:Ö—N=F̈:)

(c) NOF é angular, com um ângulo de ligação de aproximadamente 120°.
(d) [O=N⋯F—F]

(e) A molécula de NO, deficiente em elétrons, é atraída pela de F_2, rica em elétrons, de modo que a força motriz para a formação do estado de transição é maior do que colisões aleatórias simples.
14.123 (a)

(b) Um reagente que é atraído ao par isolado de elétrons no nitrogênio produzirá um intermediário tetraédrico, que pode ser uma espécie com uma carga positiva total, parcial ou até mesmo transitória.

Capítulo 15 **15.1 (a)** $k_d > k_i$ **(b)** A constante de equilíbrio é maior do que um. **15.3** K é maior do que um. **15.5** $A(g) + B(g) \rightleftharpoons AB(g)$ tem a maior constante de equilíbrio. **15.6** Da menor para a maior constante de equilíbrio, **(c)** < **(b)** < **(a)**. **15.7** As afirmações **(a)** e **(c)** são verdadeiras. **15.8** A afirmação **(b)** é verdadeira. **15.11 (a)** O valor de K_p a 500 K é menor do que o valor de K_p a 300 K. **(b)** K_c diminui à medida que T aumenta, de modo que a reação é exotérmica. **15.13 (a)** $K = 8{,}1 \times 10^{-3}$. **(b)** Em condições de equilíbrio, a pressão parcial de A é maior do que a pressão parcial de B. **15.15 (a)** $K_c = [N_2O][NO_2]/[NO]^3$; homogênea **(b)** $K_c = [CS_2][H_2]^4/[CH_4][H_2S]^2$; homogênea **(c)** $K_c = [CO]^4/[Ni(CO)_4]$; heterogênea **(d)** $K_c = [H^+][F^-]/[HF]$; homogênea **(e)** $K_c = [Ag^+]^2/[Zn^{2+}]$; heterogênea **(f)** $K_c = [H^+][OH^-]$; homogênea **(g)** $K_c = [H_2O]^2[O_2]/[H_2O_2]^2$; heterogênea **15.17 (a)** Mais reagentes; **(b)** mais produtos. **15.19 (a)** Verdadeira **(b)** Verdadeira **(c)** Falsa. **15.21** $K_p = 1{,}0 \times 10^{-3}$ **15.23 (a)** O equilíbrio favorece NO e Br_2 a essa temperatura. **(b)** $K_c = 77$ **(c)** $K_c = 8{,}8$ **15.25 (a)** $K_p = 0{,}541$ **(b)** $K_p = 3{,}42$ **(c)** $K_c = 281$ **15.27** $K_c = 0{,}14$ **15.29 (a)** $K_p = P_{O_2}$ **(b)** $K_c = [Hg(solv)^4][O_2(solv)]$ **15.31** $K_c = 10{,}5$
15.33 (a) $K_p = 51$ **(b)** $K_c = 2{,}1 \times 10^3$ **15.35 (a)** $[H_2] = 0{,}012\ M$, $[N_2] = 0{,}019\ M$, $[H_2O] = 0{,}138\ M$ **(b)** $K_c = 653{,}7 = 7 \times 10^2$ **15.37 (a)** $P_{CO_2} = 4{,}10$ atm, $P_{H_2} = 2{,}05$ atm; $P_{H_2O} = 3{,}28$ atm; **(b)** $P_{CO_2} = 3{,}87$ atm; $P_{H_2} = 1{,}82$ atm; $P_{CO} = 0{,}23$ atm **(c)** $K_p = 0{,}11$ **(d)** $K_c = 0{,}11$ **15.39** $K_c = 2{,}0 \times 10^4$.
15.41 (a) Verdadeira **(b)** Verdadeira **(c)** Falsa. **15.43 (a)** $Q = 1{,}1 \times 10^{-8}$, a reação prosseguirá para a esquerda. **(b)** $Q = 5{,}5 \times 10^{-12}$, a reação prosseguirá para a direita. **(c)** $Q = 2{,}19 \times 10^{-10}$, a mistura está em equilíbrio. **15.45** $P_{Cl_2} = 5{,}0$ atm
15.47 $[Br_2] = 0{,}00767\ M$, Br = 0,00282 M, 0,0451 g de $Br(g)$
15.49 $[I] = 2{,}10 \times 10^{-5}\ M$, $[I_2] = 1{,}43 \times 10^{-5}\ M$, 0,0362 g de I_2
15.51 (a) $[NH_3] = [H_2S] = 0{,}011\ M$ **(b)** 0,56 g
15.53 $[Ca^{2+}] = [CrO_4^{2-}] = 0{,}027\ M$
15.55 [NO] = 0,002 M, $[N_2] = [O_2] = 0{,}087\ M$
15.57 $[Br_2] = 0{,}020\ M$, $[Cl_2] = 0{,}12\ M$, [BrCl] = 0,13 M
15.59 (a) $P_{CH_3I} = P_{HI} = 0{,}422$ torr, $P_{CH_4} = 104{,}7$ torr, $P_{I_2} = 7{,}54$ torr **15.61 (a)** Desloca o equilíbrio para a direita. **(b)** Diminui o valor de K. **(c)** Desloca o equilíbrio para a esquerda. **(d)** Sem efeito. **(e)** Sem efeito. **(f)** Desloca equilíbrio para a direita. **15.63 (a)** Sem efeito. **(b)** Sem efeito. **(c)** Sem efeito. **(d)** Aumenta a constante de equilíbrio. **(e)** Sem efeito. **15.65 (a)** Δn não é igual a zero, então uma variação de volume sob temperatura constante afetará a fração de produtos na mistura em equilíbrio. **(b)** $\Delta H° = -155{,}7$ kJ **(c)** A reação é exotérmica, então a constante de equilíbrio diminuirá com o aumento da temperatura. **15.67** Um aumento na pressão pela redução do volume favorece a formação de ozônio. **15.69 (a)** Endotérmica. **(b)** A constante de equilíbrio aumenta. **(c)** A constante de velocidade da reação direta aumenta mais do que a constante de velocidade da reação inversa. **15.73** $K_p = 24{,}7$; $K_c = 3{,}67 \times 10^{-3}$ **15.76 (a)** $P_{Br_2} = 0{,}161$ atm, $P_{NO} = 0{,}628$ atm, $P_{NOBr} = 0{,}179$ atm; $K_c = 0{,}0643$ **(b)** $P_t = 0{,}968$ atm, **(c)** 10,49 g de NOBr **15.79** Em equilíbrio, $P_{IBr} = 0{,}021$ atm, $P_{I_2} = P_{Br_2} = 1{,}9 \times 10^{-3}$ atm **15.82** $K_p = 4{,}33$, $K_c = 0{,}0480$ **15.86** $[CO_2] = [H_2] = 0{,}264\ M$; [CO] = $[H_2O] = 0{,}236\ M$ **15.89 (a)** A fração de CCl_4 convertida em C e Cl_2 é de 0,26 (26%). **(b)** Em equilíbrio, $P_{CCl_4} = 1{,}47$ atm e $P_{Cl_2} = 1{,}06$ atm. **15.91** Após a adição de 0,200 mol de HI, as pressões parciais em equilíbrio são $P_{H_2} = P_{I_2} = 1{,}61$ atm e $P_{HI} = 11{,}2$ atm. **15.94** No equilíbrio, $[H_4IO_6^-] = 0{,}0015\ M$.

Capítulo 16 **16.1 (a)** HCl, o doador de H^+, é o ácido de Brønsted-Lowry. NH_3, o receptor de H^+, é a base de Brønsted-Lowry. **(b)** HCl, o receptor do par de elétrons, é o ácido de Lewis. NH_3, o doador do par de elétrons, é a base de Lewis. **16.6 (a)** HY é um ácido forte. Não há moléculas

neutras de HY em solução, apenas cátions H⁺ e ânions Y⁻. **(b)** HX tem o menor valor de K_a. Apresenta mais moléculas neutras do ácido e um menor número de íons. **(c)** HX tem o menor número de H⁺ e o maior pH. **16.12 (a)** A molécula (b) é mais ácida porque sua base conjugada é estabilizada por ressonância e o equilíbrio de ionização favorece os produtos mais estáveis. **(b)** Aumentar a eletronegatividade de X aumenta a resistência de ambos os ácidos. À medida que X se torna mais eletronegativo e atrai mais densidade eletrônica, a ligação O—H se torna mais fraca, polar e suscetível à ionização. Um grupo X eletronegativo também estabiliza as bases conjugadas aniônicas por meio da deslocalização da carga negativa. Os equilíbrios favorecem os produtos, e os valores de K_a aumentam. **16.13** HCl é o ácido de Brønsted-Lowry; NH_3 é a base de Brønsted-Lowry. **16.15 (a)** CH_3COOH **(b)** H_2O **(c)** $CH_3NH_3^+$ **16.17 (a)** Ácido, $Fe(ClO_4)_3$ ou Fe^{3+}; base, H_2O **(b)** Ácido, H_2O; base, CN^- **(c)** Ácido, BF_3; base, $(CH_3)_3N$ **(d)** Ácido, HIO; base, NH_2^-
16.19 (a) (i) IO_3^-; (ii) NH_3 **(b)** (i) OH^-; (ii) H_3PO_4
16.21

Ácido	+	Base	⇌	Ácido conjugado	+	Base conjugada
(a) $NH_4^+(aq)$		$CN^-(aq)$		HCN(aq)		$NH_3(aq)$
(b) $H_2O(l)$		$(CH_3)_3N(aq)$		$(CH_3)_3NH^+(aq)$		$OH^-(aq)$
(c) HCOOH(aq)		$PO_4^{3-}(aq)$		$HPO_4^{2-}(aq)$		$HCOO^-(aq)$

16.23 (a) Ácido: $HSO_3^-(aq) + H_2O(l) \rightleftharpoons SO_3^{2-}(aq) + H_3O^+(aq)$; Base: $HSO_3^-(aq) + H_2O(l) \rightleftharpoons H_2SO_3(aq) + OH^-(aq)$. **(b)** H_2SO_3 é o ácido conjugado de $H_2SO_3^{2-}$. SO_3^{2-} é a base conjugada de HSO_3^-.
16.25 (a) CH_3COOH, base fraca; CH_3COOH, ácido fraco **(b)** HCO_3^-, base fraca; H_2CO_3, ácido fraco **(c)** O^{2-}, base forte; OH^-, base forte **(d)** Cl^-, base desprezível; HCl, ácido forte **(e)** NH_3, base fraca; NH_4^+, ácido fraco
16.27 (a) HBr **(b)** F^- **16.25 (a)** $OH^-(aq) + OH^-(aq)$, o equilíbrio está à direita. **(b)** $H_2S(aq) + CH_3COO^-(aq)$, o equilíbrio está à direita. **(c)** $HNO_3(aq) + OH^-(aq)$, o equilíbrio está à esquerda. **16.31** A afirmação ii está correta. **16.33 (a)** $[H^+] = 2,2 \times 10^{-11}\, M$, básica **(b)** $[H^+] = 1,1 \times 10^{-6}\, M$, ácida **(c)** $[H^+] = 1,1 \times 10^{-8}\, M$, básica **16.35** $[H^+] = [OH^-] = 3,5 \times 10^{-8}\, M$.
16.37 (a) $[H^+]$ varia por um fator de 100. **(b)** $[H^+]$ varia por um fator de 3,2.
16.39

$[H^+]$	$[OH^-]$	pH	pOH	Ácido ou básico
$7,5 \times 10^{-3}\, M$	$1,3 \times 10^{-12}\, M$	2,12	11,88	ácido
$2,8 \times 10^{-5}\, M$	$3,6 \times 10^{-10}\, M$	4,56	9,44	ácido
$5,6 \times 10^{-9}\, M$	$1,8 \times 10^{-6}\, M$	8,25	5,75	básico
$5,0 \times 10^{-9}\, M$	$2,0 \times 10^{-6}\, M$	8,30	5,70	básico

16.41 $[H^+] = 4,0 \times 10^{-8}\, M$, $[OH^-] = 6,0 \times 10^{-7}\, M$, pOH = 6,22
16.43 (a) Ácida. **(b)** Uma faixa de valores inteiros possíveis de pH para a solução é 4-6. **(c)** Vermelho de metila ajudaria a determinar o pH da solução com mais precisão. **16.45 (a)** Verdadeira **(b)** Verdadeira **(c)** Falsa
16.47 (a) $[H^+] = 8,5 \times 10^{-3}\, M$, pH = 2,07
(b) $[H^+] = 0,0419\, M$, pH = 1,377
(c) $[H^+] = 0,0250\, M$, pH = 1,602
(d) $[H^+] = 0,167\, M$, pH = 0,778
16.49 (a) $[OH^-] = 3,0 \times 10^{-3}\, M$, pH = 11,48
(b) $[OH^-] = 0,3758\, M$, pH = 13,5750
(c) $[OH^-] = 8,75 \times 10^{-5}\, M$, pH = 9,942
(d) $[OH^-] = 0,17\, M$, pH = 13,23
16.47 NaOH $3,2 \times 10^{-3}\, M$
16.53 (a) $HBrO_2(aq) \rightleftharpoons H^+(aq) + BrO_2^-(aq)$,
$K_a = [H^+][BrO_2^-]/[HBrO_2]$;
$HBrO_2(aq) + H_2O(l) \rightleftharpoons H_3O^+(aq) + BrO_2^-(aq)$
$K_a = [H_3O^+][BrO_2^-]/[HBrO_2]$
(b) $C_2H_5COOH(aq) \rightleftharpoons H^+(aq) + C_2H_5COO^-(aq)$
$K_a = [H^+][C_2H_5COO^-]/[C_2H_5COOH]$;
$C_2H_5COOH(aq) + H_2O(l) \rightleftharpoons H_3O^+(aq) + C_2H_5COO^-(aq)$
$K_a = [H_3O^+][C_2H_5COO^-]/[C_2H_5COOH]$

16.55 $K_a = 1,4 \times 10^{-4}$ **16.57** $[H^+] = [ClCH_2COO^-] = 0,0110\, M$, $[ClCH_2COOH] = 0,089\, M$, $K_a = 1,4 \times 10^{-3}$
16.59 CH_3COOH $0,089\, M$
16.61 $[H^+] = [C_6H_5COO^-] = 1,8 \times 10^{-3}\, M$, $[C_6H_5COOH] = 0,048\, M$
16.63 (a) $[H^+] = 1,1 \times 10^{-3}\, M$, pH = 2,95 **(b)** $[H^+] = 1,7 \times 10^{-4}\, M$, pH = 3,76 **(c)** $[OH^-] = 1,4 \times 10^{-5}\, M$, pH = 9,15
16.65 $[H^+] = 2,0 \times 10^{-2}\, M$, pH = 1,71
16.67 (a) $[H^+] = 2,8 \times 10^{-3}\, M$, 0,69% de ionização
(b) $[H^+] = 1,4 \times 10^{-3}\, M$, 1,4% de ionização;
(c) $[H^+] = 8,7 \times 10^{-4}\, M$, 2,2% de ionização
16.69 (a) $[H^+] = 5,1 \times 10^{-3}\, M$, pH = 2,30. **(b)** Sim. Começamos o cálculo com o pressuposto de que apenas a primeira etapa fazia uma contribuição significativa para a $[H^+]$ e para o pH. O cálculo demonstrou que o pressuposto estava correto. A seguir, consideramos que a $[H^+]$ da primeira ionização era pequena em relação ao ácido cítrico 0,040 M; esse pressuposto não foi válido. Por fim, consideramos que a ionização adicional de $[H_2C_6H_5O_7^{2-}]$ era pequena, o que estava correto.
(c) $[C_6H_5O_7^{3-}]$ é muito menor do que $[H^+]$.
16.71 (a) $HONH_3^+$ **(b)** Quando a hidroxilamina atua como uma base, o átomo de nitrogênio aceita um próton. **(c)** Na hidroxilamina, O e N são os átomos com pares de elétrons não ligantes; na molécula neutra, ambos têm cargas formais nulas. O nitrogênio é menos eletronegativo do que o oxigênio e mais propenso a compartilhar um par de elétrons com um H⁺ que entra (e é deficiente em elétrons). O cátion resultante com a carga formal +1 no N é mais estável do que aquele com a carga formal de +1 no O.
16.73 (a) $(CH_3)_2NH(aq) + H_2O(l) \rightleftharpoons (CH_3)_2NH_2^+(aq) + OH^-(aq)$;
$K_b = [(CH_3)_2NH_2^+][OH^-]/[(CH_3)_2NH]$
(b) $CO_3^{2-}(aq) + H_2O(l) \rightleftharpoons HCO_3^-(aq) + OH^-(aq)$;
$K_b = [HCO_3^-][OH^-]/[(CH_3)_2NH]$
(c) $HCOO^-(aq) + H_2O(l) \rightleftharpoons HCOOH(aq) + OH^-(aq)$;
$K_b = [HCOOH][OH^-]/[HCOO^-]$
16.75 Pela fórmula quadrática, $[OH^-] = 6,6 \times 10^{-3}\, M$, pH = 11,82.
16.77 (a) $[C_{10}H_{15}ON] = 0,033\, M$, $[C_{10}H_{15}ONH^+] = [OH^-] = 2,1 \times 10^{-3}\, M$ **(b)** $K_b = 1,4 \times 10^{-4}$
16.79 (a) $C_6H_5OH(aq) + H_2O(l) \rightleftharpoons H_3O^+(aq) + C_6H_5O^-(aq)$
(b) $K_b = 7,7 \times 10^{-5}$ **(c)** O fenol é um ácido mais forte do que a água.
16.81 (a) O ácido acético é mais forte. **(b)** O íon hipoclorito é a base mais forte. **(c)** Para CH_3COO^-, $K_b = 5,6 \times 10^{-10}$; para ClO^-, $K_b = 3,3 \times 10^{-7}$.
16.83 (a) $[OH^-] = 6,3 \times 10^{-4}\, M$, pH = 10,80
(b) $[OH^-] = 9,2 \times 10^{-5}\, M$, pH = 9,96
(c) $[OH^-] = 3,3 \times 10^{-6}\, M$, pH = 8,52
16.85 $NaCH_3COO$ 4,5 M **16.87 (a)** Ácida **(b)** Ácida **(c)** Básica **(d)** Neutra **(e)** Ácida **16.89 (a)** Cu^{2+}, maior carga catiônica **(b)** Fe^{3+}, maior carga catiônica **(c)** Al^{3+}, menor raio do cátion, mesma carga **16.91** K_b para o ânion do sal desconhecido é $1,4 \times 10^{-11}$; K_b para F^- é $1,5 \times 10^{-11}$. O sal desconhecido é NaF. **16.93 (a)** HNO_3 é um ácido mais forte do que HNO_2. **(b)** H_2S é um ácido mais forte do que H_2O. **(c)** H_2SO_4 é um ácido mais forte do que H_2SeO_4. **(d)** CCl_3COOH é mais forte do que CH_3COOH.
16.95 (a) HNO_3 **(b)** BrO^- **(c)** HPO_4^{2-} **16.97 (a)** Falsa. Em uma série de ácidos que têm o mesmo átomo central, a força do ácido aumenta conforme aumenta o número de átomos de oxigênio não protonados ligados ao átomo central. **(c)** Falsa. H_2Te é um ácido mais forte do que H_2S, porque a ligação H—Te é mais longa, mais fraca e mais facilmente ionizada do que a ligação H—S.
16.93 $NH_3(aq) + H_2O(l) \rightleftharpoons NH_4^+(aq) + OH^-(aq)$. A amônia, NH_3, atua como base de Arrhenius porque aumenta a concentração do íon hidróxido, OH^-, em soluções aquosas. Ela atua como base de Brønsted-Lowry porque é um receptor de prótons H⁺. Ela atua como base de Lewis porque é um doador de par de elétrons. **16.101** $K = 3,3 \times 10^7$.
16.105 pH = 7,01 (não 5,40, resultante do cálculo típico, o que não faz sentido.) Geralmente, consideramos que $[H^+]$ e $[OH^-]$ provenientes da autoionização da água não contribuem para $[H^+]$ e $[OH^-]$ gerais. No entanto, para concentrações de soluto de ácido ou base menores que $1 \times 10^{-6}\, M$, a autoionização da água produz $[H^+]$ e $[OH^-]$ significativos e devemos considerá-los ao calcular o pH. **16.108 (a)** $pK_b = 9,16$
(b) pH = 3,07 **(c)** pH = 8,77
16.112 Nicotina, protonada; cafeína, base neutra; estricnina, protonada; quinino, protonado **16.115** $6,0 \times 10^{13}$ íons de H⁺
16.117 (a) Para a precisão dos dados relatados, o pH da água da chuva há 40 anos era de 5,4, igual ao pH da da atualidade. Com algarismos

significativos adicionais, [H⁺] = 3,61 × 10⁻⁶ M, pH = 5,443. (**b**) Um balde de 20,0 L de água da chuva da atualidade contém 0,02 L (com algarismos significativos adicionais, 0,0200 L) de CO_2 dissolvido.

Capítulo 17
17.1 O quadro do meio tem o pH mais alto. Para quantidades iguais de ácido HX, quanto maior for a quantidade de base conjugada X^-, menor será a quantidade de H⁺ e maior será o pH.
17.7 (**a**) A curva vermelha corresponde à solução mais concentrada de ácido. (**b**) Na curva de titulação de um ácido fraco, pH = pK_a no volume a meio caminho do ponto de equivalência. Na leitura dos valores de pK_a das duas curvas, a vermelha tem pK_a menor e K_a maior.
17.9 (**a**) O diagrama mais à direita representa a solubilidade de $BaCO_3$ à medida que HNO_3 é adicionado. (**b**) O diagrama mais à esquerda representa a solubilidade de $BaCO_3$ à medida que Na_2CO_3 é adicionado. (**c**) O diagrama central representa a solubilidade de $BaCO_3$ à medida que $NaNO_3$ é adicionado. **17.13** A afirmação (**a**) é a mais correta.
17.15 (**a**) [H⁺] = 1,8 × 10⁻⁵ M, pH = 4,73 (**b**) [OH⁻] = 4,8 × 10⁻⁵ M, pH = 9,68 (**c**) [H⁺] = 1,4 × 10⁻⁵ M, pH = 4,87 **17.17** (**a**) 4,5% de ionização (**b**) 0,018% de ionização **17.19** Apenas a solução (**a**) é um tampão.
17.21 pH = 3,82 (**b**) pH = 3,96 **17.23** (**a**) pH = 5,26
(**b**) Na⁺(aq) + CH₃COO⁻(aq) + H⁺(aq) + Cl⁻(aq) ⟶ CH₃COOH(aq) + Na⁺(aq) + Cl⁻(aq)
(**c**) CH₃COOH(aq) + Na⁺(aq) + OH⁻(aq) ⟶ CH₃COO⁻(aq) + H₂O(l) + Na⁺(aq)
17.25 (**a**) pH = 1,58 (**b**) 36 g de NaF **17.27** (**a**) pH = 4,86
(**b**) pH = 5,0 (**c**) pH = 4,71 **17.29** (**a**) [HCO₃⁻]/[H₂CO₃] = 11
(**b**) [HCO₃⁻]/[H₂CO₃] = 5,4. **17.31** 360 mL de HCOONa 0,10 M, 640 mL de HCOOH 0,10 M. **17.33** (**a**) Curva B (**b**) pH aproximado no ponto de equivalência da curva A = 8,0, pH aproximado no ponto de equivalência da curva B = 7,0 (**c**) Para volumes iguais de A e B, a concentração do ácido B é maior, uma vez que requer um volume maior de base para alcançar o ponto de equivalência. (**d**) O valor de pK_a do ácido fraco é aproximadamente 4,5. **17.35** (**a**) Falso (**b**) Verdadeiro (**c**) Verdadeiro
17.37 (**a**) pH superior a 7 (**b**) pH inferior a 7 (**c**) pH igual a 7
17.39 A segunda alteração de cor do azul de timol ocorre na faixa correta de pH para mostrar o ponto de equivalência da titulação de um ácido fraco com uma base forte.
17.41 (**a**) 42,4 ml NaOH sol (**b**) 35,0 ml de NaOH sol (**c**) 29,8 ml de NaOH sol **17.43** (**a**) pH = 1,54 (**b**) pH = 3,30 (**c**) pH = 7,00 (**d**) pH = 10,69
(**e**) pH = 12,74 **17.45** (**a**) pH = 2,78 (**b**) pH = 4,74 (**c**) pH = 6,58
(**d**) pH = 8,81 (**e**) pH = 11,03 (**f**) pH = 12,42 **17.47** (**a**) pH = 7,00
(**b**) [HONH₃⁺] = 0,100 M, pH = 3,52 (**c**) [C₆H₅NH₃⁺] = 0,100 M, pH = 2,82
17.49 (**a**) Verdadeira (**b**) Falsa (**c**) Falsa (**d**) Verdadeira
17.51 K_{ps} = [Ag⁺][I⁻]; K_{ps} = [Sr²⁺][SO₄²⁻]; K_{ps} = [Fe²⁺][OH⁻]²; K_{ps} = [Hg₂²⁺][Br⁻]² **17.53** (**a**) K_{ps} = 7,63 × 10⁻⁹ (**b**) K_{ps} = 2,7 × 10⁻⁹
(**c**) 5,3 × 10⁻⁴ mol de Ba(IO₃)₂/L **17.55** K = 2,3 × 10⁻⁹
17.57 (**a**) 7,1 × 10⁻⁹ mol de AgBr/L (**b**) 1,7 × 10⁻¹¹ mol de AgBr/L
(**c**) 5,0 × 10⁻¹² mol de AgBr/L **17.59** (**a**) A quantidade de CaF₂(s) no fundo do recipiente aumenta. (**b**) [Ca²⁺] em solução aumenta.
(**c**) [F⁻] em solução diminui. **17.61** (**a**) 1,4 × 10³ g de Mn(OH)₂/L
(**b**) 0,014 g/L (**c**) 3,6 × 10⁻⁷ g/L **17.63** Mais solúvel em ácido:
(**a**) ZnCO₃; (**b**) ZnS; (**d**) AgCN; (**e**) Ba₃(PO₄)₂. **17.65** [Ni²⁺] = 1,3 × 10⁻⁶ M, [Ni(NH₃)₆²⁺] = 0,0964 M **17.67** (**a**) 9,1 × 10⁻⁹ mol de AgI por L de água pura (**b**) K = K_{ps} × K_f = 8 × 10⁴ (**c**) 0,0500 mol de AgI por L de NaCN 0,100 M **17.69** (**a**) Q < K_{ps}; nenhum Ca(OH)₂ precipita; (**b**) Q < K_{ps}; nenhum Ag₂SO₄ precipita. **17.71** pH = 11,5
17.73 AgI vai precipitar primeiro, em [I⁻] = 4,2 × 10⁻¹³ M.
17.75 AgCl vai precipitar primeiro. **17.77** O Ag⁺ (Grupo 1) e o Mg²⁺ (Grupo 4) estão definitivamente ausentes. O Al³⁺ (Grupo 3) está definitivamente presente e o Na⁺ (Grupo 5) pode estar presente.
17.79 (**a**) Acidificar a solução com HCl 0,2 M; saturar com H₂S. O CdS vai precipitar; ZnS, não. (**b**) Adicionar excesso de base; Fe(OH)₃(s) precipita, mas Cr³⁺ forma o complexo solúvel Cr(OH)₄⁻. (**c**) Adicionar (NH₄)₂HPO₄; Mg²⁺ precipita como MgNH₄PO₄; K⁺ permanece em solução.
(**d**) Adicionar HCl 6 M; Ag⁺ precipita como AgCl(s); Mn²⁺ permanece em solução. **17.81** (**a**) A base é necessária para aumentar [PO₄³⁻], de modo que o produto de solubilidade dos fosfatos metálicos de interesse é ultrapassado e os sais de fosfato precipitam. (**b**) K_{ps} para os cátions do grupo 3 é muito maior; para exceder K_{ps}, uma [S²⁻] maior é requerida.
(**c**) Todos devem voltar a dissolver em solução fortemente ácida.

17.83 A opção (b) está correta. **17.89** (**a**) 6,5 mL ácido acético glacial, 5,25 g de CH₃COONa **17.91** (**a**) O peso molecular do ácido é 94,6 g/mol.
(**b**) K_a = 1,4 × 10⁻³ **17.97** (**a**) [Pb²⁺] = 2,7 × 10⁻⁷ M (**b**) 56 ppb de Pb²⁺
(**c**) A solubilidade do PbCO₃ aumenta à medida que o pH diminui.
(**d**) Uma solução saturada de carbonato de chumbo, com concentração de chumbo de 56 ppb, é superior ao nível de chumbo permitido pela Agência de Proteção Ambiental dos Estados Unidos (EPA), de 15 ppb.
17.102 A solubilidade do Mg(OH)₂ em NH₄Cl 0,50 M é de 0,11 mol/L.
17.108 [OH⁻] ≥ 1,0 × 10⁻² M ou pH ≥ 12,02. **17.115** (**a**) [Ag⁺] de AgCl é 1,4 × 10³ ppb ou 1,4 ppm. (**b**) [Ag⁺] de AgBr é 76 ppb. (**c**) [Ag⁺] de AgI é 0,98 ppb. AgBr manteria [Ag⁺] na faixa correta.

Capítulo 18
18.1 (**a**) Um volume maior do que 22,4 L. (**b**) Não. Os volumes relativos de um mol de um gás ideal a 50 km e 85 km dependem da temperatura e da pressão exercida nas duas altitudes. De acordo com a Figura 18.1, o gás ocupará um volume muito maior a 85 km do que a 50 km. (**c**) Esperamos que os gases se comportem em sua maioria de modo ideal na termosfera, em torno da estratopausa e na troposfera em baixa altitude. **18.3** (**a**) A = troposfera, 0 a 10 km; B = estratosfera, 12 a 50 km; C = mesosfera, 50 a 85 km. (**b**) O ozônio é um poluente na troposfera e filtra a radiação UV na estratosfera. (**c**) Troposfera. (**d**) Apenas a região C no diagrama está envolvida em uma aurora boreal, representando uma estreita "fronteira" entre a estratosfera e a mesosfera, a 50 km. (**e**) A concentração de vapor d'água é maior perto da superfície da Terra na região A e diminui conforme a altitude. As ligações simples da água são suscetíveis à fotodissociação nas regiões B e C, de modo que sua concentração deve ser muito baixa nessas regiões. A concentração relativa de CO₂, com ligações duplas fortes, aumenta nas regiões B e C, porque é menos suscetível à fotodissociação. **18.4** O Sol
18.6 CO₂(g) se dissolve na água do mar para formar H₂CO₃(aq). O pH básico do oceano estimula a ionização do H₂CO₃(aq) para formar HCO₃⁻(aq) e CO₃²⁻ (aq). Sob condições adequadas, o carbono é removido do mar na forma de CaCO₃(s) (conchas do mar, corais, falésias de giz). À medida que o carbono é removido, mais CO₂(g) dissolve-se para manter o balanço entre os complexos e interativos equilíbrios ácido-base e de precipitação. **18.7** Acima do solo, a evaporação de gases de petróleo e sulfeto de hidrogênio na cabeça do poço, a evaporação de produtos de petróleo e compostos orgânicos nos tanques de resíduos, bem como o vazamento e o transbordamento dos tanques, são fontes potenciais de contaminação. Abaixo do solo, gases de petróleo e o líquido de *fracking* podem migrar para os lençóis freáticos, tanto os aquíferos superficiais quanto os profundos. **18.9** (**a**) Seu perfil de temperatura (**b**) Troposfera, 0 a 12 km; estratosfera, 12 a 50 km; mesosfera, 50 a 85 km; termosfera, 85 a 110 km **18.11** (**a**) A pressão parcial de O₃ é 3,0 × 10⁻⁷ atm (2,2 × 10⁻⁴ torr). (**b**) 7,3 × 10¹⁵ moléculas de O₃/1,0 L de ar **18.13** 8,7 × 10¹⁶ moléculas de CO/1,0 L de ar. **18.15** (**a**) 570 nm (**b**) Radiação eletromagnética visível
18.17 (**a**) *Fotodissociação* é a clivagem de uma ligação de tal modo que duas espécies neutras são produzidas. *Fotoionização* é a absorção de um fóton com energia suficiente para remover um elétron, produzindo um íon e o elétron ejetado. (**b**) A fotoionização do O₂ requer 1.205 kJ/mol. A fotodissociação requer apenas 495 kJ/mol. Em menores altitudes, a radiação solar de alta energia e menor comprimento de onda já foi absorvida. Abaixo de 90 km, a maior concentração de O₂ e a disponibilidade de uma radiação de maior comprimento de onda faz com que o processo de fotodissociação domine. **18.19** (**a**) O comprimento de onda de 145 nm está na porção ultravioleta do espectro eletromagnético.
(**b**) A energia de um mol de fótons de 145 nm é 826 kJ, mais do que o suficiente para a fotodissociação do O₂, mas não para a fotoionização do O₂. **18.21** Reações de destruição do ozônio, que envolvem somente O₃, O₂ ou O (estado de oxidação = 0), não envolvem uma mudança no estado de oxidação dos átomos de oxigênio. As reações que envolvem o ClO e uma das espécies de oxigênio com estado de oxidação nulo implicam, sim, em uma mudança no estado de oxidação dos átomos de oxigênio.
18.23 (**a**) Um clorofluorcarboneto é um composto que contém cloro, flúor e carbono; um hidrofluorcarboneto é um composto que contém hidrogênio, flúor e carbono. Um HFC contém hidrogênio no lugar do cloro de um CFC. (**b**) Os HFC são potencialmente menos prejudiciais do que os CFC porque sua fotodissociação não produz átomos de Cl, que catalisam a destruição de ozônio. **18.25** (**a**) O comprimento de onda máximo de um único fóton que romperá uma ligação C—F é 247 nm. O comprimento de onda máximo de um único fóton que romperá uma ligação C—Cl é 365 nm. (**b**) Não esperamos que a fotodissociação das

ligações C—F seja significativa na atmosfera inferior. (A fotodissociação de ligações C—Cl será significativa.)
18.27 $2 NO_2(g) + H_2O(l) \rightleftharpoons HNO_2 + HNO_3(aq)$;
$2 NO(g) + O_2 + H_2O(l) \rightleftharpoons HNO_2(aq) + HNO_3$
18.29 (a) $H_2SO_4(aq) + CaCO_3(s) \longrightarrow CaSO_4(s) + H_2O(l) + CO_2(g)$
(b) $CaSO_4(s)$ seria muito menos reativo com a solução ácida, uma vez que isso exigiria uma solução fortemente ácida para deslocar o equilíbrio para a direita: $CaSO_4(s) + 2H^+(aq) \rightleftharpoons Ca^{2+}(aq) + 2HSO_4^-(aq)$. $CaSO_4$ protegeria $CaCO_3$ de um ataque de chuva ácida, mas não proporcionaria a resistência estrutural do calcário. **18.31** (a) Ultravioleta (b) 357 kJ/mol (c) A energia média da ligação C—H da Tabela 8.3 é 413 kJ/mol. A energia de ligação C—H em CH_2O, 357 kJ/mol, é menor que a energia "média" da ligação C—H.
(d)
$$\underset{H}{\overset{:\ddot{O}:}{\underset{|}{C}}} - H + h\nu \longrightarrow \underset{H}{\overset{:\ddot{O}:}{\underset{|}{C}}} \cdot + H\cdot$$

18.33 (a) 235 W/m² (b) Quatro fontes, radiação da superfície, evapotranspiração, radiação solar incidente e aquecimento convectivo, transferem energia para a atmosfera. A radiação da superfície representa a maior contribuição e o aquecimento convectivo, a menor (c) Dos 519 W/m² absorvidos pela atmosfera, 324 W/m² são radiados de volta para a superfície. O percentual é 62,4%. **18.35** Na^+ 0,099 M **18.37** (a) $3,22 \times 10^3$ g de H_2O (b) A temperatura final é 43,4 °C.
18.39 $4,361 \times 10^5$ g de CaO. **18.41** (a) A carga total do cátion é 5,866 = 5,9 C; a carga total do ânion é 5,847 = 5,8 C. Os dois números variam no terceiro algarismo significativo, o que não é surpresa, pois as concentrações em quantidade de matéria dos diversos íons são informados com dois algarismos significativos. **18.43** (a) $CO_2(g)$, HCO_3^-, $H_2O(l)$, SO_4^{2-}, NO_3^-, HPO_4^{2-}, $H_2PO_4^-$ (b) $CH_4(g)$, $H_2S(g)$, $NH_3(g)$, $PH_3(g)$
18.45 25,1 g de O_2. **18.47** 0,42 mol de $Ca(OH)_2$, 0,18 mol de Na_2CO_3
18.49 (a) *Trialometanos* são subprodutos da cloração da água que contêm um átomo de carbono central ligado a um átomo de hidrogênio e três de halogênio.
(b)
$$\begin{array}{c} H \\ | \\ Cl-C-Cl \\ | \\ Cl \end{array} \qquad \begin{array}{c} H \\ | \\ Cl-C-Br \\ | \\ Cl \end{array}$$

18.51 Quanto menos etapas em um processo, menos desperdício é gerado. Processos com menos etapas requerem menos energia onde ocorrem e para subsequente limpeza ou eliminação de resíduos.
18.53 (a) H_2O (b) É melhor evitar o desperdício do que tratá-lo. Economia de átomos. Síntese química menos perigosa e fundamentalmente mais segura para prevenção de acidentes. Catálise e projeto para eficiência energética. Matérias-primas devem ser renováveis.
18.55 (a) Água como solvente, pelos critérios 5, 7 e 12. (b) Temperatura da reação 500 K, pelos critérios 6, 12 e 1. (c) Cloreto de sódio como subproduto, de acordo com os critérios 1, 3 e 12.
18.59 Multiplica-se as Equações 18.7 e 18.9 por 2; em seguida, as duas equações são somadas a uma terceira, $O(g) + O(g) \longrightarrow O_2(g)$. 2 Cl(g) e 2 ClO(g) se cancelam em cada um dos lados da equação para produzir a Equação 18.10. **18.62** (a) Um CFC tem ligações C—Cl e ligações C—F. Em um HFC, as ligações C—Cl são substituídas por ligações C—H. (b) O tempo de vida estratosférico é significativo porque, quanto mais tempo uma molécula contendo halogênio existir na estratosfera, maior será a probabilidade de que ela encontre luz com energia suficiente para dissociar uma ligação carbono-halogênio. Átomos de halogênio livres são os vilões da destruição do ozônio. (c) Os HFC substituíram os CFC porque é raro que uma luz com energia suficiente para dissociar uma ligação C—F atinja uma molécula de HFC. Átomos de F são muito menos propensos a serem produzidos por fotodissociação na estratosfera do que os átomos de Cl. (d) A principal desvantagem dos HFC como substitutos dos CFC é que eles são potentes gases do efeito de estufa.
18.64 (a) $CH_4(g) + 2 O_2(g) \longrightarrow CO_2(g) + 2 H_2O(g)$
(b) $2 CH_4(g) + 3 O_2(g) \longrightarrow 2 CO_2(g) + 4 H_2O(g)$ (c) 9,5 L de ar seco
18.68 $7,1 \times 10^8$ m² **18.70** (a) CO_3^{2-} é uma base relativamente forte de Brønsted-Lowry e produz OH^- em solução aquosa. Se $[OH^-(aq)]$ for suficiente para que o quociente da reação exceda K_{ps} para $Mg(OH)_2$, o sólido vai se precipitar. (b) A essas concentrações de íons, $Q > K_{ps}$ e $Mg(OH)_2$ precipitará. **18.72** (a) $2,5 \times 10^7$ toneladas de CO_2, $4,2 \times 10^5$ toneladas de SO_2 (b) $4,3 \times 10^5$ toneladas de $CaSO_3$
18.74 (a) $H-\ddot{\underset{..}{O}}-H \longrightarrow H\cdot + \cdot\ddot{\underset{..}{O}}-H$ (b) 258 nm
(c) A reação global é $O_3(g) + O(g) \longrightarrow 2 O_2(g)$. $OH(g)$ é o catalisador na reação global porque é consumido e depois reproduzido.
18.75 A variação de entalpia na primeira etapa é −141 kJ, na segunda etapa, −249 kJ, e na reação geral, −390 kJ.
18.77 (a) Velocidade = $k[O_3][H]$ (b) $k_{méd} = 1,13 \times 10^{44} M^{-1} s^{-1}$
18.80 (a) O processo (i) é mais ecológico porque não envolve nem o reagente tóxico fosgênio nem o subproduto HCl. (b) Reação (i): O C no CO_2 é linear com hibridização sp; o C no R—N=C=O é linear com hibridização sp; o C no monômero de uretano é trigonal plano com hibridização sp^2. Reação (ii): O C no $COCl_2$ é trigonal plano com hibridização sp^2; o C no R—N=C=O é linear com hibridização sp; o C no monômero de uretano é trigonal plano com hibridização sp^2.
(c) A maneira mais ecológica de promover a formação do isocianato é remover o subproduto, seja água ou HCl, da mistura da reação.

Capítulo 19
19.1 (a)

(b) $\Delta H = 0$ para a mistura de gases ideais. Valor de ΔS é positivo porque a desordem do sistema aumenta. (c) O processo é espontâneo e, consequentemente, irreversível. (d) Uma vez que $\Delta H = 0$, o processo não afeta a entropia da vizinhança. **19.4** Tanto ΔH quanto ΔS são positivos. A variação global na reação química é a quebra de cinco ligações azul-azul. As entalpias para a quebra de ligações são sempre positivas. Há duas vezes mais moléculas de gás nos produtos, de modo que ΔS é positiva para essa reação. **19.7** As afirmações (b) e (c) são verdadeiras. **19.10** (a) Verdadeiro (b) Falso (c) Falso (d) Falso (e) Verdadeiro **19.11** Espontâneos: a, b, c, d; não espontâneos: e. **19.13** (a) Verdadeira, pressupondo que os processos direto e inverso ocorrem sob as mesmas condições. (b) Falsa (c) Falsa (d) Verdadeira (e) Falsa **19.15** (a) Endotérmico (b) Acima de 100 °C (c) Abaixo de 100 °C (d) A 100 °C **19.17** A afirmação (a) é verdadeira porque ΔE é uma função de estado. As afirmações (b) e (c) são verdadeiras porque está especificado que o caminho reversível foi seguido em ambos os sentidos **19.19** (a) A fusão da água é espontânea a temperaturas acima de 0 °C. (b) O processo é irreversível. (c) O processo é endotérmico: o gelo absorve calor quando derrete, então $\Delta H > 0$. (d) A entropia da água líquida é maior do que a do gelo, então $\Delta S > 0$ para o processo.
19.21 (a) Verdadeira (b) Falsa (c) Verdadeira (d) Falsa **19.23** (a) A entropia aumenta. (b) 89,2 J/K **19.25** (a) Falsa (b) Verdadeira (c) Falsa
19.27 (a) ΔS é positiva. (b) $\Delta S = 1,02$ J/K (c) As afirmações (i) e (iii) são verdadeiras. **19.29** (a) Sim, a expansão é espontânea. (b) Como o gás ideal se expande para o vácuo, não há o que o "empurre de volta", de forma que nenhum trabalho é realizado. Matematicamente, $w = -P_{ext}\Delta V$. Uma vez que o gás se expande em um vácuo, $P_{ext} = 0$ e $w = 0$. (c) A "força motriz" para a expansão do gás é o aumento da entropia.
19.31 (a) Um aumento da temperatura produz mais microestados disponíveis para um sistema. (b) Uma redução do volume produz menos microestados disponíveis para um sistema. (c) Ao passar de líquido para gás, o número de microestados disponíveis aumenta. **19.33** (a) ΔS é positiva. (b) S do sistema aumenta no Exercício 19.11 (a), (b) e (e); diminui no Exercício 19.11. (c) A definição do sistema em (d) é problemática.
19.35 S aumenta em (a) e (c) e diminui em (b). **19.37** (a) Falsa (b) Verdadeira (c) Falsa (d) Verdadeira **19.39** (a) Ar(g) (b) He(g) a 1,5 atm (c) 1 mol de Ne(g) em 15,0 L (d) $CO_2(g)$ **19.41** (a) $\Delta S < 0$ (b) $\Delta S > 0$ (c) $\Delta S < 0$ (d) $\Delta S \approx 0$ **19.43** As afirmações (b) e (c) são verdadeiras.
19.45 (a) $Br_2(g)$ (b) $C_2H_5OH(l)$ (c) $SiCl_4(l)$ (d) $Fe(s)$ a 500 °C
19.47 (a) $Sc(g)$ terá a entalpia padrão maior a 25 °C. $Sc(s)$, 34,6 J/mol-K; $Sc(g)$, 174,7 J/mol-K (b) $NH_3(g)$ terá a entalpia padrão maior a 25 °C.

NH$_3$(g), 192,5 J/mol-K; NH$_3$(aq), 111,3 J/mol-K (c) O$_3$(g) terá a entalpia padrão maior a 25 °C. O$_2$(g), 205,0 J/K; O$_3$(g), 237,6 J/K (d) C(grafite) terá a entalpia padrão maior a 25 °C. C(diamante), 2,43 J/mol-K; C(grafite), 5,69 J/mol-K **19.49** $\Delta S > 0$ para a dissolução de NH$_4$NO$_3$(s) na água.
19.51 (a) $\Delta S° = -120,6$ J/K. $\Delta S°$ é negativa porque há menos quantidade de matéria de gás nos produtos. **(b)** $\Delta S° = +176,6$ J/K. $\Delta S°$ é positiva porque existe mais quantidade de matéria de gás nos produtos. **(c)** $\Delta S° = +152,39$ J/K. $\Delta S°$ é positivo porque o produto contém mais partículas totais e mais quantidade de matéria de gás. **(d)** $\Delta S° = +91,9$ J/K. $\Delta S°$ é positivo porque existe mais quantidade de matéria de gás nos produtos. **19.53 (a)** Sim. $\Delta G = \Delta H - T\Delta S$. **(b)** Não. Se ΔG é positivo, o processo não é espontâneo. **(c)** Não. Não há relação entre ΔG e a velocidade da reação. **19.55 (a)** Exotérmica **(b)** $\Delta S°$ é negativa; a reação reduz a desordem. **(c)** $\Delta G° = -9,9$ kJ **(d)** Se todos os reagentes e produtos estiverem presentes em seus estados padrão, a reação será espontânea na direção direta a essa temperatura.
19.57 (a) $\Delta H° = -546,60$ kJ, $\Delta S° = 14,1$ J/K, $\Delta G° = -550,80$ kJ, $\Delta G° = \Delta H° - T\Delta S° = -550,80$ kJ **(b)** $\Delta H° = -106,7$ kJ, $\Delta S° = -142,3$ J/K, $\Delta G° = -64,0$ kJ, $\Delta G° = \Delta H° - T\Delta S° = -64,3$ kJ **(c)** $\Delta H° = -508,3$ kJ, $\Delta S° = -179$ J/K, $\Delta G° = -465,8$ kJ, $\Delta G° = \Delta H° - T\Delta S° = -455,0$ kJ. A discrepância nos valores de $\Delta G°$ se deve às incertezas experimentais nos dados termodinâmicos tabulados. **(d)** $\Delta H° = -165,9$ kJ, $\Delta S° = 1,3$ J/K, $\Delta G° = -166,1$ kJ, $\Delta G° = \Delta H° - T\Delta S° = -166,3$ kJ
19.59 (a) $\Delta G° = -140,0$ kJ, espontânea **(b)** $\Delta G° = +104,70$ kJ, não espontânea **(c)** $\Delta G° = +146$ kJ, não espontânea **(d)** $\Delta G° = -156,7$ kJ, espontânea
19.61 (a) $2\,C_8H_{18}(l) + 25\,O_2(g) \longrightarrow 16\,CO_2(g) + 18\,H_2O(l)$ **(b)** Visto que $\Delta S°$ é positivo, $\Delta G°$ é mais negativo do que $\Delta H°$.
19.63 (a) A reação direta é espontânea a baixas temperaturas, mas não espontânea a temperaturas mais elevadas. **(b)** A reação direta é não espontânea a todas as temperaturas. **(c)** A reação direta é não espontânea a baixas temperaturas, mas espontânea a temperaturas mais elevadas.
19.65 $\Delta S > 60,8$ J/K **19.67 (a)** $T = 330$ K **(b)** Não espontânea
19.69 (a) $\Delta H° = 155,7$ kJ, $\Delta S° = 171,4$ kJ. Como $\Delta S°$ é positivo, $\Delta G°$ torna-se mais negativo com o aumento da temperatura. **(b)** $\Delta G° = 19$ kJ. A reação não é espontânea sob condições padrão a 800 K. **(c)** $\Delta G° = -15,7$ kJ. A reação é espontânea sob condições padrão a 1.000 K.
19.71 (a) $T_e = 353,6$ K = 80,4 °C **(b)** De acordo com o *NIST Chemistry Webbook* (https://webbook.nist.gov/chemistry/), $T_e = 353,3$ K. Os valores são bem próximos; a pequena diferença deve-se ao desvio do comportamento ideal para o C_6H_6(g) e à incerteza experimental na medição do ponto de ebulição e nos dados termodinâmicos.
19.73 (a) $C_2H_2(g) + \frac{5}{2}O_2(g) \longrightarrow 2\,CO_2(g) + H_2O(l)$ **(b)** $-1.300,2$ kJ de calor produzido/mol de C$_2$H$_2$ queimado **(c)** $w_{máx} = -1.235,9$ kJ/mol de C$_2$H$_2$. **19.75 (a)** ΔG diminui; torna-se mais negativo. **(b)** ΔG aumenta; torna-se mais positivo. **(c)** ΔG aumenta; torna-se mais positivo.
19.77 (a) $\Delta G° = -5,40$ kJ **(b)** $\Delta G° = 0,30$ kJ **19.79 (a)** $\Delta G° = -15,79$ kJ, $K = 590$ **(b)** $\Delta G° = 8,2$ kJ, $K = 0,036$ **(c)** $\Delta G° = -500,3$ kJ, $K = 5 \times 10^{87}$
19.81 $\Delta H° = 269,3$ kJ, $\Delta S° = 0,1719$ kJ/K **(a)** $P_{CO_2} = 6,0 \times 10^{-39}$ atm **(b)** $P_{CO_2} = 1,6 \times 10^{-4}$ atm
19.83 (a) HNO$_2$(aq) $\rightleftharpoons$ H$^+$(aq) + NO$_2^-$(aq) **(b)** $\Delta G° = 19,1$ kJ **(c)** $\Delta G = 0$ no estado de equilíbrio **(d)** $\Delta G = -2,7$ kJ **19.85 (a)** As grandezas termodinâmicas T, E e S são funções de estado. **(b)** As grandezas q e w dependem do caminho percorrido. **(c)** Existe apenas um caminho *reversível* entre estados. **(d)** $\Delta E = q_{rev} + w_{máx}$, $\Delta S = q_{rev}/T$
19.88 As afirmações (a) e (b) são verdadeiras.
19.93 (a) $\frac{1}{2}N_2(g) + \frac{3}{2}H_2(g) \longrightarrow NH_3(g); C(s) + \frac{1}{2}O_2(g) \longrightarrow CO(g)$ **(b)** Na primeira reação, $\Delta G°_f$ será mais positiva (menos negativa) do que $\Delta H°_f$. **(c)** Condição (iii), quando $\Delta S°_f$ é negativa. **19.98 (a)** Para a oxidação da glicose, $\Delta H° = -2.803,0$ kJ e $\Delta G° = -2.878,8$ kJ. **(b)** Para a decomposição anaeróbia da glicose, $\Delta H° = -68,0$ kJ e $\Delta G° = -226,4$ kJ. **(c)** $K = 5 \times 10^{39}$ **19.103 (a)** Para qualquer pressão total dada, a condição equimolar dos dois gases pode ser alcançada a alguma temperatura. Para pressões de gás individuais de 1 atm e a uma pressão total de 2 atm, a mistura está em equilíbrio a 328,5 K, ou 55,5 °C. **(b)** 333,0 K, ou 60 °C **(c)** 374,2 K, ou 101,2 °C

Capítulo 20

20.1 Nessa analogia, o elétron é análogo ao próton (H$^+$). As reações redox podem ser consideradas reações de transferência de elétrons, assim como as reações ácido-base podem ser reações de transferência de prótons. Os próprios agentes oxidantes são reduzidos; eles ganham elétrons. Um forte agente oxidante seria análogo a uma base forte. **20.3 (a)** O processo representa a oxidação. **(b)** O eletrodo é o ânodo. **(c)** Quando um átomo neutro perde um elétron de valência, o raio do cátion resultante é menor do que o raio do átomo neutro.
20.7 (a) O sinal de $\Delta G°$ é positivo. **(b)** A constante de equilíbrio é inferior a um. **(c)** Não. Uma célula eletroquímica com base nessa reação não pode realizar trabalho em sua vizinhança. **20.10 (a)** O zinco é o ânodo. **(b)** A densidade de energia da bateria de óxido de prata é mais semelhante à da bateria de níquel-cádmio. As massas molares dos materiais do eletrodo e os potenciais de célula dessas duas baterias são mais semelhantes.
20.13 (a) A *oxidação* representa a perda de elétrons. **(b)** Os elétrons aparecem do lado dos produtos (lado direito). **(c)** O *oxidante* é o reagente que é reduzido. **(d)** Um *agente oxidante* é a substância que promove a oxidação; é o oxidante. **20.15 (a)** Verdadeira **(b)** Falsa **(c)** Verdadeira
20.17 (a) (i) Reagentes: I, +5; O, −2; C, +2; O, −2. Produtos: I, 0; C, +4; O, −2. **(ii)** O número total de elétrons transferidos é 10. **(b) (i)** Reagentes: Hg, +2; N, −2; H, +1. Produtos: Hg, 0; N, 0; H, +1. **(ii)** O número total de elétrons transferidos é 4. **(c) (i)** Reagentes: H, +1; S, −2; N, +5; O, −2. Produtos: S, 0; N, +2; O, −2; H, +1; O, −2. **(ii)** O número total de elétrons transferidos é 6. **20.19 (a)** Não ocorre oxirredução. **(b)** O iodo é oxidado de −1 para +5; o cloro é reduzido de +1 para −1. **(c)** O enxofre é oxidado de +4 para +6; o nitrogênio é reduzido de +5 para +2.
20.21 (a) TiCl$_4$(g) + 2 Mg(l) $\longrightarrow$ Ti(s) + 2 MgCl$_2$(l) **(b)** Mg(l) é oxidado; TiCl$_4$(g) é reduzido. **(c)** Mg(l) é o agente redutor; TiCl$_4$(g) é o oxidante. **20.23 (a)** Sn^{2+}(aq) $\longrightarrow$ Sn^{4+}(aq) + 2 e$^-$, oxidação
(b) TiO$_2$(s) + 4 H$^+$(aq) + 2 e$^-$ $\longrightarrow$ Ti^{2+}(aq) + 2 H$_2$O(l), redução
(c) ClO$_3^-$(aq) + 6 H$^+$(aq) + 6 e$^-$ $\longrightarrow$ Cl$_2$(aq) + 3 H$_2$O(l), redução
(d) N$_2$(g) + 8 H$^+$(aq) + 6 e$^-$ $\longrightarrow$ 2 NH$_4^+$(aq), redução
20.25 (a) O$_2$(g) + 2 H$_2$O(l) + 4 e$^-$ $\longrightarrow$ 4 OH$^-$(aq), redução
(b) Mn^{2+}(aq) + 4 OH$^-$(aq) $\longrightarrow$ MnO$_2$(s) + 2 H$_2$O(l) + 2 e$^-$, oxidação
(c) Cr(OH)$_3$(s) + 5 OH$^-$(aq) $\longrightarrow$ CrO$_4^{2-}$(aq) + 4 H$_2$O(l) + 3 e$^-$, oxidação **(d)** N$_2$H$_4$(aq) + 4 OH$^-$(aq) $\longrightarrow$ N$_2$(g) + 4 H$_2$O(l) + 4 e$^-$, oxidação **20.27 (a)** Cr$_2$O$_7^{2-}$(aq) + I$^-$(aq) + 8 H$^+$(aq) $\longrightarrow$ 2 Cr^{3+}(aq) + IO$_3^-$(aq) + 4 H$_2$O(l); agente oxidante, Cr$_2$O$_7^{2-}$; agente redutor, I$^-$ **(b)** I$_2$(s) + 5 OCl$^-$(aq) + H$_2$O(l) $\longrightarrow$ 2 IO$_3^-$(aq) + 5 Cl$^-$(aq) + 2 H$^+$(aq); agente oxidante, OCl$^-$; agente redutor, I$_2$ **(c)** 2 MnO$_4^-$(aq) + Br$^-$(aq) + H$_2$O(l) $\longrightarrow$ 2 MnO$_2$(s) + BrO$_3^-$(aq) + 2 OH$^-$(aq); agente oxidante, MnO$_4^-$; agente redutor, Br$^-$
20.29 (a) 3 NO$_2^-$(aq) + Cr$_2$O$_7^{2-}$(aq) + 8 H$^+$(aq) $\longrightarrow$ 2 Cr^{3+}(aq) + 3 NO$_3^-$(aq) + 4 H$_2$O(l); agente oxidante, Cr$_2$O$_7^{2-}$; agente redutor, NO$_2^-$ **(b)** 2 Cr$_2$O$_7^{2-}$(aq) + 3 CH$_3$OH(aq) + 16 H$^+$(aq) $\longrightarrow$ 3 HCOOH(aq) + 4 Cr^{3+}(aq) + 11 H$_2$O(l); agente oxidante, Cr$_2$O$_7^{2-}$; agente redutor, CH$_3$OH **(c)** NO$_2^-$(aq) + 2 Al(s) + 2 H$_2$O(l) $\longrightarrow$ NH$_4^+$(aq) + 2 AlO$_2^-$(aq); agente oxidante, NO$_2^-$; agente redutor, Al **20.31 (a)** Falso **(b)** Verdadeiro **(c)** Verdadeiro **20.33 (a)** Fe(s) é oxidado, Ag$^+$(aq) é reduzida. **(b)** Ag$^+$(aq) + e$^-$ $\longrightarrow$ Ag(s); Fe(s) $\longrightarrow$ Fe^{2+}(aq) + 2 e$^-$. **(c)** Fe(s) é o ânodo, Ag(s) é o cátodo. **(d)** Fe(s) é negativo, Ag(s) é positivo. **(e)** Os elétrons fluem do eletrodo de Fe (−) para o eletrodo de Ag (+). **(f)** Os cátions migram para o cátodo Ag(s); os ânions migram para o ânodo Fe(s). **20.35 (a)** Um *volt* representa a diferença de energia potencial necessária para transmitir um J de energia a uma carga de 1 Coulomb. **(b)** Sim. Todas as células voltaicas envolvem reações redox espontâneas que produzem fem ou potenciais de célula positivos.
20.37 (a) 2 H$^+$(aq) + 2 e$^-$ $\longrightarrow$ H$_2$(g) **(b)** H$_2$(g) $\longrightarrow$ 2 H$^+$(aq) + 2 e$^-$ **(c)** Um eletrodo *padrão* de hidrogênio, EPH, é um eletrodo de hidrogênio no qual os componentes estão em condições padrão, H$^+$(aq) 1 M e H$_2$(g) a 1 atm, de modo que $E° = 0$ V. **(c)** A lâmina de platina em um EPH serve como um transportador inerte de elétrons e uma superfície de reação sólida. **20.39 (a)** Cr^{2+}(aq) $\longrightarrow$ Cr^{3+}(aq) + e$^-$; Tl^{3+}(aq) + 2 e$^-$ $\longrightarrow$ Tl$^+$(aq) **(b)** $E°_{red} = 0,78$ V

(c)

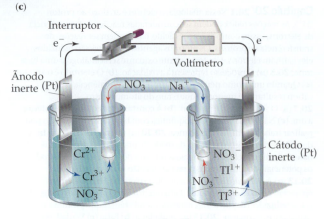

20.41 (a) $E° = 0{,}82$ V (b) $E° = 1{,}89$ V (c) $E° = 1{,}21$ V (d) $E° = 0{,}62$ V
20.39 (a) $3\,Ag^+(aq) + Cr(s) \longrightarrow 3\,Ag(s) + Cr^{3+}(aq)$, $E° = 1{,}54$ V
(b) Duas das combinações têm valores de $E°$ essencialmente iguais:
$2\,Ag^+(aq) + Cu(s) \longrightarrow 2\,Ag(s) + Cu^{2+}(aq)$, $E° = 0{,}46$ V;
$3\,Ni^{2+}(aq) + 2\,Cr(s) \longrightarrow 3\,Ni(s) + 2\,Cr^{3+}(aq)$, $E° = 0{,}46$ V
20.43 (a) Ânodo, $Sn(s)$; cátodo, $Cu(s)$. (b) O eletrodo de cobre ganha massa à medida que o Cu é depositado, e o eletrodo de estanho perde massa à medida que o Sn é oxidado.
(c) $Cu^{2+}(aq) + Sn(s) \longrightarrow Cu(s) + Sn^{2+}(aq)$. (d) $E° = 0{,}48$ V
20.47 (a) $Mg(s)$ (b) $Ca(s)$ (c) $H_2(g)$ (d) $IO_3^-(aq)$
20.49 (a) $Cl_2(aq)$, oxidante (b) $MnO_4^-(aq)$, meio ácido, oxidante (c) $Ba(s)$ redutor (d) $Zn(s)$, redutor
20.51 (a) $Cu^{2+}(aq) < O_2(g) < Cr_2O_7^{2-}(aq) < Cl_2(g) < H_2O_2(aq)$
(b) $H_2O_2(aq) < I^-(aq) < Sn^{2+}(aq) < Zn(s) < Al(s)$
20.53 Al e $H_2C_2O_4$ **20.55** (a)
$2\,Fe^{2+}(aq) + S_2O_6^{2-}(aq) + 4\,H^+(aq) \longrightarrow 2\,Fe^{3+}(aq) + 2\,H_2SO_3(aq)$;
$2\,Fe^{2+}(aq) + N_2O(aq) + 2\,H^+(aq) \longrightarrow 2\,Fe^{3+}(aq) + N_2(g) + H_2O(l)$;
$Fe^{2+}(aq) + VO_2^+(aq) + 2\,H^+(aq) \longrightarrow Fe^{3+}(aq) + VO^{2+}(aq) + H_2O(l)$
(b) $E° = -0{,}17$ V, $\Delta G° = 33$ kJ; $E° = -2{,}54$ V, $\Delta G° = 4{,}90 \times 10^2$ kJ;
$E° = 0{,}23$ V, $\Delta G° = -22$ kJ (c) $K = 1{,}8 \times 10^{-6} = 10^{-6}$;
$K = 1{,}2 \times 10^{-86} = 10^{-86}$; $K = 7{,}8 \times 10^3 = 8 \times 10^3$
20.57 $\Delta G° = 21{,}8$ kJ, $E°_{cél} = -0{,}113$ V **20.59** (a) $E° = 0{,}16$ V, $K = 2{,}54 \times 10^5 = 3 \times 10^5$ (b) $E° = 0{,}28$ V, $K = 2{,}93 \times 10^9 = 3 \times 10^9$ (c) $E° = 0{,}44$ V, $K = 2{,}40 \times 10^{74} = 10^{74}$
20.61 (a) $K = 9{,}8 \times 10^2$ (b) $K = 1 \times 10^6$ (c) $K = 1 \times 10^9$
20.63 $w_{máx} = 1{,}3 \times 10^2$ kJ/mol de Sn; $8{,}3 \times 10^4$ J/75,0 g de Sn
20.65 (a) Na equação de Nernst, $Q = 1$ se todos os reagentes e produtos estão em condições padrão. (b) Sim. A equação de Nernst é aplicável à fem da célula fora das condições padrão, por isso deve ser aplicável a temperaturas diferentes de 298 K. São necessários valores de $E°$ para temperaturas diferentes de 298 K. Há uma variável em T no segundo termo. Se for usada a forma abreviada da Equação 20.18, será necessário um coeficiente diferente de 0,0592. **20.67** (a) E diminui. (b) E diminui. (c) E diminui. (d) Não há efeito. **20.69** (a) $E° = 0{,}48$ V (b) $E° = 0{,}52$ V (c) $E° = 0{,}46$ V **20.71** (a) $E° = 0{,}46$ V (b) $E = 0{,}37$ V
20.73 (a) O compartimento com $[Zn^{2+}] = 1{,}00 \times 10^{-2}$ M é o ânodo.
(b) $E° = 0$ (c) $E = 0{,}0668$ V (d) No compartimento do ânodo, $[Zn^{2+}]$ aumenta; no compartimento do cátodo $[Zn^{2+}]$ diminui.
20.75 $E° = 0{,}76$ V; pH $= 1{,}6$ **20.77** (a) 464 g de PbO_2 (b) $3{,}74 \times 10^5$ C de carga transferida **20.79** (a) O ânodo (b) $E° = 3{,}50$ V (c) A fem da bateria, 3,5 V, é exatamente o potencial padrão calculado no item (b). (d) Em condições ambiente, $E \approx E°$, então log $Q \approx 1$. Considerando que o valor de $E°$ é relativamente constante com a temperatura, o valor do segundo termo na equação de Nernst é aproximadamente zero a 37 °C, e $E \approx 3{,}5$ V.
20.81 (a) A fem da bateria terá um valor menor. (b) Baterias de NiMH usam uma liga como $ZrNi_2$ como material do ânodo. Isso elimina os problemas de uso e descarte associados ao Cd, um metal pesado tóxico.

20.83 (a) $Li_{0,5}CoO_2$, que podemos escrever como $LiCo_2O_4$. (b) O estado de oxidação médio do cobalto é +3,5, o que representa uma mistura 50:50 de Co^{3+} e Co^{4+}. (c) $4{,}9 \times 10^3$ C de eletricidade entregue na descarga total de uma bateria totalmente carregada. **20.85** (a) A reação espontânea na célula a combustível de hidrogênio é: gás hidrogênio mais gás oxigênio forma água. (b) $E° = 1{,}23$ V
20.87 (a) Ânodo: $Fe(s) \longrightarrow Fe^{2+}(aq) + 2\,e^-$;;
cátodo: $O_2(g) + 4\,H^+(aq) + 4\,e^- \longrightarrow 2\,H_2O(l)$
(b) $2\,Fe^{2+}(aq) + 3\,H_2O(l) + 3\,H_2O(l) \longrightarrow$
$Fe_2O_3 \cdot 3\,H_2O(s) + 6\,H^+(aq) + 2\,e^-$;
$O_2(g) + 4\,H^+(aq) + 4\,e^- \longrightarrow 2\,H_2O(l)$
20.89 (a) Mg é chamado de ânodo de sacrifício porque tem $E°_{red}$ mais negativo do que o metal da tubulação e é preferencialmente oxidado quando os dois são combinados. Ele é sacrificado para preservar a tubulação. (b) $E°_{red}$ para Mg^{2+} é $-2{,}37$ V, mais negativo do que a maioria dos metais presentes nos tubos, incluindo Fe e Zn.
20.91 (a) $+3$ (b) $+8/3$ ou $+2{,}67$ (c) 2 Fe(III) e 1 Fe(II)
20.93 (a) *Eletrólise* é um processo eletroquímico impulsionado por uma fonte de energia externa. (b) Por definição, as reações de eletrólise são não espontâneas. (c) $2\,Cl^-(l) \longrightarrow Cl_2(g) + 2\,e^-$ (d) Quando uma solução aquosa de NaCl é submetida a eletrólise, o sódio metálico não é formado porque H_2O é preferencialmente reduzida, formando $H_2(g)$.
20.95 (a) 236 g de Cr(s) (b) 2,51 A **20.97** (a) $4{,}0 \times 10^5$ g de Li (b) A tensão mínima necessária para realizar a eletrólise é $+4{,}41$ V.
20.99 (a) $2\,Ni^+(aq) \longrightarrow Ni(s) + Ni^{2+}(aq)$
(b) $3\,MnO_4^{2-}(aq) + 4\,H^+(aq) \longrightarrow 2\,MnO_4^-(aq) + MnO_2(s) + 2\,H_2O(l)$
(c) $3\,H_2SO_3(aq) \longrightarrow S(s) + 2\,HSO_4^-(aq) + 2\,H^+(aq) + H_2O(l)$
(d) $Cl_2(aq) + 2\,OH^-(aq) \longrightarrow Cl^-(aq) + ClO^-(aq) + H_2O(l)$
20.101 (a) $E° = 0{,}682$ V, espontânea (b) $E° = -0{,}82$ V, não espontânea (c) $E° = 0{,}93$ V, espontânea (d) $E° = 0{,}19$ V, espontânea
20.107 (a) Por analogia com o O no hidróxido (OH^-) e no álcool (R—OH), o estado de oxidação do S em um tiol (R—SH) é -2. (b) Por analogia com o O no peróxido (—O—O—), o estado de oxidação do S em um dissulfeto (—S—S—) é -1. (c) O número de oxidação do S se torna mais positivo, e os tióis são oxidados. (d) Converter um dissulfeto em dois tióis é o inverso do processo descrito no item (c). Para reduzir o dissulfeto, um agente redutor deve ser adicionado à solução. (e) Quando dois tióis (R—SH) reagem para formar um dissulfeto (R—S—S—R), os átomos de H provavelmente são removidos pela base antes de o agente oxidante surtir efeito. **20.109** 3×10^4 kWh são necessários.
20.112 (a) $E° = -0{,}03$ V (b) Cátodo: $Ag^+(aq) + e^- \longrightarrow Ag(s)$;;
ânodo: $Fe^{2+}(aq) \longrightarrow Fe^{3+}(aq) + e^-$ (c) $\Delta S° = 148{,}5$ J. (c) $\Delta S° = 148{,}5$ J. Visto que $\Delta S°$ é positivo, $\Delta G°$ se tornará mais negativo e $E°$ se tornará mais positivo à medida que a temperatura aumentar.
20.114 A K_{ps} para AgSCN é $1{,}0 \times 10^{12} = 10^{12}$.

Capítulo 21
21.1 (a) ^{24}Ne; fora; reduzir a razão nêutron-próton via decaimento β. (b) ^{32}Cl; fora; aumentar a razão nêutron-próton por meio de emissão de pósitron ou captura de elétron. (c) ^{108}Sn; fora; aumentar a razão nêutron-próton via emissão de pósitron ou captura de elétron. (d) ^{216}Po; fora; núcleos com $Z \geq 84$, normalmente decaimento via emissão α. **21.6** (a) 7 min (b) 0,1 min^{-1} (c) 30% (3/10) da amostra permanece após 12 min. (d) $^{88}_{41}Nb$ **21.7** (a) $^{10}_{5}B$, $^{11}_{5}B$; $^{12}_{6}C$, $^{14}_{6}C$; $^{14}_{7}N$, $^{15}_{7}N$; $^{16}_{8}O$, $^{17}_{8}O$, $^{18}_{8}O$; $^{19}_{9}F$ (b) $^{14}_{6}C$ (c) $^{11}_{6}C$, $^{13}_{7}N$, $^{15}_{8}O$, $^{18}_{9}F$ (d) $^{11}_{6}C$ **21.9** (a) $^{54}_{24}Cr$, 24 prótons, 32 nêutrons (b) $^{193}_{77}Tl$, 81 prótons, 112 nêutrons (c) $^{38}_{18}Ar$, 18 prótons, 20 nêutrons **21.11** (a) $^{1}_{0}n$ (b) $^{4}_{2}He$ ou α (c) $^{0}_{0}\gamma$ ou γ
21.13 (a) $^{90}_{37}Rb \longrightarrow ^{90}_{38}Sr + ^{0}_{-1}e$
(b) $^{72}_{34}Se + ^{0}_{-1}e$ (elétron do orbital) $\longrightarrow ^{72}_{33}As$ (c) $^{76}_{33}Kr \longrightarrow ^{76}_{33}Br + ^{0}_{1}e$
(d) $^{226}_{88}Ra \longrightarrow ^{222}_{86}Rn + ^{4}_{2}He$ **21.15** (a) $^{211}_{82}Pb \longrightarrow ^{211}_{83}Bi + ^{0}_{-1}\beta$
(b) $^{50}_{25}Mn \longrightarrow ^{50}_{24}Cr + ^{0}_{1}e$ (c) $^{179}_{74}W + ^{0}_{-1}e \longrightarrow ^{179}_{73}Ta$
(d) $^{230}_{90}Th \longrightarrow ^{226}_{88}Ra + ^{4}_{2}He$

21.17 Sete emissões alfa, quatro emissões beta.
21.19 (a) Emissão de pósitron (para números atômicos baixos, a emissão de pósitron é mais comum do que a captura de elétron) (b) Emissão beta (c) Emissão beta (d) Emissão beta
21.21 (a) $^{40}_{19}K$, radioativo, próton ímpar, nêutron ímpar; $^{39}_{19}K$, estável, 20 nêutrons é um número mágico. (b) $^{208}_{83}Bi$, radioativo, próton ímpar, nêutron ímpar; $^{209}_{83}Bi$, estável, 126 nêutrons é um número mágico. (c) $^{65}_{28}Ni$, radioativo, alta razão nêutron-próton; $^{58}_{28}Ni$, estável, próton par, nêutron par.

Respostas dos exercícios em vermelho 1105

21.23 (a) ^4_2He (c) $^{40}_{20}Ca$ (e) $^{126}_{82}Pb$
21.25 A afirmação (a) é a melhor explicação.
21.27 A afirmação (b) é a melhor explicação.
21.29 (a) $^{252}_{98}Cf + ^{10}_{5}B \longrightarrow 3\,^1_0n + ^{259}_{103}Lr$
(b) $H^2_1 + ^3_2He \longrightarrow ^4_2He + ^1_1H$ (c) $^1_1H + ^{11}_5B \longrightarrow 3\,^4_2He$
(d) $^{122}_{53}I \longrightarrow ^{122}_{54}Xe + ^{\ 0}_{-1}e$ (e) $^{59}_{26}Fe \longrightarrow ^{\ 0}_{-1}e + ^{59}_{27}Co$
21.31 (a) $^{238}_{92}U + ^4_2He \longrightarrow ^{241}_{94}Pu + ^1_0n$
(b) $^{14}_7N + ^4_2He \longrightarrow ^{17}_8O + ^1_1H$ (c) $^{56}_{26}Fe + ^4_2He \longrightarrow ^{60}_{29}Cu + ^{\ 0}_{-1}e$
21.33 As afirmações (a) e (b) são verdadeiras.
21.35 Um relógio de 50 anos terá apenas 6% de trítio restante. O mostrador perderá 94% de sua luminosidade.
21.37 A fonte deve ser substituída após 2,18 anos ou 26,2 meses; isso corresponderia a agosto de 2018.
21.39 (a) $1,1 \times 10^{11}$ partículas alfa são emitidas em 5,0 min. (b) 9,9 mCi
21.41 $k = 1,21 \times 10^{-4}$ anos^{-1}; $t = 4,3 \times 10^3$ anos.
21.43 $k = 5,46 \times 10^{-10}$ anos^{-1}; $t = 3,0 \times 10^9$ anos.
21.45 9×10^6 kJ.
21.47 $\Delta m = 0,2414960$ uma, $\Delta E = 3,604129 \times 10^{-11}$ J/^{27}Al de núcleo necessário, $8,044234 \times 10^{13}$ J/100 g de ^{27}Al **21.49** (a) Massa nuclear: ^{2}H, 2,013553 uma; ^{4}He, 4,001505 uma; ^{6}Li, 6,0134771 uma (b) Energia de ligação nuclear: ^{2}H, $3,564 \times 10^{-13}$ J; ^{4}He, $4,5336 \times 10^{-12}$ J; ^{6}Li, $5,12602 \times 10^{-12}$ J (c) Energia de ligação por núcleon: ^{2}H, $1,782 \times 10^{-13}$ J/núcleon; ^{4}He, $1,1334 \times 10^{-12}$ J/núcleon; ^{6}Li, $8,54337 \times 10^{-13}$ J/núcleon (d) Dos três isótopos, ^{4}He tem a maior energia de coesão por núcleon; essa anomalia está evidente na Figura **21.12**. A tendência na energia de ligação por núcleon está em conformidade com a curva na figura.
21.51 (a) $1,71 \times 10^{-5}$ kg/d (b) $2,1 \times 10^{-8}$ g de ^{235}U
21.53 O núcleo (b), ^{51}V, tem a maior energia de ligação por núcleon.
21.55 (a) A afirmação (ii) é a que melhor explica por que NaI é uma boa fonte de iodo. (b) O iodo radioativo vai decair para 0,01% da quantidade original em cerca de 107 dias. **21.57** (a) As características (ii) e (iv) são necessárias para o combustível em uma usina de energia nuclear.
(b) ^{235}U **21.59** Os *bastões de controle* de um reator nuclear regulam o fluxo de nêutrons para manter a cadeia da reação autossustentável e para evitar o superaquecimento do núcleo do reator. São constituídos de materiais como boro ou cádmio, que absorvem nêutrons.
21.61 (a) $^2_1H + ^2_1H \longrightarrow ^3_2He + ^1_0n$
(b) $^{239}_{92}U + ^1_0n \longrightarrow ^{133}_{51}Sb + ^{98}_{41}Nb + 9\,^1_0n$
21.63 $\Delta m = 0,006627$ g/mol; $\Delta E = 5,956 \times 10^{11}$ J = $5,956 \times 10^8$ kJ/mol de ^1_1H **21.65** (a) Reator de água fervente (b) Reator regenerador rápido (c) Reator refrigerado a gás
21.67 Abstração de hidrogênio:
RCOOH + •OH$^-$ $\longrightarrow$ RCOO• + H$_2$O; desprotonação:
RCOOH + OH$^-$ $\longrightarrow$ RCOO$^-$ + H$_2$O. O radical hidroxila é mais tóxico para os sistemas vivos porque produz outros radicais quando reage com moléculas no organismo. O íon hidróxido, OH$^-$, por outro lado, será neutralizado com facilidade no ambiente tamponado da célula. As reações ácido-base do OH$^-$ costumam ser muito menos prejudiciais para o organismo do que a cadeia de reações redox iniciadas pelo radical OH.
21.69 (a) $5,3 \times 10^8$ desintegrações por segundo, $5,3 \times 10^8$ Bq (b) $6,1 \times 10^2$ mrads, $6,1 \times 10^{-3}$ Gy (c) $5,8 \times 10^3$ mrem, $5,8 \times 10^{-2}$ Sv **21.72** $^{210}_{82}Pb$
21.74 (a) $^{36}_{17}Cl \longrightarrow ^{36}_{18}Ar + ^{\ 0}_{-1}e$ (b) A afirmação (iii) é a melhor explicação: ^{35}Cl e ^{37}Cl têm um número ímpar de prótons, mas um número par de nêutrons. ^{36}Cl tem um número ímpar de prótons e nêutrons, por isso é menos estável do que os outros dois isótopos.
21.76 (a) $^6_3Li + ^{56}_{28}Ni \longrightarrow ^{62}_{31}Ga$
(b) $^{40}_{20}Ca + ^{248}_{96}Cm \longrightarrow ^{141}_{62}Sm + ^{147}_{54}Xe$
(c) $^{88}_{38}Sr + ^{84}_{36}Kr \longrightarrow ^{116}_{46}Pd + ^{56}_{28}Ni$
(d) $^{40}_{20}Ca + ^{238}_{92}U \longrightarrow ^{70}_{30}Zn + 4\,^1_0n + 2\,^{102}_{41}Nb$
21.82 ^{7}Be, $8,612 \times 10^{-13}$ J por núcleon; ^{9}Be, $1,035 \times 10^{-12}$ J por núcleon; ^{10}Be, $1,042 \times 10^{-12}$ J por núcleon. As energias de ligação por núcleon para ^{9}Be e ^{10}Be são muito semelhantes; a de ^{10}Be é um pouco maior.

Capítulo 22
22.1 A afirmação (c) está correta.
22.3 As moléculas (b) e (d) terão a estrutura de gangorra mostrada na figura. **22.6** O gráfico mostra a tendência na densidade (c) para os elementos do grupo 6A. Descendo pela família, a massa atômica aumenta mais rapidamente do que o volume atômico (raio), e a densidade aumenta. **22.9** O composto da esquerda, com o anel de três membros tensionados, será o mais reativo. Quanto maior for o desvio dos ângulos de ligação ideais, maior será a tensão na molécula e mais reativa ela será.
22.11 (a) Não metal (b) Metal (c) Metal (d) Não metal (e) Metal (f) Não metal **22.13** (a) O (b) Br (c) Ba (d) O (e) Co (f) Br
22.15 As afirmações (b) e (d) são verdadeiras.
22.17 (a) NaOCH$_3$(s) + H$_2$O(l) $\longrightarrow$ NaOH(aq) + CH$_3$OH(aq)
(b) CuO(s) + 2 HNO$_3$(aq) $\longrightarrow$ Cu(NO$_3$)$_2$(aq) + H$_2$O(l)
(c) WO$_3$(s) + 3 H$_2$(g) $\xrightarrow{\Delta}$ W(s) + 3 H$_2$O(g)
(d) 4 NH$_2$OH(l) + O$_2$(g) $\longrightarrow$ 6 H$_2$O(l) + 2 N$_2$(g)
(e) Al$_4$C$_3$(s) + 12 H$_2$O(l) $\longrightarrow$ 4 Al(OH)$_3$(s) + 3 CH$_4$(g)
22.19 (a) $^1_1$H, prótio; $^2_1$H, deutério; $^3_1$H, trítio. (b) por ordem decrescente de abundância natural: prótio > deutério > trítio. (c) O trítio, $^3_1$H, é radioativo. (d) $^3_1H \longrightarrow ^3_2He + ^{\ 0}_{-1}e$
22.21 Como outros elementos do grupo 1A, o hidrogênio tem apenas um elétron de valência e seu estado de oxidação comum máximo é +1.
22.23 (a) NaH(s) + H$_2$O(l) $\longrightarrow$ NaOH(aq) + H$_2$(g)
(b) Fe(s) + H$_2$SO$_4$(aq) $\longrightarrow$ Fe^{2+}(aq) + H$_2$(g) + SO$_4^{2-}$(aq)
(c) H$_2$(g) + Br$_2$(g) $\longrightarrow$ 2 HBr(g)
(d) 2 Na(l) + H$_2$(g) $\longrightarrow$ 2 NaH(s)
(e) PbO(s) + H$_2$(g) $\xrightarrow{\Delta}$ Pb(s) + H$_2$O(g)
22.25 (a) Iônico (b) Molecular (c) Metálico **22.27** Os combustíveis de veículos produzem energia por meio de reações de combustão. A combustão do hidrogênio é muito exotérmica, e o seu único produto, H$_2$O, não é poluente. **22.29** O xenônio tem energia de ionização menor do que o argônio. Como os elétrons de valência não são tão fortemente atraídos para o núcleo, eles são promovidos com mais facilidade a um estado em que o átomo pode formar ligações com o flúor. Além disso, Xe é maior e pode acomodar com mais facilidade um octeto expandido de elétrons. **22.31** (a) Ca(OBr)$_2$, Br, +1 (b) HBrO$_3$, Br, +5 (c) XeO$_3$, Xe, +6 (d) ClO$_4^-$, Cl, +7 (e) HIO$_2$, I, +3; (f) IF$_5$; I, +5; F, −1 **22.33** (a) Cloreto de ferro(III), Cl, +5 (b) Ácido cloroso, Cl, +3 (c) Hexafluoreto de xenônio, F, −1 (d) Pentafluoreto de bromo; Br, +5; F, −1 (e) Tetrafluoreto óxido de xenônio, F, −1 (f) Ácido iódico, I, +5 **22.35** (a) As forças intermoleculares de van der Waals aumentam com o aumento do número de elétrons nos átomos. (b) F$_2$ reage com a água: F$_2$(g) + H$_2$O(l) $\longrightarrow$ 2 HF(g) + O$_2$(g). Isto é, o flúor é um agente oxidante muito forte para existir em água. (c) HF tem uma vasta ligação de hidrogênio. (d) O poder oxidante está relacionado à eletronegatividade. A eletronegatividade e o poder oxidante diminuem na ordem dada.
22.37 (a) 2 HgO(s) $\xrightarrow{\Delta}$ 2 Hg(l) + O$_2$(g)
(b) 2 Cu(NO$_3$)$_2$(s) $\xrightarrow{\Delta}$ 2 CuO(s) + 4 NO$_2$(g) + O$_2$(g)
(c) PbS(s) + 4 O$_3$(g) $\longrightarrow$ PbSO$_4$(s) + 4 O$_2$(g)
(d) 2 ZnS(s) + 3 O$_2$(g) $\longrightarrow$ 2 ZnO(s) + 2 SO$_2$(g)
(e) 2 K$_2$O$_2$(s) + 2 CO$_2$(g) $\longrightarrow$ 2 K$_2$CO$_3$(s) + O$_2$(g)
(f) 3 O$_2$(g) $\xrightarrow{h\nu}$ 2 O$_3$(g) **22.39** (a) Ácido (b) Ácido (c) Anfótero (d) Base
22.41 (a) H$_2$SeO$_3$, Se, +4 (b) KHSO$_3$, S, +4 (c) H$_2$Te, Te, −2 (d) CS$_2$, S, −2 (e) CaSO$_4$, S, +6 (f) CdS, S, −2 (g) ZnTe, Te, −2
22.43 (a) 2 Fe^{3+}(aq) + H$_2$S(aq) $\longrightarrow$ 2 Fe^{2+}(aq) + S(s) + 2 H$^+$(aq)
(b) Br$_2$(l) + H$_2$S(aq) $\longrightarrow$ 2 Br$^-$(aq) + S(s) + 2 H$^+$(aq)
(c) 2 MnO$_4^-$(aq) + 6 H$^+$(aq) + 5 H$_2$S(aq) $\longrightarrow$
2 Mn^{2+}(aq) + 5 S(s) + 8 H$_2$O(l)
(d) 2 NO$_3^-$(aq) + H$_2$S(aq) + 2 H$^+$(aq) $\longrightarrow$
2 NO$_2$(aq) + S(s) + 2 H$_2$O(l)
22.45

(a)
$$\left[:\ddot{O}-\underset{\underset{:\ddot{O}:}{|}}{Se}-\ddot{O}: \right]^{2-}$$
Piramidal trigonal

(b)
$$:\ddot{Cl}-\overset{\ddot{S}-\ddot{S}}{}-\ddot{Cl}:$$
Angular (rotação livre em torno da ligação S−S)

(c)

$$\ddot{\text{O}}$$
$$:\ddot{\text{O}}-\text{S}-\ddot{\text{Cl}}:$$
$$:\ddot{\text{O}}-\text{H}$$

Tetraédrico (em torno do S)

22.47
(a) $SO_2(s) + H_2O(l) \rightleftharpoons H_2SO_3(aq) \rightleftharpoons H^+(aq) + HSO_3^-(aq)$
(b) $ZnS(s) + 2 HCl(aq) \longrightarrow ZnCl_2(aq) + H_2S(g)$
(c) $8 SO_3^{2-}(aq) + S_8(s) \longrightarrow 8 S_2O_3^{2-}(aq)$
(d) $SO_3(aq) + H_2SO_4(l) \longrightarrow H_2S_2O_7(l)$ **22.49** (a) $NaNO_2$, +3
(b) NH_3, −3 (c) N_2O, +1 (d) $NaCN$, −3 (e) HNO_3, +5 (f) NO_2, +4
(g) N_2, 0 (h) BN, −3
22.51 (a) $:\ddot{\text{O}}=\dot{\text{N}}-\ddot{\text{O}}-\text{H} \longleftrightarrow :\ddot{\text{O}}-\dot{\text{N}}=\ddot{\text{O}}-\text{H}$
A molécula é angular em torno dos átomos centrais de oxigênio e nitrogênio; os quatro átomos não precisam ser coplanares. A forma mais à direita não minimiza as cargas formais e é menos importante no modelo de ligação. O estado de oxidação do N é +3.
(b) $[:\dot{\text{N}}=\text{N}=\ddot{\text{N}}:]^- \longleftrightarrow [:\text{N}\equiv\text{N}-\ddot{\text{N}}:]^- \longleftrightarrow [:\ddot{\text{N}}-\text{N}\equiv\text{N}:]^-$
A molécula é linear. O estado de oxidação do N é −1/3.
(c)
$$\begin{bmatrix} \text{H} & \text{H} \\ | & | \\ \text{H}-\text{N}-\text{N}: \\ | & | \\ \text{H} & \text{H} \end{bmatrix}^+$$
A geometria é tetraédrica em torno do nitrogênio da esquerda e piramidal trigonal em torno do nitrogênio da direita. O estado de oxidação do N é −2.
(d)
$$\begin{bmatrix} :\ddot{\text{O}}: \\ | \\ :\ddot{\text{O}}-\text{N}=\ddot{\text{O}} \end{bmatrix}^-$$
O íon é trigonal plano; ele tem três formas de ressonância equivalentes. O estado de oxidação do N é +5.
22.53 (a) $Mg_3N_2(s) + 6 H_2O(l) \longrightarrow 3 Mg(OH)_2(s) + 2 NH_3(aq)$
(b) $2 NO(g) + O_2(g) \longrightarrow 2 NO_2(g)$, reação redox
(c) $N_2O_5(g) + H_2O(l) \longrightarrow 2 H^+(aq) + 2 NO_3^-(aq)$
(d) $NH_3(aq) + H^+(aq) \longrightarrow NH_4^+(aq)$
(e) $N_2H_4(l) + O_2(g) \longrightarrow N_2(g) + 2 H_2O(g)$, reação redox
22.55 (a) $HNO_2(aq) + H_2O(l) \longrightarrow NO_3^-(aq) + 2 e^-$
(b) $N_2(g) + H_2O(l) \longrightarrow N_2O(aq) + 2 H^+(aq) + 2 e^-$
22.57 (a) H_3PO_3, +3 (b) $H_4P_2O_7$, +5 (c) $SbCl_3$, +3 (d) Mg_3As_2, +5
(e) P_2O_5, +5 (f) Na_3PO_4, +5
22.59 (a) O fósforo é um átomo maior que o nitrogênio. Além disso, P tem orbitais 3d energeticamente disponíveis, que participam da ligação, enquanto o nitrogênio não tem. (b) Somente um dos três hidrogênios no H_3PO_2 está ligado ao oxigênio. Os outros dois estão ligados diretamente ao átomo de fósforo e não são facilmente ionizados. (c) PH_3 é uma base mais fraca do que H_2O, portanto, qualquer tentativa de adicionar H^+ ao PH_3 na presença de H_2O resulta na protonação de H_2O. (d) As moléculas de P_4 no fósforo branco têm ângulos de ligação mais severamente tensionados do que as cadeias no fósforo vermelho, tornando o fósforo branco mais reativo.
22.61
(a) $2 Ca_3PO_4(s) + 6 SiO_2(s) + 10 C(s) \longrightarrow P_4(g) + 6 CaSiO_3(l) + 10 CO(g)$ (b) $PBr_3(l) + 3 H_2O(l) \longrightarrow H_3PO_3(aq) + 3 HBr(aq)$
(c) $4 PBr_3(g) + 6 H_2(g) \longrightarrow P_4(g) + 12 HBr(g)$
22.63 (a) HCN (b) $Ni(CO)_4$ (c) $Ba(HCO_3)_2$ (d) CaC_2 (e) K_2CO_3
22.65 (a) $ZnCO_3(s) \xrightarrow{\Delta} ZnO(s) + CO_2(g)$
(b) $BaC_2(s) + 2 H_2O(l) \longrightarrow Ba^{2+}(aq) + 2 OH^-(aq) + C_2H_2(g)$
(c) $2 C_2H_2(g) + 5 O_2(g) \longrightarrow 4 CO_2 + (g) + 2 H_2O(g)$
(d) $CS_2(g) + 3 O_2(g) \longrightarrow CO_2(g) + 2 SO_2(g)$
(e) $Ca(CN)_2(s) + 2 HBr(aq) \longrightarrow CaBr_2(aq) + 2 HCN(aq)$
22.67 (a) $2 CH_4(g) + 2 NH_3(g) + 3 O_2(g) \xrightarrow{800°C} 2 HCN(g) + 6 H_2O(g)$
(b) $NaHCO_3(s) + H^+(aq) \longrightarrow CO_2(g) + H_2O(l) + Na^+(aq)$
(c) $2 BaCO_3(s) + O_2(g) + 2 SO_2(g) \longrightarrow 2 BaSO_4(s) + 2 CO_2(g)$

22.69 (a) H_3BO_3, +3 (b) $SiBr_4$, +4 (c) $PbCl_2$, +2 (d) $Na_2B_4O_7 \cdot 10 H_2O$, +3 (e) B_2O_3, +3 (f) GeO_2, +4 **22.71** (a) Estanho (b) Carbono, silício e germânio (c) Silício **22.73** (a) Tetraédrica. (b) Provavelmente, o ácido metasilícico adota a estrutura de tira única da cadeia de silicato mostrada na Figura 22.32 (b). A razão Si:O está correta. Há dois átomos terminais de O por Si, que podem acomodar os dois átomos de H associados a cada átomo de Si do ácido. **22.75** (a) Dois Ca^{2+} (b) Dois OH^-
22.77 (a) O diborano tem átomos de H em ponte ligando os dois átomos de B. A estrutura do etano possui os átomos de carbono ligados diretamente, sem átomos em ponte. (b) B_2H_6 é uma molécula deficiente de elétrons. Os seis pares de elétrons de valência estão envolvidos na ligação sigma B—H, de modo que a única maneira de satisfazer a regra do octeto no B é ter os átomos de H em ponte mostrados na Figura 22.35.
(c) O termo *hidrídico* indica que os átomos de H no B_2H_6 têm mais densidade eletrônica do que a quantidade habitual para um átomo de H ligado de maneira covalente. **22.79** (a) Falsa (b) Verdadeira (c) Falsa
(d) Verdadeira (e) Verdadeira (f) Verdadeira (g) Falsa **22.82** (a) SO_3
(b) Cl_2O_5 (c) N_2O_3 (d) CO_2 (e) P_2O_5 **22.85** (a) PO_4^{3-}, +5; NO_3^-, +5
(b) A estrutura de Lewis para NO_4^{3-} seria:

$$\begin{bmatrix} :\ddot{\text{O}}: \\ | \\ :\ddot{\text{O}}-\text{N}-\ddot{\text{O}}: \\ | \\ :\ddot{\text{O}}: \end{bmatrix}^{3-}$$

A carga formal do N é +1 e, em cada átomo de O, −1. Os quatro átomos eletronegativos de oxigênio retiram densidade eletrônica do nitrogênio, deixando-o deficiente. Visto que o N pode formar um máximo de quatro ligações, ele não pode formar uma ligação π com um ou mais átomos de O para recuperar densidade eletrônica, que é o que ocorre com o átomo de P no PO_4^{3-}. Além disso, a menor distância N—O levaria a um tetraedro compacto de átomos de O sujeitos a uma maior repulsão estérica.
22.91 (a) $1,94 g \times 10^3$ g de H_2 (b) $2,16 \times 10^4$ L de H_2 (c) $2,76 \times 10^5$ kJ
22.93 (a) −285,83 kJ/mol de H_2; −890,4 kJ/mol de CH_4 (b) −141,79 kJ/g de H_2; −55,50 kJ/g de CH_4 (c) $1,276 \times 10^4$ kJ/m³ de H_2; $3,975 \times 10^4$ kJ/m³ de CH_4 **22.95** (a) $[HClO] = 0,036 M$ (b) pH = 1,4
22.98 (a) $SO_2(g) + 2 H_2S(aq) \longrightarrow 3 S(s) + 2 H_2O(l)$ ou
$8 SO_2(g) + 16 H_2S(aq) \longrightarrow 3 S_8(s) + 16 H_2O(l)$
(b) $4,0 \times 10^3$ mol = $9,7 \times 10^4$ L de H_2S (c) $1,9 \times 10^5$ g de S são produzidos.
22.100 As entalpias médias das ligações são: H—O, 463 kJ; H—S, 367 kJ; H—Se, 317 kJ; H—Te, 267 kJ. A entalpia de ligação H—X diminui de forma constante na série. A origem desse efeito provavelmente é o tamanho crescente do orbital de X, com o qual o orbital 1s do hidrogênio deve se sobrepor. **22.103** A dimetil-hidrazina produz 0,0369 mol de gás por grama de reagentes, enquanto a metil-hidrazina produz 0,0388 mol de gás por grama de reagentes. A metil-hidrazina tem propulsão maior.
22.104 (a) $3 B_2H_6(g) + 6 NH_3(g) \longrightarrow$
$2 (BH)_3(NH)_3(l) + 12 H_2(g); 3 LiBH_4(s) + 3 NH_4Cl(s) \longrightarrow$
$2 (BH)_3(NH)_3(l) + 9 H_2(g) + 3 LiCl(s)$
(b)

[Três estruturas de ressonância de (BH)₃(NH)₃ com anel de seis membros alternando átomos de B e N, cada um com H]

(c) 2,40 g de $(BH)_3(NH)_3$

Capítulo 23
23.3

$$\begin{array}{c} \text{N} \quad\quad \text{Cl} \\ \diagdown \quad\diagup \\ \text{Pt} \\ \diagup \quad\diagdown \\ \text{N} \quad\quad \text{Cl} \end{array}$$

(a) O número de coordenação é 4. (b) A geometria de coordenação é quadrática plana. (c) O estado de oxidação é +2.
23.6 Moléculas 1, 3 e 4 são quirais porque suas imagens especulares não são sobreponíveis às moléculas originais. **23.8** (a) Diagrama 4

(b) Diagrama 1 (c) Diagrama 3 (d) Diagrama 2 **23.11** A contração lantanídica explica a tendência (c). Contração lantanídica é o nome dado à redução do tamanho atômico em razão do aumento da carga nuclear efetiva à medida que nos movemos pelos lantanídeos e além deles. Esse efeito compensa o aumento esperado no tamanho atômico quando passamos dos elementos de transição do período 5 para os do período 6. **23.13 (a)** Ti^{2+}, $[Ar]3d^2$ **(b)** Ti^{4+}, $[Ar]$ **(c)** Ni^{2+}, $[Ar]3d^8$ **(d)** Zn^{2+}, $[Ar]3d^{10}$ **23.15 (a)** Ti^{3+}, $[Ar]3d^1$ **(b)** Ru^{2+}, $[Kr]4d^6$ **(c)** Au^{3+}, $[Xe]4f^{14}5d^8$ **(d)** Mn^{4+}, $[Ar]3d^3$ **23.17 (a)** Os elétrons desemparelhados em um material paramagnético fazem com que ele seja fracamente atraído por um campo magnético. **23.19** O diagrama mostra um material com *spins* desalinhados que se alinham na direção do campo magnético aplicado. Trata-se de um material paramagnético. **23.21 (a)** *Valência primária* é quase igual ao número de oxidação. Este é um termo mais amplo do que carga iônica, mas complexos de Werner contêm íons metálicos em que a carga do cátion e o número de oxidação são iguais. **(b)** Número de coordenação é o termo moderno para valência secundária. **(c)** O NH_3 pode servir como ligante porque tem um par de elétrons não compartilhado, enquanto o BH_3 não tem. Ligantes são as bases de Lewis nas interações metal-ligante. Como tal, devem ter pelo menos um par de elétrons não compartilhado. **23.23 (a)** +2 **(b)** 6 **(c)** Dois mols de AgBr(s) precipitarão por mol de complexo. **23.25 (a)** Número de coordenação = 4, número de oxidação = +2 **(b)** 5, +4 **(c)** 6, +3 **(d)** 5, +2 **(e)** 6, +3 **(f)** 4, +2 **23.27 (a)** Ligante monodentado

H—C—C—N: (com H's)

(b) Ligante monodentado

H—C—P̈—C—H (com H's e H—C—H)

(c) Ligante monodentado ou bidentado

$[CO_3]^{2-}$ (três estruturas de ressonância)

(d) Improvável que atue como ligante

H—C—C—H (com H's)

23.29 (a) *Orto*-fenantrolina, *o*-phen, é bidentada. **(b)** Oxalato, $C_2O_4^{2-}$, é bidentado. **(c)** Etilenodiaminotetraacetato, EDTA, é polidentado. Trata-se de um complexo heptacoordenado raro. **(d)** Etilenodiamina, en, é bidentada. **23.31 (a)** Acetonitrila (CH_3CN) **(b)** Íon hidreto (H^-) **(c)** Monóxido de carbono (CO) **23.33** Falso. O ligante não é um típico ligante bidentado. A molécula inteira é plana, e os anéis benzênicos em cada lado dos dois átomos de N inibem sua aproximação na orientação correta para que ocorra efeito quelato. **23.35 (a)** $[Cr(NH_3)_6](NO_3)_3$ **(b)** $[Co(NH_3)_4CO_3]_2SO_4$ **(c)** $[Pt(en)_2Cl_2]Br_2$ **(d)** $K[V(H_2O)_2Br_4]$ **(e)** $[Zn(en)_2][HgI_4]$ **23.37 (a)** Cloreto de tetraaminodiclororródio(III) **(b)** Hexaclorotitanato(IV) de potássio **(c)** Tetracloroxomolibdênio(VI) **(d)** Brometo de tetraqua(oxalato)platina(IV) **23.39 (a)** Os complexos 1, 2 e 3 podem ter isômeros geométricos; todos têm isômeros *cis-trans*. **(b)** Complexo 2 pode ter isômeros de ligação, devido à presença do ligante nitrito. **(c)** O isômero geométrico *cis* do complexo 3 pode ter isômeros

óticos. **(d)** O complexo 1 pode ter isômeros de esfera de coordenação. É o único complexo com um contraíon, que também pode ser um ligante. **23.41** Sim. Nenhum isômero estrutural ou estereoisômero é possível para um complexo tetraédrico MA_2B_2. O complexo deve ser quadrático plano, com isômeros geométricos *cis* e *trans*. **23.43 (a)** Estrutura única, sem outros isômeros. **(b)** Dois isômeros geométricos; isômeros *trans* e *cis* com ângulos Cl—Ir—Cl de 180° e 90°, respectivamente. **(c)** Três isômeros geométricos; isômeros *trans* e *cis* com ângulos Cl—Fe—Cl de 180° e 90°, respectivamente; o isômero *cis* tem enantiômeros.
23.45 (a) Não quiral **(b)** Não quiral **(c)** Quiral, tem isômeros ópticos. **23.47 (a)** Azul **(b)** $E = 3{,}26 \times 10^{-19}$ J por fóton **(c)** $E = 196$ kJ/mol **23.49 (a)** Diamagnético. Zn^{2+}, $[Ar]3d^{10}$. Não há elétrons desemparelhados. **(b)** Diamagnético. Pd^{2+}, $[Kr]4d^8$. Complexos quadráticos planos com 8 elétrons *d* costumam ser diamagnéticos, em especial aqueles com um centro de metal pesado, como Pd. **(c)** Paramagnético. V^{3+}, $[Ar]3d^2$. Os dois elétrons *d* seriam desemparelhados em qualquer um dos diagramas de níveis de energia dos orbitais *d*. **23.51** Um elétron em um orbital *d* com lóbulos que apontam diretamente para os ligantes é mais energético do que um elétron em um orbital *d* com lóbulos que não apontam diretamente para os ligantes.
23.53 (a)

$$\begin{array}{c} \underline{}\ \underline{}\ \ d_{x^2-y^2},\ d_{z^2} \\ \Delta \\ \underline{}\ \underline{}\ \underline{}\ d_{xy},\ d_{xz},\ d_{yz} \end{array}$$

(b) A magnitude de Δ e a energia da transição *d-d* para um complexo d^1 são iguais. **(c)** $\Delta = 220$ kJ/mol **23.55 (a)** Ambos os minerais contêm Cu^{2+}, $[Ar]3d^9$. **(b)** É provável que a azurita tenha maior Δ. Ela absorve a luz visível laranja, que tem comprimentos de onda mais curtos do que a luz vermelha absorvida pela malaquita. **23.57 (a)** Ti^{3+}, d^1 **(b)** Co^{3+}, d^6 **(c)** Ru^{3+}, d^5 **(d)** Mo^{5+}, d^1 **(e)** Re^{3+}, d^4 **23.59** Sim. Um ligante de campo fraco leva a um pequeno valor de Δ e a um pequeno desdobramento na energia dos orbitais *d*. Se o desdobramento na energia de um complexo é menor do que a necessária para emparelhar elétrons em um orbital, o complexo é de *spin* alto. **23.61 (a)** Mn, $[Ar]4s^23d^5$; Mn^{2+}, $[Ar]3d^5$; 1 elétron desemparelhado.

(b) Ru, $[Kr]5s^14d^7$; Ru^{2+}, $[Kr]4d^6$; 0 elétrons desemparelhados

(c) Rh, $[Kr]5s^14d^8$; Rh^{2+}, $[Kr]4d^7$; 1 elétron desemparelhado

23.63 Todos os complexos neste exercício são octaédricos hexacoordenados.

(a) d^4, *spin* alto **(b)** d^5, *spin* alto
(c) d^6, *spin* baixo **(d)** d^5, *spin* baixo
(e) d^3 **(f)** d^8

23.65

| 1 | 1 |

| 1 | 1 | 1 |

spin alto

23.69 [Pt(NH₃)₆]Cl₄; [Pt(NH₃)₄Cl₂]Cl₂; [Pt(NH₃)₃Cl₃]Cl; [Pt(NH₃)₂Cl₄]; K[Pt(NH₃)Cl₅]

23.73 (a)

```
    H   H H   H H   H
    |   | |   | |   |
H — C — P̈ — C — C — P̈ — C — H
    |   | |   | |   |
    H   | H   H |   H
    H — C — H  H — C — H
        |          |
        H          H
```

(b) O ligante dmpe é bidentado, ligando-se através dos dois átomos de P.
(c) O estado de oxidação do Mo é zero. **(d)** Mo(CO)₄(dmpe) *não* é quiral, pois pode ser sobreposto à sua imagem especular. **23.76 (a)** Ferro
(b) Magnésio **(c)** Ferro **(d)** Cobre **23.78 (a)** Pentacarbonilferro(0).
(b) O estado de oxidação do ferro deve ser zero. **(c)** Dois. Um isômero tem CN⁻ em uma posição axial e o outro, em uma posição equatorial.

23.80

(a)

d^2

(b) A afirmação (ii) explica as cores desses complexos: um elétron é excitado dos orbitais t_{2g} para os orbitais e_g. **(c)** [V(H₂O)₆]³⁺ absorverá a luz com maior energia porque tem Δ maior do que [VF₆]³⁻. H₂O está no meio da série espectroquímica e produz Δ maior do que F⁻, um ligante de campo fraco. **23.82** [Co(NH₃)₆]³⁺, amarelo; [Co(H₂O)₆]²⁺, rosa; [CoCl₄]²⁻, azul

23.83 (a)

$$\left[\begin{array}{c} \text{O} \\ \text{C} \\ \text{NC} — \text{Fe} — \text{CN} \\ \text{NC} \quad \text{CN} \\ \text{C} \\ \text{O} \end{array}\right]^{2-}$$

(b) Dicarboniltetracianoferrato(II) de sódio **(c)** +2, 6 elétrons *d* **(d)** Espera-se que o complexo seja de *spin* baixo. O cianeto (e a carbonila) estão no topo da série espectroquímica, o que significa que o complexo terá um grande desdobramento Δ, característico dos complexos de *spin* baixo.
23.93 (a) Sim, o estado de oxidação do Co é +3 em ambos os complexos.
(b) Quando o composto B reage com AgNO₃(*aq*), há precipitação de AgBr(*s*) branco. **(c)** Quando o composto A reage com BaCl₂(*aq*), há precipitação de BaSO₄(*s*) branco. **(d)** Os compostos A e B são isômeros de esfera de coordenação. **(e)** Ambos os compostos são eletrólitos fortes.
23.94 ΔE = 3,02 × 10⁻¹⁹ J por fóton, λ = 657 nm. O complexo vai absorver em torno de 660 nm no visível, e parecerá azul-esverdeado.

Capítulo 24
24.1 As estruturas (**c**) e (**d**) são a mesma molécula.
24.7 (a) Falsa **(b)** Falsa **(c)** Verdadeira **(d)** Falsa **24.9** Ao numerar a partir da direita na fórmula estrutural condensada, C1 tem geometria de domínio eletrônico trigonal plana, ângulos de ligação de 120° e hibridização sp^2; C2 e C5 têm geometria de domínio eletrônico tetraédrica, ângulos de ligação de 109° e hibridização sp^3; C3 e C4 têm geometria de domínio eletrônico linear, ângulos de ligação de 180° e hibridização sp. **24.11 (a)** Um **(b)** Dez

(c) Sete **(d)** Cinco **(e)** Dois **24.13 (a)** Verdadeira **(b)** Verdadeira **(c)** Falsa
(d) Falsa **(e)** Verdadeira **(f)** Falsa **(g)** Verdadeira **24.15 (a)** 2,3-dimetil-heptano **(b)** CH₃CH₂CH₂C(CH₃)₃

(c)
```
        H₃C     CH₃
          \   /
           C
         /   \
      H₂C     CH₂
       |       |
      H₂C     CH₂
          \   /
           CH
           |
         CH₂CH₃
```

(d) 2,2,5-trimetil-hexano **(e)** Metilciclobutano
24.17 (a) Insaturado **(b)** Sim, todos os alcinos são insaturados.
24.19 (a) CH₃CH₂CH₂CH₂CH₃, C₅H₁₂

(b)
```
       CH₂
      /    \
   H₂C     CH₂        , C₅H₁₀
      \    /
   H₂C — CH₂
```

(c) CH₂==CHCH₂CH₂CH₃, C₅H₁₀
(d) HC≡CCH₂CH₂CH₃, C₅H₈
24.21 Uma possível estrutura é CH≡C—CH=CH—C≡CH.
24.23 Existem pelo menos 46 isômeros estruturais com a fórmula C₆H₁₀. Alguns deles são

CH₃CH₂CH₂CH₂C≡CH   CH₃CH₂CH₂C≡CCH₃

```
   H  H                        H
    \ /                        |
CH₃C=C—CH₂CH=CH₂          CH₃C=C—CH₂CH=CH₂
                              |
                              H
```

```
       CH                CH₃                CH=CH
      ∥                   ∥                ∥     \
   HC   CH₂            CH=C                CH     CH₃
   |    |             /     \              |    / 
   H₂C  CH₂         H₂C     CH₂           H₂C—C
      \ /              \   /                    \
       CH₂              CH₂                      H
```

24.25

(a)
```
        H       CH₃
         \     /
          C=C
         /     \
   CH₃CH₂      H
```

(b)
```
                CH₃             CH₃
                 |               |
   CH₃CH₂CH₂—C=CH—CH₂—CH—CH₃
```

(c) *cis*-6-metil-3-octeno **(d)** *para*-dibromobenzeno
(e) 4,4-dimetil-1-hexino **24.27 (a)** Verdadeira **(b)** Verdadeira **(c)** Falsa
24.29 (a) Não

(b)
```
      H       Cl              ClH₂C        Cl
       \     /                     \      /
        C=C                         C=C
       /     \                     /      \
   ClH₂C     CH₃                 H        CH₃
```

(c) Não **(d)** Não **24.31 (a)** Verdadeiro

(b) CH₃CH₂CH=CH—CH₃ + Br₂ ⟶
2-penteno

CH₃CH₂CH(Br)CH(Br)CH₃
2,3-dibromopentano

Essa é uma reação de adição.

(c)

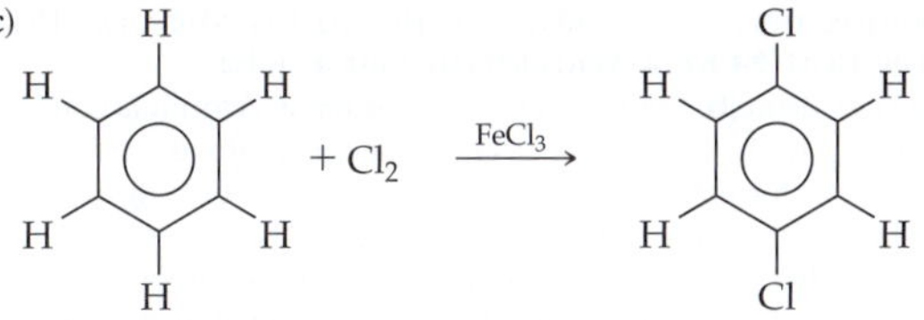

C₆H₆ + Cl₂ →(FeCl₃) C₆H₄Cl₂

Essa é uma reação de substituição.

24.33 Os ângulos C—C—C de 60° no anel do ciclopropano causam tensão, que fornece uma força motriz para as reações que resultam na abertura do anel. Não há tensão parecida nos anéis de cinco ou seis membros. (**b**) C₂H₄(g) + HBr(g) ⟶ CH₃CH₂Br(l);

C₆H₆(l) + CH₃CH₂Br(l) →(AlCl₃) C₆H₅CH₂CH₃(l) + HBr(g)

24.35 Sim, essa informação sugere (mas não prova) que as reações ocorrem da mesma maneira. O fato de que as duas leis de velocidade são de primeira ordem em ambos os reagentes e de segunda ordem global indica que o complexo ativado na etapa determinante da velocidade em cada mecanismo é bimolecular e contém uma molécula de cada reagente. Geralmente, isso é indicativo de que os mecanismos são iguais, mas ainda há a possibilidade de diferentes etapas rápidas ou uma ordem diferente de etapas elementares. **24.37** ΔH_comb por mol de CH₂ para ciclopropano = 696,3 kJ e para ciclopentano = 663,4 kJ. O ΔH_comb para o ciclopropano é maior porque C₃H₆ tem um anel tensionado. Quando a combustão ocorre, a tensão é aliviada e a energia armazenada é liberada.

24.39 (**a**) (iii) (**b**) (i) (**c**) (ii) (**d**) (iv) (**e**) (v) **24.41** (**a**) Propionaldeído (ou propanal):

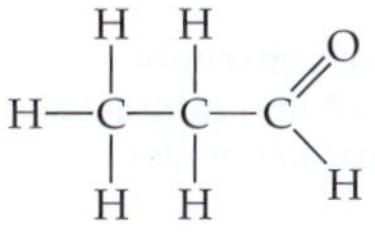

(**b**) Éter etilmetílico:

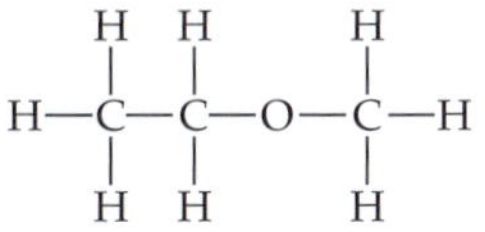

24.43

(**a**) H—C(=O)—OH

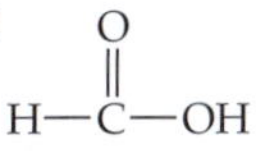

(**b**) CH₃CH₂CH₂CH₂C(=O)—OH

ou

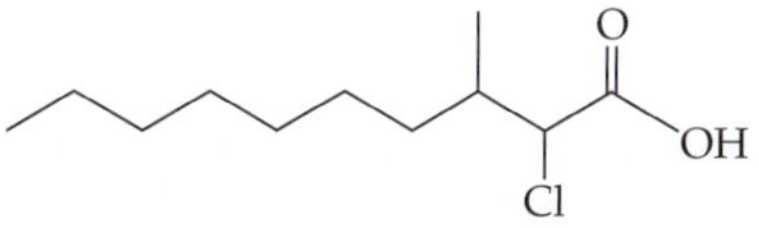

(estrutura com cadeia e COOH)

(**c**)

CH₃CH₂CH₂CH₂CH₂CH₂CH₂CH—C(CH₃)(Cl)—C(=O)—OH

ou

(estrutura com cadeia, ramificação metil e Cl no carbono alfa do COOH)

24.45

(**a**) CH₃CH₂O—C(=O)—C₆H₅

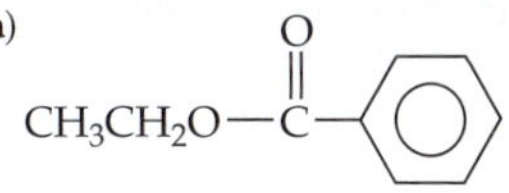

Benzoato de etila

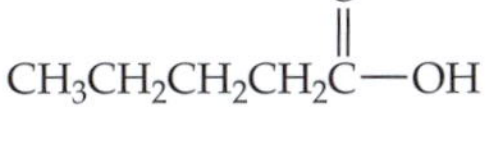

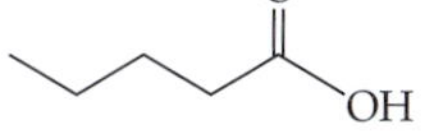

(**b**) CH₃NH—C(=O)CH₃

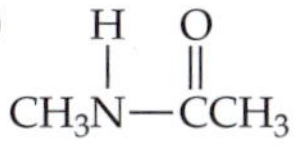

N-metiletanamida ou N-metilacetamida

(**c**) C₆H₅—O—C(=O)CH₃

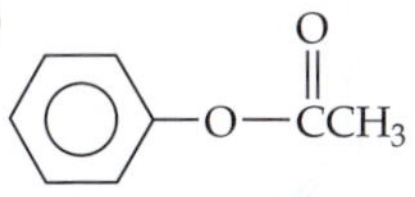

Acetato de fenila

24.47

(**a**) CH₃CH₂C(=O)—O—CH₃ + NaOH ⟶ [CH₃CH₂CO₂]⁻ + Na⁺ + CH₃OH

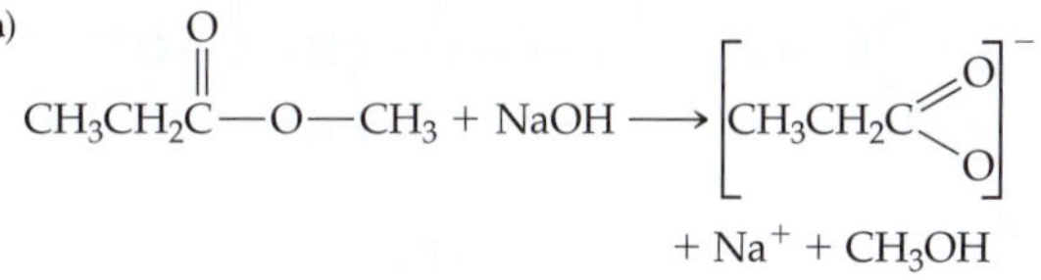

(**b**) CH₃C(=O)—O—C₆H₅ + NaOH ⟶ [CH₃CO₂]⁻ + Na⁺ + C₆H₅OH

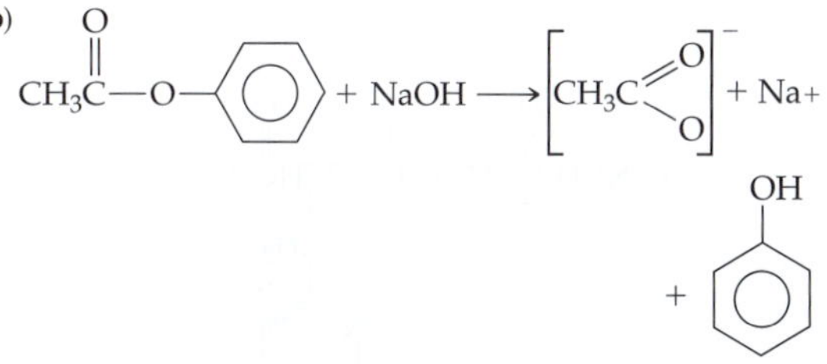

24.49 Pontos de fusão e de ebulição elevados são indicadores de forças intermoleculares intensas na substância. A presença de ambos os grupos, —OH e —C=O, no ácido acético puro nos leva a concluir que ela será uma substância com fortes ligações de hidrogênio. O fato de que os pontos de fusão e de ebulição do ácido acético puro são superiores aos da água, uma substância que sabemos ter fortes ligações de hidrogênio, sustenta essa conclusão. **24.51** (**a**) CH₃CH₂CH₂CH(OH)CH₃
(**b**) CH₃CH(OH)CH₂OH

(**c**) CH₃COCH₂CH₃

(**d**) C₆H₅—C(=O)—C₆H₅

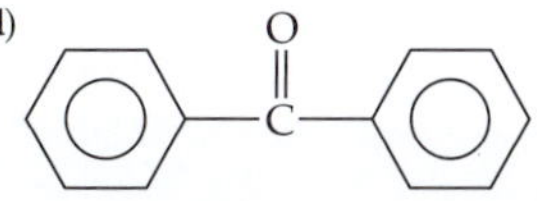

(e) $CH_3OCH_2CH_3$.
24.53 (c) Existem dois átomos de carbono quirais na molécula.

24.55 (a)
$$H_2N-\underset{H}{\overset{R}{C}}-COOH$$

(b) Na formação de proteínas, os aminoácidos sofrem uma reação de condensação entre o grupo amino de uma molécula e o grupo ácido carboxílico de outra para formar a ligação amida.

(c) A ligação que une os aminoácidos em proteínas é denominada peptídica. Ela é mostrada em negrito na figura a seguir.

$$-\underset{H}{\overset{O}{C}}\mathbf{=}N-$$

24.57

[estrutura do histidina-aspartato dipeptídeo com NH_3^+, grupos C=O, CH_2 ligado ao anel imidazol protonado, e grupo CO_2^-]

[estrutura do aspartato-histidina dipeptídeo]

24.59 (a)
$$H_3\overset{+}{N}CH_2\overset{O}{\overset{\|}{C}}NHCH_2\overset{O}{\overset{\|}{C}}NHCHCO^-$$
com cadeia lateral CH_2 ligada a anel pirazina

(b) São possíveis três tripeptídeos: Gly-Gly-His, GGH; Gly-His-Gly, GHG; His-Gly-Gly, HGG. **24.61** (a) Verdadeira (b) Falsa (c) Falsa
24.63 (a) Verdadeira (b) Falsa (c) Verdadeira **24.65** (a) A fórmula empírica da celulose é $C_6H_{10}O_5$. (b) A forma do anel de seis membros da glicose é o monômero que forma a base do polímero de celulose. (c) As ligações de éter conectam as unidades de monômero de glicose na celulose.
24.67 (a) Sim. (b) Quatro. Na forma linear da manose, o carbono aldeídico é C1. Os átomos de carbono 2, 3, 4 e 5 são quirais, porque cada um deles se conecta a quatro grupos diferentes. (c) As formas α (à esquerda) e β (à direita) são possíveis.

[estruturas de α e β manose em anel de seis membros, com numeração dos carbonos 1-6]

24.69 (a) Falsa (b) Verdadeira (c) Verdadeira **24.71** *Purinas*, com maior nuvem eletrônica e massa molar, terão forças de dispersão maiores do que as *pirimidinas* em solução aquosa. **24.73** 5'-TACG-3'
24.75 A fita complementar para 5'-GCATTGGC-3' é 3'-CGTAACCG-5'.
24.77

$$H_2C=\overset{O}{\overset{\|}{C}}-H \quad H-\overset{H}{\underset{H}{C}}-\overset{\|}{C}-OH$$

24.86 (a) Uma cetona e dois grupos funcionais álcool; sem centros quirais. (b) Uma cetona e três grupos funcionais álcool; um centro quiral. (c) Um ácido carboxílico e um grupo funcional amina; dois centros quirais.

RESPOSTAS DO SIMULADO

Capítulo 1 **SIM 1.1 (b)** Moléculas de uma mistura de dois elementos diferentes. **SIM 1.2 (c)** Um sólido pode ser facilmente comprimido. **SIM 1.3 (a)** O ar que respiramos. **SIM 1.4 (d)** Carbono. **SIM 1.5 (b)** física, extensiva **SIM 1.6 (a)** Apenas uma das três é uma transformação física. **SIM 1.7 (d)** A destilação é uma técnica que depende das diferenças nas tendências das substâncias de formar gases. **SIM 1.8 (e)** Todas as afirmações estão corretas. **SIM 1.9 (c)** Sua energia cinética aumenta e sua energia potencial gravitacional diminui. **SIM 1.10 (d)** $4{,}0 \times 10^6$ cg **SIM 1.11 (b)** C < A < B **SIM 1.12 (a)** 19 barras **SIM 1.13 (c)** 15,5 kg **SIM 1.14 (d)** 1.000 J **SIM 1.15 (b)** 2 **SIM 1.16 (c)** As afirmações i e iii estão corretas. **SIM 1.17 (c)** 4 **SIM 1.18 (d)** 4 **SIM 1.19 (e)** $2{,}9 \times 10^2$ g **SIM 1.20 (c)** 3 **SIM 1.21 (b)** 236 m/s **SIM 1.22 (b)** 0,961 kg/L **SIM 1.23 (b)** 9,02 mg

Capítulo 2 **SIM 2.1 (b)** o volume de espaço ocupado pelos elétrons do átomo **SIM 2.2 (d)** ^{162}Ho **SIM 2.3 (c)** $^{63}_{30}$Cu **SIM 2.4 (b)** ^{63}Cu deve ser mais abundante do que ^{65}Cu **SIM 2.5 (c)** Se **SIM 2.6 (d)** C_4O_2, C_2O **SIM 2.7 (e)** Ce^{4+} **SIM 2.8 (a)** Ti^{4+} **SIM 2.9 (a)** CBr_4 **SIM 2.10 (d)** N **SIM 2.11 (a)** ClO_2^-, clorato **SIM 2.12 (c)** Fe_2O_3, trióxido de diferro **SIM 2.13 (b)** ácido nitroso, HNO_3 **EP 2.14 (a)** CS_2 **SIM 2.15 (d)** 2-metilbutano **SIM 2.16 (c)** C_3H_7 **SIM 2.17 (b)** 2

Capítulo 3 **SIM 3.1 (d)** 6 **SIM 3.2 (b)** 4 **SIM 3.3 (b)** $HCl(g) + NH_3(g) \longrightarrow NH_4Cl(s)$ **SIM 3.4 (d)** $2\,Ag_2O(s) \longrightarrow 4\,Ag(s) + O_2(g)$ **SIM 3.5 (b)** $2\,C_2H_4(OH)_2(l) + 5\,O_2(g) \longrightarrow 4\,CO_2(g) + 6\,H_2O(g)$ **SIM 3.6 (a)** 310,2 uma **SIM 3.7 (b)** 17,1% **SIM 3.8 (c)** 50 g de cloreto de sódio **SIM 3.9 (b)** 2+ **SIM 3.10 (c)** $1{,}91 \times 10^{23}$ **SIM 3.11 (d)** C_6H_{12} **SIM 3.12 (d)** $C_4H_8O_2$ **SIM 3.13 (a)** 3,18 g **SIM 3.14 (d)** 3,63 g **SIM 3.15 (d)** 14 mols de $CH_3OH(l)$ **SIM 3.16 (a)** 1,20 g **SIM 3.17 (b)** 96% **SIM 3.18 (b)** O_2, 106 g **SIM 3.19 (b)** 72,6%

Capítulo 4 **SIM 4.1 (e)** 3,0 **SIM 4.2 (b)** $CaCO_3$ **SIM 4.3 (e)** Não há formação de precipitado. **SIM 4.4 (a)** Não há reação; todos os produtos possíveis são solúveis. **SIM 4.5 (b)** ácido bromídrico **SIM 4.6 (d)** nitrato de sódio **SIM 4.7 (d)** $NH_3(aq) + H+(aq) \longrightarrow NH_4^+(aq)$ **SIM 4.8 (d)** H_2O_2 **SIM 4.9 (a)** O zinco é oxidado, e o íon cobre é reduzido. **SIM 4.10 (b)** lítio **SIM 4.11 (c)** $3{,}91 \times 10^{-2}$ M **SIM 4.12 (e)** 2:1 **SIM 4.13 (c)** 1,84 M **SIM 4.14 (b)** 8,75 mL **SIM 4.15 (b)** 19,5 mg **SIM 4.16 (c)** 0,163 M **SIM 4.17 (e)** 81,0%

Capítulo 5 **SIM 5.1 (c)** A energia potencial eletrostática entre os íons potássio e brometo é positiva. **SIM 5.2 (c)** $q < 0$; $w > 0$; o sinal de ΔE não pode ser determinado a partir das informações fornecidas. **SIM 5.3 (c)** i e iii são verdadeiras. **SIM 5.4 (d)** Uma vez que ΔH está relacionada ao calor, o valor de ΔH depende do caminho percorrido entre dois estados. **SIM 5.5 (b)** −1,37 L·atm **SIM 5.6 (d)** exotérmica, negativo **SIM 5.7 (c)** i e iii são verdadeiras. **SIM 5.8 (b)** −181 kJ **SIM 5.9 (c)** diminui, aumenta **SIM 5.10 (d)** −464 kJ > mol **SIM 5.11 (b)** 6,42 kJ > °C **SIM 5.12 (d)** −171,0 kJ **SIM 5.13 (c)** 131,3 kJ **SIM 5.14 (c)** $H_2(g) + \frac{1}{2}O_2(g) \longrightarrow H_2O(l)$, $\Delta H = -286$ kJ **SIM 5.15 (b)** −196,0 kJ **SIM 5.16 (c)** $2\,\Delta H_f^\circ\,[SO_3] = \Delta H_{rea}^\circ + 2\,\Delta H_f^\circ\,[SO_2]$ **SIM 5.17 (e)** Todas as três afirmações são verdadeiras. **SIM 5.18 (a)** 242 kJ **SIM 5.19 (a)** 2 g de carboidrato e 0,1 g de gordura **SIM 5.20 (a)** A < B < C

Capítulo 6 **SIM 6.1 (d)** 34,5 μm **SIM 6.2 (c)** frequência, velocidade **SIM 6.3 (b)** 0,16 m **SIM 6.4 (b)** Elétrons serão emitidos, e as energias cinéticas máximas de tais elétrons serão maiores do que a daqueles emitidos quando irradiados com a caneta laser vermelha. **SIM 6.5 (e)** $E = N_A \dfrac{hc}{\lambda}$ **SIM 6.6 (b)** Todos têm $n_f = 2$. **SIM 6.7 (b)** princípio da incerteza **SIM 6.8 (a)** i < iii < ii **SIM 6.9 (b)** $2{,}3 \times 10^{-10}$ m **SIM 6.10 (d)** i e iii **SIM 6.11 (c)** O elétron se move em uma órbita circular em torno do núcleo. **SIM 6.12 (d)** $n = 4$, $l = 3$ **SIM 6.13 (b)** i e ii **SIM 6.14 (c)** 1, 2, 3 **SIM 6.15 (c)** i e iii **SIM 6.16 (b)** p

SIM 6.17 (d) elétrons 2 e 3, que são degenerados e têm energia mais baixa que o elétron 1 **SIM 6.18 (d)** 10 **SIM 6.19 (b)** apenas Ca **SIM 6.20 (d)** $[Xe]6s^2 4f^{14} 5d^6$

Capítulo 7 **SIM 7.1 (a)** 1+ **SIM 7.2 (c)** 1,86 Å **SIM 7.3 (d)** O < N < P < Ge **SIM 7.4 (b)** F < Cl < S^{2-} < Se^{2-} **SIM 7.5 (a)** Sr^{2+} < Rb^+ < Br^- < Se^{2-} < Te^{2-} **SIM 7.6 (e)** $Br^2(g) \longrightarrow Br^{3+}(g) + e^-$ **SIM 7.7 (d)** As afirmações ii e iii são verdadeiras. **SIM 7.8 (a)** $[Kr]4d^4$ **SIM 7.9 (c)** provavelmente é um halogênio **SIM 7.10 (d)** diminui, aumenta **SIM 7.11 (d)** Se a carga nuclear do átomo A é maior do que a do átomo B, a carga nuclear efetiva de A é maior do que a de B. **SIM 7.12 (b)** aumenta, diminui **SIM 7.13 (d)** Si **SIM 7.14 (d)** Ag **SIM 7.15 (e)** $M(OH)_3(aq)$ **SIM 7.16 (c)** 3 **SIM 7.17 (e)** Todas as afirmações são verdadeiras. **SIM 7.18 (b)** S **SIM 7.19 (b)** A primeira energia do césio é menor do que a do sódio. **SIM 7.20 (d)** $Sr^{2+}(aq) + H_2(g) + O_2(g)$; **(e)** $Sr^{2+}(aq) + OH^-(aq) + H_2(g)$

Capítulo 8 **SIM 8.1 (c)** Si **SIM 8.2 (e)** A atração entre os cátions e os ânions aumenta à medida que os raios dos íons aumentam. **SIM 8.3 (b)** ScN > MgO > NaCl > CsI **SIM 8.4 (b)** Ca **SIM 8.5 (c)** Na formação da ligação Cl — Cl, um elétron é completamente transferido de um átomo de Cl para o outro. **SIM 8.6 (b)** H_2S **SIM 8.7 (e)** Todas as afirmações são verdadeiras. **SIM 8.8 (b)** O flúor tem primeira energia de ionização e afinidade eletrônica altas. **SIM 8.9 (a)** H—F **SIM 8.10 (d)** 4,39 D **SIM 8.11 (d)** W está em um estado de oxidação mais elevado em WF_6, o que aumenta o grau de ligação covalente. **SIM 8.12 (e)** mais de uma das alternativas anteriores **SIM 8.13 (a)** 0 **SIM 8.14 (b)** 6 **SIM 8.15 (c)** 2 **SIM 8.16 (b)** Devido às múltiplas estruturas de ressonância, as seis ligações carbono-carbono no benzeno, C_6H_6, têm o mesmo comprimento. **SIM 8.17 (b)** NO_2^- e CO_3^{-2} **SIM 8.18 (c)** $:\!\ddot{F}\!-\!\ddot{C}\!-\!\ddot{F}\!:$ **SIM 8.19 (a)** SF_4 **SIM 8.20 (e)** 1, 2

Capítulo 9 **SIM 9.1 (c)** A forma do PF_3 pode ser obtida pela remoção de um átomo de um arranjo tetraédrico de átomos. **SIM 9.2 (c)** 3 **SIM 9.3 (a)** H_2S tem geometria do domínio eletrônico trigonal plana. **SIM 9.4 (d)** Apenas ii e iii são verdadeiras. **SIM 9.5 (a)** 109,5° e 109,5° **SIM 9.6 (c)** Apenas i e iii são verdadeiras. **SIM 9.7 (b)** trigonal plana **SIM 9.8 (a)** A ligação é formada a partir da sobreposição de um orbital 3p em um átomo de Cl com um orbital 3s em outro átomo de Cl. **SIM 9.9 (b)** Os orbitais híbridos nos permitem criar múltiplas ligações equivalentes, ao contrário dos orbitais atômicos. **SIM 9.10 (c)** sp, 180 **SIM 9.11 (c)** O_3 **SIM 9.12 (c)** i e iii **SIM 9.13 (e)** 4, 4 **SIM 9.14 (d)** 8 **SIM 9.15 (d)** σ^*_{1s}, antiligante **SIM 9.16 (b)** H_2^+ e H_2^- **SIM 9.17 (a)** O número de orbitais moleculares para uma molécula é menor do que o número de orbitais atômicos usados para compô-los. **SIM 9.18 (e)** 1, ½ **SIM 9.19 (b)** Apenas i e ii são verdadeiras. **SIM 9.20 (c)** O_2, paramagnética **SIM 9.21 (e)** F_2^- < C_2^{2+} < O_2^- < N_2^-

Capítulo 10 **SIM 10.1 (b)** Os gases são incompressíveis. **SIM 10.2 (d)** 10,3 m **SIM 10.3 (b)** 95,6 mm **SIM 10.4 (d)** 1.000 atm **SIM 10.5 (c)** i e iii **SIM 10.6 (c)** Se criar um gráfico de V versus 1/P para uma quantidade fixa de gás a uma temperatura constante, o resultado será uma linha reta com inclinação positiva. **SIM 10.7 (a)** Dobrará. **SIM 10.8 (b)** 1,9 L **SIM 10.9 (c)** 1,4 L **SIM 10.10 (e)** $9{,}39 \times 10^5$ g **SIM 10.11 (b)** 27 psi **SIM 10.12 (c)** 0,76 L **SIM 10.13 (a)** 0,92 g/L **SIM 10.14 (c)** 44,1 g/mol **SIM 10.15 (d)** 0,47 atm **SIM 10.16 (d)** 4,9 atm **SIM 10.17 (b)** 0,33 **SIM 10.18 (b)** As moléculas de C_3H_8 e de CH_4 têm a mesma energia cinética média. **SIM 10.19 (b)** Moléculas de gás se movem em círculos. **SIM 10.20 (a)** quatro, não mudará **SIM 10.21 (d)** 335 m/s **SIM 10.22 (d)** ii e iii **SIM 10.23 (b)** 37,2% **SIM 10.24 (a)** Subestimar em 12,38 atm **SIM 10.25 (e)** ii, iii e iv

Capítulo 11 **SIM 11.1 (d)** Preenche todo o volume do recipiente que ocupa. **SIM 11.2 (b)** ii **SIM 11.3 (a)** i **SIM 11.4 (a)** i

Respostas do simulado

SIM 11.5 (a) Dimetilsulfóxido, CH₃ **SIM 11.6 (d)** peróxido de hidrogênio, H₂O₂ **SIM 11.7 (d)** ligação iônica, interações íon-dipolo **SIM 11.8 (c)** H₂ < O₂ < H₂CO < H₂O < CaO
SIM 11.9 (c) CH₄ < Ar < Cl₂ < CH₃COOH **SIM 11.10 (b)** A molécula de etilenoglicol pode formar mais ligações de hidrogênio por molécula do que o 1-propanol. **SIM 11.11 (c)** pressão de vapor **SIM 11.12 (d)** em forma de U, mais intensas **SIM 11.13 (d)** endotérmica, maior.
SIM 1.14 (d) calor de vaporização e calor específico do H₂O(l)
SIM 11.15 (c) sua capacidade de assumir a forma e o volume do seu recipiente **SIM 11.16 (b)** sua pressão de vapor é igual à pressão da atmosfera ao redor **SIM 11.17 (d)** i e ii **SIM 11.18** (d) O êmbolo está em posição mais alta do que estava antes de o calor ser adicionado.
SIM 11.19 (c) O ponto de ebulição normal da substância A é maior do que o da substância B. **SIM 11.20 (c)** fenol, C₆H₅OH **SIM 11.21 (a)** alta temperatura, alta pressão **SIM 11.22 (a)** Sublima a cerca de −200 °C
SIM 11.23 (b) sólido < cristal líquido esmético A < cristal líquido nemático < líquido **SIM 11.24 (e)** rígidas, em forma de bastão

Capítulo 12
SIM 12.1 (d) de rede covalente **SIM 12.2 (a)** I
SIM 12.3 (b) rede cristalina = quadradas; átomos por célula unitária = 1 A + 2 B **SIM 12.4 (a)** cúbica primitiva **SIM 12.5 (d)** romboédrica
SIM 12.6 (b) Ir **SIM 12.7 (c)** 6 **SIM 12.8** (c) 1,45 Å **SIM 12.9 (e)** 78,5%
SIM 12.10 (b) Os elementos não metálicos geralmente estão presentes nas ligas intersticiais e de substituição. **SIM 12.11 (e)** os pontos de fusão baixos dos metais no final da série de transição, como o cádmio (Cd) e o mercúrio (Hg) **SIM 12.12 (a)** Cs **SIM 12.13 (c)** Ni₃Sn
SIM 12.14 (d) 2,39 g/cm³ **SIM 12.15 (d)** nem i nem ii **SIM 12.16 (e)** Os átomos no cristal têm um grande número de vizinhos mais próximos (8 a 12). **SIM 12.17 (e)** Em geral, quanto mais polares forem as ligações em compostos semicondutores, menor será a banda proibida.
SIM 12.18 (c) Si:Al

Capítulo 13
SIM 13.1(a) aumenta, aumenta **SIM 13.2 (b)** acetona (CH₃COCH₃) dissolvida em H₂O **SIM 13.3 (a)** i **SIM 13.4 (b)** |ΔH_{soluto}| < |Δ$H_{solvente}$| < |Δ$H_{mistura}$| **SIM 13.5 (d)** igual à, saturada **SIM 13.6 (c)** se deposita no fundo sem dissolver, mantendo a concentração da solução inalterada **SIM 13.7 (a)** benzeno (C₆H₆) **SIM 13.8 (d)** i e ii
SIM 13.9 (a) argônio, 0,26 **SIM 13.10 (c)** 0,057 mol/L
SIM 13.11 (b) 230 ppb **SIM 13.12 (d)** 2,91% **SIM 13.13 (b)** 1,82 × 10⁻⁵
SIM 13.14 (b) 0,022 M **SIM 13.15 (e)** 34 m **SIM 13.16** (b) A pressão de vapor será maior no recipiente com a solução de glicose.
SIM 13.17 (c) 0,125 mol **SIM 13.18 (b)** NaCl 0,15 m
SIM 13.19 (d) supõe-se que todas as interações soluto-soluto, solvente-solvente e soluto-solvente têm a mesma intensidade
SIM 13.20 (b) hipotônica, hemólise **SIM 13.21 (b)** ii
SIM 13.22 (d) norfenefrina (C₈H₁₁NO₂) **SIM 13.23 (e)** 8
SIM 13.24 (d) 199 kg **SIM 13.25 (e)** i e iii **SIM 13.26 (d)** Emulsão sólida
SIM 13.27 (c) i e ii

Capítulo 14
SIM 14.1 (d) Dimensões do recipiente da reação
SIM 14.2 (b) Apenas i e ii são verdadeiras. **SIM 14.3 (d)** 2,7 × 10⁻⁵ M/s
SIM 14.4 (c) 2 A ⟶ B + 3 C **SIM 14.5 (e)** Nenhuma afirmação é verdadeira. **SIM 14.6. (a)** $M^{-½} s^{-1}$ **SIM 14.7 (d)** não varia, aumenta por um fator de 4 **SIM 14.8 (c)** 4.600 **SIM 14.9 (b)** Apenas i e ii são verdadeiras.
SIM 14.10 (c) 11 h **SIM 14.11 (a)** ii **SIM 14.12 (d)** 2,3 × 10⁻¹ s⁻¹
SIM 14.13 (c) Apenas i e iii são verdadeiras. **SIM 14.14 (e)** A + B ⟶ X + Z
SIM 14.15 (a) C + C ⟶ K + Z **SIM 14.16 (c)** Velocidade = $k[P]^2[Q]$
SIM 14.17 (c) C **SIM 14.18 (d)** Um catalisador não pode afetar o mecanismo de uma reação. **SIM 14.19 (d)** O número de reações por segundo realizado pela enzima desenvolvida por Arnold é 15 vezes maior do que o do catalisador padrão.

Capítulo 15
SIM 15.1 (d) i e ii **SIM 15.2 (c)** $K_c = \dfrac{[SO_3]^2}{[SO_2]^2[O_2]}$
SIM 15.3 (d) 1,88 × 10³

SIM 15.4 (b)

SIM 15.5 (d) Ni(CO)₄(g) ⇌ Ni(s) + 4 CO(g) **SIM 15.6 (d)** Apenas ii e iii são verdadeiras. **SIM 15.7 (d)** 1,8 × 10² **SIM 15.8 (e)** Nem [Ag⁺] nem [Cl⁻] variam. **SIM 15.9 (d)** Aumentar o volume do recipiente.
SIM 15.10 (a) 0,0410 **SIM 15.11 (d)** 1,4 **SIM 15.12 (b)** 4,7 × 10⁻²
EP 15.13 (c) Apenas i e ii são verdadeiras. **SIM 15.14 (b)** 0,36 atm
SIM 15.15 (a) 0,57 atm **SIM 15.16 (d)** aumentirá, diminuirá, não mudará **SIM 15.17 (a)** Aumentar o volume do recipiente de reação.
SIM 15.18 (b) O equilíbrio não se desloca. **SIM 15.19 (c)** A uma temperatura fixa, um catalisador pode deslocar o equilíbrio na direção da formação de mais produto.

Capítulo 16
SIM 16.1(b) receptor, doador
SIM 16.2 (b) HSO₄⁻ e H₂O **SIM 16.3 (a)** Arrhenius **SIM 16.4 (d)** Todas as afirmações são verdadeiras. **SIM 16.5 (c)** i e iii **SIM 16.6 (b)** O²⁻
SIM 16.7 (e) iii < ii < I **SIM 16.8 (c)** 2,5 × 10⁻⁷ M
SIM 16.9 (a) 1,0 × 10⁻⁸ M **SIM 16.10 (d)** menor do que 7, igual a
SIM 16.11 (d) 11,83 **SIM 16.12 (d)** menor do que, 3,47 **SIM 16.13 (c)** iii < i < ii **SIM 16.14 (c)** 12,48 **SIM 16.15 (e)** iii < ii < i **SIM 16.16 (b)** B < C < A **SIM 16.17 (c)** 6,7 × 10⁻⁵ **SIM 16.18 (e)** 9,0% **SIM 16.19 (a)** 2,30
SIM 16.20 (e) 2,64 **SIM 16.21 (c)** **SIM 16.22** (b) 2,32
SIM 16.23 (a) 0,012 **SIM 16.24 (c)** 9,52 **SIM 16.25 (d)** anilina e íon sulfito
SIM 16.26 (c) 6,3 × 10⁻⁵ **SIM 16.27 (a)** 0,38 **SIM 16.28 (b)** HClO < C₅H₅NH⁺ < CH₂ClCOOH **SIM 16.29 (a)** HCOO⁻ < BrO⁻ < (CH₃)₃N
SIM 16.30 (e) iii < ii < i **SIM 16.31 (b)** NaHSO₄ e NaH₂PO₄
SIM 16.32 (b) HOI < HIO₂ < HBrO₂ < HClO₂ < HClO₃

Capítulo 17
SIM 17.1 (d) Ao adicionar o sal solúvel KA a uma solução de HA que está em equilíbrio, o pH aumenta. **SIM 17.2 (e)** 1,73 × 10⁻⁴ M
SIM 17.3 (c) As concentrações de ácido e base devem ser iguais.
SIM 17.4 (a) 0,174 **SIM 17.5 (a)** 60,7 g **SIM 17.6 (c)** C **SIM 17.7 (c)** O pH no ponto de equivalência é 7.00. **SIM 17.8 (d)** menor do que 7, NH₄⁺
SIM 17.9 (d) A base conjugada formada no ponto de equivalência reage com água. **SIM 17.10 (c)** 1,60 **SIM 17.11 (c)** [Ag⁺]³[PO₄³⁻]
SIM 17.12 (e) 1,40 × 10⁻³⁷ **SIM 17.13 (b)** Hidróxido de cobalto(II), K_{ps} = 1,3 × 10⁻¹⁵ **SIM 17.14 (d)** A elevação da temperatura da solução.
SIM 17.15 (c) Nenhuma das alternativas anteriores **SIM 17.16 (c)** O precipitado era hidróxido de cromo, que reagiu com mais hidróxido para produzir um íon complexo solúvel, Cr(OH)₄⁻(aq). **SIM 17.17 (a)** maior, vai. **SIM 17.18** (d) Alumínio **SIM 17.19 (d)** 10,52

Capítulo 18
SIM 18.1 (a) Troposfera **SIM 18.2 (d)** Termosfera
SIM 18.3 (b) O₂ > CO₂ > CH₄ **SIM 18.4 (d)** 1 × 10¹³ moléculas/cm³
SIM 18.5 (c) 6,24 mmHg **SIM 18.6 (a)** 620 nm **SIM 18.7 (b)** −146 kJ/mol
SIM 18.8 (b) catalisador, intermediário, produto **SIM 18.9 (e)** 5,6, CO₂(g) + H₂O(l) ⟶ H₂CO₃(aq) **SIM 18.10 (c)** O₃ **SIM 18.11 (b)** 5,7 kg
SIM 18.12 (b) ii **SIM 18.13 (c)** Contêm mais de dois átomos.
SIM 18.14 (c) endotérmicos, exotérmicos **SIM 18.15 (a)** Óxido de cálcio
SIM 18.16 (c) N e P **SIM 18.17 (b)** Quando é adicionado, o Al₂(SO₄)₃ reage com diversos cátions para formar precipitados de sulfato. Esses precipitados decantam lentamente, levando partículas suspensas consigo.
SIM 18.18 (c) Todos os resíduos devem ser eliminados com cuidado após criados. **SIM 18.19 (d)** ii e iii

Capítulo 19
SIM 19.1 (d) O equilíbrio é atingido em um sistema fechado quando a velocidade de oxidação do ferro é igual à velocidade de redução do óxido de ferro(III). **SIM 19.2 (c)** i e iii **SIM 19.3 (d)** O valor de ΔS para um sistema depende do caminho percorrido entre os dois estados do sistema. **SIM 19.4 (a)** Sim, porque o calor transferido do sistema tem sinal negativo. **SIM 19.5 (e)** Todas as afirmações são verdadeiras.
SIM 19.6 (e) um, dois, menor do que **SIM 19.7 (c)** i e iii
SIM 19.8 (b) 1 mol de H₂(g) a 100 °C e 0,5 atm **SIM 19.9 (c)** A T = 0 K, um sólido cristalino puro tem zero microestados possíveis. **SIM 19.10 (d)** As entropias molares padrão podem ter valores positivos ou negativos.
SIM 19.11 (a) 326,4 J/K **SIM 19.12 (c)** Todas as reações espontâneas têm uma variação de energia livre negativa. **SIM 19.13 (b)** −192,7 kJ
SIM 19.14 (a) A reação é espontânea a todas as temperaturas.
SIM 19.15 (d) 193 °C **SIM 19.16 (c)** +34.000 J **SIM 19.17 (e)** +2,2 kJ
SIM 19.18 (e) +265 kJ/mol **SIM 19.19 (d)** K = 23,2

Capítulo 20
SIM 20.1 (c) HNO₃ **SIM 20.2 (e)** ii e iii **SIM 20.3 (a)** Br⁻(aq) **SIM 20.4 (c)** iii **SIM 20.5 (d)** Sete no lado dos produtos.

SIM 20.6 (a) Uma no lado dos reagentes. **SIM 20.7 (b)** O eletrodo ganha massa, e os cátions da ponte salina fluem para a semicélula.
SIM 20.8 (b) oxidação, ânodo **SIM 20.9 (a)** $-0,35$ V
SIM 20.10 (c) $+1,08$ V **SIM 20.11 (d)** Células 1 e 2 **SIM 20.12 (b)** $Cl_2(g)$
SIM 20.13 (d) Cl_2 e Br_2 **SIM 20.14 (d)** ii e iii **SIM 20.15 (d)** $-0,13$ V
SIM 20.16 (d) $2,5 \times 10^4$ **SIM 20.17 (b)** $0,55$ V **SIM 20.18 (c)** $4,1 \times 10^{-2}$ M
SIM 20.19 (c) $0,46$ V, cátodo **SIM 20.20 (c)** À medida que a bateria descarrega, K^+ migra em direção ao ânodo e OH^- migra em direção ao cátodo para manter o balanceamento da carga. **SIM 20.21 (c)** Permite que os íons H^+ migrem do ânodo para o cátodo. **SIM 20.22 (b)** Um aumento no pH. **SIM 20.23 (c)** A água é reduzida a gás H_2 no cátodo mais facilmente do que os íons Na^+ são reduzidos a sódio metálico.
SIM 20.24 (c) 62 min

Capítulo 21 **SIM 21.1 (b)** Urânio-234 **SIM 21.2 (b)** As afirmações i e ii são verdadeiras. **SIM 21.3 (a)** Decaimento alfa seguido por emissão beta.
SIM 21.4 (d) Manganês-55 **SIM 21.5 (b)** $^{134}_{55}Cs$ **SIM 21.6 (d)** Iodo-131
SIM 21.7 (e) $^{239}_{93}Np$ **SIM 21.8 (b)** $6,0$ h **SIM 21.9 (d)** $45,5$ anos
SIM 21.10 (c) 2.340 anos **SIM 21.11 (a)** $2,27 \times 10^6$ kJ
SIM 21.12 (c) $3,19553534 \times 10^{-11}$ J **SIM 21.13 (a)** $^{144}_{54}Xe$
SIM 21.14 (e) Todas as afirmações são verdadeiras.

Capítulo 22 **SIM 22.1 (d)** O oxigênio tem maior capacidade de formar ligações π que o enxofre. **SIM 22.2 (d)** C_2H_2 **SIM 22.3 (d)** $+1$
SIM 22.4 (a) F **SIM 22.5 (a)** 2 **SIM 22.6 (b)** Monóxido de carbono
SIM 22.7 (d) Pd **SIM 22.8 (b)** CuH **SIM 22.9 (a)** $Ni^{2+}(aq) + H_2(g) + SO_4^{2-}(aq)$ **SIM 22.10 (c)** As afirmações i e iii são verdadeiras.
SIM 22.10 (c) Bipiramidal trigonal, em forma de T **SIM 22.12 (c)** $HBrO_3$
SIM 22.13 (a) F_2 **SIM 22.14 (c)** HIO_3 **SIM 22.15 (c)** P_4O_{10}
SIM 22.16 (d) Angular **SIM 22.17 (d)** $+6, +3$ **SIM 22.18 (b)** $N_2H_4(aq) + O_2(aq) \longrightarrow N_2(g) + 2\,H_2O(l)$ **SIM 22.19 (e)** Nenhuma das afirmações é verdadeira. **SIM 22.20 (c)** H_3PO_3 **SIM 22.21 (a)** SiC **SIM 22.22 (e)** $+4$
SIM 22.23 (c) Camadas de tetraedros de SiO_4 ligados
SIM 22.24 (c) $Be_3Al_2Si_6O_{18}$ **SIM 22.25 (e)** silicones, quartzos, silicatos

Capítulo 23 **SIM 23.1 (c)** Nióbio **SIM 23.2 (c)** $Rb_3[MoO_3F_3]$
SIM 23.3 (b) $[Kr]4d^6$ **SIM 23.4 (d)** Ferromagnetismo
SIM 23.5 (e) $[Rh(NH_3)_4Cl_2]Cl$ **SIM 23.6 (c)** As afirmações i e iii são verdadeiras. **SIM 23.7 (a)** A bipiridina é um ligante monodentado.
SIM 23.8 (e) Íon oxalato **SIM 23.9 (c)** Cloreto de tetraaminodiclororódio(III) **SIM 23.10 (b)** $Na_2[Pt(CN)_4]$
SIM 23.11 (a)

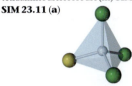

$[MX_3Y]$

SIM 23.12 (d) $[Co(NH_3)BrClI]^-$ tetraédrico
SIM 23.13 (d) Laranja **SIM 23.14 (d)** As afirmações ii e iii são verdadeiras.
SIM 23.15 (a) conjunto de orbitais t_{2g}, conjunto de orbitais e_g
SIM 23.16 (c) $X < H_2O < Y$ **SIM 23.17 (e)** i, ii e iii
SIM 23.18 (d) $[RhCl_6]^{3-}$ **SIM 23.19 (e)** 5 **SIM 23.20 (a)** Octaédrica, tetraédrica, quadrática plana

Capítulo 24 **SIM 24.1 (e)** Um pouco maior do que $120°$ **SIM 24.2 (c)** 3
SIM 24.3 (b) cis-2-butano **SIM 24.4 (e)** 20 **SIM 24.5 (b)** São isômeros estruturais. **SIM 24.6 (b)** hidrocarboneto aromático, C_6H_4ClOH
SIM 24.7 (b) ii **SIM 24.8 (d)** 2-metilpropano **SIM 24.9 (c)** i e ii
SIM 24.10 (c) Amina, ácido carboxílico **SIM 24.11 (c)** um ácido carboxílico, álcool **SIM 24.12 (a)** 1 **SIM 24.13 (d)** 6
SIM 24.14 (e) O grupo –R contém apenas carbono e hidrogênio, mas o número de átomos nesse grupo difere entre os aminoácidos.
SIM 24.15 (d) Nem a estrutura de hélice-α nem a estrutura de folha-β serão preservadas. **SIM 24.16 (b)** ii **SIM 24.17 (d)** 3 **SIM 24.18 (b)** As duas moléculas são isômeros geométricos. **SIM 24.19 (c)** Condensação
SIM 24.20 (c) i e iii **SIM 24.21 (d)** Lipídeos **SIM 24.22 (a)** Adenina
SIM 24.23 (d) $3'$–CTGGAAT–$5'$ **SIM 24.24 (b)** DNA e RNA são formados a partir das mesmas bases nitrogenadas.

GLOSSÁRIO

ação capilar O processo pelo qual um líquido sobe em um tubo em razão de uma combinação entre a adesão às paredes do tubo e a coesão entre as partículas do líquido.

acelerador de partículas Um dispositivo que usa fortes campos magnéticos e eletrostáticos para acelerar partículas carregadas.

ácido Uma substância capaz de doar um íon H⁺ (um próton) e, por conseguinte, aumentar a concentração de H⁺(*aq*) quando se dissolve em água.

ácido carboxílico Um ácido que contém o grupo funcional —COOH.

ácido conjugado Uma substância formada pela adição de um próton a uma base de Brønsted-Lowry.

ácido de Brønsted-Lowry Uma substância (molécula ou íon) que atua como um doador de prótons.

ácido de Lewis Um receptor de par de elétrons.

ácido desoxirribonucleico (DNA) Polinucleotídeo em que o componente do açúcar é a desoxirribose.

ácido forte Um ácido que se ioniza completamente em água.

ácido fraco Um ácido que se ioniza apenas parcialmente em água.

ácido poliprótico Uma substância capaz de perder mais de um próton por molécula em reações ácido-base; H_2SO_4 é um exemplo.

ácido ribonucleico (RNA) Um polinucleotídeo em que a ribose é o componente do açúcar.

ácidos nucleicos Polímeros de elevada massa molecular que carregam informação genética e controlam a síntese de proteínas.

adsorção A ligação ou atração de moléculas a uma superfície.

afinidade eletrônica A variação de energia que ocorre quando um elétron é adicionado a um átomo ou íon gasoso.

agente oxidante, ou oxidante A substância que é reduzida e, assim, provoca a oxidação de outra substância em uma reação de oxirredução.

agente quelante Ligantes bidentados e polidentados capazes de ocupar dois ou mais sítios na esfera de coordenação do metal.

agente redutor, ou redutor A substância que é oxidada e, assim, provoca a redução de outra substância em uma reação de oxirredução.

alcanos Compostos de carbono e hidrogênio que contêm apenas ligações simples carbono-carbono de fórmula geral C_nH_{2n+2}.

alcenos Hidrocarbonetos que contêm uma ou mais ligações duplas carbono-carbono de fórmula geral C_nH_{2n}.

alcinos Hidrocarbonetos que contêm uma ou mais ligações triplas carbono–carbono de fórmula geral C_nH_{2n-2}.

álcool Um composto orgânico obtido pela substituição de um hidrogênio por um grupo hidroxila (—OH) em um átomo de carbono hibridizado sp³ de um hidrocarboneto.

aldeído Um composto orgânico que contém um grupo carbonila (C=O) ao qual há pelo menos um átomo de hidrogênio anexado ao grupo carbonila.

alfa-hélice (α) A estrutura de proteína em que a proteína está enrolada na forma de uma hélice, com ligações de hidrogênio entre grupos C=O e N—H em voltas adjacentes.

algarismos significativos Os dígitos que indicam a precisão com que a medição é feita; todos os dígitos de uma quantidade medida são significativos, inclusive o último dígito, que é incerto.

amida Um composto orgânico que tem um grupo NR_2 ligado a uma carbonila, no qual R pode ser H ou um grupo hidrocarboneto.

amido Nome genérico dado a um grupo de polissacarídeos que atua como substâncias de armazenamento de energia em plantas.

amina Um composto que tem a fórmula geral R_3N, em que R pode ser H ou um grupo hidrocarboneto.

aminoácido Um ácido carboxílico que contém um grupo amino (—NH_2) ligado ao átomo de carbono adjacente ao grupo funcional do ácido carboxílico (—COOH).

análise dimensional Um método de resolução de problemas em que as unidades são multiplicadas ou divididas umas pelas outras junto com os valores numéricos. A análise dimensional assegura que a resposta final de um cálculo tenha as unidades desejadas.

análise qualitativa A determinação da presença ou ausência de determinada substância em uma mistura.

análise quantitativa A determinação da quantidade de determinada substância presente em uma amostra.

anfiprótico Refere-se à capacidade de uma substância tanto de receber quanto de doar um próton (H⁺).

angstrom Uma unidade de comprimento não pertencente ao SI, denotada por Å, que é usada para medir dimensões atômicas: 1 Å = 10^{-10} m.

ângulos de ligação Os ângulos formados pelas linhas que unem os núcleos dos átomos em uma molécula.

anidrido ácido (óxido ácido) Um óxido que forma um ácido quando adicionado à água; óxidos não metálicos solúveis são anidridos ácidos.

anidrido básico (óxido básico) Um óxido que forma uma base quando adicionado à água; óxidos metálicos solúveis são anidridos básicos.

ânion Um íon carregado negativamente.

ânodo Um eletrodo no qual ocorre a oxidação.

antiferromagnetismo Uma forma de magnetismo em que *spins* dos elétrons desemparelhados em locais adjacentes apontam em direções opostas e cancelam os efeitos uns dos outros.

atividade A taxa de decaimento de um material radioativo, normalmente expresso como o número de desintegrações por unidade de tempo.

atmosfera (atm) Uma unidade de pressão igual a 760 torr; 1 atm = 101,325 kPa.

átomo A menor partícula representativa de um elemento. As partículas fundamentais quase infinitamente pequenas da matéria.

átomo doador Um átomo que doa um par de elétrons isolados para formar uma ligação covalente, geralmente do ligante ao íon metálico em um complexo.

autoionização O processo pelo qual a água forma espontaneamente baixas concentrações de íons H$^+$(aq) e OH$^-$(aq) por transferência de prótons de uma molécula de água para outra.

banda Um arranjo de orbitais moleculares estreitamente espaçados que ocupa uma faixa discreta de energia.

banda de condução Uma banda de orbitais moleculares antiligantes que tem energia maior do que a banda de valência ocupada e está distintamente separada dela.

banda de valência A banda de orbitais moleculares estreitamente espaçados que está, essencialmente, ocupada por completo pelos elétrons.

banda proibida A diferença de energia entre uma banda de valência totalmente ocupada e uma banda de condução vazia.

bar Unidade de pressão igual a 10^5 Pa.

base Uma substância que é um receptor de íons H$^+$. Uma base produz um excesso de íons OH$^-$(aq) quando se dissolve em água.

base conjugada Uma substância formada pela perda de um próton de um ácido de Brønsted-Lowry.

base de Brønsted-Lowry Uma substância (molécula ou íon) que atua como um receptor de prótons.

base de Lewis Um doador de par de elétrons.

base forte Uma base que está presente em solução aquosa inteiramente como íons, um dos quais é o OH$^-$; é um eletrólito forte.

base fraca Uma base que se ioniza apenas parcialmente em água.

bateria Uma fonte de energia eletroquímica autocontida formada por uma ou mais células voltaicas.

becquerel (Bq) A unidade SI para a radioatividade; corresponde a uma desintegração nuclear por segundo.

biodegradável Material orgânico que as bactérias são capazes de oxidar.

biopolímeros Três grandes categorias de polímeros encontrados em organismos vivos: proteínas, polissacarídeos (carboidratos) e ácidos nucleicos.

bioquímica O estudo da química dos sistemas vivos.

bomba calorimétrica Um dispositivo que mede o calor liberado na combustão de uma substância sob condições de volume constante.

boranos Moléculas que contêm apenas boro e hidrogênio; hidretos covalentes de boro.

buraco Uma vacância na banda de valência de um semicondutor criada pela dopagem.

cadeia de decaimento radioativo Uma série de reações nucleares que começa com um núcleo instável e termina com um estável. Também chamada de **série de desintegração nuclear**.

calor A energia que causa o aumento da temperatura de um objeto. O fluxo de energia que emana de um corpo a uma temperatura mais elevada para outro a uma temperatura inferior quando colocados em contato térmico.

calor de fusão A variação de entalpia (ΔH) associada à fusão de um sólido.

calor de sublimação A variação de entalpia (ΔH) associada à vaporização de um sólido.

calor de vaporização A variação de entalpia (ΔH) associada à vaporização de um líquido.

calor específico (C_e) A capacidade calorífica de 1 g de uma substância; o calor necessário para elevar a temperatura de 1 g de uma substância em 1 °C.

caloria Uma unidade de energia; é a quantidade de energia necessária para elevar a temperatura de 1 g de água em 1 °C, de 14,5 °C a 15,5 °C. Uma unidade relacionada é o joule: 1 cal = 4,184 J.

calorimetria A medição experimental do calor produzido em processos químicos e físicos.

calorímetro Um aparelho que mede o calor liberado ou absorvido em um processo químico ou físico.

camada eletrônica Uma coleção de orbitais que têm o mesmo valor de n. Por exemplo, os orbitais com $n = 3$ (orbitais $3s$, $3p$ e $3d$) correspondem à terceira camada eletrônica.

caminho livre médio A distância média percorrida por uma molécula de gás entre colisões.

capacidade calorífica molar O calor necessário para elevar a temperatura de um mol de uma substância em 1 °C.

capacidade calorífica A quantidade de calor necessária para elevar a temperatura de uma amostra de matéria em 1 °C (ou 1 K).

capacidade tamponante A quantidade de ácido ou base que um tampão é capaz de neutralizar antes que o pH comece a variar a um grau apreciável.

captura de elétron Um modo de decaimento radioativo em que um elétron de um orbital de camada interna é capturado pelo núcleo.

caráter metálico O grau em que um elemento exibe as propriedades físicas e químicas características de metais; por exemplo, brilho, maleabilidade e boa condutividade térmica e elétrica.

carboidratos Uma classe de substâncias formadas a partir de polihidroxialdeídos ou polihidroxicetonas.

carboneto Um composto binário de carbono com um metal ou metaloide.

carbono negro Uma forma amorfa de carbono.

carga elementar A carga negativa transportada por um elétron; tem a magnitude de $1,602 \times 10^{-19}$ C.

carga formal A carga que um átomo (em uma molécula) teria se cada par de elétrons ligantes na molécula fosse compartilhado igualmente entre seus dois átomos.

carga nuclear efetiva (Z_{ef}) A carga positiva total sentida por um elétron em um átomo polieletrônico; não se trata da carga nuclear completa (Z) porque existe um certo efeito de blindagem da ação do núcleo por outros elétrons no átomo.

carvão Um sólido de ocorrência natural que contém hidrocarbonetos de alta massa molecular, bem como compostos formados por enxofre, oxigênio e nitrogênio.

carvão vegetal Um forma amorfa de carbono produzida quando a madeira é aquecida intensamente na ausência de oxigênio.

catalisador Uma substância que altera a velocidade de uma reação química sem que ela própria sofra uma modificação química permanente durante o processo.

catalisador heterogêneo Um catalisador que está em uma fase diferente daquela das substâncias do reagente.

catalisador homogêneo Um catalisador que está na mesma fase das substâncias reagentes.

cátion Um íon de carga positiva.

cátodo Eletrodo no qual ocorre a redução.

célula a combustível Uma célula voltaica que opera com um fornecimento contínuo de combustível, como H_2 ou CH_4, na reação eletroquímica.

célula de concentração Uma célula voltaica que contém o mesmo eletrólito e os mesmos materiais do eletrodo tanto no compartimento do ânodo quanto no do cátodo. A fem da célula resulta de uma diferença nas concentrações das mesmas soluções de eletrólitos nos compartimentos.

célula eletrolítica Um dispositivo em que uma reação de oxirredução não espontânea é provocada pela passagem de corrente devido à aplicação de um potencial elétrico externo.

célula galvânica Ver **célula voltaica (galvânica)**.

célula primária Uma célula voltaica que não pode ser recarregada.

célula secundária Uma célula voltaica que pode ser recarregada.

célula unitária A menor parcela de um cristal que reproduz a estrutura de todo o cristal quando repetida em diferentes direções no espaço. É a unidade de repetição ou o bloco de construção da estrutura cristalina.

célula voltaica (galvânica) Um dispositivo em que ocorre uma reação espontânea de oxirredução, com a passagem de elétrons através de um circuito externo.

celulose Um polissacarídeo de glicose; é o principal elemento estrutural dos vegetais.

cetona Um composto em que o grupo carbonila (C=O) ocorre no interior de uma cadeia de carbono e é, por conseguinte, ladeado por átomos de carbono.

chuva ácida Água da chuva que se tornou excessivamente ácida por causa da absorção de óxidos poluentes, como SO_3, produzidos por atividades humanas.

ciclo de Born-Haber Um ciclo termodinâmico baseado na lei de Hess, que relaciona a energia reticular de uma substância iônica com sua entalpia de formação e outras grandezas mensuráveis.

cicloalcanos Hidrocarbonetos saturados de fórmula geral C_nH_{2n} em que os átomos de carbono formam um anel fechado.

cinética química A área da química dedicada ao estudo das velocidades com que as reações químicas ocorrem.

clorofila Um pigmento vegetal que desempenha papel importante na conversão de energia solar em energia química no processo de fotossíntese.

clorofluorcarbonetos Substâncias prejudiciais à camada de ozônio, principalmente $CFCl_3$ e CF_2Cl_2, que, no passado, foram muito utilizadas como propelentes em latas de aerossol. Não ocorrem na natureza.

coloides (dispersões coloidais) Misturas que contêm partículas maiores do que solutos normais, mas pequenas o suficiente para permanecerem suspensas no meio de dispersão.

combustíveis fósseis Qualquer combustível, incluindo carvão, petróleo e gás natural, derivado do decaimento de organismos vivos.

complexo ativado (estado de transição) Um dado arranjo de átomos encontrado na parte superior da barreira de energia potencial à medida que uma reação segue de reagentes a produtos.

complexo de metal Espécies que resultam da união de um íon metálico central ligado a um grupo de moléculas ou íons vizinhos (ligantes), como $[Ag(NH_3)_2]^+$ e $[Fe(H_2O)_6]^{3+}$.

complexo de *spin* alto Um complexo cujos elétrons estão dispostos nos orbitais d de modo a produzir o máximo de elétrons desemparelhados.

complexo de *spin* baixo Complexo de metal em que os elétrons estão emparelhados em orbitais d de menor energia.

composição elementar A composição percentual de um elemento em uma substância.

composto Uma substância formada por dois ou mais elementos unidos quimicamente em proporções definidas.

composto de coordenação Composto que contém pelo menos um complexo de coordenação.

composto intermetálico Uma liga homogênea com propriedades definidas e composição fixa.

composto iônico Um composto formado por cátions e ânions.

composto molecular Um composto que consiste em moléculas.

comprimento da ligação A distância entre os centros de dois átomos ligados.

comprimento de onda (λ) A distância entre pontos idênticos em ondas sucessivas, como duas cristas adjacentes ou dois vales adjacentes.

concentração A quantidade de soluto presente em dada quantidade de solvente ou solução.

concentração em quantidade de matéria A concentração de uma solução expressa como quantidade de matéria de soluto por litro de solução; abreviada como *M*.

condições padrão de temperatura e pressão (CPTP) Definidas como 0 °C e pressão de 1 atm; com frequência usadas como condições de referência para um gás.

configuração eletrônica O arranjo de elétrons nos orbitais de um átomo ou de uma molécula.

constante de acidez (K_a) Uma constante de equilíbrio que expressa o quanto um ácido transfere um próton ao solvente água.

constante de basicidade (K_b) Uma constante de equilíbrio que expressa o quanto uma base reage com o solvente água, aceitando um próton e formando $OH^-(aq)$.

constante de equilíbrio O valor numérico obtido quando as concentrações de equilíbrio são substituídas na expressão da constante de equilíbrio. A constante de equilíbrio é mais comumente indicada por K_p para sistemas em fase gasosa ou K_c para sistemas em fase de solução.

constante de Faraday (F) A grandeza da carga de um mol de elétrons: 96.485 C/mol.

constante de formação A constante de equilíbrio para formação de um íon complexo a partir do íon metálico e das bases de Lewis (ligantes) presentes em solução.

constante de Planck (h) A constante que relaciona a energia e a frequência de um fóton: $E = h\nu$. Seu valor é $6,626 \times 10^{-34}$ J·s.

constante de velocidade Uma constante de proporcionalidade entre a velocidade da reação e as concentrações de reagentes que aparecem na lei de velocidade.

constante do produto de solubilidade (produto de solubilidade) (K_{ps}) Uma constante de equilíbrio relacionada ao equilíbrio entre um sal sólido e seus íons em solução. Proporciona uma medida quantitativa da solubilidade de um sal pouco solúvel.

constante do produto iônico Para a água, K_w é o produto das concentrações do íon hidrogênio e do íon hidroxila: $[H^+][OH^-] = K_w = 1,0 \times 10^{-14}$ a 25 °C.

constante dos gases (R) A constante de proporcionalidade na equação do gás ideal.

constante molal de elevação de ponto de ebulição (K_e) Uma constante característica de um determinado solvente que dá o aumento do ponto de ebulição em função da molalidade da solução: $\Delta T_e = iK_e m$.

constante molal de redução do ponto de congelamento (K_c) Uma constante característica de um determinado solvente que dá a redução do ponto de congelamento em função da molalidade da solução: $\Delta T_c = -iK_c m$.

contração lantanídica A diminuição gradual nos raios atômico e iônico com o aumento no número atômico entre os elementos lantanídeos, números atômicos de 57 a 70. A diminuição ocorre por causa de um aumento gradual na carga nuclear efetiva através da série dos lantanídeos.

copolímero Um polímero complexo resultante da polimerização de dois ou mais monômeros quimicamente diferentes.

cores complementares Cores que, misturadas em proporções adequadas, parecem brancas ou incolores. Por exemplo, laranja e azul são cores complementares que formam luz branca quando combinadas; quando o azul é removido, a luz torna-se laranja.

corrosão Reações redox espontâneas nas quais um metal é oxidado por alguma substância em seu ambiente e convertido em um composto não desejado.

cristais líquidos esméticos A e esméticos C Cristais líquidos nos quais as moléculas mantêm o alinhamento do eixo mais longo visto nos cristais nemáticos, mas, além disso, se amontoam em camadas.

cristal líquido Substância que apresenta um estado leitoso e viscoso, entre os estados líquido e sólido.

cristal líquido colestérico Cristal líquido cujas moléculas estão dispostas em camadas, com seus eixos mais longos paralelos a outras moléculas da mesma camada. Ao mudar de uma camada para outra, a orientação das moléculas gira em um ângulo fixo, resultando em um padrão espiral.

cristalinidade Medida de quanto um sólido mantém o padrão de repetição regular dos átomos observados em um sólido cristalino.

cristalização O processo em que moléculas, íons ou átomos se juntam para formar um sólido cristalino. O oposto de dissolver um sólido em um solvente para formar uma solução.

curie (Ci) Uma medida de radioatividade: 1 curie = $3,7 \times 10^{10}$ desintegrações nucleares por segundo.

curva de titulação de pH Um gráfico de pH em função do titulante adicionado.

decaimento alfa Um tipo de decaimento radioativo em que um núcleo atômico instável emite uma partícula alfa e transforma-se (ou "decai") em outro átomo com um número de massa quatro unidades menor e um número atômico duas unidades menor.

degenerado Uma situação em que dois ou mais orbitais têm a mesma energia.

densidade de probabilidade (ψ^2) Um valor que representa a probabilidade de um elétron ser encontrado em determinado ponto no espaço. Também chamada de **densidade eletrônica**.

densidade A razão entre a massa de um objeto e seu volume.

densidade eletrônica A probabilidade de se encontrar um elétron em qualquer ponto específico de um átomo; essa probabilidade é igual a ψ^2, o quadrado da função de onda. Também chamada de densidade de probabilidade.

desenho em perspectiva Modelo que utiliza triângulos e linhas tracejadas para representar ligações que não se encontram no plano da página.

dessalinização A retirada de sais de água do mar, de salmoura ou de água salobra para torná-las aptas ao consumo humano.

destilação Processo de separação que depende dos diferentes pontos de ebulição das substâncias.

deutério O isótopo do hidrogênio cujo núcleo contém um próton e um nêutron: $_{1}^{2}H$.

dextrorrotatório ou simplesmente dextro ou d Um termo usado para marcar uma molécula quiral que tem a habilidade de girar o plano da luz polarizada para a direita (sentido horário).

diagrama de fases Uma representação gráfica dos equilíbrios entre as fases sólida, líquida e gasosa de uma substância em função da temperatura e da pressão.

diagrama de níveis de energia Um diagrama que mostra as energias de orbitais moleculares em relação aos orbitais atômicos dos quais são derivados. Também chamado de **diagrama de orbitais moleculares**.

diagrama de orbital Representação de um orbital atômico como uma caixa que contém uma ou duas meias setas que representam os elétrons.

diagrama de orbital molecular Um diagrama que mostra as energias dos orbitais moleculares em relação aos orbitais atômicos dos quais derivam; também chamado de **diagrama de níveis de energia**.

diamagnetismo Um tipo de magnetismo que faz uma substância sem elétrons desemparelhados ser fracamente repelida por um campo magnético.

difusão Processo no qual uma substância se dispersa em um espaço ou em uma segunda substância.

diluição O processo de preparação de uma solução menos concentrada a partir de outra mais concentrada, adicionando-se um solvente.

dipolo Uma molécula que tem uma extremidade com carga parcial negativa e a outra com carga parcial positiva.

dipolo de ligação O momento de dipolo que se deve ao compartilhamento desigual de elétrons entre dois átomos de uma ligação covalente.

dissacarídeo Duas unidades de monossacarídeo ligadas por uma reação de condensação.

domínio eletrônico No modelo VSEPR, uma região ao redor de um átomo central ocupada por elétrons.

dopagem O processo de adição controlada de pequenas quantidades de outros elementos (impurezas) na estrutura cristalina de um semicondutor para melhorar uma propriedade específica, geralmente a condutividade. Por exemplo, a incorporação de átomos de P ao Si.

dupla-hélice A estrutura de DNA que envolve duas cadeias de DNA polinucleotídicas que se enrolam em uma disposição helicoidal. As duas fitas da dupla-hélice são complementares porque as bases orgânicas nelas são pareadas para melhor interação da ligação de hidrogênio.

efeito do íon comum O deslocamento de um equilíbrio iônico induzido pela presença de um íon comum ao equilíbrio. Sempre que um eletrólito fraco e um eletrólito forte que contém um íon comum estão juntos em uma solução, o eletrólito fraco se ioniza menos do que se estivesse sozinho na solução.

efeito fotoelétrico A emissão de elétrons de uma superfície metálica induzida por incidência de luz monocromática.

efeito quelato As constantes de formação para complexos com ligantes bidentados e polidentados são geralmente maiores em comparação aos complexos formados com ligantes *monodentados*.

efeito Tyndall O espalhamento de um feixe de luz visível causado pelas partículas de uma dispersão coloidal.

efusão O escape de um gás por um orifício ou buraco.

elastômero Um material que pode ser submetido a uma mudança substancial na forma por meio de alongamento, flexão ou compressão e retornar ao formato original mediante a liberação da força de distorção.

elemento Uma substância que não pode ser decomposta em substâncias mais simples.

elemento actinídeo Elemento em que os orbitais 5f estão parcialmente ocupados.

elemento representativo (grupo principal) Um elemento no interior dos blocos p e s da tabela periódica.

elementos de transição (metais de transição) Elementos em que os orbitais d estão parcialmente ocupados.

elementos do grupo principal Elementos nos blocos s e p da tabela periódica.

elementos lantanídeos (terras raras) Elemento em que a subcamada 4f está parcialmente ocupada.

elementos metálicos (metais) Elementos que normalmente são sólidos à temperatura ambiente, exibem alta condutividade elétrica e térmica e parecem lustrosos. A maioria dos elementos da tabela periódica são metais.

elementos não metálicos (não metais) Elementos no canto superior direito da tabela periódica; os não metais diferem dos metais em suas propriedades físicas e químicas.

elementos terras raras Veja **elementos lantanídeos (terras raras)**.

elementos transurânicos Elementos que vêm depois do urânio na tabela periódica.

eletrodo padrão de hidrogênio (EPH) Um eletrodo baseado na semirreação $2\,H^+(1\,M) + 2\,e^- \rightarrow H_2(1\,atm)$. O potencial de eletrodo padrão do eletrodo padrão de hidrogênio é definido como 0 V.

eletrólito Um soluto que produz íons em solução; uma solução eletrolítica conduz uma corrente elétrica.

eletrólito forte Uma substância (ácidos fortes, bases fortes e a maioria dos sais) que existe em solução quase que inteiramente como íons.

eletrólito fraco Uma substância que se ioniza apenas parcialmente em solução.

eletrometalurgia A aplicação da eletrólise para reduzir ou refinar metais.

elétron Uma partícula subatômica de carga negativa encontrada fora do núcleo atômico; é um constituinte de todos os átomos.

eletronegatividade Uma medida da capacidade que um átomo ligado a outro átomo tem de atrair elétrons para si.

elétrons de valência Os elétrons da camada mais externa de um átomo; aqueles que ocupam orbitais não ocupados no elemento de gás nobre mais próximo do menor número atômico. Os elétrons de valência são aqueles que o átomo utiliza na ligação.

elétrons deslocalizados Elétrons que se espalham por uma série de átomos de uma molécula ou de um cristal em vez de estarem localizados em um único átomo ou par de átomos.

elétrons do caroço Os elétrons que não estão na camada mais externa de um átomo.

eletroquímica O ramo da química que trata das relações entre a eletricidade e as reações químicas.

emissão beta Um processo de decaimento nuclear em que uma partícula beta é emitida a partir do núcleo; também chamado decaimento beta.

emissão de pósitrons Um processo de decaimento nuclear em que um pósitron – uma partícula com a mesma massa de um elétron, mas com carga positiva, símbolo $_{+1}^{0}e$ ou β^+ – é emitido a partir do núcleo.

empacotamento cúbico denso Uma estrutura cristalina em que os átomos estão empacotados da forma mais densa possível, e as camadas empacotadas de átomos adotam um padrão de repetição de três camadas que leva a uma célula unitária cúbica de face centrada.

empacotamento denso hexagonal Uma estrutura cristalina em que os átomos estão empacotados o mais estreitamente possível. As camadas densamente empacotadas adotam uma segunda camada repetindo o padrão, o que leva a uma célula unitária hexagonal primitiva.

enantiômeros Moléculas de uma substância quiral que são imagens especulares não sobreponíveis.

energia A capacidade para realizar trabalho ou transferir calor.

energia cinética A energia que um objeto possui em virtude de seu movimento.

energia de ativação (E_a) A energia mínima necessária à reação; a altura da barreira de energia potencial para a formação de produtos.

energia de emparelhamento de *spin* A diferença entre a energia necessária para emparelhar um elétron em um orbital ocupado e aquela necessária para colocar tal elétron em um orbital vazio.

energia de ionização A energia mínima (em kJ) necessária para remover completamente um mol de elétrons de um mol de átomos ou íons gasosos.

energia de ligação nuclear A energia necessária para decompor um núcleo atômico em seus prótons e nêutrons componentes.

energia interna A soma de todas as energias cinéticas e potenciais dos componentes de um sistema. Quando um sistema sofre uma mudança, a variação na energia interna (ΔE) é definida como o calor (q) adicionado ao sistema mais o trabalho (w) realizado no sistema por sua vizinhança: $\Delta E = q + w$.

energia livre (energia livre de Gibbs, G) Uma função de estado termodinâmico que fornece um critério para a mudança espontânea em termos de entalpia e entropia: $G = H - TS$.

energia livre de Gibbs Função de estado termodinâmico que combina entalpia e entropia na forma $G = H - TS$. Para uma mudança que ocorre a temperatura e pressão constantes, a variação na energia livre é $\Delta G = \Delta H - T\Delta S$.

energia livre padrão de formação ($\Delta G_f°$) A variação na energia livre associada à formação de uma substância a partir de seus constituintes sob condições padrão.

energia potencial A energia que um objeto possui como resultado de sua composição ou de sua posição em relação a outro objeto.

energia reticular A energia necessária para separar completamente os íons em um sólido iônico, formando íons em estado gasoso.

enovelamento O processo pelo qual uma proteína adota sua forma biologicamente ativa.

entalpia Uma quantidade definida pela relação $H = E + PV$; a variação de entalpia (ΔH) para uma reação que ocorre à pressão constante é o calor liberado ou absorvido na reação: $\Delta H = q_p$.

entalpia de formação A variação de entalpia que acompanha a formação de uma substância a partir das formas mais estáveis de seus elementos componentes.

entalpia de ligação A variação de entalpia (ΔH) necessária para quebrar uma dada ligação quando a substância está na fase gasosa.

entalpia de reação A variação de entalpia associada a uma reação química.

entalpia padrão de formação ($\Delta H°_f$) A variação de entalpia que acompanha a formação de um mol de uma substância a partir de seus elementos, com todas as substâncias em seu estado padrão.

entropia molar padrão ($S°$) O valor da entropia para um mol de uma substância em seu estado normal.

entropia Medida do grau de *aleatoriedade* ou *desordem* associado a um sistema.

enzima Uma molécula de proteína que atua para catalisar reações bioquímicas específicas.

equação de Arrhenius Uma equação que relaciona a constante de velocidade de uma reação com o fator de frequência, A, a energia de ativação, E_a, e a temperatura, T: $k = Ae^{-E_a/RT}$. Na forma logarítmica, escreve-se $\ln k = -E_a/RT + \ln A$.

equação de Henderson-Hasselbalch Uma equação que relaciona o pH de um tampão para diferentes concentrações de ácido e base conjugados: $pH = pK_a + \log$.

equação de Nernst Uma equação que relaciona a fem da célula (E) à fem padrão ($E°$) e ao quociente da reação (Q): $E = E° - (RT/nF) \ln Q$.

equação de van der Waals Uma equação de estado para gases não ideais que se baseia em adicionar correções à equação do gás ideal. Os termos de correção referem-se às forças intermoleculares de atração e aos volumes ocupados pelas moléculas do gás.

equação do gás ideal Uma equação de estado para gases que combina a lei de Boyle, a lei de Charles e a hipótese de Avogadro na forma $PV = nRT$.

equação iônica completa Uma equação química em que eletrólitos fortes dissolvidos (como compostos iônicos dissolvidos) são escritos como íons separados.

equação iônica líquida ou simplificada A equação química de uma reação de solução em que os eletrólitos fortes solúveis são escritos como íons e os íons espectadores são omitidos.

equação molecular Uma equação química em que a fórmula de cada substância é escrita como molécula, ou seja, sem levar em conta se é um eletrólito ou um não eletrólito.

equação química A representação de uma reação química usando-se as fórmulas químicas de reagentes e produtos. Uma equação química balanceada contém números iguais de átomos de cada elemento em ambos os lados da equação.

equilíbrio dinâmico Um estado de equilíbrio em que processos opostos ocorrem com a mesma velocidade.

equilíbrio heterogêneo O equilíbrio estabelecido entre substâncias em duas ou mais fases diferentes; p.ex., entre um gás e um sólido ou entre um sólido e um líquido.

equilíbrio homogêneo O equilíbrio estabelecido entre substâncias reagentes e produtos que estão na mesma fase.

equilíbrio químico Um estado de equilíbrio dinâmico em que a velocidade de formação dos produtos de uma reação a partir dos reagentes é igual à velocidade de formação dos reagentes a partir dos produtos. Em equilíbrio, as concentrações de reagentes e produtos permanecem constantes.

escala Celsius Uma escala de temperatura de uso científico em que a água congela a 0° e ferve a 100° ao nível do mar.

escala Kelvin A escala de temperatura absoluta; a unidade SI para a temperatura é o kelvin (K). Zero na escala Kelvin corresponde a –273,15 °C.

esfera de coordenação O íon metálico central e seus ligantes circundantes.

espectro A distribuição entre os vários comprimentos de onda da energia radiante emitida ou absorvida por um objeto.

espectro contínuo Um espectro que tem radiação distribuída por todos os comprimentos de onda.

espectro de absorção Um padrão de variação na quantidade de luz absorvida por uma amostra em função do comprimento de onda.

espectro de linhas Um espectro que apresenta emissão de radiação apenas em determinados comprimentos de onda.

espectrômetro de massa Um instrumento usado para medir as massas precisas e as quantidades relativas de íons atômicos e moleculares.

estado de transição (complexo ativado) O arranjo específico de moléculas de reagente e produto no ponto de energia máxima da etapa determinante da velocidade de uma reação.

estado excitado Estado com energia mais alta do que o estado fundamental.

estado fundamental O estado de menor energia ou o mais estável.

estados de matéria As três formas que a matéria pode assumir: sólida, líquida e gasosa.

estequiometria As relações entre as quantidades de reagentes e produtos envolvidos em reações químicas.

éster Um composto orgânico que possui um grupo —OR ligado a uma carbonila; é o produto de uma reação entre um ácido carboxílico e um álcool.

estereoisômeros Compostos que têm a mesma fórmula e disposição de ligação, mas diferem nos arranjos espaciais dos átomos.

estratosfera A região da atmosfera entre 10 e 50 km acima da superfície.

estrutura de banda A estrutura eletrônica de um sólido.

estrutura de corpo centrado Uma estrutura cristalina em que os pontos estruturais se situam no centro e nos vértices de cada célula unitária.

estrutura de face centrada Uma estrutura cristalina em que os pontos estruturais estão localizados nas faces e nos vértices de cada célula unitária.

estrutura de Lewis Uma representação da ligação covalente de uma molécula que é desenhada utilizando-se símbolos de Lewis. Pares de elétrons compartilhados são mostrados como linhas, e pares de elétrons não compartilhados são mostrados como pares de pontos. Somente os elétrons da camada de valência são mostrados.

estrutura eletrônica O arranjo de elétrons em um átomo ou uma molécula.

estrutura primária A sequência de aminoácidos ao longo de uma cadeia de proteína.

estrutura primitiva Uma estrutura cristalina em que os pontos estruturais estão localizados nos vértices de cada célula unitária.

estrutura quaternária A estrutura de uma proteína que resulta do agrupamento de várias cadeias de proteínas em uma forma específica final.

estrutura secundária A forma pela qual os segmentos da cadeia de proteína se orientam em um padrão regular.

estrutura terciária A forma geral de uma grande proteína; especificamente, o modo como seções da proteína dobram-se sobre si mesmas ou entrelaçam-se.

estruturas de ressonância (formas de ressonância) Estruturas individuais de Lewis nos casos em que duas ou mais estruturas de Lewis são descrições igualmente adequadas de uma única molécula. Nesses casos, tira-se a "média" das estruturas de ressonância para obter uma descrição mais precisa da molécula real.

etapa determinante da velocidade A etapa elementar mais lenta em um mecanismo de reação.

éter Um composto no qual dois grupos hidrocarbonetos estão ligados a um átomo de oxigênio.

exatidão Medida de quanto um determinado conjunto de medições individuais se aproxima do valor correto ou "verdadeiro".

expressão da constante de equilíbrio A expressão que descreve a relação entre as concentrações (também expressas como pressões parciais) das substâncias presentes em uma reação química em equilíbrio.

fase líquida cristalina nemática Um cristal líquido em que as moléculas estão alinhadas na mesma direção geral, ao longo de seus eixos, mas em que as extremidades das moléculas não estão alinhadas.

fator de conversão Uma fração cujo numerador e denominador são a mesma quantidade expressa em unidades diferentes.

fator de frequência (A) Um termo na equação de Arrhenius lacionado à frequência de colisão e à probabilidade de que as colisões estejam favoravelmente orientadas para a reação.

fator de van't Hoff O número de partículas formadas em solução quando um dado soluto é separado por um determinado solvente.

fem padrão, ou potencial padrão da célula ($E°$) A fem de uma célula quando todos os reagentes estão em condições padrão.

ferrimagnetismo Uma forma de magnetismo em que os *spins* dos elétrons desemparelhados em diferentes tipos de íon apontam em direções opostas, mas não se cancelam totalmente.

ferromagnetismo Uma forma de magnetismo em que os *spins* dos elétrons desemparelhados alinham-se em paralelo uns aos outros.

fissão A separação de um grande núcleo em dois menores.

fluido supercrítico Estado que existe quando as fases líquida e gasosa são indistinguíveis à medida que a temperatura excede a temperatura crítica e a pressão excede a pressão crítica.

fontes de energia renováveis Energia, como a solar, a eólica e a hidrelétrica, que deriva de fontes essencialmente inesgotáveis.

força Um impulso ou uma tração.

força eletromotriz (fem) Uma medida da força motriz, ou *pressão elétrica*, para a realização de uma reação eletroquímica. A força eletromotriz é medida em volts: 1 V = 1 J/C. Também chamada de potencial de célula.

força íon-dipolo A força existente entre um íon e uma molécula polar neutra que possui um momento de dipolo permanente.

forças de dispersão A atração intermolecular entre todas as partículas como resultado de polarizações instantâneas de suas nuvens de elétrons; a força intermolecular principalmente responsável pelos estados condensados de substâncias apolares.

forças intermoleculares Forças que existem entre as moléculas.

fórmula empírica Uma fórmula química que mostra os tipos de átomo e seus números relativos em uma substância com as menores razões possíveis de números inteiros.

fórmula estrutural Uma fórmula que mostra não só o número e os tipos de átomo na molécula, mas também o arranjo (conexões) dos átomos.

fórmula molecular Uma fórmula química que indica o número real de átomos de cada elemento em uma molécula de uma substância.

fórmula química Uma notação que usa símbolos químicos com números subscritos para expressar as proporções relativas dos átomos dos diferentes elementos de uma substância.

fosfolipídeo Uma forma de molécula de lipídeo que contém grupos fosfato carregados.

fotodissociação A quebra de uma ligação química resultante da absorção de um fóton por uma molécula.

fotoionização A remoção de um elétron de um átomo ou uma molécula por absorção de luz.

fóton O menor incremento (um quantum) de energia radiante; um fóton de luz com frequência v tem energia igual a hv.

fotossíntese O processo que ocorre nas folhas de plantas, por meio do qual a energia da luz é utilizada para converter dióxido de carbono e água em carboidratos e oxigênio.

fração molar A razão entre quantidade de matéria (em mols) de um componente de uma mistura e a quantidade de matéria total de todos os componentes; abreviada como X, com um subscrito para identificar o componente.

***fracking* (fraturamento hidráulico)** A prática pela qual água carregada de areia e outros materiais é bombeada sob alta pressão em formações rochosas para liberar gás natural e outros derivados de petróleo.

frequência O número de vezes por segundo que um comprimento de onda completo passa em dado ponto.

função de estado A propriedade de um sistema determinada por seu estado ou por sua condição e não pelo modo como se chegou a esse estado; seu valor é fixado quando temperatura, pressão, composição e forma física são especificadas; P, V, T, E e H são funções de estado.

função de onda Descrição matemática de um estado de energia permitido (um orbital) para um elétron no modelo quântico do átomo; normalmente simbolizada pela letra grega ψ.

função de probabilidade radial A probabilidade de um elétron ser encontrado a uma certa distância do núcleo.

fusão A união de dois núcleos leves para formar um núcleo mais massivo.

gás Matéria que não tem volume ou forma fixa; adapta-se ao volume e à forma de seu recipiente.

gás ideal Um gás hipotético cuja pressão, volume e comportamento da temperatura são completamente descritos pela equação do gás ideal.

gás natural Uma mistura natural de compostos de hidrocarbonetos gasosos compostos de hidrogênio e carbono.

gases de efeito estufa Gases na atmosfera que absorvem e emitem radiação infravermelha (calor radiante), "aprisionando" calor na atmosfera.

gases nobres Membros do grupo 8A na tabela periódica.

geometria do domínio eletrônico O arranjo tridimensional dos domínios eletrônicos em torno de um átomo de acordo com o modelo VSEPR.

geometria molecular O arranjo espacial dos átomos de uma molécula.

glicogênio O nome genérico dado a um grupo de polissacarídeos de glicose sintetizados em mamíferos e usados para armazenar a energia dos carboidratos.

glicose Um aldeído poliidroxilado cuja fórmula é $CH_2OH(CHOH)_4CHO$; é o mais importante dos monossacarídeos.

gray (Gy) A unidade SI para a dose de radiação correspondente à absorção de 1 J de energia por kg de material biológico; 1 Gy = 100 rads.

grupo Elementos que estão na mesma coluna da tabela periódica; elementos no mesmo grupo ou família exibem semelhanças em seu comportamento químico.

grupo alquila Um grupo formado pela remoção de um átomo de hidrogênio de um alcano.

grupo carbonila A ligação dupla C=O, um aspecto característico de vários grupos funcionais orgânicos, como cetonas e aldeídos.

grupo funcional Um átomo ou grupo de átomos que confere propriedades químicas características a um composto orgânico.

halogênios Membros do grupo 7A na tabela periódica.

hibridização A mistura matemática de diferentes tipos de orbitais atômicos puros para produzir um novo conjunto de orbitais híbridos equivalentes.

hidratação Processo de solvatação quando o solvente é a água.

hidretos iônicos Compostos formados quando o hidrogênio reage com metais alcalinos e terrosos mais pesados (Ca, Sr e Ba); esses compostos contêm o íon hidreto, H^-.

hidretos metálicos Compostos formados quando o hidrogênio reage com os metais de transição; esses compostos contêm o íon hidreto, H^-.

hidretos moleculares Compostos formados quando o hidrogênio reage com não metais e metaloides.

hidrocarbonetos aromáticos Compostos de hidrocarbonetos que têm um arranjo plano, cíclico, de átomos de carbono ligados por ligações σ e ligações π deslocalizadas.

hidrocarbonetos Compostos formados apenas por carbono e hidrogênio.

hidrofílico Atraído pela água. O termo costuma ser utilizado para descrever um tipo de coloide.

hidrofóbico Repelente de água. O termo costuma ser utilizado para descrever um tipo de coloide.

hidrólise A quebra de uma molécula pela reação com água, na qual uma parte da molécula se liga a –OH da água e a outra se liga ao H^+ da água.

hipervalente Um composto com mais de oito elétrons em torno do átomo central.

hipótese de Avogadro Afirmação segundo a qual volumes iguais de gases à mesma temperatura e pressão apresentam o mesmo número de moléculas.

hipótese Um modelo ou uma explicação provisória de uma série de observações.

indicador Uma substância adicionada a uma solução que muda sua cor quando reage com todo o soluto presente na solução. O tipo mais comum é um indicador ácido-base cuja cor se altera em função do pH.

interações dipolo-dipolo Uma força que se torna significativa quando moléculas polares entram em estreito contato entre si. A força é atrativa quando a extremidade positiva de uma molécula polar aproxima-se da extremidade negativa de outra.

inter-halogênios Compostos formados entre dois elementos halogênios diferentes, como IBr e BrF_3.

intermediário Uma substância formada em uma etapa elementar de um mecanismo de múltiplas etapas e consumida em outra; não é nem um reagente nem um produto final da reação geral.

íon Um átomo, ou um grupo de átomos, eletricamente carregado (íon poliatômico); íons podem ter carga positiva ou negativa, dependendo de os elétrons serem perdidos (positiva) ou ganhos (negativa) pelos átomos.

íon complexo (complexo) Um íon poliatômico formado por um íon metálico no qual grupos chamados de ligantes (bases de Lewis) estão ligados a ele através de ligações covalentes coordenadas.

íon hidreto Um íon formado pela adição de um elétron a um átomo de hidrogênio: H^-.

íon hidrônio (H_3O^+) A forma predominante do próton em solução aquosa.

íon poliatômico Um agrupamento eletricamente carregado de dois ou mais átomos.

íons espectadores Íons que passam por uma reação sem se alterar e que aparecem em ambos os lados da equação iônica completa.

isolantes Materiais que não conduzem eletricidade.

isomeria óptica Uma forma de isomeria em que as duas formas de um composto (estereoisômeros) são imagens especulares não sobreponíveis. Também chamada de **enantiômeros**.

isomerismo geométrico Uma forma de isomeria em que os compostos com o mesmo número e tipo de átomos e as mesmas ligações químicas apresentam diferentes arranjos espaciais desses átomos e ligações.

isômeros Compostos cujas moléculas têm a mesma composição geral, mas diferentes estruturas.

isômeros de esfera de coordenação Isômeros estruturais que diferem em qual espécie no complexo estão dentro da esfera de coordenação (ligantes) e quais estão fora da esfera de coordenação (contra íons) do sólido.

isômeros de ligação Isômeros estruturais de compostos de coordenação em que um ligante é capaz de se coordenar a um metal de duas maneiras diferentes.

isômeros estruturais Compostos que têm a mesma fórmula, mas diferem nos arranjos de ligação dos átomos.

isótopos Átomos do mesmo elemento que têm diferentes números de nêutrons e, portanto, têm números de massa diferentes.

joule (J) A unidade SI de energia, $1 \text{ kg-m}^2/s^2$. Uma unidade relacionada é a caloria: 4,184 J = 1 cal.

lâmina beta Uma forma estrutural de proteína em que as lâminas são compostas de duas ou mais cadeias de peptídeos que se ligam por meio de ligações de hidrogênio entre um H da amida em uma cadeia e um O da carbonila na outra.

lei científica Uma declaração verbal concisa ou uma equação matemática que resume uma ampla gama de observações e experiências.

lei da composição constante Lei segundo a qual a composição elementar de um composto puro é sempre a mesma, independentemente de sua fonte; também chamada de **lei das proporções definidas**.

lei da conservação da massa A massa total dos materiais presentes depois de uma reação química é igual à massa total dos materiais presentes antes da reação.

lei das pressões parciais de Dalton A lei segundo a qual a pressão total de uma mistura de gases é a soma das pressões que cada gás exerceria se estivesse presente isoladamente (pressão parcial).

lei das proporções definidas Lei segundo a qual a composição elementar de uma substância pura é sempre a mesma, independentemente de sua fonte; também chamada de **lei da composição constante**.

lei das proporções múltiplas Se dois elementos A e B são combinados para formar mais de um composto, as diferentes massas de B que podem ser combinadas com uma dada massa de A guardam entre si uma relação de números inteiros e pequenos.

lei de ação das massas As regras pelas quais a constante de equilíbrio é expressa em termos das concentrações de reagentes e produtos, em acordo com a equação química balanceada para a reação.

lei de Avogadro Afirmação segundo a qual o volume de um gás mantido sob temperatura e pressão constantes é diretamente proporcional ao número de mols do gás.

lei de Beer A luz absorvida por uma substância (A) é igual ao produto de seu coeficiente de absortividade molar (ε), o comprimento do percurso pelo qual a luz passa (b) e a concentração em quantidade de matéria da substância (c): $A = \varepsilon bc$.

lei de Boyle Uma lei segundo a qual, a uma temperatura constante, o produto do volume e a pressão de determinada quantidade de gás são constantes.

lei de Charles Lei segundo a qual, sob pressão constante, o volume de uma dada quantidade de gás é diretamente proporcional à temperatura absoluta.

lei de Graham Lei segundo a qual a taxa de efusão (ou difusão) de um gás é inversamente proporcional à raiz quadrada de sua massa molecular.

lei de Henry Lei segundo a qual a concentração de um gás em uma solução (S_g) é proporcional à pressão do gás sobre a solução: $S_g = kP_g$.

lei de Hess Se uma reação é realizada em uma série de etapas, a ΔH para a reação global é igual à soma das variações de entalpia das etapas individuais.

lei de Raoult Lei que afirma que a pressão parcial exercida pelo vapor do solvente acima da solução, ($P_{solução}$), é igual ao produto da fração molar do solvente, ($X_{solvente}$), e a pressão de vapor do solvente puro, ($P°_{solvente}$): $P_{solução} = X_{solvente}P°_{solvente}$.

lei de velocidade Uma equação que relaciona a velocidade de reação às concentrações de reagentes (e, por vezes, também de produtos).

levorrotatória, ou levo, ou *l* Termo usado para indicar uma molécula quiral que gira o plano da luz polarizada para a esquerda (sentido anti-horário).

liga Uma substância que tem as propriedades características de um metal e contém mais de um elemento. Muitas vezes, há um componente metálico principal, com outros elementos presentes em quantidades menores. As ligas podem ser homogêneas ou heterogêneas.

liga de substituição Uma liga formada quando os átomos do soluto em uma solução sólida ocupam posições normalmente ocupadas por um átomo de solvente.

liga heterogênea Uma liga cujos componentes não são distribuídos de forma uniforme; em vez disso, duas ou mais fases distintas com composições características estão presentes.

liga intersticial Uma liga formada quando os átomos de soluto ocupam posições intersticiais nas "vacâncias" entre os átomos de solventes.

ligação covalente Uma ligação formada entre dois ou mais átomos devido a um compartilhamento de elétrons.

ligação covalente apolar Uma ligação covalente cujos elétrons são igualmente compartilhados.

ligação covalente polar Uma ligação covalente cujos elétrons não são compartilhados de forma igual.

ligação cruzada Método de endurecimento de polímeros pela introdução de ligações químicas entre as cadeias.

ligação de hidrogênio Uma ligação que resulta das atrações intermoleculares entre moléculas que contêm hidrogênio ligado a um elemento mais eletronegativo. Os exemplos mais importantes são as ligações OH, NH e HF.

ligação dupla Uma ligação covalente que envolve dois pares de elétrons.

ligação iônica Uma ligação entre íons de cargas opostas. Os íons se formam a partir dos átomos por transferência de um ou mais elétrons.

ligação metálica Ligação, geralmente em sólidos metálicos, em que os elétrons ligantes são deslocalizados e, logo, relativamente livres para se moverem por toda a estrutura tridimensional.

ligação peptídica Um grupo amida formado por aminoácidos. Uma ligação formada entre dois aminoácidos.

ligação pi (π) Uma ligação covalente na qual a densidade eletrônica está concentrada acima e abaixo do eixo internuclear; é produzida pela sobreposição lateral dos orbitais p.

ligação química Uma força atrativa intensa que existe entre os átomos de uma molécula.

ligação sigma (σ) Uma ligação covalente em que a densidade eletrônica concentra-se ao longo do eixo internuclear.

ligação simples Uma ligação covalente que envolve um par de elétrons.

ligação tripla Uma ligação covalente que envolve três pares de elétrons.

ligante Um íon ou uma molécula que se coordena a um átomo de metal ou a um íon metálico para formar um complexo.

ligante bidentado Um ligante que contém dois átomos doadores, cada qual com um par de elétrons não ligante, que podem se coordenar a um metal.

ligante monodentado Um ligante que se liga ao íon metálico por meio de um único átomo doador. Ocupa apenas uma posição na esfera de coordenação.

ligante polidentado Um ligante em que três ou mais átomos doadores podem se coordenar ao mesmo íon metálico.

lipídeo Molécula biológica apolar utilizada por organismos para armazenamento duradouro de energia ou como componente estrutural.

líquido Matéria que tem um volume distinto independentemente do seu recipiente.

líquidos imiscíveis Líquidos que não se dissolvem um no outro de maneira significativa.

líquidos miscíveis Líquidos que se misturam em todas as proporções.

macroporosos Sólidos que contêm poros que podem ser vistos com um microscópio óptico.

massa Uma medida da quantidade de material em um objeto. No SI, a massa é medida em quilogramas (kg).

massa atômica A massa média dos átomos de um elemento em unidades de massa atômica (uma); numericamente igual à massa em gramas de um mol do elemento.

massa crítica A quantidade de material físsil necessária para manter uma reação nuclear em cadeia.

massa molar A massa de um mol de uma substância em gramas; é numericamente igual à massa molecular em unidades de massa atômica.

massa molecular A soma das massas atômicas (MA) dos átomos na fórmula química da substância. Por exemplo, a massa molecular de NO_2 (46,0 uma) é a soma das massas de um átomo de nitrogênio e dois átomos de oxigênio.

massa supercrítica Uma quantidade de material físsil maior do que a massa crítica.

matéria Tudo que ocupa espaço e tem massa; o material físico do universo.

mecanismo de reação Um retrato detalhado, ou modelo, de como a reação ocorre; isto é, a ordem em que ligações são quebradas e formadas e as alterações nas posições relativas dos átomos à medida que a reação prossegue.

meia-vida O tempo necessário para a concentração de uma substância reagente cair à metade de seu valor inicial; o tempo necessário para a deterioração da metade de uma amostra de determinado radioisótopo.

mesoporosos Sólidos com poros de 2 a 50 nm.

metais alcalinos terrosos Membros do grupo 2A da tabela periódica.

metais alcalinos Membros do grupo 1A da tabela periódica.

metais do bloco f Elementos lantanídeos e actinídeos em que os orbitais 4f ou 5f estão parcialmente ocupados.

metaloides Elementos que se encontram ao longo da linha diagonal que separa os metais dos não metais na tabela periódica; as propriedades dos metaloides são intermediárias entre as de metais e não metais.

metalurgia A ciência da extração de metais a partir de fontes naturais por meio de uma combinação de processos físicos e químicos. Também está relacionada às propriedades e estruturas de metais e ligas.

método científico O processo geral de avanço do conhecimento científico, com a realização de observações experimentais e a formulação de hipóteses, teorias e leis.

microestado O único arranjo possível das posições e energias cinéticas das moléculas quando elas estão em um estado termodinâmico específico.

microporosos Sólidos com poros de até 2 nm.

mineral Uma substância sólida, inorgânica, que ocorre na natureza, como o carbonato de cálcio, que ocorre como calcita.

mistura Uma combinação de duas ou mais substâncias em que cada substância mantém a sua identidade química.

mistura racêmica Uma mistura de quantidades iguais das formas dextrorrotatórias e levorrotatórias de uma molécula quiral. Uma mistura racêmica não vai girar o plano de luz polarizada.

modelo de bola e vareta Modelo que representa os átomos como esferas e as ligações como varetas.

modelo de chave e fechadura Um modelo de ação enzimática em que a molécula do substrato é retratada como que se encaixando perfeitamente no sítio ativo na enzima. Supõe-se que, ao se ligar ao sítio ativo, o substrato seja de alguma forma ativado para a reação.

modelo de colisão Um modelo de velocidades de reação baseado na ideia de que as moléculas devem colidir entre si para reagir; explica os fatores que influenciam as velocidades de reação em termos de frequência de colisões, número de colisões com energias superiores à energia de ativação e probabilidade de as colisões ocorrerem com orientações adequadas.

modelo de preenchimento espacial Modelo que mostra as dimensões relativas dos átomos.

modelo de repulsão dos pares de elétrons da camada de valência (VSEPR) Um modelo que explica os arranjos geométricos de pares de elétrons compartilhados e não compartilhados ao redor de um átomo central em termos de repulsão entre os pares de elétrons.

modelo do mar de elétrons Um modelo do comportamento de elétrons livres em metais.

modelo nuclear Modelo do átomo com um núcleo muito pequeno e extremamente denso que contém a massa (prótons e nêutrons) e que apresenta os elétrons no espaço fora do núcleo.

mol A unidade base do SI para a quantidade de uma substância. A quantidade de substância que contém o número de Avogadro ($6,022 \times 10^{23}$) de átomos, unidades de fórmula ou moléculas; por exemplo, um mol de H_2O tem $6,022 \times 10^{23}$ moléculas de H_2O.

molalidade A concentração de uma solução expressa como quantidade de matéria de soluto por quilograma de solvente; abreviada como *m*.

molécula Uma combinação química de dois ou mais átomos.

molécula diatômica Uma molécula composta por apenas dois átomos.

molécula polar Uma molécula na qual os centros de carga positiva e negativa não coincidem. Uma molécula que tem um momento de dipolo diferente de zero.

molecularidade O número de moléculas que participam como reagentes em uma reação elementar.

momento O produto da massa (*m*) e da velocidade (*v*) de um objeto.

momento de dipolo (μ) Uma medida da separação e da magnitude das cargas positivas e negativas em moléculas polares.

monômeros Moléculas com massas moleculares baixas que podem ser unidas (polimerizadas) para formar um polímero.

monossacarídeo Um açúcar simples que, em geral, tem seis átomos de carbono. A união de unidades de monossacarídeos por reações de condensação forma polissacarídeos.

movimento browniano O movimento aleatório das partículas coloidais em uma solução devido a colisões com moléculas de solvente.

movimento rotacional O movimento de uma molécula ao girar em torno de um eixo.

movimento translacional Movimento em que uma molécula inteira se move em uma direção definida.

movimento vibracional Movimento dos átomos dentro de uma molécula em que eles se movem periodicamente em atração e em repulsão mútuas.

mudança de fase A conversão de uma substância de um estado da matéria para outro. As mudanças de fase que consideramos são fusão e congelamento (sólido ⇌ líquido), sublimação e deposição (sólido ⇌ gás) e vaporização e condensação (líquido ⇌ gás).

mudanças de estado Transformações da matéria de um estado para outro; por exemplo, de um gás para um líquido.

mudanças físicas Mudanças (como a mudança de fase) que ocorrem sem qualquer mudança na composição química.

mudanças químicas Processos em que uma substância é transformada em outra substância quimicamente diferente; também chamadas de reações químicas.

nanomaterial Um sólido cujas dimensões variam de 1 a 100 nm e cujas propriedades diferem das de um material de maior escala com a mesma composição.

não eletrólito Uma substância que não ioniza em água e, consequentemente, produz uma solução que não conduz eletricidade.

nêutron Uma partícula eletricamente neutra encontrada no núcleo de um átomo; tem aproximadamente a mesma massa de um próton.

nó Pontos em um átomo em que a densidade de probabilidade é igual a zero. Nós radiais são superfícies esféricas,; nós angulares podem ser planos ou cones.

nomenclatura química As regras usadas para nomear substâncias.

núcleo A porção muito pequena, muito densa e de carga positiva de um átomo; é composto de prótons e nêutrons.

núcleon Uma partícula encontrada no núcleo de um átomo; prótons e nêutrons.

nucleotídeo Monômeros de ácidos nucleicos formados a partir de um açúcar de cinco carbonos, uma base orgânica contendo nitrogênio e um grupo fosfato. Nucleotídeos formam polímeros lineares denominados DNA e RNA, que estão envolvidos na síntese de proteínas e na reprodução de células.

número atômico O número de prótons no núcleo de um átomo de um elemento.

número de Avogadro (N_A) O número de átomos ^{12}C existentes em exatamente 12 g de ^{12}C; igual a $6,022 \times 10^{23}$ mol^{-1}.

número de coordenação O número de átomos adjacentes em uma estrutura cristalina à qual um átomo está diretamente ligado. Em um complexo, o número de coordenação do íon metálico é o número de átomos doadores ligados a ele.

número de massa A soma do número de prótons e nêutrons no núcleo de um átomo em particular.

número de oxidação (estado de oxidação) Um número inteiro positivo ou negativo atribuído a um elemento em uma molécula ou íon com base em um conjunto de regras formais; em algum grau, reflete o caráter positivo ou negativo desse átomo.

número quântico magnético de *spin* (m_s) Um número quântico associado aos *spins* dos elétrons; pode assumir valores de + ou −.

número quântico principal O número inteiro *n* associado a órbitas e níveis de energia no átomo de Bohr.

números mágicos Números de prótons e nêutrons que resultam em núcleos muito estáveis.

ondas de matéria O termo usado para descrever as características de onda de uma partícula em movimento.

opticamente ativo Uma substância capaz de girar o plano da luz polarizada.

orbitais de valência Orbitais que contêm os elétrons da camada mais externa de um átomo.

orbital Um estado permitido de energia de um elétron no modelo quântico do átomo. O termo "*orbital*" também é usado para descrever a distribuição espacial da densidade eletrônica. Um orbital é definido pelos valores de três números quânticos: *n*, *l* e m_l.

orbital híbrido Um orbital reformulado a partir da mistura de diferentes tipos de orbitais atômicos puros e usados para descrever certas ligações covalentes. Por exemplo, um orbital híbrido sp^3 resulta da mistura, ou hibridização, de um orbital s e três orbitais p.

orbital molecular (OM) Um estado permitido para um elétron em uma molécula. De acordo com a teoria do orbital molecular, um orbital molecular é análogo a um orbital atômico, que é um estado permitido para um elétron em um átomo. A maioria dos orbitais moleculares ligantes pode ser classificada como σ ou π, dependendo da disposição da densidade eletrônica em relação ao eixo internuclear.

orbital molecular antiligante Um orbital molecular em que a densidade eletrônica se concentra fora da região entre os dois núcleos dos átomos ligados. Tais orbitais, designados σ* ou π*, são menos estáveis (de maior energia) do que os orbitais moleculares ligantes.

orbital molecular ligante Um orbital molecular cuja densidade eletrônica se concentra na região internuclear. A energia de um orbital molecular ligante é menor do que a energia de cada orbital atômico individual do qual ele foi formado.

orbital molecular pi (π) Um orbital molecular que concentra a densidade eletrônica em lados opostos de uma linha imaginária que passa através dos núcleos.

orbital molecular sigma (σ) Um orbital molecular que centraliza a densidade eletrônica sobre uma linha imaginária que passa por dois núcleos.

ordem da reação O expoente da concentração de uma determinada espécie reagente na lei de velocidade, conforme determinado experimentalmente.

ordem de ligação Metade da diferença entre o número de pares de elétrons ligantes e o número de pares de elétrons antiligantes: ordem de ligação = (número de elétrons ligantes – número de elétrons antiligantes)/2.

ordem geral de reação A soma das ordens de reação de todos os reagentes que aparecem na equação da velocidade quando a velocidade pode ser expressa como = $k[A]^a[B]^b$...

osmose O movimento do solvente através de uma membrana semipermeável em direção à solução com a maior concentração de soluto.

osmose reversa O processo pelo qual moléculas de água se movem sob alta pressão através de uma membrana semipermeável, da solução mais concentrada para a menos concentrada.

oxiácido Uma substância na qual átomos de O (e possivelmente outros átomos eletronegativos) estão ligados a um átomo central, com um ou mais átomos de H geralmente ligados aos átomos de O.

oxiânion Um ânion poliatômico que contém um ou mais átomos de oxigênio.

oxidação Um processo em que uma substância perde um ou mais elétrons.

óxido ácido (anidrido ácido) Um óxido que reage com uma base para formar um sal ou reage com água para formar um ácido.

óxido básico (anidrido básico) Um óxido que reage com água para formar uma base ou reage com um ácido para formar um sal e água.

óxidos e hidróxidos anfotéricos Óxidos e hidróxidos pouco solúveis em água, mas que se dissolvem em soluções ácidas ou básicas.

ozônio Nome dado ao O_3, um alótropo do oxigênio.

padrão de repetição Em um cristal, o grupo de átomos associado a cada ponto da rede cristalina.

par ácido-base conjugado Duas espécies em uma reação ácido-base de Brønsted-Lowry que diferem entre si apenas quanto à presença ou à ausência de um próton, como H_2O e OH^-.

par ligante Em uma estrutura de Lewis, um par de elétrons compartilhado por dois átomos.

par não ligante ou par isolado Em uma estrutura de Lewis, um par de elétrons completamente designado a um átomo; também chamado de par solitário.

paramagnetismo Propriedade que uma substância terá se tiver um ou mais elétrons desemparelhados. Uma substância paramagnética é atraída por um campo magnético.

partes por bilhão (ppb) A concentração de uma solução em gramas de soluto por 10^9 (bilhões) gramas de solução; equivale a microgramas de soluto por litro de solução em soluções aquosas.

partes por milhão (ppm) A concentração de uma solução em gramas de soluto por 10^6 (milhões) gramas de solução; equivale a miligramas de soluto por litro de solução em soluções aquosas.

partículas alfa Partículas idênticas aos núcleos de hélio-4, que consistem em dois prótons e dois nêutrons, símbolo ^4_2He ou $^4_2\alpha$.

partículas beta Elétrons de alta velocidade emitidos do núcleo, símbolo 0 -1e ou β^-.

partículas subatômicas Partículas menores do que um átomo, como prótons, nêutrons e elétrons.

pascal (Pa) A unidade SI de pressão: $1 Pa = 1 N/m^2$.

percentual de ionização A porcentagem de uma substância que sofre ionização quando dissolvida em água. O termo aplica-se a soluções de ácidos e bases fracos.

percentual em massa O número de gramas de soluto em cada 100 g de solução.

perda de massa A diferença entre a massa de um núcleo e as massas totais de cada núcleon nele contido.

período A linha horizontal de elementos na tabela periódica.

peso molecular (massa molecular) A soma das massas atômicas (MA) dos átomos representados pela fórmula química para uma molécula.

petróleo Um combustível líquido natural composto de centenas de hidrocarbonetos e outros compostos orgânicos.

pH O logaritmo negativo na base 10 da concentração de íons de hidrogênio em solução aquosa: $pH = -\log[H^+]$.

plano nodal Plano em que a densidade de probabilidade eletrônica em um átomo ou uma molécula é zero. Tanto os orbitais atômicos quanto os orbitais moleculares podem ter planos nodais.

plástico Um sólido polimérico que pode ser moldado em formas específicas com a aplicação de calor e pressão.

plástico termoestável Um plástico formado por processos químicos irreversíveis e que, portanto, não é facilmente remodelado pela aplicação de calor e pressão.

polaridade de ligação Uma medida do grau de desigualdade no compartilhamento de elétrons entre dois átomos de uma ligação química.

polarizabilidade A facilidade com que a nuvem eletrônica de um átomo ou uma molécula é distorcida por uma influência externa, induzindo um momento de dipolo.

polimerização por adição A polimerização na qual monômeros são acoplados por suas ligações múltiplas.

polimerização por condensação A polimerização em que as moléculas são unidas para formar uma molécula maior pela eliminação de uma molécula menor, como H_2O.

polímero Moléculas grandes que contêm longas cadeias de átomos (geralmente de carbono), em que os átomos em uma determinada cadeia estão conectados por ligações covalentes, e as cadeias adjacentes se ligam umas às outras por forças intermoleculares mais fracas, na maioria das vezes.

polipeptídeo Um polímero de aminoácidos formado quando um grande número de aminoácidos (> 30) é unido por ligações peptídicas.

polissacarídeo Uma substância composta de muitas unidades de monossacarídeos unidos.

ponto crítico A temperatura e a pressão além das quais as fases líquida e gasosa são indistinguíveis.

ponto de ebulição normal O ponto de ebulição à pressão de 1 atm.

ponto de equivalência O ponto em uma titulação no qual o soluto adicionado reage completamente com o soluto presente na solução.

ponto de fusão normal O ponto de fusão à pressão de 1 atm.

ponto triplo A temperatura em que as fases sólida, líquida e gasosa coexistem em equilíbrio.

pontos da rede cristalina Pontos em um cristal em que todos eles apresentam ambientes idênticos.

porfirina Um complexo macrocíclico derivado da molécula de porfina.

pósitron Uma partícula com a mesma massa de um elétron, mas com carga positiva, $^0_{+1}e$ ou β^+.

potencial de célula A diferença de potencial entre o cátodo e o ânodo de uma célula eletroquímica. É medido em volts: 1 V = 1 J/C. Também chamado de força eletromotriz.

potencial padrão de redução ($E°_{red}$) O potencial de uma semirreação de redução sob condições padrão, medido em relação ao eletrodo padrão de hidrogênio. Um potencial padrão de redução também é chamado de potencial padrão de eletrodo.

precipitado Uma substância insolúvel ou pouco solúvel que se forma e se separa da solução.

precisão O grau de concordância entre as várias medições de uma mesma quantidade.

pressão Uma medida da força exercida sobre uma unidade de área. Em química, a pressão costuma ser expressa em unidades de atmosferas (atm) ou torr: 760 torr = 1 atm. Em unidades SI, a pressão é expressa em pascal (Pa).

pressão atmosférica normal Definida como 760 torr ou, em unidades SI, 101,325 kPa.

pressão crítica A pressão à qual um gás sob temperatura crítica é convertido ao estado líquido.

pressão de vapor A pressão exercida por um vapor em equilíbrio com sua fase líquida ou sólida.

pressão osmótica A pressão que deve ser aplicada a uma solução para cessar a osmose do solvente puro na solução.

pressão parcial A pressão exercida por determinado gás em uma mistura.

primeira lei da termodinâmica Uma afirmação segundo a qual a energia é conservada em todo processo. Uma forma de expressar a lei é que a variação na energia interna (ΔE) de um sistema em qualquer processo é igual ao calor (q) adicionado ao sistema mais o trabalho (w) realizado no sistema por sua vizinhança: $\Delta E = q + w$.

princípio da incerteza Um princípio proposto por Werner Heisenberg segundo o qual há uma incerteza inerente sobre a precisão com que podemos especificar, simultaneamente, a posição e o momento de uma partícula. Essa incerteza é significativa apenas para partículas de massa extremamente pequena, como os elétrons.

princípio de exclusão de Pauli Uma regra segundo a qual dois elétrons em um átomo não podem ter os mesmos quatro números quânticos (n, l, m_l e m_s). Como reflexo desse princípio, não pode haver mais de dois elétrons em um orbital atômico.

princípio de Le Châtelier Um princípio segundo o qual, quando perturbamos um sistema em equilíbrio químico, as concentrações relativas de reagentes e produtos deslocam-se de modo a desfazer parcialmente os efeitos do distúrbio e reestabelecer o equilíbrio.

processo de Haber Um processo industrial desenvolvido por Fritz Harber para a preparação de amônia a partir de nitrogênio e hidrogênio com um catalisador especialmente preparado, alta temperatura e alta pressão.

processo de Ostwald Um processo industrial usado para produzir ácido nítrico a partir da amônia. NH_3 é oxidado cataliticamente por O_2 para formar NO; NO no ar é oxidado a NO_2; HNO_3 é formado em uma reação de desproporcionamento quando NO_2 é dissolvido em água.

processo endotérmico Um processo em que um sistema absorve o calor de sua vizinhança.

processo espontâneo Um processo capaz de prosseguir em determinada direção, conforme escrito ou descrito, sem ter de ser impelido por uma fonte externa de energia. Um processo pode ser espontâneo, embora seja muito lento.

processo exotérmico Processo em que um sistema libera calor para sua vizinhança.

processo irreversível Um processo que não pode ser revertido para restaurar tanto o sistema quanto sua vizinhança a seus estados originais.

processo isotérmico Aquele que ocorre sob temperatura constante.

processo reversível Processo no qual o sistema pode ser restaurado à sua condição original sem alterar a vizinhança.

produto Uma substância produzida em uma reação química; aparece à direita da seta em uma equação química.

propriedade Qualquer característica que nos permite reconhecer um determinado tipo de matéria e diferenciá-lo de outros tipos.

propriedade coligativa Uma propriedade de um solvente (redução do vapor de pressão e do ponto de congelamento, elevação do ponto de ebulição, pressão osmótica) que depende somente da concentração total de partículas de soluto presentes.

propriedade extensiva Uma propriedade que depende da quantidade de material analisado (p. ex., massa ou volume).

propriedade intensiva Uma propriedade que independe da quantidade da substância analisada (p. ex., densidade).

propriedades físicas Propriedades que podem ser medidas sem alterar a composição de uma substância; por exemplo, a cor e o ponto de congelamento.

propriedades químicas Propriedades que descrevem como uma substância pode mudar, ou *reagir*, para formar outras substâncias.

proteção catódica Um meio de proteger um metal contra corrosão, tornando-o o cátodo de uma célula voltaica. Isso ocorre ligando-se um metal mais facilmente oxidável, que serve como um ânodo, ao metal a ser protegido.

proteína Macromoléculas presentes em todas as células vivas; um biopolímero formado por aminoácidos.

prótio O isótopo mais comum do hidrogênio.

próton Uma partícula subatômica de carga positiva encontrada no núcleo de um átomo.

quantum O menor incremento de energia radiante que pode ser absorvida ou emitida; a grandeza da energia radiante é $h\nu$.

química A disciplina científica que estuda a composição, as propriedades e as transformações da matéria.

química orgânica Ramo da química que estuda os compostos que contêm carbono e, em geral, ligações carbono-hidrogênio.

química verde Química que promove a concepção e a aplicação de produtos e processos químicos compatíveis com a saúde humana e que preservam o meio ambiente.

quiral Um termo que descreve uma molécula ou um íon que sua estrutura não é sobreponível com sua imagem especular.

quociente de reação (Q) O valor obtido quando as concentrações de reagentes e produtos são inseridas na expressão de lei de ação das massas. Se as concentrações são as do equilíbrio, $Q = K$; caso contrário, $Q \neq K$.

rad Uma medida da energia absorvida da radiação por tecido ou outro material biológico; 1 rad = transferência de 1×10^{-2} J de energia por quilograma de material.

radiação eletromagnética (energia radiante) Uma forma de energia que tem características de onda e se propaga através de um vácuo na velocidade de $3,00 \times 10^8$ m/s.

radiação gama Radiação eletromagnética de alta energia e baixo comprimento de onda (cerca de 10^{-12} m) que emana do núcleo de um átomo radioativo.

radiação ionizante Radiação que tem energia suficiente para remover um elétron de uma molécula, ionizando-a.

radiação não ionizante Radiação que não tem energia suficiente para remover um elétron de uma espécie (átomo ou molécula).

radical livre Uma substância com um ou mais elétrons desemparelhados.

radioativo Que possui radioatividade, a desintegração espontânea de um núcleo atômico instável acompanhada de emissão de radiação.

radioisótopo Um isótopo radioativo; isto é, ele passa por mudanças nucleares com emissões de radiação.

radiomarcador Um radioisótopo que pode ser usado para rastrear a trajetória de um elemento em um sistema químico.

radionuclídeo Um nuclídeo radioativo.

raio atômico Uma estimativa do tamanho de um átomo. Veja raio atômico ligante.

raio atômico ligante O raio de um átomo definido pelas distâncias que o separam dos outros átomos aos quais está ligado quimicamente.

raios catódicos Fluxos de elétrons produzidos quando uma alta tensão é aplicada aos eletrodos em um tubo evacuado.

reação bimolecular Uma reação elementar que envolve duas moléculas.

reação de adição Uma reação em que um reagente é inserido a cada um dos átomos de carbono de uma ligação múltipla carbono-carbono, tornando-o uma ligação simples.

reação de combinação Uma reação química em que duas ou mais substâncias se combinam para formar um único produto.

reação de combustão Uma reação química que transcorre com a evolução do calor e geralmente produz uma chama; a maioria das combustões envolve reação com oxigênio, como na queima de um fósforo.

reação de condensação Uma reação em que duas moléculas são unidas para formar uma molécula maior pela eliminação de uma molécula menor, como H_2O.

reação de decomposição Uma reação química em que um único composto reage para gerar dois ou mais produtos.

reação de deslocamento Uma reação em que um íon em uma solução é deslocado (substituído) pela oxidação de um elemento.

reação de desproporcionamento Reação em que um elemento é oxidado e reduzido simultaneamente.

reação de eletrólise Um tipo de reação na qual uma reação redox não espontânea é provocada pela passagem de corrente elétrica devido à aplicação de um potencial elétrico externo. Os dispositivos nos quais as reações de eletrólise ocorrem são chamados de células eletrolíticas.

reação de metátese (troca) Uma reação em que duas substâncias reagem por meio de uma troca de seus íons componentes: AX + BY → AY + BX. Reações de precipitação e neutralização ácido-base são exemplos de reações de metátese.

reação de neutralização Uma reação em que um ácido e uma base reagem em quantidades estequiometricamente equivalentes; a reação de neutralização entre um ácido e um hidróxido de metal produz água e um sal.

reação de ordem zero Reação em que a velocidade é independente das concentrações dos reagentes.

reação de oxirredução (redox) Uma reação em que os elétrons são transferidos de um reagente para o outro e em que os estados de oxidação desses átomos mudam.

reação de precipitação Uma reação que ocorre entre substâncias em solução em que um dos produtos é insolúvel.

reação de primeira ordem Uma reação em que a velocidade da reação é proporcional à concentração de um único reagente elevada à potência 1.

reação de segunda ordem Uma reação na qual a velocidade depende da concentração de um reagente com expoente 2 ou das concentrações de dois reagentes cada um com expoente 1.

reação de troca (metátese) Uma reação entre compostos que, quando escrita como uma equação molecular, parece envolver a troca de íons entre os dois reagentes.

reação elementar Processo em uma reação química que ocorre em uma única etapa elementar. Uma reação química geral consiste em uma ou mais reações ou etapas elementares.

reação em cadeia Uma série de reações em que uma reação inicia a reação seguinte.

reação nuclear Reação na qual ocorrem transformações dos núcleos atômicos.

reação redox (oxirredução) Uma reação em que certos átomos sofrem alterações nos seus estados de oxidação. A substância que aumenta o seu estado de oxidação é oxidada; a substância que diminui o seu estado de oxidação é reduzida.

reação termolecular Uma reação elementar que envolve três moléculas. Reações termoleculares são raras.

reação termonuclear Outro nome para as reações de fusão; reações em que dois núcleos leves são unidos para formar outro mais massivo.

reação unimolecular Uma reação elementar que envolve uma única molécula.

reações de substituição Reações nas quais um átomo (ou grupo de átomos) substitui outro átomo (ou outro grupo) dentro de uma molécula; reações de substituição são típicas de alcanos e hidrocarbonetos aromáticos.

reações químicas Processos em que uma substância é transformada em outra substância quimicamente diferente; também chamadas de mudanças químicas.

reagente Uma substância inicial em uma reação química; aparece à esquerda da seta em uma equação química.

reagente limitante O reagente consumido completamente em uma reação e o seu consumo limita a quantidade de produto que pode ser formada.

rede cristalina O padrão geométrico dos pontos em que as células unitárias se organizam; na prática, um esqueleto abstrato (ou seja, imaginário) para a estrutura cristalina.

redução O processo em que uma substância ganha um ou mais elétrons.

regra de Hund Uma regra segundo a qual os elétrons ocupam orbitais degenerados de forma a maximizar o número de elétrons com *spins* paralelos. Em outras palavras, cada orbital é ocupado por um elétron antes que ocorra o emparelhamento de elétrons nos orbitais.

regra do octeto Uma regra segundo a qual átomos tendem a ganhar, perder ou compartilhar elétrons até que estejam circundados por oito elétrons de valência.

rem Uma medida dos danos biológicos causados pela radiação. É igual ao rad vezes um fator para o tipo de radiação, chamado de eficácia biológica relativa (RBE): rem = rads × RBE.

rendimento percentual A razão entre o rendimento real (experimental) de um produto e seu rendimento teórico (calculado) multiplicada por 100.

rendimento teórico A quantidade de produto que se calcula que se formará quando todo o reagente limitante reagir.

sal Qualquer composto iônico cujo cátion é proveniente de uma base (p. ex., o Na^+ do NaOH) e cujo ânion é proveniente de um ácido (p. ex., o Cl^- do HCl).

salinidade Uma medida do teor de sal na água do mar, salmoura ou água salobra. Equivale à massa em gramas de sais dissolvidos presentes em 1 kg de água do mar.

saponificação A hidrólise de um éster na presença de uma base.

segunda lei da termodinâmica Enunciado que relaciona a variação na entropia do universo (ΔS_{univ}) com a reversibilidade do processo. Para um processo reversível, $\Delta S_{univ} = 0$. Para um processo irreversível, $\Delta S_{univ} > 0$. Uma vez que os processos espontâneos são irreversíveis, a segunda lei significa que a entropia do universo aumenta em qualquer processo espontâneo.

semicondutor Uma substância cuja condutividade elétrica é baixa à temperatura ambiente, mas aumenta significativamente com o aumento da temperatura.

semirreação Uma equação que, seja para uma oxidação, seja para uma redução, mostra explicitamente os elétrons envolvidos; por exemplo, $Zn^{2+}(aq) + 2e^- \rightarrow Zn(s)$.

série de desintegração nuclear Uma série de reações nucleares que começa com um núcleo instável e termina com um estável; também chamada de série radioativa.

série de reatividade Uma lista de metais dispostos por ordem decrescente de facilidade de oxidação.

série espectroquímica Uma lista de ligantes dispostos por ordem crescente de sua capacidade de aumentar a energia de desdobramento do campo cristalino.

série isoeletrônica Uma série de átomos, íons ou moléculas que têm o mesmo número de elétrons.

sílica Nome comum do dióxido de silício.

silicatos Compostos que contêm silício e oxigênio, estruturalmente baseados em SiO_4 tetraédrico.

símbolo de Lewis (símbolo de elétron-ponto) O símbolo químico de um elemento, com um ponto para cada elétron de valência.

sistema Em termodinâmica, a porção do universo que destacamos para estudo. Devemos ter o cuidado de indicar exatamente o que o sistema contém e quais transferências de energia ele pode ter com sua vizinhança.

sistema métrico Um sistema de medição usado em ciência e na maioria dos países. O metro e o grama são exemplos de unidades métricas.

sítio ativo Local específico em um catalisador heterogêneo ou em uma enzima onde ocorre a catálise.

smog fotoquímico Uma mistura complexa de substâncias indesejáveis produzidas pela ação da luz solar em uma atmosfera urbana poluída pelas emissões dos automóveis. Os principais ingredientes iniciais são óxidos de nitrogênio e substâncias orgânicas.

sobreposição O grau em que orbitais atômicos em diferentes átomos compartilham a mesma região do espaço. Quando a sobreposição entre dois orbitais é grande, uma ligação forte pode ser formada.

sólido Matéria que tem forma e volume definidos.

sólido amorfo Um sólido cujo arranjo molecular não tem um ordem (o padrão de ordenamento e repetição ao longo da estrutura) de um cristal.

sólido cristalino (cristal) Um sólido cujo arranjo interno de átomos, moléculas ou íons apresenta um padrão que se repete regularmente em qualquer direção através do sólido.

sólidos de rede covalente Sólidos em que as unidades que compõem a rede tridimensional são unidas por ligações covalentes.

sólidos iônicos Sólidos cuja existência se deve à atração eletrostática mútua entre cátions e ânions.

sólidos metálicos Sólidos compostos por átomos de metais unidos por um "mar" deslocalizado de elétrons de valência compartilhados por todos os átomos.

sólidos moleculares Sólidos compostos de moléculas que se unem por meio de forças intermoleculares.

solubilidade A quantidade de uma substância que se dissolve em dada quantidade de solvente em uma dada temperatura para formar uma solução saturada.

solução aquosa Uma solução em que a água é o solvente.

solução ideal Uma solução para a qual pressupõe-se que as interações solvente-soluto, soluto-soluto e solvente-solvente têm a mesma força. Uma solução ideal obedece perfeitamente à lei de Raoult.

solução insaturada Uma solução que contém menos soluto do que uma solução saturada.

solução Uma mistura de substâncias que tem composição uniforme; uma mistura homogênea.

solução padrão Uma solução estável de concentração conhecida.

solução saturada Uma solução em que um soluto não dissolvido e um soluto dissolvido estão em equilíbrio.

solução supersaturada Uma solução que contém mais soluto do que uma solução saturada equivalente.

solução tamponada (tampão) Uma solução que sofre variação limitada de pH mediante a adição de pequenas quantidades de ácido ou base.

soluto Uma substância dissolvida em um solvente para formar uma solução; normalmente, é o componente de uma solução presente na menor quantidade.

solvatação O agrupamento de moléculas de solvente em torno de uma partícula de soluto.

solvente O meio de dissolução de uma solução; normalmente, é o componente de uma solução presente em maior quantidade.

spin eletrônico (s) Uma propriedade do elétron que o leva a comportar-se como um ímã minúsculo. O elétron comporta-se como se girasse sobre seu eixo. O spin eletrônico é quantizado.

subcamada Um ou mais orbitais com o mesmo conjunto de números quânticos n e l. Por exemplo, a subcamada $2p$ ($n = 2, l = 1$) é composta de três orbitais ($2p_x$, $2p_y$ e $2p_z$).

substância pura Matéria que tem uma composição fixa e propriedades distintas.

substrato Uma substância que sofre uma reação no sítio ativo de uma enzima.

tabela periódica O arranjo de elementos por ordem crescente de número atômico, e os elementos com propriedades semelhantes são colocados na coluna vertical.

temperatura Uma medida de quão quente ou fria uma substância está em relação a outra substância; uma propriedade física que determina a direcionalidade do fluxo de calor.

temperatura crítica A temperatura mais alta à qual é possível converter a forma gasosa de uma substância à líquida. A temperatura crítica aumenta com o aumento da grandeza das forças intermoleculares.

tensão superficial A energia necessária para aumentar a área da superfície de um líquido por unidade de área.

teoria Um modelo ou uma explicação testada que permite a realização de previsões e explica todas as observações disponíveis.

teoria cinética-molecular dos gases Um conjunto de pressupostos sobre a natureza dos gases. Esses pressupostos, quando traduzidos em termos matemáticos, produzem a equação do gás ideal.

teoria da ligação de valência Um modelo de ligação química em que uma ligação covalente é formada pela sobreposição dos orbitais atômicos de dois átomos.

teoria do campo cristalino Uma teoria que explica as cores, as propriedades magnéticas e outras propriedades dos complexos de metais de transição em termos do desdobramento das energias dos orbitais d dos íons metálicos causado pela interação eletrostática com as cargas negativas dos ligantes.

teoria do orbital molecular Uma teoria que explica os estados permitidos para elétrons em moléculas usando funções de onda específicas.

terceira lei da termodinâmica Lei segundo a qual a entropia de um sólido puro e cristalino sob a temperatura zero absoluto é igual a zero: $S(0\ K) = 0$.

termodinâmica O estudo da energia e de sua transformação.

termoplástico Um material polimérico que pode ser facilmente remodelado pela aplicação de calor e pressão.

termoquímica Ramo da termodinâmica que se concentra no calor envolvido em mudanças químicas e físicas.

titulação Um método para determinar a concentração de uma solução por meio do monitoramento da reação entre uma solução de concentração desconhecida com outra de concentração conhecida (uma solução padrão).

torr Uma unidade de pressão (1 torr = 1 mm Hg).

trabalho A transferência de energia que resulta quando uma força F move um objeto através de uma distância d; é igual a F x d.

trabalho pressão-volume (PV) Trabalho realizado pela expansão de um gás contra uma pressão de resistência.

transição d-d A transição de um elétron em um composto de metal de transição de um orbital d de baixa energia para um orbital d de mais alta energia.

transmutação nuclear Uma conversão de um tipo de núcleo para outro.

trítio O isótopo de hidrogênio cujo núcleo contém um próton e dois nêutrons.

troposfera A região da atmosfera da Terra que se estende desde a superfície até cerca de 10 km altitude.

unidade de massa atômica (uma) Uma unidade baseada no valor de exatamente 1/12 da massa do isótopo de carbono que tem seis prótons e seis nêutrons no núcleo; 1 amu = $1{,}66054 \times 10^{-24}$ g.

unidade derivada Unidade SI obtida pela multiplicação ou divisão de uma ou mais unidades básicas do SI.

unidades SI (Sistema Internacional de Unidades) As unidades métricas preferenciais para aplicação em ciência.

valor de combustão A energia liberada quando 1 g de uma substância é queimado.

vapor Estado gasoso de qualquer substância que existe normalmente sob a forma de um líquido ou sólido.

variação de entalpia padrão ($\Delta H°$) A variação de entalpia em um processo quando todos os reagentes e produtos estão em suas formas estáveis sob pressão de 1 atm e uma temperatura especificada, normalmente 25 °C.

velocidade da reação Uma medida da redução da concentração de um reagente ou do aumento da concentração de um produto ao longo do tempo.

velocidade instantânea A velocidade de reação em um determinado tempo, em oposição à velocidade média em um intervalo de tempo.

velocidade média quadrática (RMS) (μ_{rms}) A raiz quadrada da média das velocidades quadráticas das moléculas de gás em uma amostra gasosa.

vetores de rede Os vetores a, b e c que definem cada ponto da rede cristalina. A partir de qualquer um desses pontos, é possível mover-se uma estrutura cristalina. Partindo de qualquer ponto da rede, é possível mover-se para outro ponto da rede, somando múltiplos inteiros dos dois vetores da rede cristalina.

vidro Um sólido amorfo formado pela fusão de SiO_2, CaO e Na_2O. Outros óxidos também podem ser utilizados para formar vidros com diferentes características.

viscosidade Uma medida da resistência de fluidos ao escoamento.

vizinhança Em termodinâmica, tudo que se encontra fora do sistema estudado.

volátil Relativo a um líquido ou sólido com uma pressão de vapor relativamente alta em temperaturas normais.

vulcanização O processo de formação de ligações cruzadas entre as cadeias do polímero na borracha.

watt Uma unidade de potência; 1 W = 1 J/s.

zeólita Classe de aluminossilicatos que ocorrem naturalmente e também podem ser sintetizados.

zero absoluto A temperatura na qual para todo o movimento térmico: 0 K na escala Kelvin e –273,15 °C na escala Celsius.

CRÉDITOS DAS ILUSTRAÇÕES

PÁGINAS INICIAIS p. ii SJ Travel Photo and Video/Shutterstock; **p. ix (esquerda)** GL Archive/Alamy Stock Photo; **p. ix (direita)** Neirfy/Shutterstock; **p. x (canto superior esquerdo)** Food and Drink Photos/AlamyStock Photo; **p. x (canto inferior esquerdo)** EpicStockMedia/Shutterstock; **p. x (direita)** Richard Megna/Fundamental Photographs; **p. xi (esquerda)** Simon's passion 4 Travel/Shutterstock; **p. xi (direita)** Cla78/Shutterstock; **p. xii (canto superior esquerdo)** Alexander van Driessche; **p. xii (canto inferior esquerdo)** nrqemi/Shutterstock **p. xii (direita)** Jim Lozouski/Shutterstock; **p. xiii (esquerda)** Ljupco Smokovski/Shutterstock; **p. xiii (direita)** demarcomedia/Shutterstock; **p. xiv (canto superior esquerdo)** Ido Meirovich/Shutterstock; **p. xiv (canto inferior esquerdo)** Xvision/Moment/Getty Images; **p. xiv (direita)** GALA Images/Alamy Stock Photo; **p. xv (esquerda)** Kolpakova Svetlana/Shutterstock; **p. xv (direita)** Deb22/Shutterstock; **p. xvi (canto superior esquerdo)** argus/Shutterstock; **p. xvi (canto inferior esquerdo)** Molekuul/123RF GB Ltd.; **p. xvi (direita)** National Renewable Energy Laboratory; **p. xvii (esquerda)** Stocktrek Images/Getty Images; **p. xvii (direita)** Anton Gvozdikov/Shutterstock; **p. xviii (esquerda)** Art Collection 3/Alamy Stock Photo; **p. xviii (direita)** Pikoso.kz/Shutterstock.

CAPÍTULO 1 Imagem de abertura GL Archive/Alamy Stock Photo; **1.2** Colleen Michaels/Shutterstock; **1.6** Charles D. Winters/Science Source; **1.7a** spe/Shutterstock; **1.7b** Richard Megna/Fundamental Photographs; **1.10** Richard Megna/Fundamental Photographs; **1.11** Richard Megna/Fundamental Photographs; **1.14a** Wirestock Creators/Shutterstock; **1.14b** Zoom-Zoom/Getty Images; **1.16** United Nations Department of Global Communications https://www.un.org/sustainabledevelopment/ (The content of this publication has not been approved by the United Nations and does not reflect the views of the United Nations or its officials or Member States) Pearson Education Inc. supports the Sustainable Development Goals (SDGs); **Tabela 1.3** FOXTROT ©2008 Bill Amend. Reimpresso com permissão de ANDREWS MCMEEL SYNDICATION. Todos os direitos reservados; **1.17** Duplass/Shutterstock; **1.23** Mettler-Toledo; **EX 1.4** Jose Gil/Shutterstock; **EX 1.5** rodimov/Shutterstock; **EX 1.12** Christine Glade/Shutterstock; **EX 1.22** Dinodia Photos/Alamy Stock Photo; **EX 1.53** Pencil case/Shutterstock; **EX 1.54** Josef Bosak/Shutterstock; **EX 1.72** Richard Megna/Fundamental Photographs.

CAPÍTULO 2 Imagem de abertura Neirfy/Shutterstock; **2.1** 1814 painting by Joseph Allen; **2.2** Drs. Ali Yazdani & Daniel J. Hornbaker/Science Source; **2.3** Richard Megna/Fundamental Photographs; **2.6** Pictorial Press Ltd/Alamy Stock Photo; **2.15** Richard Megna/Fundamental Photographs; **2.19** EllieB Photography/Getty Images; **2.21** Martyn F. Chillmaid/Science Source.

CAPÍTULO 3 Imagem de abertura Food and Drink Photos/AlamyStock Photo; **3.5** Richard Megna/Fundamental Photographs; **3.6** Caspar Benson/fStop Images/Getty Images; **3.7** Richard Megna/Fundamental Photographs; **3.8** Sara Sadler/Alamy Stock Photo; **3.10** Richard Megna/Fundamental Photographs; **EX 3.62** Damian Dovarganes/AP Images; **EX 3.69** Richard Megna/Fundamental Photographs; **EX 3.79** W1zzard/Getty Images.

CAPÍTULO 4 Imagem de abertura EpicStockMedia/Shutterstock; **4.3** Richard Megna/Fundamental Photographs; **4.8** Richard Megna/Fundamental Photographs; **4.10a** Markthai/Getty Images; **4.10b** Imseco/Getty Images; **4.10c** Triffitt/Getty Images; **4.11** Richard Megna/Fundamental Photographs; **4.13** Peticolas/Richard Megna/Fundamental Photographs; **4.15** Richard Megna/Fundamental Photographs; **4.17** Richard Megna/Fundamental Photographs; **EX 4.7** Turtle Rock Scientific/Science Source; **EX 4.92** Richard Megna/Fundamental Photographs.

CAPÍTULO 5 Imagem de abertura Richard Megna/Fundamental Photographs; **5.1a** YlinPhoto/Shutterstock; **5.1b** Lightwork/Shutterstock; **5.8** Richard Megna/Fundamental Photographs; **5.14** Charles D. Winters/Science Source; **5.20** Rocketclips, Inc./Shutterstock; **5.27** Bloomberg/Getty Images; **EX 5.1** Rick & Nora Bower/Alamy Stock Photo.

CAPÍTULO 6 Imagem de abertura Simon's passion 4 Travel/Shutterstock; **6.1** pakete/123rf.com; **6.5** Iacopo Giangrandi; **6.8** Hipix/Alamy Stock Photo; **6.10** Richard Megna/Fundamental Photographs; **6.14** Lawrence Berkeley NATL LAB/MCT/Newscom; **6.17** Sonsedska Yuliia/Shutterstock; **6.26** Medical Body Scans/Science Source; **EX 6.4** Bierchen/Shutterstock, Stocktrek Images/Getty Images, AP Images; **EX 6.5** Yakobchuk/Getty Images.

CAPÍTULO 7 Imagem de abertura Cla78/Shutterstock; **7.15** Achim Prill/Getty Images; **7.17** Richard Megna/Fundamental Photographs; **7.18** Richard Treptow/Science Source; **7.19** Richard Megna/Fundamental Photographs; **7.20** Jeff J Daly/AlamyStock Photo; **7.21** Charles D. Winters/Science Source; **7.22** Richard Megna/Fundamental Photographs; **7.23** David Taylor/Science Source, Andrew Lambert/Science Source; **7.24** Dolce Vita/Shutterstock; **7.25** Bruce Bursten; **7.26** Richard Megna/Fundamental Photographs; **7.28** Richard Megna/Fundamental Photographs.

CAPÍTULO 8 Imagem de abertura Alexander van Driessche; **8.1** Tobik/Shutterstock.

CAPÍTULO 9 Imagem de abertura nrqemi/Shutterstock; **9.5** Kristen Brochmann/Fundamental Photographs; **9.28** Science Photo Library/Alamy Stock Photo; **9.45** Richard Megna/Fundamental Photographs.

CAPÍTULO 10 Imagem de abertura Jim Lozouski/Shutterstock; **10.10** EyeEm/Alamy Stock Photo; **10.15** Richard Megna/Fundamental Photographs; **10.16** Danita Delimont/Alamy Stock Photo.

CAPÍTULO 11 Imagem de abertura Ljupco Smokovski/Shutterstock; **11.1 (esquerda para direita)** Charles D. Winters/Science Source, sciencephotos/Alamy Stock Photo, Richard Megna/Fundamental Photographs; **11.10** Ted Kinsman/Science Source; **11.15** Fundamental Photographs; **11.16** Hermann Eisenbeiss/Science Source; **11.17** Fundamental Photographs; **11.25** AmaPhoto/Shutterstock; **11.31** Fundamental Photographs.

CAPÍTULO 12 Imagem de abertura demarcomedia/Shutterstock; **12.2 (de cima para baixo)** Photo Fun/Shutterstock, mahirart/Shutterstock; **12.16** (DoITPoMS) Dissemination of IT for the Promotion of Materials Science; **12.32** Francesco Zerilli/

Alamy Stock Photo; **12.41** SPL/Science Source; **12.42** SPL/Science Source; **12.43** funkyfood London – Paul Williams/Alamy Stock Photo; **12.44a** Maen CG/Shutterstock; **12.44b** Zoonar Gmbh/Alamy Stock Photo; **12.44c** Vinaches, P.; Schwanke, A. J.; Lopes, C. W.; Souza, I. M. S.; Villarroel-Rocha, J.; Sapag, K.; Pergher, S. B. C. Incorporation of Brazilian Diatomite in the Synthesis of An MFI Zeolite. Molecules 2019, 24, 1980. https://doi.org/10.3390/molecules24101980; **EX 12.1** Richard Megna/Fundamental Photographs; **EX 12.5** lillisphotography/Getty Images; **EX 12.10** Jinghong Li.

CAPÍTULO 13 Imagem de abertura Ido Meirovich/Shutterstock; **13.5** Richard Megna/Fundamental Photographs; **13.6** Richard Megna/Fundamental Photographs; **13.7** Richard Megna/Fundamental Photographs; **13.8** Richard Megna/Fundamental Photographs; **13.14** Charles D. Winters/Science Source; **13.19** Michael Utech/Getty Images; **13.26** DuPont External Affairs; **13.27** Richard Megna/Fundamental Photographs; **13.31** Eye of Science/Science Source; **EP 13.26** Ildi Papp/Shutterstock.

CAPÍTULO 14 Imagem de abertura Xvision/Moment/Getty Images; **14.1 (de cima para baixo)** Michael Dalton/Fundamental Photographs, Richard Megna/Fundamental Photographs; **14.12** Richard Megna/Fundamental Photographs; **14.21** Richard Megna/Fundamental Photographs; **14.25** Richard Megna/Fundamental Photographs; **14.29** Nigel Cattlin/Alamy Stock Photo; **14.30** Heikki Saukkoma/Shutterstock.

CAPÍTULO 15 Imagem de abertura GALA Images/Alamy Stock Photo; **15.1** Richard Megna/Fundamental Photographs; **15.4** Joseph Kreiss/Shutterstock; **15.14** Richard Megna/Fundamental Photographs.

CAPÍTULO 16 Imagem de abertura Kolpakova Svetlana/Shutterstock; **16.3** Chip Clark/Fundamental Photographs; **16.7** Charles D. Winters/Science Source; **16.9** Richard Megna/Fundamental Photographs; **16.17** Richard Megna/Fundamental Photographs.

CAPÍTULO 17 Imagem de abertura Deb22/Shutterstock; **17.1** Thermo Fisher Scientific; **17.5** Pietro M. Motta/Silvia Correr/Science Source; **17.20** Richard Megna/Fundamental Photographs; **17.22** Richard Megna/Fundamental Photographs; **EX 17.2** Richard Megna/Fundamental Photographs.

CAPÍTULO 18 Imagem de abertura argus/Shutterstock; **18.2** V. Belov/Shutterstock; **18.6** U.S. Geological Survey Library; **18.7** NASA; **18.10** Beijingstory/Getty Images; **18.15** Grigorii Pisotsckii/Shutterstock; **18.18** U.S. Geological Survey Library; **18.19** Nagel Photography/Shutterstock; **18.22** Damsea/Shutterstock.

CAPÍTULO 19 Imagem de abertura Molekuul/123RF GB Ltd.; **19.1** Fundamental Photographs; **19.3** Fundamental Photographs; **19.7** Drescher/ullstein bild/Getty Images.

CAPÍTULO 20 Imagem de abertura National Renewable Energy Laboratory; **20.1** Fundamental Photographs; **20.2** Fundamental Photographs; **20.3** Fundamental Photographs; **20.4** Richard Megna/Fundamental Photographs; **20.7** Ryuivst/iStock/Getty Images; **20.12** Photos.com/Getty Images; **20.15** Azoor Wildlife Photo/Alamy Stock Photo; **20.22** Eye35 stock/Alamy Stock Photo.

CAPÍTULO 21 Imagem de abertura Stocktrek Images/Getty Images; **21.4** David Parker/Science Source; **21.5** Doe Photo/Alamy Stock Photo; **21.8 (da esquerda para a direita)** Don Murray/Getty Images, Dario Lo Presti/Shutterstock; **21.11** Susan Landau; **21.18** Los Alamos National Laboratory; **21.25** Science History Images/Alamy Stock Photo; **p. 932** Ted Kinsman/Science Source.

CAPÍTULO 22 Imagem de abertura Anton Gvozdikov/Shutterstock; **22.5** Richard Megna/Fundamental Photographs; **22.10** NASA; **22.11** Lisa F. Young/Shutterstock; **22.12** Richard Megna/Fundamental Photographs; **22.13** Maksym Gorpenyuk/Shutterstock; **22.15** Penny Tweedie/Alamy Stock Photo; **22.16** Fundamental Photographs; **22.17** Richard Megna/Fundamental Photographs; **22.18** Kristen Brochmann/Fundamental Photographs; **22.25** Richard Megna/Fundamental Photographs; **22.29** Marekuliasz/Shutterstock, **(inserção superior à esquerda)** Chris H. Galbraith/Shutterstock, **(inserção superior à direita)** Mikhail Bakunovich/Shutterstock, **(inserção inferior à esquerda)** Mezzotint/Shutterstock; **22.33** Arena Creative/Shutterstock.

CAPÍTULO 23 Imagem de abertura Art Collection 3/Alamy Stock Photo; **23.1** John Cancalosi/Alamy Stock Photo; **23.4** Fundamental Photographs; **23.7** Pat_Hastings/Shutterstock; **23.8** Fundamental Photographs; **23.9** Fundamental Photographs; **23.20** Fundamental Photographs; **23.24** Fundamental Photographs; **23.30** Fundamental Photographs; **EX 23.7** Gino Santa Maria/Shutterstock.

CAPÍTULO 24 Imagem de abertura Pikoso.kz/Shutterstock; **24.12** Fundamental Photographs; **24.28a** Dotted Yeti/Shutterstock.

ÍNDICE

Observação: Os números de página seguidos pela letra *f* indicam uma figura na respectiva página; *t* indica tabelas; e *n* indica notas.

A

Absorção, 551, 601
Acelerador linear, 900–901, 901*f*
Aceleradores de partículas, 900–901, 900–901*f*
Acetaldeído, 1035*t*
Acetamida, 4, 1035*t*
Acetato de metila, 1035*t*
Acetato, íon (CH_3COOH^- ou $C_2H_3O_2^-$), 67*t*, 122, 125*t*
Acetona, 529, 1035*t*
Ácidas, soluções aquosas, 670, 842–845
Ácido acético (CH_3COOH), 128*f*, 129, 1035*t*
    força de, 122
    fórmula química de, 122*n*
    hidrogênios em, 129
    modelo molecular do, 128*f*
Ácido acetilsalicílico (aspirina), 131*n*
Ácido adípico, 498, 499*f*
Ácido ascórbico (vitamina C), 131*n*
Ácido aspártico, 1044*f*
Ácido carbônico (H_2CO_3), 133, 135, 724, 962–963
Ácido cítrico, 128
Ácido cítrico, 131*n*, 684, 684*f*
Ácido cítrico, ciclo do, 661
Ácido clorídrico (HCl), 69, 128, 128*f*, 662
    ionização do, equação da, 122
    oxidação por, 840*f*, 840–841
    reação de neutralização entre base insolúvel em água, 132–133, 133*f*
Ácido etanoico, 1035*t*
Ácido fórmico (HCOOH), 605–606
Ácido fosforoso (H_3PO_3), 701, 702
Ácido glutâmico, 1044*f*
Ácido graxo monoinsaturado, 1052
Ácido graxo poli-insaturado, 1052
Ácido nítrico (HNO_3), 128*f*, 133*f*, 135, 140, 955, 955*f*
Ácido nitroso (HNO_2), 955, 955*f*
Ácido oleico, 1052
Ácido pirúvico, 1058
Ácido sulfúrico (H_2SO_4), 93, 93*f*, 128, 128*f*, 135
Ácido–base, equilíbrio, 661–712
    ácidos e bases de Arrhenius, 662
    ácidos e bases de Brønsted–Lowry, 663–664, 663–664*f*
    ácidos e bases de Lewis, 665–666
    ácidos fortes, 675–676
    ácidos fracos, 677–687, 678*ft*, 682–684*f*, 685*t*

    autoionização da água, 669–670*f*, 669–671
    bases fortes, 676–677
    bases fracas, 687–690, 688*f*
    classificações de ácidos e bases, 662–666, 663–664*f*
    comportamento ácido-base e estrutura química, 697–701, 698–699*f*
    escala de pH, 671–675, 672*t*, 673–675
    pares ácido-base conjugados, 666–669, 668*f*
    propriedades ácido-base de soluções salinas, 693–697, 694*t*, 695*f*
    relação entre K_a e K_b, 691–693, 692*ft*
Ácidos, 128*f*, 128–129. *Ver também* Ácido-base, equilíbrio
    binários, 698, 699*f*
    carboxílicos, 700, 701
    classificações de, 662–666, 663–664*f*
    comportamento anfiprótico dos aminoácidos, 701
    conjugado, 666–667
    diluição de, concentrados, 145*n*
    dipróticos, 128
    estabilidade de bases conjugadas, 698
Ácidos binários, 698, 699*f*
Ácidos conjugados, 666–667
Ácidos desoxirribonucleicos (DNAs), 1054–1055*f*, 1054–1057, 1057*f*
Ácidos e bases, indicadores, 148, 149*f*, 732–733, 733–734*f*
Ácidos e bases, propriedades
    de moléculas orgânicas, 1023, 1023*f*
    de óxidos de cromo, 947–948, 948*t*
Ácidos fortes, 129, 129*t*, 722*f*, 722–724
Ácidos fracos, 129, 129*t*, 677–687, 678*ft*, 682–684*f*, 685*t*
    ácidos polipróticos, 684–686, 685*t*
    aplicação do valor de K_a para calcular o pH, 680–682
    cálculo de K_a a partir do pH, 679
    características de alguns em água a 25 °C, 678, 678*t*
    constante de acidez, 677–678, 678*f*
    percentual de ionização, 682–683*f*, 682–684
    uso da equação quadrática para calcular o pH e o percentual de ionização, 683–684
Ácidos graxos, 1039, 1052, 1052*f*
    metais do bloco F, 241, 241*f*, 243*f*, 244
Ácidos inorgânicos, nomes e fórmulas de, 67–68, 68*f*
Ácidos nucleicos, 1054–1055*f*, 1054–1057, 1057*f*

    ácidos desoxirribonucleicos, 1054–1055*f*, 1054–1057, 1057*f*
    ácidos ribonucleicos, 1054–1057, 1054–1057*f*
    bases nitrogenadas em, 1054
    definição, 1054
    nucleotídeos, 1054, 1054*f*
    polinucleotídeos, 1055, 1055*f*
    vacinas contra a COVID-19, 1056*f*, 1056–1057
Ácidos orgânicos (ácidos carboxílicos), 74
Acidose, 724
Aço inoxidável, 480*t*
Aço, ligas de, 481
Acoplamento, reações de, 826–827, 827*f*
Actinídeos, elementos, 240, 243*f*
Açúcar invertido, 1050, 1050*n*
Adenina, 1054, 1055, 1055*f*, 1057
Adesão, forças de, 443, 443*f*
Adição, algarismos significativos na, 25
Adição, reações de, 1030–1031
Adsorção, 551, 601
Afinidade eletrônica, 270*n*, 270–272, 271*f*
Agência de Proteção Ambiental dos Estados Unidos (EPA), 747, 922, 959
Agentes neutralizantes de ácidos, 134, 134*ft*
Água (H_2O)
    ácidos fracos em, a 25 °C, 678, 678*t*
    água dura, 505
    arsênio em água potável, 959–960, 960*f*
    autoionização da, 669–670*f*, 669–671
    bases fracas em, a 25 °C, 687–688, 688*t*
    chuva ácida e, 135
    constante do produto iônico da, 670, 670*f*
    diagramas de fases de, 453, 453*f*
    eletrólise da, 6, 7*f*
    essencial para a vida, 62, 62*f*
    estados físicos da, 4–5, 5*f*
    hidrogênio e oxigênio, comparação com, 6–7, 7*t*
    ligantes, 988*t*
    metais alcalinos em reação com, 277*f*, 277–278
    moléculas e fórmulas químicas de, 57*f*
    potenciais padrão de redução na, 853*t*
    produto iônico da, 670, 670*f*
    reação de formação para, 186, 187*f*
    vapores, 392
Água da Terra, 779–786
    água doce e lençóis freáticos, 781
    água salgada dos oceanos e mares, 779–780, 780*ft*

índice

aquífero Ogallala, 782, 782f
atividades humanas e qualidade da água, 783–786, 784f, 785f
    acidificação dos oceanos, 786, 786f
    calcificadores marinhos, 786, 786f
    eutrofização, 783, 783f
    fracking (fraturamento hidráulico), 785, 785f
    material biodegradável, 783
    purificação da água e tratamento municipal, 783–786, 784f
ciclo global da água, 779, 779f
salinidade, 780, 780t
Água do mar, 779–780, 780ft
Água doce, 781
Água dura, 505
Água salgada dos oceanos e mares, 779–780, 780ft
Alanina, 1044f
Albuterol, 1042, 1042f
Alcalinas, baterias, 869, 869f
Alcalose, 724
Alcanos, 1024t, 1024–1026, 1025–1026f
    cicloalcanos, 1026, 1026f
    de cadeia linear, 70, 70t
    definição, com exemplos moleculares, 1024, 1024t
    estruturas dos, 1025, 1025f
    isômeros, 1025, 1026f
    métodos para nomear, 72t, 72–73
    nomenclatura de, 71–73, 72t
    nomes comuns de, 72t
    reações de, 1026
Alcanos de cadeia linear, 70, 70t
Alcenos, 1027–1028f, 1027–1029
    definição, com exemplos moleculares, 1024, 1024t
    isômeros, 1027–1028, 1027–1028f
    reações de adição de, 1030–1031
Alcinos, 1029–1030
    definição, com exemplos moleculares, 1024, 1024t
    reações de adição de, 1030–1031
Álcoois, 73–74, 131, 529, 529t, 1034, 1034f, 1035t, 1036
Álcool, grupo, 1034
Álcool isopropílico, 74, 1034f
Álcool para assepsia, 1034f
Álcool ter-butílico, 1034f
Aldeídos, 1035t, 1036–1037
Aleatoriedade, 805. Ver também Entropia
Alfa (α), decaimento, 893
Alfa (α), emissões, 893, 895t
Alfa (α), partículas, 892–893
Alfa (α), radiação, 892–893, 893t, 894t, 895t
    α-aminoácidos, 1043
    -α, átomo de carbono, 1044, 1045

Alfa-hélice, 1046
Algarismos significativos, 23–28, 24f
    definição, 24
    determinação de, apropriados, 25
    em cálculos, 25–27, 26f
        casas decimais em, 25, 26
        no arredondamento de números, 26
        para adição e subtração, 25
        para multiplicação e divisão, 26
    notação científica e, 27–28
    número de, determinação do, 26
Alimentos, 192–194, 193ft
Alimentos *versus* combustível, debate, 196
Alótropos, 282, 935
Alquila, grupos, 72, 72t, 1028, 1033, 1034, 1040
Alumínio (Al)
    configuração eletrônica, 241t, 243f
    eletrometalurgia do, 878, 878f
    energia de ionização, 268t
    reação de oxidação, 140t
Alumínio, íon de (Al^{3+}), 64t
Alzheimer, doença de, 908, 909f
Amálgama dentária, 480t
Amianto, 965–966
Amianto serpentina, 965–966, 966f
Amidas, 1035t, 1041
Amidos, 192–193, 193ft, 1050, 1050f
Amina(s), 688, 688f, 692, 692f
Aminas, 1035t, 1040
Aminoácidos, 1043–1045, 1044f
Aminoácidos apolares, 1044f
Aminoácidos básicos, 1044f
Aminoácidos, comportamento anfiprótico dos, 701
Aminoácidos essenciais, 1044
Aminoácidos polares, 1044f
Amônia (NH_3), 129, 130, 624, 624f, 641, 642f, 664, 664f, 953, 953f, 988t
Amônio, íons (NH_4^+), 64t, 122, 124, 125t, 571, 571t, 572
Ampère (A ou amp), 17t
Anaeróbica, reação, 196
Análise dimensional, 28–32. *Ver também* Fatores de conversão
Análise qualitativa de elementos metálicos, 751–752, 752f
Análise qualitativa, definição, 751
Análise química de soluções aquosas, 147f, 147–151, 149f
Anãs brancas, 919
Anemia, 989
Anfiprótico, comportamento, dos aminoácidos, 701
Anfoterismo, 746f, 746–747
Anfóteros, hidróxidos, 746f, 746–747
Anfóteros, óxidos, 746f, 746–747, 947

Angina, nitroglicerina para aliviar, 197–198
Angstrom (Å), 48, 213t
Angular, geometria molecular, 336–338, 337f, 338f, 341t, 346, 348, 349t, 352
Ângulos das ligações
    de moléculas grandes, 346, 346f
    definição, 336
    do octaedro, 344t, 345
    efeito dos elétrons não ligantes e das ligações múltiplas nos, 343, 343f
    modelo VSEPR para previsão, 340t, 341, 343, 343f, 345, 346, 347
    posições axiais, 345, 345f
    posições equatoriais, 343, 345
    previsão, 347
Anidridos ácidos, 947
Anidridos básicos, 947, 947f
Ânions
    afinidade eletrônica, 270n, 270–272, 271f
    definição, 59
    energia de ionização, 267f, 267–270, 268t, 269f
    estrutura iônica, 487, 488–489f
    halogênios, 283–285, 284ft
    monatômico, 65
    nomes e fórmulas de, 65f, 65–66, 66f, 67t
    números de coordenação, 487, 488–489f
    oxiânions, 65f, 65–66, 66f
    relacionar números relativos de, às fórmulas químicas, 123
Ânodo de sacrifício, 875
Ânodos
    baterias e células de combustível, 867–868f, 867–873, 870–872f
    células voltaicas, 847–849f, 847–850
    corrosão, 873–875, 874–875f
    definição, 43, 839, 848
    eletrólise, 876–877f, 876–879
    energia livre e reações redox, 857–861, 859f
    equações redox, balanceamento de, 842f, 842–847, 843f
    estados de oxidação e reações de oxirredução, 840f, 840–841
    nas baterias de íons de lítio, 266, 266f
    no tubo de raios catódicos, 43–44, 44f
    potenciais de célula sob condições não padrão, 861–867, 864f, 865f
    potenciais de célula sob condições padrão, 850f, 850–857, 851–852f, 853t, 856f
Antiácidos, 134, 134ft
Antiferromagnetismo, 981f, 981–982

Índice 1137

Antiligante, orbital molecular, 365f, 366, 370f, 372
Antimônio (Sb), 956t, 959
Aquecimento, curvas de, 446-447, 447f
Aquífero Ogallala, 782, 782f
Aquosas, soluções, 119-160
   ácidos, 128f, 128-129, 129t, 842-845
   ácidos e bases fortes e fracos, 129t, 129-130
   balanceamento de equações redox em, 842-845
   bases, 129, 129ft
   como os compostos são dissolvidos na água, 121f, 121-122
   concentrações de soluções, 142-147, 143f, 146f
   definição, 119
   eletrólitos e não eletrólitos, 120, 120f
   eletrólitos fortes e fracos, 122, 130, 130t
   reações de precipitação, 123-127
   símbolos de, 89
Arginina, 1044f
Argônio (Ar)
   configuração eletrônica, 285t
   energia de ionização, 268t
   na atmosfera terrestre, 765t
   na tabela periódica, 53, 53f
   propriedades do, 285, 285t
   símbolo de Lewis do, 298, 298f
   usos do, 941
Aristóteles, 42
Arnold, Frances, 605, 605f
Arredondamento de números, 26
Arrhenius, Svante, 587, 662
   ácidos e bases de Arrhenius, 662
   equação de Arrhenius, 587
Arsênio (As)
   em água potável, 959-960, 960f
   química do, 956t, 959
Asparagina, 1044f
Aspartame, 1045, 1045f
Aspirina (ácido acetilsalicílico), 131n
Astatínio-210, 942
Ativação, energia de, 585-587f, 585-589
Ativação, reações controladas por, 598
Atividade, no decaimento radioativo, 904-905
Atmosfera, 394, 582, 582f
Atmosfera terrestre, 764-778
   atividades humanas e, 770-778
      camada de ozônio e sua redução, 770-771, 771f
      compostos de enxofre e chuva ácida, 772ft, 772-773, 773f
      gases de efeito estufa, 774-778, 775f, 777f
      óxidos de nitrogênio e smog fotoquímico, 774, 774f

   cálculo da concentração a partir de uma pressão parcial, 766
   cálculo do comprimento de onda necessário para quebrar uma ligação, 767
   composição da, 765-766
      constituintes atmosféricos, 766t
      do ar seco próximo ao nível do mar, 765t
   equilíbrio térmico, 774-775, 775f
   estratosfera, 764, 768-769
   fotodissociação, 766-767
   ozônio
      destruição da camada de, 770-771, 771f
      espectro de absorção do, 768, 768f
      na estratosfera, 768-769
      variação na concentração de, 769, 769f
   reações de fotoionização dos quatro componentes da, 768t, 7668
   reações fotoquímicas na, 766-767, 767f
   temperatura e pressão na, 764f, 764-765
   troposfera, 764
Átomo doador, 987
Átomo(s)
   carga eletrônica do, 48
   carga formal em estruturas de Lewis, 314-315, 316
   caroço de gás nobre de, 239
   definição, 2, 41
   do vértice, 475-476, 476f
   em forma elementar, número de oxidação do, 136
   escala de massa atômica, 51
   estrutura atômica, 43-51
   estrutura eletrônica do (Ver Átomos, estrutura eletrônica)
   estruturas de Lewis, 304-306, 312-317, 316f
   isótopos, 50, 50t
   massa atômica, 49
   massa atômica do, 51-53
   modelo nuclear do, 46f, 46-47, 257
   número atômico no, 49-50
   número de massa em, 49-50, 50t
   números de oxidação atribuídos a, 316
   padrão de repetição, 473, 473f
   partículas subatômicas em, 43, 48, 49, 50
   raio atômico ligante, 261f, 261-264, 262f, 263, 264f
   redes cristalinas, 471-472f, 471-473
   símbolos para, 50, 58
   sólidos metálicos, 470, 470f, 475-476f, 475-482, 477t, 478-479f, 480t, 480-481f

   tamanho do, 49
   tamanhos de, 261f, 261-267, 262f, 264f
   tendências periódicas dos raios atômicos, 263
   teoria atômica da matéria, 42f, 42-43
   unidade de massa atômica (uma) do, 48, 48t, 51
Átomos, 42
Átomos, estrutura eletrônica, 211-254
   afinidade eletrônica, 270n, 270-272, 271f
   átomos polieletrônicos, 234f, 234-235, 235f
   carga formal, 314-316, 316f
   comportamento ondulatório da matéria, 222-225, 223f
   configurações eletrônicas, 235-244, 237t, 241ft, 243f
      diagramas de orbitais, 237, 237f, 238, 239, 242, 244
      tabela periódica e, 240-244, 241ft, 243f
   definição, 211
   efeito fotoelétrico e fótons, 215f, 215-216
   elementos actinídeos, 240
   elementos lantanídeos, 240
   energia de ionização, 267f, 267-270, 268t, 269f
   energia quantizada e fótons, 214f, 214-216, 215f
   espectros de linha, 217f, 217-218, 218f
   estados de energia do átomo de hidrogênio, 219f, 219-222, 220f
   estruturas de Lewis, representação das, 312-317, 316f
   estruturas de ressonância, 317f, 317-319, 318f, 319f
   gases nobres, 285, 285t
   halogênios, 283-285, 284ft
   Hund, regra de, 237t, 237-238
   ligações múltiplas, sigma e pi, 358-364, 358-364f
   metais alcalinos, 276-280, 277ft, 278f, 279f
   metais alcalinos terrosos, 280t, 280-281, 281f
   metais de transição, 239
   modelo de Bohr, 218-222, 219f, 220f
   modelo VSEPR, 338-347, 339-344f, 341t, 344t, 345f, 346f
   moléculas diatômicas do período 2, 370-378, 371-378f
   moléculas hipervalentes, 354-356, 355f
   natureza ondulatória da luz, 212f, 212-214, 213ft

objetos quentes e a quantização da energia, 214f, 214–215, 215f
orbitais
   3d, orbitais, 232, 233f, 234, 239
   d, orbitais, 228, 228ft, 232–233, 233f
   degenerados, 234f, 234–235, 238, 240, 244
   energias de, 234, 234f
   f, orbitais, 228, 228ft, 232–233
   mecânica quântica e, atômica, 225f, 225–229, 226f, 228ft
   números quânticos e, 226–228, 228ft
   p, orbitais, 228, 228ft, 232, 232f, 233f
   relação entre valores de, 228, 228t
   representação de, 229–234, 231f, 232f, 233f
   s, orbitais, 228, 228ft, 229–232, 231f, 232f
orbitais híbridos, 352–357, 353f, 354f, 355f, 356t, 357f
princípio da incerteza, 223–224, 226, 227
princípio de exclusão de Pauli, 234–235, 235f
raio atômico ligante, 261f, 261–264, 262f, 263, 264f
spin eletrônico, 234–235, 235f
tabela periódica e, 240–244, 241ft, 243f
teoria do orbital molecular, 365, 367, 370, 370f, 375, 378
Átomos polieletrônicos, 234f, 234–235, 235f
   orbitais e suas energias, 234, 234f
   spin eletrônico e princípio de exclusão de Pauli, 234–235, 235f
Autoionização da água, 669–670f, 669–671
Automóveis, materiais modernos em, 500, 500f
Avogadro, Amedeo, 95, 397
Avogadro, hipótese de, 397f, 397–398
   lei de Avogadro, 397f, 397–398, 399
Avogadro, número de, 95–98
Axiais, posições, ângulos de ligação, 345, 345f
Azida (N_3^-), 994t
Azida de sódio (NaN_3), 91, 565

B

Balanças digitais, 23, 24f
Balmer, Johann, 218
Banda, 484, 484f
Banda de condução, 492, 493f, 495, 495f
Banda de valência, 492, 493f, 495, 495f
Banda, estrutura de, 484–485, 485f

Bandas, estrutura eletrônica, 484–485f, 484–486
Bandas proibidas, 492–494, 493t
Bar, 393
Bário (Ba)
   como produto de reação, 915
   configuração eletrônica, 241t, 243f, 280t
   propriedades do, 280t
   reação de oxidação, 140t
Bário, íon de (Ba_2^+), 64t, 125t
Barômetro, pressão atmosférica e, 393–394, 394f
Bartlett, Neil, 285
Base anfiprótica, 664
Base insolúvel em água 132–133, 133f
Bases, 129. Ver também Ácido-base, equilíbrio
   anfipróticas, 664
   classificações de, 662–666, 663–664f
   conjugado, 666–667
   de uso doméstico, 128, 128f
   definição, 129
   diluição de, concentradas, 145n
   força relativa de, 667–668, 668f
   fortes, 676–677
   fortes e fracas, 129, 129t, 130
   fracas, 687–690, 688f
   sabor de, 131n
   titulação, 148–150, 149f
Bases conjugadas, 666–667
Bases fortes, 129, 129t, 676–677, 722f, 722–724
Bases fracas, 129, 129t, 687–690, 688f
   aminas, 688, 688f, 692, 692f
   cálculos envolvendo, 688–689
   constante de basicidade, 687
   em água a 25 °C, 687–688, 688t
Básicas, soluções aquosas, 670
Básicas, soluções, balanceamento de equações redox em, 845–846
Basicidade, constante de, 687
Bastões de controle, 915
Bastonetes, 363, 363f
Baterias, 867–868f, 867–873, 870–872f
   alcalinas, 869, 869f
   células de combustível de hidrogênio, 871–872, 872f
   células primárias, 868
   células secundárias, 868
   de chumbo-ácido, 868, 868f
   de íons de lítio (Li-íon), 869–870, 870f
   de níquel-cádmio e de níquel-hidreto metálico, 869
   definição, 868
   para veículos híbridos e elétricos, 871, 871f

Batimentos do coração e eletrocardiograma, 866, 866f
Be_2, 371
Becquerel (Bq), 904
Becquerel, Henri, 45, 906
Beer, lei de, 572
Beer, lei de, 572
   dados de velocidade para, 568t, 571t, 575–576
   definição, 565
   estequiometria e, 569–570
   expressão, 567
   fatores que afetam, 566–567, 566–567f
   relacionando velocidades em que produtos aparecem e reagentes desaparecem, 570
   uso de métodos espectroscópicos para medir, 572, 572f
   variação da velocidade com o tempo, 568, 568f
   velocidade instantânea, 569
Benzeno (C_6H_6)
   como carcinógeno, 788
   como composto orgânico aromático, 318–319, 319f
   como hidrocarboneto aromático, 1031–1032, 1032f
   estruturas de ressonância, 317f, 317–319, 318f, 319f
Benzeno como composto orgânico aromático, 318–319, 319f
Berílio (Be)
   configuração eletrônica, 237t, 238, 241t, 243f, 280t
   propriedades do, 280, 280t
   regra do octeto, exceções à, 320–321
   síntese nuclear, 918–919, 919f
Beta (β), emissão, 894, 895t
Beta (β), partículas, 894
Beta (β), radiação, 893t, 894, 894t, 895t
β, lâmina, estrutura da, 1046
Bicarbonato de sódio ($NaHCO_3$), 133–134, 134t
Bicarbonato, íon (HCO_3^-), 66, 724
Bidimensionais, redes cristalinas, 471–472, 472f
Bile, 551
Bimolecular, 591
Biocombustíveis, 196, 196f
Biodiesel, 196
Bioetanol, 196, 196f
Biomassa, energia de, 195
Biopolímeros, 1043, 1054
Bioquímica, 1021–1067
   ácidos nucleicos, 1054–1055f, 1054–1057, 1057f
   alcanos, 1024t, 1024–1026, 1025–1026f
   alcenos, 1027–1028f, 1027–1029

alcinos, 1029-1030
carboidratos, 1048-1049f, 1048-1051, 1050f
definição, 1022
grupos funcionais orgânicos, 1034f, 1034-1041, 1035t, 1037f
hidrocarbonetos aromáticos, 1031-1032, 1032f
hidrocarbonetos, introdução aos, 1024t, 1024-1027, 1025-1026f
lipídios, 1052-1053, 1052-1053f
moléculas orgânicas, 1022-1024, 1024f
proteínas, 1043-1048, 1044-1045f, 1047f
quiralidade na química orgânica, 1041-1043, 1042f
Bipiramidal trigonal, geometria molecular, 337f, 340t, 344t, 345, 349f
Bipiridina, 988t
Bipolar, transtorno, 279-280
Bismuto (Bi), 286
em ligas, 480t
química do, 956, 956t, 959
Bissulfato, íon, 66
Blenda de zinco (ZnS), 487, 488f
Bohr, modelo de, 218-222, 219f, 220f
estados de energia do átomo de hidrogênio, 219f, 219-222, 220f
limitações do, 222
números quânticos, 226-228, 228f
postulados, 218
Bohr, Niels, 217, 217f
Bohr, raio de, 230n
Bola e vareta, modelo de, 58, 58f, 336f
Boltzmann, equação de, 809-810
Boltzmann, Ludwig, 808, 810, 810f
Bomba atômica, 914f, 914-915, 915f, 918n
Bomba calorimétrica, 180f, 180-181
Borano, ânions, 968
Boranos, 967
Bórico, ácido (H_3BO_3), 780t
Born, Max, 303
Born-Haber, ciclo de, 303, 303f
Boro (B)
configuração eletrônica, 237t, 238, 241t, 243f
química do, 967-968, 968f
regra do octeto, exceções à, 320-321
Borracha natural, vulcanização da, 502, 502f
Bósons, 48
Boyle, lei de, 396, 396f, 399
Boyle, Robert, 396
Branqueamento de corais, 786
Bromato, ânion (BrO_3^-), 314
Brometo de hidrogênio (HBr), 311ft
Brometo de metila na atmosfera, 582, 582f

Brometo de potássio (KBr), 300t, 486t
Brometo de sódio (NaBr), 300t, 302f
Brometo, íons (Br$^-$), 67t, 125t, 780t, 994t
Bromo (Br)
configuração eletrônica, 284t
ocorrência de, 942
propriedades do, 284, 284t
Brønsted, Johannes, 663
ácidos e bases de Brønsted-Lowry, 663-664, 663-664f
Bronze, 480t
Brown, Robert, 553
Browniano, movimento, 553
Buckminsterfulereno, 506, 506f, 935
Butano, 70, 71t

C

Cade, John, 280
Cadeia linear, análogo na, 1026
Cadeia linear, hidrocarbonetos de, 1025
Cadeias de decaimento radioativo, 897, 898f
Cadeias ramificadas, hidrocarbonetos de, 70, 71t, 1025
Cal, 91
Cal virgem, 91
Calcificadores marinhos, 786, 786f
Cálcio (Ca)
configuração eletrônica, 241t, 243f, 280t
essencial para a vida, 62, 62f
propriedades do, 280t
reação de oxidação, 140t
Cálcio, íons de (Ca$_2^+$), 64t, 125t, 780t
Calcita ($CaCO_3$), 963-964
Calcogênios (elementos do grupo 6A)
cargas iônicas, 60, 60f
na tabela periódica, 54f, 55t
propriedades dos, 282t, 282-283, 283f
reatividade dos, 283, 283f
tendências para alguns, 282t, 282-283, 283f
Cálculo aproximado, 28
Cálculos biliares, 1036
Cálculos, em provas, 75-76
Calor, 13, 14f
específico (C_e), 177-178, 178ft
fluxo reversível de, 802, 803f
lei de Hess, 182f, 182-184, 183f
relação de ΔE com, 166-168, 167ft
relação entre variação da entropia e, 805
relação entre variação de temperatura e capacidade calorífica e, 178
temperatura corporal, regulação da, 181, 181f
variação de entalpia e, 172, 172f
Calor de fusão, 445-446, 445-446f

Calor de reação. Ver Entalpia de reação
Calor de sublimação, 446, 446f
Calor de vaporização, 445, 446f
Calor específico (C_e), 177-178, 178ft
Caloria (C), em rótulos de alimentos, 21
Caloria (cal), definição, 21
Calorimetria, 177-182, 178ft, 179f, 180f
à pressão constante, 178-179
bomba calorimétrica, 180f, 180-181
calor específico (C_e), 177-178, 178ft
calorímetro de copo de isopor, 178-180, 179f
capacidade calorífica (C), 177
capacidade calorífica molar (C_m), 177
definição, 177
Calorimetria à pressão constante, 178-179
Calorimetria a volume constante, 180f, 180-181
Calorímetro, 177
de copo de isopor, 178-180, 179f
Camada eletrônica, 228
Câmara de contenção, 916
Caminho livre médio, 413-415, 553
Campo cristalino, teoria do, 1001-1005f, 1001-1009, 1007f
complexo de spin alto, 1005f, 1005-1006
complexo de spin baixo, 1005f, 1005-1006
complexos tetraédricos e quadráticos planos, 1007f, 1007-1008
configurações eletrônicas em complexos octaédricos, 1004-1006, 1005f
definição, 1001
energia de emparelhamento de spin, 1005
formação de ligações metal-ligante, 1001, 1001f
orbitais d na, 1002-1009, 1007f
Cana-de-açúcar, 196, 196f
Candela (cd), 17t
Capacidade calorífica (C), 177
molar (C_m), 177
relação entre calor, variação de temperatura e, 178
Capacidade calorífica molar (C_m), 177
Capacidade tamponante, 722
Capilar, ação, 443f, 443-444
Captura de elétron, 894, 894t, 895t
Captura de nêutrons, terapia de, 923
Carbetos, 963
Carbetos intersticiais, 964
Carboidratos, 1048-1049f, 1048-1051, 1050f
amido, 1050, 1050f
celulose, 1050f, 1051

definição, 1048
dissacarídeos, 1049-1050, 1050f
estrutura linear dos, 1048, 1048f
frutose, 1048, 1048f
glicogênio, 1050f, 1050-1051
glicose, 1048, 1048-1049f
identificando grupos funcionais e centros quirais em, 1049
monossacarídeos, 1049
poder calorífico, 192-193, 193ft
polissacarídeos, 1050f, 1050-1051
Carbonato de cálcio (CaCO$_3$), decomposição do, 91
Carbonato de sódio (Na$_2$CO$_3$), 134
Carbonato, íons (CO$_3^{2-}$), 67t, 125t, 988t, 994t
Carbonatos, 962-963
Carbonila, grupo, 1035t, 1036-1037
Carbono (C)
ácido carbônico e carbonatos, 962-963
alótropos, 935
átomos de, 2f
carbetos, 963
configuração eletrônica, 237t, 238, 243f
em nanoescala, 505-507, 506-507f
essencial para a vida, 62, 62f
fibras e compósitos de, 961, 961f
formas elementares do, 960-961
isótopos de, 50, 50t
número atômico no, 49
óxidos de, 961, 962, 962f
química do, 960-963, 962f
síntese nuclear, 918-919, 919f
Carbono, geometrias adotadas pelo, 1022, 1023f
Carbono, negro de, 961
Carboxila, grupo, 700
Carboxilação, 1038
Carboxílicos, ácidos (ácido orgânicos), 74, 700, 701, 1035t, 1037f, 1037-1038, 1052
Carga eletrônica, 48
Carga formal, 314-316, 316f
Carga nuclear efetiva (Z$_{ef}$), 257-261, 258f, 259f
Cárie dentária e fluoretação, 744
Caroço de gás nobre, 239
Caroço, elétrons do, 239
Carvão, 194-195, 195ft
Carvão vegetal, 961
Casas decimais, algarismos significativos determinados por, 25, 26
Catalisador heterogêneo, 601, 601f
Catalisador homogêneo, 599-600, 599-600f
Catalisadores, 566

Le Châtelier, princípio de, 648f, 648-649, 649t
Catálise, 599-605, 599-605f
catalisador heterogêneo, 601, 601f
catalisador homogêneo, 599-600, 599-600f
conversores catalíticos, 602, 602f
definição, 599
enzimas, 602-605
Cátions
afinidade eletrônica, 270n, 270-272, 271f
cloretos insolúveis, 751, 752f
definição, 59
energia de ionização, 267f, 267-270, 268t, 269f
estrutura iônica, 487, 488-489f
ferro, 302
fosfatos insolúveis, 752, 752f
hidróxidos e sulfetos insolúveis em base, 751, 752f
íons dos metais alcalinos e NH$_4^+$, 752, 752f
metais alcalinos, 276-280, 277ft, 278f, 279f
metais alcalinos terrosos, 280t, 280-281, 281f
nomes e fórmulas de, 62-64, 64t
números de coordenação, 487, 488-489f
relacionar números relativos de, às fórmulas químicas, 123
sulfetos insolúveis em ácidos, 751, 752f
Catódica, proteção, 875, 875f
Cátodo(s)
definição, 43
nas baterias de íons de lítio, 266, 266f
no tubo de raios catódicos, 43-44, 44f
Cátodos
baterias e células de combustível, 867-868f, 867-873, 870-872f
células voltaicas, 847-849f, 847-850
corrosão, 873-875, 874-875f
definição, 839, 848
eletrólise, 876-877f, 876-879
energia livre e reações redox, 857-861, 859f
equações redox, balanceamento de, 842f, 842-847, 843f
estados de oxidação e reações de oxirredução, 840f, 840-841
potenciais de célula sob condições não padrão, 861-867, 864f, 865f
potenciais de célula sob condições padrão, 850f, 850-857, 851-852f, 853t, 856f
Celsius, escala, 18, 19f
Célula, potenciais de

definição, 850
força eletromotriz (fem), 850
sob condições não padrão, 861-867, 864f, 865f
sob condições padrão, 850f, 850-857, 851-852f, 853t, 856f (Ver também Potencial padrão da célula)
Célula unitária cúbica de face centrada, 476, 476f
Células de combustível, 871-872, 872f
Células eletrolíticas, 876, 876f
Células galvânicas. Ver Células voltaicas
Células primárias em baterias 868
Células secundárias em baterias 868
Células solares, 197
Células unitárias
de redes cristalinas, 471-472f, 471-473
de sólidos metálicos, 475-477, 476f, 477t, 478-479f
definição, 471
empacotamento denso, 477, 478-479f
preenchendo, 473, 473f
Células voltaicas, 847-849f, 847-850
ânodo, 848
cátodo, 848
concentrações em, cálculo de, 863-864
definição, 847
descrição, 849
ponte salina para completar o circuito elétrico, 848f, 848-849
reação de oxirredução espontânea envolvendo zinco e cobre, 847, 847f
relações em, 849, 849f
uso de reação redox, 847, 848f
Celulose, 1050f, 1051
Celulósicas, plantas, 196
Centímetro (cm), 213t
Centímetros cúbicos (cm^3), 19, 19f
Centros quirais em carboidratos, 1049
Césio (Cs)
configuração eletrônica, 277t
líquido após aquecimento, 55n
propriedades do, 277t, 278
radioativo, 923, 923f
Césio radioativo, 923, 923f
Cetonas, 1035t, 1036-1037
Chadwick, James, 47
Charles, Jacques, 397
lei de Charles, 397, 397f, 399
Chave e fechadura, modelo de, para a ação da enzima, 603, 603f
Chumbo (Pb)
características gerais do, 964, 964t
em ligas, 480t
química do, 964t, 964-966f, 964-967
reação de oxidação, 140t
síntese nuclear, 919

índice **1141**

Chumbo, contaminação da água potável por, 747, 747f
Chumbo(II), íon de (Pb^{2+}), 64t, 125t, 127
Chumbo-ácido, baterias, 868, 868f, 871
Chuva ácida, 135, 772ft, 772-773, 773f, 790
Cianato, íon (NCO$^-$), 316
Cianeto de hidrogênio (HCN), 313, 314
Cianeto, íons (CN$^-$), 988t, 994t
Cianogênio (C$_2$N$_2$), 418
Ciclo global da água, 779, 779f
Cicloalcanos, 1026, 1026f
Cíclotron, 900, 901f
Cimento e as emissões de CO$_2$, 91
Cinco carbonos, açúcar de, 1054
Cinética química, 565-620
    catálise, 599-605, 599-605f
    constantes de velocidade, 573-575
    definição, 565
    lei de velocidade, 572-583, 577-583f, 580-581f
    mecanismos de reação, 590-598, 591f, 593t, 594f
    temperatura e velocidade, 583-590, 584-587f
    velocidades da reação, 566-568f, 566-571, 568t
Cintilação, contadores de, 907, 908, 909f
Cinturão de estabilidade, 896f, 896-897
Cis, isômero, 984, 984f
Cisplatina, 996
Cisteína, 1044f
Citosina, 1054
Clausius, Rudolf, 408
Clausius-Clapeyron, equação de, 451, 451f
Clima, gases de efeito estufa e, 777, 777f, 778
Clique, reação, 790
Cloreto de bário (BaCl$_2$), 97t
Cloreto de butila (C$_4$H$_9$Cl), 568, 568ft
Cloreto de césio (CsCl), 300t, 302f
Cloreto de césio (CsCl), 487, 488f
Cloreto de hidrogênio (HCl), 69, 310, 311ft, 316, 316f
Cloreto de lítio (LiCl), 300t, 302f
Cloreto de metila, 1035t
Cloreto de potássio (KCl), 300t, 302f
Cloreto de sódio (NaCl)
    ambientes de coordenação no, 487, 488f
    dissolução em água, 120, 121
    eletrólise do, 876, 876f
    energia reticular, 302f, 303, 303f
    estrutura cristalina do, 300f
    estrutura iônica, 487, 488f
    força do, 122

ligação iônica, 299f, 299-304, 300ft, 302f
massa molar, 96, 97f
propriedades do, 486t
Cloreto, íons (Cl$^-$), 67t, 125t, 299, 299f, 300f, 303f, 780t, 988t, 994t
Cloretos insolúveis, 751, 752f
Cloridratos de amina, 692, 692f
Cloro (Cl)
    configuração eletrônica, 284t
    elétron ganho em reações químicas, 59
    energia de ionização, 268t
    ligação iônica, 299f, 299-304, 300ft, 302f
    na espectrometria de massa, 52f
    número de oxidação, 138-139
    ocorrência de, 942
    propriedades do, 284ft, 284-285
Cloro atômico, espectro de massa do, 52f
Cloro, molécula de (Cl$_2$), 299, 299f, 304-306, 305f
Cloroamina (NH$_2$Cl), 953
Clorofila a, 989f, 991
Clorofilas, 989, 989f, 991, 991f
Clorofluorcarbonetos (CFCs), 778
Clorometano, 1035t
Clorose, 992
Cobalto (Co), 140t
Cobre (Cu)
    configuração eletrônica, 243, 243f
    em ligas, 480t
    na dieta humana, 62, 62f
    na tabela periódica, 54f, 55
    reação de oxidação, 140t, 141f, 847, 847f
Cobre(II) ou cúprico, íon de (Cu$_2^+$), 64t
Coeficientes, 86
Coesivas, forças, 443, 443f
Colesterol, 1034f, 1036
Colisão, modelo de, 584
Coloidais, dispersões, 549
Coloides, 549-553, 550t, 550-502f
    definição, 549
    dispersões coloidais, 549
    estabilização, 551, 552f
    hidrofílicos e hidrofóbicos, 550-551, 551-552f
    movimento em líquidos, 553
    tipos de, 550t
    Tyndall, efeito, 550, 551f
Combinação construtiva, 365, 365f, 370f
Combinação destrutiva, 365, 365f, 370f
Combinação, reações de, 90ft, 90-91, 92
Combustão, análise da, 101f, 101-102
Combustão incompleta, 92, 106
Combustão, reações de, 92f, 92-93
    entalpia de reação, 174-177, 175f, 176f
    lei de Hess, 182f, 182-184, 183f

poder calorífico, 192-195, 193ft, 195ft
Combustíveis, 193t, 194-195, 195ft
Combustíveis fósseis, 194-195, 196
Combustíveis fósseis, combustão de, 135
Complementar, cor, 1000
Complexo ativado, 586
Complexos de metal, definição, 982
Complexos de transferência de carga, 1008-1009, 1009f
Complexos octaédricos, 1004-1006, 1005f
Comportamento ondulatório da matéria, 222-225, 223f
Composição elementar, 94-95
Composição percentual a partir das fórmulas químicas, 94-95
Compostos, 6-8, 9f
    água, hidrogênio e oxigênio, comparação entre, 6-7, 7t
    composição elementar de, 8
    definição, 5
    distinção entre substâncias simples e misturas e, 9
    eletrólise da água, 6, 7f
    moléculas, em comparação com, 5, 5f
Compostos de coordenação
    definição, 982
    isomeria em, 994-998, 995f, 995-997f
    nomeação, 993, 994
Compostos inorgânicos, nomes e fórmulas de, 63-69, 67-68f
    ácidos inorgânicos, 67-68, 68f
    compostos iônicos, 62-67, 64t
    compostos moleculares binários, 68-69, 69t
    nomes comuns, 63
Compostos moleculares, 56-57, 57f, 61, 61f
    binários, nomes e fórmulas de, 68-69, 69t
    identificação, 61
Compostos moleculares binários, nomes e fórmulas de, 68-69, 69t
Compostos orgânicos simples, 69-75
    ácidos orgânicos (ácidos carboxílicos), 74
    alcanos, 70, 70t, 71-73, 72t
    álcoois, 73-74
    isômeros, 70-71, 71t, 74, 74f
Comprimento, 18
Comprimento de entalpias de ligações simples, duplas e triplas, 323-324, 324ft
Comprimento de onda, 212, 212f
    comportamento ondulatório da matéria, 222-225, 223f
    de luz emitida por metais alcalinos, 278, 278f
    de raios X, 474, 474f

equação de Schrödinger, 225–227, 230
espectros de linha, 217f, 217–218, 218f
estados de energia do átomo de hidrogênio, 219f, 219–222, 220f
modelo de Bohr, 218–222, 219f, 220f
necessário para quebrar uma ligação, cálculo do, 767
Computação quântica, 227, 227f
Concentração, conversão de unidades de, 537f, 537–538
Concentração da solução, expressão de, 535–538, 537f
   conversão de unidades de concentração, 537f, 537–538
   fração molar, concentração em quantidade de matéria e molalidade, 536–537
   percentual em massa, 535
Concentração, definição, 142
Concentrações
   de H_2, N_2 e NH_3 que variam com o tempo, 624, 624f
   Le Châtelier, princípio de, 643–644
   reagente, 566
Concentrações de espécies desconhecidas em uma mistura em equilíbrio, determinar, 636
Concentrações de soluções, 142–147, 143f, 146f
   concentração, definição, 142
   concentração em quantidade de matéria, 142–143, 143f, 144–145
   diluição, 145–147, 146f
   eletrólitos, 143
   titulação, 148–150, 149f
Concentrações iniciais, cálculo de concentrações no equilíbrio a partir de, 640–641
Concentrações relacionadas à massa, 535
Condensação, polimerização por/polímeros de, 498, 499tf
Condensação, reação de, 1036
Condições padrão de temperatura e pressão (CPTP), 399–400, 400f
Cones, 363, 363f
Configurações eletrônicas, 235–244, 237t, 241ft, 243f
   alumínio (Al), 241t, 243f
   anômalas, 243f, 243–244
   argônio (Ar), 285t
   bário (Ba), 241t, 243f, 280t
   berílio (Be), 237t, 238, 241t, 243f, 280t
   boro (B), 237t, 238, 241t, 243f
   bromo (Br), 284t
   cálcio (Ca), 241t, 243f, 280t
   carbono (C), 237t, 238, 243f
   césio (Cs), 277t
   cloro (Cl), 284t

cobre (Cu), 243, 243f
condensadas, 238–239
criptônio (Kr), 239, 285t
cromo (Cr), 243, 243f
dos íons dos elementos dos blocos s e p, 301–302, 302f
elementos actinídeos, 240, 243f
elementos lantanídeos, 240, 243f
elementos representativos, 241, 241f, 243
enxofre (S), 282t
estrôncio (Sr), 241t, 243f, 280t
ferro (Fe), 302
flúor (F), 238, 284t
gálio (Ga), 241t, 243f
hélio (He), 237, 237t, 243f, 285t
hidrogênio (H), 237
Hund, regra de, 237t, 237–238
índio (In), 241t, 243f
iodo (I), 284t
íons, 264–266
lítio (Li), 237t, 237–238, 239, 243f, 277t
magnésio (Mg), 241t, 243f, 280t
metais de transição, 239, 241, 241f, 244
metais do bloco f, 241, 241f, 243f, 244
neônio (Ne), 237t, 238, 239, 243f, 285t
nitrogênio (N), 237t, 238, 243f
orbitais moleculares, 373f, 373–374, 374f, 375, 375–376f
oxigênio (O), 238, 282t
polônio (Po), 282t
potássio (K), 239, 277t
rádio (Ra), 241t, 243f
radônio (Rn), 285t
rubídio (Rb), 239, 277t
selênio (Se), 282t
sódio (Na), 237t, 238, 243f, 277t
tabela periódica e, 240–244, 241ft, 243f
tálio (Tl), 241t, 243f
telúrio (Te), 282t
urânio (U), 240
xenônio (Xe), 285t
Configurações eletrônicas anômalas, 243f, 243–244
Configurações eletrônicas condensadas, 238–239, 242, 244
Configurações eletrônicas em complexos octaédricos, 1004–1006, 1005f
Confundindo a espontaneidade de um processo com a velocidade, 800
   como os sinais de ΔH e ΔS afetam a espontaneidade de uma reação, 822t, 822–823
   critério para, 802
   definição, 800
   determinação da espontaneidade, 858
   identificação, 801
   processo isotérmico, 803, 803f

processos irreversíveis, 802–804, 803f
processos reversíveis, 800, 801f, 802–804, 803f
reação de oxirredução envolvendo zinco e cobre, 847, 847f
sp, orbitais híbridos, 352–354, 353f, 354f
temperatura e, 800, 801f
trabalho elétrico, 861
Congelamento, redução do ponto de, 542f, 542–544
Conjunto de orbitais t_2, 1003
Consatnte de formação, 745, 745t
Constante de acidez, 677–678, 678f
Constante de equilíbrio, energia livre e, 824–827
Constante de equilíbrio, expressão, 625
Constante de velocidade de primeira ordem, 905
Constante do produto de solubilidade, 737–738
Constante molal de elevação de ponto de ebulição, 542, 543t, 543–544
Constante molal de redução do ponto de congelamento, 543t, 543–544
Constantes de velocidade, 573–575
   definição, 573
   determinação das ordens de reação e unidades de, 574–575
   magnitudes e unidades de, 574–575
Contração lantanídica, 979
Convecção, 181
Convenções de sinal para q, w e ΔE, 166–168, 167ft
Conversores catalíticos, 602, 602f
Coordenação, números de, 477, 487, 488–489f
Copo de isopor, calorímetro de, 178–180, 179f
Copolímeros, 498, 499f
Cor
   complementar, 1000
   complexos de transferência de carga, 1008–1009, 1009f
   espectro de absorção, 1000, 1000f
   na química de coordenação, 999, 999–1000f, 1000
   na teoria do campo cristalino, 1006
   relacionando a cor absorvida com a cor percebida, 1001
Corpo centrado, célula unitária cúbica de, 476, 476f
Corpo centrado, metais cúbicos de, 473, 473f, 475, 476f
Corpo centrado, rede cristalina cúbica de, 473, 473f
Corrosão, 135, 873–875, 874–875f
   do ferro (ferrugem), 873–875, 874f, 875f

índice **1143**

Corrosão do ferro (ferrugem), 873–875, 874f, 875f
Coulomb, lei de, 49, 257
Coulombs, 877
Covalentes, carbetos, 964
COVID-19, pandemia de, 3, 3f
COVID-19, vacinas contra a, 1056f, 1056–1057
Crenação, 546–547
Criolita (Na$_3$AlF$_6$), 942
Criptônio (Kr)
  compostos de, 941
  configuração eletrônica, 285t
  na atmosfera terrestre, 765t
  propriedades do, 285, 285t
  usos do, 941
Crisotila, 966
Cristais líquidos, 455–456f, 455–457
  fase líquida, 455–456, 455–456f
  fase líquido- cristalina colestérica, 455f, 455–456
  fase líquido-cristalina esmética A e esmética C, 455f, 455–456
  fase líquido-cristalina nemática, 455f, 455–456
  propriedades dos, 457
  tipos de, 455–456, 455–456f
Cristalina, fases líquido-, 455–456, 456f
Cristalinidade de polímeros, 501, 501f
Cristalogênios (elementos do grupo 4A)
Cristalografia de raios X, 474
Cromatografia, 12, 12f
Cromo (Cr)
  configuração eletrônica, 243, 243f
  reação de oxidação, 140t
Cúbica de face centrada, rede cristalina, 473, 473f, 487, 488f
Cúbica primitiva, rede cristalina, 475, 476f, 487, 488f
Cubo, volume do, 19, 19f
Cunhagem, metais para, 55
Curie (Ci), 905
Curie, Marie Sklodowska, 45, 45f
Curie, Pierre, 45
Curie, temperatura de, 982
Curl, Robert, 506
Curvas em diagramas de fases, 453, 453f

D

D^1, íon de, 1003
Dados de velocidade para velocidades de reação, 568t, 571t, 575–576
Dalton, John, 42f, 42–43, 405
Dalton, lei de, das pressões parciais, 406
Dalton, teoria atômica da matéria de, 42f, 42–43
De Broglie, Louis, 222–223
Debase, 662. *Ver também* Bases

Decaimento, constante de, 905
Decaimento radioativo
  cálculo da idade de objetos por, 905
  cálculos que envolvem decaimento radioativo e tempo, 906
  tipos de, 893, 894, 895t
    captura de elétron, 894, 894t, 895t
    emissão de pósitron, 894, 894t, 895t
    propriedades do, 893t
    radiação alfa (α), 893, 893t, 894t, 895t
    radiação beta (β), 893t, 894, 894t, 895t
    radiação gama (γ), 893t, 894, 894t, 895t
  velocidades de, 902–906, 903t, 904f
    atividade, 904–905
    datação por radiocarbono, 903–904, 904f
    datação radiométrica, 903–904, 904f
    meia-vida, 902, 902f, 903t, 904–905
Decomposição, reações de, 90t, 91, 91f, 92, 186, 187f, 194, 197–198
Delta (Δ), símbolo, em equações químicas, 89
ΔE
  importância de, nos estados de energia do átomo de hidrogênio, 219–220
  relação com calor e trabalho, 166–168, 167ft
ΔS, entropia de fase, 805–806, 811–813, 812–811f
ΔS, fase, 805–806
  entalpia e, 816–817
  relação entre calor e, 805
  segunda lei da termodinâmica, 807
Densidade, 20–21
  cálculo da, 20, 26
  conversões que envolvem, 31–32
  de algumas substâncias, 20t
  definição, 20
  distinção entre peso e, 20, 21
Densidade eletrônica, 226, 226f, 229–232, 232f, 233f
Densidade eletrônica, distribuição, 226f, 229, 232f, 233f, 308, 308f
Densidade específica de energia, 870
Desdobramento do campo cristalino, energia de, 1003–1009, 1004f, 1006
Desenhos em perspectiva, 58, 58f
Desintegração nuclear, série de, 897, 898f
Deslocamento, reações de, 138f, 138–139
Deslocamentos no equilíbrio, princípio de Le Châtelier para previsão de, 647–648
Desordem, 805. *Ver também* Entropia
Desoxirribose, 1054
Desproporcionamento, reação de, 948

Dessalinização, 549, 549f
Destilação, 12, 12f
Desvio padrão, 23
Detector de matriz, 474, 474f
Determinante da velocidade, etapa, 593–594, 594f
Determinísticas, teorias, 227
Deutério, 937
Dextrorrotatório, isômero, 997
Diagrama de níveis de energia (ou de orbital molecular), 366, 366f, 367, 367f, 371, 371f, 373, 373f, 377, 377f
  definição, 366
  para dilítio, 371, 371f
  para dímero de hélio, 367, 367f
  para gás hidrogênio, 366f
  para orbitais moleculares de moléculas diatômicas homonucleares do período 2, 373, 373f
  para óxido nítrico, 377, 377f
Diagrama qualitativo de nível de energia, 234, 234f
Diagramas de fases, 452–454, 452–454f, 453f
  curvas, 453, 453f
  de H$_2$O e CO$_2$, 453, 453f
  definição, 452
  genéricos, para substância pura, 452f
  interpretação, 454, 454f
  ponto crítico, 453
  ponto de fusão normal, 453
  ponto triplo, 453, 453f
Diagramas de orbitais, 237, 237f, 238, 239, 242, 244
Diamagnetismo, 375, 375f
Diamante, 935, 960
Diamina, 498, 499f
Diatômica, molécula, 56
Diatômicas, moléculas
  descrição do período 2, 370–378, 371–378f
  heteronucleares, 376–378, 377f
  momentos de dipolo de, 310
Diborano (B$_2$H$_6$), 967–968, 968f
Dietilenotriamina, 988t
Difração, 474
Difração de raios X, 223, 474, 474f
Difratômetros de raios X, 474
Difusão, 413–414, 415, 415f
Difusão, reações controladas por, 598
Dilítio (Li$_2$), 371, 371f
Diluição, 145–147, 146f
Dimetil sulfeto (CH$_3$)$_2$S, 950
2,2-Dimetilpropano, 71t
Dinâmico, equilíbrio, 450, 623
Dinitrogênio (N$_2$), 624, 624f
Diodos emissores de luz (LEDs), 495, 495f
Diodos, emissores de luz, 495, 495f

Dióxido de carbono (CO_2)
  aumento da concentração de, 777, 777f
  chuva ácida e, 135
  cimento e, 91
  diagramas de fases de, 453, 453f
  estrutura de Lewis, 315
  gases de efeito estufa e, 776–777, 777f
  liberado da combustão da gasolina, estimativa da quantidade de, 776
  moléculas e fórmulas químicas de, 57f
  na água do mar, 780t
  na atmosfera terrestre, 765t, 766t
  química do, 961, 962, 962f
  reação de formação para, 186, 187f
Dióxido de enxofre (SO_2), 766t, 772ft, 772–773, 773f, 950
Dióxido de nitrogênio (NO_2), 955
Dioxigênio, 282
Dipeptídeo glicilalanina, 1045
Dipolo, 309, 309f
Dipolo induzido-dipolo induzido, interações, 435
Dipolo, momentos de, 308–311, 309f, 311t
  de moléculas diatômicas, 310
  definição, 309
  eletronegatividade, 308–311, 309f, 311t
  haletos de hidrogênio, 310–311, 311ft
Dipolo-dipolo, forças, 1055, 1055f
Dipolo-dipolo, interações, 436–437, 436–437f
Dipolos de ligação, 348f, 348–350, 349ft
Dispersões coloidais, 549
Dissacarídeos, 1049–1050, 1050f
Dissilicato, íon, 965
Dissolução, processo de, 522–526, 522–526f
  formação de solução
    efeito das forças intermoleculares na, 523, 523f
    energética da, 523–525, 525f
    reações químicas e, 525–526, 526f
    tendência natural para a mistura, 522, 522f
Dissulfeto, ligações, 951, 952f
Divisão, algarismos significativos na, 26
DNA, replicação do, 799
Doador de prótons (ácido), 128
Doença cardíaca, nitroglicerina, óxido nítrico e, 955
Domínio eletrônico, 338–339, 339f
Dopagem de semicondutores, 494, 494f, 495
  na teoria do campo cristalino, 1002–1009, 1007f
  orbitais d, 228, 228ft, 232–233, 233f
Dopantes, 276
Dosímetros, 906, 907f

Ductilidade, 475, 475f
Dupla-hélice, 1055, 1055f, 1057

E

E, conjunto de orbitais, 1003
Ebulição, ponto de, 450–451
  elevação do, 541–544, 542f
  normal, 450, 450f, 451
  pressão no, 451, 451f
Ecológicos, reagentes e processos mais, 789–790
Economia do hidrogênio, 938, 939f
Edema, 547
Efeito estufa, 776
Efeito fotoelétrico, 214, 215f, 215–216
Eficácia biológica relativa (EBR), 921
Efusão, 412f, 412–413, 413f
Einstein, Albert, 22, 215–216, 227, 553, 909, 915
Einstein and the Poet: In Search of the Cosmic Man (Hermanns), 227n
Eka-alumínio, 256
Eka-silício, 256, 257t
Elastômero, 497
Elementos, 6, 9f
  comuns, 6t
  definição, 2, 5
  descoberta de, linha do tempo da, 256f
  distinção entre compostos e misturas e, 9
  essencial para a vida, 62, 62f
  isótopos estáveis para, 898, 899f
  massa atômica de, 51
  moléculas, em comparação com, 5, 5f
  oligoelementos, 62, 62f
  percentagem da massa de, na crosta terrestre e no corpo humano, 6f
  sulfetos, 950, 950f
  tabela periódica dos, 53f, 53–56, 54f, 55t
Elementos combustíveis, 915
Elementos do grupo 4A: Si, Ge, Sn e Pb, 964t, 964–966f, 964–967
Elementos do grupo 5A: P, As, Sb e Bi, 956t, 956–960, 957–958f
Elementos do grupo 6A: S, Se, Te e Po, 949t, 949–952, 950–952f
Elementos metálicos (metais), 55f, 55–56
  cunhagem, 54f, 55
  em compostos iônicos, nomes e fórmulas de, 63f, 63–64
  em compostos moleculares, nomes e fórmulas de, 68–69
  líquidos após aquecimento, 55n
  na tabela periódica, 53, 53f, 54f, 55, 55t
Elementos metálicos, análise qualitativa, 751–752, 752f
Elementos não metálicos (não metais)
  em compostos moleculares, 57
  energética das ligações iônicas, 300t, 300–302, 302f
  gases nobres, 285, 285t
  na tabela periódica, 55f, 55–56
Eletrocardiograma, batimentos do coração e, 866, 866f
Eletrodo, 848
Eletrodos ativos, 876
Eletrólise, 285, 414, 876–877f, 876–879
  aspectos quantitativos da, 877f, 877–878
  de cloreto de sódio fundido, 876, 876f
  eletrometalurgia do alumínio, 878, 878f
  reações de, 876
Eletrólitos
  concentrações de soluções, 142–147, 143f, 146f
  condutividade elétrica dos, 120, 120f
  definição, 120
  fortes e fracos, 122, 130, 130t
  identificação, 130–131
  resumo do comportamento, 130t
Eletrólitos, 865
Eletrólitos fortes, 122, 675
Eletrólitos fracos, 122
Elétron(s)
  afinidade eletrônica, 270n, 270–272, 271f
  camada mais externa, 239, 242, 243f
  carga formal, 314–316, 316f
  centrais, 239
  de valência, 239, 243, 243f
  descoberta do, 43–45, 44f, 45f
  desemparelhados, 237
  diagramas de orbitais, 237, 237f, 238, 239, 242, 244
  emparelhados, 237
  energia de ionização, 267f, 267–270, 268t, 269f
  estados de oxidação, 840f, 840–841
  estruturas de Lewis, 304–306, 312–317, 316f
  estruturas de ressonância, 317f, 317–319, 318f, 319f
  ligantes, 361, 367
  modelo VSEPR, 338–347, 339–344f, 341t, 344t, 345f, 346f
  não ligantes, 343, 343f
  número ímpar de, 320
  redução, 840f, 840–841
  regra do octeto, 298, 298f
    exceções a, 320–322
  símbolos de Lewis, 298, 298f
  teoria do orbital molecular, 365, 367, 370, 370f, 375, 378
  transferência, 299

índice 1145

Eletronegatividade, 306–312, 307f, 308f, 309f, 311ft
  definição, 307, 307f
  momentos de dipolo, 308–311, 309f, 311t
  polaridade de ligação, 307–308, 308f
Elétrons da camada mais externa, 239, 242, 243f
Elétrons de valência, 239, 243, 243f, 255
  carga formal, 314–316, 316f
  deslocalizados, 475
  estruturas de Lewis, 304–306, 312–317, 316f
  estruturas de ressonância, 317f, 317–319, 318f, 319f
  modelo do mar de elétrons, 482–483, 483f
  moléculas hipervalentes, 354–356, 355f
  regra do octeto, 298, 298f, 320–322
    exceções a, 320–322
      mais de um octeto de elétrons de valência, 321–322
      menos de um octeto de elétrons de valência, 320–321
      número ímpar de elétrons, 320
  símbolos de Lewis, 298, 298f
  teoria do orbital molecular, 365, 367, 370, 370f, 375, 378
Elétrons de valência deslocalizados, 475
Elétrons desemparelhados, 237
Elétrons emparelhados, 237
Elétrons ligantes, 361, 367
Elétrons não ligantes, 343, 343f
Eletroquímica, 839–890
  baterias e células a combustível, 867–868f, 867–873, 870–872f
  células voltaicas, 847–849f, 847–850
  corrosão, 873–875, 874–875f
  definição, 839
  eletrólise, 876–877f, 876–879
  energia livre e reações redox, 857–861, 859f
  equações redox, balanceamento de, 842f, 842–847, 843f
  estados de oxidação e reações de oxirredução, 840f, 840–841
  potenciais de célula sob condições não padrão, 861–867, 864f, 865f
  potenciais de célula sob condições padrão, 850f, 850–857, 851–852f, 853t, 856f
Empacotamento denso, 477, 478–479f
Empacotamento denso cúbico (edc), 477, 478–479f
Empacotamento denso hexagonal (edh), 477, 478–479f

Emparelhamento de *spin*, energia de, 1005
Emulsificante, agente, 551
Emulsificar, 551
Enantiômeros, 996, 996f, 1042
Endotérmicos, processos, 168, 169f, 172, 172f
  calorimetria, 177–182, 178ft, 179f, 180f
  definição, 168, 169f
  entalpia de reação, 174–177, 175f, 176f
  entalpias de ligação, 188–192, 189t, 191f
  Le Châtelier, princípio de, 646–647, 647f
  variação de entalpia e, 172, 172f
Energia
  alimentos, 192–194, 193ft
  alimentos *versus* combustível, debate, 196
  biocombustíveis, 196, 196f
  biodiesel, 196
  bioetanol, 196, 196f
  biomassa, 195
  calor e, 13, 14f
  cinética, 13–14, 14f, 162, 163, 164, 165, 198
  combustíveis, 193t, 194–195, 195ft
  consumo global, 196
  consumo nos Estados Unidos, 194, 195, 195f
  de formação de solução, 523–525, 525f
  definição, 13
  diagrama, 166, 166f
  efeito fotoelétrico e fótons, 215f, 215–216
  entalpia, 170–174, 171f, 172f, 173f
    de formação, 184–188, 185t, 187f
    de ligação, 188–192, 189t, 191f
    de reação, 174–177, 175f, 176f
  estados do átomo de hidrogênio, 219f, 219–222, 220f
  fontes, 192–197, 193ft
  força e, 13
  geotérmica, 195
  hidrelétrica, 195
  interna, 165f, 165–166, 166f
  ligação iônica, 300t, 300–303, 302f, 303f
  modelo de Bohr, 218–222, 219f, 220f
  não renováveis, fontes, 195
  natureza da, 13–16
  nuclear, 195, 195f
  objetos quentes e a quantização da, 214f, 214–215, 215f
  orbitais moleculares, 365f, 365–370, 366f, 367f, 368f, 369f, 370f
  poder calorífico, 192–195, 193ft, 195ft

  potencial, 14f, 14–15, 162–166, 163f, 164f, 165f, 166f
  potencial eletrostática, 15, 162–164, 163f, 164f
  primeira lei da termodinâmica, 164–170, 165f, 166f, 167f, 169f, 170f
  processos endotérmicos, 168, 169f, 172, 172f
  processos exotérmicos, 168, 169f, 172, 172f, 176, 176f
  química, 15
  química, natureza da, 162f, 162–164, 163f, 164f
  renováveis, fontes, 195, 195f
  reticular, 300t, 300–303, 302f, 303f
  retorno energético, 196
  solar, 195–197
  trabalho e, 13, 14f, 166–168, 167ft
  trabalho pressão-volume (P-V) e, 173, 173f
  transformações, identificação e cálculo de, 21
  unidades de, 21
  variações de, com mudanças de fase, 445–446, 445–446f
Energia cinética, 13–14, 14f, 162, 163, 164, 165, 198
Energia, densidade volumétrica de, 870
Energia geotérmica, 195
Energia hidrelétrica, 195
Energia interna, 165f, 165–166, 166f
Energia livre
  análise aprofundada, 821
  aproximação do equilíbrio e, 818, 819f
  constante de equilíbrio e, 824–827, 859, 859f
  de Gibbs, 817–822, 818–819f, 820t
  energia potencial e, 818, 818f
  energias livres padrão de formação, 820, 820t
  força eletromotriz e, 859, 859f
  prevendo e calculando $\Delta G°$, 820–821
  reações redox, 857–861, 859f
  relação entre $\Delta G°$ e K, 826
  relacionando ΔG a uma mudança de fase no equilíbrio, 824–825
  sob condições não padrão, 824–825
  temperatura e, 822t, 822–823
  variação, cálculo da, 819
Energia nuclear, 195, 195f
Energia nuclear e fissão, 912–916f, 912–917
  bomba atômica, 914f, 914–915, 915f
  reação de fissão em cadeia, 913f, 913–914
  reatores nucleares, 915–916, 915–916f
  resíduos nucleares, 916–917

subcrítica, crítica e supercrítica, 914, 914f
Energia nuclear e fusão, 918-919
Energia potencial, 14f, 14-15
  energia interna e, 165f, 165-166, 166f
  energia química e, 162-164, 163f, 164f
Energia potencial eletrostática, 15, 162-164, 163f, 164f
Energia quantizada e fótons, 214f, 214-216, 215f
  efeito fotoelétrico e fótons, 215f, 215-216
  objetos quentes e a quantização da energia, 214f, 214-215, 215f
Energia química, 15
Energia química, natureza da, 162f, 162-164, 163f, 164f
Energia radiante. *Ver* Radiação eletromagnética
Energia reticular, 300t, 300-303, 302f, 303f
  de alguns compostos iônicos, 300t, 300-301
  definição, 300
  magnitudes de, 301
  tabela periódica, 300t, 300-303, 302f, 303f
Energia solar, 195-197, 378, 378f
Energias de ligação nuclear, 911, 911f, 912t
Enguias elétricas, 865, 865f
Enovelamento, 1046
Entalpia, 170-174, 171f, 172f, 173f
  como guia, 176, 176f
  de decomposição, 186, 187f, 194, 197-198
  de fusão, 445-446, 445-446f
  de ligação, 188-192, 189t, 191f
  de sublimação, 446, 446f
  de vaporização, 445, 446f
  definição, 170
  lei de Hess, 182f, 182-184, 183f
  no processo de dissolução, 523-525, 525f
  trabalho pressão-volume, 171, 171f, 173, 173f
  variação de (ΔH)
    entalpias padrão de formação, 820, 821
    espontaneidade da reação afetada por, 822-823, 823t
    espontaneidade da reação e, 822, 822t
    na expressão da constante de equilíbrio, 826
    na segunda lei da termodinâmica, 805-806
    quando ocorre a expansão isotérmica de um gás, 806
    variação da entropia e, 816-817
    variação de entalpia padrão, 184, 186, 187-188
    variação e calor, 172, 172f
Entalpia de formação, 184-188, 185t, 187f
  definição, 184
  entalpias de reação para calcular, 188
  equações associadas a, 185
  ligação iônica, 300t, 300-302, 302f
  padrão, 184-185, 185t, 198
  para calcular entalpias de reação, 186-187, 187f
Entalpia de reação, 174-177, 175f, 176f
  definição, 174
  entalpia de formação para calcular, 186-187, 187f
  entalpias de ligação e, 190f, 190-191
  equações termoquímicas e diagramas de entalpia, 174-175, 175f
  para calcular a entalpia de formação, 188
Entalpia padrão de formação, 184-185, 185t, 198
Entalpias de formação, 184-188, 185t, 187f
Entalpias de ligação, 188-192, 189t, 191f
  comprimento de ligações simples, duplas e triplas, 323-324, 324ft
  definição, 188
  entalpias de reação e, 190f, 190-191
  forças e comprimento de ligações simples e múltiplas, 323t, 323-325, 324ft
  médias, 189t, 323, 323t
Entropia, 522
  definição, 799, 805
  efeito quelato, 989, 991
  molar padrão, 815ft, 815-816
  variação de temperatura da, 814-815, 815f
Entropia molar padrão, 815ft, 815-816
Entropia, variação da (ΔS)
  em reações químicas, 814-817, 815ft
    cálculo de $\Delta S°$ a partir das entropias tabeladas, 816
    entropias molares padrão, 815ft, 815-816
    variação de temperatura da entropia, 814-815, 815f
    variações na vizinhança, 816-817
  espontaneidade da reação afetada por, 822t, 822-823
  interpretação molecular de, 808f, 808-814, 810f, 811-812f
    equação de Boltzmann e microestados, 809-810
    expansão de um gás no nível molecular, 808f, 808-809
    movimentos moleculares e energia, 810f, 810-811
    prevendo entropias relativas, 813
    prevendo o sinal da entropia de fase ΔS, 812-813
    realizando previsões qualitativas sobre entropia de fase ΔS, 811-813, 812-811f
    terceira lei da termodinâmica, 813
  relacionada a transferência de calor e temperatura
    entalpia e, 816-817
    fase ΔS, 805-806
    graus de liberdade, 805
    reações químicas, 814-817, 815ft
    relação entre calor e, 805
    segunda lei da termodinâmica, 807
    sociedade humana e, 813-814
Envelope (E), proteína do, 1056
Enxofre (S)
  configuração eletrônica, 282t
  energia de ionização, 268t
  essencial para a vida, 62, 62f
  ligações enxofre-oxigênio, 319
  ocorrência e produção de, 949, 950f
  propriedades do, 282t, 283, 283f
  química do, 949t, 949-950
Enxofre, compostos de, 772ft, 772-773, 773f
Enzima, inibidores de, 603
Enzimas, 602-605
Enzima-substrato, complexo, 603
Equação iônica completa, 126
Equação iônica simplificada, 127
Equações balanceadas para reações de precipitação, 125
Equações nucleares, 892-895, 893t, 894t
  como escrever, 895, 900
Equações químicas, 86f, 86-89
  balanceadas, 86-88, 87-88f, 89
  diferença entre mudar números subscritos e coeficientes nas, 86, 87f
  interpretação, 88
  para indicar os estados de reagentes e produtos, 89
Equações químicas balanceadas, 86-88, 89
  definição, 86
  exemplo passo a passo de, 87, 87-88f
  ilustração, 86f
  informações quantitativas a partir de, 103-105
  para reações de combinação, 90ft, 90-91, 92
  para reações de combustão, 92-93
  para reações de decomposição, 90t, 91, 91f, 92
Equações termoquímicas, 174

Equações-chave

Arrhenius, equação de, 587
cálculo da massa atômica como uma média ponderada proporcional de massas isotópicas, 51
cálculo da percentagem em massa de cada elemento de um composto, 94
cálculo da variação da energia livre de Gibbs a partir de variações de entalpia e entropia em temperatura constante, 818
cálculo da variação de energia livre padrão a partir de energias livres padrão de formação, 820
cálculo da variação de energia livre sob condições não padrão, 824
cálculo da variação de entropia padrão a partir de entropias molares padrão, 816
cálculo do rendimento percentual de uma reação, 108
calor ganho ou perdido com base em calor específico, massa e variação de temperatura, 178
calor trocado entre uma reação e um calorímetro, 180
carga forma, definição de, 315
composição percentual do elemento, 94
concentração em quantidade de matéria, 142
concentração em termos de fração molar, 536
concentração em termos de molalidade, 536
concentração em termos de partes por milhão (ppm), 535
concentração em termos de percentual de massa, 535
concentração em termos de quantidade de matéria, 536
constante de acidez de um ácido fraco, HA, 677
constante de basicidade de uma base fraca, B, 687
conversão entre as escalas de temperatura Celsius (°C) e Fahrenheit (°F), 18
conversão entre as escalas de temperatura Celsius (°C) e Kelvin (K), 18
definição da constante do produto de solubilidade de um sólido iônico genérico, 738
definição da velocidade mais provável de uma molécula de gás, 411
definição da velocidade média das moléculas de gás, 411
definição da velocidade média quadrática, 411
definição de densidade, 20
definição de pH, 671
definição de pOH, 673
definição de velocidade da reação, 570
definições de pK_a e pK_b, 692
densidade ou massa molar de um gás ideal, 403
diluições, 145
elevação do ponto de ebulição de uma solução, 542
energia cinética, 14
energia potencial de duas cargas interagindo, 301
energia potencial eletrostática, 162
energias dos estados permitidos do átomo de hidrogênio, 219
entalpia de reação em função das entalpias médias de ligação de reações que envolvem moléculas em fase gasosa, 190
entalpia, definição, 170
equação de Einstein que relaciona massa e energia, 909
equação de Henderson-Hasselbalch, 719
equação de Nernst, 862
equação de Rydberg, 218
equação de van der Waals, 418
equação do gás ideal, 399
expressão da constante de equilíbrio em termos de pressões parciais no equilíbrio, 627
expressões da constante de equilíbrio para reações gerais, 625
forma geral de uma lei de velocidade para a reação A + B → produtos, 573
forma integrada da lei de velocidade de segunda ordem para a reação A → produtos, 579
forma integrada de uma lei de velocidade de primeira ordem para a reação A → produtos, 577
forma integrada de uma lei de velocidade de primeira ordem para a reação A → produtos, 580
forma logarítmica da equação Arrhenius, 588
fórmula empírica de um composto iônico, 487
lei combinada dos gases, 401
lei da velocidade de primeira ordem para o decaimento nuclear, 905
lei de Dalton das pressões parciais, 405
lei de Henry, 532
lei de Raoult, 539
luz como onda, 212
luz como partícula (fótons), 214
matéria como uma onda, 223
momento de dipolo de duas cargas de igual magnitude, mas de sinais opostos, separadas por uma distância r, 309
ordem de ligação, 367
percentual de ionização de um ácido fraco, 682
pressão osmótica de uma solução, 546
princípio de incerteza de Heisenberg, 224
produto iônico da água a 25°C, 670
quociente da reação, 638
redução do ponto de congelamento de uma solução, 543
relação da constante de equilíbrio com base em pressões com a constante de equilíbrio, com base na concentração, 628
relação da entropia ao número de microestados, 810
relação da fem padrão a potenciais padrão de redução das semirreações de redução (cátodo) e oxidação (ânodo), 851
relação da meia-vida e da constante de velocidade em uma reação de primeira ordem, 581
relação da pressão parcial à fração molar, 406
relação da variação de energia interna ao calor e ao trabalho (a primeira lei da termodinâmica), 166
relação da variação de entropia ao calor absorvido ou liberado em um processo reversível, 805
relação entre a variação de energia livre e a reversibilidade de um processo em temperatura e pressão constantes, 821
relação entre a variação de energia livre e o trabalho máximo que um sistema pode realizar, 821
relação entre as constantes de dissociação de um par conjugado ácido-base, 691
relação entre as velocidades relativas de efusão de dois gases e suas massas molares, 412
relação entre constante de decaimento nuclear e meia-vida, 905
relação entre pH e pOH, 673
relação entre trabalho e força ou distância, 162
relação entre variação de energia livre e fem, 859
relação entre variação de energia livre padrão e constante de equilíbrio, 826

rendimento percentual, 108
segunda lei da termodinâmica, 807
trabalho feito por um gás em expansão à pressão constante, 171
trabalho realizado por uma força na direção do deslocamento, 13
variação de energia interna, 165
variação de entalpia à pressão constante, 172
variação de entalpia padrão de uma reação, 186
variação de entropia da vizinhança para um processo, a temperatura e pressão constantes, 816
Equatoriais, posições, ângulos de ligação das, 343, 345
Equilíbrio, constante de, 624–650
　aplicações da, 638f, 638–641
　avaliação de K_c, 626–627, 627ft
　cálculo da, 635–637
　　de concentrações de equilíbrio a partir de concentrações iniciais, 640–641
　　de K com base nas concentrações inicial e de equilíbrio, 636–637
　　de K quando todas as concentrações no equilíbrio são conhecidas, 636
　　determinar concentrações de espécies desconhecidas em uma mistura em equilíbrio, 636
　combinando expressões de equilíbrio, 631–632
　como usar Q para analisar o progresso da reação, 639
　concentrações de H_2, N_2 e NH_3 que variam com o tempo, 624, 624f
　conversão entre K_c e K_p, 628
　definição, 625
　direção da equação química e K, 630
　em termos de pressão, K_p, 627–628
　escrevendo expressões das, 626
　expressão da constante de equilíbrio, 625
　expressões, 625, 626, 633–635, 634f
　Haber, processo de, 624, 625, 625f, 641, 642f, 643, 644f (Ver também Le Châtelier, princípio de)
　lei de ação das massas, 625
　magnitude de, 629f, 629–630
　prevendo a direção da reação, 638, 638f
　prevendo a direção para alcançar o equilíbrio, 639
　quociente da reação, 638
　reações heterogêneas, 633–635, 634f
　relacionando a estequiometria da equação química e, 630–631
　termodinâmico, 628
　unidades e, 628
　uso de, 629f, 629–632
Equilíbrio químico, 122, 135, 621–660
　conceito de, 622–623f, 622–624
　constante de equilíbrio, 624–650
　definição, 621
　equilíbrios heterogêneos, 633–635, 634f
　equilíbrios homogêneos, 633
　expressão da constante de equilíbrio, 625
　princípio de Le Châtelier, 641–649
　reações heterogêneas, 633–635, 634f
Equilíbrios aquosos, 713–762
　análise qualitativa de elementos metálicos, 751–752, 752f
　efeito do íon comum, 714–716
　equilíbrios de solubilidade, 737–740, 739f
　íons, precipitação e separação de, 748–751, 750f
　precipitação e separação de íons, 748–751, 750f
　solubilidade, fatores que afetam, 741f, 741–748, 743f, 744f, 745t, 746f
　tampões, 717f, 717–725, 718f, 722f
　titulações ácido-base, 726–736, 727f, 728–729f, 732–735f
Equilíbrios heterogêneos, 633–635, 634f
Equilíbrios homogêneos, 633
Equivalência, ponto de, 148, 727
Esmagadores de átomos, 900
Esmalte dos dentes, 744
Esmética A e esmética C, fase líquido-cristalina, 455f, 455–456
Espalhamento de partículas α, experimentos de, 46–47, 47f
Espécie reativa de oxigênio (ERO), 948
Espectro, 217–222. Ver também Radiação eletromagnética
　contínuo, 217
　criação, 217f
　de linha, 217f, 217–218, 218f
　definição, 217
　luz emitida por gases, 217f, 217–218, 218f
Espectro de absorção, 1000, 1000f
Espectro de massa, 52, 52f
Espectro eletromagnético, 213, 213f
Espectrômetro, 547
　componentes de, 572f
　para medir velocidades de reação, 572
Espectrômetro de massa, 52, 547
Espectroquímica, série, 1003, 1006
Espectros de emissão, 214
Espectros de linha, 217f, 217–218, 218f
Espectroscópicos, métodos, para a velocidade da reação, 572, 572f
Espícula (S), proteína, 1056
Espontâneos, processos, 176, 176f, 800–801f, 800–804, 803f
Estabilidade de bases conjugadas, 698
Estabilidade de moléculas orgânicas, 1022–1023
Estabilidade nuclear
　cadeias de decaimento radioativo, 897, 898f
　determinação dos modos de decaimento nuclear, 897
　isótopos estáveis para substâncias simples, 898, 899f
　números mágicos, 897–898
　padrões de, 895–899, 896f, 898ft, 899
　razão nêutron-próton, 896f, 896–897
Estabilização coloidal, 551, 552f
Estado de equilíbrio, 621
Estado, funções de, 168–170, 169f, 170f
Estado fundamental, 219–220, 220f, 226f, 228, 234, 237, 238, 242, 243f
Estado, mudanças de, 10, 10f
Estados da matéria, 4–5, 5f
Estados padrão, 184–188, 185t, 187f
Estanho (Sn)
　características gerais do, 964, 964t
　em ligas, 480t
　química do, 964t, 964–966f, 964–967
　reação de oxidação, 140t
Esteatita, 965
Estequiometria
　constante de equilíbrio e, 630–631
　definição, 86
　equações químicas, 86f, 86–89, 87–88f
　fórmulas empíricas, 99f, 99–102, 101f
　informações quantitativas a partir de equações balanceadas, 103f, 103–105, 104f
　massas moleculares, 93f, 93–95
　número de Avogadro e mol, 95–98, 97ft, 98f
　números de coordenação, 487, 489f
　procedimento para resolução de problemas, 147, 147f
　quantidades equivalentes em, 103–104
　reagentes limitantes, 106–108, 107f
　reatividade química, 90ft, 90–93, 91f, 92f
　símbolo estequiometricamente equivalente (≙), 103–104
　soluções aquosas, 147f, 147–151, 149f
　titulações, 148–150, 149f
　variáveis de gases e, relacionando, 404–405
　velocidades da reação e, 569–570
Estereoisomeria, 996–997, 996–997f
Estereoisômeros, definição, 994, 995f
Ésteres, 1035t, 1039
Estireno, 787–788

Estômago, ácidos e antiácidos do, 134, 134*ft*
Estratégias para o sucesso
 analisando reações químicas, 142
 cálculos que envolvem muitas variáveis, 400-401
 como estimar respostas, 28
 como fazer uma prova, 75-76
 exercícios Elabore um experimento, 109
 recursos do livro, 32
 resolução de problemas, 95
Estratosfera, 764, 768-769
Estrôncio (Sr)
 configuração eletrônica, 241*t*, 243*f*, 280*t*
 propriedades do, 280*t*
Estrôncio, íons de (Sr^{2+}), 64*t*, 125*t*, 780*t*
Estrutura atômica, 43-51
 descoberta da, 43-47
  modelo nuclear do átomo, 46*f*, 46-47
  radioatividade, 45-46, 46*f*
  raios catódicos e elétrons, 43-45, 44*f*
 visão moderna da, 48*f*, 48-51
  isótopos, 50, 50*t*
  números atômicos, 49-50
  números de massa, 49-50, 50*t*
Estrutura primária de proteínas, 1046, 1047*f*
Estrutura química, comportamento ácido-base e, 697-701, 698-699*f*
Estrutura secundária de proteínas, 1046, 1047*f*
Estrutura terciária de proteínas, 1046-1047, 1047*f*
Estruturas em linhas para hidrocarbonetos aromáticos, 1031-1032, 1032*f*
Estruturas por linhas
 de carboidratos, 1048, 1048*f*
 de cicloalcanos, 1026, 1026*f*
Estruturas primitivas, 472-473, 472-473*f*
Etanal, 1035*t*, 1036
Etanamida, 1035*t*
Etano, 70
Etanoato de metila, 1035*t*
Etanodiol, 1034*f*
Etanol, 144, 1036
Etapa inicial lenta, mecanismos de reação com, 594-595
Etapa inicial rápida, mecanismos de reação com, 596-597
Eteno (IUPAC), 1027, 1035*t*
Éter cíclico tetraidrofurano, 1036
Éter dimetílico, 1034*f*, 1035*t*
Éter etílico, 1036
Éteres, 1035*t*

Etilamina, 1035*t*
Etileno (C$_2$H$_4$), 57, 57*f*, 1027, 1035*t*
Etilenodiamina (en), ligantes, 987, 988*ft*, 991
Etilenodiaminotetraacetato (EDTA), íons, 988, 988*t*, 989
Etilenoglicol, 1034*f*
Eutrofização, 783, 783*f*
Evaporação, 181
Exatidão, 23, 23*f*, 24*f*
Exaustão por calor, 181
Excitado, estado, 219, 220*f*, 228, 234
Exercícios de autoavaliação (EAAs), 32
Exotérmicos, processos, 168, 169*f*, 172, 172*f*, 176, 176*f*
 calorimetria, 177-182, 178*ft*, 179*f*, 180*f*
 definição, 168, 169*f*
 energética das ligações iônicas, 300*t*, 300-302, 302*f*
 entalpia de reação, 174-177, 175*f*, 176*f*
 entalpias de ligação, 188-192, 189*t*, 191*f*
 halogênios, 283-285, 284*ft*
 Le Châtelier, princípio de, 646-647, 647*f*
 metais alcalinos, 277-278, 278*f*
 variação de entalpia e, 172, 172*f*
Experimentos mentais, 227
Expoentes, na lei de velocidade, 573
Exposição à radiação, detecção da, 906, 907*f*
Extração com fluido supercrítico, 449

F

Fahrenheit, escala, 18, 19*f*
Faraday, constante de, 859, 859*f*
Faraday, Michael, 504, 859*f*
Fase líquida, 455-456, 455-456*f*
Fase líquido-cristalina colestérica, 455*f*, 455-456
Fator de frequência, 587
Fator de orientação, 584, 585*f*
Fatores de conversão, 28-32
 como utilizar dois ou mais, 29-30
 conversão de unidades, 29
 definição, 28-29
 elevados a potências, cálculos com, 30-31
 envolvendo densidade, 31-32
 envolvendo unidades de volume, 31
Fe-Mo, cofator, 604, 604*f*
Fenila, grupo, 1031
 pH, medidor de, 673*f*, 673-674
Fenilalanina, 1044*f*
Fenol, 1036
Fermi, Enrico, 915
Fermi National Accelerator Lab, 901, 901*f*
Ferricianeto, íon, 665

Ferricromo, 992, 992*f*
Ferrimagnetismo, 981*f*, 982
Ferro (Fe)
 cátions formados por, 302
 como radiomarcador, 908*t*
 configuração eletrônica, 302
 em ligas, 480*t*
 em sistemas vivos, 992, 992*f*
 reação de oxidação, 140*t*
 síntese nuclear, 919
Ferro(II) ou ferroso, íon de (Fe^{2+}), 64*t*, 302
Ferro(III) ou férrico, íon de (Fe^{3+}), 64*t*, 302
Ferromagnetismo, 981, 981*f*
Ferromagnetos/ferrimagnetos, 982
Ferrugem (corrosão do ferro), 873-875, 874*f*, 875*f*
Filtração, 11, 11*f*
Fios quânticos, 504
Física e Filosofia (Heisenberg), 227
 pi (π), ligações, 358-364, 358-364*f*
 pi (π), orbitais moleculares, 372-374, 373*f*, 374*f*
Fissão
 bomba atômica, 914*f*, 914-915, 915*f*
 definição, 911
 energia nuclear e, 912-916*f*, 912-917
 produtos de, 913
 reação de, em cadeia, 913*f*, 913-914
 reação de fissão em cadeia, 913*f*, 913-914
 reatores nucleares, 915-916, 915-916*f*
 resíduos nucleares, 916-917
 subcrítica, crítica e supercrítica, 914, 914*f*
Fissão nuclear crítica, 914, 914*f*
Fissão nuclear subcrítica, 914, 914*f*
Fissão nuclear supercrítica, 914, 914*f*
Fixação de nitrogênio, 604, 604*f*
Fluido extracelular (FEC), 866
Fluido intracelular (FIC), 866
Fluido supercrítico, 449, 453
Flúor (F), 942
 configuração eletrônica, 238, 284*t*
 número de oxidação do, 137
 propriedades do, 284*t*
Fluorescer, 43
Fluoretação, 744
Fluoreto de escândio, estrutura do, 487
Fluoreto de hidrogênio (HF), 307-310, 308*f*, 311*ft*
Fluoreto de lítio (LiF), 300*t*, 307, 308, 308*f*, 311, 486*t*
Fluoreto de potássio (KF), 300*t*, 302*f*
Fluoreto de sódio (NaF), 300*t*, 301, 302*f*
Fluoreto, íons (F$^-$), 67*t*, 780*t*, 988*t*, 994*t*
Fluoreto, número de coordenação do, 487
Fluorita (CaF$_2$), 942
Fluoroapatita (Ca$_5$(PO$_4$)$_3$F), 942

Fontes de energia não renováveis, 195
Fontes de energia renováveis, 195, 195f
Força eletromotriz (fem), 850, 859, 859f
   não padrão, 861–867, 864f, 865f
   padrão, 850f, 850–857, 851–852f, 853t, 856f
Força gravitacional, 49, 393
Força nuclear forte, 49, 896
Força nuclear fraca, 49
Força relativa de ácidos, 667–668, 668f
Força(s). Ver também Intermoleculares, forças
   básicas na natureza, 49
   definição, 13
   gravitacionais, 49, 393
   nuclear forte, 49, 896
Forças de dispersão, 434t, 434–436, 435–436f, 1055, 1055f
Forças eletromagnéticas, 49
Forças intermoleculares, 433–442, 434t, 434–441f
   comparação de, 440–441, 440–441f
   força íon-dipolo, 440, 440f
   forças de dispersão, 434t, 434–436, 435–436f
   interações dipolo-dipolo, 436–437, 436–437f
   ligação de hidrogênio, 437–439f, 437–440
Formação de gás, reações de neutralização com, 132–134, 133f
Fórmulas empíricas, 57, 62, 99–102
   análise da combustão, 101f, 101–102
   cálculo, 99f, 99–100
   fórmulas moleculares a partir de, 100–101
Fórmulas estruturais, 57–58, 58f
Fórmulas estruturais condensadas, 70, 70t, 1025
Fórmulas químicas, 56–57
   composição percentual a partir das, 94–95
Forte, 675–676
Fosfato, íon (PO_4^{3-}), 67t, 125t, 989
Fosfatos insolúveis, 752, 752f
Fosfolipídios, 1053, 1053f
Fósforo (P)
   como radiomarcador, 908t
   compostos oxigenados de, 957–959, 958f
   energia de ionização, 268t
   essencial para a vida, 62, 62f
   ocorrência, isolamento e propriedades do, 956–957, 957f
   química do, 956f, 956–959, 957–958f
Fósforos, 906–907
Fosgênio, 325
Fotodissociação, 766–767

Fotoionização, reações de, 768t, 768
Fotoluminescência, 504, 504f
Fótons
   efeito fotoelétrico e, 215f, 215–216
   energia quantizada e, 214f, 214–216, 215f
Fotorreceptoras, células, 363
Fotossíntese, 197, 799, 991, 991f
Fotovoltaicas, células solares, 378
Fracking (fraturamento hidráulico), 785, 785f
Frações molares, 406–407, 536
Frequência
   cálculo, a partir do comprimento de onda, 213–214
   estados de energia do átomo de hidrogênio, 219f, 219–222, 220f
   unidades de medida para, 213, 213f
Friedel-Crafts, reação de, 1033
Frisch, Otto, 915
Frutose, 1048, 1048f
Fukushima, desastre nuclear de, 916
Fulerenos, 960
Fuller, R. Buckminster, 506
Função de probabilidade radial, 230–232, 231f
Funções de onda, 226, 368–370, 369f, 370f
Furchgott, Robert F., 955
Fusão, 445
   definição, 911
   energia nuclear e, 918–919
   reações termonucleares, 918
Fusão, 445
Fusão, curva de, 453
Fusão, pontos de, 470
   de ligas, 480t, 481
   de polímeros, 501, 501t
   de sólidos de rede covalente, 491, 492
   de sólidos iônicos, 486, 486t
   de sólidos moleculares, 490–491, 491f
   na ligação metálica, 483, 484, 484f, 485

G

Gálio (Ga)
   configurações eletrônicas, 241t, 243f
   descoberta do, 256
   líquido após aquecimento, 55n
Galvani, Luigi, 866
Galvanizado, ferro, 874
Galvanoplastia, 876
Gama (γ), radiação, 893t, 894, 894t, 895t, 923
   comprimentos de onda do espectro eletromagnético, 213, 213f
Gama (γ), raios, 894

Gangorra, geometria molecular com forma de, 344t, 349t
Gás de água, 650–651
Gás ideal, 399
Gás ideal, equação do, 399t, 399–405, 400f, 403f
   cálculos que envolvem muitas variáveis, 400–401
   condições padrão de temperatura e pressão (CPTP), 399–400, 400f
   constante dos gases, 399, 399t
   densidades e massa molar dos gases, 402–404, 403f
   derivação, 410
   relação entre leis dos gases e, 401
   uso, 400
   variáveis de gases e estequiometria, relacionando, 404–405
   volumes de gases em reações químicas, 404
Gás natural, 194, 195ft
Gás(es), 391–430
   características físicas dos, 392t, 392–395, 393f, 394f
      pressão, 392–395
   comparação molecular de líquidos, sólidos e, 432t, 432–433, 433f
   difusão, 413–414, 415, 415f
   efusão, 412f, 412–413, 413f
   equação de van der Waals, 418–419
   equação do gás ideal, 399t, 399–405, 400f, 403f
   lei de Henry para calcular a solubilidade de, 533
   leis dos gases, 396f, 396–398, 397f
   misturas de gases e pressões parciais, 405–407
   na água, solubilidades de, 529, 529t
   pressão, 392–395, 393f, 394f
   propriedades dos, 4–5, 5f
   reais, desvios do comportamento ideal, 415–419, 416f, 417f, 418t
   símbolos de, 89
   teoria cinética-molecular dos, 408f, 408–411, 409f
   vapores, 392
   velocidades moleculares, 411f, 411–412
Gases, constante dos, 399, 399t
Gases de efeito estufa, 774–778, 775f, 777f
   clima, 777, 777f, 778
   dióxido de carbono, 776–777, 777f
   outros, 778
   vapor de água, 776
Gases, densidades dos, 402–404, 403f
Gases inertes, 285. Ver também Gases nobres (elementos do grupo 8A)
Gases, leis dos, 396f, 396–398, 397f
   combinada, uso de, 402

lei de Avogadro, 397f, 397-398, 399
lei de Boyle, 396, 396f, 399
lei de Charles, 397, 397f, 399
relação da equação do gás ideal com, 401
relação de proporcionalidade, 399t, 399-400, 400f
relação entre pressão e volume, 396, 396f
relação entre quantidade e volume, 397f, 397-398
relação entre temperatura e volume, 397, 397f
teoria cinética-molecular dos gases aplicada às, 409, 410
Gases nobres (elementos do grupo 8A), 940-942, 941t
na tabela periódica, 54f, 55t, 56, 60, 60t
propriedades dos, 285, 285t
reatividade dos, 285
tendências para alguns, 285, 285t
Gases reais: desvios do comportamento ideal, 415-419, 416f, 417f, 418t
Gasolina, vapores de, 392
Gato de Schrödinger e computação quântica, 227, 227f
equação de Schrödinger, 225-227, 230
Gay-Lussac, Joseph Louis, 397
Geiger, contador, 907, 907f, 908
Geometria do domínio eletrônico, definição, 339
Geometria molecular (arquitetura)
descrição dos orbitais moleculares de moléculas diatômicas do período 2, 370-378, 371-378f
ligação covalente e sobreposição orbital, 350f, 350-351, 351f
ligações múltiplas, sigma e pi, 358-364, 358-364f
modelo VSEPR, 338-347, 339-344f, 341t, 344t, 345f, 346f
orbitais híbridos, 352-357, 353-355f, 356t, 357f
orbitais moleculares, 365-370, 365-370f
polaridade molecular, 347-350, 348f, 349ft
teoria do orbital molecular, 365, 367, 370, 370f, 375, 378
visão geral, 336-338, 336-338f
Geometria molecular, definição, 339. Ver também Geometria molecular (arquitetura)
Geometria molecular em forma de T, 337, 337f, 344t, 349t
Geometria molecular octaédrica, 337, 337f, 340t, 344t, 345, 349t
Germânio (Ge), 964t, 964-966f, 964-967

descoberta do, 256
Gibbs, energia livre de (G), 817-822, 818-819f, 820t. Ver também Energia livre
Gibbs, J. Willard, 817
Gigante vermelha, 918-919, 919f
Glicerina, 1034f
Glicerol, 1034f, 1052, 1052f
Glicina, 1044f
Glicogênio, 1050f, 1050-1051
Glicose, 185, 185t, 192, 196, 1048, 1048-1049f
Glicose, metabolismo da, 181
Glóbulos vermelhos, 724-725, 725f
Glutamina, 1044f
Gorduras insaturadas, 1052
Gorduras, poder calorífico, 192-194, 193ft
Gorduras saturadas, 1052
Gorduras trans, 1052
Goudsmit, Samuel, 235
Grafeno, 223f, 473, 506-507, 507f, 935, 960
Grafeno, estrutura cristalina do, 473, 473f
Grafite, 935, 960, 961
Graham, lei de efusão de, 412f, 412-413, 413f
Graham, Thomas, 412
Grama (g), 16, 17t
Grande Barreira de Coral, 713
Graus de liberdade, 805
Gray (Gy), 921
Grupo 7A: halogênios, 942-945, 943t, 944f, 945t
Grupo 8A: gases nobres, 940-942, 941t
Grupo principal, elementos do, 241, 241f, 243
Grupos funcionais
compostos orgânicos e, 73-74
em carboidratos, 1049
orgânicos, 1034f, 1034-1041, 1035t, 1037f
Grupos funcionais orgânicos, 1034f, 1034-1041, 1035t, 1037f
ácidos carboxílicos, 1035t, 1037f, 1037-1038
álcoois, 1034, 1034f, 1035t, 1036
aldeídos, 1035t, 1036-1037
amidas, 1035t, 1041
aminas, 1035t, 1040
cetonas, 1035t, 1036-1037
ésteres, 1035t, 1039
éteres, 1035t
grupo carbonila, 1035t, 1036-1037
hidrólise, 1039-1040
saponificação, 1039
Grupos na tabela periódica, 54f, 54-55, 55t

elementos do grupo 1A (Ver Alcalinos, metais (elementos do grupo 1A))
elementos do grupo 2A (Ver Alcalinos terrosos, metais (elementos do grupo 2A))
elementos do grupo 3A (Ver Metais de terras raras (elementos do grupo 3A))
elementos do grupo 4A: Si, Ge, Sn e Pb, 964t, 964-966f, 964-967
elementos do grupo 5A: P, As, Sb e Bi, 956t, 956-960, 957-958f
elementos do grupo 6A: S, Se, Te e Po, 949t, 949-952, 950-952f (Ver também Calcogênios (elementos do grupo 6A))
elementos do grupo 7A (Ver Halogênios (elementos do grupo 7A))
elementos do grupo 8A (Ver Gases nobres (elementos do grupo 8A))
Guanina, 1054
Guldberg, Cato Maximilian, 625

H

H–A, força da ligação, 698
de uso doméstico, 128, 128f
do estômago e antiácidos, 134, 134ft
força dos
fatores que afetam, 697-698, 698f
relativos, 667-668, 668f
fortes, 675-676
fortes e fracos, 129t, 129-130
fracos, 677-687, 678ft, 682-684f, 685t
modelos moleculares de, 128, 128f
monoprótico, 128
na chuva, 135
oxiácidos, 698-699, 699f
oxidação de metais por, 138f, 138-139
prevendo a acidez relativa baseada na composição e na estrutura, 700
titulação, 148-150, 149f
H–A, força da ligação, 698
H–A, polaridade de ligação, 697
H–A, polaridade de ligação, 697
Haber, Fritz, 303, 625
Hahn, Otto, 915
Haletos, 310-311, 311ft
Haletos de hidrogênio, 944
momentos de dipolo, 310-311, 311ft
Hall, Charles M., 878
Hall-Héroult, processo de, 878, 878f
Halogenetos de fósforo, 957
Halogenetos de metais alcalinos, 486t
Halogênios (elementos do grupo 7A)
cargas iônicas, 60, 60f
estrutura de, 943, 944f
haletos de hidrogênio, 944
inter-halogênios, 944
moléculas e fórmulas químicas de, 56
na tabela periódica, 54f, 55t, 56, 60

número de oxidação dos, 137
oxiácidos, 944-945, 945t
oxiânions, 944
propriedades dos, 283-285, 284ft
propriedades e produção de, 942-943, 943t
química dos, 942-945, 943t, 944f, 945t
reatividade de, 284f, 284-285
tendências para alguns, 283-285, 284ft
usos dos, 944
Haroche, Serge, 227
Heisenberg, Werner, 223-224, 226, 227
Helicobacter pylori, 134
Hélio (He)
configuração eletrônica, 237, 237t, 243f, 285t
na atmosfera terrestre, 765t
na tabela periódica, 53, 53f
propriedades do, 285, 285t
síntese nuclear, 918-919, 919f
usos do, 941
visão geral, 414
Hélio, dímero de (He$_2$), 367, 367f
Hélio, queima, 919, 919f
Hemes, 989f, 989-990, 990f
Hemoglobina, 989-990, 992
Hemólise, 546-547
equação de Henderson-Hasselbalch, 719, 720-721
Henry, constante da lei de, 532
Henry, lei de, 532-533, 621
Hermanns, William, 227n
Héroult, Paul, 878
Hertz (Hz), 213
Hess, lei de, 182f, 182-184, 183f, 303, 303f, 991
Heteronucleares, moléculas diatômicas, 376-378, 377f
Hexaminocobalto(III), cloreto de, 1006
Hexano, 72, 529, 529ft
Hibridização, 352-357, 353-354f, 355f, 356t, 357f
Hidratos, 526, 874n
Hidrazina (N$_2$H$_4$), 953
Hidreto, íon (H$^-$), 277, 282
Hidretos
iônicos, 939, 940f
metálicos, 939-940
moleculares, 940, 940f
Hidretos iônicos, 939, 940f
Hidretos metálicos, 939-940
Hidretos moleculares, 940, 940f
Hidrocarbonetos aromáticos, 1031-1032, 1032f
definição, com exemplos moleculares, 1024, 1024t
estruturas em linhas e nomes comuns de, 1031-1032, 1032f
grupo fenila, 1031
reações de substituição de, 1032-1033
Hidrocarbonetos insaturados, 1027, 1029, 1032
Hidrocarbonetos lineares, 1025
Hidrocarbonetos saturados, 1027
Hidrocarbonetos. *Ver também* Alcanos
definição, 70
estruturas de ressonância, 318-319, 319f
fórmulas para, estruturais e moleculares, 75
insaturados, 1027, 1029, 1032
introdução aos, 1024t, 1024-1027, 1025-1026f
isômeros estruturais, 70-71, 71t
na atmosfera terrestre, 772t
tipos, 1024, 1024t
Hidrofílicos, coloides, 550-551, 551-552f
Hidrofluorocarbonetos (HFCs), 771, 778
Hidrofóbicos, coloides, 550-551, 551-552f
Hidrogenação, 1030
Hidrogênio (H)
átomos de, 2f
comparação entre água e oxigênio e, 6-7, 7t
compostos binários de, 939-940, 940f
configurações eletrônicas, 237
economia do, 938, 939f
essencial para a vida, 62, 62f
isótopos, 937
moléculas e fórmulas químicas do, 56-57, 57f
na atmosfera terrestre, 765t
número de oxidação do, 137
orbitais moleculares, 365-370, 365-370f
produção de, 938
propriedades do, 281-282, 937-938
química do, 936-940
reação de oxidação, 140t
reatividade do, 282
síntese nuclear, 918-919, 919f
tendências, 281-282
usos do, 939
visão geral, 414
Hidrogênio, átomo de
estado de referência, ou de energia zero, do, 219
estados de energia do, 219f, 219-222, 220f
níveis de energia do, 228, 228f
subcamadas do, 228-229
transições eletrônicas no, 221-222
Hidrogênio, bomba de, 918, 918n
Hidrogênio, células de combustível de, 871-872, 872f
Hidrogênio, compostos binários de, 939-940, 940f
Hidrogênio em ponte, 968
Hidrogênio, gás (H$_2$), 366f, 624, 624f
Hidrogênio, íons (H$^+$), 64t, 122, 128, 138
cálculo, a partir do pOH, 674
cálculo do pH a partir do, 672
ligantes, 994t
pH e, 672, 672t
relação entre pH e, 672, 672t
Hidrogênio, ligação de, 437-439f, 437-440
Hidrogênio, ligações de, 1055, 1055f, 1057
Hidrogênio, molécula de (H$_2$), 304-306, 305f, 365f, 365-367, 366f
Hidrogênio PEM, célula de combustível, 872, 872f
Hidrólise, 693, 1039-1040
Hidrônio, íon (H$_3$O$^+$), 663
Hidróxido (HO), 920
Hidróxido de magnésio (Mg(OH)$_2$), 125, 132, 134t
Hidróxido, íons (OH$^-$), 67t, 125, 125t, 129, 130, 672, 672t, 689, 988t
Hidróxidos e sulfetos insolúveis em base, 751, 752f
Hidróxidos iônicos, compostos de, 129
Hidroxila, grupo, 1034
Hidroxila, radical, 920
Hidroxilamina (NH$_2$OH), 953-954
Hipervalentes, moléculas, 321, 354-356, 355f
Hipoclorito de sódio (NaClO), 690, 944
Hipo-halosos, oxiácidos (YOH), 699, 699f
Hiponatremia, 181
Hipotermia, 181
Hipótese, 22
Hiroshima, 914, 915
Histidina, 1044f
HOMO e LUMO, diferença, 378, 378f
Hund, regra de, 237t, 237-238
configurações eletrônicas, 237t, 237-238

I

Ibuprofeno, 1042, 1042f
Ignarro, Louis J., 955
Iluminação de estado sólido, 495, 495f
Ilustrações, questões em provas que exigem, 75-76
Imiscível, 529, 529f
Indicadores, titulação, 148-150, 149f
Índio (In), 241t, 243f
Informações quantitativas a partir de equações balanceadas, 103f, 103-105, 104f

Inibidores da produção de ácido, 134, 134*ft*
Insolação, 181
Instituto Nacional de Padrões e Tecnologia (NIST), 95*n*
Interações intermoleculares envolvidas na formação da solução, 523
Interações soluto-soluto, 523
Interações soluto-solvente, 528–530, 529*t*, 530*f*
Inter-halogênios, 944
Intermediários, 591, 591*f*, 592
Intermetálicos, compostos, 481, 481*f*
International Union of Chemistry, 71
Interpretação molecular da entropia e terceira lei da termodinâmica, 808*f*, 808–814, 810*f*, 811–812*f*
Intersticial, liga, 480*f*, 480–481
Iodeto de césio (CsI), 300*t*, 301
Iodeto de chumbo (PbI_2), 123, 124*f*, 126, 127
Iodeto de hidrogênio (HI), 310, 311*ft*
Iodeto de lítio (LiI), 300*t*
Iodeto de potássio (KI), 123, 124*f*, 126
Iodeto de rubídio (RbI), 486*t*
Iodeto de sódio (NaI), 300*t*, 302*f*
Iodeto, íon (I^-), 67*t*, 125*t*, 127
Iodo (I)
 como radiomarcador, 908*t*
 configuração eletrônica, 284*t*
 ocorrência de, 942
 propriedades do, 284, 284*t*
 sal iodado, 944
 síntese nuclear, 919
Íon comum, efeito do, 714–716
Íon(s), 59–63
 afinidade eletrônica, 270*n*, 270–272, 271*f*
 ânion, 59
 bicarbonato, 66
 bissulfato, 66
 cargas iônicas
  para escrever fórmulas de compostos iônicos, 62
  previsão de, 60
  tabela periódica para consultar, 60, 60*f*
 cátion, 59
 complexos, formação de, 744*f*, 744–746, 745*t*
 complexos, nomeação de, 993
 configuração eletrônica de, 264–266
 de metais de transição, 302
 definição, 59
 dissilicato, 965
 efeito do íon comum, 714–716, 741*f*, 741–742

energia reticular, 300*t*, 300–303, 302*f*, 303*f*
halogênios, 283–285, 284*ft*
metais alcalinos, 276–280, 277*ft*, 278*f*, 279*f*
metais alcalinos terrosos, 280*t*, 280–281, 281*f*
monatômicos, 64*t*, 64–65, 66
na espectrometria de massa, 52, 52*f*
necessários em todos os organismos, 62
poliatômicos, 59, 64, 65, 66
precipitação e separação de, 748–751, 750*f*
produto iônico da água, 670, 670*f*
propriedades químicas dos, 59–60
quirais, 996–997
raio atômico ligante, 261*f*, 261–264, 262*f*, 263, 264*f*
série isoeletrônica, 265–266, 267
símbolos para, 59
superóxidos, 278
tamanhos de, 261*f*, 261–267, 262*f*, 264*f*
tendências periódicas de raios iônicos, 263–264, 264*f*
Íon-dipolo, força, 440, 440*f*
Iônicas, equações, 126–127
Iônico, constante do produto, 670, 670*f*
Iônicos, compostos, 61*f*, 61–62
 cargas iônicas para escrever fórmulas de, 62
 formação de, 61, 61*f*
 fórmula empírica para, 62
 identificação, 61, 122
 nomes e fórmulas de, 62–67, 64*t*, 67*t*, 121
 regras de solubilidade para, 124–125, 125*t*
Ionização, energia de, 267–270, 268*t*
 afinidade eletrônica, 270*n*, 270–271, 271*f*
 definição, 267
 primeira (I_1), 267, 267*f*, 268*t*, 269*f*, 269–270, 270*f*
 segunda (I_2), 268, 268*t*
 tendências, 268–270
 valores sucessivos de, 268, 268*t*
Íons complexos, 744*f*, 744–746, 745*t*, 982
Íons complexos, nomeação de, 993
Íons de lítio (Li-íon), baterias de, 869–870, 870*f*, 871
Íons de lítio, baterias de, tamanho iônico e, 266, 266*f*
Íons dos metais alcalinos e NH_4^+, 752, 752*f*
Íons espectadores, 126–127
Irreversíveis, processos, 802–804, 803*f*
Isoeletrônica, série, 265–266, 267

Isolante, 492
Isoleucina, 1044*f*
Isomeria, 994–998, 995*f*, 995–997*f*
 de esfera de coordenação, 995–996
 enantiômeros, 996, 996*f*
 estereoisomeria, 996–997, 996–997*f*
 estrutural, 994–996, 995*f*, 1025
 formas de, 994, 995*f*
 geométrica, 996, 996*f*, 997
 óptica, 996*f*, 996–997, 998
Isomeria óptica, 996*f*, 996–997, 998
Isomerismo de esfera de coordenação, 995–996
Isomerismo estrutural, 994–996, 995*f*, 1025
Isomerismo geométrico, 996, 996*f*, 997
Isômeros
 alcanos, 1025, 1026*f*
 alcenos, 1027–1028, 1027–1028*f*
 definição, 994, 995*f*
 desenho, 1028–1029
 do propanol, 74, 74*f*
 estruturais, 70–71, 71*t*, 1025, 1026*f*, 1027, 1027*f*
 nomes comuns para, 71, 71*t*
 ópticos, 1042
Isômeros de esfera de coordenação, 995–996
Isômeros estruturais, 70–71, 71*t*, 1025, 1026*f*, 1027, 1027*f*
Isômeros ópticos, 1042
Isotérmico, processo, 803, 803*f*
Isótopos, 892. *Ver também* Reações nucleares
 cálculo da massa atômica a partir da abundância isotópica, 52
 de maior duração (astatínio-210), 942
 definição, 50
 deutério, 937
 do carbono, 50*t*
 do hidrogênio, 937
 prótio, 937
 trítio, 937
Isótopos estáveis para substâncias simples, 898, 899*f*
Israelachvili, Jacob, 440*n*

J

Johnson & Johnson (Janssen), vacina da, 1057
Joule (J), 17*n*
Joule, 21
Joule, James, 21
Joule-metros por coulomb ao quadrado (J-m/C^2), 162*n*

K

Kelvin (K), 17*t*, 18
Kelvin, escala, 18, 19*f*, 397
Kelvin, Lord, 397
K_{ps} e, 737–738
    constante do produto de solubilidade, 737–738
    de moléculas orgânicas, 1023, 1023*f*
    efeitos da pressão, 531–532, 531–532*f*
    efeitos da temperatura, 533, 534*f*
    interações soluto-solvente, 528–530, 529*t*, 530*f*
    limites dos produtos, 740
    miscível, 529
    padrões, previsão de, 530
    regras, 125
Kroto, Harry, 506

L

Lactose, 1049–1050, 1050*f*
Lantanídeos, elementos, 240, 243*f*
Latão amarelo, 480*t*
Lauterbur, Paul, 236
Le Châtelier, Henri-Louis, 641–642
Lei científica, 22
Lei combinada dos gases, 401
Lei da combinação dos volumes, 397
Lei da composição constante, 8, 42
Lei da conservação da massa, 22, 42, 86, 103*f*
Lei da velocidade de primeira ordem para o decaimento nuclear, 905
Lei das proporções definidas, 8
Lei das proporções múltiplas, 42
Lei de ação das massas, 625
Lei de ação das massas, 625
Lei de velocidade, 572–583, 577–583*f*, 580–581*f*
    constantes de velocidade, magnitudes e unidades, 574–575
    definição, 572–573
    expoentes na, 573
    integrada, 577–578*f*, 577–583, 580–581*f*
    ordens de reação, 573
    relacionada ao efeito da concentração sobre a velocidade, 574
    velocidades iniciais para determinar, 575–576
Lei de velocidade diferencial, 577
Lei de velocidade integrada, 577–578*f*, 577–583, 580–581*f*
    meia-vida, 581, 581*f*, 582–583
    reações de ordem zero, 580–581, 581*f*
    reações de primeira ordem, 577–578*f*, 577–579
    reações de segunda ordem, 579

Leite de magnésia, 133*f*, 134*t*
Lençóis freáticos, 781
Léptons, 48
Leucina, 1044*f*
Levorrotatório, isômero, 997
Lewis, ácidos e bases de, 665–666
Lewis dominante, estrutura de, identificação da, 315
Lewis, estrutura de, 304–306, 312–317, 316*f*
    carga formal de átomos em, 314–315, 316
    cargas parciais reais dos átomos em, 316, 316*f*
    de um composto, 306
    definição, 304–305
    desenho, 312–317
    do ácido fosforoso (H_3PO_3), 702
    dominante, identificação de, 315
    estruturas de ressonância, 317*f*, 317–319, 318*f*, 319*f*
Lewis, G. N., 298, 304, 665
Lewis, representação das estruturas de, 312–317
Lewis, símbolos de, 298, 298*f*
Liga de substituição, 480, 480*f*
Liga heterogênea, 481, 481*f*
Ligação covalente, 297, 298*f*, 304–306, 305*f*
    definição, 297, 298*f*
    estruturas de Lewis, 304–306, 312–317, 316*f*
    ligação iônica em comparação com, 311–312
    ligações múltiplas, 305
    ordem de ligação, 367–368, 368*f*
    teoria do orbital molecular, 365, 367, 370, 370*f*, 375, 378
Ligação covalente apolar, 306, 308
    eletronegatividade, 307*f*, 307–308, 308*f*
    momentos de dipolo, 308–311, 309*f*, 311*t*
    polaridade de ligação, 308, 308*f*
Ligação covalente polar, 306, 308
    momentos de dipolo, 308–311, 309*f*, 311*t*
    polaridade de ligação, 308, 308*f*
Ligação cruzada, 501*f*, 501–502
Ligação de valência, teoria da, 350*f*, 350–351, 352, 354, 356
Ligação dupla
    definição, 305
    estrutura de Lewis, 305–306
Ligação iônica, 314–316, 316*f*
    Born-Haber, ciclo de, 303, 303*f*
    cargas de íons, 303

comparação entre ligações covalentes e, 311–312
configurações eletrônicas de íons dos elementos dos blocos s e p, 301–302, 302*f*
definição, 297, 298*f*
energética de, 300*t*, 300–303, 302*f*, 303*f*
íons de metais de transição, 302
visão geral, 299*f*, 299–304, 300*ft*, 302*f*
Ligação metálica, 475, 482–486, 483–485*f*
    definição, 475
    estrutura eletrônica de bandas, 484–485*f*, 484–486
    modelo do mar de elétrons, 482–483, 483*f*
    modelo do orbital molecular, 483–484, 484*f*
    ponto de fusão na, 483, 484, 484*f*, 485
Ligação simples
    definição, 305
    estrutura de Lewis, 305–306
Ligação tripla, 305
    definição, 305
    estrutura de Lewis, 305–306
    ligações múltiplas, sigma e pi, 358–364, 358–364*f*
Ligações, 297–298, 304–305, 312–317, 316*f*
    ângulos de ligação, 340*t*, 341, 343, 343*f*, 344*t*, 345, 345*f*, 346, 346*f*, 347
    Born-Haber, ciclo de, 303, 303*f*
    carga formal, 314–316, 316*f*
    cargas de íons, 303
    comprimento médios de ligações simples, duplas e triplas, 323–324, 324*ft*
    comprimentos de ligação, de haletos de hidrogênio, 310–311, 311*ft*
    configurações eletrônicas de íons dos elementos dos blocos s e p, 301–302, 302*f*
    deslocalizadas, 362*f*, 362–363, 363*f*
    eletronegatividade, 306–312, 307*f*, 308*f*, 309*f*, 311*ft*
    elétrons de valência, 320–322
    energética da formação de ligações iônicas, 300*t*, 300–303, 302*f*, 303*f*
    energética de, 300*t*, 300–303, 302*f*, 303*f*
    energia reticular, 300*t*, 300–303, 302*f*, 303*f*
    entalpias médias de ligação, 323, 323*t*
    estruturas de Lewis, 304–306, 312–317, 316*f*
    estruturas de ressonância, 317*f*, 317–319, 318*f*, 319*f*

índice 1155

forças e comprimento de ligações simples e múltiplas, 323t, 323–325, 324ft
íons de metais de transição, 302
ligação covalente, 297, 298f, 304–306, 305f
ligação iônica, 298f, 299f, 299–304, 300ft, 302f, 311–312
ligações enxofre-oxigênio, 319
ligações metálicas, 297, 298f
ligações múltiplas, 305
localizadas, 361–363, 362f, 363f
médias, entalpias, de ligação, 323, 323t
momentos de dipolo, 308–311, 309f, 311t
número ímpar de elétrons, 320
polaridade de ligação, 306–312, 307f, 308f, 309f, 311ft
regra do octeto, 298, 298f, 320–322
símbolos de Lewis, 298, 298f
teoria do orbital molecular, 365, 367, 370, 370f, 375, 378
Ligações duplas
 pi (π), ligações, 358–364, 358–364f
 sigma (σ), ligações, 358–364, 358–364f
Ligações enxofre-oxigênio, 319
Ligações metálicas
 definição, 297, 298f
 energética das ligações iônicas, 300t, 300–302, 302f
 ligação covalente, 304–306, 305f
Ligações moleculares deslocalizadas, 362f, 362–363, 363f
Ligações moleculares localizadas, 361–363, 362f, 363f
Ligações múltiplas, 305, 358–364, 358–364f
Ligantes, 987–992, 988t, 988–991f
 agentes quelantes, 987–989
 átomo doador de, 987
 bidentados, 987, 988ft, 988–989, 991
 clorofilas, 991, 991f
 comuns, 994t
 de campo forte, 1003
 de campo fraco, 1003
 definição, 982
 efeito quelato, 989, 991
 fotossíntese, 991, 991f
 ligações metal-ligante, 985f, 985–986, 1001, 1001f
 monodentados, 987, 988, 988t, 991
 nomeação, 993
 polidentados, 987, 988t, 988–989, 989f, 991
 teoria do campo cristalino, 1001–1005f, 1001–1009, 1007f
 transições de transferência de carga ligante-metal, 1008–1009, 1008–1009f

transições de transferência de carga metal-ligante, 1009
Ligantes aniônicos, 993
Ligantes bidentados, 987, 988ft, 988–989, 991
Ligantes de campo forte, 1003
Ligantes de campo fraco, 1003
Ligantes polidentados, 987, 988t, 988–989, 989f, 991
Ligas, 480t, 480–481, 480–481f
 ponto de fusão de, 480t, 481
Lipídios, 1052–1053, 1052–1053f
 definição, 1052
 estrutura de, 1052, 1052f
 fosfolipídios, 1053, 1053f
Líquido(s), 431–468
 apolar, 529
 comparação molecular de gases, sólidos e, 432t, 432–433, 433f
 cristais líquidos, 455–456f, 455–457
 diagramas de fases, 452–454, 452–454f
 fluido supercrítico, 449, 453
 forças intermoleculares, 433–442, 434t, 434–441f
 iônicos, 444, 444f
 movimento em, 553
 mudanças de fase, 445–447f, 445–449, 448t
 polares, 529
 pressão de vapor, 449–451f, 449–452
 propriedades dos, 4, 5, 5f, 442f, 442–445, 443f, 444t
  ação capilar, 443f, 443–444
  viscosidade, 442t, 442–443, 442–443f
 símbolos de, 89
Líquidos apolares, 529
Líquidos iônicos, 444, 444f
Lisina, 1044f
Lisozima, 603, 603f
Lítio (Li)
 baterias de íons de lítio, tamanho iônico e, 266, 266f
 configuração eletrônica, 237t, 237–238, 239, 243f, 277t
 drogas de, desenvolvimento improvável de, 279–280, 280f
 na tabela periódica, 53, 53f
 propriedades do, 277t, 278
 reação de oxidação, 140t
Litro (L), 17f, 19, 19f
London, forças de dispersão de, 435
Lowry, Thomas, 663
Luz emitida por metais alcalinos, 278, 278f, 279f

M

Macroporosos, materiais, 505, 505f

Magnésio (Mg)
 configuração eletrônica, 241t, 243f, 280t
 energia de ionização, 268t
 número de oxidação, 138, 138f
 propriedades do, 280t
 reação de oxidação, 140t
Magnésio, íons de (Mg^{2+}), 64t, 125, 780t
Magnesita ($MgCO_3$), 963–964
Magnetismo
 em metais de transição, 981–982, 981–982f
 na química de coordenação, 1000
 na teoria do campo cristalino, 1006
Magnitudes
 da constante de equilíbrio, informações qualitativas a partir de, 629f, 629–630
 de constantes de velocidade, 574
Maleabilidade de metais, 475, 475f
Manganês (Mn), 140t
Manômetro para medir a pressão do gás, 395, 395f
Mansfield, Peter, 236
Mar de elétrons, modelo do, 482–483, 483f
Marca-passo, células, 866
Marsden, Ernest, 46
Massa, 18
 densidade para determinar, 20
 distinção entre peso e, 18n
 dos átomos, 48, 48f, 51
 lei da conservação da, 22, 86, 103f
 molar, 96–98, 97f
Massa atômica, escala de, 51
Massa atômica média, 51. Ver também Massa atômica
Massa atômica, unidade de (uma), 48, 48t, 51
Massa molar, 96–98, 97f, 402–404, 403f, 547, 548, 547f
Massa molecular, 93–94
Massa molecular, 93–95
Massa, números de, 49–50, 50t, 892
Massas atômicas, 51–53
 cálculo das, a partir da abundância isotópica, 52
 definição, 51
 equação para, 51
 escala de massa atômica, 51
 espectrômetro de massa nas, 52
Matéria
 classificações da, 4–9, 9f
 comportamento ondulatório da, 222–225, 223f
 compostos, 6–8, 7f, 7t
 definição, 2
 elementos, 6, 6f

estados da, 4–5, 5f
estados da, características dos, 432t, 432–433, 433f
misturas, 8, 8f
propriedades da, 10–13
   mudanças de estado, 10, 10f
   propriedade intensiva e extensivas, 10
   propriedades físicas e químicas, 10
   separação de misturas, 11f, 11–12, 12f
   transformações físicas e químicas, 10, 10f, 11f
substâncias puras, 5, 5f
Mecânica quântica e orbitais atômicos, 225f, 225–229, 226f, 228ft
   magnético de spin (m_s), 235, 235f, 237, 238
   magnético m_l, 227, 228, 228t
   momento angular (l), 226–227, 228, 228ft
   números quânticos
   orbitais e, 226–228, 228ft
   principal (n), 219f, 219–220, 226, 228, 228f, 230, 233, 234, 237, 241–242
Mecânica quântica, modelo de, 226–227, 230n
Mecânica, teoria da, 22
Mecanismos de reação de várias etapas, 591f, 591–592
   determinação da lei de velocidade de, 595
   etapa determinante da velocidade para, 593–594, 594f
Medição. Ver também Unidades de medida
   algarismos significativos na, 23–28, 24f
   análise dimensional, 28–32
   fatores de conversão, 28–32
   incerteza na, 23, 24f, 26, 26f
   números exatos e inexatos, 23
   precisão e exatidão, 23, 23f, 24f
   princípio da incerteza, 223–224, 226, 227
Megahertz (MHz), 213
Meia-vida, 581, 581f, 582–583, 902, 902f, 903t, 904–905
Meio ambiente, química do, 763–798
   água da Terra, 779–786
   atmosfera terrestre, 764–778
   química verde, 787–790
Meitner, Lise, 915
Membrana (M), proteína de, 1056
Mendeleev, Dmitri, 256
Menisco, 443, 443f
Mercúrio (Hg), 140t
Mercúrio(I) ou íon mercuroso (Hg_2^{2+}), 64t, 125t
Mesoporosos, materiais, 505, 505f

Metaestável, isótopo, 908n
Metais, 273f, 273t, 273–274, 274f. Ver também Sólidos metálicos
   caráter metálico, 272, 272f, 273t
   estado de oxidação de, nomenclatura, 993
   estados de oxidação de, 273f
   metais alcalinos (elementos do grupo 1A), 276–280, 277ft, 278f, 279f
   metais alcalinos terrosos (elementos do grupo 2A), 280t, 280–281, 281f
   oxidação de, por ácidos e sais, 138f, 138–139
   propriedades características dos, 273t
Metais alcalinos (elementos do grupo 1A)
   cargas iônicas, 60, 60f
   energética da formação de ligações iônicas, 300t, 300–303, 302f, 303f
   íons, 124, 137
   ligação covalente, 304–306, 305f
   na tabela periódica, 54f, 55t, 60, 239, 240–241
   propriedades dos, 276–278, 277ft, 277t, 278f, 279f
   reatividade de, 277f, 277–278, 278f, 279f
   tendências, 276–280, 277ft, 278f, 279f
Metais alcalinos terrosos (elementos do grupo 2A)
   cargas iônicas, 60, 60f
   energética da formação de ligações iônicas, 300t, 300–303, 302f, 303f
   ligação covalente, 304–306, 305f
   na tabela periódica, 54f, 55t, 56, 60, 241, 241t, 243f
   propriedades dos, 280t, 280–281, 281f
   reatividade de, 280–281, 281f
   tendências, 280t, 280–281, 281f
Metais ativos, 139, 140t
Metais cúbicos de face centrada, 475, 476f
Metais de transição, 239, 978–979t, 978–982, 978–982f
   complexos de, 982–987, 983t, 984f, 985f, 987f
   configurações eletrônicas, 239, 241, 241f, 244, 979–981
   contração lantanídica, 979
   energética das ligações iônicas, 302
   estados de oxidação, 979–981, 980f, 981t
   fontes de minerais, 978, 978t
   íons de, 302
   magnetismo, 981–982, 981–982f
   período 4, propriedades do, 979, 979t
   raios de, 979, 979f
Metais nobres, 140t
Metais terras raras (elementos do grupo 3A), 54f, 55t, 241, 241t, 243f

Metálico, caráter, 272, 272f, 273t
Metal-ligante, ligações, 985f, 985–986, 1001, 1001f
Metaloides, 56, 276, 276f
Metalurgia, 978
Metano (CH_4), 70
   diferentes representações de, 58, 58f
   gases de efeito estufa e, 778, 778f
   moléculas e fórmulas químicas de, 57f
   na atmosfera terrestre, 765t, 766t
Metanol, 13, 1035t, 1036
Metátese (troca), reações de, 125–126
2-2-metil-2-propanol, 1034f
2-Metilbutano, 71t
2-Metilpropano, 71t
Metionina, 1044f
Método científico, 22, 22f
Metoximetano, 1035t
Metro (m), 16, 17t, 213t
Metro cúbico (m^3), 19, 19f
Meyer, Lothar, 256
Microestados, 809–810
Micrômetro (mm), 213t
Microporosos, materiais, 505, 505f
Microscopia eletrônica de transmissão, 43f
Milho, bioetanol à base de, 196
Miligrama (mg), 16, 17t
Mililitros (mL), 19, 19f
Milímetro (mm), 16, 17t, 213t
Milímetro de mercúrio (mmHg), 394
Millikan, Robert, 45, 45f
Minerais, 978
Minerais, fontes de, 978, 978t
Mioglobina, 989–990, 990f
Miscível, 529
Mistura em equilíbrio, 621
Misturas, 8, 8f, 9f
   definição, 5
   distinção entre substâncias simples e compostas e, 9
   moléculas, em comparação com, 5, 5f
   separação de, 11f, 11–12, 12f
Misturas de gases e pressões parciais, 405–407
   lei de Dalton das pressões parciais, aplicação, 406
   pressões parciais e frações molares, 406–407
Misturas heterogêneas, 8, 8f, 9f
Misturas homogêneas, 8, 8f, 9f, 480. Ver também Soluções
Modelo de níveis do núcleo, 898
Modelo nuclear do átomo, 46f, 46–47, 257
Modelos moleculares, 2f, 57f
Moderador, 915
Moderna, vacina da, 1056

Mol, 17t, 95-98
  conversão de gramas em, 98
  converter massa e número de unidades de fórmula, 98, 98f
  definição, 95
  massa molar, 96-98, 97f
  número de Avogadro, 95-96
  relações, 97t
Molalidade, 536-537, 538
Molar, volume, 399
Molaridade (M), 142-147, 143f, 146f, 536, 538
  cálculo da, 143
    concentração molar, 143-144
    concentrações molares de íons, 144
    gramas de soluto, 145
    solução, 142, 143f
  definição, 142
  diluição, 145-147, 146f
  equação, 142
  recíproca, 144
Molécula polar, 309
Molecular, equação, 126
Moleculares, fórmulas, 57
  a partir de fórmulas empíricas, 100-101
Moleculares, substâncias, 56-57, 57f
Moleculares, velocidades, 411f, 411-412
Molecularidade, 591-592
Moléculas, 56-58
  bimoleculares, 591
  caminho livre médio, 413-415, 415f
  colisões entre, 566
  comparação entre gases, líquidos e sólidos, 432t, 432-433, 433f
  complexos, nomeação de, 993
  comprimento da ligação em, 262
  definição, 2f, 2-3
  diatômicas, 7, 7t, 56
  diatômicas, momentos de dipolo de, 310
  elementos, substâncias compostas e misturas, comparação com, 5, 5f
  fórmulas químicas e, 56-57
  graus de liberdade de movimento de, 810
  hipervalentes, 321
  opticamente ativas, 997
  origem da pressão do gás, 408, 408f
  porfina, 989, 989f
  quirais, 996-997
  representação, 57-58, 58f
  separação de carga em, 309, 311f, 316
  termolecular, 591
  zwitterion, 701
Moléculas lineares, 336, 337, 337f, 339, 339f, 340t, 341t, 342, 344t, 348, 349t, 352-353, 353f, 356t, 359
Moléculas orgânicas

características gerais de, 1022-1024, 1024f
  estabilidade de, 1022-1023
  estrutura das, 1022, 1023f
  propriedades ácido-base de, 1023, 1023f
  solubilidade de, 1023, 1023f
Mols, 142-147, 143f, 146f
Momento, 223
Monatômicos, gases, 285
Monatômicos, íons, 64t, 64-65, 66, 137
Monoclínica, rede cristalina, 472f
Monocromática, radiação, 217
Monodentados, ligantes, 987, 988, 988t, 991
Monômeros, 497, 498f
Monopróticos, ácidos, 128
Monossacarídeos, 1049
Monóxido de carbono (CO)
  constante da ligação entre hemoglobina humana e, 990
  moléculas e fórmulas químicas de, 57f
  na atmosfera terrestre, 766t, 772t
  química do, 961, 962
Moseley, Henry, 257
Movimento em líquidos, 553
Movimento, graus de liberdade de, 810
Movimento, leis de Newton do, 22
Mudança de fase, 445-447f, 445-449, 448t
  a temperatura e pressão críticas, 448t, 448-449
  curvas de aquecimento, 446-447, 447f
  em equilíbrio, relação entre ΔG e, 824-825
  variações de energia com mudanças de fase, 445-446, 445-446f
Mudanças de estado, 10, 10f
Múltipla escolha, questões de, 75-76
Multiplicação, algarismos significativos na, 26
Murad, Ferid, 955
Musculares, proteínas, 1046

N

Nagasaki, 915
Nanoescala
  carbono em, 505-507, 506-507f
  metais em, 504, 504f
  semicondutores em, 503f, 503-504
Nanomateriais, 470, 503-507, 503-507f
  carbono em nanoescala, 505-507, 506-507f
  definição, 470, 503
  materiais microporosos e mesoporosos, 505, 505f
  metais em nanoescala, 504, 504f
  pontos quânticos, 503-504, 504f

  semicondutores em nanoescala, 503f, 503-504
  tamanho de partícula, 503-504, 503-504f
Nanômetro (nm), 213t
Nanotubos de carbono, 506, 506f, 935, 960
Nanotubos de carbono de paredes múltiplas, 506
Nanotubos de carbono de paredes simples, 506
Não eletrólitos, 120, 120f, 131
Não metais, 275f, 275-276
  caráter metálico, 272, 272f, 273t
  estados de oxidação de, 273f
  número de oxidação dos, 137
  propriedades características dos, 273t
  reatividade de, 275f, 275-276
  tendências para alguns, 281-286
    calcogênios (elementos do grupo 6A), 282t, 282-283, 283f
    gases nobres (elementos do grupo 8A), 285, 285t
    halogênios (elementos do grupo 7A), 283-285, 284ft
    hidrogênio (H), 281-282
Não metais, química dos, 933-976
  boro, 967-968, 968f
  carbono, 960-963, 962f
  grupo 7A: halogênios, 942-945, 943t, 944f, 945t
  grupo 8A: gases nobres, 940-942, 941t
  hidrogênio, 936-940
  nitrogênio, 952t, 952-955, 953f, 954-955f
  outros elementos do grupo 4A: Si, Ge, Sn e Pb, 964t, 964-966f, 964-967
  outros elementos do grupo 5A: P, As, Sb e Bi, 956t, 956-960, 957-958f
  outros elementos do grupo 6A: S, Se, Te e Po, 949t, 949-952, 950-952f
  oxigênio, 945-949, 946-948f, 948t
  reações químicas, 935-936
  tendências periódicas, 934f, 934-935, 935f
Natureza ondulatória da luz, 212f, 212-214, 213ft
Natureza, teoria de Newton da, 22
Nebulosa, 918
Néel, temperatura de, 982
Nemática, fase líquida cristalina, 455f, 455-456
Nemáticas quirais, fases, 455n
Neônio (Ne)
  configuração eletrônica, 237t, 238, 239, 243f, 285t
  na atmosfera terrestre, 765t
  na tabela periódica, 53, 53f

propriedades do, 285, 285*t*
símbolo de Lewis do, 298, 298*f*
usos do, 941
Nernst, equação de, 862
Nernst, Walther, 861
Neutralização, reações de, 131-134, 133*f*
   com formação de gás, 132-134, 133*f*
   entre ácido clorídrico e base insolúvel em água, 132-133, 133*f*
   equações para, 131-132
   relações de massa em, 148
   sais e, 131*f*, 131-132
   titulação, 148-150, 149*f*
Nêutron(s)
   carga eletrônica do, 48
   descoberta dos, 47
   na descoberta da radioatividade, 45-46, 46*f*
   número de, em átomos (número atômico), 49
   reações que envolvem, 901
   unidade de massa atômica (*uma*) de, 48, 48*t*
Nêutron-próton, razão, 896*f*, 896-897
Newton, Isaac, 22
Níquel (Ni), 140*t*
Níquel-cádmio (NiCad), baterias de, 841, 869
Níquel-hidreto metálico (NiMH), baterias de, 869, 871
Nitrato de chumbo, $Pb(NO_3)_2$, 123, 124*f*, 126, 127
Nitrato de potássio (KNO_3), 123, 124*f*, 126
Nitrato, íon (NO_3^-), 67*t*, 124, 125, 125*t*, 127, 571, 571*t*, 572
Nitrito, 994
Nitrito, íon (NO_2^-), 988*t*
Nitro, 994
Nitrogenadas, bases, nos ácidos nucleicos, 1054
Nitrogenase, 604, 604*f*
Nitrogênio (N), 952*t*, 952-955, 953*f*, 954-955*f*
   compostos hidrogenados do, 953, 953*f*
   configurações eletrônicas, 237*t*, 238, 243*f*
   essencial para a vida, 62, 62*f*
   estados de oxidação do, 952, 952*t*
   moléculas e fórmulas químicas de, 56
   na atmosfera terrestre, 765*t*
   número de oxidação do, 140
   óxidos e oxiácidos do, 954-955, 954-955*f*
   produção e usos do, 952-953, 953*f*
   propriedades do, 952
   química do, 952*t*, 952-955, 953*f*, 954-955*f*

Nitrogênio atômico (N), 96-97, 97*t*, 768
Nitrogênio fixado, 952
Nitrogênio molecular ou dinitrogênio (N_2), 96-97, 97*t*
Nitroglicerina, 197-198, 955
Nivelador, efeito de, 668
Nó angular, 232
Nobel, Alfred, 197, 955
Nodal, superfície, 232*n*
Nomenclatura química
   ácidos inorgânicos, 67-68, 68*f*
   alcanos, 71-73, 72*t*
   compostos iônicos, 62-67, 64*t*
   compostos moleculares binários, 68-69, 69*t*
   definição, 63
   isomeria, 994-998, 995*f*, 995-997*f*
   nomes comuns, 63
Nós, 226, 230, 231*f*
   angulares, 232
   radiais, 230
Notação científica, 27-28
Núcleo, 46-47
   modelo de níveis do, 898
Núcleo do reator, 915
Núcleons, 892
Nucleossomo, 799, 799*f*
Nucleotídeos, 1054, 1054*f*
Nuclídeo, 892
Número quântico do momento angular (*l*), 226-227, 228, 228*ft*
Número quântico magnético (m_l), 227, 228, 228*t*
Número quântico magnético de *spin* (m_s), 235, 235*f*, 237, 238
Número quântico principal (*n*), 219*f*, 219-220, 226, 228, 228*f*, 230, 233, 234, 237, 241-242
Números atômicos, 49-50, 257, 892
   carga nuclear efetiva, 260, 260*f*
   conceito de, 257
   gases nobres, 285
   halogênios, 284
   metais alcalinos, 277
   no desenvolvimento da tabela periódica, 256
   série isoeletrônica, 265-266
Números exatos, 23
Números inexatos, 23
Números mágicos, 897-898
Nylon 6, 6, 498, 499*ft*, 500

O

Objetivos de Desenvolvimento Sustentável da ONU, 15, 16*f*, 378, 625
Objetos quentes e a quantização da energia, 214*f*, 214-215, 215*f*
Oblíqua, rede cristalina, 471, 472*f*

Obsidiana, 471*f*
Oceanos, acidificação dos, 786, 786*f*
Octaédrico, campo cristalino, 1002, 1002*f*
Octano, 70
Octeto, regra do, 298, 298*f*
   definição, 298
   exceções à, 320-322
      mais de um octeto de elétrons de valência, 321-322
      menos de um octeto de elétrons de valência, 320-321
      número ímpar de elétrons, 320
   representação das estruturas de Lewis, 312-317, 316*f*
   tabela periódica, 298, 298*f*
Olefinas. *Ver* Alcenos
Oligoelementos, 62, 62*f*
Ômega-3 e ômega-6, ácidos graxos, 1052
Ondas de matéria, 223
Ondas estacionárias, 225, 225*f*, 230
Opticamente ativas, moléculas, 997
Orbitais atômicos
   afinidade eletrônica, 270*n*, 270-272, 271*f*
   definição, 226
   degenerados, 234*f*, 234-235, 238, 240, 244
   diagramas de orbitais, 237, 237*f*, 238, 239, 242, 244
   e, conjunto de, 1003
   elétron, 239, 243, 243*f*, 255
   energia de ionização, 267*f*, 267-270, 268*t*, 269*f*
   energias de, 234, 234*f*
   gases nobres, 285, 285*t*
   halogênios, 283-285, 284*ft*
   mecânica quântica e atômica, 225*f*, 225-229, 226*f*, 228*ft*
   metais alcalinos, 276-280, 277*ft*, 278*f*, 279*f*
   metais alcalinos terrosos, 280*t*, 280-281, 281*f*
   moléculas hipervalentes, 354-356, 355*f*
   números quânticos e, 226-228, 228*ft*
   orbitais 3d, 232, 233*f*, 234, 239
   orbitais d, 228, 228*ft*, 232-233, 233*f*
   orbitais f, 228, 228*ft*, 232-233
   orbitais híbridos, 352-357, 353*f*, 354*f*, 355*f*, 356*t*, 357*f*
   orbitais p, 228, 228*ft*, 232, 232*f*, 233*f*
   orbitais s, 228, 228*ft*, 229-232, 231*f*, 232*f*
   origem das letras associadas a, 227*n*
   relação entre valores de, 228, 228*t*
   representação de, 229-234, 231*f*, 232*f*, 233*f*
   sigma e pi, 358-364, 358-364*f*

t_2, conjunto de, 1003
  teoria do orbital molecular, 365, 367, 370, 370f, 375, 378
Orbitais atômicos, 225f, 225–229, 226f, 228ft
  números quânticos, 226–228, 228ft
Orbitais degenerados, 234f, 234–235, 238, 240, 244
Orbitais f, 228, 228ft, 232–233
Orbitais híbridos, 352–357, 353–354f, 355f, 356t, 357f
  configurações geométricas características de, 356t
  descrição dos orbitais híbridos de ligação no NH$_3$, 356, 357f
  moléculas hipervalentes, 354–356, 355f
  resumo, 356
  sp, 352–353, 353f
  sp2 e sp3, 353–354, 353–354f
Orbitais moleculares, 365–370, 365–370f
  configurações eletrônicas do B$_2$ até o Ne$_2$, 373f, 373–374, 374f
  configurações eletrônicas e propriedades moleculares, 375, 375–376f
  da molécula de hidrogênio, 365f, 365–367, 366f
  de orbitais atômicos 2p, 371–372, 372f
  definição, 365
  descrição de moléculas diatômicas do período 2, 370–378, 371–378f
  energia solar, 378, 378f
  fases, 368–370, 369f, 370f
  moléculas diatômicas heteronucleares, 376–378, 377f
  não ocupado de menor energia, 378, 378f
  ocupado de maior energia, 378, 378f
  ordem de ligação, 367–368, 368f
  para Li$_2$ e Be$_2$, 371, 371f
  pi (π), 372–374, 373f, 374f
  sigma (σ), 366f, 366–367, 367f
Orbitais p, 228, 228ft, 232, 232f, 233f
  energética das ligações iônicas, 300t, 300–302, 302f
  orbitais híbridos, 352–357, 353f, 354f, 355f, 356t, 357f
  sigma e pi, 358–364, 358–364f
Orbital molecular ligante, 365f, 365–367, 371–372
Orbital molecular, modelo do, 483–484, 484f
Orbital molecular não ocupado de menor energia (LUMO), 378, 378f
Orbital molecular ocupado de maior energia (HOMO, do inglês highest occupied molecular orbital), 378, 378f

Orbital molecular, teoria do, 365, 367, 370, 370f, 375, 378
Ordem de ligação, 367–368, 368f
Ordem geral de reação, 573
Ordens de reação
  global, 573
  para constantes de velocidade, 574–575
Orto-fenantrolina, 988t
Ortorrômbica, rede cristalina, 472f
Osmose, 545–546f, 545–547
Osmose reversa, 549, 549f
Ostwald, processo de, 954–955
Ouro (Au)
  na tabela periódica, 54f, 55
  reação de oxidação, 140t
  síntese nuclear, 919
Oxalato, íons (C$_2$O$_4^{2-}$), 988t, 1010
Oxiácidos, 698–699, 699f, 944–945, 945t
  do enxofre, 950–951, 950–951f
  do nitrogênio, 954–955, 954–955f
Oxiânions, 65f, 65–66, 66f, 944
  do enxofre, 950–951, 950–951f
Oxidação de metais por ácidos e sais, 138f, 138–139
Oxidação, definição, 136
Oxidação, estados de, 136–137 840f, 840–841, 979–981, 980f, 981t
Oxidação, números de, 136–137, 316, 840
  cargas formais e reais, 316, 316f
Oxidação, reações de, 92
Oxidação, semirreação de, 848
Oxidante, 841
Oxidante, agente, 841
Oxidantes, forças de agentes, 855–857, 856f
Óxido de cálcio (CaO), 91
Óxido de lítio-cobalto (LiCoO$_2$), 870, 870f, 871
Óxido, íon (O$_2^-$), 67t
Óxido nítrico (NO), 377, 377f
  doença cardíaca e, 955
  emissões, controle de, 649, 649f
  na atmosfera terrestre, 766t
  química do, 954, 954f
Óxido nitroso (N$_2$O)
  na atmosfera terrestre, 765t
  química do, 954, 954f
Óxidos, 946–948, 947f, 948t
  de carbono, 961, 962, 962f
  do enxofre, 950–951, 950–951f
  do nitrogênio, 954–955, 954–955f
  química dos, 947–948, 948t
Óxidos básicos, 947, 947f
Óxidos de cromo, caráter ácido-base de, 947–948, 948t
Óxidos de nitrogênio (NO, NO$_2$), 135, 772t, 774, 774f, 778
Oxiemoglobina, 990, 990f

Oxigenados de fósforo, compostos, 957–959, 958f
Oxigênio (O)
  água e hidrogênio, comparação com, 6–7, 7t
  átomos de, 2f
  configuração eletrônica, 238, 282t
  espécie reativa de oxigênio, 948
  essencial para a vida, 62, 62f
  estrutura de ressonância, 318–319, 319f
  ligações enxofre-oxigênio, 319
  moléculas e fórmulas químicas do, 56, 57, 57f
  na atmosfera terrestre, 765t
  número de oxidação do, 137
  óxidos, 946–948, 947f, 948t
  ozônio, 946
  peróxidos, 948, 948f
  produção de, 946
  propriedades do, 282t, 282–283, 945–946
  química do, 945–949, 946–948f, 948t
  síntese nuclear, 918–919, 919f
  superóxidos, 948
  usos do, 946, 946f
Oximioglobina, 990, 990f
Oxirredução, reações de, 135–142, 136f, 840f, 840–841
  corrosão, 135
  determinar a ocorrência de, 141
  energia livre e, 857–861, 859f
  equações para, 139
  números de oxidação, 136–137
  oxidação de metais por ácidos e sais, 138f, 138–139
  oxidação, definição, 136
  reações de deslocamento, 138–139
  redução, definição, 136
  série de reatividade, 139–140, 140t, 141f
Ozônio (O$_3$), 56, 282–283
  estrutura molecular do, 317f, 317–318, 318f
  na atmosfera terrestre, 766t
  no oxigênio, 946
Ozônio, buraco na camada de, 770, 771f
Ozônio, estrutura molecular do, 317f, 317–318, 318f

P

Padrão de repetição, 473, 473f
Panela de pressão, 451, 451f
Paramagnetismo, 375, 375f, 376f, 981, 981f
Pares ácido-base conjugados, 666–669, 668f, 692t, 693
Pares isolados, 305, 339, 345, 354, 356f
Pares ligantes, 305, 339, 343, 343f, 345

Pares não ligantes, 305, 339, 345, 354, 356f, 363
Partes por bilhão (ppb), 535
Partes por milhão (ppm), 535
Pascal (Pa), 393
Pascal, Blaise, 393
Pauli, Wolfgang, 235
    princípio de exclusão de Pauli, 234–235, 235f
Pauling, escala de, 307, 307f
    elemento do bloco p, ligação eletrônica de íons de, 301–302, 302f
Pauling, Linus, 307
Peltre, 480t
Penteno, 1029–1030
Peptídicas, ligações, 1045
Pepto-Bismol®, 286, 959
Percentual de ionização, 682–683f, 682–684
Percentual em massa, 535, 538
Percentual, rendimento, 108
Perclorato de amônio (NH_4ClO_4), 945
Perclorato, íon (ClO_4^-), 67t
Perda de massa, 911, 911f, 912t
Períodos, na tabela periódica, 54, 54f
Peróxido de hidrogênio (H_2O_2), 57, 57f
Peróxido de sódio, 278
Peróxidos, 137, 948, 948f
Perspiração, 181, 181f
Peso, 393
    distinção entre densidade e, 20, 21
    distinção entre massa e, 18n
Petróleo, 194, 195f
Pfizer-BioNTech, vacina da, 1056
pH, 671–675, 672t, 673–675
    ácidos polipróticos e, 685–686
    cálculo a partir de H^+, 672, 672t
    cálculo de K_a a partir de, 679
    cálculo do H^+ a partir do pOH, 674
    células de concentração para determinar, 866–867
    curva de titulação, 725–726, 726f
    de uma base forte, cálculo de, 677
    definição, 671, 671n
    equação quadrática para calcular, 683–684
    faixas de indicadores ácido-base comuns, 674f, 674–675
    K_a para calcular, 680–682
    K_b para calcular OH^- e, 689
    medição do pH, 673–675, 673–675f
    para determinar a concentração de um sal, 690
    pOH e outras escalas pH, 673, 673f
    relações entre H^+, OH^- e, 672, 672t
    solubilidade e, 742–743, 743f
    soluções com três indicadores ácido-base comuns em vários valores de pH, 675, 675f
    tampões e, 718–724, 722f, 724f
Π, ligações, 934f, 934–935
Pigmentos sintéticos, 1
Pinatubo, Monte, 770, 770f
Piramidal quadrática, geometria molecular, 344t, 345, 346, 349t
Piramidal trigonal, geometria molecular, 336–367, 337f, 338f, 341, 342f, 367f
Pirita de ferro (FeS_2), 471f, 950
Piritas, 950
Planck, constante de, 214–215, 215f, 219, 223, 224
Planck, Max, 214–215
Plano nodal, 232, 365f, 366, 369, 369f, 371f, 372, 372f
Planos quadráticos complexos, 1007f, 1007–1008
Plástico, 497
Platão, 42
Platina (Pt), 140t
Pnictogênios (elementos do grupo 5A)
Poços quânticos, 504
Poder calorífico
    de alimentos, 192–194, 193ft
    de combustíveis comuns, 194–195, 195ft
Polares líquidos, 529
Polaridade de ligação, 306–312, 307f, 308f, 309f, 311ft
    comparação entre ligações iônicas e covalentes, 311–312
    comprimentos de ligação, de haletos de hidrogênio, 310–311, 311ft
    definição, 306
    eletronegatividade, 306–312, 307f, 308f, 309f, 311ft
    ligação covalente apolar, 306, 308
    ligação covalente polar, 306, 308
    momentos de dipolo, 308–311, 309f, 311t
Polaridade molecular, 347–350, 348f, 349ft
Polarizabilidade, 435
Poli (álcool vinílico), 347
Poliatômicos, íons, 59, 64, 65, 66
Policarbonato, 499t, 500, 500f
Policloreto de vinila, 497t, 499t
Polidroxílico, álcool, 1036
Poliestireno, 497t, 499t
Polietileno, 74, 497t, 498, 499t, 501
Polietileno de alta densidade (PEAD), 497t, 501
Polietileno de baixa densidade (PEBD ou LDPE), 497t, 501
Polietileno, polímero termoplástico, 497, 498f
Polimerização por adição/polímeros de adição, 498, 499t
Polimerização, reação de, 497–498, 498f, 499t
Polímeros, 470, 497–498f, 497–503, 499ft, 501–502f
    cadeias de interação entre, 501, 501f
    condutores, 507–508
    copolímeros, 498, 499f
    cristalinidade de, 501, 501f
    definição, 470, 497
    elastoméricos, 497
    em automóveis, 500, 500f
    estrutura de, 501, 501f
    importantes comercialmente, 498, 499t
    ligação cruzada de, 501f, 501–502
    monômeros, 497, 498f
    plástico termoestável, 497
    plásticos, 497
    ponto de fusão de, 501, 501t
    produção de, 497–498
    propriedades dos, 501t, 501–502, 501–502f
    reação de polimerização, 497–498, 498f
    reciclagem, categorias usadas nos EUA para, 497, 497t
    reciclagem, símbolos, 497, 497f
    termoplásticos, 497
    vulcanização, 502, 502f
Polímeros condutores, 507–508
Polímeros, reciclagem de
    categorias usadas nos EUA para, 497, 497t
    símbolos para, 497, 497f
Polinucleotídeos, 1055, 1055f
Polipeptídeos, 1045, 1045f, 1046
Polipropileno, 497t, 499t, 500
Polipróticos, ácidos, 684–686, 685t
    titulações ácido-base de, 734–735, 735f
Polissacarídeos, 1050f, 1050–1051
Poliuretano, 497, 499t
Polônio (Po)
    configuração eletrônica, 282t
    propriedades do, 282t
Poluição
    camada de ozônio e sua redução, 770–771, 771f
    compostos de enxofre e chuva ácida, 772ft, 772–773, 773f
    gases de efeito estufa, 774–778, 775f, 777f
    óxidos de nitrogênio e smog fotoquímico, 774, 774f
Ponte salina, 848f, 848–849

Ponto crítico, 453
Ponto de ebulição normal, 450, 450f, 451
Ponto de fusão normal, 453
Ponto de fusão normal, 453
Ponto final, 732
Ponto triplo, 453, 453f
Pontos da rede cristalina, 471, 471f
Pontos quânticos, 503-504, 504f
Porfina, 989, 989f
Porfirinas, 989f, 989-990
Pósitron, 894
Pósitron, emissão de, 894, 894t, 895t
Potássio (K)
  abundância e atividades de, 920t
  configurações eletrônicas, 239, 277t
  líquido após aquecimento, 55n
  na tabela periódica, 53, 53f
  propriedades do, 277t, 278
  reação de oxidação, 140t
Potássio, íons de (K$^+$), 64t, 127, 780t, 923-924
Potenciais de semicélula, 852
Potenciais padrão de redução, 851-852f, 851-855, 853t, 855f, 860-861
Potencial não padrão de célula, 861-867, 864f, 865f
  células de concentração, 864r, 864-867, 865f
  equação de Nernst, 862
Potencial padrão da célula, 850f, 850-857, 851-852f, 853t, 856f
  forças de agentes oxidantes e redutores, 855-857, 856f
  potenciais padrão de redução, 851-852f, 851-855, 853t, 855f
Prata (Ag)
  em ligas, 480t
  na tabela periódica, 54f, 55
  reação de oxidação, 140t, 141f
  relações molares, 97t
  síntese nuclear, 919
Prata esterlina, 480t
Prata, íons de (Ag$^+$), 64t, 97, 125t, 858
Precipitação e separação de íons, 748-751, 750f
Precipitação, reações de, 123-128
  definição, 123
  equação balanceada para, 125
  equações iônicas e íons espectadores, 126-127
  ilustração, 124f
  reações de troca (metátese), 125-126
  regras de solubilidade para compostos iônicos, 124-125, 125t
Precipitação seletiva de íons, 749-750, 750f
Precisão, 23, 23f, 24f

Preenchimento espacial, modelo de, 58, 58f, 336, 336f
Pré-exponencial, fator, 587
Prefixos
  para ácidos carboxílicos, 72t, 74
  para ácidos inorgânicos, 67-68, 68f
  para alcanos, 69t, 70, 72
  para ânions, 65-66, 68, 68f
  para compostos binários, 69, 69t
  para ligantes, 993
Pressão
  crítica, 448t, 448-449
  de vapor, 449-451f, 449-452, 540-541
  efeito da, sobre o rendimento de NH$_3$ no processo de Haber, 641, 642f
  efeitos na solubilidade, 531-532, 531-532f
  no ponto de ebulição, 451, 451f
  princípio de Le Châtelier, 644-645, 645f
Pressão atmosférica
  barômetro e, 393-394, 394f
  entalpia, 170n, 171, 173, 184-185
  padrão, 394
  unidades de medida para, 393f, 393-395, 394f
Pressão atmosférica normal, 394
Pressão de vapor, 449-451f, 449-452
  como solução, cálculo de, 540-541
  definição, 449
  equilíbrio dinâmico, 450
  ponto de ebulição, 450-451
    normal, 450, 450f, 451
    pressão no, 451, 451f
  temperatura, 450, 450f
  volatilidade, 450, 450f
Pressão de vapor, curva de, 453
Pressão de vapor, redução de, 539-541, 540f
Pressão do gás, 392-395
  atmosférica, barômetro e, 393-394, 394f
  cálculo, 394
  condições padrão de temperatura e pressão, 399-400, 400f
  manômetro para medir, 395, 395f
  origem molecular da, 408, 408f
  relação entre pressão e volume, 396, 396f
  variações de temperatura, cálculo do efeito de, 402
Pressão e volume, relação entre, 396, 396f
Pressão osmótica, 546f, 546-547, 548
Pressão-volume (P-V), trabalho, 171, 171f, 173, 173f
Pressões parciais
  cálculo da concentração a partir de, 766

  definição, 405
  frações molares e, 406-407
  lei de Dalton das, 406
  misturas de gases e, 405-407
Primeira energia de ionização (I_1), 267, 267f, 268t, 269f, 269-270, 270f
Primeira lei da termodinâmica, 164-170, 165f, 166f, 167f, 169f, 170f
  convenções de sinal para q, w e ΔE, 166-168, 167ft
  definição, 164
  energia interna, 165f, 165-166, 166f
  funções de estado, 168-170, 169f, 170f
  processos endotérmicos e exotérmicos, 168, 169f
  relação de ΔE com calor e trabalho, 166-168, 167ft
  sistema e vizinhança, 165
Primeira ordem, reações de, 577-578f, 577-579
Primitiva, célula unitária cúbica, 476, 476f
Primitivo, metal cúbico, 475, 476f
Princípio da incerteza, 223-224, 226, 227
Princípio de Le Châtelier, 641-649
  catalisadores, efeito de, 648f, 648-649, 649t
  diagrama da produção industrial de amônia usando o processo de Haber, 641, 642f
  efeito da temperatura e da pressão no rendimento de NH$_3$ no processo de Haber, 641, 642f
  efeito de adicionar H$_2$ a uma mistura em equilíbrio de N$_2$, H$_2$ e NH$_3$, 643, 643f
  efeitos da variação de temperatura, 645-647, 646f, 647f
  efeitos de variações de volume e pressão, 644-645, 645f
  previsão de deslocamentos no equilíbrio, 647-648
  reações endotérmicas e exotérmicas, 646-647, 647f
  resumo, 642f
  variação na concentração de reagentes ou produtos, 643-644
Príons, 1048
Probabilidade, densidade de, 226, 230, 231f, 232
Processos não espontâneos, 800, 826-827, 827f
Produto
  cálculo da quantidade de, formado em uma reação, 104f, 104-105, 107
  equações químicas para indicar estados de, 89
Produto iônico da água, 670, 670f

Programa das Nações Unidas para o Meio Ambiente, 15
Projeto Manhattan, 915
Prolina, 1044f
Propano, 21, 70
2-propanol, 1034f
2-propanol, 74, 74f
Propanona, 1035t
1,2,3-propanotriol, 1034f, 1036
Propeno, 1027
Propileno, 1027
Propilenoglicol, 4
Propriedade, definição, 2
Propriedades coligativas, 539f, 539–549, 542f, 543t, 545–547f
   constante molal de elevação de ponto de ebulição, 542, 543t, 543–544
   constante molal de redução do ponto de congelamento, 543t, 543–544
   definição, 539
   dessalinização, 549, 549f
   determinação da massa molar a partir de, 547, 547f
   elevação do ponto de ebulição, 541–542, 542f, 543–544
   fator de van't Hoff, 542, 544–545, 545t
   osmose, 545–546f, 545–547
   osmose reversa, 549, 549f
   pressão osmótica, 546f, 546–547, 548
   Raoult, lei de, 539
   recombinação de íons e, 544, 544f
   redução de pressão de vapor, 539–541, 540f
   redução do ponto de congelamento, 542f, 542–544
   solução ideal, 540–541
Propriedades elementares
   identificação de, 935
   tendências periódicas e reações químicas, 934f, 934–936, 935f
Propriedades extensivas, 10
Propriedades físicas, 10
Propriedades químicas, 10
Prorpiedades intensivas, 10
Proteínas, 1043–1048, 1044–1045f, 1047f
   aminoácidos, 1043–1045, 1044f
   biopolímeros, 1043, 1054
   definição, 1043
   dobramento, 1046
   estrutura das, 1046–1048, 1047f
      primária, 1046, 1047f
      quaternária, 1047, 1047f
      secundária, 1046, 1047f
      terciária, 1046–1047, 1047f
   fibrosas, 1046
   globulares, 1046
   poder calorífico, 192–194, 193ft
   polipeptídeos, 1045, 1045f, 1046

príons, 1048
Proteínas fibrosas, 1046
Proteínas globulares, 989, 1046
Prótio, 937
Prótons
   carga eletrônica dos, 48
   descoberta dos, 47
   número de, em átomos (número atômico), 49
   unidade de massa atômica (*uma*) de, 48, 48t
Proust, Joseph Louis, 8
Prova, como fazer uma, 75–76
Pudim de ameixas, modelo do, 46, 46f
Purificação da água e tratamento municipal, 783–786, 784f

Q

q, convenções de sinais para, 166–168, 167ft
Quadrada, rede cristalina, 471, 472f
Quadrática plana, geometria molecular, 344t, 345, 349t
Qualidade da água, atividades humanas e, 783–786, 784f, 785f
   acidificação dos oceanos, 786, 786f
   calcificadores marinhos, 786, 786f
   eutrofização, 783, 783f
   fracking (fraturamento hidráulico), 785, 785f
   material biodegradável, 783
   purificação da água e tratamento municipal, 783–786, 784f
Quantidade e volume, relação entre, 397f, 397–398
Quantum, definição, 214
Quarks, 48
Quarto período, metais de transição do, 979, 979t
Quaternária, estrutura, de proteínas, 1047, 1047f
Qubit, 227
Queima avançada, 919, 919f
Queima de hidrogênio, 918
Quelantes, agentes, 987–989
Quelato, efeito, 989, 991
Questões que exigem ilustrações em provas, 75–76
Quilograma (kg), 17t
Quilojoules (kJ), 21
Quilômetro (km), 213t
16-quilotons, bomba de, 914
Química
   definição, 1
   perspectiva atômica e molecular da, 2f, 2–3
   estudo da, 2–4
Química de coordenação

   carga de um complexo, 986
   cor em, 999, 999–1000f, 1000
   desenvolvimento da (teoria de Werner), 983–984
   esfera de coordenação, 983, 984–985
   geometrias de coordenação, 987, 987f
   ligações metal-ligante, 985f, 985–986
   ligantes em, 987–992, 988t, 988–991f, 994t
   magnetismo na, 1000
   nomenclatura e isomeria em, 994–998, 995f, 995–997f
   números de coordenação, 983, 986, 990f
   teoria do campo cristalino, 1001–1005f, 1001–1009, 1007f
Química e a vida
   ácidos do estômago e antiácidos, 134, 134ft
   aminas e cloridratos de amina, 692, 692f
   anemia falciforme, 552, 552f
   aplicações médicas dos radiomarcadores, 908, 909f
   arsênio em água potável, 959–960, 960f
   batimentos do coração e eletrocardiograma, 866, 866f
   cárie dentária e fluoretação, 744
   drogas de lítio, desenvolvimento improvável de, 279–280, 280f
   ferro em sistemas vivos, 992, 992f
   forçando reações não espontâneas: reações de acoplamento, 826–827, 827f
   nitroglicerina, óxido nítrico e doença cardíaca, 955
   química da visão, 363f, 363–364, 364f
   regulação da temperatura corporal, 181, 181f
   sangue como uma solução tampão, 724–725, 725f
   spin nuclear e ressonância magnética, 236
   vacinas contra a covid-19, 1056f, 1056–1057
Química e sustentabilidade
   acidificação dos oceanos, 786, 786f
   baterias para veículos híbridos e elétricos, 871, 871f
   biocombustíveis, desafios dos, 196, 196f
   brometo de metila na atmosfera, 582, 582f
   chuva ácida, 135
   cimento e as emissões de CO_2, 91
   controlando as emissões de óxido nítrico, 649, 649f

conversores catalíticos, 602, 602f
dessalinização e osmose reversa, 549, 549f
economia do hidrogênio, 938, 939f
eletrometalurgia do alumínio, 878, 878f
entropia e sociedade humana, 813-814
fixação de nitrogênio e nitrogenase, 604, 604f
Haber, processo de, 625, 625f
hidrogênio e hélio, 414
ideia de sustentabilidade, 15
iluminação de estado sólido, 495, 495f
introdução, 15
líquidos iônicos, 444, 444f
materiais microporosos e mesoporosos, 505, 505f
materiais modernos em automóveis, 500, 500f
Objetivos de Desenvolvimento Sustentável da ONU, 15, 16f
orbitais e energia solar, 378, 378f
tamanho iônico e baterias de íons de lítio, 266, 266f
Química nuclear, 891-932
detecção da radioatividade, 906-909, 907f, 909f
energia nuclear e fissão, 912-916f, 912-917
energia nuclear e fusão, 918-919
padrões de estabilidade nuclear, 895-899, 896f, 898ft, 899
radiação no meio ambiente e nos sistemas vivos, 920t, 920-923, 921-922f
radioatividade e equações nucleares, 892-895, 893t, 894t
transmutações nucleares, 899-902, 900-901f
variações de energia em reações nucleares, 909-912, 911t, 912f
velocidades de decaimento radioativo, 902-906, 903t, 904f
Química orgânica
definição, 69
estrutura de ressonância, 318-319, 319f
Química verde, 787-790
definição, 787
fabricação de estireno como exemplo, 787-788
princípios da, 787
reagentes e processos mais ecológicos, 789-790
solventes supercríticos, 788
Quirais, moléculas ou íons, 996-997
Quiral, definição, 1041
Quiralidade na química orgânica, 1041-1043, 1042f

Quociente da reação, 638

R

Racêmica, mistura, 998, 1042
Rad (dose absorvida de radiação), 921
Radiação, 181
monocromática, 217
policromática, 217
Radiação de corpo negro, 214
Radiação de fundo, 921
Radiação, doses de, 921
Radiação eletromagnética
comportamento ondulatório da matéria, 222-225, 223f
definição, 212
espectros de linha, 217f, 217-218, 218f
modelo de Bohr, 218-222, 219f, 220f
natureza ondulatória da luz, 212-214, 214f, 215f
unidades de comprimento de onda para, 213, 213ft
Radiação, exposição à, 921-923, 922f, 922t
Radiação ionizante, 920
Radiação não ionizante, 920
Radiação no meio ambiente e nos sistemas vivos, 920t, 920-923, 921-922f
doses de radiação, 921
exposição à radiação, 921-923, 922f, 922t
radiação ionizante, 920
radiação não ionizante, 920
radicais livres, 920
radionuclídeos, 920, 920t, 922-923, 923t
radioterapia, 922-923, 923ft
radônio, 921-922, 922f
Radiação policromática, 217
Radiais, nós, 230
Radicais livres, 920
Rádio (Ra), 241t, 243f
Radioatividade, 45-46, 46f
equações nucleares, 892-895, 893t, 894t
Radioatividade, detecção de, 906-909, 907f, 909f
contador Geiger, 907, 907f
dosímetros, 906, 907f
exposição, 906, 907f
radioisótopos, 908
radiomarcadores, 908, 909f
Radioativo, definição, 891
Radiocarbono, datação por, 903-904, 904f
Radioisótopos, 892, 908
Radiomarcadores, 908, 909f
Radiométrica, datação, 903-904, 904f

Radionuclídeos, 892, 908, 908t, 920, 920t, 922-923, 923t
Radioterapia, 922-923, 923ft
Radônio (Rn)
configuração eletrônica, 285t
exposição, 921-922, 922f
propriedades do, 285, 285t
Raio atômico ligante, 261f, 261-264, 262f, 263, 264f
Raio atômico não ligante, 261, 261n
Raio covalente, 261
Raios catódicos, 43-45, 44f. Ver também Elétron(s)
Raios de metais de transição, 979, 979f
Raoult, lei de, 539
Razão de Thomson entre a carga e a massa, 45
Reação direta, 623
Reação inversa, 623
Reação, mecanismos de, 590-598, 591f, 593t, 594f, 1030-1031
com etapa inicial lenta, 594-595
com etapa inicial rápida, 596-597
definição, 565, 590
leis de velocidade para reações elementares, 592-593, 593t
mecanismos de várias etapas, 591f, 591-592
etapa determinante da velocidade para, 593-594, 594f
reações controladas por ativação, 598
reações controladas por difusão, 598
reações elementares, 590-591
Reação(ões)
direta, 623
em soluções aquosas, 119-160
ácidos, 128f, 128-129
bases, 129
concentrações de soluções, 142-147
de neutralização, 131-134, 133f
de oxirredução, 135-142
de precipitação, 123-128
estequiometria da solução e análise química, 147-151
inversa, 623
molecularidade de, 591
ordens, 573-575
perguntas que químicos fazem quando estudam, 799
prevendo a direção da, 638, 638f
progresso, como usar Q para analisar, 639
que envolvem nêutrons, 901
reversíveis, 623
temperatura, 566
titulação, 148-150, 149f
Reações de segunda ordem, 579
Reações elementares, 590-591, 623

definição, 590
determinação da lei de velocidade de, 593
leis de velocidade para, 592-593, 593t
Reações em cadeia, 914
Reações fotoquímicas na atmosfera terrestre, 766-767, 767f
Reações heterogêneas, 633-635, 634f
Reações nucleares
   definição, 891
   produto de, previsão de, 893
   variações de energia em, 909-912, 911t, 912f
     cálculo da variação de massa em, 910
     energias de ligação nuclear, 911, 911f, 912t
Reações químicas, 85-118, 935-936
   análise de, 142
   composição elementar, 94-95
   composição percentual a partir das fórmulas químicas, 94-95
   definição, 86
   equações químicas, 86f, 86-89, 87-88f
   fórmulas empíricas a partir de análises, 99f, 99-102, 101f
   informações quantitativas a partir de equações balanceadas, 103f, 103-105, 104f
   massas moleculares, 93f, 93-95
   número de Avogadro e mol, 95-98, 97ft, 98f
   reagentes limitantes, 106-108, 107f
   reatividade química, 90ft, 90-93, 91f, 92f
   variações da entropia em, 814-817, 815ft
Reações químicas e formação de soluções, 525-526, 526f
Reações redox. Ver Reações de oxirredução (redox)
Reagente(s)
   calcular quantidades de, 104f, 104-105
   concentrações, 566
   equações químicas para indicar estados de, 89
   estado físico, 566
   Le Châtelier, princípio de, 643-644
   limitantes, 106-107, 107f
Reagentes em excesso, 103, 106
Reagentes limitantes, 106-108
   cálculo da quantidade de produto formado a partir de, 107
   definição, 106, 107f
   rendimentos teórico e percentual, 108
Reatividade
   calcogênios (elementos do grupo 6A), 283, 283f

gases nobres (elementos do grupo 8A), 285
halogênios (elementos do grupo 7A), 284f, 284-285
hidrogênio (H), 282
metais alcalinos (elementos do grupo 1A), 277f, 277-278, 278f, 279f
metais alcalinos terrosos (elementos do grupo 2A), 280-281, 281f
não metais, 275f, 275-276
Reatividade química, padrões simples de, 90-93
   reações de combinação, 90ft, 90-91, 92
   reações de combustão, 92f, 92-93
   reações de decomposição, 90t, 91, 91f, 92
Reator de água fervente, 916
Reator de água pesada, 916
Reator de água pressurizada, 915
Reator refrigerado a gás, 916
Reator regenerador rápido, 917
Reatores de água leve, 916
Reatores nucleares, 915-916, 915-916f
Receptor de prótons (base), 129f
Recifes de coral, 713
Recombinação de íons, 544, 544f
Rede covalente, sólidos de, 470, 470f, 491f, 491-496
   definição, 470, 470f, 491
   estrutura do diamante, 491f, 491-492
   ponto de fusão dos, 491, 492
   semicondutores, 492-496, 493f, 493t, 494f
Rede cristalina centrada, 472-473, 473f
Rede cristalina cúbica, 472f
Rede cristalina hexagonal, 471, 472f
Rede cristalina retangular centrada, 471-472, 472f
Rede de difração, 474
Redes cristalinas, 471-473, 471-473f
   bidimensionais, 471-472, 472f
   células unitárias de, 471-472f, 471-473
   de metais, 475-476, 476f, 477t
   tridimensionais, 472-473, 472-473f
Redox, equações, balanceamento de, 842f, 842-847, 843f
   em soluções aquosas acídicas, 842-845
   para reações que ocorrem em soluções básicas, 845-846
   semirreações, 842-845, 843f
Redutores, agentes
   definição, 841
   forças de, 855-857, 856f
Refinamento de zona, 964-965
Reforma a vapor, 938
Refrigerante primário, 915
Refrigerante secundário, 916
Reinecke, sal de, 993

Rejeitos que necessitam de oxigênio, 783
Relatividade, teoria da, de Einstein, 22
Rem (equivalente em roentgens por ser vivo, do inglês *roentgen equivalent for man*), 921, 921t
Remsen, Ira, 10-11, 11f
Rendimento real, 108
Rendimento teórico, 108
Renovação, número de, 603, 605
Representação de orbitais, 229-234, 231f, 232f, 233f
   elementos representativos, 241, 241f, 243
   orbitais 3d, 232, 233f, 234
   orbitais d, 228, 228ft, 232-233, 233f
   orbitais f, 228, 228ft, 232-233
   orbitais p, 228, 228ft, 232, 232f, 233f
   orbitais s, 228, 228ft, 229-232, 231f, 232f
Representações de superfícies, 231-232, 232f
Repulsão dos pares de elétrons da camada de valência (VSEPR), modelo, 338-347, 339-344f, 341t, 344t, 345f, 346f
   ângulos das ligações
     efeito dos elétrons não ligantes e das ligações múltiplas nos, 343, 343f
     previsão, 347
   formas de moléculas maiores, 346, 346f
   moléculas com camadas de valência expandidas, 343-346, 344t, 345f
   para determinar geometrias moleculares, 339-342, 340t, 341t, 342f
   para prever a estrutura do XeF_4, 942
   uso de, 342
Resíduos nucleares, 916-917
Ressonância
   definição, 317, 318f
   estruturas, 317f, 317-319, 318f, 319f, 361-362, 361-362f
   no benzeno, 318-319, 319f
Ressonância magnética (RM), 236, 236f
Ressonância magnética nuclear (RMN), 236
Retangular, rede cristalina, 471, 472f
Retinal, 363
Reversíveis, processos, 800, 801f, 802-804, 803f
Ribonucleicos, ácidos (RNAs), 1054-1057, 1054-1057f
Ribose, 1054
RNA mensageiro (mRNA), 1056-1057
Rodopsina, 363
Rômbica, rede cristalina, 471-472, 472f
Romboédrica, rede cristalina, 472f
Roosevelt, Franklin D., 915
Rotacional, movimento, 810f, 810-811

Rubídio (Rb)
    abundâncias e atividades de, 920t
    configurações eletrônicas, 239, 277t
    líquido após aquecimento, 55n
    propriedades do, 277t, 278
Rutherford, Ernest, 45-47, 47f, 218, 257
Rutilo, estrutura do, 487
Rydberg, constante de, 218
    equação de Rydberg, 218

S

S, elemento do bloco, ligação eletrônica de íons de, 301-302, 302f
Sacarose, 1049-1050, 1050f
Sais
    definição, 131
    oxidação de metais por, 138f, 138-139
    reações de neutralização e, 131f, 131-132
Sais ácidos, 692
Sal de rocha, estrutura de, 487
Salinidade, 780, 780t
Salinos, complexos, nomeação de, 993
Sangue como uma solução tampão, 724-725, 725f
Saponificação, 1039
SARS-CoV-2, vírus, 1056-1057
Schrödinger, Erwin, 225
Segunda energia de ionização (I_2), 268, 268t
Segunda lei da termodinâmica, 807
Segundo (s), 17t
Selênio (Se)
    configuração eletrônica, 282t
    ocorrência e produção de, 949, 950f
    propriedades do, 282t, 283
    química do, 949, 949t, 949-950
Semicélula, 848
Semicondutor do tipo n, 494f, 494-496, 495f
Semicondutor do tipo p, 495-496
Semicondutores, 492-496, 493f, 493t, 494f
    banda de condução, 492, 493f, 495, 495f
    banda de valência, 492, 493f, 495, 495f
    bandas proibidas, 492-494, 493t
    definição, 492
    dopagem, 494, 494f, 495
    em nanoescala, 503f, 503-504
    iluminação de estado sólido, 495, 495f
    isolante, 492
    metaloides como, 276
    tipo n, 494f, 494-496, 495f
    tipo p, 495-496
    tipos de, identificação, 496
Semirreação de redução, 848
Semirreações, 842-845, 843f

Separação de carga em moléculas, 309, 311f, 316
Sequestrantes, agentes, 989
Série de reatividade, 139-140, 140t, 141f
Serina, 1044f
Sideróforo, 992
Sigma (σ), ligações, 358-364, 358-364f
Sigma (σ), orbitais moleculares, 366f, 366-367, 367f
Sílica (SiO_2), 944
Silicatos, 965f, 965-966, 966f
Silício (Si)
    características gerais do, 964, 964t
    energia de ionização, 268t
    estrutura atômica do, 43f
    metaloide, 276, 276f
    ocorrência e preparação de, 964f, 964-965
    química do, 964t, 964-966f, 964-967
    silicatos, 965f, 965-966, 966f
    silicones, 967
    vidro, 966-967
Silicones, 967
Síncrotron, 900, 901f
Sinopharm, vacina contra COVID-19 da, 1057
Sinovac, vacina contra COVID-19 da, 1057
Síntese nuclear dos elementos, 918-919, 919f
Sistema métrico, 16-18, 17f
    definição, 16
    prefixos usados no, 16, 17t
Sistema, na primeira lei da termodinâmica, 165
Sítio ativo, 602-603
Slater, John, 260
Smalley, Richard, 506
Smog fotoquímico, 774, 774f
Sobrescrito
    carga líquida de um íon representada por, 59
    no número de massa, 49-50, 50t
Sociedade humana, entropia e, 813-814
Sódio (Na)
    como radiomarcador, 908t
    configurações eletrônicas, 237t, 238, 243f, 277t
    energia de ionização, 268t
    ligação iônica, 299f, 299-304, 300ft, 302f
    líquido após aquecimento, 55n
    na tabela periódica, 53, 53f
    propriedades do, 277, 277ft
    reação de oxidação, 140t
Sódio, íons de (Na^+), 64t, 121, 125, 299, 299f, 300f, 303f, 780t
Solda de encanador, 480t

Sólido(s), 469-520
    amorfos, 471, 471f
    células unitárias, 471-472f, 471-473
    classificação e estruturas dos, 470-473f, 470-475
    comparação entre líquidos, gases e, 432t, 432-433, 433f
    cristalinos, 471, 471f
    de rede covalente, 470, 470f, 491f, 491-496
    iônicos, 470, 470f, 486t, 486-490, 487-489f
    ligação metálica, 475, 482-486, 483-485f
    metálicos, 470, 470f, 475-476f, 475-482, 477t, 478-479f, 480t, 480-481f
    moleculares, 470, 470f, 490-491, 491f
    nanomateriais, 470, 503-507, 503-507f
    polímeros, 470, 497-498f, 497-503, 499ft, 501-502f
    pontos da rede cristalina, 471, 471f
    propriedades, 4, 5, 5f
    redes cristalinas, 471-473, 471-473f
    símbolos de, 89
    soluções, 480
    vetores de rede, 471, 471f
Sólidos iônicos, 470, 470f, 486t, 486-490, 487-489f
    cálculo da densidade de, 489-490
    definição, 470, 470f, 486
    estruturas dos, 486, 487-489f
    ponto de fusão dos, 486, 486t
    propriedades dos, 486t
Sólidos metálicos, 470, 470f, 475-476f, 475-482, 477t, 478-479f, 480t, 480-481f
    células unitárias de, 475-477, 476f, 477t, 478-479f
    definição, 470, 475
    em nanoescala, 504, 504f
    empacotamento denso, 477, 478-479f
    estruturas de, 475-476, 476f
    ligas, 480t, 480-481, 480-481f
Sólidos moleculares, 470, 470f, 490-491, 491f
    definição, 470, 470f, 490
    geometria molecular e, 490
    ponto de fusão de, 490-491, 491f
    propriedades dos, 490
Solubilidade
    de gases na água, 529, 529t
    definição, 124, 527
    equilíbrios, 737-740, 739f
    fatores que afetam, 528-534, 529t, 529-530, 532f, 534f, 741f, 741-748, 743f, 744f, 745t, 746f
        anfoterismo, 746f, 746-747
        efeito do íon comum, 741f, 741-742

formação de íons complexos, 744f, 744-746, 745t
pH, 742-743, 743f
imiscível, 529, 529f
lei de Henry, 532-533
regras para compostos iônicos, 124-125, 125t
vitaminas solúveis em gordura e solúveis em água, 531, 531f
Solubilidade em massa, 738
Solubilidade molar, 738
Solução ideal, 540-541
Solução padrão, 148
Solução(s), 521-564
coloides, 549-553, 550t, 550-502f
componente de, 521
concentração de (Ver Concentração da solução, expressão de)
cristalização, 527, 527f
definição, 8, 120, 521
diluição, 145-147, 146f
hidratação, 523
insaturadas, 527
padrão, 148
pressão de vapor como, cálculo da, 540-541
processo (Ver Processo de dissolução)
propriedades de (Ver Propriedades coligativas)
saturadas, 527, 527f
solubilidade, 527-534, 529t, 529-530, 532f, 534f
solvatação, 523
solvente, 521
supersaturadas, 527, 527f
tamponadas (Ver Tampões)
Soluções estoque, 145
Soluções químicas, provar, 131n
Soluções salinas, propriedades ácido-base de, 693-697, 694t, 695f
determinando se soluções salinas são ácidas, básicas ou neutras, 696
hidrólise de ânions, 694
hidrólise de cátions, 694t, 694-695, 695f
prevendo se a solução de um ânion anfiprótico é ácida ou básica, 697
sais em que cátions e/ou ânions sofrem hidrólise, 696
Soluções saturadas, 527, 527f
Soluções tamponadas. Ver Tampões
Soluto não volátil, 539
Solutos
definição, 120
titulação, 148-150, 149f
Solúveis em água, compostos iônicos, 122, 126
Solúveis em água, substâncias, 130, 130t

Solúveis em água, vitaminas, 531, 531f
Solvatação, 121
Solventes, 120, 521
Solventes supercríticos, 788
Solvente-soluto, interações, 523
Solvente-solvente, interações, 523
orbitais híbridos, 352-357, 353f, 354f, 355f, 356t, 357f
orbitais s, 228, 228ft, 229-232, 231f, 232f
sigma e pi, 358-364, 358-364f
Spin alto, complexo de, 1005f, 1005-1006
Spin baixo, complexo de, 1005f, 1005-1006
Spin eletrônico, 234-235, 235f
Spin, estados do, 236, 237
Spin nuclear, 236, 236f
Subatômicas, partículas, 43, 48, 49, 50
Subcamada, 228-229
Sublimação, curva de, 453
Subsalicilato de bismuto, 959
Subscrito
em fórmulas empíricas, 57, 62
em fórmulas químicas, 56, 57, 57f, 66
no número atômico, 49-50
Substância pura, 5, 5f
Substância pura, 5, 5f, 9f
Substituição, reações de, 1032-1033
Substituintes, 72
Substratos, 603
Subtração, algarismos significativos na, 25
Sufixos
para íons carregados de um metal, 64
para oxiânions, 65
Sulfato de níquel (NiSO$_4$), 876, 876f
Sulfato de sódio (Na$_2$SO$_4$), 121
Sulfato, íons (SO$_4^{2-}$), 67t, 121, 125t, 780t
Sulfeto de hidrogênio (H$_2$S), 69, 133, 950
Sulfeto, íon (S^{2-}), 67t, 125t
Sulfetos, 950, 950f
Sulfetos insolúveis em ácidos, 751, 752f
Supernova, explosão de, 919, 919f
Superóxido, íon, 278
Superóxidos, 948
Super-resfriamento, 447
Sustentabilidade. Ver Química e sustentabilidade
Systèm International d'Unités. Ver Unidades do SI
Szilard, Leo, 915

T

Tabela periódica, 6, 53-56
afinidade eletrônica, 270n, 270-272, 271f
caráter metálico, 272, 272f, 273t

carga nuclear efetiva, 257-261, 258f, 259f
configurações eletrônicas, 240-244, 241ft, 243f
desenvolvimento da, 256f, 256-257, 257t
elementos essenciais para a vida na, 62, 62f
energia de ionização, 267f, 267-270, 268t, 269f
energia reticular, 300t, 300-303, 302f, 303f
gases nobres, 285, 285t
grupo do oxigênio, 282t, 282-283
grupos na, 54f, 54-55, 55t
halogênios, 283-285, 284ft
isótopos estáveis para substâncias simples, 898, 899f
metais, 273f, 273t, 273-274, 274f
metais alcalinos (elementos do grupo 1A), tendências para, 276-280, 277ft, 278f, 279f
metais alcalinos terrosos (elementos do grupo 2A), tendências para, 280t, 280-281, 281f
propriedades características dos, 273t
metais alcalinos, 276-280, 277ft, 278f, 279f
metais alcalinos terrosos, 280t, 280-281, 281f
metaloides, 276, 276f
não metais, 275f, 275-276
calcogênios (elementos do grupo 6A), tendências dos, 282t, 282-283, 283f
gases nobres (elementos do grupo 8A), tendências para, 285, 285t
halogênios (elementos do grupo 7A), tendências para, 283-285, 284ft
hidrogênio (H), tendências para, 281-282
propriedades características dos, 273t
tendências para alguns selecionados, 281-286
para consultar cargas iônicas, 60, 60f
períodos na, 54, 54f
propriedades do hidrogênio, 281-282
regiões da, 240-241, 241t
regra do octeto, 298, 298f
símbolos de Lewis, 298, 298f
tamanhos de átomos e íons, 261f, 261-267, 262f, 264f
Talco, 965
Tálio (Tl)
como radiomarcador, 908t
configurações eletrônicas, 241t, 243f

índice 1167

Tampão ácido carbônico-bicarbonato, sistema, 724
Tampões, 717f, 717-725, 718f, 722f
   cálculo do pH de, 718-721
   capacidade tamponante e faixa de pH, 722
   composição e ação dos, 717-718, 718f
   definição, 717
   equação de Henderson-Hasselbalch, 719, 720-721
   preparação, 721
   resposta à adição de ácidos ou bases fortes, 722f, 722-724
   sangue como uma solução tampão, 724-725, 725f
Tecnécio (Tc), 908t
Telúrio (Te)
   configuração eletrônica, 282t
   ocorrência e produção de, 949, 950f
   propriedades do, 282t, 283
   química do, 949t, 949-950
Temperatura, 18, 19f
   condições padrão de temperatura e pressão, 399-400, 400f
   crítica, 448t, 448-449
   Curie, 982
   efeito da, sobre o rendimento de NH_3 no processo de Haber, 641, 642f
   efeitos na solubilidade, 533, 534f
   energia livre e, 822t, 822-823
   entropia e
      entalpia e, 816-817
      fase ΔS, 805-806
      graus de liberdade, 805
      reações químicas, 814-817, 815ft
      relação entre calor e, 805
      segunda lei da termodinâmica, 807
   Néel, 982
   no controle das emissões de óxido nítrico, 649, 649f
   pressão de vapor, 450, 450f
   processos espontâneos e, 800, 801f
   reação, 566
   relação de volume, 397, 397f
   superfície global durante os últimos 140 anos, 777, 777f
   variações de, cálculo do efeito de, 402
   variações e princípio de Le Châtelier, 645-647, 646f, 647f
   velocidade e, 583-590, 584-587f
      Arrhenius, equação de, 587
      energia de ativação, 585-587f, 585-589, 589f
      fator de orientação, 584, 585f
      modelo de colisão, 584
Temperatura corporal, regulação da, 181, 181f
Temperatura da reação, 566

Temperatura e pressão crítica, 448t, 448-449
Tempo do decaimento, intervalo, 905
Tempo, variação da velocidade com, 568, 568f
Tendências periódicas, 934f, 934-935, 935f
Tennesso, 283
Tensão da célula, 850
Tensão superficial, 443, 443f
Teoria, 22
Teoria atômica da matéria, 42f, 42-43
Teoria cinética-molecular dos gases, 408f, 408-411, 409f
   aplicação às leis dos gases, 409, 410
   definição, 408
   distribuições da velocidade molecular, 408-409, 409f
   resumida, 408
Teoria de grupo, 1003n
Teoria quântica
   átomos polieletrônicos, 234f, 234-235, 235f
   comportamento ondulatório da matéria, 222-225, 223f
   configurações eletrônicas, 235-244, 237t, 241ft, 243f
      tabela periódica e, 240-244, 241ft, 243f
   configurações eletrônicas e tabela periódica, 240-244, 241ft, 243f
   diagramas de orbitais, 237, 237f, 238, 239, 242, 244
   efeito fotoelétrico e fótons, 215f, 215-216
   energia quantizada, 214f, 214-216, 215f
   espectros de linha, 217f, 217-218, 218f
   estados de energia do átomo de hidrogênio, 219f, 219-222, 220f
   Hund, regra de, 237t, 237-238
   mecânica quântica, 225f, 225-229, 226f, 228ft
   modelo de Bohr, 218-222, 219f, 220f
   natureza ondulatória da luz, 212f, 212-214, 213ft
   números quânticos e, 226-228, 228ft
   orbitais, 225f, 225-229, 226f, 228ft
      degenerados, 234f, 234-235, 238, 240, 244
      energias de, 234, 234f
      mecânica quântica e atômica, 225f, 225-229, 226f, 228ft
      números quânticos e, 226-228, 228ft
      orbitais 3d, 232, 233f, 234, 239
      orbitais d, 228, 228ft, 232-233, 233f
      orbitais f, 228, 228ft, 232-233
      orbitais p, 228, 228ft, 232, 232f, 233f

   orbitais s, 228, 228ft, 229-232, 231f, 232f
   relação entre valores de, 228, 228t
   representação de, 229-234, 231f, 232f, 233f
   princípio da incerteza, 223-224, 226, 227
   princípio de exclusão de Pauli, 234-235, 235f
   representação de, 229-234, 231f, 232f, 233f
   spin eletrônico, 234-235, 235f
   visão geral, 211
Terceira lei da termodinâmica, 813
Tereftalato de polietileno, 497, 499t
Térmico, equilíbrio, 774-775, 775f
Termita, reação da, 161
Termodinâmica
   calor, trabalho e variação de energia, 166-168, 167ft
   definição, 161
   energia interna, 165f, 165-166, 166f
   funções de estado, 168-170, 169f, 170f
   primeira lei da, 164-170, 165f, 166f, 167f, 169f, 170f
Termodinâmica estatística, 809
Termodinâmica química, 799-838
   definição, 799
   energia livre de Gibbs, 817-822, 818-819f, 820t
   energia livre e constante de equilíbrio, 824-827
   energia livre e temperatura, 822t, 822-823
   entropia e segunda lei da termodinâmica, 805-807
   interpretação molecular da entropia e terceira lei da termodinâmica, 808f, 808-814, 810f, 811-812f
   processos espontâneos, 800-801f, 800-804, 803f
   variações da entropia nas reações químicas, 814-817, 815ft
Termodinamicamente irreversível, 802
Termodinamicamente reversível, 802
Termodinâmico, constantes de equilíbrio, 628
Termoestável, plástico, 497
Termolecular, 591
Termonucleares, reações, 918-919
Termoplásticos, 497
Termoquímica, 161-210
   alimentos, 192-194, 193ft
   alimentos e combustíveis, 192-197, 193ft, 195f
   calorimetria, 177-182, 178ft, 179f, 180f
   combustíveis, 193t, 194-195, 195ft
   definição, 161

energia química, natureza da, 162*f*, 162–164, 163*f*, 164*f*
  entalpia, 170–174, 171*f*, 172*f*, 173*f*
    de formação, 184–188, 185*t*, 187*f*
    de ligação, 188–192, 189*t*, 191*f*
    de reação, 174–177, 175*f*, 176*f*
  funções de estado, 168–170, 169*f*, 170*f*
  lei de Hess, 182*f*, 182–184, 183*f*
  poder calorífico
    de alimentos, 192–194, 193*ft*
    de combustíveis comuns, 194–195, 195*ft*
  primeira lei da termodinâmica, 164–170, 165*f*, 166*f*, 167*f*, 169*f*, 170*f*
  reação da termita, 161
  temperatura corporal, regulação da, 181, 181*f*
Tetraédrica, geometria molecular, 336–339, 336–339*f*, 340*t*, 341, 341*t*, 342*f*, 343, 346, 346*t*, 349, 349*t*, 352, 354, 355*f*, 356*t*
Tetraédricos, complexos, 1007*f*, 1007–1008
Tetragonal, rede cristalina, 472*f*
Thomson, J. J., 43, 44–45, 46, 46*f*
Thomson, William, 397
Timina, 1054, 1055, 1055*f*, 1057
Tiocianato, íon (NCS⁻), 316, 988*t*
Tióis, 951, 952*f*
Tiossulfato, íon ($S_2O_3^{2-}$), 951, 952*f*
Tirosina, 1044*f*
Titulação ácido fraco-base, 728–729*f*, 728–732, 732*f*
Titulação ácido-base, 726–736, 727*f*, 728–729*f*, 732–735*f*
  com um indicador ácido-base, 732–733, 733–734*f*
  curva de titulação de pH, 725–726, 726*f*
  de ácidos polipróticos, 734–735, 735*f*
  forte, 726*f*, 726–728
  fraco, 728–729*f*, 728–732, 732*f*
  no laboratório, 735–736
  ponto de equivalência, 727, 728, 729*f*, 730
Titulações, 148–150, 149*f*
Titulações ácido forte-base, 726*f*, 726–728
Tokamak, 918
Tomografia por emissão de pósitrons (PET), 908, 909*f*
Tório, 920*t*
Tório-232 para chumbo-208, 897
Tornassol, papel, 131, 131*f*
Torr, 394
Torricelli, Evangelista, 393
Trabalho, 13, 14*f*
Trabalho elétrico, 861
Trabalho, função, 215

Trabalho, relação de ΔE com, 166–168, 167*ft*
Trans, isômero, 984, 984*f*
Transferência de calor, entropia e reações químicas, 814–817, 815*ft*
  graus de liberdade, 805
Transferência de carga do metal para o ligante (TCML), transição de, 1009
Transferrina, 992
Transformação (ou reação) química, 10, 10*f*, 11*f*
Transformação física, 10
Transição *d-d*, 1003, 1008–1009
Transição, estado de, 586, 591*f*
Transições de transferência de carga ligante-metal, 1008–1009, 1008–1009*f*
Translacional, movimento, 810
Transmutações nucleares, 899–902, 900–901*f*
  acelerando partículas carregadas, 900–901, 900–901*f*
  definição, 899
  elementos transurânicos, 901–902
  reações que envolvem nêutrons, 901
Transurânicos, elementos, 901–902
Tratamento e purificação municipal da água e, 783–786, 784*f*
Treonina, 1044*f*
Trialogenometanos (THMs), 784
Triclínica, rede cristalina, 472*f*
Tricloreto de fósforo (PCl₃), 313, 957
Tridimensionais, redes cristalinas, 472–473, 472–473*f*
  elétron 3d, 1003
  orbitais 3d, 232, 233*f*, 234, 239
Tridimensional, modelo atômico, 336, 336*f*
Trifluoreto de bromo (BrF₃), 968–969
Trifosfato, íon, 988*t*
Trigonal plana, geometria molecular, 336, 337, 339, 339*f*, 340*t*, 341*t*, 346, 346*f*, 349, 349*t*, 352, 353, 356*t*, 358*t*, 367*f*
Trinitroglicerina, 197–198
Trinity, teste, 915
Tripeptídeo, 1045–1046
Triptofano, 1044*f*
Trítio, 937
Troca (metátese), reações de, 125–126
Troposfera, 764
Tumores malignos, 922
Tyndall, efeito, 550, 551*f*

U

Uhlenbeck, George, 235
Úlceras, 134
Úmida, métodos por via, 751
União Internacional de Química Pura e Aplicada (IUPAC), 55, 71–72, 902

União Internacional para a Conservação da Natureza, 15
Unidades de medida, 16–22
  becquerel (Bq), 904
  cálculos que envolvem muitas variáveis, 400–401
  comprimento, 18
  constante de equilíbrio, 628
  constantes de velocidade, 574–575
  coulombs, 877
  curie (Ci), 905
  frequência, 213, 213*f*
  gray, 921
  massa, 18
  para doses de radiação, 921, 921*t*
  para pressão atmosférica, 393*f*, 393–395, 394*f*
  partes por bilhão (ppb), 535
  partes por milhão (ppm), 535
  princípio da incerteza, 223–224, 226, 227
  rad, 921
  raio de Bohr, 230*n*
  rem, 921, 921*t*
  sistema métrico, 16–18, 17*ft*
  temperatura, 18, 19*f*
  unidades de comprimento de onda para radiação eletromagnética, 213, 213*ft*
  unidades do SI, 16–21, 17*t*
  velocidades de decaimento, 904–906
  volume, 19*f*, 19–21
Unidades derivadas do SI, 19–21
  densidade, 20*t*, 20–21
  volume, 19, 19*f*
Unidades do SI, 16–21, 17*t*
  definição, 16
  derivadas, 19–21
    densidade, 20*t*, 20–21
    volume, 19, 19*f*
  para energia (joule), 21
  prefixos usados em, 16, 17*t*, 18
  uso, 18
7UP®, 279–280, 280*f*
Uracila, 1054
Urânio (U)
  abundância e atividades do, 920*t*
  configurações eletrônicas, 240
  elementos transurânicos, 901–902
  fissão nuclear, 912–915, 913*f*, 914*f*, 916, 917
  na tabela periódica, 240
  radônio, 921, 922
  resíduos nucleares, 917
  série de decaimento nuclear para, 897, 898*f*
  síntese nuclear, 919

V

Vacância, 495
Valina, 1044f
Van der Waals, constantes de, 416t, 418–419
Van der Waals, equação de, 418–419
Van der Waals, forças de, 434
Van der Waals, Johannes, 418, 434
Van der Waals, raio de, 261, 261n
Van't Hoff, fator de, 542, 544–545, 545t
Vapor de água, gases de efeito estufa e, 776
Vapores, 392
Variação de entalpia padrão, 184, 186, 187–188
Variação de massa, 910
Variações de energia em reações nucleares, 909–912, 911t, 912f
   cálculo da variação de massa em, 910
   energias de ligação nuclear, 911, 911f, 912t
Veículos elétricos, baterias para, 871, 871f
Veículos híbridos, baterias para, 871, 871f
Velocidade
   confundindo a espontaneidade de um processo com a, 800
   da luz, 212
Velocidade instantânea, 569
Velocidade média da reação, cálculo, 567
Velocidade média quadrática (rms) (u_{rms}), 408–409, 409f
Velocidades da reação, 566–568f, 566–571, 568t
   médias, cálculo de, 567
Velocidades iniciais, para determinar a lei de velocidade, 575–576
Ventro solar, 891
Vetor viral, 1057
Vetores de rede, 471, 471f
Vibracional, movimento, 810f, 810–811
Vidraria volumétrica, 19, 20f
Vidro, 966–967
Visão, química da, 363f, 363–364, 364f
Viscosidade, 442t, 442–443, 442–443f
Vitamina C (ácido ascórbico), 131n, 661
Vitaminas solúveis em gordura, 531, 531f
Vitaminas solúveis em gordura e solúveis em água, 531, 531f
Vizinhança, na primeira lei da termodinâmica, 165
Volátil, solvente, 539
Volatilidade, 450, 450f
Volta, Alessandro, 866
Volume
   cálculos de densidade, 20, 26, 26f, 30–31
   como unidade derivada do SI, 16, 19, 19f
   concentrações de soluções, 142–147, 143f, 146f
   conversão de unidades de, 31
   de estados da matéria, 4
   de gases em reações químicas, 404
   de hidrogênio e oxigênio na água, 7f
   de propriedades da matéria, 10
   em unidades métricas, 17f, 19f
   nas leis dos gases
      relação entre pressão e, 396, 396f
      relação entre quantidade e, 397f, 397–398
      relação entre temperatura e, 397, 397f
   princípio de Le Châtelier, 644–645, 645f
   relações, 19f
VSEPR, modelo. *Ver* Repulsão dos pares de elétrons da camada de valência (VSEPR), modelo
Vulcanização, 502, 502f

W

w, convenções de sinais para, 166–168, 167ft
Waage, Peter, 625
Watt (W), 17n
Werner, Alfred, 983
Werner, teoria de, 983–984
Wineland, David, 227
Wood, metal de, 480t
World Wildlife Fund for Nature, 15

X

Xenônio (Xe), 243f
   compostos, 941t, 941–942
   configuração eletrônica, 285t
   na atmosfera terrestre, 765t
   propriedades do, 285, 285t
   usos do, 941

Z

Zeólitas, 505, 505f
Zero
   absoluto, 18
   como algarismo significativo, 24
   nas escalas de temperatura, 18
   reações de ordem zero, 580–581, 581f
Zero absoluto, 18, 397
Zinco (Zn), 140t, 840f, 840–841, 847, 847f
Zinco, íon de (Zn^{2+}), 64t
Zinn, Walter, 915
Zooxantela, 786
Zwitterion, 1043
Zwitterion, molécula de, 701

Íons comuns

Íons positivos (cátions)

1+
amônio (NH_4^+)
césio (Cs^+)
cobre(I) ou cuproso (Cu^+)
hidrogênio (H^+)
lítio (Li^+)
potássio (K^+)
prata (Ag^+)
sódio (Na^+)

2+
bário (Ba^{2+})
cádmio (Cd^{2+})
cálcio (Ca^{2+})
cromo(II) ou cromoso (Cr^{2+})
cobalto(II) ou cobaltoso (Co^{2+})
cobre(II) ou cúprico (Cu^{2+})
ferro(II) ou ferroso (Fe^{2+})
chumbo(II) ou plumboso (Pb^{2+})
magnésio(II) (Mg^{2+})
manganês(II) ou manganoso (Mn^{2+})
mercúrio(I) ou mercuroso (Hg_2^{2+})
mercúrio(II) ou mercúrico (Hg^{2+})
estrôncio (Sr^{2+})
níquel(II) (Ni^{2+})
estanho(II) ou estanoso (Sn^{2+})
zinco (Zn^{2+})

3+
alumínio (Al^{3+})
cromo(III) ou crômico (Cr^{3+})
ferro(III) ou férrico (Fe^{3+})

Íons negativos (ânions)

1−
acetato (CH_3COO^- ou $C_2H_3O_2^-$)
brometo (Br^-)
clorato (ClO_3^-)
cloreto (Cl^-)
cianeto (CN^-)
di-hidrogenofosfato ($H_2PO_4^-$)
fluoreto (F^-)
hidreto (H^-)
hidrogenocarbonato ou bicarbonato (HCO_3^-)
hidrogenossulfito ou bissulfito (HCO_3^-)
hidróxido (OH^-)
iodeto (I^-)
nitrato (NO_3^-)
nitrito (NO_2^-)
perclorato (ClO_4^-)
permanganato (MnO_4^-)
tiocianato (SCN^-)

2−
carbonato (CO_3^{2-})
cromato (CrO_4^{2-})
dicromato ($Cr_2O_7^{2-}$)
hidrogenofosfato (HPO_4^{2-})
óxido (O^{2-})
peróxido (O_2^{2-})
sulfato (SO_4^{2-})
sulfeto (S^{2-})
sulfito (SO_3^{2-})

3−
arsenato (AsO_4^{3-})
fosfato (PO_4^{3-})

Constantes fundamentais*

Constante de massa atômica	1 uma	$= 1{,}660539067 \times 10^{-27}$ kg
	1 g	$= 6{,}02214076 \times 10^{23}$ uma (exato)
Número de Avogadro[†]	N_A	$= 6{,}02214076 \times 10^{23}$ /mol (exato)
Constante de Boltzmann	k	$= 1{,}380649 \times 10^{-23}$ J/K (exato)
Carga eletrônica	e	$= 1{,}602176634 \times 10^{-19}$ C (exato)
Constante de Faraday	F	$= 9{,}648533212 \times 10^{4}$ C/mol
Constante dos gases	R	$= 0{,}082057366$ L-atm/mol-K
		$= 8{,}3144626$ J/mol-K
Massa do elétron	m_e	$= 5{,}485799091 \times 10^{-4}$ uma
		$= 9{,}109383702 \times 10^{-31}$ kg
Massa do nêutron	m_n	$= 1{,}008664916$ uma
		$= 1{,}674927498 \times 10^{-27}$ kg
Massa do próton	m_p	$= 1{,}007276467$ uma
		$= 1{,}672621923 \times 10^{-27}$ kg
Pi	π	$= 3{,}1415926536$
Constante de Planck	h	$= 6{,}62607015 \times 10^{-34}$ J-s (exato)
Velocidade da luz no vácuo	c	$= 2{,}99792458 \times 10^{8}$ m/s (exato)

*Muitas das constantes fundamentais foram redefinidas como quantidades exatas em 2019 pelo Escritório Internacional de Pesos e Medidas (BIPM). Essas e outras constantes fundamentais estão listadas no *site* do Instituto Nacional de Padrões e Tecnologia (NIST): http://physics.nist.gov/cuu/Constants/index.html.

[†]O número de Avogadro também é chamado de constante de Avogadro, termo adotado por agências como a União Internacional de Química Pura e Aplicada (IUPAC) e o Instituto Nacional de Padrões e Tecnologia (NIST). Contudo, o termo "número de Avogadro" é bastante difundido e usado com mais frequência neste livro.